온실가스관리
기사 필기

PREFACE
ENGINEER GREENHOUSE GAS MANAGEMENT

본서는 한국산업인력공단 첫 번째 시험시행 후 개정된 출제기준에 맞추어 내용을 구성하였으며 온실가스관리기사 필기시험을 준비하는 수험생 여러분들이 효율적으로 공부할 수 있도록 필수내용만 정성껏 담았습니다.

● 본 교재의 특징

1. 최신 법규 개정 및 출제기준(2024~2026년)에 맞춰 전면 개정
2. 각 단원별 핵심이론과 출제예상 부분을 음영으로 강조 표시
3. 엄선된 실전필수문제와 상세한 풀이 수록
4. 2017~2024년 기출문제 수록

차후 실시되는 시험문제는 추가 수록할 예정이며, 미흡하고 부족한 점은 계속 수정 · 보완해 나가도록 하겠습니다.

끝으로, 이 책을 출간하기까지 끊임없는 성원과 배려를 해주신 예문사 관계자 여러분, 세라컴 윤완호 부장, 주경야독 윤동기 대표이사, 달팽이 박수호 님에게 깊은 감사를 전합니다.

저자 **서영민, 전재식**

온실가스기사 출제기준(필기)

직무분야	환경·에너지	중직무분야	환경	자격종목	온실가스 관리기사	적용기간	2024.1.1.~2026.12.31.

• 직무내용 : 온실가스 관리 및 감축을 위하여 온실가스 배출량의 산정과 보고업무를 수행하고, 온실가스 감축 활동 및 배출권 거래를 기획·수행·관리하는 직무이다.

필기검정방법	객관식	문제수	100	시험시간	2시간 30분

필기과목명	문제수	주요항목	세부항목	세세항목
기후변화의 이해	20	1. 기후변화 조사	1. 기후변화 파악	1. 기후변화 개념 2. 기후변화 원인 3. 기후변화 영향
			2. 기후변화 대응방안 파악	1. 기후변화 완화의 개념 2. 기후변화 적응의 개념
			3. 국제 정책 파악	1. 기후변화 대응을 위한 국제 협약 2. 탄소시장 메커니즘과 최근 시장동향 3. 기후변화 대응정책의 국제 동향
			4. 국내 정책 파악	1. 국내 온실가스 배출 통계 2. 국내 온실가스 감축 정책 3. 국내 기후변화 적응 정책
온실가스 배출원 파악	20	1. 배출원 파악	1. 배출경계 파악	1. 배출경계(조직 및 운영경계) 설정
			2. 배출 공정 분석 및 파악	1. 단위공정별 온실가스 배출의 이해 2. 고정연소 3. 이동연소 4. 제품생산 공정 및 제품 사용 5. 폐기물 처리 6. 간접배출 7. 배출시설의 종류
			3. 배출활동 파악	1. 단위공정별 온실가스 배출활동 2. 단위공정별 배출되는 온실가스 종류 3. 배출활동별 활동자료 종류
온실가스 산정과 데이터 품질관리	20	1. 온실가스 모니터링	1. 모니터링 유형 파악	1. 모니터링 유형 파악
			2. 배출량 산정 계획 수립	1. 배출량 산정 계획 수립 원칙 2. 배출량 산정 계획 수립 절차
			3. 측정·분석하기	1. 시료 채취 및 분석의 최소 주기 2. 연속측정방법
		2. 배출량 산정	1. 배출량 산정방법	1. 배출량 산정방법 결정 2. 배출활동별, 시설규모별 산정등급 결정 3. 사업장 고유 배출계수 개발 4. 열(스팀) 배출계수 개발

필기과목명	문제수	주요항목	세부항목	세세항목
온실가스 산정과 데이터 품질관리	20	2. 배출량 산정	2. 배출량 결정	1. 배출량 자료 처리기준 2. 바이오매스 등 배출량 산정 제외항목
		3. 품질관리 · 보증	1. 품질관리 및 품질보증	1. 품질관리 개념 2. 품질보증 개념
			2. 불확도 관리	1. 불확도 개념 2. 불확도 종류 및 산정절차
		4. 온실가스 보고서 작성	1. 보고 시스템 파악	1. 배출량 산정 및 보고 체계 2. 배출량 산정 및 보고 일정
		5. 배출량 평가 · 검증	1. 배출량 검증 및 인증	1. 배출량 산정 계획 및 배출량 명세서 검증 원칙 2. 검증 의견의 이해 3. 중요도 평가 이해 4. 배출량 평가 및 인증
온실가스 감축 관리	20	1. 온실가스 감축	1. 온실가스 감축 진단	1. 감축 잠재량 진단
			2. 대체물질 이용	1. 대체물질을 이용한 온실가스 감축
			3. 대체공정 이용 및 공정 개선	1. 대체공정을 이용한 온실가스 감축 2. 공정개선을 이용한 온실가스 감축
			4. 온실가스 처리	1. 온실가스 포집 방법 2. 온실가스 이용 방법 3. 온실가스 처리 방법
			5. 신재생에너지 이용	1. 신재생에너지 원리 및 종류 2. 신재생에너지를 이용한 온실가스 감축
온실가스 관련 법규	20	1. 온실가스 관련 법규	1. 저탄소녹색성장 기본법	1. 저탄소녹색성장기본법 시행령 등
			2. 온실가스배출권의 할당 및 거래에 관한 법률	1. 온실가스배출권의 할당 및 거래에 관한 법률 시행령 등
			3. 온실가스 관련 기타 법률	1. 온실가스 관련 기타 법률에 따른 시행령 등 2. 온실가스 관련 기타 법률에 따른 시행규칙 등
			4. 온실가스 관련 지침	1. 온실가스 관련 지침 및 규정 등
		2. 배출권 거래	1. 배출권 할당 파악	1. 할당대상 업체의 지정 및 배출권의 할당 2. 할당 방식(GF, BM)
			2. 상쇄사업 시행	1. 상쇄사업(외부사업) 개념 2. 상쇄사업(외부사업) 등록절차
			3. 배출권 거래하기	1. 배출권의 제출, 이월 및 차입 2. 배출권의 거래 3. 배출권의 시장 조성 및 시장 안정화

CONTENTS

PART 01 기후변화의 이해

Section 01 기후변화 과학 · 1-3
- 01 기후 및 기후시스템 ··· 1-3
- 02 기후변화의 원인 및 현상 ································· 1-8
- 03 온실가스의 종류 및 특성 ································· 1-23
- 04 기후변화의 취약성 및 적응 개요 ····················· 1-34

Section 02 기후변화 관련 국제 동향 · 1-45
- 01 기후변화 관련 국제기구 ································· 1-45
- 02 당사국(COP) 총회 ··· 1-57
- 03 교토의정서 ··· 1-66
- 04 국제 지침 ··· 1-76

Section 03 기후변화 관련 국내 동향 · 1-92
- 01 국가정책의 개요 ··· 1-92
- 02 국가 온실가스 감축목표 설정 ·························· 1-98
- 03 온실가스 목표관리제 ······································· 1-105
- 04 탄소배출권 거래제 ··· 1-114
- 05 기후변화 적응대책 ··· 1-123
- 06 국내·외 기후변화 현황 ···································· 1-128
- 07 국내·외 기후변화 전망 ···································· 1-130

PART 02 온실가스 배출원 파악

Section 01 산정 대상 온실가스 배출활동 ·· 2-3

Section 02 고정연소 및 이동연소 • 2-5
      01 고정연소 ·· 2-5
      02 이동연소 ·· 2-38

Section 03 시멘트 생산 ·· 2-63
Section 04 석회 생산 ·· 2-73
Section 05 탄산염의 기타 공정 사용 ·· 2-78
Section 06 유리 생산 ·· 2-87
Section 07 마그네슘 생산 ·· 2-91
Section 08 인산생산 ·· 2-96
Section 09 석유정제 활동 ·· 2-98
Section 10 암모니아 생산 ·· 2-109
Section 11 질산 생산 ·· 2-117
Section 12 아디프산 생산 ·· 2-125
Section 13 카바이드 생산 ·· 2-130
Section 14 소다회 생산 ·· 2-135
Section 15 석유화학제품 생산 ·· 2-142
Section 16 불소화합물 생산 ·· 2-153
Section 17 카프로락탐 생산 ·· 2-158
Section 18 철강 생산 ·· 2-162

CONTENTS

Section 19　합금철 생산 ··· 2-175

Section 20　아연 생산 ·· 2-182

Section 21　납 생산 ·· 2-190

Section 22　전자산업 ·· 2-195

Section 23　연료전지 ·· 2-200

Section 24　오존파괴물질(ODS)의 대체물질 사용 ······························· 2-202

Section 25　기타 온실가스 배출 ··· 2-214

Section 26　기타 온실가스 사용 ··· 2-221

Section 27　고형폐기물의 매립 ··· 2-222

Section 28　고형폐기물의 생물학적 처리 ·· 2-231

Section 29　하·폐수 처리 및 배출 ·· 2-236

Section 30　폐기물의 소각 ·· 2-246

Section 31　석탄 채굴 및 처리활동에서의 탈루 배출 ························· 2-262

Section 32　석유 산업에서의 탈루 배출 ·· 2-265

Section 33　천연가스 산업에서의 탈루 배출 ······································· 2-268

Section 34　외부에서 공급된 전기 사용 ·· 2-272

Section 35　외부에서 공급된 열(스팀)의 사용 ···································· 2-276

Section 36　이산화탄소 포집 및 이동 ·· 2-279

Section 37　연속측정방식에 따른 배출량 산정 ···································· 2-281

PART 03 온실가스 산정과 데이터 품질관리

Section 01 모니터링 계획 수립 • 3-3
    01 경계범위 일반 ··· 3-3
    02 조직경계 설정 ··· 3-6
    03 운영경계 설정 ·· 3-12
    04 모니터링 유형·방법 결정 ··· 3-14

Section 02 배출활동별 및 시설규모별 산정등급 최소적용기준 • 3-31

Section 03 품질관리/품질보증(QC/QA) • 3-35
    01 개요 ·· 3-35
    02 QC/QA의 목적 ·· 3-35
    03 QC/QA 활동 ·· 3-35

Section 04 불확도 • 3-44
    01 개요 ·· 3-44
    02 불확도 관리의 중요성 ·· 3-45
    03 불확도의 종류 ·· 3-45
    04 불확도 산정절차 ·· 3-46
    05 불확도 원인 ··· 3-50
    06 불확도 저감방안 ·· 3-52
    07 불확도 정량화 ·· 3-53

Section 05 온실가스 검증 • 3-57

Section 06 검증기관 지정요건 • 3-75

Section 07 바이오매스 • 3-78

Section 08 배출량 산정 • 3-80

PART 04 온실가스 감축관리

Section 01 **감축목표 설정 및 감축관리** • 4-3
    01 감축목표 설정 ……………………………………………………………… 4-3
    02 기준배출량의 설정 ……………………………………………………… 4-9
    03 감축이행계획 작성/감축 이행 ………………………………………… 4-10
    04 감축사업에서의 베이스라인 시나리오 작성 ………………………… 4-13

Section 02 **감축정책 추진** • 4-19
    01 CDM 등의 감축사업 등록 및 감축량 검·인증 절차 ……………… 4-19
    02 목표관리제에서의 감축이행 절차 …………………………………… 4-25
    03 배출권거래제에서의 감축사업 등록 및 검·인증 …………………… 4-29

Section 03 **온실가스 감축기술** • 4-36
    01 온실가스 감축기술(방법) 개요 ………………………………………… 4-36
    02 감축기술의 분류 ………………………………………………………… 4-36
    03 온실가스 감축방법 ……………………………………………………… 4-38
    04 신재생에너지의 이용 …………………………………………………… 4-46
    05 탄소상쇄 프로그램 ……………………………………………………… 4-66
    06 CCS(Carbon Capture and Storage) : 탄소포집 및 저장 ………… 4-69

Section 04 **감축프로젝트 이해** • 4-78
    01 감축기술 및 프로젝트 이해 …………………………………………… 4-78
    02 감축 프로젝트 유형 ……………………………………………………… 4-80
    03 유형에 따른 배출원, 흡수원 …………………………………………… 4-83

Section 05 **감축프로젝트 개발** • 4-85
    01 감축프로젝트의 기존 방법론 …………………………………………… 4-85
    02 감축프로젝트 신규방법론 개발 ………………………………………… 4-89
    03 감축프로젝트의 추가성 분석 …………………………………………… 4-94

Section 06 베이스라인 시나리오 작성 • 4-103

01 베이스라인 시나리오 결정 ·· 4-103
02 베이스라인 방법론의 개념 ·· 4-105
03 베이스라인 방법론의 구성 ·· 4-106
04 베이스라인 배출량 및 제거량 산정 ·· 4-109
05 사업 후 예상 배출감축량 및 제거량 산정 ·· 4-110

Section 07 사업계획서 작성 및 등록 • 4-111

01 사업 전후 공정분석 ··· 4-111
02 사업계획서 작성 ··· 4-115

Section 08 모니터링 계획서 작성 • 4-118

01 개요 ·· 4-118
02 사업계획서 포함 내용 ··· 4-118

Section 09 사업계획서 등록 • 4-119

01 개요 ·· 4-119
02 등록절차 ·· 4-119

Section 10 모니터링 자료수집 • 4-122

01 모니터링 자료 및 정보의 정의 ·· 4-122
02 모니터링 측정위치 및 측정방법 ·· 4-122

Section 11 모니터링 자료수집 및 특징 • 4-124

01 개요 ·· 4-124
02 모니터링 절차 ··· 4-124
03 모니터링 시스템 구축의 신뢰성 향상을 위한 검토 문서 ················ 4-124

Section 12 배출량 산정 계획 작성방법 • 4-125

Section 13 모니터링 결과 데이터 관리 및 품질관리 • 4-127
    01 개요 ··· 4-127
    02 모니터링 데이터의 품질관리 프로젝트 데이터 품질 개선 내용 ········· 4-127
    03 모니터링 관련 일반적인 품질관리 방법 ··· 4-127

Section 14 감축실적보고서 작성 및 검인증 절차 • 4-129
    01 개요 ··· 4-129

PART 05. 온실가스 관련법규

Section 01 기후위기 대응을 위한 탄소중립 · 녹색성장 기본법 ······················ 5-3
Section 02 기후위기 대응을 위한 탄소중립 · 녹색성장 기본법 시행령 ··········· 5-37
Section 03 온실가스 목표관리 운영 등에 관한 지침 ······································ 5-76
Section 04 온실가스 배출권의 할당 및 거래에 관한 법률 ···························· 5-112
Section 05 온실가스 배출권의 할당 및 거래에 관한 법률 시행령 ················ 5-132
Section 06 온실가스 배출권거래제의 배출량 보고 및 인증에 관한 지침 ········ 5-167
Section 07 온실가스 배출권거래제 운영을 위한 검증지침 ····························· 5-219
Section 08 공공부문 온실가스 목표관리 운영 등에 관한 지침 ······················ 5-252
Section 09 외부사업 타당성 평가 및 감축량 인증에 관한 지침 ····················· 5-272
Section 10 (환경부) 온실가스 배출권거래제 조기감축실적 인정지침 ············ 5-298
Section 11 온실가스 배출권의 할당 및 취소에 관한 지침 ···························· 5-303
Section 12 신에너지 및 재생에너지 개발 · 이용 · 보급 촉진법 ····················· 5-315
Section 13 부록 : IPCC 가이드라인 관련 용어 ··· 5-324

PART 06 실전필수문제

Section 01 실전필수문제 ··· 6-3

PART 07 과년도 기출문제

Section 01 2017년 2회 기사 ·· 7-3
Section 02 2017년 4회 기사 ··· 7-26
Section 03 2018년 2회 기사 ··· 7-53
Section 04 2018년 4회 기사 ··· 7-78
Section 05 2019년 2회 기사 ·· 7-100
Section 06 2019년 4회 기사 ·· 7-124
Section 07 2020년 2회 기사 ·· 7-150
Section 08 2020년 4회 기사 ·· 7-174
Section 09 2021년 2회 기사 ·· 7-200
Section 10 2021년 4회 기사 ·· 7-224
Section 11 2022년 2회 기사 ·· 7-248
Section 12 2022년 4회 CBT 복원·예상문제 ·· 7-273
Section 13 2023년 2회 CBT 복원·예상문제 ·· 7-299
Section 14 2023년 4회 CBT 복원·예상문제 ·· 7-324
Section 15 2024년 2회 CBT 복원·예상문제 ·· 7-348
Section 16 2024년 3회 CBT 복원·예상문제 ·· 7-371

PART 01

기후변화의 이해

SECTION 01 기후변화 과학

01 기후 및 기후시스템

1 기후

(1) 기후의 정의

① 대기 현상이 시간적·공간적으로 일반화되어 출현 확률이 가장 높은 대기의 상태를 의미하며 좁은 의미의 기후는 평균 기상을 말하고, 넓은 의미의 기후는 통계적 설명을 포함한 기후시스템의 상태를 말한다.(대기는 기후특성을 가장 분명하게 보여주는 기후 구성요소)
② 기상은 지표 위에서 시시각각으로 변하는 순간적인 대기의 물리적 현상이며 일기 또는 날씨를 의미한다.
③ 기후를 결정하는 가장 중요한 외부요인은 태양복사에너지이다.
④ 기후는 일반적으로 평균기상(Average Weather)으로 정의되며 세계기상기구(WMO)가 정한 기후 평균의 산출기간은 30년이다. 이 기간 동안 기온의 평균 및 변동성, 강수, 바람 측면에서 기술한다.

(2) 기후시스템

① 기후시스템은 대기권, 수권, 빙권, 지권 및 생물권으로 구성되며, 구성요소들 간의 물리과정, 상호작용, 에너지, 물 및 물질순환을 이룬다. 즉, 각 요소가 상호작용하며 끊임없이 변화하기 때문에 기후시스템은 자연적으로 변할 수 있다.
② 기후계는 대기, 육지, 눈, 얼음, 바다, 기타 수원, 생물체가 서로 복잡하게 상호작용하며 구성하고 있는 계(System)이다.
③ 기후시스템은 비선형적에 의한 카오스적인 특성을 나타낸 것으로 알려졌으며 기후 모델에는 기후과정 외에 인위적인 영향도 포함된다.
④ 대기권과 수권의 상호작용으로 발생하는 엘리뇨와 라니냐는 전지구 기후에 영향을 미친다.
⑤ 기후시스템 구성요소 사이의 에너지는 많은 쪽에서 적은 쪽으로 이동하여 새로운 균형을 이루려는 경향이 있다.

(3) 기후 인자

① 태양복사에너지의 강도 및 위도 변화

② 고·저기압의 위치
③ 해발고도 및 산맥
④ 해류 및 탁월풍

(4) 기후 요소(기본적 물리량)

기온, 바람, 강수, 습도, 운량, 일사량

2 기후변화

(1) 일반적 정의

현재의 기후계가 자연적·인위적 원인으로 인해 변화하는 것을 말하며 최근에는 대기뿐만 아니라 해양, 빙하, 지표면, 생태계 등에 나타난 변화도 기후변화에 포함되고 있다.

(2) IPCC(Intergovernmental Panel on Climate Change, 기후변화에 관한 정부 간 패널) 정의

기후 특성의 평균이나 변동성의 변화를 통해 확인 가능하고 수십 년 혹은 그 이상 오래 지속되는 기후상태의 변화로서 자연적·인위적 시간 경과에 따른 모든 기후변화로 정의하고 있다.

(3) UNFCCC(United Nations Framework Convention on Climate Change, 유엔 기후변화 협약) 정의

UNFCCC에서는 인간 활동에 의해 지구 대기의 조성을 변화시켜 상당 기간 동안 자연적 기후변동이 관측된 것이라고 정의하고 있다.

3 대기오염

(1) 일반적 정의

한 가지 혹은 그 이상의 물질이 옥외의 대기에서 인간 및 동식물, 재산에 위해를 줄 수 있는 양의 농도, 지속시간으로 존재하여 생활이나 재산의 향유 및 업무의 수행을 부당하게 침해하는 상태를 말한다.

(2) WHO(세계보건기구) 정의

대기 중에 인위적으로 배출된 오염물질이 한 가지 또는 그 이상 존재하여 오염물질의 양, 농도 및 지속시간이 어떤 지역의 불특정 다수인에게 불쾌감을 일으키는 상태를 말한다.

(3) 대기의 특징

① 지구 중력장(에너지)에 이끌려 지표를 덮고 있는 기체의 층으로 고도가 높아지면 대기가 적어진다.
② 공기는 물에 비해 탄성이 약하며, 약 0~50℃의 온도범위 내에서 보통 이상기체의 법칙을 따른다.
③ 공기의 절대습도란 절대적인 수증기의 양, 즉 단위부피의 공기 속에 함유된 수증기량의 값이며 수증기량이 일정하면 절대습도는 온도가 변하더라도 절대 변하지 않는다.

(4) 대기권의 구분

대기의 수직온도 분포에 따라 대류권, 성층권, 중간권, 열권으로 구분할 수 있다.
대기의 온도는 위쪽으로 올라갈수록 대류권에서는 하강, 성층권에서는 상승, 중간권에서 하강, 열권에서는 다시 상승한다.

① 대류권
  ㉠ 대류권은 지표에서부터 평균 11~12km까지의 높이이며 극지방으로 갈수록 낮아진다. 즉, 일반적으로 고위도 지방이 저위도 지방에 비해 대류권의 고도가 낮다.(적도 : 16~17km, 중위도 : 10~12km, 극 : 6~8km) 또한 겨울보다는 여름철에 보다 더 두껍다.
  ㉡ 구름이 끼고 비가 오는 등의 기상현상은 대류권에 국한되어 나타난다.
  ㉢ 대류권의 하부 1~2km까지를 대기경계층(행성경계층)이라 하고, 이 대기경계층의 상층은 지표면의 영향을 직접 받지 않으므로 자유대기라고도 부른다. 즉, 대류권의 자유대기는 행성경계층의 상층으로 지표면의 영향을 직접 받지 않는 층이다.
  ㉣ 대기경계층은 지표면의 마찰영향을 직접 받아서 기상요소의 일변화가 일어나는 층이다.
  ㉤ 대류권 기상요소의 수평분포는 위도, 해륙분포 등에 따라 다르지만 연직방향에 따른 변화는 더욱 크다.
  ㉥ 대류권에서는 고도가 높아짐에 따라 단열팽창에 의해 약 6.5℃/km씩 낮아지는 기온감률 때문에 공기의 수직혼합이 일어난다. 즉, 기층이 불안정하여 대류현상이 일어나기 쉽다. 또한 이 고도에서는 -55℃ 정도까지 하강한다.

② 성층권
  ㉠ 성층권의 고도는 약 11km에서 50km까지이다.
  ㉡ 성층권역에서는 고도에 따라 온도가 증가하고, 하층부의 밀도가 커서 안정한 상태를 나타낸다. 즉, 대기의 대류현상이 나타나지 않는다.(성층권계면에서의 온도는 지표보다는 약간 낮음)
  ㉢ 하층부의 밀도가 커서 매우 안정한 상태를 유지하므로 공기의 상승이나 하강 등의 연직운동은 억제된다.
  ㉣ 성층권에서 고도에 따라 온도가 상승하는 이유는 성층권의 오존이 태양광선 중의 자외선

을 흡수하기 때문이다. 즉, 성층권 상부의 열은 대부분 오존에 의해 흡수된 자외선복사의 결과이다.

ⓜ 오존층
- 오존농도의 고도분포는 지상 약 20~25km 내에서 평균적으로 약 10ppm(10,000ppb)의 최대농도를 나타낸다.
- 오존의 생성 및 분해반응에 의해 자연 상태의 성층권 영역에서는 일정한 수준의 오존량이 평형을 이루어, 다른 대기권 영역에 비해 오존 농도가 높은 오존층이 생긴다.
- 지구 전체의 평균오존량은 약 300Dobson 전후이지만, 지리적 또는 계절적으로는 평균치의 ±50% 정도까지 변화한다.
- 290nm 이하의 단파장인 UV-C는 대기 중의 산소와 오존분자 등의 가스 성분에 의해 그 대부분이 흡수되어 지표면에 거의 도달하지 않는다.
- 오존층에서는 오존의 생성과 소멸이 계속적으로 일어나면서 오존의 농도를 유지한다.

📖 Reference **Dobson Unit(DU)**

1Dobson은 지구 대기 중 오존의 총량을 0℃, 1기압의 표준상태에서 두께로 환산했을 때 0.01mm($10\mu m$)에 상당하는 양을 의미한다. 즉, $10\mu m$ 두께의 오존을 지표에 깔 수 있을 정도의 오존의 양을 말하며 이는 평방 미터당 2.69×10^{20}개의 오존원자가 있는 정도이다.

③ 중간권
㉠ 중간권의 고도는 약 50km에서 90km까지이다.
㉡ 고도에 따라 온도가 낮아지며, 지구대기층 중에서 가장 기온이 낮은 구역이 분포한다.
㉢ 대기층에서 가장 낮은 온도를 나타내는 부분은 중간권의 상층부분으로 약 -90℃에 달한다.
㉣ 대기가 불안정하여 점진적으로 대류현상이 나타나지만, 수증기가 거의 없으므로 기상현상은 일어나지 않는다.
㉤ 유성체(Meteoroid)로부터 지구를 보호하는 역할을 한다(마찰에 의해 중간권에서 연소).

④ 열권
㉠ 열권의 고도는 약 80km 이상이다.
㉡ 질소나 산소가 파장 $0.1\mu m$ 이하의 자외선을 흡수하기 때문에 온도가 증가한다.
㉢ 대기의 밀도가 매우 작기 때문에 충돌에 의한 에너지 전달과정이 없다.
㉣ 이온과 자유전자들이 분포하며 전기적 현상(전리층, 오로라)이 발생한다.
㉤ 공기가 매우 희박하여, 낮과 밤의 기온차가 심하다.
㉥ 분자의 운동속도가 커서 고온을 형성하더라도 우리의 피부에 충돌하는 분자의 수가 매우 적어서 뜨겁게 느껴지지 않는다.

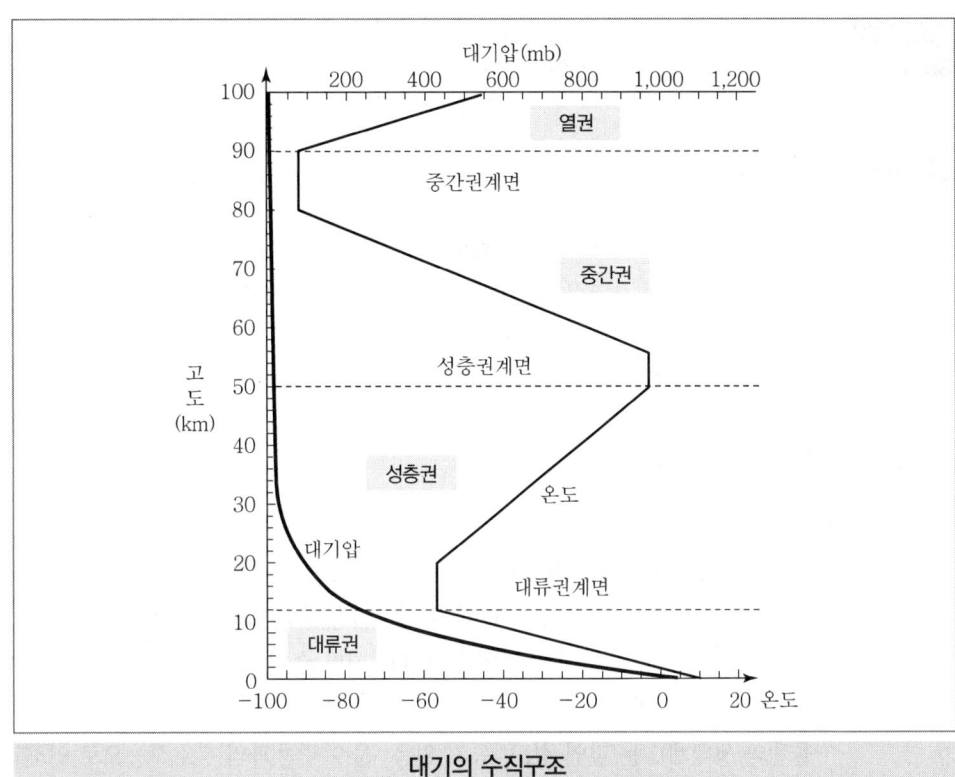

대기의 수직구조

| 건조공기의 성분조성비 및 체류시간(0℃, 1atm) |

성분	농도(체적)	체류시간
N_2(질소)	78.09%	4×10^8 year
O_2(산소)	20.94%	6,000 year
Ar(아르곤)	0.93%	주로 축적
CO_2(이산화탄소)	0.035%	7~10 year
SF_6(육불화황)	6.5ppt	50,000 year
He(헬륨)	5.20ppm	주로 축적
H_2(수소)	0.4~1.0ppm	4~7 year
CH_4(메탄)	1.5~1.7ppm	3~8 year
CO(일산화탄소)	0.01~0.2ppm	0.5 year
H_2O(물)	0~4.0ppm	변동성
O_3(오존)	0.02~0.07ppm	변동성
N_2O(아산화질소)	0.05~0.33ppm	5~50 year
NO_2(이산화질소)	0.001ppm	1~5 day
SO_2(아황산가스)	0.0002ppm	1~5 day

※ 대류권 건조대기의 부피농도 크기순서(표준상태에서 건조공기 조성)
  $N_2 > O_2 > Ar > CO_2 > Ne > He > CO > Kr > Xe$

02 기후변화의 원인 및 현상

1 기후변화의 원인

- 기후변화는 기후시스템의 과정에 대응하여 일어난다.
- 기후변화의 원인은 크게 자연적 원인과 인위적 원인으로 구분되며 지구의 태양 주기 순환, 해양 해류 흐름의 변화, 몬순현상 등이 있다.
- 지구의 기후체계는 빙하기와 간빙기를 반복해 왔고, 그 변화의 폭도 ±6℃ 정도였다.

(1) 자연적 원인

① 내적 요인

　㉠ 기후시스템의 변화를 의미한다.
　㉡ 기후시스템 요소의 변화와 요소 간의 상호작용에 의해서 발생한다.
　㉢ 기후시스템은 대기, 육지, 눈, 얼음, 바다, 기타 수원, 생물체가 서로 복잡하게 상호작용하고 있다. 즉, 대기가 기후시스템 내의 해양, 빙하, 육지, 이들의 특징(식생, 반사도, 생물체와 생태계), 눈 덮인 정도, 육지 얼음, 물수지 등과의 상호작용으로 인해 기후변화가 일어난다.
　㉣ 기후시스템의 주요 구성요소(5대 구성요소 : 대기권, 수권, 빙권, 지권, 생물권)들이 각기 상호작용으로 인해 끊임없이 변화하므로 기후변화가 일어난다.
　㉤ 기후시스템을 움직이는 에너지원은 태양으로부터 받은 복사에너지이다.
　㉥ 해류의 순환에 영향을 주는 요소는 바람, 수온, 밀도이다.
　㉦ 기후강제력은 기후시스템을 움직이는 요소이다.

② 외적 요인

　㉠ 주로 화산 폭발에 의한 태양에너지의 변화를 의미하며, 성층권의 에어로졸 증가, 태양흑점의 수 주기적 변화에 따른 태양복사에너지 변화, 태양과 지구의 천문학적 상대위치(지구의 공전궤도 변화)에 따른 기후변화도 외적 요인으로 볼 수 있다.
　㉡ 기후계 내부 역학의 영향과 기후에 영향을 주는 외부 인자들의 변화로 인해 기후계는 시간이 지나면서 발달하게 된다.(밀란코비치 효과)
　㉢ 화산 분출물이 성층권까지 상승하여 수개월~수년 동안 체류하면서 태양복사를 흡수하여 성층권의 온도는 상승하나 대류권에 도달하는 태양복사는 감소되어 대류권의 기온은 하강된다.
　㉣ 화산분출 시 화산재나 미세먼지 등이 장기간 대기 중에 부유하면 태양복사를 차단하여 기온이 낮아진다.

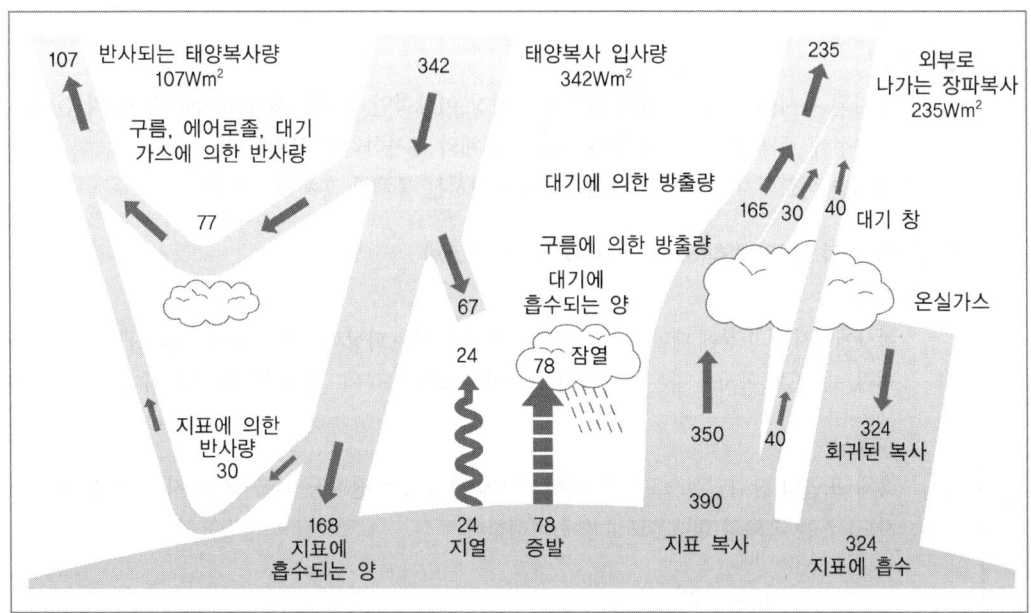

※ 지구의 연간 지구평균, 에너지균형 추정. 장기적으로, 지구와 대기에 입사되는 태양복사의 양은 지구와 대기가 외부로 방출하는 동량의 장파복사에 의해 균형이 유지된다. 입사되는 태양복사의 약 절반이 지표에 흡수된다. 이 에너지는 지표에 접하는 공기의 가열, 증발, 구름과 온실가스에 흡수되는 장파복사에 의해 대기에 전달된다. 이에 대기는 다시 지구와 우주로 장파복사를 방출한다.

출처 : Kiehl & Trenberth(1997)

> **Reference** 태양복사(Solar Radiation)

1 태양에너지
① 태양에너지는 지구상에 미치는 에너지의 근원이며 기후계의 동력원이다.
② 태양은 고온의 가스로 구성되어 있고 계속적인 핵융합으로 에너지가 생성된다.
③ 태양의 평균 표면온도는 약 6,000°K 정도이다.

2 태양상수
① 정의
　지구의 대기권 밖에서 햇빛(태양광선)에 수직인 $1cm^2$의 면적에 1분 동안 들어오는 태양복사에너지의 양을 말한다.
② 태양상수의 값
　$2cal/cm^2 \cdot min(1,380W/m^2)$
③ 지표에 도달하는 태양복사에너지(E)
　지표면 $1cm^2$의 면적이 1분 동안 받는 평균복사에너지

3 흑체
① 입사된 복사에너지를 완전히 흡수하는 가장 이상적인 물체를 흑체(Black Body)라 한다.
② 지구상에 존재하는 물체의 복사 특성은 흑체와 유사하다고 간주한다.
③ 주어진 온도에서 이론상 최대에너지를 복사하는 물체를 흑체라고 한다.

4 스테판-볼츠만의 법칙(Stefan-Boltzmann's Law)
① 정의
　복사에너지 중 파장에 대한 에너지 강도가 최대가 되는 파장과 흑체의 표면온도의 관계를 나타내는 법칙. 즉, 흑체 복사를 하는 물체에서 방출되는 복사강도는 그 물체의 절대온도의 4승에 비례한다.

② 관련식
　흑체 표면의 단위면적으로부터 단위시간에 방출되는 전파장의 복사에너지의 양(흑체의 전복사도) E는 흑체의 절대온도 4승에 비례한다.

$$E = \sigma T^4$$

　여기서, E : 흑체 단위표면적에서 복사되는 에너지
　　　　T : 흑체의 표면 절대온도
　　　　σ : 스테판-볼츠만 상수($5.67 \times 10^{-8} W/m^2 \cdot K^4$)

5 빈의 변위법칙(Wien's Displacement Law)
① 정의
　최대에너지 파장과 흑체 표면의 절대온도는 반비례함을 나타내는 법칙으로 파장의 길이가 작을수록 표면온도가 높은 물체이다.

② 관련식

$$\lambda_m = \frac{2,897}{T}$$

　여기서, λ_m : 복사에너지 중 에너지 강도가 최대가 되는 파장(μm)
　　　　T : 흑체의 표면온도(K)

6 플랑크의 법칙(Planck's Distribution Law of Emission)
① 정의
　흑체로부터 복사되는 에너지 강도를 표면온도와 파장의 함수로 나타내며 방정식으로 표현된다.

② 관련식
　흑체에서 복사되는 에너지 중 파장 λ와 $\lambda + \Delta \lambda$ 사이에 들어 있는 에너지양을 E_λ라 하면

$$E_\lambda = C_1 \lambda^{-5} [\exp(C_2/\lambda T) - 1]^{-1}$$

$$E_\lambda = \frac{2\,hc^2}{\lambda^5 [\exp(hc/k\lambda T)] - 1}$$

$$E_\lambda = hv = h\frac{C}{\lambda}$$

여기서, E_λ : 파장이 λ인 복사에너지의 에너지 강도
　　　　T : 흑체의 표면온도(K)
　　　　C : 빛의 속도(3.0×10^8m/sec)
　　　　h : Planck's 상수
　　　　k : Boltzmann's 상수
　　　　v : 진동수
　　　　C_1, C_2 : 상수

7 복사평형
① 정의
지구가 흡수하는 태양복사에너지와 지구표면에서 방출되는 지구복사에너지가 평형상태를 이루어 지구의 평균기온이 일정하게 유지된다는 의미이다.

② 비어-램버트의 법칙(Beer-Lambert's Law)
　㉠ 정의
　　어떤 매질을 통과하는 빛의 복사속밀도는 통과한 거리에 따라 지수적으로 감소함을 나타내는 법칙이다.
　㉡ 관련식
　　대기층을 통과하는 동안의 태양복사의 감쇄는 K, ρ, S에 좌우되며 K는 대기층에 있는 조성물질의 성분에 영향을 받는다.

$$I = I_0 \exp(-K\rho S)$$

여기서, I : 매질로 입사 후 빛의 복사속밀도
　　　　I_0 : 매질로 입사 전 빛의 복사속밀도
　　　　K : 감쇄계수
　　　　ρ : 매질의 밀도
　　　　S : 통과거리

8 알베도(Albedo)
① 정의
　㉠ 지구지표의 반사율을 나타내는 지표. 즉, 알베도는 입사에너지에 대하여 반사되는 에너지를 의미하며, 지구에 입사되는 태양복사에너지 중 대기분자의 산란으로 6%, 구름의 반사가 20%, 지표면의 반사가 4% 정도로서, 약 30%(31%)의 알베도를 가진다.

㉡ 우주공간으로부터 지구에 도달하는 복사에너지를 100%로 하면 대기의 산란, 지표면의 반사로 인해 바로 우주로 방출되는 에너지를 제외한 지표와 대기에서 흡수되는 양은 약 69% 정도이다.
㉢ 반사(방사)되지 않고 지구에 흡수되는 70% 정도의 에너지가 지구온도의 직접적인 원인이다.
㉣ 극지방의 빙하가 녹게 되면 눈과 얼음에 덮여 있던 육지와 수면이 드러나 지표면 온도의 상승이 가속화되는데, 그 이유는 지구의 알베도가 감소하기 때문이다.

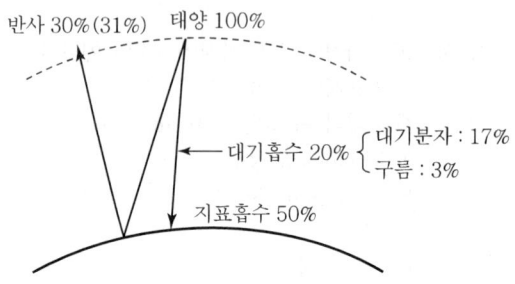

② 지구의 열수지(Heat Budget)
지구는 대기와 지표면이 흡수하는 태양복사에너지의 양과 방출하는 지구복사에너지의 양이 균형을 이룬다는 의미이다.

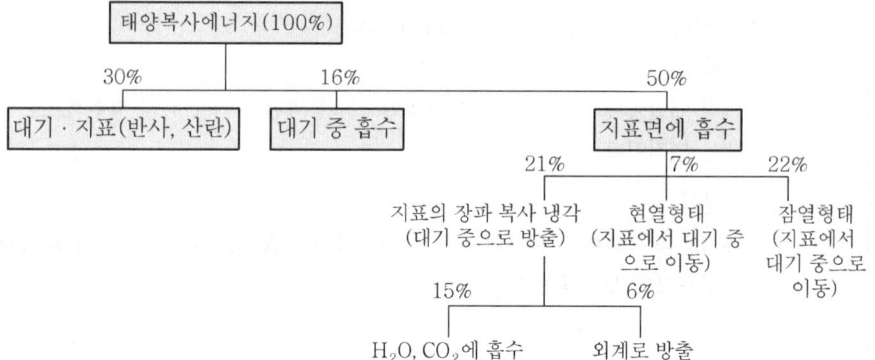

9 지구 복사 균형이 변하게 되는 요인
① 태양복사 입사량의 변화
  ㉠ 지구궤도 변화
  ㉡ 태양 자체의 변화
② 태양복사가 반사되는 비율(Albedo)의 변화
  ㉠ 운량의 변화
  ㉡ 대기입자의 변화
  ㉢ 식생의 변화
③ 지구에서 외부로 돌아가는 장파(적외선) 복사의 변화
  온실가스농도의 변화

> **Reference** 기후시스템에서 구름의 영향

① 구름은 지구에너지의 평형, 특히 자연적 온실효과에 있어서 중요한 역할을 한다.
② 구름은 적외복사를 흡수하고 방출하면서 온실가스와 같이 지표를 따뜻하게 하는 데 기여하지만, 대부분 구름은 밝은 반사체로서 태양복사를 반사하여 기후시스템을 냉각시킨다.
③ 현 기후시스템에서 구름은 평균적으로 약한 냉각효과를 갖고 있어 온실효과보다는 태양복사를 반사하는 효과가 더 크다.
④ 높은 구름이 증가하면 지구복사에너지를 더 많이 흡수하고 낮은 구름이 증가하면 온난화 효과가 적다.
⑤ 현재까지는 온난화로 높은 구름이 증가할 가능성이 지배적인 것으로 알려져 있다.
⑥ 구름의 복사강제력(Cloud Radiative Forcing)
  모든 하늘 상태의 지구복사수지와 맑은 하늘의 지구복사수지의 차이를 말함(w/m^2)

> **Reference** 파스퀼 안정도수(PSC ; Pasquill Stability Class)

① 주간에는 일사강도와 풍속, 야간에는 운량과 풍속으로부터 6단계, 즉 매우 불안정한 A등급부터 매우 안정한 F등급으로 분류하여 대기확산모델의 입력자료용으로 가장 널리 사용된다.
② 비교적 정확하고 계산에 필요한 기상관측이 용이하며 지상 10m 고도에서 풍량, 풍속, 운량, 운고로부터 계산된다.

(2) 인위적 요인

온실가스와 에어로졸의 농도변화를 고려하여 인위적 강제력으로 20세기 후반의 온난화를 모의할 수 있다.

① 인위적 온실가스 배출(농도) 증가 : 강화된 온실효과
  ㉠ 이산화탄소(CO_2)는 대표적 온실가스로 화석연료 연소과정에서 배출되며 산업혁명 이후 농도는 280ppm에서 340~350ppm 정도로 높아졌으며, 최근의 증가세는 더욱 두드러지고 있다.
  ㉡ 이산화탄소(CO_2), 메탄(CH_4), 아산화질소(N_2O)의 전 지구 대기 농도는 1750년 이래 인간 활동으로 인한 증가 추세가 뚜렷이 나타난다.
  ㉢ 온실가스 농도 증가와 동일하게 대기의 온도도 같이 증가하므로 온실가스와 기후변화의 연관성은 밀접한 관계가 있다.

② 에어로졸(Aerosol) 배출 증가에 의한 효과
  ㉠ 에어로졸은 크게 인류기원 에어로졸과 자연기원 에어로졸로 나눌 수 있다. 주로 산업화로 인한 에어로졸이 대기 중으로 배출되며, 에어로졸의 크기는 수백 나노미터부터 수십 마이크로미터에 이르기까지 범위가 넓다.

ⓛ 에어로졸(주로 황산염, 유기탄소, 검댕, 질소산화물, 분진)에 의한 직·간접 복사강제력 변화는 기후변화를 유발한다.
　　ⓒ 에어로졸의 체류시간은 수일 정도이며 시공간적 분포는 오염배출원을 중심으로 넓다.
　　ⓔ 에어로졸은 불규칙한 친수성, 광학적 특성, 다른 종류의 에어로졸과 혼합 등의 복잡한 과정을 거치기 때문에 그 특성을 파악하기 어렵다.
　　ⓜ 에어로졸은 태양복사광을 차단, 산란시켜 대기를 냉각시키는 역할을 하며 빗물의 핵이 되기도 한다.(온실가스와 상반된 반응)
　　ⓗ 에어로졸에 의한 복사강제력은 매우 강한 지역적 유형을 나타내고 온실기체의 증가에 따른 지구온난화에 단기간 동안만 영향을 미친다.
　　ⓢ 에어로졸이 기후변화에 기여하는 세 가지 효과
　　　ⓐ 직접효과
　　　　태양방사나 지표면, 대기에서 반사되는 적외선 방사를 산란 또는 흡수하여 대기의 방사 수지를 변화시킨다.
　　　ⓑ 간접효과
　　　　에어로졸은 비구름의 핵인 응결핵이나 구름의 핵인 빙정핵 역할을 한다.
　　　ⓒ 준직접효과
　　　　방사 흡수성 에어로졸이 주변 대기를 가열시켜서 대기 안정도의 변화나 포화 증기압의 변화에 의해 구름 생성에 영향을 준다.

③ 산림벌채(파괴)
　　⊙ 산림 파괴의 주된 원인은 도로의 건설, 벌목, 농업의 확장, 땔감으로의 산림 사용 등이다.
　　ⓛ 산림은 종의 서식과 생물 다양성의 보존, 기후와 물의 순환, 영양분의 순환에 의해 인류 생명 유지 시스템의 일부로서 역할을 담당하고 있다.
　　ⓒ 대규모 산림 제거는 온실가스인 CO_2 흡수원을 제거함으로 인하여 자연계에 있어서도 흡수원이 감소된다.
　　ⓔ 대규모 산림벌채는 불이나 대기 중으로 매우 많은 양의 CO_2를 배출하여 온실효과에 영향을 미쳐 지구온난화를 더욱 촉진한다.
　　ⓜ 산림벌채에 따른 강수량 변화는 산림·농업에 부정적인 영향을 미치고, 이로써 기후변화를 초래하게 된다.

④ 지표면(토지) 피복의 변화
　　⊙ 지표면의 변화는 지표면의 반사율 변화를 유발시켜 기후변화를 초래한다.
　　ⓛ 과잉 토지 이용, 즉 도시화·산업화로 인한 건축물 증가가 원인이다.

> **Reference** 인위적인 지구온난화 현상에 대한 논란
>
> ① 윌리엄 루디만은 지구는 중세 소빙기 이래 빙하기로 가는 추세에 있는데 현재 인위적인 요인에 의해 온난화 현상이 일어나고 있다고 본다.
> ② 윌리엄 루디만은 약 2만 년 전부터 시작되었던 간빙기가 약 8천 년 전에 끝나고, 자연적인 기후변화 추이는 다시 장기적인 빙하기를 향하고 있다고 한다.
> ③ 제임스 러브록은 현재 지구는 오랜 빙하기에서 간빙기로 이행하고 있으며 태양도 보다 더 뜨거워지고 있다고 한다.
> ④ 인위적 요인에 의한 지구온난화 주장에 대해 회의적인 견해를 표명하거나 지구가 더워지고 있다는 사실 그 자체에 대해서 반대하는 견해도 있다.

2 기후변화 현상

(1) 기후변화의 영향

① 기후변화의 영향이란 기후변화로 인하여 자연계와 인위적 시스템에 나타나는 변화를 의미한다.
② 기후변화 영향은 적응 여부에 따라 잠재적 영향(Potential Impact)과 잔여 영향(Residual Impact)으로 구분한다.
③ 잠재적 영향이란 적응을 고려하지 않았을 경우 예측되는 기후변화 영향을 의미한다.
④ 잔여 영향이란 적응이 이루어진 이후에 예측되는 기후변화 영향을 의미한다. 즉, 적응으로 회피될 수 있는 영향부분을 제외한 영향을 말한다.
⑤ 기후변화는 물 수급 및 에너지 수급에 영향을 미치고 인구 이동의 가속화를 가져올 것이다.
⑥ 기후변화는 육상과 해상 수송 부문에 영향을 미치고 산업구조의 변화도 가져와서 에너지집약산업에 부정적인 영향을 주고 건강과 보건 문제도 야기할 것이다.
⑦ 기후변화의 영향은 지역적으로 다르게 나타나며, 지구온난화는 선진국보다는 개도국에서 더 심각하다.

(2) 자연계 영향

① 남·북극의 빙하 감소
  ㉠ 연평균 북극해의 빙하면적은 10년 동안 약 2.7% 감소했다.
  ㉡ 산악빙하와 적설평균은 남반구와 북반구에서 모두 감소했다.
  ㉢ 눈과 얼음은 태양 빛을 반사하여 지구온난화를 줄여주지만, 해수는 태양열을 흡수하여 온난화를 가속시킨다.
  ㉣ 해수 온도가 상승하면서 얼음이 녹는 속도는 점점 빨라지고 있다. 결국 임계점에 도달하면 나머지 얼음이 급격하게 녹아내려 해수면이 상승, 섬 및 저지대 해안지역은 물에 잠기게 된다.

② 해수면 상승
　㉠ 지구는 기온과 해양 온도의 상승으로 인해 빙하가 용해되면서 해수면 상승이 불가피할 전망이며 기후변화와 해수면 상승으로 인해 해안 침식을 비롯한 위험도 커질 것이다(IPCC, 2007).
　㉡ 1980~1999년 대비 2090~2099년의 지구 평균기온은 최대 6.4℃, 해수면은 59cm 상승하리라 예측하고 있다.
　㉢ IPCC 보고서(2007)에 따르면 2080년대쯤에는 해수면 상승으로 현재보다 수백만 명 더 많은 사람들이 매년 홍수를 겪을 전망이다.
　㉣ 해수면 상승으로 해안선 200km 이내에 거주하는 세계 인구의 절반이 침식위험에 처해 있다.
　㉤ 오염된 해수로 인하여 지하수원의 오염이 증가하고 있다.

③ 생태계 변화
　㉠ 기후변화로 인하여 생태계 교란과 더불어 토지 사용 변화, 오염, 무분별한 개발 등이 결합하여 생태계의 자정능력을 초과하고 있다.
　㉡ 생물다양성이 크게 줄어들고, 생태계 상품(물, 먹이의 공급) 및 서비스에 매우 나쁜 결과를 나타낼 것이다.

④ 수자원
　㉠ 물은 대기권, 수권, 생물권, 지표면 등 기후시스템을 구성하고 있는 모든 요소가 포함되어 있으므로 기후변화는 여러 가지 메커니즘을 통해 물 분야에 다양한 영향을 미친다.
　㉡ 기후변화 현상이 수자원 요소(물 분야)에 미치는 영향

기후변화 현상	가능성	영향
저온일(Day) 감소·고온일(Day) 증가	거의 확실	• 고산 빙하 감소로 수자원에 영향 • 증발산량 증가
육지에서 열파 증가	매우 높음	수자원 수요 증가
호우 증가	매우 높음	• 지표 및 지하수 수질 악화 • 수자원 감소
가뭄지역 증가	높음	물 스트레스 증가
해수면 상승	높음	담수 자원의 감소

출처 : 기상청

　㉢ 기후변화에 따른 수자원의 직접적인 영향은 기온 상승으로 인한 가뭄과 강우량 및 강우강도 증가, 즉 강우패턴 변화로 인한 홍수가 빈번히 발생한다.
　㉣ 기후변화로 인하여 지구상의 많은 지역에서 작물 및 토양의 증발산량이 증가하였고, 이는 농업용수 부족 및 관개비용 증가 현상은 물론, 작황에까지 영향을 미쳐 기아 발생 문제를 야기하였다. 또한 지하수의 염수화, 지표 및 지하수의 수질을 악화시킨다.

ⓜ 개도국은 지속가능한 개발에 영향을 받고 또한 가난과 아동 사망자 수 증가를 나타낸다.
ⓑ 홍수 취약지역의 대응책으로 각종 구조물에 대한 대책을 보강하는 한편 국민의 방재의식에 대한 교육이 필요하다.
ⓢ 가뭄 취약지역의 대응책으로 안정적인 물 공급체계 구축, 수자원 추가 개발, 대체 수자원 시설 확대, 물 수요 관리에 의한 물 재이용 제고 등을 추진해야 한다.

⑤ 식량 자원
㉠ 최근 지구온난화의 영향으로 기상이변이 과거보다 많아지면서 주요 곡물 생산지역에서의 가뭄, 병충해, 폭우로 전 세계 식량 공급에 영향을 미치게 된다.
㉡ 저위도 지역, 특히 계절적으로 건조하고 열대성인 지역에서 작물 생산량이 감소할 것이다.

⑥ 이상기후
㉠ 최근 수년간 극심한 이상기후 현상이 일부 지역에서 빈번하게 발생하고 있으며 자연 생태계와 인간 사회에 직·간접적인 영향을 미치고 있다.
㉡ 기후변화와 극심한 이상기후 간의 상관관계를 명확히 구분하기에는 다소 어려움이 있지만 기후변화는 태풍 및 엘니뇨와 관계가 있는 것으로 알려져 있다.
㉢ 21세기에 발생할 것으로 예상되는 이상기후현상 및 주요 영향

현상	21세기에 예상되는 이상 기후현상과 발생 가능성	예상되는 주요 영향
단순한 이상 기후	최고 기온의 상승, 모든 지역에서 무더운 일수와 혹서기간 증가 (가능성이 매우 큼 : 90~99%)	• 고령자와 도시 빈곤층의 사망률 및 중증질환 발생률 증가 • 가축 및 야생동물에 대한 혹서 스트레스 증가 • 여행 목적지 변경 • 많은 곡물에 대한 피해 위험 증가 • 전기냉방 수요 증가 및 에너지 공급 신뢰성 감소
	최저 기온의 상승, 모든 지역에서 추운 일수와 한파기간 증가 (가능성이 매우 큼 : 90~99%)	• 추위 관련 인간의 사망률 감소 • 일부 곡물에 대한 피해위험 감소, 여타 곡물에 대해서는 피해위험 증가 • 일부 질병 병균 매개체의 범위와 활동 확산 • 난방에너지 수요 감소
	보다 집중적인 호우 (많은 지역에서 가능성이 매우 큼 : 90~99%)	• 홍수, 산사태, 눈사태 등의 피해 증가 • 토양 부식 심화 • 홍수유량 증가로 일부 대수층 물 함유량 증대 • 정부 및 민간 홍수 보험 및 재난구조시스템에 대한 압력 증가

현상	21세기에 예상되는 이상 기후현상과 발생 가능성	예상되는 주요 영향
복잡한 이상 기후	대부분의 중위도 내륙에서의 혹서 피해와 한발 위험 증가 (가능 : 66~90%)	• 곡물 수확 감소 • 지반 침하로 인한 건물 기초 약화 피해 증가 • 수자원 양의 감소 및 질의 저하 • 산불화재 발생 위험 증가
	열대지역의 최대 풍속 사이클론과 평균 및 최고 강수량 발생 빈도의 증가 (일부 지역에서 가능 : 66~90%)	• 인간생명에 대한 위험, 질병 발생 및 기타 위험 증가 • 연안 침식 및 연안 건물과 기반시설에 대한 피해 증가 • 산호초, 망그로브와 같은 연안 생태계에 대한 피해 증가
	많은 지역에서 엘니뇨와 관계된 한발과 홍수의 심화 (가능 : 66~90%)	• 한발 및 홍수 빈발지역의 농산물 및 목축생산성 하락 • 한발지역의 수력 발전량 감소
	아시아 하절기 몬순 강수량 변동성 증대(가능 : 66~90%)	아열대 지역의 홍수 및 한발 규모 증대와 이에 따른 피해 증대
	중위도 지역 폭풍의 강도 증가	• 인간의 생명 및 건강 위험 증가 • 자산 및 인프라 구조 손실 증가 • 연안 생태계 피해 증가

출처 : Climate Change 2001 – Impacts Adaptation and Vulnerability, IPCC, 2001

⑦ 환경보건

㉠ 기후변화가 인체의 건강에 미치는 영향은 폭염, 홍수 등 기상재해와 같은 직접적 건강 영향과 대기오염, 동물 매개 전염병, 수인성, 식품 매개 전염병 등의 간접적 건강 영향으로 분류할 수 있다.

㉡ 기후변화 관련 요인이 인체 건강에 미치는 영향

분야	건강 영향
폭염	폭염으로 인한 사망, 질병 및 상해로 고통 받는 사람 수 증가
기상재해	홍수, 폭풍, 화재, 가뭄으로 인한 사망, 질병, 상해로 고통 받는 사람 수 증가
동물 매개 전염병	• 계속되고 있는 일부 전염병 매개 동물들의 서식 범위 변화 • 말라리아에 미치는 혼합 영향 : 일부 지역에서는 지리적 범위가 축소되지만, 또 다른 지역에서는 확대, 전염 계절도 바뀜 • 뎅기열의 위험에 처한 인구 증가
대기오염	지상의 오존 농도 증가에 의한 심장 및 호흡기 관련 질병과 사망률 증가
물 식품 매개 전염병	설사병에 의한 부담 증가
기타	• 어린이의 성장과 발달에 영향을 주는 영양실조 및 관련 질환 증가 • 세계적 온도 증가에 의해 특히 개발도상국의 폭염에 의한 사망자 감소와 같은 순기능이 발생하나 이러한 순기능들을 넘어서는 악영향의 발생 가능성 존재

출처 : IPCC 4차 보고서, 2007

ⓒ 기후변화는 온대지역에는 긍정적 효과(한파에 의한 사망자 수 감소)를 가져다 줄 수 있으나, 아열대성 지역(아프리카 지역)에서는 말라리아의 발생범위 및 전달 잠재력의 변화 같은 부정적인 결과를 유발한다.
ⓔ 전반적으로 기온 상승은 긍정적 이득보다 부정적 영향을 더 많이 줄 것으로 예상되며, 특히 개도국의 경우 이러한 현상이 더욱 심화될 것이다.
ⓜ 지구온난화가 진행됨에 따라 여름철 폭염의 빈도수는 증가할 것이고 이에 따라 혹서로 인한 사망자 수도 증가하며, 도시의 열섬현상, 습도증가, 대기오염과 같은 요인들에 의해 더욱 강화될 것이다.

(3) 산업계 영향

① 지구온난화가 지속되고 현재 기후변화 관련 국제협약의 강도가 점점 강해지므로 산업계에 미치는 영향은 점차 증가할 것이다.

② 기후변화로 인한 산업체의 분야별 위험요소

구분	위험요소
물리적	기상 이변 때문에 발생하는 재해파손, 질병 및 전염병, 생산 입지의 매력도 변화 등
제도적	온실가스 및 기타 환경 규제, 환경 공시의 압박 때문에 규제 준수 비용이 증가하고 기존 사업 관행이 한계에 봉착할 위험
평판적	생태 환경 및 기후 문제와 관련해 소비자, 사회단체, 투자자 등 이해관계자들의 산업 인식이 변하면서 발생하는 영향
신사업	기후변화의 진전에 따라 기존 기술, 제품, 사업 등이 위협받고 환경친화적, 온실가스 감축적, 에너지 효율적인 신기술, 신제품, 신사업 등이 힘을 얻는 것을 말함
경쟁적	위의 영향들이 산업의 경쟁 구도에 미치는 종합적 결과

출처 : Lehman Bros. 발표 인용

③ 기후변화가 산업체에 미치는 영향
ⓐ 산업체 경쟁력에 미치는 영향
  ⓐ 기후변화로 인하여 기존 산업의 수의 구조가 변경되므로 산업체 경쟁력에 변화가 예상된다.
  ⓑ 산업체의 영향은 온실가스 관련 환경규제에서 출발하여, 산업구조가 재편되고 새로운 시장이 형성되는 형태로 전개될 것이다.
  ⓒ 친환경 신소재 및 대체재 산업, 신재생에너지 및 청정연료 관련 산업, 에너지 효율 제고 및 관리 산업, 온실가스 저감기술 등의 분야가 각광을 받을 것이다.
  ⓓ 기후변화와 관련된 컨설팅 등의 서비스업, 탄소배출권과 관련된 금융산업도 유망하다 할 수 있다.

ⓒ 산업체 평판에 미치는 영향
　　ⓐ 기후 문제와 관련하여 녹색소비, 기업의 사회적 책임이 강조되면서 산업체에 대한 평가에 영향을 미치는 정도가 커질 것이다.
　　ⓑ 기후 문제에 미온적인 기업은 소비자, 사회단체, 투자자들로부터 외면을 받아 불매운동, 소송, 투자비중 축소 등의 위험에 처할 수 있다.

(4) 한반도의 기후변화 영향

① 한반도의 기후변화로 인한 환경적 영향으로는 작물생산량 감소, 생물다양성 감소, 게릴라성 집중호우 등이 있으며, 기온 상승을 동반한 폭염으로 인한 피해도 심각하게 나타나고 있다.
② 산업경제 및 문화양식 전반에는 에너지의 과다 소비 및 식생활 변화와 함께 새로운 주거양식 등의 도입으로 의식주 전반에 걸친 변화를 가져오고 있다.
③ 우리나라의 기후변화 진행속도는 세계 평균치보다 높게 나타나고 있다.
④ 최근까지 한반도에서 발생한 주요 홍수피해와 기상 상황을 살펴보면, 인명 피해는 줄어든 반면 재산 피해는 증가하는 경향을 보여주고 있다.
⑤ 최근 홍수피해가 발생한 기간 동안의 일일 기준 최대강우량은 증가하는 추세이며 일부 지역에 국지적으로 집중되어 있다.
⑥ 기후변화에 따른 각 부문별 영향

부문(분야)	영향
농·축산	• 작물재배 가능기간은 연장, 작물재배 가능지역도 북상 및 확대 • 재배 작목이 다양화되고 작목 선택의 폭이 커짐 • 벼의 품질 저하 및 생산량 감소, 적용품종과 재배방법에 상당한 변화 필요 • 맥류 안전재배지대 북상 및 수량 증가, 가뭄 및 동해 발생 • 채소류는 종류에 따라 생산량 증가 또는 감소 • 난지 과수(감귤, 유자, 참다래 등) 재배확대가 일반화, 현재 주작물인 온대 과수(사과, 배, 복숭아, 포도 등) 재배에는 어려움 발생 • 병해충 및 잡초 발생 증가 • 집약적으로 사육하는 가축의 열 스트레스 증가
대기	• 기후변화와 에어로졸의 피드백으로 구름 생성에 영향을 미치고 이는 기체상·입자상 변환 과정에 매우 중요한 영향을 줌 • 중국 사막화가 가속될 것으로 예측되면서 발원지로부터 황사의 장거리 수송에 의한 피해가 예상
원예·임업 (산림)	• 남부 해안지역의 동백나무가 서울을 포함한 중부 내륙지역까지 생육이 가능 • 한라산 정상 부근의 고산식물 8종(눈향나무, 돌매화나무, 시로미, 들쭉나무, 구름송이풀, 구름체꽃, 구름떡꽃, 솜다리)의 멸종 가능성 • 기온 2℃ 상승 시 난대 기후대가 중부지방까지 확대, 4℃ 상승 시 남한지역 대부분이 난대 기후, 남부 해안지역은 아열대 기후대로 변화

부문(분야)	영향
해양보전 및 수산업	• 제주도를 중심으로 한 남해안 해면 상승이 두드러짐(제주도 연간 0.4~0.6cm 정도의 상승 추이를 보임) • 해수면 기온상승은 비브리오균 등 미생물의 증식을 일으키고 해수나 해산물을 통한 질병 발생의 가능성을 증대 • 한류성 어종이 사라지고 열대성 어류 증가
산업부문 총괄	• 기온 상승과 극한 기온에 의한 다양한 질병의 발병 영향으로 의료 및 의약 산업, 발전 시설, 가스와 석유 생산에 영향 • 산업, 보험, 부동산, 건물과 건축 산업에 영향 • 기후변화는 새로운 시장과 사업 기회 및 고객 요구의 변화 등의 긍정적 효과도 있으나 여름에 냉각을 위한 물 공급 문제와 같은 부정적 효과도 있음
보건	• 2032~2051년 동안 기후변화로 인해 여름철 고온인 날 수 증가로 초과사망자 수 증가 • 오존 100ppb 증가 때마다 사망자 3~10% 증가 • 오존과 일산화탄소는 폐암의 위험을 각각 2.04, 1.46배 높임 • 기후변화에 따른 수질오염이 암, 심혈관계, 생식기계 질환 유발
생태계	• 평균기온이 약 2℃ 상승함에 따라, 남한 저지대의 상록활엽수림과 낙엽활엽수림이 북위 40도까지 북상하고, 남해안과 서해안 식생이 아열대로 변화 • 서해에서는 냉수성 어종이 자취를 감출 것으로 예측 • 쌀 수확량이 남부와 중부에서 3~4% 감소하는 반면, 북부지역에서는 증가 • 한라산 정상 부근의 고산식물 8종 멸종 가능성 예측
관광/레저	• 눈이 내리는 기간의 단축과 적설량의 감소로 인하여 눈 관련 산업(스키 관광 산업)에 부정적 영향 • 기온 상승에 따른 에너지(연료) 사용료 증가로 인한 관광비용의 증가
수자원	• 전반적으로 한강 유역이 위치해 있는 북쪽 유역들에서는 유출량이 증가하고, 남쪽에 위치한 낙동강 및 섬 권역에 위치한 유역들에서는 다소 감소할 것으로 전망 • 5대강 권역별 월별 변동성을 분석한 결과 대체적으로 가을(9~11월)과 겨울철(12~2월)은 유출량이 증가하고 봄철(3~5월)과 여름철(6~8월)에는 감소할 것으로 전망
재해	• 금강 유역에 대한 홍수 피해액 예측 결과 1970~2000년을 기준으로 2011~2040년에는 최고 169.1%, 2051~2080년에는 최고 291.5% 증가 • 해수면 상승으로 범람 가능 면적 약 2,643km²(전체 면적의 1.2%), 취약지역 거주인구 125만 명 정도가 피해 예상

출처 : 한국환경공단, 온실가스관리 전문인력 양성과정

3 기후변화의 일반적인 영향

① 내륙빙하에 의존하는 지역(주로 인도 및 중국일부, 남아메리카 안데스산맥 등)의 물부족을 심화시켜 저지대의 농업, 목축 및 생활용수의 공급이 어려울 것으로 예상된다.
② 지구온난화로 겨울 난방의 감소와 여름 냉방수요의 증대로 에너지 수급의 변동이 예상된다.
③ 선진국보다 개도국에 더 큰 타격이 예상되며, 개도국에서는 실질 GNP 성장률 감소가 예상된다.
④ 물 수급 불균형으로 인해 지역별 곡물 생산성 변화가 예상된다.

4 지구기온

(1) 지구온도의 변화를 나타내는 척도

① 해수면의 변화, 해양온도
② 빙하, 해빙
③ 위성온도 측정
④ 기후 대리변수(홍수, 가뭄, 혹서, 강풍, 대설 등)

(2) 지구의 평균온도

① 다른 행성과 달리 이산화탄소를 약 0.03% 정도 포함하고 있는 대기 덕분에 지구의 평균기온은 약 15℃ 이내의 생명체가 살기 적합한 곳이 되었다.
② 과학자들은 만일 지구상에 온실효과가 없다면 지구평균기온이 18℃ 정도일 것으로 추정하고 있다. 온실효과 덕분에 지구평균기온은 무려 33℃나 높아진 것이다.

03 온실가스의 종류 및 특성

1 온실효과(Greenhouse Effect)

① 태양으로부터 유입된 복사에너지는 지구표면으로부터 적외선으로 방사되며, 이를 지구 재복사 과정이라고 한다. 지구 재복사 과정에서 일부 적외선이 지구 바깥으로 나가지 못하고 지구 대기권 내에 머물러 대기의 온도가 점차적으로 상승되는 현상을 대기온실효과라고 한다.

② 지구 대기의 1% 미만을 구성하는 CO_2(온실 가스의 대기 중 성분비는 매우 적음)는 지구에 들어오는 짧은 파장의 태양에너지는 통과시키는 반면, 지구로부터 유출되는 긴 파장의 적외선 복사에너지는 흡수하여 지구 기온을 상승시키는 역할을 한다. 육지와 바다가 방출하는 열복사의 많은 부분이 구름을 포함해 대기에 흡수되어 다시 지구로 방출되는데 이것을 온실효과라고 한다.

③ 지구의 자연적 온실효과 때문에 지구상에 생명체의 존속이 가능하게 되지만 인간활동, 주로 화석연료의 연소와 산림제거로 인해 이 자연적 온실효과가 더욱 강화되므로 지구온난화(Global Warming)가 야기된다.

④ 대기에 소량으로 존재하는 CH_4, N_2O, 오존, 몇몇 다른 가스들도 온실효과에 기여한다.

⑤ 습한 적도지역에서는 공기에 수증기가 매우 많아 온실효과가 매우 크기 때문에 CO_2나 물이 소량 추가되어도 하향 적외선 복사에 미치는 직접적 영향은 작으나 춥고 건조한 극지역에서는 CO_2나 물이 소량만 증가해도 큰 효과가 생긴다. 이것은 춥고 건조한 대기 상층부에서도 마찬가지다.

⑥ 대기 상층부에서는 수증기량이 약간만 증가해도 지표 근처에서 수증기가 같은양으로 증가할 때보다 온실효과에 훨씬 큰 영향을 미친다.

⑦ 기후계의 몇몇 구성요소 중 해양과 생물체는 온실가스의 대기 농도에 영향을 준다. 가장 대표적인 예가 식물인데 식물은 광합성과정을 통해 대기로부터 CO_2를 흡수하고 그 CO_2와 물을 탄수화물로 전환시킨다.

⑧ CO_2 같은 온실가스가 대기에 더 많이 추가될수록 온실효과는 강화되어 지구 기후의 온난화도 심화된다.

⑨ 온난화의 양은 여러 피드백 메커니즘에 달렸다. 예를 들면, 온실가스 농도 증가로 인해 대기가 온난화될수록 대기의 수증기 농도가 증가하게 되고 이것은 다시 온실효과를 더욱 심화시킨다. 이것이 또 더 많은 온난화를 야기하고 이런 식으로 자동 강화 순환이 반복된다. 이 수증기 피드백은 추가된 CO_2 단독에 의한 온실효과보다 거의 두 배나 강력할 수 있다.

⑩ 구름은 적외복사를 잘 흡수하기 때문에 큰 온실효과를 일으키고 지구온난화를 유발하고, 또한 태양복사를 반사하기도 하기 때문에 지구를 냉각시키기도 한다.

⑪ 구름의 특징, 이를테면 구름의 종류, 위치, 함수량, 형성 고도, 입자의 크기와 모양, 수명 등이 약간만 변해도 구름에 의한 지구 온난화 혹은 냉각의 정도가 달라지며 어떤 변화는 온난화를 증가시키는가 하면 어떤 변화는 온난화를 완화시킨다.

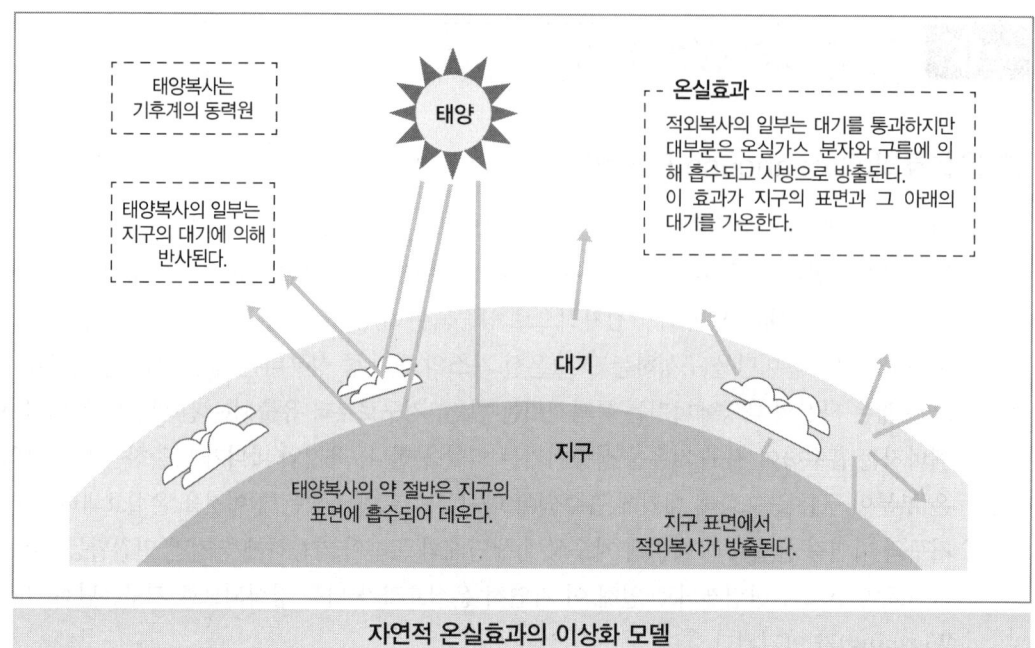

자연적 온실효과의 이상화 모델

출처 : IPCC 제4차 보고서, 2007

2 온실가스(Greenhouse Gas)

(1) 정의 및 개요

① 온실가스란 대기를 구성하는 여러 기체들 가운데 대기 중으로 방출되는 복사열을 흡수하여 지구의 기온을 상승시키는 소위 온실효과를 야기하는 기체로 정의한다.

② 온실가스(온실기체)란 파장이 짧은 태양광선(가시광선 등)은 그대로 통과시키지만 태양광에 의해 따뜻해진 지표가 방사하는 파장이 긴 적외선은 잘 흡수하는 광화학적 성질을 가진 기체이다.

③ 온실가스는 아주 넓은($7 \sim 20 \mu m$ 이상) 파장범위의 적외선을 흡수하여 지구온도를 상승시켜 마치 온실의 유리 같은 효과를 낸다.

④ 온실가스는 대기 중에 체류하는 시간이 길고 비교적 잘 혼합된다.

⑤ 전 세계 온실가스 배출원은 에너지 사용이 가장 많고 임업 및 토지이용, 산업공정, 폐기물 순이다.

⑥ 대기환경보전법상 '온실가스'란 적외선 복사열을 흡수하거나 다시 방출하여 온실효과를 유발하는 대기 중의 가스상태 물질로서 이산화탄소, 메탄, 아산화질소, 수소불화탄소, 과불화탄소, 육불화황을 말한다.

⑦ 대기환경보전법상 '기후·생태계 변화유발물질'이란 지구온난화 등으로 생태계의 변화를 가져올 수 있는 기체상물질(氣體狀物質)로서 온실가스와 환경부령으로 정하는 것을 말한다. 여기서 환경부령으로 정하는 것이란 염화불화탄소와 수소염화불화탄소를 말한다.

(2) 종류

① 직접온실가스(8종)

기후변화협약 제3차 당사국총회(교토의정서)에서 CO_2, CH_4, N_2O, PFCs, HFCs, SF_6의 6종에 대해 저감 및 관리대상 온실가스로 규정하였다.

온실효과에 직접적으로 관여하는 물질로 직접가스 중에서 CFCs는 이미 몬트리올 의정서에 의해 규제받고 있으며, H_2O는 자연계에 순환된다고 가정해 인위적인 온실가스가 아니라고 규정하여 기후변화협약(UNFCCC)의 규제대상 직접온실가스에서 제외하고 있다.

- ㉠ 이산화탄소(CO_2)
- ㉡ 메탄(CH_4)
- ㉢ 아산화질소(N_2O)
- ㉣ 과불화탄소(PFCs)
- ㉤ 수소불화탄소(HFCs)
- ㉥ 육불화황(SF_6)
- ㉦ 염화불화탄소(CFCs)
- ㉧ 수증기(H_2O)

② 간접온실가스

온실효과에 직접 관여하지는 않으나 다른 물질과 반응하여 온실가스로 전환이 가능한 물질로서 일반적인 대기오염물질이 여기에 속한다.

- ㉠ 질소산화물(NOx)
- ㉡ 황산화물(SOx)
- ㉢ 일산화탄소(CO)
- ㉣ 비메탄계 휘발성 유기화합물(NMVOC)

> **Reference 질산과산화아세틸(PAN)**
>
> ① PAN은 Peroxyacetyl Nitrate의 약자이며 $CH_3COOONO_2$의 분자식을 갖고 강산화제 역할을 하며 대기 중에서의 농도는 0.1ppm 내외이다.
> ② PAN의 생성반응식(대기 중 탄화수소로부터의 광화학반응으로 생성)
> $CH_3COOO + NO_2 \rightarrow CH_3COOONO_2$
>
> 구조식은
>
> $$CH_3-\overset{\overset{O}{\|}}{C}-O-O-NO_2$$
>
> ③ PAN은 불안정한 화합물이므로 광화학반응에 의해 분해도 가능하며 강한 산화력과 눈에 대한 자극성이 있는 광화학 옥시던트이다. 즉, 광산화제로 작용하기 때문에 눈에 통증을 일으키며, 빛을 분산시키므로 가시거리를 감소시킨다.

(3) 킬링곡선(Keeling Curve)

① 1958년부터 지구 대기의 이산화탄소양을 나타낸 그래프로 찰스 데이비드 킬링의 이름을 따 붙여진 명칭이며, 화석연료의 연소로 인해 야기된 전지구적 기후변화를 보여주는 심벌로 인식되고 있다.
② 1958년 남극과 하와이 마우나로아에서 최초로 이산화탄소를 매일 측정하였는데 현재까지도 이어지고 있다.
③ 이산화탄소 농도의 변동이 계절적인 변동을 넘어서 매년 증가하는 것을 발견하였다.
④ 톱니처럼 주기적으로 위아래로 진동하면서 오른쪽 위를 향해 뻗어가는데, 그 원인은 식물의 광합성에 따른 계절적인 차이이다.

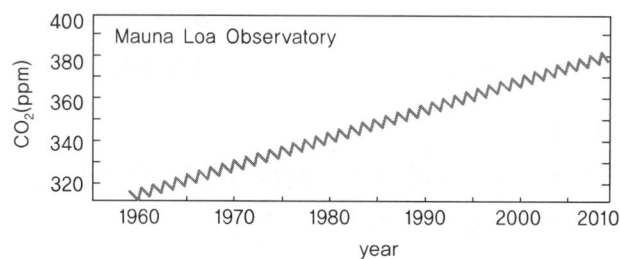

(4) 기후변화 관측

① 세계기상기구 회원국 중에 약 80개 국가가 기후변화 감시사업에 참여하고 있으며 이들 중 20여 개국이 전 세계적으로 대표성을 가지는 지구급 관측소를 운영하고 있다.
② 지구급 관측소는 남극을 비롯하여 약 24곳이 있다. 우리나라의 기후변화 감시업무는 1987년 소백산 기상관측소에서 시작되었으며 이후 1996년 태안군 안면도에 지역급 기후변화감시관측소인 기후변화감시센터로 이전하였다.
③ 기후변화 감시요소와 세계자료센터가 있는 국가
　　㉠ 에어로졸 - 이탈리아
　　㉡ 온실가스와 반응가스 - 일본
　　㉢ 강수화학 - 미국
　　㉣ 태양복사 - 러시아
　　㉤ 자외선과 성층권 오존 - 캐나다
④ 온실가스인 이산화탄소의 농도변화를 조사하기 위해 수만 년 전의 이산화탄소 농도와 현재의 이산화탄소 농도를 비교하고자 할 때 근거자료는 남극의 빙하코어이다.
⑤ 우리나라 지구대기 관측망(기본관측소)은 안면도, 고산(제주), 울릉도, 독도에 있다.

(5) 국가 온실가스 누적 배출량 순서

미국 > 중국 > 러시아 > 일본 > 인도 > 독일

③ 지구온난화지수(GWP ; Global Warming Potential)

① 온실가스가 열을 흡수할 수 있는 능력에 대한 상대평가로서 CO_2 단위질량(1kg)의 열흡수능력을 '1'로 보았을 때 다른 온실가스의 상대적인 열흡수능력이다. 즉, CO_2 1kg 대비 Non CO_2 1kg의 온실가스 기여도를 말한다.
② 같은 질량일 경우 온실가스별로 지구온난화에 영향을 미치는 정도를 나타낸 수치로 이 값이 클수록 지구온난화에 대한 기여도가 크다는 의미이다.
③ SF_6이 23,900으로 가장 높고 CO_2보다 GWP가 낮은 온실가스는 없다.

④ 각 온실가스별 GWP

코드	온실가스명	화학식	GWP	코드	온실가스명	화학식	GWP
01	이산화탄소	CO_2	1	13	HFC-143a	$C_2H_3F_3$	3,800
02	메탄	CH_4	21	14	HFC-227ea	C_3HF_7	2,900
03	아산화질소	N_2O	310	15	HFC-236fa	$C_3H_2F_6$	6,300
04	HFC-23	CHF_3	11,700	16	HFC-245ca	$C_3H_3F_5$	560
05	HFC-32	CH_2F_2	650	17	PFC-14	CF_4	6,500
06	HFC-41	CH_3F	150	18	PFC-116	C_2F_6	9,200
07	HFC-43-10mee	$C_5H_2F_{10}$	1,300	19	PFC-218	C_3F_8	7,000
08	HFC-125	C_2HF_5	2,800	20	PFC-318	$c-C_4F_8$	7,000
09	HFC-134	$C_2H_2F_4$	1,000	21	PFC-31-10	C_4F_{10}	8,700
10	HFC-134a	CH_2FCF_3	1,300	22	PFC-41-12	C_5F_{12}	7,500
11	HFC-152a	$C_2H_4F_2$	140	23	PFC-51-14	C_6F_{14}	7,400
12	HFC-143	$C_2H_3F_3$	300	24	육불화황	SF_6	23,900

출처 : IPCC(1995), 2차 평가보고서

Reference 온실가스의 특성

온실가스	지구온난화지수(GWP)	온난화기여도(%)	수명(연)	주요 배출원	주요 특성
CO_2	1	55	100~250	연소반응/산업공정(소성반응)	• 점발생원 형태 • 처리 및 활용 어려움
CH_4	21	15	12	폐기물처리과정/농업/가축배설물(축산), 장내발효	• 비점발생원 형태 • 에너지로 활용 가능
N_2O	310	6	120	화학산업/농업(질소비료 사용)/아디프산 생산, 농경지토양	• 산업 : 점발생원 • 농업 : 비점발생원
HFCs	140~11,700 (1,300)	24	70~550	냉매/용제/발포제/반도체 세정제	• 점발생원 • 비점발생원
PFCs	6,500~11,700 (7,000)			냉동기/소화기/반도체 제조시(세정)/금속 관련 산업(철강산업)	• 점발생원 • 물리·화학적으로 안정
SF_6	23,900			전자제품(LCD모니터 제조) 및 변압기의 절연체	—

[비고]
- 온난화기여도는 복사강제력 기준
- 복사강제력(Radiative Forcing)
    - 태양의 방출에너지나 이산화탄소 농도변화와 같은 기후시스템의 외부강제력 변화나 내부변화에 의한 대류권 계면에서의 연직방향 순복사 조도 변화량을 복사강제력이라 한다.
    - 지구-대기 시스템에 출입하는 에너지의 평형을 변화시키는 영향력의 척도로서 잠재적인 기후변동 메커니즘으로서 중요한 지표, 양(+)/음(−)의 복사강제력으로 지표면 온도의 상승/하강을 의미한다.
    - 복사강제력은 대기 상부에서 측정된 지구 단위면적당 에너지 변화율로서 측정하고, 단위는 W/m^2를 사용한다.
    - 온실가스의 복사강제력은 다른 기후 강제력에 비해 그 크기와 불확실성이 작다.

필수 예상문제

01 아산화질소 0.1톤, 메탄 2톤, 이산화탄소 15톤을 이산화탄소 상당량톤(tCO_2-eq)으로 환산하시오.

풀이

이산화탄소 상당량톤(tCO_2-eq)
$= (0.1 ton \times 310) + (2 ton \times 21) + 15 ton$
$= 88 tCO_2$-eq

4 온실가스의 특성

(1) 이산화탄소(CO_2)

① 개요
㉠ 분자량 44, 비등점 −78℃, 비중 1.53으로 무색, 무미의 기체이며 압력을 가할 경우 쉽게 액화되는 성질이 있다.
㉡ 정상 대기 중에 농도는 약 0.03%(315~320ppm) 정도 존재하며 체류시간은 약 7~10년이다.
㉢ CO_2는 교통, 건물의 냉난방, 시멘트 및 기타 상품의 제조에 화석연료가 사용됨으로써 증가한다.
㉣ 산림벌채(Deforestation)는 CO_2를 배출시키고 식물의 CO_2 흡수를 감소시킨다.
㉤ CO_2는 유기물, 화석연료 등에 포함된 탄소성분과 대기 중의 산소가 결합하는 연소반응을 통해 다량으로 대기 중에 배출된다.
㉥ CO_2는 배출량을 기준으로 할 때, 실질적으로 지구에 미치는 온실효과 기여도가 가장 높은 물질이다.

② 특징
㉠ 고층 대기에서 광화학적인 분해반응을 일으키는 경우를 제외하면 대류권 내에서는 화학적으로 극히 안정한 편이다.
㉡ 탄소의 순환에서 탄소(CO_2로서)의 가장 큰 저장고 역할을 하는 부분은 해수이다.
㉢ 수증기와 함께 지구온난화에 중요하게 기여하고 있는 기체이다(지구온실효과에 대한 추정 기여도는 CO_2가 50% 정도로 가장 높음).
㉣ 전 지구적인 배출량은 화석연료 연소 등에 의한 인위적인 배출량이 자연적인 배출량보다 훨씬 적다(인위적 배출량 1.4×10^{10}ton/year, 자연적 배출량 10^{12}ton/year).
㉤ 미국 하와이 마우나로아에서 처음 관측됐으며 측정한 CO_2의 계절별 농도는 1년을 주기로 봄, 여름에는 감소하는 경향을 나타내고 겨울철에는 증가하는 계절의 편차를 보이는데 이는 봄, 여름철의 경우 식물이 광합성 작용으로 인해 CO_2를 흡수하기 때문인 것으로 해석된다.
㉥ 실외에서는 온실가스로 작용하고 실내공기오염의 지표물질이며 대기 중 다량 존재 시 수용액의 pH를 낮추는 역할을 한다.
㉦ 잠재적인 대기오염물질로 취급되고 있는 물질이며 대기 중 농도는 북반구의 경우 계절적으로는 보통 겨울에 증가한다.
㉧ 지구 북반구의 CO_2 농도가 상대적으로 높으며 대기 중에 배출되는 CO_2는 식물에 의한 흡수보다 해수에 의한 흡수가 몇십 배 더 많다.

ⓩ 우리나라 대표 농도는 안면도 기후변화감시센터에서 측정한 자료이며 세계적으로는 2.09 ppm/year의 증가율을 나타낸다.

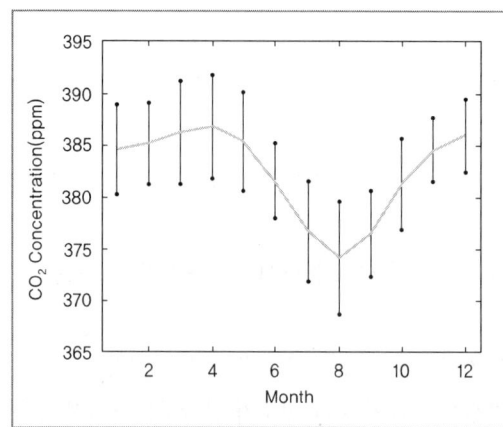

| 1999~2009년 월별 이산화탄소 평균농도 | 1999~2009년 이산화탄소 농도의 계절별 일변화 |

③ 우리나라의 CO_2 배출 특성(1999~2009년까지 안면도에서 측정)
  ㉠ 계절별로 진폭은 다르지만 뚜렷한 일변동 특성을 보이는 경향이 있다.
  ㉡ 일변동 폭은 여름이 아주 크고, 겨울이 아주 작다.
  ㉢ 우리나라는 전 지구적인 CO_2 농도 증가율보다 높은 편이다.
  ㉣ 일변동 최고 농도가 나타나는 시간은 약 5~9시(7~10시)이며, 최소 농도가 나타나는 시간은 15~17시 사이이다.
  ㉤ 월평균 대기 중 CO_2 농도 최댓값은 4월에, 최솟값은 8월에 나타난다.
  ㉥ CO_2 농도는 관측지점에 관계없이 봄부터 여름까지는 줄어드는 경향을 보이다가 가을부터 증가하는데, 가을에서 겨울까지는 식물광합성 작용이 줄어들어 더 많은 이산화탄소를 배출한다.

(2) 메탄(CH_4)

① 개요
  ㉠ 파라핀족 탄화수소 계열(수소와 탄소로만 구성된 화합물) 중 가장 간단한 화합물이다.
  ㉡ 비중은 0.554로 공기보다 가벼우며, 끓는점 -164.0℃, 녹는점 -182.5℃이다.
  ㉢ 일반적으로 매우 안정하나, 메탄의 부피함량이 5~14%인 공기혼합기체는 폭발성이 있다.
  ㉣ 주요한 변량기체 중의 하나이다.

② 특징
　㉠ 지표 부근 대기 중 농도(지표 부근 배경농도)가 약 1.5~1.7ppm(1,500~1,700ppb) 정도이고, 매년 0.9%(약 0.01ppm)씩 증가한다.
　㉡ 천연가스의 주성분으로 음식물 쓰레기나 가축의 배설물이 부패할 때 주로 발생한다. 즉, 주로 미생물의 유기물 분해작용에 의해 발생한다.(쓰레기 매립가스를 포집하여 활용)
　㉢ 농사, 천연가스 보급 및 폐기물 매립과 관련된 인간활동의 결과로서 증가하며 우리나라의 CH_4 배출량 비중이 가장 높은 분야는 농업분야이다.(농업분야 > 가축분뇨처리 > 축산(장내발효))
　㉣ 습지에서 일어나는 자연적 과정으로부터도 발생한다.(늪 가스)
　㉤ 석유, 석탄 및 천연가스 시스템에서 탈루되어 생성되기도 한다.
　㉥ CH_4는 N_2O와 같이 기체상태에서 상대적으로 큰 열용량을 가진다.
　㉦ CH_4는 일반적으로 혐기적인 환경에서 유기물 분해 시 발생하며 전 세계 인위적 배출량의 11%가 벼논에서 발생한다.

(3) 아산화질소(N_2O)

① 개요
　㉠ 진한 향기와 신맛을 지니며, 녹는점 −70.16℃, 끓는점 −0.48℃, 비중 2.530이다.
　㉡ 물·알코올에는 잘 녹지 않고, 상온에서 승화성 물질이다.

② 특징
　㉠ 독성이 없어 흡입마취제로 사용할 만큼 안전하다.
　㉡ 석탄·폐기물 소각, 아디프산 생산, 질소비료 등 화학비료의 사용 등에서 발생한다.
　㉢ 토양과 바다의 자연적 과정에서도 발생한다.
　㉣ 질소가스와 오존의 반응으로 생성되거나 미생물 활동에 의해 발생하며, 특히 토양에 공급되는 비료의 과잉 사용이 문제가 되고 있다.
　㉤ N_2O는 대류권에서는 태양에너지에 대하여 매우 안정한 온실가스로 알려져 있고, 성층권에서는 오존층 파괴물질(오존분해물질)로 알려져 있다.
　㉥ 웃음가스라고도 하며 주된 용도는 마취제이다.
　㉦ 성층권에서는 N_2O가 오존과 반응하여 NO를 생성한다.
　㉧ NO와 NO_2에 비해 N_2O가 장기간 대기 중에 체류(5~50year)하며, 보통 대기 중에 약 0.5~3ppm(500~3,000ppb) 정도 존재하고 매년 0.2~0.3% 정도 증가한다.

(4) 할로겐화 탄화수소화합물

① 개요
  ㉠ 할로겐화 탄화수소는 탄화수소화합물 중 수소원자의 하나 또는 하나 이상의 할로겐화원소(Cl, F, Br, I)로 치환된 화합물을 말한다.
  ㉡ 종류로는 CFCs, HFCs, PFCs, SF_6 등이 있다.
  ㉢ 표준비점은 약 $-90 \sim 80\,℃$ 정도이다.
  ㉣ 불연성이며 화학반응성이 낮고, 일반적으로 독성은 낮다.

② 특징
  ㉠ 수소불화탄소와 과불화탄소는 구성원자의 배합에 따라 매우 다양한 물질로 분류된다.
  ㉡ HFCs, PFCs는 오존층 파괴물질인 염화불화탄소(CFCs, CFC-11과 CFC-12)의 대체물질로 사용되는 화합물질이다.
  ㉢ HFCs는 프레온의 대체물질로 개발되어 냉매, 소화기 및 폭발방지물, 분무액, 솔벤트용제, 발포제 등으로 쓰이며 세계적으로 사용량이 증가하는 추세이다.
  ㉣ PFCs는 CFC를 대체하여 쓰고 있으며 탄소와 불소의 화합물로 금속관련산업(철강산업), 전자제품(반도체)·도금산업 등에서 세정용, Halocarbons 생산공정 및 사용공정, 전자회로나 반도체 생산공정의 에칭공정이나 세정액으로 사용되고 있다.
  ㉤ SF_6은 전기제품과 변압기 등의 절연체(절연가스)로 사용된다.
  ㉥ CFC 배출량은 지난 10년간 감소하는 추세이다.
  ㉦ SF_6은 우리나라가 2011년에 세계표준센터를 유치한 온실가스이며 대기 중 SF_6 농도는 CO_2 농도의 4,000만분의 1 정도로 저농도이다.

> **Reference**
>
> **1 엘니뇨(El Nino) 현상**
> ① 엘니뇨란 스페인어로 '남자아이' 또는 '아기예수'라는 뜻으로 전 지구적으로 발생하는 대규모의 기상현상으로 대기와 해양의 상호작용으로 열대 동태평양에서 중태평양에 걸친 광범위한 구역에서 해수면의 상승을 유발한다. 즉, 태평양 페루 부근 적도 해역의 해수온도가 주변보다 약 $2 \sim 10\,℃$ 정도 높아진다.
> ② 열대 태평양 남미해안으로부터 중태평양에 이르는 넓은 범위에서 해수면의 온도가 평년보다 보통 $0.5\,℃$ 이상 높은 상태가 6개월 이상 지속되는 현상을 의미하며 보통 3~4년의 주기를 갖고 있다.
> ③ 엘니뇨가 발생하는 이유는 태평양 적도 부근에서 동태평양의 따뜻한 바닷물을 서쪽으로 밀어내는 무역풍이 불지 않거나 불어도 약하게 불기 때문이며 이 현상이 나타날 때 우리나라는 대체로 여름에 저온, 겨울에 고온 현상이 나타난다.

④ 엘니뇨로 인한 피해가 주요 농산물 생산지역인 태평양 연안국에 집중되어 있어 농산물 생산이 크게 감축되고 있다.
⑤ 엘니뇨 시기에는 서태평양의 기압이 높아지고 남태평양의 기압이 내려가는 남방진동이 나타난다.

2 라니냐(La Nina) 현상
① 라니냐란 스페인어로 '귀여운 소녀(여자아이)'라는 뜻으로 엘니뇨 현상의 반대의미이다.
② 라니냐가 발생하는 이유는 적도 무역풍이 평년보다 강해지며, 서태평양의 해수면과 수온이 평년보다 상승하게 되고, 찬 해수의 용승현상 때문에 적도 부근의 동태평양에서 해수온도가 낮아진다.
③ 해수면의 온도가 6개월 이상 0.5℃ 이상 낮은 현상이 지속되어 엘니뇨 현상과 마찬가지로 기상이변의 주요원인이 된다.
④ 혹한과 함께 극심한 가뭄을 일으키는 기상이상현상을 유발한다.

3 관계
엘니뇨와 라니냐는 서로 독립적인 현상이 아니라 반대위상을 가지는 자연계의 진동현상이라 할 수 있다.

4 기타
대류에 의한 해수의 순환이 북대서양에 있는 해수의 침강으로 시작될 때 해수침강의 원인은 낮은 온도, 높은 염분이다.

5 기후시스템의 되먹임현상(Feedback) 및 메커니즘

① 기온이 올라가면 수증기량이 증가하여 온도가 재상승한다.
② 기온이 올라가 빙하가 녹으면 더 많은 태양에너지를 흡수하여 기온이 상승한다.
③ 육지에서 온난화가 지속되면 식생대가 극지 쪽으로 이동하여 더 많은 CO_2를 흡수할 수 있다.
④ 인위적·자연적으로 배출된 CO_2는 육지식물과 해양에 흡수되어 대기 중의 CO_2 농도 증가율을 낮춘다.
⑤ 대기의 온실효과가 강화되면 기온은 더욱 상승되고, 물의 증발도 촉진되는데, 이러한 연관작용을 수증기-온실되먹임(Water Vapor Greenhouse Feedback)이라 한다.
⑥ 수증기-온실되먹임은 일종의 양의 되먹임 메커니즘(Positive Feedback Mechanism)에 해당한다.
⑦ 지표의 기온상승으로 인해 한대지방의 눈과 얼음을 녹이는 눈-알베도 되먹임(Snow-Albedo Feedback)은 양의 되먹임 메커니즘에 해당한다.
⑧ 지구-대기 시스템에는 되먹임 메커니즘(Feedback Mechanism)이 견제와 균형으로 영향을 미치고 있으며, 동시에 양방향으로 작용된다.

04 기후변화의 취약성 및 적응 개요

1 기후변화의 취약성

(1) **취약성(Vulnerability)의 정의 및 개요**

① 정의
  ㉠ 기후변화의 부정적 영향으로 특정시스템이 기후변화로 인한 위해에 노출된 위험 정도로 정의한다.
  ㉡ IPCC는 취약성을 적응조치가 취해진 다음의 기후변화 잔여 영향으로 정의하고 있다.

② 개요
  ㉠ '취약성(Vulnerability)'은 저지대 섬이나 연안 도시와 같은 취약한 시스템들에의 영향(연안 도시와 농업 토지에서의 홍수 혹은 강요된 완화) 또는 이러한 영향들을 야기하는 장치(서부 남극 빙상의 붕괴 등)를 일컫는다.
  ㉡ 주요한 취약성은 식량 공급, 사회 제반 시설, 건강, 수자원, 연안 시스템, 전 세계적 생물화학 순환, 빙상, 대양과 대기순환의 방식을 포함한 많은 기후 민감성 시스템들과 관련되어 있다.
  ㉢ 가뭄과 홍수 취약지역 증가, 식물의 서식지 이동, 직접 또는 간접적으로 식량생산에 영향, 질병 전파기간이 길어진다.

③ 주요한 취약성을 확인하는 데 필요한 기준(7가지)
  ㉠ 영향들의 규모
  ㉡ 영향들의 시점
  ㉢ 영향들의 지속성과 가역성
  ㉣ 영향들과 취약성들의 가능성(불확실성의 계산), 그러한 계산에서의 신뢰성
  ㉤ 적응을 위한 잠재력
  ㉥ 영향들과 취약성의 분포 측면
  ㉦ 위험에 있는 시스템(들)의 중요성

(2) **취약성 평가**

① 개요
  ㉠ 기후변화로 인한 적응계획을 수립하기 위해서는 기후변화 영향 및 취약성 파악이 우선되어야 한다.
  ㉡ 전통적으로 취약성 평가는 리스크/위험성 연구, 영향평가, 식량안보연구 등에서 다루었다.
  ㉢ 취약성 평가는 기후변화에 대한 적응정책을 수립하기 위해 반드시 선행되어야 한다.
  ㉣ 취약성 평가를 위해서는 현재 시스템이 어떤 부분에서 어느 정도로 취약한지를 알아야 하며, 기후변화 영향에 대한 평가가 우선적으로 이뤄져야 한다. 즉, 취약성 평가는 영향에

대한 가치판단이 들어가는 개념이다.
⑩ 영향평가를 통해 어느 시스템이 어떤 부분에서 취약한지를 파악할 수 있다.
㉑ 시스템의 기후변화 영향에 대한 대응력도 취약성을 좌우하는 주요 지표가 된다.
㉓ 취약성은 기후변동의 크기와 속도, 기후변화에 대한 민감도, 적응능력의 함수로 표현하고 있다. 즉, 특정 시스템이 기후변화에 의한 영향이 높고, 적응능력이 낮으면 취약성은 높다고 할 수 있다.
㉔ 기후변화의 영향이 크다고 할지라도 적응능력이 높으면 그 시스템은 적절한 적응 방안을 통해 헤쳐 나가면서 개발의 기회를 가질 수도 있다. 즉, 사회시스템은 발전의 기회를 가질 수 있다.
㉕ 기후변화에 대한 영향과 적응력이 모두 낮을 경우 사회시스템은 잔여위험을 가질 수 있다.
㉖ 특정 시스템의 적응능력이 높고 기후변화 영향이 적은 경우는 지속가능한 발전을 할 수 있게 될 것이다.
㉗ 우리나라는 비교적 영향평가의 기초연구가 잘 진행된 분야(농업, 수자원, 산림, 보건분야 등)에 일부 취약성 평가가 이루어져 왔다.
㉘ 기후변화의 영향은 기후변화 민감도와 적응능력의 비로 나타내며 민감도가 높고 적응능력이 낮을수록 취약성이 나타나며 민감도가 낮고 적응능력이 높을 경우 지속가능한 발전이 가능하다.

> **Reference** 민감도 및 적응능력
>
> **1 민감도**
> 기후 관련 자극에 의해 특정 시스템이 위해한 또는 좋은 영향을 직·간접적으로 받는 정도
>
> **2 적응능력**
> 특정 시스템이 기후변화에 적응하기 위해 스스로를 조절하거나 잠재 피해를 감소시키고, 기회를 이용하거나 기후변화 결과에 대처하는 능력

② **취약성 평가의 예**

[기후변화 적응정책 프레임 워크(UNDP 2005) 단계]

개도국을 대상으로 자국의 특성에 맞게 기후변화 취약성 및 영향을 평가하고 이를 토대로 정책 및 전략을 마련하는 데 도움을 주기 위해 적응전략 수립을 위한 공통적인 몇 가지 요소와 절차를 제시한다.

㉠ 1단계(계획의 범위 설정 및 설계단계)
㉡ 2단계(현재의 취약성 평가단계)
㉢ 3단계(미래 위험기후 평가단계)

② 4단계(적응-전략 수립단계)
⑩ 5단계(모니터링 및 평가절차를 구축, 유지단계)

(3) 취약성 개념

취약성 개념은 복잡하고 다양하지만 취약성의 개념화와 평가를 위한 모델은 3가지로 구분할 수 있다(Fussel and Klien, 2006, UNDP).

① 위험관리, 자연재해관리, 전염병 분야에서 통용되는 취약성
  ㉠ 취약성이 폐해를 가져오는 쇼크나 교란 또는 스트레스에 직접 노출된 결과물로서의 재해라기보다는 이러한 쇼크나 교란 등에 노출될 확률이라는 의미로 설명된다.
  ㉡ 취약성을 기후변화에 대응하는 사람들의 능력보다는 충격과 교란 등에 대한 노출과 영향에 초점을 맞추어 정의한다는 점에서 생물 물리적 취약성이라고도 한다.

② 사회학적 측면(정치 경제학과 인문지리학적 관점)에서 바라보는 취약성
  ㉠ 취약성은 생물 물리적인 시스템보다는 사회적인 단위나 시스템과 관련이 있으며, 사회경제적 요인에 따라 개인이나 지역사회 대응능력이 다르게 나타난다는 의미이다.
  ㉡ 기후변화 연구에서 취약성 개념 해석은 취약성을 시작점(Starting-Point)으로 보는지 아니면 종결점(End-Point)으로 보는지에 따라 크게 두 가지로 구분된다(Füssel, 2007). 전자를 적응 전 취약성(Pre-Vulnerability), 후자를 적응 후 취약성(Post-Vulnerability)으로 구분하기도 한다.

③ 종합적 접근법(기후변화연구에서 많이 사용하는 취약성)
  ㉠ 위해, 노출, 결과, 적응능력 등을 통합하는 의미이며 외부스트레스에 대한 결과물로서의 취약성과 시스템의 내적인 상태로서의 취약성을 통합하여 보는 관점이다.
  ㉡ 기후변화 분야에서의 취약성은 기후변화라는 외부적인 스트레스가 인간이란 시스템의 구성요소에 의해 야기된 것이고, 외부적인 스트레스는 인간의 노력 여하에 따라 커질 수도 있고 작아질 수도 있다. 그러므로 기후변화에 따른 취약성의 감소를 위해서는 시스템에 가해지는 외부 스트레스를 인간의 노력으로 완화 또는 적응의 활동을 통해 줄이거나, 내적인 시스템을 강화시킴으로써도 가능하다.
  ㉢ UNDP(2005)의 취약성 정의
    기후영향에 대한 위해성과 시스템의 취약성을 조합하여 한 특정시스템이 기후변화로 인한 위해에 따른 위험이라고 정의하고 이를 어떤 시스템의 기후변화에 대한 민감도와 적응능력의 함수로 정의하였다.

취약성(Vulneravility) = f[민감도(Sensitivity), 적응능력(Adaptivity Capacity)]

ⓐ 기후변화 영향이 높을 경우 한 시스템의 적응능력이 낮으면, 그 시스템은 취약성이 높다는 것을 의미한다.
ⓑ 기후변화 영향이 높을지라도 적응능력 또한 높으면 그 시스템은 적절한 적응을 해가면서 개발의 기회를 가질 수 있고, 기후변화에 대한 영향과 적응능력이 낮을 경우 그 시스템은 여전히 잔여 위험을 가지고 있다고 볼 수 있다.
ⓒ 영향이 낮고 적응능력이 높으면 그 시스템은 지속발전이 가능할 것이다.
ⓓ 취약성이란 갑작스런 기후변동이나 스트레스에 의한 피해 자체를 확률로 예측하는 것이라기보다는 피해에 대한 잠재적 노출 상태의 의미로 보는 것이 타당하다.
㉣ IPCC(1996)의 취약성 정의
ⓐ 취약성을 적응 조치가 취해진 후의 기후변화의 잔여 영향으로 정의하고 있다.
ⓑ 기후변화 취약성은 기후변화 부정적 영향에서 적응을 뺀 나머지를 의미한다.

취약성=위험(예상된 기후의 영향)−적응

(4) 기후변화 영향과 취약성

① IPCC(2007)는 미래 기후변화로 인해 열대건조지역에서 수자원이 10~30% 감소할 것으로 예측하였다.
② 기후변화 영향의 구분 중 시장적 영향은 시장의 거래와 연결되어 생태계 혹은 인간의 복지에 영향을 주거나 국내총생산에 직접적인 영향을 주는 것을 의미한다.
③ 기후변화 영향의 구분 중 집합적 영향은 각 부문 혹은 지역에 걸쳐 나타나는 모든 영향을 합치는 것을 의미한다.
④ 기후변화에 대한 영향이 낮고 적응력이 높은 경우 지속가능한 발전을 할 수 있다.
⑤ 가뭄과 홍수취약지역이 증가하며 식물의 서식지가 이동한다.
⑥ 직접 또는 간접적으로 식량생산에 영향을 주고 질병전파 기간이 길어진다.

(5) 취약성 평가방법

① 개요
㉠ 취약성의 평가는 IPCC 제2차 보고서(1993)에서 그 개념이 처음으로 도입되어 IPCC 제3차 보고서(2001)에서 기후영향, 적응, 취약성 평가의 개념이 도입되었다.
㉡ 취약성 평가기법은 하향식 접근법(Top−down Approach)과 상향식 접근법(Bottom−up Approach)으로 구분할 수 있다.

② 하향식 접근법
㉠ 기후 시나리오와 기후모형을 기반으로 기후변화에 의한 순영향평가를 통해 물리적인 취약성을 평가하는 접근법이다.

ⓛ 평가의 기법을 선택하고 미래 기후 및 비기후 시나리오를 선택한 후 영향평가방법론에 따라 기후변화에 따른 생물 물리적·사회경제적 영향평가를 수행하고 이에 기반한 적응전략을 도출하여 평가하는 방법이다.

ⓒ 기후변화 영향과 적응능력에 따른 취약성 정도(고재경, 2009 재인용)

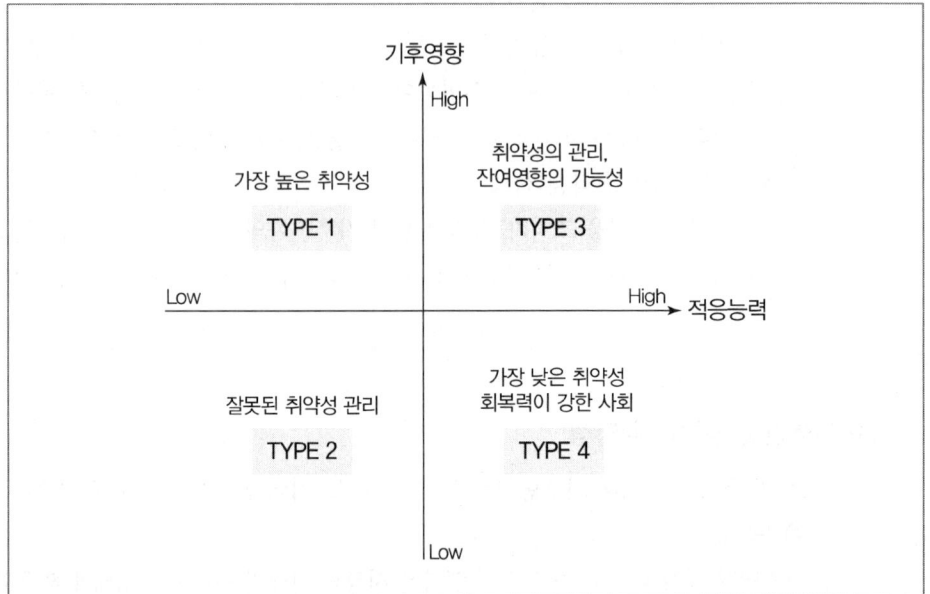

ⓐ [TYPE 1] 유형은 기후변화 영향에 대하여 매우 취약하며, 적응대책을 효과적으로 시행하기 어려운 실정이다.
ⓑ [TYPE 2] 유형은 기후변화로 인한 영향은 크지 않으나 적응능력이 낮아 노출되어 있는 지역으로 때로 잘못된 대책으로 취약성을 완화시킬 수 있는 경우이다.
ⓒ [TYPE 3] 유형은 내생적으로 기후변화의 영향을 많이 받지만 적응능력이 높아 기후변화 영향 위험을 감소시키는 것을 말한다.
ⓓ [TYPE 4] 유형은 기후변화의 영향을 적게 받으면서 동시에 적응능력이 높아 취약성이 가장 낮은 지역을 의미한다.

ⓓ 장기간의 기후변화 영향을 평가하거나 장기적응 목표를 발전시키는 토대가 될 수 있다.
ⓜ 하향식 접근방법에 해당하는 평가기법은 기후변화의 생물 물리학적 측면과 특정 유형의 동적 상호작용을 살펴보는 데는 유용하지만, 인간의 상호작용과 지역의 적응능력을 보여주거나 지역단위에서의 취약성을 줄이거나 실질적인 적응방안과 정책을 개발하는 데는 한계가 있다.
ⓗ 하향식 접근방법의 단점으로 인하여 지역단위에서의 적응방안이 연구되었고 이러한 접근으로 인하여 상향식 접근방안이 연구되었다.

③ 상향식 접근법
    ㉠ 지역에 기반을 둔 여러 지표들을 바탕으로 그 시스템의 적응능력을 평가함으로써 사회·경제적 취약성을 파악하는 접근법이다.
    ㉡ 기후변화 적응을 위한 평가과정(5단계 활동)
        ⓐ 1단계 : 취약성 분석의 정의, 개념프레임워크, 목표설정을 통한 취약성 평가를 구조화하는 것
        ⓑ 2단계 : 취약그룹을 명료화하는 것이다. 어느 곳이, 어느 정도로, 어떻게 취약한지를 밝히는 단계로서 취약성 평가를 위해서 선택된 시스템은 부문, 관련 이해당사자, 지리적 지역, 스케일, 기간 특징을 포함하는 것
        ⓒ 3단계 : 선택된 시스템과 취약한 그룹의 현재 취약성이라고 할 수 있는 민감도를 평가하는 것
        ⓓ 4단계 : 미래의 취약성을 평가하는 것
        ⓔ 5단계 : 취약성의 결과를 적응정책과 연결하는 것
    ㉢ 지역의 이해당사자들과 긴밀히 협력하여 평가가 이루어지고 지구기후모델 시나리오 대신 현재의 기후변동과 극한기후를 조사하며 다양한 공간적 범위에 걸쳐서 현재의 적응 전략과 정책, 수단도 조사한다.
    ㉣ 분석의 첫 단계는 미래지향적이거나 이론적인 것이 아니라 현재의 기후변화와 위험지역에서 어떻게 대응하는지에 대한 경험적이고 실제적인 관찰에 기반을 둔다.
    ㉤ 현재의 지식에 토대를 두고 이제껏 겪지 못한 새로운 위험을 고려하거나 현재의 지식이나 경험의 맥락에서 평가하는 것이다.
    ㉥ 하향식에 비해 단기간의 적응방안 개발이나 정책개발에 적합하며, 우선순위를 정하고 예방적인 적응과 적응능력을 강화하는 데 지침을 제공하며, 지역의 제도 및 경제적 맥락에 부합하며 지역이 선택할 수 있는 대안과 제약 조건을 잘 반영한다는 장점이 있다.
    ㉦ 상세한 자료가 뒷받침되지 않으면 한계성을 드러낼 수도 있다.
    ㉧ 지역수준의 연구에서 가뭄, 홍수 등의 복합적인 지역문제에 대하여 어떻게 적응할 것인가에 대한 정보를 산출할 수 있으나, 이러한 정보가 어떻게 시간·공간적으로 확장될 수 있을 것인가에 대해서는 알기 어려운 것이 단점이다.

(6) 취약성 평가의 지표
① 취약성 평가지표의 구성
    ㉠ 기후변화 취약성의 추상적 개념은 직접적으로 측정하거나 관찰될 수가 없어서 취약성 지표연구에서는 취약성 개념의 틀을 잘 반영할 수 있는 대리변수를 이용한다.

ⓒ 변수들은 측정 가능하거나 관측 가능한 정보로 이루어져야 하며, 지표를 만드는 데 사용되는 방법은 단순하고 명확하여야 한다.

② 표준화의 예
㉠ 취약성은 모든 부문에서 0~1 사이의 결과값을 나타내어 부문 간 상대적 비교 및 통합 평가를 가능하게 한다.

$$\text{정규화값(Normalized Value)} = \frac{X - X_{\min}}{X_{\max} - X_{\min}}$$

여기서, X : 취약성 지표
$X_{\min}$: 취약성 지표의 최솟값
$X_{\max}$: 취약성 지표의 최댓값

㉡ 민감도와 노출지표는 취약성을 높이나 적응지표는 취약성을 낮게 하는 원리를 적용하며, 다음 식으로 평가한다.

$$\text{취약성(Vurnerability)} = \frac{\text{민감도(Sensitivity)} \times \text{노출(Exposure)}}{\text{적응력(Adaptation)}}$$

> **Reference** 기후변화 영향모형과 대응비용구조
>
> ① 기후변동량 = 인위적인 요인(온실가스 변화량) + 자연적인 요인
> ② 기후변화영향 = $\frac{\text{기후민감도}}{\text{적응능력}}$
> ③ 기후변화 대응 총비용 = 기후변동 감축 투자액 + 기후민감도 감축 투자액
> ④ 기후변화 대응 총편익 = 기후변화 피해비용 감소액 + 기후변화 대응투자의 경제유발효과

2 기후변화 적응

(1) 개요

① 기후변화에 대한 대응은 기후변화를 일으키는 원인인 온실가스 배출을 감소시키는 완화(Mitigation)와 기후변화로 인한 피해 및 영향에 대한 취약분야를 확인하고 장기적인 대책을 세우는 적응(Adaptation)의 두 가지가 상호 연계되어 균형을 이루어야 한다.
② 기후변화 대응에서의 완화(Mitigation) 개념은 장기간에 걸쳐 지구온난화를 감소시키는 것으로 청정에너지와 녹색기술을 개발하여 화석에너지를 대체할 수 있는 새로운 에너지와 기술을 개발하고 보급하여 기후변화의 원인인 온실가스를 줄이기 위한 적극적인 방안이다.

③ 적응(Adaptation)은 기후변화로 자연 및 인간 시스템에 대한 직접적인 위협으로부터 지역사회를 보호하는 전략을 말한다. 또한 개인 또는 국가 차원에서 기후변화로 인한 영향에 대처해가는 과정으로 정의할 수 있다.
④ 기후변화 대응에 있어서 장기적인 기후변화 대응대책을 수립하기 위해서는 완화와 적응을 동시에 추진해야 한다.
⑤ 기후변화 적응은 완화에 비해 지역적인 접근이 강조된다. 그 이유는 이상기후현상이 동일하게 발생하더라도 지역의 지리적 여건, 기반시설, 인구적 특성, 물적·인적·사회적 자본 등에 따라 영향이 다르게 나타나기 때문이다.
⑥ 기후변화 대응에 있어서 완화와 적응은 필수적이고 보완적인 관계라고 볼 수 있다.

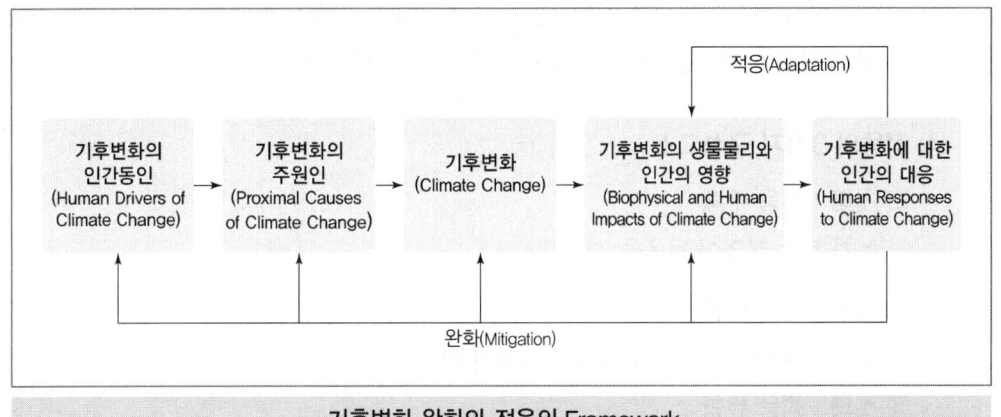

기후변화 완화와 적응의 Framework

출처 : Yarnal, 1998

(2) 기후변화 대응에서 완화의 특징

① 일차적으로 기후변화의 결과보다는 원인을 다룬다.
② 지역적 차원보다는 지구적 차원에서 기후변화의 피해 감소를 다룬다.
③ 정치적 시급성이나 정당성이 낮다.
④ 온실가스 감축효과의 정량화 및 대안별 비용편익의 비교가 가능하다.

(3) 적응의 정의

① IPCC(2007) 정의
  ㉠ 적응(Adaptation)이란 기후변화에 의한 위험을 인지해 부정적 영향을 감소하고, 이를 관리하여 긍정적 기회를 찾는 활동. 즉, '기후 자극과 기후 자극의 효과에 대응하는 자연과 인간시스템의 조절작용'으로 정의하고 있다.
  ㉡ 실질적으로 적응과정을 통해 기후변화의 부정적 요인이 감소되고 기후변화가 기회로 활용될 수 있다.

ⓒ 적응은 발생할 가능성이 있는 피해를 줄이거나 기후변화로 인한 기회를 활용하기 위한 과정, 관행 또는 구조상의 변화를 의미한다.
ⓓ 기후변화에 대한 사회와 지역의 취약성을 줄이기 위한 조정 또는 기후변화에 대한 대응활동 등이 여기에 해당된다.

② 환경부(2009) 정의
실제 혹은 예측되는 기후변화로 인한 위험을 최소화하고 기회를 최대화하는 기후변화 대응방안이라고 정의하였다.

③ IPCC 4차 보고서
기후변화(기후 가변성과 이상기후 포함)에 적응하고 잠재적 손실을 경감시키며 기회를 활용하고 결과에 대처할 수 있는 체계의 역량이라고 하였다.

(4) 적응의 3가지 구성요소

① 첫째 : 적응 주체
누가 또는 무엇이 적응을 하는가?

② 둘째 : 적응 대상
어떤 기후변화의 현상에 대해 적응해야 하는가?

③ 셋째 : 적응 유형
적응과정과 형태는 어떠한가?

(5) 적응의 유형과 형태

① 적응이 이루어지는 방법은 적응의 다양한 속성에 따라 구분할 수 있으며 적응이 의도적으로 이루어졌는지 여부와 대응시점 등을 기준으로 구분한다.
② 자생적(내부적)으로 자연히 일어나는 적응은 기후변동의 초기 영향이 나타난 이후에 인위적 개입 없이 반사적으로 대응하여 이루어지는 것을 의미한다.
③ 계획된 적응은 기후변화 영향이 나타나기 이전에 그 영향을 미리 예상하고 대응하여 이루어지는 적응을 의미한다.

(6) 적응의 주체

적응의 의사결정자들은 다양하다.

① 민간부문
  ㉠ 개인   ㉡ 가계   ㉢ 기업

② 공공부문
정부

(7) 적응의 대상
① 시스템과 지역에 따라 상이하며, 시간에 따라서도 변화할 수 있다.
② 일정 범위 내의 기후조건 변화에 적응하는 능력뿐만 아니라 기존 방법의 변화 또는 새로운 방법의 도입을 통한 대응능력과 범위를 확대시킬 수 있는 것도 포함한다.
③ 과거에는 실패했으나 성공할 수 있도록 적응능력을 배양하는 것도 포함한다.
④ 기후변화 관련 현상에는 연평균 조건의 변화뿐만 아니라 기후조건의 가변성 및 이와 관련된 극단적 현상까지도 포함되므로 적응 대상 역시 이러한 극단적 현상도 다루어야 한다.

(8) 적응력(Adaptation Capacity)
① 시스템의 적응능력을 평가하므로 한 시스템의 취약성을 알 수 있다.
② 적응력은 시스템의 부(Wealth), 정보나 기술에 대한 접근성, 교육 및 건강의 상대적 분배 수준과 사회의 유연성에 영향을 받는다(UNEP, 1998).
③ 기후변화의 영향은 적응능력이 떨어지는 부문에 가장 크게 나타나기 때문에, 취약성을 찾아내 그에 맞는 적응전략을 마련함으로써 지속가능한 발전을 가능하게 한다.

(9) 민감도(Sensitivity)
① 민감도는 적응에 대해 고려하지 않고 기후변화의 긍정적·부정적 영향을 포함한 기후변화의 총 영향을 의미한다.
② 미래 취약성 예측에 기본이 된다.

(10) 적응의 3단계
① 1단계(감지 단계)
기후변화로 인한 위험을 인지하게 되는 단계

② 2단계(의사결정 단계)
기후위해와 그 부정적 영향을 감소시키거나 관리하기 위한 실행단계

③ 3단계(기회모색 단계)
기후변화를 긍정적으로 이용할 수 있는 기회를 모색하는 단계

(11) 기후변화 대응기술 및 정책

① 무경농법은 수확한 농토를 갈지 않고 그루터기에 파종하는 방법으로서 농경지에서 온실가스 배출을 저감하는 방법에 활용할 수 있다.
② 보호지역제도 관리대안으로 UNESCO(국제연합교육과학문화기구)는 생물권 보전지역 지정 제도를 운영하고 있다.
③ 산림이 농경지나 산업용지, 도시용지로 바뀌면 자연의 이산화탄소 흡수능력이 약화되므로 토지이용형태를 고려해야 한다.
④ 생물멸종을 막기 위해서는 특히 먹이사슬 중 멸종위기에 있는 동물군의 멸종을 막도록 하는 것이 중요하다.
⑤ 로드킬 예방을 위해 생태 이동통로에 충분한 먹이공급시설을 갖춘다.

SECTION 02 기후변화 관련 국제 동향

01 기후변화 관련 국제기구

국제사회가 기후변화문제를 환경문제로 처음 논의하기 시작한 것은 1972년 스톡홀름에서 개최된 인간환경회의(UN Conference on the Human Environment)에서이다. 온실가스의 대기 중 배출을 억제함으로써 지구온난화로 인한 지구환경피해를 방지하기 위하여 1972년 2월 스위스 제네바에서 WMO 주관으로 제1차 세계기후회의가 개최되었다.

1 기후변화에 대한 정부 간 패널(IPCC ; Intergovernmental Panel on Climate Change)

(1) 개요

① 1979년 세계기후회의에서 논의되었던 IPCC는 1988년 11월 UN 산하 세계기상기구(WMO)와 유엔환경계획(UNEP)이 기후변화와 관련된 전 지구적인 환경문제에 대처하기 위해 각국의 기상학자, 해양학자, 빙하전문가, 경제학자 등 전문가로 구성된 '정부 간 기후변화 협의체'로 본부는 스위스 제네바에 있으며 2007년에 노벨평화상을 수상하였다.
② 1992년 체결된 기후변화에 관한 유엔기후협약의 이론적 틀을 마련하고 기후변화와 관련된 과학적 연구결과를 종합적으로 검토하는 국제기구이다.

(2) IPCC의 업무

기후변화의 정도와 사회·경제적 측면에서의 잠재적 충격과 현실성 있는 대응전략 등에 관하여 국제적 평가기준을 마련하는 것이다.

(3) IPCC의 조직

IPCC는 3개의 실행그룹(Working Group)과 특별대책반으로 구성되어 있으며, Working Group의 역할은 국가 온실가스 인벤토리에 관한 연구이다.

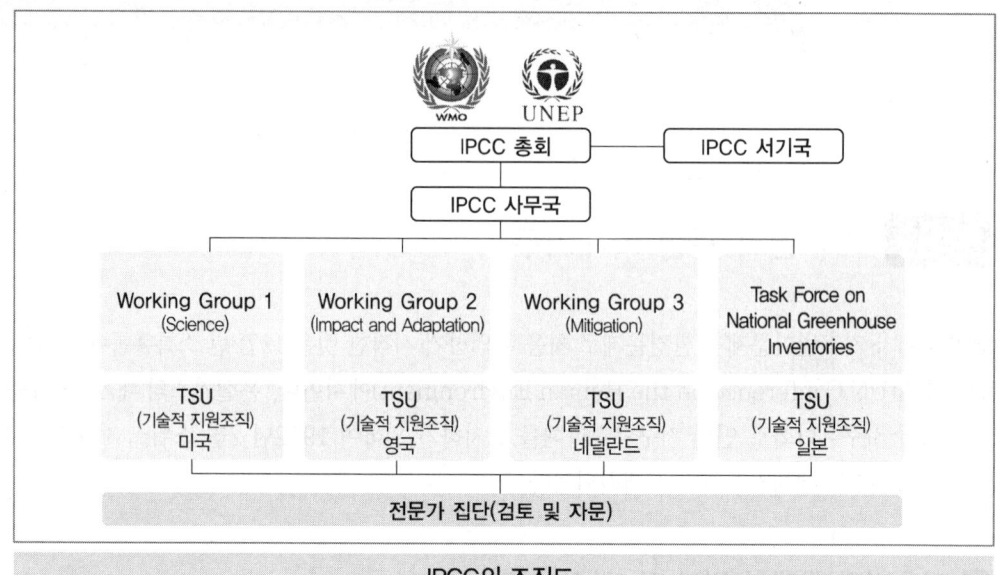

IPCC의 조직도

① Working Group 1(제1실무그룹 : 기후변화 과학분야)
    ㉠ 기후시스템과 기후변화, 기후변화에 대한 과학적 이해, 기후모델링 등을 연구한다.
    ㉡ 온실가스 및 에어로졸, 방사성 물질, 프로세스 및 모델링, 기후변동 관찰 및 기후변화에서의 온실가스 효과측정, 과학적 평가를 수행, 즉 기후변화에 대한 과학적 평가를 수행한다.
    ㉢ 온실가스 증가로 인한 영향 예측, 즉 기후변화에 대한 기후모델링 등의 연구분야를 담당한다.

② Working Group 2(제2실무그룹 : 기후변화 영향평가, 적응 및 취약성 분야)
    농업 및 산림, 지구 자연생태시스템, 수자원, 인류 정착지, 해안지방 및 계절별 강설, 빙하 및 영구 동결층에 대한 지구온난화 영향평가를 담당한다.

③ Working Group 3(제3실무그룹 : 배출량(기후변화) 완화, 사회경제적 비용・편익 분석 등 정책분야 담당)
    ㉠ 에너지, 상업, 농업, 산림 및 인간활동 부분 및 해안지역에서의 완화/적응 대응 옵션 정의 및 평가
    ㉡ 지구온난화의 사회경제적 파급효과 분석
    ㉢ 기후변화협약 체제 설립

④ Task Force on National Greenhouse Inventories(특별대책반)
    ㉠ 국가 온실가스 배출량 테스크 포스를 의미함
    ㉡ IPCC/OECD/IEA가 공동으로 국가 온실가스 배출목록 작성을 위한 프로그램 가동
    ㉢ 국가 온실가스 배출 가이드라인 및 최우수 사례 가이드라인 작성
    ㉣ 배출가스 Data Base 운영

⑤ Technical Support Unit(TSU)
  ㉠ 각 Working Group에 기술지원단(TSU)이 지정되어 있으며, 실무그룹 및 TF의 회의준비 및 보고서 초안/발간 등 지원역할을 수행하도록 지정된 기관이다.
  ㉡ TSU 임무
    ⓐ 실무그룹 주회의
    ⓑ IPCC 보고서 초안작성 및 발간

(4) IPCC 평가보고서
  ① 개요
    기후변화 추세 및 원인규명, 기후변화에 따른 생태학적·사회경제적 영향평가, 대응전략을 분석하여 실무그룹별 평가보고서 발간을 통해 유엔기후변화협약(UNFCCC) 등에 정부 간 협상의 중요한 근거자료로 이용되고 있다. 즉, 보고서는 과학, 영향과 적응, 완화, 종합보고서 등으로 구성된다.

  ② 제1차 평가보고서(1990년)
    ㉠ IPCC는 1990년 제2차 세계기후회의에서 제1차 기후변화보고서를 발표하고 여기에서 기후변화문제를 다루기 위한 국제협약이나 규범의 제정을 권고하였다.
    ㉡ 지구온난화의 위험과 2000년까지 1990년 수준에서 온실가스를 안정화시키는 비구속력 목표를 수립했던 1992년 유엔 기후변화협약에 동의하기 위하여 각 정부들을 독려하는 역할을 했다.

  ③ 제2차 평가보고서(1995년)
    ㉠ 2차 특별보고서(지구의 기후에 대한 감지할 수 있는 인간의 영향을 제안하는 증서를 제시)에 제시된 사항을 구체적으로 이행하기 위하여 1997년 유엔의 교토의정서가 채택됐다.
    ㉡ 교토의정서 채택에 기여한 보고서이다.

  ④ 제3차 평가보고서(2001년)
    ㉠ 3차 특별보고서는 기후변화가 자연적 요인이 아니라 인간에 의한 공해 물질에서 비롯된 것임을 확인하였다.
    ㉡ 기후변화 시나리오는 온실가스, 에어로졸, 토지이용상태 등의 변화와 같이 인간활동에 따른 인위적인 원인에 의한 기후변화가 언제, 어디서, 어떻게 일어날지를 예측하기 위해 기후변화예측모델을 이용하여 계산한 미래기후에 대한 예측 정보(기온, 강수량, 바람, 습도 등)를 말한다.

ⓒ SRES 시나리오
  ⓐ IPCC 3차 평가보고서에 사용된 시나리오
  ⓑ 예상되는 이산화탄소 배출량에 따라 나뉘며 대체발달경로를 탐구하고 폭넓은 범위의 인구통계적, 경제적, 기술적 변화동인과 결과적인 온실가스 배출을 다룬다.
  ⓒ 종류
   • A1 : − 미래세계에 전반적으로 매우 빠른 경제성장을 가정
     − 특징 : 낮은 수준의 인구증가, 급속한 경제성장, 효율적인 신기술의 재빠른 도입 등
   • A2 : − A1 시나리오보다 지역적인 특이성을 강조, 지역에 따라 인구증가 및 경제성장 차별화
     − 특징 : 높은 인구증가, 지역적이며 느린 경제성장, 신기술 도입속도 느림 등
   • B1 : − A1 시나리오보다 지속가능성을 중시(재생 및 효율을 중시하는 기술도입과 경제구조가 3차산업 중심으로 변화)
     − 특징 : 낮은 수준의 인구증가, 빠른 경제성장, 서비스와 정보경제로의 전환, 청정기술과 효율적인 기술도입 등
   • B2 : − B1 시나리오(전 지구적 해결책 중시)보다 지역적인 해결책을 중시
     − 특징 : 인구증가와 경제성장, 기술도입 등

⑤ 제4차 평가보고서(2007년)
 ㉠ 개요
  ⓐ 3차 평가보고서 이후 3개 실무그룹(기후변화 과학, 영향·적응 및 취약성 완화)이 수행했던 연구결과를 바탕으로 지구온난화가 기후변화에 미치는 영향이 보다 명백해졌음을 언급하고 이에 관련된 적응과 완화정책을 위한 과학적 근거들을 제시하였다.
  ⓑ 기후변화를 과학적으로 입증하고 기후변화의 심각성을 전파한 공로로 IPCC의 노벨 평화상 수상에 기여하였다.
  ⓒ 각국 리더들에게 Bali Action Plan 동의를 위한 근거를 제공하고 새로운 기후변화 시나리오 작성 및 해수면 상승과 탄소순환 및 기후현상의 보강을 주요 골자로 한다.
 ㉡ 주요 내용
  ⓐ 지구기후 시스템의 온난화는 지구평균 기온과 해수온도의 상승, 광범위한 눈과 얼음의 융해 및 지구평균 해수면 상승 등이 관측자료에서 명백하게 증명되었다.
  ⓑ 인간활동에 의한 전 지구 온실가스 배출량은 산업시대 이전에 비해 1970~2004년 사이에 70% 증가하였으며 이 중 CO_2의 연간 배출량은 약 80% 증가하였다.
  ⓒ 인위적인 온난화와 해수면의 상승은 온실가스 농도가 안정화되더라도 기후변화는 지속될 것이라 전망하였다.

ⓓ 기후변화 완화대책과 지속가능한 발전대책은 상호 간 상승효과가 크며 적극적 적응활동을 통해서만 기후변화를 감소시킬 수 있다.
ⓔ 장기지구온도목표(산업혁명 이전 수준 대비)와 이에 해당되는 이산화탄소 농도 수준은 2℃ 이내 450ppm이다.
ⓕ 현재의 CO_2 배출량 증가 추세가 계속될 경우 2040~2050년경의 대기 중 CO_2 농도는 550ppm, 기온상승(산업혁명 이전 대비) 예측치는 2.9℃이다.
ⓖ 에어로졸은 잠재적으로 복사강제력이 음의 부호를 가지는 물질이라고 보고하였다.
ⓗ 1906년부터 2005년까지 지난 100년간 지구평균온도는 약 0.75℃ 증가, 1961년 매년 해수면 상승정도는 1.8mm 정도로 보고되었다.

⑥ 제5차 평가보고서(2014년)
　㉠ 개요
　　ⓐ 제4차 평가보고서에는 온실가스와 에어로졸의 영향에 의한 강제력만을 포함하였으나 새로운 온실가스 시나리오 대표농도경로(RCP)를 도입하였다.
　　ⓑ RCP 2.6은 인간활동에 의한 영향을 지구 스스로 회복 가능한 시나리오, 즉 엄격한 완화 시나리오이고 RCP 8.5는 매우 높은 GHG 배출 수준의 시나리오를 말한다.
　　ⓒ 제5차 평가보고서에 따른 지구복사강제력이 높은 순서는 CO_2>CO>N_2O>NMVOC(비메탄계 휘발성 유기화합물)>NOx이다.

　㉡ 주요 내용
　　ⓐ 기후변화 현상 및 원인 : 기온·해수면 상승, 해양산성화, 빙하·해빙(海氷) 감소 등 전례 없는 기후변화현상이 관측되었으며, 주요 원인은 인위적인 온실가스 배출
　　ⓑ 기후변화 전망 및 영향 : 온실가스 배출이 계속됨에 따라 기후변화가 돌이킬 수 없는 영향(Irreversible Impact)을 미치게 될 위험성 증가
　　ⓒ 적응과 감축 및 지속가능개발을 위한 경로(Pathway) : 지속가능한 발전과 형평성(Equity) 실현을 위해서는 기후변화 대응이 필수적이며, 감축과 적응은 상호보완적 전략
　　ⓓ 적응과 감축 방안 : 미흡한 제도(Weak in-stitution)와 조정·협력 거버넌스의 미비가 적응·감축 이행 시 장애로 작용하며, 기후변화적응 및 온실가스 감축효과는 정책에 의해서는 좌우되며, 적응·감축을 여타 사회적 목표와 연계할 경우 효과가 증가됨

　㉢ RCP 시나리오(대표농도경로)
　　ⓐ IPCC 제5차 평가보고서에 사용된 시나리오
　　ⓑ 2100년 지구의 복사강제력을 기준으로 한 온실가스 시나리오(인간 활동이 대기에 미치는 복사량으로 온실가스 대표농도경로 시나리오를 결정)

ⓒ RCP는 사회·경제 유형별 온실가스 배출량을 설정 후 기후변화 시나리오를 산출했던 SRES 시나리오와 달리 온실가스 농도값을 설정한 후 기후변화 시나리오를 산출하여 그 결과의 대책으로 사회·경제 분야별 온실가스 배출저감정책을 결정하는 것이 특징이다.

ⓓ 종류
- RCP 2.6 : 인간활동에 의한 영향을 지구 스스로가 회복가능한 경우(2100년 기준 대기 중 CO_2 농도 420ppm) ; 지금부터 즉시 온실가스 감축을 해야 한다는 의미
- RCP 4.5 : 온실가스 저감정책이 상당히 실현되는 경우(2100년 기준 대기 중 CO_2 농도 540ppm)
- RCP 6.0 : 온실가스 저감정책이 어느 정도 실현되는 경우(2100년 기준 대기 중 CO_2 농도 670ppm)
- RCP 8.5 : 현재 추세(저감없이)로 온실가스가 배출되는 경우(2100년 기준 대기 중 CO_2 농도 940ppm) ; BAU 시나리오 의미

ⓔ RCP 시나리오의 숫자는 복사강제력, 즉 온실가스 등으로 에너지의 평형을 변화시키는 영향력의 정도를 의미한다.

Reference | SSP 시나리오(공통사회경제경로)

① IPCC 제6차 평가보고서에 사용되는 시나리오
② SSP 시나리오는 RCP 기반+미래인구수, 토지이용 등 사회경제학적 요소까지 고려한 시나리오
③ 2100년 기준 복사강제력과 미래사회경제변화(인구통계, 경제발달, 복지, 생태계 요소, 자원, 제도, 기술발달, 사회적 인자, 정책)를 기준으로 기후변화에 대한 미래의 감축과 적응노력에 따라 시나리오 결정
④ 종류
- ㉠ SSP 1~2.6 : 재생에너지 기술발달(친환경기술의 빠른 발달)로 화석연료 사용이 최소화되고 친환경적으로 지속가능한 경제성장을 이룰 것으로 가정하는 경우
- ㉡ SSP 2~4.5 : 기후변화 완화 및 사회경제 발전정도를 중간단계로 가정하는 경우
- ㉢ SSP 3~7.0 : 기후변화 완화정책에 소극적이며 기술개발이 늦어 기후변화에 취약한 사회구조를 가정하는 경우
- ㉣ SSP 5~8.5 : 산업기술의 빠른 발전에 중심을 두어 화석연료 사용이 많고, 도시 위주의 무분별한 개발이 확대될 것으로 가정하는 경우

Reference | RCP와 SSP 시나리오 비교

RCP 시나리오			SSP 시나리오	
• IPCC 5차 평가보고서에 사용된 시나리오 • 2100년 지구의 복사강제력을 기준으로 한 온실가스 시나리오			• IPCC 6차 평가보고서에 사용된 시나리오 • RCP 시나리오에 미래 인구수, 토지이용 등 사회경제학적 요소까지 고려한 시나리오	
종류	의미	CO_2농도 (2100년)	종류	의미
RCP2.6	지금부터 즉시 온실가스 감축 수행	420ppm	SSP1-2.6	재생에너지 기술 발달로 화석연료 사용이 최소화되고 친환경적으로 지속가능한 경제성장을 가정
RCP4.5	온실가스 저감정책 상당히 실현	540ppm	SSP2-4.5	기후변화 완화 및 사회경제 발전정도가 중간 단계를 가정
RCP6.0	온실가스 저감정책 어느 정도 실현	670ppm	SSP3-7.0	기후변화 완화 정책에 소극적이며 기술개발이 늦어 기후변화에 취약한 사회구조를 가정
RCP8.5	현재 추세대로 온실가스 배출	940ppm	SSP5-6.5	산업기술의 빠른 발전에 중심을 두어 화석연료 사용이 높고 도시 위주의 무분별한 개발 확대를 가정

Reference | 한반도 기후변화 시나리오 산출단계

① 1단계 : 온실가스 배출 시나리오
② 2단계 : 온실가스 농도에 따른 복사강제력
③ 3단계 : 전 지구 기후변화 시나리오
④ 4단계 : 한반도 기후변화 시나리오
⑤ 5단계 : 영향평가 및 적응전략 마련

2 유엔기후변화기본협약 (기후변화협약, UNFCCC ; United Nations Framework Convention on Climate Change)

(1) 개요

① 기후온난화에 대한 과학적 자료가 증가하고 범지구적 차원의 온실가스 감축 노력이 필요하다는 공감대 속에 적극 대처(온실가스의 인위적 방출규제)하기 위하여 UN의 주관으로 1992년 브라질 리우데자네이루에서 열린 환경개발회의(UNCED)에서 기후변화협약(UNFCCC)이 채택되었다.
② 우리나라는 1993년 12월에 47번째 가입국으로 가입하였다.

③ 1994년 3월 본 협약이 발효되었는데, 공통되나 차별화된 부담원칙(Common but Differentiated Responsibility)을 당사국들 간에 적용하였다. 즉, 개발도상국들은 현재의 개발상황에 대한 특수 사항을 배려하여 공통되나 차별화된 책임과 능력에 입각한 의무부담을 갖는 것으로 정하였다.
④ 당사국들을 부속서 국가와 비부속서 국가로 구분하여 차별화된 의무부담을 갖기로 결정하였다.
⑤ 지구온난화 해결을 위한 환경협약, CO_2 저감을 위한 국가 간·기업 간의 비용 문제에 대한 경제 협약, 새로운 기술규범 등의 의의가 있다.
⑥ 선진국들이 2000년까지 온실가스 배출을 1900년 수준으로 줄이자는 합의가 도출되었다.

(2) 목적

본 협약은 세계 각국이 '지속가능한 성장(ESSD)'을 위해 공동의 노력을 기울여야 한다는 전제 하에, 인간활동에 의해 발생되는 위험하고 인위적인 영향이 기후시스템에 미치지 않도록 대기 중 온실가스 농도를 안정화시켜 지구의 환경변화를 최소화하는 것을 목적으로 한다. 즉, 기후체제가 위험한 인위적간섭을 받지 않을 수준으로 대기 중 온실가스 농도를 안정화하는 것을 궁극적 목표로 하고 있다.

(3) 기본원칙

① 기후변화의 예측 방지를 위한 예방적 조치의 시행과 모든 국가의 지속가능한 성장의 보장을 정한다. 즉, 유엔 기후변화협약에서는 양대 기준이 되는 2가지의 큰 원칙을 제시하고 있는데, 그중 하나는 각국은 기후변화에 대처함에 있어서 완전한 과학적 확실성이 미비하더라도 사전예방의 원칙에 따라 필요한 조치를 취한다는 것이다.
② 선진국은 일찍이 발전을 이뤄오면서 대기 중으로 배출한 온실가스에 대한 역사적 책임을 갖고 있으므로 선도적 역할을 수행토록 한다.
③ 개발도상국들은 현재의 개발 상황에 대한 특수 사정을 배려하여 '공통되나 차별화된 책임'과 능력에 입각한 의무부담을 갖는다.
④ 공동되나 차별화된 책임 및 부담과 기후변화의 예방적 조치를 시행한다.

(4) 선진국과 개발도상국의 공통공약사항

① 몬트리올 협정에 적용되지 않는 모든 온실가스에 대한 배출원 및 흡수원 인벤토리를 개발하고, 주기적으로 갱신 공표하며 당사국총회에서 활용할 수 있도록 한다.
② 기후변화를 완화하기 위한 국가 및 지역의 프로그램을 구축, 실행 및 공표해야 한다.(국가전략수립 및 국가보고서 작성, 제출)
③ 에너지, 운송, 산업, 농업, 산림 및 폐기물 등 모든 분야에서 온실가스감축기술 및 공정의 개발, 적용, 확산 및 이전이 증진되도록 한다.
④ 온실가스 흡수원(바이오매스, 산림, 해양 및 생태계)이 보호되고 향상되도록 지속가능한 관리가 증진되도록 한다.

(5) 선진국의 공약사항

① 국가정책을 채택하고, 온실가스 배출원 제한 및 흡수원 보호를 통해 기후변화를 완화시키는 조치를 취해야 한다.
② 이산화탄소 및 기타 온실가스의 배출량을 1990년대 수준으로 감축하기 위해 노력해야 한다.
③ Annex II 국가 및 선진국은 개발도상국 특히 기후변화의 영향에 취약한 국가 지원에 협력해야 하고 환경적으로 적정한 기술을 이전하기 위한 실제적 조치를 취해야 한다.(Annex II 국가란 Annex I 국가들 중 동구권 국가를 제외한 OECD 24개국 및 EU 국가들을 의미함)

(6) 기후변화협약에 가입한 모든 국가의 공동의무사항

① 공동협약의 모든 당사국들은 온실가스 배출량 감축을 위한 국가전략을 자체적으로 수립·이행, 공개하여야 한다.
② 온실가스 배출량 및 흡수량에 대한 국가통계와 정책이행에 관한 국가보고서를 작성, 당사국총회(COP)에 제출해야 한다.
③ 기후시스템 및 변화에 관련된 과학적·기술적·사회경제적 및 법률적 정보를 신속·개방적 교환이 이루어질 수 있도록 공동으로 노력한다.

(7) 기후변화협약에 가입한 일부 국가의 특정의무사항

공동·차별화 원칙에 따라 협약 당사국을 Annex I, Annex II 및 Non-Annex I 국가로 구분, 각기 다른 의무를 부담토록 규정하였다.

① Annex I 국가는 온실가스 배출량을 1990년 수준으로 감축하기 위하여 노력토록 규정하였으나, 강제성은 부여치 않는다.
② Annex II 국가는 개발도상국에 대한 재정 및 기술이전의 의무를 가진다.

(8) 기후변화협약의 주요 내용

전문(구분)		내용
목적(2조)		지구온난화를 방지할 수 있는 수준으로 대기 중 온실가스 농도 안정화 및 지구환경변화 최소화
원칙(3조)		• 형평성 : 공통의 차별화된 책임, 국가별 특수사정 고려(특수상황에 대한 배려) • 효율성 : 예방의 원칙, 정책 및 조치, 대상 온실가스의 포괄성, 공동이행(예방적 대책 실시) • 경제발전 : 지속가능한 개발의 촉진, 개방적 국제경제체제 촉진(지속적인 개발을 추진하는 권리)
의무사항	공통 의무사항	• 온실가스 배출통계 작성 발표, 정책 및 조치의 이행 • 연구 및 체계적 관측 • 교육훈련 및 공공인식 • 정보 교환 특정 의무사항
	특정 의무사항	• 배출원 흡수원에 관한 특정의무사항 : 1990년 수준으로 온실가스 배출 감축노력 • 개도국에 대한 재정지원 및 기술이전에 관한 특정공약

(9) UNFCCC의 조직

① 기후변화협약은 1994년 3월에 50개국 이상이 가입함에 따라 발효되었고, 현재 192개국이 가입하였다.(우리나라는 1993년 12월 47번째로 가입)
② 기후변화에 가입한 국가를 당사국(Party)이라고 하며, 당사국들은 매년 협약의 이행방법 등 주요 사안에 대하여 결정하는 회의, 즉 당사국총회를 한다. 본 당사국총회를 협약(UNFCCC)의 최고 의사결정기구로 정하였다.
③ 사무국(Secretariat)은 당사국총회 개최 및 보조기구 운영을 하게 되어 있다.
④ 당사국총회는 집행부속기구(SBI ; Subsidiary Body for Implementation)와 과학기술자문 부속기구(SBSTA ; Subsidiary Body for Scientific Technological Advice)로 구분되어 있다.
⑤ 집행 부속기구는 당사국총회를 지원하는 역할을 한다.
⑥ 과학기술자문 부속기구는 당사국총회에 과학기술 정보 및 자문 등을 제공하는 기구이다.

(10) UNFCCC 조직도

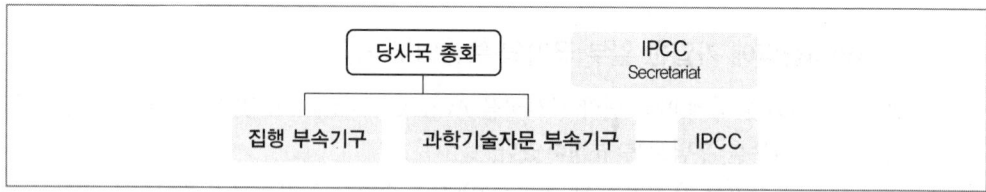

(11) 기후변화협약 관련 기구 및 역할

① 당사국총회(COP ; Conference of Parties)
  ㉠ UNFCCC 최고 의사 결정 기구
  ㉡ 협약의 진행을 전반적으로 검토하기 위해 일 년에 한 번 모임

② 부속기구(Subsidiary Bodies)
  ㉠ 과학기술자문부속기구(SBSTA ; Subsidiary Body for Scientific and Technological Advise)
    • 기후변화협력이나 교토의정서와 관련된 과학적, 기술적 문제에 대하여 적기에 필요한 정보 제공
    • 국가보고서 및 배출통계방법론
    • 기술개발 및 기술이전에 관한 실무 수행
    • COP와 CMP를 지원

ⓒ 이행(집행)부속기구(SBI ; Subsidiary Body for Implementation)
- 협약 이행 관련 사항 및 국가보고서 및 배출통계자료 검토
- 행정 및 재정 관리

③ 협약서기구(Convention Bodies)

㉠ 전문가 그룹(Consultative Group of Experts)
Non-Annex I(비부속서국가 국가보고서 지원)

㉡ 저개발국 전문가 그룹(Least Developed Country Expert Group)
저개발 국가의 적응 대책 지원

㉢ 기술이전 전문가 그룹(Expert Group on Technology Transfer)
환경친화기술 이전에 대한 자문

> **Reference** 유엔환경계획(UNEP), 유엔산업개발기구(UNIDO), 유엔환경계획세계모니터링센터(UNEP-WCMC)
>
> **1 UNEP**
> ① 기후변화 관련 국제기구
> ② UN조직 내 환경활동을 촉진, 조정, 활성화하기 위해 설립된 환경 전담 국제정부 간 기구
> ③ 환경문제에 대한 국제적 협력을 도모하기 위한 기구
> ④ 환경분야의 국제협력을 촉진하기 위해 UN 내에 설치된 국제협력추진기구로 환경에 관한 종합적인 고찰, 감시 및 평가를 수행
>
> **2 UNIDO**
> ① 개발도상국산업의 지속가능한 발전을 지원하고, 환경 등 산업발전 문제를 극복하고 사람의 삶과 세계의 번영을 목표
> ② 청정생산기술, 환경친화적인 공정과 기술이전, 농약 생산 및 개발 시 위해저감 등에 관한 사업을 주도
>
> **3 UNEP-WCMC**
> ① 기후변화 관련 국제기구 중 세계환경보전 모니터링 센터
> ② 세계보전연맹(WCU), 유엔환경계획(UNEP), 세계야생생물기금(WWF) 세계기구가 세계의 생태환경보전을 위해 공동으로 설립한 국제기구

> **Reference** 세계기상기구(WMO ; World Meteorological Organization) 관련 기구

WMO는 유엔 산하의 특별전문기구로 지구의 대기, 대기와 바다의 상호작용, 이로 인한 기후현상과 수자원의 분포 등에 대한 국제연구와 국제협력을 전담하는 조직이다.

1 GCOS(Global Climate Observing System) : 전지구관측시스템
① 1992년 설립되었으며, WMO, IOC, UNEP, ICSC가 스폰서 역할을 하며, 사무국은 스위스 제네바에 위치하고 있다.
② 2차 적정보고서(The 2nd Adquancy Report)
③ 지구계에 대한 포괄적·지속적·조정된 관측을 수행하고 관측자료를 분석·예측한 후 유용한 최종 정보를 수요자에게 신속하게 전달하는 시스템이다.

2 GAW(Global Atmosphere Watch) : 지구대기 감시
1989년 설립되었으며, 온실가스(CO_2, CH_4, N_2O, CFCs), 에어로졸, 자외선, 오존, 반응가스(CO, VOCs, NOx, SO_2), 강수화학 등의 관측 네트워크를 형성한다.

3 CCI(The Comission for Climatology) : 기후위원회
기후정보 지식의 응용 및 촉진을 위한 기술적 활동 이해, 원조 등을 한다.

> **Reference** 글로벌 녹색성장기구(GGGI)

① 2009년 코펜하겐 기후변화당사국총회에서 우리나라가 개설을 공약한 국제기구
② 개발도상국의 저탄소녹색성장을 위해 설립된 국제기구
③ 2012년 6월 20일 개막한 유엔지속가능발전정상회의(리우+20)를 통해 국제기구로 공인
④ 녹색성장의 전략은 글로벌녹색성장기구(GGGI)가, 재원은 녹색기후기금(GCF)이, 기술은 녹색기술센터(GTC)가 각각 맡음

> **Reference** 기후변화 시나리오의 개발

1 순차적 접근방법
배출량 시나리오와 사회경제 시나리오가 먼저 결정된 후에 복사강제력 시나리오가 개발되고, 그 이후에 기후전망 시나리오를 생산, 이를 기반으로 영향, 적응, 취약성 평가가 이루어지는 방법이다.

2 병렬적 접근방법(IPCC 제5차 평가보고서)
기후 모델링팀과 사회경제 시나리오팀이 대표농도경로와 복사강제력 시나리오를 산정하여 기후전망과 사회경제 시나리오의 개발을 동시에 진행하는 방법이다.

02 당사국(COP) 총회

1 제1차 당사국총회(COP 1)

① 1995년 독일 베를린
② 2000년 이후의 온실가스 감축을 위한 협상그룹을 설치하고 논의결과를 제3차 당사국총회에 보고하도록 하는 베를린 위임사항을 결정함(Berlin Mandate)
③ 선진국의 의무사항을 강화함(Annex I 국가 의무강화를 위한 법적 장치 도출에 합의)
④ 규제의 발판을 마련

2 제2차 당사국총회(COP 2)

① 1996년 스위스 제네바
② 미국과 EU는 선진국의 감축목표에 대해 법적 구속력을 부여하기로 합의
③ 기후변화에 관한 IPCC의 2차 평가보고서 중 인간의 활동이 지구의 기후에 명백한 영향을 미치고 있다는 주장을 과학적 사실로 공식 인정함

3 제3차 당사국총회(COP 3)

① 1997년 일본 교토
② Annex I 국가들의 온실가스 배출량 감축의무화(선진국의 감축의무 합의/설정, 개도국 감축의무 논의 연기)
③ Annex I 국가의 2008~2012년의 평균온실가스 배출량을 1990년 대비 평균 5.2% 감축
④ 공동이행제도, 청정개발체제, 배출권거래제 등 시장원리에 입각한 새로운 온실가스 감축수단의 도입 등을 내용으로 하는 교토의정서가 채택됨(교토메커니즘 채택)

4 제4차 당사국총회(COP 4)

① 1998년 아르헨티나 부에노스아이레스
② 교토의정서의 세부이행절차 마련을 위한 행동계획을 수립(부에노스아이레스 행동계획)
③ 아르헨티나와 카자흐스탄이 비부속서 I 국가로서 처음으로 감축의 부담의사를 표명

5 제5차 당사국총회(COP 5)

① 1999년 독일 본
② 아르헨티나가 자국의 자발적 감축목표를 발표함(개발도상국의 온실가스 감축의무부담 문제가 부각)

③ 아르헨티나가 자국의 온실가스 감축의 부담방안으로 경제성장에 연동된 온실가스 배출목표를 제시함
④ COP 개최일정 및 방법

6 제6차 당사국총회(COP 6)

① 2000년 네덜란드 헤이그
② 2002년 교토의정서를 발효하기 위해 교토의정서의 상세운영 규정을 확정할 예정이었으나 미국, 호주, 일본 등 Umbrella 그룹과 EU 간의 입장 차이로 협상이 결렬됨(교토의정서 이행방안 협상실패)
③ 속개회의에서는 교토메커니즘, 흡수원 등에서 EU와 개발도상국의 양보로 캐나다, 일본이 참여하면서 협상이 극적으로 타결되어 미국을 배제한 교토의정서 체제 합의가 이루어짐(COP 6 속개회의 : 교토의정서 이행골격 합의)

7 제7차 당사국총회(COP 7)

① 2001년 모로코 마라케시
② 제6차 회의에서 해결되지 않았던 교토메커니즘, 의무준수체제, 온실가스 배출목록, 흡수원 등에 있어서 정책적 현안에 대한 최종합의가 도출
③ CDM 등 교토메커니즘 관련 사업을 추진하기 위한 기반을 마련함(교토의정서 이행방안 최종합의 : 마라케시 선언). 즉, 청정개발 체제, 배출권 거래제 등 교토 메커니즘 관련사업의 구체적인 이행방안 추진기반을 마련하기 위한 마라케시 합의문 채택
④ 교토메커니즘의 국제적 효력 발생

8 제8차 당사국총회(COP 8)

① 2002년 인도 뉴델리
② 통계작성, 보고, 메커니즘, 기후변화협약 및 교토의정서 향후 방향 등을 논의
③ 적응, 지속가능발전 및 온실가스 감축 노력 촉구 등을 담은 뉴델리 각료선언을 채택함(델리 선언문 채택)
④ 온실가스 저감을 통한 기후변화 완화문제와 함께 기후변화 적응의 중요성 부각
⑤ 기후변화협약총회와 교토의정서 총회의 동시 개최 합의

9 제9차 당사국총회(COP 9)

① 2003년 이탈리아 밀라노
② 기술이전 등 기후변화협약의 이행과 조림 및 재조림의 CDM 포함을 위한 정의 및 방식문제 등 교토의정서의 발효를 전제로 한 이행체제 보완에 대한 논의가 진행

③ 기술이전 전문가 그룹회의의 활동과 개도국의 적응 및 기술이전 등에 지원할 기후변화 특별기금 및 최빈국 기금의 운용방안이 타결됨

10 제10차 당사국총회(COP 10)

① 2004년 아르헨티나 부에노스아이레스
② 과학기술자문부속기구가 기후변화 영향, 취약성 평가, 적응 수단 등에 관한 5년 활동계획을 수립
③ 1차 공약기간(2008~2012) 이후의 의무부담에 대한 비공식 논의가 시작됨
④ 적응 및 대응조치에 대한 부에노스아이레스 활동 채택

11 제11차 당사국총회(COP 11)

① 2005년 캐나다 몬트리올
② 교토의정서 이행절차보고방안을 담은 19개의 마라케시 결정문을 제1차 교토의정서 당사국회의에서 승인함(교토의정서 발효)
③ 2012년 이후 기후변화체제협의회(2 Track Approach)에 합의

12 제12차 당사국총회(COP 12)

① 2006년 케냐 나이로비
② 제12차 당사국총회 결의문의 주요 내용은 선진국들의 2차 공약기간 온실가스 감축량 설정을 위한 논의 일정에 합의
③ 개도국들의 의무감축 참여를 당사국총회를 통해 결정할 수 있도록 함
④ 개도국의 온실가스 감축문제는 13차 총회에서 재논의하기로 함
⑤ 개도국의 기후변화 적응, 지원에 관한 5개년 행동계획을 채택함

13 제13차 당사국총회(COP 13)

① 2007년 인도네시아 발리
② 2012년 이후 선·개도국의 의무감축부담에 대한 논의가 활발히 이루어졌음
③ 교토의정서의 의무감축에 상응한 노력을 하기 위해 선·개도국 등 모든 국가들은 측정, 보고, 검증 가능한 방법으로 온실가스 감축을 수행토록 하는 발리 로드맵을 채택하여 2009년 말을 목표로 협상 진행에 합의함(발리행동계획「Bali-Action Plan」채택)
④ 2012년까지 감축의무를 규정한 교토의정서의 대상기간의 한정과 미국, 중국, 인도 등 온실가스 대량 배출국가의 감축이 포함되지 않은 교토의정서를 대체할 새로운 기후변화협약의 마련을 위해 채택한 것이 발리로드맵
⑤ 교토의정서의 부속서 1국가의 경우, 2020년까지 1990년 대비 25~40% 감축목표 확인(우리나

라 : 30%)
⑥ 선진국, 개도국 간 Post-2012 목표설정을 위한 협상체제 발족(Post-2012 체제구축 합의)
⑦ 2년간의 협상을 지속하여 2009년 덴마크 코펜하겐에서 새 기후변화협약을 결정하기로 했으며 산림훼손방지(REDD)가 주요 논의사항
⑧ REDD는 개발도상국의 산림전용 및 황폐화 방지, 산림 보전, 지속가능한 산림경영 등 활동을 통한 기후변화 저감활동을 말한다.

14 제14차 당사국총회(COP 14)

① 2008년 폴란드 포츠난
② 2010년 이후 선진국 및 개도국이 참여하는 기후변화체제의 본격적인 협상모드 전환을 위한 기반을 마련한 회의
③ 2009년 6월까지 협상문의 구성요소 및 초안을 마련하자는 일정에 합의
④ 발리로드맵과 2009년 코펜하겐 협약 사이에 미국의 정권교체 등의 상황으로 공유비전, 기술이전, 재원확대 등 중요 쟁점에 대해서는 선·개도국 간 입장 차이를 재확인하는 수준에 그쳐 협상의 구체적 성과는 미흡한 회의로 평가됨
⑤ 지구기후관측시스템 이행계획에 관한 보고서 채택

15 제15차 당사국총회(COP 15)

① 2009년 덴마크 코펜하겐
② 선·개도국 간의 대립으로 난항을 겪었으며, 최종적으로 코펜하겐 합의라는 형태로 합의를 도출했으나 법적 구속력은 없고 선·개도국 간의 민감한 주요쟁점들을 미해결과제로 남긴 채 정치적 합의문 수준으로 종료(개도국들은 법적 구속력을 가진 감축목표설정 및 감축행동에 대한 MRV 원칙적용을 거부하고, 미국 등 선진국들은 개도국이 만족할 만한 충분하고 구체적인 재정 및 기술지원방안을 제시하지 않음)
③ 기온상승을 산업화 이전 대비 2℃ 이내로 억제
④ 2010년 1월 31일까지 부속서 1국가는 중기 감축목표 제출, 비부속서 1국가는 자발적 감축행동 제출(코펜하겐 합의문)
⑤ 코펜하겐 합의문(협정)은 당사국총회의 공식적인 합의문서로 인정받아 향후 협상의 중요한 근거가 됨

16 제16차 당사국총회(COP 16)

① 2010년 멕시코 칸쿤
② 2011년 남아공 총회까지 Post-2012 기후체제 합의를 위한 협상을 지속하기로 하였음

③ 기본적 내용에 합의한 감축, 재원, 적응, 측정(Measuable), 보고(Reportable), 검증(Verifiable) 등에 대한 논의가 핵심이슈가 될 것으로 전망
④ 2020년까지 연간 1천억 달러 규모의 녹색기후기금 조성 등을 담은 합의안 도출
⑤ 지구온도 상승을 산업화 이전 대비 2℃ 이내로 억제하기 위한 '긴급 행동' 촉구
⑥ 기술메커니즘을 설립하고 구성기구인 기술집행위원회의 기후기술센터 및 네트워크가 COP지도 하에서 활동하기로 함
⑦ 개도국은 2020년 BAU 배출량 대비 감축을 달성하기 위해 감축행동(NAMA)을 취하며, 이 NAMA는 기후변화 협약 트랙의 참고문서에 수록
⑧ 단기재원으로 2010~2012년간 300억 달러에 접근하는 재원을 제공하는 선진국의 집단적 의무에 유념
⑨ 기술개발 및 이전을 촉진하기 위해 기술메커니즘 설립

17 제17차 당사국총회(COP 17)

① 2011년 남아프리카공화국 더반
② 2012년 효력이 만료되는 교토의정서를 연장하는 한편, 2015년까지 법적으로 효력이 있는 새로운 조약을 마련, 2020년까지 이 조약을 강제적으로 적용
③ 제1차 의무감축 공약기간이 2012년 말 만료됨에 따라 EU, 호주, 뉴질랜드, 스위스, 노르웨이 등 주요 선진국들은 2차 공약기간 설정을 약속
④ 2020년 이후부터 우리나라를 포함한 중국, 인도 등 주요 개도국이 모두 참여하는 단일 온실가스 감축제제 설립을 위한 협상을 개시하는 것에 합의하는 '더반 플랫폼(Durban Platform)'을 채택 (일본, 러시아, 캐나다는 2차 공약기간 설정에 불참)

> **Reference** 녹색기후기금(GCF ; Green Climate Fund)
>
> ① 녹색기후기금은 유엔기후변화협약(UNFCCC)에 의거하여 설립된 기후변화에 특화된 국제기금이다. 즉, GCF는 UN 산하 기구이다.
> ② 선진국이 개발도상국의 온실가스 감축과 기후변화 적응지원을 주된 목표로 한다. 즉, 선진국 재원으로 개도국의 온실가스 감축과 적응사업을 지원하는 데에 의의가 있다.
> ③ 2010년 칸쿤 당사국총회(COP16)에서 개도국의 기후변화 대응지원을 위해 설립하기로 합의된 기금이다.(온실가스감축 등 기후변화 대응에 재원을 집중적으로 투입하기 위해 설립)
> ④ 2011년 COP17에서 GCF를 운영하기 위한 구체적인 방안, 즉 UNFCCC의 재정운영체제의 운영기구로 지정하였다. 즉, 선진국을 중심으로 2010년부터 2012년까지 3년간 300억 달러 규모의 단기재원을 조성하고, 2020년까지 1,000억 달러 규모의 장기재원을 조성하기로 합의하였다.
> ⑤ 환경분야의 세계은행이라 할 수 있으며 사무국은 인천 송도에 있다.

18 제18차 당사국총회(COP 18)

① 2012년 카타르 도하
② 2012년 만료되는 교토의정서를 2020년까지 연장(2013~2020년간 선진국의 온실가스 의무감축을 규정하는 교토의정서 개정안 채택)
③ 선진국과 개도국이 참여하는 새로운 감축안을 만들기 위한 기반 조성
④ 발리행동계획에 의하여 출범된 장기협력에 관한 협상트랙(AWG-LCA)이 종료됨
⑤ 2020년 이후 모든 당사국에 적용되는 신기후체제를 위한 협상회의(ADP)의 2013~2015년간 작업계획 마련
⑥ 후기 교토체제 논의의 전개과정에서 2012년에 만료되는 교토의정서의 효력을 2020년까지 연장하기로 합의하고 2020년 이후에 나타날 새로운 기후변화 대응체제를 2015년까지 마련하기로 합의
⑦ GCF의 위치를 공식적으로 한국의 송도로 결정

19 제19차 당사국총회(COP 19)

① 2013년 폴란드 바르샤바
② 2020년 이후 신기후체제와 관련하여 모든 국가들이 2020년 이후의 감축목표 준비를 개시 또는 강화하여 2015년 말에 개최되는 COP 21 이전까지 감축목표를 제출할 것을 촉구하는 문안에 합의
③ 2020년까지의 감축강화와 관련해서는 아직 2020년 감축목표를 제시하지 않은 국가들에게 감축목표 제시를 촉구하고 CDM에서 얻어진 크레딧(CER)의 자발적 취소를 권유하는 등 다양한 감축강화방안 제시

20 제20차 당사국총회(COP 20)

① 2014년 페루리마
② 2021년부터는 선진국뿐만 아니라 개발도상국도 온실가스 배출을 의무적으로 줄이기로 합의
③ COP 결정문인 'Lima Call for Climate Action' 채택
④ Post-2020 감축목표 등 각국의 기여(INDC) 제출 범위, 제출 시기, 협의 절차, 제출 정보 등 채택
⑤ 2020년 이후 신 기후체제를 규정하는 협정문 작성을 위한 주요 요소 도출
⑥ GCF의 초기 재원조성목표액인 100억 달러 초과 확보 성과 도출

21 제21차 당사국총회(COP 21)

① 2015년 프랑스 파리
② 전세계 196개 당사국이 합의한 파리협정(Paris Agreement)이 채택됨으로써 2020년 이후 교토의정서를 대체할 신 기후체제 출범(단순한 감축목표 제시를 넘어 기후변화 대응·기후재원

조성 등을 통해 지속 가능한 발전으로 패러다임 전환을 의미)
③ 교토의정서의 경우 주요 선진국에 한해서 온실가스 감축의무가 주어지지만 파리협정에서는 모든 국가가 감축의무를 가짐
④ 교토의정서 이후 신기후체제 합의문 파리협정은 16개의 전문으로 구성되며, 이행절차에 관해 구속력을 지님
⑤ 전문에서 '공통되나 차별화된 책임', '개별국가의 능력' 및 '국가별 상황' 등의 원칙을 명시함
⑥ 지구 온도상승 폭을 산업화 이전 대비 2℃보다 훨씬 낮은 수준으로 억제하고 온도상승을 1.5℃ 이하로 제한하기 위한 노력을 추구함
⑦ 2025년 이후 선진국은 매년 최소 1,000억 달러 규모의 기후재원 조성
⑧ 국가별 감축목표(NDC)는 각국이 스스로 정하되 매 5년마다 상향된 목표 제출 의무화
⑨ 2023년부터 5년 단위로 파리협정 이행 및 장기목표 달성 가능성을 평가하기 위해 전지구적 이행점검을 실시
⑩ 협약을 비준한 국가들이 향후 55개국 이상 & 글로벌 배출량 총 비중 55% 이상에 해당하는 국가의 비준을 충족하면 그로부터 30일 후 발효(2016년 11월 4일에 공식 발효)
⑪ 파리협정은 각 당사국 사이의 폭넓은 온실가스 감축사업의 추진과 거래를 인정하는 등 자발적인 협력을 포함하는 다양한 형태의 국제탄소시장(IMM) 메커니즘 설립에 합의함
⑫ 온실가스 감축뿐 아니라 기후변화에 대한 적응의 중요성에 주목하고, 기후변화의 역효과로 인한 '손실과 피해'를 별도 조항으로 규정

> **Reference 신 기후체제**
>
> ① 교토의정서 체제가 만료되는 2020년 이후를 대체하는 새로운 기후변화 체제의 필요성에 의하여 출범하게 되었다.
> ② 교토의정서 체제의 경우에는 주요 선진국에 한하여 감축의무를 부여했지만 신 기후체제에서는 개도국을 포함하는 대부분의 국가가 감축의무를 부담한다.
> ③ 핵심 이슈는 장기 지구기온 목표, 미국 및 주요 개도국의 감축 의무 참여 여부, 국가별 감축의무 방식 유연성 확대 등이다.
> ④ 각 당사국의 감축목표 설정과 이행관리는 장기목표설정방식이고, 상향식 강제의무할당과 이행결과에 따라 페널티를 부여하는 방식이다.

22 제22차 당사국총회(COP 22)

① 2016년 모로코 마라케시
② 2015년 21차 파리 당사국총회에서 합의한 파리협정 이후의 후속 논의를 진행
 파리협정 이행을 위한 핵심 수단으로 평가되는 기후재원 의제와 관련하여 이번 마라케시 협상에

서 기존의 당사국총회 논의 의제뿐만 아니라 파리협정 후속 조치들을 추가로 다룸
③ 최근의 기후재원 조성 현황 및 선진국의 2020년 재원 전망
④ 온실가스 감축에 관한 국가별 기여방안(NDC), 기후변화의 부정적 영향에 대한 적응활동, 국가별 기후행동 약속의 이행을 점검하는 투명성 체계, 전 지구적 기후변화 노력 이행 점검체제, 온실가스 감축결과의 국가 간 이전을 가능하게 하는 시장 메커니즘 등 파리협정 이행의 핵심 구성요소들에 대한 구체적인 작업일정을 마련

23 제23차 당사국총회(COP 23)

① 2017년 독일 본
② 파리협정 이행을 위한 피지모멘텀을 총회 결정문으로 채택함
③ 기후변화에 취약한 태평양 도서국가인 피지가 총회 의장국을 수임하면서 개도국들이 특별히 중요성을 강조하는 적응 및 재원분야에서 일련의 성과를 거둔 것으로 평가됨
④ 2020년 이전(Pre-2020년) 기후행동에 관한 이행정보를 제출하고, 2018~2019년 개최되는 당사국총회(COP 24, COP 25) 계기 이행점검을 실시하기로 결정함
⑤ 파리 당사국총회(COP 21) 결정사항에 따라 2018년 개최 예정인 촉진적 대화(Facilitative Dialogue)의 명칭을 탈라노아 대화(Talanoa Dialogue)로 변경하고 그 구체적인 접근법을 규정함(탈라노아 : 피지 고유어로 투명하고 포용적이며 참여 촉진적인 태평양 지역 원주민사회의 합의도출을 위한 대화방식)

24 제24차 당사국총회(COP 24)

① 2018년 폴란드 카토비체
② 공정한 전환(Just Transition)을 정상선언문에 반영(공정한 전환 : 저탄소 사회로의 전환과정에서 발생할 수 있는 실직인구 등 기후 취약계층을 사회적으로 포용해야 한다는 개념)
③ 온실가스감축, 기후변화영향에 대한 적응, 감축이행에 대한 투명성 확보, 개도국에 대한 재원제공 및 기술이전 등 파리협정을 이행하는 데 필요한 세부 이행지침이 마련됨
④ 파리협정의 모든 당사국은 각국 여건을 반영한 감축목표를 정하고 이행해야 하는 의무를 갖게 되었음

25 제25차 당사국총회(COP 25)

① 2019년 스페인 마드리드
② COP 25 최대목표는 탄소시장 지침을 타결하고 2015년 채택된 파리협정의 이행에 필요한 17개 이행규칙을 모두 완성하는 것이었으나 거래금액 일부의 개도국 지원사용, 2020년 이전 발행된 감축분(주로 CDM) 인정, 온실가스 감축분 거래 시 이중사용방지 등 여러 쟁점에 대해 개도국-

선진국, 또는 잠정감축분 판매국 – 구매국 간 입장이 대립되면서 국제탄소시장 이행규칙에 합의하지 못하고 내년에 다시 논의하기로 함

③ 중국 등 주요 개도국은 파리협정 체제로의 전환에 앞서 기존 교토체제에 의한 선진국들의 2020년까지의 온실가스감축 및 기후재원 1,000억 달러 지원계획이 이행되고 있는지를 점검·평가해야 한다고 강하게 주장했고, 그 결과로 향후 2년 동안 라운드테이블 개최 등을 통해 2020년 이전까지의(Pre-2020년) 공약이행 현황을 점검하기로 함

26 제26차 당사국총회(COP 26)

① 2021년 영국 글래스고
② 글래스고 기후합의(Glasgow Climate Pact)를 채택하였으며 각국 정부 및 민간부문 참여자들은 온실가스 감축과 탈탄소 투자에 관한 선언을 발표하며 전 지구적인 기후변화 대응노력을 강조하였음
③ 글래스고 기후합의는 개도국의 기후변화 적응에 대한 지원강화, 온난화 억제 목표달성을 위한 감축목표의 추가 상향, 석탄 및 화석연료 의존도 축소, 기후재원확대 등의 기조를 반영함
④ 메탄과 같은 비이산화탄소 온실가스 감축, 석탄발전의 점진적 폐지와 신규 석탄발전 투자 중단, 지속 가능한 산림 및 토지이용, 무공해차로의 전환 등에 관한 각국 정상들의 선언과 논의가 활발히 전개됨
⑤ 기후재원은 유엔기후변화협약과 파리기후협정 이행을 위한 핵심의제로 다뤄지고 있으며, 2020년까지 선진국이 약속한 연간 1,000억 달러의 기후재원 조성에 실패하면서 이번 총회에서도 쟁점으로 부각되었음

27 제27차 당사국총회(COP 27)

① 2022년 이집트 샤름 엘 셰이크
② 기후변화로 인한 손실과 피해기금(Fund) 설립에 합의
③ 극한 가뭄 등 지구온난화로 심각한 피해를 받고 있는 아프리카 대륙에서 개최되었던 만큼, '적응', '손실과 피해' 등의 의제가 선진국과 개도국 간의 최대 쟁점으로 논의됨
④ 당사국들은 이번 총회가 '이행(Implementation)'의 총회라는 점을 강조하며 파리협정 1.5℃ 목표달성을 위해 필요한 감축, 적응, 손실 및 피해, 재원, 기술, 역량 배양 등 파리협정의 주요 요소뿐만 아니라 에너지, 해양, 산림, 농업 분야에서의 기후변화 대응노력과 비당사국 이해관계자 참여와 행동을 촉구함
⑤ 파리협정의 목적달성 경로를 논의하기 위한 '정의로운 전환(Just Transition) 작업 프로그램'을 설립하기로 결정하고, 제28차 총회부터 매년 '정의로운 전환에 관한 고위장관급 라운드테이블'을 개최해 나가기로 합의함

03 교토의정서

1 개요

① 1997년 일본 교토에서 개최된 기후변화협약 제3차 당사국총회에서 채택되고 2005년 2월 16일 공식 발효되었다.
② 기후변화협약은 지구온난화에 따른 지구의 기후변화를 방지하려는 노력에 전 세계 국가가 동참하겠다는 선언적인 성격을 지녔으며, 지속가능한 성장을 위해 공동의 노력을 기울여야 한다는 전제로 당사국의 의무사항을 규정지었지만 온실가스 감축을 위한 의무사항의 내용은 제외되었다.
③ 교토의정서는 온실가스 감축의무국가의 명시, 감축량과 감축방법 제시 등 실제 기후변화 방지의 이행에 필요한 사항을 포함하고 있다.
④ 교토의정서를 통해 6개의 온실가스(CO_2, N_2O, CH_4, HFCs, PFCs, SF_6)를 협약서 선진국, 즉 부속서 Ⅰ국가 중 미국을 제외한 38개국(동구권 포함)이 1990년 대비 평균 5.2%를 감축하는 강제적 감축의무를 규정한 국제적인 의정서가 채택되었다.
⑤ 교토의정서상 당사국이 준수해야 하는 사항은 국가·경제의 관련분야에서 에너지 효율성 향상이다.
⑥ 기후변화협약과 교토의정서 비교

전문	발효 시기	비준 국가	우리나라 비준 시기
기후변화협약	1994. 3. 21	189개국	1993. 12
교토의정서	2005. 2. 16	153개국	2002. 11

2 의의

① 기후변화 대처를 위한 범세계적인 구체적 노력 개시 및 교토메커니즘의 가동에 의의가 있다.
② 선진국에게 강제성 있는 온실가스 감축목표량을 설정케 하고 이를 초과하거나 감축했을 경우 상품처럼 거래할 수 있게 했다는 점에서 의의를 가진다.(부속서 Ⅰ국가들의 온실가스 배출 감축의무부담 발생)
③ 감축의무이행 당사국이 온실가스 감축 이행 시 신축적으로 대응하도록 하기 위하여 배출권거래제(ETS), 공동이행(JI), 청정개발체제(CDM) 등의 신축성 기제를 도입하였다.
④ 향후 에너지 절약 및 이용효율 향상, 신재생에너지 개발 등 온실가스 배출량을 감축할 수 있는 새로운 기술분야에 대한 투자 및 무역이 확대되고, 온실가스 배출권을 거래할 수 있게 되었다.

3 주요 내용

① 이산화탄소(CO_2), 메탄(CH_4), 아산화질소(N_2O), 수소불화탄소(HFCs), 과불화탄소(PFCs), 육불화황(SF_6) 등 6개 가스를 감축 대상 온실가스로 규정하고 있다.(단, 각국의 사정에 따라 HFCs, PFCs, SF_6 가스의 기준 연도는 1995년도를 이용할 수 있도록 규정)
② 부속서 Ⅱ 국가(총 38개국, 한국 제외)를 분류하여 2008~2012(제1차 의무이행기간 ; 교토 프로토콜 이행기간)년 동안에 1990년 기준으로 평균 5.2% 감축하는 것으로 규정하였는데, 각 국가별로 -8%에서 +10%까지 차별화된 배출량 감축의무를 규정하였다(예 EU국가들은 -8%, 일본은 -6%, 뉴질랜드 0%, 호주는 +8% 등으로 할당).
③ 의무감축국가들의 자체적인 감축의 한계를 고려하여 시장원리에 의한 유연성 체제인 교토메커니즘을 도입하였다.
④ 온실가스 저감 이행 시 흡수원을 인정하기로 하였다.

4 교토메커니즘

(1) 개요

① 선진국의 의무감축이라는 온실가스 감축조항 외에도 국가별로 차별화된 감축목표를 효과적 비용으로 달성하기 위해 도입한 신축성(Flexibility) 체제로 불리는 시장 메커니즘이 교토메커니즘이다.
② 온실가스 감축의무 달성에 소요되는 비용을 최소화하기 위해 도입된 시장기반제도이다.

(2) 사업내용

① 온실가스 감축의무가 있는 부속서 Ⅰ국가가 비용부담을 덜기 위하여 자국의 감축비용보다 부담이 적은 타 국가에서 온실가스 감축사업을 수행하고 이를 통하여 확보한 온실가스 감축량을 자국의 감축분으로 인정할 수 있도록 하는 것이다.
② 배출권 거래나 공동사업을 통한 감축분 이전 등을 통한 효과적이고 경제적인 유연성 체제이다.

(3) 사업이행방식

① 사업 적용(투자) 대상국(부속서 Ⅰ 또는 비부속서 Ⅰ)에 따라 공동이행제도(Joint Implementation) 또는 청정개발체제(Clean Development Mechanism)로 정의하고 있다.
② 공동이행제도와 청정개발체제 메커니즘의 활용 및 자국의 초과 감축분을 배출권(Emission Credit)을 통하여 국제적으로 거래할 수 있는 배출권거래제도(Emission Trading)를 포함하였다.

(4) 종류

① 배출권거래제도

㉠ 교토의정서 제17조에 정의되어 있다.

㉡ 온실가스 감축의무국가가 의무감축량을 초과 달성하였을 경우, 이 초과분을 다른 온실가스 감축의무국가와 거래할 수 있도록 하는 제도이다.

㉢ 각국에 할당된 온실가스 배출허용량을 무형의 상품으로 간주하여, 각국이 시장 원리에 따라 직접 혹은 거래소를 통해 거래함으로써 배출 저감 비용을 줄이고 저감 실현을 용이하게 하려는 제도, 즉 온실가스 배출할당량(=배출권)을 무형의 상품으로 간주하고 선진국 간에 거래를 할 수 있도록 한 제도이다.

㉣ 의무를 달성하지 못한 온실가스 감축의무 국가는 부족분을 다른 온실가스 감축의무국가로부터 구입할 수 있다.

㉤ 이 시스템은 온실가스감축량도 시장의 상품처럼 사고팔 수 있도록 허용한 것이라고 할 수 있다.

㉥ 현재 유럽에는 유럽기후거래소, Pwernext, Nordpool, 유럽에너지거래소(EEX), 클라이맥스, 오스트리아 에너지거래소 등 총 7개가 운영되고 있다.

㉦ EU 배출권 거래제도에서 운용되는 할당탄소배출권(EUA ; European Union Allowance)과 청정개발체제사업에서 발행되는 감축거래권(CERs ; Certified Emission Reduction)은 연동되어 거래되고 있다.

㉧ 배출권거래제도를 이행하기 위해서는 배출권거래제의 운영방안과 기반 구축을 위해 대상 범위, 할당 및 조기행동 보상방안, 검인증체계, 배출권거래소, 국가할당방안 등을 고려해야 한다.

② 공동이행제도

㉠ 교토의정서 제6조에 정의되어 있다.

㉡ 감축의무가 있는 부속서 I(의무부담국) 국가들 사이에서 온실가스 감축사업을 공동으로 수행하는 것을 인정하는 것이다. 즉, 부속서 I의 한 국가가 다른 국가에 투자하여 감축한 온실가스 감축량의 일부분을 투자국의 감축실적으로 인정하는 제도이다.(JI 사업의 크레딧인 ERUs 거래 시 유치국 내에서 감축량만큼 삭감)

㉢ 선진국 A국이 선진국 B국에 투자하여 발생된 온실가스 감축분의 일정분을 A국의 배출저감실적으로 인정하는 제도이다.

㉣ 현재 비부속서 I 국가인 우리나라가 활용할 수 있는 제도는 아니며, 특히 EU는 동부유럽 국가와 공동이행을 추진하기 위하여 활발히 움직이고 있다.

㉤ 공동이행제도에서 발생되는 이산화탄소 감축분을 ERU(Emission Reduction Unit)라고 한다.

ⓑ 공동이행체제 사업은 추진 절차에 따라 Track 1과 Track 2로 구분된다. Track 1은 국가 온실가스 인벤토리 가이드라인에 따르며 Track 2는 JI 인증기관에서 감축량 검증 승인절차에 따르고 베이스라인 방법론 승인 및 등록절차는 생략된다.
ⓐ "공동이행제도" 개념은 개발도상국들의 극심한 반대에 부딪혔다.

③ 청정개발체제
ⓐ 교토의정서 제12조에 규정되어 있으며 교토의정서 상의 감축의무국의 의무이행수단으로 허용된 상쇄프로그램이다.
ⓑ 선진국인 A국이 개도국인 B국에 투자하여 발생된 온실가스배출감축분을 자국의 감축실적으로 인정할 수 있는 제도를 말한다. 또한 CDM 사업 유치가 가장 활성화된 지역은 아시아·태평양지역이다.
ⓒ 온실가스 감축목표를 받은 선진국들이 감축목표가 없는 개도국에 자본과 기술을 투자하여 발생한 온실가스 감축분을 자국의 감축 목표 달성으로 활용하는 제도이다.
ⓓ 선진국들이 온실가스를 줄일 수 있는 여지가 상대적으로 많은 개발도상국에 투자해 얻은 감축분을 배출권으로 가져가거나 판매하는 제도이다.
ⓔ CDM 활성화를 위하여 온실가스 감축의무가 없는 개도국이 직접 투자 및 시행하는 사업도 CDM으로 인정한다.
ⓕ 선진국은 보다 적은 비용으로 온실가스 감축이 가능하며, 개도국은 청정개발체제를 통한 자본의 유치 및 기술이전을 기대할 수 있는 체제이다.
ⓖ 교토의정서에는 선진국의 온실가스 감축의무가 시작되는 시기가 2008년도로 규정되어 있지만 CDM 제도는 2000~2007년간에 발생한 온실가스 감축실적도 크레딧(CERs ; Certified Emission Reduction)으로 소급 인정받을 수 있도록 한다.

ⓞ 청정개발체제의 편익분석

구분	내용
전체	• 온실가스 배출저감 비용의 절감 • 세계적인 온실가스 저감대책 이행의 가속화
선진국	• 온실가스 배출저감 비용의 절감 및 의무 달성에 유연성 확보 • 신기술 및 첨단기술에 대한 시장 확보 • 새로운 투자기회의 확대
개도국	• 외자유치를 통한 경제개발, 기술이전, 고용창출 • 사회간접자본의 확충 • 에너지 수입 대체 및 에너지효율 향상

ⓩ 청정개발체제의 사업이행 절차
　ⓐ 투자국가와 사업유치국 간 청정개발체제 사업에 대한 승인
　　사업을 실시하려는 사업자는 투자국과 사업유치국 간 사업 실시에 대한 서면 승인을 얻어야 하며, 동 승인서는 운영기관(OE)에 제출하여 사업의 인가(타당성) 절차에 활용된다.
　ⓑ 운영기관의 선정
　　사업시행자는 사업제안서를 제출하여 사업인가(Validation)를 얻기 위한 운영기관을 선정한다.
　ⓒ 지역이해관계자로부터의 의견수렴 및 환경영향평가의 실시
　　• 사업시행자는 선정된 운영기관에 제출하는 사업제안서에 사업대상지역 이해관계자(Local Stakeholder)로부터 의견 수렴할 내용을 포함시키고 이를 시행하여야 한다.
　　• 또한 사업제안서에는 당해 프로젝트의 실시 시점 및 그 주변지역에의 환경영향분석 내용을 담는 것이 필요하며, 환경에 영향이 크다고 판단되는 경우 환경영향평가를 실시하여야 한다.
　ⓓ 운영기관에 사업제안서 제출
　　사업시행자는 사업개요, 베이스라인, 감축량 산정기간, 모니터링 계획 등 사업과 관련된 모든 자료가 포함된 사업제안서를 선정된 운영기관에 제출한다.
　ⓔ 운영기관의 타당성 심사
　　선정된 운영기관은 사업시행자에 의하여 제출된 서류를 제반규정 및 기술적인 검토를 통하여 타당성(인가)을 심사한다.
　ⓕ CDM 집행이사회에 의한 등록
　　사업제안서의 인가심사를 결정하면 지정된 운영기관은 인가된 사업을 CDM 집행이사회에 제출하여 등록한다.
　ⓖ 사업시행자에 의한 모니터링
　　집행이사회에 의해 등록된 사업은 사업수행이 가능하며 배출권(CERs) 산정을 위한 모니터링 작업을 수행한다.
　ⓗ 운영기관에 의한 검증
　　선정된 운영기관은 사업시행자의 모니터링 결과를 사후 보고받으며 이의 확인을 위한 현장검사 등의 검증절차를 거친다.
　ⓘ 운영기관에 의한 인증
　　운영기관은 검증을 통하여 배출권(CERs)을 인증하고 이의 결과를 사업시행자, 관계국 정부, CDM 집행이사회에 서면으로 인증보고서를 통지하고 공표한다.

ⓙ CDM 집행이사회에 의한 CER의 발행
  지정된 운영기관으로부터 제출된 인증보고서를 최종 검토하고 배출권(CERs)을 발행한다.

㋛ 청정개발체제 적용원리
  ⓐ 보충성(Supplementory)
    - 청정개발체제사업의 유효(有效)로 남발되는 것을 예방하자는 차원에서 거론된 사항이다.
    - 기후변화협약에 의한 온실가스 감축사업은 자국 내의 실천을 통하여 먼저 수행되어야 하며, 만약 자국의 상황이 여의치 않을 경우에만 청정개발체제 등을 통한 국제 온실가스 감축사업의 수행이 가능하다고 결정을 내린 것이다.
    - 그간 협상과정에서 보충성에 대한 의미가 퇴색되고 있다.

  ⓑ 추가성(Additionality)
    - 온실가스 감축사업의 사업시행 전·후를 조사하여 추가적인 온실가스 감축이 발생하여야 한다는 것을 의미한다.
    - 경제적·기술적 측면 등을 고려한 추가성이 포함되어야 한다.
    - 청정개발체제사업을 통한 탄소 감축거래권(CERs)이 발행되지 않을 경우 온실가스 감축사업의 경제효과는 없는 것으로 인정되어야만 청정개발체제사업으로 인증받을 수 있다.
    - 기술적 추가성이란 부속서 I 국가에서 비부속서 국가로 기술이전이 이루어져야만 인증받을 수 있도록 규정되어 있다.
    - 추가성은 환경적으로도 부정적 영향을 미쳐서는 안 된다.

㋡ 청정개발체제의 관련기구
  ⓐ 교토의정서 당사국회의(COP/MOP)
    - 교토의정서에 비준한 국가들 간의 회의가 구성되어 본 회의를 통하여 교토의정서 관련 추진사업, 협상 및 기타 모든 의결사항이 결정된다.(최고 의사결정기구)
    - 교토의정서 하에 시행되는 모든 청정개발체제사업은 동 기구(회의)의 감시·감독 및 결정권 하에 있다.
    - 세부역할로는 CDM집행위원회의 절차에 대한 결정, 집행위원회가 인증한 운영기구의 지정 및 인증기간 결정, CDM집행위원회 연간보고서 등을 검토하고, DOE와 CDM사업의 지역적 분배 등을 검토한다.

  ⓑ CDM 집행이사회(EB ; Executive Board)
    - 교토의정서 이행방안이 합의된 지난 제7차 당사국총회(2001)에서 구성된 기구로서 국제적으로 시행되는 청정개발체제사업의 총괄 역할, 즉 CDM의 실질적인 운영관리를 수행한다.

- 주로 청정개발체제 운영기구 지정 및 감독, 운영기구에 의해 제출된 배출권의 감독 및 등록, 청정개발체제 사업이행 관련 규정사항 검토 등 관련 사업에 대한 전반적인 업무를 수행하며 업무수행 내용은 당사국회의에 제출하여 승인을 득하는 형식을 취한다.

ⓒ CDM 사업운영기구(DOE ; Designated Operation Entity)
- 청정개발체제사업의 실무 역할, 즉 CDM 사업등록 및 배출권 발행을 위한 평가를 수행한다.
- 현재 전 세계적으로 52개 기관이 등록된 상태이며 우리나라는 한국환경공단, 에너지관리공단 등 4개 기관이 활동 중에 있다.
- 주요 업무로는 사업신청자에 의하여 제출되는 제안서의 검토를 통한 사업의 인가(Validation), 감축기준을 정하는 기준결정(Baseline) 타당성 검토, 감축량 산정을 위한 모니터링(Monitoring) 방식 확인 및 감축량 산정에 대한 검증(Verification), 인증 등의 업무를 수행한다.

ⓓ 국가 CDM 승인기구(DNA ; Designated National Authority)
- 각 국가는 각기 다른 국내 법률과 규정을 가지고 있으며 또한 관련 사업에 대하여 다른 이해관계가 있을 수 있다.
- 각 국가에 유치되는 청정개발체제사업에 대하여 정부는 충분히 검토하고 이해관계자의 의견을 수렴할 수 있으며 사업 이행 여부에 대한 승인을 부여한다.

④ 교토메커니즘의 비교

구분	공동이행(JI)	청정개발체제(CDM)	배출권거래(ET)
근거	교토의정서 제6조	교토의정서 제12조	교토의정서 제17조
참여자	교토의정서에서 감축의무를 받은 선진국(부속서 Ⅱ 국가)	선진국 및 개도국 모두 가능	기후변화협약 선진국(Annex I 국가)
시행시기	2008년	2000년	2008년
거래방식	프로젝트에서 나온 배출감축단위(ERUs)를 이전하거나 취득	개도국의 프로젝트에서 나온 공인배출 감축(CERs)을 취득	국가 간 잉여배출권 거래 (배출권 자체의 거래)
단위	배출감축단위 (ERUs ; Emmission Reduction Units)	공인배출감축 (CERs ; Certified Emission Reductions)	할당된 배출권 (AAUs ; Assigned Amount Units)의 일부분
주요 논쟁사항	추가감축(Additionality), 기준배출량(Baseline) 설정 문제 등	추가감축(Additionality), 기준배출량(Baseline) 설정 문제 등	보조성(Supplementation), 거래시장 형태, 부정거래 및 정보공개 문제 등

출처 : 환경부, 한국환경공단

⑤ 마라케시 합의에 따른 교토메커니즘의 배출권 유형

거래단위	메커니즘	1차 이행기간 중 활용한도	이월(Banking) 한도
AAU (Assigned Amount Unit)	교토의정서 부속서 Ⅰ 국가들에게 할당된 온실가스 배출권	한도 없음	한도 없음
ERU (Emission Reduction Unit)	선진국 간 공동이행(JI)에 의해 발생한 배출권	한도 없음	구매국 할당량의 2.5%
CER (Certified Emission Reduction)	선진국과 개도국 간 청정개발체제(CDM)에 의해 발생한 배출권	흡수원 사업에 따른 CER의 경우 구매국 할당량의 1%	구매국 할당량의 2.5%
RMU (Removal Unit)	부속서 Ⅱ 국가의 흡수원 감축량에 대해 발행된 배출권	(토지이용, 토지이용 변화 및 산림을 통한) 산림경영에 대한 RMU의 경우 국가별로 한도 설정	이월 불가능

출처 : 환경부, 한국환경공단

※ RMU : 교토의정서에 명시된 토지 이용, 토지이용변화 및 산림활동에 대한 온실가스 흡수원 관련 배출권

⑥ 배출권거래제의 사용형태

㉠ 포말제도(Bubble)

ⓐ 기존오염원에 적용되는 제도이다.

ⓑ 여러 오염원을 하나의 오염단위, 즉 포말로 묶어서 배출기준을 각 오염원에 적용하는 제도이다.

㉡ 상쇄제도(Offset)

환경기준 달성지역에서 한 기업이 오염설비를 확장 또는 신축하려 할 때 동 지역 내의 타 오염원으로부터 배출권을 충분히 구입하여 오염물질 배출증가량을 상쇄할 경우 오염설비를 확장 및 신축을 허용하는 제도이다.

㉢ 상계제도(Netting)

ⓐ 특정 공장이 기존오염원의 생산설비를 개조하거나 확장할 때, 그 공장이 속한 전체 오염원으로부터의 오염물질 배출량이 순증하지 않음을 입증한 인·허가 의무, 신규오염원의 점검의무를 면제해 주는 제도이다.

ⓑ 오염물질의 증가분을 산출함에 있어서 동일 공장 내의 타오염원에서 취득한 배출권이 사용될 수 있도록 허용해 주는 제도이다.

㉣ 예치제도(Banking)

배출권을 미래에 포말, 상쇄, 상계를 위해 사용할 수 있도록 허용하는 제도이다.

> **Reference** 교토의정서와 파리협정의 비교

교토의정서는 당사국이 감축의무를 이행하지 못하는 경우에는 달성하지 못한 감축량의 1.3배를 다음 공약기간에 추가적으로 감축하도록 규정(이러한 벌칙 규정은 국가들이 교토의정서 체계에 참여하기 꺼린 이유 중 하나로 작용)했으며, 파리협정은 NDC의 내용에 법적 구속력을 부여하지 않았으며 투명성체계도 비징벌적 방식으로 이루어져야 한다고 규정하였다.

구분	교토의정서	파리협정
목표	온실가스 배출량 감축 (1차 : 5.2%, 2차 : 18%)	2℃ 목표 (1.5℃ 목표달성 노력) : 온도목표
범위	주로 온실가스 감축에 초점	온실가스 감축만이 아니라 적응, 재원, 기술이전, 역량배양, 투명성 등을 포괄
감축의무국가	주로 선진국 (기후변화협약 부속서 Ⅰ국가)	모든 당사국
목표설정방식	하향식	상향식 (자발적 공약)
목표불이행시 징벌여부	징벌적 (미달성량의 1.3배를 다음 공약기간에 추가)	비징벌적
목표설정기준	특별한 언급 없음	진전원칙(후퇴금지원칙), 전지구적 이행점검(매 5년)
지속가능성	공약기간에 종료시점이 있어 지속가능한지 의문 (매 공약기간 대상 협상 필요)	종료시점을 규정하지 않아 지속가능한 대응가능 (종료시점 없이 주기적 이행 상황점검)
행위자	국가중심	다양한 행위자의 참여 독려

> **Reference** 교토의정서 기구(Kyoto Protocol Bodies)

① CDM 이사회(CDM Executive Board) : 청정개발체제(CDM) 관련 활동(Operational Entity 지정, Certified Emission Reduction CERs 발급) 총괄
② 관리감독위원회(Supervisory Committee) : 공동이행(JI) 사업의 관리 감독
③ 의무준수위원회(Compliance Committee) : 의무준수사항 감독

> **Reference** 배출권 종류와 설명

1 배출권의 종류
① Kyoto Market(교토의정서 참여국이 형성한 거래시장)
  ㉠ 배출허용량 거래단위(AAU, EUA) : 감축의무국에 할당된 배출허용량에 기반한 배출권, 즉 Allowance-based Credit을 의미함
  ㉡ 프로젝트 감축분(CER, ERU, RMU)
② Voluntory Market(자발적 거래시장)
  ㉠ 자발적 배출허용량 거래단위(CFI)
  ㉡ 프로젝트 감축분(CFI, VERs, KCERs)

2 배출권의 설명
① EUA(EU Allowance)
  EU-ETS(유럽탄소시장)에 참가하는 국가 개별 참가자에게 할당되는 배출권
② CFI(CCX Financial Instrument)
  미국 CCX 시장에서 거래되는 단위
③ VER(Verified Emission Reduction)
  CER 획득 전 선도거래형식으로 거래되는 배출권으로 CER 가격보다 낮게 거래됨

> **Reference** NAMA(Nationary Appropriate Mitigation Actions)

① 개발도상국의 자체적인 온실가스감축 활동선언 및 이행을 의미한다.
② 새로운 기후변화대응 사업기회를 만드는 것을 목적으로 하고 있다.
③ 발리행동계획의 공식의제로 채택되었다.
④ 국제적으로 인정되는 MRV 체계를 거쳐 감축성과를 국제적으로 인정해주거나 탄소시장에서 크레딧으로 사용할 수 있도록 개도국에 의해 제안된 방법이다.

04 국제 지침

1 IPCC 가이드라인

(1) 개요

① IPCC 가이드라인은 국가 온실가스 배출량 산정을 위한 지침으로 기본변화협약 당사국이 국가배출량 산정 시 기준으로 사용하는 지침이다. 즉, UNFCCC에서 국제표준으로 인정한 유일한 지침서로서 2007년 노벨평화상을 수상하였다.

② "국가 온실가스 인벤토리 작성을 위한 2006 IPCC 가이드라인"은 인간활동에 따른 온실가스의 배출원(Sources)에 의한 배출량(Emission) 및 흡수원(Sinks)에 의한 흡수량(Removal)의 국가 인벤토리를 산정하기 위한 방법론을 제공한다.

③ 1996 G/L과 이와 관련된 우수실행지침(GPG 2000, GPG 2003)을 보완하기 위해 만들어졌다.

④ 2006 G/L은 UNFCCC에 대한 협약 당사국(Parties)의 권고에 대응하여 준비되었다.

⑤ 가이드라인은 당사국에 의해 합의된 것처럼 몬트리올 의정서에 의해 통제되지 않는, 인간활동에 따른 온실가스의 배출원에 의한 배출량 및 흡수원에 의한 흡수량의 인벤토리를 보고하는 데 대한 UNFCCC 하의 의무를 당사국이 충족시키는 데 도움을 준다.

⑥ 2006 G/L은 다섯 권으로 구성되어 있다. 제1권은 인벤토리 개발의 기본적 단계를 기술하고 국가 온실가스 인벤토리가 다수 등장하기 시작한 1980년대 후반 이후 기간 동안 국가들의 축적된 경험에 관한 저자들의 이해에 기초하여 온실가스 배출 및 저감 산정의 일반적인 지침을 제공하고, 제2~5권은 경제적으로 서로 다른 부문에서의 산정에 대한 지침을 제공한다.

⑦ 불확도를 고려한 활동데이터, 배출계수 산정에서의 접근방식을 제시하며 국제 배출계수를 제공한다.

⑧ 국제적 표준이 되는 온실가스 종류 및 지구온난화 지수 등을 제시하였다.

⑨ 하향식(Top-Down) 배출량 산정접근방식을 이용, 국가 인벤토리 작성을 위해 개발되었다.

⑩ 모든 국가에 일괄적으로 적용할 수 있는 표준 인벤토리 작성 지침서를 개발하여 모든 국가들이 이 지침에 준하여 인벤토리를 작성하고 UNFCCC에 보고할 수 있도록 하고 있다.

⑪ 국가 온실가스 인벤토리에 관한 작업을 통해 유엔기후변화협약을 지원하는 활동의 일환으로 작성된 것이다.

⑫ 다양한 변수와 배출계수의 기본값을 제공하고 이보다 더 많은 정보와 자원을 가진 국가의 경우 국가 간 적합성, 비교 가능성, 일관성을 유지하면서 구체적인 국가별 방법론을 사용할 수 있도록 하였다.

(2) 가이드라인의 적용범위

① 2006 G/L의 내용

권(Volumes)	장(Chapters)
제1권 일반 지침 및 보고 (General Guidance and Reporting)	1. 2006 가이드라인 서론 2. 자료 수집에 대한 접근법 3. 불확도 4. 방법론 선택 및 주 카테고리(Key Categories)의 확인 5. 시계열 일관성 6. QC/QA와 검증 7. 전구체(Precursors)와 간접적 배출 8. 보고지침 및 표
제2권 에너지(Energy)	1. 서론 2. 고정 연소 3. 이동 연소 4. 탈루성 배출(Fugitive Emissions) 5. 이산화탄소 수송, 주입 및 지중 저장 6. 기본 접근법(Reference Approach)
제3권 산업공정 및 제품 사용 (Industrial Processes and Product Use)	1. 서론 2. 광물산업 배출 3. 화학산업 배출 4. 금속산업 배출 5. 연료로부터 비에너지 제품 및 용매 사용 6. 전자산업 배출 7. 오존층 파괴물질에 대한 불소화 대체물질의 배출 8. 기타 제품 제조 및 사용
제4권 농업, 산림 및 기타 토지 이용 (Agriculture, Forestry and Other Land Use)	1. 서론 2. 다양한 형태의 토지 이용 카테고리에 적용 가능한 일반적 방법론 3. 일관성 있는 토지 이용의 대표성 4. 임지 5. 농경지 6. 초지 7. 습지 8. 주거지 9. 기타 토지 10. 가축 및 분뇨 관리로 인한 배출 11. 관리 토양에서의 N_2O 배출 및 석회와 요소 사용으로 인한 CO_2 배출 12. 수확된 목제품(Harvested Wood Products)
제5권 폐기물(Waste)	1. 서론 2. 폐기물 발생, 조성 및 관리 자료 3. 고형 폐기물 매립 4. 고형 폐기물의 생물학적 처리 5. 폐기물의 소각 및 노천 소각 6. 폐수 처리 및 배출

출처 : IPCC, 2006

② 배출원에 의한 배출 및 흡수원에 의한 흡수의 카테고리

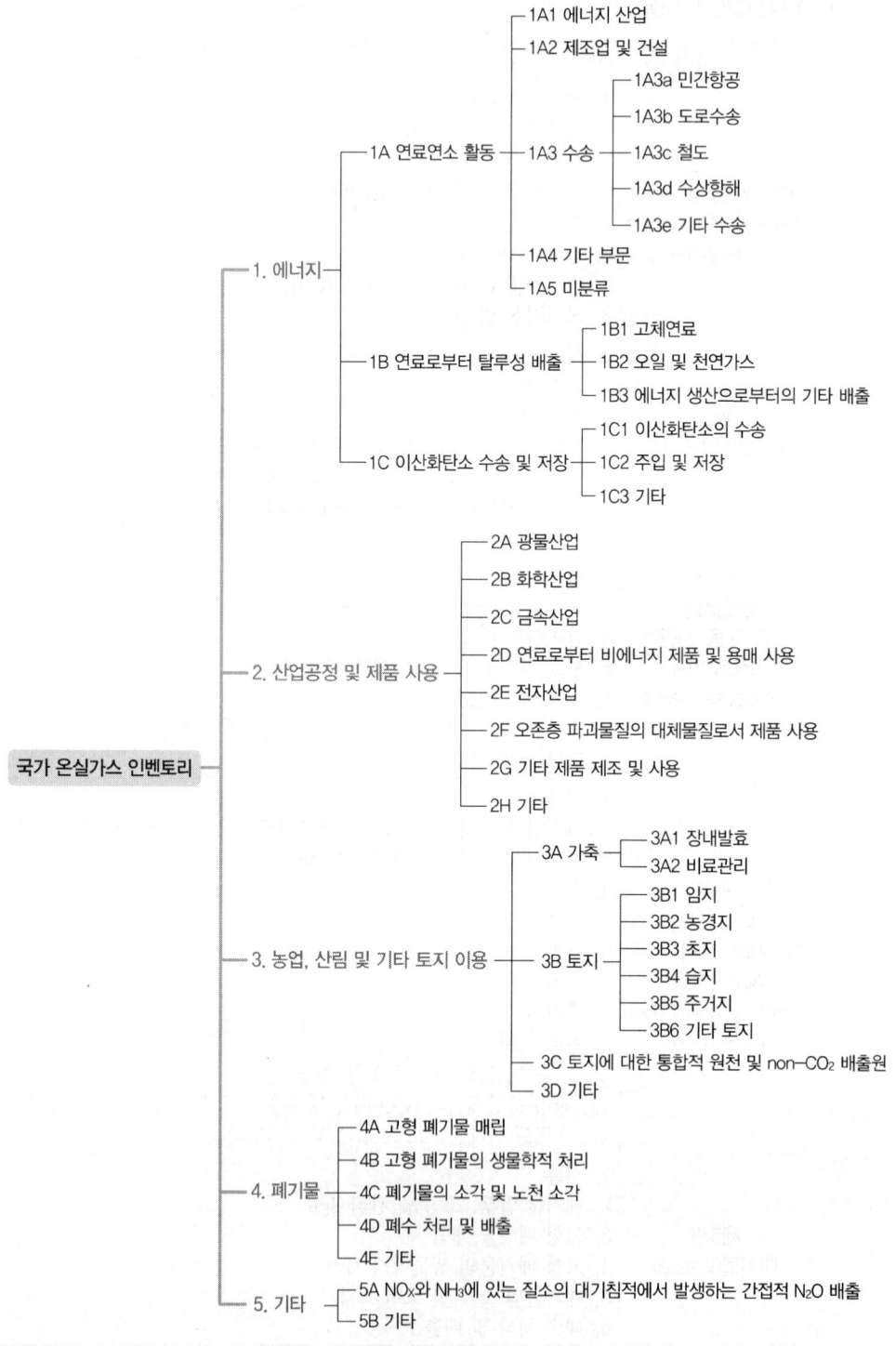

출처 : IPCC, 2006

※ 배출량이 가장 많은 카테고리는 에너지이다.

③ 적용범위는 IPCC 작성 시점에 지구온난화지수(GWP ; Global Warming Potential)를 제공하는 몬트리올 의정서에 포함되지 않은 모든 온실가스이다.
④ 2006 IPCC 가이드라인은 여기에서 방법이 제공되는 온실가스의 배출 및 저감에 관한 보고를 보충하기 위해 이용될 수 있는 대류권 전구체(Tropospheric Precursors)의 배출에 관한 산정을 위해, 다른 합의 및 협약하에서 이용되는 방법에 대한 정보의 연결을 포함한다.

(3) 가이드라인 발전에 대한 접근법

① 2006 IPCC 가이드라인은 GPG 2000과 함께 도입된 좋은 처리방식(Good Practice)이며 인벤토리 개발의 기초로서 국가들 간에 일반적으로 통용되고 있고 인간활동에 따른 온실가스 배출 및 저감의 국가 인벤토리는 판단할 수 있는 한 과대 내지 과소 산정치를 포함하지 않으며, 실행 가능한 한 불확도가 감소되는 목록이다.
② 2006 IPCC 가이드라인은 일반적으로 Tier 1(기본 방법)에서 Tier 3(가장 상세한 방법)까지의 세 가지 수준에서 산정방법에 대한 권고를 상세하게 제공한다.
③ 순배출(배출원에 의한 배출량－흡수원에 의한 흡수량)의 전체 수준을 산정하기 위해, 방법에 관한 수학적 설명, 산정치를 생성하는 데 이용하는 배출계수 내지 기타 입력변수(Parameters)에 대한 정보, 활동자료(Activity Data)의 원칙으로 구성된다.
④ 2006 IPCC 가이드라인은 의사결정도(Decision Trees)에 의한 단계별 접근법(Tiered Approach)을 적용한다.
⑤ 2006 IPCC 가이드라인의 권고 제공사항
  ㉠ 자료수집이 대표성이 있으며 시계열이 일관적이라는 것을 보장
  ㉡ 카테고리 수준과 전체 인벤토리의 불확도 산정
  ㉢ 인벤토리 작성기간 동안 교차검사(Cross-Checks)를 제공하기 위한 품질보증 및 품질관리 절차에 대한 지침
  ㉣ 인벤토리 산정치의 검토 및 평가를 촉진하기 위해 기록·보관 및 보고될 정보, Tier 1 방법을 위한 보고용 표와 워크시트 제공

(4) 가이드라인의 구조

① 2006 IPCC 가이드라인의 구조는 두 가지 측면에서 1996 IPCC 가이드라인, GPG 2000 및 GPG-LULUCF의 구조를 개선한 것이다.
  ㉠ 첫 번째, 1996 IPCC 가이드라인, GPG 2000 및 GPG-LULUCF(2003)의 이용자는 배출 내지 저감을 산정하기 위해 네 권 내지 다섯 권 간에 상호 참조(Cross Reference)를 할 필요가 있지만, 2006 IPCC 가이드라인은 두 권 간의 상호 참조를 요구한다. 제1권(일반 지침 및 보고)과 관련 부문별 책자[제2권(에너지), 제3권(산업공정 및 제품 이용), 제4권(농업, 임업 및 기타 토지 이용), 제5권(폐기물)]가 그것으로, 이는 상당한 단순함을 보여 준다.

ⓛ 두 번째, 2006 IPCC 가이드라인은 농업, 임업 및 기타 토지 이용을 한 권(제4권)으로 제시한다. 이는 토지 이용 패턴에 대한 정보의 보다 나은 통합을 고려하며 농업과 기타 토지 이용 모두에 영향을 미치는 활동자료(예를 들어, 비료 적용)의 보다 일관적인 이용을 촉진하므로, 이중집계 내지 누락의 가능성을 감소 또는 방지한다.

② 2006 IPCC 가이드라인은 GPG 2000에서 도입되고 GPG-LULUCF(2003 ; 토지이용·토지이용변화 및 산림)에서 유지된, 카테고리 수준에서의 방법론적 권고의 표준적 배치(Layout)를 유지한다.

③ 부문별 지침을 위한 장들의 일반적 구조

방법론적 문제	• 의사결정도와 Tiers의 정의를 포함한, 방법의 선택 • 배출계수의 선택 • 활동자료의 선택 • 완전성 • 일관적인 시계열(Consistent Time Series)의 개발
불확도 평가	• 배출계수 불확도 • 활동자료 불확도
품질보증/품질관리, 보고 및 문서화	-
워크시트	-

출처 : IPCC, 2006

④ 이용자 친화성(User Friendliness)을 개선하기 위해 이전의 IPCC 인벤토리 지침을 검토하였으며, 필요한 경우에는 보다 명확하게 하고 확장시켰다.

⑤ 모든 권들에 걸쳐 일부 추가적인 카테고리가 확인 및 포함되었다.

(5) 2006 IPCC 가이드라인에서의 특징적 발전

2006 IPCC 가이드라인은 아래의 특정한 발전을 포함한, 모든 카테고리에 걸친 IPCC의 인벤토리 방법론의 철저한 과학적 검토 및 구조적 개선에 기초한다.

① 제1권(일반 지침 및 보고)

㉠ 서론의 권고

온실가스 인벤토리에 관한 개요와 인벤토리를 준비하는 데 필요한 단계들을 위한 새로운 절이 포함되었다.

ⓛ 자료수집에 대한 확장된 권고

2006 IPCC 가이드라인은 기존의 자료로부터의, 그리고 측정 프로그램의 설계를 포함한 활동에 의한 자료수집에 대한 체계적인 공통적 권고(Cross-Cutting Advice)를 소개한다.

ⓒ 주 카테고리 분석

일반적인 원칙 및 지침이 제공된다. 2006 IPCC 가이드라인에서는 농업과 LULUCF의 AFOLU 책자로의 통합을 다루었으며, 배출 및 저감 카테고리들에 걸쳐 주 카테고리 분석을 보다 잘 통합한다.

② 제2권(에너지)

㉠ CO_2 포집 및 저장의 처리

ⓐ CO_2 포집 및 수송 단계로부터 발생하는 탈루적 손실(Fugitive Losses)과 지하에 저장된 이산화탄소로부터 발생하는 손실을 포함한다.
ⓑ 인벤토리 방법은 배출이 발생하는 연도의 산정된 실제 배출을 반영한다.
ⓒ 제2권에서 제공된 지질학적 CO_2 포집, 수송 및 저장(CCS)을 위한 인벤토리 방법은 이산화탄소 포집 및 저장에 대한 IPCC 특별보고서(IPCC Special Report on Carbon Dioxide Capture and Storage ; 2005)와 일치한다.
ⓓ 바이오 연료(Biofuel)의 연소로부터 포집되어 지하 저장소에 주입된 CO_2의 양은 음의 배출(Negative Emission)로 인벤토리에 포함된다.

㉡ 버려진 탄광으로부터 발생한 메탄

배출의 산정을 위한 방법론이 2006 IPCC 가이드라인에 처음으로 포함되었다.

③ 제3권(산업공정 및 제품 사용)

㉠ 새로운 카테고리 및 새로운 가스

ⓐ 2006 IPCC 가이드라인 온실가스 배출원으로 확인된 보다 많은 제조 부문 및 제품 이용을 포함하도록 확장되었다.
ⓑ 납, 아연, 이산화티탄, 석유화학제품의 생산 및 액정 디스플레이(LCD) 제조가 포함된다.
ⓒ IPCC 3차 보고서(IPCC Third Assessment Report)에서 확인된 추가적인 온실가스는 인간활동에 의한 배출원이 확인된 곳에서도 포함된다.
ⓓ 가스에는 삼불화질소(Nitrogen Trifluoride, NF_3), Trifluoromethyl Sulphur Pentafluoride(SF_5CF_3) 및 할로겐화 에테르(Halogenated Ethers)가 포함된다.

㉡ 화석연료의 비에너지 이용

ⓐ 에너지 부문과의 구분에 대한 지침이 개선되었고, 화석연료의 비에너지 용도로부터 발생한 배출은 이제 에너지 대신에 산업 공정 및 제품 이용에서 보고된다.
ⓑ 비에너지 용도로부터 발생한 이산화탄소 배출산정치의 완전성을 검사하기 위한 방법이 도입되었다.

ⓒ 플루오르 화합물(Fluorinated Compounds)의 실제 배출량
ⓐ 1996 IPCC 가이드라인에서 Tier 1 방법으로 이용된 잠재적 배출량 접근법은 더 이상 적절하지 않은 것으로 간주된다.
ⓑ 냉동과 같은 부문에서 단순화된 물질수지접근법(Mass Balance Approaches)을 제안하고 있다.

④ 제4권(농업, 산림 및 기타 토지 이용)
㉠ 농업, 토지 이용, 토지 이용의 변화, 산림 간의 통합
통합은 이전 지침에서의 이러한 카테고리들 간의 다소 임의적인 구분을 제거하며, 특히 보다 상세한 방법에 대해 그들 간의 자료의 일관적 이용을 촉진한다.

㉡ 관리된 토지(Managed Land)
ⓐ 인간활동에 따른 배출원에 의한 배출 및 흡수원에 의한 흡수를 확인하기 위한 대용물(Proxy)로 가이드라인에서 이용된다.
ⓑ 대부분의 AFOLU 부문에서 인간활동에 따른 GHG의 배출원에 의한 배출 및 흡수원에 의한 흡수는 관리된 토지에서 발생하는 것으로 정의된다.
ⓒ 인간활동에 따른 효과에 대한 대용물로 관리된 토지를 이용하는 것은 GPG-LULUCF에서 채택되었다.
ⓓ 인간활동에 따른 효과의 대부분은 관리된 토지에서 발생하며, 실용적 관점에서 인벤토리 산정을 위해 필요한 정보는 주로 관리된 토지로 제한된다.

㉢ 이전의 선택적 카테고리의 통합
ⓐ 관리된 토지의 모든 화재와 관련된 배출원에 의한 배출량 및 흡수원에 의한 흡수량이 산정되며, 이는 화재(Wildfires)와 규정된 연소(Prescribed Burning) 간의 이전의 선택적 구분을 제거한다.
ⓑ 인간활동에 따른 배출원에 의한 배출 및 흡수원에 의한 흡수를 확인하기 위한 대용물로서의 관리된 토지에 관한 개념과 일치한다.
ⓒ 관리되지 않는 토지 위에서의 화재 및 기타 교란(Disturbances)은 일반적으로 인간활동 내지 자연적 원인과 관련될 수 없으므로, 토지 이용의 변화가 교란 이후에 있지 않다면, 2006 IPCC 가이드라인에 포함되지 않는다.
ⓓ 교란에 의해 영향을 받는 토지는 관리되는 것으로 간주되며, 자연적 원천인지 아닌지의 여부에 관계없이, 화재 및 기타 사건에 관련된 모든 온실가스의 배출원에 의한 배출량 및 흡수원에 의한 흡수량이 측정된다.
ⓔ 이전에 선택적이었던, 정착지와 관리된 습지에서 토양의 탄소량과 관련된 이산화탄소 배출 및 저감은 지침에 통합되었다.

㉣ 수확된 목제품(HWP ; Harvested Wood Products)
2006 IPCC 가이드라인은 UNFCCC 프로세스 내에서 현재 논의 중인 접근법을 이용하여, 온실가스 인벤토리에 HWP를 포함하기 위해 이용될 수 있는 상세한 방법을 제공한다.

㉤ 관리된 습지로부터 발생하는 배출
ⓐ 2006 IPCC 가이드라인은 습지에서 토지 이용의 변화로 인한 CO_2 배출을 산정하는 방법을 포함한다.
ⓑ 과학적 정보의 제한된 이용 가능성 때문에, CH_4 배출에 대한 방법은 미래의 방법론적 발전을 위한 기초인 부록(Appendix)에 포함된다.

⑤ 제5권(폐기물)
㉠ 매립지로부터 발생하는 메탄에 대한 개정된 방법론
ⓐ 매립 연도(Year of Placement)의 메탄의 잠재적 최대 방출에 기초한 이전의 Tier 1 방법은 UN 및 기타 원천으로부터 이용 가능한 자료를 이용하는 옵션을 제공하는 단순한 1차 분해 모형(Decay Model)으로 대체되었다.
ⓑ 이 접근법은 폐기물의 생성, 조합 및 관리에 대한 지역적 기본값 및 국가의 고유한 기본값을 포함하며, 모든 Tiers에 걸친 온실가스 배출의 산정을 위한 일관적인 기초를 제공한다.
ⓒ 산정된 배출에 대한 보다 정확한 시계열을 제공하며 매립가스(Landfill Gas)의 사용량이 특정한 연도에 생성된 양을 명백히 초과하는 상황을 방지한다.

㉡ 매립지에서의 탄소 누적
부패 모형의 산출물로 제공되며, AFOLU에서 HWP의 산정과 관련될 수 있을 것이다.

㉢ 폐기물의 생물학적 처리 및 노천소각(Open Burning)
배출원을 보다 완전히 포함하도록 보장하기 위해 퇴비 및 바이오가스 시설로부터 발생하는 배출의 산정에 대한 지침이 포함되었다.

> **Reference** 용어설명(2006 IPCC 가이드라인 관련)
>
> ① 활동도 : 주어진 기간에 걸쳐 특정 지역에서 일어나는 활동 또는 그로 인한 효과
> ② 기준연도 : 인벤토리의 시작연도
> ③ 상관계수 : 동시에 관측된 두 변수 사이의 상호 의존성을 나타내는 숫자로, 0에 가까울수록 선형관계가 적다는 것을 의미
> ④ 신뢰구간 : 특정 신뢰도를 가진 미지의 고정된 양의 참값을 포함한 범위

2 GHG Protocol

(1) 개요

① GHG Protocol 초안은 세계자원연구소(WRI ; World Resources Institute)와 지속가능한 개발을 위한 세계경제협의체(WBCSD ; World Business Council for Sustainable Development)에 의해 소집된 기업, 비정부기구(NGO), 정부 및 다른 기관들의 다자 간 제휴이다.

② GHG Protocol Initiative는 기업, NGOs(Non-Governmental Organizations), 정부는 물론, WRI(World Resources Institute), 미국이 주도하는 환경 NGO, WBCSD(World Business Council for Sustainable Development), 제네바 중심의 170개 다국적 기업연합 등 다양한 단체들과의 공동협력과 밀접한 관계가 있으며, 대부분 채택하고 있는 가장 영향력 있는 가이드라인이다.

③ GHG Protocol Initiative의 두 가지 기준
  ㉠ 온실가스 프로토콜 기업 산정 및 보고 기준(기업이 온실가스 배출량을 정량하거나 보고하는 과정에서 이용할 수 있는 단계별 지침 제공)
  ㉡ 온실가스 프로토콜 사업 정량화 기준(온실가스 저감사업을 통한 온실가스 저감지침 제공)

④ 이 기준이 세계적으로 광범위하게 채택될 수 있었던 원인은 기준 개발에 많은 투자자들을 끌어들이는 데 성공하였던 점과 수많은 전문가나 실무자들의 다양한 경험과 전문성을 바탕으로 보다 정확하고 실질적으로 만들어질 수 있었던 점을 들 수 있다.

⑤ 온실가스 프로토콜 기업 기준 교정판의 가장 큰 특징은 초판을 사용하는 과정에서 얻어진 경험을 토대로, 지난 2년간의 다중 투자자 상호 간의 의견교환이 충분히 이루어져 교정판에서는 추가적인 지침, 사례 연구, 부록 및 온실가스 목표 설정과 관련된 새로운 장(Chapter)이 포함되어 있다.

⑥ 온실가스 프로토콜 기업 기준은 온실가스 배출량 인벤토리를 준비하는 기업이나 다른 형태의 조직에 대한 기준과 지침을 제시하고 있다. 이것은 교토의정서에 명시된 6개의 온실가스[이산화탄소(CO_2), 메탄(CH_4), 아산화질소(N_2O), 수소불화탄소(HFCs), 과불화탄소(PFCs) 및 육불화황(SF_6)]의 산정과 보고를 다루고 있다.

(2) 목표(목적)

① 온실가스 감축사업의 정량화를 간단히 하면서 표준화된 방법론과 온실가스 산정원칙의 이용을 통하여 결과의 품질과 신뢰도를 향상시키는 것, 즉 표준화된 접근방식과 원리를 통해, 기업이 온실가스 인벤토리를 준비하는 과정에서 온실가스 배출량을 현실적이고도 정확하게 산정할 수 있도록 한다.

② 감축사업 입안자들을 위하여 거래비용과 불확실성을 제거하는 것, 즉 온실가스 인벤토리를 만드는 데 소요되는 비용을 단순화하는 동시에 줄일 수 있다.

③ 온실가스 감축사업에서 투자자의 신뢰를 높일 수 있다.
④ 온실가스 감축사업의 감축량 산정에 대하여 서로 다른 사업과 온실가스 거래 프로그램 사이에서 보다 높은 일관성을 도모하는 것, 즉 다양한 기업과 온실가스 프로그램 간의 온실가스 산정과 보고에 대한 일관성과 투명성을 증가시킨다.
⑤ 산업체에서 온실가스 배출량을 저감시키거나 관리하기 위한 효과적인 전략을 수립할 수 있도록 정보를 제공한다.
⑥ 자발적이고도 필수적인 온실가스 프로그램 참여를 위한 정보를 제공한다.

(3) 사업정량화 기준의 범위

① 다음의 가스 중 하나 혹은 그 이상의 가스를 포함하는 온실가스 감축사업의 정량화를 망라한다[이산화탄소(CO_2), 메탄(CH_4), 아산화질소(N_2O), 수소불화탄소(HFCs), 과불화탄소(PFCs), 육불화황(SF_6)].
② 본 지침은 중립적으로 설계되었으며, 이들은 온실가스 감축의 소유권 부여나 인증의 기초가 되는 온실가스 감축사업 정량화의 공통 요소를 망라한다.
③ 실제적인 소유권 부여나 인증 절차는 아직 다루어지지 않았는데, 이는 프로그램 관리자들의 권한에 해당되지만 아직 이와 관련한 규칙이 프로그램마다 다르기 때문이다.
④ 온실가스 감축사업이 더 넓은 의미에서 지속가능한 개발에 얼마나 더 기여할 것인지에 대해서는 다루고 있지 않다.
⑤ 온실가스 감축사업이 다른 지속가능한 개발이라는 목표에 얼마나 조화되는지에 대한 전체적인 전망의 중요성 때문에 사업 입안자들은 더 넓은 분야의 지속가능한 개발에 대한 고려를 어떻게 계산에 넣는가 하는 사업의 선택과 구상에 대한 부가적인 지침을 찾아내는 데 노력해야 한다.

(4) 구성

① 제1항 : 서론
  ㉠ 온실가스 의정서에 대해 소개
  ㉡ 공통된 사업의 목표와 핵심적인 온실가스 산정 개념을 기술
  ㉢ 정량화의 기본이론이 되는 온실가스 산정의 원칙들을 정의
  ㉣ 감축사업 정량화에 연관된 8단계의 계산절차를 제시

② 제2항 : 정량화 단계
  8단계의 정량화 계산 절차의 응용에 관해 설명한다.

③ 제3항 : 베이스라인 선정절차
  입안자들이 그들 사업의 여건에 맞추어 논리를 세우는 데 사용할 수 있는 세 가지의 기준량 선정 절차를 제공한다(사업별 선정 절차, 온실가스 감축효과기준 적용 절차, 설비 교체 시 베이스라인 설정 절차).

④ 제4항 : 부록

더 자세한 정보와 지침, 그리고 사업별 및 감축효과 기준절차가 응용된 사례를 보여주고 있다.

> **Reference** GHG Protocol의 각 장별 주요 변화 내용
>
> ① CHAPTER 1
> 원칙에 대한 재확립
>
> ② CHAPTER 2
> 조직적 경계설정에 대한 목표 및 관련 정보는 업데이트되고 통합됨
>
> ③ CHAPTER 3
> 지분 할당 접근법과 통제접근법 모두를 이용한 배출량 산정이 여전히 부각되고 있지만, 기업은 하나의 접근방식을 이용하여 현재 상황을 보고할 것이다. 따라서 이번 변화내용에는 모든 기업들이 그들 사업목표 달성을 위한 두 형태의 정보를 필요로 하는 것은 아니라는 사실을 반영하였다. 새로운 지침에서는 확립방식을 제공하고 있으며, 중요한 온실가스 배출량에 대해서 확실히 보고될 수 있도록 보고에서의 최소 균등한계치를 삭제한다.
>
> ④ CHAPTER 4
> 판매를 목적으로 구입 전기에서의 배출량을 영역 2에서 배제함으로써, 이러한 부분이 영역 3에 속하게 되며, 이를 통해 두 개 이상의 기업에서 동일 영역에 속하는 동일한 배출원에 대한 중복산정을 막을 수 있게 된다. 새 지침에는 송배전 과정에서의 손실과 관련된 온실가스 배출량 산정부분을 추가하였으며, 영역 3 카테고리와 임대에 대한 추가적인 지침을 제공한다.
>
> ⑤ CHAPTER 5
> 이전 지침에서 추천되었던 비례조정방식은 이중 적용을 방지하기 위해 삭제되었으나, 계산방식에 따른 기준연도 배출량 조정을 위해 더 많은 지침이 추가되었다.
>
> ⑥ CHAPTER 6
> 배출계수 선택사항이 향상됨
>
> ⑦ CHAPTER 7
> 인벤토리 품질관리 시스템의 구축 및 불확실성 평가의 적용과 한계성과 관련된 지침을 확대함
>
> ⑧ CHAPTER 8
> 온실가스 프로토콜 기업 및 사업 기준의 관계를 명확하게 하기 위해, 사업 저감량 산정 및 보고에 관한 지침을 추가함
>
> ⑨ CHAPTER 9
> 필수 및 선택 보고 카테고리가 명백해짐
>
> ⑩ CHAPTER 10
> 중요도와 주요 불일치의 개념에 대한 지침은 확장됨
>
> ⑪ CHAPTER 11
> 목표 설정 및 경과 추적/보고 단계가 추가됨

(5) GHG Protocol 온실가스 감축사업 목록

① 에너지와 동력

에너지를 생산하거나 사용함에 있어 더 적은 온실가스를 배출하는 공정이나 기술을 사용하는 사업

② 수송

수송 과정에서 온실가스를 감축하는 사업

③ 산업

상품의 제조나 사용에서 온실가스의 배출을 감축시키는 사업(공정의 변경, 투입 물질의 변경, 생산품의 변경을 포함)

④ 비산배출(Fugitive Emission) 온실가스의 포집

환기를 줄이거나 폐가스 소각의 확대, 포집, 회수 또는 교체에 해당하는 사업

⑤ 농업

메탄이나 질소산화물의 배출을 줄이는 토양이나 작물 혹은 축산의 변화를 포함하는 사업

⑥ 생물학적 저장

토양의 이용이나 그의 변화를 통하여 식물이나 토양의 탄소 저장 기능을 강화시키거나 보존하는 사업(숲이나 농업, 목초지를 포함)

⑦ 지질학적 또는 해양학적 시스템

배출된 온실가스를 지질이나 해양 시스템에 저장하는 사업

(6) 적용 및 제한

① GHG Protocol은 온실가스 인벤토리를 개발하는 사업의 예측 전문가에 의해 우선적으로 작성되기는 하지만, NGO, 정부 및 대학 등과 같이 온실가스 배출량에 영향을 줄 수 있는 다양한 형태의 조직에 동일하게 적용될 수 있다.

② 기준을 차감산정 또는 평가등급으로 이용되는 온실가스 저감사업에 따라, 어느 정도의 온실가스 저감이 이루어질 수 있는지 정량적으로 파악하기 위해 이용해서는 안 된다.

③ 온실가스 프로그램의 정책 제안자와 작성자 역시 자신의 산정 및 보고에 필요한 기초로서 이 기준의 관련 부분을 이용할 수 있다.

(7) 지침의 효과

① 1차 효과(Primary Effects)
- 사업 목표에 달성하기 위하여 의도한 구체적인 온실가스 감축요소 또는 활동이다.(온실가스 배출의 감소, 탄소의 저장, 또는 온실가스의 제거 등)
- 1차 효과는 주로 감축사업으로 인한 가장 큰 변화이다.

㉠ 단위 산출량에 대한 에너지 사용량의 감소
  (예 에너지의 효율적인 이용 계획)

㉡ 이용된 에너지 배출 요인의 변화
  (예 연료의 스위치나 그물처럼 연결된 전기제품)

㉢ 단위 산출량에 대한 공정에서의 온실가스 감축
  (예 석탄재를 클링커 대신 시멘트 생산 과정에 투입하는 것)

㉣ 누출되는 배출가스의 포획
  (예 파이프라인에서의 천연가스 누출 포획, 매립지에서의 메탄 포획)

㉤ 단위면적당 탄소저장의 증가
  (예 탄소저장능력을 향상시킨 녹화사업)

② 2차 효과(Secondary Effects)
- 1차 효과에 의해 잡히지 않는 감축사업에서 비롯된 모든 다른 온실가스 배출 변화이다.
- 감축사업에서 일어나는 작고 의도하지 않은 온실가스의 감축효과로서 예를 들어 감축사업이 온실가스의 배출을 감소시키거나 증가시키는 경우이다.
- 종종 온실가스를 증가시기는 2차 효과는 온실가스 감축노력에 대해 감축사업을 많이 저해할 수 있다.

㉠ 전 과정
  1차 효과의 상위 또는 하위흐름 배출 그리고 사업장 내의 다른 영향과 그리고 근접효과들

㉡ 활동량(Activity)의 변화
  베이스라인 내에서 일어날 수 있는 온실가스 배출활동의 물리적 변화

㉢ 시장 누출
  온실가스 감축사업의 결과로 시장에서 수급의 변화가 생겨서 온실가스 배출이 변하는 것

③ 직접 · 간접적인 효과

사업장 단위 온실가스 감축사업 산정과 보고 기준에 언급되어 있는 직접적인 배출 또는 범위 1(Scope 1), 그리고 간접적인 배출 또는 범위 2와 3(Scope 2 and 3)과 유사하다.

㉠ 직접적 효과는 감축사업 입안자들이 소유하거나 제어하는 온실가스 배출원이나 저장소에서 일어나는 1차적 또는 2차적 효과, 즉 사업 입안자가 보일러의 에너지 효율을 높이거나 탄소를 적게 소모하는 보일러 연료로 바꿈으로써 발생하는 효과이다.
㉡ 직접적인 효과는 때때로 현장 효과의 의미로 받아들여진다.
㉢ 물리적 경계가 직접적인 효과가 일어나는 지역의 한계를 설정하는 한, 이는 항상 직접적인 효과에 속하지 않을 수도 있다.
㉣ 간접적 효과는 감축사업이 연속으로 일어나면서 발생하는 1차 또는 2차 효과이지만, 다른 누군가가 소유하거나 제어하는 온실가스 배출원이나 저장소에서 일어나는 효과를 의미한다.
㉤ 간접적인 효과는 대개 온실가스에 대한 수급을 바꿈으로써 떨어진 곳에 있는 온실가스의 배출을 억제 · 감소하거나 혹은 증가된 배출량이다.(**예** 전력 수요관리에 관한 사업은 최종 소비자들이 구매하는 전력 소비의 감축을 도울 수도 있지만 온실가스 배출은 최종소비자가 아닌 전기 생산자가 소유한 시설에서 감축된다.)
㉥ 직접적 효과와 간접적 효과에 대한 구분은 7단계 정량화 방법에서 언급되고 있다. 이는 사업에 따른 감축량의 '소유권'을 확인하고 이중 보상(Double Counting)을 방지하는 데 있어서 중요한 연관성을 가지고 있다.

3 ISO 국제표준(ISO 14064 TC207/WG5 N89)

(1) 기본 구조 구분

① Part 1(ISO 14064 TC207/WG5 N89) : ISO 14064−1
  ㉠ 조직 또는 사업장(Entity) 단위에서의 온실가스 배출량 정량화(온실가스 인벤토리 설계, 작성, 관리), 모니터링 및 보고에 대한 지침
  ㉡ ISO 14064−1 가이드라인은 원칙 · 개념 중심의 가이드라인으로 계산방법에 대한 언급은 없다.

② Part 2(ISO 14064 TC207/WG5 N114) : ISO 14064−2
저감사업(Project) 단위에서의 온실가스 배출량 정량화, 모니터링 및 보고에 대한 지침

③ Part 3(ISO 14064 TC207/WG5 N90) : ISO 14064−3
  ㉠ 온실가스 선언에 대한 타당성 평가 및 검증을 위한 사용규칙 및 지침

ⓛ 온실가스 검증 원칙
ⓐ 독립성 : 편견 및 이익에 대한 마찰이 없도록 독립성 유지, 객관적 증거를 기초로 작성되어 객관성 유지
ⓑ 공정성 : 검증활동의 결과, 보고를 정확하고 신뢰할 수 있게 반영
ⓒ 전문가적 책임 : 전문가적 책임을 다함 및 충분한 숙련도와 적격성을 갖출 것

(2) 배출량 산정보고서의 4가지 충족조건

① 완전성(Completeness)
㉠ 모든 정량화 범위 및 원칙과 온실가스 배출/흡수에 대한 설명이 포함되어야 한다.
ⓛ 어떠한 예외라도 보고되고 정당성이 증명되어야 한다.
ⓒ 모든 정보는 선언된 경계, 범위, 기간 그리고 보고의 목적으로 구성된 양식을 갖추어야 한다.

② 일관성(Consistency)
㉠ 온실가스 배출/흡수는 시간에 따라 비교 가능하여야 한다.
ⓛ 보고 기준의 변화와 그로 인한 결과의 변화는 명확히 지적되고 해명되어야 한다.

③ 정확성(Accuracy)
㉠ 온실가스의 정량화는 실제 배출/흡수의 초과도, 미만도 아님을 보증해야 한다.
ⓛ 불확실성은 정량화되고 감소되어야 한다.

④ 투명성(Transparency)
㉠ 정보는 명확하고, 사실에 입각하여 정기적으로 제공되어야 한다.
ⓛ 온실가스 자료 정보는 확인·검증 가능한 양식으로 취득, 기록, 변환, 분석, 문서화되어야 한다.

(3) ISO 국제표준은 배출권거래제도에서 반드시 고려되어야 할 사항이며 구축되어야 할 기본 인프라이다.

① 국가 규제 및 ISO 지침과의 관계인데, 만약 ISO 표준지침이 국가 규제와 일치하지 않으면 국가 규제가 ISO 표준 지침에 추가되어야 한다.
② 사업장 온실가스 인벤토리 구축은 사업장이 시설 자체 온실가스 배출/감축을 통합하여 인벤토리를 개발하고 산출된 전체 배출 저감과 내부 혹은 외부의 프로젝트에서 생성된 제거 향상 설비를 포함할 수 있게 통합보고해야 한다.
③ 사업장 경계, 이중산정(Double Counting)의 예방, 온실가스 배출과 감축 그리고 시설-수준 자료 등을 보고해야 한다.
④ 운영 경계를 설정하여 직접배출과 간접배출(Indirect Emissions)을 정량화하고, 기준연도

를 설정하여 자료를 구축해야 하며, 불확실성 평가의 정당성도 증명해야 한다.

⑤ 보고 형식은 정보를 이해하고 사용 가능하도록 간결하고 논리적으로 나타내야 하며, 온실가스 기록의 조정과 보안을 유지하지만 보급과 사용의 원칙에 따라 보고서는 공개적으로 이용될 수 있어야 한다.

(4) 검증(Verification)

① 온실가스 인벤토리와 ISO 표준지침 준수를 검증해야 하는데 만약 인벤토리가 외부적으로 검증되려면, ISO 14064의 요구에 완전히 부합하여야 한다.

② 검증 프로그램 포함사항
    ㉠ 검증활동의 범위
    ㉡ 프로그램의 실행과 유지에 대한 책임
    ㉢ 계획한 결과의 달성을 위한 자원의 필요성 적절한 프로그램의 조절
    ㉣ 필요한 문서의 유지
    ㉤ 프로그램의 감시와 검토의 공정 등의 검증

(5) ISO 14064의 실행에 따른 장점

① 온실가스 배출량 산정, 모니터링, 보고 및 검증에 있어 일관성, 투명성, 완전성, 정확성 증대
② 온실가스 배출량 및 배출권의 거래 촉진
③ 온실가스 배출량 관련 프로그램의 설계 · 개발

SECTION 03 기후변화 관련 국내 동향

01 국가정책의 개요

1 개요

① 우리나라는 1993년 12월에 유엔기후변화협약(UNFCCC)을 비준하고 2002년 10월에는 교토의정서를 비준함으로써 세계의 기후변화 방지 노력에 참여하는 제도적인 준비를 마쳤다.

② 우리나라는 교토의정서에 의한 제1차 공약기간(2008~2012년)에 온실가스 감축 의무부담을 부여받지는 않았지만 선발 개도국으로서의 책임을 다하기 위해 기후변화협약에 의거한 의무를 충실하게 이행할 필요성을 인식하게 되었다.

③ 기후변화협약에 대응하기 위해 1998년 4월에 관계부처 장관회의를 통해 국무총리를 위원장으로 하는 '범정부기후변화대책기구'를 설치하여 기후변화협약에 대응하는 정책추진체제를 갖추었고 이대책기구를 중심으로 제1차 기후변화종합대책을 수립하였다.

④ 2008년 기후변화대책기본법, 2009년 저탄소녹색성장기본법이 제정되었다.

⑤ 국제사회는 기후변화 문제의 심각성을 인식하고 이를 해결하기 위해 선진국에 의무를 부여하는 교토의정서 채택(1997)에 이어, 선진국과 개도국이 모두 참여하는 파리협정을 2015년 채택하였고, 국제사회의 적극적인 노력으로 2016년 11월 4일 협정이 발효되었다.(우리나라는 2016년 11월 3일 파리협정 비준)

⑥ IPCC는 2018년 10월 우리나라 인천 송도에서 개최된 제48차 IPCC 총회에서 지구온난화 1.5℃ 특별보고서를 승인하고 파리협정 채택 시 합의된 1.5℃ 목표의 과학적 근거를 마련하였다.

⑦ IPCC는 2100년까지 지구평균온도 상승폭을 1.5℃ 이내로 제한하기 위해서는 전지구적으로 2030년까지 이산화탄소 배출량을 2010년 대비 최소 45% 이상 감축하여야 하고, 2050년 경에는 탄소중립(Net Zero)을 달성하여야 한다는 경로를 제시하였다.

⑧ 세계 각국은 2016년 자발적으로 온실가스 감축목표를 제출했고, 모든 당사국은 2020년까지 파리협정에 근거하여 지구평균기온 상승을 2℃ 이하로 유지하고 나아가 1.5℃ 달성하기 위한 장기저탄소발전전략(LEDS)과 국가온실가스감축목표(NDC)를 제출하기로 합의하였다.

⑨ 우리나라를 포함한 전 세계 195개국은 파리기후변화협정(Paris Agreement)을 채택하여 공동대응하기 위하여 노력하고 있다. 이 협정에 따르면 각 당사국은 자체적으로 온실가스감축목표(NDC)를 정하여 5년마다 제출하여야 하며 그 이행상황을 점검받아야 한다.

⑩ 2050년까지 탄소중립 달성을 목표로 2021년 「기후위기 대응을 위한 탄소중립·녹색성장 기본법(약칭 : 탄소중립기본법)」을 제정하였으며 2022년 3월 25일부터 시행하고 있다.

⑪ 정부는 탄소중립달성 중기목표인 2030년 온실가스감축목표(NDC)를 기존의 2017년 대비 24.4%에서 2018년 대비 40%로 대폭 상향한 바 있다.

2 기후변화협약 대책위원회

① 2001년 9월에는 국무총리훈령으로 「기후변화협약 대책위원회 등의 구성 및 운영에 관한 규정」을 제정하여 범정부대책기구를 정부부처, 산업계 및 전문가 등으로 구성된 기후변화대책위원회로 변경하고 기후변화협약대책을 수립하여 추진하였다.
② 기후변화협약 대책위원회는 정부부처의 차관급으로 구성된 실무위원회와 국장급으로 구성된 실무조정위원회, 그리고 6개 주요 분야별 대책반과 각 분야 전문가로 구성된 5개의 연구팀으로 구성하였다.
③ 제1~4차 종합대책을 발표하여 각 분야별 실천계획을 추진하였다.
④ 1999년부터 기후변화정책을 종합적으로 추진하는 3개년 단위의 기후변화협약 대응 종합계획을 수립하여 기후변화 대응정책을 추진하였다.
⑤ 제1차 종합대책(1999~2001년), 제2차 종합대책(2002~2004년), 제3차 종합대책(2005~2007년), 제4차 종합대책(2008~2012년)을 수립하여 이행하였다.
⑥ 기후변화 대책위원회의 업무를 2008년 정부가 출범하면서 에너지 안보, 기후변화 및 지속가능발전 등을 총괄하는 녹색성장위원회 및 녹색성장지원단을 대통령 직속으로 설립하고 실제적 종합 추진 계획을 이관하여 이행하였다.

3 기후변화 종합대책

(1) 배경

교토의정서가 발효됨에 따라 지구적인 차원의 온실가스 감축 노력이 현실화되고 경제개발협력기구(OECD) 회원국이면서 선발 개도국인 우리나라 역시 지구적인 차원의 온실가스 감축 노력에 동참하기 위한 대응대책을 수립할 필요성이 제기되었다.

(2) 기본방향

에너지 다소비산업군의 비중이 높은 점을 인지하여 고부가 가치 사업의 창출을 높이면서 에너지 소비가 낮은 저소비형 IT 산업의 비중을 높이는 산업구조의 변경과 함께 에너지 절약형 경제구조를 구축함으로써 기후변화 완화를 위한 국제적 노력 동참에 의의를 두고 있다.

(3) 제1차 종합대책(1999~2001년)

① 대책 수립 배경
  ㉠ 우리나라는 교토의정서 의무 대상국에서는 제외되었으나 부속서 1 국가들 간에 온실가스 감축목표 합의를 한 교토의정서 체결 이후 즉각적인 대처를 하기 위해 제1차 종합대책을 수립하였다.
  ㉡ 우리나라도 선진국과 같이 2008년부터 자발적 의무감축에 대한 국제적 압력이 증가할 것으로 예상하면서 의무부담을 인지하고 경제발전 전망 및 이에 따른 중장기 온실가스 배출 전망, 비용효과적인 온실가스 저감 수단 및 저감 잠재량, 저감에 따른 경제적 비용 등의 분석이 요구되었다.

② 기후변화 협약에 따른 의무부담과 관계없이 온실가스 저감에 최대의 노력을 기울이고 매년 온실가스 배출현황 분석과 동시에 장기전망치를 수정·보완하여 이에 적합한 대책을 마련하는 내용이 수록되었다.

③ 향후 기후변화 협상에 대비한 논리개발, 자발적 협약, 대체에너지 개발, 하수 처리를 제고하는 등의 17개 과제와 에너지절약전문기업(ESCO) 사업지원 및 흡수원 확대 등 111개 세부 실천계획 등을 추진하였다.

④ 필요성 및 기대효과
  ㉠ 교토의정서가 채택됨으로써 온실가스가 하나의 상품으로 거래됨을 인지하게 됨
  ㉡ 현재까지 추구한 경제성장정책에서 친환경 성장 추진 정책으로 전환되는 계기가 됨
  ㉢ 온실가스 저감을 위한 투자 필요성을 제시함

(4) 제2차 종합대책(2002~2004년)

① 제1차 종합대책 이후 국·내외 환경 변화를 반영하여 2002년 기후변화협약 대응을 위한 제2차 종합대책을 확정하여 발표하였으며, 주로 기후변화협약에 대한 전략과 이행기반 강화 등 기후변화 감축대책을 위주로 한 대책이다.

② 의무부담협상에의 적극적인 대응 방안은 교토의정서에서 명시한 제2차 공약기간인 2013~2017년 중 의무부담에 대한 협상에서의 효율적인 대비를 강조하였다.

③ 주요 내용
  ㉠ 의무부담 협상에의 적극적인 대응
    ⓐ 의무부담에 대한 협상에 효율적으로 대비하기 위해서는 국가 온실가스 배출통계의 정확성과 투명성의 제고가 필요하고, 온실가스배출통계의 정확성을 제고하기 위한 Activity Data 및 Emission Factor에 대한 정확도를 강조

ⓑ 국가고유배출계수의 개발을 위한 기초연구를 추진
ⓒ 중장기적인 온실가스배출통계 작성의 투명성을 제공하기 위한 국가 인벤토리 시스템(National Inventory System) 구축 계획을 수립

ⓛ 온실가스 감축시책의 지속적인 추진
　ⓐ 온실가스 감축시책의 지속적인 추진을 목표로 1996년 에너지기술개발을 통한 BAU(Business As Usual) 대비 에너지 소비를 10%씩 감축하기 위해 10개년 계획 수립을 추진
　ⓑ 열병합발전 등의 에너지 절약 파급효과 및 실용화 가능성이 큰 7개 중대형 기술을 중점적으로 지원
　ⓒ 대체에너지 기술개발 보급 기본계획을 수립하여 대체에너지 공급비중을 확대

ⓒ 교토메커니즘 대응기반 구축 및 활용
교토메커니즘인 청정개발체제(CDM ; Clean Development Mechanism), 배출거래제(ET ; Emissions Trading), 공동이행제도(JI ; Joint Implementation) 중에서 우리나라와 직접적으로 관련되는 CDM 사업에 대한 시범사업의 추진 계획을 수립

ⓔ 민간부분의 참여유도 및 대응능력 제고
　ⓐ 산업계의 적극적인 참여를 유도하고자 정부는 정유, 발전, 석유화학, 철강, 시멘트, 제지, 반도체, 자동차 등 주요 업종별로 정부, 산업계, 유관 전문기관 등으로 구성된 대책반을 구성·운영하여 산업계의 참여를 유도
　ⓑ 시민단체와 연계하여 온실가스 배출 감축 노력을 범국민적인 운동으로 확대
　ⓒ 기후변화 특성화 대학원 지정 등을 통하여 기후변화 관련 전문인력을 적극적으로 육성해 나갈 계획을 수립

(5) 제3차 종합대책(2005~2007년)

① 제3차 종합대책은 크게 3가지 분야로 구분되는데 협약이행 기반구축사업, 분야별 온실가스 감축사업, 기후변화적응 기반구축사업으로 분류되면서 제1, 2차 계획에 포함되어 있지 않은 적응에 대한 계획 수립이 특징적이라고 할 수 있다. 즉, 처음으로 기후변화 적응문제에 관심을 표명하였다.

② 목적
　㉠ 지구온난화 문제에 대응하기 위한 국제적 노력에 동참
　㉡ 온실가스 저배출형 경제구조로의 전환을 위한 기반 구축
　㉢ 기후변화가 국민생활에 미치는 부정적 영향을 최소화

③ 종합대책 추진사업구도
　㉠ 협약이행 기반구축사업
　　ⓐ 의무부담 협상기반 구축
　　ⓑ 통계·분석 시스템 구축
　　ⓒ 온실가스 감축 관련 연구개발(온실가스 감축기술 D/B)
　　ⓓ 기후변화협약 대응 교육·홍보
　　ⓔ 교토메커니즘 활용기반 구축

　㉡ 부문별 온실가스 감축사업
　　ⓐ 에너지 부문 사업
　　ⓑ 건물에너지 관리
　　ⓒ 수송·교통 부문
　　ⓓ 환경·폐기물 부문
　　ⓔ 농축산·임업 부문

　㉢ 기후변화적응 기반구축사업
　　ⓐ 기후변화 관련 정보 수집
　　ⓑ 한반도 기후변화 분석
　　ⓒ 기후변화 모니터링
　　ⓓ 생태계 및 건강영향평가

(6) 제4차 종합대책(2008~2012년)

① 제4차 기후변화 종합대책은 제1차 의무공약기간(2008~2012년)과의 조화를 위해 종합대책 이행 기간을 기존의 3년에서 5년으로 변경하여 수립하였으며, 국제적 위상에 부합하는 온실가스 감축 및 기술개발을 통한 기후변화 영향을 최소화하는 데 중점을 두고 있다.

② 기대효과
　㉠ 친환경적인 녹색성장 기반 마련
　㉡ 본격적인 기후변화 적응대책을 통해 사회·경제적 피해를 최소화
　㉢ 기후변화 대응 핵심 분야 기술경쟁력 강화를 통해 신성장동력 사업 확충과 동시에 온실가스 감축노력에 적극적으로 동참
　㉣ 국제적 위상 또한 강화

③ 목적
　㉠ 온실가스 감축목표 설정
　㉡ 기후변화 적응대책 수립ㆍ시행으로 사회경제의 환경적 피해 최소화
　㉢ 선진국 수준의 온실가스 감축기술 확보

④ 분야별 중점 추진대책
　㉠ 온실가스 감축 분야
　　ⓐ 에너지수급체계 개편(저탄소에너지 공급 시스템 구축)
　　ⓑ 원자력 비중 확대 검토
　　ⓒ 부문별 에너지 수요 중점관리
　　ⓓ 탄소흡수원 확대(농수산, 산림, 폐기물 온실가스 감축)
　　ⓔ 환경친화형 신산업구조 유도
　　ⓕ 탄소시장 활성화 추진

　㉡ 기후변화 적응 분야
　　ⓐ 기후변화 예측능력 제고
　　ⓑ 기후변화 영향평가 및 적응
　　ⓒ 범사회적 역량 강화(지자체 네트워크 구축, 국민 캠페인 추진)
　　ⓓ 주요 부문별 적응대책 수립 시행

　㉢ 연구개발 분야
　　ⓐ 연구개발 투자의 전략 강화 및 종합 조정기능 보강
　　ⓑ 기초ㆍ원천기술 확보
　　ⓒ 온실가스 배출 감축기술 개발
　　ⓓ 원자력 기술개발 확대

　㉣ 인프라 구축 분야
　　ⓐ 국가 총체적 대응체계 구축(민ㆍ관 합동추진체계 구축)
　　ⓑ 기후변화대책법 제정 추진
　　ⓒ 기후변화 대응 재원대책 강구
　　ⓓ 국가 인벤토리 시스템 구축

　㉤ 국제협력 분야
　　ⓐ 협상전략 수립(감축의무부담 대비 협상)
　　ⓑ 국제공조 및 개도국 지원

02 국가 온실가스 감축목표 설정

1 개요

① 세계 각국은 2015년 12월 파리협정 채택 이전 국가 온실가스 감축목표를 유엔(UN)에 제출했으며, 2021년 파리협정의 본격적 이행을 앞두고 2020년까지 이를 갱신하기로 합의한 바 있다.
② 우리나라는 2030년 배출전망치 대비 37%를 감축목표로 제출(2015년 6월)했다. 이후 '2030 국가 온실가스 감축 수정로드맵(2018년 7월)'을 마련하고 '저탄소 녹색성장 기본법 시행령'을 개정(2019년 12월)하는 등 감축목표 이행을 위해 노력해 왔으며, 그간의 노력을 바탕으로 국가 온실가스 감축목표 갱신안을 마련해 유엔기후변화협약 사무국에 제출했다.
③ 2015년 신기후체제로서 파리협정을 채택한 이후로 전 세계 139국은 탄소중립을 선언(2022년 11월)했으며, 국가온실가스감축목표(NDC)를 상향하며 대응했다.

2 온실가스 감축목표

① INDC 제출(2015년 6월)

파리협정 채택 전(2015년 12월) 기후의욕 고취를 위해 자발적인 2030 목표 제출 요구에 따른 2030년 BAU(배출전망치) 대비 37% 감축목표 제출[INDC(Intended Nationally Determined Contribution) : 각 당사국이 파리협정 채택 전 제출한 감축목표로 파리협정 발효(2016년 11월)에 따라 제1차 NDC로 변경]

② 2030 NDC 수정로드맵(2018년 7월)

2030년 BAU 대비 37% 감축목표는 유지하되, 국내 감축 책임을 강화하고 국외 감축 활용을 축소하는 2030 온실가스 로드맵을 수정(국내 감축을 25.7%에서 32.5%로 증가하고, 국외 감축을 11.3%에서 산림 포함 4.5% 축소 변경)

③ 절댓값 방식으로 변경(2019년 12월)

㉠ 기존 BAU 방식의 2030 목표를 절대량 방식으로 변경하고, 관련 법령 개정 완료(녹색성장기본법 시행령)
㉡ 경제성장 변동에 따라 가변성이 높은 배출전망치(BAU) 방식의 기존 목표를, 이행과정의 투명한 관리가 가능하고 국제사회에서 신뢰가 높은 절대량 방식으로 전환하였다.

┃ 감축목표 설정방식 비교 ┃

	절대량 방식	배출전망치(BAU) 방식
2030 목표	• 2017년 배출량 대비 24.4% 감축	• 2030년 배출전망치(BAU) 대비 37% 감축
채택 국가	• 유럽, 미국, 일본 등 100여 개국	• 멕시코, 터키, 에티오피아 등 80여 개국
특징	• 명확안 감축의지 표명 • 이행과정의 투명한 관리 · 공개 • 국제사회 높은 신뢰	• 경제성장 변동에 따른 BAU 가변성 • 국제사회 낮은 신뢰

④ 2030 국가온실가스감축목표(NDC) 상향(2021년 10월)
  ㉠ 2030년 온실가스 감축목표(NDC)를 2018년 총배출량(727.6백만 톤) 대비 40%(291백만 톤) 감축목표를 설정하였다.
  ㉡ 2030년 배출량은 436.6백만 톤이다.
  ㉢ 정부는 40% 감축을 위해 추가적인 감축수단 발굴 및 관련 연구수행 등 적극 노력한다는 내용이다.
  ㉣ 국내감축을 우선적으로 추진하되, 국외감축을 추진할 경우 파리협정 당사국의 지속가능한 발전과 지구 전체의 탄소저감에 기여하는 방향으로 추진한다.

┃ 부분별 감축목표 ┃

(단위 : 백만 톤CO_2-eq)

구분	부문	기준연도 (2018)	기존 NDC (2018년 대비 감축률)	NDC 상향안 (2018년 대비 감축률)	주요 감축방안
	배출량*	727.6	536.1 (△26.3%)	436.6 (△40.0%)	
배출	전환	269.6	192.7 (△28.5%)	149.9 (△44.4%)	석탄발전 축소, 신재생에너지 확대 등
	산업	260.5	243.8 (△6.4%)	222.6 (△14.5%)	철강 공정 전환, 석유화학 원료 전환, 시멘트 연 · 원료 전환 등
	건물	52.1	41.9 (△19.5%)	35.0 (△32.8%)	제로에너지 건축 활성화 유도, 에너지 고효율 기기 보급, 스마트에너지 관리
	수송	98.1	70.6 (△28.1%)	61.0 (△37.8%)	친환경차 보급 확대, 바이오디젤 혼합률 상향 등
	농축수산	24.7	19.4 (△21.6%)	18.0 (△27.1%)	논물 관리방식 개선, 비료사용 저감, 저메탄 사료 공급 확대, 가축분뇨 질소저감 등
	폐기물	17.1	11.0 (△35.6%)	9.1 (△46.8%)	폐기물 감량 및 재활용, 바이오 플라스틱 확대 등
	수소	-	-	7.6	수전해 수소 기술 개발 · 상용화 지원, 부생/해외수입 수소공급 확대
	기타(탈루 등)	5.6	5.2	3.9	

구분	부문	기준연도 (2018)	기존 NDC (2018년 대비 감축률)	NDC 상향안 (2018년 대비 감축률)	주요 감축방안
흡수 및 제거	흡수원	-41.3	-22.1	-26.7	지속가능한 산림경영, 바다숲, 도시녹지 조성
	CCUS	–	-10.3	-10.3	
	국외 감축**	–	-16.2	-33.5	

* 기준연도(2018) 배출량은 총배출량, 2030년 배출량은 순배출량(총배출량 – 흡수·제거량)
** 국내 추가감축 수단을 발굴하기 위해 최대한 노력하되, 목표 달성을 위해 보충적인 수단으로 국외 감축 활용

3 부문별 온실가스 배출량 전망치와 감축 후 배출량

① 온실가스 배출전망
  ㉠ 에너지 부문
    2030년 739백만 톤으로 총 배출의 87%를 차지하고, 전망기간에 연평균 1.32% 증가
  ㉡ 비에너지 부문
    2030년 112백만 톤으로 총 배출의 13%를 차지하고, 전망기간에 연평균 1.43% 증가

│ 온실가스 배출전망 결과 │

(단위 : 백만 톤)

구분	2013	2020	2025	2030	연평균증가율(%)	
					2013~2020	2013~2030
에너지 부문	592	678	700	739	1.94	1.32
비에너지 부문	88	105	109	112	2.59	1.43
총계	680	783	809	851	2.03	1.33

  ㉢ 2021년 분야별 배출량 비중
    에너지 분야(86.9%) > 산업공정(7.5%) > 농업(3.1%) > 폐기물 분야(2.5%)

② 2030 국가 온실가스 감축 로드맵
  ㉠ 전환(발전) 부문에서 가장 많이 감축(저탄소, 전력효율 강화)
  ㉡ 산업 부문에서 두 번째로 많이 감축(에너지 효율 개선)
  ㉢ 건설 부문 감축(제로에너지 빌딩)
  ㉣ 에너지 신사업 부문 감축(저탄소 경제구조 전환)
  ㉤ 수송 부문 감축(친환경차, 대중교통 활성화)
  ㉥ 공공/기타(LED조명, 신재생에너지 설비 보급)
  ㉦ 폐기물(감량화, 재활용화)

◎ 농축산(농경지, 축산배출원 관리)
㉢ 국외 감축(파리협정)

(단위 : 백만 톤, %)

부문		배출 전망 (BAU)	수정안	
			감축 후 배출량(감축량)	BAU 대비 감축률
배출원 감축	산업	481.0	382.4	20.5%
	건물	197.2	132.7	32.7%
	수송	105.2	74.4	29.3%
	폐기물	15.5	11.0	28.9%
	공공(기타)	21.0	15.7	25.3%
	농축산	20.7	19.0	7.9%
	탈루 등	10.3	7.2	30.5%
감축수단 활용	전환	(333.2)*	(확정 감축량) −23.7	—
			(추가감축 잠재량) −34.1**	
	E신산업/CCUS	—	−10.3	—
	산림흡수원	—	−38.3	4.5%
	국외 감축 등	—		
기존 국내 감축			574.3	32.5%
합계		850.8	536.0	37.0%

* 전환부문 배출량(333.2백만 톤)은 전기 및 열 사용량에 따라 부문별 배출량에 할당하여 전체 합계에서는 제외함
** 전환부문 감축량 23.7백만 톤 확정, 추가감축 잠재량은 2020년 NDC 제출 전까지 확정

4 감축목표 설정 방법론

장래 온실가스 배출전망과 감축잠재량, 그에 따른 거시경제 영향을 체계적으로 분석하고, 감축목표 대안을 도출한다.

① 유가·성장률·산업구조·산업계 투자계획 등 경제전망을 바탕으로 미래 온실가스 배출량 추이(BAU ; Business As Usual) 전망
② 기업·가계에서 감내 가능한 일정수준 이하의 비용 감축수단을 사용하여 감축수단별로 감축잠재량(Reduction Potential) 분석
③ 온실가스 감축수준별로 거시경제에 미치는 영향(GDP, 소비 등) 분석
④ 상향식 및 하향식 중 어느 하나의 방식이 단독으로 적용되는 경우는 많지 않으며, 두 방식을 모두 고려하여 온실가스 감축목표를 수립하는 것이 바람직함

⑤ 하향식 모형인 거시경제 일반균형(CGE) 모형
  ㉠ 동종업계의 벤치마킹 결과 등에 따라 외부 규제기관 등에 의해 설정되는 경우에 적용
  ㉡ 신속한 의사결정으로 감축목표 설정을 위한 사전준비 비용이 절약될 수 있으나, 업체 입장에서는 비관적 시나리오로 전개될 가능성이 있음
  ㉢ 온실가스 감축이 경제·후생·분배에 미치는 파급효과를 분석하기 위해 OECD에서 개발하여 세계적으로 활용되는 모형(Computable General Equilibrium)

⑥ 상향식 모형인 마칼(MARKAL) 모형 활용
  ㉠ 업체의 실무자급 담당자들에 의해 수행된 한계비용분석 등의 감축잠재량 평가를 활용하는 경우에 적용
  ㉡ 감축목표 설정을 위한 사전 준비 비용 및 수행기간이 하향식에 비해 증가할 수 있으나, 외부 규제기관의 입장에서는 낙관적 시나리오로 전개될 가능성이 높음
  ㉢ 개별 기술·정책을 활용하여 감축할 수 있는 온실가스 양을 분석하는 모형(MARKAL ; MARKet ALlocation)으로 국제에너지기구(IEA)에서 개발하여 현재 세계 69개국 177개 기관에서 활용

5 온실가스 감축제도 시행

① 온실가스 목표관리제
국가 배출량의 60% 이상을 차지하는 온실가스 다배출 사업장을 대상으로 감축규제 본격 시행(2012)

② 배출된 거래제 도입
온실가스 배출권의 할당 및 거래에 관한 법률(2012.5) 및 동 법률 시행령 제정(2012.11)으로 2015년부터 본격 시행

6 국가 온실가스 감축목표 달성을 위한 로드맵상 감축추진전략

① 시장친화적 감축제도 운영으로 산업계 부담 최소화
② 과학기술 활용 등 창조경제에 기반한 감축 추진
③ 신규 감축사업 발굴로 일자리 및 신시장 창출
④ 국민과 함께하는 생활밀착형 온실가스 감축운동 전개

7 국가 온실가스 배출량 통계

(1) 개요

① 국가 온실가스 관리위원회 심의 · 의결 후 확정된다.
② IPCC 제2차 보고서에서 제시한 지구온난화 지수를 활용하여 산정한다.
③ 활동자료 개선이나 산정방법론이 변경됨에 따라 매년 재계산될 수 있다.
④ 관장기관에서 산정 후, 환경부 온실가스종합정보센터는 이를 수정 · 보완한다.

(2) 국가 온실가스 배출통계 최종 확정절차 순서

① 국가 온실가스종합정보센터 검증
② 통계청 및 외부전문가 검증
③ 부문별 관장기관 산정결과 수정
④ 국가 온실가스 통계관리위원회 확정

8 국가 온실가스 배출량 확정 단계

① 배출량 산정 및 보고
② 배출량 확정
③ 배출량 검증

9 온실가스 인벤토리 구축 목적

① 취약성 평가
② 미래 배출량 전망
③ 온실가스 감축잠재량 예측

> **Reference** 제1차 기후변화대응 기본계획

1 개요
① 신기후체제(POST 2020)에 대응하기 위한 우리나라의 중장기 기후변화 전략과 구체적인 액션플랜을 담은 첫 번째 종합대책이다.
② 온실가스 감축, 기후변화 적응, 국제협력 대책 마련 등의 내용을 담고 있다.

2 계획기간
2017~2036년

3 주요 내용
① 국내외 기후변화 경향 및 미래전망과 대기 중의 온실가스 농도변화
② 온실가스 배출·흡수현황 및 전망
③ 온실가스 배출 중장기 감축목표 설정 및 부문별·단계별 대책
④ 기후변화 감시·취약성 평가 등 적응대책에 관한 사항
⑤ 기후변화대응 연구개발, 국제협력 및 인력양성 등에 관한 사항

4 전략, 목표 및 과제
① 저탄소 에너지 정책으로의 전환
② 탄소시장 활용을 통한 비용 효과적 감축
③ 기후변화대응 신사업 육성 및 신기술 연구투자 확대
④ 이상 기후에 안전한 사회구현
⑤ 탄소흡수·순환기능 증진
⑥ 신기후체제 대응을 위한 국제협력 강화
⑦ 범국민 실천 및 참여기반 마련

03 온실가스 목표관리제

1 추진배경

(1) 기후변화 국제협상 흐름

① UN기후변화협약(브라질 리우데자네이루, 1992년)
  ㉠ 기후변화에 관한 국제사회의 기본법적 역할(구체적 의무·강제사항 없음)
  ㉡ 기후체계에 위험한 영향을 미치지 않을 수준에서 대기 중 온실가스 농도 안정화가 목적임
  ㉢ 형평성, 공통의 차별화된 책임, 지속가능발전 등의 원칙

② COP 3 교토의정서(일본 교토, 1997년)
  ㉠ 기후변화협약의 목표를 달성하기 위한 실행법적 역할(구체적 의무사항 명시)
  ㉡ 6대 온실가스 규정 : CO_2, CH_4, N_2O, HFCs, PFCs, SF_6
  ※ 미국은 온실가스 다배출 개도국 의무부담 불참 등을 이유로 교토의정서 불이행 선언(2001년)

③ COP 17 더반 아웃컴(남아공 더반, 2011년)
  ㉠ 2012년 완료되는 교토의정서 2차 공약기간 설정에 합의
  ㉡ 2020년 이후 모든 당사국에 적용 가능한 단일 의정서 채택 협상 개시에 합의
  ㉢ 2015년까지 협상 완료
  ㉣ 녹색기후기금(Green Climate Fund) 설립을 위한 보고서 채택

④ COP 21 파리협정(프랑스 파리, 2015년)
  ㉠ 2020년 만료예정인 기존의 교토의정서를 대체하고 선진국과 개도국 모두가 참여할 수 있는 합의체제 마련
  ㉡ 2016년 11월 포괄적으로 적용되는 국제법으로의 효력 발효
  ㉢ 산업화 이전 대비 지구 평균 기온상승을 2℃보다 상당히 낮은 수준으로 유지, 1.5℃ 이하로 제한하기 위한 노력 추구
  ㉣ 국가별 기여방안(NDC)은 스스로 정하는 방식을 채택
  ㉤ 유엔기후변화협약 중심의 시장 이외에도 다양한 형태의 국제 탄소시장 메커니즘 설립에 합의
  ㉥ 2023년부터 5년 단위로 파리협정 이행 및 장기목표 달성 가능성을 평가하기 위해 전 지구적 이행점검(Gobal Stocktake)을 실시
  ㉦ 온실가스 감축뿐 아니라 기후변화에 대한 적응의 중요성에 주목하고, 기후변화의 역효과로 인한 '손실과 피해'를 별도 조항으로 규정
  ㉧ 개도국 이행지원을 위한 선진국의 재원, 기술, 역량 배양 지원

(2) 외국의 온실가스 감축·보고제도

① EU-ETS(European Union-Emission Trading Scheme)
  ㉠ 특징
    ⓐ EC(European Commission)는 각 국가가 제시한 국가 할당계획(NAP)을 기반으로 배출권을 할당하고, 각 국가는 분야와 기업에 할당량을 세분함
    ⓑ 국가에서 분야와 기업에 할당량을 배분하는 방법은 해당 국가마다 다소 상이함. 즉 CDM, JI 등 온실가스 외부감축사업의 크레딧을 허용하지만 국가별로 그 비율을 일정 비율로 한정하고 있다.
    ⓒ EU-ETS 도입 결과 실질적인 감축효과가 발생하였다.
    ⓓ 2012년부터는 항공 부문에도 배출권 거래제가 적용되었다.
    ⓔ 배출권 관리를 위한 전자장부형태의 관리전자시스템을 레지스트리라고 한다.
    ⓕ EU-ETS Phase 2 기간 동안에는 실제 배출량이 할당량을 초과할 경우 이에 대한 벌금을 부과한다.
    ⓖ EU-ETS는 국제탄소시장에서 가장 큰 규모의 할당 시장이다.
  ㉡ 할당 방식
    ⓐ 과거 배출 실적에 따라 무상으로 배분하는 방법(대부분)
    ⓑ 경매에 의해 유상으로 배분하는 방법
  ㉢ 보고대상
    고정연소시설, 금속산업, 광물산업, 제지생산시설 등 특정 배출원에 대한 CO_2 배출량 보고

② 미국(MRR ; Mandatory Reporting Rule)
  ㉠ 특징
    ⓐ 온실가스의 직접적 감축이 아닌 배출량의 의무보고제도
    ⓑ 보고대상 사업장은 약 10,000개(국가 배출량의 85~90%)
  ㉡ 보고대상
    6대 온실가스 및 기타 불화가스(NF_3)
  ㉢ 검증
    ⓐ EPA에 의한 검증
    ⓑ 자가검증
    ⓒ 제3자 검증

③ 호주(NGER ; National Greenhouse and Energy Reporting Act 2007)
  ㉠ 보고대상 : 6대 온실가스 보고
  ㉡ 검증 : 제3자 검증 원칙

2 온실가스 목표관리제 정의 및 추진배경

「기후위기 대응을 위한 탄소중립·녹색성장기본법(약칭 : 탄소중립기본법)」에 따른 국가 중기 온실가스 감축목표(2030년의 국가 온실가스 총배출량을 2018년의 온실가스 총배출량 대비 40%만큼 감축)를 달성할 수 있도록 온실가스 배출량이 일정 수준(50,000tCO2-eq 이상 업체, 15,000tCO2-eq 이상 사업장) 이상인 업체 및 사업장을 관리업체로 지정하여 온실가스 감축목표를 설정하고 관리하기 위한 제도이다.

3 관리업체 현황

① 2022년 6월 30일 관리업체 고시기준 온실가스 목표관리 대상은 총 360개이다.
② 관장기관별로 국토교통부 80개, 산업통상자원부 177개, 농림축산식품부 25개, 해양수산부 9개, 환경부 69개이다.

4 운영체계

① 관리업체 지정 → 명세서 제출 → 감축목표 설정 → 이행계획 수립 → 목표 이행 → 목표달성 평가
② 관장기관은 관리업체의 신·증설 계획, 감축잠재량 등을 고려하여 국가 온실가스 감축 국가목표를 달성할 수 있도록 관리업체의 연간 단위 감축목표를 설정하고 감축목표의 이행계획 및 이행실적에 대한 평가를 통하여 지속적으로 온실가스 감축목표를 관리한다.

5 제도 운영 체계

(1) 환경부장관

① 목표관리에 대한 제도운영 및 총괄·조정
② 부문별 관장기관 소관사무에 관한 종합적인 점검·평가
③ 검증기관의 지정·관리, 검증심사원 교육 및 양성

(2) 소관부문별 관장기관(관리체계)

① 농림축산식품부 : 농업·임업·축산·식품 분야
② 산업통상자원부 : 산업·발전 분야
③ 환경부 : 폐기물 분야
④ 국토교통부 : 건물·교통(해운·항만 제외)·건설 분야
⑤ 해양수산부 : 해양·수산·해운·항만 분야

(3) 관리업체 지정기준(2022년부터)

업체와 업체 내 사업장에서 최근 3년간 배출한 온실가스의 연평균 총량이 관리업체 지정기준 이상을 충족할 경우 적용한다.

① 업체 기준

해당 연도 1월 1일을 기준으로 최근 3년간 업체의 모든 사업장에서 배출한 온실가스의 연평균 총량이 5만 이산화탄소상당량톤(tCO_2-eq) 이상인 업체

② 사업장 기준

해당 연도 1월 1일을 기준으로 최근 3년간 연평균 온실가스 총배출량이 1만 5천 이산화탄소상당량톤(tCO_2-eq) 이상인 사업장을 보유하고 있는 업체

(4) 업체 내 온실가스 소량 배출사업장에 대한 관리

① 업체 내 사업장의 온실가스 배출량이 해당 연도 1월 1일을 기준으로 최근 3년간 사업장에서 배출한 온실가스 연평균 총량이 3,000이산화탄소상당량톤(tCO_2-eq) 미만에 해당되는 경우 적용 제외
② 사업장의 신설 등으로 인해 최근 3년간 자료가 없을 경우에는 보유(최초 가동연도를 포함)하고 있는 자료를 기준
③ 소량 배출사업장들의 온실가스 배출량의 합은 업체 내 모든 사업장의 온실가스 배출량 총합의 1,000분의 50 미만이어야 하고 ①항의 기준 미만인 경우로 한정

6 관리업체 지정

(1) 지정시기

환경부장관의 확인을 거쳐 매년 6월 30일까지 부문별 관장기관이 소관 관리업체를 관보에 고시한다.

(2) 보고 및 관리대상의 주체

① 법인(개인, 공공기관 포함) 또는 법인 내 사업장 기준으로 관리업체를 선정한다.
② 건물은 건축물대장, 등기부, 에너지 연계성 등을 기준으로 판단한다.

(3) 관리업체의 구분

① 업체 기준을 우선 적용한 후 사업장 기준을 적용하여 지정한다.
② 공공기관 중 배출량 기준 이상으로 온실가스 배출 시에 관리업체로 지정된다.

7 목표의 협의·설정

(1) 기준연도 배출량 설정

① 목표관리를 위한 기준연도는 관리업체가 지정된 연도의 직전 3개년으로 하며, 이 기간의 연평균 온실가스 배출량을 기준연도 배출량으로 한다.
② 기준연도 중 신·증설이 발생한 경우 해당 신·증설 시설의 기준연도 배출량은 최근 2개년 평균 또는 단년도 배출량으로 정할 수 있다.
③ 관리업체의 최근 3개년 배출량 자료가 없는 경우에는 활용 가능한 최근 2개년 평균 또는 단년도 배출량으로 정할 수 있다.

(2) 목표관리 계획기간

부문별 관장기관으로부터 목표를 설정받은 다음 해의 1월 1일부터 12월 31일까지로 한다.

(3) 목표설정 기준 및 방법

① 관리업체의 예상배출량은 기존 배출시설에 해당하는 예상배출량과 신·증설 시설에 해당하는 예상배출량을 합산하여 산정한다.
② 목표설정방법은 과거실적 기반 및 벤치마크 기반 2가지가 있다.

(4) 목표설정 및 관리 특례

① 국제동향, 국가 총 감축효과 등을 종합적으로 고려하여 설정한다.
② 발전·철도는 BAU 대비 총량제한이 아닌 다른 방식의 목표 설정이 가능하다.

8 명세서 및 이행계획서 작성

(1) 명세서 제출

① 관리업체는 검증기관의 검증을 거친 명세서를 관리업체로 지정받은 다음 해부터 매년 3월 31일까지 전자적 방식으로 부문별 관장기관에 제출하여야 한다.

② 관리업체는 다음에 해당하는 경우 목표 설정을 위한 기준연도 명세서를 수정하고 검증기관의 검증을 거쳐 해당 연도 명세서와 함께 부문별 관장기관에게 전자적 방식으로 제출해야 한다.
  ㉠ 관리업체의 권리와 의무가 승계된 경우
  ㉡ 조직경계 내·외부로 온실가스 배출원 또는 흡수원의 변경이 발생한 경우
  ㉢ 배출량 등의 산정방법론이 변경되어 온실가스 배출량에 변경이 유발된 경우

㉣ 사업장 고유 배출계수를 검토·확인을 받거나, 그 값이 변경된 경우

　③ 관리업체는 점검·평가 결과를 반영하여 항목이 수정되는 경우 제3자 검증을 거친 후 재제출해야 한다.

(2) 이행계획서 작성 및 제출

　① 부문별 관장기관으로부터 다음 계획기간 목표를 통보받은 관리업체는 계획기간 전년도 12월 31일까지 전자적 방식으로 다음 계획기간 이행계획을 작성하여 부문별 관장기관에 제출해야 한다.

　② 이행계획에는 다음 연도를 시작으로 하는 5년 단위의 연차별 목표와 이행계획이 포함되어야 한다.

　③ 관리업체는 다음의 사항이 포함된 이행계획서를 작성한다.
　　㉠ 사업장의 조직경계에 대한 세부 내용(사업장의 위치, 조직도, 시설배치도 등을 포함한다. 다만, 동일한 형태의 시설이 다수인 경우 대표 시설에 대한 세부내용으로 갈음할 수 있다)
　　㉡ 배출시설 및 배출활동의 목록과 세부 내용
　　㉢ 각 배출활동별 배출량 산정방법론(계산방식 또는 측정방식을 말한다) 및 산정등급(Tier)의 적용현황과 이와 관련된 내용
　　㉣ 온실가스 배출량 등의 산정·보고와 관련된 품질관리(QC) 및 품질보증(QA)의 내용
　　㉤ 활동자료의 설명 및 수집방법 등 온실가스 배출량 등의 모니터링에 관한 내용
　　㉥ 이 지침에서 요구하는 산정등급(Tier)과 관련하여 활동자료의 불확도 기준의 준수여부에 대한 설명
　　㉦ 이 지침에서 요구하는 산정등급(Tier)을 준수하지 못하는 경우 이를 준수하기 위한 조치 및 일정 등에 관한 사항
　　㉧ 배출시설 단위 고유 배출계수 등을 개발 또는 적용해야 하는 관리업체의 경우에는 고유 배출계수 등의 개발계획 또는 개발방법, 시험 분석 기준 등에 관한 설명
　　㉨ 연속측정방법을 사용하는 관리업체의 경우에는 굴뚝자동측정기기 설치시기, 굴뚝자동측정기기에 의한 배출량 산정방법 적용시기 등에 관한 설명
　　㉩ 조직경계, 배출활동, 배출시설, 배출량 산정방법론 및 산정등급(Tier) 등과 관련하여 이전 방법론 대비 변동사항에 대한 비교·설명, 사업장별 온실가스관리목표 및 관리범위

　④ 부문별 관장기관은 소관 관리업체의 이행계획이 적절하게 수립되었는지를 확인하고 이를 1월 31일까지 센터에 제출해야 한다. 다만, 이행계획을 센터에 제출한 이후에도 계획이 부실하게 작성되었거나 보완이 필요한 경우에는 해당 관리업체에 시정을 요청할 수 있으며, 시정된 이행계획을 받는 즉시 센터에 제출해야 한다.

(3) 배출량 등의 산정 원칙

① 관리업체는 이 지침에서 정하는 방법 및 절차에 따라 온실가스 배출량 등을 산정해야 한다.
② 관리업체는 이 지침에 제시된 범위 내에서 모든 배출활동과 배출시설에서 온실가스 배출량 등을 산정해야 한다. 온실가스 배출량 등의 산정에서 제외되는 배출활동과 배출시설이 있는 경우에는 그 제외사유를 명확하게 제시해야 한다.
③ 관리업체는 시간의 경과에 따른 온실가스 배출량 등의 변화를 비교·분석할 수 있도록 일관된 자료와 산정방법론 등을 사용하여야 한다. 또한, 온실가스 배출량 등의 산정과 관련된 요소의 변화가 있는 경우에는 이를 명확히 기록·유지해야 한다.
④ 관리업체는 배출량 등을 과대 또는 과소 산정하는 등의 오류가 발생하지 않도록 최대한 정확하게 온실가스 배출량 등을 산정해야 한다.
⑤ 관리업체는 온실가스 배출량 등의 산정에 활용된 방법론, 관련 자료와 출처 및 적용된 가정 등을 명확하게 제시할 수 있어야 한다.

(4) 배출량 등의 산정 범위

① 관리업체는 온실가스에 대하여 빠짐없이 배출량을 산정해야 한다.
② 관리업체는 온실가스 직접배출과 간접배출로 온실가스 배출유형을 구분하여 온실가스 배출량을 산정해야 한다.
③ 관리업체는 법인 단위, 사업장 단위, 배출시설 단위 및 배출활동별로 온실가스 배출량을 산정해야 한다.
④ 관리업체가 온실가스 배출량을 산정해야 하는 배출활동의 종류는 배출량 인증지침을 따른다.
⑤ 보고대상 배출시설 중 연간배출량이 100이산화탄소상당량톤(tCO_2-eq) 미만인 소규모 배출시설이 동일한 배출활동 및 활동자료인 경우 부문별 관장기관의 확인을 거쳐 배출시설 단위로 구분하여 보고하지 않고 시설군으로 보고할 수 있다.

9 검증기관의 지정 및 관리

(1) 점검·평가의 원칙

① 부문별 관장기관 소관 사무의 종합적인 점검·평가는 환경부장관이 온실가스 목표관리제의 신뢰성을 높여 선진적인 국가 온실가스 관리시스템을 마련하고 탄소중립 사회로의 이행 기반을 조성하는 것을 목적으로 한다.
② 점검·평가는 관련 법령과 규정에 따라 조사와 증거를 통한 사실에 근거하여 수행한다.
③ 점검·평가는 대상 관장기관의 장이나 관계인의 의견을 충분히 수렴하고 적법절차를 준수해야 한다.

④ 점검·평가의 중복, 과도한 자료요구 등으로 인한 대상 관장기관의 부담이 최소화되도록 한다.

(2) 점검·평가계획의 수립

① 환경부장관은 매년 연간 점검·평가계획을 수립하여 해당 연도 개시 30일 이내에 점검·평가 대상기관에게 통보한다.

② 연간 점검·평가계획 포함사항
  ㉠ 점검·평가의 목적 및 필요성
  ㉡ 점검·평가 대상기관
  ㉢ 점검·평가의 내용
  ㉣ 점검·평가의 방법 및 시기
  ㉤ 제출 자료의 종류와 제출 시기
  ㉥ 그 밖에 점검·평가에 필요한 사항 등

(3) 점검·평가보고서의 작성

① 환경부장관은 실시한 점검·평가결과에 대하여 결과보고서를 작성해야 하며, 실시한 공동 실태조사에 대해서는 소관 관장기관과 공동으로 결과보고서를 작성한다.

② 점검·평가결과 보고서는 점검·평가 종료 후 2개월 이내에 작성하여야 한다.

③ 평가보고서 포함사항
  ㉠ 점검·평가의 목적, 필요성, 범위 및 대상기관
  ㉡ 점검·평가내용 및 결과
  ㉢ 조치 필요사항
  ㉣ 그 밖에 점검·평가와 관련된 사항 및 참고자료

④ 환경부장관은 점검·평가결과 보고서를 작성하면서 필요한 경우 점검·평가 대상기관으로부터 의견을 들을 수 있다.

10 목표관리제 배출량 등의 산정·보고 체계

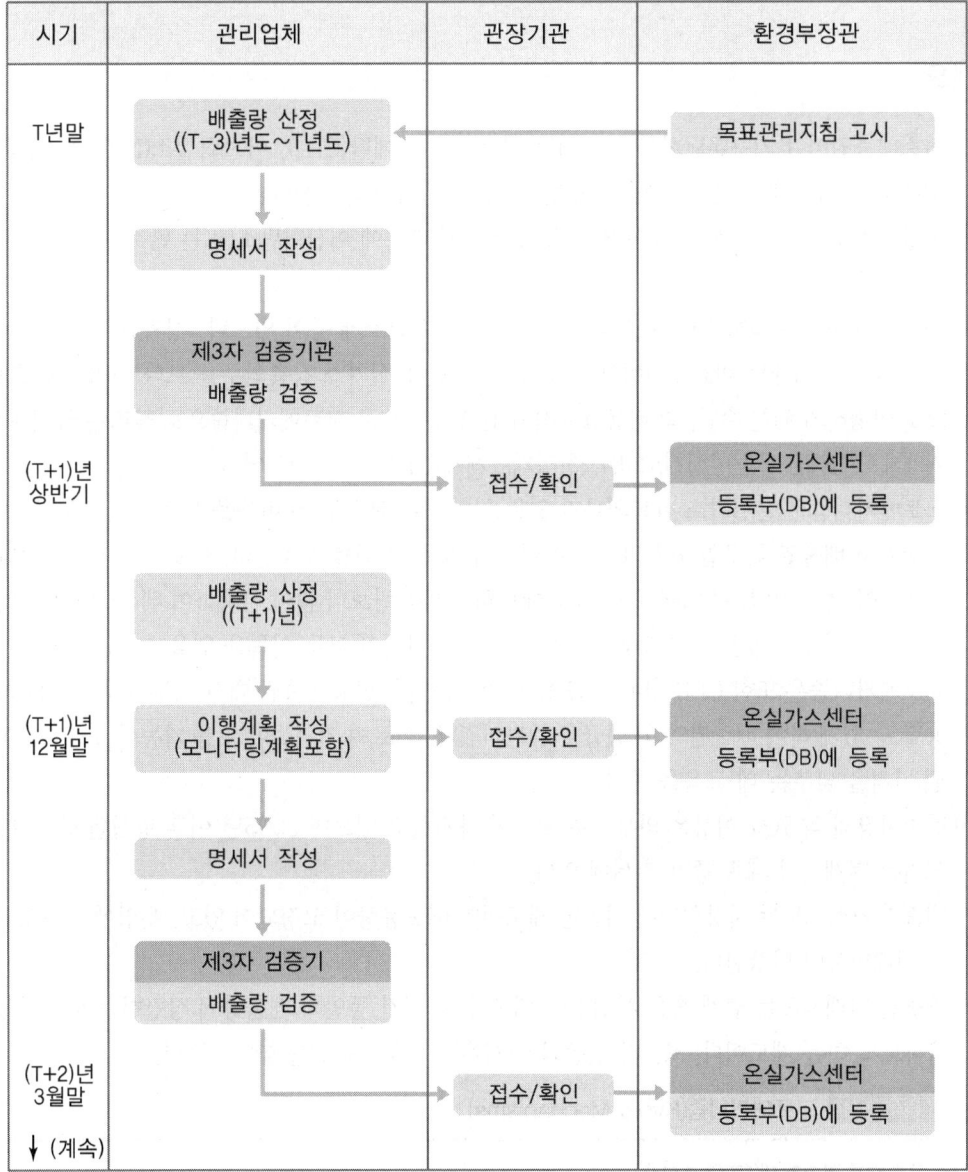

04 탄소배출권 거래제

1 개요

① 탄소배출권이란 지구온난화를 일으키는 탄소(CO_2), 메탄(CH_4), 아산화질소(N_2O)와 3종의 프레온 가스 등 6개의 온실가스를 배출할 수 있는 권리를 의미한다.
② 온실가스 중에서 탄소의 비중이 80%로 가장 크기 때문에 이산화탄소(또는 탄소)를 대표로 하여 거래한다.
③ 배출량을 줄이는 방법으로 배출의 직접적 제한이나 탄소세 등이 있으나, 정확한 감축비용을 반영하지 못해 대체로 비효율적이므로 교토의정서는 온실가스 감축의무를 보다 저렴하고 효율적으로 이행하기 위한 수단, 즉 비용효율적인 감축 수단으로 교토메커니즘으로 불리는 국제배출권거래제도(IET), 공동이행제도(JI), 청정개발체제(CDM)를 도입하였다.
④ 교토메커니즘은 온실가스 감축의무가 있는 기업들이 직접 많은 비용을 들여서 감축하기보다는 시장에서 배출권을 구입하여 의무를 이행할 수 있는 기회를 제공한다. 이로써 시장가격보다 감축비용이 낮은 기업은 의무적으로 감축해야 하는 배출량보다 많이 감축하여 배출권을 획득하고, 이를 감축비용이 높은 기업에게 판매함으로써 두 기업이 모두 이득을 얻을 수 있다.
⑤ 교토메커니즘은 또한 CER이나 ERU 등 사업배출권을 할당배출권 대신 의무이행을 하는 데 사용할 수 있게 하여 배출권의 총 공급을 증가시킨다. 이로써 기업들이 수용 가능한 수준으로 배출권 가격을 낮추는 데 도움을 준다.
⑥ 탄소시장의 약 70% 이상은 의무준수 시장이 차지하고 있으며 2005년 이후 형성된 탄소시장의 크기는 현재까지 계속 증가 추세에 있다.
⑦ 배출권 거래제도는 시장원리에 기반한 제도이며 배출총량이 고정되어 있고, 운영에는 일정 수준의 거래비용이 발생한다.
⑧ 배출권 거래제도는 업체 혹은 사업장에 대해 일정 기간 동안의 배출량에 상당하는 배출권을 제출하도록 하는 제도이다. 즉, 각 업종과 업체에는 의무감축량을 할당받는다.

> **Reference** 교토메커니즘(Kyoto Mechanisms)
>
> **1 국제배출권거래제(ET와 AAU)**
> 교토의정서 제17조에 규정된 것으로, 온실가스 감축의무가 있는 국가에 배출권을 할당한 후 할당된 배출권(AAU)을 국가 간에 거래할 수 있도록 허용하는 제도이다.
>
> **2 공동이행제도(JI와 ERU)**
> 교토의정서 제6조에 규정된 것으로, 선진국인 A국이 또 다른 선진국인 B국에 투자하여 발생된 온실가스 감축분의 일정 분을 A국의 배출 감축실적으로 인정하는 제도. 이를 통해 발생된 배출권을 ERU라 한다. ERU는 선진국에 할당된 AAU에서 제하여 선진국의 배출가능 총량은 동일하게 된다.

> **③ 청정개발체제(CDM과 CER)**
> 교토의정서 제12조에 규정된 것으로, 선진국인 A국이 개도국인 B국에 투자하여 발생된 온실가스 배출 감축분을 자국의 감축 실적에 반영할 수 있도록 하는 제도. CER은 AAU에 추가되어 배출가능 총량은 증가하게 된다.

출처 : 한국환경공단, 한경수

2 탄소배출권시장의 분류

(1) 교토의정서에 기초한 시장 여부(온실가스 의무감축 이행 여부)

① 의무감축시장(Compliance Market : 강제적 탄소시장)
  ㉠ 교토의정서의 규정에 따른 의무감축시장을 지칭함
  ㉡ 온실가스 감축이라는 법적 규제하에서 운영되는 배출권 거래시장
  ㉢ 많은 이해관계자의 참여로 대규모 자금이 유입되어 현재 세계에서 가장 주목받는 거래시장 중 하나
  ㉣ 유럽연합 탄소시장(EU-ETS), CDM과 JI 등이 대표적

② 자발적 감축시장(Voluntary Market : 자발적 탄소시장)
  ㉠ 감축 주체의 자발적 참여를 통해 탄소배출권을 거래하는 시장. 즉, 탄소감축의무가 없는 기업, 기관, 비영리단체, 개인 등이 사회적 책임과 환경보호를 위해 활동 중에 발생한 탄소를 자발적으로 상쇄하거나 이벤트/마케팅용으로 탄소배출권을 구매하는 등 목적달성을 위해 배출권을 거래하는 시장
  ㉡ 미국은 자발적 탄소배출권 거래소인 시카고기후거래소(CCX)를 설립, 자발적 탄소시장 확대에 기여. 이외에 호주 NSW, 영국 UK-ETS 등이 대표적

(2) 거래 대상 배출권의 근거

온실가스 배출권이 거래되는 탄소시장은 거래대상 배출권의 근거에 따라 할당량 거래시장(Allowance-based Market)과 프로젝트 거래시장(Project-based Market)으로 구분된다. 즉, 탄소배출권은 할당량 및 크레딧을 포함하는 개념이다.

① 할당배출권(Allowance Market)
  ㉠ 각 국가 또는 기업에 의무적으로 할당된 배출권을 거래하는 의무시장
  ㉡ 정책당국이 온실가스 배출총량을 설정하고 이에 상당하는 배출권을 기업에 할당하면, 기업들이 할당량 대비 잉여분 및 부족분을 거래하는 시장을 의미
  ㉢ 유럽연합탄소시장(EU-ETS), 미국 시카고기후거래소(CCX), 영국탄소시장(UK-ETS), 호주탄소시장(NSW) 등이 대표적

② 사업배출권(Creditor Offset Market)
　㉠ Project Based 시장이라고도 하며 감축사업을 통해 획득한 배출권을 거래하는 시장, 즉 자발적 탄소시장을 의미(온실가스 감축 프로젝트를 실시해 거둔 성과에 따라 획득한 크레딧을 배출권 형태로 거래하는 시장)
　㉡ 기업들이 CDM, JI 등을 통해 획득한 배출권을 거래하는 시장
　㉢ 발생시장(Primary Market)과 유통시장(Secondary Market)으로 구분

③ 혼합시장
　㉠ 할당배출권과 사업배출권을 모두 거래하는 시장
　㉡ EU 및 뉴질랜드 배출거래소(2015년 시행된 우리나라 배출권 거래제)

(3) 국제시장과 지역시장

① 국제시장
　국가를 넘어 국제적인 거래가 가능한 배출권 시장(교토의정서의 탄소시장, 국제적 자발적 탄소시장)

② 지역시장
　㉠ 한 국가 내 또는 국가의 일부 지역에서 이루어지는 배출권 시장(호주의 NSW GGAS, 미국 동부의 RGGI)
　㉡ 미국 RGGI는 미국 동북부 및 대서양 연안 중심지역 9개 주에서 전력 부문의 사업장이 참여하여 운영되고 있는 총량제한 배출권거래제로서, 2009년 1월부터 시작되어 미국 최초로 강제적인 감축의무가 시행되는 프로그램이다.
　㉢ 호주는 2012년부터 탄소에 대해 고정가격을 부여하여 운영하고 있으며, 2015년부터 본격적인 배출권거래제를 도입할 계획이다.(탄소가격제)

(4) 거래장소별 구분

① 거래소(Exchange : 장내시장)
　㉠ 경매나 청산소 등 여러 제도적 장치를 통해 가격효율성을 제고하고 신용위험을 제거한 거래소(Exchange) 시장으로 우리나라는 2015년 1월 12일에 부산에 거래소 개장
　㉡ 장점은 거래의 안정성, 신속성, 시장의 높은 유동성이며, 단점은 연회비, 수수료가 발생하며 유연한 거래조건 불가

② 장외시장(OTC ; Over-The-Counter)
　㉠ 거래소 밖에서 개별 주체들 간의 계약을 통해 거래가 이루어지는 시장
　㉡ 장점은 유연한 조건이며, 단점은 높은 거래비용

(5) 의무 이행 여부

① 강제적(Compliance)
② 자발적(Voluntary)

(6) 탄소배출권 계약 종류

① 레포

레포는 현물로 증권을 매도(매수)함과 동시에 사전에 정한 기일에 증권을 환매수(환매도)하기로 하는 2개의 매매계약이 동시에 이루어지는 계약을 말한다.

② 선도(선물)

㉠ 기초자산이나 기초자산의 가격·이자율·지표·단위 또는 이를 기초로 하는 지수 등에 의하여 산출된 금전 등을 장래의 특정 시점에 인도할 것을 약정하는 계약을 말한다.
㉡ 선도계약이란 두 거래 당사자가 미래에 정해진 가격으로 특정한 상품을 매입, 매도하기로 체결하는 것으로 비유동화 가능성이 크다는 단점이 있다.
㉢ 선물계약은 거래소에서 거래되는 표준화된 계약을 말한다.
㉣ 선물거래와 관련된 용어 중 마진콜(Margin Call)이란 계좌의 증거금이 적정수준 이하로 내려갈 때 중개인이 추가 증거금 예치를 요구하는 것이다.

③ 옵션

당사자 어느 한쪽의 의사표시에 의하여 기초자산이나 기초자산의 가격·이자율·지표·단위 또는 이를 기초로 하는 지수 등에 의하여 산출된 금전 등을 수수하는 거래를 성립시킬 수 있는 권리를 부여하는 것을 약정하는 계약을 말한다.

④ 스왑

장래의 일정 기간 동안 미리 정한 가격으로 기초자산이나 기초자산의 가격·이자율·지표·단위 또는 이를 기초로 하는 지수 등에 의하여 산출된 금전 등을 교환할 것을 약정하는 계약을 말한다.

⑤ 현물

현재 시세로 거래계약을 체결하고 매매하는 것으로 대부분 우리가 알고 있는 거래를 의미한다.

> **Reference** EU(유럽연합) 탄소배출권 거래시장

① 유럽연합 탄소배출권 거래시장은 발전, 열·스팀 생산, 정유, 철강, 시멘트, 요업, 제지 등을 거래대상으로 삼고 있다.
② 2008년부터는 거래되는 배출권을 EUAs, CERs, ERUs 등 3가지로 분류하고 있다.
③ 감축에 실패하고 다른 배출권도 구입하지 못해 감축목표량을 채우지 못한 기업에는 벌과금이 부과된다.
④ 유럽연합 탄소배출권 거래시장에 참여할 수 있는 주체는 각 국가이며 국가는 분야와 기업에 할당량을 세분한다.

> **Reference** 자발적 탄소시장

1 개요
탄소시장은 크게 의무이행시장(Compliance Market)과 자발적 시장(Voluntary Market)으로 구분할 수 있으며, 의무이행시장은 교토의정서나 EU ETS, RGGI와 같이 국제적 온실가스 감축제도나 국가적 규제에 의해서 발생되는 시장이다. 반면 자발적 시장은 기업이나 정부, 지자체, NGO, 개인들이 자신들의 온실가스 배출을 상쇄(Off-Setting)하기 위해 감축량을 구매하는 동기에 의해서 형성되고 있다.

2 장단점
(1) 장점
　① 다양성과 유연성　　　　　　　② 낮은 발행비용과 배출권 가격
　③ 탄소시장에 대한 학습 및 참여 경험 제공　④ 기업브랜드 가치 제고

(2) 단점
　① 품질에 대한 신뢰성 부족　　　② 높은 인수도 및 거래 리스크
　③ 상대적으로 높은 거래비용　　　④ 여타 시장과의 연계 제약

3 각 국가의 자발적 감축사업 및 기준
① 일본은 J-VER이라는 오프셋제도를 운영하고 있다.
② EU-ETS에서는 CDM, JI 등 온실가스 외부감축사업의 크레딧을 허용하지만 국가별로 그 비율을 일정 비율로 한정하고 있다.
③ VCS, GS 등 자발적 감축사업 크레딧의 가격은 기준과 사업 유형에 따라 상이하다.
④ 자발적 감축실적의 거래에 대해서도 레지스트리를 통해 관리가 이루어질 경우 시장 투명성 등이 높아져 거래활성화에 기여할 수 있다.
⑤ 크레딧의 인증절차나 추가성 기준 등이 CDM과 같이 엄격할수록 자발적 감축사업 크레딧에 대한 국제적 신뢰도는 향상된다.
⑥ 일반적으로 VCS가 자발적 감축 실적 기준 중 가장 선호하는 기준이다.
⑦ WCI와 MGGA는 미국과 캐나다 주정부간의 국경을 뛰어넘는 현상이다.

3 국내 배출권거래제 도입 배경

① 정부는 국가 온실가스 감축 목표를 달성하기 위하여 2010년 국무총리실과 환경부가 공동 주관하는 '저탄소녹색성장기본법'을 제정하였으며, 동법에서는 국가 온실가스 감축목표를 달성하기 위하여 온실가스·에너지 목표관리제와 총량제한 배출권거래제를 도입하기로 하였다.
② 정부는 2012년 5월 14일, 직접 규제 방식인 목표관리제보다 감축비용을 감소시킬 수 있는 온실가스 배출권거래제를 신설하는 '온실가스 배출권의 할당 및 거래에 관한 법률(배출권거래제법)'을 공포하였다.
③ 온실가스 배출권거래제법은 시장기능을 활용하여 효과적으로 국가의 온실가스 감축목표를 달성하는 것을 목적으로 제정되었다.(배출권 거래제도상 각 업종과 업체는 의무감축량을 할당받음)
④ 정부는 5년 단위 계획기간별로 배출권의 수량, 대상 부문·업종 등을 포함하는 국가 배출권 할당계획을 수립하여야 한다.
⑤ 배출권거래제 시행 연도는 2015년이나, 2020년까지는 EU 배출권거래제와 같이 시범 운영이 필요하다는 이유로 제1차 계획기간은 2015~2017년, 2차 계획기간은 2018~2020년으로 정하였다.

> **Reference** 목표관리제와 배출권거래제의 비교

구분	목표관리제	배출권거래제
감축목표경로	국가목표(2020년 BAU 대비 30%↓) : 부문별·업종별 감축목표와의 정합성을 유지하여 목표(배출권 할당량) 설정 ※ 감축목표 설정방법은 목표관리제와 배출권거래제 둘 다 동일함	
MRV	목표관리제하에서 구축되는 MRV 공통 활용 ※ MRV(Measuring·Reporting·Verifying) : 배출량 측정·보고·검증	
작동방식	직접규제(Command and Control)	시장 메커니즘 또는 가격기능
이행경과	단년도, 자기 사업장에 한정	다년도(5년), 외부감축(상쇄) 인정
목표달성수단	감축 실시(유일한 수단)	감축 또는 구매, 차입·상쇄
초과감축 시	인센티브 無(목표달성으로 종료)	판매 또는 이월 가능
제재수준	최대 1천만 원 과태료(정액)	초과 배출량 비례 과징금

※ 목표관리제는 가장 경직적인 명령 및 지시방식의 규제수단으로, 배출권 거래제도는 시장기반의 효율적 정책수단으로 상대적인 평가를 받고 있다.

출처 : 녹색성장위원회·국무총리실, 「온실가스 배출권거래제법 시행령 공청회 자료」

4 배출권거래제 현황

① 총 30여 개 국가에서 시행 중이다.
② EU, 뉴질랜드, 호주는 전국 단위로 시행한다.
③ 미국, 일본, 중국은 지역 단위로 시행한다.

> **Reference** 일본의 배출권 거래제도

① 2005년 4월부터 일본은 기업들이 참여하는 자주참가형 국내배출권거래제도(JVETS, 일본 자발적 탄소배출권 거래제도)를 실시하였다.
② JVETS는 일정량의 온실가스 감축을 달성한 참가자들에게 CO_2 배출감소시설의 설치비를 보조하는 제도이다.
③ 일본은 2005년 Baseline-and-Credit 방식인 자발적 배출권 거래제도인 JVETS를 도입하였으나 큰 성과는 없었다.

> **Reference** 국가 배출권 할당계획

배출권거래제에 참여하는 참여자들에게 배출권을 할당해 주기 위해 구체적 할당방법, 할당량 등을 담은 내용으로, 국가별로 마련하여 EC의 승인을 얻어야 한다. 즉, 할당계획은 배출권거래제 참여기업의 온실가스 배출한도와 부문별·업종별 할당기준 및 방법 등을 정하는 계획을 말한다.

5 온실가스 배출권의 할당 및 거래에 관한 법률(배출권거래법) 주요 내용

구분		주요 내용
제1장	총칙	목적, 정의, 기본원칙
제2장	배출권거래제 기본계획의 수립	• 배출권거래제 기본계획 및 국가 배출권 할당계획의 수립 • 배출권 할당위원회의 설치
제3장	할당대상업체의 지정 및 배출권의 할당	• 할당대상업체의 지정 및 목표관리제의 적용 배제 • 배출권 할당, 무상할당비율의 결정 • 조기감축실적의 인정 및 배출권 할당의 조정, 취소
제4장	배출권의 거래	• 배출권의 거래, 배출권 거래계정의 등록 • 배출권 거래의 신고 및 배출권 거래소 • 배출권 거래시장의 안정화
제5장	배출권의 보고·검증 및 인증	배출권의 보고·검증 및 배출량의 인증
제6장	배출권의 제출, 이월·차입, 상쇄 및 소멸	• 배출권의 제출 및 배출권의 이월 및 차입 • 상쇄 및 외부사업 온실가스 감축량의 인정 • 배출권의 소멸 및 과징금
제7장	보칙	• 금융·세제상의 지원 및 국제 탄소시장과의 연계 등 • 실태조사, 이의신청, 수수료 등
제8장	벌칙	• 벌칙, 과태료
	부칙	• 1차 계획기간의 기간 및 무상할당비율에 관한 특례 • 배출권 거래계정 등록에 관한 특례

(1) **배출권거래제 수립 근거**

　　온실가스 배출권의 할당 및 거래에 관한 법률

(2) **계획기간**

　　① 2015~2024년
　　② 10년 단위로 5년마다 수립

6 배출권거래제의 5대 기본원칙

① 국제협약의 원칙준수
② 경제 부문의 영향 고려
③ 시장기능 최대한 활용
④ 공정투명한 거래
⑤ 국제기준에 부합

7 국내 온실가스 배출권거래제 운영절차

국가 감축목표 설정 → 배출권 총수량·업종별 할당량 결정 → 할당대상업체 지정 → 업체별 배출권 할당 → 배출활동·감독·거래 → 실적검증 → 배출권 제출, 이월·차입

8 배출권 거래제도의 장단점

(1) **장점**

① 각 기업별로 공해비용 및 배출량을 시장에 공개해야 하는 사업의 특성 때문에 시장친화적인 제도이다.
② 배출총량 설정을 통해 정부의 환경목표 달성뿐만 아니라 개별오염원은 자율적인 시장거래를 통해 비용효과적으로 목표달성이 이루어진다.
③ 기업이 비용을 줄이기 위해 오염원 배출량을 줄이고 지속가능한 오염방지기술을 채택하려는 경제적 유인원을 발생시킨다.
④ 환경목표를 달성하기 위한 비용이 다수 오염원에 의해 분담되고 배출권을 신규자산으로 활용가능하다.
⑤ 정부에도 이익을 창출하여 배출권 판매를 통한 세입을 환경기관이나 정부의 경비 또는 시설 건설 및 운영에 예산으로 활용할 수 있다.
⑥ 선진 저감기술 도입 및 장기적으로 환경 기술 개발에 대한 유인책을 제공한다.

(2) 단점
① 배출권 거래제도하의 사업 진행과정 중 배출량 산정은 기본적으로 사업장 단위별·기업별 오염원에 적용 가능하나 대기오염 및 이동 오염원에는 적용이 어렵다.
② 배출장소가 광범위하거나 산재되어 있을 경우 배출량 산정 집행비용이 증가하여 제도의 실효성을 보기 어렵다는 문제가 있다.
③ 각 경쟁기업 간 견제수단으로 배출권이 악용될 우려가 있다.
④ 신규산업의 시장진입 및 생산 확대를 저해하는 부작용의 우려 또한 존재한다.

9 배출권거래제 도입 시 기대효과

(1) 정태적 효율성

비용효과적 온실가스 감축(배출권거래제의 온실가스 감축비용은 목표관리제 대비 약 32~57% 수준)

(2) 동태적 효율성

기업의 기술개발 유인(배출거래제를 통해 기업의 녹색전환 촉진)

(3) 국제적 위상 제고

경제성장-온실가스 배출의 탈동화 현상 발생

05 기후변화 적응대책

1 적응의 개념

① 적응이란 실재 또는 예상되는 기후변화와 그 영향에 대응하여 생태적, 사회적, 경제적 체제를 조정하는 것을 말한다. 적응은 기후변화와 관련된 잠재적인 피해를 완화하기 위해 또는 이와 관련된 기회로부터 이득을 얻기 위해 과정, 관행, 구조에 변화를 주는 것을 뜻한다.
② 기후 상태(Climate Condition)가 변화하는 것에 적응하기 위해 생태계 또는 사회·경제 시스템이 취하는 모든 행동을 의미한다.

2 적응의 특징

① 적응과정을 통해 기후변화의 부정적 위험이 감소되고 이를 긍정적으로 이용할 수 있는 기회를 제공하므로 적응은 기후변화의 영향을 완화시키는 데 중요한 역할을 수행한다.
② 적응에는 기후변화로 인한 피해를 직접적으로 경감하기 위해 실시되는 것과 기후변화 피해를 간접적으로 경감하기 위해 실시되는 것 등이 포함되는데, 간접적 경감을 통하여 장래의 적응능력을 높일 수 있다.
③ 적응의 실행에는 경제력, 기술, 정보, 인프라, 제도, 형평성 등에 관한 여러 가지 조건이 만족되어야 하며 이들을 적응능력의 구성인자로 다루고 있다.
④ 적응은 무상 또는 저가로 이행 가능한 경우도 있으나, 현실적으로 대부분의 효과적인 적응대책을 실행하기 위해서는 어느 정도의 비용이 필요하며 평가를 통해 어떤 적응대책을 먼저 실시해야 하는가에 대한 우선순위를 선정하게 된다.
⑤ 적응대책은 해양보호와 같이 기술적인 것에서부터 식품과 휴양의 선택 변경과 같은 행동양식의 변화, 농작물 품종 선택, 경작방법 변화와 같은 관리 측면, 규제 개혁과 같은 정책 측면까지 매우 광범위하다. 따라서 적응대책을 분류하고 평가할 수 있는 적응대책에 대한 범위를 설정하는 일이 필요하다.
⑥ 적응정책의 핵심은 현재의 기후변화 취약성뿐만 아니라 장래 발생할지 모르는 중장기적 시각에서의 불확실성을 최소화하는 것이다.

3 국내·외 적응대책의 수립현황

(1) 국외 적응대책 수립현황

① 개발도상국에서는 국가수준의 우선순위 적응을 위한 NAPAs(National Adaptation Programs of Action)를 완료하였다.

② 선진국에서는 국가적인 기후변화 적응계획 및 전략을 수립하였다(Benjamin L. Preston, 2011).

③ 미국에서는 국내·외 적응정책에 대한 권장사항을 개발하기 위해 2009년 부처 간의 기후변화 적응 업무조직(The U.S. Interagency Climate Change Adaptation Task Force)을 형성하였다.

④ 유럽 국가들의 적응전략 수립현황

㉠ 유럽에서는 기후변화 문제에 적극적으로 대응해야 한다는 인식이 전반적으로 넓게 퍼져 있었다.

㉡ 유럽연합은 내부적으로 온실가스 감축에 관한 부담공유협정을 맺었다.

㉢ 유럽연합의 적극적인 기후변화정책은 유럽연합체제의 독특한 정치적 구조인 분산된 거버넌스를 토대로 하고 있다.

㉣ 2000년 교토의정서 비준논쟁 당시, 유럽연합에서는 교토의정서 내용(5.2% 감축)보다 더욱 강화된 8%를 감축하기로 합의하였다.

㉤ 유럽연합은 교토의정서에서 각국마다 기준년도 대비 8% 삭감목표를 의무화하고 있으나 단일체제로서의 요구·승인을 받아 EU 15개국 전체에서 8% 삭감을 목표로 각국 사정에 따라 배출목표치를 재분배하는 제도(EU Bubble)를 도입하여 국가 간 유연한 상호조정이 가능해졌다.

㉥ 유럽연합은 에너지, 수송, 산업 등 주요 에너지 및 경제부문에서 공통적이며 합리적인 대책을 개발·이행하기 위해 국가 간의 이해와 협력을 강화하는 방안을 모색하고 있다.

> **Reference** 투발루(Tuvalu) 공화국
>
> 남태평양 지역에 위치한 도서국가로서 지구온난화로 유발된 해수면 상승으로 일부 국민이 자신의 보금자리를 떠난 첫 번째 국가이다.

(2) 국내 적응대책 수립현황

① 기후변화 적응대책은 부문별 적응대책과 적응기반대책 및 기존의 적응대책을 포함하고 있으며, 기존 정책에 적응시각을 우선 반영하여 취약계층 보호에 역점을 두고 있다.
② 국가 기후변화 적응대책은 2010년 6월 4일 정부부처 실무협의회를 개최하여 적응대책 체제 및 주요 내용을 확립하고 전문가 자문단을 구성하였다.
③ 정부 및 지자체의 세부시행계획 수립을 위한 기본계획인 국가기후변화적응대책은 기후변화 영향의 불확실성을 감안한 5년 단위 연동계획(Rolling Plan)이다. 매년 현황을 모니터링하고 평가결과를 반영하여 대책을 수정하고 보완하는 것을 추진하고 있다.
④ 국가단위 기후변화 적응계획 연혁

구분	국가 기후변화 적응대책			기후변화대응 기본계획	
	종합계획 (2008.12)	제1차 (2010.10)	제2차 (2015.12)	제1차 (2016.12)	제2차 (2019.10)
계획 기간	2009~2030	2011~2015	2016~2020	2017~2036	2020~2040
비전	기후변화 적응을 통한 안전사회 구축 및 녹색성장 지원	기후변화 적응을 통한 안전사회 구축 및 녹색성장 지원	기후변화 적응으로 국민이 행복하고 안전한 사회구축	이상기후에 안전한 사회구현 ※총괄비전 : 효율적 기후변화 대응을 통한 저탄소 사회구현	- ※총괄비전 : 지속가능한 저탄소 녹색사회구현
목표	• 단기(~2012) : 종합적이고 체계적인 기후변화 적응역량 강화 • 장기(~2030) : 기후변화 위험감소 및 기회의 현실화	-	기후변화로 인한 위험감소 및 기회의 현실화	-	기후변화적응 주류화로 2℃ 온도상승에 대비
체계	1.기후변화 위험평가 체계 구축 2.6개 부문*별 기후변화적응프로그램 추진 3.국내외 협력 및 제도적 기반 확보	〈7대 부문〉 1. 건강 2. 재난/재해 3. 농업 4. 산림 5. 해양/수산업 6. 물관리 7. 생태계 〈적응기반대책〉 1.기후변화 감시 및 예측 2. 적응산업/에너지 3. 교육·홍보 및 국제협력	〈4대 정책〉 1. 과학적 위험관리 2. 안전한 사회건설 3. 산업계 경쟁력 확보 4. 지속가능한 자연자원관리 〈이행기반〉 1. 국내외 이행기반 마련	1.과학적인 기후변화 위험관리 체계 마련 2.기후변화에 안전한 사회건설 3.지속가능한 자연자원관리	1. 5대 부문 기후변화 적응력 제고 2. 기후변화 감시·예측 고도화 및 적응평가 강화 3. 모든 부문·주체의 기후변화 적응 주류화 실현

* 생태계, 물관리, 건강, 재난, 적응산업·에너지, SOC

4 국가 기후변화 적응대책

(1) 국가 기후변화 적응대책의 수립배경 및 필요성

① 지구 온실가스 농도를 450ppm으로 안정화시키더라도 '2℃ 목표' 달성확률은 50% 내외(IPCC, 2007)이고 2050년까지 기온상승 2℃ 억제에 성공해도 세계인구 20억 명이 물 부족으로 고통당하고, 생물종의 20~30%가 멸종위기에 처할 전망이다.

※ (2℃ 목표) 2009년 기후변화협약 당사국총회에서 전 지구 기온상승을 산업혁명 이후 2℃ 이내로 유지시키기로 합의(Copenhagen Accord)

② 우리나라 기후변화 진행속도와 전망은 세계평균을 상회하며, 열섬효과 등으로 도시지역에는 더 높은(30% 이상) 기온 상승이 발생하고 있다. 최근 100년간의 데이터를 비교 시 우리나라의 온난화는 지구온난화보다 약 2.5배 정도 더 크다고 할 수 있다. 최근 40년간(1969~2008년)의 우리나라의 온난화로 인한 온도 상승은 약 1.44℃ 정도로 과거보다 온난화가 더 빠르게 진행되고 있다.

구분	과거~현재 (100년간)	2000년 이후 기온 추가상승 전망			자료 출처
		2020년대	2050년대	2100년대	
한반도(A1B) (기준 : 1971~2000)	1.7℃ (1912~2008)	1℃ (2016~2020)	2℃ (2046~2050)	4℃ (2096~2100)	기상청
전지구(A1B) (기준 : 1980~1999)	0.7℃ (1906~2005)	0.7℃ (1906~2005)	1.8℃ (2046~2065)	2.7℃ (2080~2099)	IPCC 보고서

③ 우리나라 평균기온 2℃ 이상 추가 상승(2050년)에 대비한 기후변화 적응대책 수립에 국가적 역량을 모아야 할 절박한 상황이며 기후변화의 악영향으로부터 국민의 생명·재산을 보호하고, 안전한 한반도를 만들기 위해서는 기후변화 적응대책 마련이 시급하다.

※ 우리나라의 경우 기후변화로 인해 약 800조 원이 넘는 경제적 피해 예상, 사전 대응과 시행착오의 최소화로 적응비용의 획기적 감축 가능(한국환경정책평가연구원, 2009)

④ 지난 100년간 6대 도시 강수량은 19% 증가되었고 2000년 대비 2050년 15%, 2100년 17% 정도 강수량 증가가 전망된다.

(2) 제3차 국가 기후변화 적응대책

① 근거(탄소중립기본법)
  ㉠ 정부는 기후변화로 인한 피해를 줄이기 위하여 사전 예방적 관리에 우선적인 노력을 기울여야 하며 대통령령으로 정하는 바에 따라 기후변화의 영향을 완화시키거나 건강·자연재해 등에 대응하는 적응대책을 수립·시행
  ㉡ 환경부장관은 기후변화 적응대책을 관계 중앙행정기관의 장과 협의 및 위원회의 심의를 거쳐 5년 단위로 수립·시행

② 대책기간 및 주기
    ① 2021~2025년
    ② 5년마다 연동계획으로 수립·시행
    ※ (1차) 2011~2015, (2차) 2016~2020

(3) 주요 내용
① 기후변화 적응을 위한 국제협약 등에 관한 사항
② 기후변화에 대한 감시·예측·제공·활용 능력 향상에 관한 사항
③ 부문별·지역별 기후변화의 영향과 취약성 평가에 관한 사항
④ 부문별·지역별 기후변화 적응대책에 관한 사항
⑤ 기후변화에 따른 취약계층·지역 등의 재해 예방에 관한 사항
⑥ 녹색생활운동과 기후변화 적응대책의 연계 추진에 관한 사항

06 국내 · 외 기후변화 현황

1 전 지구적 기후변화

(1) 전 지구 평균기온 지속적으로 상승

① 지구 연평균 기온은 산업화 이전보다 0.85℃ 상승(2012년 기준)하였으며, 지구 평균 해수면은 연간 약 1.7mm씩 지속 상승하여 약 19cm 상승(2010년 기준)
② 현재 추세로 온실가스가 배출(RCP8.5 시나리오)되는 경우 금세기 말(2100년)에 1986~2005년 대비 기온은 3.7℃, 해수면은 63cm 상승 전망(평균치)
③ 2019년의 경우 전 지구 연평균기온은 본격적인 산업화 시점 이전인 1850~1900년에 비해 약 1.1℃ 높아 관측기록 사상 2번째 높은 순위를 기록
④ 전 지구 평균기온이 높았던 순위는 지난 20년에 집중, 특히 지난 5년 동안이 1~5위를 기록

(2) 북극 해빙면적 감소로 인한 기후변화 불확실성 증가

① 관측 이래 북극의 해빙면적이 지속 감소 추세
② 해빙에 의한 해류순환 교란과 제트기류 약화로 북반구 전역의 한파, 폭설, 가뭄, 홍수 등 이상기후 현상 유발

(3) 전 세계적으로 극심한 이상기후 현상 발생

① 지역 장마 중 기록적 폭우로 발생한 대홍수로 이재민과 경제적 손실 발생
② 유럽 · 동아시아 지역의 기록적 폭염 발생 및 건조화에 따른 대규모 산불 발생
③ 미국 · 캐나다에서 100년만의 최강 한파와 폭설 발생

(4) 기상이변으로 경제적 피해발생 지속

① 자연재해로 인한 전 지구적 경제적 손실은 연간 약 140억~1,400억 달러
② 기상이변은 직접적 인명 · 시설 피해 이외에 유관산업에 연쇄적으로 부정적 영향을 미쳐, 전 세계 GDP 50%가 기후변화로부터 영향을 받음

2 우리나라 기후변화

(1) 전 지구 평균 대비 더 빠른 온난화 속도

① 지난 106년간(1912~2017년) 우리나라는 연평균기온은 약 1.8℃ 상승하여, 전 지구 평균 온난화(0.85℃)보다 뚜렷하게 빠름

② 연평균 최고·최저기온 변화량은 각각 +0.12℃/10년, +0.24℃/10년이며, 계절적으로 겨울(+0.25℃/10년)과 봄(+0.24℃/10년)의 기온상승이 가장 뚜렷
③ 과거 30년과 최근 30년 비교 시 지구온난화로 여름이 19일 길어진 반면, 겨울이 18일 짧아지고, 10년 동안 서리일수와 결빙일수는 각각 3.2일, 0.9일 감소
④ 8월 열대야일수는 1.8일에서 6.2일로 증가하는 등 고온극한현상 일수 증가
⑤ 최근 50년간(1968~2017년) 우리나라 표층수온은 1.23℃ 상승하여 전 세계 평균(0.48℃)보다 약 2.6배 빠르며, 최근 30년간(1989~2018년) 해수면은 평균 약 2.97mm/년 상승

(2) **기록적인 폭우, 폭염, 겨울철 이상고온 및 강한 한파 빈도증가**
① 최장 장마로 집중호우 발생, 이로 인해 전국적으로 하천 범람과 침수·산사태 피해 야기
② 이상 고온현상으로 인해 매미나방, 대벌레 등이 발생하여 농작물 피해 및 불편 초래
③ 전국적 무더위가 이어지면서 낮에는 폭염, 밤에는 열대야 발생
④ 국내 상층의 찬 공기가 지속 유입되면서 한파가 지속

(3) **기후변화로 인한 호우, 태풍, 대설 등으로 재산·인명피해 발생**

07 국내 · 외 기후변화 전망

1 전 지구적 기후변화 전망
— 지구 평균기온은 21세기 전반에 걸쳐 계속 상승할 것으로 전망 —

① 21세기 후반(2081~2100년), 전 지구 평균기온은 +0.3~4.8℃ 상승할 것으로 예측
② 21세기 후반 평균 해수면 상승은 0.26~0.82m 상승할 것으로 전망
③ 강수량의 변화는 일정하지 않고, 고위도·적도부근 강수량은 증가, 중위도·아열대 건조지역의 강수량은 감소 전망
④ 대부분 중위도 내륙에서의 혹서피해와 한발위험 증가 및 중위도 지역 폭풍의 강도 증가

2 우리나라 기후변화 전망
— 21세기말 이상기후현상 더욱 심화 —

① 21세기 말 기준으로 전 지구의 온도 상승보다 가파른 추세(+1.8~4.7℃)로 상승할 것으로 예측
② 현재 대비 21세기 말 전체적으로 강수량은 증가할 것으로 예측(+5.5~13.1%)되며, 현 추세대로 배출 시 한반도 전 지역에서 증가 예상
③ 현재 남해안에 국한되는 아열대 기후는 점차 영역이 넓혀지며, 폭염·열대야 등 고온 관련 지수 증가 및 저온 관련 지수 감소 예측

3 우리나라 부문별 기후변화 영향

(1) 물관리

① 지난 106년간(1912~2017) 여름철 강수량이 뚜렷하게 증가(+11.6mm/10년)하고, 최근 30년(1981~2010) 동안 극한 강우 발생 증가(8대 도시, +3.1%~15%/30년)
② 21세기 후반 연 강수량, 여름철 및 겨울철 강수량은 각각 19.1%, 20.5%, 33.3% 증가 전망(RCP8.5 시나리오)
③ 기존 심한 가뭄(SPI)의 재현기간은 대략 30~50년이고, 1988년과 1994년에 가뭄이 심했으며(규모 기준), 지역별 편차가 크게 발생
④ 미래 가뭄발생 전망은 RCP2.6/4.5에서 발생빈도가 증가하나, RCP6.0/8.5에서는 강수발생 증가로 발생빈도 감소되고, 중부지방은 유량의 증가로 가뭄이 완화되며 남부지방은 점차 심화될 것으로 전망
⑤ 최근 10년 109개 시·군에서 40만 명 제한급수 등 겨울가뭄 피해 발생
⑥ 호남, 영남 수계에서 향후 30년간 최대 6% 정도 연평균 강수량이 감소될 것으로 예측되며,

나머지 유역에서는 10% 증가 예상
⑦ 2050년까지 전체 평균 수온이 2008년 대비 1.1℃ 증가 예상
⑧ 가뭄·홍수 증가에 따른 물관리의 어려움이 커지고, 기온상승에 따른 폭염으로 취약계층의 건강 위험이 증대될 것으로 전망
⑨ 지표 유출량 증가, 지하수 함양량 증가, 홍수 발생 증가 전망

(2) 생태계

① 식물의 생육개시일은 앞당겨지고(+2.7일/10년) 낙엽 시기는 늦어져(+1.4일/10년) 총 생육기간 증가(4.2일/10년)
② 남방계 한국산 나비의 북방한계선이 지난 60년(1950~2011) 동안 매년 1.6km씩 북상하였고, 북방계 나비의 남방한계선은 남쪽으로 확대
③ 온난화로 등검은말벌, 갈색날개매미충, 모기, 진드기 등 발생 증가 전망
④ 침엽수종의 생장 및 분포는 넓은 지역에서 감소(1990년대 이후 20년간 25% 감소)하고, 기온증가로 침엽수와 아고산림의 급격한 감소와 온난대림의 북상 예상
⑤ 최근 30년간 봄꽃(개나리, 벚꽃)과 주요 수종 개화시기가 앞당겨짐(6~8일)
1990년 이후 우리나라 특산 고산종인 구상나무림 쇠퇴 가속화
⑥ 평균 2℃ 상승 시 전남·경남·충북·경북·경기도 일부는 난대기후로 변화할 전망
소나무의 적정 생육분포가 경기북부, 강원도 및 남부 산악지로 한정
⑦ 난대성 상록활엽수(후박나무 등)는 북부지역으로 확대
⑧ 온대성 생태계가 아열대성 생태계로 급속히 변화되고 이로 인해 생물다양성도 큰 폭으로 감소
⑨ 소나무 등 온대성 식생에는 2050년 경기 북부 및 강원 일부로 한정되고, 동백나무 등 난대수종이 서울까지 북상
⑩ 꿀벌의 개체 감소로 식물 번식에 부정적인 영향이 커짐
⑪ 북방계 곤충(들신선나비)이 남방계 외래곤충(꽃매미, 열대모기)으로 대체되어 과수생육에도 큰 영향과 피해 및 일반곤충의 해충화 발생, 곤충생활주기의 변화
⑫ 기후변화에 취약한 생태계는 아고산대, 고산대, 북방계 극지
⑬ 멸종 위기에 놓이는 생물의 종이 갈수록 증가
⑭ 고립된 고산대식물이 멸종되기 쉬움
⑮ 고도가 낮은 곳의 온대성 식물이 산 위로 확장됨

(3) 국토·연안

① 인구, 고령인구, 소득 등의 사회·경제적 여건 및 주택·건축물·기반시설 노후화로 인하여 기후변화에 취약한 시설의 피해는 여전히 증가할 전망

② 우리나라 주변 해역에서 표층 수온 상승과 해양 산성화는 전 세계 평균 수치에 비하여 빠르게 진행
③ 최근 30년간 평균 해수면 상승률은 연간 2.97mm이며, 21세기 말에 해수면 65cm 증가 전망(해수면 상승의 가장 주된 요인은 열팽창)
④ 표층 염분은 감소하는 추세이며, 해역별 어획량은 점차 감소하는 추세

(4) 농수산

① 작물재배지 북상, 월동·외래해충 발생 증가, 잡초 분포 변화 등 관측
② 21세기 말 사과 재배적지가 없을 것으로 전망되며, 감귤은 강원도까지 재배 가능하나 온주밀감은 제주도 재배 불가능 예상
③ 21세기 말 벼, 콩, 옥수수, 감자, 고추, 배추 등 대부분 작물의 생산성은 감소, 양파는 예외적으로 수량 증가
④ 지난 40년간 수온 상승으로 대형 어종인 삼치, 방어 등이 북상하고, 참가리비의 양식 남방한계가 포항연안에서 강원도 북부해역으로 북상
⑤ 생육 가능 최저온도 이상 발생일수가 최근 18년간 4일 이상 증가
사과의 주산지(예 대구 → 영월)가 북쪽으로 이동
⑥ 평균 2℃ 상승 시 온대 과수(배, 포도 등) 재배면적 34% 증가, 고랭지 배추 재배면적은 70% 이상 감소 예상
⑦ 농업에 있어서는 생산성 감소의 위험과 신 영농기법 도입의 기회가 공존
⑧ 남해안 식생이 아열대로 변화, 제주 산호군락지 백화현상 피해
⑨ 수온 상승으로 인한 꽃게, 참조기, 갈치 등의 어종이 북상하고 명태, 대구와 같은 한대성(냉수성) 어종이 감소
⑩ 쌀 수확량이 남부와 중부에서는 감소하는 반면, 북부지역에서는 증가
⑪ 맥류의 안전재배지대 북상 및 수량 증가

(5) 건강

① 폭염일수는 현재 연간 10.1일에서 21세기 후반에는 35.5일로 증가하며, 여름철 30% 이상이 폭염일에 해당될 것으로 전망
② 폭염으로 인한 사망자가 증가하였고, 75세 이상 노인이나 만성질환자(심혈관질환자 6%, 뇌혈관질환자 4%, 호흡기질환자 2% 사망증가) 등이 더 취약
③ 기온상승으로 매개 감염병이 증가하고, 식중독이 증가하며, 꽃가루 농도가 높아져 천식, 비염, 결막염 등 알레르기 질병 발생률이 증가

(6) 산업 · 에너지
① 폭염과 폭우로 인한 포장 구조물의 블로우업(Blow-up), 포트홀(Pot Hole) 현상은 교통산업에 큰 영향을 미치며, 태풍 · 홍수는 레저업, 관광업 등에 악영향을 초래
② 2020년대 중반 이후 여름철 냉방 전력소비가 겨울철 난방소비를 넘어설 것으로 전망

Reference 극한기후지수

① 폭염일수 : 일 최고기온이 33℃ 이상인 날의 연중 일수를 말한다.
② 호우일수 : 일 강수량이 80mm 이상인 날의 연중 일수를 말한다.
③ 서리일수 : 일 최저기온이 0℃ 미만인 날의 연중 일수를 말한다.
④ 열대야지수 : 일 최저기온이 25℃ 이상인 날의 연중 일수를 말한다.

Reference 지자체 기후변화 적응 대책 수립을 위한 일반적인 행동 요령

① 지역 내 기후변화에 관심이 많은 영향력 있는 인물 탐색
② 적응전담 조직의 명확한 임무 설정
③ 기후변화가 지역에 미치는 영향을 지속적으로 관찰

Reference 우리나라 국가기후변화 적응대책

① 2008년 : 국가기후변화 적응 종합대책 수립
② 2009년 : 국가기후변화 적응센터 설립
③ 2010년 : 제1차 국가기후변화 적응대책(2011~2015) 수립
④ 2011년 : 제2차 국가기후변화 적응대책(2016~2020) 수립
⑤ 2012년 : 광역자치단체의 기후변화 적응대책 수립
⑥ 2021년 : 제3차 국가기후변화 적응대책(2021~2025) 수립

Reference 제2차 국가기후변화 적응대책(2016~2020)

1 기후변화 리스크
기후변화 리스크란 기후변화 영향으로 인하여 자연 및 인간 시스템에 긍정적이거나 부정적인 영향을 줄 수 있는 사건의 발생가능성과 사건발생으로 인한 결과를 말하며, 기후변화로 인한 영향의 발생확률×규모로 정의한다.

2 기후변화 리스크 평가 절차
파악 → 분석 → 평가 → 우선순위 결정

> **Reference** 해수면 상승으로 인한 현상

① 해안습지 감소
② 환경난민 발생
③ 전통생활방식의 위험
※ 기후변화에 따른 해수면 상승의 가장 주된 요인은 해수의 열팽창이다.

> **Reference** 전망된 극한 현상으로 인한 부문별 영향의 종류

기후변화 현상(WGI)	가능성	농업·산림·생태계	수자원	보건	산업·거주지·사회경제
저온일 감소 고온일 증가	거의 확실	• 고위도 : 생산성 증대 • 저위도 : 생산성 감소 • 병충해 증가 • 외래병충해 유입 증가	• 고산빙하 감소로 수자원 영향 • 증발산 증가	저온으로 인한 사망 감소	• 난방 감소/냉방증가 • 대기질 악화 • 겨울수송 양호 • 겨울관광 영향
육지에서 열파 증가	매우 높음	• 온난지역 생산량 감소 • 산불 증가	• 수자원수요증가 • 수질악화	노약자 등열파 사망 증가	• 온난지역 주거환경 악화 • 노약자, 빈곤층 영향
호우 증가	매우 높음	• 곡물 피해 • 토양 유실 • 경작지 감소	• 지표/지하 수질 악화 • 수자원부족 감소	재해사망 증가	• 홍수 피해 증가 • 재해보험 필요성 증대
가뭄지역 증가	높음	• 토질 악화 • 생산량 감소 • 가축 감소 • 산불 증가	수자원 스트레스 증가	• 식량/수자원 부족 • 영양상태 악화 • 질병 증가	• 수자원 스트레스 • 수력발전 감소 • 인구이동 가능성
태풍강도 증가	높음	• 곡물 피해 • 산림 파괴 • 산호 피해	전력수급 차질로 인한 수자원 공급 위협	재해로 인한 사망/질병 증가	• 홍수/강풍 피해 • 보험기피 증가 • 인구 이동
해수면 상승	높음	• 범람, 연안침식 • 염수로 인한 피해(지하수로의 염수 침투)	담수자원의 감소	• 홍수피해 • 인구 이동으로 인한 보건 문제	• 연안방재 및 개발 비용 • 인구/사회간접자본 이동 • 보험기피 등

출처 : IPCC 4차 평가보고서

> **Reference** 환경투자에 대한 사회적 비용을 추정하기 위한 접근방법

1 직접 준수비용 접근방법
환경정책의 시행에 따라 발생하는 환경비용은 직접 준수비용을 계산함으로써 추정할 수 있으며, 추정방법은 공학적 방법, 설문조사법, 생산경제학 모형 등으로 나눌 수 있다.

2 부분균형 분석방법
특정환경정책으로 인해 영향을 받는 단일 또는 몇 개 시장의 수요와 공급에 한정하여 분석하는 모델이며 준수비용뿐 아니라 사회적 후생의 손실, 단기간의 비자발적 실업과 같은 이전비용도 고려할 수 있다.

3 다시장 접근방법
부분균형모형과 비교하여 보다 많은 시장을 다룬다는 측면에서 확장된 모형이며 시장 간의 상호 연계성에 대한 분석을 염두에 두고 있으며 경제 전체를 모두 포괄하지는 않는다.

4 일반균형 분석방법
부분균형분석에 대비되는 접근방식으로서 특정환경정책이 경제전반에 걸쳐 발생시키는 모든 시장에서의 비용을 계량화하는 접근방법으로 환경정책의 경제적 파급효과를 분석하는 데 많이 사용되고 있다.

MEMO

PART 02 온실가스 배출원 파악

ENGINEER GREENHOUSE GAS MANAGEMENT

SECTION 01 산정 대상 온실가스 배출활동

1 개요

할당대상업체는 조직경계 내의 모든 온실가스 배출활동에 대하여 아래의 배출활동 구분에 따라 배출량을 산정하여야 한다.(제시되지 않은 온실가스 배출활동에 대해서는 기타 배출활동으로 보고하여야 한다.)

2 배출활동

(1) 고정연소시설에서의 에너지 이용에 따른 온실가스 배출

① 고체연료연소　② 기체연료연소　③ 액체연료연소

(2) 이동연소시설에서의 에너지 이용에 따른 온실가스 배출

① 항공　② 도로수송
③ 철도수송　④ 선박

(3) 제품 생산 공정 및 제품사용 등에 따른 온실가스 배출

① 시멘트 생산　② 석회 생산　③ 탄산염의 기타 공정사용
④ 유리 생산　⑤ 마그네슘 생산　⑥ 인산 생산
⑦ 석유정제활동　⑧ 암모니아 생산　⑨ 질산 생산
⑩ 아디프산 생산　⑪ 카바이드 생산　⑫ 소다회 생산
⑬ 석유화학제품 생산　⑭ 불소화합물 생산　⑮ 카프로락탐 생산
⑯ 철강 생산　⑰ 합금철 생산　⑱ 아연 생산
⑲ 납 생산　⑳ 전자산업　㉑ 연료전지
㉒ 오존층파괴물질(ODS)의 대체물질 사용
㉓ 기타 온실가스 배출　㉔ 기타 온실가스 사용

(4) 폐기물 처리과정에서의 온실가스 배출

① 고형폐기물의 매립　② 고형폐기물의 생물학적 처리
③ 하·폐수 처리 및 배출　④ 폐기물의 소각

(5) 탈루성 온실가스 배출(2013년 1월 1일부터 산정, 2014년 1월 1일 이후부터 보고한다.)
  ① 석탄의 채굴, 처리 및 저장
  ② 원유(석유) 산업
  ③ 천연가스 산업

(6) 외부로부터 공급된 전기, 열, 증기 등에 따른 간접 온실가스 배출
  ① 외부로부터 공급된 전기 사용
  ② 외부로부터 공급된 열 및 증기 사용

(7) 이산화탄소 포집 및 이동

3 배출활동별 온실가스 배출량 세부산정방법

① 사업장별 배출량은 정수로 보고한다.
② 배출활동별 배출량 세부산정 중 활동자료의 보고값은 소수점 넷째 자리에서 반올림하여 셋째 자리까지로 하며, 각 배출활동별 배출량 산정방법론의 단위를 따른다.
③ 활동자료를 제외한 매개변수의 수치맺음은 센터에서 공표하는 바에 따른다.
④ 굴뚝연속자동측정기와 배출가스유량계 측정 자료의 수치 맺음 및 배출량 산정 기준
  ㉠ 측정 자료의 수치 맺음은 한국산업표준 KS Q 5002(데이터의 통계해석방법)에 따라서 계산한다. 이 경우 소수점 이하는 셋째 자리에서 반올림하여 산정한다(유량은 소수점 이하는 버림 처리하여 정수로 산정한다)
  ㉡ 자동측정 자료의 배출량 산정 기준
    ⓐ 30분 배출량은 g 단위로 계산하고, 소수점 이하는 버림 처리하여 정수로 산정한다.
    ⓑ 월 배출량은 g 단위의 30분 배출량을 월 단위로 합산하고, kg 단위로 환산한 후, 소수점 이하는 버림 처리하여 정수로 산정한다.
⑤ 사업장 고유 배출계수 개발 시, 활동자료 측정주기와 동 활동자료에 대한 조성분석주기를 기준으로 가중평균을 적용한다.
⑥ 석유제품의 기체연료에 대해 특별한 언급이 없으면 모든 조건은 0℃ 1기압 상태의 체적과 관련된 활동자료이고 액체연료는 15℃를 기준으로 한 체적을 적용한다.
⑦ 연료의 비중 및 밀도의 자료는 공급업체 및 사업자가 자체적으로 개발한 값이 없다면 산업통상자원부 고시 「석유제품의 품질기준과 검사방법 및 검사수수료에 관한 고시」 및 한국석유공사에서 발표된 자료를 인용하고 고시자료를 우선으로 인용한다.
⑧ 세부적인 온실가스 흡수량 등의 산정방법이 제시되지 않은 많은 배출활동은 할당대상업체가 자체적으로 산정방법을 개발하여 온실가스 배출량을 산정하여야 한다.

SECTION 02 고정연소 및 이동연소

01 고정연소

1 고정연소 공정의 정의

고정연소 공정은 특정시설에 열을 제공하고 이를 열 혹은 기계적인 일(Mechanical Work)로 공정에 제공하거나 장치로부터 멀리 떨어져서도 이용하기 위해 설계된 장치에서 연소되는 것을 의미하며 에너지원인 화석연료 등의 연소가 이루어지는 공정이다.

2 고정연소의 연료 종류

(1) **고체연료**

무연탄, 유연탄, 갈탄, 코크스와 같은 고체화석연료

(2) **기체연료**

LNG, LPG, 프로판, 부탄 및 기타 부생가스

(3) **액체연료**

원유, 휘발유, 등유, 경유, B-A/B/C유와 같은 액체화석연료

3 고정연소 공정의 특징

(1) **유연탄 연소**

① 개요
  ㉠ 유연탄은 휘발성분이 높아(≒14% 이상) 화염을 내며 연소한다.
  ㉡ 발열량 기준은 5,833kcal/kg 이상이어야 한다.

② 석탄 연소 방법
  ㉠ 유동상 연소 : 미분탄 연소 및 사이클론식 노에 주로 적용
  ㉡ 격자연소 : 상하부 급탄식 스토커에 주로 적용

③ 미분탄로
　㉠ 유틸리티나 산업용 보일러에 주로 사용된다.
　㉡ 석탄은 분쇄기에 활석가루처럼 고운 가루로 만들어져서 유동상 연소가 일어나는 연소실로 주입된다.
　㉢ 미분탄 연소로는 회분의 제거방법에 따라서 건식 바닥과 습식 바닥으로 구분된다.
　㉣ 미분탄 연소로는 또한 버너의 연소위치에 따라 단벽형, 마주보는 수평형, 수직형, 접선형, 터보형 또는 아치형 연소로 구분된다.

④ 사이클론형 연소로
　㉠ 분쇄한 회분의 융점이 낮은 석탄을 태운다.
　㉡ 탄은 1차 공기에 의해서 수평의 원통형의 연소시설로 접선방향으로 공급된다.
　㉢ 연소실에서는 미세분말탄이 유동상태로 연소되며 큰 입자는 외벽 쪽으로 모이게 된다.
　㉣ 비교적 작은 용적의 연소로에서는 고온이 되고, 회분의 융점이 낮기 때문에 다량의 연소재가 액상의 슬래그로 형성되어 하부로 배출된다.
　㉤ 사이클론식 노는 주로 유틸리티 생산이나 큰 규모의 산업설비에 쓰인다.

(2) 무연탄 연소

① 특성
　㉠ 회분함량이 상대적으로 높아 점화 및 용해 온도가 높은 편이다.
　㉡ 무연탄 발열량은 4,500kcal/kg 이하인 반면, 유연탄은 5,000~7,000kcal/kg이다.
　㉢ 무연탄은 유연탄이나 갈탄에 비하여 고정탄소가 많고 휘발성분이 적은 고급탄이며, 높은 점화온도와 높은 회분의 용해온도를 갖는다.
　㉣ 휘발성분이 적고, 클링커 형성이 미미하므로 중소규모의 이동격자식 스토커나 소형 수동식 연소설비에 많이 사용하고 있다.
　㉤ 몇 가지 무연탄은(때때로 석유 코크스와 함께) 미분탄 연소 보일러에 사용된다. 또한 유연탄과 혼합해서 사용하기도 한다.
　㉥ 분산식 스토커에는 무연탄이 사용되지 않는다.
　㉦ 무연탄은 유황함량이 낮고 연기가 적어 가장 이상적인 고체연료로 불린다.

② 무연탄의 주 사용 용도
　난방용이고, 그 외 스팀, 전기의 생산, 코크스 제조, 소결 및 펠릿화 그리고 기타 산업용으로 일부 사용된다.

(3) 갈탄 연소

① 특성
- ㉠ 휘발성분 40% 정도, 수분함량 60% 이상이고, 회분함량이 높으며, 수분과 재가 많기 때문에 건조시키면 가루가 된다.
- ㉡ 갈탄은 생성연륜이 비교적 짧은 석탄으로서 유연탄과 토탄의 중간 성질을 가지고 있다.
- ㉢ 갈탄은 유연탄에 비하여 단위발전량당 더 많은 연료와 더 큰 장치를 필요로 한다.
- ㉣ 높은 수분함량($35 \sim 45wt\%$)을 가지며, 저위발열량도 낮다($900 \sim 1,500kcal/kg$).

② 사용(적용)
산업용이나 상업용에 소량 사용되며, 발전소에서는 전기와 스팀을 생산하는 데 주로 사용된다.

(4) 액체연료 연소

① 액체 연료 분류
- ㉠ 증류유
- ㉡ 잔사유

② 증류유
- ㉠ 원유 분리·정제공정에서 분류 증류하여 여러 종류의 탄화수소를 분리·생성하는데, 이 과정에서 생성된 여러 종류의 오일을 말한다.
- ㉡ 휘발유, 경유, 등유, 중유 등이 포함된다.
- ㉢ 발열량은 $10,000kcal/kg$ 정도로 상당히 높은 편이다.
- ㉣ 증류유는 주로 연소를 손쉽게 행하여야 하는 가정이나 소규모 상업용 설비에 사용된다.
- ㉤ 증류유는 잔사유에 비하여 휘발성이 매우 크고, 점성이 작다. 회분과 질소분의 함량이 미미하며, 황성분이 $0.3wt\%$ 이하인 것이 보통이다.

③ 잔사유
- ㉠ 잔사유는 유틸리티, 산업시설 그리고 대형 상업용의 정교한 연소설비가 있는 곳에 주로 사용한다.
- ㉡ 중질의 잔사유는 증류유보다 점성도가 크고 휘발성이 적기 때문에 취급을 용이하게 하고, 적절한 분사를 위하여 가열하지 않으면 안 된다.
- ㉢ 잔사유는 원유에서 경질유분(휘발유, 등유, 기타 증류유)을 제거한 후에 만들기 때문에 상당량의 회분과 질소 그리고 유황을 함유하고 있다.

(5) 천연가스 연소

① 특성
  ㉠ 천연가스는 탄소 1개와 수소로 이루어진 메탄이 주성분이며 탄소가 7개 또는 그 이상의 탄화수소로 포함된 혼합물이다.
  ㉡ 천연가스는 전국적으로 사용되는 주요 연료 중의 하나이다.
  ㉢ 천연가스의 주성분은 메탄이며, 그 외 가변량의 에탄과 소량의 질소, 헬륨, 이산화탄소도 포함되어 있다.
  ㉣ 가스를 사용하기 전에 액화성 성분을 회수하며 황화수소를 제거하는 가스처리공장을 필요로 한다.

② 사용(적용)
  주로 발전소용, 산업공정의 스팀과 열 생산용, 가정이나 상업용 공간 난방 등에 쓰인다.

(6) 액화석유가스(LPG) 연소

① 특성
  ㉠ LPG는 유전에서 원유를 생산하거나 원유를 정제할 때 나오는 탄화수소를 비교적 낮은 압력을 가하여 냉각·액화시킨 것이다.
  ㉡ 액화석유가스(LPG)는 부탄, 프로판 혹은 두 가지 가스의 혼합물과 미량의 프로필렌 및 부틸렌으로 구성되어 있다.
  ㉢ LPG는 유정이나 가스정에서 가솔린 정제부산물로 얻고, 고압력하의 금속 실린더 속에 액체상태로 충전하여 판매한다.
  ㉣ LPG는 최대증기압에 따라 등급을 정하는데, 주로 A등급은 부탄, F등급은 프로판, 그리고 B 또는 E등급은 부탄과 프로판의 혼합 정도에 따라 결정된다.

② 용도
  LPG의 최대용도는 가정 및 상업용이고 그 다음으로 화학공업용 내연기관이 있다.

4 고정연소(고체연료)

(1) 배출활동 개요

① 고체연료 연소란 특정 시설에 열을 제공하고 이를 열 혹은 기계적인 일(Mechanical Work)로 공정에 제공하거나 장치로부터 멀리 떨어져 이용하기 위해 설계된 장치 내에서 무연탄, 유연탄, 갈탄, 코크스와 같은 고체 화석연료의 의도적인 연소로부터 발생되는 온실가스 배출을 말한다.
② 동 활동에서는 CO_2와 CH_4, N_2O가 발생한다.

(2) 보고 대상 배출시설

① 화력발전시설

　㉠ 정의
　　석탄, 유류 등을 연소시켜 발생된 열로 물을 끓이고 이때 발생된 증기를 압축시켜 터빈을 돌려 전기를 생산하는 시설을 말한다. (연소열 → 증기압축 → 터빈 → 전기)

　㉡ 원리
　　터빈이라 함은 유체를 동익(움직이는 날개)에 부딪히게 하여 그 운동에너지를 회전운용으로 바꾸어 동력을 얻게 하는 회전식 원동기를 말한다.

　㉢ 종류
　　수력터빈, 증기터빈, 가스터빈 등이 있으며 주로 증기터빈을 말한다.

② 열병합발전시설

　㉠ 정의
　　화력발전소에서 화석에너지를 태워서 물을 끓이고 해당 열로 증기 터빈을 구동해 전기를 생산하고 동시에 증기와 온수를 이용할 수 있도록 설계된 시설이다.

　㉡ 특징
　　ⓐ 발전을 통하여 전력과 함께 고압 스팀 및 온수를 이용할 수 있도록 만든 시설로 발전과 보일러의 기능을 동시에 갖고 있다.
　　ⓑ 하나의 에너지원으로부터 전력과 열을 동시에 발생시키는 종합에너지시스템으로 발전에 수반하여 발생하는 배열을 회수하여 이용하므로 에너지의 종합 열이용 효율을 높이는 것이 가능하기 때문에 기존방식보다 고효율 에너지 이용기술이다.

③ 발전용 내연기관(도서지방용, 비상용 및 수송용은 제외)

　㉠ 정의
　　발전용 내연기관은 기체연료 또는 액체연료를 폭발적으로 연소시켜 얻어지는 고온 고압의 가스를 직접 이용하여 전력을 생산하는 방식이다.

　㉡ 구분
　　내연기관 발전과 가스터빈(복합화력발전 포함) 발전으로 구분한다.

④ 일반보일러시설

　㉠ 정의
　　연료의 연소열을 물에 전달하여 증기를 발생시키는 시설을 말한다. (연소열 → 물 → 증기)

　㉡ 구성
　　물 및 증기를 넣는 철제용기(보일러 본체)와 연료의 연소장치 및 연소실(화로)로 구성되어 있다.

ⓒ 본체의 구조형식에 따른 구분
  ⓐ 원통형 보일러
   • 구멍이 큰 원통을 본체로 하여 그 내부에 노통화로, 연관 등을 설치한 것이다.
   • 구조가 간단하여 일반적으로 널리 쓰이나, 고압용이나 대용량으로는 적합하지 않다.
   • 종류에는 입식 보일러, 노통보일러, 연관보일러, 노통연관보일러 등이 있다.
  ⓑ 수관식 보일러
   • 작은 직경의 드럼과 여러 개의 수관으로 구성되어 있으며, 수관 내에서 증발이 일어나도록 되어 있다.
   • 고압, 대용량으로 적합하다.
   • 종류에는 자연순환식, 강제순환식, 관류식 등이 있다.
  ⓒ 주철형 보일러
   • 주물계의 Section을 몇 개 전후로 짜맞춘 보일러이다.
   • 하부는 연소실, 상부는 굴뚝으로 구성되어 있다.
   • 난방용의 저압증기 발생용 또는 온수보일러로 사용되고 있다.

⑤ 공정연소시설
 ㉠ 정의
  공정연소시설이란 화력발전시설, 열병합 발전시설, 내연기관 및 일반 보일러를 제외하고, 제품 등의 생산 공정에 사용되는 특정시설에 열을 제공하거나 장치로부터 멀리 떨어져 이용하기 위해 연료를 의도적으로 연소시키는 시설을 말한다.

 ㉡ 공정연소시설의 세부 종류
  ⓐ 건조시설
   • 전기나 연료, 기타 열풍 등을 이용하여 제품을 말리는 시설을 말한다.
   • 일반적으로 습윤상태에 있는 물질은 수송이나 저장이 불편하고, 제품의 응집이나 고형화가 쉽게 일어날 수 있다.
   • 이러한 상태를 예방하고 제품이 요구하는 수준의 수분을 함유하게 하기 위해 건조작업이 수행된다.
   • 건조시설은 건조에 필요한 열을 전하는 방식에 따라 열풍수열식과 전도수열식으로 대별된다.
   • 열풍수열식은 열풍과 피건조재료가 직접 접촉함으로써 열의 전달이 이루어진다.
   • 열풍이 재료의 이동방향과 같은 경우에는 병류식, 역방향인 경우에는 향류식이라 한다.

- 전도수열식은 일반적으로 금속벽을 통해 열원으로부터 피건조재료에 간접적으로 열의 전달이 이루어지면 열손실이 적고 건조의 효율이 높으나 금속벽의 열용량이 크므로 효과적으로 건조하는 데는 약간의 문제점이 있다.
- 그 외의 분류법으로 재료의 이동방법에 의한 본체회전식, 교반기식, 공기수송식, 유동층식, 벨트이동식 등이 있다.
- 이동방식을 2가지 이상 조합하여 하나의 건조시설로 하는 방식도 있다.

ⓑ 가열시설(열매체 가열을 포함)
- 가열시설이란 어떤 방법으로 물체의 온도를 상승시키는 데 사용되는 시설을 말한다.
- 보일러도 일종의 가열시설로 볼 수 있으나, 일반적으로 석유화학 및 유기화학공업 등의 각종 공정에 쓰이는 관식 가열로(Tubular Heater) 등을 말한다.
  관식 가열로는 Pipe Still Heater라고도 불리며, 피가열물체가 기체 또는 액체 등의 유체로 한정된다. 거의 연속운전인 점, 열원으로서 가스 또는 액체연료를 사용하며, 가열방법이 모두 직화방식인 특징이 있다.
- 외관형상으로는 직립원통형, 상자형으로 구분된다.
  - 직립원통형은 전복사형(헬리컬코일 및 수직관식) 복사대류일체형, 복사·대류분리형(수직관식, 대류부 수평관식) 등으로 구분된다.
  - 상자형은 수평관식-수직연소식, 수직관식-수평연소식, 수직관식-특수연소식, 수평관식-특수연소식 등으로 구별된다. 이들은 다시 스트레이트업형, 업드래프트 또는 캐빈형, 멀티체임버형, 후두트형, 버킷형, 각주형, 다운콤벡숀형, 테라스형, 다운파이어형, 레이디언트월형 등 다양하게 분류된다.
- 열매체라 함은 장치를 일정한 조작온도로 유지하기 위하여 가열 또는 냉각에 사용되는 각종 유체를 말한다.
- 열매체는 조작온도 내에서는 유체로서 취급될 수 있어야 하며, 열적으로 안정되고, 단위체적당 열용량이 크며, 사용압력범위도 적당하고, 전달계수가 높아야 한다. 또한 장치에 대한 부식이 적고, 불연성이며, 저렴하고 무독인 특성을 가져야 한다.
- 대표적으로 이용되는 열매체로는 유기열매체, 수은, 열유, 온수유기열매체, HTS($NaOH+NaNO_3+KNO_3$) 등의 액상열매체와 과열수증기, 굴뚝가스, 공기 등의 기체성 열매체가 있다.

ⓒ 용융·용해시설
- 고체상태의 물질을 가열하여 액체상태로 만드는 시설을 용융시설이라 한다.
- 기체, 액체 또는 고체물질을 다른 기체, 액체 또는 고체물질과 혼합시켜, 균일한 상태의 혼합물, 즉 용체를 만드는 시설을 용해시설이라 한다.

- 용체라 함은 균일한 상을 만들고 있는 혼합물로서 액체상태인 경우에는 용액, 고체상태인 경우에는 고용체, 기체상태일 때는 혼합기체라 한다.
- 동일 상태의 서로 다른 물질을 혼합시켜 원래 상태의 물질이 물리·화학적 성질변화를 일으키는 경우의 시설에 적용되며, 그렇지 않고 원래 상태의 물질이 물질·화학적 성질의 변화가 없이 단순히 혼재되어 있는 경우의 시설은 혼합시설로 구분한다.

ⓓ 소둔로
- 열처리시설의 일종이다.
- 강재의 기계적 성질 또는 물질적 성질을 변화시켜서 강재의 결정조직을 조정하여 내부응력을 제거하거나 가스를 제거할 목적으로 가열·냉각 등의 조작을 하는 로를 말한다.
- 내부응력의 제거와 연화를 목적으로 사용한다.
- 내부응력의 제거 또는 연화를 목적으로 할 경우에는 적당한 온도로 가열 후 서랭하며 결정조직의 조정을 목적으로 할 경우에는 Ac_3 변태점(가열 중에 페라이트 또는 페라이트와 시멘타이트에서 오스테나이트 형태로 변태가 완료하는 온도)보다 약 50℃ 정도 높은 온도로 가열한 후 노랭 또는 탄랭한다.

ⓔ 기타 노
  상기 공정의 연소시설에 제시되지 않는 기타 연소시설을 말한다.

⑥ 대기오염물질 방지시설
  ㉠ 배연탈황시설
  ⓐ 배연탈황기술로서 현재 화석연료 연소공정에서 가장 널리 사용되고 있는 처리방식은 석회를 함유한 액체에 황산화물을 함유한 가스를 통과시켜 제거하는 습식탈황시설로 기술적인 완성도 및 신뢰성 면에서 가장 우수하다고 알려져 있다.
  ⓑ 대표적인 배연탈황시설의 반응
  $SO_2 + H_2O \rightarrow H_2SO_3$
  $CaCO_3 + H_2SO_3 \rightarrow CaSO_3 + CO_2 + H_2O$
  $CaSO_3 + 1/2O_2 + 2H_2O \rightarrow CaSO_4 \cdot 2H_2O$(석고)
  $CaCO_3 + SO_2 + 1/2O_2 + 2H_2O \rightarrow CaSO_4 \cdot 2H_2O$(석고) $+ CO_2$
  $CaSO_3 + 1/2H_2O \rightarrow CaSO_3 \cdot 1/2H_2O$
  ⓒ 배연탈황시설의 온실가스 배출활동은 '탄산염(주로 석회석)의 기타공정 사용'에서 보고되어야 하며, 벤치마크 계수 또한 해당 배출활동에서 개발되어 관리되어야 한다.

ⓒ 배연탈질시설
  ⓐ 질소산화물의 저감 수단으로는 연료 중 질소성분을 탈질하는 방법, 연소단계에서 질소산화물이 적게 생기도록 하는 공정 개선 방법 및 배연탈질법이 있다.
  ⓑ 배연탈질기술 중 현재 건식법이 상용화되어 있으며 선택적 촉매환원법(SCR ; Selective Catalytic Reduction)과 선택적 비촉매환원법(SNCR ; Selective Non-Catalytic Reduction)으로 구분할 수 있다.
  ⓒ 선택적 촉매환원법(SCR)은 오염물질 처리단계에서 추가적인 에너지 사용(연료연소 활동) 및 온실가스 배출이 발생한다.

⑦ 고형연료제품 사용시설
  ㉠ 고형연료제품 품질·등급기준에 맞춰 일정 비율 이하의 수분을 함유한 고체상의 연료(일반 고형연료제품(SRF), 바이오 고형연료제품(BIO-SRF))를 연소하여 에너지를 생산하는 시설을 말한다.
  ㉡ 고형연료제품 사용시설에는 시멘트소성로, 화력발전시설, 열병합 발전시설, 보일러시설 등이 있다.

(3) 보고 대상 온실가스

구분	CO_2	CH_4	N_2O
산정방법론	Tier 1,2,3,4	Tier 1	Tier 1

📖 **Reference** 고정연소의 배출공정과 온실가스 종류 및 배출원인

배출공정	온실가스	배출원인
화력발전시설	CO_2 CH_4 N_2O	• 화석연료 연소에 의한 온실가스 배출 • CO_2 : 화석연료 중 탄소성분의 산화, 즉 연소에 의한 배출 • CH_4 : 탄소성분의 불완전연소에 의한 배출 • N_2O : 질소성분의 불완전연소에 의한 배출
열병합발전시설		
발전용 내연기관		
일반보일러시설		
공정연소시설		• 고정연소 배출 대기오염물질 처리를 위한 추가적인 에너지(연료 연소 활동)에 의한 온실가스 배출로서 그 배출원인은 연소시설과 동일
대기오염물질(NO_x) 처리시설(SCR)		• 공정배출 N_2O는 연소 과정에서 배출 이외에도 SCR 공정에서 NO_x를 환원처리하는 과정에서 중간생성물로 N_2O가 발생·배출될 개연성이 있음

출처 : 한국환경공단

(4) 배출량 산정방법론

① Tier 1~3

㉠ 관련식

$$E_{i,j} = Q_i \times EC_i \times EF_{i,j} \times f_i \times 10^{-6}$$

여기서, $E_{i,j}$: 연료(i) 연소에 따른 온실가스(j)의 배출량(tGHG)
　　　　Q_i : 연료(i) 사용량(측정값, ton-연료)
　　　　EC_i : 연료(i)별 열량계수(연료 순 발열량, MJ/kg-연료)
　　　　$EF_{i,j}$: 연료(i)별 온실가스(j)의 배출계수(kg-GHG/TJ-연료)
　　　　f_i : 연료(i)별 산화계수(CH_4, N_2O는 미적용)

㉡ 특징
- 고체연료는 연료종류 및 생산지에 따라 탄소함량, 회분함량, 수분 및 휘발분 함량 등 각각에 대해 불균질성이 있음
- 특히 유연탄 등 석탄류와 같이 수분 및 휘발분을 다량 함유한 연료의 경우 채탄 후 연소 전까지 보관기간에 따라 이들 성분이 대기 중으로 휘발되어 함량 변화가 심하기 때문에 연료의 분석이 온실가스 배출량 산정에 매우 중요함
- 산화계수는 CO_2 산화율에 대한 매개변수로서 CO_2 배출계수와 동일한 산정등급을 사용하여야 함
- 활동자료로서 공정에 투입되는 각 고체연료 사용량 적용
- 배출계수로서 연료의 단위열량당 온실가스 배출량을 적용
- 에너지부문에서의 온실가스 배출량 산정에서는 열량계수라는 개념을 도입 적용
- 열량계수란 연료 질량당 순 발열량을 의미
- 배출계수와 열량계수를 곱하게 되면 단위 연료 사용당 온실가스 배출량을 산정할 수 있음
- 산정 대상 온실가스는 CO_2, CH_4, N_2O임

② Tier 4 산정

연속측정방식(CEM)을 사용한다.

(5) 매개변수별 관리기준

① 활동자료(연료사용량, Q_i)

㉠ Tier 1

사업자 또는 연료공급자에 의해 측정된 측정불확도 ±7.5% 이내의 연료 사용량 자료를 활용한다.

ⓒ Tier 2

　　사업자 또는 연료공급자에 의해 측정된 측정불확도 ±5.0% 이내의 연료 사용량 자료를 활용한다.

　ⓒ Tier 3

　　사업자 또는 연료공급자에 의해 측정된 측정불확도 ±2.5% 이내의 연료 사용량 자료를 활용한다.

　ⓔ Tier 4

　　연속측정방식(CEM)을 사용한다.

② 열량계수(순 발열량, EC_i)

　㉠ Tier 1

　　IPCC 가이드라인 기본 발열량값을 사용한다.

　ⓒ Tier 2

　　국가 고유 발열량값을 사용한다. 단, 온실가스종합정보센터에서 별도의 계수를 공표할 경우 그 값을 적용한다.

　ⓒ Tier 3

　　사업자가 자체적으로 개발하거나 연료공급자가 분석하여 제공한 발열량값을 사용한다.

　ⓔ Tier 4

　　연속측정방식(CEM)을 사용한다.

③ 배출계수($EF_{i,j}$)

　㉠ Tier 1

　　IPCC 가이드라인 기본 배출계수를 사용한다. 단, 센터에서 별도의 계수를 공표할 경우 그 값을 적용한다.

　ⓒ Tier 2

　　국가 고유 배출계수를 사용한다. 단, 센터에서 별도의 계수를 공표하여 지침에 수록된 경우 그 값을 적용한다.

　ⓒ Tier 3

　　사업자가 자체 개발하거나 연료공급자가 분석하여 제공한 고유 배출계수(사업장 자체 개발 배출계수)를 사용한다. 배출계수는 다음 식에 따라 개발하여 사용한다.

$$EF_{i,CO_2} = EF_{i,C} \times 3.664 \times 10^3$$

$$EF_{i,C} = C_{ar,i} \times \frac{1}{EC_i} \times 10^3$$

여기서, EF_{i,CO_2} : 연료(i)에 대한 CO_2 배출계수(kgCO_2/TJ-연료)

$EF_{i,c}$: 연료(i)에 대한 탄소 배출계수(kgC/GJ-연료)

3.664 : CO_2의 분자량(44.010)/C의 원자량(12.011)

$C_{ar,i}$: 연료(i) 중 탄소의 질량 분율(인수식, 0~1 사이의 소수)

EC_i : 연료(i)의 열량계수(연료 순발열량, MJ/kg-연료)

ⓒ Tier 4

연속측정방식(CEM)을 사용한다.

④ 산화계수(f_i)

㉠ Tier 1

산화계수(f_i)는 기본값인 1.0을 적용한다.

㉡ Tier 2

발전부문은 산화계수(f_i) 0.99를 적용하고, 기타 부문은 0.98을 적용한다. 단, 온실가스 종합정보센터에서 별도의 계수를 공표할 경우 그 값을 적용한다.

㉢ Tier 3

사업자가 자체 개발하거나 연료공급자가 분석하여 제공한 고유 산화계수를 사용한다. 단, 센터에서 별도의 계수를 공표할 경우 그 값을 적용한다. 산화계수(f_i)를 자체 개발할 시에는 다음 식에 따른다.

$$f_i = 1 - \frac{C_{a,i} \times A_{ar,i}}{(1 - C_{a,i}) \times C_{ar,i}}$$

여기서, $C_{a,i}$: 재(灰) 중 탄소의 질량 분율(비산재와 바닥재의 가중 평균, 측정값, 0~1 사이의 소수)

$A_{ar,i}$: 연료 중 재(灰)의 질량 분율(인수식, 측정 값, 0~1 사이의 소수)

$C_{ar,i}$: 연료 중 탄소의 질량 분율(인수식, 계산 값, 0~1 사이의 소수)

㉣ Tier 4

연속측정방식(CEM)을 사용한다.

5 고정연소(기체연료)

(1) 배출활동 개요

① 특정 시설에 열을 제공하고 이를 열 혹은 기계적인 일(Mechanical Work)로 공정에 제공하거나 장치로부터 멀리 떨어져 이용하기 위해 설계된 장치 내에서 LNG, LPG, 프로판, 부탄 및 기타 부생가스 등 기체연료의 의도적인 연소로부터 발생되는 온실가스 배출을 말한다.
② 동 활동에서는 CO_2와 CH_4, N_2O가 발생한다.

(2) 보고 대상 배출시설

① 화력발전시설
② 열병합 발전시설
③ 발전용 내연기관
④ 일반보일러시설
　㉠ 원통형 보일러
　㉡ 수관식 보일러
　㉢ 주철형 보일러
⑤ 공정연소시설
　㉠ 건조시설　　　　　　　　㉡ 가열시설
　㉢ 나프타 분해시설(NCC)　㉣ 용융·용해시설
　㉤ 소둔로　　　　　　　　　㉥ 기타 노
⑥ 대기오염물질 방지시설
　㉠ 배연탈황시설
　㉡ 배연탈질시설

(3) 보고 대상 온실가스

구분	CO_2	CH_4	N_2O
산정방법론	Tier 1, 2, 3, 4	Tier 1	Tier 1

(4) 배출량 산정방법론

① Tier 1~3
　㉠ 관련식

$$E_{i,j} = Q_i \times EC_i \times EF_{i,j} \times f_i \times 10^{-6}$$

여기서, $E_{i,j}$: 연료(i) 연소에 따른 온실가스(j)의 배출량(tGHG)
Q_i : 연료(i) 사용량(측정값, 천 m^3 – 연료)
EC_i : 연료(i)의 열량계수(연료 순 발열량, MJ/m^3 – 연료)
$EF_{i,j}$: 연료(i)에 따른 온실가스(j) 배출계수(kgGHG/TJ – 연료)
f_i : 연료(i)의 산화계수(CH_4, N_2O는 미적용)

    ⓒ 특징
- 기체연료는 연료 중에 포함된 성분의 종류, 성분별 함량, 밀도 및 표준온도로의 환산 값 등이 온실가스 배출량 산정에 영향을 미칠 수 있으므로 이들 항목에 대한 조사가 필요함
- 산화계수는 CO_2 산화율에 대한 매개변수로서 CO_2 배출계수와 동일한 산정등급을 사용하여야 함
- 활동자료로서 공정에 투입되는 각 기체연료 사용량 적용
- 배출계수로서 연료의 단위열량당 온실가스 배출량을 적용
- 에너지부문에서의 온실가스 배출량 산정 시에는 열량계수라는 개념을 도입 적용
- 열량계수란 연료 질량당 순 발열량을 의미하고, 배출계수와 열량계수를 곱하게 되면 단위 연료 사용당 온실가스 배출량을 산정할 수 있음
- 산정 대상 온실가스는 CO_2, CH_4, N_2O임

  ② Tier 4

    연속측정방식(CEM)을 사용한다.

(5) 매개변수별 관리기준

① 활동자료(연료사용량, Q_i)

  ㉠ Tier 1

    사업자 또는 연료공급자에 의해 측정된 측정불확도 ±7.5% 이내의 연료사용량 자료를 활용한다.

  ㉡ Tier 2

    사업자 또는 연료공급자에 의해 측정된 측정불확도 ±5.0% 이내의 연료사용량 자료를 활용한다.

  ㉢ Tier 3

    사업자 또는 연료공급자에 의해 측정된 측정불확도 ±2.5% 이내의 연료사용량 자료를 활용한다.

  ㉣ Tier 4

    연속측정방식(CEM)을 사용한다.

② 열량계수(순 발열량, EC_i)

　㉠ Tier 1

　　IPCC 가이드라인 기본 발열량값을 사용한다.

　㉡ Tier 2

　　국가 고유 발열량값을 사용한다. 단, 온실가스종합정보센터에서 별도의 계수를 공표할 경우 그 값을 적용한다.

　㉢ Tier 3

　　사업자가 자체적으로 개발하거나, 연료공급자가 분석하여 제공한 발열량값을 사용한다.

　㉣ Tier 4

　　연속측정방식(CEM)을 사용한다.

③ 배출계수(EF_i)

　㉠ Tier 1

　　IPCC 가이드라인 기본 배출계수를 사용한다.

　㉡ Tier 2

　　국가 고유 배출계수를 사용한다. 단, 온실가스종합정보센터에서 별도의 계수를 공표할 경우 그 값을 적용한다.

　㉢ Tier 3

　　사업자가 자체 개발하거나 연료공급자가 분석하여 제공한 고유 배출계수를 사용한다. 배출계수는 다음 식에 따라 개발하여 사용한다.

$$EF_{i, CO_2} = \frac{EF_{i,t}}{EC_i} \times D_i \times 10^3$$

$$EF_{i,t} = \sum_y \left[\left(\frac{MW_y}{MW_{y,total}} \right) \times \left(\frac{44.010}{mw_y} \times N_y \right) \right]$$

여기서, EF_{i,CO_2} : 연료(i)의 CO_2 배출계수(kgCO_2/TJ-연료)

　　　　EC_i : 연료(i)의 열량계수(연료 순발열량, MJ/m³-연료)

　　　　$EF_{i,t}$: 연료(i)의 CO_2 환산계수(kgCO_2/kg-연료)

　　　　D_i : 연료(i)의 밀도(g-연료/m³-연료, 공급자가 제공한 값을 우선 적용)

　　　　MW_y : 연료(i) 1몰에 포함된 가스성분(y)별 질량(g/mol)

　　　　mw_y : 연료(i)의 가스성분(y)의 몰질량(g/mol)

N_y : 연료(i)의 가스성분(y)의 탄소 원자수(개)

$MW_{y,total}$: $MW_{y,total} = \sum_y MW_y$

ㄹ) Tier 4

연속측정방식(CEM)을 사용한다.

④ 산화계수(f_i)

㉠ Tier 1

산화계수(f_i)는 기본값인 1.0을 적용한다.

㉡ Tier 2

산화계수(f_i)는 0.995를 적용한다.
단, 온실가스종합정보센터에서 별도의 계수를 공표할 경우 그 값을 적용한다.

㉢ Tier 3

산화계수(f_i)는 0.995를 적용한다.
단, 온실가스종합정보센터에서 별도의 계수를 공표할 경우 그 값을 적용한다.

㉣ Tier 4

연속측정방식(CEM)을 사용한다.

6 고정연소(액체연료)

(1) 배출활동 개요

① 특정 시설에 열을 제공하고 이를 열 혹은 기계적인 일(Mechanical Work)로 공정에 제공하거나 장치로부터 멀리 떨어져 이용하기 위해 설계된 장치 내에서 원유, 휘발유, 등유, 경유, B-A/B/C와 같은 액체 화석연료의 의도적인 연소로부터 발생되는 온실가스 배출을 말한다.

② 동 활동에서는 CO_2와 CH_4, N_2O가 발생한다.

(2) 보고 대상 배출시설

① 화력발전시설
② 열병합발전시설
③ 발전용 내연기관
④ 일반보일러시설
  ㉠ 원통형 보일러
  ㉡ 수관식 보일러
  ㉢ 주철형 보일러

⑤ 공정연소시설
  ㉠ 건조시설
  ㉡ 가열시설
  ㉢ 나프타 분해시설(NCC)
  ㉣ 용융·용해시설
  ㉤ 소둔로
  ㉥ 기타 노
⑥ 대기오염물질 방지시설
  ㉠ 배연탈황시설
  ㉡ 배연탈질시설

(3) 보고 대상 온실가스

구분	CO_2	CH_4	N_2O
산정방법론	Tier 1,2,3,4	Tier 1	Tier 1

(4) 배출량 산정방법론

① Tier 1~3

  ㉠ 관련식

$$E_{i,j} = Q_i \times EC_i \times EF_{i,j} \times f_i \times 10^{-6}$$

여기서, $E_{i,j}$: 연료(i) 연소에 따른 온실가스(j)의 배출량(tGHG)
Q_i : 연료(i)의 사용량(측정값, KL-연료)
EC_i : 연료(i)의 열량계수(연료 순 발열량, MJ/L-연료)
$EF_{i,j}$: 연료(i)의 온실가스(j) 배출계수(kgGHG/TJ-연료)
f_i : 연료(i)의 산화계수(CH_4, N_2O는 미적용)

  ㉡ 특징
    • 산화계수는 CO_2 산화율에 때한 매개변수로서 CO_2 배출계수와 동일한 산정등급을 사용하여야 함
    • 활동자료로서 공정에 투입되는 각 액체연료 사용량을 적용함
    • 배출계수로서 연료의 단위열량당 온실가스 배출량을 적용함
    • 에너지 부문의 온실가스 배출량 산정 시에는 열량계수라는 개념을 도입하여 적용
    • 열량계수란 연료 질량당 순 발열량을 의미하고, 배출계수와 열량계수를 곱하게 되면 단위 연료 사용당 온실가스 배출량을 산정할 수 있음
    • 산정 대상 온실가스는 CO_2, CH_4, N_2O임
    • Tier 3 산정방법에서는 산화계수를 별도로 적용하지 않음

② Tier 4

　연속측정방식(CEM)을 사용한다.

(5) 매개변수별 관리기준

① 활동자료(연료사용량, Q_i)

　㉠ Tier 1

　　사업자 또는 연료공급자에 의해 측정된 측정불확도 ±7.5% 이내의 연료사용량 자료를 활용한다.

　㉡ Tier 2

　　사업자 또는 연료공급자에 의해 측정된 측정불확도 ±5.0% 이내의 연료사용량 자료를 활용한다.

　㉢ Tier 3

　　사업자 또는 연료공급자에 의해 측정된 측정불확도 ±2.5% 이내의 연료사용량 자료를 활용한다.

　㉣ Tier 4

　　연속측정방식(CEM)을 사용한다.

② 열량계수(순 발열량, EC_i)

　㉠ Tier 1

　　IPCC 가이드라인 기본 발열량값을 사용한다.

　㉡ Tier 2

　　국가 고유 발열량값을 사용한다. 단, 온실가스종합정보센터에서 별도의 계수를 공표할 경우 그 값을 적용한다.

　㉢ Tier 3

　　사업자가 자체적으로 개발하거나 연료공급자가 분석하여 제공한 발열량값을 사용한다.

　㉣ Tier 4

　　연속측정방식(CEM)을 사용한다.

③ 배출계수(EF_i)

　㉠ Tier 1

　　IPCC 가이드라인 기본 배출계수를 사용한다.

ⓒ Tier 2

국가 고유 배출계수를 사용한다. 단, 온실가스종합정보센터에서 별도의 계수를 공표할 경우 그 값을 적용한다.

ⓒ Tier 3

사업자가 자체 개발하거나 연료공급자가 분석하여 제공한 고유 배출계수를 사용한다. 배출계수는 다음 식에 따라 개발하여 사용한다.

$$EF_{i, CO_2} = C_i \times \frac{D_i}{EC_i} \times 10^3 \times 3.664$$

여기서, EF_{i, CO_2} : 연료(i)의 CO_2 배출계수(kgCO_2/TJ-연료)
  C_i : 연료(i) 중 탄소의 질량 분율(0~1 사이의 소수)
  D_i : 연료(i)의 밀도(g-연료/L-연료)
  EC_i : 연료(i)의 열량계수(연료 순발열량, MJ/L-연료)
  3.664 : CO_2의 분자량(44.010)/C의 원자량(12.011)

ⓓ Tier 4

연속측정방식(CEM)을 사용한다.

④ 산화계수(f_i)

ⓐ Tier 1

산화계수(f_i)는 기본값으로 1.0을 적용한다.

ⓑ Tier 2

산화계수(f_i)는 0.99를 적용한다.
단, 온실가스종합정보센터에서 별도의 계수를 공표할 경우 그 값을 적용한다.

ⓒ Tier 3

산화계수(f_i)는 0.99를 적용한다.
단, 온실가스종합정보센터에서 별도의 계수를 공표할 경우 그 값을 적용한다.

ⓓ Tier 4

연속측정방식(CEM)을 사용한다.

7 최적실용화 기술(BAT)의 이해

(1) 연소기술

① 개요

㉠ 연소시설에 대한 감축기술 중 탄소포집 및 저장기술(CCS)은 현재 상용화되지 않은 점을 고려하여 BAT 설정 시 고려하지 않고 연소효율(Thermal Efficiency)을 높일 수 있는 방안을 중심으로 고려한다.

㉡ 연소 또는 소각은 연료 및 산화제 사이에서 발생하는 일련의 발열성 화학반응으로, 백열 또는 플레어 형태의 열과 빛의 생성을 수반한다.

㉢ 완전 연소 반응에서 실제로는 연소 공정은 완전하거나, 완벽하지 않다.

㉣ 탄소 또는 탄소화합물(예 탄화수소, 나무) 연소에서 발생하는 배기가스에는 미연탄소(매연) 및 탄소화합물(CO)이 포함되어 있다.

㉤ 모든 응용분야에 있어, 에너지는 공정 매개변수의 제어 및 연소 측면의 제어로 관리될 수 있다.

㉥ 공정과 관련된 에너지관리전략은 공정 그 자체에 따라 다르며 관련 분야에서 고려할 수 있다.

② 연소공정에서의 손실

㉠ 열에너지의 손실은 배출가스를 통한 열손실, 배기가스 온도, 공기 혼합, 연료 구성성분 및 보일러의 불순 정도에 따라 달라진다.

㉡ 미연 연료, 즉 전환되지 않은 화학적 에너지에 의한 손실
불완전연소는 일산화탄소 및 배기가스 내에서의 탄화수소를 발생시킨다.

㉢ 전도 및 방사에 의한 손실
증기 발생과정에서 주로 나타나며, 증기 발생기와 증기 파이프의 단열 정도에 따라 손실은 달라진다.

㉣ 잔류물 내의 미연물질에 의한 손실
바닥을 통해 올라오는 미연탄소 및 건식 기저보일러(DBB)에서의 비산회(Fly Ash)와 습식 기저보일러(WBB)에서의 슬래그 및 비산회에 의한 손실을 포함한다.

㉤ 증기 발생을 위한 보일러 내의 파열로 인한 손실

③ 연소기술의 선택

대형 연소시설에서 여러 가지 다른 연료(바이오매스 및 토탄, 액체 또는 기체연료)를 이용해 에너지를 발생시키는 일반 연소기술에 따라 에너지효율 및 온실가스 배출량이 결정된다.

㉠ 주요 연소기술

　ⓐ 석탄 및 갈탄의 예비건조, 석탄 가스화 기술
　ⓑ 바이오매스 및 토탄 등의 예비건조, 바이오매스의 가스화
　ⓒ 바이오매스 연료 관련, 바크 프레싱(Bark Pressing)
　ⓓ 기체연료 연소에서 가압가스의 에너지 회복을 위한 팽창 터빈의 사용
　ⓔ 열병합 발전
　ⓕ 배출량 감소 및 보일러 성능을 위한 연소환경의 첨단 전산제어
　ⓖ 배기가스 폐열의 지역적 활용
　ⓗ 잉여공기의 감소를 통한 배기가스 유량의 감소
　ⓘ 배출가스 온도의 저하, 배기가스에서의 낮은 CO 농도
　ⓙ 열축적
　ⓚ 냉각탑 배출, 냉각시스템의 다양한 기술 등
　ⓛ 폐열을 이용한 연료가스의 예열, 연소공기의 예열
　ⓜ 열회수 방식 및 축열식 버너
　ⓝ 버너조절 및 제어
　ⓞ 연료의 선택
　ⓟ 단열을 통한 열손실 감소
　ⓠ 노 입구를 통한 손실의 감소
　ⓡ 유동층 연소

④ 배기가스 온도의 감소

연소공정에서 발생할 수 있는 열손실을 줄이기 위한 방법 중 하나는 굴뚝으로 배출되는 배기가스의 온도를 줄이는 방법

㉠ 열전달 비율의 증가(터뷰레이터 또는 열을 교환하는 액체의 교류를 촉진할 수 있는 기타 장치의 설치) 또는 열전달 표면의 증가 및 개선을 이용한 공정에서의 열전달 증가

㉡ 배기가스 내의 폐열을 회수하기 위해 추가적인 공정(예 이코노마이저를 이용한 증기 발생)과 결합되는 열회수

㉢ 공기(또는 물) 예열기의 설치 또는 배기가스와의 열 교환을 이용한 연료의 예열
생산 공정(예 유리, 시멘트)에서 높은 화염온도가 필요한 경우 이 공정은 공기 예열이 필요할 수 있다는 것을 염두에 둔다. 예열된 물은 보일러 급수 또는 온수 시스템(지역 시스템 같은)에서 사용될 수 있다.

㉣ 높은 열전달 효율을 유지하기 위해, 재 또는 탄소질 분진으로 점진적으로 덮이게 되는 열전달 표면의 세척
주기적으로 작동하는 매연 송풍기의 대류 지역은 청결하게 유지되어야 한다. 연소지역에

서의 열전달 표면의 세척은 일반적으로 검사기간 및 유지·보수를 위한 가동 중지 기간에 이루어지나, (정련가열기 같은) 일부 경우에는 운영 중에 세척작업을 할 수 있다.

　ⓜ 연소출력을 열 수요에 부합하도록(또한 과잉되지 않도록) 보장
　　예를 들어, 액화연료에 덜 강력한 노즐을 설치하거나 기체연료의 공급 압력을 감소시키는 등의 방법을 통해 연료의 유량을 줄여 버너의 화력을 저하시키는 방법으로 제어될 수 있다.

⑤ **공기 또는 물 예열기의 설치**
　㉠ 이코노마이저 이외에도, 공기 예열기(기체-기체 열 교환기)가 설치될 수 있으며 공기 예열기(APH)는 버너로 유입되는 공기를 가열한다. 이는 공기가 종종 주변온도 수준으로 되는 것과 마찬가지로 배기가스가 더 낮은 온도로 냉각될 수 있다는 것을 의미한다.
　㉡ 높은 공기 온도일수록 연소가 더 잘 이루어지며, 보일러의 일반적인 효율도 증가될 것이다. 일반적으로, 배기가스 온도가 20℃ 떨어질 때마다 1%의 효율 증가를 달성할 수 있다.
　㉢ 보일러실 천장에 버너의 공기주입구를 설치하는 방법이 덜 효율적이나 더 간단한 예열방법일 수 있다. 일반적으로, 보일러실 천장의 공기는 외부 온도에 비해 10~20℃ 정도 더 높다. 이는 효율의 손실과 상쇄가 될 수 있다.
　㉣ 이중벽으로 된 배출 파이프를 통해 공기를 버너로 보내는 방법으로 배기가스는 내부 파이프를 통해 보일러실로 전달되고, 버너의 공기는 두 번째 층을 통해 하부로 이동하는 것이다. 이 방법으로 배기가스의 손실을 이용해 공기를 예열할 수 있다.
　㉤ 공기-물 열 교환기를 설치할 수도 있다.

⑥ **열회수 방식 및 축열식 버너**
　㉠ 공업용 노의 가열공정의 주요 문제 중 하나는 에너지 손실이다.
　㉡ 전통적인 기술을 이용하는 경우 1,300℃ 정도의 온도에서 배기가스를 통해서 약 70%의 투입열이 손실되며 에너지 절감 수단은 특히 고온(400~1,600℃) 공정에서 중요한 역할을 수행하고 있다.
　㉢ 열회수 방식 및 축열식 버너는 연소공기 예열을 통한 직접적인 폐열 회수를 위해 고안되었다.
　㉣ 열회수 방식 버너
　　ⓐ 소각로 폐기가스에서부터 유입되는 연소공기의 예열까지 발생하는 다양한 열을 추출하는 열교환기다.
　　ⓑ 냉각 공기 연소 시스템과 비교해 볼 때, 열회수기는 30% 내외의 에너지 절감을 예상할 수 있다.
　　ⓒ 일반적으로 최대 550~600℃까지 공기를 예열할 수 있다.
　　ⓓ 열회수 방식 버너는 고온공정에서 이용된다(700~1,100℃).

㉢ 축열식 버너
  ⓐ 한 쌍으로 작동하며 세라믹 축열기를 이용한 단기간 열보관의 원리로 작동한다.
  ⓑ 노 폐기가스에서 발생하는 열의 85~90%를 회수할 수 있다.
  ⓒ 유입되는 연소공기는 노 운영 온도보다 100~150℃ 낮은 수준의 매우 높은 온도로 예열될 수 있다.
  ⓓ 적용 온도는 800~1,500℃ 범위이다.
  ⓔ 연료소모는 60%가량 줄어들 수 있다.
  ⓕ 열회수 방식 및 축열식 버너(HiTAC 기술)는 동종의 화염 온도(무염연소)를 이용하며, 전통적인 화염의 온도 최고점을 이용하지 않는, 사실상 확장된 연소지역 내에서 이루어지는 기발한 연소방식으로 실행된다.

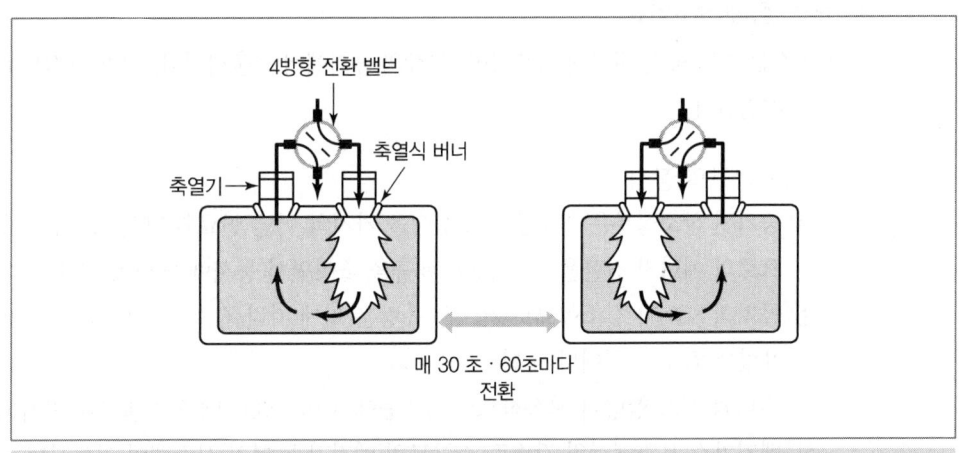

축열식 버너의 작동 원리

⑦ 잉여공기의 감소를 통한 배기가스 유량의 감소
  ㉠ 잉여공기는 연료 유량에 비례해 공기 유량을 조정하는 방식으로 최소화될 수 있다.
  ㉡ 대체로 배기가스 내 산소량의 자동화된 측정을 통해 지원될 수 있다.
  ㉢ 공정에서 요구하는 열이 얼마나 빨리 변동될 수 있느냐에 따라, 잉여공기는 수동으로 설정되거나 자동으로 제어될 수 있다.
  ㉣ 공기 수준이 너무 낮으면 화염이 소멸될 수 있으며, 이로 인한 재점화 및 역화는 설비에 손상을 입힐 수 있다.
  ㉤ 안전상의 이유로 일부 잉여공기는 (일반적으로 가스연료의 12%이며 액체 연료의 10% 수준으로) 항상 남아 있어야 한다.

⑧ 버너 조절 및 제어

자동화된 버너 조절 및 제어는 연료 흐름, 공기 흐름, 배기가스 내의 산소 흐름 및 열 요구량을 모니터링하고 제어하는 방식을 이용해 연소를 제어하는 데 이용될 수 있다.

⑨ 연료의 선택
   ㉠ 연소공정에 선택된 연료의 종류는 연료가 이용된 개별 장치에 공급되는 열에너지의 양에 영향을 미친다.
   ㉡ 요구되는 잉여공기 비율은 이용된 연료에 따라 달라지며, 이는 고체일 때 증가한다.
   ㉢ 연료의 선택은 연소공정에서 잉여공기를 제거하고 에너지 효율을 높이기 위한 옵션이다.
   ㉣ 일반적으로 연료의 발열량이 높을수록 연소공정은 더 효과적이다.

⑩ 산소 - 점화(산소연료)
   ㉠ 산소는 주변 공기 대신에 이용되며, 현장의 공기에서 추출하거나, 더 일반적으로는 대량으로 매입한다.
   ㉡ 산소 점화의 장점
      ⓐ 증가된 산소성분은 연소온도의 상승을 가져와 미연 연료의 양을 줄여줌. 이로써 공정으로의 에너지 전환을 높여 NO_x 배출을 줄이면서 동시에 에너지 효율이 증가하게 됨
      ⓑ 공기의 80%가 질소이므로 가스의 유량은 이에 따라 감소하게 되며, 이로써 배기가스 유량의 감소가 일어나게 됨
      ⓒ 버너의 질소 함량이 지속적으로 감소됨에 따라, NO_x 배출의 결과를 가져옴
      ⓓ 배기가스 유량에서의 감소로 소규모의 폐기가스 처리 시스템이 가능하며 결과적으로 NO_x(여전히 필요하기는 하나) 분진 등의 감소로 에너지 요구량이 더 적어짐
      ⓔ 산소가 현장에서 생산되는 경우, 분리된 질소는 (비철금속 산업에서의 자연성 반응 같은) 산화조건에서 반응이 일어나는 노 내의 비활성 대기를 활성화시키는 경우 등에 이용 가능함
      ⓕ 향후 이익으로 CO_2의 포집 및 분리를 더 쉽게 만들고 에너지가 덜 필요하게 되는 감소된 가스(및 고농도 CO_2)의 양을 기대할 수 있음

⑪ 단열에 의한 열손실 감소
   ㉠ 연소 시스템의 벽을 통한 열손실은 파이프의 직경 및 단열체의 두께에 따라 결정된다.
   ㉡ 경제적 측면에서 에너지 소모와 연관되는 최적의 단열두께는 각각의 경우에 따라 다르다.
   ㉢ 벽을 통한 열손실을 최소한으로 유지할 수 있는 효과적인 단열은 보통 설비의 주문 단계에서 이루어진다.
   ㉣ 단열재료는 지속적으로 성능이 감소하며, 따라서 유지·보수 프로그램에 따른 조사 후에 대체되어야 한다.

⑪ 운영 중지 기간의 수리를 계획하기 위해 연소설비가 운영 중일 때 외부에서부터 손상된 단열 지역을 확인하는 데에 적외선 영상을 이용하는 일부 기술이 유용하다.

⑫ 노 개방을 통한 손실의 감소
㉠ 복사에 의한 열손실은 하역을 위한 노 개방에 의해 발생할 수 있다. 이는 특히 500℃ 이상의 온도에서의 노 운영에 있어 중요하다.
㉡ 개방은 노 연도 및 굴뚝, 공정을 눈으로 점검하기 위해 이용되는 구멍, 과도한 작업량, 하역, 물질 및 연료 등을 수용하기 위해 부분적으로 개방된 채로 있는 문을 포함한다.

⑬ 기타 연소공정에서 열손실을 줄이고 연소효율을 높일 수 있는 방법
㉠ 고형 폐기물(재) 및 잔여물질 등에 포함되는 불연소 가스 및 성분에 기인하는 열손실의 최소화
㉡ 전력생산시설의 경우 스팀의 압력과 온도를 높이거나, 과열 스팀을 반복적으로 사용하는 등 전력생산효율을 개선
㉢ 스팀터빈의 방출구에서 저온·저압의 냉각수를 사용하는 등 스팀 압력 저하를 최대화
㉣ 폐열재 이용 및 지역난방 등 연도가스(Flue Gas)의 열손실 최소화
㉤ 슬래그(Slag)로부터의 열손실 최소화
㉥ 격리 전도 및 복사 등 열손실의 최소화
㉦ 증발기의 농축·분리법 적용(Scorification of Evaporator), 급수펌프의 에너지효율 개선 등 시설 내부에서의 에너지 사용 절감
㉧ 스팀을 통한 보일러 급수의 예열(Preheating)
㉨ 터빈날개(Turbine Blade) 형상의 개선 등

(2) 증기 시스템

① 개요
㉠ 증기 시스템은 발생 설비(보일러), 분배 시스템(증기 네트워크, 즉 증기 및 응축액의 반환), 소비자 또는 최종 사용자(즉, 증기/열을 이용하는 설비/공정) 및 응축액 회수 시스템의 4가지 별개의 부문으로 구성되어 있다.
㉡ 효과적인 열 생산, 분배, 운영 및 유지·보수는 열손실의 감소에 크게 기여한다.

② 증기 발생
㉠ 증기는 보일러 또는 열회수 시스템 발생기 내에서 연소가스의 열을 물로 이동시키는 과정에서 생겨난다.
㉡ 물이 충분한 열을 흡수하면 액체상태에서 증기 상태로 상이 변화한다.
㉢ 일부 보일러에서, 과열기는 증기의 에너지 성분을 더 증가시킨다.
㉣ 압력으로 인해 증기는 보일러 또는 증기발생기에서 분배 시스템으로 흐르게 된다.

③ 증기분배
  ㉠ 분배 시스템은 증기를 보일러 또는 최종사용지점으로 운반한다.
  ㉡ 많은 분배 시스템은 다른 압력조건에서 운영되는 여러 개의 라인으로 구성되어 있다.
  ㉢ 분배 라인들은 다양한 유형의 격리밸브, 압력-조절밸브 및 경우에 따라 배압 터빈으로 분리된다.
  ㉣ 효율적인 분배 시스템 성능은 적당한 증기 압력 평형, 뛰어난 응축액 배수, 적당한 단열 및 효과적인 압력 조절을 필요로 한다.
  ㉤ 높은 압력의 증기가 갖는 장점
    ⓐ 포화된 증기의 온도는 더 높음
    ⓑ 규모가 더 작음, 즉 더 작은 분배 파이프를 필요로 함
    ⓒ 고압에서 증기를 분배하고 적용에 앞서 압력을 줄이는 것이 가능함. 따라서 증기는 더 건조해지고 안정성은 더 높아짐
    ⓓ 높은 압력일수록 보일러 내의 가열공정은 더 안정적이게 됨
  ㉥ 낮은 압력 시스템이 갖는 장점
    ⓐ 보일러 및 분배 시스템에서 에너지 손실이 더 적음
    ⓑ 응축액 내의 잔존 에너지양이 상대적으로 더 적음
    ⓒ 파이프 시스템에서의 누손 손실이 더 적음
    ⓓ 관석 생성의 감소
  ㉦ 증기 시스템에서의 높은 운영 압력 밸브 때문에, 안전은 증기 공정에서 극도로 중요한 측면이다.
  ㉧ 증기 시스템은 수격작용 또는 다양한 침식이 일어나기 쉽다. 그 결과, 다른 부품의 신뢰성 및 수명은 설계, 설정 및 설비의 유지·보수에 따라 상당히 다르다.

④ 증기의 사용단계
  ㉠ 증기의 최종 용도
    ⓐ 기계적 운영 : 터빈, 펌프, 압축기 등. 발전기, 대형 압축기 등의 대규모 장비에 일반적임
    ⓑ 가열 : 공정 가열, 모든 유형의 제지 생산품의 건조
    ⓒ 화학 반응에서 이용 : 화학 반응의 감속, 탄화수소 성분의 분리 및 증기 메탄 개질에서의 수소 원천으로의 이용
  ㉡ 일반적인 증기 시스템의 최종용도 장비에는 열교환기, 터빈, 분류탑, 탈기설비 및 화학반응 용기가 포함된다.

ⓒ 공정 가열에서, 증기는 내부의 잠열을 열교환기 내에서 공정유체로 이동시킨다.
㉣ 증기는 농축되기 전까지는 스팀트랩을 이용해 열교환기 내에 보관되는데, 각각의 지점에서 트랩은 응축액을 응축액 반환 시스템으로 흘려보낸다.
㉤ 터빈 내에서 증기의 내부에너지는 펌프, 압축기 또는 전기발생기 같은 회전식 또는 왕복식 기계장치를 구동하기 위한 역학적 일로 전환된다.
㉥ 분류탑 내에서 증기는 공정유체의 다양한 성분의 분류를 촉진한다.
㉦ 탈기장치 내에서 증기는 공정유체에서 오염물질을 추출하는 데 이용된다.
㉧ 증기는 다음 특정 화학반응을 위한 물의 공급원으로 이용된다.

⑤ **응축액의 회수**
㉠ 증기가 잠열을 설비 내로 이동시킬 때, 물은 증기 시스템 내에서 응축되고 응축액 반환 시스템을 통해 보일러로 반환된다.
㉡ 첫 번째로 수집탱크로 응축액이 반환되는데, 여기서 응축액은 탈기기로 펌핑된다.
ⓒ 탈기기에서는 산소와 비응축 가스들이 탈기된다.
㉣ 보충수 및 화학약품은 수집 탱크나 탈기기 안에서 추가될 수 있다.
㉤ 보일러 공급펌프는 공급수 압력을 보일러 압력 이상으로 증가시키고 순환을 완결하기 위해 공급수를 보일러 내로 주입한다.

⑥ **공급수 예열(이코노마이저의 이용을 포함)**
㉠ 탈기기에서 보일러로 반환된 물의 온도는 일반적으로 105℃ 정도이며 압력이 더 높은 보일러 안의 물은 더 높은 온도를 나타낸다.
㉡ 증기 보일러는 시스템 손실을 대체하고 응축액을 재순환하기 위해 물이 공급된다.
ⓒ 열회수는 공급수 예열에 의해, 즉 증기보일러 연료 요구사항을 줄임으로써 가능하다.
㉣ 예열 방식
  ⓐ 폐열의 이용(예 공정에서 발생하는 폐열)
    물/물 열교환기를 이용하는 것 같은, 유효 폐열을 이용해 공급수를 예열할 수 있다.
  ⓑ 이코노마이저의 이용
    이코노마이저(다음 그림의 (1))는 배기가스에서 유입 공급수로 열을 이동시킴으로써 증기보일러 연료 요구사항을 줄이는 열교환기이다.
  ⓒ 탈기 공급수의 이용
    • 응축액은 공급수 컨테이너(2)에 도달하기 전에 탈기 공급수를 이용해 예열될 수 있다. 응축액 탱크(3)로부터의 공급수의 온도는 공급수 컨테이너(2)에서의 탈기된 공급수보다 더 낮다. 열교환기를 통해, 탈기된 공급수는 더 낮은 온도로 냉각된다(열은 응축액 탱크에서 공급수로 전달됨). 그 결과, 공급수 펌프를 따라 이동한 탈기된

공급수는 이코노마이저(1)를 통과할 때 더 차갑게 냉각된다.
- 더 큰 온도 차이를 이용해 효율을 높이고 배기가스 온도 및 배기가스 손실을 줄인다. 종합적으로 이로써 공급수 컨테이너 내의 공급수가 더 따뜻해 더 적은 활성증기가 탈기에 필요하게 되므로 활성증기를 절약할 수 있다.

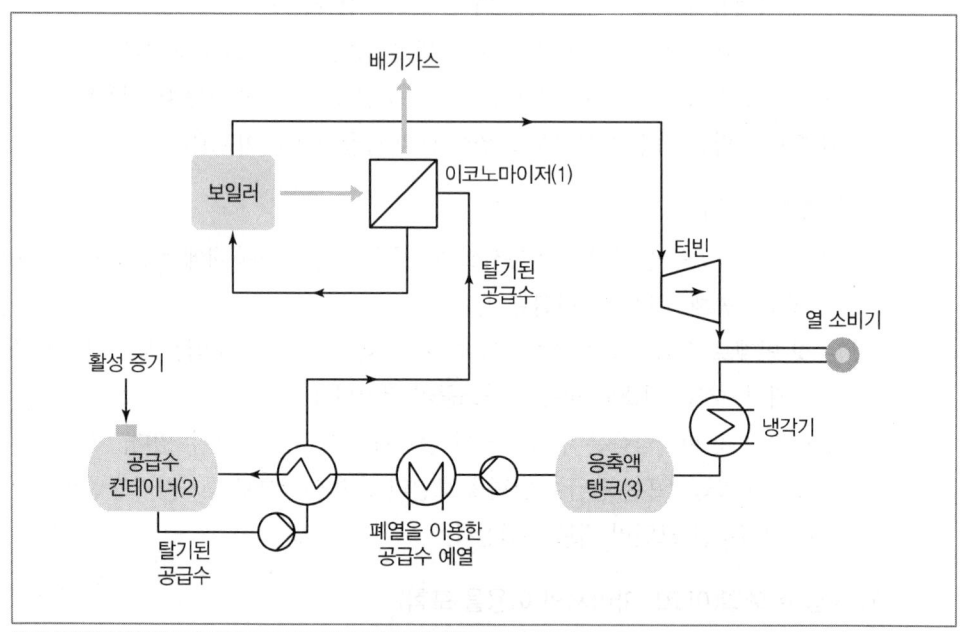

공급수 예열기술 공정도

⑦ 열 이동면에서 스케일(Scale) 방지 및 제거
  ㉠ 열교환 튜브 내에서와 마찬가지로 보일러를 구동하는 경우에도 관석이 열 이동면에 생길 수 있으며, 보일러수 내의 수용성 물질이 보일러 교환튜브의 주변에 있는 물질과 반응할 때도 관석이 생긴다.
  ㉡ 스케일은 대체로 철강보다 10배 이하의 열전도율을 지니기 때문에 문제를 야기할 수 있다.
  ㉢ 일정한 두께와 특정 구성성분이 포함된 스케일이 열교환 표면에 생성되면 표면을 통한 열전달은 스케일 두께의 비율로 감소한다.
  ㉣ 작은 스케일도 단열재로서 효과적으로 작용할 수 있어 열전달을 감소시키게 되며 그 결과 보일러 튜브 금속의 과열, 튜브 고장 및 에너지 효율의 손실이 발생한다.
  ㉤ 스케일을 제거함으로써 운영자는 에너지 사용 및 연간 운영비용을 쉽게 절약할 수 있다.
  ㉥ 보일러 스케일로 인한 연료 폐기물은 수관보일러에서 2%, 점화 튜브 보일러에서 5%에 이른다.
  ㉦ 보일러 수준에서, 이러한 스케일의 규칙적인 제거로 실제적인 에너지 절감이 발생할 수 있다.

⑧ 보일러에서의 파열(Blowdown) 최소화
  ㉠ 파열 온도는 직접적으로 보일러 내에서 생성되는 증기의 온도와 연관이 있기 때문에 파열률을 최소화함으로써 사실상 에너지 손실을 줄일 수 있다.
  ㉡ 증기가 발생하는 동안 물이 보일러 내에서 증발하면, 용존 고형물들이 물 안에 남게 되는데, 결과적으로 보일러 내의 용존 고형물의 농도가 높아지게 된다.
  ㉢ 부유 고형물은 침전물을 형성하게 되는데, 이로써 열 이동이 감소된다.
  ㉣ 용존 고형물은 기포 형성과 보일러수의 증기로의 잔존을 조장한다.
  ㉤ 부유 고형물 및 총 용존 고형물(TDS)의 수준을 수용 가능한 한계 수준으로 줄이기 위해 다음 각각의 경우에 자동화 또는 수동화 두 절차가 이용된다.
    ⓐ 기저 파열은 보일러 내의 뛰어난 열 교환을 허용하기 위해 시행되며 일반적으로 몇 시간마다 몇 분간의 수동절차가 시행되는 방식이다.
    ⓑ 표면 또는 스키밍 파열은 액체 표면 근처에 모여 있는 용존 고형물을 제거하기 위해 설계된 방식으로 종종 지속적인 공정형태로 되어 있다.
  ㉥ 배수를 위한 염잔류물의 파열은 적용된 증기의 1~3% 사이의 추가 손실을 발생시킨다. 또한, 규제당국이 요구하는 온도까지 파열 잔류물을 냉각하기 위한 추가 비용이 발생할 수 있다.
  ㉦ 증발에 의한 압력 탈기 또한 1~3% 사이의 추가 손실을 가져올 수 있다(103℃의 온도에서 근소한 잉여압력을 적용함으로써 CO_2 및 산소는 공정과정에서 담수로부터 제거된다.) 이는 탈기장치의 배출률을 최적화함으로써 최소화될 수 있다.

⑨ 탈기기 배출률의 최적화
  ㉠ 탈기기는 보일러 공급수에서 용존가스를 제거하는 기계적 장치이며 탈기는 부식성 가스의 영향으로부터 증기 시스템을 보호한다.
  ㉡ 용존산소 및 이산화탄소의 농도를 부식이 최소화되는 수준까지 줄임으로써 탈기를 수행한다.
  ㉢ 5ppb 또는 그 이하의 용존산소 수준이 대부분의 고압(13.79barg 이상) 보일러에서 부식을 막기 위해 요구된다.
  ㉣ 저압 보일러에서는 43ppb까지 산소 농도가 올라갈 수 있는 반면에, 5ppb로 산소 농도를 제한하는 것으로 장비 수명은 거의 늘어나지 않거나 또는 비용이 전혀 들지 않는다.
  ㉤ 용존 이산화탄소는 본질적으로 탈기기를 이용해 완전히 제거된다.
  ㉥ 효과적인 탈기 시스템의 설계는 제거되어야 하는 가스양 및 최종가스(O_2) 농도 요구사항에 따라 달라지며, 결과적으로는 반환되는 응축액으로의 보일러 공급수 보충 비율 및 탈기기의 운영압력에 따라 달라진다.

ⓢ 탈기기는 증기압력에 상응하는 탈기기 내에서 완전포화온도로 물을 가열하고 용존가스를 제거하기 위해 증기를 사용한다.
ⓞ 증기 흐름은 평행, 교차 또는 물 흐름을 거스를 수도 있다.
ⓩ 탈기기는 탈기장, 저장탱크 및 배출구로 구성되어 있다.
ⓒ 탈기장 내에서 물을 가열하고 휘저음으로써 물에서 증기기포가 형성된다.
ⓚ 증기는 물의 유입을 통해 냉각되고 배기 응축기에서 응축된다.
ⓔ 압축이 되지 않는 가스 및 일부 증기는 배출구를 통해 방출된다. 그러나 이는 최소화된 증기 손실로 만족스러운 탈기를 제공하기 위해 최적화되어야 한다.
ⓟ 자유로운 또는 강제증발 증기(Flash Water)의 급작스러운 증가는 탈기기 용기 압력 내에서 스파이크를 발생시킬 수 있는데 이는 공급수의 재산소화를 가져온다.
ⓗ 정압 상태에서 탈기기를 유지하기 위해 전용 압력조절밸브가 갖춰져야 한다.

⑩ **보일러 단순환(Short Cycle) 손실의 최소화**
ⓐ 단순환 동안의 손실은 보일러가 짧은 기간 동안 꺼져 있을 때마다 발생한다.
ⓑ 보일러 순환 과정은 정화기간, 포스트 퍼지(후 정화), 유휴기간, 프리 퍼지(전 정화) 및 점화로의 반환으로 구성된다.
ⓒ 정화기간 및 유휴기간 동안의 손실 부분은, 잘 격리된 신규 보일러에서 낮아질 수 있으나 단열이 잘 되지 않는 기존 보일러에서는 빠르게 증가할 수 있다.
ⓓ 보일러가 짧은 기간 동안에 필요한 최대수용능력을 발생시킬 수 있는 경우 증기보일러에서의 단순환에 따른 손실이 확대될 수 있으며 이는 보일러의 설치 최대수용능력이 일반적으로 요구하는 것보다 매우 클 때 발생한다.
ⓔ 공정에서 필요로 하는 증기는 시간이 지남에 따라 변화할 수 있으며 주기적으로 재산정되어야 한다.
ⓕ 총 증기 요구량은 에너지 절감 수단을 통해 감소될 수 있다. 대신에, 보일러는 추후의 확장의 관점에서 설치되어야 하는데, 설치 시점에서는 절대로 실현되지 않는다.
ⓢ 주의해야 하는 첫 번째 사항은 보일러 설비의 설계단계에서의 보일러 유형이며 점화 튜브 보일러의 경우 열 관성과 물 용적이 상당이 크고, 지속적인 증기 요구사항을 처리하며 광범위한 최대부하에 대응하기 위해 설치된다.
ⓞ 증기 발생기 또는 대조적으로는 수관보일러 역시 상당한 최대 수용능력으로 증기를 운반할 수 있다. 이들의 상대적으로 더 낮은 물 용적으로 강력하게 변화하는 하중을 지닌 설비에 물 파이프 보일러가 더 적합하게 된다.
ⓩ 대용량 보일러 하나로 구성된 것보다 다수의 소용량 복합식 보일러의 설치를 통해 단순환을 피할 수 있다. 그 결과로, 유연성 및 신뢰성 모두가 증가한다.

ⓩ 발생 효율 및 개별 보일러에서의 증기발생에 필요한 한계비용의 자동제어는 보일러 관리 시스템을 가리키는 것일 수 있다. 따라서, 최저한계비용을 지닌 보일러에 의해 추가 증기 요구사항이 제공된다.
㉠ 대기 중인 보일러가 있는 경우 다른 옵션이 가능하다. 이 경우에, 보일러는 대기 보일러를 바로 통과하는 다른 보일러에서부터 나오는 물을 순환함으로써 온도를 유지할 수 있다. 이는 대기 중으로의 배기가스 손실을 최소화한다.
㉡ 대기 중인 보일러는 잘 격리되어야 하며 버너에 정밀한 공기 밸브가 달려 있어야 한다.
㉢ 보일러 격리 또는 보일러 교체를 통해 에너지 절감이 가능하다.

⑪ 증기 분배 시스템의 최적화
㉠ 분배 시스템은 보일러에서 다양한 최종 사용지점으로 증기를 수송한다.
㉡ 분배 시스템이 수동적인 것처럼 보여도 실제로는 이 시스템들은 증기의 운반을 조절하며 온도와 압력 요구사항의 변화에 대응한다.
㉢ 분배 시스템의 적절한 성능은 세심한 설계 실례와 효과적인 유지·보수를 필요로 한다.
㉣ 배관은 적당한 크기여야 하며, 격리되고 적정 유연성에 따라 구성되어야 한다.
㉤ 압력감소 밸브 및 배압 터빈 같은 압력조절장치는 여러 증기 헤더들 사이에서 적당한 증기 평형을 제공할 수 있도록 구성되어야 한다.
㉥ 분배 시스템은 적당한 응축액 배수가 가능하도록 구성되어야 하는데, 이는 적정한 드립레그 수용능력 및 적당한 증기트랩 선택을 필요로 한다.
㉦ 시스템 유지·보수의 중요한 측면
ⓐ 트랩의 올바른 작동 보장
ⓑ 단열체가 설치되고 유지·보수되는지의 여부
ⓒ 유지·보수 계획에 따라 누출이 시스템적으로 차단 및 처리되고 있는지의 여부. 누출이 운영자에게 보고되고 즉시 처리되는지의 여부. 여기서의 누출은 펌프의 흡입 측면에서의 공기 누출을 포함한다.
ⓓ 사용하지 않고 있는 증기라인의 확인 및 제거

⑫ 증기 파이프 및 응축액 반환 파이프에서의 단열
㉠ 격리되지 않은 증기 파이프 및 응축액 반환 파이프는 쉽게 고칠 수 있으며, 지속적으로 열 손실의 근원이 된다.
㉡ 대부분의 경우, 모든 열 표면의 격리는 구현하기 쉬운 방법이다.
㉢ 단열재의 국소적인 손상의 경우 즉시 수선이 가능하다.
㉣ 단열재는 제거될 수 있으며 운영 유지·보수 또는 수선작업 중에 대체되지 않을 수도 있다.

ⓜ 밸브에 제거 가능한 단열재 커버 또는 다른 설비가 없을 수도 있다.
ⓗ 젖거나 경화된 단열재는 대체되어야 한다. 젖은 단열재의 원인은 종종 누출이 일어나는 파이프 또는 튜브에서 찾을 수 있으며, 누출은 단열재가 대체되기 전에 수선되어야 한다.

⑬ 증기 트랩의 제어 및 수리 프로그램의 구현
㉠ 증기 트랩의 누출로 증기의 상당량이 손실되는데, 이는 대규모의 에너지 손실 결과를 가져온다. 이러한 손실을 줄이는 데는 적당한 유지·보수가 효과적인 방법이다.
㉡ 증기 트랩에는 매우 다양한 유형이 있으며, 각각의 유형에는 개별적인 특징과 예비조건이 있다.
㉢ 증기의 누출 여부 점검은 청각, 시각, 전기적 전도율 또는 열 점검방식을 기준으로 한다.
㉣ 증기 트랩을 대체하는 경우, 오리피스 벤투리 증기 트랩으로 교체하는 것이 고려될 수 있으며 일부 연구는 특정 조건에서 이 트랩들이 더 낮은 증기손실 및 더 긴 수명을 나타낸다는 점을 밝혔으나 오리피스 벤투리 증기 트랩의 이용에 대한 전문가들 사이의 의견은 분분하다.
㉤ 어떤 경우에는, 오리피스 벤투리 증기 트랩에 지속적인 누출이 발생하여, (설계 효율의 최소 50~70% 수준으로 항상 운영되는 보일러에서와 같은) 매우 특별한 서비스에만 이용할 수 있다.

⑭ 응축액의 재사용을 위한 수집 및 보일러로의 반환
㉠ 열이 열교환기를 통해 공정에 전달되는 경우에, 증기는 물이 액화되면서 잠열 형태로 에너지를 전달하며 이 물은 손실되거나 또는 (일반적으로) 수집되어 보일러로 회수된다.
㉡ 응축수 재사용의 목적
　ⓐ 뜨거운 응축액 내에 포함된 에너지의 재사용
　ⓑ (원) 보급수의 비용 절감
　ⓒ 보일러 용수처리 비용 절감(응축액은 처리되어야 함)
　ⓓ 폐수 배출 비용의 절감(적용 가능한 조건이어야 함)
㉢ 응축액은 대기 및 부압 상태에서 수집된다.
㉣ 응축액은 더 높은 압력 조건에서 장치 내의 증기로 생성될 수도 있다.

⑮ 강제증발 증기(Flash Steam)의 재사용
㉠ 강제증발 증기는 고압에서 응축액이 확장될 때에 생겨난다.
㉡ 응축액이 더 낮은 압력 하에 있게 되면, 응축액의 일부가 다시 증발해 강제증발 증기를 형성하게 된다.
㉢ 강제증발 증기는 정화된 물 및 유효 에너지의 대부분을 포함하고 있는데, 이는 여전히 응

축액 내부에 남아 있다.
ⓔ 에너지 회수는 보충수를 이용한 열교환을 통해 얻을 수 있다.
ⓜ 보일러실 내부에서, 응축액과 마찬가지로 강제증발 증기는 탈가스장치 내의 신선한 공급수를 가열하는 데 사용될 수 있으며 강제증발 증기를 공기 가열에 사용하는 것은 또 다른 가능성에 포함된다.
ⓗ 보일러실 외부에서, 강제증발 증기는 100℃ 이하에서 다른 성분들을 가열하는 데 사용될 수 있으며 실제로, 1barg의 압력 상태에서 증기 사용이 이루어진다.[barg : gage 압력]
ⓢ 강제증발 증기는 이러한 파이프 내로 주입이 가능하다. 또한 공기 예열 등에도 강제증발 증기를 사용할 수 있다.
ⓞ 저압 공정 증기 요구사항은 일반적으로 고압증기의 흐름을 막음으로써 가능하나, 공정 요구사항의 일정부분은 낮은 비용으로 고압 응축액을 강제증발하는 것으로 달성 가능하다.
ⓩ 강제증발은 고압응축액에 대한 보일러로의 반환이 경제적 측면에서 적합하지 않을 때에 특히 유용하다.

Reference 연료 특성

1 바이오가솔린(Biogasoline)
① 해조류와 같은 바이오매스를 사용하여 생산하는 가솔린으로 분자당 6~12의 탄소를 포함한다.
② 바이오부탄올, 바이오에탄올이 알콜기인 것에 반해 바이오가솔린은 탄화수소로서 화학적으로 차이가 난다.

2 바이오디젤(Biodiesel)
① 쌀겨 기름이나 식용유 등의 식물성 기름을 특수 공정으로 가공하여 경유와 섞어서 만든 디젤 기관의 연료이다.
② 기존의 경유와 특성이 비슷하지만, 연소 시 공해가 거의 발생하지 않는 특징이 있다.

3 점결탄(Coking Coal)
① 석탄을 건류·연소할 때 석탄입자가 연화·용융하여 서로 점결하는 성질이 있는 석탄을 말한다.
② 건류용탄·원료탄이라고도 한다.

4 슬러지 가스(Sludge Gas)
① 오수 및 동물성 현탁액(Slurries)으로부터 바이오매스 및 고체 폐기물의 혐기성 발효(Anaerobic fermentation)로부터 발생하는 가스를 말한다.
② 회수되어 열 및 전력을 생산하는 데 사용된다.

5 역청탄
분해증류결과로, 코크스로 공정에서 코크스를 만들기 위한 석탄 종류의 액체 부산물을 말한다.

02 이동연소

1 이동연소 공정 정의 및 개요

① 이동연소 공정은 사업자가 소유하고 통제하는 운송수단으로 인한 연료 연소로 인해 온실가스가 발생하는 과정이다.
② 이동연소 부분의 배출시설은 수송용 내연기관을 말한다.
③ 기차, 선박, 항공기, 도로 등 수송차량에서 자체소비를 목적으로 동력이나 전기를 생산하는 시설을 말한다.
④ 수송용 내연기관은 이동수단의 종류와 차종에 따라서 세부적으로 구분할 수 있다.
⑤ 수송부문 중 항공운송과 해양운송에 대한 온실기체 배출량이 증가 추세를 보인다.
⑥ 목표관리 시 유의사항
교통분야 관리업체가 소유·운영하고 있는 개별 차량이나 기관차별로 목표를 설정하는 것이 아니라, 운송수단 종류별로 구분하여 배출량 합계치에 대하여 목표를 설정·관리한다는 점이다.

2 이동연소(항공)

(1) 배출활동 개요

① 항공기 내연기관에서 제트연료(Jet Kerosene)나 항공 휘발유(Aviation Gasoline) 등의 연소에 의해 온실가스가 발생하는 배출활동을 말한다.
② 항공기 엔진의 연소가스는 대략 CO_2 70%, H_2O 30% 이하, 기타 대기오염물질 1% 미만으로 구성되어 있다.
③ 최신 기술이 적용된 항공기에서는 CH_4와 N_2O는 거의 배출되지 않는다.
④ 항공기 운항으로 인한 온실가스 배출량은 항공기의 운항 횟수, 운전 조건, 엔진 효율, 비행거리, 비행단계별 운항시간, 연료 종류 및 배출 고도 등에 따라 달라진다.
⑤ 항공기 운항은 이착륙단계(LTO, Landing /Take-off)와 순항단계(Cruise)로 구분된다.
⑥ 항공기에서 배출되는 오염물질의 약 10%는 공항 내에서의 운행과 이착륙 중에 발생하고, 90%가량이 높은 고도에서 발생한다.

(2) 보고 대상 배출시설

항공 부문의 보고 대상 배출시설은 아래와 같다. 다만 여기에서 국제선 운항(국제벙커링)에 따른 온실가스 배출량 등은 산정·보고에서 제외한다.

① 국내 항공

이·착륙을 같은 나라에서 하는 민간 국내 여객 및 화물항공기(상업수송기, 개인비행기, 농업용 비행기 등)로부터의 배출이 포함된다.

② 기타 항공

동일 부문의 보고대상에서 지정되지 않은 모든 항공 이동원의 연소 배출이 포함된다.

(3) 보고 대상 온실가스

구분	CO_2	CH_4	N_2O
산정방법론	Tier 1,2	Tier 1,2	Tier 1,2

(4) 배출량 산정방법론

① Tier 1

㉠ 관련식

$$E_{i,j} = Q_i \times EC_i \times EF_{i,j} \times 10^{-6}$$

여기서, $E_{i,j}$: 연료(i)의 연소에 따른 온실가스(j)의 배출량(tGHG)

Q_i : 지상에서 사용되는 연료사용량을 포함한 연료(j)의 사용량(측정값, KL-연료). 다만, 지상에서 사용되는 연료사용량 파악이 어려울 경우에는 다음과 같이 적용한다.

$Q_i = Q \times (AF + 1)$

Q : 지상부분 연료사용량이 제외된 연료사용량

AF : 연료사용량 보정계수(항공법에 따라 항공기취급업을 등록한 계열 회사로부터 항공기 지상조업 지원받는 경우 0.0164, 그렇지 아니한 경우 0.0215)

EC_i : 연료(i)의 열량계수(연료 순발열량, MJ/L-연료)

$EF_{i,j}$: 연료(i)에 따른 온실가스(j)의 배출계수(kgGHG/TJ-연료)

㉡ 특징

- Tier 1 산정방법은 항공 휘발유를 사용하는 소형 비행기에 주로 적용
- 제트 연료를 사용하는 항공기의 운항자료가 이용 가능하지 않을 경우 사용함
- 연료사용량을 활동자료로 하고 연료사용량은 국내항공과 국제항공으로 구분함

② Tier 2
  ㉠ 관련식

$$E_{i,j} = E_{i,j,LTO} + E_{i,j,cruise}$$
$$E_{i,j,cruise} = [(Q_i \times D_i) - Q_{i,LTO}] \times EF_{i,j} \times 10^{-6}$$

여기서, $E_{i,j}$: 연료(i)의 연소에 따른 온실가스(j)의 배출량(tGHG)
$E_{i,j,LTO}$: 연료(i)의 연소에 따른 온실가스(j)의 LTO 배출량(tGHG)
(=LTO 횟수×LTO 배출계수)
$E_{i,j,cruise}$: 연료(i)의 연소에 따른 온실가스(j)의 순항과정 배출량(tGHG)
Q_i : 지상에서 사용되는 연료사용량을 포함한 연료(i)의 사용량(측정값, KL-연료). 다만, 지상에서 사용되는 연료사용량 파악이 어려울 경우에는 다음과 같이 적용한다.
$Q_i = Q \times (AF + 1)$
Q : 지상부분 연료사용량이 제외된 연료사용량
AF : 연료사용량 보정계수(항공법에 따라 항공기취급업을 등록한 계열회사로부터 항공기를 지원받는 경우 0.0164, 그렇지 아니한 경우 0.0215)
$Q_{i,LTO}$: 연료(i)의 LTO 사용량(kg-연료)
(=LTO 횟수×(연료소비량/LTO), kg-연료)
D_i : 연료(i)의 밀도(g-연료/L-연료)
$EF_{i,j}$: 연료(i)에 따른 온실가스(j)의 배출계수(kgGHG/ton-연료)

㉡ 특징
• Tier 2는 제트연료를 사용하는 항공기에 적용되며, 이착륙과정(LTO 모드)과 순항과정(Cruise 모드)을 구분하여 산정해야 함
• 배출량 산정과정은 「총 연료소비량 산정 → 이착륙과정 연료소비량 산정 → 순항과정의 연료소비량 산정 → 이착륙과 순항과정에서의 온실가스 배출량 산정」 순으로 진행함
• 이착륙과정에서의 온실가스 배출량은 LTO 횟수에 LTO 배출계수를 곱하여 산정함
• 순항과정에서의 온실가스 배출량은 순항과정의 연료 사용량에 배출계수를 곱하여 산정해야 함
• 주의할 사항은 순항과정의 연료사용량을 구하기 위해서는 전체 연료사용량에서 LTO 과정의 연료 사용량을 제외해야 함

(5) 매개변수별 관리기준

① 활동자료(Q_i, $Q_{i,LTO}$ 등)

㉠ Tier 1

측정불확도 ±7.5% 이내의 사업자 또는 연료공급자에 의해 측정된 연료사용량 자료를 사용한다.

㉡ Tier 2

측정불확도 ±5.0% 이내의 사업자 또는 연료공급자에 의해 측정된 연료사용량, 이착륙 횟수 자료 등을 사용한다.

② 배출계수($EF_{i,LTO}$ 배출계수 등)

㉠ Tier 1

아래 표의 연료별·온실가스별 기본 배출계수를 사용한다.

| 연료별·온실가스별 기본 배출계수 |

연료	기본 배출계수(kg/TJ)		
	CO_2	CH_4	N_2O
항공용 가솔린(Aviation Gasoline)	70,000	-	-
제트용 등유(Jet Kerosene)	71,500	-	-
모든 연료	-	0.5	2

출처 : 2006 IPCC 국가 인벤토리 작성을 위한 가이드라인

| 항공 순항모드 배출계수(국내선 운항) |

구분	배출계수(kg/t-fuel)						
	CO_2	CH_4	N_2O	NO_X	CO	$NMVOC$	SO_2
순항모드(Cruise)	3,150	0	0.1	11	7	0.7	1.0

㉡ Tier 2

ⓐ 기종별 이착륙(LTO)당 배출계수는 항공 기종별 이착륙(LTO)당 배출계수의 값을 사용하며, 여기에 명시되지 않은 기종에 대한 계수는 자료출처(2006 IPCC 국가 인벤토리 작성 가이드라인)를 참조한다.

ⓑ 순항모드의 배출계수는 국가별 고유계수를 개발하여 사용하며, 국가별 고유계수가 없을 경우 항공 순항모드 배출계수를 사용한다. 단, 온실가스종합정보센터에서 별도의 계수를 공표할 경우 그 값을 적용한다.

3 이동연소(도로)

(1) 배출활동 개요

① 도로차량의 연료 사용으로부터 발생하는 모든 연소 배출을 포함한다.
② 자동차는 내연기관에서의 화석연료 연소에 의해 CO_2, CH_4, N_2O 등 온실가스가 배출된다.
③ 건설기계, 농기계 등 비도로 차량에 의한 온실가스 배출 또한 별도의 구분 없이 여기서 정하는 방법에 의해 배출량을 산정한다.

(2) 보고 대상 배출시설

종류	경형	소형	중형	대형
승용 자동차	배기량이 1,000cc 미만으로서 길이 3.6미터·너비 1.6미터·높이 2.0미터 이하인 것	배기량이 1,600cc 미만인 것으로서 길이 4.7미터·너비 1.7미터·높이 2.0미터 이하인 것	배기량이 1,600cc 이상 2,000cc 미만이거나 길이·너비·높이 중 어느 하나라도 소형을 초과하는 것	배기량이 2,000cc 이상이거나, 길이·너비·높이 모두 소형을 초과하는 것
승합 자동차		승차정원이 15인 이하인 것으로서 길이 4.7미터·너비 1.7미터·높이 2.0미터 이하인 것	승차정원이 16인 이상 35인 이하이거나, 길이·너비·높이 중 어느 하나라도 소형을 초과하여 길이가 9미터 미만인 것	승차정원이 36인 이상이거나, 길이·너비·높이 모두가 소형을 초과하여 길이가 9미터 이상인 것
화물 자동차		최대적재량이 1톤 이하인 것으로서, 총중량이 3.5톤 이하인 것	최대적재량이 1톤 초과 5톤 미만이거나, 총중량이 3.5톤 초과 10톤 미만인 것	최대적재량이 5톤 이상이거나, 총중량이 10톤 이상인 것
특수 자동차		총중량이 3.5톤 이하인 것	총중량이 3.5톤 초과 10톤 미만인 것	총중량이 10톤 이상인 것
이륜 자동차		배기량이 100cc 이하(정격출력 1킬로와트 이하)인 것으로서, 최대적재량(기타 형에 한한다)이 60킬로그램 이하인 것	배기량이 100cc초과 260cc 이하(정격출력 1킬로와트 초과 1.5킬로와트 이하) 인 것으로서, 최대적재량이 60킬로그램 초과 100킬로그램 이하인 것	배기량이 260cc(정격출력 1.5킬로와트)를 초과하는 것
비도로 및 기타 자동차	건설기계, 농기계 등 비도로 차량 및 위에서 규정되지 않은 기타 차량			

(3) 보고 대상 온실가스

구분	CO_2	CH_4	N_2O
산정방법론	Tier 1,2	Tier 1,2,3	Tier 1,2,3

(4) 배출량 산정방법론

① Tier 1

㉠ 관련식

$$E_{i,j} = \sum (Q_i \times EC_i \times EF_{i,j} \times 10^{-6})$$

여기서, $E_{i,j}$: 연료(i)의 연소에 따른 온실가스(j)의 배출량(tGHG)
Q_i : 연료(i)의 연료소비량(KL-연료)
EC_i : 연료(i)의 열량계수(순발열량, MJ/L-연료)
$EF_{i,j}$: 연료(i)에 따른 온실가스(j)의 배출계수(kgGHG/TJ연료)
i : 연료 종류

㉡ 특징
- 연료 종류별 사용량을 활동자료로 하고, 기본 배출계수를 적용하여 배출량을 산정하는 방법
- Tier 1의 이동연소 도로 부문은 도로 또는 비도로 차량 운행을 위해 사용된 연료 종류별 사용량을 활동자료로 함
- 배출계수는 연료의 단위열량당 온실가스 배출량을 적용
- 온실가스 배출량 산정에서는 열량계수라는 개념을 도입 적용
- 열량계수란 연료 질량당 순 발열량을 의미
- 배출계수와 열량계수를 곱하게 되면 단위 연료 사용당 온실가스 배출량을 산정할 수 있음
- 산정 대상 온실가스는 CO_2, CH_4, N_2O임

② Tier 2

㉠ 관련식

$$E_{i,j} = Q_{i,j,k,l} \times EC_i \times EF_{i,j,k,l} \times 10^{-6}$$

여기서, $E_{i,j}$: 연료(i)의 연소에 따른 온실가스(j)의 배출량(tGHG)
$Q_{i,k,l}$: 차종(k), 제어기술(l)에 따른 연료(i)의 사용량(KL-연료)
EC_i : 연료(i)의 열량계수(순발열량, MJ/L-연료)

$EF_{i,j,k,l}$: 연료(i), 차종(k), 제어기술(l)에 따른 온실가스(j)의 배출계수(kgGHG/TJ-연료)

i : 연료 종류

k : 차량 종류

l : 제어기술 종류

ⓒ 특징
- 연료 종류별 · 차종별 · 제어기술별 연료사용량을 활동자료로 함
- 국가 고유계수를 적용하여 배출량을 산정하는 방법
- 산정 대상 온실가스는 CO_2, CH_4, N_2O임

③ Tier 3

㉠ 관련식

$$E_{CH_4/N_2O} = Distance_{i,k,l,m} \times EF_{i,j,k,l,m} \times 10^{-6}$$

여기서, E_{CH_4/N_2O} : CH_4 또는 N_2O 배출량(tGHG)

$Distance_{i,j,k,l,m}$: 주행거리(km)

$EF_{i,j,k,l,m}$: 배출계수(g/km)

i : 연료 종류(예 : 휘발유, 경유, LPG 등)

j : 온실가스 종류(CH_4, N_2O)

k : 차량 종류

l : 제어기술 종류(또는 차량 제작 연도)

m : 운전조건(이동 시 평균 차속)

ⓒ 특징
- 차량의 주행거리를 활동자료로 하고, 차종별 · 연료별 · 배출제어 기술별 고유 배출계수를 개발 · 적용하여 산정하는 방법
- CH_4, N_2O에 대해서 유효함
- 정확도가 높음

(5) 매개변수별 관리기준

① 활동자료

㉠ Tier 1

도로 또는 비도로 차량 운행을 위해 사용된 연료 종류별 사용량을 활동자료로 하고 사업자 혹은 연료공급자에 의해 측정된 측정불확도 ±7.5% 이내의 연료사용량을 활용한다.

ⓛ Tier 2

도로 또는 비도로 차량 운행을 위해 사용된 연료 종류별 사용량을 활동자료로 하고 사업자 혹은 연료공급자에 의해 측정된 측정불확도 ±5.0% 이내의 연료사용량을 활용한다.

ⓒ Tier 3

차량의 종류, 사용 연료, 배출제어기술 등에 따른 각각의 운행거리(주행거리)를 활동자료로 하고 측정불확도 ±2.5% 이내의 활동자료를 활용한다.

② 배출계수

㉠ Tier 1

연료별·온실가스별 기본 배출계수를 사용한다.

| 연료별·온실가스별 기본 배출계수 |

연료 종류	기본 배출계수(kg/TJ)		
	CO_2	CH_4	N_2O
휘발유	69,300	25	8.0
경유	74,100	3.9	3.9
LPG	63,100	62	0.2
등유	71,900	–	–
윤활유	73,300	–	–
CNG	56,100	92	3
LNG	56,100	92	3

출처 : 2006 IPCC 국가 인벤토리 작성을 위한 가이드라인

ⓛ Tier 2

연료별·온실가스별 국가 고유 배출계수를 사용한다. 단, 센터에서 별도의 계수를 공표할 경우 그 값을 적용한다.

ⓒ Tier 3

국내 차종별 CH_4, N_2O의 배출계수를 사용한다.

4 이동연소(철도)

(1) 배출활동 개요

철도 부문은 일반적으로 디젤, 전기, 증기 세 가지 중 하나를 사용하여 구동하는 철도 기관차에서 배출되는 온실가스 배출량을 산정한다.

(2) 보고 대상 배출시설

① 고속차량
② 전기기관차
③ 전기동차
④ 디젤기관차
⑤ 디젤동차
⑥ 특수차량

철도차량은 고속차량, 전기기관차, 전기동차, 디젤기관차, 디젤동차, 특수차량 등 6종류가 있다. 이 중 디젤유를 사용하는 철도차량으로는 디젤유를 연료로 사용하는 내연기관에 의해 발전한 전기동력을 이용하여 모터를 돌려 열차를 견인하는 디젤기관차와 디젤유를 연료로 하는 내연기관에 의해 철도차량을 움직이는 디젤동차, 특수차량 등이 있다.

(3) 보고 대상 온실가스

구분	CO_2	CH_4	N_2O
산정방법론	Tier 1,2	Tier 1,2,3	Tier 1,2,3

(4) 배출량 산정방법

① Tier 1

㉠ 관련식

$$E_{i,j} = \sum (Q_i \times EC_i \times EF_{ij} \times 10^{-6})$$

여기서, $E_{i,j}$: 연료(i)의 연소에 따른 온실가스(j)의 배출량(tGHG)
Q_i : 연료(i)의 소비량(KL-연료)
EC_i : 연료(i)의 열량계수(순발열량, MJ/L-연료)
$EF_{i,j}$: 연료(i)에 따른 온실가스(j)의 배출계수(kgGHG/TJ-연료)
i : 연료 종류

ⓛ 특징

Tier 1 산정방법은 연료 종류별 사용량을 활동자료로 하고 기본 배출계수를 이용하여 배출량을 산정하는 방법

② Tier 2

㉠ 관련식

$$E_{i,j} = Q_{i,k,l} \times EC_i \times EF_{i,j,k,l} \times 10^{-6}$$

여기서, $E_{i,j}$: 연료(i)의 연소에 따른 온실가스(j)의 배출량(tGHG)
$Q_{i,k,l}$: 기관차종(k), 엔진(l)에 따른 연료(i)의 소비량(KL-연료)
EC_i : 연료(i)의 열량계수(순발열량, MJ/L-연료)
$EF_{i,j,k,l}$: 연료(i), 기관차종(k), 엔진(l)에 따른 온실가스(j)의 배출계수 (kgGHG/TJ-연료)
i : 연료 종류
k : 기관차 종류
l : 엔진 종류

ⓛ 특징
- Tier 2 산정방법은 기관차 종류, 연료 종류, 엔진 종류에 따른 연료사용량을 활동자료로 한다.
- 국가 고유 배출계수를 사용하여 배출량을 산정하는 방법이다.

③ Tier 3

㉠ 관련식

$$E_{k,j} = N_k \times H_k \times P_k \times LF_k \times EF_k \times 10^{-6}$$

여기서, $E_{k,j}$: CH_4 또는 N_2O 배출량(tGHG)
N_k : 기관차(k)의 수
H_k : 기관차(k)의 연간 운행시간(h)
P_k : 기관차(k)의 평균 정격 출력(kW)
LF_k : 기관차(k)의 전형적인 부하율(0~1 사이의 소수)
EF_k : 기관차(k)의 배출계수(g/kWh)

ⓛ 특징
- CH_4와 N_2O 배출량은 기관차 종류, 엔진 종류, 부하율 등 다양한 인자에 의해 영향을 받으므로, 보다 정확한 배출량 산정을 위해서는 이러한 인자들을 모두 고려해야 한다.

이를 위해서 Tier 3 산정방법에서는 이와 같은 인자들이 고려된 고유 배출계수 개발이 요구된다.
- 전형적인 상향식 온실가스 배출량 산정방법이다.

(3) 매개변수별 관리기준

① 활동자료

㉠ Tier 1

연료 종류별 연료사용량을 활동자료로 하고 사업자 혹은 연료공급자에 의해 측정된 측정 불확도 ±7.5% 이내의 활동자료를 사용한다.

㉡ Tier 2

연료 종류, 기관차 종류, 엔진 종류별 연료 사용량을 활동자료로 하고 사업자 혹은 연료공급자에 의해 측정된 측정불확도 ±5.0% 이내의 활동자료를 사용한다.

㉢ Tier 3

기관차 종류별 연간 사용시간, 정격출력, 부하율 등을 활동자료로 하고 측정불확도 ±2.5% 이내의 활동자료를 사용한다.

② 배출계수

㉠ Tier 1

Tier 1 방법을 이용하여 배출량을 산정하는 경우 아래 표의 기본 배출계수를 이용한다.

철도부문 기본 배출계수(kg/TJ)

구분	CO_2	CH_4	N_2O
디젤	74,100	4.15	28.6
아역청탄	96,100	2	1.5

출처 : 2006 IPCC 국가 인벤토리 작성을 위한 가이드라인

㉡ Tier 2

국가 고유 배출계수를 사용한다. 단, 온실가스종합정보센터에서 별도의 계수를 공표할 경우 그 값을 적용한다.

㉢ Tier 3

기관차 종류별 연간 사용시간, 정격출력, 부하율 등을 고려하고 고유 배출계수를 개발하여 사용한다.

5 이동연소(선박)

(1) 배출활동 개요
① 휴양용 선박에서 대형 화물 선박까지 주로 디젤 엔진 또는 증기나 가스터빈에 의해 운항되는 모든 수상 교통(선박)에 의해 배출되는 온실가스가 포함된다.
② 선박의 운항에 의해 CO_2, CH_4, N_2O 등 온실가스와 기타 대기오염물질이 배출된다.

(2) 보고 대상 배출시설
선박 부문의 보고대상 배출시설은 아래와 같다. 국제 수상 운송(국제 벙커링)에 의한 온실가스 배출량은 산정·보고에서 제외한다.
① 여객선
② 화물선
③ 어선
④ 기타 선박

배출원	적용범위
여객선	여객 운송을 주 목적으로 하는 선박의 연료연소 배출
화물선	화물 운송을 주 목적으로 하는 선박의 연료연소 배출
어 선	내륙, 연안, 심해 어업에서의 연료연소 배출
기 타	화물선, 여객선, 어선을 제외한 모든 수상 이동의 연료연소 배출

(3) 보고 대상 온실가스

구분	CO_2	CH_4	N_2O
산정방법론	Tier 1,2,3	Tier 1,2,3	Tier 1,2,3

(4) 배출량 산정방법론
① Tier 1
  ㉠ 관련식

$$E_{i,j} = \sum (Q_{ik} \times EC_i \times EF_{ij} \times 10^{-6})$$

여기서, $E_{i,j}$: 연료(i)의 연소에 따른 온실가스(j)의 배출량(tGHG)
Q_{ik} : 연료(i)의 사용량(KL-연료)
EC_i : 연료(i)의 열량계수(순발열량, MJ/L-연료)
$EF_{i,j}$: 연료(i)에 따른 온실가스(j)의 배출계수(kgGHG/TJ-연료)
i : 연료 종류

ⓒ 특징

Tier 1 산정방법은 연료 종류별 사용량을 활동자료로 하고 기본 배출계수를 이용하여 배출량을 산정하는 방법이다.

② Tier 2~3

㉠ 관련식

$$E_{i,j} = \sum (Q_{i,k,l} \times EC_i \times EF_{i,j,k,l} \times 10^{-6})$$

여기서, $E_{i,j}$: 연료(i)의 연소에 따른 온실가스(j)의 배출량(tGHG)
$Q_{i,k,l}$: 선박(k), 엔진(l)에 따른 연료(i)의 사용량(KL-연료)
EC_i : 연료(i)의 순발열량(MJ/L-연료)
$EF_{i,j,k,l}$: 연료(i), 선박(k), 엔진(l)에 따른 온실가스(j)의 배출계수 (kgGHG/TJ)
i : 연료 종류
k : 선박 종류
l : 엔진 종류

ⓒ 특징
- Tier 2 산정방법은 선박·연료·엔진의 종류에 따라 배출량을 산정한다.
- 국가 고유 배출계수를 이용하여 배출량을 산정하는 방법이다.

(3) 매개변수별 관리기준

① 활동자료

㉠ Tier 1

국내 수상운송, 국제 수상운송 및 어업으로 구분한 연료 종류별 사용량을 활동자료로 하고 사업자 혹은 연료공급자에 의해 측정된 측정불확도 ±7.5% 이내의 활동자료를 사용한다.

㉡ Tier 2

선박 운항 및 휴항에 따른 연료 종류, 선박 종류, 선박에 탑재된 엔진 종류별 연료 사용량을 활동자료로 사용하고 사업자 혹은 연료공급자에 의해 측정된 측정불확도 ±5.0% 이내의 활동자료를 사용한다.

㉢ Tier 3

선박 운항 및 휴항에 따른 연료·선박·엔진의 종류별 연료사용량을 활동자료로 사용하고 사업자 혹은 연료공급자에 의해 측정된 측정불확도 ±2.5% 이내의 활동자료를 사용한다.

② 배출계수

　㉠ Tier 1

　　연료 종류 및 물질별 IPCC 가이드라인 기본 배출계수를 사용한다.

　㉡ Tier 2

　　연료·선박·엔진의 종류별로 특성화된 국가 고유 배출계수를 사용한다. 단, 온실가스 종합정보센터에서 별도의 계수를 공표할 경우 그 값을 적용한다.

　㉢ Tier 3

　　사업자가 자체 개발한 고유 배출계수를 사용한다.

> **Reference** 수상운송의 온실가스 배출
>
> ① 수상운송부문의 배출량을 산정하기 위해서는 연료와 엔진 종류에 따른 연료사용자료가 필요하다.
> ② 정확한 국가통계작성을 위해서는 검증된 회사별 자료를 활용하는 것이 IEA 연료 사용통계 정보를 활용하는 것보다 높은 신뢰성이 확보된다.
> ③ 선박 내의 냉동설비와 수송펌프 등의 보조기관 동력용 연료사용은 수상운송부문 산정에서 제외한다.
> ④ 수상운송에서 누락된 배출량은 하역작업 중에 발생 가능하다.
> ⑤ HFCs는 IPCC 가이드라인에서 이동오염원에서 직접 배출되는 온실가스이나 비에너지 온실가스로 구분되어 이동오염원 온실가스 배출량 통계로 집계되지 않는 물질이다.

> **Reference** 이동연소에서의 온실가스 배출원, 온실가스 종류 및 배출원인

배출공정	온실가스	배출원인	비고
항공	CO_2 CH_4 N_2O	• 항공기 엔진의 연소가스는 대략 CO_2 70%, H_2O 30% 이하, 기타 대기오염물질 1% 미만으로 구성 • 최신 기술이 적용된 항공기에서는 CH_4와 N_2O는 거의 배출되지 않음 • 온실가스 배출량은 항공기의 운항 횟수, 운전 조건, 엔진 효율, 비행거리, 비행단계별 운항시간, 연료 종류 및 배출 고도 등에 따라 달라짐 • 항공기에서 배출되는 오염물질의 약 10%는 공항 내에서의 운행과 이착륙 중에 발생하고, 90%가량이 높은 고도에서 발생함 • 국제선 운항(국제벙커링)에 따른 온실가스 배출량 등은 산정 및 보고에서 제외함	• 항공기 내연기관에서 제트연료(Jet Kerosens)나 항공휘발유(Aviation Gasoline) 등의 연소에 의해 온실가스가 발생하는 배출활동 • 항공기 운항은 이·착륙단계(LTO ; Landing/Take-Off)와 순항단계(Cruise)로 구분

배출공정	온실가스	배출원인	비고
도로	CO_2 CH_4 N_2O	• 자동차는 내연기관에서의 화석연료 연소에 의해 CO_2, CH_4, N_2O 등 온실가스가 배출됨 • 건설기계, 농기계 등 비도로 차량에 의한 온실가스 배출도 별도 구분 없이 도로 수송에 포함시켜 배출량을 산정함	도로 차량의 연료 사용으로 발생하는 모든 연소 배출을 포함
철도		철도 부문은 일반적으로 디젤, 전기, 증기 세 가지 중 하나를 사용하여 구동하는 철도 기관차에서 배출되는 온실가스 배출량을 산정함	
선박		국제 수상 운송(국제 벙커링)에 의한 온실가스 배출량은 산정 및 보고에서 제외함	휴양용 선박에서 대형 화물 선박까지 주로 디젤엔진 또는 증기나 가스터빈에 의해 운항되는 모든 수상교통(선박)에 의해 배출되는 온실가스가 포함

출처 : 한국환경공단

6 최적가용기술(BAT) 이해

(1) 수송부문의 온실가스 감축을 위한 주요 정책

① 자동차 온실가스 배출기준 설정
② 저공해 자동차 보급정책
③ 교통 수요 관리정책(광역교통망확충, 지능형 교통체계 구축, 대중교통이용 활성화 등)
④ 공기역학적 기술 적용 차량 보급
⑤ 바이오연료 사용
⑥ 에코드라이빙 교육
⑦ 장거리 물류운송차량의 대형화

(2) 자동차 온실가스 감축 기술개발

① 자동차에서 배출되는 온실가스량을 줄이기 위한 기술적인 측면
  ㉠ 에너지 효율개선(자동차의 중량을 감소)
  ㉡ 저공해자동차 개발(가솔린 자동차를 하이브리드 자동차로 변경)
  ㉢ 저공해 연소기술개발(배기관에 후처리 장치 부착)

> **Reference**
>
> 현재 미국, 유럽 및 일본 등에서는 자동차에서의 온실가스 저감을 위해 연료를 적게 사용하는 린번연소, 직접분사, 차량경량화 등의 기술 적용에 따른 고연비자동차와 하이브리드자동차, 전기자동차, 수소자동차 등의 개발이 완료되어 실용화 단계에 있다.

② 엔진에 따른 감축기술

　㉠ 가솔린엔진
　　ⓐ 캠페이저 시스템(Cam Phaser System)
　　ⓑ 실린더 디액티베이션(Cylinder Deactivation)
　　ⓒ 가솔린 직접 분사
　　ⓓ 터보 차징/다운사이징 가솔린 엔진
　　ⓔ 예혼합압축착화

　㉡ 디젤엔진
　　ⓐ 예혼합압축착화 연소
　　ⓑ 고압연료 분사 시스템
　　ⓒ 과급
　　ⓓ 배기가스 재순환(EGR)

> **Reference** 자동차 온실가스 배출 저감기술

구분	주요내용
Engine, Drive-train, Other Vehicle Modifications	자동차의 CO_2 배출을 저감하기 위한 Valvetrain, Transmission, Vehicle Accessory, Hybird-Electric 등 전반적인 자동차의 디자인 변경
Mobile Air-Conditioning System	CO_2 저감을 위한 에어컨 구조 변경과 HFC 저감을 위한 냉매 변경
Exhaust Catalyst Improvement	배기관에서 배출되는 CH_4과 N_2O를 줄이기 위한 후처리장치 부착
Engine Valvetrain Modification	VVT(Variable Valve Timing) 및 VVL(Variable Valve Lift)은 밸브의 개폐를 정확하고 최적으로 관리하여 엔진의 CO_2 배출량을 개선시킴
Charge Modification	• 실린더 내의 공기-연료 혼합압력의 증가(또는 "Boostion")는 엔진으로부터 더 높은 출력(Power Output)을 나타냄 • Supercharging 또는 Turbocharging Compressor : 엔진출력을 향상시켜 실린더 내에 들어가는 Charge를 증가시킴

구분	주요 내용
Gasoline Direct Injection	가솔린 엔진의 초희박(Ultra-Lean) 혼합기를 형성하여 실린더에 직접 분사시키고 연료분사 시기 및 연료량 정밀제어가 가능하도록 함으로써 높은 연비 향상을 달성하여 CO_2를 감소시킴
Homogeneous Charge Compression Ignition	예혼합 압축 착화(HCCI)는 연료와 공기가 완전히 혼합되게 하기 위하여, 실린더 외부인 흡입통로에 연료를 분사하는 시스템으로, 완전혼합으로 연료과농영역을 줄이고 연소최고온도를 낮추어 실질적인 CO_2 배출을 저감시키며, 다양한 연료(가솔린과 디젤 포함)를 사용하여 엔진에 적용됨
Diesel Fuel	높은 압축비율, Turbocharging 그리고 lean 공기-연료비율을 가진 디젤 압축-점화 엔진은 Conventional 가솔린 엔진과 비교했을 때, 확실한 CO_2 저감을 보임
Engine Accessory Improvement	• Electrification of Engine Accessory Subsystem : 기계적인 동력과 관련된 전반적인 손실을 저감시킴 • Electrifying the Power Steering & Electro-Hydraulic Power Steering System : 전체 차량의 CO_2 배출량에 기여함
Hybridization	유사한 차종은 기존 운행차량과 비교한다면, 보통 Aggressive Hybrid는 CO_2 배출량에서 30% 이상 향상됨
42Volt Systems	차량 내에서 좀 더 강력한 전기 부품 및 발전기와 모터가 일체화된 Integrated Starter Generator를 공급함
Transmissions	CVTs는 엔진에 필요로 하는 부하량에 대해 정확한 최적의 속도에서 작동시키는 훌륭한 능력을 제공함. 특히 6속 자동변속기 CVTs는 CO_2 배출을 크게 저감시킴
Aerodynamic Drag and Rolling Resistance Reduction	자동차를 추진시키는 데 필요한 전반적인 힘의 향상은 엔진부하를 감소시켜 배출되는 CO_2를 저감함
Aggressive Shift Logic	기어를 좀 더 유연하게 변속하게 하며, 좀 더 적합하게 낮은 CO_2 배출지점에서 엔진을 작동시킴
Early Torque Converter Lock-up	Lock-Up Operation의 상태는 변속속도가 증가할 때, 현재보다 더 일찍 향상되며 CO_2 배출량이 저감됨
Weight Reduction	저중량은 자동차를 가속시키는 데 필요한 힘을 저감시킴으로써 CO_2 배출량을 감소시킴
Engine Friction Reduction	엔진 성분의 무게를 저감, 여러 가지 재료를 사용하여 최적의 열적(Thermal) 관리 그리고 Improved Computer-Aided Understanding of Componet Dynamics의 결과를 가져옴

출처 : 국립환경과학원 교통환경연구소

③ 캠 페이저 시스템(Cam Phaser Systems)
  ㉠ 캠 페이저 액추에이터는 캠 스프로켓과 연동하여 캠축 각도의 위치를 조정하므로, 크랭크축 위치와도 연동되어 대부분은 엔진오일의 압력에 의해서 힘을 전달받고, 솔레노이드에 의해 페이저에 공급되는 오일압력을 조절하는 방식을 사용한다.
  ㉡ 가변밸브타이밍 기구의 사용은 고정된 밸브타이밍과 비교하였을 때, 전 부하 시 체적효율을 향상시킨다. 특히 토크출력이 증가되는 낮은 엔진 회전 수 영역에서의 향상이 크다.
  ㉢ 직접분사방식 터보차저 엔진(Direct-injection Turbocharged Engines)에서 가변밸브 타이밍 기구의 사용은 전부하 운전영역에서 옥탄 요구량과 높은 토크의 결과로 배기를 개선시킨다.
  ㉣ 낮은 부하에서의 가변밸브 타이밍 기구의 사용은 저부하 연료 소모의 개선으로 펌핑 손실을 줄인다.
  ㉤ 이처럼 수력적으로 작동되는 캠 페이저는 가장 완성된 기술로 널리 사용되고 있다.

④ 실린더 디액티베이션(Cylinder Deactivation)
  ㉠ 실린더 디액티베이션은 북미시장에서 오늘날 사용되고 있는 연비를 향상시킬 수 있는 기술로, 지금까지는 V6, V8, V12 엔진에 적용되었다.
  ㉡ 실린더 디액티베이션의 개념은 실린더 일부의 전원을 끄거나(Switching off) 작동을 정지시켜(Deactivating) 펌핑 손실을 줄이는 것을 목표로 한다.
  ㉢ 실린더의 절반의 연료분사를 끊어서 정지할 경우 만약 모든 실린더가 작동하고 있는 일반적인 엔진 작동상태였다면, 작동 중인 남은 실린더가 두 배의 부하상태에서 작동하게 된다.
  ㉣ 작동 중인 실린더는 스로틀(Throttle)이 더 열리게 되고, 그것으로 인하여 펌핑 손실은 감소하고 연료 소모가 개선되게 된다.

⑤ 가솔린 직접분사
  ㉠ 가솔린 직접분사 엔진에서는, 흡기 매니폴드 또는 흡입 포트가 아닌 실린더 내부로 연료를 분사한다.
  ㉡ 포트 분사방식 엔진과 비교할 때 엔진 구조에 있어 몇 가지 변화가 요구된다.
  ㉢ 연료 분사 시스템은 연료 압력을 200bar로 작동하게 하는 고압 기계식 펌프가 추가됨으로써 인젝터는 연료의 평균유효입경(SMD ; Sauter Mean Diameter)을 $15 \sim 20 \mu m$ 크기로 미립화하여 분사함으로써 연소효율을 개선시켜 연비를 향상시킨다.
  ㉣ 직접분사 가솔린 엔진에서는 혼합기의 준비(Preparation) 방법에 따라 균일화 방식과 성층화방식의 두 가지 방법이 선택되어 사용된다.

⑥ 터보차징/다운사이징 가솔린 엔진
  ㉠ 터보차징과 슈퍼차징의 방식 등의 과급기는 수년간 내연기관에 사용되어 왔으며, 전통적

으로 고출력 또는 스포츠 자동차에 적용되어 성능을 향상시키는 역할을 하였다.
ⓒ 최근에는 터보차저 엔진이 주행 중 연비를 향상시켜주는 기술 중의 하나로 간주되고 있다.

⑦ 예혼합 압축착화
㉠ 예혼합 압축착화는 제어자발화(CAI ; Controlled Auto Ignition) 또는 능동라디칼 연소(Active Radical Combustion)라고도 알려져 있다.
㉡ 스파크 점화에서는 연소가 점화플러그에 의해 시작되어 화염이 혼합기 내로 전파되나, 예혼합 압축착화의 경우는 연소실 내의 여러 곳에서 혼합기 온도, 압력 및 조성에 따라 자발화되어 연소가 시작되며 이 경우 엄청난 열 손실률은 높은 수준의 내부 배기가스 재순환(EGR)이나 희박 혼합기를 이용하여 컨트롤된다.
㉢ 가솔린자동차 엔진에서 예혼합 압축착화 연소를 실현하기 위한 가장 실질적인 접근방법은 높은 수준의 내부 배기가스 재순환(EGR, 대체적으로 40~70%)을 사용하여 혼합기 온도를 올리고 열 손실률을 컨트롤하는 것이다.

⑧ 예혼합 압축착화 연소(디젤엔진 부문)
㉠ 예혼합 압축착화 연소기술은 주로 휘발유를 이용하는 스파크 점화(SI ; Spark Ignition) 엔진과 경유를 이용하는 압축착화(CI ; Compression Ignition) 엔진의 장점이 혼합된 개념이다.
㉡ 스파크 점화 엔진처럼 점화 이전에 연료와 공기의 혼합기를 형성시키면서 압축착화 엔진처럼 압축 압력과 열에 의하여 점화되는 방식이다.
㉢ 휘발유 등의 연료를 사용하는 경우 예혼합 압축착화 과정이 스파크 점화 엔진의 이상연소(Detonation)와 유사하여 약한 강도의 이상연소를 원하는 시기에 유도하는 것과 비슷하여 붙여진 이름이다.
㉣ 이 연소기법을 통해 기존 스파크 점화 엔진에 비해 연료소비율을 약 15~20% 정도 향상시킬 수 있으며 질소산화물을 크게 저감할 수 있는 것으로 알려져 있다.
㉤ 이 연소방식이 적용될 경우, 부분부하에서 스로틀밸브의 작동 없이 운전하는 것이 가능하여 펌핑 손실을 없앰으로써 스파크 점화 엔진에 비하여 부분부하에서의 연비 개선을 이룰 수 있다.
㉥ 현재 많은 연구자들과 차량 메이커들이 환경규제와 연료소비율 감소를 목적으로 지속적인 기술개발을 진행 중이며, 향후 10년 내에 상용화될 기술로 판단하고 있다. 스카니아(Scania)와 같은 대형 디젤 차량을 제조하는 제작사 역시 예혼합 압축착화 연소기술을 적용시키고자 하고 있다.
㉦ TIAX의 보고에 따르면 2020년에 이르면 대형 디젤 차량의 40%가량이 예혼합 압축착화 연소기술을 사용할 것으로 전망하고 있다.

⑨ 고압연료분사 시스템(디젤엔진 부문)
　㉠ 직접분사식 디젤엔진은 연소실 내부로 분사된 연료와 공기가 혼합되는 속도에 의해서 연소속도가 제어되기 때문에 공기와 연료의 혼합이 효과적으로 이루어지도록 연소실 내부의 유동 특성과 아울러 연료의 분사율, 분무의 거시적인 형태 그리고 분무의 미립화 특성을 최적화해야 한다.
　㉡ 최신의 연료분사 시스템은 연료분사압력, 분사시기, 분사율 및 분사량을 최적으로 제어할 수 있도록 커먼레일(Common-Rail)과 유닛인젝터(Unit Injector) 등을 주축으로 전자식으로 제어되는 고압분사 시스템이 대부분을 차지하고 있다.
　㉢ 차세대 연료분사 시스템의 발전 방향 중의 하나는 커먼레일시스템과 유닛인젝터의 장점을 결합하는 것이다.
　㉣ 기존의 커먼레일용 인젝터에 전자작동과 기계작동의 내부가압 펌프를 조합하여, 보다 높은 분사압력이 요구되는 상황에서는 유닛인젝터와 같은 방식으로 분사밸브 내에서 연료를 직접 가압하는 기능을 추가한 것이다.

⑩ 과급(디젤엔진 부문)
　㉠ 과급기는 슈퍼차저, 터보차저, 2단 터보차저, 전자식 부스터 등을 포함하는 시스템으로 흡입공기량을 늘려 출력을 증대시키는 기술이다.
　㉡ 국내에서는 고출력을 요구하는 대형 트럭, 버스에 장착되어 있으며 최근에는 4륜구동 RV 자동차에도 많이 장착되고 있다.

⑪ 배기가스 재순환(EGR) (디젤엔진 부문)
　㉠ 배기가스 재순환은 한 번 배출된 배기가스를 다시 흡입공기와 혼합하여 연소온도를 저하시킴으로써 NO_x를 저감시키는 것이다.
　㉡ 배기가스 재순환장치의 가스 통로에 냉각장치를 설치한 것이 냉각방식-배기가스 재순환 시스템(Cooled EGR System)이다.
　㉢ 고온의 재순환 가스를 배기가스 재순환장치 쿨러로 냉각하여 연소온도를 일반 배기가스 재순환보다 더욱 저하시켜 NO_x를 저감시킨다.
　㉣ 냉각으로 인해 흡입공기의 밀도가 증가하여 일정한 배기가스 재순환 공급범위까지는 매연도 저감시킬 수 있다는 특징을 지닌다.

(2) 저공해 차량 교체
① 하이브리드 자동차(HEV ; Hybrid Electric Vehicle)
　㉠ 정의
　　하이브리드 자동차는 두 가지 이상의 에너지원을 이용하여 움직이는 자동차를 말한다.

ⓛ 특징
ⓐ 하이브리드 자동차는 내연기관만으로 주행하는 기존의 자동차와 달리 내연기관과 모터를 이용하여 주행한다.
ⓑ 전기에너지 이용 시스템인 모터로 구동과 회생(감속 시 에너지 회수)을 수행하며 특히 회생은 이를 위한 전력 공급·저장장치를 추가함으로써 감속 시 브레이크를 사용하여 열로 바꿀 뿐이었던 운동에너지로 발전을 하고 이 에너지를 저장하는 것이다. 이 에너지를 구동력으로 사용함으로써 엔진이 소비하는 연료를 절감할 수 있다.
ⓒ 시가지 등 정지상태가 잦은 상황에서는 아이들링 스톱을 보다 효과적으로 사용할 수 있는데, 이는 실용연비를 크게 향상시킨다.
ⓓ 연비 향상 효과는 가감속 및 발진정지가 어느 정도 빈번히 반복되는 상황이 전제되어야 한다.
ⓔ 정속, 특히 고속으로 순항하는 상황에서 복수의 동력원을 탑재하여 중량과 공간용적을 모두 증가시키는 것은 오히려 걸림돌이 된다.
ⓕ 하이브리드의 연비 향상 효과는 이동평균속도가 비교적 낮은 구역에 한한다는 단점이 있다.

② 플러그인 하이브리드 자동차(PHEV ; Plug-in Hybrid Electric Vehicle)
ⓛ 정의
하이브리드 자동차 중 플러그인 타입은 자동차 제작사들이 중량과 복잡성 때문에 주저하고 있는 방식으로 차 내에 탑재된 가솔린이나 디젤 엔진으로 전기를 만들기도 하고 또한 전기 콘센트에 접속시킴으로써 배터리를 충전할 수도 있다.

ⓛ 특징
ⓐ 플러그인 하이브리드가 기존의 하이브리드와 구분되는 가장 큰 특징은 바로 외부 충전이 가능하다는 점이다.
ⓑ '플러그인'이라는 말 그대로 가정용 소켓을 통해 전기를 충전할 수 있어 배터리의 힘만으로 움직일 수 있는 짧은 거리는 배출가스를 전혀 배출하지 않고 연료도 소모하지 않는 전기차가 되는 것이다. 이런 장점 때문에 많은 메이커들이 플러그인 하이브리드 개발에 매진하고 있다.
ⓒ 배터리에 저장된 에너지가 소진되면 PHEV는 전형적인 하이브리드 자동차가 된다.

③ 연료전지 자동차(FCEV ; Fuel Cell Electric Vehicle)
ⓛ 정의
연료전지 자동차는 자동차 내에 장착된 연료전지(Fuel Cell)에서 연료인 수소와 산소를 반응시켜 전기를 얻은 후, 생산된 전기로 모터를 움직여 주행하는 자동차이다.

ⓒ 특징
  ⓐ 자동차 내에 저장되어 있는 수소와 공기 중 산소의 전기화학반응으로 열이 발생하고 물이 생성되기 때문에, 배기가스 중에는 미반응 산소와 질소, 그리고 수증기만이 포함되므로 전형적인 무공해 자동차라 할 수 있다.
  ⓑ 현재 FCEV가 주류가 되고 있는 내연기관 자동차와 비교하여 뛰어난 점은 에너지 효율이 높고, 연료를 화석자원에 의존하지 않으며, 배기가스가 청정하다는 것이다.
  ⓒ 연료전지 자동차는 전동차량으로서의 장점인 정숙성과 가속성능 면에서 뛰어나다.

(3) 대체연료(LCF) 적용 기술

① 바이오연료는 휘발유나 경유 등과 혼합해서 사용할 경우 기존의 차량과 주유시설을 그대로 활용할 수 있으며, 기술의 발달로 제조단가가 낮아지고 국제 유가상승으로 가격 경쟁력이 높아져 각광받고 있다.
② 수송연료로 사용될 수 있는 바이오연료는 크게 바이오 에탄올과 바이오 디젤 등의 '액체형'과 바이오 가스 등의 '가스형'으로 분류한다.
③ 국내 바이오 에너지 시장은 지난 2002년 바이오 디젤 시범 보급 사업을 전개하면서 본격적으로 진행되었다. 수도권과 전북지역 73개 주유소를 대상으로 2년간 경유에 바이오 디젤 20%를 첨가하여 판매를 허용하였고, 그 이후「석유 및 석유대체 연료 사업법」을 개정하여 상용화의 발판을 마련하였다.
④ 향후 강화될 북미지역의 배기가스 규제를 만족하기 위하여 장기적으로는 100% 에탄올을 연료로 사용하는 엔진 개발이 필요하며 또한 에탄올 연료 공급망이 충분히 확보되어야 하므로 과도기 단계에서 가솔린과 에탄올을 임의로 바꾸어 사용할 수 있는 차량의 개발이 필요하게 되었다.
⑤ 가솔린과 알코올의 혼합 연료를 사용하는 자동차를 FFV라고 하며, 사용되는 연료로는 E85 (에탄올 85%와 가솔린 15%의 혼합연료), M85(메탄올 85%와 가솔린 15%의 혼합연료) 등이 있으며 연료에 따라 성분비가 다양하다.
⑥ FFV는 순수 가솔린에서 100% 알코올까지 사용할 수 있도록 설계되어야 한다.
⑦ 우리나라는 2015년 현재 바이오디젤로서 BD 2.5가 판매되고 있다.

> **Reference** 바이오 에탄올과 바이오 디젤 비교

구분	바이오 에탄올	바이오 디젤
추출	녹말(전분)작물에서 포도당을 얻은 뒤 발효시켜 얻음(사탕수수, 밀, 옥수수, 감자, 보리, 고구마)	유지작물에서 식물성 기름을 추출하여 얻음(팜유, 폐식용유, 유채유, 콩)
활용	• 가솔린 옥탄가를 높이는 첨가제로 주로 사용 • 기존 첨가제인 MTBE를 대체용도로 사용	• 석유계 디젤과 혼합하여 사용 • 선진국 : 바이오 디젤을 10~20% 섞은 혼합형태로 유통
장점	• 이론적으로 모든 식물이 원료로 가능 • 연소율이 높음 • 오염물질의 발생이 적음	비교적 단기간 내에 보급 확대 가능
단점	곡물 가격이 높음(저렴한 원료를 선정하는 것이 중요)	추출 가능한 원재료가 제한적
사용 지역	미국, 중남미 등 주요 곡물수출국	유럽, 미국, 동남아시아
기타	• 알코올기를 갖고 있고, 발효과정을 거침 • 가솔린과 혼합하여 사용	

(4) 기타 온실가스 저감기술

① 에코타이어

　㉠ Rolling Resistance는 차량의 에너지 균형에 중요한 작용을 하고 연비에 커다란 기여를 하며 CO_2 배출량에 영향을 미치어 주로 차량의 타이어에서 결정이 되므로 차량의 Rolling Resistance를 줄이기 위한 가장 중요한 기술은 Low Rolling Resistance Tire(LRRT)이다.

　㉡ 차량의 Rolling Resistance 손실을 줄이는 데 도움이 되는 두 번째 방법은 적절한 타이어 관리, 특히 타이어 압력에 있으며 최근 이 분야에서 가장 중요한 기술은 Tire Pressure Monitoring System(TPMS)이다. 타이어 압력 감지 시스템은 타이어의 압력을 감지하고 타이어가 추가 공기압을 필요로 할 때 운전자에게 알린다. TPMS는 CO_2 저감에 중요한 이점이 있어 LRRT와 함께 연구된다.

　㉢ 타이어 압력은 타이어의 Rolling Resistance에 영향을 미치는 가장 중요한 인자가 될 수 있다.

　㉣ 최적의 타이어 공기압을 유지하는 것이 연비와 타이어 성능에 모두 해당되는 기본사항이다. 공기압이 빠진 타이어는 연비를 4%나 증가시키고 타이어 수명도 45%까지 떨어뜨린다.

　㉤ TPMS는 타이어 압력을 감지하고 운전자에게 타이어 공기 주입 시기를 알리는 시스템이다.

ⓗ TPMS는 안전상의 이유로 타이어가 펑크가 났을 때도 경보를 울린다.
ⓢ 간접 TPMS 방식은 타이어의 회전 수를 측정하기 위해 ESP로부터 나온 데이터와 ABS 휠 속도 센서를 사용한다.
ⓞ TPMS는 타이어의 원래 공기 양을 유지시켜 일정 Rolling Resistance 유지 및 연료 절감에 도움을 준다.
ⓩ 타이어산업은 엔진 종류와 배기량에 관계없이 Low Resistance 타이어를 사용해 이산화탄소 배출량을 3~4%까지 저감시킬 수 있는 수준에 올라와 있다.
ⓒ Low Rolling Resistance 타이어의 사용은 실제도로 주행에서 더 높은 3%의 값이 나왔으며 연료 소비율이 2% 정도 저감되었다.

② 에어컨 시스템
㉠ 최근 에어컨에 적용되는 냉매는 불화탄소계통에서 오존층에 미치는 영향이 적은 대체냉매의 개발에 관한 연구를 활발히 진행하고 있으며, 그 대안으로 무해성, 무독성, 화학적으로 안정적인 이산화탄소 냉매를 사용하는 추세이다.
㉡ 이산화탄소 냉매를 이용한 이산화탄소 냉동 시스템은 1993년 노르웨이의 Lorentzen에 의해 본격적으로 연구되기 시작했다.
㉢ 일반적으로 냉매는 열역학적인 물성치가 우수해야 하며 비가연성, 비독성 및 화학적으로 안정한 특성을 갖추어야 한다.
㉣ 대체냉매로 선정되기 위해서는 위의 조건들을 만족해야 함은 물론이고 오존층 파괴지수(ODP)와 지구온난화지수(GWP)가 거의 0에 가까워서 환경친화성이 높아야 한다.
㉤ 이산화탄소는 비등온도와 임계온도가 다른 냉매들에 비해 낮으며 특히 임계온도는 냉방기 설계 외기 조건인 35℃보다도 낮아 초월임계 사이클이 되지만, 단위용적당 냉각능력은 다른 냉매보다 다섯 배 이상 큰 특성을 가지고 있다.
㉥ CO_2를 냉매제로 연료전지 하이브리드 차에 사용하는 이산화탄소를 냉매로 사용하는 에어컨 시스템은 2002년에 세계 최초로 상용차에 사용되었으며 HFC-134a 냉매제를 사용하는 차량에 비해 높은 흡입 압력, 낮은 흡입 손실효과를 지니고 있으며, 또한 열펌프 성능도 우수하다.

③ 마찰저감 및 경량화
㉠ 엔진의 마찰손실은 연비와 밀접한 관계가 있고, 특히 밸브트레인 및 구동계의 마찰손실 개선을 위해서는 엔진 자체의 개선만으로는 한계가 있으며 저마찰 엔진오일 및 가공기술의 개선, 기구학적인 공학기술의 설계 최적화가 필요하다.
㉡ 최근 출시되는 엔진들은 피스톤과 실린더 라이너의 마찰손실을 줄이기 위한 가공기술과 신소재 재질을 코팅하는 기술을 접목시키고 있다.
㉢ 특히 밸브트레인의 마찰손실을 줄이기 위해 캠프로파일의 형상뿐만이 아니라 베어링부를

섭동할 수 있는 기구를 채용하거나 밸브섭동의 리테이너의 일체화를 시도하여 밸브스프링 및 구동저항을 개선한 사양도 많이 출시되고 있다.
　㉣ 엔진에서의 경량화 가능 부품으로는 흡기매니폴드의 수지화, 배기매니폴드의 재질을 기존의 주철계열에서 스테인리스 계통으로 설계하는 방식을 들 수 있으며 또한 알루미늄 실린더 블록의 채용과 엔진 자체의 크기를 축소하는 방안 등도 한 예이다.

④ 공회전 제한장치의 부착
　㉠ 공회전 제한장치는 일정시간 주·정차 시 엔진을 자동으로 정지시키고, 출발 시 변속기 조작 등 간단한 조작을 통해 엔진을 재시동시키는 장치를 말한다.
　㉡ 공회전 제한장치를 부착할 경우, 미세먼지·NO_X의 경우 27%, CO_2 최대 7.3% 저감효과와 연료비는 최대 7.8% 절약 효과가 나타나는 것으로 알려져 있다.

SECTION 03 시멘트 생산

1 시멘트 생산 공정 개요

(1) 시멘트 종류

① 시멘트는 주로 석회질 원료와 점토질 원료를 적당한 비율로 혼합하여(규산질 원료와 산화철 원료를 일부 첨가) 미분쇄한 후 약 1,450℃의 고온에서 소성하여 얻어지는 클링커에 약간의 석고(응결조절제)를 가하여 미분쇄하여 만든 제품이다.

② 시멘트의 주성분은 석회(CaO), 실리카(SiO_2), 알루미나(Al_2O_3) 및 산화철(Fe_2O_3) 등이다.

③ 시멘트의 종류는 크게 포틀랜드 시멘트, 고로 슬래그 시멘트, 포틀랜드 포졸란 시멘트, 플라이애시 시멘트, 특수 시멘트의 5종으로 구분한다.

④ 국내에서는 포틀랜드 시멘트와 일부 고로 시멘트를 생산한다.

⑤ 시멘트의 특성

  ㉠ 포틀랜드 시멘트
    ⓐ 포틀랜드 시멘트는 일반적으로 가장 많이 사용되는 시멘트의 일종이다.
    ⓑ 포틀랜드 시멘트의 종류로는 '보통 포틀랜드 시멘트(1종)', '중용열 포틀랜드 시멘트(2종)', '조강 포틀랜드 시멘트(3종)', '저열 포틀랜드 시멘트(4종)', '내황산염 포틀랜드 시멘트(5종)'가 있다.

  ㉡ 고로 슬래그 시멘트
    ⓐ 고로 슬래그 시멘트는 1종 포틀랜드 시멘트에 산업부산물인 고로 슬래그의 미분말을 혼합하거나 클링커와 슬래그를 혼합 분쇄 또는 단독 분쇄 후 혼합하여 제조한다.
    ⓑ 내구성이 세고 장기 강도 증진이 있으며 수화열도 낮은 시멘트를 말한다.

(2) 석회석의 종류 및 특성

① 석회는 석회암을 고온에서 소성(Calcination)하여 만든 제품이다.

② 일반적으로 석회암은 50% 이상의 탄산칼슘($CaCO_3$)을 포함하고 있으며, 30~45%의 탄산마그네슘($MgCO_3$)을 포함할 때에는 돌로마이트(Dolomite)로 부른다.

③ 석회는 또한 Aragonite, 초크, 산호, 대리석과 조가비 등에서 추출하여 만들 수 있다.

④ 석회의 종류

 ⊙ 생석회(Quick Lime, CaO)
  석회석을 탈탄산화시켜서 제조

 ⓒ 소석회(Slaked Lime, $Ca(OH)_2$)
  생석회와 물을 혼합하여 제조

 ⓒ 건조 수산화칼슘 분말(Hydrated Lime)
  액상상태의 소석회

⑤ 시멘트 제조 공정의 단계별 구분

 ⊙ 1단계
  석회석을 채굴하여 분쇄, 혼합하는 채굴 공정

 ⓒ 2단계
  석회석을 포함한 원료를 조합, 건조, 분쇄, 저장시키는 원분 공정

 ⓒ 3단계
  원료를 가열하여 분해, 소성한 후 냉각하여 반제품인 클링커를 생산하는 소성 공정

 ⓔ 4단계
  클링커에 석고와 분쇄조제를 가하여 분쇄된 시멘트를 저장 및 출하하는 제품 공정

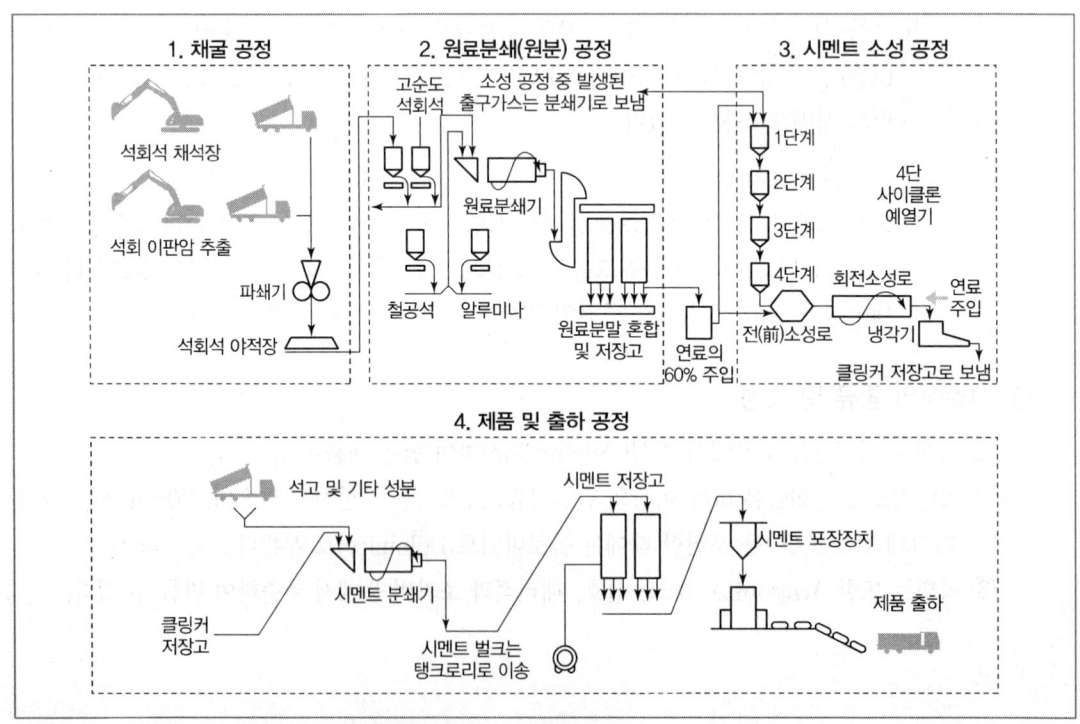

시멘트 제품 제조 공정 전체 흐름도 개요

2 배출활동 개요

① 시멘트 공정에서의 온실가스 배출원은 클링커의 제조 공정인 소성 공정에서 탄산칼슘의 탈탄산 반응에 의하여 이산화탄소가 배출된다. ($CaCO_3$ + Heat → CaO + CO_2)

② 시멘트 공정에서 CO_2 배출 특성은 소성시설(Kiln)의 생석회 생성량과 연료사용량 및 폐기물 소각량에 의하여 영향을 받으며, 그 밖에 주원료인 석회석과 함께 점토 등 부원료의 사용량에 의해서도 영향을 받을 수 있다.

③ 연료 중 목재와 같은 바이오매스 재활용 연료의 경우 배출량 산정에서 제외하여야 하나 합성수지 및 폐타이어 등 폐연료의 경우는 배출량 산정 시 포함되어야 한다.

④ 소성로에서 발생되는 비산먼지인 Cement Kiln Dust(CKD)도 온실가스 배출과 연관이 있다.

⑤ CKD는 소성 공정의 회수시스템에 의해 다량 회수되어 소성공정에 재사용되는데, 회수되지 못한 CKD 내 탄산염 성분은 탈탄산 반응에 포함되지 않으므로 보정이 필요하다.

⑥ CKD가 완전히 소성되거나 모두가 킬른으로 회수된다면 CKD에 의한 보정은 필요 없으나 소성되지 못한 CKD를 고려하지 않을 경우 배출량이 과다산정될 것이다.

⑦ 시멘트는 수입된 클링커로부터 전적으로 생산(분쇄)될 수 있으며 이 경우 시멘트 생산공정(소성 공정)에서의 CO_2 배출은 0이다.

⑧ 벽돌용 시멘트(Masonry Cement) 생산과 관련해서는, 벽돌용 시멘트를 생산하기 위하여 분쇄한 석회석을 포틀랜드 시멘트 혹은 클링커에 추가하는 경우 석회에 관련된 배출은 석회 생산에서 이미 고려되었으므로 추가적인 CO_2 배출은 없는 것으로 간주한다.

3 보고 대상 배출시설

(1) 소성시설(Kiln)

① 물체를 높은 온도에서 구워내는 시설을 말하며 일종의 열처리시설에 해당된다.

② 소성의 목적은 소성물질의 종류에 따라 다소 다르나 보통 고온에서 안정된 조직 및 광물상으로 변화시키거나 충분한 강도를 부여함으로써 물체의 형상을 정확하게 유지시키기 위한 목적으로 이용되는 경우가 많다.

③ 소성시설에는 원형, 각형, 통형 등의 시설이 있고, 연속소성시설에는 수직형, 회전형, 링형, 터널형 등 그 종류가 다양하다.

④ 도기·자기·구조점토용 제품 등 특수용도에 사용되는 것 이외에는 대부분이 회전형 시설을 사용한다.

⑤ 회전형 시설은 그 길이에 따라 Short Kiln, Long Kiln, 그 형태에 따라 Lepol Kiln, Suspension Preheater Kiln, Shaft Kiln 등 다양하게 분류된다.

⑥ 대표적인 것으로 화학비료 제조 시에 사용되는 인광석 소성시설이 있다. 이것은 채광 후 선별된 인광석 농축물을 인산, 규산, 가성소다 또는 소금 등과 함께 뻑뻑한 Slurry 상태로 만든 후 건조시키면서 10~20mesh의 알맹이로 뭉친 다음 소성시설에서 약 1,400~1,540℃ 정도로 구워 인광석 속의 불소를 제거하는 시설이다.

4 보고 대상 온실가스

구분	CO_2	CH_4	N_2O
산정방법론	Tier 1, 2, 3, 4	–	–

∥ 시멘트 생산시설에서의 온실가스 공정배출원, 온실가스 종류 및 배출원인 ∥

배출공정	온실가스	배출원인
소성시설	CO_2	• 소성시설에서 전체 온실가스 배출량의 90%가 배출되고, 이 가운데 약 60%가 공정배출이며, 30%는 소성로 킬른 내 가열 연료 사용분임 • 탄산칼슘의 탈탄산 반응에 의하여 배출 $CaCO_3 \rightarrow CaO + CO_2$

출처 : 한국환경공단

5 배출량 산정방법

① Tier 1~2

$$E_i = (EF_i + EF_{toc}) \times (Q_i + Q_{CKD} \times F_{CKD})$$

여기서, E_i : 클링커(i) 생산에 따른 CO_2 배출량(tCO_2)
EF_i : 클링커(i) 생산량당 CO_2 배출계수(tCO_2/t-clinker)
EF_{toc} : 투입원료(탄산염, 제강슬래그 등) 중 탄산염 성분이 아닌 기타 탄소성분에 기인하는 CO_2 배출계수(기본값으로 0.010tCO_2/t-clinker를 적용한다.)
Q_i : 클링커(i) 생산량(ton)
Q_{CKD} : 킬른에서 시멘트 킬른먼지(CKD)의 반출량(ton)
F_{CKD} : 킬른에서 유실된 시멘트 킬른먼지(CKD)의 하소율(0~1 사이의 소수)

② Tier 3

$$E_i = (Q_i \times EF_i) + (Q_{CKD} \times EF_{CKD}) + (Q_{toc} \times EF_{toc})$$

여기서, E_i : 클링커(i) 생산에 따른 CO_2 배출량(tCO_2)
Q_i : 클링커(i) 생산량(ton)
EF_i : 클링커(i) 생산량당 CO_2 배출계수 (tCO_2/t-clinker)
Q_{CKD} : 시멘트 킬른먼지(CKD) 반출량(ton)
EF_{CKD} : 시멘트 킬른먼지(CKD) 배출계수(tCO_2/t-CKD)
Q_{toc} : 원료 투입량(ton)
EF_{toc} : 투입원료(탄산염, 제강슬래그 등) 중 탄산염 성분이 아닌 기타 탄소성분에 기인하는 CO_2 배출계수(기본값으로 0.0073 tCO_2/t-원료를 적용한다.)

③ Tier 4
연속측정방식(CEM)을 사용한다.

6 매개변수별 관리기준

① 활동자료

㉠ Tier 1
측정불확도 ±7.5% 이내의 클링커(i) 생산량 등 활동자료를 사용한다.

㉡ Tier 2
측정불확도 ±5.0% 이내의 클링커(i) 생산량 자료 등 활동자료를 사용한다.

㉢ Tier 3
ⓐ 측정불확도 ±2.5% 이내의 클링커(i) 생산량 자료 및 원료 투입량(toc) 등의 활동자료를 사용한다.
ⓑ 원료 물질 내 탄산염 성분이 아닌 탄소의 함량은 산업계 최적관행(Best Practice)에 따라 분석할 수 있다.

㉣ Tier 4
연속측정방식(CEM)을 사용한다.

② 배출계수

[시멘트 생산]

㉠ Tier 1

ⓐ 클링커 생산량당 배출계수(EF_i)는 IPCC 가이드라인의 기본 배출계수를 사용한다.

ⓑ 시멘트킬른먼지(CKD)의 하소율(F_{CKD})은 공장 내 측정값이 있다면 측정값을 적용하고, 측정값이 없다면 1.0(100% 하소 가정)을 적용한다.

구분	tCO₂/t-clinker
클링커 생산량당 CO_2 배출계수	0.510

출처 : 2006 IPCC 국가 인벤토리 작성을 위한 가이드라인

㉡ Tier 2

ⓐ 클링커 생산량당 국가 고유 배출계수를 적용한다. 다만, 동 자료가 없을 경우에는 사업자가 클링커의 CaO 및 MgO 성분을 측정·분석하여 아래 식에 따라 배출계수(EF_i)를 개발하여 활용한다.

ⓑ 시멘트킬른먼지(CKD)의 하소율(F_{CKD})은 공장 내 측정값이 있다면 측정값을 적용하고, 측정값이 없다면 1.0(100% 하소 가정)을 적용한다.

$$EF_i = F_{CaO} \times 0.785 + F_{MgO} \times 1.092$$

여기서, F_{CaO} : 생산된 클링커(i) 중 CaO의 질량 분율(0~1 사이의 소수)

F_{MgO} : 생산된 클링커(i) 중 MgO의 질량 분율(0~1 사이의 소수)

㉢ Tier 3

ⓐ 사업자가 클링커의 CaO 및 MgO 성분을 측정·분석하여 배출계수(EF_i)를 개발하여 활용한다.

ⓑ CaO 및 MgO 성분은 산업계 최적 관행(Best Practice)에 따라 분석할 수 있다.

ⓒ 비탄산염 원료의 자료가 있을 경우에는 누락없이 Tier 3 배출계수 개발에 반드시 포함시켜야 한다.

㉣ Tier 4

연속측정방식(CEM)을 사용한다.

[폐기물 연료]

㉠ Tier 1

「고정연소(고체연료)」 중 폐기물 연료 연소에 따른 배출량을 산정할 때 시멘트 업종단위로 활용 중에 있는 폐기물 연료의 기본 배출계수를 활용할 수 있다.

폐기물 연료(순환자원)의 CO_2 기본 배출계수			
폐기물 연료	값 ($kgCO_2/TJ$)	폐기물 연료	값 ($kgCO_2/TJ$)
폐유(폐석유제품)	74,000	폐용제	74,000
폐타이어/폐합성고무	85,000	폐목재/톱밥	75,000
폐플라스틱/폐합성수지	75,000	혼합된 산업폐기물	83,000
기타화석연료 기원 폐기물	80,000		

출처 : WBCSD Cement Sustainability Initiative(CSI)

㉡ Tier 2

국가 고유 배출계수를 사용한다. 다만, 국가 고유 배출계수가 고시되지 않아 활용하지 못할 경우 폐기물 연료의 기본 배출계수를 사용한다.

㉢ Tier 3

사업자가 자체 개발한 고유 배출계수를 사용한다.

7 최적가용기술(BAT)의 이해

(1) 원료소비 측면

원료소비는 생산공정 중에 발생하는 시멘트 킬른더스트(CKD) 등을 회수하여 재생하는 부분이며, 시멘트 킬른에 재투입하거나 시멘트 완제품과 섞어서 재생한다.

(2) 에너지 소비효율의 개선

① 열에너지 감량 요소
- 열에너지 사용은 킬른시스템에서 측정장비와 기술적인 부대장비에 어떤 것을 사용하느냐에 따라 감소될 수 있다.
- 원료의 특성(수분함량, Burnability), 연료의 특성, 가스바이패스 시스템 등은 에너지 소비에 고려되는 요소이다.

㉠ 킬른시스템

킬른시스템에서 일체형 소성로와 다단(4~6단) 사이클론 예비히터(Multistage Cyclone Preheater) 및 3단 에어덕트(Tertiary Air Duct)가 장착된 시스템이 최신기술로서 표준시스템이다. 일부 몇몇 시멘트 공장에서 수분이 많이 함유된 원료를 다루는 곳에서 3단 사이클론을 사용하고 있고, 이러한 공장에서 최적화된 조건을 고려한 시스템을 적용할 경우 클링커 1톤 생산 시 열에너지를 2,900~3,300MJ/ton-clinker로 소모할 것으로 예상한다.

ⓐ 쿨러(Cooler)
- 최신 쿨러 설치(고정형 예비 그레이트, Stationary Preliminary Grate)
- 더욱 균질한 냉각용 공기 분사장치를 설치하기 위해 큰 기체유량에 적용할 수 있는 냉각용 격자판(Grate Plate)을 사용
- 각 그레이트 섹션(Grate Section)별 냉각용 공기 분사장치를 조절하여 사용

ⓑ 킬른(Kiln)
- 고효율 시설
- 최적화된 킬른의 "길이 : 직경" 비율 적용
- 연료의 성상 및 종류에 따른 최적화된 킬른의 설계
- 최적화된 킬른의 연소 시스템
- 동일하고 안정적인 조작조건
- 최적화된 공정제어
- 3단 에어덕트(Tertiary Air Duct)
- "스토이치메트릭" 이론에 근접한 킬른
- 미네랄라이저(Mineraliser) 사용
- 킬른 내에서의 기체 누출(Leakage)을 줄임

ⓒ 하소기(Calciner)
- 하소기 내 압력감소를 낮게 유지(Low Pressure Drop)
- 킬른 라이저(Riser)의 핫밀(Hot Meal)의 균질한 분배
- 연료의 성상 및 종류에 따른 최적화된 킬른의 설계
- 최적화된 킬른의 연소 시스템
- 원료의 예비 하소

ⓓ 예열기(Preheater)
- 예열기 내 낮은 압력감소 유지(Low Pressure Drop) 및 사이클론의 열적 회복성
- 사이클론 회수율의 증대
- 가스덕트에 원료의 균질한 분배

- 2단 현형 예열기(Two-String Preheater)의 고체 및 가스 스팀의 균질한 분배
- 사이클론의 형태(3단부터 6단형)

ⓔ 원료의 처리
- 원료 및 연료의 수분함량을 최소화
- 쉽게 연소되고 고발열량을 가진 연료로 처리
- 킬른에 균질하고 정확한 공급을 할 수 있게 원료로 처리

ⓕ 분쇄기(Mill, 분쇄기의 복합적인 조작)
- 최적화된 운전상태에서 클링커 생산 시 열에너지는 소모량은 EU의 경우 실험으로 2,900~3,300MJ/ton-clinker로 나타났으며, 일반적인 운전 시 최적화된 운전상태보다 열에너지 소모량은 160~320MJ/ton-clinker 높다.
- 사이클론 예열기의 단수가 많으면 많을수록 킬른공정에서 에너지효율성은 더욱 높아지고, 예열기의 5~6단 사이클론에서 에너지 소비가 가장 낮다.
- 예열기 사이클론의 이론적인 단수는 주로 원료의 수분함량에 따라 결정된다.

ⓛ 원료의 특성에 따른 영향
ⓐ 원료의 처리량과 수분함량은 전반적인 에너지 효율에 영향을 주며, 원료를 건조시키는 사이클론의 이론 단수를 결정한다.
ⓑ 원료에 수분이 많을수록 에너지의 수요량이 많아지고, 예열기 내의 열에너지가 덜 손실되도록 사이클론의 수가 많아진다.

ⓒ 연료의 특성에 따른 영향
ⓐ 킬른연료의 적당한 발열량과 낮은 수분함량은 일부 특정한 종류의 에너지 소비에 있어 긍정적인 효과가 있다.
ⓑ 킬른 또는 시멘트공장 외부에서 석탄과 갈탄 같은 화석연료가 완전히 건조된다면 킬른시스템에서 에너지 효율을 증진시킨다. 즉, 높은 수분을 함유한 연료를 건조된 연료로 대체한다면 킬른시스템에서의 톤당 클링커 생산량에 따른 에너지 소비는 감소할 것이다.
ⓒ 사용연료가 연소 시 반응성이 높거나 혹은 극도로 반응성이 낮은 연료는 하소기(Calciner) 에너지 효율에 영향을 주므로 연료선택은 그만큼 중요하다.
ⓓ 고체연료 중 반응성이 낮고 입자가 거친 연료보다 적당한 발열량을 가지고 잘 건조된 미세분말의 고체연료가 에너지 효율성이 높다.

ⓔ 가스 바이패스 시스템(Gas Bypass System)의 영향
ⓐ 원료 및 연료 중에 염소(Chlorine), 황(Sulphur), 알칼리(Alkalis) 성분이 낮게 함유

될 경우 에너지 효율은 높아진다.
ⓑ 킬른 투입구에 들어가는 연료와 원료의 순도가 높아질수록 하소기와 2개의 하단부는 기능적으로 축소될 수 있으며, 가스 바이패스(Gas bypass)를 최소화하면 에너지의 소비를 줄일 수 있다.
ⓒ 공정장애의 최소화와 일관된 킬른 운전의 습관으로 클링커 생산에 따른 에너지 효율을 높일 수 있다. 예를 들어, 예열공정에서 코팅현상에 따른 운전정지 상태와 같은 공정 장애 현상은 피하게 될 것이다.

㉤ 시멘트 성분 중 클링커 함량의 감소화
ⓐ 시멘트 성분 중 클링커 함량을 줄임으로써 시멘트 공장에서 에너지 사용과 배출가스를 줄일 수 있다. 예를 들어 분쇄공정에서 모래(Sand), 슬래그(Slag), 석회암(Limestone), 플라이애시(Fly ash), 포졸라나(Pozzolana) 등과 같은 첨가물질을 시멘트에 첨가하여 클링커 함량을 줄일 수 있다.
ⓑ 유럽에서 시멘트의 클링커 함량은 보통 80~85%이며, 많은 시멘트 제조업자들이 시멘트 중 클링커 함량을 낮추기 위한 기술을 개발하고 있다. 심지어 한 보고서는 생산 단가의 상승 없이 시멘트의 품질을 유지하면서 클링커의 함량을 50% 줄였다.
ⓒ 특정 분야의 시멘트는 클링커 함량이 20% 미만인 경우도 있는데, 이는 고로 슬래그를 첨가하여 만들어진다. 그러나 클링커 함량이 낮은 시멘트의 소비는 소수의 특정 분야 에만 사용된다.
ⓓ 환경적 장점
 • 사용 에너지 절약
 • 가스배출량 감소
 • 천연자원의 소비절약
 • 폐기물의 매립량을 줄임

② 전기에너지 감량 요소
㉠ 전기에너지의 사용량은 전력관리시스템(Power Management System)의 설치, 클링커 고압분쇄 롤의 설치, 고속구동형 팬 및 원료분쇄기를 구형에서 신형으로 교체 설치 등 에너지 효율성이 높은 장비를 설치하여 전기사용량을 줄일 수 있다.
㉡ 개선된 모니터링시스템, 공정시스템에서의 기체 누출을 줄여 전기사용량을 최적화하고 있다.

SECTION 04 석회 생산

1 석회 생산 공정 개요

① 석회의 주요 용도는 금속(알루미늄, 강철, 구리 등)의 제련, 환경(배연탈황, 연수화, pH 조절, 폐기물 처리 등), 건설(지반 안정화, 아스팔트 첨가물 등) 등이다.

② 원료로는 주로 석회석을 사용하거나 Dolomite 또는 Dolomite Limestone(석회석에 44% 이상의 탄산마그네슘이 포함된 것)을 사용하고 소성로(Kiln)의 온도 900~1,500℃에서 다음의 반응에 의하여 생산한다.

$CaCO_3 + Heat \rightarrow CO_2 + CaO$(High Calcium Lime) 혹은
$CaCO_3 \cdot MgCO_3 + Heat \rightarrow 2CO_2 + CaO \cdot MgO$(Dolomite Lime)

2 배출활동 개요

① 석회 제조 공정은 시멘트 공정과 유사하여 소성 공정에서 석회석 혹은 Dolomite 등 원료의 탈탄산 반응에 의하여 온실가스가 배출된다.

$CaCO_3 + heat \rightarrow CO_2 + CaO$ 혹은
$CaCO_3 \cdot MgCO_3 + heat \rightarrow 2CO_2 + CaO \cdot MgO$

② 연수를 위한 소석회의 사용은 CO_2와 석회의 반응으로 탄산칼슘($CaCO_3$)을 재생성하여 대기 중으로의 CO_2 순배출은 발생하지 않는다.

③ 또한 석회의 생산 동안 석회 킬른 먼지(LKD ; Lime Kiln Dust)가 생성되는데, 이는 배출량 산정 시 고려되어야 한다.

3 보고 대상 배출시설

(1) 소성시설(Kiln)

① 석회 생산 공정의 소성시설은 시멘트 생산 공정 부문의 소성시설과 동일하다.
② 일반적인 석회 생산 공정에서는 다양한 유형의 소성시설을 사용한다.
③ 종류로는 롱킬른(Long Rotary Kiln), 프리히터 로터리킬른(Preheater-Rotary Kiln), 평행류 재생 킬른(Parallel Flow Regenerative Kiln), 관통 고로(Annular Shaft Kiln) 등이 있다.

석회생산시설에서의 온실가스 공정배출원, 온실가스 종류 및 배출원인

배출공정	온실가스	배출원인
소성시설	CO_2	석회석 탄산염의 열분해에 의한 CO_2 발생 $CaCO_3 \rightarrow CaO + CO_2$ $CaCO_3, MgCO_3 + Heat \rightarrow 2CO_2 + CaO, MgO$

출처 : 한국환경공단

4 보고 대상 온실가스

구분	CO_2	CH_4	N_2O
산정방법론	Tier 1, 2, 3, 4	–	–

5 배출량 산정방법

① Tier 1

$$E_i = Q_i \times EF_i$$

여기서, E_i : 석회(i) 생산으로 인한 CO_2 배출량(tCO_2)
Q_i : 석회(i) 생산량(ton)
EF_i : 석회(i) 생산량당 CO_2 배출계수(tCO_2/t-석회생산량)

② Tier 2

$$E_i = Q_i \times r_i \times EF_i$$

여기서, E_i : 석회(i) 생산으로 인한 CO_2 배출량(tCO_2)
Q_i : 석회(i) 생산량(ton)
r_i : 석회(i)의 순도(0~1 사이의 소수)
EF_i : 석회(i) 생산량당 CO_2 배출계수(tCO_2/t-석회생산량)

③ Tier 3

$$E_i = (EF_i \times Q_i \times r_i \times F_i) - Q_{LKD} \times EF_{LKD} \times (1 - F_{LKD})$$

여기서, E_i : 석회 생산에서 탄산염(i)으로 인한 CO_2 배출량(tCO_2)
Q_i : 소성시설에 투입된 탄산염(i) 사용량(ton)
r_i : 석회(i)의 순도(전체 투입량 중 순수 탄산염의 비율, 0~1 사이의 소수)

EF_i : 순수탄산염(i)의 하소에 따른 CO_2 배출계수(tCO$_2$/t-탄산염)

F_i : 석회 소성시설에 투입된 탄산염(i)의 하소율(0~1 사이의 소수)

Q_{LKD} : 석회 생산 시 반출된 석회킬른먼지(LKD)의 양(ton)

EF_{LKD} : 석회 생산 시 반출된 석회킬른먼지(LKD)에 따른 CO_2 배출계수(투입 탄산염이 석회석인 경우 0.4397 tCO$_2$/t-LKD, 백운석인 경우 0.4773 tCO$_2$/t-LKD)

F_{LKD} : 석회킬른먼지(LKD)의 하소율(0~1 사이의 소수)

④ Tier 4

연속측정방식(CEM)을 사용한다.

6 매개변수별 관리기준

① 활동자료(Q_i)

㉠ Tier 1

측정불확도 ±7.5% 이내의 석회 생산량(Q_i) 자료를 사용한다.

㉡ Tier 2

측정불확도 ±5.0% 이내의 석회 생산량(Q_i) 자료를 사용한다.

㉢ Tier 3

측정불확도 ±2.5% 이내의 순수 탄산염 사용량(Q_i) 및 유실된 석회킬른먼지(Q_{LKD}) 등 활동자료를 사용한다.

㉣ Tier 4

연속측정방식(CEM)을 사용한다.

② 배출계수(EF_i)

㉠ Tier 1

IPCC 가이드라인 기본계수(석회생산량 기준 CO_2 기본배출계수)를 사용한다.

구분	tCO$_2$/t-생석회	경소백운석(고토석회)
석회 생산량당 CO_2 배출계수(tCO$_2$/t)	0.750	0.770

출처 : 2006 IPCC 국가 인벤토리 작성을 위한 가이드라인

㉡ Tier 2

석회생산량 기준(위의 표) CO_2 기본배출계수를 사용한다.

ⓒ Tier 3
  ⓐ 사업자가 석회소성시설에 투입되는 원료 및 부원료 성분을 측정·분석하고 고유 배출계수를 개발하여 활용한다.
  ⓑ 각 탄산염의 하소율(F_i) 및 석회킬른먼지의 하소율(F_{LKD})은 사업장 측정값을 활용하며, 측정값이 없을 경우 1.0을 적용한다.
ⓓ Tier 4
  연속측정방식(CEM)을 사용한다.

7 최적가용기술(BAT)의 이해

(1) 석회석 소비
① 최적화된 채광(발파 및 드릴)기술로 석회석 원석으로부터 킬른용 원석의 수율을 최대로 높이고, 생산 공정기술을 최적화하여 킬른용 원석으로부터 완제품까지 생산 공정에서 필요한 원료사용량을 최대로 줄여 지속적으로 사용하면 석회석 사용량은 줄어든다.
② 입경크기가 광범위한 원료(석회석)를 공정에 적용시킬 수 있을 경우 원료사용량을 줄일 수 있는 최적화된 킬른기술에 더욱 접근할 수 있다.

(2) 에너지 소비효율 증대
① 킬른의 에너지 사용량을 모니터링할 수 있는 에너지관리 시스템(Energy Management System)을 석회공장에 적용할 수 있다.
② 단지 에너지 효율성과 CO_2만을 고려한다면 수직형 킬른(Vertical kiln)과 PFRK(Parallel Flow Regenerative Kiln)의 효율이 가장 높다. 그러나 에너지 효율성과 CO_2만을 고려한 근본적인 역할에 초점을 맞출 경우, 킬른 및 원료를 선택하기 전에 다른 기계적인 사양도 고려해야 한다. 즉, 경우에 있어 많은 기술적인 사양의 장점은 로터리 킬른(Rotary Kiln)에서도 찾을 수 있고, 특히 최신 로터리 킬른의 경우에 많은 기술적인 장점이 있다.
③ 대부분의 경우에서 신형 킬른은 구형 킬른을 교체하였고, 일부 킬른은 연료용 에너지 사용량을 줄이려고 현재까지 지속적으로 수정·보완하고 있다.
④ 광범위한 킬른의 기계적인 설계수정은 킬른의 구조를 변화시키고 있다.
⑤ 기술적인 실용성과 경제성
  ㉠ 광범위한 연료의 선택성과 배출가스로부터 생성된 여열을 회수하기 위해 장형 로터리 킬른(Long Rotary Kiln)에 열교환기를 장착한다.
  ㉡ 석회석 분쇄장치와 같은 다른 공정에서 석회석을 건조시키기 위해 로터리 킬른의 여열을 사용한다.

ⓒ 일부 경우에서, 경제성이 없는 샤프트 킬른(Shaft Kiln)은 현대적인 설계로 변경하여 실용성을 높이고 있다. 좋은 예로, 샤프트 킬른을 애뉼러 샤프트형(Annular Shaft)으로 설계변경하거나 한 쌍의 샤프트 킬른을 수평형 재생킬른 형태(Parallel Flow Regenerative Kiln)로 연동시켜 실용성을 높였다.
ⓔ 킬른 구조에서 석회석 투입 시스템과 석회석 처리·저장 공정에서 이루어지는 구조변경 작업은 킬른장치의 수명을 연장시킨다.
ⓜ 일부에서 예외적으로 장형 로터리 킬른을 짧게 한다거나 연료사용량을 줄이는 예열기를 적합시키는 행위는 경제성에 긍정적으로 작용한다.
ⓗ 에너지효율등급이 높은 장비를 사용하여 전기사용을 최소화할 수 있다.

⑥ 아래 열거된 에너지효율의 측정/기술의 긍정적인 효과
㉠ 공정제어(예 과잉공기, 연료유량 등)
㉡ 장비의 유지·보수(예 내화물 침식, 공기충전(Air Tightness) 등)
㉢ 원료 입경의 최적화

(3) 연료의 선택(폐기물 포함)

① 석회생산산업은 에너지 집약적인 산업으로 에너지의 선택이 중요하다.
② 킬른의 형태와 연료의 화학적 성분에 따른 적절한 연료의 선택과 연료배합은 아래와 같이 에너지 연소효율 증진 및 CO_2 배출량을 감소시킬 수 있다.
㉠ 바이오매스(Biomass)는 화석연료를 절약한다.
㉡ 폐기물연료는 화석연료의 사용량을 감소시켜 주며, CO_2 배출량을 줄여준다.

SECTION 05 탄산염의 기타 공정 사용

1 배출활동 개요

① 탄산염은 시멘트 제조, 석회 제조뿐만 아니라, 세라믹 생산, 비-야금 마그네시아 생산 및 소다회 소비 등 다수의 산업에서 사용된다.
② 시멘트 제조 및 석회 제조 등 앞서 설명된 활동은 중복산정을 피하기 위하여 제외한다.
③ 세라믹 생산, 비-야금 마그네시아 생산, 소다회 소비와 같이 탄산염을 사용하는 공정 중 설명되지 않은 활동에서의 온실가스 배출량을 산정한다.(석회질 비료의 소비와 같이 농업활동에서의 탄산염 소비 등 보고항목이 아닌 활동은 제외한다.)

2 보고 대상 배출시설

(1) 소성시설('도자기 · 요업제품 제조시설' 중 소성시설을 말한다.)

① 물체를 높은 온도에서 구워내는 시설을 말하며 일종의 열처리시설에 해당된다.
② 소성의 목적은 소성물질의 종류에 따라 다소 다르나 보통 고온에서 안정된 조직 및 광물상으로 변화시키거나 충분한 강도를 부여함으로써 물체의 형상을 정확하게 유지시키기 위한 목적으로 이용된다.
③ 도자기 · 요업제품 제조공정(세라믹 생산공정)에서의 온실가스 배출은 첨가제의 첨가뿐만 아니라 점토 내 탄산염의 소성에서 발생한다.
④ 소성시설에서는 시멘트 및 석회의 생산 공정과 유사하게, 탄산염이 소성로(Kiln)에서 고온으로 가열되어 산화물과 CO_2를 생산한다.
⑤ CO_2 배출은 원료(특히, 점토, 혈암, 석회석($CaCO_3$), 백운석($CaMg(CO_3)_2$) 및 위더라이트(Witherite))의 소성 및 융제로서의 석회석 사용에서 발생한다.

(2) 용융 · 용해시설('도자기 · 요업제품 제조시설' 중 용융 · 용해시설을 말한다.)

① 고체상태의 물질을 가열하여 액체상태로 만드는 시설을 용융시설이라 한다.
② 기체, 액체 또는 고체물질을 다른 기체, 액체 또는 고체물질과 혼합시켜, 균일한 상태의 혼합물, 즉 용체를 만드는 시설을 용해시설이라 한다.
③ 용해 공정 동안 CO_2를 배출하는 주요한 유리 원료는 석회석($CaCO_3$), 백운석($CaMg(CO_3)_2$) 및 소다회(Na_2CO_3)이다. 이러한 광물이 유리산업에서 사용되기 위해 탄산염 광물로 채굴되는 경우에, 그들은 주된 CO_2 생산을 나타내며 배출 산정에 포함되어야 한다.

④ 수산화물(Hydroxide)의 탄산염화를 통해 탄산염 광물이 생성되는 경우에, 그들은 순 CO_2 배출을 초래하지 않으며 이는 배출 산정에 포함되지 말아야 한다.

⑤ CO_2를 배출하는 보조 유리 원료는 탄산바륨($BaCO_3$), 골회($3CaO_2P_2O_5+XCaCO_3$), 탄산칼륨(K_2CO_3) 및 탄산스트론튬($SrCO_3$)이다.

⑥ 녹은 유리의 환원조건을 생성하기 위해 추가적으로 분쇄한 무연탄 내지 기타 유기물이 추가되고 녹은 유리의 이용 가능한 산소와 결합하여 CO_2를 생산한다.

(3) 약품회수시설('펄프 · 종이 및 종이제품 제조시설' 중 약품회수시설을 말한다.)

① 펄프 제조공정은 목재칩을 원료로 증해, 세정, 표백, 건조 등의 단계를 거쳐 펄프를 생산한다.

② 증해공정(Cooking)에서 발생되는 유기물은 몇 단계 과정을 거쳐 약품을 회수하여 재사용한다.

③ 증해 후 생기는 흑액은 보일러의 연료로 사용되고 흑액에 Na_2CO_3 등의 보조물질이 첨가되어 생성된 용융염은 물에 용해되어 녹액이 된다.

④ 녹액은 가성화공정을 거쳐 증해에 필요한 약품(백액)으로 재생이 되며, 이때 필요한 생석회(Lime)는 석회소성로를 통해 생산된다.

⑤ 라임 생산을 위해 석회소성로에 탄산칼슘($CaCO_3$)또는 탄산나트륨(Na_2CO_3)을 투입할 때 이산화탄소가 배출된다.

(4) 배연탈황시설

① 배연탈황기술은 배출가스 중에 포함된 황산화물을 제거하는 배출가스 처리방법으로 흡착(Adsorption), 흡수(Absorption), 촉매전환(Catalytic Conversion) 등이 있다.

② 건식 탈황법은 배출가스를 분말이나 펠릿 형태의 촉매층을 통과시키거나, 고온 배출가스에 건조된 분말형태 또는 슬러리(Slurry) 형태의 반응제를 분사하여 황산화물을 제거하는 방법이다.

③ 습식 탈황법은 물이나 알칼리성 용액 및 슬러리(Slurry)를 사용하여 가스 상의 황산화물을 흡수하고 알칼리 성분과 반응시켜 생성된 슬러지(Sludge)를 탈수 처리하여 폐기하거나 재생공정을 거쳐 시장성 있는 부산물을 생산하는 방법이다.

④ 대표적인 배연탈황시설의 반응

$SO_2 + H_2O \rightarrow H_2SO_3$

$CaCO_3 + H_2SO_3 \rightarrow CaSO_3 + CO_2 + H_2O$

$CaSO_3 + 1/2O_2 + 2H_2O \rightarrow CaSO_4 \cdot 2H_2O$(석고)

$CaCO_3 + SO_2 + 1/2O_2 + 2H_2O \rightarrow CaSO_4 \cdot 2H_2O$(석고) $+ CO_2$

$CaSO_3 + 1/2H_2O \rightarrow CaSO_3 \cdot 1/2H_2O$

3 보고 대상 온실가스

구분	CO_2	CH_4	N_2O
산정방법론	Tier 1, 2, 3, 4	—	—

4 배출량 산정방법

① Tier 1

$$E_i = \sum_i (Q_i \times EF_i)$$

여기서, E_i : 탄산염(i)의 기타 공정 사용에 따른 CO_2 배출량(tCO_2)
Q_i : 해당 공정에서의 소비된 탄산염(i)의 질량(ton)
EF_i : 탄산염(i) 사용량당 CO_2 배출계수(tCO_2/t-탄산염)

② Tier 2

$$E_i = \sum_i (Q_i \times r_i \times EF_i)$$

여기서, E_i : 탄산염(i)의 기타 공정 사용에 따른 CO_2 배출량(tCO_2)
Q_i : 해당 공정에서의 소비된 탄산염(i)의 질량(ton)
r_i : 탄산염(i)의 순도(0~1 사이의 소수)
EF_i : 탄산염(i) 사용량당 CO_2 배출계수(tCO_2/t-탄산염)

③ Tier 3

$$E_i = \sum_i (Q_i \times EF_i \times r_i \times F_i)$$

여기서, E_i : 탄산염(i)의 소비에 따른 CO_2 배출량(tCO_2)
Q_i : 소비된 탄산염(i)의 질량(ton)
EF_i : 순수 탄산염(i) 사용량당 CO_2 배출계수(tCO_2/t-탄산염)
r_i : 탄산염(i)의 순도(전체 사용량 중 순수 탄산염의 비율, 0~1 사이의 소수)
F_i : 탄산염(i)의 기타 공정 사용에서 소성율(0~1 사이의 소수)

④ Tier 4
연속측정방식(CEM)을 사용한다.

5 매개변수별 관리기준

① 활동자료

㉠ Tier 1

측정불확도 ±7.5% 이내의 탄산염(i) 사용량 자료를 사용한다.

㉡ Tier 2

측정불확도 ±5.0% 이내의 탄산염(i) 성분이 포함된 원료사용량 자료를 사용한다.

㉢ Tier 3

측정불확도 ±2.5% 이내의 탄산염(i) 사용량 자료를 사용한다. 탄산염의 소성비율(F_i)은 측정값이 있을 경우 이를 적용하고, 측정값이 없을 경우에는 1.0(100% 소성)을 적용한다.

㉣ Tier 4

연속측정방식(CEM)을 사용한다.

② 배출계수

㉠ Tier 1

IPCC 가이드라인 기본계수(탄산염 사용량당 CO_2 배출계수)를 사용한다.

| 탄산염 사용량당 CO_2 기본 배출계수 |

탄산염(i)	광물 이름	배출계수(tCO_2/t-탄산염)
$CaCO_3$	석회석	0.4397(tCO_2/t-$CaCO_3$)
$MgCO_3$	마그네사이트	0.5220(tCO_2/t-$MgCO_3$)
$CaMg \cdot (CO_3)_2$	백운석	0.4773(tCO_2/t-$CaMg \cdot (CO_3)_2$)
$FeCO_3$	능철광	0.3799(tCO_2/t-$FeCO_3$)
$Ca(Fe, Mg, Mn)(CO_3)_2$	철백운석	0.4420(tCO_2/t-철백운석)
$MnCO_3$	망간광	0.3829(tCO_2/t-$MnCO_3$)
Na_2CO_3	소다회	0.4149(tCO_2/t-Na_2CO_3)

* 출처 : 2006 IPCC 국가 인벤토리 작성을 위한 가이드라인. 철백운석 배출계수는 IPCC 가이드라인 기본값(0.4082~0.4757)의 중간값인 0.4420을 사용한다.
** 위 표는 100% 소성을 가정한 CO_2의 배출비율을 나타낸다.
*** 탄소(C)의 배출계수는 3.664tCO_2/t으로 한다.

ⓛ Tier 2

국가 고유 배출계수를 사용한다. 다만, 국가고유배출계수가 고시되지 않아 활용하지 못할 경우 탄산염 사용량당 CO_2 배출계수를 사용한다.

ⓒ Tier 3

사업자가 측정·분석하거나 원료 공급자에 의해 측정·분석된 원료 성분을 활용하여 고유 배출계수를 개발하여 사용한다.

ⓔ Tier 4

연속측정방식(CEM)을 사용한다.

6 최적가용기술(BAT)의 이해

(1) 도자기·요업제품 제조시설 중 용융·용해시설

① 에너지 소비

㉠ 세라믹공장에서 1차 에너지는 킬른의 연소, 중간생성물의 건조 등에서 많이 소비된다.

㉡ 천연가스, LPG, 액체연료는 연소와 건조공정 중에 사용하는 연료이다. 고체연료, 전기, LNG, 바이오가스/바이오매스에서도 역시 사용된다.

㉢ 공장과 기계에서는 원료의 분쇄 및 혼합, 제품의 형성에 전기에너지를 사용한다.

㉣ 디젤연료는 채석장으로부터 원료 운반을 포함한 현장운송용 차량, 내부의 화물운송용 차량, 전기배터리 및 LPG 운반 차량, 지게차 등에 사용된다.

㉤ 벽돌과 지붕타일, 벽 및 바닥타일 분야는 가장 큰 에너지 소비원이며, 생산제품들의 생산량과 비례한다. 특정 에너지 소비에서 벽돌과 지붕타일은 가장 높은 효율을 나타낸다.

㉥ 킬른의 전기가열은 식탁제품류와 특정 기술의 무기재료에서 사용되고 있다는 점에 주목해야 하고 요구되는 질적인 문제를 성취하여야 한다.

㉦ BAT는 다음과 같은 기술적용을 조합하여 에너지 소비를 줄인다.
  ⓐ 개선된 킬른 및 건조기의 설계
  ⓑ 킬른으로부터의 폐열을 건조기 등에 사용
  ⓒ 킬른의 연소공정에서 이루어지는 연료스위치를 적용(중유와 고체연료 등)
  ⓓ 요업체의 변형

㉧ 킬른/건조 시스템에 개별적으로 또는 종합적으로 적용시킬 수 있는 현재의 기술
  ⓐ 자동제어 건조회로
  ⓑ 건조기에서 쓰이는 습도 및 온도 자동제어
  ⓒ 건조기에서 설정온도에 도달하기 위해 공간적인 열분배를 위한 팬의 설치

ⓓ 열손실을 예방하기 위해 터널식 킬른 및 간헐식 킬른의 메탈케이싱, 모래 및 물 밀봉을 사용
ⓔ 개선된 킬른의 열단열, 즉 열손실을 줄여주는 내화제의 라이닝 및 세라믹섬유를 활용한 절연으로 열단열을 높임
ⓕ 개선된 킬른의 내화제 라이닝과 킬른-차 데크(Kiln-Car Decks)는 열손실과 관련된 공장의 가동중지를 줄여줌
ⓖ 연소 및 열전달의 효율을 개선한 고속버너의 사용
ⓗ 구식킬른을 신식킬른으로 교체하고, 용량에 따른 터널형 킬른의 폭과 길이를 고려하여 개선. 예를 들어 롤러킬른(Rollerhearth Kilns)과 같은 빠른 연소킬른은 특정에너지의 소비를 줄여줌
ⓘ 킬른의 연소체제를 쌍방향형 인터렉티브 컴퓨터로 제어할 경우 에너지 소비와 대기오염을 줄여줌
ⓙ 보조연소, SiC/슈퍼합금(SiC/Super Alloys)을 만드는 보조연소를 줄여 킬른시스템의 열 생산을 위한 에너지 투입량을 줄여준다. SiC 보조연소는 빠른 롤러연소형 킬른(Fast Firing Roller Technology Kilns)에 적용할 수 있음
ⓚ 건조기와 킬른 통로를 최적화하여 건조 공정 말단에 킬른의 예열지대를 이용함. 최대한 공장의 공정을 활용하며, 소성 공정 이전에 건조된 생산품의 불필요한 냉각을 피함
ⓛ 확장된 진흙골재 공장에서 로터리킬른을 통한 공기흐름의 양을 감소시켜 에너지 소비를 절약함

ⓩ 위에서 언급된 대책들은 건조기에 적용시킬 수 있으며, 예를 들어 건조기 설계(개선된 열단열, 단열된 도어 및 잠금장치)에 관계된다. 특히 건조기와 킬른과 같은 보조소성 및 공정제어는 가장 빈번하게 이루어지는 열복원 시스템이다.

㋡ BAT는 에너지활용계획의 범위 내에서 유용한 열수요를 예측한 열병합발전시설을 공정 중에 적용시켜 1차 연료 소비를 줄인다.

(2) 펄프·종이 및 종이제품 제조시설

① 에너지 절약과 관련된 수단

㉠ 열을 재생하거나 낮게 소비하기 위한 수단

ⓐ 흑액(Black Liquor) 및 나무껍질의 건조고체성분 함유율
ⓑ 스팀보일러의 효율성(배출가스 온도를 낮게)
ⓒ 효율이 좋은 2차 히팅 시스템(온수온도 85℃)
ⓓ 잘 밀폐된 용수 시스템(Well Closed-up Water System)
ⓔ 상대적으로 잘 밀폐된 표백 공정
ⓕ High Pulp Concentration(MC-Technique)

　　　　ⓖ 석회니의 예비건조
　　　　ⓗ 건물난방 시 2차열 사용
　　　　ⓘ 공정제어

　　ⓛ 전력소비의 절약
　　　　ⓐ 정선 및 세척공정에서 가능한 펄프의 균일한 농도 유지
　　　　ⓑ 각종 대형모터의 속도 조절
　　　　ⓒ 진공펌프의 효율
　　　　ⓓ 적절한 크기의 파이프, 펌프, 팬 사용

　　ⓒ 고효율 전력사용설비(Unit)로의 시설교체
　　　　ⓐ 고압보일러(High Pressure Boiler)
　　　　ⓑ 각종 대형모터의 속도조절
　　　　ⓒ 진공펌프의 효율 증대
　　　　ⓓ 잉여 증기를 이용한 전력생산 관련 응축터빈
　　　　ⓔ 터빈의 효율 증대
　　　　ⓕ 보일러에 주입되는 연료와 연소공기의 예열

② 흑액(Black Liquor)의 가스(기)화 기술
　　㉠ 가스화 기술(Gasfication)은 펄프공장에서 풍부한 전력생산을 위한 유망한 기술이다.
　　㉡ 다양한 연료(석탄, 목재잔재물, 흑액)로부터 가연성 가스의 생산은 많은 가스화 기술을 통해 가능하다.
　　㉢ 흑액 가스화 기술의 주요 원리는 고농도의 무기상태 흑액을 고온상태에서 열분해하여 공기 중의 산소와 반응시켜 가스상태로 만드는 것이다.
　　㉣ 수많은 흑액 가스화 공정은 지금까지 계속 개발되고 있다.
　　　　ⓐ 기화기(Gasifier)가 무기염들의 녹는점(700~750℃) 아래에서 이루어지는 저온 가스화이며 이때의 유동층은 저온 가스화 공정에 적합하며, 개발 중에 있는 모든 저온 공정에 이용된다.
　　　　ⓑ 기화기(Gasifier)가 무기염화물의 녹는점 위에서 이루어지는 저온 가스화이며, 냉각과 용융염화물을 녹이기 위해 물을 사용한다.

> **Reference** 가스화 공정의 예

스웨덴 프로비포르스(Frovifors) 공장에서, 펄프 공정, 증발 공정으로부터 얻어진 130~135℃로 가열된 흑액은 대략 65%의 건조고형물을 함유하고 있다. 가열된 흑액은 캠렉(Chemrec) 공정의 첫 번째 단계인 기화기로 들어가고 고압(12bar)에서 반응기의 하단에 미세 물방울 상태로 분사된다. 공정에 필요한 공기의 흐름은 압력이 0.5bar이고 예열은 80~500℃로 예열되며, 챔버의 온도는 950℃이고 흑액은 미세한 물방울 형태로 분사되어 일부는 연소된다. 흑액에서의 무기화합물은 황화물 또는 탄산염이 용융된 방울 형태로 전환된다. 반응기 및 퀀칭쿨러를 통해 만들어진 미스트 방울은 반응기의 전체적인 부분에 존재한다. 또한 유기화합물들은 일산화탄소, 메탄, 수소를 함유한 가연가스로 전환된다.

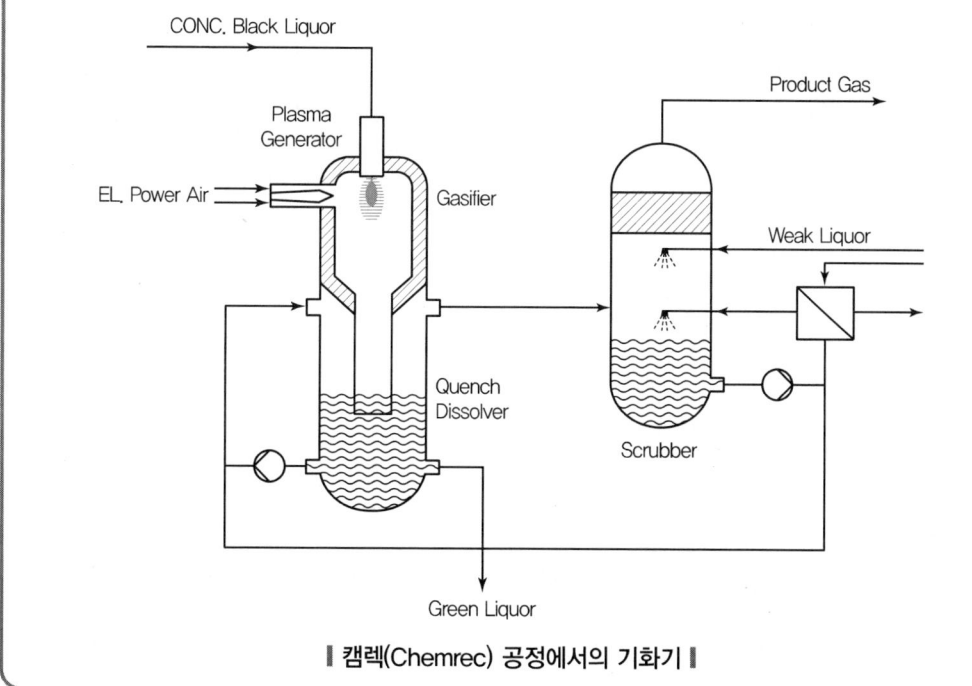

‖ 캠렉(Chemrec) 공정에서의 기화기 ‖

ⓓ 흑액을 가스화하여 IGCC로서 전력 생산을 증대시킬 수 있지만, 스팀 생산이 줄고 전체적인 효율(스팀+전력)이 낮아지며, 스팀이 과도하게 남는 공장이 아니면 가스화 기술을 적용시키기 어려운 한계점이 존재한다. 이는 흑액 발생이 과도하게 많은 일부 공장에서 적용 가능한 기술이다.

③ 환경적 영향
  ㉠ 앞선 기술로 개발된 기화기는 복합사이클(가스터빈과 스팀터빈을 조합)에서 전기생산을 증가시킨다.
  ㉡ 흑액을 연료로한 복합가스화 발전(IGCC ; Integrated Gasification Combined Cycle)에

서 흑액의 열값(Heat Value)은 약 30%의 전력효율로 계산되며, 전형적인 회수보일러의 12~13% 전력효율값과 비교된다.
ⓒ 전체적인 효율(전력+스팀)은 5~75%로 떨어지는데, 이것은 이때 스팀 생산이 감소한다는 것을 의미한다. 스팀이 과도하게 많은 상황에서는 외부에 판매할 전력생산을 증가시키는 것이 흥미로운 옵션이다.
ⓔ 대기배출가스를 줄일 수 있다.
ⓜ 만약 크라프트 펄프공장에 IGCC 기술을 도입한다면, 현재 800kWh/ADt와 비교하면 잠재적으로 1,700kWh/ADt을 생산할 수 있으며, 전력을 잠재적으로 900kWh/ADt 증가시킬 수 있다. 그리고 동시에 스팀생산은 4GJ/ADt로 줄어든다.

유리 생산

1 배출활동 개요

① 유리생산 활동에서의 융해 공정 중 CO_2를 배출하는 주요 원료는 석회석($CaCO_3$), 백운석($CaMg(CO_3)_2$) 및 소다회(Na_2CO_3)이다.
② 또 다른 CO_2 배출 유리 원료로는 탄산바륨($BaCO_3$), 골회(Bone Ash), 탄산칼륨(K_2CO_3) 및 탄산스트론튬($SrCO_3$)이다.
③ 유리의 융해에서 이러한 탄산염의 활동은 복잡한 고온의 화학적 반응이며, 생석회 내지 가열된 경소백운석(고토석회)를 생산하기 위한 탄산염의 소성과는 직접 비교되지 않는다.
④ 배출원 카테고리에는 유리 생산뿐만 아니라 생산공정이 유사한 글래스울(Glass Wool) 생산으로 인한 배출도 포함된다.
⑤ 유리의 제조에는 유리 원료뿐만 아니라 재활용된 유리 파편인 컬릿(Cullet)을 일정량 사용한다.
⑥ 용기 생산에서의 컬릿 비율은 40~60%이지만, 유리 품질관리 차원에서 사용이 제한되기도 한다. 절연 섬유유리는 이보다 적은 컬릿을 사용한다.

2 보고 대상 배출시설

(1) 용융·용해시설('유리 및 유리제품 제조시설'의 용융·용해시설)

① 고체상태의 물질을 가열하여 액체상태로 만드는 시설을 용융시설이라 한다.
② 기체, 액체, 또는 고체물질을 다른 기체, 액체 또는 고체물질과 혼합시켜, 균일한 상태의 혼합물, 즉 용체를 만드는 시설을 용해시설이라 한다.
③ 유리 제조 공정은 유리의 주요 원료인 규사와 석회석·돌로마이트 등의 탄산염 광물은 유리의 용도에 맞게 적절히 배합되고 용해로에서 용해된다.
④ 이 탄산염이 고온의 열을 받게 되면 탈탄산 반응에 의하여 석회와 이산화탄소가 발생하게 된다.
⑤ 유리 제조에서는 재활용 유리도 원료로 상당 부분 차지하는데, 이 재활용 유리는 이미 반응을 마친 석회성분을 함유하고 있기에 탄산염광물과 함께 용해로에서 용해가 되어도 이산화탄소를 발생시키지 않는다.

3 보고 대상 온실가스

구분	CO_2	CH_4	N_2O
산정방법론	Tier 1,2,3,4	–	–

4 배출량 산정방법론

① Tier 1, 2

$$E_i = \sum [M_{gi} \times EF_i \times (1 - CR_i)]$$

여기서, E_i : 유리 생산으로 인한 CO_2 배출량(tCO_2)
M_{gi} : 유리(i)의 생산량(ton)(예 판유리, 용기, 섬유유리 등)
EF_i : 유리(i)의 생산에 따른 CO_2 배출계수(tCO_2/t-용해된 유리량)
CR_i : 유리(i)의 유리 제조 공정에서의 컬릿 비율(0~1 사이의 소수)

② Tier 3

$$E_i = \sum_i (M_i \times EF_i \times r_i \times F_i)$$

여기서, E_i : 유리 생산으로 인한 CO_2 배출량(tCO_2)
M_i : 유리 제조공정에 사용된 탄산염(i) 사용량(ton)
r_i : 탄산염(i)의 순도(전체 사용량 중 순수 탄산염의 비율, 0~1 사이의 소수)
EF_i : 순수 탄산염(i)에 대한 CO_2 배출계수(tCO_2/t-탄산염)
F_i : 탄산염(i)의 소성비율(0~1 사이의 소수)

③ Tier 4
연속측정방식(CEM)을 사용한다.

5 매개변수별 관리기준

① 활동자료

㉠ Tier 1
측정불확도 ±7.5% 이내의 유리종류(i)별 용해된 유리량 자료를 사용한다. 유리 제조 공정 중 컬릿 비율(CR_i)은 측정값이 있을 경우 이를 적용하고, 값이 없으면 활용하지 않는다.

ⓒ Tier 2

측정불확도 ±5.0% 이내의 용해된 유리(i)량 자료를 사용한다. 유리 제조 공정 중 컬릿 비율(CR_i)은 측정값이 있을 경우 이를 적용하고, 값이 없으면 활용하지 않는다.

ⓒ Tier 3

측정불확도 ±2.5% 이내의 탄산염(i) 사용량 자료를 사용한다. 탄산염의 소성비율(F_i)은 측정값이 있을 경우 이를 적용하고 측정값이 없을 경우는 1.0(100% 소성)을 적용한다.

ⓔ Tier 4

연속측정방식(CEM)을 사용한다.

② 배출계수

㉠ Tier 1

IPCC 가이드라인 기본 배출계수를 사용한다.

ⓒ Tier 2

국가 고유 배출계수를 사용한다. 다만, 국가고유 배출계수가 고시되지 않아 활용하지 못할 경우 IPCC 가이드라인 기본 배출계수를 사용한다.

ⓒ Tier 3

사업자가 원료 성분을 측정·분석하여 개발된 고유 배출계수를 사용한다.

ⓔ Tier 4

연속측정방법(CEM)을 사용한다.

6 최적가용기술(BAT)의 이해

- 유리제조업은 에너지 집약적인 산업공정이다.
- 에너지원의 선택, 가열(Heating)의 방법, 열 복원방법은 용해로 설계에 있어 중심적인 요소이고, 경제적인 생산 공정을 수행하는 실천방법이다. 또한, 에너지효율과 환경오염에 영향을 미치는 중요한 요소이다.
- 유리제조업에서 사용하는 총 에너지의 75% 이상이 유리용해 공정에서 사용되며, 비용을 고려할 경우 에너지 단가가 유리용해 공정에서 가장 많이 차지한다. 즉, 해당 사업자가 에너지 사용을 줄일 경우 비용 절감에 있어 가장 큰 인센티브이다.

① 유리용해의 기술 및 용해로 설계

㉠ 유리용해시설에서 기술 선택은 에너지 효율에 가장 큰 영향을 미치며, 경제적인 측면을 고

려할 경우 가장 큰 결정적인 요소이다.
ⓒ 기술 선택의 주된 요인은 제품의 생산성 향상과 용해로의 내구성보다 우선한 운전비용과 관련된 금전적인 요인이다.
ⓒ 운전비용의 중요한 양상은 에너지의 사용이며, 일반적인 운영자들은 설계상 에너지효율이 좋은 유리용해시설을 선택한다.
ⓔ 전통적으로 유리용해로는 화석연료를 연소한다.
ⓜ 용해로 설계에 있어 주된 차이점은 열회수 시스템을 축열식(Regenerator)과 복열식(Recuperator)으로 나눈다는 것이다.

② 연소제어 기술 및 연료의 선택(Combustion Control and Fuel Choice)
㉠ 지난 수십 년 동안 유리용해로의 사용연료는 천연가스(LNG)가 상승함에도 불구하고 액체연료가 지배하고 있다.
㉡ 천연가스의 사용 시 SO_x 배출량은 줄지만 NO_x 배출량은 늘어나는데, 그 이유는 천연가스의 불꽃은 작게 발산하지만 에너지 소모가 7~8% 정도로 높기 때문이다.
㉢ 천연가스는 액체연료보다 탄소에 붙어 있는 수소비율이 더 높아 결과적으로 CO_2 배출량은 25% 줄어든다.

③ 파유리(Cullet)의 사용
㉠ 유리용해로에서 파유리를 사용하여 유리를 만들면 원료를 사용하여 유리를 만드는 경우보다 모든 종류의 유리용해로에서 에너지 사용량을 줄일 수 있다.
㉡ 파유리는 원료보다 낮은 융점을 가지고 있기 때문이다.

④ 폐열보일러(Waste Heat Boilers)
㉠ 폐열보일러의 주된 원리는 스팀을 생성하는 수관보일러에 폐가스를 직접적으로 접촉시켜주는 것이다.
㉡ 생성된 스팀은 예열이 필요한 공간, 연료보관탱크 예열, 파이프 예열 등에 쓰인다.

⑤ 배치(Batch) 및 파유리(Cullet)의 예열
㉠ 배치 및 파유리는 일반적으로 차가운 상태로 용해로에 들어오지만, 폐가스의 잔류 열을 이용하여 예열시키면 상당한 에너지 절약이 될 것이다.
㉡ 원천 원료를 예열하게끔 설계된 스톤울(Stone Wool) 공장 반사로에서 예열 설계가 이루어진 점을 응용한 것이다.

SECTION 07 마그네슘 생산

1 배출활동 개요

① 마그네슘 산업에서는 다수의 잠재적인 온실가스 배출원과 온실가스가 존재한다.
② 마그네슘 산업에서의 온실가스 배출은 1차 마그네슘 생산 공정에서 사용되는 원료와 마그네슘 주조 및 처리공정에서 융해된 마그네슘의 산화를 방지하기 위해 사용한 표면가스(Cover Gas)에 따라 달라진다.
③ 1차 마그네슘 생산은 원료물질인 돌로마이트(Ca·Mg(CO$_3$)$_2$)와 마그네사이트(MgCO$_3$) 등을 이용하여 생산하는 공정이다.
④ 2차 마그네슘 생산은 기계 조각, 고철, 가구 잔류물 등의 다양한 마그네슘 제품에서 금속성 마그네슘을 회수하고 재활용하는 공정이다.

(1) 1차 생산 공정

① 1차 마그네슘은 광물 자원에서 추출한 금속성 마그네슘을 의미하며 전해 공정이나 열환원 공정 등을 통해 생산된다.
② 1차 마그네슘 생산 공정에서 마그네슘 생산을 위해 사용되는 다양한 원료 중 돌로마이트(Ca·Mg(CO$_3$)$_2$)와 마그네사이트(MgCO$_3$)와 같은 광물의 배소(Calcination) 시 CO_2가 배출된다.
③ 배소(또는 소성) 공정은 마그네슘 생산 공정 중 가장 오래된 공정으로 마그네슘을 포함하고 있는 돌로마이트(Ca·Mg(CO$_3$)$_2$)와 마그네사이트(MgCO$_3$)가 고온에서 열분해하면 산화마그네슘(MgO)과 CO_2로 분해된다.

(2) 주조 공정(1차 생산 공정과 2차 생산 공정 포함)

① 마그네슘 주조 공정은 1차 마그네슘 생산 공정과 마그네슘 함유 스크랩에서 마그네슘을 회수하고 재활용하는 2차 마그네슘 생산 공정을 포함한다.
② 마그네슘 주조 공정에서 처리된 융해된 순수 마그네슘과 마그네슘 고함유 합금은 Gravity Casting, Sand Casting, Die Casting 등의 다양한 방법으로 주조된다.
③ 융해된 마그네슘은 대기 중 산소에 의해 자발적으로 산화된다. 이를 방지하기 위해 마그네슘의 생산, 재생, 융해 및 주조 등과 같이 융해된 마그네슘의 사용 및 처리 공정에서는 SF_6와 같이 GWP 값이 높은 온실가스를 표면가스로 사용하여 산화를 방지하며, 이때 사용된 온실가스가 대기 중으로 배출된다.

④ 일반적으로 마그네슘 산업에서는 SF_6를 표면가스로 사용하지만 최근의 기술개발과 SF_6 대체에 대한 요구에 의하여 SF_6를 대체하는 표면가스를 도입하고 있다.

⑤ 향후 10년 이내에 SF_6를 대체할 수 있는 대체 표면가스로는 fluorinated hydrocarbon HFC-134a나 fluorinated ketone FK 5-1-12($C_3F_7C(O)C_2F_5$) 등이 있다.

② 보고 대상 배출시설

① 배소로
② 소성로
③ 용융·융해로
④ 주조로

③ 보고대상 온실가스

구분	CO_2	PFCs	HFCs	SF_6
1차 생산 공정	Tier 1,2,3,4	–	–	–
주조 공정	–	Tier 1,2,3,4	Tier 1,2,3,4	Tier 1,2,3,4

※ 주조 공정은 1차 생산 공정과 2차 생산 공정 포함

④ 배출량 산정방법

① 1차 생산 공정

㉠ Tier 1

$$E_i = \sum_i (Q_i \times EF_i)$$

여기서, E_i : 마그네슘 1차 생산으로 인한 CO_2 배출량(tCO_2)
Q_i : 마그네슘 1차 생산에 사용된 탄산염(i)의 질량(ton)
EF_i : 탄산염(i)에 대한 CO_2 배출계수(tCO_2/t-탄산염)

㉡ Tier 2

$$E_i = \sum_i (Q_i \times r_i \times EF_i)$$

여기서, E_i : 마그네슘 1차 생산으로 인한 CO_2 배출량(tCO_2)
Q_i : 마그네슘 1차 생산에 사용된 탄산염(i)의 질량(ton)
r_i : 탄산염(i)의 순도(0~1 사이의 소수)
EF_i : 탄산염(i)에 대한 CO_2 배출계수(tCO_2/t-탄산염)

ⓒ Tier 3

$$E_i = \sum_i (Q_i \times EF_i \times r_i \times F_i)$$

여기서, E_i : 마그네슘 1차 생산으로 인한 CO_2 배출량(tCO_2)
Q_i : 마그네슘 1차 생산에 사용된 탄산염(i)의 질량(ton)
EF_i : 순수 탄산염(i)에 대한 CO_2 배출계수(tCO_2/t-탄산염)
r_i : 탄산염(i)의 순도(전체 사용량 중 순수 탄산염의 비율, 0~1 사이의 소수)
F_i : 순수 탄산염(i)의 소성비율(0~1 사이의 소수)

ⓔ Tier 4
연속측정방식(CEM)을 사용한다.

② 주조 공정

㉠ Tier 1~2

$$E_j = \sum_j Q_j$$

여기서, E_j : 가스(j)의 배출량(tGHG)
Q_j : 가스(j)의 소비량(ton)

ⓒ Tier 3

$$E_j = \sum_j [Q_j \times (1 - DR_j)] + \sum_p Q_p$$

여기서, E_j : 가스(j)의 배출량(tGHG)
Q_j : 가스(j)의 소비량(ton)
DR_j : 소비된 가스(j)의 파괴율(0~1 사이의 소수)
Q_p : 2차 생성된 가스(p)의 질량(ton)

ⓒ Tier 4
연속측정방식(CEM)을 사용한다.

5 매개변수별 관리기준

① 1차 생산 공정

㉠ 활동자료

ⓐ Tier 1

측정불확도 ±7.5% 이내의 탄산염(i) 사용량 자료를 사용한다.

ⓑ Tier 2

측정불확도 ±5.0% 이내의 탄산염(i) 성분이 포함된 원료사용량 자료를 사용한다.

ⓒ Tier 3

측정불확도 ±2.5% 이내의 탄산염(i) 사용량 자료를 사용한다. 탄산염의 소성비율(F_i)은 측정값이 있을 경우 이를 적용하고, 측정값이 없을 경우는 1.0(100% 소성)을 적용한다.

ⓓ Tier 4

연속측정방식(CEM)을 사용한다.

㉡ 배출계수

ⓐ Tier 1

IPCC 가이드라인 기본계수(탄산염 사용량당 CO_2 배출계수)를 사용한다.

ⓑ Tier 2

국가 고유 배출계수를 사용한다. 다만, 국가 고유 배출계수가 고시되지 않아 활용하지 못할 경우 탄산염 사용량 CO_2 기본 배출계수를 사용한다.

ⓒ Tier 3

사업자가 측정·분석하거나 원료 공급자에 의해 측정·분석된 원료 성분을 활용하여 아래 식에 따라 고유 배출계수를 개발하여 사용한다.

② 주조 공정

㉠ 활동자료

ⓐ Tier 1

측정불확도 ±7.5% 이내의 가스(j)의 소비량 자료를 사용한다.

ⓑ Tier 2

측정불확도 ±5.0% 이내의 가스(j)의 소비량 자료를 사용한다.

ⓒ Tier 3

측정불확도 ±2.5% 이내의 가스(j) 소비량 및 2차 생성된 가스(p)의 질량 자료를 사용한다.

ⓓ Tier 4

연속측정방법(CEM)을 사용한다.

ⓛ 배출계수

ⓐ Tier 2

국가 고유 배출계수를 사용한다. 단, 온실가스종합정보센터에서 별도의 계수를 공표하여 지침에 수록된 경우 그 값을 적용한다.

ⓑ Tier 3

사업자가 파괴율(DR_j)의 고유 배출계수를 개발하여 사용한다.

$$DR_j = \left(\frac{주조\ 시\ 투입량}{주조\ 시\ 배출량}\right) - \left(\frac{냉간\ 시\ 투입량}{냉간\ 시\ 배출량}\right)$$

※ DR_j는 냉간조건에서의 가스(j)에 대한 투입량과 배출량의 비와 주조조건에서의 가스(j)에 대한 투입량과 배출량의 비의 차

ⓒ Tier 4

연속측정방식(CEM)을 사용한다.

SECTION 08 인산생산

1 배출활동 개요

① 일반적으로 비료용 인산은 황산과 인광석의 분해반응에 의해 생산되는데, 이 분해반응에는 여러 가지의 복잡한 화학반응이 동시에 일어난다.
② 인광석 내의 불순물 중 가장 많은 부분을 차지하는 탄산칼슘은 황산과 반응하여 석고를 형성하는 것과 동시에 CO_2를 배출한다.
③ 배출량은 다음의 화학 반응에 기초한다. 또한, 탄산칼슘 이외의 탄산염에 의해서도 CO_2가 배출될 수 있다.

$$CaCO_3 + H_2SO_4 \rightarrow CaSO_4 + CO_2 + H_2O$$

2 보고 대상 배출시설

인산 제조 시설(황인으로부터 인산을 제조하는 건식법은 제외한다.)

3 보고 대상 온실가스

구분	CO_2	CH_4	N_2O
산정방법론	Tier 1, 2, 3, 4	–	–

4 배출량 산정방법

① Tier 1~2

$$E_{CO_2} = PO \times EF$$

여기서, E_{CO_2} : 인산 생산 공정에서의 CO_2 배출량(tCO_2)
  PO : 사용된 인광석(Phosphate Ore)의 양(ton)
  EF : 배출계수(tCO_2/t-인광석)

② Tier 3

$$E_i = \sum_i (Q_i \times EF_i \times r_i \times F_i)$$

여기서, E_i : 인산 생산으로 인한 CO_2 배출량(tCO_2)
Q_i : 원료나 부원료에 포함된 탄산염(i)의 질량(ton)
EF_i : 순수 탄산염(i)에 대한 CO_2 배출계수(tCO_2/t-탄산염)
r_i : 탄산염(i)의 순도(전체 사용량 중 순수 탄산염의 비율, 0~1 사이의 소수)
F_i : 순수 탄산염(i)의 반응률(0~1 사이의 소수)

③ Tier 4
연속측정방식(CEM)을 사용한다.

5 매개변수별 관리기준

① 활동자료

㉠ Tier 1
측정불확도 ±7.5% 이내의 인광석(PO) 사용량의 활동자료를 사용한다.

㉡ Tier 2
측정불확도 ±5.0% 이내의 인광석(PO) 사용량의 활동자료를 사용한다.

㉢ Tier 3
측정불확도 ±2.5% 이내의 탄산염의 질량(Q_i)의 활동자료를 사용한다. 탄산염의 반응율(F_i)은 측정값이 있을 경우 이를 적용하고, 측정값이 없을 경우는 1.0(100 % 반응)을 적용한다.

㉣ Tier 4
연속측정방식(CEM)을 사용한다.

② 배출계수

㉠ Tier 2
국가 고유 배출계수를 사용한다. 단, 온실가스종합정보센터에서 별도의 계수를 공표할 경우 그 값을 적용한다.

㉡ Tier 3
사업자가 측정·분석한 원료 성분을 활용하여 식에 따라 고유 배출계수를 개발하여 사용한다.

㉢ Tier 4
연속측정방식(CEM)을 사용한다.

SECTION 09 석유정제 활동

1 석유정제 공정 개요

정유공정은 증류, 정제, 배합의 3단계로 구분된다.

(1) 증류(Disttillation)

원유 중에 포함된 염분을 제거하는 탈염장치 등 전처리과정을 거친 후 가열된 원유를 상압증류탑에 투입하면 증류탑에서는 비등점 차이에 의해 가벼운 성분부터 상부로부터 분리된다.

(2) 정제(Purification)

① 증류탑으로부터 유출된 유분 중의 불순물을 제거하고, 제품별 특성을 충족시키기 위하여 2차 처리공정을 거치게 함으로써 품질성상을 향상시킨다.
② 정제 공정의 예로는 메록스 공정, 접촉개질 공정, 수첨 탈황 공정 등이 있다.

(3) 배합(Blending)

① 상압증류 공정이나 2차 처리공정에서 나오는 각종 유분을 각 제품별 규격에 맞게 적당한 비율로 혼합하거나 첨가제를 주입하여 배합한다.
② 배합 공정에는 유황분 배합, 옥탄가 배합, 증기압 배합, 동점도 배합 등이 있다.

2 배출활동 개요

석유정제 공정의 온실가스 배출은 원유 예열시설, 증류 공정 등에 열을 공급하기 위한 고정연소 배출과 수소 제조 공정, 촉매재생 공정 및 코크스 제조 공정 등의 공정배출원, 그 밖에 공정 중에서의 배기(Venting) 및 폐가스 연소처리(Flaring) 등 탈루성 배출로 구분할 수 있다.

3 보고 대상 배출시설

(1) 수소제조시설(Hydrogen Plant)

① 경질나프타, 부탄 또는 부생연료를 촉매 존재하에서 수증기와의 접촉반응에 의해서 약 70% 순도의 수소를 제조하고, PSA(Pressure Swing Adsorption) 공정을 거쳐 불순물을 제거함으로써 순도 99.9% 이상의 수소를 제조하는 공정이다.

② CO_2가 배출되고, 그 양은 원료 중의 수소와 탄소의 비율에 따라 달라진다.

③ 반응식

$$C_xH_{(2X+1)} + 2X \cdot H_2O \rightarrow (3X+1)H_2 + XCO_2$$

(2) 촉매재생시설(Catalytic Cracker Regeneration)

① 원유정제 공정 중 개질(Reforming) 공정은 저옥탄가의 나프타를 백금계 촉매하에서 수소를 첨가, 반응시킴으로써 휘발유의 주성분인 고옥탄가의 접촉개질유(Reformate)를 생산하는 공정이다.

② 접촉개질유에는 방향족화합물이 다량 함유되어 있으므로 벤젠, 톨루엔, 자일렌을 생산하기 위한 방향족 추출 공정의 기본원료로도 사용된다.

③ 촉매에 촉매독으로 작용하는 Coke가 축적되어 촉매활성도가 감소하게 되는데 이 Coke를 제거하는 공정이 바로 촉매재생 공정인 것이다.

④ 촉매 재생기에서 Coke 제거 시 발생하는 CO_2의 배출량은 유입공기, 점착된 Coke양, Coke 중 탄소비율 등을 이용하여 산정한다.

(3) 코크스 제조시설

① 석유 코크스 제조시설은 일반적으로 상압증류하고 남은 석유의 저질잔류물(찌꺼기)을 원료로 사용하여 공기를 차단하고 열분해하면 가스, 경질유 및 중질유가 발생되고 마지막에 탄화하여 코크스가 생성되게 하는 시설을 말한다.

② 유체코킹법(Fluid Coking)은 중질유를 열분해시키는 코킹의 일종으로 반응기를 회분식으로 운전하는 지연코킹법과는 달리 생성된 코크를 유동상태로 유지하며, 그 일부는 연소기에서 연소시켜 열에너지를 회수함으로써, 연속적인 운전이 가능하도록 한 코크스 제조시설이다.

③ 플렉시코킹법(Flexi Coking)은 생산된 코크스의 대부분을 증기 및 공기로 가스화하여 플렉시가스라고 하는 연료 가스를 생산하며, 이 가스는 정유 가스, 다용도 보일러 및 발전에 활용될 수 있다.

④ 코크스 버너에 의한 CO_2 배출은 코크스에 함유된 탄소가 100% 산화되는 것으로 가정한다.

⑤ 만약 코크스 버너의 배출가스가 CO_2 회수를 위해 보내지거나 발열량이 낮은 연료가스로 연소되는 경우에는 이를 차감해주어야 한다.

| 석유정제시설에서의 온실가스 공정배출원, 온실가스 종류 및 배출원인 |

배출공정	온실가스	배출원인
수소 제조시설	CO_2	수증기와의 접촉반응에 의해서 약 70% 순도의 수소를 제조하고, PSA 공정을 거쳐 불순물을 제거함으로써 높은 순도의 수소를 제조하는 과정에서 CO_2가 주로 배출됨
촉매 재생시설		촉매재생기에서 코크스를 산화 제거하는 과정에서 CO_2가 주로 배출됨 $C + O_2 \rightarrow CO_2$
코크스 제조시설		지연코킹법에서는 고정연소배출 외의 공정 내에서의 CO_2 배출은 없으나, 유체코킹법과 플렉시코킹법에서는 코크스 버너에서 코크스가 산화되면 CO_2가 배출됨

출처 : 한국환경공단

4 보고 대상 온실가스

구분	CO_2	CH_4	N_2O
수소 제조 공정	Tier 1, 2, 3, 4	–	–
촉매 재생 공정	Tier 1, 3a, 3b, 4	–	–
코크스 제조 공정	Tier 1	–	–

5 배출량 산정방법

① 수소 제조 공정

㉠ Tier 1

$$E_{i,CO_2} = FR_i \times EF_i$$

여기서, E_{i,CO_2} : 수소 제조 공정에서의 CO_2 배출량(tCO_2)
FR_i : 경질나프타, 부탄, 부생연료 등 원료(i) 투입량(ton 또는 천 m^3)
EF_i : 원료(i)별 CO_2 배출계수

㉡ Tier 2

$$E_{CO_2} = Q_{H_2} \times \frac{x \, mole \, CO_2}{(3x+1) \, mole \, H_2} \times 1.963$$

여기서, E_{CO_2} : CO_2 배출량(tCO_2)
Q_{H_2} : 수소생산량(천 m^3)

$$\frac{x\,\mathrm{mole\,CO_2}}{(3x+1)\,\mathrm{mole\,H_2}}$$: 반응식 「$C_xH_{(2x+2)} + 2x \cdot H_2O \rightarrow (3x+1)H_2 + xCO_2$」에 따른 수소 1몰 생산량당 CO_2 발생 몰 수

1.963 : CO_2의 분자량(44.010)/표준 상태 시 몰당 CO_2의 부피(22.414)

> **Reference** 원료조성에 따른 CO_2 발생비 산정
>
> 1ton의 원료 중 메탄이 85%, 에탄이 8%, 부탄이 3% 포함되어 있다고 가정할 경우, 아래 반응식에 따라 원료조성에 따른 CO_2 발생비율을 산정한다.
> ① 메탄(CH_4) : $CH_4 + 2H_2O = 4H_2 + 1CO_2$
> ② 에탄(C_2H_6) : $C_2H_6 + 4H_2O = 7H_2 + 2CO_2$
> ③ 부탄(C_4H_{10}) : $C_4H_{10} + 8H_2O = 13H_2 + 4CO_2$
>
> | 성분 | ㉠ CO_2 몰수 | ㉡ H_2 몰수 | ㉢ 함유비(Mole 비) | Moles CO_2 (=㉠×㉢) | Moles H_2 (=㉡×㉢) |
> |---|---|---|---|---|---|
> | 메탄(CH_4) | 1 | 4 | 0.85 | 0.85 | 3.40 |
> | 에탄(C_2H_6) | 2 | 7 | 0.08 | 0.16 | 0.56 |
> | 부탄(C_4H_{10}) | 4 | 13 | 0.03 | 0.12 | 0.39 |
> | | | | | 1.13 | 4.35 |
>
> ➡ CO_2와 H_2의 비율이 각각 1.13, 4.35이므로 원료조성에 따른 CO_2 발생비는 0.26(=1.13/4.35)임

㉢ Tier 3

$$E_{i,CO_2} = FR_i \times EF_i \times 10^{-3}$$

여기서, E_{i,CO_2} : 수소 제조 공정에서의 CO_2 배출량(tCO_2)
FR_i : 수소 제조 공정가스(i) 투입량(m^3, 단 H_2O는 제외)
EF_i : 수소 제조 공정가스(i)의 CO_2 배출계수(tCO_2/천 m^3)

㉣ Tier 4
연속측정방식(CEM)을 사용한다.

> **Reference** 원료조성에 따른 탄소함유비 및 평균분자량 산정

$1m^3$의 원료 중 메탄이 85%, 에탄이 8%, 부탄이 3% 포함되어 있다면, 아래 반응식을 이용하여 총 탄소 함유비 및 평균분자량을 산정할 수 있다.

① 메탄(CH_4) : $CH_4 + 2H_2O = 4H_2 + 1CO_2$
② 에탄(C_2H_6) : $C_2H_6 + 4H_2O = 7H_2 + 2CO_2$
③ 부탄(C_4H_{10}) : $C_4H_{10} + 8H_2O = 13H_2 + 4CO_2$

성분	함유비(Mole 비)	분자량(MW)	무게비(Wt)	탄소함량(WtC)	탄소함량비(CF)
메탄(CH_4)	0.85	16	0.77	0.75	0.578
에탄(C_2H_6)	0.08	30	0.13	0.80	0.104
부탄(C_4H_{10})	0.03	58	0.10	0.62	0.062
	1.00	17.74(MW_{mean})	1.00		0.744

② 촉매 재생 공정

　㉠ Tier 1

　　점착된 Coke의 양을 파악할 수 없을 경우 Coke 제거를 위해 투입된 공기가 전량 연소하여 CO_2를 발생한다고 가정하여 다음과 같이 산정한다.

$$E_{CO_2} = AR \times CF \times 1.963$$

　　　여기서, E_{CO_2} : CO_2 배출량(ton)
　　　　　　AR : 공기투입량(천 m^3)
　　　　　　CF : 투입공기 중 산소함량비(=0.21)
　　　　　　1.963 : CO_2의 분자량(44.010)/표준 상태 시 몰당 CO_2의 부피(22.414)

　㉡ Tier 3a

　　점착된 Coke의 양을 파악할 수 있으며, 연소된 Coke 중의 탄소가 모두 CO_2로 배출된다고 가정하여 산정한다.

$$E_{CO_2} = CC \times EF$$

　　　여기서, E_{CO_2} : 촉매 재생 공정에서의 CO_2 배출량(ton)
　　　　　　CC : 연소된 Coke 양(ton)
　　　　　　EF : 연소된 Coke의 배출계수($tCO_2/t-Coke$)

ⓒ Tier 3b

촉매 재생 공정이 연속 재생 공정으로 운영되어 산소함량 변화 및 코크스 함량의 측정이 불가능한 경우는 배출시설의 규모와 상관없이 방법론을 적용하여 배출량을 산정하도록 한다.

$$E_{CO_2} = AR \times CF \times 1.963$$

여기서, E_{CO_2} : 촉매 재생 공정에서의 CO_2 배출량(tCO_2)
  AR : 배기가스양(천 m³)
  CF : 배기가스 중 CO, CO_2 농도비의 합
  1.963 : CO_2의 분자량(44.010)/표준 상태 시 몰당 CO_2의 부피(22.414)

ⓔ Tier 4
- 촉매재생시설 후단에 폐가스(Exhaust Gas) 조성을 실시간으로 분석·측정할 수 있는 측정기기를 활용하여 산정·보고할 수 있다.
- 연속측정방식(CEM)을 사용한다.

③ 코크스 제조 공정

㉠ Tier 1

버너에서 연소되는 Coke의 양을 파악할 수 있으며, Coke 중의 탄소가 모두 CO_2로 배출된다는 가정 하에 배출량을 산정한다.

$$E_{CO_2} = CC \times EF$$

여기서, E_{CO_2} : 코크스 제조 공정에서의 CO_2 배출량(tCO_2)
  CC : 연소된 Coke 양(ton)
  EF : 연소된 Coke의 배출계수(tCO_2/t-Coke)

6 매개변수별 관리기준

① 수소 제조 공정

㉠ 활동자료(FR 등)

ⓐ Tier 1

측정불확도 ±7.5% 이내의 원료투입량(FR) 등을 사용한다.

ⓑ Tier 2

측정불확도 ±5.0% 이내의 수소 발생량(Q_{H_2})(ton 또는 천 m³) 자료를 사용한다.

ⓒ Tier 3

측정불확도 ±2.5% 이내의 수소제조 공정가스의 투입량(천 m³) 자료를 사용한다.

ⓓ Tier 4

　연속측정방식(CEM)을 사용한다.

ⓒ 배출계수

ⓐ Tier 1

　기본 배출계수를 사용한다.(이 경우 보수적으로 배출량을 산정하기 위하여 에탄(C_2H_6) 기준 배출계수를 적용한다.)

| 수소 제조 공정에 따른 CO_2 기본 배출계수 |

활동자료(원료투입량) 종류	에탄 기준 배출계수(tCO_2/t-feed)
무게(ton) 기준	2.9 tCO_2/t-원료
부피(천 m³ 원료) 기준	3.93 tCO_2/천 m³-원료

ⓑ Tier 2

　배출계수는 수소 생산 반응식 「$C_xH_{(2x+2)} + 2x \cdot H_2O \rightarrow (3x+1)H_2 + xCO_2$」에 따라 수소 1몰 생산 시 발생되는 CO_2 양의 비율($x/(3x+1)$)을 사용한다.

ⓒ Tier 3a

　사업자가 고유 배출계수를 개발하여 사용한다.

ⓓ Tier 3b

　사업자가 공정산물별 발열량 계수, CO_2 배출계수, 산화계수를 개발하여 사용한다.

ⓔ Tier 4

　연속측정방식(CEM)을 사용한다.

② 촉매 재생 공정

㉠ 활동자료

ⓐ Tier 1

　측정불확도 ±7.5% 이내의 공기투입량(천 m³) 자료를 사용한다.

ⓑ Tier 3a

　측정불확도 ±2.5% 이내의 연소된 Coke 양을 사용한다.

ⓒ Tier 3b

　측정불확도 ±2.5% 이내의 배기가스량(천 m³) 자료를 사용한다.

ⓓ Tier 4

　연속측정방식(CEM)을 사용한다.

ⓛ 배출계수
    ⓐ Tier 1
      기본 배출계수(투입공기 중 산소함량비=0.21)를 사용한다.
    ⓑ Tier 3a
      사업자가 Coke의 탄소 질량 분율을 산정 또는 측정·분석하여 고유배출계수를 개발한다.

$$EF_x = x물질의\ 탄소\ 질량\ 분율 \times 3.664$$

      여기서, EF_x : x물질의 배출계수(tCO$_2$/t)
      3.664 : CO$_2$의 분자량(44.010)/C의 원자량(12.011)

    ⓒ Tier 3b
      사업자가 배기가스 중 CO, CO$_2$ 농도비를 측정하여 사용한다.
    ⓓ Tier 4
      연속측정방식(CEM)을 사용한다.

③ 코크스 제조 공정
  ㉠ 활동자료
    ⓐ Tier 1
      측정불확도 ±7.5% 이내의 Coke 양 자료를 사용한다.
    ⓑ Tier 2
      측정불확도 ±5.0% 이내의 Coke 양 자료를 사용한다.
    ⓒ Tier 3
      측정불확도 ±2.5% 이내의 Coke 양 자료를 사용한다.
  ㉡ 배출계수
    ⓐ Tier 1
      IPCC 가이드라인 기본 배출계수를 사용한다.(별표 10에서의 석유 코크스에 대한 CO$_2$ 배출계수와 별표 11의 기본 발열량값을 사용하여 탄소의 질량 분율을 구한 후, 배출계수를 산정한다.)
    ⓑ Tier 2
      국가 고유 배출계수를 사용한다.
    ⓒ Tier 3
      사업자가 개발한 석유 코크스(Cokes) 중 탄소의 질량 분율을 측정·분석하여 고유 배출계수를 개발한다.

7 최적가용기술(BAT)의 이해

- 정유 공정은 수많은 단위 공정으로 이루어져 있고, 이러한 단위 공정 설비들이 복합적인 정유 공정에서 어떻게 설계되어 있느냐에 따라 오염물질의 배출에 큰 영향을 준다.
- 최적가용기술(BAT) 결정 시에는 이러한 단일 공정과 전체 정유 공정의 영향을 함께 고려해야 한다.
- 전체 정유 공정의 최적화 및 각 공정별 오염물질 감소화, 효율 개선을 위한 최적화 기술로는 다음과 같은 것들이 있다.

(1) 전체 정유 공정의 최적화 기술

① 환경관리 시스템(Environmental Management System) 운영
  ㉠ 에너지 효율, 에너지 소비 활동, 대기배출, 폐수/폐기물 배출 등에 대한 연속적인 벤치마킹 실행
  ㉡ 개선된 공정 제어 시스템을 채용하고 설비의 가동 정지와 재시동을 최소화하여 이에 따른 시간을 줄이고 배출을 낮춤
  ㉢ 연간 환경 성과 보고서 발행
  ㉣ 환경 성과 이행 계획을 수립하고 관련자에서 정보 제공

② 대기로의 배출 저감
  ㉠ 에너지 유지 기술 적용, 열생산/소비 최적화 및 열 집약도를 강화함으로써 에너지 효율을 높이고 전체 정유 공정의 회수율 개선
  ㉡ 액체 연료가 사용될 경우 청정한 개질가솔린(RFG) 사용
  ㉢ 에너지 시스템, Coker, Cracker에서 황산화물 저감을 위한 최적 기술 적용

(2) 공정/활동별 최적화 기술

① 에너지 관리시스템(Energy System)
  ㉠ 정유 공정의 에너지 효율을 증가시키기 위해 다음과 같은 내용을 포함한 에너지 관리 시스템을 채용
    ⓐ 공정의 에너지 효율개선을 위한 계획 수립 및 보고
    ⓑ 에너비 소비 저감계획 수립
    ⓒ 에너지 소비활동에 대한 벤치마킹 참여
  ㉡ 에너지 효율 개선을 위해 다음과 같은 기술을 적용
    ⓐ 가스 터빈, 열병합 발전(CHP), IGCC, 효율적으로 설계되고 운영되는 노와 보일러 등을 사용하고, 효율이 낮은 보일러와 히터 등을 교체

ⓑ 전산화된 제어 시스템을 통한 열 생산과 소비 제어
ⓒ Stripping 공정에서 스팀의 사용 최적화
ⓓ 에너지 최적화 분석을 통한 공정의 열 효율 강화
ⓔ 정유 공정에서 열과 전력의 회수 강화
ⓕ 스팀 생산을 위한 연료 소비 저감을 위한 폐열 보일러 사용

② 알킬화 공정(Alkylation)

HF Alkylation 또는 Sulphuric Alkylation을 이용

③ 기초 연료 생산(Base Oil Production)
㉠ 디아스팔트, 추출, 디왁싱 공정의 용매 재생 부분에서 Triple Effect Evaporation System을 이용
㉡ 아로마틱 추출에서 N-Methyl Pyrrolidone(NMP)을 용매로 이용
㉢ 최종 세정이 필요한 경우 Base Oil Stream과 Wax Finishing의 세정에 Hydro-Treating을 이용
㉣ 노의 수를 줄이기 위해서 용매 재생 시스템으로 Common Hot Oil System의 적용 고려
㉤ 용매 보관 용기로부터의 VOC 배출 방지를 위한 기술을 적용하고 누출 방지를 위한 조치를 취함

④ 비투맨 공정(Bitumen Production)
㉠ 비투맨 혼합/채움 처리 또는 저장 중 배출되는 에너로졸의 액상 성분을 회수하거나, 800℃ 이상 또는 공정히터에서 연소시킴으로써 에어로졸과 VOC 배출 저감
㉡ 폐기물 배출의 저감을 위한 누출 방지 적용
㉢ 단일 비투맨 정제설비의 황 회수를 위해 최적기술(BAT) 적용

⑤ 촉매식 접촉 분해(Catalytic Cracking)
㉠ 부분 산화 조건에서 CO-furnace/boiler 포함
㉡ 완전연소 설비에서의 O_2 농도를 2%로 조절함으로써 CO 배출 농도 저감
㉢ 축열기 가스에 Expander를 적용하고 열분해기로부터 발생하는 부생가스의 에너지를 일부 회수하기 위한 폐열 보일러를 이용하여 에너지 효율을 높임

⑥ 접촉 개질 공정(Catalytic Reforming)
㉠ 접촉 개질 공정 중 발생한 축열기 가스를 집진 시스템(Scrubbing System)으로 순환
㉡ 촉매 재생에서 염화조촉매(Chlorinate Promoter)의 양을 최적화함
㉢ 촉매 재생기로부터 배출되는 다이옥신 정량화

⑦ 코크스 공정(Coking Processes)
  ㉠ 코킹/하소 공정 중 발생한 열의 일부를 회수하기 위해 폐열 보일러 사용
  ㉡ 정유 공정에서 연료가스의 생산을 최대화하고 열발생을 증가시키기 위해 플렉스코킹 (Fluide Coking+Gasification)의 사용 고려
  ㉢ 유분 찌꺼기와 슬러지를 처리하기 위한 대체법으로 코커(Coker)를 사용

⑧ 냉각 시스템(Cooling System)
  ㉠ 복합적인 방법과 열 최적화 분석을 통해 정유 공정의 냉각 수요 저감
  ㉡ 설계 시 공기 냉각의 사용을 고려
  ㉢ 냉각수 배출 시 유류 손실의 최소화

⑨ 수소 생산 공정(Hydrogen Production)
  ㉠ 신규 설비에 대한 Gas-teated 스팀 개질 기술 적용의 고려
  ㉡ 중유와 코크스의 가스화 공정으로부터 수소 재생
  ㉢ 수소설비에 열병합 체계 적용
  ㉣ 정제 공정에서 연료가스로서 PSA 퍼지가스 사용

SECTION 10 암모니아 생산

1 배출활동 개요

① 암모니아는 질소화합물을 제조하는 데 가장 중요한 물질이다.
② 암모니아는 비료, 열처리, 종이 펄프화, 질산과 질산염의 제조, 질산에스테르, 니트로 화합물, 폭발물 및 냉각제와 같은 다양한 종류의 제품생산에 직접 사용된다.

2 보고 대상 배출시설

(1) 암모니아 생산시설('화학비료 및 질소화합물 제조시설' 중 암모니아 생산시설을 말한다)

암모니아 제조공정은 일반적으로 나프타 탈황, 나프타 개질(1차 개질 및 2차 개질), 가스전환, 가스정제, 암모니아 합성 등 5단계와 단위공정을 통해 제조된다.

> ① 나프타 탈황 → ② 나프타 개질 → ③ 가스전환 → ④ 가스정제 → ⑤ 암모니아 합성

① 나프타 탈황
  ㉠ 원료 나프타에는 1,200ppm의 유황이 포함되어 있는데 이 유황이 촉매에 악영향을 미치므로 제거하여 사용하여야 한다.
  ㉡ 탈황공정에 의하여 유황의 함유량을 약 0.05ppm까지 낮춘다.

② 나프타 개질
  ㉠ 1차 나프타 개질의 목적은 탄화수소의 화합물인 나프타를 수증기와 반응시켜 암모니아 합성에 필요한 수소를 얻는 것이다.
  ㉡ 화학 반응식
  $CH_4 + H_2O \rightarrow CO + 3H_2$
  $2C_7H_{15} + 14H_2O \rightarrow 14CO + 29H_2$
  $CO + H_2O \rightarrow CO_2 + H_2$
  ㉢ 1차 개질 공정으로 부분적으로 개질된 가스는 공기압축기에서 공급되는 공기와 함께 촉매가 들어 있는 2차 개질공정에 보낸다.
  ㉣ 2차 개질 촉매층의 입구에서 1차 개질을 거친 가스와 공기 중의 산소가 연소하여 암모니아 합성에 필요한 질소를 얻을 수 있다.

③ 가스전환

1, 2차 개질 과정에서 생성된 일산화탄소는 촉매층에서 수증기와 반응하여 수소와 탄산가스로 전환된다.

$CO + H_2O \rightarrow CO_2 + H_2$

④ 가스정제

화학용액(Catacarb)을 이용하여 가스중의 이산화탄소를 흡수·분리하여 이산화탄소를 제거하고, 메탄화 공정에서 미량의 잔류 일산화탄소와 탄산가스를 촉매층에서 수소와 반응시켜 메탄으로 전환시켜 제거한다.

$CO + 3H_2 \rightarrow CH_4 + H_2O$

$CO_2 + 4H_2 \rightarrow CH_4 + 2H_2O$

⑤ 암모니아 합성

고온·고압에서 Fe 촉매를 사용하여 수소와 질소를 3 : 1의 비율로 맞추어 암모니아를 합성한다.

$N_2 + 3H_2 \rightarrow 2NH_3$

3 보고 대상 온실가스

구분	CO_2	CH_4	N_2O
산정방법론	Tier 1, 2, 3, 4	–	–

4 배출량 산정방법

① 관련식

㉠ Tier 1~3

$$E_{CO_2} = \sum_i (\sum_j (AP_{ij} \times AEF_{ij})) - R_{CO_2}$$

여기서, E_{CO_2} : 암모니아 생산에 따른 CO_2의 배출량(tCO_2)

AP_{ij} : 공정(j)에서 연료(i)(천연가스 및 나프타 등) 사용에 따른 암모니아 생산량(ton)

AEF_{ij} : 공정(j)에서 암모니아 생산량당 CO_2 배출계수($tCO_2/t-NH_3$)

R_{CO_2} : 요소 등 부차적 제품생산에 의한 CO_2 회수·포집·저장량(ton)

ⓒ Tier 4

　　　연속측정방식(CEM)을 사용한다.

② 특징

　　산정 대상 온실가스는 CO_2이다.

5 매개변수별 관리기준

① 활동자료

　ⓐ Tier 1

　　측정불확도 ±7.5% 이내의 암모니아 생산량(AP_{ij}) 등의 활동자료를 사용한다.

　ⓑ Tier 2

　　측정불확도 ±5.0% 이내의 암모니아 생산량(AP_{ij}) 자료를 사용한다.

　ⓒ Tier 3

　　측정불확도 ±2.5% 이내의 암모니아 생산량(AP_{ij}) 자료를 사용한다.

　ⓓ Tier 4

　　연속측정방식(CEM)을 사용한다.

② 배출계수(AEF_{ij})

　ⓐ Tier 1

　　- 아래 표에 따른 생산 공정별 기본 CO_2 배출계수(AEF_i)를 사용한다.
　　- 필요시 연료공급자로부터 배출계수와 관련된 자료를 제공받아 활용할 수 있다.

| 암모니아 생산량당 CO_2 배출계수 |

생산 공정(j) 구분	CO_2 배출계수($tCO_2/t-NH_3$)
전통적 개질공정(천연가스)	1.694
과잉 개질공정(천연가스)	1.666
자열 개질공정(천연가스)	1.694
부분산화	2.772

　ⓑ Tier 2

　　암모니아 생산량당 CO_2 배출계수(AEF_{ij}) 자료는 다음 식에 따라 자체 측정값을 사용한다.

$$AEF_{ij} = EF_{ij} \times EC_{ij} \times \frac{연료\ 사용량}{NH_3\ 생산량}$$

여기서, EF_{ij} : 국가 고유 배출계수를 사용한다. 단, 센터에서 별도의 계수를 공표할 경우 그 값을 적용한다.

EC_{ij} : 연료별 국가 고유 발열량을 사용한다. 단, 센터에서 별도의 계수를 공표할 경우 그 값을 적용한다.

ⓒ Tier 3

사업자가 자체 개발하거나 연료공급자가 분석하여 제공한 연료별 고유 배출계수를 사용한다.

ⓔ Tier 4

연속측정방식(CEMS)을 사용한다.

③ 회수량(R_{CO_2})

㉠ Tier 1~4
- 요소 생산 등 부차적인 제품생산에 따른 CO_2 회수량(R_{CO_2}, 측정값)을 사용한다.
- 요소 생산 관련 자료가 없을 경우 회수량(R_{CO_2})은 0을 적용한다.

6 최적가용기술(BAT)의 이해

(1) 고급화된 전통공정(공정제어의 고도화)

① 기존의 스팀 공정을 수정한 개선된 전통공정은 질량과 에너지흐름을 통합하여 기존 공정과 차이점을 보이고 있다.

② 수년간 이전 공정에서 기존 구성요소를 개선하여 에너지 소비를 괄목하게 줄일 수 있었으며, 현재 최신의 장비와 기계들은 열역학적으로 효율이 증진되어 신뢰도를 높이고 있다.

③ 온라인으로 공정가동을 93% 이상으로 높인 것은 암모니아 공장에서 나타나는 일반적인 공정은 아니다.

④ 개선된 고급 전통공정의 특징

㉠ 40bar 이상의 고압 주 개질기의 이용

㉡ 저NO_X 버너의 사용

㉢ 2차 개질에서 화학 양론에 따른 공기량(화학 양론에 따른 H/N 비율)

㉣ 저에너지를 이용한 CO_2 제거 시스템

⑤ 최신기술로 개발된 설계를 이용하여 제작된 기계설비는 최적화된 배열로 다양하면서 공학적인 계약에 따라 제공받으며, 응용 적용된 기술의 예는 다음과 같다.

㉠ 건축과 금속학적 기준의 한계성 내에서 원료의 혼합과 공정용 공급 공기의 예열을 통해 개질공정의 연소에 필요한 에너지를 줄이고 합성가스의 압축에 필요한 에너지를 줄인다.

  ⓛ 2차 개질 공정 후에 축열된 열과 과열 증기에너지를 사용한다.
  ⓒ 탄소비율에 따라 스팀 사용량을 줄인 고온변환 반응기의 개선된 설계기술을 적용한다.
  ⓔ 높은 변환율을 가지며 작은 크기의 촉매를 사용할 수 있는 암모니아 컨버터의 설계를 사용한 공정을 적용한다.
  ⓜ 암모니아 합성 공정으로부터 생성된 열에너지를 축열시키는 효율을 보장하며, 암모니아 합성의 연결 공정에서 열에너지를 추출하여 고압스팀이 필요한 공정에서 사용하도록 한다.
  ⓗ 고효율 암모니아 응축 및 냉각 시스템에 적용한다.

(2) 열교환기의 개선(폐열활용 시스템 개선)

 ① 열역학의 관점에서 보자면, 1차 및 2차 개질 공정에서 발생되는 폐가스는 1,000℃ 부근으로 스팀을 생산하기에 적합하여 활용성이 높다.
 ② 공정에서 나오는 열을 재생하기 위한 최근 개발목표는 1차 및 2차 개질 공정에서 나오는 폐열을 이용하는 기술개발로 연소개질로에서 필요한 에너지를 감소시킬 수 있다.
 ③ 2차 개질 공정에서는 열정산 관련 설계상 이론적으로 과잉공기 혹은 공기 중 산소가 풍부해야 한다.
 ④ 개질기의 반응에서 필요한 열은 2차 개질기의 공정가스가 개질튜브에 의해 공급된다.
 ⑤ 1차 개질 공정 열교환기에서 과잉공기는 1차 및 2차 개질 공정의 열정산을 보정하기 위해 2차 개질 공정에 공급되며, 이때 배출가스 중 질소산화물의 양은 화학양론을 상회하여 발생한다.
 ⑥ 이러한 기술에서 고온변환 반응기(High Temperature Shift Reactor)와 저온변환 반응기(Low Temperature Shift Reactor)는 공정 중 폐가스로 스팀을 생산하고 응축공정에 재활용하는 등 폐열을 사용할 수 있는 단일등온매체변환 반응기(Single Isothermal Medium Temperature Shift Reactor)로 대체되었다.
 ⑦ PSA(Pressure Swing Adsorption) 시스템은 합성용으로 정화된 가스를 만들기 위해 CO_2, CO, CH_4 가스를 제거하는 데 사용된다.
 ⑧ 극저온 정화 시스템은 과잉의 질소를 제거하는 공정과의 통합도 필요하며, 수정된 공정은 개선된 촉매를 사용하여 전반적으로 보다 저압공정과 단순화된 공정으로 전환된다.

(3) 용량 및 에너지 효율 증대를 위한 시설개선

 20년 이상 된 1차 개질 암모니아 공장의 개조는 1차 개질기로와 가스터빈을 조합하여 효율을 향상시켰으며, 이는 개질로에 들어가는 연료를 예열하고 고효율의 가스터빈을 설치하고 개질로에서 요구하는 산소량의 공정조건을 만족시킨 결과이다.

(4) 예비 개질기(Pre-Reforming)의 설치

① 1차 개질 단계 이전에 예비 개질기를 설치함으로써, 적절한 증기 사용 계획, 에너지 사용 절감과 질소산화물(NO_X) 배출량을 감축시킬 수 있다.
② 예비 개질기는 1차 개질기 이전에 설치된 단열적으로 운영되는 촉매베드(Catalyst Bed)를 통해 이루어지며, 냉각된 가스는 1차 개질기를 통과하기 이전에 예열단계가 필요하다.
③ 1차 개질기의 의무는 질소산화물 배출을 줄이고자 연소를 줄이고 동시에 에너지를 절약하고자 낮은 S/C 비율을 만족시킨다.

(5) 에너지 심사(감사)

① 에너지 사용심사의 목적은 에너지소비의 특성과 복잡한 공정을 파악하는 것이며, 에너지효율을 개선하기 위한 기회를 찾아보자는 것이다.
② 전반적이고 섬세한 에너지 심사의 이행은 많은 시간과 수고를 들이며 연속적이고 구체적인 단계를 통하여 진행된다.
③ 이런 각각의 단계들은 최소한의 지출로 잠재적인 개선점을 찾아내며, 추가적인 연구를 통해 결정되는 일련의 연구결과를 제공한다.
④ 에너지 심사의 정상적인 과정

㉠ 제1단계 : 예비 벤치마킹
  ⓐ 에너지 소비와 관련된 잠재적인 개선점을 초기에 재빠르게 평가하여 제공한다.
  ⓑ 공정의 수행, 공정개선의 역사, 설비의 사용 등 기초적인 질문에 답하는 형식에 따라 수행한다.
  ⓒ 공업표준과 비교해 보면 각 설비의 에너지 소비를 개선하기 위한 영역에서 광범위한 지표를 제공하고 있다.

㉡ 제2단계 : 답사의 심사
  ⓐ 공정에서 열정산 및 물질수지를 결정하는 이해적인 판단과 공정의 운전조작을 완벽하게 이해하는 단계이다.
  ⓑ 공정 수행에 있어 빠른 개선점을 쉽게 줄 수 있는 수많은 단순변화를 찾아내는 단계이며, 추가적인 연구영역을 찾아내는 단계이기도 하다.

㉢ 제3단계 : 심도 있는 에너지 심사
  3단계에서 이루어지는 에너지 심사는 공정상의 더욱 세심한 운전조작의 평가 및 구체적인 개선영역을 포함하며, 아래와 같은 사항을 포함한다.
    ⓐ 데이터 수집
    ⓑ 기초적인 사건 모델링

　　　　　ⓒ 현장토론
　　　　　ⓓ 타당성 있는 개선 개발 및 평가
　　　　　ⓔ 검토 및 보고

(6) 고급 공정제어

① 고급 공정제어(APC) 시스템은 최근 암모니아 공장에서 성공적으로 이루어졌다.
② APC는 기초모델 혹은 예측모델이며, 구현하는 중에 공정상 부정적인 효과나 공정중지와 같은 장애는 나타나지 않았다.
③ APC 온라인 공정은 생산 공정에서 안정적인 고효율을 기록하였다.
④ APC는 가중적이며 계층적인 최적화를 제공한다. 계층적이란 최적화된 문제에 따라 차별된 해결책이 존재한다는 것이다.

(7) 공기압축 공정 시 가스터빈 사용

① 공기압축 공정 운전 시 응축스팀터빈을 사용할 때 스팀 에너지의 절반 이상이 냉각되거나 없어진다.
② 응축스팀터빈의 대안은 가스터빈을 사용하거나 배출가스의 폐열을 사용하는 것이며, 이때 사용될 배출가스는 1차 개질기의 연소공기 예열용으로 충분한 산소 농도를 함유해야 한다.
③ 연소공기의 예열은 개질기 연료소비의 소모량을 줄일 수 있지만 고온의 화염온도는 질소산화물을 증가시킬 수 있다.

(8) CO_2 제거 시스템의 효율 개선

① 기화공정 및 변환 공정에서 생성된 CO_2는 정상적으로 용매를 이용한 스크러빙에 의해 제거된다.
② 공정에서 기계적인 에너지는 용매를 순환시키는 데 이용되며, 이때 열은 용액을 재생할 때 필요로 한다.
③ 이런 방법으로 거의 모든 순수한 CO_2는 우레아를 생산하는 등의 다른 공정에도 사용될 수 있지만 통기시켜 회수되며, 이러한 CO_2 제거 시스템은 다른 CO_2 제거 시스템보다 용매 소비에 있어 개선효과가 있다.
④ CO_2 제거 시스템의 에너지 소비는 암모니아 공정을 통합하는 방법에 따라 결정되며, 합성가스의 순도와 CO_2 회수에 영향을 준다.
⑤ 에너지 절약은 30~60MJ/kmol CO_2(약 0.8~1.9GJ/tonne NH_3)로 가능하다.

⑼ 연소공기의 예열

① 연소공기의 예열은 1차 개질기의 폐열과 보조 보일러의 배출가스로 이루어지며, 공기예열에 따른 화염온도의 상승은 질소산화물의 배출을 증가시킨다.
② 만약 폐열을 이용한 가스터빈 없이 상당한 양의 공기를 예열시킬 경우 에너지는 $90mg/Nm^3$: $270g/tonne-NH_3$에서 $130mg/Nm^3$: $390g/tonne-NH_3$의 비율로 상승한다.

⑽ 등온변환

① 강한 발열변환은 저온을 선호하며, 이때 열은 낮은 CO 농도를 유지하기 위해 제거된다.
② 전통적인 공정에서 두 단계로 이루어지며, 사용하는 촉매의 종류에 따라 고온변환(330~440℃)과 저온변환(200~250℃)으로 나누어져 가스는 두 단계의 사이에서 냉각된다.
③ 대안으로 제시된 단일단계 시스템은 2단계로 접근하여 사용되며, 여기서 변환은 냉각튜브를 이용하여 촉매베드로부터 열을 지속적으로 제거하여 등온상태에서 수행함으로써 크롬을 함유한 전통적인 고온촉매방법을 쓰지 않아도 된다.
④ 크롬이 함유된 촉매가 없이 반응하는 등온변환이 이루어져 피셔트롭스치(Fisher-Tropsch) 반응은 반응기에서 생기지 않으며, 이때 탄소비율이 낮은 증기가 생성된다.
⑤ 피셔트롭스치 합성은 수소(H)와 일산화탄소(CO)의 반응이며, 이때 CO 대신 이산화탄소(CO_2), 일산화탄소와 혼합된 물질, 두 개 이상의 탄소를 가진 화합물과도 반응한다.

⑾ 암모니아 컨버터에서의 소립자 촉매 사용

① 소립자 촉매의 활동성은 합성 시 압력을 감소시키고 촉매의 부피는 작아진다.
② 촉매 아래층은 에너지 효율에 악영향을 주는 압력 저하현상이 나타나게 된다.

⑿ 암모니아 합성에서의 저압촉매

① 암모니아 합성에서 철성분의 촉매보다 루테늄(Ruthenium) 성분의 촉매와 그라파이트 소재의 알칼리 생성기가 부피로 보자면 활동성이 더 높다.
② 촉매의 부피가 축소되어 저압으로 운전이 가능하고 변환율이 높아져 암모니아 합성 시 반응기는 에너지를 절약할 수 있다.
③ 전통적인 철성분의 촉매는 활동성을 높이기 위해 코발트를 함유시켜 암모니아 공정에서 저압을 유지한다.
④ 에너지 절약은 $1.2GJ/tonne\ NH_3$ 가능하나, 암모니아 냉각 공정에 필요한 에너지 소비와 상쇄시킬 수 있다.

SECTION 11 질산 생산

1 질산 생산 공정 개요

① 암모니아 산화법에 의한 질산 제조는 백금 촉매하에 암모니아를 산화시켜 일산화질소를 생산하는 제1산화 공정과 일산화질소를 산화시키는 제2산화 공정, 이산화질소를 물에 흡수시켜 질산을 생성시키는 흡수 공정으로 구성된다.
② 전 공정이 상압에서 진행되는 상압법, 가압하에서 행하는 전가압법, 제2산화 공정과 흡수공정만 가압하는 반가압법이 있다.
③ 전가압법 및 반가압법에서는 60~65%, 상압법에서는 50% 정도의 질산 농도를 얻을 수 있다.

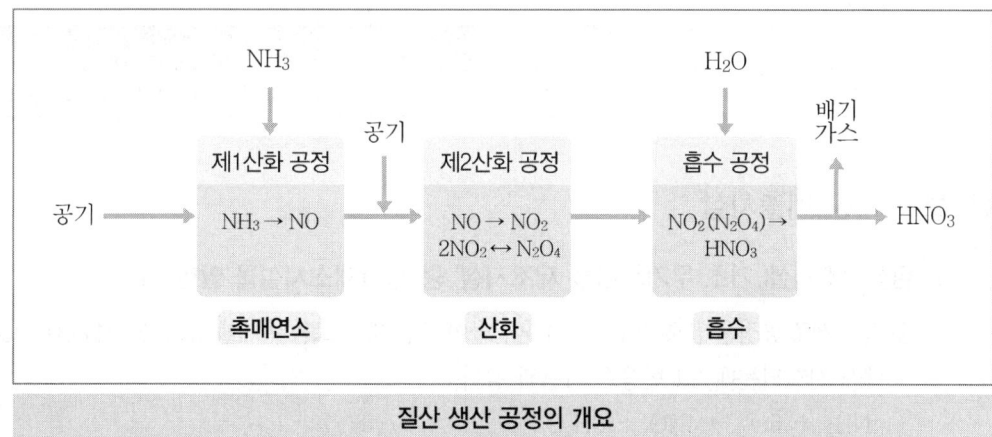

질산 생산 공정의 개요

2 배출활동 개요

① 암모니아 공정에서 형성되는 N_2O의 양은 연소 조건, 촉매 구성물과 사용기간, 연소기의 디자인에 달려 있기 때문에, 연료의 투입과 N_2O 형성의 정확한 관계 도출에 어려움이 따른다.
② N_2O의 배출은 생산 공정에서 재생된 양과 그 후의 완화 공정에서 분해된 양에 따라 차이가 있다.
③ N_2O 저감대책
  ㉠ 1차 저감대책
     암모니아 연소기에서 형성되는 N_2O 저감을 목적으로, 이는 암모니아의 산화 공정과 산화 촉매 변형을 포함

ⓒ 2차 저감대책

암모니아 전환기와 흡수 칼럼 사이에 존재하는 NO_x 가스로부터 N_2O를 제거

ⓒ 3차 저감대책

N_2O를 분해시키는 흡수 칼럼에서 배출되는 배출가스(Tail Gas)의 처리를 포함

ⓒ 4차 저감대책

순수 배출구 방법(Pure End of Pipe Solution)으로, 배출가스는 굴뚝으로 나가는 팽창기의 하단에서 처리

④ 일반적으로, 산화 공정은 전체적인 환원조건이 N_2O의 잠재적 배출원으로 고려되는 상황에서 발생된다.

⑤ 질산 생산 시 매개가 되는 NO는 NH_3를 30~50℃의 온도와 높은 압력하에서 N_2O와 NO_2로 분해된다.

단위 공정	대상 시설	배출 특성
산화 공정	제1산화 공정	NH_3의 촉매연소 과정에서 N_2O의 발생

3 보고 대상 배출시설

(1) 질산제조시설('기초 무기화합물 제조시설' 중 질산제조시설을 말한다)

① 질산 제조 공정은 암모니아와 공기 혼합물이 백금 또는 로듐 촉매를 통과하면서 800~1,000℃에서 산화되는데, 그 반응은 다음과 같다.

$4NH_3 + 5O_2 \rightarrow 4NO + 6H_2O$

② 공장 내의 가스가 냉각기 또는 응축기를 통과하면서 38℃ 이하로 냉각된 후에, 산화질소는 잔류산소와 반응하여 이산화질소가 생성된다.

$2NO + O_2 \rightarrow 2NO_2 \rightleftarrows N_2O_4$

③ 이산화질소는 흡수탑에 유입되어 물과 대향류로 접촉하여 질산이 생성되며, 이때 일어나는 발열반응은 다음과 같다.

$3NO_2 + H_2O \rightarrow 2HNO_3 + NO$

4 보고 대상 온실가스

구분	CO_2	CH_4	N_2O
산정방법론	-	-	Tier 1,2,3

5 배출량 산정방법

① 관련식

㉠ Tier 1~3

$$E_{N_2O} = \sum_{k,h}[EF_{N_2O} \times NAP_k \times (1 - DF_h \times ASUF_h)] \times 10^{-3}$$

여기서, E_{N_2O} : N₂O 배출량(tN₂O)
EF_{N_2O} : 질산 1ton 생산당 N₂O 배출량(kgN₂O/t-질산)
NAP_k : 생산기술(k)별 질산생산량(ton-질산)
DF_h : 저감기술(h)별 분해계수(0~1 사이의 소수)
$ASUF_h$: 저감기술(h)별 저감 시스템 이용계수(0~1 사이의 소수)

② 특징

㉠ 활동자료로서 질산 생산량을 기본적으로 적용하고 있으나, 여러 생산기술이 적용된 경우에는 각 생산기술별로 구분하여 질산 생산량을 결정한 다음에 합산토록 하고 있다.
㉡ 배출계수는 생산기술에 따른 단위 질산 생산량에 대비한 N₂O 배출량이다.
㉢ 산정방법 중에서 특이한 점은 N₂O 감축기술의 적용 정도를 고려하여 감축량을 제하도록 하고 있으나, 감축량을 배출량에서 빼주는 것이 아니라 배출계수에 감축비율을 고려하여 적용토록 하고 있다.

6 매개변수별 관리기준

① 활동자료(NAP_i)

㉠ Tier 1

측정불확도 ±7.5% 이내의 질산 생산량 자료를 사용하되 질산농도는 100%를 기준으로 적용한다.

㉡ Tier 2

측정불확도 ±5.0% 이내의 질산 생산량 자료를 사용한다.

㉢ Tier 3

측정불확도 ±2.5% 이내의 질산 생산량 자료를 사용한다.

② 배출계수(EF_{N_2O}), 분해계수(DF_h), 이용계수($ASUF_h$)

㉠ Tier 1

ⓐ 배출계수(EF_{N_2O})는 표에 제시하는 기본 배출계수를 사용하되 저감시설이 별도로 없는 경우에는 가장 높은 배출계수를 사용한다.

ⓑ 저감기술별 분해계수(DF_h) 및 저감시스템 이용계수($ASUF_h$)는 활용 가능한 값이 있으면 적용하되 값이 없으면 각각 "0"을 적용한다.

❙ 질산생산기술(k)별 기본 배출계수 ❙

생산공정(k) 구분	N_2O 배출계수 (100% Pure acid)
NSCR(비선택적 촉매환원법)을 사용하는 공장(모든 공정)	2kgN_2O/t-질산
통합공정이나 배출가스 N_2O 분해를 사용하는 공장	2.5kgN_2O/t-질산
대기압 공장(낮은 압력)	5kgN_2O/t-질산
중간 압력 연소 공장	7kgN_2O/t-질산
고압력 공장	9kgN_2O/t-질산

㉡ Tier 2

ⓐ 국가 고유 배출계수(EF_{N_2O})를 활용한다.

ⓑ 저감기술별 분해계수(DF_h) 및 저감시스템 이용계수($ASUF_h$)는 활용 가능한 값이 있으면 적용하되 값이 없으면 각각 "0"을 적용한다.

㉢ Tier 3

ⓐ 사업자가 자체 개발한 질산생산량당 N_2O 배출계수(EF_{N_2O})를 사용한다.

ⓑ 저감기술별 분해계수(DF_h) 및 저감시스템 이용계수($ASUF_h$)는 활용 가능한 값이 있으면 적용하되 값이 없으면 각각 "0"을 적용한다.

7 최적가용기술(BAT)의 이해

(1) 산화 촉매반응

① 촉매반응을 저해하는 원인
  ㉠ 대기오염으로 인한 독성 및 암모니아로부터의 오염
  ㉡ 암모니아-공기 혼합 부족
  ㉢ 촉매 부근의 가스 분포 부족

위와 같은 현상이 나타나면 NO의 수율은 10%까지 떨어지며, 버너에서 국지적으로 암모니아 초과현상이 나타나 공장의 안전을 위협한다. 또한 촉매거즈의 과열 원인이 된다.

② 촉매반응 저해 영향을 최소화하기 위한 대책
  ㉠ 소수의 공장에서는 암모니아로부터 기인한 녹을 제거하기 위해 마그네틱 필터를 사용
  ㉡ 고효율 정적 혼합기와 부가적인 여과단계는 암모니아와 공기의 혼합에 이용
  ㉢ 버너의 헤드는 구멍난 판과 허니콤브 격자를 부착하여 분사를 용이하게 함
  ㉣ 촉매거즈 이상의 가스속도를 유지시키면 NO의 수율을 높이고 N_2O 배출량을 감소시킴

(2) 산화반응의 최적화

① 산화반응을 최적화하는 목적은 NO의 수율을 높이고 N_2O의 발생을 억제하는 데 있다.
② NO 생산은 암모니아와 공기비(NH_3/air)를 9.5~10.5%로 유지하고, 가능한 저압하에서 온도를 750~900℃로 유지시켜 최적화한다.

(3) 산화촉매의 대체

① 개선된 백금촉매는 암모니아에서 NO로의 산화율을 높이고 역으로 N_2O를 감소시킨다.
② 질산공정에서 지난 30년간 코발트(Co_3O_4) 촉매는 유용하였으며 첨가된 소재에 따라 효율(94~95%)을 높인다. 반면에 어떤 이들은 고압 공정에서 88~92%의 효율을 주장한다. 일반적으로 현존하는 질산공장에서 NO 수율은 대략 93~97%이다.
③ 공정장애로 인한 공정중지 및 압력저하 현상은 촉매의 수명을 연장시키며, 고온과 코발트 촉매의 환원현상은 촉매의 비활성화를 이끈다.
④ CIS 국가에서 2단계 촉매는 광범위하게 사용된다. 첫 단계에서 하나 혹은 그 이상의 백금거즈가 이용되며, 비백금계 산화촉매는 두 번째 단계에서 사용한다.

(4) 흡수 단계의 최적화

① NO의 NO_2로의 산화와 HNO_3을 위한 수용액 생산은 저온·고압, NO_X와 O_2, H_2O 조합의 최적화 정도의 영향을 받으며, 저온에서 흡수율은 상승하나 에너지 소모는 증가한다.
② H/H 시스템에서는 NO 흡수율이 증가하면 N_2O가 상승한다.

(5) 반응챔버의 확장을 이용한 N_2O 분해

① 야라(Yara)는 반응기의 고온(850~950℃) 영역에서 체류시간을 증가시켜 N_2O 생성을 줄이는 기술을 개발하고 특허를 가졌다.
② 이 기술은 아래 그림에서와 같이 반응챔버 내부에 백금촉매층과 1차 열교환기 사이에 약 3.5m의 여분의 공간을 갖추게 한다.
③ 체류시간을 1~3초간 증가시켜 N_2O 감소율을 70~85%로 향상시켰으며, 이때 N_2O는 준안정상태로 N_2 및 O_2로 분해된다.

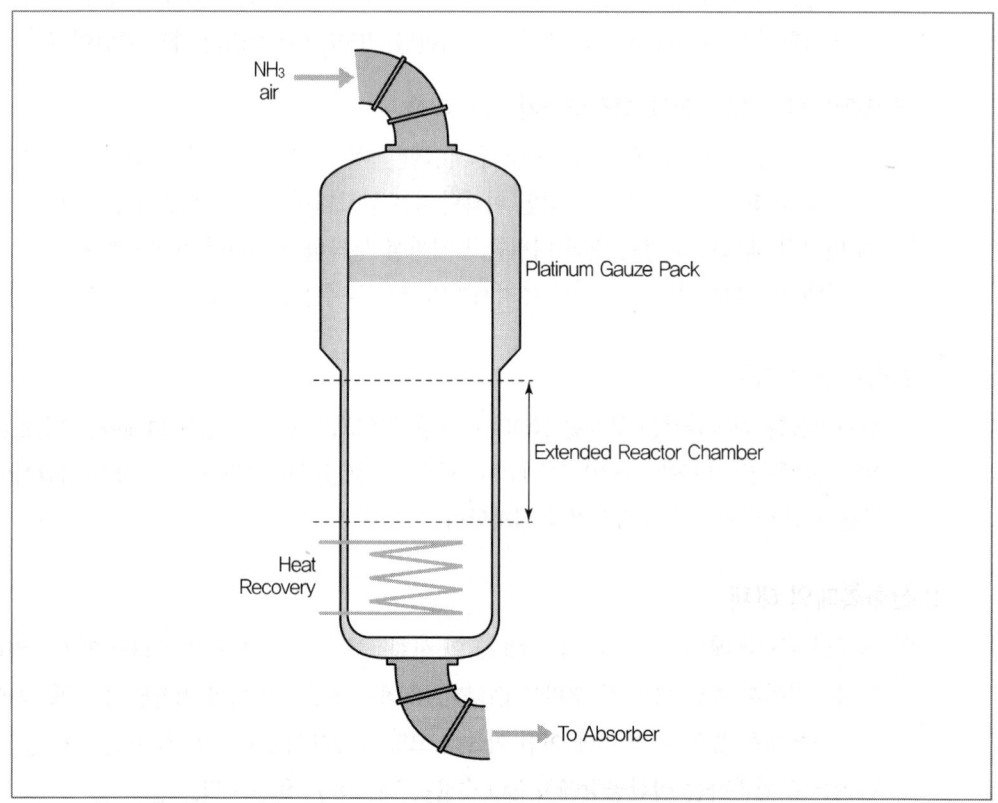

반응챔버 확장을 통한 N_2O 분해

(6) 산화반응기의 N_2O 촉매분해

① 고온영역(800~950℃)에서 선택적 N_2O 분해촉매에 의해 N_2O가 형성되는 즉시 분해되며, 백금거즈 바로 아래에 있는 촉매층에 의해 이루어진다.
② 대부분의 질산버너는 Rasching 고리로 충진된 바구니로 장착되어 있으며, 이때 바구니의 수정된 변경은 없고, 거즈팩이 장착될 수 있다.
③ 50~200mm의 촉매층은 압력 저하에 따른 분해율을 높일 수 있으며, 산화압력의 증가와 함께 촉매층의 강하압력은 높아진다.

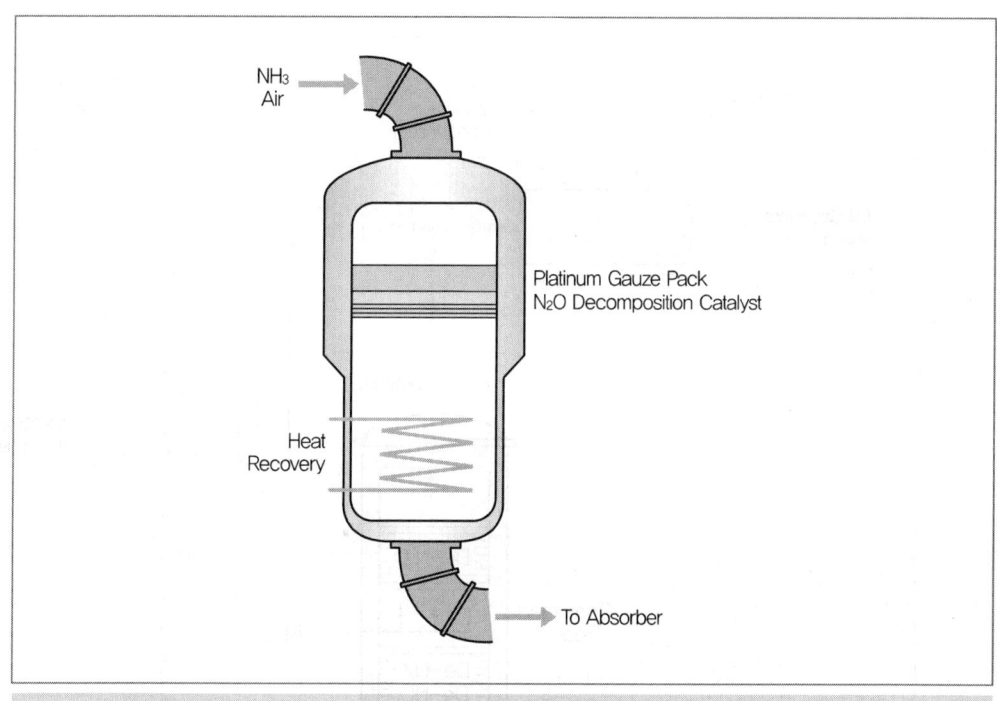

산화반응기에서 N_2O 촉매분해

(7) 배기가스에서 NO_x와 N_2O 감소장치의 조합

① 대략 420~480℃의 배기가스를 이용한 히터와 가스터빈 사이에 설치한 NO_x 및 N_2O 분해 반응기를 조합하여 공정을 구성한다.
② NO_x 및 N_2O 분해 반응기는 제올라이트와 같은 소재로 된 두 개의 촉매층과 중간에 있는 암모니아 주입층으로 구성된다.
③ 첫 번째 층에서는 N_2O를 N_2 및 O_2로 분해하고 NO_x가 생성되며, 두 번째 층은 암모니아를 주입하여 NO_x를 제거하고 N_2O를 분해한다.

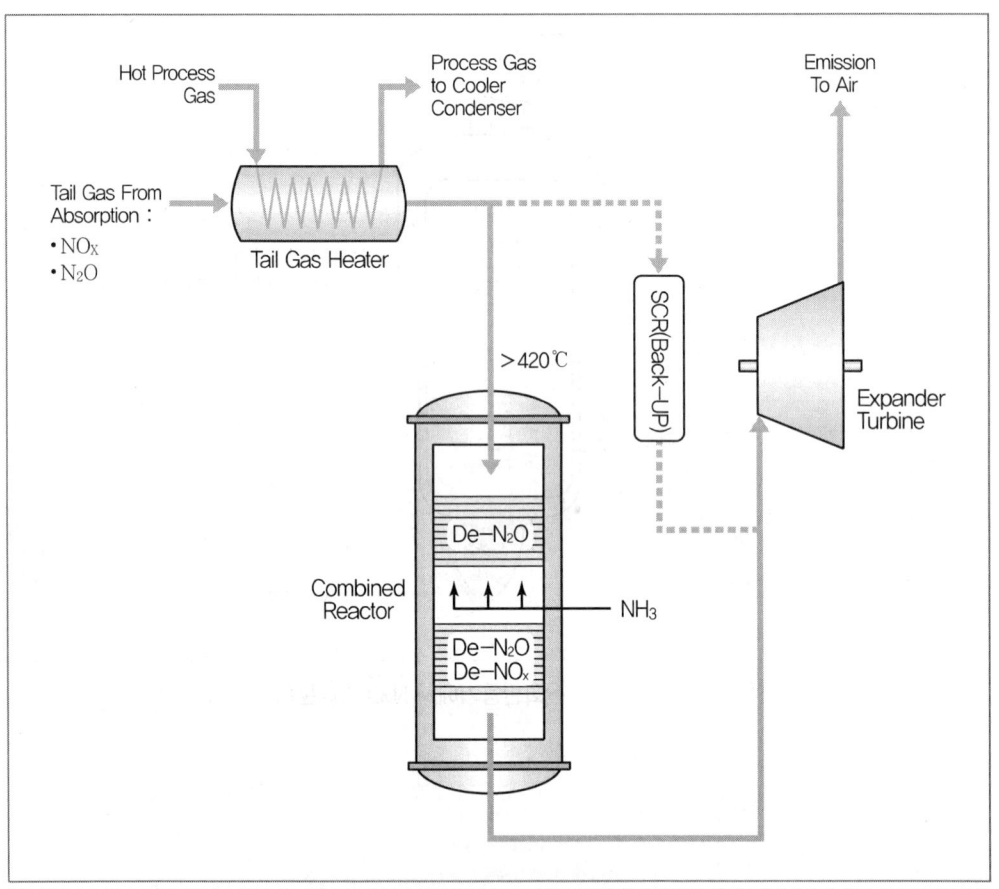

NO_x와 N_2O 감소장치의 조합

④ 장점
  ㉠ N_2O와 NO_x의 동시 제거
  ㉡ N_2O 제거효율을 98~99%로 높임
  ㉢ 질산 생산에 따른 N_2O 배출을 0.12~0.25kg N_2O/tonne 100% HNO_3 수준으로 함

SECTION 12 아디프산 생산

1 아디프산 생산 공정 개요

① 아디프산은 유기산의 하나로 유화제, 안정제, pH 조정제, 향료 고정제로 사용되며 나일론, 폴리우레탄, 가소제 등 화학제품의 기초 원료이다.
② 아디프산은 Ketone-Alcohol Oil(Cyclohexanone : Cyclohexanol=6 : 4)을 질산과 반응시킨 후 결정 및 정제, 건조 공정을 통해서 생산된다.

$(CH_2)_5CO$(사이클로헥세온)+$(CH_2)_5CHOH$(사이클로헥세놀)+ωHNO_3
→ $HOOC(CH_2)_4COOH$(아디프산)+xN_2O+yH_2O

2 배출활동 개요

① 아디프산 공정 중 온실가스(N_2O)가 발생하는 시설은 산화반응이 일어나는 반응 공정이다.
② 일반적으로 KA Oil 혼합과정에서 공정 중 질소가 고농도로 존재함에 따라 아산화질소(N_2O)가 발생하게 될 가능성이 높다.
③ 후단의 가열로 공정에서는 공정 중 발생하는 N_2O를 LNG 가열로에서 약 99% 이상을 분해하고 있으며 이 과정에서 CO_2가 발생한다(연료 연소).
④ 일부 사업장에서는 KA 혼합공정으로 아디프산 1kg를 생산하는 데 0.27kg의 N_2O가 배출된다.
⑤ N_2O의 저감을 위해 가열시설을 운용하고 있다.

3 보고 대상 배출시설

(1) 아디프산 생산시설

① 아디프산($HOOC(CH_2)_4COOH$)은 합성섬유, 코팅, 플라스틱, 우레탄 포말, 합성윤활유의 생산에 사용되는 백색 결정의 고체이다.
② 국내 생산되는 아디프산의 대부분은 나일론 6.6을 생산하는 데 사용된다.
③ 아디프산 생산에 사용되는 기초원료는 시클로헥산이나 다른 공정의 부산물인 시클로헥사논을 사용하는 경우도 있다.
④ 아디프산 생산 원료인 시클로헥산과 시클로헥사논은 반응조에 옮겨져서 130~170℃에서 산화되어 시클로헥사놀과 시클로헥사논 혼합물을 형성하고 2차 반응조에 옮겨져서 질산과 촉매(질산동과 바나듐 암모니아염의 혼합물)로 70~100℃에서 산화되어 아디프산을 형성한다.

$(CH_2)_5C=O + (x)HNO_3 \rightarrow HOOC(CH_2)COOH + (y)NOx + (z)H_2O$

$(CH_2)_5CH(OH) + (x)HNO_3 \rightarrow HOOC(CH_2)COOH + (y)NOx + (z)H_2O$

⑤ 시클로헥산으로부터 아디프산을 합성하는 또 다른 방법(Farbon법)은 다음의 공기산화단계를 포함한다. 시클로헥산을 산화하여 시클로헥산올과 시클로헥사논을 만들고 시클로헥산올과 시클로헥사논을 다시 산화하여 아디프산을 만든다. 이때 혼합된 초산 망산, 바듐을 촉매로서 사용한다.

⑥ 제2반응기로부터의 생성물은 표백기로 들어가고 용존 NO_X 가스는 공기와 수증기로 인해 아디프산 및 질산 용액으로부터 탈기된다.

⑦ 여러 가지 유기산부산물, 아세트산, 글루타린산 및 호박산 등이 형성되고 회수되어 판매된다.

⑧ 아디프산 및 질산용액은 냉각되어 결정화기로 보내져서 아디프산 결정을 만든다.

4 보고 대상 온실가스

구분	CO_2	CH_4	N_2O
산정방법론	–	–	Tier 1, 2, 3

∥ 아디프산 생산의 온실가스 공정배출원, 온실가스 종류 및 배출원인 ∥

배출 공정	온실가스	배출원인
아디프산 생산시설 (반응 공정)	N_2O	• 질산과 촉매(질산동과 바나듐, 암모니아염의 혼합물) 존재 하에 70~100℃에서 KA Oil* 용액의 산화반응에 의해 N_2O 배출 • $(CH_2)_5CO + (CH_2)_5CHOH + xHNO_3$ $\rightarrow HOOC(CH_2)_4COOH + yN_2O + zH_2O$

* KA Oil : Ketone-Alcohol Oil, Cyclohexanone 60%, Cyclohexanol 40% 혼합용액

출처 : 한국환경공단

5 배출량 산정방법

① 관련식

㉠ Tier 1~3

$$E_{N_2O} = \sum_{k,h}[EF_k \times AAP_k \times (1 - DF_h \times ASUF_h)] \times 10^{-3}$$

여기서, E_{N_2O} : N_2O 배출량(tN_2O)

EF_k : 기술유형(k)에 따른 아디프산의 N_2O 배출계수 ($kgN_2O/t-$아디프산)

AAP_k : 기술유형(k)에 따른 아디프산 생산량(ton)

DF_h : 저감기술(h)별 분해계수(0~1 사이의 소수)

$ASUF_h$: 저감기술(h)별 저감시스템 이용계수(0~1 사이의 소수)

② 특징

㉠ 활동자료로서 아디프산 생산량을 기본적으로 적용하고 있으나, 여러 생산 기술이 적용된 경우에는 각 생산기술별로 구분하여 질산 생산량을 결정한 다음에 합산토록 하고 있다.

㉡ 배출계수는 생산기술에 따른 단위 아디프산 생산량에 대비한 N_2O 배출량이다.

㉢ 산정방법 중에서 특이한 점은 N_2O 감축기술의 적용 정도를 고려하여 감축량을 제하도록 하고 있으나, 감축량을 배출량에서 빼주는 것이 아니라 배출계수에 감축비율을 고려하여 적용토록 하고 있다.

6 매개변수별 관리기준

① 활동자료

㉠ Tier 1

측정불확도 ±7.5% 이내의 아디프산 생산량(AAP_k) 자료를 사용한다.

㉡ Tier 2

측정불확도 ±5.0% 이내의 아디프산 생산량(AAP_k) 자료를 사용한다.

㉢ Tier 3

측정불확도 ±2.5% 이내의 아디프산 생산량(AAP_k) 자료를 사용한다.

② 배출계수

㉠ Tier 1

아래 표의 IPCC 가이드라인 기본 아디프산 생산량당 N_2O 배출계수(EF_k)를 사용한다.

| 아디프산 생산에 따른 IPCC 기본 배출계수 |

생산공정(k) 구분	N_2O 배출계수(kgN_2O/t – 아디프산)
질산 산화 공정	300kg(저감기술 미적용 시)

출처 : 2006 IPCC 국가 인벤토리 작성을 위한 가이드라인

다음 표의 저감기술별 N_2O 기본 분해계수(DF_h) 및 기본 이용계수($ASUF_h$)를 적용한다.

｜저감기술별 IPCC 기본 분해계수 및 이용계수｜

저감기술(h) 유형	분해계수(DF_h)	이용계수($ASUF_h$)
촉매 분해	0.925	0.89
열 분해	0.985	0.97
질산으로의 재활용	0.985	0.94
아디프산 원료로의 재활용	0.940	0.89

출처 : 2006 IPCC 국가 인벤토리 작성을 위한 가이드라인

ⓒ Tier 2

ⓐ 국가 고유 N_2O 배출계수를 사용한다.

ⓑ 저감기술별 분해계수(DF_h) 및 저감시스템 이용계수($ASUF_h$)는 활용 가능한 값이 있으면 적용하되 값이 없으면 저감기술별 IPCC 가이드라인 기본 분해계수 및 이용계수를 사용한다.

ⓒ Tier 3

ⓐ 사업자가 개발한 고유 N_2O 배출계수를 사용한다.

ⓑ 감축기술별 분해계수(DF_h) 및 저감시스템 이용계수($ASUF_h$)는 활용 가능한 값이 있으면 적용하되 값이 없으면 저감기술별 IPCC 가이드라인 기본 분해계수 및 이용계수를 사용한다.

6 최적가용기술(BAT)

아디프산 공정에서 N_2O는 탈기칼럼(Stripping Column)과 크리스탈라이저(Crystalliser)를 통해 배출되며, 이때 아디프산 1kg을 생산 시 N_2O 가스는 약 300g 정도 배출된다.

(1) N_2O 배출가스의 재사용법

① 질산 공정에서 발생하는 스팀에서 이루어지는 고온연소이며, 이때 N_2O 배출가스를 이용하여 질산 생산 시 발생하는 N_2O를 예방한다.

② 선택적으로 벤젠을 페놀로 산화시키는 공정에서 사용하며, 미국의 한 회사는 이때 기존 폐열 처리 시스템을 대체한 비용효과를 20%로 보고하고 있다.

(2) 분해법

위에서 제시한 재사용법을 사용하지 않을 경우 가장 널리 쓰이는 기술은 촉매분해 및 열분해법이다.

① 촉매분해법
   ㉠ MgO 촉매를 이용하여 N_2O 가스를 질소(N_2) 및 산소(O_2)로 분해시키는 것이다.
   ㉡ 발열반응에서 생성된 강력한 열은 스팀을 생산하는 데 쓰인다.

② 열분해법
   ㉠ 메탄이 존재하는 배출가스를 연소시키는 방법이다.
   ㉡ N_2O 가스는 산소원으로 쓰여 질소를 감소시키고 배출가스 중에는 NO 및 소량의 N_2O 성분만이 존재하게 한다.
   ㉢ 열분해 시 발생하는 배출가스는 스팀을 생산하는 폐열로 이용된다.

SECTION 13 카바이드 생산

1 카바이드 생산 공정 개요

① 카바이드는 일반적으로 칼슘의 탄소화합물인 탄화칼슘(CaC_2)이라 한다.
② 공업적으로 생석회나 코크스, 무연탄 등의 탄소를 전기로 속에서 가열하여 제조하며 아세틸렌의 원료로 사용된다.
③ 탄화규소(SiC)는 중요한 인공연마제이며, 규사(차돌모래)와 석유 코크스로부터 생산된다.
④ 탄화칼슘(CaC_2)은 탄산칼슘($CaCO_3$)에 열을 가한 후 석유 코크스와 함께 CaO를 환원시키면서 생산되는데, 각각의 과정에서는 모두 CO_2가 배출된다. 석유 코크스에 포함된 탄소의 약 67%는 생산물 속에 함유된다.

$$CaCO_3 \rightarrow CaO + CO_2$$
$$CaO + 3C \rightarrow CaC_2 + CO(+1/2\ O_2 \rightarrow CO_2)$$

⑤ 탄화규소(SiC)는 아래 반응식과 같이 규사와 석유 코크스로부터 생산된다.

$$SiO_2 + 2C \rightarrow Si + 2CO$$
$$Si + C \rightarrow SiC$$
$$SiO_2 + 3C \rightarrow SiC + 2CO(+O_2 \rightarrow 2CO_2)$$

⑥ 생산과정에서 규사와 탄소는 대략 1 : 3의 몰비율로 혼합되며, 약 35%의 탄소는 생산물 안에 함유되고 나머지는 여분의 산소와 결합하여 CO_2로 전환되어 공정 부산물로 대기 중에 배출된다.
⑦ 이 공정에서 사용되는 석유 코크스는 휘발성 화합물을 함유할 수 있는데, 이는 메탄(CH_4)을 생성시킨다.

2 배출활동 개요

① 카바이드 생산 공정의 온실가스 배출은 탄화규소(SiC) 및 탄화칼슘(CaC_2) 생산과 관련하여 CO_2, CH_4, CO, SO_2의 배출을 발생시킨다.
② 생산 공정에서 탄소함유원료를 사용하는 것은 CO_2와 CO의 배출을 발생시킨다.

③ 수소 함유 휘발성 화합물과 석유 코크스에 있는 황은 대기 중에 CH_4와 SO_2의 배출을 발생시킨다.

3 보고 대상 배출시설

(1) 칼슘카바이드 제조시설

① 칼슘카바이드(CaC_2)는 전기아크로에서 200~2,100℃ 온도로 석회와 탄소혼합물을 가열해서 만들 수 있다. 이 온도에서 석회는 다음 반응식에 따라 일산화탄소(CO)와 칼슘카바이드(CaC_2)로 환원된다.

$$CaO + 3C \rightarrow CaC_2 + CO$$

② 이 반응에 쓰이는 석회는 일반적으로 공장 부지(Plant Site)가마에서 석회석을 환원하여 만든다. 또 탄소원료로는 석유 코크스(Coke) 및 무연탄 등이 쓰인다.
③ 노(Furnace) 안에서 불순물은 CaC_2 생성물 내에 남아 있기 때문에 석회는 마그네슘 산화물, 알루미늄 산화물, 철 산화물을 각각 0.5% 이상 포함해서는 안 되며, 인(P) 화합물을 0.004% 이상 포함해서도 안 된다. 또 코크스 변화는 재와 황에서 낮게 존재하여야 한다.
④ 카바이드 제조 시 석회석이 석회가마에서 석회로 바뀌는 동안 코크스 내 습기는 코크스 건조기에서 제거된다.
⑤ 코크스와 석회조각들은 재순환되어 사용될 수 있으며 두 생성물은 전기아크로로 옮겨져 칼슘카바이드가 생성된다.
⑥ 전기아크로는 여러 가지 유형이 있는데, 개방로(Open Furnace)에서는 과잉공기를 포함하고 있을 경우 CO를 CO_2로 완전연소시킨다. 또한 폐쇄로(Close Furnace)에서 공기를 모아 다른 공정과 연소공정에 연료로 사용할 수 있다.
⑦ '석탄타르피치접착제(Coal Tar Pitch Binder)'의 전극가루 반죽화합물과 무연탄은 노로 도입되기 전에 전기아크로에 의해 열로 구워진 강철통 안으로 연속적으로 들어간다.
⑧ 구워진 전극은 노 벽 안쪽(Meltem), 강철 통에서 나오고 CaC_2 생성공정에서 소비된다. 녹은 CaC_2는 '노'에서 냉장차 안으로 뽑아내져 식혀서 굳어진다. 그 후 턱(Jaw) 분쇄기에 의해 1차로 분쇄된 CaC_2는 2차로 분쇄되어 크기 선별을 위해 체로 친다.
⑨ 주위의 습기와 CaC_2가 반응하여 발생되는 아세틸렌(Acetylene)의 폭발을 방지하기 위해 부수는 작업과 체로 치는 작업은 CaC_2가 완전히 냉각되었을 때 젖은 환경에서 실시되어야 한다.

(2) 실리콘카바이드 제조시설

실리콘카바이드(SiC, Silicon Carbide, 탄화규소)는 실리콘(Si)과 탄소(C)로 구성된 화합물 반도체 재료이다.

4 보고 대상 온실가스

구분	CO₂	CH₄	N₂O
산정방법론	Tier 1,4	Tier 1	-

┃ 카바이드 생산의 온실가스 공정배출원, 온실가스 종류 및 배출원인 ┃

배출 공정	온실가스	배출원인
칼슘카바이드 [탄화칼슘(CaC_2)] 제조시설	CO_2	• 생석회 생산공정 : 석회석을 생석회로 전환하는 과정에서 배출 $CaCO_3 \rightarrow CaO + CO_2$ • 전기아크로 : 1,900℃ 이상의 고온에서 석회와 탄소혼합물(석유 코크스 등)과의 산화·환원과정에서 CO_2 배출 $CaO + 3C \rightarrow CaC_2 + CO$ $CO + 0.5O_2 \rightarrow CO_2$
실리콘카바이드 [탄화규소(SiC)] 제조시설	CO_2	전기저항가마(또는 전기아크로) : 규사와 탄소는 대략 1 : 3의 몰 비율로 혼합되며, 약 35%의 탄소는 생산물 안에 함유되고, 나머지는 산소와 반응하여 CO_2 배출 $SiO_2 + 2C \rightarrow Si + 2CO$ $Si + C \rightarrow SiC$ $SiO_2 + 3C \rightarrow SiC + 2CO$ $CO + 0.5O_2 \rightarrow CO_2$
카바이드 제조시설	CH_4	공정에서 사용되는 석유 코크스에 함유되어 있는 CH_4의 탈루 배출

출처 : 한국환경공단

5 배출량 산정방법

① 관련식

㉠ Tier 1

$$E_{i,j} = AD_i \times EF_{i,j}$$

여기서, $E_{i,j}$: 카바이드 생산에 따른 온실가스(j) 배출량(tGHG)
AD_i : 활동자료(i) 사용량(ton)(사용된 원료, 카바이드 생산량)
$EF_{i,j}$: 활동자료(i)에 따른 온실가스(j) 배출계수(tGHG/t-카바이드, tGHG/t-사용된 원료)

> **Reference**
>
> 탄화칼슘(칼슘 카바이드) 생산 시, 탄산칼슘($CaCO_3$)을 원료로 사용할 경우, 탄산칼슘을 산화칼슘(CaO)으로 바꾸는 소성과정이 추가된다. 따라서, 이에 대한 배출량 산정은 "석회 생산"을 참고하여 위 식에 의한 배출량에 추가토록 하고, 산화칼슘(CaO)을 원료로 직접 사용하는 경우에는 위 식에 의한 배출량만 산정토록 한다.

    ⓒ Tier 4

     연속측정방식(CEM)을 사용한다.

  ② 특징

    ㉠ 활동자료로서 생산량을 기준으로 한 경우와 원료량을 기준으로 한 경우로 구분하여 제시하고 있다.

    ㉡ 생산량을 기준으로 한 경우는 탄화칼슘과 탄화규소, 원료량을 기준으로 한 경우는 산화칼슘(생석회) 사용량, 산화규소가 있다.

    ㉢ 배출계수는 단위 활동자료에 대한 온실가스 배출량으로서 Tier 1은 IPCC 기본 배출계수, Tier 2는 국가 고유 배출계수, Tier 3은 사업장 고유 배출계수이다.

6 매개변수별 관리기준

 ① 활동자료

   ㉠ Tier 1

    측정불확도 ±7.5% 이내의 활동자료(사용된 원료, 카바이드 생산량)를 사용한다.

   ㉡ Tier 2

    측정불확도 ±5.0% 이내의 활동자료(사용된 원료, 카바이드 생산량)를 사용한다.

   ㉢ Tier 3

    측정불확도 ±2.5% 이내의 활동자료(사용된 원료, 카바이드 생산량)를 사용한다.

   ㉣ Tier 4

    연속측정방식(CEM)을 사용한다.

 ② 배출계수

   ㉠ Tier 1

    아래 표의 IPCC 가이드라인 기본 배출계수를 사용한다.

탄화칼슘(칼슘카바이드) 생산 시 활동자료(i)별 기본 배출계수

공정 구분	활동자료(i) 종류	카바이드 생산량(ton) 기준	원료(산화칼슘) 소비량(ton) 기준
탄화칼슘(CaC_2) 생산부문	CO_2	1.09tCO_2/ton	1.70tCO_2/ton
	CH_4	—	—

출처 : 2006 IPCC 국가 인벤토리 작성을 위한 가이드라인

탄화규소(실리콘카바이드) 생산 시 활동자료(i)별 기본 배출계수

공정 구분	활동자료(i) 종류	카바이드 생산량(ton) 기준	원료(산화규소) 소비량(ton) 기준
탄화규소(SiC) 생산부문	CO_2	2.62tCO_2/ton	2.30tCO_2/ton
	CH_4	11.6kgCH_4/ton	10.2kgCH_4/ton

출처 : 2006 IPCC 국가 인벤토리 작성을 위한 가이드라인

ⓒ Tier 2

국가 고유 배출계수를 사용한다.(공정별, 활동자료(i)별, 온실가스(CO_2, CH_4)에 대한 고유 배출계수를 말한다.)

ⓒ Tier 3

사업자가 자체 개발한 고유 배출계수를 사용한다.(석유 코크스 사용에 따른 CO_2 배출량 산정에 유효하다.)

$$EF_{SiC} = 0.65 \times CCF_{SiC} \times 3.664$$

여기서, EF_{SiC} : 탄화규소(SiC) 생산 시 석유 코크스의 배출계수(tCO_2/t)
CCF_{SiC} : 석유 코크스의 배출계수(tC/t-Coke)
3.664 : CO_2의 분자량(44.010)/C의 원자량(12.011)

$$EF_{CaC_2} = 0.33 \times CCF_{CaC_2} \times 3.664$$

여기서, EF_{CaC_2} : 탄화칼슘(CaC_2) 생산 시 석유 코크스의 배출계수(tCO_2/t)
CCF_{CaC_2} : 석유 코크스의 배출계수(tC/t-Coke)
3.664 : CO_2의 분자량(44.010)/C의 원자량(12.011)

ⓒ Tier 4

연속측정방식(CEM)을 사용한다.

SECTION 14 소다회 생산

1 소다회 생산 공정 개요

- 소다회는 일반적으로 소금을 원료로 하여 합성하는 합성 소다회와 천연에 존재하는 탄산소다염을 정제하여 얻는 천연 소다회 등이 있다.
- 소금을 원료로 하여 얻어지는 공업적 제법으로는 르블랑(Leblanc)법, 암모니아 소다법(Solvay법), 염안 소다법 등이 있다.
- 합성 소다회는 대부분 암모니아 소다법으로 생산되고 있지만, 소금 자원이 부족한 나라에서는 염안 소다법 등이 발달되어 있다.
- 천연 소다회는 천연에 존재하는 탄산나트륨염을 주성분으로 하는 고체를 원료로 하여 제조한 것이다.

2 배출활동 개요

(1) 천연 소다회 생산

① 소다회는 약 25%가 천연 나트륨 탄산염베어링(Bearing) 퇴적물을 통해 생산된다.
② 생산 공정 중에 트로나(Trona, 천연 소다회를 만들어 내는 중요한 광석)는 로터리킬른 속에서 소성되고, 화학적으로 천연 소다회로 변형된다.
③ 이산화탄소와 물은 이 공정의 부산물로 생성된다.
④ 이산화탄소 배출량은 다음 화학 반응에 기초한다.

$$2Na_2CO_3 \cdot NaHCO_3 \cdot 2H_2O(Trona) \rightarrow 3Na_2CO_3(Soda\ Ash) + 5H_2O + CO_2$$

(2) 솔베이법 합성 공정

① 소다회의 약 75%가 염화나트륨을 통해 만들어진 합성 회(Ash)이다.
② 소다회의 생산 과정에서 염화나트륨 수용액, 석회석, 야금 코크스, 암모니아 등이 사용되며 암모니아는 아주 작은 양만 손실되고, 대부분 재생된다.
③ 솔베이법과 관련된 일련의 반응들은 다음과 같다.

$$CaCO_3 + Heat \rightarrow CaO + CO_2$$
$$CaO + H_2O \rightarrow Ca(OH)_2$$

$2NaCl + 2H_2O + 2NH_3 + 2CO_2 \rightarrow 2NaHCO_3 + 2NH_4Cl$

$2NaHCO_3 + Heat \rightarrow Na_2CO_3 + CO_2 + H_2O$

$Ca(OH)_2 + 2NH_4Cl \rightarrow CaCl_2 + 2NH_3 + 2H_2O$

위의 전체적 반응

$CaCO_3 + 2NaCl \rightarrow Na_2CO_3 + CaCl_2$

③ 보고 대상 배출시설

(1) 암모니아 소다회 제조시설(Solvay 공정)

① 암모니아 소다법은 소금수용액(함수)에 암모니아와 이산화탄소 가스를 순서대로 흡수시켜 다음과 같은 반응으로 용해도가 작은 탄산수소나트륨을 침전시킨다.

$NaCl + NH_3 + CO_2 \rightarrow NaHCO_3 + NH_4Cl$

침전된 탄산수소나트륨을 분리하고 200℃ 정도에서 하는 과정에서 탄산소다가 생성되며 이산화탄소가 배출된다.

$2NaHCO_3 \rightarrow Na_2CO_3 + CO_2 + H_2O$

또한 탄산수소나트륨을 여과한 모액에 석회유($Ca(OH)_2$) 용액을 첨가하고 증류하여 암모니아를 회수하고 부산물로 $CaCl_2$를 얻는다.

② 실제 Solvay법에서 중요한 공정은 원염의 정제, NH3의 흡수, 탄산화 및 NH3의 회수, 탄산가스의 제조 공정 등이다.

(2) 천연 소다회 생산 공정

① 천연 소다회 제조 공정은 트로나(Trona) 광석($Na_2CO_3 \cdot Na_2HCO_2 \cdot 2H_2O$)의 자연추출물에서 또는 Na_2CO_3, 세스퀴탄산나트륨(Sodium Sesquicarbonate)을 함유한 소금물로부터 Na_2CO_3을 회수한다.

② 트로나 광석은 86~95%의 세스퀴탄산나트륨과 5~12%의 맥석(점토나 불용성불순물) 및 물로 이루어져 있다. 채광한 트로나 광물은 분쇄, 체질, 하소하여 CO_2와 물을 제거해 생성된 Na_2CO_3를 용해시켜 불용성 불순물을 분리한다.

③ $Na_2CO_3H_2O$는 다중효용 증발기에 의해 순수한 액체로부터 결정체를 얻고, 다음에 건조하여 물과 기타 물질을 제거하면 최종 생성물을 얻을 수 있다.

| 소다회 생산시설에서의 온실가스 공정배출원, 온실가스 종류 및 배출원인 |

배출 공정		온실가스	배출원인
암모니아 소다회법 (Solvay 공정)	석회로	CO_2	• 석회석 소성에 의한 CO_2 발생 • $CaCO_3 \rightarrow CaO + CO_2$
	가소로		• 가소로 내에서 $NaHCO_3$의 하소 시 CO_2 발생 • $2NaHCO_3 \rightarrow Na_2CO_3 + CO_2 + H_2O$
천연소다회법	석회로	CO_2	트로나 광석의 소성에 의한 CO_2 발생

출처 : 한국환경공단

4 보고 대상 온실가스

구분	CO_2	CH_4	N_2O
산정방법론	Tier 1, 4	–	–

5 배출량 산정방법

① 관련식

㉠ Tier 1

$$E_{CO_2} = AD \times EF$$

여기서, E_{CO_2} : 소다회 생산공정에서의 CO_2 배출량(tCO_2)

AD : 사용된 트로나(Trona) 광석의 양 또는 생산된 소다회 양(ton)

EF : 배출계수(tCO_2/t-Trona 투입량, tCO_2/t-소다회 생산량)

㉡ Tier 4

연속측정방식(CEM)을 사용한다.

② 특징

㉠ 활동자료로서 천연소다회법의 경우는 트로나(Trona) 광석의 사용량, 암모니아 소다회법에서는 소다회 생산량을 적용하고 있다.

㉡ 배출계수는 단위 활동자료에 대한 온실가스 배출량으로서 Tier 1은 IPCC 기본 배출계수, Tier 2는 국가 고유 배출계수, Tier 3은 사업장 고유 배출계수를 적용하고 있다.

6 매개변수별 관리기준

① 활동자료

㉠ Tier 1

측정불확도 ±7.5% 이내의 트로나(Trona) 광석 사용량 또는 소다회 생산량의 활동자료를 사용한다.

㉡ Tier 2

측정불확도 ±5.0% 이내의 트로나(Trona) 광석 사용량 또는 소다회 생산량의 활동자료를 사용한다.

㉢ Tier 3

측정불확도 ±2.5% 이내의 트로나(Trona) 광석 사용량 또는 소다회 생산량의 활동자료를 사용한다.

㉣ Tier 4

연속측정방식(CEM)을 사용한다.

② 배출계수

㉠ Tier 1

IPCC 가이드라인의 기본 배출계수를 사용한다.

활동자료(i) 구분	CO_2 배출계수
트로나 광석 사용량	0.097 tCO_2/t-Trona
소다회 생산량	0.138 tCO_2/t-소다회생산량

출처 : 2006 IPCC 국가 인벤토리 작성을 위한 가이드라인

㉡ Tier 2

국가 고유 배출계수를 사용한다. 다만, 국가 고유 배출계수가 고시되지 않아 활용하지 못할 경우 IPCC 가이드라인 기본 배출계수를 사용한다.

㉢ Tier 3

사업자가 자체 개발한 고유 배출계수를 사용한다.

㉣ Tier 4

연속측정방식(CEM)을 사용한다.

7 최적가용기술(BAT) 도출 시 고려사항

(1) 1차 연료 에너지 전환

① 소다회 생산 솔베이 공정은 다량의 스팀을 저압상태로 소비하는 공정이며, 터보제너레이터에서 증기압을 줄여 전기를 생산할 수 있는 고효율의 열병합발전 시스템을 이상적으로 적용시킬 수 있다.

② 열병합발전 시스템은 소다회 공정에서 에너지효율을 전반적으로 향상시킬 수 있는 방법이다.

③ 소다회 공정에서 나타나는 주요 특징
  ㉠ 다양한 압력수위의 스팀수요량, 높은 증기응축, 열병합발전에 전략을 둔 전반적인 공정 개념
  ㉡ 소다회 생산공정 규모와 적합한 열병합발전 시스템의 이용
  ㉢ 소다회 공정에서 높은 조업률을 성취하기 위한 현대적인 최신설비와 신뢰성 있는 열병합발전 시스템 등의 설비투자

(2) CO_2 저감을 위한 소다회 생산 공정의 최적화

① 모든 공업활동은 대기 중의 CO_2 농도를 증가시키고 지구온난화에 역행할 수 없도록 화석연료연소, 탄산염을 함유한 원료 등에 기여한 활동을 포함하여 진행하고 있으며 솔베이 공정을 적용한 소다회공장도 예외는 아니다.

② CO_2 배출을 줄이는 유럽의 예
  ㉠ 석회석을 연소시켜 CO_2를 배출시키는 공정은 소다회공장에서 가장 중요한 부분이다.
  ㉡ 유럽에서는 소다회 1톤을 생산할 때마다 CO_2 가스 415kg을 배출하고, 한 해에 소다회 생산으로 인한 CO_2 배출량은 총 3백만 톤이다.
  ㉢ 소다회공장에서 대기 중으로 배출하는 CO_2를 정제된 중탄산나트륨을 생산하는 데 사용할 경우 연간 CO_2 170,000톤이 회수될 수 있으며, 참고로 유럽의 탄산수소나트륨($NaHCO_3$) 연간 생산용량은 65만 톤이다.

(3) 수직킬른(Vertical Kiln)에서 배출되는 CO_2 및 석회반응

① 소다회 생산공장에서 석회석 분해는 석회소성로 킬른의 형태 및 설계에 많은 영향을 주는 요소이며, 다음과 같은 특징을 나타낸다.
  ㉠ 가능한 고농도의 CO_2(40% 이상)
  ㉡ 에너지로부터 기원한 CO_2 배출량으로, 탄산염 생산에 필요한 스토이치오메트릭 이론량 이상을 충분하게 지속적으로 공급할 수 있어야 함

ⓒ 석회를 연소시키는 조작에서 중요한 변수 중의 하나는 반응석회의 높은 수율이며, 소베이 공정의 전반적인 공정에서 가장 중요한 열쇠임
② 석회석 연소 공정의 최대열효율
⑩ 넓은 범위의 석회석 크기를 공정에 적용시킬 수 있게 하여 채석장에서 손실부분을 최소화함
ⓗ 석회석의 처리량을 고려한 생산시설

② 소다회 생산 공정에서 수직샤프트(Vertical Shaft), 로터리(Rotary), 어뉼라(Annular), 마에르즈킬른(Maerz Kilns) 등과 같은 표준형 킬른 종류와 연소용 연료가 가장 적합한 형태는 수직형 샤프트킬른과 코크스가 연소 연료로 쓰이는 형태이다.

③ 수직형 샤프트킬른의 특징
㉠ CO_2 배출가스농도는 36~42%이며, 기타 다른 킬른은 25~32%이다.
㉡ 소다회 생산공장과 정제된 탄산나트륨 생산공장에서 충분한 양의 CO_2를 공급하기 위해 코크스 연소에 의한 부수적인 CO_2를 생산한다.
㉢ 반응석회의 높은 수율 성취는 데드번트석회(Deadburnt Lime)의 양을 줄이는 것이 주요 요소 중에 하나이다.
㉣ 석회석 입자 크기에 상관없이 킬른의 사용범위를 광범위하게 해야 한다. 킬른의 종류에 따라 요구되는 석회석의 특정 입자 크기와 보다 더 큰 등급의 석회석을 선택하기 위해 버려지는 석회석이 존재하며, 이는 천연자원의 이용효율성을 떨어뜨린다.
㉤ 수직형 샤프트킬른의 설계와 조작은 킬른의 공정제어에 손실 없이 수 시간의 비축가스를 제공하는 부수적인 장점을 가지며, CO_2 가스를 위한 대용량의 버퍼저장시설이 필요 없고 지속적이고 유연성 있는 후속 소다회시설을 위해 매우 중요한 것이다.

④ 수직형 샤프트킬른에서 킬른의 배출가스 높으면 소다회 생산공장에서는 석회석 사용과 에너지효율성을 높게 유지해 주는데, 이때 공장의 제품생산도가 높아질수록 CO_2에 의한 대기환경은 완화된다.

⑤ 높은 에너지 효율, 높은 CO_2 농도, 보다 넓은 소다회 공정의 유연성은 지구환경 보호에 도움을 준다.

(4) 중탄산나트륨의 원심분리
① 에너지 절약의 유용한 기술 중에 하나는 가공되지 않은 중탄산나트륨이 하소되기 전에 원심분리하여 수분함량을 줄여 중탄산나트륨의 분해에 요구되는 에너지양을 감소시키는 것이다.
② 탄산염화 공정에서 침전된 가공되지 않은 중탄산나트륨은 중탄산나트륨의 결정체(크리스털)를 분리하기 위해 여과 공정으로 보내진다.

③ 탄산나트륨 결정의 서로 다른 특징(크기, 형태) 및 높은 생산볼륨은 소다회 생산 공정의 운전 조작에 부정적인 요인이기 때문에 유럽의 소다회 생산공장에서는 로터리 혹은 중탄산 진공 벨트 필터를 많이 사용한다. 필터 후에, 중탄산나트륨의 수분함량은 목표값 이하인 15~19% 사이의 값을 나타낸다.

④ 필터케이크에서 수분함량이 높을수록 전체적인 공정효율은 낮아지고 탄산나트륨 하소 공정에서 요구되는 에너지사용량은 높아진다.

⑤ 분리된 중탄산염의 수분함량은 12~14% 전후로, 이때 수분은 원심분리 전에 중탄산염 결정의 침전시스템에 대한 적용과정에 따라 달라지며 탄산염의 수분감소는 실제적으로 원심분리 단계에서 이루어진다.

⑥ 원심분리에 의한 중탄산염의 수분함량 감소는 하소기 후속 시스템에서 필요한 에너지양을 감소시켜 준다.

⑦ 탄산염의 원심분리는 케이크의 수분함량(5~6%)을 감소시켜 에너지를 절약한다.

⑧ 원심분리의 특징
   ㉠ 탄산염 결정체의 질은 벨트필터 혹은 드럼필터에서 행해지는 여과력(탄산염현탁액의 질은 시간에 따라 다름)보다 원심분리에서 이루어지는 여과력에서 더욱 중요성을 가진다.
   ㉡ 만약 원심분리단계가 2번째 단계에 있을 경우(드럼 또는 벨트필터 후) 결정체의 질은 보다 덜한 중요성을 가진다.
   ㉢ 원심분리의 설치 및 운영비는 비교적 고가이다.

⑨ 원심분리에 의한 에너지 절약은 직접적으로 하소 공정에서 중탄산나트륨의 건조를 위한 스팀 사용량을 감소시켜, 보일러와 전기발전과 관련된 에너지를 절약하여 CO_2, SO_X, NO_X의 배출량을 줄여준다.

SECTION 15 석유화학제품 생산

1 배출활동 개요

석유화학산업은 천연가스 등의 화석연료나 나프타 등의 석유정제품 등을 원료로 하여 출발하는데 국내의 경우 주로 나프타를 분해 설비(NCC ; Naphtha Cracking Center)에 투입하여 에틸렌, 프로필렌 등 기초 유분을 생산하고 이 과정에서 온실가스가 배출된다.

2 보고 대상 배출시설

(1) 메탄올 반응시설

① 대부분의 메탄올은 천연가스의 증기 개질 과정에서 생산된다.
② 천연가스에서 메탄올로의 생산 공정은 메탄올과 부산물인 이산화탄소, 일산화수소, 수소 등의 합성가스를 생산한다.

(2) EDC/VCM 반응시설

① EDC를 생산하는 공정은 직접 염소화와 산화염소화 반응이 있으며 이 공정을 조합한 조화형 공정이 있다.
② 산화염소화 공정에서 에틸렌 산화 반응의 부산물로 CO_2가 발생된다.
③ VCM 생산의 경우 EDC의 열분해에 의해 생산되는데 이때 CO_2는 배출되지 않는다.

(3) 에틸렌옥사이드(EO) 반응시설

① 주된 고분자의 전구체가 아니면서 가장 중요한 에틸렌 기초 화합물이 산화에틸렌(Ethylene oxide, C_2H_4O)이다.
② 산화에틸렌은 촉매상에서 에틸렌과 산소의 직접 반응에 의해 제조된다.
③ 이 반응은 발열반응이며, 동시에 에틸렌과 산화에틸렌으로부터 부산물인 이산화탄소와 물이 생성된다.

(4) 아크릴로니트릴(AN) 반응시설

프로필렌과 암모니아의 산화반응을 통해 아크릴로니트릴을 생산하며 이 과정에서 온실가스가 배출된다.

(5) 카본블랙 반응시설

① 카본블랙은 대부분 노(Furnace) 공정으로 제조되고 있다. 미국에서 사용되는 카본블랙의 제조공정은 오일로(Oil Furnace) 공정과 열적(Thermal) 공정이다.
② 오일로 공정으로의 생산은 약 90%이고, 열적 공정은 약 10% 정도이다(USEPA, 2001). 즉, 내화로 내에서 연료유를 연소시킨 고온 열풍 속에 원료유를 분사, 연속적으로 열분해시키는 방법이 주로 사용되고 있다.

(6) 에틸렌 생산시설

① 에틸렌은 상온 상압하에서 무색의 가연성 가스로 탄화수소 특유의 냄새를 가지고 있다.
② 에틸렌의 제조 공정은 석유 유분인 나프타 증기 분해를 통한 제조, 메탄이 주성분인 천연가스로부터의 제조, 석유정제 공정에서 부생되는 가스로부터의 제조 등이다.

(7) 테레프탈산(TPA) 생산시설

① 테레프탈산은 원유로부터 정제된 파라자일렌(Para Xylene)을 주원료로 산화, 정제, 분리, 건조 공정을 거쳐 제조된다.
② 파라자일렌과 함께 용매(초산 등), 공기를 투입하며 산화반응기나 결정화조에서 온실가스가 배출된다.

(8) 코크스 제거 공정(De-Coking)

열분해 공정에서 튜브 내에 쌓여있는 코크스를 스팀이나 공기로 반응시켜 CO, CO_2로 만들어 코크스를 제거하는 공정을 말한다.

석유화학산업에서의 온실가스 공정배출원, 온실가스 종류 및 배출원인

배출 공정	온실가스	배출원인
메탄올 생산 공정	CO_2, CH_4	• 천연가스의 수증기 개질반응에 의해 CO_2 및 CH_4 배출 $[2CH_4 + 3H_2O \rightarrow CO + CO_2 + 7H_2]$
2염화에틸렌 생산 공정		• 2염화에틸렌을 생산하는 공정에서 에틸렌의 산화 반응에 따른 부산물로 CO_2 배출 $[C_2H_4 + 3O_2 \rightarrow 2CO_2 + 2H_2O]$
에틸렌옥사이드 생산 공정		• 에틸렌의 산화 반응에 따른 CO_2 및 CH_4 배출 $[C_2H_4 + 3O_2 \rightarrow 2CO_2 + 2H_2O]$
아크릴로니트릴 생산 공정		• 프로필렌의 산화 반응에 따른 CO_2 및 CH_4 배출 $[C_3H_6 + 4.5O_2 \rightarrow 3CO_2 + 3H_2O]$ $[C_3H_6 + 3O_2 \rightarrow 3CO + 3H_2O]$
카본블랙 생산 공정		• 카본블랙 원료와 천연가스 등의 원료 산화에 의한 CO_2 및 CH_4 배출

출처 : 한국환경공단

3 보고 대상 온실가스

구분	CO_2	CH_4	N_2O
① 석유화학제품 생산 산정방법론	Tier 1,2,3,4	Tier 1	–
② 테레프탈산(TPA) 생산 산정방법론	Tier 1,2,3,4	–	–
③ 코크스 제거 공정(De-Coking) 산정방법론	Tier 1,3a,3b,4	–	–

4 배출량 산정방법론

(1) 석유화학제품 생산

① Tier 1

㉠ 관련식

$$E_{i,j} = PP_i \times EF_{i,j}$$

여기서, $E_{i,j}$: 석유화학제품(i)의 생산에 따른 온실가스(j) 배출량(tGHG)
($j=CO_2$, CH_4)
$EF_{i,j}$: 석유화학제품(i)의 온실가스(j) 배출계수(tGHG/t-제품)
PP_i : 연간 석유화학제품(i)의 생산량(ton)

㉡ 특징

Tier 1 산정방법은 각 석유화학물질의 생산량을 활동자료로 하고 기본 배출계수를 활용하여 산정하는 방법이다.

② Tier 2~3

Tier 2와 3 산정방법은 원료 및 공정수준에서 탄소물질수지에 기초한 산정방법으로 각 원료 소비량, 1차, 2차 생산제품의 생산량 등을 활동자료로 하고 고유 배출계수(Tier 2의 경우 국가 고유 배출계수, Tier 3의 경우 사업장 고유 배출계수)를 적용하는 방법이다.

$$E_{iCO_2} = \sum_k (FA_{i,k} \times EF_k) - \left\{ PP_i \times EF_i + \sum_j (SP_{ij} \times EF_{ij}) \right\}$$

여기서, i : 1차 석유화학생산제품(반응공정의 주생산물을 의미한다)
j : 2차 석유화학생산제품(반응공정의 부생산물을 의미한다)
k : 원료(해당 반응공정으로 투입되는 에틸렌, 프로필렌, 부타디엔, 합성가스, 천연가스 등 원료를 모두 포함한다)
E_{iCO_2} : 석유화학제품(i) 생산으로부터의 CO_2 배출량(tCO_2)
$FA_{i,k}$: 석유화학제품(i) 생산에서 사용된 원료(k) 소비량(ton)

EF_k : 원료(k)의 배출계수(tCO$_2$/t-원료)
PP_i : 1차 석유화학제품(i) 생산량(ton)
EF_i : 1차 석유화학제품(i)의 배출계수(tCO$_2$/t-제품(j))
$SP_{i,j}$: 2차 석유화학제품(j)의 생산량(ton)
$EF_{i,j}$: 2차 석유화학제품(j)의 배출계수(tCO$_2$/t-제품(j))

③ Tier 4

연속측정방식(CEM)을 사용한다.

(2) 테레프탈산(TPA) 생산

① Tier 1~3

산화반응기 또는 결정화조 후단에서 배출되는 배기가스의 CO_2, CO, O_2 함량을 활용하여 배출량을 산정한다. 산화반응기와 결정화조가 모두 설치된 경우, 각 시설에 대한 배출량을 산정·보고하여야 한다.

$$E_{CO_2} = \frac{AR \times CF \times CF_{CO_2}}{1 - SCF} \times 1.963$$

여기서, E_{CO_2} : TPA 생산 공정에서 발생하는 CO_2 배출량(tCO$_2$)
AR : 투입공기량(천 m^3)
CF : 투입공기 중 질소함량비(=0.79)
CF_{CO_2} : 배기가스 중 CO_2 농도(0에서 1 사이의 소수)
SCF : 배기가스 중 CO_2, CO, O_2 농도비의 합(0에서 1 사이의 소수)
1.963 : CO_2의 분자량(44.010) / 표준상태 시 몰당 CO_2의 부피(22.414)

② Tier 4

연속측정방식(CEM)을 사용한다.

(3) 코크스 제거 공정(De-Coking)

① Tier 1

점착된 코크스의 양을 파악할 수 없을 경우 코크스 제거를 위해 투입된 공기가 전량 연소하여 CO_2를 발생한다고 가정하여 다음과 같이 산정한다.

$$E_{CO_2} = AR \times CF \times 1.963$$

여기서, E_{CO_2} : CO_2 배출량(ton)
AR : 공기투입량(천 m^3)
CF : 투입공기 중 산소함량비(=0.21)
1.963 : CO_2의 분자량(44.010) / 표준상태 시 몰당 CO_2의 부피(22.414)

② Tier 3a

점착된 코크스의 양을 파악할 수 있으며, 연소된 코크스 중의 탄소가 모두 CO_2로 배출된다고 가정하여 산정한다.

$$E_{CO_2} = CC \times EF$$

여기서, E_{CO_2} : 코크스 제거 공정에서의 CO_2 배출량(ton)
CC : 연소된 코크스 량(ton)
EF : 연소된 코크스의 배출계수(tCO_2/t-코크스)

③ Tier 3b

코크스 제거 공정이 연속 재생 공정으로 운영되어 산소함량 변화 및 코크스 함량의 측정이 불가능한 경우는 배출시설의 규모와 상관없이 다음 방법론을 적용하여 배출량을 산정하도록 한다.

$$E_{CO_2} = AR \times CF \times 1.963$$

여기서, E_{CO_2} : 코크스 제거 공정에서의 CO_2 배출량(tCO_2)
AR : 공기투입량(천 m^3)
CF : 배기가스 중 CO, CO_2 농도비의 합
1.963 : CO_2의 분자량(44.010) / 표준상태 시 몰당 CO_2의 부피(22.414)

④ Tier 4

코크스 제거 공정 시설 후단에 배기가스(Exhaust Gas) 조성을 실시간으로 분석 · 측정할 수 있는 측정기기를 활용하여 산정 · 보고할 수 있다.

5 매개변수별 관리기준

(1) 석유화학제품 생산

① 활동자료

㉠ Tier 1

측정불확도 ±7.5% 이내의 석유화학제품 생산량 및 석유화학제품(i)의 생산계수(SPP_i) 등의 활동자료를 사용한다.

㉡ Tier 2

측정불확도 ±5.0% 이내의 공정별 원료사용량, 1차 및 2차 석유화학제품 생산량, 원료(k)에 대한 2차제품의 생산계수(SPP_{ik}) 등의 활동자료를 사용한다.

ⓒ Tier 3

측정불확도 ±2.5% 이내의 공정별 원료사용량, 1차 및 2차 석유화학제품 생산량, 원료(k)에 대한 2차제품의 생산계수(SPP_{ik}) 등의 활동자료를 사용한다.

ⓓ Tier 4

연속측정방법(CEM)을 사용한다.

② 배출계수

㉠ Tier 1

IPCC 가이드라인의 기본 배출계수를 사용한다.

┃석유화학제품의 기본 배출계수┃

석유화학제품(i)	CO_2 배출계수($EF_{i,j}$) (tCO_2/t-제품(i))	CH_4 배출계수($EF_{i,j}$) ($kgCH_4$/t-제품(i))
메탄올(CH_3OH)	0.6700	2.3000
에틸렌디클로라이드(EDC)	0.1960[1]	–
염화비닐 모노머(VCM)	0.2940[2]	–
EDC/VCM 통합공정	–	0.0226
에틸렌옥사이드(EO)	0.8630	1.7900
아크릴로니트릴(AN)	1.0000	0.1800
카본블랙(CB)	2.6200	0.0600

* 출처 : 2006 IPCC 국가 인벤토리 작성을 위한 가이드라인
** 석유화학제품 생산량 기준의 배출량 산정방법(Tier1)에 적용 가능한 기본 배출계수
1) EDC의 배출계수에는 연소배출량이 포함되어 있으며, 해당 제품 생산에 따른 연소배출량을 별도로 산정하여 연소배출에 포함시켜 보고하는 경우, 공정배출량 산정에는 1톤당 0.0057tCO_2 적용
2) VCM의 배출계수에는 연소배출량이 포함되어 있으며, 해당 제품 생산에 따른 연소배출량을 별도로 산정하여 연소배출에 포함시켜 보고하는 경우, 공정배출량 산정에는 1톤당 0.0086tCO_2 적용

석유화학원료(k) 및 생산물(i,j)의 CO_2 기본 배출계수

원료/생산물	배출계수 (EF_k 또는 $EF_{i,i,j}$) (tCO2/t-원료(k) 또는 생산물(i,j))
아세토니트릴(CH_3CN)	2.1442
아크릴로니트릴(AN)	2.4417
부타디엔(C_4H_6)	3.2536
카본블랙(CB)	3.5541
카본블랙(CB)원료	3.2976
에탄(C_2H_6)	3.1364
에틸렌디클로라이드(EDC)	0.8977
에틸렌글리콜(EG)	1.4180
에틸렌옥사이드(EO)	1.9969
시안화수소(HCN)	1.6283
메탄올(CH_3OH)	1.3740
메탄(CH_4)	2.7443
프로판	2.9935
프로필렌(C_3H_6)	3.1375
염화비닐 모노머(VCM)	1.4070
에틸렌	3.1364

* 출처 : 2006 IPCC 국가 인벤토리 작성을 위한 가이드라인(공정 원료나 제품의 해당 탄소함량에 3.664 (CO_2/C)를 적용하였음)
** 원료 및 제품의 탄소물질수지에 기초한 배출량 산정방법(Tier2)에 적용 가능한 기본 배출계수

ⓒ Tier 2

국가 고유 배출계수를 사용한다. 단, 온실가스종합정보센터에서 별도의 계수를 공표하여 지침에 수록된 경우 그 값을 적용한다. 다만 국가 고유 배출계수가 고시되지 않아 활용하지 못할 경우 석유화학원료(k) 및 생산물(i,j)의 CO_2 기본 배출계수를 사용한다.

ⓒ Tier 3

사업자가 각각의 석유화학원료(k) 및 생산물(i,j) 등에 대하여 탄소의 질량 분율을 측정·분석하여 고유 배출계수를 개발한다.

$$EF_x = x물질의\ 탄소\ 질량\ 분율 \times 3.664$$

여기서, EF_x : x물질의 배출계수(tCO2/t)
3.664 : CO_2의 분자량(44.010)/C의 원자량(12.011)

② Tier 4

연속측정방식(CEM)을 사용한다.

(2) 테레프탈산(TPA) 생산

① 활동자료

㉠ Tier 1

측정불확도 ±7.5% 이내의 공기투입량(천 m^3) 자료를 사용한다. 추가로 투입된 O_2량이 있을 경우 이를 제외한다.

㉡ Tier 2

측정불확도 ±5.0% 이내의 공기투입량(천 m^3) 자료를 사용한다. 추가로 투입된 O_2량이 있을 경우 이를 제외한다.

㉢ Tier 3

측정불확도 ±2.5% 이내의 공기투입량(천 m^3) 자료를 사용한다. 추가로 투입된 O_2량이 있을 경우 이를 제외한다.

㉣ Tier 4

연속측정방식(CEM)을 사용한다.

② 배출계수

㉠ Tier 2

국가 고유 배출계수를 사용한다. 단, 온실가스종합정보센터에서 별도의 계수를 공표하여 지침에 수록된 경우 그 값을 적용한다.

㉡ Tier 3

사업자가 배기가스 중 CO, CO_2, O_2의 농도를 측정 분석하여 배출계수 개발에 적용한다.

(3) 코크스 제거 공정(De-Coking)

① 활동자료

㉠ Tier 1

측정불확도 ±7.5% 이내의 공기투입량(천 m^3) 자료를 사용한다.

㉡ Tier 3a

측정불확도 ±2.5% 이내의 연소된 코크스양을 사용한다.

ⓒ Tier 3b

측정불확도 ±2.5% 이내의 공기투입량(천 m³) 자료를 사용한다.

㉣ Tier 4

연속측정방식(CEM)을 사용한다.

② 배출계수

㉠ Tier 1

기본 배출계수(투입공기 중 산소함량비=0.21)를 사용한다.

㉡ Tier 2

국가 고유 배출계수를 사용한다. 단, 온실가스종합정보센터에서 별도의 계수를 공표하여 지침에 수록된 경우 그 값을 적용한다.

ⓒ Tier 3a

사업자가 코크스의 탄소 질량 분율을 산정 또는 측정·분석하여 고유 배출계수를 개발한다.

$$EF_x = x물질의\ 탄소\ 질량\ 분율 \times 3.664$$

여기서, EF_x : x물질의 배출계수(tCO_2/t)
3.664 : CO_2의 분자량(44.010)/C의 원자량(12.011)

㉣ Tier 3b

사업자가 배기가스 중 CO, CO_2 농도비를 측정하여 사용한다.

㉤ Tier 4

연속측정방식(CEM)을 사용한다.

6 최적가용기술(BAT)

(1) 에틸렌 생산 공정

① 플랜트 설계에서의 최적기술

㉠ 모든 장치와 파이프 시스템의 누출 최소화

㉡ 배출가스의 안전한 처리를 위해 탄화수소 Flare 포집 시스템 설치

ⓒ 에너지의 단계적 사용, 회수율 극대화, 에너지 소모량 감소 등 매우 효율적인 에너지 재생 시스템 적용

㉣ 플랜트 내에서 스팀의 재사용과 재처리에 의한 폐열을 최소화하기 위한 기술 적용

㉤ 플랜트의 안전한 운전 정지(Shut Down)를 위한 자동화 시스템 설치

② 안전하고 고효율적인 운전조건을 유지하고 시스템 성능을 유지하기 위해 효과적인 공정 제어 시스템이 매우 중요하다.
③ 대기 배출을 줄이기 위한 가장 중요한 방법은 재활용 또는 재사용 기술을 적용하는 것이다.
④ 수질오염물질 배출을 줄이기 위해서는 폐수 재사용, 재생률 최대화 및 중앙처리장치에서의 폐수를 처리하는 것이 최적기술이다.

(2) EDC/VCM 제조 공정

① EDC와 VCM 제조에서 최적기술은 에틸렌의 염소화를 통한 생산이며, 직접 염소화(Direct Chlorination) 또는 옥시염소화(Oxychlorination)에 의한 에틸렌의 염소화는 각각의 장점을 가진다.
② 배기 시스템을 재생 시스템 또는 배기가스 처리 시스템과 연결한다.
③ 염소화 부산물 생성을 줄이기 위해 EDC 분해 설비에서 생산된 HCl에 포함된 아세틸렌을 수소화하고 옥시염소화로 재순환하며, 원료의 완전재순환 및 중간산물을 반응시킨다.
④ 열분해로의 열을 재사용함으로써 주요 에너지 소비를 감소시킨다.
⑤ EDC, VCM 에틸렌 및 다른 염소화 유기물의 재생을 위해 공정으로 직접 재순환, 냉각 및 농축, 스트리핑 후의 용매 내 흡착 등을 이용한다.
⑥ 효율적인 연소기술을 이용하여 Off-gas 중 에틸렌과 염소화물의 농도를 낮추고 에너지를 스팀으로 재생한다.

(3) EO(Ethylene Oxide) 제조 공정

① EO 제조 공정에서 순수 산소를 이용하여 에틸렌을 직접 산화함으로써 에틸렌 소비량을 줄이고 Off-gas 생산을 낮추는 것이 최적기술이다.
② 효과적인 산화촉매를 이용하여 공정의 선택성을 최대화하고 공정의 파라미터들을 플랜트 디자인, 지역적 조건 등에 따라 최적화한다.
③ EO와 EG 생산 설비에서 내부 또는 EO/EG 공장과 주변 외부 사업장에서의 열 사용을 최적화한다.
④ 원료소비와 에너지 사용은 EO 촉매의 선택성에 좌우되기 때문에 높은 촉매 선택성이 원료 소비량을 줄인다.

(4) AN 제조 공정

① 유동층 반응기에 프로필렌의 가암모니아 산화반응과 이어지는 아크릴로니트릴의 회수가 최적공정이다.
② 아크릴로니트릴의 시장 수요가 있을 때 회수 및 정제하거나 연소시켜서 열을 회수하는 것이 최적기술이다.

③ 과잉 암모니아의 중화에 의해 발생하는 황산암모늄은 결정화하여 비료 업계로 판매하거나 황산 재생 설비에서 처리한다.
④ 정상 운전을 통해 배출되는 유기물 함유 배가스는 먼저 이동과 유입과정에서 가스상 평형을 유지하여 최소화하고, 다음으로 회수 시스템 또는 배가스 처리 시스템과 연결하여 처리한다.

(5) 카본블랙 제조 공정

① 연평균 황함량이 0.5~1.5%로 낮은 원료를 사용한다.
② 에너지를 절약하기 위해 공정에서 사용되는 공기를 예열한다.
③ 카본블랙 수집 시스템의 운전 조건을 최적으로 유지한다.
④ Tail-gas의 에너지 재사용을 통해 전력, Steam, 온수 등을 생산한다.
⑤ 에너지 생산 시스템에서 Tail-gas 연소에 의해 발생되는 Flue-gas 중 NO_X 제거를 위해 1차 $deNO_X$ 기술 적용한다.
⑥ 기준 이하의 불량 제품을 공정에서 재사용한다.
⑦ 제품의 품질에 영향이 없는 경우 공정의 세정수를 재순환하여 사용한다.

SECTION 16 불소화합물 생산

1 배출활동 개요

① 온실가스로 규정된 불소화합물들(HFCs, PFCs, SF_6)은 생산과정에서 일부 부산물로 생산되어 대기 중으로 배출된다.
② 주요 온실가스 배출원은 불소화합물을 생성시키는 반응시설이다.
③ HCFC-22 생산 공정 중 극소량의 HFC-23이 반응시설에서 부수적으로 생성되어 배출된다.
④ 기타 불소화합물 생산에서는 CFC-11 및 CFC-12 생산 공정, PFCs 물질의 할로겐 전환 공정, NF_3 제조 공정, 불소비료나 마취제용 불소화합물 생산 공정 공정들에서 불소화합물이 배출된다.

2 보고 대상 배출시설

(1) HCFC-22 생산시설

HCFC-22 생산 공정 중 아래의 과정에서 대부분의 HFC-23이 배출된다.

배출 공정	설명
환기과정(Condenser Vent)에서의 배출	HCFC-22 생산 공정 중 주요 배출지점으로 HCFC-22에서 분리된 후 공기 중으로 배출되며, 생성된 HFC-23의 약 98~99%가 이 공정에서 배출
탈루 배출(Fugitive Emission)	공기압축기(컴프레서), 밸브, 플랜지 등을 통해 배출
습식 스크러버로부터의 액상 세정	세정액에 포함된 HFC-23 농도의 수 ppm 정도로 미량임
HCFC-22 생산물과 함께 제거	HCFC-22 생산 제품에 극소량의 HFC-23이 포함되어 배출됨
HFC-23 회수 시 저장 탱크로부터의 누출	고압·저온하에서의 농축에 의해 누출됨

출처 : 한국환경공단

(2) 기타 불소화합물 생산시설

기타 불소화합물 생산 시에는 아래와 같은 공정들에서 불소화합물이 배출된다.
① CFC-11 생산시설
② CFC-12 생산시설
③ PFCs 물질의 할로겐 전환시설

④ 불소비료 및 마취제용 화합물 생산시설
⑤ SF_6 생산시설

불소화합물 생산의 온실가스 공정배출원, 온실가스 종류 및 배출원인

배출 공정	온실가스	배출원인
HCFC-22 생산시설	HFC-23	HFC-23은 HCFC-22 생산 과정에서 부산물로 배출
기타 불소화합물 생산시설	SF_6, CF_4, C_2F_6, C_4F_{10}, C_5F_{12}, C_6F_{14}	CFC-11 및 CFC-12 생산 공정, PFCs의 할로겐 전환 공정, NF_3 제조 공정, 불소비료나 마취제용 불소화합물 생산 공정들에서 온실가스로 규정된 불소화합물들(HFCs, PFCs, SF_6)이 부산물로서 생산되어 대기 중으로 배출

출처 : 한국환경공단

3 보고 대상 온실가스

구분	불소화합물(FCs)
산정방법론	Tier 1, 2, 3

4 배출량 산정방법

① Tier 1

  ㉠ 관련식

  $$E_{HFC-23} = EF_{default} \times P_{HCFC-22} \times 10^{-3}$$

  여기서, E_{HFC-23} : HFC-23 배출량(tGHG)
  $EF_{default}$: HFC-23 기본 배출계수(kg · HFC-23 배출량/ kg · HCFC-22 생산량)
  $P_{HCFC-22}$: 전체 HCFC-22 생산량(kg)

  ㉡ 특징
  - Tier 1 산정방법은 HCFC-22 또는 기타 불소화합물의 생산량과 기본배출계수를 이용하여 산정하는 방법이다.
  - 발생된 HFC-23은 전량 대기로 배출되는 것으로 가정하기 때문에 불확도가 상당히 높다.

② Tier 2

㉠ 관련식

$$E_{HFC-23} = EF_{calculated} \times P_{HCFC-22} \times F_{released} \times 10^{-3}$$

여기서, E_{HFC-23} : HFC-23 배출량(tGHG)
$EF_{calculated}$: 계산된 HFC-23 배출계수(kgHFC-23/kgHCFC-22)
$P_{HCFC-22}$: 전체 HCFC-22 생산량(kg)
$F_{released}$: 처리되지 않은 채로 대기로 연간 방출되는 비율
(0에서 1 사이의 소수)

㉡ 특징
- Tier 2 산정방법은 HCFC-22의 생산량과 공정효율을 이용하여 계산된 HFC-23의 배출계수를 통해 배출량을 산정하는 방법이다.
- 배출계수는 탄소의 효율과 불소의 효율을 이용하여 산출하는데 일반적으로는 두 계수의 평균값을 사용하거나 불확도가 낮은 한 가지를 선택하여 산출한다.

③ Tier 3

㉠ Tier 3 산정방법은 사업장 개별 시설의 정보를 이용하며 배출량을 산정하는 방법이다.
㉡ 활동자료의 이용가능성에 따라 Tier 3a, 3b, 3c로 구분한다.
㉢ Tier 3a는 대기로 방출되는 증기의 유량과 조성을 직접적·지속적으로 측정할 수 있을 때 사용할 수 있다.
㉣ Tier 3b는 배출에 관한 공정 변수들을 지속적으로 모니터링할 수 있을 때 사용할 수 있다.
㉤ Tier 3c는 HFC-23이 생성되는 반응조에서 HFC-23의 농도를 지속적으로 측정할 수 있을 때에 사용할 수 있다.

ⓐ Tier 3a 〈직접법〉

$$E_{HFC-23} = C \times f \times t \times 10^{-3}$$

여기서, E_{HFC-23} : HFC-23 배출량(tGHG)
C : 실제발생하는 HFC-23의 농도(kgHFC-23/kg-gas)
f : 가스 유량의 총량(일반적으로 부피로 측정한 후 질량으로 환산하여 적용한다.) (kg-gas/hour)
t : 각 변수들이 측정된 시간(hour)

ⓑ Tier 3b 〈프록시법〉

$$E_{HFC-23} = (S \times F \times P \times t - R) \times 10^{-3}$$

여기서, E_{HFC-23} : HFC-23 배출량(tGHG)
  S : 시험 운전 시 배출가스 중 HFC-23의 표준 배출량(kg/unit)

$$S = C \times \frac{R}{P}$$

  C : 시험 운전 시 배출가스 중 HFC-23의 농도(kgHFC-23/kg-gas)
  R : 시험 운전 시 배출가스 유량(kg/hour)
  P : 시험 운전 시 공정 가동률
  F : 공정 가동율에 따른 배출률(시험 운전 시 배출율에 대한 상수)
  P : 가동시간 중 공정 가동률(0~1 사이의 소수)
  t : 공정 가동 시간
  R : 회수되거나 파괴되는 HFC-23의 양(kg)

ⓒ Tier 3c 〈공정 내 측정법〉

$$E_{HFC-23} = (C \times P \times t - R) \times 10^{-3}$$

여기서, E_{HFC-23} : HFC-23 배출량(tGHG)
  C : 반응조 안의 HFC-23 농도(kgHFC-23/kg-HCFC-22 생산량)
  P : HCFC-22 생산량(kg)
  t : HFC-23이 실제로 배기되는 시간 분율(0~1 사이의 소수)
  R : 회수한 HFC-23의 양(kg)

5 매개변수별 관리기준

① 활동자료

㉠ Tier 1

측정불확도 ±7.5% 이내의 사업장별 HCFC-22 생산량을 사용한다.

㉡ Tier 2

측정불확도 ±5.0% 이내의 사업장별 HCFC-22 생산량을 사용한다.

㉢ Tier 3

측정불확도 ±2.5% 이내의 Tier 3 각 산정방법론에 제시된 활동자료를 직접 측정하여 활용한다.

ⓐ Tier 3a : 배출가스 유량 및 조성 등
ⓑ Tier 3b : 배출가스 유량 및 조성, 공정의 가동률 등
ⓒ Tier 3c : 사업장별 HCFC-22 생산량, 반응조 안의 HFC-23 농도 등

② 배출계수

㉠ Tier 1

IPCC 가이드라인의 생산기술별로 구분하여 HCFC-22 생산량당 기본 배출계수를 적용한다.

┃HCFC-22 생산량당 기본 배출계수┃

생산기술	배출계수 (kgHFC-23/kgHCFC-22)
오래된 생산설비(1940~1990/1995년도)	0.04
최적화된 최근의 생산설비	0.03
지구 평균 배출(1978~1995)	0.02

물질 구분		배출계수 (kg-배출량/kg-생산량)
HFCs, PFCs		0.005
SF$_6$	일반	0.002
	고순도	0.08

㉡ Tier 2

HFC-23의 배출계수($EF_{calculated}$)는 두 가지 식에 의해 계산된 평균값을 사용하며, 그렇지 않은 경우 불확도가 낮은 한 가지를 선택하여 사용한다.

㉢ Tier 3

사업자가 자체 개발한 고유 계수를 사용한다.

6 최적가용기술(BAT)

열분해공정

생산공정 중 반응기에서 생성된 부산물 HFC-23를 대기 중으로 직접 배출하지 않고, 1,200℃ 이상의 고온에서 열분해하여 대기 중으로 배출되는 HFC-23를 제거하는 공정을 적용할 경우 온실가스 배출을 줄일 수 있다.

SECTION 17 카프로락탐 생산

1 배출활동 개요

① 카프로락탐 생산 공정은 출발 원료에 따라 사이클로헥산, 페놀 및 톨루엔의 3가지로 나눌 수 있다.
② 원료별 사용 비율에 따른 전 세계 카프로락탐 생산능력은 사이클로헥산이 70%, 페놀이 25%이고 나머지는 톨루엔이 차지하는데 우리나라의 경우 주로 사이클로헥산을 출발 원료로 하여 카프로락탐을 생산하는 것으로 알려져 있다.
③ 카프로락탐 생산 공정에서 사이클로헥산은 촉매 존재하에 사이클로헥사논과 사이클로헥사놀로 산화된다. 이때 생산된 산화물은 사이클로헥사놀이 60%, 사이클로헥사논이 40%로 구성되어 있다.
④ 사이클로헥사놀은 탈수소 촉매하에서 사이클로헥사논으로 전환된다.
⑤ 사이클로헥사논은 하이드록실아민 설페이트 용액과의 반응을 통해 사이클로헥사논 옥심으로 만들어지고, 반응 시 생성된 사이클로헥사논 옥심은 다음 단계인 전위공정으로 보내진다.
⑥ 카프로락탐과 분자식은 같으나 구조식이 다른 사이클로헥사논 옥심은 발연황산의 존재하에 BECKMAN 전위를 이루어 불순물이 함유된 카프로락탐이 생성된다.
⑦ 여러 단계의 정제공정을 통해 고순도의 카프로락탐이 생산된다.
⑧ 카프로락탐 생산 공정은 다양한 단위공정으로 구성되며, 온실가스를 배출하는 단위공정은 배출되는 온실가스의 종류에 따라 원료 중 탄소 성분에 의해 CO_2를 배출하는 CO_2 배출공정과 하이드록실아민 반응에 의해 N_2O를 배출하는 N_2O 배출공정으로 구분할 수 있다.
⑨ CO_2 배출공정 중 CO_2 제조공정(CO_2 Generator)에서 납사를 원료로 발생된 CO_2는 암모니아수(NH_4OH) 및 공정 중의 질소산화물과 반응하여 아질산암모늄(NH_4NO_2)을 생성하는데 이 과정에서 대기 중으로 CO_2가 배출된다.
⑩ 수소 제조공정은 카프로락탐 생산 시 필요한 수소를 공급하기 위하여 주 원료인 납사와 스팀을 원료로 개질하여 수소를 생산하는 공정으로 수소 제조공정 내에서 발생한 CO_2 등의 연소 가스는 대기 중으로 배출된다.
⑪ 폐수소각시설에서는 폐수와 농축폐액 OCE(Organic Caustic Effluents)를 소각로 내에서 산화시키는 반응에 의해 CO_2가 배출된다.
⑫ 액상 또는 고상 탄산소다를 생산하는 탄산소다 제조공정에서는 연소에 의해 발생한 CO_2의 일부가 탄산소다로 전환되므로 공정 내에서 발생한 CO_2 중에서 탄산소다로 전환되는 양을 제외한 나머지 CO_2를 공정 배출량으로 산정한다.
⑬ N_2O를 배출하는 하이드록실아민 공정은 암모니아 산화반응, 가수 분해반응 및 아민 제조공정을 통해 대기 중으로 N_2O를 배출하며 배출되는 N_2O는 공정 배출량으로 산정한다.

2 보고 대상 배출시설

① CO_2 제조공정
② 하이드록실아민 공정
③ 기타 제조공정

3 보고 대상 온실가스

구분	CO_2	CH_4	N_2O
CO_2 배출공정	Tier 2,3,4	–	–
N_2O 배출공정	–	–	Tier 2,3,4

4 배출량 산정방법

① CO_2 배출공정

㉠ Tier 2~3

$$E_{CO_2} = \sum_i (Q_i \times EF_i) - \sum_j (P_j \times F_j \times EF_j)$$

여기서, E_{CO_2} : CO_2 배출량(tCO_2)

Q_i : 납사, OCE(Organic Caustic Effluents) 등 원료(i)의 사용량(ton)

EF_i : 원료(i)의 배출계수(tCO_2/t－원료)

P_j : 액상 또는 고상 탄산소다(j)의 생산량(ton)

F_j : 액상 또는 고상 탄산소다(j)의 질량 분율(0~1 사이의 소수)

EF_j : 액상 또는 고상 탄산소다(j)의 배출계수(tCO_2/t－탄산소다)

㉡ Tier 4

연속측정방식(CEM)을 사용한다.

② N_2O 배출공정

㉠ Tier 2~3

$$E_{N_2O} = \sum_i \left\{ EF_i \times CP_i \times \sum_j [1 - (DF_j \times ASUF_j)] \right\} \times 10^{-3}$$

여기서, E_{N_2O} : 하이드록실아민 공정에서의 N_2O 배출량(tN_2O)

EF_i : 기술 유형(i)별 N_2O 배출계수(kgN_2O/t－카프로락탐)

CP_i : 기술 유형(i)별 카프로락탐 생산량(ton)

DF_j : 저감기술 유형(j)별 N_2O 분해계수(0~1 사이의 소수)

$ASUF_j$: 저감기술 유형(j)별 저감시스템 이용계수(0~1 사이의 소수)

    ⓒ Tier 4

    연속측정방식(CEM)을 사용한다.

5 매개변수별 관리기준

① CO_2 배출공정

  ㉠ 활동자료

    ⓐ Tier 1

    측정불확도 ±7.5% 이내의 원료 사용량 및 탄산소다 생산량 자료를 사용한다.

    ⓑ Tier 2

    측정불확도 ±5.0% 이내의 원료 사용량 및 탄산소다 생산량 자료를 사용한다.

    ⓒ Tier 3

    측정불확도 ±2.5% 이내의 원료 사용량 및 탄산소다 생산량 자료를 사용한다.

    ⓓ Tier 4

    연속측정방식(CEM)을 사용한다.

  ㉡ 배출계수

    ⓐ Tier 2

    국가 고유 배출계수를 사용한다.

    ⓑ Tier 3

    사업자가 자체적으로 분석한 원료의 탄소 질량 분율을 측정·분석하여 고유배출계수를 개발한다. 필요시 원료 공급자가 분석하여 제공하는 탄소 질량 분율 값과 관련된 자료를 사용할 수 있다.

$$EF_x = x물질의\ 탄소\ 질량\ 분율 \times 3.664$$

    여기서, EF_x : x물질의 배출계수(tCO_2/t)

    3.664 : CO_2의 분자량(44.010)/C의 원자량(12.011)

    ⓒ Tier 4

    연속측정방식(CEM)을 사용한다.

② N₂O 배출공정
  ㉠ 활동자료
    ⓐ Tier 1
      측정불확도 ±7.5% 이내의 카프로락탐 생산량 자료를 사용한다.
    ⓑ Tier 2
      측정불확도 ±5.0% 이내의 카프로락탐 생산량 자료를 사용한다.
    ⓒ Tier 3
      측정불확도 ±2.5% 이내의 카프로락탐 생산량 자료를 사용한다.
    ⓓ Tier 4
      연속측정방식(CEM)을 사용한다.
  ㉡ 배출계수
    ⓐ Tier 2
      국가 고유 배출계수를 사용한다.
    ⓑ Tier 3
      사업자가 자체개발한 고유 배출계수를 사용한다.
    ⓒ Tier 4
      연속측정방식(CEM)을 사용한다.

SECTION 18 철강 생산

1 배출활동 개요

① 철강 공정에서의 주요 배출원은 코크스로, 소결로 및 석회 소성로에서 원료 중 탄소성분에 의해 발생되는 CO_2로 구분할 수 있다.
② 배출원에서 생산된 제품은 고로에 원료로서 재투입되며 연소에 의해 다시 대기 중으로 배출된다.
③ 일관제철 공정 중 코크스로, 고로 및 전로에서 발생되는 공정 부생가스는 각각 코크스 오븐가스(COG ; Cokes Oven Gas), 고로가스(BFG ; Blast Furnace Gas), 전로가스(LDG ; Linz Donawitz converter Gas)라고 부르며 중앙관리시스템에서 회수하여 일관제철 공정 중 주요 시설에 연료로서 재공급된다. 따라서 코크스로, 고로 및 전로 시설에서 직접적으로 대기 중으로 배출되는 배기가스는 거의 없으며 이 배기가스는 연료 재순환에 의하여 다른 배출시설에서 연료 연소에 의하여 배출된다.
④ 일관제철의 경우 전기로를 제외하고는 공정 특성에 의한 CO_2 배출보다는 이들 공정 부생가스에 의한 배출 특성이 주로 나타난다.

2 보고 대상 배출시설

(1) 일관제철시설

① 일관제철시설은 제선, 제강, 압연의 일련의 공정을 지칭한다.
② 제선공정은 철광석과 원료탄을 주원료로 고로에 투입하여 용선을 생산하는 공정이다.
③ 제강공정은 용선에서 각종 불순물을 제거하는 공정이다.
④ 압연공정은 고온의 쇠붙이에 높은 압력을 가하여 슬래브, 빌릿 등 반제품을 생산하는 공정이다.

(2) 코크스로

① 코크스 공정은 무산소 조건에서 석탄을 고온에서 14~28시간 동안 가열하여 고로에서 반응하기 알맞은 크기로 조업하는 공정을 말한다.
② 이 공정은 1,000~1,300℃의 고온에서 이루어지며, 이 과정에서 생긴 코크스는 고로 내에서 철광석을 녹이는 열원 역할을 함과 동시에 철광석에서 철을 분리하는 환원제 역할을 한다.

(3) 소결로

① 철광석은 보통 30~70%의 철분을 함유한 광석을 의미한다.
② 좋은 철광석은 철분의 함량이 높고, 황, 인, 동과 같은 유해성분이 적으며 크기가 일정한 것을 말한다.
③ 이와 같은 이상적인 철광석은 흔치 않으며 원산지에 따라 품질, 성분, 형상이 각기 다르다.
④ 고로에 투입하기 전에 철광석 가루를 일정한 크기로 만드는 과정이 필요한 데 이를 소결공정이라 한다.

(4) 용선로 또는 제선로(고로)

① 고로의 외부는 철로 내부는 특수 내화물로 축조되어 있다.
② 고로(높이 약 100m)의 상부를 통하여 철광석, 소결광, 코크스가 투입되고 하부에서 고온의 열풍(약 1,200℃)을 불어 넣어 코크스를 연소시킨다.
③ 코크스가 연소되며 발생하는 일산화탄소가 철광석과 환원반응을 일으키면서 쇳물이 생산된다.
④ 코크스가 연소하면서 높은 온도가 형성되어 고로 내에 투입된 원료가 녹으면서 환원해서 쇳물이 되며, 높은 비중에 의해 고로(용선로) 하부로 가라앉고 불순물은 상부로 뜨게 된다.
⑤ 고로가스는 상부로 배출되고 쇳물 및 슬래그는 순차적으로 하부로 배출된다.

(5) 전로

① 용광로에서 제조된 선철(용선)을 정련하여 용강으로 만드는 데 사용되며, 주로 탈탄 또는 탈인반응에 이용된다.
② 그 방법에는 산성전로법과 염기성전로법이 있으며, 원료로 용선과 소량의 고철을 사용한다.
③ 산화제로는 순산소가스(순도 99.5% 이상)를 이용하고 용제(Flux)로는 석회석과 형석이 사용된다.
④ 초음속의 순산소제트를 용선에 불어넣어 약 40분 이내에 급속히 정련시키므로 비교적 제강시간이 짧고 고철의 사용비가 적다.

(6) 전기로

① 전기로는 크게 나누어 아크로(Arc Furnace)와 유도로(Induction Furnace)로 구분된다.
② 아크로는 주로 대용량의 연강(Mild Steel) 및 고합금강의 제조에 사용된다.
③ 유도로는 주로 고급특수강이나 주물을 주조하는 데 사용된다.
④ 아크로는 전기양도체인 전극(탄소봉)에 전류를 통하여 고철과 전극 사이에 발생하는 Arc열을 이용하여 고철 등 내용물을 산화·정련하며, 산화정련 후 환원성의 광재로 환원정련함으로서 탈산·탈황작업을 하게 된다.

⑤ 원료로는 선철이나 고철이 사용되며, 보통 1회에 2~3번의 원료투입(장입)이 이루어지는데 원료투입 시에는 노 상부의 선회식 뚜껑이 열리고 드롭보텀식 버킷(Dropbottom Bucket)에 담겨진 고철 등을 기중기를 이용하여 로 상부에 투입한다.

(7) 평로

① 제선로(용광로)에서 만들어진 선철(용선) 중의 불순물 제거, 탈탄처리, 합금원소 첨가 등 정련작업을 하여 소정 품질의 강재를 생산하는데 사용되는 로를 말한다.
② 얇은 직사각형의 구조를 가지는 것이 보통이며 원료로는 중유, 미분탄, 발생로 가스 등을 사용한다.
③ 노 바닥에는 백운석으로 채워져 있으며, 원료로는 선철 60% 그리고 편철류(Scrap) 약 40%로 구성된다.
④ 원료 투입 시에는 먼저 석회석과 편철류를 투입하여 편철류를 완전히 용융시킨 다음 선철을 투입한다.
⑤ 노 내부의 온도가 증가하면 석회석의 분해가 이루어지면서 CO_2가 발생되고 이 CO_2는 노 내부의 물질들을 서로 교반시키는 역할을 하게 된다.
⑥ 강재의 성분조성 또는 탈탄작업을 위하여 산소를 주입하기도 한다.
⑦ 한 공정이 끝나기까지는 대략 8~10시간 정도가 소요된다.

3 보고 대상 온실가스

구분	CO_2	CH_4	N_2O
산정방법론	Tier 1,2,3,4	Tier 1	—

∥ 철강 생산시설에서의 온실가스 공정배출원, 온실가스 종류 및 배출원인 ∥

배출 공정	온실가스	배출원인
코크스로	CO_2, CH_4	석탄을 열분해하여 코크스를 생산하는 공정으로 CO_2와 CH_4가 생성 배출되며, 특히 반응 특성상 CH_4 배출이 높음
소결로		철광석 입자를 코크스, 용제와 혼합한 다음에 연소 환원반응을 거쳐 괴광을 제조하는 과정에서 CO_2와 CH_4가 생성 배출되며, 특히 반응 특성상 CO_2 배출이 높음
용선로		철광석이 코크스와 반응하여 환원되는 과정에서 CO_2가 주로 배출됨
전로		용선 중의 탄소 불순물을 제거하기 위해 주입하는 순산소와 결합하여 산화분해되면서 CO_2가 주로 배출됨
전기로(전기아크로)		용선과 철스크랩 중의 탄소 불순물이 산화분해되면서 CO_2가 주로 배출됨
평로		용강 중의 탄소 불순물을 산화 분해하는 과정에서 CO_2가 주로 배출됨

출처 : 한국환경공단

4 배출량 산정방법

① 코크스로

㉠ Tier 1

ⓐ 관련식

$$E_{Coke} = Q_{Coke} \times EF_{Coke}$$

여기서, E_{Coke} : 코크스로에서의 온실가스(CO_2, CH_4) 배출량(tGHG)
Q_{Coke} : 코크스 생산량(ton)
EF_{Coke} : 온실가스(CO_2, CH_4) 배출계수(tCO_2/ton, tCH_4/ton)

ⓑ 특징
- Tier 1 산정방법은 코크스 생산량을 기준으로 한 CO_2, CH_4 배출량 산정방법
- 활동자료로서 코크스 생산량 적용(투입되는 석탄량이 아님에 유의)
- 배출계수는 코크스 생산량에 대비한 온실가스 배출량

㉡ Tier 2

Tier 2 산정방법은 코크스로에 사용된 원료 및 연료 사용량과 코크스생산량을 활용하여 CO_2 배출량을 산정하는 방법이다.

$$E_{Coke} = CC \times EF_{CC} + \sum(PM \times EF_{PM}) - CO \times EF_{CO} - COG \times EF_{COG} - \sum(COB \times EF_{COB})$$

여기서, E_{Coke} : 코크스로부터 연간 CO_2 배출량(tCO_2)
CC : 원료탄 사용량(ton)
PM : 원료탄 이외의 원료사용량(ton)
CO : 코크스 생산량(ton)
COG : 코크스 오븐가스 발생량(ton)
COB : 코크스 오븐 부산물 발생량(ton)
EF_x : x물질의 배출계수(tCO_2/t)

㉢ Tier 3

Tier 3 산정방법은 철강 생산 공정의 Tier 3 산정방법(물질수지법)을 적용한다.

㉣ Tier 4

연속측정방식(CEM)을 사용한다.

② 소결로(Sinter)
  ㉠ Tier 1
    ⓐ 관련식

$$E_{SI} = SI \times EF_{SI}$$

　　　여기서, E_{SI} : 소결로에서의 연간 CO_2 및 CH_4 배출량(tGHG)
　　　　　　　SI : 소결물 생산량(ton)
　　　　　　　EF_{SI} : CO_2 및 CH_4 배출계수(tCO_2/ton, tCH_4/ton)

    ⓑ 특징
      • Tier 1 산정방법은 소결물 생산량을 기준으로 CO_2, CH_4 배출량을 산정하는 방법이다.
      • 활동자료로서 소결물 생산량을 적용한다.
      • 배출계수는 소결물 생산량에 대비한 온실가스 배출량이다.
      • 산정 대상 온실가스는 CO_2, CH_4이다.

  ㉡ Tier 2
    ⓐ 관련식

$$E_{SI} = CBR \times EF_{CBR} + \sum(PM \times EF_{PM}) - SOG \times EF_{SOG}$$

　　　여기서, CBR : 코크브리즈 사용량(ton)
　　　　　　　SOG : 소결로 가스 발생량(ton)
　　　　　　　PM : 원료탄 이외의 원료사용량(ton)
　　　　　　　EF_x : x물질의 배출계수(tCO_2/t)

    ⓑ 특징
      • Tier 2 산정방법은 소결물 생산을 위해 사용된 원료 및 연료 사용량, 소결물 생산량, 소결가스 발생량 값을 기준으로 CO_2 배출량을 산정하는 방법이다.
      • Tier 3 산정방법은 물질수지법을 적용한다.

  ㉢ Tier 3
    Tier 3 산정방법은 철강 생산 공정의 Tier 3 산정방법(물질수지법)을 적용한다.

  ㉣ Tier 4
    연속측정방식(CEM)을 사용한다.

③ 고로(Blast Furnace)

사업장 내에서 발생한 부생가스가 타 공정의 연료로 사용될 경우에는 고정연소 배출활동에서 보고되어야 한다.

㉠ Tier 1

ⓐ 관련식

$$E_{BF} = Q_{BF} \times EF_{BF}$$

여기서, E_{BF} : 고로에서의 CO_2 및 CH_4 배출량(tGHG)
Q_{BF} : 고로의 용선(Pig Iron) 생산량(ton)
EF_{BF} : 고로의 CO_2 및 CH_4 기본 배출계수(tCO_2/ton, tCH_4/ton)

ⓑ 특징
- Tier 1 산정방법은 용선 생산량을 기준으로 한 CO_2, CH_4 배출량의 산정방법이다.
- 활동자료로서 고로의 용선 생산량을 적용한다.
- 배출계수는 소결물 생산량에 대비한 온실가스 배출량이다.

㉡ Tier 2

Tier 2 산정방법은 용선 생산을 위해 사용된 원료 및 연료 사용량, 용선 생산량 등을 기준으로 한 CO_2 산정방법이다.

㉢ Tier 3

Tier 3 산정방법은 철강 생산 공정의 Tier 3 산정방법(물질수지법)을 적용한다.

㉣ Tier 4

연속측정방식(CEM)을 사용한다.

④ 전로(Converter)

사업장 내에서 발생한 부생가스가 타 공정의 연료로 사용될 경우에는 고정연소 배출활동에서 보고되어야 한다.

㉠ Tier 1

ⓐ 관련식

$$E_{BOF} = Q_{BOF} \times EF_{BOF}$$

여기서, E_{BOF} : 전로에서의 CO_2 및 CH_4 배출량(tGHG)
Q_{BOF} : 전로의 조강 생산량(ton)
EF_{BOF} : 전로의 CO_2 및 CH_4 기본 배출계수(tCO_2/ton, tCH_4/ton)

ⓑ 특징
- Tier 1 산정방법은 조강 생산량을 기준으로 한 CO_2, CH_4 배출량의 산정방법이다.
- 활동자료로서 전로의 조강 생산량을 적용한다.
- 배출계수는 전로 생산량에 대비한 온실가스 배출량으로 IPCC 기본값을 적용한다.

ⓒ Tier 2

Tier 2 산정방법은 조강 생산을 위해 사용된 원료 및 연료 사용량, 조강 생산량 등을 기준으로 한 CO_2 산정방법이다.

ⓓ Tier 3

Tier 3 산정방법은 물질수지법을 적용한다.

ⓔ Tier 4

연속측정방식(CEM)을 사용한다.

⑤ 전기로(Electric Arc Furnace)

사업장 내에서 발생한 부생가스가 타 공정의 연료로 사용될 경우에는 고정연소 배출활동에서 보고되어야 한다.

ⓐ Tier 1

ⓐ 관련식

$$E_{EAF} = Q_{EAF} \times EF_{EAF}$$

여기서, E_{EAF} : 전기로에서의 CO_2 및 CH_4 배출량(tGHG)
Q_{EAF} : 전기로의 조강 생산량(ton)
EF_{EAF} : 전기로의 CO_2 및 CH_4 기본 배출계수(tCO_2/ton, tCH_4/ton)

ⓑ 특징
- Tier 1 산정방법은 조강 생산량을 기준으로 한 CO_2, CH_4 배출량의 산정방법이다.
- 활동자료로서 전기로의 조강 생산량을 적용한다.
- 배출계수는 전로 생산량에 대비한 온실가스 배출량으로 IPCC 기본값을 사용한다.

ⓒ Tier 2

Tier 2 산정방법은 조강 생산을 위해 사용된 원료 및 연료 사용량, 조강 생산량 등을 기준으로 한 CO_2 산정방법이다.

ⓓ Tier 3

Tier 3 산정방법은 철강 생산 공정의 Tier 3 산정방법(물질수지법)을 적용한다.

ⓔ Tier 4

연속측정방식(CEM)을 사용한다.

⑥ 직접환원로(Direct Reduction Furnace)
  ㉠ Tier 1
    ⓐ 관련식

    $$E_{DRI} = DRI \times EF_{DRI}$$

    여기서, E_{DRI} : 직접산화철 생산에 따른 CO_2, CH_4 배출량(tGHG)
    DRI : 직접환원철 생산량(ton)
    EF_{DRI} : CO_2 및 CH_4 배출계수(tCO_2/ton, tCH_4/ton)

    ⓑ 특징
    - Tier 1 산정방법은 직접환원철 생산량을 기준으로 한 CO_2, CH_4 배출량 산정방법이다.
    - 활동자료로서 직접환원철 생산량을 적용한다.
    - 배출계수는 직접환원철 생산량에 대비한 온실가스 배출량으로 IPCC 기본값을 사용한다.

  ㉡ Tier 2
  Tier 2 산정방법은 직접환원철 생산에 사용된 원료 및 연료 사용량, 탄소함량 등을 기준으로 CO_2 배출량을 산정하는 방법이다.

  $$E_{DRI} = DRI_{NG} \times EF_{NG} + DRI_{BZ} \times EF_{BZ} + DRI_{CK} \times EF_{CK}$$

  여기서, E_{DRI} : 직접환원철 생산에 따른 CO_2 배출량(tCO_2)
  DRI_{NG} : 직접환원철 생산에 사용된 천연가스의 에너지량(GJ)
  DRI_{BZ} : 직접환원철 생산에 사용된 코크브리즈의 에너지량(GJ)
  DRI_{CK} : 직접환원철 생산에 사용된 야금코크스의 에너지량(GJ)
  EF_x : x물질의 배출계수(tCO_2/GJ)

  ㉢ Tier 3
  Tier 3 산정방법은 철강 생산 공정의 Tier 3 산정방법(물질수지법)을 적용한다.

  ㉣ Tier 4
  연속측정방식(CEM)을 사용한다.

⑦ 철강 생산 공정
  ㉠ Tier 3(물질수지법)

  $$E_f = \sum(Q_i \times EF_i) - \sum(Q_p \times EF_p) - \sum(Q_e \times EF_e)$$

  여기서, E_f : 공정에서의 온실가스(f) 배출량(tCO_2)
  Q_i : 공정에 투입되는 각 원료(i)의 사용량(ton)

Q_p : 공정에서 생산되는 각 제품(p)의 생산량(ton)
Q_e : 공정에서 배출되는 각 부산물(e)의 반출량(ton)
EF_x : x물질의 배출계수(tCO_2/t)

5 매개변수별 관리기준

① 활동자료

㉠ Tier 1

측정불확도 ±7.5% 이내의 활동자료를 사용한다.

㉡ Tier 2

측정불확도 ±5.0% 이내의 활동자료를 사용한다.

㉢ Tier 3

측정불확도 ±2.5% 이내의 활동자료를 사용한다.

㉣ Tier 4

연속측정방식(CEMS)을 사용한다.

② 배출계수

㉠ Tier 1

아래의 코크스 생산, 철과 강 생산에서의 기본 배출계수를 사용한다.

코크스 생산, 철과 강 생산에서의 CO_2 배출계수

	공정 과정	배출계수(tCO_2/t-생산물)
철	소결물 생산	0.20
	코크스 오븐	0.56
	선철(Pig Iron) 생산 (고로)	1.35
	직접 환원철(DRI) 생산	0.70
	펠릿 생산	0.03
강	전로(BOF)	1.46
	전기로(EAF)	0.08
	평로(OHF)	1.72
	국제 기준값(65% BOF, 30% EAF, 5% OHF 기준) (강 1톤 생산당 나오는 CO_2 양)	1.06

* 비고 : 이 표에 있는 EAF 제강에 대한 CO_2 배출계수는 고철을 이용한 강(steel) 생산에 대한 것이며, 따라서 고로에서 용선을 생산하는 과정에서의 CO_2 배출은 여기에서 고려되지 않는다. 그러므로 이 표에서 EAF에 대한 Tier 1 CO_2 배출계수는 선철(Pig Iron)을 원료로 사용하는 EAF에는 활용할 수 없다.

출처 : 2006 IPCC 국가 인벤토리 작성을 위한 가이드라인

코크스 생산, 철과 강 생산에서의 CH_4 배출계수

공정 과정	CH_4 배출계수
코크스 생산	$0.10gCH_4/t$
소결물 생산	$0.07gCH_4/t$
직접환원철(DRI) 생산	1kg/TJ(순발열량 기준)

출처 : 2006 IPCC 국가 인벤토리 작성을 위한 가이드라인

철강 생산 공정 원료 및 생산물의 CO_2 기본 배출계수

원료 및 생산물	배출계수(tCO_2/t)
고로가스(BFG)	0.6229
석탄[1]	2.4549
콜타르	2.2717
코크스(석탄)	3.0411
코크스오븐가스(COG)	1.7221
원료탄	2.6747
직접환원철(DRI)	0.0733
전기로 전극봉[2]	3.0045
전기로 가탄제[3]	3.0411
연료유[4]	3.1510
가스 코크스(가스공장 코크스)	3.0411
열간성형철(HBI)	0.0733
천연가스	2.6747
전로가스(LDG)	1.2824
석유 코크스(고체)	3.1877
냉선(Purchased Pig Iron 또는 Cold Iron)	0.1466
스크랩선(Scrap Iron)	0.1466
강(Steel)	0.0366

* 공정 재료의 해당 탄소함량에 3.664(CO2/C) 값을 적용하였음
** 원료 및 생산물의 탄소물질수지에 기초한 배출량 산정방법(Tier 2)에 적용 가능한 기본 배출계수
*** 비고 : 1) 기타 역청탄(원료탄 범주에 포함되지 않는 모든 역청탄을 말함) 가정
        2) 80%는 석유 코크스 그리고 20%는 콜타르
        3) 코크스오븐 코크스 가정
        4) 경유/디젤유 가정

출처 : 2006 IPCC 국가 인벤토리 작성을 위한 가이드라인

ⓒ Tier 2

국가 고유 배출계수를 사용한다. 다만 국가 고유 배출계수가 고시되지 않아 활용하지 못할 경우 위 표의 철강 생산 공정 원료 및 생산물의 CO_2 배출계수를 사용한다. 단, 온실가스종합정보센터에서 별도의 계수를 공표하여 지침에 수록된 경우 그 값을 적용한다.

ⓒ Tier 3

사업자가 자체 개발한 각각의 원료, 제품, 부산물 등에 대한 탄소의 질량 분율을 측정·분석하여 고유 배출계수를 사용한다. 다만, 전기로에서 주원료인 철스크랩(Steel Scrap)의 배출계수는 별도로 분석하지 아니하고 생산되는 강의 배출계수와 동일한 값을 적용할 수 있다.

$$EF_x = x물질의\ 탄소\ 질량\ 분율 \times 3.664$$

여기서, EF_x : x물질의 배출계수(tCO_2/t)
3.664 : CO_2의 분자량(44.010)/C의 원자량(12.011)

ⓔ Tier 4

연속측정방식(CEM)을 사용한다.

6 최적실용화 기술(BAT)

(1) 코크스 오븐

① 코크스 오븐에 대한 지속적인 유지·관리를 통하여 코크스 오븐가스(COG) 누출 최소화, 결과적으로 연료 소비량 절감
② 코크스 건식 퀜칭(CDQ ; Coke Dry Quenching) 공정은 습식 퀜칭 공정에 비해 에너지 회수의 이점을 갖고 있음

(2) 소결로

① 소성 및 소결광 냉각과정에서의 열을 다음의 방법에 의해 회수하여 이용함으로써 에너지 절감
② 배출가스 중의 열을 열교환기를 이용하여 회수하거나 폐가스를 소결로 등으로 재순환하여 에너지 절감
③ 소결광 냉각기의 뜨거운 공기를 폐열보일러를 이용한 스팀 생산, 연소용 공기의 예열 등에 재이용

(3) 펠릿 제조시설

① 경화 스트랜드(Induration Strand)의 가스흐름에서 열을 효율적으로 재사용함으로써 연료 소비량 절감

② 1차 냉각부분에서 배출되는 뜨거운 공기를 화염부의 2차 연소용 공기로 사용하고, 배출되는 열을 경화 스트랜드의 건조부분에서 사용. 또한 2차 냉각부분의 열을 건조부분에서 재사용

(4) 고로 공정(Blast Furnace)

① 코크스의 일부를 중질연료유, 오일잔사, 입상 또는 분말 석탄, 천연가스 또는 폐플라스틱 등 탄화수소원으로 대체하여 환원제로서 노(Furnace)의 송풍구 수준(Tuyere Level)에서 직접 주입함으로써 에너지 소비량 절감

② 고로가스(BF Gas)로부터의 에너지 회수
고로의 상층 가스(Top Gas) 자체만으로는 에너지 함량이 낮으므로 고로가스를 가스탱크에 저장 후 코크스 오븐 가스 또는 천연가스와 혼합하여 연료로서 사용

③ 고압의 상층 고로가스는 가스정제시설 후단에 설치된 확장 터빈(Expansion Turbine)을 통하여 에너지를 회수할 수 있음
  ㉠ 에너지 회수 정도는 상층 가스의 양, 압력 경사, 유입온도의 영향을 받게 됨
  ㉡ 고로가스 정제시설과 분배 네트워크에서 압력 강하가 낮아야 실행이 가능함

④ 다양한 방법을 통한 핫스토브(Hot Stove)의 에너지 효율 최적화
  ㉠ 핫스토브의 자동제어
  ㉡ 냉각 송풍라인 및 폐가스의 보온과 함께 연료의 예열
  ㉢ 보다 적정한 버너를 사용하여 연소율 개선
  ㉣ 신속한 산소농도 측정에 따른 연소조건을 최적조건에서 조절

(5) 염기성 산소 제강 공정(Basic Oxygen Steel Making)

① BOF 가스로부터 에너지 회수
  ㉠ 1차 통풍 시스템의 가스 덕트상에 공기를 유입시킴으로써 BOF 가스가 연소될 수 있으며 이로 인해 1차 통풍 시스템의 열과 총 가스 유량이 증가하게 되어 폐열보일러에서 보다 많은 스팀이 생산될 수 있음
  ㉡ BOF 가스의 연소를 억제하여 저장탱크에 저장 후 사용

(6) 전기아크로(Electric Arc Furnace)

① EAF 공정을 최적화함으로써 생산성 향상 및 단위 에너지 소비량 절감
  ㉠ 초고압의 노를 사용함으로써 생산성 향상, 단위 전극 소모량 감소, 단위 폐가스 발생량 감소

ⓒ 순 산소 버너(Oxy-fuel Burner)와 산소창 절단(Oxygen Lancing)에 의한 추가 에너지 공급은 총 에너지 소요량을 감소시킴
ⓒ 노 내에서 거품형태의 슬래그(Foamy Slag)는 장입 물질에 열 전달 효율을 향상시켜 에너지 소비량, 전극 소모량 감소 및 생산성 향상

② 배가스 중의 폐열을 이용하여 스크랩을 예열함으로써 전력 소비량 절감

SECTION 19 합금철 생산

1 합금철 생산 공정 개요

① 합금철은 철과 하나 이상의 금속(실리콘, 망간, 크롬, 몰리브덴, 바나듐, 텅스텐 등)이 농축된 합금을 말한다.
② 합금철은 철강 제련과정에서 용탕에서의 탈산 혹은 탈황 등으로 불순물을 제거하거나 철 이외의 성분원소 첨가를 목적으로 사용된다.
③ 철강 제조에서 순철을 사용하지 않고 철과 합금한 합금철을 사용하는 가장 큰 이유는 순금속은 가격이 높으며, 합금철은 용융점이 낮아 저온에서 쉽게 녹고 용탕에 균일하게 분포하기 때문이다.
④ 합금철은 강에 첨가할 목적으로 제조되는데, 강에 첨가될 때 합금철의 성분이 크게 감소하므로 탄소 및 불순물이 어느 정도 있어도 문제되지 않는다. 때문에 순철과 고순도의 특수원소를 합금시켜 만드는 것이 아니라, 양쪽 산화물로 섞어서 함께 환원시키는 방법으로 제조한다.
⑤ 합금철 생산에서의 온실가스 배출은 코크스와 같은 환원제의 야금환원(Metallurgical Reduction) 과정 및 전극봉 사용에 의해서 발생한다.

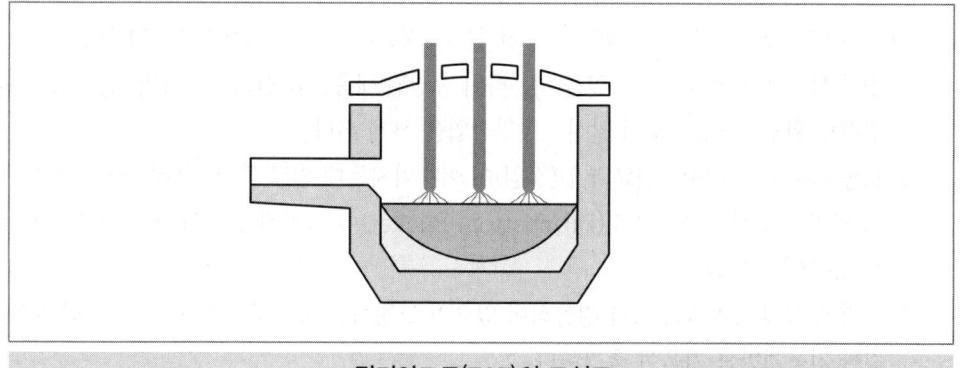

전기아크로(EAF)의 모식도

⑥ 합금철의 제조는 처음에는 대부분 고로에서 이루어졌으나, 고로에서는 생산 가능한 품종 및 제품규격이 한정되어 있기 때문에 전기로가 개발된 이후 합금철은 거의 대부분 전기로에서 제조되고 있다.

⑦ 합금철 생산 공정은 전기로에서의 전기열로 인하여 제련되고 탄소봉 탄소의 산화로 온실가스(CO_2)가 배출된다.

⑧ 관련 공정 반응식

$FeO + C \rightarrow Fe + CO$

$FeO + CO \rightarrow Fe + CO_2$

$MnO_2 + 2C \rightarrow Mn + 2CO$

⑨ 합금철 생산 시 환원과 제련 공정을 위해 원료와 탄소성 환원제, 슬래그 등이 배합되어 높은 열로 가열된다.

⑩ 탄소성 환원제는 보통 석탄과 코크스이며, 일부 목탄(Charcoal)과 나무 등이 사용되기도 한다.

⑪ 합금철 제조 공정 순서

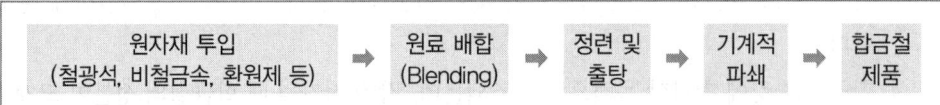

2 배출활동 개요

① 합금철 제조공정에서의 CO_2 배출은 코크스 같은 환원제의 야금환원(Metallurgical Reduction) 과정 및 전극봉 사용에 의해서 발생한다.

② 전기아크로(EAF)는 전기양도체인 전극(탄소봉)에 전류를 통하여 충진된 물질(철 스크랩 등)과 전극 사이에 발생하는 아크열을 이용하여 충진된 내용물을 산화정련하며, 산화정련 후 환원성의 광재로 환원정련함으로써 탈산·탈황작업을 하게 된다.

③ 보통 1회에 2~3번의 원료 투입(장입)이 이루어지는데 원료 투입 시에는 노 상부의 선회식 뚜껑이 열리고 드롭보텀식 버킷(Dropbottom Bucket)에 담겨진 충진물질 등을 기중기를 이용하여 노 상부에서 투입한다.

④ 노의 형식에 따라 고정식과 경동식이 있으며 고정식은 출강구를 통하여, 경동식은 노 자체를 일정한 기울기만큼 기울여 출강한다.

⑤ 전기아크로(EAF)를 사용하는 경우 모든 합금철 생산에서 CO_2가 발생한다.

⑥ 실리콘(Si)계 합금철(Ferro-Silicon)을 생산할 경우에는 CH_4가 발생한다.

3 보고 대상 배출시설

(1) 전로

① 용광로에서 제조된 선철(용선)을 정련하여 용강으로 만드는 데 사용되며, 주로 탈탄 또는 탈인반응에 이용되고 그 방법에는 산성 전로법과 염기성 전로법이 있으며, 원료로 용선과 소량의 고철을 사용한다.

② 산화제로는 순 산소가스(순도 99.5% 이상)를 이용하고 용제(Flux)로는 석회석과 형석이 사용되며, 초음속의 순 산소제트를 용선에 불어 넣어 약 40분 이내에 급속히 정련시키므로 비교적 제강시간이 짧고 고철의 사용비가 적다.

(2) 전기로

① 전기로는 크게 나누어 아크로(Arc Furance)와 유도로(Induction Furance)가 있다.

② 아크로는 주로 대용량의 연강(Mild Steel) 및 고합금강의 제조에 사용되고, 유도로는 주로 고급특수강이나 주물을 주조하는 데 사용된다.

③ 아크로는 전기양도체인 전극(탄소봉)에 전류를 통하여 고철과 전극 사이에 발생하는 Arc열을 이용하여 고철 등 내용물을 산화·정련하며, 산화정련 후 환원성의 광재로 환원정련함으로써 탈산·탈황작업을 하게 된다.

④ 원료로 선철이나 고철이 사용되며, 보통 1회에 2~3번의 원료투입(장입)이 이루어지는데 원료 투입 시에는 노 상부의 선회식 뚜껑이 열리고 드롭보텀식 버킷(Dropbottom Bucket)에 담겨진 고철 등을 기중기를 이용하여 노 상부에 투입한다.

합금철 생산 공정의 온실가스 공정배출원, 온실가스 종류 및 배출원인

배출 공정	온실가스	배출원인
전로	CO_2, CH_4	• 코크스와 같은 환원제의 야금환원(Metallurgical Reduction) 과정에서 CO_2가 발생 • 실리콘(Si)계 합금철을 생산할 경우 CH_4가 발생
전기로		• 전기로는 전기양도체인 전극(탄소봉)에 전류를 통하여 고철과 전극 사이에 발생하는 아크열을 이용하여 고철 등 내용물을 산화정련하며, 그 이후에 탄소봉에 의해 금속산화물이 환원되면서 탈산 과정에 의해 CO_2가 발생 • 실리콘(Si)계 합금철을 생산할 경우 CH_4가 발생

출처 : 한국환경공단

4 보고 대상 온실가스

구분	CO_2	CH_4	N_2O
산정방법론	Tier 1,2,3,4	Tier 1,2	–

5 배출량 산정방법론

① Tier 1

$$E_{i,j} = Q_i \times EF_{i,j}$$

여기서, $E_{i,j}$: 각 합금철(i) 생산에 따른 CO_2 및 CH_4 배출량(tGHG)
  Q_i : 합금철 제조 공정에 생산된 각 합금철(i)의 양(ton)
  $EF_{i,j}$: 합금철(i) 생산량당 배출계수(tCO_2/t-합금철, tCH_4/t-합금철)

② Tier 2

$$E_{CO_2} = \sum(M_{ra} \times EF_{ra}) + \sum(M_{ore} \times EF_{ore}) + \sum(M_{sfm} \times EF_{sfm}) - \sum(M_p \times EF_p) - \sum(M_{npos} \times EF_{npos})$$

여기서, E_{CO_2} : 합금철 생산에 따른 CO_2 배출량(tCO_2)
  M_{ra} : 환원제(Reducing Agent)의 무게(ton)
  EF_{ra} : 환원제의 배출계수(tCO_2/t-환원제)
  M_{ore} : 원석(ore)의 무게(ton)
  EF_{ore} : 원석(ore)의 탄소함량(tCO_2/t-원석)
  M_{sfm} : 슬래그 형성물질(Slag Forming Material)의 양(ton)
  EF_{sfm} : 슬래그 형성물질 내 탄소함량(tCO_2/t-슬래그형성물질)
  M_p : 생산제품(Product)의 무게(ton)
  EF_p : 생산제품 내 탄소함량(tCO_2/t-제품)
  M_{npos} : 부산물(Non-Product Outgoing Stream)의 반출량(ton)
  EF_{npos} : 부산물 중 탄소함량(tCO_2/t-비제품)

$$E_{CH_4} = Q \times EF_{CH_4}$$

여기서, E_{CH_4} : 각 합금철(i) 생산에 따른 CH_4 배출량(tCH_4)
  Q : 합금철 제조공정에 생산된 각 합금철(i)의 양(ton)
  EF_{CH_4} : 합금철 생산량당 배출계수(tCH_4/t-합금철)

③ Tier 3

$$E_{CO_2} = \sum(M_i \times EF_i) - \sum(M_p \times EF_p) - \sum(M_{npos} \times EF_{npos})$$

여기서, E_{CO_2} : 합금철 생산에 따른 CO_2 배출량(tCO_2)
 M_i : 원료(i)의 투입량(ton)
 EF_i : 투입되는 원료(i)의 배출계수(tCO_2/t-원료)
 M_p : 제품(p)의 생산량(ton)
 EF_p : 생산된 제품(p)의 탄소함량(tCO_2/t-제품)
 M_{npos} : 부산물(Non-Product Outgoing Stream)의 반출량(ton)
 EF_{npos} : 부산물의 탄소함량(tCO_2/t-비제품)

④ Tier 4

연속측정방식(CEM)을 사용한다.

6 매개변수별 관리기준

① 활동자료

㉠ Tier 1

측정불확도 ±7.5% 이내의 합금철의 생산량 자료를 사용한다.

㉡ Tier 2

측정불확도 ±5.0% 이내의 환원제, 원석 등의 원료사용량 및 제품생산량 등의 활동자료를 사용한다.

㉢ Tier 3

측정불확도 ±2.5% 이내의 원료(환원제, 원석, 슬래그 형성물질, 전극봉 등) 사용량, 제품 생산량, 부산물의 반출량 등의 활동자료를 사용한다.

㉣ Tier 4

연속측정방식(CEM)을 사용한다.

② 배출계수

㉠ Tier 1

다음 표에 따른 IPCC 가이드라인 기본 배출계수를 사용한다.

합금철 생산량당 CO_2 기본 배출계수

합금철 종류	CO_2 배출계수(tCO_2/t-합금철)
합금철(Ferrosilicon) 45% Si	2.5
합금철(Ferrosilicon) 65% Si	3.6
합금철(Ferrosilicon) 75% Si	4.0
합금철(Ferrosilicon) 90% Si	4.8
망간철(Ferromanganese) (7% C)	1.3
망간철(Ferromanganese) (1% C)	1.5
Silicomanganese	1.4
실리콘메탈	5.0

출처 : 2006 IPCC 국가 인벤토리 작성을 위한 가이드라인

합금철 생산량당 CH_4 기본 배출계수

합금철 종류	전기로(EAF) 작동 방식 (kgCH_4/t-합금철)		
	회차 충진 방식 (Batch Charging)	흩뿌림 충진 방식 (Sprinkle Charging)	흩뿌림 충진 방식, 750℃ 이상 (Sprinkle Charging>750℃)
Si 금속	1.5	1.2	0.7
FeSi 90	1.4	1.1	0.6
FeSi 75	1.3	1.0	0.5
FeSi 65	1.3	1.0	0.5

출처 : 2006 IPCC 국가 인벤토리 작성을 위한 가이드라인

환원제별 CO_2 기본 배출계수

환원제의 종류	배출계수(tCO_2/t-환원제)
석탄	3.10
코크스	3.30
가소성 전극봉(Prebaked Electrode)	3.54
전극봉 페이스트(Electrode Paste)	3.40
석유 코크스	3.50

* 코크스 배출계수는 IPCC 가이드라인 기본값(3.2~3.4)의 중간값인 3.3을 사용한다.
** 연료 및 생산물의 탄소물질수지에 기초한 배출량 산정방법(Tier 2)에 적용 가능한 기본 배출계수

출처 : 2006 IPCC 국가 인벤토리 작성을 위한 가이드라인

ⓒ Tier 2

국가 고유 배출계수를 사용한다. 다만 국가 고유 배출계수가 고시되지 않아 활용하지 못할 경우 위 표의 IPCC 가이드라인 기본 배출계수를 사용한다. 단, 온실가스종합정보센터에서 별도의 계수를 공표하여 지침에 수록된 경우 그 값을 적용한다.

ⓒ Tier 3

사업자가 자체 개발한 각각의 원료·제품·부산물별 탄소의 질량 분율을 측정·분석하여 고유 배출계수를 개발한다.

$$EF_x = x물질의\ 탄소\ 질량\ 분율 \times 3.664$$

여기서, EF_x : x물질의 배출계수(tCO$_2$/t)
3.664 : CO$_2$의 분자량(44.010)/C의 원자량(12.011)

ⓔ Tier 4

연속측정방식(CEM)을 사용한다.

7 최적가용기술(BAT)

(1) 전로(Basic Oxygen Steel Making)

① BOF 가스로부터 에너지 회수
  ㉠ 1차 통풍 시스템의 가스 덕트상에 공기를 유입시킴으로써 BOF 가스가 연소될 수 있으며 이로 인해 1차 통풍 시스템의 열과 총 가스 유량이 증가하게 되어 폐열보일러에서 보다 많은 스팀이 생산될 수 있음
  ㉡ BOF 가스의 연소를 억제하여 저장탱크에 저장 후 사용

(2) 전기아크로(Electric Arc Furnace)

① EAF 공정을 최적화함으로써 생산성 향상 및 단위 에너지 소비량 절감
  ㉠ 초고압의 노를 사용함으로써 생산성 향상, 단위 전극 소모량 감소, 단위 폐가스 발생량 감소
  ㉡ 순 산소 버너(Oxy-Fuel Burner)와 산소창 절단(Oxygen Lancing)에 의한 추가 에너지 공급은 총 에너지 소요량을 감소시킴
  ㉢ 노 내에서 거품형태의 슬래그(Foamy Slag)는 장입 물질에 열 전달 효율을 향상시켜 에너지 소비량, 전극 소모량 감소 및 생산성 향상
② 배가스 중의 폐열을 이용하여 스크랩을 예열함으로써 전력 소비량 절감

SECTION 20 아연 생산

1 아연 생산 공정 개요

① 아연(Zn)은 지각 속에 널리 분포하는 중요한 비철금속으로 세계적으로 가장 많이 사용되는 금속 중의 하나이다.
② 아연은 유리된 금속으로는 존재하지 않고 화합물의 형태로 존재하는데 제련에 주로(95%) 이용되는 광석은 황화광인 섬아연광(Sphalerite, ZnS)이다.
③ 대부분의 아연광석은 노천광산이 아닌 지하광산에서 채굴된다.
④ 섬아연광은 상당량의 철을 함유하고 있으며 Cu-Zn, Pb-Zn, Cu-Pb-Zn 등의 혼합광석으로 존재하는 경우가 많다.
⑤ 아연광석의 아연 함량은 5~15%가량으로 제련소에서 바로 처리하기 어려우며 예비처리과정을 거치게 된다.
⑥ 아연광석은 조분쇄, 미분쇄, 부유선광 등을 통하여 아연 품위가 50%가량으로 농축되는데 이를 아연정광이라 하며 아연제련의 원료가 된다.
⑦ 현재 국내에서 아연정광을 생산하는 곳은 없으며 전량 외국에서 수입하고 있다.
⑧ 아연정광은 Zn 50%, S 30%, Fe 8% 및 20여 가지의 미량원소로 구성되어 있다.
⑨ 아연제련 생산 공정
  ㉠ 배소공정
    아연정광을 저광사로부터 컨베이어를 통과하여 배소로에 투입, 반응소광(ZnO)을 용해 공정에 투입하기 전에 일시 Silo Bin에 저장하고 SO_2 가스가 세정 및 흡수과정을 거쳐 황산제조 설비로 유입되는 공정이다.

  ㉡ 황산제조 공정
    배소로에서 발생된 SO_2 가스가 세정 및 흡수과정을 거쳐 황산이 생산되는 공정이다.

  ㉢ 용해 공정
    배소공정 중 생산된 소광을 호아산으로 용해하여 아연중성액($ZnSO_4$)을 전기분해하여 아연 캐소드(Cathod)를 생산한다.

  ㉣ 주조 공정
    아연 캐소드를 주조로에 주조하여 최종제품인 아연괴를 생산한다.

⑩ 아연 제조 공정 순서

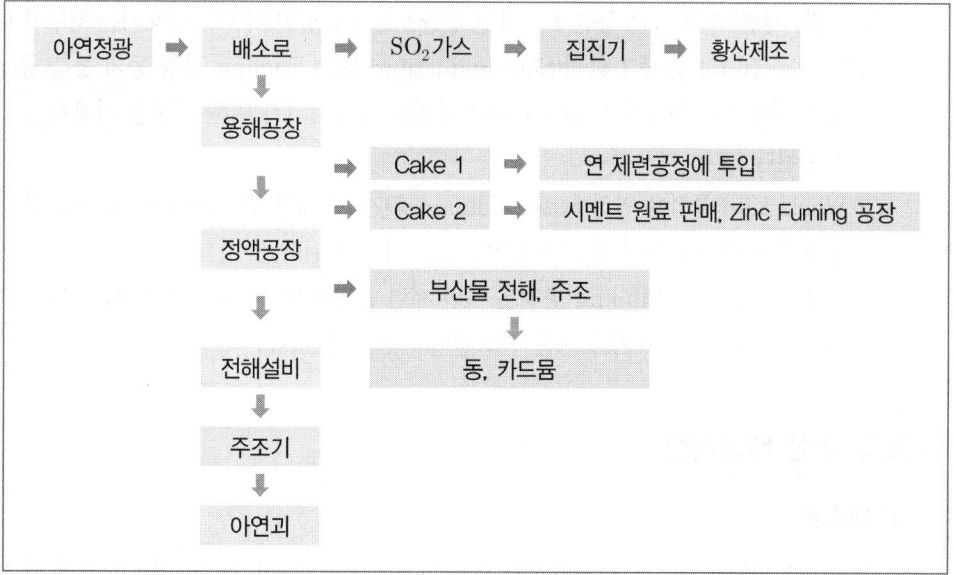

2 배출활동 개요

(1) 1차 아연 생산 공정

① 전열 증류법
   ㉠ 야금 공정으로 배소된 광석과 2차 아연을 융합하여 생성된 Sinter Feed에서 할로겐 화합물, 카드뮴 및 기타 불순물이 제거된다.
   ㉡ 그 결과 생성된 산화아연이 풍부한 소결물은 ERF(Electric Retort Furnace)에서 야금 코크와 결합하여 산화아연을 환원하며 환원 반응의 결과 CO_2가 배출된다.

② ISF(Imperial Smelting Furnace)를 사용하는 건식야금법
   건식야금공정으로 납과 아연을 생산하는 과정에서 CO_2가 발생한다.

③ 전해법
   ㉠ 습식 제련기술이 사용된다.
   ㉡ 이 공정에서 황화아연(ZnS)이 배소되어 생산된 산화아연은 황산에 침지되어 철 불순물, 구리 및 카드뮴 등이 제거된다.
   ㉢ 아연은 전기분해를 이용하여 추출된다.

(2) 2차 아연 생산 공정

① 소결, 제련, 정제 공정 등은 1차 아연 생산공정과 동일한 기술이 사용되는 경우가 대부분이다.
② Waelz Kiln과 슬래그 환원(Slag Reduction) 또는 Fuming 공정 등의 농축 공정에서 탄소 함유 환원제를 사용하며 원료로부터 아연을 기화시키기 위해 고온을 사용하는 경우 CO_2가 배출된다.
③ Waelz Kiln 공정은 연진(Flue Dusts), 슬러지, 슬래그 및 기타 아연 함유 물질 내의 아연을 농축하는 데 사용되며 환원제로 야금 코크가 사용된다.
④ 슬래그 환원 또는 Fuming 공정은 아연 제련 공정에서의 용융 슬래그 내 아연 농축에 사용되며, 환원제로서 석탄이나 다른 탄소원이 사용된다.

3 보고 대상 배출시설

(1) 배소로

광석이 융해되지 않을 정도의 온도에서 광석과 산소, 수증기, 탄소, 염화물 또는 염소 등을 상호 작용시켜 다음 제련조작에서 처리하기 쉬운 화합물로 변화시키거나 어떤 성분을 기화시켜 제거하는 데 사용되는 노를 말한다.

(2) 용융·용해로

① 금속을 용융·용해시키는 데 사용되는 각종 노를 총칭한다.
② 용융로는 고상인 물질이 가열되어 액상의 상태로 되는 데 사용되는 노를 말한다.
③ 용해로는 액체 또는 고체물질이 다른 액체 또는 고체물질과 혼합하여 균일한 상의 혼합물, 즉 용체를 만드는 데 사용되는 노를 말한다.

(3) 전해로

① 전해질용액이나 용융전해질 등의 이온전도체에 전류를 통해서 화학변화를 일으키는 노를 말한다.
② 주로 비철금속 계통의 물질을 용융시키는 데 이용되며 대표적인 것으로 알루미늄 전해로가 있다.

(4) 기타 제련 공정(TSL 등)

TSL 공정은 아연제련을 비롯한 각종 비철제련 시 필연적으로 발생하는 잔재(Residue/Cake) 또는 타 산업에서 배출되는 폐기물로부터 각종 유가금속(아연, 연, 동, 은, 인듐 등)을 회수하고, 최종 잔여물을 친환경적인 청정슬래그로 만들어 산업용 골재로 사용하는 공정을 말한다.

┃ 아연 생산시설에서의 온실가스 공정배출원, 온실가스 종류 및 배출원인 ┃

배출 공정	온실가스	배출원인
배소로	CO_2	배소된 광석과 2차 아연생산물을 융합하여 Sinter Feed를 생성해내기 위한 과정에서 생성된 결정을 환원시키기 위해 투입된 환원제의 사용으로 인해 CO_2 배출
용융·용해로		소광(ZnO)을 환원시켜 Zn를 생산하는 과정에서 CO_2 배출 $ZnO + CO \rightarrow Zn + CO_2$

출처 : 한국환경공단

4 보고 대상 온실가스

구분	CO_2	CH_4	N_2O
산정방법론	Tier 1a, 1b, 2, 3, 4	–	–

5 배출량 산정방법

① Tier 1a

㉠ 관련식

$$E_{CO_2} = Zn \times EF_{default}$$

여기서, E_{CO_2} : 아연 생산으로 인한 CO_2 배출량(tCO_2)
  Zn : 생산된 아연의 양(t)
  $EF_{default}$: 아연 생산량당 배출계수(tCO_2/t-생산된 아연)

㉡ 특징
- Tier 1a는 활동자료인 아연 생산량에 IPCC 기본 배출계수를 곱하여 결정하는 가장 단순한 방법이다.
- 아연의 생산공정을 세분화하여 산정하지 않아도 된다.
- 활동자료로서 아연생산량을 적용한다.
- CO_2만 산정 및 보고 대상 온실가스이다.

② Tier 1b, 2

㉠ 관련식

$$E_{CO_2} = ET \times EF_{ET} + PM \times EF_{PM} + WK \times EF_{WK}$$

여기서, E_{CO_2} : 아연 생산으로 인한 CO_2 배출량(tCO_2)
　　　　ET : 전기 열 증류법에 의해 생산된 아연의 양(ton)
　　　　EF_{ET} : 전기 열 증류법에 대한 CO_2 배출계수(tCO_2/t-생산된 아연)
　　　　PM : 건식 야금과정에 의해 생산된 아연의 양(ton)
　　　　EF_{PM} : 건식 야금과정에 대한 배출계수(tCO_2/t-생산된 아연)
　　　　WK : Waelz Kiln 과정에 의해 생산된 아연의 양(ton)
　　　　EF_{WK} : Waelz Kiln 과정에 대한 배출계수(tCO_2/t-생산된 아연)

ⓒ 특징
- Tier 1b는 활동자료인 생산공정별 아연 생산량에 IPCC 기본배출계수를 곱하여 결정하는 방식이다.
- Tier 2는 활동자료인 생산공정별 아연 생산량에 국가고유배출계수를 곱하여 결정하는 방식이다.

③ Tier 3

$$E_{CO_2} = \sum(Z_i \times EF_i) - \sum(Z_o \times EF_o)$$

여기서, E_{CO_2} : 아연 생산으로 인한 CO_2 배출량(tCO_2)
　　　　Z_i : 아연 생산을 위하여 투입된 원료(i)의 양(ton)
　　　　EF_i : 투입된 원료의 배출계수(tCO_2/t-원료)
　　　　Z_o : 아연 생산에 의하여 생산된 생산물(O)의 양(ton)
　　　　EF_o : 생산된 생산물의 배출계수(tCO_2/t-생산물)

④ Tier 4

연속측정방식(CEM)을 사용한다.

6 매개변수별 관리기준

① 활동자료

ⓐ Tier 1a

측정불확도 ±7.5% 이내의 아연 생산량 자료를 사용한다.

ⓑ Tier 1b

측정불확도 ±7.5% 이내의 아연 생산량(전기열 증류법, 건식야금, Waelz Kiln 생산 등) 자료를 사용한다.

ⓒ Tier 2

측정불확도 ±5.0% 이내의 아연 생산량(전기열 증류법, 건식야금, Waelz Kiln 생산 등) 자료를 사용한다.

ⓔ Tier 3

측정불확도 ±2.5% 이내의 투입된 원료와 생산된 생산물의 활동자료를 사용한다.

ⓜ Tier 4

연속측정방식(CEM)을 사용한다.

② 배출계수

㉠ Tier 1a, 1b

ⓐ IPCC 가이드라인 기본 배출계수를 사용한다.
ⓑ 아연의 생산공정이 구분되지 않을 경우 Tier 1a의 기본 배출계수를 사용하고, 공정별 배출계수(Tier 1b)를 적용한다.

아연제련 공정에서 IPCC 기본 배출계수

공정 구분	배출계수 (tCO_2/t-생산된 아연)
기본 배출계수($EF_{default}$) (공정 구분이 안 되는 경우)	1.72
Waelz Kiln(EF_{WK})	3.66
전기 열(EF_{ET})	–
건식야금법(EF_{PM})	0.43

출처 : 2006 IPCC 국가 인벤토리 작성을 위한 가이드라인

㉡ Tier 2

국가 고유 배출계수를 활용한다.

㉢ Tier 3

사업자가 자체적으로 분석한 투입원료와 배출산물의 탄소 질량 분율을 측정·분석하여 고유 배출계수를 개발한다.

$$EF_x = x물질의\ 탄소\ 질량\ 분율 \times 3.664$$

여기서, EF_x : x물질의 배출계수(tCO_2/t)
3.664 : CO_2의 분자량(44.010)/C의 원자량(12.011)

㉐ Tier 4

연속측정방식(CEM)을 사용한다.

7 최적가용기술(BAT)

(1) 1차 아연(Primary Zinc)

① 뉴저지 증류컬럼은 혼합농축 납과 아연을 용해하는 고로 중의 한 종류인 ISF(Imperial Smelting Furnace)와 결합되어 사용하는 건조야금술(Pyro-metallurgical production)로 1차 아연을 생산하는 중요한 기술이다.

┃1차 아연 용광로의 특징┃

용광로의 종류	가스포집	장점	단점	비고
Zinc electrowinning 105,000~235,000t/a Zn	밀폐형 배소로	입증된 성능을 지님	철분 침전	–
Imperial Smelting Furnace 100,000t/a Zn~40,000t/a Pb	밀폐형	견고한 야금술을 수행	–	LCV 가스 이용
New Jersey Distillation Column 20,000~100,000t/a Zn	밀폐형	입증된 아연생산과 통합 ISF 공정	Blockage problems	공정제어 및 진동감지 필요

② 아연 생산에서 습식 야금술은 매우 중요하며, 특정 공급원료는 최종공정 선택에서 결정적인 역할을 한다.
③ 침철석(Goethite) 공정은 침전에서 사용되는 생석회(Calcine) 중의 철분함량이 낮아야 하고, 반면에 자로사이트(Jarosite) 공정은 철분함량이 10%까지 높아도 질 좋은 아연을 제공하며, 양쪽 공정 모두 침전된 철의 세척은 필요하다.
④ 습식 공정은 침출과 관련된 공정이기 때문에 침출물질과 전해된 물질을 적절히 분해하는 전해단계가 필요하다.
⑤ 반응기와 필터의 연결에서 에어로졸의 생성을 예방하기 위해 적절한 스크러버 및 디미스터를 장치하는 것도 필요하다.
⑥ 자로사이트 및 고사이트 공정에서 생성된 잔류물질을 비활성시키기 위한 기술도 가능한 한 사용해야 한다.
⑦ 화학적 제련

화학적 처리에서 과망간산칼륨과 같은 산화제를 사용하는 가스스크러버에 의해 아르소늄화합물(Arsine)과 수소화안티몬(Stibine)을 제거하는 기술을 공정에 결합한다.

⑧ Electro-Winning(전해채취)
  ㉠ 전해채취 공정은 셀 크기(셀의 간격 및 번호 등)를 최적화하고, 알루미늄 음이온 블랭크를 사용한 기술이며, 자동화된 채취와 스트립핑뿐만 아니라 정교한 단락회로 감지기는 조작 범위를 결정하는 중요한 요인이다.
  ㉡ 전해채취 공정 가스는 양극에서 발생되며, 산성 미스트가 생성되어 포집·제거되거나 공정에서 재사용된다.
  ㉢ 포집된 가스가 스크러빙되면 재사용을 못하고 폐수로 들어간다.
  ㉣ 셀커버링은 미스트로 형성되는 양을 줄이는 데 사용되며, 여기에 유기 및 플라스틱 비드 층이 사용된다.

(2) 2차 아연(Secondary Zinc)
  ① Waelz 산화공정은 첫 단계에서 탄산나트륨을 사용하고 두 번째 단계는 염소, 불소, 나트륨, 칼륨, 황을 제거하기 위해 물을 사용하는 총 두 단계를 가진 공정이다.
  ② 정화된 최종 생산물은 건조되며, 아연 전기분해 공정에서 제공되는 원료로 사용된다.
  ③ 주요 환경적인 장점으로는 노 내 슬래그의 고정 불순물 및 슬래그 처리에서의 에너지 비용절감효과를 들 수 있다.
  ④ 2차 아연 제조 공정에서 주로 사용하는 시설로는 바엘즈 킬른과 슬래그 연무로(Waelz Kilns and Slag Fuming Furnaces)를 들 수 있다.

SECTION 21 납 생산

1 배출활동 개요

(1) 1차 생산 공정

① 연정광으로부터 미가공 조연(Bullion)을 생산하는 1차 생산 공정은 2가지로 구분된다.
② 먼저 소결과 제련과정을 연속적으로 거치는 소결/제련 공정으로 전체 1차 납 생산 공정의 약 78%를 차지한다.
③ 두 번째는 직접 제련 공정으로 소결과정이 생략되며 이 공정은 1차 납 생산 공정의 22%를 차지한다.
④ 소결/제련 공정에서 소결 공정은 연정광을 재활용 소결물, 석회석과 실리카, 산소, 납 고함유 슬러지 등과 혼합하여 황과 휘발성 금속을 연소를 통해 제거한다.
⑤ 산화납과 다른 금속 산화물을 함유한 소결물을 생산하는 공정은 이산화황(SO_2)을 배출하고 납을 가열하는 천연가스로부터 에너지 관련 이산화탄소(CO_2)를 배출한다.
⑥ 소결물은 다시 다른 금속을 포함한 원석, 공기, 용해 부산물 및 야금 코크스 등과 함께 고로에 투입된다.
⑦ 코크스는 공기와 반응하여 연소되면서 일산화탄소(CO)를 생성하고 이것은 화학반응을 통해 산화납을 환원시킨다.
⑧ 제련 공정은 일반적인 고로 또는 ISF(Imperial Smelting Furnace)를 이용하고 납산화물의 환원과정에서 CO_2가 배출된다.
⑨ 직접제련 공정에서는 소결공정이 생략되고 연정광과 다른 물질들이 직접 노에 투입되어 용융·산화된다.
⑩ 다양한 종류의 노가 직접 제련 공정에 이용되는데, Isasmelt-Ausmelt, Queneau-Schumann-Lurgi 및 Kaldo로 등이 용융제련(Bath Smelting)에 사용되고 Kivcet로가 플래시 용련(Flash Smelting)에 사용된다.
⑪ 석탄, 야금 코크, 천연가스 등 다양한 물질들이 공정 중 환원제로 사용되는데 노의 타입에 따라 그 사용량이 달라지며 CO_2의 배출수준이 달라진다.

(2) 2차 생산 공정

① 정제납의 2차 생산은 재활용 납을 재사용하기 위한 준비과정이다.
② 대부분의 재활용 납은 버려진 납산배터리 스크랩으로부터 얻는다.
③ 납산배터리는 해머밀로 분쇄되어 탈황 공정을 거치거나 거치지 않고 제련 공정으로 투입되기도 하고 분쇄되지 않고 통째로 제련되기도 한다.
④ 일반적인 고로, ISF, EAF, ERF, RF, IF, ASL 및 Kivcet로 등이 모두 이 배터리와 다른 재활용 스크랩납의 제련에 사용 가능하다.
⑤ 배출되는 CO_2는 사용하는 환원제의 종류와 양에 따라 달라진다.
⑥ 일반적인 환원제로는 석탄, 천연가스, 야금 코크스 등이 사용되며 ERF는 석유 코크스를 사용한다.

2 보고 대상 배출시설

① 배소로
② 용융·용해로
③ 기타 제련공정(TSL 등)

3 보고 대상 온실가스

구분	CO_2	CH_4	N_2O
산정방법론	Tier 1,2,3,4	–	–

｜납 생산시설에서의 온실가스 공정배출원, 온실가스 종류 및 배출원인｜

배출 공정	온실가스	배출원인
소결로	CO_2	분말형태 연정광을 야금 코크스 등과 혼합한 다음에 연소 환원반응을 거쳐 소결광을 제조하는 과정에서 CO_2 발생
용융·용해로		코크스가 공기와 반응하여 연소되면서 CO가 발생하고 발생된 CO가 화학 반응을 통해 산화납을 환원시키면서 CO_2가 배출됨

출처 : 한국환경공단

4 배출량 산정방법

① Tier 1

㉠ 관련식

$$E_{CO_2} = Pb \times EF_{default}$$

여기서, E_{CO_2} : 납 생산으로 인한 CO_2 배출량(tCO_2)
  Pb : 생산된 납의 양(t)
  $EF_{default}$: 납 생산량당 배출계수(tCO_2/t-생산된 납)

㉡ 특징
- 활동자료로서 납 생산량을 적용한다.
- 배출계수는 납 생산량에 대비한 온실가스 배출량으로 IPCC 기본값을 적용한다.
- CO_2만 산정 및 보고 대상 온실가스이다.

② Tier 2

Tier 2 산정방법에서는 생산공정별 납 생산량 자료(활동자료)에 각 생산공정별 국가 고유 배출계수를 곱하여 CO_2 배출량을 산정한다.

$$E_{CO_2} = DS \times EF_{DS} + ISF \times EF_{ISF} + S \times EF_S$$

여기서, E_{CO_2} : 납 생산으로 인한 CO_2 배출량(tCO_2)
  DS : 직접제련에 의해 생산된 납의 양(ton)
  EF_{DS} : 직접제련에 대한 배출계수(tCO_2/t-생산된 납)
  ISF : ISF(Imperial Smelt Furnace)에서 생산된 납의 양(ton)
  EF_{ISF} : ISF에 대한 배출계수(tCO_2/t-생산된 납)
  S : 2차 생산 공정에서의 납 생산량(ton)
  EF_S : 2차 생산 공정에 대한 배출계수(tCO_2/t-생산된 납)

③ Tier 3

Tier 3 산정방법은 반응로에 유입되는 물질의 탄소함량을 기준하여 CO_2 배출량을 결정하는 방법이다.

$$E_{CO_2} = \sum(P_i \times EF_i) - \sum(P_o \times EF_o)$$

여기서, E_{CO_2} : 납 생산으로 인한 CO_2 배출량(tCO_2)
  P_i : 납 생산을 위하여 투입된 원료(i)의 양(ton)

EF_i : 투입된 원료의 배출계수(tCO$_2$/t-원료)

P_o : 납 생산에 의하여 생산된 생산물(o)의 양(ton)

EF_o : 생산된 생산물의 배출계수(tCO$_2$/t-생산물)

④ Tier 4

연속측정방식(CEM)을 사용한다.

5 매개변수별 관리기준

① 활동자료

㉠ Tier 1

측정불확도 ±7.5% 이내의 납 생산량 자료를 사용한다.

㉡ Tier 2

측정불확도 ±5.0% 이내의 납 생산량 자료를 사용한다.

㉢ Tier 3

측정불확도 ±2.5% 이내의 투입된 원료와 생산된 생산물의 활동자료를 사용한다.

㉣ Tier 4

연속측정방식(CEM)을 사용한다.

② 배출계수

㉠ Tier 1

IPCC 가이드라인 기본 배출계수(납 생산량당 배출계수)를 사용한다.

❙ 납 생산량당 배출계수 ❙

구분	납 생산량당 배출계수
CO$_2$ 배출계수(tCO$_2$/t-생산된 납)	0.52

출처 : 2006 IPCC 국가 인벤토리 작성을 위한 가이드라인

❙ 납 제련 공정에 따른 IPCC 기본 배출계수 ❙

공정 구분	배출계수(tCO$_2$/t-생산된 납)
IPF 공정	0.59
DS 공정	0.25
2차 생산 공정	0.20

출처 : 2006 IPCC 국가 인벤토리 작성을 위한 가이드라인

ⓛ Tier 2

국가 고유 배출계수를 활용한다. 다만 국가 고유 배출계수가 고시되지 않아 활용하지 못할 경우 IPCC 가이드라인 기본 배출계수(납 제련 공정에 따른 IPCC 기본 배출계수)를 사용한다. 단, 온실가스종합정보센터에서 별도의 계수를 공표하여 지침에 수록된 경우 그 값을 적용한다.

ⓒ Tier 3

사업자가 자체적으로 분석한 투입 원료와 배출 산물의 탄소 질량 분율을 측정·분석하여 고유 배출계수를 개발한다.

$$EF_x = x물질의\ 탄소\ 질량\ 분율 \times 3.664$$

여기서, EF_x : x물질의 배출계수(tCO_2/t)
3.664 : CO_2의 분자량(44.010)/C의 원자량(12.011)

ⓔ Tier 4

연속측정방식(CEM)을 사용한다.

SECTION 22 전자산업

1 배출활동 개요

① 전자 산업에서는 실온에서 가스 상태인 불소화합물(Fluorinated Compounds, FCs) 및 N_2O가 사용된다.
② 주로 실리콘 포함 물질의 플라즈마 식각, 실리콘이 침전되어 있던 화학증착(CVD) 기구의 내벽을 세정하는 데 사용된다.
③ 생산과정에서 사용되는 불소화합물 중 일부분은 부산물인 CF_4, C_2F_6, CHF_3, C_3F_8로 전환되기도 한다.

2 보고 대상 배출시설

(1) 식각시설

① 산이나 알칼리 용액에 어떤 제품을 표현처리하기 위하여 담그거나 원료 및 제품을 중화시키는 시설을 말한다.
② 대표적인 것으로서 전자산업에서의 화학약품을 사용하여 금속표면을 부분적 또는 전면적으로 용해 제거하는 부식(식각)시설이 있다.

(2) 증착시설(CVD 등)

① 반도체, 디스플레이 공정에 주로 이용되는 화학기상증착법(CVD)은 기체, 액체 혹은 고체상태의 원료화합물을 반응기 내에 공급하여 기판 표면에서의 화학적 반응을 유도함으로써 반도체 기판 위에 고체 반응생성물인 박막층을 형성하는 공정이다.
② CVD는 공정 중의 반응기의 진공도에 따라 대기압 화학기상증착(APCVD)과 감압 화학기상증착(LPCVD)으로 나뉜다.
③ CVD 방법을 통해 얻어지는 박막의 물리 · 화학적 성질은 증착이 일어나는 기판의 종류 및 반응기의 증착조건(온도, 압력, 원료공급 속도 및 농도 등)에 의하여 결정된다.
④ 일반적인 CVD 장치는 크게 원료수송부, 반응기, 부산물 배출구의 세 부분으로 나눌 수 있다.
⑤ CVD법에 의한 화학반응의 종류로는 이종반응(Heterogeneous Reaction)이 대표적인데, 이것은 반응이 기판 표면에서 일어나 양질의 박막을 얻기 위한 필수적인 반응이다.
⑥ 물질의 확산에 의해 기판으로 공급되는 반응물은 기판 표면에 흡착하게 되어 초기 핵 형성(Nucleation)이 진행되기 시작하며 핵의 크기가 임계크기 이상이 되는 조건에서 핵이 점차

성장하기 시작하여 박막이 형성되기 시작한다.

⑦ 표면반응으로 인해 생길 수 있는 부생성물은 기판 표면으로부터 탈착하여 경계층 밖으로 확산·제거된다.

▮ 전자산업시설에서의 온실가스 공정배출원, 온실가스 종류 및 배출원인 ▮

배출 공정	온실가스	배출원인
식각 공정	FCs (CHF_3, CH_2F_2)	실리콘 포함 물질의 플라스마 식각 시 부식용 불소화합물 가스 배출
화학기상 증착 공정 (CVD)	FCs (CF_4, C_3F_8, C_4F_8, NF_3, CHF_3)	CVD방법(화학증착)에 의해 SiO_2, Si_3N_4, W 등의 증착 이후 Chamber 내벽의 세정용 불소화학물 가스 배출

출처 : 한국환경공단

3 보고 대상 온실가스

구분	불소화합물(FCs)	N_2O
반도체/디스플레이/PV 생산부문 산정방법론	Tier 1, 2a, 2b, 3	Tier 2a, 2b, 3
열전도 유체 부문 산정방법론	Tier 2	-

4 배출량 산정방법

(1) 반도체/LCD/PV 생산부문

① Tier 1

㉠ 관련식

$$FC_{gas} = Q_i \times EF_{FC} \times 10^{-3}$$

여기서, FC_{gas} : FC 가스(j)의 배출량(tGHG)
Q_i : 제품생산 실적(m^2)
EF_{FC} : 배출계수, 제품생산실적 m^2당 사용되는 가스량(kg/m^2)

㉡ 특징
- Tier 1 산정방법은 사업장 자료가 없을 경우에만 적용하는 방법으로 가장 정확성이 떨어진다.
- 여러 가지 불소계 온실가스가 동시에 배출되므로 이를 따로 산정하기는 어렵고 배출되는 여러 가지 불소계 온실가스를 한 세트로 구성하여 산정한다.

- 전체 공정 배출량을 산정할 때는 모든 종류의 FC 가스의 배출량을 계산하여 합산한다.

② Tier 2a
  ㉠ Tier 2a는 가스소비량과 배출제어기술 등의 사업장별 데이터를 기반으로 사용된 각각의 FC 가스 및 N_2O를 계산하는 방법이다.
  ㉡ 적용된 변수들에는 반도체나 디스플레이 제조 공정에서 사용된 가스량, 사용 후에 가스 Bombe에 잔류하는 가스량 등이다.
  ㉢ 배출량 산정은 공정 중 사용되는 가스 및 CF_4, C_2F_6, CHF_3, C_3F_8 등의 부생가스까지 합산해야 한다.
  ㉣ Tier 2a 방법론은 식각·증착공정의 구분을 할 수 없는 경우 적용할 수 있다.
  ㉤ 배출제어기술에 따른 공정별 가스제거 비율을 적용할 경우 "배출제어기술 적용에 따른 FC 가스 및 N_2O 저감효율"의 주석을 참고한다.

③ Tier 2b
  ㉠ Tier 2b는 크게 식각과 CVD 세정 공정으로 구분하여 계수를 사용한다.
  ㉡ 배출제어기술에 따른 공정별 가스제거 비율을 적용할 경우 "배출제어기술 적용에 따른 FC 가스 및 N_2O 저감효율"의 주석을 참고한다.

④ Tier 3
  ㉠ Tier 3도 Tier 2a/2b와 마찬가지로 공정별 고유 계수를 이용하는 방법이나 공장이나 시설의 고유값을 사용한다는 점에서 Tier 2a/2b와 구별된다.
  ㉡ 소규모 단위 공정마다 개별적으로 고유 계수를 적용하는 방법이다.
  ㉢ Tier 2b와 동일한 산정식을 사용하나 Tier 2b에서의 (p)변수가 Tier 3에서는 특정 공정에 대한 사업장 고유 계수로 대체된다.

(2) 열전도 유체 부문

① Tier 2
  ㉠ 열전도 유체로 쓰이는 불소계 온실가스의 배출량을 산정하는 Tier 2 방법은 연간 액체 불소화합물의 사용량을 이용하여 산정한다.
  ㉡ 사업장별 자료가 이용 가능할 때 적용된다.

$$FC_j = \rho_j \times [I_{j,t-1}(l) + P_{j,t}(l) - N_{j,t}(l) + R_{j,t}(l) - I_{j,t}(l) - D_{j,t}(l)] \times 10^{-3}$$

여기서, FC_j : FC 액체(j)의 배출량(tGHG)
ρ_j : 액체(j)의 밀도(kg/L)
$I_{j,t-1}$: 산정기간 전 액체(j)의 인벤토리 총량(L)
$P_{j,t}$: 산정기간 중 액체(j)의 구매량과 회수량의 총합(L)

$N_{j,t}$: 산정기간 중 신설된 설비의 총 충진량(L)
$R_{j,t}$: 산정기간 중 퇴출된 설비와 판매된 설비 충진량의 총합(L)
$I_{j,t}$: 산정기간 말 액체(j)의 인벤토리 총량(L)
$D_{j,t}$: 산정기간 중 퇴출된 설비잔류로 인해 방출된 액체(j)의 총량

5 매개변수별 관리기준

(1) 반도체/디스플레이/PV 생산부문

① 활동자료

㉠ Tier 1

측정불확도 ±7.5% 이내의 사업장별 제품 생산량 등 활동자료를 사용한다.

㉡ Tier 2a, 2b

측정불확도 ±5.0% 이내의 사업장별 FC 가스 사용량 등의 활동자료를 사용한다.

㉢ Tier 3

측정불확도 ±2.5% 이내의 사업장별 FC 가스 사용량 등의 활동자료를 사용한다.

② 배출계수

㉠ Tier 1

Tier 1 산정방법론의 기본 배출계수(기판의 단위면적당 질량)를 사용한다.

㉡ Tier 2a

ⓐ 국가 고유 배출계수(FC 가스 사용비율, 부생가스 배출계수 등)를 사용한다.

ⓑ 다만 국가 고유 배출계수를 사용하지 못할 경우에는 각 제조공정별 Tier 2a 산정방법론의 기본 배출계수를 사용한다.

㉢ Tier 2b

ⓐ 국가 고유 배출계수(FC 가스 및 N_2O 사용비율, 부생가스 배출계수 등)를 사용한다.

ⓑ 다만 국가 고유 배출계수를 사용하지 못할 경우에는 각 제조공정별 Tier 2b 산정방법론의 기본 배출계수를 사용한다.

㉣ Tier 3

사업자가 자체 개발한 고유 배출계수(공정별 FC 가스 사용비율, 부생가스 배출계수, 배출 저감기술 적용에 따른 저감 효율 등)를 사용한다.

(2) 열전도 유체 부문

① 활동자료

ㄱ Tier 1

측정불확도 ±7.5% 이내의 사업장별 액체 불소화합물 사용량 등의 활동자료를 사용한다.

ㄴ Tier 2

측정불확도 ±5.0% 이내의 사업장별 액체 불소화합물 사용량 등의 활동자료를 사용한다.

ㄷ Tier 3

측정불확도 ±2.5% 이내의 사업장별 액체 불소화합물 사용량 등의 활동자료를 사용한다.

② 배출계수

ㄱ Tier 2

국가 고유 배출계수를 활용한다. 단, 온실가스종합정보센터에서 별도의 계수를 공표하여 지침에 수록된 경우 그 값을 적용한다.

ㄴ Tier 3

사업자가 자체 개발한 고유 배출계수를 사용한다.

SECTION 23 연료전지

1 배출활동 개요

① 연료전지는 외부에서 수소와 산소를 공급받아 수용액에서 전자를 교환하는 산화·환원반응을 하며, 해당 반응에서 생성된 화학적 에너지를 전기에너지로 변환시키는 발전장치이다.
② 물을 전기분해하면 전극에서 산소와 수소가 발생하는데, 연료전지는 그에 대한 역반응으로 수소와 산소로부터 전기와 물을 생산한다.
③ 수소를 생산하기 위하여 연료전지 앞단에서 탄화수소와 물을 반응시키고 이 과정에서 CO_2가 발생된다.

2 보고 대상 배출시설

연료전지

3 보고 대상 온실가스

구분	CO_2	CH_4	N_2O
산정방법론	Tier 1, 2, 3, 4	–	–

4 배출량 산정방법

① Tier 1~3

$$E_{i,CO_2} = FR_i \times EF_i$$

여기서, E_{i,CO_2} : 연료전지 공정에서의 CO_2 배출량(tCO_2)
  FR_i : 원료(i) 투입량(ton)
  EF_i : 원료(i)별 CO_2 배출계수(tCO_2/t-원료)

② Tier 4
연속측정방식(CEM)을 사용한다.

5 매개변수별 관리기준

① 활동자료(FR_i)

　㉠ Tier 1
　　측정불확도 ±7.5% 이내의 원료투입량(FR_i) 자료를 사용한다.

　㉡ Tier 2
　　측정불확도 ±5.0% 이내의 원료투입량(FR_i) 자료를 사용한다.

　㉢ Tier 3
　　측정불확도 ±2.5% 이내의 원료투입량(FR_i) 자료를 사용한다.

　㉣ Tier 4
　　연속측정방식(CEM)을 사용한다.

② 배출계수(EF_i)

　㉠ Tier 1
　　IPCC 가이드라인 기본 배출계수를 사용한다.

┃연료전지 IPCC 가이드라인 기본 배출계수┃

구분	배출계수(tCO_2/t-원료)
LNG	2.6928tCO_2/t-LNG
LPG	2.9846tCO_2/t-LPG
바이오가스(메탄)	2.7518tCO_2/t-바이오가스(메탄)

　㉡ Tier 2
　　국가 고유 배출계수를 사용한다.

┃연료전지 국가 고유 배출계수┃

구분	배출계수(tCO_2/t-원료)
LNG	2.7657tCO_2/t-LNG
LPG	2.9864tCO_2/t-LPG

　㉢ Tier 3
　　사업자가 고유 배출계수를 개발하여 사용한다.

　㉣ Tier 4
　　연속측정방식(CEM)을 사용한다.

SECTION 24 오존파괴물질(ODS)의 대체물질 사용

1 오존파괴물질의 대체물질 사용 개요

① 불소계 온실가스는 화학산업이나 전자산업 등에서 제품 생산 공정 중에 사용되기도 하지만 생산된 설비의 충진물 등 다양한 용도로 소비되기도 한다.
② 오존파괴물질(ODS)의 대체물질은 제품 제작단계부터 폐기단계까지의 제작, 충진, 사용, 폐기 등의 사용량을 보고하여야 하며, 할당대상업체의 온실가스 총 배출량에는 합산하지 않는다.
③ 전기설비 사용자 중 전기사업자는 전기설비 사용에 따른 배출량을 계산하여 총 배출량에 포함하여야 한다.

(1) 비에어로졸 용매

① 불소계 온실가스 중에서 HFCs가 몬트리올 의정서에 의해 규제물질로 지정된 CFC-113을 대체하여 용매로 사용되고 있으며 정밀세척, 전자세척, 금속세척, 탈착 시에 주로 사용된다.
② 가장 흔히 쓰는 용매는 HFC-43-10mee이다.
③ PFCs는 비활성이며 GWP가 높고 기름을 용해하는 능력이 없어 세척용으로는 거의 사용되지 않는다.
④ 용매는 제품 안에 충진하여 사용하게 되므로 제품의 수명과 배출이 밀접한 관계가 있다.

(2) 에어로졸

① 에어로졸은 추진제와 용매로 사용되며 즉각 배출로 간주되는데, 이는 초기 충진량이 제조 후 1~2년 안에 모두 배출되며 대부분은 판매 후 6개월 안에 모두 배출되기 때문이다. 그러므로 배출량 산정을 위해서는 에어로졸의 초기 충진량을 알아야 한다.
② 에어로졸 중 추진제로 사용되는 물질은 HFC-134a, HFC-227ea, HFC-152 등이 있다.
③ HFC-245fa, HFC-365mfc, HFC-43-10mee는 용매로 사용된다.

(3) 발포제

① 기존에는 발포제로 대부분 CFCs를 사용해 왔으나 몬트리올 의정서에 의해 CFCs가 규제된 이후 현재는 대체물질로 주로 HFCs가 사용되고 있다.
② HFC-245fa, HFC-365mfc, HFC-227ea, HFC-134a, HFC-152a 등의 물질이 주로 이용된다.

③ 발포제는 불소계 온실가스가 배출되는 과정에 따라 개방형 기포(Open-Cell)와 폐쇄형 기포(Closed-Cell)로 구분하는데 HFCs가 제조 과정이나 제조된 직후에 배출되는 것을 개방형 기포, 그렇지 않고 사용 중에 배출되는 것을 폐쇄형 기포로 구분한다.
④ 개방형 기포 발포제는 매트리스, 자동차 시트, 사무용 가구처럼 틀에 넣어 만들어진 제품에 사용된다.
⑤ 폐쇄형 기포 발포제는 다른 제품의 사용 중 절연 용도로 주로 사용된다.

(4) 냉동 및 냉방

① 기존에 냉장고와 에어컨의 생산 공정 시 냉매 충진물로 사용되어 오던 CFCs와 HCFCs를 대체하여 현재는 주로 HFCs가 사용되고 있다.

② 냉동 및 냉방 부문의 6가지 하위 용도
  ㉠ 가정용(즉, 가계용) 냉동장치
  ㉡ 자동판매기로부터 슈퍼마켓의 중앙냉동장치에 이르는 다양한 설비의 공업용 냉동장치
  ㉢ 냉각장치, 냉동 저장, 식품에 사용되는 산업 열펌프, 석유화학 및 기타 산업을 포함하는 산업공정
  ㉣ 냉동트럭, 저장고, 대형 냉장차, 트럭에 사용되는 설비와 시스템을 포함하는 산업공정
  ㉤ 건설 및 거주 용도에 대한 공기 대 공기 시스템, 열펌프 그리고 냉각장치를 포함하는 고정 냉방장치
  ㉥ 자동차와 트럭, 버스, 기차에 사용되는 이동식 냉방장치

③ 냉각, 고압 냉각장치와 자동차의 에어컨 시스템은 기존에 사용되던 CFC-12를 대체하여 HFC-134a가 사용되고 있다.
④ 고정식 에어컨은 R-407, R-410A 등 HFC 혼합물이 기존의 HCFC-22를 대체하여 사용되고 있다.
⑤ 상업용 냉각 시스템에서도 R-404A, R-507A, R-502와 같은 냉매혼합물이 HCFC-22를 대체하고 있다.

(5) 소방 부문

① 소방 부문에서는 할론에 대한 부분적인 대체물로 HFCs와 PFCs가 사용되며 이동식 설비와 고정식 설비가 있다.
② 불소계 온실가스는 전기의 공급원에서 공기조절 시 화재발생원을 관리하기 위해서도 사용되고 실질적인 화재 방재용 설비의 충진물로도 사용된다.

③ 발생되는 온실가스의 종류는 지역적 · 국가적으로 또는 시기적으로 다르다. 왜냐하면 화재 진압 시의 실제 배출량은 상당히 소량일 것으로 예측하는 반면 비상용 소방 설비의 사용이 증가함에 따라 미래의 잠재적 배출에 대한 뱅크가 축적되기 때문이다.
④ 소방 부문에서의 온실가스 배출량은 사용된 온실가스의 종류를 확인한 후 사용 및 보관에 따른 배출량도 고려하여 산정해야 한다.

(6) 전기 설비

① 전기 설비에는 주로 SF_6와 PFCs가 사용되며 송전과 배전 중 전기 설비에서 전기 절연체와 전류 차단제로 사용된다.
② 전기 설비 부문의 불소계 온실가스는 생산, 설치, 사용, 유지 · 관리, 폐기의 전 공정에 걸쳐서 배출되므로 배출량 산정 시에는 설비 설치나 SF_6 소비량에만 국한되지 않고 생산 공정과 생산품 유지 · 관리, 폐기까지, 즉 각 배출에서 뱅크까지 고려하여 산정해야 한다.
③ 불소계 온실가스가 절연체로서 설비 안에 충진되기 때문에 전기 설비의 수출 · 입에 따라 지역 및 국가 간 이동이 빈번하므로 배출량 산정 경계를 명확히 해야 할 필요가 있다.

(7) 기타 사용

이 외에도 기타 오존파괴물질(ODS) 대체물로 사용되는 HFCs, PFCs들이 많은데 이러한 부문의 불소계 온실가스 배출은 현재와 전년도의 불소계 온실가스의 판매량을 이용하여 산정하며 정의에 따라 2년 이상의 배출량은 100%가 되어야 한다.

‖ ODS 대체물질의 용도 및 대표물질 ‖

대체물질	용도	대표물질
비에어로졸 용매	CFC-113 대체물질로서 정밀세척, 전차세척, 금속세척, 불순물 탈착 시 주요 사용	HFC-43-10me
에어로졸	추진제와 용매로 사용	• 추진제 : HFC-134a, HFC-227ea HFC-152 • 용매 : HFC-245fa, HFC-365mfc HFC-43-10mee
발포제	CFCs 대체로 HFCs가 사용되고 있으며, 개방형 기포와 폐쇄형 기포로 구분	HFC-245fa, HFC-365mfc, HFC-227ea, HFC-134a, HFC-152a
냉동 및 냉방	CFCs와 HFCs를 대체하기 위해 냉동 및 냉방장치의 냉매로 사용	HFC-134a, R-407, R-410A
소방 부문	• 할론 대체물질로 개발 · 보급 • 전기의 공급원에서 공기 조절 시 화재발생원 관리 • 화재 방재용 설비 충진물	HFCs, PFCs

대체물질	용도	대표물질
전기 설비	송전과 배전 중 전기 절연체와 전류 차단제	SF_6, PFCs
기타 사용	기타 ODS 사용	HFCs, PFCs

출처 : 한국환경공단

‖ ODS 대체물질 사용 온실가스 공정배출원, 온실가스 종류 및 배출원인 ‖

배출 공정	종류	배출원인
비에어로졸 용매	HFCs, PFCs	• 제품 제조 시 탈루 배출 • 용매인 불소계 온실가스의 제품 보관 및 사용 형태는 반개방형으로 제품 사용 과정에서 외부로 즉각 배출 • 용매는 제품 사용 후 2년 이내에 모두 배출되는 것으로 판단
에어로졸		
발포제		• 개방형 기포는 HFCs가 제품 제조과정 및 제조 직후 탈루 배출 • 폐쇄형 기포는 HFCs가 제품 사용 중 탈루 배출
냉동 및 냉방	HFCs, PFCs	• 냉매 주입(초기 주입 및 재충전 시)-사용-폐기 단계에서 탈루 배출 • 냉매의 제품 보관 및 사용 형태는 폐쇄형으로 사용 과정에서 탈루 배출은 미량으로 추정되고, 주입 및 재충전, 제품 폐기 과정에서 분해 처리하는 과정 및 탈루 배출이 높음
소방 부문		• 생산 과정에서의 탈루 배출은 개방형 • 제품 사용 시는 개방형으로 즉시 탈루 배출 • 소화가스는 용기 안에 충진하여 사용되므로 제품 수명과 배출이 밀접한 관련이 있는 폐쇄형 탈루 배출 • 제품 사용 시 즉각 탈루
전기 설비		• 생산 과정에서는 개방형 탈루 배출 • 설치-사용-유지·관리-폐기 과정에서 폐쇄형 탈루 배출
기타 사용		• 기타 생산 과정 및 사용, 폐기 단계에서 탈루

출처 : 한국환경공단

2 배출량 산정방법

(1) 비에어로졸 용매

① Tier 1

㉠ 관련식

$$Emissions_t = S_t \times EF + S_{t-1} \times (1-EF) - D_{t-1}$$

여기서, $Emissions_t$: t년도에 배출된 양(kg)

S_t : t년도에 구매한 용매의 양(kg)

S_{t-1} : $t-1$년도에 구매한 용매의 양(kg)

EF : 배출계수(구매한 첫 해의 배출률=0.5, 향후 센터에서 별도의 계수를 공표할 경우 그 값을 적용한다.)

D_{t-1} : 조직경계 내부에서 처리하거나 조직경계 외부로 반출한 양(kg)

ⓒ 특징
- 보통 용매는 초기 충진량의 100%가 제품을 사용하기 시작한 후 1~2년 내에 모두 배출되므로 즉각 배출로 간주한다.
- 용매를 충진하는 제품의 수명을 2년으로 가정하고 제품을 사용하기 시작한 첫해에 배출되는 양과 마지막 연도인 2년째에 배출될 것을 모두 고려한 배출계수를 적용한다. 이것이 Tier 1 방법이며 여기에서는 초기량의 50%를 기본 배출계수로 사용하는 것이 타당하다.
- 기본 배출계수 외에 HFC나 PFC의 연간 용매로서의 구매량을 알아야 배출량을 산정할 수 있다.

  ※ 제품 제작자는 위 배출량 산정식에서의 보고항목 중 해당 항목을 별지 서식에 따라 보고한다. 단, 여기에서 보고되는 항목은 관리업체의 온실가스 총 배출량에는 합산하지 않는다.

(2) 에어로졸

① Tier 1

㉠ 관련식

$$Emissions_t = S_t \times EF + S_{t-1} \times (1 - EF)$$

여기서, $Emissions_t$: t년도에 배출된 양(kg)

S_t : t년도에 구매한 에어로졸 제품에 포함된 HFC와 PFC의 양(kg)

S_{t-1} : $t-1$년도에 구매한 에어로졸 제품에 포함된 HFC와 PFC의 양(kg)

EF : 배출계수(사용한 첫해의 배출률=0.5, 향후 센터에서 별도의 계수를 공표할 경우 그 값을 적용한다.)

ⓒ 특징
- 에어로졸 제품의 수명이 2년 이하로 가정되기 때문에 초기 충진량의 50%를 기본 배출계수로 사용한다. 그러나 판매 시점을 정의하는 데 유의해야 한다.
- 에어로졸은 용매와 달리 제품 사용 시점을 최종 사용자에게 공급되는 시기로 정의하지 않으므로 회수나 재활용, 파기 등을 고려하지 않는다.

  ※ 제품 제작자는 위 배출량 산정식에서의 보고항목 중 해당 항목을 별지 서식에 따라 보고한다. 단, 여기에서 보고되는 항목은 관리업체의 온실가스 총 배출량에는 합산하지 않는다.

(3) 발포제

① Tier 1(폐쇄형 기포(Closed-Cell) 발포제)

㉠ 관련식

$$Emissions_t = M_t \times EF_{FYL} + Bank_t \times EF_{AL} + DL_t - RD_t$$

여기서, $Emissions_t$: t년도의 연간 Closed-Cell 발포제에 의한 배출량(kg/yr)

M_t : t년도에 Closed-Cell 발포제 생산에 사용된 총 HFC의 양(kg/yr)

EF_{FYL} : 첫 해의 손실 배출계수(0~1 사이의 소수, 향후 센터에서 국가 배출계수를 공표하면 그 값을 적용)

$Bank_t$: Closed-Cell 발포제 생산과정에서 $t-n$과 t년 사이의 HFC 몰 입량(kg)

EF_{AL} : 연간 손실 배출계수(0~1 사이의 소수, 향후 센터에서 국가 배출계수를 공표하면 그 값을 적용)

DL_t : t년도의 폐기 손실량(kg), 즉, 수명이 다한 제품을 폐기할 때 그 안에 남아 있는 불소계 온실가스의 양

RD_t : t년도의 회수나 파기에 의한 HFC 배출 방지량(kg)

n : 폐쇄형 기포 발포제의 수명(20년으로 간주함)

$t-n$: 발포제 안에서 HFC가 존재하고 있는 총 기간

㉡ 특징
- 폐쇄형 기포 발포제에 의한 온실가스 배출량을 산정할 때는 연간 발포제 생산에 사용된 총 HFC의 양과 첫해의 손실계수 및 연간 손실 계수, 폐기 시 발생량을 고려하고 회수와 폐기에 의해 제거되는 양도 제외해 주어야 한다.
- 발포제 생산과정에서 제품수명과 현재 사이에 사용된 불소계 온실가스의 양($Bank_t$)도 포함해야 한다.

▮ 폐쇄형 발포제의 기본 배출계수 ▮

배출계수	초기값
제품수명	n = 20 years
첫 해의 손실률	10% 순수한 HFC 사용/year (생산 공정 중 재활용 사용에 따라 5%로 떨어지기도 함)
연간 손실률	순수한 HFC는 4.5% charge/year

출처 : 2006 IPCC 국가 인벤토리 작성을 위한 가이드라인

② Tier 1(개방형 기포(Open-Cell) 발포제)
  ㉠ 관련식

  $$Emissions_t = M_t$$

  여기서, $Emissions_t$: t년도에 Open-Cell 발포제 생산에 따른 배출량(kg)
  M_t : t년도에 Open-Cell 발포제 생산에 사용된 총 HFC의 양(kg)

  ㉡ 특징
  - 개방형 발포제에서는 첫 해의 손실 배출계수(EF_{FYL})가 100%이다.
    ※ 제품 제작자는 위 배출량 산정식에서의 보고항목 중 해당 항목을 별지 서식에 따라 보고한다.
    단, 여기에서 보고되는 항목은 관리업체의 온실가스 총 배출량에는 합산하지 않는다.
  - 발포제 생산에 사용된 총 HFC의 양이 배출량이 된다.

(4) 냉동 및 냉방

① Tier 1~2
  ㉠ 관련식

  $$E_{total,t} = E_{containers,t} + E_{charge,t} + E_{lifetime,t} + E_{end-of-life,t}$$

  여기서, $E_{total,t}$: t년도의 냉동 및 냉방 부문의 총 배출량(kg)

  ⓐ 보관단계

  $$E_{containers,t} = RM_t \times \frac{c}{100}$$

  여기서, $E_{containers,t}$: t년도의 HFC 용기(Container)에서의 총 배출량(kg)
  RM_t : t년도의 저장용기에 보관하고 있는 온실가스 규모(kg)
  c : 현재 냉동 시장의 HFC 용기에 대한 배출계수(%)(IPCC 기본계수의 중간값인 6% 적용, 향후 센터에서 국가 배출계수를 공표하면 그 값을 적용한다.)

  ⓑ 충진단계

  $$E_{charge,t} = M_t \times \frac{k}{100}$$

  여기서, $E_{charge,t}$: t년도의 냉동 및 냉방설비 제조 및 조립 시 발생하는 탈루 배출량(kg)
  M_t : t년도의 새 설비에 충진하는 HFC의 양(kg)
  k : t년도의 새 설비를 생산할 때 손실되는 HFC에 대한 배출계수(%)
  (향후 센터에서 국가 배출계수를 공표하면 그 값을 적용한다.)

ⓒ 사용단계

$$E_{lifetime,t} = B_t \times \frac{x}{100}$$

여기서, $E_{lifetime,t}$: t년도의 냉동 및 냉방설비 사용과정의 HFC 배출량(kg)
B_t : 냉매용량 – 과거 보고된 배출량의 누적값(kg)
x : t년도에 냉동 및 냉방설비를 사용하는 과정에서 탈루, 유지보수 시 발생하는 손실 및 누출되는 HFC의 연간 누출률(%)(향후 센터에서 국가 배출계수를 공표하면 그 값을 적용한다.)

ⓓ 폐기단계

$$E_{end-of-life} = M_{t-d} \times \frac{p}{100} \times (1 - \frac{\eta_{rec,d}}{100})$$

여기서, $E_{end-of-life}$: t년도의 냉동 및 냉방설비 폐기 시의 HFC 배출량(kg)
M_{t-d} : $t-d$년도에 새 냉동 및 냉방설비 설치 시 처음 충전한 HFC의 양(kg)
p : 충전 총량 대비 폐기 시 설비 안에 남은 HFC의 양의 비율(%, 향후 센터에서 국가 배출계수를 공표하면 그 값을 적용한다.)
$\eta_{rec,d}$: 폐기 시 회수율(%)

※ 회수율은 시설 폐기 시 재활용 또는 파괴목적으로 회수한 가스량과 잔여량의 비율(회수량/잔여량)을 사업장에서 산정하여 사용한다. 단, 회수율은 100%를 초과할 수 없다.

ⓒ 특징

Tier 1~2 방법은 배출계수법으로서 하위 용도별 냉동 및 냉방설비에 냉매를 주입하기 위해 저장·보관하는 용기에서의 탈루, 신규 설비의 냉매 초기 주입(신규 냉동 및 냉방설비 제조) 과정에서의 탈루, 설비의 사용(유지보수 포함) 및 폐기 시점에서의 탈루를 반영한 배출계수를 각각 적용해야 한다.

※ 제품 제작자는 위 배출량 산정식에서의 보고항목 중 해당 항목을 별지 서식에 따라 보고한다. 단, 여기에서 보고되는 항목은 관리업체의 온실가스 총 배출량에는 합산하지 않는다.

② Tier 3
- Tier 3 배출량 산정방법은 아래와 같이 물질수지 접근법을 이용한다.
- CO_2 등가량으로 보고할 경우 온실가스별 지구온난화지수(GWP)를 적용하여 환산한다.
- 다수의 온실가스가 배출될 경우 각 온실가스별로 배출량을 산정한 후 지구온난화지수를 적용하여 합산한 총 온실가스 배출량을 보고한다.
- 감축노력을 통하여 누출율 등을 개선한 경우 기본 배출계수를 사용하는 Tier 1~2 방법론으

로는 감축량을 반영할 수 없기 때문에 물질수지법을 사용하여 배출량을 보고할 수 있다.
- 단, 물질수지법을 사용하여 사용단계의 배출량을 산정하는 경우에는 유지보수 단계에서 점검한 시설과 미점검 시설을 구분하여 배출량을 산정해야 한다.
- 인벤토리의 완전성을 확보하기 위해서 물질수지법을 사용하지 않은 미점검 시설의 배출량을 배출계수법을 사용하여 산정해야 한다.
- 폐기단계 배출량을 물질수지법으로 산정하는 경우 최종 사용단계에서 보고된 배출량이 중복 산정될 수 있다.
- 폐기단계 배출량을 물질수지로 산정하는 경우에는 배출계수법을 사용하여 과거 보고한 최종사용단계 배출량을 차감한 후 배출량을 산정해야 한다.

㉠ 보관단계

$$Emissions_{containers} = 구매한\ 총\ 온실가스(kg) - 충진에\ 사용한\ 총\ 온실가스(kg)$$

㉡ 충진단계

$$Emissions_{charge} = 냉동 \cdot 냉방\ 설비\ 제작에\ 사용된\ 총\ 온실가스(HFC)\ 소비량(kg) - 제작된\ 냉동 \cdot 냉방\ 설비의\ 총\ 온실가스\ 정격용량(온실가스가\ 충진된\ 상태로\ 판매되는\ 전기\ 설비만\ 포함)(kg)$$

㉢ 사용단계

$$Emissions_{use} = 냉동 \cdot 냉방\ 설비의\ 온실가스(HFC)\ 잔여량(kg) \times 누출계수(0에서\ 1\ 사이의\ 소수)\ 또는\ 누출량\ 실측값$$

(5) 소방

① Tier 1

$$Emissions_t = Bank_t \times EF + RRL_t$$
$$Bank_t = \sum_{i=t_0}^{t}(Production_t + Imports_i - Exports_i - Destruction_i - Emissions_{i-1}) - RRL_t$$

여기서, $Emissions_t$: t년도의 소방 설비로부터의 불소계 온실가스 배출량(kg)
$Bank_t$: t년도에 소방 설비로부터의 불소계 온실가스 Bank(kg)
EF : 매년 소방 설비에서 배출되는 불소계 온실가스의 비율(고정설비 IPCC 기본값은 2%, 휴대장비의 IPCC 기본값은 4% 적용, 향후 센터에서 국가 배출계수를 공표하면 그 값을 적용한다. 단위 없음)
RRL_t : 회수, 재활용, 폐기 시의 배출량(kg)

$Production_t$: t년간 소방 설비 생산을 위해 새로 제공된(재활용된) 약품량(kg)

$Imports_i$: 소방 설비의 약품 수입량(kg)

$Exports_i$: 소방 설비의 약품 수출량(kg)

$Destruction_i$: 소방 설비 폐기에 의해 수집 및 파기된 약품의 양(kg)

※ 제품 제작자는 위 배출량 산정식에서의 보고항목 중 해당 항목을 별지 서식에 따라 보고한다. 단, 여기에서 보고되는 항목은 관리업체의 온실가스 총 배출량에는 합산하지 않는다.

(6) 전기 설비

① Tier 1~2

㉠ 관련식

$$Emissions_{total} = Emissions_{manufacturing} + Emissions_{installation} + Emissions_{use} + Emissions_{disposal}$$

여기서, $Emissions_{total}$: 전기 설비 부문에서 발생하는 총 배출량(kg)

$Emissions_{manufacturing}$: 생산 배출계수 × 설비 생산 시 소비되는 총 온실가스(SF_6 또는 PFCs) 양(kg)

$Emissions_{installation}$: 설치 배출계수 × 지역 내 새로 설치된 설비의 충진 용량(kg)

$Emissions_{use}$: 사용 배출계수 × 설치된 설비의 충진 용량(kg)

$Emissions_{disposal}$: 폐기되는 설비의 충진 용량 × 폐기 시 온실가스 (SF_6 또는 PFCs)의 잔류 비율(kg)

ⓐ 제작단계

$Emissions_{manufacturing}$ = 제작단계 배출계수 × 전기설비 제작에 사용된 총 온실가스 (SF_6 또는 PFCs) 소비량(kg)

ⓑ 설치단계

$Emissions_{installation}$ = 설치단계 배출계수 × 사용 현장에 신규로 설치된 전기설비의 온실가스(SF_6 또는 PFCs) 정격용량(Nameplate Capacity)(kg)

ⓒ 사용단계

$Emissions_{use}$ = 사용단계 배출계수 × 사용 중인 전기설비의 총 온실가스(SF_6 또는 PFCs) 정격용량(kg)

ⓓ 폐기단계

$Emissions_{disposal}$ = 폐기 전기설비의 총 온실가스 정격용량(kg) × 폐기 전기설비의 온실가스 잔여율(Fraction) × (1 − 재활용 또는 파괴 목적의 온실가스 회수율(Fraction))

※ 회수율은 시설 폐기 시 재활용 또는 파괴 목적으로 회수한 가스량과 잔여량의 비율(회수량/잔여량)을 사업장에서 산정하여 사용한다. 단, 회수율은 1을 초과할 수 없다.

ⓛ 특징
- 설비의 정격용량에 따른 SF_6와 PFCs의 소비량을 추정하여 기본배출계수를 적용한다.
- 전기설비의 제조단계에서 온실가스(SF_6, PFC 등)를 충진한 뒤 밀봉할 경우 설치단계는 제외될 수 있다.
- 제작단계에서 점검 및 테스트 과정을 위해 온실가스를 충진한 뒤 회수하고, 사용 현장 설치단계에서 온실가스를 별도 충진할 경우 제작단계 및 설치단계 배출량을 구분하여 각각 산정해야 한다.
- CO_2 등가량으로 보고할 경우 온실가스별 지구온난화지수(GWP)를 적용하여 환산한다.
- 다수의 온실가스가 배출될 경우 각 온실가스별로 배출량을 산정한 후 지구온난화지수를 적용하여 합산한 총 온실가스 배출량을 보고한다.

② Tier 3
- 설비 사용단계의 Tier 3 배출량 산정방법은 물질수지 접근법을 이용한다.
- 감축노력을 통하여 누출률 등을 개선한 경우 기본 배출계수를 사용하는 Tier 1~2 방법론으로는 감축량을 반영할 수 없기 때문에 물질수지법을 사용하여 배출량을 보고할 수 있다.
- 단, 물질수지법을 사용하여 사용단계의 배출량을 산정하는 경우에는 유지보수 단계에서 점검한 시설과 미점검 시설을 구분하여 배출량을 산정해야 한다.
- 인벤토리의 완전성을 확보하기 위해서 물질수지법을 사용하지 않은 미점검 시설의 배출량을 배출계수법을 사용하여 산정해야 한다.
- 폐기단계 배출량을 물질수지법으로 산정하는 경우 최종 사용단계에서 보고된 배출량이 중복 산정될 수 있다.
- 폐기단계 배출량을 물질수지로 산정하는 경우에는 배출계수법을 사용하여 과거 보고한 최종 사용단계 배출량을 차감한 후 배출량을 산정해야 한다.

(7) 기타 사용

① Tier 1

$$Emissions_t = S_t \times EF + S_{t-1} \times (1-EF)$$

여기서, $Emissions_t$: t년도의 배출량(kg)

S_t : t년도에 구매한 HFC와 PFC의 양(kg)

S_{t-1} : $t-1$년도에 구매한 HFC와 PFC의 양(kg)

EF : 제조 후 첫 해에 배출된 불소계 온실가스의 비율

※ 제품 제작자는 위 배출량 산정식에서의 보고항목 중 해당 항목을 별지 서식에 따라 보고한다. 단, 여기에서 보고되는 항목은 관리업체의 온실가스 총 배출량에는 합산하지 않는다.

3 매개변수별 관리기준

① 활동자료

㉠ Tier 1

측정불확도 ±7.5% 이내의 설비별 충진용량을 활동자료로 사용한다.

㉡ Tier 2

측정불확도 ±5.0% 이내의 설비별 충진용량을 활동자료로 사용한다.

㉢ Tier 3

측정불확도는 ±2.5% 이내의 재충전량과 회수량을 활동자료로 사용한다.

② 배출계수

㉠ Tier 1

아래의 IPCC 가이드라인 기본 배출계수를 사용한다.

㉡ Tier 2

국가 고유 배출계수를 사용한다.

※ 제품(전기설비) 제작자는 위 배출량 산정식에서의 보고항목 중 해당 항목을 별지 서식에 따라 보고한다. 단, 여기에서 보고되는 항목은 관리업체의 온실가스 총 배출량에는 합산하지 않는다. 제품(전기설비) 사용자 중 전기사업자는 위 배출량 산정식 중 사용에 따른 배출량($Emission_{use}$)을 계산하여 총 배출량에 포함하여 보고하여야 한다.

SECTION 25 기타 온실가스 배출

1 배출활동 개요

용접설비에 의한 CO_2 배출(CO_2 용접, 에틸렌 절단, 아세틸렌 용접, LPG 용접 등), 황연제거설비 등 대기오염방지시설의 탄화수소류 등의 사용으로 인한 CO_2 배출, 동제련 공정 중 환원제, 전극봉, 석회석 등의 사용으로 인한 공정배출 등 PCB 생산 공정에서의 CO_2 사용에 따른 배출량, 요소수 사용 등 탄산염 이외의 배연탈황 및 배연탈질시설에 의한 배출량, 식각·증착 공정에서의 불소화합물(FCs) 외 N_2O 등 기타 온실가스 사용에 따른 배출량 등 이 지침에서 산정방법 등이 제시되지 않은 기타 온실가스 배출에 대해서는 할당대상업체가 산정방법론을 스스로 제시하여 검증기관의 검증을 거쳐 배출량을 산정하여야 한다(물질수지법 활용 가능). 환경부장관은 이 지침에 제시되지 않은 기타 온실가스 배출활동의 세부 산정방법론 및 매개변수별 관리기준 등을 고시한다.

2 보고 대상 배출시설

① 대기오염방지시설
② 기타

3 보고 대상 온실가스

구분	CO_2	CH_4	N_2O
① 요소수 사용에 따른 온실가스 배출 산정방법론	Tier 1,2,3	–	–
② 용접 및 절단 설비 사용에 따른 온실가스 배출 산정방법론	Tier 1,2,3		
③ 기타 탄화수소류 사용에 따른 온실가스 배출 산정방법론	Tier 1,2,3		
④ 전자산업(식각·증착 공정 제외)의 시설에서의 N_2O 등 non-FC 가스 사용에 따른 온실가스 배출 산정방법론	Tier 1,2,3	Tier 1,2,3	Tier 1,2,3
⑤ 기타 온실가스 배출 산정방법론	Tier 3	Tier 3	Tier 3

4 배출량 산정방법론

(1) 요소수 사용에 따른 온실가스 배출

① Tier 1~3

$$E_{CO_2} = Q_i \times r_i \times EF_i$$

여기서, E_{CO_2} : 요소수(i)의 반응에 따른 CO_2의 배출량(tCO_2)
Q_i : 요소수(i)의 사용량(ton-요소수)
r_i : 요소수(i)의 순도(0에서 1 사이의 소수)
EF_i : 요소수(i)에 따른 CO_2의 배출계수(tCO_2/t-요소수)

(2) 용접 및 절단 설비 사용에 따른 온실가스 배출

① Tier 1~3

$$E_{CO_2} = Q_i \times r_i \times EF_i$$

여기서, E_{CO_2} : 탄화수소(i)의 반응에 따른 CO_2의 배출량(tCO_2)
Q_i : 탄화수소(i)의 사용량(ton-탄화수소)
r_i : 탄화수소(i)의 순도(0에서 1 사이의 소수)
EF_i : 탄화수소(i)에 따른 CO_2의 배출계수(tCO_2/t-요소수)

(3) 기타 탄화수소류 사용에 따른 온실가스 배출

① Tier 1~3

$$E_{CO_2} = Q_i \times r_i \times EF_i$$

여기서, E_{CO_2} : 기타 탄화수소(i)의 반응에 따른 CO_2의 배출량(tCO_2)
Q_i : 기타 탄화수소(i)의 사용량(ton-탄화수소)
r_i : 기타 탄화수소(i)의 순도(0에서 1 사이의 소수)
EF_i : 기타 탄화수소(i)에 따른 CO_2의 배출계수(tCO_2/t-요소수)

(4) 전자산업(식각·증착 공정 제외)의 시설에서의 N₂O 등 non-FC 가스 사용에 따른 온실가스 배출

① Tier 1~3

$$non-FC_{gas} = (1-h) \times \sum_j [non-FC_j \times (1-U_j) \times (1-a_j \times d_j)] \times 10^{-3}$$

여기서, $non-FC_{gas}$: N₂O 등 non-FC 가스(j)의 배출량(tGHG)
$non-FC_j$: N₂O 등 non-FC 가스(j)의 소비량(kg)
h : 가스 Bombe 내의 잔류비율(0에서 1 사이의 소수, 기본값은 0.1)
U_j : 가스(j)의 사용비율(0에서 1 사이의 소수, 공정 중 파기되거나 변환된 비율)
a_j : 배출제어기술이 있는 공정 중의 가스(j)의 부피 분율(0에서 1 사이의 소수)
d_j : 배출제어기술에 의한 가스(j)의 저감효율(0에서 1 사이의 소수)

5 매개변수별 관리기준

(1) 요소수 사용에 따른 온실가스 배출

① 활동자료

㉠ Tier 1
ⓐ 측정불확도 ±7.5% 이내의 요소수(i) 사용량과 순도를 활동자료로 사용한다.
ⓑ 요소수의 사용량과 순도는 분리 보고해야 하며, 순도의 증빙이 불가능할 경우는 1.0(100% 사용)을 적용한다.
ⓒ 순도의 증빙자료는 원료 공급자가 분석하여 제공하는 값을 사용할 수 있다.

㉡ Tier 2
ⓐ 측정불확도 ±5.0% 이내의 요소수(i) 사용량과 순도를 활동자료로 사용한다.
ⓑ 요소수의 사용량과 순도는 분리 보고해야 하며, 순도의 증빙이 불가능할 경우는 1.0(100% 사용)을 적용한다.
ⓒ 순도의 증빙자료는 원료 공급자가 분석하여 제공하는 값을 사용할 수 있다.

㉢ Tier 3
ⓐ 측정불확도는 ±2.5% 이내의 요소수(i) 사용량과 순도를 활동자료로 사용한다.
ⓑ 요소수의 사용량과 순도는 분리 보고해야 하며, 순도의 증빙이 불가능할 경우는 1.0(100% 사용)을 적용한다.

ⓒ 순도의 증빙자료는 원료 공급자가 분석하여 제공하는 값을 사용할 수 있다.

② 배출계수

㉠ Tier 1

기본 배출계수(요소수의 탄소 질량 분율＝0.7328tCO₂/t-요소수)를 사용한다.

$$EF_i = CO_2 \text{ 1몰의 분자량}/\text{요소수 1몰의 분자량}$$
$$= 44.010/60.056 = 0.7328\text{tCO}_2/\text{t}-\text{요소수}$$

※ 요소수 반응식 : CO(NH₂)₂ + 2NO + 1/2O₂ → 2N₂ + CO₂ + 2H₂O

(2) 용접 및 절단 설비 사용에 따른 온실가스 배출

① 활동자료

㉠ Tier 1

ⓐ 측정불확도 ±7.5% 이내의 탄화수소(i) 사용량과 순도를 활동자료로 사용한다.
ⓑ 탄화수소의 사용량과 순도는 분리 보고해야 하며, 순도의 증빙이 불가능할 경우는 1.0(100% 사용)을 적용한다.
ⓒ 순도의 증빙자료는 원료 공급자가 분석하여 제공하는 값을 사용할 수 있다.

㉡ Tier 2

ⓐ 측정불확도 ±5.0% 이내의 탄화수소(i) 사용량과 순도를 활동자료로 사용한다.
ⓑ 탄화수소의 사용량과 순도는 분리 보고해야 하며, 순도의 증빙이 불가능할 경우는 1.0(100% 사용)을 적용한다.
ⓒ 순도의 증빙자료는 원료 공급자가 분석하여 제공하는 값을 사용할 수 있다.

㉢ Tier 3

ⓐ 측정불확도는 ±2.5% 이내의 탄화수소(i) 사용량과 순도를 활동자료로 사용한다.
ⓑ 탄화수소의 사용량과 순도는 분리 보고해야 하며, 순도의 증빙이 불가능할 경우는 1.0(100% 사용)을 적용한다.
ⓒ 순도의 증빙자료는 원료 공급자가 분석하여 제공하는 값을 사용할 수 있다.

② 배출계수

㉠ Tier 1

다음 표의 기본 배출계수를 사용한다.

‖ 용접 및 절단 설비 사용에 따른 CO_2의 기본 배출계수 ‖

탄화수소(i)	반응식	CO_2 n몰 당 질량	탄화수소(i) 1몰 분자량	$EF_{i,j}$ (tCO_2/탄화수소(i))
에틸렌 (C_2H_4)	$C_2H_4 + 3O_2 \rightarrow 2CO_2 + 2H_2O$	88.020	28.054	3.1375
프로판 (C_3H_8)	$C_3H_8 + 5O_2 \rightarrow 3CO_2 + 4H_2O$	132.030	44.097	2.9941
아세틸렌 (C_2H_2)	$C_2H_2 + 5O_2 \rightarrow 2CO_2 + H_2O$	88.020	26.038	3.3804

(3) 기타 탄화수소류 사용에 따른 온실가스 배출

① 활동자료

㉠ Tier 1

ⓐ 측정불확도 ±7.5% 이내의 기타 탄화수소(i) 사용량과 각각의 순도를 활동자료로 사용한다.

ⓑ 기타 탄화수소(i)의 사용량과 순도는 분리 보고해야 하며, 순도의 증빙이 불가능할 경우는 1.0(100% 사용)을 적용한다.

ⓒ 순도의 증빙자료는 원료 공급자가 분석하여 제공하는 값을 사용할 수 있다.

㉡ Tier 2

ⓐ 측정불확도 ±5.0% 이내의 기타 탄화수소(i) 사용량과 각각의 순도를 활동자료로 사용한다.

ⓑ 기타 탄화수소(i)의 사용량과 순도는 분리 보고해야 하며, 순도의 증빙이 불가능할 경우는 1.0(100% 사용)을 적용한다.

ⓒ 순도의 증빙자료는 원료 공급자가 분석하여 제공하는 값을 사용할 수 있다.

㉢ Tier 3

ⓐ 측정불확도는 ±2.5% 이내의 기타 탄화수소(i) 사용량과 각각의 순도를 활동자료로 사용한다.

ⓑ 기타 탄화수소(i)의 사용량과 순도는 분리 보고해야 하며, 순도의 증빙이 불가능할 경우는 1.0(100% 사용)을 적용한다.

ⓒ 순도의 증빙자료는 원료 공급자가 분석하여 제공하는 값을 사용할 수 있다.

② 배출계수
　㉠ Tier 1
　　다음 표의 기본 배출계수를 사용한다.

탄화수소(i)의 사용에 따른 CO_2의 기본 배출계수

탄화수소(i)	반응식	CO_2 2몰 분자량	탄화수소(i) 1몰 분자량	EFi (tCO_2/탄화수소(i))
에탄올 (C_2H_5OH)	$C_2H_5OH + 3O_2 \rightarrow 2CO_2 + 3H_2O$	88.020	46.069	1.9106
에틸렌글리콜 ($C_2H_6O_2$)	$C_2H_6O_2 + 5/2O_2 \rightarrow 2CO_2 + 3H_2O$	88.020	62.068	1.4181

(4) 전자산업(식각·증착 공정 제외)의 시설에서의 N_2O 등 non-FC 가스 사용에 따른 온실가스 배출

① 활동자료
　㉠ Tier 1
　　측정불확도 ±7.5% 이내의 non-FC 가스 사용량 등의 활동자료를 사용한다.

　㉡ Tier 2
　　측정불확도 ±5.0% 이내의 non-FC 가스 사용량 등의 활동자료를 사용한다.

　㉢ Tier 3
　　측정불확도 ±2.5% 이내의 non-FC 가스 사용량 등의 활동자료를 사용한다.

② 배출계수
　㉠ Tier 1~2

non-FC 가스 사용에 따른 배출계수

non-FC 가스	N_2O	CO_2	CH_4
1-Ui	1.0	1.0	1.0

출처 : EPA(TECHNICAL SUPPORT DOCUMENT FOR PROCESS EMISSIONS FROM ELECTRONICS MANUFACTURE)

❙ 배출제어기술 적용에 따른 non-FC 가스 저감효율 ❙

non-FC 가스	N_2O
분해(Destruction)	0.6

* N_2O의 저감 효율 값이 60% 이상인 근거를 제시할 수 있는 경우 기본계수를 적용가능(이행년도별 저감효율 증빙자료 근거를 1회 이상 제시해야 함)

출처 : EPA 미국 온실가스보고프로그램(GHGRP),
40 U.S. Code of Federal Regulations (CFR) part 98; Subpart I

ⓒ Tier 3

사업자가 자체 개발한 고유 배출계수(공정별 non-FC 가스 사용비율, 부생가스 배출계수, 배출저감기술 적용에 따른 저감 효율 등)를 사용한다.

SECTION 26 기타 온실가스 사용

1 배출활동 개요

① 치환용 CO_2, 정수시설의 pH 조절용 CO_2, 자체적으로 생산하고 소내사용한 전력 및 스팀 중 해당 전력 및 스팀 생산으로 인한 온실가스 배출량과 에너지사용량이 제외된 전력 및 스팀, 의료용 가스 등은 명세서에 포함하여 별도로 산정 및 보고하여야 한다.

② 세부적인 명세서의 보고양식은 별지 서식을 따른다. 단 여기에서의 보고되는 항목은 할당대상업체의 온실가스 총 배출량에는 합산하지 않는다.

SECTION 27 고형폐기물의 매립

1 고형폐기물의 매립 개요

① 폐기물의 매립은 폐기물 처리과정 중 처분 또는 최종처분과정에 속한다.
② 더 이상 사용할 수 없거나 재활용할 수 없는 물질 및 재활용품 회수시설에서 골라내고 남은 찌꺼기, 중간처리공정에서 생긴 물질, 에너지를 회수한 뒤 남은 잔재물 등을 육지매립이나 해역배출 등을 통하여 최종적으로 처분한다.
③ 육지매립은 가장 일반적인 방법으로 폐기물을 지표 또는 지하에 묻는 방법이다.
④ 매립은 폐기물의 처리를 위한 모든 노력을 다한 뒤에 취하는 마지막 수단이므로 폐기물종합관리체계의 최종단계에서 실행한다.
⑤ 해역배출은 오염물질의 국가 간 이동 문제 때문에 더욱 제한된 규정에 따라 처리하는 방법으로, 국내법뿐 아니라 해양 관련 국제법의 규제를 받는다.
⑥ 매립장소를 최종처분장이라 하고, 폐기물관리법에 그 구조 및 유지관리기준이 정해져 있다.
⑦ 사업장폐기물에 대해서는 대상 폐기물의 종류에 따라 안정형·관리형·차단형의 3종류로 나누어 규제하고 있다.

2 배출활동 개요

① 생활, 사업장 및 기타 고형 폐기물의 매립 시 상당량의 메탄(CH_4)이 발생한다.
② 메탄은 매립된 폐기물 중 분해 가능한 유기탄소가 수십 년에 걸쳐 서서히 혐기성 분해되며 발생하게 된다.
③ 일정한 조건하에 메탄 생성은 전적으로 잔존하는 탄소량에 의존하며, 이에 따라 매립 초기에 배출량이 가장 크며, 이후 분해 박테리아에 의해 분해 가능한 탄소가 소비되면서 점차 감소하게 된다.
④ 이러한 분해 과정은 1차 반응을 따른다는 가정을 적용하였으며, 2006 IPCC에 제시된 1차 반응모델(FOD ; First Order Decay)을 통하여 고형폐기물 매립시설에서의 메탄 배출량을 산정한다.
⑤ 1차 반응모델을 적용하기 위해서는 폐기물 성상별 다양한 반감기를 반영해야 하므로, 매립 개시 연도부터의 성상별 매립량 자료를 통한 단계적 산정이 필요하며, 과거 자료가 누락되었을 경우에는 타당한 방법론을 통해 누락된 자료를 확보해야 한다.

③ 보고 대상 배출시설

(1) 차단형 매립시설
① 차단형 매립시설은 주변의 지하수나 빗물의 유입으로부터 폐기물을 안전하게 저류하기 위한 시설로서 보통 콘크리트 구조물을 설치하고 그 내·외부를 방수 처리하는 것이 일반적이다.
② 차단형 매립시설에 매립하는 폐기물은 추가적인 분해가 필요 없는 무기성 폐기물만을 매립하여야 하며, 가능한 한 폐기물 내에 수분이 없도록 건조시킬 필요가 있다.

(2) 관리형 매립시설
① 관리형 매립시설은 침출수가 매립시설에서 흘러 나가는 것을 방지하기 위한 시설로서, 폐기물의 성질·상태, 매립 높이, 지형조건 등을 고려하여 점토류 라이너 및 토목합성 수지 라이너 등의 재질로 이뤄진 차수시설을 매립시설의 바닥과 측면에 설치·운영한다.
② 주요시설
기초지반, 저류구조물, 차수시설, 우수집배수시설, 침출수집배수시설, 침출수처리시설, 매립가스처리시설 등

(3) 비관리형 매립시설
관리형 매립시설의 설치기준에 적합하지 않은 시설을 일컫는다.

④ 보고 대상 온실가스

구분	CO_2	CH_4	N_2O
산정방법론	–	Tier 1	–

∥ 매립시설에서의 온실가스 공정배출원, 온실가스 종류 및 배출원인 ∥

배출 공정	온실가스	배출원인
매립공정	CH_4	매립지 내 산소의 공급이 없어지면서 혐기성 분해에 의한 CH_4 가스 생성·배출. 이 과정에서 CO_2도 배출되나 생물계 기원 CO_2이므로 온실가스에서 제외

출처 : 한국환경공단

5 배출량 산정방법

① Tier 1

㉠ 관련식

$$CH_4 Emissions_T = [\sum_x CH_4 generated_{x,T} - R_T] \times (1 - OX)$$

$$CH_4 generated_{x,T} = DDOCm, decomp_T \times F \times 1.336$$

$$DDOCm, decomp_T = DDOCma_{T-1} \times (1 - e^{-k})$$

$$DDOCma_{T-1} = DDOCmd_{T-1} + (DDOCma_{T-2} \times e^{-k})$$

$$DDOCmd_{T-1} = W_{T-1} \times DOC \times DOC_f \times MCF$$

여기서, $CH_4 Emissions_T$: T년도 메탄 배출량(tCH₄)
$CH_4 generated_T$: T년도 발생 가능한 최대 메탄발생량(tCH₄)
R_T : T년도에 회수된 메탄량(tCH₄)
OX : 매립지 표면에서의 산화율
$DDOCm, decomp_T$: T년도에 혐기적으로 분해된 유기탄소(tC)
F : 발생 매립가스에 대한 메탄 부피비
1.336 : CH₄의 분자량(16.043)/C의 원자량(12.011)
$DDOCma_{T-1}$: $T-1$년도 말까지 누적된 유기탄소(tC)
k : 메탄 발생 속도상수
$DDOCmd_{T-1}$: $T-1$년도에 매립된 혐기적 분해가능한 유기탄소(tC)
W : 폐기물 매립량(t-Waste)
DOC : 분해 가능한 유기탄소 비율(tC/t-Waste)
DOC_f : 메탄으로 전환 가능한 DOC 비율
MCF : 호기성 분해에 대한 메탄 보정계수
T : 산정년도
x : 폐기물 성상

다만,

- $\dfrac{R_T}{CH_4 generated_{x,T}} \leq 0.75$ 인 경우에는 Tier 1 산정방법에 따라 발생량 및 배출량을 산정한다.

- $\dfrac{R_T}{CH_4 generated_{x,T}} > 0.75$ 인 경우에는 배출량은 다음과 같이 적용한다.

$$CH_4 \text{ 발생량}(CH_4 generated_{x,T}) = \gamma \times \text{회수량} \times (1/0.75)$$

여기서, $R_T(T$년도의 메탄 회수량, tCH₄) : 연간 바이오가스 회수량(m³ Bio-gas/yr)×바이오가스의 연평균 메탄농도(%v/v)×γ(0℃, 1기압에서의 CH₄의 m³과 t의 환산계수, 0.7156×10^{-3})

이 경우, $CH_4 \, Emissions_T = [CH_4 \text{ 발생량} - R_T(\text{회수량})] \times (1 - OX)$

ⓒ 특징
- 산정방법은 2006 IPCC의 Tier 1을 적용하며, 그 방법은 매립폐기물 중에서 유기성분이 1차 분해된다고 가정한 것이다.
- 사용한 주요 변수는 IPCC 기본값을 택하고 있다.
- 매립폐기물 중에서 유기성분이 분해되면서 CH₄ 가스가 지수함수 형태로 급속히 생성 배출되며, 성분에 따라 다른 분해속도를 적용하였다.
- 매립폐기물 내 분해 가능한 탄소가 수십 년에 걸쳐 혐기성 분해된다는 가정에서 출발한 일차분해반응모델로서 매립시설에서 메탄배출량 산정방법으로 활용되고 있는 방법은 Mass Balance Method이다.

6 매개변수별 관리기준

① 활동자료(폐기물성상별 매립량, W)
- 활동자료는 1981년 1월 1일 이후 매립된 폐기물에 대해서만 수집한다.
- 매립된 폐기물을 굴착하여 반출하는 경우, 활동자료는 기 매립된 폐기물에서 반출된 폐기물을 제외한다.
- 반출된 폐기물은 매립년도가 증빙된 경우 해당 매립년도 활동자료에서 차감하며, 증빙이 불가능한 경우 최초 매립년도부터 차감한다.

㉠ Tier 1
ⓐ 측정불확도 ±7.5% 이내의 활동자료(반입폐기물의 양)를 사용한다.
ⓑ 폐기물 성상분석을 위한 시료의 채취, 전처리, 시료 분석 방법 등은 「환경분야시험·검사등에 관한 법률」에 따른 「폐기물공정시험기준」에 따라 분기별 1회(각 3, 6, 9, 12월) 이상 실시한다.

㉡ Tier 2
ⓐ 측정불확도 ±5.0% 이내의 활동자료(반입폐기물의 양)를 사용한다.
ⓑ 폐기물 성상분석을 위한 시료의 채취, 전처리, 시료 분석 방법 등은 「환경분야시험·검사등에 관한 법률」에 따른 「폐기물공정시험기준」에 따라 분기별로 1회(각 3, 6, 9, 12월) 이상 실시한다.

ⓒ Tier 3
   ⓐ 측정불확도 ±2.5% 이내의 활동자료(반입폐기물의 양)를 사용한다.
   ⓑ 폐기물 성상분석을 위한 시료의 채취, 전처리, 시료 분석방법 등은 「환경분야시험·검사 등에 관한 법률」에 따른 「폐기물공정시험기준(환경부고시)」에 따라 분기별 1회(각 3, 6, 9, 12월) 이상 실시한다.

> **Reference** 과거 매립실적자료 추정방법(Tier 3)
>
> 과거 매립실적자료를 보유하고 있지 않은 생활폐기물 매립장은 전국 폐기물 발생 및 처리현황 등 관련 자료를 먼저 확인한 후 해당 자료가 없을 시 다음 3가지 방법 중 시설의 조건 및 매립 이력 등을 기준으로 가장 적합한 방법을 해당 관장기관과 협의하여 결정하도록 한다.
>
> - 추정연도(과거 매립량 자료가 없는 연도)의 폐기물 매립량은 매년 동일하다고 가정한다.
>   (예 과거 매립총량을 기준으로 추정)
> - 추정연도에 대해, 매년 해당 매립지의 관리 인구, 전국 평균 1인당 폐기물 발생량, 해당 지자체의 매년 폐기물 매립비율(또는 보유자료 중 가장 오래된 연도의 매립비율을 추정연도에 동일하게 적용)을 계산한다.
> - 해당 매립지의 이용 가능 기간의 자료를 근거로 평균 매립량을 산출하여 추정연도에 매년 동일하게 적용한다.
>   (예 최초 매립에서 매립자료를 이용할 수 없는 최근 연도까지의 연간 매립량을 동일하게 적용)

② 활동자료(메탄 회수량, R_T)
  ㉠ Tier 1
   ⓐ 측정불확도 ±7.5% 이내의 메탄 회수량(회수한 LFG 중 순수메탄만을 회수량으로 활용한다.) 자료를 사용한다.
   ⓑ 다만, 회수된 메탄가스가 외부 공급/판매, 자체 연료 사용 및 Flaring 등으로 처리되기 위한 별도의 측정이 없을 경우 기본값 R_T는 0으로 처리한다.

  ㉡ Tier 2
   ⓐ 측정불확도 ±5.0% 이내의 메탄 회수량(회수한 LFG 중 순수메탄만을 회수량으로 활용한다.) 자료를 사용한다.
   ⓑ 다만, 회수된 메탄가스가 외부 공급/판매, 자체 연료 사용 및 Flaring 등으로 처리되기 위한 별도의 측정이 없을 경우에는 기본값 R_T는 0으로 처리한다.

ⓒ Tier 3
  ⓐ 측정불확도 ±2.5% 이내의 메탄 회수량(회수한 LFG 중 순수메탄만을 회수량으로 활용한다.) 자료를 사용한다.
  ⓑ 다만, 회수된 메탄가스가 외부 공급/판매, 자체 연료 사용 및 Flaring 등으로 처리되기 위한 별도의 측정이 없을 경우는 기본값 R_T는 0으로 처리한다.

③ 배출계수
  ㉠ Tier 1
    IPCC 가이드라인 등 기본 배출계수를 사용한다.
    ⓐ DOC(분개 가능한 유기탄소 비율) 및 K(메탄 발생 속도 상수)
      폐기물 종류 및 성상별 IPCC 가이드라인 기본 배출계수를 사용한다.
    ⓑ DOC_f(메탄으로 전환 가능한 DOC 비율)
      IPCC 가이드라인 기본값인 0.5를 적용한다.
    ⓒ MCF(메탄보정계수)
      IPCC 가이드라인 기본값을 적용한다.

∥ 매립시설 유형별 메탄보정계수 ∥

매립시설 유형	MCF 기본값
관리형 매립지-혐기성	1.0
관리형 매립지-준호기성	0.5
비관리형 매립지-매립고 5m 이상	0.8
비관리형 매립지-매립고 5m 미만	0.4
기타	0.6

   ⓓ OX(산화율)
     • IPCC 가이드라인 기본계수를 사용한다.
     • 토양, 퇴비 등으로 복토되는 매립지는 0.1, 기타는 0을 적용한다.
   ⓔ F(메탄 부피비)
     LFG 중 메탄 함량에 대한 실측 자료가 있을 경우 실측값을 우선으로 적용하고, 실측자료가 없을 경우 IPCC 가이드라인 기본값인 0.5를 적용한다.
  ㉡ Tier 2
    국가 고유 배출계수를 사용한다. 단, 센터에서 별도의 계수를 공표할 경우 그 값을 적용한다.
  ㉢ Tier 3
    사업자가 자체 개발한 고유 배출계수를 사용한다.

6 최적가용기술(BAT)

- 매립시설에서 온실가스 배출량을 줄이는 방법으로는 매립가스(LFG)를 포집하여 이용하는 방법과 소각하여 대기로 배출하는 방법이 있다.
- 매립가스를 이용하는 방법은 발전, 가스공급, 자동차 연료 등이 있다.
- 매립가스를 소각하여 배출하는 방법은 온실가스 배출량 산정 시 매립시설에서 배출되는 CO_2는 제외되는 점을 이용한 것이다.
- 최근 국내 · 외적으로 바이오에너지 및 친환경에너지에 대한 관심이 높아지고 있어 기존의 매립가스 소각보다는 이를 최대한 이용하려 하고 있다.
- 최근 매립은 유기성 폐기물의 반입금지로 매립가스 배출량이 급감하고 있는 추세에 있고, 제도적 또는 기술적인 문제점이 아직도 산재해 있다.

(1) 제도적 문제점 및 개선방안

① 발전차액 지원제도의 기준가격
   ㉠ 매립가스는 매립 쓰레기의 종류 및 기후조건에 따라 발생량 변동이 커서 최초의 발생량 추정치와 상이하며, 설비의 잦은 고장과 발전시스템 자체를 외국으로부터 수입하여 수리 시 많은 비용과 시간이 소요되나 이러한 특성이 반영되지 않고 있다.
   ㉡ 국내 평균 전기요금 수준과 비교하면 각각의 기준가격이 태양광발전은 약 960% 수준이고, 풍력은 144%로 평균 전기요금 수준을 상회하고 있으나 LFG 발전은 83% 수준으로 사업기본계획 및 시장 변동 여건을 고려하여 기준가격의 재검토 및 상향조정이 필요하다.

② 가스이용 관련 법규 미비로 가스의 직접 이용 제한
   ㉠ 대기환경보전법 상에 자동차 연료화 품질기준은 마련되었으나, 석유 및 대체연료 사업법에서 석유대체연료 품질기준이 마련되어 있지 않고, 도시가스 주입을 위한 품질기준도 마련되어야 한다.
   ㉡ 해외사례, 법규 내용 등의 자료를 확보하여 국내 적용 가능성 확인 후 가스이용 품질기준 마련 등 관련 법규 정비가 필요하다.

③ 국가 차원에서의 지원
   ㉠ 경제성이 확보되지 않는 소규모 매립지에서는 매립가스 에너지화 사업이 추진되지 않고 있어 국고지원 등을 통한 매립가스 에너지화 사업의 활성화를 유도할 필요가 있다.
   ㉡ 매립가스의 수송용 연료화 활성화를 위해서 RPS(Renewable, Portfolio Standard, 신재생공급의무제도)를 도입하여 바이오가스를 활용하는 수요자에 대한 인센티브 지급 등의 국가적인 지원이 필요할 것이다.
   ㉢ 예를 들면, 스웨덴의 경우 온실가스를 저감하는 프로젝트를 지원하는 KLIMP라는 프로

그램을 통해 투자비의 40%를 보조해주고, 바이오가스를 연료로 사용하는 차량에 대해서는 탄소세 면제, 혼잡세 면제, 무료 주차, 법인세 감면 등의 다양한 혜택을 주고 있다.

> **Reference** 신재생에너지 공급의무할당제(RPS ; Renewable Protfolio Stanard)
>
> **1** 화석연료를 사용하는 발전사업자의 총발전량에서 일정 비율을 신재생에너지로 공급토록 의무화하여 신재생에너지의 이용 보급을 촉진하기 위한 제도이다.
> **2** 공급의무자가 자체적으로 신재생에너지 설비를 갖추어 전력을 공급하거나, 신재생에너지 발전사업자로부터 '신·재생에너지 공급인증서(REC ; Renewable Energy Certificate)'를 구입하여 의무구입량에 충당할 수 있는 제도이다.
> **3** 정부에서는 신재생에너지 공급 예측이 용이하며 신재생에너지 공급원 간에 경쟁을 촉진시켜 생산 비용을 낮추는 방안을 모색하기 위해 신재생에너지 공급의무화제도(RPS)를 2012년부터 도입하였다.

(2) 기술적 문제점 및 개선방안

① 가스 발생량의 정확한 예측 곤란

㉠ 매립 폐기물의 성상, 매립량, 다짐 정도 등에 대한 축적된 자료가 부족하고, 매립장 관리 상태(복토 두께, 침출수 수위 등)의 확인이 어려워 가스 발생량 예측이 곤란하다.

㉡ 현재 많은 매립가스 발생량 추정 모델이 있으나 각국의 법적기준과 현장데이터로 작성되었기 때문에 국내 폐기물 성상 등의 자료를 통한 모델의 보완이 필요한 실정이다.

② 매립가스 포집 및 정제기술의 후진성과 사업의 제한적

㉠ 매립가스 에너지화 시설의 매립가스 포집률을 현재 70~80%에서 80~90% 수준으로 높이기 위한 기술개발이 필요하다.

㉡ 가스 포집 가능량이 일정 규모 이상인 매립장은 단독으로 추진한다.

㉢ 소규모 매립지의 경우에는 바이오리액터 등의 기술을 도입하여 소규모 매립지에서도 매립가스 에너지화 사업을 활성화하기 위한 방안 마련과 소규모 매립지에 적용 가능한 에너지화 기술 개발이 필요하다.

③ 매립가스 발생량 저하에 따른 경제성 확보방안 필요

2005년부터 음식물류 폐기물 매립이 금지되면서 매립되는 폐기물 중 유기물이 줄어들어 가스 발생량이 감소할 것으로 예상됨에 따라 발전규모 1MW 이하는 CDM 사업을 동시 추진하여 경제성을 확보하도록 해야 한다.

④ 발전 후 잉여가스의 재활용

㉠ 매립용량 100만 톤 이하의 소규모 매립지는 경제성을 이유로 에너지화되지 못하고 있으며, 수도권매립지와 같은 대규모 매립지에서도 발전에 소요되고 남은 잉여가스가 소각처

리되고 있다.
　　ⓒ 대규모 매립지의 경우 발전 후 남은 매립가스를 통해 CNG 생산 등의 사업을 동시에 추진할 필요가 있다.(주로 증기터빈을 이용)

⑤ 국내 기술력 향상 방안
　　㉠ 중질가스의 직접 활용을 위한 1차 정제기술에 일부분 국내 기술력이 도입되고 있지만, 기술수준은 외국기술에 비해 현저히 떨어진다.
　　ⓒ 전기발전기의 경우 전량 수입에 의존하고, 유틸리티 설비 일부분만 국내 기술력이 도입된 실정으로, 국내 기술력 향상을 위한 지속적 노력이 요구된다.

Reference 매립지 바이오가스(LFG)의 생성 단계

1 1단계
① 호기성 단계[초기 조절단계]
② N_2, O_2는 급격히 감소, CO_2는 서서히 증가하는 단계
③ 매립물의 분해속도에 따라 수일에서 수개월 동안 지속되며, 산소는 대부분 소모되는 단계

2 2단계
① 불안전한 메탄생성 단계[혐기성 비메탄화 단계 : 전이 단계]
② 임의성 미생물에 의하여 SO_4^{2-}의 NO_3^{-1}가 환원되는 단계이며, 이 반응에 의해 CO_2가 생성되는 단계
③ pH 5 이하이며 수분이 충분한 경우에는 다음 단계로 빨리 진행됨

3 3단계
① 혐기성 메탄 생성 축적 단계[산형성 단계]
② $CO_2 \cdot H_2$의 발생비율은 감소하고, CH_4 함량이 증가하기 시작하는 단계
③ 온도가 55℃까지 상승(30~55℃)하며 pH는 6.8~8.0 정도
④ 매립 후 1~2년(25~55주)이 경과된 단계

4 4단계
① 혐기성 메탄 생성 정상상태 단계[메탄발효 단계]
② $CH_4 \cdot CO_2$의 구성비가 거의 일정한 정상상태 단계
③ 가스조성
　　㉠ CH_4 : 55~60% 정도
　　ⓒ CO_2 : 40~45% 정도
　　ⓒ N_2 : 5%
④ 온도 30℃ 이하이고 pH는 6.8~8.0 정도
⑤ 매립 후 2~5년이 경과된 단계

SECTION 28 고형폐기물의 생물학적 처리

1 고형폐기물의 생물학적 처리 개요

① 고형폐기물의 생물학적 처리 목적
   ㉠ 폐기물의 부피 감소
   ㉡ 폐기물의 안정화
   ㉢ 폐기물의 병원균 사멸
   ㉣ 에너지로 이용하기 위한 바이오가스의 생산

② 고형폐기물의 생물학적 처리
   ㉠ 퇴비화(Composting)
   ㉡ 혐기성 소화(Anaerobic Digestion)
   ㉢ MB 처리(Mechanical-Biological Treatment)

2 배출활동 개요

폐기물의 부피 감소, 폐기물의 안정화, 폐기물의 병원균 사멸, 바이오가스 생산 등을 목적으로 이루어지는 유기 고형폐기물의 생물학적 처리에 의해 온실가스(CH_4, N_2O)가 발생하는 활동을 말한다.

3 보고 대상 배출시설

(1) 사료화 · 퇴비화 · 소멸화 · 부숙토생산시설

① 이 시설은 폐기물을 선별 · 파쇄 · 혼합 · 발효 · 건조 · 소멸 · 소화 등의 공정을 거쳐 물리적 · 생물학적으로 안정된 상태의 물질로 만드는 시설을 갖추어야 한다.
② 사료화 시설은 배합사료, 보조사료, 단미사료제조업의 기준에 적합한 시설을 갖추어야 하고, 시설에는 공장건물, 저장시설, 분쇄시설, 배합시설, 계량시설, 정선시설, 먼지제거시설, 포장시설, 수송장치, 작업공장 등이 있다.
③ 퇴비화 시설은 검량포장장치(포장하여 판매하는 경우에 한함)와 발효시설 등 생산시설을 갖추어야 한다.
④ 부숙토생산시설은 제품명 및 원료 등을 표시하고 제품의 제조에 관한 기록을 보존하여야 한다.

(2) 혐기성 분해시설

호기성 · 혐기성 분해시설은 미생물을 이용하여 생물학적으로 안정된 물질을 만드는 시설로 분해과정에서 발생하는 가스를 처리하는 시설을 갖추어야 한다.

4 보고 대상 온실가스

구분	CO_2	CH_4	N_2O
산정방법론	–	Tier 1	Tier 1

│ 생물학적 처리시설에서의 온실가스 공정배출원, 온실가스 종류 및 배출원인 │

배출 공정	온실가스	배출원인
혐기성 공정	CH_4, N_2O	생물학적 처리시설에서의 혐기 소화에 의한 온실가스 배출

출처 : 한국환경공단

5 배출량 산정방법

① Tier 1

  ㉠ 관련식

$$CH_4 Emissions = \sum_i (M_i \times EF_i) \times 10^{-3} - R$$

여기서, $CH_4 Emissions$: 고형폐기물의 생물학적 처리 과정에서 배출되는 온실가스(tCH_4)
M_i : 생물학적 처리유형 i에 의해 처리된 유기폐기물량(t-Waste)
EF_i : 처리유형 i에 대한 배출계수(gCH_4/kg-Waste)
i : 퇴비화, 혐기성 소화 등 처리유형
R : 메탄 회수량(tCH_4)

다만,

- $\dfrac{R}{M_i \times EF_i \times 10^{-3}} \leq 0.75$ 인 경우에는 Tier 1 산정방법에 따라 발생량 및 배출량을 산정한다.

- $\dfrac{R}{M_i \times EF_i \times 10^{-3}} > 0.75$ 인 경우 배출량은 다음과 같이 적용한다.

  CH_4 발생량 $= \sum_i (M_i \times EF_i) \times 10^{-3}) \times 0.05$

  R(메탄 회수량, tCH_4) : 연간 바이오가스 회수량(m^3 Bio-Gas/yr) × 바이오가스의 연평균 메탄농도(%v/v) × γ(0℃, 1기압에서의 CH_4의 m^3과 t의 환산계수, 0.7156×10^{-3})

  이 경우, $CH_4 Emissions = CH_4$ 발생량 $- R$(회수량)

[N₂O 산정방법]

$$N_2O\ Emissions = \sum_i (M_i \times EF_i) \times 10^{-3}$$

여기서, $N_2O\ Emissions$: 고형폐기물의 생물학적처리 과정에서 배출되는 온실가스 (tN_2O)
M_i : 생물학적 처리 유형 i에 의해 처리된 유기폐기물량(t-Waste)
EF_i : 처리유형 i에 대한 배출계수(gCH_4/kg-Waste)
i : 퇴비화, 혐기성 소화 등 처리유형

ⓒ 특징
- 사료화·퇴비화시설별 폐기물 처리량과 가이드라인에 제시된 배출계수 기본값을 곱하고 CH_4이 회수될 경우 그 양을 제외하여 배출량 산정
- 이때 회수된 CH_4은 매립에서와 마찬가지로 그 처리방법(소각 처리 또는 에너지원으로 활용 등)에 따라 배출량 및 보고 카테고리가 달라짐

6 매개변수별 관리기준

① 활동자료(처리된 유기폐기물의 양, M_i)

㉠ Tier 1

측정불확도 ±7.5% 이내의 처리된 유기폐기물량 자료를 사용한다.

㉡ Tier 2

측정불확도 ±5.0% 이내의 처리된 유기폐기물량 자료를 사용한다.

㉢ Tier 3

측정불확도 ±2.5% 이내의 처리된 유기폐기물량 자료를 사용한다.

② 활동자료(메탄 회수량, R)

㉠ Tier 1
- 측정불확도 ±7.5% 이내의 메탄 회수량(회수한 퇴비·소화가스 중 순수메탄만을 회수량으로 활용한다.) 자료를 사용한다.
- 회수된 메탄가스가 외부 공급/판매, 자체 연료 사용 및 Flaring 등으로 처리되기 위한 별도의 측정이 없을 경우 기본값 R_T는 0으로 처리한다.

㉡ Tier 2
- 측정불확도 ±5.0% 이내의 메탄 회수량(회수한 퇴비·소화가스 중 순수메탄을 회수량

으로 활용한다.) 자료를 사용한다.
- 회수된 메탄가스가 외부 공급/판매, 자체 연료 사용 및 Flaring 등으로 처리되기 위한 별도의 측정이 없을 경우는 기본값 R_T는 0으로 처리한다.

ⓒ Tier 3
- 측정불확도 ±2.5% 이내의 메탄 회수량(회수한 퇴비·소화가스 중 순수메탄만을 회수량으로 활용한다.) 자료를 사용한다.
- 회수된 메탄가스가 외부 공급/판매, 자체 연료 사용 및 Flaring 등으로 처리되기 위한 별도의 측정이 없을 경우는 기본값 R_T는 0으로 처리한다.

③ 배출계수(EF_i)

㉠ Tier 1
처리유형별 IPCC 기본 배출계수를 사용한다.

생물학적 처리유형에 따른 CH_4, N_2O 기본 배출계수

생물학적 처리 유형(i)	CH_4 (gCH₄/kg-Waste)		N_2O (gN₂O/kg-Waste)	
	건량 기준	습량 기준	건량 기준	습량 기준
퇴비화	10	4	0.6	0.3
혐기성 소화	2	1	0	0

㉡ Tier 2
국가 고유 배출계수를 사용한다. 단, 센터에서 별도의 계수를 공표할 경우 그 값을 적용한다.

㉢ Tier 3
사업자가 자체 개발한 고유 배출계수를 사용한다.

7 최적가용기술(BAT)

고형폐기물의 생물학적 처리시설에서 온실가스 배출량을 줄이는 방법으로는 크게 바이오가스에 의한 발전, 가스 이용 등이 있으나, 이를 활성화하기 위해서는 아직 제도적·기술적 문제점이 산재해 있다.

(1) 제도적 문제점 및 개선방안

① 우선 폐기물 에너지화 사업을 활성화하기 위한 사회적 인식이 제고되어야 한다. 학계, 연구기관 등의 전문가 그룹의 연구활동을 촉진하고 그 성과를 제시함으로써 폐기물 에너지화 사업에 대한 국가적 관심이 제고되어야 하고, 폐기물 에너지화 사업을 지구온난화 대응대책의

하나로서 민간기업의 참여를 촉진시킬 필요가 있다.
② 국내 발전차액 지원금을 현실화시켜야 한다. 태양열, 풍력 발전(산업통상자원부가 직접 관리)에 비하여 구입가를 현저히 낮게 함으로써 지방자치단체의 폐기물 처리시설을 이용한 발전시설 설치를 저해하는 결과를 가져오고 있다. 예를 들면, 태양광은 677~711원/kWh, 연료전지는 234~283원/kWh인 데 비해, 바이오가스는 73~86원/kWh에 불과하다는 점에서 재고해야 한다.
③ 현재 환경부에서 주관하고 있는 지방자치단체의 폐기물 에너지화 시설에 대한 보급보조금 제도를 활성화하고, 범정부적 폐기물 에너지화 사업 추진 체계를 확립할 필요가 있다.
④ 환경부가 주도적으로 추진하고 있는 폐기물 에너지화 사업에 대한 산업통상자원부 및 농림축산식품부의 적극적인 지원 체계를 구축해야 한다.
⑤ 환경부에서 2008년부터 추진하고 있는 폐기물 에너지화 종합대책도 활성화할 필요가 있다. 이는 지방자치단체의 폐기물 에너지화 시설 설치 사업 여건 마련을 위한 국고지원의 우선순위를 부여하고 인센티브를 강화하는 동시에, 폐기물 에너지화 시설 설치를 위한 지방자치단체의 적극적인 검토가 이뤄지도록 하는 것이다.
⑥ 음식물류 폐기물 및 음폐수의 혐기성 소화 처리 후의 소화액을 액비로 활용할 수 있도록 제도 개선이 필요하다.

(2) 기술적 문제점 및 개선방안
① 재생된 에너지 사용의 광역화를 위해 저장 및 이동이 간편한 기술의 개발이 필요하고, 고효율 가스엔진 개발 및 상용화가 시급한 실정이다.
② 폐기물 처리시설을 이용한 에너지 회수시설은 소형에 적합한 고속형의 시설이 필요하나, 국내 기술력의 부족으로 수입제품을 사용하여야 하는 경우가 많으므로, 소규모 열병합 발전용 엔진의 개발 및 상용화를 위해 정책적으로 개발, 공급하도록 국가가 노력할 필요가 있다.
③ 바이오가스 정제 기술을 개발하여 고순도 메탄을 생산함으로써 발전효율을 향상시키고 차량의 연료로 활용할 수 있도록 해야 한다.
④ 바이오가스 생산 및 활용의 경제성 확보를 위한 유기성 폐기물 통합 소화에 대한 기술개발 또한 필요하다.

SECTION 29 하·폐수 처리 및 배출

1 하·폐수 처리 공정 개요

하수의 처리는 처리목적에 따라 1차 처리, 2차 처리, 고도처리로 구분한다.

① 1차 처리
비교적 큰 입자성 부유물질의 제거를 목적으로 하며, 주로 침전 등의 물리학적 처리방법이 이용된다.

② 2차 처리
1차 처리 후에 잔류하는 입자성 부유물질과 용존 유기물의 제거를 목적으로 하며, 주로 미생물을 이용한 생물학적 처리방법이 있다.

③ 고도처리
위의 방법 이상의 수질을 정화하는 것을 목적으로 행하여지는 모든 처리를 통칭하며, 주로 질소나 인과 같은 영양염류의 제거를 위해 실행된다.

2 배출활동 개요

① 하·폐수는 현장에서 처리되거나, 중앙 집중화된 시설을 통해 처리되며, 처리과정에서 CH_4 및 N_2O를 배출한다.
② 하·폐수로부터 배출되는 CO_2는 생물 기원으로 배출량 산정 시 제외하도록 한다.
③ 하·폐수 처리에서의 CH_4는 유기물이 분해되는 과정에서 배출되며, 기본적으로 폐수 내의 분해 가능한 유기물질, 온도, 처리시스템의 유형에 따라 배출량이 변한다.
④ N_2O의 경우에는 폐수가 아닌 질소성분(요소, 질산염, 단백질)을 포함한 하수 처리과정에서 배출되며, 질산화 및 탈질화 작용을 통해 발생하게 된다.

3 보고 대상 배출시설

(1) 가축분뇨공공처리시설

축산폐수공공처리시설은 소·돼지·말·닭과 같은 가축이 배설하는 분뇨 및 가축 사육과정에서 사용된 물 등이 분뇨에 섞여서 배출되는 것을 자원화 또는 정화하기 위해 지방자치단체의 장이 설치하는 시설을 말한다.

(2) 공공폐수처리시설

공공폐수처리시설은 수질오염이 악화되어 환경기준의 유지가 곤란하거나 물환경보전에 필요하다고 인정되는 지역 안의 각 사업장에서 배출되는 수질오염물질을 공동으로 처리하여 배출하게 하기 위하여 국가·지방자치단체 등이 설치·운영하는 시설이다.

(3) 공공하수처리시설

① 공공하수처리시설은 사람의 생활이나 경제활동으로 인하여 액체성 또는 고체성의 물질이 섞여 오염된 물과 건물·도로 그 밖의 시설물의 부지로부터 하수도로 유입되는 빗물·지하수를 처리하여 하천·바다 그 밖의 공유수면에 방류하기 위하여 지방자치단체가 설치 또는 관리하는 처리시설과 이를 보완하는 시설을 말한다.
② 기존에 처리용량(500m³/일) 기준으로 나누던 하수종말처리시설과 마을하수도가 포함된다.

(4) 분뇨처리시설

분뇨처리시설은 분뇨를 침전·분해 등의 방법으로 처리하는 시설을 말한다.

(5) 기타 하·폐수처리시설

오수처리시설 등 하·폐수를 처리하는 시설 중 위의 배출시설 분류에 포함되지 않는 모든 배출시설을 포함한다.

4 보고 대상 온실가스

구분	CO_2	CH_4	N_2O
하수처리	–	Tier 1	Tier 1
폐수처리	–	Tier 1	–

※ CO_2 제외 원인 : 생물에서 기원

5 배출량 산정방법

① 하수 처리(폐수 유입 시 하수 처리에 포함한다.)
  ㉠ Tier 1

$$CH_4 Emissions = (BOD_{in} \times Q_{in} - BOD_{out} \times Q_{out} - BOD_{sl} \times Q_{sl}) \times 10^{-6} \times EF - R$$

여기서, $CH_4 Emissions$: 하수 처리에서 배출되는 CH_4배출량(tCH_4)
BOD_{in} : 유입수의 BOD_5 농도(mg−BOD/L)
BOD_{out} : 방류수의 BOD_5 농도(mg−BOD/L)
BOD_{sl} : 반출 슬러지의 BOD_5 농도(mg−BOD/L)
Q_{in} : 유입수의 유량(m^3)
Q_{out} : 방류수의 유량(m^3)
Q_{sl} : 슬러지의 반출량(m^3)
EF : 배출계수($kgCH_4$/kg−BOD)
R : 메탄 회수량(tCH_4) = 연간 바이오가스 회수량(m^3 Bio−gas)×바이오가스의 연평균 메탄농도(%, V/V)×γ(0℃, 1기압에서의 CH_4의 m^3와 t의 환산계수, 0.7156×10^{-3})

다만,

- $\dfrac{R}{(BOD_{in} \times Q_{in} - BOD_{out} \times Q_{out} - BOD_{sl} \times Q_{sl}) \times 10^{-6} \times EF_i} \leq 0.95$

  인 경우에는 Tier 1 산정방법에 따라 발생량 및 배출량을 산정한다.

- $\dfrac{R}{(BOD_{in} \times Q_{in} - BOD_{out} \times Q_{out} - BOD_{sl} \times Q_{sl}) \times 10^{-6} \times EF_i} > 0.95$

  인 경우에는 배출량은 다음과 같이 적용한다.

  CH_4 발생량 $=(BOD_{in} - BOD_{out} \times Q_{out} - BOD_{sl} \times Q_{sl}) \times EF \times 10^{-6} \times 0.05$

  R(메탄 회수량, tCH_4) = R(메탄 회수량, tCH_4) = 연간 바이오가스 회수량(m^3 Bio−gas)×바이오가스의 연평균 메탄농도(%, V/V)×γ(0℃, 1기압에서의 CH_4의 m^3와 t의 환산계수, 0.7156×10^{-3})

[N$_2$O 산정방법]

$$N_2O\,Emissions = (TN_{in} \times Q_{in} - TN_{out} \times Q_{out} - TN_{sl} \times Q_{sl}) \times 10^{-6} \times EF \times 1.571$$

여기서, $N_2O\,Emissions$: 하수 처리에서 배출되는 N_2O 배출량(tN_2O)
TN_{in} : 유입수의 총 질소농도(mg−T−N/L)
TN_{out} : 방류수의 총 질소농도(mg−T−N/L)
TN_{sl} : 반출 슬러지의 총 질소농도(mg−T−N/L)
Q_{in} : 유입수의 유량(m^3)
Q_{out} : 방류수의 유량(m^3)
Q_{sl} : 슬러지의 반출량(m^3)
EF : 아산화질소 배출계수(kgN_2O−N/kg−T−N)

1.571 : N_2O의 분자량(44.013)/N_2의 분자량(28.013)

② 폐수 처리(하수 유입 시 폐수 처리에 포함한다.)

　㉠ Tier 1

$$CH_4 Emissions = (COD_{in} \times Q_{in} - COD_{out} \times Q_{out} - COD_{sl} \times Q_{sl}) \times EF \times 10^{-6} - R$$

　　여기서, $CH_4 Emissions$: 폐수 처리에서 배출되는 온실가스(tCH_4)
　　　　　COD_{in} : 유입수의 COD 농도(mg-COD/L)
　　　　　COD_{out} : 방류수의 COD 농도(mg-COD/L)
　　　　　COD_{sl} : 반출 슬러지의 COD 농도(mg-COD/L)
　　　　　Q_{in} : 유입수의 유량(m^3)
　　　　　Q_{out} : 방류수의 유량(m^3)
　　　　　Q_{sl} : 슬러지의 반출량(m^3)
　　　　　EF : 배출계수(kgCH_4/kg-COD)
　　　　　R : 메탄 회수량(tCH_4) = 연간 바이오가스 회수량(m^3 Bio-gas)×바이오가스의 연평균 메탄농도(%, V/V)×γ(0℃, 1기압에서의 CH_4의 m^3와 t의 환산계수, 0.7156×10^{-3})

다만,

- $$\frac{R}{(COD_{in} \times Q_{in} - COD_{out} \times Q_{out} - COD_{sl} \times Q_{sl}) \times EF_i \times 10^{-6}} \leq 0.95$$
인 경우에는 Tier 1 산정방법에 따라 발생량 및 배출량을 산정한다.

- $$\frac{R}{(COD_{in} \times Q_{in} - COD_{out} \times Q_{out} - COD_{sl} \times Q_{sl}) \times EF_i \times 10^{-6}} > 0.95$$
인 경우에는 배출량은 다음과 같이 적용한다.

　　CH_4 발생량 $= (COD_{in} \times Q_{in} - COD_{out} \times Q_{out} - COD_{sl} \times Q_{sl}) \times EF \times 10^{-6} \times 0.05$

　　R(메탄 회수량, tCH_4) = 연간 바이오가스 회수량(m^3 Bio-gas)×바이오가스의 연평균 메탄농도(%, V/V)×γ(0℃, 1기압에서의 CH_4의 m^3와 t의 환산계수, 0.7156×10^{-3})

③ 특징

　㉠ 하수 처리 및 미차집/미처리에 의한 CH_4 배출량 산정은 2006 IPCC G/L의 Tier 2 수준으로 산정한다.
　㉡ N_2O 배출량의 경우 Tier 구분 없이 가이드라인을 그대로 적용한다.
　㉢ 하수 처리에 의한 CH_4 산정의 경우 처리시설별 산정을 원칙으로 한다.

6 매개변수별 관리기준

① 하수처리

　㉠ 활동자료

　　ⓐ Tier 1
　　　• 측정불확도 ±7.5% 이내의 유입 및 방류 하수량 자료를 사용한다.
　　　• 슬러지 반출량의 자료가 있을 경우에는 산정방법에 반드시 포함시켜야 한다.(1차 침전 후 By-pass되는 하수에 대하여 하수처리시설의 구조적 여건상 By-pass 관을 최종방류구(방류수 측정지점 전단)에 연결할 수 없는 경우에는 By-pass의 유량과 농도를 측정한 자료가 있을 시, 배출량 산정에 포함함)
　　　• 측정불확도 ±7.5% 이내의 메탄 회수량(회수한 소화가스 중 순수메탄만을 회수량으로 활용한다.) 자료를 사용한다.
　　　• 회수된 메탄가스가 외부 공급/판매, 자체 연료 사용 및 Flaring 등으로 처리되기 위한 별도의 측정이 없을 경우는 $R=0$으로 처리한다.
　　　• 유입수의 BOD_5 농도(BOD_{in}), 방류수의 BOD_5 농도(BOD_{out}), 반출 슬러지의 BOD_5 농도(BOD_{sl}), 유입수의 총질소 농도($T-N_{in}$) 및 방류수의 총질소 농도($T-N_{out}$), 반출 슬러지의 총질소 농도($T-N_{sl}$) 등의 활동자료는 「환경분야 시험·검사에 관한 법률」에 따른 「수질오염공정시험기준」에 따라 측정하여 사용한다.

　　ⓑ Tier 2
　　　• 측정불확도 ±5.0% 이내의 유입수·방류수의 유량을 사용한다.
　　　• 슬러지 반출량의 자료가 있을 경우에는 산정방법에 반드시 포함시켜야 한다.(1차 침전 후 By-pass되는 하수에 대하여 하수처리시설의 구조적 여건상 By-pass관을 최종방류구(방류수 측정지점 전단)에 연결할 수 없는 경우에는 By-pass의 유량과 농도를 측정한 자료가 있을 시, 배출량 산정에 포함함)
　　　• 측정불확도 ±5.0% 이내의 메탄 회수량(회수한 소화가스 중 순수메탄만을 회수량으로 활용한다) 자료를 사용한다. 다만, 회수된 메탄가스가 외부 공급/판매, 자체 연료 사용 및 Flaring 등의 처리를 위한 별도의 측정이 없을 경우는 $R=0$으로 처리한다.
　　　• 유입수의 BOD_5농도(BOD_{in}), 방류수의 BOD_5농도(BOD_{out}), 반출 슬러지의 BOD_5농도(BOD_{sl}), 유입수의 총질소농도($T-N_{in}$) 및 방류수의 총질소농도($T-N_{out}$), 반출 슬러지의 총질소농도($T-N_{sl}$) 등의 활동자료는 「환경분야 시험·검사 등에 관한 법률」에 따른 「수질오염공정시험기준」에 따라 측정하여 사용한다.

　　ⓒ Tier 3
　　　• 측정불확도 ±2.5% 이내의 유입수·방류수의 유량을 사용한다. 또한, 슬러지 반출량의

자료가 있을 경우에는 산정방법에 반드시 포함시켜야 한다.(1차 침전 후 By-pass되는 하수에 대하여 하수처리시설의 구조적 여건상 By-pass관을 최종방류구(방류수 측정지점 전단)에 연결할 수 없는 경우에는 By-pass의 유량과 농도를 측정한 자료가 있을 시, 배출량 산정에 포함함)

- 측정불확도 ±2.5% 이내의 메탄 회수량(회수한 소화가스 중 순수메탄만을 회수량으로 활용한다) 자료를 사용한다. 다만, 회수된 메탄가스가 외부 공급/판매, 자체 연료 사용 및 Flaring 등의 처리를 위한 별도의 측정이 없을 경우는 $R=0$으로 처리한다.
- 유입수의 BOD_5농도(BOD_{in}), 방류수의 BOD_5농도(BOD_{out}), 반출 슬러지의 BOD_5농도(BOD_{sl}), 유입수의 총질소농도($T-N_{in}$) 및 방류수의 총질소농도($T-N_{out}$), 반출 슬러지의 총질소농도($T-N_{sl}$) 등의 활동자료는 「환경분야 시험·검사 등에 관한 법률」에 따른 「수질오염공정시험기준」에 따라 측정하여 사용한다.

ⓒ 배출계수

ⓐ Tier 1

N_2O 배출계수는 IPCC 가이드라인 기본 배출계수인 $0.005 kgN_2O-N/kg-T-N$을 사용한다.

ⓑ Tier 2

국가 고유 배출계수를 활용한다. 단, 온실가스종합정보센터에서 별도의 계수를 공표하여 지침에 수록된 경우 그 값을 적용한다.

CH_4 배출계수($kgCH_4/kgBOD$)	
혐기적 처리공정이 없을 경우	혐기적 처리공정이 있을 경우
0.01532	0.18452

ⓒ Tier 3

사업자가 자체 개발한 고유 배출계수를 사용한다.

② 폐수처리

㉠ 활동자료

ⓐ Tier 1

- 측정불확도 ±7.5% 이내의 유입수·방류수의 유량을 사용한다.
- 슬러지 반출량의 자료가 있을 경우에는 산정방법에 반드시 포함시켜야 한다.
- 측정불확도 ±7.5% 이내의 메탄 회수량(회수한 소화가스 중 순수메탄만을 회수량으로 활용한다.)자료를 사용한다. 다만, 회수된 메탄가스가 외부 공급/판매, 자체 연료 사용 및 Flaring 등으로 처리되기 위한 별도의 측정이 없을 경우는 $R=0$으로 처리한다.

- 유입수의 COD(COD_{in}), 방류수의 COD(COD_{out}), 반출 슬러지의 COD(COD_{sl})는 「환경분야 시험·검사에 관한 법률」에 따른 「수질오염공정시험기준」에 따라 측정하여 사용한다.

ⓑ Tier 2
- 측정불확도 ±5.0% 이내의 유입수·방류수의 유량을 사용한다. 또한, 슬러지 반출량의 자료가 있을 경우에는 산정방법에 반드시 포함시켜야 한다.
- 측정불확도 ±5.0% 이내의 메탄 회수량(회수한 소화가스 중 순수메탄만을 회수량으로 활용한다) 자료를 사용한다. 다만, 회수된 메탄가스가 외부 공급/판매, 자체 연료 사용 및 Flaring 등으로 처리되기 위한 별도의 측정이 없을 경우는 $R = 0$으로 처리한다.
- 유입수의 COD(COD_{in}), 방류수의 COD(COD_{out}), 반출 슬러지의 COD(COD_{sl})는 「환경분야 시험·검사 등에 관한 법률」에 따른 「수질오염공정시험기준」에 따라 측정하여 사용한다.

ⓒ Tier 3
- 측정불확도 ±2.5% 이내의 유입수·방류수의 유량을 사용한다. 또한, 슬러지 반출량의 자료가 있을 경우에는 산정방법에 반드시 포함시켜야 한다.
- 측정불확도 ±2.5% 이내의 메탄 회수량(회수한 소화가스 중 순수메탄만을 회수량으로 활용한다) 자료를 사용한다. 다만, 회수된 메탄가스가 외부 공급/판매, 자체 연료 사용 및 Flaring 등으로 처리되기 위한 별도의 측정이 없을 경우는 $R = 0$으로 처리한다.
- 유입수의 COD(COD_{in}), 방류수의 COD(COD_{out}), 반출 슬러지의 COD(COD_{sl})는 「환경분야 시험·검사 등에 관한 법률」에 따른 「수질오염공정시험기준」에 따라 측정하여 사용한다.

ⓛ 배출계수

ⓐ Tier 1
아래 표의 IPCC 가이드라인 기본 배출계수를 적용한다.

처리 유형별 폐수처리 분야 CH_4 배출계수

처리 유형	EF(tCH_4/t-COD)
슬러지의 혐기성 소화조	0.2
혐기성 반응조	0.2
혐기성 라군(2m 이하)	0.05
혐기성 라군(2m 초과)	0.2

출처 : 2006 IPCC 국가 인벤토리 작성을 위한 가이드라인

ⓑ Tier 2

국가 고유 배출계수를 활용한다. 단, 센터에서 별도의 계수를 공표할 경우 그 값을 적용한다.

ⓒ Tier 3

사업자가 자체 개발한 고유 배출계수를 사용한다.

7 최적가용기술(BAT)

하·폐수 처리시설에서 온실가스 배출량을 줄이는 방법으로는 소화조에서 배출되는 소화가스의 회수 및 이용과 시설 개선에 의한 에너지 이용 효율을 높이는 방법 등이 있다.

(1) 혐기성 소화조의 소화효율 문제점 및 개선방안

① 낮은 유기물 함량

㉠ 우리나라의 1차 잉여슬러지 처리 및 잉여슬러지는 VSS/TSS 비가 미국 등과 비교해 매우 낮다는 특징이 있다. 즉, 유기물의 함량이 낮아 충분한 산 생성 반응과 메탄 생성 반응이 일어나지 않는다. 이 문제를 해결하기 위해서는 주로 합류식으로 되어 있는 하수도를 분류식으로 교체하거나 최대한 개선하여 하수에 모래나 흙 등의 이물질이 들어가지 않도록 하고 하수 처리장에서는 슬러지를 농축하여 소화조로 유입시킨다.

㉡ 슬러지를 소화시키기 전에 농축할 경우의 장점
- 가열에 필요한 에너지를 감소시킨다.
- 알칼리도의 농도가 높아져 소화과정이 보다 안정하다.
- 식종미생물의 유출을 감소시킨다.
- 혼합효과를 최대로 발휘하게 한다.
- 소화과정을 더 잘 조절할 수 있다.
- 상등수의 양을 감소시킨다.

② 소화조 내 온도 저하

㉠ 소화조 내 정상적인 운전 온도는 35℃ 정도이다.

㉡ 온도가 저하되면 미생물의 활성이 떨어져 소화 효율이 저하된다.

㉢ 온도 저하의 원인은 농도가 낮은 슬러지를 대량으로 급속히 투입하게 되는 경우에 조 내 온도가 급격히 저하되기 때문이다. 따라서 슬러지 주입은 전체 슬러지 계통의 인발 및 주입 시간표를 작성하여 조금씩 나누어 여러 차례에 걸쳐 투입하여야 이러한 증상을 고칠 수 있고 슬러지 농도도 적정치로 유지할 수 있다.

㉣ 온도계의 작동불량이거나 교반불량이 원인일 수도 있으므로 검사 후 수리한다.

◦ 슬러지가 온수 코일에 부착되어 두터운 절연층을 형성하여 열의 전도를 방해하는 경우도 있는데 필요시 청소하여 정상적인 가동이 되도록 한다.

③ 가스발생량의 저하
  ㉠ 어떠한 이유로 메탄 형성이 저조하고 산형성이 왕성하면 조 내 유기산이 축적되어 pH가 저하되고 pH가 저하되면 메탄 형성 미생물에 독성을 준다.
  ㉡ 이 경우에는 투입횟수, 1회 투입량 등을 재검토하여 적정량의 슬러지가 균등하게 투입되도록 조정하여야 하며 또한 pH를 높이기 위해 알칼리(보통석회)를 투입하는 것도 필요하다.

④ 상등수 악화
  ㉠ 상등수의 BOD, SS가 비정상적으로 높은 경우는 소화가스 발생량의 저하 원인과 마찬가지로 저농도 슬러지의 유입 및 소화 슬러지 과잉배출, 조 내 온도 저하, 과도한 산생성 등이 원인이 될 수 있다.
  ㉡ 이 경우는 소화가스량 저하 시 대책과 동일하다. 또 과다 교반이 원인인 경우에는 교반횟수를 조정한다.

⑤ pH 저하
  ㉠ 유기물의 과부하로 인한 소화의 불균형이 원인인 경우에는 유입 슬러지양을 조절하여 부하량을 줄이고, 온도 급저하나 교반 부족이 원인인 경우는 온도 유지를 위한 점검/조절과 교반강도 및 교반횟수를 조정한다.
  ㉡ 독성물질이 유입되어 pH가 저하된 경우에는 배출원을 규제하고 소화슬러지 대체방법을 강구한다.

⑥ 알칼리도 소비
  ㉠ 우리나라 하수는 질산화 시 알칼리도의 소비 등으로 인해 알칼리도가 부족한 경우가 많으며 이로 인해 소화에 문제가 나타나고 있다.
  ㉡ 소화조의 적정 알칼리도는 2,000~5,000mg/L 정도이다.

(2) 시설 개선에 의한 에너지 효율화 방안

① 하수 펌프류 인버터 설치로 전력비 절감
  ㉠ 인버터를 설치하여 직입 운전방식에서 인버터 가동방식으로 변경함으로써 인버터 기동 시 소모전력의 절감으로 전력비를 절약하게 된다.
  ㉡ 탄력적 유량 조절로 모터 과부하 및 밸브 내부마모로 인한 수명 단축을 예방할 수 있다.

② 송풍기 모터풀리 교체 및 연동배관 설치를 통한 전력비 절감
  ㉠ 반응조용 송풍기의 송풍량 조절이 어렵고 반응조와 저류조 교반용 송풍기의 개별 사용에

따른 전력비가 상승하는 단점이 있으나, 송풍기의 모터풀리를 교체함으로써 적정 송풍량 조절을 통한 안정적인 생물반응조 운전이 가능하며, 전력비 절감 효과도 보게 된다.
ⓒ 교반용 송풍기를 반응조 송풍기와 연동배관을 설치하여 남는 송풍량을 각 지로 활용하여 전력비 절감 및 고장 요소 발생 시 예비설비로 활용할 수도 있다.

SECTION 30 폐기물의 소각

1 폐기물 소각 처리 개요

① 폐기물 처리 4단계(기능적)
　㉠ 발생억제　㉡ 재활용　㉢ 중간처리　㉣ 최종처리

② 중간처리
　파쇄·압축·고형화·여과·중화·소각·흡착·소화 등의 물리·화학·생물학적 공정을 말한다.

③ 최종처리
　매립 또는 해역배출 등의 방법으로 폐기물을 처분하는 것을 일컫는다.

④ 일반적인 화학적 처리방법은 소각으로 무게와 부피를 줄이기에 효과적일 뿐만 아니라 열의 형태로 에너지를 얻을 수도 있어 점차 사용비율이 증가하는 추세이다.

⑤ 소각은 쓰레기 연소 시 발생하는 유독가스의 후처리 미비 시 2차 공해를 유발할 소지가 크며, 대표적으로 유해가스(탄화수소, 다이옥신, 염화수소 및 NO_x) 발생 문제가 있다.

⑥ 소각시설의 공정
　㉠ 저장 및 투입설비　㉡ 소각설비　㉢ 오염방지설비　㉣ 배출시설

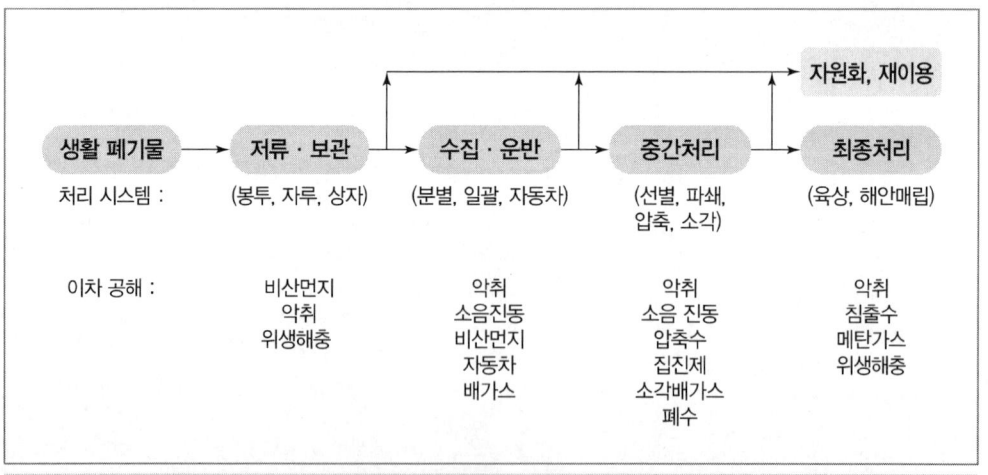

생활폐기물 처리 및 처분 개요

2 배출활동 개요

① 폐기물 소각시설에서는 고형 및 액상폐기물의 연소로 인해 CO_2, CH_4 및 N_2O가 배출된다.

② 소각되는 폐기물 유형
    ㉠ 도시고형폐기물
    ㉡ 사업장폐기물
    ㉢ 지정폐기물
    ㉣ 하수 슬러지

단, 바이오매스 폐기물(음식물, 목재 등)의 소각으로 인한 CO_2 배출은 생물학적 배출량이므로 배출량 산정 시 제외되어야 한다.

③ 화석연료로 인한 폐기물(플라스틱, 합성 섬유, 폐유 등)의 소각으로 인한 CO_2만 배출량에 포함되어야 한다.

④ 폐기물 소각으로 인한 CO_2 배출은 Mass-Balance 또는 측정방법에 따라 폐기물의 화석탄소 함량을 기준으로 산정되며, 그 밖의 non-CO_2(CH_4 및 N_2O)의 경우에는 제시된 배출계수 또는 측정을 통하여 배출량을 산정한다.

3 보고 대상 배출시설

(1) 소각보일러

폐기물 등을 소각시켜 발생되는 열을 회수하여 보일러를 가동하고 이때 생산되는 증기나 열을 작업공정이나 난방 등에 재이용할 목적으로 보일러 등 열회수장치가 설치된 소각시설을 말한다.

(2) 일반 소각시설

① 폐기물의 소각은 폐기물을 고온 산화시켜 폐기물의 양을 줄이는 처리방법을 말한다.
② 일반 소각시설의 연소실(연소실이 둘 이상인 경우에는 최종 연소실) 출구온도는 850℃ 이상 유지된다.
③ 연소실은 연소가스가 2초 이상 체류할 수 있고 충분하게 혼합될 수 있는 구조를 가진다.
④ 생활폐기물 소각시설의 소각 성능은 바닥재의 강열감량이 5퍼센트 이하이며, 생활폐기물 이외 소각시설은 바닥재의 강열감량이 10퍼센트 이하이다.

(3) 고온 소각시설

① 1차 연소실에 접속된 2차 연소실을 갖추고 있으며 2차 연소실의 출구온도는 1,100℃ 이상 유지한다.
② 2차 연소실은 연소가스가 2초 이상 체류하고 충분하게 혼합될 수 있는 구조를 가진다.
③ 고온의 배출가스는 열회수 보일러를 통해 에너지가 회수되고 최종적으로 대기오염 방지시설에서 처리된다.
④ 소각 성능은 바닥재의 강열감량이 5퍼센트 이하가 된다.

(4) 열분해시설(가스화시설 포함)

① 열 분해시설은 공기가 부족한 상태에서 폐기물을 무산소 또는 저산소 분위기에서 가열하여 가스, 액체 및 고체 상태의 연료를 생성하는 시설이다.
② 열분해소각시설은 생성물질의 성상에 따라 가스화방식, 액화방식, 탄화방식으로 구분할 수 있다.

(5) 고온 용융시설

① 열분해장치에서 분리된 잔류물질(차르(Char), 불연물질 등)을 열분해가스의 연소열을 이용하여 고온(1,300~2,000℃)에서 용융시키는 시설이다.
② 용융된 산화물(슬래그)은 토목, 건축자재로 재활용할 수 있다.

(6) 열처리 조합시설

① 열처리 조합시설은 일반 소각시설, 고온 소각시설, 열 분해시설, 고온 용융시설 중 둘 이상의 시설이 조합된 시설을 말한다.
② 폐기물을 열분해하여 발생한 가스를 연소 또는 회수하면서 탄화물 및 불연물 등을 용융하는 방식이다.
③ 열분해(Pyrolysis), 가스화(Gasification), 용융(Melting), 연소(Combustion) 등을 조합하여 하나의 처리시설을 구성하는 형식이다.

(7) 폐가스 소각시설(배출가스 연소탑, Flare Stack 등)

① 제조 공정 중에 발생되는 각종 휘발성 유기물질이나 가연성 가스 또는 냄새가 심하게 나는 물질들을 모아 산화시키는 시설을 말한다.
② 크게 나누어 직접연소시설, 촉매산화시설 등이 있다.
③ 직접 연소시설은 내화물질로 구성된 연소시설과 한 개 내지 둘 이상의 연소장치, 온도조정장치, 안전장치 그리고 열교환기와 같은 연회수장치들로 구성되어 있다.

④ 촉매산화연소시설은 주로 직접연소의 효율이 떨어지는 가스상 물질을 촉매층을 통과시켜 연소하기 쉬운 물질로 만든 후에 산화시키는 시설이다.
⑤ 예열연소장치는 가스를 촉매층을 통과시키기 전에 일정한 온도를 유지시켜 줌으로써 산화와 연소가 비교적 쉽게 일어나게 하기 위한 시설이다.
⑥ 이외에 석유화학 계통에서 많이 설치되는 플레어 스택(배출가스 연소탑, Flare Stack) 등이 있다.
⑦ 플레어스택은 플레어시스템(안전밸브 등에서 방출되는 물질을 모아 플레어스택에서 소각시켜 대기 중으로 방출하는 데 필요한 일체의 설비) 중 스택형식의 소각탑으로서 스택지지대, 플레어팁, 파이롯버너 및 점화장치 등으로 구성된 설비 일체를 말한다.

(8) 폐수소각시설

① 폐수소각시설은 폐수 중에 휘발성 물질이나 농도가 높은 폐수를 소각처리하기 위한 시설이다.
② 유기 및 무기물 폐수 오염물질을 공기로 산화시키면서 일반적인 압력과 730~1,200℃의 온도(촉매를 사용할 경우에는 그 이하의 온도)에서 물을 동시에 증발시키는 공정이다.

4 보고 대상 온실가스

구분	CO_2	CH_4	N_2O
산정방법론	Tier 1,4	Tier 1	Tier 1

∥ 폐기물 소각시설에서의 온실가스 공정배출원, 온실가스 종류 및 배출원인 ∥

배출 공정	온실가스	배출원인
폐기물 저장조	CH_4	유기성 폐기물의 혐기 조건에서 분해 배출
소각로	CO_2	비생물계 유기성 폐기물의 연소 분해 배출
	CH_4	유기성 폐기물의 불완전연소에 의한 배출
SNCR, SCR	N_2O	유기성 질소 성분의 불완전연소에 의한 배출
		NOx 처리 과정에서 중간생성물로 배출

출처 : 한국환경공단

5 배출량 산정방법

① 폐기물 소각분야 CO_2 배출

㉠ Tier 1

ⓐ 고상 폐기물

$$CO_2 Emissions = \sum_i (SW_i \times dm_i \times CF_i \times FCF_i \times OF_i) \times 3.664$$

여기서, $CO_2 Emissions$: 폐기물 소각에서 발생되는 온실가스 양(tCO_2)
SW_i : 폐기물 성상(i)별 소각량(t-Waste)
dm_i : 폐기물 성상(i)별 건조물질 질량 분율(0~1 사이의 소수)
CF_i : 폐기물 성상(i)별 탄소 함량(tC/t-Waste)
FCF_i : 화석탄소 질량 분율(0~1 사이의 소수)
OF_i : 산화계수(소각효율, 0~1 사이의 소수)
3.664 : CO_2의 분자량(44.010)/C의 원자량(12.011)

ⓑ 액상 폐기물

$$CO_2 Emissions = \sum_i (AL_i \times CL_i \times OF_i) \times 3.664$$

여기서, $CO_2 Emissions$: 폐기물 소각에서 발생되는 온실가스 양(tCO_2)
AL_i : 액상폐기물의 성상(i)별 소각량(t-Waste)
CL_i : 폐기물 성상(i)별 탄소 함량(tC/t-Waste)
OF_i : 산화계수(소각효율, 0~1 사이의 소수)
3.664 : CO_2의 분자량(44.010)/C의 원자량(12.011)

ⓒ 기상 폐기물

$$CO_2 Emissions = \sum_i (GW_i \times EF_i \times OF_i)$$

여기서, $CO_2 Emissions$: 폐기물 소각에서 발생되는 온실가스 양(tCO_2)
GW_i : 기상폐기물의 소각량(t-Waste)
EF_i : 기상폐기물(i)별 배출계수(tCO_2/t-Waste)
OF_i : 산화계수(소각효율, 0~1 사이의 소수)

② 폐기물 소각분야 CH_4, N_2O 배출

　㉠ Tier 1

$$CH_4\ Emissions = W \times EF \times 10^{-3}$$
$$N_2O\ Emissions = IW \times EF \times 10^{-3}$$

여기서, $CH_4\ Emissions$: 폐기물 소각에서의 CH_4 배출량(tCH_4)
　　　　$N_2O\ Emissions$: 폐기물 소각에서의 N_2O 배출량(tN_2O)
　　　　IW : 총 폐기물 소각량(t/yr)
　　　　EF : 배출계수($kgCH_4$/t-Waste, kgN_2O/t-Waste)

③ 특징

　㉠ CO_2 배출량 산정은 활동자료인 폐기물의 소각량과 화석탄소의 건조 탄소함량비율에 의해 결정됨
　㉡ 온실가스 CO_2 배출로 인정되는 폐기물은 화석연료와 연관된(비생물계) 폐기물인 합성수지류, 합성피혁류, 합성고무류이고, 생물계 폐기물인 음식물 쓰레기, 종이류, 목재류 소각에 의해 생성 배출되는 CO_2는 온실가스로 인정하지 않고 있음
　㉢ 생물계 폐기물 소각에 의한 CO_2 배출은 원료 및 가공과정에서 CO_2 흡수를 산정하지 않기 때문에 중복 산정을 피하기 위해 소각과정에서의 CO_2 배출은 산정하지 않고 있음
　㉣ CH_4, N_2O 배출량 산정을 위해서는 활동자료인 폐기물의 소각량과 측정에 의해 결정된 배출계수를 곱하여 결정하며, 만약 측정에 의한 고유값이 없는 경우에는 IPCC의 기본값을 적용해야 함
　㉤ 소각 처리 시 에너지 회수(예 소각 폐열을 지역난방용으로 공급)를 하는 경우에는 CO_2 배출량을 에너지 분야에서 보고토록 규정하고 있음
　㉥ 폐기물 성상별 탄소함량(CF_i)은 플라스틱류가 높다.

6 매개변수별 관리기준

① 활동자료(폐기물 성상별 소각량, SW_i)

　㉠ Tier 1
　　• 측정불확도 ±7.5% 이내의 폐기물성상별 소각량(SW_i, AL_i), 총 폐기물 소각량(IW), 폐가스 소각량(GW_i) 등의 활동자료를 사용한다.
　　• 폐기물 성상분석을 위한 시료채취, 전처리, 시료의 분석은 매월 1회 이상 실시한다.
　　• 플레어 스택의 경우 측정불확도 ±17.5% 이내의 기상 폐기물 소각량(GW_i)의 활동자료를 사용한다.

ⓛ Tier 2
- 측정불확도 ±5.0% 이내의 폐기물성상별 소각량(SW_i, AL_i), 총 폐기물 소각량(IW), 폐가스 소각량(GW_i) 등의 활동자료를 사용한다.
- 폐기물 성상분석을 위한 시료채취, 전처리, 시료의 분석은 매월 1회 이상 실시한다.
- 플레어 스택의 경우 측정불확도 ±12.5% 이내의 기상 폐기물 소각량(GW_i)의 활동자료를 사용한다.

ⓒ Tier 3
- 측정불확도 ±2.5% 이내의 폐기물성상별 소각량(SW_i, AL_i), 총 폐기물 소각량(IW), 폐가스 소각량(GW_i) 등의 활동자료를 사용한다.
- 폐기물 성상분석을 위한 시료채취, 전처리, 시료의 분석은 매월 1회 이상 실시한다.
- 플레어 스택의 경우 측정불확도 ±7.5% 이내의 기상 폐기물 소각량(GW_i)의 활동자료를 사용한다.

ⓔ Tier 4
연속측정방식(CEM)을 사용한다.

② 배출계수
㉠ 폐기물 소각분야 CO_2 배출
ⓐ Tier 1
IPCC 가이드라인 기본 배출계수를 사용한다. 산화계수는 1.0을 적용한다.
- 고상 폐기물
고상 폐기물 소각분야 CO_2 IPCC 기본 배출계수를 사용한다.

고상 폐기물 소각 분야 CO_2 기본 배출계수(dm, CF, FCF)						
생활폐기물			사업장 폐기물		
폐기물 성상	dm	CF	FCF	폐기물 성상	dm	CF	FCF
종이류	0.9	0.46	0.01	음식물류(음식, 음료 및 담배)	0.4	0.15	0
섬유류	0.8	0.5	0.2	폐섬유류	0.8	0.4	0.16
음식물류	0.4	0.38	0	폐목재류	0.85	0.43	0
나무류	0.85	0.5	0	폐지류	0.9	0.41	0.01
정원 및 공원 폐기물류	0.4	0.49	0	석유제품, 용매, 플라스틱류	1	0.8	0.8
기저귀	0.4	0.7	0.1	폐합성고무	0.84	0.56	0.17
고무 피혁류	0.84	0.67	0.2	건설 및 파쇄 잔재물	1	0.24	0.2
플라스틱류	1	0.75	1	기타 사업장 폐기물*	0.9	0.04	0.03

생활폐기물				사업장 폐기물			
폐기물 성상	dm	CF	FCF	폐기물 성상	dm	CF	FCF
금속류	1	–	–	하수 슬러지(오니)	0.1	0.45	0
유리류	1	–	–	폐수 슬러지(오니)	0.35	0.45	0
기타 생활폐기물	0.9	0.03	1	의료폐기물	0.65	0.4	0.25

* 사업장 폐기물 생산에 대한 자료가 없는 경우, 모든 제조업의 총 기타 폐기물에 대한 기본값으로 적용할 수 있다.

출처 : 2006 IPCC 국가 인벤토리 작성을 위한 가이드라인

- 액상 폐기물

  액상 폐기물의 성상별 탄소함량값(CL_i)은 0.8을 사용한다. 단, 액상 폐기물은 폐유, 폐유기용제 등 화석탄소계열의 폐기물 중 법적으로 액상으로 분류된 것을 말한다.

- 기상 폐기물

  기상폐기물 소각 분야 CO_2 IPCC 기본 배출계수를 사용한다.

┃ 폐기물 소각 분야 CO_2 기본 배출계수 ┃

기상 폐기물 종류	기본 배출계수(tCO_2/t-Waste)
폐가스	2.8512
바이오가스(메탄)	2.7518

ⓑ Tier 2

국가 고유 배출계수를 활용한다. 단, 센터에서 별도의 계수를 공표할 경우 그 값을 적용한다.

ⓒ Tier 3

사업자가 자체 개발한 고유 배출계수를 사용한다. 기상 폐기물의 경우 사업자가 고유 배출계수를 개발하여 사용한다.

ⓓ Tier 4

연속측정방식(CEM)을 사용한다.

ⓒ 폐기물 소각 분야 CH₄, N₂O 배출
  ⓐ Tier 1
   • 고상 폐기물, 액상 폐기물

┃폐기물 소각 분야 CH₄ 기본 배출계수┃

소각 기술		CH₄ 배출계수(kgCH₄/t-Waste)
연속식	고정상	0.0002
	유동상	0
준연속식	고정상	0.006
	유동상	0.188
회분식(배치형)	고정상	0.06
	유동상	0.237

출처 : 2006 IPCC 국가 인벤토리 작성을 위한 가이드라인

   • 기상 폐기물

┃폐기물 소각 분야 CH₄ 및 N₂O 기본 배출계수┃

기상 폐기물 종류	CH₄ 배출계수 (kgCH₄/t-Waste)	N₂O 배출계수 (gN₂O/t-Waste)
폐가스	0.1935	3.87
바이오가스(메탄)	0.252	5.04

출처 : 2006 IPCC 국가 인벤토리 작성을 위한 가이드라인

  ⓑ Tier 2
  국가 고유 배출계수를 활용한다. 단, 온실가스종합정보센터에서 별도의 계수를 공표하여 지침에 수록된 경우 그 값을 적용한다.

┃고상, 액상 폐기물 CH₄ 및 N₂O Tier 2 배출계수┃

폐기물 형태	CH₄ 배출계수 (gCH₄/t-Waste)	N₂O 배출계수 (gN₂O/t-Waste)
생활폐기물	6.10	52.1
사업장폐기물	13.9	129.7
하수슬러지	76.3	595.0

* 폐기물 형태별 출처 : 국가온실가스 통계 관리위원회 심의/확정 배출계수
* 사업장폐기물은 사업장배출시설계폐기물, 지정폐기물, 건설폐기물을 포함

  ⓒ Tier 3
  사업자가 자체 개발한 고유 배출계수를 사용한다.

7 최적가용기술(BAT)

소각시설에서 온실가스(CO_2, N_2O) 배출량을 줄이는 방법으로는 크게 에너지 회수 및 공급의 효율성을 증가시키는 방법과 배가스 처리를 통한 CO_2 배출을 제어하는 방법이 있다.

(1) 에너지 회수 및 공급의 효율성 증가
- 소각시설은 폐기물의 에너지값을 추출하여 전기, 증기 및 온수를 공급할 수 있다.
- 소각설비의 위치는 발생하는 부산물의 사용과 공급을 최대화시키는 장소로 하는 것이 폐기물의 에너지를 이용하기에 유리하다.
- 소각시설의 투입 에너지는 주로 폐기물의 발열량에 기인하며, 그 밖에 연소공정 지원을 위해 추가된 연료 및 (외부 수입) 전기 등이 있다.
- 소각시설에서 생성된 에너지 일부는 시설 내에서 이용할 수 있다.
- 일반적으로 에너지 회수형태는 전기, 열, 증기 등이 있으며 사용자의 필요성에 따라 달라진다.
  (예 산업 증기 사용 또는 대형 지역 난방 네트워크)

① 소각시설 설계 시 고려요소

  ㉠ 설비의 효율화는 전체 공정의 최적화로 구성된다. 이는 손실을 저감하고 공정 소비량을 제한하는 것을 포함한다.
  ㉡ 최적의 에너지 효율화 기술은 특정 위치 및 운전인자에 따라 다르다.
  ㉢ 최적의 에너지 효율 결정하는 데 필요한 인자

   ⓐ 위치
      에너지에 대한 사용자/분배 네트워크가 있는지 또는 에너지를 제공할 수 있는지의 여부

   ⓑ 회수되는 에너지에 대한 수요량 및 수요량의 변동성
      여름과 겨울의 열 요구량은 다르며, 기본적으로 증기를 수출하는 설비는 연간 많은 공급량을 달성할 수 있기 때문에 회수된 열을 더 많이 수출하며 낮은 수요기간 동안에는 일부 열을 식힐 필요성이 있다.

   ⓒ 생산되는 열과 전기에 대한 시장가격
      열에 대한 낮은 가격은 전기 생산 쪽으로 에너지 회수 형태를 바꾸게 될 것이며 반대의 경우도 마찬가지이다.

   ⓓ 폐기물의 성상
      고농도 부식성 물질(예 염화물)은 부식 위험을 증가시켜 공정이 진행된다면 증기 파라미터를 제한한다(따라서 전기를 생산 가능).

ⓔ 폐기물의 가변성
성상의 빠르고 크게 변하는 폐기물을 처리할 경우 막힘 현상과 부식문제를 일으켜 증기압을 제한함으로써 대신 전기를 생산할 수 있다.

㉣ 에너지 회수 기술의 최적화를 위해 에너지사용자의 요구량 충족을 목적으로 설계된 시설이 필요하다.

㉤ 전기만 공급할 수 있는 설비는 열을 공급할 수 있거나 열병합 발전을 공급할 수 있는 설비와는 다르게 설계될 것이다.
  ⓐ 온수나 증기형태로 열만 회수
    지역난방, 화학공장 등 산업시설로 공급 가능

  ⓑ 전기만 회수

  ⓒ 열병합발전
    (보통 열 공급에 우선순위가 주어지지만, 판매 계약에 따라 전기공급에 우선순위를 둘 수도 있다.)

㉥ 에너지순환 설계 선택 시 기타 고려해야 할 요소
  ⓐ 공급폐기물
    양과 질, 이용 가능성, 가변성, 폐기물 분리 및 재활용 효과

  ⓑ 에너지판매 가능성
    공급처(지역난방, 민간 기업 등), 지리적 제약(운송 배관 타당성), 수요기간 및 공급 계약 기간, 국가 전력 계통망이나 산업 네트워크, 전기가격 등

  ⓒ 열과 전력의 결합
    계절에 따른 할당, 미래의 할당 변화

  ⓓ 기타
    에너지생산량 증가, 투자비용 감소, 수용 가능한 소음 수준, 이용 가능한 공간, 건축상 제한 등

② 에너지 회수를 개선하기 위한 적용 기술들
  ㉠ 폐기물 투입 전처리
    에너지 회수와 관련된 전처리 기술은 크게 두 가지(균질화 및 추출/분리)로 나눌 수 있다.
    ⓐ 폐기물투입의 균질화
      • 일정한 연소 품질을 가진 투입물을 공급하기 위해 주요한 물리적 기술(예 벙커 혼합

및 분쇄)을 사용하여 소각로에 투입되는 폐기물들을 혼합하는 것이다.
- 이를 통해 달성할 수 있는 주요 편익은 공정 안정화의 개선으로서 이는 원활한 하위 공정작업을 가능하게 한다.
- 보일러에서의 안정된 증기 매개변수는 전기 생산을 증가시킬 수 있다.
- 전체적인 에너지효율 편익은 제한될 수 있지만 비용 감소와 기타 운영 편익이 발생할 수 있다.

ⓑ 추출/분리
- 폐기물이 연소실로 투입되기 전에 일정 성분을 제거해주는 작업이다.
- 기술의 범위는 폐기물 고형연료(RDF) 생산 및 특정 품질기준을 충족하기 위한 액상 폐기물의 혼합으로부터, 콘크리트 블록이나 대형 금속 물체 같은 연소에 적합하지 않는 대형 물체의 크레인 운전자에 의한 발전과 제거까지 이른다.

- 달성되는 주요 편익(장점)
  - 특히 보다 정교한 전처리 작업이 사용되는 경우 균질성의 증가
  - 부피가 큰 물질 제거 : 폐색위험 및 예기치 못한 작동정지 방지
  - 연소효율을 개선할 수 있는 유동상이나 기타 연소기술의 사용 가능성

ⓒ 폐기물의 추출/분리와 균질화는 소각설비 자체의 에너지 효율을 크게 개선시킬 수 있다. 해당 공정들은 소각 공정에 최종적으로 이송되는 폐기물의 특성을 크게 변화시킬 수 있고, 그 결과 소각 공정이 더 한정된 투입사양에 맞게 설계될 수 있으며 최적화된 (그러나 덜 유연한) 성능으로 유도될 수 있기 때문이다.

ⓛ 보일러 및 열전달
  ⓐ 관형 온수 보일러는 일반적으로 뜨거운 배가스의 잠재 에너지로부터 온수나 스팀을 발생시키기 위해 사용되며 증기나 온수는 배가스 통로에 있는 관(Tube) 다발에서 생산된다. 소각로의 덮개와 그 다음의 빈 통로, 증발기와 과열기 관 다발이 있는 공간은 일반적으로 수랭식 멤브레인 벽으로 설계되어 있다.
  ⓑ 증기 생성 시 아래 그림에서 보듯이 통상 3개의 가열 표면구역으로 구별할 수 있다.

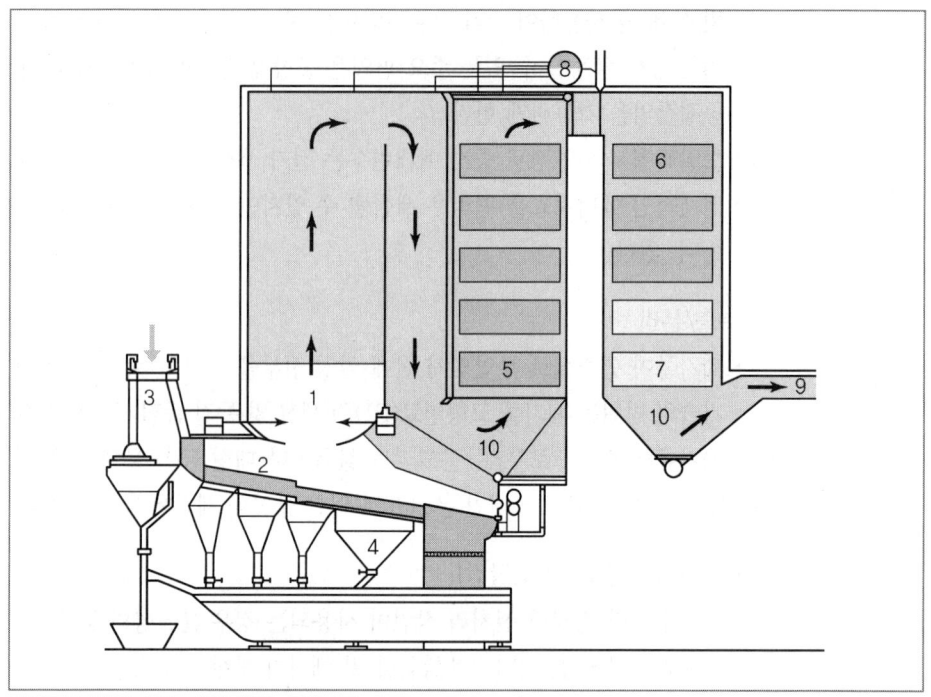

증기 발생기의 각 가열표면구역의 모식도

ⓒ 공급수의 예열(연료절약장치 ; 그림 중 7) : 이 구역에서 보일러 공급수는 비등점에 가까운 온도까지 배가스에 의해 가열된다(다발로 묶인 가열표면으로 설계).
- 증발 : 이 구역에서 연료절약장치로부터 오는 물은 포화증기 온도에 도달할 때까지 가열된다.
- 과열 : 이 구역에서 증발기로부터 나오는 포화증기는 최종 온도까지 과열된다.
  (대체로 다발로 묶인 가열표면이나 격벽 가열표면을 사용)

ⓓ 전통적인 증발시스템
- 자연순환 : 증발기 내의 물/증기 질량 흐름은 가열된 파이프와 가열되지 않는 파이프 내의 매질의 다른 밀도 때문에 유지된다. 물/증기 혼합체는 드럼 안으로 흐른다. 여기에서 증기와 물은 분리되며 포화증기는 후단에 연결된 과열기에 도달한다.
- 강제순환 : 이 원리는 자연순환에 해당하지만 증발기 내에 순환을 지원하는 순환펌프에 의해 확장된 방식이다.
- 강제연속흐름 : 이 시스템에서 공급수는 연료절약장치, 증발기와 과열기를 통하여 연속적인 흐름으로 밀어 넣어진다.

ⓔ 스프레이 냉각기와 표면 냉각기는 필요한 증기 온도를 정확하게 유지하기 위하여 순환 보일러에서 사용된다. 증기 온도 변동의 균형을 맞추는 것이 냉각기의 기능이며 증기온도의 변동은 투입량 변화, 폐기물 품질, 과잉공기 및 가열표면의 오염에 따라 발생한다.

ⓕ 폐기물이 연소되는 보일러로부터 증기 파라미터를 결정할 때 절충안이 필요하다. 이것은 높은 온도 및 압력 선택 시, 폐기물 안에 포함된 에너지를 더 잘 활용하는 반면에 높은 증기 파라미터에 의해 특히 과열기 표면과 증발기에서 부식의 문제를 크게 증가시킬 수 있기 때문이다.

ⓖ 생활폐기물 소각로에서는 특히 전처리된 생활폐기물과 준비된 RDF를 이용하여 더 높은 온도 및 압력값이 사용되지만 전기 생산 시 40bar 및 400℃를 사용하는 것이 일반적이다. 열 생산의 경우에 낮은 온도 및 압력조건이나 과열된 물을 가진 증기가 생산될 수 있다.

ⓗ 폐기물소각의 특성은 배가스 안에 먼지가 많다는 것이다. 비산회의 중력 분리에 의한 보일러 구역 안의 먼지 제거는 열전달 효율을 높여주며 먼지 제거방법으로는 낮은 배가스 속도, 가스 유동통로 안에서의 회전 등이 있다.

> **Reference** 보일러 부식
>
> 1. 부식(Corrosioin)은 소각로에서 발생한 재와 배가스의 화학적 반응에 의해 발생한다.
> 2. 수직적 마모를 통하여 표면 물질을 마모시키는 침식(Erosion)은 주로 배가스 내에 존재하는 재 입자에 의하여 생긴다.
> 3. 관 마모(Tube Wear)는 부식과 마모의 결합으로 생긴다.
> 4. 부식은 깨끗한 금속 표면에 나타난다.
> 5. 부식 생성물이 파이프 표면(산화 층) 위에 박막으로서 침착물을 생성하면, 그 침착물은 보호층으로 작용하여 부식을 늦춘다.
> 6. 이 보호층이 침식을 통하여 마모되고 금속의 표면이 다시 드러나면 전체 절차가 새롭게 시작된다.
> 7. 현실적으로 열역학 관점에서 어느 정도의 부식은 피할 수 없으며 부식의 원인은 구조적이면서 운영상의 대책을 필요로 한다.
> 8. 개선의 가능성은 증기 발생기에서 주로 발견된다.
> 9. 낮은 증기 파라미터, 열 표면에 들어가기 전의 오랜 반응시간, 배가스 속도 감소 및 속도 변화 균등화가 모두 가능할 것이다.
> 10. 열 표면을 보호하기 위하여 보호 외피(Protective Shell), 세공(Tooling), 형단조(Stamping) 및 변류기(Deflector)가 사용될 수 있다.
> 11. 최상의 열전달(금속파이프 표면)과 최적의 부식 보호 간의 보일러 세정(Cleaning)의 강도를 결정하는 절충안을 찾아야 한다.

ⓒ 연소공기 예열
  ⓐ 연소공기의 예열은 수분함량이 높은 폐기물의 연소를 돕는다.
  ⓑ 예열된 공기를 공급함으로써 폐기물을 건조시키고 점화를 촉진시킨다.
  ⓒ 열 교환 시스템에 의하여 폐기물 연소를 통해 공급되는 열을 얻을 수 있다.
  ⓓ 1차 연소공기의 예열은 전기 생산 시 전반적인 에너지 효율에 긍정적인 영향을 줄 수 있다.

ⓔ 수랭식 화격자
  ⓐ 화격자를 보호하기 위하여 물에 의한 화격자의 냉각이 사용된다.
  ⓑ 연소되는 폐기물상으로부터 열을 포획하고 공정에서 열을 사용하기 위하여 냉각 매질로서 물이 사용된다.
  ⓒ 제거되는 열은 연소공기(1차 또는 2차 공기)를 예열하기 위하여 또는 응축물질을 가열하기 위하여 다시 공정으로 공급되는 것이 일반적이다.
  ⓓ 또 다른 옵션은 이 수랭장치를 보일러 회로와 직접 통합하고 그것을 증발기로서 작동시키는 것이다.
  ⓔ 이 화격자들은 폐기물의 저위발열량이 높을 때, 대개는 10MJ/kg 이상일 때 적용된다.
  ⓕ 낮은 발열량에서는 화격자의 적용이 더욱 제한된다.

ⓜ 배가스 응축
  ⓐ 연소 시 배가스 내 수분은 연료에 있는 증발되는 자유수(Free Water), 수소의 산화로 발생하는 반응수(Reaction Water), 연소공기 내부의 수증기로 구분된다.
  ⓑ 폐기물을 연소할 때 보일러와 연료절약장치 이후의 배가스 내 수분 함량은 용적의 10~20%의 수준을 보인다.
  ⓒ 배가스의 수증기를 응축할 경우 추가적인 열 회수가 가능하다.

ⓗ 배가스 재순환
  ⓐ 배가스의 일부분(약 10~20%의 용적)은 연소실 안의 2차 공기연료를 대체하기 위하여 대개 사전 먼지제거 작업 후에 재순환된다.
  ⓑ 배가스에서의 열 손실을 감소시키고 공정의 에너지효율을 약 0.75~2%까지 증가시키는 것과 1차 NO_x를 저감하는 추가 편익도 알려져 있다.

ⓢ 배가스처리(FGT)장치 운전 온도로의 배가스 예열
  ⓐ 일부 대기오염 제어장비는 효과적인 작동을 위하여 배가스 예열을 필요로 한다. 예를 들면 각각 250℃와 120℃ 근처의 온도를 필요로 하는 선택적 촉매환원(SCR) 시스템과 백 필터가 있다.

ⓑ 가스를 가열하기 위한 에너지는 외부로부터 공급받거나, 공정에서 발생하는 열이나 전력을 사용할 수 있다. 이때 열 교환기의 사용은 외부 에너지 투입 필요량을 줄일 수 있다.

◎ 증기 – 물 순환 개선
증기 – 물 순환의 선택은 대개 시스템의 각 요소들을 개선시키는 것보다 시설의 에너지효율에 훨씬 더 큰 영향을 주고, 따라서 폐기물 내 에너지 사용을 증가시킬 기회가 더 많아진다.

(2) 탄산나트륨 생산을 위한 배가스 내 CO_2 흡수

① 배가스가 가성소다(NaOH)와 반응하면 CO_2와 수산화나트륨이 반응하여 탄산나트륨을 형성한다.
② 탄산나트륨은 무색무취이며, 화학공장, 제지산업에서 원료로 사용될 수 있다.
③ 탄산염 생산을 위해 필요한 배가스는 세정 마지막 단계에서 CO_2 흡수탑으로 보내진다.
④ 흡수탑은 유리섬유 강화플라스틱으로 만들어진 것으로, 플라스틱이 충전되었으며 가성소다액이 탑 상단으로 주입되어 하단에서 불어오는 배가스와 접촉한다.

$$CO_2 + 2NaOH \rightarrow NaCO_3 + 2H_2O$$

⑤ 배가스는 그 컬럼으로부터 수분 제거기를 통하여 대기로 배출된다.
⑥ 수분 제거기는 요구에 따라 유량 조절기를 경유하여 공급되는 연수(담수)를 사용하여 세척된다.
⑦ 탄산염 용액은 컬럼의 집수공으로 보내지고, 농도 조절장치를 경유한다.
⑧ 탄산염 용액의 농도, NaOH, 수량, pH 값 등을 적절한 방법으로 측정하며 이 과정에서 상당량의 가성소다가 소비되고 소다의 생산공정에서 생성된 CO_2도 고려하여야 한다.

SECTION 31 석탄 채굴 및 처리활동에서의 탈루 배출

1 배출활동 개요

① 석탄의 지질학적 형성과정은 지층가스(Seam Gas)인 메탄(CH_4)을 생성한다.
② 메탄(CH_4)은 석탄을 채굴하기 전까지 석탄층에 잡혀 있다가 석탄을 채굴 및 처리하는 과정에서 대기로 배출된다.
③ 석탄을 채굴 및 처리하는 탄광은 석탄을 경제적으로 채굴·선별한 후 상품으로 시장에 공급하는 사업소 또는 석탄을 채굴하는 광산을 의미한다.
④ 채굴 광산의 형태에 따라 지하탄광과 노천탄광으로 구분한다.
⑤ 우리나라의 탄광은 모두 석탄층까지 땅속으로 터널을 뚫어 각종 장비를 이용하여 석탄을 생산하는 지하탄광으로, 노천탄광은 존재하지 않는다.
⑥ 지하 및 노천탄광 모두에서 석탄을 채굴하여 탄층 및 주변 지층이 분쇄되는 동안 석탄층에 잡혀 있는 메탄이 배출되며, 일부는 채굴한 석탄을 파쇄, 가공하는 동안 배출된다.
⑦ 채굴이 중단된 이후에도 폐쇄탄광에서는 미량의 메탄이 지속적으로 배출되지만, 그 양은 극히 미미한 것으로 알려져 있다.

2 보고 대상 배출시설

① 지하탄광
② 처리 및 저장에 의한 탈루배출시설

3 보고 대상 온실가스

구분	CO_2	CH_4	N_2O
산정방법론	−	Tier 1, 2, 3	−

4 배출량 산정방법

① Tier 1~2

$$E_{total} = E_{mining} + E_{posmining}$$

여기서, E_{total} : 석탄 채굴에 따른 온실가스 배출량(tCH$_4$)
 E_{mining} : 석탄 채굴 과정에서 배출되는 CH$_4$ 배출량(tCH$_4$)
 $E_{postmining}$: 석탄 채굴 후 배출되는 CH$_4$ 배출량(tCH$_4$)

$$E_{mining} = Q_{coal,P} \times E_{mining} \times D_{CH_4}$$

여기서, E_{mining} : 석탄 채굴 시 CH$_4$ 배출량(tCH$_4$)
 $Q_{coal,P}$: 연간 석탄 생산량(ton)
 EF_{mining} : 석탄 채굴 시 온실가스(CH$_4$) 배출계수(m^{3}CH$_4$/ton-생산량)
 D_{CH_4} : CH$_4$의 밀도(20℃, 1기압에서 0.6669×10^{-3} ton/m^3)

$$E_{postmining} = Q_{coal,P} \times EF_{postmining} \times D_{CH_4}$$

여기서, $E_{postmining}$: 석탄 채굴 후 CH$_4$ 배출량(tCH$_4$)
 $Q_{coal,P}$: 연간 석탄 생산량(ton)
 $EF_{postmining}$: 석탄 채굴 후 온실가스(CH$_4$) 배출계수(m^{3}CH$_4$/ton-생산량)
 D_{CH_4} : CH$_4$의 밀도(20℃, 1기압에서 0.6669×10^{-3} ton/m^3)

② Tier 3

탄광에서 발생하는 누출가스의 유량 및 가스 중 CH$_4$ 농도를 측정하는 경우에 적용한다.

$$E_{CH_4, i} = V_i \times C_i \times D_{CH_4} \times Time_i$$

여기서, $E_{CH_4, i}$: 탄광의 시설 i로부터 누출되는 CH$_4$의 양(tCH$_4$)
 V_i : 탄광의 시설 i로부터 누출되는 가스 유량(m^3/min)
 C_i : 누출시설 i의 배출가스 중 CH$_4$의 부피분율(0~1 사이의 소수)
 D_{CH_4} : CH$_4$의 밀도(20℃, 1기압에서 0.6669×10^{-3} ton/m^3)
 $Time_i$: 탄광의 CH$_4$ 누출시설 i의 연간 가동시간(min)

5 매개변수별 관리기준

① 활동자료

　㉠ Tier 1

　　측정불확도 ±7.5% 이내의 석탄 생산량 자료를 사용한다.

　㉡ Tier 2

　　측정불확도 ±5.0% 이내의 석탄 생산량 자료를 사용한다.

　㉢ Tier 3

　　측정불확도 ±2.5% 이내의 탄광에서의 누출가스 유량 및 가스 중 CH_4 농도 등 측정자료를 사용한다.

② 배출계수

　㉠ Tier 1

　　배출계수는 IPCC에서 제공되는 지하탄광 기본 배출계수를 사용한다.

　㉡ Tier 2

　　국가 고유 배출계수를 활용한다.

　㉢ Tier 3

　　사업자가 자체 개발한 고유 배출계수를 활용한다.

SECTION 32. 석유 산업에서의 탈루 배출

1 배출활동 개요

① 석유산업은 석유를 탐사·개발 및 채굴·수송·정제·판매하는 산업으로 석유를 채취하여 최종 소비자에게 공급하기까지 아래와 같이 크게 4단계로 구분한다.
  ㉠ 원유생산
    석유를 발견하기 위한 탐광시추·유전개발·석유채취 등
  ㉡ 원유정제
    원유를 휘발유·등유 등으로 분류하는 일
  ㉢ 제품판매
    공장도판매·도매·소매를 포함하며, 제품을 정유공장에서 대수요처·주유소 등에 공급하는 과정
  ㉣ 원유 및 제품 수송
    원유생산과 석유정제, 또는 석유정제와 제품판매를 연결시키는 과정

② 우리나라는 원유생산 단계 없이 원유를 직접 수입하여 정제, 판매하고 있다.
③ 일반적으로 원유가 매장되어 있는 유전(Oil Field)에서는 원유와 함께 가스가 산출되며, 산출된 가스에는 미량의 메탄(CH_4)이 함유되어 있는 것으로 알려져 있다.
④ 단, 원유에 함유된 메탄(CH_4)은 원유생산 및 수송단계에서 대부분 배출되고, 정제활동에 의하여 생산된 석유제품(휘발유, 등유 등)에는 메탄이 함유되어 있지 않은 것으로 알려져 있다.
⑤ 석유 산업에서의 탈루 배출
  ㉠ 원유를 탐사, 생산, 수송, 처리(정제), 분배하는 과정에서 원유에 함유되어 있는 온실가스가 배관 시스템(밸브, 플렌지, 커넥터 등)을 통하여 누출(Leak)
  ㉡ 저장시설 등을 통하여 증발배출(원유생산 단계에서의 저장시설인 "Flashing Lose"를 의미)
  ㉢ 공정 중에서 발생하는 배기(Venting)가스에서 온실가스가 배출되는 것을 모두 포함

2 보고 대상 배출시설

① 원유 저장시설
② 원유 입하시설

3 보고 대상 온실가스

구분	CO₂	CH₄	N₂O
산정방법론	–	Tier 1,2,3	–

4 배출량 산정방법

① Tier 1~3

$$E_{total} = E_{refining} + E_{venting}$$

여기서, E_{total} : 석유 산업에서의 온실가스(CH_4) 탈루 배출량(tCH_4)
$E_{refining}$: 정제 과정에서 배출되는 CH_4 배출량(tCH_4)
$E_{venting}$: Venting 과정에서 배출되는 CH_4 배출량(tCH_4)

$$E_{refining} = A \times EF$$

여기서, $E_{refining}$: 원유 정제활동의 탈루성 온실가스 배출량(tCH_4)
A : 원유 정제량(m^3)
EF : 원유 정제활동의 탈루성 온실가스(CH_4)의 배출계수(tCH_4/m^3)

$$E_{venting} = \sum Q_v \times C_v \times D_{CH_4}$$

여기서, $E_{venting}$: Venting 과정에서 배출되는 CH_4 배출량(tCH_4)
Q_v : Venting 가스량(m^3, 15℃, 1기압)
C_v : Venting 가스 중 CH_4의 부피분율(0~1 사이의 소수)
D_{CH_4} : CH_4의 밀도(15℃, 1기압에서 0.6785×10^{-3} ton/m^3)

5 매개변수별 관리기준

석유산업에서 발생하는 탈루성 온실가스 배출량 산정에 대하여 적용한다.

① 활동자료

㉠ Tier 1

측정불확도 ±7.5% 이내의 원유 정제량 및 Venting 가스량 자료를 사용한다.

㉡ Tier 2

측정불확도 ±5.0% 이내의 원유 정제량 및 Venting 가스량 자료를 사용한다.

㉢ Tier 3

측정불확도 ±2.5% 이내의 원유 정제량 및 Venting 가스량 자료를 사용한다.

② 배출계수

㉠ Tier 1

IPCC에서 제공하는 기본 배출계수를 적용한다. 배출량을 보수적으로 산정하기 위하여 최대값을 적용한다.

┃석유 산업의 탈루성 온실가스 배출계수┃

CH_4 배출계수	단위
4.1×10^{-5}	ton/m^3 원유 정제량

출처 : 2006 IPCC 국가 인벤토리 작성을 위한 가이드라인

㉡ Tier 2

국가 고유 배출계수를 활용한다.

㉢ Tier 3

사업자가 자체 개발한 고유 배출계수를 사용한다.

SECTION 33 천연가스 산업에서의 탈루 배출

1 배출활동 개요

① 천연가스 산업은 크게 천연가스 처리단계(수분 및 황 제거 등), 공급(판매) 지점으로 이송 및 저장하는 단계, 천연가스를 공급 및 판매하는 분배단계로 구분할 수 있다.
② 천연가스 산업에서의 탈루 배출이라 함은 천연가스 처리, 전송 및 저장, 분배하는 과정에서 천연가스에 함유된 온실가스(메탄)가 배관 시스템(밸브, 플랜지, 커넥터 등)을 통하여 누출되거나, 저장시설에서의 손실 및 생산단계에서 발생하는 배관 파손 및 유정 파열(Well Blowouts) 등에 의해 가스가 공기 중으로 방출되는 것을 의미한다.
③ 국내 천연가스 산업에서는 저장·공급 시스템에서의 누출(Leakage) 배출(Venting), 시설유지 보수·손상 등에 의한 배출(Venting)을 천연가스 탈루량으로 보고한다.

2 보고 대상 배출시설

① 저장시설
② 공급시설

3 보고 대상 온실가스

구분	CO_2	CH_4	N_2O
산정방법론	–	Tier 1,2,3	–

4 배출량 산정방법론

① Tier 1

$$E_{total} = E_{저장} + E_{공급} + E_{venting}$$

여기서, E_{total} : 천연가스산업에서의 온실가스(CH_4) 탈루 배출량(tCH_4)
$E_{저장}$: 저장 과정에서 배출되는 CH_4 배출량(tCH_4)
$E_{공급}$: 공급 과정에서 배출되는 CH_4 배출량(tCH_4)
$E_{venting}$: Venting 과정에서 배출되는 CH_4 배출량(tCH_4)

$$E_{저장} = Q_{저장} \times EF_{저장} \times 10^{-3}$$

여기서, $E_{저장}$: 저장 과정에서 배출되는 CH_4 배출량(tCH_4)
$Q_{저장}$: 천연가스 저장량(m^3, 15℃, 1기압)
$EF_{저장}$: 천연가스 저장량에 따른 온실가스(CH_4) 배출계수($Gg/10^6 m^3$)

$$E_{공급} = Q_{공급} \times EF_{공급} \times 10^{-3}$$

여기서, $E_{공급}$: 공급 과정에서 배출되는 CH_4 배출량(tCH_4)
$Q_{공급}$: 천연가스 공급량(m^3, 15℃, 1기압)
$EF_{공급}$: 천연가스 공급량에 따른 온실가스(CH_4) 배출계수($Gg/10^6 m^3$)

$$E_{venting} = \sum Q_v \times C_v \times D_{CH_4}$$

여기서, $E_{venting}$: Venting 과정에서 배출되는 CH_4 배출량(tCH_4)
Q_v : 천연가스 Venting양(m^3, 15℃, 1기압)
C_v : 천연가스 중 CH_4의 부피분율(0에서 1 사이의 소수)
D_{CH_4} : CH_4의 밀도(15℃, 1기압에서 0.6785×10^{-3} ton/m^3)

② Tier 2

$$E_{total} = E_{저장} + E_{공급}$$

여기서, E_{total} : 천연가스 산업에서의 온실가스(CH_4) 탈루 배출량(tCH_4)
$E_{저장}$: 저장 과정에서 Leak, Venting 되는 CH_4 배출량(tCH_4)
$E_{공급}$: 공급 과정에서 Leak, Venting 되는 CH_4 배출량(tCH_4)

$$E_{저장} = \sum_{i,j} Q_{저장} \times EF_{i,j} \times 10^{-3}$$

여기서, $E_{저장}$: 저장 과정에서의 온실가스(CH_4) 탈루 배출량(tCH_4)
$Q_{저장}$: 천연가스 저장량(m^3, 15℃, 1기압)
$EF_{i,j}$: 천연가스 저장에 따른 Leak(i), Venting(j) 되는 온실가스(CH_4) 배출계수($Gg/10^6 m^3$)

$$E_{공급} = \sum_{i,j} Q_{공급} \times EF_{i,j} \times 10^{-3}$$

여기서, $E_{공급}$: 공급 과정에서의 온실가스(CH_4) 탈루 배출량(tCH_4)
$Q_{공급}$: 천연가스 공급량(m^3, 15℃, 1기압)
$EF_{i,j}$: 천연가스 공급에 따른 Leak(i), Venting(j) 되는 온실가스(CH_4) 배출계수($Gg/10^6 m^3$)

③ Tier 3

$$E_i = \sum(N_i \times EF_i \times C_i \times T_i)$$
$$EF_i = a \times C^b$$

여기서, E_i : 천연가스 산업의 온실가스 탈루 배출량(tCH_4)
N_i : 배관시설 장치 종류(i)의 개수
C_i : 대상 장치(i) 내 메탄의 부피 분율(0~1 사이의 소수)
EF_i : 장치(i)별 배출계수 상관관계식(kg/hr-source)
T_i : 대상 장치(i)의 연간 가동시간(hr)
C : 대상 장치(i)에서의 메탄 누출농도(ppmv)
a : 상관관계식 상수
b : 상관관계식 지수

5 매개변수별 관리기준

① 활동자료

㉠ Tier 1

측정불확도 ±7.5% 이내의 천연가스 양을 자료로 사용한다.

㉡ Tier 2

측정불확도 ±5.0% 이내의 천연가스 양을 자료로 사용한다.

㉢ Tier 3

측정불확도 ±2.5% 이내의 대상 장치 내 메탄(CH_4) 누출 농도 자료를 사용한다.

② 배출계수

㉠ Tier 1

ⓐ 천연가스산업의 탈루성 온실가스 배출량 산정을 위하여 IPCC에서 제공하는 기본 배출계수를 적용한다.
ⓑ 공급 부문에서의 계수는 배관망에서 관리되는 압력에 따라 이송(0.8MPa 이상) 및 분배

(0.8MPa 미만)로 나뉘며 그 값은 다음과 같다.

천연가스 산업 부문별 기본 배출계수

CH_4 배출계수	단위
2.5×10^{-5}	$Gg/10^6 m^3$ 가스 저장량
2.7×10^{-4}	$Gg/10^6 m^3$ 가스 이송량
1.1×10^{-3}	$Gg/10^6 m^3$ 가스 분배량

출처 : 2006 IPCC 국가 인벤토리 작성을 위한 가이드라인(선진국 수준)

ⓒ Tier 2

국가 고유 배출계수를 활용한다.

ⓒ Tier 3

배출계수 상관관계식을 적용한다.

석유정제업종을 제외한 모든 업종에 대한 배출계수 상관관계식

장치종류	상태	상관관계식 (kg/hr – source)	영점배출량 (kg/hr – source)
밸브	기체	$1.87 \times 10^{-6} C^{0.873}$	6.56×10^{-7}
	경질유	$6.41 \times 10^{-6} C^{0.797}$	4.85×10^{-7}
펌프봉인	모두	$1.90 \times 10^{-5} C^{0.824}$	7.49×10^{-6}
커넥터(플랜지 포함)	모두	$3.05 \times 10^{-6} C^{0.885}$	6.12×10^{-7}

1. 펌프봉인 부위 배출계수는 압축기봉인, 압력안전밸브, 교반기봉인, 중질유펌프, 개방식라인, 샘플링 연결부, 공정배수구의 경우에도 이용할 수 있음
2. 검지기의 실제 농도(측정농도 – 배경농도)를 배출계수 상관관계식에 입력하여 해당 배출원의 배출계수를 구함
3. 검지기의 실제 농도가 "0"일 경우 배출계수는 영점배출량을 이용
4. 영점배출량이란 대상장치(i)에서의 메탄 실제 농도가 "0"인 경우를 의미
5. 배출계수는 메탄, 에탄올을 포함한 유기화학물질을 기준으로 한 값임

SECTION 34 외부에서 공급된 전기 사용

1 간접배출 공정 정의

① 온실가스 배출권거래제의 배출량 보고 및 인증에 관한 지침에서는 온실가스 간접배출에 대해 '할당대상업체가 외부로부터 공급된 전기 또는 열(연료 또는 전기를 열원으로 하는 것만 해당된다.)을 사용함으로써 발생하는 온실가스 배출을 말한다'라고 정의하고 있다.
② 간접배출은 특정 부문의 일상적인 활동에 의해 온실가스가 직접 배출되는 것이 아니라 간접배출원의 조직경계 외부에서 온실가스를 배출하는 직접 활동에 의해 생성된 것(전기 또는 스팀)을 간접배출원의 조직경계 내에서 활용 또는 처리하는 과정에서 온실가스 배출을 간접적으로 유도하는 배출활동으로 정의할 수 있다.
③ 폐기물을 조직경계 밖에서 처리하여 온실가스가 배출되는 경우도 폐기물을 발생하는 입장에서는 간접배출이라고 할 수 있다.

2 배출활동 개요

① 할당대상업체가 소유 및 통제하는 설비와 사업활동에 의한 전력사용으로 인해 발생하는 간접적 온실가스 배출은 연료연소, 원료사용 등으로 인한 직접적 온실가스 배출과 함께 할당대상업체의 온실가스 배출량에 포함되어야 한다.
② 대부분의 할당대상업체에 있어서 구입전력은 큰 비중을 차지하는 온실가스 배출원 중 하나이며, 동시에 감축목표 달성을 위한 기회요소이기도 하다.
③ 직접적 온실가스 배출뿐만 아니라, 간접적 온실가스 배출을 산정하는 것은 이러한 정보가 향후 온실가스와 관련된 다양한 프로그램에 적용될 수 있기 때문이다.
④ 단, 할당대상업체의 조직경계 내에 발전설비가 위치하여 생산된 전력을 자체적으로 사용할 경우에는 간접적 온실가스 배출량 산정에서 제외하도록 한다. 이는 발전설비에서 전력 생산으로 인해 배출된 직접적 온실가스가 해당 관리업체의 배출량으로 이미 산정되었기 때문이다. 또한 자체 생산한 전력의 자체 사용에 따른 간접적 온실가스 배출량을 포함할 경우 직접적 온실가스 배출량과 함께 중복산정을 초래하기 때문이다.
⑤ 할당대상업체가 「신에너지 및 재생에너지 개발·이용·보급 촉진법」 및 「신·재생에너지 설비의 지원 등에 관한 규정」에 따라 태양광, 풍력, 수력의 재생에너지원에서 당해연도에 생산한 전력에 대하여 당해연도에 사용하는 경우에는 재생에너지 사용확인서를 발급받아 당해연도 온실가스 감축실적으로 활용할 수 있으며, 이 경우 해당 재생에너지 전력사용량은 할당대상업체의

간접적 온실가스 배출량 산정에서 제외할 수 있다.
⑥ 할당대상업체가 폐열이용 특례로 인정되는 시설의 열 또는 공정폐열로 생산한 전력을 사용하는 경우, 해당 전력사용량이 확인되는 경우에 한정하여 간접적 온실가스 배출량 산정에서 제외할 수 있다.

⑦ 전력사용에 따른 간접온실가스 배출경로

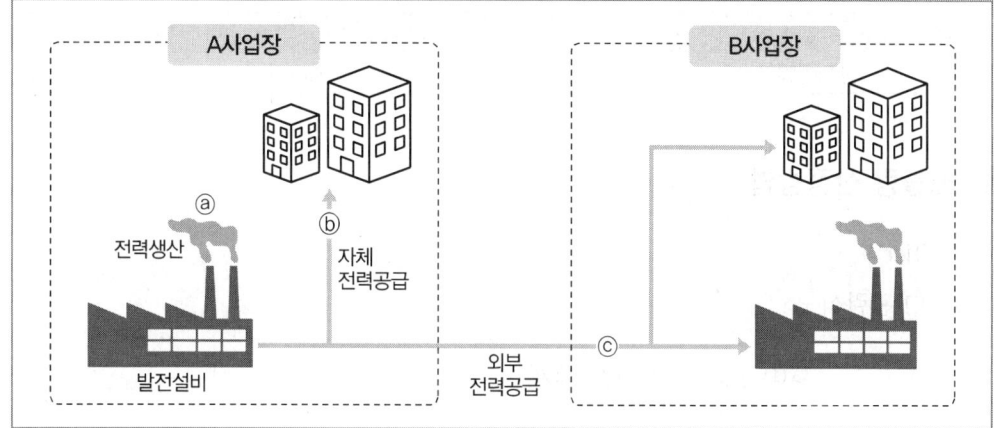

ⓐ A사업장 내에 위치한 발전설비에서의 전력생산에 따른 직접 온실가스 배출량(A사업장의 직접적 온실가스 배출량으로서 보고)
ⓑ A사업장에서 생산한 전력을 A사업장 내에서 자체적으로 공급한 경우(전력 사용에 따른 간접적 온실가스 배출량 산정에서 제외)
ⓒ A사업장에서 생산한 전력을 B사업장에 공급한 경우(B사업장의 간접적 온실가스 배출량으로서 보고)

③ 보고 대상 배출시설

① 외부에서 공급된 전기 사용에 따른 간접배출량의 산정·보고 범위는 배출시설 단위가 아닌 사업장 단위로 정한다.
② 다만, 제품생산 용도가 아닌 업무용 건물, 폐기물처리시설, 전력 다소비 시설인 전기아크로에 대해서는 전기사용량과 이에 따른 간접배출량을 구분하여 산정·보고하여야 한다.
③ 기타 전력량계(법정계량기 및 내부관리용 계량기를 포함한다)가 부착되어 있는 배출시설의 경우 배출시설별로 전기사용량 등을 구분하여 보고할 수 있으며 이 경우 각 배출시설별 전력사용량의 합계는 사업장 단위 총 사용량과 일치하여야 한다.
④ 「신에너지 및 재생에너지 개발·이용·보급 촉진법」 및 「신·재생에너지 설비의 지원 등에 관한 규정」에 따라 태양광, 풍력, 수력의 재생에너지원에서 당해연도에 생산한 전력을 당해연도

에 사용하는 경우 재생에너지 전기 사용 시설을 별도 배출시설로 구분하여 재생에너지 전력사용량을 보고하여야 하며, 이 경우 각 배출시설별 전력사용량의 합계는 사업장 단위 총 전력사용량과 일치하여야 한다.

4 보고 대상 온실가스

구분	CO_2	CH_4	N_2O
산정방법론	Tier 1	Tier 1	Tier 1

5 배출량 산정방법

① Tier 1

㉠ 관련식

$$GHG_{Emissions} = Q \times EF_j$$

여기서, $GHG_{Emissions}$: 전력 사용에 따른 온실가스(j)별 배출량(tGHG)
Q : 외부에서 공급받은 전력 사용량(MWh)
EF_j : 전력배출계수(tGHG/MWh)
j : 배출 온실가스 종류

㉡ 특징
- 활동자료로서 공정에 투입되는 전력사용량을 적용하며, 배출계수는 전력사용량에 대비한 온실가스 배출량으로 국가 고유값을 적용함
- 활동자료 수집방법은 Tier 1 기준에 준한 전력량계 등 법정계량기로 측정된 사업장별 총량 단위의 전력 사용량을 활용함
- 산정 대상 온실가스는 CO_2, CH_4, N_2O임

6 매개변수별 관리기준

① 활동자료

㉠ Tier 2
전력량계 등 법정계량기로 측정된 사업장별 총량 단위의 전력 사용량을 활용한다.

② 배출계수
  ㉠ Tier 2
    ⓐ 전력배출계수는 아래 표에서 제시된 기준연도에 해당하는 3개 연도(2014~2016년) 평균값을 적용한다.
    ⓑ 향후 한국전력거래소에서 제공하는 전력배출계수를 센터에서 확인하여 지침에 수록된 경우 그 값을 적용한다.

∥ 국가 고유 전력배출계수(2014~2016년 평균) ∥

구분	CO_2(tCO_2/MWh)	CH_4(kgCH_4/MWh)	N_2O(kgN_2O/MWh)
3개년 평균(2014~2016)	0.4567	0.0036	0.0085

    ⓒ 「신에너지 및 재생에너지 개발·이용·보급 촉진법」 및 「신·재생에너지 설비의 지원 등에 관한 규정」에 따라 태양광, 풍력, 수력의 재생에너지원에서 생산한 전력을 사용하는 경우와 폐열이용 특례로 인정되는 시설의 열 또는 공정폐열로 생산한 전력을 사용하는 경우, 전력배출계수 '0' 사용

SECTION 35 외부에서 공급된 열(스팀)의 사용

1 간접배출 공정 정의

① 온실가스 배출권거래제의 배출량 보고 및 인증에 관한 지침에서는 온실가스 간접배출에 대해 '할당대상업체가 외부로부터 공급된 전기 또는 열(연료 또는 전기를 열원으로 하는 것만 해당된다)을 사용함으로써 발생하는 온실가스 배출을 말한다'라고 정의하고 있다.
② 간접배출은 특정 부문의 일상적인 활동에 의해 온실가스가 직접 배출되는 것이 아니라 간접배출원의 조직경계 외부에서 온실가스를 배출하는 직접 활동에 의해 생성된 것(전기 또는 스팀)을 간접배출원의 조직경계 내에서 활용 또는 처리하는 과정에서 온실가스 배출을 간접적으로 유도하는 배출활동으로 정의할 수 있다.
③ 폐기물을 조직경계 밖에서 처리하여 온실가스가 배출되는 경우도 폐기물을 발생하는 입장에서는 간접배출이라고 할 수 있다.

2 배출활동 개요

① 할당대상업체가 소유 및 통제하는 설비와 사업활동에 의한 열(스팀) 사용으로 인해 발생하는 간접적 온실가스 배출은 연료연소, 원료사용 등으로 인한 직접적 온실가스 배출과 함께 할당대상업체의 온실가스 배출량에 포함되어야 한다. 단, 할당대상업체의 조직경계 내에서 생산된 열(스팀)을 자체적으로 사용할 경우에는 간접적 온실가스 배출량 산정에서 제외하도록 한다.
② 열(스팀) 사용으로 인해 발생하는 배출량은 열(스팀) 공급자로부터 배출계수를 제공받아 활용한다.
③ 배출계수를 제공받지 못한 경우 관련 근거자료를 제공받아 개발하여 활용할 수 있다.
④ 열(스팀)을 생산하여 외부로 공급하는 업체가 자체적으로 열(스팀) 배출계수 및 관련 근거를 제공할 수 없는 경우에는 센터가 확인하여 지침에 수록된 열(스팀) 배출계수 등을 활용할 수 있다.

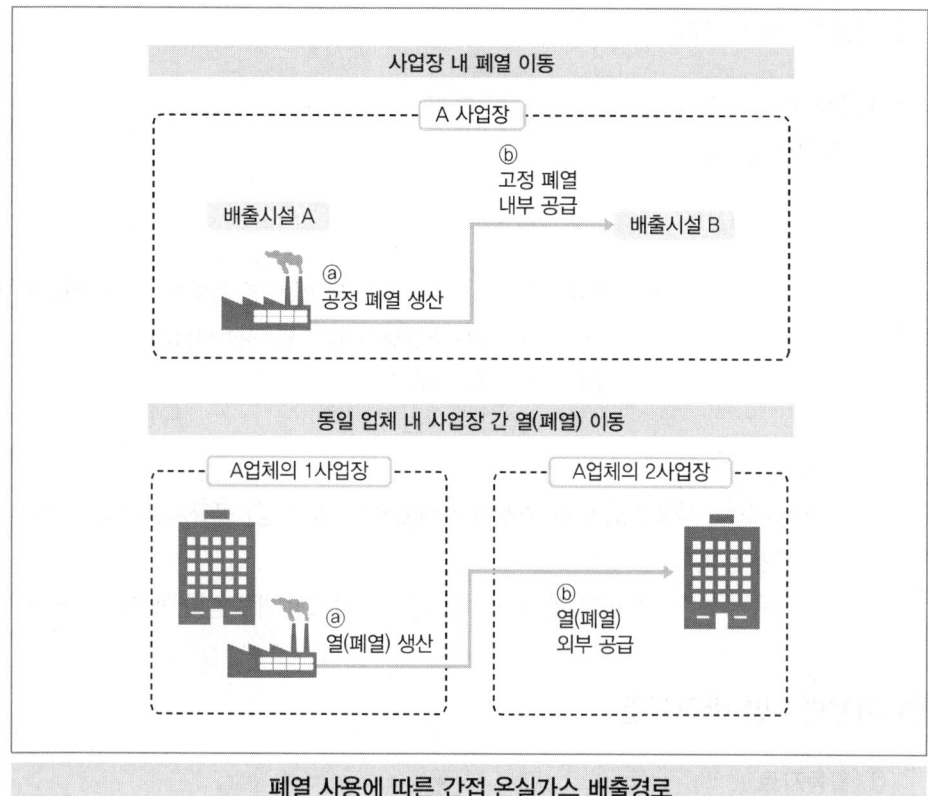

폐열 사용에 따른 간접 온실가스 배출경로

③ 보고 대상 배출시설

외부에서 공급된 열(스팀) 사용에 대한 간접배출량의 산정·보고범위는 사업장 단위로 정한다.

④ 보고 대상 온실가스

구분	CO_2	CH_4	N_2O
산정방법론	Tier 1	Tier 1	Tier 1

5 배출량 산정방법

① Tier 1
  ㉠ 관련식

  $$\mathrm{GHG}_{Emissions} = Q \times EF_j$$

  여기서, $\mathrm{GHG}_{Emissions}$: 열(스팀) 사용에 따른 온실가스(j)별 배출량(tGHG)
  Q : 외부에서 공급받은 열(스팀) 사용량(TJ)
  EF_j : 열(스팀) 배출계수(tGHG/TJ)
  j : 배출 온실가스

  ㉡ 특징
  - 열(스팀) 사용으로 인해 발생하는 배출량은 열(스팀) 공급자로부터 배출계수를 제공받아 활용한다.
  - 배출계수를 제공받지 못한 경우 관련 근거자료를 제공받아 개발하여 활용할 수 있다.

6 매개변수별 관리기준

① 활동자료
  ㉠ Tier 2
  측정불확도 ±5.0% 이내의 배출시설별로 사용된 열(스팀) 공급량 또는 사용량 자료를 활용한다.

② 배출계수
  ㉠ Tier 2
  열(스팀)을 생산하여 외부로 공급하는 업체가 자체적으로 열(스팀) 간접배출계수를 제공할 수 없는 경우에 한하여 센터가 공표하는 열(스팀) 배출계수를 사용할 수 있다.
  ㉡ Tier 3
  열(스팀) 공급자가 개발하여 제공한 열(스팀) 배출계수를 사용한다.

SECTION 36 이산화탄소 포집 및 이동

1 배출활동 개요

① 이산화탄소 포집이란 이산화탄소가 배출되는 시설에서 이산화탄소를 포집하여 조직경계 내부 및 외부로의 이동을 목적으로 대기로부터 격리되는 활동이다.

② 포집된 이산화탄소는 하나 이상의 다른 설비나 전용 파이프라인을 통하여 아래 CO_2 사용시설로 이동되어야 한다. 이동한 이산화탄소가 순수한 물질로 사용되거나 생산품, 원료로 사용 또는 결합되는 경우에 한하여 인정한다.

③ 보고되는 이동량은 이산화탄소를 포집하여 판매하는 할당대상업체 또는 관리업체의 온실가스 배출량에서 차감하며, 할당대상업체 또는 관리업체의 조직경계 내에서 발생 및 포집 후 사용할 경우에도 온실가스 배출량 산정에서 제외하도록 한다.

④ 온실가스 배출권의 할당 및 거래에 관한 법률(국가 배출권 할당계획의 수립 등)에 따른 국가 배출권 할당계획에 따라서 할당대상 배출활동과 비할당 배출활동을 구분하여 보고하여야 한다.

2 배출량 차감이 인정되는 CO_2 사용시설

① 탄산 음료용 CO_2 사용
② 드라이아이스용 CO_2 사용
③ 소화, 냉매 및 실험실 가스용 CO_2 사용
④ 곡물 살충용 CO_2 사용
⑤ 식품, 화학 산업에서 용매용 CO_2 사용
⑥ 화학, 제지, 건설, 시멘트 산업에서 제품 및 원료용 CO_2 사용(탄산염 등)
⑦ 반도체/디스플레이/PV 생산 부문에서의 CO_2 사용

3 보고 대상 온실가스

구분	CO_2	CH_4	N_2O
CO_2 포집 및 이동시설	Tier 1	–	–

4 배출량 산정방법

① Tier 1

$$E_{CO_2} = Q_i \times r_i$$

여기서, E_{CO_2} : 이산화탄소 포집 및 이동에 따른 CO_2의 이동량(tCO_2)
Q_i : 이산화탄소(i) 판매량(ton-이산화탄소)
r_i : 이산화탄소(i)의 순도 (0에서 1 사이의 소수)

5 매개변수별 관리기준

① 활동자료

㉠ Tier 1

측정불확도 ±2.5% 이내의 이산화탄소(i) 판매량과 순도를 활동자료로 사용한다. 이산화탄소(i) 판매량과 순도는 분리 보고해야 하며, 판매량과 순도를 증빙해야 한다. 이때 순도의 증빙자료는 공급자가 분석하여 제공하는 값을 사용할 수 있다.

> **Reference** 습지에서 온실가스 배출량 산정 시 고려사항
> ① 온실가스 배출이 안정화되는 기간
> ② 습지가 결빙되거나 해빙된 일수
> ③ 인공적으로 생성된 습지 면적

SECTION 37. 연속측정방식에 따른 배출량 산정

1 연속측정에 따른 배출량 산정방법

① 굴뚝연속자동측정기에 의한 배출량 산정방법

측정에 기반한 온실가스 배출량 산정식

$$E_{CO_2} = K \times C_{CO_2 d} \times Q_{sd}$$

여기서, E_{CO_2} : CO_2 배출량(g CO_2/30분)

$C_{CO_2 d}$: 30분 CO_2 평균농도 %(건 가스(Dry Basis) 기준, 부피농도)

Q_{sd} : 30분 적산 유량(Sm^3)(건 가스 기준)

K : 변환계수(1.964×10, 표준상태에서 1kmol이 갖는 공기부피와 이산화탄소 분자량 사이의 변환계수)

② 굴뚝연속자동측정기와 배출가스유량계 측정자료의 수치 맺음 및 배출량 산정기준

㉠ 측정자료의 수치 맺음은 한국산업표준 KS Q 5002(데이터의 통계해석방법)에 따라서 계산한다. 이 경우 소수점 이하는 셋째 자리에서 반올림하여 산정한다.(유량은 소수점 이하는 버림 처리하여 정수로 산정한다.)

㉡ 자동측정자료의 배출량 산정기준
- 30분 배출량은 g단위로 계산하고, 소수점 이하는 버림 처리하여 정수로 산정한다.
- 월 배출량은 g단위의 30분 배출량을 월 단위로 합산하고, kg단위로 환산한 후, 소수점 이하는 버림 처리하여 정수로 산정한다.

㉢ 측정자료의 무효처리 및 대체자료 생성기준

무효자료 선별기준

구분	선별기준	무효화 처리기간
정도검사 불합격 또는 미수검	「환경분야 시험·검사 등에 관한 법률」에 따라 실시한 형식승인 및 정도검사에서 부적합 판정을 받거나 수검을 받지 아니한 측정기기	① 불합격된 정도검사시험 시작일 0시부터 차후 합격한 정도검사 시작일 또는 교체 및 개선 등으로 정상가동이 확인된 날의 해당 시간까지 ② 정도검사 미수검 측정기기는 정도검사 유효기간 만료일부터 차후 수검하여 합격한 직전일까지

비정상 측정자료	측정자료에서 오동작 측정값으로 판단한 자료	측정기기 및 전송기가 오동작한 기간
장비점검 기간	정도검사·장비점검·테스트 실시로 온실가스 농도 또는 유량을 측정하지 못한 경우	정도검사·장비점검 등을 실시한 기간
상태표시 자료	측정기기(교정 중, 동작불량, 전원단절, 보수 중) 및 전송기기(비정상, 전원단절) 등의 상태가 표시된 자료	상태표시가 나타난 시간의 자료
비정상 환산·보정	환산 또는 보정식에 관계하는 온도·산소·수분 등의 측정값이 위 무효자료 선별기준에 따라 무효화 처리되어 온실가스 외 기타 항목의 측정자료도 무효화되는 경우	환산 또는 보정하는 측정값이 무효화 처리된 기간
배출시설 가동중지 기간	배출시설이 가동 중지되어도 측정자료가 생성되는 경우	가동중지기간
그 밖에 무효자료 인정 기간	관리업체 등에서 부득이한 사유로 측정기기의 정상 측정이 중단된 경우	천재지변 등으로 정상 측정이 중단된 기간

출처 : 한국환경공단

｜대체자료 생성기준 ｜

결측자료	대체자료
정도검사 기간, 정도검사 및 교정검사 불합격	정상 마감된 전월의 최근 1개월간의 30분 평균자료
비정상 측정자료	정상자료 중 최근 30분 평균자료
장비점검	정상자료 중 최근 30분 평균자료
상태표시 발생기간	정상자료 중 최근 30분 평균자료
비정상 환산·보정	정상자료 중 최근 30분 평균자료
가동중지기간	해당 기간의 자료는 0으로 처리
미수신 자료	정상자료 중 최근 30분 평균자료
그 밖의 무효자료 인정기간	정상 마감된 전월의 최근 1개월간의 30분 평균자료

1. "정상마감 자료"란 월간자료 전체를 대체자료로 생성하지 아니한 자료를 말한다.
2. 배출가스 온도 측정자료만 무효 처리된 경우 유량자료에 한하여 정상자료 중 최근 30분 평균자료로 대체한다.

출처 : 한국환경공단

2 굴뚝연속자동측정방법에 따른 배출량 제출방법

① 할당대상업체는 「대기환경보전법 시행령」에 따른 굴뚝 원격감시체계 관제센터(이하 '관제센터'라 한다)에 전송되어 마감·확정된 CO_2 측정자료를 활용한 배출량 산정자료 및 관련 자료를 명세서 제출 시 서식에 따라 전자적 방식으로 환경부장관에게 제출한다.

② ①항에서 측정자료라 함은 CO_2 농도, 배출가스 유량, 배출구 온도 및 산소 농도로서 해당 항목의 5분 및 30분 데이터를 말한다.

③ ①항에서 관련 자료라 함은 「굴뚝 원격감시체계 관제센터의 기능 및 운영 등에 관한 규정」(이하 '관제센터 규정'이라 한다)의 무효자료 선별기준 및 대체자료 생성에 적용된 근거자료 등을 말한다.

④ 관제센터 규정의 자동측정자료 보안유지 규정에도 불구하고 관제센터에 수집·저장된 측정자료를 국가의 온실가스 관리 업무에 활용할 수 있다.

3 측정기기의 설치 및 관리기준

① 관제센터 통신규격에 적용될 항목별 코드 및 측정단위는 다음과 같다.
  ㉠ 항목별 코드

코드	항목명	코드	항목명
CO_2	이산화탄소	FLC	이산화탄소 유량

  ㉡ 측정항목별 측정단위
  - % : 이산화탄소
  - Sm^3 : 이산화탄소 유량

② CO_2 연속자동측정방법에 적용되는 측정기기의 설치 및 운영·관리 일반적인 사항은 「환경분야 시험·검사 등에 관한 법률」의 환경오염공정시험기준과 「대기환경보전법 시행규칙」의 측정기기의 운영·관리 기준을 따른다.

> **Reference** 배출량 통합방식

1 집중식
① 각 개별시설의 활동자료를 수집하여 총 배출량을 산정
② 사무기반 조직 및 배출량 산정이 표준화된 경우에 적용

2 분산식
① 각 시설별로 배출량을 산정하여, 이를 합산하여 총 배출량을 산정
② 배출량 산정 시 시설에 대한 전문적인 지식이 요구될 경우, 산정방법이 설비에 따라 다양한 경우, 공정배출량의 비중이 큰 경우, 법에 따라 시설수준의 배출량 산정이 필요한 경우에 적용

> **Reference** 온실가스종합정보센터의 수행업무

① 국가온실가스 종합관리시스템 구축 및 관리
② 심사위원회 운영
③ 국가 및 부문별 온실가스 감축목표 설정지원
④ 국가온실가스 배출량·흡수량·배출 및 흡수계수·온실가스 관련 통계 검증 및 관리
⑤ 기후변화 대응을 위한 글로벌 온실가스 감축 관련 국제 기구 및 개발도상국과의 협력 등

PART 03

ENGINEER GREENHOUSE GAS MANAGEMENT

온실가스 산정과 데이터 품질관리

SECTION 01 모니터링 계획 수립

01 경계범위 일반

1 개요

① Scope는 배출량 산정범위를 의미하며 직·간접 배출원에 대한 포괄적인 활동범위를 설정하는 것이다.
② Scope(범위)는 배출량 산정 및 보고의 투명성 개선을 목표로 하고 있다.
③ 배출원은 운영 경계에 의해 직접배출원(Scope 1)과 간접배출원으로 구분되며, 간접배출원은 다시 범위 2(Scope 2)와 범위 3(Scope 3)으로 구분된다.

2 구분

(1) Scope 1(직접배출)

① 정의
사업자가 직접적으로 소유하고 통제하는 온실가스 배출, 즉 조직에 의해 소유 또는 관리되는 온실가스 배출원으로부터 배출을 의미한다.

② 종류

㉠ 고정연소
배출 경계 내의 고정연소 시설에서 에너지를 사용하는 과정에서의 온실가스 배출 형태

㉡ 이동연소
배출원 관리 영역에 있는 차량 및 이동 장비에 의한 온실가스 배출 형태

㉢ 공정배출
화학반응을 통해 온실가스가 생산물 또는 부산물로 배출되는 형태

㉣ 탈루배출
원료(연료), 중간생성물의 저장, 이송, 공정 과정에서 배출되는 형태

(2) Scope 2(간접배출)

① 정의
- ㉠ 사업자가 소비하는 구입전력(전기) 및 스팀으로 인해 발생하는 온실가스 배출, 즉 조직이 소비한 도입된 전기, 열, 증기의 생산으로부터 발생된 온실가스 배출을 의미한다.
- ㉡ 배출원의 일상적인 활동에 필요한 전기, 스팀 등을 구매함으로써 간접적으로 외부(**예** 발전)에서 배출한다.

② 종류
- ㉠ 구매전기(구매전력)
- ㉡ 구매스팀

(3) Scope 3(간접배출 : 기타 간접배출)

① 정의
- ㉠ 조직의 활동에 기인하나 다른 조직의 소유 및 관리 상태에 있는 온실가스 배출을 의미한다.
- ㉡ Scope 2에 속하지 않는 간접배출로서 원재료의 생산, 제품 사용 및 폐기 과정에서의 배출을 의미한다.
- ㉢ 전력을 제외한 간접배출을 의미하며 배출원에 대한 선택적 보고이다.

② 종류
- ㉠ 직원 소유 출퇴근 차량, 아웃소싱 활동, 즉 구입 연료의 수송, 판매한 생산품 및 서비스 등에 의한 배출 의미
- ㉡ 구매된 원재료의 생산으로부터 발생한 배출량, 즉 구매자재의 추출 및 생산 등에 의한 배출 의미

3 비고

① 국가 인벤토리에서는 직접배출원만 고려하나, 지자체와 기업체 인벤토리에서는 직접배출원 이외에 간접배출원을 포함하는 경우도 있다.
② 간접배출원 중에서 Scope 2만 산정범위로 규정하는 경우가 대부분이나, 드물게 Scope 3을 포함하기도 한다.
③ 인벤토리 설계 단계에서 배출 주체와 인벤토리 관리기관과의 합의를 통해 직접배출원뿐만 아니라 간접배출원의 범위에 대해 결정·고시가 이루어져야 한다.
④ 아직까지 Scope 3에 해당되는 배출원의 범위 설정과 온실가스 산정방법에 대한 논란이 많은 상황이고, 국제적으로 일관성 있는 기준이 마련되지 않아 Scope 3에서의 온실가스 배출량 산정 보고는 다소 이른 감이 있다.
⑤ 직접배출(Scope 1)과 간접배출(Scope 2)을 구분하는 이유는, 전력·열을 공급하는 사업자(공급자)와 전력·열을 공급받는 사업자(수급자)가 같은 운영경계(Scope)에서 배출량을 산정·보고할 경우 중복산정(Double Counting)되므로, 이를 방지하기 위함이다.(GHG protocol, WRI/WBCSD)
⑥ 간접배출(Scope 2)은 할상대상업체의 조직경계 내에서 대기 중으로의 온실가스배출은 아니지만 관리업체의 활동결과로 발생한다. 또한 전기·열 수급자는 전기·열 사용량 관리를 통하여 온실가스 배출량을 통제·감축하는 것이 가능하므로 간접배출 형태로 이를 보고하여야 한다.
⑦ 전기·열 공급자(발전 등)가 전기·열을 외부로 공급하고 전기·열 수급자가 그 사용량을 간접배출(Scope 2)로 보고한다고 해서, 전기·열 공급자의 온실가스 배출량에서 전기·열 공급량만큼 배출량을 차감하는 것은 옳지 않다.

02 조직경계 설정

1 조직경계의 개요

① 조직이란 법인 형태 또는 공공기관, 민간기관에 관계없이 자체적 기능 및 행정을 갖춘 회사, 법인, 기업, 정부 당국 또는 협회를 말한다.
② 조직경계는 온실가스 배출량의 보고 주체와 보고를 해야 하는 배출활동의 범위를 말하며 온실가스배출 주체의 물리적 범위라고 할 수 있다.
③ 목표관리제를 이행함에 있어서 관리업체로 지정된 법인 또는 업체가 명세서, 이행계획서 및 이행실적보고서를 작성하고, 목표 설정의 대상이 되는 범위를 의미한다.
④ 조직경계 설정의 국내지침은 산업집적 활성화 및 공장 설립에 대한 법률, 건축법 등 관련 법률에 따라 정부의 허가를 받거나 신고한 문서(사업장등록증, 사업보고서 등)상 경계를 의미하나 실제로는 경계설정기준에 따라 사업장 담당자와의 협의를 통해 부지경계를 식별한다.

2 조직경계 설정

① 조직경계 설정이란 특정 관리 주체의 지배적인 영향력이 미치는 시설의 부지경계 설정을 의미한다.
② 온실가스 배출량 산정 범위에서는 실제 사업자가 경영통제력을 갖는 범위를 대상으로 조직경계를 설정한다.

3 조직경계 설정과 관련한 용어 정의

(1) **법인**
민법상의 법인과 상법상의 법인을 말한다.

(2) **업체**
동일 법인이 지배적인 영향력을 미치는 모든 사업장의 집단을 말한다.

(3) **업체 내 사업장**
동일한 법인, 공공기관 또는 개인이 지배적인 영향력을 가지고 재화의 생산, 서비스의 제공 등 일련의 활동을 행하는 일정한 경계를 가진 장소, 건물 및 부대시설 등을 말한다.

(4) 지배적인 영향력

① 동일 법인 등이 당해 사업장의 조직 변경, 신규사업 투자, 인사, 회계, 녹색경영 등 사회통념상 경제적 일체로서의 주요 의사결정이나 온실가스 감축 및 에너지 절약 등의 업무집행에 필요한 영향력을 행사하는 것을 말한다.
② 통제적 접근방법에 의한 조직경계 결정을 위해 가장 중요한 용어이다.

4 조직경계 결정 원칙

(1) 할당대상업체 조직경계 설정 시(운영통제 범위 설정) 고려사항

할당대상업체는 조직경계를 결정하기 위해 조직의 지배적인 영향력을 행사할 수 있는 운영통제 범위를 설정하여야 한다.

① 지리적 경계
② 물리적 경계
③ 업무활동 경계

(2) 운영통제 범위에 의한 조직경계를 결정하기 위한 할당대상업체 확인사항

① 사업장의 지리적 경계
② 지리적 경계 내 온실가스 배출시설 및 에너지 사용시설
③ 온실가스 감축시설
④ 조직의 변경
⑤ 경계 내 상주하는 타 법인
⑥ 모니터링 관련 시설의 유무

(3) 운영통제 범위에 의한 조직경계를 결정하기 위한 할당대상업체 파악사항

① 해당 시설 및 시설관리의 주체
② 해당 활동에 의한 경제적 이익 등의 귀속주체

5 조직경계 설정기준 검토

국내 지침상 조직경계 설정기준에는 온실가스 프로토콜(The GHG Protocol, 이하 국제 지침)에서 제시하고 있는 설정기준 관련사항이 내포되어 있으므로 함께 검토할 필요가 있다.

(1) 국내 지침

① 사업장 부지 식별을 위한 문서

㉠ 정부 허가 문서
- 산업집적활성화 및 공장설립에 관한 법률
- 건축법

㉡ 정부 신고 문서
- 사업자등록증
- 사업보고서

② 명세서 기입에 필요한 문서(조직경계 확인용 증빙서류)

㉠ 사업장 약도
㉡ 사업장 사진
㉢ 시설배치도
㉣ 공정도(사업보고서)
㉤ 사업자등록증

(2) 국제 지침

사업자(기업, 법인) 단위 조직경계 설정 관련 국제 지침 중에서 WRI/WBCD에서 발간한 '온실가스 프로토콜'이 가장 많이 이용되며 기업의 경우 지분할당접근법 및 통제접근법을 적용할 수 있다.

① 통제접근법(통제력 기준)

통제접근법은 배출 주체의 통제권자에게 배출 책임을 부과하며, 기업이 재무 또는 운영상의 통제권을 갖고 있는 사업장으로부터 나오는 온실가스 배출량을 100% 산정하는 방법으로 정확한 온실가스 배출량 자료의 확보가 가능하며, 경영 통제력과 재무 통제력으로 구분한다.

㉠ 경영 통제력(운영 통제)
- 기업 혹은 종속기업 중 하나가 운영되어 정책 도입과 실행에 대한 모든 권리를 가지는 경우, 운영에 대한 통제권을 가짐(자사, 자회사 등의 배출량 전체)
- 배출권을 관리·운영상의 경제적 위협과 보상의 분율에 따라 온실가스 배출량을 분배하는 방식

- 기업의 관리력을 기반으로 한 경계설정
- 조직은 재정적 또는 운영적 관리하에 있는 시설로부터 발생한 모든 정량화된 온실가스 배출량 및 제거량을 고려함
- 재정적 관리와 운영적 관리로 분리하여 경계설정 가능
- 국내기업, 자회사

ⓒ 재무 통제력(재정 통제)
기업 혹은 종속기업이 경영활동에서 경제적 이익에 대한 재정상·운영상 정책을 이끄는 경우, 재정 통제권을 가짐

② 지분 할당 접근법(출자비율 기준)
㉠ 지분 할당 접근법은 기업이 운영상의 보유하고 있는 지분율(출자 비율)을 적용하여 온실가스배출량을 산정하는 방법이다.
㉡ 이해관계 및 재무구조에 맞는 온실가스배출량을 산정한다.
㉢ 경제적 이익에 따른 배분, 즉 경제적 실제가 소유형태에 우선한다.

6 조직경계 결정방법

(1) 다수 할당대상업체에서 에너지를 연계하여 사용 시 조직경계 결정방법
다수의 할당대상업체에서 에너지를 연계하여 사용하더라도 법인이 서로 다르기 때문에 각 관리업체는 별도로 에너지 사용량을 모니터링하도록 경계를 설정하여야 한다.

(2) 타 법인이 조직경계 내에 상주하는 경우 조직경계 결정방법
① 타 법인의 운영통제권을 관리업체가 가지고 있는 경우 할당대상업체는 상주하고 있는 타 법인의 온실가스 배출시설 및 에너지 사용시설을 조직경계에 포함하여야 한다.
② 할당대상업체가 상주하고 있는 타 법인의 운영통제권을 가지고 있지 않으며, 해당 상주 업체의 온실가스 배출시설 및 에너지 사용시설에 대한 정보 및 활동자료를 파악할 수 있는 경우는 할당대상업체의 조직경계에서 제외할 수 있다. 단, 이 경우 조직경계 제외에 대한 타당한 사유를 모니터링 계획에 포함하여야 한다.

(3) 건축물의 조직경계 결정방법
건물의 경우 다음에 따라 할당대상업체에 해당하는 법인 등의 조직경계를 결정한다.
① 할당업체의 건축물(이하 "건물"이라 한다)이 업체 내 사업장 또는 사업장과 지역적으로 달리하더라도 할당업체에 포함된 것으로 본다.
② 건물에 대하여는 「건축물대장의 기재 및 관리에 관한 규칙」에 따라 등재되어 있는 건축물대

장과 「부동산등기법」에 따라 등재되어 있는 등기부를 기준으로 한다. 다만 「건축법 시행령」 별표 1의 제2호 가목 내지 다목은 제외한다.

③ 건물이 제2항의 건축물 대장 또는 등기부에 각각 등재되어 있거나 소유지분을 달리하고 있는 경우에는 다음 각 호에 따른다.
  ㉠ 인접 또는 연접한 대지에 동일 법인이 여러 건물을 소유한 경우에는 한 건물로 본다.
  ㉡ 에너지관리의 연계성(連繫性)이 있는 복수의 건물 등은 한 건물로 본다. 또한, 동일 부지 내 있거나 인접 또는 연접한 집합건물이 동일한 조직에 의해 에너지 공급·관리 또는 온실가스 관리 등을 받을 경우에도 한 건물로 간주한다.
  ㉢ 건물의 소유구분이 지분형식으로 되어 있을 경우에는 최대 지분을 보유한 법인 등을 당해 건물의 소유자로 본다.
④ 동일 건물에 구분 소유자와 임차인이 있는 경우에도 하나의 건물로 본다. 다만, 동일 건물 내에 제1항에 의해 할당업체에 포함된 경우에 한해서는 적용을 제외한다.
⑤ 제4항의 단서에도 불구하고 제1항에 따른 할당업체의 업종이 한국표준산업분류에 따른 종합소매업 또는 부동산 임대 및 공급업에 해당하는 경우에는 하나의 건물로 볼 수 있다.

(4) 교통 부문의 조직경계 결정방법
교통 부문의 경우 다음에 따라 할당대상업체에 해당하는 법인 등의 조직경계를 결정한다.
① 동일법인 등이 여객자동차운수사업자로부터 차량을 일정기간 임대 등의 방법을 통해 실질적으로 지배하고 통제할 경우에는 당해 법인 등의 소유로 본다.
② 일반화물자동차 운송 사업을 경영하는 법인 등이 허가 받은 차량은 차량 소유 유무에 상관없이 당해 법인 등이 지배적인 영향력을 미치는 차량으로 본다.
③ 할당대상업체 지정을 위해 온실가스 배출량 등을 산정할 때에는 항공 및 선박의 국제 항공과 국제 해운 부문은 제외한다.
④ 화물운송량이 연간 3천만 톤-km 이상인 화주기업의 물류부문에 대해서는 교통 부문 관장기관인 국토교통부에서 다른 부문의 소관 관장기관에게 관련 자료의 제출 또는 공유를 요청할 수 있다. 이 경우 해당 관장기관은 특별한 사유가 없으면 이에 협조하여야 한다.

(5) 소량배출사업장의 조직경계 결정방법
① 할당대상업체의 소량배출사업장이 동일한 목적을 가지고 유사한 배출활동을 하는 경우(주유소, 기지국, 영업점, 마을하수도 등)에는 다수의 소량배출사업장을 하나의 사업장으로 통합하여 보고할 수 있다. 이 경우 환경부장관으로부터 사용가능 여부를 통보받은 후 보고하여야 한다.
② 해당 할당대상업체는 온실가스 배출량이 누락 및 중복되지 않도록 해당 사업장의 보고 대상 시설 목록을 배출량 산정계획서 및 명세서에 포함하여야 한다.

7 할당대상업체 및 관리업체

(1) 할당대상업체

최근 3년간 온실가스 배출량의 연평균 총량이 125,000이산화탄소상당량톤(tCO_2-eq) 이상인 업체이거나 25,000이산화탄소상당량톤(tCO_2-eq) 이상인 사업장을 하나 이상 보유한 업체로서 직전계획기간 당시 할당대상업체, 탄소중립기본법에 따른 관리업체를 말한다.

(2) 관리업체

① 최근 3년간 온실가스 배출량의 연평균 총량이 50,000이산화탄소상당량톤(tCO_2-eq) 이상인 업체이거나 연평균 온실가스 배출량이 15,000이산화탄소상당량톤(tCO_2-eq) 이상인 사업장을 하나 이상 보유하고 있는 업체를 말한다.
② 최근 3년간이란 온실가스 배출관리업체로 지정된 연도의 직전 3년간을 말한다.
③ 사업기간이 3년 미만이거나 사업장의 휴업 등으로 3년간의 자료가 없는 경우에는 해당 사업기간 또는 자료보유기간을 대상으로 산정할 수 있다.

8 소량배출사업장 및 소규모 배출시설

(1) 소량배출사업장

① 업체 내 사업장의 온실가스 배출량이 해당 연도 1월 1일을 기준으로 최근 3년간 사업장에서 배출한 온실가스의 연평균 총량이 3,000이산화탄소상당량톤(tCO_2-eq) 미만에 해당하는 것을 말한다.
② 사업장의 신설 등으로 최근 3년간 자료가 없을 경우에는 보유(최초 가동연도를 포함)하고 있는 자료를 기준으로 한다.
③ 소량배출사업장들의 온실가스 배출량의 합은 업체 내 모든 사업장의 온실가스 배출량 총합의 1,000분의 50 미만이어야 한다.

(2) 소규모 배출시설

기준기간 온실가스 배출량이 연평균 총량(연평균 총량은 명세서 기준으로 산정)이 100이산화탄소상당량톤(tCO_2-eq) 미만인 배출시설을 말한다.

03 운영경계 설정

① 기업이 소유하거나 통제하는 조직과 관련하여 그 조직경계가 결정되면, 그 후에 운영경계를 설정해야 한다.
② '온실가스 프로토콜'은 사업자가 단위 온실가스 배출량 산정 및 보고를 위한 조직경계 설정방식 뿐만 아니라 운영경계 설정 관련 사항을 Scope의 개념을 제시하여 설명하고 있다.
③ 관리업체 및 온실가스 인벤토리를 구축하고자 하는 조직은 설정된 조직경계 내에 있는 에너지사용시설 및 온실가스 배출시설로부터 배출되는 온실가스를 산정하고 보고하여야 한다. 이때 조직경계 내에 있는 온실가스 배출시설을 온실가스 배출 유형에 따라 구분하는데 이를 운영경계라고 한다.
④ 설정된 운영경계는 각 경영수준에서의 직접·간접·기타 간접 배출을 규명하고 분류하기 위해 일괄적으로 적용된다.
⑤ 설정된 조직경계 및 운영경계는 함께 기업의 인벤토리 경계를 이루며, 두 개 이상의 기업이 같은 영역에서 나온 배출량은 중복 산정하지 않도록 하기 위한 기준에서 직접·간접·기타 간접 온실가스 배출량이 정의되어야 한다.
⑥ 관리대상물질 : CO_2, CH_4, N_2O, HFCs, PFCs, SF_6

> **Reference** 온실가스 배출원 운영경계

운영경계	배출원	배출원
직접배출원 (Scope 1)	고정연소	배출 경계 내의 고정연소 시설에서 에너지를 사용하는 과정에서 온실가스 배출 형태
	이동연소	배출원 관리 영역에 있는 차량 및 이동 장비에 의한 온실가스 배출 형태
	공정배출	에너지 사용이 아닌 물리, 화학 반응을 통해 온실가스가 생산물 또는 부산물로서 배출되는 형태
	탈루배출	원료(연료), 중간생성물의 저장, 이송, 공정 과정에서 배출되는 형태
간접배출원(Scope 2)		배출원의 일상적인 활동에 필요한 전기, 스팀 등을 구매함으로써 간접적으로 외부(예 발전)에서 배출
간접배출원(Scope 3)		Scope 2에 속하지 않는 간접배출로서 원재료의 생산, 제품 사용 및 폐기 과정에서 배출

출처 : WRI/WBCSD, A Corporate Accounting and Reporting Standard Revised Edition

> **Reference** 온실가스 배출원 구분

운영경계	배출원	배출원
직접배출원 (Scope 1)	고정연소	• 고정연소 설비에서 사용되는 연료 연소에 의한 온실가스 배출 (예 보일러, 난방 등) • 온실가스 : CO_2, CH_4, N_2O
	이동연소	• 기업 또는 사업장에서 소유하는 이동배출원의 연료 사용에 따른 온실가스 배출 • 온실가스 : CO_2, CH_4, N_2O
	탈루배출	• 시설에서 사용하는 화석연료 사용과 연관된 저장, 이송, 공정 중 탈루되어 배출 • 온실가스 : CH_4
간접배출원 (Scope 2)	외부 전기 및 외부 열, 증기 사용	• 생산시설에서의 전력사용에 따른 온실가스 배출 • 온실가스 : CO_2, CH_4, N_2O

출처 : 한국환경공단

04 모니터링 유형·방법 결정

1 모니터링 유형·방법 정의

(1) 모니터링 계획

① 모니터링 계획은 온실가스 배출량 등의 산정에 필요한 자료와 기타 온실가스·에너지 관련 자료의 연속적 또는 주기적인 감시·측정 및 평가에 관한 세부적인 방법, 절차, 일정 등을 규정한 계획을 말한다.
② 품질관리 및 품질보증 절차에 따라 누가 어떤 방법으로 활동자료 혹은 배출가스 등을 감시하고 산정하는지, 세부적인 방법론, 역할 및 책임을 정하는 것이다.

(2) 모니터링 계획 수립의 목적

① 배출량 보고의 정확성 및 신뢰성 향상
② 지속적인 온실가스 관리가 가능할 수 있도록 체계 수립

(3) 모니터링 방법

① 모니터링 방법은 활동자료의 수집방법론을 의미한다.
② 활동자료란 온실가스 배출과 관련하여 배출시설에서 직접적인 영향을 미치는 활동의 정량으로서, 에너지 사용량, 제품 생산량, 원료 투입량 등이 해당한다.
③ 활동자료의 수집방법론 결정 원칙
  ㉠ 할당대상업체는 배출시설별로 모니터링 유형을 타당하게 결정하여야 한다.
  ㉡ 모니터링 유형 결정을 위한 활동자료 측정지점 및 활동자료 수집방법은 사업장과 일치되어야 한다.
  ㉢ 판매·구매되는 부생가스, 부생연료, 스팀 등의 활동자료 수집방법에 대하여 배출량산정 계획을 수립하여야 한다.
  ㉣ 활동자료의 오류를 최소화할 수 있어야 한다.
  ㉤ 적용할 수 있는 모니터링 유형 중에서 가장 정확성이 높은 모니터링 유형을 선정하여야 한다.
  ㉥ 할당대상업체가 두 가지 이상의 모니터링 유형을 적용하여 배출시설의 활동자료를 수집하고자 할 경우, 모니터링 계획에 이에 대한 활동자료 수집방법을 도식화해야 하며, 활동자료를 수집하는 구체적인 방법을 모니터링 계획에 기술하여야 한다.
  ㉦ 할당대상업체는 결정된 모니터링 유형을 토대로 배출시설별 활동자료 수집방법을 결정하여야 한다.

(4) 모니터링 측정기기의 기호 및 종류

기호	세부 내용	측정기기 예시
WH (실선 원)	상거래 또는 증명에 사용하기 위한 목적으로 측정량을 결정하는 법정계량에 사용하는 측정기기로서 계량에 관한 법률 제2조에 따른 법정계량기	가스미터, 오일미터, 주유기, LPG 미터, 눈새김탱크, 눈새김탱크로리, 적산열량계, 전력량계 등 법정계량기
FL (실선 원)	할당대상업체가 자체적으로 설치한 계량기로서, 국가표준기본법 제14조에 따른 시험기관, 교정기관, 검사기관에 의하여 주기적인 정도검사를 받는 측정기기	가스미터, 오일미터, 주유기, LPG 미터, 눈새김탱크, 눈새김탱크로리, 적산열량계, 전력량계 등 법정계량기 및 그 외 계량기
FL (점선 원)	할당대상업체가 자체적으로 설치한 계량기이나, 주기적인 정도검사를 실시하지 않는 측정기기	

(5) 활동자료 수집에 따른 모니터링 유형

모니터링 유형	세부 내용
A유형 [구매량 기반 모니터링 방법]	• 연료 및 원료의 공급자가 상거래 등의 목적으로 설치·관리하는 측정기기를 이용하여 배출시설의 활동자료를 모니터링하는 방법 • 연료나 원료 공급자가 상거래를 목적으로 설치·관리하는 측정기기(WH)와 주기적인 정도검사를 실시하는 내부 측정기기(FL)를 사용하여 활동자료를 결정하는 방법
B유형 [교정된 측정기로 직접계량에 따른 모니터링 방법]	• 구매량 기반 측정기기와 무관하게 배출시설 활동자료를 교정된 자체 측정기기를 이용하여 모니터링하는 방법 • 배출시설별로 주기적으로 교정검사를 실시하는 내부 측정기기(FL)가 설치되어 있을 경우 해당 측정기기를 활용하여 활동자료를 결정하는 방법
C유형 [근사법에 따른 모니터링 유형]	• 각 배출시설별 활동자료를 구매 연료 및 원료 등의 메인 측정기기(WH) 활동자료에서 타당한 배분방식으로 모니터링하는 방법 • 각 배출시설별 활동자료를 구매단가, 보증된 배출시설 설계 사양 등 정부가 인정하는 방법을 이용하여 모니터링하는 방법
D유형 [기타 모니터링 유형]	• A~C유형 이외 기타 유형을 이용하여 활동자료를 수집하는 방법

(5) 모니터링 유형

① 유형 A : 연료 등 구매량 기반 모니터링 방법

연료 등 구매량 기반 모니터링 방법을 의미하며 연료 및 원료의 공급자가 상거래 등의 목적으로 설치·관리하는 측정기기를 이용하여 활동자료의 양을 수집하는 방법이다.

㉠ A-1

ⓐ 개요
- A-1 유형은 연료 및 원료 공급자가 상거래 등 목적으로 설치·관리하는 측정기기(WH)를 이용하여 연료사용량 등 활동자료를 수집하는 방법이다.
- 주로 전력 및 열(증기), 도시가스를 구매하여 사용하는 경우 혹은 화석연료를 구매하여 단일 배출시설에 공급하는 경우에 적용할 수 있다.

ⓑ 도식

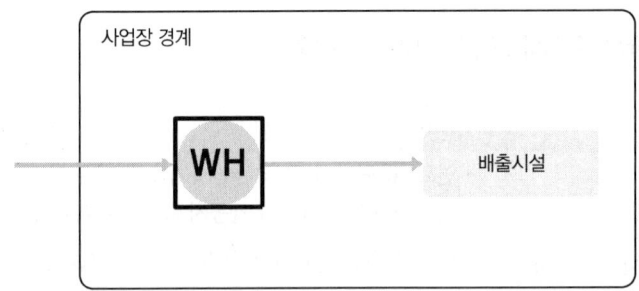

ⓒ 활동자료를 결정하기 위한 자료

해당 항목	관련 자료
구매전력	전력공급자(한국전력)가 발행한 전력요금청구서
구매 열 및 증기	열에너지 공급자가 발행하고 열에너지 사용량이 명시된 요금청구서, 열에너지 사용 증빙문서
도시가스	도시가스 공급자(도시가스 회사)가 발행하고 도시가스 사용량이 기입된 요금청구서
화석연료	판매/공급자가 발행하고 구입량이 기입된 요금청구서 또는 Invoice

ⓛ A-2
  ⓐ 개요
  • A-2 유형은 연료 및 원료 공급자가 상거래 등을 목적으로 설치·관리하는 측정기기(WH)와 주기적인 정도검사를 실시하는 내부 측정기기(FL)가 같이 설치되어 있을 경우 활동자료를 수집하는 방법이다.
  • 배출시설에 다수의 교정된 측정기기가 부착된 경우, 교정된 자체 측정기기 값을 사용하는 것을 원칙으로 한다.
  • 전체 활동자료 합계와 거래용 측정 측정기기의 활동자료를 비교할 수 있으며 구매 거래용 측정기기(WH) 값과 교차 분석하여 관리하여야 한다.

  ⓑ 도식

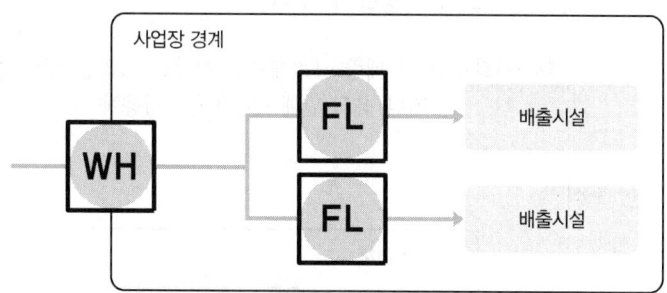

  ⓒ 활동자료를 결정하기 위한 자료

해당 항목	관련 자료
구매전력	전력공급자(한국전력)가 발행한 전력요금청구서
구매 열 및 증기	열에너지 공급자가 발행하고 열에너지 사용량이 명시된 요금청구서, 열에너지 사용 증빙문서
도시가스	도시가스 공급자(도시가스 회사)가 발행하고 도시가스 사용량이 기입된 요금청구서
화석연료/원료 등	내부 모니터링 기기(계량기 등)의 데이터 기록일지

ⓒ A-3
  ⓐ 개요
    - A-3 유형은 연료·원료 공급자가 상거래를 목적으로 설치·관리하는 측정기기(WH)와 주기적인 정도검사를 실시하는 내부 측정기기(FL)를 모두 사용하여 활동자료를 수집하는 방법이다.
    - 저장탱크에서 연료나 원료가 일부 저장되어 있거나, 그 일부를 판매 등 기타 목적으로 외부로 이송하는 경우 적용할 수 있다.
    - 이 유형은 주로 화석연료의 사용, 불소계 온실가스를 구매하여 사용하는 경우에 적용할 수 있다.
    - 아래 식에 따라서 연료 및 원료의 구매량, 재고량, 판매량 등의 물질수지를 활용하여 활동자료를 결정할 수 있다.

    활동자료=신규구매량+(회계연도 시작일 재고량-차기연도 시작일 재고량)
              -기타 용도(판매·이송 등) 사용량

  ⓑ 도식

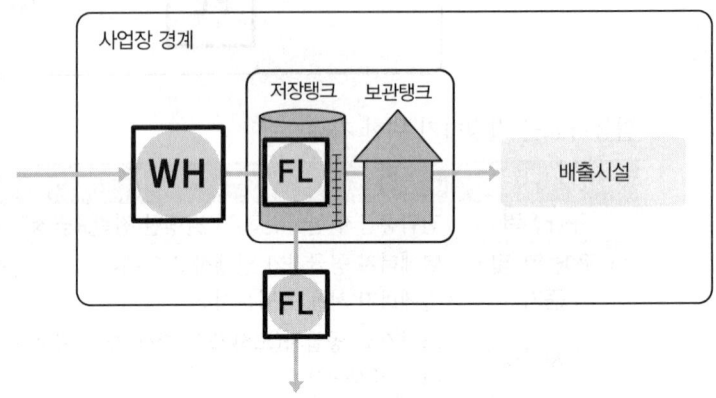

  ⓒ 활동자료를 결정하기 위한 자료

해당 항목	관련 자료
액체 화석연료	• 연료공급자가 발행하고 구입량이 기입된 요금청구서 • 기타 연료공급자 및 사업자(구매자)가 합의하는 측정방식에 따른 계측값
저장탱크 재고량	정도관리가 되는 모니터링 기기로 측정한 저장탱크의 수위 데이터
보관탱크 입고량	연료공급자가 발행한 구입량이 기입된 요금청구서(용기수량, 용기용량 등)
보관탱크 재고량	보관된 물품량(용기수량, 용기용량 등)
판매량	• 사업자가 연료의 판매목적으로 설치하여 정도관리하는 모니터링 기기의 측정값 • 기타, 사업자와 연료구매자가 합의하는 측정방식에 따른 계측값

㉔ A-4

ⓐ 개요
- A-4 유형은 연료나 원료 공급자가 상거래를 목적으로 설치·관리하는 측정기기(WH)와 주기적인 정도검사를 실시하는 내부 측정기기(FL)를 사용하며 연료나 원료 일부를 파이프 등을 통해 연속적으로 외부 사업장이나 배출시설에 공급할 경우 활동자료를 결정하는 방법이다.
- 이 경우, 타 사업장 공급 측정기기는 주기적인 정도검사를 실시하는 측정기기를 사용하여 활동자료를 수집하여야 한다.
- 사업장에서 조직경계 외부로 판매하거나 공급한 양을 제외하여 배출시설의 활동자료를 결정한다.

ⓑ 도식

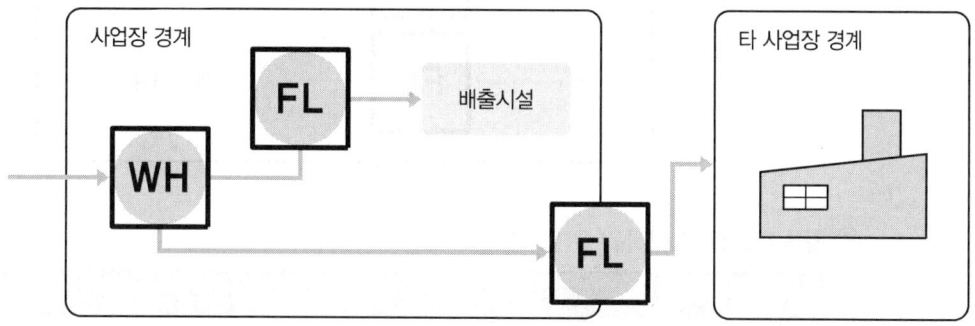

ⓒ 활동자료를 결정하기 위한 자료

해당 항목	관련 자료
구매전력	전력공급자(한국전력)가 발행한 전력요금청구서
구매 열 및 증기	열에너지 공급자가 발행하고 열에너지 사용량이 명시된 요금청구서, 열에너지 사용 증빙문서
도시가스	도시가스 공급자(도시가스 회사)가 발행하고 도시가스 사용량이 기입된 요금청구서
판매량	• 사업자가 연료의 판매목적으로 설치하여 정도관리하는 모니터링 기기의 측정값 • 기타, 사업자와 연료구매자가 합의하는 측정방식에 따른 계측값

② 유형 B : 연료 등의 직접계량에 따른 모니터링 방법
  ㉠ 개요
    ⓐ B 유형은 배출시설별로 정도검사를 실시하는 내부 측정기기(FL)가 설치되어 있을 경우 해당 측정기기를 활용하여 활동자료를 결정하는 방법이다.
    ⓑ 이 유형은 구매기준 등 비교·확인할 수 있는 기준 활동량이 내부교정된 측정기기를 활용하여 모니터링하는 유형이다.

  ㉡ 도식

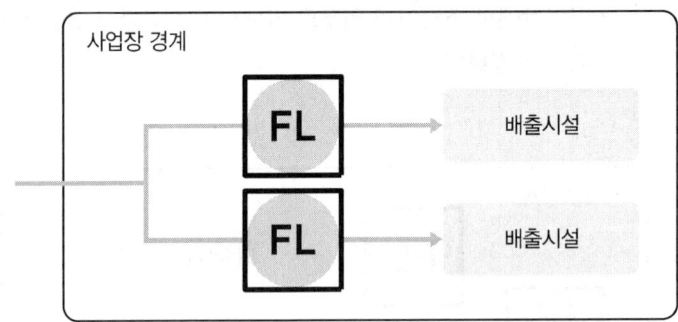

  ㉢ 활동자료를 결정하기 위한 자료

해당 항목	관련 자료
화석연료/원료 등	• 내부 모니터링 기기의 데이터 기록일지 • Log Sheet : 모니터링 기기 운용과 관련된 상세 정보를 기록해 놓은 것 예 연료종류, 연료사용량 등

③ 유형 C : 근사법에 따른 모니터링 유형
  ㉠ 개요
    ⓐ 활동자료를 결정하는 과정에서 부득이한 이유로 모니터링 유형 A(구매량 기준에 따른 모니터링), 유형 B(직접계량에 따른 모니터링)를 적용하지 못할 경우에는 다음과 같은 근사법을 통하여 활동자료를 결정할 수 있다.
    ⓑ 이 경우 할당대상업체는 근사법을 사용할 수밖에 없는 합당한 이유, 배출시설단위로 측정기기의 신규설치 및 정도검사/관리 일정 등의 사항을 모니터링 계획에 포함하여 관장기관에게 전자적 방식으로 제출하여야 한다.
    ⓒ C-1 및 C-2 유형과 같이 구매한 연료 및 원료 등의 활동자료가 측정기기가 설치되어 있지 않거나, 정도관리를 받지 않은 측정기기를 지나 각 배출시설로 공급된다고 가정할 때, 각 배출시설별 활동자료의 불확도는 구매 연료 및 원료의 측정을 위한 메인 측정기기(WH)의 불확도 값을 준용하여 결정할 수 있다.

ⓛ 모니터링 유형 C를 적용할 수 있는 배출시설
　ⓐ 식당 LPG, 비상발전기, 소방펌프 및 소방설비 등 저배출원
　ⓑ 이동연소배출원(사업장에서 개별 차량별로 온실가스 배출량을 산정하는 경우를 의미한다.)
　ⓒ 타 사업장 또는 법인과의 수급계약서에 명시된 근거를 이용하여 활동자료를 배출시설별로 구분하는 경우
　ⓓ 기타 모니터링이 불가능하다고 관장기관이 인정하는 경우

ⓒ C-1
　ⓐ 개요
　　• C-1 유형은 정도검사를 받지 않은 내부 측정기기를 이용하여 구매한 연료 및 원료, 전력 및 열에너지를 측정함으로써 활동자료를 분배·결정하는 방법이다.
　　• 사업장 총 사용량은 공급업체에서 제공된 연료 및 원료량을 바탕으로 하되 각 배출시설별로는 정도검사를 받지 않은 내부 측정기기의 측정값을 이용하여 활동자료를 분배·결정하는 방법이다.
　　• 가능하다면, 이때 아래 예시와 같은 유형으로 산출한 활동자료값과 비교하여 큰 차이가 없어야 한다.

　ⓑ 도식

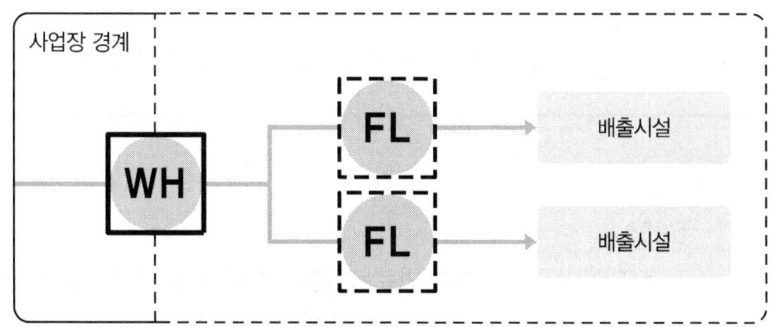

　ⓒ 활동자료를 결정하기 위한 자료

해당 항목	관련 자료
화석연료	구매한 총 화석연료 청구서 및 측정값, 각 배출시설별 정도검사를 받지 않은 측정기의 화석연료 측정값
구매전력	구매한 총 전력요금 청구서 및 측정값, 각 배출시설별 정도검사를 받지 않은 측정기의 전력 측정값

> **Reference**
>
> 소성로와 사업장 내 보일러를 운영 중인 시멘트회사는 시멘트 생산을 위해 연간 1,000톤의 중유를 구매하였으며 구매량은 공급자가 제공한 요금 청구서에 기록된 측정량으로 알 수 있다(중유는 전량 소성로 및 사업장 내 보일러에 공급된다). 사업장의 측정기기는 아래 그림과 같이 배출시설별로 검·교정 등 정도검사를 받지 않은 측정기이다. 이때 소성로와 보일러의 연간 중유사용량을 C-1 유형으로 산출하면?
>
>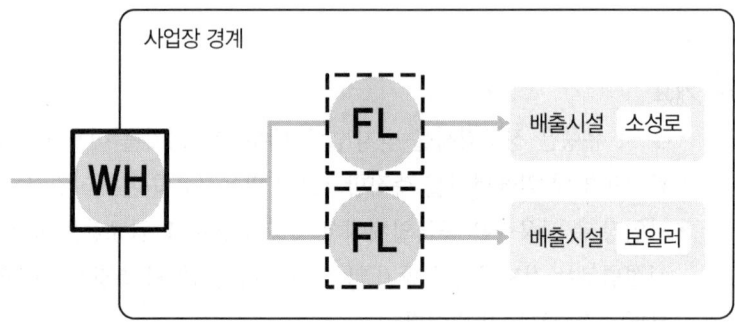
>
> **풀이**
>
> 배출시설별 활동자료를 결정하기 위한 자료(중유의 비중을 1이라 가정)
>
> | 구분 | 소성로 | 보일러 |
> |---|---|---|
> | 측정기기 측정값 | 800톤 | 400톤 |
> | 측정기기 측정값을 이용한 활동자료 결정 | 667톤 | 333톤 |

㉑ C-2

ⓐ 개요
- C-2 유형은 구매한 연료 및 원료, 전력 및 열 에너지를 측정기기가 설치되지 않았거나 일부 시설에만 설치되어 있는 배출시설로 공급하는 경우 배출시설별 활동자료를 결정할 수 있는 근사법이다.
- 할당대상업체는 배출시설별로 측정기기가 설치되지 않았거나 검·교정 등 정도검사를 받지 않은 측정기기가 일부에만 설치되어 있을 경우 이때 총 사용량은 공급업체에서 제공된 연료 및 원료량을 바탕으로 하되 각 배출시설별로는 정도검사를 받지 않은 내부측정기기의 측정값, 배출시설 및 공정상의 운전기록일지, 물 사용량, 근무일지, 생산일지 등을 활용하여 활동자료를 분배·결정하는 방법이다.

ⓑ 도식

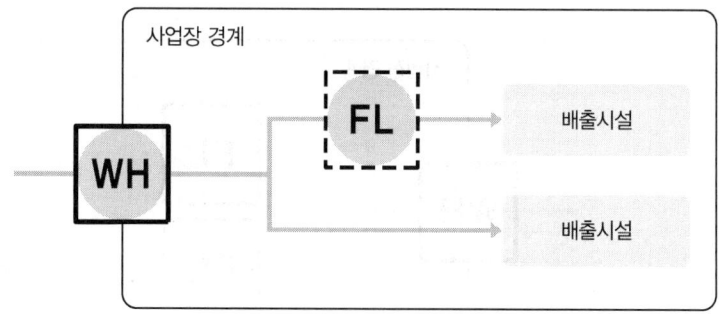

ⓒ 활동자료를 결정하기 위한 자료

해당 항목	관련 자료
화석연료	구매한 총 화석연료 청구서 및 측정값, 배출시설별 정도검사를 받지 않은 측정기기의 화석연료 측정값, 운전기록일지, 물 사용량, 근무일지, 생산일지 등의 배출시설을 운전한 간접자료 등
구매전력	구매한 총 전력요금 청구서 및 측정값, 각 배출시설별 정도검사를 받지 않은 측정기기의 전력 측정값, 운전기록일지, 물 사용량, 근무일지, 생산일지 등의 배출시설을 운전한 간접자료 등

㉮ C-3
　ⓐ 개요
　　C-3 유형은 연료 및 원료 공급자가 상거래 등을 목적으로 설치·관리하는 측정기기(WH), 주기적인 정도검사를 실시하는 내부 측정기기(FL)와 주기적인 정도검사를 실시하지 않는 내부 측정기기(FL)가 같이 설치되어 있거나 측정기기가 없을 경우 활동자료를 수집하는 방법이다.

　ⓑ 도식

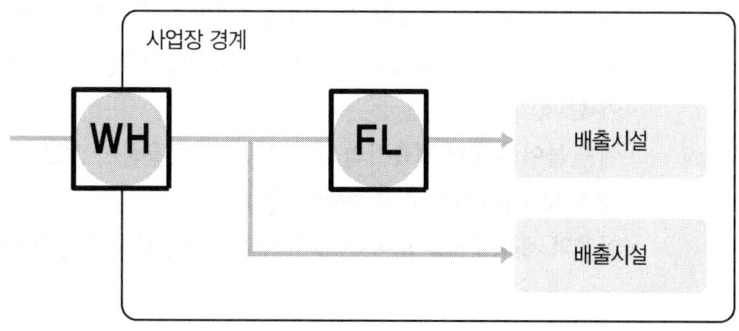

또는,

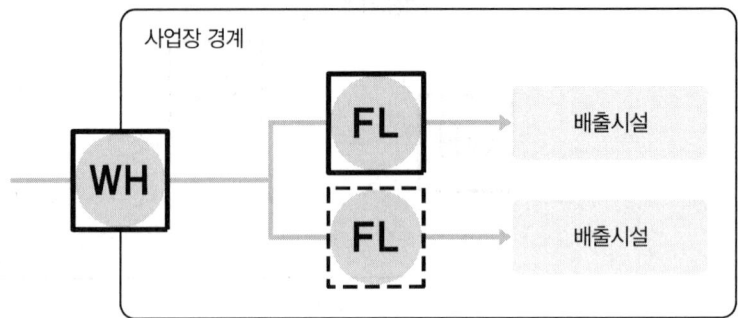

ⓒ 활동자료를 결정하기 위한 자료

해당 항목	관련 자료
화석연료	구매한 총 화석연료 청구서 및 측정값, 각 배출시설별 정도검사를 받지 않은 측정기의 화석연료 측정값, 운전기록일지, 물 사용량, 근무일지, 생산일지 등의 배출시설을 운전한 간접자료 등
구매전력	구매한 총 전력요금 청구서 및 측정값, 각 배출시설별 정도검사를 받지 않은 측정기의 전력 측정값, 운전기록일지, 물 사용량, 근무일지, 생산일지 등의 배출시설을 운전한 간접자료 등

ⓑ C-4

ⓐ 개요
- C-4 유형은 연료의 사용량을 측정하는 데 있어 생산공정으로 투입된 원료 및 연료의 누락값, 공정과정의 변환으로 투입된 원료 및 연료의 누락값, 시설의 변형 및 장애로 인한 원료 및 연료의 누락값, 유량계의 정확도나 정밀도 시험에서 불합격할 경우 및 오작동 등이 생길 경우 등 각각의 누락데이터에 대한 대체 데이터를 활용·추산하여 활동자료를 결정하는 방법이다.
- 데이터의 누락이 발생할 경우 배출시설의 활동자료인 "연료(원료) 사용량"에 상관관계가 가장 높은 활동자료를 선정하여 이를 바탕으로 추정의 타당성을 설명하여야 한다.
- 예를 들어 고장난 계측기의 유량측정값은 유용하지 않고, 계측기의 질량 및 유량측정은 제품생산량으로 추정해야 한다.
- 이전의 제품생산량 대비 연료 유량값과 질량값을 추정한다.

ⓑ 관련식

$$\text{결측기간의 연료(또는 원료)사용량} = \frac{\text{정상기간 중 사용된 연료(또는 원료)사용량}(Q)}{\text{정상기간 중 생산량}(P)} \times \text{결측기간 총 생산량}(P)$$

ⓧ C-5
  ⓐ 개요
    - C-5 유형은 사업장에서 운행하고 있는 차량 등의 이동연소 부문에 대하여 적용할 수 있는 방법이다.
    - 아래 식과 같이 차량별 연료의 구매비용(주유 영수증 등)과 연료별 구매단가를 활용하여 차량별 연료 사용량을 결정할 수 있다.
  ⓑ 관련식

$$\text{연료사용량} = \sum \frac{\text{연료별 이동연소 배출원별 연료구매비용}}{\text{연료별 이동연소 배출원별 구매단가}}$$

ⓞ C-6
  ⓐ 개요
    - C-6 유형은 사업장에서 운행하고 있는 차량 등의 이동연소 부문에 대하여 적용 가능한 방법이다.
    - 차량별 이동거리자료와 연비자료를 활용하여 계산에 따라 연료사용량을 결정하는 방식이다.
  ⓑ 관련식

$$\text{연료사용량} = \sum \frac{\text{연료별 이동연소 배출원별 주행거리}(\text{km})}{\text{연료별 이동연소 배출원별 연비}(\text{km/L})}$$

④ 유형 D
  ㉠ D 유형은 A~C유형 이외 기타 유형을 이용하여 활동자료를 수집하는 방법이다.
  ㉡ 배출량 산정 계획에 세부사항을 포함하여야 한다.

2 배출시설 및 배출량의 산정등급

(1) 산정등급(Tier)
① 온실가스 인벤토리 구축에 사용되는 활동자료, 배출계수, 산화율, 전환율 및 온실가스 배출량 등의 산정방법의 복잡성을 나타내는 수준을 말한다.
② 산정등급(Tier 1~4)이 높을수록 배출량 산정의 정확도(신뢰도)는 높아지며 배출량 산정방법론 등 배출량 산정의 복잡성도 증가하는 경향이 있다. 즉, 배출량 산정을 위한 자료 및 방법론이 보다 구체적이며 배출원 특성을 반영한다고 할 수 있다.
③ 할당대상업체는 배출시설의 규모, 배출활동의 종류에 따라 산정등급을 준수하여 배출량을 산정·보고한다.

(2) 산정등급 구분
① 계산법(연료, 원료 등 활동자료를 측정)
   Tier 1, Tier 2, Tier 3

② 연속측정방법(CO_2 농도, 배기가스 유량의 연속적 측정)
   Tier 4

(3) Tier 1
① 기본적인 활동자료, IPCC 기본 배출계수(기본 산화계수, 발열량 등 포함)를 활용하여 배출량을 산정하는 기본방법론
② '국가 온실가스 인벤토리 작성을 위한 2006 IPCC 가이드라인' 기준
③ 국제적으로 통용되는 배출계수 및 전환계수를 사용하는 경우임

(4) Tier 2
① Tier 1보다 더 높은 정확도를 갖는 활동자료, 국가 고유 배출계수 및 발열량 등 일정부분 시험·분석을 통하여 개발한 매개 변수값을 활용하는 배출량 산정방법론
② 배출량 수준이 많은 경우는 Tier 3를 적용하여야 함

(5) Tier 3
① Tier 1, 2보다 더 높은 정확도를 갖는 활동자료, 사업자가 사업장·배출시설 및 감축기술 단위의 배출계수 등 상당부분 시험·분석을 통하여 개발하거나 공급자로부터 제공받은 매개변수값을 활용하는 배출량 산정방법론(사업장 시설단위 계수)
② 배출량이 많은 경우, 국제 또는 국가 기준보다는 사업장 고유값을 개발할 필요가 있는 경우에 적용

③ Tier 3를 적용하기 위한 시료의 시험 분석을 위해서는 운영지침에서 제시하는 '시료채취 및 분석의 최소주기 등'과 '시료채취 및 성분분석 시험 기준'을 준용

(6) Tier 4

① 굴뚝자동측정기기 등 배출가스 연속측정방법을 활용한 배출량 산정방법론
② 기존의 TMS를 활용하여 배출가스 중 온실가스를 직접 측정하는 방법
③ 유량 및 온실가스 센서의 정확/정밀도 관리가 중요함
④ Tier 4를 적용하기 위해서는 '연속측정방법의 배출량 산정방법 및 측정기기의 설치관리기준 등'을 준용

(7) 산정등급에 따른 매개변수 관리기준

구분	계산법			연속측정법
	Tier 1	Tier 2	Tier 3	Tier 4
산정방법론(산식)	가장 단순	약간 복잡	물질수지법 기반	30분 단위실측
활동자료 불확도(%)	± 7.5% 이내	± 5.0% 이내	± 2.5% 이내	CO_2 불확도
배출계수 적용	IPCC 기본계수	국가고유계수	시설단위계수	±2.5% 이내

> **Reference** 산정방법별 장단점 분석

구분	산정방법	장점	단점
직접측정법	온실가스농도 X 유량 ↑ 계측기(Meter)를 통한 실제 측정	직접 측정으로 데이터의 정확도가 비교적 높은 편임	측정기의 설치 및 운영비용이 과다하게 소요될 수 있음
산정법	① 활동 Data X ② 배출계수 ① 사용량 측정(계측기) • 재고 및 구매 Data 활용 ② 개발 • 국가 가이드라인 활용	직접 측정에 비해 배출량 산정 과정이 간단함	사업장 고유 배출계수 산정이 어려움. 즉, 정확도가 낮음

출처 : 한국환경공단, 환경부

(8) 시료 채취 및 분석의 최소 주기 등

연료 및 원료		분석 항목	최소분석주기
고체 연료		원소함량, 발열량, 수분, 회(Ash) 함량	월 1회 (연 반입량이 24만 톤을 초과할 경우 입하량이 2만 톤 초과 시마다 1회 추가)
액체 연료		원소함량, 발열량, 밀도 등	분기 1회 (연 반입량이 24만 톤을 초과할 경우 입하량이 2만 톤 초과 시마다 1회 추가)
기체 연료	천연가스, 도시가스	가스성분, 발열량, 밀도 등	반기 1회[1]
	공정 부생가스	가스성분, 발열량, 밀도 등	월 1회
폐기물 연료	고체	원소함량, 발열량, 수분, 회(Ash) 함량	분기 1회 (연 반입량이 12만 톤을 초과할 경우 입하량이 1만 톤 초과 시마다 1회 추가)
	액체	원소함량, 발열량, 밀도 등	분기 1회 (연 반입량이 12만 톤을 초과할 경우 입하량이 1만 톤 초과 시마다 1회 추가)
	기체	가스성분, 발열량, 밀도 등	월 1회 (연 반입량이 12만 톤을 초과할 경우 입하량이 1만 톤 초과 시마다 1회 추가)
탄산염 원료		광석 중 탄산염 성분, 원소함량 등	월 1회 (연 반입량이 60만 톤을 초과할 경우 입하량이 5만 톤 초과 시마다 1회 추가)
기타 원료		원소함량 등	월 1회 (연 반입량이 24만 톤을 초과할 경우 입하량이 2만 톤 초과 시마다 1회 추가)
생산물		원소함량 등	월 1회

* 비고) 1. 고체 및 액체 연료 1회 입하 시 2만 톤을 초과할 경우 매 입하 시 기준으로 분석할 수 있다.
2. 기간별 분석 횟수(월 1회, 분기 1회, 반기 1회) 미만으로 연료가 입하되는 경우 매 입하 시 기준으로 분석할 수 있다.
** 1) 가스공급처가 최소분석주기 이상 분석한 데이터를 제공할 경우, 이를 우선 적용한다.

3 배출시설의 배출량에 따른 시설규모 분류

A그룹은 B, C그룹의 산정등급을 사용할 수 있으며 B그룹은 C그룹의 산정등급을 사용할 수 있다.

(1) A그룹

연간 5만 톤(tCO_2-eq) 미만의 배출시설

(2) B그룹

연간 5만 톤(tCO_2-eq) 이상, 연간 50만 톤(tCO_2-eq) 미만의 배출시설

(3) C그룹

연간 50만 톤(tCO_2-eq) 이상의 배출시설

4 시설규모의 결정방법

(1) 시설규모의 최초 결정

① 할당대상업체는 배출시설규모 최초 결정 시 기준연도 기간 중 해당 시설의 최근 연도 온실가스 배출량에 따라 결정한다.
② 기준연도의 평균 온실가스 배출량이 기준연도 기간 중 최근 연도 온실가스 배출량보다 큰 경우, 기준연도의 평균 온실가스 배출량에 따라 시설규모를 결정한다.

(2) 시설규모의 최초 결정 이후

① 배출시설규모 최초 결정 이후, 매년 1월 1일을 기준으로 최근에 제출된 명세서의 해당 시설 온실가스 배출량에 따라 시설규모를 결정한다.
② 최근에 제출된 명세서의 온실가스 배출량보다 최근에 제출된 3개년도 명세서의 평균 배출량이 큰 경우, 최근에 제출된 3개년도 명세서의 평균 배출량에 따라 시설규모를 결정한다.

(3) 신설되는 배출시설의 시설규모

할당대상업체는 신설되는 배출시설규모 결정 시 신설되는 배출시설의 예상 온실가스 배출량을 계산하여 그 값에 따라 시설규모를 결정한다.

① 외부 전기 및 열(스팀) 사용에 따른 온실가스 간접 배출을 제외한 모든 배출활동의 산정등급 최소 적용기준은 온실가스 간접배출량을 제외한 직접배출량만을 기준으로 적용한다.
② 해당 배출시설에서 여러 종류의 연료를 사용하는 경우 각각의 연료별 사용에 따른 배출량의

총합으로 배출시설 규모 및 산정등급(Tier)을 결정하여야 한다. 단, C그룹의 배출시설에서 초기가동·착화연료 등 소량으로 사용하는 보조연료의 배출량이 시설 총 배출량의 5% 미만일 경우 차하위 산정등급을 적용할 수 있다. 이때 차하위 산정등급을 적용하는 배출시설 보조연료의 배출량 총합은 25,000tCO$_2$-eq 미만이어야 한다.

SECTION 02. 배출활동별 및 시설규모별 산정등급 최소적용기준

1 산정방법론

① 온실가스 배출량 산정원칙, 구성요소, 문서화 대상을 규정하고 있는 문서이다.
② 배출량 산정을 위한 산정방식, 과학적인 해석과 데이터 및 정보를 근거로 국제적으로 사용될 수 있는 매개변수 등이 제시된 기준 문서이다.
③ 국제적·국가적으로 상호 인정될 수 있도록 국제표준화기구 또는 국제기구/단체의 합의를 거쳐 결정된다.
④ 필요에 따라서는 해당 국가 및 기업 등이 온실가스 정책을 이끌어 가기 위해 각 상황에 적절하게 제정하는 온실가스 배출량 산정방법도 있을 수 있다.

2 산정방법론 적용

① 온실가스 배출시설에 적용할 산정등급은 아래 표의 배출활동별·시설규모별 산정등급(Tier) 최소 적용기준을 준수하여야 한다.
② 배출활동별·시설규모별 산정등급(Tier) 최소 적용기준을 준수하지 못할 경우 정당한 근거 및 사유를 설명하여야 한다.
③ 아래 표는 산정등급의 최소 적용기준을 나타낸 것이며, 국가 고유발열량 등 정확도가 높은 자료를 활용할 수 있을 경우에는 이를 사용하는 것을 권고한다.

(1) 연소시설에서 에너지 이용에 따른 온실가스 배출

배출활동	산정방법론			연료사용량			순 발열량			배출계수			산화계수		
시설규모	A	B	C	A	B	C	A	B	C	A	B	C	A	B	C
1. 고정연소															
① 고체연료	1	2	3	1	2	3	2	2	3	1	2	3	1	2	3
② 기체연료	1	2	3	1	2	3	2	2	3	1	2	3	1	2	3
③ 액체연료	1	2	3	1	2	3	2	2	3	1	2	3	1	2	3
2. 이동연소*															
① 항공**	1	1	2	1	1	2	2	2	2	1	1	2	–	–	–
② 도로	1	1	2	1	1	2	2	2	2	1	1	2	–	–	–
③ 철도	1	1	1	1	1	1	2	2	2	1	1	1	–	–	–
④ 선박	1	1	1	1	1	1	2	2	2	1	1	1	–	–	–

* 운수업체의 경우 해당 부문(항공, 도로, 철도, 선박)의 배출량 합계를 기준으로 A, B, C로 구분한다.
** 운항공 부문은 제트연료를 사용하고 이착륙(LTO)과 순항과정이 구분되어 배출량을 산정할 경우 Tier 2 산정방법론을 적용해야 한다.

(2) 제품 생산공정 및 제품사용 등에 따른 온실가스 배출

배출활동	산정방법론			원료사용량/제품생산량			순 발열량			배출계수		
시설규모	A	B	C	A	B	C	A	B	C	A	B	C
1. 광물산업												
① 시멘트 생산	1	2	3	1	2	3	–	–	–	1	2	3
② 석회 생산	1	2	2	1	2	2	–	–	–	1	2	2
③ 탄산염의 기타 공정 사용	1	2	2	1	2	2	–	–	–	1	2	2
④ 유리 생산	1	2	2	1	2	2	–	–	–	1	2	2
⑤ 인산 생산	1	2	3	1	2	3	–	–	–	2	2	3
2. 석유정제활동												
① 수소제조공정	1	2	3	1	2	3	–	–	–	1	2	3
② 촉매재생공정	1	1	3	1	1	3	–	–	–	1	1	3
③ 코크스제조공정	1	1	1	1	2	3	–	–	–	1	2	3
3. 화학산업												
① 암모니아 생산	1	1	1	1	2	2	–	–	–	1	2	2
② 질산 생산	1	1	1	1	2	2	–	–	–	1	2	2
③ 아디프산 생산	1	1	1	1	2	3	–	–	–	1	2	3
④ 카바이드 생산	1	1	1	1	2	2	–	–	–	1	2	2
⑤ 소다회 생산	1	1	1	1	2	2	–	–	–	1	2	2

배출활동	산정방법론			원료사용량/제품생산량			순 발열량			배출계수		
⑥ 석유화학제품 생산	1	2	3	1	2	3	–	–	–	1	2	3
⑦ 불소화합물 생산	1	2	3	1	2	3	–	–	–	1	2	3
⑧ 카프로락탐 생산	2	2	3	1	2	3	–	–	–	2	2	3
4. 금속산업												
① 철강 생산	1	2	3	1	2	3	–	–	–	1	2	3
② 합금철 생산	1	2	3	1	2	3	–	–	–	1	2	3
③ 아연 생산	1	2	3	1	2	3	–	–	–	1	2	3
④ 납 생산	1	2	3	1	2	3	–	–	–	1	2	3
⑤ 마그네슘 생산	1	2	3	1	2	3	–	–	–	2	2	3
5. 전자산업												
① 반도체/LCD/PV	1	2	2	1	2	2	–	–	–	1	2	2
② 열전도 유체	1	1	1	1	2	3	–	–	–	–	–	–
6. 기타												
연료전지	1	2	3	1	2	3	–	–	–	2	2	3

(3) 오존층 파괴물질(ODS)의 대체물질 사용 등

배출활동	산정방법론			ODS 대체물질 사용량			순 발열량			배출계수		
시설규모	A	B	C	A	B	C	A	B	C	A	B	C
1. 오존층파괴물질의 대체물질 사용	1	1	1	1	1	1	–	–	–	1	1	1
2. 기타온실가스 배출 및 사용	–	–	–	–	–	–	–	–	–	–	–	–

(4) 폐기물 처리과정에서의 온실가스 배출

배출활동	산정방법론			폐기물처리량			순 발열량			배출계수		
시설규모	A	B	C	A	B	C	A	B	C	A	B	C
10. 폐기물의 처리												
① 고형폐기물 매립	1	1	1	1	1	1	–	–	–	1	1	1
② 고형폐기물의 생물학적 처리	1	1	1	1	1	1	–	–	–	1	1	1
③ 폐기물의 소각	1	1	1	1	2	3	–	–	–	1	2	3
④ 하수처리	1	1	1	1	1	1	–	–	–	1	1	1
⑤ 폐수처리	1	1	1	1	1	1				1	1	1

(5) 탈루 배출

배출활동	산정방법론			외부 에너지 사용량			순 발열량			배출계수		
시설규모	A	B	C	A	B	C	A	B	C	A	B	C
1. 석탄 채굴 및 처리활동	1	2	3	1	2	3	–	–	–	2	2	3
2. 석유 산업	1	2	3	1	2	3	–	–	–	2	2	3
3. 천연가스 산업	1	2	3	1	2	3	–	–	–	2	2	3

(6) 외부 전기 및 열(스팀) 사용에 따른 온실가스 간접배출

배출활동	산정방법론			외부에너지 사용량			순 발열량			간접 배출계수		
시설규모	A	B	C	A	B	C	A	B	C	A	B	C
1. 외부 전기 사용	1	1	1	2	2	2	–	–	–	2	2	2
2. 외부 열·증기 사용	1	1	1	2	2	2	–	–	–	3	3	3

(7) 이산화탄소 포집 및 이동에 따른 인산화탄소 이동량

배출활동	산정방법론			이산화탄소 이동량			순 발열량			배출계수		
시설규모	A	B	C	A	B	C	A	B	C	A	B	C
1. 이산화탄소 포집 및 이동	1	1	1	1	1	1	–	–	–	–	–	–

3 최소 산정등급 적용기준 변경 시

① 가동률, 생산량, 매개변수, 산정방법론, 설비의 변경 등으로 인하여 배출시설의 배출량 규모가 변경된 경우에도 산정등급 최소 적용기준이 충족되어야 한다.
② 단, 변경에 대한 내용은 모니터링 계획에 포함하여야 한다.

> 일반적으로 배출계수는 대기오염 방지시설을 거치기 이전의 Uncontrolled 값으로 산정함을 원칙으로 한다.

SECTION 03 품질관리/품질보증(QC/QA)

01 개요

① 할당대상업체는 온실가스 배출량 등의 산정에 대한 정확도 향상을 위해 활동자료 수집, 배출량 산정, 불확도 관리, 정보보관 및 배출량 보고에 대한 품질관리 활동을 수행해야 한다.
② 배출량 산정과 자료의 정확성 향상을 위해 누가, 어떤 방법으로 활동자료, 배출가스 등을 감시하고 세부적인 산정방법론 등의 역할 및 책임을 질 것인지를 정한다.
③ QC/QA의 과정을 거치게 되면 인벤토리의 재산정과 배출원별 배출량 결과의 불확도를 파악하게 된다.

02 QC/QA의 목적

온실가스 국가 인벤토리의 투명성(Transparency), 정확성(Accuracy), 상응성(Comparability), 완전성(Completeness), 일관성(Consistency)을 제고하기 위한 목적이다.

03 QC/QA 활동

1 품질관리(QC) 활동

(1) 의미

품질관리는 배출량 산정결과의 품질을 평가 및 유지하기 위한 일상적인 기술적 활동의 시스템이다.

(2) 방법

배출량 관련 자료의 정확성 및 완전성을 보장하기 위하여 온실가스 배출량 산정과정 중 발생할 수 있는 오류, 누락 등을 발견하여 개선하는 등 자료에 대한 일상적인 검사 활동을 의미한다.

(3) 목적
① 자료의 무결성, 정확성 및 완전성을 보장하기 위한 일상적이고 일관적인 검사의 제공
② 오류 및 누락의 확인 및 설명
③ 배출량 산정자료의 문서화 및 보관, 모든 품질관리 활동의 기록

(4) 일반적 QC 활동 포함사항
① 자료 수집 및 계산에 대한 정확성 검사
② 배출량, 감축량의 계산·측정, 불확도 산정
③ 정보의 보관 및 보고를 위한 공인된 표준절차의 이용

(5) 기술적 QC 활동 포함사항
① 배출활동
② 활동자료
③ 배출계수
④ 기타 산정 매개변수 및 방법론

(6) 수행절차
제도적 관점 → 관리적 관점 → 기술적 관점을 순서대로 거쳐 QC 체계를 구축한다.

① 제도적 관점
   온실가스 배출량 산정과 보고원칙의 프로세스 정립

② 관리적 관점
   정의된 원칙과 프로세스별 수행항목을 정의

③ 기술적 관점
   각 수행항목별 실제업무를 수행하기 위한 기술규명

(7) 세부내용 및 방법
① 기초자료의 수집 및 정리
   ㉠ 측정자료(연료·원료 사용량, 제품생산량, 전력 및 열에너지 구매량, 유량 및 농도 등)의 정확한 취합·보관·관리
   ㉡ 측정기기의 주기적인 검·교정 실시
   ㉢ 측정지점(하위레벨)에서 배출량 산정담당자(부서)(상위레벨)까지의 정확한 자료 수집·정리 체계의 구축

  ② 측정 관련 담당자가 직접 자료를 기록하는 과정에서 발생할 수 있는 오류의 점검
  ⑩ 산정방법론, 발열량, 배출계수의 출처 기록관리
  ⑪ 내부 감사(Internal Audit) 및 제3자 검증을 위한 온실가스 배출량 관련 정보의 보관·관리
  ⑭ 보고된 온실가스 배출량 관련 데이터의 안전한 기록·관리

② **산정과정의 적절성**
  ㉠ 각 자료의 단위에 대한 정확성 확인
  ㉡ 각 매개변수(활동자료, 발열량, 배출계수, 산화율 등) 활용의 적절성 확인
  ㉢ 내부 감사(Internal Audit) 및 제3자 검증단계에서, 배출량 산정의 재현 가능성 여부의 확인
  ㉣ 배출량 산정과 관련한 정보화시스템을 구축하거나 활용할 경우, 자료의 입력 및 처리과정의 적절성 여부 확인
   ※ 지침 산정방법론과의 일치 여부, 자체 매뉴얼 구축 여부 등

③ **산정결과의 적절성**
  ㉠ 조직경계 내 모든 온실가스 배출활동의 포함 여부 확인(포함되지 않는 배출활동에 대한 누락·제외사유를 기재)
  ㉡ 공정 물질수지 등을 활용한 활동자료의 합(하위레벨)과 사업장 단위 활동자료(상위레벨) 간 일치 여부 등 완전성의 확인
  ㉢ 활동자료, 배출계수 등의 변경이 발생할 경우, 각 자료의 변동사항 확인 등 시계열적 일관성 확보에 관한 사항
  ㉣ 기준연도부터 현재까지의 온실가스 배출량 산정에 활용된 기초자료 등의 기록·관리·보안상태 확인
  ㉤ 측정기기, 배출계수(필요시), 온실가스 배출량 등에 대한 불확도 산정결과의 적절성 확인, 불확도 관리기준에 미달 시 측정기기 검·교정 등 개선활동의 실시 여부 확인
  ㉥ 배출량 산정결과에 대한 내부 감사(Internal Audit) 실시 여부

④ **보고의 적절성**
  ㉠ 조직경계 설정의 적절성·정확성 확인
   사업자등록증 등 정부에 허가를 받거나 신고한 문서를 근거로 수립한 조직경계와 실제 온실가스 배출시설, 배출활동에 따라 수립된 조직경계의 일치 여부 확인
  ㉡ 배출량 산정 및 보고 업무 담당자(실무자, 책임자) 및 내부감사 담당자 등에 책임·권한의 문서화 여부
  ㉢ 이행계획, 명세서, 이행실적 등 지침에서 요구하는 자료의 목차, 내용, 서식에 따라 적절하게 배출량을 보고하는지 여부
  ㉣ 품질보증(QA) 활동과 관련하여, 내부 감사 담당자의 감사·검토 활동의 실시 여부 및 관련 규정(매뉴얼 등) 존재 여부

(8) 배출원 고유 품질관리

배출원별로 온실가스 배출특성이 다르기 때문에 각 배출원의 특성을 반영한 다음 세 가지에 대한 품질관리가 요구된다.

① **배출량 산정의 품질관리**

배출원 결과의 품질관리는 산정방법에 따라 달라질 수 있다.

㉠ IPCC 기본 배출계수를 사용하는 경우
ⓐ 인벤토리 관리 책임기관에서는 우선적으로 IPCC의 기본 배출계수값이 자국 내부 상황(가정 및 방법)을 적절하게 반영하고 있는지 여부를 판단해야 한다.
ⓑ IPCC의 기본 배출계수값의 결정에 정보가 부족한 경우는 산정한 배출량 결과의 불확도 분석을 실시해야 한다.
ⓒ IPCC 기본 배출계수값을 현장에 적용하여 타당성을 검증하는 것이 바람직하다.

㉡ 국가 고유 배출계수를 사용하는 경우
ⓐ 배출원별 국가 고유 배출계수는 배출원의 보편적이고 대표적 특성을 반영해야 한다.
ⓑ 단위 배출원의 특성을 반영할 필요는 없다.
ⓒ 국가 고유 배출계수는 자료의 신뢰도에 대한 평가 실시 및 자료의 한계성이 있을 경우 보고서상 기술하여야 한다.
ⓓ 전문가에 의한 2차 자료의 적정성 등에 대해 검토할 수 있도록 시스템을 갖추어야 한다.
ⓔ 국가 고유 배출계수에 의해 결정한 배출량 결과와 IPCC의 기본 배출계수를 적용하여 산정한 결과와 비교·검토해야 하며, 국가 고유 배출계수의 타당성을 검증하기 위한 것이다. 국가 고유 배출계수와 IPCC의 기본 배출계수를 적용한 계산값 사이에 5% 이상의 차이가 존재하는 경우에는 그 이유를 밝히고 기술해야 한다.

㉢ 배출량을 직접 측정하는 경우
ⓐ 배출원으로부터의 직접 측정 결과의 신뢰도가 떨어진다고 판단되면 온실가스 배출량을 직접측정하여 배출계수와 배출량을 결정하는 방법을 택한다.
ⓑ 배출원으로부터의 온실가스 배출량을 직접 측정하여 배출계수와 배출량을 결정하는 방법
- 배출시설로부터의 온실가스 배출량을 대표성을 나타낼 수 있도록 충분히 측정하여 측정한 배출원 또는 전체 배출원의 배출계수 결정
- 배출원으로부터의 온실가스 배출량을 연속측정(CEMS ; Continuous Emissions Monitoring System)하여 배출계수와 연간 배출량을 결정

② 배출량 비교
  ⓐ 배출량 산정결과에 대한 품질관리는 기존 배출량 결과, 과거 배출량 추세, 다른 방법에 의해 산정된 결과와 비교하는 것을 의미한다.
  ⓑ 기존 결과와 비교하는 목적은 예상할 수 있는 합리적인 배출량 범위 내에 속해 있는가를 확인하여 신뢰성을 점검하기 위한 것이다.
  ⓒ 배출량 산정결과가 예상값과 많은 차이를 보이게 되면 배출계수와 활동자료를 재평가하여야 한다.
  ⓓ 배출량 결과를 비교하는 첫 번째 단계에서는 과거 배출량의 일관성과 완성도를 조사, 즉 일반적으로 배출량의 연간 변화폭이 10% 이내인지를 비교한다.

② 활동자료 품질관리

배출원에서의 온실가스 배출량 산정결과의 정확도는 활동자료와 이와 관련된 변수를 얼마나 정확하게 결정하느냐에 달려 있으며 활동자료는 국가 차원에서 수집한 문헌(2차 자료) 등에서 보고된 형태이거나, 단위 배출원에서 측정 또는 산정에 의해 결정한 활동자료를 합하여 전체 활동자료를 결정하는 방식이다.

㉠ 국가 차원에서의 활동자료(Top-down 방식)
  ⓐ 2차 자료를 토대로 활동자료를 결정하는 경우 활동자료에 대한 QC/QA를 실시하여 정확도와 신뢰도를 평가해야 한다.
  ⓑ 2차 자료는 대부분의 경우 온실가스 배출량 산정을 위해 수집한 것이 아니므로 자료의 출처를 밝히고, 배출량 산정의 활동자료로서 어떻게 이용했는지를 나타내어야 한다.
  ⓒ 품질관리가 적절하지 못하다고 여겨지면 인벤토리 관리기관은 2차 자료에 대한 QC/QA를 통해 검증해야 한다.
  ⓓ QC/QA와 연계하여 불확도를 재분석하여야 한다.

㉡ 단위 배출원 차원에서의 활동자료(Bottom-up 방식)
  ⓐ 단위 배출원 차원에서의 활동자료를 결정하는 경우 품질관리는 단위 배출원 간의 활동자료가 일관성을 유지하고 있는지 확인하는 것이 가장 중요하다.
  ⓑ 단위 배출원에서 활동자료는 대부분 측정을 통해 결정된다.

③ 불확도의 품질관리

㉠ 불확도 품질관리의 목적이 온실가스 배출량 산정 결과의 정확성을 판단하는 것이므로 불확도에 대한 정도관리는 반드시 하여야 한다.
㉡ 불확도에 대한 품질관리는 일반적으로 배출량 산정의 마지막 단계에서 이루어지며 이 과정을 통해서 배출량 결과의 신뢰도에 대한 평가를 한다.

ⓒ 불확도 분석의 접근방법
  ⓐ 직접측정에 의해 배출량을 산정한 경우
  ⓑ IPCC의 기본 배출계수 또는 문헌 등의 2차 자료 등을 활용하여 배출량을 산정한 경우
ⓒ ⓐ의 경우는 통계적인 방법에 의한 불확도 분석이 가능하면 IPCC에서는 Tier 1과 Tier 2 방법을 배출량 결과에 대한 불확도 결정방법으로 제안하고 있다.
ⓜ 측정에 의해 배출량을 산정한 경우에는 통계적 방법에 의해 불확도 결정이 가능하나 IPCC의 기본 배출계수와 문헌 자료 등을 활용한 2차 자료의 경우에는 전문가 판단에 의해 불확도를 결정할 수밖에 없다.

2 품질보증(QA) 활동

(1) 의미
품질보증은 배출량 산정(명세서 작성 등) 과정에 직접적으로 관여하지 않은 사람에 의해 수행되는 검토 절차의 계획된 시스템을 의미한다.

(2) 방법
배출량 산정의 정확성과 객관성을 향상시키기 위하여 내부 검증(내부 감사)팀 구성, 내부 검증 계획 및 보고서 작성, 교육훈련 실시 등 일련의 표준화된 내부활동을 의미한다.

(3) 목적
① 인벤토리 결과의 질적 수준을 평가함
② 정확도와 완성도 등이 떨어지는 분야를 파악하고 개선해야 할 부분을 지적함
③ 인벤토리 작업에 참여하지 않은 전문가에 의한 분석과 평가

(4) 검토
① 독립적인 제3자에 의해 산정절차 수행 이후 완성된 배출량 산정결과(명세서 등)에 대한 검토가 수행된다.
② 검토는 측정 가능한 목적(자료품질의 목적)이 만족되었는지 검증하고 주어진 과학적 지식 및 가용성이 현재 상태에서 가장 좋은 배출량 산정결과를 나타내는지 확인하고, 품질관리(QC) 활동의 유효성을 지원한다.

(5) 세부내용 및 방법
① 배출량 산정 계획에 근거하여 산정된 관리업체의 온실가스 배출량 명세서가 중요성의 관점에서 허위나 오류, 누락 없이 작성되기 위하여, 할당대상업체는 배출량 산정·보고와 관련

한 효과적인 내부 통제 활동들을 설계·운영하며 이를 문서화함으로써 품질보증(QA) 활동을 수행한다.

② 온실가스 배출량 보고와 관련한 고유 위험, 통제 위험 및 오류·누락사항을 적시에 방지하거나 적발하지 못할 경우 발생할 수 있는 위험(Risk)에 대한 자체평가 절차를 마련하여 문서화한다.

③ 배출량 보고와 관련한 위험(고유 위험, 통제 위험, 오류 및 누락 등)을 완화하는 일련의 활동을 내부 감사(Internal Audit)라 한다.

④ 할당대상업체는 매년 배출량 산정·보고 절차와 관련한 내부감사 활동을 실시·평가하여 주기적으로 이를 개선한다.

⑤ 품질보증활동은 다음 각 요소를 포함한다.

㉠ 내부 감사·담당자·책임자 지정

ⓐ 할당대상업체는 온실가스 배출량 산정 관련 내부 감사활동을 담당할 책임자를 지정하고 이를 문서화한다.

ⓑ 내부 감사 담당자는 온실가스 배출량 산정업무를 담당할 수 없도록 하는 등 상충되는 업무를 고려하여 업무분장이 이루어져야 한다.

㉡ 품질감리

ⓐ 측정기기의 계측 정확성을 검·교정 절차를 통하여 주기적으로 확인하고, 국제적 측정 기준과 비교하며 관련 검·교정 내역을 문서화한다.

ⓑ 배출량 산정을 위한 정보화시스템을 구축·활용할 경우, 시스템에서 산출되는 자료가 위험평가 절차에 의거하여 신뢰성 있고 정확한 데이터를 적시에 산출 가능하도록 정보화시스템이 설계·운영·통제·테스트 및 문서화되도록 한다.(정보화시스템의 통제로는 백업, 자료보완 등을 포함한다.)

㉢ 배출량 정보 자체검증(내부 감사)

ⓐ 평가된 위험을 완화하기 위하여 할당대상업체는 온실가스 산정 근거자료에 대하여 자체검증을 수행하고 이를 문서화한다.

ⓑ 산정 관련 서류검토, 현장점검 등을 포함한 자체검증계획을 수립하고 이에 따라 검증하며, 검증결과 발견된 오류 및 수정결과를 보고서 형태로 작성할 수 있다.

㉣ 배출량 산정업무 위탁 시 감독절차 마련

할당대상업체가 온실가스 배출량 산정업무를 외부기관에 위탁할 경우, 관리업체는 온실가스 산정·보고 위험과 관련한 위험평가 결과에 따라 외부기관에 위탁한 산정업무에 대한 품질보증 활동을 수행하여야 한다.

ⓜ 수정 및 보완절차
ⓐ 할당대상업체가 수행하는 품질보증 절차의 설계 및 운영상 미비점이 자체 평가 또는 제3자 검증 절차에 의하여 발견될 경우, 할당대상업체는 즉시 이에 대한 수정 및 보완 절차를 수행하고 관련 결과를 문서화하여야 한다.
ⓑ 발견된 미비점의 근본원인에 대하여 파악하고 할당대상업체의 품질보증 시스템에 따른 산출물의 유효성을 평가하여 미비점에 대해서는 보완하는 보정절차를 수행한다.

(6) 검증방법의 종류

① 전문가에 의한 점검(Tier 1의 QA)은 전 배출원에 대해서 모두 수행하는 것이 바람직하나 상당한 시간 및 비용이 소요되므로 변경된 배출원에 대해서 품질보증을 우선적으로 수행해야 한다.
② 정밀한 조사 분석을 필요로 하는 배출원에 대해서는 Tier 2의 QA와 Tier 2의 품질보증 및 전문가에 의한 분석을 요한다.
  ㉠ 전문가에 의한 품질보증
    ⓐ 전문가 품질보증의 주목적은 가정 및 방법에 의한 배출량 결과가 적절한지를 판단하는 데 있다.
    ⓑ 전문가 검토는 주로 배출량 산정과 관련된 기술적인 부분에 대해 이루어지며, 가정의 타당성과 계산의 정확성을 중점적으로 점검하게 된다. 공인된 자료의 여부 등에 대한 면밀한 조사 분석은 본격적인 검증과정에서 이루어지며 이 과정은 보고서와 계산 근거 서류 등을 검토하는 것이다.
    ⓒ 전문가는 불확도가 높은 배출원인 경우 산정 결과의 신뢰도 제고 방안 및 불확도의 정량화 제시가 이루어지도록 하여야 한다.
  ㉡ 점검에 의한 품질보증
    ⓐ 배출량 산정결과에 대한 점검은 인벤토리 관리기관이 얼마나 효과적으로 품질관리를 수행하고 있는가를 파악하는 것이다.
    ⓑ 점검 수행기관은 인벤토리 작업에 참여하지 않은 제3의 기관에서 독립적으로 수행해야 한다.
    ⓒ 새로운 방법의 적용 또는 방법론 개선으로 인해 배출량을 재산정하는 경우 점검과정은 필수적이다.
    ⓓ 점검은 자료수집단계, 측정단계, 자료정리단계, 계산단계, 그리고 보고서 작성 단계별로 점검이 이루어지는 것이 바람직하다.

(7) 배출량 결과의 검증

① 배출량 결과에 대한 점검은 배출량 산정과정과 산정결과를 정리 · 비교 · 확인하는 과정에서 이루어진다.
② 배출량 결과의 검증은 불확도 평가에 도움을 주고 인벤토리 결과의 질적 수준을 향상시킨다.

SECTION 04 불확도

01 개요

1 불확도(Uncertainty)의 개념

① 측정값들의 범위와 상대적 분포 가능성을 기술할 수 있는, 진실한 값에 대한 상대적인 측정오차를 의미하며 측정량을 합리적으로 추정한 분산 특성을 나타내는 파라미터이다. 즉, '양'의 결정에 따른 결과와 관련된 파라미터를 의미한다.
② 계측에 의한 값이나 계산에 의한 값 등 어떠한 자료를 이용해 도출된 추정치는 계측기에 의한 불확실성, 계측 당시 환경 조건이 표준 조건과 차이에 의한 불확실성, 산정식에 의한 불확실성 등 다양한 불확실성 요인에 의해 영향을 받게 된다.
③ 추정치는 미지의 참값과의 편차(Bias)를 보이게 되며 실제값이 특정한 수준의 신뢰도를 가질 범위를 규정한다.
④ 추정치가 반복 측정값인 경우는 평균값을 중심으로 무작위(Random)로 분산되는 양상을 보인다.
⑤ 편차와 분산을 유발하는 불확실성 요인을 정량화하여 불확도(Uncertainly)로 표현하고 있다.

2 불확도의 산정

완전한 온실가스 인벤토리 산정의 본질적인 요소이며 불확도 분석을 통하여 인벤토리의 정확도를 향상시키기 위한 실질적인 품질관리활동을 실시하는 데 기여한다.

3 불확도 관리 목적

불확도는 온실가스 배출량의 신뢰도 관리와 제도 운영과정에서 배출량 산정과 관련된 방법론 및 방법 변경의 타당성을 입증하는 목적으로 평가·관리된다.

4 불확도의 범위

온실가스 배출량은 활동자료, 배출계수 등 매개변수의 함수로 표현되며 배출양 불확도는 활동자료와 배출계수 불확도를 합성하여 결정한다.

02 불확도 관리의 중요성

① 관리업체 목표관리 측면에서는 인벤토리 결과에 따라 인센티브와 페널티가 부과되므로 그 정확성을 확보하여야 하는 의미에서 중요하다.
② 관리업체 간 인벤토리를 비교 가능하도록 규정하고 형평성을 확보하기 위하여 불확도의 관리기준과 절차를 규정하는 것이 필수적이기 때문에 중요하다.

03 불확도의 종류

- 일반적으로 온실가스 배출량 불확도 산정에서는 특정 확률분포(t-분포)에서 95% 신뢰수준의 포함인자를 합성불확도에 곱한 확장불확도를 사용하고 있다.
- 한편 할당대상업체에서 보고해야 할 불확도는 확장불확도를 최적 추정값(평균)으로 나누고 100을 곱하여 백분율로 표현한 상대불확도(%)이다.

1 표준불확도

반복 측정값의 표준오차로 표현된다.

2 합성불확도

여러 불확도 요인이 존재하는 경우 각 인자에 대한 표준불확도를 합성하여 결정한 불확도이다.

3 확장불확도

확장불확도는 합성불확도에 신뢰구간을 특정짓는 포함인자를 곱하여 결정하는 것으로 포함인자 값은 관측값이 어떤 신뢰구간을 택하느냐에 따라 달라진다.

4 상대불확도

① 불확도를 비교 가능한 값으로 환산하기 위해 불확도를 최적 추정값(평균)으로 나누고 100을 곱하여 백분율로 표현하고 있다.
② 일반적으로 여러 배출원의 불확도를 비교하기 위해 상대불확도를 많이 사용하고 있다.

> **Reference** 할당대상업체에서 보고해야 할 불확도
>
> 확장불확도를 최적 추정값(평균)으로 나누고 100을 곱하여 백분율로 표현한 상대불확도(%)이다.

04 불확도 산정절차

할당대상업체는 아래 온실가스 측정 불확도 산정절차 중 2단계까지의 불확도를 산정하여 보고한다. 측정을 외부 기관에 의뢰하는 경우 측정값에 대한 불확도가 함께 제시되므로, 산정절차의 2단계는 생략될 수 있다.

1단계 (사전검토)	2단계 (매개변수의 불확도 산정)	3단계 (배출시설에 대한 불확도 산정)	4단계 (사업장 또는 업체에 대한 불확도 산정)
• 매개변수 분류 및 검토, 불확도 평가 대상 파악 • 불확도 평가 체계 수립	• 활동자료, 배출계수 등의 매개변수에 대한 불확도 산정 • 매개변수에 대한 확장불확도 또는 상대불확도 산정	• 배출시설별 온실가스 배출량에 대한 상대불확도 산정	• 배출시설별 배출량의 상대불확도를 합성하여 사업장 또는 업체의 총 배출량에 대한 상대불확도 산정

온실가스 측정 불확도 산정절차

1 1단계(사전 검토)

① 할당대상업체 내 배출시설 및 배출활동에 대하여 배출량 산정과 관련한 매개변수의 종류, 측정이 필요한 자료, 불확도를 발생시키는 요인 등을 파악하고 규명하는 단계이다.(예를 들면 배출량 산정 시 실측법을 활용할 경우 농도, 배출가스 유량 등이 불확도와 연관되는 자료이며, 계산법을 적용할 경우 활동자료와 발열량, 배출계수, 산화계수 등 각각의 변수들이 온실가스의 측정 불확도와 연관된 변수들이다.)

② 불확도 산정을 위한 사전검토 단계에서 각 매개변수별 자료값의 취득방법(예 단일계측기, 다수계측기, 외부 시험기관 분석 등)을 검토하여 불확도 값을 구하기 위한 체계를 수립한다.

2 2단계(매개변수의 불확도 산정)

① 불확도 산정은 신뢰구간에 의해 접근된다.
② 매개변수의 불확도는 보통 통계학적 방법으로 시료 수, 측정값 등을 통하여 신뢰구간과 오차범위 형태로 제시된다.
③ 일반적으로 온실가스 배출량 산정과 관련한 불확도의 산정에서는 표본채취에 대한 확률분포가 정규분포를 따른다는 가정하에 95%의 신뢰구간에서 불확도를 추정하는 것을 요구한다.
④ 특정 매개변수와 관련된 불확도의 추정절차
　㉠ 활동자료 표본수에 따른 확률분포값을 계산
　　• [참고자료] – '표본수(n)에 따른 포함인자(t)를 구하기 위한 t-분포표'를 활용하여 활동자료 등의 측정횟수(표본횟수)에 따른 포함인자(t)를 결정한다.
　　• 즉, 표본의 확률밀도함수가 t-분포를 따른다는 가정하에 표본으로부터 얻은 측정값이 특정 구간에 존재할 때의 포함인자(t)는 신뢰수준과 표본수(n)에 의해 결정된다.
　㉡ 측정값에 대한 통계량(표본 평균과 표본 표준편차), 표준불확도, 확장불확도 계산
　　표본평균($\overline{x}$)과 표본표준편차(s)를 「식-1」, 「식-2」에 따라 각각 구한다.

$$\overline{x} = \frac{1}{n}\sum_{k=1}^{n} x_k \qquad (식-1)$$

$$s = \sqrt{\frac{1}{n-1}\sum_{k=1}^{n}(x_k - \overline{x})^2} \qquad (식-2)$$

측정값이 정규분포를 따른다고 가정하면 표준불확도(표준오차)는 평균($\overline{x}$)의 표준편차로서 「식-3」에 따라 구한다.

$$U_s = \frac{s}{\sqrt{n}} \qquad (식-3)$$

매개변수(p)의 확장불확도는 95% 신뢰수준에서의 포함인자(t)와 표본수(n), 표준편차(s)를 이용하여 「식-4」에 의해 구한다.

$$U_p = t \times \frac{s}{\sqrt{n}} \qquad (식-4)$$

여기서, $\bar{x}$: 표본측정값의 평균
n : 표본채취(샘플링) 횟수
x_k : 개별 표본의 측정값
s : 표본측정값의 표준편차
U_s : 표본측정값의 표준불확도(표준오차)
U_p : 95% 신뢰수준에서의 확장불확도
t : t-분포표에 제시된 95% 신뢰수준에서의 포함인자

ⓒ 각 매개변수에 대한 상대불확도(Ui) 계산
ⓐ t-분포표에 제시된 95% 신뢰수준에서의 포함인자(t)와 표본수(n), 표본측정값의 표준편차(s)를 이용하여 「식-5」에 따라 매개변수의 상대불확도($U_{r,p}$)를 구한다.

$$U_{r,p} = \frac{U_p}{\bar{x}} \times 100 \qquad (식-5)$$

여기서, $U_{r,p}$: 매개변수 p의 상대불확도(%)
U_p : 매개변수 p의 확장불확도
$\bar{x}$: 표본측정값의 평균

ⓑ 할당대상업체가 보고해야 할 불확도는 「식-5」의 상대불확도로서 표준불확도(식-3), 확장불확도(식-4)를 단계별로 산정한 다음에 결정해야 한다.
ⓒ 다양한 불확도의 요인이 존재하는 경우 각 요인에 대한 표준불확도를 산정하고 이를 합성하여 합성불확도를 산정한 후 확장불확도와 상대불확도를 산정한다.

③ 3단계(배출시설에 대한 불확도 산성)

① 2단계에서 산정된 매개변수의 상대불확도를 이용하여 배출시설의 온실가스 배출량에 대한 상대불확도로 산정한다.
② 온실가스 배출량을 산정하는 방법은 일반적으로 활동자료와 배출계수를 곱하여 산정하며, 경우에 따라서는 두 매개변수 이외에 다른 매개변수가 배출량 산정에 관여하는 경우도 있다.
③ 배출량이 여러 매개변수의 곱으로 표현되는 경우 합성방법 중의 하나인 승산법에 따라 각 매개변수의 상대불확도를 합성하여 「식-4」에서 보는 것처럼 배출량의 불확도를 결정한다.
④ 이 경우 개별 매개변수가 서로 독립적인 경우에 유효하다.

$$U_{r,E} = \sqrt{U_{r,A}^2 + U_{r,B}^2 + U_{r,C}^2 + U_{r,D}^2 + \cdots} \qquad (식-4)$$

여기서, $U_{r,E}$: 배출량(E)의 상대불확도(%)

$U_{r,A}$: 활동자료(A)의 상대불확도(%)

$U_{r,B}$: 배출계수(B)의 상대불확도(%)

$U_{r,C}$: 매개변수(C)의 상대불확도(%)

$U_{r,D}$: 매개변수(D)의 상대불확도(%)

4 4단계(사업장 또는 업체에 대한 불확도 산정)

① 사업장 혹은 할당대상업체의 온실가스 배출량은 개별 배출원 혹은 배출시설의 합으로 표현되며, 합으로 표현되는 값에 대한 불확도는 가감법에 따라 개별 불확도를 합성하여 산정한다.

② 「식-4」에 따라 개별 배출원 혹은 배출시설별 온실가스 배출량에 대한 불확도를 산정한 이후, 개별 배출원의 불확도로부터 사업장 혹은 할당대상업체의 총 배출량에 대한 불확도는 「식-5」에 의해 계산한다.

$$U_{r,E_T} = \frac{\sqrt{\sum (E_i \times U_{r \cdot E_i}/100)^2}}{E_T} \times 100 \qquad (식-5)$$

여기서, U_{r,E_T} : 사업장/배출시설 총 배출량(E_T)의 상대불확도(%)

E_T : 사업장/배출시설의 총 배출량(이산화탄소 환산 톤)

E_i : E_T에 영향을 미치는 배출시설/배출활동(i)의 배출량 (이산화탄소 환산 톤)

$U_{r \cdot E_i}$: E_T에 영향을 미치는 배출시설/배출활동(i)의 상대불확도(%)

05 불확도 원인

1 개요

불확도는 정량적인 값에 대한 정보가 부족한 경우(자료 부재, 이용 가능 자료의 오류, 자료의 부정확성)에 주로 발생한다.

2 불확도 원인(8가지 고려)

① 불완전성
측정방법이 존재하지 않거나 그 과정이 인정되지 않은 경우 일반적으로 불완전성이 유발된다.

② 모델
온실가스 발생량을 추정하기 위한 모델의 사용 시 Bias, 확률오차, 불확도를 유발시킬 수 있다.

③ 자료의 부족
특정 부문 배출량과 흡수량을 계산하는 데 필요한 자료가 부족 시 불확도를 유발하게 된다.

④ 자료의 대표성 결여
부정확한 측정, 추정(가정), 모집단을 대표하지 못하는 시료 수의 부족, 부적절한 측정기간 등 자료의 대표성 결여에 의해 불확도를 유발하게 된다.

⑤ 통계학적 임의 표본 추출 오차
무작위 추출된 표본의 자료에 의해 불확도가 유발되며, 이는 독립적인 표본의 수를 증가시킴으로써 감소될 수 있으며, 많은 표본의 크기는 임의적 요소를 산정하기 위한 보다 정밀한 신뢰구간의 값을 가져올 수 있을 것이다.

⑥ 측정오차
부정확한 측정에는 측정장비 및 측정기술의 오류로 인한 불규칙적인 확률오차(Random Error)와 자료 수집 및 측정과정에서 편의(Bias)를 유발시키는 규칙적인 계통오차(System Error) 등이 있다.

⑦ 보고와 분류의 오차
배출원 및 흡수원의 누락(불완전성), 분류체계의 불명확성, 부정확한 기재 등에 의한 편의(편견 ; Bias)를 유발한다.

⑧ 자료 누락

측정한 측정값이 이용 가능하지 않은 경우에는 불확도가 유발될 수 있다. 검출한계 이하의 측정값이 이 경우이며, 불확도의 이러한 원인은 편의(Bias)와 확률오차를 유발시킨다.

3 불확도 원인과 대처방안

불확도 원인	대책			설명
	개념화/모델	경험/통계	전문가 판단	
불완전성	✓			• 시스템의 중요한 구성이 생략되었는가? • 계통오차에서 계측 가능하거나 불가능한 인자는 무엇인가? • QA/QC를 통해 불완전성이 개선될 수 있다.
모델 (편의 및 확률오차)	✓	✓	✓	• 모델에 적용한 공식이 완전하고 정확한가? • 모델 예측에 있어서 불확도는 무엇인가? • 통계적으로 의미 있는 자료가 없다면 전문가 판단에 근거한 모델의 정확성과 정밀성에 대한 근거는 무엇인가?
자료 부족			✓	자료가 부족할 시 유사 자료나 통계적인 추론을 통한 전문가의 판단이 가능한가?
자료의 대표성 결여	✓	✓	✓	
통계적 무작위 표본추출 오차		✓		예 자료와 표본의 수에 기초한 신뢰구간을 산정하기 위한 통계이론
측정오차 (확률오차)		✓	✓	
측정오차 (계통오차)	✓		✓	QA/QC와 검정을 통해 확인이 가능하다.
작성/분류 오차		✓	✓	적절한 QA/QC를 통해 가능하다.
자료 누락		✓	✓	자료 누락이나 방법론의 부재로 인한 통계 혹은 판단에 기초한 산정방법

출처 : IPCC, IPCC 2006 Guidelines for National Greenhouse Gas Inventories, 2006

06 불확도 저감방안

1 개요

① 불확도의 저감방안은 기본적으로 사용된 산정 모델과 자료가 특정 배출원의 배출 특성을 잘 반영해야 한다.
② 배출원의 배출량 불확도가 전체 인벤토리 결과에 미치는 영향을 판단하여, 불확도를 줄여야 할 대상 배출원의 우선순위를 결정하고, 우선순위가 높은 배출원에 대해서 불확도를 줄이기 위한 저감방안이 실시되어야 한다.

2 불확도 저감방안

① 현장 상황 및 조건 반영 제고(Improving Conceptualization)
현장 상황 및 조건을 보다 충실하고 정확히 반영한 정교한 가정을 도입하여 불확도 저감

② 모델 개선(Improving Models)
현장 상황 및 조건을 보다 적합하게 반영한 변수를 적용하거나 모델 구조 개선을 통해 불확도 저감

③ 대표성 제고(Using Representativeness)
모집단의 온실가스 배출 특성을 반영할 수 있도록 표본 시료 수집방법의 개선을 통한 불확도 저감

④ 정밀한 측정방법 적용(Using More Precise Measurement Methods)
보다 정밀한 측정방법 도입, 부적절한 가정의 개선, 측정 장치 및 방법의 적합한 검·교정을 통해 측정오차의 저감을 통한 불확도 저감

⑤ 자료 수 및 측정횟수의 증가(Collecting More Measured Data)
시료의 표본 수 증가를 통해 표본의 임의 추출에 의한 오차를 낮춤으로써 불확도 저감

⑥ 규명된 계통오차의 제거(Eliminating Known Risk of Bias)
측정장치의 위치 선정, 측정 지점 선정, 측정 시기, 적합한 검·교정방법의 적용, 적합한 모델 및 산정방법 적용을 통해 불확도 저감

⑦ 배출 특성에 대한 이해 제고(Improving State of Knowledge)
배출원의 온실가스 배출특성에 대한 이해도를 높임으로써 오차 원인을 파악하고 이를 저감하여 불확도 저감

07 불확도 정량화

1 불확도 산정에 필요한 자료와 정보

(1) 모델과 연관된 정보
① 모델이 특정 배출원의 배출 특성 및 가정의 타당성을 적정하게 반영했는지 여부와 이러한 배출특성을 개념화하여 모델로 발전시키는 과정이 합리적인가를 판단하여야 한다.
② 모델이 특정 배출원을 정확하게 잘 반영하고 있는가를 면밀히 확인한다.

(2) 배출량 산정 관련 자료에 대한 정보
① 측정을 통해 수집한 자료 불확도
  ㉠ 자료의 대표성 여부와 계통오차 가능성에 대한 판단
  ㉡ 측정 결과의 정밀도와 정확도에 대한 조사 분석
  ㉢ 시료 수와 측정에서의 변이성(Variability)과 이러한 변수들이 연간 평균 배출량에 미치는 영향 조사
  ㉣ 연간 배출량의 변동 폭과 양상에 대한 면밀한 조사

② 문헌자료를 활용한 배출계수와 여러 변수 관련 불확도
  ㉠ 국가고유자료를 포함한 연구 결과
    전문가 검토와 외부에서의 검증이 있는 상황이면 자료의 신뢰성이 높고 불확도가 낮다고 할 수 있다.
  ㉡ IPCC와 같은 공인기관에서 제공하는 기본값
    값들이 특정 배출원의 배출 특성을 반영하고 있는지 여부를 판단해야 한다. 만약 기본값들이 부적합하다고 판단되면 관련 분야 전문가의 검토와 판단에 의해 관련 값들의 불확도를 줄이기 위한 방안 마련이 필요하다.

③ 활동자료 관련 불확도
  ㉠ 온실가스 인벤토리에서의 활동자료는 사회·경제통계와 관련된 것이 많고 이미 관리되고 있는 경우가 많다.
  ㉡ 실제로 통계청에서 관련 정보에 대해 불확도를 이미 관리하고 있기 때문에 활동자료 관련 불확도는 배출계수와 비교하면 상당히 낮은 수준이다.

(3) 전문가 판단

① 자료가 없는 경우나 부족할 때에는 관련 분야 전문가로부터 자료와 정보를 수집해야 하고, 이러한 경우 그 자료들의 불확도에 대한 판단도 전문가에 의해 이루어져야 한다.
② 전문가 판단에 의한 자료 추정과 관련해 발생할 수 있는 가장 큰 문제는 전문가들의 주관적 관점에 따라 결과의 차이가 심할 수 있고, 일관성 확보가 어렵다는 점이다.
③ 가능한 다수의 전문가에게 의견을 구하고 수렴하는 과정이 필요하며, 전문가 활용에 대한 지침 등을 마련하고 전문가에 의해 획득한 관련 자료의 불확도 관리방안도 수립할 필요가 있다.

2 불확도 정량화 방법

불확도 산정을 위해 필요한 자료가 수집되면 불확도 산정단계로 진행되어야 한다.

(1) 모델 불확도 파악

① 검증 목적의 자료를 모델에 입력하여 산정된 결과와 예상 결과치를 비교·평가하여 모델 불확도를 간접적으로 판단한다.
② 이미 검증된 다른 모델을 적용한 산정결과와 비교·평가를 통한 현재 적용코자 하는 모델의 불확도를 점검, 판단한다.
③ 모델 불확도를 관련 분야 전문가가 판단한다.

(2) 측정자료의 통계학적 분석

측정자료의 통계학적 분석은 인벤토리의 불확도뿐만 아니라 배출계수 및 다른 변수들의 불확도를 평가할 수 있는 방법 중의 하나이다.

① 1단계

활동자료, 배출계수, 다른 산정 관련 변수에 대해 평가하고, DB를 구축한다.

② 2단계

활동자료와 배출계수의 변이성을 대변하는 PDF 모델을 선정한다.

③ 3단계

PDF의 분포 특성에 근거하여 불확도 특성을 파악한다. 표준오차가 적으면 정규분포의 가정, 표준오차가 크면 로그 정규분포의 가정을 적용한다.

④ 4단계

총 배출량의 불확도를 산정하기 위한 목적으로 확률분석을 위한 입력 자료로 통계학적 분석이 사용될 수 있다.

⑤ 5단계

민감도 분석을 통해 주요 불확도 요인을 밝히고, 주요 불확도를 정확하게 산정할 수 있는 방법을 개발하는 데 통계학적 분석을 적용한다.

(3) 전문가 판단에 의한 방법

① 이용 가능한 자료가 부족하고, 불확도의 모든 요인에 대한 분석이 불가능한 경우 전문가의 판단에 의해 불확도를 산정할 수 있다.
② 전문가의 판단은 주관적 성격이 강해 불확도 결과가 비현실적일 수 있으므로 QC/QA 과정을 반드시 거쳐야 한다.
③ 품질보증단계를 강화하여 제3자의 검토 과정과 유사한 배출 특성을 지니고 있는 배출원의 불확도 결과와 비교·평가하는 과정과 더불어 타 국가의 사례와도 비교해 볼 필요가 있다.
④ IPCC의 제한사항

　㉠ 균등(Uniform) 함수이고, 그 범위는 95% 신뢰구간에 해당한다고 가정한다.
　㉡ 전문가에 의해 가장 가능성이 있는 값이 제공되는 경우 최빈값(Mode)으로 가장 가능성이 있는 값을 이용하는 삼각 확률밀도함수를 가정하고, 상한값과 하한값은 각각 모집단의 2.5%를 제외한다고 가정한다.
　㉢ 분포가 대칭적일 필요는 없으나, 전문가의 직관과 더불어 합리적 추론 과정을 통해 PDF를 선택해야 한다.

(4) 확률밀도함수 분석

① 확률밀도함수는 배출계수 및 활동자료와 같은 변수 각각이 참값에 대하여 분포하는 정도, 즉 가능한 값의 범위 등을 제시하는 함수이다.
② 확률밀도함수 결정 시 고려사항

　㉠ 정규분포가 적절한지의 여부(정규분포의 표준편차는 평균값의 30%를 초과하지 말아야 함)
　㉡ 전문가 판단이 적용되는 경우 확률분포함수는 전형적으로 정규 내지 로그정규일 것(균등·삼각·프랙털 분포 등이 그 다음 분포 형태로 고려)
　㉢ 실증적 관찰 내지 이론적 언급에 의해 타당한 근거와 이유가 존재하는 경우 다른 분포가 이용될 수 있는 가능성

> **Reference** 합성불확도 산정방법(몬테카를로 시뮬레이션 ; Tier 2) 적용이 적절한 경우
>
> ① 불확도가 큰 경우
> ② 알고리즘이 복잡한 경우
> ③ 인벤토리가 작성된 연도별로 불확도가 다른 경우
> ④ 분포가 정규분포를 따르지 않은 경우

SECTION 05 온실가스 검증

1 용어

① 검증
온실가스 배출량의 산정과 외부사업 온실가스 감축량의 산정이 이 지침에서 정하는 절차와 기준 등(이하 "검증기준"이라 한다)에 적합하게 이루어졌는지를 검토·확인하는 체계적이고 문서화된 일련의 활동을 말한다.

② 검증심사원
검증 업무를 수행할 수 있는 능력을 갖춘 자로서 일정기간 해당분야 실무경력 등을 갖추고 등록된 자를 말한다.

③ 검증심사원보
검증심사원이 되기 위해 일정한 자격을 갖추고 교육과정을 이수한 자로서 등록된 자를 말한다.

④ 검증팀
검증을 수행하는 2인 이상의 검증심사원과 이를 보조하는 검증심사원보 및 제10조에 따른 기술전문가로 구성된 집단을 말한다.

⑤ 공평성
검증기관이 객관적인 증거와 사실에 근거한 검증활동을 함에 있어 피검증자 등 이해관계자로부터 어떠한 영향도 받지 않는 것을 말한다.

⑥ 누출량
감축사업 시행 과정 중 외부사업의 범위 밖에서 부수적으로 발생하는 온실가스 배출량의 증가량 또는 감축량을 말하며, 그 양은 계산과 측정이 가능한 경우를 말한다.

⑦ 내부심의
검증기관이 검증의 신뢰성 확보 등을 위해 검증팀에서 작성한 검증보고서를 최종 확정하기 전에 검증과정 및 결과를 재검토하는 일련의 과정을 말한다.

⑧ 리스크
검증기관이 온실가스 배출량의 산정과 연관된 오류를 간과하여 잘못된 검증의견을 제시할 위험의 정도 등을 말한다.

⑨ 불확도
온실가스 배출량의 산정결과와 관련하여 정량화된 양을 합리적으로 추정한 값의 분산특성을 나타내는 정도를 말한다.

⑩ 베이스라인 배출량

외부사업 사업자가 감축사업을 하지 않았을 경우 사업경계 내에서 발생 가능성이 가장 높은 조건을 고려한 온실가스 배출량을 말한다.

⑪ 외부사업 온실가스 감축량

외부사업 사업자가 지정·고시된 할당대상업체의 조직경계 외부의 배출시설 또는 배출활동 등에서 국제적 기준에 부합하는 방식으로 온실가스를 감축, 흡수 또는 제거하는 사업을 통해 저감되는 감축량을 말한다.

⑫ 적격성

검증에 필요한 기술, 경험 등의 능력을 적정하게 보유하고 있음을 말한다.

⑬ 중요성

온실가스 배출량의 최종확정에 영향을 미치는 개별적 또는 총체적 오류, 누락 및 허위 기록 등의 정도를 말한다.

⑭ 피검증자

이 지침에 의한 검증기관으로부터 온실가스 배출량의 명세서와 외부사업 온실가스 감축량의 모니터링 보고서에 대한 검증을 받는 할당대상업체 또는 외부사업 사업자를 말한다.

⑮ 합리적 보증

검증기관(검증심사원을 포함한다)이 검증결론을 적극적인 형태로 표명함에 있어 검증과정에서 이와 관련된 리스크가 수용 가능한 수준 이하임을 보증하는 것을 말한다.

2 내부 검증

(1) 개요

내부 검증팀은 내부 검증 계획 및 보고서 작성, 교육, 훈련 등 표준화된 내부활동을 수행하며, 검증프로세스는 검증 개요, 문서 검토 및 리스크 분석, 현장검증 체크리스트 3개 항목으로 검증한다.

(2) 구성요소

품질관리(QC) 활동체계를 구축하기 위하여 내부 감사 담당자·책임자 지정, 품질감리, 배출량 정보 자체 검증(내부 감사), 배출량 산정업무 위탁 시 감독 절차 마련, 수정 및 보완 절차 체계를 구축한다.

3 제3자 검증절차 및 방법

(1) 의미

환경부장관이 지정·고시한 검증기관을 활용하여 할당대상 업체가 작성한 명세서에 대한 제3자 검증 실시를 의미하며 할당대상 업체는 제3자 검증 후 매년 3월 31일까지 명세서와 검증보고서를 부문별 관장기관에게 제출한다.

(2) 검증의 목적

일정 경계 내의 온실가스 배출량 및 에너지소비량 정보에 대해서 이해관계자에게 신뢰성과 객관성을 제공하는 데 목적이 있다.

4 검증원칙

(1) 독립성 원칙

① 검증기관 및 검증심사원은 그 책임을 완수하기 위해, 독립성을 유지해야 한다.
② 피검증자와 이해관계에 있어서는 안 된다.
③ 검증결과는 객관적인 증거를 기초로 작성하여 객관성을 유지해야 한다.

(2) 적정한 주의

검증심사원은 검증 계획의 수립단계부터 검증 실시 및 검증결과 도출까지 참여자가 제출한 보고서에 중요한 오류가 포함될 가능성에 대하여 주의를 기울여야 한다.

(3) 검증결과 제시

① 검증업무의 품질 유지를 위하여 검증결과에 대한 명확한 근거를 제시하여야 한다.
② 근거를 증명하기 위한 객관적 증거를 수집해야 한다.
③ 최종적으로 검증 의견의 근거가 되는 검증 심사의 기록을 관리하여야 한다.

(4) 기밀 준수

① 검증심사원은 검증을 진행하는 과정에서 취득한 정보를 정당한 사유 없이 다른 곳에 누설하거나 사용하여서는 안 된다.
② 기밀 준수 예외 경우
  ㉠ 상대방에 의해 공개되기 전에 정보를 알고 있는 경우
  ㉡ 정보공개 시점에 공개적인 정보 영역에 포함된 정보의 경우

ⓒ 관련 법률에 따라 공공기관에 의해 정보공개를 요구받은 경우

(5) 공정한 의견 제시

① 검증결과는 신뢰성 있고 정확하게 반영하여야 한다.
② 검증과정에서 발생한 이해관계자 간 해결되지 않은 주요 쟁점에 대해서는 관계자별 이해 차이를 공정하게 평가하여 의견을 제시하여야 한다.

> **Reference 검증의 기본원칙(온실가스 배출권거래제 운영을 위한 검증지침)**
>
> 검증기관은 피검증자의 온실가스 배출량 및 에너지 소비량 등에 관한 검증 및 외부사업 온실가스 감축량에 관한 검증을 수행할 때에 다음 각 호의 원칙에 따라야 한다.
> ① 객관적인 자료와 증거 및 관련 규정에 따라 사실에 근거하여 검증을 수행하고 그 내용을 정확하게 기록할 것
> ② 검증을 수행하는 과정에서 피검증자나 관계인의 의견을 충분히 수렴할 것
> ③ 외부사업 온실가스 감축량 검증은 감축량 산정 시 보수적인 관점으로 평가할 것
> ④ 합리적 보증이 가능한 수준으로 검증을 수행할 것

5 검증기관

(1) 조직 및 업무

항목	개요
검증심사원	상근 검증심사원을 5명 이상 갖추어야 한다.
전문분야 검증업무	소속 검증심사원이 보유한 전문분야에 한하여 검증 업무를 수행할 수 있다. 다만 상근 심사원이 전문분야를 중복하여 보유하고 있을 경우에는 이를 같이 인정한다.
검증기관의 조직	검증업무가 공평하고 독립적으로 수행될 수 있도록 검증을 담당하는 조직과 행정적으로 지원하는 조직이 명확히 구분되어야 한다.

출처 : 한국환경공단

(2) 검증기관의 운영원칙

① 검증은 객관적인 자료와 증거 및 관련 규정에 따라 사실에 근거하여야 하고, 그 내용을 정확하게 기록하여야 한다.
② 검증은 검증 업무의 공평성과 독립성이 훼손되지 않도록 하며, 검증기관은 이를 최대한 보장할 수 있도록 필요한 조치를 강구하여야 한다.
③ 검증기관은 소속 검증심사원이 보유한 전문분야에 대해서만 검증 업무를 수행하여야 하며, 피검증자 등의 특성과 조건 등을 종합적으로 고려하여 적격성 있는 검증팀을 구성하여야 한다.

④ 검증기관은 검증업무를 수행하는 과정에서 필요한 경우에는 피검증자나 관계인의 의견을 충분히 수렴하고, 취득한 정보를 외부로 유출하거나 다른 목적으로 사용하여서는 안 된다.
⑤ 검증기관은 적격성 유지, 검증업무의 향상과 이해 상충 예방을 위해 관련 업무의 평가, 모니터링 등을 통한 환류 기능 및 역량 강화 매뉴얼을 구비하여야 한다.

 **재계산**

> 기록과 문서의 정확성을 판단하기 위하여 검증심사원이 직접 계산하고 확인하는 검증기법을 말한다.

6 검증절차

(1) 검증의 절차 및 방법
① 할당대상업체는 검증기관이 검증업무를 수행할 수 있는지 확인하고 계약을 체결한다.
② 검증기관은 공평성 확보를 위해 계약 체결 이전에 '공평성 위반 자가진단표(온실가스·에너지 목표관리제 운영지침 별지 서식)'에 의해 자가진단을 실시하여야 한다.
③ 온실가스 배출량 등의 검증은 '온실가스 배출량 등의 검증절차'에 따라 실시하며 세부적인 절차 및 방법은 '검증절차별 세부 방법'에 따른다. 다만 검증기관이 필요하다고 인정되는 경우에는 검증절차를 추가할 수 있다.
④ 검증팀은 필요한 경우 '온실가스 배출량 검증 체크리스트'를 참고하여 검증 체크리스트를 작성하여 이용할 수 있다.

(2) 시정조치
① 검증팀장은 검증기준 미준수 사항 및 온실가스 배출량 등의 산정에 영향을 미치는 오류(이하 '조치 요구사항'이라 한다) 등에 대해서는 피검증자에게 시정을 요구하여야 한다.
② 검증기관은 조치 요구사항 및 시정결과에 대한 내역을 '배출량 검증결과 조치 요구사항 목록(온실가스 목표관리제 운영지침 별지의 서식)'에 따라 작성하여 검증보고서를 제출할 때 함께 제출하여야 한다.
③ 피검증자는 조치 요구사항에 대한 시정내용 등이 반영된 명세서와 이에 대한 객관적인 증빙자료를 검증팀에 제출하여야 한다.

(3) 검증의견의 결정
① 검증팀장은 모든 검증절차 및 시정조치가 완료되면 최종 검증의견을 제시하여야 한다.
② 검증결과에 따른 최종의견은 다음 기준에 따른다.
　㉠ 적정 : 검증기준에 따라 배출량이 산정되었으며, 불확도와 오류(잠재 오류, 미수정된 오

류 및 기타 오류를 포함한다) 및 수집된 정보의 평가결과 등이 중요성 기준 미만으로 판단되는 경우
ⓒ 조건부 적정 : 중요한 정보 등이 검증기준을 따르지 않았으나, 불확도와 오류 평가결과 등이 중요성 기준 미만으로 판단되는 경우
ⓒ 부적정 : 불확도와 오류 평가결과 등이 중요성 기준 이상으로 판단되는 경우

(4) 검증보고서 작성

① 검증팀장은 검증의견을 확정한 후, 검증보고서를 작성하여야 한다.
② 검증보고서에는 다음 각 호의 사항이 포함되어야 한다.
㉠ 검증 개요 및 검증의 내용
㉡ 검증과정에서 발견된 사항 및 그에 따른 조치내용
㉢ 최종 검증의견 및 결론
㉣ 내부 심의 과정 및 결과
㉤ 기타 검증과 관련된 사항

(5) 내부 심의

① 검증기관은 법에 따라 구성된 내부 심의팀으로 하여금 검증절차 준수 여부 및 검증결과에 대한 내부 심의를 실시하여야 한다.
② 검증팀은 다음 내용의 자료를 내부 심의팀에 제출하여야 한다.
㉠ 검증 수행계획서, 체크리스트 및 검증보고서
㉡ 검증과정에서 발견된 오류 및 시정조치사항에 대한 이행결과
㉢ 피검증자가 작성한 이행계획, 이행실적보고서 및 명세서
㉣ 기타 검토에 필요한 자료
③ 내부 심의팀은 내부심의 과정에서 발견된 문제점을 즉시 검증팀에 통보하여야 하며, 검증팀은 이를 반영하여 검증보고서를 수정하여야 한다.
④ 내부 심의팀은 내부 심의 결과 반영 여부를 확인한 후 수정조치가 적절하다고 판단되는 경우 검증팀에 심의 종료를 통보한다.

(6) 검증보고서의 제출

검증기관은 검증의 보증수준이 합리적 보증 수준 이상이라고 판단되는 경우에 최종 검증보고서를 피검증자에게 제출하여야 한다.

7 온실가스 배출량 등의 검증절차

단계	절차	개요	수행주체
1단계	검증개요 파악	• 피검증자 현황 파악 • 검증범위 확인 • 배출량 산정기준 및 데이터관리시스템 확인	검증팀 + 피검증자
1단계	검증계획 수립	• 리스크 분석 • 데이터 샘플링 계획의 수립 • 검증계획의 수립	검증팀 + 피검증자
2단계	문서검토	• 온실가스 산정기준 평가 • 명세서 평가 및 주요 배출원 파악 • 데이터 관리 및 보고시스템 평가 • 전년 대비 운영상황 및 배출시설의 변경사항 확인 및 반영 • 문서검토 결과 시정 조치 요구	검증팀 + 피검증자
2단계	현장검증	• 배출량 산정계획과 현장과의 일치성 확인 • 데이터 및 정보 검증 • 측정기기 검교정 관리상태 확인 • 데이터 및 정보시스템 관리상태 확인 • 이전 검증결과 및 변경사항 확인	검증팀 + 피검증자
3단계	검증결과 정리 및 평가	• 수집된 증거 평가 • 오류의 평가 • 중요성 평가 • 검증 결과의 정리 • 발견사항에 대한 시정조치 및 검증보고서 작성	검증팀
3단계	내부심의	• 검증절차 준수 여부 • 검증의견에 대한 적절성 심의	내부심의팀
3단계	검증보고서 제출	• 검증보고서 제출	검증팀

8 검증절차별 세부사항

(1) 검증 개요 파악

① 개요
   ㉠ 피검증자의 사업장 운영현황, 공정 전반 및 온실가스 배출원 현황을 파악한다.
   ㉡ 피검증자에게 검증 목적·기준·범위를 고지하고 및 검증 세부일정을 협의한다.
   ㉢ 검증에 필요한 관련 문서자료를 수집한다.

② 관련자료 수집
   ㉠ 피검증자의 사업장 현황 파악 및 주요 배출원의 배출량 산정계획 확인
      ⓐ 조직의 소유·지배구조 현황
      ⓑ 생산 제품·서비스 및 고객현황
      ⓒ 사용 원자재 및 사용 에너지
      ⓓ 사업장 공정, 설비현황
      ⓔ 주요 온실가스 배출원 산정계획 및 측정장치 현황 및 위치 등
      ⓕ Tier 3 산정방법론 또는 Tier 3 매개변수(사업장 고유배출계수, 발열량 등) 현황 등

   ㉡ 검증범위의 확인
      ⓐ 온실가스 배출량 등의 산정·보고 방법 및 배출량 산정계획 작성방법에 따른 부지경계 식별 여부
      ⓑ 온실가스 배출량 등의 산정·보고 방법 및 배출량 산정계획 작성방법에 따른 배출활동(직접·간접) 분류 및 파악 여부
      ⓒ 배출량 산정계획의 변경이 발생한 경우 온실가스 배출량 등의 산정·보고 방법 및 배출량 산정계획 작성방법에 따라 변경사항이 파악되었는지 여부

   ㉢ 온실가스 산정기준 및 데이터관리 시스템 확인
      ⓐ 피검증자가 작성한 온실가스 산정기준에 대한 개요 및 데이터 관리시스템에 대한 개략적인 정보 입수
      ⓑ 원자재 투입, 배출량 측정·기록 및 데이터 종합 등의 데이터 관리시스템 파악 및 기존 관리시스템(ERP 등)과의 연계현황 파악
      ⓒ 데이터시스템을 운영·유지하는 조직구조 파악 등

(2) 검증계획 수립

① 개요

㉠ 검증 개요 파악을 바탕으로 온실가스 배출시설 관련 데이터 관리 상의 취약점 및 중요한 불일치를 야기하는 불확도 또는 오류 발생 가능성을 평가함으로써 적절한 대응 절차를 결정하기 위함

㉡ 검증팀은 피검증자에 의해 발생하는 리스크를 평가하고, 그 정도에 따라 검증계획을 수립함으로써 전체적인 리스크를 낮은 수준으로 억제할 필요가 있다.

㉢ 문서검토 및 현장검증을 실시하기 전에 검증 의견을 도출하기 위하여 문서 및 현장에서 확인해야 할 사항(배출량 산정계획과 현장과의 일치성 및 적정성, 방문해야 할 사업장 등) 검증방법에 대한 계획을 수립하여야 한다.

㉣ 검증팀장은 리스크 분석결과를 바탕으로 문서검토 및 현장에서 확인할 사항과 검증대상, 적용할 검증기법, 실시 기간을 결정하여야 한다.

㉤ 검증팀장은 수립된 검증계획을 최소 1주일 전에 피검증자에 통보함으로써 효율적인 문서검토 및 현장검증이 실시될 수 있도록 해야 한다.

㉥ 검증팀장은 업무의 진척 상황 및 새로운 사실의 발견 등 검증의 실시과정에서 최초의 상황과 변경된 경우 검증계획을 수정할 수 있다.

② 리스크 분석

㉠ 목적

ⓐ 문서검토 결과를 바탕으로 온실가스 배출시설 관련 데이터 관리상의 취약점 및 중요한 불일치를 야기하는 불확도 또는 오류 발생 가능성을 평가함으로써 적절한 대응 절차를 결정하기 위함이다.

ⓑ 검증팀은 피검증자에 의해 발생하는 리스크를 평가하고, 그 정도에 따라 검증계획을 수립함으로써 전체적인 리스크를 낮은 수준으로 억제할 필요가 있다.

㉡ 리스크의 분류

ⓐ 피검증자에 의해 발생하는 리스크
- 고유리스크 : 검증대상의 업종 자체가 가지고 있는 리스크(업종의 특성 및 산정방법의 특수성 등)
- 통제리스크 : 검증대상 내부의 데이터 관리구조상 오류를 적발하지 못할 리스크

ⓑ 검증팀의 검증 과정에서 발생하는 리스크
- 검출리스크 : 검증팀이 검증을 통해 오류를 적발하지 못할 리스크

ⓒ 리스크 평가
  ⓐ 명세서 등의 중요한 오류 가능성 및 이행계획 준수와 관련된 부적합 리스크를 평가하기 위하여 다음의 사항 등을 고려하여야 한다.
  ⓑ 리스크 평가 시 고려사항
    • 배출량의 적절성 및 배출시설에서 발생하는 온실가스 비율
    • 경영시스템 및 운영상의 복잡성
    • 데이터 흐름, 관리시스템 및 데이터 관리환경의 적절성
    • 이행계획 제출 시 첨부된 모니터링 계획
    • 이전 검증 활동으로부터의 관련 증거
  ⓒ 검증팀장은 리스크 평가 결과를 검증 체크리스트에 기록하고, 그 사항을 현장 검증 시 중점적으로 확인하거나, 객관적 자료를 확보하여 중요한 오류가 발생하지 않음을 확인하여야 한다.

③ 검증계획의 수립
  ㉠ 검증팀장은 아래 항목을 포함한 검증계획을 수립하여야 한다.
    ⓐ 검증대상 · 검증 관점, 검증 수행방법 및 검증절차
    ⓑ 정보의 중요성
    ⓒ 현장검증 단계에서의 인터뷰 대상 부서 또는 담당자
    ⓓ 현장검증을 포함한 검증 일정 등
  ㉡ 현장검증 등 세부일정 협의
    ⓐ 파악된 조직구조 및 배출원의 모니터링 계획을 바탕으로 피검증자의 주관부서장과 협의하여 현장검증 실시 일정 및 검증대상 항목을 협의한다.
    ⓑ 단, 현장검증 일정은 문서검토 결과에 따라 추후에 조정 가능하다.

ⓒ 검증대상과 검증관점

검증대상	검증관점	개요
배출시설별 모니터링 방법	완전성	• 모든 배출시설의 포함 여부
	적절성	• 지침에 의거한 산정방법론의 경우 배출활동과의 적절성 확인 • 자체 산정방법론의 경우 이에 대한 타당성 확인
활동자료의 모니터링 방법	적절성	• 설치된 측정기기의 관리 계획의 적절성 확인
산정등급 적용 계획	정확성	• 지침에 의거한 산정등급 적용 계획 여부 확인 • 미충족 사유에 대한 타당성 확인
사업장 고유 배출계수 등 Tier 3 개발 계획	적절성	• Tier3(사업장 고유배출계수, 발열량 등)에 대한 산정식 및 개발계획에 대한 타당성 확인, 분석에 대한 적절성 확인

ⓔ 검증 기법

기법	개요
열 람	• 문서와 기록을 확인
실 사	• 측정기기 등을 통해 모니터링 계획에 대한 정보 등 확인
관 찰	• 업무 처리과정과 절차를 확인
인터뷰	• 검증대상의 책임자 및 담당자 등에 질의, 설명 또는 응답을 요구 (외부 관계자에 대한 인터뷰도 포함)

(3) 문서검토

① 개요

㉠ 개요파악 과정에서 확인된 배출활동 관련 정보, 피검증자의 온실가스 산정기준 및 배출량 산정계획에 대한 정밀한 분석을 한다.

㉡ 정밀한 분석을 통하여 온실가스 데이터 및 정보 관리에 있어 취약점이 발생할 수 있는 상황을 식별하고, 오류 발생 가능성 및 불확도 등을 파악한다.

② 온실가스 산정기준 평가

㉠ 온실가스 배출량 등의 산정·보고 방법의 기준 이행 여부 및 배출량 산정계획 준수 여부를 확인한다.

㉡ 동 과정에서 발견된 특이사항 및 부적합 사항들을 검증 체크리스트에 기록하고, 검증계획 수립 시 반영하여야 한다.

ⓒ 관련 확인 항목
  ⓐ 배출활동별 운영경계 분류 상태
  ⓑ 배출량 산정방법
  ⓒ 적절한 매개변수 사용 여부
  ⓓ 데이터 관리시스템
  ⓔ 배출량 산정계획에 따른 관련 데이터 모니터링 실시 여부
  ⓕ 데이터 품질관리방안 등

③ 명세서/이행실적 평가 및 주요 배출원 파악
 ㉠ 검증팀은 피검증자가 작성한 배출량 산정계획 등에 대하여 다음 사항을 파악하여야 한다.
  ⓐ 온실가스 배출시설 및 흡수원 파악
  ⓑ 온실가스 산정기준과의 부합성 등
  ⓒ 온실가스 활동자료의 선택 및 수집에 대한 타당성
  ⓓ 온실가스 배출계수 선택에 대한 타당성
  ⓔ 계산법에 의한 배출량 산정방법 및 결과의 정확성
  ⓕ 실측법에 의한 배출량 산정 시 관련 측정기 형식승인서 및 정도검사 계획의 적절성
 ㉡ 검증팀은 주요 배출시설(온실가스 배출량의 총량 대비 누적합계가 100분의 95를 차지하는 배출시설)의 데이터를 식별하여 구분 관리한다. 주요 배출시설의 경우 검증계획 수립 시 검증시간 배분 등에 우선적으로 반영한다.

④ 데이터 관리 및 보고시스템 평가
 ㉠ 검증팀은 피검증자의 온실가스 배출시설 관련 데이터 산출·수집·가공, 보고 과정에서 사용되는 방법 및 책임권한을 파악하고, 데이터 관리과정에서 발생할 수 있는 중요한 리스크를 산출한다.
 ㉡ 검증팀은 아래에 해당되는 사항이 있을 경우 주요 리스크가 발생할 가능성이 높은 것으로 판단하여 검증계획 수립 시 반영하여야 한다.
  ⓐ 데이터 산출 및 관리시스템이 문서화되지 않은 경우
  ⓑ 데이터 관리 업무의 책임 권한이 명확히 이루어지지 않은 경우
  ⓒ 별도의 정보시스템을 사용하여 배출량 등의 산정에 필요한 데이터를 따로 만든 경우
   (예를 들어 배출량 정보시스템이 조직의 일반 자산관리시스템과 분리된 경우 등이 있다.)
  ⓓ 산정·분석·확인·보고 업무가 분리되지 않고 동일한 인원에 의해 수행될 경우

⑤ 배출시설의 변경사항 확인 및 반영
　㉠ 검증팀은 피검증자의 이전 배출량 산정계획 등과 비교하여 조직의 운영상황 및 배출시설·배출량 데이터의 변경사항 등을 파악하여 주요 리스크가 예상되는 부분을 식별하여 검증계획에 반영한다.
　㉡ 관련 항목
　　ⓐ 장비, 시설의 신축 또는 폐쇄 등 변경사항
　　ⓑ 모니터링 및 보고과정의 변경사항
　　ⓒ 배출시설 및 배출량의 변경사항
　　ⓓ 데이터 관리시스템 및 품질관리 절차 변경사항

⑥ 피검증자에 대한 시정조치 요구
　㉠ 검증팀장은 상기의 문서검토 과정에서 발견된 문제점 및 보완이 필요한 사항을 피검증자에게 통보하고 관련 자료 및 추가적인 설명을 요구하여야 한다.
　㉡ 동 과정을 통해 확인되지 않은 사항은 검증계획 수립 시 반영하여 현장검증을 통해 확인할 수 있도록 하여야 한다.

(4) 현장검증

① 개요
　㉠ 검증팀은 피검증자가 배출량 산정계획 등에 작성한 내용과 관련 근거 데이터 등의 정확성을 확인하기 위하여 사전에 수립된 검증계획에 따라 현장검증을 실시한다.
　㉡ 리스크 분석결과 중대한 오류가 예상되는 부분을 집중적으로 확인함으로써 정해진 기간 내에 검증의 신뢰성을 확보할 수 있도록 하여야 한다.
　㉢ 현장검증 과정에서 발견된 사항은 객관적 증거를 확보한 후, 검증 체크리스트에 기록한다.

② 배출량 산정계획과 현장과의 일치성 확인
　㉠ 검증팀은 피검증자가 배출량 산정계획과 현장이 일치하게 모니터링 및 불확도 관리를 실시하고 있는지 여부를 확인하여야 한다.
　㉡ 동 과정에서 발견된 특이사항 및 부적합 사항에 대하여 검증 체크리스트에 기록하고, 검증보고서에 반영하여야 한다.

③ 활동자료 모니터링 방법의 검증
　㉠ 단위 발열량, 배출계수 등의 검증
　　ⓐ 온실가스 산정지침 및 배출량 산정계획 작성방법과 배출량 산정계획과의 매개변수 일치 여부
　　ⓑ 배출량 산정계획에 기재된 연료, 폐기물 등의 실태 여부
　　ⓒ 피검증자가 자체 개발한 배출계수의 타당성 여부
　　ⓓ 물질(유류, 가스, 투입된 화학물질 등)성분 분석기록 등 배출계수 및 배출량 산정에 사용된 산정방법론의 적절성 및 정확성 확인 등

　㉡ 모니터링 유형에 따른 검토사항
　　배출량 산정계획에서 제시한 모니터링 유형(구매기준, 실측기준, 근사업 등)이 현장에서 적용 가능한지의 여부를 확인

④ 측정기기 검교정 관리
　㉠ 검증팀은 현장에서 사용되고 있는 모니터링 및 측정장비의 검교정 관리상태를 확인하여야 한다.

　㉡ 확인 항목
　　ⓐ 측정장비별 검교정 관리기준 및 검교정 주기
　　ⓑ 검교정 책임과 권한
　　ⓒ 측정장비 고장 시 데이터 관리방안
　　ⓓ 검교정기록(검교정 성적서 등) 관리방안
　　ⓔ 검교정결과가 규정된 불확도를 만족하는지 여부 등

⑤ 시스템 관리상태 확인
　㉠ 검증팀은 검증대상의 온실가스 관리업무가 지속적으로 운영됨을 확인하여야 한다.

　㉡ 확인 항목
　　ⓐ 온실가스 업무 절차에 대한 표준화 및 책임권한
　　ⓑ 온실가스 관련 문서 및 기록의 체계적인 관리 체계
　　ⓒ 온실가스 관련 업무 수행자에 대한 교육훈련 관리 체계
　　ⓓ 온실가스 관리 업무의 지속적 개선을 위한 내부심사 체계 등

(5) 검증결과의 정리 및 검증보고서 작성

① 수집된 증거 평가

　㉠ 검증팀은 문서검토 및 현장검증 완료 후, 수집된 증거가 검증의견을 표명함에 있어 충분하고 적절한지를 평가한다.

　㉡ 미흡한 경우에는 추가적인 증거수집 절차를 실시하여야 한다.

② 오류의 평가

　㉠ 검증팀에 의해 수집된 증거에 오류가 포함된 경우에는 그 오류의 영향을 평가해야 한다.

오류 발생분야	오류 점검시험 및 관리방법	
입력	• 기록카운트 시험 • 유효 특성 시험 • 소실데이터 시험	• 한계 및 타당성 시험 • 오류 재보고 관리
변환	• 백지시험 • 일관성 시험	• 한계 및 타당성 시험 • 마스터파일 관리
결과	• 결과분산 관리	• 입/출력 시험

출처 : 환경부

　㉡ 측정기기의 불확도와 관련하여 다음과 같은 사항이 발견된 경우에는 배출량 산정에 끼치는 영향을 종합적으로 평가하여 검증보고서 상에 반영하여야 한다.

　　ⓐ 불확도 관리가 되지 않은 계량기를 사용한 경우

　　ⓑ 배출량 산정계획과 실제 모니터링 방법 간에 차이가 발생한 경우

　　　• 활동자료와 관련된 측정기기가 누락된 경우

　　　• 계획과 다른 측정기기를 사용하는 경우

　　　• 측정기기에 대한 불확도 관리(검·교정 등)가 되지 않은 경우

③ 검증 결과의 정리

검증팀은 문서검토 및 현장검증 결과 수집된 자료에 대한 평가를 완료한 후, 아래와 같이 분류하고 발견사항을 정리한다.

　㉠ 조치요구사항

　　온실가스 산정지침 및 배출량 산정계획 작성방법의 기준에 의거하여 적절하지 않은 발견사항

ⓒ 개선권고사항

온실가스 관련 데이터 관리 및 보고시스템의 개선 및 효율적인 운영을 위한 개선 요구사항(즉각적인 조치를 요구하지 않으며, 시스템의 정착 및 효율적 운영을 위해 조직 차원에서 개선활동을 추진할 수 있음)

④ 발견사항에 대한 시정조치 및 검증보고서 작성

㉠ 온실가스 산정지침 및 배출량 산정계획 작성방법의 기준에 의거하여 적절하지 않은 '조치요구 사항'을 피검증자에 즉시 통보하여 수정조치를 요구하여야 한다.

㉡ 개선 권고사항은 온실가스·에너지 산출 및 관리방안 개선을 위한 제언사항으로, 피검증자는 향후 지속적인 개선을 실시하여야 한다.

㉢ 검증팀장은 검증개요 및 내용, 검증과정에서 발견된 사항 및 그에 따른 조치내용 등을 고려한 최종 검증의견이 포함된 검증보고서를 작성하여야 한다.

1 환경경영시스템

① 원칙, 시스템 및 자원 기법에 관한 일반 지침으로 환경방침의 개발, 시행, 달성, 검토 및 유지관리를 위한 조직, 구조, 계획 활동, 책임, 관행, 절차, 공정 및 자원 등을 포함한 전체의 경영시스템을 구성하는 일부분

② 기업의 환경과 관련한 정책, 목적, 방침, 운용절차 및 비상상태 운영 등의 환경 적합성을 보증하기 위한 요건 규정

③ 다른 경영 시스템인 품질경영시스템(ISO 9001 : 2000) 또는 안전보건경영시스템(OHSAS 18001 : 2007)과 연계 가능

2 ISO 14000 시리즈

① ISO 14001(Environmental Management Systems-Specification with Guidance for Use) : 환경경영시스템 규격 및 사용을 위한 지침

② ISO 14004(Environmental Management Systems-Genetal Guidelines on Principles, Systems and Supporting Techniques) : 환경경영시스템 원칙, 시스템 및 기술적 지원을 위한 지침

(6) 내부심의

① 개요
  ㉠ 검증보고서 제출 이전에 검증기관은 검증절차 준수여부 및 검증결과에 대한 내부심의를 실시하여야 한다.
  ㉡ 검증팀은 내부심의에 필요한 자료를 내부심의팀에 제출하여야 하며, 내부심의가 종료되면 검증보고서를 제출하여야 한다.

② 내부심의 확인사항
  ㉠ 검증계획의 적절성
  ㉡ 산정방법 검토의 적절성
  ㉢ 모니터링 방법 등 정보확인의 적절성
  ㉣ 검증의견의 적절성

(7) 검증보고서 제출

검증기관은 검증의 보증수준이 합리적 보증 수준 이상이라고 판단되는 경우에 최종 검증보고서를 피검증자에게 제출하여야 한다.

> **Reference** 검증기관 관리를 위한 현장조사 절차
>
> 1. 현장조사 계획수립
> 2. 대상기관의 서류제출 요청
> 3. 조사팀 구성 및 협의
> 4. 현장조사 계획 통보
> 5. 현장조사
> 6. 현장조사 보고서 작성

> **Reference** 검증기관의 준수사항

1. 검증기관은 검증결과보고서, 검증업무 수행내역 등 관련 자료를 5년 이상 보관하여야 한다.
2. 검증기관은 관리업체가 제출한 자료와 검증 수행과정에서 취득한 정보를 외부로 유출하거나 다른 용도로 사용해서는 아니 된다.
3. 검증기관은 목표관리 지침 별지 서식에 따라 반기별 검증업무수행내역을 반기 종료일로부터 30일 이내에 국립환경과학원장에게 제출하여야 한다.
4. 검증기관은 소속 임·직원과 검증심사원 보안교육 등을 정기적으로 실시하여야 하며, 이와 관련된 업무처리절차를 마련하여야 한다.
5. 검증기관은 피검증자에게 위탁받은 검증업무를 다른 검증기관에 재위탁 또는 수탁하여서는 아니 된다.
6. 검증기관은 검증업무를 수행하기 이전 2년 이내 또는 검증업무 수행 중에 피검증자의 온실가스 또는 에너지와 관련된 자문, 진단, 관리대행, 컨설팅 및 중개 등과 관련된 업무를 수행한 경우에는 검증업무를 수행할 수 없다.
7. 검증기관이 법인의 자회사로 설립된 경우, 검증기관은 모회사를 포함한 관련 업무에 대한 공평성, 독립성, 리스크분석 및 이해관계 상충 여부를 평가하며, 단일 대표자가 다수 검증기관의 대표자인 경우 역시 등재된 모든 법인에 대하여 관련 여부를 평가한다.
8. 검증기관은 보유한 검증분야에 대하여만 검증업무를 수행하여야 한다.

SECTION 06 검증기관 지정요건

1 일반사항

① 검증기관은 법인이어야 한다. 법인 정관이나 등기부상의 사업내용에 「저탄소 녹색성장 기본법」에 따른 검증 업무가 명시되어 있어야 한다.
② 검증기관은 검증 서비스 제공 시 고객과 법적으로 구속력 있는 계약을 체결해야 하며, 검증 활동, 결정 사항 및 검증 보고서에 대한 권한과 책임을 가져야 한다.
③ 검증기관은 검증 업무에 대한 총괄적 권한과 책임을 보유한 최고경영자를 선정해야 하며, 검증 업무에 관련된 모든 인원의 책임, 권한 및 의무를 명시한 조직 구조 및 상호 관계를 기술하여야 한다.
④ 검증기관은 공평하게 활동해야 하며, 이해 상충을 방지하기 위한 조치를 하여야 한다.
⑤ 검증활동과 관련하여 발생할 수 있는 리스크에 대한 재정적 보상 등에 대한 대책(책임보험 가입 등)이 마련되어 있어야 한다.

2 인력 및 조직

① 검증기관은 검증 업무에 관련된 모든 인원의 자격 요건을 규정하고, 인원의 적격성을 입증할 책임이 있다.
② 검증기관은 상근 검증심사원을 5명 이상 갖추어야 하며, 심사원을 선정, 교육훈련 및 주기적으로 업무 능력을 평가하기 위한 절차를 구비하여야 한다.
③ 검증심사팀은 심사원 자격 요건, 검증 지침 등 배출권거래제도에 대한 세부 지식이 있어야 한다.
④ 검증심사팀은 배출권거래제 관련 법규를 포함하여 조직 경계에 영향을 미칠 수 있는 재정적, 운영적, 계약적 또는 그 밖의 협약사항을 평가할 수 있는 전문 지식과 다음 각호의 사항을 평가할 수 있는 기술적 전문 지식이 있어야 한다.
   ㉠ 특정 온실가스 활동 및 기술
   ㉡ 온실가스 배출원, 흡수원 또는 저장소의 식별 및 선정
   ㉢ 관련 기술 및 전문분야별 특성에 따른 온실가스 정량화, 모니터링 및 보고
   ㉣ 정상적이거나 비정상적인 운영 조건을 포함하여, 온실가스 배출량 산정 시 중요성에 영향을 줄 수 있는 상황
⑤ 검증심사팀은 다음 각 호에 대한 능력을 포함하여, 온실가스 배출량을 평가하기 위한 데이터 및 정보 심사 전문성이 있어야 한다.

㉠ 온실가스 정보 시스템 평가
　　㉡ 샘플링 계획
　　㉢ 리스크 분석
　　㉣ 데이터 및 데이터 시스템의 오류 판별
　　㉤ 중요성 평가
⑥ 검증팀장은 ③항, ④항, ⑤항에 대한 지식 및 전문성과 검증 수행 능력 및 검증팀을 관리할 수 있는 능력이 있어야 한다.
⑦ 검증심사원은 검증 업무 관련 방침 및 절차를 준수하여야 하며, 심사업무를 공평하고 독립적으로 수행하여야 한다.
⑧ 검증기관은 소속 검증심사원이 보유한 전문분야에 한하여 검증 업무를 수행할 수 있다. 다만 상근심사원이 전문분야를 중복하여 보유하고 있을 경우에는 이를 같이 인정한다.
⑨ 검증기관은 검증업무 관련 인원의 교육, 훈련, 경력, 업무 능력, 소속 및 전문 자격 등에 대한 최신 기록을 유지해야 한다.
⑩ 검증기관은 검증심사를 다른 검증기관에 외주처리할 수 없다.

3 검증업무의 운영체계

① 검증기관은 본 지침 및 검증절차에 필요한 세부 운영 매뉴얼을 구비하여야 한다.
② 검증기관은 업무 수행과정에서 피검증자의 의견수렴 및 이의제기에 따른 해소방안 절차 등을 구비하여야 한다.
③ 검증업무 수행과정에서 취득한 정보의 타 용도 사용 및 외부유출 방지를 위한 시설 및 내부 관리 절차를 구비하여야 한다.
④ 검증기관은 이해관계자의 요청시 운영 활동 및 부문에 대해 명확하고 추적가능한 정보를 정확하게 제공해야 한다.
⑤ 검증기관은 본 지침 및 다음 사항에 대한 지속적 성과를 유지하고 증명할 수 있는 문서화된 운영체계를 수립하고 실행 및 유지해야 한다.
　　㉠ 경영 시스템 방침
　　㉡ 문서 관리
　　㉢ 기록 관리
　　㉣ 내부 심사
　　㉤ 시정 조치
　　㉥ 예방 조치
　　㉦ 경영 검토

⑥ 검증기관 운영체계와 관련한 모든 절차와 매뉴얼 등은 법인의 최고책임자의 결재를 받아 문서형태로 작성되어야 한다.

4 검증기관 국제 운영기준

검증기관은 국립환경과학원장이 ISO 17011 7.1에 따라 정한 다음의 국제기준을 충족하여야 한다.
① KS I ISO 14064-1 온실가스-제1부 : 온실가스 배출 및 제거의 정량 및 보고를 위한 조직 차원의 사용규칙 및 지침
② KS Q ISO 14064-2 온실가스-제2부 : 온실가스 배출 감축 또는 제거의 정량, 모니터링 및 보고를 위한 프로젝트 차원의 사용규칙 및 지침
③ KS Q ISO 14064-3 온실가스-제3부 : 온실가스 선언에 대한 타당성 평가 및 검증을 위한 사용규칙 및 지침
④ KS I ISO 14065 온실가스-온실가스 타당성 평가 및 검증기관 인정에 관한 요구사항
⑤ KS I ISO 14066 온실가스-온실가스 타당성 평가팀 및 검증심사팀에 관한 적격성 요구사항

SECTION 07 바이오매스

1 바이오매스

"바이오매스"라 함은 「신에너지 및 재생에너지 개발·이용·보급 촉진법」에 따른 재생 가능한 에너지로 변환될 수 있는 생물자원 및 생물자원을 이용해 생산한 연료를 의미한다.

형태	항목
농업 작물	유채, 옥수수, 콩, 사탕수수, 고구마 등
농임산 부산물	임목 및 임목부산물, 볏짚, 왕겨, 건초, 수피 등
유기성 폐기물	폐목재, 펄프 및 제지(바이오매스 부문만 해당), 펄프 및 제지 슬러지, 동/식물성 기름, 음식물 쓰레기, 축산 분뇨, 하수슬러지, 식물류폐기물 등
기타	해조류, 조류, 수생식물, 흑액 등

2 바이오 에너지

① 바이오 에너지는 바이오매스를 원료로 하여 직접연소, 발효, 액화, 가스화, 고형 연료화 등의 변환을 통해 얻어지는 에너지이다.
② 기준과 범위는 「신에너지 및 재생에너지 개발·이용·보급 촉진법 시행령」 별표 1을 따른다.
③ 석유제품 등과 혼합된 경우에는 제1호에서 정의한 바이오매스를 통하여 생산된 부분만을 바이오 에너지로 보며, 구분이 불가능할 경우에는 전체를 바이오매스에서 제외한다.

형태	항목
생물유기체변환	바이오가스, 바이오에탄올, 바이오액화유 및 합성가스 등
유기성 폐기물변환	매립지가스(LFG) 등
동/식물 유지변환	바이오디젤, 바이오중유
고체 연료	땔감, 목재칩·펠릿·브리켓, 목탄, 가축분뇨 등

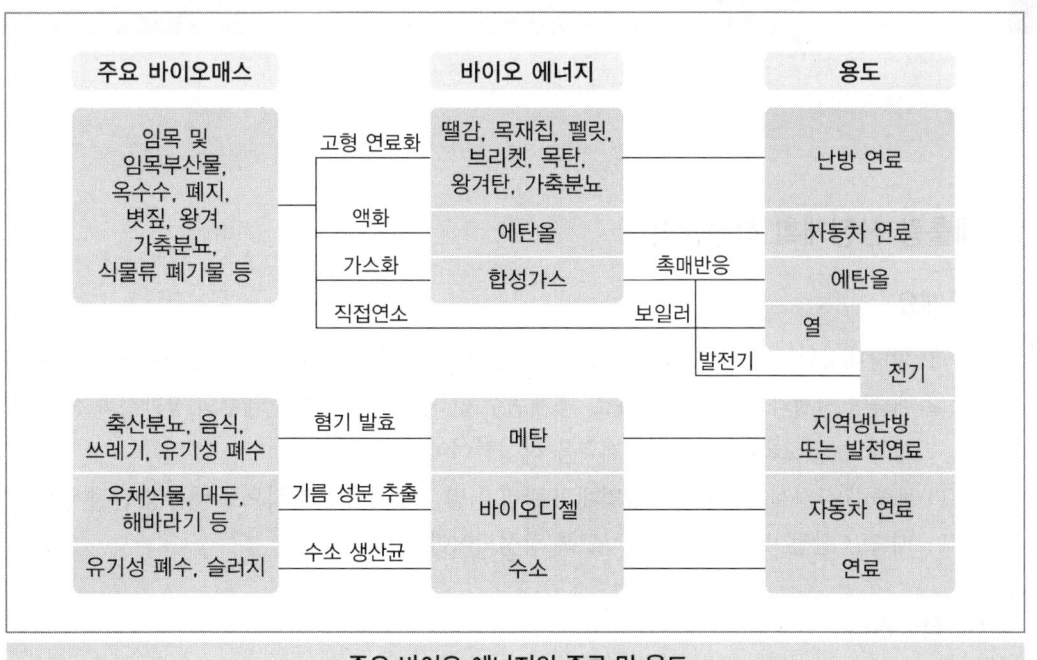

주요 바이오 에너지의 종류 및 용도

3 폐기물 에너지 중 바이오매스 부분

① 폐기물 에너지는 각종 사업장 및 생활시설의 폐기물을 변환시켜 얻어지는 기체·액체 또는 고체의 연료이다.
② 기준은 「신에너지 및 재생에너지 개발·이용·보급 촉진법 시행령」 별표 1을 따른다.
③ 화석탄소 기원의 폐기물(예 플라스틱, 합성섬유 등) 등과 혼합된 경우에는 제❶호에서 정의한 바이오매스 부분만을 포함하며, 구분이 불가능할 경우에는 전체를 바이오매스에서 제외한다.

형태	항목
폐기물 에너지	SRF, Bio-SRF, 폐기물 유화/가스화 등

4 원료로 사용되는 바이오매스

① 제❶호에도 불구하고 바이오매스를 제품 생산 공정의 원료로 사용하는 경우에는 바이오매스를 사용한 것으로 본다.
② 바이오매스가 아닌 원료와 혼합하여 사용하는 경우에는 바이오매스 부분을 구분하여야 하며, 구분이 불가능한 경우에는 전체를 바이오매스에서 제외한다.

SECTION 08 배출량 산정

1 배출량 산정계획 작성원칙

(1) 개요
① 할당대상업체는 동 지침에서 제시한 배출활동별 배출량 산정방법론을 준수하여야 한다.
② 배출량 산정과 관련된 활동자료, 매개변수 및 사업장 고유 배출계수의 정확성과 신뢰성이 향상될 수 있도록 배출량 산정계획을 작성하여야 한다.
③ 배출량 산정계획은 할당대상업체의 관리자 및 실무자가 즉각적으로 배출량 산정계획을 통해 배출량 산정 및 보고가 가능하도록 작성되어야 한다.

(2) 작성원칙
할당대상업체는 배출량 산정계획을 작성함에 있어 다음과 같은 원칙을 적용하여야 한다.

① **준수성**
  배출량 산정계획은 배출량 산정 및 배출량 산정계획 작성에 대한 기준을 준수하여 작성하여야 한다.

② **완전성**
  ㉠ 할당대상업체는 조직경계 내 모든 배출시설의 배출활동에 대해 배출량 산정계획을 수립·작성하여야 한다.
  ㉡ 모든 배출원이란 신·증설, 중단 및 폐쇄, 긴급 상황 등 특수상황에 배출시설 및 배출활동이 포함됨을 의미한다.

③ **일관성**
  배출량 산정계획에 보고된 동일 배출시설 및 배출활동에 관한 데이터는 상호비교가 가능하도록 배출시설의 구분은 가능한 한 일관성을 유지하여야 한다.

④ **투명성**
  ㉠ 배출량 산정계획은 동 지침에서 제시된 배출량 산정원칙을 준수하여야 한다.
  ㉡ 배출량 산정에 적용되는 데이터 및 정보관리 과정을 투명하게 알 수 있도록 작성되어야 한다.

⑤ 정확성

할당대상업체는 배출량의 정확성을 제고할 수 있도록 배출량 산정계획을 수립하여야 한다.

⑥ 일치성 및 관련성

배출량 산정계획은 할당대상업체의 현장과 일치되고, 각 배출시설 및 배출활동, 그리고 배출량 산정방법과 관련되어야 한다.

⑦ 지속적 개선

할당대상업체는 지속적으로 배출량 산정계획을 개선해 나가야 한다.

2 배출량 산정계획 작성방법

① 조직경계 결정

할당대상업체의 배출원에 누락이 없도록 지침의 별표 4 조직경계 결정방법에 따라 작성하여야 한다.

② 배출활동 및 배출시설 파악

㉠ 배출활동과 배출시설은 기존시설, 신·증설 시설, 폐쇄 시설 및 조직경계 제외시설로 구분하여야 한다.

㉡ 조직경계 내·외부로의 온실가스 판매 또는 구매에 대하여 배출량 산정계획에 포함하여야 한다.

③ 배출시설별 모니터링 방법

할당대상업체는 지침에 따라 배출시설 및 배출활동별 온실가스 배출량 및 에너지 사용량 산정방식을 결정하여야 한다.

④ 배출시설별 모니터링 대상 및 측정지점 결정

할당대상업체는 배출시설별 모니터링 대상 활동자료의 모니터링 유형을 지침 별표 8에 따라 결정하고, 이의 측정위치를 명확하게 파악하여 제시하여야 한다.

⑤ 활동자료의 모니터링 방법

㉠ 할당대상업체는 결정된 활동자료의 모니터링 유형에 의거하여 측정기기, 측정범위, 정도검사 주기 등을 포함한 측정기기의 관리계획, 측정기기의 불확도를 포함한 모니터링 방법을 배출량 산정계획에 포함하여야 한다.

㉡ 할당대상업체가 자체적으로 설치한 활동자료 측정기기의 정도검사를 주기적으로 실시할 경우는 지침 별표 8의 측정기기 정도검사 주기에 따른다.

㉢ 정도검사 대상 측정기기임에도 불구하고 정도검사가 불가능한 경우는 불가능한 사유에 대한

설명과 배출량 산정식에 적용하는 해당 활동자료의 신뢰성 입증방법을 배출량 산정계획에 제시하여야 한다.

⑥ 배출시설별 배출활동의 산정 등급 적용 계획

배출시설별 배출활동의 산정 등급은 지침 별표 5에 따라 배출량 산정계획에 내용을 작성한다.

⑦ 품질관리/품질보증 활동 계획

① 할당대상업체는 배출량 산정과 관련된 자료의 신뢰성을 향상시키고, 배출량 산정과정에서의 오류, 누락 등을 예방하기 위해 품질관리/품질보증 활동계획을 수립하여야 한다.

② 품질관리/품질보증 활동에는 활동자료의 생성, 수집, 가공 등을 포함한 활동자료의 흐름과 활동자료와 관련된 계측기기의 관리 등이 포함되어야 한다.

③ 할당대상업체는 지침에 따라 품질관리/품질보증 활동과 관련된 문서화된 절차를 수립하여야 한다.

3 배출량 산정

1. 에너지(전기, 열 등) 이용에 따른 배출량 산정
2. 생산공정에 따른 배출량 산정
3. ODS 물질 관련 배출량 산정
4. 폐기물처리 과정 배출량 산정
5. 연속측정방식에 따른 배출량 산정

※ 상기 내용은 학습의 연계성 및 효율성을 위해 "Part 2 「온실가스 배출원 파악」" 내용에 각 배출시설과 연계하여 수록하였습니다.

PART 04 온실가스 감축관리

SECTION 01 감축목표 설정 및 감축관리

---01 감축목표 설정

1 온실가스 감축목표 설정

① 온실가스 감축목표는 기업, 공공기관, 지방자치단체 등의 조직이 일정동안 감축해야 할 정도를 정량적으로 설정하는 것을 말한다.
② 온실가스 감축목표는 목표를 달성하기 위한 감축수단의 발굴, 이행 및 평가를 위한 기초 정보로 활용된다.
③ 온실가스 감축목표의 설정은 '강제적 목표할당에 따른 목표설정'과 '자발적 감축활동선언에 따른 목표설정'으로 구분할 수 있다.
④ 온실가스 목표관리제, 배출권거래제 등은 강제적 목표할당에 따른 목표설정에 해당한다.
⑤ 조직의 홍보 및 사회적 책임이동 등은 자발적 감축활동선언에 따른 목표설정에 해당한다.
⑥ 감축목표의 설정은 '원단위를 이용하는 방식'과 '온실가스 배출총량을 기반으로 하는 방식'으로 구분할 수 있다.
⑦ 원단위로 이용하는 방식은 조직의 활동 중 주요활동에 따른 온실가스 배출량으로서 에너지 생산량 대비 온실가스 배출량, 제품 생산량 대비 온실가스 배출량, 매출액 대비 온실가스 배출량 등으로 표현할 수 있다.
⑧ 온실가스 배출총량을 기반으로 하는 방식은 조직활동에 의한 온실가스 배출총량으로서 과거 온실가스 배출 실적을 기반으로 한 방식과 벤치마크 계수를 이용하는 방식으로 구분된다.

2 온실가스 감축목표 설정 원칙 [온실가스목표관리운영등에관한지침]

부문별 관장기관은 관리업체의 관리목표(이하 "목표"라 한다)를 협의·설정함에 있어서 다음의 원칙을 준수하여야 한다.
① 목표의 설정 방법과 수준 등은 관리업체가 예측할 수 있도록 가능한 범위에서 사전에 공표되어야 한다.
② 목표의 협의 및 설정은 다수 이해관계자들의 신뢰를 확보할 수 있도록 투명하게 진행되어야 한다.
③ 관리업체의 과거 온실가스 배출량 이력을 적절하게 반영하여야 한다.
④ 관리업체의 신·증설 계획과 탄소중립 관련 국제동향을 적절하게 고려하여야 한다.

⑤ 국내산업의 여건 등을 함께 고려하여야 한다.
⑥ 관리업체의 목표는 중장기 온실가스 감축 국가 목표의 달성을 위한 범위 이내에서 설정되어야 한다.

③ 온실가스 배출실적을 예상하기 위한 고려사항

(1) 과거 온실가스 배출정보 파악
① 업체 전체 배출량
② 배출유형별 배출량
③ 사업장별 배출량
④ 배출량 증감추이

(2) 과거 온실가스 배출실적의 의의
업체가 기본적으로 확보해야 하는 온실가스 배출량, 즉 베이스라인(Baseline) 배출량을 의미한다.

(3) 기업의 경영계획
제품생산 계획, 혹은 서비스 제공계획은 생산활동을 위해 필요한 생산설비 및 주변설비의 규모에 영향을 미치고 이는 에너지 소비량과 공정배출량에 영향을 미치게 된다. 결국 온실가스 배출규모에 영향을 미치므로 기업의 경영계획은 온실가스 배출실적을 예상하는 데 매우 중요한 요소가 된다.

④ 감축목표설정의 기준 및 절차 [온실가스목표관리운영등에관한지침]

① 관리업체의 예상배출량은 기존 배출시설(공정, 건물 등을 포함한다. 이하 같다)에 해당하는 예상배출량과 신·증설 시설(건물의 신·증축 등을 포함한다. 이하 같다)에 해당하는 예상배출량을 합산하여 산정한다.
② 관리업체의 예상배출량에 중장기 온실가스 감축목표의 세부 감축목표 수립 시 설정한 연도별 감축률을 적용하여 배출허용량을 산정한다.

⑤ 목표설정방법 구분

기본적으로 과거실적 기반의 목표설정방식이 사용되고 있으며, 벤치마크 계수의 개발 여부에 따라 벤치마크 계수를 이용한 목표설정방식이 적용될 수 있다.

(1) 과거실적 기반의 목표설정방법

① 부문별 관장기관은 기존 배출시설에 대한 배출허용량과 신·증설 시설에 대한 배출허용량을 합산하여 관리업체의 배출허용량을 설정한다.

② 관리업체로 지정된 연도 이전에 정상 가동한 기존 배출시설의 배출허용량은 다음 각 호를 고려하여 설정한다.
  ㉠ 예상배출량
  ㉡ 해당 업종의 목표설정 대상연도 감축률

③ 관리업체로 지정된 연도의 1월 1일 이후부터 가동을 개시하는 신·증설 배출시설에 대한 배출허용량은 다음 각 호를 고려하여 정한다.
  ㉠ 해당 신·증설 시설의 설계용량 및 부하율(또는 가동률)
  ㉡ 해당 신·증설 시설의 목표설정 대상연도의 예상 가동시간
  ㉢ 해당 신·증설 시설에 대한 활동자료당 평균 배출량
  ㉣ 해당 업종의 목표설정 대상연도 감축률

④ 목표가 설정된 신·증설 시설이 정상적으로 가동되어 1년 단위의 실제 배출량을 산정·보고할 경우 해당 배출시설은 목표를 설정한다. 이 경우 해당 배출시설의 기준연도 배출량은 최근 연도의 실제 배출량으로 한다.

⑤ 부문별 관장기관은 매년 9월 30일까지 다음 연도 관리업체의 목표를 설정하여 해당 관리업체에 통보하고, 목표설정 결과와 제②항 및 제③항 각 호의 사항을 전자적 방식으로 센터에 제출하여야 한다.

⑥ 과거실적 기반의 목표설정방법
  ㉠ 관리업체의 배출허용량(목표) 설정방법

$$EA\_company_{i,j} = \sum_k EA\_inst_{i,j,k} + \sum_k EA\_new\_inst_{i,j,k}$$

여기서, i : 특정 부문 또는 업종
  j : 특정 관리업체
  k : 특정 배출시설(공정, 건물 등을 포함한다.)
  $EA\_company_{i,j}$: i업종 j업체의 y년도 배출허용량(tCO$_2$-eq)
  (이행연도별 배출허용량은 소수점 아래 첫째 자리에서 올림하여 정수로 산정한다.)
  $EA\_inst_{i,j,k}$: j업종 j업체 k배출시설의 y년도 배출허용량(tCO$_2$-eq)
  $EA\_new\_inst_{i,j,k}$: i업종 j업체 k신·증설 시설의 y년도 배출허용량(tCO$_2$-eq)

ⓒ 기존 배출시설의 배출허용량(목표) 설정방법

$$EA\_inst_{i,j,k} = HE_{i,j,k} \times CF_i$$

여기서, $EA\_inst_{i,j,k}$: i업종, j업체, k배출시설의 y년도 목표량(tCO$_2$-eq)
$HE_{i,j,k}$: i업종, j업체, k배출시설의 기준연도 배출량(tCO$_2$-eq)
CF_i : i업종의 y년도 감축률(%)

ⓒ 신·증설 시설에 대한 배출허용량(목표) 설정방법

$$EA\_new\_inst_{i,j,k} = C_{i,j,k} \times D_{i,j,k} \times t_M \times EV_{i,j,k} \times CF_i$$

여기서, $EA\_new\_inst_{i,j,k}$: i업종 j업체의 k신·증설시설의 y년도 목표량(tCO$_2$-eq)
$C_{i,j,k}$: i업종, j업체, k신·증설시설의 설계용량(MW, t/h)
$D_{i,j,k}$: i업종, j업체, k신·증설시설의 부하율
(부하율은 설계용량 대비 평균 사용용량을 의미)
t_M : i업종, j업체, k신·증설시설의 y년도 예상 가동시간(h/yr)
$EV_{i,j,k}$: i업종, j업체, k신·증설시설의 최근 과거연도에 해당하는 활동자료당 평균 배출량((tCO$_2$-eq/t 등)
CF_i : i업종의 y년도 감축률(%)

(2) 벤치마크 기반의 목표설정방법

① 최적가용기술(BAT)을 고려한 벤치마크 방식에 따라 관리업체의 목표를 설정하는 경우에는 기존 배출시설에 대한 배출허용량과 신·증설 시설에 대한 배출허용량을 합산하여 관리업체의 배출허용량을 설정한다.

② 관리업체로 지정된 연도 이전에 정상 가동한 기존 배출시설의 배출허용량은 다음 각 호를 고려하여 설정한다.
  ㉠ 해당 기존시설의 설계용량 및 일일 가동시간
  ㉡ 해당 기존시설의 목표설정 대상연도의 가동 일수
  ㉢ 해당 기존시설의 벤치마크 할당계수

③ 관리업체로 지정된 연도의 1월 1일 이후부터 가동을 개시하는 신·증설 배출시설의 배출허용량은 다음 각 호를 고려하여 정한다.
  ㉠ 해당 신·증설 시설의 설계용량 및 일일 가동시간
  ㉡ 해당 신·증설 시설의 목표설정 대상연도의 가동일수
  ㉢ 해당 신·증설 시설의 벤치마크 할당계수

④ 제③항에 따라 목표가 설정된 신·증설 시설이 정상적으로 가동되어 1년 단위의 실제 배출량을 산정·보고할 경우 해당 배출시설은 제②항의 방법에 따라 목표를 설정한다. 이 경우 해당 배출시설의 기준연도 배출량은 최근 연도의 실제 배출량으로 한다.

⑤ 부문별 관장기관은 매년 9월 30일까지 다음 연도의 관리업체 목표를 설정하여 해당 관리업체에 통보하고, 목표설정 결과와 제②항 및 제③항 각 호의 사항을 전자적 방식으로 센터에 제출하여야 한다.

⑥ 제①항 내지 제⑤항의 벤치마크 방식을 적용하여 목표를 설정하는 배출시설은 벤치마크 계수 개발계획에 따라 개발·고시되는 배출시설 등을 말한다. 이 경우 벤치마크 방식을 적용받지 아니하는 배출시설에 대한 목표설정은 과거 실적을 기반으로 한 목표설정방법의 규정에 따른다.

⑦ 벤치마크 기반의 목표설정방법
  ㉠ 관리업체의 배출허용량(목표) 설정방법

$$EA\_company_{i,j} = \sum_k EA\_BM\_inst_{i,j,k} + \sum_k EA\_BM\_new\_inst_{i,j,k}$$

여기서, i : 특정 부문 또는 업종
j : 특정 관리업체
k : 특정 배출시설(공정, 건물 등을 포함한다.)
$EA\_company_{i,j}$: i업종, j업체의 y년도 배출허용량(tCO_2-eq)
$EA\_BM\_inst_{i,j,k}$: i업종, j업체, k배출시설의 y년도 배출허용량(tCO_2-eq)
$EA\_BM\_new\_inst_{i,j,k}$: k신·증설 시설의 y년도 배출허용량(tCO_2-eq)

  ㉡ 기존 배출시설의 배출허용량(목표) 설정방법
  여기에서 기존 배출시설이란 관리업체로 지정된 연도 이전에 정상가동한 배출시설을 말한다.

$$EA\_BM\_inst_{i,j,k} = EAL_{i,j,k} \times BM_{i,j,k}$$

여기서, $EA\_BM\_inst_{i,j,k}$: i업종, j업체, k배출시설의 y년도 배출허용량(tCO_2-eq)
$EAL_{i,j,k}$: i업종, j업체, k배출시설의 y년도 예상 활동자료량(t/yr)
$BM_{i,j,k}$: i업종, j업체, k배출시설의 벤치마크 계수(tCO_2-eq/t)

ⓒ 신·증설 시설에 대한 배출허용량(목표) 설정방법

여기에서 신·증설 시설이란 관리업체로 최초 지정된 연도의 1월 1일 이후부터 가동을 개시하는 배출시설을 말한다.

$$EA\_BM\_new\_inst_{i,j,k} = C_{i,j,k} \times t_M \times RD \times BM_{i,j,k}$$

여기서, $EA\_BM\_new\_inst_{i,j,k}$: i업종, j업체, k신·증설시설의 y년도 배출허용량 (tCO_2-eq)

$C_{i,j,k}$: i업종, j업체, k신·증설시설의 설계용량(MW, t/h)

t_M : i업종, j업체, k신·증설시설의 일일 가동시간(h/d)

RD : k신·증설시설의 y년도 가동일수(days)

$BM_{i,j,k}$: i업종, j업체, k신·증설시설의 벤치마크 계수(tCO_2-eq/t)

ⓔ 배출활동별 배출시설 종류 및 벤치마크 할당 계수 개발방법 등

ⓐ 지침에서 제시되지 않은 공정 및 배출시설에 대해서도 환경부장관과 부문별 관장기관이 공동으로 벤치마크 할당계수를 개발·고시 할 수 있다.

ⓑ 벤치마크 할당 계수를 개발할 경우 배출시설별 물질·에너지 수지자료와 최적가용기법(BAT)을 고려할 수 있다.

02 기준배출량의 설정

목표관리제에서 조직의 기준배출량은 기준연도에 해당하는 기간의 연평균 온실가스 배출량이며 기준연도는 온실가스 배출량 등의 관련 정보를 비교하기 위해 지정한 과거의 특정기간에 해당하는 연도를 말한다.

1 기준연도 배출량

① 목표관리를 위한 기준연도는 관리업체가 최초로 지정된 연도의 직전 3개년으로 하며, 이 기간의 연평균 온실가스 배출량을 기준연도 배출량으로 한다.
② 제①항에서 기준연도 기간 중 신·증설(건물의 신·증축을 포함한다.)이 발생한 경우 해당 신·증설 시설의 기준연도 배출량은 최근 2개년 평균 또는 단년도 배출량으로 정할 수 있다.
③ 제①항에서 관리업체의 최근 3개년 배출량 자료가 없는 경우에는 활용 가능한 최근 2개년 평균 또는 단년도 배출량을 기준연도 배출량으로 정할 수 있다.

2 기준연도 배출량의 재산정

① 관리업체는 다음에 해당하는 사유가 발생할 경우 부문별 관장기관과 협의하고 기준연도 배출량을 재산정하여 수정하되, 변경사유 발생 후 60일 이내에 검증기관의 검증보고서를 첨부한 수정된 명세서를 부문별 관장기관에 제출하여야 한다.
  ㉠ 관리업체의 합병·분할 또는 영업·자산 양수도 등 권리와 의무의 승계 사유가 발생된 경우
  ㉡ 조직 경계 내·외부로 온실가스 배출원 또는 흡수원의 변경이 발생하는 경우
  ㉢ 온실가스 배출량 산정방법론이 변경된 경우

② 부문별 관장기관은 제①항에 의해 기준연도 배출량이 재산정된 경우 변경사유 접수 30일 이내에 배출허용량 등 목표를 수정하여 관리업체 및 센터에 통보하여야 한다.

③ 제①항 각 호의 사유로 기준연도 배출량을 수정한 관리업체는 재산정 이유와 근거 및 세부절차 등을 문서화하여 관리하여야 한다.

> **Reference** 온실가스 감축프로젝트 경제성 평가 시 비용편익분석에 적용하는 판단기준
>
> ① NPC(Net Present value)
> ② BCR(Benefit Cost Ratio)
> ③ IRR(Internal Rate of Return)

03 감축이행계획 작성/감축 이행

1 감축이행계획 작성의 목적

① 감축이행계획은 목표를 달성하기 위한 감축 수단별 이행계획으로서, 목표설정 이전에는 감축수단에 대한 검토를 수행하여야 한다.
② 목표가 설정된 이후에는 감축수단의 구체적인 이행계획을 포함하여 작성하여야 한다.
③ 감축이행계획의 수립은 조직의 온실가스 배출현황, 배출시설의 정보 및 감축 아이디어 등을 조사하고 사업장의 온실가스 배출량을 예측함으로써 감축목표(배출허용량)를 달성할 수 있는지 확인할 수 있다.
④ 감축목표를 달성하는 경로로서 조직은 다수의 감축활동에 대한 조합을 통해 감축 시나리오를 작성할 수 있다.
⑤ 감축수단의 우선순위 및 시나리오별 정량적 평가에 따라 최적의 감축 시나리오를 작성할 수 있다.

2 감축이행수단의 발굴

① 감축이행계획을 수립하기 위해서는 조직에 적용 가능한 감축이행수단을 발굴하여야 한다.
② 온실가스 배출량에 따른 온실가스 맵을 구성하고, 시간의 흐름이나 생산량 및 매출액 등으로 영향인자를 파악한다.
③ 온실가스 맵을 구성하면, 온실가스 배출이 많은 시설, 배출량 변화가 큰 시설, 시설의 설치시기 등을 기반으로 감축수단을 적용할 수 있는 우선순위를 정할 수 있다.
④ 감축수단을 발굴하기 위해서는 감축기술정보를 확보하여 활용할 수 있다.
⑤ 감축기술정보로부터 사업장 내 배출시설 및 활동에 적용 가능한 기술을 선정한 후 기존 기술과 교체되는 신기술에 각각 에너지 사용량이나 배출계수 등의 변수를 이용하여 감축량을 산정한다.

3 감축이행계획 작성 및 이행

① 감축이행계획의 작성은 감축목표를 달성하기 위한 감축이행수단뿐만 아니라 감축활동에 대한 관리를 포함한다.
② 감축이행계획에는 배출시설의 현황과 배출량 산정을 위한 활동도를 계량하는 계측정보를 관리할 수 있어야 한다.
③ 조직경계의 변경 및 배출시설 변경사항 및 계획에 관해서는 즉시 보고가 가능해야 하고, 실제 관리조직과 연계하여 업무를 배정하도록 하며, 조직개편 등에 의해 사업장 및 배출시설이 사업장 간에 이동되어야 하므로 지역별로 별도의 관리가 요구된다.

④ 공정도 및 모니터링 포인트는 조직의 주요 활동을 중심으로 온실가스 배출량 및 에너지 사용량 보고에 활용되는 주요 공정 및 모니터링 포인트를 병기할 수 있어야 한다.
⑤ 배출시설별 감축 이행계획은 배출시설별 적용 가능한 감축 아이템을 선정하고, 감축효과 및 절감액, 투자계획 등을 수립해야 한다.

4 이행계획서의 작성 및 제출 [온실가스목표관리운영등에관한지침]

① 부문별 관장기관으로부터 다음 연도 목표를 통보받은 관리업체는 계획기간 전년도 12월 31일까지 전자적 방식으로 다음 계획기간 이행계획을 작성하여 부문별 관장기관에 제출하여야 한다.
② 이행계획에는 다음 연도를 시작으로 하는 5년 단위의 연차별 목표와 이행계획이 포함되어야 한다.
③ 부문별 관장기관은 소관 관리업체의 이행계획이 적절하게 수립되었는지를 확인하고 이를 1월 31일까지 센터에 제출하여야 한다. 다만, 이행계획을 센터에 제출한 이후에도 계획이 부실하게 작성되었거나 보완이 필요한 경우에는 해당 관리업체에 시정을 요청할 수 있으며, 시정된 이행계획을 받는 즉시 센터에 제출하여야 한다.
④ 이행계획서 작성 시 포함사항 [온실가스목표관리운영등에관한지침]
  ㉠ 사업장의 조직경계에 대한 세부 내용(사업장의 위치, 조직도, 시설배치도 등을 포함한다. 단, 동일한 형태의 시설이 다수인 경우 대표 시설에 대한 세부 내용으로 갈음할 수 있다.)
  ㉡ 배출시설 및 배출활동의 목록과 세부 내용
  ㉢ 각 배출활동별 배출량 산정방법론(계산방식 또는 측정방식) 및 산정등급(Tier)의 적용현황과 이와 관련된 내용
  ㉣ 온실가스 배출량 등의 산정·보고와 관련된 품질관리(QC) 및 품질보증(QA)의 내용
  ㉤ 활동자료의 설명 및 수집방법 등 온실가스 배출량 등의 모니터링에 관한 내용
  ㉥ 이 지침에서 요구하는 산정등급(Tier)과 관련하여 활동자료의 불확도 기준의 준수 여부에 대한 설명
  ㉦ 이 지침에서 요구하는 산정등급(Tier)을 준수하지 못하는 경우 이를 준수하기 위한 조치 및 일정 등에 관한 사항
  ㉧ 배출시설 단위 고유 배출계수 등을 개발 또는 적용하여야 하는 관리업체의 경우에는 고유 배출계수 등의 개발계획 또는 개발방법, 시험 분석 기준 등에 관한 설명
  ㉨ 연속측정방법을 사용하는 관리업체의 경우에는 굴뚝자동측정기기 설치시기, 굴뚝자동측정기기에 의한 배출량 산정방법 적용시기 등에 관한 설명
  ㉩ 조직경계, 배출활동, 배출시설, 배출량 산정방법론 및 산정등급(Tier) 등과 관련하여 이전 방법론 대비 변동사항에 대한 비교·설명, 사업장별 온실가스관리목표 및 관리범위

5 이행계획서 작성절차

① 모니터링 계획 수립
② QA/QC 수립
③ 감축옵션 선정

6 조직 감축수단의 선택과 목표달성을 위한 시나리오 선택 시 이행계획을 구체화할 경우 반드시 고려해야 할 사항

① 감축수단 적용에 따른 조직 내 에너지 및 온실가스 저감의 중복성, 종속성 및 독립성 고려
② 감축수단의 효과가 발생하는 시기 고려
③ 예산확보에 대한 계획 수립
④ 감축수단 적용에 따른 사후관리계획 및 모니터링 계획 수립

7 온실가스 감축 관련 사업장의 전략수립 순서

① 현황 파악
② 감축잠재량 평가 및 감축목표 설정
③ 퇴적감축 시나리오 도출
④ 퇴적대응전략 및 이행계획 수립

04 감축사업에서의 베이스라인 시나리오 작성

1 개요

① 온실가스 감축사업이라 함은 조직이 기준의 온실가스 배출량보다 적게 배출하기 위해 어떠한 활동을 이행하는 것으로서, 사업 전 배출량과 사업 후 배출량의 차이를 감축량이라 한다.
② 베이스라인(Baseline)은 온실가스 감축사업 없이 발생될 수 있는 모든 부문 및 발생원으로부터 지구온난화 유발가스 발생량을 나타내는 시나리오이다.
③ 온실가스 저감 노력으로 인한 온실가스 저감량을 계산하는 비교기준으로서, 온실가스 저감 해당 사업이 수행되지 않았을 경우의 배출량 및 흡수량에 대한 계산 또는 예측을 의미한다.
④ 베이스라인은 해당 온실가스 감축사업의 배출량 측면에서 대상사업이 진행되지 않을 경우 발생할 수 있는 시나리오를 말한다.

2 베이스라인 시나리오

① 온실가스 감축사업으로서 인정받기 위해서는 온실가스 감축사업활동이 없을 경우의 온실감축 효과보다 추가적인 감축 효과가 나타나야만 온실가스 감축사업으로 인정될 수 있다. 이에, 추가적인 감축효과를 입증함에 있어서 기준이 되는 상황을 '베이스라인'이라 한다.
② 베이스라인은 특정한 온실가스 감축사업이 진행되는 시점에 대하여, 사업이 배제된 상황을 가정하여 대입함으로써 얻어지는 시나리오라고 볼 수 있다.
③ 마라케시 합의문에서는 베이스라인을 '제안된 사업활동이 없을 시 온실가스 배출원으로부터 발생될 수 있는 인위적 배출상황을 합리적으로 표현한 시나리오'라고 정의하고 있다.

3 베이스라인 설정 시 기본원칙

(1) 개요

① 베이스라인은 근본적으로 가정에 근거한 일종의 시나리오이기 때문에 활동 결과물의 수요, 활동에 요구되는 다양한 자원의 효용성, 활동과 관계된 환경 및 기타 정책 등 여러 가지 요소들에 의하여 변동될 수 있다. 그러므로 하나의 사업에 대해서도 여러 가지의 베이스라인이 가능하게 된다.
② 여러 가지 시나리오들 중에서 온실가스 감축사업의 기본목적에 가장 충실한 시나리오를 선정하여야 하는데, 이때 판단 기준이 되는 기본적인 원칙이 필요하다.

(2) 두 가지 기본원칙(CDM사업의 타당성을 평가하기 위한 베이스라인방법론의 원칙)

① 투명성(Transparency) 원칙

베이스라인 방법론 설정을 위한 각 단계가 투명하게(명확하게) 제시되어야 한다. 즉, 베이스라인 설정에 사용된 데이터 공급원(Data Source), 참고자료, 가정 등 모든 정보는 규명되어야 하고, 적정한 방식으로 기록·제시되어야 한다.

② 보수성(Conservatism) 원칙

베이스라인 시나리오라는 것이 비록 예측 가능하기는 하지만 현재로서는 알 수 없는 미래의 결과를 가정한 것이니만큼 불확실성이 존재한다. 따라서 베이스라인 방법론을 수립할 때는 가정과 변수의 선택에 있어서, 베이스라인 배출량 계산결과가 높은 쪽보다는 낮은 쪽이 되도록 선정해야 한다.

4 베이스라인 방법론

(1) 개요

① '베이스라인 방법론(Baseline Methodology)'은 온실가스 감축활동을 통해 달성되는 온실가스 감축량을 정량적으로 계산할 수 있는 논리를 기술한 것이다.

② 이론적으로 볼 때 온실가스 감축사업활동으로 인한 온실가스 감축량은 온실가스 감축사업이 일어나지 않는 상황을 가정하여 예상되는 '베이스라인 배출량'과 온실가스 감축사업활동결과 배출되는 '사업 배출량'의 차이에 해당되는 값이라고 할 수 있다.

③ 사업활동에 의한 온실가스 감축량의 개념

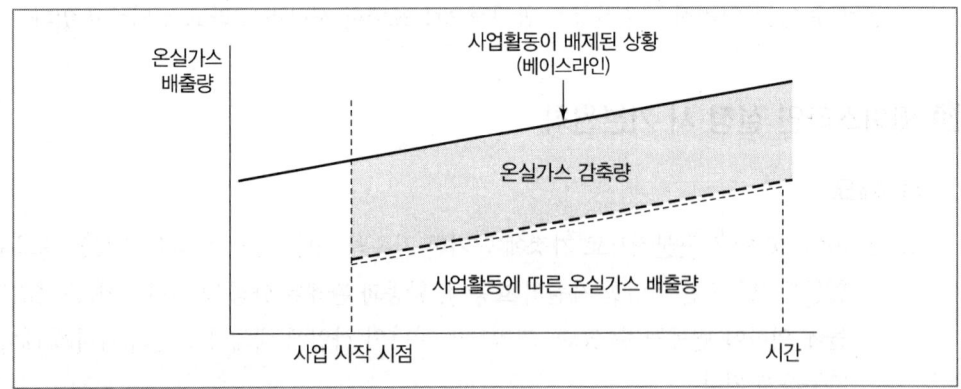

㉠ 베이스라인 배출량(Baseline Emission)

온실가스 감축사업활동이 없는 상황을 가정하여 예상하는 온실가스 배출량

ⓒ 사업 배출량(Project Emission)
온실가스 감축사업활동 결과 배출되는 온실가스 배출량

④ 온실가스 감축량을 구하기 위해서는 기본적으로 베이스라인 배출량과 사업 배출량을 먼저 구하여야 하는데, 이는 온실가스 감축사업이 일어나지 않는 상황, 즉 베이스라인에 대한 규명과 추가적으로 행해진 감축활동에 대한 규명이 선행되어야 달성될 수 있다.

(2) 구성

① 개요

베이스라인 방법론에는 제안하고자 하는 사업의 경계와 활동에 대한 규명, 베이스라인 시나리오 설정논리, 사업의 추가성 입증방법, 온실가스 감축량 계산방법 등이 뚜렷하게 제시되어야 한다.

② 베이스라인 방법론에서 다루어야 할 포함 내용
  ㉠ 베이스라인 설정과 관련된 조건
  ㉡ 베이스라인 배출량 계산법
  ㉢ 사업의 추가성 입증방법
  ㉣ 사업 경계 및 누출(Leakage) 설정
  ㉤ 감축량 계산법
  ㉥ 사업활동에 대한 규명
  ㉦ 사업 배출량 계산법

③ 구성요소
  ㉠ 적용성(Applicability)
    ⓐ CDM 사업 자체가 개별 사업에 기반하고 있으며, 특히 대규모 승인방법론의 경우 원래부터 특정 사업의 등록을 위하여 개발된 것이기 때문에 각 방법론마다 적용 가능한 사업 조건이 존재하게 된다.
    ⓑ 각 방법론에는 그 방법론 개발 시 해당되는 사업의 조건이 명시되어 있다.
    ⓒ 해당되는 사업의 조건 이외에도 방법론의 적용이 가능한 사업의 조건도 함께 기술되어 있다.
    ⓓ 자신이 계획하고 있는 사업이 어떤 방법론에서 제시하고 있는 적용 가능한 조건에 해당된다면, 그 방법론의 적용이 가능하다.

  ㉡ 감축사업의 경계(Project Boundary)
    ⓐ 사업 경계를 구분지어 기술하는 데 흔히 그림이나 모식도를 사용하여 설명하고 있다.
    ⓑ 사업 참여자의 통제하에 있으면서, 사업활동에 분명한 영향을 미치는 인위적 온실가

스 배출원을 규명하고 배출원으로부터 배출되는 온실가스는 무엇인지를 나타내는데, 이때 베이스라인 시나리오와 사업활동을 구분하여 나타낸다.

ⓒ 베이스라인 시나리오(베이스라인 시나리오 접근방법)

각 방법론에서는 위에서 제시한 두 가지 설정 원칙(투명성, 보수성 원칙)에 입각하여 특성에 적합한 베이스라인 접근법을 선정하고 베이스라인을 설정하는 절차와 그 근거에 대해 기술한다. 또한 베이스라인 시나리오를 작성할 때는 세 가지 접근방법 중에서 해당사업에 가장 적합한 방법을 선택하여야 한다.

접근법 유형	비고
현존하는 또는 과거의 온실가스 배출상황	사업시행을 통해서도 용량변화가 없는 사업 유형에 적합
경제성 측면에서 상대적으로 유리한 기술을 적용할 때의 온실가스 배출상황	새로운 투자 또는 용량증가가 있는 사업에 적합 (투자 장벽으로 고려될 수 있음)
이전 5년 동안 행하여졌던 유사사업의 평균 배출량	유사성을 입증하거나 유사 사업들의 성과를 비교하는 데 어려움이 있기 때문에 흔히 적용되는 방법은 아님

Reference 유사사업

유사한 사회적 · 경제적 · 환경적 · 기술적 상황을 가지고 있으면서, 과거 5년간 수행된 동일 사업범주(Category) 내에서 사업들의 기술성능이 상위 20%에 포함되는 성과를 나타내는 사업

ⓔ 온실가스의 누출(Leakage)
  ⓐ 누출이란 사업 경계 밖에서 발생되면서도 CDM 사업활동에 영향을 끼칠만하며 측정 가능한 인위적 온실가스 배출의 순 변화량(Net Change)을 뜻한다.
  ⓑ 부정적 누출(Negative Leakage : 감축량을 감소시키는 요인)과 긍정적 누출(Positive Leakage : 감축량을 증가시키는 요인)로 구분할 수 있다.
  ⓒ 각 방법론에는 사업 수행 시 발생할 수 있는 누출원을 규명해야 하며, 누출량 산정방법에 대한 내용이 포함되어야 한다.

ⓜ 온실가스 배출 감축량(Emission Reduction)

CDM 사업에 의한 배출 감축량을 계산하는 방법은 크게 세 가지 접근법으로 나눠볼 수 있다.
  ⓐ 첫 번째 방법은 베이스라인 배출량(BE)에서 사업배출량(PE)과 누출량(LE)을 제외하여 감축량을 구하는 방법이다.
  ⓑ 두 번째 방법은 사업에 의한 감축량(PR)에서 베이스라인 감축량(BR)과 누출량(LE)

을 제외하는 것으로, 사업에 의해 감축된 온실가스량만을 고려하는 방법이다.
ⓒ 세 번째 방법은 사업 밖에서 온실가스 감축이 일어나는 경우, 감축활동에 해당하는 베이스라인 배출량[감축활동량(PA)에 베이스라인 배출계수(BF)를 곱한 값]을 구하고 여기에서 누출량(LE)을 제외하여 감축량을 산출한다.
ⓓ CDM 사업에 의한 배출감축량을 정확히 파악하기 위해서는 배출원 및 배출계수와 관련된 부분으로 나누어 정확한 측정 또는 계산을 통하여 상세히 산정해야 한다.
ⓔ 특히 재생에너지를 이용하여 전력 또는 스팀을 생산하는 경우에는 사업장 내(On-Site)에서의 온실가스 배출은 없다고 보기 때문에 오히려 사업장 밖(Off-Site)에서 일어나는 온실가스 배출량을 모니터링해야 한다.

㉴ 추가성 분석
대상 사업의 추가성을 입증하는 절차를 기술한다. 대부분의 방법론에서 UNFCCC에서 개발한 추가성 검증 툴을 이용하여 추가성을 분석하는 방법을 제시하고 있다.

베이스라인 방법론의 일반적 구성요소

출처 : 한국환경공단

(3) 감축량 산정의 고려인자 및 산정방법

① 온실가스 감축은 온실가스 배출원을 파악하고 배출원의 활동도를 제어함으로써 배출량을 감축함을 의미한다.
② 감축 계획을 수립하기 위해서는 온실가스 배출원 및 배출원의 활동도를 파악해야 한다.
③ 온실가스 인벤토리는 온실가스 배출과 관련된 배출 활동 및 배출계수에 따라 배출량이 산정되기 때문에 감축수단의 대상은 배출 활동 및 배출계수 모두 해당된다.
④ 정량적 배출 활동도의 저감 노력과 배출계수가 낮은 에너지를 사용함으로써 온실가스 감축은 이루어질 수 있다.
⑤ 온실가스 배출활동에 따른 감축수단은 에너지와 비에너지 측면으로 구분할 수 있다.
⑥ 에너지 측면의 경우 불필요한 에너지를 절감하는 방법과 에너지 사용설비의 효율을 향상시키는 방법, 온실가스 배출계수가 작은 저탄소 에너지원으로 전환하는 방법으로 구분할 수 있다.
⑦ 비에너지 측면에서는 배출되는 온실가스를 제어하여 배출되지 않도록 하는 방법과 이산화탄소 이외의 온실가스가 배출활동으로부터 이산화탄소로 전환하거나 방지시설을 통해 배출량을 삭감하는 방법이 있다.
⑧ 감축량 산정은 기존 에너지 사용량에 의한 온실가스 배출량을 베이스라인 배출량으로 산정하고, 개선 후 에너지 사용량에 의한 온실가스 배출량을 사업배출량으로 산정하여 그 차이를 감축량으로 산정한다.
⑨ 배출량 산정에는 에너지 사용량, 발열량 및 배출계수 등을 이용하며, 에너지 사용량 파악을 위해서는 구체적인 모니터링이 요구된다. 만일 모니터링이 불가능한 경우에는 관련이 활동도, 즉 운전시간, 가동률, 부하율 등의 활동도를 이용하여 산정할 수 있도록 하여야 한다.
⑩ 비에너지 부문에 대한 온실가스 감축은 공정개선을 통하거나 온실가스를 제거함으로써 나타날 수 있다.
⑪ 공정 개선의 경우, 동일 제품 생산을 기준으로 하여 제품생산량당 온실가스 감축량을 평가한다.

SECTION 02 감축정책 추진

01 CDM 등의 감축사업 등록 및 감축량 검·인증 절차

1 CDM 사업 등록 절차

(1) CDM 사업계획서 작성

① 개요
㉠ CDM 사업자는 온실가스 감축사업으로서 판단되는 사업에 대해 사업계획서를 작성하는데, 사업계획서 작성 시 CDM 사업에 활용할 수 있는 방법론을 적용하며 방법론 부재 시에는 신규방법론을 개발하여 작성한다.
㉡ CDM 사업을 추진하고자 하는 사업자는 가장 먼저 CDM 요건에 일치하도록 사업계획서(PDD ; Project Design Document)를 작성하여야 한다.
㉢ CDM 사업계획서 작성항목은 총 다섯 개 항목으로 이 중 가장 중요한 것은 베이스라인 설정 및 모니터링 계획 수립이라고 할 수 있는데, 주요 내용은 사업에 의한 감축량 계산과 추가성(Additionality) 입증이다.
㉣ CDM 사업은 감축량 자체가 화폐처럼 거래되므로 그 양을 정확히 산정하는 것이 중요하다.
㉤ CDM 사업은 선진국이 자국이 아닌 개도국에서 추진된 사업의 감축실적을 구입하는 것이므로 반드시 일반적으로 보급된 사업이 아니라 추가적인 노력이 들어간 사업, 즉 추가성이 입증된 사업임이 설명되어야 한다.
㉥ CDM 사업인증 시 평가 6원칙은 완전성, 일관성, 정확성, 투명성, 정합성, 보수성이다.

② CDM 사업계획서(PDD)의 작성항목

구분	작성항목
A	사업 개요(프로젝트활동에 대한 일반사항 기술)
B	베이스라인 및 모니터링 방법론의 적용
C	사업활동기간 및 CDM 사업 인정기간(프로젝트활동 이행기간, 유효기간)
D	환경 영향요소 확인
E	이해관계자 의견 수렴

(2) 국가 승인

① 개요

㉠ CDM 사업의 당사국 정부 승인은 국가 CDM 승인기구(DNA)에서 수행하고 있으며, CDM 사업 당사국은 CDM 사업에 대한 DNA를 지정하여야 한다.

㉡ 타당성 확인은 해당 당사국의 DNA로부터 CDM 사업의 자발적 참여에 관한 서면 승인서가 제출되어야 완료되며, 사업 참여자가 여러 국가의 기업일 경우 해당 당사국의 국가 승인을 모두 취득하여야 한다.

② 국가 승인 절차

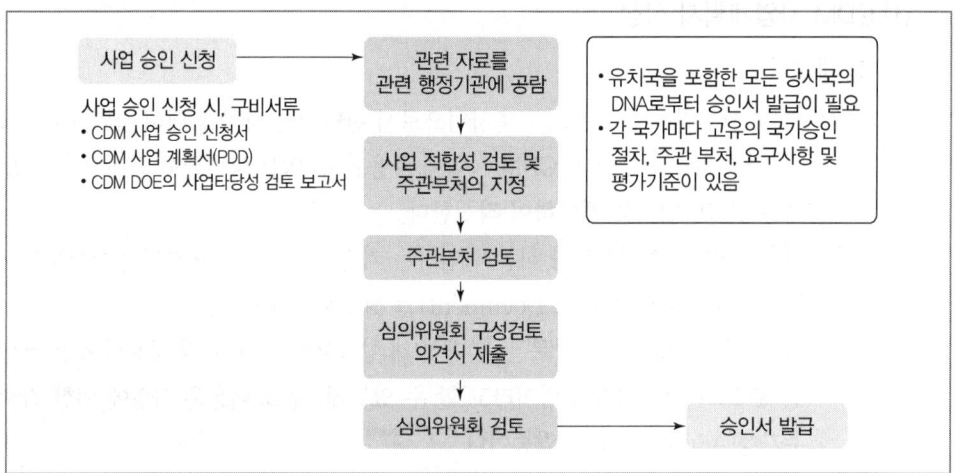

출처 : 한국환경공단

(3) 타당성 확인

① 개요

㉠ 사업계획서가 완성되면 사업자는 CDM 집행위원회(CDM EB)에서 인정한 CDM 운영기구(DOE) 중 한곳을 선정하여 타당성 확인(Validation)을 의뢰하여야 한다.

㉡ 타당성 확인을 통해 적합성을 확인받아야 다음 단계인 CDM 집행위원회에 등록이 가능하다.

㉢ 사업에 적합한 DOE 선정, DOE에 타당성 확인 시 필요한 자료 제공, DOE 현장심사 준비 등을 말한다.

② CDM 타당성 확인

사업계획서에 근거하여 온실가스 감축량 추정량과 향후 모니터링 계획, 그리고 CDM 사업 추가성(Additionality)을 평가하는 활동이다.

③ 타당성 확인의 주요 목적

사업에 의한 온실가스 감축량을 정량적이고 정성적으로 평가하는 것이 주목적이다.

㉠ 정량적 평가
- 감축량을 계산하는 기준이 되는 베이스라인 배출량을 정확히 평가하는 것을 의미한다.
- 해당 사업이 실행되지 않았을 경우의 온실가스 배출량 추정과 사업을 추진하였을 경우의 온실가스 배출량 추정이 올바르게 되었는지 평가한다.

㉡ 정성적 평가
- 온실가스 감축량이 사업자의 추가적인 노력을 통하여 달성되었는지에 대한 평가이다.
- CDM 집행위원회에서 마련한 추가성 입증 지침에 따라 CDM 사업의 추가성이 올바로 입증되었는지를 평가하는 것이며, 이러한 평가작업은 주로 문서검토와 현장에서의 담당자 인터뷰, 사업활동 관찰 등을 통하여 이루어진다.

㉢ CDM 집행위원회에서 승인된 베이스라인 및 모니터링 방법론이 해당 사업에 적합하게 적용되었는지에 대한 검토가 진행된다.

④ 타당성 확인 절차

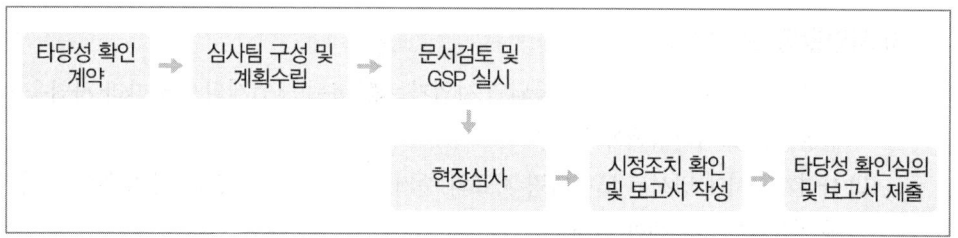

출처 : 한국환경공단

(4) UNFCCC 등록

① 개요

㉠ 정부 승인서 발급 및 최종 타당성 확인 보고서 완료 후, 사업 참가자는 UNFCCC에 해당 사업의 등록을 요청하기 위하여 협약서(Statement on the Modalities for Communicating with the Executive Board and the UNFCCC Secretariat)를 작성하여 DOE에 제출한다.

㉡ 사업 참가자는 등록 시 발생하는 사업 등록비를 UNFCCC에 납입하고, 향후 모니터링 기간 동안 발급되는 CERs 양에 따라 진행수수료(SOP ; Share of Proceeding)를 준비하여야 한다.

② 등록비 및 진행수수료

연간 배출 감축량이 15,000ton CO_2 이하인 사업은 등록비 및 SOP가 무료이며, 그 외의 사업의 등록비 및 SOP는 처음 15,000ton CO_2는 1ton CO_2당 0.1\$, 15,000ton CO_2 초과량에 대해서는 1ton CO_2당 0.2\$를 적용하여 계산된다.

③ 심의 기간

등록 요청된 사업이 UNFCCC 웹 사이트에 게재된 후 등록이 결정되기까지 소규모 사업은 4주, 그 외 사업은 8주의 CDM 집행위원회(EB)의 심의 기간이 소요된다.

④ CDM 집행위원회에 의한 CDM 사업 등록 결정 절차

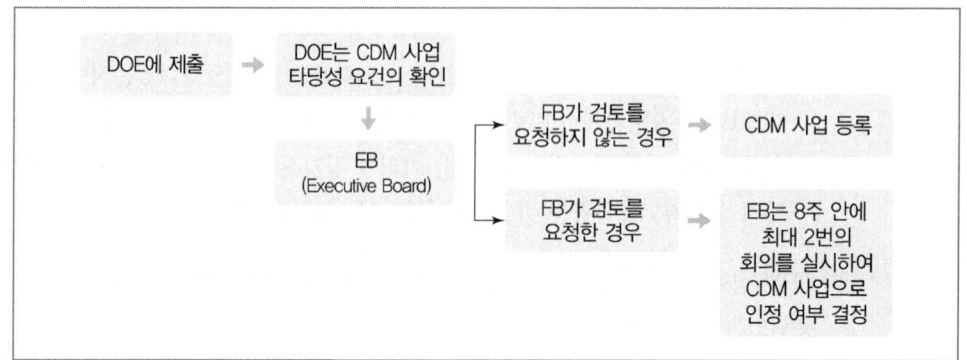

출처 : 한국환경공단

(5) 사업활동 모니터링

① CDM 사업이 성공적으로 등록되면 사업자는 등록된 사업계획서에 따라 사업을 시행하고 사업실적을 모니터링해야 한다.
② 사업계획서에 명시된 모니터링 지표와 주기, 자료관리, QA/QC 방법에 따라 사업활동을 기록·점검하도록 해야 한다.
③ 모니터링 결과 확정된 온실가스 감축량은 반드시 모니터링 보고서의 형태로 정리되어야 한다.
④ 사업운전 데이터 수집, 실제 배출감축량의 산정, 배출감축량 확보에 대한 보고서 작성을 말한다.

(6) 검증

① 개요

㉠ CDM 사업자는 일정기간 동안 사업에 의한 감축활동을 모니터링하고 그 결과를 모니터링 보고서로 정리·작성하여 DOE에 검증(Verification)을 의뢰하여야 한다.
㉡ CDM 사업의 검증은 사업계획서에서 정한 모니터링 지표, 주기, 방법에 따라 온실가스 감축활동이 적합하게 모니터링되었는지 평가하는 활동이다. 이를 위해서는 모니터링 자료 기록뿐만 아니라, 자료들의 관리체계도 함께 평가하게 된다.
㉢ 자료들의 정확도 및 불확도 평가를 위해서 샘플링을 통한 조사를 시행하게 되며, 관리체계의 유효성 평가를 위하여 실무 기록(원장 데이터)들을 점검하게 된다.
㉣ 발전량이나 연료사용량과 같이 온실가스 감축량과 직접 연관되는 중요 자료의 경우 고지서나 영수증과 같은 공식적인 증거자료를 확인하는 것이 필요하게 된다.

ⓓ 검증이 성공적으로 통과되면 CDM 집행위원회는 CDM 레지스트리 내에 있는 사업자의 계좌로 검증된 양만큼의 CERs를 발급하게 된다.

ⓔ 사업에 적합한 DOE 선정, DOE 검증 시 필요한 자료 제공, DOE 지적사항에 대한 해결방안 도출을 말한다.

② 검증의 주요 목적

사업에 의한 감축실적의 정확성을 확인하는 것이 주목적으로, 이를 위하여 등록된 사업계획서에 정해진 모니터링 계획대로 주요 모니터링 지표에 대한 세부적인 모니터링 절차와 QC/QA 절차가 적절히 수립되고 이에 따라 모니터링 데이터가 적합하게 관리되고 있는지를 평가한다.

③ CDM 사업 검·인증 절차

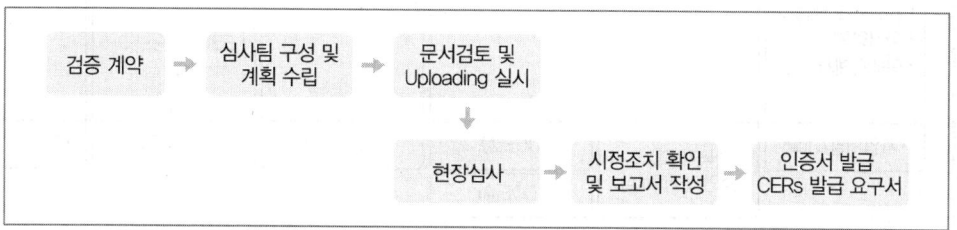

출처 : 한국환경공단

(7) CERs 발급

① 개요

㉠ CDM 집행위원회는 DOE가 제출한 인증보고서를 접수하고 15일 이내에 CERs를 발급한다.

㉡ CDM 레지스트리 관리자는 CDM 집행위원회로부터 CERs 발급을 요청받으면 CDM 집행위원회의 미결계좌로 CERs를 발행한다.

㉢ 미결계좌로 발급된 CERs에서 행정비용(CDM 사업 등록 비용) 및 개발도상국을 지원하기 위한 기금(CERs 2%)을 공제 후 CDM 사업수행자 및 유치국 계좌로 이전한다.

② CERs 발급절차

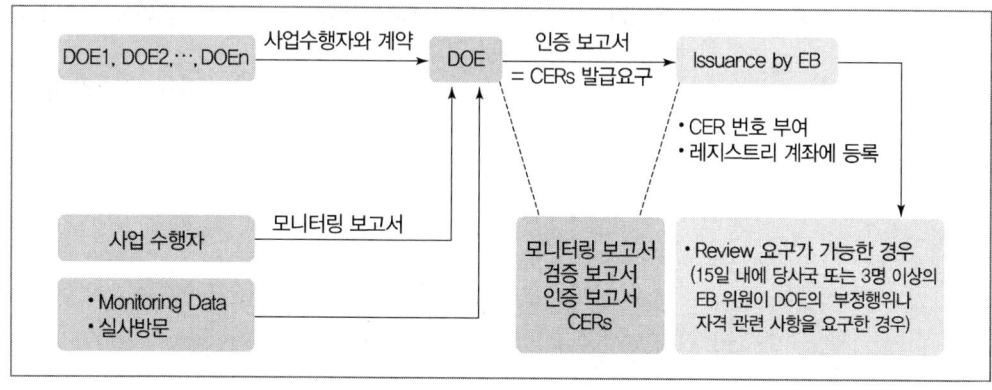

출처 : 한국환경공단

Reference 전체 CDM 사업 추진절차

주) DOE(Designed Operational Entity ; CDM 사업운영기구) → 타당성평가, 검·인증수행
　　DNA(Designed National Authority ; CDM 국가승인기구)
　　EB(Executive Board ; CDM 집행위원회) → EB는 새로운 베이스라인 및 모니터링 승인과 각종 절차와 방법 등 세부 역할

출처 : 한국환경공단, 환경부

02 목표관리제에서의 감축이행 절차

1 개요

① 온실가스 목표관리제도란 온실가스를 다량으로 배출하는 사업장 또는 업체를 관리업체로 지정하고 관리업체별로 온실가스 감축목표를 설정한 후 그 이행을 관리하는 것이다.

② 목표관리 운영지침은 관리업체의 지정절차는 물론, 감축목표의 설정, 온실가스 배출량의 산정·보고·검증(MRV) 방법과 조기행동의 인정, 검증기관의 지정 등에 관한 내용을 제시하고 있다.

2 온실가스 MRV

(1) MRV 정의

MRV란 산정(Measurement), 보고(Reporting), 검증(Verification)의 약자로서 온실가스 배출량 및 에너지 소비량 등이 MRV 목적에 부합되어 작성되었는지 여부를 판단하기 위한 일련의 활동 및 과정이다.

(2) MRV 목적

온실가스 배출량 및 에너지 소비량 등의 신뢰도가 목표 보증 수준을 달성하도록 계획과 지침을 제공하고, 그 계획과 지침에 의하여 산정 및 보고가 이루어졌는지 여부를 판단하기 위함이다.

(3) MRV 원칙

① 배출량 산정·보고 원칙

㉠ 적절성(Relevance)

MRV 지침 또는 규정에서 정하는 방법 및 절차에 따라 온실가스 배출량 등을 산정·보고하여야 한다.

㉡ 완전성(Completeness)

ⓐ MRV 지침 또는 규정에 제시된 범위 내에서 모든 배출활동과 배출시설에서 온실가스 배출량 등을 산정·보고하여야 한다.

ⓑ 온실가스 배출량 등의 산정·보고에서 제외되는 배출활동과 배출시설이 있는 경우에는 그 제외 사유를 명확하게 제시하여야 한다.

ⓒ 일관성(Consistency)
ⓐ 시간의 경과에 따른 온실가스 배출량 등의 변화를 비교·분석할 수 있도록 일관된 자료와 산정방법론 등을 사용하여야 한다.
ⓑ 온실가스 배출량 등의 산정과 관련된 요소의 변화가 있는 경우에는 이를 명확히 기록·유지하여야 한다.

ⓓ 정확성(Accuracy)
배출량 등을 과대 또는 과소산정하는 등의 오류가 발생하지 않도록 최대한 정확하게 온실가스 배출량 등을 산정·보고하여야 한다.

ⓔ 투명성(Transparency)
온실가스 배출량 등의 산정에 활용된 방법론, 관련 자료와 출처 및 적용된 가정 등을 명확하게 제시할 수 있어야 한다.

② 배출량 검증원칙
ⓐ 독립성(Independence)
ⓐ 검증활동은 독립성을 유지하고 편견 및 이해상충이 없어야 한다.
ⓑ 발견사항 및 결론은 객관적인 증거에만 근거하여야 한다.

ⓑ 윤리적 행동(Ethical Conduct)
검증의 전 과정에서 신뢰, 성실, 비밀 준수 등 윤리적 행동을 실천하여야 한다.

ⓒ 공정성(Fair Presentation)
ⓐ 검증결과를 정확하고 신뢰할 수 있게 반영하여 보고하여야 한다.
ⓑ 검증과정에서 해결되지 않은 중요한 불일치 및 상충되는 이견을 공정하게 보고하여야 한다.

ⓓ 전문가적 주의(Due Professional Care)
검증을 수행하기 위한 충분한 숙련도와 적격성을 보유하여야 한다.

(4) MRV 절차
① 1단계 : 조직경계 설정
② 2단계 : 배출활동의 확인·구분
③ 3단계 : 모니터링 유형 및 방법의 설정
④ 4단계 : 배출량 산정 및 모니터링 체계의 구축
⑤ 5단계 : 배출활동별 배출량 산정방법론의 선택
⑥ 6단계 : 배출량 산정

⑦ 7단계 : 명세서의 작성
⑧ 8단계 : 배출량 등의 제3자 검증
⑨ 9단계 : 명세서 및 검증보고서 제출

3 감축이행계획 시 고려사항

① 감축수단 적용에 따른 조직 내 에너지 및 온실가스 저감의 중복성, 종속성 및 독립성을 고려해야 한다.
② 감축수단의 효과가 발생하는 시기를 고려해야 한다.
③ 예산확보에 대한 계획을 수립해야 한다.
④ 감축수단 적용에 따른 사후관리계획 및 모니터링 계획을 수립해야 한다.

4 경제성 평가방법

① 감축수단에 따른 감축이행을 위해서는 감축수단을 이행하는 데 소요되는 비용을 파악해야 한다.
② 감축옵션의 일반적인 경제성 분석흐름
  ㉠ 주요 감축옵션이 에너지 사용시설에 적용됨에 따라 에너지원별 단가와 감축량이 우선 고려 요소가 된다.
  ㉡ 감축수단에 소요되는 비용, 감축수단을 적용하였을 때 예상되는 효과 비용 등을 고려하여 경제성 평가를 수행한다.
  ㉢ 온실가스 감축에 소요되는 비용을 월단위로 평가하여 감축수단 선택에 활용한다.
③ 한계저감비용(MAC ; Marginal Abatement Cost)
  ㉠ 온실가스 감축을 위한 경제성 평가방법 중 하나이며 온실가스 1ton을 줄이는 데 소요되는 비용을 말한다.
  ㉡ 각 온실가스 감축사단별 초기비용 및 운영비용 등 총 소요비용을 감축수단에 따른 온실가스 감축량으로 나누어 1ton의 온실가스 감축량 대비 소요비용을 산출한다.
  ㉢ 총 사업기간 동안 소요된 총 비용을 기준배출량 대비 저감된 온실가스량으로 나누어 산출한다.
④ 사업기간의 총 소요비용은 온실가스 감축을 위해 투자된 사업의 고정비용과 운영비(또는 이익)를 의미한다.
⑤ 고정비용은 사업 초기 집행 시에 투자되는 금액으로서 사업기간에 상관없이 일정한 값을 지닌다.
⑥ 운영비는 사업을 진행함에 있어 유지 보수, 자연재해에 의한 손해, 기반시설 설치, 에너지 절감 등 사업으로 인한 이익 등 사업시작 후 지속적으로 영향을 받는 비용을 말한다.
⑦ 온실가스 감축에 필요한 운영비용은 기간에 따라 비용에 차이가 발생하므로 순현재가치(NPV)로 변환하여 산출해야 한다.

⑧ 순현재가치는 사업에 수반되는 모든 비용을 기준년도의 현재 가치로 할인된 총 편익과 총 비용의 차로 표시한다.

> **Reference** Key Category
>
> Key Category란 국가 온실가스 인벤토리 작성 시 배출 및 흡수의 절대적 수준, 배출 및 흡수의 경향 혹은 불확도의 관점에서 국가 총 온실가스 인벤토리에 커다란 영향을 주는 카테고리를 의미한다.

03 배출권거래제에서의 감축사업 등록 및 검·인증

1 배출권거래제

(1) 정의
배출권거래제는 경제적 수단을 활용하는 대표적 방안으로 감축목표를 비용 효과적으로 달성할 수 있는 감축수단이며, 국가 간 최대허용배출량을 부여한 후 감축목표 달성을 위해 국가 간 배출권의 거래를 허용한 것이다.

(2) 도입 배경
배출권거래제 도입 배경에는 교토의정서가 가장 큰 기여를 하였으며 교토메커니즘의 직접적인 온실감축 외에 감축을 한 것으로 인정되는 새로운 제도적 수단인 청정개발체제(CDM), 공동이행(JI), 배출권거래제(ET)가 허용되었다.

(3) 특성
① 배출권거래제 역시, 정부나 지역공동체가 선택할 수 있는 여러 가지 온실가스 감축 정책 중 하나이다.
② 정부가 배출 상한선을 설정한다는 점에서는 직접규제와 비슷하나 규제 대상자들에게 배출권의 판매와 구입을 스스로 결정하게 하는 시장 지향적 제도이다.
③ 배출권거래제는 직접규제보다 감축비용을 30~60% 절감할 수 있는 비용 효과적인 제도이다.
④ 온실가스 감축기술의 진보를 위한 유인의 크기 면에서 직접규제보다 우월하다.
⑤ 규제대상자의 신규 진입 및 시설 증설 시에도 총량배출 규제 목적이 여전히 달성되므로 정책 목적 달성의 불확실성이 제거될 수 있다.
⑥ 배출총량 제한에는 불확실성이 존재하는 탄소세나 배출부과금 제도보다 환경적 건전성 면에서 유리하다.
⑦ 배출권에 대한 가격 부과를 위해 엄격한 배출량 선정, 보고, 검증(MRV)이 요구되므로 감축 의무 준수의 감시가 다른 수단보다 탁월하다.
⑧ 거래비용이 발생한다는 단점이 있다.
⑨ 거래비용은 초기나 작은 시장, 기술수준이 낮은 국가에서는 크지만 배출권거래 경험이 쌓이고 시장규모가 커지면 금융상품들이 개발되면서 점차 하락한다.

2 배출권거래제의 감축사업 범위와 등록

(1) 배출권거래제의 감축사업

① 배출권거래제에서의 감축사업, 즉 외부사업은 할당대상업체의 조직경계 외부의 배출시설 또는 배출활동 등에서 국제적 기분에 부합하는 방식으로 온실가스를 감축, 흡수 또는 제거하는 사업을 말한다.

② CDM 사업으로 추진하는 경우에는 할당 대상업체의 조직경계 내부에서 시행된 사업에 대해 인정하고 있다.

(2) 승인대상 외부사업 분류 및 등록 특례사업

① 승인대상 외부사업 분류

분류번호	사업 분야		세부 분류
01	에너지산업	1-A	화석연료, 바이오매스를 통한 열에너지 생산
		1-B	신재생에너지로부터의 에너지 생산
		1-C	기타
02	에너지 공급	2-A	전기 공급
		2-B	열 공급
03	에너지 수요	3-A	에너지 수요
04	제조업	4-A	시멘트 분야
		4-B	알루미늄 분야
		4-C	철강 분야
		4-D	정제 분야
		4-E	기타
05	화학산업	5-A	화학공정 산업
06	건설	6-A	건설
07	수송	7-A	수송
08	광업/광물	8-A	광업/광물 공정
		8-B	오일 및 가스 산업, 탄광 메탄회수 및 사용
09	금속산업	9-A	금속생산
10	연료로부터의 탈루배출	10-A	10-B를 제외한 광업/광물 공정에서의 탈루 배출
		10-B	오일 및 가스 산업, 탄광 메탄회수 및 사용으로부터의 탈루 배출
11	할로겐화탄소, 육불화황 생산 및 소비로부터의 탈루배출	11-A	화학공정 산업
		11-B	온실가스 포집 및 파괴

분류번호	사업 분야	세부 분류	
12	용제사용	12-A	화학공정 산업
13	폐기물 취급 및 처리	13-A	폐기물 취급 및 처리
		13-B	동물 퇴비 관리
14	탄소흡수원	14-A	산림
		14-B	해양
15	농업	15-A	경종
		15-B	축산
16	이산화탄소 포집 및 저장 또는 재이용	16-A	이산화탄소 포집 및 저장 또는 재이용

② 등록 특례사업
  ㉠ 신재생에너지공급의무화제도(RPS)에 의해 RPS 공급의무자가 공급해야하는 의무량을 초과한 신재생공급인증서(REC) 구매량에 대해 외부사업으로 등록할 수 있다.
  ㉡ HFC-23 감축사업 및 아디픽산 제조공정에서의 N_2O 저감 사업에서 발생한 온실가스 감축실적은 등록대상에서 제외한다. 다만, 제1차 계획기간에 한하여 시장안정화를 위해 사용할 목적으로 등록할 수 있다.

(3) 승인대상 외부사업의 규모 및 종류

① 단일 감축사업
  ㉠ 신청 가능한 외부사업의 감축량 최소규모 제한은 없으며, 외부사업은 연간 예상 감축량에 따라 다음의 3가지로 구분된다.
    ⓐ 극소규모 감축사업 : 연간 예상 감축량 $100tCO_2$-eq 이하
      • 극소규모 감축사업으로 등록한 경우, 부문별 관장기관장관에 의한 인증 가능량은 소규모 감축사업 기준에 따른 온실가스 배출 감축량을 초과할 수 없다.
    ⓑ 소규모 감축사업 : 연간 예상 감축량 $100tCO_2$-eq 초과 $3,000tCO_2$-eq 이하
      • 소규모 감축사업으로 등록한 경우, 부문별 관장기관장관에 의한 인증 가능량은 소규모 감축사업 기준에 따른 온실가스 배출 감축량을 초과할 수 없다.
    ⓒ 일반 감축사업: 연간 예상 감축량 $3,000tCO_2$-eq 초과
  ㉡ 외부사업 규모와 관계없이 사업의 신청, 타당성 평가 및 검증 등의 절차가 동일하게 적용된다. 다만, 일반 감축사업 중, 연간 예상 감축량 $60,000tCO_2$-eq 초과 사업의 경우, 타당성 평가 시 경제적 추가성에 대한 추가적인 평가가 이행되어야 한다.
  ㉢ 극소규모 또는 소규모 사업의 외부사업 등록(묶음 감축사업, 프로그램 감축사업 포함) 시, 해당 감축사업의 디번들링 여부를 평가하여야 한다.

② 묶음 감축사업
　㉠ 연간 예상 감축량 3,000tCO$_2$-eq 이하의 소규모 외부사업은 여러 개를 묶어서 하나의 사업(이하 "묶음 감축사업"이라 한다)으로 신청할 수 있다. 다만, 이러한 경우에 묶음 감축사업의 총 예상 감축규모는 이산화탄소 상당량톤으로 연간 15,000tCO$_2$-eq을 초과할 수 없다.
　㉡ 연간 예상 감축량 100tCO$_2$-eq 이하의 극소규모 외부사업은 여러 개를 묶어서 하나의 사업(이하 "묶음 감축사업"이라 한다)으로 신청할 수 있다. 다만, 이러한 경우에 묶음 감축사업의 총 예상 감축규모는 이산화탄소 상당량톤으로 연간 500tCO$_2$-eq을 초과할 수 없다.
　㉢ 묶음 감축사업을 추진하기 위해서는 예상 온실가스 감축량을 외부사업 승인 신청 시 사업계획서에 명시하여야 하며, 일단 묶음 감축사업으로 등록된 외부사업에 기존의 단위사업을 제외하거나 새로운 단위사업을 추가할 수 없다. 다만, 인증유효기간 갱신 시 일부 단위사업을 제외하고 신청할 수 있다.
　㉣ 묶음 감축사업으로 승인된 외부사업의 모든 단위사업은 동일한 인증유효기간 시작일과 유효기간을 가져야 한다.
　㉤ 승인대상 외부사업 분류 중 산림 분야에 해당하는 외부사업은 산림 분야의 외부사업에 한해서만 묶음으로 신청할 수 있다.

③ 프로그램 감축사업
　㉠ 외부사업 사업자는 중앙정부 또는 지방자치단체, 민간 등에 의해 일관된 사업목적에 따라 시행되는 자발적 중·장기 온실가스 감축사업을 프로그램 감축사업으로 승인 신청할 수 있다.
　㉡ 승인된 프로그램 감축사업에는 프로그램 감축사업의 유효기간 내에 단위사업을 상시로 추가시킬 수 있다.
　㉢ 프로그램 감축사업에 속하는 단위사업의 실제 운영 주체와 관계없이 본 제도와 관련된 모든 절차는 프로그램 감축사업의 총괄 사업자로 일원화하여 수행한다.
　　ⓐ 프로그램 감축사업의 총괄 사업자는 해당 프로그램 감축사업 내 단위사업의 승인, 온실가스 감축량 인증 등 행정업무를 수행하고, 단위사업의 시행에 필요한 사항 등을 관리하는 주체를 말한다.
　　ⓑ 프로그램 감축사업의 총괄 사업자는 프로그램 감축사업 내 단위사업의 운영·관리를 위해 문서화된 매뉴얼 내용(조직 구성, 조직원 역할·자격, 모니터링 방법, 단위사업 외부사업자 교육·훈련, 데이터 관리, 측정기 점·교정 관리, 내부 심사, 품질보증·품질관리(QA·QC), 외부사업 승인 및 인증실적 발급 신청 등)을 보유하여야 한다.
　㉣ 프로그램 감축사업에 속하는 모든 단위사업은 프로그램 감축사업 사업계획서에서 정의한 '적격성 기준'에 부합하고, 동 사업계획서에서 정의한 방법론을 사용하여야 한다.

(4) 외부사업 승인절차

단계	절차	개요	수행주체
1단계	외부사업 승인 신청	• 사업계획서 작성 • 외부사업 승인신청서 작성	외부사업 사업자
2단계	외부사업 접수	외부사업 승인신청서 검토	부문별 관장기관
2단계	타당성 평가	• 타당성 평가 기준에 따른 외부사업의 적합성 평가 (사업계획서 평가) • 타당성 평가 의견서 작성	부문별 관장기관
2단계	타당성 평가 의견 통보	• (외부사업 사업자에게) 타당성 평가 의견 결과 통보 • (필요시) 타당성 평가 의견 결과 시정 조치 요구	부문별 관장기관
2단계	(수정·보완)	• 외부사업 승인 신청 서류 수정 또는 보완 (최대 3회)	외부사업 사업자
2단계	타당성 평가 완료	외부사업 타당성 평가 의견서 작성 완료	부문별 관장기관
2단계	타당성 평가 협의	외부사업 타당성 평가 결과에 대한 협의	환경부장관
3단계	심의안건 상정	• 인증위원회 구성 • 타당성 평가 승인 여부 검토 결과 심의 상정	환경부장관
3단계	승인 심의	• 타당성 평가 심의 기준에 따른 외부사업 심의 • (인증위원) 승인 심의서 작성 • 타당성 평가 승인 심의 결과보고서 작성	인증위원회
3단계	심의결과 통보 및 상쇄등록부 등록	• (외부사업 사업자 측으로) 심의 결과 통보 • 상쇄등록부 등록 • 외부사업 승인서 발급	부문별 관장기관

3 외부사업 온실가스 감축량 인증 절차

단계	절차	개요	수행주체
1단계	온실가스 감축량 인증 신청	• 모니터링 보고서 및 검증보고서 제출 • 온실가스 감축량 인증신청서 제출	외부사업 사업자
2단계	온실가스 감축량 인증신청 접수	온실가스 감축량 인증신청서 접수	부문별 관장기관
2단계	온실가스 감축량 인증 검토	• 모니터링 보고서 및 검증보고서 검토 • 온실가스 감축량 평가 기준에 따른 온실가스 검증결과 검토 • 온실가스 감축량 인증검토서 작성 및 통보	부문별 관장기관
2단계	온실가스 감축량 인증 검토 결과 통보	• (외부사업 사업자에게) 온실가스 감축량 인증 검토 결과 통보 • (필요시) 시정 조치 요구	부문별 관장기관
2단계	(수정·보완)	온실가스 감축량 인증 신청 서류 수정 또는 보완 (최대 3회)	외부사업 사업자
2단계	온실가스 감축량 인증 검토 완료	온실가스 감축량 인증 검토의견서 작성 완료	부문별 관장기관
3단계	감축량 인증 의견 수렴	온실가스 감축량 인증 결과에 대한 검토	환경부장관
3단계	심의안건 상정	• 인증위원회 구성 • 온실가스 감축량 인정 여부 검토 결과 심의안건 상정	기획재정부장관
3단계	인증 심의	• 온실가스 감축량 평가 심의 기준에 따른 온실가스 감축량 인증 심의 • 온실가스 감축량 인증 심의서 작성	인증위원회
3단계	인증결과 통보 및 상쇄등록부 등록	• 온실가스 감축량 인증 심의 결과보고서 작성 • (외부사업 사업자에게) 인증 결과서 통보 • (적합 판정 시) 온실가스 감축량 인증서 발급 및 상쇄등록부 등록	부문별 관장기관

> **Reference** 외부사업 방법론 제안서 작성 시 포함사항

① 방법론 일반사항 및 용어정의 ② 베이스라인 방법론 ③ 모니터링 방법론
④ 참고문헌 ⑤ 기타사항

> **Reference** 선샤인프로젝트(일본)

2007년 5월에 "Cool Earth 50"을 발표하여 공격적인 지구온난화 외교전략을 펼쳤으며, 국가 전략 차원에서 태양광, 풍력, 지열, 조력 등 지속적으로 이용가능한 에너지의 개발 보급을 위해 진행한 사업을 말한다.

SECTION 03 온실가스 감축기술

01 온실가스 감축기술(방법) 개요

온실가스 감축방법은 대기 중의 온실가스 순 감축에 기여하는 행위로서 정의할 수 있으며, 온실가스 배출원으로부터의 감축방법은 직접감축방법과 간접감축방법으로 구분할 수 있다. 또한, 온실가스 감축기술로서 우선 고려할 수 있는 것으로는 에너지 이용효율 개선, 대체·청정에너지 개발, 산림을 통한 생물 흡수원 확대 등이다.

02 감축기술의 분류

1 직접감축방법

(1) **정의**

배출원으로부터 배출되는 온실가스를 감축 및 근절하는 행위 및 방법으로 정의된다.

(2) **방법(기술)**

① 공정개선(대체물질 개발 및 대체공정 적용)

공정에서 사용되는 온실가스 배출을 유발하는 물질을 GWP가 낮은 물질 또는 온실가스 배출이 없는 물질로 대체

② 원료 및 연료의 개선/대체

③ 온실가스 활용 및 전환

④ 온실가스 처리기술

2 간접감축방법

(1) **정의**

온실가스배출원에서 배출되는 온실가스를 감축 또는 근절하는 직접행위가 아닌 온실가스 배출을 상쇄하는 간접적인 행위 및 방법으로 정의된다.

(2) 방법(기술)

① 1차 간접감축방법

배출원 공정을 활용한 신재생에너지 생산 활용

② 2차 간접감축방법

배출원 공정과 무관한 신재생에너지 적용을 통한 온실가스 배출 상쇄

③ 3차 간접감축방법

탄소배출권 구매

> **Reference** 에너지 산업공정에서 온실가스 감축기술 및 공정
>
> **1 에너지 분야**
>
> ㉠ 연료공급
>
> 저탄소 연료전환(예 석탄, B-C유 → LNG, 원자력, Fuel Cell, PV 등)
>
> ㉡ 전환/가공
>
> 고효율 전환기술 적용(예 기존 발전시스템의 스팀조건개선(SC Steam → USC Steam)
> 기존 PC 발전시스템 → IGCC)
>
> ㉢ 최종에너지 이용
>
> 고효율 기기 사용(예 조명기기(형광등 → LED))
>
> **2 산업공정분야**
>
> ㉠ 원료대체
>
> 사용원료는 저탄소 원료로 전환(예 시멘트 산업(석회석 → Slag 사용))
>
> ㉡ 에너지절약 기술적용
>
> 석유화학 공정(Pinch Technology 적용)
> 시멘트 산업(Clinker 냉각시스템 적용)
>
> ㉢ 공정개선
>
> 제선공정(코크시 제선 → 직접 석탄환원기술)
>
> **3 온실가스 감축기술의 예**
>
> ① 건물의 실내조명등을 백열등(60W)에서 LED등(12W)으로 교체함
> ② 인쇄기드라이어에서 발생되는 폐열을 회수하기 위하여 열교환기를 설치하여 보일러 설치 없이 온수공급을 원활히 함
> ③ 식당, 기숙사, 복도 등에 설치되어 있는 자판기에 타이머를 달아 영업시간 외에는 가동을 중지함
> ④ 포장재로 비닐봉지를 제공하다가 종이가방으로 대체

⑤ 매립장에서 매립가스를 포집한 후 연소시켜 에너지 발전을 함
⑥ 하수처리시설에서 소화조의 가스를 회수하여 소화조 가온용 연료로 재사용
⑦ 음식물쓰레기 사료화, 퇴비화 시설에서 메탄을 회수하여 취사용 연료로 사용

4 온실가스 감축효과 유발원리에 따른 프로젝트 유형 분류
① 화석연료 대신 값이 저렴하고 구하기 쉬운 재생에너지로 대체 사용
② 고탄소 연료 대신 저탄소 연료로의 대체 및 원료의 전환
③ 에너지 효율을 향상시키는 활동
④ 온실가스 파괴 및 배출 회피활동

03 온실가스 감축방법

1 공정개선

(1) 개요

① 공정개선은 에너지효율향상 기술에 해당하는 것으로 기존에 존재하는 공정을 개선함으로써 효율을 향상시켜 온실가스를 줄이는 기술이다.
② 에너지 효율 향상을 위한 운전조건개선 등을 통한 온실가스 배출 감축 또는 근절을 위한 방법이다.
③ 온실가스 배출이 높은 공정에 대한 배출이 적거나 없는 대체공정을 적용한다.
④ 다양한 분야에 적용되는 개별기술들로 효율을 향상시켜 전기와 연료를 덜 사용함으로써 온실가스 발생량을 줄이는 기술이다.

(2) 적용분야

① 발전
  ㉠ 발전분야의 공정개선은 연료를 적게 사용하여 이산화탄소가 적게 배출되게 하는 기술이다.
  ㉡ 열병합발전(CHP : Combined Heat and Power Generation)
    ⓐ 고온스팀으로는 전기를 생산하며 동시에 중온열을 활용한다.
    ⓑ 지역난방열 혹은 산업단지 스팀으로 사용하는 에너지 시스템이다.
    ⓒ 향후 에너지효율이 90%까지 증가할 수 있는 잠재력을 가지고 있다.
  ㉢ 가스화 복합발전(가스터빈 복합발전, IGCC : Integrated Gasfication Combined Cycle)

ⓐ 산소를 이용하여 연료를 가스화시켜 합성가스를 제조한 후 이를 연소시켜 터빈으로 발전하는 기술이다.
ⓑ 정제된 가스를 사용하여 1차로 가스터빈을 돌려 발전하고, 배기 가스열을 이용하여 보일러로 증기를 발생시켜 증기터빈을 돌려 발전하는 기술을 말한다.
ⓒ 공정비용은 증가한다.
ⓓ 기존 화력발전보다 발전효율이 높다.
ⓔ 저품위 석탄, 바이오매스, 하수 슬러지 등 다양한 원료를 사용할 수 있다.

② 건물
㉠ 건물분야에서의 공정개선은 전기나 연료를 적게 사용하기 위해 적용하는 것을 말한다.
㉡ 적용방식
ⓐ 스마트 창호를 사용하여 투과량을 조절하는 기술
ⓑ 공조시스템을 개선하여 냉난방 부하를 낮추는 기술
ⓒ 전등을 LED로 교체하여 전기를 적게 쓰는 방법
ⓓ 태양열을 이용하여 냉난방을 하는 기술
ⓔ 지열을 이용한 히트펌프 기술
㉢ 신축 건축물 에너지 기준 강화
㉣ 기존 건축물 그린 리모델링 활성화
㉤ 건축물 성능개선 및 기준 강화를 통한 에너지효율 향상
㉥ 우리나라 온실가스 감축을 위한 건축물 분야 주요 대책
ⓐ 2010년까지 건축물의 에너지 소비 총량제를 시행한다.
ⓑ 2012년부터는 건축물 매매 및 임대 시에 에너지 소비 증명서의 첨부를 의무화한다.
ⓒ 2011년부터 공공기관 및 연간 에너지 소비량 1만 TOE 이상 대형 건물에 대해 에너지 목표관리제를 시행한다.
ⓓ 2025년부터는 외부에서 유입되는 에너지가 없는 제로 에너지 하우스(Zero Energy House)로 신축하기로 하고 일반 건물에 대해서도 Zero Energy 빌딩 의무화 제도를 시행한다.

③ 산업
㉠ 스마트 공장 확대 등 에너지 효율화
㉡ 우수감축기술 확산 등 생산공정 개선
㉢ 제품 고부가 가치화
㉣ 신기술 보급확산을 통한 온실가스 감축
㉤ 화학산업에서 에너지 효율 개선을 위해 적용 가능한 공정개선
ⓐ 설비 및 기기효율 개선

ⓑ 에너지 효율 제고를 위해 제조법의 전환 및 공정개발
ⓒ 배출 에너지의 회수
ⓓ 에너지 원단위 지수 개선

④ 수송
㉠ 친환경 대중교통 확충으로 저탄소 중심의 수송체계실현
㉡ 전기차 보급확대
㉢ 자동차, 선박, 항공기 연료효율 개선

2 원료 및 연료의 개선/대체

(1) 개요
① 원료 및 연료를 개선, 대체하여 온실가스를 줄이기 위한 노력은 석탄, 석유, 천연가스와 같은 화석연료를 대신하여 바이오연료와 수소 및 매립지 가스를 이용하여 온실가스의 배출을 저감하는 것을 말한다.
② 공정에서 사용되는 온실가스 배출을 유발하는 물질을 지구온난화지수(GWP)가 낮거나 온실가스 배출이 없는 물질로 대체한다.

(2) 적용
① 바이오연료
㉠ 바이오연료(Biofuel)는 수송 분야의 중요한 연료 대체 기술이다.
㉡ 바이오연료는 사탕수수, 옥수수, 조류, 동물의 배설물 등 살아있는 유기체 및 대사 부산물을 포함하는 다양한 바이오매스(Biomass)로부터 연료를 제조하는 기술이다.
㉢ 바이오 알코올과 바이오 디젤을 통칭하는 말이다.
㉣ 식물계 바이오연료는 자연계에서 광합성으로 이산화탄소를 고정화한 바이오매스를 다시 사용하는 것이기 때문에 바이오연료의 연소를 통해 대기 중으로 방출되는 이산화탄소는 대기 중의 온실가스 농도를 증가시키지 않는 것으로 간주한다.
㉤ 초기의 바이오매스로는 사탕수수, 옥수수 등 추수 후에 버려지는 바이오매스를 분해하고, 발효시켜 에탄올, 메탄올 등을 제조하였으나, 대량 생산을 위해서는 많은 경작 부지가 필요하다는 단점 때문에 최근에는 해조류(Seaweeds, Algae) 등을 이용하여 바이오연료를 제조하는 기술이 개발되고 있다.

② 매립지 가스
㉠ 매립지 가스(LFG ; Land Fill Gas)의 주성분인 메탄과 이산화탄소 중에 메탄을 분리하여 자동차 및 발전, 도시가스에 이용할 수 있다.

ⓒ 매립지 가스는 주성분인 메탄과 이산화탄소 이외에도 수분, 황화수소, 다양한 미량물질이 포함되어 연료로 대체하기 위해서는 전처리 기술이 필요하다.

③ 수소 연료
　㉠ 수소는 연소 및 연료전지 발전 시 물(H_2O)만 배출되기 때문에 에너지 수송원으로 탄소를 배출하지 않는 다양한 공정에 적용 가능하다.
　㉡ 수소 대량 생산방법
　　ⓐ 물의 전기분해
　　ⓑ 메탄의 개질반응
　　ⓒ 화석연료의 가스화 공정 후 수성가스 전기반응
　㉢ 수소 생산과 더불어 생산된 수소 저장기술도 중요하다.

④ 고정연소의 대체물질 적용
　㉠ 청정연료로 전환
　㉡ 바이오연료로의 적극적 전환(바이오매스 및 바이오연료의 연소에 의해 배출되는 CO_2는 온실가스로 간주하지 않기 때문)
　㉢ 연소매체인 공기를 순 산소로 변경

⑤ 이동연소의 대체물질 적용
　바이오연료를 화석연료의 대체연료로 이용하는 기술이다.

3 온실가스 활용 및 전환

(1) 개요

① 온실가스 활용 및 전환기술은 온실가스를 고부가가치 제품이나 친환경적인 연료로 전환하는 기술을 말한다.
② 전환은 탄소자원화(CCU)에 대한 개념으로 화학제품의 원료로 전환하는 기술, 광물의 탄산화로 전환하는 기술, 바이오연료 등으로 전환하는 기술 등이 있다.
③ 전환 시 반드시 고려해야 하는 것은 전환 반응에 필요한 에너지소비로 발생한 온실가스 양보다 전환을 통해 제거된 온실가스의 양이 더 커서 최종 온실가스는 감축되어야 하는 것이다.
④ 온실가스 전환 및 활용기술은 온실가스 총량이 감소해야 하고, 고부가가치의 경제성을 확보해야 한다.
⑤ 이산화탄소를 전환하는 기술은 크게 화학적 전환과 생물학적 전환으로 분류한다.
⑥ 이산화탄소를 활용하는 방법은 작동유체로 활용하는 기술과 고순도 CO_2를 제조하여 식료품 및 밀봉제로 사용하는 기술이 있다.

(2) 구분

① 화학적 전환
　㉠ 이산화탄소를 화학적으로 반응시켜 다른 유용한 물질로 전환하는 기술이다.
　㉡ 화학적 전환방법
　　ⓐ 촉매화학적 전환
　　ⓑ 전기화학적 전환
　　ⓒ 이산화탄소 고정화 기술

② 생물학적 전환
　㉠ 생물을 이용하여 이산화탄소를 고정화시키는 기술이다.
　㉡ 이산화탄소를 이용하여 광합성 및 증식하는 생물체를 배양, 활용하는 기술이다.
　㉢ 광합성을 통한 생물학적 탄소고정화와 미세조류를 이용한 바이오매스 생산 기술이 있다.

4 온실가스 처리기술

(1) 개요

① 온실가스를 처리하여 대기로의 배출량 감축을 위한 기술을 의미한다.
② 온실가스 처리기술은 크게 이산화탄소 처리기술과 이산화탄소를 제외한 나머지 다섯 가지 온실가스 처리기술로 구분할 수 있다.
③ CO_2 이외의 온실가스를 Non-CO_2 온실가스라고 부르며 대표적으로 CH_4, N_2O, PFCs, HFCs, NF_3, SF_6 등이 있다.

(2) Non-CO_2 처리기술

① 메탄 처리기술
　㉠ 메탄은 매우 안정하나 메탄의 부피함량이 5~14%되는 공기혼합기체는 폭발성이 있다.
　㉡ 메탄의 발생원의 폐기물 매립지, 유기성 폐기물의 혐기성 소화조, 석유화학공정, 광산시설 및 습지 등이다.
　㉢ 메탄은 에너지원으로 활용성이 높기 때문에 이산화탄소를 제거한 후 연소를 하거나 천연가스로 활용한다.
　㉣ 메탄 처리기술은 메탄 및 전구체 분리·정제기술, 메탄 이용 기술, 고부가 유도체 전환공정 기술 등이 있다.
　㉤ 매립지에서는 매립가스를 포집할 수 있는 가스포집정을 설치·회수가 가능하다.
　㉥ 메탄산화세균(메탄을 탄소원과 에너지원으로 활용하여 생육하는 세균)은 호기성 세균으로 효소를 이용하여 메탄을 메탄올로 산화하고 최종적으로 이산화탄소로 광물화할 수 있다.

② 아산화질소 처리기술
  ㉠ N_2O가 지구 온난화에 미치는 영향은 CO_2가 미치는 영향의 약 10% 정도지만, 대기 중에서 자연적으로 저감되는데 약 150년 정도가 소요되기 때문에 지구온난화지수(GWP : Global Warming Potential) CO_2에 비해 310배 높다.
  ㉡ 자연적 발생원은 삼림이나 농지 혹은 해양으로부터 광범위하게 발생한다.
  ㉢ 인위적 발생원은 화석연료를 사용하는 각종 연소시설과 열기관, 질산, 카프로락탐 및 아디프산 생산 등으로부터 생성된다.
  ㉣ 전 세계 N_2O 발생량은 연간 약 2천만 톤으로 추정되며, 이 중 인위적인 방출량은 연간 약 7백만 톤으로 추정한다.
  ㉤ 산업공정에서의 아산화질소 처리기술
    ⓐ 산업공정에서는 아디프산 생산 공정, 질산 생산, 유동층 연소, 폐기물 소각, 암모니아 연소 등에서 발생한다.
    ⓑ N_2O 발생에 대해 일반적으로 촉매에 의한 분해와 열분해의 두 가지 형태로 N_2O 저감기술이 적용되고 있다.
  ㉥ 연소공정에서의 아산화질소 처리기술
    ⓐ 유동층 연소에서 발생되는 N_2O를 저감시키기 위해서는 유동층의 온도를 높여서 N_2O의 열분해를 유도하는 방법이 있다.
    ⓑ 유동층 연소에서 배출되는 아산화질소를 촉매분해, N_2O-SCR 등의 방법으로 처리할 수 있다.
    ⓒ 배출되는 N_2O를 촉매분해, N_2O-SCR 등의 방법으로 처리할 수 있다. 소각의 경우에는 연료에 포함된 질소의 함유량이 상대적으로 낮아 N_2O의 농도는 상대적으로 낮으나(20ppm) 슬러지 조각의 경우에는 약간 높은 특성(600ppm)을 보인다. 소각의 경우도 연소공정에 적용되는 열분해, 촉매 분해 및 N_2O-SCR 등의 방법이 적용된다.
    ⓓ 생성된 N_2O의 분해기술은 고온처리와 저온처리로 나뉘는데 고온처리에는 기상 열분해와 매체 입자에 의한 접촉분해가 있고, 저온처리에는 선택적 촉매환원법(SCR ; Selective Catalytic Reduction) 혹은 비선택적 촉매환원법(NSCR ; Non-Selective Catalytic Reduction) 등 촉매분해방법이 있다.
    ⓔ 비교적 저온에서 N_2O를 저감시키는 촉매분해 반응법이 시설의 간편성과 에너지 비용의 절감이라는 측면 등에서 보다 효과적이다.
    ⓕ 촉매분해방법 중에도 선택적 환원법은 에너지를 많이 쓰는 고온처리법에 비해 경제성이 높고, 효율적이다.

ⓢ 수송에서의 아산화질소기술로는 전기자동차 및 연료전지 자동차를 사용함으로써 원천적으로 이산화탄소와 아산화질소를 제거할 수 있다.
ⓞ 아산화질소 처리기술은 고정발생원 대응기술(공정, 촉매), 이동발생원 대응 촉매기술(가솔린, 디젤 엔진), 원천적 발생 차단기술 등이 있다.

③ 불화가스 처리기술
㉠ 대표적 불화가스는 PFCs, HFCs, SF_6 등이다.

㉡ 불화가스의 배출을 줄이기 위한 방안
ⓐ 지구온난화지수(GWP)가 낮거나, 없는 대체물질을 개발한다.
ⓑ 기존 공정의 개선 및 최적화를 통해 불화가스 배출량을 줄인다.
ⓒ 발생할 수밖에 없는 공정에서는 발생가스를 포집, 처리한다.

㉢ 과불화탄소 처리기술로는 직접 연소 및 열분해법, 플라즈마 분해법, 촉매분해법 등이 있다.
ⓐ 직접연소 및 열분해법
- 가장 접근이 쉬운 분해방법이다.
- 1,000℃ 이상의 고온이 요구되어 에너지 등 운전비용이 과다하다.
- 분해산물에 HF, HCl 및 NOx, SOx 등과 같은 유해물질이 포함되어 후처리 공정이 필요하다.

ⓑ 플라즈마 분해법
- PFCs를 포함하는 배가스를 플라즈마 영역을 통과시켜 분해시키는 기술이다.
- PFCs 분해에는 효과적이나 높은 에너지 상태의 플라즈마를 사용하기 때문에 생성된 라디칼들의 이차반응으로 다양한 종류의 부산물이 생성되는 문제점이 있다.
- 플라즈마 발생장치의 내구성 및 경제성에 있어서도 문제가 발생한다.

ⓒ 촉매분해법
- PFCs를 고체촉매와 접촉시켜 연소 및 열분해 온도보다도 낮은 온도에서 분해시키는 방법이다.
- 분해산물로서 HF와 CO_2만 배출되어 후처리공정에서 간단한 습식처리법으로 HF를 제거하면 처리가 가능하다.

ⓓ 회수법
- 배가스에 포함된 PFCs 성분을 PSA(Press Swing Adsorption)흡착법 또는 분리막 등을 사용하여 분리, 회수하는 방법이다.
- PFCs의 재활용이 가능할 경우 바람직한 방법이다.
- 불규칙적으로 소량배출되는 반도체 공정 경우에는 경제성이 낮은 방법이다.

ⓒ 수소불화탄소 처리기술로는 열분해법, 촉매산화법, 플라즈마 분해법 등이 있다.

⑩ 육불화황 처리기술
  ⓐ 직접 처리기술로는 열분해법, 촉매분해법, 플라즈마 분해법 등이 있다.
  ⓑ 회부재활용 방법으로는 흡착법과 분리막 등이 사용된다.
  ⓒ 압력순환흡착법(PSA)의 경우 탈착과정에서 SF_6의 누출이 발생하는 단점이 있다.
  ⓓ 분리막법은 설비가 소규모로 장치비가 저렴하고 운전이 용이하며 공급기체 조성변화에 유연하게 대응할 수 있다.

04 신재생에너지의 이용

1 개요

① 신재생에너지는 대체에너지 기술로 화석연료를 대체할 수 있는 자연에너지 이용기술과 신에너지 이용기술로 구분된다.
② 신재생대체에너지원은 에너지원의 다변화에 의한 화석연료의 수입의존도 감소 및 청정에너지 사용으로 환경보전에 기여하고, 미래의 에너지원으로 주목받고 있다.
③ 신에너지란 기존의 화석연료를 변환시켜 이용하거나 수소·산소 등의 화학반응을 통하여 전기 또는 열을 이용하는 에너지를 말하며 재생에너지란 햇빛·물·지열·강수·생물유기체 등을 포함한 재생 가능한 에너지를 변환시켜 이용하는 에너지를 의미한다.
④ 2012년부터 신재생에너지 보급 측면을 위하여 신생에너지 공급 의무화 제도(RPS)를 시행하고 있다.

2 신재생에너지 분류

(1) 재생에너지(8개 분야)

① 태양에너지(태양열, 태양광)　② 바이오에너지
③ 풍력　　　　　　　　　　　　④ 수력
⑤ 지열에너지　　　　　　　　　⑥ 해양에너지
⑦ 폐기물에너지

(2) 신에너지

① 연료 전기
② 석탄 액화·가스화한 에너지 및 중질잔사유를 가스화한 에너지
③ 수소에너지

3 신생에너지의 특징

① 화석연료 사용에 의한 CO_2 발생이 거의 없는 환경친화형 청정에너지
② 연구개발에 의해 에너지 자원확보가 가능한 기술에너지
③ 재생가능한 비고갈성 에너지
④ 시장 창출 및 경제성 확보를 위한 장기적인 개발·보급정책이 필요한 공공 미래 에너지

4 1차 간접감축방법

(1) 정의
배출원 공정을 통해 신재생에너지를 활용하는 방법이다.

(2) 주요 감축방법
① 하수처리시설에서의 방류수 낙차를 이용한 소수력 발전
② 하수처리시설에서의 방류수 수온차를 이용한 냉난방 기술

5 2차 간접감축방법

(1) 정의
배출원 공정과 무관한 신재생에너지를 생산, 활용하는 방법이다.

(2) 주요 감축방법
① 연료전지
  ㉠ 개요
    ⓐ 연료전지(Fuel Cell)는 연료의 산화에 의해서 생기는 화학에너지를 직접전기에너지로 변환시키는 전지. 즉 연료가 가진 화학에너지를 화학반응에 의해 직접전기에너지로 바꾸는 에너지 전환장치이다.
    ⓑ 생성물이 전기와 순수인 발전효율 30~40%, 열효율 40% 이상으로 총 70~80%의 효율을 갖는 차세대 신기술이다.
    ⓒ 연료전지를 이용한 발전시스템에서 연료전지는 발전효율이 40~60% 정도이며, 열병합발전할 경우에는 80% 이상 가능하다.
  ㉡ 원리
    연료 중 수소와 공기 중 산소가 전기화학반응에 의해 직접발전, 즉 수소와 산소를 양극과 음극에 공급하여 연속적으로 전기를 생산하는 원리이다.
    ⓐ 연료극에 공급된 수소는 수소이온과 전자로 분리(Anode : 양극) : 산화반응
    $2H_2 \rightarrow 4H^+ + 4e^- (H_2 \rightarrow 2H^+ + 2e^-)$
    ⓑ 수소이온은 전해질층을 통해 공기극으로 이동, 전자는 외부통로를 통해 공기극으로 이동(Cathode : 음극) : 환원반응
    $O_2 + 4H^+ + 4e^- \rightarrow 2H_2O \ (1/2O_2 + 2H^+ + 2e^- \rightarrow H_2O)$

ⓒ 장점
   ⓐ 열효율이 높다.(연료전지는 총에너지의 40% 정도는 전기, 40% 정도는 열로 전환, 즉 전기와 열 동시 이용 시 열효율 80% 정도)
   ⓑ 환경친화적이다.(화력발전에 비해 SO_X, NO_X, 미세먼지 발생이 거의 없고 또한 회전 부위기 없기 때문에 소음·진동도 무시할 정도로 적음)
   ⓒ 간편하게, 다양한 크기로 설치가능하며 가동도 탄력적이다.
   ⓓ 부하변동에 신속히 대처가능하며 설치형태에 따라 다양한 용도로 사용이 가능하다.
   ⓔ 천연가스, 메탄올, 석탄가스 등 다양한 연료의 사용이 가능하다.
   ⓕ 도심부근에 설치가 가능하여, 송·배전 설비가 적게 소요되고, 전력손실이 적다.
   ⓖ CO_2는 20~40% 정도 감소시킬 수 있으며 다량의 냉각수가 필요 없다.

② 단점
   ⓐ 비용대비 저효율적이다.(전해질 막이나 백금촉매)
   ⓑ 수소를 대량으로 상용화하기가 어렵다.
   ⓒ 수소의 저장에 어려움이 있다.

⑩ 연료전지 발전시스템의 구성도

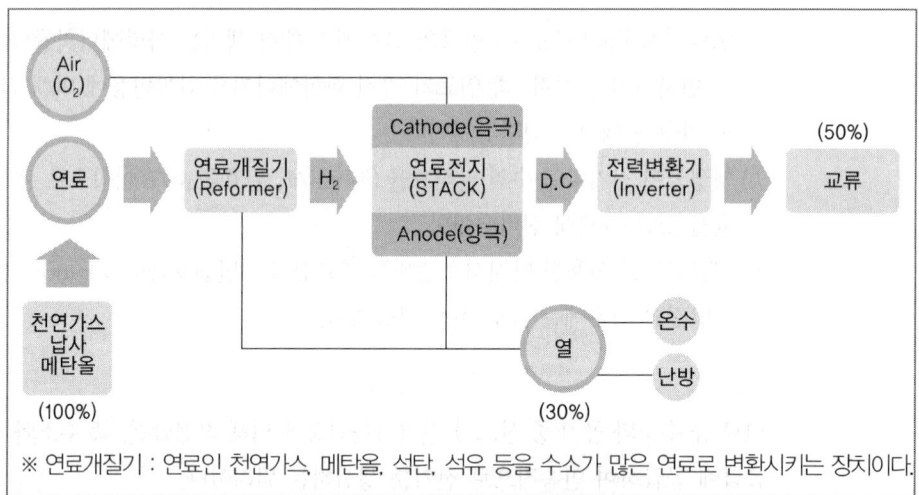

※ 연료개질기 : 연료인 천연가스, 메탄올, 석탄, 석유 등을 수소가 많은 연료로 변환시키는 장치이다.

⑪ 전해질 종류에 따른 연료전지 종류
   연료전지는 전해질의 종류에 따라 고분자 전해질 연료전지(PEMFC), 고체 산화물 연료전지(SOFC), 알칼리 연료전지(AFC), 용융탄산염 연료전지(MCFC), 인산 연료전지(PAFC), 직접 메탄올 연료전지(DMFC) 등으로 구분된다.

ⓐ PEMFC(Polymer/Proton Electolyete Membrane Fuel Cell)

현재 가장 널리 쓰이는 연료전지로 비교적 낮은 온도(약 80℃)에서 작동하고 약 60%의 효율을 나타낸다.
- 장점 : 작고 가볍게 만들 수 있으며 낮은 온도에서 작동하기 때문에 시동 시간이 짧음
- 단점 : 산성조건(H^+)을 견딜 수 있는 값비싼 백금촉매를 사용해야 하는데 일산화탄소(CO)가 백금을 손상시키는 문제가 있음. 또한, 고온 저습 조건에서 이온전도도가 감소하여 습도와 온도 조절이 필수적임(CO농도가 높거나 연료에 황이 포함되어 있으면 성능이 현저하게 떨어짐)

ⓑ SOFC(Solid Oxide Fuel Cell)

산소이온이 투과되는 세라믹 고체 전해질을 사용하는 연료전지. 연구개발이 활발하게 이루어지고 있는 연료전지로 매우 높은 온도(약 1,000℃)에서 작동하고 60% 정도로 높은 효율을 보이며 열을 이용하는 시스템까지 활용하면 효율이 85%까지 향상된다.
- 장점 : 작동온도가 높아 귀금속 촉매를 사용하지 않고 외부장치(개질기) 없이 LNG, LPG 등을 연료로 사용 가능. 소형화가 가능함
- 단점 : 시동 시간이 길어 자주 전원을 차단해야 하는 용도로는 부적합하며 높은 온도로 인해 제조와 유지 비용이 비싸짐

ⓒ AFC(Alkaline Fuel Cell)

1세대 연료전지 중 하나이며 미 우주 프로그램에서 전기와 물 생산을 위해 사용된다. 비교적 저온(약 100℃)에서 작동하며 약 60% 정도의 효율을 나타낸다.
- 장점 : 귀금속 촉매를 사용하지 않아서 단가를 낮출 수 있음
- 단점 : 전극이 이산화탄소에 매우 취약하여 이산화탄소에 노출 시 크게 손상되는 단점이 있음

ⓓ MCFC(Molten Carbonate Fuel Cell)

2세대 연료전지로 불리며 탄산이온이 전해질을 통해 이동한다. 비교적 높은 온도(약 650℃)에서 작동하며 효율은 65%, 발생하는 열까지 활용하면 85%까지 향상된다.
- 장점 : 높은 온도에서 작동하여 SOFC와 비슷한 장점을 가짐. 귀금속 촉매를 사용하지 않고 내부개질로 LNG, LPG를 연료로 사용 가능(대규모 발전에 사용)
- 단점 : 높은 온도에 의해 부식이 빨리 일어나고 내구성이 약함

ⓔ PAFC(Phosphoric Acid Fuel Cell)

1세대 연료전지 중 하나로 기술이 가장 성숙한 연료전지로 평가된다. 비교적 저온(약 200℃)에서 작동하고 효율이 약 37~42% 정도지만, 발생하는 열까지 함께 이용하면

80%까지 향상 가능하다(생산가능한 열과 전력을 합할 경우 전체효율이 80% 수준).
- 장점 : 구조가 단순하고 화학적 안정성이 높으며 전해질로 사용하는 인산의 가격이 저렴함(고정형 연료전지시장에 점차 입지를 다져가는 중)
- 단점 : 다른 연료전지 방식에 비해 크고 무거우며 촉매로 백금을 사용하기 때문에 일산화탄소 노출에 취약

ⓕ DMFC(Direct Methanol Fuel Cell)
연료로 메탄올을 이용하는 연료전지로 저온(약 100℃)에서 작동하고 약 40% 효율을 보인다.
- 장점 : 연료로 기체인 수소 대신 액체인 메탄올을 사용하기 때문에 연료공급이 쉽고 소형화에 유리
- 단점 : 출력밀도가 낮고 비싼 백금촉매를 사용

| 연료전지 종류(전해질 종류에 따른 분류) |

구분	알칼리 (AFC)	인산형 (PAFC)	용융탄산염형 (MCFC)	고체산화물형 (SOFC)	고분자전해질형 (PEMFC)	직접메탄올 (DMFC)
전해질	수산화칼륨	인산염	탄산염	세라믹	이온교환막	이온교환막
촉매	니켈, 백금	백금	Perovskites	니켈	백금	백금
동작 온도 (℃)	120 이하	250 이하	700 이하	1,200 이하	100 이하	100 이하
	저온형	저온형	고온형	고온형	저온형	저온형
효율(%) HHV	85	70	80	85	75	40
용도	우주발사체 (전원)	중형건물 (200kW)	중·대형 건물 (100kW~MW)	소·중·대 용량 발전 (1kW~MW)	가정, 상업용 (1~10kW)	소형이동용 (1kW 이하)
특징	외부연료 개질기 필요	CO 내구성 큼, 열병합대응 가능	발전효율 높음, 내부개질 가능, 열병합대응 가능	발전효율 높음, 내부개질 가능, 복합발전 가능	저온작동, 고출력 밀도	저온작동, 고출력 밀도
과제	전해질에서 누수현상 방지	재료부식, 인산유출	재료부식, 용융염휘산	고온열화, 열파괴	고온운전 불가, 재료비/가공비 높음(고가의 촉매 및 전해질), 낮은 효율	고온운전 불가, 재료비/가공비 높음, 메탄올 크로스오버 문제

② 태양광
  ㉠ 개요
    태양광 발전은 태양의 빛에너지를 변환시켜 전기를 생산하는 발전기술, 즉 햇빛을 받으면 광전효과(Photovoltaic Effect)에 의해 전기를 발생하는 태양전지를 이용한 발전방식이다.

  ㉡ 태양전지
    ⓐ 태양빛의 에너지를 전기에너지로 바꾸는 전지로 P형 반도체와 N형 반도체라고 하는 2종류의 반도체를 사용하여 전기를 발생시킨다.
    ⓑ 금속과 반도체의 접촉을 이용한 셀렌광전지, 아황산구리 광전지가 있고 반도체 PN접합을 사용한 실리콘 광전지가 있다.
    ⓒ 현재 실용화되어 전원용으로 사용되고 있으며 전체 태양전지시장의 90% 이상을 차지하고 있는 전지는 결정질 실리콘 태양전지이다.

  ㉢ 원리(PN접합에 의한 태양광 발전원리)
    ⓐ PN접합에 의해 전기가 발생한다.
    ⓑ 태양전지에 빛이 입사되면 반도체 내의 전자(-)와 정공(+)이 여기되어 반도체 내부를 자유로이 이동하는 상태가 된다.
    ⓒ 자유로이 이동하다가 PN접합에 의해 생긴 전계에 들어오면 전자(-)는 N형 반도체에, 정공(+)은 P형 반도체에 이르게 되어, P형 반도체와 N형 반도체 표면에 전극을 형성하여 전자를 외부회로로 흐르게 하면 전류가 발생한다.

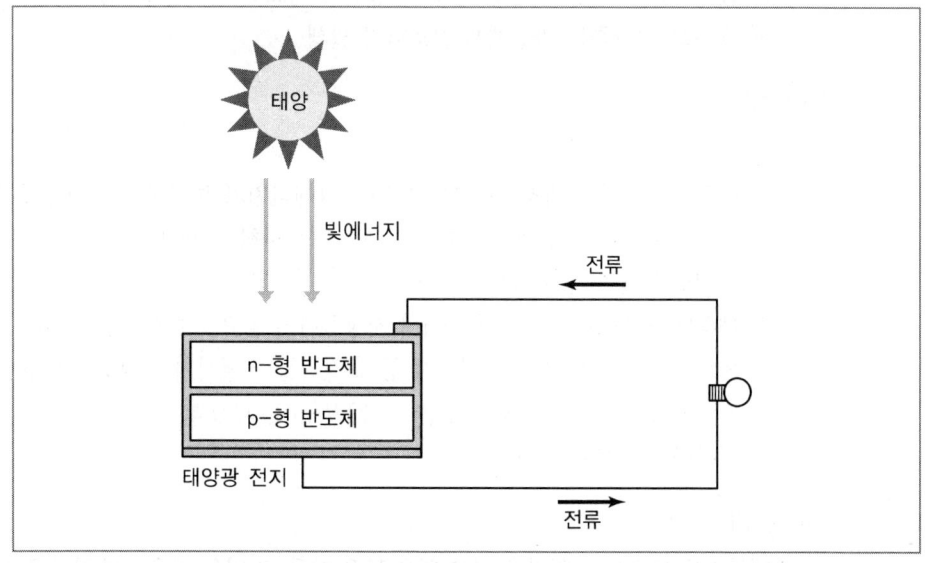

② 태양전지 분류
  ⓐ 실리콘계 태양전지
   • 다결정(결정질)
   • 단결정(비정질)
  ⓑ 비실리콘계 태양전지
   • 무기박막계열 · 유기태양전지
   • 연료감응
   • 유-무기 패로브스카이트
   • 양자점

◎ 장점
  ⓐ 에너지원이 청정하고 무제한(햇빛이 있는 곳이면 간단히 설치 가능)
  ⓑ 유지, 보수 용이
  ⓒ 환경친화적
  ⓓ 무인화 가능(자동화 용이)
  ⓔ 태양전지의 수명이 최소 20년 이상

ⓑ 단점
  ⓐ 에너지 밀도가 낮음
  ⓑ 많은 설치 공간이 필요함
  ⓒ 전력 생산량이 지역적 일사량에 의존(기상조건에 따라 출력에 영향을 받음)
  ⓓ 초기 투자비 및 발전단가 높음(태양전지 재료인 실리콘 고가)
  ⓔ 교류로 변환하는 과정에서 고조파가 발생

③ 태양열
 ㉠ 개요
  ⓐ 태양열에너지는 태양으로부터 오는 복사에너지가 특정물체에 의해 흡수 · 전환된 열에너지로 정의하며 태양열 발전은 태양이 복사하는 열에너지를 흡수하여 열기관과 발전기를 작동시켜 발전하는 방식
  ⓑ 태양열에너지는 직접 이용하거나 저장했다가 필요시 이용하는 방법과 복사광선을 고밀도로 집광해서 열발전 장치를 통해 전기를 발생시키는 방법이 있음
  ⓒ 태양에너지는 밀도가 낮고(평균 : $342W/m^2$), 계절별 · 시간별 변화가 심하기 때문에 집광하는 경우가 대다수임

 ㉡ 원리
  태양열을 모으는 집열판을 이용 열을 모은 다음 그 열을 이용하여 찬물을 데워 펌프를 이용 온수저장 탱크로 이동시키는 방법이다.

ⓒ 태양열 시스템의 구성
　ⓐ 집열부 : 태양열 집열이 이루어지는 부분으로 집열온도는 집열기의 열손실률과 집광장치의 유무에 따라 결정됨
　ⓑ 축열부 : 열 시점과 집열량이 이용시점과 부하량에 일치하지 않기 때문에 필요한 일종의 버퍼(Buffer) 역할을 할 수 있는 열저장 탱크
　ⓒ 이용부 : 태양열 축열조에 저장된 태양열을 효과적으로 공급하고 부족할 경우 보조열원에 의해 공급
　ⓓ 제어장치 : 태양열을 효과적으로 집열 및 축열하고 공급, 태양열 시스템의 성능 및 신뢰성 등에 중요한 역할을 해주는 장치

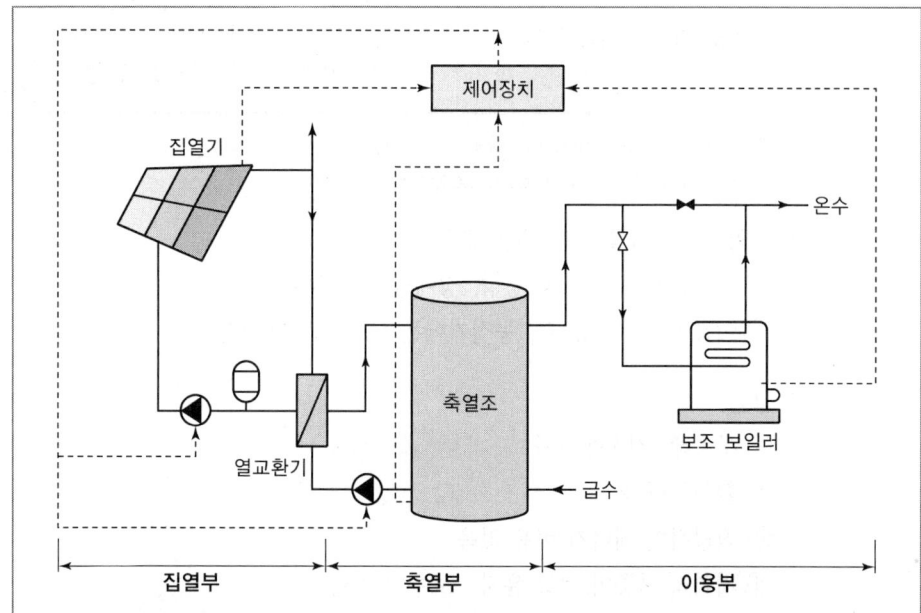

※ 태양열에너지는 에너지 밀도가 낮고, 계절별, 시간별 변화가 심한 에너지이므로 집열과 축열 기술이 가장 기본이 되는 기술임

출처 : 에너지관리공단

㉣ 태양열에너지 적용분야

구분	자연형	설비형		
활용온도	저온용 60℃ 이하	중온용 100℃ 이하	중온용 300℃ 이하	고온용 300℃ 이상
집열부	자연형 시스템 공기식 집열기	평판형 집열기	PTC형 집열기, CPC형 집열기, 진공관형 집열기	Dish형 집열기, Power Tower Furance
축열부	Tromb Wall (자갈, 현열)	저온축열 (현열, 잠열)	중온축열 (잠열, 화학)	고온축열 (화학)
이용분야	건물공간난방	냉난방·급탕, 농수산 (건조, 난방)	건물 및 농수산분야 냉·난방, 담수화, 산업고정열, 열발전	산업공정열, 열발전, 우주용, 광촉매폐수 처리, 광화학, 신물 질제조

주) PTC(Parabolic Trough solar Collector)
　　CPC(Compound Parabolic Collector)

㉤ 태양열에너지를 얻기 위한 조건
　ⓐ 일조조건이 좋은 곳(남향, 장애물 없는 곳)
　ⓑ 여름에는 10~20℃, 동절기에는 40~60℃가 적당

㉥ 장점
　ⓐ 무공해, 청정에너지
　ⓑ 환경친화적
　ⓒ 직접적인 에너지 비용 없음
　ⓓ 지역적 편중이 적고 유지·보수비 저렴

㉦ 단점
　ⓐ 에너지 밀도가 낮아 경제성 낮음
　ⓑ 초기설치비용 고가
　ⓒ 일사량 조건에 따라 출력변동이 큼

㉧ 태양열 발전시스템의 종류
　ⓐ 중앙집중형 시스템
　　태양추적 반사경에서 반사된 태양광을 중앙에 위치한 탑의 한 점에 모아 고열을 얻고, 이 고열로 열교환기 등을 이용하여 고압수증기를 발생시켜 전기를 얻는 방식이다.
　ⓑ 분산형 시스템
　　선초점형이나 접시형 등 집광 집열기를 이용한 단위 집광집열시스템을 다수분산 배치

하여 배관 내를 흐르는 열매체를 가열시키고, 이를 이용하여 스톨링 엔진과 같은 열기관을 구동시켜 발전하는 방식이다.
ⓒ 독립형 시스템
집광집열기를 이용하는 5~25kW급의 시스템으로서 전력계통으로부터 독립된 소규모 전원으로 이용되는 것을 말한다.

ⓧ 태양열 이용기술의 시스템별 분류
ⓐ BATCH형 시스템
가격이 저렴하고, 집열과 축열이 동시에 이루어지는 시스템이다.
ⓑ 상변화형 시스템
일매체의 상변화를 이용한 시스템으로 자연대류형보다 효율은 높고, 제조공정 및 사후관리도 용이하다.
ⓒ 자연대류형 시스템
집열기와 축열조가 분리되어 있고, 부동액을 열매로 사용하므로 집열기의 동파문제는 걱정하지 않아도 된다.
ⓓ 강제순환형 시스템
낮은 온도차에서도 시스템이 운전되므로 효율이 높으며, 축열조가 실내에 설치되므로 동파의 우려가 없다.

④ 풍력
㉠ 개요
ⓐ 바람의 운동에너지를 전기에너지로 변환시키는 발전방식, 블레이드의 공력(Aerodynamic) 특성을 이용하여 바람의 운동에너지를 회전에너지로 바꾼 후, 이 회전에너지를 발전기에서 전기에너지로 변환시키는 방식, 즉 바람을 이용하여 터빈을 돌려서 발전하는 기술이다.
ⓑ 설치 위치에 따라 해상용과 육상용으로 구분됨. 육상용과 해상용 풍력발전 시스템은 기본적 구조는 동일하나, 해상의 경우는 해수 특성상 염분에 견딜 수 있도록 공조시스템 등이 다르다.
ⓒ 발전량은 풍속과 풍차의 크기에 좌우되며 풍력으로 발전하기 위해서는 평균 4m/sec 이상의 풍속이 되어야 한다.

㉡ 원리
풍력발전기는 바람이 갖고 있는 에너지를 전기에너지로 바꿔주는 장치로 바람을 이용 풍력발전기의 날개를 회전시켜, 이 회전력을 이용 전기를 생산한다.

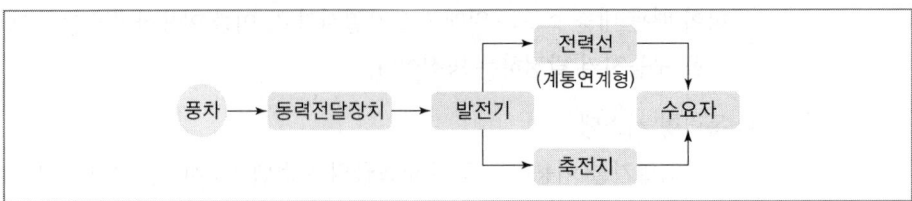

ⓒ 장점
- ⓐ 무한정 청정에너지(재생가능한 무공해 에너지원)
- ⓑ 건설 및 설치기간 짧음
- ⓒ 토지이용의 효율성 높음
- ⓓ 상대적 비용이 적게 소요(대규모 단지의 경우 발전단가가 비교적 낮음)
- ⓔ 유지보수가 용이한 편
- ⓕ 오랜 기술축적으로 기술성숙도와 가격경쟁력이 있음
- ⓖ 일부지역 관광자원 가능

ⓔ 단점
- ⓐ 소음공해 및 시각장해 유발
- ⓑ 에너지 밀도가 낮음(바람이 희박할 경우 발전 힘듦)
- ⓒ 풍속의 영향에 민감
- ⓓ 소규모 발전에만 유망

⑤ 소수력(수력)

㉠ 개요
- ⓐ 소수력은 일반적인 수력발전과 원리 면에서는 차이가 없으나, 자연조건을 크게 훼손하지 않는 범위에서 10,000kW 이하의 발전시설을 의미함
- ⓑ 다른 대체에너지원에 비해 높은 에너지 밀도를 가지고 있어 개발가치가 큰 부존자원으로 평가됨
- ⓒ 현재 우리나라의 신재생에너지 연구개발 및 보급대상은 주로 소수력발전을 대상으로 이루어지고 있음
- ⓓ 신재생에너지 연구개발 및 보존대상은 주로 발전 설비용량 10MW 이하를 대상으로 하고 있으며, 발전차액지원 제도는 5MW 이하를 지원하고 있음

㉡ 원리
높은 위치에 있는 하천이나 저수지 물을 낙차에 의한 위치에너지를 이용하여 수차의 회전력을 발생시키고 수차와 직결되어 있는 발전기에 의해서 전기에너지로 변환시키는 방식

ⓒ 소수력 발전시스템

㉣ 특징
ⓐ 초기 투자비가 높고 투자 회수 기간이 길다.
ⓑ 반영구적인 에너지 자원으로 에너지 안전 측면에서 우수하다.
ⓒ 전력생산 시간이 짧아 전력공급량 조정기능이 탁월하다.
ⓓ 에너지 변환 효율이 높으며 환경친화적이다.
ⓔ 지역사회의 기반으로서 지역발전에 공헌할 수 있다.
ⓕ 자연낙차가 커야 하므로 운영상 불편하다.

⑥ **지열**

㉠ 개요
ⓐ 지열에너지란 땅이 지구 내부의 마그마 열에 의해 보유하고 있는 에너지, 즉 지구가 가지고 있는 열에너지를 총칭하며, 그 에너지 근원은 지구 내부에서 발생하는 방사선 붕괴에 의한 것으로 알려지고 있음
ⓑ 내부로부터 확산 전달된 지열에너지는 지표까지 전달됨
ⓒ 최근에 지열에너지는 인간에 의해 발견되고 개발된 또는 개발될 수 있는 지구의 열을 지칭하는 의미로 사용되고 있음
ⓓ 일반적으로 열을 생산하는 직접 이용과 전기를 생산하는 간접 이용 기술로 구분하며 직접 이용 기술 중 가장 큰 부분을 차지하는 기술은 지열 열펌프(히트펌프) 시스템
ⓔ 지열에너지를 활용하는 방법에는 직접 이용, 간접 이용, 지열펌프 등이 있으며 우리나라는 연중 일정한 땅속의 온도(지하 25m에서 16℃로 연중 일정)를 활용하여 지열펌프를 통해 주택 및 아파트의 냉난방으로 활용함

㉡ 원리
지열에너지는 물, 지하수 및 지하의 열 등의 온도차를 이용하여 여름에는 시원하고, 겨울에는 따뜻한 지중의 특성을 활용하여 냉·난방에 활용하는 기술이다.

㉢ 히트펌프
지열과 같은 저온의 열원으로부터 열을 흡수하여 고온의 열원에 열을 주는 장치로 열을 빼앗긴 저온 측은 여름철 난방에, 열을 얻은 고온 측은 겨울철 난방에 이용하는 설비이다.

② 장점
ⓐ 친환경적 청정에너지(CO_2, NOx, SOx 배출이 없음)
ⓑ 일반 냉·난방 시스템 대비 높은 경제성(최소 50% 이상 절감 효과)
ⓒ 반영구적 사용 가능(약 50년)
ⓓ 매우 안정적 운영이 가능한 시스템
ⓔ 유지보수비가 상대적으로 저렴
ⓕ 연중 내내 24시간 동안 에너지 생산 가능(연중 원하는 온도를 조절해 냉난방과 온수를 사용할 수 있어 편리함)
ⓖ 각각의 히트펌프는 개별운전방식으로, 별도의 운전기사가 필요없으며 사용자 개인의 독립적인 운전이 가능(원격자동제어 가능)
ⓗ 설치 공간을 기존에 비해 줄일 수 있어 부가가치가 높은 편임
ⓘ 경유, 석유, 가스 등 연료없이 난방이 이루어질 수 있어 폭발이나 화재의 위험성이 없는 편임

⑤ 단점
ⓐ 일반 냉·난방 시스템보다 초기 투자비 큼
ⓑ 냉·난방 면적이 소규모인 경우 경제성 떨어짐
ⓒ 지형지물에 의한 시공의 어려움
ⓓ 땅의 침전을 유발할 가능성이 있고, 지중 상황 파악이 쉽지 않음

⑦ 바이오에너지
㉠ 개요
ⓐ 바이오매스를 원료로 사용하여 생산된 에너지
ⓑ 바이오매스는 생체뿐 아니라 동물의 배설물 등 대사활동에 의한 부산물도 모두 포함함
ⓒ 바이오연료는 화석연료와 달리 신재생에너지로 분류됨
ⓓ 바이오매스 열생산을 위해서는 연소가 불가피하고, 기본적으로 연소의 기본조건인 3T(Temperature, Time, Turbulence)를 고려하여 완전연소를 통한 오염물질 배출 최소화를 달성할 수 있는 조건에서 운전하여야 함

㉡ 원리
바이오에너지 이용기술이란 바이오매스(Biomass, 유기성 생물체를 총칭)를 직접 또는 생·화학적, 물리적 변환과정을 통해 액체, 가스, 고체연료나 전기·열에너지 형태로 이용하는 화학, 생물, 연소공학 등의 기술을 의미한다.

ⓒ 바이오에너지 기술의 분류

대분류	중분류	내용
바이오액체연료 생산기술	연료용 바이오 에탄올 생산기술	당질계, 전분질계, 목질계
	바이오디젤 생산기술	바이오디젤 전환 및 엔진적용기술
	바이오매스 액화기술 (열적 전환)	바이오매스 액화, 연소, 엔진이용기술
바이오매스 가스화기술	혐기소화에 의한 메탄가스화 기술	유기성 폐수의 메탄가스화 기술 및 매립지 가스 이용기술(LFG)
	바이오매스 가스화기술 (열적 전환)	바이오매스 열분해, 가스화, 가스화발전 기술
	바이오 수소 생산기술	생물학적 바이오 수소 생산기술
바이오매스생산, 가공기술	에너지 작물 기술	에너지 작물재배, 육종, 수집, 운반, 가공기술
	생물학적 CO_2 고정화 기술	바이오매스 재배, 산림녹화, 미세조류 배양기술
	바이오 고형연료 생산, 이용기술	바이오 고형연료 생산 및 이용기술(왕겨탄, 칩, RDF(폐기물연료) 등)

출처 : 에너지관리공단

㉣ 바이오에너지 변환시스템

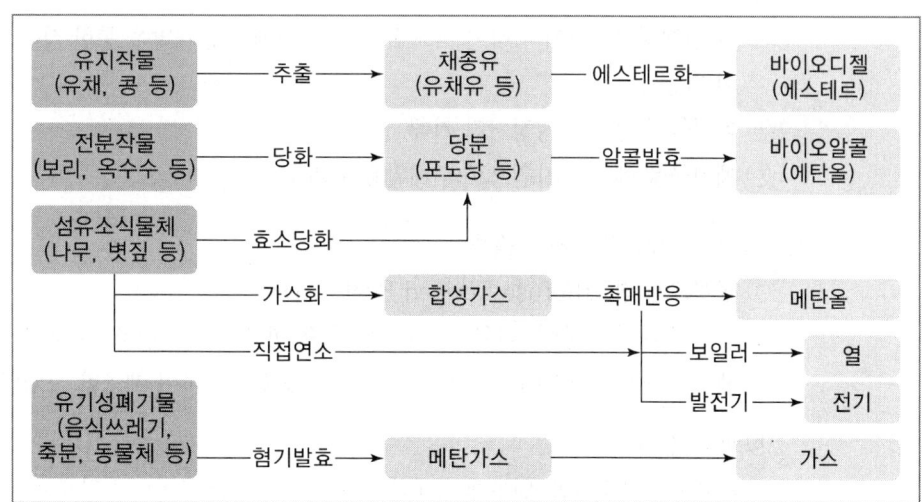

출처 : 에너지관리공단

㉤ 장점
  ⓐ 에너지 저장 및 재생 가능
  ⓑ 최소자본으로 이용기술 개발 가능
  ⓒ 친환경적
  ⓓ 풍부한 자원

ⓔ 생산에너지형태가 연료, 전력, 천연화학물질 등으로 다양함
ⓑ 단점
ⓐ 수집 및 수송의 어려움
ⓑ 과도 이용 시 환경에 부정적
ⓒ 대규모 설비투자
ⓓ 다양한 기술개발의 어려움

⑧ 폐기물
㉠ 개요
ⓐ 사업장 또는 가정에서 발생하는 가연성 폐기물 중 에너지 함량이 높은 폐기물을 소각에 의한 열회수 기술, 성형 고체연료 제조기술, 열분해에 의한 연료유 생성 기술, 가스화에 의한 가연성 가스 제조기술 등의 가공·처리방법
ⓑ 고체연료, 액체연료, 기체연료, 폐열을 생산하고, 산업생산 활동에 필요한 에너지로 이용될 수 있도록 한 재생에너지
ⓒ 매립가스를 이용한 발전기술(설비) 중 대규모 매립지에 가장 적합한 것은 증기터빈
ⓓ 화석연료의 사용을 줄임으로써 온실가스 배출감축에 기여

㉡ 특징
ⓐ 타 신재생에너지에 비하여 비교적 단기간 내에 기술개발을 통한 상용화 및 조기보급이 가능
ⓑ 폐기물의 안전한 청정처리 기대
ⓒ 폐기물을 에너지 자원으로의 재활용 효과 기대

㉢ 폐기물 신재생에너지의 종류
ⓐ 성형고체 연료(Refuse Derived Fuel : RDF)
가연성 폐기물(종이, 나무, 플라스틱 등)을 파쇄, 선별, 건조, 성형 등의 공정을 거쳐 제조된 연료이며 SRF는 가연성 고체폐기물을 성형하여 제조한 고체연료
ⓑ 폐유 정제유
폐유를 이온정제법, 열분해 정제법, 감압증류법 등의 공정으로 정제하여 생산된 재생유
ⓒ 플라스틱 열분해 연료유
고분자 폐기물(플라스틱, 합성수지, 고무·타이어 등)을 열분해하여 생산되는 청정연료유[열분해는 무산소 환원반응]
ⓓ 폐기물 소각열
가연성 폐기물의 소각열을 회수하여 스팀생산 및 발전으로 이용

ⓔ 장점
  ⓐ 에너지 회수 측면에서 비교적으로 경제성 높음
  ⓑ 폐기물의 부피 및 양 감소

ⓜ 단점
  ⓐ 기술개발 및 연구가 요구됨
  ⓑ 폐기물에너지화 과정에서 2차적 환경오염 유발가능

> **Reference** 목재칩(Wood Chip)과 목재펠릿(Wood Pellet)의 비교

Wood Chip	Wood Pellet
• 연료의 특성이 비균일 • 제조공정 단순, 제조비용 저렴 • 저장 규모가 큰 편 • 발열량(2,700kcal/kg) • 중대형 난방	• 연료의 특성이 균일 • 제조공정 복잡, 제조비용 상당 • 이용 편리, 오염배출 최소 • 정제된 원료만 사용 • 안정적인 공급설비 가능 • 발열량(4,500kcal/kg) • 소규모 난방

⑨ 해양

㉠ 개요

해양에너지는 조력, 파력, 해류, 해수 온도차 등을 변환시켜 주로 발전에너지를 생산하는 기술

㉡ 원리

ⓐ 조력발전

조수간만의 차를 동력원으로 해수면의 상승하강운동을 이용하여 전기를 생산하는 기술로 조수가 약할 경우에는 펌프를 이용하여 물을 퍼올려 안정적인 전기공급을 할 수 있다.

ⓑ 파력발전

파력발전은 파도 자체에 존재하는 운동에너지를 전기에너지로 전환, 즉 연안 또는 심해의 파랑에너지를 이용하여 전기를 생산하는 기술이다.

ⓒ 조류발전

해수의 유동에 의한 운동에너지, 즉 해류가 프로펠러식 터빈을 지날 때의 회전력을 이용하여 전기를 생산하는 기술

ⓓ 온도차 발전

고온의 열원에서 저온의 열원으로 열이 이동하여 터빈을 구동, 즉 해양 표면층의 온수

(예 : 25~30℃)와 심해 500~1,000m 정도의 냉수(예 : 5~7℃)와의 온도차를 이용하여 열에너지를 기계적 에너지로 변환시켜 발전하는 기술

ⓒ 시스템 구성도

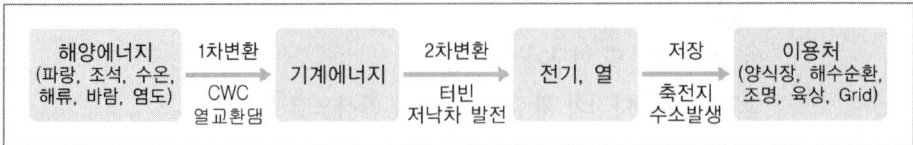

출처 : 에너지관리공단

ⓔ 종류 및 입지조건

구분	조력발전	파력발전	조류발전	온도차발전
입지조건	평균조차 : 3m 이상 폐쇄된 만의 형태 해저의 지반이 강고 에너지 수요처와 근거리	자원량이 풍부한 연안 육지에서 거리 30km미만 수심 300m 미만의 해상 항해, 항만 기능에 방해되지 않을 것	• 조류의 흐름이 2m/s 이상인 곳 • 조류흐름의 특징이 분명한 곳	• 연중 표·심층수와 온도차가 17℃ 이상인 기간이 많을 것 • 어업 및 선박 항행에 방해되지 않을 것

출처 : 에너지관리공단

⑩ 수소

㉠ 개요

수소에너지 기술은 화합물형태(물, 유기물, 화석연료 등)로 존재하는 수소를 분리, 생산하여 이용하는 기술이며 수소를 저렴하게 대량 생산하는 제조기술이 중요하다.

㉡ 수소제조법

ⓐ 수증기 개질법

ⓑ 물의 고온(4,300k) 직접 열분해

ⓒ 식염전해법(NaCl 전해로부터 부산물)

㉢ 장점

ⓐ 환경친화적(일부 NO_x를 제외하고는 연소생성물로 인한 환경오염 없음)

ⓑ 풍부한 자원(물을 원료로 사용하며 수소에너지는 사용 후 다시 물로 재순환)으로부터 얻을 수 있는 청정2차에너지

ⓒ 에너지의 저장 및 수송이 가능한 화학적 매체

ⓓ 운송수단의 연료로 사용가능(석유 대체 에너지로 자동차, 항공기, 로켓 등의 연료로 사용 가능)

ⓔ 직접발전(연료전지 시스템 이용) 가능

② 단점
ⓐ 입력에너지(전기에너지)에 비해 수소에너지의 경제성 낮음
ⓑ 사용상 안전에 큰 문제점(폭발범위 크고, 착화 용이)
ⓒ 수소 생산 시 큰 에너지 필요하여 경제성 낮음
⑩ 수소에너지 제조기술 시스템

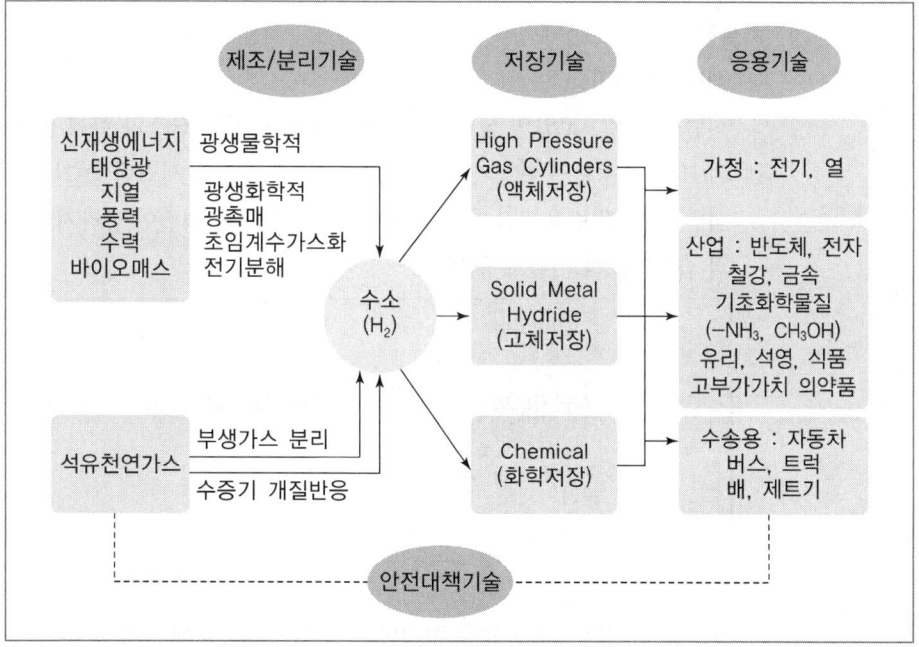

출처 : 에너지관리공단

⑭ 수소의 저장방법
ⓐ 압축가스   ⓑ 액체수소
ⓒ 지하저장   ⓓ 수소저장합금

⑪ 석탄가스화·액화
㉠ 개요 및 원리
ⓐ 석탄(중질잔사유) 가스화
가스화 복합발전기술(IGCC ; Integrated Gasification Combined Cycle)은 석탄, 중질잔사유 등의 저급원료를 고온·고압의 가스화기에서 수증기와 함께 한정된 산소로 불완전연소 및 가스화시켜 일산화탄소와 수소가 주성분인 합성가스를 만들어 정제공정을 거친 후 가스터빈 및 증기터빈 등을 구동하여 발전하는 신기술
ⓑ 석탄 액화
고체 연료인 석탄을 휘발유 및 디젤유 등의 액체연료로 전환시키는 기술로 고온 고압의 상태에서 용매를 사용하여 전환시키는 직접액화 방식과, 석탄가스화 후 촉매상에서 액체연료로 전환시키는 간접액화 기술로 나뉨

ⓛ 시스템 구성요소
  ⓐ 가스화부
  ⓑ 가스정제부
  ⓒ 발전부
  ⓓ 수소 및 액화연료부

ⓔ 기술분류
  ⓐ 석탄가스화기술
    석탄을 고온·고압의 상태의 가스화기에서 한정된 산소와 함께 불완전연소시켜 CO와 H_2가 주성분인 합성가스를 생성하는 기술로 전체 시스템 중 가장 중요한 부분으로 석탄 종류 및 반응조건에 따라 생성가스의 성분과 성질이 달라지며 건식가스화 기술과 습식가스화 기술로 구분

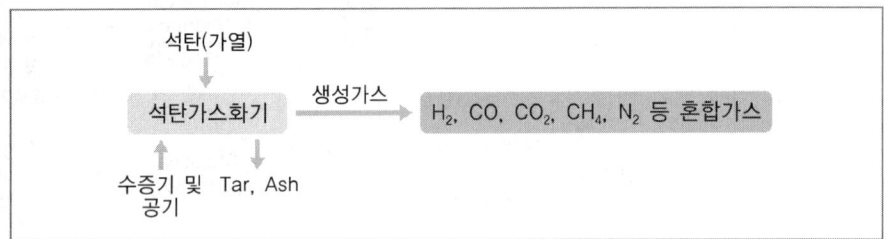

  ⓑ 가스정제공정
    생성된 합성가스를 고효율 청정발전 및 청정에너지에 사용할 수 있도록 오염가스와 분진(H_2S, HCl, NH_3 등) 등을 제거하는 기술

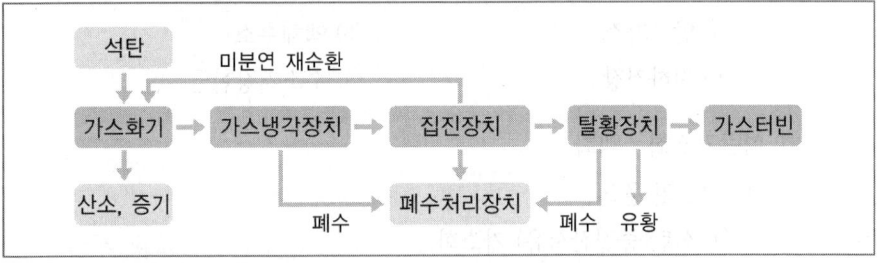

  ⓒ 가스터빈 복합발전 시스템(IGCC)
    정제된 가스를 사용 1차로 가스터빈을 돌려 발전하고, 배기 가스열을 이용하여 보일러로 증기를 발생시켜 증기터빈을 돌려 발전하는 기술

  ⓓ 수소 및 액화연료 생산
    연료전지의 원료로 사용할 수 있도록 합성가스로부터 수소를 분리하는 기술과 생성된 합성가스의 촉매 반응을 통해 액체연료인 합성석유를 생산하는 기술

ⓜ 장점
  ⓐ 환경친화형 기술(SO_X 95% 이상, NO_X 90% 이상 저감가능)
  ⓑ 높은 효율의 발전가능
  ⓒ 석탄, 중질잔사유, 폐기물 등 저급연료를 활용하여 다양한 형태(전기생산, 화학플랜트 활용, 액화연료 생산)의 고부가 가치에 에너지화

ⓑ 단점
  ⓐ 초기 투자비용이 높음
  ⓑ 넓은 소요면적이 필요함
  ⓒ 복합설비로 전체설비의 구성과 제어가 복잡

Reference 대체에너지원별 비교

원별	생산에너지유형	이용분야	사업내용	비고
태양열	열(온수, 증기), 전기	건물 및 산업용 에너지	태양열 이용 냉난방 및 발전	재생에너지
태양광	전력	특수용, 낙도·오지의 전력공급	태양광 이용 발전	재생에너지
바이오매스	기체(메탄), 액체(알콜), 고체(대체탄)	산업용, 수송용 난방·취사용	생물자원 에너지화	재생에너지
소수력	전력	전력공급	하천의 낙차 이용 발전(3,000kW 이하)	재생에너지
풍력	전력	전력공급	풍력 이용 발전	재생에너지
수소	가스연료(수소)	자동차, 발전 등	수소의 생산 및 이용	신에너지
해양에너지	전력	전력공급	조력, 파력 및 해수온도차 이용발전	재생에너지
지열	열(온수, 증기)	주택, 산업용 및 발전에너지	지열 이용 지역난방 및 발전	재생에너지
폐기물 에너지	열, 기체(메탄 등), 고체(RDF 등)	주택, 상업용, 산업용 및 발전에너지	폐기물 에너지화	재생에너지
석탄 액화·가스화	석탄 액화, 가스	산업용 및 발전에너지	석탄의 고부가가치 연료전환	신에너지
연료전지	전력＋열 (열병합시스템)	전력공급 냉난방	연료전지개발	신에너지

출처 : 에너지관리공단

05 탄소상쇄 프로그램

1 탄소상쇄의 정의

① 기업이나 개인 등이 온실가스 배출량을 감축하기 위한 조치에도 불구하고 발생하는 온실가스 배출량의 일부 또는 전부를 외부의 크레딧으로 상쇄하는 것을 의미한다. 즉, 외부로부터 탄소배출권 구매도 탄소상쇄이다.
② 개인이나 단체, 또는 기업이 일상생활이나 활동, 행사를 통해 배출한 CO_2 양을 산정한 후 이에 해당하는 양만큼 감축활동에 기부하는 행위를 지칭한다.
③ 탄소상쇄, 즉 'Carbon Offset'를 직역하면 이산화탄소(Carbon Dioxide)의 상쇄(Offset)라는 의미로, 온실효과가스 저감 프로젝트를 활용하여 자신이 배출한 CO_2를 없애는 것을 의미한다.

2 탄소상쇄의 의미

① 탄소상쇄는 내부적·직접적인 온실가스 감축수단의 한계를 인정하고, 보다 비효과적인 외부의 크레딧을 활용한다는 측면에서 교토의정서의 핵심요소이자, 탄소시장의 근간을 이루는 주요 메커니즘이라고 할 수 있다.
② CDM사업도 교토의정서 상의 감축의무국의 의무이행수단으로 허용된 상쇄프로그램이라고 볼 수 있다.

3 특징

① 배출권거래제에서 Allowance(할당량) 대신 Credit을 제출하는 오프셋 제도와의 혼동을 피하기 위해 탄소상쇄(Carbon Offset) 또는 탄소중립(Carbon Neutral)이라고 한다.
② 개인이나 조직은 외부 크레딧을 구매함으로써 온실가스 배출량을 상쇄시키고, 나아가 탄소중립(Carbon Neutral) 또는 탄소마이너스에 도달할 수 있다.
③ 개인이나 제품이 라이프사이클 전 과정에 걸쳐 배출하는 CO_2 양을 탄소 발자국(Carbon Foot-Print)이라 하며 기업이나 국가의 온실가스 인벤토리와 상응하는 개념으로 탄소 발자국은 탄소중립을 위한 기준이 된다.

4 탄소중립의 절차

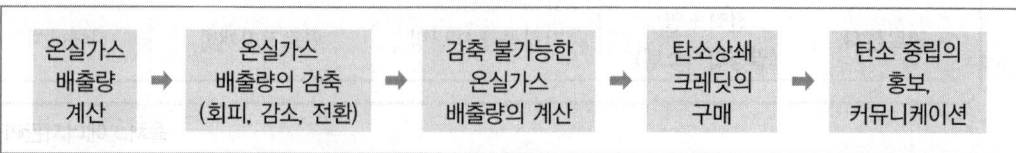

출처 : 한국환경공단

5 탄소상쇄 프로그램

(1) 정의

기업이나 일반시민 등의 활동으로 배출되는 CO_2를 조림(造林)이나 신재생에너지 등의 온실가스를 흡수 또는 감축시키는 사업에 투자하여 상쇄시키는 일련의 행위를 말한다.

(2) 효과

① 의무적으로 온실가스를 감축해야 하는 기업은 프로그램을 수행함으로써 자사의 지속가능경영을 알리고 마케팅이나 사회적 책임 수행에 활용, 경쟁사의 차별화 전략의 하나로 CO_2 상쇄를 도입하는 기업들이 늘고 있다.
② 탄소상쇄를 도입한 비즈니스는 지역발전과 활성화에도 연결됨. 즉, 탄소상쇄를 통해 지원하는 자금의 일부는 개발도상국의 인프라 개발과 교육 등의 빈곤완화를 위한 사업에 투자된다.

(3) 한계와 과제

① 탄소상쇄 프로그램이 환경오염 배출의 면죄부로 활용되어서는 안 된다.
② 탄소상쇄 프로그램의 신뢰성 확보도 넘어서야 할 과제로, 최근 이를 위해 다양한 표준들이 개발되는 등 대응책들이 마련되고 있다.

(4) 자발적 탄소시장과 탄소상쇄의 관계

① 탄소중립 초기에는 자신의 배출량을 제로화하기 위해 나무심기나 재생에너지 사업에 기부 등 불확실한 방법을 많이 사용하였으나 최근에는 자발적 탄소시장에서 오프셋 크레딧을 구매하여 소각하는 것이 훨씬 투명하고 효율적이며 확실한 방법으로 인식하는 추세이다.
② 기업과 달리 개인은 배출량이 적어 각자가 탄소시장에서 크레딧을 구매하는 것은 비효율적이거나 불가능하여 이러한 문제 해결을 위해 개인과 배출권 시장 사이에서 중간 매개 역할을 해주는 비영리단체가 다수 출현하고 있다.

| 개인은 이러한 단체가 운영하는 탄소 중립 프로그램에 가입 | ⇒ | 자신의 탄소 발자국을 산정 후 그에 해당하는 소액을 단체에 납부 | ⇒ | 단체는 그 돈을 모아 한꺼번에 배출권 시장에서 오프셋 크레딧을 구매한 후 개인에게 결과 통보 |

③ 자발적 탄소시장은 이러한 탄소중립이나 탄소상쇄 프로그램을 작지만 중요한 수요자로 인식하고 여러 가지 공동 프로그램 개발을 모색 중이다.
④ 최근에는 자발적 시장뿐만 아니라 준수시장에서조차 이러한 탄소중립 프로그램을 배출권에 대한 정당한 수요자로 인정하고 제도권으로 끌어들이려는 움직임이 있다.
⑤ 자발적 탄소시장은 강제적 탄소시장(준수시장 또는 규제시장)과 대립되는 개념으로 자발적

탄소시장과 강제적 탄소시장을 구분하는 기준은 법적 구속력의 유무이다.
⑥ 국제법 또는 국내법에 의해 정해진 기준에 해당되는 국가나 기업이 강제적으로 반드시 배출권거래제에 참여해야 하는 경우는 강제적 시장으로, 그렇지 않은 경우는 모두 자발적 시장으로 정의한다.

> **Reference 탄소성적 표지제도**
>
> ① 제품의 생산부터 폐기과정까지 발생하는 온실가스의 배출량을 제품에 표기하고 저탄소 배출상품을 홍보하기 위해 시행한 제도를 말한다.
> ② 탄소성적 표지인증은 법적 강제인증제도가 아니라 기업의 자발적 참여에 의한 인증제도이다.
> ③ 제품의 온실가스를 측정하는 1단계 탄소배출량인증, 온실가스를 줄이도록 하는 2단계 저탄소제품인증, 발생온실가스를 상쇄시켜 0으로 만드는 3단계 탄소중립제품 인증의 3단계로 구성된다.
> ④ 탄소배출량 인증제품은 기후변화에 대응한 제품임을 환경부가 인증한 것이다.

06 CCS(Carbon Capture and Storage) : 탄소포집 및 저장

1 개요

① CCS 기술은 발전소 및 각종 산업, 즉 대량 발생원으로부터 발생하는 이산화탄소를 대기로 배출시키기 전에 고농도로 포집 · 압축 · 수송과정을 거쳐 안전하게 저장하거나 유용한 물질로 전환하는 기술이다.
② CO_2를 배출하는 모든 부문에 적용할 수 있으나, 특성상 CO_2 배출농도가 높고, 배출량이 많은 분야에 우선 적용이 가능하다.
③ 화력발전소는 CO_2 배출밀도(시간당 배출량)가 높기 때문에 CO_2 회수 · 처리비용 및 기술 타당성에 있어서 적용이 적합하다.
④ CO_2 제거 측면에서 효율은 높지만 처리비용이 고가이다.
⑤ CCUS 기술은 지중 또는 해양 지중에 CO_2를 반영구적으로 저장하는 CCS 기술과 포집된 CO_2를 이용하는 CCU 기술로 나누어진다.
⑥ CCUS 기술은 CO_2가 생산되는 근원지에서 공기 중으로 방출되는 것을 막고(Carbon Capture), 필요한 곳에서 사용(Utilization)하거나 지하에 저장(Storage)하는 기술이다.

2 CCS 기술의 구분

(1) 포집(Capture)

① 의미

화석연료 배기가스 중에서 CO_2만을 선택적으로 분리 포집하는 기술을 의미하며 연소 후 포집기술, 연소 전 포집기술, 순 산소 연소포집기술로 구분된다.

② 연소 후 포집기술(Post-Combustion Capture)

㉠ 연소 후 배기가스에 포함된 CO_2를 포집하는 기술인 연소 후 포집기술은 기존 발생원에 적용하기 용이한 기술로 흡수제를 이용하여 CO_2를 흡 · 탈착하여 CO_2를 분리하는 방법으로 CO_2가 분리되는 공정에 따라 크게 아민계열 혹은 암모니아 계열 흡수제를 활용한 화학흡수법, 기존의 흡수용액 대신 고체흡수제를 활용한 건식흡수법 및 분리막을 활용한 막분리법, 흡착법으로 나눌 수 있다.

㉡ 배가스는 굴뚝을 통해 대기 중으로 배출되기 때문에 대기압, 상온에서의 운전이 가능하며, 상용화에 근접해 있는 기술이다.

㉢ 미분탄 화력발전소의 경우 불순물인 먼지, 회분 등이 전기집진기에서 제거되고, 탈황(FGD ; Flue Gas Desulphurization) 및 탈질(SCR ; Selective Catalytic Reactor)

설비에서 SOx, NOx가 제거된 후 흡수탑 공정이나 분리막 등의 이산화탄소 포집 설비를 통해 최종적으로 이산화탄소가 포집된다.
② 연소 후 공정에서 배가스의 이산화탄소 농도가 약 8~12% 정도 수준이기 때문에 이산화탄소와 잘 결합할 수 있는 화학흡수제를 적용하기에는 곤란한 편이다.
⑩ MEA를 사용하는 아민흡수법은 현재 상용화되어 있는 대표적인 기술이다.
ⓑ 흡수탑에서 MEA 흡수제는 배가스 중의 CO_2를 흡수하며, 재생탑에서 가열되어 고순도의 CO_2를 방출하고, CO_2가 제거된 아민은 흡수탑에서 재사용된다.
ⓢ MEA CO_2 포집공정은 사용된 흡수제를 재사용하기 위한 재생공정에 많은 에너지와 운전비용이 소모되고 흡수제의 열화, 장치 부식 등의 단점이 있다.
ⓞ 액상이 아닌 건식으로 이산화탄소를 흡수시키는 연소 후 건식 이산화탄소 포집공정이 있으며, 이 공정에서는 알카리계 건식 흡수제(입자)를 이용하여 유동층 반응기에서 이산화탄소를 흡수ㆍ재생을 시킨다.
ⓩ 막분리공정은 분리막을 이용한 기체분리기술로 상변화가 수반되지 않으므로 에너지소모가 적고, 공정의 조작 및 운전이 간단하며, 분리막 공정을 기존 시설에 부설하여 CO_2의 처리량을 조절할 수 있어 분리대상 기체에 대하여 높은 선택성과 투과성을 가진다는 장점이 있다.
㉾ 연소 후 포집공정의 경우 포집 비용이 상대적으로 높은 편이나, 기존 발전소에 적용이 용이하다는 장점이 있다.

③ 연소 전 포집기술(Pre-Combustion Capture)
㉠ 연소 전 기술은 석탄의 가스화(Gasification) 또는 천연가스의 개질반응(Reforming)에 의한 합성가스(주로 CO, CO_2, H_2)를 생산한 후 CO는 수성가스 전이반응을 통한 H_2와 CO_2로 전환한 후 CO_2를 포집하는 동시에 수소를 생산하는 방법이다.
㉡ 화석연료를 부분산화시켜 합성가스(H_2+CO)를 제조하고, 연이어 수성가스 전이반응 (WGS ; Water Gas Shift)을 통해 합성가스를 수소와 이산화탄소로 전환한 후, 수소 또는 이산화탄소를 분리함으로써 굴뚝 배가스로 배출 전에 CO_2를 분리하는 기술을 말한다.
㉢ 본 연소 전 CO_2 포집기술은 IGCC 공정과 가스화 과정에서 동일하며, 40%의 고농도 이산화탄소 및 60%의 수소가 최종적으로 얻어진다.
㉣ 연소 전 CO_2 포집공정에 적용 가능한 요소 기술은 다양하지만, 가스화 이후 40atm 이상의 고압의 가스가 얻어지기 때문에 분리막을 적용하는 공정이 가장 많이 개발되고 있는 실정이다.
㉤ CO_2와 H_2 혼합가스를 분리하기 위한 분리막은 수소분자가 더 작기 때문에 수소분리막을 적용하는 것이 유리하며, 이때 잔류 가스(Retentate) 측의 농축되는 이산화탄소는 90% 이상이 되어야 CO_2 포집기술로 적용가능하다. 최근에는 수소 분리막을 이용한 연소 전

포집공정이 활발히 개발되고 있다.
ⓑ 화학적 흡수법에 주로 사용되는 흡수제 종류는 탄산칼륨, 모노에탄올아민(MEA), 메틸다이에틸아민(MDEA), Sulfinol-M 등이 있다.
ⓢ 분리막 기술 종류는 팔라듐 및 팔라듐 합금 분리막, 세라믹/메탈분리막, 비키금속계 금속 분리막, 마이크로 기공분리막 등이 있다.

④ 순 산소 연소포집기술(Oxy-Combustion Capture)
  ㉠ 순 산소 연소포집기술은 공기를 대신하여 순산소를 산화제로 이용하는 연소방식이다.
  ㉡ 순산소 연소포집은 연소에 필요한 산소를 공기로부터 공급하는 일반 연소 과정과는 달리 거의 순수한 산소를 이용하여 연소함으로써, CO_2와 H_2O의 배가스를 얻고, 이 중에 물을 응축시켜서 이산화탄소를 분리하는 기술이다.
  ㉢ 공기 연소에 비해 매우 높은 온도 특성을 보이며, 이로 인하여 전열 특성이 개선되어 열효율을 증대시켜 연료절감이 가능하다.
  ㉣ 탄화수소 연료를 이용하는 경우 배가스가 대부분 CO_2와 수증기로 이루어져 있으므로 배가스 중의 수증기를 응축함으로써 고농도의 CO_2를 포집할 수 있어 주목받고 있는 방법이다.
  ㉤ 기존 발전소를 개량할 경우 많은 양의 질소를 배제할 수 있어 공정 크기를 줄일 수 있다.
  ㉥ 유리용해로, 가열로, 시멘트 킬른 등에도 적용 가능하기 때문에 산업용 CCS 기술로 그 적용 범위가 넓다.

(2) 수송(Transpotation)기술

① 고농도로 포집된 CO_2를 압축하여 탱크로리, 파이프라인, 선박 등을 통해 저장소 또는 전환 Plant로 이송하는 기술을 의미한다.
② 수송기술은 이미 천연가스 수송 및 원유 수송 등을 통해 기술이 확보되어 있기 때문에 바로 사용 가능하다.
③ 1,000km 이상 수송의 경우에는 선박을 이용하는 것이 더 경제적이다.

(3) 저장(Storage)기술

① 의미
  CO_2 저장기술은 포집된 CO_2를 대기 중으로 빠져나가지 못하도록 지중과 해저 등에 저장하는 기술, 즉 포집된 CO_2를 영구 또는 반영구적으로 격리하는 것을 의미한다.

> **Reference** 이산화탄소 포집방식에 따른 이산화탄소 포집 요소기술

요소기술	연소 후 포집	연소 전 포집	순산소 연소
용매 흡수	○	○	
막분리	○	○	○
흡착	○	○	○
심냉		○	○
하이드레이트		○	
화학적 재순환		○	○

출처 : J. Wang and E. J. Anthony, Ind. Eng. Chem. Res. 44, 627(2005)

1. 막분리법
   CO_2를 포집하기 위하여 여러 성분이 혼합된 가스기류 중에서 목적성분을 다른 성분보다 선택적으로 빠르게 통과시키는 소재를 이용하여 목적성분만 분리하는 공정(물리적 처리법)
2. 용매흡수법
   - 습식 흡수기술은 흡수제의 특성에 따라 이산화탄소와 흡수제 간의 화학적 결합에 의하여 분리되는 공정. 이산화탄소의 분압과 관련된 물리적 결합에 흡수공정으로 구분
   - 건식 흡수기술은 건식재생용 흡수제를 이용 습식 흡수제 대신 고체입자가 이산화탄소를 흡수하고 조건 변화에 따라 다시 이산화탄소를 배출하고 원래의 고체화합물로 재생되는 시스템

② 저장방법

 ㉠ 지중저장

  ⓐ 육상이나 해저에 존재하는 적합한 지층에 초임계 형태의 CO_2를 직접 주입하여 저장하는 기술이며 폐유전, 폐가스전, 대염수층, 채광할 수 없는 석탄층에 저장된다.

  ⓑ 지중저장에 적합한 지층은 장기적이고 안정적이며 높은 주입능력, 저장능력과 밀봉능력을 동시에 가지고 있어야 한다.

  ⓒ CO_2 지중저장이 실제 이루어지고 있는 지층은 대염수층, 석유·가스층, 석탄층이 있다.

  ⓓ 대염수층은 해수보다 더 높은 염분농도로 채워진 다공질의 암석으로 전 세계 대부분의 지역에 존재하고 CO_2 저장을 위한 큰 공간을 가지고 있어 CO_2 저장기술 중 가장 경제성 있는 기술로 평가된다.

  ⓔ CO_2를 석유·가스층에 저장하는 석유회수 증진기술은 CO_2를 유전에 주입하여 저장소의 전체 압력을 증가시킴과 동시에 석유의 이동성을 증가시켜 석유의 회수를 증진시키는 기술이며, CO_2의 포집 및 저장에 사용되는 비용 중 일부를 석유생산량 증대를 통해 상쇄시킬 수 있는 장점이 있다.

  ⓕ 석탄층 저장에 활용되는 석탄층 메탄회수 증진기술은 난채굴 석탄층에 CO_2를 주입하

여 석탄층에 흡착되어 있는 메탄가스를 CO_2로 대체함으로써 메탄가스의 회수를 증진시키고 CO_2를 저장하는 기술이다.
ⓖ 과학·기술적 측면에서 가장 효과적이고 경제·산업적 측면에서 가장 우수한 기술이며 석유 및 천연가스 개발사업과 연계하여 활발히 개발·적용되고 있다.

ⓒ 해양저장
ⓐ 해양에 방출하는 방법으로 해저 1,000~3,000m 해저에 기체 또는 액체 상태의 CO_2를 직접 분사하여 이산화탄소 하이트레이트 형태로 저장시키는 방법
ⓑ 단점으로는 생태계 파괴 및 해양의 산성화 유발
ⓒ 런던협약(의정서)에서는 CO_2를 해양폐기물로 정의하고 해양저장을 금지하고 있다.
(해양생태계 파괴 및 해양환경 위해성 문제로 인해 런던협약에 따라 현재 불가능한 기술)

ⓒ 지표저장
ⓐ 마그네슘이나 칼륨과 같은 이산화탄소 첨가 가능 광물에 반응을 시켜 화학적으로 저장하는 방법이다.
ⓑ 단점으로는 느린 반응속도 및 과다한 공정비용, 낮은 저장 용량 등이 있다.

Reference CCS 기술 분류

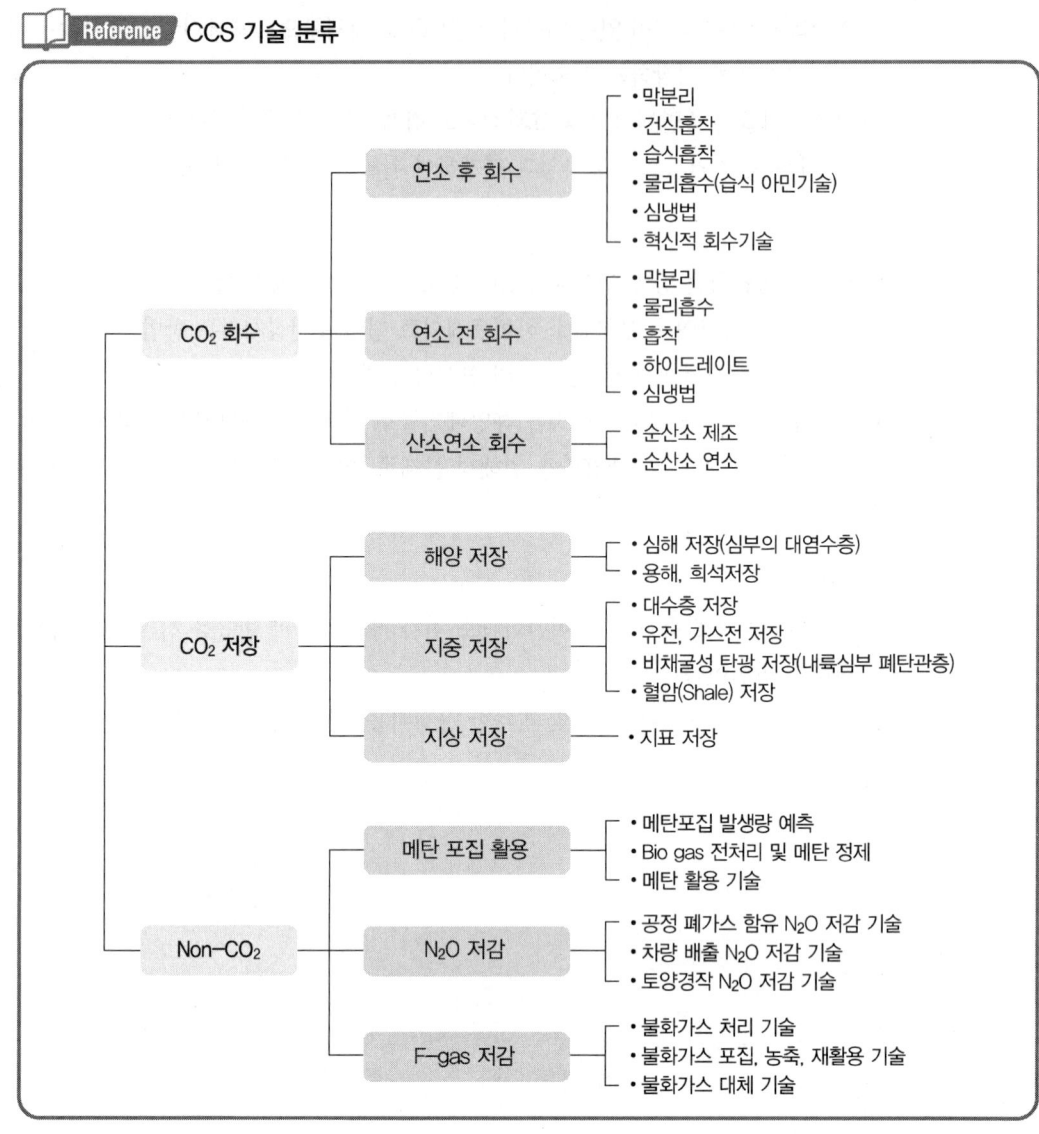

출처 : 한국환경공단

3 CCUS(Carbon Capture, Utilization and Storage)

(1) 개요

① CCUS 기술은 화력발전, 철강산업, 시멘트산업, 석유화학산업과 같이 화석연료의 연소 및 특정공정 중 발생되는 CO_2를 포집하여 저장 활용하는 기술이다.
② CO_2 활용기술은 포집된 CO_2를 화학적·생물학적 등의 변환 과정을 거쳐 잠재적 시장 가치가 있는 제품 또는 원료로 전환하는 기술이다.
③ CO_2 활용기술은 CO_2를 바로 사용하는 직접 활용기술과 CO_2를 다른 유용한 제품으로 바꾸는 전환기술로 구분된다.
④ 직접 활용 분야는 직물 수확량 향상, 용제 활용, 냉방/냉장을 위한 열전달 유체, 식음료 생산 등이 있으며, CO_2의 높은 열 흡수능력, 안정적이고 비반응적인 특성, 용제 역할을 할 수 있는 능력 등 고유한 물성을 활용한다.
⑤ 전환기술은 다양한 화학적, 생물학적 CO_2 전환기술 경로를 이용하여 CO_2를 연료, 화학물질 및 건축자재 등으로 전환하는 기술이다.

(2) CO_2 활용기술

① 화학전환(화학적 고정화 기술)
  ㉠ 정의
    CO_2 화학전환기술은 CO_2를 반응원료로 활용하여 화학적 전환을 통해 연료·기초화학제품 등의 다양한 탄소화합물로 전환하는 기술이다.

  ㉡ 구분
    ⓐ 촉매전환기술(촉매화학적 방법)
      • CO_2를 원료로 활용한 촉매화학 반응을 통해 연료를 생산하거나 화학제품을 생산하는 기술이다.
      • 연료생산 기술은 CO_2 및 H_2와의 촉매화학반응을 이용하여 메탄, 메탄올, 액상탄화수소 등을 생산하는 기술로 CO_2 수소화를 통해 얻을 수 있는 중간 산물로는 액체연료, 메탄올, 경질 올레핀이 있다.
      • CO_2의 균일 또는 비균일 촉매에 의한 수소화를 통해 CO_2에선 CO로의 전환, CO_2에서 HCOOH와 HCHO로의 전환, CO_2에서 CH_4와 H_2O로의 전환, CO_2에서 CH_3OH로의 전환 등이 있다.
      • 화학물질 생산기술은 CO_2를 원료로 활용하여 촉매반응을 포함하는 화학적 전환기술을 통해 화학산업의 중간체 또는 최종제품으로 전환하는 기술로 CO_2가 포함된 고분자화합물 및 플라스틱제품 생산이 가능하고 대표적인 중간화합물질은 일산화탄

소, 메탄올, 프로필렌 등이 있다.

ⓑ 전기화학적 전환기술(전기화학적 방법)
- 전기화학 전지시스템에 전기에너지를 공급하여 두 전극 사이에 전위차를 발생시켜 열역학적으로 안정한 CO_2를 유용한 화합물로 전환시키는 기술이다. 즉, 표면조작 전극과 반도체 물질을 사용하여 CO_2를 광전자적으로 환원시키는 방법이다.
- CO_2는 수소이온(H^+)과 전자(e^-)를 공급받아 환원반응을 일으키며 일산화탄소, 개미산, 메탄올, 에틸렌, 에탄올 등 고부가가치 화합물이 생성된다.
- CO_2의 전기화학적 전환은 환원전극, 산화전극, 전해질, 분리막으로 사용되는 이온교환막으로 구성된다.

ⓒ 광전기화학적 전환기술(광화학적 방법)
- 작업전극, 상대전극, 기준전극으로 구성된 광전기화학전지를 사용하여 CO_2를 유용한 화합물로 전환하는 기술이다.
- 태양광 스펙트럼 중 높은 흡수세기를 가지는 가시광에너지(400~800nm)에 공명하는 유/무기 반도체 소재들을 활용하여 추가적인 에너지 공급원 없이 CO_2를 전환하는 촉매반응을 이용한 기술이다.
- 태양광을 활용하여 태양전지를 생산할 수 있으며, H_2O에서 수소이온(H^+)과 전자(e^-)를 추출하여 CO_2를 높은 에너지의 화학적 물질로 전환 가능하다. 즉, 태양광을 이용한 CO_2의 전형적인 광화학적 환원으로서 CO_2 변환을 통한 CO, HCOO, CH_3OH, CH_4, H_2 등을 생성할 수 있다.

② 생물전환(생물학적 고정화 기술)
㉠ 정의
CO_2 생물전환기술은 CO_2를 생물학적으로 고정하여 미세조류를 이용한 바이오매스를 생산하고 이를 바이오연료·바이오소재 등으로 제품화하는 기술이다.

㉡ 특징
ⓐ 유전적으로 개량된 광합성 박테리아와 조류에 의한 CO_2의 고정화를 말한다.
ⓑ 광합성 미생물 이용 CO_2의 생물전환 기술은 미세조류를 활용하여 바이오디젤, 바이오에탄올, 바이오가스, 다양한 바이오소재 등을 생산할 수 있다.
ⓒ 다양한 바이오 화합물(에탄올, 부탄올, 에틸렌, 부탄다이올 등)을 생산할 수 있다.
ⓓ 전기생합성 미생물 이용 CO_2의 생물전환기술은 광배양기의 한계점을 보완한 인공광합성 기반 생물학적 전환 융합기술이며, 전기에너지로부터 환원력을 얻어 에너지 전환효율을 높일 수 있는 장점이 있다.

③ 광물탄산화
  ㉠ 정의
    광물탄산화기술은 CO_2를 알칼리수와 같은 수용액 또는 알칼리토금속(Ca, Mg 이온 등)을 포함하는 천연광물이나 산업부산물(무기계 순환자원)과 반응하여 탄산칼슘, 탄산마그네슘 등의 탄산염광물로 전환하여 CO_2를 안정하게 고정화 또는 저장시키는 기술이다.
  ㉡ 특징
    ⓐ 광물탄산화기술은 대상원료와 CO_2를 직접 반응시키는 직접 탄산화기술과 원료물질 중 알칼리이온을 용출, 탄산화하는 간접 탄산화기술로 구분된다.
    ⓑ 고온, 고압 조건에서 천연광물의 탄산화기술을 제외하면 대부분 간접 탄산화기술이 적용된다.

> **Reference** 반도체 공정 부분의 온실가스 감축기술
>
> ① 흡착　　　　② 산화　　　　③ 플라즈마

> **Reference** 음식물처리시설의 온실가스 저감 기술
>
> ① 혐기성 소화방식을 호기성 소화방식으로 전환시키는 대체 공정 적용
> ② 공정개선을 통한 메탄 포집 회수 이용의 극대화
> ③ 혐기성 소화과정에서 발생하는 메탄을 포집·회수하여 이용하는 활용공정 적용
> ④ 음식물 건조 및 분쇄 전 생물학적 공정 활용

SECTION 04 감축프로젝트 이해

01 감축기술 및 프로젝트 이해

1 개요

① 배출원에서 온실가스 감축 또는 제거를 추진한 사업에 대하여 국제수준을 고려한 제3자 타당성 평가 및 검증을 수행하여 감축한 온실가스 배출량만큼을 실적으로 인정받는다.
② 감축프로젝트는 온실가스 감축기술을 이용하여 객관적이고 공식적으로 승인받아 온실가스 감축량을 확보하기 위한 사업을 의미한다.
③ 산업계에서는 에너지 이용효율 향상, 신재생에너지 이용 사업 등 에너지 저감 및 온실가스 감축을 위한 프로젝트 사업을 개발하고 타당성 평가를 거쳐 감축사업으로 등록할 수 있다.
④ 등록된 사업의 감축실적은 검증 후 인센티브를 받을 수 있다.
⑤ CDM은 교토의정서 상의 감축의무국의 의무이행수단으로 허용된 상쇄프로그램이다.
⑥ 배출원에 대한 감축조치가 일시적 조치가 아닌 프로젝트 형태로 이루어진 조치를 감축프로젝트라 한다.
⑦ 상쇄프로그램은 감축프로젝트를 기반으로 하는 경우가 일반적이다.
⑧ 감축프로젝트는 하나 또는 하나 이상의 프로젝트 활동으로 구성된다.

2 CDM 사업 구분

① CDM 사업을 통해 부속서 I국가는 비부속서 I국가에서 보다 적은 비용으로 온실가스를 감축할 수 있는 사업을 찾아내 수행하고, 그 결과 발생한 온실가스 감축실적을 자국의 감축실적으로 인정받는다.
② 비부속서 I국가는 선진국의 자본을 유치하거나 기술 이전을 받음으로써 지속가능한 발전(Sustainable Development)에 기여할 수 있다.
③ CDM 사업을 수행하고 발생한 온실가스 감축실적은 CERs의 형태로 UN으로부터 CDM 사업자에게 발급된다.
④ 개발도상국 단독으로 추진 가능한 CDM 사업 형태인 Unilateral CDM 사업은 제18차 CDM 집행위원회(EB) 회의에서 결정되었다.

⑤ 사업구분(CDM)

구분	내용
양국 간 청정개발체제 (Bilateral CDM)	교토메커니즘의 기본 구성안으로서, CDM 사업은 선진국에서 개발하고 이를 후진국에서 유치하는 형태
다국간청정개발체제 (Multilateral CDM)	양국 간 청정개발체제(Bilateral CDM)의 사업개발에서의 위험을 분담하는 의미에서 다수의 선진국들이 공동으로 사업을 개발하여 후진국에서 이를 유치하는 형태
일국청정개발체제 (Unilateral CDM)	개발도상국이 단독으로 사업개발부터 크레딧 발생에 이르는 CDM 전 과정을 개발해 낼 수 있는 형태로서, 선진국이 후진국의 CDM 사업을 개발하여 의무부담국에 크레딧을 판매하는 형태

3 CDM 사업의 비중

① 신재생에너지(바이오매스, 풍력, 수력 등)를 이용하는 사업들과 에너지 이용(열병합 발전 등)과 관련된 사업들이 전체 등록사업 중 절반 이상을 차지하고 있다.

② 감축량 측면에서는 이산화탄소에 비해 지구온난화지수(GWP ; Global Warming Potential)가 현저히 높은 HFCs(수소불화탄소)와 N_2O(아산화질소)를 감축하는 사업의 비중이 월등히 높은 상태이며, 그 다음으로는 매립지와 하수처리시설, 그리고 축산폐수·분뇨 처리시설에서 배출되는 CH_4(메탄)를 줄이는 CDM 사업이 높은 비중을 차지하고 있다.

02 감축 프로젝트 유형

1 CDM 사업의 범위(유엔기후변화협약) : 배출감축 및 흡수원에 따른 분류

번호	분야
1	에너지 산업(Energy Industries(Renewable/Non-Renewable Sources))
2	에너지 공급(Energy Distribution)
3	에너지 수요(Energy Demand)
4	제조업(Manufacturing Industries)
5	화학산업(Chemical Industries)
6	건설(Construction)
7	수송(Transport)
8	광업/광물(Mining / Mineral Production)
9	금속공업(Metal Production)
10	연료로부터 탈루성 배출(Fugitive Emission From Fuels(Solid, Oil and Gas))
11	할로젠화탄소, 육불화황 생산/소비(Fugitive Emission From Production and Consumption of Halocarbons and Sulphur Hexafluoride)
12	용제 사용(Solvent Use)
13	폐기물 취급 및 처리(Waste Handling and Disposal)
14	조림 및 재조림(Afforestation and Reforestation)
15	농업(Agriculture)

출처 : 한국환경공단

2 온실가스 감축효과가 유발되는 원리에 따른 감축 프로젝트 유형

(1) 화석연료의 대체(재생에너지원으로 대체)

① 화석연료 대신 재생에너지원을 사용하는 감축활동을 말한다.
② 화석연료 연소에 따른 CO_2 배출이 원천적으로 되지 않는다.

(2) 연료전환(저탄소연료)

고탄소연료를 저탄소연료로 대체하는 프로젝트 활동을 말한다.

(3) 에너지 효율화(폐열회수)

에너지효율을 향상시키는 활동유형으로 적은 에너지 투입으로 동일한 결과를 얻게 되므로 에너지 요구량이 감소되는 만큼 온실가스 배출도 감소되는 원리이다.

(4) 원료전환(냉매대체)

온실가스 배출이 낮거나 없는 원료로 대체하여 온실가스 배출을 저감하는 프로젝트 활동을 말한다.

(5) 온실가스 분해(소각처리)

고온연소 및 촉매분해 등의 기술을 적용하여 온실가스를 직접적으로 분해하는 유형을 말한다.

(6) 온실가스 배출 회피활동(질소비료의 사용억제 : N_2O 발생 원천적 차단)

(7) 흡수원에 의한 온실가스의 제거(조림, 재조림 활동)

광합성을 통하여 공기 중 CO_2가 유기탄소화합물인 바이오매스로 전환됨에 따라 대기 중 온실가스가 제거되는 활동유형을 말한다.

3 세계 각국의 인정 프로젝트 유형

(1) EU

HFC_{23}, N_2O 아디핀산, 20MW 초과 수력발전, 조림/재조림 4개 유형의 사업을 제외하고 모든 온실가스 감축사업을 인정한다.

(2) 호주

① 재조림사업
② 매립지 가스 저장 및 연소사업
③ 비료에서 배출되는 N_2O 저감사업
④ 양돈장 및 낙농장에서 배출되는 메탄 관리사업
⑤ 토양질 개선을 위한 Biochar 사용사업

(3) 중국

① 국내 CDM 사업 인정(HFC_{23}과 N_2O 사업 포함)
② 국가발전개혁위원회의 승인하에 CDM 방법론을 차용하여 52개의 방법론 발표

(4) RGGI(지역 온실 구상, Regional Greenhouse Gas Initiative)

① 매립지 CH_4 저장 및 제거사업
② SF_6 배출저감사업

③ 조림활동에 의한 탄소배출 격리사업
④ 에너지 최종소비에서의 천연가스 또는 석유연소 저감사업
⑤ 가축분뇨 관리사업

4 프로젝트 기반시장

(1) 정의
할당량 기반시장과 대별, 개별 감축프로젝트를 시행하고 일정기간 실현한 온실가스 감축량을 산정·보고·검증하여 그 감축량만큼 발생된 배출권을 거래하는 시장이다.

(2) 배출권
감축 프로젝트에 의해 발행된 배출권은 크레딧(Credit)이라 하여 할당량 기반시장의 할당배출권(Allowance)과 구별된다.

① Allowance의 예
  ㉠ AAU(교토체제)
  ㉡ EUA(EU-ETS)

② Credit의 예
  ㉠ CER(CDM)
  ㉡ ERU(JI)

(3) 종류
① CDM(Clean Development Mechanism) 시장
② JI(Joint Implementation) 시장
③ REDD(Reduced Emission from Deforestation and forest Degradation) 시장
④ NAMA(Nationally Appropriate Mitigation Action) 시장

03 유형에 따른 배출원, 흡수원

CDM 사업은 6가지 종류의 온실가스를 감축하는 사업과 조림 및 재조림 등 온실가스를 흡수하는 사업을 포함하고 있다.

1 온실가스별 주요 배출원

가스 종류	주요 배출원(CDM 대상사업원)	GWP(지구온난화지수)
CO_2	연료 사용, 산업공정, 신재생에너지	1
CH_4	폐기물, 농업, 축산, 매립장	21
N_2O	산업공정, 비료 사용, 질산/카프로락탐/아디픽산	310
HFCs	반도체 세정용, 냉매, 발포제 사용	140~11,700
PFCs	반도체 제조용	6,500~9,200
SF_6	LCD, 반도체공정, 자동차생산공정, 전기절연체, 세정가스 사용	23,900

출처 : 한국환경공단, 환경부

2 흡수원(Sink)의 범위

① 채택된 마라케시 합의문(COP 7)에서는 제1차 의무감축기간(2008~2012) 동안 흡수원(Sink)에 관한 CDM 사업은 조림 및 재조림으로 한정하였으며, 산림경영에 대한 CDM 사업은 인정하지 않기로 하였다.
② 조림 CDM 사업은 50년간 산림이 아닌 토지를 산림으로 전환하는 사업을 말한다.
③ 재조림 CDM 사업은 1990년 이전에 산림이 아닌 토지를 전환하는 사업을 말한다.
④ 소규모 조림/재조림 CDM 사업은 CDM 사업유치국(개발도상국)에서 연간 8,000CO_2톤 이하를 순흡수하는 조림 및 재조림 사업에 적용할 수 있다.
⑤ 조림 규모는 나무의 종류에 따라 차이가 있으나, 일반적으로 300~1,000ha 정도이다.
⑥ 소규모를 초과하는 일반 조림/재조림 CDM 사업은 흡수량은 실제 측정이 요구되지만, 소규모 사업에서는 미리 정해진 수치를 이용할 수 있다.
⑦ 흡수원 CDM에서 발생되는 CERs은 일시적인 CERs(tCERs ; Temporary CERs)과 장기적 CERs(lCERs ; Long-Term CERs)의 두 가지 종류로 구분할 수 있다.
⑧ 흡수원 CDM 사업자는 tCERs과 lCERs 중에서 하나를 선택할 수 있으며, 일단 선택한 CERs는 CERs 발생기간 중(갱신한 CERs 발생기간 포함) 다른 종류의 CERs로 변경이 불가능하다.

3 흡수원 관련 용어

산림	① 산림이란 다음의 세 가지 최저치를 모두 충족시키는 것으로 함 　　(국내 산림에 관한 정의와 동일) 　　• 최저 면적 0.05~1.0ha 　　• 최저 수관율(樹冠率) 10~30% 　　• 성숙목의 최저 수고(樹高) 2~5m ② 각국은 이 범위 내에서 적당한 수치 선택이 가능 　　(예) 최저면적 0.1ha, 최저수관율 30%, 최저수고 4m)
신규조림	신규조림이란 50년간 산림이 아니던 토지를 산림으로 전환하는 행위 (국내 산림에 관한 정의와 동일)
재조림	재조림이란 기준연도 이후에 산림이 아닌 토지를 산림으로 전환하는 행위 (국내 산림에 관한 정의와 동일) − 기준연도는 선진국의 국내 산림경영과 같은 1989년 말로 함
사업 경계	신규조림, 재조림을 시행하는 지리적 경계 − 사업활동으로서 분산된 토지를 포함하는 것도 가능
베이스라인 순 흡수량	베이스라인 순 흡수량(Baseline Net Greenhouse Gas Removals by Sinks) − 사업이 없다고 가정할 경우 탄소축적의 변화
현실 순 흡수량	① 현실 순 흡수량(Actual Net Greenhouse Gas Removals by Sinks) 　　• 사업에 기인한 탄소축적의 변화 　　• 사업에 기인하여 증가한 배출량 누출 ② DM 사업 경계 외에서 사업에 기인한 배출의 증가
순 인위적 흡수량	순 인위적 흡수량(Net Anthropogenic Greenhouse Gas Removals by Sinks) =현실 순 흡수량 − 베이스라인 순 흡수량 − 누출

출처 : 한국환경공단

> **Reference** 탄소흡수원 산림의 특성
>
> ① 식물체의 광합성과 호흡작용은 기온에 따라 크게 영향을 받는다.
> ② 산림 바이오매스에너지는 임산물과 임산물이 혼합된 원료(폐목재 포함)를 사용하여 생성된 에너지를 말한다.
> ③ 농경지나 주거지 등을 확보하기 위하여 산림을 전용하는 경우 온실가스 배출원이 된다.
> ④ 산불과 병충해와 같은 산림재해도 산림으로부터 온실가스를 배출하는 배출원이다.
> ⑤ 산림은 탄소흡수원과 저장고의 기능과 더불어 배출원이기도 하다.

> **Reference** 토양 관리에 따른 온실가스 흡수 가능한 토지 용도
>
> ① 임지　　　　② 농경지　　　　③ 토지

SECTION 05 감축프로젝트 개발

01 감축프로젝트의 기존 방법론

1 개요

① CDM 사업자는 CDM 방법론을 사용하여 CDM 사업을 추진하거나, 방법론이 없는 사업에 대해 신규방법론을 개발하는 사업자를 의미한다.
② CDM 방법론이란 온실가스 감축프로젝트가 CDM 사업으로 인정받기 위해, 온실가스 감축량을 정량적으로 보여줄 수 있는 구체적인 방법이다.
③ CDM 방법론은 승인된 방법론의 숫자가 190개 이상일 정도로 양이 방대하고, 체계적으로 정리되어 있기보다는 승인된 순서에 따라 번호가 매겨지고 있어 찾고자 하는 방법론의 존재 여부를 파악하기가 매우 어렵다.
④ 지속적으로 방법론에 대한 개정 작업과 통폐합 작업이 이루어지고 있는 것도 적절한 방법론 검색에 어려움을 더하고 있다.

2 CDM 방법론

(1) 정의

온실가스 감축목표를 달성하기 위해 개발된 논리체계와 구체적 방법을 의미한다.

(2) 구성

① 베이스라인 방법론(Baseline Methodology)

㉠ 감축활동을 통해 유발되는 온실가스 감축량을 정량적으로 제시할 수 있도록 베이스라인 수립 및 감축량 산정에 대한 논리전개체계를 말한다.
㉡ 베이스라인 시나리오 수립절차, 추가성 결정방법에 따른 사업수행으로 인한 온실가스 감축량을 예상하여 산정, 즉 감축량을 정량적으로 파악할 수 있는 논리체계를 말한다.

② 모니터링 방법론(Monitoring Methodology)

프로젝트 활동의 실행에 따른 감축성과를 모니터링할 수 있는 구체적인 방법을 말한다.

3 방법론 구분

방법론은 베이스라인 시나리오 설정, 추가성 결정, 감축량 산정 및 감축성과에 대한 모니터링을 수립하는 논리적 절차를 말한다.

(1) **소규모 방법론**(Small Scale CDM Methodologies)
소규모 사업에 적용

(2) **승인된 대규모 방법론**(Approved Large Scale Methdologies)
일반사업에 적용(소규모 사업 제외)

(3) **승인된 통합 방법론**(Approved Consolidated Methodologies)
이미 승인된 방법론을 모아서 만든 방법론(재생에너지 이용 또는 매립가스 사업 등 많은 방법론이 개발되는 분야)

(4) **조림 및 재조림 방법론**(Afforestation/Reforestation)
① 흡수원과 관련된 별도의 방법론
② 소규모 · 승인된 대규모 · 승인된 통합 방법론으로 구분

4 소규모 CDM 사업

(1) 개요

소규모 CDM 사업은 제7차 당사국총회(COP 7)에서 지정한 사업, 즉 인위적 배출감축사업으로서 직접 배출량이 연간 60,000 CO_2 ton 미만의 사업을 의미한다.

(2) 특징

① 대규모 CDM 사업과 비교하여 등록절차, 기간 및 비용 면에서 유리하다.
② 소규모 CDM 사업으로 등록되었으나 Crediting 기간 중 특정 연도에 대해 소규모 제한을 초과한 경우, 온실가스 감축량은 기존에 등록된 사업계획서(PDD)에서 예상했던 연간 감축량까지만 인정한다.
③ 소규모 CDM에 적용 가능한 방법론인 소규모 방법론(Small Scale CDM Methodologies)은 계속 증가 추세에 있다.

(3) 소규모 CDM 사업의 형태(Type)별 종류

① 재생에너지 사업(Type 1)

　최대발전용량이 15MW(또는 상당분) 이하인 재생에너지 사업

② 에너지효율 향상사업(Type II)

　연간 60GWh(또는 상당분) 이하의 에너지를 감축하는 에너지 효율 향상 사업

③ 기타 온실가스 감축사업(Type III)

　연간 배출 감축량이 60kt CO_2-eq 이하의 사업

5 일반 CDM 사업

(1) 개요

① 일반 CDM 사업은 소규모 CDM 사업을 제외한 모든 CDM 사업을 의미한다.
② 승인된 대규모 방법론(AM ; Approved Large Scale Methodologies)과 승인된 통합 방법론(ACM ; Approved Consolidated Methodologies)을 사업에 적용할 수 있다.
③ CDM 집행위원회 65차 기준으로 승인된 대규모 방법론(81개)과 승인된 통합 방법론(19개)이 등록되어 있다.

(2) 대규모 방법론

① 대규모 방법론의 경우 사업의 특성에 맞게 개발등록되어 방법론마다 적용 가능한 사업조건이 다르다.

② 대규모 방법론 및 통합 방법론 적용분야

번호	분야
1	에너지 산업 : Energy Industries(Renewable/Non-Renewable Sources)
2	에너지 공급 : Energy Distribution
3	에너지 수요 : Energy Demand
4	제조업 : Manufacturing Industries
5	화학산업 : Chemical Industries
6	건설 : Construction
7	수송 : Transport
8	광업/광물 : Mining / Mineral Production
9	금속공업 : Metal Production
10	연료로부터의 탈루성 배출 : Fugitive Emission from Fuels(Solid Oil and Gas)

번호	분야
11	할로겐화 탄소, 6불화황 생산/소비 : Fugitive Emission from Production and Consumption of Halocarbons and Sulphur Hexafluoride
12	용제 사용 : Solvents Use
13	폐기물 취급 및 처리 : Waste Handling and Disposal
14	조림 및 재조림 : Afforestation and Reforestation
15	농업 : Agriculture

출처 : 한국환경공단

(3) 승인된 통합방법론

① 상대적으로 많은 방법론이 개발되는 분야에 대해 이미 승인된 방법론들을 모아서 만든 방법론이다.
② 재생에너지 이용 사업 또는 매립가스 사업 등과 같은 분야에서는 CDM 사업이 활발히 진행되고 있다.
③ 통합방법론에 흡수된 기 승인방법론들은 폐기된다.
④ 통합방법론을 이용함으로써 사업계획서를 작성하고 CDM 사업을 추진하는 데 소요되는 시간과 비용을 많이 절약할 수 있는 장점이 있다.

02 감축프로젝트 신규방법론 개발

1 개요

① 계획하는 사업으로 인해 발생하는 온실가스 감축효과를 계산할 수 있는 방법론이 등록되어 있지 않다면 새로운 방법론을 만들어 CDM 집행위원회의 승인을 득한 후, 이를 근거로 온실가스 감축활동을 계산하여야 한다.
② 방법론의 존재 여부에 따라 방법론 개발과 관련한 시간적·경제적 비용이 달라진다.
③ 적절한 방법론을 정확하게 적용하거나 개발하는 일이 CDM 사업의 유치 및 성공적 수행에 있어서 매우 중요한 문제이다.
④ 방법론에 대한 승인은 UNFCCC의 CDM 집행위원회에서 이루어지고 있다.
⑤ 사업계획서(PDD)에는 제안하고 있는 사업을 통해 어떻게 그리고 어느 정도의 감축이 가능하며 또 어떻게 모니터링할 수 있는지를 논리적으로 밝히게 되어 있는데, 이때 사용하는 논리의 체계가 바로 'CDM 방법론'이다.
⑥ 사업계획서(PDD)에서 적용할 수 있는 방법론은 사업계획서(PDD)와는 별도로 UNFCCC의 승인을 득한 '승인방법론(Approved Methodology)'이어야 한다.

2 CDM 사업등록 절차와 승인방법론 적용 단계

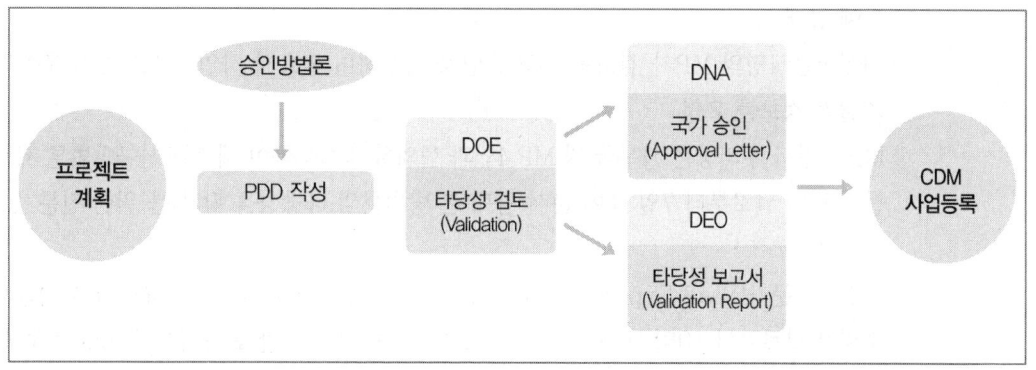

출처 : 한국환경공단

① 승인방법론은 UNFCCC 웹 사이트 상에서 확인할 수 있다.
② 승인방법론 중 자신이 제안하고 있는 사업의 타당성 입증을 위한 논리체계에 적용 가능한 것이 존재하는 경우라면 그 승인방법론을 자신의 사업에 적용할 수 있다.
③ 적정한 승인방법론이 존재하지 않는다면, 자신의 사업을 위한 방법론을 별도로 제출하고 등록을 취득한 후 사용하여야 한다.

3 대규모 신규방법론 승인절차

① 신규방법론 제안서(CDM-NM)를 작성하여야 한다.(사업계획서, CDM 집행위원회 양식)

② DOE가 신규방법론 제안서와 사업계획서 초안을 UNFCCC 사무국에 제출하는데, 이때 사업 참여자는 등록비(USD 1,000)를 지불해야 한다.(소규모 방법론이거나 조림/재조림 방법론일 경우 등록비는 면제)

③ 사무국은 제출된 문서의 완성도 및 등록비 지불 확인 후, 사전 심사보고서(F-CDM-NMas) 초안을 작성하여 사업 참여자가 제출한 문서(신규방법론 제안서 및 사업계획서)와 함께 방법론 패널(Meth Panel) 중 1인에게 제출한다.

④ 1인의 방법론 패널은 사전 심사 보고서(F-CDM-NMas)에 근거하여 10개의 평가항목에 따라 신규방법론에 대한 등급(1등급, 2등급)을 결정한다.

　㉠ 2등급(평가항목 중 하나라도 충족하지 못하는 경우)
　　사업 참여자는 신규방법론 제안서를 수정한 후 등록비(USD 1,000)와 함께 재제출해야 한다.

　㉡ 1등급(평가항목 모두를 충족시키는 경우)
　　ⓐ 사무국이 신규방법론 제안서를 EB와 MP에게 제출하며, 동시에 UNFCC 웹 사이트에 제안된 신규방법론을 15일 동안 공개하여 일반 대중의 의견을 청취
　　ⓑ 제출된 의견들은 사무국에 의해 실시간으로 MP에게 전달되고 15일의 마지막 날 웹 사이트에 공개
　　ⓒ 사무국은 4명의 MP가 검토할 권고 초안을 작성하며 필요시 사업 참여자에게 추가적인 기술적 정보를 요청
　　ⓓ MP 의장과 부의장은 사무국 및 MP 4인과 협의하여 사무국이 제출한 신규방법론 제안서를 수령한 날로부터 7일 내에 문서 검토(본 방법론의 타당성을 평가)를 위한 전문가 2인을 선정
　　ⓔ 2명의 전문가(Lead Expert, Second Expert)는 사무국이 제출한 신규방법론 제안서를 수령한 날로부터 10일 내에 규정된 양식을 사용하여 권고안을 작성한 후 MP에게 제출
　　ⓕ MP는 규정된 양식에 따라 예비 권고안을 작성
　　ⓖ MP는 사무국과 DOE를 통해 예비 권고안을 사업참여자에게 발송
　　ⓗ 사업참여자는 예비 권고안을 수령한 날로부터 4주 안에 MP에 의해 제기된 기술적인 문제에 대하여 수정한 후 DOE를 통해 사무국에 제출(3개월 이내에 수정하여 제출하지 않으면 신규방법론 제안은 철회)
　　ⓘ 3개월 이내에 수정하여 제출하면 MP는 다음 회차 회의에서 제안된 신규방법론을 검토하여 최종 권고안('A : 승인' 또는 'C : 승인 불가' Case 부여됨)을 작성한다.(MP는 최대 2

회기 내에 EB에 제출할 최종 권고안을 도출해야 함)
ⓙ EB의 검토를 진행하여 MP의 최종 권고안에 따라 제안된 신규방법론에 대한 최종 검토를 수행한 뒤, 방법론의 승인이 완료
ⓚ 승인 방법론으로 등록된 후에는 DOE의 타당성 확인 후, 본 사업의 CDM 사업 등록을 위한 절차를 진행

4 소규모 신규방법론 승인절차

① '소규모 CDM 사업을 위한 간소화된 양식 및 절차'에 의해 승인 절차가 진행된다.

② 신규 소규모 방법론을 제안하기 위해서, 사업 참여자, DOE, DNA, 이해관계자들은 다음 양식을 작성하여 DOE를 통해 UNFCCC 사무국에 제출해야 한다.
㉠ 신규 소규모 방법론 제출서(F-CDM-SSC-Sub)
㉡ 신규 소규모 방법론 제안서(F-CDM-SSC-NM)[포함사항]
ⓐ 정확한 연락처 정보
ⓑ 제안된 방법론의 프로그램활동(PoA) 적합 여부에 대한 판단
ⓒ 사업계획서 초안

③ UNFCCC 사무국은 제출된 서류에 대한 완성도 검토 수행 후 EB와 소규모 워킹그룹(소규모 WG) 서류를 전달한다.(사무국에서 소규모 WG과 EB에 서류를 제출한 날짜가 신규 승인 소규모 방법론의 제안의 접수일로 간주)

④ 사무국은 신규 소규모 방법론 제안을 10일 동안 UNFCCC CDM 웹 사이트에 게재하고 대중들의 의견을 청취한다.

⑤ 소규모 WG의 의장과 부의장은 사무국의 협조하에 소규모 WG위원과 협의하여, 신규방법론 제안 접수일로부터 4일 이내에 제안된 소규모 방법론의 타당성을 평가할 전문가 1인을 선정한다.

⑥ 선정된 전문가는 10일 이내에 방법론 위원회에 제출한 권고안을 작성하여야 한다.

⑦ 전문가의 문서 검토와 동시에, 소규모 WG 의장과 부의장이 지침에 따라 소규모 WG 중 2인의 위원을 선정하여 사무국에서 작성한 사전 평가 보고서 초안을 평가하도록 한다.(추가적인 고려가 필요한 경우 의장은 추가 인원을 선정할 수 있다.)

⑧ 사무국은 소규모 WG 위원들의 평가 결과, 접수된 대중 의견, 전문가의 문서검토 결과를 종합하여 소규모 WG에게 전달하고, 소규모 WG 회의에서 EB에 제출한 최종 권고안을 완료한다.

⑨ 소규모 WG의 최종 권고사항이 준비되기 전 어느 단계에서든 사무국은 신규소규모 방법론을 요청한 제안자에게 요청사항의 분석에 도움이 될 추가 기술적 정보를 기한을 포함하여 요청할 수 있다.

⑩ 소규모 WG 회의에 상정되기 위해서는 회의일로부터 최소 8주 전에 소규모 방법론 제안서가 접수되어야 한다.

⑪ 5건 이상의 신규 소규모 방법론 제안 건이 마감시간 안에 제출되었을 경우, 소규모 WG의 업무 부하와 EB에서 설정한 우선순위를 고려하여 소규모 WG 의장이 상정건수를 결정한다.

⑫ 소규모 WG 회의에서 상정된 소규모 방법론이 유효한지, 수정이 필요한지를 결정한다.

⑬ 소규모 WG이 신규 소규모 방법론 제출자로부터 추가 설명을 요청하는 경우, 방법론 제안자는 수정된 신규 소규모 방법론 제안서와 사업계획서 초안을 제출해야 한다.(3개월 이내에 답변이 수령되지 않을 경우, 신규 소규모 방법론 신청이 철회된다.)

⑭ EB에서 소규모 WG의 최종 권고안에 따라 제안된 신규 소규모 방법론을 신속하게 검토한다.

⑮ 일단 승인되면, 사무국은 신규 소규모 방법론을 UNFCCC 웹 사이트에 게재한다.

⑯ DOE는 신규방법론을 적용한 사업활동의 타당성 확인을 수행하고, 본 사업의 CDM 사업 등록을 위한 절차를 진행한다.

⑰ 신규방법론의 개정사항은 개정일 후 등록된 사업활동에만 적용한다.

5 소규모 신규방법론 가이드라인

(1) 개요

UNFCCC에서는 소규모 신규방법론의 작성을 위한 가이드라인을 제공하고 있으며 소규모 신규방법론 작성 양식은 7개의 Section으로 구분되어 있고, 작성 시 관련 내용을 설명하여야 한다.

(2) 신규방법론에 제안된 Section(7개) : 작성지침

① Technology/Measure
  ㉠ 제안된 소규모 방법론에 적합한 정확한 기술/조치의 참고사항을 기재
  ㉡ 방법론이 적용 가능한 CDM 사업활동의 조건을 기술

② Boundary
  사업참여자의 통제하에 있는 모든 온실가스 배출원을 포함하는 사업 경계를 구체적으로 설명

③ Baseline
   ㉠ 베이스라인 시나리오와 베이스라인 배출량을 산출하는 방법을 설명
   ㉡ 사용된 알고리즘과 공식의 정보를 기술

④ Leakage
   ㉠ 모니터링 부분에서 누출량 예상 및 측정방법에 관한 내용을 설명
   ㉡ 알고리즘, 데이터, 정보와 가정을 설명하고 누출량의 총 예상량을 제공

> **Reference** 누출량
>
> 누출량은 사업경계 밖에서 발생하고, 측정 가능하며 CDM 사업활동에 기인한 온실가스 배출원에 의한 과거 배출량의 순변화량으로 정의된다.

⑤ Project Activity Emissions
   ㉠ 베이스라인 시나리오의 어떤 옵션이 적합한지, 프로젝트 시나리오에서 배출량을 모니터링하기 위해 수집되는 자료로 사업배출량을 어떻게 산출하는지 설명
   ㉡ 사용된 알고리즘과 공식의 정보를 기술

⑥ Monitoring
   ㉠ 베이스라인 배출량, 프로젝트 배출량과 사업활동으로부터의 배출감축량을 모니터링하고 산출하기 위해 수집되는 자료와 정보를 설명
   ㉡ 사용된 알고리즘과 공식의 정보를 기술

⑦ Project Activity Under a Programme of Activities
   ㉠ 제안된 방법론을 프로그램 활동(PoA의 CPA)에 적용하고자 할 경우, 누출량을 고려하는 방식을 설명
   ㉡ 사용된 알고리즘과 공식의 정보를 기술

> **Reference** 신규방법론 제안 시 작성해야 하는 필수 요소
>
> ① 베이스라인 시나리오 선택　　② 추가성 입증
> ③ 베이스라인 배출량 산정　　　④ 프로젝트 배출량 산정
> ⑤ 누출량 계산　　　　　　　　⑥ 모니터링 데이터 식별
> ⑦ 감축량 계산

03 감축프로젝트의 추가성 분석

1 추가성(Additionalities) 정의

① 환경적, 기술적, 제도적, 경제적, 사회적 측면에서 고려되어야 하는 감축사업의 특성으로서, 인위적으로 온실가스를 저감하거나 에너지를 절약하기 위하여 일반적인 경영여건에서 실시할 수 있는 활동 이상의 추가적인 노력을 말한다.
② '추가성'이란 CDM 프로젝트 활동에 의해 온실가스 배출원으로부터의 인위적 배출량이 등록된 CDM 프로젝트 활동이 부재할 경우 발생하는 수준 이하로 감축되는 성질을 의미한다.
③ 베이스라인 배출량에 대한 저감을 유발시키는 추가적인 효과를 추가성이라 한다.

2 개요 및 목적

(1) 개요

① 추가성 여부는 실제로 베이스라인의 타당성을 입증하기보다는 사업이 추가적인가를 판단하는 근거가 되므로 베이스라인 대비 온실가스 감축이 일어날 수 있는 사업은 일단 추가적인 것으로 간주된다.
② CDM 대상 사업의 타당성 확인(Validation)을 위한 1단계 작업은 대상 사업이 CDM 규정에 적합한지 검토하는 것이며, CDM 사업으로 UNFCCC로부터 인정받기 위해서는 추가성(Additionalities)이 있는 사업이어야 가능하다.
③ 추가성은 베이스라인 방법론에 있어서 주요한 요소이다.

(2) 목적

사전에 추가성을 입증하는 작업을 수행하여 CDM 사업 등록에 대한 가능성을 미리 검토한 후 사업을 추진하기 위한 목적이다.

3 사업 가능성 확인을 위한 사전 추가성 확인방법

(1) 개요

① CDM 사업 가능성을 판단하기 위한 추가성 검증은 기술적 추가성과 경제적 추가성만을 고려하여 평가한다.
② 감축량을 산정하는 방법에서 환경적 추가성에 대한 평가가 이루어진다.

(2) 기술적 추가성을 고려하는 기준

① 현재 우리나라(자국 내)에 적용되지 않는 기술
② 외국에서 단순 구매로 도입할 수 없는 기술
③ 외국으로부터 이전하지 않을 경우 개발 및 적용에 많은 시간과 자본이 소요되는지 여부 판단
④ 해당 사업 이외에도 다른 사업이나 분야에서 부수적인 기술 이전효과의 기대

(3) 경제적 추가성을 고려하는 기준

① Simple Cost Analysis(단순비용 분석)
  사업이 CERs 판매를 제외하고 재정적·경제적 이득을 만들지 않을 때 사용

② Investment Comparison Analysis(투자비교 분석)
  IRR, NPV, B/C Ratio와 같은 재정적 지표를 사용

③ Benchmark Analysis(벤치마크 분석)
  재정적 지표를 사용하고 시장의 벤치마킹 지표를 비교

(4) 추가성 충족조건

① 프로젝트 배출량은 베이스라인 배출량보다 작아야 한다.
② 제한된 프로젝트는 베이스라인 옵션에도 속하지 않아야 한다.

> **Reference** 외부사업 추가성 평가항목
> ① 법적·제도적 추가성   ② 경제적 추가성

4 장벽분석

(1) 개요

경제적 추가성 분석에 있어서 추가성이 입증되기 어려운 경우 사업활동을 방해하는 장벽 분석 (Barrier Analysis)을 통하여 추가성을 입증할 수 있다.

(2) 단계

① 장벽분석(투자, 기술, 실행)과 증거(관련법규, 규정, 산업기준 등)를 제시
② 장벽이 대안 중 한 개를 방해하지 않는다는 것을 제시

(3) 추가성 분석 대상

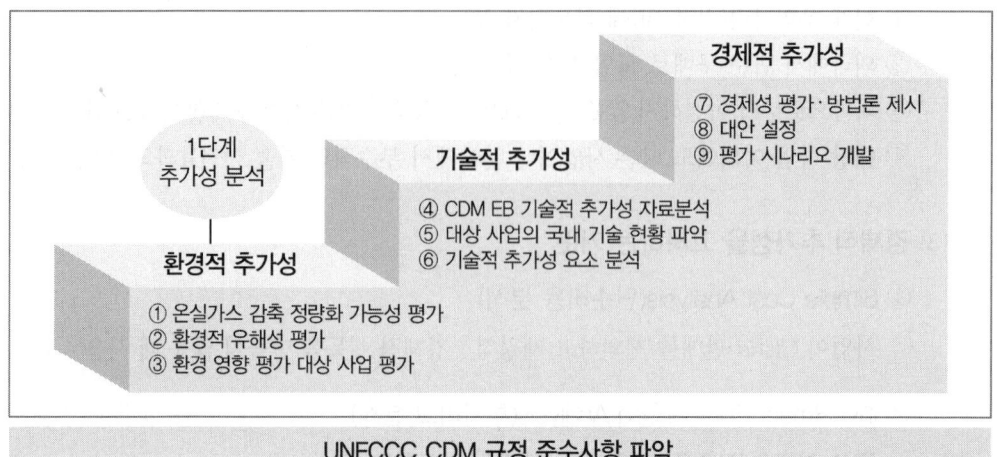

출처 : 한국환경공단

5 CDM 규정 적합성 검토

(1) 개요

① 교토의정서에 CDM 사업은 해당 사업을 수행하지 않았을 경우에도 발생했을 감축에 추가적이어야 한다고 나타내고 있으며, 해당 사업이 발생하지 않았을 경우 베이스라인 배출량과 비교해 인위적인 온실가스 배출 감축이 있는 사업의 특성을 의미한다.
② 경제적 · 기술적, 환경적 추가성을 포함하고 있다.

(2) 추가성 종류

다음 4가지의 추가성이 모두 만족되어야 CDM 사업으로서 등록이 가능하다.

① 환경적 추가성(Environmental Additionality)

해당 사업의 온실가스 배출량이 베이스라인 배출량보다 적을 경우, 해당 사업은 환경적 추가성이 있음

② 재정적 추가성(Financial Additionality)

CDM 사업의 경우 투자국이 유치국에 투자하는 자금은 투자국이 의무적으로 부담하고 있는 해외원조기금(Official Development Assistance)과는 별도로 조달되어야 재정적 추가성이 있음

③ 기술적 추가성(Technological Additionality)

CDM 사업에 활용되는 기술은 현재 유치국에 존재하지 않거나 개발되었지만 여러 가지 장애요인으로 인해 활용도가 낮은 선진화된(More Advanced) 기술이어야 기술적 추가성이 있음

④ 경제적 추가성(Commercial/Economical Additionality)

기술의 낮은 경제성, 기술에 대한 이해 부족 등 여러 장애요인으로 인해 현재 투자가 이루어지지 않는 사업을 대상으로 하여야 경제적 추가성이 있음

(3) 사업타당성 조사를 위한 추가성 검토 방안

추가성	검토 방안
환경적 추가성	해당 사업의 온실가스 감축량을 정량화할 수 있는 베이스라인 방법론 개발 여부
재정적 추가성	우리나라는 OECD 국가에 속해 있기 때문에 국내 사업의 경우 ODA 원조 자금이 들어올 가능성이 없음
기술적 추가성	• 현재 우리나라에서 적용되고 있지 않는 기술 판단 • 외국에서 단순 구매로 도입할 수 없는 기술 판단 • 외국으로부터 이전하지 않을 경우 개발 및 적용에 많은 시간과 자본이 소요되는지 여부 판단 • 해당 사업 이외에도 다른 사업이나 분야에서 부수적인 기술 이전효과의 기대
경제적 추가성	경제 분석(Economic Analysis)을 통한 검토(경제지표 활용 : NPV, IRR 등)

출처 : 한국환경공단

6 추가성 검증 툴(Tool for the Demonstration and Assessment Additionality)

(1) 개요

① UNFCCC CDM 집행위원회에서는 각 해당 사업의 추가성을 입증하기 위한 추가성 검증 툴을 제시하고 있다.
② 사업자는 해당 사업에 적용할 수 있는 추가성 검증 툴을 사용하여 사업이 추가성이 있다는 것을 입증하여야 한다.
③ 추가성에 입각하여 온실가스 감축량 계산도 하여야 한다.

(2) 추가성 검증 툴(Tool)에 의한 추가성 분석절차

① 1단계 : 사업활동에 대한 대안 설정
② 2단계 : 투자분석을 통한 대안 비교
③ 3단계 : 장벽분석을 통한 대안 비교
④ 4단계 : 상례분석(관례분석)

(3) 추가성 검증 툴(Tool)

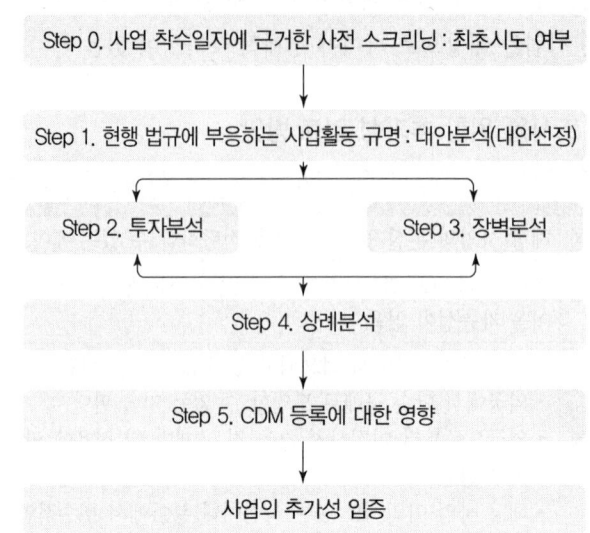

1. 대안 선정(베이스라인 시나리오)
   UNFCCC에 승인된 방법론에 적용 가능 유무를 확인한 후 방법론의 적용 조건에 따라 베이스라인 시나리오를 선정한다.
2. 투자분석
   해당 사업은 수익성이 없는 사업으로 개략적인 비용분석을 통해 사업에 경제성이 없음을 입증하여 투자분석을 실시한다.
3. 장벽분석
   해당 사업이 다음 장애요인으로 인해 CDM으로 등록하지 않을 경우 추진이 어려움을 입증한다.
   • 경제적 장벽 : 해당 사업을 추진할 시 경제적으로 투자하기 어려움을 증명한다.
   • 기술적 장벽 : 해당 사업을 행하는 국가 내에서 사업을 추진하기에 기술적으로 장벽이 있음을 설명한다.
   • 환경적 장벽 : 해당 사업으로 인하여 환경적으로 악영향을 끼치지 않으며 친환경적인 사업임을 설명한다.
4. 상례분석
   지금까지 국내에서 Project 사례가 없거나 통상적으로 행하지 않는 사업임을 상례분석에서 설명한다.

출처 : 한국환경공단

7 CDM 사업 평가 툴

(1) 개요
① CDM 대상 사업이 타당성을 가지기 위해서는 베이스라인 대비 온실가스 감축효과 및 모니터링이 정량적으로 검증 가능하여야 하며, CDM 사업비용을 고려했을 때 수익성을 갖는지에 대해 평가하여야 한다.
② CDM 대상 사업이 타당성을 가지기 위해서는 감축수단이 해외 또는 국내 산업에 정착/보급 확산되어 지속 가능한 사업형태를 유지해야 한다.
③ CDM 사업 평가를 위하여 3단계의 과정을 거치고 각 단계에서는 대상 사업이 CDM 사업 규정에 적합한지, 온실가스 감축량의 정량화가 가능한지, Carbon Pricing 개념에서의 사업 타당성이 있는지를 분석하여야 한다.

(2) CDM 사업추진 가능성 평가 및 발굴 과정 단계

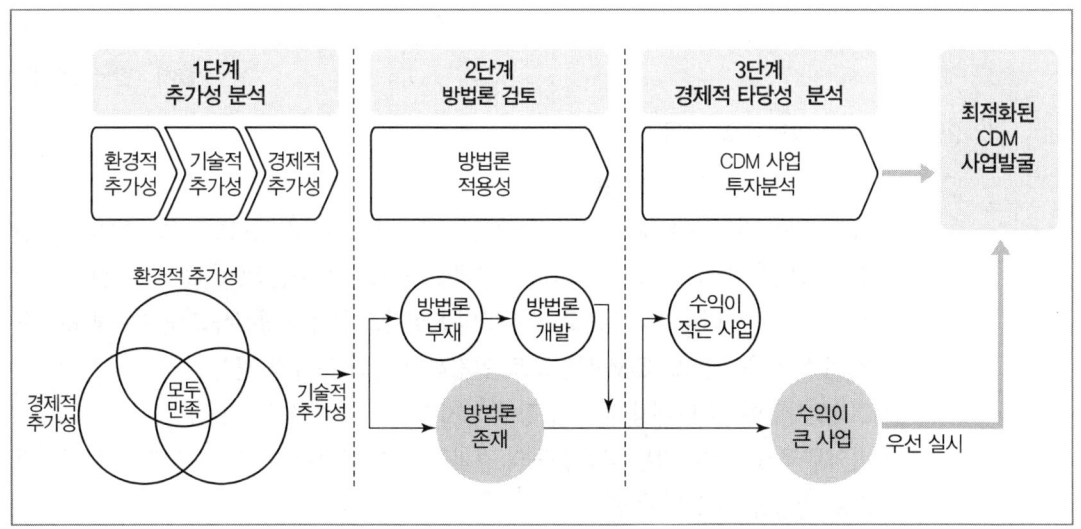

출처 : 한국환경공단

① 계획하는 사업이 CDM 사업요건에 맞고, 환경적 · 기술적 · 경제적 추가성이 있다면 일단 사업으로서 등록 가능하다.
② 추가성을 확인한 온실가스 감축사업은 베이스라인 연구와 모니터링을 수행하기 위해 객관적인 방법론을 수립하여 UNFCCC의 승인을 받을 수 있어야 한다.
③ 최종적으로 방법론 수립 가능 사업에 대해서는 CDM 사업으로 인한 모든 비용과 수익을 판별하고 평가하여 투자 사업으로서 추진할 만한 수익성이 있는지 여부가 결정된다.

(3) CDM 타당성 평가 단계

① 1단계 : 추가성 입증

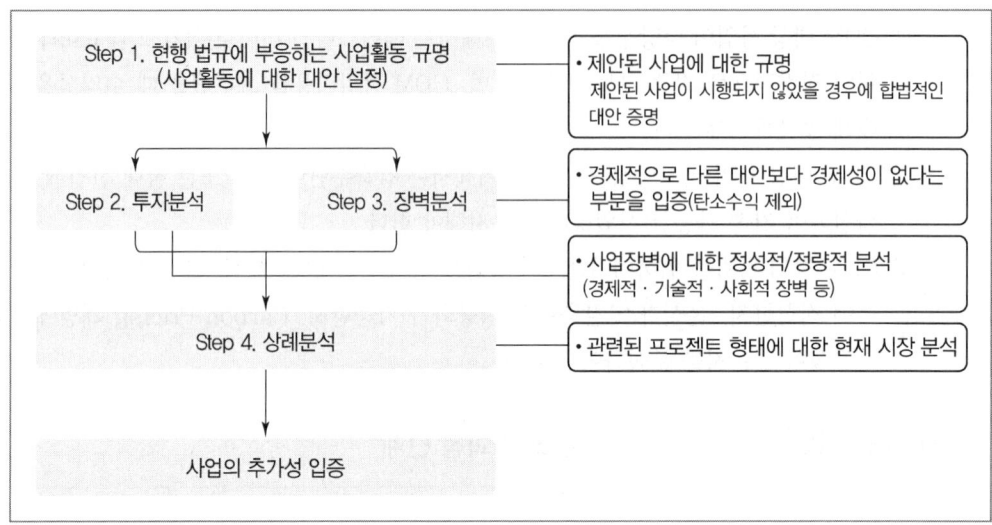

출처 : 한국환경공단

② 2단계 : CDM 방법론의 적용

㉠ CDM 사업 수행 시 방법론의 필수성

ⓐ CDM 사업은 비의무국(Non-Annex I)에서 행해진 온실가스 감축활동으로 발생되는 감축분(CERs)을 시장경제원리에 따라 의무국(Annex I)의 배출권(AAUs)으로 활용할 수 있도록 함으로써 비용 효과적으로 전 지구의 온실가스 감축을 성취하고자 하는 제도이다.

ⓑ 온실가스 감축사업을 CDM 사업으로 인정하기 위한 포괄적 원칙
- CDM 사업에 있어 해당 각국의 정부가 자발적으로 참여하여야 함
- 비의무국에서 행해지는 감축활동의 결과가 실제 나타나야 하며, 그 결과를 정량적으로 측정할 수 있어야 함
- 온실가스 감축활동이 대기 중 온실가스 농도를 감축하고 안정화하도록 장기적인 효과가 나타나야 함
- CDM 사업으로 인한 온실가스 감축은 CDM이 없는 경우 나타날 결과에 비하여 추가적인 효과를 가져온 것이어야 함(추가성 원칙)
- CDM 사업은 온실가스 감축량을 계산하기 위한 방법론을 UNFCCC에 등록한 후 활용할 수 있고, 기존의 방법론이 등록되어 있지 않다면, 새로운 방법론을 만들어 등록하는 과정을 거쳐야 함
- 동일한 사업의 방법론이 기존에 등록이 되어 있다 하더라도 베이스라인을 선정하는 데 있어서 법과 정책이 국가마다 상이하기 때문에 기존 등록 방법론의 사용 가능성을 검토하여 사업을 준비하여야 함

- CDM 사업 검토 2단계에서는 방법론의 등록 유/무와 방법론 작성 가능성을 조사함으로써 사업을 진행하는 데 소요되는 시간적인 문제를 검토하고, 초기에 사업이 진행되는 국가의 법과 정책을 검토함으로써 사업 진행 도중 발생할 수 있는 문제점을 미리 진단·확인하여야 함
- 어떠한 온실가스 감축활동을 CDM 사업으로 인정받기 위해서는 타당한 감축활동을 통해 달성할 수 있는 온실가스 감축량을 정량적으로 보여줄 수 있는 논리체계와 감축활동의 실체를 확인할 수 있는 구체적인 방법이 제시되어야 함

③ 3단계 : CDM 사업 경제성 분석
   ㉠ 경제성 분석
   ⓐ 경제성 분석이란 대상 사업의 편익과 비용을 화폐가치로 평가하고 비교함으로써 사업 시행의 경제적 타당성을 판단하는 작업을 의미한다.
   ⓑ 평가의 관점에 따라 경제적 타당성 평가와 재무적 타당성 평가로 대별된다.
   ⓒ 경제적 타당성 평가는 대상 사업의 사회적 편익과 비용을 비교하여 타당성을 평가하는 것이다.
   ⓓ 재무적 타당성은 개별 사업자의 입장에서 실제의 금전적 수입과 지출을 추정하여 사업의 수익성을 평가하는 것이다.
   ⓔ CDM 사업에 대한 경제성 분석이 일반 투자 사업과 차이점은 CDM 사업의 경우 온실가스 배출을 감축하는 사업이며, 그 감축실적에 대해 UNFCCC의 검·인증을 통해 확보된 배출권 크레딧을 판매함으로써 수익을 창출하는 과정이 포함되어 있다는 점이다.
   ⓕ 경제성 평가 시 배출권 확보 프로세스를 진행하는 과정에서 발생하는 비용과 수익 항목을 고려하여야 한다.

   ㉡ 비용편익 분석방법을 이용한 경제성 평가 절차
   ⓐ 첫째, 대상사업으로 인해 발생하는 수입과 비용항목을 식별
   ⓑ 둘째, 사업기간 동안의 수입과 비용을 특정시점의 불변가격 기준 화폐가치로 평가
   ⓒ 셋째, 오랜 기간에 걸쳐 발생하는 편익과 비용의 흐름을 현재시점에서 평가하기 위해 적절한 할인율을 적용하여 현재 가치로 환산
   ⓓ 넷째, 순 현재가치, 편익비용비율, 내부수익률 등의 평가지표 중 적절한 지표를 선정, 계산하여 사업의 타당성을 평가
   ⓔ 다섯째, 추정의 불확실성과 위험을 고려하기 위해 편익과 비용에 영향을 미치는 주요 항목에 대한 민감도 분석 수행

ⓒ 경제성 분석 시 주요 항목
　ⓐ 온실가스 배출감축량 산정
　ⓑ 배출권 크레딧(CERs)의 판매가격
　ⓒ 배출권 확보를 위한 CDM 프로세스 추진비용

SECTION 06 베이스라인 시나리오 작성

01 베이스라인 시나리오 결정

1 개요

① CDM 사업의 베이스라인 시나리오는 해당 감축사업이 시행되지 않을 경우 인위적인 온실가스 배출에 대한 합리적인 시나리오이다.
② 베이스라인 시나리오는 사업이 추진되기 이전의 기존 상황의 잠재적인 진행 시나리오로서 CDM 사업 추진을 위한 베이스라인 방법론에는 모든 합리적인 베이스라인 시나리오에 대한 설명이 포함된다.
③ 마라케시 합의문에는 베이스라인 설정을 위한 접근방법을 3가지로 제시하고 있으며, 사업참여자는 3개의 베이스라인 접근법 중에서 자신의 사업에 가장 적합한 접근법을 선택하고, 그러한 접근의 정당성을 입증해야 한다.

2 베이스라인 시나리오 설정을 위한 3가지 접근방법(베이스라인 배출량 계산)

CDM 사업에서 기준배출량을 도출하기 위한 베이스라인 시나리오 설정방법 선정 시 다음 3가지 중 가장 적절한 것을 선정한다.

(1) 현존하는 또는 과거의 온실가스 배출상황(방법론 I)

① 감축사업을 하지 않은 현재의 상태가 지속적으로 유지된다고 가상한 경우, 즉 사업 시행을 통해서도 용량변화가 없는 사업유형에 적합
② 적용 시 현재 또는 과거배출량을 대표할 수 있도록 적어도 과거 3년 이상의 온실가스 배출추이 분석이 이루어져야 함
③ 현재 실제로 배출되고 있는 양 또는 과거 배출량을 의미

(2) 경제성 측면에서 상대적으로 가장 유리한 기술을 적용할 때의 온실가스 배출상황(투자 장벽으로 고려될 수 있음 : 방법론 II)

① 새로운 투자가 이루어졌거나 용량 증가가 있는 사업 유형에 적합
② 신재생에너지와 같이 경제적으로 가치 있는 대안 또는 기술이 명확한 사업의 경우보다 경제성 있는 설비 및 기술을 도입한 경우를 베이스라인 배출량으로 설정하여야 함
③ 투자장애 요인을 고려했을 때 경제적으로 매력 있는 기술로부터의 배출량 의미

(3) **유사한 사회·경제·환경 및 기술적 조건하에서 과거 5년간 수행된 유사 사업들의 평균 배출량**(단, 평균에 포함된 사업들의 기술성능은 상위 20%에 속하여야 함 : 방법론 III)
   ① 생산량(또는 부하)의 증가로 신·증설을 한 경우나 노후 설비를 신규설비로 교체한 경우
   ② 유사한 베이스라인, 배출 및 감축 특성을 가진 사업의 경우 성과를 비교하는 데 어려움이 많아 일반적으로 사용하는 방법은 아님
   ③ 단, 아직 수명이 끝나지 않은 설비 교체의 경우 그 잔여수명기간에 대해서는 방법론 I을 사용할 수 있음

02 베이스라인 방법론의 개념

1 개요

① 베이스라인 방법론은 온실가스 감축활동을 통해 달성되는 온실가스 감축량을 정량적으로 계산할 수 있는 논리를 의미한다.
② 베이스라인 방법론은 제안된 CDM 사업에 대하여 베이스라인을 설정하고, 추가성을 입증하기 위한 절차(Procedure)/식(Formulae)/계산법(Algorism)을 설명한 것이다.

2 원리적 개념

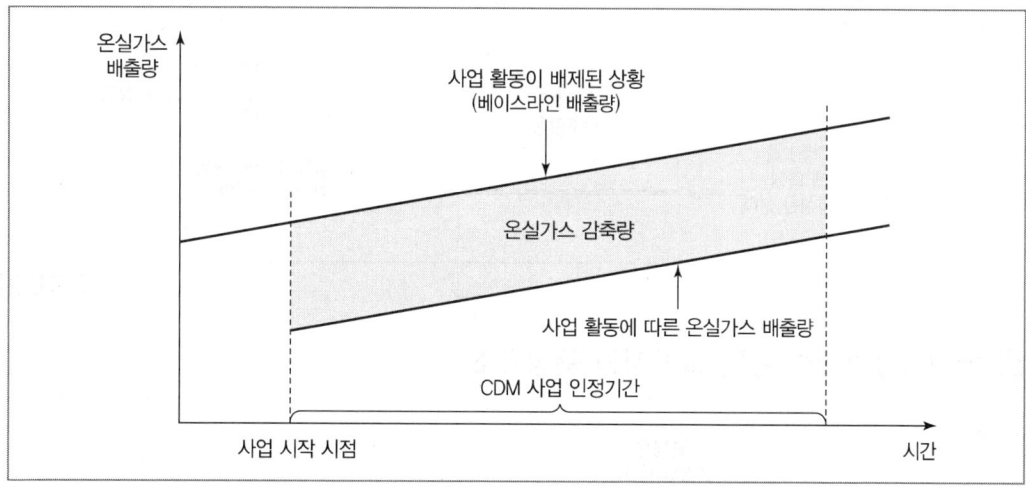

베이스라인 배출량 (Baseline Emission)	CDM 사업활동이 없는 상황을 가정하여 예상하는 온실가스 배출량
프로젝트 배출량 (Project Emission)	CDM 사업활동 결과 배출되는 온실가스 배출량

출처 : 한국환경공단

① CDM 사업활동으로 인한 온실가스 감축량은 CDM 사업이 일어나지 않는 상황을 가정하여 예상되는 '베이스라인 배출량'과 CDM 사업활동결과 배출되는 '프로젝트 배출량'의 차이에 해당되는 값이라고 할 수 있다.
② 온실가스 감축량을 구하기 위해서는 기본적으로 베이스라인 배출량과 프로젝트 배출량을 먼저 구하여야 하는데, 이는 CDM 사업이 일어나지 않는 상황, 즉 베이스라인에 대한 규명과 추가적으로 행해진 감축활동에 대한 규명이 선행되어야 달성될 수 있다.

03 베이스라인 방법론의 구성

1 개요

베이스라인 방법론에는 제안하고자 하는 사업의 경계와 활동에 대한 규명, 베이스라인 시나리오 설정논리, 사업의 추가성 입증방법, 온실가스 감축량 계산방법 등이 명확하게 제시되어야 한다.

2 베이스라인 방법론에서 다루어야 할 내용

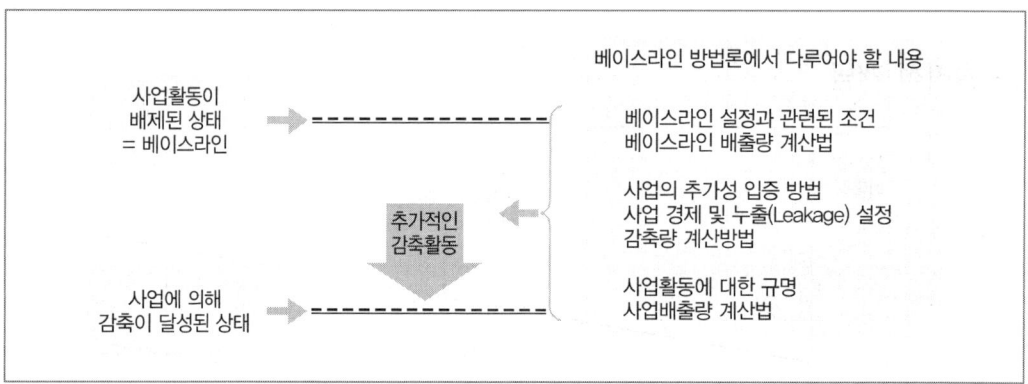

출처 : 한국환경공단

3 베이스라인 방법론의 일반적인 구성요소

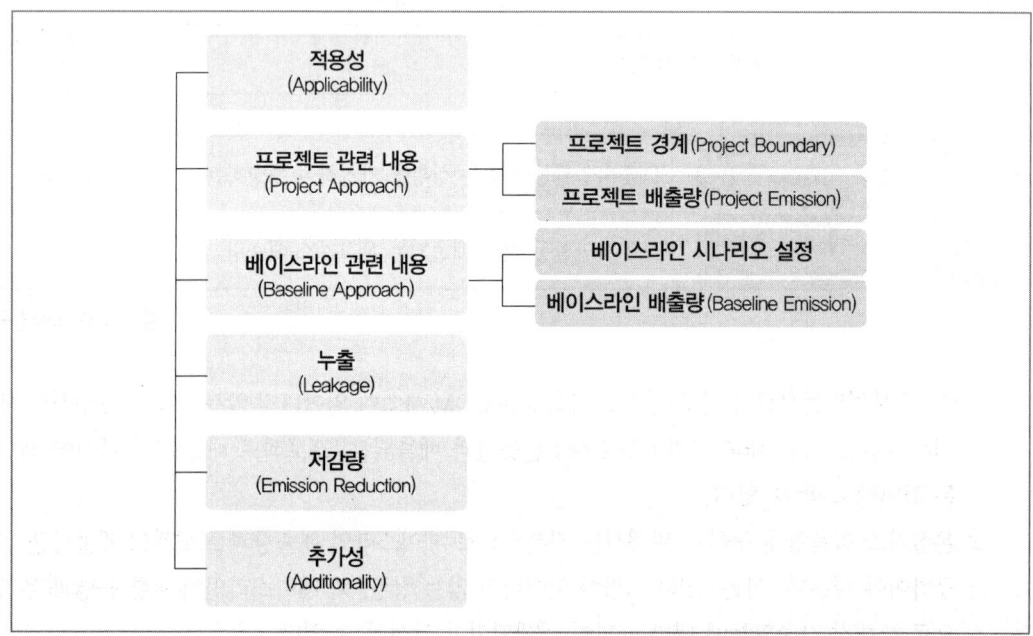

출처 : 한국환경공단

(1) 적용성

① 각 방법론에는 그 방법론이 적용될 수 있는 사업의 조건을 나타내어야 한다.
② CDM 사업 자체가 사업에 기반하는 것으로, 대규모 승인방법론의 경우 원래부터 특정 사업의 등록을 위하여 개발된 것이기 때문에 각 방법론마다 적용 가능한 사업조건이 존재한다.
③ 자신이 계획하고 있는 사업이 어떤 방법론에서 제시하고 있는 적용 가능한 조건에 해당된다면, 그 방법론의 적용이 가능하다.
④ 프로젝트에 적용된 기술, 정책적·법적 상황 등에서 방법론의 논리가 성립될 수 있는 프로젝트 활동상의 조건을 밝혀야 한다.

(2) 사업경계(Project Boundary)

① 감축사업에 의해 영향을 받는 온실가스 배출원/흡수원을 포함하는 영역으로 감축사업에 의해 미치게 될 모든 중요한 정량적 영향이 포함된다.
② 사업 경계를 구분지어 기술하는데 일반적으로 그림이나 모식도를 사용하여 설명한다.
③ 프로젝트 배출량과 베이스라인 배출량을 계산하기 위해 표를 이용하여 프로젝트 경계 내에서 배출원으로부터 배출되는 온실가스가 무엇인지 설명한다.
④ 방법론에서 프로젝트 참여자가 프로젝트 경계 내의 배출원으로부터 배출되는 온실가스를 선택할 수 있는 경우, 선택의 정당성을 설명해야 한다.
⑤ 사업 전 공정
　㉠ 사업 전 공정은 사업경계 내의 모든 온실가스 배출원/흡수원과 기준활동이 나타나도록 도식화하며 사업 후 공정과 비교가 가능하여야 한다.
　㉡ 사업경계 밖에서 감축사업 시행의 영향을 받는 온실가스 배출원이 있는 경우도 나타내어야 한다.
⑥ 사업 후 공정
　㉠ 사업 후 공정은 사업경계 내의 모든 온실가스 배출원/흡수원과 기준활동이 나타나도록 도식화하여 작성하며 사업 전 공정과 비교가 가능하여야 한다.
　㉡ 사업경계 밖에서 감축사업 시행의 영향을 받는 온실가스 배출원이 있는 경우도 나타내어야 한다.

(3) 누출

① 누출량이란 감축사업 시행과정 중, 당해사업의 범위 밖에서 부수적으로 발생하는 온실가스 배출의 증가량 또는 감축량을 말하며, 그 양은 계산과 측정이 가능하여야 한다.
② 누출이란 사업경계 밖에 존재하는 배출원에서 발생하는 배출로서 CDM 사업활동으로 인해 발생하는 측정 가능한 인위적 온실가스 배출의 순 변화량(Net Change)을 뜻한다.
③ 각 방법론에는 사업 수행 시 발생할 수 있는 누출원 규명 및 누출량 산정방법에 대한 내용이 포함되어야 한다.
④ Negative Leakage
 배출감축량을 감소하는 요소로 작용
⑤ Positive Leakage
 배출감축량을 증가시키는 요소로 작용

(4) 기준활동(Reference Activity)

① 온실가스 감축, 제거량을 산정하는 기준이 되는 단위
② 사업경계에서 사용되는 원료 또는 사업경계에 생산되는 제품, 반제품, 서비스의 정량적 단위
③ 기준활동량은 과거 3년간 생산 및 가동실적을 분석하여 설정하는 것이 일반적임
④ 기준활동 선정은 사업경계 내에서 활동량 변화에 따른 상대적인 온실가스 감축효과를 평가하기 위한 것
⑤ 사업경계를 포함하는 일련의 공정에서 사용 및 생산되는 대표적인 원료, 제품(또는 서비스) 등과 같이 온실가스 배출에 직접적으로 영향을 주는 활동이 선정되어야 함
⑥ 일반적으로 원단위 기준이라고도 부름
⑦ 감축사업의 특성상 기준활동 대신 절대량의 변화로 온실가스 감축효과가 평가되어야 하는 경우 '기준 활동 선정 필요 없음'이라고 기재함

04 베이스라인 배출량 및 제거량 산정

1 개요

감축사업의 베이스라인 온실가스 배출량을 결정하기 위한 계산과정과 특징 등을 구체적으로 제시하여야 한다.

2 산정 시 포함사항

① 배출가스
② 배출원
③ 계산식/알고리즘
④ 배출계수
⑤ CO_2 배출량으로의 환산

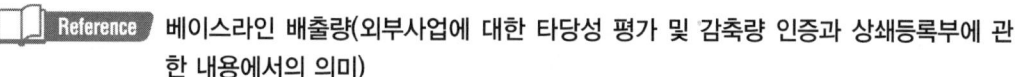 베이스라인 배출량(외부사업에 대한 타당성 평가 및 감축량 인증과 상쇄등록부에 관한 내용에서의 의미)

외부사업 사업자가 외부사업을 하지 않았을 경우, 사업경계 내에서 발전가능성이 가장 높은 조건을 고려한 온실가스 배출량을 말한다.

05 사업 후 예상 배출감축량 및 제거량 산정

1 개요

배출감축량을 정확히 파악하기 위해서는 배출원 및 배출계수와 관련된 부분으로 나누어 정확한 측정 또는 계산을 통하여 상세히 산정해야 한다.

2 배출감축량 산정방법

(1) 첫 번째 방법

$$ER = BE - PE - L$$

여기서, ER(Emission Reduction) : 배출감축량
BE(Baseline Emission) : 베이스라인 배출량
PE(Project Emission) : 사업배출량
L(Leakage) : 누출량

(2) 두 번째 방법(사업에 의한 감축 온실가스량만 고려한 방법)

$$ER = PR - BR - L$$

여기서, PR(Project Reduction) : 사업에 의한 감축량
BR(Baseline Reduction) : 베이스라인 감축량
L(Leakage) : 누출량

(3) 세 번째 방법(사업경계 밖에서 온실가스 감축이 발생된 경우)

$$ER = BE \times BEF$$

여기서, BE(Baseline Emission) : 베이스라인 배출량(감축활동량)
BEF(Baseline Emission Factor) : 베이스라인 배출계수

SECTION 07 사업계획서 작성 및 등록

01 사업 전후 공정분석

1 개요

CDM 사업 추진을 계획하는 사업자나 개발자는 CDM 사업의 첫 단계인 사업 개발 및 계획단계에서부터 자신이 계획하고 있는 사업이 CDM 사업으로서 추진 가능한지 신중하게 검토하는 과정이 반드시 필요하다.

2 CDM 대상 사업이 타당성을 가지기 위한 조건

① 온실가스 감축효과
② 경제적인 비용부문의 효율 만족
③ 지속가능한 사업형태

3 CDM 사업 발굴 목적

① 배출권 확보
② 수익성 추구
③ 신성장 동력 발굴
④ 사업구조 다각화
⑤ 해외진출 교두보 마련
⑥ 기술수출, 기존 사업 시너지 창출

4 CDM 사업 발굴 시 고려사항

(1) 한정된 자원(인력 · 시간 · 자금)하에 중점적으로 발굴할 사업분야 검토

① 수익 창출
② 배출권 물량 확보
③ 기존 사업과의 시너지 효과 창출
④ CDM 추진 실적 및 기술 적용 Reference 확보

⑤ 신성장 동력 발굴
⑥ 유망 국가 진출을 위한 교두보

(2) 사업 개발 추진 방식

① 사업 소개 경로(브로커, 현지 교민, 해외지사, 협력업체, 정부기관 등)
② 협력 업체 구성 및 기술 조달방안(기술, 컨설팅, 공동투자자 등)
③ 자금 조달방안
④ 전문가 확보방안

(3) 사업 참여자 간 협력 가능성

① 현지 Project Owner와 협상 문제(Work Scope, 적정 지분율 등)
② 전략적 투자자 간의 협상 문제(사업개발 공로 인정, 투자 프리미엄 등)
③ 전략적 투자자와 재무적 투자자 간 차등화 문제

(4) 리스크 분석

① 프로젝트 일반 리스크
② CDM 고유 리스크
③ 해당 CDM 사업 고유 리스크

(5) 온실가스의 종류 및 사업 특성

온실가스	GWP	주요 배출원	주요 특성	비고
CO_2 (이산화탄소)	1	연료 사용/산업공정 (화석연료, 철강, 시멘트, 산불)	에너지 절감, 연료 대체, 사업적 후처리 난이	프로젝트 다양, 소규모 사업
CH_4 (메탄)	21	발효/부패/소화 (폐기물 오폐수, 축산, 폐농자재)	발생원 광범위, 포집 난이	포집/처리 효율에 따라 사업성 좌우
N_2O (아산화질소)	310	연소/산업공정/비료 사용 (질산, 아디핀산, 카프로락탐)	산업공정은 제거 용이, 연소, 비료 사용은 포집 난이	고수익성, 프로젝트 고갈
HFCs (수소불화탄소)	140~11,700	반도체 제조 (세정제, 냉매제, 발포제)	발생원 명확, 배출 증가세	고수익성, 프로젝트 고갈
PFCs (과불화탄소)	6,500~9,200	• 전자회로나 반도체 제조 • 할로카본 생산공정 · 사용공정 • 금속관련산업(철강산업)	화학적 안정, 분해 난이	고수익성, 프로젝트 한정

온실가스	GWP	주요 배출원	주요 특성	비고
SF_6 (육불화황)	23,900	전기절연가스/산소차단 (LCD, 반도체, 알루미늄)	화학적 안정, 분해 난이	고수익성, 프로젝트 한정
프레온가스	몬트리올 의정서 규제	-	오존층 파괴물질	-
오존	-	-	성층권 유익, 대기권 유해	-
수증기	-	-	이로운 역할이 더 많음	-

출처 : 한국환경공단

(6) 투자 규모

① 대규모 사업부터 본격 진출할 것인가?
② 소규모 사업에서 경험을 축적하고 대규모 사업으로 확대할 것인가?
③ 자사 자금력/신용도 감안 시 독자적 자금 조달은 용이한가?

(7) 시간에 따른 리스크

구분	주요 리스크	구분	주요 리스크
CDM 등록 리스크	• 방법론 존재 여부 • 초기 고려 • 추가성 • 이해관계자 복잡성(지분, 민원 등) • 환경영향(환경 훼손, 2차 오염 등)	CER 발생 리스크	• 관련규정 준수 여부 • 설비 Spec • 측정설비 검·교정 • 기록 관리
감축시설 Performance	• 제거율/발전효율 • 시설 가동률(고장빈도/심도, 부하) • 유지보수 용이성 • 공장 가동률(판매량, 파업, 고장 등)	컨트리 리스크	• 외국인 투자지분 제한 • 과실 송금, 이중과세 • 보조금 제도(Feed-in Tarriff) • CDM 관련 세금
파트너 신뢰성	• 계약상대방의 계약이행 여부 • 운영자의 프로젝트 수행능력 • 투자자의 자금조달 능력 • 관련 License(소유권, 사업권 등)	정책적 리스크	• 국제 기후변화정책 변경 가능성 • 수급 관련 CER 가격 폭락 가능성

출처 : 한국환경공단

5 CDM 사업 추진 가능성 평가 및 사업 발굴 과정

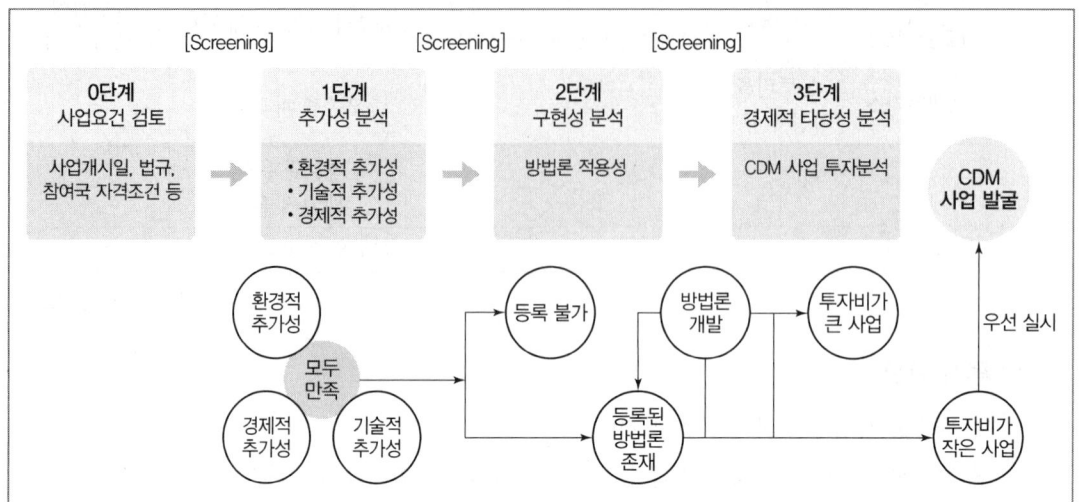

출처 : 한국환경공단

6 배출량 산정

① 신뢰성이 떨어지지 않을 정도로 세분화하여 단위공정의 흐름도를 작성한다.
② 단위공정 흐름도를 기본으로 물질·에너지 수지 및 사업 전후 사업범위를 구분하여 도식화하여 나타낸다.

02 사업계획서 작성

1 개요

CDM 사업을 등록하기 위해서는 CDM 사업계획서(PDD)를 작성하여 UNFCCC에 제출하여야 하며 CDM 사업계획서는 크게 6개 부분으로 구성되어 있다.

2 CDM 사업계획서(PDD) 작성 단계별 세부내용(구성항목)

(1) 사업활동 일반현황(Section A) : 프로젝트 개요

① 사업의 제목(A1)
② 사업의 일반 개요(A2)
③ 사업참여자 정보(A3)
④ 사회활동의 기술개요(A4)

(2) 베이스라인 및 모니터링 방법론의 적용(Section B)

① 개요

Section B에는 사업활동에 적용한 방법론 정보를 작성하며, 제안된 CDM 사업에서 온실가스 감축량을 계산하는 데 사용된 베이스라인 방법론, 사업의 추가성 및 사업의 경계(Boundary)를 기술한다.

② 사업활동에 적용한 베이스라인 및 모니터링 방법론 명칭 및 참고자료(B1)
③ 방법론 선정의 정당성 및 사업활동에 적용된 방법론 설명(B2)
④ 사업경계에 포함된 온실가스 배출원과 가스 종류 설명(B3)
⑤ 베이스라인 시나리오 개요(B4)
⑥ 배출원별 인위적 온실가스 배출량이 등록된 CDM 사업활동의 부재 시에 어떻게 일어날 수 있는지를 설명(추가성 평가 및 입증)(B5)

⑦ 배출감축량(B6)

㉠ 방법론적 선택 사항들을 설명(B6.1)
㉡ 타당성 평가(Validation)에서 이용 가능한 데이터와 파라미터(B6.2)
㉢ 온실가스 배출 감축량에 대한 사전계산(B6.3)
㉣ 사전 계산된 배출 감축량 요약(B6.4)

⑧ 모니터링 방법론의 적용성 및 모니터링 계획 설명(B7)
  ㉠ 모니터링할 데이터 및 파라미터(B7.1)
    프로젝트 활동을 모니터링하는 동안 모니터링해야 할 데이터 및 파라미터의 수집방법을 표를 사용하여 설명하여야 한다.
  ㉡ 모니터링 계획 기술(B7.2)
    프로젝트 운영자가 프로젝트 활동으로 인한 배출 감축량과 누출 영향을 모니터링하기 위해 실행할 운영 및 관리 구조를 설명하여야 한다.
⑨ 베이스라인과 모니터링 방법론 적용 완료일자 및 책임자의 이름, 소속기관명(B8)

(3) 사업의 활동이행기간 및 CERs 발급기간(유효기간)(Section C)

Section C는 CDM 사업기간 및 발생된 CERs의 유효기간(CERs Crediting Period)으로 구성된다.

① 사업활동기간(C1)
  ㉠ 사업활동 시작일(C1.1)
  ㉡ 사업활동의 예상 수명(C1.2)

② 유효기간 결정(C2)
  ㉠ 갱신 가능한 인정기간(C2.1)
  ㉡ 고정 인정기간(C2.2)

(4) 환경영향(Section D)

① 개요
  Section D에는 제안된 CDM 사업 및 관련 활동이 환경에 미칠 수 있는 영향을 기술하는 것으로 이루어지며, 만일 환경에 미치는 영향이 크다고 간주되면, 환경영향평가를 실시하도록 되어 있다.

② 환경영향 분석에 관한 기술(사업경계 밖의 영향 포함)(D1)
③ 사업활동에 의한 심각한 환경영향 발생 시, 관련한 모든 증빙서류 및 환경영향 해결절차(D2)

(5) 이해관계자 의견(Section E)

① 개요
  Section E에는 사업활동과 관련한 이해관계자의 의견수렴 및 처리내용에 관한 정보를 작성하게 되며, 이행관계자(Stake Holders)는 사업에 영향을 미치거나, 영향을 받을 수 있는 개인, 단체 혹은 공동체를 포함하는 다수를 의미한다.

② 지역 이해관계자의 의견수렴 방법 및 종합 내용 기술(E1)
③ 접수한 이해관계자의 의견 요약(E2)
④ 접수된 이해관계자의 의견에 대해 취해진 조치를 설명(E3)

> **Reference** CDM 사업 모니터링 보고서의 QA/QC 절차작성법
>
> ① 절차서는 CDM 프로젝트의 모니터링계획을 기준으로 하여 작성한다.
> ② 베이스라인 배출계수는 PDD 베이스라인 방법론에 의거한 값이다.
> ③ 모니터링 매개변수의 변경이 있는 경우 DOE의 평가를 거쳐 CDM EB의 승인을 득하여야 한다.
> ④ 전기안전 담당자는 모니터링 담당업무를 겸할 수 있지만 모니터링 담당자는 전기안전관리를 겸할 수 없다.

SECTION 08 모니터링 계획서 작성

01 개요

CDM 사업계획서의 모니터링 방법론은 베이스라인 방법과 동일하게, CDM 집행위원회로부터 승인받은 모니터링 방법론만 사용할 수 있다.

02 사업계획서 포함 내용

① 크레딧 기간 동안 사업범위 내에서 발생되는 배출원에 의한 인위적인 배출량 산정 혹은 측정을 위한 모든 관련 데이터의 수집과 기록
② 크레딧 기간 동안 사업범위 내에서 온실가스 배출량의 베이스라인을 결정하는 데 필요한 모든 관련 데이터의 수집과 기록
③ 크레딧 기간 동안 사업활동에 기인한 사업범위 밖의 모든 가능한 온실가스 배출량 증가에 대한 모든 잠재적인 발생원(Potential Source) 파악 및 자료 수집 및 보관
④ CDM 사업 타당성 검토단계에서 고려되었던 사업이 환경에 미치는 영향 기록 및 수집
⑤ 모델링 절차에 대한 QC/QA
⑥ CDM 사업활동에 의한 온실가스 배출 감축량의 주기적인 계산과 누출효과(Leakage Effect)에 대한 절차
⑦ 선택한 베이스라인 및 모니터링 방법론에 따라 사업경계 내에서 온실가스 배출량 감축량(CERs)을 산출하여 제시, 제시되는 온실가스 배출감축량은 CO_2 상당량(CO_2 ton)으로 표시

> **Reference** CDM 사업을 위한 모니터링 시스템 구축내용
>
> ① CDM 사업의 최종목표는 CER을 발급받는 것으로 모니터링은 CDM 사업에 있어서 매우 중요한 과정으로 평가받고 있다.
> ② 모니터링 시스템의 신뢰성을 높이기 위해서는 계측기관리 절차서, 기록관리 절차서, 검사 및 시험 절차서, 교육 및 훈련 절차서, 문서관리 절차서, 시정 및 예방조치 절차서 등을 구축할 것을 검토하여야 한다.
> ③ CDM 사업의 모니터링 계획 검증을 성공적으로 수행하기 위해서는 등록된 PDD에 대한 정확한 이해가 필요하며, CDM 사업 등록을 추진하는 조직과 모니터링을 담당하는 조직이 서로 다른 경우에 등록된 PDD에 대한 내용을 담당 부서에게 명확하게 전달 및 교육을 하여야 한다.
> ④ 계측되는 모니터링 데이터나 방법론이 PDD에 규정한 모니터링 인자의 단위와는 일부 일치하지 않을 수 있으므로 모든 데이터에 단위 명시를 해야 한다.

SECTION 09 사업계획서 등록

01 개요

DNA에서 승인받은 CDM 사업은 UNFCCC 홈페이지의 등록절차를 참고하여 등록한다.

02 등록절차

(1) CDM 사업 운영기구(DOE)는 제안된 CDM 사업계획서(CDM-PDD), 작성한 CDM 사업 타당성 보고서(Validation Report)와 관련 국가의 사업승인서, 사업자 간 지정동의서(Modality of Communication) 등을 첨부하여 CDM 집행위원회에 CDM 사업, 등록을 요청한다.

(2) CDM 사업 운영기구에서 등록 요청한 CDM 사업과 관련하여, 당사국 또는 CDM 집행위원회 위원 중 최소 3명이 제안된 CDM 사업의 재검토(Review)를 요청하지 않으면, CDM 집행위원회는 CDM 사업 등록 요청 접수일 이후 8주 안에 CDM 사업 등록을 종료하여야 한다(소규모 사업일 경우는 4주).

(3) 3인 이상의 EB위원 검토 요청 시 회의를 통해 등록 여부가 결정되며, EB의 검토 요청이 없을 경우 UN에 공식적으로 등록된다.

(4) CDM 사업등록 절차

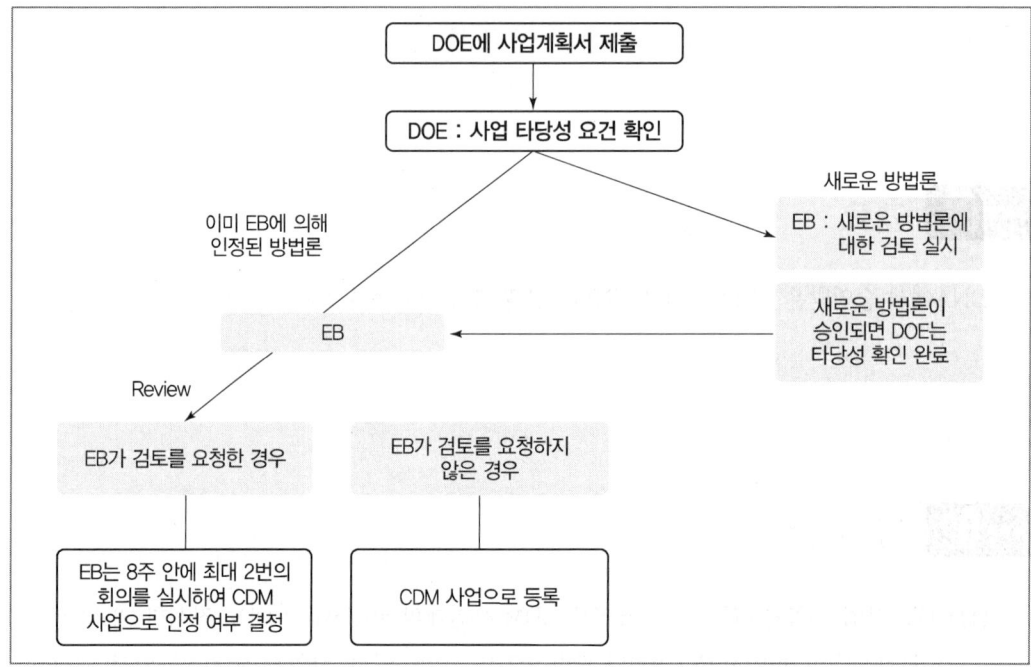

출처 : 한국환경공단

(5) 신청서류의 완전성 검사(CDM Secretary)

① 모든 문서들의 제출 여부, 제출된 문서들의 상호 간 일치 여부 등 확인
② 제출된 문서들의 완전성, EB의 보고표준, 준수 여부 확인
③ 완전성 검사단계시점

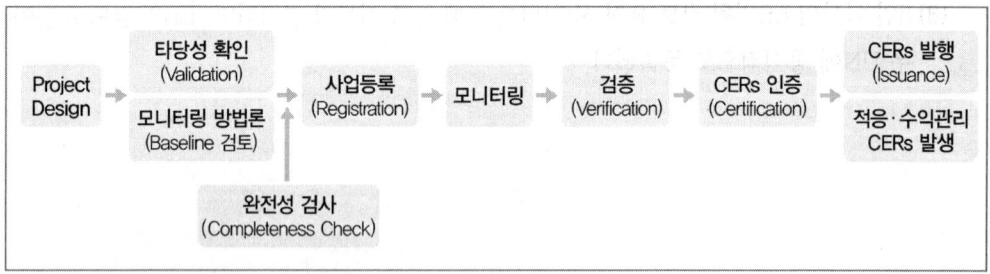

출처 : 한국환경공단

④ 완전성 검사순서
  ㉠ 사업계획서 제출 순으로 검사 실시
  ㉡ 미진한 부분 발견 시 신청 DOE에 수정 요청

⑤ 등록 시 요구되는 서류
  ㉠ PDD
  ㉡ 타당성 보고서
  ㉢ 사업과 관련된 각 국가들(DNA)의 승인서
  ㉣ 각 사업자들에 대한 인가서
  ㉤ MoC(Modalities of Communication)
  ㉥ 등록 요청서
  ㉦ 추가적인 첨부문서
    • 세부사항에 관한 정보 제공
    • 추가성 및 감축계산에 대한 증명자료

SECTION 10 모니터링 자료수집

01 모니터링 자료 및 정보의 정의

① 모니터링 계획은 관리업체의 연간 배출량 산정·보고 계획이라 할 수 있으며 모니터링 계획의 품질은 곧바로 명세서의 정확성과 신뢰성에 영향을 미치는 중요한 요소이다.
② 모니터링 자료 및 정보는 온실가스 배출량 산정에 필요한 자료·정보 및 온실가스·에너지 관련 자료의 감시·측정을 연속적 또는 주기적으로 실시하여 얻은 자료·정보를 의미한다.
③ 온실가스 감축 프로젝트에서의 모니터링이란 온실가스 저감이 등록된 CDM 사업으로 인해 온실가스 저감량을 사업자 스스로가 등록에 사용된 방법론 사업계획서의 모니터링 계획에 맞춰 진행하였는지를 확인하는 것을 말한다.

02 모니터링 측정위치 및 측정방법

1 측정기 계량 및 지점 표시

① 에너지 흐름 내 설치된 계량 및 계측장비를 표시한다.
② 계량 및 계측의 정도를 활동자료 수집방법론에 맞추어 A, B, C 등으로 구분한다.

2 배출량 및 계측수준 파악

① 주요 배출원의 계측방법을 파악하고 수준향상을 위해 필요한지 여부를 파악한다.
② 배출량이 많은 배출시설에 대해 낮은 불확도를 보증할 수 있는 계측수단을 고려한다.

3 계측기 주요정보의 기록관리

현재 설치된 계측기의 검·교정 주기, 일자, 계획 등을 이행계획서 양식에 맞추어 정리한다.

4 측정기기 정도검사 및 주기

관리업체가 자체적으로 설치한 측정기기 중 시험·교정기관 등으로부터 주기적인 정도검사를 실시할 경우 그 주기는 측정기기의 종류에 따라 「계량에 관한 법률 시행령」의 검정 유효기간 및 「환경분야 시험·검사 등에 관한 법률」에 따른 주기 등을 준용하여 정도검사를 실시할 수 있다.(정기보수기간 등 환경·안전·기술 특성을 고려하여 주기적 검사일정을 수립)

5 배출시설별 활동자료의 측정지점

「온실가스 목표관리운영 등에 관한 지침」 "별지 제7호 서식" 4. 배출시설별 활동자료의 측정지점, 5. 활동자료의 모니터링(측정) 방법을 기준으로 하여 작성한다.

SECTION 11 모니터링 자료수집 및 특징

01 개요

온실가스 프로젝트 모니터링은 프로젝트 및 베이스라인 시나리오에 관련된 온실가스 배출량 및 제거량 정량화, 보고에 중요한 데이터를 포함하여 정보, 기록, 분석하기 위한 기준과 절차를 수립, 유지되어야 한다.

02 모니터링 절차

① 모니터링 목적
② 데이터(측정단위 포함) 및 정보유형
③ 데이터 출처
④ 평가, 모델링, 모니터링 방법(측정 또는 산정방법 포함)
⑤ 모니터링 시간 및 기간(사용자 요구 고려)
⑥ 모니터링 역할 및 책임
⑦ 온실가스 정보관리 시스템(저장된 데이터 위치 및 보관 포함)

03 모니터링 시스템 구축의 신뢰성 향상을 위한 검토 문서

① 계측기 관리 절차서
② 교육·훈련 절차서
③ 기록 관리 절차서
④ 문서 관리 절차서
⑤ 검사 및 시험 절차서
⑥ 시정 및 예방조치 절차서

SECTION 12 배출량 산정 계획 작성방법

1 배출량 산정 계획 작성원칙

① 준수성

배출량 산정 계획은 배출량 산정 및 배출량 산정 계획 작성에 대한 기준을 준수하여 작성하여야 한다.

② 완전성

㉠ 할당대상업체는 조직경계 내 모든 배출시설의 배출활동에 대해 모니터링 계획을 수립·작성하여야 한다.
㉡ 모든 배출원이란, 신·증설, 중단 및 폐쇄, 긴급상황 등 특수상황에 배출시설 및 배출활동이 포함됨을 의미한다.

③ 일관성

배출량 산정 계획에 보고된 동일 배출시설 및 배출활동에 관한 데이터는 상호 비교가 가능하도록 배출시설의 구분은 가능한 한 일관성을 유지하여야 한다.

④ 투명성

㉠ 배출량 산정 계획은 동 지침에서 제시된 배출량 산정 원칙을 준수한다.
㉡ 배출량 산정에 적용되는 데이터 및 정보관리 과정을 투명하게 알 수 있도록 작성되어야 한다.

⑤ 정확성

㉠ 할당대상업체는 배출량의 정확성을 제고할 수 있도록 배출량 산정 계획을 수립하여야 한다.
㉡ 온실가스 배출·감축량이 과대 또는 과소평가 되지 않도록 계산과정에서 정확한 데이터를 사용하여야 한다.

⑥ 일치성 및 관련성

배출량 산정 계획은 할당대상업체의 현장과 일치되고, 각 배출시설 및 배출활동, 그리고 배출량 산정방법과 관련되어야 한다.

⑦ 지속적 개선

할당대상업체는 지속적으로 배출량 산정 계획을 개선해 나가야 한다.

2 배출량 산정 계획작성 방법

① 조직경계 결정

할당대상업체의 배출원에 누락이 없도록 지침의 조직경계 결정 방법에 따라 작성하여야 한다.

② 배출활동 및 배출시설 파악

㉠ 배출활동과 배출시설은 기존시설, 신·증설 시설, 폐쇄 시설 및 조직경계 제외시설로 구분하여야 한다.

㉡ 조직경계 내·외부로의 온실가스 판매 또는 구매에 대하여 배출량 산정 계획에 포함하여야 한다.

③ 배출시설별 모니터링 방법
할당대상업체는 지침에 따라 배출시설 및 배출활동별 온실가스 배출량 및 에너지 사용량 산정방식을 결정하여야 한다.

④ 배출시설별 모니터링 대상 및 측정지점 결정
할당대상업체는 배출시설별 모니터링 대상 활동자료의 모니터링 유형을 지침에 따라 결정하고, 이의 측정위치를 명확하게 파악하여 제시하여야 한다.

⑤ 활동자료의 모니터링 방법
㉠ 할당대상업체는 결정된 활동자료의 모니터링 유형에 의거하여 측정기기, 측정범위, 정도검사 주기 등을 포함한 측정기기의 관리계획, 측정기기의 불확도를 포함한 배출량 산정 방법을 모니터링 계획에 포함하여야 한다.
㉡ 할당대상업체가 자체적으로 설치한 활동자료 측정기기의 정도검사를 주기적으로 실시할 경우는 지침의 측정기기 정도검사 주기에 따른다.
㉢ 정도검사 대상 측정기기임에도 불구하고 정도검사가 불가능한 경우는 불가능한 사유에 대한 설명과 배출량 산정식에 적용하는 해당 활동자료의 신뢰성 입증방법을 배출량 산정 계획에 제시하여야 한다.

⑥ 배출시설별 배출활동의 산정 등급 적용 계획
배출시설별 배출활동의 산정 등급은 지침에 따라 배출량 산정 계획에 내용을 작성한다.

⑦ 품질관리/품질보증 활동 계획
㉠ 할당대상업체는 배출량 산정과 관련된 자료의 신뢰성을 향상시키고, 배출량 산정과정에서의 오류, 누락 등을 예방하기 위해 품질관리/품질보증 활동계획을 수립하여야 한다.
㉡ 품질관리/품질보증 활동에는 활동자료의 생성, 수집, 가공 등을 포함한 활동자료의 흐름과 활동자료와 관련된 계측기기의 관리 등이 포함되어야 한다.
㉢ 할당대상업체는 지침에 따라 품질관리/품질보증 활동과 관련된 문서화된 절차를 수립하여야 한다.

> **Reference** 외부사업모니터링의 원칙
> ① 모니터링 방법은 등록된 사업계획서 및 승인방법론을 준수하여야 한다.
> ② 외부사업은 불확도를 최소화할 수 있는 방식으로 측정되어야 한다.
> ③ 외부사업 온실가스 감축량 산정에 필요한 데이터 추정 시, 값은 보수적으로 적용되어야 한다.
> ④ 외부사업 온실가스 감축량은 일관성, 재현성, 투명성 및 정확성을 갖고 산정되어야 한다.

SECTION 13 모니터링 결과 데이터 관리 및 품질관리

01 개요

모니터링 결과 처리는 데이터 조작, 문서화, 배출량 산정활동들에 대한 엄격한 품질점검에 초점을 두고 있다.

02 모니터링 데이터의 품질관리 프로젝트 데이터 품질 개선 내용

① 완전한 온실가스 정보관리 시스템 수립 및 유지
② 기술적 오류에 대한 정기적인 정확성 점검 수행
③ 장기적인 내부심사 및 기술적 검토 실시
④ 프로젝트 팀원에 대한 적절한 교육
⑤ 불확도 평가

03 모니터링 관련 일반적인 품질관리 방법

1 데이터 수집, 입력, 조작활동

① 샘플 점검
② 추가적인 품질 제어와 점검

2 데이터 문서화

① 도서목록의 데이터 참고 문헌들이 모든 초기 데이터에 대한 스프레드시트에 포함되는 것을 확인
② 인용된 참고문헌의 사본들이 저장되었음을 점검
③ 경계, 기준년도, 방법, 활동 데이터, 배출계수, 그리고 다른 파라미터의 선택에 대한 가정이나

기준이 기록되었는지 점검
④ 데이터 또는 방법론의 변화가 기록되었는지 점검

3 배출량 산정과 점검

① 배출량 단위, 파라미터 그리고 환산계수들이 적절히 표시되었는지 점검
② 단위가 적절히 표시되었고, 산정의 시작에서 끝까지 빠짐없이 정확히 수행되었는지 점검
③ 환산계수들이 정확한지 점검
④ 스프레드시트의 데이터 처리 단계 점검
⑤ 스프레드시트 입력 데이터와 산정된 데이터가 확실하게 구별되었는지 점검
⑥ 수작업 또는 전산작업에 의한 산정들의 견본 점검
⑦ 생략된 산정과 함께 몇몇 산정 점검
⑧ 배출원 범주들, 사업 단위들에 걸친 데이터의 합계 점검
⑨ 시간 연속 입력과 산정들의 일관성 점검

> **Reference** 데이터 수집방법(WRI/WBCSD GHG Protocol, 2004)
>
> 조직 내에서 온실가스 배출량의 데이터를 수집하는 데는 집중식과 분산식 접근법이 있다.
>
> **1 집중식**
> ① 각 설비를 운영하는 부서에서는 연료 사용데이터, 운영시간 등과 같은 활동 데이터만을 산출
> ② 각 운영부서에서 산출한 것을 전체조직의 주관 부서로 보고
> ③ 전체조직의 주관부서에서 온실가스 배출량 계산
>
> **2 분산식**
> ① 각 설비를 운영하는 개별 사업장의 해당 부서에서 활동/연료 사용데이터를 바탕으로 온실가스 배출량 산출
> ② 개별 사업장에서 산출된 온실가스 배출량을 전체조직의 주관부서에 보고

SECTION 14. 감축실적보고서 작성 및 검인증 절차

01 개요

1 개요

① 온실가스 감축사업의 모니터링은 사업 참가자가 CDM 사업계획서(PDD)의 모니터링 계획에 따라 사업의 온실가스 배출 감축 계산에 필요한 모든 데이터를 수집하고 작성하는 것을 말한다.
② 모니터링보고서는 사업 이행 현황, 모니터링 시스템 및 절차, 검교정에 대한 정보, 변경해야 할 내용, 배출계수, 베이스라인 배출 계산법, 배출 감소 비교 등의 항목을 추가하도록 하고 있다.

2 모니터링 보고서 검인증 절차

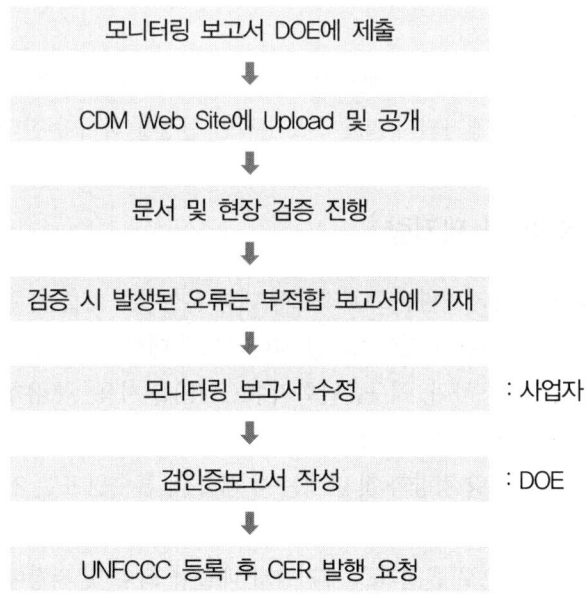

3 모니터링 보고서 작성원칙

① 적절성(Relevance)
  사업경계(Project Bounday)를 설정하는 것을 말하며 대상사업특성을 고려하여 온실가스 배출 및 관련 영향 등이 적절하게 포함되어야 한다. 또한 경계설정 시 관리적 범위(사업소유권, 운영

권, 기술 소유권 등)와 물리적 범위(대상공정, 사업장 위치 등)를 고려한다.

② 완전성(Completeness)

온실가스 배출량 계산 시 사업경계 내에서 온실가스를 배출하는 모든 배출원을 포함하여야 하며 계산과정의 모든 정보를 명확하게 제시하여야 한다.

③ 일관성(Consistency)

사업경계, 방법론, 계수, 데이터 등은 사업계획서 전반에 걸쳐 일관성 있게 적용되어야 하며, 이를 통해 시간의 경과에 따른 배출감축 실적의 평가와 비교가 가능해야 한다.

④ 투명성(Transparency)

사업계획서의 신뢰성 확보를 위해 온실가스 배출감축량 계산에 이용되는 가정, 계산, 참고내용, 방법론을 문서화하고, 출처 공개 및 사용 근거와 타당성을 기술하여야 한다.

⑤ 정확성(Accuracy)

온실가스 배출감축량이 과대 또는 과소 평가되지 않도록 계산 시 정확한 데이터를 사용하여야 하며 가능한 불확도를 최소화하기 위한 노력을 하여야 한다.

⑥ 보수성(Conservativeness)

사업계획서 작성을 위한 기준들을 선정 및 적용 시 여러 종류의 방법론 선정이 가능한 경우 온실가스 배출감축량이 과대평가되지 않도록 보수적인 선정을 하여야 한다.

4 사업 후 배출감축량 및 제거량

① 온실가스 배출감축량 및 제거량은 프로젝트에 대한 온실가스 배출원, 흡수원 및 저장소로부터의 온실가스 배출량 및 제거량과 베이스라인 시나리오에 대한 상승하는 값의 차이로 정량화한다.
② 측정단위로서 ton을 사용하며, 지구온난화지수(GWP)를 사용, 각 유형의 온실가스량을 이산화탄소 상당량(CO_2-eq)으로 전환한다.
③ 온실가스 배출량 및 제거량 정량화 첫 단계는 각 배출원, 흡수원 또는 저장소에 대한 관련 온실가스의 식별이다.
④ 두 번째 단계는 영속성으로 온실가스 제거량과 배출량 회수 및 저장이 장기적인지를 평가하기 위한 기준이다.
⑤ 세 번째 단계는 재산정으로 온실가스 배출감축량 및 제거량이 과대평가되지 않았다는 것을 보장하기 위하여 프로젝트 종료 시점에서 실시되며 프로젝트가 실시된 이후부터의 전체 프로젝트 기간을 포함하여야 한다.

5 모니터링 계획의 개정

① 모니터링 계획의 개정 목적

사업계획서에 기술된 모니터링 계획에 대하여 정확성과 완전성의 개선을 목적으로 개정할 수 있다.

② 모니터링 계획의 개정을 요구할 수 있는 경우

㉠ CDM 사업계획서에 기술된 모니터링 계획이 승인된 방법론에 일치하지 않는 경우
㉡ 모니터링 계획의 수정이 정확성 및 완전성을 저해하지 않는 경우

③ 모니터링 계획의 개정 시 요청 문서

㉠ 개정 요청 신청서
㉡ 타당성 조사 의견
㉢ 개정된 모니터링 계획
㉣ 보충문건

> **Reference** CDM 모니터링 보고서 검증업무 수행 절차
>
> CDM 사업자는 일정기간 동안 사업감축활동 모니터링을 수행한 후 모니터링 보고서를 작성하여 DOE에 검증을 의뢰한다(검증의 목적은 사업에 의한 감축실적의 정확성 확인).
>
> **Step 1. 문서 검토**
> - 제공된 데이터 및 정보의 완전성 검토
> - 모니터링 계획과 방법론의 검토(절차서 포함), QA/AC 평가
>
> ↓
>
> **Step 2. 현장 심사**
> - 사업계획서에 따른 프로젝트의 도입 및 운영에 대한 평가
> - 모니터링 인자들의 데이터 생산, 취합 그리고 보고에 대한 정보 검토
> - 모니터링 계획에 따른 운영 및 데이터 획득 절차 관련 담당자 인터뷰
> - 데이터 Cross-check, 검·교정 관련 사항, 저감량 계산 검토, 관리 방안 확인
>
> ↓
>
> **Step 3. 시정조치**
> - 시정조치 해당 시 대응 및 차기 검증 기간에 보완이 필요한 경우 FAR 발행
> - 30일 기간의 마지막 날 그동안 받았던 의견 공개
>
> ↓
>
> **Step 4. 검증 보고서**
> 검증 심사위원은 사업자의 시정조치 완료를 확인하고, 검증보고서 및 인증보고서 작성

> **Reference** 국내 온실가스 배출감축사업 등록절차
>
> ① 사업계획서 작성
> ② 타당성평가 실시
> ③ 감축사업 등록신청
> ④ 감축사업 등록의 평가
> ⑤ 등록평가 결과 통보 및 관리

PART 05 온실가스 관련법규

SECTION 01. 기후위기 대응을 위한 탄소중립·녹색성장 기본법 (약칭 : 탄소중립기본법)

01 총칙

제1조(목적)

이 법은 기후위기의 심각한 영향을 예방하기 위하여 온실가스 감축 및 기후위기 적응대책을 강화하고 탄소중립 사회로의 이행 과정에서 발생할 수 있는 경제적·환경적·사회적 불평등을 해소하며 녹색기술과 녹색산업의 육성·촉진·활성화를 통하여 경제와 환경의 조화로운 발전을 도모함으로써, 현재 세대와 미래 세대의 삶의 질을 높이고 생태계와 기후체계를 보호하며 국제사회의 지속가능발전에 이바지하는 것을 목적으로 한다.

제2조(정의)

1. 기후변화
   사람의 활동으로 인하여 온실가스의 농도가 변함으로써 상당 기간 관찰되어 온 자연적인 기후변동에 추가적으로 일어나는 기후체계의 변화를 말한다.
2. 기후위기
   기후변화가 극단적인 날씨뿐만 아니라 물 부족, 식량 부족, 해양산성화, 해수면 상승, 생태계 붕괴 등 인류 문명에 회복할 수 없는 위험을 초래하여 획기적인 온실가스 감축이 필요한 상태를 말한다.
3. 탄소중립
   대기 중에 배출·방출 또는 누출되는 온실가스의 양에서 온실가스 흡수의 양을 상쇄한 순배출량이 영(零)이 되는 상태를 말한다.
4. 탄소중립 사회
   화석연료에 대한 의존도를 낮추거나 없애고 기후위기 적응 및 정의로운 전환을 위한 재정·기술·제도 등의 기반을 구축함으로써 탄소중립을 원활히 달성하고 그 과정에서 발생하는 피해와 부작용을 예방 및 최소화할 수 있도록 하는 사회를 말한다.
5. 온실가스
   적외선 복사열을 흡수하거나 재방출하여 온실효과를 유발하는 대기 중의 가스 상태의 물질로서 이산화탄소(CO_2), 메탄(CH_4), 아산화질소(N_2O), 수소불화탄소(HFCs), 과불화탄소(PFCs), 육불화황(SF_6) 및 그 밖에 대통령령으로 정하는 물질을 말한다.

6. 온실가스 배출

    사람의 활동에 수반하여 발생하는 온실가스를 대기 중에 배출·방출 또는 누출시키는 직접배출과 다른 사람으로부터 공급된 전기 또는 열(연료 또는 전기를 열원으로 하는 것만 해당한다)을 사용함으로써 온실가스가 배출되도록 하는 간접배출을 말한다.

7. 온실가스 감축

    기후변화를 완화 또는 지연시키기 위하여 온실가스 배출량을 줄이거나 흡수하는 모든 활동을 말한다.

8. 온실가스 흡수

    토지이용, 토지이용의 변화 및 임업활동 등에 의하여 대기로부터 온실가스가 제거되는 것을 말한다.

9. 신·재생에너지

    「신에너지 및 재생에너지 개발·이용·보급 촉진법」에 따른 신에너지 및 재생에너지를 말한다.

10. 에너지 전환

    에너지의 생산, 전달, 소비에 이르는 시스템 전반을 기후위기 대응(온실가스 감축, 기후위기 적응 및 관련 기반의 구축 등 기후위기에 대응하기 위한 일련의 활동을 말한다. 이하 같다)과 환경성·안전성·에너지안보·지속가능성을 추구하도록 전환하는 것을 말한다.

11. 기후위기 적응

    기후위기에 대한 취약성을 줄이고 기후위기로 인한 건강피해와 자연재해에 대한 적응역량과 회복력을 높이는 등 현재 나타나고 있거나 미래에 나타날 것으로 예상되는 기후위기의 파급효과와 영향을 최소화하거나 유익한 기회로 촉진하는 모든 활동을 말한다.

12. 기후정의

    기후변화를 야기하는 온실가스 배출에 대한 사회계층별 책임이 다름을 인정하고 기후위기를 극복하는 과정에서 모든 이해관계자들이 의사결정과정에 동등하고 실질적으로 참여하며 기후변화의 책임에 따라 탄소중립 사회로의 이행 부담과 녹색성장의 이익을 공정하게 나누어 사회적·경제적 및 세대 간의 평등을 보장하는 것을 말한다.

13. 정의로운 전환

    탄소중립 사회로 이행하는 과정에서 직·간접적 피해를 입을 수 있는 지역이나 산업의 노동자, 농민, 중소상공인 등을 보호하여 이행 과정에서 발생하는 부담을 사회적으로 분담하고 취약계층의 피해를 최소화하는 정책방향을 말한다.

14. 녹색성장

    에너지와 자원을 절약하고 효율적으로 사용하여 기후변화와 환경훼손을 줄이고 청정에너지와 녹색기술의 연구개발을 통하여 새로운 성장동력을 확보하며 새로운 일자리를 창출해 나가는 등 경제와 환경이 조화를 이루는 성장을 말한다.

15. 녹색경제

    화석에너지의 사용을 단계적으로 축소하고 녹색기술과 녹색산업을 육성함으로써 국가경쟁력을 강화하고 지속가능발전을 추구하는 경제를 말한다.

16. 녹색기술

    기후변화대응 기술(「기후변화대응 기술개발 촉진법」에 따른 기후변화대응 기술을 말한다), 에너지 이용 효율화 기술, 청정생산기술, 신·재생에너지 기술, 자원순환(「자원순환기본법」에 따른 자원순환을 말한다. 이하 같다) 및 친환경 기술(관련 융합기술을 포함한다) 등 사회·경제 활동의 전 과정에 걸쳐 화석에너지의 사용을 대체하고 에너지와 자원을 효율적으로 사용하여 탄소중립을 이루고 녹색성장을 촉진하기 위한 기술을 말한다.

17. 녹색산업

    온실가스를 배출하는 화석에너지의 사용을 대체하고 에너지와 자원 사용의 효율을 높이며, 환경을 개선할 수 있는 재화의 생산과 서비스의 제공 등을 통하여 탄소중립을 이루고 녹색성장을 촉진하기 위한 모든 산업을 말한다.

제3조(기본원칙)

탄소중립 사회로의 이행과 녹색성장은 다음 각 호의 기본원칙에 따라 추진되어야 한다.

1. 미래세대의 생존을 보장하기 위하여 현재 세대가 져야 할 책임이라는 세대 간 형평성의 원칙과 지속가능발전의 원칙에 입각한다.
2. 범지구적인 기후위기의 심각성과 그에 대응하는 국제적 경제환경의 변화에 대한 합리적 인식을 토대로 종합적인 위기 대응 전략으로서 탄소중립 사회로의 이행과 녹색성장을 추진한다.
3. 기후변화에 대한 과학적 예측과 분석에 기반하고, 기후위기에 영향을 미치거나 기후위기로부터 영향을 받는 모든 영역과 분야를 포괄적으로 고려하여 온실가스 감축과 기후위기 적응에 관한 정책을 수립한다.
4. 기후위기로 인한 책임과 이익이 사회 전체에 균형 있게 분배되도록 하는 기후정의를 추구함으로써 기후위기와 사회적 불평등을 동시에 극복하고, 탄소중립 사회로의 이행 과정에서 피해를 입을 수 있는 취약한 계층·부문·지역을 보호하는 등 정의로운 전환을 실현한다.
5. 환경오염이나 온실가스 배출로 인한 경제적 비용이 재화 또는 서비스의 시장가격에 합리적으로 반영되도록 조세체계와 금융체계 등을 개편하여 오염자 부담의 원칙이 구현되도록 노력한다.
6. 탄소중립 사회로의 이행을 통하여 기후위기를 극복함과 동시에, 성장 잠재력과 경쟁력이 높은 녹색기술과 녹색산업에 대한 투자 및 지원을 강화함으로써 국가 성장동력을 확충하고 국제 경쟁력을 강화하며, 일자리를 창출하는 기회로 활용하도록 한다.
7. 탄소중립 사회로의 이행과 녹색성장의 추진 과정에서 모든 국민의 민주적 참여를 보장한다.

8. 기후위기가 인류 공통의 문제라는 인식 아래 지구 평균 기온 상승을 산업화 이전 대비 최대 섭씨 1.5도로 제한하기 위한 국제사회의 노력에 적극 동참하고, 개발도상국의 환경과 사회정의를 저해하지 아니하며, 기후위기 대응을 지원하기 위한 협력을 강화한다.

제4조(국가와 지방자치단체의 책무)

① 국가와 지방자치단체는 경제·사회·교육·문화 등 모든 부문에 기본원칙이 반영될 수 있도록 노력하여야 하며, 관계 법령 개선과 재정투자, 시설 및 시스템 구축 등 제반 여건을 마련하여야 한다.
② 국가와 지방자치단체는 각종 계획의 수립과 사업의 집행과정에서 기후위기에 미치는 영향과 경제와 환경의 조화로운 발전 등을 종합적으로 고려하여야 한다.
③ 지방자치단체는 탄소중립 사회로의 이행과 녹색성장의 추진을 위한 대책을 수립·시행할 때 해당 지방자치단체의 지역적 특성과 여건 등을 고려하여야 한다.
④ 국가와 지방자치단체는 기후위기 대응 정책을 정기적으로 점검하여 이행성과를 평가하고, 국제협상의 동향과 주요 국가 및 지방자치단체의 정책을 분석하여 면밀한 대책을 마련하여야 한다.
⑤ 국가와 지방자치단체는 「공공기관의 운영에 관한 법률」에 따른 공공기관(이하 "공공기관"이라 한다)과 사업자 및 국민이 온실가스를 효과적으로 감축하고 기후위기 적응역량을 강화할 수 있도록 필요한 조치를 강구하여야 한다.
⑥ 국가와 지방자치단체는 기후정의와 정의로운 전환의 원칙에 따라 기후위기로부터 국민의 안전과 재산을 보호하여야 한다.
⑦ 국가와 지방자치단체는 기후변화 현상에 대한 과학적 연구와 영향 예측 등을 추진하고, 국민과 사업자에게 관련 정보를 투명하게 제공하며, 이들이 의사결정 과정에 적극 참여하고 협력할 수 있도록 보장하여야 한다.
⑧ 국가와 지방자치단체는 탄소중립 사회로의 이행과 녹색성장의 추진을 위한 국제적 노력에 능동적으로 참여하고, 개발도상국에 대한 정책적·기술적·재정적 지원 등 기후위기 대응을 위한 국제협력을 적극 추진하여야 한다.
⑨ 국가와 지방자치단체는 탄소중립 사회로의 이행과 녹색성장의 추진 등 기후위기 대응에 필요한 전문인력의 양성에 노력하여야 한다.

제5조(공공기관, 사업자 및 국민의 책무)

① 공공기관은 탄소중립 사회로의 이행을 위한 국가 및 지방자치단체의 시책에 적극 협조하고, 녹색제품의 우선 구매 등을 통하여 녹색기술·녹색산업에 대한 투자 및 고용 확대를 유도하며, 예산의 수립과 집행, 사업의 선정과 추진 등 모든 활동에서 기후위기에 미치는 영향을 최소화하도록

노력하여야 한다.
② 사업자는 녹색경영을 통하여 사업활동으로 인한 온실가스 배출을 최소화하고 녹색기술 연구개발과 녹색산업에 대한 투자 및 고용을 확대하도록 노력하여야 하며, 국가와 지방자치단체의 시책에 참여하고 협력하여야 한다.
③ 국민은 가정과 학교 및 사업장 등에서 녹색생활을 적극 실천하고, 국가와 지방자치단체의 시책에 참여하며 협력하여야 한다.

02 국가비전 및 온실가스 감축 목표 등

제7조(국가비전 및 국가전략)

① 정부는 2050년까지 탄소중립을 목표로 하여 탄소중립 사회로 이행하고 환경과 경제의 조화로운 발전을 도모하는 것을 국가비전으로 한다.
② 정부는 국가비전(이하 "국가비전"이라 한다)을 달성하기 위하여 다음 각 호의 사항을 포함하는 국가탄소중립녹색성장전략(이하 "국가전략"이라 한다)을 수립하여야 한다.
  1. 국가비전 등 정책목표에 관한 사항
  2. 국가비전의 달성을 위한 부문별 전략 및 중점추진과제
  3. 환경·에너지·국토·해양 등 관련 정책과의 연계에 관한 사항
  4. 그 밖에 재원조달, 조세·금융, 인력양성, 교육·홍보 등 탄소중립 사회로의 이행을 위하여 필요하다고 인정되는 사항
③ 정부는 국가전략을 수립·변경하려는 경우 공청회 개최 등을 통하여 관계 전문가 및 지방자치단체, 이해관계자 등의 의견을 듣고 이를 반영하도록 노력하여야 한다.
④ 국가전략을 수립하거나 변경하는 경우에는 2050 탄소중립녹색성장위원회(이하 "위원회"라 한다)의 심의를 거친 후 국무회의의 심의를 거쳐야 한다. 다만, 대통령령으로 정하는 경미한 사항을 변경하는 경우에는 위원회 및 국무회의의 심의를 생략할 수 있다.
⑤ 정부는 기술적 여건과 전망, 사회적 여건 등을 고려하여 국가전략을 5년마다 재검토하고, 필요한 경우 이를 변경하여야 한다.
⑥ 제2항부터 제5항까지의 규정에 따른 국가전략의 내용 및 수립·변경 절차 등에 관하여 필요한 사항은 대통령령으로 정한다.

제8조(중장기 국가 온실가스 감축 목표 등)

① 정부는 국가 온실가스 배출량을 2030년까지 2018년의 국가 온실가스 배출량 대비 35퍼센트 이상의 범위에서 대통령령으로 정하는 비율만큼 감축하는 것을 중장기 국가 온실가스 감축 목표(이하 "중장기감축목표"라 한다)로 한다.

② 정부는 중장기감축목표를 달성하기 위하여 산업, 건물, 수송, 발전, 폐기물 등 부문별 온실가스 감축 목표(이하 "부문별감축목표"라 한다)를 설정하여야 한다.

③ 정부는 중장기감축목표와 부문별감축목표의 달성을 위하여 국가 전체와 각 부문에 대한 연도별 온실가스 감축 목표(이하 "연도별감축목표"라 한다)를 설정하여야 한다.

④ 정부는 「파리협정」(이하 "협정"이라 한다) 등 국내외 여건을 고려하여 중장기감축목표, 부문별감축목표 및 연도별감축목표(이하 "중장기감축목표 등"이라 한다)를 5년마다 재검토하고 필요할 경우 협정 제4조의 진전의 원칙에 따라 이를 변경하거나 새로 설정하여야 한다. 다만, 사회적·기술적 여건의 변화 등에 따라 필요한 경우에는 5년이 경과하기 이전에 변경하거나 새로 설정할 수 있다.

⑤ 정부는 중장기감축목표 등을 설정 또는 변경할 때에는 다음 각 호의 사항을 고려하여야 한다.
   1. 국가 중장기 온실가스 배출·흡수 전망
   2. 국가비전 및 국가전략
   3. 중장기감축목표 등의 달성가능성
   4. 부문별 온실가스 배출 및 감축 기여도
   5. 국가 에너지정책에 미치는 영향
   6. 국내 산업, 특히 화석연료 의존도가 높은 업종 및 지역에 미치는 영향
   7. 국가 재정에 미치는 영향
   8. 온실가스 감축 등 관련 기술 전망
   9. 국제사회의 기후위기 대응 동향

⑥ 정부는 중장기감축목표 등을 설정·변경하는 경우에는 공청회 개최 등을 통하여 관계 전문가나 이해관계자 등의 의견을 듣고 이를 반영하도록 노력하여야 한다.

⑦ 제1항부터 제6항까지의 규정에 따른 중장기감축목표 등의 설정·변경 등에 관하여 필요한 사항은 대통령령으로 정한다.

03 국가 탄소중립 녹색성장 기본계획의 수립 등

제10조(국가 탄소중립 녹색성장 기본계획의 수립 · 시행)

① 정부는 기본원칙에 따라 국가비전 및 중장기감축목표등의 달성을 위하여 20년을 계획기간으로 하는 국가 탄소중립 녹색성장 기본계획(이하 "국가기본계획"이라 한다)을 5년마다 수립 · 시행하여야 한다.
② 국가기본계획에는 다음 각 호의 사항이 포함되어야 한다.
  1. 국가비전과 온실가스 감축 목표에 관한 사항
  2. 국내외 기후변화 경향 및 미래 전망과 대기 중의 온실가스 농도변화
  3. 온실가스 배출 · 흡수 현황 및 전망
  4. 중장기감축목표 등의 달성을 위한 부문별 · 연도별 대책
  5. 기후변화의 감시 · 예측 · 영향 · 취약성평가 및 재난방지 등 적응대책에 관한 사항
  6. 정의로운 전환에 관한 사항
  7. 녹색기술 · 녹색산업 육성, 녹색금융 활성화 등 녹색성장 시책에 관한 사항
  8. 기후위기 대응과 관련된 국제협상 및 국제협력에 관한 사항
  9. 기후위기 대응을 위한 국가와 지방자치단체의 협력에 관한 사항
  10. 탄소중립 사회로의 이행과 녹색성장의 추진을 위한 재원의 규모와 조달 방안
  11. 그 밖에 탄소중립 사회로의 이행과 녹색성장의 추진을 위하여 필요한 사항으로서 대통령령으로 정하는 사항
③ 국가기본계획을 수립하거나 변경하는 경우에는 위원회의 심의를 거친 후 국무회의의 심의를 거쳐야 한다. 다만, 대통령령으로 정하는 경미한 사항을 변경하는 경우에는 위원회 및 국무회의의 심의를 생략할 수 있다.
④ 환경부장관은 국가기본계획의 수립 · 시행 등에 관한 업무를 지원하며, 관계 중앙행정기관의 장은 환경부장관이 요청하는 자료를 제공하는 등 최대한 협조하여야 한다.
⑤ 제1항부터 제3항까지의 규정에 따른 국가기본계획의 수립 및 변경의 방법 · 절차 등에 필요한 사항은 대통령령으로 정한다.

제11조(시 · 도 계획의 수립 등)

① 특별시장 · 광역시장 · 특별자치시장 · 도지사 및 특별자치도지사(이하 "시 · 도지사"라 한다)는 국가기본계획과 관할 구역의 지역적 특성 등을 고려하여 10년을 계획기간으로 하는 시 · 도 탄소중립 녹색성장 기본계획(이하 "시 · 도계획"이라 한다)을 5년마다 수립 · 시행하여야 한다.
② 시 · 도계획에는 다음 각 호의 사항이 포함되어야 한다.

1. 지역별 온실가스 배출·흡수 현황 및 전망
2. 지역별 중장기 온실가스 감축 목표 및 부문별·연도별 이행대책
3. 지역별 기후변화의 감시·예측·영향·취약성평가 및 재난방지 등 적응대책에 관한 사항
4. 기후위기가 「공유재산 및 물품 관리법」에 따른 공유재산에 미치는 영향과 대응방안
5. 기후위기 대응과 관련된 지역별 국제협력에 관한 사항
6. 기후위기 대응을 위한 지방자치단체 간 협력에 관한 사항
7. 탄소중립 사회로의 이행과 녹색성장의 추진을 위한 교육·홍보에 관한 사항
8. 녹색기술·녹색산업 육성 등 녹색성장 촉진에 관한 사항
9. 그 밖에 탄소중립 사회로의 이행과 녹색성장의 추진을 위하여 시·도지사가 필요하다고 인정하는 사항

③ 시·도지사는 시·도계획을 수립 또는 변경하는 경우에는 2050 지방탄소중립녹색성장위원회(이하 "지방위원회"라 한다)의 심의를 거쳐야 한다. 다만, 대통령령으로 정하는 경미한 사항을 변경하는 경우에는 심의를 생략할 수 있다.

④ 시·도지사는 시·도계획이 수립 또는 변경된 경우 이를 환경부장관에게 제출하여야 하며, 환경부장관은 제출받은 시·도계획을 종합하여 위원회에 보고하여야 한다.

⑤ 정부는 시·도계획의 이행을 촉진하기 위하여 필요한 지원시책을 마련할 수 있다.

⑥ 제1항부터 제5항까지의 규정에 따른 시·도계획의 수립·시행 및 변경, 제출·보고, 지원시책의 마련 등에 관하여 필요한 사항은 대통령령으로 정한다.

제12조(시·군·구 계획의 수립 등)

① 시장·군수·구청장(자치구의 구청장을 말한다. 이하 같다)은 국가기본계획, 시·도계획과 관할 구역의 지역적 특성 등을 고려하여 10년을 계획기간으로 하는 시·군·구 탄소중립 녹색성장 기본계획(이하 "시·군·구계획"이라 한다)을 5년마다 수립·시행하여야 한다.

② 시·군·구계획을 수립·변경하는 경우에는 제11조 제2항·제3항을 준용한다. 이 경우 "시·도지사"는 각각 "시장·군수·구청장"으로 본다.

③ 시장·군수·구청장은 시·군·구계획이 수립 또는 변경된 경우 이를 환경부장관 및 관할 시·도지사에게 제출하여야 하며, 환경부장관은 제출받은 시·군·구계획을 종합하여 위원회에 보고하여야 한다.

④ 정부는 시·군·구계획의 이행을 촉진하기 위하여 필요한 지원시책을 마련할 수 있다.

⑤ 제1항부터 제4항까지의 규정에 따른 시·군·구계획의 수립·시행 및 변경, 지원시책의 마련 등에 관하여 필요한 사항은 대통령령으로 정한다.

♂ 제13조(국가기본계획 등의 추진상황 점검)

① 위원장은 국가기본계획의 추진상황 및 주요 성과를 매년 정성·정량적으로 점검하고, 그 결과 보고서를 작성하여 공개하여야 한다.
② 시·도지사 및 시장·군수·구청장은 시·도계획 및 시·군·구계획의 추진상황과 주요 성과를 매년 정성·정량적으로 점검하고, 그 결과 보고서를 작성하여 지방위원회의 심의를 거쳐 시·도계획은 환경부장관에게, 시·군·구계획의 경우에는 환경부장관과 관할 시·도지사에게 각각 제출하여야 하며, 환경부장관은 이를 종합하여 위원회에 보고하여야 한다.
③ 위원장은 제1항 및 제2항에 따른 점검 결과 개선이 필요한 사항에 관하여 관계 중앙행정기관의 장, 시·도지사 또는 시장·군수·구청장에게 개선의견을 제시할 수 있다. 이 경우 관계 중앙행정기관의 장, 시·도지사 또는 시장·군수·구청장은 특별한 사정이 없는 한 해당 기관의 정책 등에 이를 반영하여야 한다.
④ 제1항 및 제2항에 따른 점검 방법 및 공개 절차 등에 관하여 필요한 사항은 대통령령으로 정한다.

04 2050 탄소중립녹색성장위원회 등

♂ 제15조(2050 탄소중립녹색성장위원회의 설치)

① 정부의 탄소중립 사회로의 이행과 녹색성장의 추진을 위한 주요 정책 및 계획과 그 시행에 관한 사항을 심의·의결하기 위하여 대통령 소속으로 2050 탄소중립녹색성장위원회를 둔다.
② 위원회는 위원장 2명을 포함한 50명 이상 100명 이내의 위원으로 구성한다.
③ 위원장은 국무총리와 위원 중에서 대통령이 지명하는 사람이 된다.
④ 위원회의 위원은 다음 각 호에 해당하는 사람으로 한다.
   1. 기획재정부장관, 과학기술정보통신부장관, 산업통상자원부장관, 환경부장관, 국토교통부장관, 국무조정실장 및 그 밖에 대통령령으로 정하는 공무원
   2. 기후과학, 온실가스 감축, 기후위기 예방 및 적응, 에너지·자원, 녹색기술·녹색산업, 정의로운 전환 등의 분야에 관한 학식과 경험이 풍부한 사람 중에서 대통령이 위촉하는 사람
⑤ 위원을 위촉할 때에는 청년, 여성, 노동자, 농어민, 중소상공인, 시민사회단체 등 다양한 사회계층으로부터 후보를 추천받거나 의견을 들은 후 각 사회계층의 대표성이 반영될 수 있도록 하여야 한다.
⑥ 위원회의 사무를 처리하게 하기 위하여 간사위원 1명을 두며, 간사위원은 국무조정실장이 된다.
⑦ 위원장이 부득이한 사유로 직무를 수행할 수 없는 때에는 국무총리인 위원장이 미리 정한 위원이

위원장의 직무를 대행한다.
⑧ 위원의 임기는 2년으로 하며 한 차례에 한정하여 연임할 수 있다.
⑨ 제1항부터 제8항까지의 규정에 따른 위원회의 구성과 운영 등에 관하여 필요한 사항은 대통령령으로 정한다.

제16조(위원회의 기능)

위원회는 다음 각 호의 사항을 심의·의결한다.
1. 탄소중립 사회로의 이행과 녹색성장의 추진을 위한 정책의 기본방향에 관한 사항
2. 국가비전 및 중장기감축목표 등의 설정 등에 관한 사항
3. 국가전략의 수립·변경에 관한 사항
4. 제9조에 따른 이행현황의 점검에 관한 사항
5. 국가기본계획의 수립·변경에 관한 사항
6. 제13조에 따른 국가기본계획, 시·도계획 및 시·군·구계획의 점검 결과 및 개선의견 제시에 관한 사항
7. 제38조 및 제39조에 따른 국가 기후위기 적응대책의 수립·변경 및 점검에 관한 사항
8. 탄소중립 사회로의 이행과 녹색성장에 관련된 법·제도에 관한 사항
9. 탄소중립 사회로의 이행과 녹색성장의 추진을 위한 재원의 배분방향 및 효율적 사용에 관한 사항
10. 탄소중립 사회로의 이행과 녹색성장에 관련된 연구개발, 인력양성 및 산업육성에 관한 사항
11. 탄소중립 사회로의 이행과 녹색성장에 관련된 국민 이해 증진 및 홍보·소통에 관한 사항
12. 탄소중립 사회로의 이행과 녹색성장에 관련된 국제협력에 관한 사항
13. 다른 법률에서 위원회의 심의를 거치도록 한 사항
14. 그 밖에 위원장이 온실가스 감축, 기후위기 적응, 정의로운 전환 및 녹색성장과 관련하여 필요하다고 인정하는 사항

제17조(회의)

① 위원장은 위원회의 회의를 소집하고 그 의장이 된다.
② 위원회의 회의는 위원 과반수의 출석으로 개의하고, 출석위원 과반수의 찬성으로 의결한다. 다만, 대통령령으로 정하는 경우에는 서면으로 심의·의결할 수 있다.

제18조(위원의 제척·기피·회피)

① 위원은 다음 각 호의 어느 하나에 해당하는 경우에는 위원회의 심의·의결에서 제척된다.

1. 위원 또는 그 배우자나 배우자였던 자가 해당 사안의 당사자가 되거나 그 사건에 관하여 공동의 권리자 또는 의무자의 관계에 있거나 있었던 경우
2. 위원이 해당 사안의 당사자와 친족이거나 친족이었던 경우
3. 위원이 해당 사안에 관하여 증언, 감정, 법률자문을 하거나 하였던 경우
4. 위원이 해당 사안에 관하여 당사자의 대리인으로서 관여하거나 관여하였던 경우

② 위원에게 심의·의결의 공정을 기대하기 어려운 사정이 있는 경우 당사자는 기피 신청을 할 수 있고, 위원회는 의결로 이를 결정한다. 이 경우 기피 신청의 대상인 위원은 그 의결에 참여하지 못한다.

③ 위원이 제1항 각 호의 어느 하나에 따른 제척 사유에 해당하는 경우에는 스스로 해당 안건의 심의에서 회피(回避)하여야 한다.

제19조(분과위원회 등의 설치)

① 위원회는 그 소관 업무를 효율적으로 수행하기 위하여 대통령령으로 정하는 바에 따라 위원회에 분과위원회 또는 특별위원회를 둘 수 있다.

② 분과위원회는 위원회의 위원으로 구성하며, 분과위원회의 위원장은 분과위원회 위원 중에서 호선한다.

③ 분과위원회 또는 특별위원회가 위원회로부터 위임받은 사항에 관하여 심의·의결한 것은 위원회가 심의·의결한 것으로 본다.

④ 분과위원회는 분과별로 심의·의결할 안건을 미리 검토하고, 위원회에서 위임받은 사항을 처리하기 위하여 전문위원회를 둘 수 있다.

⑤ 제1항부터 제4항까지의 규정에 따른 분과위원회, 특별위원회와 전문위원회의 구성 및 운영에 필요한 사항은 위원회의 의결을 거쳐 위원장이 정한다.

제20조(조사 및 의견청취 등)

① 위원회는 위원회, 분과위원회 및 특별위원회의 운영을 위하여 필요한 경우 다음 각 호의 요구 또는 조사를 할 수 있다.
1. 관계 중앙행정기관의 장에 대한 자료·서류 등의 제출 요구
2. 이해관계인·참고인 또는 관계 공무원의 출석 및 의견진술 요구
3. 관계 행정기관 등에 대한 현지조사

② 관계 중앙행정기관의 장은 탄소중립 사회로의 이행 및 녹색성장과 관련하여 소속 공무원이나 관계 전문가를 위원회에 출석시켜 의견을 진술하게 하거나 필요한 자료를 제출할 수 있다.

제21조(사무처)

① 위원회의 사무를 처리하기 위하여 위원회 소속으로 사무처를 둔다.
② 사무처에는 사무처장 1명과 필요한 직원을 두며, 사무처장은 정무직공무원으로 한다.
③ 그 밖에 사무처의 조직 및 운영 등에 필요한 사항은 대통령령으로 정한다.

제22조(2050 지방탄소중립녹색성장위원회의 구성 및 운영 등)

① 지방자치단체의 탄소중립 사회로의 이행과 녹색성장의 추진을 위한 주요 정책 및 계획과 그 시행에 관한 사항을 심의·의결하기 위하여 지방자치단체별로 2050 지방탄소중립녹색성장위원회를 둘 수 있다.
② 지방위원회는 지방자치단체의 장과 협의하여 지방위원회의 운영 및 업무를 지원하는 사무국을 둘 수 있다.
③ 지방위원회의 구성, 운영 및 기능 등 필요한 사항은 조례로 정한다.
④ 시·도지사 또는 시장·군수·구청장은 지방위원회가 설치되지 아니한 경우 심의 또는 통보를 생략할 수 있다.

05 온실가스 감축 시책

제23조(기후변화영향평가)

① 관계 행정기관의 장 또는 「환경영향평가법」에 따른 환경영향평가 대상 사업의 사업계획을 수립하거나 시행하는 사업자는 같은 조에 따른 전략환경영향평가 또는 환경영향평가의 대상이 되는 계획 및 개발사업 중 온실가스를 다량으로 배출하는 사업 등 대통령령으로 정하는 계획 및 개발사업에 대하여는 전략환경영향평가 또는 환경영향평가를 실시할 때, 소관 정책 또는 개발사업이 기후변화에 미치는 영향이나 기후변화로 인하여 받게 되는 영향에 대한 분석·평가(이하 "기후변화영향평가"라 한다)를 포함하여 실시하여야 한다.
② 기후변화영향평가를 실시한 계획 및 개발사업에 대하여 관계 행정기관의 장 또는 사업자가 환경부장관에게 「환경영향평가법」에 따른 전략환경영향평가서 또는 환경영향평가서의 협의를 요청할 때에는 기후변화영향평가의 검토에 대한 협의를 같이 요청하여야 한다.
③ 협의를 요청받은 환경부장관은 기후변화영향평가의 결과를 검토하여야 하며, 필요한 정보를 수집하거나 사업자에게 요구하는 등의 조치를 할 수 있다.

④ 제1항에 따른 기후변화영향평가의 방법, 제3항에 따른 검토의 방법 등에 관하여 필요한 사항은 대통령령으로 정한다.

제24조(온실가스감축인지 예산제도)

국가와 지방자치단체는 관계 법률에서 정하는 바에 따라 예산과 기금이 기후변화에 미치는 영향을 분석하고 이를 국가와 지방자치단체의 재정 운용에 반영하는 온실가스감축인지 예산제도를 실시하여야 한다.

제25조(온실가스 배출권거래제)

① 정부는 국가비전 및 중장기감축목표등을 효율적으로 달성하기 위하여 온실가스 배출허용총량을 설정하고 시장기능을 활용하여 온실가스 배출권을 거래하는 제도(이하 "배출권거래제"라 한다)를 운영한다.
② 배출권거래제의 실시를 위한 배출허용량의 할당방법, 등록·관리방법 및 거래소의 설치·운영 등에 관하여는 「온실가스 배출권의 할당 및 거래에 관한 법률」에 따른다.

제26조(공공부문 온실가스 목표관리)

① 정부는 국가비전 및 중장기감축목표등을 달성하기 위하여 관계 중앙행정기관, 지방자치단체, 시·도 교육청, 공공기관 등 대통령령으로 정하는 기관(이하 이 조에서 "공공기관 등"이라 한다)에 대하여 해당 기관별로 온실가스 감축 목표를 설정하도록 하고 그 추진상황을 지도·감독할 수 있다.
② 공공기관 등은 목표를 준수하여야 하며, 매년 이행실적을 정부에 제출하고 공개하여야 한다.
③ 정부는 제출받은 이행실적에 대하여 등록부를 작성하고 체계적으로 관리하여야 한다.
④ 정부는 공공기관 등의 이행실적이 목표에 미달하는 경우 목표달성을 위하여 필요한 개선을 명할 수 있다. 이 경우 공공기관 등은 개선명령에 따른 개선계획을 작성하여 이를 성실히 이행하여야 한다.
⑤ 국회, 법원, 헌법재판소, 선거관리위원회(이하 이 조에서 "헌법기관 등"이라 한다)는 기관별 온실가스 감축 목표를 매년 자발적으로 설정하여 이행하여야 하며, 그 실적을 정부에 통보하고 공개하여야 한다. 이 경우 정부는 통보받은 실적에 대하여 등록부를 작성하고 체계적으로 관리하여야 한다.
⑥ 정부는 공공기관 등이 설정된 목표를 달성하고 개선계획을 차질 없이 이행할 수 있도록 하기 위하여 필요한 경우 재정·세제·경영·기술 지원, 실태조사 및 진단, 자료·정보의 제공 및 관련 정보시스템의 구축 등을 할 수 있으며, 헌법기관 등이 목표를 자발적으로 설정하여 이행할 수 있도

록 하기 위하여 필요한 경우 재정·기술 지원, 자료 및 정보의 제공 등을 할 수 있다.
⑦ 제1항에 따른 온실가스 감축 목표의 설정, 제2항에 따른 목표의 준수 및 이행실적의 제출·공개, 제3항에 따른 등록부의 작성·관리, 제4항에 따른 개선명령 및 이행, 제5항에 따른 온실가스 감축 목표의 설정, 실적의 통보·공개 및 등록부의 작성·관리 등에 관하여 필요한 사항은 대통령령으로 정한다.

제27조(관리업체의 온실가스 목표관리)

① 정부는 대통령령으로 정하는 기준량 이상의 온실가스를 배출하는 업체(이하 "관리업체"라 한다)를 지정하고 대통령령으로 정하는 계획기간 내에 달성하여야 하는 온실가스 감축 목표를 관리업체와 협의하여 설정·관리하여야 한다.
② 정부는 관리업체를 지정하기 위하여 관리업체 및 관리업체에 해당될 것으로 예상되는 업체(이하 이 조에서 "예비관리업체"라 한다)에 최근 3년간의 온실가스 배출량 산정을 위한 자료를 요청할 수 있다. 이 경우 자료제공을 요청받은 관리업체 및 예비관리업체는 특별한 사정이 없으면 요청에 따라야 한다.
③ 관리업체는 목표를 준수하여야 하며, 온실가스 배출량 명세서(이하 "명세서"라 한다)를 「온실가스 배출권의 할당 및 거래에 관한 법률」에 따른 외부 검증 전문기관(이하 "검증기관"이라 한다)의 검증을 받아 정부에 제출하여야 한다. 이 경우 정부는 제출받은 명세서를 검토한 결과 수정·보완할 필요가 있는 경우에는 관리업체에 대하여 명세서의 수정·보완을 요청할 수 있으며 관리업체는 특별한 사정이 없으면 요청에 따라야 한다.
④ 정부는 제출받은 명세서를 바탕으로 등록부를 작성하여 체계적으로 관리하여야 하며, 관리업체별 온실가스 배출량, 목표 달성 여부 등을 공개할 수 있다. 이 경우 관리업체는 그 공개로 인하여 권리나 영업상의 비밀이 현저히 침해될 수 있는 특별한 사유가 있는 경우에는 비공개를 요청할 수 있다.
⑤ 정부는 관리업체로부터 정보의 비공개 요청을 받았을 때에는 심사위원회를 구성하여 공개 여부를 결정하고 그 결과를 비공개 요청을 받은 날부터 30일 이내에 해당 관리업체에 통지하여야 한다.
⑥ 정부는 관리업체의 온실가스 감축 실적이 설정된 목표에 미달하는 경우에는 1년 이내의 범위에서 기간을 정하여 개선을 명할 수 있다. 이 경우 관리업체는 개선명령에 따른 개선계획을 작성하여 이행하여야 한다.
⑦ 정부는 관리업체가 설정된 목표를 달성하고 개선계획을 차질 없이 이행할 수 있도록 하기 위하여 필요한 경우 재정·세제·경영·기술 지원, 실태조사 및 진단, 자료·정보의 제공 및 관련 정보시스템의 구축 등을 할 수 있다.
⑧ 제1항에 따른 관리업체의 지정 및 온실가스 감축 목표의 설정, 제3항에 따른 목표의 준수 및 명세서의 제출·수정·보완, 제4항에 따른 등록부의 관리, 정보 공개의 범위·방법, 비공개 요청의

방법, 제5항에 따른 심사위원회의 구성·운영 및 비공개 여부의 결정, 제6항에 따른 개선명령 및 이행 등에 관하여 필요한 사항은 대통령령으로 정한다.

제28조(관리업체의 권리와 의무의 승계)

① 관리업체가 합병·분할하거나 해당 사업장 또는 시설을 양도·임대한 경우 이 법에서 정한 관리업체의 권리와 의무는 해당 관리업체에 속한 사업장 또는 시설이 이전될 때 합병·분할 후 설립된 법인이나 양수인·임차인에게 승계된다. 다만, 합병·분할·양수·임차 등으로 그 권리와 의무를 승계하여야 하는 업체가 이를 승계하여도 관리업체 지정요건에 해당하지 아니하는 경우에는 그러하지 아니하다.
② 자신의 권리와 의무를 이전한 관리업체는 그 이전의 원인인 합병·분할·양수·임대에 관한 계약서를 작성한 날부터 15일 이내에 그 사실을 정부에 보고하여야 한다. 다만, 권리와 의무를 이전한 관리업체가 더 이상 존립하지 아니하는 경우에는 이를 승계한 업체가 보고하여야 한다.
③ 권리와 의무의 승계, 제2항에 따른 보고 등에 관하여 필요한 사항은 대통령령으로 정한다.

제29조(탄소중립 도시의 지정 등)

① 국가와 지방자치단체는 탄소중립 관련 계획 및 기술 등을 적극 활용하여 탄소중립을 공간적으로 구현하는 도시(이하 "탄소중립도시"라 한다)를 조성하기 위한 정책을 수립·시행하여야 한다.
② 정부는 다음 각 호의 사업을 시행하고자 하는 도시를 직접 또는 지방자치단체의 장의 요청을 받아 탄소중립도시로 지정할 수 있다.
  1. 도시의 온실가스 감축 및 에너지 자립률 향상을 위한 사업
  2. 도시에서 탄소흡수원 등을 조성·확충 및 개선하는 사업
  3. 도시 내 생태축 보전 및 생태계 복원
  4. 기후위기 대응을 위한 자원순환형 도시 조성
  5. 그 밖에 도시의 기후위기 대응 및 탄소중립 사회로의 이행, 환경의 질 개선을 위하여 필요한 사업
③ 지정된 탄소중립도시를 관할하는 지방자치단체의 장은 탄소중립도시 조성 사업 계획을 수립·시행하여야 한다.
④ 정부는 탄소중립도시 조성 사업의 시행을 위하여 필요한 비용의 전부 또는 일부를 보조할 수 있다.
⑤ 정부는 사업 계획의 수립·시행 및 이행점검, 조사·연구 등을 수행하기 위하여 공공기관 중 대통령령으로 정하는 기관을 지원기구로 지정할 수 있다.
⑥ 정부는 지정된 탄소중립도시가 대통령령으로 정하는 지정기준에 맞지 아니하게 된 경우에는 그

지정을 취소할 수 있다.
⑦ 제2항부터 제6항까지의 규정에 따른 탄소중립도시의 지정 및 지정취소, 탄소중립도시 조성 사업 계획의 수립·시행, 지원기구의 지정 및 지정취소 등에 관하여 필요한 사항은 대통령령으로 정한다.

제30조(지역 에너지 전환의 지원)

① 정부는 기후위기에 대응하기 위하여 기본원칙에 따라 지역별로 신·재생에너지의 보급·확대 방안을 마련하는 등 지방자치단체의 에너지 전환을 지원하는 정책을 수립·시행하여야 한다.
② 정부는 에너지 전환 지원 정책의 시행에 필요한 비용의 전부 또는 일부를 예산의 범위에서 지방자치단체에 보조할 수 있다.

제31조(녹색건축물의 확대)

① 정부는 에너지이용 효율과 신·재생에너지의 사용비율이 높고 온실가스 배출을 최소화하는 건축물(이하 "녹색건축물"이라 한다)을 확대하기 위한 정책을 수립·시행하여야 한다.
② 정부는 건축물에 사용되는 에너지 소비량과 온실가스 배출량을 줄이기 위하여 대통령령으로 정하는 기준 이상의 건물에 대하여 중장기 및 기간별 목표를 설정·관리하여야 한다.
③ 정부는 건축물의 설계·건설·유지관리·해체 등의 전 과정에서 에너지·자원 소비를 최소화하고 온실가스 배출을 줄이기 위하여 설계기준 및 허가·심의를 강화하는 등 설계·건설·유지관리·해체 등의 단계별 대책 및 기준을 마련하여 시행하여야 한다.
④ 정부는 기존 건축물이 녹색건축물로 전환되도록 에너지 진단 및 「에너지이용 합리화법」에 따른 에너지절약사업과 「녹색건축물 조성 지원법」에 따른 그린리모델링 사업을 통하여 온실가스 배출을 줄이는 사업을 지속적으로 추진하여야 한다.
⑤ 정부는 신축되거나 개축되는 건축물에 대해서는 전력소비량 등 에너지의 소비량을 조절·절약할 수 있는 지능형 계량기를 부착·관리하도록 할 수 있다.
⑥ 정부는 중앙행정기관, 지방자치단체, 대통령령으로 정하는 공공기관 및 교육기관 등의 건축물을 녹색건축물로 전환하기 위한 이행계획을 수립하고, 제1항부터 제5항까지의 규정에 따른 시책을 적용하여 그 이행사항을 점검·관리하여야 한다.
⑦ 정부는 대통령령으로 정하는 바에 따라 일정 규모 이상의 신도시 개발 또는 도시 재개발을 하는 경우에는 녹색건축물을 적극 보급하여야 한다.
⑧ 정부는 녹색건축물의 확대를 위하여 필요한 경우에는 대통령령으로 정하는 바에 따라 재정적 지원을 할 수 있다.

제32조(녹색교통의 활성화)

① 정부는 효율적 에너지 사용을 촉진하고 온실가스 배출을 최소화하는 교통체계로서의 녹색교통을 활성화하기 위하여 대통령령으로 정하는 바에 따라 온실가스 감축 목표 등을 설정·관리하고 내연기관차의 판매·운행 축소 정책을 수립·시행하여야 한다.
② 정부는 자동차의 평균에너지소비효율을 개선함으로써 에너지 절약을 도모하고, 자동차 배기가스 중 온실가스를 줄임으로써 쾌적하고 적정한 대기환경을 유지할 수 있도록 자동차 평균에너지소비효율기준 및 자동차 온실가스 배출허용기준을 각각 정하여야 한다. 이 경우 「대기환경보전법」에 따른 자동차제작자는 자동차 평균에너지소비효율기준과 자동차 온실가스 배출허용기준 중 하나를 선택하여 준수하여야 한다.
③ 정부는 「환경친화적 자동차의 개발 및 보급 촉진에 관한 법률」에 따른 전기자동차, 태양광자동차, 수소전기자동차 및 「환경친화적 선박의 개발 및 보급 촉진에 관한 법률」에 따른 전기추진선박, 연료전지추진선박의 보급을 촉진하기 위하여 연도별 보급 목표 등을 설정하고, 그 이행 결과를 위원회에 보고하여야 한다.
④ 정부는 전기자동차 등의 보급을 촉진하기 위하여 재정·세제 지원, 연구개발, 구매의무화, 저공해자동차 보급목표제 등 관련 제도의 도입 및 확대 방안을 강구할 수 있다.
⑤ 정부는 철도가 국가기간교통망의 근간이 되도록 철도에 대한 투자를 지속적으로 확대하고 버스·지하철·경전철 등 대중교통수단을 확대하며, 철도수송분담률, 대중교통수송분담률 등에 대한 중장기 및 단계별 목표를 설정·관리하여야 한다.
⑥ 정부는 온실가스와 대기오염을 최소화하고 교통체증으로 인한 사회적 비용을 획기적으로 줄이며 대도시·수도권 등에서의 교통체증을 근본적으로 해결하기 위하여 대통령령으로 정하는 바에 따라 다음 각 호의 사항을 포함하는 교통수요관리대책을 마련하여야 한다.
1. 혼잡통행료 및 교통유발부담금 제도 개선
2. 버스·저공해차량 전용차로 및 승용차진입제한 지역 확대
3. 통행량을 효율적으로 분산시킬 수 있는 지능형교통정보시스템의 확대·구축
4. 자전거 이용 및 연안해운 활성화 등 다양한 이동수단의 도입 방안

제33조(탄소흡수원 등의 확충)

① 정부는 산림지, 농경지, 초지, 습지, 정주지 및 「수산자원관리법」에 따른 바다숲 등에서 온실가스를 흡수하고 저장(흡수된 온실가스를 대기로부터 영구 또는 반영구적으로 격리하는 것을 말한다)하는 「탄소흡수원 유지 및 증진에 관한 법률」에 따른 탄소흡수원 및 그 밖의 바이오매스 등(이하 "탄소흡수원 등"이라 한다)을 조성·확충하거나 온실가스 흡수 능력을 개선하기 위한 시책을 수립·시행하여야 한다.

② 탄소흡수원 등의 조성 · 확충 및 온실가스 흡수 능력의 개선을 위한 시책에는 다음 각 호의 사항이 포함되어야 한다.
1. 탄소흡수원 등의 조성 · 확충 및 온실가스 흡수 능력의 개선을 위한 목표와 기본방향
2. 탄소흡수원 등의 조성 · 확충 현황 및 온실가스 흡수 능력의 개선 현황에 대한 이행평가 · 점검방안
3. 탄소흡수원 등의 조성 · 확충 및 온실가스 흡수 능력의 개선 관련 사업 수행 시 생물다양성 등 생태계 건강성 보호 · 보전을 위한 방안
4. 온실가스 흡수 관련 정보 및 통계 구축에 관한 사항
5. 그 밖에 연구개발, 전문인력 양성, 재원조달, 교육 · 홍보 등 탄소흡수원 등의 조성 · 확충과 온실가스 흡수 능력 개선을 위하여 필요한 사항

③ 정부는 사업자가 탄소흡수원 등의 조성 · 확충을 자발적으로 실시하려는 때에는 이에 필요한 행정적 · 재정적 · 기술적 지원 등을 할 수 있다.

제34조(탄소포집 · 이용 · 저장기술의 육성)

① 정부는 국가비전과 중장기감축목표 등의 달성에 기여하기 위하여 이산화탄소를 배출단계에서 포집하여 이용하거나 저장하는 기술(이하 "탄소포집 · 이용 · 저장기술"이라 한다)의 개발과 발전을 지원하기 위한 시책을 마련하여야 한다.

② 탄소포집 · 이용 · 저장기술의 실증을 위한 규제특례 등에 관하여는 따로 법률로 정한다.

제35조(국제 감축사업의 추진)

① 협정에 따라 온실가스 감축 실적을 얻기 위하여 행하는 기술지원, 투자 및 구매 등의 사업(이하 "국제감축사업"이라 한다)을 수행하려는 자는 대통령령으로 정하는 바에 따라 사업내용, 온실가스 예상감축량 등을 포함한 사업계획서를 정부에 제출하고, 사전 승인을 받아야 한다.

② 사전 승인을 받은 자(이하 이 조에서 "사업수행자"라 한다)는 해당 사업으로부터 취득하게 되는 온실가스 감축량을 객관적으로 증명하기 위하여 모니터링을 수행하고, 모니터링 보고서를 측정 · 보고 · 검증이 가능한 방식으로 작성하여 검증기관의 검증을 받아 정부에 보고하여야 한다.

③ 국제감축사업을 통하여 협정에 따른 측정 · 보고 · 검증 방법상 적합하다고 인정되는 온실가스 감축량(이하 "국제감축실적"이라 한다)을 취득한 사업수행자는 지체 없이 정부에 신고하여야 하며, 정부는 신고받은 국제감축실적을 국제 감축 등록부에 등록하고 체계적으로 관리하여야 한다. 다만, 보고내용이 협정의 기준에 부합하지 아니하는 경우에는 보완을 요청할 수 있다.

④ 사업수행자는 등록된 국제감축실적을 매매나 그 밖의 방법으로 거래할 수 있으며, 거래 · 소멸 시 그 사실을 정부에 신고하여야 한다. 다만, 국제감축실적을 해외로 이전하거나 국내로 이전받으려

는 때에는 정부의 사전 승인을 받아야 한다.
⑤ 정부는 등록된 국제감축실적을 중장기감축목표 등의 달성을 위하여 활용할 수 있다.
⑥ 정부는 외국 정부와 공동으로 국제감축사업을 수행할 수 있으며, 다음 각 호의 사항에 관한 심의를 위하여 공동으로 사업을 수행하는 외국 정부와 협의하여 국제감축사업 협의체를 둘 수 있다.
  1. 사업수행 방법의 승인
  2. 국제감축사업의 등록
  3. 국제감축실적의 이전
⑦ 제1항에 따른 사전 승인 기준·방법 및 절차, 제2항에 따른 모니터링 보고서 작성 방법 및 검증 절차, 제3항에 따른 신고 방법, 제4항에 따른 신고 방법 및 사전 승인 기준·절차 등에 관하여 필요한 사항은 대통령령으로 정한다.

제36조(온실가스 종합정보관리체계의 구축)

① 정부는 국가 및 지역별 온실가스 배출량·흡수량, 배출·흡수 계수(係數) 등 온실가스 관련 각종 정보 및 통계를 개발·분석·검증·작성하고 관리하는 종합정보관리체계를 구축·운영하여야 하며, 이를 위하여 환경부에 온실가스 종합정보센터(이하 "종합정보센터"라 한다)를 둔다.
② 관계 중앙행정기관의 장은 종합정보관리체계가 원활히 운영될 수 있도록 에너지·산업공정·농업·폐기물·해양수산·산림 등 부문별 소관 분야의 정보 및 통계를 매년 작성하여 종합정보센터에 제출하는 등 적극 협력하여야 한다.
③ 시·도지사 및 시장·군수·구청장은 종합정보관리체계가 원활히 운영될 수 있도록 지역별 온실가스 통계 산정·분석 등을 위한 관련 정보 및 통계를 매년 작성하여 제출하는 등 적극 협력하여야 하며, 정부는 국가 온실가스 배출량 및 지역별 온실가스 배출량 간의 정합성을 확보하도록 하여야 한다.
④ 정부는 각종 정보 및 통계를 개발·분석·검증·작성·관리하거나 종합정보관리체계를 구축함에 있어 협정의 기준을 최대한 준수하여 투명성·정확성·완전성·일관성 및 비교가능성을 제고하여야 한다.
⑤ 정부는 국가 및 부문별·지역별 온실가스 배출량 및 잠정치를 포함하여 각종 정보 및 통계를 분석·검증하고 그 결과를 매년 공개하여야 한다.
⑥ 제1항부터 제5항까지의 규정에 따른 종합정보관리체계 구축, 종합정보센터 운영, 관계 중앙행정기관의 장, 시·도지사 및 시장·군수·구청장의 제출의무대상 정보·통계의 범위, 정보 및 통계의 개발·분석·검증·작성·관리, 각종 정보·통계의 공개 시기와 방법 등에 관하여 필요한 사항은 대통령령으로 정한다.

06 기후위기 적응 시책

제37조(기후위기의 감시 · 예측 등)

① 정부는 대통령령으로 정하는 바에 따라 대기 중의 온실가스 농도 변화를 상시 측정 · 조사하고 기상현상에 대한 관측 · 예측 · 제공 · 활용 능력을 높이며 기후위기에 대한 감시 · 예측의 정확도를 향상시키는 기상정보관리체계를 구축 · 운영하여야 한다.
② 정부는 기후위기가 생태계, 생물다양성, 대기, 물환경, 보건, 농림 · 식품, 산림, 해양 · 수산, 산업, 방재 등에 미치는 영향과 취약성, 위험 및 사회적 · 경제적 파급효과를 조사 · 평가하는 기후위기적응정보관리체계를 구축 · 운영하여야 한다.
③ 정부는 기상정보관리체계 및 기후위기적응정보관리체계의 구축 · 운영을 위하여 조사 · 연구, 기술개발, 전문기관 지원, 국내외 협조체계 구축 등의 시책을 추진할 수 있다.
④ 제1항에 따른 기상정보관리체계 및 제2항에 따른 기후위기적응정보관리체계의 구축 · 운영, 제3항에 따른 시책 추진 등에 필요한 사항은 대통령령으로 정한다.

제38조(국가 기후위기 적응대책의 수립 · 시행)

① 정부는 국가의 기후위기 적응에 관한 대책(이하 "기후위기적응대책"이라 한다)을 5년마다 수립 · 시행하여야 한다.
② 기후위기적응대책에는 다음 각 호의 사항이 포함되어야 한다.
  1. 기후위기에 대한 감시 · 예측 · 제공 · 활용 능력 향상에 관한 사항
  2. 부문별 · 지역별 기후위기의 영향과 취약성 평가에 관한 사항
  3. 부문별 · 지역별 기후위기 적응대책에 관한 사항
  4. 기후위기에 따른 취약계층 · 지역 등의 재해 예방에 관한 사항
  5. 기후위기 적응을 위한 국제협약 등에 관한 사항
  6. 그 밖에 기후위기 적응을 위하여 필요한 사항으로서 대통령령으로 정하는 사항
③ 기후위기적응대책을 수립하거나 변경하는 경우에는 위원회의 심의를 거쳐야 한다. 다만, 대통령령으로 정하는 경미한 사항을 변경하는 경우에는 그러하지 아니하다.
④ 관계 중앙행정기관의 장은 기후위기적응대책의 소관사항을 효율적 · 체계적으로 이행하기 위하여 세부시행계획(이하 "적응대책세부시행계획"이라 한다)을 수립 · 시행하여야 한다.
⑤ 정부는 기후위기적응대책에 따라 관계 중앙행정기관, 지방자치단체, 공공기관, 사업자 등이 기후위기에 대한 적응역량을 강화할 수 있도록 필요한 기술적 · 행정적 · 재정적 지원을 할 수 있다.
⑥ 제1항부터 제4항까지의 규정에 따른 기후위기적응대책 및 적응대책세부시행계획의 수립 · 시행 및 변경 등에 관하여 필요한 사항은 대통령령으로 정한다.

제39조(기후위기적응대책 등의 추진상황 점검)

① 정부는 기후위기적응대책 및 적응대책세부시행계획의 추진상황을 매년 점검하고 결과 보고서를 작성하여 위원회의 심의를 거쳐 공개하여야 한다.
② 결과 보고서에는 부문별 주요 적응대책 및 이행실적, 적응대책 관련 주요 우수사례, 제1항에 따른 점검 결과 확인된 부진사항 및 개선사항이 포함되어야 한다.
③ 정부는 결과 보고서 작성에 필요하다고 인정되는 경우 관계 중앙행정기관의 장에게 관련 정보 또는 자료의 제출을 요청할 수 있으며, 관계 중앙행정기관의 장은 특별한 사정이 없으면 요청에 따라야 한다.
④ 관계 중앙행정기관의 장은 부진사항 또는 개선사항이 있는 경우 해당 기관의 정책 등에 이를 반영하여야 한다.
⑤ 제1항에 따른 점검의 방법 및 절차 등에 관하여 필요한 사항은 대통령령으로 정한다.

제40조(지방 기후위기 적응대책의 수립 · 시행)

① 시 · 도지사, 시장 · 군수 · 구청장은 기후위기적응대책과 지역적 특성 등을 고려하여 관할 구역의 기후위기 적응에 관한 대책(이하 "지방기후위기적응대책"이라 한다)을 5년마다 수립 · 시행하여야 한다.
② 시 · 도지사, 시장 · 군수 · 구청장은 지방기후위기적응대책을 수립하거나 변경하는 경우에는 지방위원회의 심의를 거쳐야 한다. 다만, 대통령령으로 정하는 경미한 사항을 변경하는 경우에는 심의를 생략할 수 있다.
③ 지방기후위기적응대책이 수립 또는 변경된 경우 시 · 도지사는 이를 환경부장관에게, 시장 · 군수 · 구청장은 이를 환경부장관 및 관할 시 · 도지사에게 각각 제출하여야 하며, 환경부장관은 제출받은 지방기후위기적응대책을 종합하여 위원회에 보고하여야 한다.
④ 시 · 도지사 및 시장 · 군수 · 구청장은 지방기후위기적응대책의 추진상황을 매년 점검하고 그 결과 보고서를 작성하여 지방위원회의 심의를 거쳐 시 · 도지사는 환경부장관에게, 시장 · 군수 · 구청장은 환경부장관 및 관할 시 · 도지사에게 각각 제출하여야 하며, 환경부장관은 이를 종합하여 위원회에 보고하여야 한다.
⑤ 제1항부터 제4항까지에 따른 지방기후위기적응대책의 수립 · 시행 및 변경, 점검 등에 관하여 필요한 사항은 대통령령으로 정한다.

제41조(공공기관의 기후위기 적응대책)

① 기후위기 영향에 취약한 시설을 보유 · 관리하는 공공기관 등 대통령령으로 정하는 기관(이하 "취약기관"이라 한다)은 기후위기적응대책과 관할 시설의 특성 등을 고려하여 공공기관의 기후위기

적응에 관한 대책(이하 "공공기관기후위기적응대책"이라 한다)을 5년마다 수립·시행하고 매년 이행실적을 작성하여야 한다.
② 취약기관의 장은 공공기관기후위기적응대책을 수립하거나 이행실적을 작성한 때에는 그 결과를 환경부장관, 관계 중앙행정기관의 장 및 관할 지방자치단체의 장에게 제출하여야 한다.
③ 제1항에 따른 공공기관기후위기적응대책의 수립·시행, 이행실적 작성 등에 관하여 필요한 사항은 대통령령으로 정한다.

제42조(지역 기후위기 대응사업의 시행)

① 국가 또는 지방자치단체는 기후변화로 심화되는 환경오염·훼손에 종합적·효과적으로 대응하고, 기후위기에 따른 자연환경의 변화나 자연재해 등으로 농업 등 기존 산업을 유지하기 어려운 취약 지역 및 계층 등을 중점적으로 보호·지원하기 위하여 지역 기후위기 대응사업을 시행할 수 있다.
② 정부는 지역 기후위기 대응사업의 시행을 위하여 필요한 비용의 전부 또는 일부를 보조할 수 있다.
③ 정부는 지역 기후위기 대응사업의 계획 수립·시행 및 이행점검, 조사·연구 등을 수행하기 위하여 공공기관 중 대통령령으로 정하는 기관을 지원기구로 지정할 수 있다.
④ 지역 기후위기 대응사업의 시행, 지원기구의 지정 및 지정취소의 기준·절차 등에 관하여 필요한 사항은 대통령령으로 정한다.

제43조(기후위기 대응을 위한 물 관리)

정부는 기후위기로 인한 가뭄, 홍수, 폭염 등 자연재해와 물 부족 및 수질악화와 수생태계 변화에 효과적으로 대응하고 모든 국민이 물의 혜택을 고루 누릴 수 있도록 하기 위하여 다음 각 호의 사항을 포함하는 시책을 수립·시행하여야 한다.
1. 깨끗하고 안전한 먹는 물 공급과 가뭄 등에 대비한 안정적인 수자원의 확보
2. 수생태계의 보전·관리와 수질 개선
3. 물 절약 등 수요관리, 적극적인 빗물관리 및 하수 재이용 등 물 순환 체계의 정비 및 수해의 예방
4. 자연친화적인 하천의 보전·복원
5. 수질오염 예방·관리를 위한 기술 개발 및 관련 서비스 제공 등

제44조(녹색국토의 관리)

① 정부는 기후위기로부터 안전하며 지속가능한 국토(이하 "녹색국토"라 한다)를 보전·관리하기 위하여 다음 각 호의 계획을 수립·시행할 때 기후위기 대응에 관한 사항을 반영하여야 한다.

1. 「국토기본법」에 따른 국토종합계획(이하 이 조에서 "국토종합계획"이라 한다)
2. 「국토의 계획 및 이용에 관한 법률」에 따른 도시·군기본계획
3. 그 밖에 지속가능한 국토의 보전·관리를 위하여 대통령령으로 정하는 계획

② 정부는 녹색국토를 조성하기 위하여 다음 각 호의 사항을 포함하는 시책을 마련하여야 한다.
1. 도시 및 농어촌의 온실가스 배출량 감축, 마을·도시 단위의 에너지 자립률 및 자원 순환성 제고
2. 산림·녹지의 확충, 광역 생태축 보전 및 생태계 복원
3. 개발대상지 및 도시지역 생태계서비스 유지·증진
4. 농지 및 해양의 친환경적 개발·이용·보존
5. 도로·철도·공항·항만 등 인프라 시설의 친환경적 건설 및 기존 시설의 친환경적 전환
6. 친환경 교통체계의 확충
7. 기후재난 등 자연재해로 인한 국토의 피해 최소화 및 회복력 제고

③ 정부는 국토종합계획, 「국가균형발전 특별법」에 따른 국가균형발전 5개년계획 등 대통령령으로 정하는 계획을 수립할 때에는 미리 위원회의 의견을 들어야 한다.

제45조(농림수산의 전환 촉진 등)

① 정부는 농작물의 생산 및 가축 생산 등의 과정에서 발생하는 온실가스 배출을 줄이고 기후위기에 대응하여 식량안보를 확보함으로써 탄소중립 사회로의 이행에 기여하기 위하여 농림수산의 전환 시책을 수립·시행하여야 한다.

② 농림수산의 전환 시책에는 다음 각 호의 사항이 포함되어야 한다.
1. 정밀농업, 유기농업 등 농림수산구조의 전환에 관한 사항
2. 농림수산 분야 온실가스 감축 기술·기자재·시설의 개발 및 보급에 관한 사항
3. 농림수산 분야의 화석연료 사용량 감축, 신·재생에너지 보급과 에너지 순환 및 자립 체계 구축에 관한 사항
4. 기후위기로 인한 농림수산업 여건 변화 예측과 신품종 개량 등을 통한 식량자급률 제고에 관한 사항

③ 정부는 「농업·농촌 및 식품산업 기본법」에 따른 농업·농촌 및 식품산업 발전계획을 수립·시행할 경우 온실가스 감축과 기후 회복력을 높일 수 있는 시책을 반영하여야 한다.

제46조(국가 기후위기 적응센터 지정 및 평가 등)

① 환경부장관은 기후위기적응대책의 수립·시행을 지원하기 위하여 국가 기후위기 적응센터(이하 "적응센터"라 한다)를 지정할 수 있다.

② 적응센터는 기후위기적응대책 추진을 위한 조사·연구 등 기후위기 적응 관련 사업으로서 대통령령으로 정하는 사업을 수행한다.
③ 환경부장관은 적응센터에 대하여 수행실적 등을 평가할 수 있다.
④ 환경부장관은 적응센터에 대하여 예산의 범위에서 사업을 수행하는 데에 필요한 비용의 전부 또는 일부를 지원할 수 있다.
⑤ 제1항부터 제3항까지의 규정에 따른 적응센터의 지정·사업 및 평가 등에 관하여 필요한 사항은 대통령령으로 정한다.

07 정의로운 전환

제47조(기후위기 사회안전망의 마련)

① 정부는 기후위기에 취약한 계층 등의 현황과 일자리 감소, 지역경제의 영향 등 사회적·경제적 불평등이 심화되는 지역 및 산업의 현황을 파악하고 이에 대한 지원 대책과 재난대비 역량을 강화할 수 있는 방안을 마련하여야 한다.
② 정부는 탄소중립 사회로의 이행에 있어 사업전환 및 구조적 실업에 따른 피해를 최소화하기 위하여 실업의 발생 등 고용상태의 영향을 대통령령으로 정하는 바에 따라 정기적으로 조사하고, 재교육, 재취업 및 전직(轉職) 등을 지원하거나 생활지원을 하기 위한 방안을 마련하여야 한다.

제48조(정의로운 전환 특별지구의 지정 등)

① 정부는 다음 각 호의 어느 하나에 해당하는 지역을 위원회의 심의를 거쳐 정의로운 전환 특별지구(이하 "특구"라 한다)로 지정할 수 있다.
  1. 탄소중립 사회로의 이행 과정에서 급격한 일자리 감소, 지역경제 침체, 산업구조의 변화에 따라 고용환경이 크게 변화되었거나 변화될 것으로 예상되는 지역
  2. 탄소중립 사회로의 이행 과정에서 사회적·경제적 환경의 급격한 변화가 예상되거나 변화된 지역으로서 대통령령으로 정하는 요건을 갖춘 지역
  3. 그 밖에 위원회가 탄소중립 사회로의 이행 과정에서 발생할 수 있는 사회적·경제적 불평등을 해소하기 위하여 특구 지정이 필요하다고 인정하는 지역
② 정부는 특구로 지정된 지역에 대하여 다음 각 호의 지원을 포함하는 대책을 수립·시행하여야 한다.
  1. 기업 및 소상공인의 고용안정 및 연구개발, 사업화, 국내 판매 및 수출 지원

2. 실업 예방, 실업자의 생계 유지 및 재취업 촉진 지원
3. 새로운 산업의 육성 및 투자 유치를 위한 지원
4. 고용촉진과 관련된 사업을 하는 자에 대한 지원
5. 그 밖에 산업 및 고용 전환을 촉진하기 위하여 필요한 행정상·금융상 지원 조치 또는 「조세특례제한법」 등 조세에 관한 법률에서 정하는 바에 따른 세제상의 지원 조치

③ 정부는 지정사유가 소멸하는 등 대통령령으로 정하는 사유가 있는 경우 위원회의 심의를 거쳐 특구 지정을 변경 또는 해제할 수 있다.
④ 특구의 지정·변경·해제, 지원의 내용·방법 등에 관하여 필요한 사항은 대통령령으로 정한다.

제49조(사업전환 지원)

① 정부는 기후위기 대응 및 탄소중립 사회로의 이행 과정에서 영향을 받을 수 있는 대통령령으로 정한 업종에 종사하는 기업 중 「중소기업기본법」에 따른 중소기업자가 녹색산업 분야에 해당하는 업종으로의 사업전환을 요청하는 경우 이를 지원할 수 있다.
② 사업전환 지원의 대상, 녹색산업 분야에 해당하는 업종, 선정절차, 지원의 종류 및 범위 등에 관하여 필요한 사항은 대통령령으로 정한다.

제50조(자산손실 위험의 최소화 등)

① 정부는 온실가스 배출량이 대통령령으로 정하는 기준 이상에 해당하는 기업에 대하여 탄소중립 사회로의 이행이 기존 자산가치의 하락 등 기업 운영에 미치는 영향을 평가하고, 사업의 조기 전환 등 손실을 최소화할 수 있는 지원 시책을 마련하여야 한다.
② 정부는 투자자 등의 보호를 위하여 기업 등 경제주체가 기후위기로 인한 자산손실 등의 위험을 투명하게 공시·공개하도록 하는 제도를 마련하여야 한다.

제53조(정의로운 전환 지원센터의 설립 등)

① 국가와 지방자치단체는 탄소중립 사회로의 이행 과정에서 일자리 감소, 지역경제 침체 등 사회적·경제적 불평등이 심화되는 산업과 지역에 대하여 그 특성을 고려한 정의로운 전환 지원센터(이하 "전환센터"라 한다)를 설립·운영할 수 있다.
② 전환센터의 업무는 다음 각 호와 같다.
1. 탄소중립 사회로의 이행에 따른 일자리 및 지역사회 영향 관련 실태조사
2. 산업·노동 및 지역경제의 전환 방안, 일자리 전환모델의 연구 및 지원
3. 재취업, 전직 등 직업전환을 위한 교육훈련 및 취업의 지원
4. 업종전환 등 기업의 사업전환에 관한 컨설팅 및 지원

5. 관련 법령·제도 개선 건의
6. 그 밖에 탄소중립 사회로의 이행 과정에서 취약한 지역 및 계층을 지원하기 위하여 대통령령으로 정하는 사항

③ 국가와 지방자치단체는 전환센터의 설립·운영에 소요되는 예산을 지원할 수 있다.
④ 전환센터의 설립·운영 등에 관하여 필요한 사항은 대통령령으로 정한다.

08 녹색성장 시책

제54조(녹색경제·녹색산업의 육성·지원)

정부는 녹색경제를 구현함으로써 국가경제의 건전성과 경쟁력을 강화하고 성장잠재력이 큰 새로운 녹색산업을 육성·지원하기 위하여 다음 각 호의 사항을 포함하는 시책을 마련하여야 한다.

1. 국내외 경제여건 및 전망에 관한 사항
2. 기존 산업에서 녹색산업으로의 단계적 전환에 관한 사항
3. 녹색산업을 촉진하기 위한 중장기·단계별 목표, 추진전략에 관한 사항
4. 녹색산업을 신성장동력으로 육성·지원하기 위한 사항
5. 전기·정보통신·교통 등 기존 국가기반시설을 친환경 시설로 전환하기 위한 사항
6. 제55조에 따른 녹색경영을 위한 자문서비스 산업의 육성에 관한 사항
7. 녹색산업 인력 양성 및 일자리 창출에 관한 사항
8. 그 밖에 녹색경제·녹색산업의 촉진에 관한 사항

제55조(기업의 녹색경영 촉진 등)

정부는 기업이 경영활동에서 자원과 에너지를 절약하고 효율적으로 이용하며 온실가스 배출 및 환경오염의 발생을 최소화하면서 사회적·윤리적 책임을 다하는 경영(이하 "녹색경영"이라 한다)을 할 수 있도록 지원·촉진하기 위하여 다음 각 호의 사항을 포함하는 시책을 수립·시행하여야 한다.

1. 친환경 생산체제로의 전환을 위한 기술지원
2. 기업의 온실가스 배출량, 온실가스 감축 실적 및 온실가스 감축 계획의 공개
3. 기업의 에너지·자원 이용 효율화, 산림 조성 및 자연환경 보전, 지속가능발전 정보 등 녹색경영 성과의 공개
4. 중소기업의 녹색경영에 대한 지원 및 녹색기술의 사업화 촉진을 위한 지원
5. 대기업의 중소기업에 대한 녹색기술 지도·기술이전 및 기술인력 파견에 대한 지원

6. 대기업과 중소기업의 녹색기술 공동개발에 대한 지원
7. 녹색기술·녹색산업에 관한 전문인력 양성·확보 및 국외 진출
8. 그 밖에 기업의 녹색기술 및 녹색경영 촉진에 관한 사항

제56조(녹색기술의 연구개발 및 사업화 등의 촉진)

① 정부는 녹색기술의 연구개발 및 사업화 등을 촉진하기 위하여 다음 각 호의 사항을 포함하는 시책을 수립·시행하여야 한다.
  1. 녹색기술과 관련된 정보의 수집·분석 및 제공
  2. 녹색기술 평가기법의 개발 및 보급
  3. 녹색기술 연구개발 및 사업화 등의 촉진을 위한 금융지원
  4. 녹색기술 전문인력의 양성 및 국제협력 등
② 정부는 정보통신·나노·생명공학 기술 등 다른 기술 영역과의 융합을 촉진하고 녹색기술의 지식재산권화를 통하여 지식기반 녹색경제로의 이행을 신속하게 추진하여야 한다.
③ 「과학기술기본법」에 따른 과학기술기본계획에 제1항의 시책이 포함되는 경우에는 미리 위원회의 의견을 들어야 한다.

제57조(조세 제도 운영)

정부는 기후위기와 에너지·자원의 고갈 문제에 효과적으로 대응하기 위하여 온실가스와 오염물질을 발생시키거나 에너지·자원 이용효율이 낮은 재화와 서비스를 줄이고 환경 및 기후친화적인 재화와 서비스를 촉진하는 방향으로 조세 제도를 운영하여야 한다.

제58조(금융의 지원 및 활성화)

① 정부는 탄소중립 사회로의 이행과 녹색성장의 추진 등 기후위기 대응을 위하여 재원 조성, 자금 지원, 금융상품의 개발, 민간투자 활성화, 탄소중립 관련 정보 공시제도 강화, 탄소시장 거래 활성화 등을 포함하는 금융 시책을 수립·시행하여야 한다.
② 제1항에 따른 기후위기 대응을 위한 금융의 촉진에 관한 사항은 따로 법률로 정한다.

제59조(녹색기술·녹색산업에 대한 지원·특례 등)

① 국가 또는 지방자치단체는 녹색기술·녹색산업에 대하여 예산의 범위에서 보조금의 지급 등 필요한 지원을 할 수 있다.

② 「신용보증기금법」에 따라 설립된 신용보증기금 및 「기술보증기금법」에 따라 설립된 기술보증기금은 녹색기술·녹색산업에 우선적으로 신용보증을 하거나 보증조건 등을 우대할 수 있다.
③ 국가 또는 지방자치단체는 녹색기술·녹색산업과 관련된 기업을 지원하기 위하여 「조세특례제한법」과 「지방세특례제한법」에서 정하는 바에 따라 소득세·법인세·취득세·재산세·등록세 등을 감면할 수 있다.
④ 국가와 지방자치단체는 녹색기술·녹색산업과 관련된 기업이 「외국인투자 촉진법」에 따른 외국인투자자를 유치하는 경우에 이를 최대한 지원하기 위하여 노력하여야 한다.
⑤ 위원회는 매년 녹색기술·녹색산업 관련 기업이나 연구기관 등의 고충을 조사하고 불합리한 규제 등 시정이 필요한 사항이 발견될 경우 관계 기관에 대하여 시정권고 또는 의견표명을 할 수 있다.
⑥ 고충조사, 시정권고 및 의견표명 등에 관하여 필요한 사항은 대통령령으로 정한다.

제60조(녹색기술·녹색산업의 표준화 및 인증 등)

① 정부는 국내에서 개발되었거나 개발 중인 녹색기술·녹색산업이 「국가표준기본법」에 따른 국제표준에 부합하도록 표준화 기반을 구축하고 녹색기술·녹색산업의 국제표준화 활동 등에 필요한 지원을 할 수 있다.
② 정부는 녹색기술·녹색산업의 발전을 촉진하기 위하여 녹색기술, 녹색제품 등에 대한 적합성 인증을 하거나 녹색기술 및 녹색제품의 매출 비중이 높은 기업(이하 "녹색전문기업"이라 한다)의 확인, 공공기관 등 대통령령으로 정하는 기관의 구매의무화 또는 기술지도 등을 할 수 있다.
③ 정부는 다음 각 호의 어느 하나에 해당하는 경우에는 적합성 인증 또는 녹색전문기업 확인을 취소하여야 한다.
  1. 거짓이나 그 밖의 부정한 방법으로 인증이나 확인을 받은 경우
  2. 중대한 결함이 있어 인증이나 확인이 적당하지 아니하다고 인정되는 경우
④ 제1항부터 제3항까지의 규정에 따른 표준화, 인증 및 확인, 그 취소 등에 관하여 필요한 사항은 대통령령으로 정한다.

제61조(녹색기술·녹색산업 집적지 및 단지 조성 등)

① 정부는 녹색기술의 공동연구개발, 시설장비의 공동활용 및 산·학·연 네트워크 구축 등의 사업을 위한 집적지나 단지를 조성하거나 이를 지원할 수 있다.
② 사업을 추진하는 경우에는 다음 각 호의 사항을 고려하여야 한다.
  1. 집적지·단지별 산업집적 현황에 관한 사항
  2. 기업·대학·연구소 등의 연구개발 역량강화 및 상호연계에 관한 사항

3. 산업집적기반시설의 확충 및 우수한 녹색기술·녹색산업 인력의 유치에 관한 사항
4. 녹색기술·녹색산업의 사업추진체계 및 재원조달 방안
5. 효율적 에너지 사용체계 구축 및 집적지·단지의 필요 에너지를 신·재생에너지로 조달할 수 있는 방안 마련에 관한 사항

③ 정부는 녹색기술 및 녹색산업의 발전을 위하여 대통령령으로 정하는 기관 또는 단체로 하여금 녹색기술·녹색산업 집적지 및 단지를 조성하게 할 수 있다.

④ 정부는 기관 또는 단체가 같은 항에 따른 집적지 및 단지를 조성하는 사업을 수행하는 데에 소요되는 비용의 전부 또는 일부를 출연할 수 있다.

제62조(녹색기술·녹색산업에 대한 일자리 창출 등)

① 정부는 녹색기술·녹색산업에 대한 일자리를 창출·확대하여 많은 국민이 탄소중립 사회로의 이행과 녹색성장의 추진 과정에서 혜택을 누릴 수 있도록 하여야 한다.

② 정부는 녹색기술·녹색산업에 대한 일자리를 창출하는 과정에서 산업분야별 노동력의 원활한 이동·전환을 촉진하고 국민이 새로운 기술을 습득할 수 있는 기회를 확대하며, 녹색기술·녹색산업에 대한 일자리를 창출하기 위하여 기업과 국민에게 예산의 범위에서 재정적·기술적 지원을 할 수 있다.

제63조(정보통신 기술·서비스 시책)

① 정부는 정보통신 기술 및 서비스를 적극 활용함으로써 온실가스를 감축하고, 에너지를 절약하며 에너지 이용효율을 향상시키기 위하여 다음 각 호의 사항을 포함한 정보통신 기술·서비스 시책을 수립·시행하여야 한다.
1. 방송통신 네트워크 등 정보통신 기반 확대
2. 새로운 정보통신 서비스의 개발·보급
3. 정보통신 산업 및 기기 등에 대한 녹색기술 개발 촉진

② 정부는 녹색생활을 확산시키기 위하여 재택근무·영상회의·원격교육·원격진료 등을 활성화하는 등의 정보통신 시책을 수립·시행하여야 한다.

③ 정부는 정보통신기술을 활용하여 전력 네트워크를 지능화·고도화함으로써 고품질의 전력서비스를 제공하고 에너지 이용효율을 극대화하며 온실가스를 획기적으로 감축할 수 있도록 하여야 한다.

제64조(순환경제의 활성화)

정부는 제품의 지속가능성을 높이고 버려지는 자원의 순환망을 구축하여 투입되는 자원과 에너지를 최소화함으로써, 생태계의 보전과 온실가스 감축을 동시에 구현하기 위한 친환경 경제 체계(이하 이 조에서 "순환경제"라 한다)를 활성화하기 위하여 다음 각 호의 사항을 포함하는 시책을 수립·시행하여야 한다.
  1. 제조 공정에서 사용되는 원료·연료 등의 순환성 강화에 관한 사항
  2. 지속가능한 제품 사용기반 구축 및 이용 확대에 관한 사항
  3. 폐기물의 선별·재활용 체계 및 재제조 산업의 활성화에 관한 사항
  4. 에너지자원으로 이용되는 목재, 식물, 농산물 등 바이오매스의 수집·활용에 관한 사항
  5. 국가 자원 통계 관리체계의 구축 등 자원 모니터링 강화에 관한 사항

09 탄소중립 사회 이행과 녹색성장의 확산

제65조(탄소중립 지방정부 실천연대의 구성 등)

① 지방자치단체는 자발적인 기후위기 대응 활동을 촉진하고 탄소중립 사회로의 이행과 녹색성장의 추진을 위한 지방자치단체 간의 상호 협력을 증진하기 위하여 지방자치단체의 장이 참여하는 탄소중립 지방정부 실천연대(이하 "실천연대"라 한다)를 구성·운영할 수 있다.
② 실천연대는 원활한 협력과 체계적인 사업의 추진을 위하여 실천연대에 참여하는 지방자치단체의 장 중에서 복수의 대표자를 정할 수 있다.
③ 실천연대는 다음 각 호의 사항을 실천하기 위하여 노력하여야 한다.
  1. 2050년까지 탄소중립 달성
  2. 탄소중립 사회로의 이행에 대한 사회적 합의 도출과 공감대 형성
  3. 탄소중립 달성을 위한 사업의 발굴과 지원
  4. 탄소중립 사회로의 이행을 촉진하기 위한 선도적인 기후행동 실천 및 확산
  5. 온실가스 감축 및 기후위기 적응을 위한 상호 소통 및 공동 협력
  6. 그 밖에 온실가스 감축 및 기후위기 적응, 녹색성장 등 기후위기 대응을 위하여 필요한 사항으로서 실천연대에 참여하는 지방자치단체의 장이 상호 합의하여 정하는 사항
④ 실천연대 활동을 지원하기 위하여 사무국을 둔다.
⑤ 제1항에 따른 실천연대의 구성·운영, 제4항에 따른 사무국의 구성·운영 등에 필요한 사항은 대통령령으로 정한다.

제66조(탄소중립 사회 이행과 녹색성장을 위한 생산·소비 문화의 확산)

① 정부는 재화의 생산·소비·운반 및 폐기(이하 "생산 등"이라 한다)의 전 과정에서 에너지와 자원을 절약하고 효율적으로 이용하며 온실가스의 발생을 줄일 수 있도록 관련 시책을 수립·시행하여야 한다.
② 정부는 소비자의 선택권을 확대·제고하기 위하여 재화 및 서비스의 가격에 에너지 소비량 및 온실가스 배출량 등이 합리적으로 연계·반영되도록 하고 그 정보가 소비자에게 정확하게 공개·전달되도록 하여야 한다.
③ 정부는 재화의 생산 등 전 과정에서 에너지와 자원의 사용량, 온실가스와 오염물질의 배출량 등을 분석·평가하고 그 결과에 관한 정보를 축적하여 이용할 수 있는 정보관리체계를 구축·운영하여야 한다.
④ 정부는 에너지·자원의 투입과 온실가스 및 오염물질의 발생을 최소화하는 제품(이하 "녹색제품"이라 한다)의 사용·소비의 촉진 및 확산을 위하여 재화의 생산자와 판매자 등으로 하여금 그 재화를 생산하는 과정 등에서 발생되는 온실가스와 오염물질의 양에 대한 정보 또는 등급을 소비자가 쉽게 인식할 수 있도록 표시·공개하도록 하는 등의 시책을 수립·시행하여야 한다.
⑤ 정부는 탄소중립 사회로의 이행과 녹색성장의 추진을 위한 생산·소비 문화를 촉진하기 위하여 대통령령으로 정하는 바에 따라 기업과 협력체계를 구축하고, 「여신전문금융업법」에 따른 신용카드 등을 활용한 인센티브를 부여할 수 있다.

제67조(녹색생활 운동 지원 및 교육·홍보)

① 정부는 국민의 생산·소비·활동 등 일상생활에서 에너지와 자원을 절약하고 녹색제품으로 소비를 전환함으로써 온실가스와 오염물질의 발생을 최소화하는 생활(이하 "녹색생활"이라 한다)을 지원할 수 있는 시책을 마련하고 지방자치단체·기업 및 민간단체 등과 탄소중립을 지향하는 협력체계를 구축하며, 교육·홍보를 강화하는 등 범국민적 녹색생활 운동을 적극 전개하여야 한다.
② 정부는 녹색생활 운동이 민간주도형의 자발적 실천운동으로 전개될 수 있도록 관련 민간단체 및 기구 등에 대하여 필요한 재정적·행정적 지원 등을 할 수 있다.
③ 정부는 녹색생활의 확산을 위하여 다음 각 호의 제도를 시행할 수 있다.
　1. 가정용 또는 상업용 건물을 대상으로 전기, 상수도, 도시가스 등의 사용량을 절감하는 수준에 따라 인센티브를 부여하는 제도
　2. 승용·승합 자동차의 연간 주행거리 감축률에 따라 인센티브를 부여하는 제도
　3. 그 밖에 탄소중립 사회로의 이행과 녹색성장에 관한 국민 인식을 확산하고 실천을 지원하기 위하여 필요한 제도로서 대통령령으로 정하는 제도
④ 정부는 탄소중립 사회로의 이행과 녹색성장에 관한 교육·홍보를 확대함으로써 사업자와 국민

등이 관련 정책과 활동에 자발적으로 참여하고 일상생활에서 녹색생활을 실천할 수 있도록 하여야 한다.
⑤ 정부는 녹색생활 실천이 모든 세대에 걸쳐 확대될 수 있도록 교과용 도서를 포함한 교재 개발 및 교원 연수 등 학교교육을 강화하고, 일반 교양교육, 직업교육, 기초평생교육 과정 등과 통합·연계한 교육을 강화하여야 하며, 탄소중립 사회로의 이행과 녹색성장에 관련된 전문인력의 육성과 지원에 관한 사업을 추진하여야 한다.
⑥ 정부는 녹색생활의 정착과 확산을 촉진하기 위하여 신문·방송·인터넷포털 등 대중매체를 통한 교육·홍보 활동을 강화하여야 한다.
⑦ 공영방송은 기후위기 대응을 위한 프로그램을 제작·방영하고 기후위기 관련 공익광고를 활성화하도록 적극 노력하여야 한다.

제68조(탄소중립 지원센터의 설립)

① 지방자치단체의 장은 지역의 탄소중립·녹색성장에 관한 계획의 수립·시행과 에너지 전환 촉진 등을 통해 탄소중립 사회로의 이행과 녹색성장의 추진을 지원하기 위하여 대통령령으로 정하는 바에 따라 지역에 탄소중립 지원센터를 설립 또는 지정하여 운영할 수 있다.
② 탄소중립 지원센터는 다음 각 호의 업무를 수행한다.
  1. 시·도계획 또는 시·군·구계획의 수립·시행 지원
  2. 지방기후위기적응대책의 수립·시행 지원
  3. 지방자치단체별 에너지 전환 촉진 및 전환 모델의 개발·확산
  4. 그 밖에 해당 지역의 탄소중립 사회로의 이행과 녹색성장의 추진을 위하여 필요한 사항으로서 대통령령으로 정하는 업무
③ 지방자치단체의 장은 지정된 탄소중립 지원센터가 대통령령으로 정하는 지정기준에 맞지 아니하게 된 경우에는 그 지정을 취소할 수 있다.
④ 관계 중앙행정기관의 장은 소관 분야에 대하여 예산의 범위에서 탄소중립 지원센터에 대한 재정적 지원을 할 수 있다.
⑤ 제1항 및 제3항에 따른 탄소중립 지원센터의 지정 및 지정취소 등에 관하여 필요한 사항은 대통령령으로 정한다.

10 기후대응기금의 설치 및 운용

제69조(기후대응기금의 설치)

① 정부는 기후위기에 효과적으로 대응하고 탄소중립 사회로의 이행과 녹색성장을 촉진하는 데 필요한 재원을 확보하기 위하여 기후대응기금(이하 "기금"이라 한다)을 설치한다.
② 기금은 다음 각 호의 재원으로 조성한다.
  1. 정부의 출연금
  2. 정부 외의 자의 출연금 및 기부금
  3. 다른 회계 및 기금으로부터의 전입금
  4. 일반회계로부터의 전입금
  5. 금융기관·다른 기금과 그 밖의 재원으로부터의 차입금
  6. 「공공자금관리기금법」에 따른 공공자금관리기금으로부터의 예수금(豫受金)
  7. 「온실가스 배출권의 할당 및 거래에 관한 법률」에 따라 배출권을 유상으로 할당하는 경우 발생하는 수입
  8. 기금을 운영하여 생긴 수익금
  9. 그 밖에 대통령령으로 정하는 수입금
③ 기금을 지출할 때 자금 부족이 발생하거나 발생할 것으로 예상되는 경우에는 기금의 부담으로 금융기관·다른 기금과 그 밖의 재원으로부터 차입을 할 수 있다.
④ 지방자치단체는 지역 특성에 따른 기후위기 대응 사업을 추진하기 위하여 조례로 정하는 바에 따라 지역기후대응기금을 설치할 수 있다.

제70조(기금의 용도)

기금은 다음 각 호의 어느 하나에 해당하는 용도에 사용한다.
  1. 정부의 온실가스 감축 기반 조성·운영
  2. 탄소중립 사회로의 이행과 녹색성장의 추진을 위한 산업·노동·지역경제 전환 및 기업의 온실가스 감축 활동 지원
  3. 기후위기 대응 과정에서 경제적·사회적 여건이 악화된 지역이나 피해를 받는 노동자·계층에 대한 일자리 전환·창출 지원
  4. 기후위기 대응을 위한 녹색기술 연구개발 및 인력양성
  5. 기후위기 대응을 위하여 필요한 융자·투자 또는 그 밖에 필요한 금융지원
  6. 기후위기 대응을 위한 교육·홍보
  7. 기후위기 대응을 위한 국제협력

8. 차입금의 원리금 상환
9. 「공공자금관리기금법」에 따른 공공자금관리기금으로부터의 예수금에 대한 원리금 상환
10. 기금의 조성·운용 및 관리를 위한 경비의 지출
11. 그 밖에 기후위기 대응을 위하여 대통령령으로 정하는 용도

11 보칙

제83조(과태료)

① 다음 각 호의 어느 하나에 해당하는 자에게는 1천만 원 이하의 과태료를 부과한다.
  1. 온실가스 배출량 산정을 위한 자료를 제출하지 아니하거나 거짓으로 제출한 자
  2. 명세서를 제출(같은 항 후단에 따라 수정·보완하여 제출하는 경우를 포함한다. 이하 같다)하지 아니하거나 거짓으로 제출한 자
  3. 개선명령을 이행하지 아니한 자
② 제1항에 따른 과태료는 대통령령으로 정하는 바에 따라 관계 행정기관의 장이 부과·징수한다.

SECTION 02 기후위기 대응을 위한 탄소중립·녹색성장 기본법 시행령 (약칭: 탄소중립기본법 시행령)

01 국가비전 및 온실가스 감축 목표 등

♂ 제2조(탄소중립국가전략의 수립·변경 등)

① 환경부장관은 「기후위기 대응을 위한 탄소중립·녹색성장 기본법」(이하 "법"이라 한다)에 따른 국가탄소중립녹색성장전략(이하 "탄소중립국가전략"이라 한다)의 수립·변경에 관한 업무를 지원한다.
② 환경부장관은 탄소중립국가전략의 수립 및 변경에 관한 업무를 지원하기 위하여 필요한 경우 관계 중앙행정기관의 장, 지방자치단체의 장과 「공공기관의 운영에 관한 법률」 제4조에 따른 공공기관(이하 "공공기관"이라 한다)의 장에게 관련 자료의 제출을 요청할 수 있다.
③ 법 제7조 제4항 단서에서 "대통령령으로 정하는 경미한 사항을 변경하는 경우"란 정책목표의 범위에서 부문별 전략 또는 중점추진과제의 세부 내용의 일부를 변경하거나 주관 기관 또는 관련 기관을 변경하는 경우를 말한다.

♂ 제3조(중장기 국가 온실가스 감축 목표 등)

① 법 제8조 제1항에서 "대통령령으로 정하는 비율"이란 40퍼센트를 말한다.
② 환경부장관은 중장기 국가 온실가스 감축 목표, 부문별 온실가스 감축 목표 및 연도별 온실가스 감축 목표(이하 "온실가스중장기감축목표 등"이라 한다)의 설정·변경에 관한 업무를 총괄·조정한다.
③ 정부는 온실가스중장기감축목표 등을 설정·변경하거나 새로 설정하는 경우에는 2050 탄소중립녹색성장위원회의 심의를 거쳐야 한다.
④ 정부는 온실가스중장기감축목표 등을 설정·변경하거나 새로 설정하는 경우에는 탄소흡수원등을 활용한 감축실적과 국제감축실적 등을 고려할 수 있다.
⑤ 중앙행정기관의 장이 다음 각 호의 계획을 수립·변경할 때에는 온실가스중장기감축목표 등에 부합하도록 해야 한다.
  1. 국가 탄소중립 녹색성장 기본계획
  2. 「전기사업법」에 따른 전력수급기본계획
  3. 「국토기본법」에 따른 국토종합계획

4. 「지속가능발전법」에 따른 중앙 지속가능발전 기본계획
5. 「신에너지 및 재생에너지 개발·이용·보급 촉진법」에 따른 신·재생에너지의 기술개발 및 이용·보급을 촉진하기 위한 기본계획
6. 「국가통합교통체계효율화법」에 따른 국가기간교통망에 관한 계획
7. 「수소경제 육성 및 수소 안전관리에 관한 법률」에 따른 수소경제 이행 기본계획
8. 「농업·농촌 및 식품산업 기본법」에 따른 농업·농촌 및 식품산업 발전계획
9. 「자원순환기본법」에 따른 자원순환기본계획
10. 「녹색건축물 조성 지원법」에 따른 녹색건축물 기본계획
11. 「탄소흡수원 유지 및 증진에 관한 법률」에 따른 탄소흡수원 증진 종합계획
12. 2050 탄소중립녹색성장위원회의 의결을 거쳐 같은 항에 따른 2050 탄소중립녹색성장위원회의 위원장이 선정한 주요 계획

제4조(이행현황의 점검 등)

① 2050 탄소중립녹색성장위원회의 위원장은 이행현황 점검을 실시하기 위하여 매년 점검계획을 수립해야 한다.
② 이행현황 점검은 서면점검으로 실시하되, 필요한 경우 현장점검으로 실시할 수 있다.
③ 환경부장관은 이행현황 점검에 관한 업무를 지원한다.
④ 2050 탄소중립녹색성장위원회의 위원장은 이행현황 점검 및 결과 보고서의 작성을 위하여 필요한 경우 관계 행정기관의 장에게 관련 자료의 제출을 요청할 수 있다.
⑤ 2050 탄소중립녹색성장위원회의 위원장은 작성한 결과 보고서를 2050 탄소중립녹색성장위원회의 심의를 거쳐 같은 항에 따른 2050 탄소중립녹색성장위원회의 인터넷 홈페이지에 공개해야 한다.
⑥ 법 제9조 제2항에서 "대통령령으로 정하는 사항"이란 다음 각 호의 사항을 말한다.
  1. 법 제8조 제3항에 따른 연도별 온실가스 감축 목표(이하 "연도별감축목표"라 한다)의 이행현황에 대한 이해관계자의 의견수렴 결과
  2. 연도별감축목표의 이행현황을 확인하기 위하여 2050 탄소중립녹색성장위원회의 위원장이 필요하다고 인정하는 사항
⑦ 제1항부터 제6항까지에서 규정한 사항 외에 연도별감축목표의 이행현황 점검에 필요한 사항은 2050 탄소중립녹색성장위원회의 의결을 거쳐 같은 항에 따른 2050 탄소중립녹색성장위원회의 위원장이 정한다.

02 국가 탄소중립 녹색성장 기본계획의 수립 등

제5조(국가 탄소중립 녹색성장 기본계획의 수립·시행)

① 정부는 국가 탄소중립 녹색성장 기본계획(이하 "탄소중립국가기본계획"이라 한다)을 수립하거나 변경하는 경우에는 2050 탄소중립녹색성장위원회의 심의를 거치기 전에 공청회 개최 등을 통하여 관계 전문가나 국민, 이해관계자 등의 의견을 들어야 한다.

② 법 제10조 제2항 제11호에서 "대통령령으로 정하는 사항"이란 다음 각 호의 사항을 말한다.
  1. 농업·축산·수산, 산업, 에너지, 발전, 환경, 폐기물, 국토, 건물, 수송, 해양, 중소기업, 산림 등 탄소중립 사회로의 이행과 녹색성장의 추진에 관련된 각 분야별 정책과의 연계에 관한 사항
  2. 온실가스 감축 목표 및 감축대책에 따른 경제적 효과 분석
  3. 국제감축사업의 목적, 원칙 및 추진 방안
  4. 그 밖에 탄소중립 사회로의 이행과 녹색성장의 추진을 위하여 탄소중립국가기본계획에 포함할 필요가 있다고 2050 탄소중립녹색성장위원회가 인정하여 의결한 사항

③ 법 제10조 제3항 단서에서 "대통령령으로 정하는 경미한 사항을 변경하는 경우"란 다음 각 호의 경우를 말한다.
  1. 변화된 국내외 여건을 반영하여 법 제10조 제2항 제2호 및 제3호에 관한 사항 중 일부를 변경하는 경우
  2. 탄소중립국가기본계획의 본질적인 내용에 영향을 미치지 않는 사항으로서 정책목표의 범위에서 부문별·연도별 대책의 세부 내용의 일부를 변경하거나 주관 기관 또는 관련 기관을 변경하는 경우

제6조(탄소중립시·도계획의 수립 등)

① 특별시장·광역시장·특별자치시장·도지사 및 특별자치도지사(이하 "시·도지사"라 한다)는 탄소중립국가기본계획이 수립되거나 변경(법 제10조 제3항 단서에 따른 경미한 사항이 변경된 경우는 제외한다)된 날부터 6개월 이내에 시·도 탄소중립 녹색성장 기본계획(이하 "탄소중립시·도계획"이라 한다)을 수립하거나 변경해야 한다.

② 시·도지사는 탄소중립시·도계획을 수립하거나 변경하는 경우에는 2050 지방탄소중립녹색성장위원회(이하 "지방위원회"라 한다)의 심의를 거치기 전에 관할 시장·군수·구청장(자치구의 구청장을 말한다. 이하 같다), 지역주민, 관계 전문가 및 이해관계자의 의견을 들어야 한다.

③ 법 제11조 제3항 단서에서 "대통령령으로 정하는 경미한 사항을 변경하는 경우"란 다음 각 호의 경우를 말한다.
  1. 변화된 국내외 여건을 반영하여 법 제11조 제2항 제1호의 사항 중 일부를 변경하는 경우
  2. 탄소중립시·도계획(법 제12조 제2항에 따라 준용되는 경우에는 같은 조 제1항에 따른 시·군·구 탄소중립 녹색성장 기본계획을 말한다)의 본질적인 내용에 영향을 미치지 않는 사항으로서 정책목표의 범위에서 부문별·연도별 이행대책의 세부 내용의 일부를 변경하거나 주관기관 또는 관련 기관을 변경하는 경우
④ 시·도지사는 탄소중립시·도계획이 수립 또는 변경된 날부터 1개월 이내에 탄소중립시·도계획을 환경부장관에게 제출해야 하며, 환경부장관은 탄소중립시·도계획을 모두 제출받은 날부터 3개월 이내에 제출받은 탄소중립시·도계획을 종합하여 2050 탄소중립녹색성장위원회에 보고해야 한다.
⑤ 관계 중앙행정기관의 장은 특별시·광역시·특별자치시·도·특별자치도(이하 "시·도"라 한다)의 부문별 탄소중립 정책 추진을 촉진하기 위한 행정적·재정적 지원을 할 수 있다.
⑥ 환경부장관은 다음 각 호의 지원을 할 수 있다.
  1. 탄소중립시·도계획 작성을 위한 지침 마련·제공 등의 지원
  2. 탄소중립시·도계획의 분야별 실행전략 마련을 위한 컨설팅
  3. 탄소중립시·도계획 이행 촉진을 위한 교육·훈련과 관련 정보시스템 구축 지원
⑦ 제1항부터 제6항까지에서 규정한 사항 외에 탄소중립시·도계획의 수립·변경에 필요한 사항은 시·도의 조례로 정한다.

제7조(탄소중립시·군·구계획의 수립 등)

① 시장·군수·구청장은 탄소중립시·도계획이 수립되거나 변경(법 제11조 제3항 단서에 따른 경미한 사항이 변경된 경우는 제외한다)된 날부터 6개월 이내에 시·군·구 탄소중립 녹색성장 기본계획(이하 "탄소중립시·군·구계획"이라 한다)을 시·도지사와의 협의를 거쳐 수립하거나 변경해야 한다.
② 시장·군수·구청장은 탄소중립시·군·구계획을 수립하거나 변경하는 경우에는 지방위원회의 심의를 거치기 전에 지역주민, 관계 전문가 및 이해관계자의 의견을 들어야 한다.
③ 시장·군수·구청장은 탄소중립시·군·구계획이 수립 또는 변경된 날부터 1개월 이내에 탄소중립시·군·구계획을 환경부장관 및 관할 시·도지사에게 제출해야 하며, 환경부장관은 탄소중립시·군·구계획을 모두 제출받은 날부터 3개월 이내에 제출받은 탄소중립시·군·구계획을 종합하여 2050 탄소중립녹색성장위원회에 보고해야 한다.
④ 관계 중앙행정기관의 장은 시·군·구(자치구를 말한다. 이하 같다)의 부문별 탄소중립 정책 추진을 촉진하기 위한 행정적·재정적 지원을 할 수 있다.

⑤ 환경부장관은 다음 각 호의 지원을 할 수 있다.
  1. 탄소중립시·군·구계획 작성을 위한 지침 마련·제공 등의 지원
  2. 탄소중립시·군·구계획의 분야별 실행전략 마련을 위한 컨설팅
  3. 탄소중립시·군·구계획 이행 촉진을 위한 교육·훈련과 관련 정보시스템 구축 지원
⑥ 제1항부터 제5항까지에서 규정한 사항 외에 탄소중립시·군·구계획의 수립·변경에 필요한 사항은 시·군·구의 조례로 정한다.

제8조(탄소중립국가기본계획 등의 추진상황 점검)

① 2050 탄소중립녹색성장위원회의 위원장은 탄소중립국가기본계획의 추진상황과 주요 성과를 점검하기 위한 계획을 매년 수립해야 한다.
② 2050 탄소중립녹색성장위원회의 위원장은 점검을 위하여 필요한 경우 관계 행정기관의 장에게 관련 자료의 제출을 요청할 수 있다.
③ 2050 탄소중립녹색성장위원회의 위원장은 탄소중립국가기본계획 추진상황의 점검 결과를 「정부업무평가 기본법」에 따른 정부업무평가에 반영하도록 요청할 수 있다.
④ 2050 탄소중립녹색성장위원회의 위원장은 결과 보고서를 2050 탄소중립녹색성장위원회의 심의를 거쳐 같은 항에 따른 2050 탄소중립녹색성장위원회의 인터넷 홈페이지에 공개해야 한다.
⑤ 시·도지사는 탄소중립시·도계획의 추진상황과 주요 성과에 대한 점검 결과 보고서를 매년 5월 31일까지 환경부장관에게 제출해야 하고, 시장·군수·구청장은 탄소중립시·군·구계획의 추진상황과 주요 성과에 대한 점검 결과 보고서를 매년 5월 31일까지 환경부장관과 관할 시·도지사에게 각각 제출해야 한다.
⑥ 환경부장관은 탄소중립시·도계획 및 탄소중립시·군·구계획의 추진상황과 주요 성과에 대한 점검 결과 보고서 작성에 필요한 사항을 지원할 수 있다.
⑦ 환경부장관은 제출받은 시·도와 시·군·구의 점검 결과 보고서를 종합한 점검 결과 보고서를 작성하여 매년 7월 31일까지 2050 탄소중립녹색성장위원회에 보고해야 한다.
⑧ 환경부장관은 탄소중립국가기본계획, 탄소중립시·도계획 및 탄소중립시·군·구계획의 추진상황과 주요 성과에 대한 점검 등에 관한 법에 따른 2050 탄소중립녹색성장위원회의 위원장의 업무를 지원한다.
⑨ 제1항부터 제8항까지에서 규정한 사항 외에 탄소중립국가기본계획 등의 추진상황과 주요 성과의 점검에 필요한 사항은 2050 탄소중립녹색성장위원회의 의결을 거쳐 같은 항에 따른 2050 탄소중립녹색성장위원회의 위원장이 정한다.

03 2050 탄소중립녹색성장위원회 등

제10조(2050 탄소중립녹색성장위원회 위원장의 직무)

2050 탄소중립녹색성장위원회(이하 "위원회"라 한다)의 2명의 위원장(이하 "위원장"이라 한다)은 각자 위원회를 대표하고, 위원회의 업무를 총괄한다.

제11조(위원회의 구성 등)

① 법 제15조 제4항 제1호에서 "대통령령으로 정하는 공무원"이란 교육부장관, 외교부장관, 통일부장관, 행정안전부장관, 문화체육관광부장관, 농림축산식품부장관, 보건복지부장관, 고용노동부장관, 여성가족부장관, 해양수산부장관, 중소벤처기업부장관, 방송통신위원회위원장, 금융위원회위원장, 산림청장과 기상청장을 말한다.
② 위원(이하 "위촉위원"이라 한다)의 해촉으로 새로 위촉된 위원의 임기는 전임위원 임기의 남은 기간으로 한다.
③ 위촉위원은 임기가 만료된 경우에도 후임위원이 위촉될 때까지 그 직무를 수행할 수 있다.
④ 대통령은 위촉위원이 다음 각 호의 어느 하나에 해당하는 경우에는 해당 위원을 해촉(解囑)할 수 있다.
  1. 심신장애로 직무를 수행할 수 없게 된 경우
  2. 직무와 관련된 비위사실이 있는 경우
  3. 직무태만, 품위손상이나 그 밖의 사유로 위원으로 적합하지 않다고 인정되는 경우
  4. 법 제18조 제1항 각 호의 어느 하나에 해당함에도 불구하고 회피(回避)하지 않은 경우
  5. 위원 스스로 직무를 수행하는 것이 곤란하다고 의사를 밝히는 경우

제12조(위원회의 심의)

① 위원회는 심의를 지원하기 위하여 농업·축산·수산, 산업, 에너지, 발전, 환경, 폐기물, 국토, 건물, 수송, 해양 등의 분야별로 관련 전문기관을 지정할 수 있다.
② 지정된 전문기관의 지정 유효기간은 3년으로 하되, 위원회는 기간 만료 전에 전문기관 지정의 유효기간을 갱신할 수 있다.

제13조(회의)

① 법 제17조 제2항 단서에서 "대통령령으로 정하는 경우"란 다음 각 호의 경우를 말한다.
  1. 긴급한 사유로 위원이 출석하는 회의를 개최할 시간적 여유가 없는 경우
  2. 천재지변이나 그 밖의 부득이한 사유로 위원의 출석에 의한 의사정족수를 채우기 어려운 경우 등 위원장이 특별히 필요하다고 인정하는 경우
② 위원회 회의의 공개 방법·절차나 비공개 사유에 관한 사항은 위원회의 의결을 거쳐 위원장이 정한다.

제14조(사무처의 운영 등)

① 위원회 소속으로 두는 사무처(이하 "사무처"라 한다)의 장은 국무조정실장이 지명하는 국무조정실 소속 정무직 공무원으로 하며, 사무처의 업무를 총괄한다.
② 위원회는 위원회의 운영 및 사무처의 업무 수행을 위하여 필요한 경우에는 관계 중앙행정기관 및 지방자치단체 소속 공무원과 공공기관이나 관계 기관·단체·연구소 소속 임직원 등의 파견 또는 겸임을 요청할 수 있다.
③ 위원회는 사무처의 운영에 필요한 경우에는 예산의 범위에서 농업·축산·수산, 산업, 에너지, 발전, 환경, 폐기물, 국토, 건물, 수송, 해양 등 관련 분야의 전문가를 「국가공무원법」에 따른 임기제공무원으로 둘 수 있다.
④ 위원회와 분과위원회·특별위원회·전문위원회의 위촉 위원, 관계 전문가, 의견수렴 과정에 참여한 시민, 이해관계자 등이나 공무원이 아닌 직원 등에게는 예산의 범위에서 수당과 여비 또는 그 밖에 필요한 경비를 지급할 수 있다. 다만, 공무원이 소관 업무와 직접 관련되어 위원회에 출석하는 경우에는 지급하지 않는다.

04 온실가스 감축 시책

제15조(기후변화영향평가)

① 법 제23조 제1항에서 "온실가스를 다량으로 배출하는 사업 등 대통령령으로 정하는 계획 및 개발사업"이란 별표 2의 계획 및 개발사업을 말한다.
② 기후변화영향평가(이하 "기후변화영향평가"라 한다)의 대상이 되는 계획을 수립하려는 관계 행정기관의 장은 다음 각 호의 사항을 고려하여 기후변화영향평가를 실시해야 한다.

1. 기후변화 관련 법령, 제도 및 주요 시책 등의 현황
2. 기후변화 관련 국제 협약 및 국가비전과의 정합성
3. 기후변화에 미치는 영향 및 온실가스 감축 방안
4. 기후변화로부터 받게 되는 영향과 적응 방안

③ 기후변화영향평가의 대상이 되는 개발사업을 시행하려는 사업자는 다음 각 호의 사항을 고려하여 기후변화영향평가를 실시해야 한다.
1. 기후변화 관련 법령, 제도 및 주요 시책 등의 현황
2. 탄소중립시·도계획, 탄소중립시·군·구계획 등 관련 계획과의 정합성
3. 개발사업 실시에 따라 예상되는 온실가스 배출량 및 감축 방안
4. 개발사업이 기후변화로부터 받게 되는 영향과 위험성 평가
5. 온실가스 배출원·흡수원
6. 기후위기 적응 방안과 개발사업의 사후관리 계획

④ 제2항 및 제3항에서 규정한 사항 외에 기후변화영향평가 방법에 관하여 필요한 사항은 환경부장관이 정하여 고시한다.

⑤ 환경부장관은 기후변화영향평가 결과를 검토할 때 필요한 경우 다음 각 호의 기관이나 관련 전문가의 의견을 들을 수 있다.
1. 온실가스 종합정보센터
2. 국가 기후위기 적응센터
3. 「환경부와 그 소속기관 직제」에 따른 국립환경과학원
4. 「국립생태원의 설립 및 운영에 관한 법률」에 따른 국립생태원
5. 「정부출연연구기관 등의 설립·운영 및 육성에 관한 법률」에 따라 설립된 한국환경연구원
6. 「한국환경공단법」에 따른 한국환경공단(이하 "한국환경공단"이라 한다)
7. 「책임운영기관의 설치·운영에 관한 법률」에 따라 설치된 국립기상과학원

⑥ 제5항에서 규정한 사항 외에 기후변화영향평가 결과의 검토에 필요한 사항은 환경부장관이 정한다.

제16조(온실가스감축인지 예산제도)

환경부장관은 기획재정부장관 또는 행정안전부장관과 협의하여 온실가스감축인지 예산제도의 실시에 필요한 다음 각 호의 업무를 지원한다.
1. 예산과 기금이 기후변화에 미치는 영향 분석
2. 대상사업 선정기준, 온실가스감축인지 예산·결산서 작성 방법 등을 포함한 운영지침 마련
3. 온실가스감축인지 예산·결산서의 검토·분석
4. 온실가스감축인지 기금운용계획서 및 기금결산서의 검토·분석

5. 온실가스감축인지 예산제도의 홍보 및 예산기법의 교육
6. 그 밖에 예산과 기금이 기후변화에 미치는 영향을 분석한 결과 국가와 지방자치단체의 재정 운용에 반영할 필요가 있다고 환경부장관이 기획재정부장관 또는 행정안전부장관과 협의하여 정하는 업무

제17조(공공부문 온실가스 목표관리)

① 법 제26조 제1항에서 "관계 중앙행정기관, 지방자치단체, 시·도 교육청, 공공기관 등 대통령령으로 정하는 기관"이란 다음 각 호의 기관(이하 "공공기관 등"이라 한다)을 말한다.
  1. 중앙행정기관
  2. 지방자치단체
  3. 시·도 교육청
  4. 공공기관
  5. 「지방공기업법」에 따른 지방공사(이하 "지방공사"라 한다) 및 같은 법 제76조에 따른 지방공단(이하 "지방공단"이라 한다)
  6. 「고등교육법」에 따른 국립대학 및 공립대학
  7. 「한국은행법」에 따른 한국은행
  8. 「금융위원회의 설치 등에 관한 법률」에 따른 금융감독원
② 공공기관 등의 장은 매년 12월 31일까지 다음 연도의 온실가스 감축 목표를 설정하여 전자적 방식으로 환경부장관에게 제출해야 한다.
③ 공공기관 등의 장은 제2항에 따라 온실가스 감축 목표를 설정하는 경우 다음 각 호의 사항을 포함하여 설정할 수 있다.
  1. 다른 공공기관 등의 장과의 공동 이행 여부
  2. 해당 기관 외부에서의 온실가스 감축 사업 수행 여부
④ 환경부장관은 제출받은 온실가스 감축 목표를 검토하여 온실가스중장기감축목표 등의 달성에 적절하지 않다고 인정하는 경우에는 공공기관 등의 장에게 감축 목표의 개선·보완을 요청할 수 있다.
⑤ 공공기관 등의 장은 이행실적을 전자적 방식으로 다음 연도 3월 31일까지 환경부장관에게 제출해야 한다.
⑥ 제출하는 이행실적에는 다음 각 호의 사항이 포함되어야 한다.
  1. 해당 연도의 온실가스 감축실적 및 감축 목표 달성 여부
  2. 온실가스 배출 시설별 온실가스 배출량 및 총 온실가스 배출량
  3. 그 밖에 연도별 온실가스 감축 목표를 달성하기 위하여 환경부장관이 정하는 사항
⑦ 환경부장관은 제출받은 이행실적에 대하여 전자적 방식으로 등록부를 작성하고 관리해야 한다.

⑧ 행정안전부장관, 산업통상자원부장관, 환경부장관 및 국토교통부장관은 환경부장관이 이행실적을 제출받은 날부터 3개월 이내에 이를 공동으로 검토하고, 그 결과를 위원회에 보고해야 한다. 이 경우 환경부장관은 이행실적 검토에 관한 업무를 총괄·조정한다.
⑨ 환경부장관은 검토 결과를 온실가스 종합정보관리체계를 통해 공개할 수 있다.
⑩ 환경부장관은 공공기관 등의 이행실적이 제출한 감축 목표에 미달하는 경우 공공기관 등의 장에게 온실가스 감축을 촉진하기 위한 개선을 명할 수 있다.
⑪ 개선명령을 받은 공공기관 등의 장은 개선명령을 받은 날부터 1개월 이내에 개선계획을 전자적 방식으로 환경부장관에게 제출해야 한다.
⑫ 국회, 법원, 헌법재판소, 선거관리위원회(이하 이 조에서 "헌법기관 등"이라 한다)의 온실가스 감축 목표의 설정, 이행실적의 통보·공개 및 등록부의 작성·관리에 관하여는 제2항·제3항 및 제5항부터 제9항까지의 규정을 준용한다. 이 경우 "공공기관 등"은 "헌법기관 등"으로, "제출"은 "통보"로 본다.
⑬ 규정한 사항 외에 공공기관 등의 감축목표 설정, 이행실적의 제출·공개, 등록부의 작성·관리 및 개선명령 등에 필요한 세부 사항은 환경부장관이 정하여 고시한다.

제18조(온실가스배출관리업체의 온실가스 목표관리)

① 다음 각 호의 구분에 따른 부문별 중앙행정기관(이하 "부문별 관장기관"이라 한다)의 장은 해당 호에서 정한 분야별로 온실가스 감축 목표(이하 "온실가스관리목표"라 한다)의 설정·관리와 권리와 의무의 승계에 관한 업무를 관장하며, 환경부장관은 이를 총괄·조정한다. 이 경우 부문별 관장기관의 장은 환경부장관의 총괄·조정 업무에 최대한 협조해야 한다.
 1. 농림축산식품부 : 농업·축산·식품·임업 분야
 2. 산업통상자원부 : 산업·발전(發電) 분야
 3. 환경부 : 폐기물 분야
 4. 국토교통부 : 건물·교통(해운·항만은 제외한다)·건설 분야
 5. 해양수산부 : 해양·수산·해운·항만 분야
② 환경부장관은 온실가스관리목표를 관리하기 위하여 필요한 경우에는 부문별 관장기관의 장의 소관 사무에 대하여 종합적인 점검을 할 수 있으며, 그 결과에 따라 부문별 관장기관의 장에게 관리업체(이하 "온실가스배출관리업체"라 한다)에 대한 개선명령 등 필요한 조치를 하도록 요구할 수 있다.
③ 환경부장관은 국가비전, 온실가스중장기감축목표등, 국내 산업의 여건, 탄소중립 관련 국제동향 등을 고려하여 다음 각 호의 사항을 포함한 온실가스배출관리업체의 온실가스 목표관리에 관한 종합적인 기준 및 지침을 부문별 관장기관의 장과의 협의를 거쳐 정하여 고시한다.
 1. 온실가스관리목표의 설정·관리

2. 검증
3. 권리와 의무의 승계
4. 온실가스관리목표의 이행계획 작성 방법

제19조(온실가스배출관리업체의 지정기준 및 계획기간)

① 법 제27조 제1항에서 "대통령령으로 정하는 기준량 이상의 온실가스를 배출하는 업체"란 최근 3년간 연평균 온실가스 배출총량이 5만 이산화탄소상당량톤(tCO_2eq) 이상인 업체이거나 연평균 온실가스 배출량이 1만 5천 이산화탄소상당량톤(tCO_2eq) 이상인 사업장을 하나 이상 보유하고 있는 업체를 말한다.
② 제1항에서 "최근 3년간"이란 온실가스배출관리업체로 지정된 연도(이하 "지정연도"라 한다)의 직전 3년간을 말한다. 다만, 사업기간이 3년 미만이거나 사업장의 휴업 등으로 3년간의 자료가 없는 경우에는 해당 사업기간 또는 자료 보유기간을 대상으로 산정할 수 있다.
③ 법 제27조 제1항에서 "대통령령으로 정하는 계획기간"이란 1년을 말한다.

제20조(온실가스배출관리업체의 지정절차)

① 부문별 관장기관의 장은 해당하는 업체를 온실가스배출관리업체 지정 대상으로 선정하고 온실가스 배출량 산정을 위한 자료를 첨부하여 계획기간(이하 "계획기간"이라 한다) 전전년도의 4월 30일까지 환경부장관에게 통보해야 한다.
② 환경부장관은 통보받은 온실가스배출관리업체 지정 대상에 대하여 온실가스배출관리업체 선정의 중복·누락, 규제의 적절성 등을 검토하여 그 결과를 계획기간 전전년도의 5월 31일까지 부문별 관장기관의 장에게 통보해야 한다.
③ 검토 결과를 통보받은 부문별 관장기관의 장은 그 결과를 고려하여 온실가스배출관리업체 지정 대상 중에서 온실가스배출관리업체를 지정한다.
④ 온실가스배출관리업체를 지정한 부문별 관장기관의 장은 그 사실을 해당 온실가스배출관리업체에 통보하고, 계획기간 전전년도의 6월 30일까지 관보에 고시해야 한다.
⑤ 부문별 관장기관의 장은 온실가스배출관리업체가 다음 각 호의 어느 하나에 해당하게 된 경우에는 그 지정을 취소할 수 있다.
1. 폐업신고, 법인 해산, 영업 허가의 취소 등의 사유로 온실가스배출관리업체가 존립하지 않는 경우
2. 권리와 의무를 다른 업체에 이전한 경우

제21조(온실가스배출관리업체에 대한 목표관리 방법 및 절차)

① 부문별 관장기관의 장은 온실가스관리목표를 온실가스배출관리업체와의 협의 및 위원회의 심의를 거쳐 설정한 후 계획기간 전년도의 9월 30일까지 온실가스배출관리업체에 통보하고, 그 사실을 등록부(이하 "온실가스배출관리업체등록부"라 한다)에 기재해야 한다.

② 온실가스관리목표를 통보받은 온실가스배출관리업체는 계획기간 전년도의 12월 31일까지 다음 각 호의 사항이 포함된 온실가스관리목표의 이행계획을 부문별관장기관의 장에게 제출해야 한다.
  1. 업체의 사업장 현황 등 일반정보
  2. 사업장별 온실가스관리목표 및 관리범위
  3. 사업장별 배출 온실가스의 종류 및 배출량
  4. 사업장별 사용 에너지의 종류·사용량
  5. 배출시설별 활동자료의 측정지점, 모니터링 유형 및 방법
  6. 그 밖에 온실가스관리목표의 이행을 위하여 환경부장관이 정하여 고시하는 사항

③ 온실가스관리목표의 이행계획을 제출받은 부문별 관장기관의 장은 그 내용을 확인하여 계획기간 해당 연도의 1월 31일까지 등록부를 작성해야 한다.

④ 온실가스배출관리업체는 설정된 온실가스관리목표에 이의가 있는 경우에는 온실가스관리목표를 통보받은 날부터 30일 이내에 부문별 관장기관의 장에게 소명 자료를 첨부하여 이의를 신청할 수 있다.

⑤ 온실가스배출관리업체는 계획기간 전전년도부터 해당 연도(온실가스배출관리업체로 최초로 지정된 경우에는 계획기간 전년도 직전 3년간을 말한다)의 온실가스 배출량 명세서(이하 "온실가스배출량명세서"라 한다)에 「온실가스 배출권의 할당 및 거래에 관한 법률」에 따른 외부 검증 전문기관(이하 "검증기관"이라 한다)의 검증 결과를 첨부하여 부문별 관장기관의 장에게 다음 각 호의 구분에 따라 해당 호에서 정한 날까지 제출해야 한다.
  1. 계획기간 전전년도의 온실가스배출량명세서(온실가스배출관리업체로 최초로 지정된 경우 계획기간 전년도 직전 3년간의 온실가스배출량명세서) : 계획기간 전년도의 3월 31일
  2. 계획기간 전년도의 온실가스배출량명세서 : 계획기간 해당 연도의 3월 31일
  3. 계획기간 해당 연도의 온실가스배출량명세서 : 계획기간 다음 연도의 3월 31일

⑥ 온실가스배출량명세서에는 다음 각 호의 사항이 포함되어야 한다.
  1. 업체의 규모, 생산공정도, 생산제품 및 생산량
  2. 사업장별 배출 온실가스의 종류 및 배출량
  3. 사업장별 사용 에너지의 종류 및 사용량, 사용연료의 성분, 에너지 사용시설의 종류·규모·수량 및 가동시간
  4. 온실가스 배출시설의 종류·규모·수량 및 가동시간, 배출시설별 온실가스 배출량·종류

5. 그 밖에 온실가스배출관리업체의 온실가스 배출량 관리를 위하여 필요한 사항으로서 환경부장관이 정하여 고시한 사항

⑦ 온실가스배출량명세서를 제출받은 부문별 관장기관의 장은 그 내용을 검토한 후 계획기간 다음 연도의 5월 31일까지 온실가스배출량명세서의 내용과 검증 결과를 온실가스배출관리업체등록부에 기재해야 한다.

⑧ 부문별 관장기관의 장은 온실가스배출관리업체가 제출한 계획기간의 온실가스배출량명세서를 바탕으로 온실가스배출관리업체의 온실가스관리목표 달성 여부를 위원회의 심의를 거쳐 결정하고, 그 결과를 계획기간 다음 연도의 6월 30일까지 온실가스배출관리업체등록부에 기재해야 한다.

⑨ 부문별 관장기관의 장은 온실가스배출관리업체가 온실가스관리목표를 달성하지 못하였다고 결정한 경우에는 온실가스배출관리업체에 개선명령을 하고, 그 사실을 온실가스배출관리업체등록부에 기재해야 한다.

⑩ 개선명령을 받은 온실가스배출관리업체는 개선계획을 수립하여 다음 계획기간의 이행계획을 수립할 때 이를 반영해야 한다.

⑪ 제1항부터 제10항까지에서 규정한 사항 외에 온실가스배출관리업체의 온실가스관리목표의 설정 · 관리, 온실가스배출량명세서의 작성 · 보고 및 개선명령 등에 필요한 세부사항은 환경부장관이 부문별 관장기관의 장과의 협의를 거쳐 정한다.

제22조(온실가스배출관리업체등록부의 작성 · 관리)

환경부장관은 다음 각 호의 사항이 포함된 온실가스배출관리업체등록부를 전자적 방식으로 작성 · 관리해야 한다.

1. 온실가스배출관리업체의 상호 및 대표자
2. 온실가스배출관리업체의 지정에 관한 사항
3. 온실가스배출량명세서 및 검증보고서
4. 온실가스관리목표
5. 이행계획
6. 온실가스관리목표 달성 여부 및 개선명령(개선명령을 받은 경우만 해당한다)에 관한 사항

제23조(온실가스 배출량 및 목표 달성 여부의 공개 등)

① 부문별 관장기관의 장은 다음 각 호의 사항을 온실가스 종합정보관리체계를 통하여 전자적 방식으로 공개해야 한다.
1. 온실가스관리목표의 달성 여부
2. 온실가스배출관리업체의 상호 · 명칭 및 업종

3. 온실가스배출관리업체의 본점 및 사업장 소재지
4. 온실가스배출관리업체의 지정연도 및 소관 관장기관
5. 온실가스배출관리업체의 온실가스배출량명세서 검증 기관
6. 온실가스배출량명세서 중 온실가스배출관리업체의 온실가스 배출량 및 에너지사용량

② 온실가스 배출량이나 온실가스관리목표 달성 여부 등의 비공개를 요청하려는 온실가스배출관리업체는 온실가스배출량명세서를 제출할 때 비공개신청서에 비공개 사유서를 첨부하여 심사위원회에 제출해야 한다.

제24조(온실가스정보공개심사위원회의 구성 등)

① 심사위원회(이하 "온실가스정보공개심사위원회"라 한다)는 위원장 1명을 포함하여 12명 이내의 위원으로 성별을 고려하여 구성한다.
② 온실가스정보공개심사위원회의 위원장은 온실가스 종합정보센터의 장으로 하고, 온실가스정보공개심사위원회의 위원은 다음 각 호의 사람으로 한다.
   1. 중앙행정기관의 소속 공무원 중에서 해당 기관의 장이 각각 1명씩 지명하는 사람 5명과 국무조정실 소속 공무원 중에서 국무조정실장이 지명하는 사람 1명
   2. 탄소중립·녹색성장 및 정보공개에 관한 학식과 경험이 풍부한 사람 중에서 환경부장관이 부문별 관장기관의 장과 협의하여 위촉하는 사람
③ 위촉하는 위원의 임기는 2년으로 하며, 한 차례만 연임할 수 있다.
④ 온실가스정보공개심사위원회의 회의는 재적위원 과반수의 출석으로 개의(開議)하고, 출석위원 과반수의 찬성으로 의결한다.
⑤ 제1항부터 제4항까지에서 규정한 사항 외에 온실가스정보공개심사위원회의 구성·운영에 필요한 사항은 온실가스정보공개심사위원회의 의결을 거쳐 온실가스정보공개심사위원회의 위원장이 정한다.

제25조(온실가스정보공개심사위원회 위원의 제척 및 회피)

① 온실가스정보공개심사위원회의 위원은 다음 각 호의 어느 하나에 해당하는 경우에는 해당 안건의 심사·결정에서 제척(除斥)된다.
   1. 온실가스정보공개심사위원회의 위원 또는 그 배우자나 배우자였던 사람이 해당 안건의 당사자(당사자가 법인·단체 등인 경우에는 법인·단체 등의 임원을 말한다. 이하 이 항에서 같다)가 되거나 그 안건의 당사자와 공동권리자 또는 공동의무자인 경우
   2. 온실가스정보공개심사위원회의 위원이 해당 안건의 당사자와 친족이거나 친족이었던 경우
   3. 온실가스정보공개심사위원회의 위원이 해당 안건에 대하여 증언, 진술, 자문, 연구, 용역 또는

감정을 한 경우
  4. 온실가스정보공개심사위원회의 위원이 속한 법인이 해당 안건의 당사자의 대리인이거나 대리인이었던 경우
② 온실가스정보공개심사위원회의 위원은 제1항 각 호에 따른 제척 사유에 해당하거나 본인에게 심사의 공정성을 기대하기 어려운 사정이 있다고 판단되는 경우에는 스스로 해당 안건의 심사에서 회피해야 한다.

제26조(온실가스정보공개심사위원회 위원의 해촉 등)

① 온실가스정보공개심사위원회의 위원을 지명한 기관의 장은 해당 위원이 다음 각 호의 어느 하나에 해당하는 경우에는 그 지명을 철회할 수 있다.
  1. 심신장애로 직무를 수행할 수 없게 된 경우
  2. 직무와 관련된 비위사실이 있는 경우
  3. 직무태만, 품위손상이나 그 밖의 사유로 위원으로 적합하지 않다고 인정되는 경우
  4. 제25조 제1항 각 호의 어느 하나에 해당하는 데도 불구하고 회피하지 않은 경우
  5. 위원 스스로 직무를 수행하는 것이 곤란하다고 의사를 밝히는 경우
② 환경부장관은 위촉된 위원이 제1항 각 호의 어느 하나에 해당하는 경우에는 해당 위원을 해촉할 수 있다.

제27조(온실가스배출관리업체의 권리와 의무의 승계)

① 자신의 권리와 의무를 이전한 온실가스배출관리업체(같은 조 제2항 단서에 해당하는 경우에는 승계한 업체를 말한다)는 권리와 의무의 이전·승계 사실을 환경부장관이 정하여 고시하는 바에 따라 전자적 방식으로 부문별 관장기관의 장에게 보고해야 한다.
② 부문별 관장기관의 장은 온실가스배출관리업체의 권리와 의무가 승계되어 지정된 온실가스배출관리업체가 변경되는 경우에는 보고받은 날부터 1개월 이내에 온실가스배출관리업체의 변경 내용을 고시하고, 환경부장관에게 통보해야 한다.
③ 제1항 및 제2항에서 규정한 사항 외에 온실가스배출관리업체의 권리와 의무의 승계에 관하여 필요한 사항은 부문별 관장기관의 장과의 협의를 거쳐 환경부장관이 정하여 고시한다.

제28조(탄소중립도시의 지정 등)

① 환경부장관과 국토교통부장관은 탄소중립도시(이하 "탄소중립도시"라 한다)를 공동으로 지정할 수 있다.

② 환경부장관과 국토교통부장관은 직접 탄소중립도시를 지정하려는 경우에는 관할 지방자치단체의 장 및 관계 중앙행정기관의 장의 의견을 들어야 하고, 지방자치단체의 장의 요청을 받아 탄소중립도시를 지정하려는 경우에는 관계 중앙행정기관의 장의 의견을 들어야 한다.

③ 탄소중립도시의 지정을 요청하려는 지방자치단체의 장은 다음 각 호의 사항이 포함된 지정요청서를 환경부장관과 국토교통부장관에게 각각 제출해야 한다.

 1. 탄소중립도시 지정의 필요성과 조성목표
 2. 법 제29조 제2항 각 호의 사업 중 시행 예정 사업 및 사업분야별 추진계획
 3. 탄소중립도시 조성을 위한 관할구역의 여건 및 인프라 구축계획
 4. 탄소중립도시 조성에 필요한 재원조달계획
 5. 탄소중립도시 조성에 필요한 토지의 이용 등 도시계획에 관한 사항

④ 환경부장관과 국토교통부장관은 탄소중립도시를 지정한 경우에는 그 사실을 위원회에 보고한 후 해당 지방자치단체의 장 및 관계 중앙행정기관의 장에게 지체 없이 통보해야 하고, 다음 각 호의 사항을 환경부 및 국토교통부의 인터넷 홈페이지에 각각 공고해야 한다.

 1. 탄소중립도시의 조성 위치·범위와 면적 등 사업 규모
 2. 탄소중립도시 지정 사유
 3. 탄소중립도시 조성 사업 내용 및 추진기간

⑤ 탄소중립도시 조성 사업 계획에는 다음 각 호의 사항이 포함되어야 한다.

 1. 탄소중립도시 조성 사업의 목표와 기간
 2. 탄소중립도시 조성을 위한 관련 여건 분석
 3. 탄소중립시·도계획 및 탄소중립시·군·구계획과의 연계방안
 4. 「국토의 계획 및 이용에 관한 법률」에 따른 광역도시계획, 도시·군기본계획 및 도시·군관리계획과의 연계방안
 5. 탄소중립도시 조성 사업의 재원조달방안

⑥ 탄소중립도시를 관할하는 지방자치단체의 장은 탄소중립도시 조성 사업 계획을 수립·시행하는 경우에는 미리 해당 지역 주민의 의견을 들어야 한다.

⑦ 법 제29조 제5항에서 "대통령령으로 정하는 기관"이란 다음 각 호의 기관을 말한다.

 1. 「한국수자원공사법」에 따른 한국수자원공사(이하 "한국수자원공사"라 한다)
 2. 한국환경공단
 3. 「한국환경산업기술원법」에 따른 한국환경산업기술원(이하 "한국환경산업기술원"이라 한다)
 4. 「국토교통과학기술 육성법」에 따른 국토교통과학기술진흥원
 5. 「한국토지주택공사법」에 따른 한국토지주택공사
 6. 「국가공간정보 기본법」에 따른 한국국토정보공사
 7. 「임업 및 산촌 진흥촉진에 관한 법률」에 따른 한국임업진흥원
 8. 「정부출연연구기관 등의 설립·운영 및 육성에 관한 법률」에 따른 정부출연연구기관(이하

"정부출연연구기관"이라 한다)
9. 「과학기술분야 정부출연연구기관 등의 설립·운영 및 육성에 관한 법률」에 따른 연구기관(이하 "과학기술분야정부출연연구기관"이라 한다)

⑧ 환경부장관과 국토교통부장관은 지정된 지원기구의 업무 수행에 필요한 경비를 예산의 범위에서 지원할 수 있다.

⑨ 법 제29조 제6항에서 "대통령령으로 정하는 지정기준"이란 다음 각 호의 기준을 말한다.
   1. 법 제29조 제2항 각 호의 사업 시행을 추진할 것
   2. 탄소중립시·도계획 및 탄소중립시·군·구계획과 추진 사업과의 연계성이 확보될 것
   3. 사업계획이 구체적이고 실현가능하며, 온실가스중장기감축목표등의 달성에 기여할 수 있을 것

⑩ 환경부장관과 국토교통부장관은 탄소중립도시의 지정을 취소하려는 경우에는 미리 해당 지방자치단체의 장의 의견을 들어야 한다.

⑪ 환경부장관과 국토교통부장관은 지정을 취소한 경우에는 그 사실을 위원회에 보고한 후 해당 지방자치단체의 장 및 관계 중앙행정기관의 장에게 지체 없이 통보해야 하고, 다음 각 호의 사항을 환경부 및 국토교통부의 인터넷 홈페이지에 각각 공고해야 한다.
   1. 탄소중립도시의 지정취소 사유
   2. 탄소중립도시의 지정일 및 지정취소일
   3. 탄소중립도시의 조성 위치와 조성 사업 내용

⑫ 제1항부터 제11항까지에서 규정한 사항 외에 탄소중립도시의 지정·지정취소와 탄소중립도시의 조성 사업 계획의 수립·시행에 필요한 사항은 환경부장관과 국토교통부장관이 공동으로 정하여 고시한다.

제29조(지역 에너지 전환의 지원)

산업통상자원부장관은 지방자치단체의 에너지 전환을 지원하는 다음 각 호의 정책을 수립·시행해야 한다.
   1. 「에너지법」에 따른 지역에너지계획의 수립·시행 지원정책
   2. 에너지 전환 촉진 및 전환 모델의 개발·확산 지원정책
   3. 지역 에너지 전환 과정에서의 의견수렴 및 홍보 등 주민수용성 확대 지원정책
   4. 그 밖에 산업통상자원부장관이 지역 에너지 전환을 위하여 필요하다고 인정하는 정책

제30조(녹색건축물의 확대)

① 법 제31조 제2항에서 "대통령령으로 정하는 기준 이상의 건물"이란 「녹색건축물 조성 지원법 시행령」 제11조 제1항에 따른 건축물을 말한다.

② 법 제31조 제6항에서 "대통령령으로 정하는 공공기관 및 교육기관 등"이란 다음 각 호의 기관을 말한다.
  1. 공공기관
  2. 지방공사 및 지방공단
  3. 정부출연연구기관 및 「정부출연연구기관 등의 설립·운영 및 육성에 관한 법률」 제18조에 따른 연구회
  4. 과학기술분야정부출연연구기관 및 「과학기술분야 정부출연연구기관 등의 설립·운영 및 육성에 관한 법률」 제18조에 따른 연구회
  5. 「지방자치단체출연 연구원의 설립 및 운영에 관한 법률」에 따른 지방자치단체출연 연구원(이하 "지방자치단체출연연구원"이라 한다)
  6. 「고등교육법」에 따른 국립대학 및 공립대학
③ 국토교통부장관은 다음 각 호에 해당하는 신도시 개발 또는 도시 재개발을 하는 경우에는 녹색건축물을 적극 보급해야 한다.
  1. 「공공주택 특별법」에 따라 330만 제곱미터 이상의 규모로 시행되는 공공주택지구조성사업
  2. 「기업도시개발 특별법」에 따라 시행되는 기업도시개발사업
  3. 「도시개발법」에 따라 시행되는 100만 제곱미터 이상의 도시개발사업
  4. 「신행정수도 후속대책을 위한 연기·공주지역 행정중심복합도시 건설을 위한 특별법」에 따라 시행되는 행정중심복합도시건설사업
  5. 「택지개발촉진법」에 따라 330만 제곱미터 이상의 규모로 시행되는 택지개발사업
  6. 「혁신도시 조성 및 발전에 관한 특별법」에 따라 시행되는 혁신도시개발사업
④ 국토교통부장관은 녹색건축물의 확대를 위하여 다음 각 호에 해당하는 건축물을 조성하는 자에게 재정적 지원을 할 수 있다.
  1. 「녹색건축물 조성 지원법」에 따른 녹색건축 인증을 받았거나 받으려는 건축물
  2. 「녹색건축물 조성 지원법」에 따른 건축물 에너지효율등급 인증 또는 제로에너지건축물 인증을 받았거나 받으려는 건축물
  3. 「건축법」에 따라 사용승인을 받은 후 10년이 지난 건축물 중 국토교통부장관이 에너지 효율을 개선하기 위하여 지원이 필요하다고 인정하는 건축물
  4. 그 밖에 녹색건축물을 확대하기 위하여 국토교통부장관이 재정적 지원이 필요하다고 인정하는 건축물

제31조(녹색교통의 활성화)

① 국토교통부장관은 교통부문의 온실가스 감축 목표(이하 "교통부문감축목표"라 한다)를 관계 중앙행정기관의 장과의 협의를 거쳐 수립·시행해야 한다. 이 경우 수립한 교통부문감축목표를 위

원회에 보고해야 한다.
② 교통부문감축목표에는 다음 각 호의 사항이 포함되어야 한다.
  1. 교통수단별·연료별 온실가스 배출 현황 및 에너지 소비율
  2. 5년 단위의 교통부문감축목표와 그 이행계획
  3. 연차별 교통부문감축목표와 그 이행계획
③ 산업통상자원부장관은 환경부장관 및 국토교통부장관과의 협의를 거쳐 자동차 평균에너지소비효율기준을 정하고, 환경부장관은 산업통상자원부장관 및 국토교통부장관과의 협의를 거쳐 자동차 온실가스 배출허용기준을 정해야 한다.
④ 환경부장관은 「대기환경보전법」에 따른 자동차제작자의 자동차 평균에너지소비효율기준 또는 자동차 온실가스 배출허용기준의 준수 여부의 확인·관리에 필요한 사항을 정하여 고시한다. 이 경우 환경부장관은 산업통상자원부장관 및 국토교통부장관의 의견을 들어야 한다.
⑤ 국토교통부장관은 교통수요관리대책을 마련하는 경우에는 다음 각 호의 사항과 정합성을 갖추도록 해야 한다.
  1. 「국가통합교통체계효율화법」에 따른 교통체계지능화사업의 시행
  2. 「도시교통정비 촉진법」에 따른 교통수요관리
  3. 「도시교통정비 촉진법」에 따른 자동차의 운행제한
  4. 「지속가능 교통물류 발전법」에 따른 전환교통 지원
  5. 「지속가능 교통물류 발전법」에 따른 자동차 운행의 제한
  6. 「지속가능 교통물류 발전법」에 따른 연계교통시설 확보지원 등
⑥ 국토교통부장관은 전환교통 지원 중 연안해운 활성화에 관한 교통수요관리대책을 마련하는 경우에는 해양수산부장관과 협의해야 한다.
⑦ 제5항 및 제6항에서 규정한 사항 외에 교통수요관리대책 마련을 위하여 필요한 사항은 국토교통부장관이 정하여 고시한다.

제32조(국제감축사업의 사전 승인 기준·방법 및 절차)

① 국제감축사업(이하 "국제감축사업"이라 한다)을 수행하려는 자는 다음 각 호의 사항을 포함하는 사업계획서를 부문별 관장기관의 장에게 제출해야 한다.
  1. 사업명, 사업이 시행되는 국가, 사업의 내용·기간과 참여자
  2. 온실가스 예상감축량과 산정 방법 및 근거
  3. 모니터링 방법과 계획
② 사업계획서를 제출받은 부문별 관장기관의 장이 사전 승인을 하려는 경우에는 국제감축심의회의 심의를 거쳐 승인해야 한다.
③ 국제감축심의회는 사전 승인을 심의할 때 다음 각 호의 사항을 고려해야 한다.

1. 국제감축실적(이하 "국제감축실적"이라 한다)의 지속성, 환경성 및 측정·검증 가능성
2. 국제감축사업의 추진 방법 및 모니터링의 적절성
3. 국제감축사업이 시행되는 국가의 사업승인 조건에 따른 이행가능성

④ 부문별 관장기관의 장은 사전 승인한 국제감축사업이 다음 각 호의 어느 하나에 해당하는 경우에는 국제감축심의회의 심의를 거쳐 그 사전 승인을 취소할 수 있다. 다만, 제1호에 해당하는 경우에는 그 승인을 취소해야 한다.
 1. 거짓이나 부정한 방법으로 국제감축사업의 사전 승인을 받은 경우
 2. 정당한 사유 없이 사전 승인을 받은 날부터 1년 이내에 해당 사업을 시행하지 않는 경우
 3. 사전 승인된 국제감축사업이 「파리협정」에 따라 유효하지 않게 된 경우
 4. 법령의 개정이나 기술의 발전 등을 고려할 때 해당 국제감축사업이 일반적인 경영 여건에서 할 수 있는 활동 이상의 추가적인 노력이라고 보기 어려운 경우
⑤ 부문별 관장기관의 장은 국제감축사업을 사전 승인하거나 그 승인을 취소한 경우에는 지체 없이 사전 승인을 받은 자(이하 "국제감축사업수행자"라 한다)와 환경부장관에게 통보해야 한다.
⑥ 제1항부터 제5항까지에서 규정한 사항 외에 사전 승인의 기준·방법 및 절차에 관한 세부 사항은 제33조 제1항에 따른 국제감축심의회의 심의를 거쳐 국무조정실장이 고시한다.

제33조(국제감축심의회)

① 국제감축사업에 관한 사항을 심의·조정하기 위하여 국무조정실에 국제감축심의회(이하 "국제감축심의회"라 한다)를 둔다.
② 국제감축심의회의 위원장은 국무조정실 소속의 정무직 공무원 중에서 국무조정실장이 지명한 사람으로 하고, 국제감축심의회의 위원은 기획재정부, 외교부, 농림축산식품부, 산업통상자원부, 환경부, 국토교통부, 해양수산부, 국무조정실, 산림청의 고위공무원단에 속하는 공무원 중에서 해당 기관의 장이 지명하는 사람으로 한다.
③ 국제감축심의회는 심의를 위하여 필요한 경우에는 온실가스 감축 분야 전문가의 의견을 들을 수 있다.
④ 제1항부터 제3항까지에서 규정한 사항 외에 국제감축심의회의 구성·운영에 필요한 사항은 국제감축심의회의 의결을 거쳐 국제감축심의회의 위원장이 정한다.

제34조(국제감축사업의 보고)

① 국제감축사업수행자는 모니터링을 수행한 후 다음 각 호의 서류를 첨부하여 부문별 관장기관의 장에게 보고해야 한다. 다만, 국제감축사업수행자의 국제감축실적이 「파리협정」에 따른 배출 감축 실적에 해당하는 경우에는 해당 협정에서 정하는 바에 따른다.

1. 국제감축사업수행자가 작성한 모니터링 보고서
2. 검증기관의 검증보고서
3. 그 밖에 국무조정실장이 국제감축실적 보고에 필요하다고 인정하는 서류로서 부문별 관장기관의 장과 협의하여 고시로 정하는 서류

② 제1항에서 규정한 사항 외에 국제감축실적의 보고에 필요한 세부사항은 국제감축심의회의 심의를 거쳐 국무조정실장이 고시한다.

제35조(국제 감축 등록부)

① 환경부장관은 사전 승인된 국제감축사업과 신고받은 국제감축실적을 등록·관리하기 위하여 국제 감축 등록부(이하 "국제감축등록부"라 한다)를 전자적 방식으로 작성·관리해야 한다.
② 국제감축실적은 온실가스별 지구온난화계수에 따라 1이산화탄소상당량톤을 1국제감축실적으로 환산한 단위로 등록한다.
③ 국제감축등록부는 「파리협정」에 대한 당사국회의 결정문에 따라 구축된 보고플랫폼과 상호 연계할 수 있다.

제36조(국제감축실적의 취득 및 거래·소멸의 신고)

① 국제감축실적을 취득한 국제감축사업수행자는 취득 사실을 국제감축등록부를 통하여 전자적 방식으로 부문별 관장기관의 장에게 신고해야 한다.
② 국제감축사업수행자는 국제감축실적을 매매나 그 밖의 방법으로 거래한 경우에는 국제감축실적의 거래 또는 소멸사실을 국제감축등록부를 통하여 전자적 방식으로 환경부장관에게 신고해야 한다.
③ 국제감축실적을 거래하는 경우에는 1이산화탄소상당량톤을 1국제감축실적으로 하며, 이를 국제감축실적 거래의 최소 단위로 한다.
④ 제1항부터 제3항까지에서 규정한 사항 외에 국제감축실적의 취득 및 거래·소멸의 신고 방법에 관한 세부사항은 국제감축심의회의 심의를 거쳐 국무조정실장이 고시한다.

제37조(국제감축실적 이전의 사전 승인)

① 국제감축실적을 해외로 이전하거나 국내로 이전받으려는 국제감축사업수행자는 다음 각 호의 구분에 따라 해당 호에서 정하는 자에게 사전 승인을 전자적 방식으로 신청해야 한다.
1. 신고하여 등록된 국제감축실적으로서 국내로 이전된 이력이 없는 국제감축실적을 국내로 이전받으려는 경우 : 부문별 관장기관의 장

2. 국제감축실적을 해외로 이전하거나 제1호 외의 사유로 국제감축실적을 국내로 이전받으려는 경우 : 환경부장관

② 신청을 받은 부문별 관장기관의 장 또는 환경부장관은 국제감축심의회의 심의를 거쳐 사전 승인 여부를 결정하고 지체 없이 그 결과를 신청인에게 통보해야 한다.

③ 제1항 및 제2항에서 규정한 사항 외에 국제감축실적 이전의 사전 승인 기준 및 절차에 관한 사항은 국제감축심의회의 심의를 거쳐 국무조정실장이 고시한다.

제38조(국제감축사업 전담기관)

① 관계 중앙행정기관의 장은 국제감축사업을 지원하기 위하여 국제감축사업 전담기관을 지정할 수 있다.

② 관계 중앙행정기관의 장은 지정받은 국제감축사업 전담기관의 지원 업무에 필요한 비용의 전부 또는 일부를 예산의 범위에서 지원할 수 있다.

제39조(온실가스종합정보관리체계의 구축 및 관리 등)

① 온실가스 종합정보센터(이하 "온실가스종합정보센터"라 한다)는 다음 각 호의 업무를 수행한다.
  1. 온실가스 종합정보관리체계(이하 "온실가스종합정보관리체계"라 한다)의 구축 및 운영
  2. 국가 및 지역별 온실가스 배출량·흡수량, 배출·흡수 계수(係數) 등 온실가스 관련 각종 정보 및 통계의 개발·분석·검증·작성·관리와 정보시스템 구축·운영
  3. 업무에 대한 협조 및 지원과 관계 중앙행정기관·지방자치단체에 대한 관련 정보 및 통계 제공
  4. 온실가스종합정보체계 구축 관련 국제기구·단체 및 개발도상국과의 협력

② 온실가스종합정보관리체계의 원활한 운영을 위하여 온실가스종합정보센터에 국가통계관리위원회와 지역통계관리위원회를 둔다.

③ 국가통계관리위원회의 위원장은 환경부차관으로 하고, 위원은 다음 각 호의 사람 중에서 위원장이 임명하거나 위촉한다. 이 경우 제2호에 따른 위원은 성별을 고려하여 위촉해야 한다.
  1. 관계 중앙행정기관의 고위공무원단에 속하는 공무원 중에서 해당 중앙행정기관의 장이 지명하는 사람
  2. 온실가스 통계에 관한 학식과 경험이 풍부한 사람

④ 지역통계관리위원회의 위원장은 온실가스종합정보센터의 장으로 하고, 위원은 다음 각 호의 사람 중에서 위원장이 임명하거나 위촉한다. 이 경우 제2호에 따른 위원은 성별을 고려하여 위촉해야 한다.
  1. 시·도의 「지방자치단체의 행정기구와 정원기준 등에 관한 규정」에 따라 본청에 두는 실장·국장·본부장의 직급기준에 해당하는 사람으로서 해당 지방자치단체의 장이 지명하는 사람

    2. 온실가스 통계에 관한 학식과 경험이 풍부한 사람
⑤ 위원의 임기는 2년으로 한다.
⑥ 국가통계관리위원회의 위원장과 지역통계관리위원회의 위원장은 위촉한 위원이 다음 각 호의 어느 하나에 해당하는 경우에는 그 위원을 해촉할 수 있다.
    1. 심신장애로 직무를 수행할 수 없게 된 경우
    2. 직무와 관련된 비위사실이 있는 경우
    3. 직무태만, 품위손상이나 그 밖의 사유로 위원으로 적합하지 않다고 인정되는 경우
    4. 위원 스스로 직무를 수행하는 것이 곤란하다고 의사를 밝히는 경우
⑦ 제3항부터 제6항까지에서 규정한 사항 외에 제2항에 따른 국가통계관리위원회와 지역통계관리위원회의 구성·운영에 관한 세부사항은 환경부장관이 정한다.
⑧ 다음 각 호의 구분에 따른 중앙행정기관의 장은 해당 호에서 정하는 분야별로 온실가스 정보 및 통계를 매년 3월 31일까지 온실가스종합정보센터에 제출해야 한다.
    1. 농림축산식품부장관 : 농업·축산·산림 분야
    2. 산업통상자원부장관 : 에너지·산업공정 분야
    3. 환경부장관 : 폐기물·내륙습지 분야
    4. 국토교통부장관 : 건물·정주지·교통(해운·항만은 제외한다) 분야
    5. 해양수산부장관 : 해양·수산·해운·항만·연안습지 분야
⑨ 시·도지사 및 시장·군수·구청장은 해당 지역의 다음 각 호의 분야의 온실가스 정보 및 통계를 매년 3월 31일까지 온실가스종합정보센터에 제출해야 한다.
    1. 에너지 분야
    2. 산업공정 분야
    3. 농업·토지이용·산림 분야
    4. 폐기물 분야
⑩ 환경부장관은 시·도지사 및 시장·군수·구청장이 정보 및 통계를 원활히 작성할 수 있도록 통계분석 관련 전문인력 양성·교육, 컨설팅, 정보제공 등의 지원을 할 수 있다.
⑪ 온실가스종합정보센터는 제출받은 정보·통계를 분석·검증한 결과를 매년 12월 31일까지 온실가스종합정보센터의 인터넷 홈페이지에 공개해야 한다.
⑫ 환경부장관은 온실가스종합정보센터를 효율적으로 운영하기 위하여 필요한 경우에는 다음 각 호의 기관의 장과 협의하여 해당 기관에 인력, 정보 제공 및 분석 등의 지원(제5호의 기관에 대해서는 정보 제공으로 한정한다)을 요청할 수 있다.
    1. 중앙행정기관·지방자치단체와 그 소속기관
    2. 정부출연연구기관
    3. 과학기술분야정부출연연구기관
    4. 공공기관

5. 「에너지법」에 따른 에너지공급자와 에너지공급자로 구성된 법인·단체
⑬ 환경부장관과 국토교통부장관은 지역·공간 단위의 온실가스 배출량·흡수량 등의 정보를 반영한 공간정보 및 지도를 작성하여 관리할 수 있다.

05 기후위기 적응 시책

제40조(기후위기의 감시·예측 등)

① 환경부장관 및 기상청장은 대기 중의 온실가스 농도 변화를 상시 측정·조사하여 해당 정보를 환경부와 기상청의 인터넷 홈페이지에 각각 공개해야 한다.
② 기상청장은 기상정보관리체계를 구축·운영하고, 기후위기 감시 및 예측에 관한 업무를 총괄·지원한다.
③ 환경부장관은 기후위기적응정보관리체계(이하 "기후위기적응정보관리체계"라 한다)를 구축·운영한다.
④ 관계 중앙행정기관의 장은 기상정보관리체계와 기후위기적응정보관리체계의 원활한 구축·운영을 위하여 필요한 경우 소관 분야의 정보를 제공하는 등 적극 협력해야 한다.

제41조(국가 기후위기 적응대책의 수립·시행)

① 환경부장관은 국가의 기후위기 적응에 관한 대책(이하 "기후위기적응대책"이라 한다)을 관계 중앙행정기관의 장과 협의하여 수립·시행해야 한다.
② 법 제38조 제2항 제6호에서 "대통령령으로 정하는 사항"이란 범국민적 녹색생활 운동과 기후위기적응대책의 연계 추진에 관한 사항을 말한다.
③ 법 제38조 제3항 단서에서 "대통령령으로 정하는 경미한 사항을 변경하는 경우"란 기후위기적응대책의 본질적인 내용에 영향을 미치지 않는 사항으로서 같은 조 제2항 제3호에 따른 부문별·지역별 기후위기 적응대책의 세부 내용이나 주관 기관 또는 관련 기관 등에 관한 사항의 일부를 변경하는 경우를 말한다.
④ 환경부장관은 세부시행계획(이하 "적응대책세부시행계획"이라 한다)의 수립·시행에 관한 업무를 총괄·조정한다.
⑤ 환경부장관은 기후위기적응정보관리체계의 효율적인 구축·운영과 기후위기적응대책 및 적응대책세부시행계획의 수립·시행을 위하여 관계 중앙행정기관의 고위공무원단에 속하는 공무원

으로 구성된 협의체를 구성·운영할 수 있다.
⑥ 관계 중앙행정기관의 장은 다음 각 호의 사항이 포함된 적응대책세부시행계획을 기후위기적응대책이 수립되거나 변경된 날부터 3개월 이내에 수립하거나 변경해야 한다.
  1. 소관 분야의 국내외 동향
  2. 추진 경과 및 추진 실적
  3. 소관 분야의 정책목표 및 세부이행과제
  4. 소관 분야의 연차별 추진계획
  5. 그 밖에 기후위기적응대책을 이행하기 위하여 필요한 사항

제42조(기후위기적응대책 등의 추진상황 점검)

① 환경부장관은 기후위기적응대책 및 적응대책세부시행계획의 전년도 추진상황을 점검하고, 그 결과 보고서를 작성하여 위원회의 심의를 거쳐 매년 12월 31일까지 환경부의 인터넷 홈페이지에 공개해야 한다.
② 환경부장관은 기후위기적응대책 및 적응대책세부시행계획의 추진상황 점검을 위하여 다음 각 호의 사항이 포함된 점검계획을 수립하여 관계 중앙행정기관의 장에게 통보해야 한다.
  1. 점검 대상 및 일정
  2. 추진실적의 작성 방법
  3. 우수사례 선정 방법
  4. 그 밖에 환경부장관이 점검을 위하여 필요하다고 인정하는 사항

제43조(지방 기후위기 적응대책의 수립·시행)

① 법 제40조 제2항 단서에서 "대통령령으로 정하는 경미한 사항을 변경하는 경우"란 관할 구역의 기후위기 적응에 관한 대책(이하 "지방기후위기적응대책"이라 한다)의 본질적인 내용에 영향을 미치지 않는 사항으로서 지방기후위기적응대책의 세부 내용이나 주관 기관 또는 관련 기관 등에 관한 사항 중 일부를 변경하는 경우를 말한다.
② 시·도지사, 시장·군수·구청장은 다음 각 호에 해당하는 경우에는 지방위원회의 심의를 거치기 전에 환경부장관과 협의해야 한다.
  1. 지방기후위기적응대책을 수립하거나 변경(같은 조 제2항 단서에 따른 경미한 사항의 변경은 제외한다)하는 경우
  2. 결과 보고서를 작성하는 경우
③ 환경부장관은 협의를 할 때에는 국가 기후위기 적응센터 등 관계 전문기관의 의견을 들을 수 있다.

④ 시·도지사와 시장·군수·구청장은 결과 보고서를 매년 4월 30일까지 시·도지사는 환경부장관에게, 시장·군수·구청장은 환경부장관과 관할 시·도지사에게 각각 제출해야 한다.
⑤ 환경부장관은 제출된 결과 보고서를 종합하여 매년 5월 31일까지 위원회에 보고해야 한다.
⑥ 제1항부터 제5항까지에서 규정한 사항 외에 지방기후위기적응대책의 수립·변경 및 이행점검 등에 필요한 사항은 환경부장관이 정하여 고시한다.

제44조(공공기관의 기후위기 적응대책)

① 환경부장관은 공공기관의 기후위기 적응에 관한 대책(이하 "공공기관기후위기적응대책"이라 한다)의 수립·시행 및 이행실적 관리에 관한 사무를 총괄한다.
② 법 제41조 제1항에서 "기후위기 영향에 취약한 시설을 보유·관리하는 공공기관 등 대통령령으로 정하는 기관"이란 공공기관 또는 「지방공기업법」에 따른 지방공기업에 해당하는 기관으로서 다음 각 호의 시설을 보유·관리하는 기관 중 환경부장관이 정하여 고시하는 기관을 말한다.
  1. 교통·수송 분야 : 도로, 철도, 지하철, 공항, 항만
  2. 에너지 분야 : 에너지 생산, 에너지 유통 및 공급
  3. 용수 분야 : 상수도, 댐, 저수지
  4. 환경 분야 : 하수도, 폐기물 처리, 방사성폐기물 처리
  5. 제1호부터 제4호까지의 분야 외에 환경부장관이 공공기관기후위기적응대책의 수립이 필요하다고 인정하여 고시하는 분야의 시설
③ 환경부장관은 기관(이하 "기후위기취약기관"이라 한다)을 정하여 고시하려는 경우에는 미리 관계 중앙행정기관의 장과 관할 지방자치단체의 장의 의견을 들어야 한다.
④ 공공기관기후위기적응대책에는 다음 각 호의 사항이 포함되어야 한다.
  1. 기관의 일반현황 및 주요업무
  2. 기관의 시설 운영·관리와 관련된 기후변화영향의 조사·분석·전망 및 기후변화 위험도 평가
  3. 기관의 기후위기 적응계획과 그 이행·관리에 필요한 사항
⑤ 기후위기취약기관의 장은 환경부장관이 제2항 각 호 외의 부분에 따라 고시한 날부터 1년 이내에 공공기관기후위기적응대책을 수립한 후 이를 지체 없이 환경부장관, 관계 중앙행정기관의 장과 관할 지방자치단체의 장에게 제출해야 한다.
⑥ 환경부장관, 관계 중앙행정기관의 장 및 관할 지방자치단체의 장은 제출된 공공기관기후위기적응대책을 검토한 후 필요하면 해당 기후위기취약기관의 장에게 보완을 요청할 수 있다.
⑦ 환경부장관은 기후위기취약기관에 공공기관기후위기적응대책의 수립·시행과 이행실적의 작성에 필요한 행정적·기술적 지원을 기후위기취약기관에 할 수 있다.

제45조(지역 기후위기 대응사업의 시행)

① 지방자치단체의 장은 지역 기후위기 대응사업을 시행하기 위하여 다음 각 호의 사항을 포함하는 지역 기후위기 대응 사업계획을 수립할 수 있다.
  1. 지역 기후위기 현황 및 문제점
  2. 사업의 목표·내용·규모·범위
  3. 사업의 추진전략 및 타당성
  4. 사업 추진을 위한 재원조달방안
  5. 이행점검 및 관리 방안
② 법 제42조 제3항에서 "대통령령으로 정하는 기관"이란 다음 각 호의 기관을 말한다.
  1. 한국수자원공사
  2. 한국환경공단
  3. 한국환경산업기술원
  4. 정부출연연구기관
  5. 그 밖에 관계 중앙행정기관의 장이 지역 기후위기 대응사업의 지원에 필요한 전문 인력과 조직을 갖추었다고 인정하는 기관
③ 지원기구(이하 "기후위기지원기구"라 한다)로 지정받은 기관의 장은 매년 2월 말일까지 전년도 업무수행 결과와 해당 연도의 업무계획을 관계 중앙행정기관의 장에게 제출해야 한다.
④ 관계 중앙행정기관의 장은 기후위기지원기구를 지정한 경우에는 기후위기지원기구의 명칭과 업무의 범위를 관보와 해당 기관의 인터넷 홈페이지에 공고해야 한다.
⑤ 기후위기지원기구가 다음 각 호의 어느 하나에 해당하는 경우에는 그 지정을 취소할 수 있다. 다만, 제1호에 해당하는 경우에는 지정을 취소해야 한다.
  1. 거짓이나 그 밖의 부정한 방법으로 지정을 받은 경우
  2. 지정받은 사항을 위반하여 업무를 수행한 경우
⑥ 관계 중앙행정기관의 장은 기후위기지원기구의 지정을 취소한 경우에는 그 사실을 관보와 해당 기관의 인터넷 홈페이지에 공고해야 한다.

제47조(국가기후위기적응센터의 지정 및 평가)

① 환경부장관은 다음 각 호의 기관 또는 단체를 국가 기후위기 적응센터(이하 "국가기후위기적응센터"라 한다)로 지정하여 운영할 수 있다.
  1. 국공립 연구기관
  2. 정부출연연구기관
  3. 한국환경공단

4. 그 밖에 환경부장관이 기후위기적응대책의 수립·시행 지원업무를 수행할 수 있는 역량을 갖추었다고 인정하여 고시하는 기관 또는 단체
② 국가기후위기적응센터의 지정기간은 3년 이내로 한다.
③ 법 제46조 제2항에서 "대통령령으로 정하는 사업"이란 다음 각 호의 사업을 말한다.
   1. 다음 각 목의 대책 또는 계획 추진을 위한 조사·연구 사업
      가. 기후위기적응대책
      나. 적응대책세부시행계획
      다. 지방기후위기적응대책
   2. 기후위기적응대책의 수립·시행 지원 및 관계기관과의 협력 추진 사업
   3. 기후위기적응을 위한 국제교류 및 교육·홍보 사업
   4. 기후위기적응정보관리체계의 구축·운영 지원 사업
   5. 조사·연구, 기술개발, 전문기관 지원 및 국내외 협조체계 구축 지원 사업
   6. 제1호부터 제5호까지의 사업과 관련하여 국가, 지방자치단체 또는 공공기관으로부터 위탁받은 사업
④ 환경부장관은 수행실적 등을 다음 각 호의 구분에 따라 평가할 수 있다.
   1. 정기평가 : 매년 국가기후위기적응센터의 전년도 사업실적 등을 평가
   2. 종합평가 : 지정기간의 마지막 연도에 국가기후위기적응센터의 운영 전반을 평가
⑤ 환경부장관은 평가를 실시하기 위하여 관계 전문가로 구성된 국가기후위기적응센터 평가단(이하 "기후위기적응센터평가단"이라 한다)을 구성·운영할 수 있다.
⑥ 기후위기적응센터평가단은 평가 예정일부터 2개월 전에 단장 1명을 포함하여 10명 이내의 단원으로 구성한다.
⑦ 기후위기적응센터평가단의 단장은 기후위기 적응 업무를 담당하는 환경부의 고위공무원으로 하고, 적응센터평가단의 단원은 기후위기적응대책 등에 관한 학식과 경험이 풍부한 사람 중에서 환경부장관이 위촉하는 사람으로 한다.
⑧ 환경부장관은 평가를 실시하려는 경우 같은 항 각 호의 구분에 따른 평가의 방법 및 시기를 정하여 국가기후위기적응센터에 통보해야 한다.
⑨ 환경부장관은 지원을 하는 경우 제4항에 따른 평가 결과를 반영할 수 있다.

06 정의로운 전환

♂ 제48조(고용상태 영향조사 등)

① 고용노동부장관은 탄소중립 사회로의 이행 과정에서 실업의 발생 등 고용상태의 영향을 5년마다 조사해야 한다. 다만, 탄소중립 사회로의 이행 과정에서 사업전환 및 구조적 실업에 따른 피해가 심각한 경우 등 고용노동부장관이 추가적인 조사가 필요하다고 인정하는 경우에는 추가로 조사를 실시할 수 있다.
② 고용노동부장관은 조사를 실시하기 위하여 조사 대상 및 방법 등을 포함하는 조사계획을 수립해야 한다.
③ 고용노동부장관은 조사계획을 수립할 때에는 기후위기에 취약한 계층, 사회적·경제적 불평등이 심화되는 지역의 주민 및 산업계 등 이해관계자의 의견을 들어야 한다.
④ 고용노동부장관은 조사 결과를 반영하여 다음 각 호의 사항을 포함하는 지원대책을 수립·시행해야 하며, 이를 지체 없이 위원회에 보고해야 한다.
  1. 취업지원·구직활동지원·직업능력개발훈련 프로그램 개발 및 운영
  2. 실업자에 대한 생계 지원
  3. 그 밖에 탄소중립 사회로의 이행 과정에서 사회적·경제적 불평등이 심화되는 지역 또는 산업을 지원하기 위하여 고용노동부장관이 필요하다고 인정하여 고시하는 지원

♂ 제49조(정의로운 전환 특별지구의 지정 등)

① 시·도지사는 관할 행정구역을 정의로운 전환 특별지구(이하 "정의로운전환특구"라 한다)로 지정받으려는 경우에는 다음 각 호의 사항을 포함하는 신청서를 산업통상자원부장관과 고용노동부장관에게 각각 제출해야 한다.
  1. 지정 대상 행정구역
  2. 법 제48조 제1항 각 호의 기준 해당 여부에 관한 검토자료
  3. 지역의 산업·고용 및 경제 회복을 위한 자체 계획
  4. 지역의 산업·고용 및 경제 회복을 위하여 필요한 지원 내용
② 신청서를 제출 받은 산업통상자원부장관과 고용노동부장관은 위원회의 심의를 거치기 전에 관계 중앙행정기관과의 협의를 거쳐 정의로운전환특구를 공동으로 지정할 수 있다.
③ 정의로운전환특구의 지정기간은 2년 이내로 한다.
④ 산업통상자원부장관과 고용노동부장관은 정의로운전환특구로 지정된 지역의 산업·고용 및 지역경제 여건 등을 검토하여 2년 이내의 범위에서 지정기간을 연장할 수 있다. 다만, 전체 지정기

간은 5년을 초과할 수 없다.
⑤ 산업통상자원부장관과 고용노동부장관은 정의로운전환특구의 지정 여부를 검토하기 위하여 산업통상자원부, 고용노동부 및 관계 중앙행정기관 소속 공무원과 기업·소상공인·산업·고용·노동·지역 등의 분야에 관한 전문가 등으로 조사단을 구성하여 현지실사 및 자료 수집을 할 수 있다.
⑥ 산업통상자원부장관과 고용노동부장관은 지원대책을 수립하는 경우에는 관계 중앙행정기관의 장과의 협의를 거쳐야 하고, 수립된 지원대책을 위원회에 보고해야 한다.
⑦ 법 제48조 제1항 제2호에서 "대통령령으로 정하는 요건을 갖춘 지역"이란 해당 지역에서 탄소중립 정책의 직접적 영향을 받는 기업의 경영환경 악화 등이 예상되거나 발생한 지역을 말한다.
⑧ 관계 중앙행정기관의 장과 정의로운전환특구로 지정된 지역을 관할하는 시·도지사 또는 시장·군수·구청장은 지원대책 시행을 위한 실행계획을 수립하여 산업통상자원부장관과 고용노동부장관에게 각각 제출해야 한다.
⑨ 실행계획을 제출받은 산업통상자원부장관과 고용노동부장관은 이를 위원회에 공동으로 보고해야 한다.
⑩ 정의로운전환특구로 지정된 지역을 관할하는 시·도지사는 매년 해당 정의로운전환특구의 운영 현황과 지원 실적 및 효과 등에 관한 보고서를 작성하여 산업통상자원부장관과 고용노동부장관에게 각각 제출해야 한다.
⑪ 법 제48조 제3항에서 "지정사유가 소멸하는 등 대통령령으로 정하는 사유가 있는 경우"란 다음 각 호의 경우를 말한다.
  1. 지정사유가 소멸한 경우
  2. 지원대책의 시행으로 효과가 발생하여 정의로운전환특구 지정이 필요 없게 된 경우
⑫ 산업통상자원부장관과 고용노동부장관이 정의로운전환특구를 지정·변경 또는 해제한 경우에는 다음 각 호의 사항을 공동으로 고시해야 한다.
  1. 정의로운전환특구의 위치
  2. 정의로운전환특구의 지정, 변경 또는 해제의 사유
  3. 정의로운전환특구에 대한 지원대책의 주요 내용(정의로운전환특구를 지정하는 경우만 해당한다)
⑬ 제1항부터 제12항까지에서 규정한 사항 외에 정의로운전환특구의 지정, 변경 또는 해제, 정의로운전환특구에 대한 지원의 내용 및 방법 등에 관하여 필요한 사항은 산업통상자원부장관 및 고용노동부장관이 관계 중앙행정기관의 장과 협의를 거쳐 공동으로 고시한다.

제50조(사업전환 지원)

① 법 제49조 제1항에서 "대통령령으로 정한 업종"이란 온실가스 다배출업종 등 중소벤처기업부장관이 정하여 고시하는 업종을 말한다.
② 녹색산업 분야에 해당하는 업종은 녹색산업 중 중소벤처기업부장관이 사업전환 지원이 필요하다고 인정하여 고시하는 업종으로 한다.
③ 사업전환 지원을 요청하려는 사업자는 중소벤처기업부장관에게 다음 각 호의 사항이 포함된 지원신청서를 제출해야 한다.
　1. 현재 영위하는 업종과 사업을 전환하려는 업종
　2. 사업전환계획
④ 중소벤처기업부장관은 지원신청서를 받은 경우에는 해당 사업장에 대한 현장 조사를 한 후 지원 여부를 결정해야 한다. 다만, 해당 사업장에 대한 현장 조사가 필요하지 않다고 판단되면 이를 생략할 수 있다.
⑤ 지원의 종류와 범위는 다음 각 호와 같다.
　1. 사업전환에 관한 정보 제공
　2. 사업전환에 필요한 컨설팅 지원
　3. 사업전환에 필요한 자금융자 등의 지원
　4. 그 밖에 원활한 사업전환을 위하여 중소벤처기업부장관이 필요하다고 인정하는 지원
⑥ 제4항에 따른 현장 조사의 범위, 방법, 절차 및 그 밖에 필요한 사항은 중소벤처기업부장관이 정하여 고시한다.

제51조(자산손실 위험의 최소화)

① 법 제50조 제1항에서 "온실가스 배출량이 대통령령으로 정하는 기준 이상에 해당하는 기업"이란 최근 3년간 연평균 온실가스 배출총량이 5만 이산화탄소상당량톤 이상인 기업이거나 연평균 온실가스 배출량이 1만 5천 이산화탄소상당량톤 이상인 사업장을 하나 이상 보유한 기업을 말한다.
② 산업통상자원부장관은 다음 각 호의 사항을 포함하는 지원 시책을 마련하여 위원회에 보고해야 한다.
　1. 사업전환을 위한 컨설팅 지원
　2. 전환 대상사업의 연구·개발 지원
　3. 사업전환비용에 대한 금융 및 자금 지원

제52조(협동조합 활성화)

정부는 협동조합 및 사회적협동조합에 다음 각 호의 지원을 할 수 있다.
1. 「협동조합 기본법」에 따른 경영 지원
2. 「협동조합 기본법」에 따른 교육훈련 지원
3. 「협동조합 기본법」에 따른 공공기관의 우선 구매

제53조(정의로운 전환 지원센터의 설립·운영 등)

① 산업통상자원부장관과 고용노동부장관은 다음 각 호의 기관에 각각 같은 항에 따른 정의로운 전환 지원센터(이하 "정의로운전환지원센터"라 한다)를 둘 수 있다.
   1. 「산업기술혁신 촉진법」에 따라 설립된 한국산업기술진흥원
   2. 「고용정책 기본법」에 따라 설립된 한국고용정보원
   3. 그 밖에 탄소중립 사회로의 이행과정에서 사회적·경제적 불평등이 심화되는 산업과 지역에 관한 전문성을 보유한 기관으로서 산업통상자원부장관과 고용노동부장관이 협의하여 고시하는 기관
② 산업통상자원부장관과 고용노동부장관은 정의로운전환지원센터를 두려는 경우에는 설립계획을 수립하여 위원회에 보고해야 한다.
③ 정의로운전환특구로 지정된 지역을 관할하는 시·도지사는 조례로 정하는 바에 따라 정의로운전환지원센터를 설립할 수 있다.
④ 법 제53조 제2항 제6호에서 "대통령령으로 정하는 사항"이란 다음 각 호의 사항을 말한다.
   1. 국내외 정의로운 전환 추진동향의 조사 및 연구
   2. 지역별·산업별 대체산업 육성
   3. 정부와 지방자치단체의 일자리 창출 관련 사업의 연계·조정 지원
   4. 정의로운전환특구의 산업·고용·지역경제 회복 등을 위한 사업의 발굴 및 추진
⑤ 정의로운전환지원센터는 매년 1월 31일까지 전년도의 업무수행 실적과 해당 연도의 업무계획을 산업통상자원부장관, 고용노동부장관 및 관할 시·도지사에게 각각 제출해야 한다.
⑥ 제1항부터 제5항까지에서 규정한 사항 외에 정의로운전환지원센터의 설립·운영 등에 필요한 사항은 관계 중앙행정기관의 장과 협의를 거쳐 산업통상자원부장관과 고용노동부장관이 공동으로 정하여 고시한다.

07 녹색성장 시책

제54조(중소기업의 녹색경영 촉진 등)

중소벤처기업부장관은 중소기업의 녹색기술 및 녹색경영 촉진을 위한 연차별 추진계획을 수립하여 위원회에 보고하고 시행해야 한다.

제55조(시정권고 및 의견표명 등)

① 위원회는 시정권고 또는 의견표명을 할 때에는 고충조사 결과에 대한 녹색기술·녹색산업 분야의 전문가 또는 전문기관의 의견을 들을 수 있다.
② 시정권고 또는 의견표명은 그 내용을 명시한 서면으로 해야 한다.
③ 규정한 사항 외에 고충조사, 시정권고 및 의견표명에 필요한 세부 사항은 위원회의 의결을 거쳐 위원장이 정한다.

제56조(녹색기술·녹색산업의 표준화)

① 과학기술정보통신부장관, 문화체육관광부장관, 농림축산식품부장관, 산업통상자원부장관, 환경부장관, 국토교통부장관, 해양수산부장관, 중소벤처기업부장관, 방송통신위원회위원장과 산림청장은 소관 분야의 녹색기술·녹색산업의 표준화 기반을 구축하기 위하여 다음 각 호의 활동에 필요한 지원을 할 수 있다.
  1. 국제표준과 연계한 표준화 기반 및 적합성 평가체계 구축
  2. 국내에서 개발되었거나 연구·개발 중인 녹색기술·녹색산업의 표준화
  3. 표준화 기반을 구축하기 위한 전문인력 양성
② 산업통상자원부장관은 녹색기술·녹색산업의 표준화 기반 구축에 관한 사항을 총괄한다.

제57조(녹색기술 등의 적합성 인증 및 녹색전문기업확인)

① 중앙행정기관의 장은 소관 분야에 대하여 녹색기술에 대한 적합성 인증(인증된 녹색기술이 적용된 제품에 대한 확인을 포함하며, 이하 "녹색인증"이라 한다)을 하거나 녹색기술과 녹색제품의 매출 비중이 높은 기업의 확인(이하 "녹색전문기업확인"이라 한다)을 할 수 있다.
② 녹색인증이나 녹색전문기업확인을 받으려는 자는 소관 중앙행정기관의 장에게 인증 또는 확인을 신청해야 한다.
③ 신청을 받은 중앙행정기관의 장은 신청한 내용을 평가하는 기관(이하 "평가기관"이라 한다)을 지

정하여 녹색인증 또는 녹색전문기업확인의 평가를 의뢰해야 한다.
④ 평가기관의 평가 결과를 확인하고 녹색인증 또는 녹색전문기업확인 여부를 결정하기 위하여 관계 중앙행정기관 공동으로 녹색인증 및 녹색전문기업확인 심의위원회(이하 "녹색인증등위원회"라 한다)를 둔다.
⑤ 중앙행정기관의 장은 녹색인증이나 녹색전문기업확인을 신청한 자에게 인증 또는 확인에 필요한 비용을 부담하게 할 수 있다.
⑥ 녹색인증 또는 녹색전문기업확인의 유효기간은 3년으로 하고, 1회에 한정하여 3년 이내의 범위에서 연장할 수 있다.
⑦ 제1항부터 제6항까지에서 규정한 사항 외에 녹색인증 및 녹색전문기업 확인의 대상·기준·절차·방법, 평가기관의 지정, 녹색인증등위원회의 구성·운영, 녹색인증 및 녹색전문기업확인의 비용, 유효기간 연장 등 녹색인증 및 녹색전문기업확인에 필요한 사항은 기획재정부장관, 과학기술정보통신부장관, 문화체육관광부장관, 농림축산식품부장관, 산업통상자원부장관, 환경부장관, 국토교통부장관, 해양수산부장관, 중소벤처기업부장관과 방송통신위원회위원장이 공동으로 정하여 고시한다.

제58조(녹색제품에 대한 구매촉진)

① 법 제60조 제2항에서 "공공기관 등 대통령령으로 정하는 기관"이란 「녹색제품 구매촉진에 관한 법률」 및 「중소기업제품 구매촉진 및 판로지원에 관한 법률」에 따른 공공기관(이하 이 조에서 "녹색공공기관"이라 한다)을 말한다.
② 조달청장은 녹색공공기관의 녹색제품 구매를 촉진하기 위하여 필요한 품목을 지정·고시하고, 이에 따른 조달 기준을 마련할 수 있다.
③ 조달청장은 녹색공공기관의 장이 제품 또는 공사의 구매 또는 발주를 요청한 경우 해당 녹색공공기관의 장과의 협의를 거쳐 녹색제품으로 구매하거나 공사과정에 녹색기술을 반영하도록 할 수 있다.

제59조(녹색기술·녹색산업 집적지 및 단지 조성 등)

법 제61조 제3항에서 "대통령령으로 정하는 기관 또는 단체"란 다음 각 호의 기관 또는 단체를 말한다.
1. 「산업기술단지 지원에 관한 특례법」에 따른 사업시행자
2. 「산업집적활성화 및 공장설립에 관한 법률」에 따른 한국산업단지공단
3. 「특정연구기관 육성법」에 따른 특정연구기관 및 공동관리기구
4. 「고등교육법」에 따른 대학·산업대학·전문대학 및 기술대학
5. 과학기술분야정부출연연구기관

6. 「민법」 제32조 및 「공익법인의 설립 · 운영에 관한 법률」에 따라 과학기술정보통신부장관의 허가를 받아 설립된 한국산업기술진흥협회
7. 한국환경공단
8. 한국환경산업기술원
9. 「한국교통안전공단법」에 따른 한국교통안전공단
10. 「산업입지 및 개발에 관한 법률」에 따른 산업단지개발사업의 시행자
11. 「중소기업진흥에 관한 법률」에 따른 중소벤처기업진흥공단

08 탄소중립 사회 이행과 녹색성장의 확산

제60조(탄소중립 지방정부 실천연대의 구성 등)

① 탄소중립 지방정부 실천연대(이하 "탄소중립실천연대"라 한다)의 복수의 대표자는 「지방자치법」의 전국적 협의체의 장으로 하되, 탄소중립실천연대가 정하는 운영협약으로 달리 정할 수 있다.
② 복수의 대표자는 탄소중립실천연대를 각자 대표하고, 실천연대의 사무를 총괄한다.
③ 복수의 대표자는 각자 탄소중립실천연대의 회의를 소집하며, 공동으로 의장이 된다.
④ 운영협약에는 다음 각 호의 사항이 포함되어야 한다.
  1. 탄소중립실천연대 참여 지방자치단체
  2. 탄소중립실천연대의 처리 사무와 사무국의 구성 · 운영 방안
  3. 탄소중립실천연대의 조직 구성과 대표자의 선출 방법 및 임기
  4. 탄소중립실천연대의 운영과 사무처리에 필요한 경비의 부담과 지출 방법
  5. 그 밖에 탄소중립실천연대의 구성과 운영에 필요한 사항
⑤ 탄소중립실천연대 활동을 지원하기 위하여 「지방자치법」의 전국적 협의체에 사무국(이하 "탄소중립실천연대사무국"이라 한다)을 둘 수 있다.
⑥ 탄소중립실천연대사무국에는 사무국장 1명과 필요한 직원을 두며, 사무국장은 탄소중립실천연대의 대표자가 탄소중립실천연대의 동의를 받아 임명한다.
⑦ 탄소중립실천연대는 탄소중립실천연대의 운영 또는 탄소중립실천연대사무국의 사무 처리를 위하여 필요한 경우에는 지방자치단체 소속 공무원, 공공기관 및 관계 기관 · 단체 · 연구소 소속 임직원 등의 파견 또는 겸임을 요청할 수 있다.
⑧ 행정안전부장관과 환경부장관은 탄소중립실천연대가 법 제65조 제3항 각 호의 사항을 실천하는 데 필요한 지원을 할 수 있다.

제61조(탄소중립 사회 이행을 위한 협력체계 구축)

관계 중앙행정기관의 장은 법 제66조 제5항에 따라 기업과 협력체계를 구축하여 대중교통을 이용하거나 친환경 농산물 또는 친환경 제품을 구입하는 경우 할인, 적립 등의 경제적 혜택을 제공할 수 있다.

제62조(녹색생활 확산)

법 제67조 제3항 제3호에서 "대통령령으로 정하는 제도"란 전자 영수증 사용, 빈 용기를 활용한 제품의 구매 등 녹색생활 실천활동에 인센티브를 부여하는 제도를 말한다.

제63조(탄소중립 지원센터의 설립)

① 지방자치단체의 장은 조례로 정하는 바에 따라 같은 항에 따른 탄소중립 지원센터(이하 "탄소중립지원센터"라 한다)를 설립하거나 다음 각 호의 기관·단체 중에서 탄소중립지원센터를 지정하여 운영할 수 있다.
  1. 지방자치단체의 소속기관, 국공립 연구기관 또는 지방자치단체출연연구원
  2. 「고등교육법」에 따른 학교
  3. 「한국과학기술원법」에 따른 한국과학기술원, 「광주과학기술원법」에 따른 광주과학기술원, 「대구경북과학기술원법」에 따른 대구경북과학기술원 및 「울산과학기술원법」에 따른 울산과학기술원
  4. 그 밖에 제3항 각 호의 요건을 갖춘 기관·단체로서 조례로 정하는 기관·단체
② 법 제68조 제2항 제4호에서 "대통령령으로 정하는 업무"란 다음 각 호의 업무를 말한다.
  1. 지역의 탄소중립 참여 및 인식 제고방안의 발굴과 그 시행의 지원
  2. 지역의 탄소중립 관련 조사·연구 및 교육·홍보
  3. 외국의 지방자치단체와의 탄소중립사업 협력
  4. 수송, 건물, 폐기물, 농업·축산·수산 등 분야별 탄소중립 구축모델의 개발
  5. 탄소중립실천연대의 기후위기 대응활동 지원
  6. 지방자치단체 간 탄소중립 실천을 위한 상호협력 증진활동 지원
  7. 지역의 탄소중립정책 추진역량 강화사업 지원
  8. 지역의 온실가스 통계 산정·분석을 위한 관련 정보 및 통계의 작성 지원
③ 법 제68조 제3항에서 "대통령령으로 정하는 지정기준"이란 다음 각 호의 기준을 말한다.
  1. 업무를 수행할 수 있는 전담조직 및 시설을 갖출 것
  2. 업무를 수행할 수 있는 전문인력을 갖출 것
④ 지방자치단체의 장은 탄소중립지원센터를 지정하려는 경우에는 제3항 각 호의 기준 충족 여부를

검토하여 지정 여부를 결정해야 한다.
⑤ 지방자치단체의 장은 탄소중립지원센터를 지정한 경우에는 그 사실을 해당 지방자치단체의 인터넷 홈페이지 등을 통하여 공고해야 한다.
⑥ 지방자치단체의 장은 탄소중립지원센터의 운영을 지원하기 위하여 탄소중립지원센터에 다음 각 호의 사항에 관한 자료의 제출을 요청할 수 있다.
   1. 탄소중립지원센터의 운영계획
   2. 탄소중립지원센터의 인력·조직 및 시설 확보 현황
   3. 탄소중립지원센터의 예산조달계획
   4. 탄소중립지원센터가 지원받은 자금의 사용명세에 관한 자료
   5. 그 밖에 지방자치단체의 장이 탄소중립지원센터의 운영 지원을 위하여 필요하다고 인정하는 자료
⑦ 지방자치단체의 장은 탄소중립지원센터가 다음 각 호의 어느 하나에 해당하는 경우에는 그 지정을 취소할 수 있다. 다만, 제1호에 해당하는 경우에는 그 지정을 취소해야 한다.
   1. 거짓이나 그 밖의 부정한 방법으로 지정을 받은 경우
   2. 정당한 사유 없이 지정받은 날부터 3개월 이상 탄소중립지원센터의 업무를 수행하지 않은 경우
   3. 제3항에 따른 지정기준에 맞지 않게 된 경우
⑧ 지방자치단체의 장은 탄소중립지원센터의 지정을 취소한 경우에는 지체 없이 그 사실을 해당 기관에 알리고, 해당 지방자치단체의 인터넷 홈페이지에 공고해야 한다.
⑨ 탄소중립지원센터는 국가와 지역의 탄소중립·녹색성장 정책 추진을 위하여 필요한 경우에는 환경부장관에게 탄소중립지원센터의 운영을 위한 컨설팅 등의 지원을 요청할 수 있다. 이 경우 환경부장관은 특별한 사유가 없으면 이에 필요한 지원을 제공해야 한다.

09 기후대응기금의 설치 및 운용

제64조(기후대응기금의 운용·관리 사무의 위탁)

① 기획재정부장관은 기후대응기금(이하 "기금"이라 한다)의 운용·관리에 관한 다음 각 호의 업무를 기획재정부장관이 지정하여 고시하는 법인 또는 단체에 위탁한다.
   1. 기금의 운용·관리에 관한 회계 처리
   2. 기금의 결산보고서 작성

3. 기금의 자산운용
4. 그 밖에 기금의 운용·관리를 위하여 기획재정부장관이 정하여 고시하는 업무

② 업무를 위탁받은 자(이하 "기금수탁관리자"라 한다)는 기금을 다른 운영재원과 구분하여 회계처리해야 한다.
③ 기금수탁관리자가 업무 처리를 위하여 경비가 필요한 경우 해당 경비는 기금에서 부담한다.
④ 기금수탁관리자는 위탁받은 기금의 운용·관리 업무를 전담할 부서를 설치해야 한다.
⑤ 기금수탁관리자는 분기별 기금의 조성 및 운용현황을 각 분기가 끝난 후 40일 이내에 기획재정부장관에게 보고해야 한다.

제65조(기금계정의 설치)

기획재정부장관은 계정을 설치하는 경우에는 기금의 수입과 지출을 명확하게 하기 위하여 「한국은행법」에 따른 한국은행에 기금계정을 설치해야 한다.

제66조(기금운용심의회의 구성 및 운영)

① 기금운용심의회(이하 "기금운용심의회"라 한다)는 위원장 1명을 포함하여 10명 이내의 위원으로 구성한다.
② 기금운용심의회의 위원장은 기획재정부 제1차관으로 한다.
③ 기금운용심의회의 위원은 다음 각 호의 사람 중에서 기금운용심의회의 위원장이 임명하거나 위촉하는 사람으로 한다. 이 경우 위원장은 제3호 및 제4호에 해당하는 위원을 2분의 1 이상 위촉해야 한다.
 1. 기획재정부의 고위공무원단에 속하는 공무원으로서 기금의 관리를 담당하는 사람
 2. 산업통상자원부·환경부·국토교통부 및 그 밖에 기금운용심의회의 위원장이 필요하다고 인정하는 관계 중앙행정기관의 고위공무원단에 속하는 공무원 중에서 해당 기관의 장이 지명하는 사람
 3. 기금의 운용·관리에 관한 전문지식과 경험이 풍부하다고 인정되는 사람
 4. 기후위기 대응에 관련 전문지식과 경험이 풍부하다고 인정되는 사람
④ 제3항 제3호 및 제4호에 해당하는 위원의 임기는 2년으로 한다.
⑤ 기획재정부장관은 제3항 제3호 및 제4호에 따라 위촉한 위원이 다음 각 호의 어느 하나에 해당하는 경우에는 그 위원을 해촉할 수 있다.
 1. 심신장애로 직무를 수행할 수 없게 된 경우
 2. 직무와 관련된 비위사실이 있는 경우
 3. 직무태만, 품위손상이나 그 밖의 사유로 위원으로 적합하지 않다고 인정되는 경우

    4. 위원 스스로 직무를 수행하는 것이 곤란하다고 의사를 밝히는 경우
⑥ 기금운용심의회의 위원장은 기금운용심의회를 대표하고 기금운용심의회의 업무를 총괄한다. 다만, 위원장이 부득이한 사유로 직무를 수행할 수 없는 경우에는 기획재정부장관이 지명하는 위원이 그 직무를 대행한다.
⑦ 기금운용심의회는 심의를 위하여 필요한 경우에는 관계 기관의 장 또는 해당 분야의 전문가를 출석시켜 의견을 들을 수 있다.
⑧ 제1항부터 제7항까지에서 규정한 사항 외에 기금운용심의회의 구성 및 운영에 필요한 사항은 기획재정부장관이 정한다.

10 보칙

제73조(권한의 위임)

① 환경부장관은 다음 각 호의 권한을 온실가스종합정보센터의 장에게 위임한다.
   1. 연도별 감축목표의 이행현황 점검 업무 지원
   2. 경제적 효과 분석
   3. 등록부의 작성 · 관리
   4. 온실가스배출관리업체등록부의 작성 · 관리
   5. 국제감축등록부의 작성 · 관리
   6. 공간정보 및 지도의 작성 · 관리
   7. 보고서의 작성 · 갱신
② 환경부장관은 대기 중의 온실가스 농도 변화 상시 측정 · 조사 및 공개에 관한 권한을 국립환경과학원장에게 위임한다.
③ 기상청장은 대기 중의 온실가스 농도 변화 상시 측정 · 조사 및 공개에 관한 권한을 국립기상과학원장에게 위임한다.
④ 농림축산식품부장관은 다음 각 호의 권한을 산림청장에게 위임한다.
   1. 임업 분야 국제감축사업의 사전 승인 및 사전 승인의 취소와 그 통보
   2. 임업 분야 국제감축사업 보고내용의 검토
   3. 임업 분야 국제감축실적 이전의 사전 승인

SECTION 03 온실가스 목표관리 운영 등에 관한 지침

제1편 온실가스 목표관리 운영

01 총칙

제2조(용어의 정의)

1. 검증
   온실가스 배출량의 산정이 이 지침에서 정하는 절차와 기준 등(이하 "검증기준"이라 한다)에 적합하게 이루어졌는지를 검토·확인하는 체계적이고 문서화된 일련의 활동을 말한다.
2. 검증기관
   검증을 전문적으로 할 수 있는 인적·물적 능력을 갖춘 기관으로서 환경부장관이 부문별 관장기관과의 협의를 거쳐 지정·고시하는 기관을 말한다.
3. 검증심사원
   검증 업무를 수행할 수 있는 능력을 갖춘 자로서 일정기간 해당분야 실무경력 등을 갖춘 사람을 말한다.
4. 검증심사원보
   검증심사원이 되기 위해 일정한 자격을 갖추고 교육과정을 이수한 사람을 말한다.
5. 공정배출
   제품의 생산 공정에서 원료의 물리·화학적 반응 등에 따라 발생하는 온실가스의 배출을 말한다.
6. 관리업체
   온실가스배출관리업체로 해당 연도 1월 1일을 기준으로 최근 3년간 업체 또는 사업장에서 배출한 온실가스의 연평균 총량이 제8조 제2항의 기준 이상인 경우를 말한다.
7. 구분 소유자
   「집합건물의 소유 및 관리에 관한 법률」에 규정된 건물부분(「집합건물의 소유 및 관리에 관한 법률」에 따라 공용부분(共用部分)으로 된 것은 제외한다)을 목적으로 하는 소유권을 가지는 자를 말한다.
8. 기준연도
   온실가스 배출량 등의 관련정보를 비교하기 위해 지정한 과거의 특정기간에 해당하는 연도를 말한다.
9. 매개변수

    두 개 이상 변수 사이의 상관관계를 나타내는 변수로 온실가스 배출량을 산정하는 데 필요한 활동자료, 배출계수, 발열량, 산화율, 탄소함량 등을 말한다.

10. 심사위원회

    관리업체가 제출한 비공개 신청서를 심사하여 공개 여부를 결정하기 위해 센터에 두는 온실가스정보공개심사위원회를 말한다.

11. 목표 설정

    부문별 관장기관이 이 지침에서 정한 원칙과 절차 등에 따라 관리업체와 협의하여 온실가스 감축에 관한 목표를 정하는 것을 말한다.

12. 배출계수

    해당 배출시설의 단위 연료 사용량, 단위 제품 생산량, 단위 원료 사용량, 단위 폐기물 소각량 또는 처리량 등 단위 활동자료당 발생하는 온실가스 배출량을 나타내는 계수(係數)를 말한다.

13. 배출시설

    온실가스를 대기에 배출하는 시설물, 기계, 기구, 그 밖의 유형물로써 각각의 원료(부원료와 첨가제를 포함한다)나 연료가 투입되는 지점 및 전기·열(스팀)이 사용되는 지점부터의 해당 공정 전체를 말한다. 이때 해당 공정이란 연료 혹은 원료가 투입 또는 전기·열(스팀)이 사용되는 설비군을 말하며, 설비군은 동일한 목적을 가지고 동일한 연료·원료·전기·열(스팀)을 사용하여 유사한 역할 및 기능을 가지고 있는 설비들을 묶은 단위를 말한다.

14. 배출허용량

    연간 배출 가능한 온실가스의 양을 이산화탄소 무게로 환산하여 나타낸 것으로서 부문별, 업종별, 관리업체별로 구분하여 설정한 배출상한치를 말한다.

15. 배출활동

    온실가스를 배출하거나 에너지를 소비하는 일련의 활동을 말한다.

16. 법인

    민법상의 법인과 상법상의 회사를 말한다.

17. 벤치마크

    온실가스 배출과 관련하여 제품생산량 등 단위 활동자료당 온실가스 배출량(이하 "배출집약도"라 한다)의 실적·성과를 국내·외 동종 배출시설 또는 공정과 비교하는 것을 말한다.

18. 보고

    관리업체가 온실가스 배출량을 전자적 방식으로 부문별 관장기관에 제출하는 것을 말한다.

19. 불확도

    온실가스 배출량의 산정결과와 관련하여 정량화된 양을 합리적으로 추정한 값의 분산특성을 나타내는 정도를 말한다.

20. 사업장

    동일한 법인, 공공기관 또는 개인(이하 "동일법인 등"이라 한다) 등이 지배적인 영향력을 가지고 재화의 생산, 서비스의 제공 등 일련의 활동을 행하는 일정한 경계를 가진 장소, 건물 및 부대시설 등을 말한다.

21. 산정

    관리업체가 온실가스 배출량을 계산하거나 측정하여 이를 정량화하는 것을 말한다.

22. 산정등급(Tier)

    활동자료, 배출계수, 산화율, 전환율, 배출량 및 온실가스 배출량의 산정방법의 복잡성을 나타내는 수준을 말한다.

23. 산화율

    단위 물질당 산화되는 물질량의 비율을 말한다.

24. 순발열량

    일정 단위의 연료가 완전 연소되어 생기는 열량에서 연료 중 수증기의 잠열을 뺀 열량으로써 온실가스 배출량 산정에 활용되는 발열량을 말한다.

25. 업체

    동일 법인 등이 지배적인 영향력을 미치는 모든 사업장의 집단을 말한다.

26. 업체 내 사업장

    업체에 포함된 각각의 사업장을 말한다.

27. 에너지

    연료(석유, 가스, 석탄 및 그밖에 열을 발생하는 열원으로써 제품의 원료로 사용되는 것은 제외)·열 및 전기를 말한다.

28. 에너지 관리의 연계성(連繫性)

    연료, 열 또는 전기의 공급점을 공유하고 있는 상태, 즉 건물 등에 타인으로부터 공급된 에너지를 변환하지 않고 다른 건물 등에 공급하고 있는 상태를 말한다.

29. 연소배출

    연료 또는 물질을 연소함으로써 발생하는 온실가스 배출을 말한다.

30. 연속측정방법(Continuous Emission Monitoring)

    일정 지점에 고정되어 배출가스 성분을 연속적으로 측정·분석할 수 있도록 설치된 측정 장비를 통해 모니터링 하는 방법을 의미한다.

31. 예비관리업체

    관리업체에 해당될 것으로 예상되는 업체를 말한다.

32. 온실가스

    적외선 복사열을 흡수하거나 재방출하여 온실효과를 유발하는 가스 상태의 물질로서 이산화탄소(CO_2), 메탄(CH_4), 아산화질소(N_2O), 수소불화탄소(HFCs), 과불화탄소(PFCs) 또는 육불화황(SF_6)을 말한다.

33. 온실가스 배출

    사람의 활동에 수반하여 발생하는 온실가스를 대기 중에 배출·방출 또는 누출시키는 직접 배출과 외부로부터 공급된 전기 또는 열(연료 또는 전기를 열원으로 하는 것만 해당한다)을 사용함으로써 온실가스가 배출되도록 하는 간접 배출을 말한다.

34. 온실가스 간접배출

    관리업체가 외부로부터 공급된 전기 또는 열(연료 또는 전기를 열원으로 하는 것만 해당한다)을 사용함으로써 발생하는 온실가스 배출을 말한다.

35. 운영통제 범위

    조직의 온실가스 배출과 관련하여 지배적인 영향력을 행사할 수 있는 지리적 경계, 물리적 경계, 업무활동 경계 등을 의미한다.

36. 이산화탄소 상당량

    이산화탄소에 대한 온실가스의 복사 강제력을 비교하는 단위로서 해당 온실가스의 양에 지구 온난화지수를 곱하여 산출한 값을 말한다.

37. 이행계획

    관리업체가 온실가스 감축 목표를 달성하기 위하여 작성·제출하는 모니터링을 포함한 세부적인 계획을 말한다.

38. 전환율

    단위 물질당 변화되는 물질량의 비율을 말한다.

39. 조직경계

    업체의 지배적인 영향력 아래에서 발생되는 활동에 의한 인위적인 온실가스 배출량의 산정 및 보고의 기준이 되는 조직의 범위를 말한다.

40. 종합적인 점검·평가

    환경부장관이 부문별 관장기관의 소관 사무에 대하여 서면 등의 방법으로 온실가스 목표관리제의 전반적인 제도 운영 또는 집행과정에서의 문제점을 발굴·시정·개선하는 것을 말한다.

41. 주요정보 공개

    관리업체 명세서의 주요 정보를 전자적 방식 등으로 국민에게 공개하는 것을 말한다.

42. 중앙행정기관 등

    중앙행정기관, 지방자치단체 및 다음 각 목의 공공기관을 말한다.

    가. 「공공기관의 운영에 관한 법률」 제4조에 따른 공공기관

    나. 「지방공기업법」에 따른 지방공사 및 지방공단

    다. 「국립대학병원 설치법」, 「국립대학치과병원 설치법」, 「서울대학교병원 설치법」 및 「서울대학교치과병원 설치법」에 따른 병원

    라. 「고등교육법」 국립학교 및 공립학교

43. 지배적인 영향력

   동일 법인 등이 해당 사업장의 조직 변경, 신규 사업에의 투자, 인사, 회계, 녹색경영 등 사회통념상 경제적 일체로서의 주요 의사결정이나 온실가스 감축의 업무집행에 필요한 영향력을 행사하는 것을 말한다.

44. 총발열량

   일정 단위의 연료가 완전 연소되어 생기는 열량(연료 중 수증기의 잠열까지 포함한다)으로서 에너지사용량 산정에 활용되는 것을 말한다.

45. 최적가용기법(Best Available Technology)

   온실가스 감축과 관련하여 경제적·기술적으로 사용이 가능하면서 가장 최신이고 효율적인 기술, 활동 및 운전방법을 말한다.

46. 추가성

   인위적으로 온실가스를 저감하기 위하여 일반적인 경영여건에서 실시할 수 있는 활동 이상의 추가적인 노력을 말한다.

47. 활동자료

   사용된 에너지 및 원료의 양, 생산·제공된 제품 및 서비스의 양, 폐기물 처리량 등 온실가스 배출량의 산정에 필요한 정량적인 측정결과를 말한다.

48. 바이오매스

   「신에너지 및 재생에너지 개발·이용·보급 촉진법」에 따른 재생 가능한 에너지로 변환될 수 있는 생물자원 및 생물자원을 이용해 생산한 연료를 의미한다.

49. 배출원

   온실가스를 대기로 배출하는 물리적 단위 또는 프로세스를 말한다.

50. 흡수원

   대기로부터 온실가스를 제거하는 물리적 단위 또는 프로세스를 말한다.

51. 명세서

   관리업체가 해당연도에 실제 배출한 온실가스 배출량을 작성한 배출량 보고서를 말한다.

52. 이산화탄소 포집 및 이동

   관리업체 조직경계 내부의 이산화탄소가 배출되는 시설에서 관리업체의 조직경계 내부 및 외부로의 이동을 목적으로 이산화탄소를 대기로부터 격리한 후 포집하여 이동시키는 활동을 말한다.

제4조(주체별 역할분담)

① 환경부장관은 다음 각 호의 사항을 담당한다.
   1. 목표관리에 관한 제도 운영 및 총괄·조정

2. 목표관리에 관한 종합적인 기준과 지침의 제·개정 및 운영
　　3. 부문별 관장기관 등의 소관 사무에 관한 종합적인 점검·평가
　　4. 부문별 관장기관이 선정한 관리업체의 중복·누락, 규제의 적절성 등의 확인
　　5. 관리업체 지정에 대한 부문별 관장기관의 이의신청 재심사 결과 확인
　　6. 부문별 관장기관이 지정·고시한 관리업체의 종합·공표
　　7. 검증기관의 지정·관리, 검증심사원 교육 및 양성
　　8. 부문별 관장기관이 검토한 산정등급 3(Tier 3) 배출계수에 대한 확인
　　9. 2050 탄소중립녹색성장위원회(이하 "탄소중립위원회"라 한다) 심의안건에 관한 부문별 관장기관 협의 및 관계 전문가 등의 의견 수렴
　　10. 부문별 관장기관이 설정한 감축목표와 이행실적 평가결과를 취합하여 탄소중립위원회 심의안건 작성
② 부문별 관장기관은 다음 각 호의 사항을 담당한다.
　　1. 관리업체의 선정·지정·관리 및 필요한 조치 등에 관한 사항
　　2. 관리업체에 대한 온실가스 감축 목표의 설정
　　3. 관리업체 지정에 대한 이의신청 재심사, 결과 통보 및 변경 내용에 대한 고시
　　4. 관리업체 선정 및 지정관련 자료 제출
　　5. 이행실적 및 명세서의 확인
　　6. 관리업체에 대한 개선명령, 과태료 부과, 필요한 조치 요구 등 목표이행의 관리 및 평가에 관한 사항
　　7. 산정등급 3(Tier 3) 배출계수에 대한 검토와 관리업체에 대한 사용가능 여부 및 시정사항의 통보
③ 센터는 다음 각 호의 사항을 담당한다.
　　1. 목표관리 업무 수행 지원 및 체계적 관리를 위한 국가온실가스종합관리시스템(이하 "전자적 방식"이라 한다)의 구축 및 관리 등에 관한 사항
　　2. 금융위원회 또는 한국거래소의 요청에 따른 관리업체 명세서의 통보
　　3. 심사위원회의 운영
　　4. 국가 및 부문별 온실가스 감축 목표 설정의 지원
　　5. 국가 온실가스 배출량·흡수량, 배출·흡수 계수(係數), 온실가스 관련 각종 정보 및 통계의 검증·관리
　　6. 국내외 온실가스 감축 지원을 위한 조사·연구
　　7. 저탄소 녹색성장 관련 국제기구·단체 및 개발도상국과의 협력 등
④ 관리업체는 다음 각 호의 의무와 권리를 행사한다.
　　1. 온실가스 감축 목표의 달성
　　2. 이행계획 제출
　　3. 명세서의 작성 및 검증기관의 검증을 거친 명세서의 제출

4. 관장기관의 개선명령 등 필요한 조치에 대한 성실한 이행
  5. 부문별 관장기관이 관리업체 선정·지정·관리를 위해 필요한 자료의 제출
  6. 관리업체 지정에 대한 이의신청
⑤ 예비관리업체는 부문별 관장기관이 관리업체 선정·지정·관리를 위해 필요한 자료의 제출을 요구할 경우 이에 협조하여야 한다.
⑥ 환경부장관은 제1항에 관한 업무를 수행하기 위해 필요한 경우 소속기관 또는 소관 공공기관에 다음 각 호의 업무를 담당하게 할 수 있다.
  1. 관리업체 선정 누락·중복 및 적절성 등 확인
  2. 관리업체 지정 및 관리 등의 총괄·조정을 위한 자료의 조사·분석·관리 및 연구·지원
  3. 관리업체 이의 신청에 대한 관장기관의 재심사 결과 확인
  4. 검증기관의 지정 및 관리를 위한 현장심사
  5. 그 밖에 온실가스 목표관리제에 관한 제도 운영 및 총괄·조정 등을 위해 환경부장관이 필요하다고 인정하는 사항
⑦ 부문별 관장기관은 제2항에 관한 업무를 수행하기 위해 필요한 경우 소속기관 또는 공공기관에 다음 각 호의 업무를 담당하게 할 수 있다.
  1. 관리업체 선정·지정을 위한 자료의 조사·분석·관리
  2. 관리업체의 지정을 위한 연구 및 지원
  3. 관리업체 지정에 대한 이의신청 재심사
  4. 관리업체 선정·지정 관련 자료 및 목록의 작성
  5. 그 밖에 부문별 관장기관이 목표관리 운영에 필요하다고 인정하는 사항

제5조(비밀 준수)

① 이 지침에 의해 취득한 정보(취득한 정보를 가공한 경우를 포함한다)를 다른 용도로 사용하거나 외부로 유출해서는 안 된다.
② 다음 각 호에 해당하는 자는 관련 정보를 취급함에 있어 보안유지 의무를 따른다.
  1. 총괄기관 또는 부문별 관장기관(해당 기관으로부터 관련 업무를 위임받은 기관을 포함한다. 이하 같다) 및 센터에서 관리업체의 온실가스 통계 자료를 취급하는 자
  2. 법 제27조에 따라 구성된 심사위원회의 위원
  3. 공공기관 정보제공에 의해 온실가스 정보를 취급하는 관련 행정기관 및 공공기관에 근무하는 자
  4. 공시를 위한 정보제공에 의해 온실가스 정보의 열람 및 공개가 허가된 금융위원회 또는 한국거래소에 근무하는 자

5. 관리업체의 명세서의 검증업무를 수행하는 검증심사원(검증심사원보를 포함한다) 및 검증기관
6. 그 밖에 관련 법률에 따라 온실가스 통계 자료를 취급하는 자
7. 제1호부터 제6호까지에 종사하였던 자

③ 이 지침 등을 통해 취득한 정보를 외부로 공개하거나 다른 용도로 사용하고자 하는 경우에는 부문별 관장기관 및 센터와 사전에 협의해야 한다.

제6조(자료제출 협조)

① 환경부장관은 목표관리 총괄 운영 및 평가 등을 위해 부문별 관장기관 및 검증기관에 필요한 자료의 제출을 요청할 수 있다. 이 경우 자료제출을 요청받은 기관은 이에 협조해야 한다.
② 환경부장관은 목표관리의 원활한 추진을 위해 이행계획서, 명세서 및 검증보고서 등을 전자적 방식을 통해 제출토록 할 수 있다.
③ 부문별 관장기관은 소관 부문의 목표관리 및 부문별 온실가스 감축정책의 수립·이행을 위해 필요한 경우 다른 관장기관이 보유한 자료의 협조 또는 공유를 요청할 수 있다. 자료 협조 등의 요청을 받은 관장기관은 특별한 이유가 없으면 이에 협조해야 한다.
④ 관리업체가 관리대상 배출원별 온실가스 배출량을 알기 위해 전력 사용량, 열 사용량 등에 관한 정보를 관련 공공기관 등에 요청할 경우 해당 공공기관은 이에 적극 협조해야 한다.

제7조(정책협의회)

① 관리업체의 관리, 온실가스 감축목표 설정 등 이 지침에서 정하는 온실가스 목표관리의 운영과 관련된 주요사항은 환경부, 부문별 관장기관, 기획재정부 및 탄소중립위원회 등으로 구성된 온실가스 목표관리제 정책협의회(이하 "정책협의회"라 한다)에서 협의하여 정할 수 있다.
② 제1항의 정책협의회 구성 및 운영 등에 관하여는 환경부장관이 부문별 관장기관 등과 협의하여 별도로 정한다.

02 관리업체의 지정 및 관리

제8조(관리업체의 구성 및 지정기준)

① 관리업체(중앙행정기관 등을 포함한다. 이하 같다)는 업체, 업체 내 사업장으로 구분한다.
② 부문별 관장기관은 다음 각 호의 업체를 관리업체로 지정해야 한다. 다만, 사업장의 신설 등으로 인해 최근 3년간 자료가 없을 경우에는 보유하고 있는 자료를 기준으로 산정할 수 있다.
  1. 해당 연도 1월 1일을 기준으로 최근 3년간 업체의 모든 사업장에서 배출한 온실가스의 연평균 총량이 5만 이산화탄소상당량톤(tCO_2eq) 이상인 업체
  2. 해당 연도 1월 1일을 기준으로 최근 3년간 연평균 온실가스 배출량이 1만 5천 이산화탄소상당량톤(tCO_2eq) 이상인 사업장을 보유하고 있는 업체

제9조(소관 부문별 관장기관 등)

① 제8조의 관리업체의 소관 관장기관 구분은 다음 각 호에 따른다. 이 경우 관리업체의 소관 관장기관 구분은 가장 많은 온실가스를 배출하는 업체 내 사업장을 기준으로 한다.
  1. 농림축산식품부 : 농업·임업·축산·식품 분야
  2. 산업통상자원부 : 산업·발전(發電) 분야
  3. 환경부 : 폐기물 분야
  4. 국토교통부 : 건물·교통(해운·항만은 제외한다)·건설 분야
  5. 해양수산부 : 해양·수산·해운·항만 분야
② 한국표준산업분류 기준에 의한 일부 업종의 관장기관은 다음 각 호와 같다. 이 경우 관리업체 업종 구분은 제1항의 후단에 따른다.
  1. 농림축산식품부 : 농업 및 임업(01~02), 제조업(10~12, 16, 식료품, 음료, 담배, 목재 및 나무제품; 가구제외)
  2. 환경부 : 하수·폐기물처리, 원료재생 및 환경복원업(37~39), 수도사업(36)
  3. 국토교통부 : 건설업(41~42), 도매 및 소매업(45~47), 육상운송 및 파이프라인 운송업(49), 항공 운송업(51), 창고 및 운송관련 서비스업(52); 해운·항만분야 제외, 숙박 및 음식점업(55~56), 출판업(58), 영상·오디오 기록물 제작 및 배급업(59), 방송업(60), 금융 및 보험업(64~66), 부동산업 및 임대업(68, 76), 전문·과학 및 기술서비스업(70~73), 사업시설관리 및 사업지원 서비스업(74~75), 보건업 및 사회복지 서비스업(86~87), 교육 서비스업(85), 예술, 스포츠 및 여가관련 서비스업(90~91); 해양 및 수산 분야 제외, 협회 및 단체, 수리 및 기타 개인 서비스업(94~96)
  4. 해양수산부 : 어업(03), 수상 운송업(50), 창고 및 운송관련 서비스업(52) 중 해운·항만 분야

5. 산업통상자원부 : 그 외 산업·발전분야 업종
③ 소관 관장기관 구분이 어려울 경우에는 부문별 관장기관과 환경부장관이 협의하여 정한다.

제10조(관리업체 지정대상 선정 등)

① 예비관리업체와 기존 관리업체를 관리업체로 지정하기 위한 온실가스 배출량 산정은 제출되는 명세서 등을 기준으로 하여야 한다.
② 부문별 관장기관은 제1항의 자료로 확인이 곤란할 경우에는 다음 각 호의 자료를 활용할 수 있다.
  1. 환경부의 "온실가스 및 대기오염물질 통합관리시스템"(Greenhouse Gas-Clean Air Policy Support System, http://airemiss.nier.go.kr)
  2. 산업통상자원부의 "국가 온실가스 종합정보시스템"(National GHG Emission Total Information System, http://netis.kemco.or.kr) 및 에너지이용합리화법 제31조에 따른 에너지사용량신고자료
  3. 국토교통부의 "운수행정시스템"(ITAS), "화물차 유류구매카드 통합한도관리시스템", "자동차검사통합전산시스템"(Vehicle Inspection Management System), "건물에너지정보공개시스템"(http://open.greentogether.go.kr/ifm/cmm/selectMain.do), 건설산업지식정보시스템(https://www.kiscon.net/)
  4. 해양수산부의 "선박온실가스종합관리시스템"(Ship Emission Management System, https://www.sem.go.kr)
③ 제1항 및 제2항에도 불구하고 관련 자료의 확인이 곤란할 경우에는 해당 예비관리업체에게 별지 제1호 서식의 관리업체 지정 활동자료 조사표에 따라 관련 자료를 요청할 수 있으며, 요청받은 해당 법인 등은 이에 적극 협조해야 한다.
④ 제3항의 경우 구체적인 작성방법 등은 제2편 제2장의 작성 방법 등의 기준에 따른다.

제11조(관리업체의 적용제외 등)

① 제8조 제1항에 해당되는 업체 내 사업장의 온실가스 배출량이 해당 연도 1월 1일을 기준으로 최근 3년간 사업장에서 배출한 온실가스의 연평균 총량이 3,000이산화탄소상당량톤(tCO_2-eq)미만에 해당되는 경우(이하 "소량배출사업장"이라 한다)에는 시행령 제20조 제1항, 제21조 제3항, 제21조 제8항을 적용하지 아니할 수 있다. 다만, 사업장의 신설 등으로 인해 최근 3년간 자료가 없을 경우에는 보유(최초 가동연도를 포함한다)하고 있는 자료를 기준으로 한다.
② 소량배출사업장들의 온실가스 배출량의 합은 업체 내 모든 사업장의 온실가스 배출량 총합의 1000분의 50 미만이어야 하고 제1항의 기준 미만인 경우로 한정한다.
③ 제1항과 제2항을 적용함에 있어 사업장의 일부를 포함시키거나 제외해서는 안 된다.

제12조(건물분야 특례)

① 제8조의 관리업체에 해당하는 법인 등의 건축물(이하 "건물"이라 한다)이 업체 내 사업장과 지역적으로 달리하더라도 관리업체에 포함된 것으로 본다.
② 건물에 대하여는 「건축물대장의 기재 및 관리에 관한 규칙」에 따라 등재되어 있는 건축물대장과 「부동산등기법」에 따라 등재되어 있는 등기부를 기준으로 한다. 다만, 「건축법 시행령」별표 1의 제1호, 제2호 가목에서부터 다목까지는 제외한다.
③ 건물이 제2항의 건축물 대장 또는 등기부에 각각 등재되어 있거나 소유지분을 달리하고 있는 경우에는 다음 각 호에 따른다.
　1. 인접 또는 연접한 대지에 동일 법인이 여러 건물을 소유한 경우에는 한 건물로 본다.
　2. 에너지관리의 연계성(連繫性)이 있는 복수의 건물 등은 한 건물로 보며, 동일 부지 내 있거나 인접 또는 연접한 집합건물이 동일한 조직에 의해 에너지 공급·관리 또는 온실가스 관리 등을 받을 경우에도 한 건물로 간주한다.
　3. 건물의 소유구분이 지분형식으로 되어 있을 경우에는 최대 지분을 보유한 법인 등을 해당 건물의 소유자로 본다.
④ 동일 건물에 구분 소유자와 임차인이 있는 경우에도 하나의 건물로 본다. 다만, 동일 건물 내에 제1항에 의해 관리업체에 포함된 경우에는 적용을 제외한다.

제13조(교통분야 특례)

① 동일 법인 등이 여객자동차운수사업자로부터 차량을 일정기간 임대 등의 방법을 통해 실질적으로 지배하고 통제할 경우에는 해당 법인 등의 소유로 본다.
② 일반화물자동차 운송 사업을 경영하는 법인 등이 허가 받은 차량은 차량 소유 유무에 상관없이 해당 법인 등이 지배적인 영향력을 미치는 차량으로 본다.
③ 관리업체 지정을 위해 온실가스 배출량을 산정할 때에는 항공 및 선박의 국제 항공과 국제 해운부문은 제외한다.
④ 화물운송량이 연간 3천만 톤-km 이상인 화주기업의 물류부문에 대해서는 교통분야 관장기관인 국토교통부에서 다른 부문의 소관 관장기관에게 관련 자료의 제출 또는 공유를 요청할 수 있다. 이 경우 해당 관장기관은 특별한 사유가 없으면 이에 협조해야 한다.
⑤ 교통분야에 속하는 관리업체를 지정할 때 동일한 사업자등록번호로 등록된 복수의 교통분야 사업장은 하나의 사업장에 속한 배출시설로 본다.
⑥ 동일 업체 하에 개별 사업자등록번호로 관리되는 교통분야 사업장의 경우, 법인등록번호를 기준으로 개별 교통분야 사업장을 하나의 사업장으로 적용하여 관리업체로 지정한다.

제13조의2(건설업 분야 특례)

동일 업체 하에 관리되는 모든 건설현장은 하나의 사업장으로 본다. 이 경우 개별 건설현장을 하나의 배출시설로 간주한다.

제14조(중앙행정기관 등에 대한 특례)

① 중앙행정기관과 지방자치단체에 대하여는 다음 각 호에 대하여만 이 지침을 적용한다.
　1. 「가축분뇨의 관리 및 이용에 관한 법률」에 따른 가축분뇨공공처리시설
　2. 「자원의 절약과 재활용촉진에 관한 법률」에 의한 공공재활용기반시설
　3. 「폐기물관리법」에 따른 폐기물처리시설
　4. 「물환경보전법」에 따른 공공폐수처리시설
　5. 「하수도법」에 따른 공공하수도 시설 및 제41조에 따른 분뇨처리시설
　6. 「수도법」에 따른 수도
　7. 「전기사업법」에 따른 전기사업 시설
　8. 「집단에너지사업법」에 따른 집단에너지사업 시설
② 이 지침에 의해 관리업체로 지정된 중앙행정기관 등은 이행실적을 관리업체 명세서 등으로 갈음할 수 있다.
③ 제2항의 경우 부문별 관장기관은 중앙행정기관 등에 해당하는 관리업체의 명세서 등을 받는 즉시 센터에 제출해야 한다.

제15조(권리와 의무의 승계 등)

① 관리업체가 합병·분할하거나 업체 내 사업장 또는 시설을 양도·임대하는 경우에는 합병·분할 이후 존속하는 업체나 합병·분할에 의하여 설립되는 업체 또는 해당 사업장 및 시설이 속하게 되는 해당 업체에게 법과 시행령에 따른 권리와 의무가 승계된 것으로 본다. 다만, 분할·양수·임차 등으로 해당 관리업체의 권리와 의무를 승계해야 하는 업체가 관리업체가 아닌 경우 해당 사업장 및 시설을 이전받은 이후 해당 업체의 최근 3년간(해당 사업장 및 시설을 이전받은 연도의 직전 3년간을 말한다. 이하 이 항에서 같다) 온실가스 배출량(이전받은 해당 사업장 및 시설의 온실가스 배출량을 포함한다. 이하 이 항에서 같다)의 연평균 총량이 50,000이산화탄소상당량톤(tCO_2-eq) 이상이 되지 아니하거나 최근 3년간 온실가스 배출량의 연평균 총량이 15,000이산화탄소상당량톤(tCO_2-eq) 이상인 사업장을 하나 이상 보유하지 아니한 경우에는 그러하지 아니한다.
② 관리업체는 제1항에 따라 해당 업체의 권리와 의무의 전부 또는 일부를 이전한 경우에는 그 원인이 발생한 날로부터 15일 이내에 전자적 방식으로 부문별관장기관에게 보고해야 한다. 다만, 관

리업체가 분할하거나 자신에게 속한 사업장 및 시설의 일부를 다른 업체에게 양도하여 더 이상 관리업체가 존립하지 않는 경우에는 관리업체의 권리와 의무를 승계한 업체가 보고해야 하며, 권리와 의무 승계를 판단하는데 필요한 증빙자료는 권리와 의무를 이전한 업체 및 승계 받은 업체 모두 제출해야 한다.

제16조(지정대상 관리업체의 목록작성)

① 부문별 관장기관은 선정한 관리업체에 대하여 지정대상 관리업체 목록을 작성해야 한다.
② 부문별 관장기관은 관리업체에 대한 온실가스 배출량의 산정근거를 작성해야 한다.

제17조(지정대상 관리업체 목록 등의 제출시기)

부문별 관장기관은 목록 및 산정근거 자료를 매년 4월 30일까지 전자적 방식 등으로 환경부장관에게 통보해야 한다.

제18조(적절성 등 확인)

① 환경부장관은 부문별 관장기관이 통보한 관리업체의 중복·누락, 규제의 적절성 등을 확인하고 그 결과를 매년 5월 31일까지 부문별 관장기관에게 통보한다.
② 환경부장관은 지정대상 관리업체의 중복·누락 또는 규제의 적절성 등을 검토하기 위해 필요한 경우 센터에 관련 자료의 제출을 요구할 수 있다.

제19조(확인결과 보완 등)

① 부문별 관장기관은 환경부장관의 확인결과를 반영하여 관리업체의 목록을 수정·보완해야 한다.
② 부문별 관장기관은 환경부장관의 확인결과에 이의가 있을 경우에는 관리업체 지정·고시 이전에 그 사유 등을 첨부하여 환경부장관에게 재확인을 요청해야 한다.
③ 환경부장관은 관장기관으로부터 재확인 요청을 받는 즉시 이를 검토하고 그 결과를 관장기관에게 통보해야 한다. 이 경우 부문별 관장기관은 특별한 사유가 없는 한 재확인 결과를 반영해야 한다.

제20조(관리업체의 지정·고시)

① 부문별 관장기관은 환경부장관의 확인을 거쳐 매년 6월 30일까지 소관 관리업체를 관보에 고시해야 한다.
② 부문별 관장기관은 제1항에 따라 소관 관리업체를 고시할 때에는 관리업체명, 사업장명, 소재지,

업종, 적용기준 등의 내용을 포함해야 한다.
③ 부문별 관장기관은 소관 관리업체를 고시한 경우에는 환경부장관과 관리업체에 즉시 통보하고, 해당 사항을 전자적 방식으로 센터에 통보해야 한다.
④ 환경부장관은 부문별 관장기관이 지정·고시한 관리업체를 종합하여 공표할 수 있다.
⑤ 관리업체를 고시한 이후 다음 각 호에 해당되는 경우에는 환경부장관의 확인을 거쳐 변경하여 고시하고 이를 해당 관리업체에 통보해야 한다.
   1. 관리업체로 지정 고시한 관리업체의 업종, 상호명, 소재지 등이 변경된 경우
   2. 관리업체 적용기준이 제8조 제2항 제1호에서 제2호로 변경되거나 제2호에서 제1호로 변경된 경우
   3. 관리업체 지정 대상에 해당됨에도 불구하고 누락된 경우
   4. 관리업체 지정 고시 이후 분할·합병 또는 영업·자산 양수도로 인하여 관리업체에 해당하게 된 경우
   5. 재심사 결과 변경사항이 발생한 경우
   6. 그 밖에 당초 관리업체 지정 고시 내용이 변경된 경우

제21조(이의신청서 작성 등)

① 관리업체는 관장기관의 지정·고시에 이의가 있는 경우 고시된 날부터 30일 이내에 소명자료를 작성하여 지정·고시한 부문별 관장기관에게 이의를 신청할 수 있다.
② 제1항에 따른 이의신청 시 다음 각 호의 내용을 포함하는 소명자료를 첨부해야 한다.
   1. 업체의 규모, 생산설비, 제품원료 및 생산량 등 사업현황
   2. 사업장별 배출 온실가스의 종류 및 배출량, 온실가스 배출시설의 종류·규모·수량 및 가동시간
   3. 사업장별 사용 에너지의 종류 및 사용량, 사용연료의 성분
   4. 제2호부터 제3호까지의 부문별 온실가스 배출량의 계산 또는 측정 방법
   5. 그 밖에 관리업체의 온실가스 배출량을 확인할 수 있는 자료
③ 관리업체가 제2항 각 호를 작성할 때에는 검증기관의 검증결과를 첨부하지 아니할 수 있다.

제22조(관리업체 재심사)

① 관장기관은 이의신청 기한이 만료된 날부터 17일 이내에 이의신청에 대한 재심사를 실시하고 재심사 결과 및 검토자료 등을 첨부하여 환경부장관의 확인을 받아야 한다.
② 부문별 관장기관은 필요한 경우 이의를 신청한 관리업체에 추가 자료 제출을 요청하거나 현장조사 등을 실시할 수 있다.

③ 부문별 관장기관은 이의신청 내용 검토 등을 위해 관계 전문가로 구성된 자문단의 의견을 들을 수 있다. 다만, 「온실가스 배출권의 할당 및 거래에 관한 법률」에 따라 지정된 검증기관 중 이의신청 관리업체의 검증을 수행한 검증기관 소속 검증심사원 등은 관계 전문가에서 제외해야 한다.
④ 환경부장관은 부문별 관장기관이 제1항에 따라 제출한 이의신청에 대한 재심사 결과를 확인하고 그 결과를 7일 이내에 부문별 관장기관에게 통보한다.
⑤ 환경부장관은 검토를 위해 필요한 경우 관계 전문가로 구성된 자문단의 의견을 들을 수 있다.
⑥ 부문별 관장기관은 환경부장관으로부터 통보받은 확인결과를 반영해야 한다. 다만, 확인결과에 중대한 하자가 있을 경우 추가 확인을 요청할 수 있으며, 이 경우 환경부장관은 재확인하고 즉시 그 결과를 부문별 관장기관에게 통보한다.
⑦ 부문별 관장기관은 이의신청 기한이 만료된 날부터 30일 이내에 재심사 결과를 이의신청 업체에게 통보해야 한다.
⑧ 부문별 관장기관은 이의신청에 대한 재심사 결과 당초 고시한 내용에 변경이 있을 경우에 그 내용을 즉시 관보에 고시해야 한다.

♂ 제22조의2(관리업체의 지정취소)

① 계획기간 중 관리업체가 다음 각 호의 어느 하나에 해당하는 경우 부문별 관장기관은 해당 관리업체에 대한 지정취소 등의 조치를 할 수 있다.
  1. 폐업신고, 법인 해산, 영업 허가의 취소 등의 사유로 인하여 더 이상 존립하지 않은 상태에 있는 경우
  2. 권리와 의무를 다른 업체에 이전한 경우
② 부문별 관장기관은 관리업체가 제1항 각 호의 어느 하나에 해당하게 되어 관리업체 지정을 취소한 경우 지체 없이 문서 또는 전자적 방식으로 해당 업체에 지정 취소 사실 및 사유를 통보하고 그 내용을 관보에 고시해야 한다.

▪▪▪ 03 온실가스 감축 목표의 설정 및 관리

♂ 제23조(목표 설정의 원칙)

부문별 관장기관은 관리업체의 관리목표(이하 "목표"라 한다)를 협의·설정함에 있어서 다음 각 호의 원칙을 준수해야 한다.
  1. 목표의 설정 방법과 수준 등은 관리업체가 예측할 수 있도록 가능한 범위에서 사전에 공표해야

한다.
2. 목표의 협의 및 설정은 다수 이해관계자들의 신뢰를 확보할 수 있도록 투명하게 진행해야 한다.
3. 관리업체의 과거 온실가스 배출량 이력을 적절하게 반영해야 한다.
4. 관리업체의 신·증설 계획과 탄소 중립 관련 국제동향을 적절하게 고려해야 한다.
5. 국내 산업의 여건 등을 고려해야 한다.
6. 관리업체의 목표는 시행령 제3조에서 정한 중장기 국가 온실가스 감축목표의 달성을 위한 범위 이내에서 설정해야 한다.

제24조(기준연도 배출량)

① 목표관리를 위한 기준연도는 관리업체가 지정된 연도의 직전 3개년으로 하며, 이 기간의 연평균 온실가스 배출량을 기준연도 배출량으로 한다.
② 기준연도 중 신·증설(건물의 신·증축을 포함한다)이 발생한 경우 해당 신·증설 시설의 기준연도 배출량은 최근 2개년 평균 또는 단년도 배출량으로 정할 수 있다.
③ 관리업체의 최근 3개년 배출량 자료가 없는 경우에는 활용 가능한 최근 2개년 평균 또는 단년도 배출량을 기준연도 배출량으로 정할 수 있다.

제25조(기준연도 배출량의 재산정)

① 관리업체는 다음 각 호에 해당하는 사유가 발생할 경우 부문별 관장기관과 협의하여 기준연도 배출량을 재산정하여 수정하되, 변경사유 발생 후 60일 이내에 검증기관의 검증보고서를 첨부한 수정된 명세서를 부문별 관장기관에 제출하여야 한다.
1. 관리업체의 합병·분할 또는 영업·자산 양수도 등 권리와 의무의 승계 사유가 발생된 경우
2. 조직 경계 내·외부로 온실가스 배출원 또는 흡수원의 변경이 발생하는 경우
3. 온실가스 배출량 산정방법론이 변경된 경우
② 부문별 관장기관은 기준연도 배출량이 재산정된 경우 변경사유 접수 30일 이내에 배출허용량 등 목표를 수정하여 관리업체 및 센터에 통보해야 한다.
③ 제1항 각 호의 사유로 기준연도 배출량을 수정한 관리업체는 재산정 이유와 근거 및 세부절차 등을 문서화하여 관리하여야 한다.

제26조(목표관리 계획기간)

① 관리업체의 목표관리 계획기간은 부문별 관장기관으로부터 목표를 설정 받은 다음 해의 1월 1일부터 12월 31일까지로 한다.
② 해당 연도에 새로이 관리업체로 지정된 경우(업체별 목표 설정 이후 합병·분할 또는 영업·자산

양수도 등 권리와 의무의 승계로 인하여 목표관리를 받게 되는 시설을 포함한다)에는 다음해에 목표를 설정하고 그 다음해 1월 1일부터 12월 31일까지를 목표관리 계획기간으로 한다.

제27조(목표설정의 기준 및 절차)

① 관리업체의 예상배출량은 기존 배출시설(공정, 건물 등을 포함한다. 이하 같다)에 해당하는 예상배출량과 신·증설 시설(건물의 신·증축 등을 포함한다. 이하 같다)에 해당하는 예상배출량을 합산하여 산정한다.

② 기존 배출시설의 예상배출량 산정은 기준연도의 온실가스 배출량을 기준으로 다음 각 호중 어느 하나의 방법을 이용해야 한다.
  1. 기준연도 배출시설 배출량의 선형 증감 추세
  2. 기준연도 배출시설 배출량의 증감률
  3. 배출시설의 단위 활동자료(연료 사용량, 제품 생산량, 원료 사용량, 폐기물 소각량 또는 처리량, 연면적 등을 말한다)당 발생하는 온실가스 배출량
  4. 기준연도 배출시설의 단위 활동자료와 온실가스 배출량과의 상관 관계식을 이용한 배출량
  5. 기준연도 배출시설 평균 배출량
  6. 최근연도 배출시설 배출량

③ 관리업체의 예상배출량에 중장기 국가 온실가스 감축 목표의 세부 감축 목표 수립 시 설정한 연도별 감축률을 적용하여 배출허용량을 산정한다.

④ 각 부문별 관장기관은 제3항에도 불구하고, 최초로 목표를 부여받는 신규 관리업체에 대해서는 목표 협의 시 파악한 감축 준비상황 등을 고려하여, 정책협의회의 협의를 거쳐 별도의 연도별 감축률을 적용할 수 있다.

⑤ 부문별 관장기관은 관리업체의 배출허용량을 설정하려는 경우 다음 각 호의 사항에 대하여 탄소중립위원회의 심의를 거쳐야 한다.
  1. 관리업체별 예상배출량 설정방법 및 감축률 적용에 관한 사항
  2. 관리업체의 목표가 감축 목표 범위에서 설정되었는지에 관한 사항
  3. 목표설정 및 관리 특례에 관한 사항
  4. 그 밖에 관장기관의 장이 환경부장관과 협의하여 필요하다고 인정되는 사항

⑥ 부문별 관장기관은 제5항의 심의사항을 계획기간 전년도 8월 31일까지 환경부장관에게 제출하고, 환경부장관이 취합한 안건을 탄소중립위원회의 심의를 거친 후에 계획기간 전년도 9월 30일까지 해당 관리업체에 통보하고, 목표설정 결과를 전자적 방식으로 센터에 제출해야 한다.

제28조(과거실적 기반의 목표 설정방법)

① 부문별 관장기관은 기존 배출시설에 대한 배출허용량과 신·증설 시설에 대한 배출허용량을 합산하여 관리업체의 배출허용량을 설정한다.
② 관리업체로 지정된 연도 이전에 정상 가동한 기존 배출시설의 배출허용량은 다음 각 호를 고려하여 설정한다.
  1. 예상배출량
  2. 해당 업종의 목표설정 대상 연도감축률
③ 관리업체로 지정된 연도의 1월 1일 이후부터 가동을 개시하는 신·증설 배출시설에 대한 배출허용량은 다음 각 호를 고려하여 정한다.
  1. 해당 신·증설 시설의 설계용량 및 부하율(또는 가동률)
  2. 해당 신·증설 시설의 목표설정 대상연도의 예상 가동시간
  3. 해당 신·증설 시설에 대한 활동자료당 평균 배출량
  4. 해당 업종의 목표설정 대상연도 감축률
④ 목표가 설정된 신·증설 시설이 정상적으로 가동되어 1년 단위의 실제 배출량을 산정·보고할 경우 해당 배출시설은 제2항의 방법에 따라 목표를 설정한다. 이 경우 해당 배출시설의 기준연도 배출량은 최근 연도의 실제 배출량으로 한다.
⑤ 세부적인 목표설정 방법은 별표 1에 따른다.

별표 1. 과거실적 기반의 목표 설정방법(제28조 제5항 관련)

1. 관리업체의 배출허용량(목표) 설정방법

$$EA\_company_{i,j} = \sum_{k} EA\_inst_{i,j,k} + \sum_{k} EA\_new\_inst_{i,j,k}$$

여기서, i : 특정 부문 또는 업종
j : 특정 관리업체
k : 특정 배출시설(공정, 건물 등을 포함한다)
$EA\_company_{i,j}$: i업종, j업체의 y년도 배출허용량(tCO_2-eq)
  * 이행연도별 배출허용량은 소수점 아래 첫째 자리에서 올림하여 정수로 산정한다.
$EA\_inst_{i,j,k}$: i업종, j업체 k배출시설의 y년도 배출허용량(tCO_2-eq)
$EA\_new\_inst_{i,j,k}$: i업종, j업체, k신·증설 시설의 y년도 배출허용량(tCO_2-eq)

2. 기존 배출시설의 배출허용량(목표) 설정방법
배출허용량을 설정하는 배출시설의 경우 다음 수식을 활용하여 목표량을 산정한다.

$$EA\_inst_{i,j,k} = EE_{i,j,k} \times CF_i$$

여기서, $EA\_inst_{i,j,k}$: i업종, j업체, k배출시설의 y년도 배출허용량(tCO$_2$-eq)
$EE_{i,j,k}$: i업종, j업체, k배출시설의 y년도 예상배출량(tCO$_2$-eq)
CF_i : i업종의 y년도 감축률(%)

3. 신·증설 시설에 대한 배출허용량(목표) 설정방법

배출허용량을 설정하는 배출시설의 경우 다음 수식을 활용하여 목표량을 산정한다.

$$EA\_new\_inst_{i,j,k} = C_{i,j,k} \times D_{i,j,k} \times t_M \times EV_{i,j,k} \times CF_i$$

여기서, $EA\_new\_inst_{i,j,k}$: i업종, j업체, k신·증설시설의 y년도 배출허용량 (tCO$_2$-eq)
$C_{i,j,k}$: i업종, j업체, k신·증설시설의 설계용량(MW, t/h)
$D_{i,j,k}$: i업종, j업체, k신·증설시설의 부하율
(부하율은 설계용량 대비 평균 사용용량을 의미한다)
t_M : i업종, j업체, k신·증설시설의 y년도 예상 가동시간(h/yr)
$EV_{i,j,k}$: i업종, j업체, k신·증설시설의 최근 과거연도에 해당하는 활동자료당 평균 배출량(tCO$_2$-eq/t 등)
CF_i : i업종의 y년도 감축률(%)

제29조(벤치마크 기반의 목표 설정방법)

① 최적가용기법(BAT)을 고려한 벤치마크 방식에 따라 관리업체의 목표를 설정하는 경우에는 기존 배출시설에 대한 배출허용량과 신·증설 시설에 대한 배출허용량을 합산하여 관리업체의 배출허용량을 설정한다.

② 관리업체로 지정된 연도 이전에 정상 가동한 기존 배출시설의 배출허용량은 다음 각 호를 고려하여 설정한다.
 1. 해당 기존 시설의 설계용량 및 일일 가동 시간
 2. 해당 기존 시설의 목표설정 대상연도의 가동 일수
 3. 해당 기존 시설의 벤치마크 할당계수

③ 관리업체로 지정된 연도의 1월 1일 이후부터 가동을 개시하는 신·증설 배출시설의 배출허용량은 다음 각 호를 고려하여 정한다.
 1. 해당 신·증설 시설의 설계용량 및 일일 가동 시간
 2. 해당 신·증설 시설의 목표설정 대상연도의 가동 일수
 3. 해당 신·증설 시설의 벤치마크 할당계수

④ 제3항에 따라 목표가 설정된 신·증설 시설이 정상적으로 가동되어 1년 단위의 실제 배출량을 산정·보고할 경우 해당 배출시설은 제2항의 방법에 따라 목표를 설정한다. 이 경우 해당 배출시설의 기준연도 배출량은 최근년도의 실제 배출량으로 한다.

⑤ 세부적인 목표설정 방법은 별표 2를 따른다.
⑥ 벤치마크 방식을 적용하여 목표를 설정하는 배출시설은 벤치마크 계수 개발 계획에 따라 개발·고시되는 배출시설 등을 말한다. 이 경우 벤치마크 방식을 적용받지 아니하는 배출시설에 대한 목표설정은 제28조의 규정을 따른다.

| 별표 2. 벤치마크 기반의 목표 설정방법(제29조 제5항 관련) |

1. 관리업체의 배출허용량(목표) 설정방법

$$EA\_company_{i,j} = \sum_{k} EA\_BM\_inst_{i,j,k} + \sum_{k} EA\_BM\_new\_inst_{i,j,k}$$

여기서, i : 특정 부문 또는 업종
j : 특정 관리업체
k : 특정 배출시설 (공정, 건물 등을 포함한다)
$EA\_company_{i,j}$: i업종, j업체의 y년도 배출허용량(tCO$_2$-eq)
$EA\_BM\_inst_{i,j,k}$: i업종, j업체, k배출시설의 y년도 배출허용량(tCO$_2$-eq)
$EA\_BM\_new\_inst_{i,j,k}$: k신·증설 시설의 y년도 배출허용량(tCO$_2$-eq)

2. 기존 배출시설의 배출허용량(목표) 설정방법
여기에서 기존 배출시설이란 관리업체로 계획기간의 목표를 부여받는 연도 이전에 정상가동한 배출시설을 말한다.

$$EA\_BM\_inst_{i,j,k} = EAL_{i,j,k} \times BM_{i,j,k}$$

여기서, $EA\_BM\_inst_{i,j,k}$: i업종, j업체, k배출시설의 y년도 배출허용량(tCO$_2$-eq)
$EAL_{i,j,k}$: i업종, j업체, k배출시설의 y년도 예상 활동자료량(t/yr)
$BM_{i,j,k}$: i업종, j업체, k배출시설의 벤치마크 계수(tCO$_2$-eq/t)

3. 신·증설 시설에 대한 배출허용량(목표) 설정방법
여기에서 신·증설 시설이란 관리업체로 계획기간의 목표를 부여받는 연도의 1월 1일 이후부터 가동을 개시하는 배출시설을 말한다.

$$EA\_BM\_new\_inst_{i,j,k} = C_{i,j,k} \times t_M \times RD \times BM_{i,j,k}$$

여기서, $EA\_BM\_new\_inst_{i,j,k}$: i업종, j업체, k신·증설시설의 y년도 배출 허용량(tCO$_2$-eq)
$C_{i,j,k}$: i업종, j업체, k신·증설시설의 설계용량(MW, t/h)
t_M : i업종, j업체, k신·증설시설의 일일 가동시간(h/d)
RD : k신·증설시설의 y년도 가동일수(days)
$BM_{i,j,k}$: i업종, j업체, k신·증설시설의 벤치마크 계수(tCO$_2$-eq/t)

4. 배출활동별 배출시설 종류 및 벤치마크 할당 계수 개발방법 등
   지침에서 제시되지 않은 공정 및 배출시설에 대해서도 제29조에 따라 환경부장관과 부문별 관장기관이 공동으로 벤치마크 할당계수를 개발·고시할 수 있다. 벤치마크 할당 계수를 개발할 경우 배출시설별 물질·에너지 수지자료와 최적가용기법(BAT)을 고려할 수 있다.

제30조(벤치마크 할당계수의 개발 등)

① 환경부장관과 부문별 관장기관은 공동으로 목표설정을 위하여 벤치마크 계수 개발계획을 수립하고, 이 계획에 따라 배출시설(공정, 건축물 등을 포함한다) 및 신·증설 배출시설의 최적가용기법(BAT)의 종류와 운전방법 및 이를 적용하였을 때의 단위활동자료당 온실가스 배출량에 해당하는 벤치마크 할당계수를 개발하여 고시한다. 이 경우 관리업체 및 민간전문가의 의견을 들을 수 있다.
② 벤치마크 할당계수를 개발함에 있어 다음 각 호에 해당하는 배출시설과 국내 관리업체의 배출시설의 온실가스 배출실적 및 성능 등을 조사·비교하여 적용할 수 있다.
   1. 세계 최고 수준의 온실가스 배출집약도 또는 에너지효율 성능을 보유한 배출시설
   2. 유럽연합(EU), 미국, 일본 등 특정 국가 단위에서 최고의 온실가스 배출집약도 또는 에너지효율 성능을 보유한 배출시설
③ 최적가용기법(BAT)과 이에 따른 벤치마크 할당 계수를 개발할 경우 제2항 각 호의 배출시설 대비 상위 100분의 10에 해당하는 실적·성능을 보유한 관리업체의 배출시설은 서로 동등한 수준으로 본다.
④ 최적가용기법(BAT)의 종류 및 운전방법 등을 개발함에 있어 고려할 사항은 별표 3과 같다.
⑤ 국내외 기술발전 등을 고려하여 최적가용기법(BAT)의 변경 또는 추가 등이 있을 경우에는 이를 변경하여 고시한다.

∥ 별표 3. 최적가용기법(BAT) 개발 시 고려사항(제30조 제4항 관련) ∥

가. 최적 또는 최고 수준과 관련한 고려요소
   1) 실제 온실가스를 감축할 수 있다고 여겨지는 최고 수준의 공정, 시설 및 운전방법을 모두 포함한다.
   2) 온실가스를 감축하거나 최소화할 수 있는 것 중 가장 효과적인 것을 의미한다. 따라서 다양한 기술이 존재할 수 있다.
   3) 신뢰할 만한 과학적 지식을 근거로 그 기능이 시험되고 증명되어진 최선의 기술과 공정, 설비, 운전방법을 의미한다.

나. 이용가능성과 관련한 고려요소
   1) 실제로 이용할 수 있는 기술이어야 한다. 이는 특정 기술이 일반적으로 사용되고 있는 기술이

어야 함을 의미하는 것이 아니라 누구나 사용하고 접근할 수 있는 기술이어야 함을 뜻한다.
2) 파일롯(Pilot) 규모로서 실증된 기술도 원칙적으로 최적가용기법의 범위에 포함된다. 다만, 이 경우 실제 양산단계에서 적용되지 못할 가능성을 고려하여야 한다.
3) 최적가용기법에는 국내 기술뿐만 아니라 외국의 기술도 해당된다.
4) 새로운 기술의 성공사례가 있을 경우 최적가용기법의 범위에 포함할 수 있다. 다만, 새로운 기술에 대한 경제성 평가, 검증 등에 일정기간이 필요한 점을 함께 고려하여야 한다.
5) 경제적으로 그리고 기술적으로 가능한 조건하에서 관련 산업에서 적용할 수 있는 규모 및 특성(내구성, 신뢰성 등)에 부합하도록 개발된 것을 의미하며, 합리적으로 획득할 수 있다면 그 기술이 국내에서 사용되었는지 외국에서 개발되었는지의 여부는 중요하지 않다.

다. 감축기술과 관련한 고려요소
1) 저감기술에 국한하지 않고 온실가스의 배출을 감축할 수 있다면 공정의 설계와 운전자의 자질 등도 기술의 범주에 포함한다.
2) 온실가스의 사후처리 기술(End of Pipe Technology)뿐만 아니라 연료의 대체, 연소기술, 환경 친화적인 공정과 운전방법 등 온실가스의 배출을 감축할 수 있는 일련의 기술군을 총칭한다.

라. 기타 최적가용기법(BAT) 개발 시 고려요소
1) 환경피해를 방지함으로써 얻을 수 있는 이익이 최적가용기법(BAT)을 적용하는 데 필요한 비용보다 커야 한다.
2) 기존 및 신규공장에 최적가용기법을 설치하는 데 필요한 시간을 고려한다.
3) 폐기물의 발생을 줄이고 폐기물 회수와 재사용 등을 촉진할 수 있는지 여부를 고려하여야 한다.
4) 관련 법률에 따른 환경규제, 인·허가 등이 해당기술을 적용하는 데 상당한 제약이 발생하는지 여부를 고려하여야 한다.
5) 기술의 진보와 과학의 발전을 고려한다.
6) 온실가스와 기타 오염물질의 통합감축을 촉진하여야 한다.

제31조(목표의 설정 및 관리 특례)

① 부문별 관장기관은 국제적 동향, 국가 온실가스 감축목표 관리와의 연계성, 국가 온실가스 감축효과 및 기여도, 전력수급계획 등을 종합적으로 고려하여 필요하다고 인정되는 다음 각 호의 부문에 대해서는 환경부장관과 협의하여 제28조 및 제29조에서 정한 것과 다른 방식으로 목표를 설정할 수 있다. 이 경우 기준연도 배출량의 산정, 목표의 설정방법 등은 제24조부터 제29조까지를 준용한다.
 1. 발전
 2. 철도(지하철을 포함한다)

3. 그 밖에 환경부장관이 부문별 관장기관과 협의하여 정하는 업종 또는 배출시설
② 관리업체가 목표를 설정·통보받기 이전에「기후변화에 관한 국제연합 기본협약」(이하 "협약"이라 한다)에 따라 청정개발체제사업으로 등록·인정된 사업의 경우 부문별 관장기관은 해당 청정개발체제사업의 유형, 적용범위, 감축량 등을 감안하여 목표를 설정할 수 있다. 다만, 관리업체가 목표를 설정·통보받기 이전에 청정개발체제사업으로 국가승인을 받았거나 해당 청정개발체제 사업을 위한 신규 방법론을 제안하여 승인된 경우, 관리업체의 목표가 설정된 후 협약에 따라 해당 사업이 등록된 때에도 부문별 관장기관은 이를 감안하여 목표를 재설정할 수 있다.

제32조(이의 신청)

① 목표설정 결과에 대하여 이의가 있는 관리업체는 목표를 통보받은 날로부터 30일 이내에 부문별 관장기관에 이의를 신청할 수 있다. 이 경우 관리업체는 다음 각 호의 사항을 작성하여 문서에 첨부·제출해야 한다.
　1. 신청법인명, 사업장 소재지, 대표자의 이름 및 담당자의 이름과 연락처
　2. 이의신청 대상이 되는 처분의 내용
　3. 이의신청 취지 및 이유와 이를 증빙할 수 있는 자료
② 이의신청을 받은 부문별 관장기관은 이의신청 기한이 만료된 날부터 14일 이내에 인정여부를 결정하여 청구인과 환경부장관에게 지체 없이 알려야 한다. 다만, 부득이한 사유로 14일 이내에 결정할 수 없을 때에는 7일 이내의 범위에서 연장할 수 있으며, 그 사유를 청구인에게 문서로 즉시 알려야 한다.
③ 부문별 관장기관은 이의신청으로 심의한 관리업체의 온실가스 감축목표에 변동이 발생하는 경우 환경부장관에게 통보하고, 탄소중립위원회에 보고해야 한다.

제34조(이행실적 확인)

① 부문별 관장기관은 관리업체가 제출한 명세서를 바탕으로 이행실적에 대해 다음 각 호의 사항을 확인해야 한다.
　1. 이행계획과의 연계성 및 정확성 여부
　2. 온실가스 배출량의 산정·보고 기준 준수 여부
　3. 제33조에 따른 목표 달성 평가
　4. 개선명령의 이행 여부
　5. 그 밖에 이 지침에서 정한 절차 및 기준 등의 준수 여부 등
② 부문별 관장기관은 제1항 각 호에 따른 사항을 확인하기 위하여 필요한 경우 해당 관리업체의 의견을 듣거나 관련 자료의 제출 등을 요청할 수 있다.

③ 부문별 관장기관은 확인결과를 계획기간의 다음연도 5월 31일까지 환경부장관에게 제출하고, 환경부장관이 취합한 안건을 탄소중립위원회의 심의를 거쳐 계획기간의 다음연도 6월 30일까지 전자적 방식을 통해 센터에 제출해야 한다.

제35조(개선명령)

① 부문별 관장기관은 관리업체가 평가한 결과 관리업체의 실적이 연도별 온실가스관리목표를 달성하지 못하는 경우에는 개선명령 등 필요한 조치를 해야 한다. 다만 「온실가스 배출권의 할당 및 거래에 관한 법률」에 따라 할당대상업체로 지정되어 개선기간이 이행연도와 중복되는 업체에게는 개선을 명하지 아니한다.
② 개선명령을 받은 관리업체는 다음 연도 이행계획에 개선계획을 반영하여 부문별 관장기관에 제출해야 한다.
③ 부문별 관장기관은 개선명령 등 관리업체에 대해 필요한 조치를 하는 경우에는 환경부장관에게 그 사실을 즉시 통보해야 한다.

04 목표관리제의 배출량 산정 및 보고 체계

제36조(명세서의 작성 및 배출량 등의 산정·보고체계)

관리업체는 이 지침 제2편에 따라 온실가스 배출량이 포함된 명세서를 작성하여야 하며, 배출량 등의 산정·보고 체계는 별표 4와 같다.

별표 4. 목표관리제 배출량 등의 산정·보고 체계(제36조 관련)

제37조(명세서의 제출)

① 관리업체는 검증기관의 검증을 거친 명세서를 관리업체로 지정받은 다음해부터 매년 3월 31일까지 전자적 방식으로 부문별 관장기관에 제출하여야 한다.
② 관리업체는 다음 각 호에 해당하는 경우 목표 설정을 위한 기준연도 명세서를 수정하고 검증기관의 검증을 거쳐 해당 연도 명세서와 함께 부문별 관장기관에게 전자적 방식으로 제출해야 한다.
  1. 관리업체의 권리와 의무가 승계된 경우
  2. 조직경계 내·외부로 온실가스 배출원 또는 흡수원의 변경이 발생한 경우
  3. 배출량 등의 산정방법론이 변경되어 온실가스 배출량에 변경이 유발된 경우
  4. 사업장 고유 배출계수를 검토·확인을 받거나, 그 값이 변경된 경우
③ 관리업체는 점검·평가 결과를 반영하여 항목이 수정되는 경우 제3자 검증을 거친 후 재제출해야 한다.

제38조(이행계획서의 작성 및 제출)

① 부문별 관장기관으로부터 다음 계획기간 목표를 통보받은 관리업체는 계획기간 전년도 12월 31일까지 전자적 방식으로 다음 계획기간 이행계획을 작성하여 부문별 관장기관에 제출해야 한다.
② 이행계획에는 다음 연도를 시작으로 하는 5년 단위의 연차별 목표와 이행계획이 포함되어야 한다.
③ 관리업체는 다음 각 호의 사항이 포함된 이행계획서를 작성하고, 이행계획 수립의 세부적인 작성양식 및 방법 등은 별지 서식에 따른다.
  1. 사업장의 조직경계에 대한 세부 내용(사업장의 위치, 조직도, 시설배치도 등을 포함한다. 다만, 동일한 형태의 시설이 다수인 경우 대표 시설에 대한 세부내용으로 갈음할 수 있다)
  2. 배출시설 및 배출활동의 목록과 세부 내용
  3. 각 배출활동별 배출량 산정방법론(계산방식 또는 측정방식을 말한다) 및 산정등급(Tier)의 적용현황과 이와 관련된 내용
  4. 온실가스 배출량 등의 산정·보고와 관련된 품질관리(QC) 및 품질보증(QA)의 내용
  5. 활동자료의 설명 및 수집방법 등 온실가스 배출량 등의 모니터링에 관한 내용
  6. 이 지침에서 요구하는 산정등급(Tier)과 관련하여 활동자료의 불확도 기준의 준수여부에 대한 설명
  7. 이 지침에서 요구하는 산정등급(Tier)을 준수하지 못하는 경우 이를 준수하기 위한 조치 및 일정 등에 관한 사항
  8. 배출시설 단위 고유 배출계수 등을 개발 또는 적용해야 하는 관리업체의 경우에는 고유 배출계수 등의 개발계획 또는 개발방법, 시험 분석 기준 등에 관한 설명
  9. 연속측정방법을 사용하는 관리업체의 경우에는 굴뚝자동측정기기 설치시기, 굴뚝자동측정기기에 의한 배출량 산정방법 적용시기 등에 관한 설명

10. 조직경계, 배출활동, 배출시설, 배출량 산정방법론 및 산정등급(Tier) 등과 관련하여 이전 방법론 대비 변동사항에 대한 비교·설명, 사업장별 온실가스관리목표 및 관리범위

④ 부문별 관장기관은 소관 관리업체의 이행계획이 적절하게 수립되었는지를 확인하고 이를 1월 31일까지 센터에 제출해야 한다. 다만, 이행계획을 센터에 제출한 이후에도 계획이 부실하게 작성되었거나 보완이 필요한 경우에는 해당 관리업체에 시정을 요청할 수 있으며, 시정된 이행계획을 받는 즉시 센터에 제출해야 한다.

제39조(이행계획 수립의 적용 특례)

① 관리업체는 이행계획을 제출함에 있어 소량배출사업장에 대해서는 시행령 제21조 제2항 제3호 및 제4호를 제외한 각 호의 내용은 제출하지 않을 수 있다.

② 관리업체가 부문별 관장기관이 통보한 목표를 해당 소량배출사업장도 포함하여 이행하고자 하는 경우에는 제1항에도 불구하고 시행령 제21조 제2항 각 호의 내용을 모두 포함한 이행계획을 부문별 관장기관에 제출해야 한다.

제40조(명세서의 확인)

① 부문별 관장기관은 관리업체가 제출한 명세서에 대하여 누락 및 검증기관의 검증 여부 등을 확인해야 한다.

② 부문별 관장기관은 확인 결과 누락되었거나 부적절한 사항이 있는 관리업체에 대해서는 그 시정을 요구할 수 있다.

③ 부문별 관장기관은 관리업체가 명세서를 제출한 날부터 60일 이내에 전자적 방식으로 센터에 제출해야 한다.

④ 부문별 관장기관은 소관 관리업체 중 중앙행정기관 등의 명세서를 받는 즉시 전자적 방식으로 센터에 제출해야 한다. 다만, 센터에 제출한 이후 시정요청에 의해 명세서 내용에 수정 또는 보완이 있는 경우에는 해당되는 사항을 센터에 제출해야 한다.

05 온실가스 배출량의 검증

제41조(온실가스 배출량의 검증)

온실가스 배출량 및 에너지 사용량의 검증에 관하여는 「온실가스 배출권거래제 운영을 위한 검증지침」을 준용한다.

06 온실가스배출관리업체등록부의 관리

제42조(온실가스배출관리업체등록부 구축)

센터는 부문별 관장기관으로부터 제출받은 다음 각 호의 사항에 대하여 온실가스배출관리업체등록부를 구축하고 전자적 방식으로 통합 관리·운영해야 한다.

1. 관리업체의 상호 또는 명칭
2. 관리업체의 대표
3. 관리업체의 본점 및 사업장 소재지
4. 관리업체 지정에 관한 사항
5. 이행계획, 연도별 온실가스관리목표 달성실적 및 개선명령 등에 관한 사항
6. 명세서에 관한 사항
7. 그 밖에 목표관리제 운영에 필요한 사항으로서 환경부장관이 부문별 관장기관과 협의하여 정하는 사항

제43조(온실가스배출관리업체등록부 관리)

전자적 방식에 의한 온실가스배출관리업체등록부의 운영 및 관리 등에 관한 세부적인 사항은 환경부장관이 부문별 관장기관과 협의하여 따로 고시한다.

07 검증기관의 지정 및 관리

제44조(검증기관의 지정 및 관리)

검증기관의 지정 및 관리에 관하여는 「온실가스 배출권 운영을 위한 검증지침」을 준용한다.

08 부문별 관장기관 소관 사무의 종합적인 점검·평가

제45조(점검·평가의 원칙)

① 부문별 관장기관 소관 사무의 종합적인 점검·평가(이하 "점검·평가"라 한다)는 환경부장관이 온실가스 목표관리제의 신뢰성을 높여 선진적인 국가 온실가스 관리시스템을 마련하고 탄소중립

사회로의 이행 기반을 조성하는 것을 목적으로 한다.
② 점검 · 평가는 관련 법령과 규정에 따라 조사와 증거를 통한 사실에 근거하여 수행한다.
③ 점검 · 평가는 대상 관장기관의 장이나 관계인의 의견을 충분히 수렴하고 적법절차를 준수해야 한다.
④ 점검 · 평가의 중복, 과도한 자료요구 등으로 인한 대상 관장기관의 부담이 최소화되도록 한다.

제46조(대상기관 및 사무 등)

① 점검 · 평가 대상기관은 다음 각 호와 같다.
  1. 부문별 관장기관
  2. 제1호의 부문별 관장기관으로부터 온실가스 목표관리제와 관련된 소관 사무를 위탁받거나 대행하는 행정기관 또는 「공공기관의 운영에 관한 법률」에 따른 공공기관
② 점검 · 평가 대상기관이 온실가스 목표관리제와 관련하여 행하는 업무수행 및 이와 관련된 결정 · 집행 등의 모든 사무가 점검 · 평가 대상이 된다.
③ 부문별 관장기관은 온실가스 목표관리제와 관련한 소관 사무를 소속기관 또는 「공공기관의 운영에 관한 법률」에 따른 공공기관 등에 위탁하거나 대행하게 한 경우에는 해당 기관, 소재지, 대표자, 담당부서, 업무범위 등을 환경부장관에게 즉시 통보해야 한다.

제47조(자료제출 요구의 원칙)

① 점검 · 평가와 관련한 자료 요구 시에는 필요 최소한의 범위 안에서 충분한 준비기간 등을 고려해야 한다.
② 업체별 목표 설정의 적절성에 대한 점검 · 평가를 위해 요구할 수 있는 자료는 다음 각 호와 같다.
  1. 건축물 인 · 허가 및 착공 관련 자료
  2. 신설 시설 설계 관련 보고서 및 내역서
  3. 신설 시설의 활동자료를 예측할 수 있는 근거 자료
③ 점검 · 평가와 관련한 자료는 체계적으로 관리하여 중복적으로 제출되지 않도록 해야 하며, 센터에 전자적 방식으로 구축된 자료를 최대한 활용해야 한다.

제48조(관련 자료의 제출)

① 대상기관은 환경부장관이 점검 · 평가와 관련한 자료를 요청하는 경우 적극 협조하여 지체 없이 그에 합당한 조치를 시행해야 한다.
② 점검 · 평가와 관련하여 필요한 제출 자료의 종류, 제출시기 등에 대한 세부사항은 환경부장관이 필요하다고 인정하는 때에 대상기관에게 통보한다.

제49조(자료의 제출방법)

① 온실가스 목표관리제와 관련하여 각종 문서나 대장으로 관리하는 자료는 문서의 사본을 서면으로 제출하거나 문서의 정본 또는 사본을 전자적 방식으로 제출함을 원칙으로 한다.
② 점검 · 평가와 관련하여 제출할 자료의 양이 많거나 내용이 복잡한 경우에는 일정한 서식에 따라 집계하여 제출할 수 있다.
③ 관리업체가 직접 또는 부문별 관장기관을 거쳐 제출한 온실가스 감축 목표 등의 이행계획, 명세서 등은 센터로부터 관련 자료를 제출받거나 전자적 방식으로 열람하는 것으로 대체할 수 있다.

제50조(비밀유지 의무)

① 점검 · 평가를 담당하는 관계 공무원은 이 규정에 따라 알게 된 내용을 타인에게 제공하거나 누설 또는 목적 외의 용도로 사용하여서는 아니 된다.
② 환경부장관은 점검 · 평가 대상기관으로부터 제출받은 자료 중 비밀로 분류된 자료를 보안관련 규정에 따라 별도로 관리 · 보존한다.

제51조(점검 · 평가계획의 수립)

① 환경부장관은 매년 연간 점검 · 평가계획을 수립하여 해당 연도 개시 30일 이내에 점검 · 평가 대상기관에게 통보한다.
② 연간 점검 · 평가계획에는 다음 각 호의 사항이 포함된다.
　1. 점검 · 평가의 목적 및 필요성
　2. 점검 · 평가 대상기관
　3. 점검 평가의 내용
　4. 점검 · 평가의 방법 및 시기
　5. 제출 자료의 종류와 제출 시기
　6. 그 밖에 점검 · 평가에 필요한 사항 등

제52조(사전조사)

① 환경부장관은 관장기관의 소관 사무에 대한 종합적인 점검 · 평가에 필요한 자료를 수집 · 활용하기 위해 관련 자료의 수집계획을 수립하여 시행한다.
② 환경부장관은 다양한 자료 수집을 위해 점검 · 평가 대상기관으로부터 자료를 제출받거나 센터에 구축된 정보를 열람할 수 있다.

제53조(서면점검 · 평가)

① 환경부장관은 점검 · 평가 대상기관으로부터 제출받은 자료와 사전조사 등을 통해 점검 · 평가를 실시한다.
② 점검 · 평가를 실시하면서 업무처리 내용 등에 확인이 필요한 경우에는 점검 · 평가 대상기관으로부터 의견을 들을 수 있다.

제54조(공동 실태조사 등)

① 환경부장관은 관리업체의 목표의 이행실적, 명세서의 신뢰성 여부 등에 중대한 문제가 있다고 인정될 경우에는 부문별 관장기관과 공동으로 실태조사를 실시할 수 있다.
② 공동조사를 실시하고자 할 경우에는 사전에 소관 관장기관에 그 내용을 사전에 알리고 공동 실태조사 일정 등을 협의해야 한다. 이 경우 해당 관리업체에 조사사유 및 일시 등을 조사개시 7일 전에 통보할 수 있다.
③ 환경부장관과 소관 관장기관은 공동실태조사를 위한 조사반을 편성 · 운영한다.
④ 공동조사반은 활동기간, 공동조사 대상 지역 및 규모 등을 고려하여 소관 관장기관과 협의하여 결정한다.
⑤ 환경부장관은 공동조사반의 활동기간이 종료된 날부터 30일 이내에 부문별 관장기관과 공동으로 조사 결과보고서를 작성한다.

제55조(점검 · 평가보고서의 작성)

① 환경부장관은 실시한 점검 · 평가결과에 대하여 결과보고서를 작성해야 하며, 제54조에 따라 실시한 공동실태조사에 대해서는 소관 관장기관과 공동으로 결과보고서를 작성한다.
② 점검 · 평가결과 보고서는 점검 · 평가 종료 후 2개월 이내에 작성하여야 한다.
③ 평가보고서는 다음 각 호의 내용이 포함되어야 한다.
   1. 점검 · 평가의 목적, 필요성, 범위 및 대상기관
   2. 점검 · 평가내용 및 결과
   3. 조치 필요사항
   4. 그 밖에 점검 · 평가와 관련된 사항 및 참고자료
④ 환경부장관은 점검 · 평가결과 보고서를 작성하면서 필요한 경우 점검 · 평가 대상기관으로부터 의견을 들을 수 있다.

제56조(점검·평가업무 등의 지원)

① 환경부장관은 관장기관의 소관 사무에 대한 종합적인 점검·평가를 위해 필요할 경우 환경부 소속기관 또는 소관 공공기관으로부터 인력지원, 자료조사 및 검토 등의 업무를 담당하게 하거나 지원을 받을 수 있다.
② 환경부장관은 점검·평가를 위해 필요한 경우 관계 전문가로 구성된 자문단의 자문을 받을 수 있다.

제57조(점검·평가결과의 통보)

① 환경부장관은 점검·평가 대상기관의 소관 사무 점검·평가결과 및 공동실태조사 결과(조치가 필요한 사항을 포함한다)를 해당 기관과 부문별 관장기관에 통보한다.
② 환경부장관은 점검·평가결과 다음 각 호에 해당되는 경우에는 관리업체에 대한 개선명령 등 필요한 조치를 요구할 수 있고 부문별 관장기관은 특별한 사정이 없으면 이에 따라야 한다.
  1. 관리업체가 보고를 허위로 한 경우
  2. 그 밖에 점검·평가 결과 관리업체의 개선 등의 조치가 필요한 사항

제58조(점검·평가결과의 반영)

① 부문별 관장기관은 환경부장관이 통보한 점검·평가결과에 대하여 배출량 변동분 및 수정 필요사항을 확정하여, 통보받은 날로부터 60일 이내에 해당 관리업체의 기준연도 배출량 및 목표를 재설정하고 해당되는 보고 서류를 수정해야 한다.
② 부문별 관장기관은 관리업체의 기준연도 배출량, 목표 및 보고 서류를 수정하는 경우 환경부장관에게 통보하여 확인 받은 후, 그 사유와 결과를 관리업체 및 센터에 통보하고 관련 근거자료 등을 문서화하여 관리해야 한다.
③ 결과를 전자적 방식으로 통보 받은 센터는 이를 온실가스배출관리업체등록부에 지체 없이 반영하고 그 이력을 관리한다.

제59조(개선명령 등)

① 부문별 관장기관은 해당 관리업체에 대해 필요한 조치를 하고 그 결과를 별지 제8호 서식에 따라 작성하여 환경부장관에게 통보해야 한다.
② 환경부장관 및 부문별 관장기관은 조치결과 등을 대장에 기록·보전한다.
③ 부문별 관장기관은 관리업체가 조치명령에도 불구하고 이를 이행하지 않을 경우에는 시행령 제76조에 따라 과태료를 부과하는 등의 조치를 취해야 한다.

제2편 명세서의 작성 방법 등

01 총칙

제61조(타 규정과의 관계)

① 법의 온실가스 배출량 산정에 관하여는 이 지침 이 편을 우선하여 적용한다.
② 「온실가스 배출권의 할당 및 거래에 관한 법률」에 의한 할당대상업체의 온실가스 배출량을 산정하여 명세서를 보고, 공개할 경우 이 지침 이 편의 "관리업체"는 "할당대상업체"로 본다.
③ 온실가스 배출량의 산정에 대하여 이 지침 이 편에서 정하지 아니한 사항에 대해서는 관리업체의 이해를 돕기 위해 센터에서 공표하는 내용을 우선 적용하고 그 밖에 국제적으로 통용되는 기준 등을 적용할 수 있다.

제62조(비밀 준수)

① 이 지침 이 편에 의해 취득한 정보(취득한 정보를 가공한 경우를 포함한다)를 다른 용도로 사용하거나 외부로 유출하여서는 아니 된다.
② 다음 각 호에 해당하는 자는 관련 정보를 취급함에 있어 보안유지 의무를 따른다.
  1. 부문별 관장기관(해당 기관으로부터 관련 업무를 위임받은 기관을 포함한다. 이하 같다) 및 센터에서 관리업체의 온실가스 및 에너지 통계 자료를 취급하는 자
  2. 심사위원회의 위원
  3. 공공기관 정보제공에 의해 온실가스 정보를 취급하는 관련 행정기관 및 공공기관에 근무하는 자
  4. 공시를 위한 정보제공에 의해 온실가스 정보의 열람 및 공개가 허가된 금융위원회 또는 한국거래소에 근무하는 자
  5. 관리업체의 명세서의 검증업무를 수행하는 검증심사원(검증심사원보를 포함한다) 및 검증기관
  6. 그 밖에 관련 법률에 의해 온실가스 통계 자료를 취급하는 자
  7. 제1호부터 제6호까지에 종사하였던 자
③ 이 지침 이 편 등을 통해 취득한 정보를 외부로 공개하거나 다른 용도로 사용하고자 하는 경우에는 부문별 관장기관 및 센터와 사전에 협의해야 한다.

02 명세서의 작성 방법 등

제63조(배출량 등의 산정 원칙)

① 관리업체는 이 지침에서 정하는 방법 및 절차에 따라 온실가스 배출량 등을 산정해야 한다.
② 관리업체는 이 지침에 제시된 범위 내에서 모든 배출활동과 배출시설에서 온실가스 배출량 등을 산정해야 한다. 온실가스 배출량 등의 산정에서 제외되는 배출활동과 배출시설이 있는 경우에는 그 제외사유를 명확하게 제시해야 한다.
③ 관리업체는 시간의 경과에 따른 온실가스 배출량 등의 변화를 비교·분석할 수 있도록 일관된 자료와 산정방법론 등을 사용하여야 한다. 또한, 온실가스 배출량 등의 산정과 관련된 요소의 변화가 있는 경우에는 이를 명확히 기록·유지해야 한다.
④ 관리업체는 배출량 등을 과대 또는 과소 산정하는 등의 오류가 발생하지 않도록 최대한 정확하게 온실가스 배출량 등을 산정해야 한다.
⑤ 관리업체는 온실가스 배출량 등의 산정에 활용된 방법론, 관련 자료와 출처 및 적용된 가정 등을 명확하게 제시할 수 있어야 한다.

제64조(배출량 등의 산정 절차)

① 관리업체는 온실가스 배출량의 산정과 관련하여 아래 각 호에 대해서는 「온실가스 배출권의 할당 및 거래에 관한 법률」에 따른 「온실가스 배출권거래제의 배출량 보고 및 인증에 관한 지침」(이하 "배출량 인증지침"이라 한다)를 적용한다. 이 경우 "할당대상업체"는 "관리업체"로, "환경부장관"은 "부문별 관장기관"으로 본다.
  1. 배출량 등의 산정절차
  2. 조직경계 결정방법
  3. 배출량 등의 산정방법 및 적용기준
  4. 활동자료의 수집방법
  5. 불확도 관리기준 및 방법
  6. 배출계수 활용 및 개발
  7. 연속측정방법에 따른 배출량 산정방법 및 기준
  8. 바이오매스 등에 관한 사항
  9. 적용 특례 등에 관한 사항
  10. 모니터링 계획 작성 방법
  11. 품질관리 및 보증
② 제1항에도 불구하고 배출량 등의 산정절차의 명세서 작성 서식에 관한 사항은 배출량 인증지침을

따른다.
③ 제1항에도 불구하고, 관리업체가 자체적으로 개발한 산정방법 및 배출계수 산정등급 3(Tier 3)에 따라 배출량 등을 산정할 경우에는 별표 5의 절차에 따라 부문별 관장기관으로부터 배출시설 또는 공정 단위의 산정방법 또는 고유 배출계수의 사용 가능 여부를 통보받은 후 사용해야 한다.

별표 5. 자체 개발 산정 방법론 및 사업장 고유 배출계수의 승인 · 통보 절차(제64조 제3항 관련)

단계	내용
1단계	자체 개발 산정 방법론 및 사업장 고유 배출계수의 개발 계획 제출

관리업체는 자체 개발 산정방법 및 배출시설 단위 고유 배출계수를 개발할 경우, 자체 개발 산정방법론 및 사업장 고유 배출계수 개발 계획이 포함된 제38조에 따른 이행계획을 부문별 관장기관에 제출한다.

↓

2단계	자체 개발 산정 방법론 및 사업장 고유 배출계수의 개발 결과 및 근거 제출

관리업체는 기 제출한 이행계획서를 기반으로 자체 개발 산정방법론 및 사업장 고유 배출계수의 개발 결과를 다음연도 명세서에 포함하여 부문별 관장기관에 제출한다.

↓

3단계	부문별 관장기관의 검토 및 환경부 장관에게 검토결과 통보

부문별 관장기관은 관리업체가 제출한 자체 개발 산정방법론 및 사업장 고유 배출계수 개발결과를 검토한 후 그 결과를 환경부 장관에게 통보한다.

↓

4단계	환경부 장관의 확인 및 부문별 관장기관에게 확인결과 통보

환경부 장관은 부문별 관장기관이 통보한 자체 개발 산정방법론 및 사업장 고유 배출계수의 개발 결과의 검토 결과에 대해 국가 배출계수 개발결과와의 정합성과 부문간 유사시설에 대한 배출계수의 등가성 및 정확성 등을 확인하여 그 결과를 부문별 관장기관에 통보한다.

↓

5단계	관리업체에게 확인결과 통보

부문별 관장기관은 환경부 장관으로부터 통보받은 결과를 관리업체에 통보한다.

제65조(배출량 등의 산정 범위)

① 관리업체는 온실가스에 대하여 빠짐이 없도록 배출량을 산정해야 한다.
② 관리업체는 온실가스 직접배출과 간접배출로 온실가스 배출유형을 구분하여 온실가스 배출량을 산정해야 한다.
③ 관리업체는 법인 단위, 사업장 단위, 배출시설 단위 및 배출활동별로 온실가스 배출량을 산정해야 한다.
④ 관리업체가 온실가스 배출량을 산정해야 하는 배출활동의 종류는 배출량 인증지침을 따른다.

⑤ 보고대상 배출시설 중 연간배출량이 100이산화탄소상당량톤(tCO$_2$-eq) 미만인 소규모 배출시설이 동일한 배출활동 및 활동자료인 경우 부문별 관장기관의 확인을 거쳐 제3항에 따른 배출시설 단위로 구분하여 보고하지 않고 시설군으로 보고할 수 있다.

제66조(명세서의 작성)

관리업체는 온실가스 배출량의 산정결과를 명세서로 작성하여야 한다.

03 명세서의 공개

제67조(명세서의 공개)

① 명세서 공개에 관하여는 「명세서 공개 심사위원회 구성 및 운영에 관한 규정」을 준용한다.

SECTION 04. 온실가스 배출권의 할당 및 거래에 관한 법률 (약칭 : 배출권거래법)

01 총칙

제2조(정의)

1. 온실가스
  「기후위기 대응을 위한 탄소중립·녹색성장 기본법」(이하 "기본법"이라 한다)에 따른 온실가스를 말한다.
2. 온실가스 배출
  기본법에 따른 온실가스 배출을 말한다.
3. 배출권
  기본법에 따른 중장기 국가 온실가스 감축 목표(이하 "국가온실가스감축목표"라 한다)를 달성하기 위하여 설정된 온실가스 배출허용총량의 범위에서 개별 온실가스 배출업체에 할당되는 온실가스 배출허용량을 말한다.
4. 계획기간
  국가온실가스감축목표를 달성하기 위하여 5년 단위로 온실가스 배출업체에 배출권을 할당하고 그 이행실적을 관리하기 위하여 설정되는 기간을 말한다.
5. 이행연도
  계획기간별 국가온실가스감축목표를 달성하기 위하여 1년 단위로 온실가스 배출업체에 배출권을 할당하고 그 이행실적을 관리하기 위하여 설정되는 계획기간 내의 각 연도를 말한다.
6. 1이산화탄소상당량톤(tCO_2-eq)
  이산화탄소 1톤 또는 기본법에 따른 기타 온실가스의 지구 온난화 영향이 이산화탄소 1톤에 상당하는 양을 말한다.

제3조(기본원칙)

정부는 배출권의 할당 및 거래에 관한 제도(이하 "배출권거래제"라 한다)를 수립하거나 시행할 때에는 다음 각 호의 기본원칙에 따라야 한다.

1. 「기후변화에 관한 국제연합 기본협약」 및 관련 의정서에 따른 원칙을 준수하고, 기후변화 관련 국제협상을 고려할 것
2. 배출권거래제가 경제 부문의 국제경쟁력에 미치는 영향을 고려할 것

3. 국가온실가스감축목표를 효과적으로 달성할 수 있도록 시장기능을 최대한 활용할 것
4. 배출권의 거래가 일반적인 시장 거래 원칙에 따라 공정하고 투명하게 이루어지도록 할 것
5. 국제 탄소시장과의 연계를 고려하여 국제적 기준에 적합하게 정책을 운영할 것

02 배출권거래제 기본계획의 수립 등

제4조(배출권거래제 기본계획의 수립 등)

① 정부는 이 법의 목적을 효과적으로 달성하기 위하여 10년을 단위로 하여 5년마다 배출권거래제에 관한 중장기 정책목표와 기본방향을 정하는 배출권거래제 기본계획(이하 "기본계획"이라 한다)을 수립하여야 한다.
② 기본계획에는 다음 각 호의 사항이 포함되어야 한다.
  1. 배출권거래제에 관한 국내외 현황 및 전망에 관한 사항
  2. 배출권거래제 운영의 기본방향에 관한 사항
  3. 국가온실가스감축목표를 고려한 배출권거래제 계획기간의 운영에 관한 사항
  4. 경제성장과 부문별·업종별 신규 투자 및 시설(온실가스를 배출하는 사업장 또는 그 일부를 말한다. 이하 같다) 확장 등에 따른 온실가스 배출 전망에 관한 사항
  5. 배출권거래제 운영에 따른 에너지 가격 및 물가 변동 등 경제적 영향에 관한 사항
  6. 무역집약도 또는 탄소집약도 등을 고려한 국내 산업의 지원대책에 관한 사항
  7. 국제 탄소시장과의 연계 방안 및 국제협력에 관한 사항
  8. 그 밖에 재원조달, 전문인력 양성, 교육·홍보 등 배출권거래제의 효과적 운영에 관한 사항
③ 정부는 주무관청이 변경을 요구하거나 기후변화 관련 국제협상 등에 따라 기본계획을 변경할 필요가 있다고 인정할 때에는 그 타당성 여부를 검토하여 기본계획을 변경할 수 있다.
④ 정부는 기본계획을 수립하거나 변경할 때에는 관계 중앙행정기관, 지방자치단체 및 관련 이해관계인의 의견을 수렴하여야 한다.
⑤ 기본계획의 수립 또는 변경은 대통령령으로 정하는 바에 따라 기본법에 따른 2050 탄소중립녹색성장위원회(이하 "탄소중립녹색성장위원회"라 한다) 및 국무회의의 심의를 거쳐 확정한다. 다만, 대통령령으로 정하는 경미한 사항을 변경하는 경우에는 그러하지 아니하다.

제5조(국가 배출권 할당계획의 수립 등)

① 정부는 국가온실가스감축목표를 효과적으로 달성하기 위하여 계획기간별로 다음 각 호의 사항이

포함된 국가 배출권 할당계획(이하 "할당계획"이라 한다)을 매 계획기간 시작 6개월 전까지 수립하여야 한다.
1. 국가온실가스감축목표를 고려하여 설정한 온실가스 배출허용총량(이하 "배출허용총량"이라 한다)에 관한 사항
2. 배출허용총량에 따른 해당 계획기간 및 이행연도별 배출권의 총수량에 관한 사항
3. 배출권의 할당 대상이 되는 부문 및 업종에 관한 사항
4. 부문별·업종별 배출권의 할당기준 및 할당량에 관한 사항
5. 이행연도별 배출권의 할당기준 및 할당량에 관한 사항
6. 할당대상업체에 대한 배출권의 할당기준 및 할당방식에 관한 사항
7. 배출권을 유상으로 할당하는 경우 그 방법에 관한 사항
8. 조기감축실적의 인정 기준에 관한 사항
9. 배출권 예비분의 수량 및 배분기준에 관한 사항
10. 배출권의 이월·차입 및 상쇄의 기준 및 운영에 관한 사항
11. 그 밖에 해당 계획기간의 배출권 할당 및 거래를 위하여 필요한 사항으로서 대통령령으로 정하는 사항

② 정부는 제1항 각 호에 관한 사항을 정할 때에는 부문별·업종별 배출권거래제의 적용 여건 및 국제경쟁력에 대한 영향 등을 고려하여야 한다.
③ 정부는 계획기간 중에 국내외 경제상황의 급격한 변화, 기술 발전 등으로 할당계획을 변경할 필요가 있다고 인정할 때에는 그 타당성 여부를 검토하여 할당계획을 변경할 수 있다.
④ 정부는 할당계획을 수립하거나 변경할 때에는 미리 공청회를 개최하여 이해관계인의 의견을 들어야 하며, 공청회에서 제시된 의견이 타당하다고 인정할 때에는 할당계획에 반영하여야 한다.
⑤ 할당계획의 수립 또는 변경은 대통령령으로 정하는 바에 따라 탄소중립녹색성장위원회 및 국무회의의 심의를 거쳐 확정한다. 다만, 대통령령으로 정하는 경미한 사항을 변경하는 경우에는 그러하지 아니하다.

제6조(배출권 할당위원회의 설치)

배출권거래제에 관한 다음 각 호의 사항을 심의·조정하기 위하여 기획재정부에 배출권 할당위원회(이하 "할당위원회"라 한다)를 둔다.
1. 할당계획에 관한 사항
2. 시장 안정화 조치에 관한 사항
3. 배출량의 인증 및 상쇄와 관련된 정책의 조정 및 지원에 관한 사항
4. 국제 탄소시장과의 연계 및 국제협력에 관한 사항
5. 그 밖에 배출권거래제와 관련하여 위원장이 할당위원회의 심의·조정을 거칠 필요가 있다고

인정하는 사항

제7조(할당위원회의 구성 및 운영)

① 할당위원회는 위원장 1명과 20명 이내의 위원으로 구성한다.
② 할당위원회 위원장은 기획재정부장관이 되고, 위원은 다음 각 호의 사람이 된다.
   1. 기획재정부, 과학기술정보통신부, 농림축산식품부, 산업통상자원부, 환경부, 국토교통부, 국무조정실, 금융위원회, 그 밖에 대통령령으로 정하는 관계 중앙행정기관의 차관급 공무원 중에서 해당 기관의 장이 지명하는 사람
   2. 기후변화, 에너지·자원, 배출권거래제 등 저탄소 녹색성장에 관한 학식과 경험이 풍부한 사람 중에서 기획재정부장관이 위촉하는 사람
③ 할당위원회 위원장은 위원회를 대표하고, 위원회의 사무를 총괄한다.
④ 위촉된 위원의 임기는 2년으로 하며, 한 차례만 연임할 수 있다.
⑤ 할당위원회에는 대통령령으로 정하는 바에 따라 간사위원 1명을 둔다.
⑥ 간사위원은 위원장의 명을 받아 할당계획의 수립 준비 등 할당위원회의 사무를 처리한다.
⑦ 이 법에서 규정한 사항 외에 할당위원회의 구성 및 운영 등에 필요한 사항은 대통령령으로 정한다.

03 할당대상업체의 지정 및 배출권의 할당

제1절 할당대상업체의 지정

제8조(할당대상업체의 지정 및 지정취소)

① 대통령령으로 정하는 중앙행정기관의 장(이하 "주무관청"이라 한다)은 매 계획기간 시작 5개월 전까지 할당계획에서 정하는 배출권의 할당 대상이 되는 부문 및 업종에 속하는 온실가스 배출업체 중에서 다음 각 호의 어느 하나에 해당하는 업체를 배출권 할당 대상업체(이하 "할당대상업체"라 한다)로 지정·고시한다.
   1. 최근 3년간 온실가스 배출량의 연평균 총량이 125,000이산화탄소상당량톤(tCO_2-eq) 이상인 업체이거나 25,000이산화탄소상당량톤(tCO_2-eq) 이상인 사업장을 하나 이상 보유한 업체로서 다음 각 목의 어느 하나에 해당하는 업체
      가. 직전 계획기간 당시 할당대상업체

나. 관리업체(이하 "관리업체"라 한다)
   2. 제1호에 해당하지 아니하는 관리업체 중에서 할당대상업체로 지정받기 위하여 신청한 업체로서 대통령령으로 정하는 기준에 해당하는 업체
② 주무관청은 할당대상업체로 지정·고시한 업체가 다음 각 호의 어느 하나에 해당하게 된 경우에는 해당 업체에 대한 할당대상업체의 지정을 취소할 수 있다.
   1. 할당대상업체가 폐업·해산 등의 사유로 더 이상 존립하지 아니하는 경우
   2. 할당대상업체가 분할하거나 사업장 또는 일부 시설을 양도하는 등의 사유로 사업장을 보유하지 아니하게 된 경우
   3. 그 밖에 할당대상업체가 더 이상 이 법의 적용을 받을 수 없게 된 경우로서 대통령령으로 정하는 경우
③ 할당대상업체로 지정된 업체의 지정이 취소되거나 다음 계획기간의 할당대상업체로 다시 지정되지 아니하는 경우 해당 업체 또는 해당 업체의 사업장은 관리업체로 지정된 것으로 본다. 이 경우 해당 업체 또는 업체의 사업장이 주무관청에 보고한 명세서는 정부에 제출한 명세서로 본다.
④ 제1항부터 제3항까지에 따른 할당대상업체의 지정·고시, 신청 및 지정취소 등에 필요한 사항은 대통령령으로 정한다.

제8조의2(할당대상업체의 권리와 의무의 승계)

① 할당대상업체가 합병·분할하거나 해당 사업장 또는 시설을 양도·임대한 경우에는 해당 업체에 속한 사업장 또는 시설이 이전될 때 이 법에서 정한 할당대상업체의 권리와 의무 또한 승계된다. 다만, 분할·양수·임차 등으로 그 권리와 의무를 승계하여야 하는 업체가 할당대상업체가 아닌 경우로서 이를 승계하여도 제8조 제1항 제1호에 해당하지 아니하는 경우에는 그러하지 아니하다.
② 자신의 권리와 의무의 전부 또는 일부를 이전한 할당대상업체는 그 이전의 원인이 발생한 날부터 15일 이내에 그 사실을 주무관청에 보고하여야 한다. 다만, 권리와 의무를 이전한 할당대상업체가 더 이상 존립하지 아니하는 경우에는 이를 승계한 업체가 보고하여야 한다.
③ 주무관청은 보고가 있는 경우 그 사실 여부를 확인하여 승계된 권리와 의무에 상응하는 배출권을 관계된 할당대상업체 간에 이전(제1항 단서에 해당하는 경우에는 상응하는 배출권의 할당을 취소하는 것을 포함한다)하는 조치를 하여야 한다.
④ 주무관청은 보고의 존부(存否)와 관계없이 할당대상업체의 권리와 의무의 승계가 이루어진 사실을 알게 된 경우 직권으로 상응하는 배출권을 이전 또는 취소할 수 있다.
⑤ 제1항부터 제4항까지에 따른 할당대상업체의 권리와 의무의 승계 등에 필요한 사항은 대통령령으로 정한다.

제9조(신규진입자에 대한 할당대상업체의 지정)

① 주무관청은 계획기간 중에 시설의 신설·변경·확장 등으로 인하여 새롭게 제8조 제1항 제1호에 해당하게 된 업체(이하 "신규진입자"라 한다)를 할당대상업체로 지정·고시할 수 있다.
② 제1항에 따른 신규진입자에 대한 할당대상업체 지정·고시에 관하여 필요한 세부 사항은 대통령령으로 정한다.

제11조(배출권등록부)

① 배출권의 할당 및 거래, 할당대상업체의 온실가스 배출량 등에 관한 사항을 등록·관리하기 위하여 주무관청에 배출권 거래등록부(이하 "배출권등록부"라 한다)를 둔다.
② 배출권등록부는 주무관청이 관리·운영한다.
③ 배출권등록부에는 다음 각 호의 사항을 등록한다.
  1. 계획기간 및 이행연도별 배출권의 총수량
  2. 할당대상업체, 그 밖의 개인 또는 법인 명의의 배출권 계정 및 그 보유량
  3. 배출권 예비분 관리를 위한 계정 및 그 보유량
  4. 주무관청이 인증한 온실가스 배출량
  5. 그 밖에 효과적이고 안정적인 배출권의 할당 및 거래를 위하여 필요한 사항으로서 대통령령으로 정하는 사항
④ 배출권등록부는 온실가스 종합정보관리체계와 유기적으로 연계될 수 있도록 전자적 방식으로 관리되어야 한다.
⑤ 배출권등록부에 배출권 거래계정을 등록한 자는 그가 보유하고 있는 배출권의 수량 등 대통령령으로 정하는 등록사항에 대하여 증명서의 발급을 주무관청에 신청할 수 있다.
⑥ 배출권등록부의 관리·운영 방법 등에 관하여 필요한 세부 사항은 대통령령으로 정한다.

제2절 배출권의 할당

제12조(배출권의 할당)

① 주무관청은 계획기간마다 할당계획에 따라 할당대상업체에 해당 계획기간의 총배출권과 이행연도별 배출권을 할당한다. 다만, 신규진입자에 대하여는 해당 업체가 할당대상업체로 지정·고시된 다음 이행연도부터 남은 계획기간에 대하여 배출권을 할당한다.
② 배출권 할당의 기준은 다음 각 호의 사항을 고려하여 대통령령으로 정한다.
  1. 할당대상업체의 이행연도별 배출권 수요
  2. 조기감축실적

3. 할당대상업체의 배출권 제출 실적
4. 할당대상업체의 무역집약도 및 탄소집약도
5. 할당대상업체 간 배출권 할당량의 형평성
6. 부문별·업종별 온실가스 감축 기술 수준 및 국제경쟁력
7. 할당대상업체의 시설투자 등이 국가온실가스감축목표 달성에 기여하는 정도
8. 관리업체의 목표 준수 실적

③ 배출권의 할당은 유상 또는 무상으로 하되, 무상으로 할당하는 배출권의 비율은 국내 산업의 국제 경쟁력에 미치는 영향, 기후변화 관련 국제협상 등 국제적 동향, 물가 등 국민경제에 미치는 영향 및 직전 계획기간에 대한 평가 등을 고려하여 대통령령으로 정한다.

④ 제3항에도 불구하고 다음 각 호의 어느 하나에 해당하는 할당대상업체에는 배출권의 전부를 무상으로 할당할 수 있다.
1. 이 법 시행에 따른 온실가스 감축으로 인한 비용발생도 및 무역집약도가 대통령령으로 정하는 기준에 해당하는 업종에 속하는 업체
2. 공익을 목적으로 설립된 기관·단체 또는 비영리법인으로서 대통령령으로 정하는 업체

제13조(배출권 할당의 신청 등)

① 할당대상업체는 매 계획기간 시작 4개월 전까지(할당대상업체가 신규진입자인 경우에는 배출권을 할당받는 이행연도 시작 4개월 전까지) 자신의 모든 사업장에 대하여 다음 각 호의 사항이 포함된 배출권 할당신청서(이하 "할당신청서"라 한다)를 작성하여 주무관청에 제출하여야 한다.
1. 할당대상업체로 지정된 연도의 직전 3년간 온실가스 배출량 또는 배출효율을 기준으로 대통령령으로 정하는 방법에 따라 산정한 이행연도별 배출권 할당신청량
2. 제12조 제4항 각 호의 어느 하나에 해당하는 업체의 경우 이를 확인할 수 있는 서류

② 할당대상업체는 할당신청서를 제출할 때에 계획기간 중 실제 온실가스 배출량을 산정하기 위한 제반 자료를 수집·측정·평가하는 방법 등을 정하는 온실가스 배출량 산정 계획서(이하 "배출량 산정계획서"라 한다)를 작성하여 주무관청에 함께 제출하여야 한다.

③ 할당신청서, 배출량 산정계획서의 작성 및 절차 등에 관하여 필요한 사항은 대통령령으로 정한다.

제14조(할당의 통보)

① 주무관청은 할당대상업체에 배출권을 할당한 때에는 지체 없이 그 사실을 할당대상업체에 통보하고, 배출권등록부의 각 업체별 계정에 그 할당 내역을 등록하여야 한다.

② 할당의 통보 및 할당 내역의 등록에 필요한 세부 사항은 대통령령으로 정한다.

제15조(조기감축실적의 인정)

① 주무관청은 할당대상업체가 배출권을 할당받기 전에 외부 검증 전문기관의 검증을 받은 온실가스 감축량(이하 "조기감축실적"이라 한다)에 대하여는 대통령령으로 정하는 바에 따라 할당계획 수립 시 반영하거나 배출권 할당 시 해당 할당대상업체에 배출권을 추가 할당할 수 있다.
② 조기감축실적을 할당계획 수립 시 반영하거나 배출권을 추가 할당하는 경우에는 국가온실가스감축목표의 효과적인 달성과 배출권 거래시장의 안정적 운영을 위하여 할당계획에 반영되거나 추가 할당되는 배출권의 비율을 대통령령으로 정하는 바에 따라 총배출권 수량 대비 일정 비율 이하로 제한할 수 있다.

제16조(배출권의 추가 할당)

① 주무관청은 다음 각 호의 어느 하나에 해당하는 경우에는 직권으로 또는 신청에 따라 할당대상업체에 배출권을 추가 할당할 수 있다.
  1. 할당계획 변경으로 배출허용총량이 증가한 경우
  2. 계획기간 시작 직전 연도 또는 계획기간 중에 사업장이 신설되어 해당 이행연도에 온실가스를 배출한 경우
  3. 계획기간 시작 직전 연도 또는 계획기간 중에 사업장 내 시설의 신설이나 증설 등으로 인하여 해당 이행연도의 온실가스 배출량이 대통령령으로 정하는 기준 이상으로 증가된 경우
  4. 그 밖에 계획기간 중에 할당대상업체가 다른 법률에 따른 의무를 준수하거나 국가온실가스감축목표 달성에 기여하는 활동을 하여 온실가스 배출량이 증가된 경우로서 대통령령으로 정하는 경우
② 배출권의 추가 할당 기준 및 절차 등에 관하여 필요한 사항은 대통령령으로 정한다.

제17조(배출권 할당의 취소)

① 주무관청은 다음 각 호의 어느 하나에 해당하는 경우에는 할당 또는 추가 할당된 배출권(무상으로 할당된 배출권만 해당한다)의 전부 또는 일부를 취소할 수 있다.
  1. 할당계획 변경으로 배출허용총량이 감소한 경우
  2. 할당대상업체가 전체 또는 일부 사업장을 폐쇄한 경우
  3. 시설의 가동중지 · 정지 · 폐쇄 등으로 인하여 그 시설이 속한 사업장의 온실가스 배출량이 대통령령으로 정하는 기준 이상으로 감소한 경우
  4. 사실과 다른 내용으로 배출권의 할당 또는 추가 할당을 신청하여 배출권을 할당받은 경우
  5. 할당대상업체의 지정이 취소된 경우
② 배출권 할당의 취소사유가 발생한 할당대상업체는 그 사유 발생일부터 1개월 이내에 주무관청에

그 사실을 보고하여야 한다.
③ 배출권의 할당이 취소된 할당대상업체가 할당이 취소된 양보다 배출권을 적게 보유한 경우 주무관청은 할당대상업체에 기한을 정하여 그 부족한 부분의 배출권을 제출하도록 명할 수 있다.
④ 제1항부터 제3항까지에 따른 배출권 할당 취소의 기준 및 절차 등에 관하여 필요한 사항은 대통령령으로 정한다.

제18조(배출권 예비분)

주무관청은 다음 각 호에 해당하는 사항을 처리하기 위하여 일정 수량의 배출권을 배출권 예비분으로 보유하여야 한다. 이 경우 배출권 예비분은 그 용도나 목적 등에 따라 구분하여 보유할 수 있다.
1. 배출권의 추가 할당
2. 배출권시장 조성자의 시장조성 활동
3. 시장 안정화 조치를 위한 배출권 추가 할당
4. 이의신청의 처리
5. 그 밖에 배출권 예비분 보유가 필요한 경우로서 대통령령으로 정하는 사항

04 배출권의 거래

제19조(배출권의 거래)

① 배출권은 매매나 그 밖의 방법으로 거래할 수 있다.
② 배출권은 온실가스를 대통령령으로 정하는 바에 따라 이산화탄소상당량톤으로 환산한 단위로 거래한다.
③ 배출권 거래의 최소 단위 등 배출권 거래에 필요한 세부 사항은 대통령령으로 정한다.

제20조(배출권 거래계정의 등록)

① 배출권을 거래하려는 자는 대통령령으로 정하는 바에 따라 배출권등록부에 배출권 거래계정을 등록하여야 한다.
② 외국 법인 또는 개인은 대통령령으로 정하는 경우에만 등록을 신청할 수 있다.

제21조(배출권 거래의 신고)

① 배출권을 거래한 자는 대통령령으로 정하는 바에 따라 그 사실을 주무관청에 신고하여야 한다.
② 신고를 받은 주무관청은 지체 없이 배출권등록부에 그 내용을 등록하여야 한다.
③ 배출권 거래에 따른 배출권의 이전은 배출권 거래 내용을 등록한 때에 효력이 생긴다.
④ 제1항부터 제3항까지의 규정은 상속이나 법인의 합병 등 거래에 의하지 아니하고 배출권이 이전되는 경우에 준용한다.

제22조(배출권 거래소 등)

① 주무관청은 배출권의 공정한 가격 형성과 매매, 그 밖에 거래의 안정성과 효율성을 도모하기 위하여 배출권 거래소를 지정하거나 설치·운영할 수 있다.
② 배출권 거래소를 지정하는 경우 그 지정을 받은 배출권 거래소는 다음 각 호의 사항이 포함된 운영규정을 정하여 거래소 개시일 전까지 주무관청의 승인을 받아야 한다. 승인을 받은 사항 중 대통령령으로 정하는 중요 사항을 변경하려는 경우에도 대통령령으로 정하는 바에 따라 주무관청의 승인을 받아야 한다.
  1. 배출권 거래소의 회원에 관한 사항
  2. 배출권 거래의 방법에 관한 사항
  3. 배출권 거래의 청산·결제에 관한 사항
  4. 배출권 거래의 정보 공개에 관한 사항
  5. 배출권 거래시장의 감시에 관한 사항
  6. 배출권 거래에 관한 분쟁조정에 관한 사항
  7. 그 밖에 배출권 거래시장의 운영을 위하여 필요한 사항으로서 대통령령으로 정하는 사항
③ 배출권 거래소의 지정 또는 설치 절차, 배출권 거래소의 업무 및 감독, 배출권 거래를 중개하는 회사 등에 필요한 사항은 대통령령으로 정한다.

제22조의2(배출권시장 조성자)

① 주무관청은 지정된 배출권 거래소에 의하여 개설된 시장에서 배출권 거래를 활성화시키는 등 배출권 거래시장의 안정적 운영을 위하여 다음 각 호의 어느 하나에 해당하는 자를 배출권시장 조성자(이하 "시장조성자"라 한다)로 지정할 수 있다.
  1. 「한국산업은행법」에 따른 한국산업은행
  2. 「중소기업은행법」에 따른 중소기업은행
  3. 「한국수출입은행법」에 따른 한국수출입은행
  4. 그 밖에 시장조성업무에 관한 전문성과 공공성을 갖춘 자로서 대통령령으로 정하는 자

② 주무관청은 시장조성자로 지정된 자가 더이상 시장조성자로서의 역할을 수행할 수 없게 된 경우에는 그 지정을 취소할 수 있다.
③ 시장조성자로 지정된 자는 정기적으로 시장조성 활동 실적을 주무관청에 보고하여야 한다.
④ 주무관청은 보고된 실적을 평가하여 그 시장조성자로서의 활동이 적절하지 아니한 경우에는 시정을 요구할 수 있다. 이 경우 시정요구를 받은 시장조성자는 정당한 사유가 없으면 이에 따라야 한다.
⑤ 제1항부터 제4항까지에 따른 시장조성자의 지정 및 지정취소, 시장조성 활동 실적의 제출 및 평가, 시정요구 및 그 이행 등에 필요한 사항은 대통령령으로 정한다.

제23조(배출권 거래시장의 안정화)

① 주무관청은 배출권 거래가격의 안정적 형성을 위하여 다음 각 호의 어느 하나에 해당하는 경우 또는 해당할 우려가 상당히 있는 경우에는 대통령령으로 정하는 바에 따라 할당위원회의 심의를 거쳐 시장 안정화 조치를 할 수 있다.
 1. 배출권 가격이 6개월 연속으로 직전 2개 연도의 평균 가격보다 대통령령으로 정하는 비율 이상으로 높게 형성될 경우
 2. 배출권에 대한 수요의 급증 등으로 인하여 단기간에 거래량이 크게 증가하는 경우로서 대통령령으로 정하는 경우
 3. 그 밖에 배출권 거래시장의 질서를 유지하거나 공익을 보호하기 위하여 시장 안정화 조치가 필요하다고 인정되는 경우로서 대통령령으로 정하는 경우
② 시장 안정화 조치는 다음 각 호의 방법으로 한다.
 1. 제18조에 따른 배출권 예비분의 100분의 25까지의 추가 할당
 2. 대통령령으로 정하는 바에 따른 배출권 최소 또는 최대 보유한도의 설정
 3. 그 밖에 국제적으로 인정되는 방법으로서 대통령령으로 정하는 방법

05 배출량의 보고·검증 및 인증

제24조(배출량의 보고 및 검증)

① 할당대상업체는 매 이행연도 종료일부터 3개월 이내에 대통령령으로 정하는 바에 따라 해당 이행연도에 자신의 모든 사업장에서 실제 배출된 온실가스 배출량에 대하여 배출량 산정계획서를 기준으로 명세서를 작성하여 주무관청에 보고하여야 한다.

② 제1항에 따른 보고에 관하여는 기본법 제27조 제3항을 준용한다. 이 경우 "관리업체"는 "할당대상업체"로, "정부"는 "주무관청"으로 본다.
③ 제1항 및 제2항에서 규정한 사항 외에 온실가스 배출량의 보고·검증에 필요한 세부 사항은 대통령령으로 정한다.

제24조의2(검증기관)

① 주무관청은 다음 각 호에 해당하는 사항을 객관적이고 전문적으로 검증하기 위하여 대통령령으로 정하는 기준에 적합한 자로부터 신청을 받아 외부 검증 전문기관(이하 "검증기관"이라 한다)을 지정할 수 있다. 이 경우 대통령령으로 정하는 바에 따라 업무의 범위를 구분하여 지정할 수 있다.
 1. 배출량 산정계획서
 2. 명세서
 3. 외부사업 온실가스 감축량
 4. 그 밖에 할당대상업체의 온실가스 감축량
② 검증기관은 대통령령으로 정하는 업무기준을 준수하여야 한다.
③ 주무관청은 검증기관이 다음 각 호의 어느 하나에 해당하는 경우 그 지정을 취소하거나 1년 이내의 기간을 정하여 업무의 정지 또는 시정을 명할 수 있다. 다만, 제1호부터 제3호까지 중 어느 하나에 해당하는 경우에는 그 지정을 취소하여야 한다.
 1. 거짓이나 부정한 방법으로 지정을 받은 경우
 2. 검증기관이 폐업·해산 등의 사유로 사실상 영업을 종료한 경우
 3. 고의 또는 중대한 과실로 검증업무를 부실하게 수행한 경우
 4. 이 법 또는 다른 법률을 위반한 경우
 5. 지정기준을 갖추지 못하게 된 경우
④ 검증기관은 대통령령으로 정하는 바에 따라 정기적으로 검증업무 수행결과를 주무관청에 제출하여야 한다. 이 경우 주무관청은 제출된 수행결과를 평가하여 그 결과를 인터넷 홈페이지 등에 공개할 수 있다.
⑤ 제1항부터 제5항까지에 따른 검증기관의 지정 및 지정취소, 업무정지 및 시정명령 등에 필요한 사항은 대통령령으로 정한다.

제24조의3(검증심사원)

① 검증기관의 검증업무는 전문분야별 자격요건을 갖추어 주무관청이 발급한 자격증을 보유한 검증심사원(이하 "검증심사원"이라 한다)이 수행하여야 한다.

② 검증심사원은 검증업무를 수행할 때 업무기준을 준수하여야 한다.
③ 주무관청은 검증심사원이 다음 각 호의 어느 하나에 해당하는 경우 그 자격을 취소하거나 1년 이내의 기간을 정하여 정지할 수 있다. 다만, 제1호 또는 제2호에 해당하는 경우에는 그 자격을 취소하여야 한다.
 1. 거짓이나 부정한 방법으로 자격을 취득한 경우
 2. 고의 또는 중대한 과실로 검증업무를 부실하게 수행한 경우
 3. 이 법 또는 다른 법률을 위반한 경우
 4. 정당한 이유 없이 필수적인 교육에 참석하지 아니하거나 그 교육의 평가결과가 현저히 낮은 경우 또는 장기간 검증업무를 수행하지 아니한 경우
④ 제1항부터 제3항까지에 따른 검증심사원의 자격 및 전문분야별 자격요건, 업무기준, 자격취소·자격정지의 요건 및 절차 등에 관하여 필요한 사항은 대통령령으로 정한다.

제25조(배출량의 인증 등)

① 주무관청은 보고를 받으면 그 내용에 대한 적합성을 평가하여 할당대상업체의 실제 온실가스 배출량을 인증한다.
② 주무관청은 할당대상업체가 배출량 보고를 하지 아니하는 경우에는 실태조사를 거쳐 대통령령으로 정하는 기준에 따라 직권으로 그 할당대상업체의 실제 온실가스 배출량을 인증할 수 있다.
③ 주무관청은 실제 온실가스 배출량을 인증한 때에는 지체 없이 그 결과를 할당대상업체에 통지하고, 그 내용을 이행연도 종료일부터 5개월 이내에 배출권등록부에 등록하여야 한다.
④ 제1항부터 제3항까지의 규정에 따른 배출량 인증의 방법·절차, 통지 및 등록에 필요한 세부 사항은 대통령령으로 정한다.

제26조(배출량 인증위원회)

① 적합성 평가 및 실제 온실가스 배출량의 인증, 상쇄에 관한 전문적인 사항을 심의·조정하기 위하여 주무관청에 배출량 인증위원회(이하 "인증위원회"라 한다)를 둔다.
② 인증위원회의 구성 및 운영 등에 필요한 사항은 대통령령으로 정한다.

06 배출권의 제출, 이월·차입, 상쇄 및 소멸

제27조(배출권의 제출)

① 할당대상업체는 이행연도 종료일부터 6개월 이내에 대통령령으로 정하는 바에 따라 인증받은 온실가스 배출량에 상응하는 배출권(종료된 이행연도의 배출권을 말한다)을 주무관청에 제출하여야 한다.
② 주무관청은 배출권을 제출받으면 지체 없이 그 내용을 배출권등록부에 등록하여야 한다.

제28조(배출권의 이월 및 차입)

① 배출권을 보유한 자는 보유한 배출권을 주무관청의 승인을 받아 계획기간 내의 다음 이행연도 또는 다음 계획기간의 최초 이행연도로 이월할 수 있다.
② 할당대상업체는 배출권을 제출하기 위하여 필요한 경우로서 대통령령으로 정하는 사유가 있는 경우에는 주무관청의 승인을 받아 계획기간 내의 다른 이행연도에 할당된 배출권의 일부를 차입할 수 있다.
③ 차입할 수 있는 배출권의 한도는 대통령령으로 정한다.
④ 주무관청은 이월 또는 차입을 승인한 때에는 지체 없이 그 내용을 배출권등록부에 등록하여야 한다. 이 경우 이월 또는 차입된 배출권은 각각 그 해당 이행연도에 할당된 것으로 본다.
⑤ 배출권의 이월 및 차입의 세부 절차는 대통령령으로 정한다.

제29조(상쇄)

① 할당대상업체는 국제적 기준에 부합하는 방식으로 외부사업에서 발생한 온실가스 감축량(이하 "외부사업 온실가스 감축량"이라 한다)을 보유하거나 취득한 경우에는 그 전부 또는 일부를 배출권으로 전환하여 줄 것을 주무관청에 신청할 수 있다.
② 주무관청은 신청을 받으면 대통령령으로 정하는 기준에 따라 외부사업 온실가스 감축량을 그에 상응하는 배출권으로 전환하고, 그 내용을 상쇄등록부에 등록하여야 한다.
③ 할당대상업체는 상쇄등록부에 등록된 배출권(이하 "상쇄배출권"이라 한다)을 배출권의 제출을 갈음하여 주무관청에 제출할 수 있다. 이 경우 주무관청은 상쇄배출권 제출이 국가온실가스감축목표에 미치는 영향과 배출권 거래 가격에 미치는 영향 등을 고려하여 대통령령으로 정하는 바에 따라 상쇄배출권의 제출한도 및 유효기간을 제한할 수 있다.

제30조(외부사업 온실가스 감축량의 인증)

① 배출권으로 전환할 수 있는 외부사업 온실가스 감축량은 다음 각 호의 어느 하나에 해당하는 온실가스 감축량으로서 대통령령으로 정하는 기준과 절차에 따라 주무관청의 인증을 받은 것에 한정한다.
  1. 이 법이 적용되지 아니하는 국내외 부분에서 국제적 기준에 부합하는 측정·보고·검증이 가능한 방식으로 실시한 온실가스 감축사업을 통하여 발생한 온실가스 감축량
  2. 「기후변화에 관한 국제연합 기본협약」 및 관련 의정서에 따른 온실가스 감축사업 등 대통령령으로 정하는 사업을 통하여 발생한 온실가스 감축량
② 인증을 받으려는 자는 대통령령으로 정하는 바에 따라 주무관청에 신청하여야 한다.
③ 주무관청은 외부사업 온실가스 감축량을 인증한 때에는 지체 없이 상쇄등록부에 등록하여야 한다.

제31조(상쇄등록부)

① 인증된 외부사업 온실가스 감축량 등을 등록·관리하기 위하여 주무관청에 배출권 상쇄등록부(이하 "상쇄등록부"라 한다)를 둔다.
② 상쇄등록부는 주무관청이 관리·운영한다.
③ 상쇄등록부는 배출권등록부와 유기적으로 연계될 수 있도록 관리되어야 한다.

제32조(배출권의 소멸)

이행연도별로 할당된 배출권 중 주무관청에 제출되거나 다음 이행연도로 이월되지 아니한 배출권은 각 이행연도 종료일부터 6개월이 경과하면 그 효력을 잃는다.

제33조(과징금)

① 주무관청은 다음 각 호의 어느 하나에 해당하는 경우에는 그 부족한 부분에 대하여 이산화탄소 1톤당 10만 원의 범위에서 해당 이행연도의 배출권 평균 시장가격의 3배 이하의 과징금을 부과할 수 있다.
  1. 할당대상업체가 인증받은 온실가스 배출량보다 제출한 배출권이 적은 경우
  2. 할당대상업체가 할당이 취소된 양보다 제출기한 내에 제출한 배출권이 적은 경우
② 주무관청은 과징금을 부과하기 전에 미리 당사자 또는 이해관계인 등에게 의견을 제출할 기회를 주어야 한다.
③ 과징금의 부과 기준 및 절차 등에 관하여 필요한 사항은 대통령령으로 정한다.

제34조(과징금의 징수 및 체납처분)

① 주무관청은 과징금 납부의무자가 납부기한까지 과징금을 납부하지 아니한 경우에는 납부기한의 다음 날부터 납부한 날의 전날까지의 기간에 대하여 대통령령으로 정하는 가산금을 징수할 수 있다.
② 주무관청은 과징금 납부의무자가 납부기한까지 과징금을 납부하지 아니한 경우에는 기간을 정하여 독촉을 하고, 그 지정한 기간에 과징금과 가산금을 납부하지 아니한 경우에는 국세 체납처분의 예에 따라 징수할 수 있다.
③ 과징금의 징수 및 체납처분 절차 등에 관하여 필요한 사항은 대통령령으로 정한다.

07 보칙

제35조(금융상·세제상의 지원 등)

① 정부는 배출권거래제 도입으로 인한 기업의 경쟁력 감소를 방지하고 배출권 거래를 활성화하기 위하여 온실가스 감축설비를 설치하거나 관련 기술을 개발하는 사업 등 대통령령으로 정하는 사업에 대하여는 금융상·세제상의 지원 또는 보조금의 지급, 그 밖에 필요한 지원을 할 수 있다.
② 정부는 지원을 하는 경우 「중소기업기본법」에 따른 중소기업이 하는 사업에 우선적으로 지원할 수 있다.
③ 정부는 배출권을 유상으로 할당하는 경우 발생하는 수입과 과징금, 수수료 및 과태료 수입의 전부 또는 일부를 지원활동에 사용할 수 있다.

제36조(국제 탄소시장과의 연계 등)

① 정부는 「기후변화에 관한 국제연합 기본협약」 및 관련 의정서 또는 국제적으로 신뢰성 있게 온실가스 배출량을 측정·보고·검증하고 있다고 인정되는 국가와의 합의서에 기초하여 국내 배출권시장을 국제 탄소시장과 연계하도록 노력하여야 한다. 이 경우 정부는 할당대상업체의 영업비밀 보호 등을 고려하여야 한다.
② 주무관청은 대통령령으로 정하는 바에 따라 국제 탄소시장과의 연계를 위한 조사·연구 및 기술개발·협력 등을 전문적으로 수행하는 기관을 배출권 거래 전문기관으로 지정하거나 설치·운영할 수 있다.
③ 정부는 지정하거나 설치·운영하는 배출권 거래 전문기관의 사업 수행에 필요한 경비를 지원할 수 있다.

제37조(실태조사)

주무관청은 다음 각 호의 신청이나 처분 등에 관하여 그 사실 여부 및 적정성을 확인하기 위하여 필요하면 해당 할당대상업체, 시장조성자, 검증기관 또는 검증심사원(이하 이 조에서 "실태조사 대상자"라 한다)에게 보고 또는 자료 제출을 요구하거나 필요한 최소한의 범위에서 현장조사 등의 방법으로 실태조사를 할 수 있다. 이 경우 실태조사 대상자는 정당한 사유가 없으면 이에 따라야 한다.
1. 배출권 할당의 신청
2. 조기감축실적의 인정
3. 배출권의 추가 할당
4. 배출권 할당의 취소
4의 2. 시장조성자의 지정·지정취소 및 시장조성자에 대한 시정요구
5. 배출량의 보고 및 검증
5의 2. 검증기관의 지정·지정취소·업무정지 및 시정명령
5의 3. 검증심사원의 자격취득·자격취소 및 자격정지
6. 배출량의 인증
7. 외부사업 온실가스 감축량의 인증

제37조의2(청문)

주무관청은 다음 각 호의 어느 하나에 해당하는 처분을 하려는 경우에는 청문을 하여야 한다.
1. 시장조성자의 지정취소
2. 검증기관의 지정취소
3. 검증심사원의 자격취소

제38조(이의신청)

① 다음 각 호의 처분에 대하여 이의(異議)가 있는 자는 각 호에 규정된 날부터 30일 이내에 대통령령으로 정하는 바에 따라 소명자료를 첨부하여 주무관청에 이의를 신청할 수 있다.
1. 지정 : 고시된 날
2. 할당 : 할당받은 날
3. 배출권의 추가 할당 : 배출권이 추가 할당된 날
4. 배출권 할당의 취소 : 배출권의 할당이 취소된 날
5. 시장조성자의 지정 및 지정취소 : 통보된 날
6. 검증기관의 지정·지정취소·업무정지 및 시정명령 : 통보된 날
7. 검증심사원의 자격부여·자격취소 및 자격정지 : 통보된 날

8. 배출량의 인증 : 인증받은 날
9. 과징금 부과처분 : 고지받은 날

② 주무관청은 제1항에 따라 이의신청을 받으면 이의신청을 받은 날부터 30일 이내에 그 결과를 신청인에게 통보하여야 한다. 다만, 부득이한 사정으로 그 기간 내에 결정을 할 수 없을 때에는 30일의 범위에서 기간을 연장하고 그 사실을 신청인에게 알려야 한다.

제39조(수수료)

다음 각 호의 어느 하나에 해당하는 자는 대통령령으로 정하는 바에 따라 수수료를 내야 한다.
1. 증명서의 발급을 신청하는 자
2. 배출권 거래계정의 등록을 신청하는 자(할당대상업체는 제외한다)

제40조(권한의 위임 또는 위탁)

① 주무관청은 이 법에 따른 권한의 일부를 대통령령으로 정하는 바에 따라 다른 중앙행정기관의 장 또는 소속 기관의 장에게 위임하거나 위탁할 수 있다.
② 주무관청은 이 법에 따른 업무의 일부를 대통령령으로 정하는 바에 따라 공공기관 또는 대통령령으로 정하는 온실가스 감축 관련 전문기관에 위탁할 수 있다.

제40조의 2(벌칙 적용에서 공무원 의제)

다음 각 호의 어느 하나에 해당하는 사람은 「형법」의 규정을 적용할 때에는 공무원으로 본다.
1. 인증위원회의 위원 중 공무원이 아닌 사람
2. 검증심사원

08 벌칙 및 과태료

제41조(벌칙)

① 다음 각 호의 어느 하나에 해당하는 자는 3년 이하의 징역 또는 1억 원 이하의 벌금에 처한다. 다만, 그 위반행위로 얻은 이익 또는 회피한 손실액의 3배에 해당하는 금액이 1억 원을 초과하는 경우에는 그 이익 또는 회피한 손실액의 3배에 해당하는 금액 이하의 벌금에 처한다.
  1. 배출권의 매매에 관하여 그 매매가 성황을 이루고 있는 듯이 잘못 알게 하거나, 그 밖에 타인에게 그릇된 판단을 하게 할 목적으로 같은 항 각 호의 어느 하나에 해당하는 행위를 한 자
  2. 배출권의 매매를 유인할 목적으로 같은 항 각 호의 어느 하나에 해당하는 행위를 한 자
  3. 배출권의 시세를 고정시키거나 안정시킬 목적으로 그 배출권에 관한 일련의 매매 또는 그 위탁이나 수탁을 한 자
  4. 배출권의 매매, 그 밖의 거래와 관련하여 같은 항 각 호의 어느 하나에 해당하는 행위를 한 자
  5. 배출권의 매매, 그 밖의 거래를 할 목적이나 그 시세의 변동을 도모할 목적으로 풍문의 유포, 위계(僞計)의 사용, 폭행 또는 협박을 한 자

② 다음 각 호의 어느 하나에 해당하는 사람은 1년 이하의 징역 또는 3천만 원 이하의 벌금에 처한다.
  1. 그 직무에 관하여 알게 된 비밀을 누설하거나 이용한 배출권 거래소의 임직원 또는 임직원이었던 사람
  2. 배출권 거래소의 회원과 자금의 공여, 손익의 분배, 그 밖에 영업에 관하여 특별한 이해관계를 가진 배출권 거래소의 상근 임직원

③ 다음 각 호의 어느 하나에 해당하는 자는 1억 원 이하의 벌금에 처한다. 다만, 그 위반행위로 얻은 이익 또는 회피한 손실액의 3배에 해당하는 금액이 1억 원을 초과하는 경우에는 그 이익 또는 회피한 손실액의 3배에 해당하는 금액 이하의 벌금에 처한다.
  1. 거짓이나 부정한 방법으로 배출권 할당 또는 추가 할당을 신청하여 할당 또는 추가 할당을 받은 자
  2. 거짓이나 부정한 방법으로 외부사업 온실가스 감축량을 배출권으로 전환하여 줄 것을 신청하여 상쇄배출권을 제출한 자
  3. 거짓이나 부정한 방법으로 인증을 신청하여 외부사업 온실가스 감축량을 인증받은 자

제42조(양벌규정)

법인(단체를 포함한다. 이하 이 조에서 같다)의 대표자나 법인 또는 개인의 대리인, 사용인, 그 밖의 종업원이 그 법인 또는 개인의 업무에 관하여 제41조의 위반행위를 하면 그 행위자를 벌하는 외에 그 법인 또는 개인에게도 해당 조문의 벌금형을 과(科)한다. 다만, 법인 또는 개인이 그 위반행위를 방지하

기 위하여 해당 업무에 관하여 상당한 주의와 감독을 게을리하지 아니한 경우에는 그러하지 아니하다.

제43조(과태료)

주무관청은 다음 각 호의 어느 하나에 해당하는 자에게는 1천만 원 이하의 과태료를 부과·징수한다.
1. 기한 내에 보고를 하지 아니하거나 사실과 다르게 보고한 자
2. 신고를 거짓으로 한 자
3. 보고를 하지 아니하거나 거짓으로 보고한 자
4. 시정이나 보완 명령을 이행하지 아니한 자
5. 검증업무 수행결과를 제출하지 아니한 검증기관
6. 배출권 제출을 하지 아니한 자

SECTION 05 온실가스 배출권의 할당 및 거래에 관한 법률 시행령 (약칭 : 배출권거래법 시행령)

01 배출권거래제 기본계획의 수립 등

제2조(배출권거래제 기본계획의 수립 등)

① 기획재정부장관과 환경부장관은 「온실가스 배출권의 할당 및 거래에 관한 법률」(이하 "법"이라 한다)에 따른 배출권거래제 기본계획(이하 "기본계획"이라 한다)을 매 계획기간 시작 1년 전까지 공동으로 수립해야 한다.

② 기획재정부장관과 환경부장관은 기본계획을 수립하거나 변경할 때에는 같은 조 제4항에 따라 공청회 등의 방법으로 관계 중앙행정기관, 지방자치단체 및 관련 이해관계인의 의견을 수렴해야 하며, 제시된 의견이 타당하다고 인정될 때에는 기본계획에 반영해야 한다.

③ 기획재정부장관과 환경부장관은 기본계획을 수립하거나 변경(제4항에 해당하는 사항은 제외한다)할 때에는 제2항에 따른 의견 수렴 후 「기후위기 대응을 위한 탄소중립·녹색성장 기본법」(이하 "기본법"이라 한다)에 따른 2050 탄소중립녹색성장위원회(이하 "탄소중립위원회"라 한다) 및 국무회의의 심의를 거쳐야 한다.

④ 법 제4조 제5항 단서에서 "대통령령으로 정하는 경미한 사항"이란 다음 각 호의 어느 하나에 해당하는 사항을 말한다.
  1. 국제협력에 관한 사항
  2. 전문인력 양성 및 교육·홍보 등에 관한 사항

⑤ 기획재정부장관과 환경부장관은 온실가스 종합정보센터(이하 "종합정보센터"라 한다)에 기본계획을 수립하기 위한 조사·연구를 수행하도록 요청할 수 있다.

제3조(국가 배출권 할당계획의 수립 등)

① 환경부장관은 중장기 국가 온실가스 감축 목표(이하 "중장기감축목표"라 한다)와의 정합성을 고려하여 국가 배출권 할당계획(이하 "할당계획"이라 한다)을 수립해야 한다.

② 환경부장관은 할당계획을 수립하거나 변경할 때에는 관계 중앙행정기관의 장과 협의해야 하며, 배출권 할당위원회(이하 "할당위원회"라 한다)의 심의·조정을 거쳐야 한다.

③ 환경부장관은 할당계획의 수립·변경을 위하여 필요한 경우에는 관계 중앙행정기관의 장에게 관련 자료를 요청할 수 있으며, 요청을 받은 기관의 장은 특별한 사유가 없으면 이에 협조해야 한다.

④ 법 제5조 제1항 제11호에서 "대통령령으로 정하는 사항"이란 다음 각 호의 사항을 말한다.

1. 배출권의 할당 대상이 되는 부문 및 업종의 분류에 관한 사항
2. 배출권의 추가 할당에 관한 사항
3. 할당 또는 추가 할당된 배출권의 취소에 관한 사항
4. 법 시행 후 세 번째 계획기간(이하 "3차 계획기간"이라 한다) 이후 무상으로 할당하는 배출권의 비율에 관한 사항
5. 상쇄배출권의 제출한도에 관한 사항
6. 다음 계획기간으로 이월하는 배출권 수량 등 배출권 거래의 활성화를 위하여 필요한 사항으로서 배출권의 할당기준에 영향을 미치는 사항
7. 그 밖에 해당 계획기간의 배출권 할당 및 거래를 위하여 필요한 사항으로서 할당위원회에서 의결한 사항

⑤ 환경부장관은 다음 각 호의 어느 하나에 해당하는 경우에는 할당계획을 변경할 수 있다.
1. 국내외 경제상황의 급격한 변화, 기술 발전, 국내 전력수요의 예상하지 못한 급격한 변화 등으로 인하여 할당계획을 변경해야 할 중대한 사유가 발생한 경우
2. 기후변화와 관련된 국제협상 결과에 따라 할당계획을 변경해야 할 필요가 있는 경우

⑥ 환경부장관은 할당계획을 수립하거나 변경(제7항에 해당하는 사항은 제외한다)할 때에는 의견수렴, 관계 중앙행정기관의 장과의 협의 및 할당위원회의 심의 · 조정을 거친 후 탄소중립위원회 및 국무회의의 심의를 거쳐야 한다.

⑦ 법 제5조 제5항 단서에서 "대통령령으로 정하는 경미한 사항"이란 다음 각 호의 어느 하나에 해당하는 사항을 말한다.
1. 배출권의 이월 · 차입 및 상쇄의 기준 · 운영에 관한 사항
2. 할당위원회에서 의결한 사항

⑧ 환경부장관은 확정된 할당계획을 관보 및 환경부 인터넷 홈페이지 등에 공고해야 한다.
⑨ 환경부장관은 종합정보센터가 할당계획을 수립하기 위한 조사 · 연구를 수행하도록 할 수 있다.

제4조(할당위원회의 구성 및 운영)

① 법 제7조 제2항 제1호에서 "대통령령으로 정하는 관계 중앙행정기관"이란 외교부, 행정안전부, 해양수산부 및 산림청을 말한다.
② 할당위원회의 위원은 관계 중앙행정기관의 장의 추천을 받아 기획재정부장관이 위촉하는 사람이 된다.
③ 할당위원회에 두는 간사위원(이하 "간사위원"이라 한다)은 환경부차관이 된다.
④ 간사위원은 할당위원회의 위원장의 명을 받아 다음 각 호의 사무를 처리한다.
1. 할당위원회 심의안건의 작성(검토보고서 작성을 포함한다)
2. 심의안건에 관한 관계 중앙행정기관과의 협의 및 관계 전문가 등의 의견 수렴

3. 그 밖에 할당위원회의 회의 준비에 관한 사항

제5조(할당위원회의 위원의 제척 · 기피 · 회피)

① 할당위원회의 위원(할당위원회의 위원장을 포함한다. 이하 이 조에서 같다)이 다음 각 호의 어느 하나에 해당하는 경우에는 할당위원회의 심의 · 조정에서 제척(除斥)된다.
  1. 할당위원회의 위원 또는 그 배우자나 배우자였던 사람이 해당 안건의 당사자(당사자가 법인 · 단체 등인 경우에는 법인 · 단체 등의 임원을 말한다. 이하 이 호 및 제2호에서 같다)가 되거나 그 안건의 당사자와 공동권리자 또는 공동의무자인 경우
  2. 할당위원회의 위원이 해당 안건의 당사자와 친족이거나 친족이었던 경우
  3. 할당위원회의 위원이 해당 안건에 대하여 증언, 진술, 자문, 연구, 용역 또는 감정을 한 경우
  4. 할당위원회의 위원이나 할당위원회의 위원이 속한 법인이 해당 안건의 당사자의 대리인이거나 대리인이었던 경우

② 당사자는 제척사유가 있거나 할당위원회의 위원에게 공정한 심의 · 조정을 기대하기 어려운 사정이 있는 때에는 할당위원회에 기피 신청을 할 수 있고, 할당위원회는 의결로 기피 여부를 결정한다. 이 경우 기피 신청의 대상인 할당위원회의 위원은 그 의결에 참여할 수 없다.

③ 할당위원회의 위원이 제척 사유에 해당하는 경우에는 스스로 해당 안건의 심의 · 조정에서 회피(回避)하여야 한다.

제6조(할당위원회의 위원의 해촉)

기획재정부장관은 할당위원회의 위원이 다음 각 호의 어느 하나에 해당하는 경우에는 해당 위원을 해촉(解囑)할 수 있다.
  1. 심신장애로 인하여 직무를 수행할 수 없게 된 경우
  2. 직무와 관련된 비위사실이 있는 경우
  3. 직무태만, 품위손상이나 그 밖의 사유로 할당위원회의 위원으로 적합하지 않다고 인정되는 경우
  4. 할당위원회의 위원 스스로 직무를 수행하는 것이 곤란하다고 의사를 밝히는 경우
  5. 제5조 제1항 각 호의 어느 하나에 해당함에도 불구하고 회피하지 않은 경우

제7조(할당위원회의 회의 등)

① 할당위원회의 회의는 할당위원회의 위원장이 필요하다고 인정하거나 재적위원 3분의 1 이상이 요구할 때에 개최한다.
② 할당위원회의 회의는 재적위원 과반수의 출석으로 개의(開議)하고, 출석위원 과반수의 찬성으로

의결한다.
③ 할당위원회의 위원장은 필요한 경우 중앙행정기관의 관계 공무원이나 해당 분야의 전문가를 회의에 참석하게 해 의견을 들을 수 있다.
④ 제4조, 제5조 및 이 조 제1항부터 제3항까지에서 규정한 사항 외에 할당위원회의 운영에 필요한 세부 사항은 할당위원회의 의결을 거쳐 할당위원회의 위원장이 정한다.

제8조(배출권거래제 협의체의 구성 및 운영)

① 환경부장관은 다음 각 호의 사항을 협의하기 위해 배출권거래제 협의체를 구성 및 운영한다.
 1. 기본계획의 수립 등에 관한 사항
 2. 할당계획의 수립 등에 관한 사항
 3. 배출권 할당량의 산정방법 등에 관한 세부 사항
 4. 할당신청서의 제출 및 심사 절차, 활동자료량 검증 등에 관한 세부 사항
 5. 추가 할당에 관한 사항
 6. 배출권의 추가 할당에 관한 세부 사항
 7. 할당된 배출권의 취소에 관한 세부 사항
 8. 배출량 인증 기준 및 절차 등에 관한 세부 사항
 9. 외부사업 승인·승인취소의 기준 및 절차에 관한 세부 사항
 10. 외부사업 온실가스 감축량 인증 및 인증취소에 관한 세부 사항
 11. 그 밖에 환경부장관이 관계 중앙행정기관의 장의 의견을 들을 필요가 있다고 인정하는 사항
② 배출권거래제 협의체의 위원장은 환경부의 고위공무원단에 속하는 공무원 중에서 환경부장관이 지명하는 사람이 되고, 배출권거래제 협의체의 위원은 다음 각 호의 관계 중앙행정기관의 4급 이상 공무원 중에서 해당 기관의 장이 지명하는 사람이 된다.
 1. 기획재정부
 2. 농림축산식품부
 3. 산업통상자원부
 4. 환경부
 5. 국토교통부
 6. 국무조정실
 7. 그 밖에 환경부장관이 필요하다고 인정하는 관계 중앙행정기관

02 할당대상업체의 지정 및 배출권의 할당

제1절 할당대상업체의 지정

♂ 제9조(할당대상업체의 지정 등)

① 주무관청은 다음 각 호의 구분에 따른 기관으로 한다.
  1. 다음 각 목의 사항 : 환경부장관
    가. 할당대상업체의 지정 및 지정취소
    나. 할당대상업체의 권리와 의무의 승계
    다. 배출권 거래등록부(이하 "배출권등록부"라 한다)의 관리 · 운영
    라. 배출권 할당신청서 · 온실가스 배출량 산정 계획서의 접수, 배출권의 할당 · 통보 및 할당 내역의 등록
    마. 배출권의 추가 할당
    바. 배출권 할당의 전부 또는 일부 취소
    사. 배출권 예비분의 보유
    아. 배출권 거래의 신고 수리 및 배출권 거래 내용의 등록
    자. 배출권 거래소의 지정 또는 설치 · 운영 및 배출권 거래소 운영규정의 승인 · 변경승인
    차. 배출권시장 조성자의 지정 · 지정취소, 시장조성 활동 실적 보고의 접수, 평가 및 시정요구
    카. 배출권 거래시장의 안정화 조치
    타. 온실가스 배출량에 대한 명세서의 보고 접수 및 같은 조 제2항에 따른 시정 · 보완 명령
    파. 외부 검증 전문기관(이하 "검증기관"이라 한다)의 지정, 지정취소 · 업무정지 · 시정명령, 검증업무 수행결과의 접수, 평가 및 공개
    하. 검증심사원 자격증의 발급 및 자격취소 · 자격정지
    거. 실제 온실가스 배출량의 인증 및 그 결과의 통지 · 등록
    너. 배출량 인증위원회의 설치 및 운영
    더. 배출권 제출의 접수 및 등록
    러. 배출권의 이월 · 차입의 승인 및 등록
    머. 배출권 전환 신청의 접수, 배출권 전환 및 배출권 상쇄등록부의 등록
    버. 배출권 상쇄등록부(이하 "상쇄등록부"라 한다)의 관리 · 운영
    서. 과징금의 부과 · 징수, 가산금의 징수 및 독촉 · 체납처분
    어. 배출권 거래 전문기관의 지정 또는 설치 · 운영
    저. 법 제37조(제7호는 제외한다)에 따른 실태조사

처. 청문

커. 이의신청의 접수 및 그 결과의 통보

터. 권한의 위임 또는 위탁(가목부터 커목까지 및 퍼목의 사항만 해당한다)

퍼. 과태료의 부과 · 징수

2. 다음 각 목의 사항 : 부문별 관장기관[「기후위기 대응을 위한 탄소중립 · 녹색성장 기본법 시행령」(이하 "기본법 시행령"이라 한다)에 따라 소관 부문별로 정해진 관계 중앙행정기관의 장을 말한다. 이하 같다)]

가. 외부사업 온실가스 감축량의 인증 신청의 접수, 인증 및 상쇄등록부의 등록

나. 법 제37조 제7호에 따른 실태조사

다. 권한의 위임 또는 위탁(가목의 사항만 해당한다)

② 최근 3년간은 매 계획기간 시작 4년 전부터 3년간(이하 "기준기간"이라 한다)으로 한다. 다만, 업체(이하 "신규진입자"라 한다)에 대해서는 배출권 할당 대상업체(이하 "할당대상업체"라 한다)로 지정 · 고시하는 연도의 직전 3년간(이하 "신규진입자기준기간"이라 한다)으로 한다.

③ 환경부장관은 다음 각 호의 어느 하나에 해당하는 업체를 할당대상업체로 지정하여 매 계획기간 시작 5개월 전까지 고시하고, 그 내용을 해당 업체 및 부문별 관장기관에 통보해야 한다.

1. 법 제8조 제1항 제1호에 따른 업체(같은 호 나목에 따른 관리업체의 경우에는 기본법 제27조에 따른 명세서 제출을 1회 이상 한 업체만 해당한다)

2. 법 제8조 제1항 제2호에 따른 업체(이하 "자발적 참여업체"라 한다)

④ 법 제8조 제1항 제2호에서 "대통령령으로 정하는 기준에 해당하는 업체"란 다음 각 호의 요건을 모두 충족하는 업체를 말한다.

1. 관리업체(이하 "관리업체"라 한다)로서 개선명령이나 과태료를 부과받은 사실이 없을 것

2. 명세서의 제출을 1회 이상 했을 것

3. 이전 계획기간에 할당대상업체로서 사실과 다른 내용으로 배출권의 할당 또는 추가 할당을 신청하여 배출권을 할당받은 사실이 없을 것(해당 업체가 이전 계획기간에 할당대상업체였다가 관리업체가 된 경우만 해당한다)

⑤ 자발적 참여업체는 계획기간 시작 6개월 전까지 자발적 참여신청서를 작성하여 전자적 방식(온실가스 종합정보관리체계에 입력하는 방식을 말한다. 이하 같다)으로 환경부장관에게 제출해야 한다.

⑥ 환경부장관은 할당대상업체 지정에 관한 이의신청을 받아들인 경우에는 변경된 내용을 매 계획기간(신규진입자의 할당대상업체 지정에 대한 이의신청의 경우에는 이행연도를 말한다) 시작 3개월 전까지(같은 조 제2항 단서에 따라 기간을 연장한 경우에는 매 계획기간 시작 2개월 전까지를 말한다) 고시해야 한다.

⑦ 자발적 참여업체 중 다음 계획기간에 할당대상업체로 지정받기를 원하지 않는 업체는 다음 계획기간 시작 6개월 전까지 자발적 참여 포기신청서를 전자적 방식으로 환경부장관에게 제출해야 한다.

⑧ 환경부장관은 할당대상업체를 다음 계획기간의 할당대상업체로 지정하지 않는 경우에는 해당 계획기간의 마지막 이행연도에 대한 배출권 제출기한이 지나면 즉시 배출권등록부에 등록되어 있는 해당 업체의 배출권 거래계정을 폐쇄해야 한다.
⑨ 제2항부터 제8항까지에서 규정한 사항 외에 할당대상업체의 지정에 관한 세부 사항은 환경부장관이 정하여 고시한다.

제10조(할당대상업체의 지정취소 등)

① 법 제8조 제2항 제3호에서 "대통령령으로 정하는 경우"란 다음 각 호의 어느 하나에 해당하는 경우를 말한다.
  1. 자발적 참여업체가 제9조 제4항 각 호의 어느 하나에 해당하는 요건을 충족하지 못함에도 불구하고 거짓이나 부정한 방법으로 할당대상업체로 지정받은 경우
  2. 파산, 영업허가의 취소 등으로 인하여 계획기간 중 영업을 지속하지 못할 것이 분명한 경우
② 환경부장관은 할당대상업체의 지정을 취소한 경우에는 지체 없이 그 내용을 고시하고, 해당 업체 및 부문별 관장기관에 통보해야 한다.
③ 할당대상업체의 지정 취소 통보를 받은 업체는 지정이 취소된 연도의 직전 연도까지에 대한 명세서를 환경부장관에게 보고하고, 인증을 받은 배출권을 제출해야 한다.
④ 환경부장관은 할당대상업체의 지정이 취소된 업체에 대하여 할당된 배출권을 취소하고, 지정이 취소된 연도의 직전 연도에 대한 배출권 제출기한이 지나면 배출권등록부에 등록되어 있는 해당 업체의 배출권 거래계정을 즉시 폐쇄해야 한다.
⑤ 제1항부터 제4항까지에서 규정한 사항 외에 할당대상업체의 지정취소에 관한 세부 사항은 환경부장관이 정하여 고시한다.

제11조(할당대상업체의 권리와 의무의 승계)

① 권리와 의무를 이전한 할당대상업체는 권리와 의무의 이전·승계 사실을 전자적 방식으로 환경부장관에게 보고해야 한다.
② 환경부장관은 할당대상업체의 권리와 의무가 승계되어 지정·고시된 할당대상업체가 변경되는 경우에는 그 사실을 보고받거나 그 사실을 알게 된 날부터 1개월 이내에 할당대상업체의 변경 내용을 고시하고, 지체 없이 관계된 할당대상업체 및 부문별 관장기관에 통보해야 한다.
③ 환경부장관은 배출권 이전 조치를 하는 경우에는 그 사실을 보고받거나 알게 된 날부터 1개월 이내에 관계된 할당대상업체에 배출권 이전 결과를 통보해야 한다.
④ 제1항부터 제3항까지에서 규정한 사항 외에 할당대상업체의 권리와 의무의 승계에 관한 세부 사항은 환경부장관이 정하여 고시한다.

제12조(신규진입자에 대한 할당대상업체의 지정·고시)

① 환경부장관은 신규진입자로서 명세서를 검증기관의 검증을 받아 1회 이상 제출한 업체를 할당대상업체로 지정하여 매 이행연도 시작 5개월 전까지 고시해야 한다.
② 제1항에서 규정한 사항 외에 신규진입자에 대한 할당대상업체의 지정에 관한 세부 사항은 환경부장관이 정하여 고시한다.

제13조(할당대상업체의 지정·고시에 대한 통보 등)

① 환경부장관은 할당대상업체를 지정·고시하거나 다음 계획기간의 할당대상업체로 다시 지정하지 않는 경우에는 지체 없이 해당 업체 및 부문별 관장기관에 통보해야 한다.
② 할당대상업체로 지정·고시된 업체는 지정된 연도에 해당하는 목표의 준수 실적 및 명세서를 지정된 연도의 다음 연도 3월 31일까지 부문별 관장기관에 제출해야 한다.
③ 제1항 및 제2항에서 규정한 사항 외에 할당대상업체의 지정·고시에 대한 통보 등에 관한 세부 사항은 환경부장관이 정하여 고시한다.

제14조(배출권등록부의 관리 및 운영 등)

① 다음 각 호의 어느 하나에 해당하는 자는 환경부장관에게 배출권등록부에 등록된 정보의 열람을 요청할 수 있으며, 환경부장관은 특별한 사유가 없으면 이에 따라야 한다.
  1. 관계 중앙행정기관의 장(온실가스 감축정책의 수립 및 목표관리를 위하여 필요한 경우만 해당한다)
  2. 배출권 거래소의 장
② 법 제11조 제3항 제5호에서 "대통령령으로 정하는 사항"이란 다음 각 호의 사항을 말한다.
  1. 배출권의 이전량 또는 취소량
  2. 배출권의 할당량
  3. 배출권의 추가 할당량
  4. 배출권의 취소량
  5. 배출권의 이전량
  6. 제출된 배출권의 수량
  7. 배출권의 이월량 및 차입량
  8. 상쇄등록부에 등록된 배출권(이하 "상쇄배출권"이라 한다)의 수량
  9. 제출된 온실가스 배출량 산정 계획서 및 검증기관의 검증보고서
  10. 제출된 명세서 및 검증기관의 검증보고서

③ 법 제11조 제5항에서 "배출권의 수량 등 대통령령으로 정하는 등록사항"이란 다음 각 호의 사항을 말한다.
1. 법 제11조 제3항 제1호·제2호 및 제4호의 사항
2. 제2항 각 호의 사항
3. 제2항 각 호의 사항을 포함하여 계산한 배출권의 총 보유량
4. 그 밖에 배출권등록부의 관리·운영에 관하여 환경부장관이 정하여 고시하는 사항

제15조(배출권등록부에 등록된 사항의 공개)

배출권등록부에 등록된 사항 중 다음 각 호의 사항은 공개하는 것을 원칙으로 한다.
1. 법 제11조 제3항 제1호 및 제4호의 사항
2. 제14조 제2항 각 호(제5호·제6호·제9호·제10호는 제외한다)의 사항

제16조(배출권등록부 등록사항의 수정 등)

① 환경부장관은 배출권등록부 등록사항에 오류나 착오가 있는 경우에는 배출권 거래계정을 등록한 자의 신청에 따라 또는 직권으로 등록사항을 수정할 수 있다.
② 환경부장관은 등록사항을 수정한 경우에는 배출권 거래계정을 등록한 자에게 통보해야 한다.
③ 제14조, 제15조 및 이 조 제1항·제2항에서 규정한 사항 외에 배출권등록부에 등록된 사항 및 기업 영업비밀의 보호, 수수료 등 배출권등록부의 관리 및 운영에 관한 세부 사항은 환경부장관이 정하여 고시한다.

제2절 배출권의 할당

제17조(배출권 할당의 기준)

① 환경부장관은 다음 각 호의 사항을 고려하여 할당대상업체별 배출권의 할당량을 결정한다.
1. 할당계획에서 정한 배출권의 할당에 관한 사항
2. 중장기감축목표 및 부문별 온실가스 감축 목표
3. 무상으로 할당하는 배출권의 비율(이하 "무상할당비율"이라 한다)
4. 해당 할당대상업체의 과거 온실가스 배출량
5. 해당 할당대상업체의 기준기간(신규진입자인 할당대상업체의 경우에는 신규진입자기준기간을 말한다. 이하 같다) 동안 사업장 또는 시설 변경에 따른 온실가스 배출량의 증감
6. 제품 생산량·용역량 또는 열·연료 사용량 등 단위 활동자료량(이하 "활동자료량"이라 한다)당 온실가스 배출량 등의 실적 자료를 국내의 동종(同種) 사업장·시설 또는 공정의 실적 자료

와 비교하는 방식(이하 "배출효율기준방식"이라 한다)으로 평가한 결과
② 배출권의 할당량 결정 시 할당량 산정방법 등에 관한 세부 사항은 환경부장관이 정하여 고시한다.

제18조(배출권의 무상할당비율 등)

① 온실가스 배출권의 할당 및 거래에 관한 법률에 따른 1차 계획기간(이하 "1차 계획기간"이라 한다)에는 할당대상업체별로 할당되는 배출권의 전부를 무상으로 할당한다.
② 온실가스 배출권의 할당 및 거래에 관한 법률에 따른 2차 계획기간(이하 "2차 계획기간"이라 한다)에는 할당대상업체별로 할당되는 배출권의 100분의 97을 무상으로 할당한다.
③ 3차 계획기간 이후의 무상할당비율은 100분의 90 이내의 범위에서 관련 국제적 동향 및 이전 계획기간의 감축 실적에 대한 평가 등을 고려하여 할당계획에서 정한다. 이 경우 무상할당비율은 직전 계획기간의 무상할당비율을 초과할 수 없다.
④ 계획기간에 할당대상업체에 유상으로 할당하는 배출권은 할당대상업체를 대상으로 경매의 방법으로 할당한다.
⑤ 경매의 시기 및 장소 등 배출권의 유상 할당에 관한 세부 사항은 환경부장관이 정하여 고시한다.

제19조(무상할당 대상 업종 및 업체의 기준)

① 법 제12조 제4항 제1호에서 "대통령령으로 정하는 기준에 해당하는 업종"이란 별표 1에 따른 비용발생도와 무역집약도를 곱한 값이 1천분의 2 이상인 업종으로서 할당계획에서 정하는 업종을 말한다.
② 법 제12조 제4항 제2호에서 "대통령령으로 정하는 업체"란 다음 각 호의 어느 하나에 해당하는 할당대상업체를 말한다.
  1. 지방자치단체
  2. 「초·중등교육법」 및 「고등교육법」에 따른 학교
  3. 「의료법」에 따른 의료기관
  4. 「대중교통의 육성 및 이용촉진에 관한 법률」에 따른 대중교통운영자
  5. 「집단에너지사업법」에 따른 사업자(3차 계획기간의 1차 이행연도부터 3차 이행연도까지의 기간으로 한정한다)

별표 1. 비용발생도와 무역집약도(제19조 제1항 관련)

1. 비용발생도는 다음 계산식에 따라 산정한다.
   [해당 업종의 기준기간 연평균 온실가스 배출량(tCO_2-eq/년)×기준기간의 배출권 평균 시장가격(원/tCO_2-eq)] / 해당 업종의 기준기간 연평균 부가가치 생산액(원/년)

2. 무역집약도는 다음 계산식에 따라 산정한다.
   [해당 업종의 기준기간 연평균 수출액(원/년)+해당 업종의 기준기간 연평균 수입액(원/년)] / [해당 업종의 기준기간 연평균 매출액(원/년)+해당 업종의 기준기간 연평균 수입액(원/년)]

3. 제1호에 따른 비용발생도 및 제2호에 따른 무역집약도를 계산할 때에는 다음 각 목의 기준에 따른다.
   가. "기준기간"이란 매 계획기간 시작 5년 전부터 3년 동안을 말한다. 다만, "기준기간의 배출권 평균 시장가격" 산정 시 기준기간은 2차 계획기간에 한정하여 1차 계획기간의 1차 이행연도와 2차 이행연도로 한다.
   나. "해당 업종의 기준기간 연평균 온실가스 배출량"이란 해당 업종에 속한 할당대상업체들의 기준기간 온실가스 배출량의 총합을 연평균한 값을 말한다.
   다. "기준기간의 배출권 평균 시장가격"이란 기준기간 중에 배출권 거래소에서 거래된 배출권의 거래대금 합계를 총 거래량으로 나누어 산출한 값을 말한다.
   라. 해당 업종의 기준기간 연평균 수출액 및 수입액은 해당 업종이 생산하는 제품 또는 제공하는 용역을 기준으로 산정한다.
   마. 해당 업종의 기준기간 연평균 수출액·수입액·매출액·부가가치 생산액·온실가스 배출량(이하 이 호에서 "연평균 수출액등"이라 한다)은 국가, 지방자치단체, 「한국은행법」에 따른 한국은행, 「공공기관의 운영에 관한 법률」에 따른 공공기관 또는 사업자단체 등(이하 이 호에서 "국가등"이라 한다)이 보유하고 있는 연평균 수출액 등의 통계 수치를 기준으로 산정한다. 다만, 동일한 사항에 대하여 2개 이상의 기관이 서로 다른 통계 수치를 보유한 경우에는 환경부장관이 그중 가장 적절하다고 판단하는 통계 수치를 기준으로 산정한다.
   바. 마목에도 불구하고 국가등의 연평균 수출액 등의 통계 수치가 없는 경우에는 환경부장관이 할당대상업체로부터 자료를 제출받아 산정한 통계 수치를 기준으로 연평균 수출액 등을 산정할 수 있다.

제20조(배출권 할당신청서의 제출 등)

① 할당대상업체는 배출권 할당신청서(이하 "할당신청서"라 한다)를 다음 각 호의 단위별로 작성하여 전자적 방식으로 환경부장관에게 제출해야 한다.
   1. 할당대상업체의 소속 사업장 전체를 포함한 업체 단위
   2. 할당대상업체의 소속 사업장 단위

② 배출권 할당 시 배출효율기준방식을 적용받는 할당대상업체는 할당신청서에 검증기관의 검증(온실가스 배출량 및 활동자료량을 명세서에 포함하여 이미 검증을 받아 보고한 경우는 제외한다)을 받은 다음 각 호의 단위별 온실가스 배출량 및 활동자료량을 첨부하여 전자적 방식으로 환경부장관에게 제출해야 한다.
  1. 할당대상업체의 소속 사업장이 생산·제공하는 생산품목·용역별 단위
  2. 할당대상업체의 소속 사업장이 제1호에 따른 생산품목·용역을 생산·제공하기 위하여 활용하는 시설·공정별 또는 원료·연료별 단위
  3. 할당대상업체의 소속 사업장이 제1호에 따른 생산품목·용역을 생산·제공함에 따른 시설·공정의 온실가스 배출활동별 단위
③ 법 제13조 제1항 제1호에서 "대통령령으로 정하는 방법"이란 환경부장관이 정하여 고시한 배출권의 할당량 결정 시 할당량 산정방법을 말한다.
④ 제1항 및 제2항에 따른 할당신청서의 제출 및 심사 절차, 활동자료량 검증 등에 관한 세부 사항은 환경부장관이 정하여 고시한다.

제21조(온실가스 배출량 산정 계획서의 제출 및 검증)

① 할당대상업체는 온실가스 배출량 산정 계획서(이하 "배출량 산정계획서"라 한다)를 제출할 때 검증기관의 검증보고서를 첨부하여 전자적 방식으로 환경부장관에게 제출해야 한다.
② 환경부장관은 다음 각 호의 어느 하나에 해당하는 경우에는 해당 할당대상업체 또는 검증기관에 시정이나 보완을 명할 수 있다.
  1. 제출받은 배출량 산정계획서 또는 검증보고서에 흠이 있거나 빠진 부분이 있는 경우
  2. 할당대상업체가 제출한 명세서와 그에 따른 검증보고서를 검토한 결과 제출된 배출량 산정계획서와 그 검증보고서의 내용이 적절하지 않은 경우
③ 환경부장관이 시정이나 보완을 명하면 해당 할당대상업체 또는 검증기관은 배출량 산정계획서나 검증보고서를 시정·보완하여 15일 이내에 전자적 방식으로 환경부장관에게 제출해야 한다.
④ 할당대상업체는 제출한 배출량 산정계획서의 내용이 변경되는 때에는 해당 이행연도 종료 2개월 전까지 배출량 산정계획서를 변경하여 제출해야 한다. 이 경우 제1항부터 제3항까지의 규정을 준용한다.
⑤ 제1항부터 제4항까지에서 규정한 사항 외에 배출량 산정계획서의 제출 및 검증에 관한 세부 사항은 환경부장관이 정하여 고시한다.

제22조(할당대상업체별 배출권 할당량의 결정)

① 환경부장관은 할당결정심의위원회의 심의·조정을 거쳐 계획기간(신규진입자인 할당대상업체

의 경우에는 배출권을 할당받는 이행연도를 말한다) 시작 2개월 전까지 할당대상업체별 배출권 할당량을 결정한다.
② 환경부장관은 결정한 할당대상업체별 배출권 할당량을 할당위원회에 보고해야 한다.

제23조(할당결정심의위원회)

① 할당대상업체별 배출권의 할당 등에 관한 다음 각 호의 사항을 심의·조정하기 위하여 환경부에 할당결정심의위원회(이하 "할당결정심의위원회"라 한다)를 둔다.
  1. 할당대상업체별 배출권의 할당
  2. 할당계획 변경으로 인한 배출권의 추가 할당
  3. 배출권의 추가 할당
  4. 배출권 할당의 취소
② 할당결정심의위원회는 위원장 1명을 포함하여 16명 이내의 위원으로 구성한다.
③ 할당결정심의위원회의 위원장은 환경부차관이 되고, 위원은 다음 각 호의 사람이 된다.
  1. 기획재정부, 농림축산식품부, 산업통상자원부, 환경부, 국토교통부, 국무조정실 및 그 밖에 환경부장관이 필요하다고 인정하는 관계 중앙행정기관에 소속된 고위공무원 중 해당 기관의 장이 지명하는 사람
  2. 기후변화·탄소시장·온실가스감축 분야 등에 관한 학식과 경험이 풍부한 사람 중에서 제1호에 따른 중앙행정기관의 장의 추천을 받아 환경부장관이 위촉하는 사람
④ 위촉된 위원의 임기는 2년으로 하며, 한 차례만 연임할 수 있다.
⑤ 할당결정심의위원회 위원의 제척·기피·회피 및 해촉에 관하여는 제5조 및 제6조를 준용한다. 이 경우 "할당위원회"는 "할당결정심의위원회"로, "기획재정부장관"은 "환경부장관"으로, "법 제7조 제2항 제2호"는 "제23조 제3항 제2호"로 본다.
⑥ 할당결정심의위원회의 회의, 개의·의결 및 의견 청취에 관하여는 제7조 제1항부터 제3항까지의 규정을 준용한다. 이 경우 "할당위원회"는 "할당결정심의위원회"로 본다.
⑦ 제4항부터 제6항까지에서 규정한 사항 외에 할당결정심의위원회의 운영에 필요한 세부 사항은 할당결정심의위원회의 의결을 거쳐 할당결정심의위원회의 위원장이 정한다.

제24조(할당대상업체별 배출권 할당량의 통보 등)

환경부장관은 심의·조정을 거쳐 결정된 할당대상업체별 배출권 할당량 중 무상으로 할당하는 배출권은 할당되는 이행연도를 표시하여 해당 할당대상업체의 배출권 거래계정에 지체 없이 등록하고, 유상으로 할당하는 배출권은 경매의 방법으로 할당되는 이행연도를 표시하여 해당 할당대상업체의 배출권 거래계정에 등록한다.

♂ 제25조(조기감축실적의 인정)

① 조기감축실적(이하 "조기감축실적"이라 한다)은 다음 각 호의 어느 하나에 해당하는 실적으로 한다.
  1. 삭제
  2. 해당 할당대상업체가 관리업체로 지정되어 최초로 목표를 설정받은 연도의 다음 연도부터 제2항에 따라 신청서를 제출하기 전까지 인정된 전체 감축목표량에 대한 초과달성분
② 조기감축실적을 인정받으려는 할당대상업체는 1차 계획기간의 2차 이행연도 시작 이후 8개월 이내에 조기감축실적 인정신청서를 전자적 방식으로 환경부장관에게 제출해야 한다.
③ 환경부장관은 제출받은 조기감축실적 인정신청서를 검토하여 인정된 조기감축실적에 상응하는 배출권을 1차 계획기간의 2차 및 3차 이행연도분의 배출권으로 추가 할당한다. 다만, 인정된 전체 조기감축실적이 1차 계획기간에 할당된 전체 배출권 수량을 초과하는 경우에는 조기감축실적을 인정받은 할당대상업체별로 조기감축실적 인정을 위하여 할당되는 배출권의 총수량에 다음 계산식에 따른 조기감축실적 기여계수를 곱한 값에 해당하는 배출권을 추가 할당한다.

$$\text{조기감축실적 기여계수} = \frac{\text{해당 할당대상업체의 조기감축실적 인정량}}{\text{전체 할당대상업체의 조기감축실적 인정량의 합}}$$

④ 추가 할당하는 배출권의 수량은 1차 계획기간에 할당된 전체 배출권 수량을 고려하여 할당계획으로 정한다.
⑤ 추가 할당하는 배출권은 배출권 예비분(이하 "배출권 예비분"이라 한다)에서 사용한다.
⑥ 제1항부터 제5항까지에서 규정한 사항 외에 조기감축실적의 인정절차 및 인정 기준 등에 관한 세부 사항은 환경부장관이 정하여 고시한다.

♂ 제26조(할당계획 변경으로 인한 추가 할당)

① 환경부장관은 할당계획 변경으로 온실가스 배출허용총량(이하 "배출허용총량"이라 한다)이 증가한 경우에는 직권으로 증가된 배출허용총량에 상응하는 배출권을 전체 할당대상업체에 각각의 기존 할당량에 비례하여 추가 할당하거나 특정 부문 또는 업종에 증가된 배출권의 전부 또는 일부를 추가 할당할 수 있다.
② 추가 할당은 환경부장관이 부문별 관장기관과의 협의와 할당결정심의위원회의 심의·조정을 거쳐 결정한다.

제28조(신청에 의한 배출권의 추가 할당량 결정 등)

① 할당대상업체별로 할당된 해당 이행연도의 배출권보다 온실가스 배출량이 증가한 할당대상업체는 매 이행연도 종료일부터 3개월 이내에 전자적 방식으로 환경부장관에게 배출권의 추가 할당을 신청할 수 있다.
② 신청을 받은 환경부장관은 다음 각 호의 사항을 고려하여 해당 할당대상업체에 추가 할당량을 산정한다.
  1. 증가된 온실가스 배출량(배출효율기준방식을 적용받는 경우에는 활동자료량을 말한다)
  2. 중장기감축목표 및 부문별 온실가스 감축 목표
  3. 배출권 예비분의 잔여량
③ 산정된 배출권의 추가 할당량은 환경부장관이 부문별 관장기관과의 협의와 할당결정심의위원회의 심의·조정을 거쳐 결정한다.
④ 환경부장관은 결정된 추가 할당량을 해당 이행연도 종료일부터 5개월 이내에 해당 할당대상업체에 통보해야 한다.
⑤ 추가 할당하는 배출권은 배출권 예비분에서 사용한다.
⑥ 유상으로 추가 할당하는 배출권은 할당대상업체를 대상으로 경매의 방법으로 할당한다.
⑦ 제27조 및 이 조 제1항부터 제6항까지에서 정한 사항 외에 배출권의 추가 할당에 관한 세부 사항은 환경부장관이 정하여 고시한다.

제29조(배출권 할당의 취소)

① 환경부장관은 법 제17조 제1항 제1호에 해당하는 사유가 발생한 경우에는 감소된 배출허용총량에 상응하는 배출권을 전체 할당대상업체에 각각의 기존 할당량에 비례하여 취소하거나 특정 부문 또는 업종에 감소된 배출권의 전부 또는 일부를 취소할 수 있다.
② 환경부장관은 할당대상업체가 전체 또는 일부 사업장을 폐쇄(사업장을 분할·양도·임대했으나 그 권리와 의무가 승계되지 않는 경우를 포함한다. 이하 이 항에서 같다)한 경우에는 해당 할당대상업체의 배출권 중에서 그 사업장 단위로 할당된 배출권을 다음 각 호의 구분에 따라 취소한다.
  1. 해당 이행연도에 할당된 배출권 : 사업장 폐쇄일부터 해당 이행연도의 말일까지 남아 있는 일수에 비례한 배출권
  2. 다음 이행연도부터 마지막 이행연도까지의 기간에 할당된 배출권 : 배출권 전부
③ 법 제17조 제1항 제3호에서 "대통령령으로 정하는 기준"이란 해당 할당대상업체의 배출권 할당량 중에서 그 사업장 단위로 할당된 배출권 할당량의 100분의 50을 말한다.
④ 환경부장관은 할당대상업체가 법 제17조 제1항 제3호에 따른 사유(시설의 폐쇄는 시설을 분할·양도·임대했으나 법 제8조의2 제1항 단서에 따라 그 권리와 의무가 승계되지 않는 경우를 포함

한다)에 해당하는 경우에는 해당 할당대상업체의 해당 이행연도 배출권 중 그 사업장 단위로 할당된 배출권에서 그 사업장의 해당 이행연도의 온실가스 배출량을 제외한 수량의 배출권을 취소한다.

⑤ 환경부장관은 할당대상업체가 법 제17조 제1항 제4호에 따른 사유에 해당하는 경우에는 해당 할당대상업체에 할당된 배출권 중 그 부분에 해당하는 배출권을 취소한다.

⑥ 환경부장관은 할당대상업체가 법 제17조 제1항 제5호에 따른 사유에 해당하는 경우에는 해당 할당대상업체의 배출권 중에서 지정이 취소된 연도부터 마지막 이행연도까지의 기간에 할당된 배출권을 취소한다.

⑦ 할당대상업체는 배출권 할당의 취소사유의 발생 사실을 전자적 방식으로 환경부장관에게 보고해야 한다.

⑧ 환경부장관은 할당된 배출권을 취소하려는 경우에는 부문별 관장기관과의 협의와 할당결정심의위원회의 심의·조정을 거쳐 결정한다.

⑨ 환경부장관은 할당된 배출권의 취소가 결정되면 지체 없이 해당 할당대상업체에 그 사실을 통보해야 한다.

⑩ 배출권의 취소는 환경부장관이 해당 할당대상업체의 배출권 거래계정에서 배출권 예비분을 위한 배출권 거래계정으로 배출권을 이전하는 방식으로 한다.

⑪ 환경부장관은 배출권을 이전하는 경우 해당 할당대상업체가 배출권 거래계정에 보유한 해당 이행연도의 배출권이 배출권의 취소에 따른 이전량보다 적으면 해당 계획기간 또는 다음 계획기간의 다른 이행연도의 배출권을 이전할 수 있다.

⑫ 환경부장관이 배출권 제출을 명할 때에는 해당 할당대상업체가 명령일부터 1개월 이내에 거래 등을 통하여 그 부족한 부분의 배출권을 자신의 배출권 거래계정에 보유하도록 하는 방법으로 배출권을 제출하도록 한다.

⑬ 제1항부터 제12항까지에서 규정한 사항 외에 할당된 배출권의 취소에 관한 세부 사항은 환경부장관이 정하여 고시한다.

제30조(배출권 예비분)

법 제18조 제5호에서 "대통령령으로 정하는 사항"이란 다음 각 호의 사항을 말한다.
1. 신규진입자에 해당하는 할당대상업체에 대한 배출권 할당
2. 할당대상업체 또는 배출권시장 조성자가 아닌 자의 배출권 보유로 인한 유동성 저해 방지

03 배출권의 거래

제31조(배출권의 거래)

① 배출권은 온실가스를 별표 2에 따른 온실가스별 지구온난화 계수에 따라 이산화탄소상당량톤(tCO_2-eq)으로 환산한 단위로 거래한다.
② 환산한 1이산화탄소상당량톤을 1배출권으로 하되, 이를 배출권 거래의 최소 단위로 한다.
③ 배출권은 다음 각 호의 구분에 따라 거래하되, 배출권 거래계정을 등록한 자 중에서 할당대상업체가 아닌 자 또는 배출권시장 조성자가 아닌 자는 제1호에 따른 방법으로 거래해야 한다.
 1. 배출권 거래소에서 거래(이하 "장내거래"라 한다)
 2. 제1호 외의 장소에서 거래

별표 2. 온실가스별 지구온난화 계수(제31조 제1항 관련)

온실가스의 종류		지구온난화 계수
이산화탄소(CO_2)		1
메탄(CH_4)		21
아산화질소(N_2O)		310
수소불화탄소(HFCs)	HFC-23	11,700
	HFC-32	650
	HFC-41	150
	HFC-43-10mee	1,300
	HFC-125	2,800
	HFC-134	1,000
	HFC-134a	1,300
	HFC-143	300
	HFC-143a	3,800
	HFC-152a	140
	HFC-227ea	2,900
	HFC-236fa	6,300
	HFC-245ca	560
과불화탄소(PFCs)	PFC-14	6,500
	PFC-116	9,200
	PFC-218	7,000
	PFC-31-10	7,000
	PFC-c318	8,700
	PFC-41-12	7,500
	PFC-51-14	7,400
육불화황(SF6)		23,900

제32조(배출권 거래계정의 등록 등)

① 배출권을 거래하려는 자는 배출권 거래계정 등록신청서를 전자적 방식으로 환경부장관에게 제출해야 한다.
② 환경부장관은 배출권 거래계정 등록신청서를 제출받으면 그 적절성을 검토한 후 배출권등록부에 신청인의 배출권 거래계정을 개설해야 한다.
③ 제1항 및 제2항에도 불구하고 할당대상업체의 배출권 거래계정은 환경부장관이 직권으로 배출권 등록부에 등록해야 한다.
④ 법 제20조 제2항에서 "대통령령으로 정하는 경우"란 배출권 거래시장의 연계 또는 통합을 위한 조약 또는 국제협정에 따라 외국 법인 또는 개인의 배출권 거래가 허용된 경우를 말한다.
⑤ 환경부장관은 필요한 경우 다음 각 호의 구분에 따른 배출권 거래계정을 등록할 수 있다.
  1. 배출권의 할당을 위한 배출권 거래계정
  2. 배출권 예비분을 위한 배출권 거래계정
  3. 배출권의 제출을 위한 배출권 거래계정
  4. 그 밖에 배출권 거래시장의 안정을 위하여 필요하다고 인정되는 업무를 위한 배출권 거래계정

제33조(배출권 거래의 신고)

① 배출권을 거래한 자는 다음 각 호의 내용이 포함된 배출권 거래 신고서를 전자적 방식으로 환경부장관에게 제출해야 한다.
  1. 거래한 배출권의 종류, 수량 및 가격
  2. 양도인과 양수인 간의 배출권 거래 합의에 관한 공증 서류(상속이나 법인의 합병 등 거래에 의하지 않고 배출권을 이전하는 경우는 제외한다)
  3. 그 밖에 거래 일시, 거래자 정보 등 거래 내용의 확인을 위해 필요한 사항으로서 환경부장관이 정하여 고시하는 사항
② 환경부장관은 배출권 거래 신고서를 제출받으면 지체 없이 다음 각 호의 사항을 확인한 후 신고된 종류와 수량의 배출권을 양도인의 배출권 거래계정에서 양수인의 배출권 거래계정으로 이전한다.
  1. 배출권 거래계정을 등록한 자인지 여부
  2. 배출권 최소 또는 최대 보유한도의 준수 여부
  3. 양수인과 양도인 간 배출권 거래의 합의 성립 여부
  4. 다음 각 목의 어느 하나를 회피하기 위한 것인지 여부
     가. 배출권 이전 및 취소
     나. 배출권 할당의 취소
     다. 배출권 제출

③ 제31조, 제32조 및 이 조 제1항·제2항에서 규정한 사항 외에 배출권의 거래, 배출권 거래계정의 등록, 등록 수수료 및 배출권 거래의 신고 등에 관한 세부 사항은 환경부장관이 정하여 고시한다.

제34조(배출권 거래소의 설치·지정)

① 환경부장관은 관계 중앙행정기관의 장과 협의하여 배출권 거래소(이하 "배출권 거래소"라 한다)를 설치하거나 배출권 거래업무를 수행할 수 있는 기관 등의 신청을 받아 배출권 거래소를 지정할 수 있다.
② 환경부장관은 배출권 거래소를 설치하거나 지정하려면 탄소중립위원회의 심의를 거쳐야 한다.
③ 법 제22조 제2항 각 호 외의 부분 후단에서 "대통령령으로 정하는 중요 사항"이란 같은 항 제1호부터 제4호까지 및 제6호에 해당하는 사항과 이 조 제4항 각 호에 해당하는 사항을 말한다.
④ 법 제22조 제2항 제7호에서 "대통령령으로 정하는 사항"이란 다음 각 호의 사항을 말한다.
  1. 배출권 거래시장의 개설·폐쇄 및 운영 중단에 관한 사항
  2. 배출권 거래소 회원의 배출권 거래시장에서의 거래에 관한 사항
  3. 배출권 거래를 중개하는 회사의 배출권 거래의 수탁, 영업을 위한 관리기준의 설정 및 그 감시에 관한 사항
  4. 장내거래의 대상 및 규모 등에 관한 사항
⑤ 제1항부터 제4항까지에서 규정한 사항 외에 배출권 거래소의 지정 기준 및 지정 신청 절차 등에 관한 세부 사항은 환경부장관이 정하여 고시한다.

제35조(배출권 거래소의 업무 및 감독)

① 배출권 거래소는 다음 각 호의 업무를 수행한다.
  1. 배출권 거래시장의 개설·운영
  2. 배출권의 매매(경매를 포함한다) 및 청산 결제
  3. 불공정거래에 관한 심리(審理) 및 회원의 감리(監理)
  4. 배출권의 매매와 관련된 분쟁의 자율조정(당사자가 신청하는 경우만 해당한다)
  5. 그 밖에 배출권 거래소의 장이 필요하다고 인정하여 운영규정으로 정하는 업무
② 배출권을 기초자산으로 한 파생상품의 거래에 관하여는 「자본시장과 금융투자업에 관한 법률」의 파생상품에 관한 규정을 적용한다.
③ 환경부장관은 배출권 거래시장의 안정 및 건전한 거래질서가 유지될 수 있도록 배출권 거래소를 감독해야 한다.

제36조(배출권 거래를 중개하는 회사)

① 배출권 거래를 중개하는 회사(이하 "배출권거래중개회사"라 한다)는 「자본시장과 금융투자업에 관한 법률」에 따른 투자중개업자로서 정보통신망이나 정보처리시스템을 이용하여 동시에 다수를 각 당사자로 하여 배출권 거래의 중개업무를 하는 자로 한다.
② 배출권거래중개회사가 갖춰야 하는 정보통신망이나 정보처리시스템에 관한 세부 사항은 환경부장관이 정하여 고시한다.

제37조(배출권시장 조성자)

① 환경부장관이 지정한 배출권시장 조성자(이하 "시장조성자"라 한다)는 다음 각 호의 업무를 한다.
  1. 배출권의 매도 또는 매수 호가의 제시
  2. 배출권의 거래
② 법 제22조의2제1항 제4호에서 "대통령령으로 정하는 자"란 「자본시장과 금융투자업에 관한 법률」에 따른 지분증권을 대상으로 같은 법에 따른 투자매매업과 투자중개업의 인가를 모두 받은 자를 말한다.
③ 환경부장관이 시장조성자의 지정을 취소할 수 있는 경우는 시장조성자가 다음 각 호의 어느 하나에 해당하는 경우로 한다.
  1. 합병·파산·폐업 등의 사유로 사실상 영업을 종료한 경우
  2. 법 제22조 제3항을 위반한 경우
  3. 활동 실적을 고의 또는 중과실로 사실과 다르게 보고하거나 그 기한 내에 보고하지 않은 경우
  4. 환경부장관이 활동 실적을 평가하여 시정을 요구했음에도 불구하고 정당한 사유 없이 시정하지 않은 경우
④ 시장조성자는 매월 환경부장관에게 활동 실적을 제출해야 한다.
⑤ 환경부장관은 제출받은 실적을 평가할 때 배출권 거래소의 의견을 들을 수 있다.
⑥ 환경부장관은 시정을 요구하는 경우에는 그 이유와 시정 기한을 적은 서면으로 해당 시장조성자에게 통보해야 한다.
⑦ 통보를 받은 시장조성자는 정당한 사유가 없으면 시정 기한까지 필요한 이행조치를 해야 한다.
⑧ 제1항부터 제7항까지에서 규정한 사항 외에 시장조성자의 지정 절차, 실적 제출 및 평가, 시정요구 및 그 이행 등에 관한 세부 사항은 환경부장관이 정하여 고시한다.

제38조(시장 안정화 조치의 기준 등)

① 법 제23조 제1항 제1호에서 "대통령령으로 정하는 비율"이란 3배를 말한다.
② 법 제23조 제1항 제2호에서 "대통령령으로 정하는 경우"란 최근 1개월의 평균 거래량이 직전

2개 연도의 같은 월의 평균 거래량 중 많은 경우보다 2배 이상 증가하고, 최근 1개월의 배출권 평균 가격이 직전 2개 연도의 배출권 평균 가격보다 2배 이상 높은 경우를 말한다.

③ 법 제23조 제1항 제3호에서 "대통령령으로 정하는 경우"란 다음 각 호의 어느 하나에 해당하는 경우를 말한다.
1. 최근 1개월의 배출권 평균 가격이 직전 2개 연도 배출권 평균 가격의 100분의 60 이하가 된 경우
2. 할당대상업체가 보유하고 있는 배출권을 매매하지 않은 사유 등으로 배출권 거래시장에서 거래되는 배출권의 공급이 수요보다 현저하게 부족하여 할당대상업체 간 배출권 거래가 어려운 경우

④ 환경부장관은 시장 안정화 조치(이하 "시장 안정화 조치"라 한다)로는 목적을 달성하기 어렵다고 인정하는 경우 할당위원회의 심의를 거쳐 배출권의 최소 또는 최대 보유한도를 설정할 수 있다. 다만, 시장 안정화 목적이 달성되었다고 인정하는 경우에는 즉시 최소 또는 최대 보유한도의 설정을 철회해야 한다.

⑤ 배출권의 최소 및 최대 보유한도는 다음 각 호의 구분에 따른 범위에서 정해야 한다. 다만, 직전 6개월간 배출권 평균 보유량이 2만 5천 배출권 미만인 거래 참여자(할당대상업체는 제외한다)에 대해서는 그 최대 보유한도를 달리 정할 수 있다.
1. 최소 보유한도 : 할당대상업체에 할당된 해당 이행연도 배출권의 100분의 70 이상
2. 최대 보유한도 : 할당대상업체에 할당된 해당 이행연도 배출권(할당대상업체가 아닌 거래 참여자의 경우에는 직전 6개월간 배출권의 평균 보유량을 말한다)의 100분의 150 이하

⑥ 법 제23조 제2항 제3호에서 "대통령령으로 정하는 방법"이란 일시적인 최고 또는 최저 배출권 매매가격의 설정을 말한다.

⑦ 환경부장관은 시장 안정화의 목적이 달성되었다고 인정하면 할당위원회의 심의를 거쳐 시장 안정화 조치를 종료할 수 있다. 다만, 할당위원회가 시장 안정화 조치의 종료를 의결한 경우에는 시장 안정화 조치를 종료해야 한다.

⑧ 환경부장관은 시장 안정화 조치를 하거나 종료하는 즉시 해당 시장 안정화 조치의 주요 사유 및 내용 또는 종료사실 등을 공고해야 한다.

⑨ 제1항부터 제8항까지에서 규정한 사항 외에 시장 안정화 조치의 시행 방법 및 절차 등에 관한 세부 사항은 환경부장관이 정하여 고시한다.

04 배출량의 보고 · 검증 및 인증

제39조(배출량의 보고 및 검증)

① 할당대상업체는 다음 각 호의 내용이 포함된 명세서를 측정·보고·검증이 가능한 방식으로 작성하고, 검증기관의 검증보고서를 첨부하여 전자적 방식으로 환경부장관에게 제출해야 한다.
  1. 업체의 업종, 매출액, 공정도, 시설배치도, 온실가스 배출량 및 에너지 사용량 등 총괄 정보
  2. 사업장별 온실가스 배출시설의 종류·규모·부하율, 온실가스 배출량 및 에너지 사용량
  3. 배출시설·배출활동별 온실가스 배출량의 계산·측정 방법 및 그 근거, 온실가스 배출량
  4. 온실가스 배출시설·배출량 산정방법의 변동 사항 및 온실가스 배출량 산정 제외 관련 보고 사항
  5. 사업장별 제품 생산량 또는 용역량, 공정별 배출효율(배출효율기준방식으로 배출권을 할당하는 경우에는 사업장·시설·공정별, 생산제품 또는 용역별 온실가스 배출량 및 에너지 사용량)
  6. 온실가스 사용·감축 실적 및 온실가스·에너지의 판매·구매 등 이동 정보
  7. 사업장 고유 배출계수의 개발 결과
  8. 그 밖에 환경부장관이 관계 중앙행정기관의 장과 협의하여 고시하는 사항
② 할당대상업체는 제출된 명세서의 변경사항이 있는 경우에는 15일 이내에 명세서를 변경하여 작성하고, 검증기관의 검증보고서를 첨부하여 전자적 방식으로 환경부장관에게 제출해야 한다.
③ 환경부장관은 제출받은 자료에 흠이 있거나 빠진 부분이 있으면 해당 할당대상업체 또는 검증기관에 그 시정이나 보완을 명할 수 있다.
④ 환경부장관이 시정이나 보완을 명하면 해당 할당대상업체 또는 검증기관은 명세서나 검증보고서를 시정·보완하여 전자적 방식으로 환경부장관에게 제출해야 한다.
⑤ 환경부장관은 제출받은 자료 전부를 배출권등록부에 포함하여 관리해야 한다.
⑥ 환경부장관은 제출받은 자료에 포함된 정보 중 업체·사업장별 온실가스 배출량 등 주요 정보를 할당대상업체별로 공개할 수 있다. 다만, 할당대상업체는 정보공개로 인하여 해당 업체의 권리나 영업상의 비밀이 침해될 우려가 있는 경우 비공개를 요청할 수 있다.
⑦ 환경부장관은 할당대상업체로부터 비공개 요청을 받은 경우 심사위원회의 심사를 거쳐 공개 여부를 결정하고, 그 결과를 즉시 해당 할당대상업체에 통보해야 한다.
⑧ 제1항부터 제7항까지에서 규정한 사항 외에 명세서의 제출 및 검증, 정보 공개에 관한 세부 사항은 환경부장관이 정하여 고시한다.

제40조(검증기관의 지정 등)

① 법 제24조의2 제1항 각 호 외의 부분 전단에서 "대통령령으로 정하는 기준"이란 다음 각 호의 기준을 말한다.
  1. 온실가스 배출량에 대한 측정·보고·검증 업무를 전문적으로 수행할 수 있는 전문인력(법 제24조의3 제1항에 따른 검증심사원을 말한다) 5명 이상과 시설·장비를 갖출 것
  2. 온실가스 배출량 검증과 관련하여 배상액 10억원 이상의 책임보험에 가입한 법인일 것
② 환경부장관은 검증기관의 업무의 범위를 같은 항 각 호에서 규정하는 사항을 검증하는 업무로 각각 구분하여 지정할 수 있다.
③ 환경부장관은 검증기관을 지정하거나 이미 지정된 것으로 보는 경우에는 그 내용을 지체 없이 고시하고, 해당 기관에 검증기관 지정서를 발급해야 한다.
④ 법 제24조의2 제3항에서 "대통령령으로 정하는 업무기준"이란 별표 3에 따른 업무기준을 말한다.
⑤ 검증기관은 할당대상업체의 명세서를 검증할 때 다음 각 호의 어느 하나에 해당하는 경우에는 이를 할당대상업체에 통보하고, 할당대상업체는 통보받은 사항에 대하여 명세서를 수정·보완해야 한다.
  1. 명세서의 내용이 작성되지 않은 경우
  2. 명세서를 배출량 산정계획서를 기준으로 작성하지 않은 경우
  3. 실제 배출량과 명세서의 내용이 일치하지 않은 경우
⑥ 검증기관의 지정취소 등 행정처분 기준은 별표 4와 같다.
⑦ 환경부장관은 검증기관의 지정을 취소한 경우에는 그 사실을 해당 검증기관에 통보하고, 그 내용을 지체 없이 고시해야 한다.
⑧ 지정 취소를 통보받은 검증기관은 검증기관 지정서를 환경부장관에게 반납해야 한다.
⑨ 검증기관은 매년 반기별로 검증업무 수행결과를 작성하여 환경부장관에게 제출해야 한다.
⑩ 수행결과를 제출받은 환경부장관은 검증업무 수행의 적절성에 대하여 정기 또는 수시 평가를 할 수 있다.
⑪ 제1항부터 제10항까지에서 규정한 사항 외에 검증기관의 시설·장비 기준, 지정·지정취소 및 업무의 정지 또는 시정, 명세서 검증 기준·절차, 검증업무 수행결과의 제출 및 평가에 관한 세부사항은 환경부장관이 정하여 고시한다.

별표 3. 검증기관의 업무기준(제40조 제4항 관련)

1. 검증기관은 검증업무를 다른 기관에 재위탁해서는 안 된다.
2. 검증기관은 다른 기관에 검증기관 지정서를 대여해서는 안 된다.
3. 검증기관은 지정받은 검증업무의 범위를 벗어나서 검증업무를 수행해서는 안 된다.

4. 검증기관은 검증업무 수행과정에서 취득한 자료에 대하여 보안 조치를 하고, 검증업무 수행과정에서 알게 된 비밀을 누설해서는 안 된다.
5. 검증보고서의 배출량 오류 정도가 제40조 제11항에 따른 고시에서 정한 기준을 넘어서는 안 되며, 검증보고서의 세부 내용을 누락시키지 말아야 한다.
6. 소속 임직원 및 검증심사원에 대한 보안교육 등을 정기적으로 실시하고, 이를 위한 업무처리 절차를 마련해야 한다.
7. 검증심사원 등 검증업무에 관련된 모든 사람에 대하여 주기적으로 적격성을 평가해야 한다.
8. 검증기관은 할당대상업체를 위하여 자문이나 용역을 제공해서는 안 된다.
9. 공평성을 확보하고 이해상충을 회피하기 위한 관리 절차를 마련하고, 이를 지속적이며 적절하게 관리해야 한다.
10. 법 제24조의2 제4항에 따른 업무정지 또는 시정명령을 받은 경우에는 그 정지 기간 동안 업무를 수행하지 않거나 기한 내에 업무를 시정해야 한다.
11. 검증심사원 2명 이상이 한 조(組)가 되어 검증을 수행하도록 배정하고, 배정된 검증심사원 외의 검증심사원이 해당 조에 참여하여 검증을 수행하게 해서는 안 된다.
12. 검증기관은 법인의 명칭, 대표자 및 사무실 소재지가 변경된 경우에는 변경된 날부터 30일 이내에, 검증 전문분야가 변경된 경우에는 변경된 날부터 7일 이내에 환경부장관에게 변경신고를 해야 한다.

별표 4. 검증기관의 지정취소 등 행정처분 기준(제40조 제6항 관련)

1. 일반 기준
   가. 위반행위가 둘 이상인 경우로서 그에 해당하는 각각의 처분기준이 다른 경우에는 그중 무거운 처분기준을 따른다.
   나. 위반행위의 횟수에 따른 행정처분의 기준은 최근 1년간 같은 위반행위로 행정처분을 받은 경우에 적용한다. 이 경우 기간의 계산은 위반행위에 대하여 행정처분을 받은 날과 그 처분 후 다시 같은 위반행위를 하여 적발된 날을 기준으로 한다.
   다. 나목에 따라 가중된 행정처분을 하는 경우 가중처분의 적용 차수는 그 위반행위 전 행정처분 차수(나목에 따른 기간 내에 행정처분이 둘 이상 있었던 경우에는 높은 차수를 말한다)의 다음 차수로 한다.
   라. 처분권자는 위반행위의 동기ㆍ내용ㆍ횟수 및 위반 정도 등 다음의 감경 사유에 해당하는 경우 그 처분기준의 2분의 1 범위에서 제2호의 개별기준 따른 처분을 감경할 수 있다. 이 경우 그 처분이 업무정지인 경우에는 그 처분기준의 2분의 1의 범위에서 감경할 수 있고, 지정취소(법 제24조의2 제4항 제1호부터 제3호까지의 어느 하나에 따른 지정취소는 제외한다)인 경우에는 1개월 이상 3개월 이하의 업무정지처분으로 감경할 수 있다.
      1) 위반행위가 고의나 중대한 과실이 아닌 사소한 부주의나 오류로 인한 것으로 인정되는 경우

2) 위반행위자가 위반행위를 바로 정정하거나 시정하여 법 위반상태를 해소한 경우
3) 그 밖에 위반행위의 동기 · 내용 · 횟수 및 위반 정도 등을 고려하여 감경할 필요가 있다고 인정되는 경우

2. 개별 기준

위반행위	근거 법조문	처분기준			
		1차	2차	3차	4차
가. 거짓이나 부정한 방법으로 지정을 받은 경우	법 제24조의2 제4항 제1호	지정취소			
나. 검증기관이 폐업 · 해산 등의 사유로 사실상 영업을 종료한 경우	법 제24조의2 제4항 제2호	지정취소			
다. 고의 또는 중대한 과실로 검증업무를 부실하게 수행한 경우	법 제24조의2 제4항 제3호	지정취소			
라. 법 제24조의2 제3항에 따른 업무기준을 준수하지 않은 경우	법 제24조의2 제4항 제4호				
1) 별표 3 제1호부터 제4호까지의 규정에 따른 업무기준을 준수하지 않은 경우		지정취소			
2) 별표 3 제5호부터 제11호까지의 규정에 따른 업무기준을 준수하지 않은 경우		업무정지 1개월	업무정지 3개월	지정취소	
3) 별표 3 제12호에 따른 업무기준을 준수하지 않은 경우		시정명령	업무정지 1개월	업무정지 3개월	지정취소
마. 다른 법률을 위반한 경우	법 제24조의2 제4항 제4호	업무정지 3개월	지정취소		
바. 법 제24조의2 제1항에 따른 지정기준을 갖추지 못하게 된 경우	법 제24조의2 제4항 제5호	지정취소			

제41조(검증심사원의 자격 등)

① 검증심사원이 검증업무를 수행할 수 있는 전문분야와 자격요건은 별표 5와 같다.
② 환경부장관은 자격을 갖춘 검증심사원에게 자격을 부여한 경우에는 지체 없이 그 자격증을 발급해야 한다.
③ 검증심사원(이하 "검증심사원"이라 한다)이 준수해야 하는 업무기준은 별표 6과 같다.
④ 환경부장관은 검증심사원의 자격을 취소한 경우에는 지체 없이 그 사실을 해당 검증심사원에게 통보해야 한다.
⑤ 자격취소를 통보받은 검증심사원은 자격증을 환경부장관에게 반납해야 한다.

⑥ 제1항부터 제5항까지에서 규정한 사항 외에 검증심사원의 자격 부여 및 자격취소 등에 관한 세부 사항은 환경부장관이 정하여 고시한다.

| 별표 6. 검증심사원의 업무기준(제41조 제3항 관련) |

1. 사실과 다른 내용으로 검증하거나 자격의 범위 또는 전문분야를 벗어나는 사항에 대하여 검증하지 않아야 한다.
2. 자신이 맡은 검증 및 그 부대 업무를 다른 사람에게 다시 맡기지 않아야 한다.
3. 자신이 검증을 맡은 할당대상업체를 위하여 제41조 제7항에 따른 고시에서 정한 자문이나 용역을 제공해서는 안 된다.
4. 제41조 제7항에 따른 고시에서 정한 필수적인 교육에 참여해야 한다.
5. 법 제24조의3 제3항에 따른 자격정지 처분을 받은 경우에는 그 정지 기간 동안 업무를 수행하지 않아야 한다.
6. 검증보고서의 세부 검증 내용 및 발견사항을 누락하지 않아야 한다.
7. 검증심사원은 같은 기간에 둘 이상의 검증기관에서 검증업무를 수행하지 않아야 한다.
8. 검증보고서의 배출량 오류 정도가 제40조 제11항에 따른 고시에서 정한 기준을 넘어서는 안 된다.

제42조(배출량의 인증)

① 환경부장관은 할당대상업체의 실제 온실가스 배출량을 인증할 때에는 배출량 인증위원회의 심의를 거쳐야 한다.
② 환경부장관은 기한까지 배출량을 보고하지 않은 할당대상업체에 1개월의 범위에서 기간을 정하여 명세서의 제출을 명할 수 있다.
③ 환경부장관은 할당대상업체가 명세서의 제출기간 내에 배출량을 보고하지 않았을 때에는 실태조사를 거쳐 해당 할당대상업체의 온실가스 배출량을 직권으로 산정하여 인증할 수 있다. 다만, 실태조사로 온실가스 배출량을 산정하기 어려운 경우에는 해당 할당대상업체의 과거 배출량이나 동종 또는 유사 규모의 다른 할당대상업체의 배출량을 기준으로 배출량을 직권으로 산정하여 인증할 수 있다.
④ 환경부장관은 배출량 인증 결과를 해당 할당대상업체에 통지할 때에는 부문별 관장기관에도 그 내용을 통보해야 한다.
⑤ 제1항부터 제4항까지에서 규정한 사항 외에 배출량의 인증 기준 및 절차 등에 관한 세부 사항은 환경부장관이 정하여 고시한다.

제43조(배출량 인증위원회)

① 배출량 인증위원회(이하 "인증위원회"라 한다)는 위원장 1명을 포함하여 16명 이내의 위원으로 구성한다.
② 인증위원회의 위원장은 환경부차관이 되고, 위원은 다음 각 호의 사람이 된다.
　1. 기획재정부, 농림축산식품부, 산업통상자원부, 환경부, 국토교통부, 해양수산부, 국무조정실, 산림청 및 그 밖에 인증위원회의 위원장이 필요하다고 인정하는 관계 중앙행정기관의 고위공무원단에 속하는 공무원 중에서 해당 기관의 장이 지명하는 사람
　2. 관련 산업계·연구계·학계 등에 속한 전문가 중에서 관계 중앙행정기관의 장의 추천을 받아 환경부장관이 위촉하는 사람
③ 인증위원회는 다음 각 호의 사항을 심의·조정한다.
　1. 할당대상업체가 보고한 명세서에 대한 적합성 평가 결과
　2. 외부사업에 대한 타당성 평가 결과
　3. 외부사업 온실가스 감축량 인증 신청에 대한 부문별 관장기관의 검토 및 환경부장관과의 협의 결과
　4. 그 밖에 외부사업의 국제적 기준 부합에 관한 전문적인 사항 중 인증위원회에서 의결한 사항
④ 위원의 임기는 2년으로 하며, 한 차례만 연임할 수 있다.
⑤ 인증위원회 위원의 제척·기피·회피 및 해촉에 관하여는 제5조 및 제6조를 준용한다. 이 경우 "할당위원회"는 "인증위원회"로, "기획재정부장관"은 "환경부장관"으로, "법 제7조 제2항 제2호"는 "제43조 제2항 제2호"로 한다.
⑥ 인증위원회의 회의, 개의·의결 및 의견 청취에 관하여는 제7조를 준용한다. 이 경우 "할당위원회"는 "인증위원회"로 본다.
⑦ 제3항부터 제6항까지에서 규정한 사항 외에 인증위원회의 운영에 필요한 세부 사항은 인증위원회의 의결을 거쳐 인증위원회의 위원장이 정한다.

05 배출권의 제출, 이월·차입 및 상쇄

제44조(배출권의 제출)

① 할당대상업체는 배출권의 제출을 위하여 이행연도 종료일부터 6개월 이내(법 제38조 제1항 제3호·제4호·제8호의 어느 하나에 해당하는 사유로 이의를 신청한 경우에는 이의신청에 대한 결과를 통보받은 날부터 10일 이내를 말한다)에 다음 각 호의 사항이 포함된 배출권 제출 신고서(이

하 이 조에서 "신고서"라 한다)를 환경부장관에게 제출해야 한다.
1. 해당 할당대상업체의 배출권등록부 및 상쇄등록부의 등록번호
2. 법 제25조에 따라 인증받은 온실가스 배출량
3. 법 제28조 제2항에 따라 승인받은 배출권 차입량
4. 법 제29조 제3항에 따라 제출하려는 상쇄배출권의 수량

② 환경부장관은 신고서를 제출받으면 그 내용을 검토하여 이상이 있는 경우 즉시 해당 할당대상업체에 해당 내용의 수정을 요구하거나 직권으로 이를 수정할 수 있다.

③ 환경부장관은 제출받은 신고서를 검토하여 이상이 없는 경우 지체 없이 그 내용을 배출권등록부에 등록하고, 제출된 배출권을 해당 할당대상업체의 배출권 거래계정에서 배출권 거래계정으로 이전한다.

④ 할당대상업체가 제출하는 배출권은 다음 각 호의 어느 하나에 해당하는 것이어야 한다.
1. 온실가스가 실제 배출된 이행연도분으로 할당된 배출권
2. 이전 이행연도에서 이월된 배출권
3. 다음 이행연도에서 차입한 배출권
4. 상쇄배출권

제45조(배출권의 차입)

① 법 제28조 제2항에서 "대통령령으로 정하는 사유"란 배출권의 제출 시 제출해야 할 배출권의 수량보다 보유한 배출권의 수량이 부족하여 배출권 제출의무를 완전히 이행하기 곤란한 경우를 말한다.

② 차입할 수 있는 배출권의 한도는 다음 각 호의 구분에 따른 계산식에 따라 산정한다.
1. 해당 계획기간의 1차 이행연도 : 해당 할당대상업체가 환경부장관에게 제출해야 하는 배출권 수량×100분의 15
2. 해당 계획기간의 2차 이행연도부터 마지막 이행연도 직전 이행연도까지 : 해당 할당대상업체가 환경부장관에게 제출해야 하는 배출권 수량×[해당 계획기간 내 직전 이행연도에 제출해야 하는 배출권 수량 중 차입할 수 있는 배출권 한도의 비율-(해당 계획기간 내 직전 이행연도에 제출해야 하는 배출권 수량 중 차입한 배출권 수량의 비율×100분의 50)]

제46조(배출권의 이월 및 차입 절차)

① 배출권의 이월 및 차입을 하려는 할당대상업체는 다음 각 호의 구분에 따른 날 중 늦은 날부터 10일 이내에 배출권의 이월 또는 차입에 관한 신청서를 전자적 방식으로 환경부장관에게 제출해야 한다.

1. 온실가스 배출량을 인증받은 결과를 통보받은 경우에는 그 통보를 받은 날
2. 법 제38조 제1항 제3호·제4호·제8호의 어느 하나에 해당하는 사유로 이의를 신청한 경우에는 이의신청에 대한 결과를 통보받은 날

② 할당대상업체가 아닌 자로서 배출권을 보유한 자는 이행연도 종료일에서 5개월이 지난 날부터 10일 이내에 보유한 배출권의 이월에 관한 신청서를 전자적 방식으로 환경부장관에게 제출해야 한다.

③ 환경부장관은 배출권의 제출기한 10일 전까지 신청에 대하여 검토 후 승인 여부를 결정하고, 지체 없이 그 결과를 해당 신청인에게 통보해야 한다.

제47조(상쇄)

① 배출권의 전환 기준은 외부사업 온실가스 감축량 1이산화탄소상당량톤을 1배출권으로 전환하는 것으로 한다.

② 환경부장관은 「기후변화에 관한 국제연합 기본협약에 대한 교토의정서」에 따른 청정개발체제 사업(할당대상업체의 사업장 안에서 시행된 사업을 포함하며, 이하 "청정개발체제 사업"이라 한다)을 통하여 확보한 온실가스 감축량을 인증하는 경우 중복판매 등으로 인한 부당이득을 방지하기 위하여 필요한 조치를 해야 한다.

③ 상쇄배출권의 제출한도는 해당 할당대상업체가 환경부장관에게 제출해야 하는 배출권의 100분의 10 이내의 범위에서 할당계획으로 정한다.

④ 상쇄배출권 중 다음 이행연도로 이월되지 않거나 환경부장관에게 제출되지 않은 상쇄배출권은 같은 항 후단에 따라 각 이행연도 종료일부터 6개월(법 제38조 제1항 제3호·제4호·제8호의 어느 하나에 해당하는 사유로 이의를 신청한 경우에는 이의신청에 대한 결과를 통보받은 날부터 10일)이 지나면 그 효력을 잃는다.

제48조(외부사업에 대한 타당성 평가 및 승인·승인취소)

① 부문별 관장기관은 외부사업 온실가스 감축량 인증을 위하여 필요한 때에는 외부사업에 대한 타당성 평가, 환경부장관과의 협의와 인증위원회의 심의를 거쳐 외부사업을 승인할 수 있다. 이 경우 부문별 관장기관은 사업의 유효기간을 정하여 외부사업을 승인할 수 있다.

② 외부사업을 하는 자가 외부사업 승인을 신청한 경우 부문별 관장기관은 해당 외부사업에 대하여 다음 각 호의 사항에 대한 타당성 평가를 한다. 다만, 「탄소흡수원 유지 및 증진에 관한 법률」에 해당하는 사업 중 사업의 타당성이 인정된 산림탄소상쇄사업은 부문별 관장기관의 타당성 평가를 받은 것으로 본다.

1. 인위적으로 온실가스를 줄이기 위하여 일반적인 경영 여건에서 할 수 있는 활동 이상의 추가

적인 노력이 있었는지 여부
   2. 온실가스 감축사업을 통한 온실가스 감축 효과가 장기적으로 지속 가능한지 여부
   3. 온실가스 감축사업을 통하여 계량화가 가능할 정도로 온실가스 감축이 이루어질 수 있는지 여부
   4. 온실가스 감축사업이 제8항에 따른 고시에서 정하는 기준과 방법을 준수하는지 여부
③ 인증위원회는 외부사업에 대하여 심의할 때에는 다음 각 호의 사항을 고려해야 한다.
   1. 상쇄 실적의 지속성 및 정량화된 검증 가능성
   2. 상쇄사업의 추진방법 및 모니터링의 적절성
④ 부문별 관장기관은 승인한 외부사업이 다음 각 호의 어느 하나에 해당하는 경우에는 인증위원회의 심의를 거쳐 그 승인을 취소할 수 있다. 다만, 제1호에 해당하는 경우에는 그 승인을 취소해야 한다.
   1. 거짓이나 부정한 방법으로 외부사업을 승인받은 경우
   2. 정당한 사유 없이 그 승인을 받은 날부터 1년 이내에 해당 사업을 시행하지 않는 경우
   3. 외부사업으로 승인된 사업이 「기후변화에 관한 국제연합 기본협약」 및 관련 조약에 따라 유효하지 않게 된 경우
   4. 법령 개정, 기술 발전 등에 따라 해당 사업이 일반적인 경영 여건에서 할 수 있는 활동 이상의 추가적인 노력이라고 보기 어려운 경우
⑤ 부문별 관장기관은 외부사업을 승인하거나 제4항에 따라 그 승인을 취소한 경우에는 지체 없이 해당 외부사업을 하는 자에게 통보해야 한다.
⑥ 부문별 관장기관은 승인한 외부사업 및 제4항에 따라 그 승인을 취소한 외부사업을 상쇄등록부에 등록하여 관리해야 한다.
⑦ 법 제30조 제1항 제2호에서 "대통령령으로 정하는 사업"이란 청정개발체제 사업 및 이에 준하는 외부사업을 말하며, 해당 사업의 종류는 부문별 관장기관이 공동으로 정하여 고시한다.
⑧ 제1항부터 제6항까지에서 규정한 사항 외에 외부사업의 유효기간 등 외부사업의 승인·승인취소의 기준 및 절차에 관한 세부 사항은 부문별 관장기관이 공동으로 정하여 고시한다.

제49조(외부사업 온실가스 감축량의 인증 및 인증취소)

① 외부사업 온실가스 감축량을 인증받으려는 자는 환경부장관이 고시로 정하는 인증신청서에 다음 각 호의 서류를 첨부하여 부문별 관장기관에 제출해야 한다.
   1. 외부사업 사업자가 작성한 감축량 모니터링 보고서
   2. 검증기관의 검증보고서
   3. 그 밖에 부문별 관장기관이 온실가스 감축량 인증에 필요하다고 인정하여 고시하는 자료
② 외부사업 온실가스 감축량의 인증을 신청하는 자는 「탄소흡수원 유지 및 증진에 관한 법률」에 따

른 인증서를 발급받은 때에는 산림청장에게 해당 인증결과 및 해당 인증 시 검토한 사항을 부문별 관장기관에 제출해 줄 것을 요청할 수 있다. 이 경우 요청을 받은 산림청장은 특별한 사정이 없으면 이에 협조해야 한다.

③ 부문별 관장기관은 신청을 받으면 외부사업 승인 시 검토한 사항 및 산림청장으로부터 제출받은 인증결과와 해당 인증 시 검토한 사항 등을 고려하여 환경부장관과의 협의 및 인증위원회의 심의를 거쳐 외부사업 온실가스 감축량을 인증한다.

④ 부문별 관장기관은 인증을 할 때 외국에서 시행된 외부사업에서 발생한 온실가스 감축량에 대해서는 1차 계획기간과 2차 계획기간 동안에는 인증하지 않는다. 다만, 국내기업 등이 외국에서 직접 시행한 청정개발체제 사업에서 2016년 6월 1일 이후 발생한 온실가스 감축량에 대해서는 2차 계획기간부터 인증할 수 있다.

⑤ 부문별 관장기관은 인증된 외부사업 온실가스 감축량이 다음 각 호의 어느 하나에 해당하는 경우에는 인증위원회의 심의를 거쳐 그 인증을 취소할 수 있다. 다만, 제1호에 해당하는 경우에는 그 인증을 취소해야 한다.
  1. 거짓이나 부정한 방법으로 외부사업 온실가스 감축량을 인증받은 경우
  2. 외부사업 온실가스 감축량이 이 법 또는 다른 법률에 따른 의무 이행의 결과로 발생되거나 그와 동일한 감축량을 다른 제도 또는 사업에서 중복으로 활용한 경우
  3. 외부사업으로 승인된 사업에서 발생한 외부사업 온실가스 감축량이 「기후변화에 관한 국제연합 기본협약」 및 관련 조약에 따라 유효하지 않게 된 경우
  4. 법령 개정, 기술 발전 등에 따라 해당 외부사업 온실가스 감축량이 일반적인 경영 여건에서 할 수 있는 활동 이상의 추가적인 노력에 의해 발생된 것이라고 보기 어려운 경우

⑥ 부문별 관장기관은 외부사업 온실가스 감축량을 인증하거나 그 인증을 취소한 경우에는 지체 없이 해당 외부사업을 하는 자에게 통보해야 한다.

⑦ 부문별 관장기관은 인증하거나 그 인증을 취소한 외부사업 온실가스 감축량을 상쇄등록부에 등록하여 관리해야 한다.

⑧ 제1항부터 제7항까지에서 규정한 사항 외에 국내기업 등의 기준, 외국에서 직접 시행한 사업의 기준 등 외부사업 온실가스 감축량 인증 및 인증취소에 관한 세부 사항은 부문별 관장기관이 공동으로 정하여 고시한다.

제50조(상쇄등록부의 관리 및 운영 등)

① 환경부장관은 외부사업 온실가스 감축량의 인증 등이 지속적이며 체계적으로 이루어질 수 있도록 상쇄등록부를 전자적 방식으로 관리해야 한다.
② 상쇄등록부에는 다음 각 호의 사항을 등록한다.
  1. 외부사업의 계획서

2. 외부사업 온실가스 감축량의 인증 실적
3. 그 밖에 환경부장관이 필요하다고 인정하여 고시한 사항

③ 상쇄등록부에 등록된 정보의 열람, 공개 및 수정 등에 관하여는 제14조 제1항, 제15조 및 제16조를 준용한다. 이 경우 "배출권등록부"는 "상쇄등록부"로, "배출권 거래계정을 등록한 자"는 "상쇄등록부에 외부사업을 등록한 자"로 본다.

제51조(과징금)

① 과징금의 부과기준 금액은 배출권 제출의무가 있는 이행연도에 배출권 거래소에서 거래된 배출권의 거래대금 합계를 총거래량으로 나누어 산출한 배출권 평균 시장가격의 3배로 한다.
② 환경부장관은 배출권 제출기한이 지나도록 인증된 온실가스 배출량만큼의 배출권을 제출하지 않은 할당대상업체에 과징금 부과사유, 예정금액 및 납부기한 등을 통보하고 10일 이상의 기간을 정하여 의견을 제출할 기회를 주어야 한다. 이 경우 과징금의 납부기한은 과징금을 부과한 날부터 30일 이내로 한다.
③ 환경부장관은 의견제출 기간 동안 할당대상업체가 의견을 제출하지 않거나 제출된 의견이 타당하지 않은 경우에는 통보한 예정금액과 납부기한대로 해당 할당대상업체에 과징금을 부과한다.
④ 환경부장관은 의견을 제출받은 결과 할당대상업체가 다음 각 호의 어느 하나에 해당하는 사유로 납부기한까지 과징금을 한꺼번에 납부하기 어려운 경우에는 과징금을 부과한 날부터 1년 이내의 기간을 정하여 그 납부를 유예하거나 과징금을 부과한 날부터 2년 이내의 기간 동안 8회 이내에 걸쳐 분할하여 납부하도록 할 수 있다.
 1. 천재지변 또는 그에 준하는 사유로 재산에 심각한 손실이 발생한 경우
 2. 사업의 손실로 인하여 경영에 심각한 위기가 있는 경우
 3. 그 밖에 제1호 및 제2호에 준하는 경우로서 과징금의 납부유예 또는 분할납부가 필요하다고 인정되는 경우
⑤ 환경부장관은 할당대상업체에 과징금의 납부를 유예하거나 과징금을 분할하여 납부하도록 했음에도 그 할당대상업체가 다음 각 호의 어느 하나에 해당하게 되면 그 납부유예 또는 분할납부를 취소하고, 그 취소일부터 30일 이내에 과징금을 한꺼번에 납부하도록 할 수 있다.
 1. 납부유예 또는 분할납부 기간 중에 제4항 각 호에 따른 사유가 해소된 경우
 2. 분할납부할 과징금을 분할납부 기한까지 납부하지 않은 경우

제52조(과징금에 대한 가산금)

환경부장관은 납부기한이 지난 날부터 1개월이 지날 때마다 체납된 과징금의 1천분의 12에 해당하는 가산금을 징수한다. 다만, 가산금을 가산하여 징수하는 기간은 60개월을 초과할 수 없다.

06 보칙

제53조(금융상·세제상의 지원)

① 법 제35조 제1항에서 "온실가스 감축 설비를 설치하거나 관련 기술을 개발하는 사업 등 대통령령으로 정하는 사업"이란 다음 각 호의 사업을 말한다.
　1. 온실가스 감축 관련 기술·제품·시설·장비의 개발 및 보급 사업
　2. 온실가스 배출량에 대한 측정 및 체계적 관리시스템의 구축 사업
　3. 온실가스 저장기술 개발 및 저장설비 설치 사업
　4. 온실가스 감축모형 개발 및 배출량 통계 고도화 사업
　5. 부문별 온실가스 배출·흡수 계수의 검증·평가 기술개발 사업
　6. 온실가스 감축을 위한 신재생에너지 기술개발 및 보급 사업
　7. 온실가스 감축을 위한 에너지 절약, 효율 향상 등의 촉진 및 설비투자 사업
　8. 그 밖에 온실가스 감축과 관련된 중요 사업으로서 할당위원회의 심의를 거쳐 인정된 사업
② 환경부장관 및 관계 중앙행정기관의 장은 지원을 하는 경우 중소기업이 하는 사업에 준하여 배출권 전부를 무상으로 할당받지 못하는 할당대상업체가 하는 사업을 우선적으로 지원할 수 있다.

제54조(배출권 거래 전문기관)

① 환경부장관은 배출권 거래 전문기관(이하 "배출권 거래 전문기관"이라 한다)을 지정하는 경우 온실가스 종합정보관리체계와의 연계를 고려해야 한다.
② 배출권 거래 전문기관은 다음 각 호의 업무를 수행한다.
　1. 보고 및 검증에 관한 조사·연구
　2. 배출량의 인증 및 외부사업 온실가스 감축량의 인증에 관한 조사·연구
　3. 그 밖에 국제 탄소시장과의 연계를 위한 조사·연구, 기술개발 및 국제협력에 관한 업무

제55조(이의신청)

① 이의를 신청하는 자는 환경부장관이 고시로 정하는 이의신청서에 처분의 내용 및 이의 내용 등을 적고, 그에 대한 소명자료를 환경부장관에게 제출해야 한다.
② 다음 각 호의 처분에 대하여 이의가 있는 자는 각 호의 구분에 따른 날부터 30일 이내에 소명자료를 첨부하여 환경부장관에게 이의를 신청할 수 있다. 이 경우 이의신청 결과 통보 및 기간 연장에 관하여는 법 제38조 제2항을 준용한다.
　1. 자발적 참여신청서를 제출한 업체에 대한 할당대상업체 지정 거부 : 그 거부를 통보받은 날

2. 시장조성자에 대한 시정 요구 : 그 시정 요구를 통보받은 날

③ 다음 각 호의 처분에 대하여 이의가 있는 자는 각 호의 구분에 따른 날부터 30일 이내에 소명자료를 첨부하여 부문별 관장기관에 이의를 신청할 수 있다. 이 경우 이의신청 결과 통보 및 기간 연장에 관하여는 법 제38조 제2항을 준용한다.
  1. 외부사업 승인의 취소 : 그 승인의 취소를 통보받은 날
  2. 외부사업 온실가스 감축량 인증의 취소 : 그 인증의 취소를 통보받은 날

④ 이의신청 처리 결과에 따라 배출권을 추가로 할당하는 경우에는 배출권 예비분에서 사용한다.

제57조(권한 또는 업무의 위임·위탁)

① 환경부장관은 다음 각 호의 권한을 종합정보센터의 장에게 위임한다.
  1. 국제 탄소시장과의 연계 방안 및 국제협력에 관한 조사·연구
  2. 배출허용총량의 산정 등에 관한 조사·연구
  3. 배출권등록부 및 상쇄등록부의 관리·운영
  4. 배출량의 보고 및 검증에 관한 조사·연구
  5. 정보의 공개

② 환경부장관은 다음 각 호의 권한을 국립환경과학원장에게 위임한다.
  1. 검증기관의 지정·지정취소·업무정지 및 시정명령
  2. 검증업무 수행결과의 접수 및 평가
  3. 실태조사
  4. 청문
  5. 이의신청의 접수 및 그 결과의 통보
  6. 과태료의 부과·징수

③ 환경부장관은 다음 각 호의 업무를 「한국환경공단법」에 따른 한국환경공단에 위탁한다.
  1. 기본계획 및 할당계획의 수립 등을 위한 자료의 조사·분석 및 검토
  2. 다음 각 목의 업무와 관련된 자료의 조사·분석 및 검토
    가. 할당대상업체의 지정·지정취소 및 권리와 의무의 승계
    나. 배출권의 할당
    다. 배출권의 추가 할당
    라. 배출권 할당의 취소
  3. 배출권 예비분의 보유 관련 비율의 산정을 위한 자료의 조사·분석 및 검토
  4. 배출권 거래시장의 안정화를 위한 자료의 조사·분석 및 검토
  5. 온실가스 배출량의 인증을 위한 자료의 조사·분석 및 검토
  6. 외부사업 승인 절차 및 외부사업 온실가스 감축량의 인증 절차에서 부문별 관장기관과의 협의

를 위한 자료의 조사·분석 및 검토

④ 부문별 관장기관은 외부사업 온실가스 감축량의 인증에 관한 업무를 부문별 관장기관이 공동으로 정하여 고시하는 바에 따라 다음 각 호의 기관에 위탁한다.

1. 「농촌진흥법」에 따른 한국농업기술진흥원
2. 「에너지이용 합리화법」에 따른 한국에너지공단
3. 「임업 및 산촌 진흥촉진에 관한 법률」에 따른 한국임업진흥원
4. 「한국교통안전공단법」에 따른 한국교통안전공단
5. 「한국해양교통안전공단법」에 따른 한국해양교통안전공단
6. 「한국환경공단법」에 따른 한국환경공단
7. 「해양환경관리법」에 따른 해양환경공단
8. 그 밖에 해당 업무를 수행할 수 있는 전문인력과 장비 등을 갖춘 기관으로서 부문별 관장기관이 정하는 기관

SECTION 06 온실가스 배출권거래제의 배출량 보고 및 인증에 관한 지침

···01 총칙

♂ 제2조(용어의 정의)

1. 사전 검토
   배출량의 정확성과 신뢰성을 위해 계획기간 시작 이전에 신규 할당대상업체로 지정된 할당대상업체가 검토를 요청한 배출량 산정 계획을 검토하여 타당성을 확인하는 과정을 말한다.
2. 배출량 인증
   할당대상업체가 제출한 명세서를 최종 검토하여 온실가스 배출량을 확정하는 것을 말한다.
3. 적합성 평가
   할당대상업체에서 제출한 명세서와 검증보고서를 활용하여 배출량 산정 결과의 적합성을 평가하는 과정을 말한다.
4. 추가검토
   계획기간 내 할당대상업체가 사전검토가 완료된 배출량 산정 계획에 대해 변경사항이 발생한 경우 검토를 요청한 사항의 타당성을 확인하는 과정을 말한다.
5. 재산정
   할당대상업체가 제출한 명세서의 적합성 평가 결과가 부적합일 경우 해당 배출활동 및 배출계수 등에 대해 재평가하여 적합한 배출량을 도출하는 절차 및 방법을 의미하며, 단순계산 오류 값을 올바른 값으로 '재계산'하는 것과 보수적(保守的) 가정, 값 및 절차를 적용하여 배출량을 산정하는 것을 의미하는 '보수적(保守的) 계산'을 포함한다.
6. 삭제
7. 삭제
8. 공정배출
   제품의 생산 공정에서 원료의 물리·화학적 반응 등에 따라 발생하는 온실가스의 배출을 말한다.
9. 구분 소유자
   「집합건물의 소유 및 관리에 관한 법률」에 규정된 건물부분(「집합건물의 소유 및 관리에 관한 법률」에 따라 공용부분(共用部分)으로 된 것은 제외한다)을 목적으로 하는 소유권을 가지는 자를 말한다.

10. 매개변수

    두 개 이상 변수 사이의 상관관계를 나타내는 변수로서 온실가스 배출량 등을 산정하는 데 필요한 활동자료, 배출계수, 발열량, 산화율, 탄소함량 등을 말한다.

11. 온실가스정보공개심사위원회

    할당대상업체가 제출한 비공개 신청서를 심사하여 공개 여부를 결정하기 위해 「기후위기 대응을 위한 탄소중립·녹색성장 기본법」(이하 "기본법"이라 한다)에 따라 센터에 두는 위원회를 말한다.

12. 배출량 산정 계획

    온실가스 배출량 등의 산정에 필요한 자료와 기타 온실가스·에너지 관련 자료의 연속적 또는 주기적인 수집·감시·측정·평가 및 매개변수 결정에 관한 세부적인 방법, 절차, 일정 등을 규정한 계획을 말한다.

13. 배출계수

    해당 배출시설의 단위 연료 사용량, 단위 제품 생산량, 단위 원료 사용량, 단위 폐기물 소각량 또는 처리량 등 단위 활동자료당 발생하는 온실가스 배출량을 나타내는 계수(係數)를 말한다.

14. 배출시설

    온실가스를 대기에 배출하는 시설물, 기계, 기구, 그 밖의 유형물로서 각각의 원료(부원료와 첨가제를 포함한다)나 연료가 투입되는 지점 및 전기·열(스팀)이 사용되는 지점부터의 해당 공정 전체를 말한다. 이때 해당 공정이란 연료 혹은 원료가 투입 또는 전기·열(스팀)이 사용되는 설비군을 말하며, 설비군은 동일한 목적을 가지고 동일한 연료·원료·전기·열(스팀)을 사용하여 유사한 역할 및 기능을 가지고 있는 설비들을 묶은 단위를 말한다.

15. 배출활동

    온실가스를 배출하거나 에너지를 소비하는 일련의 활동을 말한다.

16. 법인

    민법상의 법인과 상법상의 회사를 말한다.

17. 벤치마크

    온실가스 배출 및 에너지 소비와 관련하여 제품생산량 등 단위 활동자료당 온실가스 배출량(이하 "배출집약도"라 한다) 등의 실적·성과를 국내·외 동종 배출시설 또는 공정과 비교하는 것을 말한다.

18. 보고

    할당대상업체가 온실가스 배출량 등을 전자적 방식으로 환경부장관에게 제출하는 것을 말한다.

19. 불확도

    온실가스 배출량 등의 산정결과와 관련하여 정량화된 양을 합리적으로 추정한 값의 분산특성을 나타내는 정도를 말한다.
20. 사업장

    동일한 법인, 공공기관 또는 개인(이하 "동일 법인 등"이라 한다) 등이 지배적인 영향력을 가지고 재화의 생산, 서비스의 제공 등 일련의 활동을 행하는 일정한 경계를 가진 장소, 건물 및 부대시설 등을 말한다.

21. 산정

    할당대상업체가 온실가스 배출량 등을 계산하거나 측정하여 이를 정량화하는 것을 말한다.

22. 산정등급(Tier)

    활동자료, 배출계수, 산화율, 전환율, 배출량 및 온실가스 배출량 등의 산정방법의 복잡성을 나타내는 수준을 말한다.

23. 산화율

    단위 물질당 산화되는 물질량의 비율을 말한다.

24. 순발열량

    일정 단위의 연료가 완전 연소되어 생기는 열량에서 연료 중 수증기의 잠열을 뺀 열량으로서 온실가스 배출량 산정에 활용되는 발열량을 말한다.

25. 업체

    동일 법인 등이 지배적인 영향력을 미치는 모든 사업장의 집단을 말한다.

26. 업체 내 사업장

    업체에 포함된 각각의 사업장을 말한다.

27. 에너지

    연료(석유, 가스, 석탄 및 그 밖에 열을 발생하는 열원으로서 제품의 원료로 사용되는 것은 제외)·열 및 전기를 말한다.

28. 에너지 관리의 연계성(連繫性)

    연료, 열 또는 전기의 공급점을 공유하고 있는 상태, 즉 건물 등에 타인으로부터 공급된 에너지를 변환하지 않고 다른 건물 등에 공급하고 있는 상태를 말한다.

29. 연소배출

    연료 또는 물질을 연소함으로써 발생하는 온실가스 배출을 말한다.

30. 연속측정방법(Continuous Emission Monitoring)

    일정 지점에 고정되어 배출가스 성분을 연속적으로 측정·분석할 수 있도록 설치된 측정 장비를 통해 모니터링 하는 방법을 의미한다.

31. 온실가스

    적외선 복사열을 흡수하거나 재방출하여 온실효과를 유발하는 가스 상태의 물질로서 이산화탄소(CO_2), 메탄(CH_4), 아산화질소(N_2O), 수소불화탄소(HFCs), 과불화탄소(PFCs), 육불화황(SF_6)을 말한다.

32. 온실가스 배출

    사람의 활동에 수반하여 발생하는 온실가스를 대기 중에 배출·방출 또는 누출시키는 직접 배출과 외부로부터 공급된 전기 또는 열(연료 또는 전기를 열원으로 하는 것만 해당한다)을 사용함으로써 온실가스가 배출되도록 하는 간접 배출을 말한다.

33. 온실가스 간접배출

    할당대상업체가 외부로부터 공급된 전기 또는 열(연료 또는 전기를 열원으로 하는 것만 해당한다)을 사용함으로써 발생하는 온실가스 배출을 말한다.

34. 운영통제 범위

    조직의 온실가스 배출과 관련하여 지배적인 영향력을 행사할 수 있는 지리적 경계, 물리적 경계, 업무활동 경계 등을 의미한다.

35. 이산화탄소 상당량

    이산화탄소에 대한 온실가스의 복사 강제력을 비교하는 단위로서 해당 온실가스의 양에 지구 온난화지수를 곱하여 산출한 값을 말한다.

36. 전환율

    단위 물질당 변화되는 물질량의 비율을 말한다.

37. 조직경계

    업체의 지배적인 영향력 아래에서 발생되는 활동에 의한 인위적인 온실가스 배출량의 산정 및 보고의 기준이 되는 조직의 범위를 말한다.

38. 주요정보 공개

    할당대상업체 명세서의 주요 정보를 전자적 방식 등으로 국민에게 공개하는 것을 말한다.

39. 중앙행정기관 등

    중앙행정기관, 지방자치단체 및 다음 각 목의 공공기관을 말한다.

    가. 「공공기관의 운영에 관한 법률」에 따른 공공기관
    나. 「지방공기업법」에 따른 지방공사 및 지방공단
    다. 「국립대학병원 설치법」, 「국립대학치과병원 설치법」, 「서울대학교병원 설치법」 및 「서울대학교치과병원 설치법」에 따른 병원
    라. 「고등교육법」에 따른 국립학교 및 공립학교

40. 지배적인 영향력

    동일 법인 등이 해당 사업장의 조직 변경, 신규 사업에의 투자, 인사, 회계, 녹색경영 등 사회통념상 경제적 일체로서의 주요 의사결정이나 온실가스 감축 및 에너지 절약 등의 업무집행에 필요한 영향력을 행사하는 것을 말한다.

41. 총발열량

    일정 단위의 연료가 완전 연소되어 생기는 열량(연료 중 수증기의 잠열까지 포함한다)으로서 에너지사용량 산정에 활용된다.

42. 최적가용기법(Best Available Technology)
    온실가스 감축 및 에너지 절약과 관련하여 경제적·기술적으로 사용이 가능한 가장 효과적인 기술, 활동 및 운전방법을 말한다.
43. 추가성
    인위적으로 온실가스를 저감하거나 에너지를 절약하기 위하여 일반적인 경영여건에서 실시할 수 있는 활동 이상의 추가적인 노력을 말한다.
44. 활동자료
    사용된 에너지 및 원료의 양, 생산·제공된 제품 및 서비스의 양, 폐기물 처리량 등 온실가스 배출량 등의 산정에 필요한 정량적인 측정결과를 말한다.
45. 소규모 배출시설
    기준기간 온실가스 배출량의 연평균 총량(이 경우 연평균 총량은 명세서를 기준으로 산정한다. 이하 같다)이 100이산화탄소상당량톤(tCO_2-eq) 미만인 배출시설을 말한다.
46. 소량배출사업장
    기준기간 온실가스 배출량의 연평균 총량이 3,000이산화탄소상당량톤(tCO_2-eq) 미만인 사업장을 말한다.
47. 바이오매스
    「신에너지 및 재생에너지 개발·이용·보급 촉진법」에 따른 재생 가능한 에너지로 변환될 수 있는 생물자원 및 생물자원을 이용해 생산한 연료를 의미한다.
48. 배출원
    온실가스를 대기로 배출하는 물리적 단위 또는 프로세스를 말한다.
49. 흡수원
    대기로부터 온실가스를 제거하는 물리적 단위 또는 프로세스를 말한다.
50. 명세서
    할당대상업체가 이행연도에 실제 배출한 온실가스 배출량을 측정·보고·검증 가능한 방식으로 작성한 배출량 보고서를 말한다.
51. 이산화탄소 포집 및 이동
    할당대상업체 조직경계 내부의 이산화탄소가 배출되는 시설에서 할당대상업체의 조직경계 내부 및 외부로의 이동을 목적으로 이산화탄소를 대기로부터 격리한 후 포집하여 이동시키는 활동을 말한다.
52. 보수적 계산
    온실가스 배출량을 산정함에 있어서 과소 산정되지 않았음을 보증하기 위하여 보수적인 가정, 값 및 절차를 적용하는 것을 말한다.

제3조(타 규정과의 관계)

① 할당대상업체의 명세서 제출 및 정보 공개와 온실가스 배출량 인증기준 및 절차에 관하여는 이 지침을 다른 지침에 우선하여 적용한다.
② 배출권거래제의 배출량 보고 및 인증, 명세서의 정보공개에 관하여 이 지침에서 정하지 아니한 사항에 대해서는 기본법과 같은 법 시행령에 따른 지침을 적용하며, 필요한 경우 국제표준화기구(ISO) 등 국제적으로 통용되는 기준을 적용할 수 있다.

제4조(주무관청의 업무)

이 지침과 관련하여 환경부장관은 다음 각 호의 업무를 수행한다.
1. 배출량 인증에 관한 총괄·조정
2. 배출량 인증에 관한 종합적인 기준 수립
3. 배출량 인증위원회(이하 "인증위원회"라 한다) 구성 및 운영
4. 배출량 산정 계획의 사전검토 및 추가검토
5. 제출받은 자료에 대한 확인 및 시정이나 보완 명령
6. 할당대상업체의 온실가스 배출량 인증, 통지 및 배출권등록부 등록
7. 온실가스 배출량 인증을 위한 적합성 평가
8. 배출량을 보고하지 아니한 할당대상업체에 대한 명세서 제출 명령
9. 배출량을 보고하지 아니한 할당대상업체 온실가스 배출량의 직권산정
10. 온실가스 배출량의 인증을 위한 자료 제출 요청
11. 배출량 인증에 대한 이의신청의 처리
12. 실태조사
13. 명세서의 정보공개에 관한 사항

제5조(자료제출 협조)

① 환경부장관은 배출권거래제의 원활한 추진을 위해 관계 행정기관, 공공기관 및 검증기관에 필요한 자료의 제출을 요청할 수 있다. 이때 자료제출을 요청받은 기관은 이에 협조하여야 한다.
② 요청된 자료가 할당대상업체의 동의가 필요한 경우 환경부장관은 정보 주체의 동의를 받아 협조 요청을 할 수 있다.
③ 할당대상업체가 관리대상 배출원별 온실가스 배출량 및 에너지 사용량 등을 알기 위해 전력 사용량, 열 사용량 등에 관한 정보를 관련 공공기관 등에 요청할 경우 해당 공공기관은 이에 적극적으로 협조하여야 한다.

제6조(비밀 준수)

① 이 지침에 의해 취득한 정보(취득한 정보를 가공한 경우를 포함한다.)를 다른 용도로 사용하거나 외부로 유출하여서는 아니 된다.
② 다음 각 호에 해당하는 자는 관련 정보를 취급함에 있어 보안유지 의무를 따라야 한다.
   1. 배출량 산정 계획의 사전검토 및 추가검토를 위해 이와 관련된 자료를 취급하는 자
   2. 인증위원회의 위원장 및 위원
   3. 적합성 평가 수행을 위해 이와 관련된 자료를 취급하는 자
   4. 실태조사 업무를 수행하거나 이와 관련된 자료를 취급하는 자
   5. 기타 이 지침을 통해 할당대상업체의 정보 및 배출량 인증 관련 자료를 취급하는 자
③ 이 지침 등을 통해 취득한 정보를 외부로 공개하거나 다른 용도로 사용하고자 하는 경우에는 환경부장관과 사전에 협의하여야 한다.

02 배출량의 산정 및 보고

제7조(배출량 등의 산정원칙)

① 할당대상업체는 이 지침에서 정하는 방법 및 절차에 따라 온실가스 배출량 등을 산정하여야 하며, 산정·보고체계는 별표 1과 같다.
② 할당대상업체는 이 지침에 제시된 범위 내에서 모든 배출활동과 배출시설에서 온실가스 배출량 등을 산정하여야 한다. 온실가스 배출량 등의 산정에서 제외되는 배출활동과 배출시설이 있는 경우에는 그 제외사유를 명확하게 제시하여야 한다.
③ 할당대상업체는 시간의 경과에 따른 온실가스 배출량 등의 변화를 비교·분석할 수 있도록 일관된 자료와 산정방법론 등을 사용하여야 한다. 또한, 온실가스 배출량 등의 산정과 관련된 요소의 변화가 있는 경우에는 이를 명확히 기록·유지하여야 한다.
④ 할당대상업체는 배출량 등을 과대 또는 과소산정하는 등의 오류가 발생하지 않도록 최대한 정확하게 온실가스 배출량 등을 산정하여야 한다.
⑤ 할당대상업체는 온실가스 배출량 등의 산정에 활용된 방법론, 관련 자료와 출처 및 적용된 가정 등을 명확하게 제시할 수 있어야 한다.

별표 1. 배출량 등의 산정·보고체계(제7조 관련)

시기	할당대상업체	환경부장관
T-1 년도	배출량 산정 계획 사전검토 요청 (검증보고서 첨부) →	배출량 산정 계획 타당성 검토 ↓ 배출량 산정 계획의 타당성 검토 결과 통지
T 년도	↓ 배출량 산정 계획 이행 ↓ 배출량 산정 계획 변경에 따른 추가 검토 요청 (검증보고서 첨부) → ↓ 배출량 산정 계획 추가검토 결과 확인 ← ↓ 배출량 산정 계획 확인	배출량 산정 계획 변경사항에 대한 타당성 검토 ↓ 배출량 산정 계획 추가검토 결과 통지
T+1 년도	배출량 산정 ((T)년도) ← ↓ 명세서 작성 ↓ 제3자 검증기관 배출량 검증 ↓ → 접수/확인 →	배출권거래제 보고 및 인증 지침 고시 온실가스센터 등록부(DB)에 등록

제8조(배출량 등의 산정절차)

할당대상업체가 온실가스 배출량 등을 산정하는 절차는 별표 2와 같다.

│ 별표 2. 배출량 등의 산정절차(제8조 관련) │

1단계	조직경계의 설정

「산업집적활성화 및 공장설립에 관한 법률」, 「건축법」, 「수도법」, 「하수도법」, 「폐기물관리법」 등 관련 법률에 따라 정부에 허가받거나 신고한 문서(사업자등록증, 사업보고서, 허가신청서 등)를 이용하여 사업장의 부지경계를 식별한다.

↓

2단계	배출활동의 확인·구분

별표 3에서 제시하는 산정대상 온실가스 배출활동에 따라 사업장 내 온실가스 배출활동을 확인하고, 별표 6에서 제시하는 배출활동별 배출시설을 확인한다. 보고대상 배출활동의 파악 시 활용 가능한 자료로는 공정의 설계자료, 설비의 목록, 연료 등의 구매전표 등이 있다.

↓

3단계	모니터링 유형 및 방법의 설정

각 배출활동 및 배출시설에 대하여 별표 8을 참조하여 활동자료의 모니터링 유형을 선정하고 해당 활동자료가 별표 6의 불확도 수준을 충족하는지 확인한다. 또한 시료의 채취, 분석 주기 및 방법 등이 별표 13 및 별표 14에서 요구하는 기준을 충족하는지 확인한다.

↓

4단계	배출량 산정 및 모니터링 체계의 구축

사업장 내 온실가스 산정책임자(최고 책임자) 및 산정담당자와 모니터링 지점의 관리책임자·담당자 등을 정한다. 별표 19에 따라 「누가」, 「어떤 방법으로」 활동자료 혹은 배출가스 등을 감시하고 산정을 하는지, 세부적인 방법론, 역할 및 책임을 정한다.

↓

5단계	배출활동별 배출량 산정방법론의 선택

배출량 산정방법론(계산법 혹은 연속측정방법) 및 별표 5의 최소 산정등급(Tier) 요구기준에 따라 사업자는 배출활동별로 배출량 산정방법론을 선택한다.
별표 6 배출량 세부산정방법론에서 정하는 활동자료, 배출계수, 배출가스 농도, 유량 등 각 매개변수에 대하여 자료의 수집 방법을 정하고 자료를 모니터링 한다.

↓

6단계	배출량 산정 (계산법 혹은 연속측정방법)

수집한 데이터를 이용하여 별표 6의 배출활동별 세부 산정방법에 따라 온실가스 배출량 등을 산정한다.

↓

7단계	명세서의 작성

제28조(명세서의 작성)에 따라 할당대상업체는 별지 제11호 서식에 따라 온실가스 배출량 및 에너지 사용량 명세서를 작성한다. 제30조(자료의 기록관리 등)에 따라 배출량 등의 산정과 관련된 자료 등은 차기년도 배출량의 산정과 검증단계에서 활용하기 위하여 내부적으로 기록·관리한다.

제9조(배출량 등의 산정범위)

① 할당대상업체는 온실가스에 대하여 빠짐이 없도록 배출량을 산정하여야 한다.
② 할당대상업체는 온실가스 직접배출과 간접배출로 온실가스 배출유형을 구분하여 온실가스 배출량 등을 산정하여야 한다.
③ 할당대상업체는 법인 단위, 사업장 단위, 배출시설 단위 및 배출활동별로 온실가스 배출량 등을 산정하여야 한다.
④ 할당대상업체가 온실가스 배출량 등을 산정해야 하는 배출활동의 종류는 별표 3과 같다.
⑤ 보고 대상 배출시설 중 기준기간 온실가스 배출량의 연평균 총량이 $100tCO_2-eq$ 미만인 소규모 배출시설이 동일한 배출활동 및 활동자료인 경우 환경부장관의 확인을 거쳐 제3항에 따른 배출시설 단위로 구분하여 보고하지 않고 시설군으로 보고할 수 있다.

별표 3. 산정 대상 온실가스 배출활동(제9조 제4항 관련)

할당대상업체는 조직경계 내의 모든 온실가스 배출활동에 대하여 아래의 배출활동 구분에 따라 배출량을 산정하여야 한다. 이 지침에서 제시되지 않은 온실가스 배출활동에 대해서는 기타 배출활동으로 보고하여야 한다.

1. 고정연소시설에서의 에너지 이용에 따른 온실가스 배출
   (1) 고체연료연소
   (2) 기체연료연소
   (3) 액체연료연소

2. 이동연소시설에서의 에너지 이용에 따른 온실가스 배출
   (1) 항공
   (2) 도로수송
   (3) 철도수송
   (4) 선박

3. 제품 생산 공정 및 제품사용 등에 따른 온실가스 배출
   (1) 시멘트 생산
   (2) 석회 생산
   (3) 탄산염의 기타 공정사용
   (4) 유리 생산
   (5) 마그네슘 생산
   (6) 인산 생산
   (7) 석유정제활동

(8) 암모니아 생산
(9) 질산 생산
(10) 아디프산 생산
(11) 카바이드 생산
(12) 소다회 생산
(13) 석유화학제품 생산
(14) 불소화합물 생산
(15) 카프로락탐 생산
(16) 철강 생산
(17) 합금철 생산
(18) 아연 생산
(19) 납 생산
(20) 전자산업
(21) 연료전지
(22) 오존층파괴물질(ODS)의 대체물질 사용
(23) 기타 온실가스 배출
(24) 기타 온실가스 사용

4. 폐기물 처리과정에서의 온실가스 배출
   (1) 고형폐기물의 매립
   (2) 고형폐기물의 생물학적 처리
   (3) 하·폐수 처리 및 배출
   (4) 폐기물의 소각

5. 탈루성 온실가스 배출 (2013년 1월 1일부터 산정, 2014년 1월 1일 이후부터 보고한다.)
   (1) 석탄의 채굴, 처리 및 저장
   (2) 원유(석유) 산업
   (3) 천연가스 산업

6. 외부로부터 공급된 전기, 열, 증기 등에 따른 간접 온실가스 배출
   (1) 외부로부터 공급된 전기 사용
   (2) 외부로부터 공급된 열 및 증기 사용

7. 이산화탄소 포집 및 이동에 따른 이산화탄소 이동량
   (1) 이산화탄소 포집 및 이동

제10조(조직경계 결정방법)

① 할당대상업체는 온실가스 배출원의 누락이 없도록 별표 4에 따라 조직경계를 결정하여야 한다.
② 조직경계 결정 시 별표 4에서 제시하지 않은 사항에 대하여는 해당 사업장 배출량의 과다산정 및 과소산정의 오류가 발생하지 않도록 경계를 결정하고, 결정된 조직경계의 타당성을 명확히 제시하여야 한다.
③ 할당대상업체는 조직경계에서 제외되는 시설이 조직경계 내의 배출량과 연계되어 있고 조직경계 내의 배출량을 정확하게 산정하기 위해 조직경계에서 제외되는 시설의 배출량 모니터링이 필요하다면 이 시설에 대해서도 배출량 산정 계획에 포함하여야 한다.
④ 중앙행정기관과 지방자치단체의 경우에는 다음 각 호의 어느 하나에 해당하는 시설에 대해서 이 지침을 적용한다.
  1. 「가축분뇨의 관리 및 이용에 관한 법률」에 따른 가축분뇨공공처리시설
  2. 「자원의 절약과 재활용촉진에 관한 법률」에 따른 공공재활용기반시설
  3. 「폐기물관리법」에 따른 폐기물처리시설
  4. 「물환경보전법」에 따른 공공폐수처리시설
  5. 「하수도법」에 따른 공공하수도 시설 및 분뇨처리시설
  6. 「수도법」에 따른 수도
  7. 「전기사업법」에 따른 전기사업 시설
  8. 「집단에너지사업법」에 따른 집단에너지사업 시설

| 별표 4. 조직경계 결정방법(제10조 제1항 관련) |

1. 조직경계 결정 원칙
   할당대상업체는 조직경계를 결정하기 위해 조직의 지배적인 영향력을 행사할 수 있는 지리적 경계, 물리적 경계, 업무활동 경계 등을 고려한 운영통제 범위를 설정하여야 한다.
   운영통제 범위에 의한 조직경계를 결정하기 위해서 할당대상업체는 사업장의 지리적 경계, 지리적 경계 내 온실가스 배출시설 및 에너지 사용 시설, 온실가스 감축시설, 조직의 변경, 경계 내 상주하는 타 법인, 모니터링 관련 시설의 유무 등을 확인하고, 해당 시설 및 시설관리의 주체와 해당 활동에 의한 경제적 이익 등의 귀속 주체를 파악한다.

2. 조직경계 결정 방법
   조직경계를 결정하는 방법은 다음과 같다. 사업장의 특징에 따라 조직경계를 결정하고 조직경계 결정과 관련된 설명을 배출량 산정 계획에 구체적으로 작성하여야 한다.

   1) 다수 할당대상업체에서 에너지를 연계하여 사용 시 조직경계 결정방법
      다수의 할당대상업체에서 에너지를 연계하여 사용하더라도 법인이 서로 다르기 때문에 각 할당

대상업체는 별도로 에너지 사용량을 모니터링 하도록 경계를 설정하여야 한다.

2) 타 법인이 조직경계 내에 상주하는 경우 조직경계 결정방법
타 법인의 운영통제권을 할당대상업체가 가지고 있는 경우 할당대상업체는 상주하고 있는 타 법인의 온실가스 배출시설 및 에너지 사용시설을 조직경계에 포함하여야 한다. 반면에 할당대상업체가 상주하고 있는 타 법인의 운영통제권을 가지고 있지 않으며, 해당 상주 업체의 온실가스 배출 시설 및 에너지 사용시설에 대한 정보 및 활동자료를 파악할 수 있는 경우는 할당대상업체의 조직경계에서 제외할 수 있다. 단, 이 경우 조직경계 제외에 대한 타당한 사유를 배출량 산정계획에 포함하여야 한다.

3) 건물의 조직경계 결정방법
건물의 경우 별표 21에 따라 할당대상업체에 해당하는 법인 등의 조직경계를 결정한다.

4) 교통부문의 조직경계 결정방법
교통부문의 경우 별표 22에 따라 할당대상업체에 해당하는 법인 등의 조직경계를 결정한다.

5) 소량배출사업장의 조직경계 결정 방법
할당대상업체의 소량배출사업장이 동일한 목적을 가지고 유사한 배출활동을 하는 경우(주유소, 기지국, 영업점, 마을하수도 등)에는 다수의 소량배출사업장을 하나의 사업장으로 통합하여 보고할 수 있다. 이 경우 환경부장관으로부터 사용가능 여부를 통보받은 후 보고하여야 한다. 단, 해당 할당대상업체는 온실가스 배출량이 누락 및 중복되지 않도록 해당 사업장의 보고 대상 시설 목록을 배출량 산정계획서 및 명세서에 포함하여야 한다.

제11조(배출량 등의 산정방법 및 적용기준)

① 할당대상업체는 배출시설의 규모 및 세부 배출활동의 종류에 따라 별표 5의 최소산정등급(Tier)을 준수하여 배출량을 산정하여야 한다. 이 경우 세부적인 온실가스 배출량 등의 산정방법 및 매개변수별 관리기준은 별표에 따른다.
② 별표에서 세부적인 온실가스 배출량 등의 산정방법이 제시되지 않은 온실가스 배출활동은 할당대상업체가 자체적으로 산정방법을 개발하여 온실가스 배출량을 산정하여야 한다.
③ 할당대상업체는 별표에 제시된 온실가스 배출량 등의 산정방법보다 더 높은 정확도를 가진 산정방법을 자체적으로 개발하여 온실가스 배출량 등의 산정에 활용할 수 있다.
④ 할당대상업체는 제2항 및 제3항에 따라 온실가스 배출량 등의 산정방법을 개발하여 활용하려면 배출활동의 개요, 보고 대상 배출시설, 보고 대상 온실가스, 배출량 산정방법론, 매개변수별 관리기준 등이 포함된 배출량 산정 계획을 제출하여야 하며, 산정방법 개발 결과 및 근거자료 등은 다음연도 명세서에 포함하여 제출하여야 한다.

⑤ 할당대상업체는 제2항 및 제3항에 따라 온실가스 배출량 등을 산정하고자 할 경우 별표 7의 절차에 따라 환경부장관으로부터 사용 가능 여부를 통보받은 후 사용하여야 한다.

별표 5. 배출활동별, 시설규모별 산정등급(Tier) 최소적용기준(제11조 관련)

1. 산정등급(Tier) 분류체계
   ① Tier 1 : 활동자료, IPCC 기본 배출계수(기본 산화계수, 발열량 등 포함)를 활용하여 배출량을 산정하는 기본방법론
   ② Tier 2 : Tier 1보다 더 높은 정확도를 갖는 활동자료, 국가 고유 배출계수 및 발열량 등 일정부분 시험·분석을 통하여 개발한 매개변수 값을 활용하는 배출량 산정방법론
   ③ Tier 3 : Tier 1, 2보다 더 높은 정확도를 갖는 활동자료, 사업자가 사업장·배출시설 및 감축기술단위의 배출계수 등 상당부분 시험·분석을 통하여 개발하거나 공급자로부터 제공받은 매개변수 값을 활용하는 배출량 산정방법론
   ④ Tier 4 : 굴뚝자동측정기기 등 배출가스 연속측정방법을 활용한 배출량 산정방법론

2. 배출량에 따른 시설규모 분류
   ① A 그룹 : 연간 5만 톤 미만의 배출시설
   ② B 그룹 : 연간 5만 톤 이상, 연간 50만 톤 미만의 배출시설
   ③ C 그룹 : 연간 50만 톤 이상의 배출시설

3. 시설규모의 결정방법
   1) 시설규모의 최초 결정
      할당대상업체는 배출시설 규모 최초 결정 시 기준연도 기간 중 해당시설의 최근년도 온실가스 배출량에 따라 결정한다. 단, 기준연도의 평균 온실가스 배출량이 기준연도 기간 중 최근년도 온실가스 배출량 보다 큰 경우, 기준연도의 평균 온실가스 배출량에 따라 시설규모를 결정한다.

   2) 시설규모의 최초 결정 이후
      배출시설 규모 최초 결정 이후, 매년 1월 1일을 기준으로 최근에 제출된 명세서의 해당시설 온실가스 배출량에 따라 시설규모를 결정한다. 단, 최근에 제출된 명세서의 온실가스 배출량보다 최근에 제출된 3개년도 명세서의 평균 배출량이 큰 경우, 최근에 제출된 3개년도 명세서의 평균 배출량에 따라 시설규모를 결정한다.

   3) 신설되는 배출시설의 시설규모
      할당대상업체는 신설되는 배출시설 규모 결정 시 신설되는 배출시설의 예상 온실가스 배출량을 계산하여 그 값에 따라 시설규모를 결정한다.

   * 비고 1) 외부 전기 및 열(스팀) 사용에 따른 온실가스 간접 배출을 제외한 모든 배출활동의 산정등급 최소 적용기준은 온실가스 간접배출량을 제외한 직접배출량만을 기준으로 적용한다.
   * 비고 2) 해당 배출시설에서 여러 종류의 연료를 사용하는 경우 각각의 연료별 사용에 따른 배출량의

총합으로 배출시설 규모 및 산정등급(Tier)을 결정하여야 한다. 단, C그룹의 배출시설에서 초기가동·착화연료 등 소량으로 사용하는 보조연료의 배출량이 시설 총 배출량의 5% 미만일 경우 차하위 산정등급을 적용할 수 있다. 이때 차하위 산정등급을 적용하는 배출시설 보조연료의 배출량 총합은 25,000tCO$_2$-eq 미만이어야 한다.

4. 배출활동별 및 시설규모별 산정등급(Tier) 최소 적용기준

온실가스 배출시설에 적용할 산정등급은 아래 표의 배출활동별, 시설규모별 산정등급(Tier) 최소 적용기준을 준수하여야 한다.

배출활동별, 시설규모별 산정등급(Tier) 최소 적용기준을 준수하지 못할 경우 정당한 근거 및 사유를 설명하여야 한다.

* 비고 1) 아래 표는 산정등급의 최소 적용기준을 나타낸 것이며, 국가 고유발열량 등 정확도가 높은 자료를 활용할 수 있을 경우에는 이를 사용하는 것을 권고한다.
* 비고 2) 아래 표는 배출활동별 주요 온실가스의 산정등급 최소적용기준을 나타낸 것이며, 그 외 온실가스의 경우 지침 [별표 6]의 '3. 보고 대상 온실가스' 표의 산정등급 적용기준을 준수한다.

① 연소시설에서 에너지이용에 따른 온실가스 배출

배출활동	산정방법론			연료사용량			순발열량			배출계수			산화계수		
시설규모	A	B	C	A	B	C	A	B	C	A	B	C	A	B	C
1. 고정연소															
① 고체연료	1	2	3	1	2	3	2	2	3	1	2	3	1	2	3
② 기체연료	1	2	3	1	2	3	2	2	3	1	2	3	1	2	3
③ 액체연료	1	2	3	1	2	3	2	2	3	1	2	3	1	2	3
2. 이동연소*															
① 항공**	1	1	2	1	1	2	2	2	2	1	1	2	–	–	–
② 도로	1	1	2	1	1	2	2	2	2	1	1	2	–	–	–
③ 철도	1	1	1	1	1	1	2	2	2	1	1	1	–	–	–
④ 선박	1	1	1	1	1	1	2	2	2	1	1	1	–	–	–

* 운수업체의 경우 해당부문(항공, 도로, 철도, 선박)의 배출량 합계를 기준으로 A, B, C로 구분한다.
** 항공부문은 제트연료를 사용하고 이착륙(LTO)과 순항과정이 구분되어 배출량을 산정할 경우 Tier2 산정방법론을 적용해야 한다.

② 제품 생산 공정 등에 따른 온실가스 배출

배출활동	산정방법론			원료사용량/제품생산량			순발열량			배출계수		
시설규모	A	B	C	A	B	C	A	B	C	A	B	C
1. 광물산업												
① 시멘트 생산	1	2	3	1	2	3	–	–	–	1	2	3
② 석회 생산	1	2	2	1	2	2	–	–	–	1	2	2
③ 탄산염의 기타공정 사용	1	2	2	1	2	2	–	–	–	1	2	2
④ 유리 생산	1	2	2	1	2	2	–	–	–	1	2	2
⑤ 인산 생산	1	2	3	1	2	3	–	–	–	2	2	3
2. 석유정제활동												
① 수소제조공정	1	2	3	1	2	3	–	–	–	1	2	3
② 촉매재생공정	1	1	3	1	1	3	–	–	–	1	1	3
③ 코크스 제조공정	1	1	1	1	2	3	–	–	–	1	2	3
3. 화학산업												
① 암모니아 생산	1	1	1	1	2	2	–	–	–	1	2	2
② 질산 생산	1	1	1	1	2	2	–	–	–	1	2	2
③ 아디프산 생산	1	1	1	1	2	3	–	–	–	1	2	3
④ 카바이드 생산	1	1	1	1	2	2	–	–	–	1	2	2
⑤ 소다회 생산	1	1	1	1	2	2	–	–	–	1	2	2
⑥ 석유화학제품 생산	1	2	3	1	2	3	–	–	–	1	2	3
⑦ 불소화합물 생산	1	2	3	1	2	3	–	–	–	1	2	3
⑧ 카프로락탐 생산	2	2	3	1	2	3	–	–	–	2	2	3
4. 금속산업							–	–	–			
① 철강생산	1	2	3	1	2	3	–	–	–	1	2	3
② 합금철 생산	1	2	3	1	2	3	–	–	–	1	2	3
③ 아연 생산	1	2	3	1	2	3	–	–	–	1	2	3
④ 납 생산	1	2	3	1	2	3	–	–	–	1	2	3
⑤ 마그네슘 생산	1	2	3	1	2	3	–	–	–	2	2	3
5. 전자산업												
① 반도체/LCD/PV	1	2	2	1	2	2	–	–	–	1	1	1
② 열전도 유체	1	1	1	1	2	3	–	–	–	–	–	–
6. 기타												
① 연료전지	1	2	3	1	2	3	–	–	–	2	2	3

3 오존층 파괴물질(ODS)의 대체물질 사용 등

배출활동	산정방법론			활동자료			순발열량			배출계수		
시설규모	A	B	C	A	B	C	A	B	C	A	B	C
1. 오존층파괴물질의 대체물질 사용	1	1	1	1	1	1	–	–	–	1	1	1
2. 기타 온실가스 배출	1	1	1	1	1	1	–	–	–	1	1	1

4 폐기물 처리과정에서의 온실가스 배출

배출활동	산정방법론			폐기물처리량			순발열량			배출계수		
시설규모	A	B	C	A	B	C	A	B	C	A	B	C
1. 폐기물의 처리												
① 고형폐기물 매립	1	1	1	1	1	1	–	–	–	1	1	1
② 고형폐기물의 생물학적 처리	1	1	1	1	1	1	–	–	–	1	1	1
③ 폐기물의 소각	1	1	1	1	2	3	–	–	–	1	2	3
④ 하수처리	1	1	1	1	1	1	–	–	–	2	2	2
⑤ 폐수처리	1	1	1	1	1	1	–	–	–	1	1	1

5 탈루 배출

배출활동	산정방법론			생산량/가스량			순발열량			배출계수		
시설규모	A	B	C	A	B	C	A	B	C	A	B	C
1. 석탄 채굴 및 처리활동	1	2	3	1	2	3	–	–	–	1	2	3
2. 석유 산업	1	2	3	1	2	3	–	–	–	1	2	3
3. 천연가스 산업	2	2	3	1	2	3	–	–	–	2	2	3

6 외부 전기 및 열(스팀) 사용에 따른 온실가스 간접배출

배출활동	산정방법론			외부에너지 사용량			순발열량			간접 배출계수		
시설규모	A	B	C	A	B	C	A	B	C	A	B	C
1. 외부 전기사용	1	1	1	2	2	2	–	–	–	2	2	2
2. 외부 열·증기사용	1	1	1	2	2	2	–	–	–	3	3	3

7 이산화탄소 포집 및 이동에 따른 이산화탄소 이동량

배출활동	산정방법론			이산화탄소 이동량			순발열량			배출계수		
시설규모	A	B	C	A	B	C	A	B	C	A	B	C
1. 이산화탄소 포집 및 이동	1	1	1	1	1	1	–	–	–	–	–	–

5. 최소 산정등급 적용 기준 변경 시

    가동률, 생산량, 매개변수, 산정방법론, 설비의 변경 등으로 인하여 배출시설의 배출량 규모가 변경된 경우에도 산정등급 최소 적용 기준이 충족되어야 한다. 단, 변경에 대한 내용은 배출량 산정계획에 포함하여야 한다.

│ 별표 7. 자체 개발 산정방법론 및 사업장 고유 배출계수의 승인·통보절차(제11조, 제15조, 제16조 관련) │

1단계	자체 개발 산정방법론 및 사업장 고유 배출계수의 개발계획 제출

할당대상업체가 자체 개발 산정방법론 및 배출시설 단위 고유 배출계수의 개발 계획이 포함된 제24조에 따른 배출량 산정 계획을 주무관청에게 제출한다.

⬇

2단계	주무관청의 검토

주무관청은 할당대상업체가 제출한 자체 개발 산정방법론 및 사업장 고유 배출계수 개발 계획을 검토하고, 국가 배출계수의 개발방법과의 정합성 등을 확인한다.

⬇

3단계	할당대상업체에게 계획의 사용가능여부 통보

주무관청은 할당대상업체에게 사용가능여부를 통보한다.

⬇

4단계	자체 개발 산정방법론 및 사업장 고유 배출계수의 개발결과 제출

할당대상업체는 주무관청으로부터 사용가능여부를 통보받은 자체 개발 산정방법론 및 사업장 고유 배출계수 개발 계획에 따라 배출량 산정 결과 및 사업장 고유 배출계수 개발 결과를 다음연도 명세서에 포함하여 주무관청에게 제출한다.

⬇

5단계	주무관청의 검토

주무관청은 할당대상업체가 제출한 자체 개발 산정방법론 및 사업장 고유 배출계수 개발 결과를 검토하고, 국가 배출계수의 개발 결과와의 정합성과 부문간 유사시설에 대한 배출계수의 등가성 및 정확성 등을 확인한다.

⬇

6단계	할당대상업체에게 결과의 사용가능여부 통보

주무관청은 할당대상업체에게 사용가능여부를 통보한다.

♂ 제12조(활동자료의 수집방법)

할당대상업체의 배출량 등의 산정에 필요한 활동자료의 수집방법론은 별표에 따른다.

제13조(불확도 관리기준 및 방법)

① 할당대상업체는 별표 5의 최소산정등급(Tier) 및 배출량 산정방법론에서 규정하고 있는 불확도 관리기준을 준수하여야 한다.
② 불확도 산정의 세부적인 방법은 별표 9를 따른다.

| 별표 9. 불확도 산정 절차 및 방법(제13조 제2항 관련) |

1. 일반사항
    1) 불확도의 개념
        계측에 의한 값이나 계산에 의한 값 등 어떠한 자료를 이용해 도출된 추정치는 계측기에 의한 불확실성, 계측 당시 환경 조건에 의해 표준 조건과 차이가 생기는 경우의 불확실성, 산정식에 의한 불확실성 등 다양한 불확실성 요인에 의해 영향을 받게 된다. 이에 따라 추정치는 미지의 참 값과의 편차(Bias)를 보이게 되며, 추정치가 반복 측정값인 경우는 평균값을 중심으로 무작위(Random)로 분산되는 양상을 보인다. 이러한 편차와 분산을 유발하는 불확실성 요인을 정량화하여 불확도(Uncertainty)로 표현하고 있다.

    2) 불확도 관리 목적 및 범위
        불확도는 온실가스 배출량의 신뢰도 관리와 제도 운영과정에서 배출량 산정과 관련된 방법론 및 방법 변경의 타당성을 입증하는 목적으로 평가·관리된다.
        온실가스 배출량은 활동자료, 배출계수 등 매개변수의 함수로 표현되며 배출량 불확도는 활동자료와 배출계수 불확도를 합성하여 결정한다.

    3) 불확도의 종류
        불확도는 표준불확도, 합성불확도, 확장불확도, 상대불확도 등으로 구분할 수 있으며, 불확도의 요인 중 반복측정에 의한 불확도는 다음과 같은 절차에 따라 산정한다. 표준불확도는 반복측정값의 표준오차로서 표현된다. 합성불확도는 여러 불확도 요인이 존재하는 경우 각 인자에 대한 표준불확도를 합성하여 결정한 불확도이다. 확장불확도는 합성불확도에 신뢰구간을 특정 짓는 포함인자를 곱하여 결정하는 것으로 포함인자 값은 관측값이 어떤 신뢰구간을 택하느냐에 따라 달라진다. 상대불확도는 불확도를 비교 가능한 값으로 환산하기 위해 불확도를 최적 추정값(평균)으로 나누고 100을 곱하여 백분율로 표현하고 있다. 일반적으로 여러 배출원의 불확도를 비교하기 위해 상대불확도를 많이 사용하고 있다.
        일반적으로 온실가스 배출량 불확도 산정에서는 특정 확률분포(t-분포)에서 95% 신뢰수준의 포함인자를 합성불확도에 곱한 확장불확도를 사용하고 있다. 한편 할당대상업체에서 보고해야 할 불확도는 확장불확도를 최적 추정값(평균)으로 나누고 100을 곱하여 백분율로 표현한 상대불확도(%)이다.

2. 불확도 산정절차

일반적인 온실가스 배출량의 측정 불확도 산정절차는 다음과 같으며, 할당대상업체는 아래 온실가스 측정 불확도 산정절차 중 2단계까지의 불확도를 산정하여 보고한다. 측정을 외부 기관에 의뢰하는 경우 측정값에 대한 불확도가 함께 제시되므로, 산정절차의 2단계는 생략될 수 있다. 불확도 산정 시 동 지침의 별표 9를 우선 적용하나 사업장 현황에 따라 아래 제시된 방법을 우선순위로 적용 가능하다.

① 시험성적서상의 불확도
② 입증된 자료(측정기 성적서, 제작사 규격, 핸드북 등의 오차율, 정확도, 편차, 분해능 등 참고자료)를 이용할 경우 관련 가이드라인을 적용 하여 해당수치를 $\sqrt{3}$ 으로 나눈 값
   ※ 산업체의 온실가스 에너지 목표관리를 위한 불확도 산정관리 가이드('12.3, 한국에너지공단), 폐기물 부문 온실가스 배출시설 모니터링 바로 알기 안내서('14.6, 한국환경공단) 측정기기 불확도 확인 방법을 준용하여 산출

③ 동 지침의 불확도 : Tier1 : 7.5%, Tier2 : 5%, Tier3 : 2.5%

온실가스 측정 불확도 산정절차

1단계 (사전검토)	2단계 (매개변수의 불확도 산정)	3단계 (배출시설에 대한 불확도 산정)	4단계 (사업장 또는 업체에 대한 불확도 산정)
• 매개변수 분류 및 검토, 불확도 평가 대상 파악 • 불확도 평가 체계 수립	• 활동자료, 배출계수 등의 매개변수에 대한 불확도 산정 • 매개변수에 대한 확장불확도 또는 상대불확도 산정	• 배출시설별 온실가스 배출량에 대한 상대불확도 산정	• 배출시설별 배출량의 상대불확도를 합성하여 사업장 또는 업체의 총 배출량에 대한 상대불확도 산정

1) 사전검토(1단계)

할당대상업체 내 배출시설 및 배출활동에 대하여 배출량 산정과 관련한 매개변수의 종류, 측정이 필요한 자료, 불확도를 발생시키는 요인 등을 파악하고 규명하는 단계이다. 예를 들면 배출량 산정 시 실측법을 활용할 경우 농도, 배출가스 유량 등이 불확도와 연관되는 자료이며, 계산법을 적용할 경우 활동자료와 발열량, 배출계수, 산화계수 등 각각의 변수들이 온실가스의 측정 불확도와 연관된 변수들이다. 불확도 산정을 위한 사전검토 단계에서 각 매개변수별 자료값의 취득 방법(예, 단일계측기, 다수계측기, 외부 시험기관 분석 등)을 검토하여 불확도 값을 구하기 위한 체계를 수립한다.

2) 매개변수의 불확도 산정(2단계)

불확도 산정은 신뢰구간에 의해 접근된다. 따라서 매개변수의 불확도는 보통 통계학적 방법으로 시료 수, 측정값 등을 통하여 신뢰구간과 오차범위 형태로 제시된다. 일반적으로 온실가스 배

출량 산정과 관련한 불확도의 산정에서는 표본채취에 대한 확률분포가 정규분포를 따른다는 가정 하에 95%의 신뢰구간에서 불확도를 추정하는 것을 요구한다.
특정 매개변수와 관련된 반복측정에 의한 불확도의 추정절차는 다음과 같으며, 반복측정 외의 불확도 요인을 고려하는 경우에는 국제적으로 신뢰할 수 있는 방법에 따라 불확도가 추정되어야 한다.

① 활동자료 표본수에 따른 확률분포값을 계산

아래 제시된 [참고자료] – '표본수(n)에 따른 포함인자(t)를 구하기 위한 t-분포표'를 활용하여 활동자료 등의 측정횟수(표본횟수)에 따른 포함인자(t)를 결정한다. 이는 표본의 확률밀도함수가 t-분포를 따른다는 가정 하에 표본으로부터 얻은 측정값이 특정 구간에 존재할 때의 포함인자(t)는 신뢰수준과 표본수(n)에 의해 결정된다.

② 측정값에 대한 통계량(표본 평균과 표본 표준편차), 표준불확도, 확장불확도 계산

표본평균($\overline{x}$)과 표본표준편차(s)를 「식-1」, 「식-2」에 따라 각각 구한다.

$$\overline{x} = \frac{1}{n}\sum_{k=1}^{n} x_k, \qquad \text{(식-1)}$$

$$s = \sqrt{\frac{1}{n-1}\sum_{k=1}^{n}(x_k - \overline{x})^2} \qquad \text{(식-2)}$$

측정값이 정규분포를 따른다고 가정하면 표준불확도(표준오차)는 평균($\overline{x}$)의 표준편차로서 「식-3」에 따라 구한다.

$$U_s = \frac{s}{\sqrt{n}} \qquad \text{(식-3)}$$

매개변수(p)의 확장불확도는 95% 신뢰수준에서의 포함인자(t)와 표본수(n), 표준편차(s)를 이용하여 「식-4」에 의해 구한다.

$$U_p = t \times \frac{s}{\sqrt{n}} \qquad \text{(식-4)}$$

여기서, $\overline{x}$: 표본측정값의 평균
n : 표본채취(샘플링) 횟수
x_k : 개별 표본의 측정값
s : 표본측정값의 표준편차
U_s : 표본측정값의 표준불확도(표준오차)
U_p : 95% 신뢰수준에서의 확장불확도
t : t-분포표에 제시된 95% 신뢰수준에서의 포함인자

③ 각 매개변수에 대한 상대불확도(U_i) 계산

t-분포표에 제시된 95% 신뢰수준에서의 포함인자(t)와 표본수(n), 표본측정값의 표준편차(s)를 이용하여 「식-5」에 따라 매개변수의 상대불확도($U_{r,p}$)를 구한다.

$$U_{r,p} = \frac{U_p}{\bar{x}} \times 100 \tag{식-5}$$

여기서, $U_{r,p}$: 매개변수 p의 상대불확도(%)
U_p : 매개변수 p의 확장불확도
$\bar{x}$: 표본측정값의 평균

할당대상업체가 보고해야 할 불확도는 「식-5」의 상대불확도로서 표준불확도(식-3), 확장불확도(식-4)를 단계별로 산정한 다음에 결정해야 한다. 다양한 불확도의 요인이 존재하는 경우 각 요인에 대한 표준불확도를 산정하고 이를 합성하여 합성불확도를 산정한 후 확장불확도와 상대불확도를 산정한다.

3) 배출시설에 대한 불확도 산정(3단계)

2단계에서 산정된 매개변수의 상대불확도를 이용하여 배출시설의 온실가스 배출량에 대한 상대불확도로 산정한다. 온실가스 배출량을 산정하는 방법은 일반적으로 활동자료와 배출계수를 곱하여 산정하며, 경우에 따라서는 두 매개변수 이외에 다른 매개변수가 배출량 산정에 관여하는 경우도 있다. 배출량이 여러 매개변수의 곱으로 표현되는 경우 합성방법 중의 하나인 승산법에 따라 각 매개변수의 상대불확도를 합성하여 「식-4」에서 보는 것처럼 배출량의 불확도를 결정한다. 이 경우 개별 매개변수가 서로 독립적인 경우에 유효하다.

$$U_{r,E} = \sqrt{U_{r,A}^2 + U_{r,B}^2 + U_{r,C}^2 + U_{r,D}^2 + \cdots} \tag{식-4}$$

여기서, $U_{r,E}$: 배출량(E)의 상대불확도(%)
$U_{r,A}$: 활동자료(A)의 상대불확도(%)
$U_{r,B}$: 배출계수(B)의 상대불확도(%)
$U_{r,C}$: 매개변수 C의 상대불확도(%)
$U_{r,D}$: 매개변수 D의 상대불확도(%)

4) 사업장 또는 업체에 대한 불확도 산정(4단계)

사업장 혹은 할당대상업체의 온실가스 배출량은 개별 배출원 혹은 배출시설의 합으로 표현되며, 합으로 표현되는 값에 대한 불확도는 가감법에 따라 개별 불확도를 합성하여 산정한다. 즉, 3단계의 「식-4」에 따라 개별 배출원 혹은 배출시설별 온실가스 배출량에 대한 불확도를 산정한 이후, 개별 배출원의 불확도로부터 사업장 혹은 할당대상업체의 총 배출량에 대한 불확도는 「식-5」에 의해 계산한다.

$$U_{r,E_T} = \frac{\sqrt{\sum(E_i \times U_{r,E_i}/100)^2}}{E_T} \times 100 \qquad (식-5)$$

여기서, U_{r,E_T} : 사업장/배출시설 총 배출량(E_T)의 상대불확도(%)

E_T : 사업장/배출시설의 총 배출량(이산화탄소 환산 톤)

E_i : E_T에 영향을 미치는 배출시설/배출활동(i)의 배출량(이산화탄소 환산 톤)

U_{r,E_i} : E_T에 영향을 미치는 배출시설/배출활동(i)의 상대불확도(%)

[참고자료] 포함인자(t)를 구하기 위한 t-분포표

신뢰수준 및 표본수(n)에 따른 포함인자(t)

측정 횟수(n)	신뢰구간					
	68.27%	90%	95%	95.45%	99%	99.73%
2	1.84	6.31	12.71	13.97	63.66	235.8
3	1.32	2.92	4.30	4.53	9.92	19.21
4	1.20	2.35	3.18	3.31	5.84	9.22
5	1.14	2.13	2.78	2.87	4.60	6.62
6	1.11	2.02	2.57	2.65	4.03	5.51
7	1.09	1.94	2.45	2.52	3.71	4.90
8	1.08	1.89	2.36	2.43	3.50	4.53
9	1.07	1.86	2.31	2.37	3.36	4.28
10	1.06	1.83	2.26	2.32	3.25	4.09
11	1.05	1.81	2.23	2.28	3.17	3.96
12	1.05	1.80	2.20	2.25	3.11	3.85
13	1.04	1.78	2.18	2.23	3.05	3.76
14	1.04	1.77	2.16	2.21	3.01	3.69
15	1.04	1.76	2.14	2.20	2.98	3.64
16	1.03	1.75	2.13	2.18	2.95	3.59
17	1.03	1.74	2.12	2.17	2.92	3.54
18	1.03	1.73	2.11	2.16	2.90	3.51
19	1.03	1.73	2.10	2.15	2.88	3.48
20	1.03	1.73	2.09	2.14	2.86	3.45
25	1.02	1.71	2.06	2.11	2.80	3.34
30	1.02	1.70	2.05	2.09	2.76	3.28
35	1.01	1.70	2.03	2.07	2.73	3.24
40	1.01	1.68	2.02	2.06	2.71	3.20
50	1.01	1.68	2.01	2.05	2.68	3.16
100	1.005	1.66	1.98	2.025	2.63	3.08
∞	1.00	1.645	1.96	2.00	2.576	3.00

* 비고) 표본의 분포는 정규분포를 따른다고 가정한다.

제14조(산정등급 및 불확도 관리기준의 적용 특례)

① 할당대상업체로 지정된 업체 중 「중소기업기본법」에 따른 중소기업에 해당하는 할당대상업체가 최소산정등급(Tier), 매개변수별 관리기준 및 활동자료의 불확도 관리기준을 불가피하게 준수하지 못할 경우에는 할당대상업체 최초 지정 이후 2회 이내의 범위 안에서 명세서를 제출할 때 이를 적용하지 아니할 수 있다.
② 제1항에 해당하는 할당대상업체는 관리기준을 준수하기 위한 조치 및 일정 등을 배출량 산정 계획에 반영하여 환경부장관에게 제출하여야 한다.

제15조(배출계수 등의 활용)

① 할당대상업체가 산정등급 1(Tier 1)에 따라 배출량 등을 산정할 경우 별표 10의 기본 배출계수와 별표 11의 기본 발열량을 활용한다. 다만, 별표 10에 제시되지 않은 원료 등의 배출계수는 별표의 각 배출활동별 산정방법론을 참조한다.
② 할당대상업체가 산정등급 2(Tier 2)에 따라 배출량 등을 산정하는 경우에는 온실가스종합정보센터가 확인·검증하여 공표하는 국가 고유 배출계수 등을 활용한다. 다만, 연료별 국가 고유 발열량 값은 별표 12를 우선적으로 활용한다.
③ 할당대상업체가 산정등급 3(Tier 3)에 따라 배출량 등을 산정할 경우에는 별표 7의 절차에 따라 환경부장관으로부터 배출시설 또는 공정단위의 고유 배출계수의 사용 가능 여부를 통보받은 후 사용하여야 한다.

별표 10. 2006 IPCC 국가 인벤토리 가이드라인 기본 배출계수(제15조 제1항 관련)

(단위 : kgGHG/TJ)

연료명		국내 에너지원 기준	CO_2	CH_4				N_2O	
				에너지 산업	제조업 건설업	상업 공공	가정 기타	에너지 산업 제조업 건설업	상업 공공 가정 기타
Ⅰ. 석유류									
원유		원유	73,300	3	3	10	10	0.6	0.6
오리멀젼		–	77,000	3	3	10	10	0.6	0.6
액성 천연가스		–	64,200	3	3	10	10	0.6	0.6
가솔린	자동차용 가솔린	휘발유	69,300	3	3	10	10	0.6	0.6
	항공용 가솔린	–	70,000	3	3	10	10	0.6	0.6
	제트용 가솔린	–	70,000	3	3	10	10	0.6	0.6
제트용 등유		JET A-1, JP-8	71,500	3	3	10	10	0.6	0.6

연료명		국내 에너지원 기준	CO_2	CH_4				N_2O	
				에너지 산업	제조업 건설업	상업 공공	가정 기타	에너지 산업 제조업 건설업	상업 공공 가정 기타
기타 등유		등유	71,900	3	3	10	10	0.6	0.6
혈암유		-	73,300	3	3	10	10	0.6	0.6
가스/디젤 오일		경유	74,100	3	3	10	10	0.6	0.6
잔여 연료유		B-C유	77,400	3	3	10	10	0.6	0.6
액화석유가스		LPG	63,100	1	1	5	5	0.1	0.1
에탄		-	61,600	1	1	5	5	0.1	0.1
나프타		납사	73,300	3	3	10	10	0.6	0.6
역청(아스팔트)		아스팔트	80,700	3	3	10	10	0.6	0.6
윤활유		윤활유	73,300	3	3	10	10	0.6	0.6
석유 코크스		석유 코크스(고체)	97,500	3	3	10	10	0.6	0.6
정제 원료		정제 원료	73,300	3	3	10	10	0.6	0.6
기타 오일	정제가스	정제가스	57,600	1	1	5	5	0.1	0.1
	접착제(파라핀왁스)	파라핀왁스	73,300	3	3	10	10	0.6	0.6
	백유	용제	73,300	3	3	10	10	0.6	0.6
	기타석유제품	재생유(WDF)	73,300	3	3	10	10	0.6	0.6
Ⅱ. 석탄류									
무연탄		국내 무연탄 수입 무연탄	98,300	1	10	10	300	1.5	1.5
점결탄		원료용 유연탄	94,600	1	10	10	300	1.5	1.5
기타 역청탄		연료용 유연탄	94,600	1	10	10	300	1.5	1.5
하위 유연탄		아역청탄	96,100	1	10	10	300	1.5	1.5
갈탄		갈탄	101,000	1	10	10	300	1.5	1.5
유혈암 및 역청암		-	107,000	1	10	10	300	1.5	1.5
갈탄 연탄		-	97,500	1	10	10	300	1.5	1.5
특허연료		-	97,500	1	10	10	300	1.5	1.5
코크스	코크스로 코크스	코크스(석탄)	107,000	1	10	10	300	1.5	1.5
	가스 코크스	가스공장 코크스	107,000	1	1	5	5	0.1	0.1
콜타르		-	80,700	1	10	10	300	1.5	1.5
Ⅲ. 가스류									
부생 가스	가스공장 가스	-	44,400	1	1	5	5	0.1	0.1
	코크스로 가스	코크스가스	44,400	1	1	5	5	0.1	0.1
	고로 가스	고로가스	260,000	1	1	5	5	0.1	0.1
	산소 강철로 가스	전로가스	182,000	1	1	5	5	0.1	0.1
천연가스		천연가스(LNG)	56,100	1	1	5	5	0.1	0.1

연료명		국내 에너지원 기준	CO_2	CH_4				N_2O	
				에너지 산업	제조업 건설업	상업 공공	가정 기타	에너지 산업 제조업 건설업	상업 공공 가정 기타
Ⅳ. 기타 화석연료									
도시폐기물(비-바이오매스 부분)		–	91,700	30	30	300	300	4	4
산업 폐기물		–	143,000	30	30	300	300	4	4
폐유		–	73,300	30	30	300	300	4	4
토탄		이탄	106,000	1	2	10	300	1.5	1.4
Ⅴ. 바이오매스(Biomass)									
고체 바이오 연료	목재/목재 폐기물	–	112,000	30	30	300	300	4	4
	아황산염 갯물(흑액)	–	95,300	3	3	3	3	2	2
	기타 고체바이오매스	–	100,000	30	30	300	300	4	4
	목탄	–	112,000	200	200	200	200	4	1
액체 바이오 연료	바이오 가솔린	–	70,800	3	3	10	10	0.6	0.6
	바이오 디젤	–	70,800	3	3	10	10	0.6	0.6
	기타 액체바이오연료	–	79,600	3	3	10	10	0.6	0.6
기체 바이오 매스	매립지 가스	–	54,600	1	1	5	5	0.1	0.1
	슬러지 가스	–	54,600	1	1	5	5	0.1	0.1
	기타 바이오가스	–	54,600	1	1	5	5	0.1	0.1
기타 비-화석연료	도시 폐기물 (바이오매스부분)	–	100,000	30	30	300	300	4	4

* 주1) "에너지산업"이란 발전 또는 열 생산, 석유 정제, 가스 제조, 광업 등의 에너지 제조 산업을 의미한다.
  주2) 국내 주요 에너지원 중 B-A유 및 B-B유의 CO_2 배출계수는 경유와 B-C유의 IPCC 기본 배출계수에 경유와 B-C의 혼합비를 적용하여 활용한다. (별표 10의 [참고] 「연료에 대한 세부설명」 참고)
  주3) '부생연료 1호'의 CO_2 배출계수는 기타등유의 IPCC 기본 배출계수를 적용하여 활용한다.
  주4) '부생연료 2호'의 CO_2 배출계수는 B-C유의 IPCC 기본 배출계수를 적용하여 활용한다.

연료명	CO_2	CH_4				N_2O	
		에너지 산업	제조업 건설업	상업 공공	가정 기타	에너지산업 제조업 건설업	상업공공 가정기타
B-A유	75,100	3	3	10	10	0.6	0.6
B-B유	76,400	3	3	10	10	0.6	0.6

사업장의 지정업종에 따른 배출계수 적용 기준은 아래의 한국표준산업분류 중분류 코드(두 자리)를 따른다.
① 에너지 산업 : 중분류 코드 35 인 사업장
② 제조업·건설업 : 중분류 코드 05~08, 10~33, 38*, 41~42, 58~59인 사업장

③ 상업·공공 : 중분류 코드 36~37, 38, 39, 45~47, 49~52, 55~56, 58~59**, 60~66, 68~75, 84~87, 90~91, 94~97, 99인 사업장
④ 가정·기타 : 01~03, 98인 사업장
 * 폐기물 수집운반, 처리 및 원료재생업(38)에서 세분류로 분류되는 금속 및 비금속 원료 해체, 선별 및 재생업(383)은 제조업·건설업 계수를 적용한다.
 ** 출판업(58)에서 세분류로 분류되는 시스템·응용 소프트웨어 개발 및 공급업(5821)은 상업·공공 배출계수를 적용한다. 영상·오디오 기록물 제작 및 배급업(59)에서 세분류로 분류되는 영화, 비디오물 및 방송 프로그램 제작 관련 서비스업(5912)은 상업·공공 배출계수를 적용한다.

[참고] 연료에 대한 세부설명
① 원유(Crude Oil) : 자연적으로 발생하며 다양한 농도 및 점도를 가지는 탄화수소의 혼합물로 구성된 광물성 오일을 말한다.
② 오리멀전(Orimulsion) : 베네수엘라에서 자연적으로 발생하는 타르와 비슷한 물질, 직접 태우거나 석유제품으로 정제되는 것을 포함한다.
③ 액성 천연가스(Natural Gas Liquids) : 가스전 설비 또는 가스정제 공장의 분리기에서 액체상태로 회수되는 천연가스의 일부. 액성 천연가스는 에탄, 프로판, 부탄, 펜탄, 천연가솔린 및 응축액을 포함하나 이에 국한하지는 않으며, 소량의 비탄화수소분을 포함하는 경우도 있다.
④ 혈암유(Shale oil) : 유모혈암(Oil Shale)으로부터 추출된 광물성 오일로 500℃ 이상에서 분해건류 하여 얻어진다. 석유와 유사한 성질을 가지며, 나프타 성분이 적고, 경유나 등유의 제조에 적합한 유분 성분을 함유한다.
⑤ 가스/디젤 오일(Gas/Diesel oil) : 180℃~380℃에서 증류되며 사용 분야에 따라 여러 가지 등급이 이용 가능하다. 디젤 압축 점화를 위한 디젤 오일(자동차, 트럭, 선박 등), 산업적 및 상업적 이용을 위한 Light Heating Oil, 380℃~540℃ 사이에서 증류되고 석유화학 원료로 이용되는 무거운 가스 오일을 포함한다.
⑥ 잔여 연료유(Residual Fuel Oil) : 중유와 혼합에 의해 얻어지는 오일을 포함한, 모든 잔여 연료유로 구성된다. 동적 점성도(Kinematic Viscosity)는 80℃에서 $0.1cm^2$(10 cSt) 이상이다. 중유는 원유로부터 LPG, 가솔린, 등유, 경유 등을 증류하고 남은 기름으로, 보통 원유 부피의 30~50% 정도를 차지한다. 또한 비중(0.90~0.95) 및 점도 등에 따라 A중유, B중유, C중유로 구분된다. 이 중 A중유(B-A유)는 경유 유분 70%와 B-C유 유분 30%를 혼합시킨 연료유이며 B중유(B-B유)는 경유 유분 30%와 B-C유 유분 70%를 혼합시킨 연료유이다.
⑦ 역청(Bitumen) : 콜로이드 구조(Colloidal Structure)를 가진 고체, 반고체, 점성의 탄화수소를 말한다. 흑갈색 또는 갈색이며, 원유 증류에서의 잔여물, 상압증류에서 오일 잔여물(Oil Residues)의 진공증류로 얻어진다. 역청은 아스팔트(Asphalt)로 종종 불리며 도로의 포장재 등으로 주로 이용된다.
⑧ 석유 코크스(Petroleum Coke) : 석유 코크스는 Delayed Coking 내지 Fluid Coking과 같은 공정에서 석유에서 파생된 원료, 진공실 찌꺼기(Vacuum Bottoms), 타르(Tar), 피치(Pitches)의 열분

해(Cracking) 및 탄화(Carbonising)에 의해 주로 얻어지는 흑색 고체를 의미한다.
⑨ 정제 원료(Refinery Feedstocks) : 정제 원료는 원유로부터 파생된 제품 내지 제품들의 조합으로, 정유산업에서 혼합이 아닌 추가적인 처리를 목적으로 한다. 이는 정유공장 입구로 들어오는 최종 제품과 석유화학 산업에서 정유 산업으로 반환되는 제품을 포함한다. 연료 연소를 목적으로 소비되는 경우 연소 배출로 보고될 수 있으나, 재생유, 정제유 등의 "기타석유제품"은 포함하지 않는다.
⑩ 정유가스(Refinery Gas) : 정유공장에서 원유의 증류 및 열분해와 같은 석유제품의 처리과정에서 얻어지는 비압축 가스(Non-Condensable Gas)를 의미한다. 주로 수소, 메탄, 에탄, 올레핀(Olefins) 등으로 구성된다.
⑪ 파라핀 왁스(Waxes) : 일반적인 식 C_nH_{2n+2}을 가지는 포화된 지방성 탄화수소이다. 분자당 탄소원자 12개 이상을 포함하는 결정구조(Crystalline Structure)를 가진다. 녹는점은 약 45℃이며 무색, 무취, 반투명하다.
⑫ 백유(White Spirit) : 백유는 석유를 135~200℃에서 증류하여 만든 휘발성 투명 액체로, 30℃ 이상의 인화점을 가지며 주로 용제나 페인트 희석제로 사용된다. 및 SBP는 나프타/등유 범위에서 증류되는 정제된 증류 중간생성물을 의미한다.
⑬ 기타석유제품(Other Petroleum Products) : 타르, 유황, 그리스와 같은, 미분류된 석유 제품을 말하며, 정유 공장 내에서 생산되는 방향족 화합물(벤젠, 톨루엔, 크실렌 등)과 재생유(WDF), 정제유 등을 포함한다.
⑭ 무연탄(Anthracite) : 무연탄은 산업 및 주거용으로 이용되는 높은 등급의 석탄이다. 이는 일반적으로 10% 이하의 휘발물(Volatile Matter)과 높은 탄소 함유량(약 90%의 고정된 탄소)을 가진다.
⑮ 점결탄(Coking Coal) : 석탄을 건류·연소할 때 석탄입자가 연화용융하여 서로 점결하는 성질이 있는 석탄을 말하며 건류용탄·원료탄이라고도 한다. 점결성의 정도에 따라 약점결탄(탄소함유량 80~83%), 점결탄(탄소함유량 83~85%), 강점결탄(탄소함유량 85~95%)으로 구분된다.
⑯ 기타 역청탄(Other Bituminous Coal) : 기타 역청탄은 증기용으로 이용되며 원료탄에 포함되지 않는 모든 역청탄을 포함한다. 무연탄보다 높은 휘발물(10% 이상)과 낮은 탄소 함유량(90% 이하의 고정된 탄소)의 특성을 가진다.
⑰ 하위 역청탄(Sub-Bituminous Coal) : 건조하고 광물질이 없는 상태에서 17,435kJ/kg(4,165 kcal/kg)과 23,865kJ/kg(5,700kcal/kg) 사이의 총열량을 가지고 31% 이상의 휘발물을 포함하는 덩어리 형태가 아닌 석탄을 의미한다.
⑱ 갈탄(Lignite) : 가연성, 고체, 검은색을 띤 갈색, 화석 탄화물의 침강성 퇴적물. 갈탄, 경성탄의 구분에 필요한 확실한 근거가 연구되어 확인되기 전까지는 각국에서 여러 다른 특성을 근거로 하여 갈탄으로 분류되던 석탄은 열량에 관계없이(30℃, 96% 상대습도의 공기와 평형을 이룬 석탄의 총열량이 24MJ/Kg을 넘는 경우도 포함된) 갈탄으로 분류된다.
⑲ 유모혈암(Oil Shale) : 열분해(Pyrolysis)(고온으로 암석을 가열하는 것으로 구성되는 처리) 될 때, 다양한 고체 생성물과 함께, 탄화수소를 산출하는 상당한 양의 고체 유기물을 포함하는 무기(Inorganic), 비다공성(Non-porous) 암석을 말한다.

⑳ 역청암(Tar Sands) : 종종 역청(Bitumen)으로 불리는 점성이 있는 형태의 무거운 원유와 자연적으로 혼합된 모래(내지 다공성 탄산염 암석)를 말한다.
㉑ 갈탄 연탄 (Brown Coal Briquettes) : 고압 하에서 굳혀서 생산되는, 갈탄으로부터 제조된 혼합연료(Composition Fuels)이다. 이 형태는 건조된 갈탄 미립자와 재를 포함한다.
㉒ 특허연료(Patent Fuel) : 접착제를 추가하여 무연탄(Hard Coal) 분말로부터 제조된 혼합연료이다. 그러므로 생산되는 특허연료의 양은 전환공정에서 소비된 석탄의 실제량보다 약간 높다.
㉓ 코크스로(석탄)(Coke Oven Coke) : 고온에서 석탄, 주로 원료탄(Coking Coal)의 탄화로부터 얻어지는 고체 생성물이다. 이는 습기 함유량 및 휘발물이 낮다. 또한 Semi-Coke, 즉 낮은 온도에서 석탄의 탄화로부터 얻어진 고체 생성물, 갈탄 코크스(Lignite Coke), 즉 갈탄으로부터 만들어진 Semi-Coke, 코크스 분탄(Coke Breeze), 주조용 코크스(Foundry Coke)가 또한 포함된다.
㉔ 가스 코크스(가스공장 코크스)(Gas Coke) : 가스 코크스는 가스공장에서 가스의 생산을 위해 이용된 원료탄의 부산물이다. 가스 코크스는 가열을 위해 이용된다.
㉕ 콜타르(Coal Tar) : 역청탄(Bituminous Coal)의 분해 증류 결과, 콜타르는 코크스로(Coke Oven) 공정에서 코크스를 만들기 위한 석탄 증류의 액체 부산물이다. 콜타르는 석유화학 산업의 원료(Feedstock)로 일반적으로 언급되는 여러 가지 다른 유기 제품(예, 벤젠, 톨루엔, 나프탈렌)으로 추가적으로 증류될 수 있다.
㉖ 가스공장 가스(Gas Works Gas) : 가스공장 가스는 가스의 제조, 수송, 분배를 목적으로 생산되는 모든 유형의 가스를 의미한다. 이는 탄화(Carbonization), 석유제품(LPG, 잔여 연료유 등)의 가스화(Total Gasification), 개질, 가스와 공기가 혼합된 가스를 포함한다.
㉗ 코크스로 가스(Coke Oven Gas) : 철강의 생산을 위한 코크스로 코크스(Coke Oven Coke) 제조 시 발생하는 부생가스이다.
㉘ 고로 가스(Blast Furnace Gas) : 철강 산업에서 용광로에서의 코크스의 연소 시 생산되는 부생가스이다.
㉙ 산소 강철로 가스(Oxygen Steel Furnace Gas) : 산소 용광로(Oxygen Furnace)에서 강철 생산의 부산물로서 얻어지며, 전로 가스(Converter Gas), LD gas, BOS gas로 불리기도 한다.
㉚ 도시 폐기물(비-바이오매스 부분) : 도시 폐기물의 바이오매스 부분은 가정, 산업 부문에 의해 생산되고 특정한 시설에서 소각되어 에너지용으로 이용되는 폐기물을 포함한다. 미생물에 의해 분해되지 않는 연료 부분만 해당된다.
㉛ 산업 폐기물(Industrial Wastes) : 일반적으로 사업장 등 산업분야에서 열 전기 등을 생산하기 위하여 직접 연소되는 고체 및 액체 상태의 폐기물을 의미한다. (바이오매스 부문을 제외한다)
㉜ 폐유(Waste Oil) : 모래, 금속, 물, 촉매, 계면활성제 등 여러 불순물이 포함된 폐유 또는 폐윤활유를 말한다.
㉝ 토탄(Peat) : 석탄이 지하에 매몰된 수목질이 오랜 세월 동안에 지압과 지열작용을 받아 생성된 것과는 달리 식물질의 주성분인 리그닌·셀룰로스 등이 주로 지표에서 분해작용을 받아 생성된다. 연하고, 다공성이거나 압축된, 목질(Woody Material)을 포함한 식물에서 유래한 퇴적광상

(Sedimentary Deposit)은 (원래상태에서 90%까지의) 높은 수분 함유량을 가지고, 쉽게 잘리며, 연한 갈색에서 진한 갈색의 보다 단단한 부분을 포함할 수 있다. 비-에너지 목적을 위해 이용된 토탄은 포함되지 않는다.

㉞ 목재/목재 폐기물(Wood/Wood Waste) : 에너지용으로 직접 연소되는 목재 및 목재 폐기물(목재 칩 · 펠릿 · 브리켓)을 포함한다.

㉟ 아황산염 잿물(Sulphite Lyes) : 아황산염 잿물은 에너지 함유물(Energy Content)이 목재 펄프로부터 제거된 목질소(Lignin)로부터 발생하는 종이의 제조 동안 황산염(Sulphate) 혹은 소다(Soda) 펄프의 생산에서 압력솥으로부터 나온 알칼리성 잔존액(Alkaline Spent Liquor)이다. 농축된 형태의 이 연료는 일반적으로 65~70% 고체이다.

㊱ 기타 고체바이오매스 : 기타 고체 바이오매스는 목재/목재 폐기물 내지 아황산염 잿물에 포함되지 않는 연료로 직접 이용되는 식물 재료(Plant Matter), 식물성 폐기물(Vegetal Waste), 동물성 재료/폐기물 등을 말한다.

㊲ 목탄(Charcoal) : 목재 등 목탄생산을 위한 재료를 공기의 공급을 차단하고 가열하거나, 또는 공기를 아주 적게 하여 가열하였을 때 생기는 고체 생성물을 말한다. 재료로는 보통 단단한 나무가 사용되며, 검탄 · 백탄 · 성형목탄으로 분류된다.

㊳ 바이오가솔린(Biogasoline) : 해조류와 같은 바이오매스를 사용하여 생산하는 가솔린으로 분자당 6~12의 탄소를 포함한다. 바이오부탄올, 바이오에탄올이 알콜기인 것에 반해 바이오가솔린은 탄화수소로서 화학적으로 차이가 난다.

㊴ 바이오디젤(Biodiesel) : 쌀겨 기름이나 식용유 등의 식물성 기름을 특수 공정으로 가공하여 경유와 섞어서 만든 디젤 기관의 연료이다. 기존의 경유와 특성이 비슷하지만, 연소 시 공해가 거의 발생하지 않는 특징이 있다.

㊵ 매립가스(Landfill Gas) : 매립지의 바이오매스 및 고체 폐기물의 혐기성 발효(Anaerobic Fermentation)로부터 발생하는 가스를 말하며, 주로 열 및 전력을 생산하는 데 사용된다.

㊶ 슬러지 가스(Sludge Gas) : 오수 및 동물성 현탁액(Slurries)으로부터 바이오매스 및 고체 폐기물의 혐기성 발효(Anaerobic Fermentation)로부터 발생하는 가스를 말하며, 회수되어 열 및 전력을 생산하는데 사용된다.

㊷ 도시폐기물(바이오매스 부문) : 도시 폐기물의 바이오매스 부분은 가정, 산업 부문에 의해 생산되고 특정한 시설에서 소각되어 에너지용으로 이용되는 폐기물을 포함한다. 미생물에 의해 분해되는 연료 부분만 해당된다.

별표 11. 2006 IPCC 국가 인벤토리 가이드라인 연료별 기본 발열량(제15조 제1항 관련)

연료명			국내에너지원 기준	단위	순발열량
I. 석유류					
	원유		원유	TJ/Gg	42.3
	오리멀젼		-	TJ/Gg	27.5
	액성 천연가스		-	TJ/Gg	44.2
	가솔린	자동차용 가솔린	휘발유	TJ/Gg	44.3
		항공용 가솔린	-	TJ/Gg	44.3
		제트용 가솔린	-	TJ/Gg	44.3
	제트용 등유		JET A-1, JP-8	TJ/Gg	44.1
	기타 등유		등유	TJ/Gg	43.8
	혈암유		-	TJ/Gg	38.1
	가스/디젤 오일		경유	TJ/Gg	43.0
	잔여 연료유		B-C유	TJ/Gg	40.4
	액화석유가스		LPG	TJ/Gg	47.3
	에탄		-	TJ/Gg	46.4
	나프타		납사	TJ/Gg	44.5
	역청(아스팔트)		아스팔트	TJ/Gg	40.2
	윤활유		윤활유	TJ/Gg	40.2
	석유 코크스		석유코크	TJ/Gg	32.5
	정제 원료		정제 원료	TJ/Gg	43
	기타 오일	정제가스	정제가스	TJ/Gg	49.5
		접착제(파라핀왁스)	파라핀왁스	TJ/Gg	40.2
		백유	용제	TJ/Gg	40.2
		기타석유제품	재생유(WDF)	TJ/Gg	40.2
II. 석탄류					
	무연탄		국내 무연탄 수입 무연탄	TJ/Gg	26.7
	점결탄(Coking coal)		원료용 유연탄	TJ/Gg	28.2
	기타 역청탄		연료용 유연탄	TJ/Gg	25.8
	하위 유연탄		아역청탄	TJ/Gg	18.9
	갈탄		갈탄	TJ/Gg	11.9
	유혈암 및 역청암		-	TJ/Gg	8.9
	갈탄 연탄		-	TJ/Gg	20.7
	특허연료		-	TJ/Gg	20.7
	코크스	코크스로 코크스	코크스	TJ/Gg	28.2
		가스 코크스	-	TJ/Gg	28.2
	콜타르		-	TJ/Gg	28

연료명		국내에너지원 기준	단위	순발열량
III. 가스류				
부생 가스	가스공장 가스	-	TJ/Gg	38.7
	코크스로 가스	코크스가스	TJ/Gg	38.7
	고로 가스	고로가스	TJ/Gg	2.47
	산소 강철로 가스	전로가스	TJ/Gg	7.06
천연가스		천연가스(LNG)	TJ/Gg	48
IV. 기타 화석연료				
도시 폐기물(비-바이오매스 부분)		-	TJ/Gg	10
산업 폐기물		-	TJ/Gg	-
폐유		-	TJ/Gg	40.2
토탄		이탄	TJ/Gg	9.76
V. 바이오매스(Biomass)				
고체 바이오연료	목재/목재 폐기물	-	TJ/Gg	15.6
	아황산염 잿물	-	TJ/Gg	11.8
	기타 고체바이오매스	-	TJ/Gg	11.6
	목탄	-	TJ/Gg	29.5
액체 바이오연료	바이오 가솔린	-	TJ/Gg	27
	바이오 디젤	-	TJ/Gg	27
	기타 액체바이오연료	-	TJ/Gg	27.4
기체 바이오매스	매립지 가스	-	TJ/Gg	50.4
	슬러지 가스	-	TJ/Gg	50.4
	기타 바이오가스	-	TJ/Gg	50.4
기타 비-화석연료	도시 폐기물(바이오매스부분)	-	TJ/Gg	11.6

* 주1) 해당 표의 총발열량은 IPCC GL에서 제공하는 순발열량 기본값에 국가 고유 발열량의 성상별 [순발열량/총발열량] 평균 비율을 반영하여 산출하여 활용한다.

성상	고체상	액체상	기체상
[순발열량/총발열량] 비율	0.97	0.94	0.91

주2) 국내 주요 에너지원 중 B-A유 및 B-B유는 경유와 B-C유의 기본 열량값에 혼합비를 적용하여 활용한다. (별표 10의 [참고] 「연료에 대한 세부설명」의 연료 정의 참고)

연료명	단위	순발열량
B-A유	TJ/Gg	42.2
B-B유	TJ/Gg	41.2

별표 12. 연료별 국가 고유 발열량 및 배출계수(제15조 제2항 관련)

1 연료별 국가 고유 발열량(에너지법 시행규칙 별표)

연료명	단위		총발열량	순발열량
	에너지법 시행규칙 상	TJ로 환산시		
원유	MJ/kg	TJ/Gg	45.0	42.2
휘발유	MJ/L	TJ/1000m^3	32.7	30.4
등유	MJ/L	TJ/1000m^3	36.7	34.2
경유	MJ/L	TJ/1000m^3	37.8	35.2
B-A유	MJ/L	TJ/1000m^3	39.0	36.4
B-B유	MJ/L	TJ/1000m^3	40.5	38.0
B-C유	MJ/L	TJ/1000m^3	41.7	39.2
프로판(LPG1호)	MJ/kg	TJ/Gg	50.4	46.3
부탄(LPG3호)	MJ/kg	TJ/Gg	49.5	45.7
나프타	MJ/L	TJ/1000m^3	32.3	29.9
용제	MJ/L	TJ/1000m^3	32.8	30.3
항공유	MJ/L	TJ/1000m^3	36.5	33.9
아스팔트	MJ/kg	TJ/Gg	41.4	39.2
윤활유	MJ/L	TJ/1000m^3	40.0	37.3
석유 코크스	MJ/kg	TJ/Gg	35.0	34.2
부생연료유1호	MJ/L	TJ/1000m^3	37.1	34.6
부생연료유2호	MJ/L	TJ/1000m^3	39.9	37.7
천연가스(LNG)	MJ/kg	TJ/Gg	54.7	49.4
도시가스(LNG)	MJ/Nm^3	TJ/1,000,000Nm^3	43.1	38.9
도시가스(LPG)	MJ/Nm^3	TJ/1,000,000Nm^3	63.6	58.4
국내무연탄	MJ/kg	TJ/Gg	19.8	19.4
연료용 수입무연탄	MJ/kg	TJ/Gg	21.2	20.5
원료용 수입무연탄	MJ/kg	TJ/Gg	25.2	24.7
연료용 유연탄(역청탄)	MJ/kg	TJ/Gg	24.8	23.7
원료용 유연탄(역청탄)	MJ/kg	TJ/Gg	29.2	28.0
아역청탄	MJ/kg	TJ/Gg	21.4	19.9
코크스	MJ/kg	TJ/Gg	29.0	28.9
전기(발전기준)	MJ/kWh	TJ/GWh	8.9	8.9
전기(소비기준)	MJ/kWh	TJ/GWh	9.6	9.6

* 비고) 1. "총발열량"이란 연료의 연소과정에서 발생하는 수증기의 잠열을 포함한 발열량을 말한다.

2. 온실가스 배출량 산정 시 순발열량을 사용하며, 에너지사용량을 집계할 경우 총 발열량을 사용한다.
3. 1cal=4.1868J
4. MJ=10^6J로 한다.
5. Nm^3은 0℃, 1기압 상태의 단위체적(세제곱미터)을 말한다.
6. 최종 에너지사용자가 사용하는 전력량 값을 열량 값으로 환산할 경우에는 1kWh=860kcal를 적용한다.

[참고]
1) 부생연료 1호
    등유성상에 해당하는 제품으로 열효율은 보일러등유와 유사하다. 황분 0.1wt% 이하의 제품으로 연소설비 사용 시 경질유와 마찬가지로 집진시설 없이 사용가능하며, 저온연소성이 보일러등유와 유사하므로 계절에 관계없이 사용가능하다. 석유화학제품 생산의 전처리 과정에서 나오는 제품으로 물성이 다양하며, 목욕탕, 숙박업소 등에서 보일러등유, 경유 등이 연료를 사용하는 상업용보일러에 대체연료로 사용된다.
    부생연료 1호 사용에 따른 고정연소 배출활동의 경우, 산정등급 1(Tier 1) CO_2 배출계수는 등유 계수를 활용하여 온실가스 배출량을 산정한다.

2) 부생연료 2호
    등유·중유 성상에 해당하는 제품으로 열효율은 보일러등유와 중유의 중간정도이다. 방향족 성분의 다량 함유로 일부 제품은 냄새가 심하며 연소성이 척도인 10% 잔류탄소분이 매우 높으므로 그을음 발생으로 집진시설을 설치해야 한다. 석유화학제품을 생산하는 전처리과정에서 나오는 제품으로 생산업체에 따라 물성이 다양하며, 보일러등유, 경유, 중유 등 액체연료를 사용하는 열원 공급시설(산업용보일러 등)의 연료계통 부품을 교체하여 대체연료로 사용된다.
    부생연료 2호 사용에 따른 고정연소 배출활동의 경우, 산정등급 1(Tier 1) CO_2 배출 계수는 B-C유 계수를 활용하여 온실가스 배출량을 산정한다.

3) 프로판
    LPG 사용에 따른 고정연소 배출활동의 경우, 프로판에 따른 발열량을 활용하여 온실가스 배출량을 산정한다.

4) 부탄
    LPG 사용에 따른 이동연소(도로) 배출활동의 경우, 부탄에 따른 발열량을 활용하여 온실가스 배출량을 산정한다.

※ 자료출처 : 국제표준규격에 따른 석유류 발열량 분석연구, 에너지관리공단

② 연료별 국가고유 배출계수

구분	연료	탄소 배출계수 (kgC/TJ)	이산화탄소 배출계수 (kgCO$_2$/TJ)
석유(16)	휘발유	19,548	71,600
	등유	19,969	73,200
	경유		
	B-A유	20,657	75,700
	B-B유	21,384	78,400
	B-C유	21,929	80,300
	나프타	19,157	70,200
	용제	19,172	70,200
	항공유(JET-A1)	19,931	73,000
	아스팔트	21,544	78,900
	석유 코크스	26,086	95,600
	윤활유	19,979	73,200
	부생연료 1호	20,067	73,500
	부생연료 2호	21,729	79,600
	프로판(LPG1호)	17,641	64,600
	부탄(LPP3호)	18,107	66,300
가스(3)	천연가스(LNG)	15,312	56,100
	도시가스(LNG)		
	도시가스(LPG)	17,454	64,000
석탄(6)	국내무연탄	30,185	110,600
	수입무연탄(연료용)	27,404	100,400
	수입무연탄(원료용)	29,909	109,600
	유연탄(연료용)	25,951	95,100
	유연탄(원료용)	25,963	95,100
	아역청탄	26,468	97,000

* 비고) 1. 「에너지법 시행규칙」에 의해 '17년 12월에 고시된 발열량 기준으로 개발
2. 석탄의 발열량은 인수식(引受式)을 기준으로 한다. 다만, 코크스는 건식(乾式)을 기준으로 한다.

제16조(사업장 고유 배출계수 등의 개발 및 활용 등)

① 할당대상업체는 별표에서 제시하는 매개변수의 관리기준에 따라 사업장 고유 배출계수 등을 개발·활용하기 위하여 연료, 원료 및 부산물 등의 시료를 채취하고 분석할 때에는 다음 각 호의 사항을 준수하여야 한다. 다만, 불가피한 사유로 인해 시료 채취 및 분석방법 등을 준수할 수 없는 경우 할당대상업체는 명확한 근거를 제시하여야 하며, 환경부장관은 이를 검토하여 허용할 수 있다.

1. 시료의 채취 및 분석을 실시할 수 있는 기관은 다음과 같다.
    가. 「환경분야 시험·검사 등에 관한 법률」에 따른 측정대행업자
    나. 「KS A ISO/IEC 17025 : 시험기관 및 교정기관의 자격에 대한 일반 요구사항」에 따라 공인된 시험·교정기관
    다. 나목의 기준에 적합한 자체 실험실을 갖춘 할당대상업체
2. 시료를 채취하는 경우에는 시료의 대표성을 확보할 수 있도록 충분한 횟수로 시료를 채취하여야 하며, 연료의 경우에는 별표 13의 시료의 최소분석주기를 만족하여야 한다.
3. 시료 채취는 배출량의 과다산정 혹은 과소산정의 오류가 발생하지 않도록 실시하여야 한다.

② 연료 등의 시료 채취 및 분석방법은 국가표준(KS) 또는 국제표준화기구(ISO), 미국재료시험학회(ASTM) 등 국제적으로 통용되는 방법론을 사용하고 있는 경우 이를 분석방법으로 활용할 수 있다.

③ 할당대상업체는 배출시설 단위 고유 배출계수 등을 개발하여 활용하려면 분석대상 및 항목, 시료 채취 방법, 시험·분석 방법, 계수의 산정식 등 검토·승인된 계수 개발계획 및 근거 등이 포함된 배출량 산정 계획을 제출하여야 하며, 검토·승인된 개발 결과 및 근거자료 등은 다음연도 명세서에 포함하여 제출하여야 한다.

별표 13. 시료 채취 및 분석의 최소 주기 등(제16조 제1항 관련)

연료 및 원료		분석 항목	최소 분석 주기
고체 연료		원소함량, 발열량, 수분, 회(Ash) 함량	월 1회 (연 반입량이 24만 톤을 초과할 경우 입하량이 2만 톤 초과 시마다 1회 추가)
액체 연료		원소함량, 발열량, 밀도 등	분기 1회 (연 반입량이 24만 톤을 초과할 경우 입하량이 2만 톤 초과 시마다 1회 추가)
기체 연료	천연가스, 도시가스	가스성분, 발열량, 밀도 등	반기 1회[주1)]
	공정 부생가스	가스성분, 발열량, 밀도 등	월 1회

연료 및 원료		분석 항목	최소 분석 주기
폐기물 연료	고체	원소함량, 발열량, 수분, 회(Ash) 함량	분기 1회 (연 반입량이 12만 톤을 초과할 경우 입하량이 1만 톤 초과 시마다 1회 추가)
	액체	원소함량, 발열량, 밀도 등	분기 1회 (연 반입량이 12만 톤을 초과할 경우 입하량이 1만 톤 초과 시마다 1회 추가)
	기체	가스성분, 발열량, 밀도 등	월 1회 (연 반입량이 12만 톤을 초과할 경우 입하량이 1만 톤 초과 시마다 1회 추가)
탄산염 원료		광석 중 탄산염 성분, 원소함량 등	월 1회 (연 반입량이 60만 톤을 초과할 경우 입하량이 5만 톤 초과 시마다 1회 추가)
기타 원료		원소함량 등	월 1회 (연 반입량이 24만 톤을 초과할 경우 입하량이 2만 톤 초과 시마다 1회 추가)
생산물		원소함량 등	월 1회

* 비고) 1. 고체 및 액체 연료 1회 입하 시 2만 톤을 초과할 경우 매 입하 시 기준으로 분석할 수 있다.
　　　 2. 기간별 분석 횟수(월 1회, 분기 1회, 반기 1회) 미만으로 연료가 입하되는 경우 매 입하 시 기준으로 분석할 수 있다.
** 주1) 가스공급처가 최소분석주기 이상 분석한 데이터를 제공할 경우, 이를 우선 적용한다.

제17조(연속측정방법에 따른 배출량 산정방법 및 기준)

① 할당대상업체가 연속측정방법을 사용하여 배출량 등을 산정·보고하고자 할 경우 해당 배출시설의 산정등급은 4(Tier 4)로 규정한다.
② 연속측정방법을 통한 배출량 산정방법, 측정기기의 설치 및 관리기준 등은 별표 15를 따른다.
③ 환경부장관은 배출량 산정·보고의 정확성, 객관성 및 신뢰성 확보를 위하여 대규모 연소시설과 폐기물 소각시설 등에 대해서는 연속측정방법의 적용이 확산되도록 권고할 수 있다.
④ 환경부장관은 연속측정방법을 활용하고자 하는 할당대상업체에게 필요한 기술지원 및 자료·정보의 제공 등을 할 수 있다.

별표 15. 연속측정방법의 배출량 산정방법 및 측정기기의 설치 · 관리 기준 등(제17조 제2항 관련)

1. 연속측정에 따른 배출량 산정방법
   가. 굴뚝연속자동측정기에 의한 배출량 산정방법
      측정에 기반한 온실가스 배출량 산정은 다음의 일반식을 따른다.

   $$E_{CO_2} = K \times C_{CO_2d} \times Q_{sd}$$

   여기서, E_{CO_2} : CO_2배출량(g CO_2/30분)
   C_{CO_2d} : 30분 CO_2 평균농도 %(건 가스(dry basis)기준, 부피농도)
   Q_{sd} : 30분 적산 유량(Sm^3)(건 가스 기준)
   K : 변환계수(1.964×10, 표준상태에서 1kmol이 갖는 공기부피와 이산화탄소 분자량 사이의 변환계수)

   나. 굴뚝연속자동측정기와 배출가스유량계 측정 자료의 수치 맺음 및 배출량 산정 기준
      1) 측정 자료의 수치 맺음은 한국산업표준 KS Q 5002(데이터의 통계해석방법)에 따라서 계산한다. 이 경우 소수점 이하는 셋째 자리에서 반올림하여 산정한다(유량은 소수점 이하는 버림 처리하여 정수로 산정한다).
      2) 자동측정 자료의 배출량 산정기준
         가) 30분 배출량은 g 단위로 계산하고, 소수점 이하는 버림 처리하여 정수로 산정한다.
         나) 월 배출량은 g 단위의 30분 배출량을 월 단위로 합산하고, kg 단위로 환산한 후, 소수점 이하는 버림 처리하여 정수로 산정한다.

2. 굴뚝연속자동측정방법에 따른 배출량 제출방법
   가. 할당대상업체는 「대기환경보전법 시행령」 제19조 제1항에 따른 굴뚝 원격감시체계 관제센터(이하 '관제센터'라 한다)에 전송되어 마감 · 확정된 CO_2 측정자료를 활용한 배출량 산정자료 및 관련 자료를 명세서 제출 시 「별지 제11호 서식」의 제11번 서식에 따라 전자적 방식으로 환경부장관에게 제출한다.
   나. 가목에서 측정자료라 함은 CO_2 농도, 배출가스 유량, 배출구 온도 및 산소 농도로서 해당 항목의 5분 및 30분 데이터를 말한다.
   다. 가목에서 관련 자료라 함은 「굴뚝 원격감시체계 관제센터의 기능 및 운영 등에 관한 규정」(이하 '관제센터 규정'이라 한다) 별표1의 무효자료 선별기준 및 대체자료 생성에 적용된 근거자료 등을 말한다.
   라. 관제센터 규정 제9조의 자동측정자료 보안유지 규정에도 불구하고 관제센터에 수집 · 저장된 측정자료를 국가의 온실가스 관리 업무에 활용할 수 있다.

3. 측정기기의 설치 및 운영·관리 기준
   가. 관제센터 통신규격에 적용될 항목별 코드 및 측정단위는 다음과 같다.
      1) 항목별 코드

코드	항목명	코드	항목명
CO_2	이산화탄소	FLC	이산화탄소 유량

      2) 측정항목별 측정단위
         - % : 이산화탄소
         - Sm^3 : 이산화탄소 유량
   나. CO_2 연속자동측정방법에 적용되는 측정기기의 설치 및 운영·관리 일반적인 사항은 「환경분야 시험·검사 등에 관한 법률」 제6조 제1항의 환경오염공정시험기준과 「대기환경보전법 시행규칙」 제37조의 측정기기의 운영·관리 기준을 따른다.

제18조(배출량 산정 제외)

① 할당대상업체가 다음 각 호에 해당하는 온실가스를 배출하는 경우에는 총 온실가스 배출량에서 이를 제외한다. 단, 에너지사용량 산정에는 이를 포함한다.
   1. 바이오매스 사용에 따른 이산화탄소의 직접배출량(이산화탄소 이외의 기타 온실가스는 총 배출량 산정에 포함한다). 단, 바이오매스의 함량을 분석하여 그 함량에 대해서만 배출량을 제외할 수 있다.
   2. 할당대상업체 외부에서 폐열이용 특례로 인정되는 대상 폐기물(고형연료를 포함한다) 및 시설 등으로부터 공급받아 사용한 열(스팀)의 간접배출량
   3. 할당대상업체 외부로부터 공급받은 공정폐열 사용에 따른 간접배출량
   4. 제2호 및 제3호의 열을 공급받아 생산된 전력의 사용에 따른 간접배출량. 다만, 전력 사용량이 확인되는 경우에 한정한다.
② 할당대상업체 외부로부터 열 또는 전기를 공급받아 이를 사용하지 않고 할당대상업체 외부로 공급하는 경우는 해당 열 또는 전기에 대한 간접배출량 및 에너지사용량을 모두 제외하고 보고한다.
③ 바이오매스와 화석연료를 혼합하여 사용하는 경우에는 바이오매스 혼합비율을 산정하여 해당 비율만큼의 이산화탄소 배출량을 제외한다.
④ 할당대상업체는 제1항 각 호의 배출량을 산정하는 경우 별표 10의 기본 배출계수(바이오매스)를 활용할 수 있다.
⑤ 이산화탄소 포집 및 이동과 관련하여 할당대상업체 및 관리업체의 조직경계 내부에서 발생한 이산화탄소가 순수한 물질로 사용되거나 생산품, 원료로 사용 또는 결합되는 경우에는 총 온실가스

배출량에서 이를 제외할 수 있다.

⑥ 할당대상업체가 「신·재생에너지 설비의 지원 등에 관한 규정」에 따른 재생에너지에서 생산한 전력을 다음 각 호의 어느 하나에 해당하는 방법으로 사용하고 재생에너지 사용확인서를 발급받아 온실가스 감축실적으로 활용하려는 경우에는 해당 재생에너지 전력 사용량에 대한 온실가스 간접배출량을 제외할 수 있다. 다만, 바이오에너지로 생산한 전력의 경우 이산화탄소의 간접배출량에 한하여 제외할 수 있다.

1. 전기판매사업자를 통한 전력구매계약의 체결
2. 재생에너지전기공급사업자를 통한 전력구매 계약의 체결
3. 「신에너지 및 재생에너지 개발·이용·보급 촉진법」에 따른 신·재생에너지 공급인증서(REC)의 구매(신·재생에너지 의무이행에 사용하지 않은 신·재생에너지 공급인증서(REC)만 해당한다)
4. 지분 참여를 통한 전력 및 신·재생에너지 공급인증서(REC) 구매계약의 체결(신·재생에너지 의무이행에 사용하지 않은 신·재생에너지 공급인증서(REC)만 해당한다)

별표 16. 바이오매스로 취급되는 항목(제18조 제1항 관련)

1. 바이오매스

"바이오매스"라 함은 「신에너지 및 재생에너지 개발·이용·보급 촉진법」에 따른 재생 가능한 에너지로 변환될 수 있는 생물자원 및 생물자원을 이용해 생산한 연료를 의미한다.

형 태	항 목
농업 작물	유채, 옥수수, 콩, 사탕수수, 고구마 등
농임산 부산물	임목 및 임목부산물, 볏짚, 왕겨, 건초, 수피 등
유기성 폐기물	폐목재, 펄프 및 제지(바이오매스 부문만 해당), 펄프 및 제지 슬러지, 동/식물성 기름, 음식물 쓰레기, 축산 분뇨, 하수슬러지, 식물류폐기물 등
기 타	해조류, 조류, 수생식물, 흑액 등

2. 바이오 에너지

바이오 에너지는 바이오매스를 원료로 하여 직접연소, 발효, 액화, 가스화, 고형 연료화 등의 변환을 통해 얻어지는 에너지로서, 그 기준과 범위는 「신에너지 및 재생에너지 개발·이용·보급 촉진법 시행령」 별표 1을 따른다. 단, 석유제품 등과 혼합된 경우에는 제1호에서 정의한 바이오매스를 통하여 생산된 부분만을 바이오 에너지로 보며, 구분이 불가능할 경우에는 전체를 바이오매스에서 제외한다.

[주요 바이오 에너지의 종류 및 용도]

형 태	항 목
생물유기체변환	바이오가스, 바이오에탄올, 바이오액화유 및 합성가스 등
유기성 폐기물변환	매립지가스(LFG) 등
동/식물 유지변환	바이오디젤, 바이오중유
고체 연료	땔감, 목재칩·펠릿·브리켓, 목탄, 가축분뇨 등

3. 폐기물 에너지 중 바이오매스 부분

폐기물 에너지는 각종 사업장 및 생활시설의 폐기물을 변환시켜 얻어지는 기체·액체 또는 고체의 연료로서, 그 기준은 「신에너지 및 재생에너지 개발·이용·보급 촉진법 시행령」 별표 1을 따른다. 단, 화석탄소 기원의 폐기물(예 : 플라스틱, 합성섬유 등) 등과 혼합된 경우에는 제1호에서 정의한 바이오매스 부분만을 포함하며, 구분이 불가능할 경우에는 전체를 바이오매스에서 제외한다.

형 태	항 목
폐기물 에너지	SRF, Bio-SRF, 폐기물 유화/가스화 등

제19조(열(스팀)의 외부 열 공급 시 배출계수의 개발 활용)

① 할당대상업체가 조직경계 외부로 열(스팀)을 공급하는 공급자로서, 다음 각 호에 해당하는 경우에는 별표 17에 따라 열 공급에 따른 배출계수를 개발하여 열을 사용하는 할당대상업체에게 제공하여야 한다.

1. 열전용 생산시설에서 생산한 열(스팀) 공급자

2. 열병합 생산시설에서 생산한 열(스팀) 공급자
3. 외부수열(폐열 등)을 이용하여 생산한 열(스팀) 공급자

② 외부로 열을 공급하는 할당대상업체가 제1항의 배출계수를 개발·제공하지 못할 경우에는 배출계수 개발·활용을 위한 활동자료, 온실가스 배출량 및 열 생산량 등의 자료를 열을 사용하는 할당대상업체에게 제공하여야 한다.

┃ 별표 17. 열(스팀)의 외부 공급 시 배출계수 개발방법(제19조 제1항 관련) ┃

□ 열(스팀) 생산에 따른 온실가스 배출계수 산출

$$EF_{H,i} = \frac{GHG_{emission,i}}{H} \times 10^3$$

여기서, $EF_{H,i}$: 열(스팀) 생산에 따른 온실가스 배출계수(kgGHG/TJ)
$GHG_{Emission,i}$: 열(스팀)생산에 따른 해당 배출시설의 배출원별 온실가스 배출량(tGHG)
H : 열 생산량(TJ)
i : 배출 온실가스(CO_2, CH_4, N_2O)

1. 열전용 생산시설에서 열(스팀) 생산에 따른 온실가스 배출량 산출
   열전용 생산시설의 배출량은 '별표 6'의 고정연소 활동의 산정 방법론에 따라 산출한다.

2. 열병합 발전시설에서 열(스팀) 생산에 따른 온실가스 배출량 산출

$$E_{H,i} = \left\{ \frac{H}{H + P \times R_{eff}} \right\} \times E_{T,i}, \quad R_{eff} = \frac{e_H}{e_P}$$

여기서, $E_{H,i}$: 열 생산에 따른 온실가스 배출량 (tGHG)
$E_{T,i}$: 열병합 발전 설비(CHP)의 총 온실가스 배출량(tGHG)
H : 열 생산량 (TJ)
P : 전기 생산량 (TJ)
R_{eff} : 열생산 효율과 전력생산 효율의 비율
e_H : 열 생산효율(자체데이터를 활용, 자료가 없는 경우 기본값 0.8)
e_P : 전기 생산효율(자체데이터를 활용, 자료가 없는 경우 기본값 0.35)
i : 배출 온실가스 (CO_2, CH_4, N_2O)

제20조(폐열이용 특례로 인정되는 시설에서 외부 열 공급 시 배출계수의 개발·활용)

① 할당대상업체가 폐열이용 특례로 인정되는 시설에서 열을 회수하여 조직경계 외부로 열을 공급할 경우 별표 18의 열 공급에 따른 배출계수를 개발하여 열을 사용하는 할당대상업체에게 제공하여야 한다.

② 외부로 열을 공급한 할당대상업체가 배출계수를 개발·제공하지 못할 경우에는 배출계수 개발·활용을 위한 활동자료, 온실가스 배출량, 소각열 회수량 및 공급량 등의 자료를 열을 사용하는 할당대상업체에게 제공하여야 한다.

별표 18. 폐기물 소각에서 열회수를 통한 외부 열공급 시 간접배출계수 개발방법(제20조 제1항 관련)

□ 폐기물 소각시설의 열(스팀) 생산에 따른 온실가스 배출계수 산출

$$EF_{H,i} = \frac{GHG_{emission,i}}{H}$$

여기서, $EF_{H,i}$: 배출원별 열(스팀) 배출계수(kgGHG/TJ)
$GHG_{Emission,i}$: 「별표 6-35. 폐기물의 소각」 산정방법에 따라 산정된 배출원별 배출량(kgGHG/yr)
H : 열 회수량(TJ/yr)
i : 배출 온실가스(CO_2, CH_4, N_2O)

□ 폐열이용 특례로 인정받기 위한 대상 폐기물(또는 고형연료) 및 시설
폐기물 소각시설이 폐열이용 특례로 인정받기 위해서 하단 표의 대상 폐기물 또는 고형 연료와 대상시설을 모두 만족시키는 경우, 간접배출계수를 0으로 적용할 수 있다.

[폐열이용 특례 대상 폐기물(또는 고형연료) 및 시설]

구분	세부내용
대상 폐기물 또는 고형 연료	⑴ 폐기물관리법 제14조 제1항에 따른 생활폐기물 ⑵ 폐기물관리법 제18조 제1항에 따른 자체 발생한 사업장폐기물 ⑶ 폐기물관리법 제18조 제5항에 따라 공동으로 수집·운반, 재활용 및 처분되는 사업장폐기물 ⑷ 폐기물관리법 제25조에 따라 수집·운반, 재활용 또는 처분되는 사업장폐기물 중 저위발열량이 3,000kcal/kg 이상인 가연성 고형폐기물 또는 폐유 ⑸ 「자원의 절약과 재활용촉진에 관한 법률 시행규칙」 제20조의2 별표 7의 품질·등급기준에 따른 고형연료제품
대상시설	⑴ 폐기물처리시설 중 소각시설 ㈎ 일반소각시설 ㈏ 고온소각시설 ㈐ 열 분해시설(가스화시설을 포함한다) ㈑ 고온 용융시설 ㈒ 열처리 조합시설[㈎~㈑] 중 둘 이상의 시설이 조합된 시설을 말한다. ⑵ 소각열회수시설 등 「폐기물관리법 시행규칙」 제3조에 따른 에너지 회수기준에 적합하게 에너지를 회수하는 시설 ⑶ 「자원의 절약과 재활용촉진에 관한 법률 시행규칙」 제20조의3 별표 7의 품질·등급기준에 따른 고형연료제품 전용 보일러(혼소는 제외한다) ⑷ 그밖에 환경부장관이 인정하는 시설

제21조(기타 부생연료 발생 시설에서 외부 기타 부생연료 등의 공급 시 배출계수의 개발·활용)

할당대상업체가 기타 부생연료(부생가스, 부생오일, 재생유 등) 등의 발생 시설에서 기타 부생연료 등을 회수하여 조직경계 외부로 공급할 경우 기타 부생연료의 고유 배출계수를 개발하여 기타 부생연료 등을 사용하는 할당대상업체에게 제공하여야 한다.

제22조(배출계수의 적용 특례)

산정등급 2(Tier2)에 따라 배출량 등을 산정해야 하는 할당대상업체는 국가 고유 배출계수가 이 지침에 고시되지 않았을 경우에 한하여 산정등급 1(Tier 1)에 해당하는 배출계수를 적용할 수 있다.

제23조(품질관리 및 품질보증)

① 할당대상업체는 온실가스 배출량 등의 산정에 대한 정확도 향상을 위해 측정기기 관리, 활동자료 수집, 배출량 산정, 불확도 관리, 정보보관 및 배출량 보고 등에 대한 품질관리 활동을 수행하여야 한다.
② 할당대상업체는 자료의 품질을 지속적으로 개선하는 체제를 갖추는 등 배출량 산정의 품질보증 활동을 수행하여야 한다.
③ 제1항 및 제2항에 대한 세부내용은 별표 19에 따른다.

별표 19. 품질관리(QC) 및 품질보증(QA) 활동(제23조 제3항 관련)

1. 품질관리(QC) 활동
   가. 의미
   　　품질관리(Quality Control)는 배출량 산정결과의 품질을 평가 및 유지하기 위한 일상적인 기술적 활동의 시스템이다. 이는 배출량 산정담당자에 의해 수행된다. 품질관리는 다음 각 목의 목적을 위하여 설계·실시된다.
   　　1) 자료의 무결성, 정확성 및 완전성을 보장하기 위한 일상적이고 일관적인 검사의 제공
   　　2) 오류 및 누락의 확인 및 설명
   　　3) 배출량 산정자료의 문서화 및 보관, 모든 품질관리 활동의 기록
   　　　　품질관리(QC) 활동에는 자료 수집 및 계산에 대한 정확성 검사와, 배출량 감축량의 계산·측정, 불확도 산정, 정보의 보관 및 보고를 위한 공인된 표준 절차의 이용과 같은 일반적인 방법이 포함된다. 품질관리(QC) 활동에는 배출활동, 활동자료, 배출계수, 기타 산정 매개변수 및 방법론에 관한 기술적 검토를 포함한다.

나. 세부내용 및 방법

구분	세부내용
기초자료의 수집 및 정리	① 측정자료(연료·원료 사용량, 제품생산량, 전력 및 열에너지 구매량, 유량 및 농도 등)의 정확한 취합·보관·관리 ② 측정기기의 주기적인 검·교정 실시 ③ 측정지점(하위레벨)에서 배출량 산정담당자(부서)(상위레벨)까지의 정확한 자료 수집·정리 체계의 구축 ④ 측정관련 담당자가 직접 자료를 기록하는 과정에서 발생할 수 있는 오류의 점검 ⑤ 산정방법론, 발열량, 배출계수의 출처 기록관리 ⑥ 내부감사(Internal Audit) 및 제3자 검증을 위한 온실가스 배출량 관련 정보의 보관·관리 ⑦ 보고된 온실가스 배출량 관련 데이터의 안전한 기록·관리
산정 과정의 적절성	① 각 자료의 단위에 대한 정확성 확인 ② 각 매개변수(활동자료, 발열량, 배출계수, 산화율 등) 활용의 적절성 확인 ③ 내부감사(Internal Audit) 및 제3자 검증단계에서, 배출량 산정의 재현가능성 여부의 확인 ④ 배출량 산정과 관련한 정보화시스템을 구축하거나 활용할 경우, 자료의 입력 및 처리과정의 적절성 여부 확인 * 지침 산정방법론과의 일치여부, 자체 매뉴얼 구축여부 등
산정 결과의 적절성	① 조직경계 내 모든 온실가스 배출활동의 포함여부 확인 (포함되지 않는 배출활동에 대한 누락·제외사유를 기재) ② 공정 물질수지 등을 활용한 활동자료의 합(하위레벨)과 사업장 단위 활동자료(상위레벨)간 일치여부 등 완전성의 확인 ③ 활동자료, 배출계수 등의 변경이 발생할 경우, 각 자료의 변동사항 확인 등 시계열적 일관성 확보에 관한 사항 ④ 기준연도부터 현재까지의 온실가스 배출량 산정에 활용된 기초자료 등의 기록·관리·보안상태 확인 ⑤ 측정기기, 배출계수(필요시), 온실가스 배출량 등에 대한 불확도 산정결과의 적절성 확인, 불확도 관리기준에 미달시 측정기기 검·교정 등 개선활동의 실시여부 확인 ⑥ 배출량 산정결과에 대한 내부감사(Internal Audit) 실시 여부
보고의 적절성	① 조직경계 설정의 적절성·정확성 확인 - 사업자 등록증 등 정부에 허가받거나 신고한 문서를 근거로 수립한 조직경계와 실제 온실가스 배출시설, 배출활동에 따라 수립된 조직경계의 일치여부 확인 ② 배출량 산정 및 보고 업무 담당자(실무자, 책임자) 및 내부감사 담당자 등에 책임·권한의 문서화 여부 ③ 이행계획, 명세서, 이행실적 등 지침에서 요구하는 자료의 목차, 내용, 서식에 따라 적절하게 배출량을 보고하는지 여부 ④ 품질보증(QA) 활동과 관련하여, 내부감사 담당자의 감사·검토 활동의 실시여부 및 관련 규정(매뉴얼 등) 존재 여부

2. 품질보증(QA) 활동
   가. 의미
   품질보증(Quality Assurance)은 배출량 산정(명세서 작성 등) 과정에 직접적으로 관여하지 않은 사람에 의해 수행되는 검토 절차의 계획된 시스템을 의미한다. 독립적인 제3자에 의해 산정절차 수행 이후 완성된 배출량 산정결과(명세서 등)에 대한 검토가 수행된다. 검토는 측정가능한 목적(자료품질의 목적)이 만족되었는지 검증하고 주어진 과학적 지식 및 가용성이 현재 상태에서 가장 좋은 배출량 산정결과를 나타내는지 확인하고, 품질관리(QC) 활동의 유효성을 지원한다.

   나. 세부내용 및 방법
   배출량 산정 계획에 근거하여 산정된 할당대상업체의 온실가스 배출량 명세서가 중요성의 관점에서 허위나 오류, 누락 없이 작성되기 위하여, 할당대상업체는 배출량 산정·보고와 관련한 효과적인 내부 통제 활동들을 설계하고 운영하며 이를 문서화함으로써 품질보증(QA) 활동을 수행한다. 이를 위하여 온실가스 배출량 보고와 관련한 고유 위험, 통제 위험 및 오류·누락사항을 적시에 방지하거나 적발하지 못할 경우 발생할 수 있는 위험(Risk)에 대한 자체평가 절차를 마련하여 문서화한다.
   배출량 보고와 관련한 위험(고유 위험, 통제 위험, 오류 및 누락 등)을 완화하는 일련의 활동을 내부 감사(Internal Audit)라 하며, 할당대상업체는 매년 배출량 산정·보고 절차와 관련한 내부감사 활동을 실시하고 이를 평가하여 주기적으로 이를 개선한다.
   품질보증 활동은 다음 각 요소를 포함한다.

구분	세부내용
내부감사 담당자, 책임자 지정	할당대상업체는 온실가스 배출량 산정 관련 내부감사활동을 담당할 책임자를 지정하고 이를 문서화한다. 내부감사 담당자는 온실가스 배출량 산정업무를 담당할 수 없도록 하는 등 상충되는 업무를 고려하여 업무분장이 이루어져야 한다.
품질감리	측정기기의 계측 정확성을 검·교정 절차를 통하여 주기적으로 확인하고, 국제적 측정 기준과 비교하며 관련 검·교정 내역을 문서화한다. 배출량 산정을 위한 정보화시스템을 구축·활용할 경우, 시스템에서 산출되는 자료가 위험평가 절차에 의거하여 신뢰성 있고 정확한 데이터를 적시에 산출가능하도록 정보화시스템이 설계·운영·통제·테스트 및 문서화되도록 한다. (정보화시스템의 통제로는 백업, 자료보완 등을 포함한다.)
배출량 정보 자체 검증 (내부감사)	평가된 위험을 완화하기 위하여 할당대상업체는 온실가스 산정 근거자료에 대하여 자체검증을 수행하고 이를 문서화한다. 산정관련 서류검토, 현장점검 등을 포함한 자체검증계획을 수립하고 이에 따라 검증하며, 검증결과 발견된 오류 및 수정결과를 보고서형태로 작성할 수 있다.
배출량 산정업무 위탁시 감독 절차 마련	할당대상업체가 온실가스 배출량 산정업무를 외부기관에 위탁할 경우, 할당대상업체는 온실가스 산정·보고 위험과 관련한 위험평가 결과에 따라 외부기관에 위탁한 산정업무에 대한 품질보증 활동을 수행하여야 한다.

구분	세부내용
수정 및 보완 절차	할당대상업체가 수행하는 품질보증 절차의 설계 및 운영상 미비점이 자체 평가 또는 제3자 검증 절차에 의하여 발견될 경우, 할당대상업체는 즉시 이에 대한 수정 및 보완절차를 수행하고 관련 결과를 문서화하여야 한다. 또한 발견된 미비점의 근본원인에 대하여 파악하고 할당대상업체의 품질보증 시스템에 따른 산출물의 유효성을 평가하여 미비점에 대해서는 보완하는 보정절차를 수행한다.

제24조(배출량 산정 계획의 작성 등)

할당대상업체는 온실가스 배출량 등의 산정의 정확성과 신뢰성 향상을 위하여 다음 각 호의 사항이 포함된 배출량 산정 계획을 서식에 따라 작성하여야 한다.

1. 업체 일반정보(법인명, 대표자, 계획기간, 담당자 정보 등)
2. 사업장의 일반정보 및 조직경계(사업장명, 사업장 대표자, 업종, BM 적용시설 포함 여부, 사업장 사진, 시설배치도, 공정도, 온실가스 및 에너지 흐름도 등)
3. 배출시설별 모니터링 방법(배출시설 정보, 산정등급 분류기준, 예상 신·증설 시설의 온실가스 배출 정보 및 활동자료 측정지점 등)
4. 활동자료의 모니터링(측정) 방법(배출시설 및 배출활동별 측정기기 정보, 측정기기 개선 및 설치 계획 등)
5. 배출시설별 배출활동의 산정등급 적용계획(배출시설별 산정방법론의 산정등급, 배출활동별 매개변수 산정등급, 최소 산정등급 미충족 사유 등)
6. 에너지 외부유입 및 구매계획
7. 사업장 고유 배출계수(Tier 3) 등 개발계획(개발 예정인 계수의 종류, 시험·분석 관련 정보, 계수 산정식, 예상 불확도 등)
8. 사업장별 품질관리(QC)/품질보증(QA) 활동계획(배출량 산정·보고 등의 품질관리 문서 및 담당자 정보)
9. 기타 배출량 산정 계획의 작성과 관련된 특이사항

제25조(배출량 산정 계획의 사전검토 등)

① 할당대상업체는 검증기관의 검증을 받은 배출량 산정 계획에 대해 사전검토를 매 계획기간 4개월 전까지(할당대상업체가 신규진입자인 경우에는 할당대상업체로 지정된 연도의 종료 4개월 전까지) 환경부장관에게 전자적 방식으로 요청하여야 한다. 다만, 「온실가스 배출권의 할당, 조정 및 취소에 관한 지침」에 따라 권리와 의무의 승계로 인해 할당대상업체로 지정받은 경우에는 권리와 의무의 승계 통보가 일어난 시점으로부터 1개월 이내에 요청할 수 있다.

② 환경부장관은 할당대상업체가 사전검토를 요청한 배출량 산정 계획의 타당성을 검토해야 한다.
③ 환경부장관은 검토 결과를 전자적 방식으로 통지하여야 한다.
④ 환경부장관은 할당대상업체의 요청에 따라 사전검토를 마친 배출량 산정 계획을 전자적 방식으로 관리하여야 하며, 이력 관리를 하여 명세서 제출 시 할당대상업체의 편의를 도모하여야 한다.
⑤ 사전검토에 필요한 경우 환경부장관은 할당대상업체에 추가 자료 제출을 요청하거나 현장 조사 등을 실시할 수 있다.

제26조(배출량 산정 계획의 변경)

① 사전검토를 완료한 할당대상업체는 계획기간 중에 다음 각 호의 중대한 변경사항이 발생한 경우 또는 제31조에 따른 명세서 확인 과정에서 배출량 산정 계획의 변경사항이 발생한 경우 매 이행연도 10월 31일까지 검증기관의 검증을 거쳐 배출량 산정 계획을 변경한 후 환경부장관에게 추가검토를 요청하여야 한다. 할당대상업체는 환경부장관이 통지한 배출량 산정 계획 추가검토 결과를 매 이행연도 종료일까지 검증기관의 검증을 거쳐 배출량 산정 계획을 수정하고 환경부장관에게 전자적 방식으로 제출하여야 한다. 매 이행연도별 중대한 변경사항 외의 변경사항은 10월 31일까지 배출량 산정 계획을 변경한 후 환경부장관에게 통지하여야 하며, 변경사항이 없는 경우에는 기존 배출량 산정 계획을 사용할 수 있다.
  1. 업종의 변경
  2. 조직경계의 변경
  3. 배출활동 및 배출시설의 변경
  4. 배출량 산정방법의 변경(배출계수, 매개변수, 시료 채취·샘플링·분석 절차 포함)
  5. 활동자료 수집, 측정 방법의 변경 사항(측정기기 포함)
  6. 시정명령, 보완 명령에 따른 변경 및 환경부장관이 검토한 의견에 따른 변경
  7. 기타 배출량에 영향을 미치는 변경 사항
  8. 삭제
② 제1항의 규정에도 불구하고 할당대상업체는 배출시설의 신·증설 등의 변경 사항이 할당량과 관련되는 경우에는 실제 온실가스 배출이 발생하기 이전에 배출량 산정 계획을 작성·변경하여 추가검토를 요청해야 한다.
③ 할당대상업체는 제1항의 요청에 따라 환경부장관의 추가검토 결과를 통지받는 시점까지 기존 배출량 산정 계획과 변경 배출량 산정 계획을 병행하여 이행하여야 한다.
④ 삭제
⑤ 환경부장관은 배출량 산정 계획 변경사항에 대한 추가검토 처리 절차에 관하여 제25조를 준용한다.
⑥ 할당대상업체는 권리와 의무 등의 변경사항이 발생하는 경우 해당 사유가 발생한 시점으로부터 1개월 이내에 검증기관의 검증을 거친 배출량 산정계획서를 제출하여야 한다.

제27조(배출량 산정 계획의 일시적 적용 불가)

① 할당대상업체는 기술적인 이유 또는 불가항력적인 이유로 인하여 일시적인 기간 동안 사전검토된 배출량 산정 계획을 적용하는 것이 불가능한 경우 즉시 환경부장관에게 전자적 방식으로 통지하여야 한다.
② 제1항에 따른 통지가 있는 경우 다음 각 호의 내용을 포함하는 소명자료를 당해연도 명세서 제출 시 첨부하여야 한다.
   1. 배출량 산정 계획의 일시적 적용 불가 사유
   2. 기존 계획을 대체하는 임시 모니터링 방법
   3. 원상 복귀된 시점(일자) 및 관련 조치 사항

제28조(명세서의 작성)

할당대상업체는 이 지침에 따라 온실가스 배출량 등의 산정결과를 별지 서식에 따라 명세서를 작성하여야 한다.

제29조(명세서의 제출)

① 할당대상업체는 자신의 모든 사업장에 대해 검증기관의 검증을 거친 명세서를 매 이행연도 종료일부터 3개월 이내에 환경부장관에게 전자적 방식으로 제출하여야 한다. 다만, 명세서 작성에 대한 산정방법 등이 할당시에 적용한 산정방법 등과 달라져 배출량의 차이가 발생하는 경우, 할당대상업체는 할당시 산정방법 등을 적용한 명세서와 변경된 산정방법 등을 적용한 명세서를 함께 제출하여야 한다.
② 할당대상업체는 다음 각 호에 해당하는 경우 해당 사유가 적용되는 계획기간 과거 4년부터의 기 제출한 명세서를 수정하여 검증기관의 검증을 거쳐 해당 사유가 발생한 시점으로부터 1개월 이내에 환경부장관에게 전자적 방식으로 제출하여야 한다.
   1. 「온실가스 배출권의 할당, 조정 및 취소에 관한 지침」에 따라 할당대상업체의 권리와 의무가 승계된 경우
   2. 조직경계 내·외부로 온실가스 배출원 또는 흡수원의 변경이 발생한 경우
   3. 배출량 등의 산정방법론이 변경되어 온실가스 배출량 등에 상당한 변경이 유발된 경우
   4. 환경부장관으로부터 고유 배출계수에 대한 검토·확인을 받거나, 그 값이 변경된 경우
   5. 환경부장관이 시정·보완을 명한 경우

제31조(명세서의 확인 등)

① 환경부장관은 할당대상업체가 제출한 자료에 대하여 영 제39조 제1항 각 호의 사항에 대한 누락 및 검증기관의 검증 여부 등을 확인하여야 한다.
② 환경부장관은 제1항에 따른 확인 결과, 누락되었거나 부적절한 사항이 있는 할당대상업체에 대해서 14일 이내의 기한을 정하여 시정명령을 내릴 수 있다.
③ 환경부장관이 제2항 시정명령을 내린 경우 할당대상업체는 제2항의 기한 내에 이를 반영하여 환경부장관에게 제출하여야 한다.
④ 환경부장관은 시정명령에 따르지 않는 할당대상업체에 대한 과태료의 부과기준은 별표23과 같다.
⑤ 환경부장관은 기한 내에 시정명령에 따르지 않는 할당대상업체의 명세서를 직권으로 수정할 수 있다.

제32조(실태조사)

환경부장관은 할당대상업체가 제출한 자료의 사실 여부 및 적정성을 확인하는데 필요한 경우 실태조사를 실시할 수 있다.

03 온실가스 배출량의 인증

제33조(배출량의 인증 기준)

① 환경부장관은 보고받은 내용이 적합하다고 평가되는 경우에는 할당대상업체가 산정·보고한 배출량을 그 할당대상업체의 실제 배출량으로 인증한다.
② 환경부장관은 보고받은 내용이 부적합하다고 평가되는 경우, 명세서의 해당 배출활동 및 배출계수 등에 대해 재평가하여 적합한 배출량을 도출하고 재산정한 배출량을 그 할당대상업체의 실제 배출량으로 인증한다.
③ 환경부장관은 할당대상업체의 배출량을 직권으로 산정하는 때에는 다음 각 호 중 가장 큰 값을 그 할당대상업체의 실제 배출량으로 인증한다. 다만, 결과값 산정이 불가능한 방법은 제외한다.
  1. 직권산정 해당연도 직전까지 할당대상업체가 환경부장관 또는 온실가스종합정보센터의 장에게 보고한 과거 온실가스 배출 실적 중 최댓값
  2. 직권산정 해당연도 직전까지 할당대상업체가 환경부장관 또는 온실가스종합정보센터의 장에게 보고한 과거 온실가스 배출 실적으로 추세분석에 의해 산정된 해당연도 배출량

3. 직권산정 해당연도 직전까지 할당대상업체가 환경부장관 또는 온실가스종합정보센터의 장에게 제출한 명세서를 활용한 온실가스 배출원단위의 최대값과 직권산정 해당연도의 실태조사 불가 사유 발생 시점까지의 생산량 데이터를 적용하여 산정한 배출량
4. 동일한 업종 내 유사 규모의 다른 할당대상업체의 배출량을 참고하여 산정한 배출량

④ 환경부장관은 제3항에 따라 온실가스종합정보센터에 할당대상업체의 과거 온실가스 배출 실적을 요청할 수 있다.

제37조(배출량의 인증 및 통보)

① 환경부장관은 적합성 평가기관이 제출한 자료를 바탕으로 할당대상업체의 해당 이행연도 온실가스 배출량 인증에 대한 심의를 인증위원회에 요청하여야 한다.

② 환경부장관은 인증위원회의 심의에 따른 인증결과를 할당대상업체에 매년 5월 31일까지 통보하여야 한다. 이 경우 배출량 인증 결과에 대한 통보 양식은 별지 서식에 따른다.

③ 환경부장관은 적합성 평가 결과를 전자적 방식으로 이력 관리하여야 하며, 이를 통하여 할당대상업체의 편의를 도모하여야 한다.

제38조(이의신청)

① 배출량 인증결과에 이의가 있는 할당대상업체는 통지받은 날 부터 30일 이내에 별지 서식에 따라 환경부장관에게 전자적 방식으로 이의신청을 할 수 있다.

② 환경부장관은 이의신청을 받은 날부터 30일 이내에 그 결과를 신청인에게 별지 서식에 따라 전자적 방식으로 통보하여야 한다. 다만, 부득이한 사정으로 그 기간 내에 결정 할 수 없을 때는 30일의 범위에서 기간을 연장하고 그 사실을 신청인에게 알려야 한다.

③ 환경부장관은 할당대상업체가 제출한 이의신청 내용이 타당한 경우 해당 할당대상업체의 배출량을 재산정하여 배출량 인증 및 통보를 한다.

제39조(제3자에 대한 자료의 요청)

환경부장관은 법 제37조에 따른 조사 시 할당대상업체 또는 검증기관이 배출량 산정에 필요한 근거자료를 제시하지 않을 경우에는 제3의 기관 또는 사업자에게 배출량 산정에 필요한 자료를 요청할 수 있다.

│ 별표 21. 건축물의 조직경계 설정방법 │

건물의 경우 다음에 따라 할당대상업체에 해당하는 법인 등의 조직경계를 결정한다.
① 할당업체의 건축물(이하 "건물"이라 한다)이 업체 내 사업장 또는 사업장과 지역적으로 달리하더라도 할당업체에 포함된 것으로 본다.
② 건물에 대하여는 「건축물대장의 기재 및 관리에 관한 규칙」에 따라 등재되어 있는 건축물대장과 「부동산등기법」에 따라 등재되어 있는 등기부를 기준으로 한다. 다만 「건축법 시행령」 별표 1의 제2호 가목 내지 다목은 제외한다.
③ 건물이 제2항의 건축물 대장 또는 등기부에 각각 등재되어 있거나 소유지분을 달리하고 있는 경우에는 다음 각 호에 따른다.
  1. 인접 또는 연접한 대지에 동일 법인이 여러 건물을 소유한 경우에는 한 건물로 본다.
  2. 에너지관리의 연계성(連繫性)이 있는 복수의 건물 등은 한 건물로 본다. 또한, 동일 부지 내 있거나 인접 또는 연접한 집합건물이 동일한 조직에 의해 에너지 공급·관리 또는 온실가스 관리 등을 받을 경우에도 한 건물로 간주한다.
  3. 건물의 소유구분이 지분형식으로 되어 있을 경우에는 최대 지분을 보유한 법인 등을 당해 건물의 소유자로 본다.
④ 동일 건물에 구분 소유자와 임차인이 있는 경우에도 하나의 건물로 본다. 다만, 동일 건물 내에 제1항에 의해 할당업체에 포함된 경우에 한해서는 적용을 제외한다.

│ 별표 22. 교통부문의 조직경계 설정방법 │

교통부문의 경우 다음에 따라 할당대상업체에 해당하는 법인 등의 조직경계를 결정한다.
① 동일법인 등이 여객자동차운수사업자로부터 차량을 일정기간 임대 등의 방법을 통해 실질적으로 지배하고 통제할 경우에는 당해 법인 등의 소유로 본다.
② 일반화물자동차 운송 사업을 경영하는 법인 등이 허가 받은 차량은 차량 소유 유무에 상관없이 당해 법인 등이 지배적인 영향력을 미치는 차량으로 본다.
③ 할당대상업체 지정을 위해 온실가스 배출량 등을 산정할 때에는 항공 및 선박의 국제 항공과 국제 해운부문은 제외한다.
④ 화물운송량이 연간 3천만 톤-km 이상인 화주기업의 물류부문에 대해서는 교통 부문 관장기관인 국토교통부에서 다른 부문의 소관 관장기관에게 관련 자료의 제출 또는 공유를 요청할 수 있다. 이 경우 해당 관장기관은 특별한 사유가 없으면 이에 협조하여야 한다.

SECTION 07 온실가스 배출권거래제 운영을 위한 검증지침

01 총칙

제2조(용어의 정의)

1. 검증
   온실가스 배출량의 산정과 외부사업 온실가스 감축량의 산정이 이 지침에서 정하는 절차와 기준 등(이하 "검증기준"이라 한다)에 적합하게 이루어졌는지를 검토·확인하는 체계적이고 문서화된 일련의 활동을 말한다.
2. 검증심사원
   검증 업무를 수행할 수 있는 능력을 갖춘 자로서 일정기간 해당분야 실무경력 등을 갖추고 제28조 또는 제29조에 따라 등록된 자를 말한다.
3. 검증심사원보
   검증심사원이 되기 위해 일정한 자격을 갖추고 교육과정을 이수한 자로서 제28조 또는 제29조에 따라 등록된 자를 말한다.
4. 검증팀
   검증을 수행하는 2인 이상의 검증심사원과 이를 보조하는 검증심사원보 및 제10조에 따른 기술전문가로 구성된 집단을 말한다.
5. 공평성
   검증기관이 객관적인 증거와 사실에 근거한 검증활동을 함에 있어 피검증자 등 이해관계자로부터 어떠한 영향도 받지 않는 것을 말한다.
6. 누출량
   감축사업 시행 과정 중 외부사업의 범위 밖에서 부수적으로 발생하는 온실가스 배출량의 증가량 또는 감축량을 말하며, 그 양은 계산과 측정이 가능한 경우를 말한다.
7. 내부심의
   검증기관이 검증의 신뢰성 확보 등을 위해 검증팀에서 작성한 검증보고서를 최종 확정하기 전에 검증과정 및 결과를 재검토하는 일련의 과정을 말한다.
8. 리스크
   검증기관이 온실가스 배출량의 산정과 연관된 오류를 간과하여 잘못된 검증의견을 제시할 위험의 정도 등을 말한다.

9. 불확도

    온실가스 배출량의 산정결과와 관련하여 정량화된 양을 합리적으로 추정한 값의 분산특성을 나타내는 정도를 말한다.

10. 베이스라인 배출량

    외부사업 사업자가 감축사업을 하지 않았을 경우 사업경계 내에서 발생 가능성이 가장 높은 조건을 고려한 온실가스 배출량을 말한다.

11. 외부사업 온실가스 감축량

    외부사업 사업자가 지정·고시된 할당대상업체의 조직경계 외부의 배출시설 또는 배출활동 등에서 국제적 기준에 부합하는 방식으로 온실가스를 감축, 흡수 또는 제거하는 사업을 통해 저감되는 감축량을 말한다.

12. 적격성

    검증에 필요한 기술, 경험 등의 능력을 적정하게 보유하고 있음을 말한다.

13. 중요성

    온실가스 배출량의 최종확정에 영향을 미치는 개별적 또는 총체적 오류, 누락 및 허위 기록 등의 정도를 말한다.

14. 피검증자

    이 지침에 의한 검증기관으로부터 온실가스 배출량의 명세서와 외부사업 온실가스 감축량의 모니터링 보고서에 대한 검증을 받는 할당대상업체 또는 외부사업 사업자를 말한다.

15. 합리적 보증

    검증기관(검증심사원을 포함한다)이 검증결론을 적극적인 형태로 표명함에 있어 검증과정에서 이와 관련된 리스크가 수용 가능한 수준 이하임을 보증하는 것을 말한다.

제4조(주무관청의 업무)

① 이 지침과 관련하여 주무관청(이하 "환경부장관"이라 한다)은 다음 각 호의 업무를 수행한다.

   1. 검증기관 지정·관리
   2. 검증심사원의 교육·양성 및 관리

② 환경부장관은 제1항 각 호의 업무의 일부 또는 전부를 국립환경과학원장 및 국립환경인력개발원장에게 위탁하여 수행할 수 있다.

02 온실가스 배출량 및 에너지 소비량 등의 검증

제7조(검증의 기본원칙)

검증기관은 피검증자의 온실가스 배출량 및 에너지 소비량 등에 관한 검증 및 외부사업 온실가스 감축량에 관한 검증을 수행할 때에 다음 각 호의 원칙에 따라야 한다.

1. 객관적인 자료와 증거 및 관련 규정에 따라 사실에 근거하여 검증을 수행하고 그 내용을 정확하게 기록할 것
2. 검증을 수행하는 과정에서 피검증자나 관계인의 의견을 충분히 수렴할 것
3. 외부사업 온실가스 감축량 검증은 감축량 산정 시 보수적인 관점으로 평가할 것
4. 합리적 보증이 가능한 수준으로 검증을 수행할 것

제9조(검증팀의 구성)

① 검증기관은 피검증자의 온실가스 배출량의 산정 또는 외부사업 온실가스 감축량의 산정(이하 "검증대상"이라 한다)에 대한 검증을 수행할 때에 2인 이상의 검증심사원으로 검증팀을 구성하여 검증을 수행하여야 하며, 이 중 1인의 검증심사원을 검증팀장으로 선임하여야 한다.

② 검증팀에는 검증대상이 속하는 분야에 대한 자격을 갖춘 검증심사원이 1인 이상 포함되어야 한다. 다만, 검증대상이 속하는 분야가 다수인 경우에는 각각의 분야에 대한 자격을 갖춘 검증심사원이 1인 이상 포함되어야 하며, 1인의 검증심사원이 복수의 분야에 대한 자격을 갖춘 경우에는 해당 검증심사원이 자격을 갖춘 분야에 대하여는 자격을 갖춘 검증심사원이 포함된 것으로 본다.

③ 검증팀에는 검증심사원의 검증업무를 보조 및 지원하기 위해 검증심사원보가 포함될 수 있다. 이 경우 검증팀에 포함된 검증심사원보의 인적사항 등을 검증보고서에 기재하여야 한다.

④ 다음 각 호에 해당하는 자는 해당 검증대상의 검증을 위한 검증팀에 포함될 수 없다.
   1. 피검증자의 임·직원으로 근무한 자로서 근무를 종료한 날로부터 2년이 경과되지 아니한 자
   2. 피검증자에 대한 컨설팅에 참여한 자로서 참여를 종료한 날로부터 2년이 경과되지 아니한 자
   3. 기타 당해 검증의 독립성을 저해할 수 있는 사항에 연관된 자

⑤ 국립환경과학원장은 제4항 각 호에 해당하는 자가 검증팀에 포함되어 있는 경우 해당하는 자를 검증팀에서 제외하거나 다른 검증심사원으로 교체하도록 검증기관에 요구할 수 있다.

제10조(기술전문가)

① 검증팀장은 검증의 전문성을 보완하기 위하여 검증대상에 대한 전문지식을 갖춘 자를 기술전문가로 선임할 수 있다.

② 기술전문가는 다음 각 호의 지식을 갖추어야 한다.
1. 피검증자의 공정, 운영체계 등 기술적 이해
2. 온실가스 배출량 및 감축량(흡수량) 등의 산정·보고 및 검증의 방법과 절차
3. 데이터 및 정보에 대한 중요성 판단과 리스크 분석
4. 기타 검증에 필요한 사항

③ 기술전문가 선임에 관하여는 제9조 제4항을 준용한다. 이 경우 "검증심사원"은 "기술전문가"로 본다.

④ 기술전문가의 업무는 검증팀장이 요청하는 해당 전문분야에 대한 정보를 제공하는 업무에 한한다.

제11조(내부심의팀의 구성)

① 검증기관은 검증팀의 검증에 대한 내부심의를 위하여 1인 이상의 소속 검증심사원으로 내부심의팀을 구성하여야 한다. 이 경우 심의를 하여야 할 검증에 참여하였던 자는 내부심의팀에 포함될 수 없다.

② 내부심의팀의 구성에 관하여는 제9조 제4항 및 제10조 제2항을 준용한다. 이 경우 "해당 검증대상의 검증을 위한 검증팀" 및 "기술전문가"는 "내부심의팀"으로 본다.

제12조(배출량 산정계획서 검증의 절차 및 방법)

① 할당대상업체는 검증기관이 배출량 산정계획서 검증업무를 수행할 수 있는지를 확인하고 이를 명시하여 계약을 체결하여야 한다.

② 검증기관은 할당대상업체와 배출량 산정계획서 검증에 관한 계약을 체결하는 경우 계약을 체결하기 전에 서식에 따른 공평성 위반 여부 자가진단표를 작성하여 계약서에 첨부하여야 한다.

③ 배출량 산정계획서의 검증은 별표 1에서 정한 절차에 따른다. 이 경우 세부적인 검증방법은 별표 2에서 정한 바에 따른다.

④ 검증기관이 검증의 합리적 보증을 위하여 필요하다고 인정하는 경우에는 별표1에서 정한 검증절차 이외에 추가적인 절차를 수행할 수 있다.

⑤ 소규모 배출시설에 대한 배출량 산정계획서의 검증은 합리적 보증 및 효율적 관리를 위하여 시설 항목관리 등으로 단순화할 수 있다.

별표 1. 온실가스 배출량 등의 검증절차

단계	절차	개요	수행주체
1단계	검증개요 파악	• 피검증자 현황 파악 • 검증범위 확인 • 배출량 산정기준 및 데이터관리시스템 확인	검증팀 + 피검증자
1단계	검증계획 수립	• 리스크 분석 • 데이터 샘플링 계획의 수립 • 검증계획의 수립	검증팀 + 피검증자
2단계	문서검토	• 온실가스 산정기준 평가 • 명세서 평가 및 주요 배출원 파악 • 데이터 관리 및 보고시스템 평가 • 전년 대비 운영상황 및 배출시설의 변경사항 확인 및 반영 • 문서검토 결과 시정 조치 요구	검증팀 + 피검증자
2단계	현장검증	• 배출량 산정계획과 현장과의 일치성 확인 • 데이터 및 정보 검증 • 측정기기 검교정 관리상태 확인 • 데이터 및 정보시스템 관리상태 확인 • 이전 검증결과 및 변경사항 확인	검증팀 + 피검증자
3단계	검증결과 정리 및 평가	• 수집된 증거 평가 • 오류의 평가 • 중요성 평가 • 검증 결과의 정리 • 발견사항에 대한 시정조치 및 검증보고서 작성	검증팀
3단계	내부심의	• 검증절차 준수 여부 • 검증의견에 대한 적절성 심의	내부심의팀
3단계	검증보고서 제출	• 검증보고서 제출	검증팀

∥ 별표 2. 배출량 산정계획서 검증의 세부 방법 ∥

1. 검증 개요 파악
   가. 개요
      1) 피검증자의 사업장 운영현황, 공정 전반 및 온실가스 배출원의 모니터링 현황을 파악
      2) 피검증자에게 검증 목적·기준·범위 고지 및 검증 세부일정 협의
      3) 검증에 필요한 관련 문서자료 수집

   나. 관련자료 수집
      1) 피검증자의 사업장 현황 파악 및 주요 배출원의 배출량 산정계획 확인
         • 조직의 소유·지배구조 현황
         • 생산 제품·서비스 및 고객현황
         • 사용 원자재 및 사용 에너지
         • 사업장 공정, 설비현황
         • 주요 온실가스 배출원의 배출량 산정계획 및 측정장치 현황 및 위치
         • Tier3 산정방법론 또는 Tier3 매개변수(사업장 고유 배출계수, 발열량 등) 현황 등

      2) 검증범위의 확인
         • 온실가스 배출량 등의 산정·보고 방법 및 배출량 산정계획 작성 방법에 따른 부지경계 식별 여부
         • 온실가스 배출량 등의 산정·보고 방법 및 배출량 산정계획 작성 방법에 따른 배출활동(직접·간접) 분류 및 파악 여부
         • 배출량 산정계획의 변경이 발생한 경우 온실가스 배출량 등의 산정·보고 방법 및 배출량 산정계획 작성 방법에 따라 변경사항이 파악되었는지 여부

      3) 온실가스 산정기준 및 데이터관리 시스템 확인
         • 피검증자가 작성한 온실가스 산정기준에 대한 개요 및 데이터 관리시스템에 대한 개략적인 정보 입수
         • 원자재 투입, 배출량 측정·기록 및 데이터 종합 등의 데이터 관리시스템 파악 및 기존 관리시스템(ERP 등)과의 연계현황 파악
         • 데이터시스템을 운영·유지하는 조직구조 파악 등

2. 검증계획 수립
   가. 개요
      1) 검증 개요 파악을 바탕으로 온실가스 배출시설 관련 데이터 관리 상의 취약점 및 중요한 불일치를 야기하는 불확도 또는 오류 발생 가능성을 평가함으로써 적절한 대응 절차를 결정하기 위함
      2) 검증팀은 피검증자에 의해 발생하는 리스크를 평가하고, 그 정도에 따라 검증계획을 수립함으로써 전체적인 리스크를 낮은 수준으로 억제할 필요가 있다.

3) 문서검토 및 현장검증을 실시하기 전에 검증 의견을 도출하기 위하여 문서 및 현장에서 확인해야 할 사항(배출량 산정계획과 현장과의 일치성 및 적정성, 방문해야 할 사업장 등) 검증방법에 대한 계획을 수립하여야 한다.
4) 검증팀장은 리스크 분석결과를 바탕으로 문서검토 및 현장에서 확인할 사항과 검증대상, 적용할 검증기법, 실시 기간을 결정하여야 한다.
5) 검증팀장은 수립된 검증계획을 최소 1주일 전에 피검증자에 통보함으로써 효율적인 문서검토 및 현장검증이 실시될 수 있도록 해야 한다.
6) 검증팀장은 업무의 진척 상황 및 새로운 사실의 발견 등 검증의 실시과정에서 최초의 상황과 변경된 경우 검증계획을 수정할 수 있다.

나. 리스크 분석
   1) 리스크의 분류
      - 피검증자에 의해 발생하는 리스크
        - 고유리스크 : 검증대상의 업종 자체가 가지고 있는 리스크(업종의 특성 및 산정방법의 특수성 등)
        - 통제리스크 : 검증대상 내부의 관리구조상 오류를 적발하지 못할 리스크
      - 검증팀의 검증 과정에서 발생하는 리스크
        - 검출리스크 : 검증팀이 검증을 통해 오류를 적발하지 못할 리스크

   2) 리스크 평가
      - 배출량 산정계획 등의 중요한 오류 가능성 및 배출량 산정계획 작성 방법과 관련된 부적합 리스크를 평가하기 위하여 다음의 사항 등을 고려하여야 한다.
      - 리스크 평가시 고려사항
        - 예상 배출량의 적절성 및 배출시설에서 발생하는 온실가스 비율
        - 경영시스템 및 운영 상의 복잡성
        - 관리시스템 및 데이터 관리환경의 적절성
        - 이전 검증 활동으로부터의 관련 증거
      - 검증팀장은 리스크 평가 결과를 검증 체크리스트에 기록하고, 그 사항을 현장 검증 시 중점적으로 확인하거나, 객관적 자료를 확보하여 중요한 오류가 발생하지 않음을 확인하여야 한다.

다. 검증계획의 수립
   1) 검증팀장은 아래 항목을 포함한 검증계획을 수립하여야 한다.
      - 검증대상 · 검증 관점, 검증 수행방법 및 검증절차
      - 정보의 중요성
      - 현장검증 단계에서의 인터뷰 대상 부서 또는 담당자
      - 현장검증을 포함한 검증 일정 등

2) 현장검증 등 세부일정 협의
- 파악된 조직구조 및 배출원의 배출량 산정계획을 바탕으로 피검증자의 주관부서장과 협의하여 현장검증 실시 일정 및 검증대상 항목을 협의한다.
- 단, 현장검증 일정은 문서검토 결과에 따라 추후에 조정 가능하다.

3) 검증대상과 검증관점

검증대상	검증관점	개요
배출시설별 모니터링 방법	완전성	모든 배출시설의 포함 여부
	적절성	지침에 의거한 산정방법론의 경우 배출활동과의 적절성 확인 자체 산정방법론의 경우 이에 대한 타당성 확인
활동자료의 모니터링 방법	적절성	설치된 측정기기의 관리 계획의 적절성 확인
산정등급 적용 계획	정확성	지침에 의거한 산정등급 적용 계획 여부 확인 미충족 사유에 대한 타당성 확인
사업장 고유 배출계수 등 Tier 3 개발 계획	적절성	Tier3(사업장 고유배출계수, 발열량 등)에 대한 산정식 및 개발계획에 대한 타당성 확인, 분석에 대한 적절성 확인

4) 검증 기법

기 법	개 요
열 람	문서와 기록을 확인
실 사	측정기기 등을 통해 배출량 산정계획에 대한 정보 등 확인
관 찰	업무 처리과정과 절차를 확인
인터뷰	검증대상의 책임자 및 담당자 등에 질의, 설명 또는 응답을 요구 (외부 관계자에 대한 인터뷰도 포함)

3. 문서검토

가. 개요

1) 개요파악 과정에서 확인된 배출활동 관련 정보, 피검증자의 온실가스 산정기준 및 배출량 산정계획에 대한 정밀한 분석
2) 온실가스 데이터 및 정보 관리에 있어 취약점이 발생할 수 있는 상황을 식별하고, 오류 발생 가능성 및 불확도 등을 파악

나. 온실가스 산정기준 평가

1) 온실가스 배출량 등의 산정·보고 방법의 기준 이행 여부 및 배출량 산정계획 준수 여부를 확인한다.
2) 동 과정에서 발견된 특이사항 및 부적합 사항에 대하여 검증 체크리스트에 기록하고, 검증보고서에 반영하여야 한다.

3) 관련 확인 항목
- 배출활동별 운영경계 분류 상태
- 배출량 산정방법
- 적절한 매개변수 사용 여부
- 데이터 관리시스템
- 배출량 산정계획에 따른 관련 데이터 모니터링 실시 여부
- 데이터 품질관리 방안 등

다. 배출량 산정계획 평가 및 주요 배출원 파악
1) 검증팀은 피검증자가 작성한 배출량 산정계획 등에 대하여 다음 사항을 파악하여야 한다.
- 온실가스 배출시설 및 흡수원 파악
- 온실가스 산정기준과의 부합성 등
- 온실가스 활동자료의 모니터링 방법의 선택에 대한 타당성
- 온실가스 배출계수 선택에 대한 타당성
- 계산법에 의한 배출량 산정방법의 정확성
- 실측법에 의한 배출량 산정 시 관련 측정기 형식승인서 및 정도검사 계획의 적절성

2) 검증팀은 주요배출시설(온실가스 예상 배출량의 총량 대비 누적합계가 100분의 95를 차지하는 배출시설)의 배출량 산정계획을 식별하여 구분 관리한다. 주요배출시설의 경우 현장검증 시 검증시간 배분 등에 우선적으로 반영한다.

라. 데이터 관리 및 보고시스템 평가
1) 검증팀은 피검증자의 온실가스 배출시설 관련 데이터 산출·수집·가공, 보고 과정에서 사용되는 방법 및 책임권한을 파악하고, 데이터 관리과정에서 발생할 수 있는 중요한 리스크를 산출한다.

2) 검증팀은 아래에 해당되는 사항이 있을 경우 주요 리스크가 발생할 가능성이 높은 것으로 판단하여 현장검증 시 검증시간 배분 등에 우선적으로 반영하여야 한다.
- 데이터 산출 및 관리시스템이 문서화되지 않은 경우
- 데이터 관리 업무의 책임 권한이 명확히 이루어지지 않은 경우
- 별도의 정보시스템을 사용하여 배출량 등의 산정에 필요한 데이터를 따로 만든 경우
  ※ 예를 들어 배출량 정보시스템이 조직의 일반 자산관리시스템과 분리된 경우 등이 있다.
- 산정, 분석, 확인, 보고 업무가 분리되지 않고 동일한 인원에 의해 수행될 경우

마. 배출시설의 변경사항 확인 및 반영
1) 검증팀은 피검증자의 이전 배출량 산정계획 등과 비교하여 조직의 운영상황 및 배출시설·배출량 데이터의 변경 사항 등을 파악하여 주요 리스크가 예상되는 부분을 식별하여 현장검증 시 검증시간 배분 등에 반영한다.

2) 관련 항목
- 장비, 시설의 신축 또는 폐쇄 등 변경사항
- 모니터링 및 보고과정의 변경사항
- 배출시설의 변경사항
- 데이터 관리시스템 및 품질관리 절차 변경사항 등

바. 피검증자에 대한 시정조치 요구
1) 검증팀장은 상기의 문서검토 과정에서 발견된 문제점 및 보완이 필요한 사항을 피검증자에게 통보하고 관련 자료 및 추가적인 설명을 요구하여야 한다.
2) 동 과정을 통해 확인되지 않은 사항은 검증계획 수립 시 반영하여 현장검증을 통해 확인할 수 있도록 하여야 한다.

4. 현장검증
가. 개요
1) 검증팀은 피검증자가 배출량 산정계획 등에 작성한 내용과 관련 근거 데이터 등의 정확성을 확인하기 위하여 사전에 수립된 검증계획에 따라 현장검증을 실시한다.
2) 리스크 분석결과 중대한 오류가 예상되는 부분을 집중적으로 확인함으로써 정해진 기간 내에 검증의 신뢰성을 확보할 수 있도록 하여야 한다.
3) 현장검증 과정에서 발견된 사항은 객관적 증거를 확보한 후, 검증 체크리스트에 기록한다.

나. 배출량 산정계획과 현장과의 일치성 확인
1) 검증팀은 피검증자가 배출량 산정계획과 현장이 일치하게 모니터링 및 불확도 관리를 실시하고 있는지 여부를 확인하여야 한다.
2) 동 과정에서 발견된 특이사항 및 부적합 사항에 대하여 검증 체크리스트에 기록하고, 검증보고서에 반영하여야 한다.

다. 활동자료 모니터링 방법의 검증
1) 단위 발열량, 배출계수 등의 검증
- 온실가스 산정지침 및 배출량 산정계획 작성 방법과 배출량 산정계획과의 매개변수 일치 여부
- 배출량 산정계획에 기재된 연료, 폐기물 등의 실태 여부
- 피검증자가 자체 개발한 배출계수의 타당성 여부
- 물질(유류, 가스, 투입된 화학물질 등) 성분 분석기록 등 배출계수 및 배출량 산정에 사용된 산정방법론의 적절성 및 정확성 확인 등

2) 모니터링 유형에 따른 검토사항
- 배출량 산정계획에서 제시한 모니터링 유형(구매기준, 실측기준, 근사업 등)이 현장에서 적용 가능한지의 여부를 확인

라. 측정기기 검교정 관리
  1) 검증팀은 현장에서 사용되고 있는 모니터링 및 측정장비의 검교정 관리상태를 확인하여야 한다.

  2) 확인 항목
     - 측정장비별 검교정 관리기준 및 검교정 주기
     - 검교정 책임과 권한
     - 측정장비 고장시 데이터 관리방안
     - 검교정기록(검교정 성적서 등) 관리방안
     - 검교정결과가 규정된 불확도를 만족하는지 여부 등

마. 시스템 관리상태 확인
  1) 검증팀은 검증대상의 온실가스 관리업무가 지속적으로 운영됨을 확인하여야 한다.

  2) 확인 항목
     - 온실가스 업무 절차에 대한 표준화 및 책임권한
     - 온실가스 관련 문서 및 기록의 체계적인 관리 체계
     - 온실가스 관련 업무 수행자에 대한 교육훈련 관리체계
     - 온실가스 관리 업무의 지속적 개선을 위한 내부심사 체계 등

5. 검증결과의 정리 및 검증보고서 작성
  가. 수집된 증거 평가
    1) 검증팀은 문서검토 및 현장검증 완료 후, 수집된 증거가 검증의견을 표명함에 있어 충분하고 적절한지를 평가하고,
    2) 미흡한 경우에는 추가적인 증거수집 절차를 실시하여야 한다.

  나. 오류의 평가
    1) 검증팀에 의해 수집된 증거에 오류가 포함된 경우에는 그 오류의 영향을 평가해야 한다.

오류 발생분야	오류 점검시험 및 관리 방법	
입 력	• 기록카운트 시험 • 유효 특성 시험 • 소실데이터 시험	• 한계 및 타당성 시험 • 오류 재보고 관리
변 환	• 바탕시험 • 일관성 시험	• 한계 및 타당성 시험 • 마스터파일 관리
결 과	• 결과분산 관리	• 입/출력 시험

    2) 측정기기의 불확도와 관련하여 다음과 같은 사항이 발견된 경우에는 배출량 산정에 끼치는 영향을 종합적으로 평가하여 검증보고서 상에 반영하여야 한다.
       - 불확도 관리가 되지 않은 계량기를 사용한 경우

- 배출량 산정계획과 실제 모니터링 방법 간에 차이가 발생한 경우
  - 활동자료와 관련된 측정기기가 누락된 경우
  - 계획과 다른 측정기기를 사용하는 경우
  - 측정기기에 대한 불확도 관리(검교정 등)가 되지 않은 경우

다. 검증 결과의 정리
1) 검증팀은 문서검토 및 현장검증 결과 수집된 자료에 대한 평가를 완료한 후, 아래와 같이 분류하고 발견사항을 정리한다.
- 조치요구 사항 : 온실가스 산정지침 및 배출량 산정계획 작성 방법의 기준에 의거하여 적절하지 않은 발견사항
- 개선권고사항 : 온실가스 관련 데이터 관리 및 보고시스템의 개선 및 효율적인 운영을 위한 개선 요구사항(즉각적인 조치를 요구하지 않으며, 시스템의 정착 및 효율적 운영을 위해 조직 차원에서 개선활동을 추진할 수 있음)

라. 발견사항에 대한 시정조치 및 검증보고서 작성
1) 온실가스 산정지침 및 배출량 산정계획 작성 방법의 기준에 의거하여 적절하지 않은 '조치요구 사항'을 피검증자에 즉시 통보하여 수정조치를 요구하여야 한다
2) 개선 권고사항은 온실가스·에너지 산출 및 관리방안 개선을 위한 제언사항으로, 피검증자는 향후 지속적인 개선을 실시하여야 한다.
3) 검증팀장은 검증개요 및 내용, 검증과정에서 발견된 사항 및 그에 따른 조치내용 등을 고려한 최종 검증의견이 포함된 검증보고서를 작성하여야 한다.

6. 내부심의
 가. 개요
  1) 검증보고서 제출 이전에 검증기관은 검증절차 준수여부 및 검증결과에 대한 내부심의를 실시하여야 한다.
  2) 검증팀은 내부심의에 필요한 자료를 내부심의팀에 제출하여야 하며, 내부심의가 종료되면 검증보고서를 제출하여야 한다.

 나. 내부심의
  1) 내부심의 확인사항
   - 검증계획의 적절성
   - 산정방법 검토의 적절성
   - 모니터링 방법 등 정보확인의 적절성
   - 검증의견의 적절성

7. 검증보고서 제출
- 검증기관은 검증의 보증수준이 합리적 보증 수준 이상이라고 판단되는 경우에 최종 검증보고서를 피검증자에게 제출하여야 한다.

제13조(온실가스 배출량 검증의 절차 및 방법)

① 할당대상업체는 검증기관이 온실가스 배출량 검증업무를 수행할 수 있는지를 확인하고 이를 명시하여 계약을 체결하여야 한다.
② 검증기관은 할당대상업체와 온실가스 배출량 등의 검증에 관한 계약을 체결하는 경우 계약을 체결하기 전에 서식에 따른 공평성 위반 여부 자가진단표를 작성하여 계약서에 첨부하여야 한다.
③ 온실가스 배출량 등의 검증은 별표1에서 정한 절차에 따른다. 이 경우 세부적인 검증방법은 별표 3에서 정한 바에 따른다.
④ 검증기관이 검증의 합리적 보증을 위하여 필요하다고 인정하는 경우에는 별표1에서 정한 검증절차 이외에 추가적인 절차를 수행할 수 있다.
⑤ 검증기관은 검증을 위하여 필요한 경우 검증 체크리스트를 작성하여 이용할 수 있다.

| 별표 3. 온실가스 배출량 검증절차별 세부방법 |

1. 검증 개요 파악
    가. 개요
        1) 피검증자의 사업장 운영현황, 공정 전반 및 온실가스 배출원 현황을 파악
        2) 피검증자에게 검증 목적·기준·범위 고지 및 검증 세부일정 협의
        3) 검증에 필요한 관련 문서자료 수집

    나. 관련자료 수집
        1) 피검증자의 사업장 현황 파악 및 주요 배출원 확인
            • 조직의 소유·지배구조 현황
            • 생산 제품·서비스 및 고객현황
            • 사용 원자재 및 사용 에너지
            • 사업장 공정, 설비현황
            • 주요 온실가스 배출원 및 측정장치 현황 및 위치
            • Tier3 산정방법론 또는 Tier3 매개변수(사업장 고유 배출계수, 발열량 등) 현황 등

        2) 검증범위의 확인
            • 온실가스 배출량 등의 산정·보고 방법 및 배출량 산정계획 작성 지침에 따른 부지경계 식별 여부
            • 온실가스 배출량 등의 산정·보고 방법 및 배출량 산정계획 작성 지침에 따른 배출활동(직접·간접) 분류 및 파악 여부
            • 산정 기간 중 할당대상업체 부지 및 설비의 변경이 발생한 경우 온실가스 배출량 등의 산정·보고 방법 및 배출량 산정계획 작성 지침에 따라 변경사항이 파악되었는지 여부

3) 온실가스 산정기준 및 데이터관리 시스템 확인
   - 피검증자가 작성한 온실가스 산정기준에 대한 개요 및 데이터 관리시스템에 대한 개략적인 정보 입수
   - 원자재 투입, 배출량 측정·기록 및 데이터 종합 등의 데이터 관리시스템 파악 및 기존 관리시스템(ERP 등)과의 연계현황 파악
   - 데이터시스템을 운영·유지하는 조직구조 파악 등

2. 검증계획 수립

   가. 개요
   1) 검증 개요 파악을 바탕으로 온실가스 배출시설 관련 데이터 관리 상의 취약점 및 중요한 불일치를 야기하는 불확도 또는 오류 발생 가능성을 평가함으로써 적절한 대응 절차를 결정하여야 한다.
   2) 검증팀은 피검증자에 의해 발생하는 리스크를 평가하고, 그 정도에 따라 검증계획을 수립함으로써 전체적인 리스크를 낮은 수준으로 억제할 필요가 있다.
   3) 문서검토 및 현장검증을 실시하기 전에 검증 의견을 도출하기 위하여 문서 및 현장에서 확인해야 할 데이터(활동자료, 매개변수 산정에 사용된 자료 및 방문해야 할 사업장 등)의 종류, 데이터 샘플링 방법 및 검증방법에 대한 계획("데이터 샘플링 계획")을 수립하여야 한다.
   4) 검증팀장은 리스크 분석결과를 바탕으로 문서검토 및 현장에서 확인할 데이터와 검증대상, 적용할 검증기법, 실시 기간 및 데이터 샘플링 계획을 결정하여야 한다.
   5) 검증팀장은 수립된 검증계획을 최소 1주일 전에 피검증자에 통보함으로써 효율적인 문서검토 및 현장검증이 실시될 수 있도록 해야 한다.
   6) 검증팀장은 업무의 진척 상황 및 새로운 사실의 발견 등 검증의 실시과정에서 최초의 상황과 변경된 경우 검증계획을 수정할 수 있다.

   나. 리스크 분석
   1) 리스크의 분류
      - 피검증자에 의해 발생하는 리스크
        - 고유리스크 : 검증대상의 업종 자체가 가지고 있는 리스크(업종의 특성 및 산정방법의 특수성 등)
        - 통제리스크 : 검증대상 내부의 데이터 관리구조상 오류를 적발하지 못할 리스크
      - 검증팀의 검증 과정에서 발생하는 리스크
        - 검출리스크 : 검증팀이 검증을 통해 오류를 적발하지 못할 리스크

   2) 리스크 평가
      - 명세서 등의 중요한 오류 가능성 및 주무관청이 검토한 배출량 산정계획과 관련된 부적합 리스크를 평가하기 위하여 다음의 사항 등을 고려하여야 한다.
      - 리스크 평가 시 고려사항

- 배출량의 적절성 및 배출시설에서 발생하는 온실가스 비율
- 경영시스템 및 운영 상의 복잡성
- 데이터 흐름, 관리시스템 및 데이터 관리환경의 적절성
- 주무관청이 검토한 배출량 산정계획
- 이전 검증 활동으로부터의 관련 증거

• 검증팀장은 리스크 평가 결과를 검증 체크리스트에 기록하고, 그 사항을 현장 검증 시 중점적으로 확인하거나, 객관적 자료를 확보하여 중요한 오류가 발생하지 않음을 확인하여야 한다.

다. 데이터 샘플링[1] 계획의 수립
  1) 데이터 샘플링 계획을 수립하기 위한 방법론-리스크 기반 접근법

피검증자의 특성, 규모 및 복잡성에 대한 이해

주요 보고 리스크 식별

  • (불완전성) 주요 배출원의 배제, 부정확하게 정의된 경계, 누출 영향 등
  • (부정확성) 부적절한 배출계수 사용, 주요 데이터 전송 오류 및 산출 중복 등
  • (비일관성) 전년도와 비교시 배출량 산정방법 변경에 대한 기록 부재(不在) 등
  • (데이터 관리 및 통제 약점) 내부감사 또는 검토 절차 미실시, 일관되지 않은 모니터링, 측정 결과에 대한 교정 및 관리 미실시, 원위치와 산정용 데이터 기록부 사이에서 발생한 데이터 수기 변경에 대한 불충분한 검토 등

리스크관리를 위한 관리 시스템의 이해

  • 데이터 전송에 대한 점검 불충분   • 내부감사 절차의 부족
  • 일관되지 않은 모니터링   • 계측기 검 · 교정 및 유지 실패

잔여 리스크 영역의 식별

검증을 위한 샘플링 계획에 잔여리스크 영역을 포함

  2) 데이터 샘플링 계획 수립 시 고려사항
    • 보증수준
      - 이 지침에 따라 검증기관은 "합리적 보증수준"이 가능하도록 데이터 샘플링 계획을 수립하여야 한다.

---

[1] 검증기간의 제한 및 자료의 방대함으로 인해 전체 자료를 확인하기 어려운 경우, 각 자료들의 모집단을 충분히 대표할 수 있도록 표본을 추출하는 것을 말한다.

- 검증범위 및 검증기준
  - 업체 전체 배출량의 5% 미만이며, 유사한 공정 및 배출시설을 가진 사업장을 다수 보유한 경우, 전체 사업장 수에 제곱근을 하여 산출된 숫자를 최소한의 방문사이트에 대한 샘플 수로 산정하여 진행할 수 있다.
  - 주요배출시설(온실가스 배출량의 총량 대비 누적합계가 100분의 95를 차지하는 배출시설), 2-라-2)에 해당하는 경우 및 리스크 분석 결과 오류 발생 가능성이 높게 평가된 항목에 대하여 샘플 수를 늘리는 등 우선적으로 샘플링 계획에 반영하여야 한다.
- 검증의견을 도출하기 위해 필요한 증거의 양 및 유형
  - 전체 데이터를 확인하기 어려운 경우 데이터의 종류와 분포상황을 분석하여 모집단을 대표할 수 있도록 샘플을 추출하여야 한다.
  - 만약, 추출한 데이터 검토 결과 오류가 발견되지 않을 시에는 확인을 마무리할 수 있으나, 오류가 발견될 경우 계산의 정확도를 확인하기 위하여 샘플 수를 확대하여 추가적인 확인을 실시하여야 한다.
- 잠재적 오류, 누락 또는 허위 진술 등의 리스크
  - 데이터 관리시스템이 효율적일수록 리스크가 줄어들어 추출해야 할 샘플 수가 줄어들며, 데이터의 수작업 전환 등 리스크 발생 가능성이 높은 부분일수록 검증되어야 할 데이터의 샘플 수는 증가한다.

라. 검증계획의 수립
   1) 검증팀장은 아래 항목을 포함한 검증계획을 수립하여야 한다.
   - 검증대상 · 검증 관점, 검증 수행방법 및 검증절차
   - 데이터 샘플링 계획
   - 정보의 중요성
   - 현장검증 단계에서의 인터뷰 대상 부서 또는 담당자
   - 현장검증을 포함한 검증 일정 등

   2) 현장검증 등 세부일정 협의
   - 파악된 조직구조 및 배출원을 바탕으로 피검증자의 주관부서장과 협의하여 현장검증 실시 일정 및 검증대상 항목을 협의한다.
   - 단, 현장검증 일정은 문서검토 결과에 따라 추후에 조정 가능하다.

3) 검증대상과 검증관점

검증대상	검증관점	개요
배출원	적절성	주무관청이 검토한 배출량 산정계획 및 배출량 산정계획 작성 지침에서 정한 범위에 존재하는 배출시설의 포함 여부
	완전성	모든 배출시설의 포함 여부
산정식	적절성	해당 배출시설별 적절한 산정식 사용 여부
활동데이터	적절성	적합한 산정식 및 Tier 적용 여부
	정확성	측정·집계 및 데이터 처리의 정확성 여부, 계산의 정확성 여부
	완전성	모든 활동자료의 포함 여부
매개변수 (배출계수, 발열량 등)	적절성	해당 산정식 및 Tier에 적절한 계수 적용 여부
	정확성	측정·집계 및 데이터 처리의 정확성 여부, 계산의 정확성 여부
	완전성	모든 매개변수 포함 여부
계 산	정확성	계산의 정확성 여부

4) 검증 기법

기법	개 요
열람	문서와 기록을 확인
실사	측정기기 등을 통해 수집된 데이터 및 정보 등 확인
관찰	업무 처리과정과 절차를 확인
인터뷰	검증대상의 책임자 및 담당자 등에 질의, 설명 또는 응답을 요구(외부 관계자에 대한 인터뷰도 포함)
재계산	기록과 문서의 정확성을 판단하기 위하여 검증심사원이 직접 계산하고 확인
분석	온실가스 활동자료 상호간 또는 기타 데이터 사이에 존재하는 관계를 활용하여 추정치를 산정하고, 추정치와 산출량을 비교·검토
역추적	대표적인 자료 혹은 배출시설의 배출량을 선택하여 원시 데이터의 발생부터 배출량 산정까지의 흐름을 근거자료로써 추적

3. 문서검토

가. 개요

1) 개요파악 과정에서 확인된 배출활동 관련 정보, 피검증자의 온실가스 산정기준 및 명세서/배출량 산정계획에 대한 정밀한 분석

2) 온실가스 데이터 및 정보 관리에 있어 취약점이 발생할 수 있는 상황을 식별하고, 오류 발생 가능성 및 불확도 등을 파악

나. 온실가스 산정기준 평가

1) 온실가스 배출량 등의 산정·보고 방법의 기준 이행 여부 및 배출량 산정계획 준수 여부를 확인한다.

2) 동 과정에서 발견된 특이사항 및 부적합 사항에 대하여 검증 체크리스트에 기록하고, 검증보고서에 반영하여야 한다.

3) 관련 확인 항목
- 배출활동별 운영경계 분류 상태
- 배출량 산정방법
- 적절한 매개변수 사용 여부
- 데이터 관리시스템
- 배출량 산정계획에 따른 관련 데이터 모니터링 실시 여부
- 데이터 품질관리 방안 등

다. 명세서 평가 및 주요 배출원 파악

1) 검증팀은 피검증자가 작성한 명세서 등에 대하여 다음 사항을 파악하여야 한다.
- 온실가스 배출시설 및 흡수원 파악
- 온실가스 산정기준(주무관청이 검토한 배출량 산정계획 등)과의 부합성 등
- 온실가스 활동자료의 선택 및 수집에 대한 타당성
- 온실가스 배출계수 선택에 대한 타당성
- 계산법에 의한 배출량 산정방법 및 결과의 정확성
- 실측법에 의한 배출량 산정 시 관련 측정기 형식승인서 및 정도검사 실시 합격 여부 확인

2) 검증팀은 주요배출시설(온실가스 배출량의 총량 대비 누적합계가 100분의 95를 차지하는 배출시설)의 데이터를 식별하여 구분 관리한다. 주요배출시설의 경우 현장검증 시 검증시간 배분 등에 우선적으로 반영한다.

라. 데이터 관리 및 보고시스템 평가

1) 검증팀은 피검증자의 온실가스 배출시설 관련 데이터 산출·수집·가공, 보고 과정에서 사용되는 방법 및 책임권한을 파악하고, 데이터 관리과정에서 발생할 수 있는 중요한 리스크를 산출한다.

2) 검증팀은 아래에 해당되는 사항이 있을 경우 주요 리스크가 발생할 가능성이 높은 것으로 판단하여 현장검증 시 검증시간 배분 등에 우선적으로 반영하여야 한다.
- 데이터 산출 및 관리시스템이 문서화되지 않은 경우
- 데이터 관리 업무의 책임 권한이 명확히 이루어지지 않은 경우
- 별도의 정보시스템을 사용하여 배출량 등의 산정에 필요한 데이터를 따로 만든 경우
  ※ 예를 들어 배출량 정보시스템이 조직의 일반 자산관리시스템과 분리된 경우 등이 있다.
- 산정, 분석, 확인, 보고 업무가 분리되지 않고 동일한 인원에 의해 수행될 경우

마. 전년 대비 운영상황 및 배출시설의 변경사항 확인 및 반영
   1) 검증팀은 피검증자의 전년도 명세서 등과 비교하여 조직의 운영상황 및 배출시설·배출량 데이터의 변경 사항 등을 파악하여 주요 리스크가 예상되는 부분을 식별하여 현장검증 시 검증시간 배분 등에 반영한다.

   2) 관련 항목
      • 장비, 시설의 신축 또는 폐쇄 등 변경사항
      • 모니터링 및 보고과정의 변경사항
      • 배출시설 및 배출량의 변경사항
      • 데이터 관리시스템 및 품질관리 절차 변경사항
      • 이전 년도 검증보고서에 언급된 개선 요구사항 등

바. 피검증자에 대한 시정조치 요구
   1) 검증팀장은 상기의 문서검토 과정에서 발견된 문제점 및 보완이 필요한 사항을 피검증자에게 통보하고 관련 자료 및 추가적인 설명을 요구하여야 한다.
   2) 동 과정을 통해 확인되지 않은 사항은 검증계획 수립 시 반영하여 현장검증을 통해 확인할 수 있도록 하여야 한다.

4. 현장검증
   가. 개요
      1) 검증팀은 피검증자가 명세서 등에 작성한 내용과 관련 근거 데이터 등의 정확성을 확인하기 위하여 사전에 수립된 검증계획에 따라 현장검증을 실시한다.
      2) 리스크 분석결과 중대한 오류가 예상되는 부분을 집중적으로 확인함으로써 정해진 기간 내에 검증의 신뢰성을 확보할 수 있도록 하여야 한다.
      3) 현장검증 과정에서 발견된 사항은 객관적 증거를 확보한 후, 검증 체크리스트에 기록한다.

   나. 배출량 산정계획과 현장과의 일치성 확인
      1) 검증팀은 피검증자가 배출량 산정계획과 현장이 일치하게 모니터링 및 불확도 관리를 실시하고 있는 지 여부를 확인하여야 한다.
      2) 동 과정에서 발견된 특이사항 및 부적합 사항에 대하여 검증 체크리스트에 기록하고, 검증보고서에 반영하여야 한다.

   다. 데이터 검증
      1) 활동자료 추적검증
         • 해당연도 피검증자의 회계자료 등의 검토를 통해 전력·스팀·유류·가스의 구매량, 재고 관리기록, 유류·가스 배달기록부 및 전력량 확인
         • 해당되는 경우, 생산 데이터 또는 물질수지를 맞추기 위한 원료 소비 데이터
            ※ 생산된 물질의 무게 및 부피, 생산된 전력량, 공정가동일지 및 원료, 구매전표, 배달기록부 등

2) 활동자료 샘플링
   - 샘플링 계획에 따라 추출된 데이터의 정확성 여부를 확인한다.

3) 단위 발열량, 배출계수 등의 검증
   - 배출량 산정계획과 명세서상의 매개변수 일치 여부
   - 명세서에 기재된 연료, 폐기물 등의 실태 여부
   - 피검증자가 자체 개발한 배출계수의 타당성 여부
   - 물질(유류, 가스, 투입된 화학물질 등)성분 분석기록 등 배출계수 및 배출량 산정에 사용된 근원데이터 및 분석결과 기록의 적절성 및 정확성 확인 등

4) 데이터 품질관리 상태 확인
   - 샘플링 계획에 따른 데이터 샘플링을 통해 현장에서 취합된 데이터 처리의 정확성 및 신뢰성 확인

5) 모니터링 유형에 따른 검토사항

모니터링 유형	주요 검토사항
구매기준	• 신뢰할 수 있는 원장 데이터의 근거 • 데이터 처리의 정확성 • 데이터 측정방법 및 출처의 변경 • 데이터 수집기간과 산정기간의 일치 여부 • 재고량의 변화 등
실측기준	• 계측기의 검교정 상태 • 배출량 산정계획과 동일한 측정방법의 사용 여부 • 기록의 정확성/단위 조작의 적절성/ 유효숫자의 처리 등
근사법	• 배출량 산정계획과 동일한 계산방법 사용 • 기초 데이터의 적절성, 합리성 등

라. 측정기기 검교정 관리

1) 검증팀은 현장에서 사용되고 있는 모니터링 및 측정장비의 검교정 관리상태를 확인하여야 한다.

2) 확인 항목
   - 측정장비별 검교정 관리기준 및 검교정 주기
   - 검교정 책임과 권한
   - 측정장비 고장시 데이터 관리방안
   - 검교정기록(검교정 성적서 등) 관리방안
   - 검교정결과가 규정된 불확도를 만족하는지 여부 등

마. 시스템 관리상태 확인
  1) 검증팀은 검증대상의 온실가스 관리업무가 지속적으로 운영됨을 확인하여야 한다.

  2) 확인 항목
    - 온실가스 업무 절차에 대한 표준화 및 책임권한
    - 온실가스 관련 문서 및 기록의 체계적인 관리 체계
    - 온실가스 관련 업무 수행자에 대한 교육훈련 관리체계
    - 온실가스 관리 업무의 지속적 개선을 위한 내부심사 체계 등

바. 이전 검증결과 및 변경사항 확인
  1) 검증팀은 이전년도 명세서 및 검증보고서 자료를 참고하여 중요한 배출시설 변화요인, 온실가스 배출량 등의 변화상태 및 기타 확인이 필요한 변경사항을 확인하고 이에 따른 배출량 등의 변화가 타당하게 반영되어 있는지 확인하여야 한다.

5. 검증결과의 정리 및 검증보고서 작성

가. 수집된 증거 평가
  1) 검증팀은 문서검토 및 현장검증 완료 후, 수집된 증거가 검증의견을 표명함에 있어 충분하고 적절한지를 평가하고,
  2) 미흡한 경우에는 추가적인 증거수집 절차를 실시하여야 한다.

나. 오류의 평가
  1) 검증팀에 의해 수집된 증거에 오류가 포함된 경우에는 그 오류의 영향을 평가해야 한다.

오류 발생분야	오류 점검시험 및 관리 방법	
입 력	• 기록카운트 시험 • 유효 특성 시험 • 소실데이터 시험	• 한계 및 타당성 시험 • 오류 재보고 관리
변 환	• 바탕시험 • 일관성 시험	• 한계 및 타당성 시험 • 마스터파일 관리
결 과	• 결과분산 관리	• 입/출력 시험

  2) 측정기기의 불확도와 관련하여 다음과 같은 사항이 발견된 경우에는 배출량 산정에 끼치는 영향을 종합적으로 평가하여 검증보고서 상에 반영하여야 한다.
    - 불확도 관리가 되지 않은 계량기를 사용한 경우
    - 배출량 산정계획과 실제 모니터링 방법 간에 차이가 발생한 경우
      - 활동자료와 관련된 측정기기가 누락된 경우
      - 계획과 다른 측정기기를 사용하는 경우
      - 측정기기에 대한 불확도 관리(검교정 등)가 되지 않은 경우

3) 샘플링된 데이터에서 오류를 발견한 경우에는 실제 데이터에도 동일한 오류(잠재적 오류)가 있을 수 있으므로, 잠재오류가 허용 가능한 수준으로 낮아질 때까지 점검을 통해 수정을 요구한다.

다. 중요성 평가
1) 중요성의 양적 기준치는 할당대상업체의 배출량 수준에 따라 차등화한다.
2) 총 배출량이 500만 tCO_2eq 이상인 할당대상업체는 총 배출량의 2.0%, 50만 tCO_2eq 이상 500만 tCO_2eq 미만인 할당대상업체에서는 총 배출량의 2.5%, 50만 tCO_2eq 미만인 할당대상업체는 총 배출량의 5.0%로 한다.

라. 검증 결과의 정리
1) 검증팀은 문서검토 및 현장검증 결과 수집된 자료에 대한 평가를 완료한 후, 아래와 같이 분류하고 발견사항을 정리한다.
   - 조치요구사항 : 온실가스 배출량과 에너지 소비량, 그리고 이들의 산정에 영향을 미치는 오류로서 총배출량 산정에 직접적인 영향을 끼칠 수 있는 발견사항
   - 개선권고사항 : 온실가스 관련 데이터 관리 및 보고시스템의 개선 및 효율적인 운영을 위한 개선 요구사항(즉각적인 조치를 요구하지 않으며, 시스템의 정착 및 효율적 운영을 위해 조직 차원에서 개선활동을 추진할 수 있음)

마. 발견사항에 대한 시정조치 및 검증보고서 작성
1) 온실가스 배출량과 에너지 소비량, 그리고 이들의 산정에 영향을 미치는 오류로서 온실가스 총 배출량 산정에 직접적인 영향을 끼치는 '조치요구 사항'을 피검증자에 즉시 통보하여 수정조치를 요구하여야 한다
2) 개선 권고사항은 온실가스·에너지 산출 및 관리방안 개선을 위한 제언사항으로, 피검증자는 향후 지속적인 개선을 실시하여야 한다.
3) 검증팀장은 검증개요 및 내용, 검증과정에서 발견된 사항 및 그에 따른 조치내용 등을 고려한 최종 검증의견이 포함된 검증보고서를 작성하여야 한다.

6. 내부심의
가. 개요
1) 검증보고서 제출 이전에 검증기관은 검증절차 준수여부 및 검증결과에 대한 내부심의를 실시하여야 한다.
2) 검증팀은 내부심의에 필요한 자료를 내부심의팀에 제출하여야 하며, 내부심의가 종료되면 검증보고서를 제출하여야 한다.

나. 내부심의
1) 내부심의 확인사항
   - 검증계획의 적절성

- 산정방법 검토의 적절성
- 활동자료 등 정보확인의 적절성
- 검증의견의 적절성

7. 검증보고서 제출
   - 검증기관은 검증의 보증수준이 합리적 보증 수준 이상이라고 판단되는 경우에 최종 검증보고서를 피검증자에게 제출하여야 한다.

제14조(외부사업 온실가스 감축량 검증의 절차 및 방법)

① 외부사업 사업자는 검증기관이 외부사업 온실가스 감축량 검증업무를 수행할 수 있는지를 확인하고 이를 명시하여 계약을 체결하여야 한다.

② 검증기관은 외부사업 사업자와 외부사업 온실가스 감축량 검증에 관한 계약을 체결하는 경우 계약을 체결하기 전에 공평성 위반 여부 자가진단표를 작성하여 계약서에 첨부하여야 한다.

③ 외부사업 온실가스 감축량의 검증은 별표4에서 정한 절차에 따른다.

④ 검증기관이 검증의 합리적 보증을 위하여 필요하다고 인정하는 경우에는 별표4에서 정한 검증절차 이외에 추가적인 절차를 수행할 수 있다.

⑤ 검증기관은 필요한 경우 외부사업 온실가스 감축량 검증 체크리스트를 작성하여 검증 시 이용할 수 있다.

별표 4. 외부사업 온실가스 감축량 검증절차

	절차	개요	수행주체
1단계	검증개요 파악	• 피검증자 현황 파악 • 검증범위 확인 • 외부사업 온실가스 감축량 산정기준 및 데이터관리시스템 확인	검증팀 + 피검증자
	검증계획 수립	• 리스크 분석 • 데이터 샘플링 계획의 수립 • 검증계획의 수립	검증팀 + 피검증자
2단계	문서검토	• 사업계획서와 적용 방법론의 기준 이행 여부 평가 • 모니터링 보고서 평가 및 주요 배출원 파악 • 데이터 관리 및 보고시스템 평가 • 운영상황 및 외부사업 온실가스 감축 시설의 변경사항 확인 및 반영 • 문서검토 결과 시정 조치 요구	검증팀 + 피검증자
	현장검증	• 사업계획에 따른 사업의 이행 여부 확인 • 적용 방법론에 따른 모니터링 계획의 준수 여부 확인 • 사업계획서에 따른 모니터링 이행 여부 확인 • 데이터 검증 및 온실가스 감축량(흡수량) 산정 확인 • 데이터 QA/QC 절차 확인 • 온실가스 감축량의 타 제도에서의 중복 인증 여부 확인	검증팀 + 피검증자
3단계	검증결과 정리 및 평가	• 수집된 증거 평가 • 검증 결과의 정리 • 발견사항에 대한 시정조치 및 검증보고서 작성	검증팀
	내부심의	• 검증절차 준수여부 • 검증의견에 대한 적절성 심의	내부심의팀
	검증보고서 제출	• 검증보고서 제출	검증팀

제15조(시정조치)

① 검증기관은 검증을 수행하며 발견된 검증기준 미준수 사항 및 온실가스 배출량의 산정에 영향을 미치는 오류 등(이하 "조치 요구사항"이라 한다)에 대한 시정을 피검증자에게 요구하여야 한다.
② 시정을 요구받은 피검증자는 조치 요구사항에 대한 시정내용 등이 반영된 배출량 산정계획서 또는 명세서 또는 모니터링 보고서와 이에 대한 객관적인 증빙자료(이하 "시정결과"라 한다)를 검증기관에 제출하여야 한다. 다만, 외부사업 온실가스 감축량에 대한 검증의 경우에는 시정을 요구받은 날로부터 30일 이내에 시정결과를 검증기관에 제출하여야 하며, 3회까지 제출할 수 있다.
③ 검증기관은 조치 요구사항에 대한 시정을 피검증자에게 요구한 경우 해당 조치 요구사항 및 시정결과에 대한 내역을 작성하여 검증보고서와 함께 환경부장관에게 제출하여야 한다.

제16조(검증의견의 결정)

① 검증팀장은 모든 검증절차 및 시정조치가 완료되면 해당 검증대상에 대한 최종 검증의견을 확정하여야 한다.
② 온실가스 배출량 검증 결과에 따른 최종 검증의견은 다음 각 호 중 하나로 하여야 한다.
   1. 적정 : 검증기준에 따라 배출량이 산정되었으며, 불확도와 오류(잠재 오류, 미수정된 오류 및 기타 오류를 포함한다) 및 수집된 정보의 평가결과 등이 중요성 기준 미만으로 판단되는 경우
   2. 조건부 적정 : 중요한 정보 등이 온실가스 배출량 등의 산정·보고 기준을 따르지 않았으나, 불확도와 오류 평가결과 등이 중요성 기준 미만으로 판단되는 경우
   3. 부적정 : 불확도와 오류 평가결과 등이 중요성 기준 이상으로 판단되는 경우
   4. 검증 불가 : 피검증자가 검증에 필요한 정보를 충분히 제공하지 않아 검증 수행을 완료할 수 없는 경우
③ 외부사업 온실가스 감축량 검증 결과에 따른 최종 검증의견은 다음 각 호 중 하나로 하여야 한다.
   1. 적정 : 검증기준에 따라 외부사업 온실가스 감축량이 산정되었으며, 검증기관의 모든 조치 요구사항에 대한 외부사업 사업자의 조치가 적절하게 이행된 경우
   2. 부적정 : 중요한 정보 등이 온실가스 감축량 등의 산정·보고 기준을 따르지 않았으며, 이에 따른 검증기관의 모든 조치 요구사항에 대하여 제시된 기간 안에 시정조치를 완료하지 못하였을 경우

제17조(검증보고서 작성)

① 검증팀장은 최종 검증의견을 확정한 후, 검증보고서를 작성하여야 한다.
② 검증보고서에는 다음 각 호의 사항이 포함되어야 한다.
   1. 검증 개요 및 검증의 내용

2. 검증과정에서 발견된 사항 및 그에 따른 조치내용
3. 최종 검증의견 및 결론
4. 내부심의 과정 및 결과
5. 기타 검증과 관련된 사항

제18조(내부심의)

① 검증팀장은 검증보고서 작성이 완료되면 구성된 내부심의팀에게 해당 검증에서의 검증절차 준수 여부 및 최종 검증의견에 대한 내부 심의를 요청하여야 한다.
② 검증팀장은 내부심의를 위하여 다음 각 호의 자료를 내부심의팀에 제출하여야 한다.
   1. 검증 수행계획서, 체크리스트 및 검증보고서
   2. 검증과정에서 발견된 오류 및 시정조치사항에 대한 이행결과
   3. 배출량 산정계획서
   4. 명세서
   5. 사업계획서와 모니터링 보고서
   6. 기타 검토에 필요한 자료
③ 내부심의팀은 내부심의 과정에서 발견된 문제점을 즉시 검증팀장에게 통보하여야 하며, 검증팀장은 이를 반영하여 검증보고서를 수정하여야 한다.
④ 내부심의팀은 수정한 검증보고서를 확인하여 내부심의 결과가 적절하게 반영되었다고 판단되는 경우 심의를 종료하고 이를 검증팀장에게 통보하여야 한다.

제19조(검증보고서의 제출)

검증기관은 내부심의가 종료된 검증의 보증수준이 합리적 보증 수준 이상이라고 판단되는 경우에 최종 검증보고서를 피검증자에게 제출하여야 한다.

03 검증기관의 지정 및 관리

제20조(검증기관 등의 운영원칙)

① 검증은 객관적 증거에 근거하여 공평하고 독립적으로 이루어져야 하며, 검증기관은 이를 최대한 보장할 수 있도록 필요한 조치를 강구하여야 한다.

② 검증기관은 소속 검증심사원이 자격을 갖춘 분야에 대해서만 검증 업무를 수행하여야 하며, 피검증자 등의 특성과 조건 등을 종합적으로 고려하여 적격성 있는 검증팀을 구성하여야 한다.
③ 검증기관은 검증을 수행하는 과정에서 취득한 정보(취득한 정보를 가공한 경우를 포함한다)를 할당대상업체의 동의없이 외부로 유출하거나 다른 목적으로 사용하여서는 아니된다. 다만, 법과 영에서 공개할 수 있도록 정한 정보는 그러하지 아니하다.

제21조(검증기관의 지정)

① 검증기관으로 지정을 받고자 하는 자(법인을 포함한다. 이하 "지정신청인"이라 한다)는 검증기관 지정요건을 충족하고 있음을 증명하는 서류를 첨부하여 신청서를 국립환경과학원장에게 제출하여야 한다.
② 삭제
③ 국립환경과학원장은 신청에 대한 서면심사 및 현장조사 등을 실시하여 관련 규정에 적합하다고 인정될 경우에는 지정신청인을 검증기관으로 지정하고 검증기관 지정서를 지정신청인에게 교부하여야 한다. 이 경우 국립환경과학원장은 다음 각 호의 사항을 관보에 고시하여야 한다.
 1. 검증기관의 명칭 및 소재지
 2. 검증기관 지정일 및 지정 만료일
 3. 검증기관의 지정 분야
④ 제3항에도 불구하고 국립환경과학원장은 지정신청인이 다음 각 호의 어느 하나에 해당하는 경우에는 검증기관으로 지정하지 않을 수 있다.
 1. 임원 중 피성년후견인 또는 피한정후견인이 있는 경우
 2. 지정이 취소된 날로부터 3년이 경과하지 아니한 경우
 3. 최근 3년간「부정경쟁방지 및 영업비밀 보호에 관한 법률」에 의해 벌금형 이상의 처분을 받은 경우
 4. 할당대상업체와 동일 법인(개인 및 공공기관 등을 포함한다)이거나 제4조 제2항의 업무를 수행하는 경우
 5. 법 제40조에 따라 이 법에 따른 권한 또는 업무의 일부를 위임받거나 위탁받은 경우
 6. 온실가스 또는 에너지 관련한 컨설팅업, 저감시설 설치·관리 등의 업무를 수행하는 법인 및 개인
⑤ 삭제
⑥ 검증기관의 지정의 유효기간은 지정일로부터 3년으로 한다.
⑦ 지정 유효기간 이후에 재지정을 받고자 하는 검증기관은 지정기간 만료일 이전 3개월 전까지 검증기관 재지정 신청서를 국립환경과학원장에게 제출하여야 한다. 이 경우 재지정 신청에 대한 심사에 관하여는 제3항부터 제4항까지를 준용한다.

제22조(검증기관의 변경신고 등)

① 검증기관은 다음 각 호의 사유가 발생한 경우 국립환경과학원장에게 변경신고를 하여야 한다.
  1. 검증기관 사무실 소재지의 변경
  2. 법인 및 대표자가 변경된 경우
  3. 삭제
  4. 검증심사원의 변경
  5. 검증 지정 분야의 변경

② 변경신고를 하려는 자는 다음 각 호에서 정한 기한까지 변경신고서에 변경내용을 증명하는 서류와 검증기관 지정서를 첨부하여 국립환경과학원장에게 제출하여야 한다.
  1. 제1항 제1호 및 제2호에 해당하는 경우 : 변경이 있은 날로부터 30일 이내
  2. 제1항 제3호부터 제5호까지에 해당하는 경우 : 변경이 있은 날로부터 7일 이내

③ 국립환경과학원장은 변경내용의 적절성 등을 검토하여 타당하다고 인정되면 변경내역을 검증기관 지정서에 기재하여 해당 변경을 신고한 검증기관에 교부하여야 하며, 제1항 제1호, 제2호 및 제5호에 해당하는 경우에는 검증기관 변경내역을 홈페이지에 공지하여야 한다.

④ 삭제

제23조(검증기관의 관리)

① 국립환경과학원장은 검증기관 지정 후 매 1년마다 검증업무 수행의 적절성, 검증심사원의 자격 유지 등 전반적인 운영실태에 대한 정기적인 종합 평가(현장확인 및 입회심사를 포함한다)를 실시하여야 하며, 다음 각 호에 해당하는 경우에는 수시 평가를 수행할 수 있다.
  1. 법령 등의 위반에 대한 신고를 받거나 민원이 접수된 경우
  2. 검증기관이 업무정지 및 휴업 종료 후 업무를 재개할 경우
  3. 그 밖에 환경부장관, 국립환경과학원장이 필요하다고 인정하는 경우

② 국립환경과학원장은 평가를 실시한 경우 다음 각 호의 사항이 포함된 평가결과보고서를 작성해야 하며, 평가 결과에 따라 행정처분 등 필요한 조치를 해야 한다.
  1. 검증기관 사무소 소재지, 조직 등 일반현황
  2. 검증기관의 지정요건 및 운영절차의 준수 여부, 검증절차의 적절성 등에 대한 현장조사를 포함한 평가 결과
  3. 조치 필요사항 등

③ 제21조부터 제23조까지에서 규정한 사항 외에 검증기관의 지정, 변경신고 및 관리에 관한 세부사항은 국립환경과학원장이 정한다.

제24조(검증기관의 준수사항)

① 검증기관은 검증결과보고서, 검증업무 수행내역 등 관련 자료를 5년 이상 보관하여야 한다.
② 검증기관은 반기별 검증업무 수행내역을 작성하여 매 반기 종료일로부터 30일 이내에 국립환경과학원장에게 제출하여야 한다.
③ 검증기관은 소속 검증심사원의 적격성을 주기적으로 평가 및 관리하는 등의 영 별표3의 업무기준을 준수해야 한다.
④ 검증기관은 피검증자 등으로부터 위탁받은 검증업무를 다른 검증기관에 재위탁 또는 수탁하여서는 아니된다.
⑤ 검증기관은 검증기관 및 동일한 법인 내에서 다음 각 호에 해당하는 온실가스 또는 에너지 관련된 자문이나 서비스를 제공해서는 안 된다. 또한, 다음 각 호의 자문 또는 서비스에 참여한 검증심사원은 자문 종료 후 2년 이내에 해당 피검증자에 대한 검증심사를 수행해서는 안 된다.
  1. 온실가스 인벤토리의 설계, 개발 또는 온실가스 및 에너지 감축을 위한 이행 및 관리, 프로젝트의 설계
  2. 온실가스 배출량 및 에너지 사용량의 산정, 보고, 관리를 위한 정보 시스템을 설계하거나 개발
  3. 온실가스 배출 관련 측정 및 분석(Tier4 수준의 온실가스 연속측정 등)기기의 설치 및 관리, 특정 할당대상업체만을 위해 온실가스 관련 매뉴얼, 핸드북 또는 절차를 준비하거나 작성
  4. 온실가스 배출권거래제 관련 탄소자산관리, 온실가스 감축사업 경제성 평가 자문, 배출권 할당 및 거래에 대한 자문 또는 중개서비스
⑥ 검증기관은 공평성 준수 및 이해상충을 회피하기 위한 관리절차를 마련하여, 공평성 관리가 지속적으로 이루어지고 있음을 입증해야 한다.

제25조(검증기관의 지정취소 등)

① 국립환경과학원장은 검증기관이 행정처분 기준에 해당하는 경우 지정을 취소하거나 업무의 정지 또는 시정을 명할 수 있다.
② 제1항의 처분에 따른 실태조사, 청문 및 이의신청에 관한 사항은 법 제37조, 제37조의2 및 제38조의 규정을 따른다.
③ 국립환경과학원장은 처분을 하는 경우 해당 검증기관명, 대표자, 처분 사유 및 및 처분일자 등을 관보에 공고하고 이를 관계 중앙행정기관에게 즉시 통보해야 하며, 지정을 취소하는 경우에는 해당 검증기관의 검증기관 지정서를 즉시 회수해야 한다.
④ 삭제
⑤ 삭제
⑥ 삭제

제26조(검증기관의 휴·폐업신고 등)

① 휴업 또는 폐업 하려는 검증기관은 신고서와 검증기관 지정서, 검증과 관련하여 취득한 정보의 관리계획(폐업신고에 한한다) 및 해당 기간까지의 검증업무 수행내역서를 작성하여 휴업 또는 폐업 예정일로부터 10일 이전에 국립환경과학원장에게 제출하여야 한다.
② 국립환경과학원장은 검증업무와 관련하여 취득한 정보의 관리방안 등을 확인하고 필요한 경우 관련 정보를 제출토록 하여 별도로 관리할 수 있다.
③ 국립환경과학원장은 사업장명, 휴업기간 또는 폐업일 등을 즉시 공고한 뒤 관계 중앙행정기관에 통보한다. 다만, 폐업의 경우는 관보에 공고한다.
④ 검증기관이 업무를 재개하고자 할 때에는 휴업기간 종료일로부터 7일 이전에 국립환경과학원장에게 신고하여야 한다. 이 경우 국립환경과학원장은 업무재개를 신고한 검증기관 지정요건을 유지하고 있다고 판단되면 이를 공고하고 관계 중앙행정기관에 즉시 통보하여야 한다.
⑤ 지정 유효기간 이내에 휴업기간은 총 6개월을 넘을 수 없다.

04 검증심사원의 등록 및 관리

제28조(검증심사원 및 검증심사원보의 자격 및 등록)

① 검증심사원보는 학력 및 경력 등이 정한 기준에 적합한 자로서 환경부장관이 정한 교육과정을 이수한 자를 말한다. 이 경우 검증심사원보는 검증심사원의 업무를 보조한다.
② 검증심사원보가 검증기관에서 「온실가스 배출권거래제의 배출량 보고 및 인증에 관한 지침」의 배출활동 구분에 따른 다음 각 호에 해당하는 분야에서 검증실적 신고일을 기준으로 최근 3년 이내에 각 호에서 정하는 횟수 이상 검증에 참여한 경우에 해당분야 검증심사원이 될 수 있다. 이 경우 2개 이상의 분야의 자격을 인정받고자 하는 경우에는 각각에 해당하는 검증 실적과 제31조 제1항 제1호 또는 제4호에 해당하는 해당 분야 교육 및 평가를 이수하여야 한다.
  1. 광물산업 분야(시멘트·석회 생산, 유리 생산 등 탄산염의 기타 공정사용 등) : 5회
  2. 화학분야(암모니아·질산·아디프산·카바이드·이산화티탄·소다회·석유화학제품·불소화합물 생산 등) : 5회
  3. 철강·금속분야(철강·합금철·아연 생산 등) : 5회
  4. 전기·전자분야(전자·전기산업 등) : 5회
  5. 폐기물 분야(폐기물, 하·폐수처리, 바이오매스 등) : 3회
  6. 농축산 및 임업분야(농업, 축산, 조림 및 재조림 등) : 3회
  7. 공통 분야(연소, 전기·열·스팀의 사용, 수송 및 탈루성 배출 등) : 전문분야에 관계없이 5회

③ 환경부장관은 검증실적 인정에 있어 검증절차 중 2단계부터 3단계까지만 참여한 경우에는 해당 단계의 모든 세부절차에 모두 참여한 자에 대해서만 1회 실적으로 인정할 수 있으며, 실적 분야는 가장 주된(공통은 제외할 수 있다) 배출활동 분야에 대하여 인정한다. 다만, 해당 할당대상업체가 사업장을 기준으로 「온실가스 · 에너지 목표관리 운영 등에 관한 지침」 별표2의 사업장 지정 최소기준 이상의 다른 유형의 배출활동을 포함하고 있는 경우에는 해당 분야에 대한 검증실적을 추가로 인정할 수 있다.
④ 환경부장관은 국제적인 동향과 국내 여건 등을 고려하여 필요하다고 인정될 경우에는 제2항의 전문분야를 보다 세분화하여 전문성을 강화할 수 있다.
⑤ 검증심사원으로 등록(전문분야의 추가 또는 변경을 포함한다)하고자 하는 자는 등록신청서를 작성하여 환경부장관에게 제출하여야 하며, 검증심사원보의 등록은 교육기관으로부터 통보된 교육이수자 명단으로 갈음한다.
⑥ 환경부장관은 검증심사원으로 등록하고자 하는 자가 검증심사원 자격요건에 적합하다고 인정되는 경우 등록증을 교부하고 그 결과를 검증심사원 관리대장에 기록하여야 한다.
⑦ 다음 각 호의 경우에는 검증심사원으로 등록할 수 없다.
  1. 피성년후견인 또는 피한정후견인
  2. 검증심사원의 자격이 취소된 후 3년이 경과되지 아니한 자
  3. 최근 3년간 「부정경쟁방지 및 영업비밀보호에 관한 법률」에 해당하는 처벌을 받은 자

제29조(외부사업 검증심사원 자격 및 등록)

① 외부사업 검증심사원은 검증심사원으로서 환경부장관이 정한 교육과정을 이수한 자를 말한다.
② 외부사업 검증심사원은 다음 각 호에 해당하는 실무경력 또는 심사경력을 모두 갖춘 경우 해당분야 검증심사원이 된다. 이 경우 2개 이상의 분야의 자격을 인정받고자 하는 경우에는 각각에 해당하는 실무경력 또는 심사경력을 갖추어야 한다.
  1. 해당 분야에서 1년 이상의 실무 경력
  2. 해당 분야에서 3회 이상 심사한 경력
③ 환경부장관은 검증실적 인정에 있어 별표4에 따른 검증절차 중 2단계부터 3단계까지만 참여한 경우에도 1회 실적으로 인정할 수 있으며, 실적 분야는 가장 주된(공통은 제외할 수 있다) 배출활동 분야에 대하여 인정한다.
④ 환경부장관은 국제적인 동향과 국내 여건 등을 고려하여 필요하다고 인정될 경우에는 외부사업 전문분야를 추가하거나 보다 세분화하여 전문성을 강화할 수 있다.
⑤ 제1항부터 제4항까지에서 규정한 사항 외에 외부사업 검증심사원 자격 및 등록에 관한 사항은 제28조를 준용한다.

제30조(검증심사원의 관리)

① 검증심사원은 등록증을 교부받은 날로부터 매 2년마다 보수 교육을 이수하여야 하며, 미이수 시 환경부장관은 해당분야의 자격을 정지하여야 한다.
② 검증심사원은 업무기준을 준수하여야 한다.
③ 환경부장관은 검증심사원으로 등록된 자가 행정처분 기준에 해당하는 경우에는 자격을 취소하거나 정지를 명할 수 있다.
④ 제3항의 처분에 따른 실태조사, 청문 및 이의신청에 관한 사항은 법 제37조, 제37조의2 및 제38조의 규정을 따른다.
⑤ 환경부장관은 처분을 하는 경우 해당 검증심사원과 소속 검증기관 및 교육기관의 장에게 통보하고, 자격이 취소되는 경우에는 해당 검증심사원의 등록증을 즉시 회수해야 한다.

제31조(검증심사원의 교육과정)

① 검증심사원의 교육과정은 다음 각 호와 같다.
  1. 검증심사원보 양성교육 과정
     새로이 검증심사원보가 되고자 하는 자가 받아야 하는 교육으로 이론교육과 실습 및 평가를 포함하여 총 40시간 이상
  2. 외부사업 검증심사원 교육 과정
     검증심사원이 외부사업 검증심사원으로 인정받고자 하는 경우 받아야 하는 교육으로 이론교육과 실습 및 평가를 포함하여 총 24시간 이상
  3. 검증심사원 보수교육 과정
     검증심사원이 등록일로부터 매 2년마다 받아야 하는 교육으로 해당 전문분야별 이론교육, 실습 및 평가를 포함하여 16시간 이상. 단, 외부사업 검증심사원에 대한 보수교육의 경우 8시간 이상으로 함
  4. 전문분야 추가 과정
     제1호에 의한 분야 외의 전문분야를 인정받고자 하는 검증심사원(검증심사원보를 포함하며, 해당 분야 검증실적이 있는 자에 한한다)이 받아야 하는 교육으로서 이론교육과 실습 및 평가를 포함하여 16시간 이상
② 제1항 각 호의 교육과정에서 정한 평가기준을 만족한 경우 해당 교육과정을 이수한 것으로 본다.
③ 교육기관의 장은 관련 근거 규정에 따라 제1항 제1호 내지 제3호의 교육과정과 유사한 교육을 이수한 자에 대해서는 그 내용의 중복성을 검토하여 교육과정의 일부를 경감할 수 있다.
④ 교육기관의 장은 제1항의 교육생을 선발하는데 있어 분야별 검증 수요, 해당 분야 검증실적 등을 감안하여 우선 선발기준을 마련할 수 있다.
⑤ 교육기관의 장은 검증심사원 교육신청자가 검증심사원 자격요건과 검증심사원보 자격요건에 해

당하는 지 여부를 사전에 확인하여야 한다.

제32조(검증심사원 교육기관)

검증심사원 교육기관은 국립환경인재개발원으로 한다. 다만, 환경부장관은 교육 수요 등을 고려하여 필요하다고 인정할 경우 교육기관을 추가로 지정할 수 있다.

제33조(교육계획의 수립)

① 교육기관의 장은 매년 2월 28일까지 검증심사원 교육에 관한 기본계획을 수립하여 환경부장관의 승인을 받아야 한다.
② 기본계획에는 다음 각 호의 사항이 포함되어야 한다.
  1. 교육의 목표 및 교육의 기본방향
  2. 교육 대상 검증심사원의 중장기 추계
  3. 교육과정별 주요 내용 및 교재, 과정별 최소 이수시간
  4. 교육과정별 평가방법 및 시기
  5. 교육장소 및 교수요원 확보방안
  6. 기타 검증심사원 교육에 관한 사항

제34조(교육실적 보고)

교육기관의 장은 매년 1월 31일까지 다음 각 호의 사항이 포함된 전년도 교육실적을 환경부장관에게 제출하여야 한다. 다만, 제2호의 사항은 매회 교육이 완료된 날로부터 7일 이내에 환경부장관에게 보고하고 국립환경과학원장에게 통보하여야 한다.
  1. 교육계획에 대한 추진실적
  2. 검증심사원 교육과정 입교생 및 수료생 명단
  3. 교육생의 교육 만족도 등 설문조사 결과
  4. 기타 환경부장관이 필요하다고 요청한 사항

제35조(수수료 기준)

① 국립환경과학원장은 검증에 소요되는 비용의 산출기준 및 방법 등을 정하여 환경부장관의 승인을 거쳐 공고할 수 있다.
② 교육기관의 장은 검증심사원 등의 교육 내용 및 기간 등을 고려하여 정한 기준에 따라 일정 비용을 교육대상자로부터 징수할 수 있다. 이 경우 환경부장관의 승인을 거쳐야 한다.

SECTION 08. 공공부문 온실가스 목표관리 운영 등에 관한 지침

01 총칙

제2조(용어의 정의)

이 지침에서 사용되는 용어의 뜻은 다음과 같다.

1. 온실가스 목표관리(이하 "목표관리"라 한다)
   온실가스 배출량을 줄이기 위해 매년 일정수준의 감축 목표를 세우고 이를 달성하기 위하여 지속적으로 온실가스 감축 활동을 하는 것을 말한다.
2. 공공부문
   공공기관 등과 헌법기관 등을 말한다.
3. 온실가스
   적외선 복사열을 흡수하거나 재방출하여 온실효과를 유발하는 대기 중의 가스 상태의 물질로서 법 제2조 제5호에서 정하는 물질을 말한다.
4. 온실가스 배출
   사람의 활동에 수반하여 발생하는 온실가스를 대기 중에 배출·방출 또는 누출시키는 직접배출과 외부로부터 공급된 전기 또는 열(연료 또는 전기를 열원으로 하는 것만 해당한다)을 사용함으로써 온실가스가 배출되도록 하는 간접배출을 말한다.
5. 삭제
6. 배출활동
   온실가스를 배출하거나 에너지를 사용하는 일련의 활동을 말한다.
7. 온실가스 배출시설(이하 "시설"이라 한다)
   온실가스를 대기에 배출하는 건축물, 시설물, 기계, 기구, 그 밖의 물체 등을 말한다.
8. 에너지관리의 연계성(連繫性)
   전력, 열 또는 연료의 공급점을 공유하고 있는 상태, 즉 건물에서 타인으로부터 공급된 에너지를 변환하지 않고 다른 건물 등에 공급하고 있는 상태를 말한다.
9. 기준배출량
   공공부문의 온실가스 감축 목표 등을 산정할 때 기준이 되는 온실가스 배출량을 말한다.
10. 이행연도
    공공부문이 목표관리를 위하여 온실가스 감축 활동을 실시하는 1년 단위의 기간으로서 매년

1월 1일부터 12월 31일까지를 말한다.
11. 공공부문 공동이행

    공공부문 기관 간 상호협약 등을 통하여 공동으로 온실가스 감축활동을 수행하는 것을 말한다.
12. 비규제 부문 외부감축사업

    공공부문이 외부에서 추진하는 온실가스 감축 사업 중 공공목적의 사업을 말한다.
13. 감축사업등록부

    비규제 부문 외부감축사업의 등록, 감축실적 검·인증 및 사용 등의 이력을 관리하기 위하여 구축·운영되는 전산 관리시스템을 말한다.
14. 사업시작일

    외부에서 추진하는 온실가스 감축 활동을 통해 감축량이 발생하기 시작하는 날을 말한다.
15. 사업기간

    외부감축사업에 대한 실적인증이 유효한 기간을 말한다.
16. 수행기간

    외부감축사업을 통한 실제 감축량이 발생한 기간을 의미한다.
17. 감축실적 사용

    공공부문의 장이 외부감축 인증실적을 이행실적에 반영하기 위하여 인증된 감축실적 누적량에서 일부 또는 전부를 차감하는 것을 말한다.
18. 재생에너지

    「신에너지 및 재생에너지 개발·이용·보급 촉진법」에 따른 재생에너지를 말한다.

제4조(기관별 역할)

① 환경부장관은 다음 사항을 담당한다.
1. 공공부문 목표관리 운영을 위한 지침의 제·개정과 운영
2. 공공기관등의 감축 목표 검토
3. 공공기관등의 감축 목표 개선·보완 요청
4. 공공부문의 이행실적 검토에 대한 총괄·조정
5. 공공부문의 이행실적 검토결과 보고
6. 공공부문의 이행실적에 대한 검토결과 공개
7. 공공부문의 공동이행 승인 및 실적 인증
8. 공공부문의 비규제 부문 외부감축사업 타당성 평가·승인 및 실적 검·인증
9. 공공부문에 대한 재정·세제·경영·기술지원, 실태조사 및 진단, 자료·정보의 제공 및 관련 정보시스템의 구축 등

② 행정안전부장관, 산업통상자원부장관 및 국토교통부장관은 다음 사항을 담당한다.

1. 공공부문의 이행실적 공동 검토
2. 기타 환경부장관이 협의가 필요하다고 요청한 사항에 대한 검토

③ 공공기관 등은 온실가스 배출량을 감축하는 주체로서 다음 사항을 수행한다.
1. 연도별 온실가스 감축 목표 제출
2. 감축 목표 달성을 위한 온실가스 감축 활동 추진
3. 환경부장관의 감축 목표 개선·보완 요구에 대한 이행
4. 이행실적 제출 및 공개
5. 개선명령에 대한 이행

④ 헌법기관 등은 온실가스 배출량을 감축하는 주체로서 다음 사항을 수행한다.
1. 연도별 온실가스 감축 목표 통보
2. 감축 목표 달성을 위한 온실가스 감축 활동 추진
3. 이행실적 통보 및 공개

⑤ 온실가스 종합정보센터(이하 "센터"라 한다)는 공공부문이 제출 및 통보한 감축 목표와 이행실적에 대하여 등록부를 작성하고 시스템을 통해 전자적 방식으로 관리해야 한다.

⑥ 환경부장관은 공공부문의 목표관리를 운영하기 위해 필요한 경우 한국환경공단으로 하여금 다음의 사항을 담당하게 할 수 있다.
1. 공공기관 등의 감축 목표 검토
2. 공공부문의 이행실적 검토
3. 공공부문의 공동이행 승인 및 실적 인증
4. 공공부문의 비규제 부문 외부감축사업 타당성 평가·승인 및 실적 검·인증
5. 공공부문의 목표관리 운영을 위한 기술 지원, 실태조사 및 진단, 자료·정보의 제공 및 정보시스템의 구축·운영
6. 기타 공공부문 목표관리 운영을 위해 환경부장관이 필요하다고 인정하는 사항

⑦ 행정안전부장관, 산업통상자원부장관, 국토교통부장관 및 환경부장관은 자체 생산하거나 관리 중인 건물 및 자동차 관련 정보와 전기 및 도시가스 등 에너지사용량 정보 등을 업무수행에 필요한 범위 내에서 서로 제공, 연계 및 공동 활용하도록 협력체계를 구축할 수 있다.

⑧ 환경부장관은 공공부문 목표관리 및 관련 제도의 효과적인 추진방안 협의 등을 위하여 관계부처에서 참여하는 협의체를 구성·운영할 수 있으며, 필요한 자료의 제출을 요청할 수 있다. 이때 자료 제출을 요청받은 기관은 이에 협조하여야 한다.

⑨ 공공부문의 장은 소속·산하기관(광역지방자치단체의 경우 기초지방자치단체 포함)의 온실가스 감축 활동에 대한 지원 등을 추진하여야 한다.

02 목표관리 대상기관 및 시설

제6조(대상기관 및 특례)

① 공공부문 목표관리 대상기관은 공공기관 등과 헌법기관 등으로 하고, 소속기관(지사, 지부, 사업소 등)을 모두 포함한다.
② 관리업체로 지정된 공공부문 시설 중 「온실가스 목표관리 운영 등에 관한 지침」에 해당하는 시설은 이행실적을 관리업체의 온실가스배출량명세서 등으로 갈음할 수 있다.
③ 제2항의 경우 부문별 관장기관은 관리업체의 온실가스배출량명세서을 제출받는 즉시 이를 센터에 제출하여야 한다.

제7조(대상시설 및 산정방법)

① 공공부문은 배출활동에 따른 온실가스 배출량을 시설단위로 산정하여 이행실적을 작성하여야 한다.
② 공공부문이 온실가스 배출량을 산정하여야 하는 배출활동의 종류는 별표 3과 같고 온실가스 배출량 산정방법은 별표 4에서 정한 바에 따른다.
③ 온실가스 배출량을 산정하여야 하는 목표관리 대상시설은 공공부문에서 소유 또는 임차하여 사용하고 있는 건물과 차량으로 하고 건물은 「건축법」에 따른 건축물, 차량은 「자동차관리법」에 따른 자동차(이륜자동차를 제외한다)로 한다.
④ 건물은 「건축법」에 따른 건축물대장과 「부동산등기법」에 따른 건물등기부 등을 기준으로 구분하되 에너지관리의 연계성이 있는 건물과 이에 부속되어진 시설 등은 하나의 건물로 본다. 또한 동일 부지 내 건물, 인접한 건물, 연접한 건물이 동일한 조직에 의해 에너지 공급·관리 또는 온실가스 관리 등을 받을 경우에도 한 건물로 간주한다.
⑤ 차량의 경우 동일한 조직에 의해 관리되고 동일연료를 사용하는 복수의 차량을 하나의 차량으로 볼 수 있다.

▌별표 3. 산정 대상 온실가스 배출활동(제7조 제2항 관련)▐

구분		배출활동 종류
직접 배출	1. 고정연소시설에서의 에너지 사용에 따른 온실가스 배출	1. 고체연료연소 2. 기체연료연소 3. 액체연료연소
	2. 이동연소시설에서의 에너지 사용에 따른 온실가스 배출	1. 도로수송(연료연소)
간접 배출	3. 전기, 열(스팀) 사용에 따른 간접 온실가스 배출	1. 외부에서 공급된 전기 사용 2. 외부에서 공급된 열(스팀) 사용

비고 1. 고정연소시설에서의 에너지 사용은 건물의 냉난방, 취사, 온수급탕 등을 위한 연료연소로 하고 건물 내 위치한 발전시설, 공정연소시설, 소각시설 등의 연료연소는 제외한다. 다만 자가용전기설비(자가발전시설)에 사용되는 연료연소는 포함하여야 하고 이에 따른 전기 사용은 대상에서 제외한다.
    2. 전기사용 중「환경친화적자동차의 개발 및 보급촉진에 관한 법률」에 따른 전기자동차 충전소에서 전기자동차 충전을 위한 전기 사용은 제외한다.
    3.「신에너지 및 재생에너지 개발·이용·보급 촉진법 시행령」별표 1에 따른 바이오에너지 사용에 의한 이산화탄소 직접배출량(이산화탄소 이외의 기타 온실가스는 총 배출량 산정에 포함한다), 폐기물 소각열 회수시설에서 공급받아 사용한 소각열의 간접배출량, 공정폐열 사용에 따른 간접배출량은 기관의 총 온실가스 배출량에서 제외하고 보고한다. 단, 에너지사용량 산정에는 이를 제외하지 않는다.(단, 석유제품 등과 혼합된 경우에는 바이오매스로부터 생산된 부분만을 바이오에너지로 본다)

∥ 별표 4. 온실가스 배출량 등의 산정방법(제7조 제2항 관련) ∥

1. 고체연료 연소
    가. 배출원
    건물 난방 등을 위하여 무연탄, 유연탄, 갈탄과 같은 고체형태의 연료를 연소하는 보일러, 버너, 가열기, 급탕기, 열풍기 등의 시설
    나. 배출량 산정방법

    온실가스 배출량(tCO_2eq)
    $= \Sigma$[연료 사용량(kg) × 순발열량(MJ/kg) × 배출계수(kgGHG(CO_2/CH_4/N_2O)/TJ)
    × 10^{-9} × 지구온난화지수]

    에너지 사용량(TJ)
    = 연료 사용량(kg) × 총발열량(MJ/kg) × 10^{-6}

    비고 1. 연료사용량 : 사업자 혹은 연료공급자에 의해 측정된 연료사용량 (공급자가 발행하고 구입량이 기입된 요금청구서, 재고량 등을 이용하여 산정)
    2. 발열량 : [별표 4]의 〈참고1〉에 따른 국가 고유 발열량 값 사용
    3. 배출계수 : [별표 4]의 〈참고2〉에 따른 IPCC 가이드라인 기본 배출계수 사용
    4. 지구온난화지수 : CO_2=1, CH_4=21, N_2O=310

2. 기체연료 연소
    가. 배출원
    건물 난방 등을 위하여 LNG, LPG, 프로판 및 기타 부생가스 등 기체형태의 연료를 연소하는 보일러, 버너, 가열기, 급탕기, 열풍기 등의 시설
    나. 배출량 산정방법

    온실가스 배출량(tCO_2eq)
    $= \Sigma$[기체 화석연료 사용량(Nm^3 또는 kg) × 순발열량(MJ/Nm^3 또는 kg)
    × 배출계수(kgGHG(CO_2/CH_4/N_2O)/TJ) × 10^{-9} × 지구온난화지수]

    에너지 사용량(TJ)
    = 기체 화석연료 사용량(Nm^3 또는 kg) × 총발열량(MJ/Nm^3 또는 kg) × 10^{-6}

    비고 1. 연료사용량 : 사업자 혹은 연료공급자에 의해 측정된 연료사용량(공급자가 발행하고 구입량이 기입된 요금청구서, 재고량 등을 이용하여 산정)
    2. 발열량 : [별표 4]의 〈참고 1〉에 따른 국가 고유 발열량 값 사용
    3. 배출계수 : [별표 4]의 〈참고 2〉에 따른 IPCC 가이드라인 기본 배출계수 사용
    4. 지구온난화지수 : CO_2=1, CH_4=21, N_2O=310

3. 액체연료 연소
    가. 배출원
        건물 난방 등을 위하여 등유, 경유, B-A/B/C와 같은 액체형태의 연료를 연소하는 보일러, 버너, 가열기, 급탕기, 열풍기 등의 시설

    나. 배출량 산정방법

    > 온실가스 배출량(tCO$_2$eq)
    > $= \sum$[액체 화석연료 사용량(ℓ)×순발열량(MJ/ℓ)
    > ×배출계수(kgGHG(CO$_2$/CH$_4$/N$_2$O)/TJ)×10^{-9}×지구온난화지수]
    >
    > 에너지 사용량(TJ)
    > =액체 화석연료 사용량(ℓ)×총발열량(MJ/ℓ)×10^{-6}

    비고 1. 연료사용량 : 사업자 혹은 연료공급자에 의해 측정된 연료사용량(공급자가 발행하고 구입량이 기입된 요금청구서, 재고량 등을 이용하여 산정)
        2. 발열량 : [별표 4]의 〈참고 1〉에 따른 국가 고유 발열량 값 사용
        3. 배출계수 : [별표 4]의 〈참고 2〉에 따른 IPCC 가이드라인 기본 배출계수 사용
        4. 지구온난화지수 : CO$_2$=1, CH$_4$=21, N$_2$O=310

4. 이동연소(도로)
    가. 배출원
        휘발유, 경유, LPG 등의 차량 연료 연소 등을 통하여 온실가스를 배출하는 승용자동차, 승합자동차, 화물자동차, 특수자동차 등의 이동연소시설

    나. 배출량 산정방법

    > 온실가스 배출량(tCO$_2$eq)
    > $= \sum$[연료 사용량(ℓ 또는 kg)×순발열량(MJ/ℓ 또는 kg)
    > ×배출계수(kgGHG(CO$_2$/CH$_4$/N$_2$O)/TJ)×10^{-9}×지구온난화지수]
    >
    > 에너지 사용량(TJ)
    > =연료 사용량(ℓ 또는 kg)×총발열량(MJ/ℓ 또는 kg)×10^{-6}

    비고 1. 연료사용량 : 사업자 혹은 연료공급자에 의해 측정된 연료사용량(주유소 등에서 발행하고 주유량이 기입된 요금청구서, 기관별 차량 운행일지 등을 이용하여 산정)
        2. 발열량 : [별표 4]의 〈참고 1〉에 따른 국가 고유 발열량 값 사용
        3. 배출계수 : 아래의 연료별, 온실가스별 기본 배출계수를 사용
        4. 지구온난화지수 : CO$_2$=1, CH$_4$=21, N$_2$O=310

[연료별, 온실가스별 기본 배출계수]

연료 종류	기본 배출계수 (kg/TJ)		
	CO_2	CH_4	N_2O
휘발유	69,300	25	8.0
경유	74,100	3.9	3.9
LPG	63,100	62	0.2
등유	71,900	–	–
윤활유	73,300	–	–
CNG	56,100	92	3
LNG	56,100	92	3

* 출처 : 2006 IPCC 국가 인벤토리 작성을 위한 가이드라인

5. 전기의 사용

  가. 배출원

  공공부문에서 소유 또는 사용하고 있는 건물의 조명사무기기·기계·설비(에너지 관리의 연계성, 즉 전기 수전점을 공유하고 있는 다른 건물 및 부대시설 등 포함)의 사용에 따른 온실가스 배출량과 에너지 사용량을 산정한다.

  나. 배출량 산정방법

  $$\text{온실가스 배출량}(tCO_2eq) = \Sigma[\text{전력사용량}(MWh) \times \text{배출계수}(tGHG(CO_2/CH_4/N_2O)/MWh) \times \text{지구온난화지수}]$$

  $$\text{에너지 사용량}(TJ) = \text{전력사용량}(MWh) \times \text{총발열량}(MJ/kWh) \times 10^{-3}$$

  비고 1. 전력사용량 : 법정계량기 등으로 측정된 시설별 전력 사용량(한국전력 등 전력공급자가 발행하고 전력사용량이 기입된 요금청구서의 전력사용량 등을 이용하여 산정)
   2. 배출계수 : 아래에 제시된 기준연도에 해당하는 3개연도(2014~2016년) 평균값을 적용하고, 향후 한국전력거래소에서 제공하는 전력간접배출계수를 온실가스종합정보센터에서 확인·공표하여 지침에 수록된 경우 그 값을 적용
   3. 발열량 : [별표 4]의 〈참고 1〉에 따른 국가 고유 발열량 값 사용
   4. 지구온난화지수 : $CO_2=1$, $CH_4=21$, $N_2O=310$

[국가 고유 전력배출계수(2014~2016년 평균)]

년도	CO_2 (tCO_2/MWh)	CH_4 ($kgCH_4$/MWh)	N_2O (kgN_2O/MWh)
3개년 평균 (2014~2016)	0.4567	0.0036	0.0085

* 출처 : 국가온실가스 배출계수(온실가스종합정보센터, 2018년)

6. 열(스팀)의 사용
   가. 배출원
      공공부문에서 소유 또는 사용하고 있는 건물의 난방 등을 위한 열(스팀) 사용에 따른 온실가스 배출량과 에너지 사용량을 산정한다.

   나. 배출량 산정방법

   $$\text{온실가스 배출량(tCO}_2\text{eq)} = \sum[\text{열(스팀) 사용량(GJ)} \times \text{배출계수(tGHG(CO}_2/\text{CH}_4/\text{N}_2\text{O)/GJ)} \times \text{지구온난화지수}]$$

   비고 1. 열에너지 사용량 : 적선열량계 등 법정계량기 등으로 측정된 시설별 열(스팀) 사용량 (열에너지 공급자가 발행하고 열에너지 사용량이 기입된 요금청구서 등을 활용)
   2. 배출계수 : 열(스팀) 공급자가 「온실가스 목표관리 운영 등에 관한 지침」(환경부 고시)에 따라 개발한 간접배출계수를 사용
   3. 지구온난화지수 : $CO_2=1$, $CH_4=21$, $N_2O=310$

7. 배출량 등의 세부 산정방법
   가. 시설별 배출량 산정 및 기준배출량 산정은 소수점 이하 첫째 자리에서 반올림하여 정수값을(전력사용량은 소수점 이하 넷째 자리에서 반올림하여 셋째 자리까지) 활용해 계산하며, 각 배출활동별 배출량 산정방법론의 단위를 따른다. 기관 배출량은 소수점 이하 절사하여 정수로 산정한다.
   나. 감축실적은 정수단위(소수점 이하는 버림하는 것을 의미한다)로 사용한다.
   다. 기관의 최종 감축률은 소수점 이하 넷째 자리에서 반올림하여 셋째 자리까지로 산정한다.
   라. 이 지침에서 석유제품의 기체연료에 대해 특별한 언급이 없으면 모든 조건은 0℃ 1기압 상태의 체적과 관련된 활동자료이고 액체연료는 15℃를 기준으로 한 체적을 적용한다.
   마. 연료의 비중 및 밀도의 자료는 공급업체 및 사업자가 자체적으로 개발한 값이 없는 경우 산업통상자원부 고시 「석유제품의 품질 기술과 검사방법 및 수수료」 및 한국석유공사에서 발표한 자료를 인용하고, 이 경우 고시를 우선하여 인용한다.

〈참고 1〉

[연료별 국가 고유 발열량(〈개정 2017.12.28.〉 에너지법 시행규칙 별표)]

구분	에너지원	단위	총발열량			순발열량		
			MJ	kcal	석유환산톤 (10^{-3} toe)	MJ	kcal	석유환산톤 (10^{-3} toe)
석유	원유	kg	45.0	10,750	1.075	42.2	10,080	1.008
	휘발유	L	32.7	7,810	0.781	30.4	7,260	0.726
	등유	L	36.7	8,770	0.877	34.2	8,170	0.817
	경유	L	37.8	9,030	0.903	35.2	8,410	0.841
	B-A유	L	39.0	9,310	0.931	36.4	8,690	0.869
	B-B유	L	40.5	9,670	0.967	38.0	9,080	0.908
	B-C유	L	41.7	9,960	0.996	39.2	9,360	0.936
	프로판(LPG1호)	kg	50.4	12,040	1.204	46.3	11,060	1.106
	부탄(LPG3호)	kg	49.5	11,820	1.182	45.7	10,920	1.092
	나프타	L	32.3	7,710	0.771	29.9	7,140	0.714
	용제	L	32.8	7,830	0.783	30.3	7,240	0.724
	항공유	L	36.5	8,720	0.872	33.9	8,100	0.810
	아스팔트	kg	41.4	9,890	0.989	39.2	9,360	0.936
	윤활유	L	40.0	9,550	0.955	37.3	8,910	0.891
	석유 코크스	kg	35.0	8,360	0.836	34.2	8,170	0.817
	부생연료유1호	L	37.1	8,860	0.886	34.6	8,260	0.826
	부생연료유2호	L	39.9	9,530	0.953	37.7	9,000	0.900
가스	천연가스(LNG)	kg	54.7	13,060	1.306	49.4	11,800	1.180
	도시가스(LNG)	Nm³	43.1	10,290	1.029	38.9	9,290	0.929
	도시가스(LPG)	Nm³	63.6	15,190	1.519	58.4	13,950	1.395
석탄	국내무연탄	kg	19.8	4,730	0.473	19.4	4,630	0.463
	연료용 수입무연탄	kg	21.2	5,060	0.506	20.5	4,900	0.490
	원료용 수입무연탄	kg	25.2	6,020	0.602	24.7	5,900	0.590
	연료용 유연탄(역청탄)	kg	24.8	5,920	0.592	23.7	5,660	0.566
	원료용 유연탄(역청탄)	kg	29.2	6,970	0.697	28.0	6,690	0.669
	아역청탄	kg	21.4	5,110	0.511	19.9	4,750	0.475
	코크스	kg	29.0	6,930	0.693	28.9	6,900	0.690
전기 등	전기(발전기준)	kWh	8.9	2,130	0.213	8.9	2,130	0.213
	전기(소비기준)	kWh	9.6	2,290	0.229	9.6	2,290	0.229
	신탄	kg	18.8	4,500	0.450	-	-	-

※ 에너지법 시행규칙 개정(2017.12.28)에 따른 국가 고유 발열량은 2018년 배출량부터 적용

〈참고2〉

[기본 배출계수]

□ 2006 IPCC 국가 인벤토리 가이드라인 연료별 배출계수

(단위 : kgGHG/TJ)

연료명		국내에너지원기준	CO_2	CH_4				N_2O	
				에너지산업	제조업 건설업	상업 공공	가정 기타	에너지산업 제조업 건설업	상업공공 가정 기타
I. 액체연료									
원유		원유	73,300	3	3	10	10	0.6	0.6
오리멀젼		-	77,000	3	3	10	10	0.6	0.6
천연가스액		-	64,200	3	3	10	10	0.6	0.6
가솔린	자동차용 가솔린	휘발유	69,300	3	3	10	10	0.6	0.6
	항공용 가솔린	-	70,000	3	3	10	10	0.6	0.6
	제트용 가솔린	JP-8	70,000	3	3	10	10	0.6	0.6
제트용 등유		JET A-1	71,500	3	3	10	10	0.6	0.6
기타 등유		실내 등유 보일러 등유	71,900	3	3	10	10	0.6	0.6
혈암유		-	73,300	3	3	10	10	0.6	0.6
가스/디젤 오일		경유, B-A	74,100	3	3	10	10	0.6	0.6
잔여 연료유		B-B, B-C	77,400	3	3	10	10	0.6	0.6
액화석유가스		LPG	63,100	1	1	5	5	0.1	0.1
에탄		-	61,600	1	1	5	5	0.1	0.1
나프타		납사	73,300	3	3	10	10	0.6	0.6
역청(아스팔트)		아스팔트	80,700	3	3	10	10	0.6	0.6
윤활유		윤활유	73,300	3	3	10	10	0.6	0.6
석유 코크스		석유코크	97,500	3	3	10	10	0.6	0.6
정유공장 원료		정제연료 (반제품)	73,300	3	3	10	10	0.6	0.6
기타 오일	정유가스	정제가스	57,600	1	1	5	5	0.1	0.1
	접착제(파라핀왁스)	파라핀왁스	73,300	3	3	10	10	0.6	0.6
	백유	용제	73,300	3	3	10	10	0.6	0.6
	기타석유제품	기타	73,300	3	3	10	10	0.6	0.6
II. 고체연료									
무연탄		국내 무연탄 수입 무연탄	98,300	1	10	10	300	1.5	1.5
점결탄		원료용 유연탄	94,600	1	10	10	300	1.5	1.5
기타 역청탄		연료용 유연탄	94,600	1	10	10	300	1.5	1.5
하위 유연탄		아역청탄	96,100	1	10	10	300	1.5	1.5
갈탄		갈탄	101,000	1	10	10	300	1.5	1.5

연료명		국내에너지원기준	CO₂	CH₄				N₂O	
				에너지산업	제조업 건설업	상업 공공	가정 기타	에너지산업 제조업 건설업	상업공공 가정 기타
유혈암 및 역청암		–	107,000	1	10	10	300	1.5	1.5
갈탄 연탄		–	97,500	1	10	10	300	1.5	1.5
특허연료		–	97,500	1	10	10	300	1.5	1.5
코크스	코크스로 코크스	코크스	107,000	1	10	10	300	1.5	1.5
	가스 코크스	–	107,000	1	1	5	5	0.1	0.1
콜타르		–	80,700	1	10	10	300	1.5	1.5
Ⅲ. 기체연료									
부생 가스	가스공장 가스	–	44,400	1	1	5	5	0.1	0.1
	코크스로 가스	코크스가스	44,400	1	1	5	5	0.1	0.1
	고로 가스	고로가스	260,000	1	1	5	5	0.1	0.1
	산소 강철로 가스	전로가스	182,000	1	1	5	5	0.1	0.1
천연가스		천연가스(LNG)	56,100	1	1	5	5	0.1	0.1
Ⅳ. 기타 화석연료									
도시 폐기물(비-바이오매스 부분)		–	91,700	30	30	300	300	4	4
산업 폐기물		–	143,000	30	30	300	300	4	4
폐유		–	73,300	30	30	300	300	4	4
토탄		이탄	106,000	1	2	10	300	1.5	1.4
Ⅴ. 바이오매스(Biomass)									
고체 바이오 연료	목재/목재 폐기물	–	112,000	30	30	300	300	4	4
	아황산염 잿물(흑액)	–	95,300	3	3	3	3	2	2
	기타 고체바이오매스	–	100,000	30	30	300	300	4	4
	목탄	–	112,000	200	200	200	200	4	1
액체 바이오 연료	바이오 가솔린	–	70,800	3	3	10	10	0.6	0.6
	바이오 디젤	–	70,800	3	3	10	10	0.6	0.6
	기타 액체바이오연료	–	79,600	3	3	10	10	0.6	0.6
기체 바이오 연료	매립지 가스	–	54,600	1	1	5	5	0.1	0.1
	슬러지 가스	–	54,600	1	1	5	5	0.1	0.1
	기타 바이오가스	–	54,600	1	1	5	5	0.1	0.1
기타 비-화석연료	도시 폐기물 (바이오매스부분)	–	100,000	30	30	300	300	4	4

* 주) "에너지산업"이란 연료 추출 또는 전력생산, 열병합 발전, 열 공장(Heat Plant), 석유 정제산업, 고체연료의 제조(코크스, 갈탄 등) 등의 산업을 의미한다.

제9조(대상시설 제외)

① 다음 각 호의 경우에는 이 지침에 의한 목표관리 대상시설에서 제외할 수 있다.
1. 「건축법 시행령」에 따른 단독주택(공관은 제외한다), 공동주택(기숙사는 제외한다)
2. 연면적 100m² 이하 소규모 건물
3. 1년 미만 기간의 임차시설
4. 「유아교육법」에 따른 유치원 및 「초·중등교육법」에 따른 초·중·고등학교
5. 「법무부 중앙사고수습본부 구성 및 운영 등에 관한 규정」에 따른 보호기관, 교정기관, 출입국 기관
6. 「노인복지법」에 따른 노인복지시설
7. 「아동복지법」에 따른 아동복지시설
8. 「장애인복지법」에 따른 장애인 복지시설
9. 「노숙인 등의 복지 및 자립지원에 관한 법률」에 따른 노숙인 시설
10. 「영유아보육법」에 따른 어린이집
11. 국가 안보·국방과 직결되는 시설
12. 「도로교통법」에 따른 긴급자동차
13. 산불진화차량, 출입국관리사무소의 도주자 체포 또는 수용자보호관찰 대상자 호송·경비용도 차량, 장애인 전용 복지·재활차량 및 국방·군사 활동 용도의 차량

② 제외시설의 경우에도 자율적으로 온실가스 감축을 추진하고자 하는 경우에는 감축 목표와 제20조에 따른 이행실적을 센터에 제출할 수 있다. 이 경우 해당시설의 감축실적은 목표관리제 대상기관의 감축실적으로 사용할 수 있으며 감축실적이 우수한 시설의 경우에는 포상·표창을 할 수 있다.

03 감축 목표 설정 및 검토

제11조(기준배출량)

① 공공부문의 장은 2007년, 2008년, 2009년 각 연도 1월 1일부터 12월 31일까지의 연간 온실가스 배출량의 3년간 평균을 기준배출량으로 하고 매년 기준배출량에 대한 감축 목표를 설정하여야 한다.

② 공공부문의 장은 특별한 사유가 있을 경우 기준배출량을 조정할 수 있으며 세부적인 기준배출량 설정 및 조정 방법은 별표 5에 따른다.

③ 공공부문의 장은 대상시설 중 필수 업무설비 작동 등의 불가피한 사유로 감축 목표 달성이 불가하다고 인정되는 시설에 한하여 환경부장관과 협의하여 별도의 기준배출량을 설정할 수 있다.
④ 기준배출량을 설정하고자 하는 공공부문의 장은 감축 목표를 제출할 때 신청서를 환경부장관에게 제출하여야 한다.

제12조(목표설정)

① 공공기관 등의 장은 2030년까지 온실가스 감축 목표량이 기준배출량 대비 50% 이상 되도록 연차별 감축 목표를 설정하여야 한다. 이 경우 2026년부터 2030년까지의 연차별 감축 목표량은 2025년까지 감축실적, 추후 배출전망치, 감축잠재량을 종합적으로 검토하여 다시 설정할 수 있다.
② 공공기관 등의 장은 설정한 연차별 감축 목표를 매년 12월 31일까지 전자적 방식으로 센터에 제출하여야 한다.
③ 환경부장관은 설정된 중장기 국가 온실가스 감축 목표 및 부문별 배출전망치 등을 고려하여 2030년 이후의 감축 목표를 설정하고 이를 제시하여야 한다.
④ 헌법기관 등의 장은 다음 년도 온실가스 감축 목표를 자발적으로 설정하고 매년 12월 31일까지 전자적 방식으로 센터에 통보할 수 있다.

제15조(감축 목표의 개선 및 보완)

① 환경부장관은 검토결과, 감축 목표가 부실하게 작성되었거나 중장기감축목표등의 달성에 적절하지 않다고 인정되는 경우 공공기관등의 장에게 감축 목표의 개선·보완을 요청할 수 있다.
② 개선·보완을 요청받은 공공부문의 장은 개선·보완을 요구받은 날로부터 1개월 이내에 감축 목표를 개선·보완하여 전자적 방식으로 센터에 제출하여야 한다.

제16조(공공부문 온실가스 감축 종합계획)

환경부장관은 관계부처와 협의하여 공공부문 온실가스 감축 목표, 추진과제, 관리방안 및 재원 지원계획 등을 포함하는 공공부문 온실가스 감축 종합계획을 수립·시행할 수 있다.

제17조(감축 목표의 변경)

① 공공부문의 장은 조직 변경, 시설의 신설 등의 사유가 발생하거나 감축 목표에 중대한 오류를 인지한 날로부터 60일 이내에 환경부장관과 협의하여 감축 목표를 변경하고, 변경한 감축 목표를 전자적 방식으로 센터에 제출하여야 한다.
② 환경부장관은 제출된 감축 목표에 대하여 감축 목표를 검토하고, 필요시 감축 목표의 개선 및 보완 등을 요구할 수 있다.

04 이행실적 관리

제18조(이행실적 관리)

공공기관 등의 장은 이행연도의 온실가스 배출량을 관리하기 위하여 시설별로 온실가스 배출량 관리대장(이하 "관리대장"이라 한다)을 전자적 방식으로 월별 작성하여야 한다.

제19조(이행실태 점검)

① 환경부장관은 공공기관 등의 감축 목표 달성을 위한 추진상황을 점검할 수 있고 필요한 경우 행정안전부장관, 산업통상자원부장관 및 국토교통부장관 등 관계기관과 공동으로 실시할 수 있다.
② 점검결과 추진상황이 미흡한 기관에 대하여는 미흡사실을 통보하고 그 개선을 요구할 수 있다. 이 경우 공공기관등의 장은 개선요구에 대한 추진계획을 환경부장관에게 제출하여야 한다.

05 이행실적 작성 및 검토

제20조(이행실적 작성)

① 공공기관 등의 장은 감축 목표 달성을 위한 이행실적을 다음 각 호를 포함하여 작성하여야 하고 매년 3월 31일까지 전자적 방식으로 센터에 제출하여야 한다.
  1. 이행연도의 온실가스 감축실적 및 목표 달성도
  2. 이행연도의 시설별 온실가스 배출량
  3. 삭제
② 공공기관 등의 장은 제1항의 온실가스 배출량 산정에 대한 연료 구입서류, 가스·전력 사용고지서 등의 근거자료와 세부 산출내역 등을 이행실적을 제출한 날로부터 5일 이내에 환경부장관에게 제출하여야 한다.
③ 공공기관 등의 장은 자연재해, 개선공사 등에 따라 이행연도 중 불가피하게 온실가스 배출량이 증감된 경우 환경부장관과 협의하여 그 시설을 제외하고 이행연도 온실가스 감축실적 및 목표 달성도를 제출할 수 있다.
④ 헌법기관 등의 장은 제1항부터 3항까지를 준용하여 기관별 온실가스 감축 목표 달성을 위한 이행실적을 작성하고 매년 3월 31일까지 전자적 방식으로 센터에 통보해야 한다.

제21조(이행실적 검토)

① 환경부장관은 공공부문의 장이 제출한 이행실적에 대하여 이행실적의 적절성, 이행연도 온실가스 배출량 산정의 정확성, 목표 달성 여부 등에 대하여 검토하여야 한다.
② 수정·보완을 요청받은 공공부문의 장은 이행실적을 보완하여 전자적 방식으로 센터에 제출하여야 한다.
③ 기준배출량과 이행연도의 온실가스 배출량 차이를 이행연도의 감축실적으로 하고 설정한 감축목표와 대비하여 목표 달성 여부 등을 검토한다.
④ 환경부장관은 검토결과에 대해 행정안전부장관, 산업통상자원부장관 및 국토교통부장관 등에게 이행실적 검토결과에 대해 검토를 요청할 수 있다.
⑤ 검토를 요청받은 행정안전부장관, 산업통상자원부장관 및 국토교통부장관 등은 이행실적의 적정성 등을 검토하고 그 결과를 환경부장관에게 통보하여야 한다.
⑥ 환경부장관, 행정안전부장관, 산업통상자원부장관 및 국토교통부장관 등은 이행실적 검토를 위해 필요한 경우 해당 공공부문의 장에게 추가 자료 제출 요구와 현장조사 등을 실시할 수 있다. 이 경우 자료의 중복요구 등이 발생하지 않도록 하여야 한다.
⑦ 환경부장관은 행정안전부장관, 산업통상자원부장관 및 국토교통부장관 등의 검토결과를 반영하여 공공부문 목표관리 이행실적 종합보고서를 작성하고 매년 6월 30일까지 탄소중립위원회에게 보고하여야 한다.

제22조(검토결과 사후조치)

① 환경부장관은 종합보고서 결과에 따라 연도별 감축 목표에 미달하는 등 필요한 경우에는 공공기관등의 장에게 온실가스 감축을 촉진하기 위한 개선을 명할 수 있다.
② 개선명령을 받은 공공기관 등의 장은 명령을 받은 날로부터 1개월 이내에 개선계획을 환경부장관에게 제출하여야 한다.
③ 미흡기관 중 기준배출량이 $200tCO_2-eq$ 미만인 기관은 개선명령 대상에서 제외할 수 있다.

06 공동이행 및 비규제 부문 외부감축사업 추진

제23조(공공부문 공동이행 추진)

① 공동이행을 추진하고자 하는 공공부문의 장은 기관간 협약 등을 통해 공동이행 계획을 수립하여

작성해 매년 1월 31일까지 환경부장관에게 제출하여야 한다.
② 공동이행을 수행한 공공부문의 장은 공동이행 결과서 및 증빙자료를 익년 1월 31일까지 환경부장관에게 제출하여야 한다.
③ 환경부장관은 공동이행실적 및 증빙자료를 검토하여 30일 이내에 이행실적을 확정·통보한다.
④ 제3항에 따라 확정·통보된 공동이행실적은 해당 공공부문의 감축 목표 달성에 활용할 수 있다.

제24조(비규제 부문 외부감축사업 대상 및 등록)

① 공공부문의 장은 대상사업을 선정하여 환경부장관에게 승인을 신청할 수 있다.
② 비규제 부문 외부감축사업을 추진하고자 하는 공공부문의 장은 매년 9월 말까지 감축사업등록부에서 등록(변경)신청서를 작성 후 전자적 방식으로 센터에 제출하여야 한다.
③ 비규제 부문 외부감축사업의 감축량 산정은 별표 7에 따른다.
④ 비규제 부문 외부감축사업을 추진하고자 하는 공공부문의 장은 감축활동별 감축량 산정시 최종 감축량은 정수단위(소수점 이하는 버림 하는 것을 의미한다)로 산정한다.
⑤ 과거 준공된 사업의 등록대상은 등록신청 전년도 1월 1일 이후에 준공된 사업으로 한다.
⑥ 사업기간은 사업시작일로부터 5년 이내로 하되, 1회에 한해 갱신을 신청하여 10년 이내로 할 수 있다. 다만 시설폐쇄, 용량 및 위치, 사업기간 등 감축사업등록부의 등록신청서 내용 변경이 있는 경우 등록변경신청서를 작성하여 다시 제출하여야 한다.
⑦ 사업기간을 갱신하여 연장하는 경우, 외부감축사업 사업기간 만료일 12개월 전부터 만료일 2개월 전까지 감축사업등록부에서 갱신 신청서를 작성 후 전자적 방식으로 센터에 제출하여야 하며, 사업절차는 제24조에서 제27조를 준용하여야 한다.

제25조(비규제 부문 외부감축사업에 대한 타당성 평가 및 승인)

① 환경부장관은 비규제 부문 외부감축사업을 추진하는 공공부문의 장이 비규제 부문 외부감축사업 승인을 신청한 경우, 해당 비규제 부문 외부감축사업에 대하여 다음 각 호의 사항을 평가하여 승인한다.
  1. 외부감축사업을 통한 온실가스 감축 효과가 장기적으로 지속 가능한지 여부
  2. 외부감축사업을 통한 온실가스 감축량의 계량화가 가능한지 여부
  3. 사업 시작일이 비규제 부문 외부감축사업 제도 시행일 이후이며, 사업이 타 사업 및 타제도의 외부감축사업으로 중복 등록되지 않았는지 여부
  4. 감축사업 목록에 해당되는지의 여부
  5. 온실가스 감축을 위해 신청기관의 경제적 노력이 있었는지 여부
② 환경부장관은 비규제 부문 외부감축사업을 추진하고 있는 공공부문의 장이 사업기간 갱신을 신

청한 경우, 해당 비규제 부문 외부감축사업에 대하여 다음 각 호의 사항을 평가하여 승인한다.
  1. 등록된 외부감축사업에서 적용된 승인 방법론의 최신 버전 적용 여부
  2. 등록된 외부감축사업에 기존 자료 및 변수들의 유효성 여부
③ 환경부장관은 비규제 부문 외부감축사업 확인을 위하여 필요한 경우 해당사업의 현장조사를 수행할 수 있으며, 감축사업 신청서 접수 후 30일 이내에 반려 또는 승인을 통보하여야 한다. 다만, 부득이한 사유 발생 등 추가 검토가 필요한 경우 30일의 범위에서 기간을 연장하고, 그 사실을 신청인에게 알려야 한다.
④ 환경부장관은 승인한 비규제 부문 외부감축사업을 감축사업등록부에 등록·관리하고, 제2항에 따라 사업기간 갱신이 승인된 외부감축사업에 대하여 감축사업등록부에 변경 등록·관리하여야 한다.

제26조(비규제 부문 외부감축사업 감축실적 인증 신청)

① 공공부문의 장은 신청한 비규제 부문 외부감축사업을 적정하게 시행하여야 한다.
② 외부감축사업을 추진하고 있는 공공부문의 장이 비규제 부문 외부감축사업 시행 후 온실가스 감축량을 인증 받고자 할 때에는 비규제 부문 외부감축사업 감축실적 인증신청서에 다음 각 호의 서류를 첨부하여 매년 12월 말까지 전자적 방식으로 센터에 제출하여야 한다.
  1. 비규제 부문 외부감축사업자가 산정방법론에 따라 작성한 감축량 산정결과
  2. 기관간 협약 등 감축실적 배분을 확인할 수 있는 사항
  3. 그 밖에 환경부장관이 온실가스 감축량 검·인증에 필요하다고 인정하는 자료
③ 인증신청은 사업기간 종료연도 이내에 신청해야 한다.

제27조(비규제 부문 외부감축사업 감축실적 검·인증 및 사용)

① 환경부장관은 제출된 감축실적 인증신청서에 대해 분기별로 검토하여 30일 이내에 비규제부문 외부감축사업 감축실적 인증서를 신청인에게 교부하여야 한다.
② 외부감축실적은 기존 감축실적에 누적하고, 당해 연도의 이행실적부터 분할하여 사용할 수 있다.
③ 외부감축실적의 사용 한도는 해당 공공부문이 설정한 온실가스 기준배출량의 100분의 20 이내로 한다.
④ 비규제 부문 외부감축사업 감축실적을 사용하고자 할 때는 감축실적 사용신청서를 전자적 방식으로 센터에 제출하여야 한다.
⑤ 환경부장관은 신청 받은 사용신청서에 대해 사용한도 여부를 확인한 후 당해 이행실적 평가에 반영하여야 한다.

♂ 제29조(감축사업등록부의 관리 및 운영 등)

① 환경부장관은 비규제 부문 외부감축사업의 감축사업등록부를 구축하고 전자적 방식으로 관리하여야 한다.
② 감축사업등록부에는 다음 각 호의 사항을 등록한다.
    1. 비규제 부문 외부감축사업 등록(변경)신청서 및 승인서
    2. 감축실적 인증신청서 및 인증서
    3. 비규제 부문 외부감축사업 감축실적 사용신청서
    4. 비규제 부문 외부감축사업 갱신 신청서 및 승인서
    5. 그 밖에 환경부장관이 필요하다고 인정하여 요구하는 사항

07 국민 참여 온실가스 감축실적 및 재생에너지 감축실적 사용

♂ 제30조 (국민 참여 온실가스 감축실적 사용)

① 탄소포인트제(에코마일리지제 포함, 이하 "탄소포인트제")의 감축실적은 다음 각 호 사항을 반영하여 사용한다.
    1. 감축실적은 전기 등의 사용량 절감분을 온실가스 감축량으로 환산한 것을 말한다.
    2. 산정대상 배출활동의 종류는 별표 3과 같고, 감축실적은 별표 4의 규정에 따라 산정한다.
    3. 등록된 외부감축사업과 탄소포인트제에 중복 참여한 경우 하나의 실적만을 활용해야 한다.
    4. 감축실적 사용한도는 기준배출량의 100분의 10 이내로 한다.
② 매년 발생한 감축실적은 누적하여 사용할 수 없으며, 만1년 기간의 실적을 공공부문의 목표달성에 활용할 수 있다.
③ 감축실적을 사용하고자 하는 공공부문의 장은 이를 이행실적에 반영하여 증빙자료와 함께 제출하여야 한다.
④ 다만, 2개 이상 기관의 공동참여 감축실적을 활용하고자 하는 경우 참여기관간의 사전협의를 하여야 한다.

♂ 제31조 (재생에너지 감축실적 사용)

① 공공부문의 장이 「신에너지 및 재생에너지 개발·이용·보급 촉진법」에 따른 신·재생에너지 공급인증서를 구매하거나 신·재생에너지발전사업자가 생산한 전력을 전기판매사업자와 공급

계약을 체결하여 거래하는 경우 또는 지분참여 등의 방법으로 산업통상자원부장관이 정하는 바에 따라 인정받은 재생에너지 사용실적은 다음 각 호 사항을 반영하여 감축실적으로 사용할 수 있다.
1. 재생에너지를 이용한 사용실적은 해당연도에 발급받은「신재생에너지 설비의 지원 등에 관한 규정」에 따른 '재생에너지 사용확인서'를 전자적 방식으로 센터에 등록한 재생에너지 사용량을 온실가스 감축량으로 환산한 것을 말한다.
2. 등록된 외부감축사업 및 다른 사업에 실적을 사용한 경우 중복 사용할 수 없다.
3. 재생에너지 사용실적의 사용한도는 기준배출량 중 전력 사용에 따른 배출량의 100분의 20 이내로 한다.

② 감축실적을 사용하고자 하는 공공부문은 이를 이행실적에 반영하여 증빙자료와 함께 전자적 방식으로 센터에 제출하여야 한다.

08 평가결과의 공표 및 교육

제32조(평가결과의 공표 등)

① 공공부문의 장은 이행실적의 검토결과를 공개하여야 한다.
② 환경부장관은 공공부문의 이행실적 검토결과를 센터의 온실가스종합정보관리체계를 통해 공개하고, 감축실적이 우수한 기관 등에는 포상·표창을 할 수 있다.

제33조(교육)

① 환경부장관은 감축 목표 달성지원을 위한 공공부문 온실가스 목표관리 담당자 교육 계획을 수립·시행하여야 한다.
② 신규 담당자와 감축 미흡기관의 경우 관련 교육을 이수하여야 한다.

SECTION 09 외부사업 타당성 평가 및 감축량 인증에 관한 지침

01 총칙

제2조(용어의 정의)

1. 외부사업
   할당대상업체(이하 "할당대상업체"라 한다)의 조직경계 외부의 배출시설 또는 배출활동 등에서 국제적 기준에 부합하는 방식으로 온실가스를 감축, 흡수 또는 제거하는 사업을 말한다.
2. 외부사업 사업자
   외부사업의 발굴·시행 및 운영에 책임이 있는 사업자를 말한다.
3. 외부사업 참여자
   외부사업에 참여하는 할당대상업체, 외부사업 사업자, 외부사업 인증실적 거래를 중개하는 회사를 말한다.
4. 인증위원회
   상쇄에 관한 전문적인 사항을 심의·조정하기 위하여 환경부장관이 구성하는 위원회를 말한다.
5. 외부사업 인증실적
   상쇄등록부에 등록된 외부사업으로부터 발생한 온실가스 감축량 중 부문별 관장기관의 장이 최종적으로 인증한 감축량을 말한다.
6. 방법론
   온실가스 감축량 또는 흡수량의 계산 및 모니터링을 하기 위하여 적용하는 기준, 가정, 계산방법 및 절차 등을 기술한 문서를 말한다.
7. 베이스라인 배출량
   외부사업 사업자가 외부사업을 하지 않았을 경우, 사업경계 내에서 발생가능성이 가장 높은 조건을 고려한 온실가스 배출량을 말한다.
8. 사업경계
   외부사업에 의해 영향을 받는 온실가스 배출원 및 흡수원을 포함하는 영역을 말한다.
9. 추가성
   법적·제도적·경제적 측면에서 고려되어야 하는 외부사업의 특성으로서, 인위적으로 온실가스를 저감하기 위하여 일반적인 경영여건에서 실시할 수 있는 활동 이상의 추가적인 노력을 말한다.

10. 불확도

    온실가스 배출량 등의 산정 결과와 관련하여 정량화된 양을 합리적으로 추정한 값의 분산특성을 나타내는 정도를 말한다.

11. 타당성평가

    외부사업 사업자가 작성한 외부사업 승인 신청을 위한 사업계획서가 관련 기준에 맞게 작성되었는지를 평가하기 위하여 부문별 관장기관의 장이 수행하는 체계적이고 독립적이며 문서화된 프로세스를 말한다.

12. 감축량 인증

    등록된 외부사업의 온실가스 감축량 및 흡수량을 평가하기 위하여 부문별 관장기관의 장이 수행하는 체계적이고 독립적이며 문서화된 프로세스를 말한다.

13. 모니터링

    외부사업 사업자가 외부사업을 시행하는 동안, 온실가스 배출 또는 흡수와 관련된 직접 또는 간접 데이터를 지속적으로 수집 및 관리하는 활동을 말한다.

14. 검증

    외부사업 사업자가 작성한 온실가스 감축량 모니터링 보고서가 관련 기준에 맞게 작성되었는가를 평가하기 위하여 검증기관이 수행하는 체계적이고 독립적이며 문서화된 일련의 활동을 말한다.

15. 검증기관

    환경부장관이 지정한 외부사업의 검증 업무를 수행하는 기관을 말한다.

16. 계정

    외부사업 인증실적을 상쇄등록부에서 관리하기 위하여 부문별 관장기관의 장 및 외부사업 참여자의 명의로 개설되는 가상의 공간을 말하며, 고유번호를 부여받은 발행계정, 보유계정, 취소계정, 처분계정, 산림예치계정 및 상쇄배출권계정으로 구분된다.

17. 발행계정

    외부사업 인증실적을 최초로 발행하는 계정으로서 외부사업별로 독립된 하나의 계정으로 관리되는 것을 말한다.

18. 산림예치계정

    산림분야 사업의 이산화탄소 손실에 대처하기 위해, 산림분야 사업으로부터 발행된 온실가스 감축량의 일정부분을 예치하는 계정을 말한다.

19. 보유계정

    외부사업 참여자별로 독립된 하나의 계정으로 관리되는 것을 말한다.

20. 취소계정

    외부사업 참여자가 이전한 외부사업 인증실적 및 산림의 손실 등으로 인하여 산림예치량 중 외부사업 참여자에게 반환되지 않은 인증실적을 관리하기 위한 계정을 말한다.

21. 상쇄배출권계정

    할당대상업체가 보유 또는 취득한 외부사업 인증실적에서 상쇄배출권으로 전환한 실적을 보유하는 계정으로서 할당대상업체별로 독립된 하나의 계정으로 관리되는 것을 말한다.

22. 처분계정

    할당대상업체가 보유 또는 취득한 외부사업 인증실적을 상쇄배출권으로 전환한 후 해당 외부사업 인증실적을 관리하기 위한 계정을 말한다.

23. 상쇄등록부

    외부사업 방법론, 외부사업 등록 및 감축량 인증 등 일련의 과정을 지속적이며 체계적으로 관리하기 위한 전자적 방식의 시스템을 말한다.

24. 인증유효기간 시작일

    외부사업 사업자가 온실가스 감축사업을 시행하여 온실가스 감축이 발생되는 시점을 의미하고, 외부사업이 인증위원회에서 의결된 시점 이후로 정한다. 다만 「기후변화에 관한 국제연합 기본협약」에 따른 온실가스 감축사업은 등록된 시작일로 정한다.

제4조(주무관청 역할분담)

① 이 지침과 관련하여 환경부장관은 다음 각 호의 업무를 수행한다.
   1. 외부사업에 관한 총괄 · 조정
   2. 외부사업에 관한 종합적인 기준과 지침의 기준 수립
   3. 인증위원회 구성 및 운영
   4. 검증기관의 지정 · 관리, 검증심사원 교육 및 양성

② 부문별 관장기관의 장은 다음 각 호의 업무를 수행한다.
   1. 외부사업에 관한 지침의 제 · 개정
   2. 외부사업에 대한 타당성 평가 및 승인
   3. 방법론 승인 및 개정
   4. 외부사업 온실가스 감축량 인증
   5. 상쇄등록부 관리 · 운영

③ 환경부장관은 다음 각 호의 업무를 수행한다.
   1. 외부사업 타당성 평가 결과에 대한 협의
   2. 방법론 승인 및 개정에 대한 협의
   3. 외부사업 감축량 인증에 대한 의견 제출

제5조(검증기관의 업무)

이 지침과 관련하여 검증기관은 다음 각 호의 업무를 수행한다.
  1. 상쇄등록부에 등록된 외부사업 온실가스 감축량에 대한 검증
  2. 외부사업 온실가스 감축량 인증 시, 검증에 대한 수정·보완 요청 등 필요한 조치에 대한 이행

| 별표 3. 외부사업 승인 절차 |

	절차	개요	수행주체
1단계	외부사업 승인 신청	• 사업계획서 작성 • 외부사업 승인신청서 작성	외부사업 사업자
2단계	외부사업 접수	• 외부사업 승인신청서 검토	부문별 관장기관
	타당성 평가	• 타당성 평가 기준에 따른 외부사업의 적합성 평가 (사업계획서 평가) • 타당성 평가 의견서 작성	부문별 관장기관
	타당성 평가 의견 통보	• (외부사업 사업자에게) 타당성 평가 의견 결과 통보 • (필요 시) 타당성 평가 의견 결과 시정 조치 요구	부문별 관장기관
	(수정·보완)	• 외부사업 승인 신청 서류 수정 또는 보완 (최대 3회)	외부사업 사업자
	타당성 평가 완료	• 외부사업 타당성 평가 의견서 작성 완료	부문별 관장기관
	타당성 평가 협의	• 외부사업 타당성 평가 결과에 대한 협의	환경부장관
3단계	심의안건 상정	• 인증위원회 구성 • 타당성 평가 승인 여부 검토 결과 심의 상정	환경부장관
	승인 심의	• 타당성 평가 심의 기준에 따른 외부사업 심의 • (인증위원) 승인 심의서 작성 • 타당성 평가 승인 심의 결과보고서 작성	인증위원회
	심의결과 통보 및 상쇄등록부 등록	• (외부사업 사업자 측으로) 심의 결과 통보 • 상쇄등록부 등록 • 외부사업 승인서 발급	부문별 관장기관

02 외부사업의 승인

제8조(승인 대상)

① 외부사업으로 승인할 수 있는 외부사업(이하 "승인대상 외부사업"이라 한다)은 온실가스 배출원을 근본적으로 제거 또는 개선하는 활동을 포함하고 있는 사업에 한한다. 다만, 부문별 관장기관의 장은 단순한 생산량 감소, 유지 보수 등의 행태 변화에 의한 온실가스 감축은 외부사업으로 승인하지 아니한다.

② 부문별 관장기관의 장은 승인대상 외부사업이 다음 각 호의 기준을 충족하는 경우에 외부사업으로 승인할 수 있다.
  1. 외부사업 사업자가 할당대상업체의 조직경계 외부에서 자발적으로 시행하는 사업에 한한다.
  2. 1차 계획기간과 2차 계획기간에는 외국에서 시행된 외부사업에서 발생한 외부사업 온실가스 감축량은 인증 또는 그에 상응하는 배출권으로 전환하여 줄 것을 신청할 수 없다. 다만, 국내 기업 등이 외국에서 직접 시행한 영 제48조 제7항에 따른 청정개발체제 사업에서 2016년 6월 1일 이후 발생된 온실가스 감축량에 대해서는 2차 계획기간까지의 감축실적에 대해서 인증할 수 있으며, 국내 기업 등이 파리협정 제6조에 따라 외국에서 직접 시행한 사업은 제3차 계획기간부터 인증할 수 있다.
  3. 제2호 단서에서 말하는 국내 기업 등이란 다음 각 목의 어느 하나에 해당하는 경우를 말한다.
      가. 할당대상업체
      나. 가목 외로서 국가기관, 지방자치단체, 「공공기관 운영에 관한 법률」에 따른 공공기관, 「상법」에 따라 국내에 등록한 기업, 비영리법인, 그 밖의 법인
      다. 가목 및 나목에 따른 국내 기업 등이 100% 지분을 보유하고 있는 자회사(외국 법인)
  4. 외부사업 온실가스 감축량이 타 법령에 의한 의무적 사항을 이행하는 과정에서 발생한 것이 아니어야 한다. 다만, 의무적 사항을 초과하여 이행한 과정에서 발생한 것은 신청할 수 있다.
  5. 일반적인 경영여건에서 실시할 수 있는 행동을 넘어서는 추가적인 행동 및 조치에 따른 감축이 발생되어야 한다.
  6. 외부감축실적은 지속적이고 정량화되어 검증 가능하여야 한다.
  7. 외부사업은 배출량 인증위원회에서 승인한 방법론을 적용해야 한다.

③ 2016년까지 부문별 관장기관이 추진한 온실가스 감축실적 구매사업으로 등록된 사업에 한해, 해당 사업의 잔여 인정 유효기간 범위 내의 온실가스 감축실적을 외부사업 인증실적으로 전환 신청할 수 있다.

④ 승인대상 외부사업의 분류 및 등록 특례 사업은 별표1에 따른다.

⑤ 제2항 제3호의 국내 기업 등이 직접 시행한 청정개발체제 사업 및 「기후위기 대응을 위한 탄소중립·녹색성장 기본법」에 따른 국제감축사업의 기준은 별표를 따른다.

제9조(승인대상 외부사업의 규모 및 종류)

① 승인대상 외부사업은 온실가스 감축량의 최소규모를 제한하지 아니한다.
② 온실가스 배출 감축 또는 흡수 예상량이 이산화탄소 상당량톤으로 연간 3,000톤을 초과하는 사업은 일반 감축사업으로 승인하고, 100톤 초과 3,000톤 이하인 사업은 소규모 감축사업으로 승인하며, 100톤 이하인 사업은 극소규모 감축사업으로 승인한다.
③ 제2항의 소규모 감축사업 및 극소규모 감축사업은 승인대상 외부사업 여러 개를 묶어서 하나의 사업(이하 "묶음 감축사업"이라 한다)으로 신청할 수 있다. 다만, 이러한 경우에 총 예상 감축규모는 소규모 묶음 감축사업의 경우에는 이산화탄소 상당량톤으로 연간 15,000톤을 초과할 수 없으며, 극소규모 묶음 감축사업의 경우에는 이산화탄소 상당량톤으로 연간 500톤을 초과할 수 없다.
④ 부문별 관장기관의 장은 중앙정부, 지방자치단체 또는 민간 등에 의해 일관된 사업 목적에 따라 시행되는 자발적 중·장기 온실가스 감축사업(이하 "프로그램 감축사업"이라 한다)을 프로그램 감축사업 및 해당 프로그램 감축사업의 단위사업으로 승인할 수 있다.
⑤ 승인대상의 규모 및 종류에 대한 세부사항은 별표에 따른다.

제10조(사업 시작일)

① 사업 시작일은 외부사업을 시작하는 날로서 다음 각 호 중 가장 빠른 시점을 기준으로 한다.
 1. 외부사업의 시행과 관련된 계약일
 2. 외부사업의 시행과 관련된 최초 지출일
 3. 외부사업의 작업 실행 또는 장치의 설치 시작일
② 제1항에도 불구하고 사업의 타당성 연구, 사전조사를 위한 계약일 또는 이에 대한 비용 지불일 등 중요하지 않은 지출행위는 사업 시작일로 보지 않는다.
③ 프로그램 감축사업의 사업 시작일은 프로그램 감축사업 총괄 사업자가 해당 사업을 공식 승인한 날을 의미하며, 프로그램 감축사업의 단위사업의 사업 시작일은 제1항과 같다. 다만, 프로그램 감축사업 내 최초로 시작된 단위사업의 사업 시작일은 프로그램 감축사업의 사업 시작일보다 선행할 수 없다.
④ 외부사업은 사업 시작일이 2010년 4월 14일(저탄소 녹색성장 기본법 시행일을 말한다. 이하 "기본법 시행일"이라 한다) 이후에 발생된 사업에 대해서 외부사업으로 등록할 수 있다.
⑤ 삭제

제11조(인증유효기간)

① 외부사업의 인증유효기간(이하 "인증유효기간"이라 한다)은 사업계획서의 인증유효기간 시작일

로부터 계상되며, 사업의 운영기간을 고려하여 갱신형 또는 고정형으로 신청할 수 있다.
② 제1항의 인증유효기간은 갱신형의 경우 사업 인증유효기간 시작일로부터 7년 이내로 하되, 연장은 2회로 제한되며, 고정형의 경우 사업 인증유효기간 시작일로부터 10년 이내로 하되, 연장은 가능하지 않다.
③ 제2항에도 불구하고 산림분야에 속하는 외부사업의 인증유효기간은 갱신형의 경우 사업 인증유효기간 시작일로부터 20년 이내로 하되 연장은 2회로 제한되며, 고정형의 경우 사업 인증유효기간 시작일로부터 30년 이내로 하되, 연장은 가능하지 않다.
④ 묶음 감축사업의 인증유효기간은 제2항 또는 제3항을 준용하며, 묶음 감축사업에 포함된 모든 단위 사업들은 동일한 인증유효기간을 갖는다.
⑤ 프로그램 감축사업의 인증유효기간은 사업 인증유효기간 시작일로부터 28년 이내로 하되, 연장은 가능하지 않다. 프로그램 감축사업에 속한 각각의 단위사업의 인증유효기간은 제2항을 준용하며, 각각의 단위사업의 인증유효기간이 남아있는 경우에도 해당 프로그램 감축사업의 인증유효기간 종료일은 모두 동일하다.
⑥ 제5항에도 불구하고 산림분야에 속하는 프로그램 감축사업의 경우 인증유효기간은 사업 인증유효기간 시작일로부터 60년 이내로 한다. 프로그램 감축사업에 속한 각각의 단위사업의 인증유효기간은 제3항을 준용하며, 각각의 단위사업의 인증유효기간이 남아있는 경우에도 해당 프로그램 감축사업의 인증유효기간 종료일은 모두 동일하다.

제12조(외부사업 승인 신청)

① 부문별 관장기관의 장은 외부사업 사업자가 다음 각 호의 서류를 제출하여 외부사업으로 승인하여 줄 것을 신청하는 경우에 이 지침에 따라 심사하여 외부사업으로 승인할 수 있다.
  1. 승인신청서
  2. 별표의 작성지침에 따라 작성된 사업계획서. 다만, 극소규모 감축사업의 경우에는 부문별 관장기관의 장이 별도로 정하여 상쇄등록부에 등록한 양식에 따라 사업계획서를 제출할 수 있다.
② 제1항에도 불구하고 사업의 경우에는 다음 각 호의 서류를 제출하여야 한다. 다만, 제8조 제2항 제2호 단서에 따른 사업의 경우에는 그 사업에 참여한 동조항 각 호의 국내 기업 등(다목의 경우 그 기업 등의 모회사 포함)이 외부사업으로 승인하여 줄 것을 신청한 경우에는 별표에 따라 필요한 서류를 제출하여야 한다.
  1. 승인신청서
  2. 해당 감축제도에 제출된 사업계획서의 국문 요약서
  3. 해당 감축제도의 등록을 증명할 수 있는 관련서류
  4. 해당 감축제도로부터 발행된 감축실적 보유현황 및 소유권 증빙에 관한 서류

③ 외부사업 사업자가 외부사업 승인 신청을 하는 경우에는 「기후위기 대응을 위한 탄소중립·녹색성장 기본법 시행령」 제18조 제1항에 따라 해당 부문별 관장기관의 장에게 신청한다.

④ 외부사업 사업자는 다음 각 호의 사항을 신청 또는 제출하는 경우 제3항을 따른다.
1. 외부사업 방법론 등록 신청
2. 방법론 개정 평가 및 승인 신청
3. 착수신고서 제출
4. 모니터링보고서 제출
5. 온실가스 감축량의 인증 신청
6. 인증유효기간 갱신 신청
7. 기타 외부사업 관련 신청 및 제출에 관한 사항

제13조(외부사업 타당성 평가)

① 부문별 관장기관의 장은 심사를 할 때에 다음 각 호를 고려(제8조 제2항 제2호 단서에 따른 사업의 경우에는 별표에 따른 사업별 기준을 추가로 고려한다)하여 타당성 평가를 하여야 한다. 이때 부문별 관장기관의 장은 타당성 평가를 위하여 외부전문가를 활용할 수 있다.
1. 외부사업의 일반요건 준수 여부
2. 적용된 방법론의 적절성
3. 베이스라인 시나리오의 적절성
4. 추가성 입증의 적절성
5. 배출량 산정방식의 적합성
6. 모니터링 계획의 적절성
7. 인증유효기간의 적절성
8. 외부사업의 중복 등록 여부
9. 수정 및 보완이 있는 경우 조치의 적절성
10. 소규모, 극소규모 감축사업의 디번들링 평가의 적절성
11. 제9조 제4항의 사업의 경우 프로그램 시행계획의 적절성

② 제1항에도 불구하고 제8조 제3항 및 법 제30조 제1항 제2호에 따른 사업의 경우에는 제1항 제1호, 제8호 및 제9호만을 고려하여 타당성 평가를 수행할 수 있다.

③ 부문별 관장기관의 장은 다른 법령에 의하여 온실가스 감축사업으로 등록된 사업의 경우에는 등록을 위한 평가내용의 중복성을 검토하여 타당성 평가 내용의 일부를 생략할 수 있다.

④ 부문별 관장기관의 장은 타당성 평가를 위하여 필요한 경우 사업계획서 외에 별도의 근거자료를 해당 승인 신청을 한 외부사업 사업자에게 요구할 수 있다.

⑤ 부문별 관장기관의 장은 외부사업 사업자가 제4항의 요구에 따른 근거자료를 제출하지 않는 경우 그 사유를 명시하여 해당 승인 신청을 반려할 수 있다.
⑥ 부문별 관장기관의 장은 타당성 평가 결과에 대하여 타당성 평가 의견서를 작성하여 승인 신청을 받은 날 또는 수정·보완서류를 받은 날로부터 30일 이내에 해당 승인 신청을 한 외부사업 사업자에게 통보하여야 한다. 다만, 부득이한 사정으로 그 기간 내에 통보할 수 없을 때에는 30일 범위에서 기간을 연장하고 그 사실을 신청인에게 알려야 한다.
⑦ 외부사업 사업자는 타당성 평가 의견서에 따라 수정·보완서류를 타당성 평가 의견서에 명시된 기한까지 해당 부문별 관장기관의 장에게 제출하여야 한다. 다만, 타당성 평가 의견서에 따른 해당 신청자료의 수정·보완은 3회까지 할 수 있다.
⑧ 부문별 관장기관의 장은 타당성 평가와 관련한 사실 여부 및 적정성을 확인하기 위하여 필요한 최소한의 범위에서 현장조사 등의 방법으로 실태조사를 할 수 있다.
⑨ 부문별 관장기관의 장은 극소규모 감축사업에 대해서는 제1항 각 호에 대한 타당성 평가 시 평가기준을 완화하여 적용할 수 있다.

제14조(추가성 평가)

① 추가성 입증의 적절성에 대한 평가(이하 "추가성 평가"라 한다)에서는 다음 각호의 사항을 평가한다.
  1. 법적·제도적 추가성
  2. 경제적 추가성
② 제1항에도 불구하고 연간 60,000이산화탄소상당량톤(tCO_2-eq) 이하의 예상 온실가스 감축량을 갖는 외부사업의 경우, 제1항 제1호에 대해서만 평가할 수 있다.
③ 추가성 평가에 대한 세부절차 및 방법은 별표와 같다.

제15조(타당성 평가 결과에 대한 협의)

① 부문별 관장기관의 장은 타당성 평가가 완료되면 지체 없이 승인 여부 검토 결과에 대하여 영 제48조 제1항에 따라 환경부장관에게 협의를 요청하여야 한다.
② 환경부장관은 협의 의견을 30일 이내에 협의를 요청한 부문별 관장기관의 장에게 통보하여야 한다.

제16조(외부사업 승인에 대한 심의요청)

① 부문별 관장기관의 장은 협의 결과를 반영하여 외부사업 승인 여부에 대한 검토 결과를 환경부장관에게 제출하여야 한다.
② 환경부장관은 프로그램 감축사업의 경우 제1항에도 불구하고 최초 승인 후 추가되는 단위사업에 대해서는 인증위원회 심의를 생략할 수 있다.
③ 환경부장관은 제출된 자료의 심의를 인증위원회에 요청하고, 그 결과를 부문별 관장기관의 장에게 통보하여야 한다. 이 경우 부문별 관장기관의 장은 즉시 그 결과를 작성하여 해당외부사업 사업자에게 통보하여야 한다. 다만, 지침에 명백히 부합하지 아니하는 경우 인증위원회에 심의 요청하지 아니한다.
④ 삭제

제17조(외부사업의 승인)

① 부문별 관장기관의 장은 외부사업 승인신청이 타당성 평가, 추가성 평가 및 심의 결과 외부사업으로 승인하는 것이 적합하다고 판단되는 경우 이를 승인하고 외부사업 승인서를 발급하여야 한다.
② 부문별 관장기관의 장은 외부사업으로 승인된 사업을 상쇄등록부에 등록하고, 해당 사업을 구분할 수 있도록 별표에 따라 외부사업 등록 고유번호를 부여하는 등의 이력관리를 하여야 한다.

제18조(승인 취소)

① 부문별 관장기관의 장은 승인된 외부사업이 다음 각 호의 어느 하나에 해당하는 경우에는 인증위원회의 심의를 거쳐 승인을 취소할 수 있다. 다만, 제1호에 해당하는 경우에는 그 승인을 취소해야 한다.
 1. 거짓이나 부정한 방법으로 외부사업을 승인받은 경우
 2. 정당한 사유 없이 그 승인을 받은 날부터 1년 이내에 해당 사업을 시행하지 않는 경우
 3. 법 제30조 제1항 제2호에 해당하는 사유로 외부사업으로 승인된 사업이 「기후변화에 관한 국제연합 기본협약」 및 관련 조약에 따라 유효하지 않게 된 경우
 4. 법령 개정, 기술 발전 등에 따라 해당 사업이 일반적인 경영 여건에서 할 수 있는 활동 이상의 추가적인 노력이라고 보기 어려운 경우
② 부문별 관장기관의 장은 외부사업 승인을 취소하기 전에 해당 외부사업 사업자에게 의견진술의 기회를 부여하여야 한다. 다만, 의견진술을 통보받은 날로부터 30일 이내에 의견을 제출하지 않는 경우에는 승인 취소에 대한 이의가 없는 것으로 본다.

03 외부사업 방법론

제19조(방법론 등록 신청)

① 부문별 관장기관의 장은 외부사업 사업자가 다음 각 호의 서류를 제출하여 외부사업 방법론으로 승인하여 줄 것을 신청하는 경우에 이를 심사하여 외부사업 방법론으로 승인할 수 있다.
  1. 외부사업 방법론 신청서
  2. 외부사업 방법론 제안서
  3. 승인 신청한 방법론을 적용한 사업계획서. 다만, 제22조 제3항에 의한 방법론은 제외한다.
② 외부사업 방법론 제안서에는 다음 각 호의 사항이 포함되어야 한다.
  1. 방법론 일반사항 및 용어정의   2. 베이스라인 방법론
  3. 모니터링 방법론   4. 참고 문헌
  5. 기타 사항

제20조(방법론 검토)

① 부문별 관장기관의 장은 방법론 승인 신청을 검토하기 위하여 필요한 경우 외부전문가를 활용할 수 있다.
② 부문별 관장기관의 장은 다음 각 호의 사항을 고려하여 승인이 신청된 방법론에 대한 검토의견서를 작성하여 승인 신청을 받은 날 또는 수정·보완서류를 받은 날로부터 60일 이내에 외부사업 방법론 승인을 신청하는 자에게 통보하여야 한다. 다만, 부득이한 사정으로 그 기간 내에 통보할 수 없을 때에는 60일 범위에서 기간을 연장하고 그 사실을 신청인에게 알려야 한다.
  1. 방법론 적용조건의 적절성
  2. 베이스라인 방법론 기술의 적정성
  3. 모니터링 방법론 기술의 적정성
  4. 기타 부문별 관장기관의 장이 중요하다고 인정하는 사항
  5. 수정·보완조치가 있는 경우 조치의 적절성
③ 부문별 관장기관의 장은 제2항의 검토를 위하여 별도의 근거자료를 외부사업 방법론 승인을 신청하는 자에게 요구할 수 있다.
④ 부문별 관장기관의 장은 외부사업 방법론 승인을 신청하는 자가 제3항의 요구에 따른 근거자료를 제출하지 않는 경우 그 사유를 명시하여 방법론 승인 신청을 반려할 수 있다.
⑤ 외부사업 방법론 승인을 신청하는 자는 방법론 검토의견서에 따라 수정·보완서류를 방법론 검토의견서에 명시된 기한까지 해당 부문별 관장기관의 장에게 제출하여야 한다. 다만, 방법론 검토의견서에 따른 해당 신청자료의 수정·보완은 3회까지 할 수 있다.

제21조(방법론 승인 심의)

① 부문별 관장기관의 장은 방법론 검토가 완료되면 지체 없이 승인 여부 검토 결과에 대하여 제4조 제3항 제2호에 따라 환경부장관에게 협의를 요청하여야 한다.
② 환경부장관은 협의 의견을 30일 이내에 협의를 요청한 부문별 관장기관의 장에게 통보하여야 한다.
③ 부문별 관장기관의 장은 협의 결과를 반영하여 방법론 승인 여부에 대한 검토 결과를 환경부장관에게 제출하여야 한다.
④ 환경부장관은 제출된 자료의 심의를 인증위원회에 요청하고, 그 결과를 부문별 관장기관의 장에게 통보하여야 한다. 이 경우 해당 부문별 관장기관의 장은 즉시 그 결과를 방법론 심의 결과서를 작성하여 해당 외부사업 방법론 승인을 신청하는 자에게 통보하여야 한다. 다만, 지침에 명백히 부합하지 아니하는 경우 인증위원회에 심의 요청하지 아니한다.
⑤ 삭제

제22조(방법론 등록)

① 부문별 관장기관의 장은 심의 결과 방법론으로 승인하는 것이 적합하다고 판단되는 경우 이를 승인하고 승인된 방법론(이하 "승인 방법론"이라 한다)을 구축된 상쇄등록부에 등록하여 외부사업 사업자가 적용할 수 있도록 하여야 한다.
② 부문별 관장기관의 장은 승인 방법론에 대하여 고유번호를 부여하는 등의 사후관리를 하여야 한다.
③ 부문별 관장기관의 장은 외부사업 사업자가 외부사업을 수행하기 위해 필요하다고 판단되는 방법론을 개발한 경우 절차를 준용하여 승인할 수 있다.

제23조(방법론 개정)

① 부문별 관장기관의 장은 다음 각 호에 해당하는 경우 승인 방법론을 개정할 수 있다.
  1. 기존 승인 방법론을 적용했을 경우의 감축실적이 과대 또는 과소로 추정되고 있다는 새로운 과학적 근거가 발견된 경우
  2. 국내 법규 개정 및 기술 발달 등의 여건 변화로 인하여 기존 승인 방법론이 국내 실정에 더 이상 적합하지 않게 된 경우
  3. 기존 승인 방법론의 용어나 수식에 일관성이 없거나, 오류 또는 모호한 점이 확인된 경우
  4. 기존 승인 방법론을 사용자가 이용하기 쉽도록 단순화하거나 명확하게 할 필요가 있는 경우 등
② 부문별 관장기관의 장은 외부사업 사업자가 제1항 각 호의 사유로 다음 각 호의 서류를 제출하여 기존 승인 방법론 개정하여 줄 것을 신청하는 경우에 해당 승인 방법론을 개정하여 상쇄등록부에

등록할 수 있다.
1. 외부사업 방법론 신청서
2. 외부사업 방법론 제안서
3. 개정된 외부사업 방법론을 적용한 사업계획서

③ 제1항 및 제2항에도 불구하고 개정하고자 하는 방법론(이하 "개정 방법론"이라 한다)이 기존 승인 방법론이 적용되는 다른 사업 활동의 적용범위를 제외하거나 제한하는 경우에는 승인 방법론의 개정을 신청할 수 없다.

제24조(방법론 개정 평가 및 승인)

① 부문별 관장기관의 장은 승인 방법론의 개정 신청을 받은 경우 방법론 등록 절차를 준용하여 개정 방법론에 대한 검토, 승인 심의 및 등록 절차를 수행한다.

② 외부사업 사업자는 방법론 개정에 대한 심의 결과에 이의가 있는 경우, 이의신청서를 작성하여 해당 부문별 관장기관의 장에게 제출할 수 있다.

제25조(방법론 개정의 효과)

① 승인 방법론의 개정이 승인된 시점 이후에 상쇄등록부에 등록을 신청하는 외부사업은 최근 개정된 승인 방법론을 사용하여야 한다. 다만, 개정 승인 시점에 이미 기존 승인 방법론을 사용하여 등록된 외부사업 경우에는 개정된 승인 방법론을 적용하지 아니한다.

② 부문별 관장기관의 장은 방법론이 개정된 경우, 개정된 승인 방법론의 유효일 및 기존 승인 방법론에 대한 인증유효기간(적용 가능 기간 등을 말한다) 등을 상쇄등록부에 등록하여야 한다.

04 외부사업의 시행 및 모니터링

제26조(외부사업의 시행)

① 외부사업 사업자는 외부사업 승인일로부터 1년 이내에 사업을 시작하고 착수신고서를 작성하여 해당 부문별 관장기관의 장에게 제출하여야 한다. 다만, 사업시작일이 외부사업 승인일 이전인 경우 착수 신고서를 제출한 것으로 본다.

② 외부사업 사업자는 승인된 외부사업의 사업계획서에 따라 해당 외부사업을 시행하고 관련법규를 준수하며 대상 시설을 적정하게 운영하고 관리하여야 한다.

제27조(외부사업 모니터링의 원칙)

외부사업 사업자는 외부사업 온실가스 감축량을 객관적으로 증명하기 위하여 다음 각 호의 원칙에 따라 모니터링을 수행하여야 한다.

1. 모니터링 방법은 등록된 사업계획서 및 승인 방법론을 준수하여야 한다.
2. 외부사업은 불확도를 최소화할 수 있는 방식으로 측정되어야 한다.
3. 외부사업 온실가스 감축량은 일관성, 재현성, 투명성 및 정확성을 갖고 산정되어야 한다.
4. 외부사업 온실가스 감축량 산정에 필요한 데이터의 추정 시, 값은 보수적으로 적용되어야 한다.

제28조(외부사업의 모니터링 보고서 작성)

① 외부사업 사업자는 사업계획서에 명시된 모니터링 계획에 따라 다음 각 호의 사항이 포함된 모니터링 보고서를 작성하여 해당 부문별 관장기관의 장에게 제출하여야 한다. 이때 별표에 따른 작성지침을 준수하여 모니터링 보고서를 작성하여야 한다. 다만, 극소규모 감축사업의 경우에는 부문별 관장기관의 장이 별도로 정하는 양식에 따라 모니터링 보고서를 작성하여 제출할 수 있다.
 1. 사업 개요
 2. 사업 이행 및 변경 사항
 3. 모니터링 시스템
 4. 모니터링 데이터 및 인자
 5. 온실가스 감축량(흡수량) 산정
 6. 참고자료
② 외부사업 사업자는 모니터링 보고서 작성 시 모니터링 기간을 최대 2년까지 할 수 있다.
③ 제2항에도 불구하고 다음 각 호에 해당하는 외부사업의 경우에는 모니터링 기간을 달리 적용한다.
 1. 산림분야 : 최대 5년
 2. 소규모 감축사업 및 극소규모 감축사업 : 최대 인증유효기간
④ 외부사업 사업자는 모니터링 기간 종료 후 12개월 이내에 모니터링 보고서와 검증기관의 검증보고서를 부문별 관장기관의 장에게 제출하여야 한다. 다만, 2020년 12월 31일 이전에 발생한 감축량은 2022년 12월 31일까지 모니터링 보고서와 검증기관의 검증보고서를 부문별 관장기관의 장에게 제출하되, 제3항에 따른 외부사업의 감축량은 그러하지 아니한다.
⑤ 부문별 관장기관의 장은 외부사업 사업자가 모니터링 보고서를 제출하지 않은 경우에는 해당 외부사업의 감축량에 대한 인증을 할 수 없다. 다만, 외부사업 사업자가 부문별 관장기관의 장에게 모니터링 보고서 제출 기한 경과 후 30일 이내에 보고서 미제출에 대한 정당한 사유를 제출하여 승인된 경우는 예외로 한다.

별표 8. 외부사업 온실가스 감축량 인증 절차

	절차	개요	수행주체
1단계	온실가스 감축량 인증 신청	• 모니터링 보고서 및 검증보고서 제출 • 온실가스 감축량 인증신청서 제출	외부사업 사업자
2단계	온실가스 감축량 인증신청 접수	• 온실가스 감축량 인증신청서 접수	부문별 관장기관
	온실가스 감축량 인증 검토	• 모니터링 보고서 및 검증보고서 검토 • 온실가스 감축량 평가 기준에 따른 온실가스 검증 결과 검토 • 온실가스 감축량 인증검토서 작성 및 통보	부문별 관장기관
	온실가스 감축량 인증 검토 결과 통보	• (외부사업 사업자에게) 온실가스 감축량 인증 검토 결과 통보 • (필요 시) 시정 조치 요구	부문별 관장기관
	(수정·보완)	• 온실가스 감축량 인증 신청 서류 수정 또는 보완 (최대 3회)	외부사업 사업자
	온실가스 감축량 인증 검토 완료	• 온실가스 감축량 인증 검토의견서 작성 완료	부문별 관장기관
	감축량 인증 의견 수렴	• 온실가스 감축량 인증 결과에 대한 검토	환경부장관
3단계	심의안건 상정	• 인증위원회 구성 • 온실가스 감축량 인정 여부 검토 결과 심의안건 상정	기획재정부장관
	인증 심의	• 온실가스 감축량 평가 심의 기준에 따른 온실가스 감축량 인증 심의 • 온실가스 감축량 인증 심의서 작성	인증위원회
	인증결과 통보 및 상쇄등록부 등록	• 온실가스 감축량 인증 심의 결과보고서 작성 • (외부사업 사업자에게) 인증 결과서 통보 • (적합 판정 시) 온실가스 감축량 인증서 발급 및 상쇄등록부 등록	부문별 관장기관

05 외부사업 온실가스 감축량의 검증 및 인증

제29조(검증의 원칙)

외부사업 온실가스 감축량의 검증은 객관적인 자료와 증거 및 온실가스 배출권거래제 운영을 위한 검증지침(이하 "검증지침"이라 한다)에 따라 사실에 근거하여야 하고 그 내용을 검증보고서에 투명하게 기록하여야 한다.

제30조(외부사업 온실가스 감축량의 검증)

① 외부사업 사업자는 외부사업의 시행에 따라 온실가스 감축량이 발생하였을 경우에 모니터링 보고서를 포함한 관련서류를 구비하여 지정된 검증기관에 해당 온실가스 감축량에 대한 검증을 의뢰하여야 한다.
② 검증기관은 외부사업 사업자가 작성한 모니터링 보고서를 객관적으로 평가하여야 한다.
③ 검증기관은 외부사업 온실가스 감축량에 대한 검증 평가 시, 다음의 각 호를 고려하여 검증지침 검증 보고서를 작성하여야 한다. 다만, 작성된 극소규모 감축사업의 모니터링 보고서의 경우 검증 보고서를 작성할 수 있다.
  1. 사업 등록 후 변경에 대한 평가
  2. 사업 계획에 따른 사업 이행
  3. 적용 방법론에 따른 사업계획서의 준수
  4. 사업계획서에 따른 모니터링 이행
  5. 데이터 평가 및 온실가스 감축량(흡수량) 산정
  6. 데이터의 품질관리 및 품질보증 절차
  7. 온실가스 감축량의 타 제도에서의 중복 인증 여부
④ 검증기관은 문서 검토 및 현장 검증 결과, 보완이 필요한 경우에 수정·보완조치를 요구할 수 있으며, 요구를 받은 외부사업 사업자는 수정·보완사항에 대하여 적절한 조치를 취하여야 한다.
⑤ 검증기관은 평가된 결과에 대하여 검증보고서를 작성하여 외부사업 사업자에게 통보하여야 한다.
⑥ 승인된 외부사업 시행에 따른 온실가스 감축량이 발생하였을 경우에는 해당 감축제도에 의한 절차에 따른 검증으로 제1항에 따른 검증을 대신할 수 있다.
⑦ 제6항에도 불구하고 승인된 국내 외부사업은 해당 감축제도에 의한 절차에 따른 검증이 아닌 제1항에 따른 검증을 받을 수 있다.

제31조(외부사업 온실가스 감축량의 인증신청)

① 부문별 관장기관의 장은 외부사업 온실가스 감축량에 대한 검증 결과가 적합으로 평가된 경우에 대해서 외부사업 사업자가 다음 각 호의 서류를 제출하여 해당 외부사업 온실가스 감축량에 대한 인증을 신청하는 경우에 이를 심사하여 해당 외부사업의 온실가스 감축량으로 인증할 수 있다. 다만, 온실가스 감축량이 1이산화탄소상당량톤 이상일 경우 감축량 인증 신청이 가능하고, 감축량 인증은 정수단위로 한다.
  1. 외부사업 모니터링 보고서(다만, 극소규모 감축사업의 경우 제28조 제1항 단서에 따른 모니터링 보고서)
  2. 외부사업 온실가스 감축량 인증신청서
  3. 검증지침 외부사업 검증 보고서(다만, 극소규모 감축사업의 경우 부문별 관장기관의 장이 별도로 정하는 양식에 따라 작성한 검증 보고서)

② 제1항에도 불구하고 제30조 제6항에 따라 해당 감축제도에 의한 절차에 따른 검증을 받은 경우에는 다음 각 호의 서류를 제출하여야 한다.
  1. 외부사업 온실가스 감축량 인증신청서
  2. 해당 감축제도에 제출된 모니터링 보고서 및 검증보고서에 대한 국문 요약서
  3. 해당 감축제도로부터 발행된 실적 처분 문서
  4. 모니터링 기간 동안의 사업 유형별 기여 비율에 관한 서류(제12조 제2항 단서에 따른 사업에 한함)

제32조(외부사업 온실가스 감축량 검증 결과에 대한 검토)

① 부문별 관장기관의 장은 외부사업 온실가스 감축량의 인증을 위하여 다음 각 호의 사항을 고려하여 온실가스 감축량 검증 결과를 검토하여야 한다.
  1. 문서 및 정보의 일치성
  2. 온실가스 감축량의 타 제도에서 중복 인증 여부 및 인증 실적 사용 여부
  3. 수정·보완조치 및 검증 결론의 적절성
  4. 검증 심사팀의 적격성
  5. 제29조, 제30조 및 검증지침에 따른 검증 절차 세부사항 준수 여부

② 부문별 관장기관의 장은 검토를 위하여 외부전문가를 활용할 수 있다.

③ 부문별 관장기관의 장은 검토를 위하여 필요한 경우 제출된 서류 외에 별도의 근거자료를 외부사업 사업자에게 요구할 수 있으며, 이 경우 외부사업 사업자는 특별한 사정이 없는 한 관련 근거자료를 부문별 관장기관에 제출하여야 한다.

④ 외부사업 사업자가 특별한 사정없이 근거자료를 제출하지 않는 경우, 부문별 관장기관의 장은 그

사유를 외부사업 온실가스 감축량 인증 검토서에 명시하여 온실가스 감축량 인증 신청을 반려할 수 있다.

⑤ 부문별 관장기관의 장은 외부사업 사업자가 제출한 모니터링 보고서 및 검증보고서가 제1항 각 호의 검토 기준에 적합하게 작성되었는지를 평가하고 외부사업 온실가스 감축량 인증 검토서를 작성하여 인증 신청 또는 신청자료를 제출한 때로부터 30일 이내에 외부사업 사업자에게 통보하여야 한다. 다만, 부득이한 사정으로 그 기간 내에 통보할 수 없을 때에는 30일 범위에서 기간을 연장하고 그 사실을 신청인에게 알려야 한다.

⑥ 부문별 관장기관의 장은 외부사업 사업자가 외부사업 온실가스 감축량 인증을 신청하는 경우, 제1항 제1호 및 제2호에 대해서만 검증 결과를 검토할 수 있다.

⑦ 부문별 관장기관의 장은 제5항에 따라 온실가스 감축량 인증 검토서를 외부사업 사업자에게 통보할 때 필요한 경우 외부사업 사업자가 인증신청 서류의 수정·보완을 실시하고 제출해야 하는 기한을 명기하여 통보할 수 있다. 이 경우 통보를 받은 외부사업 사업자는 정해진 기한까지 관련 서류를 수정·보완할 수 있으며, 수정·보완은 3회까지 할 수 있다.

제33조(감축량 인증 의견수렴 및 심의요청)

① 부문별 관장기관의 장은 검증 결과 검토가 완료되면 지체 없이 온실가스 감축량 인증 검토 결과에 대하여 환경부장관의 의견을 수렴하여야 한다.

② 환경부장관은 검토 의견을 30일 이내에 작성하여 부문별 관장기관의 장에게 통보하여야 한다. 다만 환경부장관은 감축량 인증 신청에 대하여 제32조 제1항 제2호에 대한 사항을 검토하고, 그 의견을 최초 인증 신청일로부터 30일 이내에 부문별 관장기관의 장에게 통보할 수 있다.

③ 부문별 관장기관의 장은 협의결과를 반영하여 인증 여부에 대한 검토 결과를 환경부장관에게 제출하여야 한다.

④ 환경부장관은 제출된 자료의 심의를 인증위원회에 요청하고, 그 결과를 부문별 관장기관의 장에게 통보하여야 한다. 이 경우 해당 부문별 관장기관의 장은 즉시 그 결과를 작성하여 해당 외부사업 사업자에게 통보하여야 한다. 다만, 지침에 명백히 부합하지 아니하는 경우 인증위원회에 심의 요청하지 아니한다.

⑤ 삭제

제34조(외부사업 온실가스 감축량 인증서의 발급)

① 부문별 관장기관의 장은 심의 결과 온실가스 감축량으로 인증이 결정된 경우 인증일부터 2년 이내에 상쇄배출권으로 전환하는 조건으로 외부사업 사업자에게 온실가스 감축량 인증서를 발급하여야 한다.

② 부문별 관장기관의 장은 온실가스 감축량 인증이 결정된 외부사업을 상쇄등록부에 등록하고, 해당 사업을 구분할 수 있도록 별표에 따라 외부사업 인증실적 고유번호를 부여하는 등의 이력관리를 하여야 한다.

제35조(외부사업 온실가스 감축량 인증 취소)

① 부문별 관장기관의 장은 인증된 외부사업 인증실적이 다음 각 호의 어느 하나에 해당하는 때에는 인증위원회의 심의를 거쳐 인증을 취소할 수 있다. 다만, 제1호에 해당하는 경우에는 그 인증을 취소해야 한다.
  1. 거짓이나 부정한 방법으로 외부사업 온실가스 감축량을 인증받은 경우
  2. 외부사업 온실가스 감축량이 이 법 또는 다른 법률에 따른 의무 이행의 결과로 발생되거나, 그와 동일한 감축량을 다른 제도 또는 사업에서 중복으로 활용한 경우
  3. 법 제30조 제1항 제2호에 해당하는 사유로 외부사업으로 승인된 사업에서 발생된 외부사업 온실가스 감축량이 「기후변화에 관한 국제연합 기본협약」 및 관련 조약에 따라 유효하지 않게 된 경우
  4. 법령 개정, 기술 발전 등에 따라 해당 외부사업 온실가스 감축량이 일반적인 경영 여건에서 할 수 있는 활동 이상의 추가적인 노력에 의해 발생된 것으로 보기 어려운 경우
② 부문별 관장기관의 장은 인증을 취소하기 전에 해당 외부사업 사업자에게 의견진술의 기회를 부여하여야 한다. 다만, 의견진술을 통보받은 날로부터 30일 이내에 의견을 제출하지 않는 경우에는 인증 취소에 대한 이의가 없는 것으로 본다.
③ 삭제
④ 할당대상업체가 외부사업 인증실적을 상쇄배출권으로 전환하여 배출권 제출에 사용한 외부사업 인증실적이 제1항 제1호 및 제2호의 경우에 해당하여 취소된 경우 해당 할당대상업체는 법 제41조 제3항 제2호에 해당하는 것으로 본다. 다만, 고의성이 없는 단순한 과실에 불과한 경우에는 제외로 한다.

06 외부사업 인증실적 관리

제36조(외부사업 인증실적의 발행)

① 부문별 관장기관의 장은 인증된 외부사업 온실가스 감축량에 해당하는 외부사업 인증실적을 등록된 외부사업에 대한 발행계정에 정수단위(소수점 이하를 버림한 것을 의미한다)로 발행하여야

한다.
② 부문별 관장기관의 장은 발행된 외부사업 인증실적을 상쇄등록부에 등록된 해당 외부사업의 사업계획서 또는 인증실적 이전 관련 증빙자료에서 정한 외부사업 인증실적 소유권 배분에 관한 내용에 따라 외부사업 사업자의 보유계정으로 이전하여야 한다.
③ 삭제

제37조(외부사업 인증실적의 이전)

① 부문별 관장기관의 장은 자신의 보유계정에 등록된 외부사업 인증실적을 다른 외부사업 참여자의 보유계정으로 이전하고자 하는 자가 다음 각 호의 서류를 제출하여 이전을 신청하는 경우에 신청된 바에 따라 외부사업 인증실적을 이전할 수 있다.
  1. 이전신청서
  2. 관련 계약사항을 확인할 수 있는 증빙자료
② 외부사업 인증실적을 배출권 거래소(이하 "배출권 거래소"라 한다)에서 거래한 자는 해당 거래에 대해 배출권 거래소가 청산·결제를 위하여 온실가스 종합정보센터의 장에게 결제할 외부사업 감축실적을 통지하거나 결제지시를 하는 경우 영 제33조 제1항의 요건을 충족한 것으로 본다.
③ 외부사업 인증실적을 배출권 거래소 외에서 거래한 경우에는 양도인이 제1항의 서류를 부문별 관장기관의 장에게 전자적 방식으로 제출하고, 부문별 관장기관의 장은 신청 사항을 심사하여 이전을 승인한 경우 지체 없이 그 사실을 온실가스 종합정보센터의 장에게 통지하여야 한다.
④ 부문별 관장기관의 장은 외부사업 인증실적을 이전할 때에는 이전을 신청한 자의 보유계정에 등록된 해당 외부사업 인증실적은 취소계정으로 이전하고, 신청에 따라 이전을 받는 자의 보유계정에 이전된 외부사업 인증실적을 등록한다.
⑤ 외부사업 인증실적을 이전 받는 자가 법 제8조에 따른 할당대상업체 또는 「저탄소 녹색성장기본법」에 따른 관리업체인 경우에는 해당 업체의 부문별 관장기관의 장이 인증실적의 이전을 승인하며, 할당대상업체 또는 관리업체가 아닌 경우에는 양수인이 인증실적을 발급받았던 사업 분야를 고려하여 인증실적 이전을 승인할 부문별 관장기관을 정하되, 정하기 어려운 경우에는 부문별 관장기관이 협의하여 정한다.

제38조(인증실적 처분 및 상쇄배출권 전환)

① 환경부장관은 할당대상업체가 상쇄배출권 전환 신청서를 제출하여 자신의 보유계정에 있는 외부사업 인증실적을 상쇄배출권으로 전환하여 줄 것을 신청하는 경우, 영 제47조 제1항의 기준에 따라 전환하고 제2항의 규정에 따라 그 내용을 상쇄등록부에 등록하여야 한다.
② 상쇄배출권으로 전환된 외부사업 인증실적은 해당 할당대상업체의 보유계정에서 처분계정으로

이전된다. 이 경우 전환된 상쇄배출권은 해당 할당대상업체의 상쇄배출권계정으로 이전된다.
③ 상쇄배출권 전환 신청은 지정ㆍ고시된 할당대상업체 이외의 경우에는 상쇄배출권 전환을 신청할 수 없다.
④ 제1항에도 불구하고 2020년 12월 31일 이전에 발급된 외부사업 인증실적은 2022년 12월 31일까지 상쇄배출권으로 전환신청하여야 한다.

07 상쇄등록부의 구축 및 관리

제39조(상쇄등록부의 구축)

환경부장관은 외부사업 등록, 외부사업 인증실적의 발행ㆍ이전ㆍ처분 및 상쇄배출권 전환 등 일련의 과정이 전자적 방식으로 기록ㆍ관리될 수 있도록 다음 각 호의 기능이 포함된 상쇄등록부를 구축하여야 한다.
1. 계정 발급 및 관리 기능
2. 외부사업의 신청, 타당성평가, 등록, 모니터링, 검증, 인증 등을 기록ㆍ관리하는 기능
3. 외부사업 인증실적의 발행ㆍ이전ㆍ처분 및 상쇄배출권 전환 등을 기록ㆍ관리하는 기능
4. 기타 주무관청의 장이 필요하다고 판단되는 사항에 대한 기능

제40조(상쇄등록부의 관리 및 운영)

① 환경부장관은 가용성과 기밀성이 보장될 수 있도록 상쇄등록부를 관리하여야 하며, 외부사업 인증실적의 발행ㆍ이전ㆍ처분 및 상쇄배출권 전환 등에 대하여 전자 데이터베이스 형태로 관리하여야 한다.
② 제1항에도 불구하고 환경부장관은 상쇄등록부 운영과 상쇄등록부에 등록된 다음 각 호의 정보를 외부에 공개할 수 있다.
1. 외부사업으로 신청 또는 등록된 사업의 목록 및 일반정보
2. 외부사업 인증실적
3. 외부사업 방법론
4. 미활용 CER 일련번호

♂ 제40조의2(보유계정 등의 등록)

① 외부사업 참여자가 되어 보유계정을 등록하려는 자는 다음 각 호의 서류를 부문별 관장기관의 장에게 전자적 방식으로 제출하여야 한다.
  1. 계정 신청서
  2. 본인을 증명할 수 있는 서류(법인등기부등본 및 사업자등록증 또는 이에 준하는 서류를 말하며, 부문별 관장기관의 장이 「전자정부법」에 따른 행정정보의 공동이용을 통하여 해당 정보를 확인하는 것에 대해서 신청인이 동의하지 않는 경우에 한정한다)
  3. 계정대표자 및 계정관리인의 계정관리 업무수행에 관한 동의서
  4. 개인정보 제공 등에 관한 동의서
② 제1항에 따른 계정의 등록을 신청할 수 있는 자는 다음 각 호와 같다.
  1. 만 18세 이상의 자
  2. 법인
③ 제2항에도 불구하고 다음 각 호의 어느 하나에 해당하는 자는 계정 등록을 신청할 수 없다.
  1. 피성년후견인 또는 피한정후견인
  2. 파산선고를 받고 복권되지 아니한 자
④ 부문별 관장기관의 장은 제출한 외부사업 보유계정 등록신청서를 심사하여 적합한 경우 해당 신청인(법인을 포함한다) 명의의 보유 계정을 상쇄등록부에 등록한다. 다만 할당대상업체 명의의 계정은 부문별 관장기관의 장이 직권으로 등록한다.

♂ 제40조의3(등록신청의 반려)

① 부문별 관장기관의 장은 계정의 등록신청이 다음 각 호의 어느 하나에 해당하는 경우에는 계정 등록신청을 반려할 수 있다.
  1. 계정 등록신청 자격을 갖추지 못한 경우
  2. 신청에 필요한 서류를 제출하지 아니한 경우
  3. 신청서에 기록된 사항이 이를 증명하는 서류와 맞지 아니하는 경우
  4. 신청서에 기록된 사항이 최근의 사실을 반영하고 있지 못한 경우
  5. 계정 등록신청이 불공정거래 또는 위법한 자금세탁을 목적으로 하는 것이 합리적으로 의심될 경우
② 부문별 관장기관의 장은 계정 등록신청을 반려하는 경우에는 그 사유를 명시하여 지체 없이 신청인에게 문서로 통지하여야 한다.
③ 거래 계정 등록신청 반려에 대하여 불복하는 신청인은 그 반려의 통지를 받은 날부터 20일 이내에 부문별 관장기관의 장에게 이의를 신청할 수 있다.

④ 부문별 관장기관의 장은 이의신청을 받은 날부터 20일 이내에 그 이의신청에 대하여 결정하고 지체 없이 그 결과를 신청인에게 문서(전자문서를 포함한다)로 통지하여야 한다. 다만, 부득이한 사정으로 그 기간 내에 결정을 할 수 없을 때에는 20일의 범위에서 기간을 연장하고 그 사실을 신청인에게 알려야 한다.

08 인증유효기간 갱신

제41조(인증유효기간 갱신 접수)

① 부문별 관장기관의 장은 외부사업 사업자가 다음 각 호의 서류를 제출하여 등록된 외부사업의 인증유효기간 갱신을 승인하여 줄 것을 신청하는 경우에 이를 심사하여 해당 외부사업의 인증유효기간을 갱신할 수 있다.
   1. 사업계획서
   2. 인증유효기간 갱신 신청서
② 신청은 외부사업 인증유효기간 만료일 이전 6개월 전까지 하여야 하며, 이때까지 갱신 승인이 신청되지 않는 외부사업의 경우에는 해당 외부사업 사업자가 인증유효기간을 갱신할 의사가 없는 것으로 간주한다. 다만, 이 고시 시행일 이전에 외부사업 승인이 인증유효기간 갱신 신청 기한 이후에 이루어진 경우에는 외부사업 승인일로부터 1년 이내까지 갱신 승인 신청을 할 수 있다.

제42조(인증유효기간 갱신 심사)

① 부문별 관장기관의 장은 접수된 인증유효기간 갱신 신청을 심사할 때에 제13조 제1항 및 다음의 각 호를 고려하여야 한다. 이때 부문별 관장기관의 장은 심사를 위하여 외부전문가를 활용할 수 있다.
   1. 등록된 사업계획서에서 적용된 승인 방법론의 최신 버전 적용 여부
   2. 등록된 사업계획서에서 적용된 방법론이 외부사업 등록 후 철회되고 신규 방법론으로 대체된 경우, 대체된 방법론의 최신 버전 적용 여부
   3. 외부사업의 내용 및 베이스라인의 변화로 제1호 및 제2호에 해당하지 않는 경우, 다른 승인된 방법론을 적용하거나 승인 방법론의 개정을 신청
   4. 등록된 사업계획서에서 적용된 기존 자료 및 변수들의 유효성 여부
   5. 외부사업 등록 이후, 관련 법 및 규정의 변화
   6. 외부사업 등록 이후, 사업 여건의 변화

② 부문별 관장기관의 장은 제1항에 따른 심사를 위하여 필요한 경우 별도의 근거자료를 제출할 것을 해당 외부사업 사업자에게 요구할 수 있다.

③ 부문별 관장기관의 장은 외부사업 사업자가 제2항의 요구에 따른 근거자료를 지체없이 제출하지 않는 경우 그 사유를 명시하여 해당 인증유효기간 갱신 신청을 반려할 수 있다.

④ 부문별 관장기관의 장은 제1항에 따른 심사 결과에 대하여 인증유효기간 갱신 검토의견서를 작성하여 해당 외부사업 사업자에게 통보하여야 한다.

제43조(인증유효기간 갱신 협의)

① 부문별 관장기관의 장은 검토가 완료되면 지체 없이 승인 여부 검토 결과에 대하여 환경부장관에게 협의를 요청하여야 한다.

② 환경부장관은 제1항에 따른 협의 의견을 30일 이내에 해당 부문별 관장기관에 통보하여야 한다.

제44조(인증유효기간 갱신 심의 및 통보)

① 부문별 관장기관의 장은 심사가 완료되면 협의 결과를 반영하여 인증유효기간 갱신 신청에 대한 심의를 인증위원회에 요청하여야 한다. 다만, 지침에 명백히 부합하지 않는 경우 인증위원회에 심의 요청하지 아니한다.

② 환경부장관은 인증위원회의 심의 결과를 부문별 관장기관의 장에게 통보하여야 하며, 부문별 관장기관의 장은 즉시 그 결과를 인증유효기간 갱신 심의 결과서를 작성하여 해당 외부사업 사업자에게 통보하여야 한다.

③ 삭제

제45조(인증유효기간 갱신 등록)

① 부문별 관장기관의 장은 인증위원회 심의 결과 갱신 승인으로 판정된 경우 해당 외부사업 사업자에게 외부사업 인증유효기간 갱신 승인서를 발급하여야 한다.

② 부문별 관장기관의 장은 인증유효기간 갱신이 승인된 외부사업에 대하여 상쇄등록부에 변경 등록하고 사후관리를 하여야 한다.

09 사후변경

제46조(사업계획의 변경 접수)

① 부문별 관장기관의 장은 외부사업 사업자가 다음 각 호의 사항이 변경된 시점으로부터 14일 이내에 해당 변경 내용의 증빙서류를 제출하는 경우에 이를 확인하여 변경할 수 있다.
  1. 사업자명, 사업장명, 전화 등 일반정보
  2. 외부사업 온실가스 감축량 소유권 비율
② 부문별 관장기관의 장은 외부사업 사업자가 다음 각 호의 사항에 해당하여 별지 제5호 서식에 따른 사업계획 변경 신청서를 제출하여 사업계획서 변경 승인을 신청하는 경우에 인증위원회의 심의를 거쳐 사업계획서 변경을 승인할 수 있다.
  1. 사업계획의 변경으로 인해 추가성에 영향이 있는 경우
  2. 사업규모의 변경이 있는 경우
  3. 사업계획 변경으로 인해 승인 시 적용한 방법론의 적용조건을 만족할 수 없게 된 경우
  4. 각종 법규 및 제도의 변화 등으로 기존 모니터링 계획을 적용할 수 없는 경우
  5. 기타 사업계획의 주요 사항에 대한 변경이 있는 경우

제47조(사업계획 변경 심사)

부문별 관장기관의 장은 외부사업 사업자가 제출한 사업계획 변경 신청서 및 관련서류를 제13조와 제14조를 준용하여 심사하고 환경부장관의 협의를 거쳐야 한다. 이 경우 제15조의 절차를 준용한다.

제48조(사업계획 변경 승인)

① 부문별 관장기관의 장은 사업계획 변경 평가결과를 작성하여 해당 외부사업 사업자에게 통보하여야 한다.
② 부문별 관장기관의 장은 사업 계획 변경 신청이 사업계획 변경 평가 결과 승인이 적합한 경우 이를 승인하고 외부사업 사업계획 변경 승인서를 발급하여야 한다.
③ 부문별 관장기관의 장은 제2항에 따라 외부사업 사업계획 변경이 승인된 사업을 상쇄등록부에 등록하고 사후관리를 실시하여야 한다. 이때, 외부사업 사업명과 등록 고유번호는 변경되지 않는다.

♂ 제49조(인증유효기간 시작일의 변경)

① 부문별 관장기관의 장은 외부사업 사업자가 인증유효기간 시작일 변경 신청서를 제출하여 등록된 사업계획서에 명시된 인증유효기간 시작일을 변경하고자 하는 경우 이를 심사하여 인증유효기간 시작일을 변경할 수 있다.
② 인증유효기간 시작일 변경은 당초 인증유효기간 시작일을 기준으로 전후 각 2년의 범위 안에서 가능하다.
③ 인증유효기간 시작일이 변경된 경우에도 인증유효기간의 총 기간은 영향을 받지 아니한다.

♂ 제50조(인증유효기간 시작일의 변경 심의 요청)

① 부문별 관장기관의 장은 신청에 대한 심사가 완료되면 지체없이 심사결과를 환경부장관과 협의하고 승인여부 검토 결과에 대한 심의를 인증위원회에 요청하여야 한다. 다만, 지침에 명백히 부합하지 않는 경우 인증위원회에 심의 요청하지 아니한다.
② 환경부장관은 제1항에 따른 심의 결과를 해당 부문별 관장기관의 장에게 통보하며, 해당 부문별 관장기관의 장은 즉시 그 결과를 작성하여 해당 외부사업 사업자에게 통보하여야 한다.

♂ 제51조(인증유효기간 시작일의 변경 승인)

① 부문별 관장기관의 장은 인증유효기간 시작일 변경신청이 심의 결과 변경 승인이 적합한 경우 이를 승인하고 인증유효기간 시작일 변경 승인서를 발급하여야 한다.
② 부문별 관장기관의 장은 인증유효기간 시작일의 변경 신청이 승인된 사업에 대하여 상쇄등록부에 변경된 사항을 등록하고 사후관리를 하여야 한다.

SECTION 10 (환경부) 온실가스 배출권거래제 조기감축실적 인정지침

01 총칙

제2조(용어의 정의)

1. 조기감축실적 인정량
   할당대상업체에서 신청한 조기감축실적의 양 중에서 평가를 통해 타당하다고 인정된 양을 말한다.
2. 조기감축실적 할당량
   조기감축실적 인정량에 대해 조기감축실적으로 인정받아 해당 업체에 추가 할당되는 양을 말한다.

제4조(주무관청의 업무)

주무관청은 다음 각 호의 업무를 수행한다.
1. 기획재정부장관 : 다음 각 목의 사항
   가. 부문별 관장기관이 제출한 조기감축실적 인정량 검토
   나. 조기감축실적 추가 할당량 확정 및 부문별 관장기관에 통보
2. 부문별 관장기관의 장 : 다음 각 목의 사항
   가. 할당대상업체가 전자적 방식으로 제출한 조기감축실적의 관리
   나. 조기감축실적 인정신청서 검토
   다. 조기감축실적 인정을 위한 실태조사
   라. 조기감축실적 인정량 산정 및 결과 '기획재정부장관'에게 제출
   마. 조기감축실적 인정량 산정의 이의신청 검토 및 결과 통보
   바. 조기감축실적 할당량 결정 및 통보
   사. 조기감축실적 할당량의 배출권등록부 등록

02 조기감축실적 인정기준

제5조(조기감축실적의 인정기준)

부문별 관장기관의 장이 조기감축실적 인정량을 산정할 때에 고려하여야 하는 기준은 다음 각 호와 같다.

1. 조기감축실적은 국내에서 실시한 행동에 의한 감축분에 한하여 그 실적을 인정한다.
2. 조기감축실적은 할당대상업체의 조직경계 안에서 발생한 것에 한하여 그 실적을 인정한다. 다만, 복수의 사업자가 참여하여 조직경계 외에서 실적이 발생한 경우에는 이를 인정할 수 있다
3. 조기감축실적은 할당대상업체 단위에서의 감축분 또는 사업단위에서의 감축분에 대하여 인정할 수 있다.
4. 조기감축실적으로 인정되기 위해서는 조기행동으로 인한 감축이 실제적이고 지속적이어야 하며, 정량화되어야 하고 검증 가능하여야 한다.

제6조(조기감축실적의 인정유형)

부문별 관장기관의 장은 인정이 신청된 조기감축실적이 다음 각 호에 해당하는 경우에 조기감축실적으로 인정할 수 있다.

1. 영 제19조 제1항 제1호의 경우 별표 1에서 정한 유형으로 2005년 1월 1일부터 이루어진 사업으로 한정한다. 다만, 별표 1에서 정한 유형 외에 자발적 감축사업으로 감축기술 및 재원 등에 상당한 투자가 수반된 개별 감축사업에 대해서는 부문별 관장기관의 장과 관계 중앙행정기관의 장이 협의하여 조기감축실적으로 인정할 수 있다.
2. 영 제19조 제1항 제2호의 경우 「저탄소 녹색성장 기본법 시행령」 제30조 제5항에 따라 온실가스 · 에너지 목표관리제의 부문별 관장기관이 최종 확정 · 통보한 양으로 한다.

별표 1. 조기감축실적 인정사업의 유형(제6조 제1호 관련)

1. 산업통상자원부 "온실가스 감축실적 등록사업"
2. 산업통상자원부 "에너지 목표관리 시범사업"
3. 국토교통부 "에너지 목표관리 시범사업"
4. 환경부 "온실가스 배출권거래제 시범사업"

제7조(조기감축실적의 인정예외)

제6조 규정에도 불구하고 다음 각 호에 해당하는 경우에는 조기감축실적으로 인정될 수 없다.
1. 할당대상업체가 법적 규제·기준을 충족하기 위하여 실시한 사업의 결과에 수반하여 온실가스 배출량이 감소한 경우
2. 할당대상업체의 생산량이 감소하거나 조직경계 내 배출시설의 폐쇄 등으로 추가적인 노력 없이 온실가스 배출량이 감소된 경우
3. 할당대상업체 내 온실가스 배출시설을 조직경계 외부 또는 외국으로 이전하여 온실가스 배출량이 감소한 경우
4. 할당대상업체 내에서 생산, 관리, 수송, 폐기물 처리 등과 관련하여 자체적으로 수행하던 활동을 조직경계 외부로 위탁하여 처리함으로써 온실가스 배출량이 감소된 경우
5. 관련 규정에 따라 할당대상업체가 온실가스 감축사업에 따라 획득한 권리에 대하여 정부가 재정적으로 보상한 경우

03 조기감축실적 인정 절차

제8조(조기감축실적의 인정신청)

할당대상업체는 2016년 8월 31일까지 조기감축실적 인정신청서를 부문별 관장기관의 장에게 전자적 방식으로 제출하여야 한다.

제9조(조기감축실적의 평가)

① 부문별 관장기관의 장은 조기감축실적이 제6조 제1호에 해당하는 경우 다음 각 호의 사항을 고려하여 조기감축실적을 평가한다.
1. 조기행동의 일반사항
2. 조기행동의 실제성
3. 조기행동에 따른 감축효과의 지속성
4. 조기행동의 추가성
5. 조기행동에 따른 감축실적의 정량화에 대한 타당성
6. 기준 배출량 산정 방법론의 적합성
7. 조기행동에 따른 감축실적 산정방법의 적합성

8. 조기감축실적에 대한 검증결과
9. 조기감축실적 인정 예외 사유에의 해당 여부
10. 인정유형에 따른 타 감축실적과의 중복 여부
11. 환경 및 관련 법규에의 저촉 여부

② 부문별 관장기관의 장은 조기감축실적이 제6조 제2호에 해당하는 경우 온실가스·에너지 목표관리제에서 확정한 이행실적의 초과달성분을 확인하여 조기감축실적을 평가한다. 다만, 목표를 달성하지 못한 이행연도의 초과배출량은 차감한다.

③ 제1항 제4호의 추가성이 인정되기 위해서는 다음 각 호의 요건을 충족하여야 한다.
1. 관련 법령에 따른 규제·기준을 충족하기 위한 것이 아니어야 하며, 관련 법령 등에서 요구하는 요건을 상당부분 크게 초과하여 실시한 행동
2. 검증되지 않은 기술의 사용에 따른 비용상의 어려움, 시설·장비의 운영과 유지상의 어려움, 그 밖에 제도적인 어려움과 같은 장애요인이 있었음에도 불구하고 시행되는 등 기업 경영에서 표준적으로 발생하는 개선활동 이상의 행동

④ 부문별 관장기관의 장은 조기감축실적의 평가를 위하여 필요한 경우 신청서 외에 별도의 근거자료를 해당 할당대상업체에 요구할 수 있으며, 이 경우 해당 할당대상업체는 정당한 사유가 없는 한 관련 근거자료를 즉시 부문별 관장기관의 장에게 제출하여야 한다.

⑤ 부문별 관장기관의 장은 제1항 내지 제4항의 규정에도 불구하고, 인정받은 조기감축실적분에 대해서는 이 지침에 따른 평가를 받은 것으로 본다.

제10조(조기감축실적 인정량 산정 및 통보)

① 부문별 관장기관의 장은 2016년 10월 31일까지 조기감축실적 인정량을 산정하고 이를 지체없이 해당 할당대상업체에 통보한다.

② 해당 할당대상업체는 통보된 결과에 이의가 있으면 통보받은 날로부터 7일 이내에 이의신청서를 제출할 수 있다.

③ 부문별 관장기관의 장은 이의신청 검토결과를 접수일로부터 14일 이내에 해당 할당대상업체에 통보한다.

제11조(조기감축실적 인정량 제출·확정·통보 및 등록)

① 부문별 관장기관의 장은 2016년 11월 30일까지 산정된 조기감축실적 인정량을 기획재정부장관에게 제출하여야 한다.

② 기획재정부장관은 부분별 관장기관이 제출한 조기감축실적 인정량을 검토하고 영 제13조 제3항 내지 제4항에서 정하는바에 따라 조기감축실적 할당량을 확정하여 이를 2016년 12월 31일까지

부문별 관장기관의 장에게 통보한다.

③ 부문별 관장기관의 장은 확정된 조기감축실적 할당량을 해당 할당대상업체에게 통보하고 해당하는 배출권을 2017년 1월 31일까지 해당 할당대상업체에 추가 할당하고, 이를 배출권등록부에 등록해야 한다.

제12조(조기감축실적 정보의 공개)

부문별 관장기관의 장은 조기감축실적의 인정 등과 관련하여 다음 각 호의 정보를 종합하여 공개한다.
1. 조기감축실적 인정기준
2. 조기감축실적 인정사업의 목록
3. 조기감축실적 인정량 및 할당량

04 보칙

제13조(업무의 위탁)

① 부문별 관장기관의 장은 제4조 제2호 '가'에 따른 할당대상업체가 전자적 방식으로 제출한 조기감축실적의 관리에 관한 업무를 온실가스종합정보센터에 위탁할 수 있다.

② 기획재정부장관과 부문별 관장기관의 장은 제4조 각 호에 따른 업무를 영 제49조 제2항에서 정한 기관에 위탁할 수 있다.

SECTION 11． 온실가스 배출권의 할당 및 취소에 관한 지침

01 총칙

제2조(정의)

1. 가동실적
   부하율, 가동시간, 가동일수, 온실가스 배출량, 활동자료량, 배출집약도 등 사업장 또는 배출시설의 가동과 관련된 세부 정보를 말한다.
2. 결정시안
   환경부장관이 접수한 배출권 할당신청서를 검토하여 할당계획 및 산정·작성한 업체별 할당량의 시안을 말한다.
3. 결정안
   환경부장관이 할당결정심의위원회(이하 "할당결정심의위원회"라 한다)의 심의·조정을 받기 위하여 작성한 안(案)으로서, 다음 각 목 중 어느 하나를 말한다.
   가. 업체별 할당량 결정시안을 할당계획 및 종합적으로 검토·조정한 안
   나. 할당계획 변경으로 인해 증가된 배출허용총량을 검토하여 할당계획과 작성한 업체별 추가 할당량 산정안
   다. 접수한 배출권 추가 할당 신청서를 검토하여 할당계획과 작성한 업체별 추가 할당량 산정안
   라. 할당계획 변경으로 인해 감소된 배출허용총량을 검토하여 할당계획과 작성한 업체별 할당 취소량 산정안
   마. 접수한 할당 취소 사유 통보서를 검토하여 할당계획 및 작성한 업체별 할당 취소량 산정안
4. 공정배출
   제품의 생산 또는 처리공정에서 원료의 물리적·화학적 반응 등에 따라 발생하는 온실가스 배출을 말한다.
5. 기존사업장
   할당대상업체가 매 계획기간 시작 직전 연도까지(제3조 제1항 제3호 및 제5호에 따른 업체로서 할당대상업체로 지정된 경우에는 해당 할당대상업체로 지정하는 연도까지) 환경부장관에게 제출한 명세서에 보고된 사업장을 말한다.
6. 기존시설
   할당대상업체가 매 계획기간 시작 직전 연도까지(제3조 제1항 제3호 및 제5호에 따른 업체로

서 할당대상업체로 지정된 경우에는 해당 할당대상업체로 지정하는 연도까지) 환경부장관에게 제출한 명세서에 보고된 배출시설을 말한다.

7. 기준기간

 매 계획기간 시작 4년 전부터 3년간(제3조 제1항 제3호 및 제5호에 따른 업체로서 할당대상업체로 지정된 경우에는 해당 할당대상업체로 지정하는 연도의 직전 3년간)을 말한다.

8. 명세서

 할당대상업체가 「기후위기 대응을 위한 탄소중립·녹색성장 기본법」(이하 "기본법"이라 한다)에 따른 관리업체(이하 "관리업체"라 한다)로서 제출한 명세서와 제출한 명세서를 말한다.

9. 배출시설

 온실가스를 대기에 배출하는 시설물, 기계, 기구, 그 밖의 유형물로서 각각의 원료(부원료와 첨가제를 포함한다)나 연료가 투입되는 지점 및 전기·열(스팀)이 사용되는 지점부터의 해당 공정 전체를 말한다. 이때 해당 공정이란 연료 혹은 원료가 투입 또는 전기·열(스팀)이 사용되는 설비군을 말하며, 설비군은 동일한 목적을 가지고 동일한 연료·원료·전기·열(스팀)을 사용하여 유사한 역할 및 기능을 가지고 있는 설비들을 묶은 단위를 말한다.

10. 배출시설의 가동개시

 는 신설·증설, 또는 재가동된 배출시설에 연료 또는 원료가 투입되어 온실가스 배출이 발생하기 시작하는 것을 말한다.

11. 변동사업장

 기존사업장 중에서 사업장의 신설·증설로 인하여 온실가스 배출량의 변동이 발생한 사업장을 말한다.

12. 변동시설

 기존시설 중에서 신설·증설로 인하여 온실가스 배출량의 변동이 발생한 배출시설을 말한다.

13. 사업장

 동일한 법인, 공공기관 또는 개인 등이 지배적인 영향력을 가지고 재화의 생산, 서비스의 제공 등 일련의 활동을 하는 일정한 경계를 가진 장소, 건물 및 부대시설 등을 말한다.

14. 사업장의 가동개시

 사업장 내 신설·증설 등 물리적으로 변동된 배출시설이 가동개시 된 시점을 해당 사업장의 가동개시라 말한다. 다만, 신설 사업장 내 신설시설이 다수 존재할 경우 신설시설들의 가동개시 중 가장 빠른 시점을 해당 사업장의 가동개시로 본다.

15. 신설 사업장

 기존사업장과 독립적으로 온실가스 배출활동을 하고 명세서에서 배출량을 별도로 보고하는 사업장을 물리적으로 추가하는 것을 말한다.

16. 신설 시설

 생산활동을 위하여 기존사업장 내 기존시설과 독립적으로 온실가스 배출활동을 하고 명세서에서 배출량을 별도로 보고하는 배출시설을 물리적으로 추가하는 것을 말한다. 다만, 할당대상업체가 배출시설을 개조하여 원료 또는 연료가 변경됨에 따라 「온실가스 배출권거래제의 배출량 보고 및 인증에 관한 지침」(이하 "배출량 인증 지침"이라 한다) 별표에 따른 산정대상 온실가스 배출활동의 구분이 달라지는 경우 환경부장관은 개조 전의 배출시설이 폐쇄되고 개조 이후의 배출시설이 신설된 것으로 인정할 수 있다.

17. 업종

    할당대상업체가 주로 수행하는 산업활동, 에너지 소비활동, 온실가스 배출활동 등을 바탕으로 국가 배출권 할당계획(이하 "할당계획"이라 한다)에서 할당대상업체들을 그 유사성에 따라 체계적으로 유형화한 분류를 말한다.

18. 업체

    동일한 법인, 공공기관 또는 개인 등이 지배적인 영향력을 미치는 모든 사업장의 집단을 말한다.

19. 연계설비

    업체 내 기존사업장 내 기존시설이 생산하여 공급하는 전기 또는 열(연료 또는 전기를 열원으로 하는 경우에 한한다)을 직접 사용하는 설비를 말한다.

20. 제약발전

    발전기 고장, 송전선로 고장 또는 열공급 · 연료제약 · 송전제약 등 전력계통 운영의 제약사항(전기사업자 자신이 원인을 제공한 경우는 제외한다)에 대하여 「전기사업법」에 따른 한국전력거래소의 전력계통 운영지시를 받아 발전한 경우를 말한다.

21. 증설 사업장

    기존사업장 내 배출시설의 신설 · 증설 등 생산활동에 직접적으로 기여하는 배출시설들의 물리적 변경을 추가함으로써 해당 사업장의 해당 이행연도 온실가스 배출량이 해당 사업장에 할당된 해당 이행연도 배출권보다 증가된 사업장을 말한다.

22. 증설 시설

    기존사업장 내 해당 기존시설에 생산활동에 직접적으로 기여하는 물리적 변경을 추가함으로써 해당 기존시설의 변경 전에 대비하여 변경 후 설계용량이 100분의 10 이상 증가하는 것을 말한다.

23. 지속가동

    기준기간 동안 할당대상업체의 기존사업장 또는 기존사업장 내 배출시설이 신설 · 증설이나 폐쇄가 발생하지 아니하고 지속적으로 가동하는 것을 말한다. 이 경우 기준기간 전에 신설된 사업장 또는 배출시설이 기준기간 중 가동을 정지하였다가 재가동하거나, 기준기간 전에 가동을 정지하였다가 기준기간 중 재가동하는 경우를 포함한다.

24. 최적가용기술(BAT ; Best Available Technology)

    온실가스 감축 및 에너지 절약과 관련하여 경제적 · 기술적으로 사용이 가능하면서 가장 최신이고 효율적인 기술 및 활동을 말한다.
25. 폐쇄

    사업장 또는 배출시설이 물리적으로 제거되거나 가동을 지속적으로 정지하여 할당대상업체의 명세서에서 제거되거나 온실가스 배출량이 0인 경우를 말한다.
26. 할당계수

    배출권 할당대상업체 간 형평성 등을 위하여 부문 또는 업종 내의 일부 배출활동에 대해 할당량을 차등 인정할 수 있도록 할당계획에서 정하는 계수를 말한다.
27. 배출효율기준 활동자료량

    배출효율기준 할당 방식 적용을 위해 할당계획에서 정하는 제품생산량, 중간제품 생산량, 원료 소비량, 에너지사용량, 처리량 및 용역량 등을 말한다.

02 배출권 할당 대상업체의 지정

제3조(할당대상업체 및 할당대상사업장의 지정 등)

① 환경부장관은 할당계획에서 정하는 배출권의 할당 대상이 되는 부문 또는 업종에 속하는 온실가스 배출업체 중에서 다음 각 호의 업체를 할당대상업체로 지정하여야 한다. 다만, 할당대상업체로부터 권리와 의무를 승계한 업체가 이미 지정된 할당대상업체가 아닌 경우에는 권리와 의무가 승계된 시점에 할당대상업체로 지정된 것으로 본다.

1. 직전 계획기간 당시 할당대상업체로서 매 계획기간 4년 전부터 3년간(이하 "기준기간"이라 한다)의 온실가스 배출량의 연평균 총량이 125,000이산화탄소상당량톤(tCO_2-eq) 이상인 업체이거나 25,000이산화탄소상당량톤(tCO_2-eq) 이상인 사업장을 하나 이상 보유한 업체

2. 관리업체 중 해당 업체의 명세서를 작성하여 검증을 받아 1회 이상 보고한 업체로서 기준기간의 온실가스 배출량의 연평균 총량이 125,000이산화탄소상당량톤(tCO_2-eq) 이상인 업체이거나 25,000이산화탄소상당량톤(tCO_2-eq) 이상인 사업장을 하나 이상 보유한 업체

3. 제1호에서 제2호까지 해당하지 아니하는 관리업체(직전계획기간 중 할당대상업체로서 제1호에 해당하지 아니하나 기본법 제27조 제1항의 관리업체 지정 기준에 해당하는 업체를 포함한다) 중 다음 계획기간 할당대상업체로 지정받기 위하여 환경부장관에게 신청한 업체(이하 "자발적 참여업체"라 한다). 다만, 자발적 참여업체는 다음 각 목의 요건을 모두 충족하는 업체에 한한다.

    가. 관리업체 중 해당 업체의 온실가스 목표관리를 성실히 이행하지 않아 목표를 달성하기 위

한 개선명령이나 개선명령 미이행으로 과태료를 부과 받은 사실이 없는 업체
나. 해당 업체의 명세서를 작성하여 검증기관의 검증을 받아 1회 이상 보고한 업체
다. 이전 계획기간에 할당대상업체로서 사실과 다른 내용으로 해당 업체의 배출권의 할당 또는 추가 할당을 신청하여 배출권을 할당받은 사실이 없는 업체(해당 업체가 이전 계획기간에 할당대상업체였다가 관리업체가 된 경우만 해당한다)
4. 직전 계획기간 당시 자발적 참여업체로서 할당대상업체로 지정된 업체 중 제4조 제4항에 따른 다음 계획기간에 대한 자발적 참여 포기신청서를 제출하지 않은 업체
5. 계획기간 중에 사업장 및 시설의 신설·변경·확장 등으로 인하여 새롭게 제2호에 해당하게 된 업체(이하 "신규진입자"라 하며, 이 경우 "기준기간"은 "해당 업체를 할당대상업체로 지정하는 연도의 직전 3년간"으로 본다)

② 환경부장관은 할당대상업체의 사업장 중에서 배출권의 할당 대상이 되는 사업장으로서 다음 각호에 해당하는 경우 해당 할당대상업체 내 모든 사업장을 배출권 할당 대상사업장(이하 "할당대상사업장"이라 한다)으로 지정하여야 한다.
1. 기준기간 온실가스 배출량의 연평균 총량이 125,000이산화탄소상당량톤(tCO_2-eq) 이상인 업체로서 할당대상업체로 지정된 경우
2. 기준기간 온실가스 배출량의 연평균 총량이 25,000이산화탄소상당량톤(tCO_2-eq) 이상인 사업장을 하나 이상 보유한 업체로서 할당대상업체로 지정된 경우
3. 자발적 참여업체로서 할당대상업체로 지정된 경우(다음 계획기간에 대한 자발적 참여 포기신청서를 제출하지 아니하여 할당대상업체로 지정된 경우를 포함한다)
4. 분할·양수·임차 등으로 할당대상업체로부터 권리와 의무를 승계하여 할당대상업체가 된 업체로서 최근 3년간 온실가스 배출량(할당대상업체와 분할 또는 양도로 인하여 할당대상업체의 사업장 및 시설을 이전받은 연도의 직전 3년간 온실가스 배출량을 말하고, 분할 또는 양도로 인하여 이전받은 사업장 및 시설의 온실가스 배출량을 포함한다. 이하 이 항에서 같다)의 연평균 총량이 125,000이산화탄소상당량톤(tCO_2-eq) 이상인 업체의 경우
5. 분할·양수·임차 등으로 할당대상업체로부터 권리와 의무를 승계하여 할당대상업체가 된 업체로서 최근 3년간 온실가스 배출량의 연평균 총량이 25,000이산화탄소상당량톤(tCO_2-eq) 이상인 사업장을 하나 이상 보유한 업체의 경우
6. 합병으로 인하여 할당대상업체로부터 권리와 의무를 승계하여 할당대상업체가 된 경우

③ 환경부장관은 할당대상업체 및 할당대상사업장을 지정할 경우 해당사실을 할당대상업체에 사전에 공지하고 필요한 경우 할당대상업체가 의견 및 증빙자료를 제출할 수 있도록 하여야 한다. 이 경우 할당대상업체 지정 사전통지서 및 의견제출서의 양식은 별지에 따른다.

④ 환경부장관은 제1항 각 호에 따라 할당대상업체로 지정한 업체를 매 계획기간 시작 5개월 전까지(신규진입자로서 할당대상업체로 지정한 업체의 경우에는 매 이행연도 시작 5개월 전까지를 말한다) 관보에 고시하여야 한다. 다만, 할당대상업체 지정에 관한 처분에 대하여 법 제38조 제1항

제1호에 따른 이의를 받아들인 경우에는 변경된 내용을 매 계획기간(신규진입자의 할당대상업체 지정에 대한 이의신청의 경우에는 이행연도를 말한다) 시작 3개월 전까지(법 제38조 제2항 단서에 따라 기간을 연장한 경우에는 매 계획기간 시작 2개월 전까지를 말한다) 고시하여야 한다.

⑤ 환경부장관은 할당대상업체로부터 권리와 의무를 승계한 업체에 대해서는 해당 업체가 이미 지정·고시된 할당대상업체가 아닌 경우에는 해당 업체가 권리와 의무를 승계한 사실을 알게 된 때로부터 1개월 이내에 권리와 의무를 승계하여 할당대상업체가 된 사실을 관보에 고시하여야 한다. 다만, 조직경계 확인 및 추가자료 제출 등을 이유로 그 기간 내에 권리와 의무의 승계에 따라 할당대상업체가 된 사실을 관보에 고시할 수 없을 경우에는 60일 범위에서 그 기간을 연장하고 그 사실을 해당업체에게 통보하여야 한다.

⑥ 환경부장관은 할당대상업체 및 할당대상사업장을 지정한 경우 지체 없이 문서 또는 전자적 방식(온실가스 종합정보관리체계를 통한 방식을 말한다. 이하 같다)으로 해당 업체에 지정 사실 및 사유를 통보하여야 한다. 이 경우 지정 통보의 양식은 별지(제1항 단서에 따라 할당대상업체로부터 권리와 의무를 승계하여 할당대상업체가 된 업체의 경우에는 별지 서식을 말한다)에 따른다.

⑦ 환경부장관은 할당대상업체로 지정된 업체에게 지정 사실을 통보할 때에 해당 업체가 자발적 참여업체인 경우에는 다음 계획기간에 더 이상 할당대상업체로 지정받기를 원하지 아니하면 자발적 참여를 포기할 수 있다는 사실과 포기신청서(이하 "자발적 참여 포기신청서"라 한다)를 제출하는 방법을 고지하여야 한다.

⑧ 환경부장관은 할당대상업체를 지정·고시한 경우 지체 없이 배출권 거래등록부(이하 "배출권등록부"라 한다)에 해당 업체의 배출권 거래계정(이하 "업체별 계정"이라 한다) 등을 등록·수정하고, 업체별 계정 간의 배출권 이전 등 필요한 조치를 하여야 한다.

제4조(자발적 참여신청 등)

① 환경부장관은 자발적 참여업체로서 할당대상업체로 지정받기를 원하는 업체가 매 계획기간 시작 6개월 전까지 자발적 참여신청서(이하 "자발적 참여신청서"라 한다)를 전자적 방식(온실가스 종합정보 관리체계에 입력하는 방식을 말한다. 이하 같다)으로 제출할 수 있도록 신청 절차 및 필요한 서류 등을 환경부 인터넷 홈페이지 등에 공고하여야 한다. 이 경우 자발적 참여신청서의 양식은 별지 서식에 따른다.

② 자발적 참여업체로서 할당대상업체로 지정된 업체가 다음계획기간 할당대상업체로 지정받기를 원하지 않는 경우 매 계획기간 시작 6개월 전까지 환경부장관에게 전자적 방식으로 자발적 참여 포기신청서를 제출하여야 하며, 이 경우 환경부장관은 해당 업체(해당 업체가 제3조 제1항 제2호에 해당하게 된 경우는 제외한다)를 다음 계획기간의 할당대상업체로 지정하지 아니한다. 이 경우 자발적 참여 포기신청서의 양식은 별지 서식에 따른다.

③ 환경부장관은 자발적 참여업체로서 할당대상업체로 지정된 업체를 다음 계획기간의 할당대상업

체로 지정하지 아니하는 경우 해당 업체가 할당대상업체로 지정된 계획기간의 마지막 이행연도에 대한 배출권 제출을 완료하면 즉시 배출권등록부에 등록되어 있는 해당 업체별 계정을 폐쇄해야 한다.

제5조(할당대상업체 및 할당대상사업장의 지정취소 등)

① 환경부장관은 할당대상업체로 지정·고시한 업체가 다음 각 호의 어느 하나에 해당하게 된 경우 해당 업체의 할당대상업체 지정을 취소할 수 있다.
  1. 계획기간 중 할당대상업체가 폐업신고, 법인 해산 등의 사유로 인하여 본래의 권리와 능력을 상실하여 할당대상업체로 더 이상 존립하지 아니한 경우
  2. 지정된 할당대상업체가 분할하거나 자신이 보유하고 있는 사업장 또는 일부 배출시설을 다른 업체에게 양도하는 등의 사유로 해당 사업장을 더 이상 보유하지 아니하게 된 경우
  3. 자발적 참여업체로 지정된 할당대상업체 중 영 제9조 제4항 각 호에 해당하는 요건을 모두 충족하지 못함에도 불구하고 사실과 다른 내용으로 신청하여 할당대상업체로 지정받은 경우
  4. 법인의 파산, 영업허가의 취소 등으로 인하여 해당 업체가 더 이상 계획기간 중 영업을 지속하지 못할 것이 분명한 경우

② 환경부장관은 할당대상업체의 지정을 취소하는 경우 해당사실을 할당대상업체에 사전에 공지하고 필요한 경우 할당대상업체가 의견 및 증빙자료를 제출할 수 있도록 하여야 한다. 이 경우 할당대상업체지정취소사전통지서 및 의견제출서의 양식은 별지 서식에 따른다.

③ 환경부장관은 할당대상업체가 할당대상업체의 지정을 취소한 경우 지체 없이 문서 또는 전자적 방식으로 해당 업체에 지정취소 사실 및 사유를 통보하여야 한다. 이 경우 지정취소 통보의 양식은 별지 제8호 서식에 따른다.

④ 환경부장관은 할당대상업체의 지정이 취소되거나 다음 계획기간의 할당대상업체로 다시 지정되지 아니하는 경우 해당 업체 또는 해당 업체의 사업장은 관리업체로 지정된 것으로 본다. 이 경우 해당 업체 또는 해당 업체의 사업장이 환경부장관에게 보고한 명세서는 정부에 보고된 명세서로 보며 관리업체로 지정된 해당 업체 또는 해당 업체의 사업장은 기본법 제27조 제1항 및 제2항, 같은 조 제3항 전단(목표 준수에 관한 사항만 해당한다), 같은 조 제6항 및 제83조 제1항 제1호 및 제3호의 규정을 적용한다.

···03 배출권 할당 신청서의 접수 및 심사

♂ 제8조(할당신청서의 접수)

할당대상업체는 할당신청서를 매 계획기간 시작 4개월 전까지(신규진입자로 지정된 업체는 매 이행연도 시작 4개월 전까지) 국가온실가스종합관리시스템(이하 "신청시스템"이라 한다)을 활용하여 전자적 방식으로 제출하여야 한다. 이 경우, 환경부장관은 할당신청서를 제출하지 않은 할당대상업체에게 해당 사실을 고지하여야 한다.

♂ 제9조(할당신청서의 적절성 검토 등)

① 환경부장관은 할당대상업체로부터 접수한 할당신청서의 중복, 누락, 오류 등 적절성을 검토할 수 있다.
② 환경부장관은 적절성 검토를 위하여 신청시스템 등의 전자적 방식을 활용할 수 있다.
③ 환경부장관은 적절성 검토를 통하여 할당신청서에 보완이 필요하다고 판단하는 경우에는 해당 업체에게 5일의 기한을 정하여 보완을 요청할 수 있다.
④ 환경부장관은 할당신청서의 보완을 요청하기 위하여 신청시스템 등의 전자적 방식 또는 문서, 전화, 팩스, 전자우편 등의 방식을 활용할 수 있다. 이 경우 보완 요청의 양식은 별지 서식에 따른다.

···04 배출권 할당량의 산정방법 및 절차

♂ 제11조(배출효율계수의 개발)

① 환경부장관은 배출효율계수를 개발하기 위한 활동자료로서 해당 배출효율기준방식 적용 사업장의 주요 제품 생산량을 활용하고, 이 자료의 활용이 어려운 경우에는 다음 각 호의 자료를 활용할 수 있다. 다만, 활동자료는 해당 사업장에 대하여 공통적이고 일관된 기준에 따라 수집 또는 산정되고 신뢰성을 입증할 수 있는 자료이어야 하고, 환경부장관이 필요하다고 판단하는 경우에는 해당 자료에 대하여 조사를 실시하거나 검증기관 등 제3자의 검증을 거치도록 할 수 있다.
1. 해당 사업장의 중간제품 생산량
2. 해당 사업장의 원료 소비량

3. 해당 사업장의 연료 소비량 또는 에너지 생산량
4. 기타 해당 사업장의 온실가스 배출과 직접적으로 관련되는 자료[운항실적(ton-km), 연면적(m^2), 처리량 등]

② 환경부장관은 배출효율계수를 개발하기 위한 온실가스 배출량으로 해당 배출효율기준방식 적용 사업장의 명세서에서 보고된 과거 온실가스 배출량을 활용한다.

③ 환경부장관은 배출효율기준방식 적용 대상 사업장의 명세서에 보고된 과거 온실가스 배출량을 활용할 수 없는 경우는 검증기관 등 제3자의 검증을 받은 과거 온실가스 배출량을 활용할 수 있다.

④ 환경부장관은 배출효율계수를 개발하기 위하여 최적가용기술을 활용할 수 있고, 이 경우 다음 각 호의 시설과 배출효율기준방식 적용 대상 사업장의 온실가스 배출 실적과 성능 등을 조사 및 비교하여 활용할 수 있다.
1. 세계 최고 수준의 온실가스 배출집약도 또는 에너지 효율 성능을 보유한 배출시설
2. 유럽연합(EU), 미국, 일본 등 특정국가 단위에서 최고 수준의 온실가스 배출집약도 또는 에너지 효율 성능을 보유한 배출시설

제12조(업체별 할당량 결정안의 작성)

① 환경부장관은 작성된 업체별 할당량 결정시안을 다음 각 호의 기준에 따라 종합적으로 검토·조정하여 업체별 할당량 결정안을 작성한다. 이 경우 세부적인 산정방법은 별표에 따른다.
1. 업체별 할당량 결정시안이 할당계획 및 적절히 작성되었는지 여부
2. 할당계획에서 정하는 부문별 또는 업종별 배출권 할당량을 해당 부문 또는 업종에 속한 모든 업체의 예상 온실가스 배출량의 합으로 나눈 각 부문 또는 업종의 이행연도별 조정계수(이 경우 조정계수는 1을 초과할 수 없다)
3. 기타 법 제12조 제2항 각 호의 사항 및 영 제17조 제1항 각 호의 사항 등에 비추어 환경부장관이 필요하다고 판단하는 사항

② 환경부장관은 업체별 할당량 결정안을 사업장별로 구분하여 작성할 수 있다. 이 경우 사업장별 구분은 온실가스 배출량기준 사업장과 배출효율기준방식 적용 사업장의 구분을 고려하고, 사업장별로 적용되는 각 부문 및 업종의 이행연도별 조정계수(이 경우 1을 초과할 수 없다)는 제1항 제3호에 따라 환경부장관이 필요하다고 판단하는 사항이 있는 경우 이를 고려하여 산정한다.

③ 환경부장관은 할당대상업체가 할당신청서를 제출하지 않은 경우 제출한 기준기간의 명세서를 활용하여 업체별 할당량 결정안을 작성할 수 있다.

제13조(업체별 할당량의 결정 등)

① 환경부장관은 업체별 할당량 결정안을 작성할 때 할당계획에서 정하는 해당 계획기간의 업종별 무상할당 비율을 반영하고, 작성된 업체별 할당량 결정안에 대하여 할당결정심의위원회의 심의·조정을 거쳐 업체별 할당량을 결정한다. 이 경우 업체별 할당량의 결정을 통해 확정된 각 부문 또는 업종의 이행연도별 조정계수(이 경우 조정계수는 1을 초과할 수 없다)는 권리와 의무의 승계, 업체별 추가 할당량의 결정, 업체별 할당 취소량의 결정, 이의신청의 처리 등을 이유로 해당 계획기간 중 변경되지 아니한다.
② 환경부장관은 업체별 할당량을 결정한 경우에는 배출권 할당위원회(이하 "할당위원회"라 한다)에 보고하여야 한다.
③ 환경부장관은 업체별 할당량을 결정한 경우에는 해당 할당대상업체에게 매 계획기간 시작 2개월 전까지(신규진입자로서 할당대상업체로 지정한 업체의 경우에는 배출권을 할당받는 이행연도 시작 2개월 전까지) 문서 또는 신청시스템을 통한 전자적 방식으로 해당 계획기간의 총 배출권 및 이행연도별 배출권 할당량을 통보하여야 한다.
④ 환경부장관은 제3항에 따라 업체별 할당량을 통보하는 경우에는 할당대상업체가 신청시스템을 통하여 해당 업체의 사업장 단위로 배출권 할당량을 확인할 수 있도록 별도의 절차를 마련할 수 있다.

05 배출권 추가 할당량의 산정방법 및 절차

제20조(업체별 추가 할당량의 결정 등)

① 환경부장관은 업체별 추가 할당량 결정안을 작성할 때 할당계획에서 정하는 해당 계획기간의 업종별 무상할당 비율을 반영하고, 작성된 업체별 추가 할당량 결정안에 대하여 부문별 관장기관과의 협의와 할당결정심의위원회의 심의·조정을 거쳐 업체별 추가 할당량을 결정한다.
② 환경부장관은 업체별 추가 할당량을 결정한 경우에는 할당위원회에 보고하여야 한다.
③ 환경부장관은 업체별 추가 할당량을 결정한 경우에는 해당 할당대상업체에게 지체 없이 문서 또는 신청시스템을 통한 전자적 방식으로 업체별 추가 할당량을 통보하여야 한다.
④ 환경부장관은 업체별 추가 할당량을 결정한 경우에는 매 이행연도 종료일부터 5개월 이내에 무상으로 추가 할당되는 배출권에 추가 할당 사유가 발생한 이행연도를 표시하여 업체별 계정에 등록하여야 한다. 이 경우 추가 할당되는 배출권은 배출권 예비분을 위한 배출권 거래계정(이하 "예비분 계정"이라 한다)에서 사용하여야 한다.

⑤ 환경부장관은 이의신청 결과에 따라 할당대상업체의 배출량을 재산정하여 배출량을 인증한 경우 해당 이행연도 배출량을 고려하여 통보된 업체별 추가 할당량을 정정할 수 있다.

06 배출권 할당 취소의 사유

제22조(할당 취소의 사유)

환경부장관은 할당대상업체가 다음 각 호의 어느 하나에 해당하는 경우에는 할당된 배출권의 전부 또는 일부를 취소할 수 있다.
1. 할당대상업체가 전체 또는 일부 사업장을 폐쇄한 경우
2. 할당대상업체의 시설의 가동중지·정지·폐쇄 등으로 인하여 그 시설이 속한 사업장의 해당 이행연도의 온실가스 배출량이 해당 사업장에 할당된 해당 이행연도 배출권에 비하여 100분의 50이하인 경우
3. 할당대상업체가 사실과 다른 내용으로 배출권의 할당 또는 추가 할당을 신청하여 배출권을 할당 받은 경우
4. 할당대상업체가 법 제8조 제2항에 따라 할당대상업체의 지정이 취소된 경우

제24조(할당 취소 사유인 가동중지·정지·폐쇄 등의 기준)

① 할당대상업체가 자신의 사업장 내 배출시설을 가동중지·정지·폐쇄(시설의 폐쇄는 시설을 분할·양도·임대했으나 그 권리와 의무가 승계되지 않는 경우를 포함한다)한 경우란 할당대상업체가 해당 사업장 내 전부 또는 일부 시설의 일시적·간헐적으로 가동중지, 전부 또는 일부 시설의 폐쇄로 인한 지속적인 가동정지, 전부 또는 일부 시설이 할당대상업체의 조직경계에서 제거된 경우, 가동실적이 감소된 경우 등으로 인하여 해당 이행연도 온실가스 배출량이 해당 사업장에 할당된 해당 이행연도 배출권(영 제18조에 따른 무상·유상 할당 비율을 모두 포함한 배출권 수량을 말한다)에 비하여 100분의 50 이하인 경우를 말한다. 다만, "해당 이행연도의 온실가스 배출량"은 할당대상업체의 제15조 제2항의 감축실적 중 해당 사업장의 감축실적과 재생에너지 사용 실적을 포함하여 고려한다.
② 환경부장관이 배출효율기준방식 적용 사업장의 가동중지·정지·폐쇄, 가동실적 감소 등으로 인한 할당 취소량을 산정할 경우에는 제1항을 준용한다. 이 경우 "해당 이행연도 온실가스 배출량"은 "해당 이행연도 활동자료량에 배출효율계수를 곱한 값"으로 본다.

제25조(할당 취소 사유인 사실과 다른 내용의 할당의 기준)

할당대상업체가 사실과 다른 내용으로 배출권의 할당 또는 추가 할당을 신청하여 배출권을 할당 받은 경우란 할당대상업체가 할당신청서의 내용을 사실과 다르게 작성하는 등 사실과 다른 내용으로 배출권의 할당 또는 추가 할당을 받은 경우를 말한다.

제26조(할당 취소 사유인 할당대상업체의 지정취소의 기준)

할당대상업체의 지정취소의 기준이란 할당대상업체로 지정·고시한 업체가 다음 각 호의 어느 하나에 해당하게 된 경우를 말한다.
1. 계획기간 중 할당대상업체가 폐업, 법인 해산 등의 사유로 인하여 존속이유를 잃어 더 이상 존립하지 아니한 경우
2. 할당대상업체가 분할하거나 자신의 사업장 또는 일부 시설을 다른 업체에 양도하여 해당 사업장이 다른 업체로 이전되어 더 이상 기준기간 온실가스 배출량의 연평균 총량이 25,000이산화탄소상당량톤(tCO_2-eq) 이상인 사업장을 더 이상 보유하지 아니하게 된 경우
3. 자발적 참여업체 중 영 제9조 4항 각 호에 어느 하나에 해당하는 요건을 충족하지 못하였음에도 불구하고 사실과 다른 내용으로 할당대상업체로 지정받은 경우
4. 법인의 파산, 영업허가의 취소 등으로 인하여 해당 업체가 더 이상 이전과 같이 존속할 수 없게 되어 계획기간 중 영업을 지속하지 못할 경우

07 배출권 할당 취소량의 산정방법 및 절차

제30조(업체별 할당 취소량의 결정 등)

① 환경부장관은 작성된 업체별 할당 취소량 결정안에 대하여 부문별 관장기관과의 협의와 할당결정심의위원회의 심의·조정을 거쳐 업체별 할당 취소량을 결정한다.
② 환경부장관은 업체별 할당 취소량을 결정한 경우에는 할당위원회에 보고하여야 한다.
③ 환경부장관은 업체별 할당 취소량을 결정한 경우에는 해당 할당대상업체에게 지체 없이 문서 또는 신청시스템을 통한 전자적 방식으로 업체별 할당 취소량을 통보하여야 한다.
④ 환경부장관은 이의신청 결과에 따라 할당대상업체의 배출량을 재산정하여 배출량 인증을 한 경우 해당 이행연도 배출량을 고려하여 통보된 업체별 할당 취소량을 정정할 수 있다.

SECTION 12 신에너지 및 재생에너지 개발·이용·보급 촉진법 (약칭 : 신재생에너지법)

♂ 제2조(정의)

1. 신에너지
   기존의 화석연료를 변환시켜 이용하거나 수소·산소 등의 화학 반응을 통하여 전기 또는 열을 이용하는 에너지로서 다음 각 목의 어느 하나에 해당하는 것을 말한다.
   가. 수소에너지
   나. 연료전지
   다. 석탄을 액화·가스화한 에너지 및 중질잔사유(重質殘渣油)를 가스화한 에너지로서 대통령령으로 정하는 기준 및 범위에 해당하는 에너지
   라. 그 밖에 석유·석탄·원자력 또는 천연가스가 아닌 에너지로서 대통령령으로 정하는 에너지

2. 재생에너지
   햇빛·물·지열(地熱)·강수(降水)·생물유기체 등을 포함하는 재생 가능한 에너지를 변환시켜 이용하는 에너지로서 다음 각 목의 어느 하나에 해당하는 것을 말한다.
   가. 태양에너지
   나. 풍력
   다. 수력
   라. 해양에너지
   마. 지열에너지
   바. 생물자원을 변환시켜 이용하는 바이오에너지로서 대통령령으로 정하는 기준 및 범위에 해당하는 에너지
   사. 폐기물에너지(비재생폐기물로부터 생산된 것은 제외한다)로서 대통령령으로 정하는 기준 및 범위에 해당하는 에너지
   아. 그 밖에 석유·석탄·원자력 또는 천연가스가 아닌 에너지로서 대통령령으로 정하는 에너지

3. 신에너지 및 재생에너지 설비
   신에너지 및 재생에너지(이하 "신·재생에너지"라 한다)를 생산 또는 이용하거나 신·재생에너지의 전력계통 연계조건을 개선하기 위한 설비로서 산업통상자원부령으로 정하는 것을 말한다.

4. 신·재생에너지 발전
   신·재생에너지를 이용하여 전기를 생산하는 것을 말한다.

5. 신·재생에너지 발전사업자

「전기사업법」에 따른 발전사업자 또는 같은 조 제19호에 따른 자가용전기설비를 설치한 자로서 신·재생에너지 발전을 하는 사업자를 말한다.

제5조(기본계획의 수립)

① 산업통상자원부장관은 관계 중앙행정기관의 장과 협의를 한 후 신·재생에너지정책심의회의 심의를 거쳐 신·재생에너지의 기술개발 및 이용·보급을 촉진하기 위한 기본계획(이하 "기본계획"이라 한다)을 5년마다 수립하여야 한다.
② 기본계획의 계획기간은 10년 이상으로 하며, 기본계획에는 다음 각 호의 사항이 포함되어야 한다.
  1. 기본계획의 목표 및 기간
  2. 신·재생에너지원별 기술개발 및 이용·보급의 목표
  3. 총전력생산량 중 신·재생에너지 발전량이 차지하는 비율의 목표
  4. 「에너지법」 제2조 제10호에 따른 온실가스의 배출 감소 목표
  5. 기본계획의 추진방법
  6. 신·재생에너지 기술수준의 평가와 보급전망 및 기대효과
  7. 신·재생에너지 기술개발 및 이용·보급에 관한 지원 방안
  8. 신·재생에너지 분야 전문인력 양성계획
  9. 직전 기본계획에 대한 평가
  10. 그 밖에 기본계획의 목표달성을 위하여 산업통상자원부장관이 필요하다고 인정하는 사항
③ 산업통상자원부장관은 신·재생에너지의 기술개발 동향, 에너지 수요·공급 동향의 변화, 그 밖의 사정으로 인하여 수립된 기본계획을 변경할 필요가 있다고 인정하면 관계 중앙행정기관의 장과 협의를 한 후 신·재생에너지정책심의회의 심의를 거쳐 그 기본계획을 변경할 수 있다.

제6조(연차별 실행계획)

① 산업통상자원부장관은 기본계획에서 정한 목표를 달성하기 위하여 신·재생에너지의 종류별로 신·재생에너지의 기술개발 및 이용·보급과 신·재생에너지 발전에 의한 전기의 공급에 관한 실행계획(이하 "실행계획"이라 한다)을 매년 수립·시행하여야 한다.
② 산업통상자원부장관은 실행계획을 수립·시행하려면 미리 관계 중앙행정기관의 장과 협의하여야 한다.
③ 산업통상자원부장관은 실행계획을 수립하였을 때에는 이를 공고하여야 한다.

제12조(신·재생에너지사업에의 투자권고 및 신·재생에너지 이용의무화 등)

① 산업통상자원부장관은 신·재생에너지의 기술개발 및 이용·보급을 촉진하기 위하여 필요하다고 인정하면 에너지 관련 사업을 하는 자에 대하여 제10조 각 호의 사업을 하거나 그 사업에 투자 또는 출연할 것을 권고할 수 있다.

② 산업통상자원부장관은 신·재생에너지의 이용·보급을 촉진하고 신·재생에너지산업의 활성화를 위하여 필요하다고 인정하면 다음 각 호의 어느 하나에 해당하는 자가 신축·증축 또는 개축하는 건축물에 대하여 대통령령으로 정하는 바에 따라 그 설계 시 산출된 예상 에너지사용량의 일정 비율 이상을 신·재생에너지를 이용하여 공급되는 에너지를 사용하도록 신·재생에너지 설비를 의무적으로 설치하게 할 수 있다.

1. 국가 및 지방자치단체
2. 공공기관
3. 정부가 대통령령으로 정하는 금액 이상을 출연한 정부출연기관
4. 「국유재산법」에 따른 정부출자기업체
5. 지방자치단체 및 제2호부터 제4호까지의 규정에 따른 공공기관, 정부출연기관 또는 정부출자기업체가 대통령령으로 정하는 비율 또는 금액 이상을 출자한 법인
6. 특별법에 따라 설립된 법인

③ 산업통상자원부장관은 신·재생에너지의 활용 여건 등을 고려할 때 신·재생에너지를 이용하는 것이 적절하다고 인정되는 공장·사업장 및 집단주택단지 등에 대하여 신·재생에너지의 종류를 지정하여 이용하도록 권고하거나 그 이용설비를 설치하도록 권고할 수 있다.

제12조의5(신·재생에너지 공급의무화 등)

① 산업통상자원부장관은 신·재생에너지의 이용·보급을 촉진하고 신·재생에너지산업의 활성화를 위하여 필요하다고 인정하면 다음 각 호의 어느 하나에 해당하는 자 중 대통령령으로 정하는 자(이하 "공급의무자"라 한다)에게 발전량의 일정량 이상을 의무적으로 신·재생에너지를 이용하여 공급하게 할 수 있다.

1. 「전기사업법」에 따른 발전사업자
2. 「집단에너지사업법」에 따라 「전기사업법」에 따른 발전사업의 허가를 받은 것으로 보는 자
3. 공공기관

② 공급의무자가 의무적으로 신·재생에너지를 이용하여 공급하여야 하는 발전량(이하 "의무공급량"이라 한다)의 합계는 총전력생산량의 25퍼센트 이내의 범위에서 연도별로 대통령령으로 정한다. 이 경우 균형 있는 이용·보급이 필요한 신·재생에너지에 대하여는 대통령령으로 정하는 바에 따라 총의무공급량 중 일부를 해당 신·재생에너지를 이용하여 공급하게 할 수 있다.

③ 공급의무자의 의무공급량은 산업통상자원부장관이 공급의무자의 의견을 들어 공급의무자별로 정하여 고시한다. 이 경우 산업통상자원부장관은 공급의무자의 총발전량 및 발전원(發電源) 등을 고려하여야 한다.
④ 공급의무자는 의무공급량의 일부에 대하여 3년의 범위에서 그 공급의무의 이행을 연기할 수 있다.
⑤ 공급의무자는 신·재생에너지 공급인증서를 구매하여 의무공급량에 충당할 수 있다.
⑥ 산업통상자원부장관은 공급의무의 이행 여부를 확인하기 위하여 공급의무자에게 대통령령으로 정하는 바에 따라 필요한 자료의 제출 또는 구매하여 의무공급량에 충당하거나 발급받은 신·재생에너지 공급인증서의 제출을 요구할 수 있다.
⑦ 공급의무의 이행을 연기할 수 있는 총량과 연차별 허용량, 그 밖에 필요한 사항은 대통령령으로 정한다.

제12조의6(신·재생에너지 공급 불이행에 대한 과징금)

① 산업통상자원부장관은 공급의무자가 의무공급량에 부족하게 신·재생에너지를 이용하여 에너지를 공급한 경우에는 대통령령으로 정하는 바에 따라 그 부족분에 신·재생에너지 공급인증서의 해당 연도 평균거래 가격의 100분의 150을 곱한 금액의 범위에서 과징금을 부과할 수 있다.
② 과징금을 납부한 공급의무자에 대하여는 그 과징금의 부과기간에 해당하는 의무공급량을 공급한 것으로 본다.
③ 산업통상자원부장관은 과징금을 납부하여야 할 자가 납부기한까지 그 과징금을 납부하지 아니한 때에는 국세 체납처분의 예를 따라 징수한다.
④ 제1항 및 제3항에 따라 징수한 과징금은 「전기사업법」에 따른 전력산업기반기금의 재원으로 귀속된다.

제12조의7(신·재생에너지 공급인증서 등)

① 신·재생에너지를 이용하여 에너지를 공급한 자(이하 "신·재생에너지 공급자"라 한다)는 산업통상자원부장관이 신·재생에너지를 이용한 에너지 공급의 증명 등을 위하여 지정하는 기관(이하 "공급인증기관"이라 한다)으로부터 그 공급 사실을 증명하는 인증서(전자문서로 된 인증서를 포함한다. 이하 "공급인증서"라 한다)를 발급받을 수 있다. 다만, 발전차액을 지원받은 신·재생에너지 공급자에 대한 공급인증서는 국가에 대하여 발급한다.
② 공급인증서를 발급받으려는 자는 공급인증기관에 대통령령으로 정하는 바에 따라 공급인증서의 발급을 신청하여야 한다.
③ 공급인증기관은 신청을 받은 경우에는 신·재생에너지의 종류별 공급량 및 공급기간 등을 확인한 후 다음 각 호의 기재사항을 포함한 공급인증서를 발급하여야 한다. 이 경우 균형 있는 이용·

보급과 기술개발 촉진 등이 필요한 신·재생에너지에 대하여는 대통령령으로 정하는 바에 따라 실제 공급량에 가중치를 곱한 양을 공급량으로 하는 공급인증서를 발급할 수 있다.
1. 신·재생에너지 공급자
2. 신·재생에너지의 종류별 공급량 및 공급기간
3. 유효기간

④ 공급인증서의 유효기간은 발급받은 날부터 3년으로 하되, 공급의무자가 구매하여 의무공급량에 충당하거나 발급받아 산업통상자원부장관에게 제출한 공급인증서는 그 효력을 상실한다. 이 경우 유효기간이 지나거나 효력을 상실한 해당 공급인증서는 폐기하여야 한다.

⑤ 공급인증서를 발급받은 자는 그 공급인증서를 거래하려면 공급인증서 발급 및 거래시장 운영에 관한 규칙으로 정하는 바에 따라 공급인증기관이 개설한 거래시장(이하 "거래시장"이라 한다)에서 거래하여야 한다.

⑥ 산업통상자원부장관은 다른 신·재생에너지와의 형평을 고려하여 공급인증서가 일정 규모 이상의 수력을 이용하여 에너지를 공급하고 발급된 경우 등 산업통상자원부령으로 정하는 사유에 해당할 때에는 거래시장에서 해당 공급인증서가 거래될 수 없도록 할 수 있다.

⑦ 산업통상자원부장관은 거래시장의 수급조절과 가격안정화를 위하여 대통령령으로 정하는 바에 따라 국가에 대하여 발급된 공급인증서를 거래할 수 있다. 이 경우 산업통상자원부장관은 공급의무자의 의무공급량, 의무이행실적 및 거래시장 가격 등을 고려하여야 한다.

⑧ 신·재생에너지 공급자가 신·재생에너지 설비에 대한 지원 등 대통령령으로 정하는 정부의 지원을 받은 경우에는 대통령령으로 정하는 바에 따라 공급인증서의 발급을 제한할 수 있다.

제12조의8(공급인증기관의 지정 등)

① 산업통상자원부장관은 공급인증서 관련 업무를 전문적이고 효율적으로 실시하고 공급인증서의 공정한 거래를 위하여 다음 각 호의 어느 하나에 해당하는 자를 공급인증기관으로 지정할 수 있다.
1. 신·재생에너지센터
2. 「전기사업법」에 따른 한국전력거래소
3. 공급인증기관의 업무에 필요한 인력·기술능력·시설·장비 등 대통령령으로 정하는 기준에 맞는 자

② 공급인증기관으로 지정받으려는 자는 산업통상자원부장관에게 지정을 신청하여야 한다.

③ 공급인증기관의 지정방법·지정절차, 그 밖에 공급인증기관의 지정에 필요한 사항은 산업통상자원부령으로 정한다.

제12조의9(공급인증기관의 업무 등)

① 지정된 공급인증기관은 다음 각 호의 업무를 수행한다.
  1. 공급인증서의 발급, 등록, 관리 및 폐기
  2. 국가가 소유하는 공급인증서의 거래 및 관리에 관한 사무의 대행
  3. 거래시장의 개설
  4. 공급의무자가 의무를 이행하는 데 지급한 비용의 정산에 관한 업무
  5. 공급인증서 관련 정보의 제공
  6. 그 밖에 공급인증서의 발급 및 거래에 딸린 업무
② 공급인증기관은 업무를 시작하기 전에 산업통상자원부령으로 정하는 바에 따라 공급인증서 발급 및 거래시장 운영에 관한 규칙(이하 "운영규칙"이라 한다)을 제정하여 산업통상자원부장관의 승인을 받아야 한다. 운영규칙을 변경하거나 폐지하는 경우(산업통상자원부령으로 정하는 경미한 사항의 변경은 제외한다)에도 또한 같다.
③ 산업통상자원부장관은 공급인증기관에 업무의 계획 및 실적에 관한 보고를 명하거나 자료의 제출을 요구할 수 있다.
④ 산업통상자원부장관은 다음 각 호의 어느 하나에 해당하는 경우에는 공급인증기관에 시정기간을 정하여 시정을 명할 수 있다.
  1. 운영규칙을 준수하지 아니한 경우
  2. 보고를 하지 아니하거나 거짓으로 보고한 경우
  3. 자료의 제출 요구에 따르지 아니하거나 거짓의 자료를 제출한 경우

제12조의10(공급인증기관 지정의 취소 등)

① 산업통상자원부장관은 공급인증기관이 다음 각 호의 어느 하나에 해당하는 경우에는 산업통상자원부령으로 정하는 바에 따라 그 지정을 취소하거나 1년 이내의 기간을 정하여 그 업무의 전부 또는 일부의 정지를 명할 수 있다. 다만, 제1호 또는 제2호에 해당하는 때에는 그 지정을 취소하여야 한다.
  1. 거짓이나 그 밖의 부정한 방법으로 지정을 받은 경우
  2. 업무정지 처분을 받은 후 그 업무정지 기간에 업무를 계속한 경우
  3. 지정기준에 부적합하게 된 경우
  4. 시정명령을 시정기간에 이행하지 아니한 경우
② 산업통상자원부장관은 공급인증기관이 제1항 제3호 또는 제4호에 해당하여 업무정지를 명하여야 하는 경우로서 그 업무의 정지가 그 이용자 등에게 심한 불편을 주거나 그 밖에 공익을 해칠 우려가 있으면 그 업무정지 처분을 갈음하여 5천만 원 이하의 과징금을 부과할 수 있다.

③ 과징금을 부과하는 위반행위의 종별·정도 등에 따른 과징금의 금액과 그 밖에 필요한 사항은 대통령령으로 정한다.
④ 산업통상자원부장관은 과징금을 납부하여야 할 자가 납부기한까지 그 과징금을 납부하지 아니한 때에는 국세 체납처분의 예를 따라 징수한다.

제12조의11(신·재생에너지 연료 품질기준)

① 산업통상자원부장관은 신·재생에너지 연료(신·재생에너지를 이용한 연료 중 대통령령으로 정하는 기준 및 범위에 해당하는 것을 말하며, 「폐기물관리법」에 따른 폐기물을 이용하여 제조한 것은 제외한다. 이하 같다)의 적정한 품질을 확보하기 위하여 품질기준을 정할 수 있다. 대기환경에 영향을 미치는 품질기준을 정하는 경우에는 미리 환경부장관과 협의를 하여야 한다.
② 산업통상자원부장관은 품질기준을 정한 경우에는 이를 고시하여야 한다.
③ 신·재생에너지 연료를 제조·수입 또는 판매하는 사업자(이하 "신·재생에너지 연료사업자"라 한다)는 산업통상자원부장관이 제1항에 따라 품질기준을 정한 경우에는 그 품질기준에 맞도록 신·재생에너지 연료의 품질을 유지하여야 한다.

제12조의12(신·재생에너지 연료 품질검사)

① 신·재생에너지 연료사업자는 제조·수입 또는 판매하는 신·재생에너지 연료가 품질기준에 맞는지를 확인하기 위하여 대통령령으로 정하는 신·재생에너지 품질검사기관(이하 "품질검사기관"이라 한다)의 품질검사를 받아야 한다.
② 품질검사의 방법과 절차, 그 밖에 필요한 사항은 산업통상자원부령으로 정한다.

제13조(신·재생에너지 설비의 인증 등)

① 신·재생에너지 설비를 제조하거나 수입하여 판매하려는 자는 「산업표준화법」에 따른 제품의 인증(이하 "설비인증"이라 한다)을 받을 수 있다.
② 산업통상자원부장관은 산업통상자원부령으로 정하는 바에 따라 설비인증에 드는 경비의 일부를 지원하거나, 「산업표준화법」에 따라 지정된 설비인증기관(이하 "설비인증기관"이라 한다)에 대하여 지정 목적상 필요한 범위에서 행정상의 지원 등을 할 수 있다.
③ 설비인증에 관하여 이 법에 특별한 규정이 있는 경우를 제외하고는 「산업표준화법」에서 정하는 바에 따른다.

제17조(신·재생에너지 발전 기준가격의 고시 및 차액 지원)

① 산업통상자원부장관은 신·재생에너지 발전에 의하여 공급되는 전기의 기준가격을 발전원별로 정한 경우에는 그 가격을 고시하여야 한다. 이 경우 기준가격의 산정기준은 대통령령으로 정한다.
② 산업통상자원부장관은 신·재생에너지 발전에 의하여 공급한 전기의 전력거래가격(「전기사업법」에 따른 전력거래가격을 말한다)이 고시한 기준가격보다 낮은 경우에는 그 전기를 공급한 신·재생에너지 발전사업자에 대하여 기준가격과 전력거래가격의 차액(이하 "발전차액"이라 한다)을 「전기사업법」에 따른 전력산업기반기금에서 우선적으로 지원한다.
③ 산업통상자원부장관은 제1항에 따라 기준가격을 고시하는 경우에는 발전차액을 지원하는 기간을 포함하여 고시할 수 있다.
④ 산업통상자원부장관은 발전차액을 지원받은 신·재생에너지 발전사업자에게 결산재무제표(決算財務諸表) 등 기준가격 설정을 위하여 필요한 자료를 제출할 것을 요구할 수 있다.

제18조(지원 중단 등)

① 산업통상자원부장관은 발전차액을 지원받은 신·재생에너지 발전사업자가 다음 각 호의 어느 하나에 해당하면 산업통상자원부령으로 정하는 바에 따라 경고를 하거나 시정을 명하고, 그 시정명령에 따르지 아니하는 경우에는 발전차액의 지원을 중단할 수 있다.
  1. 거짓이나 부정한 방법으로 발전차액을 지원받은 경우
  2. 자료요구에 따르지 아니하거나 거짓으로 자료를 제출한 경우
② 산업통상자원부장관은 발전차액을 지원받은 신·재생에너지 발전사업자가 제1항 제1호에 해당하면 산업통상자원부령으로 정하는 바에 따라 그 발전차액을 환수(還收)할 수 있다. 이 경우 산업통상자원부장관은 발전차액을 반환할 자가 30일 이내에 이를 반환하지 아니하면 국세 체납처분의 예에 따라 징수할 수 있다.

제20조(신·재생에너지 기술의 국제표준화 지원)

① 산업통상자원부장관은 국내에서 개발되었거나 개발 중인 신·재생에너지 관련 기술이 「국가표준기본법」에 따른 국제표준에 부합되도록 하기 위하여 설비인증기관에 대하여 표준화기반 구축, 국제활동 등에 필요한 지원을 할 수 있다.
② 지원 범위 등에 관하여 필요한 사항은 대통령령으로 정한다.

제21조(신·재생에너지 설비 및 그 부품의 공용화)

① 산업통상자원부장관은 신·재생에너지 설비 및 그 부품의 호환성(互換性)을 높이기 위하여 그 설

비 및 부품을 산업통상자원부장관이 정하여 고시하는 바에 따라 공용화 품목으로 지정하여 운영할 수 있다.

② 다음 각 호의 어느 하나에 해당하는 자는 신·재생에너지 설비 및 그 부품 중 공용화가 필요한 품목을 공용화 품목으로 지정하여 줄 것을 산업통상자원부장관에게 요청할 수 있다.

1. 신·재생에너지센터
2. 그 밖에 산업통상자원부령으로 정하는 기관 또는 단체

③ 산업통상자원부장관은 신·재생에너지 설비 및 그 부품의 공용화를 효율적으로 추진하기 위하여 필요한 지원을 할 수 있다.

④ 제1항부터 제3항까지의 규정에 따른 공용화 품목의 지정·운영, 지정 요청, 지원기준 등에 관하여 필요한 사항은 대통령령으로 정한다.

SECTION 13 부록 : IPCC 가이드라인 관련 용어

- **간접 온실가스 배출량**

  보고기업의 운영의 결과이지만 다른 기업에 의해 소유 또는 통제되는 배출원에서 발생하는 배출량

- **검증(Verification)**

  그 인벤토리의 의도된 적용에 대한 신뢰성을 세우기 위해 도움을 줄 수 있는 인벤토리의 완성 후에 또는 계획 및 개발 도중에 뒤따라 올 수 있는 활동 및 과정들의 수집을 일컫는다. 검증은 합리적인 접근과 토대의 설립이다. 배출량 인벤토리 본문에서, 검증은 인벤토리가 보고서 지시와 지침서에 따라서 정확하게 편집되었다는 것을 확신시키는 검사를 포함한다. 검증의 합법적 사용은 공식적인 비준, 혹은 행위 또는 제품의 승인을 부여하게 된다.

- **경계**

  온실가스 산정과 보고경계에는 몇 가지 범위가 있다. 예를 들어 조직, 운영, 지리, 사업단위 목표 경계. 인벤토리 경계는 어떤 배출량이 기업에서 산정되고 보고되는지를 결정한다.

- **계통오차 및 우연오차(Systematic and Random Errors)**

  계통오차(편의, Bias)는 일반적으로 미지수인 추정되는 양(Quantity)의 참값과 무한 집단(Infinite Set)인 관측값의 표본 평균에 의해 추정되는 관측 평균값 사이의 차이이다. 개별적인 측정값의 우연오차는 개별적 측정값과 표본 평균의 제한된 값 사이의 차이이다.

- **고립된 대기 중 탄소**

  생물학적 흡수원에 의해 대기 중에서 제거되거나 식물조직에 저장된 탄소. 고립된 대기 중 탄소는 탄소포획과 저장을 통해 포집된 온실가스를 포함하지 않는다.

- **고정연소**

  보일러, 노 등과 같은 고정된 장치에서 전기, 스팀, 열 또는 전력을 생산하기 위해 연료를 연소하는 것

- **공동이행(JI)**

  JI 메커니즘은 교토의정서 6조에서 확립되었으며 두 개의 부속서 Ⅰ국가 간에 행해지는 온실가스 저감사업을 지칭한다. JI는 "배출량 저감단위(ERUs)"의 생성, 획득 및 이전을 허용한다.

- **공정 배출(Process Emissions)**

  연소를 제외한, 화학물질 변형을 포함하는 산업 공정으로부터의 배출

- **공정배출량**

  시멘트 제조에서 탄산칼슘($CaCO_3$)의 방출로 발생하는 CO_2와 같이, 제조과정에서 발생되는 배출량

- **과불화탄소(PFCs ; Perfluorocarbons)**
  탄소와 불소 원자만을 포함한 합성적으로 생산된 할로겐화 탄소. 이들은 극도로 안정적이고, 비가연성, 저독성, 0(Zero)의 오존파괴잠재력, 그리고 높은 온난화지수의 성질을 갖고 있다.

- **교토의정서**
  기후변화에 관한 국제연합기본협약(UNFCCC)에 대한 의정서. 의정서가 발효되면 부속서 Ⅱ(선진국)에 있는 국가들에게 2008~2012년의 기간 동안 1990년 수준과 비교하여 온실가스 배출량의 저감목표를 만족할 것을 요구하게 된다.

- **국가고유 자료(Country-Specific Data)**
  국가 내 또는 그 국가를 대표하는 지점에서 수행된 연구에 기반한 활동도 혹은 배출량에 대한 자료

- **기준연도 배출량 재계산**
  기업 구조의 변화를 반영하거나 사용된 산정방법론의 변화를 반영하기 위한 기준연도 배출량의 재계산. 이는 시간에 따른 데이터의 일관성을 확보해 준다.(예 : 시간에 따라 같은 것과 비교)

- **기준연도 배출량**
  기준연도의 온실가스 배출량

- **기준연도(Base Year)**
  인벤토리에 대한 시작 연도. 어떤 기업의 배출량이 시간에 따라 추적된 것에 대한(특정 연도 또는 여러 해의 평균) 역사상의 데이터. 현재, 기준연도는 전형적으로 1990년이다.

- **기후변화에 관한 정부 간 패널(IPCC)**
  기후변화 전문가들의 국제적 모임. IPCC의 역할은 인위적인 기후변화의 위험에 대한 이해와 관련된 과학적 · 기술적 · 사회경제적 정보를 평가하는 것이다.

- **누출(2차 영향)**
  누출은 사업이 온실가스 배출량에 변화를 초래하는 생산품이나 서비스의 이용 가능성과 질을 변경시키는 경우에 발생한다.

- **대체자료(Surrogate Data)**
  대체자료는 필요한 특정 자료를 얻을 수 없을 때, 실제 자료를 대신해서 이용되는 자료로 대체자료는 종종 시간에 걸쳐 배출원에서의 변화량을 묘사하기 위해 필요하다. 예를 들어, 폐기물 발생의 변화량과 가까운 값을 구하기 위해 인구 변화가 사용될 수 있다.

- **독립성(Independence)**
  확률 변수들의 표본 값이 변하는 정도 사이에 관련성이 전혀 존재하지 않으면, 두 확률 변수는 독립적이다. 두 확률 변수 사이의 독립성 부재를 야기하는 가장 흔한 측정치는 상관계수이다.

- **매립가스(Landfill Gas)**

  도시 고형폐기물은 매립지에 매립되고 압축되고 복토되면 다양한 가스 생성물을 생성시키는 유기물질을 다량 포함한다. 혐기성 박테리아는 산소가 없는 환경에서 번성하여, 유기 물질을 분해시켜 일차적으로 이산화탄소와 메탄의 생성을 야기한다. 메탄은 수용성이 적고 공기보다 가볍기 때문에 대기로 직접 이동할 가능성이 크다.

- **목표 기준연도**

  예를 들어 2010년까지 목표 기준연도 2000년을 적용하여 목표 기준연도 수준의 25% 이하로 CO_2 배출량을 저감하는 것과 같이, 온실가스 목표를 정할 때 사용되는 기준연도

- **목표 이행기간**

  배출량 성과가 실제로 목표대비 측정되는 동안의 시간적 기간. 이것은 목표 완료일자로 종결된다.

- **몬테카를로 방법(Monte Carlo Method)**

  몬테카를로 분석의 원리는 컴퓨터에 의해 인벤토리 계산을 여러 번 수행하는 것인데, 사용자에 의해 초기에 규정된 불확도의 분포 내에서 매번 무작위적으로 선택된(컴퓨터에 의해) 불확실한 배출계수 또는 모델 변수 그리고 활동도 자료를 가지고 수행된다. 배출계수 그리고/또는 활동도 자료의 불확도는 종종 크고, 정규 분포를 가지고 있지 않을 수 있다. 이러한 경우에는, 결합되는 불확도에 대한 고전적인 통계 규칙이 거의 정확하다. 몬테카를로 분석은 배출계수, 모델 변수 및 활동도 자료에 대한 입력 불확도 분포에 대해 일관성 있는 인벤토리 산정값에 대한 불확도 분포를 만듦으로써 이러한 상황을 처리할 수 있다.

- **바이오매스(Biomass)**

  특정 지역에서의 살아 있는 유기체의 총 질량, 또는 주로 건량(Dry weight)으로 표현되는 특정종(Species)의 총 질량이며 이탄을 제외하고, 살아 있는 유기체로부터 최근에 파생된, 또는 살아 있는 유기체를 구성하는 유기 물질(특히 연료로 간주된다). 이러한 물질로부터 파생된 생산물, 부산물, 그리고 폐기물을 포함한다.

- **바이오연료(Biofuels)**

  일부러 재배한, 또는 폐기물계 바이오매스로부터 기인된 모든 연료. 이탄(Peat)은 수확 후 재축적되는 데 소요되는 시간의 길이로 인해 본 지침서에서는 바이오연료에 포함되지 않는다.

- **바이오연료의 종류**

  식물성 물질로 만든 연료, 예를 들어 목재, 짚, 식물에서 만든 에탄올

- **배출 가스(Off-Gas)**

  화학 공정(연소 또는 비연소)으로부터의 배기가스. 배출 가스는 대기로 배출되거나, 에너지 회수 또는 연소를 위해 소각되거나 다른 화학 공정을 위한 공급 원료로 사용될 수 있다. 또한 부산물(Secondary Products)이 배출가스로부터 재생될 수도 있다.

- **배출(Emissions)**

  주어진 시간 동안 특정 지역에서 대기로의 온실가스 그리고/또는 그 전구물질의 배출

- **배출계수(Emission Factor)**

  단위 활동당 가스의 배출 또는 흡수를 정량화하는 계수로, 주어진 작동 조건하에 주어진 활동 수준에 대한 대표성 있는 배출량을 개발하기 위해 평균화된 측정 자료의 표본에 종종 근거하며 이용 가능한 활동데이터 단위(예를 들어 소비된 연료톤, 생산된 제품톤)와 절대 온실가스 배출량으로부터 예측되는 온실가스 배출량 계수를 의미한다.

- **배출량 저감량단위(ERU)**

  JI사업으로 발생되는 온실가스 저감량 단위이며 ERUs는 부속서 Ⅰ국가에서 교토의정서에 의한 의무를 이행하는 데 도움을 주기 위해 사용될 수 있는 거래 가능한 제품이다.

- **배출량 저감인증량(CERs)**

  CDM 사업으로 생성된 배출 저감량 단위이며 CERs은 부속서 Ⅰ국가에 의해 교토의정서에 따른 자국의 의무이행에 사용될 수 있는 거래 가능 상품이다.

- **배출원(Source)**

  온실가스, 에어로졸, 또는 온실가스의 전구물질을 대기로 배출시키는 모든 과정 또는 활동.(UNFCCC Article 1.9) 보고서의 마지막 단계에서의 표시는 양(+)의 값이다.

- **병합발전설비/열병합(CHP)**

  같은 연료 공급을 통해 전기와 스팀/열 두 가지를 생산하는 설비

- **부속서 Ⅰ국가**

  국제 기후변화 Protocol에서 정의된 국가로서 배출량 저감목표가 있는 국가 : 호주, 오스트리아, 벨기에, 벨라루스, 불가리아, 캐나다, 크로아티아, 체코, 덴마크, 에스토니아, 핀란드, 프랑스, 독일, 그리스, 헝가리, 아이슬란드, 아일랜드, 이탈리아, 일본, 라트비아, 리히텐스타인, 리투아니아, 룩셈부르크, 모나코, 네덜란드, 뉴질랜드, 노르웨이, 폴란드, 포르투칼, 루마니아, 러시아, 슬로바키아, 슬로베니아, 스페인, 스웨덴, 스위스, 우크라이나, 영국, 미국

- **불화탄소(Fluorocarbons)**

  불소 원소를 포함하는 할로겐화 탄소염화불화탄소(CFCs), 수소염화불화탄소(HCFCs ; Hydrochloro Fluorocarbons), 수소불화탄소(HFCs ; Hydrofluorocarbons) 및 과불화탄소(PFCs ; Perfluorocarbons)가 포함된다.

- **불확도(Uncertainty)**

  모델의 불확도 분석은 모델 자체와 모델의 입력자료에 존재하는 불확도에 의해 야기된 출력 값에 대한 불확도의 정량적인 측정치를 제시하고 이러한 변수들의 상대적 중요성을 검사하는 것을 목적으로 한다.

- **비메탄 휘발성 유기 화합물(NMVOCs ; Non-Methane Volatile Organic Compounds)**

  넓은 범위의 특정한 유기 화합물질을 포함하는 배출의 종류를 의미하며, 비메탄 휘발성 유기화합물(NMVOCs)은 대류권(하부 대기층)에서의 오존 생성에 중요한 역할을 한다. 대류권에서의 오존은 온실가스이며, 또한 심각한 건강 및 환경 피해를 야기하는 중요한 국부적 및 지역적 대기오염 물질이다. 비메탄 휘발성 유기 화합물이 오존 생성에 기여를 하기 때문에 NMVOCs는 온실가스의 "전구물질(Precursor)"로 고려

된다. NMVOCs는 일단 대기에서 산화되면 이산화탄소를 생성한다.

- **비부속서 Ⅰ 국가**

  기후변화 Protocol을 비준 또는 수락하였으나 부속서 Ⅰ에 없는 국가이며 따라서 배출량 저감의무가 없다. (부속서 Ⅰ국가 참고)

- **산술 평균(Arithmetic Mean)**

  값들의 합을 값들의 개수로 나눈 값

- **생물발생적 탄소(Biogenic Carbon)**

  화석 탄소(Fossil Carbon)를 제외한 생물발생적(식물 또는 동물) 배출원으로부터 기인한 탄소. 이탄은 수확된 이탄을 대체하기 위해 오랜 시간이 소요되기 때문에, 본 교재에서는 화석 탄소로 다루어진다.

- **수소불화탄소(HFCs ; Hydrofluorocarbons)**

  수소, 불소 그리고 탄소 원자만을 포함하는 할로겐화 탄소 HFCs는 염소, 브롬, 또는 요오드를 포함하지 않기 때문에 오존층을 파괴하지 않는다. 다른 할로겐화 탄소와 같이, 중요한 온실가스이다.

- **수소염화불화탄소(HCFCs ; Hydrochlorofluorocarbons)**

  수소, 염소, 불소 그리고 탄소 원자만을 포함하는 할로겐화 탄소. HCFCs는 염소를 포함하기 때문에 오존 파괴에 기여하며 이들은 모두 온실가스이다.

- **신뢰구간(Confidence Interval)**

  신뢰구간이란 특정 신뢰도를 가진 미지의 고정된 양의 참값을 포함한 범위를 일컫는다(확률). 전형적으로, 95% 신뢰구간이 가정된다. 고전적인 통계적 관점에서 95% 신뢰구간은 미지수인 '양(Quantity)'의 참값을 포함할 수 있는 95%의 확률을 가진다. 또한 신뢰구간이 측정값 또는 정보(Information)와 연관성 있다고 안전하게 선언할 수 있는 범위를 일컫는다.

- **신뢰도(Confidence)**

  측정값 또는 산정값에서의 신용도를 나타내기 위해 사용되며 인벤토리 산정값에서 신뢰도를 갖는다는 것은 산정값을 더 정확하고 더 정밀하게 만드는 것이 아니다. 그러나 신뢰도를 갖는다는 것은, 결과적으로 문제를 해결하기 위해 자료가 적용될 수 있는지 여부에 대한 합의를 세울 수 있도록 도와줄 것이다. 이러한 신뢰도의 사용은 신뢰구간(Confidence Interval)이라는 용어의 통계적 사용과는 크게 다르다.

- **신재생에너지**

  풍력, 수력, 태양열, 지열에너지 및 바이오연료와 같이 비소모성 물질원에서 취하는 에너지

- **연료(Fuel)**

  열 또는 전기와 같은 에너지 공급원으로써 연소되는 어떤 물질

- **열량(Heating Value)**

  연료가 완전 연소될 때 발생되는 에너지량으로 미국과 캐나다에서 사용되는 고위발열량(HHVs)과, 기타 모든 국가에서 사용되는 저위발열량을 사용한다.

- **염화불화탄소(Chlorofluorocarbons, CFCs)**
  염소, 불소 그리고 탄소 원자만을 포함한 할로겐화 탄소. CFCs는 오존파괴물질과 온실가스 두 가지 모두로 작용한다.

- **영역 1 인벤토리**
  조직의 직접 온실가스 배출량

- **영역 2 인벤토리**
  전기 생산, 가열/냉각 또는 자체 소비를 위해 구입한 스팀과 관련된 보고기업의 배출량

- **영역 3 인벤토리**
  범위 2에 포함되는 것 외의 보고기업의 간접배출량

- **영역**
  간접 및 직접 온실가스배출량과 관련된 운영경계를 규정하는 것

- **오존층 파괴물질(ODS ; Ozone-Depleting Substances)**
  성층권 오존 파괴에 기여하는 화합물로 오존 파괴물질(ODS)은 CFCs, HCFC, 할론(Halons), 메틸 브롬(Methyl Bromide), 사염화탄소(Carbon Tetrachloride) 및 메틸 클로로폼(Methyl Chloroform)을 포함하며 이들이 분해될 때 염소나 브롬 원자를 배출시켜 오존을 파괴한다.

- **온실가스 거래**
  온실가스 배출 할당량, 차감산정량, 크레딧의 구매나 판매 일체를 의미

- **온실가스 레지스트리**
  조직의 온실가스배출량이나 사업저감량에 대한 공공 데이터베이스. 예를 들어 미국에너지부의 자발적 온실가스 보고 프로그램, CCAR, 세계경제포럼의 글로벌 온실가스 레지스트리 등으로, 각 레지스트리는 무슨 정보가 어떻게 보고되는지에 대한 자체 규정을 갖고 있다.

- **온실가스 배출원**
  대기 중으로 온실가스를 내보내는 물리적 단위나 공정

- **온실가스사업**
  온실가스배출량 저감, 탄소저장 또는 대기로부터의 온실가스 저감 증대를 달성하기 위한 특정 사업이나 활동으로 독립형 사업이거나 큰 규모의 비온실가스 관련 사업의 특정 활동이나 요소가 될 수 있다.

- **온실가스 저감**
  대기로부터의 온실가스 흡수 또는 고립(Sequestration)을 의미

- **온실가스 차감산정량**
  차감산정량은 예를 들어 자발적이거나 강제적인 온실가스 목표를 달성하고자 하는 곳에서 온실가스배출량에 대한 차감산정을 위해 사용되는 별도의 온실가스 저감량으로 차감산정량은 차감산정량을 생성하는 감축사업이 없었을 경우의 배출량에 대한 이론적 시나리오를 나타내는 베이스라인과 비교하여 산정된다. 중복산

정을 피하기 위해 차감산정에 해당되는 저감량은 그것이 사용될 목표에 포함되지 않는 배출원이나 흡수원에서 발생해야만 한다.

- **온실가스 크레딧**

  온실가스 차감계산량은 대외적으로 부여된 목표달성에 사용될 때 온실가스 크레딧으로 전환될 수 있으며 온실가스 크레딧은 온실가스 프로그램에서 일반적으로 부여되는 전환 및 이전 가능한 수단이다.

- **온실가스 포획**

  흡수원에 저장하기 위한 온실가스 배출원에서의 온실가스 포집을 의미

- **온실가스 프로그램**

  자발적 또는 강제적으로 기업 차원을 벗어나서 온실가스 배출량이나 저감량을 등록, 인증 또는 규제하는 모든 국제, 국가, 정부 또는 비정부적 권한을 나타내는 데 사용되는 통상적 용어로 예를 들어 CDM, EU ETS, CCX, CCAR 등

- **온실가스 프로토콜 산정툴**

  활동데이터와 배출계수를 기본으로 온실가스 배출량을 산정하는 여러 개의 공통부문과 부문고유툴을 의미 (www.Ghgprotocol.org에서 이용 가능)

- **온실가스 프로토콜 이니시어티브(GHG Protocol Initiative)**

  사업자를 위한 산정 및 보고기준을 설계·개발하고 사용을 촉진시키기 위해 WRI와 WBCSD에 의해 소집된 여러 이해당사자들의 공동연구로 두 개로 나뉘어 구성되어 있으나 기준은 연결되어 있다. (온실가스 Protocol Corporate Accounting and Reporting Standard와 온실가스 Protocol Project Quantification Standard)

- **온실가스 흡수원**

  온실가스를 저장하는 물리적 단위나 공정을 의미로 삼림과 지하/심해 CO_2 저장소를 말한다.

- **온실가스(GHG)**

  온실가스는 교토의정서에 제시된 6가지 가스인 이산화탄소(CO_2), 메탄(CH_4), 아산화질소(N_2O), 수소불화탄소(HFCs), 과불화탄소(PFCs), 육불화황(SF_6)이다.

- **완전성(Completeness)**

  인벤토리가 개별 국가의 고유한 기존의 관련된 배출원/흡수원 카테고리(따라서 IPCC 가이드라인에 포함되지 않을 수도 있는)뿐만 아니라, 모든 지리적 범위에 대해서 IPCC 가이드라인에 포함된 모든 배출원과 흡수원, 그리고 가스를 포함하는 것을 의미한다.

- **운영**

  조직이나 통치 또는 법적 구조에 관계없이 어떠한 사업의 종류를 표시하는 데 사용되는 일반적인 용어로 운영은 설비, 자회사, 합병된 기업 또는 기타 조인트벤처의 형태 등이 될 수 있다.

- **운영경계**

  보고하는 기업에 의해 소유되거나 통제되는 운영과 관련된 직접 및 간접배출량을 결정하는 경계이며, 이 평

가는 기업에게 어떤 운영 및 배출원이 직/간접 배출량을 유발하는지 설정하도록 해주며 어떤 간접배출량이 운영결과에 포함되어야 하는지 결정한다.

- **이동연소**

  자동차, 트럭, 기차, 비행기, 선박 등과 같은 수송수단에 의한 연료의 연소

- **이산화탄소 등가(Carbon Dioxide Equivalent)**

  복사 강도에 대한 온실가스의 기여에 근거하여 여러 온실가스를 비교하기 위해 사용되는 값. UNFCCC는 현재 (2005) 이산화탄소 등가를 계산하기 위한 변수로서, 지구온난화지수(GWPs ; Global Warming Potentials)를 사용한다.

- **CO_2 등가량(CO_2-e)**

  6개의 온실가스 각각의 지구온난화 잠재력(GWP)을 나타내는 측정의 일반단위로 이산화탄소 1단위의 GWP 형태로 표현되며 이것은 각각의 온실가스를 공통의 기준에 대해 풀어놓은(또는 풀어놓지 않도록 한) 것을 평가하는 데 사용된다.

- **2차 연료(Secondary Fuels)**

  1차 연료로부터 제조되는 연료. 코크스, 자동차 가솔린 및 코크스 오븐 가스, 압축 용광로 가스 등이 있다.

- **2차 효과(누출)**

  1차 효과에 포함되지 않는 프로젝트로 인해 나타나는 온실가스배출량의 변화로 이것은 일반적으로 작은 값이며 의도하지 않은 온실가스의 결과값들이다.

- **인벤토리**

  조직의 온실가스 배출량과 배출원의 정량화된 인벤토리

- **인벤토리 경계**

  인벤토리에 포함되는 직접 및 간접배출량을 총괄하는 가상의 경계선. 이것은 선정된 조직 및 운영경계의 결과

- **일관성(Consistency)**

  장기간에 걸쳐 인벤토리의 모든 구성 성분들에 있어 내부적으로 일관성이 있어야 한다는 것을 의미한다. 기준연도와 그 후의 일련의 연도에 대해 동일한 방법론이 사용되었고 배출원 또는 흡수원으로부터의 배출량 또는 흡수량을 산정하기 위해 일관성 있는 자료 집단이 사용되었다면, 그 인벤토리는 일관성을 지닌다. 다른 연도에 대해 다른 방법론을 사용한 인벤토리는, 만약 시계열의 일관성 우수실행에 대한 제1권의 지침서를 따라서 투명한 방식으로 산정되었다면, 일관성을 지닌다고 할 수 있다.

- **1차 사용(First Use)**

  일차 사용(및 관계된 배출)을 그 후에 일어나는 화석연료의 비에너지 사용과 구분하기 위해 사용한다. 예를 들어, 윤활제로부터의 일차 사용 배출은 윤활제로서의 사용 도중에 산화의 결과로써 일어나는 배출이다.

- **1차 연료(Primary Fuels)**
  자연 자원으로부터 직접적으로 추출되는 연료. 예로는 원유, 천연 가스, 석탄 등이 있다.

- **1차 효과**
  특정한 온실가스 저감요소 또는 프로젝트를 통해 이루고자 하는(온실가스 배출량 저감, 탄소 저장 또는 온실가스 저감량 확대) 활동

- **저장고(Reservoir)**
  온실가스 또는 온실가스의 전구물질이 저장되는 구성 성분 또는 기후 시스템의 구성 성분

- **저장고/탄소 저장고(Pool/Carbon Pool)**
  저장고, 온실가스 또는 온실가스의 전구물질이 저장되어 있는 구성성분 또는 기후 시스템의 구성성분으로 탄소 저장고의 예로는 삼림 바이오매스, 목재 생산품, 토양 그리고 대기이며 단위는 질량단위를 갖는다.

- **전 과정 분석**
  자원추출, 생산, 사용 및 폐기물 처분을 포함하는 전 과정의 각 단계에서 제품의 영향(예를 들면, 온실가스배출량)의 합계에 대한 평가

- **정밀도(Precision)**
  정밀도는 더 정밀할수록 덜 불확실하다는 관점에서, 불확도의 역수이며 요구된 조건하에서 얻어진 측정값들의 독립적인 결과 사이에 합의치의 근사를 의미

- **정확도(Accuracy)**
  정확도는 배출량 또는 흡수량 산정값의 정확성(Exactness)에 대한 상대적인 측정치이며, 산정값은 판단할 수 있는 한도에서 불확도가 실제 배출량 또는 흡수량을 계획적으로 과대 또는 과소 평가하지 않는다는 면에서, 그리고 불확도가 실행 가능한 한도에서 감소되어야 한다는 면에서 정확해야만 한다. 인벤토리의 정확성을 증가시키기 위하여, 우수실행(Good Practice)의 지침서를 따르는 적절한 방법론이 사용되어야 한다. 정확도는 아래의 삽화대로 정밀도(Precision)와는 구별되어야 한다.

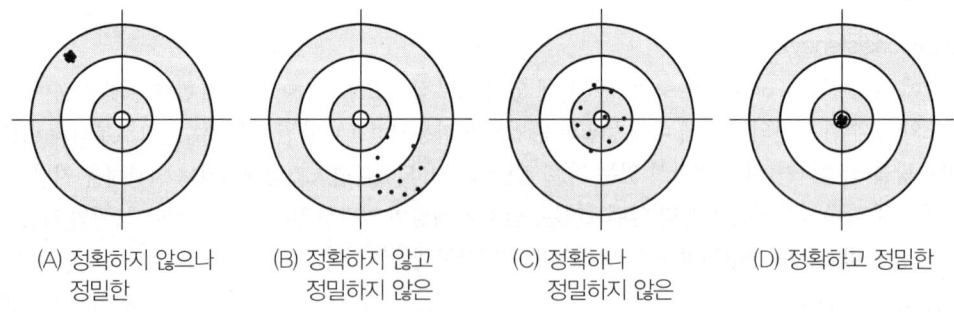

(A) 정확하지 않으나 정밀한 (B) 정확하지 않고 정밀하지 않은 (C) 정확하나 정밀하지 않은 (D) 정확하고 정밀한

- **조직경계**
  보고기업에 의해 소유되거나 통제되는 운영을 결정하는 경계로서 채택된 통합접근(지분 할당이나 통제 접근)에 의존한다.

- **주요 불일치(Material Discrepancy)**

  성과나 의사결정에 영향을 줄 정도로 참값과 매우 다른 보고량을 초래하는 오류(예를 들어 과장, 누락, 산정 오류 등). 주요 허위진술(Material Misstatement)이라고도 알려져 있다.

- **주요 카테고리(Key Category)**

  배출량 및 흡수량의 절대량, 배출량 및 흡수량의 경향, 또는 배출량 또는 흡수량에서의 불확도 등에서, 그 산정값이 국가의 총 온실가스 인벤토리에 지대한 영향을 미치기 때문에 국가 인벤토리 내에서 우선시되는 카테고리이며 주요 카테고리라는 용어가 사용될 때마다, 이는 배출원과 흡수원 카테고리를 모두 포함한다.

- **중복산정**

  2개 이상의 보고기업이 같은 배출량이나 저감량의 소유권을 갖는다.

- **중앙값(Median)**

  중앙값 또는 모집단 중앙값은 확률밀도함수(PDF)의 적분값을 두 개의 절반으로 나눈 값이다. 대칭적인 PDFs에 대해서는 중앙값이 평균값과 같다. 중앙값은 모집단의 50번째 백분위수이다.

  표본 중앙값은 모집단 중앙값의 추정치이며 이는 순위화된 표본을 두 개의 동일한 절반으로 나눈 값이다. 만일 $2n+1$개의 관측치가 있다면, 중앙값은 순위화된 표본의 $(n+1)$번째 숫자이다.

- **증발성 배출(Evaporative Emissions)**

  증발성 배출은 탈루성 배출에 속하며, 면오염원(점오염원보다는)으로부터 배출된다. 증발성 배출은 종종 비메탄 휘발성 유기화합물(NMVOCs ; Non-Methane Volatile Organic Compounds)의 배출이고, 제품이 대기에 노출될 때(예를 들어, 페인트나 용매를 사용할 때) 배출된다.

- **지구온난화지수(Global Warming Potential)**

  장기간 동안(예를 들면, 100년) CO_2 1킬로그램의 복사강제력(Radiative Forcing)에 대한 대기로 배출된 온실가스 1킬로그램의 복사강제력의 비(Ratio)로써 계산된다. 즉, CO_2 한 단위와 비교하여 주어진 온실가스 한 단위의 방사적 강화영향(대기에 피해를 주는 정도)을 나타내는 계수이다.

- **직접 모니터링**

  연속 배출량 모니터링(CEM)이나 주기적 시료채취의 형태에서 배출량 흐름 인벤토리의 직접 모니터링을 의미

- **직접 온실가스 배출량**

  보고하는 기업이 소유하거나 통제하는 배출원에서의 배출량

- **집약도(Intensity Ratios)**

  물리적 활동단위 또는 경제적 가치단위당 온실가스 영향을 표현하는 비율(예를 들어, 생성전력단위당 CO_2 배출량톤)로 집약도는 생산성/효율 비의 역수이다.

- **청정개발체제(CDM)**

  개도국에서의 프로젝트를 기반으로 한 배출량 저감활동을 위해 교토의정서 제12조에 의해 성립된 메커니즘으로 CDM은 두 가지 주요 목적을 달성하기 위해 설계된다.
  ① 호스트 국가의 지속가능성 요구에 부응하기 위해

② 부속서 Ⅰ국가에게 자국의 온실가스 저감 의무량을 달성하기 위한 사용가능한 기회를 늘려주기 위해 CDM은 비부속서 Ⅰ국가에서 수행된 온실가스 저감사업으로부터의 CER에 대한 생성, 획득 및 이전을 허용한다.

- **추가성**
  사업이 없는 경우에 발생하는 것 외에 추가적으로 온실가스 배출량의 감소나 저감이 발생하는 사업인지 평가하는 기준으로 사업목표가 배출량의 차감계산이나 그 밖의 것에 있을 때 중요한 기준이다.

- **탈루성 배출(Fugutive Emissions)**
  굴뚝이나 환기구를 통한 고의적인 배출이 아닌 배출로 산업공장 및 수송관으로부터의 누출 등이 해당된다.

- **탈루성 배출량**
  물리적으로 통제되지 않으나 의도적 또는 비의도적으로 온실가스 방출을 가져오는 배출량으로 일반적으로 생산, 수송, 저장과정 및 연료와 기타 화학물질들의 사용으로 인해 발생하며 연결부위, 밀봉부위, 패킹, 개스킷 등에서 주로 발생한다.

- **투명성(Transparency)**
  보고된 정보의 사용자에 의해 인벤토리 복사(Replication) 및 평가를 용이하게 하기 위해 인벤토리에 사용되는 가정들과 방법들이 명백하게 설명되어야 한다는 것을 의미한다.

- **편의(Bias)**
  대부분의 경우에 크기가 알려져 있지 않은 관측방법의 계통오차(Systematic Error)로 부적절하게 조정된 측정 설비를 사용함으로써, 잘못된 집단으로부터 항목을 선택함으로써, 또는 집단의 특정 요소를 편애함으로써 야기될 수 있다.(예를 들어 고/중간 압력 루트로부터의 누수 측정치만을 사용하여 가스 수송 및 배급으로부터의 총 탈루 배출량을 산정하는 것은 저압력 배급 네트워크에서의 누수가 무시되는 편의를 야기한다.)

- **폐기물의 생물학적 처리(Biological Treatment of Waste)**
  폐기물의 부피를 저감시키기 위해 음식 폐기물, 정원/공원 폐기물 및 슬러지와 같은 유기 폐기물의 퇴비화 및 혐기적 분해, 폐기물의 안정화, 그리고 폐기물 내 병원균의 파괴로 여기에는 물리-생물학적 처리가 포함된다.

- **표준편차(Standard Deviation)**
  모집단 표준편차는 변이의 양의 제곱근이며 표본 변이의 양의 제곱근인 표본 표준편차에 의해 추정된다.

- **품질관리(QC ; Quality Control)**
  개발된 인벤토리의 품질을 측정하고 조절하기 위한, 주기적인 기술적 활동 시스템이다. QC 시스템은 다음과 같은 목적으로 설계된다.
  (1) 자료의 무결점, 정확함 및 완전성을 확신시키기 위한 주기적이고 일관성 있는 검토를 제공
  (2) 오차와 누락을 확인하고 표시
  (3) 인벤토리 물질을 문서화하고 저장하며, 모든 QC 활동을 기록

- **품질보증(Quality Assurance)**
  품질보증(QA) 활동은 자료의 품질이 만족된다는 것을 검증하기 위해, 인벤토리 편집/개발에 직접적으로 소

속되지 않은 사람에 의해 수행되는 계획된 검토 과정의 시스템을 포함하며 인벤토리가 과학적 지식과 이용 가능한 자료의 주어진 현재 상태에 대해서 가장 정확한 배출량 및 흡수량의 산정치를 표시한다는 것을 확신 시키며, 품질관리(QC) 프로그램의 유효성을 뒷받침한다.

- **플레어링(Flaring)**
  에너지 회수 없이, 천연가스 및 폐가스/폐증기 유출량의 계획적인 연소

- **혐기성(Anaerobic)**
  산소가 충분히 이용 가능하지 않은 조건들로 이런 조건들은 메탄 배출 생산량에 매우 중요하게 작용한다.

- **확률밀도함수(Probability Density Function)**
  확률밀도함수(PDF)는 가능한 수치의 범위와 상대적 가능성을 묘사하며 PDF는 정확히 알려지지 않은 고정된 상수값의 양(Quantity)의 추정에 있어 불확도를 묘사하기 위해 사용될 수 있다. 또는 고유의 변이(Variability)를 묘사하기 위해 사용되기도 한다. 배출량 인벤토리에 대한 불확도 분석의 목적은, 특정 카테고리에 관련된 배출량과 활동도뿐만 아니라 미지의 총 배출량(고정값)에서의 불확도를 정량화하는 것이다.

- **활동도 자료(Activity data)**
  특정 기간 동안에 발생하는 배출 또는 흡수를 야기하는 인간 활동 크기에 대한 자료이며 에너지 사용, 금속 생산, 토지 면적, 관리체계, 석회 및 비료 사용, 그리고 폐기물 발생 등이 활동도 자료의 예이다.

- **흡수량(Removals)**
  흡수원에 의한 대기로부터의 온실가스 그리고/또는 그들의 전구물질의 흡수량

- **흡수원(Sink)**
  대기로부터 온실가스, 에어로졸, 또는 온실가스의 전구물질을 제거하는 모든 과정으로 활동 또는 메커니즘 (UNFCCC Article 1.8). 보고의 마지막 단계에서의 표시는 음(−)의 값이다.

출처 : 국가온실가스 인벤토리 작성을 위한 2006 IPCC 가이드라인(환경부)

MEMO

PART 06
실전필수문제

SECTION 01 실전필수문제

01 대기현상이 시·공간적으로 일반화되어 출현 확률이 가장 높은 대기의 상태를 의미하는 용어는?
① 기후   ② 기후인자
③ 기후요소   ④ 대기현상

풀이 좁은 의미의 기후는 평균기상을 말하고, 넓은 의미의 기후는 통계적 설명을 포함해 기후시스템의 상태를 말한다.

02 다음 내용 중 바르지 않은 것은?
① 기상은 지표 위에서 시시각각으로 변하는 대기의 물리적 현상을 말한다.
② 좁은 의미의 기후는 평균기상을 말한다.
③ 기후는 순간적인 대기현상, 즉 일기 또는 날씨를 의미한다.
④ 기후계는 대기, 육지, 눈, 얼음, 바다, 기타 수원, 생물체가 서로 복잡하게 상호작용을 하며 구성하고 있는 계(System)이다.

풀이 순간적인 대기현상, 즉 일기 또는 날씨를 말하는 것은 기상이다.

03 기후는 대기현상이 공간적으로 일반화되어 출현확률이 가장 높은 대기 상태를 의미하는데, 다음 중 주요 기후 요소가 아닌 것은?
① 기온   ② 습도
③ 강수   ④ 번개

풀이 기후 요소(기본적 물리량)
ㄱ. 기온   ㄴ. 바람
ㄷ. 강수   ㄹ. 습도
ㅁ. 운량   ㅂ. 일사량

04 다음 중 지구의 기후시스템을 구성하고 있는 권역이 아닌 것은?
① 대기권   ② 수권
③ 우주권   ④ 지권

풀이 우리가 살고 있는 지구의 기후시스템은 대기권, 수권(빙권), 지권, 생물권 등으로 구성되어 있으며, 각 권역의 내부 혹은 권역 간 복잡한 물리과정이 서로 얽혀 현재의 기후를 유지한다. 지구기후시스템의 기원은 태양 복사에너지이다.

05 세계기상기구(WMO)가 정한 기후평균의 산출기간은?
① 10년   ② 20년
③ 30년   ④ 40년

풀이 기후는 일반적으로 평균 기상으로 정의되며 세계기상기구가 정한 기후 평균의 산출기간은 30년이다.

06 대기의 특성에 관한 설명 중 틀린 것은?
① 성층권에서는 오존이 자외선을 흡수하여 온도를 상승시킨다.
② 지표 부근의 표준상태에서 건조공기의 구성성분은 부피농도로 질소>산소>아르곤>이산화탄소의 순이다.
③ 대기의 온도는 위쪽으로 올라갈수록 대류권에서는 하강, 성층권에서는 상승, 열권에서는 하강한다.
④ 대류권의 고도는 겨울철에 낮고, 여름철에 높으며, 보통 저위도 지방이 고위도 지방에 비해 높다.

풀이 대기의 온도는 위쪽으로 올라갈수록 대류권에서는 하강, 성층권에서는 상승, 중간권에서는 하강, 다시 열권에서는 상승한다.

정답 01 ① 02 ③ 03 ④ 04 ③ 05 ③ 06 ③

07 대기권의 구조에 관한 설명 중 가장 거리가 먼 것은?

① 대기의 수직온도 분포에 따라 대류권, 성층권, 중간권, 열권으로 구분할 수 있다.
② 대류권 기상요소의 수평분포는 위도, 해륙분포 등에 의해 다르지만 연직방향에 따른 변화는 더욱 크다.
③ 대류권의 높이는 통상적으로 여름철에 낮고 겨울철에 높으며, 고위도 지방이 저위도 지방에 비해 높다.
④ 대류권의 하부 1~2km까지를 대기경계층이라고 하며, 지표면의 영향을 직접 받아서 기상요소의 일변화가 일어나는 층이다.

풀이 ▶ 대류권의 고도는 겨울철에 낮고, 여름철에 높으며 보통 저위도 지방이 고위도 지방에 비해 높다.

08 다음 중 대기의 구조에 관한 설명으로 틀린 것은?

① 대류권에서는 고도가 높아짐에 따라 단열팽창에 의해 약 6.5℃/km씩 낮아지는 기온감률 때문에 공기의 수직혼합이 일어난다.
② 대류권은 평균 12km(위도 45도의 경우) 정도이며, 극지방으로 갈수록 낮아진다.
③ 오존층에서는 오존의 생성과 소멸이 계속적으로 일어나면서 오존의 농도를 유지한다.
④ 자외선 복사에너지는 성층권을 통과할수록 서서히 증가하고, 가장 낮은 온도는 성층권 상부에서 나타난다.

풀이 ▶ 대기층에서 가장 낮은 온도를 나타내는 부분은 중간권의 상층부분으로 약 -90℃ 정도이다.

09 성층권에 관한 다음 설명 중 옳지 않은 것은?

① 하층부의 밀도가 커서 매우 안정한 상태를 유지하므로 공기의 상승이나 하강 등의 연직운동은 억제된다.
② 화산분출 등에 의하여 미세한 분진이 이 권역에 유입되면 수년간 남아 있게 되어 기후에 영향을 미치기도 한다.
③ 성층권에서 고도에 따라 온도가 상승하는 이유는 성층권의 오존이 태양광선 중의 자외선을 흡수하기 때문이다.
④ 오존의 밀도는 하층부(11~15km)일수록 높으며, 이와 같이 오존이 많이 분포한 층을 오존층이라 한다.

풀이 ▶ 오존농도의 고도분포는 지상 약 20~25km 내에서 평균적으로 약 10ppm(10,000ppb)의 최대농도를 나타낸다.

10 대기권의 성질을 설명한 것 중 틀린 것은?

① 대류권의 높이는 보통 여름철보다는 겨울철에, 저위도보다는 고위도에서 낮게 나타난다.
② 대기의 밀도는 기온이 낮을수록 높아지므로 고도에 따른 기온분포로부터 밀도분포가 결정된다.
③ 대류권에서의 대기 기온체감률은 -1℃ / 100m이며, 기온변화에 따라 비교적 비균질한 기층(Hete-togeneous Layer)이 형성된다.
④ 대기의 상하운동이 활발한 정도를 난류강도라 하고, 이는 열적인 난류와 역학적인 난류가 있으며, 이들을 고려한 안정도로서 리차드슨 수가 있다.

풀이 ▶ 균질층(Homosphere)은 지상 0~80km 정도까지의 고도를 가지며, 수분을 제외하고는 질소 및 산소 등 분자조성비가 어느 정도 일정하다.

11 성층권 내의 지상 25~30km 부근에서의 O_3의 최고농도로 가장 적합한 것은?

① 1ppt 정도　　② 10ppt 정도
③ 1,000ppm 정도　　④ 10,000ppb 정도

풀이 ▶ 오존농도의 고도분포는 지상 약 20~25km 내에서 평균적으로 약 10ppm(10,000ppb)의 최대농도를 나타낸다.

정답 07 ③ 08 ④ 09 ④ 10 ③ 11 ④

12 다음 중 대기 내 오염물질의 일반적인 체류시간 순서로 옳은 것은?

① $CO_2 > N_2O > CO > SO_2$
② $N_2O > CO_2 > CO > SO_2$
③ $CO_2 > SO_2 > N_2O > CO$
④ $N_2O > SO_2 > CO_2 > CO$

풀이 건조공기의 성분조성비 및 체류시간(0°C, 1atm)

성분	농도(체적)	체류시간
N_2(질소)	78.09%	4×10^8 year
O_2(산소)	20.94%	6,000year
Ar(아르곤)	0.93%	주로 축적
CO_2(이산화탄소)	0.035%	7~10year
Ne(네온)	18.01ppm	주로 축적
He(헬륨)	5.20ppm	주로 축적
H_2(수소)	0.4~1.0ppm	4~7year
CH_4(메탄)	1.5~1.7ppm	3~8year
CO(일산화탄소)	0.01~0.2ppm	0.5year
H_2O(물)	0~4.0ppm	변동성
O_3(오존)	0.02~0.07ppm	변동성
N_2O(아산화질소)	0.05~0.33ppm	5~50year
NO_2(이산화질소)	0.001ppm	1~5day
SO_2(아황산가스)	0.0002ppm	1~5day

13 현재 대기 중 이산화탄소(CO_2)의 농도는?

① 약 170ppm   ② 약 370ppm
③ 약 570ppm   ④ 약 770ppm

풀이 문제 12번 풀이 참조
$1\% = 10,000$ppm
$0.035\% \times \dfrac{10,000\text{ppm}}{\%} = 350$ppm

14 기후변화의 원인 및 현상에 관한 설명 중 바르지 않은 것은?

① 기후변화의 자연적 원인은 크게 내적 요인 및 외적 요인으로 구분된다.
② 기후변화의 외적 요인은 주로 화산폭발에 의한 태양에너지의 변화를 의미한다.
③ 지표에 도달하는 태양복사에너지는 지표면 1cm^2의 면적이 1분 동안 받는 평균복사에너지를 말한다.
④ 기후시스템을 움직이는 에너지원은 우주로부터 받는 흡수에너지이다.

풀이 기후시스템을 움직이는 에너지원은 태양으로부터 받는 복사에너지이다.

15 기후변화의 자연적 원인에 관한 설명 중 바르지 않은 것은?

① 외적 요인은 기후변화시스템을 의미한다.
② 기후시스템의 주요 구성요소는 대기권, 수권, 빙권, 지권, 생물권이다.
③ 외적 요인은 화산폭발에 의한 성층권의 에어로졸 증가, 태양활동의 변화, 태양과 지구의 천문학적 상대위치 관계에 의한 요인이다.
④ 기후계 내부 역학의 영향과 기후에 영향을 주는 외부인자들의 변화로 인해 기후계는 시간이 지나면서 발달하게 된다.

풀이 기후변화시스템의 변화를 의미하는 것은 내적 요인이다.

16 기후변화의 원인에 대한 설명 중 바르지 않은 것은?

① 기후변화의 원인은 크게 내적 요인과 외적 요인으로 나누어 설명된다.
② 내적 요인은 기후시스템의 변화를 의미한다.
③ 외적 요인은 화산폭발에 의한 태양에너지의 변화를 의미한다.
④ 내적 요인은 기후시스템의 변화와 요소 간의 상호작용에 의해서 발생한다.

풀이 기후변화의 원인은 크게 자연적 원인과 인위적 원인으로 나누어 설명된다.

정답 12 ② 13 ② 14 ④ 15 ① 16 ①

17 기후변화의 인위적 요인에 대한 설명 중 바르지 않은 것은?

① 온실가스 농도 증가와 동일하게 대기의 온도도 같이 증가하므로 온실가스와 기후변화의 연관성은 밀접한 관계가 있다.
② CO_2는 대표적 온실가스로 화석연료 연소과정에서 배출되며 산업혁명 이후 농도는 280ppm에서 약 345ppm 정도로 높아졌다.
③ 에어로졸(주로 황산염, 유기탄소, 검댕, 질소산화물, 분진)에 의한 직간접 복사 강제력 변화가 기후변화를 유발한다.
④ 에어로졸의 체류시간은 상당히 길어 지표면 전체에 넓게 분포하는 경향을 보인다.

[풀이] 에어로졸의 체류시간은 수일에 불과하여 발원지역인 산업지대 부근에 집중되는 경향을 보인다.

18 태양복사(Solar Radiation)에 관한 설명 중 바르지 않은 것은?

① 입사된 복사에너지를 완전히 흡수하는 가장 이상적인 물체를 흑체(Black Body)라 한다.
② 태양에너지는 지구상에 미치는 에너지의 근원이며 기후계의 동력원이다.
③ 태양상수의 값은 $1cal/cm^2 \cdot min$이다.
④ 태양의 평균 표면온도는 약 $6,000°K$ 정도이다.

[풀이] 태양상수의 값은 $2cal/cm^2 \cdot min(1,380W/m^2)$이다.

19 다음 설명은 에어로졸의 기후변화에 기여하는 효과를 나타낸 것이다. 맞는 것은?

> 태양방사나 지표면, 대기에서 사출되는 적외선 방사를 산란시키거나 흡수하여 대기의 방사 수지를 변화시킨다.

① 직접효과
② 간접효과
③ 준직접효과
④ 준간접효과

[풀이] 에어로졸의 기후변화에 기여하는 세 가지 효과
㉠ 직접효과 : 태양방사나 지표면, 대기에서 사출되는 적외선 방사를 산란시키거나 흡수하여 대기의 방사 수지를 변화시킨다.
㉡ 간접효과 : 에어로졸은 비구름의 핵인 응결핵이나 얼음 구름의 핵인 빙정핵 역할을 한다.
㉢ 준직접효과 : 태양방사나 적외선 방사를 흡수하는 특성을 가진 흑색 탄소나 광물 입자에 의한 것으로 방사 흡수성 에어로졸이 주변 대기를 가열시켜서 대기 안정도 및 포화 증기압을 변화시킴으로써 구름 생성에 영향을 준다.

20 복사에 관한 다음 설명 중 거리가 먼 것은?

① 대기 중에서의 복사는 보통 $0.1 \sim 100 \mu m$ 파장 영역에 속한다.
② 복사는 전자기장의 진동에 의한 파동 형태의 에너지 전달이다.
③ 대기 복사파장 영역 중 인간이 느낄 수 있는 가시광선은 붉은색인 $0.36 \mu m$에서 보라색인 $0.75 \mu m$까지이다.
④ 복사는 진공상태인 우주공간에서도 열을 전달할 수 있다.

[풀이] 복사는 에너지가 전자기파 형태로 매질을 통하지 않고 고온에서 저온의 물체로 직접 전달되는 것이다.

21 다음은 태양상수에 관한 설명이다. ( ) 안에 가장 알맞은 것은?

> 대기권 밖에서 햇빛에 수직인 (㉠)의 면적에 (㉡) 동안에 들어오는 태양복사에너지의 양을 말하며, 그 값은 약 (㉢)이다.

① ㉠ $1cm^2$ ㉡ 1분 ㉢ 약 $2cal/cm^2 \cdot min$
② ㉠ $1cm^2$ ㉡ 1시간 ㉢ 약 $2cal/cm^2 \cdot min$
③ ㉠ $1m^2$ ㉡ 1분 ㉢ 약 $2cal/cm^2 \cdot min$
④ ㉠ $1m^2$ ㉡ 1시간 ㉢ 약 $2cal/cm^2 \cdot hr$

정답 17 ④ 18 ③ 19 ① 20 ② 21 ①

22 태양에너지에 관한 설명 중 바르지 않은 것은?

① 태양에너지는 지구상에 미치는 에너지의 근원이며 기후계의 동력원이다.
② 태양은 고온의 가스로 구성되어 있고 계속적인 핵 융합으로 에너지가 생성된다.
③ 태양의 평균 표면온도는 약 $6,000°K$ 정도이다.
④ 지구상에 존재하는 물체의 복사 특성은 흑체와 유사하다고 간주하며 흑체는 주어진 온도에서 평균에너지를 복사하는 물체를 의미한다.

풀이 주어진 온도에서 이론상 최대에너지를 복사하는 물체를 흑체라고 한다.

23 열역학의 복사이론 중 스테판-볼츠만 법칙을 나타낸 식으로 가장 적합한 것은?(단, E : 흑체의 단위 표면적에서 복사되는 에너지, T : 흑체의 표면온도(절대온도), K : 스테판-볼츠만 상수, 단위는 모두 적절하다고 가정함)

① $E = K \times T$ ② $E = \dfrac{K}{T}$
③ $E = K \times T^4$ ④ $E = \dfrac{K}{T^4}$

24 스테판-볼츠만의 법칙에 의할 때 표면온도가 $1,000K$에서 $2,000K$가 되었다면 흑체에서 복사되는 에너지는 몇 배가 되는가?

① 4배   ② 8배
③ 16배   ④ 32배

풀이 $E = \sigma T^4$이므로 $\left(\dfrac{T_2}{T_1}\right)^4 = \left(\dfrac{2,000}{1,000}\right)^4 = 16$배

25 지구 지표의 반사율을 나타내는 지표인 알베도의 산정식을 바르게 나타낸 것은?

① 입사에너지 × 반사에너지
② 입사에너지 + 반사에너지
③ $\dfrac{반사에너지}{입사에너지}$ ④ $\dfrac{입사에너지}{반사에너지}$

풀이 지면에 도달하는 복사에너지는 일부분은 반사되고 나머지는 지면에 흡수된다. 입사에너지에 대하여 반사되는 에너지의 비를 알베도라 한다.

26 기후시스템에서 구름의 영향에 관한 내용 중 바르지 않은 것은?

① 구름은 지구에너지의 평형, 특히 자연적 온실효과에 있어서 중요한 역할을 한다.
② 현 기후시스템에서 구름은 평균적으로 약한 냉각효과를 갖고 있다.
③ 높은 구름이 증가하면 지구복사에너지를 덜 흡수하고 낮은 구름이 증가하면 온난화 효과가 커진다.
④ 구름의 복사 강제력은 모든 하늘 상태의 지구복사수지와 맑은 하늘의 지구복사수지의 차이를 말한다.

풀이 높은 구름이 증가하면 지구복사에너지를 더 많이 흡수하고 낮은 구름이 증가하면 온난화 효과가 적다.

27 지구 온도 변화를 나타내는 척도가 아닌 것은?

① 지표 및 강수온도 측정
② 해수면 변화, 해양온도
③ 위성온도 측정
④ 빙하, 해빙

풀이 지구 온도 변화를 나타내는 척도
㉠ 해수면 변화, 해양온도
㉡ 빙하, 해빙
㉢ 위성온도 측정
㉣ 기후 대리변수(홍수, 가뭄, 혹서, 강풍, 대설 등)

28 태양복사가 반사되는 비율의 변화와 관계가 먼 것은?

① 지구궤도 변화   ② 운량의 변화
③ 대기입자의 변화   ④ 식생의 변화

정답 22 ④ 23 ③ 24 ③ 25 ③ 26 ③ 27 ① 28 ①

[풀이] 지구궤도 변화는 태양복사 입사량의 변화와 관련이 있다.

29 적응을 고려하지 않았을 경우 예측되는 기후변화 영향을 의미하는 용어는?

① 잔여영향 ② 잠재적 영향
③ 일차적 영향 ④ 이차적 영향

30 기후변화의 영향에 관한 내용 중 바르지 않은 것은?

① 기후변화의 영향이란 기후변화로 인하여 자연계와 인위적 시스템에 나타나는 변화를 의미한다.
② 기후변화 영향은 적응 여부에 따라 잠재적 영향(Potential Impact)과 잔여 영향(Residual Impact)으로 구분한다.
③ 잠재적 영향이란 적응을 고려하지 않았을 경우 예측되는 기후변화 영향을 의미한다.
④ 잔여 영향이란 적응으로 회피될 수 있는 영향부분을 포함한 영향을 말한다.

[풀이] 잔여영향이란 적응으로 회피될 수 있는 영향부분을 제외한 영향을 말한다.

31 지구 복사 평형이 변하게 되는 요인이 아닌 것은?

① 지구궤도 변화
② 태양 자체의 활동 변화
③ 대기 중 입자(에어로졸)의 변화
④ 지구에서 외부로 돌아가는 단파복사의 변화

[풀이] 지구 복사 균형이 변하게 되는 요인
1. 태양복사 입사량의 변화
   ㉠ 지구궤도 변화
   ㉡ 태양 자체의 변화
2. 태양복사가 반사되는 비율(Albedo)의 변화
   ㉠ 운량의 변화
   ㉡ 대기입자의 변화

㉢ 식생의 변화
3. 지구에서 외부로 돌아가는 장파(적외선) 복사의 변화 : 온실가스 농도의 변화

32 기후변화의 영향에 대한 설명 중 바르지 않은 것은?

① 잔여 영향이란 적응이 이루어지기 전에 예측되는 기후변화의 영향을 의미한다.
② 잠재적 영향이란 적응을 고려하지 않았을 경우 예측되는 기후변화 영향이다.
③ 기후변화 영향은 적응 여부에 따라 잠재적 영향과 잔여 영향으로 구분할 수 있다.
④ 기후변화의 영향이란 기후변화로 인하여 자연계와 인위적 시스템이 겪게 되는 변화를 의미한다.

[풀이] 잔여 영향이란 적응이 이루어진 후에 예측되는 기후변화의 영향을 의미한다.

33 기후변화 현상 중 자연계 영향에 대한 설명으로 바르지 않은 것은?

① 연평균 북극해의 빙하면적은 10년 동안 약 2.7% 감소하였으며, 산악빙하와 적설평균도 남반구와 북반구에서 모두 감소하였다.
② 지구는 기온과 해양온도의 상승으로 인해 빙하가 융해되면서 해수면 상승은 불가피할 전망이며, 기후변화와 해수면 상승으로 인해 해안침식을 비롯한 위험이 증가하리라 전망하고 있다.
③ 생물다양성이 크게 위축되고 물과 먹이의 공급 같은 생태계 상품 및 서비스에 현저한 부정적 결과가 생길 것으로 전망하고 있다.
④ 기후변화에 따른 수자원의 간접적인 영향은 기온상승에 따른 가뭄과 강우량 및 강우강도 증가, 즉 강우패턴 변화로 인한 홍수의 빈번한 발생이다.

[풀이] 기후변화에 따른 수자원의 직접적인 영향은 기온상승에 따른 가뭄과 강우량 및 강우강도 증가, 즉 강우패턴 변화로 인한 홍수의 빈번한 발생이다.

정답 29 ② 30 ④ 31 ④ 32 ① 33 ④

34 기후변화 현상의 영향에 대한 내용으로 잘못된 것은?

① 저위도 지역 특히 계절적으로 건조하고 열대성인 지역에서 작물생산량이 증가할 것이다.
② 생물다양성이 크게 줄어들 것이다.
③ 오염된 해수로 인하여 지하수원의 오염이 증가될 것이다.
④ 눈과 얼음은 태양빛을 반사하여 지구온난화를 줄여주지만, 해수는 태양열을 흡수하여 온난화를 가속시킨다.

풀이 저위도 지역 특히 계절적으로 건조하고 열대성인 지역에서 작물생산량이 감소할 것이다.

35 기후변화 현상과 영향의 관계로 옳은 것은?

① 고온 일(day) 증가 → 고산 빙하 감소로 수자원에 영향
② 호우 증가 → 지표 및 지하수 수질 개선
③ 해수면 상승 → 담수 자원의 증가
④ 육지에서 열파 증가 → 수자원 수요 감소

풀이 기후변화 현상이 물 분야에 미치는 영향

기후변화 현상	가능성	영향
저온일(Day) 감소 · 고온일(Day) 증가	거의 확실	· 고산 빙하 감소로 수자원에 영향 · 증발산량 증가
육지에서 열파 증가	매우 높음	수자원 수요 증가
호우 증가	매우 높음	· 지표 및 지하수 수질 악화 · 수자원 감소
가뭄지역 증가	높음	물 스트레스 증가
해수면 상승	높음	담수 자원의 감소

36 21세기에 발생한 것으로 예상되는 이상기후 현상에 관한 설명 중 틀린 것은?

① 최고기온의 상승 및 모든 지역에서 무더운 일수와 혹서기간 증가
② 많은 지역에서 집중적인 호우 발생
③ 대부분의 중위도 내륙에서의 혹서피해와 한발 위험 감소
④ 아시아 지역에서 하절기 몬순 강수량 변동성 증대

풀이 대부분의 중위도 내륙에서의 혹서피해와 한발 위험이 증대된다.

37 기후변화 관련 요인이 인체건강에 미치는 설명 중 바르지 않은 것은?

① 지상의 오존농도 증가에 의한 심장 및 호흡기 관련 질병과 사망률 증가
② 폭염으로 인한 사망, 질병 및 상해로 고통받는 사람 수 증가
③ 계속되고 있는 일부 전염병 매개 동물들의 서식 범위 변화
④ 생리적 현상으로의 노인성 난청의 증가

38 지구온난화의 진행에 따른 현상에 관한 내용 중 바르지 않은 것은?

① 여름철 폭염의 빈도수 증가
② 도시 열섬현상 증가
③ 습도 증가
④ 개도국보다는 선진국의 영향 증가

풀이 전반적으로 기온상승은 긍정적 이득보다 부정적 영향을 더 많이 줄 것으로 예상되며, 특히 개도국의 경우 현상이 더욱 심화될 것이다.

39 기후변화가 산업계에 미치는 영향에 관한 내용 중 바르지 않은 것은?

① 지구온난화가 지속되면 산업계에 미치는 영향은 점차 증가할 것이다.
② 산업체의 영향은 산업구조가 재편되고 새로운 시장이 형성되는 형태로 전개될 것이다.
③ 기후문제와 관련하여 녹색소비, 기업의 사회적 책임이 강조되지만 산업체에 대한 평가 영향은 미미할 것이다.

④ 에너지 효율제고 및 관리사업의 분야가 각광을 받을 것이다.

풀이 기후문제와 관련하여 녹색소비, 기업의 사회적 책임이 강조되면서 산업체에 대한 평가에 영향을 미치는 정도가 커질 것이다.

40 한반도의 기후변화 영향에 대한 설명 중 바르지 않은 것은?

① 우리나라의 기후변화 진행속도는 세계평균을 하회하고 있다.
② 한반도에 미치는 환경적 영향은 직물생산량의 감소 및 생물다양성 감소, 태풍, 게릴라성 집중호우 등과 같은 자연재해로 인한 피해 급증 등이 있다.
③ 국내에서의 호우, 열파, 태풍 등으로 인한 피해 증가 추세는 기온상승과 무관하지 않다고 판단된다.
④ 홍수피해가 발생한 기간 동안의 최대 일강우량은 최근 증가하는 추세이며 일부지역에 집중되고 있다.

풀이 우리나라의 기후변화 진행속도는 세계평균을 상회하고 있다.

41 기후변화에 따른 각 부문별 우리나라의 영향에 관한 내용으로 바르지 않은 것은?

① 농·축산 : 작물재배 가능기간은 연장되고, 작물재배 가능지역도 북상 및 확대된다.
② 대기 : 중국의 사막화가 가속될 것으로 예측되면서 발원지로부터 황사의 장거리수송에 의한 피해가 예상된다.
③ 해양보전 및 수산업 : 한류성 어종이 사라지고 열대성 어류가 증가한다.
④ 보건 : 오존 100ppm 증가 때마다 사망자가 3~10% 증가한다.

풀이 오존 100ppb 증가 때마다 사망자가 3~10% 증가한다.

42 한반도의 기후변화에 따른 각 부문별 영향에 관한 내용으로 바르지 않은 것은?

① 수자원은 전반적으로 한강유역이 위치해 있는 북쪽 유역들에서는 유출량이 증가할 전망이다.
② 눈이 내리는 기간의 증가와 적설량의 증가로 인하여 눈 관련 산업에 긍정적 영향을 미칠 것이다.
③ 제주도를 중심으로 한 남해안 해면 상승이 두드러질 전망이다.
④ 집약적으로 사육하는 가축의 열 스트레스가 증가할 전망이다.

풀이 눈이 내리는 기간의 단축과 적설량의 감소로 인하여 눈 관련 산업에 부정적 영향을 미칠 것이다.

43 온실효과에 관한 내용 중 바르지 않은 것은?

① 대기상층부에서는 수증기량이 약간만 증가해도 지표 근처에서 수증기가 동량으로 증가할 때보다 온실효과에 훨씬 큰 영향이 생긴다.
② 대기에 소량으로 존재하는 CH_4, N_2O, O_3 등도 온실효과에 기여한다.
③ CO_2가 대기에 더 많이 추가될수록 온실효과는 강화된다.
④ 습한 적도지역에서는 공기에 수증기가 무척 많아 온실효과가 매우 크며 CO_2나 물이 소량 추가되면 적외선 복사에 미치는 직접적 영향도 커진다.

풀이 습한 적도지역에서는 공기에 수증기가 무척 많아 온실효과가 매우 크기 때문에 CO_2나 물이 소량 추가되어도 적외선 복사에 미치는 직접적 영향은 작다.

44 다음 ( ) 안에 들어갈 말로 알맞은 것은?

전 지구의 평균 지상기온은 지구가 태양으로부터 받고 있는 태양에너지와 지구가 (㉠) 형태로 우주로 방출하고 있는 에너지의 균형으로부터 결정된다. 이 균형은 대기 중의 (㉡), 수증기 등의 (㉠)을(를) 흡수하는 기체가 큰 역할을 하고 있다.

정답 40 ① 41 ④ 42 ② 43 ④ 44 ④

① ㉠ : 자외선, ㉡ : CO
② ㉠ : 적외선, ㉡ : CO
③ ㉠ : 자외선, ㉡ : CO_2
④ ㉠ : 적외선, ㉡ : CO_2

45 지구온난화에 영향을 미치는 온실가스와 가장 거리가 먼 것은?

① CO_2
② CH_4
③ CFC-11 & CFC-12
④ NO_2

풀이 6종류의 온실가스 설정(저감 및 관리대상 온실가스)
CO_2, CH_4, N_2O, HFC(수소불화탄소), PFC(과불화탄소), SF_6(육불화황)
단, CFC는 몬트리올 의정서에 의해 미리 규제를 받고 있는 H_2O는 자연계에서 순환되므로 제외하였다.

온실가스	지구온난화지수(GWP)	온난화기여도(%)	수명(연)	주요 배출원
CO_2	1	55	100~250	연소반응/산업공정(소성반응)
CH_4	21	15	12	폐기물처리과정/농업/가축배설물(축산)
N_2O	310	6	120	화학산업/농업(비료)
HFCs	140~11,700 (1,300)	24		냉매/용제/발포제/세정제
PFCs	6,500~11,700 (7,000)		70~550	냉동기/소화기/세정제
SF_6	23,900			전자제품 및 변압기의 절연체

46 다음 중 최근까지 알려진 것으로 온실효과에 영향을 미치는 기여도(%)가 가장 큰 물질은?

① CH_4　　② CFCs
③ O_3　　④ CO_2

풀이 문제 45번 풀이 참조

47 온실가스의 적외선 흡수 파장으로 알맞은 것은?

① 7~20μm　　② 15~30μm
③ 30~40μm　　④ 40μm 이상

48 다음 중 간접온실가스가 아닌 것은?

① 질소산화물
② 일산화탄소
③ 비메탄계 휘발성 유기화합물
④ 과불화탄소

풀이 간접온실가스
㉠ 질소산화물(NO_X)
㉡ 황산화물(SO_X)
㉢ 일산화탄소(CO)
㉣ 비메탄계 휘발성 유기화합물(NMVOC)

49 같은 질량일 경우 온실가스별로 지구온난화에 영향을 미치는 정도를 나타낸 수치로 이 값이 클수록 지구온난화에 대한 기여도가 크다는 의미의 용어는?

① ODP　　② GWP
③ COH　　④ RWL

풀이 GWP(지구온난화지수)는 온실가스가 열을 흡수할 수 있는 능력에 대한 상대평가로서 CO_2 단위질량(1kg)이 열흡수 능력을 '1'로 보았을 때 다른 온실가스의 상대적인 열흡수능력이다.

50 다음 중 온실효과를 유발하는 원인물질과 가장 거리가 먼 것은?

① CH_4　　② CO
③ CO_2　　④ H_2O

풀이 문제 45번 풀이 참조

정답 45 ④　46 ④　47 ①　48 ④　49 ②　50 ②

51 온실기체와 관련한 다음 설명 중 ( ) 안에 가장 알맞은 것은?

(㉠)는 지표부근 대기 중 농도가 약 1.5ppm 정도이고 주로 미생물의 유기물 분해작용에 의해 발생하며, (㉡)의 특수파장을 흡수하여 온실기체로 작용한다.

① ㉠ CO_2, ㉡ 적외선
② ㉠ CO_2, ㉡ 자외선
③ ㉠ CH_4, ㉡ 적외선
④ ㉠ CH_4, ㉡ 자외선

풀이 지표부근 대기 중 농도(지표부근 배경 농도)가 약 1.5~1.7ppm 정도이고, 매년 0.9%(약 0.01ppm)씩 증가한다.

52 지구온난화의 원인으로 지목되는 온실효과를 유발하는 물질과 가장 거리가 먼 것은?

① 아산화질소(N_2O)
② 암모니아(NH_3)
③ 이산화탄소(CO_2)
④ 메탄(CH_4)

풀이 문제 45번 풀이 참조

53 대기 중에 존재하는 기체상의 질소산화물 중 대류권에서는 온실가스로 알려져 있고 일명 웃음가스라고도 하며, 성층권에서는 오존층 파괴물질로 알려져 있는 것은?

① N_2O
② NO_2
③ NO_3
④ N_2O_5

풀이 N_2O는 대류권에서는 태양에너지에 대하여 매우 안정한 온실가스로 알려져 있으며, 성층권에서는 오존층 파괴물질로 알려져 있다.

54 다음 온실가스 중 동일한 부피에서 가장 무거운 물질은?

① CO_2
② CH_4
③ N_2O
④ O_3

풀이 O_3는 온실가스 중 동일한 부피에서 분자량이 가장 크므로 가장 무거운 물질이다.

55 다음 중 전 세계 온실가스 배출원 중 비중이 가장 큰 것은?

① 에너지 사용
② 농업, 임업 및 토지이용
③ 산업공정
④ 폐기물

풀이 전 세계 온실가스 배출원
에너지 사용>농업, 임업 및 토지이용>산업공정>폐기물

56 화석연료의 연소로 인해 야기된 전지구적 기후변화를 보여주는 심벌로 인식되고 있는 Keeling Curve는 마치 톱니처럼 주기적으로 위아래로 진동하면서 오른쪽 위를 향해 뻗어가는 원인으로 맞는 것은?

① 태양복사에 의한 알베도의 차이
② 폭우와 폭설에 따른 강수의 차이
③ 기온증가로 인한 빙하의 감소 차이
④ 식물의 광합성에 따른 계절적인 차이

풀이 킬링곡선(Keeling Curve)은 1958년부터 지구대기의 CO_2 양을 나타낸 그래프로 찰스 데이비드 킬링의 이름을 따 붙여졌으며, 톱니처럼 주기적으로 위아래로 진동하면서 오른쪽 위를 향해 뻗어가는데 그 원인은 식물의 광합성에 따른 계절적인 차이이다.

57 N_2O 0.1톤, CH_4 1톤, CO_2 20톤을 이산화탄소상당량톤(tCO_2-eq)으로 환산한 값은?

① 52
② 53
③ 62
④ 72

풀이 이산화탄소상당량톤(tCO_2-eq)
$= (0.1 \times 310) + (1 \times 21) + 20$
$= 72 tCO_2-eq$

정답 51 ③ 52 ② 53 ① 54 ④ 55 ① 56 ④ 57 ④

58 $CO_2=1$로 볼 때 지구온난화지수(GWP)가 가장 큰 온실가스는?

① HFC-23
② HFC-125
③ HFC-245ca
④ PFC-14

풀이 ① HFC-23 GWP 11,700
② HFC-125 GWP 2,800
③ HFC-245ca GWP 560
④ PFC-14 GWP 6,500

59 온실가스에 관한 내용으로 옳지 않은 것은?

① 온실가스는 넓은 파장범위의 적외선을 흡수하여 지구의 온도를 상승시킨다.
② 기후변화협약 제3차 당사국총회에서 6종의 온실가스에 대해 저감 및 관리대상 온실가스로 규정하였다.
③ 화석연료의 연소와 관련된 인간의 활동은 자연적 온실효과를 완화시킨다.
④ 지구온난화지수가 클수록 지구온난화에 대한 기여도가 크다는 의미이다.

풀이 화석연료의 연소와 관련된 인간의 활동은 인위적 온실효과를 증가시킨다.

60 우리나라의 CH_4 배출량 중에서 가장 비중이 높은 분야는?

① 에너지 분야
② 폐기물 분야
③ 산업공정 분야
④ 농업 분야

풀이 우리나라 CH_4 배출량
농업분야 > 가축분뇨처리 > 축산(장내발효)

61 대기 중 CO_2에 관한 설명으로 옳지 않은 것은?

① 하와이 마우나로아에서 처음으로 관측했다.
② 농도는 여름에 낮고 겨울에 높은 경향을 나타낸다.
③ 우리나라 대표농도는 안면도 기후변화감시센터 측정한 자료이다.
④ 전 세계적으로 매년 10ppm 정도씩 증가한다.

풀이 전 세계적으로 매년 2.09ppm 정도씩 증가한다.

62 대류에 의한 해수의 순환이 북대서양에 있는 해수의 침강으로 시작할 때 해수침강의 원인은?

① 낮은 온도, 높은 염분
② 높은 온도, 낮은 염분
③ 낮은 온도, 낮은 염분
④ 높은 온도, 높은 염분

63 다음 중 온실효과(Green House Effect)에 관한 설명으로 옳은 것은?

① 온실효과에 대한 기여도는 H_2O > CFC11 & 12 > CH_4 > CO_2 순이다.
② CO_2 농도는 일정주기로 증감이 되풀이되는데 1년 주기로 봄부터 여름까지는 증가하고, 가을부터 겨울까지는 감소한다.
③ 온실가스들은 각각 적외선 흡수대가 있으며, CO_2의 주요 흡수대는 파장 $13\sim17\mu m$ 정도이다.
④ 오슬로협약은 기후변화협약에 따른 온실가스 감축목표와 관련한 국제협약이다.

풀이 ① 온실가스 기여도는 CO_2 > CFC11, CFC12 > CH_4 > N_2O이다.
② CO_2 농도는 1년 주기로 봄부터 여름까지는 감소하고, 가을부터 겨울까지는 증가한다.
④ 오슬로협약은 폐기물의 해양투기로 인한 해양오염을 방지하기 위해 마련된 국제협약이다.

64 다음 ( ) 안에 알맞은 것은?

( )이란 적도무역풍이 평년보다 강해지며, 서태평양의 해수면과 수온이 평년보다 상승하게 되고, 찬 해수의 용승현상 때문에 적도 동태평양에서 저수온 현상이 강화되어 나타나는 현상으로 해수면의 온도가 평년보다 0.5℃ 낮은 저수온 현상이 6개월 이상 지속되는 것을 말한다.

정답 58 ① 59 ③ 60 ④ 61 ④ 62 ① 63 ③ 64 ③

① 엘니뇨 현상　　② 사헬 현상
③ 라니냐 현상　　④ 헤들리셀 현상

65 다음 중 온실가스 감축, 오존층 보호를 위한 국제협약(의정서)으로 가장 거리가 먼 것은?
① 몬트리올 의정서　　② 교토 의정서
③ 바젤 협약　　④ 비엔나 협약

풀이 바젤 협약
유해폐기물의 국가 간 이동 및 처리에 관한 규제를 다루고 폭발성, 인화성, 독성 등을 가진 폐기물을 규제대상물질로 정하여 국가 간 이동을 금지하는 것을 주요 내용으로 한다.

66 온실효과에 관한 설명 중 가장 적합한 것은?
① 일산화탄소의 기여도가 가장 큰 것으로 알려져 있다.
② 실제 온실에서의 보온작용과 같은 원리이다.
③ 가스차단기, 소화기 등에 주요 사용되는 N_2O는 온실효과에 대한 기여도가 CH_4 다음으로 크다.
④ 온실효과 가스가 증가하면 대류권에서 적외선 흡수량이 많아져서 온실효과가 증대된다.

풀이 ① 이산화탄소의 기여도가 가장 큰 것으로 알려져 있다.
② 온실가스는 적외선을 흡수하여 지구온도를 상승시켜 마치 온실의 유리 같은 효과를 낸다.
③ N_2O의 온난화기여도는 CO_2, 불소화합물(HFC, PFC, SF_6), CH_4보다 낮다.

67 엘니뇨(El Nino) 현상에 관한 설명으로 거리가 먼 것은?
① 스페인어로 여자아이(The Girl)라는 뜻으로, 엘니뇨가 발생하면 동남아시아, 호수 북부 등에서는 홍수가 주로 발생한다.
② 열대 태평양 남미해안으로부터 중태평양에 이르는 넓은 범위에서 해수면의 온도가 평년보다 보통 0.5℃ 이상 높은 상태가 6개월 이상 지속되는 현상을 의미한다.
③ 엘니뇨가 발생하는 이유는 태평양 적도 부근에서 동태평양이 따뜻한 바닷물을 서쪽으로 밀어내는 무역풍이 불지 않거나 불어도 약하게 불기 때문이다.
④ 엘니뇨로 인한 피해가 주요 농산물 생산지역인 태평양 연안국에 집중되어 있어 농산물 생산이 크게 감축되고 있다.

풀이 엘니뇨는 스페인어로 아기예수 또는 귀여운 소년(남자아이)이란 뜻이다.

68 온실효과 및 지구온난화에 관한 설명으로 가장 옳은 것은?
① 지구온난화지수(GWP)는 SF_6가 HFCs에 비해 크다.
② 대기의 온실효과는 실제 온실에서의 보온작용과 같은 원리이다.
③ 온실효과에 대한 기여도는 N_2O > CFC11 & 12이다.
④ 북반구에서의 계절별 CO_2 농도 경향은 봄, 여름이 가을, 겨울보다 높은 편이다.

풀이 ② 대기의 온실효과는 실제 온실에서의 보온작용과 같은 원리가 아니며, 온실기체가 대기 중에서 계속 축적되어 발생하는 지구대류권의 온도 증가 현상이다.
③ 온실효과 기여도는 CFC11, CFC12 > N_2O이다.
④ 북반구에서의 계절별 CO_2 농도 경향은 봄, 여름이 가을, 겨울보다 낮은 편이다.

69 대기환경보전법상 "기후·생태계 변화유발물질"이란 지구온난화 등으로 생태계의 변화를 가져올 수 있는 기체상물질로서 온실가스와 환경부령으로 정하는 것을 말하는데, 여기서 환경부령으로 정하는 물질로 맞는 것은?
① 염화불화탄소, 수소염화불화탄소
② 염화불화탄소, 아산화질소
③ 수소염화불화탄소, 아산화질소
④ 이산화탄소, 메탄

정답　65 ③　66 ④　67 ①　68 ①　69 ①

70 다음 중 직접온실가스에 해당되지 않는 것은?

① CO_2 ② SF_6
③ CFCs ④ NMVOC

풀이 직접온실가스
㉠ 이산화탄소(CO_2)
㉡ 메탄(CH_4)
㉢ 아산화질소(N_2O)
㉣ 과불화탄소(PFCs)
㉤ 수소불화탄소(HFCs)
㉥ 육불화황(SF_6)
㉦ 염화불탄소(CFCs)
㉧ 수증기

71 다음 중 간접온실가스에 해당하지 않는 것은?

① NO_X ② SO_X
③ H_2O ④ NMVOC

풀이 간접온실가스
㉠ 질소산화물(NO_X)
㉡ 황산화물(SO_X)
㉢ 일산화탄소(CO)
㉣ 비메탄계 휘발성 유기화합물(NMVOC)

72 온실가스가 열을 흡수할 수 있는 능력에 대한 상대평가로서 CO_2 단위질량(1kg)에 따른 열흡수능력을 "1"로 보았을 때 다른 온실가스의 상대적인 열흡수능력을 의미하는 용어로 맞는 것은?

① ODP ② GWP
③ LUX ④ WECPNL

풀이 GWP는 지구온난화지수를 말한다.

73 지구온난화지수(GWP)에 대한 연결이 바른 것은?

① CH_4(210) ② N_2O(310)
③ SF_6(7,000) ④ PFCs(140~11,700)

풀이

온실가스	지구온난화지수(GWP)	온난화기여도(%)	수명(연)	주요 배출원
CO_2	1	55	100~250	연소반응/산업공정(소성반응)
CH_4	21	15	12	폐기물 처리과정/농업/가축배설물(축산)
N_2O	310	6	120	화학산업/농업(비료)
HFCs	140~11,700 (1,300)	24	70~550	냉매/용제/발포제/세정제
PFCs	6,500~11,700 (7,000)			냉동기/소화기/세정제
SF_6	23,900			전자제품 및 변압기의 절연체

74 다음 중 지구온난화(GWP)의 수치가 가장 높은 것은?

① SF_6 ② CO_2
③ PFCs ④ HFCs

풀이 SF_6의 GWP는 23,900이다.

75 대기 중 이산화탄소에 대한 설명으로 가장 거리가 먼 것은?

① 고층 대기에서 광화학적인 분해반응을 일으키는 경우를 제외하면 대류권 내에서는 화학적으로 극히 안정한 편이다.
② 수증기와 함께 지구온난화에 중요하게 기여하고 있는 기체이다.
③ 전 지구적인 배출량은 자연적인 배출량보다 화석연료 등에 의한 인위적인 배출량이 훨씬 많다.
④ 미국 하와이 마우나로아에서 측정한 CO_2 계절별 농도는 1년을 주기로 봄, 여름에는 감소하는 경향을 나타낸다.

풀이 전 지구적인 배출량은 화석연료 연소 등에 의한 인위적인 배출량이 자연적인 배출량보다 훨씬 적다.

정답 70 ④ 71 ③ 72 ② 73 ② 74 ① 75 ③

76 잠재적인 대기오염물질로 취급되고 있는 물질인 이산화탄소에 관한 설명으로 틀린 것은?

① 지구온실효과에 대한 추정 기여도는 CO_2가 50% 정도로 가장 높다.
② 대기 중의 이산화탄소 농도는 북반구의 경우 계절적으로는 보통 겨울에 증가한다.
③ 대기 중에 배출되는 이산화탄소의 약 5%가 해수에 흡수된다.
④ 지구 북반구의 이산화탄소의 농도가 상대적으로 높다.

풀이 대기 중에 배출되는 CO_2는 식물에 의한 흡수보다 해수에 의한 흡수가 몇십 배 더 많다.

77 다음 내용에 해당하는 온실가스로 바른 것은?

- 일반적으로 매우 안정하나 부피함량이 5~14%되는 공기혼합기체로 폭발성이 있음
- 지표 부근 대기 중 농도가 약 1.5ppm 정도이고, 매년 0.9%씩 증가
- 농사, 천연가스 보급 및 폐기물 매립과 관련된 민간 활동에 의해 증가

① N_2O ② CH_4
③ PFCs ④ SF_6

78 할로겐화 탄화수소화합물에 대한 설명 중 바르지 않은 것은?

① 할로겐화 탄화수소는 탄화수소화합물 중 수소원자의 하나 또는 하나 이상의 할로겐화 원소(Cl, F, Br, I)로 치환된 화합물을 말한다.
② 종류로는 CFCs, HFCs, PFCs, SF_6 등이 있다.
③ HFCs, PFCs는 오존층 파괴물질인 염화불화탄소의 대체물질로 사용되는 화합물질이다.
④ SF_6은 우리나라의 경우 전량 반도체 제조공정(플라스마 에칭 및 챔버 클리닝)에 사용되고 있다.

풀이 SF_6은 전기제품과 변압기 등의 절연체로 사용된다.

79 복사강제력(Radiative Forcing)에 관한 설명 중 바르지 않은 것은?

① 온난화 기여도는 복사강제력 기준이다.
② 복사강제력은 지구-대기 시스템에 출입하는 에너지의 평형을 변화시키는 영향력의 척도이다.
③ 복사강제력의 단위는 Watt/m²이다.
④ 복사강제력은 항상 양(+)의 값으로 지표면 온도를 상승시킨다.

풀이 복사강제력은 양(+)/음(-)의 값으로 지표면온도를 상승 또는 하강시킨다.

80 온실가스의 특성에 관한 내용 중 바르지 않은 것은?

① CO_2는 석유, 석탄 및 천연가스 시스템에서 탈루되어 생성되기도 한다.
② 지구 북반구의 CO_2 농도가 상대적으로 높으며 대기 중에 배출되는 CO_2는 식물에 의한 흡수보다 해수에 의한 흡수가 몇십 배 더 많다.
③ N, O는 NO와 NO_2에 비해 장기간 대기 중에 체류한다.
④ SF_6은 전기제품 및 변압기 등의 절연체로 사용된다.

풀이 CH_4는 석유, 석탄 및 천연가스 시스템에서 탈루되어 생성되기도 한다.

81 이산화탄소의 농도 변화에 관한 내용 중 잘못된 것은?

① 일년 중 한 여름(8월)의 CO_2 농도가 가장 낮다.
② 겨울이 가을보다 CO_2 농도가 높다.
③ 일반적으로 하루 중 오전 10시경의 CO_2 농도가 가장 낮다.
④ 겨울과 봄의 시간대별 농도 변화가 비슷하다.

풀이 일반적으로 하루 중 오후 시간대(15시~20시경)의 CO_2 농도가 가장 낮다.

정답 76 ③ 77 ② 78 ④ 79 ④ 80 ① 81 ③

82 IPCC에서는 '적응조치가 취해진 다음의 기후변화의 잔여 영향'이라 정의하며, 저지대 섬이나 연안 도시와 같은 취약한 시스템의 영향 또는 이러한 영향들을 야기하는 장치를 일컫는 용어는?

① 취약성 ② 결정성
③ 완만성 ④ 적절성

풀이 IPCC는 취약성을 적응조치가 취해진 다음의 기후변화 잔여 영향으로 정의하고 있다.

83 주요한 취약성을 확인하는 데 필요한 기준에 해당되지 않는 것은?

① 영향들의 규모 및 시점
② 영향들의 지속성과 비가역성
③ 적응을 위한 잠재력
④ 위험에 있는 시스템(들)의 중요성

풀이 주요한 취약성을 확인하는 데 필요한 기준(7가지)
㉠ 영향들의 규모
㉡ 영향들의 시점
㉢ 영향들의 지속성과 가역성
㉣ 영향들과 취약성들의 가능성(불확실성의 계산), 그러한 계산에서의 신뢰성
㉤ 적응을 위한 잠재력
㉥ 영향들과 취약성의 분포 측면
㉦ 위험에 있는 시스템(들)의 중요성

84 기후변화 취약성 평가에 관한 설명 중 바르지 않은 것은?

① 기후변화로 인한 적응계획을 수립하기 위해서는 기후변화 영향 및 취약성 파악이 우선되어야 한다.
② 취약성 평가는 기후변화에 대한 적응정책을 수립하기 위해 반드시 선행되어야 한다.
③ 취약성은 기후변동의 크기와 속도, 기후변화에 대한 민감도, 적응능력의 함수로 표현하고 있으며, 특정시스템이 기후변화에 의한 영향이 높고, 적응능력이 낮으면 취약성도 낮다고 할 수 있다.
④ 특정시스템의 적응능력이 높고 기후변화 영향이 낮은 경우는 지속가능한 발전을 할 수 있게 된다.

풀이 특정시스템이 기후변화에 의한 영향이 높고, 적응능력이 낮으면 취약성은 높다고 할 수 있다.

85 UNDP의 취약성 정의를 함수 및 수식으로 바르게 나타낸 것은?

① 취약성 = f(민감도, 적응능력)
② 취약성 = 위험 − 적응
③ 취약성 = f(위험, 적응)
④ 취약성 = 민감도 − 적응능력

풀이 기후영향에 대한 위해성과 시스템의 취약성을 조합하여 한 특정시스템이 기후변화로 인한 위해에 따른 위험이라고 정의하고 이를 어떤 시스템의 기후변화에 대한 민감도와 적응능력의 함수로 정의하였다.

86 취약성에 관한 내용 중 바르지 않은 것은?

① 기후변화 영향이 높을 경우 한 시스템의 적응능력이 낮으면, 그 시스템은 취약성도 낮다는 것을 의미한다.
② 영향이 낮고 적응능력이 높으면 그 시스템은 지속발전이 가능할 것이다.
③ IPCC에서는 취약성을 적응조치가 취해진 후의 기후변화의 잔여영향으로 정의하고 있다.
④ 취약성은 피해에 대한 잠재적 노출상태의 의미이다.

풀이 기후변화 영향이 높을 경우 한 시스템의 적응능력이 낮으면, 그 시스템은 취약성도 높다는 것을 의미한다.

정답 82 ① 83 ② 84 ③ 85 ① 86 ①

87 취약성 평가방법 중 하향식 접근법에 대한 설명으로 틀린 것은?

① 기후 시나리오와 기후모형을 기반으로 기후변화에 의한 순영향평가를 통해 물리적인 취약성을 평가하는 접근법이다.
② 기후변화에 따른 생물·물리적, 사회경제적 영향평가를 수행하고 이에 기반한 적응 전략을 도출하여 평가하는 방법이다.
③ 인간의 상호작용과 지역의 적응능력을 보여 주거나 지역단위에서의 취약성을 줄이거나 실질적인 적응방안과 정책을 개발할 때 한계가 있다.
④ 현재의 지식에 토대를 두고 이제껏 겪지 못한 새로운 위험을 고려하거나 현재의 지식이나 경험의 맥락에서 평가하는 것이다.

풀이 ④는 상향식 접근법이다.

88 취약성 평가방법 중 하향식 접근법과 비교하여 상향식 접근법의 장점이 아닌 것은?

① 단기간의 적응방안개발이나 정책개발에 적합하다.
② 우선순위를 정하고 예방적인 적응과 적응능력을 강화하는 데 지침을 제공한다.
③ 정보가 어떻게 시·공간적으로 확장되는지 쉽게 알 수 있다.
④ 지역의 제도 및 경제적 맥락에 부합하며 지역이 선택할 수 있는 대안과 제약조건을 잘 반영한다.

풀이 정보가 어떻게 시·공간적으로 확장되는지 알기 어려운 단점이 있다.

89 취약성 평가의 지표에 관한 식으로 맞는 것은?

① 취약성 $= \dfrac{\text{민감도} \times \text{노출}}{\text{적응력}}$
② 취약성 $= \dfrac{\text{민감도} \times \text{적응력}}{\text{노출}}$
③ 취약성 $= \dfrac{\text{적응력} \times \text{노출}}{\text{민감도}}$
④ 취약성 $= \dfrac{\text{적응력}}{\text{민감도} \times \text{노출}}$

풀이 민감도와 노출지표는 취약성을 높이나 적응지표는 취약성을 낮게 하는 원리를 적용한다.

90 기후변화 적응에 관한 설명 중 바르지 않은 것은?

① 적응은 기후변화로 자연 및 인간시스템에 대한 직접적인 위협으로부터 지역사회를 보호하는 전략을 말한다.
② 기후변화 대응에 있어서 완화와 적응은 필수적이고 보완적인 관계라고 볼 수 있다.
③ 기후변화 대응에 있어서 완화와 적응 한 부분만으로는 충분한 대응전략을 마련하기 어려우며, 장기적인 기후변화 대응대책을 수립하기 위해서는 완화와 적응을 동시에 추진해야 한다.
④ 기후변화 대응에서의 적응(Adaptation) 개념은 장기간에 걸쳐 지구온난화를 감소시키는 것으로 청정에너지와 녹색기술을 개발하여 화석에너지, 즉 기후변화의 동인이었던 에너지를 대체할 수 있는 새로운 에너지와 기술을 개발하고 보급하여 기후변화의 원인인 온실가스를 줄이기 위한 적극적인 방안이라고 할 수 있다.

풀이 ④는 완화(Mitigation)의 개념이다.

91 기후변화 대응에 있어서 필수적이고 보완적인 관계로 맞는 것은?

① 적응 : 영향
② 적응 : 완화
③ 완화 : 영향
④ 완화 : 취약성

풀이 기후변화에 대한 대응은 기후변화를 일으키는 원인인 온실가스 배출을 감소시키는 완화와 기후변화로 인한 피해 및 영향에 대한 취약분야를 확인하고 장기적인 대책을 세우는 적응의 두 가지가 상호 연계되어 균형을 이루어야 한다.

정답 87 ④ 88 ③ 89 ① 90 ④ 91 ②

92 적응 대상에 관한 설명 중 바르지 않은 것은?

① 시스템과 지역에 따라 상이하며, 시간에 따라서는 변화하지 않는다.
② 일정 범위 내의 기후조건 변화에 적응하는 능력뿐만 아니라 기존 방법의 변화 또는 새로운 방법의 도입을 통한 대응능력과 범위를 확대시킬 수 있는 것도 포함한다.
③ 과거에는 실패했으나 성공할 수 있도록 적응능력을 배양하는 것도 포함한다.
④ 기후변화 관련 현상에는 연평균 조건의 변화뿐만 아니라 기후조건의 가변성 및 이와 관련된 극단적 현상까지도 포함되어야 한다. 그러므로 적응 대상 역시 이러한 극단적 현상도 다루어야 한다.

풀이 시스템과 지역에 따라 상이하며, 시간에 따라서도 변화할 수 있다.

93 다음 설명의 용어로 적당한 것은?

> 적응에 대해 고려하지 않고 기후변화의 긍정적·부정적 영향을 포함한 기후변화의 총 영향을 의미하며 미래 취약성 예측에 기본이 된다.

① 적응 ② 민감도
③ 완화 ④ 취약성

풀이 민감도는 기후 관련 자극에 의해 한 시스템이 해롭거나 이로운 영향을 직·간접적으로 받는 정도를 말한다.

94 기후변화대응기술 및 정책에 대한 내용으로 거리가 먼 것은?

① 무경농법은 수확한 농토를 갈지 않고 그루터기에 파종하는 방법으로서 농경지에서 온실가스 배출을 저감하는 방법에 활용할 수 있다.
② 보호지역제도 관리대안으로 UNESCO는 생물권보전지역 지정제도를 운영하고 있다.
③ 산림이 농경지나 산업용지, 도시용지로 바뀌면 자연의 이산화탄소 흡수능력이 약화되므로 토지이용 형태를 고려해야 한다.
④ 생물멸종을 막기 위해서는 특히 먹이사슬의 아래쪽에 있는 동물의 멸종을 막도록 하는 것이 보다 중요하다.

풀이 생물멸종을 막기 위해서는 특히 먹이사슬 중 멸종위기에 있는 동물군의 멸종을 막는 것이 중요하다.

95 기후변화에 대한 정부 간 패널(IPCC)에 관한 설명 중 바르지 않은 것은?

① IPCC의 조직은 4개의 실행그룹으로 구성되어 있다.
② IPCC의 업무는 기후변화의 정도와 사회·경제적 측면에서의 잠재적 충격과 현실성 있는 대응전략 등에 관하여 국제적 평가기준을 마련하는 것이다.
③ 1979년 세계기후회의에서 논의되었던 IPCC는 1988년 11월 UN 산하 세계기상기구(WMO)와 유엔환경계획(UNEP)이 기후변화와 관련된 전지구적인 환경문제에 대처하기 위해 전문가로 구성한 '정부 간 기후변화 협의체'이다.
④ 제1실무 그룹(Working Group 1)은 기후변화 과학분야를 담당한다.

풀이 IPCC의 조직

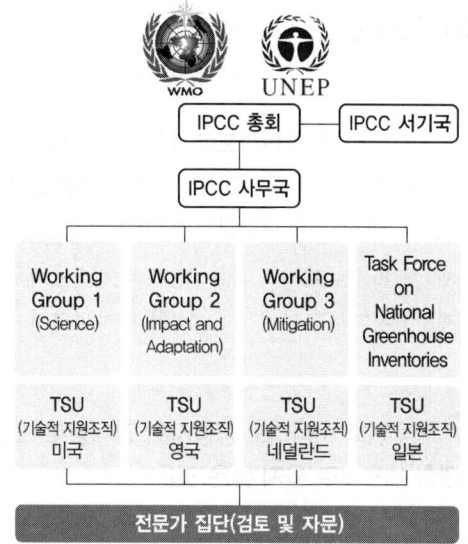

정답 92 ① 93 ② 94 ④ 95 ①

96 농업 및 산림, 지구 자연생태시스템, 수자원, 인류 정착지, 해안지방 및 계절별 강설, 빙하 및 영구 동결층에 대한 지구온난화 영향평가를 담당하는 IPCC의 조직은?

① 제1실무 그룹
② 제2실무 그룹
③ 제3실무 그룹
④ 특별대책반

풀이 IPCC의 조직
  ㉠ Working Group 1 : 기후변화 과학분야
  ㉡ Working Group 2 : 기후변화 영향평가, 적응 및 취약성 분야
  ㉢ Working Group 3 : 배출량 완화, 사회 경제적 비용, 편익분석 등 정책분야
  ㉣ Task Force on National Greenhouse Inventories : 국가 배출목록 작성

97 IPCC의 조직에 관한 설명 중 바르지 않은 것은?

① 제1실무 그룹(기후변화 과학분야)
② 제2실무 그룹(기후변화 영향평가, 적응 및 취약성 분야)
③ 제3실무 그룹(배출량 완화, 사회경제적 비용·편익 분석 등 정책분야)
④ 특별대책반(기후변화에 대한 기후모델링)

풀이 특별대책반(국가 배출목록 작성)

98 기후변화를 과학적으로 입증하고 기후변화의 심각성을 전파한 공로로 IPCC가 노벨평화상을 수상한 것과 가장 관련 있는 평가보고서는?

① 제1차 평가보고서
② 제2차 평가보고서
③ 제3차 평가보고서
④ 제4차 평가보고서

99 기후변화 시나리오 공통사회 경제경로(SSP)에 관한 내용으로 옳지 않은 것은?

① SSP 1-2.6 : 친환경 기술의 빠른 발달로 화석연료 사용이 최소화되고 지속가능한 경제성장을 이룰 것으로 가정하는 경우
② SSP 2-4.5 : 기후변화 완화 및 사회경제의 발전정도를 중간단계로 가정하는 경우
③ SSP 3-7.0 : 기후변화 완화 정책에 적극적이며 기술개발이 빨라 기후변화에 빠른 대응이 가능한 사회구조를 가정하는 경우
④ SSP 5-8.5 : 산업기술의 빠른 발전에 중심을 두어 화석연료 사용이 많고 도시 위주의 무분별한 개발이 확대될 것으로 가정하는 경우

풀이 SSP 3-7.0 : 기후변화 완화 정책에 소극적이며 기술개발이 늦어 기후변화에 취약한 사회구조를 가정하는 경우

100 IPCC 5차 평가보고서에서 새롭게 제시된 기후변화 시나리오인 대표농도경로(RCP)의 시나리오별 대기 중 CO_2(2100년 기준) 모의농도가 알맞게 연결된 것은?

① RCP 8.5 : CO_2 농도 936ppm
② RCP 6.0 : CO_2 농도 790ppm
③ RCP 4.5 : CO_2 농도 450ppm
④ RCP 2.6 : CO_2 농도 350ppm

풀이 ② RCP 6.0 : CO_2 농도 670ppm
③ RCP 4.5 : CO_2 농도 540ppm
④ RCP 2.6 : CO_2 농도 420ppm

101 유엔기후변화 기본협약(기후변화협약, UNFCCC)의 내용 중 바르지 않은 것은?

① 기후온난화에 대한 과학적 자료가 증가하고 범지구적 차원의 온실가스 감축 노력이 필요하다는 공감대 속에 UN의 주관으로 1992년 브라질 리우데자네이루에서 열린 환경회의에서 기후변화협약(UNFCCC)이 채택되었다.
② 우리나라는 1995년 12월에 57번째 가입국으로 등록하였다.
③ 1994년 3월 본 협약이 발효되었는데 공통되나 차별화된 부담원칙(Common But Differentiated Responsibility)을 당사국들 간에 적용하였다.

정답 96 ② 97 ④ 98 ④ 99 ③ 100 ① 101 ②

④ 당사국들을 부속서 국가와 비부속서 국가로 구분하여 차별화된 의무부담을 갖기로 결정하였다.

풀이 우리나라는 1993년 12월에 47번째 가입국으로 등록하였다.

102 기후변화협약(UNFCCC)의 기본원칙이 아닌 것은?

① 기후변화 예측·방지를 위한 예방적 조치를 시행한다.
② 모든 국가의 지속가능한 성장의 보장을 정한다.
③ 선진국은 과거로부터 발전을 이뤄오면서 대기 중으로 배출한 온실가스에 대한 역사적 책임을 갖고 있으므로 선도적 역할을 수행토록 한다.
④ 개발도상국들은 현재의 개발 상황에 대한 특수 사정을 배려하여 차별화된 책임과 능력에 입각한 의무부담을 갖는 것으로 정하였다.

풀이 개발도상국들은 현재의 개발 상황에 대한 특수 사정을 배려하여 공통되나 차별화된 책임과 능력에 입각한 의무부담을 갖는 것으로 정하였다.

103 기후변화협약(UNFCCC)의 내용과 거리가 먼 것은?

① 선진국들은 2000년까지 온실가스배출을 1900년 수준으로 줄이자는 데 합의하였다.
② 개발도상국들은 현재의 개발상황에 대한 특수사항을 배려하여 공통되나 차별화된 책임과 능력에 입각한 의무부담을 갖는 것으로 정하였다.
③ 대기 중 온실가스 농도를 안정화시켜 지구의 환경변화를 최소화하는 것을 목적으로 하고 있다.
④ 2가지의 큰 원칙을 제시하고 있는데, 그중 하나는 각국은 기후변화에 대처함에 있어서 완전한 과학적 확실성에 기반을 둔 필요한 조치를 취한다는 것이다.

풀이 2가지 큰 원칙을 제시하고 있는데, 그중 하나는 각국은 기후변화에 대처함에 있어서 완전한 과학적 확실성이 미비하더라도 사전예방의 원칙에 따라 필요한 조치를 취한다는 것이다.

104 기후변화협약에서 선진국과 개발도상국의 공통 공약사항이 아닌 것은?

① 몬트리올 협정에 적용되지 않는 모든 온실가스에 대한 배출원 및 흡수원 인벤토리를 개발하고, 주기적으로 갱신 공표하며 당사국총회에서 활용할 수 있도록 한다.
② 기후변화를 완화하기 위한 국가 및 지역의 프로그램을 구축, 실행 및 공표해야 한다.
③ 에너지 운송, 산업, 농업, 산림 및 폐기물 등 모든 분야에서 온실가스가 감축되도록 기술 및 공정의 개발, 적용, 확산 및 이전이 증진되어야 한다.
④ 이산화탄소 및 기타 온실가스의 배출량을 1990년대 수준으로 감축하기 위해 노력한다.

풀이 ④는 내용은 선진국의 공약사항이다.

105 기후변화에 가입한 일부 및 모든 국가의 의무사항의 내용으로 잘못된 것은?

① 공동·차별화 원칙에 따라 협약 당사국을 Annex I, Annex II 및 Non-Annex I 국가로 구분, 각기 다른 의무를 부담토록 규정하였다.
② Annex I 국가는 온실가스 배출량을 1990년 수준으로 감축하기 위하여 노력하도록 규정하였고 강제성도 부여하였다.
③ Annex II 국가는 개발도상국에 대한 재정 및 기술이전의 의무를 가진다.
④ 공동협약의 모든 당사국들은 온실가스 배출량 감축을 위한 국가전략을 자체적으로 수립·시행하고 이를 공개해야 한다.

풀이 Annex I 국가는 온실가스 배출량을 1990년 수준으로 감축하기 위하여 노력하도록 규정하였으나, 강제성은 부여치 않는다.

정답 102 ④ 103 ④ 104 ④ 105 ②

106 우리나라가 유엔기후변화협약(UNFCCC)에 가입한 연도와 교토의정서를 비준한 연도를 순서대로 나열한 것은?

① 2002년, 1998년
② 1993년, 2002년
③ 2010년, 2005년
④ 1997년, 2008년

107 UNFCCC의 조직에 관한 설명으로 맞지 않는 것은?

① 기후변화에 가입한 국가를 당사국(Party)이라고 하며, 이들 당사국들은 매년 한 번씩 모여 협약의 이행방법 등 주요 사안에 대하여 결정하는 회의를 하는데, 이를 당사국총회라고 한다. 본 당사국총회를 협약(UNFCCC)의 최고 의사결정 기구로 정하였다.
② 사무국(Secretariat)은 당사국총회 개최 및 보조기구 운영 업무를 맡고 있다.
③ 당사국총회는 집행부속기구(SBI ; Subsidiary Body for Implementation)와 과학기술자문 부속기구(SBSTA ; Subsidiary Body for Scientific Technological Advice)로 이루어져 있다.
④ 과학기술자문 부속기구는 기후변화협약 실행 검토 측면에서 당사국총회를 지원하는 역할을 한다.

풀이 집행부속기구는 기후변화협약 실행 검토 측면에서 당사국총회를 지원하는 역할을 한다.

108 기후변화협약 관련 기구 중 교토의정서 기구가 아닌 것은?

① CCI(The Commission for Climatology)
② CDM 이사회(CDM Executive Board)
③ 관리감독위원회(Supervisory Committee)
④ 의무준수위원회(Compliance Committee)

풀이 CCI는 세계기상기구 관련 기구이며 기후정보지식의 응용 및 촉진을 위한 기술적 활동 이해, 원조 등을 한다.

109 UNFCCC의 최고 의사결정기구는?

① SBI
② SBSTA
③ COP
④ GCOS

풀이 당사국총회(COP)는 UNFCCC 최고 의사결정기구로서 협약의 진행을 전반적으로 검토하기 위하여 일 년에 한 번 모임을 갖는다.

110 기후변화 관련 기구 중 "SBSTA"에 관한 가장 적합한 설명은?

① CDM 관련 활동의 선도적 수행과 CERs 발급을 총괄한다.
② 기후변화 관련 최고 의사결정기구이다.
③ 협약 관련 불발사항관리 및 행정적 재정적 책임 관리를 수행한다.
④ 국가보고서 및 배출량 통계방법론, 기술개발 및 기술이전에 관한 실무를 수행한다.

풀이 기후변화협약 관련 기구 및 역할
1. 당사국총회(COP ; Conference Of Parties)
   ㉠ UNFCCC 최고 의사 결정 기구
   ㉡ 협약의 진행을 전반적으로 검토하기 위해 일 년에 한 번 모임
2. 부속기구(Subsidiary Bodies)
   ㉠ 과학기술 자문부속기구 (SBSTA ; Subsidiary Body for Scientific and Technological Advise)
      - 국가보고서 및 배출통계방법론
      - 기술개발 및 기술이전에 관한 실무 수행
   ㉡ 이행(집행) 부속기구 (SBI ; Subsidiary Body for Implementation)
      - 협약 이행 관련 사항, 국가보고서 및 배출통계자료 검토
      - 행정 및 재정 관리

정답 106 ② 107 ④ 108 ① 109 ③ 110 ④

111 기후변화 관련 국제기구 중 UN 조직 내 환경활동을 촉진, 조정, 활성화하기 위해 설립된 환경전담 국제정부간 기구로 환경문제에 대한 국제적 협력을 도모하기 위한 기구로 가장 적합한 것은?

① WCRP
② UNIDO
③ UNDP
④ UNEP

풀이) UNEP는 환경분야의 국제협력을 촉진하기 위해 UN 내에 설치된 국제협력촉진기구로 환경에 관한 종합적인 고찰·감시 및 평가를 수행한다.

112 기후변화 규제의 발판을 마련한 제1차 당사국총회(COP 1)와 관계가 있는 나라는?

① 일본
② 아르헨티나
③ 독일
④ 스위스

풀이) 1995년 독일 베를린에서 COP 1이 개최되어 선진국의 의무사항을 강화함으로써 규제의 발판이 되었다.

113 공동이행제도, 청정개발체제, 배출권거래제 등 시장원리에 입각한 새로운 온실가스 감축수단의 도입 등을 주요 내용으로 하는 교토의정서가 채택된 당사국총회는?

① 제1차 당사국총회(COP 1)
② 제2차 당사국총회(COP 2)
③ 제3차 당사국총회(COP 3)
④ 제4차 당사국총회(COP 4)

풀이) 교토메커니즘(공동이행제도, 청정개발체제, 배출권거래제)이 도입된 것은 COP 3이다.

114 제6차 회의에서 해결되지 않았던 교토메커니즘, 의무준수체제, 흡수원 등에 있어서 정책적 현안에 대한 최종합의가 도출되어 CDM 등 교토메커니즘 관련 사업을 추진하기 위한 기반을 마련한 내용과 가장 관계가 깊은 것은?

① 마라케시 선언
② 델리 선언
③ 발리 로드맵
④ 티반 플랫폼

풀이) COP 7에서 교토의정서 이행방안 최종합의의 마라케시 선언이 채택되었다.

115 기후변화협약총회와 교토의정서총회의 동시 개최를 합의한 당사국총회는?

① COP 6
② COP 7
③ COP 8
④ COP 9

풀이) 2002년 인도 뉴델리 COP 8에서 기후변화협약총회와 교토의정서총회의 동시 개최에 합의하였다.

116 개도국의 기후변화적응, 지원에 관한 5개년 행동계획을 채택한 당사국총회는?

① COP 12
② COP 13
③ COP 14
④ COP 15

풀이) 2006년 케냐 나이로비 제12차 당사국총회에서 개도국의 기후변화적응, 지원에 관한 5개년 행동계획을 채택하였다.

117 COP 13의 내용과 거리가 먼 것은?

① 2007년 인도네시아 발리에서 개최하였다.
② 2년간의 협상을 지속하여 2009년 덴마크 코펜하겐에서 새 기후변화협약을 결정하기로 하였다.
③ post-2012 체제구축에 합의하였다.
④ 개도국들의 의무감축 참여를 당사국총회를 통해 결정할 수 있도록 하였다.

풀이) ④는 COP 12의 내용이다.

정답) 111 ④ 112 ③ 113 ③ 114 ① 115 ③ 116 ① 117 ④

118 COP 내용이 잘못 기술된 것은?

① COP 1에서는 2000년 이후의 온실가스 감축을 위한 협상그룹을 설치하고 논의결과를 제3차 당사국총회에 보고하도록 하는 베를린 위임사항을 결정하였다.(Berlin Mandate)
② COP 6에서는 2002년 교토의정서를 발효하기 위해 교토의정서의 상세운영규정을 확정할 예정이었으나 미국, 호주, 일본 등 Umbrella 그룹과 EU 간의 입장 차이로 협상이 결렬되었다.(교토의정서 이행방안 협상 실패)
③ COP 9에서는 통계작성, 보고, 메커니즘, 기후변화협약 및 교토의정서 향후 방향 등을 논의하였고 적응, 지속가능 발전 및 온실가스 감축 노력 촉구 등을 담은 뉴델리 각료선언을 채택하였다.(델리 선언문)
④ COP 15에서는 코펜하겐합의문이 채택되었다.

풀이 ③은 COP 8(2002년, 인도 뉴델리)이다.

119
교토의정서의 의무감축에 상응한 노력을 하기 위해 선·개도국 등 모든 국가들은 측정, 보고, 검증 가능한 방법으로 온실가스 감축을 수행토록 하는 발리 로드맵을 채택하여 2009년 말을 목표로 협상 진행을 합의한 당사국총회는?

① COP 13
② COP 15
③ COP 17
④ COP 19

풀이 2012년까지 감축의무를 규정한 교토의정서의 대상기간의 한정과 미국, 중국, 인도 등 온실가스 대량 배출국가의 감축이 포함되지 않은 교토의정서를 대체할 새로운 기후변화 협약의 마련을 위해 채택한 것이 발리로드맵이다.

120 다음 중 연결이 바른 것은?

① COP 16 : 남아프리카공화국 더반
② COP 17 : 멕시코 칸쿤
③ COP 18 : 덴마크 코펜하겐
④ COP 19 : 폴란드 바르샤바

풀이 ① COP 16 : 멕시코 칸쿤
② COP 17 : 남아프리카공화국 더반
③ COP 18 : 카타르 도하

121 다음 내용 중 바르지 않은 것은?

① COP 14는 2008년 폴란드 포즈난에서 개최되었다.
② 코펜하겐 합의문은 당사국총회의 공식적인 합의문서로 인정받아 향후 협상의 중요한 근거가 되었다.
③ COP 16에서 기온상승을 산업화 이전 대비 2℃ 이내로 억제하기로 합의하였다.
④ 멕시코 칸쿤에서 개최된 COP 16에서 2020년까지 연간 1천억 달러 규모의 녹색기후기금 조성 등을 담은 합의안이 도출되었다.

풀이 기온상승을 산업화 이전 대비 2℃ 이내로 억제하기로 합의한 당사국총회는 COP 15이다.

122 녹색기후기금(GCF) 조성에 합의한 당사국총회는?

① COP 16
② COP 17
③ COP 18
④ COP 19

풀이 2010년 칸쿤 당사국총회(COP 16)에서 개도국의 기후변화 대응지원을 위해 설립하기로 합의된 기금이다.

123 녹색기후기금(GCF)에 관한 내용 중 바르지 않은 것은?

① 환경분야의 세계은행이라고 할 수 있다.
② 사무국은 우리나라 인천 송도에 있다.
③ 유엔기후변화협약에 의거하여 설립된 기후변화에 특화된 국제기금이다.
④ 선진국 및 개발도상국의 온실가스 감축 비용 지원을 목표로 한다.

정답 118 ③ 119 ① 120 ④ 121 ③ 122 ① 123 ④

풀이 선진국이 개발도상국의 온실가스 감축과 기후변화 적응지원을 주된 목표로 한다.

124 기후변화협약과 관련된 내용으로 ( )에 알맞은 것은?

- 교토의정서 이후 신기후체제 합의문 ( )은/는 16개의 전문으로 구성되며, 이행절차에 관해 구속력을 지님
- 전문에서 '공통의 그러나 차별화된 책임', '개별국가의 능력' 및 '국가별 상황' 등의 원칙을 명시함
- 향후 55개국 이상 또는 전세계 배출량의 55% 이상에 해당하는 국가가 비준할 경우 발효

① 파리협정 ② 카타르선언
③ 칸쿤합의 ④ 코펜하겐합의

125 교토의정서에 대한 설명으로 바르지 않은 것은?

① 기후변화협약은 지구온난화에 따른 지구의 기후변화를 방지하려는 노력에 전 세계 국가가 동참하겠다는 선언적인 성격을 지녔으며, 온실가스 감축을 위한 의무사항이 거론되었다.
② 교토의정서는 온실가스 감축의무국가의 명시, 감축량과 감축방법 제시 등 실제 기후변화 방지의 이행에 필요한 사항을 포함하고 있다.
③ 교토의정서를 통해 6개의 온실가스 CO_2, N_2O, CH_4, HFCs, PFCs, SF_6를 협약서 Annex I 국가 중 미국을 제외한 38개국(동구권 포함)이 1990년 대비 평균 5.2%를 감축하여야 하는 국제적인 의정서가 탄생하게 되었다.
④ 선진국에게 강제성 있는 온실가스 감축목표를 설정케 하고 이를 초과할 경우 거래할 수 있게 했다는 점에서 의의를 가진다.

풀이 온실가스 감축을 위한 의무사항은 거론되지 않았다.

126 다음 중 교토프로토콜의 이행기간으로 맞는 것은?

① 2000~2005년 ② 2005~2008년
③ 1997~2002년 ④ 2008~2012년

풀이 Annex II 국가(총 38개국, 한국 제외)를 분류하여 2008~2012년(제1차 이행기간 : 교토프로토콜 이행기간) 동안에 1990년 기준으로 평균 5.2% 감축하는 것으로 규정하였다.

127 교토의정서의 내용과 거리가 먼 것은?

① 교토의정서의 발효시기는 2005년 2월이다.
② 우리나라 비준은 2002년 11월에 이루어졌다.
③ 각 국가별 동일하게 배출량 감축의무를 규정하였다.
④ 교토의정서상 당사국이 준수해야 하는 사항은 국가·경제의 관련 분야에서 에너지 효율성 향상이다.

풀이 각 국가별로 -8%에서 +10%까지 차별화된 배출량 감축의무를 규정하였다.

128 교토메커니즘의 내용으로 알맞지 않은 것은?

① Annex I 국가의 의무감축이라는 온실가스 감축 조항 외에도 국가별로 차별화된 감축목표를 효과적 비용으로 달성하기 위해 도입한 신축성체제(Flexibility)로 불리는 시장 메커니즘이 교토메커니즘이다.
② 온실가스 감축의무가 있는 Annex I 국가가 비용 부담을 덜기 위하여 자국의 감축비용보다 부담이 적은 타 국가에서 온실가스 감축사업을 수행하고 이를 통하여 확보한 온실가스 감축량을 자국의 감축분으로 인정할 수 있도록 하는 것이다.
③ 사업 적용(투자) 대상국(Annex I 또는 Non-Annex I)에 따라 공동이행제도(Joint Implement-ation) 또는 청정개발체제(Clean Develop-ment Mechanism)로 정의하고 있다.

정답 124 ① 125 ① 126 ④ 127 ③ 128 ④

④ 공동이행제도와 청정개발체제 메커니즘을 활용하나 자국의 초과 감축분을 배출권(Emission Credit)을 통하여 국제적으로 거래할 수 있는 배출권거래제도(Emission Trading)는 제외하였다.

풀이 공동이행제도와 청정개발체제 메커니즘의 활용 및 자국의 초과 감축분을 배출권(Emission Credit)을 통하여 국제적으로 거래할 수 있는 배출권거래제도(Emission Trading)를 포함한다.

129 유연성 체제인 교토메커니즘의 종류가 아닌 것은?

① 배출권거래(ET)
② 청정개발체제(CDM)
③ 탄소포인트제
④ 공동 이행(JI)

풀이 교토메커니즘은 공동이행제도와 청정개발체제 메커니즘의 활용 및 자국의 초과 감축분을 배출권을 통하여 국제적으로 거래할 수 있는 배출권거래제도를 포함한다.

130 배출권거래제도에 관한 설명 중 바르지 않은 것은?

① 교토의정서 제17조에 정의되어 있다.
② 온실가스 감축의무국가가 의무감축량을 초과 달성하였을 경우, 이 초과분을 다른 온실가스 감축의무국가와 거래할 수 있도록 하는 제도이다.
③ 각국에 할당된 온실가스 배출허용량을 무형의 상품으로 간주하여, 각국이 시장 원리에 따라 직접 혹은 거래소를 통해 거래함으로써 배출 저감 비용을 줄이고 저감 실현을 용이하게 하려는 제도이다.
④ 의무를 달성하지 못한 온실가스 감축의무국가는 부족분을 다른 온실가스 감축의무국가로부터 구입할 수 없다.

풀이 의무를 달성하지 못한 온실가스 감축의무국가는 부족분을 다른 온실가스 감축의무국가로부터 구입할 수 있다.

131 다음 내용과 관계가 가장 깊은 것은?

- 교토의정서 제6조에 정의되어 있다.
- 감축의무가 있는 Annex I 국가들 사이에서 온실가스 감축사업을 공동으로 수행하는 것을 인정하는 것이다. 즉, Annex I의 한 국가가 다른 국가에 투자하여 감축한 온실가스 감축량의 일부분을 투자국의 감축실적으로 인정하는 제도이다.
- 선진국 A가 선진국 B에 투자하여 발생된 온실가스 감축분의 일정분을 A의 배출저감실적으로 인정하는 제도이다.

① JI
② CDM
③ ET
④ ESSD

132 다음 내용 중 틀린 것은?

① 배출권거래제도는 온실가스감축량도 시장의 상품처럼 사고팔 수 있도록 허용한 것이라고 할 수 있다.
② 배출권거래제도를 이행하기 위해서는 배출권거래제의 운영방안과 기반 구축을 위해 대상범위 할당 및 조기행동 보상방안, 검인증체계, 배출권거래소, 국가할당방안 등을 고려해야 한다.
③ 공동이행제도는 현재 Non-Annex I 국가인 우리나라가 활용할 수 있는 제도는 아니며, 특히 EU는 동부유럽국가와 공동이행을 추진하기 위하여 활발히 움직이고 있다.
④ "공동이행제도" 개념은 선진국 내에서 프로젝트에 투자함으로써 배출감출실적을 생산하는 것이기에 개발도상국들도 우호적인 행동을 취하고 있다.

풀이 "공동이행제도" 개념은 선진국 내에서 프로젝트에 투자함으로써 배출감출실적을 생산하는 것이기에 개발도상국들의 극심한 반대에 부딪혔다.

정답 129 ③ 130 ④ 131 ① 132 ④

133 CDM(청정개발체제)에 관한 설명 중 바르지 않은 것은?

① 선진국인 A가 개도국인 B에 투자하여 발생된 온실가스배출감축분을 자국의 감축실적으로 인정할 수 있는 제도를 말한다.
② 온실가스 감축목표를 받은 선진국들이 감축목표가 없는 개도국에 자본과 기술을 투자하여 발생한 온실가스 감축분을 자국의 감축 목표 달성으로 활용할 수 있다.
③ 선진국은 보다 적은 비용으로 온실가스 감축이 가능하며, 개도국은 청정개발체제를 통한 자본의 유치 및 기술이전을 기대할 수 있는 체제이다.
④ 교토의정서에는 선진국의 온실가스 감축의무가 시작되는 시기가 2008년도로 규정되어 있지만 CDM 제도는 2000~2007년간에 발생한 온실가스 감축실적은 감축거래권(CERs ; Certified Emission Reduction)으로 인정받을 수 없도록 규정되어 있다.

풀이 교토의정서에는 선진국의 온실가스 감축의무가 시작되는 시기가 2008년도로 규정되어 있지만 CDM 제도는 2000~2007년간에 발생한 온실가스 감축실적도 감축거래권(CERs ; Certified Emission Reduction)으로 소급 인정받을 수 있도록 규정되어 있다.

134 청정개발체제의 편익 분석에 관한 내용 중 선진국에 해당되지 않는 내용은?

① 에너지 수입 대체 및 에너지 효율 향상
② 새로운 투자기회의 확대
③ 신기술 및 첨단기술에 대한 시장 확보
④ 온실가스 배출저감 및 의무 달성에 유연성 확보

풀이 청정개발체제의 편익 분석

구분	내용
전체	• 온실가스 배출저감 비용의 절감 • 세계적인 온실가스 저감대책 이행의 가속화
선진국	• 온실가스 배출저감 비용의 절감 및 의무 달성에 유연성 확보 • 신기술 및 첨단기술에 대한 시장 확보 • 새로운 투자기회의 확대
개도국	• 외자유치를 통한 경제개발 기술이전 고용창출 • 사회간접자본의 확충 • 에너지 수입 대체 및 에너지 효율 향상

135 청정개발체제 적용 원리로 맞는 것은?

① 보충성, 사회성
② 보충성, 추가성
③ 추가성, 사회성
④ 일관성, 추가성

136 청정개발체제 적용 원리 중 추가성에 관한 내용으로 바르지 않은 것은?

① 온실가스 감축사업의 시행 전후를 조사하여 추가적인 온실가스 감축이 발생하여야 한다는 것을 의미한다.
② 경제적·기술적 특성 등을 고려한 추가성이 포함되어야 한다.
③ 청정개발체제사업을 통한 탄소 감축거래권(CERs)이 발행되지 않을 경우 온실가스 감축사업의 경제효과는 없는 것으로 인정되어야만 청정개발체제사업으로 인증받을 수 있다.
④ 기술적 추가성이란 Annex I 국가에서 Non-Annex 국가로 기술이전과 관계없이 인증받을 수 있도록 규정되어 있다.

풀이 기술적 추가성이란 Annex I 국가에서 Non-Annex 국가로 기술이전이 이루어져야만 인증받을 수 있도록 규정되어 있다.

137 다음 중 CDM 사업운영기구(DOE)의 기능에 대한 설명으로 맞는 것은?

① CDM 사업에 대한 집행
② CDM 사업등록 및 배출권 발행을 위한 평가
③ CDM 사업승인서 발급
④ CDM 사업개발 및 계획

풀이 CDM 사업운영기구(DOE)는 청정개발체제사업의 실무역할, 즉 CDM 사업등록 및 배출권 발행을 위한 평가를 수행한다.

정답 133 ④ 134 ① 135 ② 136 ④ 137 ②

138 다음 중 CDM의 실질적인 운영관리를 하는 기구로 맞는 것은?

① DNA
② DOE
③ EB
④ IPCC

풀이 CDM 집행이사회(EB)는 교통의정서 이행방안이 합의된 제7차 당사국총회에서 구성된 기구로서 국제적으로 시행되는 청정개발체제 사업의 총괄역할, 즉 CDM의 실질적인 운영관리를 수행한다.

139 청정개발체제의 관련 기구 중 다음 내용에 해당하는 것은?

- 청정개발체제사업의 실무 역할을 수행한다.
- 현재 전 세계적으로 52개 기관이 등록된 상태이며 우리나라는 한국환경공단, 에너지관리공단 등 4개 기관이 활동 중에 있다.
- 주요 업무로는 사업신청자에 의하여 제출되는 제안서의 검토를 통한 사업의 인가(Validation), 감축기준을 정하는 기준결정(Baseline) 타당성 검토, 감축량 산정을 위한 모니터링(Monitoring) 방식 확인 및 감축량 산정에 대한 검증(Verification) 등의 업무를 수행한다.

① 교토의정서 당사국 회의(COP/MOP)
② 집행이사회(Executive Board)
③ 운영기구(Designated Operation Entity)
④ 국가승인기구(Designated National Authority)

140 교토메커니즘에 대한 설명으로 바르지 않은 것은?

① 공동이행(JI)의 거래단위는 ERUs이다.
② 청정개발체제(CDM)의 참여자는 선진국 및 개도국 모두 가능하다.
③ 배출권거래(ET)의 거래방식은 개도국의 프로젝트에서 나온 공인배출 감축을 취득하는 것이다.
④ 청정개발체제(CDM)의 주요 논쟁사항은 추가감축, 기준배출량 설정문제 등이다.

풀이 교토메커니즘의 비교

구분	공동이행(JI)	청정개발체제(CDM)	배출권거래(ET)
근거	교토의정서 제4조	교토의정서 제12조	교토의정서 제17조
참여자	교토의정서에서 감축의무를 받은 선진국 (Annex II 국가)	선진국 및 개도국 모두 가능	기후변화협약 선진국 (Annex I 국가)
시행시기	2008년	2000년	2008년
거래방식	프로젝트에서 나온 배출감축단위(ERUs)를 이전하거나 취득	개도국의 프로젝트에서 나온 공인배출 감축(CERs)을 취득	국가 간 잉여배출권 거래(배출권 자체의 거래)
단위	배출감축단위(ERUs ; Emmission Reduction Units)	공인배출 감축(CERs ; Certified Emission Reductions)	할당된 배출권(AAUs ; Assigned Amount Units)의 일부분
주요 논쟁 사항	추가감축(Additionality) 기준배출량(Baseline) 설정 문제 등	추가감축(Additionality) 기준배출량(Baseline) 설정 문제 등	보조성(Supplementation) 거래시장 형태, 부정거래 및 정보공개 문제 등

141 마라케시 합의에 따른 교토메커니즘의 배출권 유형에 대한 설명 중 바르지 않은 것은?

① 거래단위 AAU의 메커니즘은 부속서 Ⅱ국가에 대한 교토의정서하의 할당량이다.
② 거래단위 CER의 메커니즘은 청정개발체제이다.
③ 거래단위 ERU의 메커니즘은 공동이행이다.
④ 거래단위 RMU의 메커니즘은 부속서 Ⅰ국가의 흡수원 감축량에 대해 발행된 배출권이다.

풀이

거래단위	메커니즘	1차 이행기간 중 활용한도	이월(Banking) 한도
AAU (Assigned Amount Unit)	부속서 Ⅱ국가에 대한 교토의정서하의 할당량	한도 없음	한도 없음
ERU (Emission Reduction Unit)	공동이행(JI)	한도 없음	구매국 할당량의 2.5%
CER (Ceritified Emission Reduction)	청정개발체제(CDM)	흡수원 사업에 따른 CER의 경우 구매국 할당량의 1%	구매국 할당량의 2.5%
RMU (Removal Unit)	부속서 Ⅱ국가의 흡수원 감축량에 대해 발행된 배출권	산림경영에 대한 RMU의 경우 국가별로 한도 설정	이월 불가능

정답 138 ③ 139 ③ 140 ③ 141 ④

142 개발도상국의 자체적인 온실가스감축 활동 선언 및 이행을 의미하는 용어는?

① NAMA ② EUA
③ IPCC G/L ④ CDM

풀이 NAMA는 개발도상국의 자발적 온실가스감축 활동 선언 및 이행을 의미하는 용어로 새로운 기후변화대응 사업기회를 만드는 것을 목적으로 하고 있다.

143 자발적 거래 시장(Voluntory Market)의 프로젝트 감축분과 관계가 없는 것은?

① CFI ② VERs
③ KCERs ④ CER

풀이 CER, ERU, RMU는 Kyoto Market(교토의정서 참여국이 형성한 거래시장)의 프로젝트 감축분 단위이다.

144 IPCC 가이드라인에 관한 설명 중 바르지 않은 것은?

① IPCC 가이드라인은 국가 온실가스 배출량 산정을 위한 지침으로 기본변화협약 당사국이 국가 배출량 산정 시 기준으로 사용하는 지침이다.
② 국가 온실가스 인벤토리 작성을 위한 2006 IPCC 가이드라인은 인간활동에 따른 온실가스의 배출원(Sources)에 의한 배출량(Emission) 및 흡수원(Sinks)에 의한 흡수량(Removal)의 국가 인벤토리를 산정하기 위한 방법론을 제공한다.
③ 2006 G/L은 UNFCCC에 대한 협약 당사국(Parties)의 권고에 대응하여 준비되었다.
④ 2006 G/L은 총 4권으로 구성되어 있다.

풀이 2006 G/L은 총 5권으로 구성되어 있다.
　㉠ 제1권 : 일반지침 및 보고
　㉡ 제2권 : 에너지
　㉢ 제3권 : 산업공정 및 제품 사용
　㉣ 제4권 : 농업, 산림 및 기타 토지 이용
　㉤ 제5권 : 폐기물

145 IPCC G/L의 내용과 거리가 먼 것은?

① 국제적 표준이 되는 온실가스 종류 및 지구온난화 지수 등을 포함한다.
② 상향식 배출량 산정접근 방식을 이용, 국가 인벤토리 작성을 위해 개발되었다.
③ 불확도를 고려한 활동데이터, 배출계수 산정에서의 접근방식을 제시하며 국제배출계수를 제공한다.
④ 제2~5권은 경제적으로 서로 다른 부문에서의 산정에 대한 지침을 제공한다.

풀이 하향식(Top-Down) 배출량 산정접근 방식을 이용, 국가 인벤토리 작성을 위해 개발되었다.

146 IPCC 가이드라인(2006년)의 내용 중 온실가스 인벤토리 분류체계에 포함되지 않는 분야는?

① 폐기물
② 산업공정
③ 에너지
④ 탈루배출

풀이 2006년 G/L에는 탈루배출 내용이 없다.

147 2006 IPCC 가이드라인의 폐기물 부문에 포함되지 않은 것은?

① 고형폐기물 매립에 의한 배출
② 고형폐기물의 소각 및 노천소각에 의한 배출
③ 분뇨 처리에 의한 배출
④ 폐수처리 및 배출

풀이 폐기물 부문
　㉠ 고형폐기물 매립
　㉡ 고형폐기물의 생물학적 처리
　㉢ 폐기물의 소각 및 노천소각
　㉣ 폐수처리 및 배출

정답 142 ①　143 ④　144 ④　145 ②　146 ④　147 ③

148 다음 중 2003년에 발간한 GPG-LULUCF (IPCC)에서 제공하고 있는 분야로 옳은 것은?

① 폐기물
② 토지이용·토지이용 변화 및 산림
③ 농업
④ 에너지

풀이 2006 IPCC 가이드라인은 GPG 2000에서 도입되고 GPG-LULUCF(2003 : 토지이용·토지이용변화 및 산림)에서 유지된 카테고리 수준에서의 방법론적 권고의 표준적 배치를 유지한다.

149 GHG Protocol에 관한 설명 중 바르지 않은 것은?

① GHG Protocol 초안은 세계자원연구소(WRI ; World Rescurces Institute)와 지속가능한 개발을 위한 세계경제협의체(WBCSD ; World Business Council for Sustainable Development)에 의해 소집된 기업, 비정부기구(NGO), 정부 및 다른 기관들의 다자간 제휴이다.
② GHG Protocol Initiative의 두 가지 기준은 온실가스 프로토콜 기업 산정 보고 기준과 온실가스 프로토콜 사업 정량화 기준이다.
③ 온실가스 프로토콜 기업은 온실가스 배출량 인벤토리를 준비하는 기업이나 다른 형태의 조직에 대한 기준과 지침을 제시하고 있다.
④ GHG Protocol의 목적은 온실가스 감축사업의 정량화를 간단히 하면서 표준화된 방법론과 온실가스 산정 원칙의 이용을 통하여 결과의 품질과 신뢰도를 향상시키는 것, 즉 표준화된 접근방식과 원리를 통해, 기업이 온실가스 인벤토리를 준비하는 과정에서 온실가스 배출시간을 현실적이고도 정확하게 산정할 수 있도록 돕는 것이다.

풀이 GHG Protocol의 목적은 온실가스 감축사업의 정량화를 간단히 하면서 표준화된 방법론과 온실가스 산정 원칙의 이용을 통하여 결과의 품질과 신뢰도를 향상시키는 것, 즉 표준화된 접근방식과 원리를 통해, 기업이 온실가스 인벤토리를 준비하는 과정에서 온실가스 배출량을 현실적이고도 정확하게 산정할 수 있도록 돕는 것이다.

150 GHG Protocol의 목적과 거리가 먼 것은?

① 온실가스 배출량을 현실적이고도 정확하게 산정
② 온실가스 인벤토리를 만드는 데 소요되는 비용을 단순화하는 동시에 절감
③ 온실가스 감축사업에서 투자자의 경제적 이익을 높임
④ 자발적이고도 필수적인 온실가스 프로그램 참여를 위한 정보제공

풀이 온실가스 감축사업에서 투자자의 신뢰를 높이는 것이 목적 중의 하나이다.

151 GHG Protocol 지침의 온실가스 감축사업 목록에 해당되지 않는 것은?

① 생물학적 저장
② 산업
③ 물류
④ 에너지와 동력

풀이 지침의 온실가스 사업목록
㉠ 에너지와 동력
㉡ 수송
㉢ 산업
㉣ 비산배출(Fugitive Emission) 온실가스의 포집
㉤ 농업
㉥ 생물학적 저장
㉦ 지질학적 또는 해양학적 시스템

152 GHG Protocol 지침의 효과에 대한 설명 중 바르지 않은 것은?

① 1차 효과는 사업이 달성되기 위하여 의도한 구체적인 온실가스 감축요소 또는 활동이다.
② 1차 효과는 주로 감축사업으로 인한 가장 큰 변화이다.
③ 2차 효과는 1차 효과에 의해 잡히지 않는 감축사업에서 비롯된 모든 다른 온실가스 배출 변화이다.
④ 2차 효과는 감축사업에서 일어나는 의도된 온실가스의 감축효과이다.

[풀이] 2차 효과는 감축사업에서 일어나는 대개 작고 의도하지 않은 온실가스의 감축효과이다.

153 GHG Protocol 지침의 직접·간접적인 효과에 대한 설명 중 바르지 않은 것은?

① 직접적 효과는 감축사업 입안자들이 소유하거나 제어하는 온실가스 배출원이나 저장소에서 일어나는 1차적 또는 2차적 효과이다.
② 직접적인 효과는 때때로 막연히 현장 효과로 일컬어진다.
③ 물리적 경계가 직접적인 효과가 일어나는 지역의 한계를 설정하는 한, 이는 항상 직접적인 효과에 속하지 않을 수도 있다.
④ 직접적 효과는 감축사업이 연속으로 일어나면서 발생하는 1차 또는 2차 효과로서, 다른 누군가가 소유하거나 제어하는 온실가스 배출원이나 저장소에서 일어나는 효과를 일컫는다.

[풀이] 간접적 효과는 감축사업이 연속으로 일어나면서 발생하는 1차 또는 2차 효과로서, 다른 누군가가 소유하거나 제어하는 온실가스 배출원이나 저장소에서 일어나는 효과를 일컫는다.

154 ISO 국제표준(ISO 14064)에 관한 내용 중 잘못된 것은?

① 기본 구조는 Part 1, Part 2, Part 3으로 되어 있다.
② Part 1은 저감사업 단위에서의 온실가스 배출량 정량화, 모니터링 및 보고에 대한 지침이다.
③ 온실가스 인벤토리와 ISO 표준 지침 준수를 검증해야 하는데 만약 인벤토리가 외부적으로 검증되려면, ISO 14064의 요구에 완전히 부합하여야 한다.
④ 기본 지침은 배출권거래제도에서 반드시 고려되어야 할 사항이며 구축되어야 할 기본 인프라이다.

[풀이] 기본 구조 구분
  ㉠ Part 1(ISO 14064 TC207/WG5 N89)
    사업장(Entity) 단위에서의 온실가스 배출량 정량화, 모니터링 및 보고에 대한 지침
  ㉡ Part 2(ISO 14064 TC207/WG5 N114)
    저감사업(Project) 단위에서의 온실가스 배출량 정량화, 모니터링 및 보고에 대한 지침
  ㉢ Part 3(ISO 14064 TC207/WG5 N90)
    검증 및 인증 관련 지침

155 다음 ISO 규격 중 조직 또는 회사 차원의 온실가스 인벤토리 설계·작성·관리 및 보고를 위한 원칙과 요구사항의 내용에 포함되어 있는 것은?

① ISO 14064-1   ② ISO 14064-2
③ ISO 14064-3   ④ ISO 14064-4

[풀이] 154번 풀이 참조

156 ISO 국제표준(ISO 14064)의 배출량 산정 보고서의 4가지 충족조건이 아닌 것은?

① 검증성   ② 완전성
③ 정확성   ④ 투명성

[풀이] 배출량 산정보고서의 4가지 충족조건
  ㉠ 완전성(Completeness)
  ㉡ 일관성(Consistency)
  ㉢ 정확성(Accuracy)
  ㉣ 투명성(Transparency)

157 기후변화 관련 국내 동향에 대한 설명 중 바르지 않은 것은?

① 우리나라는 1993년 12월에 유엔기후변화협약(UNFCCC)을 비준하고 2002년 10월에는 교토의정서를 비준함으로써 세계의 기후변화 방지노력에 참여하는 제도적인 준비를 마쳤다.
② 우리나라는 교토의정서에 의한 제1차 공약기간(2008~2012년)에 온실가스 감축 의무부담을 부여받지는 않았지만 선발 개도국으로서의 책임을 다하기 위해 기후변화협약에 의거한 의무를 충실하게 이행할 필요성을 인식하게 되었다.

정답 153 ④ 154 ② 155 ① 156 ① 157 ④

③ 기후변화협약에 대응하기 위해 1984년 4월에 관계부처 장관회의를 통해 국무총리를 위원장으로 하는 범정부대책기구를 설치하여 기후변화협약에 대응하는 정책추진체제를 갖추었다.
④ 제1~4차 종합대책을 발표해 각 분야별 실천계획을 추진하고 1999년부터 기후변화정책을 종합적으로 추진하는 5개년 단위의 기후변화협약 대응 종합계획을 수립해 기후변화 대응정책을 추진하였다.

[풀이] 제1~4차 종합대책을 발표하여 각 분야별 실천계획을 추진하였으며 1999년부터 기후변화정책을 종합적으로 추진하는 3개년 단위의 기후변화협약 대응 종합계획을 수립하여 기후변화 대응정책을 추진하였다.

158 기후변화 관련 국내동향에 대한 설명 중 잘못된 것은?

① 국제사회의 적극적인 노력으로 2016년 11월 4일 파리협정이 발효되었다.
② 우리나라는 2018년 12월 31일 파리협정을 비준하였다.
③ IPCC는 2018년 10월 우리나라 인천 송도에서 개체된 제48차 IPCC 총회에서 지구온난화 1.5℃ 특별보고서를 승인하였다.
④ 파리협정에 따르면 각 당사국은 자체적으로 온실가스감축목표(NDC)를 정하여 5년마다 제출하여야 하며 그 이행상황을 점검받아야 한다.

[풀이] 우리나라는 2016년 11월 3일 파리협정을 비준하였다.

159 국가기후변화 종합대책의 내용 중 바르지 않은 것은?

① 기후변화 종합대책의 배경은 교토의정서가 발효됨에 따라 지구적인 차원의 온실가스 감축 노력이 현실화되고 경제개발협력기구(OECD) 회원국이면서 선발 개도국인 우리나라 역시 지구적인 차원의 온실가스 감축 노력에 동참하기 위한 대응대책을 수립할 필요성이 제기된 데 있다.

② 제1차부터 제3차 기후변화 종합대응대책까지 관련 부처의 정책들을 근거로 작성하였다.
③ 제4차 대책에서는 사업과 관련된 부처를 명시하여 책임을 부여하였지만 녹색성장위원회 및 지원단 구성 및 역할로 관련 부처의 역할이 재조정되었다.
④ 기후변화 대응정책의 기본방향은 에너지 다소비 산업군의 비중이 높은 점을 인지하여 고부가 가치 사업의 창출을 높이면서 에너지 소비가 높은 고소비형 IT 산업의 비중을 높이는 산업구조로 변경하였다.

[풀이] 기후변화 대응정책의 기본방향은 에너지 다소비산업군의 비중이 높은 점을 인지하여 고부가 가치 사업의 창출을 높이면서 에너지 소비가 낮은 저소비형 IT 산업의 비중을 높이는 산업구조의 변경과 함께 에너지 절약형 경제구조를 구축함으로써 기후변화 완화를 위한 국제적 노력 동참에 의의를 두고 있다.

160 국가기후변화 종합대책의 내용 중 바르지 않은 것은?

① 우리나라는 교토의정서 의무 대상국에서는 제외되었으나 부속서 1 국가들 간에 온실가스 감축목표 합의를 한 교토의정서 체결 이후 즉각적인 대처를 하기 위해 제1차 종합대책을 수립하였다.
② 제2차 종합대책은 주로 기후변화협약에 대한 전략과 이행기반 강화 등 기후변화 감축대책을 위주로 한 대책이다.
③ 제3차 종합대책은 크게 3가지 분야로 구분되는데 협약이행 기반구축사업, 분야별 온실가스감축사업, 기후변화적응 기반구축사업으로 분류되면서 제1, 2차 계획에 포함되어 있지 않은 적응에 대한 계획 수립이 특징적이라고 할 수 있다.
④ 제3차 종합대책은 현재까지 추구한 경제성장정책에서 친환경성장 추진정책으로 전환되는 계기가 되었다.

[풀이] ④항의 내용은 제1차 종합대책이다.

161 국가기후변화 제4차 종합대책의 내용 중 틀린 것은?

① 제4차 기후변화 종합대책은 제1차 의무공약기간(2008~2012년)과의 조화를 위해 종합대책 이행 기간을 기존의 3년에서 5년으로 변경하여 수립하였다.
② 국제적 위상에 부합하는 온실가스 감축 및 기술개발을 통한 기후변화 영향을 최소화하는 데 중점을 두고 있다.
③ 온실가스 감축목표 설정 등을 목적으로 한다.
④ 주요내용으로는 교토메커니즘 대응기반 구축 및 활용 등이 있다.

> **풀이** ④항의 내용은 제2차 종합대책이다.

162 제2차 기후변화협약대응 종합대책에 포함되지 않는 것은?

① 의무부담 협상의 회피
② 온실가스 감축시책의 지속적인 추진
③ 교토메커니즘 대응기반 구축 및 활용
④ 민간부문의 참여유도 및 대응능력 제고

> **풀이** 의무부담 협상에의 적극적인 대응이 포함내용이다.

163 국가 온실가스 감축목표 설정에 관한 내용 중 잘못된 것은?

① 정부는 2020년까지의 부문별·업종별·연도별 국가 온실가스 감축목표를 확정지었다.
② 정부는 2009년 11월에 확정·발표한 국가 온실가스 감축목표(2020년 배출전망치 대비 20% 감축)를 산업·전환, 건물·교통, 농축산 부문 및 부문 내 세부 업종별로 구체화한 감축목표안을 마련하였다.
③ 부문별·업종별 온실가스 감축목표안은 국가 전체적으로 감축비용이 최소화되도록 부문 및 업종별 감축 한계 비용을 고려하는 한편, 산업의 국가경쟁력도 종합적으로 고려하였다.
④ 각 부문·업종에서 온실가스 감축목표가 차질 없이 추진될 경우, 국가 전체의 온실가스 배출량은 2014년 최고치에 달한 이후, 2015년부터는 배출량이 감소하여 향후 우리나라는 경제성장과 온실가스 배출의 탈동조화(Decoupling)를 실현할 것으로 전망된다.

> **풀이** 정부는 2009년 11월에 확정·발표한 국가 온실가스 감축목표(2020년 배출전망치 대비 30% 감축)를 산업·전환, 건물·교통, 농축산 부문 및 부문 내 세부 업종별로 구체화한 감축목표안을 마련하였다.(2015년에 2030년 배출전망치 대비 37% 감축으로 변경)

164 국가 온실가스 감축목표 설정에 관한 내용 중 바르지 않은 것은?

① 2015년 6월 파리협정 채택 전 기후 의욕 고취를 위해 자발적인 2030 목표제출 요구에 따른 2030년 BAU 대비 37% 감축목표 제출
② 2018년 7월 2030 NDC 수정로드맵을 발표함
③ 2019년 12월 기존 BAU 방식의 2030 목표를 절대량 방식으로 변경
④ 2021년 10월 2030 국가 온실가스 감축목표(NDC)를 2018년 총배출량 대비 50% 감축목표로 설정

> **풀이** 2021년 10월 2030 국가 온실가스 감축목표(NDC)를 2018년 총배출량 대비 40% 감축목표로 설정하였다.

165 우리나라의 2021년 분야별 배출량 비중이 가장 큰 것은?

① 산업공정
② 에너지 분야
③ 농업
④ 폐기물 분야

> **풀이** 2021년 분야별 배출량 비중
> 에너지 분야(86.9%) > 산업공정(7.5%) > 농업(3.1%) > 폐기물 분야(2.5%)

정답 161 ④ 162 ① 163 ② 164 ④ 165 ②

166 2030 국가 온실가스 감축 로드맵상 가장 많은 감축량을 나타내는 부문은?

① 전환(발전) 부문 ② 산업 부문
③ 건설 부문 ④ 수송 부문

풀이 전환(발전) 부문에서 저탄소, 전력효율강화를 통해 가장 많이 감축한다.

167 국가온실가스 감축목표 설정방법론 중에서 상향식 모형인 마칼(MARKAL) 모형에 관한 설명으로 바른 것은?

① 동종 업계의 벤치마킹 결과 등에 따라 외부 규제 기관 등에 의해 설정되는 경우에 적용한다.
② 신속한 의사결정으로 감축목표 설정을 위한 비용이 절약될 수 있으나, 업체 입장에서는 비관적 시나리오로 전개될 가능성이 있다.
③ 온실가스 감축이 경제·후생·분배에 미치는 파급효과를 분석하기 위해 OECD에서 개발하여 세계적으로 활용되는 모형(Computable General Equilibrium)이다.
④ 감축목표 설정을 위한 사전 준비 비용 및 수행기간이 하향식에 비해 증가할 수 있으나, 외부규제 기관의 입장에서는 낙관적 시나리오로 전개될 가능성이 높다.

풀이 ①~③은 하향식 모형인 거시경제 일반균형(CGE) 모형의 내용이다.

168 기후변화협약 당사국총회(COP)의 최근 동향에 관한 내용 중 바르지 않은 것은?

① 2011년 COP 17 결과 교토의정서 후속으로 모든 당사국이 참여하고, 법적 구속력이 있는 새로운 감축체제채택을 위한 협상 출범에 합의하였다.
② 2012년 COP 18 결과 신기후체제 협상에서 논의할 주요사항을 합의하였다.
③ 2013년 COP 19 결과 모든 당사국이 2020년 이후 감축공약을 자체적으로 결정, COP 21 개최(2015년 말) 전에 제출토록 요청하였다.
④ 2013년 COP 19 결과 합의문의 요소는 감축, 적응, 재정, 기술지원, 능력형성, 행동과 지원의 투명성 등이다.

풀이 2013년 COP 19 결과 신기후체제 협상에서 논의할 주요사항을 합의하였다.

169 다음 중 우리나라와 가장 관련이 있는 것은?

① GGGI ② IPCC
③ GAW ④ CDM EB

풀이 GGGI(녹색성장 국제 연구기구)
2009년 코펜하겐 기후변화 당사국총회에서 우리나라가 개설을 공약한 국제기구이다.

170 국가 온실가스 배출량 통계에 대한 내용 중 바르지 않은 것은?

① 국가 온실가스 관리위원회 심의·의결 후 확정된다.
② IPCC 제3차 보고서에서 제시한 GWP를 활용하여 산정한다.
③ 활동자료 개선이나 산정방법론이 변경됨에 따라 매년 재계산될 수 있다.
④ 관장기관에서 산정 후, 환경부 온실가스 종합정보센터는 이를 수정·보완한다.

풀이 IPCC 제2차 보고서에서 제시한 GWP를 활용하여 산정한다.

171 부문별 관장기관이 생성한 국가 온실가스 배출통계를 최종 확정하기까지의 절차를 순서대로 옳게 나열한 것은?

ㄱ. 통계청 및 외부전문가 검증
ㄴ. 국가 온실가스 종합정보센터 검증
ㄷ. 부문별 관장기관 산정결과 수정
ㄹ. 국가 온실가스 통계관리위원회 확정

정답 166 ① 167 ④ 168 ② 169 ① 170 ② 171 ①

① ㄴ → ㄱ → ㄷ → ㄹ
② ㄴ → ㄷ → ㄹ → ㄱ
③ ㄴ → ㄹ → ㄷ → ㄱ
④ ㄱ → ㄴ → ㄹ → ㄷ

172 외국의 온실가스 감축·보고 제도 중 EU-ETS에 관한 내용으로 바르지 않은 것은?

① EC(European Commission)는 각 국가가 제시한 국가 할당계획(NAP)을 기반으로 배출권을 할당 후, 각 국가는 분야와 기업에 할당량을 세분하는 제도이다.
② 국가에서 분야와 기업에 할당량을 배분하는 방법은 해당 국가마다 다소 상이하다.
③ 온실가스의 직접적 감축이 아닌 배출량의 의무보고 제도이며 보고대상은 6대 온실가스 및 NF_3이다.
④ 할당방식은 과거 배출 실적에 따라 무상으로 배분하는 방법(대부분) 또는 경매에 의해 유상으로 배분하는 방법이다.

풀이 ③은 미국(MRR)의 제도의 내용이다.

173 외국의 온실가스 감축·보고제도에 관한 설명 중 바르지 않은 것은?

① EU-ETS에서는 배출권 관리를 위한 전자장부 형태의 관리전자 시스템을 레지스트리라고 한다.
② EU-ETS Phase 2 기간 동안에는 실제 배출량이 할당량을 초과할 경우 이에 대한 벌금을 부과한다.
③ 미국 MMR의 보고대상은 6대 온실가스이다.
④ 호주 NGER의 검증은 제3자 검증을 원칙으로 한다.

풀이 미국 MMR의 보고대상은 6대 온실가스 및 기타 불화가스(NF_3)이다.

174 COP 21 파리협정에 관한 설명 중 잘못된 것은?

① 2020년 만료예정인 기존의 교토의정서를 대체하였다.
② 선진국과 개도국 모두가 참여할 수 있는 합의체제를 마련하였다.
③ 국가별 기여방안(NDC)은 IPCC에서 결정한다.
④ 산업화 이전 대비 지구평균 기온상승을 2℃보다 상당히 낮은 수준으로 유지한다.

풀이 국가별 기여방안(NDC)은 스스로 정하는 방식을 채택하였다.

175 다음 내용에 맞는 용어는?

> 기후위기 대응을 위한 탄소중립·녹색성장기본법에 따른 국가 중기온실가스 감축목표를 달성할 수 있도록 온실가스 배출량이 일정수준 이상인 업체 및 사업장을 관리업체로 지정하여 온실가스 감축목표를 설정하고 관리하기 위한 제도이다.

① 온실가스 목표관리제
② 녹색기후 기금(G.C.F)
③ 배출권 교환제
④ 녹색에너지 감축관리제

176 다음은 온실가스 목표관리제 운영체계이다. ( ) 안에 알맞은 내용은?

> 관리업체 지정 → 명세서 제출 → ( ) → 이행계획수립 → 목표이행 → 목표달성 평가

① 감축목표 산정   ② 검증
③ 위반 시 처벌   ④ 주민 공청회

177 온실가스 목표관리제 운영체계에 있어서 제도운영 및 총괄·조정기능을 담당하는 부서는?

① 지식경제부   ② 환경부
③ 국토교통부   ④ 지식경제부

정답 172 ③ 173 ③ 174 ③ 175 ① 176 ① 177 ②

178 온실가스 목표관리제의 소관 부문별 관장기관의 연결이 잘못된 것은?

① 농림축산식품부 : 농업 · 임업 · 축산 · 식품 분야
② 산업통상자원부 : 산업 · 발전 분야
③ 환경부 : 폐기물 분야
④ 국토교통부 : 건물 · 해양 · 해운 · 건설 분야

풀이 국토교통부 : 건물 · 교통(해운 · 항만 제외) · 건설 분야

179 다음은 온실가스 목표관리제 관리업체 지정기준에 관한 내용이다. ( ) 안에 알맞은 것은?

> 업체와 업체 내 사업장에서 ( ) 배출한 온실가스의 연평균 총량이 관리업체 지정기준 이상을 충족할 경우 적용한다.

① 최근 1년간　　② 최근 2년간
③ 최근 3년간　　④ 최근 5년간

180 온실가스 목표관리제 관리업체 지정기준 중 업체기준의 내용으로 알맞은 것은?(단, 온실가스단위(tCO$_2$-eq))

① 온실가스 : 50,000　② 온실가스 : 15,000
③ 온실가스 : 15,000　④ 온실가스 : 200

풀이 관리업체 지정기준
　㉠ 업체기준
　　온실가스(tCO$_2$-eq) : 50,000
　㉡ 사업장기준
　　온실가스(tCO$_2$-eq) : 15,000

181 다음은 온실가스 목표관리제에 의한 업체 내 온실가스 소량 배출사업장에 대한 관리 내용이다. ( ) 안에 내용으로 맞는 것은?

> 온실가스 배출량이 ( )ton CO$_2$ 미만일 경우 시설단위 보고 · 검증 · 이행계획 · 실적제출 적용을 완화한다.

① 2천　　② 3천
③ 4천　　④ 5천

풀이 소량 배출사업장
업체 내 사업장의 온실가스 배출량이 해당연도 1월 1일을 기준으로 최근 3년간 사업장에서 배출한 온실가스의 연평균 총량이 3,000tCO$_2$-eq 미만에 해당하는 경우

182 온실가스 목표관리 운영지침 내용 중 관리업체 지정에 관한 사항으로 바르지 않은 것은?

① 매년 3월 30일까지 부문별 관장 기관이 고시한다.
② 법인(개인, 공공기관 포함) 또는 법인 내 사업장 기준으로 관리업체를 선정한다.
③ 건물은 건축물대장, 등기부, 에너지 연계성 등을 기준으로 판단한다.
④ 업체기준을 우선 적용한 후 사업장기준을 적용하여 지정한다.

풀이 매년 6월 30일까지 부문별 관장기관이 고시한다.

183 온실가스 목표관리제의 목표의 협의 · 설정에 관한 내용 중 바르지 않은 것은?

① 목표관리를 위한 기준연도는 관리업체가 지정된 연도의 직전 3개년으로 하며, 이 기간의 연평균 온실가스 배출량을 기준연도 배출량으로 한다.
② 관리업체의 예상 배출량은 기존 배출시설에 해당하는 예상 배출량과 신 · 증설시설에 해당하는 예상 배출량을 합산하여 산정한다.
③ 설정방식은 과거실적 기반으로만 한다.
④ 국제동향, 국가 총 감축효과 등을 종합적으로 고려하여 설정하며, 발전 · 철도는 BAU 대비 총량제한이 아닌 다른 방식의 목표 설정이 가능하다.

풀이 설정방식은 과거실적 기반 및 벤치마크 기반 2단계로 구분한다.

정답　178 ④　179 ③　180 ①　181 ②　182 ①　183 ③

184 온실가스 목표관리 운영 등에 관한 지침 등의 산정원칙 내용이 잘못된 것은?

① 관리업체는 정하는 방법 및 절차에 따라 온실가스 배출량 등을 산정해야 한다.
② 관리업체는 제시된 범위 내에서 모든 배출활동과 배출시설에서 온실가스 배출량 등을 산출해야 한다.
③ 관리업체는 시간의 경과에 따른 온실가스 배출량 등의 변화를 비교·분석할 수 있도록 일관된 자료와 산정방법론 등을 사용하여야 한다.
④ 관리업체는 배출량 등을 가능한 과대 또는 과소하게 산정해야 한다.

풀이 관리업체는 배출량 등을 과소 산정하는 등의 오류가 발생하지 않도록 최대한 정확하게 온실가스 배출량 등을 산정해야 한다.

185 다음은 소량 배출사업장 경감규정 내용이다. (   ) 안에 알맞은 것을 고르면?

> 업체 내 사업장의 온실가스 배출량 3,000tCO₂eq의 사업장은 일부 규정을 적용하지 않을 수 있다. 다만, 해당되는 소량 배출사업장의 온실가스 배출량 합은 업체 내 모든 사업장의 온실가스 배출량 총합의 (   ) 미만이어야 한다.

① 1,000분의 30 ② 1,000분의 50
③ 1,000분의 10 ④ 1,000분의 20

186 온실가스 목표관리제상 명세서 제출에 관한 내용이다. (   ) 안에 알맞은 내용은?

> 관리업체는 검증기관의 검증을 거친 명세서를 관리업체로 지정받은 다음 해부터 매년 (   ) 전자적 방식으로 부문별 관장기관에 제출하여야 한다.

① 3월 31일까지 ② 6월 30일까지
③ 9월 30일까지 ④ 12월 31일까지

187 탄소배출권거래제에 관한 설명 중 잘못된 것은?

① 탄소배출권이란 지구온난화를 일으키는 탄소(CO_2), 메탄(CH_4), 아산화질소(N_2O)와 3종의 프레온 가스 등 6개 온실가스를 배출할 수 있는 권리를 의미한다.
② 온실가스 중에서 탄소의 비중이 80%로 가장 크기 때문에 이산화탄소(또는 탄소)를 대표로 하여 거래한다.
③ 배출량을 줄이는 방법으로 배출의 직접적 제한이나 탄소세 등이 있으나, 정확한 감축비용을 반영하지 못해 대체로 비효율적이므로 교토의정서에서 교토메커니즘을 도입하였다.
④ 교토메커니즘은 온실가스 감축의무가 있는 기업들이 직접 많은 비용을 들여서 감축하는 것이다.

풀이 교토메커니즘은 온실가스 감축의무가 있는 기업들이 직접 많은 비용을 들여서 감축하기보다는 시장에서 배출권을 구입하여 의무를 이행할 수 있는 기회를 제공한다. 이로써 시장가격보다 감축비용이 낮은 기업은 의무적으로 감축해야 하는 배출량보다 많이 감축하여 배출권을 획득하고, 이를 감축비용이 높은 기업에게 판매함으로써 두 기업이 모두 이득을 얻을 수 있다.

188 교토의정서에 기초한 의무감축시장(Compliance Market)의 내용과 관계가 없는 것은?

① 감축 주체의 자발적 참여를 통해 탄소배출권을 거래하는 시장을 의미한다.
② 교토의정서상의 규정에 따른 의무감축시장을 지칭한다.
③ 온실가스 감축이라는 법적 규제하에서 운영되는 배출권 거래시장이다.
④ 많은 이해관계자의 참여로 대규모의 자금이 유입되어 현재 세계에서 가장 주목받는 거래시장 중 하나이다.

정답 184 ④ 185 ② 186 ① 187 ④ 188 ①

풀이 자발적 감축시장(Voluntary Market)
   ㉠ 감축 주체의 자발적 참여를 통해 탄소배출권을 거래하는 시장이다.
   ㉡ 미국은 자발적 탄소배출권 거래소인 시카고기후거래소(CCX)를 설립, 자발적 탄소시장 확대에 기여하고 있다.
   ㉢ 호주 NSW, 영국 UK-ETS 등이 대표적이다.

189 거래 대상 배출권 중 할당배출권(Allownce Market)에 관한 설명으로 옳은 것은?

① Project Based 시장이라고 한다.
② 감축사업을 통해 획득한 배출권을 거래하는 시장, 즉 자발적 탄소시장을 의미한다.
③ 각 국가 또는 기업에 의무적으로 할당된 배출권을 거래하는 의무시장이다.
④ 기업들이 CDM, JI 등을 통해 획득한 배출권을 거래하는 시장이다.

풀이 거래 대상 배출권
1. 할당배출권(Allowence Market)
   ㉠ 각 국가 또는 기업에 의무적으로 할당된 배출권을 거래하는 의무시장
   ㉡ 정책당국이 온실가스 배출총량을 설정하고 이에 상당하는 배출권을 기업에 할당하면, 기업들이 할당량 대비 잉여분 및 부족분을 거래하는 의미
   ㉢ 유럽연합탄소시장(EU-ETS), 미국시카고기후거래소(CCX) 등이 대표적
2. 사업배출권(Creditor Offset Market)
   ㉠ Project Based 시장이라고도 하며 감축사업을 통해 획득한 배출권을 거래하는 시장, 즉 자발적 탄소시장을 의미
   ㉡ 기업들이 CDM, JI 등을 통해 획득한 배출권을 거래하는 시장
   ㉢ 발생시장과 유통시장으로 구분
3. 혼합시장
   ㉠ 할당배출권과 사업배출권을 모두 거래하는 시장
   ㉡ EU 및 뉴질랜드 배출거래소(2015년 시행될 우리나라 배출권거래제)

190 자국 내에서는 배출권거래제 시범사업을 운영하면서, 동시에 외부감축실적인 옵셋제도(J-VER)를 도입하여, 감축의무경감과 자발적 감축을 활성화하고 있는 국가는?

① 미국　　② 한국
③ 일본　　④ 중국

191 "기업이나 정부 지자체, NGO, 개인들이 자신들의 온실가스 배출을 상쇄(Off-Setting)하기 위해 감축량을 구매하는 동기에 의해서 형성되는 시장"과 관계가 깊은 것은?

① 의무이행시장　　② 자발적 시장
③ 국제시장　　　　④ 지역시장

풀이 탄소시장은 크게 의무이행시장(Compliance Market)과 자발적 시장(Voluntary Market)으로 구분할 수 있으며, 의무이행시장은 교토의정서나 EU ETS, RGGI와 같이 국제적 온실가스 감축제도나 국가적 규제에 의해서 발생되는 시장이다. 반면 자발적 시장은 기업이나 정부, 지자체, NGO, 개인들이 자신들의 온실가스 배출을 상쇄(Off-Setting)하기 위해 감축량을 구매하는 동기에 의해서 형성되고 있다.

192 탄소배출권시장의 분류에 관한 내용 중 바르지 않은 것은?

① 거래장소별 구분은 거래소(Exchange), 장외시장(Over-The-Counter) 등이 있다.
② 의무이행 여부의 기준으로는 강제적 및 자발적으로 구분한다.
③ 미국 RGGI는 미동부 9개주에서 전력부문의 사업장이 참여하여 운영되고 있는 총량제한 배출권 거래제로 국제시장의 대표적인 예이다.
④ 혼합시장은 할당배출권과 사업배출권을 모두 거래하는 시장이다.

풀이 미국 RGGI는 미동부 9개주에서 전력부문의 사업장이 참여하여 운영되고 있는 총량제한 배출권 거래제로 지역시장의 대표적 예이다.

정답　189 ③　190 ③　191 ②　192 ③

193 탄소시장의 의무이행 시장과 관계없는 것은?

① 교토의정서 ② EU-ETS
③ Off-Setting ④ RGGI

풀이 자발적 시장은 기업이나 정부, 지자체, NGO, 개인들이 자신들의 온실가스 배출을 상쇄(Off-Setting)하기 위해 감축량을 구매하는 동기에 의해서 형성되고 있다.

194 자발적(Voluntary) 탄소시장의 특징이 아닌 것은?

① 다양성과 유연성이 있다.
② 상대적으로 낮은 거래비용이 형성된다.
③ 탄소시장에 대한 학습 및 참여 경험을 제공한다.
④ 품질에 대한 신뢰성 부족이 나타난다.

풀이 자발적 탄소시장의 특징
  ㉠ 장점
   • 다양성과 유연성
   • 낮은 발행비용과 배출권 가격
   • 탄소시장에 대한 학습 및 참여 경험 제공
   • 기업브랜드 가치 제고

  ㉡ 단점
   • 품질에 대한 신뢰성 부족
   • 높은 인수도 및 거래 리스크
   • 상대적으로 높은 거래비용
   • 여타 시장과의 연계 계약

195 자발적 감축사업에 관한 설명 중 바르지 않은 것은?

① 일본은 J-VER이라는 오프셋제도를 운영하고 있다.
② EU-ETS에서는 CDM, JI 등 온실가스 외부감축사업의 크레딧을 무제한 허용하고 있다.
③ VCS, GS 등 자발적 감축사업 크레딧의 가격은 기준과 사업유형에 따라 가격이 상이하다.
④ 자발적 감축실적의 거래에 대해서도 레지스트리를 통해 관리가 이루어질 경우 시장 투명성 등이 높아져 거래활성화에 기여할 수 있다.

풀이 EU-ETS에서는 CDM, JI 등 온실가스 외부감축사업의 크레딧을 허용하지만 국가별로 일정비율로 한정하고 있다.

196 다음 중 자발적 감축사업 및 기준(Standard)에 관한 설명으로 바르지 않은 것은?

① 전 세계적으로 자발적 감축사업에 대한 기준은 한 가지로 통일되어 있다.
② 자발적 감축사업 기준과 대상사업유형 등에 따라 오프셋크레딧의 가격이 다르게 형성된다.
③ 크레딧의 인증절차나 추가성 기준 등이 CDM과 같이 기준이 엄격할수록 자발적 감축사업 크레딧에 대한 국제적 신뢰도는 향상된다.
④ 일반적으로 VCS가 자발적 감축실적 기준 중 가장 선호되는 기준이다.

풀이 전 세계적으로 자발적 감축사업에 대한 기준은 여러 가지로 운영되고 있다.

197 탄소배출권 계약에 관한 다음 내용과 관련 깊은 용어는?

> 현물로 증권을 매도(매수)함과 동시에 사전에 정한 기일에 증권을 환매수(환매도)하기로 하는 2개의 매매계약이 동시에 이루어지는 계약

① 레포 ② 선도
③ 옵션 ④ 현물

198 국내 배출권거래제 도입에 관한 내용 중 바르지 않은 것은?

① 우리나라는 2009년 기후변화협약 제15차 당사국총회(덴마크 코펜하겐)에서 2020년 온실가스 배출전망치 대비 30%의 온실가스를 감축하겠다는 정량적 국가목표를 제시했다. 즉, 2020년 온실가스 배출전망치 813백만 tCO_2-eq의 30%인 243백만 tCO_2-eq를 감축하겠다는 것이다.

정답 193 ③ 194 ② 195 ② 196 ① 197 ① 198 ③

② 정부는 국가 온실가스 감축 목표를 달성하기 위하여 2010년 국무총리실과 환경부가 공동 주관하는 '저탄소녹색성장기본법'을 제정하였으며, 동법에서는 국가 온실가스 감축목표를 달성하기 위하여 온실가스·에너지 목표관리제와 총량제한 배출권거래제를 도입하기로 하였다.

③ 정부는 2012년 5월 14일, 간접 규제 방식인 목표관리제보다 감축비용을 감소시킬 수 있는 온실가스 배출권거래제를 신설하는 '온실가스 배출권의 할당 및 거래에 관한 법률(배출권거래제법)'을 공포하였다.

④ 온실가스 배출권거래제법은 시장기능을 활용하여 효과적으로 국가의 온실가스 감축목표를 달성하는 것을 목적으로 제정되었다.

[풀이] 정부는 2012년 5월 14일, 직접 규제 방식인 목표관리제보다 감축비용을 감소시킬 수 있는 온실가스 배출권거래제를 신설하는 '온실가스 배출권의 할당 및 거래에 관한 법률(배출권거래제법)'을 공포하였다.

199 목표관리제와 배출권거래제의 비교 중 잘못된 것은?

① 감축목표 설정방법은 목표관리제와 배출권거래제 둘 다 동일하다.
② 목표관리제하에 구축되는 MRV를 공통적으로 활용한다.
③ 목표관리제의 이행경과는 단년도, 자기 사업장에 한정한다.
④ 배출권거래제의 목표달성수단은 감축 실시가 유일한 수단이다.

[풀이] 목표관리제와 배출권거래제의 비교

구분	목표관리제	배출권거래제
감축목표 경로	국가 목표(2020년 BAU 대비 30%↓) : 부문별·업종별 감축 목표와의 정합성을 유지하여 목표(배출권 할당량) 설정 ※ 감축목표 설정방법은 목표관리제와 배출권거래제 둘 다 동일함	
MRV	목표관리제하에서 구축되는 MRV 공통 활용 ※ MRV(Measuring · Reporting · Verifying) : 배출량 측정·보고·검증	
작동방식	직접규제 (Command and Control)	시장 메커니즘 또는 가격기능
이행경과	단년도, 자기 사업장에 한정	다년도(5년), 외부감축(상쇄) 인정
목표달성 수단	감축 실시(유일한 수단)	감축 또는 구매, 차입·상쇄
초과 감축시	인센티브 없음 (목표달성으로 종료)	판매 또는 이월 가능
제재수준	최대 1천만 원 과태료(정액)	초과 배출량 비례 과징금

200 다음 내용에 알맞은 용어는?

배출권거래제에 참여하는 참여자들에게 배출권을 할당해 주기 위해 구체적 할당방법, 할당량 등의 내용을 담은 것으로, 국가별로 마련하여 EC의 승인을 얻어야 한다.

① 배출권 할당계획
② 지역배출권 할당계획
③ 국가배출권 할당계획
④ 연합배출권 할당계획

[풀이] 배출권 할당계획은 배출권거래제 참여기업의 온실가스 배출한도와 부문별·업종별 할당기준 및 방법 등을 정하는 계획을 말한다.

201 배출권거래제법의 주요내용 중 바르지 않은 것은?

① 배출권거래제 수립근거는 온실가스배출권의 할당 및 거래에 관한 법률이다.
② 계획기간은 2015~2024년이다.
③ 제3장에는 할당대상업체의 지정 및 배출권의 할당에 관한 내용을 주로 담고 있다.
④ 30년 단위로 5년마다 수립한다.

[풀이] 10년 단위로 5년마다 수립한다.

202 배출권거래제의 5대 기본원칙에 해당되지 않는 것은?

① 국제협약 준수   ② 사회적 영향 고려
③ 시장기능 활성화 ④ 국제기준 부합

풀이 배출권거래제 5대 기본원칙
  ㉠ 국제협약 준수   ㉡ 경제적 영향 고려
  ㉢ 시장기능 활성화 ㉣ 공정하고 투명한 거래
  ㉤ 국제기준 부합

203 배출권거래제도의 장단점에 대한 설명 중 바르지 않은 것은?

① 각 기업별로 공해비용 및 배출량을 시장에 공개해야 하는 사업의 특성 때문에 시장친화적인 제도이다.
② 신규사업의 시장진입 및 생산 확대를 저해하는 요소를 제거시킬 수 있다.
③ 각 경쟁업체 간 견제수단으로 배출권이 악용될 우려가 있다.
④ 기업이 비용을 줄이기 위해 오염원 배출량을 줄이고 지속가능한 오염방지기술을 채택하려는 경제적 유인원을 발생시킨다.

풀이 배출권거래제도의 장단점
  ㉠ 장점
    • 각 기업별로 공해비용 및 배출량을 시장에 공개해야 하는 사업의 특성 때문에 시장친화적인 제도이다.
    • 기업이 비용을 줄이기 위해 오염원 배출량을 줄이고 지속가능한 오염방지 기술을 채택하려는 경제적 유인원을 발생시킨다.
    • 정부에도 이익을 창출하여 배출권 판매를 통한 세입을 환경기관이나 정부의 경비 또는 시설건설 및 운영에 예산으로 활용할 수 있다.
  ㉡ 단점
    • 배출권거래제도하의 사업 진행과정 중 배출량 산정은 기본적으로 사업장 단위별·기업별 오염원에 적용 가능하나 대기오염 및 이동오염원에는 적용이 어렵다.
    • 배출장소가 광범위하거나 산재되어 있을 경우 배출량 산정 집행비용이 증가하여 제도의 실효성을 보기 어렵다는 문제가 있다.
    • 각 경쟁기업 간 견제수단으로 배출권이 악용될 우려가 있다.
    • 신규산업의 신장진입 및 생산 확대를 저해하는 부작용의 우려 또한 존재한다.

204 다음 중 배출권거래제와 탄소시장에 대한 설명 중 바르지 않은 것은?

① 배출권거래제는 비용효율적인 감축수단이다.
② 우리나라에서는 2015년부터 배출권거래제를 도입·시행한다.
③ 탄소시장의 약 70% 이상은 의무준수 시장이 차지하고 있다.
④ 2005년 이후 형성된 탄소시장의 크기는 감소 추세에 있다.

풀이 2005년 이후 형성된 탄소시장의 크기는 현재까지 계속 증가 추세에 있다.

205 다음은 각 국가의 배출권거래제 도입에 관한 설명이다. 바르지 않은 것은?

① 미국 RGGI는 미동부 9개 주에서 전력부분의 사업장이 참여하여 운영하고 있는 총량제한 배출권거래제이다.
② 중국은 국가 전체적인 배출권거래제를 도입하기 전에 지자체 단위로 시범사업을 추진할 계획을 갖고 있다.
③ 호주는 프로젝트에 의한 거래제 도입을 추진하고 있다.
④ 우리나라의 배출권거래제는 국가온실가스감축목표달성의 주요 수단으로 삼고 있다.

풀이 호주는 2012년부터 탄소에 대해 고정가격을 부여하여 운영하고 있으며, 2015년부터 본격적인 배출권거래제를 도입할 계획이다.(탄소가격제)

정답 202 ② 203 ② 204 ④ 205 ③

206 기후변화 적응 대책에 관한 설명 중 바르지 않은 것은?

① 기후변화에서의 적응은 기후상태가 변화하는 것에 적응하기 위해 생태계 또는 사회·경제 시스템이 취하는 모든 행동을 의미한다.
② 적응대상이 결정되면 실질적인 적응대책을 마련하여 실행해야 한다.
③ 적응조치는 적응능력 구축과 부문별·지역별 취약성에 대한 완화활동으로 구분할 수 있다.
④ 적응이 완료되면 회복력은 감소된다.

풀이 적응이 완료되면 취약성은 감소하고 회복력은 증대된다.

207 기후변화 적응의 특징 설명 중 바르지 않은 것은?

① 적응은 기후변화의 영향을 완화시키는 데 중요한 역할을 수행한다.
② 적응은 무상 또는 저가로 이행가능한 경우도 있으나, 현실적으로 대부분의 효과적인 적응대책을 실행하기 위해서는 어느 정도의 비용이 필요하다.
③ 적응대책을 분류하고 평가할 수 있는 적응대책에 대한 범위를 설정하는 일이 필요하다.
④ 적응대책의 우선순위 선정기준은 적응대책의 범위이다.

풀이 적응대책은 경제력, 기술, 정보, 인프라, 제도, 형평성 등을 평가하여 우선순위를 선정한다.

208 국외 적응대책 수립현황에 관한 내용 중 바르지 않은 것은?

① 개발도상국에서는 국가수준의 우선순위 적응을 위한 NAPAs(National Adaptation Programs of Action)를 완료하였다.
② 선진국에서는 국가적인 기후변화 적응계획 및 전략을 수립하였다(Benjamin L. Preston, 2011).
③ 미국에서는 국내·외 적응정책에 대한 권장사항을 개발하기 위해 2009년 부처 간의 기후변화 적응 업무조직(The U.S. Interagency Climate Change Adaptation Task Force)을 형성하였다.
④ 일본에서는 2000년 교토의정서 비준논쟁 당시, 교토의정서 내용(5.2%감축)보다 더욱 강화된 8%를 감축하기로 합의하였다.

풀이 2000년 교토의정서 비준논쟁 당시, 유럽연합에서는 교토의정서 내용(5.2% 감축)보다 더욱 강화된 8%를 감축하기로 합의하였다.

209 유럽국가들의 적응전략 수립현황에 관한 내용과 거리가 먼 것은?

① 유럽에서는 기후변화 문제에 적극적으로 대응해야 한다는 인식이 전반적으로 넓게 퍼져 있었다.
② 유럽연합은 내부적으로 온실가스 감축에 관한 부담공유협정을 맺었다.
③ 유럽연합의 기후변화정책은 유럽연합체제의 정치적 구조인 집중된 거버넌스를 토대로 하고 있다.
④ 유럽연합은 에너지, 수송, 산업 등 주요 에너지 및 경제부문에서 공통적이며 합리적인 대책을 개발·이행하기 위해 국가 간의 이해와 협력을 강화하는 방안을 모색하고 있다.

풀이 유럽연합의 기후변화정책은 유럽연합체제의 정치적 구조인 분산된 거버넌스를 토대로 하고 있다.

210 다음 ( ) 안에 알맞은 내용은?

> 정부 및 지자체의 세부시행계획 수립을 위한 기본계획인 국가기후변화 적응대책은 기후변화 영향의 불확실성을 감안한 ( )년 단위 연동계획(Rolling Plan)이다.

① 3 ② 5
③ 7 ④ 10

정답 206 ④ 207 ④ 208 ④ 209 ③ 210 ②

211 국내 적응대책 수립현황에 관한 내용 중 잘못된 것은?

① 기후변화 적응대책은 부문별 적응대책과 적응기반대책 및 기존의 적응대책을 포함하고 있다.
② 기존 정책에 적응시각을 우선 반영하여 취약계층 보호에 역점을 두고 있다.
③ 국가 기후변화 적응대책은 2010년 6월 4일 정부부처 실무협의회를 개최하여 적응대책 체제 및 주요 내용을 확립하고 전문가 자문단을 구성하였다.
④ 2년마다 현황을 모니터링하고 평가결과를 반영하여 대책을 수정하고 보완하는 것을 추진하고 있다.

풀이 매년마다 현황을 모니터링하고 평가결과를 반영하여 대책을 수정하고 보완하는 것을 추진하고 있다.

212 한반도 기후변화 시나리오 산출단계에 관한 내용 중 잘못된 것은?

① 1단계 : 온실가스 배출시나리오
② 2단계 : 온실가스 농도에 따른 복사강제력
③ 3단계 : 전 지구 기후변화 시나리오
④ 4단계 : 영향평가 및 적응전략 마련

풀이 한반도 기후변화 시나리오 산출단계
  ㉠ 1단계 : 온실가스 배출시나리오
  ㉡ 2단계 : 온실가스 농도에 따른 복사강제력
  ㉢ 3단계 : 전 지구 기후변화 시나리오
  ㉣ 4단계 : 한반도 기후변화 시나리오
  ㉤ 5단계 : 영향평가 및 적응전략 마련

213 국가기후변화 적응대책의 수립배경 및 필요성에 관한 내용 중 바르지 않은 것은?

① 지구 온실가스 농도를 450ppm으로 안정화시키더라도 '2℃ 목표' 달성확률은 50% 내외(IPCC, 2007)이다.
② 2050년까지 기온상승 2℃ 억제에 성공해도 세계인구 20억 명이 물 부족으로 고통당하고, 생물종의 20~30%가 멸종위기에 처할 전망이다.
③ 우리나라 기후변화 진행속도와 전망은 세계평균을 유지한다.
④ 열섬효과 등으로 도시지역에는 더 높은 기온상승이 발생하고 있다.

풀이 우리나라 기후변화 진행속도와 전망은 세계평균을 상회한다.

214 2009년 기후변화 협약 당사국총회에서 전 지구 기온상승을 산업혁명 이후 몇 ℃ 이내로 유지하기로 합의하였는가?

① 2℃
② 3℃
③ 5℃
④ 7℃

풀이 2009년 기후변화협약 당사국총회에서 전지구 기온상승을 산업혁명 이후 2℃ 이내로 유지시키기로 합의(Copenhagen Accord)

215 제3차 국가기후변화 적응대책기간으로 맞는 것은?

① 2021~2025년
② 2021~2030년
③ 2018~2025년
④ 2018~2030년

풀이 제3차 대책기간은 2021~2025년이며 5년마다 연동계획으로 수립·시행된다.

216 다음 중 기후변화에 따른 해수면 상승의 가장 주된 요인은?

① 열팽창
② 가뭄
③ 그린란드 빙상
④ 녹조현상

풀이 21세기 후반 평균 해수면 상승은 0.26~0.82m 상승할 것으로 전망되며 해수면 상승의 가장 주된 요인은 열팽창이다.

정답 211 ④ 212 ④ 213 ③ 214 ① 215 ① 216 ①

217 극한기후지수에 대한 설명 중 옳지 않은 것은?

① 서리일수 : 일 최저기온이 0℃ 미만인 날의 연중 일수
② 열대야일수 : 일 최저기온이 25℃ 이상인 날의 연중 일수
③ 폭염일수 : 일 최고기온이 33℃ 이상인 날의 연중 일수
④ 호우일수 : 일 강수량이 100mm 이상인 날의 연중 일수

풀이 호우일수 : 일 강수량이 80mm 이상인 날의 연중 일수

218 기후변화로 인한 한반도의 환경적 영향과 가장 거리가 먼 것은?

① 생물다양성 감소
② 집중호우 등 자연재해
③ 농수산물 생산변화에 따른 식생활 변화
④ 폐기물 증가

풀이 폐기물 증가는 기후변화의 영향과 직접적 관계가 없다.

219 우리나라 기후변화 영향 중 식생변화로 가장 거리가 먼 것은?

① 개엽시기가 빨라진다.
② 개화시기가 지연된다.
③ 고립된 고산대 식물이 멸종되기 쉽다.
④ 고도가 낮은 곳의 온대성 식물이 산 위로 확장된다.

풀이 기후변화 영향으로 개화시기가 빨라진다.

220 21세기에 발생할 것으로 예상되는 이상기후현상으로 가장 거리가 먼 것은?

① 집중적인 호우
② 중위도 지역폭풍의 강도 증가
③ 대부분 중위도 내륙에서의 혹서피해와 한발 위험증가
④ 최고기온의 하강, 무더운 일수와 혹서기간의 감소

풀이 최고기온의 증가, 무더운 일수와 혹서기간의 증가

221 미래기후변화의 영향에 관한 설명으로 가장 거리가 먼 것은?

① 난대성 상록 활엽수인 후박나무는 북부지역으로 확대된다.
② 꽃매미, 열대모기 등 북방계 외래곤충이 감소하고 고온으로 인해 병해충 발생 가능성이 감소한다.
③ 농업에 있어서는 생산성 감소의 위협과 신영농기법 도입의 기회가 공존한다.
④ 산업전반에서는 산업리스크 증가와 새로운 시장 창출 기회가 공존한다.

풀이 꽃매미, 열대모기 등 북방계 외래곤충이 증가하고 고온으로 인해 병해충 발생 가능성이 증가한다.

222 전지구적 기후변화 현황에 관한 내용 중 바르지 않은 것은?

① 지구 연평균 기온은 산업화 이전보다 0.85℃ 상승(2012년 기준)하였다.
② 관측이래 북극의 해빙면적은 지속적 감소 추세에 있다.
③ 미국·캐나다 지역에서 100년만의 최강한파와 폭설이 발생하였다.
④ 건조화에 따른 대규모 산불은 감소하였다.

풀이 유럽·동아시아 지역의 기록적 폭염발생 및 건조화에 따른 대규모 산불이 발생하였다.

정답 217 ④ 218 ④ 219 ② 220 ④ 221 ② 222 ④

223 우리나라 기후변화에 관한 내용 중 바르지 않은 것은?

① 최근 30년간(1989~2018년) 해수면은 평균적으로 변화가 없다.
② 우리나라 연평균 기온상승은 전지구 평균 온난화보다 빠르게 진행되고 있다.
③ 여름이 길어진 반면 겨울이 짧아지고 있다.
④ 고온 극한 현상 일수가 증가하고 있다.

풀이 최근 30년간 해수면은 평균 약 2.97mm/년 상승하였다.

224 우리나라 기후변화 전망에 관한 내용 중 바르지 않은 것은?

① 21세기 말 기준으로 전지구의 온도상승보다 가파른 추세로 상승할 것으로 예측된다.
② 현재 대비 21세기 말 전체적으로 강수량은 증가할 것으로 예측된다.
③ 현재 남해안에 국한되는 아열대 기후는 점차 영역이 넓혀진다.
④ 폭염·열대야 등 고온 관련 지수는 감소한다.

풀이 폭염·열대야 등 고온 관련 지수는 증가한다.

225 우리나라 부문별 기후변화 영향에 관한 내용으로 맞지 않는 것은?

① 미래 가뭄 발생 전망은 RCP 2.6/4.5에서 발생 빈도가 감소한다.
② 가뭄·홍수 증가에 따른 물관리의 어려움이 커진다.
③ 기온상승에 따른 폭염으로 취약계층의 건강·위험이 증대될 것으로 전망된다.
④ 꿀벌의 개체 감소로 식물 번식에 부정적인 영향을 준다.

풀이 미래 가뭄 발생 전망은 RCP 2.6/4.5에서 발생빈도가 증가하나, RCP 6.0/8.5에서는 강수 발생 증가로 발생빈도가 감소된다.

226 우리나라 농수산 부문 기후변화 영향에 관한 내용으로 바르지 않은 것은?

① 작물 재배지 북상
② 월동·외래 해충 발생 증가
③ 수온 상승으로 대형 어종인 삼치·방어 북상
④ 제주 산호군락지 적화현상 피해

풀이 제주 산호군락지 백화현상 피해

227 기후변화로 인한 생태계의 영향에 관한 내용 중 바르지 않은 것은?

① 최근 30년간 봄꽃(개나리, 벚꽃)과 주요 수종 개화시기가 앞당겨짐(6~8일)
② 평균 2℃ 상승 시 전남·경남·충북·경북·경기도 일부는 난대기후로 변화할 전망
③ 난대성 상록활엽수(후박나무 등)는 남부지역으로 확대
④ 온대성 생태계가 아열대성 생태계로 급속히 변화되고 이로 인해 생물다양성도 큰 폭으로 감소

풀이 난대성 상록활엽수(후박나무 등)는 북부지역으로 확대

228 기후변화로 인한 생태계의 영향에 관한 내용 중 바르지 않은 것은?

① 1990년대 이후 우리나라 특산 고산종인 구상나무림의 쇠퇴가속화
② 소나무 등 온대성 식생에는 2050년 경기 북부 및 강원 일부로 한정되고, 동백나무 등 난대수종이 서울까지 북상
③ 꿀벌의 개체 감소로 식물 번식에 부정적인 영향이 커짐
④ 북방계 곤충(꽃매미)이 남방계 외래곤충(들신선나비)으로 대체되어 과수생육에도 큰 영향과 피해

풀이 북방계 곤충(들신선나미)이 남방계 외래곤충(꽃매미, 열대모기)으로 대체되어 과수생육에도 큰 영향과 피해

정답 223 ① 224 ④ 225 ① 226 ④ 227 ③ 228 ④

229 기후변화가 농업 및 수산업에 미치는 영향과 거리가 먼 것은?

① 평균 2℃ 상승 시 온대 과수(배, 포도 등) 재배면적 34% 증가, 고랭지 배추 재배면적은 70% 이상 감소 예상
② 농업에 있어서는 생산성 감소의 위험과 신영농기법 도입의 기회가 공존
③ 제주 산호군락지 백화현상 피해
④ 수온 상승으로 인한 꽃게, 참조기, 갈치 등의 어종이 남쪽으로 이동

풀이 수온 상승으로 인한 꽃게, 참조기, 갈치 등의 어종이 북상

230 이동연소시설에서의 에너지 이용에 따른 온실가스 배출활동이 아닌 것은?

① 항공 ② 도로수송
③ 철도수송 ④ 드론수송

풀이 이동연소시설의 온실가스 배출활동은 항공, 도로수송, 철도수송, 선박이다.

231 굴뚝연속자동측정자료의 배출량 산정기준으로 잘못된 내용은?

① 30분 배출량은 kg 단위로 계산한다.
② 소수점 이하는 버림 처리하여 정수로 산정한다.
③ 월 배출량은 g 단위의 60분 배출량을 월 단위로 합산한다.
④ 월 배출량은 최종 kg 단위로 환산한다.

풀이 30분 배출량은 g 단위로 계산한다.

232 온실가스 배출권거래제의 배출량 보고 및 인증에 관한 지침상 활동자료에 대한 설명으로 ( )에 알맞은 것은?

석유제품의 기체연료에 대해 특별한 언급이 없으면 모든 조건은 (ㄱ) 상태의 체적과 관련된 활동자료이고, (ㄴ) 연료는 (ㄷ)를 기준으로 한 체적을 적용한다.

① ㄱ : 275℃ 1기압, ㄴ : 고체, ㄷ : 15℃
② ㄱ : 0℃ 1기압, ㄴ : 액체, ㄷ : 15℃
③ ㄱ : 0℃ 3기압, ㄴ : 고체, ㄷ : 25℃
④ ㄱ : 275℃ 3기압, ㄴ : 액체, ㄷ : 25℃

233 다음은 고정연소 공정의 정의이다. ( ) 안에 들어갈 말로 알맞은 것은?

고정연소 공정은 특정시설에 (ㄱ)을 제공하고 이를 열 혹은 (ㄴ)로 공정에 제공하거나 장치로부터 멀리 떨어져서도 이용하기 위해 설계된 장치에서 (ㄷ)되는 것을 의미하며 에너지원인 화석연료 등의 연소가 이루어지는 공정이다.

	ㄱ	ㄴ	ㄷ
①	열	기계적인 일	연소
②	열	전기적인 일	연소
③	열	기계적인 일	배출
④	열	전기적인 일	배출

234 유연탄 연소에 관한 설명 중 잘못된 것은?

① 유연탄은 휘발성분이 높아(≒14% 이상) 화염을 내며 연소하고 발열량 기준은 5,833kcal/kg 이상이어야 한다.
② 석탄을 연소하는 데에는 유동상 연소와 격자연소의 2가지 방법이 있다.
③ 미분탄로는 유틸리티나 산업용 보일러에 주로 사용된다.
④ 사이클론식 노는 주로 유틸리티 생산이나 작은 규모의 산업설비에 쓰인다.

풀이 사이클론식 노는 주로 유틸리티 생산이나 큰 규모의 산업설비에 쓰인다.

정답 229 ④ 230 ④ 231 ① 232 ② 233 ① 234 ④

235 고정연소 공정 중 유연탄 연소에 관한 설명으로 틀린 것은?

① 사이클론식 노는 주로 유틸리티 생산이나 큰 규모의 산업설비에 쓰인다.
② 격자 연소로는 회분의 제거방법에 따라서 건식 바닥과 습식바닥으로 구분된다.
③ 사이클론형 연소로는 분쇄한 회분의 융점이 낮은 석탄을 태운다.
④ 유연탄은 휘발성분이 약 14% 이상으로 높다.

풀이 ②는 미분탄 연소로에 대한 설명이다.

236 고정연소 공정 중 무연탄 연소 특성에 해당되지 않는 것은?

① 회분함량이 상대적으로 높아 점화 및 용해 온도가 높은 편이다.
② 무연탄 발열량은 4,500kcal/kg 이하인 반면, 유연탄은 5,000~7,000kcal/kg이다.
③ 무연탄은 유연탄이나 갈탄에 비하여 고정탄소가 많고 휘발성분이 적은 고급탄이며, 높은 점화온도와 높은 회분의 용해온도를 갖는다.
④ 분산식 스토커에는 무연탄이 사용된다.

풀이 분산식 스토커에는 무연탄이 사용되지 않는다.

237 액체연료 연소에 관한 설명 중 잘못된 것은?

① 액체연료는 크게 증류유와 잔사유로 분류된다.
② 발열량은 10,000kcal/kg 정도로 상당히 높은 편이다.
③ 증류유는 잔사유에 비하여 훨씬 휘발성이 크고, 점성이 작다.
④ 증류유는 유틸리티, 산업시설 그리고 대형 상업용의 정교한 연소설비가 있는 곳에 주로 사용한다.

풀이 잔사유는 유틸리티, 산업시설 그리고 대형 상업용의 정교한 연소설비가 있는 곳에 주로 사용한다.

238 액체연료 중 증유류에 대한 설명이 틀린 것은?

① 휘발유, 경유, 등유, 중유 등이 포함된다.
② 황성분이 0.3wt% 이하인 것이 보통이다.
③ 원유에서 경질유분(휘발유, 등유, 기타 증류유)을 제거한 후에 만들기 때문에 상당량의 회분과 질소 그리고 유황을 함유하고 있다.
④ 원유 분리 · 정제공정에서 분류 증류하여 여러 종류의 탄화수소를 분리 · 생성하는데, 이 과정에서 생성된 여러 종류의 오일을 말한다.

풀이 ③은 잔사유에 대한 내용이다.

239 천연가스 주성분은?

① C_3H_8
② CH_4
③ C_4H_{10}
④ C_2H_2

풀이 천연가스의 주성분은 메탄이며, 그 외 가변량의 에탄과 소량의 질소, 헬륨, 이산화탄소도 포함되어 있다.

240 천연가스 연소에 관한 내용 중 잘못된 것은?

① 천연가스는 탄소 1개와 수소로 이루어진 메탄이 주성분이며 탄소가 10개 또는 그 이상의 탄화수소로 포함된 혼합물이다.
② 천연가스는 전국적으로 사용되는 주요 연료 중의 하나이다.
③ 주로 발전소용, 산업공정의 스팀과 열 생산용, 가정이나 상업용 공간 난방 등에 쓰인다.
④ 가스를 사용하기 전에 액화성 성분을 회수하며 황화수소를 제거하는 가스처리공장을 필요로 한다.

풀이 천연가스는 탄소 1개와 수소로 이루어진 메탄이 주성분이며 탄소가 7개 또는 그 이상의 탄화수소로 포함된 혼합물이다.

정답 235 ② 236 ④ 237 ④ 238 ③ 239 ② 240 ①

241 액화석유가스(LPG) 연소에 관한 내용 중 바르지 않은 것은?

① LPG는 유전에서 원유를 생산하거나 원유를 정제할 때 나오는 탄화수소를 비교적 낮은 압력을 가하여 냉각·액화시킨 것이다.
② 액화석유가스(LPG)는 부탄, 프로판 혹은 두 가지 가스의 혼합물과 미량의 프로필렌 및 부틸렌으로 구성되어 있다.
③ LPG는 유정이나 가스정에서 가솔린 정제부산물로 얻고, 고압력하의 금속 실린더 속에 액체상태로 충전하여 판매한다.
④ LPG는 최대증기압에 따라 등급을 정하는데 주로 A등급은 프로판, F등급은 부탄을 말한다.

[풀이] LPG는 최대증기압에 따라 등급을 정하는데 주로 A등급은 부탄, F등급은 프로판을 말한다.

242 천연가스 연소에 관한 설명 중 잘못된 것은?

① 천연가스 탄소 1개와 수소로 이루어진 메탄이 주성분이며 탄소가 7개 또는 그 이상의 탄화수소로 포함된 혼합물이다.
② 천연가스는 전국적으로 사용되는 주요 연료 중의 하나이다.
③ 주로 발전소용, 산업공정의 스팀과 열 생산용, 가정이나 상업용 공간 난방 등에 쓰인다.
④ 천연가스의 주성분은 프로판이며, 그 외 가변량의 에탄과 소량의 질소, 헬륨, 이산화탄소도 포함되어 있다.

[풀이] 천연가스의 주성분은 메탄이며, 그 외 가변량의 에탄과 소량의 질소, 헬륨, 이산화탄소도 포함되어 있다.

243 고정연소(고체연료)의 보고대상 배출시설에 해당되지 않는 것은?

① 열병합 발전시설
② 발전용 내연기관
③ 일반 보일러 시설
④ 수력발전시설

[풀이] 고정연소(고체연료)의 보고대상 배출시설
㉠ 화력발전시설
㉡ 열병합 발전시설
㉢ 발전용 내연기관
   (도서지방용, 비상용 및 수송용은 제외)
㉣ 일반 보일러시설
㉤ 공정연소시설
㉥ 대기오염물질 방지시설
㉦ 고형연료제품 사용시설

244 고정연소 배출시설 중 "연소열 → 증기압축 → 터빈 → 전기"의 공정을 거치는 것은?

① 화력발전시설
② 열병합 발전시설
③ 일반 보일러시설
④ 공정연소시설

[풀이] 화력발전시설은 석탄, 유류 등을 연소시켜 발생된 열로 물을 끓이고 이때 발생된 증기를 압축시켜 터빈을 돌려 전기를 생산하는 시설을 말한다.

245 화력별전소에서 화석에너지를 태워서 물을 끓이고 이 열로 증기터빈을 구동해 전기를 생산하고 동시에 증기와 온수를 이용할 수 있도록 설계된 발전시설은?

① 열병합 발전시설
② 화력 발전시설
③ 일반 보일러시설
④ 발전용 내연기관

246 일반보일러 본체의 구조형식에 따른 구분에 해당되지 않는 것은?

① 원통형 보일러
② 일체형 보일러
③ 수관식 보일러
④ 주철형 보일러

정답 241 ④ 242 ④ 243 ④ 244 ① 245 ① 246 ②

247 고정연소의 배출시설 중 일반 보일러시설에 대한 설명으로 잘못된 것은?

① 원통형 보일러는 작은 직경의 드럼과 여러 개의 수관으로 나누어져 있으며, 수관 내에서 증발이 일어나도록 되어 있다.
② 연료의 연소열을 물에 전달하여 증기를 발생시키는 시설을 말한다.
③ 크게 나누어 물 및 증기를 넣는 철제용기(보일러 본체)와 연료의 연소장치 및 연소실(화로)로 이루어져 있다.
④ 보일러는 본체의 구조형식에 따라 원통형 보일러, 수관식 보일러, 주철형 보일러로 나눌 수 있다.

풀이 ①은 수관식 보일러에 대한 설명이다.

248 공정연소시설 중 건조시설에 관한 내용으로 바르지 않은 것은?

① 전기나 연료, 기타 열풍 등을 이용하여 제품을 말리는 시설을 말한다.
② 건조시설은 건조에 필요한 열을 전하는 방식에 따라 열풍수열식과 전도수열식으로 대별된다.
③ 전도수열식은 열풍과 피건조재료가 직접 접촉함으로써 열의 전달이 이루어진다.
④ 열풍이 재료의 이동방향과 같은 경우에는 병류식, 역방향인 경우에는 향류식이라 한다.

풀이 ③은 열풍수열식에 대한 내용이다.

249 공정연소시설 중 가열시설에 관한 내용으로 바르지 않은 것은?

① 가열시설이란 어떤 방법으로 물체의 온도를 상승시키는 데 사용되는 시설을 말한다.
② 외관형상으로는 직립원통형, 상자형으로 구분된다.
③ 열매체라 함은 장치를 일정한 조작온도로 유지하기 위하여 가열 또는 냉각에 사용되는 각종 유체를 말한다.
④ 열매체는 조작온도 내에서는 유체로서 취급될 수 있어야 하며, 열적으로 안정되고, 단위체적당 열용량이 크며, 사용압력범위도 적당하고, 전달계수가 낮아야 한다.

풀이 열매체는 조작온도 내에서는 유체로서 취급될 수 있어야 하며, 열적으로 안정되고, 단위체적당 열용량이 크며, 사용압력범위도 적당하고, 전달계수가 높아야 한다.

250 공정연소시설에 관한 내용 중 거리가 먼 것은?

① 고체상태의 물질을 가열하여 액체상태로 만드는 시설을 용융시설이라 한다.
② 기체, 액체 또는 고체물질을 다른 기체, 액체 또는 고체물질과 혼합시켜, 균일한 상태의 혼합물, 즉 용체를 만드는 시설을 용해시설이라 한다.
③ 강재의 기계적 성질 또는 물질적 성질을 변화시켜서 강재의 결정조직을 조정하여 내부응력을 제거하거나 가스를 제거할 목적으로 가열 · 냉각 등의 조작을 하는 노를 소둔로라 한다.
④ 소둔로는 내부응력의 제거와 경화를 목적으로 사용한다.

풀이 소둔로는 내부응력의 제거와 연화를 목적으로 사용한다.

251 고정연소의 보고대상 배출시설(고체연료) 중 공정연소시설에 해당되지 않는 것은?

① 건조시설
② 열처리시설
③ 용융 · 용해시설
④ 소둔로

풀이 공정연소시설(고체연료)
  ㉠ 건조시설
  ㉡ 가열시설
  ㉢ 용융 · 용해시설
  ㉣ 소둔로
  ㉤ 기타 노

정답 247 ① 248 ③ 249 ④ 250 ④ 251 ②

252 온실가스 배출권거래제의 배출량 보고 및 인증에 관한 지침상 제품 등의 생산공정에 사용되는 특정시설에 열을 제공하거나 장치로부터 멀리 떨어져 이용하기 위해 연료를 의도적으로 연소시키는 시설은?

① 공정배출시설
② 대기오염물질 방지시설
③ 스팀사용시설
④ 공정연소시설

253 고정연소의 보고대상 배출시설(기체연료) 중 일반 보일러시설에 해당되지 않는 것은?

① 원통형 보일러   ② 수관식 보일러
③ 주철형 보일러   ④ 냉각식 보일러

254 고정연소의 보고대상 배출시설(액체연료) 중 공정연소시설에 해당되지 않는 것은?

① 나프타 분해시설
② 폐가스 소각시설
③ 소둔로
④ 가열시설

풀이 공정연소시설(액체연료)
  ㉠ 건조시설
  ㉡ 가열시설
  ㉢ 나프타 분해시설(NCC)
  ㉣ 용융 · 용해시설
  ㉤ 소둔로
  ㉥ 기타 노

255 고정연소의 보고대상 온실가스(고체, 기체, 액체)가 아닌 것은?

① CO_2 ② CFC
③ CH_4 ④ N_2O

256 고정연소 배출공정과 배출원인에 대한 설명 중 바르지 않은 것은?

① 배출공정에서 사용되는 화석연료의 의도적 연소에 의한 온실가스가 배출된다.
② CO_2는 주로 화석연료 중 탄소성분의 불완전연소에 의한 배출이다.
③ N_2O는 주로 질소성분의 불완전연소에 의한 배출이다.
④ N_2O는 연소과정에서 배출 이외에도 SCR 공정에서 NO_x를 환원처리하는 과정에서 중간생성물로 N_2O가 발생 · 배출될 개연성이 있다.

풀이 고정연소의 배출공정과 온실가스 종류 및 배출원인

배출공정	온실가스	배출원인
화력발전시설	CO_2, CH_4, N_2O	• 화석연료의 의도적 연소에 의한 온실가스 배출 • CO_2 : 화석연료 중 탄소성분의 산화에 의한 배출 • CH_4 : 탄소성분의 불완전연소에 의한 배출 • N_2O : 질소성분의 불완전연소에 의한 배출
열병합발전시설		
발전용 내연기관		
일반보일러시설		
공정연소시설		• 고정연소배출 대기오염물질 처리를 위한 추가적인 에너지(연료 연소 활동)에 의한 온실가스 배출로서 그 배출원인은 연소시설과 동일 • 공정배출 N_2O는 연소과정에서 배출 이외에도 SCR 공정에서 NO_x를 환원처리하는 과정에서 중간생성물로 N_2O가 발생 · 배출될 개연성이 있음
대기오염물질(NO_x)처리시설(SCR)		

257 고정연소의 최적 실용화 기술(BAT)의 연소기술에 관한 내용 중 잘못된 것은?

① 연소시설에 대한 감축기술 중 탄소포집 및 저장기술(CCS)은 현재 상용화되지 않은 점을 고려하여 BAT 설정 시 고려하지 않고 연소효율(Thermal Efficiency)을 높일 수 있는 방안을 중심으로 고려한다.

정답 252 ④ 253 ④ 254 ② 255 ② 256 ② 257 ③

② 연소 또는 소각은 연료 및 산화제 사이에서 발생하는 일련의 발열성 화학반응으로, 백열 또는 플레어 형태의 열과 빛의 생성을 수반한다.
③ 연소공정은 실제 완전 연소 반응 시 완전하거나, 완벽하다.
④ 탄소 또는 탄소화합물(예 : 탄화수소, 나무) 연소에서 발생하는 배기가스에는 미연탄소(매연) 및 탄소화합물(CO 등)이 포함되어 있다.

풀이 실제 완전 연소 반응 시 연소공정은 완전하거나, 완벽하지 않다.

258 고정연소에서 연료의 연소에서 발생하는 열에너지의 손실이 아닌 것은?

① 미연연료, 즉 전환되지 않은 화학적 에너지에 의한 손실
② 산화 및 환원에 의한 손실
③ 잔류물 내의 미연물질에 의한 손실
④ 증기 발생을 위한 보일러 내의 파열로 인한 손실

풀이 ①, ③, ④ 외에 전도 및 방사에 의한 손실

259 고정연소에서 연소공정 중 열손실을 줄이기 위한 온도 저감방법에 관한 설명으로 바르지 않은 것은?

① 열전달 비율의 증가(터뷰레이터 또는 열을 교환하는 액체의 교류를 촉진할 수 있는 기타 장치의 설치) 또는 열전달 표면의 증가 및 개선을 이용한 공정에서의 열전달 증가
② 배기가스 내의 폐열을 회수하기 위해 추가적인 공정(예 : 이코노마이저를 이용한 증기 발생)과 결합되는 열회수
③ 공기(또는 물) 예열기의 설치 또는 배기가스와의 열 교환을 이용한 연료의 예열
④ 높은 열전달 효율을 유지하기 위해, 재 또는 탄소질 분진으로 점진적으로 덮이게 되는 열전달 표면의 보온

풀이 높은 열전달 효율을 유지하기 위해, 재 또는 탄소질 분진으로 점진적으로 덮이게 되는 열전달 표면의 세척

260 고정연소의 BAT 중 열회수방식 및 축열식 버너에 관한 내용이다. ( ) 안에 알맞은 온도는?

> 공업용 노의 가열공정의 주요 문제 중 하나는 에너지 손실이며, 전통적인 기술을 이용하는 경우 1,300℃ 정도의 온도에서 배기가스를 통해서 약 70%의 투입열이 손실되며 에너지 절감 수단은 특히 고온 (   ) 공정에서 중요한 역할을 수행하고 있다.

① 400℃에서 1,600℃ 사이의 온도
② 200℃에서 1,000℃ 사이의 온도
③ 1,000℃에서 2,000℃ 사이의 온도
④ 2,000℃ 이상의 온도

261 고정연소의 BAT 중 열회수방식버너에 관한 내용으로 바르지 않은 것은?

① 소각로 폐기가스에서부터 유입되는 연소공기의 예열까지 발생하는 다양한 열을 추출하는 열교환기다.
② 냉각 공기 연소 시스템과 비교해 볼 때, 열회수기는 10% 내외의 에너지 절감을 예상할 수 있다.
③ 일반적으로 최대 550~600℃까지 공기를 예열할 수 있다.
④ 열회수 방식 버너는 고온공정에서 이용된다(700~1,100℃ 사이의 온도).

풀이 냉각 공기 연소 시스템과 비교해 볼 때, 열회수기는 30% 내외의 에너지 절감을 예상할 수 있다.

정답 258 ② 259 ④ 260 ① 261 ②

262 고정연소의 BAT 중 축열식 버너에 관한 내용으로 바르지 않은 것은?

① 노 폐기가스에서 발생하는 열의 40~50%를 회수할 수 있다.
② 유입되는 연소공기는 노 운영 온도보다 100~150℃ 낮은 수준의 매우 높은 온도로 예열될 수 있다.
③ 적용 온도는 800~1,500℃ 범위이다.
④ 연료소모는 60%가량 줄어들 수 있다.

풀이 노 폐기가스에서 발생하는 열의 85~90%를 회수할 수 있다.

263 고정연소의 BAT에서 연료의 선택에 관한 내용 중 바르지 않은 것은?

① 연소공정에 선택된 연료의 종류는 연료가 이용된 개별 장치에 공급되는 열에너지의 양에 영향을 미친다.
② 요구되는 잉여공기 비율은 이용된 연료에 따라 달라지며, 이는 기체일 때 증가한다.
③ 연료의 선택은 연소공정에서 잉여공기를 제거하고 에너지 효율을 높이기 위한 옵션이다.
④ 일반적으로, 연료의 발열량이 높을수록 연소공정은 더 효과적이다.

풀이 요구되는 잉여공기 비율은 이용된 연료에 따라 달라지며, 이는 고체일 때 증가한다.

264 고정연소의 BAT 중 기타 연소공정에서 열손실을 줄이고 연소효율을 높일 수 있는 방법으로 바르지 않은 것은?

① 고형 폐기물(재) 및 잔여물질 등에 포함되는 불연소 가스 및 성분에 기인하는 열손실의 최소화
② 전력생산시설의 경우 스팀의 압력과 온도를 높이거나, 과열 스팀을 반복적으로 사용하는 등 전력생산효율을 개선
③ 스팀터빈의 방출구에서 고온·고압의 냉각수를 사용하는 등 스팀 압력 저하를 최대화
④ 폐열재 이용 및 지역난방 등 연도가스(Flue Gas)의 열손실 최소화

풀이 스팀터빈의 방출구에서 저온·저압의 냉각수를 사용하는 등 스팀 압력 저하를 최대화

265 고정연소의 BAT 중 증기시스템의 구성 부문에 해당되지 않는 것은?

① 발생설비(보일러)
② 분배시스템(증기 네트워크)
③ 증기/열을 이용하는 설비/공정
④ 응축액 배출 시스템

풀이 증기시스템은 발생 설비(보일러), 분배시스템(증기 네트워크, 즉 증기 및 응축액의 반환), 소비자 또는 최종 사용자(즉, 증기/열을 이용하는 설비/공정) 및 응축액 회수시스템의 4가지 별개의 부문으로 구성되어 있다.

266 증기시스템에서 높은 압력의 증기가 갖는 장점으로 맞는 것은?

① 포화된 증기의 온도는 더 높아지고 규모는 더 작아진다.
② 보일러 및 분배 시스템에서 에너지 손실이 더 적고 응축액 내의 잔존 에너지양이 상대적으로 더 적어지고 있다.
③ 파이프 시스템에서의 누손 손실이 더 적다.
④ 관석 생성의 감소가 이루어진다.

풀이 높은 압력의 증기가 갖는 장점
  ㉠ 포화된 증기의 온도는 더 높음
  ㉡ 규모가 더 작음, 즉 더 작은 분배 파이프를 필요로 함
  ㉢ 고압에서 증기를 분배하고 적용에 앞서 압력을 줄이는 것이 가능함. 따라서 증기는 더 건조해지고 안정성은 더 높아짐
  ㉣ 높은 압력일수록 보일러 내의 가열공정은 더 안정적이게 됨

정답 262 ① 263 ② 264 ③ 265 ④ 266 ①

267 증기시스템에서 낮은 압력시스템이 갖는 장점이 아닌 것은?

① 보일러 및 분배 시스템에서 에너지 손실이 더 적음
② 응축액 내의 잔존 에너지양이 상대적으로 더 적음
③ 파이프 시스템에서의 누손 손실이 더 적음
④ 증기는 더 건조해지고 안정성이 더 높아짐

풀이 ④는 높은 압력의 증기가 갖는 장점이다.

268 증기시스템 열 이동면에서 스케일(Scale) 방지 및 제거에 관한 내용 중 바르지 않은 것은?

① 열교환 튜브 내에서와 마찬가지로 보일러를 구동하는 경우에도 관석이 열 이동면에 생길 수 있으며, 보일러수 내의 수용성 물질이 보일러 교환튜브의 주변에 있는 물질과 반응할 때도 관석이 생긴다.
② 스케일은 대체로 철강보다 10배 이하의 열전도율을 지니기 때문에 문제를 야기할 수 있다.
③ 스케일을 제거함으로써 운영자는 에너지 사용 및 연간 운영비용을 쉽게 절약할 수 있다.
④ 보일러 스케일로 인한 연료 폐기물은 수관보일러에서 5%, 점화 튜브 보일러에서 2%에 이른다.

풀이 보일러 스케일로 인한 연료 폐기물은 수관보일러에서 2%, 점화 튜브 보일러에서 5%에 이른다.

269 고정연소 BAT 중 응축수 재사용의 목적이 아닌 것은?

① 뜨거운 응축액 내에 포함된 에너지의 재사용
② (원) 보급수의 비용 절감
③ 보일러 용수처리 비용절감(응축액은 처리되어야 함)
④ 폐기물처리 비용의 절감(적용 가능한 조건이어야 함)

풀이 폐수 배출 비용의 절감

270 이동연소의 설명 중 바르지 않은 것은?

① 이동연소 공정은 사업자가 소유하고 통제하는 운송수단으로 인한 연료 연소로 인해 온실가스가 발생하는 과정이다.
② 이동연소 부분의 배출시설은 수송용 내연기관을 말한다.
③ 기차, 선박, 항공기, 도로 등 수송차량에서 자체 소비를 목적으로 동력이나 전기를 생산하는 시설을 말한다.
④ 목표관리 시 유의사항은 교통분야 관리업체가 소유·운영하고 있는 개별 차량이나 기관차별로 목표를 설정하는 것이 아니라, 운송수단 배기량별로 구분하여 배출량 합계치에 대하여 목표를 설정·관리해야 한다는 점이다.

풀이 목표관리 시 유의사항은 교통분야 관리업체가 소유·운영하고 있는 개별 차량이나 기관차별로 목표를 설정하는 것이 아니라, 운송수단 종류별로 구분하여 배출량 합계치에 대하여 목표를 설정·관리해야 한다는 점이다.

271 이동연소의 배출시설 종류가 아닌 것은?

① 항공   ② 지하철
③ 도로   ④ 기차

풀이 이동연소 배출시설
㉠ 항공   ㉡ 도로
㉢ 철도   ㉣ 선박

272 이동연소 중 도로차량의 종류가 아닌 것은?

① 전기자동차   ② 승합자동차
③ 이륜자동차   ④ 화물자동차

풀이 도로차량의 종류
㉠ 승용자동차   ㉡ 승합자동차
㉢ 화물자동차   ㉣ 특수자동차
㉤ 이륜자동차   ㉥ 비도로 및 기타 자동차

정답 267 ④ 268 ④ 269 ④ 270 ④ 271 ② 272 ①

273 도로 부문의 보고대상 배출시설 중에서 배기량 1,530cc인 승용자동차가 해당하는 것은?

① 경형 ② 소형
③ 중형 ④ 대형

> **풀이** 소형
> 배기량이 1,600cc 미만인 것으로서 길이 4.7미터, 너비 1.7미터, 높이 2.0미터 이하인 것

274 이동연소(도로) 부분의 보고대상 배출시설 중 소형화물자동차 기준에 해당하는 것은?

① 배기량이 1,000cc 미만으로서 길이 3.6미터, 너비 1.6미터, 높이 2.0미터 이하인 것
② 최대적재량이 0.8톤 이하인 것으로서, 총 중량이 5톤 이하인 것
③ 최대적재량이 1톤 이하인 것으로서, 총 중량이 3.5톤 이하인 것
④ 최대적재량이 3톤 이하인 것으로서, 총 중량이 5톤 이하인 것

275 이동연소 중 철도차량의 종류가 아닌 것은?

① 고속차량 ② 일반차량
③ 디젤동차 ④ 전기동차

> **풀이** 철도차량의 종류
> ㉠ 고속차량 ㉡ 전기기관차
> ㉢ 전기동차 ㉣ 디젤기관차
> ㉤ 디젤동차 ㉥ 특수차량

276 이동연소(선박)의 보고대상 배출시설에 해당되지 않는 것은?

① 여객선 ② 어선
③ 화물선 ④ 군함

277 이동연소의 공통적인 보고대상 온실가스가 아닌 것은?

① HFC ② CO_2
③ CH_4 ④ N_2O

278 이동연소(항공)에서의 온실가스 배출원인에 대한 설명 중 바르지 않은 것은?

① 최신 기술이 적용된 항공기에서는 CH_4와 N_2O는 거의 배출되지 않는다.
② 온실가스 배출량은 항공기의 운항 횟수, 운전 조건, 엔진 효율, 비행거리, 비행단계별 운항시간, 연료 종류 및 배출 고도 등에 따라 달라진다.
③ 항공기에서 배출되는 오염물질의 약 10%는 공항 내에서의 운행과 이착륙 중에 발생하고, 90% 가량이 높은 고도에서 발생한다.
④ 국제선 운항(국제벙커링)에 따른 온실가스 배출량 등은 산정 및 보고에 포함한다.

> **풀이** 국제선 운항(국제벙커링)에 따른 온실가스 배출량 등은 산정 및 보고에 제외한다.

279 항공기에서의 배출활동 개요이다. ( ) 안에 알맞은 것은?

> 항공기운항은 이착륙단계와 순항단계로 구분되고, 항공기에서 배출되는 오염물질의 약 (㉠)는 공항 내에서의 운행과 이착륙 중에 발생하고, (㉡) 가량이 높은 고도에서 발생한다.

① ㉠ 90%, ㉡ 10%
② ㉠ 10%, ㉡ 90%
③ ㉠ 50%, ㉡ 50%
④ ㉠ 75%, ㉡ 25%

정답 273 ② 274 ③ 275 ② 276 ④ 277 ① 278 ④ 279 ②

280 이동연소의 최적가용기술(BAT) 중 수송부분의 온실가스감축을 위한 주요 정책으로 가장 거리가 먼 것은?

① 자동차 온실가스 배출기준 설정
② 저공해 자동차 보급정책
③ 교통수요 관리 정책
④ 사회 간접 인프라 확장 정책

281 이동연소의 자동차 온실가스 감축기술 개발 중 가솔린엔진에 해당되지 않는 것은?

① 고압연료 분사시스템
② 예혼합 압축착화
③ 캠페이저 시스템
④ 실린더 디액티베이션

풀이) 자동차 온실가스 감축기술
1. 가솔린엔진
   ㉠ 캠페이저 시스템(Cam Phaser System)
   ㉡ 실린더 디액티베이션(Cylinder Deactivation)
   ㉢ 가솔린 직접 분사
   ㉣ 터보 차징/다운사이징 가솔린 엔진
   ㉤ 예혼합 압축착화

2. 디젤엔진
   ㉠ 예혼합 압축착화 연소
   ㉡ 고압연료 분사시스템
   ㉢ 과급
   ㉣ 배기가스 재순환(EGR)

282 자동차 온실가스 저감기술이 아닌 것은?

① 마찰저항 저감과 경량화
② CO_2를 냉매제로 사용한 에어컨시스템
③ 에코타이어
④ 에코브레이크

283 온실가스 감축기술의 하나로 연료의 대체에 관한 내용 중 바이오에탄올에 관한 내용으로 옳지 않은 것은?

① 알콜기를 갖고 있고, 발효의 과정을 거친다.
② 오염물질의 발생이 적은 장점이 있다.
③ 석유계 디젤과 혼합하여 사용한다.
④ 가급적 저렴한 원료를 선정하는 것이 바람직하다.

풀이) 바이오에탄올은 가솔린과 혼합하여 사용한다.

284 이동오염원의 탄소배출량 저감방법으로 거리가 먼 것은?

① 공기역학기술 적용차량 보급
② 바이오 연료사용
③ 에코드라이빙 교육
④ 단거리 물류운송 차량의 대형화

풀이) 장거리 물류운송 차량의 대형화

285 자동차의 온실가스 배출저감기술에 관한 내용으로 옳지 않은 것은?

① 에어컨의 구조와 냉매를 변경하여 온실가스 배출을 줄일 수 있다.
② 배기관에 후처리장치를 부착하여 온실가스 배출을 줄일 수 있다.
③ 가솔린자동차를 하이브리드 자동차로 변경하여 온실가스 배출을 줄일 수 있다.
④ 자동차의 중량을 증가시켜 온실가스 배출을 줄일 수 있다.

풀이) 자동차의 중량을 감소시켜 온실가스 배출을 줄일 수 있다.

정답) 280 ④ 281 ① 282 ④ 283 ③ 284 ④ 285 ④

286 슈퍼차저, 터보차저, 2단 터보차저, 전자식 부스터 등을 포함하는 시스템으로 흡입공기량을 늘려 출력을 증대시키는 디젤엔진부분의 기술은?

① 과급기
② 배기가스 재순환
③ 고압연료분사
④ 예혼합 압축착화

287 두 가지 이상의 에너지원을 이용하여 움직이는 자동차를 의미하는 것은?

① 연료전지 자동차
② 하이브리드 자동차
③ 플러그인 하이브리드 자동차
④ 전기 자동차

288 이동연소자동차의 온실가스 감축 중 저공해차량에 관한 내용으로 바르지 않은 것은?

① 하이브리드의 연비 향상 효과는 이동평균속도가 비교적 높은 구역에 한한다는 단점이 있다.
② 플러그인 하이브리드가 기존의 하이브리드와 구분되는 가장 큰 특징은 바로 외부 충전이 가능하다는 점이다.
③ 연료전지 자동차는 자동차 내에 장착된 연료전지(Fuel Cell)에서 연료인 수소와 산소를 반응시켜 전기를 얻은 후, 생산된 전기로 모터를 움직여 주행하는 자동차이다.
④ 연료전지 자동차는 전동차량으로서의 장점인 정숙성과 가속성능 면에서 뛰어나다.

풀이 하이브리드의 연비 향상 효과는 이동평균속도가 비교적 낮은 구역에 한한다는 단점이 있다.

289 이동연소자동차의 BAT에 관한 내용 중 혼합연료 E85가 의미하는 것은?

① 에탄올 85% 가솔린 15% 혼합연료
② 가솔린 85% 에탄올 15% 혼합연료
③ 에틸렌 85% 가솔린 15% 혼합연료
④ 가솔린 85% 에틸렌 15% 혼합연료

290 이동연소의 대체연료(LCF) 적용 중 바이오에탄올과 바이오디젤 비교 설명 중 바르지 않은 것은?

① 바이오에탄올은 가솔린 옥탄가를 높이는 첨가제로 주로 사용한다.
② 바이오에탄올은 비교적 단기간 내에 보급 확대가 가능하다.
③ 바이오디젤은 석유계 디젤과 혼합하여 사용한다.
④ 바이오디젤은 추출 가능한 원재료가 제한적이다.

풀이 바이오에탄올과 바이오디젤 비교

구분	바이오에탄올	바이오디젤
추출	녹말(전분)작물에서 포도당을 얻은 뒤 발효(사탕수수, 밀, 옥수수, 감자, 보리, 고구마)	유지작물에서 식물성 기름을 추출(팜유, 폐식용유, 유채유, 콩)
활용	• 가솔린 옥탄가를 높이는 첨가제로 주로 사용 • 기존 첨가제인 MTBE를 대체 용도로 사용	• 석유계 디젤과 혼합하여 사용 • 선진국 : 바이오 디젤을 10~20% 섞은 혼합형태로 유통
장점	• 이론적으로 모든 식물이 원료로 가능 • 연소율이 높고 오염물질의 발생이 적음	비교적 단기간 내에 보급 확대 가능
단점	곡물 가격이 높기 때문에 저렴한 원료를 선정하는 것이 중요	추출 가능한 원재료가 제한적
사용 지역	미국, 중남미 등 주요 곡물 수출국	유럽, 미국, 동남아시아

291 타이어 압력을 감지하고 운전자에게 타이어 공기 주입시기를 알리는 시스템을 의미하는 용어는?

① LRRT
② LCF
③ TPMS
④ PHEV

정답 286 ① 287 ② 288 ① 289 ① 290 ② 291 ③

풀이 차량의 Rolling Resistance 손실을 줄이는 데 도움이 되는 적절한 타이어 관리, 특히 타이어 압력에 있으며 최근 이 분야에서 가장 중요한 기술은 Tire Pressure Monitoring System(TPMS)이다. 타이어 압력 감지 시스템은 타이어의 압력을 감지하고 타이어가 추가 공기압을 필요로 할 때 운전자에게 알린다. TPMS는 CO_2 저감에 중요한 이점이 있어 LRRT와 함께 연구된다.

292 자동차 에어컨 시스템에 사용되는 일반적인 냉매가 갖추어야 할 특성과 거리가 먼 것은?

① 물리학적인 물성치가 우수해야 함
② 비가연성
③ 비독성
④ 화학적 안정성

풀이 냉매는 열역학적인 물성치가 우수해야 한다.

293 다음 ( ) 안에 알맞은 내용은?

> 대체냉매로 선정되기 위해서는 오존층 파괴지수(ODP)와 지구온난화지수(GWP)가 거의 (   )에 가까워서 환경친화성이 높아야 한다.

① 0   ② 1
③ 10   ④ 100

294 시멘트의 주성분이 아닌 것은?

① 석회(CaO)   ② 실리카(SiO_2)
③ 알루미나(Al_2O_3)   ④ 탄산칼슘($CaCO_3$)

풀이 시멘트 주성분은 석회(CaO), 실리카(SiO_2), 알루미나(Al_2O_3) 및 산화철(Fe_2O_3) 등이다.

295 석회의 종류가 아닌 것은?

① 생석회   ② 소석회
③ 건조수산화칼슘 분말   ④ 실리카

296 온실가스 배출권거래제의 배출량 보고 및 인증에 관한 지침상 시멘트 생산과정에서 배출되는 온실가스의 발생 반응식으로 가장 적합한 것은?

① $CaCO_3 + H_2SO_4 \rightarrow CaSO_4 + CO_2 + H_2O$
② $2NaHCO_3 + Heat \rightarrow Na_2CO_3 + CO_2 + H_2O$
③ $CH_4 + 2O_2 \rightarrow CO_2 + 2H_2O$
④ $CaCO_3 + Heat \rightarrow CaO + CO_2$

풀이 시멘트 공정에서의 온실가스 배출원은 클링커의 제조공정인 소성 공정에서 탄산칼슘의 탈탄산 반응에 의하여 이산화탄소가 배출된다.

297 온실가스 배출권거래제의 배출량 보고 및 인증에 관한 지침상 시멘트 생산의 배출활동에 관한 설명으로 옳은 것은?

① 시멘트 공정에서의 온실가스 배출원은 클링커의 제조공정인 소성 공정에서 탄산칼륨의 산화 반응에 의하여 이산화탄소가 배출된다.
② 시멘트 공정에서의 CO_2 배출특성은 주원료인 석회석과 함께 점토 등 부원료의 사용량에 의한 영향이 소성시설(Kiln)의 생석회 생성량과 연료사용량 및 폐기물 소각량에 의하여 받는 영향보다 크다.
③ 연료 중 목재와 같은 바이오매스 재활용 연료의 경우 배출량 산정에서 제외하여야 하나 합성수지 및 폐타이어 등 폐연료의 경우는 배출량 산정 시 포함되어야 한다.
④ CKD(소성로에서 발생되는 비산먼지)는 소성공정의 회수시스템에 의해 다량 회수되어 소성공정에 재사용되므로, 회수되지 못한 CKD 내 탄산염 성분은 탈탄산 반응에 포함되지 않으므로 보정이 필요 없다.

풀이 ① 탄산칼륨의 산화반응 → 탈산칼슘의 탈탄산 반응
② 시멘트 공정에서 CO_2 배출특성은 소성시설의 생석회 생성량과 연료사용량 및 폐기물 소각량에 의하여 영향을 받으며, 그 밖에 주원료인 석회석과 함께 점토 등 부원료의 사용량에 의해서도 영향을 받을 수 있다.
④ 보정이 필요없다. → 보정이 필요하다.

정답 292 ①   293 ①   294 ④   295 ④   296 ④   297 ③

298 시멘트 생산공정의 온실가스 배출에 관한 내용 중 바르지 않은 것은?

① 시멘트는 수입된 클링커로부터 전적으로 생산(분쇄)될 수 있으며 이 경우 시멘트 생산공정(소성공정)에서의 CO_2 배출은 소성공정 배출의 50%로 한다.
② 벽돌용 시멘트(Masonry Cement) 생산과 관련해서는, 벽돌용 시멘트를 생산하기 위하여 분쇄한 석회석을 포틀랜드 시멘트 혹은 클링커에 추가하는 경우 석회에 관련된 배출은 석회 생산에서 이미 고려되었으므로 추가적인 CO_2 배출은 없는 것으로 간주한다.
③ 시멘트 생산공정에서의 온실가스 배출원은 클링커의 제조공정인 소성공정에서 탄산칼슘의 탈탄산 반응에 의하여 이산화탄소가 배출된다.
④ 소성로에서 발생하는 비산먼지인(CKD)도 온실가스 배출과 연관이 있다.

풀이) 시멘트는 수입된 클링커로부터 전적으로 생산(분쇄)될 수 있으며 이 경우 시멘트 생산공정(소성공정)에서의 CO_2 배출은 0이다.

299 다음 중 시멘트 공정에서 CO_2 배출특성에 영향을 주는 인자와 거리가 먼 것은?

① 생석회 생산량   ② 연료 사용량
③ 폐기물 소각량   ④ 산소 소모량

300 현재 원료를 소성하는 데 주로 사용되는 소성로 형식은?

① Rotary Klin
② Grate Incinerator
③ Fixed Bed Incinerator
④ Fluidized Bed Incinerator

301 시멘트 생산공정의 배출시설, 소성시설(Kiln)에 관한 설명 중 바르지 않은 것은?

① 물체를 높은 온도에서 구워내는 시설을 말하며 일종의 열처리시설에 해당된다.
② 소성의 목적은 소성 물질의 종류에 따라 다소 다르나 보통 고온에서 안정된 조직 및 광물상으로 변화시키거나 충분한 강도를 부여함으로써 물체의 형상을 정확하게 유지시키기 위한 목적으로 이용되는 경우가 많다.
③ 소성시설에는 원형, 각형, 통형 등의 시설이 있고, 연속소성시설에는 수직형, 회전형, 링형, 터널형 등 그 종류가 다양하다.
④ 도기·자기·구조점토용 제품 등 특수용도에 사용되는 것 이외에는 대부분이 수직형 시설을 사용한다.

풀이) 도기·자기·구조점토용 제품 등 특수용도에 사용되는 것 이외에는 대부분이 회전형 시설을 사용한다.

302 시멘트 생산공정의 온실가스 CO_2의 배출원인에 관한 내용이다. ( ) 안에 알맞은 내용은?

소성시설에서 전체 온실가스 배출량의 90%가 배출되고, 이 가운데 약 (㉠)가 공정배출이며, (㉡)는 소성로 킬른 내 가열 연료 사용분이다.

	㉠	㉡
①	50%	40%
②	60%	30%
③	40%	50%
④	30%	60%

303 시멘트 생산의 최적 가용화 기술(BAT) 에너지 소비효율의 개선에 관한 내용 중 바르지 않은 것은?

① 열에너지 사용은 킬른시스템에서 측정장비와 기술적인 부대장비에 어떤 것을 사용하느냐에 따라 감소될 수 있다.

② 원료의 특성(수분함량, Burnability), 가스바이패스 시스템 등은 에너지 소비에 고려되는 요소이다.
③ 킬른시스템에서 일체형 소성로와 다단(4~6단) 사이클론 예비히터(Multistage Cyclone Preheater) 및 3단 에어덕트(Tertiary Air Duct)가 장착된 시스템이 최신기술로서 표준시스템이다.
④ 원료에 수분이 많을수록 에너지의 수요량이 많아지고, 예열기 내의 열에너지가 덜 손실되도록 사이클론의 수가 적어진다.

풀이 원료에 수분이 많을수록 에너지의 수요량이 많아지고, 예열기 내의 열에너지가 덜 손실되도록 사이클론의 수가 많아진다.

304 시멘트 생산의 BAT, 시멘트 성분 중 클링커 함량의 감소화에 따른 환경적 장점이 아닌 것은?

① 사용 에너지 절약 ② 폐기물 매립량 증가
③ 가스배출량 감소 ④ 천연자원의 소비절약

풀이 환경적 장점
㉠ 사용 에너지 절약 ㉡ 가스배출량 감소
㉢ 천연자원의 소비절약 ㉣ 폐기물 매립량 감소

305 석회 생산공정 및 온실가스 배출에 관한 설명 중 바르지 않은 것은?

① 원료로는 주로 석회석을 사용하거나 Dolomite 또는 Dolomite Limestone(석회석에 44% 이상의 탄산마그네슘이 포함된 것)을 사용한다.
② 석회 제조공정은 시멘트 제조공정과 유사하여 소성 공정에서 석회석 혹은 Dolomite 등 원료의 탈탄산 반응에 의하여 온실가스가 배출된다.
③ 연수를 위한 소석회의 사용은 CO_2와 석회의 반응으로 탄산칼슘($CaCO_3$)을 재생성하여 대기 중으로 CO_2가 배출된다.
④ 석회가 생산되는 동안 석회 킬른 먼지(LKD ; Lime Kiln Dust)가 생성되는데, 이는 배출량 산정 시 고려되어야 한다.

풀이 연수를 위한 소석회의 CO_2와 석회의 반응으로 탄산칼슘($CaCO_3$)을 재생성하여 대기 중으로의 CO_2 순 배출은 발생하지 않는다.

306 다음 반응식은 온실가스 배출공정을 나타낸 것이다. 가장 관계가 깊은 것은?

$$CaCO_3 + Heat \rightarrow CaO + CO_2$$
$$CaCO_3 : MgCO_3 + Heat \rightarrow 2CO_2 + CaO : MgO$$

① 시멘트 생산 소성시설
② 석회 생산 소성시설
③ 시멘트 생산 저장시설
④ 석회 생산 저장시설

307 석회 생산의 최적 실용화 기술(BAT)에 관한 설명 중 바르지 않은 것은?

① 석회생산산업은 에너지 분산적인 산업으로 에너지의 선택범위가 넓다.
② 최적화된 채광(발파 및 드릴)기술로 석회석 원석으로부터 킬른용 원석의 수율을 최대로 높인다.
③ 입경 크기가 광범위한 원료(석회석)를 공정에 적용시킬 수 있을 경우 원료 사용량을 줄일 수 있는 최적화된 킬른 기술에 더욱 접근할 수 있다.
④ 석회석 분쇄장치와 같은 다른 공정에서 석회석을 건조시키기 위해 로터리 킬른의 여열을 사용한다.

풀이 석회생산산업은 에너지 집약적인 산업으로 에너지의 선택이 중요하다.

308 기타 공정에서의 탄산염 사용에 있어서 온실가스 배출에 관한 설명이 잘못된 것은?

① 탄산염은 시멘트 제조, 석회 제조, 유리 제조뿐만 아니라, 세라믹 생산, 비-야금 마그네시아 생산 및 소다회 소비 등 다수의 산업에서 사용된다.
② 시멘트 제조 및 석회 제조 등의 활동은 중복산정을 피하기 위하여 제외된다.

정답 304 ② 305 ③ 306 ② 307 ① 308 ③

③ 석회질 비료의 소비와 같이 농업활동에서의 탄산염 소비의 활동도 포함한다.
④ 세라믹 생산, 비-야금 마그네시아 생산, 소다회 소비 및 유리 생산과 같이 탄산염을 사용하는 공정 중 설명되지 않은 활동에서의 온실가스 배출량을 산정한다.

풀이 석회질 비료의 소비와 같이 탄산염 소비 등 보고항목이 아닌 활동은 제외한다.

309 온실가스 배출권거래제의 배출량 보고 및 인증에 관한 지침상 유리생산 활동에 관한 내용으로 옳지 않은 것은?

① 유리생산 공정의 보고대상 온실가스에는 CO_2, CH_4가 있다.
② 배출원 카테고리에는 유리생산뿐만 아니라 생산공정이 유사한 글래스울(Glass Wool) 생산으로 인한 배출도 포함된다.
③ 유리 제조에 유리 원료뿐만 아니라 컬릿(Cullet)을 일정량 사용하기도 한다.
④ 재활용 유리는 이미 반응을 마친 석회성분을 함유하고 있기 때문에 탄산염광물과 함께 용해로에서 용해되어도 이산화탄소를 발생시키지 않는다.

풀이 유리생산 공정의 보고대상 온실가스는 CO_2이다.

310 온실가스 배출권거래제의 배출량 보고 및 인증에 관한 지침상 유리생산 배출활동의 개요에 관한 설명으로 옳지 않은 것은?

① 유리생산 활동에서의 융해 공정 중 CO_2를 배출하는 주요 원료는 $MgCO_3$, H_2CO_3 및 $NaHCO_3$이다.
② 배출원 카테고리에는 유리생산뿐만 아니라 생산공정이 유사한 글래스울(Glass Wool) 생산으로 인한 배출도 포함된다.
③ 유리의 제조에는 유리 원료뿐만 아니라 재활용된 유리 파편인 컬릿(Cullet)을 일정량 사용한다.
④ 용기 생산에서의 컬릿 비율은 40~60%이지만, 유리 품질관리 차원에서 사용이 제한되기도 하며, 절연 섬유유리는 이보다 적은 컬릿을 사용한다.

풀이 CO_2를 배출하는 주요 원료는 석회석($MgCO_3$), 백운석($CaMg(CO_3)_2$) 및 소다회(Na_2CO_3)이다.

311 유리생산을 위해 다음 연료를 용융·용해 시설에 투입했을 때, 일반적으로 연료 성분으로 인한 CO_2 배출이 없는 것은?

① 석회석
② 백운석
③ 소석회
④ 소다회

312 유리 용기 생산에서 사용되는 일반적인 컬릿(Cullet)의 비율은?

① 10~20%
② 20~30%
③ 30~40%
④ 40~60%

풀이 용기 생산에서의 컬릿 비율은 40~60%이지만, 유리 품질관리 차원에서 사용이 제한되기도 한다.

313 기타 공정에서의 탄산염 사용 시 보고대상 배출시설이 아닌 것은?

① 소성시설('도자기·요업제품 제조시설' 중 소성시설을 말한다.)
② 용융·용해시설('도자기·요업제품 제조시설' 중 용융·용해시설을 말한다.)
③ 약품회수시설('펄프·종이 및 종이제품 제조시설' 중 약품회수시설을 말한다.)
④ 배연탈질시설

풀이 배연탈황시설

314 다음 반응식과 관계가 있는 것은?

$$CaCO_3 \rightarrow CaO + CO_2$$

① 탄산칼슘의 탈탄산 반응에 의하여 배출
② 석회석($CaCO_3$), 백운석($CaMg(CO_3)_2$) 및 소다회(Na_2CO_3)와 같은 유리 원료 융해공정 시 배출
③ 약품회수시설에서 탄산염 광물 사용 시 CO_2 배출
④ 흡수탑에서 황산화물 제거를 위해 탄산염 광물 사용 시 CO_2 배출

315 유리 및 유리제품 제조시설의 BAT에 관한 설명 중 바르지 않은 것은?

① 유리제조업은 에너지 집약적인 산업공정이다.
② 에너지원의 선택, 가열(Heating)의 방법, 열 복원방법은 용해로 설계에 있어 중심적인 요소이다.
③ 유리제조업에서 사용하는 총 에너지의 75% 이상이 유리 용해 공정에서 사용되며, 비용을 고려할 경우 에너지 단가가 유리 용해 공정에서 가장 많은 비율을 차지한다.
④ 운전비용의 중요한 양상은 에너지의 사용이며, 일반적인 운영자들은 설계상 에너지 효율이 좋은 유리용해시설을 선택하고, 전통적으로 유리 용해로는 전기에너지를 연소한다.

풀이) 운전비용의 중요한 양상은 에너지의 사용이며, 일반적인 운영자들은 설계상 에너지 효율이 좋은 유리용해시설을 선택하고, 전통적으로 유리용해로는 화석연료를 연소한다.

316 유리 및 유리제품 제조시설의 BAT 중 연소제어 기술 및 연료의 선택 및 파유리 사용에 관한 내용으로 바르지 않은 것은?

① 천연가스의 연료사용 시 SO_x 배출량은 늘어나고 NO_x 배출량은 줄어든다.
② 천연가스는 액체연료보다 CO_2 배출량이 25% 정도 줄어든다.
③ 파유리의 사용은 유리용해로에서 에너지사용량을 줄일 수 있다.
④ 파유리는 원료보다 낮은 융점을 가지고 있다.

풀이) 천연가스의 연료사용 시 SO_x 배출량은 줄어들고 NO_x 배출량은 증가한다.

317 도자기·요업제품 제조시설 중 용융·용해시설의 BAT는 기술 적용을 조합하여 에너지를 줄이고 있다. 다음 중 기술 적용에 해당하지 않는 것은?

① 개선된 킬른 및 건조기의 설계
② 킬른으로부터의 폐열을 건조기 등에 사용
③ 킬른의 연소공정에서 이루어지는 연료스위치를 적용(중유와 고체연료 등)
④ 요업체의 고정

풀이) 요업체의 변형

318 펄프·종이 및 종이제품 제조시설의 BAT에 관한 내용이 잘못된 것은?

① 가스화 기술(Gasification)은 펄프공장에서 풍부한 전력 생산을 위한 유망한 기술이다.
② 흑액 가스화 기술의 주요 원리는 고농도의 무기상태 흑액을 고온상태에서 열분해하여 공기 중의 산소와 반응시켜 가스상태로 만드는 것이다.
③ 흑액을 가스화하여 IGCC로서 전력 생산을 증대시킬 수 있고, 이로 인해 스팀 생산이 늘며 전체적인 효율도 높아진다.
④ 흑액을 연료로 한 복합가스화 발전(IGCC ; Integrated Gasification Combined Cycle)에서 흑액의 열값(Heat Value)은 약 30%의 전력 효율로 계산된다.

풀이) 흑액을 가스화하여 IGCC로서 전력 생산을 증대시킬 수 있지만, 이로 인해 스팀 생산이 줄고 전체적인 효율(스팀+전력)이 낮아진다.

정답 314 ① 315 ④ 316 ① 317 ④ 318 ③

319 온실가스 배출권거래제의 배출량 보고 및 인증에 관한 지침상 마그네슘 생산공정의 보고대상 배출시설이 아닌 것은?

① 배소로
② 전기로
③ 소성로
④ 주조로

풀이 마그네슘 생산공정의 보고대상 배출시설
  ㉠ 배소로   ㉡ 소성로
  ㉢ 용융·융해로   ㉣ 주조로

320 인산 생산에서 인광석 내의 불순물 중 가장 많은 부분을 차지하는 물질은?

① 탄산칼슘
② 황산
③ 물
④ 탄산염

풀이 인광석 내의 불순물 중 가장 많은 부분을 차지하는 탄산칼슘은 황산과 반응하여 석고를 형성하며 CO_2를 배출한다.

321 인산 생산에서 배출되는 온실가스는?

① CO_2
② CH_4
③ N_2O
④ CH_4N_2O

322 석유정제활동 3단계에 해당되지 않는 것은?

① 증류
② 추출
③ 정제
④ 배합

323 석유정제활동의 온실가스 배출원 분류 중 거리가 먼 것은?

① 원유 예열시설, 증류공정 등에 열을 공급하기 위한 고정연소 배출
② 수소제조공정, 촉매재생공정 및 코크스 제조공정 등의 공정배출원
③ 공정 중에서의 배기 및 폐가스 연소처리 등 탈루성 배출
④ 원료 이송 중 발생하는 이동연소 배출

324 석유정제활동의 보고대상 배출시설이 아닌 것은?

① 증류공정시설
② 수소제조시설
③ 촉매재생시설
④ 코크스 제조시설

325 온실가스 배출권거래제의 배출량 보고 및 인증에 관한 지침상 석유정제활동(석유정제 공정)의 온실가스 배출활동을 분류한 것으로 가장 거리가 먼 것은?

① 원유 예열시설, 증류공정 등에 열을 공급하기 위한 고정연소배출
② 수소제조공정, 촉매재생공정 및 코크스 제조공정 등 공정배출원
③ 그 밖에 공정 중에서의 배기(Venting) 및 폐가스 연소처리(Flaring) 등 탈루성 배출
④ 산·알칼리 조정을 위한 미세 활성탄 흡착처리시설

326 석유정제공정 중 촉매재생시설 촉매재생기에서 코크스 제거 시 발생하는 CO_2 배출량 산정에 이용되는 요소가 아닌 것은?

① 유입공기
② 점착된 코크스 양
③ 코크스 중 탄소비율
④ 수소와 산소의 비율

327 다음은 촉매재생시설에 관한 내용이다. ( ) 안에 알맞은 것은?

원유정제 공정 중 개질(Reforming) 공정은 저옥탄가의 나프타를 백금계 촉매하에서 ( )를 첨가, 반응시킴으로써 휘발유의 주성분인 고옥탄가의 접촉개질유(Reformate)를 생산하는 공정이다.

① 산소
② 수소
③ 질소
④ 황

정답 319 ② 320 ① 321 ① 322 ② 323 ④ 324 ① 325 ④ 326 ④ 327 ②

328 석유정제시설에서의 온실가스 공정배출원, 온실가스 종류 및 배출원인에 관한 설명 중 바르지 않은 것은?

① 수소제조시설에서 수증기와 접촉반응에 의하여 약 70% 순도의 수소를 제조하고, 높은 순도의 수소를 제조하는 과정에서 CO_2가 주로 배출된다.
② 촉매재생기에서 코크스를 환원 제거하는 과정에서 CO_2가 주로 배출된다.
③ 코크스 시설 지연코킹법에서는 고정연소 배출 외 공정 내에서의 CO_2 배출은 없다.
④ 코크스 시설 유체코킹법과 플렉시코킹법에서는 코크스 버너에서 코크스가 산화되면 CO_2가 배출된다.

풀이 석유정제시설에서의 온실가스 공정배출원, 온실가스 종류 및 배출원인

배출공정	온실가스	배출원인
수소 제조시설	CO_2	수증기와의 접촉반응에 의해서 약 70% 순도의 수소를 제조하고, PSA 공정을 거쳐 불순물을 제거함으로써 높은 순도의 수소를 제조하는 과정에서 CO_2가 주로 배출됨
촉매 재생시설		촉매재생기에서 코크스를 산화 제거하는 과정에서 CO_2가 주로 배출됨 $C + O_2 \rightarrow CO_2$
코크스 제조시설		지연코킹법에서는 고정연소배출 외의 공정 내에서의 CO_2 배출은 없으나, 유체코킹법과 플렉시코킹법에서는 코크스 버너에서 코크스가 산화되면 CO_2가 배출됨

329 석유정제시설의 최적 실용화 기술(BAT) 중 공정/활동별 최적화 기술에 해당되지 않는 것은?

① 에너지 관리시스템   ② 알킬화 공정
③ 냉각시스템   ④ 대기로의 배출 저감

풀이 전체 정유공정의 최적화 기술
㉠ 환경관리시스템 운영
㉡ 대기로의 배출 저감

330 석유정제시설의 전체 정유공정의 최적화 기술 중 환경관리시스템 운영에 관한 설명으로 바르지 않은 것은?

① 에너지 효율, 에너지 소비 활동, 대기 배출, 폐수/폐기물 배출 등에 대한 연속적인 벤치마킹을 실행한다.
② 개선된 공정 제어 시스템을 채용하고 설비의 가동 정지와 재시동을 최소화하여 이에 따른 시간을 줄이고 배출을 낮춘다.
③ 연간 환경 성과 보고서를 발행하고 환경 성과 이행 계획을 수립하며 관련자에게 정보를 제공한다.
④ 액체연료가 사용될 경우 청정한 개질가솔린(RFG)을 사용한다.

풀이 대기로의 배출 저감방법
㉠ 에너지 유지기술 적용, 열 생산/소비 최적화 및 열 집약도를 강화함으로써 에너지 효율을 높이고 전체 정유 공정의 회수율 개선
㉡ 액체연료가 사용될 경우 청정한 개질가솔린(RFG) 사용
㉢ 에너지 시스템, Coker, Cracker에서 황산화물 저감을 위한 최적 기술 적용

331 석유정제 공정 중 에너지 효율개선을 위한 기술에 해당하지 않는 것은?

① 가스터빈, 열병합발전 등을 사용하고 효율이 낮은 보일러와 히터 등을 교체
② Stripping 공정에서 스팀의 사용 최적화
③ 스팀생산에 연료소비저감을 위한 폐열보일러 사용
④ 용매 보관용기로부터의 VOC 배출방지를 위한 기술적용

풀이 에너지 효율 개선을 위한 기술
㉠ 가스 터빈, 열병합 발전(CHP), IGCC, 효율적으로 설계되고 운영되는 노와 보일러 등을 사용하고, 효율이 낮은 보일러와 히터 등을 교체
㉡ 전산화된 제어 시스템을 통한 열 생산과 소비 제어

정답 328 ② 329 ④ 330 ④ 331 ④

ⓒ Stripping 공정에서 스팀의 사용 최적화
ⓓ 에너지 최적화 분석을 통한 공정의 열 효율 강화
ⓔ 정유 공정에서 열과 전력의 회수 강화
ⓕ 스팀생산을 위한 연료소비 저감을 위한 폐열보일러 사용

332 석유정제시설의 공정/활동별 최적화 기술에 관한 설명 중 바르지 않은 것은?

① 용매 보관 용기로부터의 VOC 배출 방지를 위한 기술을 적용하고 누출 방지를 위한 조치를 취한다.
② 비투맨 혼합/채움 처리 또는 저장 중 배출되는 에어로졸의 액상 성분을 회수하거나, 800℃ 이상 또는 공정히터에서 연소시킴으로써 에어로졸과 VOC 배출을 저감한다.
③ 완전연소 설비에서의 O_2 농도를 2%로 조절함으로써 CO_2 배출 농도를 저감한다.
④ 접촉 개질공정 중 발생한 축열기 가스를 집진 시스템(Scrubbing System)으로 순환한다.

풀이 완전연소 설비에서의 O_2 농도를 2%로 조절함으로써 CO 배출 농도를 저감한다.

333 온실가스 배출권거래제의 배출량 보고 및 인증에 관한 지침상 암모니아 생산시설의 순서로 알맞은 것은?

① 나프타 탈황 → 가스전환 → 나프타 개질 → 암모니아 합성 → 가스정제
② 나프타 개질 → 가스전환 → 가스정제 → 암모니아 합성 → 나프타 탈황
③ 암모니아 합성 → 나프타 탈황 → 나프타 개질 → 가스전환 → 가스정제
④ 나프타 탈황 → 나프타 개질 → 가스전환 → 가스정제 → 암모니아 합성

334 화학산업에서 우선적으로 추진해야 할 온실가스 감축 수단은 에너지 효율을 높이고 화석연료 사용을 최소화하는 것이다. 다음 중 에너지 효율 개선을 위해 적용할 수 있는 "공정개선"과 가장 거리가 먼 것은?

① 에너지 효율 제고를 위해 제조법의 전환 및 공정 개발
② 설비 및 기기효율의 개선
③ 폐 에너지의 회수
④ 배출량 원단위 지수 개선

풀이 에너지 원단위 지수 개선

335 암모니아 생산공정의 최적 실용화 기술(BAT) 중 개선된 고급 전통공정의 특징이 아닌 것은?

① 40bar 이상의 고압 주 개질기의 이용
② 저NO_X 버너의 사용
③ 2차 개질에서 화학 양론에 따른 공기량(화학 양론에 따른 H/N 비율)
④ 고에너지를 이용한 CO_2 제거 시스템

풀이 저에너지를 이용한 CO_2 제거 시스템

336 암모니아 생산공정의 BAT 중 CO_2 제거시스템의 효율 개선에 관한 내용으로 잘못된 것은?

① 회수공정에서 생성된 CO_2는 정상적으로 용매를 이용한 스크러빙에 의해 제거된다.
② 공정에서 기계적인 에너지는 용매를 순환시키는 데 이용되며, 이때 열은 용액을 재생할 때 필요로 한다.
③ CO_2 제거시스템의 에너지 소비는 암모니아 공정을 통합하는 방법에 따라 결정되며, 합성가스의 순도와 CO_2 회수에 영향을 준다.
④ 에너지 절약은 30~60MJ/kmol CO_2(약 0.8~1.9GJ/tonne NH_3)로 가능하다.

풀이 기화공정 및 변환공정에서 생성된 CO_2는 정상적으로 용매를 이용한 스크러빙에 의해 제거된다.

337 질산 생산방법이 아닌 것은?

① 상압법
② 전가압법
③ 전감압법
④ 반가압법

338 온실가스 배출권거래제의 배출량 보고 및 인증에 관한 지침상 질산 생산공정에서 배출되는 N_2O에 관련된 설명으로 거리가 먼 것은?

① 암모니아 공정에서 형성되는 N_2O의 양은 연소 조건, 촉매 구성물과 사용기간, 연소기 디자인에 달려있다.
② N_2O의 배출은 생산공정에서 재생된 양과 그 후의 완화공정에서 분해된 양에 따라 차이가 있다.
③ 질산 생산 시 매개가 되는 N_2O는 NH_3를 30~50℃의 온도와 낮은 압력 하에서 N_2O와 NO_2로 분해된다.
④ 질산 생산공정의 제1산화 공정에서 NH_3의 촉매 연소과정에서 N_2O가 발생된다.

[풀이] 질산 생산 시 매개가 되는 NO는 NH_3를 30~50℃의 온도와 높은 압력하에서 N_2O와 NO_2로 분해된다.

339 질산 생산공정에서 N_2O 저감대책에 관한 내용이 잘못된 것은?

① 1차 저감대책 : 암모니아 연소기에서 형성되는 N_2O 저감이 목적이며, 이는 암모니아의 산화 공정과 산화 촉매 변형을 포함
② 2차 저감대책 : 암모니아 전환기와 흡수 칼럼 사이에 존재하는 NO_x 가스로부터 N_2O를 제거
③ 3차 저감대책 : N_2O를 분해시키는 흡수 칼럼에서 배출되는 배출가스(Tail-Gas)의 처리를 포함
④ 4차 저감대책 : 순수 배출구 방법(Pure End-of-Pipe Solution)으로, 배출가스는 굴뚝으로 나가는 팽창기의 상단에서 처리

[풀이] 4차 저감대책-순수 배출구 방법(Pure End-of-Pipe Solution)으로, 배출가스는 굴뚝으로 나가는 팽창기의 하단에서 처리

340 질산 생산 중 산화 공정의 반응식으로 맞는 것은?

① $4NH_3(g) + 5O_2(g) \rightarrow 4NO(g) + 6H_2O(g)$
② $NO(g) + 0.5O_2 \rightarrow NO_2(g) + 13.45kcal$
③ $2NO_2 \leftrightarrow N_2O_4 + 13.8kcal$
④ $3NO_2(g) + H_2O(l)$
  $\rightarrow 2HNO_3(aq) + NO(g) + 32.3kcal$

341 질소 생산의 최적 실용화 기술(BAT)이 아닌 것은?

① 산화촉매 반응
② 산화 반응의 최적화
③ 산화촉매의 대체
④ 반응챔버의 축소를 이용한 N_2O 분해

[풀이] 반응챔버의 확장을 이용한 N_2O 분해

342 질소 생산의 BAT 중 산화촉매 반응 저해 영향을 최소화하기 위한 대책으로 잘못된 것은?

① 소수의 공장에서는 암모니아로부터 기인한 녹을 제거하기 위해 마그네틱 필터를 사용
② 고효율 정적 혼합기와 부가적인 여과단계는 암모니아와 공기의 혼합에 이용
③ 버너의 헤드는 구멍난 판과 허니콤브 격자를 부착하여 분사를 용이하게 함
④ 촉매거즈 이하의 가스속도를 유지시키면 NO의 수율을 높이고 N_2O 배출량을 감소시킴

[풀이] 촉매거즈 이상의 가스속도를 유지시키면 NO의 수율을 높이고 N_2O 배출량을 감소시킴

343 질소 생산 시 BAT 중 산화반응의 최적화 내용으로 맞는 것은?

① NO 생산은 암모니아와 공기비(NH_3/air)를 9.5~10.5%로 유지하고, 가능한 저압하에서 온도를 750~900℃로 유지시켜 최적화한다.

정답 337 ③ 338 ③ 339 ④ 340 ① 341 ④ 342 ④ 343 ①

② NO 생산은 암모니아와 공기비(NH₃/air)를 9.5~10.5%로 유지하고, 가능한 저압하에서 온도를 1,000~1,200℃로 유지시켜 최적화한다.
③ NO 생산은 암모니아와 공기비(NH₃/air)를 4.5~5%로 유지하고, 가능한 저압하에서 온도를 1,000~1,200℃로 유지시켜 최적화한다.
④ NO 생산은 암모니아와 공기비(NH₃/air)를 4.5~5%로 유지하고, 가능한 저압하에서 온도를 750~900℃로 유지시켜 최적화한다.

344 질산 생산의 BAT에 관한 내용 중 잘못된 것은?

① 질산 생산공정에서 지난 30년간 코발트(CO_3O_4) 촉매는 유용하였으며 첨가된 소재에 따라 효율(94~95%)을 높인다.
② 반응챔버의 확장을 이용한 N_2O 분해(Yara)는 체류시간을 1~3초간 증가시켜 N_2O 감소율을 70~85%로 향상시켰으며, 이때 N_2O는 준안정상태로 N_2 및 O_2로 분해된다.
③ 산화반응기의 N_2O 분해 촉매는 고온영역(800~950℃)에서 선택적 N_2O 분해촉매에 의해 N_2O가 형성되는 즉시 분해된다.
④ 흡수단계의 최적화는 NO의 NO_2로의 산화와 HNO_3를 위한 수용액 생산은 저온·고압, NO_x와 O_2, H_2O 조합의 최적화 정도의 영향을 받으며, 저온에서 흡수율은 감소하나 에너지 소모는 감소한다.

풀이 흡수단계의 최적화는 NO의 NO_2로의 산화와 HNO_3를 위한 수용액 생산은 저온·고압, NO_x와 O_2, H_2O 조합의 최적화 정도의 영향을 받으며, 저온에서 흡수율은 상승하고 에너지 소모는 증가한다.

345 질소 생산의 BAT 중 배기가스에서 NO_x와 N_2O 감소장치의 조합에 관한 설명으로 잘못된 것은?

① 대략 420~480℃의 배기가스를 이용한 히터와 가스터빈 사이에 설치한 NO_x 및 N_2O 분해 반응기를 조합하여 공정을 구성한다.

② NO_x 및 N_2O 분해 반응기는 제올라이트와 같은 소재로 된 두 개의 촉매층과 중간에 있는 암모니아 주입층으로 구성된다.
③ 첫 번째 층에서는 N_2O를 N_2 및 O_2로 분해하고 NO_x가 생성되며, 두 번째 층은 암모니아를 주입하여 NO_x를 제거하고 N_2O를 분해한다.
④ N_2O와 NO_x의 동시 제거가 가능하나 N_2O 제거 효율은 낮은 편이다.

풀이 N_2O와 NO_x의 동시 제거가 가능하며 N_2O 제거효율을 98~99%까지 높인다.

346 아디프산 생산 시 질산과 반응시키는 물질의 비율이 맞는 것은?

① Cyclohexanone : Cyclonexanol (6:4)
② Cyclohexanone : Cyclonexanol (4:6)
③ Cyclonexanol : Cyclohexanone (6:4)
④ Cyclonexanol : Cyclohexanone (4:6)

347 아디프산 생산의 온실가스 배출에 관한 설명 중 바르지 않은 것은?

① 아디프산 생산공정 중 온실가스(N_2O)가 발생하는 시설은 산화반응이 일어나는 결정화 공정이다.
② 일반적으로 KA Oil 혼합과정에서 공정 중 질소가 고농도로 존재함에 따라 아산화질소(N_2O)가 발생하게 될 가능성이 높다.
③ 후단의 가열로 공정에서는 공정 중 발생하는 N_2O를 LNG 가열로에서 약 99% 이상 분해하고 있으며, 이 과정에서 CO_2가 발생한다(연료 연소).
④ 일부 사업장에서는 KA 혼합공정으로 아디프산 1kg을 생산하는 데 0.27kg의 N_2O가 배출된다.

풀이 아디프산 공정 중 온실가스(N_2O)가 발생하는 시설은 산화반응이 일어나는 반응 공정이다.

348 온실가스 배출권거래제의 배출량 보고 및 인증에 관한 지침상 아디프산 생산시설 중 시클로헥산으로부터 아디프산을 합성하는 방법 중 하나인 Farbon 법에 관한 설명으로 옳지 않은 것은?

① 시클로헥산을 산화하여 시클로헥산올과 시클로헥사논을 만들고, 이 시클로헥산올과 시클로헥사논을 다시 산화하여 아디프산을 만든다.
② 혼합된 초산 망산, 바듐을 촉매로써 사용한다.
③ 제2반응기로부터 생성물이 표백기로 들어가고 용존 NOx가스는 공기와 수증기로 인해 아디프산 및 질산 용액으로부터 탈기된다.
④ 부산물의 생성이 없고, 아디프산 및 질산용액은 증류되어 최종산물(결정)이 된다.

풀이 여러 가지 유기부산물이 생성되고 아디프산 및 질산용액은 냉각되어 결정화기로 보내져서 아디프산 결정을 만든다.

349 아디프산 생산시설에 관한 내용 중 바르지 않은 것은?

① 아디프산(HOOC(CH$_2$)$_4$COOH)은 합성섬유, 코팅, 플라스틱, 우레탄 포말, 합성윤활유의 생산에 사용되는 백색의 액체이다.
② 국내 생산되는 아디프산의 대부분은 나일론 6.6을 생산하는 데 사용된다.
③ 아디프산 생산에 사용되는 기초원료는 시클로헥산이나 다른 공정의 부산물인 시클로헥사논을 사용하는 경우도 있다.
④ 아디프산 및 질산용액은 냉각되어 결정화기로 보내져서 아디프산 결정을 만든다.

풀이 아디프산은 합성섬유, 코팅, 플라스틱, 우레탄 포말, 합성윤활유의 생산에 사용되는 백색 결정의 고체이다.

350 아디프산 생산시설의 반응공정에 관한 설명이다. ( ) 안에 들어갈 내용으로 옳은 것은?

> 질산과 촉매(질산동과 바나듐, 암모니아염의 혼합물) 존재하에 ( )에서 KA Oil 용액의 산화반응에 의해 N$_2$O 배출

① 50~70℃
② 70~100℃
③ 100~130℃
④ 130~160℃

351 아디프산 생산 최적 가용화 기술(BAT)에 관한 내용 중 잘못된 것은?

① 아디프산 생산공정에서 N$_2$O는 탈기칼럼(Stripping Column)과 크리스탈라이저(Crystalliser)를 통해 배출되며, 이때 아디프산 1kg을 생산 시 N$_2$O 가스는 약 300g 정도 배출된다.
② 촉매분해법은 MgO 촉매를 이용하여 N$_2$O 가스를 질소(N$_2$) 및 산소(O$_2$)로 분해시키는 것이며 발열반응에 의해서 생성된 강력한 열은 스팀을 생산하는 데 쓰인다.
③ 열분해법은 메탄이 존재하는 배출가스를 연소시키는 방법이다.
④ N$_2$O 배출가스 재사용법은 선택적으로 페놀을 벤젠으로 산화시키는 공정에서 사용한다.

풀이 N$_2$O 배출가스 재사용법은 선택적으로 벤젠을 페놀로 산화시키는 공정에서 사용한다.

352 다음 중 카바이드를 나타내는 물질은?

① CaC$_2$
② CaCO$_3$
③ CaO
④ SiC

정답 348 ④ 349 ① 350 ② 351 ④ 352 ①

353 카바이드 생산공정에 관한 내용 중 바르지 않은 것은?

① 공업적으로 생석회나 코크스, 무연탄 등의 탄소를 전기로 속에서 가열하여 제조하며 아세틸렌의 원료로 사용된다.
② 탄화규소(SiC)는 중요한 인공연마제이며, 규사(차돌모래)와 석유코크스로부터 생산된다.
③ 탄화칼슘(CaC_2)은 탄산칼슘($CaCO_3$)에 열을 가한 후 석유코크스와 함께 CaO를 환원시키면서 생산되는데, 각각의 과정에서는 모두 CO_2가 배출된다.
④ 석유코크스에 포함된 탄소의 약 97%는 생산물 속에 함유된다.

풀이 석유코크스에 포함된 탄소의 약 67%는 생산물 속에 함유된다.

354 카바이드 생산과정에서 규사와 탄소의 몰 비율은?

① 3 : 1 ② 1 : 3
③ 2 : 1 ④ 1 : 2

풀이 생산과정에서 규사와 탄소는 대약 1 : 3의 몰 비율로 혼합되며, 약 35%의 탄소는 생산물 안에 함유되고 나머지는 여분의 산소와 결합하여 CO_2로 전환되어 공정부산물로 대기 중에 배출된다.

355 카바이드 생산 시 온실가스 배출에 관한 설명 중 바르지 않은 것은?

① 카바이드 생산공정의 온실가스 배출은 탄화규소(SiC) 및 탄화칼슘(CaC_2) 생산과 관련하여 CO_2, CH_4, CO, SO_2의 배출을 발생시킨다.
② 생산공정에서 탄소 함유 원료를 사용하는 것은 CO_2와 CO의 배출을 발생시킨다.
③ 수소 함유 휘발성 화합물과 석유코크스에 있는 황은 대기 중에 CH_4와 SO_2의 배출을 발생시킨다.
④ 보고대상 온실가스는 CO_2, SO_2이다.

풀이 보고대상 온실가스는 CO_2, CH_4이다.

356 카바이드 생산의 온실가스 공정배출원, 온실가스 종류 및 배출원인에 관한 내용 중 잘못된 것은?

① 칼슘카바이드 제조시설 : 생석회 생산공정에서 석회석을 생석회로 전환하는 과정에서 CH_4가 배출된다.
② 칼슘카바이드 제조시설 : 전기아크로 1,900℃ 이상의 고온에서 석회와 탄소혼합물과의 산화·환원과정에서 CO_2가 배출된다.
③ 카바이드 제조시설 : 공정에서 사용되는 석유코크스에 함유되어 있는 CH_4이 탈루배출된다.
④ 실리콘카바이드 제조시설 : 전기저항가마에서 규사와 탄소는 대략 1 : 3의 몰비율로 혼합되며, 약 35%의 탄소는 생성물 안에 함유되고, 나머지는 산소와 반응하여 CO_2로 배출된다.

풀이 카바이드 생산의 온실가스 공정배출원, 온실가스 종류 및 배출원인

배출공정	온실가스	배출원인
칼슘 카바이드 [탄화칼슘(CaC_2)] 제조시설	CO_2	• 생석회 생산공정 : 석회석을 생석회로 전환하는 과정에서 배출 $CaCO_3 \rightarrow CaO + CO_2$ • 전기아크로 : 1,900℃ 이상의 고온에서 석회와 탄소혼합물(석유코크스 등)과의 산화·환원과정에서 CO_2 배출 $CaO + 3C \rightarrow CaC_2 + CO$ $CO + 0.5O_2 \rightarrow CO_2$
실리콘 카바이드 [탄화규소(SiC)] 제조시설	CO_2	• 전기저항가마(또는 전기아크로) : 규사와 탄소는 대략 1 : 3의 몰 비율로 혼합되며, 약 35%의 탄소는 생산물 안에 함유되고, 나머지는 산소와 반응하여 CO_2 배출 $SiO_2 + 2C \rightarrow Si + 2CO$ $Si + C \rightarrow SiC$ $SiO_2 + 3C \rightarrow SiC + 2CO$ $CO + 0.5O_2 \rightarrow CO_2$
카바이드 제조시설	CH_4	공정에서 사용되는 석유코크스에 함유되어 있는 CH_4의 탈루 배출

정답 353 ④ 354 ② 355 ④ 356 ①

357 소다회 생산공정의 공업적 제법이 아닌 것은?

① 르블랑(Leblance)법
② 암모니아 소다법(Solvay법)
③ 염안소다법
④ 반응 챔버 확장법

358 소다회 생산의 배출활동 개요에 관한 설명으로 옳지 않은 것은?

① 천연 소다회 생산공정에서는 이 공정 중에 트로나(Trona)(천연 소다회를 만들어 내는 중요한 광석)는 로터리 킬른 속에서 소성되고, 화학적으로 천연 소다회로 변형된다.
② 천연 소다회 생상공정에서 이산화탄소와 물이 이 공정의 부산물로 생성된다.
③ 솔베이법 합성공정에서는 염화나트륨 수용액, 석회석, 야금 코크스, 암모니아 소다회의 의 생산을 유도하는 일련의 반응에 사용되는 원료이다.
④ 솔베이법 합성공정에서 암모니아는 급속도로 손실되므로, 일정 반응 후 계속 주입이 필요하다.

[풀이] 솔베이법 합성공정에서 암모니아는 아주 적은 양만 손실되고 대부분 재생된다.

359 소다회 생산공정에 관한 설명 중 바르지 않은 것은?

① 보고대상 배출시설은 암모니아 소다회 제조시설(Solvay 공정), 천연소다회 생산공정이다.
② 보고대상 온실가스는 CO_2, CH_4이다.
③ Solvay 공정 가소로 내에서 $NaHCO_3$의 하소 시 CO_2가 발생한다.
④ 천연소다회법 석회로에서 트로나 광석의 소성에 의한 CO_2가 발생한다.

[풀이] 소다회 생산시설에서의 온실가스 공정배출원, 온실가스 종류 및 배출원인

배출공정	온실가스	배출원인
암모니아 소다회법 (Solvay공정)	석회로	• 석회석 소설에 의한 CO_2 발생 • $CaCO_3 \rightarrow CaO + CO_2$
암모니아 소다회법 (Solvay 공정)	가소로	CO_2	• 가소로 내에서 $NaHCO_3$의 하소 시 CO_2 발생 • $2NaHCO_3 \rightarrow Na_2CO_3 + CO_2 + H_2O$
천연 소다회법	석회로	트로나 광석의 소성에 의한 CO_2 발생

360 천연 소다회 생산공정에 사용되는 트로나 광석의 구성성분이 아닌 것은?

① 세스퀴 탄산나트륨
② 맥석(점토나 불용성 불순물)
③ 물
④ NH_3

[풀이] 트로나 광석은 86~95%의 세스퀴 탄산나트륨과 5~12%의 맥석(점토나 불용성 불순물) 및 물로 이루어져 있다.

361 소다회 생산의 최적 실용화 기술(BAT)에 관한 내용 중 틀린 것은?

① 소다회 생산 솔베이 공정은 다량의 스팀을 저압상태로 소비하는 공정이며, 터보제너레이터에서 증기압을 줄여 전기를 생산할 수 있는 고효율의 열병합발전 시스템을 이상적으로 적용시킬 수 있다.
② 열병합발전 시스템은 소다회 공정에서 에너지 효율을 전반적으로 향상시킬 수 있는 방법이다.
③ 모든 공업활동은 대기 중의 CO_2 농도를 증가시키고 지구온난화에 역행할 수 없도록 화석연료 연소, 탄산염을 함유한 원료 등에 기여한 활동을 포함하여 진행하고 있으며, 솔베이 공정을 적용한 소다회공장도 예외는 아니다.

정답 357 ④ 358 ④ 359 ② 360 ④ 361 ④

④ 수직형 샤프트킬른의 CO_2 배출가스 농도는 25~32% 정도이다.

풀이 수직형 샤프트킬른의 CO_2 배출가스 농도는 36~42%이며, 기타 다른 킬른은 25~32%이다.

362 소다회 생산 시 BAT 중탄산나트륨의 원심분리에 관한 내용으로 잘못된 것은?

① 에너지 절약의 유용한 기술 중 하나는 가공되지 않은 중탄산나트륨이 하소되기 전에 원심분리하여 수분 함량을 줄여 중탄산나트륨의 분해에 요구되는 에너지양을 감소시키는 것이다.
② 원심분리에 의한 에너지 절약은 직접적으로 하소 공정에서 중탄산나트륨의 건조를 위한 스팀 사용량을 감소시켜, 보일러 및 전기발전과 관련된 에너지를 절약하여 CO_2, SO_X, NO_X의 배출량을 줄여준다.
③ 원심분리의 설치 및 운영비는 비교적 저가이다.
④ 분리된 중탄산염의 수분 함량은 12~14% 전후이다.

풀이 원심분리의 설치 및 운영비는 고가이다.

363 석유화학제품 생산공정에 대한 개요이다. 옳지 않은 것은?

① 석유화학산업은 화석연료나 나프타 등의 석유정제품을 원료로 한다.
② 나프타로부터 에틸렌, 프로필렌 등 기초유분을 생산하며 이때 온실가스가 배출된다.
③ NCC는 나프타를 분해하는 설비로서 국내에서 많이 활용된다.
④ 기초유분 하나를 중합하여 스티렌, AN, PVC 등을 생산한다.

풀이 에틸렌, 프로필렌 등 기초유분을 생산하고 이 과정에서 온실가스가 배출된다.

364 석유화학제품 생산공정 중 보고대상 배출시설이 아닌 것은?

① 에탄올 반응시설
② EDC/VCM 반응시설
③ 아크릴로니트릴(AN) 반응시설
④ 카본블랙(CB) 반응시설

풀이 보고대상 배출시설
㉠ 메탄올 반응시설
㉡ EDC/VCM 반응시설
㉢ 에틸렌옥사이드(EO) 반응시설
㉣ 아크릴로니트릴(AN) 반응시설
㉤ 카본블랙(CB) 반응시설
㉥ 에틸렌 생산시설
㉦ 테레프탈산 생산시설
㉧ 코크스 제거공정

365 석유화학산업에서의 온실가스 공정배출원, 온실가스 종류 및 배출원인에 관한 설명 중 틀린 것은?

① 메탄올 생산공정에서 천연가스의 수증기 개질반응에 의해 CH_4가 배출된다.
② 카본블랙 생산공정에서 카본블랙 원료와 천연가스 등의 원료 산화에 의해 CO_2 및 CH_4가 배출된다.
③ 2염화 에틸렌을 생산하는 공정에서 에틸렌의 산화반응에 따른 부산물로 CH_4가 배출된다.
④ 에틸렌 옥사이드 생산공정에서 에틸렌의 산화반응에 따른 CO_2가 배출된다.

풀이 석유화학산업에서의 온실가스 공정배출원, 온실가스 종류 및 배출원인

배출공정	온실가스	배출원인
메탄올 생산공정	CO_2 CH_4	천연가스의 수증기 개질반응에 의해 CO_2 배출 [$2CH_4+3H_2O \rightarrow CO+CO_2+7H_2$]
2염화 에틸렌 생산공정		2염화 에틸렌을 생산하는 공정에서 에틸렌의 산화 반응에 따른 부산물로 CO_2 배출 [$C_2H_4+3O_2 \rightarrow 2CO_2+2H_2O$]

정답 362 ③ 363 ④ 364 ① 365 ③

에틸렌 옥사이드 생산공정		에틸렌의 산화 반응에 따른 CO_2 배출 [$C_2H_4 + 3O_2 \rightarrow 2CO_2 + 2H_2O$]
아크릴로 니트릴 생산공정	CO_2 CH_4	프로필렌의 산화 반응에 따른 CO_2 배출 [$C_3H_6 + 4.5O_2 \rightarrow 3CO_2 + 3H_2O$] [$C_3H_6 + 3O_2 \rightarrow 3CO + 3H_2O$]
카본블랙 생산공정		카본블랙 원료와 천연가스 등의 원료 산화에 의한 CO_2 및 CH_4 배출

366 석유화학산업 중 에틸렌 생산공정 최적 실용화 기술(BAT) 플랜트 설계에서의 최적기술에 관한 설명이 옳지 않은 것은?

① 모든 장치와 파이프 시스템의 누출을 최소화한다.
② 배출가스의 안전한 처리를 위해 탄화수소 Flare 포집 시스템을 설치한다.
③ 에너지의 단계적 사용, 회수율 극대화, 에너지 소모량 감소 등 매우 효율적인 에너지 재생 시스템을 적용한다.
④ 플랜트 내에서 스팀의 재사용과 재처리에 의한 폐열을 최대화하기 위한 기술을 적용한다.

풀이 플랜트 내에서 스팀의 재사용과 재처리에 의한 폐열을 최소화하기 위한 기술을 적용한다.

367 석유화학산업 중 카본블랙 제조공정의 BAT에 관한 설명으로 옳지 않은 것은?

① 연평균 황함량이 0.5~1.5%로 낮은 원료를 사용한다.
② 에너지를 절약하기 위해 공정에서 사용되는 공기를 예열한다.
③ 카본블랙 수집 시스템의 운전 조건을 최적으로 유지한다.
④ 기준 이하의 불량 제품을 공정에서 폐기한다.

풀이 기준 이하의 불량 제품을 공정에서 재사용한다.

368 불소화합물 생산의 보고대상 배출시설 중 기타 불소화합물 생산시설에 해당되지 않는 것은?

① CFC-13 생산시설
② PFCs 물질의 할로겐 전환시설
③ 불소비료 및 마취제용 화합물 생산시설
④ SF_6 생산시설

풀이 보고대상 배출시설
1. HCFC-22 생산시설
2. 기타 불소화합물 생산시설
   ㉠ CFC-11 생산시설
   ㉡ CFC-12 생산시설
   ㉢ PFCs 물질의 할로겐 전환시설
   ㉣ 불소비료 및 마취제용 화합물 생산시설
   ㉤ SF_6 생산시설

369 CFC 대체물질인 HCFC-22 생산과정에서 부산물 형태로 배출되는 물질은?

① CF_4
② HFC-23
③ HFC-134$_a$
④ C_2F_6

풀이 HCFC-22 생산공정 중 극소량의 HFC-23이 반응시설에서 부수적으로 생성되어 배출된다.

370 다음은 불소화합물 생산 최적 실용화 기술(BAT)의 내용이다. ( ) 안에 알맞은 내용은?

생산공정 중 반응기에서 생성된 부산물 HFC-23을 대기 중으로 직접 배출하지 않고, ( ) 이상의 고온에서 열분해하여 대기 중으로 배출되는 HFC-23을 제거하는 공정을 적용할 경우 온실가스 배출을 줄일 수 있다.

① 800℃
② 1,000℃
③ 1,200℃
④ 1,500℃

정답 366 ④ 367 ④ 368 ① 369 ② 370 ③

371 카프로락탐 생산공정은 출발원료에 따라 3가지로 대별된다. 이에 해당되지 않는 것은?

① 사이클로 헥산 ② 페놀
③ 크실렌 ④ 톨루엔

372 카프로락탐 생산 및 배출에 관한 내용으로 바르지 않은 것은?

① 원료별 사용 비율에 따른 전 세계 카프로락탐 생산능력은 사이클로헥산이 70%, 페놀이 25%이고 나머지는 톨루엔이 차지하는데 우리나라의 경우 주로 사이클로헥산을 출발 원료로 하여 카프로락탐을 생산하는 것으로 알려져 있다.
② 카프로락탐 생산 공정에서 사이클로헥산은 촉매 존재하에 사이클로헥사논과 사이클로헥사놀로 산화된다.
③ 생산된 산화물은 사이클로헥사놀이 40%, 사이클로헥사논이 60%로 구성되어 있다.
④ 사이클로헥사놀은 탈수소 촉매하에서 사이클로헥사논으로 전환된다.

[풀이] 생산된 산화물은 사이클로헥사놀이 60%, 사이클로헥사논이 40%로 구성되어 있다.

373 N_2O를 배출하는 하이드록실아민 공정이 아닌 것은?

① 암모니아 산화반응
② 가수 분해반응
③ 아민 제조공정
④ 아질산암모늄 생성과정

[풀이] CO_2 제조공정(CO_2 Generator)에서 납사를 원료로 발생된 CO_2는 암모니아수(NH_4OH) 및 공정 중의 질소산화물과 반응하여 아질산암모늄(NH_4NO_2)을 생성하는데 이 과정에서 대기 중으로 CO_2가 배출된다.

374 카프로락탐 생산공정의 보고대상 배출시설이 아닌 것은?

① CO_2 제조공정
② 하이드록실아민공정
③ 기타 제조공정
④ N_2O 제조공정

375 철강생산의 보고대상 배출시설이 아닌 것은?

① 일관제철시설 ② 코크스로
③ 전기로 ④ 열처리로

[풀이] 철강생산의 보고대상 배출시설
㉠ 일관제철시설
㉡ 코크스로
㉢ 소결로
㉣ 용선로 또는 제선로(고로)
㉤ 전로
㉥ 전기로
㉦ 평로

376 철강생산의 보고대상 온실가스가 맞는 것은?

① N_2O, CH_4 ② N_2O, CO_2
③ CO_2, CH_4 ④ CO_2, PFCs

377 철강생산의 소결공정에 관한 내용 중 바르지 않은 것은?

① 철광석은 보통 30~70%의 철분을 포함하고 있다.
② 좋은 철광석은 철분함량이 높고 황, 인 등과 같은 유해성분이 적으며 크기가 일정하다.
③ 철광석의 원산지에 따라 품질, 성분, 형상은 거의 일정하다.
④ 철광석은 고로에 넣기 전에 10~30mm로 파쇄하고, 분광석은 소결고로 보내져 6~50mm의 소결광으로 만든다.

[풀이] 철광석의 원산지에 따라 품질, 성분, 형성이 각기 다르다.

정답 371 ③ 372 ③ 373 ④ 374 ④ 375 ④ 376 ③ 377 ③

378 철강생산의 고로공정에 관한 내용 중 바르지 않은 것은?

① 고로의 외부는 철로, 내부는 특수 내화물로 이루어져 있다.
② 고로(높이 약 100m)의 상부를 통하여 철광석, 소결광, 코크스가 투입되고 하부에서 고온의 열풍(약 1,200℃)을 불어 넣어 코크스를 연소시킨다.
③ 코크스가 연소하며 발생하는 CO_2가 철광석과 환원반응을 일으키며 쇳물이 생산된다.
④ 고로가스는 상부로 배출되고 쇳물 및 슬래그는 순차적으로 하부로 배출된다.

풀이 코크스가 연소하며 발생하는 CO가 철광석과 환원반응을 일으키며 쇳물이 생산된다.

379 철강 생상 공정의 보고대상 배출시설 중 어느 시설에 해당하는가?

> 용광로에서 제조된 선철(용선)을 정련하여 용강으로 만드는 데 사용되며, 주로 탈탄 또는 탈인반응에 이용되고, 그 방법에는 산성전로법과 염기성 전로법이 있다.

① 전로
② 코크스로
③ 소결로
④ 용선로

380 "철광석으로부터 철을 제련하기 위한 기본공정인 제선, 제강, 압연의 세 공정을 같이 보유하고 있는 종합공정"을 의미하는 공정은?

① 단일제철공정
② 연합제철공정
③ 일관제철공정
④ 통합제철공정

381 철강생산에서의 온실가스 공정배출원에 따른 배출원인에 관한 설명 중 잘못된 것은?

① 코크로는 석탄을 열분해하여 코크스를 생산하는 공정으로 CO_2와 CH_4가 배출된다.
② 용선로에서 철광석이 코크스와 반응하여 환원되는 과정에서 CO_2가 주로 배출된다.
③ 전기로에서 용선과 철스크랩 중의 탄소불순물이 산화분해되면서 CH_4가 주로 배출된다.
④ 평로에서 용강 중의 탄소불순물을 산화분해하는 과정에서 CO_2가 주로 배출된다.

풀이 철강생산시설에서의 온실가스 공정배출원, 온실가스 종류 및 배출원인

배출공정	온실가스	배출원인
코크스로	CO_2, CH_4	석탄을 열분해하여 코크스를 생산하는 공정으로 CO_2와 CH_4가 생성·배출되며, 특히 반응 특성상 CH_4 배출이 높음
소결로		철광석 입자를 코크스, 용제와 혼합한 다음에 연소 환원반응을 거쳐 괴광을 제조하는 과정에서 CO_2와 CH_4가 생성·배출되며, 특히 반응 특성상 CO_2 배출이 높음
용선로	CO_2, CH_4	철광석이 코크스와 반응하여 환원되는 과정에서 CO_2가 주로 배출됨
전로		용선 중의 탄소 불순물을 제거하기 위해 주입하는 순 산소와 결합하여 산화분해되면서 CO_2가 주로 배출됨
전기로 (전기 아크로)		용선과 철스크랩 중의 탄소 불순물이 산화분해되면서 CO_2가 주로 배출됨
평로		용강 중의 탄소 불순물을 산화 분해하는 과정에서 CO_2가 주로 배출됨

382 철강생산 공정의 최적 실용화 기술(BAT)에 대한 설명으로 잘못된 것은?

① 코크스 오븐에 대한 지속적인 유지·관리를 통하여 COG 누출 최소화, 결과적으로 연료 소비량이 절감된다.
② 코크스 건식 퀜칭(CDQ ; Coke Dry Quenching) 공정은 습식 퀜칭 공정에 비해 에너지 회수의 이점을 갖고 있다.
③ 소결로 소성 및 소결광 냉각과정에서 배출가스 중의 열을 열교환기를 이용하여 회수하거나 폐가스를 소결로 등으로 재순환시킨다.
④ 전기아크로에서는 배가스 중의 폐열을 이용하여 스크랩을 예열할 수가 없다.

정답 378 ③ 379 ① 380 ③ 381 ③ 382 ④

[풀이] 배가스 중의 폐열을 이용하여 스크랩을 예열함으로써 전력 소비량을 절감한다.

383 철강생산의 BAT에 관한 내용 중 잘못된 것은?

① 소결로에서는 배출가스 중의 열을 열교환기를 이용하여 회수하거나 폐가스를 소결로 등으로 재순환하여 에너지를 절감한다.
② 펠릿 제조시설에서는 경화 스트랜드의 가스 흐름에서 열을 효율적으로 재사용함으로써 연료소비량을 절감한다.
③ 고로공정에서는 고로가스로부터 에너지를 회수한다.
④ 염기성 산소 제강공정에서는 배가스 중의 폐열을 이용하여 스크랩을 예열함으로써 전력소비량을 절감한다.

[풀이] ④는 전기아크로에 대한 내용이다.

384 합금철 생산공정에 관한 설명 중 바르지 않은 것은?

① 합금철은 철과 하나 이상의 금속(실리콘, 망간, 크롬, 몰리브덴, 바나듐, 텅스텐 등)이 농축된 합금을 말한다.
② 합금철은 철강 제련과정에서 용탕에서의 탈산 혹은 탈황 등으로 불순물을 제거하거나 철 이외의 성분원소 첨가를 목적으로 사용된다.
③ 합금철 생산에서의 온실가스 배출은 코크스와 같은 산화제의 야금환원(Metallurgical Reduction) 과정 및 전극봉 사용에 의해서 발생한다.
④ 합금철 생산공정은 전기로에서의 전기열로 인하여 제련되고 탄소봉 탄소의 산화로 온실가스(CO_2)가 배출된다.

[풀이] 합금철 생산에서의 온실가스 배출은 코크스와 같은 환원제의 야금환원(Metallurgical Reduction) 과정 및 전극봉 사용에 의해서 발생한다.

385 합금철 생산공정에 관한 내용 중 틀린 것은?

① 합금철은 거의 대부분 고로에서 제조되고 있다.
② 합금철 생산공정은 전기로에서의 전기열로 인하여 제련되고 탄소봉 탄소의 산화로 온실가스(CO_2)가 배출된다.
③ 합금철 생산 시 환원과 제련 공정을 위해 원료와 탄소성 환원제, 슬래그 등이 배합되어 높은 열로 가열된다.
④ 탄소성 환원제는 보통 석탄과 코크스이며, 일부 목탄(Charcoal)과 나무 등이 사용되기도 한다.

[풀이] 합금철은 거의 대부분 전기로에서 제조되고 있다.

386 합금철 생산공정에서 온실가스 배출에 관한 설명 중 바르지 않은 것은?

① 합금철 제조공정에서의 CO_2 배출은 코크스 같은 환원제의 야금환원(Metallurgical Reduction) 과정 및 전극봉 사용에 의해서 발생한다.
② EAF를 사용하는 경우 모든 합금철 생산에서 CH_4가 발생하며, 실리콘(Si)계 합금철(Ferro-silicon)을 생산할 경우에는 CO_2가 발생한다.
③ 보고대상 배출시설은 전로, 전기아크로이다.
④ 보고대상 온실가스는 CO_2, CH_4이다.

[풀이] EAF를 사용하는 경우 모든 합금철 생산에서 CO_2가 발생하며, 실리콘(Si)계 합금철(Ferrosilicon)을 생산할 경우에는 CH_4가 발생한다.

387 합금철 생산공정 배출시설 전기로에 관한 설명 중 바르지 않은 것은?

① 전기로는 크게 나누어 아크로(Arc Furance)와 유도로(Induction Furance)가 있다.
② 아크로는 주로 대용량의 연강(Mild Steel) 및 고합금강의 제조에 사용된다.
③ 유도로는 주로 고급특수강이나 주물을 주조하는 데 사용된다.

정답 383 ④ 384 ③ 385 ① 386 ② 387 ④

④ 전기로는 전기양도체인 전극(탄소봉)에 전류를 통하여 고철과 전극 사이에 발생하는 열을 이용한다.

풀이 아크로는 전기양도체인 전극(탄소봉)에 전류를 통하여 고철과 전극 사이에 발생하는 아크열을 이용한다.

388 합금철 생산공정에서 온실가스의 주된 배출시설은?

① 전기로 ② 배소로
③ 소결로 ④ 전해로

389 합금철 생산공정의 최적 실용화 기술(BAT)과 거리가 먼 것은?

① 배가스 중의 폐열을 이용하여 스크랩을 예열함으로써 전력 소비량 절감
② EAF 공정을 최적함으로써 생산성 향상 및 단위 에너지 소비량 절감
③ BOF 가스로부터 에너지 회수
④ 전해 채취공정의 최적화

풀이 ④는 아연생산공정의 BAT이다.

390 아연 생산공정에 관한 설명으로 바르지 않은 것은?

① 아연(Zn)은 지각 속에 널리 분포하는 중요한 비철금속으로 세계적으로 가장 많이 사용되는 금속 중의 하나이다.
② 유리된 금속으로는 존재하지 않고 화합물의 형태로 존재하는데 제련에 주로(95%) 이용되는 광석은 황화광인 섬아연광(Sphalerite, ZnS)이다.
③ 섬아연광은 상당량의 철을 함유하고 있으며 Cu-Zn, Pb-Zn, Cu-Pb-Zn 등의 혼합광석으로 존재하는 경우가 많다.
④ 주조공정은 배소공정 중 생산된 소광을 황산으로 용해하여 아연중성액($ZnSO_4$)을 전기분해하여 아연 캐소드(Cathod)를 생산한다.

풀이 용해공정은 배소공정 중 생산된 소광을 황산으로 용해하여 아연중성액($ZnSO_4$)을 전기분해하여 아연 캐소드(Cathod)를 생산한다.

391 다음 중 1차 아연생산공정과 거리가 먼 것은?

① 전열 증류법
② ISF를 사용하는 건식야금법
③ 전해법
④ Waelz Klin 공정

풀이 Waelz Klin 공정은 2차 아연생산공정과 관련이 있다.

392 아연생산의 배출에 관한 설명 중 바르지 않은 것은?

① 보고대상 온실가스는 CO_2이다.
② 전기-열(Electro-Thermic)증류법에 사용되는 환원제로 인해 CO_2가 배출된다.
③ 전해법에서는 건식 제련기술이 사용되어 CO_2가 다량 발생한다.
④ 2차 아연생산공정에서 소결, 제련, 정제공정 등은 1차 아연생산공정과 동일한 기술이 사용되는 경우가 대부분이다.

풀이 전해법에서는 습식 제련기술이 사용되어 CO_2가 발생하지 않는다.

393 다음 중 2차 아연생산공정과 관련이 없는 것은?

① Fuming 공정
② Slag Reduction 공정
③ Waelz Klin 공정
④ 전해공정

풀이 전해법은 1차 아연생산공정이다.

정답 388 ① 389 ④ 390 ④ 391 ④ 392 ③ 393 ④

394 아연생산의 보고대상 배출시설이 아닌 것은?

① 배소로
② 용융·용해로
③ 기타 제련공정(TSL 등)
④ 전기로

풀이 아연생산의 보고대상 배출시설
  ㉠ 배소로
  ㉡ 용융·용해로
  ㉢ 전해로
  ㉣ 기타 제련공정(TSL 등)

395 아연생산공정의 배출시설에 관한 설명으로 바르지 않은 것은?

① 광석이 용해되지 않을 정도의 온도에서 광석과 산소, 수증기, 탄소, 염화물 또는 염소 등을 상호작용시켜 다음 제련조작에서 처리하기 쉬운 화합물로 변화시키거나 어떤 성분을 기화시켜 제거하는 데 사용되는 노를 배소로라고 한다.
② 배소로는 용체를 만드는 데 사용되는 노를 말한다.
③ 용융로는 고상인 물질이 가열되어 액상의 상태로 되는 데 사용되는 노를 말한다.
④ 용해로는 액체 또는 고체물질이 다른 액체 또는 고체물질과 혼합하여 균일한 상의 혼합물을 만드는 데 사용되는 노를 말한다.

풀이 ② 용체를 만드는 데 사용되는 노를 용해로라고 한다.

396 온실가스 배출권거래제의 배출량 보고 및 인증에 관한 지침상 아연 생산공정의 보고대상 배출시설에 관한 내용으로 옳지 않은 것은?

① 전해로는 주로 비철금속 계통의 물질을 용융시키는 데 이용되며 대표적인 것으로 알루미늄전해로가 있다.
② 배소로는 광석이 용해되지 않을 정도의 온도에서 광석과 산소, 수증기, 염소 등을 상호작용시

켜 다음 제련조작에서 처리하기 쉬운 화합물로 변화시키는 데 사용되는 로를 말한다.
③ 전해로는 전해질용액, 용융전해질 등의 이온전도체에 전류를 흘려 화학변화를 일으키는 로를 말한다.
④ TSL 공정은 잔재 또는 폐기물로부터 각종 유가금속을 회수하고 최종 잔여물을 친환경적인 청정슬래그로 만드는 공정으로 보고대상 배출시설에는 포함되지 않는다.

풀이 TSL 공정도 보고대상 배출시설에 포함된다.

397 2차 아연생산공정의 최적 실용화 기술(BAT)의 설명 중 바르지 않은 것은?

① Waelz 산화공정은 첫 단계에서 물을 사용하고 두 번째 단계에서는 염소, 불소, 나트륨, 칼륨, 황을 제거하기 위해 탄산나트륨을 사용하는 총 두 단계를 가진 공정이다.
② 정화된 최종 생산물은 건조되며, 아연 전기분해공정에서 제공되는 원료로 사용된다.
③ 주요 환경적인 장점으로는 노 내 슬래그의 고정 불순물 및 슬래그 처리에서의 에너지 비용절감 효과를 들 수 있다.
④ 2차 아연제조공정에서 주로 사용하는 시설로는 바엘즈 킬른과 슬래그 연무로(Waelz Kilns and Slag Fuming Furnaces)를 들 수 있다.

풀이 Waelz 산화공정은 첫 단계에서 탄산나트륨을 사용하고 두 번째 단계는 염소, 불소, 나트륨, 칼륨, 황을 제거하기 위해 물을 사용하는 총 두 단계를 가진 공정이다.

398 납 생산 공정의 온실가스 배출에 관한 내용 중 잘못된 것은?

① 산화납과 다른 금속 산화물을 함유한 소결물을 생산하는 공정은 이산화황(SO_2)을 배출하고 납을 가열하는 천연가스로부터 에너지 관련 이산화탄소(CO_2)를 배출한다.

정답 394 ④ 395 ② 396 ④ 397 ① 398 ④

② 제련공정은 일반적인 고로 또는 ISF(Imperial Smelting Furnace)를 이용하고 납산화물의 환원과정에서 CO_2가 배출된다.

③ 석탄, 야금 코크스, 천연가스 등 다양한 물질들이 공정 중 환원제로 사용되는데 노의 타입에 따라 그 사용량이 달라지며 CO_2의 배출수준이 달라진다.

④ 2차 납 생산 공정에서 배출되는 CO_2는 사용하는 환원제의 종류 및 양에 상관없이 일정하다.

풀이 2차 납 생산 공정에서 배출되는 CO_2는 사용하는 환원제의 종류 및 양에 따라 달라진다.

399 납 1차 생산 공정에 관한 내용 중 바르지 않은 것은?

① 연정광으로부터 미가공 조연(Bullion)을 생산하는 공정이 1차 생산 공정이다.
② 소결·제련 공정은 전체 1차 납 생산 공정의 약 22%를 차지한다.
③ 소결·제련 공정에서 소결 공정은 연정광을 재활용 소결물, 석회석과 실리카, 산소, 납 고함유 슬러지 등과 혼합하여 황과 휘발성 금속을 연소를 통해 제거한다.
④ 직접제련 공정에서는 소결 공정이 생략되고 연정광과 다른 물질들이 직접 노에 투입되어 용융·산화된다.

풀이 연정광으로부터 미가공 조연(Bullion)을 생산하는 1차 생산 공정은 2가지로 구분되는데, 먼저 소결과 제련과정을 연속적으로 거치는 소결·제련 공정으로 전체 1차 납 생산 공정의 약 78%를 차지하고, 두 번째는 직접 제련 공정으로 소결과정이 생략되며 이 공정은 1차 납 생산 공정의 22%를 차지한다.

400 납 2차 생산 공정에 관한 내용 중 바르지 않은 것은?

① 정제납의 2차 생산은 재활용 납을 재사용하기 위한 준비과정이다.

② 대부분의 재활용 납은 버려진 납산배터리 스크랩으로부터 얻는다.
③ 배출되는 CO_2는 사용하는 환원제의 종류와 양에 따라 달라진다.
④ 일반적인 산화제로는 석탄, 천연가스, 야금 코크스 등이 사용되며 ERF는 석탄코크스를 사용한다.

풀이 일반적인 환원제로는 석탄, 천연가스, 야금 코크스 등이 사용되며 ERF는 석유코크스를 사용한다.

401 온실가스 배출권거래제의 배출량 보고 및 인증에 관한 지침상 납 생산공정에 관한 설명으로 옳지 않은 것은?

① 연정광으로부터 미가공 조연(Bullion)을 생산하는 1차 생산 공정에서는 소결과정을 생략할 수 없다.
② 소결 공정에서 연정광을 재활용 소결물, 석회석, 실리카, 산소, 납 고함유 슬러지 등과 혼합·연소하여 황과 휘발성 금속을 제거한다.
③ 제련 공정에서 일반적은 고로 또는 ISF(Imperial Smelting Furnace)가 이용되며 납산화물의 환원과정에서 CO_2가 배출된다.
④ 정제납의 2차 생산은 재활용 납을 재사용하기 위한 준비과정이다.

풀이 1차 생산 공정의 직접 제련 공정은 소결과정이 생략된다.

402 납 생산에 관한 내용 중 바르지 않은 것은?

① 보고대상 배출 시설은 소결로, 용융·용해로, 기타 제련공정(TSL 등)이다.
② 보고대상 온실가스는 CO_2이다.
③ 소결로에서 분말형태 연정광을 야금 코크스 등과 혼합한 다음에 연소 환원반응을 거쳐 소결광을 제조하는 과정에서 CO가 발생한다.
④ 코크스가 공기와 반응하여 연소되면서 CO가 발생하고 발생된 CO가 화학반응을 통해 산화납을 환원시키면서 CO_2가 배출된다.

정답 399 ② 400 ④ 401 ① 402 ③

풀이 소결로에서 분말형태 연정광을 야금 코크스 등과 혼합한 다음에 연소 환원반응을 거쳐 소결광을 제조하는 과정에서 CO_2가 발생한다.

403 마그네슘 생산에 관한 내용 중 바르지 않은 것은?

① 1차 마그네슘은 광물자원에서 추출한 금속성 마그네슘을 의미한다.
② 2차 마그네슘은 전해 공정이나 열환원 공정 등을 통해 생산된다.
③ 1차 마그네슘 생산 공정에서의 CO_2 배출은 마그네슘 생산을 위해 사용되는 다양한 원료 중 돌로마이트($Ca \cdot Mg(CO_3)_2$)와 마그네사이트($MgCO_3$)와 같은 광물의 배소(Calcination) 시 이루어진다.
④ 1차 마그네슘은 광물 자원에서 추출한 금속성 마그네슘을 의미하며 전해 공정이나 열환원 공정 등을 통해 생산된다.

풀이 1차 마그네슘은 전해 공정이나 열환원 공정 등을 통해 생산된다.

404 마그네슘 생산 주조 공정에서 일반적으로 사용되는 표면가스는?

① SF_6
② CO
③ N_2
④ SO_2

405 마그네슘 생산 보고대상 온실가스가 아닌 것은?

① CO_2
② PFCs
③ CH_4
④ SF_6

풀이 보고대상 온실가스(마그네슘 생산)
  ㉠ CO_2
  ㉡ PFCs
  ㉢ HFCs
  ㉣ SF_6

406 마그네슘 생산공정이 보고대상 배출시설이 아닌 것은?

① 배소로
② 소성로
③ 용융·용해로
④ 단조로

풀이 마그네슘 생산공정 보고대상 배출시설
  ㉠ 배소로
  ㉡ 소성로
  ㉢ 용융·용해로
  ㉣ 주조로

407 전자산업공정의 내용 중 바르지 않은 것은?

① 보고대상 배출시설은 식각시설과 세척시설이다.
② 보고대상 온실가스는 FCs(불소화합물), N_2O이다.
③ 단결정 성장(Crystal Growing)은 실리콘 페이퍼 제조를 위한 첫 번째 공정이다.
④ 절단은 실리콘 단결정봉을 웨이퍼, 즉 얇은 슬라이스로 변형시키는 공정이다.

풀이 보고대상 배출시설은 식각시설과 증착시설이다.

408 전자산업 배출시설에 관한 내용 중 바르지 않은 것은?

① 산이나 알칼리 용액에 어떤 제품을 표현처리하기 위하여 담그거나 원료 및 제품을 중화시키는 시설을 식각시설이라 한다.
② 식각시설의 대표적인 것으로서 전자산업에서의 화학약품을 사용하여 금속표면을 부분적 또는 전면적으로 용해 제거하는 부식(식각)시설이 있다.
③ 반도체 공정에 주로 이용되는 화학기상증착법(CVD)은 기체, 액체 혹은 고체상태의 원료화합물을 반응기 내에 공급하여 기판 표면에서의 화학적 반응을 유도함으로써 반도체 기판 위에 고체 반응생성물인 박막층을 형성하는 공정이다.
④ CVD는 공정 중의 반응기의 진공도에 따라 대기압 화학기상증착(APCVD)과 가압 화학기상증착(LPCVD)으로 나뉜다.

정답 403 ② 404 ① 405 ③ 406 ④ 407 ① 408 ④

[풀이] CVD는 공정 중의 반응기의 진공도에 따라 대기압 화학기상증착(APCVD)과 감압 화학기상증착(LPCVD)으로 나뉜다.

409 "기체, 액체 혹은 고체 상태의 원료 화합물을 반응기 내에 공급하여 기관 표면에서의 화학적 반응을 유도함으로써 반도체 기판 위에 고체 반응 생성물인 박막층을 형성하는 공정"으로 전자 산업, 특히 반도체 공정에 주로 이용하는 공정은?

① 식각공정 ② 화학기상 증착공정
③ 성형공정 ④ 세정공정

410 연료전지 배출활동에 관한 내용 중 바르지 않은 것은?

① 연료전지는 외부에서 수소와 산소를 공급받아 수용액에서 전자를 교환하는 산화·환원반응을 한다.
② 산화·환원반응에서 생성된 전기에너지를 화학에너지로 변환시키는 장치이다.
③ 연료전지는 수소와 산소로부터 전기와 물을 생산한다.
④ 수소를 생산하기 위하여 연료전지 앞단에서 탄화수소와 물을 반응시키고 이 과정에서 CO_2가 발생된다.

[풀이] 산화·환원반응에서 생성된 화학적 에너지를 전기에너지로 변환시키는 장치이다.

411 오존파괴물질(ODS) 대체물질 비에어로졸 용매에 관한 내용 중 잘못된 것은?

① 불소계 온실가스 중에서 HFCs가 몬트리올 의정서에 의해 규제물질로 지정된 CFC-113을 대체하여 용매로 사용되고 있으며 정밀세척, 전자세척, 금속세척, 탈착 시에 주로 사용된다.
② 가장 흔히 쓰는 용매는 HFC-43-10mee이다.

③ PFCs는 비활성이며 GWP가 낮고 기름을 용해하는 능력이 우수하여 세척용으로 사용된다.
④ 용매는 제품 안에 충진하여 사용하게 되므로 제품의 수명과 배출이 밀접한 관계가 있다.

[풀이] PFCs는 비활성이며 GWP가 높고 기름을 용해하는 능력이 거의 없어서 세척용으로는 사용되지 않는다.

412 오존파괴물질(ODS) 배출시설 에어로졸 중 추진제로 사용되는 물질이 아닌 것은?

① HFC-43-10mee ② HFC-134a
③ HFC-227ea   ④ HFC-152

[풀이] HFC-245fa, HFC-365mfc, HFC-43-10mee는 용매로 사용된다.

413 오존파괴물질(ODS) 배출시설 냉동 및 냉방중 냉각, 고압 냉각 장치와 자동차의 에어컨 시스템에 기존 CFC-12를 대체하여 사용하고 있는 것은?

① HCFC-22   ② HFC-134a
③ HFC-134a ④ HFC-245fa

414 오존파괴물질(ODS)의 대체물질에 관한 내용 중 틀린 것은?

① 기존에는 발포제로 대부분 CFCs를 사용해 왔으나 몬트리올 의정서에 의해 CFCs가 규제된 이후 현재는 대체물질로 주로 HFCs가 사용되고 있으며, HFC-245fa, HFC-365mfc, HFC-227ea, HFC-134a, HFC-152a 등의 물질이 주로 이용된다.
② 기존에 냉장고와 에어컨의 생산공정 시 냉매 충진물로 사용되어 오던 CFCs와 HCFCs를 대체하여 현재는 주로 HFCs가 사용되고 있다.
③ 소방부문에서는 할론에 대한 부분적인 대체물로 HFCs와 PFCs가 사용되며 이동식 설비와 고정식 설비가 있다.

정답 409 ② 410 ② 411 ③ 412 ① 413 ② 414 ④

④ 전기 설비에는 주로 HFC-134a와 HFC-227ea가 사용되며 송전과 배전 중 전기 설비에서 전기 절연체와 전류 차단제로 사용된다.

[풀이] 전기 설비에는 주로 SF_6와 PFCs가 사용되며 송전과 배전 중 전기 설비에서 전기 절연체와 전류 차단제로 사용된다.

415 고형폐기물 매립의 온실가스 배출에 관한 설명 중 바르지 않은 것은?

① 생활, 사업장 및 기타 고형폐기물의 매립 시 상당량의 메탄(CH_4)이 발생한다.
② 메탄은 매립된 폐기물 중 분해 가능한 유기탄소가 수십 년에 걸쳐 서서히 혐기성 분해되며 발생하게 된다.
③ 일정한 조건하에 메탄 생성은 전적으로 잔존하는 탄소량에 의존하고, 이에 따라 매립 초기에 배출량이 가장 적으며, 이후 분해 박테리아에 의해 분해 가능한 탄소가 소비되면서 점차 증가하게 된다.
④ 분해과정은 1차 반응을 따른다는 가정을 적용하였으며, 2006 IPCC에 제시된 1차 반응모델(FOD ; First Order Decay)을 통하여 고형폐기물 매립시설에서의 메탄 배출량을 산정한다.

[풀이] 일정한 조건하에 메탄 생성은 전적으로 잔존하는 탄소량에 의존하고, 이에 따라 매립 초기에 배출량이 가장 크며, 이후 분해 박테리아에 의해 분해 가능한 탄소가 소비되면서 점차 증가하게 된다.

416 다음 내용으로 알맞은 것은?

> 침출수가 매립시설에서 흘러 나가는 것을 방지하기 위한 시설로서, 폐기물의 성질·상태, 매립 높이, 지형조건 등을 고려하여 점토류 라이너 및 토목합성 수지 라이너 등의 재질로 이뤄진 차수시설

① 차단형 매립시설　② 관리형 매립시설
③ 저류형 매립시설　④ 차단형 매립시설

417 관리형 매립시설의 주요시설이 아닌 것은?

① 저류구조물　② 우수집 배수시설
③ 매립가스 처리시설　④ 침출수 이동시설

[풀이] 주요시설은 기초지반, 저류구조물, 차수시설, 우수집 배수시설, 침출수집 배수시설, 침출수 처리시설, 매립가스 처리시설 등이다.

418 다음 중 고형폐기물 매립 시 보고대상 배출시설이 아닌 것은?

① 차단형 매립시설　② 관리형 매립시설
③ 비차단형 매립시설　④ 비관리형 매립시설

419 폐기물 관련 부문 온실가스 배출원과 산정, 보고해야 하는 배출가스로 옳지 않은 것은?

① 매립된 폐기물의 분해과정 중 CO_2 발생
② 비생물계 기원 폐기물의 소각으로 인한 CO_2 발생
③ 하수슬러지의 혐기성 소화에 의한 CH_4 발생
④ 퇴비화로 인한 CH_4, N_2O 발생

[풀이] 매립지 내 산소의 공급이 없어지면서 혐기성 분해에 의한 CH_4 가스 생성·배출, 이 과정에서 CO_2도 배출되나, 생물계 기원 CO_2이므로 온실가스에서 제외한다.

420 고형폐기물 매립의 최적 실용화 기술(BAT)에 관한 설명 중 바르지 않은 것은?

① 매립시설에서 온실가스 배출량을 줄이는 방법으로는 매립가스(LFG)를 포집하여 이용하는 방법과 소각하여 대기로 배출하는 방법이 있다.
② 매립가스를 이용하는 방법은 발전, 가스공급, 자동차 연료 등이 있다.
③ 매립가스를 소각하여 배출하는 방법은 온실가스 배출량 산정 시 매립시설에서 배출되는 CO_2가 포함되는 점을 이용한 것이다.
④ 최근 국내·외적으로 바이오에너지 및 친환경에너지에 대한 관심이 높아지고 있어 기존의 매립가스 소각보다는 이를 최대한 이용하려 하고 있다.

정답　415 ③　416 ②　417 ④　418 ③　419 ①　420 ③

풀이 매립가스를 소각하여 배출하는 방법은 매립시설에서 배출되는 CO_2가 온실가스 배출량 산정 시 제외되는 점을 이용한 것이다.

421 고형폐기물 매립의 BAT 중 기술적 문제점에 관한 내용이 아닌 것은?

① 가스발생량의 정확한 예측 곤란
② 매립가스 포집 및 정제기술의 후진성과 사업의 제한성
③ 발전 후 잉여가스의 재활용
④ 국가 차원에서의 지원

풀이 ④는 제도적 문제에 해당된다.

422 다음의 내용으로 맞는 것은?

> 화석연료를 사용하는 발전사업자의 총발전량에서 일정비율을 신생에너지로 공급토록 의무화하여 신재생에너지의 이용보급을 촉진하기 위한 제도

① 신재생에너지 공급의무할당제
② 신재생에너지 활성화 제도
③ 신재생에너지 수요촉진제도
④ 재생에너지 활성화 제도

423 바이오가스 시설현황 중 매립지가스(LFG) 생성단계에 관한 설명으로 가장 적합한 단계는?

> 메탄과 이산화탄소의 농도가 일정하게 유지되는 단계로 메탄이 55~60% 정도, 이산화탄소가 40~45% 정도, 기타 미량가스가 1% 내외로 발생한다.

① 호기성 분해단계
② 산생성단계
③ 불안정한 메탄생성단계
④ 안정된 메탄생성단계

424 매립가스 반전 적용방법 중 증기터빈에 관한 설명으로 옳지 않은 것은?

① 대규모 시설일수록 경제적 효과가 증가하는 것으로 알려져 있다.
② 가스엔진과 가스터빈에 비해 운영보수비가 저렴한 편이다.
③ 발전시설과 분리되어 있어서 매립가스 내 불순물의 영향을 받지 않는 장점이 있다.
④ 초기 시설비는 저렴하나, 가스엔진과 가스터빈에 비해 NOx와 CO의 배출량이 많다.

425 고형폐기물의 생물학적 처리 구분 중 해당되지 않는 것은?

① 퇴비화
② 혐기성 소화
③ 기계 – 생물학적(MB) 처리
④ 고형화

426 고형폐기물의 생물학적 처리목적이 아닌 것은?

① 폐기물의 부피 감소
② 폐기물의 활성화
③ 폐기물의 병원균 사멸
④ 바이오가스의 생산

풀이 고형폐기물의 생물학적 처리목적은 폐기물의 안정화에 있다.

427 고형폐기물의 생물학적 처리 유형 중 혐기성 소화과정에서 주로 발생되는 대표적인 온실가스는?

① CO
② N_2O
③ SF_6
④ CH_4

정답 421 ④ 422 ① 423 ④ 424 ④ 425 ④ 426 ② 427 ④

428 "폐기물의 최종처리인 매립으로 인한 배출량을 줄이기 위해 폐기물을 안정화하고, 부피를 감소시키기 위한 목적으로 수행되는 활동"의 생물학적 처리방법은?

① 퇴비화
② 고형폐기물의 생물학적 처리
③ 혐기성 소화
④ 고형화

429 다음 중 고형폐기물의 생물학적 처리 시 보고대상 배출시설이 아닌 것은?

① 혐기성 분해시설 ② 사료화 생산시설
③ 부숙토 생산시설 ④ 배합 생산시설

풀이 보고대상 배출시설
㉠ 사료화 · 퇴비화 · 소멸화 · 부숙토 생산시설
㉡ 혐기성 분해시설

430 고형폐기물의 생물학적 처리 시 보고대상 온실가스로 맞는 것은?

① CH_4, N_2O ② CH_4, CO_2
③ CO_2, N_2O ④ CH_4, CFC

431 하 · 폐수 처리 공정에서 주로 질소나 인과 같은 영양염류의 제거를 위한 처리방법은?

① 1차 처리   ② 2차 처리
③ 고도처리   ④ 전처리

432 하 · 폐수 처리 시 온실가스 배출활동에 관한 내용 중 잘못된 것은?

① 하 · 폐수는 현장에서 처리되거나 중앙 집중화된 시설을 통해 처리되며, 처리과정에서 CH_4 및 N_2O를 배출한다.

② 하 · 폐수로부터 배출되는 CO_2는 생물 기원으로 배출량 산정 시 제외하도록 한다.
③ 하 · 폐수 처리에서의 CH_4는 유기물이 분해되는 과정에서 배출되며, 기본적으로 폐수 내의 분해 가능한 유기물질, 온도, 처리시스템의 유형에 따라 배출량이 변한다.
④ N_2O의 경우에는 폐수가 아닌 질소 성분(요소, 질산염, 단백질)을 포함한 하수 처리과정에서 배출되며, 질산화 및 탈질화 작용을 통해 발생하게 되는 N_2O는 배출량 산정 시 제외한다.

풀이 N_2O의 경우에는 폐수가 아닌 질소 성분(요소, 질산염, 단백질)을 포함한 하수 처리과정에서 배출되며, 질산화 및 탈질화 작용을 통해 발생하게 된다.

433 하 · 폐수 처리의 보고대상 배출시설이 아닌 것은?

① 가축 분뇨 공공처리시설
② 지하수오염 처리시설
③ 공공하수 처리시설
④ 분뇨처리시설

풀이 보고대상 배출시설
㉠ 가축 분뇨 공공처리시설
㉡ 공공폐수 처리시설
㉢ 공공하수 처리시설
㉣ 분뇨처리시설
㉤ 기타 하 · 폐수 처리시설

434 N_2O를 산정하지 않는 처리시설은?

① 하수처리시설
② 폐수처리시설
③ 혐기성분해시설
④ 폐가스소각시설

435 하·폐수 처리의 최적 가용화 기술(BAT) 중 혐기성 소화로의 소화효율 문제점 및 개선방안에 대한 설명으로 옳지 않은 것은?

① 우리나라의 1차 처리 및 잉여슬러지 처리, 잉여슬러지 분리는 VSS/TSS 비가 미국 등과 비교해 매우 낮다는 특징이 있다.
② 소화조 내 온도가 저하되면 미생물의 활성이 떨어져 소화 효율이 저하되므로 이를 해결하기 위해서는 슬러지 주입 시 전체 슬러지 계통의 인발 및 주입 시간표를 작성하여 조금씩 나누어 여러 차례에 걸쳐 투입하여야 한다.
③ 메탄 형성이 저조하고 산형성이 왕성하면 조 내 유기산이 축적되어 pH가 저하되고 pH가 저하되면 메탄 형성 미생물에 독성을 주므로 투입횟수, 1회 투입량 등을 재검토하여 적정량의 슬러지가 균등하게 투입되도록 조정하여야 한다.
④ 우리나라 하수는 질산화 시 알칼리도의 소비 등으로 인해 알칼리도가 부족한 경우가 많아 이로 인해 소화에 문제가 나타나고 있으며, 소화조 적정 알칼리도는 5,000~10,000mg/L 정도이다.

풀이 우리나라 하수는 질산화 시 알칼리도의 소비 등으로 인해 알칼리도가 부족한 경우가 많아 이로 인해 소화에 문제가 나타나고 있으며, 소화조 적정 알칼리도는 2,000~5,000mg/L 정도이다.

436 하·폐수 처리시설 BAT 중 슬러지를 소화시키기 전에 농축할 경우의 장점이 아닌 것은?

① 가열에 필요한 에너지를 감소시킨다.
② 알칼리도의 농도가 낮아져 소화과정이 보다 안정하다.
③ 식종미생물의 유출을 감소시킨다.
④ 혼합효과를 최대로 발휘하게 한다.

풀이 슬러지를 소화시키기 전에 농축할 경우의 장점
　㉠ 가열에 필요한 에너지를 감소시킨다.
　㉡ 알칼리도의 농도가 높아져 소화과정이 보다 안정하다.
　㉢ 식종미생물의 유출을 감소시킨다.
　㉣ 혼합효과를 최대로 발휘하게 한다.
　㉤ 소화과정을 더 잘 조절할 수 있다.
　㉥ 상등수의 양을 감소시킨다.

437 혐기성 소화조의 소화효율 저하원인과 가장 거리가 먼 것은?

① pH 저하　　② 알칼리제 주입
③ 소화조 내 온도저하　　④ 독성물질의 유입

풀이 혐기성 소화조의 소화효율 저하원인은 낮은 유기물 함량, 소화조 내 온도저하, 가스발생량의 저하, 상등수 악화, pH 저하, 알칼리도 소비이다.

438 소각되는 폐기물의 유형이 아닌 것은?

① 도시고형폐기물　　② 일반폐기물
③ 지정폐기물　　④ 하수슬러지

풀이 소각되는 폐기물 유형
　㉠ 도시고형폐기물　㉡ 사업장폐기물
　㉢ 지정폐기물　㉣ 하수슬러지

439 폐기물 소각 시 온실가스 배출에 관한 설명 중 바르지 않은 것은?

① 폐기물 소각시설에서는 고형 및 액상 폐기물의 연소로 인해 CO_2, CH_4 및 N_2O가 배출된다.
② 바이오매스 폐기물(음식물, 목재 등)의 소각으로 인한 CO_2 배출은 생물학적 배출이므로 배출량 산정 시 제외되어야 한다.
③ 화석연료로 인한 폐기물(플라스틱, 합성섬유, 폐유 등)의 소각으로 인한 CO_2는 배출량에 포함되지 않는다.
④ 폐기물 소각으로 인한 CO_2 배출은 Mass Balance 방법에 따라 폐기물의 화석탄소 함량을 기준으로 산정되며, 그 밖의 $Non-CO_2$(CH_4 및 N_2O)의 경우에는 측정을 통하여 배출량을 산정한다.

풀이 화석연료로 인한 폐기물(플라스틱, 합성섬유, 폐유 등)의 소각으로 인한 CO_2만 배출량에 포함되어야 한다.

정답　435 ④　436 ②　437 ②　438 ②　439 ③

440 온실가스 배출권거래제의 배출량 보고 및 인증에 관한 지침상 폐기물 소각의 배출활동 개요에 관한 설명으로 ( )에 들어갈 수 있는 물질이 알맞게 짝지어진 것은?

> 폐기물 소각시설에서 바이오매스 폐기물 (㉠)의 소각으로 인한 CO_2 배출은 생물학적 배출량이므로 배출량 산정 시 제외되어야 하며, 화석연료로 인한 폐기물 (㉡)의 소각으로 인한 CO_2 배출량은 배출량에 포함되어야 한다.

① ㉠ 목재, 폐지 등
　㉡ 공원폐기물, 폐합성고무 등
② ㉠ 음식물, 기저귀, 하수슬러지 등
　㉡ 플라스틱, 폐섬유류 등
③ ㉠ 음식물, 목재 등
　㉡ 플라스틱, 합성섬유, 폐유 등
④ ㉠ 목재, 폐지 등
　㉡ 플라스틱, 폐합성고무 등

441 소각 배출시설 중 폐가스 소각시설에 관한 내용 중 바르지 않은 것은?

① 직접연소시설은 연소시설, 연소장치, 온도조정장치, 안전장치, 열회수 장치들로 구성되어 있다.
② 촉매 산화 연소시설은 가스상 물질을 촉매층을 통과시켜 연소하기 쉬운 물질로 만든 후에 산화시키는 시설이다.
③ 촉매 산화 연소시설은 직접연소법에 비하여 비교적 내부온도가 낮은 상태에서도 산화가 잘 이루어질 수 있다.
④ 예열연소장치는 가스를 촉매층에 통과시킨 후 일정한 온도를 유지시켜 준다.

[풀이] 예열연소장치는 가스를 촉매층에 통과시키기 전 일정한 온도를 유지시켜 준다.

442 폐기물 소각 시 보고대상 온실가스가 아닌 것은?

① CO_2　　② CH_4
③ 다이옥신　　④ N_2O

443 폐기물 소각 시 보고대상 배출시설이 아닌 것은?

① 소각보일러
② 재처리 폐기물 소각시설
③ 고온용융시설
④ 폐수 소각시설

[풀이] 보고대상 배출시설
　㉠ 소각보일러
　㉡ 일반소각시설
　㉢ 고온소각시설
　㉣ 열분해시설(가스화시설 포함)
　㉤ 고온용융시설
　㉥ 열처리조합시설
　㉦ 폐가스 소각시설
　　(배출가스 연소탑, Flare Stack 등)
　㉧ 폐수 소각시설

444 폐기물 소각시설의 BAT 중 소각시설 설계 시 최적의 에너지 열 결정에 필요한 인자가 아닌 것은?

① 위치
② 회수되는 에너지에 대한 수요량 및 수요량의 변동성
③ 생산되는 열과 전기에 대한 시장가격
④ 폐기물의 크기

[풀이] 소각시설 설계 시 최적의 에너지 효율을 결정하는 데 필요한 인자
　㉠ 위치
　㉡ 회수되는 에너지에 대한 수요량 및 수요량의 변동성
　㉢ 생산되는 열과 전기에 대한 시장가격
　㉣ 폐기물의 성상
　㉤ 폐기물의 가변성

정답 440 ③　441 ④　442 ③　443 ②　444 ④

445 폐기물 소각시설의 BAT 중 에너지순환 설계 선택 시 고려해야 할 요소가 아닌 것은?

① 배기가스 재순환율
② 공급폐기물
③ 에너지 판매 가능성
④ 열과 전력의 결합

446 폐기물 소각시설의 BAT 중 에너지 회수를 개선하기 위한 적용기술이 아닌 것은?

① 폐기물 투입의 전처리(균질화, 추출/분리)
② 연소공기의 예열
③ 배가스의 재순환
④ 열가온식 화격자

풀이 에너지 회수를 개선하기 위한 적용기술
㉠ 폐기물 투입의 전처리
㉡ 보일러 및 열전달
㉢ 연소공기 예열
㉣ 수랭식 화격자
㉤ 배가스 응축
㉥ 배가스 처리(FGT) 장치 운전온도로의 배가스 예열
㉦ 증기-물 순환 개선

447 폐기물 소각시설의 BAT 중 탄산나트륨 생산을 위한 배가스 내 CO_2 흡수에 관한 내용이 바르지 않은 것은?

① 배가스가 가성소다(NaOH)와 반응하면 CO_2와 수산화나트륨이 반응하여 탄산나트륨을 형성한다.
② 이 공정에서 탄산염 생산을 위해 필요한 배가스는 세정 마지막 단계에서 CO_2 흡수탑으로 보내진다.
③ 배가스는 그 컬럼으로부터 수분 제거기를 통하여 대기로 배출된다.
④ 탄산염 용액의 농도, NaOH, 수량, pH 값 등을 적절한 방법으로 측정하는데, 이 과정에서 상당량의 가성소다가 소비되고 가성소다의 생산공정에서 생성된 CO_2는 배출량 계산에서는 제외한다.

풀이 탄산염 용액의 농도, NaOH, 수량, pH 값 등을 적절한 방법으로 측정하는데, 이 과정에서 가성소다가 상당히 소비되고 가성소다의 생산공정에서 생성된 CO_2도 배출량 산정 시 고려되어야 한다.

448 간접배출(외부에서 공급된 전기·열(스팀)의 사용)공정의 정의에 대한 설명 중 바르지 않은 것은?

① 폐기물을 조직경계 밖에서 처리하여 온실가스가 배출되는 경우는 폐기물을 발생하는 입장에서는 간접배출이라고 할 수 없다.
② 목표관리제 지침에서는 온실가스 간접배출에 대해 '관리업체가 외부로부터 공급된 전기 또는 열(연료 또는 전기를 열원으로 하는 것만 해당된다.)을 사용함으로써 발생하는 온실가스 배출'이라고 정의하고 있다.
③ 간접배출은 특정 부문의 일상적인 활동에 의해 온실가스가 직접 배출되는 것이 아니다.
④ 간접배출원의 조직경계 외부에서 온실가스를 배출하는 직접 활동에 의해 생성된 것(전기 또는 스팀)을 간접배출원의 조직경계 내에서 활용 또는 처리하는 과정에서 온실가스 배출을 간접적으로 유도하는 배출활동으로 정의할 수 있다.

풀이 폐기물을 조직경계 밖에서 처리하여 온실가스가 배출되는 경우도 폐기물을 발생하는 입장에서는 간접배출이라고 할 수 있다.

449 간접배출인 외부에서 공급된 전기 사용에 관한 사항 중 설명이 바르지 않은 것은?

① 할당대상업체가 소유 및 통제하는 설비와 사업활동에 의한 전력 사용으로 인해 발생하는 간접적 온실가스 배출은 연료연소, 원료 사용 등으로 인한 직접적 온실가스 배출과 함께 할당대상업체의 온실가스 배출량에 포함되어야 한다.
② 대부분의 관리업체에 있어서 구입전력은 큰 비중을 차지하는 온실가스 배출원 중 하나이며, 동

정답 445 ① 446 ④ 447 ④ 448 ① 449 ④

시에 감축목표 달성을 위한 기회요소이기도 하다.
③ 직접적 온실가스 배출뿐만 아니라, 간접적 온실가스 배출을 산정하는 것은 이러한 정보가 향후 온실가스와 관련된 다양한 프로그램에 적용될 수 있기 때문이다.
④ 할당대상업체의 조직경계 내에 발전설비가 위치하여 생산된 전력을 자체적으로 사용할 경우에도 간접적 온실가스 배출량 산정에 포함한다.

풀이 할당대상업체의 조직경계 내에 발전설비가 위치하여 생산된 전력을 자체적으로 사용할 경우에는 간접적 온실가스 배출량 산정에서 제외하도록 한다.

450 외부에서 공급된 전기 사용의 보고대상 배출시설 및 온실가스에 관한 설명 중 바르지 않은 것은?

① 보고대상 온실가스는 CO_2, CH_4, N_2O이다.
② 외부에서 공급된 전기 사용에 따른 간접배출량의 산정·보고 범위는 배출시설 단위로 정한다.
③ 제품생산 용도가 아닌 업무용 건물, 폐기물 처리시설, 전력 다소비시설인 전기아크로에 대해서는 전기사용량과 이에 따른 간접배출량을 구분하여 산정·보고하여야 한다.
④ 기타 전력량계(법정계량기 및 내부관리용 계량기를 포함한다.)가 부착되어 있는 배출시설의 경우 배출시설별로 전기사용량 등을 구분하여 보고할 수 있다.

풀이 외부에서 공급된 전기 사용에 따른 간접배출량의 산정·보고 범위는 배출시설 단위가 아닌 사업장 단위로 정한다.

451 간접배출 중 외부에서 공급된 열(스팀)의 사용에 관한 설명으로 옳지 않은 것은?

① 할당대상업체가 소유 및 통제하는 설비와 사업활동에 의한 열(스팀) 사용으로 인해 발생하는 간접적 온실가스 배출은 연료연소, 원료 사용 등으로 인한 직접적 온실가스 배출과 함께 할당대상업체의 온실가스 배출량에 포함되어야 한다.
② 열(스팀)은 열(스팀) 생산을 목적으로 하는 시설을 통하여 공급될 수도 있으나, 열병합 발전설비 또는 폐기물 소각시설 등에서의 열(스팀) 회수를 통하여 공급될 수도 있다.
③ 열(스팀)을 생산하여 외부로 공급하는 업체가 자체적으로 열(스팀) 간접배출계수를 제공할 수 없는 경우에는 센터가 검증·공표하는 국가 고유의 열(스팀) 간접배출계수 등을 활용할 수 있다.
④ 외부에서 공급된 열(스팀) 사용에 대한 간접배출량의 산정·보고범위는 할당대상업체의 배출시설 단위가 아닌 배출시설 단위로 한다.

풀이 외부에서 공급된 열(스팀) 사용에 대한 간접배출량의 산정·보고범위는 할당대상업체의 사업장 단위로 정한다.

452 석탄채굴 및 처리활동에서의 탈루배출에 관한 내용 중 바르지 않은 것은?

① 석탄의 지질학적 형성과정은 지층가스(Seam Gas)인 메탄(CH_4)을 생성한다.
② 메탄(CH_4)은 석탄을 채굴하기 전까지 석탄층에 잡혀 있다가 석탄을 채굴 및 처리하는 과정에서 대기로 배출된다.
③ 보고대상 배출시설은 노천탄광과 처리 및 저장에 의한 탈루배출 시설이다.
④ 채굴 광산의 형태에 따라 지하탄광과 지상탄광으로 구분한다.

풀이 채굴 광산의 형태에 따라 지하탄광과 노천탄광으로 구분한다.

453 석유산업에서의 탈루배출에서 석유생산 4단계에 해당되지 않는 것은?

① 원유 생산
② 원유 정제
③ 제품 판매
④ 원유 및 제품 저장

정답 450 ② 451 ④ 452 ④ 453 ④

[풀이] **4단계 구분(석유생산)**
  ㉠ 원유생산 : 석유를 발견하기 위한 탐광시추·유전개발·석유채취 등
  ㉡ 원유정제 : 원유를 휘발유·등유 등으로 분류하는 일
  ㉢ 제품판매 : 공장도판매·도매·소매를 포함하며, 제품을 정유공장에서 대수요처·주유소 등에 공급하는 과정
  ㉣ 원유 및 제품 수송 : 원유생산과 석유정제, 또는 석유정제와 제품판매를 연결시키는 과정

454 석유산업에서의 탈루배출에 관한 내용 중 바르지 않은 것은?

① 원유를 탐사, 생산, 수송, 처리(정제), 분배하는 과정에서 원유에 함유되어 있는 온실가스가 배관 시스템(밸브, 플렌지, 커넥터 등)을 통하여 누출(Leak)
② 저장시설 등을 통하여 증발배출
③ 공정 중에서 발생하는 배기(Venting)가스에서 온실가스가 배출되는 것을 모두 포함
④ 보고대상 배출시설은 원유저장시설 및 원유분배시설이다.

[풀이] **보고 대상 배출시설**
  ㉠ 원유저장시설
  ㉡ 원유입하시설

455 천연가스 산업에서의 탈루 배출에 관한 내용 중 바르지 않은 것은?

① 보고대상 배출시설은 저장시설과 공급시설이다.
② 천연가스 산업구분에서 수분 및 황 제거 등은 생산단계에서 이루어진다.
③ 천연가스를 탐사, 생산, 처리, 전송 및 저장, 분배하는 과정에서 천연가스에 함유된 온실가스(메탄)가 배관 시스템(밸브, 플렌지, 커넥터 등)을 통하여 누출되어 탈루 배출된다.

④ 국내 천연가스 산업에서는 저장·공급 시스템에서의 누출 배출(Venting)을 천연가스 탈루량으로 보고한다.

[풀이] **천연가스 산업구분**
  ㉠ 천연가스를 탐사하는 단계
  ㉡ 생산단계(처리 시설까지 연결지점 및 전송 시스템과의 연결지점까지를 포함)
  ㉢ 처리단계(수분 및 황 제거 등)
  ㉣ 공급(판매) 지점으로 이송 및 저장하는 단계
  ㉤ 천연가스를 공급 및 판매하는 분배단계

456 이산화탄소 포집 및 이동의 배출활동에 관한 내용 중 바르지 않은 것은?

① 이산화탄소 포집이란 이산화탄소가 배출되는 시설에서 이산화탄소를 포집하여 조직경계 내부 및 외부로의 이동을 목적으로 대기로부터 격리되는 활동이다.
② 포집된 이산화탄소는 하나 이상의 다른 설비나 전용 파이프라인을 통하여 CO_2 사용시설로 이동되어야 한다.
③ 이동한 이산화탄소가 순수한 물질로 사용되는 경우만 인정한다.
④ 국가배출권 할당계획에 따라서 할당대상 배출활동과 비할당 배출활동을 구분하여 보고하여야 한다.

[풀이] 이동한 이산화탄소가 순수한 물질로 사용되거나 생산품, 원료로 사용 또는 결합되는 경우에 한하여 인정한다.

457 이산화탄소 포집 및 이동의 CO_2 사용시설이 아닌 것은?

① 탄산음료용 CO_2 사용
② 철강산업에서 CO_2 사용
③ 곡물살충용 CO_2 사용
④ 드라이아이스용 CO_2 사용

정답 454 ④ 455 ② 456 ③ 457 ②

풀이 CO₂ 사용시설
  ㉠ 탄산음료용 CO₂ 사용
  ㉡ 드라이아이스용 CO₂ 사용
  ㉢ 소화, 냉매 및 실험실 가스용 CO₂ 사용
  ㉣ 곡물 살충용 CO₂ 사용
  ㉤ 식품, 화학산업에서 용매용 CO₂ 사용
  ㉥ 화학, 제지, 건설, 시멘트산업에서 제품 및 원료용 CO₂ 사용(탄산염 등)
  ㉦ 반도체/디스플레이/PV 생산부문에서의 CO₂ 사용

458 굴뚝 연속자동측정기에 의한 배출량 산정방법 중 CO₂ 평균농도 및 적산유량의 기준시간 (min)은?

① 60min
② 30min
③ 20min
④ 10min

풀이 굴뚝 연속자동측정기에 의한 배출량 산정방법
$$E_{CO_2} = K \times C_{CO_2,d} \times Q_{sd}$$
여기서, E_{CO_2} : CO₂ 배출량(g CO₂/30분)
$C_{CO_2,d}$: 30분 CO₂ 평균농도 %(건 가스 (Dry Basis) 기준, 부피농도)
Q_{sd} : 30분 적산 유량(Sm³, 건 가스 기준)
K : 변환계수(1.964×10, 표준상태에서 1kmol이 갖는 공기 부피와 이산화탄소 분자량 사이의 변환계수)

459 굴뚝 연속자동측정기와 배출가스유량계 측정자료의 수치 맺음 및 배출량 산정 기준에 관한 설명 중 잘못된 것은?

① 측정자료의 수치 맺음은 한국산업표준 KS Q 5002(데이터의 통계해석방법)에 따라서 계산한다.
② 소수점 이하는 셋째 자리에서 반올림하여 산정한다.(유량은 소수점 이하는 버림 처리하여 정수로 산정한다.)
③ 30분 배출량은 g 단위로 계산하고, 소수점 이하는 버림 처리하여 정수로 산정한다.
④ 월 배출량은 g 단위의 30분 배출량을 월 단위로 합산하고, kg 단위로 환산한 후, 소수점 이하는 셋째 자리에서 반올림하여 산정한다.

풀이 월 배출량은 g 단위의 30분 배출량을 월 단위로 합산하고, kg 단위로 환산한 후, 소수점 이하는 버림 처리하여 정수로 산정한다.

460 연속측정방법에 의한 측정자료의 무효자료 선별기준으로 거리가 먼 것은?

① 정도검사 불합격 또는 미수검
② 배출시설이 가동 중지되었으나 측정자료가 생성되는 경우
③ 수치맺음이 정확하지 않아 유효숫자가 많은 경우
④ 측정기기 교정 중으로 동작불량, 전원단절 등의 상태표시가 된 자료

풀이 연속측정방법 측정자료의 무효자료 선별기준
  ㉠ 정도검사 불합격 또는 미수검
  ㉡ 측정자료에서 오작동 측정값으로 판단한 자료
  ㉢ 정도검사·장비검사·테스트 실시로 온실가스 온도 또는 유량을 측정하지 못한 경우
  ㉣ 측정기기(교정 중, 동작불량, 전원단절, 보수 중) 및 전송기기(비정상, 전원단절) 등의 상태가 표시된 자료
  ㉤ 환산 또는 보정식에 관계하는 온도·산소·수분 등의 측정값이 위 무효자료 선별기준에 따라 무효화 처리되어 온실가스의 기타 항목의 측정자료도 무효화되는 경우
  ㉥ 배출시설의 가동 중지되어도 측정자료가 생성되는 경우
  ㉦ 관리업체 등에서 부득이한 사유로 측정기기의 정상 측정이 중단된 경우

461 연속측정방법의 배출량 산정 시 대체자료 생성기준에 관한 설명으로 옳지 않은 것은?

① 장비점검 시 대체자료로서 정상자료 중 최근 30분 평균자료를 사용한다.
② 가동중지 기간은 해당 기간의 자료를 0으로 처리한다.
③ 정도검사 불합격 시 정상 마감된 최근 3개월간의 30분 평균자료를 사용한다.
④ 미수신 자료의 경우 정상자료 중 최근 30분 평균자료를 이용한다.

정답 458 ② 459 ④ 460 ③ 461 ③

[풀이] 연속측정방법의 배출량 산정 시 대체자료 생성기준

결측자료	대체자료
정도검사 기간, 정도검사 및 교정검사 불합격	정상 마감된 전월의 최근 1개월간의 30분 평균자료
비정상 측정자료	정상자료 중 최근 30분 평균자료
장비점검	정상자료 중 최근 30분 평균자료
상태표시 발생 기간	정상자료 중 최근 30분 평균자료
비정상 환산·보정	정상자료 중 최근 30분 평균자료
가동중지 기간	해당기간의 자료는 0으로 처리
미수신 자료	정상자료 중 최근 30분 평균자료
그 밖의 무효자료 인정기간	정상 마감된 전월의 최근 1개월간의 30분 평균자료

462 굴뚝 연속 자동 측정방법에 따른 배출량 제출방법에 관한 내용 중 "실시간 측정자료"에 해당되지 않는 것은?

① CO_2 농도
② 배출가스유량
③ 배출구 온도
④ CO_2 농도

[풀이] 실시간 측정자료
① CO_2 농도
② 배출가스유량
③ 배출구 온도
④ 산소 농도

463 굴뚝 연속 자동 측정방법에 따른 배출량 제출방법에 관한 내용 중 "실시간 측정자료"의 측정시간으로 맞는 것은?

① 3분 및 30분
② 5분 및 30분
③ 10분 및 30분
④ 30분 및 60분

464 이산화탄소의 측정단위로 맞는 것은?

① PPM
② %
③ mg/Sm^3
④ Sm^3

[풀이] 측정항목별 측정단위
㉠ % : 이산화탄소
㉡ Sm^3 : 이산화탄소 유량

465 경계범위의 일반적인 내용 중 바르지 않은 것은?

① Scope는 배출량 산정 범위를 의미한다.
② Scope는 직·간접배출원에 대한 포괄적인 활동 범위를 설정하는 것이다.
③ Scope는 배출량 산정 및 보고의 투명성 개선을 목표로 하고 있다.
④ 배출원은 조직경계에 의해 직접배출원(Scope 1)과 간접배출원으로 구분된다.

[풀이] 배출원은 운영경계에 의해 직접배출원(Scope 1)과 간접배출원으로 구분된다.

466 다음 경계범위에 관한 설명 중 옳지 않은 것은?

① Scope(범위)는 배출량 산정 및 보고의 투명성 개선을 목표로 하고 있다.
② 배출원은 운영 경계에 의해 직접배출원(Scope 1)과 간접배출원으로 구분되며, 간접배출원은 다시 범위 2(Scope 2)와 범위 3(Scope 3)으로 구분된다.
③ 국가 인벤토리에서는 직접배출원 및 간접배출원을 고려하고, 지자체와 기업체 인벤토리에서는 직접배출원 이외에 간접배출원을 포함하는 경우도 있다.
④ 간접배출원 중에서 Scope 2만 산정범위로 규정하는 경우가 대부분이나, 드물게 Scope 3을 포함하기도 한다.

[풀이] 국가 인벤토리에서는 직접배출원만 고려하나, 지자체와 기업체 인벤토리에서는 직접배출원 이외에 간접배출원을 포함하는 경우도 있다.

467 Scope 1(직접배출)의 종류와 거리가 먼 것은?

① 고정연소
② 구매전기
③ 이동연소
④ 공정배출

풀이 1. Scope 1의 종류
   ㉠ 고정연소   ㉡ 이동연소
   ㉢ 공정배출   ㉣ 탈루배출
2. Scope 2의 종류
   ㉠ 구매전기(구매전력)
   ㉡ 구매스팀

468 온실가스 배출활동을 직접배출과 간접배출로 구분할 때 다음 중 직접배출에 해당되지 않는 것은?

① 공정배출
② 탈루배출
③ 이동연소배출
④ 외부로부터 구입되어 조직 내에서 사용되는 전기생산과정에서 매출

풀이 ④는 간접배출(Scope 2)에 해당된다.

469 다음의 설명에 맞는 범위(Scope)는?

- 조직의 활동에 기인하나 다른 조직의 소유 및 관리 상태에 있는 온실가스 배출을 의미한다.
- 직원 소유 출퇴근 차량, 아웃소싱 활동, 구매된 원재료의 생산으로부터 발생한 배출량 등이 예이다.

① Scope 1   ② Scope 2
③ Scope 3   ④ Scope 4

470 다음의 경계범위에 관한 설명 중 옳지 않은 것은?

① 인벤토리 설계 단계에서 배출 주체와 인벤토리 관리기관과의 합의를 통해 직접배출원뿐만 아니라 간접배출원의 범위에 대해 결정 · 고시가 이루어져야 한다.
② 직접배출(Scope 1)과 간접배출(Scope 2)을 구분하는 이유는, 전력 · 열을 공급하는 사업자(공급자)와 전력 · 열을 공급받는 사업자(수급자)가 같은 조직경계에서 배출량을 산정 · 보고할 경우 중복산정(Double Counting)되므로, 이를 방지하기 위함이다.
③ 간접배출(Scope 2)은 관리업체의 조직경계 내에서 대기 중으로의 온실가스 배출은 아니지만 관리업체의 활동결과로 발생한다.
④ 전기 · 열 공급자(발전 등)가 전기 · 열을 외부로 공급하고 전기 · 열 수급자가 그 사용량을 간접배출(Scope 2)로 보고한다고 해서, 전기 · 열 공급자의 온실가스 배출량에서 전기 · 열 공급량만큼 배출량을 차감하는 것은 옳지 않다.

풀이 직접배출(Scope 1)과 간접배출(Scope 2)을 구분하는 이유는, 전력 · 열을 공급하는 사업자(공급자)와 전력 · 열을 공급받는 사업자(수급자)가 같은 운영경계(Scope)에서 배출량을 산정 · 보고할 경우 중복산정(Double Counting)되므로, 이를 방지하기 위함이다.

471 조직경계에 관한 내용 중 옳지 않은 것은?

① 조직이란 법인 형태 또는 공공기관, 민간기관에 관계없이 자체적 기능 및 행정을 갖춘 회사, 법인, 기업, 정부 당국 또는 협회를 말한다.
② 조직경계는 온실가스 배출량 및 에너지 사용량 등의 보고 주체와 보고를 해야 하는 배출활동의 범위를 말한다.
③ 목표관리제를 이행함에 있어서 관리업체로 지정된 법인 또는 업체가 명세서, 이행계획서 및 이행실적보고서를 작성하고, 목표 설정의 대상이 되는 범위를 의미한다.
④ 온실가스 배출량 산정 범위에서는 실제 사업자가 재무통제력을 갖는 범위를 대상으로 조직경계를 설정한다.

풀이 온실가스 배출량 산정 범위에서는 실제 사업자가 경영통제력을 갖는 범위를 대상으로 조직경계를 설정한다.

정답 468 ④ 469 ③ 470 ② 471 ④

472 다음은 조직경계 설정과 관련된 용어의 정의이다. 해당하는 용어는?

> - 동일 법인 등이 당해 사업장의 조직 변경, 신규사업 투자, 인사, 회계, 녹색경영 등 사회통념상 경제적 일체로서의 주요 의사결정이나 온실가스 감축 및 에너지 절약 등의 업무 집행에 필요한 영향력을 행사하는 것을 말한다.
> - 통제적 접근방법에 의한 조직경계 결정을 위해 가장 중요한 용어이다.

① 주관적 영향력 ② 객관적 영향력
③ 지배적인 영향력 ④ 복합적인 영향력

473 조직경계 설정과 관련한 용어 중 "동일 법인이 지배적인 영향력을 미치는 모든 사업장의 집단"을 의미하는 것은?

① 법인 ② 업체
③ 사업장 ④ 부지경계

474 조직경계 설정 기준 중 국제지침에 관한 설명으로 옳지 않은 것은?

① 사업자(기업, 법인) 단위 조직경계 설정 관련 국제지침 중에서 WRI(국제원자력연구소)에서 발간한 '온실가스 프로토콜'이 가장 많이 이용된다.
② 통제접근법은 재무 또는 운영상의 통제권을 갖고 있는 사업장의 온실가스 배출량을 100% 산정하는 방법으로 정확한 온실가스 배출량 자료의 확보가 가능하다.
③ 통제접근법은 경영 통제력과 재무 통제력으로 구분한다.
④ 기업 혹은 종속기업 중 하나가 운영되어 정책 도입과 실행에 대한 모든 권리를 가지는 경우, 운영에 대한 통제권을 가지는 것을 재무 통제력이라 한다.

풀이 경영 통제력
㉠ 기업 혹은 종속기업 중 하나가 운영되어 정책 도입과 실행에 대한 모든 권리를 가지는 경우, 운영에 대한 통제권을 가진다.

㉡ 배출권 관리·운영상의 경제적 위협과 보상의 분율에 따라 온실가스 배출량을 분배하는 방식이다.
㉢ 기업의 관리력을 기반으로 한 경계 설정이다.
㉣ 조직은 재정적 또는 운영적 관리하에 있는 시설로부터 발생한 모든 정량화된 온실가스 배출량 및 제거량을 고려한다.
㉤ 재정적 관리와 운영적 관리로 분리하여 경계 설정이 가능하다.
㉥ 국내기업, 자회사가 그 예이다.

475 지분 할당 접근법(출자 비율 기준)의 내용과 거리가 먼 것은?

① 사업장으로부터 나오는 온실가스 배출량을 100% 산정하는 방법으로 정확한 온실가스 배출량 자료의 확보가 가능하다.
② 지분 할당 접근법은 기업이 운영상의 보유하고 있는 지분율(출자 비율)을 적용하여 온실가스배출량을 산정하는 방법이다.
③ 이해관계 및 재무구조에 맞는 온실가스배출량을 산정한다.
④ 경제적 이익에 따른 배분, 즉 경제적 실제가 소유형태에 우선한다.

풀이 ①항은 통제접근법 내용이다.

476 조직경계 결정방법으로 바르지 않은 것은?

① 다수의 할당대상업체에서 에너지를 연계하여 사용하더라도 법인이 서로 다르기 때문에 각 관리업체는 별도로 에너지 사용량을 모니터링하도록 경계를 설정하여야 한다.
② 타 법인의 운영통제권을 할당대상업체가 가지고 있는 경우 관리업체는 상주하고 있는 타 법인의 온실가스 배출시설 및 에너지 사용시설을 조직경계에 포함하여야 한다.
③ 할당대상업체가 상주하고 있는 타 법인의 운영통제권을 가지고 있지 않으며, 해당 상주 업체의 온실가스 배출시설 및 에너지 사용시설에 대한

정답 472 ③ 473 ② 474 ④ 475 ① 476 ③

정보 및 활동자료를 파악할 수 있는 경우는 할당대상업체의 조직경계에 포함하여야 한다.
④ 건물의 경우 목표관리 운영 지침(건축물 특례)에 따라 할당대상업체에 해당하는 법인 등의 조직경계를 결정한다.

풀이 할당대상업체가 상주하고 있는 타 법인의 운영통제권을 가지고 있지 않으며, 해당 상주 업체의 온실가스 배출시설 및 에너지 사용시설에 대한 정보 및 활동자료를 파악할 수 있는 경우는 관리업체의 조직경계에서 제외할 수 있다.

477 다음 할당대상업체에 관한 내용 중 ( ) 알맞은 내용은?

최근 3년간 온실가스 배출량의 연평균 총량이 (㉠) 이산화탄소상당량톤(tCO₂-eq) 이상인 업체이거나 (㉡) 이산화탄소상당량톤(tCO₂-eq) 이상인 사업장을 하나 이상 보유한 업체를 말한다.

① ㉠ : 125,000, ㉡ : 25,000
② ㉠ : 50,000, ㉡ : 15,000
③ ㉠ : 125,000, ㉡ : 15,000
④ ㉠ : 50,000, ㉡ : 25,000

478 관리업체에 관한 내용 중 바르지 않은 것은?

① 최근 3년간 연평균 온실가스 배출총량이 50,000 이산화탄소상당량톤(tCO₂-eq) 이상인 업체
② 연평균 온실가스 배출총량이 1,500이산화탄소상당량톤(tCO₂-eq) 이상인 사업장을 하나 이상 보유하고 있는 업체
③ 최근 3년간이란 온실가스 배출관리업체로 지정된 연도의 직전 3년간을 말한다.
④ 사업장의 휴업 등으로 3년간 자료가 없는 경우에는 해당 사업기간을 대상으로 산정할 수 있다.

풀이 연평균 온실가스 배출총량이 15,000이산화탄소상당량톤(tCO₂-eq) 이상인 사업장을 하나 이상 보유하고 있는 업체

479 다음 중 소량 배출 사업장의 내용으로 맞는 것은?

① 최근 3년간 사업장에서 배출한 온실가스의 연평균 총량이 3,000tCO₂-eq 미만
② 최근 2년간 사업장에서 배출한 온실가스의 연평균 총량이 3,000tCO₂-eq 미만
③ 최근 3년간 사업장에서 배출한 온실가스의 연평균 총량이 5,000tCO₂-eq 미만
④ 최근 2년간 사업장에서 배출한 온실가스의 연평균 총량이 5,000tCO₂-eq 미만

480 소규모 배출은 기준기간 온실가스 배출량의 연평균 총량이 얼마 미만인 배출시설을 말하는가?

① 100tCO₂-eq
② 150tCO₂-eq
③ 200tCO₂-eq
④ 250tCO₂-eq

481 다음 내용의 ( ) 안에 알맞은 용어는?

관리업체 및 온실가스 인벤토리를 구축하고자 하는 조직은 설정된 (㉠) 내에 있는 에너지사용시설 및 온실가스 배출시설로부터 배출되는 온실가스를 산정 및 보고하여야 한다. 이때 조직경계 내에 있는 온실가스 배출시설을 온실가스 배출 유형에 따라 구분하는데 이를 (㉡)라고 한다.

	㉠	㉡
①	조직경계	운영경계
②	운영경계	조직경계
③	조직경계	배출경계
④	운영경계	배출경계

482 온실가스 배출원 중 탈루배출과 관련된 온실가스 종류는?

① CH₄
② CO₂
③ N₂O
④ NF₃

풀이 온실가스 배출원 구분

운영경계	배출원	온실가스	배출원
직접 배출원 (Scope 1)	고정연소	CO_2	생산 활동 및 부대시설에서 필요한 에너지 공급을 위한 연료 연소에 의한 배출
		CH_4	
		N_2O	
	이동연소	CO_2	시설 내에서 업무 차량 운행에 따른 온실가스 배출
		CH_4	
		N_2O	
	탈루배출	CH_4	• 시설에서 사용하는 화석연료 사용과 연관된 탈루배출 • 목표관리지침에서는 탈루배출은 없는 것으로 가정 (2013년부터 적용)
간접 배출원 (Scope 2)	외부 전기 및 외부 열, 증기 사용	CO_2	생산시설에서의 전력 사용에 따른 온실가스 배출
		CH_4	
		N_2O	

483 다음 Scope 분류 및 그에 대한 배출활동이 잘못 연결된 것은?

① Scope 1 : 이동연소, 철강생산, 공공하수처리
② Scope 1 : 폐기물 소각, 고정연소, 시멘트생산
③ Scope 2 : 구입 증기, 구입 전기, 구입 열
④ Scope 3 : 종업원 출퇴근, 구매된 원료의 생산 공정배출, 공장 내 기숙사 난방

풀이 ④항의 내용은 Scope 1의 배출활동이다.

484 온실가스 목표관리제하에서 운영경계 설정 시 운영경계 구분에서 다음 중 Scope 2에 해당하는 사항은?

① 외부에서 구매한 전기 또는 열
② 고정연소 배출원
③ 이동연소 배출원
④ 하·폐수 처리시설 배출원

485 온실가스 배출활동은 직접배출과 간접배출로 구분된다. 다음 중 직접배출에 해당되지 않는 것은?

① 마그네슘 생산 시 배출
② 폐기물 소각에 의한 배출
③ 자동차의 연료 사용으로 인한 배출
④ 외부에서 공급받은 전기의 사용

풀이 외부에서 공급받은 전기의 사용은 간접배출이다.

486 모니터링 유형·방법에 관한 내용 중 바르지 않은 것은?

① 모니터링 계획은 온실가스 배출량 등의 산정에 필요한 자료와 기타 온실가스에너지 관련 자료의 연속적 또는 주기적인 감시·측정 및 평가에 관한 세부적인 방법, 절차, 일정 등을 규정한 계획을 말한다.
② 모니터링 계획은 품질관리 및 품질보증 절차에 따라 누가 어떤 방법으로 활동자료 혹은 배출가스 등을 감시하고 산정하는지, 세부적인 방법론, 역할 및 책임을 정하는 것이다.
③ 모니터링 계획 수립의 목적은 배출량 보고의 정확성 및 신뢰성 향상에 있고 지속적인 온실가스 관리가 가능할 수 있도록 체계를 수립하는 것이다.
④ 모니터링 방법은 매개변수의 수집방법론을 의미한다.

풀이 모니터링 방법은 활동자료의 수집방법론을 의미한다.

487 활동자료의 수집방법론 결정 원칙과 거리가 먼 것은?

① 할당대상업체는 배출시설별로 모니터링 유형을 타당하게 결정하여야 한다.
② 모니터링 유형 결정을 위한 활동자료 측정지점 및 활동자료 수집방법은 사업장과 일치되어야 한다.
③ 활동자료의 오류를 최소화할 수 있어야 한다.

정답 483 ④ 484 ① 485 ④ 486 ④ 487 ④

④ 적용할 수 있는 모니터링 유형 중에서 가장 단순화된 모니터링 유형을 선정하여야 한다.

풀이 적용할 수 있는 모니터링 유형 중에서 가장 정확성이 높은 모니터링 유형을 선정하여야 한다.

488 온실가스 배출과 관련하여 배출시설에서 직접적인 영향을 미치는 활동의 정량으로서, 에너지 사용량, 제품생산량, 원료투입량 등이 의미하는 용어는?

① 매개변수　　　② 활동자료
③ QC　　　　　　④ QA

489 온실가스 배출권거래제의 배출량 보고 및 인증에 관한 지침상 활동자료 수집에 따른 모니터링 유형에 관한 설명으로 옳지 않은 것은?

① B유형은 배출시설별로 주기적으로 교정검사를 실시하는 내부 측정기가 설치되어 있을 경우 해당 측정기기를 활용하여 활동자료를 결정하는 방법이다.
② C유형은 연료 및 원료의 공급자가 상거래 등의 목적으로 설치·관리하는 측정기기를 이용하여 배출시설의 활동자료를 모니터링하는 방법이다.
③ B유형은 구매량 기반 측정기기와 무관하게 배출시설 활동자료를 교정된 자체 측정기기를 이용하여 모니터링하는 방법이다.
④ C유형은 각 배출시설별 활동자료를 구매 연료 및 원료 등의 메인 측정기기 활동자료에서 타당한 배분방식으로 모니터링하는 방법이다.

490 모니터링 유형의 연결이 잘못된 것은?

① 모니터링 유형(A) : 연료 등 구매량 기반 모니터링 방법
② 모니터링 유형(B) : 연료 등의 직접계량에 따른 모니터링 방법
③ 모니터링 유형(C) : 근사법에 따른 모니터링 방법
④ 모니터링 유형(D) : 제품 판매 실적에 따른 모니터링 방법

풀이 모니터링 D유형은 A~C유형 이외 기타 유형을 이용하여 활동자료를 수집하는 방법이다.

491 모니터링 유형 중 구매량 기반 측정기기와 무관하게 배출시설 활동 자료를 교정된 자체 측정기기를 이용하여 모니터링하는 방법은?

① A유형　　　　② B유형
③ C유형　　　　④ D유형

492 모니터링 유형(A)에 관한 내용 중 옳지 않은 것은?

① 연료 등 구매량 기반 모니터링 방법을 의미하며 연료 및 원료의 공급자가 상거래 등의 목적으로 설치·관리하는 측정기기를 이용하여 활동자료의 양을 수집하는 방법이다.
② A-1 유형은 연료 및 원료 공급자가 상거래 등을 목적으로 설치·관리하는 측정기기(WH)를 이용하여 연료사용량 등 활동자료를 수집하는 방법이다.
③ A-1 유형은 주로 전력 및 열(증기), 도시가스를 구매하여 사용하는 경우 혹은 화석연료를 구매하여 모든 배출시설에 공급하는 경우에 적용할 수 있다.
④ A-1 유형은 구매전력의 관련 자료로 한국전력이 발행한 전력요금청구서이다.

풀이 A-1 유형은 주로 전력 및 열(증기), 도시가스를 구매하여 사용하는 경우 혹은 화석연료를 구매하여 단일 배출시설에 공급하는 경우에 적용할 수 있다.

정답 488 ② 489 ② 490 ④ 491 ② 492 ③

493 온실가스 배출권거래제의 배출량 보고 및 인증에 관한 지침상 연료 등 구매량 기반 모니터링 방법에 대해서 설명하고 있다. 아래 유형은 어디에 해당하는가?

> 연료 및 원료 공급자가 상거래 등을 목적으로 설치·관리하는 측정기기와 주기적인 정도검사를 실시하는 내부 측정기기가 같이 설치되어 있을 경우 활동자료를 수집하는 방법이다. 배출시설에 다수의 교정된 측정기기가 부착된 경우, 교정된 자체 측정기기 값을 사용하는 것을 원칙으로 한다. 다만, 전체 활동자료 합계와 거래용 측정기기의 활동자료를 비교할 수 있으며 구매거래용 측정기기 값과 교차 분석하여 관리하여야 한다.

① A-1 유형　　② A-2 유형
③ A-3 유형　　④ A-4 유형

494 다음의 도식은 모니터링 유형 중 어느 것에 해당하는가?

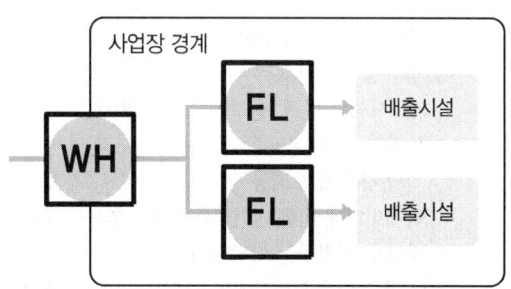

① A-1　　② A-2
③ A-3　　④ A-4

495 모니터링 유형(A-2)에 관한 설명 중 바르지 않은 것은?

① 활동자료를 결정하기 위한 자료 중 구매전력은 전력공급자가 발행한 전력요금 청구서를 이용한다.

② 연료 및 원료 공급자가 상거래 등을 목적으로 설치·관리하는 측정기기(WH)와 주기적인 정도검사를 실시하는 내부 측정기기(FL)가 같이 설치되어 있을 경우 활동자료를 수집하는 방법이다.

③ 배출시설에 다수의 교정된 측정기기가 부착된 경우, 교정된 자체 측정기기 값을 사용하는 것을 원칙으로 한다.

④ 전체 활동자료 합계와 거래용 측정기기의 활동자료를 비교할 수 없으며 구매거래용 측정기기(WH) 값과 교차 분석하여 관리하여야 한다.

풀이 전체 활동자료 합계와 거래용 측정기기의 활동자료를 비교할 수 있으며 구매거래용 측정기기(WH) 값과 교차 분석하여 관리하여야 한다.

496 모니터링 유형(A-3, A-4)에 관한 설명 중 옳지 않은 것은?

① A-3 유형은 연료·원료 공급자가 상거래를 목적으로 설치·관리하는 측정기기(WH)와 주기적인 정도검사를 실시하는 내부 측정기기(FL)를 모두하여 활동자료를 수집하는 방법이다.

② A-3 유형은 주로 화석연료의 사용, 탄소계 온실가스를 구매하여 사용하는 경우에 적용할 수 있다.

③ A-4 유형은 연료나 원료 공급자가 상거래를 목적으로 설치·관리하는 측정기기(WH)와 주기적인 정도검사를 실시하는 내부 측정기기(FL)를 사용하며 연료나 원료 일부를 파이프 등을 통해 연속적으로 외부 사업장이나 배출시설에 공급할 경우 활동자료를 결정하는 방법이다.

④ A-4 유형은 사업장에서 조직경계 외부로 판매하거나 공급한 양을 제외하여 배출시설의 활동자료를 결정한다.

풀이 A-3 유형은 주로 화석연료의 사용, 불소계 온실가스를 구매하여 사용하는 경우에 적용할 수 있다.

정답 493 ②　494 ②　495 ④　496 ②

497 다음 내용에 해당하는 모니터링 유형은 무엇인가?

> 배출시설별로 정도검사를 실시하는 내부 측정기기(FL)가 설치되어 있을 경우 해당 측정기기를 활용하여 활동자료를 결정하는 방법이다.

① A ② B
③ C ④ D

498 모니터링 유형(C)을 적용할 수 있는 배출시설이 아닌 것은?

① 식당 LPG, 비상발전기, 소방펌프 및 소방설비 등 저배출원
② 고정연소배출원
③ 타 사업장 또는 법인과의 수급계약서에 명시된 근거를 이용하여 활동자료를 배출시설별로 구분하는 경우
④ 기타 모니터링이 불가능하다고 관장기관이 인정하는 경우

풀이 이동연소배출원(사업장에서 개별 차량별로 온실가스 배출량을 산정하는 경우를 의미한다.)

499 모니터링 유형(C)에 관한 내용 중 바르지 않은 것은?

① C-1 및 C-2 유형과 같이 구매한 연료 및 원료 등의 활동자료가 측정기기가 설치되어 있지 않거나, 정도관리를 받지 않은 측정기기를 지나 각 배출시설로 공급된다고 가정할 때, 각 배출시설별 활동자료의 불확도는 구매 연료 및 원료의 측정을 위한 메인 측정기기(WH)의 불확도 값을 준용하여 결정할 수 있다.
② C-1 유형은 정도검사를 받지 않은 내부 측정기기를 이용하여 구매한 연료 및 원료, 전력 및 열에너지를 측정함으로써 활동자료를 분배·결정하는 방법이다.
③ C-2 유형은 구매한 연료 및 원료, 전력 및 열 에너지를 측정기기가 설치되지 않았거나 일부 시설에만 설치되어 있는 배출시설로 공급하는 경우 배출시설별 활동자료를 결정할 수 있는 근사법이다.
④ C-3 유형은 연료의 사용량을 측정하는 데 있어 생산공정으로 투입된 원료 및 연료의 누락값, 공정과정의 변환으로 투입된 원료 및 연료의 누락값, 시설의 변형 및 장애로 인한 원료 및 연료의 누락값, 유량계의 정확도나 정밀도 시험에서 불합격할 경우 및 오작동 등이 생길 경우 등 각각의 누락데이터에 대한 대체 데이터를 활용·추산하여 활동자료를 결정하는 방법이다.

풀이
㉠ C-3 유형은 연료 및 원료 공급자가 상거래 등을 목적으로 설치·관리하는 측정기기(WH), 주기적인 정도검사를 실시하는 내부 측정기기(FL)와 주기적인 정도검사를 실시하지 않는 내부 측정기기(FL)가 같이 설치되어 있거나 측정기기가 없을 경우 활동자료를 수집하는 방법이다.
㉡ C-4 유형은 연료의 사용량을 측정하는 데 있어 생산공정으로 투입된 원료 및 연료의 누락값, 공정과정의 변환으로 투입된 원료 및 연료의 누락값, 시설의 변형 및 장애로 인한 원료 및 연료의 누락값, 유량계의 정확도나 정밀도 시험에 불합격할 경우 및 오작동 등이 생길 경우 등 각각의 누락데이터에 대한 데이터를 활용·추산하여 활동자료를 결정하는 방법이다.
㉢ C-5 유형은 사업장에서 운행하고 있는 차량 등의 이동연소 부문에 대하여 적용할 수 있는 방법이다.
㉣ C-6 유형은 사업장에서 운행하고 있는 차량 등의 이동연소 부문에 대하여 적용 가능한 방법이다.

500 온실가스 배출권거래제의 배출량 보고 및 인증에 관한 지침상 구매한 연료 및 원료, 전력 및 열에너지를 정도검사를 받지 않은 내부측정기기를 이용하여 활동자료를 분배·결정하는 모니터링 유형은?

① A-1 ② A-2
③ C-1 ④ D-5

정답 497 ② 498 ② 499 ④ 500 ③

501 모니터링 유형 중 C-4형에 관한 설명으로 알맞지 않은 것은?

① 데이터의 누락이 발생할 경우 배출시설의 활동자료인 "연료(원료) 사용량"에 상관관계가 가장 높은 활동자료를 선정하여 이를 바탕으로 추정의 타당성을 설명하여야 한다.
② 추정식은 다음과 같이 계산된다.

결측기간의 연료(또는 원료) 사용량
$= \dfrac{\text{정상기간 사용된 연료(또는 원료) 사용량}(Q)}{\text{정상기간 중 생산량}(P)}$
× 결측기간 총생산량(P)

③ 고장난 측정기기의 유량측정값을 활용하여 추정할 수 있다.
④ 각각의 누락데이터에 대한 대체 데이터를 활용·추산하여 활동자료를 결정하는 방법이다.

[풀이] 고장난 계측기의 유량측정값은 유용하지 않고, 계측기의 질량 및 유량측정은 제품생산량으로 추정해야 한다.

502 다음 설명에 해당하는 용어는?

> 온실가스 인벤토리 구축에 사용되는 활동자료, 배출계수, 산화율, 전환율 및 온실가스 배출량 등의 산정방법의 복잡성을 나타내는 수준을 말한다.

① 산정등급 ② 매개등급
③ 배출등급 ④ 혼합등급

503 산정등급(Tier)에 관한 내용 중 바르지 않은 것은?

① 산정등급이 높을수록 산정의 정확도는 높아진다.
② 산정등급이 높을수록 배출량 산정의 복잡성이 감소하는 경향이 있다.
③ 배출량 산정을 위한 자료 및 방법론이 보다 구체적이고 배출원 특성을 반영한다.
④ 관리업체는 배출시설의 규모, 배출활동의 종류에 따라 산정등급을 준수하여 배출량을 산정·보고한다.

[풀이] 산정등급이 높을수록 배출량 산정의 복잡성도 증가하는 경향이 있다.

504 배출활동별 배출량 산정방법론에 해당하지 않는 것은?

① 확보 가능한 관련자료의 수준이 어느 정도인지를 조사·분석한 다음에 이에 적합한 선정방법을 결정하는 것이 합리적임
② 현재 우리나라에서 추진하고 있는 보고제에 의하면 배출량 규모에 따라 관리업체에서 적용하여야 할 최소 산정 Tier가 제시되어 있기 때문에 관리업체에서는 배출규모에 적합한 Tier 적용이 가능하도록 자료를 확보하여야 함
③ 산정등급은 4단계가 있으며, Tier가 높을수록 결과의 불확도가 높아짐
④ 배출원의 온실가스 배출특성 및 확보 가능한 자료수준에 적합한 배출량 산정방법을 선정할 수 있는 의사결정도를 개발·적용하여야 함

[풀이] 산정등급은 4단계가 있으며, Tier가 높을수록 결과의 불확도가 낮아짐

505 산정등급 구분 중 연속측정방법에 해당하는 것은?

① Tier 1 ② Tier 2
③ Tier 3 ④ Tier 4

[풀이] 산정등급 구분
㉠ 계산법(연료, 원료 등 활동자료를 측정) : Tier 1, Tier 2, Tier 3
㉡ 연속측정방법(CO_2 농도, 배기가스 유량의 연속적 측정) : Tier 4

정답 501 ③ 502 ① 503 ② 504 ③ 505 ④

506 산정등급(Tier 1)에 관한 설명 중 옳지 않은 것은?

① 기본적인 활동자료, IPCC 기본 배출계수(기본 산화계수, 발열량 등 포함)를 활용하여 배출량을 산정하는 기본방법론이다.
② '국가온실가스 인벤토리 작성을 위한 국가고유 배출계수' 기준이다.
③ 국제적으로 통용되는 배출계수 및 전환계수를 사용하는 경우이다.
④ 목표관리제 운영지침에서 설명되지 않은 부분을 예외적으로 적용한다.

풀이 '국가온실가스 인벤토리 작성을 위한 2006 IPCC 가이드라인' 기준이다.

507 다음 중 산정등급별 배출계수의 연결이 잘못된 것은?

① Tier 1 : IPCC 기본 배출계수
② Tier 2 : 국가고유계수
③ Tier 3 : 사업장 고유배출계수
④ Tier 4 : 업체별 고유배출계수

풀이 Tier 4 : 연속측정방법(CEM)

508 온실가스 배출량 산정결과의 정확성을 향상시키기 위해서는 배출계수의 고도화가 필요하다. 다음 중 온실가스 배출량 산정 시 신뢰도가 가장 낮은 것은?

① 사업장 고유 배출계수
② 국가 고유 배출계수
③ IPCC 기본 배출계수
④ 사업장 내 연속측정방법에 따른 배출량 산정

509 Tier 2~Tier 3에 대한 설명 중 잘못된 것은?

① Tier 2는 Tier 1보다 더 높은 정확도를 갖는 활동자료이다.
② 국가 고유 배출계수 및 발열량 등 일정부분 시험·분석을 통하여 개발한 매개 변수값을 활용하는 배출량 산정방법론이다.
③ 배출량 수준이 많은 경우에는 Tier 1를 적용하여야 한다.
④ Tier 3은 Tier 2보다 더 높은 정확도를 갖는 활동자료, 사업장·배출시설 및 감축기술 단위의 배출계수 등 상당부분 시험·분석을 통하여 개발한 매개 변수값을 활용하는 배출량 산정방법론이다.

풀이 Tier 2는 Tier 1보다는 더 높은 정확도를 갖는 활동자료, 국가 고유 배출계수 및 발열량 등 일정 부분 시험·분석을 통하여 개발한 매개 변수값을 활용하는 배출량 산정방법론으로 배출 수준이 많은 경우는 Tier 3를 적용하여야 한다.

510 기존의 TMS를 활용하며 유량 및 온실가스 센서의 정확/정밀도 관리가 중요한 산정등급은?

① Tier 1   ② Tier 2
③ Tier 3   ④ Tier 4

풀이 굴뚝자동측정기기 등 배출가스 연속측정방법을 활용한 배출량 산정방법론을 말한다.

511 산정등급에 따른 매개변수 관리기준에 관한 내용이 잘못된 것은?

① Tier 1의 활동자료 불확도는 ±7.5% 이내이며, 배출계수는 IPCC 기본계수를 적용한다.
② Tier 2의 활동자료 불확도는 ±5.0% 이내이며, 배출계수는 국가 고유계수를 적용한다.
③ Tier 3의 활동자료 불확도는 ±2.0% 이내이며, 배출계수는 시설단위계수를 적용한다.
④ Tier 4의 활동자료 불확도는 CO_2 불확도 ±2.5 이내이다.

정답 506 ② 507 ④ 508 ③ 509 ③ 510 ④ 511 ③

풀이 산정등급에 따른 매개변수 관리기준

구분	계산법			연속측정법
	Tier 1	Tier 2	Tier 3	Tier 4
산정방법론 (산식)	가장 단순	약간 복잡	물질수지법 기반	30분 단위 실측
활동자료 불확도(%)	±7.5% 이내	±5.0% 이내	±2.5% 이내	CO_2 불확도 ±2.5% 이내
배출계수 적용	IPCC 기본계수	국가 고유계수	시설 단위계수	

512 배출시설의 배출량에 따른 A그룹 분류기준으로 맞는 것은?

① 연간 2.5만 톤(tCO_2-eq) 미만의 배출시설
② 연간 3.0만 톤(tCO_2-eq) 미만의 배출시설
③ 연간 4.0만 톤(tCO_2-eq) 미만의 배출시설
④ 연간 5.0만 톤(tCO_2-eq) 미만의 배출시설

513 시설규모의 결정방법 내용 중 잘못된 것은?

① 할당대상업체는 배출시설규모 최초 결정 시 기준연도 기간 중 해당 시설의 최근 연도 온실가스 배출량에 따라 결정한다.
② 기준연도의 평균 온실가스 배출량이 기준연도 기간 중 최근 연도 온실가스 배출량보다 큰 경우, 기준연도의 평균 온실가스 배출량에 따라 시설규모를 결정한다.
③ 배출시설규모 최초 결정 이후, 매년 1월 1일을 기준으로 최근에 제출된 명세서의 해당 시설 온실가스 배출량에 따라 시설규모를 결정한다.
④ 최근에 제출된 명세서의 온실가스 배출량보다 최근에 제출된 3개년도 명세서의 평균 배출량이 큰 경우, 최근에 제출된 3개년도 명세서의 최대 배출량에 따라 시설규모를 결정한다.

풀이 최근에 제출된 명세서의 온실가스 배출량보다 최근에 제출된 3개년도 명세서의 평균 배출량이 큰 경우, 최근에 제출된 3개년도 명세서의 평균 배출량에 따라 시설규모를 결정한다.

514 신설되는 배출시설의 시설규모 결정방법에 관한 내용 중 바르지 않은 것은?

① 외부 전기 및 열(스팀) 사용에 따른 온실가스 간접 배출을 제외한 모든 배출활동의 산정등급 최소 적용기준은 온실가스 간접배출량을 제외한 직접배출량만을 기준으로 적용한다.
② 해당 배출시설에서 여러 종류의 연료를 사용하는 경우 각각의 연료별 사용에 따른 배출량의 총합으로 배출시설 규모 및 산정등급(Tier)을 결정하여야 한다.
③ C그룹의 배출시설에서 초기가동·착화연료 등 소량으로 사용하는 보조연료의 배출량이 시설 총 배출량의 10% 미만일 경우 차하위 산정등급을 적용할 수 있다.
④ 차하위 산정등급을 적용하는 배출시설 보조연료의 배출량 총합은 25,000tCO_2-eq 미만이어야 한다.

풀이 C그룹의 배출시설에서 초기가동·착화연료 등 소량으로 사용하는 보조연료의 배출량이 시설 총 배출량의 5% 미만일 경우 차하위 산정등급을 적용할 수 있다.

515 다음 중 측정기기의 기호가 아닌 것은?

①

②

③

④

정답 512 ④ 513 ④ 514 ③ 515 ②

516 측정기기의 기호 "FL"의 내용으로 맞는 것은?

① 할당대상업체가 자체적으로 설치한 계량기이나, 주기적인 정도검사를 실시하지 않는 측정기기
② 상거래 또는 증명에 사용하기 위한 목적으로 측정량을 결정하는 법정 계량에 사용하는 측정기기
③ 할당대상업체가 자체적으로 설치한 계량기로서, 국가표준기본법에 따른 시험기관, 교정기관, 검사기관에 의하여 주기적인 정도검사를 받는 측정기기
④ 측정기기 예시에는 가스미터, 오일미터, 주유기, LPG 미터, 눈새김탱크, 눈새김탱크로리, 적산열량계, 전력량계 등 법정 계량기 및 그 외 계량기

517 온실가스 배출량 산정 시 Tier 2 산정수준에서 적용하는 배출계수의 방법으로 맞는 것은?

① IPCC 기본 배출계수
② 국가 고유 계수
③ 사업장 배출계수
④ CEM에 의한 배출량 산정

518 온실가스 배출량 산정방법론에 관한 설명 중 옳지 않은 것은?

① 온실가스 배출량 산정원칙, 구성요소, 문서화 대상을 규정하고 있는 문서이다.
② 배출량 산정을 위한 산정방식, 과학적인 해석과 데이터 및 정보를 근거로 국제적으로 사용될 수 있는 매개변수 등이 제시된 기준 문서이다.
③ 국제적·국가적으로 상호 인정될 수 있도록 국제표준화 기구 또는 국제기구/단체의 합의를 거쳐 결정된다.
④ 해당 국가 및 기업 등이 온실가스 정책을 이끌어 가기 위해 각 상황에 적절하게 제정하는 온실가스 배출량 산정방법은 제외한다.

[풀이] 해당 국가 및 기업 등이 온실가스 정책을 이끌어 가기 위해 각 상황에 적절하게 제정하는 온실가스 배출량 산정방법도 있을 수 있다.

519 산정방법론에서 배출활동별 및 시설규모별 산정등급(Tier) 최소적용기준에 관한 설명 중 옳지 않은 것은?

① 국가고유발열량 등 정확도가 높은 자료를 활용할 수 있을 경우에는 이를 사용할 것을 권고한다.
② 운수업체의 경우 해당 부문(항공, 도로, 철도, 선박)은 개별 기준으로 A, B, C로 구분한다.
③ 제품 생산공정 및 제품 사용 등에 따른 온실가스 배출의 산정등급 최소 적용기준은 온실가스 간접배출량을 제외한 직접배출량만을 기준으로 적용한다.
④ 산화계수가 구분되어 있는 배출활동은 고정연소이다.

[풀이] 운수업체의 경우 해당 부문(항공, 도로, 철도, 선박)의 배출량 합계를 기준으로 A, B, C로 구분한다.

520 온실가스 배출량 정량화 단계가 아닌 것은?

① 배출량 계산
② 활동데이터 선택 및 수집
③ 배출계수 선택 또는 개발
④ 프로젝트 개발

521 사업장에서 B-C유의 연간사용량이 50kL라고 할 경우 산정방법 및 매개변수의 산정등급이 올바르게 연결된 것은?

① 산정방법 : 3, CO_2 배출계수 : 3, 순발열량 : 3
② 산정방법 : 3, CO_2 배출계수 : 1, 산화계수 : 3
③ 산정방법 : 2, CO_2 배출계수 : 3, 산화계수 : 2
④ 산정방법 : 1, CH_4 배출계수 : 3, 산화계수 : 1

정답 516 ① 517 ② 518 ④ 519 ② 520 ④ 521 ①

풀이

배출활동	산정 방법론			연료 사용량			순 발열량			배출 계수			산화 계수		
시설규모	A	B	C	A	B	C	A	B	C	A	B	C	A	B	C
1. 고정연소															
① 고체연료	1	2	3	1	2	3	2	2	3	1	2	3	1	2	3
② 기체연료	1	2	3	1	2	3	2	2	3	1	2	3	1	2	3
③ 액체연료	1	2	3	1	2	3	2	2	3	1	2	3	1	2	3

522 QC(품질관리) 및 QA(품질보증)에 관한 내용으로 거리가 먼 것은?

① 온실가스 배출량 결과에 대한 품질관리(QC) 및 품질보증(QA)을 위한 방법론을 적용하여 배출량 결과의 신뢰도를 제고한다.
② 배출량 산정과 자료의 정확성 향상을 위해 누가, 어떤 방법으로 활동자료, 배출가스 등을 감시하고 세부적인 산정방법론 등의 역할 및 책임을 질 것인지를 정한다.
③ QC/QA의 과정을 거치게 되면 인벤토리의 재산정과 배출원별 배출량 결과의 불확도를 파악하기가 어렵다.
④ 온실가스 국가 인벤토리의 TACCC(Transparency, Accuracy, Comparability, Completeness, Consistency), 즉 투명성, 정확성, 상응성, 완전성, 일관성을 제고하기 위한 목적이 있다.

풀이 QC/QA의 과정을 거치게 되면 인벤토리의 재산정과 배출원별 배출량 결과의 불확도를 파악하게 된다.

523 다음 중 기술적 QC 활동 포함사항이 아닌 것은?

① 배출활동
② 활동자료
③ 배출계수
④ 배출량, 감축량의 계산 측정

풀이 일반적 QC 활동 포함사항
  ㉠ 자료 수집 및 계산에 대한 정확성 검사
  ㉡ 배출량, 감축량의 계산 측정
  ㉢ 정보의 보관 및 보고를 위한 공인된 표준절차의 이용

기술적 QC 활동 포함사항
  ㉠ 배출활동
  ㉡ 활동자료
  ㉢ 배출계수
  ㉣ 기타 산정 매개변수 및 방법론

524 온실가스 배출량 산정결과의 품질을 평가 및 유지하기 위한 일상적인 기술적 활동의 시스템인 품질관리의 목적으로 적정하지 않은 것은?

① 자료의 무결성, 정확성 및 완전성을 보장하기 위한 일상적이고 일관적인 검사의 제공
② 오류 및 누락의 확인 및 설명
③ 배출량 산정자료의 문서화 및 보관, 모든 품질관리 활동의 기록
④ 관리업체의 온실가스 감축목표 수립 지원

525 온실가스 감축 이행계획서 작성절차 중 QC 수립에 관한 내용과 거리가 먼 것은?

① 산정 과정의 적절성
② 자체 검증 과정의 적절성
③ 산정 결과의 적절성
④ 보고의 적절성

풀이 QC 수립 내용
  ㉠ 기초자료의 수집 및 정리
  ㉡ 산정과정의 적절성
  ㉢ 산정결과의 적절성
  ㉣ 보고의 적절성

정답 522 ③ 523 ④ 524 ④ 525 ②

526 QC의 세부내용 중 "산정과정의 적절성"에 관한 내용과 거리가 먼 것은?

① 각 자료의 단위에 대한 정확성 확인
② 각 매개변수(활동자료, 발열량, 배출계수, 산화율 등) 활용의 적절성 확인
③ 내부 감사(Internal Audit) 및 제3자 검증단계에서, 배출량 산정의 재현 가능성 여부의 확인
④ 조직경계 내 모든 온실가스 배출활동의 포함 여부 확인(포함되지 않는 배출활동에 대한 누락·제외 사유를 기재)

풀이 ④는 "산정결과의 적절성"에 해당되는 내용이다.

527 온실가스 배출권거래제의 배출량 보고 및 인증에 관한 지침상 품질관리(QC) 및 품질보증(QA) 활동에 관한 내용으로 옳지 않은 것은?

① 할당대상업체는 자료의 품질을 지속적으로 개선하는 체제를 갖추는 등 배출량 산정의 품질보증 활동을 수행해야 한다.
② 배출량 보고와 관련된 위험을 완화하는 일련의 활동을 내부감사라 한다.
③ 품질관리는 산정절차 수행 이후 독립적인 제3자에 의해 완성된 배출량 산정결과를 검토하는 과정이다.
④ 품질관리에는 배출활동, 활동자료, 배출계수, 기타 산정 매개변수 및 방법론에 관한 기술적 검토가 포함된다.

풀이 ③항은 품질보증(QA) 활동에 해당하는 설명이다.

528 배출원 고유 품질관리의 배출량 산정 시 IPCC 기본배출계수를 사용하는 경우의 내용으로 거리가 먼 것은?

① 인벤토리 관리 책임기관에서는 우선적으로 IPCC의 기본배출계수 값이 자국 상황을 반영하고 있는지 여부를 판단해야 한다.
② IPCC에서 배출계수를 산정할 때 도입한 가정 및 방법이 자국 상황에 적합한지 여부를 살펴보아야 한다.
③ 만약에 IPCC의 기본배출계수 값의 결정 배경 등에 대한 설명 및 정보가 부족한 경우에는 이를 이용하여 산정한 배출량 결과의 정확도 분석을 실시해야 한다.
④ 가능하다면 IPCC 기본배출계수 값을 현장에 적용하여 기본값 적용의 타당성을 검증할 필요가 있다.

풀이 만약에 IPCC의 기본배출계수 값의 결정 배경 등에 대한 설명 및 정보가 부족한 경우에는 이를 이용하여 산정한 배출량 결과의 불확도 분석을 실시해야 한다.

529 다음은 배출량 산정의 품질관리에 관한 내용이다. ( ) 안에 알맞은 것은?

> 국가고유배출계수에 의해 결정한 배출량 결과와 IPCC의 기본배출계수를 적용하여 산정한 결과를 비교·검토해야 한다. 이 비교의 목적은 국가고유배출계수의 타당성을 검증하기 위한 것으로, 두 결과 사이에 ( ) 이상의 차이가 존재하는 경우에는 그 이유를 밝히고 기술해야 한다.

① 5%　　　　② 10%
③ 20%　　　　④ 30%

530 배출량 결과의 품질관리는 산정방법에 따라 달라질 수 있다. 배출량을 산정하기 위한 방법이 아닌 것은?

① IPCC 기본배출계수를 사용하는 경우
② 국가고유배출계수를 활용하여 산정하는 경우
③ 배출량을 직접 측정하여 산정하는 경우
④ 사업장 고유배출계수를 활용하여 산정하는 경우

정답 526 ④　527 ③　528 ③　529 ①　530 ④

531 배출량 산정결과의 비교에 관한 설명으로 옳지 않은 것은?

① 배출량 산정결과에 대한 표준화된 품질관리는 기존 배출량 결과, 과거 배출량 추세, 다른 방법에 의해 산정된 결과와 비교하는 것이다.
② 기존 결과와 비교하는 목적은 예상할 수 있는 합리적인 배출량 범위 내에 속해 있는가를 확인하는 것이다.
③ 배출량 산정결과가 예상했던 것과 달리 상당히 많은 차이를 보이게 되면 조직경계와 운영경계를 재평가할 필요가 있다.
④ 배출량 산정결과를 비교하는 첫 번째 단계에서는 과거 배출량의 일관성과 완성도를 조사한다.

[풀이] 배출량 산정 결과가 예상했던 것과 달리 상당히 많은 차이를 보이게 되면 배출계수와 활동자료를 재평가할 필요가 있다.

532 활동자료 품질관리에 관한 설명 중 바르지 않은 것은?

① 배출원에서의 온실가스 배출량 산정결과의 정확도는 활동자료와 이와 관련된 변수를 얼마나 정확하게 결정하느냐에 달려 있다.
② 활동자료는 국가 차원에서 수집한 문헌 등에서 보고된 2차 자료 형태이거나, 단위 배출원에서 측정 또는 산정에 의해 결정한 활동자료를 합하여 전체 활동자료를 결정하는 방식이다.
③ 국가 차원에서의 활동자료(Top-down 방식)는 2차 자료를 토대로 활동자료를 결정하는 경우 인벤토리 관리기관은 활동자료에 대한 QC/QA를 실시하여 그것의 정확도와 신뢰도를 평가해야 한다.
④ 단위배출원 차원에서의 활동자료 대부분의 경우 온실가스 배출량 산정을 위해 수집한 것이 아니므로 자료 특성상 온실가스 활동자료로 활용하는 데는 문제점을 갖고 있을 개연성이 있다.

[풀이] 2차 자료는 대부분의 경우 온실가스 배출량 산정을 위해 수집한 것이 아니므로 자료 특성상 온실가스 활동자료로 활용하는 데는 문제점을 갖고 있을 개연성이 있다.

533 불확도의 품질관리에 관한 설명 중 바르지 않은 것은?

① 온실가스 배출량 산정 결과가 정확하게 이루어져 있는가를 판단하는 것이 불확도 품질관리의 목적이므로 불확도에 대한 품질관리는 필수적으로 수행되어야 한다.
② 불확도에 대한 품질관리는 일반적으로 배출량 산정이 거의 종결된 마지막 단계에서 이루어지며 이 과정을 통해서 배출량 결과의 신뢰도에 대한 평가가 이루어진다.
③ 불확도 분석은 두 가지 측면에서 접근이 가능하며, 첫 번째는 IPCC의 기본 배출계수 또는 문헌 등의 2차 자료 등을 활용하여 배출량을 산정한 경우이다.
④ 측정에 의해 배출량을 산정한 경우에는 통계적 방법에 의해 불확도 결정이 가능한 반면에 IPCC의 기본 배출계수와 문헌 자료 등을 활용한 경우에는 전문가 판단에 의해 불확도를 결정할 수밖에 없다.

[풀이] 불확도 분석은 두 가지 측면에서 접근이 가능하며, 첫 번째는 측정에 의해 배출량을 산정한 경우이다.

534 품질보증(QA) 활동에 관한 내용 중 바르지 않은 것은?

① 배출량 산정(명세서 작성 등) 과정에 직접적으로 관여한 사람에 의해 수행되는 검토 절차의 계획된 시스템을 의미한다.
② 인벤토리 결과의 질적 수준을 평가하며 정확도와 완성도 등이 떨어지는 분야를 파악하고 개선해야 할 부분을 지적하는 것을 목적으로 한다.

정답 531 ③ 532 ④ 533 ③ 534 ①

③ 산정절차 수행 이후 독립적인 제3자에 의해 완성된 배출량 산정결과(명세서 등)에 대한 검토가 수행된다.
④ 검토는 측정 가능한 목적(자료품질의 목적)이 만족되었는지 검증하고 주어진 과학적 지식 및 가용성이 현재 상태에서 가장 좋은 배출량 산정결과를 나타내는지 확인한 후, 품질관리(QC) 활동의 유효성을 지원한다.

풀이 배출량 산정(명세서 작성 등) 과정에서 직접적으로 관여하지 않은 사람에 의해 수행되는 검토 절차의 계획된 시스템을 의미한다.

535 품질보증(QA)의 세부내용 및 방법에 관한 내용 중 바르지 않은 것은?

① 온실가스 배출량 보고와 관련한 고유 위험, 통제 위험 및 오류·누락사항을 적시에 방지하거나 적발하지 못할 경우 발생할 수 있는 위험(Risk)에 대한 자체평가 절차를 마련하여 문서화한다.
② 배출량 보고와 관련한 위험(고유 위험, 통제 위험, 오류 및 누락 등)을 완화하는 일련의 활동을 내부 감사(Internal Audit)라 한다.
③ 할당대상업체는 매년 배출량 산정·보고 절차와 관련한 내부감사 활동을 실시·평가하여 주기적으로 이를 개선한다.
④ 할당대상업체가 온실가스 배출량 산정업무를 외부기관에 위탁할 경우, 할당대상업체는 온실가스 산정·보고 위험과 관련한 위험평가 결과에 따라 외부기관에 위탁한 산정업무에 대한 품질보증 활동을 수행하지 않아도 무관하다.

풀이 할당대상업체가 온실가스 배출량 산정업무를 외부기관에 위탁할 경우, 할당대상업체는 온실가스 산정·보고 위험과 관련한 위험평가 결과에 따라 외부기관에 위탁한 산정업무에 대한 품질보증 활동을 수행하여야 한다.

536 불확도 개념에 관한 내용 중 바르지 않은 것은?

① 측정값들의 범위와 상대적 분포 가능성을 기술할 수 있는, 진실한 값에 대한 상대적인 측정오차를 의미한다.
② 측정량을 합리적으로 추정한 분산 특성을 나타내는 파라미터이다.
③ 추정치가 반복 측정값인 경우는 평균값을 중심으로 무작위로 집중되는 양상을 보인다.
④ 편차와 분산을 유발하는 불확실성 요인을 정량화하여 불확도로 표현하고 있다.

풀이 추정치가 반복 측정값인 경우는 평균값을 중심으로 무작위로 분산되는 양상을 보인다.

537 불확도에 관한 내용 중 바르지 않은 것은?

① 불확도 산정은 완전한 온실가스 인벤토리 산정의 본질적인 요소이며 불확도 분석을 통하여 인벤토리의 정확도를 향상시키기 위한 실질적인 품질보증활동을 실시하는 데 기여한다.
② 불확도는 온실가스 배출량의 신뢰도 관리와 제도 운영과정에서 배출량 산정과 관련된 방법론 및 방법 변경의 타당성을 입증하는 목적으로 평가·관리된다.
③ 불확도 범위는 온실가스 배출량은 활동자료, 배출계수 등 매개변수의 함수로 표현되며 배출량 불확도는 활동자료와 배출계수 불확도를 합성하여 결정한다.
④ 불확도 관리는 관리업체 목표관리 측면에서는 인벤토리 결과에 따라 인센티브와 페널티가 부과되므로 그 정확성을 확보하여야 하는 의미에서 중요하다.

풀이 불확도 산정은 완전한 온실가스 인벤토리 산정의 본질적인 요소이며 불확도 분석을 통하여 인벤토리의 정확도를 향상시키기 위한 실질적인 품질관리활동을 실시하는 데 기여한다.

정답 535 ④ 536 ③ 537 ①

538 다음 중 불확도의 종류와 거리가 먼 것은?

① 표준불확도 ② 합성불확도
③ 비교불확도 ④ 상대불확도

풀이 불확도의 종류
  ㉠ 표준불확도 ㉡ 확장불확도
  ㉢ 상대불확도 ㉣ 합성불확도

539 다음 불확도 중 할당대상업체에서 보고해야 할 불확도로 맞는 것은?

① 표준불확도 ② 확장불확도
③ 상대불확도 ④ 합성불확도

540 일반적으로 온실가스 배출량 불확도 산정에서 사용하고 있는 불확도는?

① 표준불확도 ② 확장불확도
③ 상대불확도 ④ 합성불확도

541 다음 내용의 불확도는?

불확도를 비교 가능한 값으로 환산하기 위해 불확도를 최적 추정값(평균)으로 나누고 100을 곱하여 백분율로 표현하고 있다.

① 표준불확도 ② 확산불확도
③ 상대불확도 ④ 합성불확도

542 확장불확도에 관한 내용이다. ( ) 안에 알맞은 것은?

일반적으로 온실가스 배출량 불확도 산정에서는 특정 확률분포(t-분포)에서 ( ) 신뢰수준의 포함인자를 합성불확도에 곱한 확장불확도를 사용하고 있다.

① 90% ② 93%
③ 95% ④ 98%

543 온실가스 배출권거래제의 배출량 보고 및 인증에 관한 지침에 따라 온실가스 측정 불확도를 산정하는 절차를 순서대로 옳게 나열한 것은?

ㄱ. 배출시설에 대한 불확도 산정
ㄴ. 매개변수의 불확도 산정
ㄷ. 사전검토
ㄹ. 사업장 또는 업체에 대한 불확도 산정

① ㄷ-ㄴ-ㄹ-ㄱ
② ㄷ-ㄴ-ㄱ-ㄹ
③ ㄷ-ㄹ-ㄱ-ㄴ
④ ㄷ-ㄱ-ㄴ-ㄹ

544 다음 ( ) 안에 알맞은 것은?

일반적으로 온실가스 배출량 산정과 관련한 불확도의 추정에서는 표본채취에 대한 확률분포가 정규분포를 따른다는 가정하에 ( )의 신뢰구간에서 불확도를 추정하는 것을 요구한다. (WRI/WBCSD)

① 85% ② 90%
③ 95% ④ 99%

545 각 매개변수에 대한 확장불확도 계산식에서 "t"가 의미하는 것은?

$$U_p = \frac{s}{\sqrt{n}} \times t$$

① 표본측정값의 평균
② 표본측정 횟수
③ 매개변수의 표준편차
④ t-분포표에 제시된 95%신뢰수준에서의 포함인자

정답 538 ③ 539 ③ 540 ② 541 ③ 542 ③ 543 ② 544 ③ 545 ④

546 각 매개변수에 대한 상대 불확도(U) 계산식이 맞는 것은?(단, U_p : 매개변수 p의 확장불확도, $\bar{x}$: 표본측정값의 평균)

① $U = \dfrac{U_p}{\bar{x}} \times 100$

② $U = \dfrac{\bar{x}}{U_p} \times 100$

③ $U = (U_p \times \bar{x}) \times 100$

④ $U = (U_p - \bar{x}) \times 100$

547 승산법에 따라 온실가스 배출량의 불확도를 결정할 때 활동자료와 배출계수의 불확도가 각각 ±30%, ±20%일 경우 배출활동의 상대확장불확도는?

① 25.06% ② 36.06%
③ 8.96% ④ 9.96%

> 풀이 배출활동의 상대확장불확도
> $= \sqrt{a^2 + b^2} = \sqrt{30^2 + 20^2} = 36.06\%$

548 불확도의 원인에 해당하지 않는 것은?

① 모델
② 자료의 부족
③ 측정 오차
④ 자료 중복

> 풀이 불확도의 원인
> ㉠ 불완전성
> ㉡ 모델(편의 및 확률오차)
> ㉢ 자료 부족
> ㉣ 자료의 대표성 결여
> ㉤ 통계적 무작위 표본추출 오차
> ㉥ 측정오차(확률·계통오차)
> ㉦ 작성/분류오차
> ㉧ 자료누락

549 불확도 원인 중 불완전성의 대책으로 적용할 수 있는 것은?

① 개념화/모델
② 경험/통계
③ 전문가 판단
④ 재검증

550 배출량 산정 관련 자료에 관한 내용 중 바르지 않은 것은?

① 측정을 통해 수집한 불확도 자료의 대표성 여부와 계통오차 가능성에 대한 판단을 하여야 한다.
② 국가고유자료를 포함한 연구 결과의 자료는 전문가 검토와 외부에서의 검증이 있는 상황이면 자료의 신뢰성이 높고 불확도가 낮다고 할 수 있다.
③ IPCC와 같은 공인기관에서 제공하는 기본값의 자료는 값들이 특정 기관의 배출 특성을 반영하고 있는지 여부를 판단해야 한다. 만약 기본값들이 부적합하다고 판단되면 관련 분야 전문가의 검토와 판단에 의해 관련 값들의 불확도를 줄이기 위한 방안 마련이 필요하다.
④ 온실가스 인벤토리에서의 활동자료는 일반적으로 사회·경제통계와 관련된 것이 많고 다른 경로를 통해 이미 관리되고 있는 경우가 많다. 실제로 통계청에서 관련 정보에 대해 불확도를 이미 관리하고 있기 때문에 활동자료 관련 불확도는 배출계수와 비교하면 상당히 높은 수준이다.

> 풀이 온실가스 인벤토리에서의 활동자료는 일반적으로 사회·경제통계와 관련된 것이 많고 다른 경로를 통해 이미 관리되고 있는 경우가 많다. 실제로 통계청에서 관련 정보에 대해 불확도를 이미 관리하고 있기 때문에 활동자료 관련 불확도는 배출계수와 비교하면 상당히 낮은 수준이다.

정답 546 ① 547 ② 548 ④ 549 ① 550 ④

551 불확도 정량화 방법에 관한 내용 중 바르지 않은 것은?

① 모델 불확도를 파악하기 위한 주요접근법 중 하나는 검증 목적의 자료(모델 결과 예측이 가능한 입력 자료)를 모델에 입력하여 산정된 결과와 예상 결과치를 비교·평가하여 모델 불확도를 직접적으로 판단한다.
② 측정자료의 통계학적 분석은 인벤토리의 불확도뿐만 아니라 배출계수 및 다른 변수들의 불확도를 평가할 수 있는 방법 중의 하나이다.
③ 측정자료의 통계학적 분석의 1단계는 활동자료, 배출계수, 다른 산정 관련 변수에 대해 평가하고, DB를 구축하는 것이다.
④ 이용 가능한 자료가 부족하고, 불확도의 모든 요인에 대한 분석이 가능하지 않은 경우 전문가의 판단에 의해 불확도를 산정할 수 있다.

풀이 모델 불확도를 파악하기 위한 주요접근법 중 하나는 검증 목적의 자료(모델 결과 예측이 가능한 입력 자료)를 모델에 입력하여 산정된 결과와 예상 결과치를 비교·평가하여 모델 불확도를 간접적으로 판단하는 것이다.

552 자료의 불확실성이 결과에 미치는 영향을 정량화하여 규명하는 시스템적인 절차인 불확도 분석에 관한 내용으로 옳지 않은 것은?

① 정량적인 분석 결과를 제공하므로 결과의 신뢰성이 높다.
② 모든 입력 자료를 확률분포로 나타내는 데 한계가 있다.
③ 수행과정이 간단하고, 전문지식이 필요 없다.
④ 분석 결과에 대하여 의사결정이 용이하다.

풀이 수행과정이 복잡하고, 전문지식이 필요하다.

553 "배출계수 및 활동자료와 같은 변수 각각이 참값에 대하여 분포하는 정도, 즉 가능한 값의 범위 등을 제시하는 함수"를 의미하는 용어는?

① 확률분포함수
② 확률밀도함수
③ 정규분포함수
④ 비정규분포함수

554 확률밀도함수 결정 시 고려사항에 관한 내용 중 틀린 것은?

① 정규분포가 적절한지의 여부이다.
② 정규분포의 표준편차는 평균값의 10%를 초과하지 말아야 한다.
③ 전문가 판단이 적용되는 경우 확률분포함수는 전형적으로 정규 내지 로그정규일 것이고, 균등·삼각·프랙털 분포 등을 그 다음 분포형태로 고려해야 한다.
④ 실증적 관찰 내지 이론적 언급에 의해 타당한 근거와 이유가 존재하는 경우 다른 분포가 이용될 수 있다.

풀이 정규분포의 표준편차는 평균값의 30%를 초과하지 말아야 한다.

555 합성불확도 산정방법인 몬테카를로 시뮬레이션(Tier 2)을 사용하기에 적절한 경우로 가장 거리가 먼 것은?

① 불확도가 작을 경우
② 알고리즘이 복잡한 경우
③ 인벤토리가 작성된 연도별로 불확도가 다를 경우
④ 분포가 정규분포를 따르지 않을 경우

풀이 불확도가 큰 경우 몬테카를로 시뮬레이션을 사용하기에 적절하다.

정답 551 ① 552 ③ 553 ② 554 ② 555 ①

556 다음 내용에 해당하는 용어로 맞는 것은?

> 온실가스 배출량의 산정과 외부사업 온실가스 감축량의 산정이 정하는 절차와 기준 등에 적합하게 이루어졌는지를 검토·확인하는 체계적이고 문서화된 일련의 활동을 말한다.

① 보고　　　　② 산출
③ 검증　　　　④ 개선

557 내부검증팀은 내부검증계획 및 보고서 작성, 교육, 훈련 등 표준화된 내부활동을 수행한다. 다음 중 검증 프로세스의 항목이 아닌 것은?

① 검증 개요
② 문서 검토 및 리스크 분석
③ 현장 측정
④ 현장 검증 체크리스트

558 검증기관의 조직 중 상근 검증심사원의 인원으로 맞는 것은?

① 5명 이상　　　② 10명 이상
③ 15명 이상　　④ 20명 이상

559 검증팀장은 검증결과에 따른 최종의견을 제시하여야 한다. 최종의견 기준에 해당되지 않는 것은?

① 적정　　　　　② 조건부 적정
③ 조건부 부적정　④ 부적정

560 온실가스 배출량 등의 검증절차 중 2단계에 해당하는 것은?

① 현장검증　　　② 검증계획 수립
③ 내부심의　　　④ 검증보고서 제출

[풀이] ㉠ 1단계 : 검증 개요 파악, 검증계획 수립
㉡ 2단계 : 문서검토, 현장검증
㉢ 3단계 : 검증결과 정리 및 평가, 내부심의, 검증보고서 제출

561 온실가스 배출량 검증절차 중 수행 주체가 '검증팀과 피검증자'가 아닌 단계는?

① 검증개요 파악단계
② 문서검토단계
③ 현장검증단계
④ 검증결과 정리 및 평가단계

562 다음 내용에 해당하는 검증단계로 맞는 것은?

> ㉠ 온실가스 산정기준 평가
> ㉡ 명세서 평가 및 주요 배출원 파악
> ㉢ 데이터 관리 및 보고시스템 평가
> ㉣ 전년 대비 운영상황 및 배출시설의 변경사항 확인 및 반영
> ㉤ 문서검토 결과 시정조치 요구

① 검증개요 파악　② 문서검토
③ 내부심의　　　④ 검증계획 수립

563 검증절차 중 문서검토단계에서 온실가스 배출량 등의 산정·보고방법의 기준이행 및 배출량 산정계획 준수 여부를 확인하는 항목이 아닌 것은?

① 배출활동별 조직경계 분류 상태
② 배출량 산정방법
③ 적절한 매개변수 사용 여부
④ 데이터 관리 시스템

[풀이] 관련 확인항목
㉠ 배출활동별 운영경계 분류 상태
㉡ 배출량 산정방법
㉢ 적절한 매개변수 사용 여부
㉣ 데이터 관리 시스템

정답　556 ③　557 ③　558 ①　559 ③　560 ①　561 ④　562 ②　563 ①

ⓜ 배출량 산정계획에 따른 관련 데이터 모니터링 실시 여부
ⓑ 데이터 품질관리방안 등

564 검증절차 중 문서 검토에 관한 내용이다. ( ) 안에 알맞은 것은?

> 검증팀은 주요 배출시설(온실가스 배출량의 총량 대비 누적합계가 (　)를(을) 차지하는 배출시설)의 데이터를 식별하여 구분 관리하며 주요 배출시설의 경우 검증계획 수립 시 검증시간 배분 등에 우선적으로 반영한다.

① 100분의 95
② 100분의 90
③ 100분의 85
④ 100분의 80

565 리스크 분석에 관한 내용 중 잘못된 것은?

① 문서검토 결과를 바탕으로 온실가스 배출시설 관련 데이터 관리상의 취약점 및 중요한 불일치를 야기하는 불확도 또는 오류 발생 가능성을 평가함으로써 적절한 대응 절차를 결정하기 위함이 리스크 분석의 목적이다.
② 검증팀은 피검증자에 의해 발생하는 리스크를 평가하고, 그 정도에 따라 검증계획을 수립함으로써 전체적인 리스크를 낮은 수준으로 억제할 필요가 있다.
③ 피검증자에 의해 발생하는 리스크에는 검출리스크가 있다.
④ 리스크 평가 시 배출량의 적절성 및 배출시설에서 발생하는 온실가스 등을 고려하여야 한다.

[풀이] 피검증자에 의해 발생하는 리스크에는 고유리스크, 통제리스크 등이 있다.

566 검증계획의 수립에 관한 내용 중 바르지 않은 것은?

① 검증팀장은 피검증자에 의해 발생하는 리스크를 평가하고, 그 정도에 따라 검증계획을 수립함으로써 전체적인 리스크를 낮은 수준으로 억제할 필요가 있다.
② 검증팀장은 리스크 분석 결과를 바탕으로 현장에서 확인할 사항과 검증대상, 적용할 검증기법, 실시기간을 결정하여야 한다.
③ 검증팀장은 수립된 검증계획을 최소 3일 전에 피검증자에 통보함으로써 효율적인 문서검토 및 현장검증이 실시될 수 있도록 해야 한다.
④ 검증팀장은 업무의 진척 상황 및 새로운 사실의 발견 등 검증의 실시과정에서 최초의 상황과 변경된 경우 검증계획을 수정할 수 있다.

[풀이] 검증팀장은 수립된 검증계획을 최소 7일 전에 피검증자에 통보함으로써 효율적인 문서검토 및 현장검증이 실시될 수 있도록 해야 한다.

567 "측정기기 등을 통해 배출량 산정계획에 대한 정보 등 확인"에 해당하는 검증기법 단계는?

① 열람
② 실사
③ 관찰
④ 분석

[풀이] 검증기법

기법	개요
열람	문서와 기록 확인
실사	측정기기 등을 통해 배출량 산정계획에 대한 정보 등 확인
관찰	업무 처리과정과 절차 확인
인터뷰	검증대상의 책임자 및 담당자 등에게 질의, 설명 또는 응답 요구(외부 관계자에 대한 인터뷰도 포함)

정답 564 ① 565 ④ 566 ③ 567 ②

568 검증결과 배출량 산정계획과 모니터링 방법 간에 차이가 발생하는 경우와 거리가 먼 것은?

① 활동자료와 관련된 측정기기가 누락된 경우
② 계획과 다른 측정기기를 사용한 경우
③ 측정기기에 대한 불확도 관리(검·교정 등)가 되지 않은 경우
④ 모니터링 방법 유형을 잘못 선택한 경우

569 검증팀에 의해 수집된 증거에 오류 포함 시 입력분야에 해당하는 오류 점검시험 및 관리방법이 아닌 것은?

① 일관성 시험
② 한계 및 타당성 시험
③ 오류 재보고 관리
④ 기록카운트 시험

풀이

오류 발생분야	오류 점검시험 및 관리방법
입력	• 기록카운트 시험 • 한계 및 타당성 시험 • 유효 특성 시험 • 오류 재보고 관리 • 소실데이터 시험
변환	• 백지시험 • 한계 및 타당성 시험 • 일관성 시험 • 마스터파일 관리
결과	• 결과분산 관리 • 입/출력 시험

570 "환경경영 시스템 원칙, 시스템 및 기술적 지원을 위한 지침"을 의미하는 것은?

① ISO 14001
② ISO 14004
③ ISO 9001
④ ISO 18001

풀이 ISO 14000 시리즈
  ㉠ ISO 14001(Environmental Management Systems-Specification with Guidance for Use) : 사용을 위한 지침
  ㉡ ISO 14004(Environmental Management Systems-General Guidelines on Principles, Systems and Supporting Techniques) : 환경경영 시스템 원칙, 시스템 및 기술적 지원을 위한 지침

571 다음 중 고정연소(고체연료)의 배출량 산정 방법론에 해당하는 것은?(단, CO_2)

① Tier 1
② Tier 1, 2
③ Tier 1, 2, 3
④ Tier 1, 2, 3, 4

풀이

구분	CO_2	CH_4	N_2O
산정방법론	Tier 1, 2, 3, 4	Tier 1	Tier 1

572 고정연소(고체연료)의 배출량 산정방법 중 연속측정방법(CEM)과 관계가 깊은 것은?

① Tier 1
② Tier 2
③ Tier 3
④ Tier 4

풀이 Tier 4 : 연속측정방법(CEM)을 사용한다.

573 고정연소(고체연료) 배출량 산정방법(Tier 1~Tier 3) 관련 다음 식에서 "f_i"가 나타내는 것은?

$$E_{i,j} = Q_i \times EC_i \times EF_{i,j} \times f_i \times 10^{-6}$$

① 연료 연소에 따른 온실가스별 배출량
② 연료별 산화계수
③ 온실가스별 CO_2 등가계수
④ 연료별 온실가스의 배출계수

풀이 $E_{i,j} = Q_i \times EC_i \times EF_{i,j} \times f_i \times 10^{-6}$

여기서, $E_{i,j}$: 연료(i) 연소에 따른 온실가스(j)별 배출량(tGHG)
Q_i : 연료(i) 사용량(측정값, ton-연료)
EC_i : 연료(i)별 열량계수(연료의 순 발열량, MJ/kg-연료)
$EF_{i,j}$: 연료(i)별 온실가스(j)의 배출계수(kg-GHG/TJ-연료)
f_i : 연료(i)별 산화계수(CH_4, N_2O는 미적용)

574 SF_6 50kg, CO_2 50ton, CH_4 100kg의 합을 배출권으로 환산 시 맞는 것은?

① 1,047.1ton ② 1,147.1ton
③ 1,247.1ton ④ 1,347.1ton

풀이 배출권(ton) = (50kg × ton/1,000kg × 23,900)
+ 50ton + (100kg × ton/1,000kg × 21)
= 1,247.1ton

575 이산화탄소 10ton, 메탄 3ton, 아산화질소 0.5ton을 이산화탄소상당량톤(tCO_2-eq)으로 환산하면?

① 208 ② 218
③ 228 ④ 238

풀이 CO_2상당량톤(tCO_2-eq) = CO_2 + CH_4 + N_2O
= 10ton + (3ton × 21) + (0.5ton × 310)
= 228tCO_2-eq

576 메탄가스를 평균 1,500ton/월 배출하는 기업의 연간 온난화 기여도(ton/year)는?

① 387,000 ② 378,000
③ 487,000 ④ 478,000

풀이 메탄의 연간 온난화 기여도(ton/year)
= 1,500ton/월 × 12월/년 × 21
= 378,000ton/year

577 할당대상업체 A의 B발전소는 유연탄 1,500,000ton을 사용하여 전력을 생산하고 있다. B발전소에서 전력 생산 시 온실가스 배출량(ton CO_2-eq)은 약 얼마인가?

에너지원	순발열량	배출계수(kg/TJ)		
		CO_2	CH_4	N_2O
유연탄(연료용)	24.9TJ/Gg	90,200	1.0	1.5

① 3,387,000 ② 3,487,000
③ 3,378,000 ④ 3,478,000

풀이 배출량 산정방법
$$E_{i,j} = Q_i \times EC_i \times EF_{i,j} \times f_i \times 10^{-6}$$
여기서, $E_{i,j}$: 연료(i) 연소에 따른 온실가스(j)별 배출량(t CO_2-eq)
Q_i : 연료(i) 사용량(측정값, ton-연료)
EC_i : 연료(i)별 열량계수(연료 순발열량, MJ/kg-연료)
$EF_{i,j}$: 연료(i)별 온실가스(j)의 배출계수(kg-GHG/TJ-연료)
f_i : 연료(i)별 산화계수

• CO_2 배출량(t CO_2-eq) = 1,500,000ton
× 24.9MJ/kg-연료
× 90,200kg-GHG/TJ
-연료 × 10^{-6}
= 3,368,970tCO_2

• CH_4 배출량(t CO_2-eq) = 1,500,000ton
× 24.9MJ/kg-연료
× 1kg-GHG/TJ-연료
× 10^{-6} × 21
= 784.35tCO_2

• N_2O 배출량(t CO_2-eq) = 1,500,000ton
× 24.9MJ/kg-연료
× 1.5kg-GHG/TJ-연료
× 10^{-6} × 310
= 17,367.75tCO_2

온실가스 배출량(ton CO_2-eq)
= 3,368,970 + 784.35 + 17,367.75
= 3,387,122.1ton CO_2-eq

578 고정연소(고체연료)의 배출량 산정방법에 대한 특징으로 옳지 않은 것은?

① 활동자료로서 공정에 투입되는 각 고체연료 사용량을 적용한다.
② 배출계수로서 연료의 단위열량당 온실가스 배출량을 적용한다.
③ 에너지 부문에서의 온실가스 배출량 산정에서는 열량계수라는 개념을 도입하여 적용하고 있다.
④ 열량계수란 연료 질량당 고위발열량을 의미한다.

정답 574 ③ 575 ③ 576 ② 577 ① 578 ④

풀이 열량계수란 연료 질량당 순 발열량을 의미하고, 배출계수와 열량계수를 곱하게 되면 단위 연료 사용량당 온실가스 배출량을 산정할 수 있다.

579 다음 중 고정연소(고체연료)의 매개변수에 해당되지 않는 것은?

① 활동자료
② 열량계수
③ 배출계수
④ 연료별 고유계수

풀이 고정연소(고체연료)의 매개변수
  ㉠ 활동자료   ㉡ 열량계수
  ㉢ 배출계수   ㉣ 산화계수

580 고정연소(고체연료)의 매개변수에 관한 설명으로 옳지 않은 것은?

① 활동자료는 공정에 투입되는 각 연료사용량을 의미한다.
② 열량계수는 순 발열량을 의미하고, Tier 2는 국가 고유 발열량값을 이용한다.
③ 배출계수는 연료별 온실가스의 배출계수를 의미한다.
④ 산화계수는 Tier 2 산정 시 0.98을 적용한다.

풀이 산화계수는 Tier 2 산정 시 발전부문에 0.99를 적용하고, 기타 부문에 0.98을 적용한다.

581 고정연소(기체연료)의 온실가스 배출량 산정에 영향을 미치는 인자가 아닌 것은?

① 연료의 절대온도
② 연료 중에 포함된 성분의 종류
③ 연료성분별 함량
④ 연료 밀도

풀이 연료의 표준온도가 온실가스 배출량 산정에 영향을 미친다.

582 고정연소(기체연료)의 산화계수는?
(단, Tier 2)

① 1.0
② 0.99
③ 0.995
④ 0.98

풀이 고정연소(기체연료)의 산화계수는 Tier 2(0.995), Tier 3(0.995)이다.

583 고정연소(액체연료)의 배출량 산정방법에 관한 설명으로 옳지 않은 것은?

① 열량계수란 연료 질량당 순 발열량을 의미하고, 배출계수와 열량계수를 곱하게 되면 단위 연료 사용량당 온실가스 배출량을 산정할 수 있다.
② 산정 대상 온실가스는 CO_2, CH_4, N_2O이다.
③ 활동자료(연료사용량)로 Tier 2 적용 시 측정불확도 ±5.0 이내의 연료사용량 자료를 활용한다.
④ 산화계수는 Tier 3 산정 시 0.98을 적용한다.

풀이 산화계수는 Tier 3 산정 시 0.99를 적용한다.

584 이동연소(항공) 배출량 산정식(Tier 1)에서 Q_i의 의미는?

$$E_{i,j} = Q_i \times EC_{i,j} \times EF_i \times 10^{-6}$$

① 지상에서 사용되는 연료사용량을 포함한 연료의 사용량
② 지상부분 연료사용량이 제외된 연료사용량
③ 연료의 열량계수
④ 연료사용량 보정계수

풀이 $E_{i,j} = Q_i \times EC_i \times EF_{i,j} \times 10^{-6}$
  여기서, $E_{i,j}$: 연료(i)의 연소에 따른 온실가스(j)의 배출량(tGHG)
  Q_i : 지상에서 사용되는 연료사용량을 포함한 연료(j)의 사용량(측정값, KL-연료). 다만, 지상에서 사용되는 연료사용량의 파악이 어려울 경우에는 다음과 같이 적용한다.

$Q_i = Q \times (AF+1)$

Q : 지상부분 연료사용량이 제외된 연료사용량

AF : 연료사용량 보정계수(항공법에 따라 항공기취급업을 등록한 계열회사로부터 항공기 지상조업 지원을 받는 경우 0.0164, 그렇지 아니한 경우 0.0215)

EC_i : 연료(i)의 열량계수(연료 순발열량, MJ/L – 연료)

$EF_{i,j}$: 연료(i)에 따른 온실가스(j)의 배출계수(kgGHG/TJ – 연료)

585 이동연소(항공) 배출량 산정식(Tier 1)에 관한 내용 중 바르지 않은 것은?

① CH_4, N_2O는 연료의 산화계수를 적용하지 않는다.
② 연료사용량은 측정값을 사용하며 단위는 ton – 연료이다.
③ 연료의 열량계수는 연료 순발열량을 의미한다.
④ 항공법에 따라 항공기 취급업을 등록한 계열회사로부터 항공기 지상조업을 지원받는 경우 연료사용량 보정계수는 0.0164이다.

[풀이] 연료사용량은 측정값을 사용하며 단위는 KL – 연료이다.

586 이동연소(항공) 배출량 산정방법의 특징에 대한 설명 중 바르지 않은 것은?(단, Tier 1)

① Tier 1 산정방법은 항공 휘발유를 사용하는 중형 비행기에 주로 적용하고 있다.
② 제트 연료를 사용하는 항공기의 경우에는 운항자료의 이용이 불가능한 경우에만 Tier 1을 적용토록 권고하고 있다.
③ 국내항공과 국제항공으로 구분한 연료 사용량을 활동자료로 하여 CO_2, CH_4, N_2O 배출량을 산정하고 있다.
④ 배출계수는 기본값을 적용한다.

[풀이] Tier 1 산정방법은 항공 휘발유를 사용하는 소형 비행기에 주로 적용하고 있다.

587 이동연소(항공) 배출량 산정방법에 대한 설명 중 바르지 않은 것은?(단, Tier 2)

① Tier 2는 제트연료를 사용하는 항공기에 적용되며, 이착륙과정(LTO 모드)과 순항과정(Cruise 모드)을 구분하여 산정해야 한다.
② 배출량 산정과정은 '총 연료소비량 산정 → 이착륙과정의 연료소비량 산정 → 순항과정의 연료소비량 산정 → 이착륙과 순항과정에서의 온실가스 배출량 산정'순으로 진행한다.
③ 이착륙과정에서의 온실가스 배출량은 LTO 횟수에 LTO 배출계수를 곱하여 산정한다.
④ 순항과정의 연료사용량을 구하기 위해서는 전체 연료사용량에서 LTO 과정의 연료 사용량을 포함해야 한다.

[풀이] 순항과정의 연료사용량을 구하기 위해서는 전체 연료사용량에서 LTO 과정의 연료 사용량을 제외해야 한다.

588 이동연소(항공) 활동자료에 Tier 1 적용 시 사용하는 자료가 맞는 것은?

① 측정불확도 ±7.5% 이내의 사업자 또는 연료공급자에 의해 측정된 연료사용량 자료
② 측정불확도 ±5.0% 이내의 사업자 또는 연료공급자에 의해 측정된 연료사용량 자료
③ 측정불확도 ±7.5% 이내의 사업자 또는 연료공급자에 의해 측정된 연료사용량, 이착륙 횟수 자료
④ 측정불확도 ±5.0% 이내의 사업자 또는 연료공급자에 의해 측정된 연료사용량, 이착륙 횟수 자료

정답 585 ② 586 ① 587 ④ 588 ①

589 이동연소(도로) 배출량 산정방법에 대한 설명 중 바르지 않은 것은?

① Tier 1의 이동연소 도로 부문은 도로 또는 비도로 차량 운행을 위해 사용된 연료 종류별 사용량을 활동자료로 한다.
② Tier 2는 연료 종류별·차종별·제어기술별 연료사용량을 활동자료로 한다.
③ Tier 3은 차량의 주행거리를 활동자료로 한다.
④ Tier 3은 CH_4, N_2O에 대하여 유효하나 정확도는 낮은 편이다.

풀이 Tier 3은 CH_4, N_2O에 대하여 유효하며 정확도도 높다.

590 이동연소(도로) 매개변수 중 배출계수 Tier 3 적용 시 해당하는 온실가스로 맞는 것은?

① CH_4, CO_2
② CH_4, N_2O
③ CO_2, N_2O
④ CO_2

풀이 보고대상 온실가스

구분	CO_2	CH_4	N_2O
산정방법론	Tier 1, 2	Tier 1, 2, 3	Tier 1, 2, 3

591 이동연소(철도) Tier 3 배출량 산정 시 CH_4와 N_2O 배출량에 영향을 미치는 인자가 아닌 것은?

① 기관차 종류
② 엔진 종류
③ 부하율
④ 연료 종류

풀이 Tier 3 배출량은 기관차 종류, 엔진 종류, 부하율 등 다양한 인자에 의해 영향을 받는다.

592 이동연소(철도)의 배출량 산정방법에 대한 설명 중 바르지 않은 것은?

① Tier 1 산정방법은 연료 종류별 사용량을 활동자료로 하고 기본 배출계수를 이용하여 배출량을 산정하는 방법이다.
② Tier 2 산정방법은 전형적인 상향식 온실가스 배출량 산정방법이다.
③ Tier 3 산정방법은 기관차 종류별 연간 사용시간, 정격출력, 부하율 등을 활동자료로 하고 측정불확도 ±2.5% 이내의 활동자료를 사용한다.
④ Tier 3 산정방법은 기관차 종류별 연간 사용시간, 정격출력, 부하율 등을 고려하여 고유 배출계수를 개발하여 사용한다.

풀이 Tier 3 산정방법은 전형적인 상향식 온실가스 배출량 산정방법이다.

593 이동연소(선박)의 배출량 산정방법에 대한 설명 중 바르지 않은 것은?

① Tier 2 산정방법은 선박·연료·엔진의 종류에 따라 배출량을 산정한다.
② Tier 2는 선박 운항에 따른 연료 종류, 선박 종류, 선박에 탑재된 엔진 종류별 연료 사용량을 활동자료로 사용한다.
③ Tier 1은 연료 종류 및 물질별 IPCC 가이드라인 기본 배출계수를 사용한다.
④ Tier 1의 측정불확도는 ±5.0% 이내이다.

풀이 Tier 1의 측정불확도는 ±7.5% 이내이다.

594 시멘트 생산 배출량 산정방법(Tier 1~2)의 다음 관계식에서 "EF_i"의 의미로 맞는 것은?

$$E_i = (EF_i + EF_{toc}) \times (Q_i + Q_{CKD} \times F_{CKD})$$

① 클링커 생산량당 CO_2 배출계수
② 클링커 생산량
③ 킬른에서 시멘트 킬른 먼지의 유실량
④ 킬른에서 유실된 시멘트 킬른 먼지의 하소율

풀이 $E_i = (EF_i + EF_{toc}) \times (Q_i + Q_{CKD} \times F_{CKD})$
여기서, E_i : 클링커(i) 생산에 따른 CO_2 배출량 (tCO_2)

EF_i : 클링커(i) 생산량당 CO_2 배출계수 (tCO$_2$/t-clinker)

EF_{toc} : 투입원료(탄산염, 제강슬래그 등) 중 탄산염 성분이 아닌 기타 탄소 성분에 기인하는 CO_2 배출계수 (기본값으로 0.010tCO$_2$/t-clinker를 적용한다.)

Q_i : 클링커(i) 생산량(ton)

Q_{CKD} : 킬른에서 시멘트 킬른 먼지(CKD)의 유실량(ton)

F_{CKD} : 킬른에서 유실된 시멘트 킬른 먼지(CKD)의 하소율(%)

595 시멘트 생산 매개변수 활동자료 Tier 3에 관한 다음 내용 중 ( ) 안에 알맞은 것은?

측정불확도 ( ) 이내의 순수 탄산염 원료 사용량 등 활동자료를 사용한다.

① ±7.5% 이내 ② ±5.0% 이내
③ ±2.5% 이내 ④ ±1.0% 이내

풀이 측정불확도 ±2.5% 이내의 클링커 생산량 자료 및 원료 투입량 등의 활동자료를 사용한다.

596 어느 시멘트회사에서 연간 200만 ton의 클링커를 생산하고 있고, 그 과정에서 시멘트 킬른 먼지(CKD)가 300ton 발생한다고 할 때 Tier 1을 이용하여 계산한 온실가스 배출량(tCO$_2$)은?(단, 클링커 생산량당 CO_2 배출계수는 0.51tCO$_2$/t-클링커, 투입원료 중 기타 탄소성분에 기인하는 CO_2 배출계수는 0.01tCO$_2$/t-클링커, 킬른에서 유실된 시멘트 킬른 먼지(CKD)의 하소율 0.95)

① 1,010,000ton ② 1,020,000ton
③ 1,030,000ton ④ 1,040,000ton

풀이 배출량 산정방법
Tier 1~2
$E_i = (EF_i + EF_{toc}) \times (Q_i + Q_{CKD} \times F_{CKD})$

여기서, E_i : 클링커(i) 생산에 따른 CO_2 배출량(tCO$_2$)

EF_i : 클링커(i) 생산량당 CO_2 배출계수(tCO$_2$/t-clinker)

EF : 투입원료(탄산염, 제강슬래그 등) 중 탄산염 성분이 아닌 기타 탄소성분에 기인하는 CO_2 배출계수(기본값으로 0.010tCO$_2$/t-clinker를 적용한다.)

Q_i : 클링커(i) 생산량(ton)

Q_{CKD} : 킬른에서 시멘트 킬른 먼지(CKD)의 유실량(ton)

F_{CKD} : 킬른에서 유실된 시멘트 킬른 먼지(CKD)의 하소율(%)

E_i(tCO$_2$) = (0.51tCO$_2$/t-클링커 + 0.01tCO$_2$/t-클링커) × [2,000,000ton + (300ton × 0.95)]
= 1,040,000ton

597 할당대상업체인 L시멘트사는 연간 150만 톤의 클링커를 생산하고 있고, 그 과정에서 시멘트 킬른먼지(CKD)가 500톤 발생하나, L사는 백필터(Bag Filter)를 활용하여 유실된 CKD를 전량 회수하여 다시 킬른에 투입한다고 가정할 때 Tier 1을 이용한 온실가스 배출량(tCO$_2$/y)은?(단, 클링커 생산량당 CO_2 배출계수는 0.51tCO$_2$/t-클링커, 투입원료 중 기타 탄소 성분에 기인하는 CO_2 배출계수는 0.01tCO$_2$/t-클링커)

① 760,000 ② 770,000
③ 780,000 ④ 790,000

풀이 온실가스 배출량(tCO$_2$/year)
= (0.51tCO$_2$/t-클링커 + 0.01tCO$_2$/t-클링커) × (1,500,000ton + 0)
= 780,000tCO$_2$/year

정답 595 ③ 596 ④ 597 ③

598 시멘트 생산에 Tier 1 배출계수 적용 시 시멘트 킬른먼지의 하소율은 공장 내 측정값이 없다면 적용하는 수치는?

① 0%   ② 50%
③ 90%   ④ 100%

599 석회공정에서는 고온에서 석회석을 가열하여 석회를 생산하는 과정 중 이산화탄소가 발생된다. 생산된 석회가 100톤이라고 할 때 배출되는 이산화탄소의 양은?(단, 생산된 석회 1톤당 배출계수 : 0.75톤 CO_2)

① 0.75톤   ② 7.5톤
③ 75톤   ④ 750톤

풀이 배출량 산정방법
[Tier 1]
$E_i = Q_i \times EF_i$
여기서, E_i : 석회(i) 생산으로 인한 CO_2 배출량 (tCO_2)
Q_i : 석회(i) 생산량(ton)
EF_i : 석회(i) 생산량당 CO_2 배출계수 (tCO_2/t-석회 생산량)
E_i(tCO_2) = 100ton × 0.75tonCO_2/t-석회 생산량
= 75ton

600 석회생산 활동자료 Tier 3에 관한 다음 내용 중 ( ) 안에 알맞은 것은?

측정불확도 ±2.5% 이내의 ( ) 등 활동자료를 사용한다.

① 순수 탄산염 사용량
② 순수 탄산염 사용량 및 유실된 석회킬른 먼지
③ 유실된 석회킬른 먼지
④ 석회생산량

풀이 활동자료
㉠ Tier 1 : 측정불확도 ±7.5% 이내의 클링커(i) 생산량 등 활동자료를 사용한다.
㉡ Tier 2 : 측정불확도 ±5.0% 이내의 클링커(i) 생산량 자료 등 활동자료를 사용한다.
㉢ Tier 3 : 측정불확도 ±2.5% 이내의 클링커(i) 생산량 자료 및 원료 투입량(toc) 등의 활동자료를 사용한다.

601 유리 생산 배출량 산정 관련식 중 "CR_i"의 의미로 맞는 것은?

$$E_i = \sum[M_{gi} \times EF_i \times (1-CR_i)]$$

① 유리 생산으로 인한 CO_2 배출량
② 유리 생산량
③ 유리 생산에 따른 CO_2 배출계수
④ 유리 제조공정에서의 컬릿 비율

풀이 $E_i = \sum[M_{gi} \times EF_i \times (1-CR_i)]$
여기서, E_i : 유리 생산으로 인한 CO_2 배출량 (tCO_2)
M_{gi} : 유리(i)의 생산량(ton)(예 용기, 섬유유리 등)
EF_i : 유리(i)의 생산에 따른 CO_2 배출계수(tCO_2/t-유리생산량)
CR_i : 유리(i) 제조공정에서의 컬릿 비율(%)

602 유리 생산 활동자료에 관한 설명으로 바르지 않은 것은?

① Tier 1은 측정불확도 ±7.5% 이내의 유리종류(i)별 유리생산량 자료를 사용한다.
② Tier 2는 측정불확도 ±5.0% 이내의 생산된 유리(i) 질량 등의 활동자료를 사용한다.
③ Tier 3은 측정불확도 ±2.5% 이내의 탄산염(i) 성분이 포함된 원료사용량 자료를 사용한다.
④ Tier 3의 탄산염의 소성비율(F_i)은 측정값이 있을 경우 이를 적용하고 측정값이 없다면 활용하지 않는다.

정답 598 ④ 599 ③ 600 ② 601 ④ 602 ④

풀이 Tier 3의 탄산염의 소성비율(F_i)은 측정값이 있을 경우 이를 적용하고 측정값이 없다면 1.0(100% 소성)을 적용한다.

603 마그네슘 생산 중 주조공정에서 보고대상 온실가스와 거리가 먼 것은?

① CO_2
② PECs
③ HFCs
④ SF_6

풀이 보고대상 온실가스

구분	CO_2	PFCs	HFCs	SF_6
1차 생산 공정	Tier 1,2,3,4	—	—	—
주조 공정	—	Tier 1,2,3,4	Tier 1,2,3,4	Tier 1,2,3,4

※ 주조 공정은 1차 생산 공정과 2차 생산 공정 포함

604 마그네슘 생산 배출량 산정 시 파괴율(DR_j)을 바르게 나타낸 것은?

① $\left(\dfrac{주조\ 시\ 배출량}{주조\ 시\ 투입량}\right) - \left(\dfrac{냉간\ 시\ 배출량}{냉간\ 시\ 투입량}\right)$

② $\left(\dfrac{주조\ 시\ 배출량}{주조\ 시\ 투입량}\right) + \left(\dfrac{냉간\ 시\ 배출량}{냉간\ 시\ 투입량}\right)$

③ $\left(\dfrac{주조\ 시\ 투입량}{주조\ 시\ 배출량}\right) - \left(\dfrac{냉간\ 시\ 투입량}{냉간\ 시\ 배출량}\right)$

④ $\left(\dfrac{주조\ 시\ 투입량}{주조\ 시\ 배출량}\right) + \left(\dfrac{냉간\ 시\ 투입량}{냉간\ 시\ 배출량}\right)$

풀이 파괴율은 냉간조건에서의 가스에 대한 투입량과 배출량의 비와 주조조건에서의 가스(i)에 대한 투입량과 배출량의 비의 차를 말한다.

605 인산생산 시 관계있는 보고대상 온실가스의 종류는?

① CO_2
② CH_4
③ N_2O
④ HFC

606 석유정제활동 중 코크스 제조공정의 보고대상 온실가스인 CO_2의 산정등급으로 맞는 것은?

① Tier 1, 2, 3, 4
② Tier 1, 2, 3
③ Tier 1
④ Tier 1, 3, 4

풀이 보고대상 온실가스

구분	CO_2	CH_4	N_2O
수소제조공정	Tier 1, 2, 3, 4	—	—
촉매재생공정	Tier 1, 3a, 3b, 4	—	—
코크스 제조공정	Tier 1	—	—

607 1ton의 원료 중 메탄이 80%, 에탄이 15%, 부탄이 5% 포함되어 있다고 가정할 경우, 아래 반응식에 따라 원료 조성에 따른 CO_2 발생비율을 산정하면?

㉠ 메탄(CH_4) : $CH_4 + 2H_2O = 4H_2 + 1CO_2$
㉡ 에탄(C_2H_6) : $C_2H_6 + 4H_2O = 7H_2 + 2CO_2$
㉢ 부탄(C_4H_{10}) : $C_4H_{10} + 8H_2O = 13H_2 + 4CO_2$

① 0.24
② 0.30
③ 0.34
④ 0.38

풀이

성분	㉠ CO_2 몰수	㉡ H_2 몰수	㉢ 함유비 (Mole 비)	Moles CO_2 (=㉠×㉢)	Moles H_2 (=㉡×㉢)
메탄 (CH_4)	1	4	0.8	0.8	3.2
에탄 (C_2H_6)	2	7	0.15	0.30	1.05
부탄 (C_4H_{10})	4	13	0.05	0.20	0.65
합				1.3	3.88

CO_2와 H_2의 비율이 각각 1.3, 3.88이므로,

CO_2 발생비 $= \dfrac{1.3}{3.88} = 0.34$

608 석유정제활동 중 촉매재생공정 배출량 산정식(Tier 1)에서 "1.963"이 의미하는 것은?

① CO_2의 분자량 – 표준상태 시 몰당 CO_2 부피
② CO_2의 분자량 + 표준상태 시 몰당 CO_2 부피
③ $\dfrac{CO_2 \text{ 분자량}}{\text{표준상태 시 몰당 } CO_2 \text{ 부피}}$
④ $\dfrac{\text{표준상태 시 몰당 } CO_2 \text{ 부피}}{CO_2 \text{ 분자량}}$

609 석유정제활동 중 수소제조공정 배출량 산정시 활동자료에 관한 내용 중 바르지 않은 것은?

① Tier 1 : 측정불확도는 ±7.5% 이내의 원료투입량(FR) 등을 사용한다.
② Tier 2 : 측정불확도 ±5.0% 이내의 수소 발생량(QH_2)(ton 또는 천 m³) 자료를 사용한다.
③ Tier 3 : 측정불확도는 ±2.5% 이내의 수소 제조 공정 연료사용량(천 m³) 자료를 사용한다.
④ Tier 4 : 연속측정방식(CEM)을 사용한다.

풀이 ③ Tier 3 : 측정불확도 ±2.5% 이내의 수소제조 공정 가스의 투입량(천 m³) 자료를 사용한다.

610 석유정제활동 중 촉매재생공정에 관한 내용으로 바르지 않은 것은?

① Tier 1의 배출량 산정 시 점착된 Coke의 양을 파악할 수 없을 경우 Coke 제거를 위해 투입된 공기가 전량 연소하여 CO_2를 발생한다고 가정한다.
② Tier 1의 활동자료는 측정불확도 ±7.5% 이내의 공기투입량 자료를 사용한다.
③ Tier 3a의 배출량 산정에 있어서 촉매재생공정이 연속재생공정으로 운영되어 산소 함량 변화 및 코크스 함량의 측정이 불가능한 경우에는 배출시설의 규모와 상관없이 방법론을 적용하여 배출량을 산정하도록 한다.
④ Tier 1의 배출계수는 기본배출계수(투입 공기 중 산소함량비=0.21)를 사용한다.

풀이 ③은 Tier 3b의 배출량 산정에 해당되는 내용이다.

611 암모니아 생산 배출량 산정식(Tier 1~3)에서 R_{CO_2}와 관계가 없는 것은?

① CO_2 회수
② CO_2 포집
③ CO_2 저장
④ CO_2 탈루

풀이 R_{CO_2}는 요소 등 부차적 제품생산에 의한 CO_2 회수·포집·저장량을 의미한다.

612 질산 생산 배출량 산정방법의 특징에 관한 설명이다. ( ) 안에 알맞은 온실가스는?

> 활동자료로서 질산 생산량을 기본적으로 적용하고 있으나, 여러 생산기술이 적용된 경우에는 각 생산기술별로 구분하여 질산 생산량을 결정한 다음에 합산토록 하고 있으며 배출계수는 생산기술에 따른 단위 질산 생산량에 대비한 ( ) 배출량이다.

① N_2O
② CH_4
③ N_2O, CO_2
④ CO_2

613 질산 생산에 관한 내용 중 바르지 않은 것은?

① 배출량 산정방법 중에서 특이한 점은 N_2O 감축기술의 적용 정도를 고려하여 감축량을 제하도록 하고 있으며, 감축량을 배출량에서 빼 적용한다는 것이다.
② Tier 2 활동자료는 측정불확도 ±5.0% 이내의 질산생산량 자료를 사용한다.
③ Tier 1의 배출계수(EFN_2O)는 기본 배출계수를 사용하되 저감시설이 별도로 없는 경우에는 가장 높은 배출계수를 사용한다.
④ Tier 2는 국가 고유 배출계수(EFN_2O)를 활용하고 감축기술별 분해계수(DF_h) 및 저감시스템 이용계수($AUSF_h$)는 활용 가능한 값이 있으면 적용하되 값이 없으면 각각 "0"을 적용한다.

정답 608 ③ 609 ③ 610 ③ 611 ④ 612 ① 613 ①

풀이 배출량 산정방법 중에서 특이한 점은 N_2O 감축기술의 적용 정도를 고려하여 감축량을 제하도록 하고 있으며, 감축량을 배출량에서 빼는 것이 아니라 배출계수에 감축비율을 고려하여 적용토록 하고 있는 것이다.

614 아디프산 생산과 관련한 보고대상 온실가스는?

① CO_2
② CH_4
③ N_2O
④ SF_6

풀이 보고대상 온실가스

구분	CO_2	CH_4	N_2O
산정방법론	–	–	Tier 1, 2, 3

615 아디프산 생산 배출량 산정식에서 "$ASUF_h$"의 의미는?

① 기술유형에 따른 배출계수
② 기술유형에 따른 아디프산 생산량
③ 저감기술별 분해계수
④ 저감기술별 저감시스템 이용계수

풀이 Tier 1~3

$$E_{N_2O} = \sum_{k,h}[EF_k \times AAP_k \times (1-DF_h \times ASUF_h)] \times 10^{-3}$$

여기서, E_{N_2O} : N_2O 배출량(tN_2O)
EF_k : 기술유형(k)에 따른 아디프산의 N_2O 배출계수 (kgN_2O/t-아디프산)
AAP_k : 기술유형(k)에 따른 아디프산 생산량(ton)
DF_h : 저감기술(h)별 분해계수(0~1 사이의 소수)
$ASUF_h$: 저감기술(h)별 저감시스템 이용계수(0~1 사이의 소수)

616 카바이드 생산 중 보고대상 온실가스의 산정방법 연결이 바른 것은?

① CO_2 : Tier 1, 2, 3 CH_4 : Tier 1, 2
② CO_2 : Tier 1, 4 CH_4 : Tier 1
③ CO_2 : Tier 1 CH_4 : Tier 1, 2
④ CO_2 : Tier 1, 2 CH_4 : Tier 1

풀이 보고대상 온실가스

구분	CO_2	CH_4	N_2O
산정방법론	Tier 1,4	Tier 1	–

617 카바이드 생산에 관한 내용 중 바르지 않은 것은?

① 배출량 산정방법은 활동자료로서 생산량을 기준으로 한 경우와 원료량을 기준으로 한 경우로 구분하지 않는다.
② 배출계수는 단위 활동자료에 대한 온실가스 배출량으로서 Tier 1은 IPCC 기본배출계수, Tier 2는 국가 고유배출계수, Tier 3은 사업장 고유배출계수이다.
③ Tier 1의 활동자료는 측정불확도 ±7.5% 이내의 활동자료(사용된 원료, 카바이드 생산량)를 사용한다.
④ Tier 4의 배출계수는 연속 측정방식(CEM)을 사용한다.

풀이 배출량 산정방법은 활동자료로서 생산량을 기준으로 한 경우와 원료량을 기준으로 한 경우로 구분하여 제시한다.

618 소다회 생산 배출량 산정방법의 활동자료로서 천연소다법의 경우에 적용되는 것은?

① 소다회 생산량
② 트로나(Trona) 광석의 사용량
③ 코크스 사용량
④ 슬래스 사용량

정답 614 ③ 615 ④ 616 ② 617 ① 618 ②

풀이 활동자료로서 천연소다회법의 경우는 트로나 광석의 사용량, 암모니아 소다회법의 경우는 소다회 생산량을 적용하고 있다.

619 석유화학제품 생산에 관한 내용 중 바르지 않은 것은?

① 보고대상 온실가스는 CO_2, CH_4이다.
② Tier 1 산정방법은 각 석유화학물질의 생산량을 활동자료로 하고 기본배출계수를 활용하여 산정하는 방법이다.
③ Tier 2와 3 산정방법은 원료 및 공정수준에서 탄소 물질수지에 기초한 산정방법으로 각 원료소비량, 1·2차 생산제품의 생산량 등을 활동자료로 한다.
④ Tier 3과 Tier 4의 배출계수는 연속측정방법을 사용한다.

풀이 Tier 3의 배출계수는 연속측정방법을 사용하지 않는다.

620 불소화합물 생산 배출량 산정방법에서 배출량으로 정한 물질은?

① HFC-23
② HCFC-22
③ SF_6
④ NF_3

풀이 Tier 1

$$E_{HFC-23} = EF_{default} \times P_{HCFC-22} \times 10^{-3}$$

여기서, E_{HFC-23} : HFC-23 배출량(tGHG)
$EF_{default}$: HFC-23 기본 배출계수
(kg·HFC-23 배출량/kg·HCFC-22 생산량)
$P_{HCFC-22}$: 전체 HCFC-22 생산량(kg)

621 불소화합물 배출량 산정방법에 관한 내용 중 바르지 않은 것은?

① Tier 1 산정방법은 HCFC-22 또는 기타 불소화합물의 생산량과 기본배출계수를 이용하여 산정하는 방법이다.
② Tier 2 산정방법은 HCFC-22의 생산량과 공정효율을 이용하여 계산된 HFC-23의 배출계수를 통해 배출량을 산정하는 방법이다.
③ Tier 3 산정방법은 사업장 개별 시설의 정보를 이용하며 배출량을 산정하는 방법이다.
④ 활동자료의 이용 가능성에 따라 Tier 3a, 3b, 3c로 구분하며 Tier 3b는 대기로 방출되는 증기의 유량과 조성을 직접적·지속적으로 측정할 수 있을 때 사용할 수 있다.

풀이 활동자료의 이용 가능성에 따라 3a, 3b, 3c로 구분하며 Tier 3a는 대기로 방출되는 증기의 유량과 조성을 직접적·지속적으로 측정할 수 있을 때 사용한다.

622 불소화합물 생산 배출량 산정방법 중 매개변수에 관한 내용 중 바르지 않은 것은?

① Tier 1의 활동자료는 측정불확도 ±7.5% 이내의 사업장별 HCFC-22 생산량을 사용한다.
② Tier 2의 활동자료는 측정불확도 ±5.0 이내의 사업장별 HCFC-22 생산량을 사용한다.
③ Tier 3b의 활동자료는 배출가스 유량 및 조성 등을 직접 측정하여 활용한다.
④ Tier 3c의 활동자료는 사업장별 HCFC-22 생산량, 반응조 안의 HFC-23 농도 등을 직접 측정하여 활용한다.

풀이 Tier 3a의 활동자료는 배출가스 유량 및 조성 등을 직접 측정하여 활용한다.

623 철강생산 배출량 산정방법에 대한 설명 중 바르지 않은 것은?

① 소결로 Tier 1 산정방법의 활동자료는 소결물 생산량을 적용한다.
② 소결로 Tier 3 산정방법은 물질수지법을 적용한다.
③ 코크스로 Tier 1 산정방법은 코크스 생산량을 기준으로 한 CO_2, CH_4 배출량 산정방법이다.
④ 코크스로 Tier 1 산정방법은 활동자료로서 코크스 생산량, 투입 석탄량을 적용한다.

정답 619 ④ 620 ① 621 ④ 622 ③ 623 ④

풀이 코크스로 Tier 1 산정방법은 활동자료로서 코크스 생산량을 적용한다.

624 코크스로를 운영하고 있는 관리업체 A에서 유연탄 15만 톤을 사용하여 코크스 10만 톤을 생산하였다. 이때 Tier 1을 이용하여 온실가스 배출량을 산정할 경우 발생된 온실가스양은 몇 톤 CO_2-eq인가?(단, 공정배출계수는 CO_2 : 0.56 tCO_2/t 코크스, CH_4 : 0.1 gCH_4/t코크스)

① 56,000.21
② 84,000.32
③ 140,000.53
④ 266,000.00

풀이 공정배출계수(코크스 1ton당 온실가스 배출량)
- CO_2 배출량
  = 100,000ton Coke × 0.56tCO$_2$/t코크스
  = 56,000tCO$_2$-eq
- CH_4 배출량
  = 100,000tonCoke × 0.1gCH$_4$/t코크스
  × 10^{-6}ton/g × 21 = 0.21tCO$_2$-eq
- 발생 온실가스양(tCO$_2$-eq)
  = 56,000 + 0.21 = 56,000.21tonCO$_2$-eq

625 철강 생산 배출량 산정방법에 대한 설명 중 바르지 않은 것은?

① 소결로 Tier의 산정방법은 소결물 생산량을 기준으로 CO_2, CH_4 배출량을 산정하는 방법이다.
② 고로 Tier 1 산정방법은 용선 생산량을 기준으로 한 CO_2, CH_4 배출량의 산정방법이다.
③ 전기로 Tier 1 산정방법은 조강 생산량을 기준으로 한 CO_2, CH_4 배출량의 산정방법이다.
④ 전로 Tier 1 산정방법은 용강 생산량을 기준으로 한 CO_2, CH_4 배출량의 산정방법이다.

풀이 전로 Tier 1 산정방법은 조강 생산량을 기준으로 한 CO_2, CH_4 배출량의 산정방법이다.

626 철강생산공정 배출량 산정방법 Tier 3 물질수지법 관련식과 관련이 먼 것은?

① 공정에서의 생산되는 각 제품의 생산량
② 공정에서의 배출되는 각 부산물의 반출량
③ 공정에 투입되는 각 원료의 사용량
④ 공정에 투입되는 각 연료의 사용량

풀이 철강생산공정
Tier 3(물질수지법)
$$E_f = \sum(Q_i \times EF_i) - \sum(Q_p \times EF_p) - \sum(Q_e \times EF_e)$$
여기서, E_f : 공정에서의 온실가스(f) 배출량 (tCO$_2$)
Q_i : 공정에 투입되는 각 원료(i)의 사용량(ton)
Q_p : 공정에서 생산되는 각 제품(p)의 생산량(ton)
Q_e : 공정에서 배출되는 각 부산물(e)의 반출량(ton)
EF_X : X 물질의 배출계수(tCO$_2$/t)

627 철강 생산 배출량 산정 매개변수에 관한 내용으로 바르지 않은 것은?

① Tier 1의 활동자료는 측정불확도 ±7.5% 이내의 투입연료 및 원료, 제품생산량, 공정 외부로 나가는 부산물의 양, 각각의 순 재고증가량 등의 활동자료를 사용한다.
② Tier 3의 활동자료는 연속측정방법(CEM)을 사용한다.
③ Tier 1의 배출계수는 IPCC 가이드라인 기본배출계수를 사용한다.
④ Tier 1의 배출계수는 국가고유배출계수를 사용한다.

풀이 Tier 4의 배출계수는 연속측정방법(CEM)을 사용한다.

정답 624 ① 625 ④ 626 ④ 627 ②

628 합금철 생산 배출량 산정방법에 대한 설명 중 바르지 않은 것은?

① Tier 1의 배출량 산정방법의 활동자료로서 합금철 생산량을 적용한다.
② Tier 1의 배출계수는 합금철 생산량에 대비한 온실가스 배출량이다.
③ Tier 1의 배출량 산정방법의 산정 대상 온실가스는 CO_2, CH_4이며, CH_4는 환원제에 의해 금속산화물이 환원되면서 생성 배출되는 것이며, CO_2는 실리콘계 합금철을 생산하는 과정에서 배출되는 것이다.
④ Tier 2의 배출량 산정방법은 활동자료로서 유출·입 물질의 중량을 적용한다.

풀이 Tier 1의 배출량 산정방법의 산정 대상 온실가스는 CO_2, CH_4이며, CO_2는 환원제에 의해 금속산화물이 환원되면서 생성 배출되는 것이며, CH_4는 실리콘계 합금철을 생산하는 과정에서 배출되는 것이다.

629 아연 생산 배출량 산정방법 등급에 해당되는 것은?

① Tier 1, 2
② Tier 1, 3
③ Tier 1, 2, 3
④ Tier 1a, 1b, 2, 3, 4

풀이

구분	CO_2	CH_4	N_2O
산정방법론	Tier 1a, 1b, 2, 3, 4	–	–

630 아연 생산 배출량 산정방법에 관한 설명 중 바르지 않은 것은?

① Tier 1a는 활동자료인 아연 생산량에 IPCC 기본배출계수를 곱하여 결정하는 가장 단순한 방법이다.
② Tier 1a는 아연의 생산공정을 세분화하여 산정한다.
③ Tier 1b는 활동자료인 생산공정별 아연 생산량에 IPCC 기본배출계수를 곱하여 결정하는 방식이다.
④ Tier 2는 활동자료인 생산공정별 아연 생산량에 IPCC 국가고유배출계수를 곱하여 결정하는 방식이다.

풀이 Tier 1a는 활동자료인 아연 생산량에 IPCC 기본배출계수를 곱하여 결정하는 가장 단순한 방법으로 아연의 생산공정을 세분화하여 산정하지 않아도 된다.

631 아연 생산 매개변수에 관한 내용 중 바르지 않은 것은?

① Tier 1a의 활동자료는 측정불확도 ±7.5% 이내의 아연 생산량 자료를 사용한다.
② Tier 1b의 활동자료는 측정불확도 ±7.5% 이내의 아연 생산량(전기열 증류법, 건식 야금, Waelz kiln 생산 등) 자료를 사용한다.
③ 배출계수는 아연의 생산공정이 구분되지 않을 경우 Tier 1a의 기본계수를 사용하고, 공정별 배출계수(Tier 2b)를 적용한다.
④ Tier 4의 배출계수는 연속측정방법(CEM)을 사용한다.

풀이 배출계수는 아연의 생산공정이 구분되지 않을 경우 Tier 1a의 기본계수를 사용하고, 공정별 배출계수(Tier 1b)를 적용한다.

632 납 생산 배출량 산정방법 및 매개변수에 관한 내용 중 바르지 않은 것은?

① Tier 1의 배출량 산정은 활동자료로서 납 생산량을 적용하며, 배출계수는 납 생산량에 대비한 온실가스 배출량으로 IPCC 기본값을 적용한다.
② CO_2만이 산정 및 보고 대상 온실가스이다.
③ Tier 1의 배출계수는 IPCC 가이드라인 기본배출계수인 0.85(tCO_2/t - 생산된 납)를 사용한다.
④ Tier 3의 배출계수는 사업자가 자체적으로 분석한 투입원료와 배출산물의 탄소질량분율을 측정·분석하여 고유배출계수를 개발한다.

풀이 Tier 1의 배출계수는 IPCC 가이드라인 기본 배출계수인 0.52(tCO_2/t - 생산된 납)를 사용한다.

정답 628 ③ 629 ④ 630 ② 631 ③ 632 ③

633 전자산업 중 열전도 유체 부문에 해당되는 산정등급은?

① Tier 1
② Tier 2
③ Tier 2a
④ Tier 2b

풀이

구분	불소화합물(FCs)
반도체/LCD/PV 생산 부문	Tier 1, 2a, 2b, 3
열전도 유체 부문	Tier 2

634 반도체/LCD/PV 생산 배출량 산정방법에 관한 내용 중 잘못된 것은?

① Tier 1 산정방법은 사업장 자료가 없을 경우에만 적용하는 방법으로 가장 정확한 방법이다.
② Tier 1 산정방법은 여러 가지 불소계 온실가스가 동시에 배출되므로 이를 따로 산정하기는 어렵고 배출되는 여러 가지 불소계 온실가스를 한 세트로 구성하여 산정한다.
③ Tier 2a는 가스소비량과 배출제어기술 등의 사업장별 데이터를 기반으로 사용된 각각의 FC 배출량을 계산하는 방법이다.
④ Tier 2b는 크게 식각과 CVD 세정공정으로 구분하여 계수를 사용한다.

풀이 Tier 1 산정방법은 사업장 자료가 없을 경우에만 적용하는 방법으로 가장 정확성이 떨어지는 방법이다.

635 반도체/LCD/PV 생산배출량 산정방법에 관한 내용 중 바르지 않은 것은?

① Tier 3 산정방법은 소규모단위 공정마다 개별적으로 고유계수를 적용하는 방법이다.
② Tier 2a 방법론은 식각·증착공정의 구분을 할 수 없는 경우에 적용할 수 있다.
③ Tier 1 산정방법은 전체 공정 배출량을 산정할 때는 모든 종류의 FC 가스의 배출량을 계산하여 합산한다.

④ Tier 1 산정식 중 Q_i는 제품생산실적 m²당 사용되는 가스량이다.

풀이 Tier 1 산정식 중 Q_i는 제품생산실적이다.

636 전자 공정 매개변수 적용에 관한 내용이 바르지 않은 것은?

① 반도체/LCD/PV 생산부문 Tier 1의 배출계수는 측정불확도 ±7.5% 이내의 사업장별 FC 가스 사용량 등 활동자료를 사용한다.
② 반도체/LCD/PV 생산부문 Tier 2a, 2b의 배출계수는 ±5.0 이내의 사업장별 FC 가스사용량 등의 활동자료를 사용한다.
③ 열매체 유체부문 Tier 1은 측정불확도 ±7.5% 이내의 사업장별 액체 불소화합물 사용량 등의 활동자료를 사용한다.
④ 열매체 유체부문 산정식의 Tier 2에서는 국가고유배출계수를 활용한다.

풀이 반도체/LCD/PV 생산부문 Tier 1의 배출계수는 측정불확도 ±7.5% 이내의 사업장별 제품 생산량 등 활동자료를 사용한다.

637 연료전지에 관한 내용 중 바르지 않은 것은?

① Tier 1의 활동자료는 측정불확도 ±7.5% 이내의 원료투입량 자료를 사용한다.
② Tier 4는 연속측정방법을 사용한다.
③ 보고대상 온실가스는 FCs이다.
④ Tier 2의 배출계수는 국가고유배출계수를 사용한다.

풀이 보고대상 온실가스

구분	CO_2	CH_4	N_2O
산정방법론	Tier 1, 2, 3, 4	–	–

정답 633 ② 634 ① 635 ④ 636 ① 637 ③

638 오존파괴물질(ODS)의 대체물질 중 비에어로졸 용매의 Tier 1 배출량 산정방법에 대한 설명으로 바르지 않은 것은?

① 보통 용매는 초기 충진량의 100%가 제품을 사용하기 시작한 후 1~2년 내에 모두 배출되므로 즉각 배출로 간주한다.
② 용매를 충진하는 제품의 수명을 2년으로 가정하고 제품을 사용하기 시작한 첫해에 배출되는 양과 마지막 연도인 2년째에 배출될 양을 모두 고려한 배출계수를 적용한다.
③ 초기 양의 100%를 기본배출계수로 사용하는 것이 타당하다.
④ 기본배출계수 외에 HFC나 PFC의 연간 용매로서의 판매량을 알아야 배출량을 산정할 수 있다.

풀이 초기 양의 50%를 기본배출계수로 사용하는 것이 타당하다.

639 오존파괴물질(ODS)의 대체물질 중 에어로졸 Tier 1 배출량 산정식에서 적용하는 에어로졸 사용 첫 해의 배출률은?

① 0.1 ② 0.5
③ 0.7 ④ 1.0

풀이 Tier 1
$$Emissions_t = S_t \times EF + S_{t-1} \times (1 - EF)$$
여기서, $Emissions_t$: 연간 배출량(kg)
S_t : t년도에 구매한 에어로졸 제품에 포함된 HFC와 PFC의 양(kg)
S_{t-1} : $t-1$년도에 구매한 에어로졸 제품에 포함된 HFC와 PFC의 양(kg)
EF : 배출계수(사용한 첫해의 배출률 =0.5, 향후 센터에서 별도의 계수를 공표할 경우 그 값을 적용한다.)

640 오존파괴물질(ODS)의 대체물질 중 폐쇄형 기포 발포제에 의한 온실가스 배출량 선정 시 고려사항이 아닌 것은?

① 연간 발포제 생산에 사용된 PFC의 양
② 첫 해의 손실계수 및 연간손실계수
③ 폐기 시 발생량
④ 회수와 파기에 의해 제거되는 양

풀이 연간 발포제 생산에 사용된 HFC의 양

641 오존파괴물질(ODS)의 대체물질 중 개방형 기포(Open-Cell) 발포제의 Tier 1 배출량 산정방법에 적용하는 첫해의 손실배출계수(EF_{FYL})는?

① 100% ② 75%
③ 50% ④ 25%

풀이 개방형 발포제에서는 첫해의 손실배출계수가 100%이다.

642 오존파괴물질(ODS)의 냉동 및 냉방 Tier 1~2 배출량 산정방법에 배출계수를 적용하는 경우가 아닌 것은?

① 하위용도별 냉동 및 냉장설비에 냉매를 주입하기 위해 저장 보관하는 용기에서의 탈루
② 신규 설비의 냉매 초기 주입 과정에서의 탈루
③ 설비의 사용(유지보수 제외)에서의 탈루
④ 설비의 폐기시점에서의 탈루

풀이 설비의 사용(유지보수 포함)에서의 탈루

643 오존파괴물질(ODS)의 전기설비 배출량 산정방법에 관한 내용과 거리가 먼 것은?

① Tier 1~2 산정방법은 제작단계에서 점검 및 테스트 과정을 위해 온실가스를 충전한 뒤 회수하고, 사용현장 설치 단계에서 온실가스를 별도 충전할 경우 제작단계 및 설치단계 배출량을 구분하여 각각 산정해야 한다.

② Tier 1~2 산정방법은 CO_2 등가량으로 보고할 경우 온실가스별 지구온난화지수(GWP)를 적용하여 환산한다.
③ 설비사용단계의 Tier 3 배출량 산정방법은 물질수지 접근법을 이용한다.
④ Tier 3 산정방법은 폐기단계 배출량을 물질수지법으로 산정하는 경우 최종 사용단계에서 보고된 배출량이 중복 산정되지 않는 장점이 있다.

풀이 Tier 3 산정방법은 폐기단계 배출량을 물질수지법으로 산정하는 경우 최종 사용단계에서 보고된 배출량이 중복 산정될 수 있다.

644 오존파괴물질(ODS)의 전기설비 Tier 1~2 배출량 산정방법 계산 시 기본배출계수 적용에 소비량 기준이 되는 물질은?

① SF_6
② HFCs
③ SF_6, HFCs
④ SF_6, PFCs

645 고형폐기물 매립 시의 보고대상 온실가스와 산정방법 등급의 구성이 맞는 것은?

① CO_2 : Tier 1
② CH_4 : Tier 1
③ CO_2 : Tier 2
④ CH_4 : Tier 2

풀이 보고대상 온실가스

구분	CO_2	CH_4	N_2O
산정방법론	–	Tier 1	–

646 고형폐기물 매립 시의 Tier 1 배출량 산정방법에 대한 아래 관련식에서 "DOC"의 의미로 맞는 것은?

$$CH_4 Emissions_T = [\sum_x CH_4 generated_{x,T} - R_T] \times (1-OX)$$
$$CH_4 generated_{x,T} = DDOCm, decomp_T \times F \times 1.336$$

$$DDOCm, decomp_T = DDOCma_{T-1} \times (1-e^{-k})$$
$$DDOCma_{T-1} = DDOCmd_{T-1} + (DDOCma_{T-2} \times e^{-k})$$
$$DDOCmd_{T-1} = W_{T-1} \times DOC \times DOC_f \times MCF$$

① 폐기물 성상
② 분해 가능한 유기탄소 비율
③ 메탄으로 전환 가능한 DOC 비율
④ 메탄 발생 속도상수

풀이

$$CH_4 Emissions_T = [\sum_x CH_4 generated_{x,T} - R_T] - R_T] \times (1-OX) \times F_{eq,j}$$
$$CH_4 generated_{x,T} = DDOCm, decomp_T \times F \times \frac{16}{12}$$
$$DDOCm, decomp_T = DDOCma_{T-1} \times (1-e^{-k})$$
$$DDOCma_{T-1} = DDOCmd_{T-1} + (DDOCma_{T-2} \times e^{-k})$$
$$DDOCmd_{T-1} = W_{T-1} \times DOC \times DOC_f \times MCF$$

여기서, $CH_4 Emissions_T$: T년도 메탄 배출량(CO_2-e ton/yr)
$CH_4 generated_T$: T년도 발생 가능한 최대 메탄 배출량(tCH_4/yr)
$DDOCm, decomp_T$: T년도에 혐기적으로 분해된 유기탄소(tC/yr)
$DDOCma_{T-1}$: T-1년도 말까지 누적된 유기탄소(tC/yr)
$DDOCmd_{T-1}$: T-1년도에 매립된 혐기적 분해 가능한 유기탄소(tC/yr)
$CH_4 Emissions_T$: T년도 메탄 배출량(tCH_4)
$CH_4 generated_T$: T년도 발생 가능한 최대 메탄발생량(tCH_4)
R_T : T년도에 회수된 메탄량(tCH_4)
OX : 매립지 표면에서의 산화율
$DDOCm, decomp_T$: T년도에 혐기적으로 분해된 유기탄소(tC)
F : 발생 매립가스에 대한 메탄 부피비
1.336 : CH_4의 분자량(16.043)/C의 원자량(12.011)
$DDOCma_{T-1}$: T-1년도 말까지 누적된 유기탄소(tC)

정답 644 ④ 645 ② 646 ②

k : 메탄 발생 속도상수
$DDOCmd_{T-1}$: T-1년도에 매립된 혐기적 분해 가능한 유기탄소(tC)
W : 폐기물 매립량(t-Waste)
DOC : 분해 가능한 유기탄소 비율 (tC/t-Waste)
DOC_f : 메탄으로 전환 가능한 DOC 비율
MCF : 호기성 분해에 대한 메탄 보정계수
T : 산정연도
x : 폐기물 성상

647 고형폐기물 매립 시의 폐기물 성상별 매립량 Tier 1, 2 활동자료에 적용하는 인자는?

① 반입폐기물의 양   ② 회수된 메탄 양
③ 자체 연료사용량   ④ 매립지 표면에서의 산화율

648 다음은 고형폐기물의 생물학적 처리 Tier 1 의 배출량 산정방법에 관한 내용이다. ( ) 안에 알맞은 것은?

사료화·퇴비화 시설별 폐기물 처리량과 가이드라인에 제시된 배출계수 기본값을 (㉠)하고 CH_4가 회수될 경우 그 양을 (㉡)하여 배출량을 산정한다.

	㉠	㉡
①	곱	제외
②	덧셈	포함
③	곱	포함
④	덧셈	제외

649 다음은 고형폐기물의 생물학적 처리 Tier 1 의 활동자료에 관한 내용이다. ( ) 안에 알맞은 것은?

측정불확도 ±5.0% 이내의 메탄 회수량(회수한 LFG 중 순수메탄만을 회수량으로 활용한다.) 자료를 사용한다. 다만, 회수된 메탄가스가 외부 공급/판매, 자체 연료 사용 및 Flaring 등으로 처리

되기 위한 별도의 측정이 없을 경우 기본값 R_T는 ( )으로 처리한다.

① 0   ② 0.5
③ 0.75   ④ 1.0

650 고형폐기물의 하·폐수 처리 보고대상 온실가스와 산정등급의 관계가 맞는 것은?

① 하수처리 : CO_2(Tier 1)
② 폐수처리 : CH_4(Tier 1)
③ 하수처리 : CH_4, CO_2(Tier 1)
④ 폐수처리 : CH_4, CO_2(Tier 1)

풀이

구분	CO_2	CH_4	N_2O
하수처리	-	Tier 1	Tier 1
폐수처리	-	Tier 1	-

651 하수처리(폐수 유입 시 하수처리에 포함)시설에서 다음과 같은 조건일 때 연간 CH_4 배출량(tCH_4)은?

$BOD_{in} = 50mg/L$ $Q_{in} = 5,000㎥/day$
$BOD_{out} = 5mg/L$ $Q_{out} = 4,500㎥/day$
$BOD_{sl} = 200mg/L$ $Q_{sl} = 400㎥/day$
$EF = 0.005 kgCH_4/kgBOD$
R = 메탄회수 없음

① $5.66 tCH_4$ ② $7.17 tCH_4$
③ $8.17 tCH_4$ ④ $9.17 tCH_4$

풀이 $CH_4\,Emission = [(BOD_{in} \times Q_{in}) - (BOD_{out} \times Q_{out}) - (BOD_{sl} \times Q_{sl})]$
$\times 10^{-6} \times EF - R$
$= [(5,000 \times 365 \times 50) - (4,500 \times 365 \times 5) - (400 \times 365 \times 200)]$
$\times 10^{-6} \times 0.005 - 0$
$= 0.2691 \times 21$
$= 5.66 tCH_4$

정답 647 ① 648 ① 649 ① 650 ② 651 ①

652 고형폐기물의 하·폐수 처리 매개변수 적용에 관한 설명 중 바르지 않은 것은?

① 하수처리 Tier 1의 활동자료는 측정불확도 ±7.5% 이내의 유입 하수량 자료를 사용한다.
② 하수처리 Tier 1의 CH_4 배출계수는 혐기성 처리 공정이 없을 경우 0.01532kg CH_4/kgBOD를 사용한다.
③ 폐수처리 Tier 1의 활동자료는 측정불확도 ±7.5% 이내의 유입 폐수량 자료를 사용한다.
④ 폐수처리 Tier 1의 활동자료는 슬러지반출량의 자료가 있을 경우에는 산정방법에 반드시 포함시켜야 한다.

[풀이] 폐수처리 Tier 1의 활동자료는 측정불확도 ±7.5% 이내의 유입수·방류수의 유량을 사용한다.

653 다음 소각 배출량 산정 관련식과 관련이 있는 폐기물은?(단, CO_2 배출)

$$CO_2 Emissions = \sum_i (SW_i \times dm_i \times CF_i \times FCF_i \times OF_i) \times 3.664$$

① 기상 폐기물 ② 액상 폐기물
③ 고상 폐기물 ④ 혼합 폐기물

654 다음 중 폐기물 소각에 의한 온실가스 배출량을 산정하는 경우 필요로 하는 자료가 아닌 것은?

① 고형폐기물량 ② 화석탄소 비율
③ CO_2, CH_4 전환계수 ④ 산화계수

[풀이] CH_4 전환계수는 매립 및 하수처리장의 온실가스 배출량 산정에 필요한 자료이다.

655 폐기물의 소각 배출량 산정방법 특징에 관한 설명 중 바르지 않은 것은?

① CO_2 배출량 산정은 활동자료인 폐기물의 소각량과 화석탄소의 건조 탄소함량비율에 의해 결정된다.
② 온실가스 CO_2 배출로 인정되는 폐기물은 화석연료와 연관된(비생물계) 폐기물인 합성수지류, 합성피혁류, 합성고무류이다.
③ 생물계 폐기물인 음식물 쓰레기, 종이류, 목재류 소각에 의해 생성 배출되는 CO_2도 온실가스로 인정한다.
④ CH_4, N_2O 배출량 산정을 위해서는 활동자료인 폐기물의 소각량과 측정에 의해 결정된 배출계수를 곱하여 결정한다.

[풀이] 온실가스 CO_2 배출로 인정되는 폐기물은 화석연료와 연관된(비생물계) 폐기물인 합성수지류, 합성피혁류, 합성고무류이고, 생물계 폐기물인 음식물 쓰레기, 종이류, 목재류 소각에 의해 생성 배출되는 CO_2는 온실가스로 인정하지 않는다.

656 다음 중 온실가스 배출량 산정 시 이중산정(Double Counting)에 해당되는 경우로 옳은 것은?

① 화석탄소 성분 소각 시 발생되는 CO_2 산정
② 음식물 퇴비화 시 발생되는 N_2O 산정
③ 바이오매스 소각 시 배출되는 CO_2 산정
④ 매립을 통한 폐기물 처리 시 배출되는 CH_4 산정

[풀이] 생물계 폐기물 소각에 의한 CO_2 배출은 원료 및 가공 과정에서 CO_2 흡수를 산정하지 않기 때문에 중복산정을 피하기 위해 소각과정에서의 CO_2 배출은 산정하지 않고 있다.

657 폐기물의 소각 배출량 산정방법에서 매개변수에 관한 내용 중 바르지 않은 것은?

① 활동자료는 성상분석을 위한 시료채취, 전처리, 시료의 분석은 매월 1회 이상 실시한다.
② Tier 1(폐기물 소각분야 CO_2 배출)은 IPCC 가이드라인 기본배출계수를 사용한다.
③ Tier 2는 국가고유배출계수를 활용한다.
④ Tier 1(폐기물 소각분야 CH_4, N_2O 배출) 산정방법에서 산화계수 1.0을 적용한다.

정답 652 ③ 653 ③ 654 ③ 655 ③ 656 ③ 657 ④

풀이 Tier 1(폐기물 소각분야 CO_2 배출) 산정방법에서 산화계수 1.0을 적용한다.

658 석탄채굴 및 처리활동에서의 탈루 배출량 산정방법(Tier 1~2)으로 맞는 것은?

① 온실가스 배출량=석탄채굴과정에서 배출되는 CH_4 배출량＋석탄채굴 후 배출되는 CH_4 배출량
② 온실가스 배출량=석탄채굴과정에서 배출되는 CH_4 배출량－석탄채굴 후 배출되는 CH_4 배출량
③ 온실가스 배출량=석탄채굴과정에서 배출되는 CH_4 배출량÷석탄채굴 후 배출되는 CH_4 배출량
④ 온실가스 배출량=석탄채굴과정에서 배출되는 CH_4 배출량×석탄채굴 후 배출되는 CH_4 배출량

659 석유산업에서의 탈루배출량 산정방법에 적용되는 과정으로 맞는 것은?

① 저장과정＋공급과정
② Venting 과정
③ 저장과정＋공급과정＋Venting 과정
④ 저장과정－Venting 과정

660 천연가스 산업에서의 온실가스(CH_4) 탈루배출량 산정 시 관계가 먼 것은?

① 저장과정
② 공급과정
③ Venting 과정
④ 폐기과정

661 외부에서 공급된 전기 사용 Tier 1 배출량 산정방법 및 매개변수에 관한 설명 중 바르지 않은 것은?

① 활동자료로서 공정에 투입되는 전력사용량을 적용하며, 배출계수는 전력사용량에 대비한 온실가스 배출량으로 국가 고유값을 적용한다.
② 활동자료 수집방법은 Tier 1 기준에 준한 전력량계 등 법정 계량기로 측정된 사업장별 총량 단위의 전력 사용량을 활용한다.
③ 산정 대상 온실가스는 CO_2, CH_4이다.
④ Tier 2 활동자료는 전력량계 등 법정 계량기로 측정된 사업장별 총량 단위의 전력 사용량을 활용한다.

풀이 산정 대상 온실가스는 CO_2, CH_4, N_2O이다.

662 다음 중 온실가스 간접배출량 산정대상과 관계가 없는 것은?

① 가정에서 소비하는 열
② 서비스시설에서 소비하는 전력
③ 상업시설에서 소비하는 전력
④ 열병합 시설에서 열을 생산하는 기체연료

풀이 ④항의 경우는 온실가스 직접배출량 산정대상이다.

663 온실가스 감축목표 설정원칙에 관한 내용 중 바르지 않은 것은?

① 목표의 설정방법과 수준 등은 관리업체가 예측할 수 있도록 가능한 범위에서 사전에 공표되어야 한다.
② 목표의 협의 및 설정은 다수 이해관계자들의 신뢰를 확보할 수 있도록 투명하게 진행되어야 한다.
③ 관리업체의 과거 온실가스 배출량과 이력을 적절하게 반영하여야 한다.
④ 관리업체의 목표는 온실가스 감축 국가 목표의 달성을 위하여, 당해 연도 관리업체의 부문별·업종별 평균 배출허용량 범위 이내에서 설정되어야 한다.

풀이 온실가스감축목표 설정원칙
㉠ 목표의 설정방법과 수준 등은 관리업체가 예측할 수 있도록 가능한 범위에서 사전에 공표해야 한다.
㉡ 목표의 협의 및 설정은 다수 이해관계자들의 신뢰를 확보할 수 있도록 투명하게 진행해야 한다.

정답 658 ① 659 ③ 660 ④ 661 ③ 662 ④ 663 ④

ⓒ 관리업체의 과거 온실가스 배출량 이력을 적절하게 반영해야 한다.
ⓔ 관리업체의 신·증설 계획과 탄소 중립 관련 국제 동향을 적절하게 고려해야 한다.
ⓜ 국내 산업의 여건 등을 고려해야 한다.
ⓢ 관리업체의 목표는 정한 중장기 국가 온실가스 감축 목표의 달성을 위한 범위 이내에서 설정해야 한다.

664 관리업체로 지정된 연도의 1월 1일 이후부터 가동을 개시하는 신·증설 배출시설에 대한 배출허용량 설정 시 고려사항이 아닌 것은?

① 해당 업종의 목표설정 대상연도 감축률
② 해당 신·증설 시설의 목표설정 대상연도의 예상 가동시간
③ 해당 신·증설 시설에 대한 활동자료당 평균 배출량
④ 해당 업종의 목표설정 대상연도 감축계수(1.0을 초과할 수 없다.)

풀이 ①은 관리업체로 지정된 연도 이전에 정상가동한 기존 배출시설의 배출허용량 설정 시 고려사항이다.

665 벤치마크 기반의 목표설정방법에서 관리업체로 지정된 연도 이전에 정상가동한 기존 배출시설의 배출허용량 설정 시 고려사항이 아닌 것은?

① 해당 기존시설의 설계용량 및 일일 가동시간
② 해당 기존시설의 목표설정 대상연도의 가동일수
③ 해당 시설의 벤치마크 할당계수
④ 해당 업종의 목표설정연도의 기준연도 배출량의 부하율

풀이 관리업체로 지정된 연도 이전에 정상가동한 기존 배출시설의 배출허용량 설정 시 고려사항
　ⓐ 해당 기존시설의 설계용량 및 일일 가동시간
　ⓑ 해당 기존시설의 목표설정 대상연도의 가동일수
　ⓒ 해당 시설의 벤치마크 할당계수

666 벤치마크 기반의 목표설정방법이 아닌 것은?

① 관리업체의 배출허용량(목표) 설정방법
② 기존 배출시설의 배출허용량(목표) 설정방법
③ 신·증설 시설에 대한 배출허용량(목표) 설정방법
④ 기준연도 배출량 배출계수의 결정방법

풀이 벤치마크 기반의 목표설정방법
　ⓐ 관리업체의 배출허용량(목표) 설정방법
　ⓑ 기존 배출시설의 배출허용량(목표) 설정방법
　ⓒ 신·증설 시설에 대한 배출허용량(목표) 설정방법
　ⓓ 배출활동별 배출시설 및 벤치마크 할당계수 개발방법

667 다음은 기준연도 배출량에 관한 내용이다. ( ) 안에 알맞은 것은?

> 목표관리를 위한 기준연도는 관리업체가 최초로 지정된 연도의 직전 ( )으로 하며, 이 기간의 연평균 온실가스 배출량을 기준연도 배출량으로 한다.

① 1개년　　② 3개년
③ 5개년　　④ 7개년

668 기준연도 배출량의 설정에 관한 설명 중 바르지 않은 것은?

① 기준연도 기간 중 신·증설이 발생한 경우 신·증설 시설의 기준연도 배출량은 최근 2개년 평균으로 정할 수 있다.
② 기준연도 기간 중 신·증설이 발생한 경우 신·증설시설의 기준연도 배출량은 최근 단년도 배출량으로 정할 수 있다.
③ 관리업체의 최근 3개년 배출량 자료가 없을 경우에는 활용 가능한 최근 1개년 평균을 기준연도 배출량으로 정할 수 있다.
④ 관리업체의 최근 3개년 배출량 자료가 없을 경우에는 활용 가능한 최근 단년도 배출량을 기준연도 배출량으로 정할 수 있다.

정답　664 ①　665 ④　666 ④　667 ②　668 ③

풀이 관리업체의 최근 3개년 배출량 자료가 없을 경우에는 활용 가능한 최근 2개년 평균을 기준연도 배출량으로 정할 수 있다.

669 기준연도 배출량의 재산정 사유가 아닌 것은?

① 관리업체의 합병·분할 또는 영업·자산 양수도 등 권리와 의무의 승계 사유가 발생된 경우
② 조직 경계 내·외부로 온실가스 배출원 또는 흡수원의 변경이 발생하는 경우
③ 온실가스 배출량 산정방법론이 변경된 경우
④ 내부검증 조직 및 방법이 변경된 경우

670 다음은 이행계획서의 작성 및 제출에 관한 내용이다. (　) 안에 알맞은 것은?

> 부문별 관장기관은 소관 관리업체의 이행계획이 적절하게 수립되었는지를 확인하고 이를 (　)까지 센터에 제출하여야 한다.

① 1월 31일　　② 3월 31일
③ 5월 31일　　④ 7월 31일

671 감축목표의 설정방식 중 원단위를 이용하는 방식의 온실가스 배출량 표현방법으로 틀린 것은 어느 것인가?

① 에너지 사용량 대비 온실가스 배출량
② 제품생산량 대비 온실가스 배출량
③ 생산공정 대비 온실가스 배출량
④ 매출액 대비 온실가스 배출량

풀이 온실가스 원단위(GHG Intensity)
　㉠ 정의 : 온실가스 배출량을 경제활동 자료로 나눈 값을 의미하며 일반적으로 온실가스 배출량은 ton 단위로 나타낸다.
　㉡ 관련식 : GHG Intensity
$$= \frac{\text{온실가스 배출량(GHG Emission)}}{\text{경제활동지표(Economic Output)}}$$

(3) 경제활동지표
　• 국가수준 : GDP
　• 산업 부문 : 제품생산량, 에너지 사용량
　• 수송 부문 : 수송거리(km)
　• 가정 부문 : 가구
　• 상업 부문 : 건물면적
　• 매출액

672 다음 설명이 의미하는 용어는?

> CDM 사업 없이 발생될 수 있는 모든 부문 및 발생원으로부터 지구온난화 유발가스 발생량을 나타내는 시나리오이다.

① 베이스라인
② 온실가스 감축량
③ 사업활동에 따른 온실가스 배출량
④ 사업활동이 배제된 상황 배출량에서 사업활동에 따른 온실가스 배출량을 제외한 배출량

673 베이스라인을 다음과 같이 정의하고 있는 것은?

> 제안된 사업활동이 없을 시 온실가스 배출원으로부터 발생될 수 있는 인위적 배출상황을 합리적으로 표현한 시나리오

① 마라케시 합의문　② 교토메커니즘
③ 발리 로드맵　　　④ 코펜하겐 합의문

674 여러 가지 시나리오들 중에서 CDM의 기본 목적에 가장 충실한 베이스라인 시나리오를 선정하여야 하는데, 이때 판단기준이 되는 기본적인 원칙으로 맞는 것은?

① 투명성·완전성의 원칙
② 투명성·보수성의 원칙
③ 보수성·완전성의 원칙
④ 보수성·적절성의 원칙

정답　669 ④　670 ①　671 ③　672 ①　673 ①　674 ②

675 베이스라인 설정 시 기본원칙에 관한 내용 중 바르지 않은 것은?

① 베이스라인 방법론 설정을 위한 각 단계가 투명하게 제시되어야 한다.
② 베이스라인 설정에 사용된 데이터 제공원, 참고자료, 가정 등 모든 정보는 규명되어야 하고, 적정한 방식으로 기록·제시되어야 한다.
③ 베이스라인 시나리오는 비록 예측 가능하기는 하지만 현재로서 알 수 없는 미래의 결과를 가정한 것이니 만큼 불확실성이 존재한다.
④ 베이스라인 배출량 계산결과가 낮은 쪽보다는 높은 쪽이 되도록 선정해야 한다.

풀이 베이스라인 배출량 계산결과가 높은 쪽보다는 낮은 쪽이 되도록 선정해야 한다.

676 베이스라인 방법론에 관한 설명 중 바르지 않은 것은?

① '베이스라인 방법론(Baseline Methodology)'은 온실가스 감축 활동을 통해 달성되는 온실가스 감축량을 정량적으로 계산할 수 있는 논리를 기술한 것이다.
② 베이스라인 배출량이란 CDM 사업활동이 없는 상황을 가정하여 예상하는 온실가스 배출량이다.
③ 사업배출량은 CDM 사업활동 결과 감축되는 온실가스 배출량이다.
④ 온실가스 감축량을 구하기 위해서는 기본적으로 베이스라인 배출량과 사업 배출량을 먼저 구하여야 한다.

풀이 사업배출량은 CDM 사업활동 결과 배출되는 온실가스 배출량이다.

677 온실가스 감축사업에서 베이스라인 방법론의 구성요소로 거리가 먼 것은?

① 감축사업에 따른 환경영향과 전망(Environmental Effect & Prospect)
② 감축사업의 경계(Project Boundary)
③ 온실가스의 누출(Leakage)
④ 온실가스 배출감축량(Emission Reduction)

풀이 베이스라인 방법론의 구성요소
　㉠ 적용성
　㉡ 사업경계
　㉢ 베이스라인 시나리오
　㉣ 누출
　㉤ 배출감축량
　㉥ 추가성 분석

678 다음은 유사사업에 관한 내용이다. ( ) 안에 알맞은 것은?

> 유사한 사회적·경제적·환경적·기술적 상황을 가지고 있으면서, 동일 사업범주(Category) 내에서 상위 ( )에 포함되는 성과를 나타내는 사업

① 10%　　② 20%
③ 30%　　④ 50%

679 CDM 사업계획서 작성에 관한 내용 중 바르지 않은 것은?

① CDM 사업을 추진하고자 하는 사업자는 가장 먼저 CDM 요건에 일치하도록 사업계획서(PDD ; Project Design Document)를 작성하여야 한다.
② CDM 사업계획서 작성항목은 총 다섯 개 항목으로 이 중 가장 중요한 것은 환경요소 확인이라고 할 수 있는데, 주요 내용은 사업에 의한 감축량 계산과 추가성(Additionality) 입증이라고 할 수 있다.
③ CDM 사업은 감축량 자체가 화폐처럼 거래되므로 그 양을 정확히 산정하는 것이 중요하다.
④ CDM 사업은 선진국이 자국이 아닌 개도국에서 추진된 사업의 감축실적을 구입하는 것이므로 반드시 일반적으로 보급된 사업이 아니라 추가적인 노력이 들어간 사업, 즉 추가성이 입증된 사업임이 설명되어야 한다.

정답 675 ④　676 ③　677 ①　678 ②　679 ②

[풀이] CDM 사업계획서 작성항목은 총 다섯 개 항목으로 이 중 가장 중요한 것은 베이스라인 설정 및 모니터링 계획 수립이라고 할 수 있는데, 주요 내용은 사업에 의한 감축량 계산과 추가성(Additionality) 입증이라고 할 수 있다.

680 CDM 사업계획서의 작성항목에 해당되지 않는 것은?

① 사업 개요
② 베이스라인 및 모니터링 방법론의 적용
③ 사업 활동기간 및 CDM 사업 인정기간
④ 제3기관의 검증

[풀이] CDM 사업계획서의 작성항목

구분	작성항목
A	사업 개요(General Description of Project Activity)
B	베이스라인 및 모니터링 방법론의 적용 (Application of a Baseline and Monitoring Methodology)
C	사업 활동기간 및 CDM 사업 인정기간 (Duration of the Project Activity/Crediting Period)
D	환경 영향요소 확인(Environmental Impacts)
E	이해관계자의 의견 수렴(Stakeholder's Comments)

681 CDM 사업의 당사국 정부 승인을 수행하고 있는 기관으로 맞는 것은?

① DNA
② DOE(A)
③ DOE(B)
④ EB

[풀이] ① DNA : 국가 CDM 승인기구

682 "사업계획서에 근거하여 온실가스 감축량 추정량과 향후 모니터링 계획, 그리고 CDM 사업 추가성(Additionality)을 평가하는 활동"을 의미하는 것은?

① 추가성 확인
② 타당성 확인
③ 완결성 확인
④ 투명성 확인

683 타당성 확인에 관한 내용 중 바르지 않은 것은?

① 사업계획서가 완성되면 사업자는 CDM 집행위원회(CDM EB)에서 인정한 CDM 운영기구(DOE) 중 한 곳을 선정하여 타당성 확인(Validation)을 의뢰하여야 한다.
② 타당성 확인을 통해 적합성을 확인받아야 다음 단계인 CDM 집행위원회의 등록이 가능하다.
③ 사업에 의한 온실가스 감축량을 정량적이고 정성적으로 평가하는 것이 타당성 확인의 주목적이다.
④ 정성적 평가란 감축량을 계산하는 기준이 되는 베이스라인 배출량을 정확히 평가하는 것을 의미한다.

[풀이] ④는 정량적 평가를 의미한다.
여기서, 정성적 평가란 온실가스 감축량이 사업자의 추가적인 노력을 통하여 달성되었는지에 대한 평가이다.

684 CDM 사업 추진 절차에 관한 설명 중 바르지 않은 것은?

① 정부 승인서 발급 및 최종 타당성 확인 보고서 완료 후, 사업 참가자는 UNFCCC에 해당 사업의 등록을 요청하기 위하여 협약서를 작성하여 DOE에 제출해야 한다.
② 등록이 요청된 사업이 UNFCCC 웹 사이트에 게재된 후 등록이 결정되기까지 소규모 사업은 2주, 그 외 사업은 4주의 CDM 집행위원회의 심의기간이 소요된다.
③ CDM 사업이 성공적으로 등록되면 사업자는 등록된 사업계획서에 따라 사업을 시행하고 사업 실적을 모니터링해야 한다.
④ CDM 사업의 검증은 사업계획서에서 정한 모니터링 지표, 주기, 방법에 따라 온실가스 감축활동이 적합하게 모니터링되었는지 평가하는 활동이다.

정답 680 ④ 681 ① 682 ② 683 ④ 684 ②

풀이 등록이 요청된 사업이 UNFCCC 웹 사이트에 게재된 후 등록이 결정되기까지 소규모 사업은 4주, 그 외 사업은 8주의 CDM 집행위원회의 심의기간이 소요된다.

685 CDM 사업 추진절차가 바르게 연결된 것은?

① 사업개발/계획 → 정부 승인 → 모니터링 → CERs 발행
② 사업개발/계획 → 사업 확인 및 등록 → 정부 승인 → CERs 발행
③ 사업개발/계획 → 검증 및 인증 → 모니터링 → CERs 발행
④ 사업개발/계획 → 모니터링 → 정부 승인 → CERs 발행

풀이 CDM 사업 추진절차
사업개발/계획 → 타당성 확인 및 정부 승인 → 사업 확인 및 등록 → 모니터링 → 검증 및 인증 → CERs 발생

686 CDM 사업 추진절차 첫 단계인 사업개발·계획과 관계가 먼 것은?

① 사업개요
② 베이스라인 방법론
③ 이해관계자 의견
④ 타당성 확인 및 보고서 제출

풀이 사업개발 · 계획 내용
㉠ 사업개요
㉡ 베이스라인 방법론
㉢ 사업기간
㉣ CER 발행기간
㉤ 모니터링 방법론 및 계획
㉥ 온실가스 배출량
㉦ 환경영향
㉧ 이해관계자 의견

687 "온실가스 MRV"와 관계가 없는 것은?

① 산정
② 보고
③ 확인
④ 검증

풀이 MRV란 산정(Measurement), 보고(Reporting), 검증(Verification)의 약자로서 온실가스 배출량 및 에너지 소비량 등이 MRV 목적에 부합되어 작성되었는지 여부를 판단하기 위한 일련의 활동 및 과정이다.

688 온실가스 MRV 원칙(배출량 산정·보고 원칙)에 해당하지 않는 것은?

① 적절성
② 타당성
③ 정확성
④ 투명성

풀이 MRV 원칙(배출량 산정 · 보고 원칙)
㉠ 적절성(Relevance)
㉡ 완전성(Completeness)
㉢ 일관성(Consistency)
㉣ 정확성(Accuracy)
㉤ 투명성(Transparency)

689 다음 내용과 관련된 배출량 산정·보고 원칙의 특징은?

> MRV 지침 또는 규정에 제시된 범위 내에서 모든 배출활동과 배출시설에서 온실가스 배출량 등을 산정·보고하여야 하며 온실가스 배출량 등의 산정·보고에서 제외되는 배출활동과 배출시설이 있는 경우에는 그 제외 사유를 명확하게 제시하여야 한다.

① 적절성
② 완전성
③ 일관성
④ 정확성

690 한계저감비용(MAC ; Marginal Abatement Cost)에 관한 설명으로 옳은 것은?

① 온실가스 1톤을 줄이는 데 소요되는 비용이다.
② 온실가스 감축수단별 초기비용을 제외한 1년간 운영비를 반영한 비용이다.

정답 685 ① 686 ④ 687 ③ 688 ② 689 ② 690 ①

③ 온실가스 감축을 위한 운영비용은 반영하지 않는다.
④ 총사업기간 중 최초 1년간 감축에 지출된 비용만 반영한다.

풀이 한계저감비용(MAC)
㉠ 온실가스 감축을 목적으로 시스템에 기술적 변화를 주거나, 연료를 변경할 경우의 온실가스 1ton에 대한 감축비용을 말한다.
㉡ 온실가스 감축을 위한 경제성 평가방법 중 하나이다.
㉢ 온실가스 1ton을 줄이는 데 소요되는 비용을 말한다.
㉣ 각 온실가스 감축 수단별 초기비용 및 운영비용 등 총 소요비용을 감축수단에 따른 온실가스 감축량으로 나누어 1ton의 온실가스 감축량 대비 소요비용을 계산하여 산출한다.

691 배출거래제에 관한 내용 중 바르지 않은 것은?

① 배출권거래제는 경제적 수단을 활용하는 대표적 방안으로 감축목표를 비용 효과적으로 달성할 수 있는 감축수단이다.
② 국가 간 최대허용배출량을 부여한 후 감축목표 달성을 위해 국가 간 배출권의 거래를 허용한 것이다.
③ 배출권거래제 도입 배경에는 교토의정서가 가장 큰 기여를 하였다.
④ 감축의무 준수의 감시가 다른 수단보다는 어렵다.

풀이 배출권에 대한 가격 부과를 위해 엄격한 배출량 선정, 보고, 검증(MRV)이 요구되므로 감축 의무 준수의 감시가 다른 수단보다 탁월하다.

692 배출권거래제의 특성 중 내용이 잘못된 것은?

① 배출권거래제 역시, 정부나 지역공동체가 선택할 수 있는 여러 가지 온실가스 감축정책 중 하나이다.
② 정부가 배출 상한선을 설정한다는 점에서는 직접규제와 비슷하나 규제 대상자들에게 배출권의 판매와 구입을 스스로 결정하게 하는 시장 지향적 제도이다.

③ 거래비용이 발생한다는 단점이 있다.
④ 거래비용은 초기나 작은 시장, 기술수준이 높은 국가에서는 크지만 배출권거래 경험이 쌓이고 시장규모가 커지면 금융상품들이 개발되면서 점차 하락한다.

풀이 거래비용은 초기나 작은 시장, 기술수준이 낮은 국가에서는 크지만 배출권거래 경험이 쌓이고 시장규모가 커지면 금융상품들이 개발되면서 점차 하락한다.

693 다음 중 개도국의 자발적 온실감축활동 선언 및 이행을 나타내는 용어와 가장 관계가 있는 것은?

① NAMA   ② IPCC
③ CDM   ④ ACE

풀이 NAMA(Nationally Appropriate Mitigation Actions)는 개도국의 자체적인 온실감축활동 및 이행을 말한다.

694 온실가스 감축기술로서 우선 고려해야 할 사항이 아닌 것은?

① 에너지 이용효율 개선
② 대체·청정에너지 개발
③ 산림을 통한 생물흡수원 확대
④ 온실가스 저장에 관한 기술 개발

695 온실가스 직접감축방법에 해당하지 않는 것은?

① 공정개선
② 원료 및 연료의 개선/대체
③ 탄소배출권 구매
④ 온실가스 활용 및 전환

풀이 직접감축방법
㉠ 공정개선(대체물질개발 및 대체공정적용)
㉡ 원료 및 연료의 개선/대체
㉢ 온실가스 활용 및 전환
㉣ 온실가스 처리기술

정답 691 ④ 692 ④ 693 ① 694 ④ 695 ③

696 다음 온실가스 감축방법 중 간접감축방법에 해당하는 것은?

① 신재생에너지 적용　② 대체물질 적용
③ 온실가스 활용　　　④ 공정 개선

풀이 간접감축방법
　㉠ 1차 간접감축방법 : 배출원 공정을 활용한 신재생에너지 생산활용
　㉡ 2차 간접감축방법 : 배출원 공정과 무관한 신재생에너지 적용을 통한 온실가스 배출상태
　㉢ 3차 간접감축방법 : 탄소배출권구

697 온실가스 3차 간접감축방법에 해당되는 것은?

① 탄소 배출권 구매
② 배출원 공정을 활용한 신에너지 활용
③ 배출원 공정과 무관한 신재생에너지 적용을 통한 온실가스 배출상쇄
④ 배출원 공정을 활용한 재생에너지 활용

698 온실가스 감축기술 및 방법에 대한 설명으로 옳지 않은 것은?

① 공정에서 사용되는 온실가스를 비온실가스 또는 지구온난화지수(GWP)가 낮은 물질로 대체하는 것은 '직접감축방법'이다.
② 외부로부터 탄소배출권을 구매하는 탄소 상쇄는 '간접감축방법'이다.
③ 온실가스 배출이 높은 공정을 배출이 적은 공정으로 대체하는 것은 '직접감축방법'이다.
④ 신재생에너지를 도입 적용하여 배출원의 온실가스 배출을 상쇄하는 방법은 '직접감축방법'이다.

풀이 신재생에너지를 도입 적용하여 배출원의 온실가스 배출을 상쇄하는 방법은 간접감축방법이다.

699 에너지 분야 온실가스 감축기술 및 공정과 거리가 먼 것은?

① 저탄소 연료 전환
② 고효율 전환기술 적용
③ 고효율 기기 사용
④ 시멘트 산업 공정 중 클링커 냉각시스템 적용

풀이 ④항은 산업 공정 분야 온실가스 감축 기술 및 공정이다.

700 보일러의 효율을 높여 온실가스 배출량을 줄이기 위한 방법으로 적합하지 않은 것은?

① 보일러에 공급되는 물을 예열한다.
② 연소를 위해 공급되는 공기를 예열한다.
③ 증기과열기를 연도에 설치한다.
④ 배기가스의 온도를 높게 유지한다.

풀이 연소공정에서 발생할 수 있는 열손실을 줄이기 위한 방법 중 하나는 굴뚝으로 배출되는 배기가스의 온도를 낮추는 방법이다.

701 온실가스의 직접감축방법 중 제3차 방법론인 "공정개선"의 설명으로 가장 적합한 내용은?

① 에너지 효율 향상을 위한 운전조건 개선 등을 통한 온실가스 배출의 감축 또는 근절
② 온실가스 배출이 높은 공정에 대한 배출이 적거나 배출이 없는 대체공정
③ GWP(지구온난화지수)가 높은 온실가스를 낮은 온실가스로 전환 또는 온실가스가 아닌 물질로 전환
④ 공정에서 사용되는 온실가스 배출을 유발하는 물질을 GWP가 낮은 물질 또는 온실가스 배출이 없는 물질로 대체

풀이 공정개선
　㉠ 에너지 효율 향상을 위한 운전조건 개선 등을 통한 온실가스 배출 감축 또는 근절을 위한 방법이다.
　㉡ 온실가스 배출이 높은 공정에 대한 배출이 적거나 없는 대체공정을 적용한다.

정답 696 ①　697 ①　698 ④　699 ④　700 ④　701 ①

702 화학산업에서 에너지효율 개선을 위해 적용가능한 공정개선과 거리가 먼 것은?

① 설비 및 기기효율 개선
② 에너지효율 제고를 위한 제조법의 전환 및 공정
③ 배출에너지의 회수
④ 배출량 원단위 지수 개선

풀이 에너지 원단위 지수 개선

703 온실가스 활용 및 전환에 관한 내용 중 바르지 않은 것은?

① 바이오 연료를 화석연료의 대체연료로 이용하는 기술은 온실가스 활용의 예이다.
② 온실가스 활용은 온실가스를 재활용 또는 다른 목적으로 활용하는 것이다.
③ 온실가스 전환은 GWP가 높은 온실가스를 낮은 온실가스로 전환 또는 온실가스가 아닌 물질로 전환하는 것을 의미한다.
④ 이동연소의 온실가스 활용의 예는 디젤엔진에서의 배기가스 재순환(EGR ; Exhaust Gas Re-circulation) 공정을 통해 에너지를 재사용하는 것이다.

풀이 바이오 연료를 화석연료의 대체연료로 이용하는 기술은 대체물질 적용의 예이다.

704 온실가스 감축방법 중 고정연소의 공정개선방법에 대한 설명으로 바르지 않은 것은?

① 배기가스 온도 증가
② 공기 및 물 예열기의 설치·운영
③ 버너 조절 및 제어
④ 단열에 의한 열손실 감소

풀이 고정연소의 공정개선방법
　㉠ 배기가스 온도 감소
　㉡ 공기 또는 물 예열기의 설치·운영
　㉢ 열회수 방식 및 축열식 버너
　㉣ 잉여공기 감소를 통한 배가스 유량 감소
　㉤ 버너 조절 및 제어
　㉥ 단열에 의한 열손실 감소
　㉦ 노 개방을 통한 열손실 감축 방안

705 온실가스 감축방법에서 이동연소의 공정개선방법 중 가솔린 엔진에 해당되지 않는 것은?

① 페이저 시스템의 적용
② 실린더 디액티베이션 기술
③ 가솔린 직접분사 기술
④ 예혼합 압축·착화 연소기술

풀이 이동연소의 공정개선방법
　1. 가솔린 엔진
　　㉠ 페이저 시스템(Cam Phaser System)의 적용
　　㉡ 실린더 디액티베이션(Cylinder Deactivation) 기술
　　㉢ 가솔린 직접분사 기술
　　㉣ 터보차징/다운 사이징 가솔린엔진의 적용
　　㉤ 예혼합 압축·착화 기술
　2. 디젤 엔진
　　㉠ 예혼합 압축·착화 연소기술
　　㉡ 고압연료 분사·시스템 기술
　　㉢ 과급기 기술

706 자동차 온실가스 저감기술이 아닌 것은?

① 마찰저항 저감과 경량화
② CO_2를 냉매제로 사용한 에어컨시스템
③ 에코타이어
④ 에코브레이크

풀이 에코브레이크는 자동차 온실가스 저감기술과 관련이 없다.

707 이산화탄소 포집기술에 해당되지 않는 것은?

① 연소 전 포집기술
② 연소 중 포집기술
③ 연소 후 포집기술
④ 산소 연소기술

풀이 CO_2 포집기술(회수)
　㉠ 연소 후 포집기술(Post-Combustion Technology)
　㉡ 연소 전 포집기술(Pre-Combustion Technology)
　㉢ 산소 연소기술(Oxy-Fuel Combustion Technology)

정답 702 ④　703 ①　704 ①　705 ④　706 ④　707 ②

708 연소 전 포집기술에 대한 설명으로 ( )에 들어갈 말로 가장 맞게 짝지어진 것은?

> 연소 전 CO_2 포집기술이란 화석연료를 부분 산화시켜 (㉠)를 제조하고, 연이어 (㉡) 전이반응을 통해 합성가스를 수소와 이산화탄소로 전환한 후, 수소 또는 이산화탄소를 분리함으로써 굴뚝 배가스로 배출 전에 CO_2를 분리하는 기술을 말한다.

① ㉠ 합성가스, ㉡ 수성가스
② ㉠ 연소가스, ㉡ 수성가스
③ ㉠ 산화가스, ㉡ 혼합가스
④ ㉠ 합성가스, ㉡ 혼합가스

풀이 CO_2 포집기술 중 막분리
㉠ CO_2를 포집하기 위하여 여러 성분이 혼합된 가스기류 중에서 목적성분을 다른 성분보다 선택적으로 통과시키는 소재를 이용하여 목적성분만을 분리하는 공정을 말한다.
㉡ 막분리공정은 분리막을 이용한 기체 분리 기술이므로 상변화가 없고 에너지소모가 적고, 운전이 간단하며 기존 시설에 부설하여 CO_2의 처리량을 조절할 수 있다.

709 이산화탄소(CO_2) 포집기술 중 '연소 후 포집기술'에 관한 설명으로 거리가 먼 것은?

① 배가스는 굴뚝을 통해 대기 중으로 배출되기 때문에 대기압, 상온에서의 운전이 가능하며, 상용화에 근접해 있는 기술이다.
② 연소 후 공정에서 배가스의 CO_2 농도가 약 70~75% 정도의 수준이기 때문에 CO_2와 잘 결합할 수 있는 화학흡수제를 적용하기에는 곤란한 편이다.
③ 액상이 아닌 건식으로 CO_2를 흡수시키는 '연소 후 건식 CO_2 포집공정'도 개발되고 있다.
④ 포집비용이 상대적으로 높은 편이나, 기존 발전소에 설치하여 CO_2를 줄일 수 있어 시장성 확보에 유리한 편이다.

710 이산화탄소 연소 후 포집의 요소기술이 아닌 것은?

① 용매흡수　　② 막 분리
③ 흡착　　　　④ 화학적 재순환

풀이 이산화탄소 포집방식에 따른 이산화탄소 포집 요소기술

요소기술	연소 후 포집	연소 전 포집	순산소 연소
용매흡수	○	○	
막분리	○	○	○
흡착	○	○	○
심랭		○	○
하이드레이트		○	
화학적 재순환		○	○

711 다음은 CO_2 포집기술에 관한 내용이다. ( ) 안에 옳은 내용은?

> ( ) 공정은 CO_2를 포집하기 위하여 여러 성분이 혼합된 가스기류 중에서 목적 성분을 다른 성분보다 선택적으로 통과시키는 소재를 이용하여 목적 성분만을 분리하는 공정을 말한다.

① 막 분리　　　　② 흡착
③ 저온냉각 분리　④ 건식 세정

풀이 막분리법
CO_2를 포집하기 위하여 여러 성분이 혼합된 가스기류 중에서 목적 성분을 다른 성분보다 선택적으로 빠르게 통과시키는 소재를 이용하여 목적 성분만 분리하는 공정

712 다음은 이산화탄소 포집의 기술이다. 맞는 것은?

> CO_2를 포집하기 위하여 여러 성분이 혼합된 가스기류 중에서 목적성분을 다른 성분보다 선택적으로 빠르게 통과시키는 소재를 이용하여 목적성분만 분리하는 공정

① 심랭법　　② 막분리법
③ 흡착법　　④ 용매흡수법

정답 708 ① 709 ② 710 ④ 711 ① 712 ②

713 이산화탄소 연소 전 포집기술 중 화학적 흡수법에 주로 사용되는 흡수제로 틀린 것은?

① 메탄올(Methanol)
② 탄산칼륨(Potassium Carbonate)
③ 모노에탄올아민(MEA)
④ 메틸다이에틸아민(MDEA)

풀이 CO_2 연소 전 포집기술 중 화학적 흡수제
  ㉠ 1차 아민 : 모노에탄올아민
        (MEA : monoethanolamine)
  ㉡ 2차 아민 : 다이에탄올아민
        (DEA : diethanolamine)
  ㉢ 3차 아민 : 메틸다이에틸아민
        (MDEA : N-methyldiethanolamine)
  ㉣ 칼륨계 : 탄산칼륨(Potassium Carbonate)

714 CO_2 처리기술 중 회수에 의한 기술이 아닌 것은?

① 건식 재생 Sorbent법   ② 흡수법
③ 전기화학법   ④ 막분리법

풀이 CO2 처리기술(회수)
  건식 재생 Sorbent법, 흡수법, 흡착법, 막분리법

715 최근 온실가스 처리 및 재활용 문제의 일환인 CO_2의 화학적 전환처리기술 중 촉매화학법의 전환생성물로 옳지 않은 것은?(단, CO_2의 화학적 전환처리기술은 촉매화학법, 전기화학법, 광화학법 등이 있다.)

① CO_2에서 CO로의 전환
② CO_2에서 HCOOH와 HCHO로의 전환
③ CO_2에서 CH_4와 O_2로의 전환
④ CO_2에서 CH_3OH로의 전환

풀이 촉매화학적 방법은 이산화탄소의 균일 또는 비균일 촉매에 의한 수소화를 통한 메탄올, 개미산, 고분자 물질, 탄화수소화합물 등을 생성하는 것을 말한다.

716 다음 설명에 해당하는 포집기술은?

> 석탄의 가스화(Gasification) 또는 천연가스의 개질반응(Reforming)에 의한 합성가스(주로 CO, CO_2, H_2)를 생산한 후 일산화탄소는 수성가스 이전반응(Water Gas Shift Reaction)을 통한 수소와 이산화탄소로 전환한 후 이산화탄소를 포집하는 동시에 수소를 생산하는 방법

① 연소 전 포집기술   ② 연소 후 포집기술
③ 순수소 연소기술   ④ 순산소 연소기술

717 CO_2 처리기술 중 고정화에 의한 기술(방법)이 아닌 것은?

① 촉매산화법   ② 광화학법
③ 해양생물 이용방법   ④ 흡착법

풀이 CO_2 처리기술(고정화)
  1. 화학적
     ㉠ 촉매화학적 방법(촉매산화법)
     ㉡ 전기화학적 방법
     ㉢ 광화학적 방법
  2. 생물학적
     ㉠ 해양생물 이용(미세조류 이용, 해양성 식물플랑크톤 이용)
     ㉡ 육상생물 이용(미생물 이용, 수목 이용)
  3. 저장
     ㉠ 해양저장(심해저장, 해중 처리법)
     ㉡ 지중저장(폐유전, 폐가스전, 원유증진회수법, 대수층이용법)
     ㉢ 지표저장

718 다음 중 화학적 고정화 기술이 아닌 것은?

① 촉매산화법   ② 전기화학적 방법
③ 대수층이용 저장법   ④ 광화학적 방법

풀이 717번 풀이 참조

정답 713 ① 714 ③ 715 ③ 716 ① 717 ④ 718 ③

719 CO_2 고정화 기술에 관한 내용 중 바르지 않은 것은?

① 이산화탄소의 고정화 기술은 이산화탄소를 촉매반응 등을 이용하여 화학적으로 변화시켜 다른 물질을 합성하는 기술이다.
② 전기화학적 방법은 표면조작 전극과 반도체 물질을 사용하여 이산화탄소를 광전자적으로 환원하는 방법이다.
③ 이산화탄소 저장기술은 포집된 CO_2를 영구 또는 반영구적으로 격리하는 것을 의미한다.
④ 지중저장의 단점에는 느린 반응속도 및 과다한 공정비용, 낮은 저장용량 등이 있다.

풀이 지표저장의 단점은 느린 반응속도 및 과다한 공정비용, 낮은 저장용량 등이 있다.

720 미분탄 화력발전소에서 배출되는 이산화탄소를 흡수제를 사용하여 포집할 때에 관한 내용으로 옳지 않은 것은?

① MEA를 사용하는 아민흡수법은 현재 상용화되어 있는 대표적인 기술이다.
② 배출가스의 이산화탄소 농도가 50~65% 정도로 높기 때문에 적어도 3가지 이상의 흡수제를 동시에 사용해야 한다.
③ 사용된 흡수제를 재사용하기 위한 재생공정에 많은 에너지와 운전비용이 소모되는 단점이 있다.
④ 기존 발전소에 적용이 용이하다는 장점이 있다.

풀이 미분탄 화력발전소에서 배출가스의 이산화탄소 농도는 부피기준 14% 정도로 Mono-에탄올아민(MEA)의 흡수제를 주로 사용한다.

721 "마그네슘이나 칼륨과 같은 CO_2 첨가 가능 광물에 반응을 시켜 화학적으로 저장하는 방법"의 CO_2 저장기술은?

① 지표저장　　② 광물저장
③ 해양저장　　④ 지중저장

722 신재생에너지 분류 중 재생에너지에 해당하지 않는 것은?

① 태양광발전　　② 풍력
③ 지열　　　　　④ 수소에너지

풀이
1. 재생에너지
   ㉠ 태양에너지
   ㉡ 바이오에너지
   ㉢ 풍력
   ㉣ 수력
   ㉤ 지열에너지
   ㉥ 해양에너지
   ㉦ 폐기물에너지

2. 신에너지
   ㉠ 연료 전기
   ㉡ 석탄 액화 · 가스화 에너지
   ㉢ 수소에너지

723 다음 신 · 재생에너지 중 신에너지에 속하는 것은?

① 태양에너지　　② 연료전지
③ 풍력　　　　　④ 지열에너지

풀이 신에너지 종류
　㉠ 연료전지
　㉡ 석탄 액화 · 가스화 에너지
　㉢ 수소에너지

724 다음 중 온실가스 감축을 위한 신재생에너지 관련 기술에 해당하지 않는 것은?

① 태양열 및 태양광
② 석탄 액화 · 가스화 기술
③ 전기집진기술
④ 연료전지(Fuel cell)

풀이 전기집진은 입자상 물질 관련 저감기술이다.

정답　719 ④　720 ②　721 ①　722 ④　723 ②　724 ③

725 신생에너지에 관한 내용 중 바르지 않은 것은?

① 재생에너지란 화석연료로 변환시켜 이용하는 에너지를 말한다.
② 신재생에너지는 대체에너지 기술로 화석연료를 대체할 수 있는 자연에너지 이용기술과 신에너지 이용기술로 구분된다.
③ 신재생대체에너지원은 에너지원의 다변화에 의한 화석연료의 수입의존도 감소 및 청정에너지 사용으로 환경보전에 기여한다.
④ 신재생대체에너지원은 미래의 에너지원으로 주목받고 있다.

풀이 신에너지란 화석연료로 변환시켜 이용하는 에너지를 말하며 재생에너지란 햇빛·물·지열·강수·생물유기체 등을 포함한 재생 가능한 에너지를 변환시켜 이용하는 에너지를 의미한다.

726 신생에너지의 특징과 거리가 먼 것은?

① 화석연료 사용에 의한 CO_2 발생이 거의 없는 환경친화형 청정에너지
② 연구개발에 의해 에너지 자원 확보가 가능한 기술에너지
③ 재생 가능하지만 고갈성 에너지
④ 시장 창출 및 경제성 확보를 위한 장기적인 개발·보급정책이 필요한 공공 미래 에너지

풀이 신생에너지는 재생 가능한 비고갈성 에너지이다.

727 신재생에너지 1차 간접감축방법에 해당되는 경우는?

① 하수처리시설에서의 방류수 낙차를 이용한 소수력 발전
② 연료의 산화에 의해서 생기는 화학에너지를 직접전기에너지로 변환시키는 연료전지
③ 바람의 운동에너지를 전기에너지로 변환시키는 풍력발전
④ 바이오매스를 원료로 사용하여 생산된 바이오에너지

728 연료전지에 관한 내용 중 잘못된 것은?

① 연료전지(Fuel Cell)는 연료의 산화에 의해서 생기는 화학에너지를 직접 전기에너지로 변환시키는 전지이다.
② 연료가 가진 화학에너지를 화학반응에 의해 직접 전기에너지로 바꾸는 에너지 전환장치이다.
③ 비용 대비 고효율적이다.
④ 연료 중 수소와 공기 중 산소가 전기화학반응에 의해 직접발전, 즉 수소와 산소를 양극과 음극에 공급하여 연속적으로 전기를 생산하는 새로운 발전기술이다.

풀이 비용 대비 효율성이 낮다.

729 연료전지의 특징 중 잘못된 것은?

① 열효율이 높다.
② 환경친화적이다.
③ 부하변동에 신속히 대체 가능하며 다양한 용도로 사용이 가능하다.
④ 수소를 대량으로 상용화하기가 쉽다.

풀이 **연료전지의 특징**
㉠ 장점
  - 열효율이 높다.(연료전지는 총 에너지의 40% 정도를 전기, 40% 정도를 열로 전환, 즉 전기와 열의 동시 이용 시 열효율 80% 정도)
  - 환경친화적이다.(화력발전에 비해 CO_2, SO_x, NO_x, 미세먼지 발생이 거의 없고 또한 회전부위가 없기 때문에 소음·진동도 무시할 정도로 적음)
  - 간편하게, 다양한 크기로 설치 가능하며 가동도 탄력적이다.
  - 부하변동에 신속히 대처 가능하며 설치형태에 따라 다양한 용도로 사용이 가능하다.
㉡ 단점
  - 비용대비 저효율적이다.(전해질 막이나 백금 촉매)
  - 수소를 대량으로 상용화하기가 어렵다.
  - 수소의 저장에 어려움이 있다.

730 전해질 종류 중 운전온도가 가장 높은 것은?

① 알칼리(AFC)
② 인산형(PAFC)
③ 용융탄산염(MCFC)
④ 고체 산화물(SOFC)

풀이 전해질 종류에 따른 연료전지 특성

구분	알칼리 (AFC)	인산형 (PAFC)	용융 탄산염 (MCFC)	고체 산화물 (SOFC)	고분자 전해질 (PEMFC)	직접 메탄올 (DMFC)
전해질	알칼리	인산염	탄산염	세라믹	이온 교환막	폴리머
촉매	Pt, Ni	Pt	Ni, Ni 화합물	Ni/ Zirconia cement	Pt	Pt/Ru
연료	Hydrogen	LNG, Methanol	LNG	LNG	Hydrogen	Methanol
운전 온도	100℃ (120℃) 이하	150~ 200℃ 250℃ 이하	600~ 700℃ 700℃ 이하	700~ 1,000℃ 1,200℃ 이하	85~ 100℃ 100℃ 이하	25~ 130℃ 40℃이하
효율 (%)	85%	70%	80%	85%	75%	40%
용도	우주 발사체 전원	중형건물 (200kW)	중,대형 건물 (100kW ~1MW)	소,중,대 용량 발전 (1kW ~1MW)	가정, 상업용 (1~ 10kW)	소형 이동용 (1kW 이하)

※ 고온형 연료전지 : 고체산화물 연료전지(SOFC), 용융 탄산염 연료전지(MCFC)

731 다음 내용에 해당하는 연료전지 전해질의 종류는?

- 촉매 : Pt, Ni
- 연료 : Hydrogen
- 효율 : 85%
- 용도 : 우주 발사체 전원

① 알칼리(AFC)
② 고체 산화물(SOFC)
③ 고분자전해질(PEMFC)
④ 직접메탄올(DMFC)

풀이 730번 풀이 참조

732 광전효과(Photovoltaic Effect)에 의해 전기를 발생하는 태양전지를 이용한 발전방식은?

① 태양광
② 태양열
③ 연료전지
④ 폐기물에너지

733 태양광 발전의 원리에 대한 설명 중 바르지 않은 것은?

① PN 접합에 의해 전계가 발생한다.
② 태양전지에 빛이 입사되면 반도체 내의 전자(−)와 정공(+)이 여기되어 반도체 내부를 자유로이 이동하는 상태로 된다.
③ 자유로이 이동하다가 PN 접합에 의해 생긴 전계에 들어오면 전자(−)는 N형 반도체에, 정공(+)은 P형 반도체에 이르게 된다.
④ P형 반도체와 N형 반도체 표면에 전극을 형성하여 전자를 내부회로로 흐르게 하면 전류가 발생한다.

풀이 P형 반도체와 N형 반도체 표면에 전극을 형성하여 전자를 외부회로로 흐르게 하면 전류가 발생한다.

734 태양광 발전의 장단점에 대한 설명 중 바르지 않은 것은?

① 환경친화적
② 무인화 가능(자동화 용이)
③ 에너지 밀도가 높음
④ 넓은 설치공간이 필요함

풀이 태양광 발전의 장단점
  ㉠ 장점
  - 에너지원이 청정하고 무제한(햇빛이 있는 곳이면 간단히 설치 가능)
  - 유지·보수 용이
  - 환경친화적
  - 무인화 가능(자동화 용이)
  - 태양전지의 수명이 최소 20년 이상

  ㉡ 단점
  - 에너지 밀도가 낮음
  - 넓은 설치 공간이 필요함
  - 전력 생산량이 지역적 일사량에 의존
  - 초기 투자비 및 발전단가 높음(태양전지 재료인 실리콘 고가)

정답 731 ① 732 ① 733 ④ 734 ③

735 다음 중 신재생에너지기술의 하나인 태양광발전의 장단점에 관한 설명으로 옳지 않은 것은?

① 고갈에 대한 제한이 없으며, 필요한 장소에서 필요한 발전이 가능하다.
② 유지 보수가 용이한 편이며, 무인화가 가능하며, 설비의 긴 수명(20년 이상) 등의 장점을 갖는다.
③ 에너지 밀도가 높아 적은 수의 태양전지를 사용하여도 무방하다.
④ 시스템 비용이 고가이므로 초기투자비와 발전단가가 높은 단점을 가지고 있다.

풀이 태양광발전
㉠ 장점
- 에너지원이 청정하고 무제한(햇빛이 있는 곳이면 간단히 설치 가능)
- 유지, 보수 용이
- 환경친화적
- 무인화 가능(자동화 용이)
- 태양전지의 수명이 최소 20년 이상
㉡ 단점
- 에너지 밀도가 낮음
- 많은 설치공간이 필요함
- 전력 생산량이 지역적 일사량에 의존
- 초기 투자비 및 발전단가 높음(태양전지 재료인 실리콘 고가)

736 연료전지의 특징으로 가장 거리가 먼 것은?

① 천연가스, 메탄올, 석탄가스 등 다양한 연료의 사용이 가능하다.
② 배기가스 중 NOx, SOx 및 분진발생이 거의 없는 편이다.
③ 도심부근의 설치가 불가능하고, 송배전 시 설비 및 전력손실이 큰 편이다.
④ 부하변동에 따른 반응이 신속한 편이며, 설치 형태에 따라 다양한 용도로 사용이 가능한 편이다.

풀이 도심부근에 설치가 가능하여 송·배전설비가 적게 소요되고, 전력손실이 적다.

737 태양열 발전에 관한 내용 중 바르지 않은 것은?

① 태양열에너지는 태양으로부터 오는 복사에너지가 특정물체에 의해 흡수·전환된 열에너지로 정의한다.
② 태양열 발전은 태양이 복사하는 열에너지를 흡수하여 열기관과 발전기를 작동시켜 발전하는 방식이다.
③ 태양열에너지는 직접 이용하거나 저장했다가 필요시 이용하는 방법과 복사광선을 고밀도로 집광해서 열발전장치를 통해 전기를 발생시키는 방법이 있음
④ 태양에너지는 밀도가 낮고(평균 : $342W/m^2$), 계절별·시간별 변화가 일정하여 집광하는 경우가 대다수이다.

풀이 태양에너지는 밀도가 낮고(평균 : $342W/m^2$), 계절별·시간별 변화가 심하기 때문에 집광하는 경우가 대다수이다.

738 태양열 시스템의 구성요소가 아닌 것은?

① 집열부
② 변압기
③ 축열부
④ 제어장치

풀이 태양열 시스템의 구성요소
㉠ 집열부   ㉡ 축열부
㉢ 이용부   ㉣ 제어장치

739 광흡수층에 따라 태양전지를 분류할 때 비실리콘계 태양전지가 아닌 것은?

① 다결정 실리콘 태양전지
② 유기 태양전지
③ 염료감은 태양전지
④ 페로브스카이트 태양전지

풀이 다결정 실리콘 태양전지는 실리콘계이며 현재 실용화되어 전원용으로 사용되고 있으며, 전체 태양전지 시장의 90% 이상을 차지하고 있는 전지는 결정질 실리콘 태양전지이다.

740 태양열 발전의 특징 중 바르지 않은 것은?

① 무공해, 청정에너지
② 직접적인 에너지비용 없음
③ 초기 설치비용 저렴
④ 일사량 조건에 따라 출력변동이 큼

풀이 태양열 발전의 특징
  ㉠ 장점
   • 무공해, 청정에너지
   • 환경친화적
   • 직접적인 에너지 비용 없음
   • 지역적 편중이 적고 유지·보수비 저렴

  ㉡ 단점
   • 에너지 밀도가 낮아 경제성 낮음
   • 초기 설치비용 고가
   • 일사량 조건에 따라 출력변동이 큼

741 풍력에너지에 관한 내용 중 바르지 않은 것은?

① 바람의 전기에너지를 운동에너지로 변환시키는 발전방식이다.
② 블레이드의 공력(Aerodynamic) 특성을 이용하여 바람의 운동에너지를 회전에너지로 바꾼 후, 이 회전에너지를 발전기에서 전기에너지로 변환시키는 방식이다.
③ 설치 위치에 따라 해상용과 육상용으로 구분된다.
④ 육상용과 해상용 풍력발전 시스템은 기본적 구조는 동일하나, 해상의 경우는 해수 특성상 염분에 견딜 수 있도록 공조시스템 등이 다르다.

풀이 풍력에너지는 바람의 운동에너지를 전기에너지로 변환시키는 발전방식이다.

742 풍력발전의 특징 및 입지조건으로 옳지 않은 것은?

① 재생 가능한 무공해 에너지원이며, 유지보수가 용이한 편이다.
② 오랜 기술축적으로 인한 기술성숙도와 가격경쟁력을 가지고 있다.
③ 설치비용은 저렴하나, 건설 및 설치기간이 상대적으로 길다.
④ 발전량은 풍속과 풍차의 크기에 좌우되며, 풍력으로 발전하기 위해서는 평균 4m/s 이상의 풍속이 되어야 한다.

풀이 풍력발전은 초기 투자비용이 높고, 건설 및 설치기간은 상대적으로 짧다.

743 풍력발전의 장단점 중 틀린 것은?

① 건설 및 설치기간이 길다.
② 토지이용의 효율성이 높다.
③ 소음공해 및 시각장해를 유발한다.
④ 소규모 발전에만 유망하다.

풀이 풍력발전의 장단점
  ㉠ 장점
   • 무한정 청정에너지
   • 건설 및 설치기간이 짧음
   • 토지 이용의 효율성 높음
   • 상대적 비용이 적게 소요

  ㉡ 단점
   • 소음공해 및 시각장해 유발
   • 에너지 밀도가 낮음
   • 풍속에 영향 민감
   • 소규모 발전에만 유망

744 신재생에너지원 중 현재 가장 큰 에너지 공급원에 해당하는 것은?

① 바이오매스   ② 태양광
③ 수력   ④ 연료전지

정답 740 ③ 741 ① 742 ③ 743 ① 744 ③

745 소수력발전에 관한 내용으로 가장 거리가 먼 것은?

① 초기 투자비가 낮고 투자 회수 기간이 짧다.
② 반영구적인 에너지 자원으로 에너지 안전 측면에서 우수하다.
③ 전력생산 시간이 짧아 전력공급량 조정 기능이 탁월하다.
④ 에너지 변환 효율이 높다.

풀이 소수력은 초기 투자비가 높고 회수 기간이 길며 강수량 변화에 민감하여 발전량이 불안정하다.

746 소수력(수력)에 관한 내용 중 바르지 않은 것은?

① 소수력은 일반적인 수력발전과 원리면에서는 차이가 없으나, 자연조건을 크게 훼손하지 않는 범위에서 1,000kW 이하의 발전시설을 의미한다.
② 다른 대체에너지원에 비해 높은 에너지 밀도를 가지고 있어 개발가치가 큰 부존자원으로 평가된다.
③ 현재 우리나라의 신재생에너지 연구 · 개발 및 보급대상은 주로 소수력발전을 대상으로 이루어지고 있다.
④ 신재생에너지 연구 · 개발 및 보존대상은 주로 발전 설비용량 10MW 이하를 대상으로 하고 있으며, 발전차액지원 제도는 5MW 이하를 지원하고 있다.

풀이 소수력은 일반적인 수력발전과 원리면에서는 차이가 없으나, 자연조건을 크게 훼손하지 않는 범위에서 10,000kW 이하의 발전시설을 의미한다.

747 지열에 관한 내용 중 바르지 않은 것은?

① 지열에너지는 물, 지하수 및 지하의 열 등의 온도차를 이용하여 여름에는 시원하고, 겨울에는 따뜻한 지중의 특성을 활용하여 냉난방에 활용하는 기술이다.
② 지열은 매우 안정적 운영이 가능한 시스템이다.
③ 냉난방 면적이 소규모인 경우 경제성이 높다.
④ 일반 냉난방 시스템 대비 높은 경제성이 있다.

풀이 냉난방 면적이 소규모인 경우 경제성이 떨어진다.

748 바이오에너지의 특징으로 거리가 먼 것은?

① 열에너지, 전기에너지, 직접 연료 등 다양한 형태로 사용이 가능하다.
② 그 자체로도 저장성은 용이하지 않으며, 다른 에너지 형태로 전환되더라도 저장은 어렵다.
③ 청정연료에 해당한다.
④ 재생가능한 에너지원에 해당한다.

풀이 바이오에너지는 에너지 저장 및 재생이 가능하며 다른 에너지 형태로 전환도 가능하다.

749 바이오에너지에 관한 내용 중 바르지 않은 것은?

① 바이오매스를 원료로 사용하여 생산된 에너지이다.
② 바이오매스는 생체뿐 아니라 동물의 배설물 등 대사활동에 의한 부산물도 모두 포함한다.
③ 바이오 연료는 화석연료와 달리 신재생에너지로 분류된다.
④ 바이오에너지는 수집 및 수송이 쉽다.

750 다음은 고형 연료화 기술 중 바이오매스에 관한 설명이다. ( ) 안에 알맞은 것은?

> 바이오매스 열생산을 위해서는 연소가 불가피하고, 기본적으로 연소의 기본조건인 ( )을/를 고려하여 완전연소를 통한 오염물질배출 최소화를 달성할 수 있는 조건에서 운전하여야 한다.

① Resistance(저항성)
② 3T(Temperature, Time, Turbulence)
③ Conversion Rate(전환율)
④ Hazard Risk(위험도)

풀이 완전연소 조건(3T)
㉠ Time(연소시간)
㉡ Temperature(연소온도)
㉢ Turbulence(혼합)

751 바이오에너지의 기술 분류 중 거리가 먼 것은?

① 바이오 액체연료 생산기술
② 바이오 고체연료 저장기술
③ 바이오매스 가스화 기술
④ 바이오매스 생산 · 가공기술

752 바이오매스 생산, 가공기술이 아닌 것은?

① 에너지 작물 기술
② 생물학적 CO_2 고정화 기술
③ 바이오매스 가스화 기술(열적 전환)
④ 바이오 고형연료 생산 및 이용기술

풀이 바이오매스 생산, 가공기술

대분류	중분류	내용
바이오 액체연료 생산기술	연료용 바이오 에탄올 생산기술	당질계, 전분질계, 목질계
	바이오디젤 생산기술	바이오디젤 전환 및 엔진 적용기술
	바이오매스 액화기술 (열적 전환)	바이오매스 액화, 연소, 엔진이용기술
바이오매스 가스화 기술	혐기소화에 의한 메탄가스화 기술	유기성 폐수의 메탄가스 화 기술 및 매립지 가스 이용기술(LFG)
	바이오매스 가스화 기술(열적 전환)	바이오매스 열분해, 가스화, 가스화발전 기술
	바이오 수소 생산기술	생물학적 바이오 수소 생산기술
바이오매스 생산, 가공기술	에너지 작물 기술	에너지 작물재배, 육종, 수집, 운반, 가공기술
	생물학적 CO_2 고정화 기술	바이오매스 재배, 산림녹화, 미세조류 배양기술
	바이오 고형연료 생산, 이용기술	바이오 고형연료 생산 및 이용기술(왕겨탄, 칩, RDF(폐기물연료) 등)

753 바이오에너지 이용기술 원리와 거리가 먼 것은?

① 물리적
② 화학적
③ 생물학적
④ 연소공학

754 연료전지(Fuel Cell)의 특징과 거리가 먼 것은?

① 회전부위가 없어 소음이 없는 반면, 기존 화력발전과 같이 다량의 냉각수가 필요하다.
② 도심 부근에 설치가 가능하여 송 · 배전 설비가 적게 소요되고, 전력 손실이 적다.
③ 천연가스, 메탄올, 석탄가스 등 다양한 연료의 사용이 가능하다.
④ 부하 변동에 따라 신속히 대응할 수 있으며, 설치형태에 따라서 현지 설치형 등 다양한 용도로 사용이 가능하다.

풀이 연료전지는 회전부위가 없어 소음이 무시할 정도로 적고, 기존 화력발전과 같이 다량의 냉각수가 필요없다.

755 바이오에너지의 특징 중 바르지 않은 것은?

① 에너지 저장 및 재생 가능
② 풍부한 자원
③ 다양한 기술개발의 어려움
④ 과도 이용 시에도 환경에 긍정적

풀이 바이오에너지의 특징
  ㉠ 장점
  • 에너지 저장 및 재생 가능
  • 최소자본으로 이용기술 개발 가능
  • 친환경적
  • 생생에너지기, 연료, 전력, 천연화학물질 등으로 다양함
  • 풍부한 자원

  ㉡ 단점
  • 수집 및 수송의 어려움
  • 과도 이용 시 환경에 부정적
  • 대규모 설비투자
  • 다양한 기술개발의 어려움

정답 751 ② 752 ③ 753 ① 754 ① 755 ④

756 폐기물 에너지 및 관련 기술에 관한 내용으로 옳지 않은 것은?
① SRF는 가연성 고체폐기물을 성형하여 제조한 고체연료이다.
② 폐기물 열분해는 무산소 환원반응이다.
③ 화석연료의 사용을 줄임으로써 온실가스 배출 감축에 기여한다.
④ 에너지화 과정에서 2차 오염물질 발생이 없다.

풀이 폐기물 에너지화 과정에서 2차 오염물질 발생이 가능하다.

757 폐기물 에너지에 관한 특징 중 바르지 않은 것은?
① 타 신재생에너지에 비하여 비교적 단기간 내에 기술개발을 통한 상용화 및 조기보급 가능
② 폐기물의 안전한 청정 처리 기대
③ 폐기물을 에너지 자원으로의 재활용 효과 기대
④ 폐기물 에너지화 과정에서 2차적 환경오염이 없음

풀이 폐기물 에너지화 과정에서 2차적 환경오염 유발이 가능하다.

758 해양에너지의 원리와 가장 거리가 먼 것은?
① 비열차 발전   ② 조력발전
③ 파력발전   ④ 조류발전

풀이 해양에너지의 원리
  ㉠ 조력발전   ㉡ 파력발전
  ㉢ 조류발전   ㉣ 온도차 발전

759 다음 원리와 가장 밀접한 것은?

조수간만의 차를 동력원으로 하여 해수면의 상승·하강운동을 이용하여 전기를 생산하는 기술로, 조수가 약할 경우에는 Pump를 이용하여 물을 퍼올려 안정적인 전기공급을 할 수 있다.

① 조력발전   ② 밀도차 발전
③ 조류발전   ④ 온도차 발전

760 다음 중 수소제조방법이 아닌 것은?
① 수증기 개질법   ② 물의 고온 직접 열분해법
③ 식염전해법   ④ 증기열 분해법

761 수소에너지의 특징으로 거리가 먼 것은?
① 풍부한 자원으로부터 얻을 수 있는 청정 2차 에너지이다.
② 안전성이 매우 높고, 대량으로 값싸게 제조할 수 있을 뿐만 아니라, 제조기술의 효율성이 99% 이상으로 높다.
③ 에너지의 저장 및 수송이 가능한 화학적 매체이다.
④ 연료전지 시스템을 사용하여 직접 발전이 가능하다.

풀이 수소에너지는 안전성이 낮은 편이고, 경제성이 낮다.

762 수소에너지의 장단점 설명 중 바르지 않은 것은?
① 입력에너지(전기에너지)에 비해 수소에너지의 경제성이 높다.
② 풍부한 자원(물)이 있다.
③ 환경친화적이다.
④ 운송수단의 연료로 사용 가능하다.

풀이 수소에너지의 장단점
  ㉠ 장점
    • 환경친화적(연소생성물로 인한 환경오염 없음)
    • 풍부한 자원(물)
    • 에너지의 저장 및 수송이 가능한 매체
    • 운송수단의 연료로 사용 가능
    • 직접발전(연료전지 시스템 이용) 가능
  ㉡ 단점
    입력에너지(전기에너지)에 비해 수소에너지의 경제성 낮음

정답 756 ④ 757 ④ 758 ① 759 ① 760 ④ 761 ② 762 ①

763 수소에너지의 저장방법과 거리가 먼 것은?
① 압축가스 ② 냉각가스
③ 액체수소 ④ 수소저장합금

풀이 수소의 저장방법
㉠ 압축가스
㉡ 액체수소
㉢ 지하저장
㉣ 수소저장합금

764 다음 내용과 관계있는 것은?

> 석탄, 중질잔사유 등의 저급원료를 고온·고압의 가스화기에서 수증기와 함께 한정된 산소로 불완전연소 및 가스화시켜 일산화탄소와 수소가 주성분인 합성가스를 만들어 정제공정을 거친 후 가스터빈 및 증기터빈 등을 구동하여 발전하는 신기술

① 가스화 복합 발전 기술(IGCC)
② 석탄 액화 기술
③ 화력 복합 발전 기술
④ 석탄 기화 기술

765 연료의 산화에 의해서 생기는 화학에너지를 직접 전기에너지로 변환시키는 연료전지의 특징에 관한 설명으로 거리가 먼 것은?

① 환경공해가 감소되어 CO_2 발생이 전혀 없다.
② 연료전지를 이용한 발전시스템에서 연료전지는 발전효율이 40~60% 정도이며, 열병합발전을 할 경우에는 80% 이상 가능하다.
③ 회전부위가 없어 소음이 매우 낮고, 다량의 냉각수가 불필요하다.
④ 도심 부근의 설치가 가능하여 송배전시설비 및 전력손실이 적은 편이다.

풀이 연료전지는 배기가스 중 NOx, SOx 및 분진의 생성이 거의 없으며 CO_2 발생량은 미분탄 화력발전에 비하여 20~40% 정도 감소시킬 수 있다.

766 석탄가스화·액화 기술의 특징으로 바르지 않은 것은?

① SOx 95% 이상 NOx 90% 이상 저감 가능한 기술이다.
② 비교적 적은 소요면적이 필요하다.
③ 높은 효율의 발전이 가능하다.
④ 초기 투자비용이 높다.

풀이 석탄가스화·액화 기술의 특징
㉠ 장점
• 환경친화형 기술(SOx 95% 이상, NOx 90% 이상 저감 가능)
• 높은 효율의 발전 가능
• 석탄, 중질잔사유, 폐기물 등 저급연료를 활용하여 다양한 형태(전기생산, 화학플랜트 활용, 액화연료 생산)의 고부가 가치로 에너지화 가능

㉡ 단점
• 초기 투자비용이 높음
• 넓은 소요면적이 필요함
• 복합설비로 전체설비의 구성과 제어가 복잡

767 신재생에너지 2차 간접감축방법에 관한 설명 중 바르지 않은 것은?

① 연료전지는 수소와 산소가 가진 화학적 에너지를 직접 전기에너지로 변화시키는 전기화학적 장치로서 수소와 산소를 양극과 음극에 공급하여 연속적으로 전기를 생산하는 새로운 발전기술이다.
② 태양광 발전은 반도체가 갖는 광전효과(Photo-Voltaic Effect)를 이용하여 반도체 혹은 염료, 고분자 등의 물질로 이뤄진 태양전지를 이용하여 태양의 빛에너지를 전기에너지로 변화시키는 발전 형태이다.
③ 태양에너지는 밀도가 높고(평균 : 342W/m²), 계절별·시간별 변화가 일정하기 때문에 집광하는 경우가 대부분이다.
④ 수력발전은 높은 위치에 있는 하천이나 저수지 물을 낙차에 의한 위치에너지를 이용하여 수차의 회전력을 발생시키고 수차와 직결되어 있는 발전기에 의해서 전기에너지로 변환시키는 방식이다.

정답 763 ② 764 ① 765 ① 766 ② 767 ③

풀이 태양에너지는 밀도가 낮고(평균 : 342W/m², 계절별·시간별 변화가 심하기 때문에 집광하는 경우가 대부분이다.

768 다음은 연료전지의 발전시스템 구성요소에 관한 설명이다. ( ) 안에 가장 적합한 것은?

( )은/는 연료인 천연가스, 메탄올, 석탄, 석유 등을 수소가 많은 연료로 변화시키는 장치이다.

① 단위전지 ② 스택
③ 전력변환기 ④ 연료개질기

풀이 개질기(Reformer)
연료인 천연가스, 메탄올, 석탄, 석유 등을 수소가 많은 연료로 변환시키는 장치를 말한다.

769 폐기물에너지의 2차 간접감축방법과 거리가 먼 것은?

① 에너지 함량이 높은 폐기물을 소각에 의한 열 회수기술
② 성형고체연료 제조기술
③ 가스화에 의한 가연성 가스 제조기술
④ 미생물을 이용한 퇴비화 기술

770 발전소 및 각종 산업에서 발생하는 이산화탄소를 대기로 배출시키기 전에 고농도로 포집·압축·수송하여 안전하게 저장하는 기술로 정의될 수 있는 것은?.

① ET ② CCS
③ CDM ④ VCM

풀이 CCS
㉠ CCS 기술은 발전소 및 각종 산업, 즉 대량 발생원으로부터 발생하는 이산화탄소를 대기로 배출시키기 전에 고농도로 포집·압축·수송과정을 거쳐 안전하게 저장하거나 유용한 물질로 전환하는 기술이다.
㉡ CO_2를 배출하는 모든 부문에 적용할 수 있으나, 특성상 CO_2 배출농도가 높고, 배출량이 많은 분야에 우선 적용이 가능하다.

㉢ 화력발전소는 CO_2 배출밀도(시간당 배출량)가 높기 때문에 CO_2 회수·처리비용 및 기술 타당성에 있어서 적용이 적합하다.
㉣ CO_2 제거 측면에서 효율은 높지만 처리비용이 고가이다.

771 연소공정의 아산화질소(N_2O) 처리기술에 대한 설명으로 옳지 않은 것은?

① 유동층 연소에서 발생하는 아산화질소를 저감시키기 위해서는 유동층의 온도를 높여서 아산화질소의 열분해를 유도하는 방법이 있다.
② 생성된 아산화질소의 분해기술은 고온처리와 저온처리로 나눌 수 있는데, 고온처리에는 기상열분해와 매체입자에 의한 접촉분해방법이 있고, 저온처리는 SCR 혹은 SNCR 등 촉매분해방법이 있다.
③ 유동층 연소에서 배출되는 아산화질소를 촉매분해, N_2O-SCR 등의 방법으로 처리할 수 있다.
④ 폐기물 소각공정에서 석회석을 사용한 아산화질소 처리기술이 가장 보편적으로 적용되고 있다.

풀이 폐기물 처리공정에서 SCR, SNCR이 아산화질소 처리기술로 일반적으로 적용된다.

772 CCS(Carbon Capture and Storage)에 관한 내용 중 거리가 먼 것은?

① CCS 기술은 대량 발생원으로부터 발생하는 이산화탄소를 대기로 배출시키기 전에 고농도로 포집·압축·수송과정을 거쳐 안전하게 저장하거나 유용한 물질로 전환하는 기술이다.
② CO_2를 배출하는 모든 부문에 적용할 수 있으나, 특성상 CO_2 배출농도가 높고, 배출량이 많은 분야에 우선 적용이 가능하다.
③ 화력발전소는 CO_2 배출밀도(시간당 배출량)가 높기 때문에 CO_2 회수·처리비용 및 기술 타당성에 있어서 적용이 적합하다.
④ CO_2 제거 측면에서 효율이 낮아 처리비용도 저렴하다.

정답 768 ④ 769 ④ 770 ② 771 ④ 772 ④

풀이 CO_2 제거 측면에서 효율은 높지만 처리비용이 고가이다.

773 CCS(Carbon Capture and Storage)에 대한 설명으로 옳지 않은 것은?

① 간접감축방법의 일종이다.
② CO_2를 대기로 배출시키기 전에 고농도로 포집·압축·수송·저장하는 기술이다.
③ 배기가스로부터 CO_2만을 선택적으로 분리 포집하는 기술이다.
④ 연소 후 포집, 연소 전 포집, 순산소 연소 포집기술로 구분할 수 있다.

풀이 CCS는 직접감축방법의 일종이다.

774 Carbon Capture and Storage(CCS)는 대표적 온실가스인 CO_2를 발생원으로부터 포집한 후 압축, 수송을 거쳐 육상 또는 해양지중에 안전하게 저장하거나 유용물질로 전환하는 일련의 과정을 포함하는데, 다음 중 CO_2 저장기술로 부적합한 것은?

① 폐유전과 폐가스전(Depleted Oil & Gas Reservoirs)
② 심층 연수전(Deep Saline Reservoirs)
③ 채광성 두꺼운 석탄층(Minable Coal Seams)
④ 심해 저장(Storage in the Deep Ocean)

풀이 CO_2 저장기술
㉠ 해양 저장
  • 심해저장
  • 용해·희석 저장
㉡ 지중 저장
  • 대수층 저장
  • 유전·가스전 저장
  • 비채굴성 탄광 저장
  • 혈암(Shale) 저장
㉢ 지표 저장

775 CCS 기술 중 연소 후 CO_2 회수기술이 아닌 것은?

① 막분리
② 습·건식 흡착
③ 심랭법
④ 하이드레이트

풀이 CO_2 회수기술
1. 연소 후 회수
   ㉠ 막분리   ㉡ 건식 흡착
   ㉢ 습식 흡착   ㉣ 물리흡수
   ㉤ 심랭법   ㉥ 혁신적 회수기술
2. 연소 전 회수
   ㉠ 막분리   ㉡ 물리흡수
   ㉢ 흡착   ㉣ 하이드레이트
   ㉤ 심랭법
3. 산소 연소 회수
   ㉠ 순산소 제조   ㉡ 순산소 연소

776 CCS(Carbon Capture Storage)에 관한 설명으로 거리가 먼 것은?

① CCS 기술은 발전소 및 각종 산업에서 발생하는 CO_2를 대기로 배출시키기 전에 고농도로 포집·압축·수송하여 안전하게 저장하는 기술로 정의될 수 있다.
② CCS 중 포집은 배가스로부터 CO_2만을 선택적으로 분리포집하는 기술을 의미한다.
③ 포집은 세부기술에 따라 연소 후 포집, 연소 전 포집, 순산소 연소포집기술로 구분할 수 있다.
④ CCS는 처리비용이 저렴하나 CO_2 제거효율은 낮아 소규모 사업장에서 다소 타당성이 있다.

풀이 CCS
㉠ CCS 기술은 발전소 및 각종 산업, 즉 대량 발생원으로부터 발생하는 이산화탄소를 대기로 배출시키기 전에 고농도로 포집·압축·수송과정을 거쳐 안전하게 저장하거나 유용한 물질로 전환하는 기술이다.
㉡ CO_2를 배출하는 모든 부문에 적용할 수 있으나, 특성상 CO_2 배출농도가 높고, 배출량이 많은 분야에 우선 적용이 가능하다.
㉢ 화력발전소는 CO_2 배출밀도(시간당 배출량)가 높기 때문에 CO_2 회수·처리비용 및 기술 타당성에 있어서 적용이 적합하다.
㉣ CO_2 제거 측면에서 효율은 높지만 처리비용이 고가이다.

정답 773 ① 774 ③ 775 ④ 776 ④

777 탄소상쇄의 특징에 대한 설명 중 바르지 않은 것은?

① 배출권거래제에서 Allowance 대신 Credit을 제출하는 오프셋 제도와의 혼동을 피하기 위해 탄소상태(Carbon Offset) 또는 탄소중립(Carbon Neutral)이라고 한다.
② 개인이나 조직은 외부 크레딧을 구매함으로써 온실가스 배출량을 상쇄시키고, 나아가 탄소중립(Carbon Neutral) 또는 탄소마이너스에 도달할 수 있다.
③ 개인이나 제품이 라이프사이클 전 과정에 걸쳐 배출하는 CO_2 양을 탄소 발자국(Carbon Foot-print)이라 한다.
④ 기업이나 국가의 온실가스 인벤토리와 같은 개념으로 탄소 발자국은 탄소중립을 위한 기준이 된다.

풀이 기업이나 국가의 온실가스 인벤토리와 상응하는 개념으로 탄소 발자국은 탄소중립을 위한 기준이 된다.

778 이산화탄소 전환에 대한 설명 중 가장 관계가 적은 것은?

① 촉매화학적 이산화탄소 수소화 반응 분야
② 광에너지 및 태양열 활용 이산화탄소 전환 분야
③ 이산화탄소 유래 고분자 제조기술
④ 개질 및 가스화 반응에서의 이산화탄소 활용 분야

풀이 이산화탄소 전환(CCUS)기술은 크게 화학적 전환기술과 생물학적 전환기술로 분류되며 화학적 전환기술은 열촉매화학적, 전기화학적, 광화학적 전환 등으로 구분된다. 또한, 기상전환과 액상전환으로 나눌 수 있으며 기상전환은 필요에너지 공급원과 안정된 반응조건에서 전환이 이루어져야 하므로 저에너지 소비, 생성물 분리 정제기술이 필요하며 액상전환은 반응속도를 높일 수 있는 촉매 및 광감응제 개발과 촉매, 빛, 전기의 혼성시스템의 개발이 요구된다.

779 탄소중립의 절차가 맞는 것은?

① 온실가스 배출량 계산 → 온실가스 배출량의 감축(회피, 감소, 전환) → 감축 불가능한 온실가스 배출량의 계산 → 탄소상쇄 크레딧의 구매 → 탄소중립의 홍보, 커뮤니케이션
② 온실가스 배출량 계산 → 온실가스 배출량의 감축(회피, 감소, 전환) → 탄소상쇄 크레딧의 구매 → 감축 불가능한 온실가스 배출량의 계산 → 탄소중립의 홍보, 커뮤니케이션
③ 온실가스 배출량 계산 → 감축불가능한 온실가스 배출량의 계산 → 온실가스 배출량의 감축(회피, 감소, 전환) → 탄소상쇄 크레딧의 구매 → 탄소중립의 홍보, 커뮤니케이션
④ 온실가스 배출량 계산 → 온실가스 배출량의 감축(회피, 감소, 전환) → 감축 불가능한 온실가스 배출량의 계산 → 탄소중립의 홍보, 커뮤니케이션

780 자발적 감축사업의 기준 또는 내용으로 틀린 것은?

① VCS, GS 등 크레딧의 가격은 기준과 사업유형에 따라 상이함
② 높은 발행비용이 소모되므로 품질에 대한 신뢰성이 재고됨
③ 외부 감축사업 CDM/JI 크레딧을 허용하지만 국가별로 그 비율을 일정하게 한정하고 있음
④ 크레딧의 인증 절차 등이 CDM처럼 엄격할수록 자발적 감축사업 크레딧에 대한 국제적 신뢰도는 제고됨

풀이 자발적 감축사업(탄소시장)
㉠ 장점
- 다양성과 유연성
- 낮은 발행비용과 배출권 가격
- 탄소시장에 대한 학습 및 참여 경험 제공
- 기업브랜드 가치 제고

㉡ 단점
- 품질에 대한 신뢰성 부족
- 높은 인수도 및 거래리스크
- 상대적으로 높은 거래비용
- 여타 시장과의 연계 제약

정답 777 ④ 778 ④ 779 ④ 780 ②

781 탄소상쇄 프로그램에 관한 설명 중 바르지 않은 것은?

① 기업이나 일반시민 등의 활동으로 배출되는 CO_2를 조림(造林)이나 신재생에너지 등의 온실가스를 흡수 또는 감축시키는 사업에 투자하여 상쇄시키는 일련의 행위를 탄소상쇄 프로그램이라 한다.
② 탄소상쇄 프로그램이 환경오염 배출의 면죄부로 활용된다.
③ 탄소상쇄 프로그램의 신뢰성 확보도 넘어서야 할 과제로, 최근 이를 위해 다양한 표준들이 개발되는 등 대응책들이 마련되고 있다.
④ 의무적으로 온실가스를 감축해야 하는 기업은 프로그램을 수행함으로써 자사의 지속 가능 경영을 알리고 마케팅이나 사회적 책임 수행에 활용, 경쟁사의 차별화 전략의 하나로 CO_2 상쇄를 도입하는 기업들이 늘고 있다.

풀이 탄소상쇄 프로그램이 환경오염 배출의 면죄부로 활용되어서는 안 된다.

782 HFC_{23}, N_2O 아디핀산, 20MW 초과 수력발전, 조림/재조림 4개 유형의 사업을 제외하고 모든 온실가스 감축사업을 인정하는 프로젝트 유형을 실시하는 국가는?

① 호주　　② 중국
③ 미국　　④ EU

783 탄소시장 배출권은 크게 Allowance와 Credit으로 구분하는데 Allowance에 해당하는 것은?

① AAU, EUA
② AAU, CER
③ EUA, ERU
④ EUA, CER

784 "지역온실 구상"과 관계있는 용어는?

① CDM　　② JI
③ RGGI　　④ NAMA

785 온실가스 흡수원(Sink)의 범위에 관한 설명 중 바르지 않은 것은?

① 제7차 당사국총회에서 채택된 마라케시 합의문에서는 제1차 의무감축기간 동안 흡수원(Sink)에 관한 CDM 사업은 조림 및 재조림으로 한정되며, 산림경영 CDM 사업은 인정하지 않기로 하였다.
② 조림 CDM 사업은 50년간 산림이 아닌 토지를 산림으로 전환하는 사업을 말한다.
③ 재조림 CDM 사업은 1990년 이전에 산림이 아닌 토지를 전환하는 사업을 말한다.
④ 소규모 조림/재조림 CDM 사업은 CDM 사업유치국(개발도상국)에서 연간 1만 CO_2톤 이하를 순흡수하는 조림 및 재조림 사업에 적용할 수 있다. 조림 규모는 나무의 종류에 따라 차이가 있으나, 일반적으로 300~1,000ha 정도이다.

풀이 소규모 조림/재조림 CDM 사업은 CDM 사업유치국(개발도상국)에서 연간 8,000 CO_2톤 이하를 순흡수하는 조림 및 재조림 사업에 적용할 수 있다.

786 흡수원 관련 용어 중 신규조림에 관한 내용이다. ( ) 안에 알맞은 것은?

신규조림이란 ( )년간 산림이 아니던 토지를 산림으로 전환하는 행위이며 국내 삼림에 관한 정의와 동일하다.

① 25　　② 50
③ 75　　④ 100

정답 781 ② 782 ④ 783 ① 784 ③ 785 ④ 786 ②

787 흡수원에 관련된 용어 중 '순인위적 흡수량'을 맞게 표현한 것은?

① 순인위적 흡수량=현실 순 흡수량+베이스라인 흡수량+누출
② 순인위적 흡수량=현실 순 흡수량+베이스라인 흡수량-누출
③ 순인위적 흡수량=현실 순 흡수량-베이스라인 흡수량-누출
④ 순인위적 흡수량=현실 순 흡수량-베이스라인 흡수량+누출

788 CDM 사업은 조림 및 재조림 등을 통해 온실가스를 흡수하는 사업도 포함하고 있다. 흡수원의 범위와 관계가 먼 것은?

① 조림 규모는 나무의 종류에 따라 차이가 있으나, 통상 300~1,000ha 정도
② 재조림 사업은 1990년 이전에 산림이 아닌 토지를 산림으로 전환하는 사업
③ 조림 CDM 사업은 50년간 산림이거나 산림이 아닌 토지를 산림으로 전환하는 사업
④ 소규모 조림, 재조림 CDM 사업은 CDM 사업유치국에서 연간 8,000ton 이하를 순흡수하는 사업에 적용

[풀이] 신규조림이란 50년간 산림이 아닌 토지를 산림으로 전환하는 사업을 말한다.

789 탄소흡수원 산림의 특성에 관한 내용 중 바르지 않은 것은?

① 식물체의 광합성과 호흡작용은 기온에 따라 크게 영향을 받는다.
② 산림 바이오매스에너지는 임산물과 임산물이 혼합된 원료(폐목재 포함)를 사용하여 생성된 에너지를 말한다.
③ 농경지나 주거지 등을 확보하기 위하여 산림을 전용하는 경우 온실가스 배출원이 되지 않는다.
④ 산불과 병충해와 같은 산림재해도 산림으로부터 온실가스를 배출하는 배출원이다.

[풀이] 농경지나 주거지 등을 확보하기 위하여 산림을 전용하는 경우 온실가스 배출원이 된다.

790 다음 설명 중 바르지 않은 것은?

① CDM 사업자는 CDM 방법론을 사용하여 CDM 사업을 추진하거나, 방법론이 없는 사업에 대해 신규방법론을 개발하는 사업자를 의미한다.
② CDM 방법론이란 온실가스 감축프로젝트가 CDM 사업으로 인정받기 위해, 온실가스 감축량을 정량적으로 보여 줄 수 있는 구체적인 방법이다.
③ CDM 방법론은 승인된 방법론의 숫자가 190개 이상일 정도로 양이 방대하고, 체계적으로 정리되어 있어 방법론의 존재 여부를 파악하기 쉽다.
④ 지속적으로 방법론에 대한 개정 작업과 통폐합 작업이 이루어지고 있는 것도 적절한 방법론 검색에 어려움을 더하고 있다.

[풀이] CDM 방법론은 체계적으로 정리되어 있기보다는 승인된 순서에 따라 번호가 매겨지고 있어 찾고자 하는 방법론의 존재 여부를 파악하기가 매우 어렵다.

791 CDM 방법론의 구분에 해당하지 않는 것은?

① 소규모 방법론
② 승인된 대규모 방법론
③ 승인된 중규모 방법론
④ 조림 및 재조림 방법론

[풀이] 방법론 구분
  ㉠ 소규모 방법론
  ㉡ 승인된 대규모 방법론
  ㉢ 승인된 통합 방법론
  ㉣ 조림 및 재조림 방법론

792 "재생에너지 이용 또는 매립가스 사업 등 많은 방법론이 개발되는 분야에 이미 승인된 방법론을 모아서 만든 방법론"과 관계가 깊은 것은?

① 소규모 방법론
② 승인된 대규모 방법론
③ 승인된 통합 방법론
④ 조림 및 재조림 방법론

793 방법론의 구성 중 "사업 수행으로 인한 온실가스 감축량을 예상하여 산정, 즉 감축량을 정량적으로 파악할 수 있는 논리체계"와 관계가 있는 것은?

① 베이스라인 방법론   ② 모니터링 방법론
③ 활동자료 방법론   ④ 매개변수 방법론

794 소규모 CDM 사업에 관한 내용 중 바르지 않은 것은?

① 소규모 CDM 사업은 제7차 당사국총회에서 지정한 사업으로 소규모 사업에 적용한다.
② 대규모 CDM 사업과 비교하여 등록절차, 기간 및 비용 면에서 유리하다.
③ 소규모 CDM 사업으로 등록되었으나 Crediting 기간 중 특정 연도에 대해 소규모 제한을 초과한 경우, 온실가스 감축량은 기존에 등록된 PDD에서 예상했던 연간 감축량까지만 인정한다.
④ 재생에너지 사업의 기준은 최대발전용량이 5MW 이하이다.

[풀이] 소규모 사업의 형태(Type)별 종류
   ㉠ 재생에너지 사업(Type I)
      최대발전용량이 15MW(또는 상당분) 이하인 재생에너지 사업
   ㉡ 에너지 효율 향상 사업(Type II)
      연간 60GWh(또는 상당분) 이하의 에너지를 감축하는 에너지 효율 향상 사업
   ㉢ 기타 온실가스 감축사업(Type III)
      연간 배출 감축량이 60만 톤 CO_2-eq 이하의 사업

795 소규모 CDM 사업의 형태 중 에너지 효율 향상 사업의 조건이 맞는 것은?

① 연간 60GWh(또는 상당분) 이하의 에너지를 감축하는 에너지 효율 향상 사업
② 연간 60Mhr(또는 상당분) 이하의 에너지를 감축하는 에너지 효율 향상 사업
③ 연간 15MWh(또는 상당분) 이하의 에너지를 감축하는 에너지 효율 향상 사업
④ 연간 15GWh(또는 상당분) 이하의 에너지를 감축하는 에너지 효율 향상 사업

796 CDM 사업 중 소규모 사업 비중이 상대적으로 큰 이유 설명으로 바른 것은?

① 사업에 대한 자체가 대규모보다 많기 때문에
② 소규모 CDM 사업이 대규모 CDM보다 투자위험성이 적기 때문에
③ 대규모 CDM보다 승인받는 절차가 쉽기 때문에
④ IPCC로부터 많은 재정적 지원을 받을 수 있기 때문에

797 일반 CDM 사업에 관한 내용 중 바르지 않은 것은?

① 일반 CDM 사업은 소규모 CDM 사업을 제외한 모든 CDM 사업을 의미하며 이들 사업에는 승인된 대규모 방법론(AM ; Approved Large Scale Methodologies)과 승인된 통합 방법론(ACM ; Approved Consolidated Methodologies)을 사용할 수 있다.
② 대규모 방법론의 경우 사업의 특성에 맞게 개발 등록되어 방법론마다 적용 가능한 사업조건이 다르다.
③ 통합방법론에 흡수된 기 승인방법론들은 별도로 진행된다.
④ 통합방법론을 이용함으로써 CDM 사업자들은 사업계획서를 작성하고 CDM 사업을 추진하는 데 소요되는 시간과 비용을 많이 절약할 수 있다.

[풀이] 통합방법론에 흡수된 기 승인방법론들은 폐기된다.

정답 792 ③ 793 ① 794 ④ 795 ① 796 ③ 797 ③

798 "사업경계 밖에서 발생하고, 측정 가능하며 CDM 사업활동에 기인한 온실가스 배출원에 의한 과거 배출량의 순변화량으로 정의된다."와 관계가 있는 것은?

① Sinks
② Leakage
③ Project Activity Emission
④ Monitoring

799 추가성에 관한 내용 중 바르지 않은 것은?

① 추가성은 환경적·기술적·제도적·경제적·사회적 측면에서 고려되어야 하는 감축사업의 특성이다.
② 인위적으로 온실가스를 저감하거나 에너지를 절약하기 위하여 일반적인 경영여건에서 실시할 수 있는 활동 이상의 추가적인 노력을 말한다.
③ CDM 프로젝트 활동에 의해 온실가스 배출원으로부터의 인위적 배출량이 등록된 CDM 프로젝트 활동이 부재할 경우 발생하는 수준 이하로 감축되는 성질을 의미한다.
④ 추가성 여부는 실제로 베이스라인의 타당성을 입증하는 것이다.

풀이 추가성 여부는 실제로 베이스라인의 타당성을 입증하기보다는 사업이 추가적인가를 판단하는 근거가 되므로 베이스라인 대비 온실가스 감축이 일어날 수 있는 사업은 일단 추가적인 것으로 간주된다.

800 감축프로젝트의 추가성 분석에 관한 내용 중 바르지 않은 것은?

① '추가성'이란 CDM 프로젝트 활동에 의해 온실가스 배출원으로부터의 인위적 배출량이 등록된 CDM 프로젝트 활동이 부재할 경우 발생하는 수준 이하로 감축되는 성질을 의미한다.
② 추가성 여부는 실제로 베이스라인의 타당성을 입증하기보다는 사업이 추가적인가를 판단하는 근거가 되므로 베이스라인 대비 온실가스 감축이 일어날 수 있는 사업은 일단 추가적인 것으로 간주된다.
③ 사전에 추가성을 입증하는 작업을 수행하여 CDM 사업 등록에 대한 가능성을 미리 검토한 후 사업을 추진하기 위한 목적이다.
④ 환경적 추가성에 대한 평가는 1단계에서 감축량을 산정하는 방법으로 평가될 수 있다.

풀이 환경적 추가성에 대한 평가는 2단계에서 감축량을 산정하는 방법으로 평가될 수 있다.

801 추가성 분석대상의 구분에 해당되지 않는 것은?

① 기술적 추가성　② 경제적 추가성
③ 환경적 추가성　④ 사회적 추가성

802 4가지의 추가성이 모두 만족되어야 CDM 사업으로 등록이 가능한데 이에 해당하는 추가성이 아닌 것은?

① 환경적 추가성　② 재정적 추가성
③ 기술적 추가성　④ 현실적 추가성

풀이 추가성 종류
㉠ 환경적 추가성(Environmental Additionality)
㉡ 재정적 추가성(Financial Additionality)
㉢ 기술적 추가성(Technological Additionality)
㉣ 경제적 추가성(Commercial/Economical Additionality)

803 추가성에 관한 설명 중 잘못된 것은?

① 환경적 추가성 : 해당 사업의 온실가스 배출량이 베이스라인 배출량보다 적을 경우, 해당 사업은 환경적 추가성이 없다고 한다.
② 재정적 추가성 : CDM 사업의 경우 투자국이 유치국에 투자하는 자금은 투자국이 의무적으로 부담하고 있는 해외원조기금(Official Development Assistance)과는 별도로 조달되어야 한다.

정답　798 ②　799 ④　800 ④　801 ④　802 ④　803 ①

③ 기술적 추가성 : CDM 사업에 활용되는 기술은 현재 유치국에 존재하지 않거나 개발되었지만 여러 가지 장애요인으로 인해 활용도가 낮은 선진화된(More Advanced) 기술이어야 한다.
④ 경제적 추가성 : 기술의 낮은 경제성, 기술에 대한 이해 부족 등 여러 장애요인으로 인해 현재 투자가 이루어지지 않는 사업을 대상으로 하여야 한다.

풀이 해당 사업의 온실가스 배출량이 베이스라인 배출량보다 적을 경우, 해당 사업은 환경적 추가성이 있다고 한다.

804 추가성 검증 툴(Tool)에 의한 추가성 분석 절차 2단계에 해당하는 것은?

① 사업활동에 대한 대안 설정
② 투자분석을 통한 대안 비교
③ 장벽분석을 통한 대안 비교
④ 상례분석

풀이 추가성 검증 툴(Tool)에 의한 추가성 분석절차
　㉠ 1단계 : 사업활동에 대한 대안 설정
　㉡ 2단계 : 투자분석을 통한 대안 비교
　㉢ 3단계 : 장벽분석을 통한 대안 비교
　㉣ 4단계 : 상례분석

805 다음 중 CDM 사업의 추가성을 입증하기 위하여 행해지는 것이 아닌 것은?

① 현행 법규에 부응하는 사업 활동에 대한 규명
② 투자 분석
③ 장벽 분석
④ 배출원의 거래 가격 적정 여부 분석

풀이 ①, ②, ③항 외에 상례분석이 있다.

806 CDM 사업추진 가능성 평가 및 발굴과정 단계가 맞는 것은?

① 방법론 검토 → 추가성 분석 → 경제적 타당성 분석
② 방법론 검토 → 경제적 타당성 분석 → 추가성 분석
③ 추가성 분석 → 경제적 타당성 분석 → 방법론 검토
④ 추가성 분석 → 방법론 검토 → 경제적 타당성 분석

807 CDM 타당성 평가에 대한 설명 중 바르지 않은 것은?

① CDM 사업은 비의무국(Non-Annex I)에서 행해진 온실가스 감축활동으로 발생되는 감축분(CERs)을 시장경제원리에 따라 의무국(Annex I)의 배출권(AAUs)으로 활용할 수 있도록 함으로써 비용 효과적으로 전 지구의 온실가스 감축을 성취하고자 하는 제도이다.
② CDM 방법론은 감축량을 정량적으로 계산할 수 있는 논리와 절차를 전개한 '베이스라인 방법론(Baseline Methodology)'과 감축활동의 성과를 확인할 수 있는 구체적인 방법을 제시한 '모니터링 방법론(Monitoring Methodology)'으로 구성되어 있다.
③ 추가성 분석이란 대상 사업의 편익과 비용을 화폐가치로 평가하고 비교함으로써 사업 시행의 경제적 타당성을 판단하는 작업이다.
④ CDM 사업에 대한 경제성 분석이 일반 투자 사업과 다른 점은 CDM 사업의 경우 온실가스 배출을 감축하는 사업이며, 그 감축실적에 대해 UNFCCC의 검·인증을 통해 확보된 배출권 크레딧을 판매함으로써 수익을 창출하는 과정이 포함되어 있다는 점이다.

풀이 경제성 분석이란 대상 사업의 편익과 비용을 화폐가치로 평가하고 비교함으로써 사업 시행의 경제적 타당성을 판단하는 작업이다.

정답 804 ② 805 ④ 806 ④ 807 ③

808 CDM 사업 경제성 분석의 주요 항목이 아닌 것은?
① 온실가스 배출감축량 산정
② 배출권 크레딧(CERs)의 판매가격
③ 배출권 확보를 위한 CDM 프로세스 추진비용
④ 관련된 프로젝트 형태에 대한 현재시장분석

[풀이] ④항은 상례분석에 해당한다.

809 베이스라인 시나리오에 관한 내용 중 잘못된 것은?
① CDM 사업의 베이스라인 시나리오는 해당 감축사업이 시행되지 않을 경우 자연적인 온실가스 배출에 대한 합리적인 시나리오이다.
② 베이스라인 시나리오는 사업이 추진되기 이전의 기존 상황의 잠재적인 진행 시나리오로서 CDM 사업추진을 위한 베이스라인 방법론에는 모든 합리적인 베이스라인 시나리오에 대한 설명이 포함된다.
③ 마라케시 합의문에는 베이스라인 설정을 위한 접근방법을 3가지로 제시하고 있다.
④ 사업참여자는 3개의 베이스라인 접근법 중에서 자신의 사업에 가장 적합한 접근법을 선택하고, 그러한 접근의 정당성을 입증해야 한다.

[풀이] CDM 사업의 베이스라인 시나리오는 해당 감축사업이 시행되지 않을 경우의 인위적인 온실가스 배출에 대한 합리적인 시나리오이다.

810 베이스라인 설정을 위한 3가지 접근방법에 해당하지 않는 것은?
① 현존하는 또는 과거의 온실가스 배출상황
② 동종업종의 온실가스 배출상황
③ 경제적 측면에서 상대적으로 유리한 기술을 적용할 때의 온실가스 배출 상황
④ 유사한 사회·경제·환경 및 기술적 조건하에서 과거 5년간 수행된 유사사업의 평균배출량

811 베이스라인 방법론의 일반적인 구성요소가 아닌 것은?
① 적용성
② 프로젝트 경계 및 배출량
③ 누출
④ 증가량

[풀이] 베이스라인 방법론의 일반적인 구성요소

812 온실가스 감축사업에서 온실가스 베이스라인 배출량에 해당하는 것은?

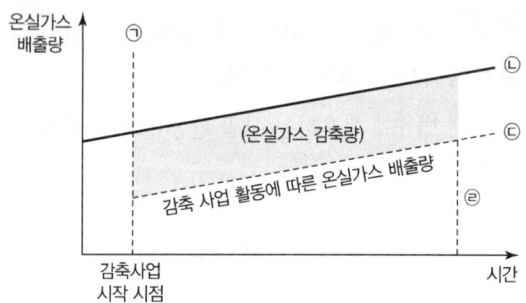

① ㉠
② ㉡
③ ㉢
④ ㉣

풀이 사업활동에 의한 온실가스 감축량의 개념

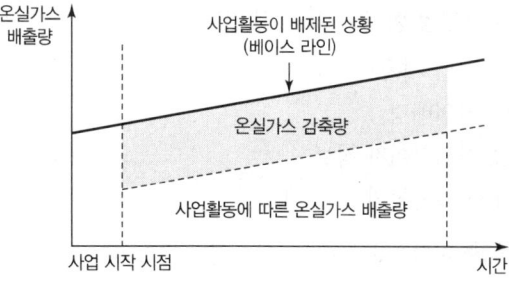

813 다음 그림에서 ( ) 안에 알맞은 내용은?

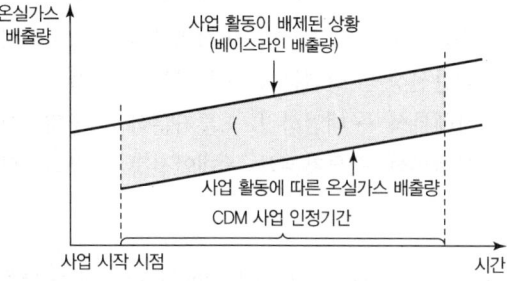

① 온실가스 증가량
② 온실가스 배출량
③ 온실가스 감축량
④ 온실가스 농도

814 베이스라인 설정을 위한 3가지 접근방법에 해당하지 않는 것은?(단, 베이스라인 배출량 계산)

① 현존하는 또는 과거의 온실가스 배출상황 : 방법론 I
② 경제성 측면에서 상대적으로 유리한 기술을 적용할 때의 온실가스 배출상황(투자 장벽으로 고려될 수 있음) : 방법론 II
③ 유사한 사회 · 경제 · 환경 및 기술적 조건하에서 과거 5년간 수행된 유사 사업들의 평균 배출량(단, 평균에 포함된 사업들의 기술성능은 상위 20%에 속하여야 함) : 방법론 III
④ 국가정책으로 정한 평균배출량 : 방법론 IV

815 베이스라인 방법론에 관한 설명 중 바르지 않은 것은?

① 사업경계에는 감축사업에 의해 영향을 받는 온실가스 배출원/흡수원을 포함하는 영역으로 감축사업에 의해 미치게 될 모든 중요한 정량적 영향이 포함된다.
② 사업경계를 구분지어 기술하는데, 흔히 그림이나 모식도를 사용하여 설명한다.
③ 누출량이란 감축사업 시행과정 중 당해사업의 범위 밖에서 부수적으로 발생하는 온실가스 배출의 증가량 또는 감축량을 말하며, 그 양은 계산과 측정이 가능하여야 한다.
④ Positive Leakage는 배출감축량을 감소하는 요소로 작용한다.

풀이 ㉠ Negative Leakage
배출감축량을 감소하는 요소로 작용
㉡ Positive Leakage
배출감축량을 증가시키는 요소로 작용

816 기준활동(Reference Activity)에 관한 내용 중 잘못된 것은?

① 온실가스 감축, 제거량을 산정하는 기준이 되는 단위이다.
② 사업경계에서 사용되는 원료 또는 사업경계에 생산되는 제품, 반제품, 서비스의 정량적 단위이다.
③ 기준활동량은 과거 3년간 생산 및 가동실적을 분석하여 설정하는 것이 일반적이다.
④ 기준활동 선정은 사업경계 내에서 활동량 변화에 따른 상대적인 온실가스 감축효과를 평가하기 위한 것으로, 사업경계를 포함하는 일련의 공정에서 사용 및 생산되는 대표적인 원료, 제품(또는 서비스) 등과 같이 온실가스 배출에 직 · 간접적으로 영향을 주는 활동이 선정되어야 한다.

풀이 기준활동 선정은 사업경계 내에서 활동량 변화에 따른 상대적인 온실가스 감축효과를 평가하기 위한 것으로, 사업경계를 포함하는 일련의 공정에서 사용 및 생산되는 대표적인 원료, 제품(또는 서비스) 등과 같이 온실가스 배출에 직접적으로 영향을 주는 활동이 선정되어야 한다.

정답 813 ③ 814 ④ 815 ④ 816 ④

817 사업 후 예상 배출감축량 산정방법 중 사업경계 밖에서 온실가스 감축이 발생한 경우의 방법으로 맞는 것은?(단, ER : 배출감축량, BE : 베이스라인 배출량, PE : 사업배출량, L : 누출량, PR : 사업에 의한 감축량, BR : 베이스라인 감축량, BEF : 베이스라인 배출계수)

① ER=BE−PE−L
② ER=PR−BR−L
③ ER=BE+BEF
④ ER=BE×BEF

818 다음 중 CDM 사업 추진절차를 맞게 나타낸 것은?

① PDD 작성 → 타당성 평가 → DNA 승인 → CDM 등록 → 모니터링 평가 → CERs 발행
② PDD 작성 → CDM 등록 → 타당성 평가 → DNA 승인 → 모니터링 평가 → CERs 발행
③ PDD 작성 → 타당성 평가 → CDM 등록 → DNA 승인 → 모니터링 평가 → CERs 발행
④ 타당성 평가 → PDD 작성 → DNA 승인 → CDM 등록 → 모니터링 평가 → CERs 발행

819 CDM 사업 발굴 목적과 거리가 먼 것은?

① 배출권 확보
② 사업구조의 단일화
③ 수익성 추구
④ 기술 수출, 기존 사업 시너지 창출

풀이 CDM 사업 발굴 목적
㉠ 배출권 확보
㉡ 수익성 추구
㉢ 신성장 동력 발굴
㉣ 사업구조 다각화
㉤ 해외진출 교두보 마련
㉥ 기술 수출, 기존 사업 시너지 창출

820 CDM 사업계획서(PDD) 작성 시 사회활동 일반현황 항목이 아닌 것은?

① 사업 제목
② 사업배경
③ 사업참여자 정보
④ 사업활동의 기술 개요

풀이 사업배경이 아닌 사업의 일반 개요이다.

821 16차 CDM 집행위원회에서 CDM 사업의 추가성을 증명하는 방법의 추진 순서로 맞는 것은?

① 대안선정 → 투자분석 → 장벽분석 → 상례분석
② 대안선정 → 장벽분석 → 투자분석 → 상례분석
③ 상례분석 → 대안선정 → 투자분석 → 장벽분석
④ 상례분석 → 투자분석 → 대안선정 → 장벽분석

822 지금까지 국내에서 전례가 없거나 통상적으로 행하지 않는 사업임을 설명하는 추가성을 증명하는 방법의 단계는?

① 대안선정
② 상례분석
③ 투자분석
④ 장벽분석

823 해당 사업이 장애요인으로 인해 CDM으로 등록되지 않을 경우 추진이 어려움을 입증하는 것이 장벽분석이다. 이에 해당하지 않는 것은?

① 경제적 장벽
② 기술적 장벽
③ 환경적 장벽
④ 문화적 장벽

정답 817 ④ 818 ① 819 ② 820 ② 821 ① 822 ② 823 ④

824 CDM 사업계획서의 모니터링 방법론은 베이스라인 방법과 동일하게, CDM 집행위원회로부터 승인받은 모니터링 방법론만 사용할 수 있다. 이 사업계획서의 포함내용이 바르지 않은 것은?

① 크레딧 기간 동안 사업범위 내에서 발생되는 배출원에 의한 인위적인 배출량 산정 혹은 측정을 위한 모든 관련 데이터의 수집과 기록
② 크레딧 기간 동안 사업범위 내에서 온실가스 배출량의 베이스라인을 결정하는 데 필요한 모든 관련 데이터의 수집과 기록
③ 크레딧 기간 동안 사업활동에 기인한 사업범위 밖의 모든 가능한 온실가스 배출량 증가에 대한 모든 잠재적인 발생원(Potential Source) 파악 및 자료 수집과 보관
④ CDM 사업 검증단계에서 고려되었던 사업이 환경에 미치는 영향 기록 및 수집

풀이 CDM 사업 타당성 검토단계에서 고려되었던 사업이 환경에 미치는 영향 기록 및 수집

825 다음 중 CDM 사업유치가 가장 활성화된 지역으로 맞는 것은?

① EU
② 중동
③ 아프리카
④ 아시아 · 태평양

826 모니터링 계획 작성원칙에 해당하지 않는 것은?

① 준수성
② 일관성
③ 정밀성
④ 지속적 개선

풀이 모니터링 계획 작성원칙
　　㉠ 준수성　　㉡ 완전성
　　㉢ 일관성　　㉣ 투명성
　　㉤ 정확성　　㉥ 일치성 및 관련성
　　㉦ 지속적 개선

827 다음 내용은 모니터링 계획 작성 원칙 내용이다. 관계있는 것은?

- 관리업체는 조직경계 내 모든 배출시설의 배출활동에 대해 모니터링 계획을 수립 · 작성하여야 한다.
- 모든 배출원이란, 신 · 증설, 중단 및 폐쇄, 긴급상황 등 특수상황에 배출시설 및 배출활동이 포함됨을 의미한다.

① 완전성
② 일관성
③ 투명성
④ 일치성 및 관련성

828 광물산업의 시멘트 생산 관련 소성로(Kiln)에서 온실가스 배출감축을 위한 공정개선 사항과 가장 거리가 먼 것은?

① 최적화된 킬른의 "길이 : 직경" 비율
② 킬른 내에서의 기체 누출 감소
③ 부원료에 석고사용량 증가
④ 동일하고 안정적인 운전조건

풀이 시멘트성분 중 클링커 함량을 줄임으로써 시멘트공장에서 에너지사용과 배출가스를 줄일 수 있다.

829 외부사업 타당성 평가 및 감축량 인증지침에서 외부사업 타당성 평가를 위한 추가성 평가항목으로 거리가 먼 것은?

① 환경적 추가성
② 법적 추가성
③ 제도적 추가성
④ 경제적 추가성

풀이 외부사업 타당성 평가 및 감축량 인증지침상 추가성 평가항목
　　㉠ 법적, 제도적 추가성
　　㉡ 경제적 추가성

정답　824 ④　825 ④　826 ③　827 ①　828 ③　829 ①

830 다음은 조기감축실적의 인정 가능 대상사업의 유형에 관한 설명이다. ㉠, ㉡에 알맞은 것은?(단, 온실가스·에너지 목표관리운영 등에 관한 지침기준)

> 조기 감축실적 인정 가능 대상사업의 유형에 제시된 산업통상자원부의 "온실가스 감축실적 등록사업", 산업통상자원부와 (㉠)의 "에너지 목표관리 시범사업", (㉡)의 "온실가스 배출권 거래제 시범사업" 그리고 기타 환경부장관과 부문별 관장기관이 추가로 인정하는 사업이다.

① ㉠ 환경부, ㉡ 산업통상자원부
② ㉠ 농림축산식품부, ㉡ 환경부
③ ㉠ 국토교통부, ㉡ 농림축산식품부
④ ㉠ 국토교통부, ㉡ 환경부

풀이 조기감축실적 인정 가능 대상사업의 유형
㉠ 산업통상자원부 "온실가스 감축실적 등록사업"
㉡ 산업통상자원부 "에너지 목표관리 시범사업"
㉢ 국토교통부 "에너지 목표관리 시범사업"
㉣ 환경부 "온실가스 배출권 거래제 시범사업"

831 탄소흡수원 중 산림의 특성에 관한 설명으로 틀린 것은?

① 식물체의 광합성과 호흡작용은 기온에 따라 크게 영향을 받는다.
② 산림 바이오매스에는 낙엽 등의 고사유기물과 토양 내 탄소가 포함된다.
③ 산림은 탄소흡수원과 저장고의 기능과 더불어 배출원이기도 하다.
④ 산불과 병충해와 같은 산림재해도 산림으로부터 온실가스를 배출하는 배출원이다.

풀이 산림 바이오매스 에너지는 임산물과 임산물이 혼합된 원료(폐목재 포함)을 사용하여 생성된 에너지를 말한다.

832 온실가스·에너지 목표관리운영 등에 관한 지침상 조기감축실적을 인정함에 있어 고려되어야 할 기준과 해당 사항에 관한 설명으로 거리가 먼 것은?

① 조기감축실적은 국내에서 실시한 행동에 의한 감축분에 한하여 그 실적을 인정한다.
② 조기감축실적은 관리업체의 조직경계 안에서 발생한 것에 한하여 그 실적을 인정한다. 다만, 복수의 사업자가 참여하여 조직경계 외에서 실적이 발생한 경우에는 이를 인정할 수 있다.
③ 조기감축실적은 배출시설 단위에서의 감축분에 대해서만 인정된다.
④ 조기감축실적으로 인정되기 위해서는 조기행동으로 인한 감축이 실제적이고 지속적이어야 하며, 정량화되어야 하고 검증 가능하여야 한다.

풀이 조기감축실적 인정 시 고려되어야 하는 기준
㉠ 조기감축실적은 국내에서 실시한 행동에 의한 감축분에 한하여 그 실적을 인정한다.
㉡ 조기감축실적은 관리업체의 조직경계 안에서 발생한 것에 한하여 그 실적을 인정한다. 다만, 복수의 사업자가 참여하여 조직경계 외에서 실적이 발생한 경우에는 이를 인정할 수 있다.
㉢ 조기감축실적은 관리업체 사업장 단위에서의 감축분 또는 사업 단위에서의 감축분에 대하여 인정할 수 있다.
㉣ 조기감축실적으로 인정되기 위해서는 조기행동으로 인한 감축이 실제적이고 지속적이어야 하며, 정량화되어야 하고 검증 가능하여야 한다.

833 A업체는 2016년도에 온실가스·에너지 목표관리제의 관리업체로 최초 지정되었다. 이 경우 동 업체의 목표관리를 위한 기준연도 선정기준으로 옳은 것은?

① 2015년도
② 2013~2015년도
③ 2011~2015년도
④ 2006~2015년도

풀이 목표관리를 위한 기준연도는 관리업체가 최초로 지정된 연도의 직전 3개년으로 한다.

정답 830 ④ 831 ② 832 ③ 833 ②

834. A사의 온실가스 감축방법에 관한 내용 중 탄소 상쇄로 옳은 것은?

① 외부로부터 탄소배출권 구매
② 운전조건을 개선시켜 온실가스 배출량 감축
③ 배출되는 온실가스를 재활용 또는 다른 목적으로 활용하여 온실가스 배출량 감축
④ 배출되는 온실가스를 처리하여 대기로의 온실가스 배출량 감축

풀이 탄소 상쇄의 정의
㉠ 기업이나 개인 등이 온실가스 배출량을 감축하기 위한 조치에도 불구하고 발생하는 온실가스 배출량의 일부 또는 전부를 외부의 크레딧으로 상쇄하는 것을 의미한다. 즉, 외부로부터 탄소배출권 구매도 탄소상쇄이다.
㉡ 개인이나 단체, 또는 기업이 일상생활이나 활동, 행사를 통해 배출한 CO_2 양을 산정한 후 이에 해당하는 양만큼 감축활동에 기부하는 행위를 지칭한다.
㉢ 탄소상쇄, 즉 'Carbon Offset'를 직역하면 이산화탄소(Carbon Dioxide)의 상쇄(Offset)라는 의미로, 온실효과가스 저감 프로젝트를 활용하여 자신이 배출한 CO_2를 없애는 것을 의미한다.

835. 외부사업 타당성 평가 및 감축량 인증에 관한 지침에서 온실가스 감축 승인대상에 관한 설명으로 옳지 않은 것은?

① 외부사업 사업자가 할당 대상업체의 조직경계 외부에서 자발적으로 시행하는 사업에 한한다.
② 1차 계획기간과 2차 계획기간에는 외국에서 시행된 외부사업에서 발생한 외부사업 온실가스 감축량은 등록하거나 그에 상응하는 배출권으로 전환하여 줄 것을 신청할 수 있다.
③ 외부감축 실적이 타 법령에 의한 의무적 사항을 이행하는 과정에서 발생한 것이 아니어야 한다.
④ 일반적인 경영 여건에서 실시할 수 있는 행동을 넘어서는 추가적인 행동 및 조치에 따른 감축이 발생되어야 한다.

풀이 1차 계획기간과 2차 계획기간에는 외국에서 시행된 외부사업에서 발생한 외부사업 온실가스감축량은 등록하거나 그에 상응하는 배출권으로 전환하여 줄 것을 신청할 수 없다.

836. 부문별 관장기관은 외부사업 사업자의 외부사업에 대한 타당성 평가를 할 때 추가성 입증의 적절성을 고려하게 되는데, 여기서 해당되는 추가성 평가항목으로만 옳게 연결된 것은?(단, 외부사업 타당성 평가 및 감축량 인증에 관한 지침을 기준, 그 밖의 경우는 고려하지 않는다.)

① 환경적 추가성, 논리적 추가성
② 법적·제도적 추가성, 경제적 추가성
③ 기술적 추가성, 논리적 추가성
④ 경제적 추가성, 행위적 추가성

풀이 외부사업 타당성평가 및 감축량 인증에 관한 지침의 추가성 평가항목
㉠ 법적 추가성
㉡ 제도적 추가성
㉢ 경제적 추가성

837. 온실가스 배출권거래제의 조기감축실적 인정기준으로 옳지 않은 것은?

① 조기감축실적은 국내·외에서 실시한 행동에 의한 감축분에 대하여 그 실적을 인정한다.
② 조기감축실적은 할당대상업체의 조직경계 안에서 발생한 것에 한하여 그 실적을 인정한다.
③ 조기감축실적은 할당대상업체 단위에서의 감축분 또는 사업단위에서의 감축분에 대하여 인정할 수 있다.
④ 조기감축실적으로 인정되기 위해서는 조기행동으로 인한 감축이 실제적이고 지속적이어야 하며, 정량화되어야 하고 검증 가능하여야 한다.

풀이 조기감축실적은 국내에서 실시한 행동에 의한 감축분에 대하여 그 실적을 인정한다.

정답 834 ① 835 ② 836 ② 837 ①

838 온실가스 감축프로젝트들에 대한 경제성 분석 평가 시 비용편익 분석에 있어서 적용되는 판단의 기준으로 거리가 먼 것은?

① NPV(Net Present Value)
② Benefit Cost Ratio
③ IRR(Internal Rate of Return)
④ RMU(Removal Unit)

풀이 RMU는 토지의 이용변환, 산림사업 등을 통한 온실가스감축분이 발생할 때 인정되는 배출권을 말한다.

839 온실가스 배출량 감축을 위해 정부정책 세부방향을 설정하고자 한다. 다음 중 온실가스 배출량 감축방법으로 옳은 것은?

① 풍력발전을 화력발전으로 대체
② 건축물 내 LED 등을 형광등으로 교체
③ 매립장에서 발생하는 LFG(Land Fill Gas)를 연료로 활용
④ 사업장 내 수소자동차를 가솔린자동차로 교체

풀이 ① 화력발전을 풍력발전으로 대체
② 건축물 내 형광등을 LED 등으로 교체
④ 사업장 내 가솔린자동차를 수소자동차로 교체

840 CDM EB가 제시하는 추가성 분석방법에서는 프로젝트의 추가성을 단계적으로 평가할 수 있도록 구성하고 있는데, 다음 중 그 단계가 순서대로 옳게 배열된 것은?

① 최초 시도 여부 → 대안분석 → 투자분석 → 장벽분석 → 관례분석
② 최초 시도 여부 → 투자분석 → 대안분석 → 장벽분석 → 관례분석
③ 최초 시도 여부 → 대안분석 → 투자분석 → 관례분석 → 장벽분석
④ 최초 시도 여부 → 장벽분석 → 대안분석 → 투자분석 → 관례분석

풀이 추가성 검증 Tool에 의한 추가성 분석절차
- 1단계 : 사업활동에 대한 대안 설정[대안분석(Identification of alternatives)]
- 2단계 : 투자분석(Investment analysis)을 통한 대안 비교
- 3단계 : 장벽분석(Barrier analysis)을 통한 대안 비교
- 4단계 : 상례분석[관례분석(Barrier analysis)]

841 시멘트 생산공정에서 온실가스를 감축시키는 방법과 가장 거리가 먼 것은?

① CaO 함량의 비율이 높은 비탄산염 원료의 사용량을 증가시킨다.
② 시멘트 성분 중 클링커 함량을 줄인다.
③ 원료와 연료의 수분 함량을 줄인다.
④ 폐유사용량을 줄이고 고열량인 석탄사용량을 증가시킨다.

풀이 석탄사용량을 줄인다.

842 외부사업 타당성 평가 및 감축량 인증에 관한 지침상 외부사업 방법론의 제안서에 포함되어야 할 내용으로 가장 거리가 먼 것은?(단, 기타의 사항 등은 제외한다.)

① 방법론 일반사항 및 용어정의
② 베이스라인 방법론
③ 계획산정 방법론
④ 모니터링 방법론

풀이 외부사업 방법론의 제안서 포함 내용
㉠ 방법론 일반사항 및 용어정의
㉡ 베이스라인 방법론
㉢ 모니터링 방법론
㉣ 참고문헌 및 기타 사항

정답 838 ④ 839 ③ 840 ① 841 ④ 842 ③

843 조직의 감축수단의 선택과 목표 달성을 위한 시나리오가 선택되었을 때 이행계획을 구체화해야 할 필요가 있는데, 이때 반드시 고려해야 할 사항과 거리가 먼 것은?

① 감축수단 적용에 따른 조직 내 에너지 및 온실가스 저감의 중복성, 종속성 및 독립성 고려
② 감축수단의 효과가 발생하는 시기 고려
③ 예산확보에 대한 계획 수립
④ 감축수단 적용에 따른 세부 제품생산량 및 매출액 증대계획 수립

풀이 이행계획 구체화 수립 시 고려사항
  ㉠ 감축수단 적용에 따른 조직 내 에너지 및 온실가스 저감의 중복성, 종속성 및 독립성 고려
  ㉡ 감축수단의 효과가 발생하는 시기 고려
  ㉢ 예산확보에 대한 계획 수립
  ㉣ 감축수단 적용에 따른 사후관리 계획 및 모니터링 계획 수립

844 다음 중 소규모 CDM 사업의 기준으로 가장 적합한 것은?

① 에너지 공급/수요 측면에서의 에너지 소비량을 최대 연간 30GWh(또는 상당분) 저감하는 에너지 절약사업
② 에너지 공급/수요 측면에서의 에너지 소비량을 최대 연간 40GWh(또는 상당분) 저감하는 에너지 절약사업
③ 에너지 공급/수요 측면에서의 에너지 소비량을 최대 연간 50GWh(또는 상당분) 저감하는 에너지 절약사업
④ 에너지 공급/수요 측면에서의 에너지 소비량을 최대 연간 60GWh(또는 상당분) 저감하는 에너지 절약사업

풀이 소규모 CDM 사업의 형태별 종류
  ㉠ 재생에너지 사업(Type 1)
    최대발전용량이 15MW(또는 상당분) 이하인 재생에너지 사업
  ㉡ 에너지효율 향상사업(Type II)
    연간 60GWh(또는 상당분) 이하의 에너지를 감축하는 에너지 효율 향상 사업
  ㉢ 기타 온실가스 감축사업(Type III)
    연간 배출 감축량이 60만 ton CO_2-eq 이하인 사업

845 다음 온실가스 감축기술로 가장 거리가 먼 것은?

① 건물의 실내조명등을 백열등(60W)에서 LED등(12W)으로 교체함
② 인쇄기드라이어에서 발생되는 폐열을 회수하기 위하여 열교환기를 설치하여 보일러 설치 없이 온수공급을 원활히 함
③ 식당, 기숙사, 복도 등에 설치되어 있는 자판기에 타이머를 달아 영업시간 외에는 가동을 중지함
④ 포장재로 종이가방을 제공하다가 비닐봉지로 대체

풀이 포장재로 비닐봉지를 제공하다가 종이가방으로 대체

846 다음 중 CDM사업을 위한 모니터링 시스템 구축 내용에 관한 설명으로 옳지 않은 것은?

① CDM사업의 최종목표는 CER을 발급받는 것으로 모니터링은 CDM사업에 있어서 매우 중요한 과정으로 평가받고 있다.
② 모니터링 시스템의 신뢰성을 높이기 위해서는 계측기관리 절차서, 기록관리 절차서, 검사 및 시험 절차서, 교육 및 훈련 절차서, 문서관리 절차서, 시정 및 예방조치 절차서 등을 구축할 것을 검토하여야 한다.
③ CDM사업의 모니터링 계획 검증을 성공적으로 수행하기 위해서는 등록된 PDD에 대한 정확한 이해가 필요하며, CDM사업 등록을 추진하는 조직과 모니터링을 담당하는 조직이 서로 다른 경우 등록된 PDD에 대한 내용을 담당 부서에게 명확하게 전달 및 교육을 하여야 한다.

정답 843 ④ 844 ④ 845 ④ 846 ④

④ 계측되는 모니터링 데이터나 방법론이 PDD에 규정한 모니터링 인자의 단위와는 일부 일치하지 않을 수 있으므로 모든 데이터에 단위 명시를 하지 않는 것이 일반적이다.

[풀이] 계측되는 모니터링 데이터나 방법론이 PDD에 규정한 모니터링 인자의 단위와는 일부 일치하지 않을 수 있으므로 모든 데이터에 단위를 명시하여야 한다.

847 외부사업 타당성 평가 및 감축량 인증에 관한 지침에 따라 온실가스 감축량에 대한 외부사업 온실가스 감축량 인증절차 일부와 그 수행주체를 나열한 것이다. ( ) 안의 주체를 순서대로 바르게 나열한 것은?

- 인증 신청(㉠)
- 인증 신청 접수(부문별 관장기관)
- 인증 검토(㉡)
- 인증 검토 결과 통보(부문별 관장기관)
- 수정/보완(필요시)(외부사업 사업자)
- 인증 검토 완료(부문별 관장기관)
- 인증 의견 수렴(환경부장관)
- 심의안건 상정(기획재정부장관)
- 인증 심의(㉢)
- 인증결과 통보 및 상쇄등록부 등록(부문별 관장기관)

① ㉠ 외부사업 참여자, ㉡ 부문별 관장기관, ㉢ 인증위원회
② ㉠ 외부사업 사업자, ㉡ 인증위원회, ㉢ 부문별 관장기관
③ ㉠ 외부사업 사업자, ㉡ 부문별 관장기관, ㉢ 인증위원회
④ ㉠ 외부사업 참여자, ㉡ 인증위원회, ㉢ 부문별 관장기관

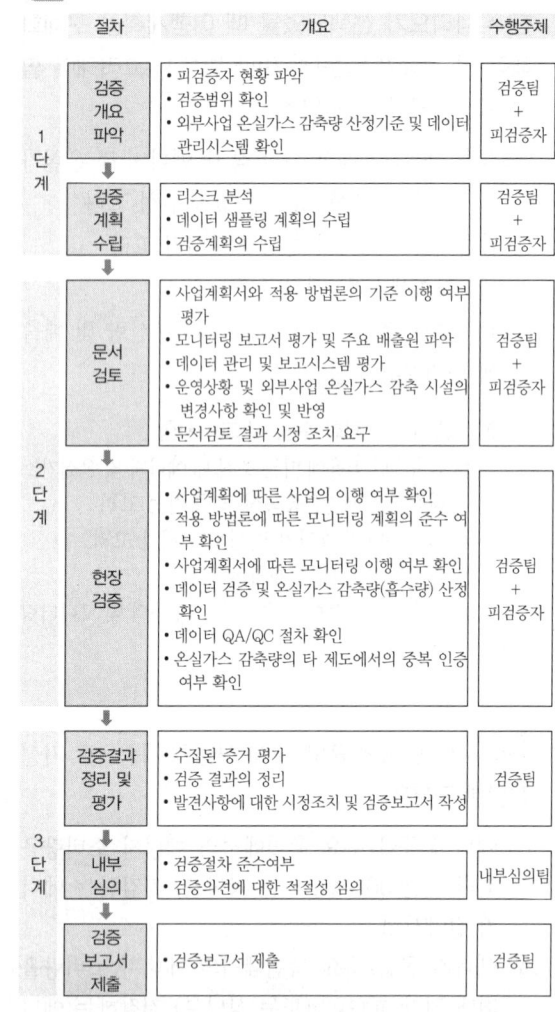

848 다음 중 온실가스 배출량에 근거하여 2013년까지는 관리업체에 지정되지 않았으나, 2014년부터 관리업체로 지정되는 곳은?(단, 2013년 관리업체는 제외)

구 분	온실가스 배출량(tCO₂ - eq)				
	2009년	2010년	2011년	2012년	2013년
A업체	72,000	81,000	99,000	90,000	55,000
B사업장	-	29,000	17,000	13,000	18,000
C업체	80,000	70,000	54,000	48,000	36,000
D사업장	27,000	28,000	26,000	19,000	16,000

정답 847 ③ 848 ②

① A업체　　　　② B사업장
③ C업체　　　　④ D사업장

[풀이] A업체, C업체, D사업장은 2013년 관리업체에 해당한다

849 검증기관이 피검증자의 온실가스 배출량 및 에너지 소비량 등에 관한 검증 및 외부사업 온실가스 감축량에 관한 검증수행 시 기본원칙으로 거리가 먼 것은?

① 사실에 근거하여 검증 수행
② 피검증자나 관계인의 의견을 충분히 수렴
③ 감축량 산정 시 관대한 관점으로 평가
④ 합리적 보증이 가능한 수준으로 검증

850 매립가스 발전 적용방법 중 증기터빈에 관한 설명으로 옳지 않은 것은?.

① 대규모 시설일수록 경제적 효과가 증가하는 것으로 알려져 있다.
② 가스엔진과 가스터빈에 비해 운영보수비가 저렴한 편이다.
③ 발전시설과 분리되어 있어서 매립가스 내 불순물의 영향을 받지 않는 장점이 있다.
④ 초기 시설비는 저렴하나, 가스엔진과 가스터빈에 비해 NOx와 CO의 배출량이 많다.

[풀이] 증기터빈의 초기 설치비가 높으며, 가스엔진과 가스터빈에 비해 NOx와 CO의 배출량이 적다.

851 온실가스·에너지 목표관리 운영 등에 관한 지침에 따라 부문별 관장기관이 조기감축실적을 평가할 때 고려사항과 가장 거리가 먼 것은?

① 조기행동의 추가성
② 조기행동의 실제성
③ 조기행동에 따른 감축효과의 지속성
④ 조기행동의 자율성

[풀이] 조기감축실적 평가사항(부문별 관장기관)
㉠ 조기행동의 일반사항
㉡ 조기행동의 실제성
㉢ 조기행동에 따른 감축효과의 지속성
㉣ 조기행동의 추가성
㉤ 조기행동에 따른 감축실적의 정량화에 대한 타당성
㉥ 기준 배출량 산정 방법론의 적합성
㉦ 조기행동에 따른 감축실적 산정방법의 적합성
㉧ 조기감축실적에 대한 검증결과
㉨ 조기감축실적 인정 예외 사유에의 해당 여부
㉩ 인정유형에 따른 타 감축실적과의 중복 여부
㉪ 환경 및 관련 법규에의 저촉 여부

852 음식물처리시설에서 온실가스를 저감할 수 있는 기술과 거리가 먼 것은?

① 혐기성 소화방식을 호기성 소화방식으로 전환시키는 대체공정 적용
② 공정개선을 통한 메탄포집회수 이용의 극대화
③ 혐기성 소화과정에서 발생하는 메탄포집회수를 이용하는 활용공정 적용
④ 음식물 건조 및 분쇄 후 미세하게 파쇄

[풀이] ④항은 온실가스 발생이 증가되는 내용이다.

853 지열 냉난방 열교환 시스템을 설치할 경우의 특징으로 거리가 먼 것은?

① 연중 원하는 온도를 조절해 냉난방과 온수를 사용할 수 있어 편리하다.
② 수동작동 위주여서 관리인이 상주해야 하고, CO_2의 배출이 많아 환경오염의 발생 우려가 큰 편이다.
③ 보일러 등의 설치공간을 기존에 비해 줄일 수 있어 부가가치가 높은 편이다.
④ 경유, 석유, 가스 등 연료 없이 난방이 이루어질 수 있어 폭발이나 화재의 위험은 없는 편이다.

[풀이] 지열 냉난방 열교환 시스템은 원격자동제어 위주여서 별도 관리인이 불필요하며, 연소가스 발생이 없어 환경오염의 발생 우려가 없다.

정답 849 ③　850 ④　851 ④　852 ④　853 ②

854 연료를 대체하여 온실가스를 감축하기 위한 기술로 가장 적합한 것은?

① 보일러에서 사용하는 B-C유를 LNG로 대체한다.
② 발전소 증기터빈보일러에 사용하는 연료를 등유에서 무연탄으로 대체한다.
③ 스팀보일러의 연료로 사용하는 우드칩과 폐목을 LNG로 대체한다.
④ 공장의 LNG보일러를 경유보일러로 대체한다.

풀이 ② 발전소 증기터빈보일러에 사용하는 연료를 무연탄에서 등유로 대체한다.
③ 스팀보일러의 연료는 연소시설에서 발생된 뜨거운 가스이다.
④ 공장의 경유보일러를 LNG보일러로 대체한다.

855 온실가스를 처리하거나 활용하여 감축하는 기술로 가장 거리가 먼 것은?

① 매립장에서 매립가스를 포집한 후 연소시켜 에너지 발전을 한다.
② 하수처리시설에서 소화조의 가스를 회수하여 소화조 가온용 연료로 재사용한다.
③ 음식물 쓰레기 사료화, 퇴비화시설에서 메탄을 회수하여 취사용 연료로 사용한다.
④ 대기오염방지시설에서 휘발성 유기화합물을 소각한다.

풀이 대기오염방지시설에서 휘발성 유기화합물 소각은 온실가스 감축기술이 아닌 대기오염 감축으로 보는 것이 타당하다.

856 바이오가스 시설현황 중 매립지가스(LFG) 생성단계에 관한 설명으로 가장 적합한 단계는?

> 메탄과 이산화탄소의 농도가 일정하게 유지되는 단계로 메탄이 55~60% 정도, 이산화탄소가 40~45% 정도, 기타 미량가스가 1% 내외로 발생한다.

① 호기성 분해단계
② 산생성단계
③ 불안정한 메탄생성단계
④ 안정된 메탄생성단계

풀이 매립지 바이오가스(LFG)의 생성단계
(1) 1단계
  ㉠ 호기성 단계(초기 조절단계)
  ㉡ N_2, O_2는 급격히 감소, CO_2는 서서히 증가하는 단계
  ㉢ 매립물의 분해속도에 따라 수일에서 수개월 동안 지속되며, 산소는 대부분 소모되는 단계
(2) 2단계
  ㉠ 불안정한 메탄생성단계(혐기성 비메탄화단계 : 전이단계)
  ㉡ 임의성 미생물에 의하여 SO_4^{2-}의 NO_3^{-1}가 환원되는 단계이며, 이 반응에 의해 CO_2가 생성되는 단계
  ㉢ pH 5 이하이며 수분이 충분한 경우에는 다음 단계로 빨리 진행됨
(3) 3단계
  ㉠ 혐기성 메탄생성축적단계(산형성단계)
  ㉡ $CO_2 \cdot H_2$의 발생비율은 감소하고, CH_4 함량이 증가하기 시작하는 단계
  ㉢ 온도가 55℃까지 상승(30~55℃)하며 pH는 6.8~8.0 정도
  ㉣ 매립 후 1~2년(25~55주)이 경과된 단계
(4) 4단계
  ㉠ 혐기성 메탄생성 정상상태단계(메탄발효단계)
  ㉡ $CH_4 \cdot CO_2$의 구성비가 거의 일정한 정상상태단계
  ㉢ 가스조성
    • CH_4 : 55~60% 정도
    • CO_2 : 40~45% 정도
    • N_2 : 5%
  ㉣ 온도 30℃ 이하이고 pH는 6.8~8.0 정도
  ㉤ 매립 후 2~5년이 경과된 단계

정답 854 ① 855 ④ 856 ④

857 발전분야의 공정 개선 중 열병합발전(CHP ; Combined Heat and Power Generation)에 대한 설명으로 가장 거리가 먼 것은?

① 고온스팀으로는 전기를 생산하며 동시에 중온열을 활용한다.
② 지역난방열 혹은 산업단지 스팀으로 사용하는 에너지 시스템이다.
③ 산소를 이용하여 연료를 가스화시켜 합성가스를 제조한 후 연소시켜 터빈으로 발전하는 기술이다.
④ 향후 에너지 효율이 90%까지 증가할 수 있는 잠재력을 가지고 있다.

풀이 산소를 이용하여 연료를 가스화시켜 합성가스를 제조한 후 연소시켜 터빈으로 발전하는 기술은 가스터빈복합발전시스템(IGCC)이다.

858 다음 설명에 해당하는 가장 적합한 기술은?

> 하나의 에너지원으로부터 전력과 열을 동시에 발생시키는 종합에너지시스템으로 발전에 수반하여 발생하는 배열을 회수하여 이용하므로 에너지의 종합 열이용 효율을 높이는 것이 가능하기 때문에 기존 방식보다 고효율 에너지 이용기술이다.

① IGCC
② 가스화 복합발전
③ 열병합발전
④ 석탄화력발전

풀이 열병합발전
열효율 향상을 위해 두 종류의 열사이클을 조합하여 발전을 하고 남은 열을 지역 냉·난방, 공업용 스팀 등으로 이용되는 발전을 말하며, 복합사이클 중 가장 대표적인 것이 가스터빈 사이클과 증기터빈 사이클을 결합하여 하나의 발전플랜트로 운용하는 방식이다. 기존 발전소의 발전효율이 38%인데 비하여 열병합발전은 87%로 에너지 이용효율이 높다.

859 석유정제공정 중 에너지 효율 개선을 위한 기술에 해당하지 않는 것은?

① 가스터빈, 열병합발전 등을 사용하고 효율이 낮은 보일러와 히터 등을 교체
② Stripping 공정에서 스팀의 사용 최적화
③ 스팀 생산에 연료소비 저감을 위한 폐열보일러 사용
④ 용매 보관용기로부터의 VOC 배출방지를 위한 기술 적용

풀이 에너지 효율 개선을 위한 기술(석유정제공정)
㉠ 가스터빈, 열병합발전(CHP), IGCC, 효율적으로 설계되고 운영되는 노와 보일러 등을 사용하고, 효율이 낮은 보일러와 히터 등을 교체
㉡ 전산화된 제어 시스템을 통한 열 생산과 소비 제어
㉢ Stripping 공정에서 스팀의 사용 최적화
㉣ 에너지 최적화 분석을 통한 공정의 열효율 강화
㉤ 정유공정에서 열과 전력의 회수 강화
㉥ 스팀 생산에 연료소비 저감을 위한 폐열보일러 사용

860 CDM 사업을 위한 모니터링 시스템 구축 내용에 관한 설명으로 옳지 않은 것은?

① CDM 사업의 최종목표는 CER을 발급받는 것으로 모니터링은 CDM 사업에 있어서 매우 중요한 과정으로 평가받고 있다.
② 모니터링 시스템의 신뢰성을 높이기 위해서는 계측기관리 절차서, 기록관리 절차서, 검사 및 시험 절차서, 교육 및 훈련 절차서, 문서관리 절차서, 시정 및 예방조치 절차서 등을 구축할 것을 검토하여야 한다.
③ CDM 사업의 모니터링 계획 검증을 성공적으로 수행하기 위해서는 등록된 PDD에 대한 정확한 이해가 필요하며, CDM 사업 등록을 추진하는 조직과 모니터링을 담당하는 조직이 서로 다른 경우 등록된 PDD에 대한 내용을 담당 부서에게 명확하게 전달 및 교육을 하여야 한다.
④ 계측되는 모니터링 데이터나 방법론이 PDD에 규정한 모니터링 인자의 단위와는 일부 일치하지 않을 수 있으므로 모든 데이터에 단위 명시를 하지 않는 것이 일반적이다.

정답 857 ③ 858 ③ 859 ④ 860 ④

풀이 계측되는 모니터링 데이터나 방법론이 PDD에 규정한 모니터링 인자의 단위와는 일부 일치하지 않을 수 있으므로 모든 데이터에 단위를 명시하여야 한다.

861 투자분석은 CDM 사업 관련 수입을 제외하고 제안된 CDM 사업이 경제적 또는 재정적으로 이익이 없음을 증명하는 단계이다. 다음 중 사업의 경제적 추가성을 입증하는 분석방법으로 적절하지 않은 것은?

① 단순비용 분석 ② 투자비교 분석
③ 벤치마크 분석 ④ 원가 분석

풀이 경제적 추가성을 고려하는 요인
  ㉠ 단순비용 분석(Simple Cost Analysis)
  ㉡ 투자비교 분석(Investment Comparison Analysis)
  ㉢ 벤치마크 분석(Benchmark Analysis)

862 배출권거래제의 사용형태에 대한 다음 설명에 해당하는 것은?

> 특정 공장이 기존 오염원의 생산설비를 개조하거나 확장할 때, 그 공장이 속한 전체 오염원으로부터의 오염물질 배출량이 순증하지 않음을 입증하는 경우, 설비 변경이나 수정 등에 대한 복잡한 인·허가 의무, 신규 오염원의 점검의무를 면제해 주는 제도, 또한 오염물질의 증가분을 산출함에 있어서 동일 공장 내의 타 오염원에서 취득한 배출권이 사용될 수 있도록 허용해 주는 제도

① Carbon Neutral ② Netting
③ Borrowing ④ Banking

풀이 상계제도(Netting)
한 오염원의 개조 및 확장에 대한 신규배출원 심사의 적용 여부를 결정하기 위해 오염물질 배출량 증가분을 산출함에 있어 동일 공장 내의 타 오염원에서 취득한 배출권을 사용할 수 있도록 하는 제도를 말한다.

863 온실가스 감축을 위해 건물 옥상에 설치용량이 1MW, 발전효율이 12%인 태양광 발전시설을 설치했을 때, 3년 동안 태양광 발전시설에 의해 감축된 온실가스 배출량(tCO_2-eq)은?(단, 배출계수는 $0.4594 tCO_2-eq/MWh$임)

① 489 ② 690
③ 980 ④ 1,449

풀이 온실가스 감축량(tCO_2-eq)
$= 1MW \times 24hr/day \times 365day/year \times 3year$
$\quad \times 0.4594 tCO_2-eq/MWh \times 0.12$
$= 1,448.764 tCO_2-eq$

864 A철강회사는 온실가스 감축을 위해 주 연료로 사용되는 경유를 프로판으로 대체하였다. 경유 100,000kL를 프로판 50,000kL로 대체할 경우 약 몇 tCO_2-eq의 온실가스 배출량을 감축하였는가?

구분		단위	경유	프로판
단위환산계수		GJ/kL	35.4	23.5
배출계수	CO_2	kg/TJ	72,600	64,500
	CH_4	kg/TJ	3	1
	N_2O	kg/TJ	0.6	0.1

① 약 152,000 ② 약 162,000
③ 약 172,000 ④ 약 182,000

풀이 ㉠ 경유
CO_2 배출량 $= 100,000kL \times 72,600 kgCO_2/TJ$
$\quad \times 35.4 GJ/kL \times TJ/10^3 GJ$
$\quad \times ton/10^3 kg$
$= 257,004 tCO_2$
CH_4 배출량 $= 100,000kL \times 3 kgCH_4/TJ$
$\quad \times 35.4 GJ/kL \times 10^{-6}$
$= 10.62 tCH_4$
N_2O 배출량 $= 100,000kL \times 0.6 kgN_2O/TJ$
$\quad \times 35.4 GJ/kL \times 10^{-6}$
$= 2.124 tN_2O$
온실가스 배출량
$= 257,004 + (10.62 \times 21) + (2.124 \times 310)$
$= 257,885.46 tCO_2-eq$

정답 861 ④ 862 ② 863 ④ 864 ④

ⓒ 프로판
  CO_2 배출량 = $50,000kL \times 64,500kgCO_2/TJ$
   $\times 23.5GJ/kL \times 10^{-6}$
   $= 75,787.5tCO_2$
  CH_4 배출량 = $50,000kL \times 1kgCH_4/TJ$
   $\times 23.5GJ/kL \times 10^{-6}$
   $= 1,175tCH_4$
  N_2O 배출량 = $50,000kL \times 0.1kgN_2O/TJ$
   $\times 23.5GJ/kL \times 10^{-6}$
   $= 0.1175tN_2O$
  온실가스 배출량
   $= 75,787.5 + (1,175 \times 21) + (0.1175 \times 310)$
   $= 75,848.6tCO_2-eq$
 ∴ 감축량 $= 257,885.46 - 75,848.6$
   $= 182,036.86tCO_2-eq$

865 외부사업 타당성 평가 및 감축량 인증에 관한 지침상 외부사업 온실가스 감축량을 객관적으로 증명하기 위한 외부사업 모니터링 원칙으로 옳지 않은 것은?

① 모니터링 방법은 등록된 사업계획서 및 승인방법론을 준수해야 한다.
② 외부사업은 불확도를 최소화할 수 있는 방식으로 측정되어야 한다.
③ 외부사업 온실가스 감축량은 일관성, 재현성, 투명성 및 정확성을 갖고 산정되어야 한다.
④ 외부사업 온실가스 감축량 산정에 필요한 데이터 추정 시 값은 진보적으로 적용되어야 한다.

풀이 외부사업 모니터링의 원칙(외부사업 타당성 평가 및 감축량 인증에 관한 지침)
 ㉠ 모니터링 방법은 등록된 사업계획서 및 승인방법론을 준수하여야 한다.
 ㉡ 외부사업은 불확도를 최소화할 수 있는 방식으로 측정되어야 한다.
 ㉢ 외부사업 온실가스 감축량은 일관성, 재현성, 투명성 및 정확성을 갖고 산정되어야 한다.
 ㉣ 외부사업 온실가스 감축량 산정에 필요한 데이터 추정 시 값은 보수적으로 적용되어야 한다.

866 [보기]와 같은 조건에서 온실가스 직접 감축방법에 의해 감축된 양($kgCO_2-eq$)은?

[보기]
탄소 상쇄에 의한 감축량 : $3,000kgCO_2-eq$
대체공정 적용에 의한 감축량 : $700kgCO_2-eq$
대체물질 적용에 의한 감축량 : $1,000kgCO_2-eq$
온실가스 활용에 의한 감축량 : $1,200kgCO_2-eq$
신재생에너지 적용에 의한 감축량 : $2,400kgCO_2-eq$

① 1,700　　② 2,900
③ 5,400　　④ 8,300

풀이 온실가스 직접 감축방법에 의한 감축량
 $700 + 1,000 + 1,200 = 2,900kgCO_2-eq$

867 시간당 1MW 규모의 풍력발전소를 건설하여 전력을 생산하는 사업을 CDM 사업으로 추진하려고 한다. 풍력발전의 이용률은 15%이고, 매일 24시간으로 연간 연속가동되며, 생산된 전력은 모두 전력계통으로 공급된다고 가정할 때, 이 사업에 의한 연간 온실가스 감축량은?(단, 전력계통의 온실가스 배출계수는 0.8톤 CO_2/MWh이고, 풍력발전소 자체 전기사용량과 1톤 이하 온실가스 감축량은 무시함)

① 1,002 CO_2톤/년
② 1,051 CO_2톤/년
③ 1,078 CO_2톤/년
④ 1,098 CO_2톤/년

풀이 온실가스감축량
 $= 1MW/hr \times 24hr/day \times 365day/year$
  $\times 0.8tCO_2/MWh \times 0.15$
 $= 1,051.2tCO_2/year$

868 공사 시행 시 장비 투입에 따른 경유를 사용할 경우 온실가스 총 배출량(tCO_2-eq)을 구하면 약 얼마인가?

〈조건〉
- 공사 시행 시 경유 사용량 : 2,622.8L/일
- 경유 순발열량 : 35.4MJ/L
- 경유의 온실가스 배출계수 :
  CO_2 : 74,100kg/TJ(온난화지수 : 1)
  CH_4 : 3kg/TJ(온난화지수 : 21)
  N_2O : 0.1kg/TJ(온난화지수 : 310)
- 공사기간 : 36개월
- 1개월 작업일수 : 25일

① 6.2 ② 620
③ 6,200 ④ 6,200,000

풀이 CO_2 배출량
= 2,622.8L/day × 35.4MJ/L
× 25day/month × 36month
× 74.1tCO_2/TJ × TJ/10^6MJ
= 6,191.974tCO_2-eq

CH_4 배출량
= 2,622.8L/day × 35.4MJ/L
× 25day/month × 36month
× 0.003tCH_4/TJ × TJ/10^6MJ × 21
= 5.264tCO_2-eq

N_2O 배출량
= 2,622.8L/day × 35.4MJ/L
× 25day/month × 36month
× 0.0001tN_2O/TJ × TJ/10^6MJ × 310
= 2.590tCO_2-eq

총배출량 = 6,191.974 + 5.264 + 2.590
= 6,199.828tCO_2-eq

869 A관리업체는 다음과 같은 기준년도 배출량을 가진 C시설에 대한 시설규모를 최초 결정하고자 한다. 이때 적용되는 배출량은?(단, 단위 tCO_2-eq/년)

연도	2014	2015	2016
연간 배출량	48,000	49,000	51,000

① 51,000 ② 49,333
③ 49,000 ④ 48,000

풀이 관리업체의 시설규모를 최초로 결정할 경우에는 기준연도 기간 중 해당 시설의 최근 연도 온실가스 배출량으로 결정. 즉 최근 연도인 2016년 배출량 51,000tCO_2-eq/year을 적용한다.

870 해안지역에 시간당 1MW 규모의 풍력발전소를 건설하여 전력생산을 CDM사업으로 추진하려고 한다. 풍력발전의 이용률은 20%이고, 생산된 전력은 모두 전력계통으로 공급된다고 가정할 때, 이 사업에 의한 연간 온실가스 감축량은 약 얼마인가?(단, 전력계통의 온실가스 배출계수는 0.8tCO_2/MWh이고, 풍력발전소 자체 전기사용량은 무시하고, 1톤 이하 온실가스 감축량도 무시한다.)

① 1,401tCO_2/년
② 1,523tCO_2/년
③ 1,658tCO_2/년
④ 1,773tCO_2/년

풀이 온실가스감축량(tCO_2/년)
= 1MWH × 0.8tCO_2/MWh × 24hr/일 × 365일/년
= 1,401.6tCO_2/년

871 A기업은 배출권거래제도에 의무적으로 참여해야 하는 기업이며, 10년 동안 매년 5,000톤의 배출권이 필요하다. 만약 A기업이 아래와 같은 태양광발전사업을 통해 연간 5,000톤의 배출권을 확보할 수 있다면, 다음 중 태양광 발전사업의 한계감축비용과 태양광발전이 배출권을 시장에서 구매하는 대안보다 경제적으로 유리한지 여부를 옳게 짝지은 것은?(단, 시장에서 배출권을 구매할 수 있는 가격은 배출권 1톤당 5만 원)

- 태양광발전 투자비 : 45억 원
- 태양광발전 사업기간 : 10년(생산한 전력을 계통 전력망에 송전하여 판매)
- 전력판매수입 : 3억 원/연
- 온실가스 감축량 : 5,000톤/연
- 할인율 : 없음

정답 868 ③ 869 ① 870 ① 871 ①

① 3만 원 – 태양광발전이 유리
② 3만 원 – 배출권 구매가 유리
③ 6만 원 – 태양광발전이 유리
④ 6만 원 – 배출권 구매가 유리

풀이 ㉠ 배출권시장 구매가격
= 5,000ton/year × 10year × 50,000원/ton
= 2,500,000,000원(25억 원)
㉡ 태양광발전 한계감축 비용
= [45억 원 – (3억 원/year × 10year)]
  ÷ 5,000ton/year ÷ 10year
= 30,000원/ton
㉢ 태양광발전
= 45억 원 – (3억 원/year × 10year) = 15억 원
따라서 태양광발전이 경제적으로 유리하다.

872 다음 중 온실가스 감축효과가 가장 큰 것은?

① 이산화탄소 1,000톤 감축
② 메탄 150톤 감축
③ 아산화질소 25톤 감축
④ 육불화황 1톤 감축

풀이 온실가스 배출량 × GWP = CO_2 환산량 구함
① 1,000tCO_2-eq
② 150tCH_4 × 21tCO_2/tCH_4 = 3,150tCO_2-eq
③ 23tN_2O × 310tCO_2/tN_2O = 7,750tCO_2-eq
④ 1tSF_6 × 23,900tCO_2/tSF_6 = 23,900tCO_2-eq

873 감축프로젝트에 의한 온실가스 감축량을 산정하고자 할 때 감축량(tonCO_2/yr)은?

- 프로젝트 배출량 = 15,000tonCO_2/yr
- 베이스라인 배출량 = 3,000kgCO_2/hr
- 누출량 = 1,000kgCO_2/day
- 1년은 365일로 계산

① 10,616
② 10,714
③ 10,813
④ 10,915

풀이 배출감축량(tonCO_2/yr)
= 베이스라인 배출량 – 사업배출량 – 누출량
= (3tonCO_2/hr × 24hr/day × 365day/year)
  – (15,000tonCO_2/year)
  – (1tonCO_2/day × 365day/year)
= 10,915tonCO_2/year

874 강원도 원주시에 10MWh 규모의 태양광발전소 개발을 검토 중에 있다. 사업의 타당성 조사를 실시한 결과, 태양광 발전소를 설치할 경우의 이용률은 20%로 추정되었으며, 해당 태양광 발전사업을 CDM 사업으로 추진하고자 한다. 이때 예상되는 연간 발전량에 따른 온실가스 감축량(tCO_2-eq/yr)은?(단, 사업에 따른 배출 및 누출은 없으며, 소규모 CDM 사업으로 가정하고 전력배출계수 0.6060 tCO_2-eq/MWh)

① 117,108
② 20,869
③ 18,834
④ 10,617

풀이 온실가스 감축량(tCO_2-eq/year)
= 시설규모 × 이용률 × 전력배출계수
= 10MWh × 0.2 × 0.6060tCO_2-eq/MWh
  × 24hr/day × 365day/year
= 10,617.12tCO_2-eq/year

875 A지방자치단체의 관할구역 내에서 연간 350일 점등하고 있는 가로등 전구 모두를 LED등으로 교체하고자 한다. 관련 자료가 아래 조건과 같을 때, 연간 온실가스 감축량(tCO_2-eq)은?(단, 1tCO_2-eq 미만 온실가스 감축량은 무시)

- 관할구역 내 가로등 수 : 25,000개
- 기존 전구 전력사용량 : 150W/개
- 교체할 LED등 전력사용량 : 50W/개
- 가로등 점등일 평균 점등시간 : 8hr/day
- 전력배출계수값 : 0.46625tCO_2-eq/MWh

① 3,263
② 3,527
③ 4,464
④ 5,403

정답 872 ④ 873 ④ 874 ④ 875 ①

[풀이] 연간 온실가스 감축량(tCO₂-eq/year)
= 가로등 수 × 교체 후 전력감소량 × 전력배출계수
  × 전력사용시간
= 25,000개 × (150−50)W/개 × MW/10⁶W
  × 0.46625tCO₂-eq/MWh × 8hr/day
  × 350day/year
= 3,263.75tCO₂-eq/year

876 택지개발 완료 후 사용되는 전기사용량에 따라 배출되는 온실가스 배출량(tonCO₂/년)은? (단, 운영 시 전력사용량=138,412MWh/년, 전력 CO₂ 배출원단위=0.424kg/kW)

① 58,386　　② 58,687
③ 58,988　　④ 59,389

[풀이] 온실가스 배출량(tCO₂/year)
= 전력사용량 × 전력 CO₂ 배출원단위
= 138,412MWh/year × 0.424kg/kW
  × tCO₂/10³kgCO₂ × 10³kW/MW
= 58,687tCO₂/year

877 셰일가스에 관한 설명 중 ( ) 안에 알맞은 내용은?

셰일가스는 모래와 진흙 등이 단단하게 굳어진 셰일층에 매장되어 있는 천연가스로 (㉠)이/가 70~90%, (㉡)이/가 5~10%, 프로판 및 부탄이 5~25% 정도 존재한다.

① ㉠ 에탄, ㉡ 콘센테이트
② ㉠ 메탄, ㉡ 에탄
③ ㉠ 수소, ㉡ 벤젠
④ ㉠ 산소, ㉡ 수소

[풀이] 셰일가스 성분은 일반적인 천연가스와 동일하다. 즉 80%의 메탄가스와 5%의 에탄가스, 그리고 나머지가 프로판가스와 부탄가스로 구성되어 있다.

정답　876 ②　877 ②

PART 07 과년도 기출문제

ENGINEER GREENHOUSE GAS MANAGEMENT

01 2017년 2회 기사

1과목 기후변화개론

01 대기의 연직구조 중 대류권에 관한 설명으로 옳지 않은 것은?

① 눈, 비 등의 기상현상이 일어난다.
② 고도가 높아질수록 기온은 낮아진다.
③ 고도가 1km 상승함에 따라 온도는 약 6.5℃씩 감소한다.
④ 일반적으로 고위도 지방이 저위도 지방에 비해 대류권의 고도가 높다.

풀이 대류권은 지표에서부터 평균 11~12km까지의 높이이며 극지방으로 갈수록 낮아진다. 즉, 일반적으로 고위도 지방이 저위도 지방에 비해 대류권의 고도가 낮다.(적도 : 16~17km, 중위도 : 10~12km, 극 : 6~8km)

02 IPCC 5차 평가보고서에 따른 지구복사강제력(RF)이 높은 순서에서부터 낮은 순서대로 가장 적합하게 나열된 것은?

㉠ NMVOC(비메탄계 휘발성 유기화합물)
㉡ CO
㉢ N_2O
㉣ CO_2
㉤ NO_x

① ㉢ → ㉠ → ㉣ → ㉤ → ㉡
② ㉣ → ㉡ → ㉢ → ㉠ → ㉤
③ ㉢ → ㉡ → ㉤ → ㉠ → ㉣
④ ㉣ → ㉠ → ㉢ → ㉡ → ㉤

풀이 복사강제력(RF값 : W/m^2)
$CO_2 > CO > N_2O > NMVOC > NO_x$

03 다음은 기후변화 관련 국제기구 중 어떤 기구에 관한 설명인가?

- 기후 변화에 관한 정부 간 패널
- 유엔 산하 세계기상기구와 유엔환경계획이 기후변화와 관련된 전 지구적인 환경문제에 대처하기 위해 각국의 기상학자, 해양학자, 빙하전문가, 경제학자 등 수천 여 명의 전문가로 구성한 정부 간 기후변화협의체

① UNFCCC
② IPCC
③ UNEP
④ UNDP

풀이 기후변화에 대한 정부 간 패널(IPCC : Intergovern-mental Panel on Climate Change)
1979년 세계기후회의에서 논의되었던 IPCC는 1988년 11월 UN 산하 세계기상기구(WMO)와 유엔환경계획(UNEP)이 기후변화와 관련된 전 지구적인 환경문제에 대처하기 위해 각국의 기상학자, 해양학자, 빙하전문가, 경제학자 등 전문가로 구성된 '정부 간 기후변화협의체'이다.

04 교토의정서의 교토메커니즘에 포함되지 않는 것은?

① 배출권거래제
② 청정개발체제
③ 배출권할당제
④ 공동이행제도

풀이 교토메커니즘
  ㉠ 공동이행제도(JI)
  ㉡ 청정개발체제(CDM)
  ㉢ 배출권거래제(ET)

정답 01 ④ 02 ② 03 ② 04 ③

05 IPCC 5차 평가보고서에서 새롭게 제시된 기후변화 시나리오인 대표농도경로(RCP ; Representative Concentration Pathways)의 시나리오별 대기 중 CO_2(2100년 기준) 모의농도가 알맞게 연결된 것은?

① RCP 8.5 : CO_2 농도 870ppm
② RCP 6.0 : CO_2 농도 670ppm
③ RCP 4.5 : CO_2 농도 450ppm
④ RCP 2.6 : CO_2 농도 320ppm

풀이 대표농도경로(RCP)의 시나리오별 2100년 기준 대기 중 농도
㉠ RCP 2.6 : ≒410ppm ㉡ RCP 4.5 : ≒540ppm
㉢ RCP 6.0 : ≒670ppm ㉣ RCP 8.5 : ≒940ppm

06 다음은 CDM 사업 관련 주요기관의 기능 및 역할에 관한 설명이다. ( ) 안에 가장 적합한 기관은?

( )는 교토의정서 비준국으로 구성되어 있으며, CDM 사업 관련 최고 의사결정기관이다. 세부역할로는 CDM 집행위원회의 절차에 대한 결정, 집행위원회가 인증한 운영기구의 지정 및 인증기관 결정, CDM 집행위원회 연간보고서 등을 검토하고, DOE와 CDM 사업의 지역적 분배 등을 검토한다.

① 국가 CDM 승인기구(DNA)
② CDM 사업운영기구(DOE)
③ CDM 집행위원회(EB)
④ 당사국총회(COP/MOP)

풀이 교토의정서 당사국회의(COP/MOP)
㉠ 교토의정서에 비준한 국가들 간의 회의가 구성되어 본 회의를 통하여 교토의정서 관련 추진사업, 협상 및 기타 모든 의결사항이 결정된다.(최고 결정기구)
㉡ 교토의정서하에 시행되는 모든 청정개발체제사업은 동 기구(회의)의 감시·감독 및 결정권 하에 있다.
※ • 국가 CDM 승인기구(DNA)
   CDM 사업승인서 발급
  • CDM 사업운영기구(DOE)
   CDM 사업타당성 확인 및 배출량 검증, 사업의 검·인증 수행
  • CDM 집행위원회(EB)
   당사국총회의 지침에 따라 CDM 사업 관리 감독

07 ISO 국제표준(ISO 14064) 지침 원칙에서 배출량 산정보고서와 관련하여 충족해야 하는 4가지 조건과 거리가 먼 것은?

① 완전성   ② 추가성
③ 정확성   ④ 일관성

풀이 ISO 국제표준(ISO 14064) 지침 원칙에서 배출량 산정보고서의 4가지 충족조건
㉠ 일관성 ㉡ 정확성 ㉢ 완전성 ㉣ 투명성

08 교토메커니즘 중 부속서 I국가 간에 온실가스 감축사업을 공동 수행하여 발생한 저감분을 저감실적으로 인정하는 제도는?

① Joint Implementation
② Clean Development Mechanism
③ Emission Trading
④ Adsorption Implementation

풀이 공동이행제도(JI)
㉠ 감축의무가 있는 Annex-I(의무부담국) 국가들 사이에서 온실가스 감축사업을 공동으로 수행하는 것을 인정하는 것이다. 즉, Annex-I의 한 국가가 다른 국가에 투자하여 감축한 온실가스 감축량의 일부분을 투자국의 감축실적으로 인정하는 제도이다.(JI 사업의 크레딧인 ERUs 거래 시 유치국 내에서 감축량만큼 삭감)
㉡ 선진국 A국이 선진국 B국에 투자하여 발생된 온실가스 감축분의 일정분을 A국의 배출저감실적으로 인정하는 제도이다.

09 우리나라 산림부문과 관련된 기후변화 적응대책으로 가장 거리가 먼 것은?

① 벌채수확의 확대
② 병해충 발생 예찰시스템 강화
③ 기후변화 취약 생물자원의 현지 외 보전
④ 산사태 등 재해예방을 위한 방재림 조성

정답 05 ② 06 ④ 07 ② 08 ① 09 ①

풀이) 기후변화 적응대책(산림부문)
(1) 취약 산림식물종 현지 내 보전 및 산림생물자원 현지 외 보전 강화
   ㉠ 산림유전자원보호구역 지정 확대
      ('10년 12만 ha → '12년 13만 ha → '15년 15만 ha)
   ㉡ 식생·기후대별 국가수목원 확충
(2) 지역·수종별 임업생산성 예측·취약성 평가 및 향상방안 마련
   ㉠ 주요 수종 생장반응모델 개발
   ㉡ 밤나무·표고·송이 생산성 변화 예측 및 생산성 유지를 위한 토양 개량
   ㉢ 적응 품종 보급
   ㉣ 적정 조림시기, 조림적지에 관한 맞춤형 산림지도 보급
   ㉤ 온대 남부(가시나무류, 후박나무, 편백 등), 난대 및 아열대 유용 수종 공급원 확대
(3) 산림재해 취약성 평가 및 사전예방·저감 시스템 고도화
   ㉠ 산불 위험성, 산지 토사재해 위험성 변화예측 및 위험지도 작성·보급
   ㉡ 진화헬기('08년 46대 → '17년 60대) 및 진화대('08년 6천 명 → '17년 12천 명) 확대
   ㉢ 산사태 위험도 적중률 향상
   ㉣ 사방댐 및 해안 방재림 확대 조성
(4) 산림 병해충 발생 예찰 시스템 강화 및 조기방제 체계 구축
   ㉠ 병해충 장기 모니터링 및 피해예측
   ㉡ 산림병해충 예찰·방제단 운용
(5) 전국 40개 댐 유역 숲 가꾸기 및 산사태 위험지 수원함양림 조성

10 2030 국가온실가스감축 기본로드맵상 가장 많이 감축하여야 하는 부문으로 옳은 것은?

① 전환(발전) 부문
② 산업 부문
③ 건설 부문
④ 에너지산업 부문

풀이) 2030 국가온실가스감축 기본로드맵
   ㉠ 전환(발전) 부문에서 가장 많이 감축(저탄소, 전력효율 강화)
   ㉡ 산업 부문에서 2번째로 많이 감축(에너지 효율 개선)
   ㉢ 건설 부문 감축(제로에너지빌딩)
   ㉣ 에너지신사업 부문 감축(저탄소 경제구조 전환)
   ㉤ 수송 부문 감축(친환경차, 대중교통 활성화)
   ㉥ 공공/기타(LED 조명, 신재생에너지 설비 보급)
   ㉦ 폐기물(감량화, 재활용화)
   ㉧ 농축산(농경지, 축산배출원 관리)
   ㉨ 국외감축(파리협정)

11 다음은 어떤 회의에서 논의된 중요 사항인가?

- 2012년까지로 만료되는 교토의정서의 효력을 2020년까지 8년 연장 결정
- 2020년 이후에 나타날 새로운 기후변화 대응체제를 2015년까지 마련한다는 결정
- GCF의 위치를 공식적으로 한국의 송도로 확정

① 2009년 코펜하겐회의(COP-15)
② 2010년 칸쿤회의(COP-16)
③ 2011년 더반회의(COP-17)
④ 2012년 도하회의(COP-18)

풀이) 제18차 당사국 총회(COP 18)
   ㉠ 2012년 카타르 도하
   ㉡ 2012년 만료되는 교토의정서를 2020년까지 연장(2013~2020년간 선진국의 온실가스 의무감축을 규정하는 교토의정서 개정안 채택)
   ㉢ 선진국과 개도국이 참여하는 새로운 감축안을 만들기 위한 기반 조성
   ㉣ 발리행동계획에 의하여 출범된 장기협력에 관한 협상트랙(AWG-LCA)이 종료됨
   ㉤ 2020년 이후 모든 당사국에 적용되는 신기후체제를 위한 협상회의(ADP)의 2013~2015년간 작업계획 마련
   ㉥ 후기 교토체제 논의의 전개과정에서 2012년에 만료되는 교토의정서의 효력을 2020년까지 연장하기로 합의하고 2020년 이후에 나타날 새로운 기후 변화 대응체제를 2015년까지 마련하기로 합의
   ㉦ GCF의 위치를 공식적으로 한국의 송도로 결정

정답) 10 ① 11 ④

12 풍향, 풍속과 운량, 운고, 일조량 등의 자료로부터 계산하여 대기확산모델 등의 입력자료로 가장 널리 사용하는 대기안정도의 분류법은?

① Monin-Dbkhov법　② Richardson법
③ Pasquill법　　　　④ Irwin법

풀이 파스퀼 안정도수(PSC ; Pasquill Stability Class)
㉠ 주간에는 일사강도와 풍속, 야간에는 운량과 풍속으로부터 6단계, 즉 매우 불안정한 A등급부터 매우 안정한 F등급으로 분류하며 대기확산모델의 입력자료용으로 가장 널리 사용된다.
㉡ 비교적 정확하고 계산에 필요한 기상관측이 용이하며 지상 10m 고도에서 풍량, 풍속, 운량, 운고로부터 계산된다.

13 다음 온실가스 중 온실가스 배출 총량비(%)로 가장 많은 부분을 차지하고 있는 것은?

① 이산화탄소　② 메탄
③ 아산화질소　④ 육불화황

풀이 온실가스의 온난화 기여도
CO_2(55%) > CH_4(15%) > N_2O(6%)
HFC_S, PFC_S, SF_6의 기여도는 21% 정도이다.

14 제품의 생산, 수송, 사용, 폐기 등의 모든 과정에서 발생되는 온실가스 발생량을 CO_2 배출량으로 환산하여 라벨형태로 제품에 부착하는 탄소성적표지제도의 특징과 가장 거리가 먼 것은?

① 온실가스의 배출량을 제품에 표기하여 소비자에게 제공함으로써 시장 주도로 저탄소 소비문화 확산에 기여한다.
② 탄소성적표지 인증은 법적 강제 인증제도가 아니라 기업의 자발적 참여에 의한 인증제도이다.
③ 1단계 탄소배출량 인증과 2단계 저탄소제품 인증으로 구성된다.
④ 탄소배출량 인증제품은 기후변화에 대응한 제품임을 기업 자체가 인증한 것이다.

풀이 탄소배출량 인증제품은 기후변화에 대응한 제품임을 환경부가 인증한 것이다.

15 2007년 5월에 "Cool Earth 50"을 발표하여 공격적인 지구온난화 외교전략을 펼쳤으며, 국가 전략 차원에서 태양광, 풍력, 지열, 조력 등 지속적으로 이용가능한 에너지의 개발 보급을 위해 소위 "선샤인프로젝트"를 진행한 국가는?

① 일본　② 케냐
③ 독일　④ 인도

풀이 Cool Earth 50
일본에서 2050년까지 CO_2 배출량을 50% 감축하는 것을 목적으로 설정한 것으로 에너지 분야에서 기술 향상으로 온실가스 배출량을 저감하는 것을 목표로 한다.

16 대기를 조성하는 기체 중 직접 온실가스가 아닌 것은?

① SF_6　② CO_2
③ CH_4　④ NO_2

풀이 간접 온실가스
㉠ 질소산화물(NO_x)
㉡ 황산화물(SO_x)
㉢ 일산화탄소(CO)
㉣ 비메탄계 휘발성 유기화합물(NMVOC)

17 극한기후 정의를 위해 우리나라 기상청에서 제시한 폭염일수와 호우일수에 대한 기준이 다음과 같을 때, ㉠, ㉡에 해당하는 것은?

- 폭염일수 : 일최고기온이 (㉠) 이상인 날의 연중일수
- 호우일수 : 일강수량이 (㉡) 이상인 날의 연중일수

① ㉠ 40℃, ㉡ 150mm
② ㉠ 40℃, ㉡ 80mm
③ ㉠ 33℃, ㉡ 150mm
④ ㉠ 33℃, ㉡ 80mm

풀이 열대야일수
일최저기온이 25℃ 이상인 날의 연중 일수

정답　12 ③　13 ①　14 ④　15 ①　16 ④　17 ④

18 기후시스템에서 구름의 영향에 관한 설명으로 가장 적합한 것은?

① 구름과 온난화는 관련이 없다.
② 낮은 구름이 증가하면 온난화 효과가 크다.
③ 낮은 구름보다 높은 구름이 증가하면 지구복사에너지를 더 많이 흡수한다.
④ 현재까지는 온난화로 높은 구름이 감소할 가능성이 지배적인 것으로 알려져 있다.

풀이 기후시스템에서 구름의 영향
㉠ 구름은 지구에너지의 평형, 특히 자연적 온실효과에 있어서 중요한 역할을 한다.
㉡ 구름은 적외복사를 흡수하고 방출하면서 온실가스와 같이 지표를 따뜻하게 하는 데 기여하지만, 대부분의 구름은 밝은 반사체로서 태양복사를 반사하여 기후시스템을 냉각시킨다.
㉢ 현 기후시스템에서 구름은 평균적으로 약한 냉각효과를 갖고 있어 온실효과보다는 태양복사를 반사하는 효과가 더 크다.
㉣ 높은 구름이 증가하면 지구복사에너지를 더 많이 흡수하고 낮은 구름이 증가하면 온난화 효과가 적다.
㉤ 구름의 복사강제력(Cloud Radiative Forcing)은 모든 하늘 상태의 지구복사수지와 맑은 하늘의 지구복사수지의 차이를 말한다(W/m^2).

19 다음 온실가스 배출기업 중 연간 온난화 기여도가 가장 큰 기업은?(단, 그 밖에 배출하는 온난화 유발물질은 없다고 가정)

① 이산화탄소를 평균 24,000톤/월 배출하는 기업
② 메탄가스를 평균 1,200톤/월 배출하는 기업
③ 아산화질소를 평균 78톤/월 배출하는 기업
④ 육불화황을 평균 1톤/월 배출하는 기업

풀이 연간 온난화 기여도
① CO_2 = 24,000ton/월 × 12월
 = 288,000ton/년
② CH_4 = 1,200ton/월 × 12월 × 21
 = 302,400ton/년
③ N_2O = 78ton/월 × 12월 × 310
 = 290,160ton/년
④ SF_6 = 1ton/월 × 12월 × 23,900
 = 286,800ton/년

20 기후변화에 의해 우리나라에서 나타나는 곤충생태계의 변화로 가장 거리가 먼 것은?

① 북방계 곤충의 증가
② 남방계 곤충의 증가
③ 일반 곤충의 해충화 현상
④ 곤충 생활 주기의 변화

풀이 북방계 곤충(들신선나비)이 남방계 외래곤충(꽃매미, 열대모기)으로 대체되어 과수생육에도 큰 영향과 피해를 준다.

2과목 온실가스 배출의 이해

21 혐기성 소화조에서 소화효율 개선을 위한 방안과 거리가 먼 것은?

① 하수처리시설로 유입되는 분류식관을 합류식관으로 교체한다.
② 소화조 내 온도를 35℃ 정도로 유지하도록 한다.
③ 알칼리도를 2,000~5,000mg/L 정도로 유지하도록 한다.
④ 소화조 내 과도한 산이 형성되지 않도록 한다.

풀이 우리나라의 1차 잉여슬러지 처리 및 잉여슬러지는 VSS/TSS 비가 미국 등과 비교해 매우 낮다는 특징이 있다. 즉, 유기물의 함량이 낮아 충분한 산 생성 반응과 메탄 생성 반응이 일어나지 않는다. 이 문제를 해결하기 위해서는 주로 합류식으로 되어 있는 하수도를 분류식으로 교체하거나 최대한 개선하여 하수에 모래나 흙 등의 이물질이 들어가지 않도록 하고 하수처리장에서는 슬러지를 농축하여 소화조로 유입시킨다.

정답 18 ③ 19 ② 20 ① 21 ①

22 온실가스 배출권거래제의 배출량 보고 및 인증에 관한 지침상 다음 조건에서 산정한 시멘트 소성시설의 클링커 배출계수($tCO_2/t-clinker$)는? (단, 미소성된 CaO, MgO는 0으로 가정)

- 클링커 생산량 : 3,470,000ton
- 생산된 클링커에 함유된 CaO의 질량분율 : 0.6387
- 생산된 클링커에 함유된 MgO의 질량분율 : 0.0253

① 0.4291　　② 0.5290
③ 0.6440　　④ 0.7431

풀이 $EF = (F_{CaO} \times 0.785) + (F_{MgO} \times 1.092)$
$= (0.6387 \times 0.785) + (0.0253 \times 1.092)$
$= 0.5290 tCO_2/t-clinker$

23 온실가스 배출권거래제의 배출량 보고 및 인증에 관한 지침상 광물분야의 여러 공정 중 온실가스가 배출되는 원리가 다른 것은?

① 석회 생산 시 석회석 사용
② 시멘트 생산 시 석회석 사용
③ 배연탈황시설의 흡수제로 석회석 사용
④ 유리 생산 시 용융·용해시설에서 석회석 사용

풀이 ①, ②, ④의 공통적 온실가스 배출원리
　　탄산칼슘의 탈탄산반응에 의한 배출
　　$CaCO_3 + Heat \rightarrow CaO + CO_2$

24 저공해차량에 대한 설명 중 옳은 것은?

① 하이브리드 자동차의 연비는 이동평균속도가 높은 구역에서 상대적으로 증가한다.
② 플러그인 하이브리드 자동차는 외부충전이 가능한 하이브리드 자동차이다.
③ 연료전지 자동차는 연료전지에서 전기분해한 수소를 환원시켜 주행하는 자동차이다.
④ 연료전지 자동차는 정숙성과 가속성능 면에서는 미흡한 단점이 존재한다.

풀이 ① 하이브리드 자동차의 연비향상효과는 이동평균속도가 비교적 낮은 구역에 한한다는 단점이 있다.
③ 연료전지 자동차는 자동차 내에 장착된 연료전지에서 연료인 수소와 산소로 반응시켜 전기를 얻은 후, 생산된 전기로 모터를 움직여 주행하는 자동차이다.
④ 연료전지 자동차는 전동차량으로서의 장점인 정숙성과 가속성능 면에서 뛰어나다.

25 다음은 철강 생산의 고로공정 구성이다. ( ) 안에 들어갈 부생가스로 옳은 것은?

소결광 + 코크스 + 석회석 → 이송 → 고로 투입 → ( ) 배출 → 열풍로 → 열풍 고로 투입 → 쇳물 및 슬래그 배출

① COG　　② BFG
③ LDG　　④ FOG

풀이 고로공정의 순서

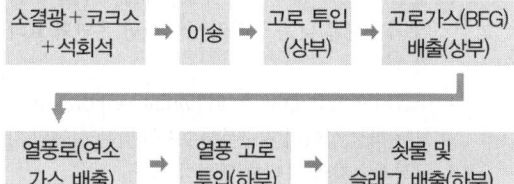

26 다음의 조직경계에서 각 사업장의 온실가스 배출량 산정방법으로 옳지 않은 것은?

가. A사업장에서 ⓐ의 배출량을 산정하고 직접 온실가스 배출량으로 보고
나. A사업장에서 ⓑ의 배출량을 산정하고 간접 온실가스 배출량으로 보고
다. B사업장에서 ⓐ의 배출량을 산정하고 직접 온실가스 배출량으로 보고
라. B사업장에서 ⓒ의 배출량을 산정하고 간접 온실가스 배출량으로 보고

정답 22 ②　23 ③　24 ②　25 ②　26 ②

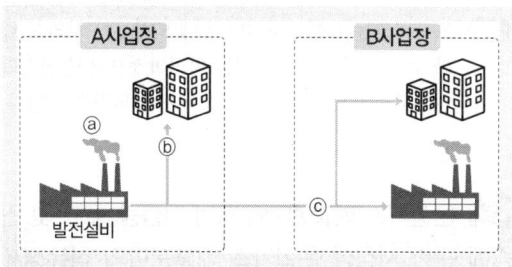

ⓐ : 전력생산, ⓑ : 자체전력 공급, ⓒ : 외부전력 공급

① 가, 나　　　② 나, 다
③ 나, 라　　　④ 다, 라

풀이 ㉠ A사업장 내에 위치한 발전설비에서의 전력생산에 따른 직접 온실가스 배출량(A사업장의 직접적 온실가스 배출량으로서 보고)
㉡ A사업장에서 생산한 전력을 A사업장 내에서 자체적으로 공급한 경우(전력 사용에 따른 간접적 온실가스 배출량 산정에서 제외)
㉢ A사업장에서 생산한 전력을 B사업장에 공급한 경우(B사업장의 간접적 온실가스 배출량으로서 보고)

27 온실가스 배출권거래제의 배출량 보고 및 인증에 관한 지침상 이동연소의 온실가스 보고 대상 배출시설에 해당하지 않는 것은?

① 민간 항공기　　　② 전기기관차
③ 이륜자동차　　　④ 이동식 소각로

풀이 이동연소는 항공, 철도, 도로, 선박으로 구분된다.

28 온실가스 배출권거래제의 배출량 보고 및 인증에 관한 지침상 하·폐수 처리에 의한 배출량 산정으로 옳지 않은 것은?

① 하수처리 시 배출량 산정은 유입수와 방류수의 BOD_5를 고려한다.
② 폐수처리 시 배출량 산정은 유입수와 방류수의 BOD_5와 $T-P$를 고려한다.
③ 분뇨처리시설도 하·폐수 처리 및 배출의 보고 대상 배출시설에 해당한다.
④ 폐수처리 시 배출량 산정은 메탄 회수량을 고려한다.

풀이 폐수처리 시 배출량 산정은 유입수와 방류수의 COD와 슬러지 반출량 등을 고려한다.

29 다음은 온실가스 배출권거래제의 배출량 보고 및 인증에 관한 지침상 합금철 생산공정에서 전로에 관한 설명이다. ㉠, ㉡에 알맞은 것은?

전로는 용광로에서 제조된 선철(용선)을 정련하여 용강으로 만드는 데 사용되며, 주로 (㉠)에 이용된다. 그 방법에는 (㉡)이 있다.

① ㉠ 산화·환원반응
　㉡ 접촉산화법과 비접촉산화법
② ㉠ 탈탄 또는 탈인반응
　㉡ 산성 전로법과 염기성 전로법
③ ㉠ 산화·환원반응
　㉡ 산성 전로법과 염기성 전로법
④ ㉠ 탈탄 또는 탈인반응
　㉡ 접촉산화법과 비접촉산화법

풀이 합금철 생산공정 중 전로
용광로에서 제조된 선철(용선)을 정련하여 용강으로 만드는 데 사용되며, 주로 탈탄 또는 탈인반응에 이용되고 그 방법에는 산성 전로법과 염기성 전로법이 있으며, 원료로는 용선과 소량의 고철을 사용한다.

30 온실가스 배출권거래제의 배출량 보고 및 인증에 관한 지침상 이동연소(도로)의 보고 대상 배출시설에 해당하지 않은 것은?

① 경형 승용자동차
② 대형 승합자동차
③ 대형 화물자동차
④ 경형 이륜자동차

풀이 이동연소(도로)의 보고 대상 배출시설은 이륜자동차(소형, 중형, 대형)이다.

정답　27 ④　28 ②　29 ②　30 ④

31 온실가스 배출권거래제의 배출량 보고 및 인증에 관한 지침상 이동연소 온실가스 배출량에 영향을 주는 인자로 거리가 먼 것은?

① 연료 종류에 대한 온실가스 배출계수
② 연료의 순발열량
③ 연료 사용량
④ 연료의 온도

풀이) 연료의 온도는 이동연소 온실가스 배출량 산정에 관련이 없다.

32 온실가스 배출권거래제의 배출량 보고 및 인증에 관한 지침상 기타 온실가스 배출에 속하지 않는 배출활동은?

① CO_2 용접
② 에틸렌 절단
③ 아세틸렌 용접
④ SF_6 전기절연제 사용

풀이) 온실가스 배출권거래제의 배출량 보고 및 인증에 관한 지침상 기타 온실가스 배출
  ㉠ 용접설비에 의한 CO_2 배출(CO_2 용접, 에틸렌 절단, 아세틸렌 용접, LPG 용접 등)
  ㉡ 황연제거설비 등 대기오염방지시설의 탄화수소류 등의 사용으로 인한 CO_2 배출
  ㉢ 동제련 공정 중 환원제, 전극봉, 석회석 등의 사용으로 인한 공정배출
  ㉣ PCB 생산 공정에서의 CO_2 사용에 따른 배출량
  ㉤ 요소수 사용 등 탄산염 이외의 배연탈황 및 배연탈질시설에 의한 배출량
  ㉥ 식각 · 증착 공정에서의 불소화합물(FCs) 외 N_2O

33 온실가스 배출권거래제의 배출량 보고 및 인증에 관한 지침상 하·폐수 처리공정 중 질소, 인으로 대표되는 영양 염류의 제거를 주목적으로 수행하는 처리과정은?

① 고도처리   ② 2차 처리
③ 호기성 처리   ④ 열분해 처리

풀이) 고도처리는 활성슬러지법 등에 의한 2차 처리를 행한 후 부가적으로 수행되는 처리과정으로서 질소와 인으로 대표되는 영양염류의 제거를 목적으로 한다.

34 온실가스 배출권거래제의 배출량 보고 및 인증에 관한 지침상 온실가스 배출분야의 석유정제공정 보고 대상 배출시설의 종류가 아닌 것은?

① 소성시설
② 수소제조시설
③ 촉매재생시설
④ 코크스 제조시설

풀이) 석유정제공정 보고 대상 배출시설
  ㉠ 수소제조시설
  ㉡ 촉매재생시설
  ㉢ 코크스 제조시설

35 연소공정에서 발생할 수 있는 열손실을 줄이기 위해 배기가스의 온도를 줄일 수 있는 방법으로 가장 거리가 먼 것은?

① 터뷰레이터 설치를 통한 열전달 비율의 증가
② 이코노마이저를 이용한 증기 발생
③ 공기예열기 설치를 이용한 연료의 예열
④ 기체연료의 공급압력 증가로 연소출력 증가

풀이) 기체연료의 공급압력을 감소시켜 연료의 유량을 줄여 버너의 화력을 저하시키는 방법으로 배기가스온도를 줄일 수 있다.

36 온실가스 배출권거래제의 배출량 보고 및 인증에 관한 지침상 석회석을 탈탄산시켜서 제조하는 것은?

① 생석회   ② 소석회
③ 수산화칼슘   ④ 탄산마그네슘

풀이) 생석회(CaO)는 석회석을 탈탄산화시켜서 제조한다.

정답 31 ④ 32 ④ 33 ① 34 ① 35 ④ 36 ①

37 매립폐기물 내 분해 가능한 탄소가 수십 년에 걸쳐 혐기성 분해된다는 가정에서 출발한 일차분해반응모델로서 매립시설에서 메탄배출량 산정방법으로 활용되고 있는 방법은?

① Mass Balance Method
② First Order Decay Method
③ Affordable Budgeting Method
④ Competitive Parity Method

풀이 2006 IPCC에서 제시된 1차 반응모델(FOD ; First Order Decay)을 통하여 고형폐기물 매립시설에서의 메탄발생량을 산정한다.

38 온실가스 배출권거래제의 배출량 보고 및 인증에 관한 지침상 반도체 및 기타 전자부품 제조시설 중 온실가스 배출형태가 공정배출인 것을 올바르게 짝지은 것은?

ㄱ. 노광공정	ㄴ. 도포공정
ㄷ. 산화공정	ㄹ. 식각공정
ㅁ. 증착공정	ㅂ. 현상공정

① ㄱ, ㄴ
② ㄷ, ㄹ
③ ㄹ, ㅁ
④ ㅁ, ㅂ

풀이 전자산업시설의 온실가스 공정배출원
  ㉠ 식각공정
  ㉡ 화학기상 증착공정

39 온실가스 배출권거래제의 배출량 보고 및 인증에 관한 지침상 유리 생산에서 주요 온실가스 배출공정은 융해공정이다. 이 융해공정 중 CO_2를 배출하는 주요원료와 가장 거리가 먼 것은?

① 알루미나
② 석회석
③ 백운석
④ 소다회

풀이 유리 생산 용해공정 중 CO_2를 배출하는 주요원료
  ㉠ 석회석($CaCO_3$)
  ㉡ 백운석[$CaMg(CO_3)_2$]
  ㉢ 소다회(Na_2CO_3)

40 온실가스 배출권거래제의 배출량 보고 및 인증에 관한 지침상 온실효과를 유발하는 온실가스 중 수소불화탄소(HFCs)에 해당하지 않는 물질은?

① HFC-23
② HFC-40
③ HFC-143a
④ HFC-236fa

풀이 온실가스 중 수소불화탄소(HFCs)에 해당하는 물질

| 수소불화탄소(HFCs) | HFC 23, HFC 32, HFC 41, HFC 43 10mee, HFC 125, HFC 134, HFC 134a, HFC 143, HFC 143a, HFC 152a, HFC 227ea, HFC 236fa, HFC 245ca |
| 과불화탄소(PFCs) | PFC-14, PFC-116, PFC-218, PFC-31-10, PFC-c318, PFC-41-12, PFC-51-14 |

3과목 온실가스 산정과 데이터 품질관리

41 온실가스 배출권거래제의 배출량 보고 및 인증에 관한 지침상 구매한 연료 및 원료, 전력 및 열에너지를 정도검사를 받지 않은 내부 측정기기를 이용하여 활동자료를 분배·결정하는 모니터링 유형은?

① A-1
② A-2
③ C-1
④ D-5

풀이 모니터링 유형(C-1)
구매한 연료 및 원료, 전력 및 열에너지를 정도검사를 받지 않은 내부 측정기기를 이용하여 활동자료를 분배·결정하는 방법이다.

42 온실가스 배출권거래제의 배출량 보고 및 인증에 관한 지침에 따른 이동연소(선박)의 온실가스 배출량 산정방법에 대한 설명 중 옳은 것은?

① 보고대상 온실가스는 CO_2, CH_4, N_2O이다.
② 국제수상운송에 의한 온실가스 배출량은 산정대상이다.
③ Tier 4 산정방법론이 있다.
④ Tier 2 배출계수는 사업자가 자체 개발한 계수이다.

정답 37 ② 38 ③ 39 ① 40 ② 41 ③ 42 ①

풀이 ② 국제수상운송에 의한 온실가스 배출량은 산정에서 제외한다.
③ Tier 1~3 산정방법론이 있다.
④ Tier 3 배출계수는 사업자가 자체 개발한 계수이다.

43 온실가스 배출권거래제의 배출량 보고 및 인증에 관한 지침에 따른 품질관리(QC) 활동의 의미 또는 그 목적으로 거리가 먼 것은?

① 자료의 무결성, 정확성 및 완전성을 보장하기 위한 일상적이고 일관적인 검사의 제공
② 오류 및 누락의 확인 및 설명
③ 배출량 산정자료의 문서화 및 보관
④ 배출량 산정 과정에 직접적으로 관여하지 않은 사람에 의해 수행되는 검토절차의 계획된 시스템

풀이 QC(품질관리)의 목적
㉠ 자료의 무결성, 정확성 및 완전성을 보장하기 위한 일상적이고 일관적인 검사의 제공
㉡ 오류 및 누락의 확인 및 설명
㉢ 배출량 산정자료의 문서화 및 보관, 모든 품질관리 활동의 기록

44 온실가스 배출권거래제의 배출량 보고 및 인증에 관한 지침상 고정연소(고체연료)의 Tier 1에 대한 산업분야별 활동자료의 정의는?

① 사업자 또는 연료공급자에 의해 측정된 측정불확도 ±0.5% 이내의 연료사용량 자료를 활용한다.
② 사업자 또는 연료공급자에 의해 측정된 측정불확도 ±2.5% 이내의 연료사용량 자료를 활용한다.
③ 사업자 또는 연료공급자에 의해 측정된 측정불확도 ±5.0% 이내의 연료사용량 자료를 활용한다.
④ 사업자 또는 연료공급자에 의해 측정된 측정불확도 ±7.5% 이내의 연료사용량 자료를 활용한다.

풀이 (1) 활동자료 불확도
㉠ Tier 1 : ±7.5% 이내
㉡ Tier 2 : ±5.0% 이내
㉢ Tier 3 : ±2.5% 이내

(2) 배출계수
㉠ Tier 1 : IPCC 기본계수
㉡ Tier 2 : 국가 고유계수
㉢ Tier 3 : 사업장 고유 배출계수(시설단위계수)

45 배출량 산정·보고 원칙 중 배출량을 과대 또는 과소평가되지 않도록 산정해야 함을 나타내는 원칙은?

① 투명성
② 일관성
③ 완전성
④ 정확성

풀이 정확성(Accuracy)
모든 자료는 명세서 및 목표 설정 시 자료에 근거하여 작성한다. 즉 배출량 산정 시 오류가 없도록 정확하게 산정함을 의미한다.

46 온실가스 배출권거래제의 배출량 보고 및 인증에 관한 지침에 따라 액체연료의 발열량을 분석하기 위한 시료채취 및 분석의 최소주기기준으로 옳은 것은?

① 월 1회
② 분기 1회 또는 연료 입하 시(더욱 짧은 주기로 분석한다.)
③ 월 1회 또는 원료 매 2만 톤 입하 시(더욱 짧은 주기로 분석한다.)
④ 월 1회 또는 원료 매 5만 톤 입하 시(더욱 짧은 주기로 분석한다.)

풀이 시료 채취 및 분석의 최소 주기 등

연료 및 원료		분석 항목	최소 분석 주기
고체연료		원소 함량, 발열량, 수분, 회(Ash) 함량	월 1회 또는 연료 입하 시(더욱 짧은 주기로 분석한다.)
액체연료		원소 함량, 발열량, 밀도 등	분기 1회 또는 연료 입하 시(더욱 짧은 주기로 분석한다.)
기체연료	천연가스, 도시가스	가스성분, 발열량, 밀도 등	반기 1회
	공정 부생가스	가스성분, 발열량, 밀도 등	월 1회

정답 43 ④ 44 ④ 45 ④ 46 ②

폐기물 연료	고체	원소 함량, 발열량, 수분, 회(Ash) 함량	분기 1회 또는 폐기물 연료 매 5천 톤 입하 시(더욱 짧은 주기로 분석한다.)
	액체	원소 함량, 발열량, 밀도 등	분기 1회 또는 폐기물 연료 매 1만 톤 입하 시(더욱 짧은 주기로 분석한다.)
	기체	가스성분, 발열량, 밀도 등	월 1회 또는 폐기물 연료 매 1만 톤 입하 시(더욱 짧은 주기로 분석한다.)
탄산염 원료		광석 중 탄산염 성분, 원소 함량 등	월 1회 또는 원료 매 5만 톤 입하 시(더욱 짧은 주기로 분석한다.)
기타 원료		원소 함량 등	월1회 또는 매 2만 톤 입하 시(더욱 짧은 주기로 분석한다.)
생산물		원소 함량 등	월 1회

* 비고) 고체연료·원료가 수시 반입될 경우 월 1회로, 액체연료·폐기물 연료가 수시 반입될 경우 분기 1회로 분석할 수 있다.

47 온실가스 배출권거래제의 배출량 보고 및 인증에 관한 지침에 의거, 소다회 생산에 대한 온실가스 배출량 산정방법에 대한 설명으로 옳지 않은 것은?

① 보고대상 온실가스는 CO_2만 해당한다.
② 활동자료로서 트로나(Trona) 광석 사용량 또는 소다회 생산량 자료를 사용한다.
③ 연속측정방식(CEM)을 이용한 배출량 산정방법론은 적용될 수 없다.
④ 2006 IPPC 가이드 라인에서 소다회 단위 생산량에 대한 기본 배출계수값을 제공하고 있다.

풀이 소다회 생산 배출량 산정방법론은 Tier 1, Tier 4이다. 즉, 연속측정방법(CEM)을 적용할 수 있다.

48 온실가스 배출권거래제의 배출량 보고 및 인증에 관한 지침에 따른 열(스팀)의 외부 공급 시 간접배출계수 개발방법 중 열병합발전시설에서 열(스팀) 생산에 따른 온실가스 배출량 산출식을 설명한 내용으로 옳지 않은 것은?

$$E_{H,i} = \left\{\frac{H}{H + P \times R_{eff}}\right\} \times E_{T,i}$$

① H는 열생산량(TJ)을 의미한다.
② P는 전기생산량(TJ)을 의미한다.
③ R_{eff}는 전기 생산효율을 열 생산효율로 나눈 값이다.
④ $E_{T,i}$는 열병합 발전설비의 총 온실가스배출량을 말한다.

풀이 열병합 발전시설에서 열(스팀) 생산에 따른 온실가스 배출량 산출

$$E_{H,i} = \left\{\frac{H}{H + P \times R_{eff}}\right\} \times E_{T,i}, \ R_{eff} = \frac{e_H}{e_P}$$

여기서, $E_{H,i}$: 열 생산에 따른 온실가스 배출량(tGHG)
$E_{T,i}$: 열병합발전설비(CHP)의 총 온실가스 배출량(tGHG)
H : 열 생산량(TJ)
P : 전기 생산량(TJ)
R_{eff} : 열 생산효율과 전력 생산효율의 비율(0에서 1사이의 소수)
e_H : 열 생산효율(자체 데이터를 활용, 자료가 없는 경우 기본값 0.8)
e_P : 전기 생산효율(자체 데이터를 활용, 자료가 없는 경우 기본값 0.35)
i : 배출 온실가스(CO_2, CH_4, N_2O)

49 온실가스 배출권거래제의 배출량 보고 및 인증에 관한 지침에 따른 배출시설의 배출량 규모에 따른 산정등급(Tier) 분류기준에서 연간 50만 톤 이상의 배출시설에 해당하는 그룹은?

① A그룹
② B그룹
③ C그룹
④ D그룹

풀이 배출시설의 배출량 규모에 따른 산정등급(Tier) 분류기준
㉠ A그룹 : 연간 5만 톤(tCO_2eq) 미만의 배출시설
㉡ B그룹 : 연간 5만 톤(tCO_2eq) 이상, 연간 50만 톤(tCO_2eq) 미만의 배출시설
㉢ C그룹 : 연간 50만 톤(tCO_2eq) 이상의 배출시설

정답 47 ③ 48 ③ 49 ③

50 온실가스 배출권거래제의 배출량 보고 및 인증에 관한 지침에 따른 불소화합물 생산시설에서의 온실가스 배출량 산정방법에 대한 설명 중 옳지 않은 것은?

① Tier 1 산정방법은 HCFC-22 또는 기타 불소화합물의 생산량과 기본 배출계수를 이용한다.
② HFC-23의 CO_2 지구온난화지수는 12,700을 적용한다.
③ Tier 2 산정방법은 HCFC-22의 생산량과 공정효율을 이용하여 계산된 HFC-23의 배출계수를 통해 배출량을 산정하는 방법이다.
④ Tier 3 산정방법은 활동자료의 이용가능성에 따라 3가지로 구분한다.

풀이 HFC-23의 지구온난화지수(GWP)는 11,700이다.

51 온실가스 배출권거래제의 배출량 보고 및 인증에 관한 지침에 따른 배출량 산정결과의 품질관리(QC) 활동에서 '보고의 적절성' 세부내용에 해당하지 않는 것은?

① 조직경계 설정의 적절성, 정확성 확인
② 배출량 산정 및 보고 업무담당자 및 내부감사 담당자 등에 책임, 권한의 문서화 여부
③ 지침에서 요구하는 자료의 목차, 내용, 서식에 따라 적절하게 배출량을 보고하는지 여부
④ 배출량 산정과 관련한 정보화시스템을 구축하거나 활용할 경우, 자료의 입력 및 처리과정의 적절성 여부 확인

풀이 보고의 적절성
  ㉠ 조직경계 설정의 적절성·정확성 확인
    사업장등록증 등 정부에 허가를 받거나 신고한 문서를 근거로 수립한 조직경계와 실제 온실가스 배출시설, 배출활동에 따라 수립된 조직경계의 일치 여부 확인
  ㉡ 배출량 산정 및 보고업무 담당자(실무자, 책임자) 및 내부감사 담당자 등에 책임·권한의 문서화 여부
  ㉢ 이행계획, 명세서, 이행실적 등 지침에서 요구하는 자료의 목차, 내용, 서식에 따라 적절하게 배출량을 보고하는지 여부
  ㉣ 품질관리(QC) 활동과 관련하여, 내부 감사 담당자의 감사·검토 활동의 실시 여부 및 관련 규정(매뉴얼 등) 존재 여부

52 온실가스 배출권거래제 운영을 위한 검증지침상 검증대상 내부의 관리구조상 오류를 적발하지 못할 리스크에 해당하는 것은?

① 고유리스크
② 상대리스크
③ 통제리스크
④ 검출리스크

풀이 리스크의 분류
  ㉠ 피검증자에 의해 발생하는 리스크
    • 고유리스크 : 검증대상의 업종 자체가 가지고 있는 리스크(업종의 특성 및 산정방법의 특수성 등)
    • 통제리스크 : 검증대상 내부의 데이터 관리구조상 오류를 적발하지 못할 리스크
  ㉡ 검증팀의 검증 과정에서 발생하는 리스크
    • 검출리스크 : 검증팀이 검증을 통해 오류를 적발하지 못할 리스크

53 어느 업체의 A보일러시설에서 경유 사용을 통해 배출되는 온실가스 배출량이 20만 톤 CO_2-eq일 때, 온실가스·에너지 목표관리운영 등에 관한 지침에 따른 적용해야 할 온실가스 산정방법론의 최소적용기준 Tier 수준은?

① Tier 1
② Tier 2
③ Tier 3
④ Tier 4

풀이 배출량 규모는 B그룹(연간 5만 톤 이상, 연간 50만 톤 미만 배출시설)에 속하고 액체연료이므로 온실가스 산정방법론은 Tier 2이다.

정답 | 50 ② 51 ④ 52 ③ 53 ②

54 온실가스 배출권거래제 운영을 위한 검증지침상 온실가스 배출량 및 에너지소비량 검증에 관한 설명으로 옳지 않은 것은?

① 검증팀은 5인 이상의 검증심사원으로 구성하여야 한다.
② 검증팀의 검증심사원 중 1명을 검증팀장으로 선임하여야 한다.
③ 검증팀에는 검증대상이 속하는 분야에 대한 자격을 갖춘 검증심사원이 1인 이상 포함되어야 한다.
④ 피검증자에 대한 컨설팅에 참여한 자로서 참여를 종료한 날로부터 2년이 경과되지 아니한 자는 검증팀에 포함될 수 없다.

[풀이] 검증기관은 피검증자의 온실가스 배출량의 산정 또는 외부사업 온실가스 감축량의 산정에 대한 검증을 수행할 때에 2인 이상의 검증심사원으로 검증팀을 구성하여야 한다.

55 온실가스 배출권거래제의 배출량 보고 및 인증에 관한 지침에 따른 연속측정방법의 배출량 산정방법에 대한 설명으로 옳지 않은 것은?

① 측정자료의 수치맺음 시 소수점 이하는 셋째 자리에서 반올림하여 산정하며, 유량은 정수로 산정한다.
② 자동측정자료의 배출량 산정 시 30분 배출량은 g 단위로 계산하고, 소수점 이하는 버림 처리하여 정수로 산정한다.
③ 월 배출량은 g 단위의 30분 배출량을 월 단위로 합산하고 kg 단위로 환산한 후, 소수점 이하는 버림 처리하여 정수로 산정한다.
④ CO_2 평균농도는 습가스 기준의 부피농도를 사용한다.

[풀이] 30분 CO_2 평균농도는 건가스(Dry Basis) 기준의 부피농도를 사용한다.

56 매립 및 하·폐수 처리 등의 활동에서 회수하여 재이용할 수 있는 온실가스의 종류는?

① 육불화황   ② 메탄
③ 아산화질소 ④ 수소불화탄소

[풀이] 매립 및 하·폐수 처리 시 발생되는 온실가스는 CH_4와 N_2O이다. 이 중 회수하여 연료로 재이용되는 것은 CH_4이다.

57 온실가스 배출권거래제의 배출량 보고 및 인증에 관한 지침상 탈루성 배출시설에 해당되지 않는 것은?

① 원유 저장시설   ② 지하 탄광
③ 화물선   ④ 천연가스 저장시설

[풀이] 탈루성 배출시설
 ㉠ 석탄채굴 및 처리활동
  • 지하탄광
  • 처리 및 저장에 의한 탈루배출시설
 ㉡ 석유산업
  • 원유저장시설
  • 원유입하시설
 ㉢ 천연가스산업
  • 저장시설
  • 공급시설

58 코크스로를 운영하고 있는 A사업장에서 유연탄 15만 톤(0.67C)을 사용하여 코크스 10만 톤(0.83C)을 생산하였을 경우, Tier 1을 이용하여 온실가스 배출량을 산정할 경우 발생된 온실가스양(tCO_2-eq)은?(단, CO_2 배출계수 : $0.56tCO_2/t$코크스, CH_4 배출계수 : $0.1gCH_4/t$코크스)

① 약 56,000   ② 약 84,000
③ 약 140,000 ④ 약 266,000

[풀이] $E_{coke} = Q_{coke} \times EF_{coke}$
CO_2 배출량 $= 100,000 ton \times 0.56 tCO_2/t-coke$
$= 56,000 tCO_2$
CH_4 배출량 $= 100,000 ton \times 0.1$
$\times 10^{-6} tCH_4/t-coke \times 21$

정답 54 ① 55 ④ 56 ② 57 ③ 58 ①

$$= 0.121 tCH_4$$
온실가스 배출량 $= 56,000 + 0.21$
$$= 56,000.21 tCO_2-eq$$

59 다음 고체연료 중 연소과정에서의 이산화탄소 직접배출량을 총 온실가스 배출량에서 제외하는 연료는?

① 무연탄 ② 갈탄
③ 역청탄 ④ 목탄

풀이 고정연소의 고체연료
- ㉠ 무연탄 ㉡ 유연탄
- ㉢ 갈탄   ㉣ 코크스

※ 목탄은 바이오매스이므로 배출량 산정에서 제외한다.

60 온실가스 배출권거래제의 배출량 보고 및 인증에 관한 지침에 따라 고정연소(고체연료) 중 발전 부문에 대해 Tier 2 방식으로 배출량 산정 시 적용하는 산화계수는?

① 0.99 ② 0.98
③ 0.97 ④ 0.96

풀이 고정연소(고체연료) Tier 2의 산화계수, 발전 부문은 0.99를 적용하고 기타 부문은 0.98을 적용한다.

4과목 온실가스 감축관리

61 외부사업 타당성 평가 및 감축량 인증지침에서 외부사업 타당성 평가를 위한 추가성 평가항목으로 거리가 먼 것은?

① 환경적 추가성 ② 법적 추가성
③ 제도적 추가성 ④ 경제적 추가성

풀이 외부사업 타당성 평가 및 감축량 인증지침상 추가성 평가항목
- ㉠ 법적, 제도적 추가성
- ㉡ 경제적 추가성

62 CCS(Carbon Capture and Storage)에 대한 설명으로 옳지 않은 것은?

① 간접감축방법의 일종이다.
② CO_2를 대기로 배출시키기 전에 고농도로 포집·압축·수송·저장하는 기술이다.
③ 배기가스로부터 CO_2만을 선택적으로 분리 포집하는 기술이다.
④ 연소 후 포집, 연소 전 포집, 순산소 연소 포집기술로 구분할 수 있다.

풀이 CCS는 직접감축방법의 일종이다.

63 온실가스 감축기술 및 방법에 대한 설명으로 옳지 않은 것은?

① 공정에서 사용되는 온실가스를 비온실가스 또는 지구온난화지수(GWP)가 낮은 물질로 대체하는 것은 '직접감축방법'이다.
② 외부로부터 탄소배출권을 구매하는 탄소 상쇄는 '간접감축방법'이다.
③ 온실가스 배출이 높은 공정을 배출이 적은 공정으로 대체하는 것은 '직접감축방법'이다.
④ 신재생에너지를 도입 적용하여 배출원의 온실가스 배출을 상쇄하는 방법은 '직접감축방법'이다.

풀이 신재생에너지를 도입 적용하여 배출원의 온실가스 배출을 상쇄하는 방법은 간접감축방법이다.

64 온실가스 배출권거래제의 배출량 보고 및 인증에 관한 지침상 불확도를 줄이기 위한 QA/QC 관리내용으로 옳지 않은 것은?

① QA/QC의 목표는 배출량 산정·보고 원칙이 구현되어 신뢰도 있는 명세서 작성을 보증하는 것이다.
② 배출량 보고와 관련한 위험을 완화하는 일련의 활동을 내부감사라 한다.
③ QC는 독립적인 제3자에 의해 검토되는 과정이다.
④ QA/QC 활동은 배출량 산정구조를 검토하는 것에서 출발한다.

풀이 QA는 독립적인 제3자에 의해 검토되는 과정이다.

정답 59 ④ 60 ① 61 ① 62 ① 63 ④ 64 ③

65 다음 중 고온형 연료전지에 해당되는 것은?

① 고체산화물 연료전지
② 알칼리 연료전지
③ 인산염 연료전지
④ 고분자 전해질막 연료전지

풀이 고체산화물(SOFC) 연료전지의 운전온도는 700~1,200℃ 정도로 고온이다.

※ 고온형 연료전지 : 고체산화물 연료전지(SOFC), 용융탄산염 연료전지(MCFC)

66 Carbon Capture and Storage(CCS)는 대표적 온실가스인 CO_2를 발생원으로부터 포집한 후 압축, 수송을 거쳐 육상 또는 해양지중에 안전하게 저장하거나 유용물질로 전환하는 일련의 과정을 포함하는데, 다음 중 CO_2 저장기술로 부적합한 것은?

① 폐유전과 폐가스전(Depleted Oil & Gas Reservoirs)
② 심층 연수전(Deep Saline Reservoirs)
③ 채광성 두꺼운 석탄층(Minable Coal Seams)
④ 심해 저장(Storage in the Deep Ocean)

풀이 CO_2 저장기술
㉠ 해양 저장
 • 심해저장
 • 용해 · 희석 저장
㉡ 지중 저장
 • 대수층 저장
 • 유전 · 가스전 저장
 • 비채굴성 탄광 저장
 • 혈암(Shale) 저장
㉢ 지표 저장

67 다음은 조기감축실적의 인정 가능 대상사업의 유형에 관한 설명이다. ㉠, ㉡에 알맞은 것은?(단, 온실가스 배출권거래제의 조기감축실적 인정지침 기준)

조기감축실적 인정 가능 대상사업의 유형에 제시된 산업통상자원부의 "온실가스 감축실적 등록사업", 산업통상자원부와 (㉠)의 "에너지 목표관리 시범사업", (㉡)의 "온실가스 배출권 거래제 시범사업" 그리고 기타 환경부장관과 부문별 관장기관이 추가로 인정하는 사업이다.

① ㉠ 환경부, ㉡ 산업통상자원부
② ㉠ 농림축산식품부, ㉡ 환경부
③ ㉠ 국토교통부, ㉡ 농림축산식품부
④ ㉠ 국토교통부, ㉡ 환경부

풀이 조기감축실적 인정 가능 대상사업의 유형
㉠ 산업통상자원부 "온실가스 감축실적 등록사업"
㉡ 산업통상자원부 "에너지 목표관리 시범사업"
㉢ 국토교통부 "에너지 목표관리 시범사업"
㉣ 환경부 "온실가스 배출권 거래제 시범사업"

68 탄소흡수원 중 산림의 특성에 관한 설명으로 틀린 것은?

① 식물체의 광합성과 호흡작용은 기온에 따라 크게 영향을 받는다.
② 산림 바이오매스에는 낙엽 등의 고사유기물과 토양 내 탄소가 포함된다.
③ 산림은 탄소흡수원과 저장고의 기능과 더불어 배출원이기도 하다.
④ 산불과 병충해와 같은 산림재해도 산림으로부터 온실가스를 배출하는 배출원이다.

풀이 산림바이오매스에너지는 임산물과 임산물이 혼합된 원료(폐목재 포함)을 사용하여 생성된 에너지를 말하며 탄소의 변화는 없어 배출량 산정에서는 제외된다.

69 CDM 사업 추진 시 사업 참가자들(PPs)과 계약을 통해 타당성 평가 및 검·인증을 수행하는 CDM 관련 기관으로 가장 적합한 것은?

① DOE
② DNA
③ MOP
④ EA

풀이 DOE(Designed Operational Entity : CDM 사업 운영기구)는 타당성 평가 및 검·인증을 수행하는 CDM 관련기관이다.

정답 65 ① 66 ③ 67 ④ 68 ② 69 ①

70 A철강회사는 온실가스 감축을 위해 주 연료로 사용되는 경유를 프로판으로 대체하였다. 경유 100,000kL를 프로판 50,000kL로 대체할 경우 약 몇 tCO_2-eq의 온실가스 배출량을 감축하였는가?

구분		단위	경유	프로판
단위 환산계수		GJ/kL	35.4	23.5
배출계수	CO_2	kg/TJ	72,600	64,500
	CH_4	kg/TJ	3	1
	N_2O	kg/TJ	0.6	0.1

① 약 152,000 ② 약 162,000
③ 약 172,000 ④ 약 182,000

풀이 ㉠ 경유
CO_2 배출량 $=100,000kL \times 72,600kgCO_2/TJ$
$\times 35.4GJ/kL \times TJ/10^3GJ$
$\times ton/10^3kg$
$=257,004tCO_2$
CH_4 배출량 $=100,000kL \times 3kgCH_4/TJ$
$\times 35.4GJ/kL \times 10^{-6}$
$=10.62tCH_4$
N_2O 배출량 $=100,000kL \times 0.6kgN_2O/TJ$
$\times 35.4GJ/kL \times 10^{-6}$
$=2.124tN_2O$
온실가스 배출량
$=257,004+(10.62 \times 21)+(2.124 \times 310)$
$=257,885.46tCO_2-eq$
㉡ 프로판
CO_2 배출량 $=50,000kL \times 64,500kgCO_2/TJ$
$\times 23.5GJ/kL \times 10^{-6}$
$=75,787.5tCO_2$
CH_4 배출량 $=50,000kL \times 1kgCH_4/TJ$
$\times 23.5GJ/kL \times 10^{-6}$
$=1,175tCH_4$
N_2O 배출량 $=50,000kL \times 0.1kgN_2O/TJ$
$\times 23.5GJ/kL \times 10^{-6}$
$=0.1175tN_2O$
온실가스 배출량
$=75,787.5+(1,175 \times 21)+(0.1175 \times 310)$
$=75,848.6tCO_2-eq$
감축량 $=257,885.46-75,848.6$
$=182,036.86tCO_2-eq$

71 [보기]와 같은 조건에서 온실가스 직접 감축방법에 의해 감축된 양($kgCO_2-eq$)은?

[보기]
탄소 상쇄에 의한 감축량 : $3,000kgCO_2-eq$
대체공정 적용에 의한 감축량 : $700kgCO_2-eq$
대체물질 적용에 의한 감축량 : $1,000kgCO_2-eq$
온실가스 활용에 의한 감축량 : $1,200kgCO_2-eq$
신재생에너지 적용에 의한 감축량 :
$2,400kgCO_2-eq$

① 1,700 ② 2,900
③ 5,400 ④ 8,300

풀이 온실가스 직접 감축방법에 의한 감축량
$700+1,000+1,200=2,900kgCO_2-eq$

72 CDM 프로젝트 사업계획서(PDD ; Project Design Document) 작성 시 다루어져야 할 항목과 가장 거리가 먼 것은?

① 프로젝트의 개요
② 선정된 승인방법론에 입각한 프로젝트 설명
③ 프로젝트가 환경에 미치는 영향에 대한 설명
④ 지역 이해관계자의 의견보다 우선한 제안자의 입장 표명

풀이 CDM 사업계획서의 작성항목

구분	작성항목
A	사업 개요(General Description of Project Activity)
B	베이스라인 및 모니터링 방법론의 적용 (Application of a Baseline and Monitoring Methodology)
C	사업 활동기간 및 CDM 사업 인정기간 (Duration of the Project Activity/Crediting Period)
D	환경 영향요소 확인(Environmental Impacts)
E	이해관계자의 의견 수렴(Stakeholder's Comments)

정답 70 ④ 71 ② 72 ④

73 다음 중 포집한 이산화탄소의 영구적 또는 반영구적 저장기술의 구분과 가장 거리가 먼 것은?

① 지중저장기술 ② 탱크저장기술
③ 해양저장기술 ④ 지표저장기술

풀이 CCS 저장기술
지중저장, 해양저장, 지표(지상)저장

74 온실가스 배출권거래제 조기감축실적 인정지침상 조기감축실적을 인정함에 있어 고려되어야 할 기준과 해당 사항에 관한 설명으로 거리가 먼 것은?

① 조기감축실적은 국내에서 실시한 행동에 의한 감축분에 한하여 그 실적을 인정한다.
② 조기감축실적은 할당대상업체의 조직경계 안에서 발생한 것에 한하여 그 실적을 인정한다. 다만, 복수의 사업자가 참여하여 조직경계 외에서 실적이 발생한 경우에는 이를 인정할 수 있다.
③ 조기감축실적은 배출시설 단위에서의 감축분에 대해서만 인정된다.
④ 조기감축실적으로 인정되기 위해서는 조기행동으로 인한 감축이 실제적이고 지속적이어야 하며, 정량화되어야 하고 검증 가능하여야 한다.

풀이 조기감축실적 인정 시 고려되어야 하는 기준
  ㉠ 조기감축실적은 국내에서 실시한 행동에 의한 감축분에 한하여 그 실적을 인정한다.
  ㉡ 조기감축실적은 할당대상업체의 조직경계 안에서 발생한 것에 한하여 그 실적을 인정한다. 다만, 복수의 사업자가 참여하여 조직경계 외에서 실적이 발생한 경우에는 이를 인정할 수 있다.
  ㉢ 조기감축실적은 할당대상업체 단위에서의 감축분 또는 사업 단위에서의 감축분에 대하여 인정할 수 있다.
  ㉣ 조기감축실적으로 인정되기 위해서는 조기행동으로 인한 감축이 실제적이고 지속적이어야 하며, 정량화되어야 하고 검증 가능하여야 한다.

75 다음 바이오에탄올과 바이오디젤의 설명으로 옳지 않은 것은?

① 바이오에탄올의 원료는 주로 녹말 작물이며, 바이오디젤은 식물성 기름이 원료이다.
② 바이오에탄올은 휘발유 첨가제로 사용되며, 바이오디젤은 경유와 혼합하여 사용된다.
③ 바이오에탄올은 원재료가 고가이며 제한적인 반면, 바이오디젤의 경우 이론적으로는 모든 식물을 대상으로 할 수 있다.
④ 바이오에탄올은 미국과 중남미 등에서 사용되고 있으며, 바이오디젤은 유럽, 미국 및 동남아 등에서 사용되고 있다.

풀이 바이오 에탄올과 바이오 디젤 비교

구분	바이오 에탄올	바이오 디젤
추출	녹말(전분)작물에서 포도당을 추출해 발효시켜 얻음(사탕수수, 밀, 옥수수, 감자, 보리, 고구마)	유지작물에서 식물성 기름을 추출하여 얻음(팜유, 폐식용유, 유채유, 콩)
활용	• 가솔린 옥탄가를 높이는 첨가제로 주로 사용 • 기존 첨가제인 MTBE를 대체용도로 사용	• 석유계 디젤과 혼합하여 사용 • 선진국 : 바이오 디젤을 10~20% 섞은 혼합형태로 유통
장점	• 이론적으로 모든 식물이 원료로 가능 • 연소율이 높음 • 오염물질의 발생이 적음	비교적 단기간 내에 보급 확대 가능
단점	곡물 가격이 높음(저렴한 원료를 선정하는 것이 중요)	추출 가능한 원재료가 제한적
사용지역	미국, 중남미 등 주요 곡물 수출국	유럽, 미국, 동남아시아

76 다음 신·재생에너지 중 신에너지에 속하는 것은?

① 태양에너지 ② 연료전지
③ 풍력   ④ 지열에너지

풀이 신에너지 종류
  ㉠ 연료전지
  ㉡ 석탄 액화·가스화 에너지
  ㉢ 수소에너지

정답 73 ② 74 ③ 75 ③ 76 ②

77 다음 내용이 설명하는 것으로 맞는 것은?

> 석탄, 중질유잔사유 등의 저급연료를 고온·고압의 가스화기에서 수증기와 함께 한정된 산소로 불완전연소 및 가스화시켜 일산화탄소와 수소가 주성분인 합성가스를 만들어 정제공정을 거친 후 가스터빈 및 증기터빈을 구동하여 발전하는 기술

① 열병합
② 가스화 복합발전기술
③ 폐기물에너지화
④ CCS

풀이 문제의 내용은 가스화 복합발전기술(IGCC)이다.

78 보일러의 효율을 높여 온실가스 배출량을 줄이기 위한 방법으로 적합하지 않은 것은?

① 보일러에 공급되는 물을 예열한다.
② 연소를 위해 공급되는 공기를 예열한다.
③ 증기과열기를 연도에 설치한다.
④ 배기가스의 온도를 높게 유지한다.

풀이 연소공정에서 발생할 수 있는 열손실을 줄이기 위한 방법 중 하나는 굴뚝으로 배출되는 배기가스의 온도를 낮추는 방법이다.

79 CDM 사업의 추진절차로 가장 적합한 것은?

① 사업계획서 작성 → 타당성 평가 → 모니터링 → 신청사업 등록 → 검증 → 인증 → 배출권 발급
② 사업계획서 작성 → 신청사업 등록 → 타당성 평가 → 모니터링 → 검증 → 인증 → 배출권 발급
③ 사업계획서 작성 → 타당성 평가 → 신청사업 등록 → 모니터링 → 검증 → 인증 → 배출권 발급
④ 사업계획서 작성 → 신청사업 등록 → 모니터링 → 검증 → 인증 → 타당성 평가 → 배출권 발급

80 다음 중 온실가스 감축을 위한 신재생에너지 관련 기술에 해당하지 않는 것은?

① 태양열 및 태양광
② 석탄액화가스화 기술
③ 전기집진기술
④ 연료전지(Fuel cell)

풀이 전기집진은 입자상 물질 관련 저감기술이다.

5과목 온실가스 관련 법규

81 온실가스 배출권의 할당 및 거래에 관한 법률 시행령상 2차 계획기간에 배출권의 무상할당 배율은?

① 할당대상업체별로 할당되는 배출권의 100분의 97
② 할당대상업체별로 할당되는 배출권의 100분의 95
③ 할당대상업체별로 할당되는 배출권의 100분의 90
④ 할당대상업체별로 할당되는 배출권의 100분의 87

풀이 배출권의 무상할당비율
  ㉠ 1차 계획기간(이하 "1차 계획기간"이라 한다)에는 할당대상업체별로 할당되는 배출권의 전부를 무상으로 할당한다.
  ㉡ 2차 계획기간(이하 "2차 계획기간"이라 한다)에는 할당대상업체별로 할당되는 배출권의 100분의 97을 무상으로 할당한다.
  ㉢ 3차 계획기간 이후의 무상할당비율은 100분의 90 이내의 범위에서 이전 계획기간의 평가 및 관련 국제 동향 등을 고려하여 할당계획에서 정한다. 이 경우 할당계획에서 정하는 무상할당비율은 직전 계획기간의 무상할당비율을 초과할 수 없다.

82 탄소중립기본법상 거짓으로 인증이나 확인을 받은 경우로서 그에 따른 녹색기술·녹색산업의 적합성 인증 및 녹색전문기업 확인을 취소할 수 있는 자는?

① 정부
② 대통령
③ 국무총리
④ 녹색산업투자회사

풀이 정부는 다음 각 호의 어느 하나에 해당하는 경우에는 적합성 인증 및 녹색전문기업 확인을 취소하여야 한다.
  ㉠ 거짓이나 그 밖의 부정한 방법으로 인증이나 확인을 받은 경우
  ㉡ 중대한 결함이 있어 인증이나 확인이 적당하지 아니하다고 인정되는 경우

정답 77 ② 78 ④ 79 ③ 80 ③ 81 ① 82 ①

83 탄소중립기본법 시행령상 온실가스 배출관리업체 등록부에 포함되는 사항과 거리가 먼 것은?

① 온실가스 배출관리업체의 상호 및 대표자
② 온실가스 배출관리업체의 지정에 관한 사항
③ 온실가스 관리 및 대책
④ 이행계획

풀이 온실가스 배출관리업체 등록부 포함사항
㉠ 온실가스 배출관리업체의 상호 및 대표자
㉡ 온실가스 배출관리업체의 지정에 관한 사항
㉢ 온실가스 배출량 명세서 및 검증보고서
㉣ 온실가스 관리목표
㉤ 이행계획
㉥ 온실가스 관리목표 달성 여부 및 개선명령(개선명령을 받은 경우만 해당한다.)에 관한 사항

84 탄소중립기본법상 중장기감축목표 등을 설정 또는 변경할 때에 고려사항과 먼 것은?

① 국가 신용도에 미치는 영향
② 국가 중장기 온실가스 배출·흡수전망
③ 국가 에너지정책에 미치는 영향
④ 국제사회의 기후위기 대응 동향

풀이 중장기감축목표 등을 설정 또는 변경 시 고려사항
㉠ 국가 중장기 온실가스 배출·흡수 전망
㉡ 국가비전 및 국가전략
㉢ 중장기감축목표등의 달성가능성
㉣ 부문별 온실가스 배출 및 감축 기여도
㉤ 국가 에너지정책에 미치는 영향
㉥ 국내 산업, 특히 화석연료 의존도가 높은 업종 및 지역에 미치는 영향
㉦ 국가 재정에 미치는 영향
㉧ 온실가스 감축 등 관련 기술 전망
㉨ 국제사회의 기후위기 대응 동향

85 2050 지방탄소중립녹색성장위원회의 구성 및 운영에 관한 사항이다. ( ) 안에 가장 적합한 것은?

지방위원회의 구성, 운영 및 기능 등 필요한 사항은 ( )로 정한다.

① 대통령령
② 환경부령
③ 지침
④ 조례

풀이 지방녹색성장위원회의 구성, 운영 및 기능 등 필요한 사항은 조례로 정한다.

86 온실가스 배출권의 할당 및 거래에 관한 법률에 따라 무상으로 할당된 배출권의 할당 취소사유로 거리가 먼 것은?

① 할당계획 변경으로 배출허용총량이 증가한 경우
② 할당대상업체가 전체 또는 일부 사업장을 폐쇄한 경우
③ 사실과 다른 내용으로 배출권의 할당 또는 추가 할당을 신청하여 배출권을 할당받은 경우
④ 할당대상업체의 지정이 취소된 경우

풀이 할당된 배출권을 취소할 수 있는 경우
㉠ 할당계획 변경으로 배출허용 총량이 감소한 경우
㉡ 할당대상업체가 전체 또는 일부 사업장을 폐쇄한 경우
㉢ 시설의 가동중지·정지·폐쇄 등으로 인하여 그 시설이 속한 사업장의 온실가스 배출량이 대통령령으로 정하는 기준 이상으로 감소한 경우
㉣ 사실과 다른 내용으로 배출권의 할당 또는 추가할당을 신청하여 배출권을 할당받은 경우
㉤ 할당대상업체의 지정이 취소된 경우

정답 83 ③ 84 ① 85 ④ 86 ①

87 온실가스 목표관리운영 등에 관한 지침상 "이산화탄소에 대한 온실가스의 복사강제력을 비교하는 단위로서 해당 온실가스의 양에 지구 온난화지수를 곱하여 산출한 값"을 말하는 용어는?

① 온실가스 배출량
② 온실가스 산정
③ 이산화탄소 배출량
④ 이산화탄소 상당량

88 온실가스 목표관리운영 등에 관한 지침상 용어의 뜻 중 "동일 법인 등이 당해 사업장의 조직 변경, 신규 사업에의 투자, 인사, 회계, 녹색경영 등 사회통념상 경제적 일체로서의 주요 의사결정이나 온실가스 감축 및 에너지 절약 등의 업무집행에 필요한 영향력을 행사하는 것을 말한다."를 일컫는 것은?

① 가시적인 영향력   ② 지배적인 영향력
③ 총괄적인 영향력   ④ 관리적인 영향력

89 탄소중립기본법상 순환경제의 활성화를 위해 시책 수립 · 시행 시 포함사항이 아닌 것은?

① 제조공정에서 사용되는 원료 · 연료 등의 순환성 강화에 관한 사항
② 지속 가능한 제품 사용기반 구축 및 이용 확대에 관한 사항
③ 녹색기술 · 녹색산업의 사업추진체계 및 재원조달 방안에 관한 사항
④ 폐기물의 선별 · 재활용체계 및 재제조산업의 활성화에 관한 사항

풀이 순환경제의 활성화를 위해 시책 수립 · 시행 시 포함사항
  ㉠ 제조공정에서 사용되는 원료 · 연료 등의 순환성 강화에 관한 사항
  ㉡ 지속 가능한 제품 사용기반 구축 및 이용 확대에 관한 사항
  ㉢ 폐기물의 선별 · 재활용체계 및 재제조산업의 활성화에 관한 사항
  ㉣ 에너지자원으로 이용되는 목재, 식물, 농산물 등 바이오매스의 수집 · 활용에 관한 사항
  ㉤ 국가자원통계관리체계의 구축 등 자원모니터링 강화에 관한 사항

90 2050 탄소중립 녹색성장위원회에서 심의 · 의결사항이 아닌 것은?

① 탄소중립 사회로의 이행과 녹색성장의 추진을 위한 정책의 기본방향에 관한 사항
② 지방자치단체 녹색성장 책임관 지정에 관한 사항
③ 국가비전 및 중장기감축목표 등의 설정 등에 관한 사항
④ 국가기본계획의 수립 · 변경에 관한 사항

풀이 2050 탄소중립 녹색성장위원회 심의 · 의결사항
  ㉠ 탄소중립 사회로의 이행과 녹색성장의 추진을 위한 정책의 기본방향에 관한 사항
  ㉡ 국가비전 및 중장기감축목표 등의 설정 등에 관한 사항
  ㉢ 국가전략의 수립 · 변경에 관한 사항
  ㉣ 이행현황의 점검에 관한 사항
  ㉤ 국가기본계획의 수립 · 변경에 관한 사항
  ㉥ 국가기본계획, 시 · 도계획 및 시 · 군 · 구계획의 점검 결과 및 개선의견 제시에 관한 사항
  ㉦ 국가 기후위기 적응대책의 수립 · 변경 및 점검에 관한 사항
  ㉧ 탄소중립 사회로의 이행과 녹색성장에 관련된 법 · 제도에 관한 사항
  ㉨ 탄소중립 사회로의 이행과 녹색성장의 추진을 위한 재원의 배분방향 및 효율적 사용에 관한 사항
  ㉩ 탄소중립 사회로의 이행과 녹색성장에 관련된 연구개발, 인력양성 및 산업육성에 관한 사항
  ㉪ 탄소중립 사회로의 이행과 녹색성장에 관련된 국민 이해 증진 및 홍보 · 소통에 관한 사항
  ㉫ 탄소중립 사회로의 이행과 녹색성장에 관련된 국제협력에 관한 사항
  ㉬ 다른 법률에서 위원회의 심의를 거치도록 한 사항
  ㉭ 그 밖에 위원장이 온실가스 감축, 기후위기 적응, 정의로운 전환 및 녹색성장과 관련하여 필요하다고 인정하는 사항

정답 87 ④ 88 ② 89 ③ 90 ②

91 할당 대상업체가 대통령령으로 정하는 바에 따라 해당 이행연도에 자신의 모든 사업장에서 실제 배출된 온실가스 배출량에 대하여 배출량 산정계획서를 기준으로 명세서를 작성하여 주무관청에 제출하여야 하는 시기(기준)는?

① 매 이행연도 종료일까지
② 매 이행연도 종료일부터 1개월 이내
③ 매 이행연도 종료일부터 2개월 이내
④ 매 이행연도 종료일부터 3개월 이내

92 탄소중립기본법상 부문별 중앙행정기관의 장은 온실가스 감축목표의 설정·관리와 권리와 의무의 승계에 관한 업무를 관장하며, 이에 대한 총괄·조정 기능을 수행하는 자는?

① 기획재정부장관 ② 국무조정실장
③ 환경부장관 ④ 산업통상자원부장관

93 할당대상 업체 지정 기준과 관련된 설명으로 적절하지 않은 것은?

① 할당대상업체는 관리업체 중 최근 3년간 온실가스 배출량의 연평균 총량이 12만 5천 이산화탄소상당량톤 이상인 업체이거나 2만 5천 이산화탄소상당량톤 이상인 사업장의 해당업체 중 지정 고시된 업체
② 관리업체 중 할당대상업체로 지정받기 위하여 신청한 업체
③ 할당대상 업체 지정 시 최근 3년간이란 매 계획기간 시작 전부터 3년간을 말함
④ 배출권거래제 할당대상 업체 신규진입자에 대한 최근 3년간은 신규진입자로 지정·고시하는 연도의 직전 3년간을 말함

[풀이] 할당대상 업체의 지정에서 최근 3년간이란 매 계획기간 시작 4년 전부터 3년간을 말한다.

94 온실가스 배출권의 할당 및 거래에 관한 법률상 주무관청은 매 계획기간 시작 몇 개월 전까지 배출권거래제 할당대상업체를 지정·고시하여야 하는가?

① 12개월 전까지
② 6개월 전까지
③ 5개월 전까지
④ 3개월 전까지

[풀이] 대통령령으로 정하는 중앙행정기관의 장은 매 계획기간 시작 5개월 전까지 배출권 할당대상업체로 지정·고시한다.

95 온실가스 배출량 및 에너지 소비량 등의 보고에 관한 설명으로 (　)에 알맞은 것은?

> 관리업체는 사업장별로 매년 온실가스 배출량 및 에너지 소비량에 대하여 측정·보고·검증 가능한 방식으로 (　)를 작성하여 정부에 보고하여야 한다.

① 실적서 ② 명세서
③ 운영보고서 ④ 시행보고서

[풀이] 명세서 제출(온실가스 목표관리 운영 등에 관한 지침)
㉠ 관리업체는 검증기관의 검증을 거친 명세서를 매년 3월 31일까지 전자적 방식으로 부문별 관장기관에 제출하여야 한다.
㉡ 관리업체는 다음 각 호에 해당하는 경우 과거에 제출한 명세서를 수정하여 검증기관의 검증을 거쳐 제1항의 당해 연도 명세서와 함께 부문별 관장기관에게 전자적 방식으로 제출하여야 한다.
• 관리업체의 권리와 의무가 승계된 경우
• 조직경계 내·외부로 온실가스 배출원 또는 흡수원의 변경이 발생한 경우
• 배출량 등의 산정방법론이 변경되어 온실가스 배출량 등에 상당한 변경이 유발된 경우
• 사업장 고유 배출계수를 검토·확인을 받거나, 그 값이 변경된 경우

정답 91 ④ 92 ③ 93 ③ 94 ③ 95 ②

96 신에너지 및 재생에너지 개발·이용·보급 촉진법상 산업통상자원부장관은 관계중앙행정기관의 장과 협의한 후 신·재생에너지정책심의회의 심의를 거친 신·재생에너지의 기술개발 및 이용·보급을 촉진하기 위한 기본계획을 몇 년마다 수립하여야 하는가?

① 1년
② 5년
③ 10년
④ 20년

풀이 기본계획을 5년마다 수립하여야 하며 기본계획의 계획기간은 10년 이상으로 한다.

97 탄소중립기본법상 정부는 탄소중립사회로의 이행과 녹색성장 추진 등 기후위기 대응을 위하여 수립·시행하여야 하는 금융시책에 포함되어야 하는 사항과 거리가 먼 것은?

① 재원 조성 및 자금 지원
② 금융상품의 개발
③ 민간투자 활성화
④ 녹색경제 관련 정보의 수집, 분석 및 제공

풀이 금융시책 포함사항
　㉠ 재원 조성
　㉡ 자금 지원
　㉢ 금융상품의 개발
　㉣ 민간투자 활성화
　㉤ 탄소중립 관련 정보 공시제도 강화
　㉥ 탄소시장 거래활성화

98 온실가스 배출권의 할당 및 거래에 관한 법률 시행령상 할당대상업체가 환경부장관에게 제출하여야 하는 상쇄배출권의 제출한도(기준)는 얼마인가?

① 할당대상업체 배출권의 100분의 1 이내의 범위
② 할당대상업체 배출권의 100분의 5 이내의 범위
③ 할당대상업체 배출권의 100분의 10 이내의 범위
④ 할당대상업체 배출권의 100분의 20 이내의 범위

풀이 상쇄배출권의 제출한도는 해당 할당대상업체가 환경부장관에게 제출하여야 하는 배출권의 100분의 10 이내의 범위에서 할당계획으로 정한다.

99 탄소중립기본법상 2050 탄소중립 녹색성장위원회 심의·의결사항으로 옳은 것은?

① 탄소중립사회로의 이행과 녹색성장의 추진을 위한 정책의 기본방향에 관한 사항
② 국가비전 및 중장기 감축목표 등의 설정 등에 관한 사항
③ 저탄소 녹색성장과 관련된 국제협상·국제협력, 교육·홍보, 인력양성 및 기반구축 등에 관한 사항
④ 국가 전략의 수립·변경에 관한 사항

풀이 2050 탄소중립 녹색성장위원회 심의·의결사항
　㉠ 탄소중립 사회로의 이행과 녹색성장의 추진을 위한 정책의 기본방향에 관한 사항
　㉡ 국가비전 및 중장기감축목표 등의 설정 등에 관한 사항
　㉢ 국가전략의 수립·변경에 관한 사항
　㉣ 이행현황의 점검에 관한 사항
　㉤ 국가기본계획의 수립·변경에 관한 사항
　㉥ 국가기본계획, 시·도계획 및 시·군·구계획의 점검 결과 및 개선의견 제시에 관한 사항
　㉦ 국가 기후위기 적응대책의 수립·변경 및 점검에 관한 사항
　㉧ 탄소중립 사회로의 이행과 녹색성장에 관련된 법·제도에 관한 사항
　㉨ 탄소중립 사회로의 이행과 녹색성장의 추진을 위한 재원의 배분방향 및 효율적 사용에 관한 사항
　㉩ 탄소중립 사회로의 이행과 녹색성장에 관련된 연구개발, 인력양성 및 산업육성에 관한 사항
　㉪ 탄소중립 사회로의 이행과 녹색성장에 관련된 국민 이해 증진 및 홍보·소통에 관한 사항
　㉫ 탄소중립 사회로의 이행과 녹색성장에 관련된 국제협력에 관한 사항
　㉬ 다른 법률에서 위원회의 심의를 거치도록 한 사항
　㉭ 그 밖에 위원장이 온실가스 감축, 기후위기 적응, 정의로운 전환 및 녹색성장과 관련하여 필요하다고 인정하는 사항

정답 96 ② 97 ④ 98 ③ 99 ③

100 탄소중립기본법 시행령상 정부가 녹색기술·녹색산업 집적지 및 단지를 조성하게 할 수 있는 대통령령으로 정하는 기관 또는 단체가 아닌 것은?

① 「교통안전공단법」에 따른 교통안전공단
② 「에너지이용합리화법」에 따른 한국에너지공단
③ 「고등교육법」에 따른 대학·산업대학·전문대학 및 기술대학
④ 「한국환경산업기술원법」에 따른 한국환경산업기술원

풀이 녹색기술·녹색산업 집적지 및 단지조성사업 추진기관
   ㉠ 「산업기술단지 지원에 관한 특례법」에 따른 사업시행자
   ㉡ 「산업집적활성화 및 공장설립에 관한 법률」에 따른 한국산업단지공단
   ㉢ 「특정연구기관 육성법」에 따른 특정연구기관 및 공동관리기구
   ㉣ 「고등교육법」에 따른 대학·산업대학·전문대학 및 기술대학
   ㉤ 과학기술분야 정부출연연구기관
   ㉥ 「민법」 및 「공익법인의 설립·운영에 관한 법률」에 따라 미래창조과학부장관의 허가를 받아 설립된 한국산업기술진흥협회
   ㉦ 「한국환경공단법」에 따른 한국환경공단
   ㉧ 「환경기술 및 환경산업 지원법」에 따른 한국환경산업기술원
   ㉨ 「한국교통안전공단법」에 따른 한국교통안전공단
   ㉩ 「산업입지 및 개발에 관한 법률」에 따른 산업단지개발사업의 시행자
   ㉪ 「중소기업진흥에 관한 법률」에 따른 중소벤처기업진흥공단

정답 100 ②

SECTION 02 2017년 4회 기사

1과목 기후변화개론

01 온실가스 초과 감축분을 국제적으로 거래할 수 있도록 하는 배출권거래제도 이행을 위하여 배출량 산정보고서와 관련된 ISO 지침원칙의 4가지 충족조건에 해당되지 않은 것은?

① 완전성(Completeness)
② 일관성(Consistency)
③ 보장성(Guarantee)
④ 투명성(Transparency)

풀이 배출량 산정보고서의 4가지 충족조건(ISO 지침원칙)
　㉠ 완전성(Completeness)
　　• 모든 정량화 범위 및 원칙과 온실가스 배출/흡수에 대한 설명이 포함되어야 한다.
　　• 어떠한 예외라도 보고되고 정당성이 증명되어야 한다.
　　• 모든 정보는 선언된 경계, 범위, 기간 그리고 보고의 목적으로 구성된 양식을 갖추어야 한다.
　㉡ 일관성(Consistency)
　　• 온실가스 배출/흡수는 시간에 따라 비교 가능하여야 한다.
　　• 보고 기준의 변화와 그로 인한 결과의 변화는 명확히 지적되고 해명되어야 한다.
　㉢ 정확성(Accuracy)
　　• 온실가스의 정량화는 실제 배출/흡수의 초과도, 미만도 아님을 보증해야 한다.
　　• 불확실성은 정량화되고 감소되어야 한다.
　㉣ 투명성(Transparency)
　　• 정보는 명확하고, 사실에 입각하여 정기적으로 제공되어야 한다.
　　• 온실가스자료 정보는 확인·검증 가능한 양식으로 취득, 기록, 변환, 분석, 문서화되어야 한다.

02 1958년 이후 지금까지 하와이 마우나로아에서 측정한 이산화탄소의 대기 중 농도는 남극에서 측정한 이산화탄소와 달리 여름과 겨울 사이에 전체 농도의 약 1%에 해당하는 3~4ppmv만큼의 차이가 난다(여름철이 최저). 이 같은 계절차는 우리나라를 비롯한 고위도 북반구 지역에 더 뚜렷한데, 다음 중 이 계절 변동의 원인으로 가장 적절한 것은?

① 대기의 습도　　② 식물 광합성
③ 해수면 온도　　④ 인간의 활동

풀이 CO_2 농도는 관측지점에 관계없이 봄부터 여름까지는 줄어드는 경향을 보이다가 가을부터 증가하는데 가을에서 겨울까지는 식물 광합성작용이 줄어들어 더 많은 이산화탄소를 배출한다.

03 화석연료의 연소로 인해 야기된 전 지구적 기후 변화를 보여주는 심벌로 인식되고 있는 아래 그림은 마치 톱니처럼 주기적으로 위아래로 진동하면서 오른쪽 위를 향해 뻗어간다. 이 그림의 명칭과 그 원인은?

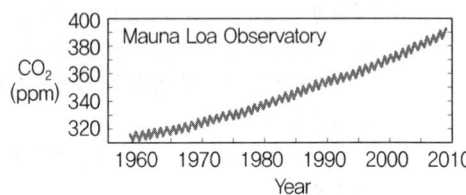

① Keeling Curve, 식물의 광합성에 따른 계절적인 차이
② Keeling Curve, 기온 증가로 인한 빙하의 감소 차이
③ James Curve, 폭우와 폭설에 따른 강수의 차이
④ James Curve, 태양복사에 의한 알베도의 차이

정답 01 ③　02 ②　03 ①

[풀이] 킬링곡선(Keeling Curve)
  ㉠ 1958년부터 지구 대기의 이산화탄소량을 나타낸 그래프로 찰스 데이비드 킬링의 이름을 따 붙여진 명칭이다.
  ㉡ 1958년 남극과 하와이 마우나로아에서 최초로 이산화탄소를 매일 측정하였는데 현재까지도 이어지고 있다.
  ㉢ 이산화탄소 농도의 변동이 계절적인 변동을 넘어서 매년 증가하는 것을 발견하였다.(원인은 식물의 광합성에 따른 계절적인 차이)

04 다음 중 미국 북동부지역에서 운영 중인 배출권거래제도는?

① JVET
② RGGI
③ EEX
④ KETS

[풀이] RGGI는 미북동부 9개 주에서 전력 부문의 사업장이 참여하여 운영되고 있는 총량제한 배출권거래제로서 2009년 1월부터 시작되어 미국 최초로 강제적인 감축의무가 시행되는 프로그램이다.

05 기후변화협약의 주요 내용에 대한 설명으로 옳지 않은 것은?

① 기후변화 완화조치를 포함한 국가계획의 수립, 시행
② 온실가스 저감기술 및 공정의 개발
③ 배출권 거래제도와 공동이행제도의 도입
④ 선진국의 온실가스를 2020년까지 1990년 수준에서 평균 5.2% 의무 감축

[풀이] Annex I 국가(선진국)의 2008~2012년 평균 온실가스배출량을 1990년 대비 평균 5.2% 의무감축하기로 결정한 것은 제3차 당사국총회(COP 3)이다.

06 기후변화협약 당사국총회(COP)와 그 주요결과로 옳지 않은 것은?

① COP 1(독일 베를린)에서는 2000년 이후 기간에 대한 선진국(부속서1 국가)의 감축목표 설정협상을 개시하는 '베를린 맨데이트'를 채택했다.
② COP 2(스위스 제네바)에서는 선진국의 감축목표에 대한 법적 구속력을 부여하기로 합의했다.
③ COP 7(모로코 마라케시)에서는 교토의정서 운영규칙을 확정할 예정이었으나, 미국, 일본, 호주 등 Umbrella 그룹과 유럽연합 간의 입장 차이로 합의가 결렬되었다.
④ COP 9(이태리 밀라노)에서는 CDM 흡수원 관련 사업에 대한 기술적 규정, 기후변화 특별기금, 최빈국 기준 운영지침서 등을 합의했다.

[풀이] ③항의 내용은 제6차 당사국총회(COP 6)와 관련이 있다.

07 탄소세와 비교하였을 때 배출권거래제만의 장점으로 옳은 것은?

① 최소 저감비용으로 감축이 가능하고, 시행에 필요한 인프라는 거의 없다.
② 관리되는 업체에 안정적인 탄소가격 신호전달이 가능하다.
③ 초기부터 재원조달이 가능하며, 탄소세 수준을 상향조절할수록 재원 확보가 증가한다.
④ 배출량 관리가 용이하다.

[풀이] 배출권거래제도는 총배출량 설정을 통해 정부의 환경목표달성뿐만 아니라 개별오염원은 자율적인 시장거래를 통해 비용효과적으로 목표달성이 이루어진다.

08 우리나라의 국가 배출권 할당계획(온실가스 배출권 거래제 제1차 계획기간〈2015년~2017년〉)에 대해 바르게 설명한 것은?

① 할당대상 온실가스는 CO_2, CH_4, N_2O, HFCs, PFCs로 5종류다.
② 각 기업은 온실가스 감축비용에 따라 직접 감축활동을 하거나 시장에서 배출권을 매입할 수 있다.
③ 배출권 거래제 주무관청은 산업통상자원부이다.
④ 계획기간 4년 전부터 3년간 온실가스 배출량 연평균 총량이 업체기준으로 25,000톤 CO_2-eq 이상인 업체는 할당대상업체이다.

정답 04 ② 05 ④ 06 ③ 07 ④ 08 ②

[풀이] ① 할당대상 온실가스는 CO_2, CH_4, N_2O, HFC, PFC, SF_6이다.
③ 배출권거래제 주무관청은 기획재정부이다.
④ 할당대상업체의 지정은 최근 3년간 온실가스 배출량의 연평균 총량이 125,000이산화탄소 상당량톤(tCO_2-eq) 이상인 업체이거나 25,000 이산화탄소 상당량톤(tCO_2-eq) 이상인 사업장의 해당 업체로 한다.

09 다음 중 지구온난화지수가 큰 순서부터 작은 순서대로 옳게 나열된 것은?

① CH_4 > CO_2 > HFCs > N_2O
② SF_6 > PFCs > CH_4 > CO_2
③ HFCs > SF_6 > N_2O > CO_2
④ PFCs > CH_4 > N_2O > CO_2

[풀이]
- SF_6(GWP : 23,900)
- PFCs(GWP : 6,500~9,200)
- CH_4(GWP : 21)
- CO_2(GWP : 1)

10 기후변화에 대한 국제기구의 논의과정에 대한 설명으로 옳지 않은 것은?

① 국제사회가 기후변화문제를 환경문제로 처음 논의하기 시작한 것은 1972년 스톡홀름에서 개최된 인간환경회의(UN Conference on the Human Environment)로 볼 수 있다.
② WMO(세계기상기구)와 UNEP는 1988년 공동으로 IPCC(기후변화 정부 간 패널)을 설립하고 지구온난화 문제에 각국 정부의 연구 및 대응역량을 결집하였다.
③ IPCC는 1990년 제2차 세계기구회의에서 제1차 기후변화보고서를 발표하고 여기에서 기후변화 문제를 다루기 위한 국제협약이나 규범의 제정을 권고하였다.
④ IPCC는 1990년 제2차 세계기후회의에서 국제 협약이나 규범의 권고에 따라 1999년 브라질 리우에서 개최된 유엔환경개발회의(UNCED)에서 기후변화협약(UNFCCC)을 체결하고 선진국의 온실가스 감축목표를 명확히 합의하였다.

[풀이] 기후온난화에 대한 과학적 자료가 증가하고 범지구적 차원의 온실가스 감축 노력이 필요하다는 공감대 속에 적극 대처(온실가스의 인위적 방출규제)하기 위하여 UN의 주관으로 1992년 브라질 리우데자네이루에서 열린 환경개발회의(UNCED)에서 기후변화협약(UNFCCC)이 채택되었으며 선진국의 온실가스감축목표를 명확히 합의한 것은 COP 3(제3차 당사국총회)이다.

11 UNFCCC의 규제대상 직접 온실가스에 해당되지 않는 것은?

① N_2O
② H_2O
③ PFCs
④ HFCs

[풀이] 기후변화협약 제3차 당사국총회에서 CO_2, CH_4, N_2O, PFCs, HFCs, SF_6의 6종에 대해 저감 및 관리 대상 온실가스로 규정하였다.
온실효과에 직접적으로 관여하는 물질로 직접가스 중에서 CFCs는 이미 몬트리올 의정서에 의해 규제받고 있다.
H_2O는 자연계에 순환된다고 가정해 인위적인 온실가스가 아니라고 규정하여 기후변화협약(UNFCCC)의 규제대상 직접 온실가스에서 제외하고 있다.

12 기후변화의 영향인자로 가장 거리가 먼 것은?

① 태양활동의 변화, 대양에서의 환류작용
② 이산화탄소의 시비효과, 산림탄소의 변화
③ 지구대기 구성 미생물의 활동주기 변화, 인구이동
④ 황산에어로졸과 먼지, 화학적 반응과 대기의 산화상태

[풀이] 지구대기 구성 미생물의 활동주기 변화 및 인구이동은 기후변화의 영향에 관련성 증명이 확인된 바 없다.

13 평균온도가 15℃인 지구표면을 완전 흑체 ($\varepsilon=1$)라고 가정할 때 방출되는 최대 복사량은? (단, 스테판-볼츠만 상수는 $5.67\times10^{-8}\text{Watt/m}^2\text{K}^4$이다.)

① 315Watt/m² ② 390Watt/m²
③ 445Watt/m² ④ 495Watt/m²

풀이 스테판-볼츠만의 법칙
$E = \sigma T^4$
$= 5.67\times10^{-8}\text{W/m}^2\text{K}^4 \times (15+273)^4\text{K}^4$
$= 390\text{Watt/m}^2$

14 1999년~2008년까지 최근 10년간 우리나라 안면도에서 관측된 이산화탄소의 농도 경향에 관한 설명으로 옳지 않은 것은?

① 계절별로 진폭은 다르지만 뚜렷한 일변동 특성을 지닌다.
② 월평균 이산화탄소의 최댓값과 최솟값은 각각 4월과 8월에 나타났다.
③ 일변동 최저농도가 나타나는 시간은 계절별로 차이가 있으나, 15~17시 사이에 나타났다.
④ 이산화탄소의 일변동폭은 겨울에 약 10ppm 정도로 가장 크고, 여름에 약 3ppm 정도로 가장 작게 나타났다.

풀이 우리나라 이산화탄소의 일변동폭은 여름(약 12ppm)에 아주 크고 겨울(약 4ppm)에는 아주 작게 나타난다.

15 IPCC 제4차 보고서에 나타난 1961년 이후 매년 해수면 상승의 정도는?

① 0.8mm ② 1.8mm
③ 3.8mm ④ 5.8mm

풀이 IPCC 제4차 보고서에 의하면 현재의 CO_2 배출량 증가 추세가 계속될 경우 2040~2050년경의 대기 중 CO_2 농도는 550ppm, 기온 상승(산업혁명 이전 대비) 예측치는 2.9℃이다. 또한 1961년 이후 매년 해수면 상승은 1.8mm로 보고되었다.

16 다음은 어떤 기체에 관한 설명인가?

주요한 변량기체 중의 하나이며, 최근 몇 십년간 이 기체의 대기 중 농도는 연간 약 0.01ppm씩 증가하고 있고, 현재는 약 1.7ppm 정도로 보이고 있다. 자연계에서는 주로 습지에서 배출되며, 인간활동에 의해서는 천연가스 파이프라인이나 유정에서 새어나오기도 하고, 논에서도 발생한다.

① 이산화탄소 ② 메탄
③ 오존 ④ 아산화질소

풀이 CH_4의 지표 부근 대기 중 농도는 약 1.5ppm(1.7ppm) 정도이고 매년 0.9%씩 증가하는 추세이다. 또한 농사, 천연가스 보급 및 폐기물 매립과 관련된 인간활동의 결과로서 증가한다.

17 기후변화의 영향을 각 부문별 기후변화에 대한 취약성으로 평가함에 있어서, 취약성 평가기준이 아닌 것은?

① 리스크 평가(Risk)
② 민감성(Sensitivity)
③ 노출(Exposure)
④ 적응(Adaptation)

풀이 기후변화 취약성 개념도

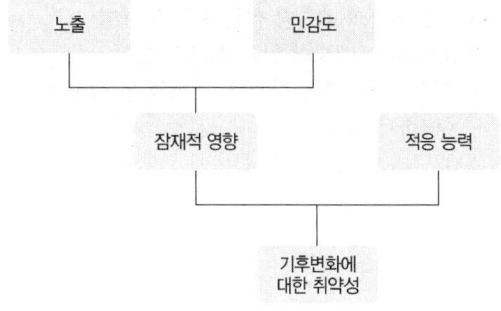

정답 13 ② 14 ④ 15 ② 16 ② 17 ①

18 기후변화에 대한 정부 간 패널(IPCC)의 실행그룹에 대한 설명으로 옳지 않은 것은?

① 제1실행그룹은 기후시스템과 기후변화에 대한 과학적 이해를 다루는 그룹이다.
② 제2실행그룹은 기후변화의 영향평가와 적응 및 취약성 평가를 다루는 그룹이다.
③ 제3실행그룹은 온실가스 배출량 완화와 사회경제적 비용 및 편의분석 등 정책을 다루는 그룹이다.
④ 특별대책반(TF)은 기후변화로 인한 재해지역에서 온실가스 및 에어로졸, 방사성 물질, 프로세스 및 모델링을 통해 폭넓은 과학적 평가를 행하는 그룹이다.

풀이 Task Force on National Greenhouse Inventories (특별대책반)
㉠ 국가온실가스 배출량 테스크 포스를 의미함
㉡ IPCC/OECD/IEA가 공동으로 국가 온실가스 배출목록 작성을 위한 프로그램 가동
㉢ 국가 온실가스 배출 가이드라인 및 최우수 사례 가이드라인 작성
㉣ 배출가스 Data Base 운영

19 다음은 어떤 온실가스 인벤토리 가이드라인에 대한 명인가?

- 국가 온실가스 배출량 산정을 위해 개발
- Top-down 배출량 산정 접근방법론
- 국제적 표준이 되는 온실가스 종류 및 GWP(지구온난화지수) 제시
- 2007년 노벨평화상 수상

① IPCC
② ISO 14064-1
③ GHG protocol
④ EU-ETS GL

풀이 IPCC 가이드라인
㉠ IPCC 가이드라인은 국가온실가스 배출량 산정을 위한 지침으로 기본변화협약 당사국이 국가배출량 산정 시 기준으로 사용하는 지침이다. 즉, UNFCCC에서 국제표준으로 인정한 유일한 지침서이다.
㉡ 국가 온실가스 인벤토리 작성을 위한 2006 IPCC 가이드라인은 인간활동에 따른 온실가스의 배출원(Sources)에 의한 배출량(Emission) 및 흡수원(Sinks)에 의한 흡수량(Removal)의 국가 인벤토리를 산정하기 위한 방법론을 제공한다.
㉢ 2006 G/L은 다섯 권으로 구성되어 있다. 제1권은 인벤토리 개발의 기본적 단계를 기술하고 국가 온실가스 인벤토리가 다수 등장하기 시작한 1980년대 후반 이후 기간 동안 국가들의 축적된 경험에 관한 저자들의 이해에 기초하여 온실가스 배출 및 저감 산정의 일반적인 지침을 제공하고, 제2~5권은 경제적으로 서로 다른 부문에서의 산정에 대한 지침을 제공한다.
㉣ 불확도를 고려한 활동데이터, 배출계수 산정에서의 접근방식을 제시하며 국제 배출계수를 제공한다.
㉤ 국제적 표준이 되는 온실가스 종류 및 지구온난화지수 등을 포함한다.
㉥ 하향식(Top-Down) 배출량 산정접근방식을 이용, 국가 인벤토리 작성을 위해 개발되었다.
㉦ 2007년 노벨평화상을 수상하였다.

20 배출량 산정 기본식에 대한 설명으로 옳지 않은 것은?

① GWP는 지구온난화지수로, CO_2 1kg 대비 Non CO_2 1kg의 온실가스 기여도를 말한다.
② 배출계수는 단위활동자료당 발생하는 온실가스 배출량을 나타낸다.
③ GWP 100년을 기준으로 할 때 지구온난화지수가 가장 높은 물질은 PFCs로 23,900이다.(IPCC제2차보고서 기준)
④ 고정연소의 배출량 산정방법론의 매개변수는 활동자료, 열량계수, 배출계수, 산화계수이다.

풀이 지구온난화지수(GWP)가 가장 높은 것은 SF_6으로 23,900이다.

정답 18 ④ 19 ① 20 ③

2과목 온실가스배출의 이해

21 고정연소시설에 사용하는 기체연료 중 발전소, 산업공정의 스팀과 열 생산, 가정이나 상업용 난방 등에 주로 쓰이는 천연가스의 일반적인 주성분은?

① 메탄
② 부탄
③ 프로판
④ 에탄

풀이 천연가스 연소
㉠ 특성
- 천연가스는 탄소 1개와 수소로 이루어진 메탄이 주성분이며 탄소가 7개 또는 그 이상의 탄화수소로 포함된 혼합물이다.
- 천연가스는 전국적으로 사용되는 주요 연료 중의 하나이다.
- 천연가스의 주성분은 메탄이며, 그 외 가변량의 에탄과 소량의 질소, 헬륨, 이산화탄소도 포함되어 있다.
- 가스를 사용하기 전에 액화성 성분을 회수하며 황화수소를 제거하는 가스처리공장을 필요로 한다.

㉡ 사용(적용)
주로 발전소용, 산업공정의 스팀과 열 생산용, 가정이나 상업용 공간 난방 등에 쓰인다.

22 온실가스 배출권거래제의 배출량 보고 및 인증에 관한 지침상 유리 생산공정 중 융해공정에서 CO_2를 배출하는 주요 원료와 가장 거리가 먼 것은?

① 생석회
② 소다회
③ 백운석
④ 석회석

풀이 융해공정 중 CO_2를 배출하는 주요 원료는 석회석($CaCO_3$), 백운석($CaMg(CO_3)_2$) 및 소다회(Na_2CO_3)이다. 이러한 광물들이 유리 생산에 사용되기 위해 채굴되는 과정에서도 CO_2가 배출된다.
또 다른 CO_2 배출 유리 원료로는 탄산바륨($BaCO_3$), 골회(Bone ash), 탄산칼륨(K_2CO_3) 및 탄산스트론튬($SrCO_3$)이 있다.

23 온실가스 배출권거래제의 배출량 보고 및 인증에 관한 지침상 원료별 사용 비율에 따른 전 세계 카프로락탐 생산능력이 큰 순서부터 작은 순서로 옳게 나열된 것은?

① 페놀 > 톨루엔 > 사이클로헥산
② 톨루엔 > 사이클로헥산 > 페놀
③ 사이클로헥산 > 페놀 > 톨루엔
④ 페놀 > 사이클로헥산 > 톨루엔

풀이 카프로락탐 생산공정
㉠ 카프로락탐 생산공정은 출발 원료에 따라 사이클로헥산, 페놀 및 톨루엔의 3가지로 대별할 수 있다.
㉡ 원료별 사용 비율에 따른 전 세계 카프로락탐 생산능력은 사이클로헥산이 70%, 페놀이 25%이고 나머지는 톨루엔이 차지하는데 우리나라의 경우 주로 사이클로헥산을 출발 원료로 하여 카프로락탐을 생산하는 것으로 알려져 있다.

24 온실가스 배출권거래제의 배출량 보고 및 인증에 관한 지침상 아연 생산공정과 거리가 먼 것은?

① 질산제조공정
② 정제공정
③ 제련공정
④ 소결공정

풀이 아연 생산공정 중 소결, 제련, 정제 공정은 1차, 2차 아연 생산공정에서 동일하며 Waelz Kiln, 슬래그 환원, Fuming 공정은 2차 아연 생산공정이다.

25 온실가스 배출권거래제의 배출량 보고 및 인증에 관한 지침상 철강 생산공정의 보고대상 배출시설 중 "제선로에서 만들어진 선철 중의 불순물 제거, 탈탄처리, 합금원소 첨가 등 정련작업을 하여 소정 품질의 강재를 생산하는 데 사용되는 노"에 해당하는 것은?

① 용선로
② 코크스로
③ 소결로
④ 평로

풀이 평로
㉠ 제선로(용광로)에서 만들어진 선철(용선) 중의 불순물 제거, 탈탄처리, 합금원소 첨가 등 정련작업

을 하여 소정 품질의 강재를 생산하는 데 사용되는 노를 말한다.
ⓒ 얇은 직사각형의 구조를 가지는 것이 보통이다.
ⓒ 원료로는 중유, 미분탄, 발생로 가스 등을 사용한다.

26 온실가스 배출권거래제의 배출량 보고 및 인증에 관한 지침상 고형 폐기물의 생물학적 처리의 보고대상 배출시설과 거리가 먼 것은?

① 퇴비화 시설 ② 고도처리시설
③ 부숙토 생산시설 ④ 혐기성 분해시설

풀이 고형폐기물의 생물학적 처리 보고대상 배출시설
ⓐ 사료화 · 퇴비화 · 소멸화 · 부숙토 생산시설
ⓑ 혐기성 분해시설

27 2006 IPCC 국가 인벤토리 작성을 위한 가이드라인 기준에 따른 "생석회 생산량당 CO_2 배출계수(tCO_2/t-생산량)"로 옳은 것은?

① 0.600 ② 0.650
③ 0.700 ④ 0.750

풀이 IPCC 가이드라인 기본계수(석회생산량 기준 CO_2 기본배출계수)를 사용한다.

구분	tCO_2/t-생석회	경소백운석(고토석회)
석회 생산량당 CO_2 배출계수(tCO_2/t)	0.750	0.770

28 온실가스 배출권거래제의 배출량 보고 및 인증에 관한 지침상 석탄 채굴 및 처리활동에서의 탈루성 보고대상 온실가스로만 모두 옳게 나열한 것은?

① CO_2 ② CH_4
③ N_2O, CO_2, CH_4 ④ CH_4, N_2O

풀이 석탄 채굴 및 처리활동에서의 탈루성 보고대상 온실가스는 메탄(CH_4)이다.

29 온실가스 배출권거래제의 배출량 보고 및 인증에 관한 지침상 철강 생산 시 고급특수강이나 주물을 주조하는 데 주로 사용하는 노는?

① 전기아크로 ② 전로
③ 유도로 ④ 고로

풀이 전기로는 크게 나누어 아크로(Arc Furance)와 유도로(Induction Furance)가 있으며, 아크로는 주로 대용량의 연강(Mild Steel) 및 고합금강의 제조에 사용되고 유도로는 주로 고급특수강이나 주물을 주조하는 데 사용된다.

30 온실가스 배출권거래제의 배출량 보고 및 인증에 관한 지침상 이동연소 선박부문의 배출량을 Tier 2, 3 수준으로 산정 시 적용하는 활동자료로 거리가 먼 것은?

① 연료 종류
② 선박 종류
③ 엔진 종류별 연료사용량
④ 엔진 부하율

풀이 이동연소 선박부문 활동자료
ⓐ Tier 1
국내 수상운송, 국제 수상운송 및 어업으로 구분한 연료 종류별 사용량을 활동자료로 하고 사업자 혹은 연료공급자에 의해 측정된 측정불확도 ±7.5% 이내의 활동자료를 사용한다.
ⓑ Tier 2
선박 운항에 따른 연료 종류, 선박 종류, 선박에 탑재된 엔진 종류별 연료 사용량을 활동자료로 사용하고 사업자 혹은 연료공급자에 의해 측정된 측정불확도 ±5.0% 이내의 활동자료를 사용한다.
ⓒ Tier 3
선박 운항에 따른 연료 · 선박 · 엔진의 종류별 연료사용량을 활동자료로 사용하고 사업자 혹은 연료공급자에 의해 측정된 측정불확도 ±2.5% 이내의 활동자료를 사용한다.

정답 26 ② 27 ④ 28 ② 29 ③ 30 ④

31 온실가스 배출권거래제의 배출량 보고 및 인증에 관한 지침상 시멘트 생산의 배출활동에 관한 설명으로 옳은 것은?

① 시멘트 공정에서의 온실가스 배출원은 클링커의 제조공정인 소성공정에서 탄산칼륨의 산화반응에 의하여 이산화탄소가 배출된다.
② 시멘트 공정에서의 CO_2 배출 특성은 주원료인 석회석과 함께 점토 등 부원료의 사용량에 의한 영향이 소성시설(Kiln)의 생석회 생성량과 연료사용량 및 폐기물 소각량에 의하여 받는 영향보다 크다.
③ 연료 중 목재와 같은 바이오매스 재활용연료의 경우 배출량 산정에서 제외하여야 하나 합성수지 및 폐타이어 등 폐연료의 경우는 배출량 산정 시 포함되어야 한다.
④ CKD(소성로에서 발생되는 비산먼지)는 소성공정의 회수시스템에 의해 다량 회수되어 소성공정에 재사용되므로, 회수되지 못한 CKD 내 탄산염 성분은 탈탄산반응에 포함되지 않으므로 보정이 필요 없다.

풀이 시멘트 생산의 배출 개요
㉠ 시멘트 공정에서의 온실가스 배출원은 클링커의 제조공정인 소성공정에서 탄산칼슘의 탈탄산 반응에 의하여 이산화탄소가 배출된다.
$CaCO_3 + Heat \rightarrow CaO + CO_2$
㉡ 시멘트 공정에서 CO_2 배출 특성은 소성시설 (Kiln)의 생석회 생성량과 연료사용량 및 폐기물 소각량에 의하여 영향을 받으며, 그 밖에 주원료인 석회석과 함께 점토 등 부원료의 사용량에 의해서도 영향을 받을 수 있다.
㉢ 연료 중 목재와 같은 바이오매스 재활용연료의 경우 배출량 산정에서 제외하여야 하나 합성수지 및 폐타이어 등 폐연료의 경우는 배출량 산정 시 포함되어야 한다.
㉣ 소성로에서 발생되는 비산먼지인 Cement Kiln Dust(CKD)도 온실가스 배출과 연관이 있다.
㉤ CKD는 소성 공정의 회수시스템에 의해 다량 회수되어 소성공정에 재사용되는데, 회수되지 못한 CKD 내 탄산염 성분은 탈탄산반응에 포함되지 않으므로 보정이 필요하다.

32 온실가스 배출권거래제의 배출량 보고 및 인증에 관한 지침상 하·폐수 처리 및 배출의 보고대상 배출시설에 해당하지 않는 것은?

① 가축분뇨공공처리시설
② 공공하수처리시설
③ 분뇨처리시설
④ 부숙토처리시설

풀이 하·폐수 처리 및 배출의 보고대상 배출시설
㉠ 가축분뇨공공처리시설
㉡ 폐수종말처리시설
㉢ 공공하수처리시설
㉣ 분뇨처리시설
㉤ 기타 하·폐수처리시설

33 온실가스 배출권거래제의 배출량 보고 및 인증에 관한 지침상 철강 생산에서 발생되는 공정 부생가스가 아닌 것은?

① 코크스 오븐가스(COG)
② 카본블랙가스(CBG)
③ 전로가스(LDG)
④ 고로가스(BFG)

풀이 철강 생산 발생 공정 부생가스
㉠ 코크스 오븐가스(COG)
㉡ 고로가스(BFG)
㉢ 전로가스(LDG)

34 온실가스 배출권거래제의 배출량 보고 및 인증에 관한 지침상 고정연소(고체연료) 온실가스 보고대상 배출시설 중 공정연소시설에 해당하지 않는 시설은?

① 배연탈황시설
② 건조시설
③ 가열시설
④ 용융·융해시설

정답 31 ③ 32 ④ 33 ② 34 ①

[풀이] 고정연소(고체연료) 온실가스 보고대상 배출시설 중 공정연소시설
  ㉠ 건조시설
  ㉡ 가열시설(열매체 가열 포함)
  ㉢ 용융·용해시설
  ㉣ 소둔로
  ㉤ 기타로

35 유리생산 활동의 용해공정 중 CO_2가 배출되지 않는 원료는?

① 경소백운석
② 마그네사이트
③ 철백운석
④ 능철광

[풀이] 유리생산 활동의 용해공정 중 CO_2 배출 원료(탄산염 사용량당 CO_2 기본배출계수 물질)
  ㉠ $CaCO_3$(석회석)
  ㉡ $MgCO_3$(마그네사이트)
  ㉢ $CaMg(CO_3)_2$(백운석)
  ㉣ $FeCO_3$(능철광)
  ㉤ $Ca(Fe, Mg, Mn)(CO_3)_2$(철백운석)
  ㉥ $MnCO_3$(망간광)
  ㉦ Na_2CO_3(소다회)

36 온실가스 배출권거래제의 배출량 보고 및 인증에 관한 지침상 연료전지의 배출활동 개요에 관한 설명으로 옳지 않은 것은?

① 연료전지는 외부에서 수소와 산소를 공급받아 수용액에서 전자를 교환하는 산화·환원 반응을 한다.
② 연료전지는 산화·환원 반응에서 생성된 화학적 에너지를 전기에너지로 변환시키는 발전장치이다.
③ 연료전지는 물의 전기분해와는 다른 역반응으로 수소와 산소로부터 전기와 물을 생산한다.
④ 수소를 생산하기 위하여 연료전지 후단에서 탄산과 물을 반응시키고 이 과정에서 CO_2가 발생된다.

[풀이] 수소를 생산하기 위하여 연료전지 앞단에서 탄화수소와 물을 반응시키고 이 과정에서 CO_2가 발생된다.

37 온실가스 배출권거래제의 배출량 보고 및 인증에 관한 지침상 석유화학제품 생산공정의 공정배출 보고대상 배출시설에 해당하지 않는 것은?

① EDC/VCM 반응시설
② 에틸렌옥사이드 반응시설
③ 카본블랙 반응시설
④ 하이드록실아민 반응시설

[풀이] 석유화학제품 생산공정의 공정배출 보고대상 배출시설
  ㉠ 메탄올 반응시설
  ㉡ EDC/VCM 반응시설
  ㉢ 에틸렌옥사이드(EO) 반응시설
  ㉣ 아크릴로니트릴(AN) 반응시설
  ㉤ 카본블랙(CB) 반응시설
  ㉥ 에틸렌 생산시설
  ㉦ 테레프탈산(TPA) 생산시설
  ㉧ 코크스제거공정(De-Coking)

정답 35 ① 36 ④ 37 ④

38 온실가스 배출권거래제의 배출량 보고 및 인증에 관한 지침상 아디프산 생산을 위한 배출활동에 관한 설명으로 옳지 않은 것은?

① 아디프산 생산공정 중 온실가스(CH_4, N_2O)가 발생하는 시설은 환원반응이 일어나는 반응공정이다.
② 일반적으로 KA Oil 혼합과정에서 공정 중 질소가 고농도로 존재함에 따라 아산화질소(N_2O)가 발생하게 되는 가능성이 높다.
③ 아디프산은 합성섬유, 코팅, 플라스틱, 우레탄, 포말, 합성윤활유의 생산에 사용된다.
④ 국내 생산되는 아디프산의 대부분은 나일론 6.6을 생산하는 데 사용된다.

풀이 아디프산 공정 중 온실가스(N_2O)가 발생하는 시설은 산화반응이 일어나는 반응공정이다.

39 온실가스 배출권거래제의 배출량 보고 및 인증에 관한 지침상 고형폐기물 매립을 위한 관리형 매립시설의 주요시설과 가장 거리가 먼 것은?

① 매립가스처리시설
② 우수집배수시설
③ 침출수처리시설
④ 콘크리트차단벽 시설

풀이 관리형 매립시설의 주요시설
기초지반, 저류구조물, 차수시설, 우수집배수시설, 침출수집배수시설, 침출수처리시설, 매립가스처리시설 등

40 온실가스 배출권거래제의 배출량 보고 및 인증에 관한 지침상 고형폐기물의 생물학적 처리유형 중 혐기성 소화과정에서 주로 발생되는 대표적인 온실가스는?

① 일산화탄소   ② 아산화질소
③ 육불화황   ④ 메탄

풀이 유기폐기물의 혐기성 소화과정에서 주로 발생되는 CH_4 배출량을 산정하며, N_2O 배출은 매우 적기 때문에 산정 시 제외한다.

3과목 온실가스 산정과 데이터 품질관리

41 온실가스 배출권거래제의 배출량 보고 및 인증에 관한 지침상 관리업체가 자체적으로 설치한 계량기이나, 주기적인 정도검사를 실시하지 않는 측정기기를 표시하는 기호는?

①  ②
③  ④

풀이 활동자료의 측정방법(측정기기의 기호 및 종류)

기호	설명
WH	상거래 또는 증명에 사용하기 위한 목적으로 측정량을 결정하는 법정 계량에 사용하는 측정기기로서 계량에 관한 법률 제2조에 따른 법정 계량기
FL	관리업체가 자체적으로 설치한 계량기로서, 국가표준기본법 제14조에 따른 시험기관, 교정기관, 검사기관에 의하여 주기적인 정도검사를 받는 측정기기
FL	관리업체가 자체적으로 설치한 계량기이나, 주기적인 정도검사를 실시하지 않는 측정기기

42 사업장 고유 배출계수를 개발하여 활용하려 할 경우, 시료 채취 및 분석에 있어서 최소분석주기 기준으로 옳지 않은 것은?

① 고체 폐기물연료(원소 함량, 발열량, 수분, 회(Ash) 함량) : 분기 1회 또는 폐기물 연료 매 5천 톤 입하 시(더욱 짧은 주기로 분석한다.)
② 탄산염원료(광석 중 탄산염 성분, 원소 함량 등) : 분기 1회 또는 매 5천 톤 입하 시(더욱 짧은 주기로 분석한다.)
③ 생산물(원소 함량 등) : 월 1회
④ 기체연료 중 공정부생가스(가스성분, 발열량, 밀도 등) : 월 1회

정답 38 ① 39 ④ 40 ④ 41 ④ 42 ②

풀이 시료 채취 및 분석의 최소 주기 등

연료 및 원료		분석 항목	최소 분석 주기
고체연료		원소 함량, 발열량, 수분, 회(Ash) 함량	월 1회 또는 연료 입하 시(더욱 짧은 주기로 분석한다.)
액체연료		원소 함량, 발열량, 밀도 등	분기 1회 또는 연료 입하 시(더욱 짧은 주기로 분석한다.)
기체연료	천연가스, 도시가스	가스성분, 발열량, 밀도 등	반기 1회
	공정부생가스	가스성분, 발열량, 밀도 등	월 1회
폐기물연료	고체	원소 함량, 발열량, 수분, 회(Ash) 함량	분기 1회 또는 폐기물 연료 매 5천 톤 입하 시(더욱 짧은 주기로 분석한다.)
	액체	원소 함량, 발열량, 밀도 등	분기 1회 또는 폐기물 연료 매 1만 톤 입하 시(더욱 짧은 주기로 분석한다.)
	기체	가스성분, 발열량, 밀도 등	월 1회 또는 폐기물 연료 매 1만 톤 입하 시(더욱 짧은 주기로 분석한다.)
탄산염 원료		광석 중 탄산염 성분, 원소 함량 등	월 1회 또는 원료 매 5만 톤 입하 시(더욱 짧은 주기로 분석한다.)
기타 원료		원소 함량 등	월 1회 또는 매 2만 톤 입하 시(더욱 짧은 주기로 분석한다.)
생산물		원소 함량 등	월 1회

* 비고) 고체연료·원료가 수시 반입될 경우 월 1회로, 액체연료·폐기물 연료가 수시 반입될 경우 분기 1회로 분석할 수 있다.

43 온실가스 배출권거래제의 배출량 보고 및 인증에 관한 지침상 관리업체인 L시멘트사 #4 Kiln은 연간 80,000톤의 클링커를 생산하고 있고, 그 과정에서 시멘트킬른먼지(CKD)가 500톤 발생하나, L사는 백필터(Bag Filter)를 활용하여 CKD를 전량 회수하여 다시 Kiln에 투입한다고 가정할 때, Tier 1을 이용한 온실가스 배출량(tCO$_2$/yr)은? (단, 클링커생산량당 CO$_2$ 배출계수는 0.51tCO$_2$/t−클링커, 투입원료 중 기타 탄소성분에 기인하는 CO$_2$ 배출계수는 0.01tCO$_2$/t−클링커)

① 40,800,000
② 40,880,000
③ 41,600,000
④ 41,860,000

풀이 배출량 산정방법

[Tier 1~2]
$$E_i = (EF_i + EF_{toc}) \times (Q_i + Q_{CKD} \times F_{CKD})$$

여기서, E_i : 클링커(i) 생산에 따른 CO$_2$ 배출량(tCO$_2$)

EF_i : 클링커(i) 생산량당 CO$_2$ 배출계수(tCO$_2$/t−clinker)

EF_{toc} : 투입 원료(탄산염, 제강슬래그 등) 중 탄산염 성분이 아닌 기타 탄소성분에 기인하는 CO$_2$ 배출계수(기본값으로 0.010tCO$_2$/t−clinker를 적용한다.)

Q_i : 클링커(i) 생산량(ton)

Q_{CKD} : 킬른에서 시멘트킬른먼지(CKD)의 유실량(ton)

F_{CKD} : 킬른에서 유실된 시멘트킬른먼지(CKD)의 하소율(%)

온실가스 배출량(tCO$_2$/year)
= (0.51tCO$_2$/t−클링커 + 0.01tCO$_2$/t−클링커)
  × (80,000t/year + 500t × 0)
= 41,600.000tCO$_2$/year

44 온실가스 배출권거래제의 배출량 보고 및 인증에 관한 지침상 고정연소 배출량 산정 시 산화계수에 관한 설명으로 옳지 않은 것은?

① 고체연료, 기체연료, 액체연료 모두 Tier 1의 경우 1.0을 적용한다.
② 고체연료 중 발전 부문 Tier 2의 경우 0.98을 적용한다.
③ 액체연료 Tier 2의 경우 0.99를 적용한다.
④ 기체연료 Tier 2의 경우 0.995를 적용한다.

풀이 고체연료 Tier 2의 배출량 산정 시 산화계수
㉠ 발전 부문 : 0.99
㉡ 기타 부문 : 0.98

45 온실가스 배출권거래제의 배출량 보고 및 인증에 관한 지침상 외부에서 공급된 열(스팀)의 사용에 대한 온실가스 배출량 산정방법에 관한 설명으로 옳지 않은 것은?

① 열(스팀) 사용으로 인해 발생하는 배출량은 열(스팀) 공급자로부터 간접배출계수를 제공받아 활용한다.
② 외부에서 공급된 열(스팀) 사용으로 인해 발생하는 간접적 온실가스 배출은 관리업체의 온실가스 배출량에 포함되지 않는다.
③ 관리업체가 소유 및 통제하는 설비와 사업활동에 의한 열(스팀) 사용으로 인해 발생하는 간접적 온실가스 배출은 연료연소, 원료 사용 등으로 인한 직접적 온실가스 배출과 함께 관리업체의 온실가스 배출량에 포함되어야 한다.
④ 열(스팀)을 생산하여 외부로 공급하는 업체가 자체적으로 열(스팀) 배출계수 및 관련 근거를 제공할 수 없는 경우에는 센터가 확인하여 지침에 수록된 열(스팀) 배출계수 등을 활용할 수 있다.

풀이 외부에서 공급된 열(스팀) 사용으로 인해 발생하는 간접적 온실가스 배출은 관리업체의 온실가스 배출량에 포함되어야 한다.

46 온실가스 배출권거래제 운영을 위한 검증지침상 온실가스 배출량 등의 검증절차 중 아래의 Ⓐ에 들어갈 검증절차로 옳은 것은?

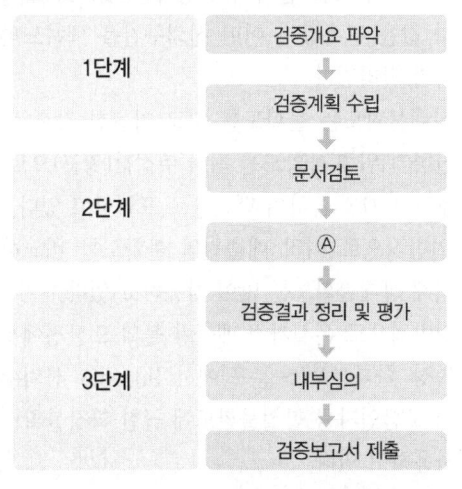

① 검증범위 확인
② 오류의 평가
③ 현장검증
④ 중요성 평가

풀이 온실가스 배출량 등의 검증절차

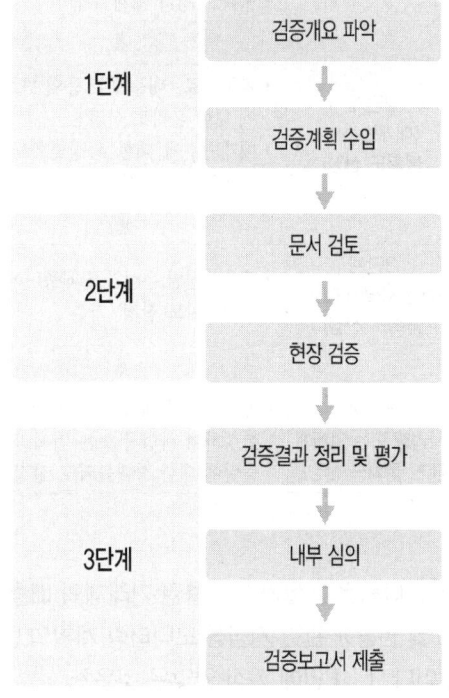

47 온실가스 배출권거래제의 배출량 보고 및 인증에 관한 지침상 온실가스 측정 불확도 산정절차를 4단계로 구분할 때, 다음 중 2단계에 해당하는 것은?

① 매개변수 분류 및 검토, 불확도 평가 대상 파악
② 배출시설별 온실가스 배출량에 대한 상대불확도 산정
③ 배출시설별 배출량의 상대불확도를 합성하여 사업장 또는 업체의 총 배출량에 대한 상대불확도 산정
④ 활동자료, 배출계수 등의 매개변수에 대한 불확도 산정

정답 45 ② 46 ③ 47 ④

[풀이] 온실가스 측정불확도 산정절차

단계	내용
1단계 (사전검토)	• 매개변수 분류 및 검토, 불확도 평가 대상 파악 • 불확도 평가 체계 수립
2단계 (매개변수의 불확도 산정)	• 활동자료, 배출계수 등의 매개변수에 대한 불확도 산정 • 매개변수에 대한 확장불확도 또는 상대불확도 산정
3단계 (배출시설에 대한 불확도 산정)	• 배출시설별 온실가스 배출량에 대한 상대불확도 산정
4단계 (사업장 또는 업체에 대한 불확도 산정)	• 배출시설별 배출량의 상대불확도를 합성하여 사업장 또는 업체의 총 배출량에 대한 상대불확도 산정

48 다음은 온실가스 배출권 거래제의 배출량 보고 및 인증에 관한 지침상 모니터링 계획의 변경사항이다. ( ) 안에 가장 알맞은 것은?

> 모니터링 계획의 사전검토를 완료한 할당대상업체는 계획기간 중에 업종의 변경이 발생한 경우 발생 후 (㉠) 이내에 모니터링 계획을 변경한 후 부문별 관장기관의 장에게 추가검토를 요청해야 한다. 단, 이 기간 내에 변경이 불가능한 경우 부문별 관장기관의 장에게 변경사항 발생 사실을 통보하여야 하며, 이 경우 (㉡)의 기간을 연장할 수 있다.

① ㉠ 30일, ㉡ 10일
② ㉠ 30일, ㉡ 7일
③ ㉠ 14일, ㉡ 10일
④ ㉠ 14일, ㉡ 7일

49 온실가스 배출권거래제의 배출량 보고 및 인증에 관한 지침상 코크스로를 운영하고 있는 관리업체 A에서 석탄 15만 톤을 사용하여 코크스 10만 톤을 생산하였다. 온실가스 배출량을 산정할 경우 발생된 온실가스 양은 몇 tCO_2-eq인가?(단, 공정배출계수는 CO_2 : $0.56 tCO_2/t$ 코크스, CH_4 : $0.1g\ CH_4/t$ 코크스)

① 56,000.210
② 84,000.320
③ 140,000.530
④ 266,000.000

[풀이] 버너에서 연소되는 Coke의 양을 파악할 수 있으며, Coke 중의 탄소가 모두 CO_2로 배출된다는 가정하에 배출량을 산정한다.

$E_{CO_2} = CC \times EF$

여기서, E_{CO_2} : 코크스 제조공정에서의 CO_2 배출량 (tCO_2)
CC : 연소된 Coke 양(ton)
EF : 연소된 Coke의 배출계수(tCO_2/t-Coke)

$= 100,000 ton$-코크스 $\times 0.56 tCO_2/t$-코크스
$= 56,000.210 tCO_2-eq$

50 온실가스 배출권거래제의 배출량 보고 및 인증에 관한 지침상 불확도 산정절차 및 방법에 관한 설명으로 옳지 않은 것은?

① 확장불확도는 합성불확도에 신뢰구간을 특정짓는 포함인자를 곱하여 결정하는 것으로 포함인자 값은 관측값이 어떤 신뢰구간을 택하느냐에 따라 달라진다.
② 상대불확도는 불확도를 비교 가능한 값으로 환산하기 위해 불확도를 최적 추정값(평균)으로 나누고 100을 곱하여 백분율로 표현하고 있다.
③ 일반적으로 여러 배출원의 불확도를 비교하기 위해 상대불확도를 많이 사용하고 있다.
④ 일반적으로 온실가스 배출량 불확도 산정에서는 특정 확률분포(t-분포)에서 99.45% 신뢰수준의 포함인자를 합성불확도에 곱한 확장불확도를 사용하고 있다.

정답 48 ④　49 ①　50 ④

풀이 일반적으로 온실가스 배출량 불확도 산정에서는 특정 확률분포(t-분포)에서 95% 신뢰수준의 포함 인자를 합성불확도에 곱한 확장불확도를 사용하고 있다.

51 온실가스 배출권거래제의 배출량 보고 및 인증에 관한 지침상 오존파괴물질의 대체물질 사용 시 폐쇄형 기포(Closed-Cell) 발포제에 의한 온실가스 배출량 산정에 요구되는 매개변수로만 옳게 나열된 것은?

ㄱ. 폐쇄형 기포발포제의 수명
ㄴ. 제품 반응률
ㄷ. 첫 해의 손실 배출계수
ㄹ. 연간 손실 배출계수

① ㄴ, ㄷ, ㄹ   ② ㄱ, ㄴ, ㄹ
③ ㄱ, ㄷ, ㄹ   ④ ㄱ, ㄴ, ㄷ

풀이 폐쇄형 기포 발포제에 의한 온실가스 배출량을 산정할 때는 연간 발포제 생산에 사용된 총 HFC의 양과 첫해의 손실계수 및 연간 손실 계수, 폐기 시 발생량을 고려하고 회수와 폐기에 의해 제거되는 양도 제외해 주어야 하며 발포제 생산과정에서 제품수명과 현재 사이에 사용된 불소계 온실가스의 양($Bank_t$)도 포함해야 한다.

52 온실가스 배출권거래제의 배출량 보고 및 인증에 관한 지침상 고체연료를 고정연소하는 배출시설이 Tier 2를 적용받을 경우 매개변수별 관리기준에 관한 설명으로 옳지 않은 것은?

① 활동자료는 사업자 또는 연료공급자에 의해 측정된 측정불확도 ±2.5% 이내의 연료사용량 자료를 활용한다.
② 열량계수는 국가 고유 발열량 값을 사용한다.
③ 배출계수는 국가 고유배출계수를 사용한다.
④ 산화계수는 발전 부문 0.99, 기타 부문 0.98을 적용한다.

풀이 Tier 2의 측정불확도는 ±5.0% 이내이다.

53 온실가스 배출권거래제의 배출량 보고 및 인증에 관한 지침상 연속측정법에 따른 배출량 산정방법 및 기준으로 거리가 먼 것은?

① 해당 배출시설의 산정등급은 Tier 4로 규정한다.
② 측정에 기반한 배출량 산정 일반식은 30분 측정(gCO_2/30분)으로 한다.
③ 측정자료 중 유량의 소수점 이하는 버림처리한다.
④ 결측자료는 무효로 처리되며 대체자료를 생성할 수 없다.

풀이 결측자료 발생 시 항목에 따른 대체자료를 생성하여야 한다.

54 온실가스 배출권거래제의 배출량 보고 및 인증에 관한 지침상 연료전지 공정에서 원료로 LNG 30,000t, 바이오가스(메탄) 6,000t을 사용할 때 CO_2 배출량(tCO_2)은?(단, 연료전지 국가 고유배출계수 및 IPCC 가이드라인 기본배출계수는 다음 표를 이용)

구분	배출계수(tCO_2/t-원료)	비고
LNG	2.7657 tCO_2/t-LNG	국가고유배출계수
LPG	2.9864 tCO_2/t-LPG	국가고유배출계수
바이오가스(메탄)	2.7518 tCO_2/t-바이오가스(메탄)	IPCC 가이드라인 기본배출계수

① 92,295.213   ② 106,102.800
③ 99,481.800   ④ 98,693.812

풀이
1. 원료 : LNG
$E_{CO_2} = 30,000t-LNG \times 2.7657 tCO_2/t-LNG$
$= 82,971 tCO_2$
2. 원료 : 바이오가스(메탄)
$E_{CO_2} = 6,000t-$바이오가스
$\times 2.7518 tCO_2/t-$바이오가스(메탄)
$= 16,510.8 tCO_2$
∴ CO_2 배출량 $= 82,971 + 16,510.8$
$= 99,481.800 tCO_2$

정답 51 ③　52 ①　53 ④　54 ③

55 온실가스 배출권거래제의 배출량 보고 및 인증에 관한 지침상 Tier 1A 방법에 따른 아연 생산공정의 보고대상 온실가스 배출량(tCO₂)은?(단, 생산된 아연의 양 2,000톤, 아연 생산량당 기본배출계수 1.72tCO₂/t, 건식야금법에 대한 아연 생산량당 배출계수 0.43tCO₂/t, Waelz Kiln 과정에 대한 아연 생산량당 배출계수 3.66tCO₂/t)

① 860   ② 3,440
③ 7,320   ④ 11,620

풀이 $E_{CO_2} = Zn \times EF_{default}$

여기서, E_{CO_2} : 아연 생산으로 인한 CO_2 배출량 (tCO₂)
Zn : 생산된 아연의 양(t)
$EF_{default}$: 아연 생산량당 배출계수 (tCO₂/t - 생산된 아연)

Tier 1 A는 활동자료인 아연 생산량에 IPCC 기본배출계수를 곱하여 결정한다.

E_{CO_2} = 2,000t - 생산된아연 × 1.72tCO₂/t - 생산된아연
  = 3,440CO₂

56 온실가스 배출권거래제의 배출량 보고 및 인증에 관한 지침상 목표관리 대상업체에서 근사법에 의한 모니터링 방법을 적용할 경우에 관한 설명으로 옳지 않은 것은?

① 관리업체는 근사법을 사용할 수밖에 없는 합당한 이유 등을 모니터링 계획에 포함하여야 한다.
② 관리업체는 배출시설단위로 측정기기의 신규설치 및 정도검사/관리 일정 등을 모니터링 계획에 포함하여야 한다.
③ 이동연소배출원(사업장에서 개별 차량별로 온실가스 배출량을 산정하는 경우를 의미한다)에는 근사법에 의한 모니터링을 적용할 수 없다.
④ 식당 LPG, 비상발전기에는 근사법에 의한 모니터링을 적용할 수 있다.

풀이 다음과 같은 배출시설 등에 대하여 모니터링 유형 C (근사법에 따른 모니터링)를 적용할 수 있다.

㉠ 식당 LPG, 비상발전기, 소방펌프 및 소방설비 등 저배출원
㉡ 이동연소배출원(사업장에서 개별 차량별로 온실가스 배출량을 산정하는 경우를 의미한다)
㉢ 타 사업장 또는 법인과의 수급계약서에 명시된 근거를 이용하여 활동자료를 배출시설별로 구분하는 경우
㉣ 기타 모니터링이 불가능하다고 관장기관이 인정하는 경우

57 A씨는 하루 30L의 휘발유를 소모한다. 이로 인해 매일 A씨가 지구온난화에 기여하는 이산화탄소의 하루 동안의 배출총량(kgCO₂/일)은?(단, 순발열량은 30.3MJ/L(Tier 2), 차량용 휘발유의 CO_2 배출계수는 69,300kg/TJ)

① 123   ② 92
③ 85   ④ 63

풀이 CO_2 배출총량(kgCO₂/일)
= 30L/일 × 30.3MJ/L × 69,300kg/TJ × TJ/10⁶MJ
= 62.9937kgCO₂/일

58 온실가스 배출권거래제의 배출량 보고 및 인증에 관한 지침상 모니터링 유형 중 A-3 유형의 활동자료를 결정하는 식으로 옳은 것은?

① 활동자료 = 신규구매량 + (회계연도 시작일 재고량 + 차기 연도 시작일 재고량) - 기타용도(판매·이송 등) 사용량
② 활동자료 = 신규구매량 + (회계연도 시작일 재고량 - 차기 연도 시작일 재고량) - 기타용도(판매·이송 등) 사용량
③ 활동자료 = 신규구매량 + (회계연도 종료일 재고량 - 차기 연도 시작일 재고량) - 기타용도(판매·이송 등) 사용량
④ 활동자료 = 신규구매량 + (회계년도 종료일 재고량 + 차기 연도 시작일 재고량) - 기타용도(판매·이송 등) 사용량

[풀이] 모니터링 유형(A-3) 활동자료식
활동자료=신규구매량+(회계연도 시작일 재고량
－차기연도 시작일 재고량)－기타 용도
(판매・이송 등) 사용량

59 온실가스 배출권거래제의 배출량 보고 및 인증에 관한 지침상 A업체에서는 전기로에서 흩뿌림 충진방식(Sprinkle Charging)으로 600℃ 조건에서 합금철이 연간 3,700t이 생산되고 있다. 아래 단서 조항에 의거 Tier 1에 따른 연간 온실가스 배출량(tCO_2-eq)은?(단, 생산된 합금철은 65% Si로 CO_2 배출계수는 3.6 tCO_2/t-합금철이며, CH_4 배출계수는 1.0 $kgCH_4/t$-합금철이다.)

① 13,397.700
② 91,020.000
③ 8,708.505
④ 59,163.000

[풀이] $E_{i,j} = Q_i \times EF_{i,j}$

여기서, $E_{i,j}$: 각 합금철(i) 생산에 따른 CO_2 및 CH_4 배출량(tGHG)
Q_i : 합금철 제조공정에 생산된 각 합금철(i)의 양(ton)
$EF_{i,j}$: 합금철(i) 생산량당 배출계수(tCO_2/t-합금철, tCH_4/t-합금철)

CO_2 배출량=3,700t-합금철×3.6tCO_2/t-합금철
=13,320tCO_2-eq
CH_4 배출량=3,700t-합금철×0.001tCH_4/t-합금철×21=77.7tCO_2-eq
온실가스 배출량(tCO_2-eq)=13,320+77.7
=13,397.700tCO_2-eq

60 온실가스 배출권거래제의 배출량 보고 및 인증에 관한 지침상 A사업장에서 운행하고 있는 차량은 트럭(경유) 5대, 임원용 승용차(휘발유) 3대, 출퇴근 버스(경유) 1대로 구성되어 있다. 이때 차량의 연료사용량(L)은?(단, 차량 관련 자료는 아래 표 기준)

차량 종류	주행거리(km/대)	연비(km/L)
트럭	60	5.3
승용차	15	9.8
버스	10	6.4

① 42.76
② 52.76
③ 62.76
④ 72.76

[풀이] 1. 트럭
60km/대×5대×L/5.3km=56.604L
2. 승용차
15km/대×3대×L/9.8km=4.592L
3. 버스
10km/대×1대×L/6.4km=1.563L
∴ 연료사용량=56.604+4.592+1.563
=62.76L

4과목 온실가스 감축관리

61 CDM 사업 등록절차별 단계 수행 및 수행 내용과 설명의 연결로 옳지 않은 것은?

① 타당성 확인(Validation) : 사업에 적합한 DOE 선정, DOE에 타당성 확인 시 필요한 자료 제공, DOE 현장심사 준비
② CDM 사업등록 : 자료송부, CDM 사업화 방안 도출, DOE를 통한 UNFCCC에 발급 요청
③ 운전 및 모니터링, 모니터링 보고서 작성 : 사업 운전 데이터 수집, 실제 배출감축량의 산정, 배출감축량 확보에 대한 보고서 작성
④ 검증(Verification) : 사업에 적합한 DOE 선정, DOE 검증 시 필요한 자료 제공, DOE 지적사항에 대한 해결방안 도출

[풀이] ②항의 내용은 CDM 사업등록절차 중 CER_s 발급에 관한 내용이다.

62 A업체는 2016년도에 온실가스 목표관리제의 관리업체로 최초 지정되었다. 이 경우 동 업체의 목표관리를 위한 기준연도 선정기준으로 옳은 것은?

① 2015년도
② 2013~2015년도
③ 2011~2015년도
④ 2006~2015년도

정답 59 ① 60 ③ 61 ② 62 ②

풀이 목표관리를 위한 기준연도는 관리업체가 최초로 지정된 연도의 직전 3개년으로 한다.

풀이 에너지 원단위 지수 개선

63 A사의 온실가스 감축방법에 관한 내용 중 탄소 상쇄로 옳은 것은?

① 외부로부터 탄소배출권 구매
② 운전조건을 개선시켜 온실가스 배출량 감축
③ 배출되는 온실가스를 재활용 또는 다른 목적으로 활용하여 온실가스 배출량 감축
④ 배출되는 온실가스를 처리하여 대기로의 온실가스 배출량 감축

풀이 탄소 상쇄의 정의
  ㉠ 기업이나 개인 등이 온실가스 배출량을 감축하기 위한 조치에도 불구하고 발생하는 온실가스 배출량의 일부 또는 전부를 외부의 크레딧으로 상쇄하는 것을 의미한다. 즉, 외부로부터 탄소배출권 구매도 탄소상쇄이다.
  ㉡ 개인이나 단체, 또는 기업이 일상생활이나 활동, 행사를 통해 배출한 CO_2 양을 산정한 후 이에 해당하는 양만큼 감축활동에 기부하는 행위를 지칭한다.
  ㉢ 탄소상쇄, 즉 'Carbon Offset'를 직역하면 이산화탄소(Carbon Dioxide)의 상쇄(Offset)라는 의미로, 온실효과가스 저감 프로젝트를 활용하여 자신이 배출한 CO_2를 없애는 것을 의미한다.

64 화학산업에서 우선적으로 추진해야 할 온실가스 감축 수단은 에너지 효율을 높이고 화학연료 사용을 최소화하는 것이다. 다음 중 에너지 효율 개선을 위해 적용할 수 있는 "공정개선"과 가장 거리가 먼 것은?

① 에너지 효율 제고를 위한 제조법의 전환 및 공정 개발
② 설비 및 기기효율의 개선
③ 배출 에너지의 회수
④ 배출량 원단위 지수 개선

65 온실가스의 직접 감축방법 중 제3차 방법론인 "공정개선"의 설명으로 가장 적합한 내용은?

① 에너지 효율 향상을 위한 운전조건 개선 등을 통한 온실가스 배출의 감축 또는 근절
② 온실가스 배출이 높은 공정에 대한 배출이 적거나 배출이 없는 대체공정
③ GWP(지구온난화지수)가 높은 온실가스를 낮은 온실가스로 전환 또는 온실가스가 아닌 물질로 전환
④ 공정에서 사용되는 온실가스 배출을 유발하는 물질을 GWP가 낮은 물질 또는 온실가스 배출이 없는 물질로 대체

풀이 공정개선
  ㉠ 에너지 효율 향상을 위한 운전조건 개선 등을 통한 온실가스 배출 감축 또는 근절을 위한 방법이다.
  ㉡ 온실가스 배출이 높은 공정에 대한 배출이 적거나 없는 대체공정을 적용한다.

66 다음은 CO_2 포집기술에 관한 내용이다. ( ) 안에 옳은 내용은?

( ) 공정은 CO_2를 포집하기 위하여 여러 성분이 혼합된 가스기류 중에서 목적 성분을 다른 성분보다 선택적으로 통과시키는 소재를 이용하여 목적 성분만을 분리하는 공정을 말한다.

① 막 분리   ② 흡착
③ 저온냉각 분리   ④ 건식 세정

풀이 막분리법
  CO_2를 포집하기 위하여 여러 성분이 혼합된 가스기류 중에서 목적 성분을 다른 성분보다 선택적으로 빠르게 통과시키는 소재를 이용하여 목적 성분만 분리하는 공정

정답 63 ① 64 ④ 65 ① 66 ①

67 온실가스 감축방법 중 직접 감축방법과 거리가 먼 것은?

① 대체물질 및 대체공정 적용
② 외부 감축사업 시행
③ 공정개선
④ 온실가스 활용

풀이 직접감축방법
　㉠ 정의
　　배출원으로부터 배출되는 온실가스를 감축 및 근절하는 행위 및 방법으로 정의된다.
　㉡ 방법(기술)
　　• 공정 개선(대체물질 및 대체공정 적용)
　　• 원료 및 연료의 개선/대체
　　• 온실가스 활용 및 전환
　　• 온실가스 처리기술

68 외부사업 타당성 평가 및 감축량 인증에 관한 지침에서 온실가스 감축 승인대상에 관한 설명으로 옳지 않은 것은?

① 외부사업 사업자가 할당 대상업체의 조직경계 외부에서 자발적으로 시행하는 사업에 한한다.
② 1차 계획기간과 2차 계획기간에는 외국에서 시행된 외부사업에서 발생한 외부사업 온실가스 감축량은 등록하거나 그에 상응하는 배출권으로 전환하여 줄 것을 신청할 수 있다.
③ 외부감축 실적이 타 법령에 의한 의무적 사항을 이행하는 과정에서 발생한 것이 아니어야 한다.
④ 일반적인 경영 여건에서 실시할 수 있는 행동을 넘어서는 추가적인 행동 및 조치에 따른 감축이 발생되어야 한다.

풀이 1차 계획기간과 2차 계획기간에는 외국에서 시행된 외부사업에서 발생한 외부사업 온실가스감축량은 등록하거나 그에 상응하는 배출권으로 전환하여 줄 것을 신청할 수 없다.

69 CDM 사업 추진 시 사업이 발생하는 해당 국가의 정부에서 CDM 사업에 대한 승인을 해주기 위해 지정한 기구의 영문 약어 이름은 무엇인가?

① PDD　　② DNA
③ MRV　　④ AAU

풀이 국가승인기구(DNA : Designated National Authority)
　• 각 국가는 각기 다른 국내 법률과 규정을 가지고 있으며 또한 관련 사업에 대하여 다른 이해관계가 있을 수 있다.
　• 각 국가에 유치되는 청정개발체제사업에 대하여 정부는 충분히 검토하고 이해관계자의 의견을 수렴할 수 있으며 사업 이행 여부에 대한 승인을 부여한다.

70 부문별 관장기관은 외부사업 사업자의 외부사업에 대한 타당성 평가를 할 때 추가성 입증의 적절성을 고려하게 되는데, 여기서 해당되는 추가성 평가항목으로만 옳게 연결된 것은?(단, 외부사업 타당성 평가 및 감축량 인증에 관한 지침을 기준, 그 밖의 경우는 고려하지 않는다.)

① 환경적 추가성, 논리적 추가성
② 법적 · 제도적 추가성, 경제적 추가성
③ 기술적 추가성, 논리적 추가성
④ 경제적 추가성, 행위적 추가성

풀이 외부사업 타당성평가 및 감축량 인증에 관한 지침의 추가성 평가항목
　㉠ 법적 추가성
　㉡ 제도적 추가성
　㉢ 경제적 추가성

정답　67 ②　68 ②　69 ②　70 ②

71 시간당 1MW 규모의 풍력발전소를 건설하여 전력을 생산하는 사업을 CDM 사업으로 추진하려고 한다. 풍력발전의 이용률은 15%이고, 매일 24시간으로 연간 연속가동되며, 생산된 전력은 모두 전력계통으로 공급된다고 가정할 때, 이 사업에 의한 연간 온실가스 감축량은?(단, 전력계통의 온실가스 배출계수는 0.8톤 CO_2/MWh이고, 풍력발전소 자체 전기사용량과 1톤 이하 온실가스 감축량은 무시함)

① 1,002 CO_2톤/년 ② 1,051 CO_2톤/년
③ 1,078 CO_2톤/년 ④ 1,098 CO_2톤/년

풀이 온실가스감축량
= 1MW/hr × 24hr/day × 365day/year
× 0.8tCO_2/MWh × 0.15
= 1,051.2tCO_2/year

72 다음 중 신재생에너지기술의 하나인 태양광발전의 장·단점에 관한 설명으로 옳지 않은 것은?

① 고갈에 대한 제한이 없으며, 필요한 장소에서 필요한 발전이 가능하다.
② 유지 보수가 용이한 편이며, 무인화가 가능하며, 설비의 긴 수명(20년 이상) 등의 장점을 갖는다.
③ 에너지 밀도가 높아 적은 수의 태양전지를 사용하여도 무방하다.
④ 시스템 비용이 고가이므로 초기투자비와 발전단가가 높은 단점을 가지고 있다.

풀이 태양광발전
㉠ 장점
 • 에너지원이 청정하고 무제한(햇빛이 있는 곳이면 간단히 설치 가능)
 • 유지, 보수 용이
 • 환경친화적
 • 무인화 가능(자동화 용이)
 • 태양전지의 수명이 최소 20년 이상
㉡ 단점
 • 에너지 밀도가 낮음
 • 많은 설치공간이 필요함
 • 전력 생산량이 지역적 일사량에 의존
 • 초기 투자비 및 발전단가 높음(태양전지 재료인 실리콘 고가)

73 공사 시행 시 장비 투입에 따른 경유를 사용할 경우 온실가스 총 배출량(tCO_2-eq)을 구하면 약 얼마인가?

〈조건〉
• 공사 시행 시 경유 사용량 : 2,622.8L/일
• 경유 순발열량 : 35.4MJ/L
• 경유의 온실가스 배출계수 :
 CO_2 : 74,100kg/TJ(온난화지수 : 1)
 CH_4 : 3kg/TJ(온난화지수 : 21)
 N_2O : 0.1kg/TJ(온난화지수 : 310)
• 공사기간 : 36개월
• 1개월 작업일수 : 25일

① 6.2   ② 620
③ 6,200 ④ 6,200,000

풀이 CO_2 배출량
= 2,622.8L/day × 35.4MJ/L
× 25day/month × 36month
× 74.1tCO_2/TJ × TJ/10^6MJ
= 6,191.974tCO_2 - eq
CH_4 배출량
= 2,622.8L/day × 35.4MJ/L
× 25day/month × 36month
× 0.003tCH_4/TJ × TJ/10^6MJ × 21
= 5.264tCO_2 - eq
N_2O 배출량
= 2,622.8L/day × 35.4MJ/L
× 25day/month × 36month
× 0.0001tN_2O/TJ × TJ/10^6MJ × 310
= 2.590tCO_2 - eq
∴ 총배출량 = 6,191.974 + 5.264 + 2.590
= 6,199.828tCO_2 - eq

정답 71 ② 72 ③ 73 ③

74 온실가스 배출권거래제의 조기감축실적 인정기준으로 옳지 않은 것은?

① 조기감축실적은 국내 · 외에서 실시한 행동에 의한 감축분에 대하여 그 실적을 인정한다.
② 조기감축실적은 할당대상업체의 조직경계 안에서 발생한 것에 한하여 그 실적을 인정한다.
③ 조기감축실적은 할당대상업체 단위에서의 감축분 또는 사업단위에서의 감축분에 대하여 인정할 수 있다.
④ 조기감축실적으로 인정되기 위해서는 조기행동으로 인한 감축이 실제적이고 지속적이어야 하며, 정량화되어야 하고 검증 가능하여야 한다.

풀이 조기감축실적은 국내에서 실시한 행동에 의한 감축분에 대하여 그 실적을 인정한다.

75 온실가스 배출권의 할당 및 거래에 관한 법령상 배출권 이월 및 차입에 관한 사항으로 ( )에 알맞은 것은?

> 할당대상업체가 아닌 자로서 배출권을 보유한 자는 이행연도 종료일에서 ( )에 보유한 배출권의 이월에 관한 신청서를 전자적 방식으로 환경부장관에게 제출하여야 한다.

① 2개월이 지난 날부터 5일 이내
② 3개월이 지난 날부터 7일 이내
③ 5개월이 지난 날부터 10일 이내
④ 6개월이 지난 날부터 15일 이내

풀이 배출권 이월 및 차입절차(배출권거래법 시행령)
㉠ 배출권의 이월 및 차입을 하려는 할당대상업체는 다음의 구분에 따른 날부터 10일 이내에 배출권 이월 또는 차입에 관한 신청서를 전자적 방식으로 환경부장관에게 제출해야 한다.
  • 온실가스 배출량을 인증받은 결과를 통보받은 경우에는 그 통보를 받은 날
  • 이의를 신청한 경우에는 이의신청에 대한 결과를 통보받은 날
㉡ 할당대상업체가 아닌 자로서 배출권을 보유한 자는 이행연도 종료일에서 5개월이 지난 날부터 10일 이내에 보유한 배출권의 이월에 관한 신청서를 전자적 방식으로 환경부장관에게 제출해야 한다.

㉢ 환경부장관은 배출권 제출기한 10일 전까지 신청에 대하여 검토하여 승인 여부를 결정하고, 지체 없이 그 결과를 해당 신청인에게 통보해야 한다.

76 아래의 그림은 온실가스 감축활동을 유도하는 정책수단이다. 이 제도의 이름은 무엇인가?

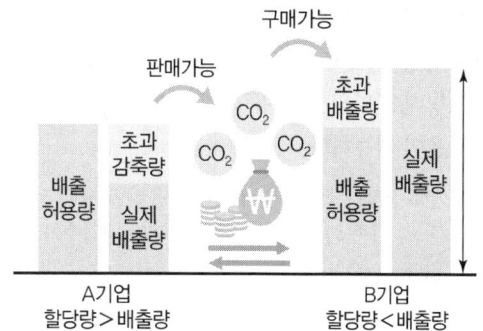

① 공동이행(JI)
② 목표관리제
③ 배출권거래제(ET)
④ 청정기술개발(CDM)

풀이 배출권거래제(ET)는 온실가스 의무감축량을 초과 달성하였을 경우, 이 초과분을 거래할 수 있도록 하는 제도이다.

77 CDM 방법론은 감축활동을 통해 유발되는 온실가스 감축량을 정량적으로 제시할 수 있도록 베이스라인 수립 및 감축량 산정에 대한 논리 전개 체계를 '베이스라인 방법론'과 프로젝트 활동의 실행에 따른 감축성과를 모니터링할 수 있는 구체적인 방법을 담은 '모니터링 방법론'으로 구성하고 있는데, 다음 보기 중 '베이스라인 방법론'의 내용과 거리가 먼 것은?

① 베이스라인 시나리오 수립절차
② 추가성 결정방법
③ 감축량을 정성적으로 판단할 수 있는 논리
④ 감축량을 정량적으로 계산할 수 있는 절차

풀이 '베이스라인 방법론(Baseline Methodology)'은 온실가스 감축활동을 통해 달성되는 온실가스 감축량을 정량적으로 계산할 수 있는 논리를 기술한 것이다.

정답 74 ① 75 ③ 76 ③ 77 ③

78 연료전지(Fuel Cell)의 특징과 거리가 먼 것은?

① 회전부위가 없어 소음이 없는 반면, 기존 화력발전과 같이 다량의 냉각수가 필요하다.
② 도심 부근에 설치가 가능하여 송·배전 설비가 적게 소요되고, 전력 손실이 적다.
③ 천연가스, 메탄올, 석탄가스 등 다양한 연료의 사용이 가능하다.
④ 부하 변동에 따라 신속히 대응할 수 있으며, 설치형태에 따라서 현지 설치형 등 다양한 용도로 사용이 가능하다.

풀이 연료전지는 회전부위가 없어 소음이 무시할 정도로 적고, 기존 화력발전과 같이 다량의 냉각수가 필요 없다.

79 연소공정의 아산화질소(N_2O) 처리기술에 대한 설명으로 옳지 않은 것은?

① 유동층 연소에서 발생하는 아산화질소를 저감시키기 위해서는 유동층의 온도를 높여서 아산화질소의 열분해를 유도하는 방법이 있다.
② 생성된 아산화질소의 분해기술은 고온처리와 저온처리로 나눌 수 있는데, 고온처리에는 기상열분해와 매체입자에 의한 접촉분해방법이 있고, 저온처리는 SCR 혹은 SNCR 등 촉매분해방법이 있다.
③ 유동층 연소에서 배출되는 아산화질소를 촉매분해, N_2O-SCR 등의 방법으로 처리할 수 있다.
④ 폐기물 소각공정에서 석회석을 사용한 아산화질소 처리기술이 가장 보편적으로 적용되고 있다.

풀이 폐기물 처리공정에서 SCR, SNCR이 아산화질소 처리기술로 일반적으로 적용된다.

80 CCS(Carbon Capture Storage)에 관한 설명으로 거리가 먼 것은?

① CCS 기술은 발전소 및 각종 산업에서 발생하는 CO_2를 대기로 배출시키기 전에 고농도로 포집·압축·수송하여 안전하게 저장하는 기술로 정의될 수 있다.
② CCS 중 포집은 배가스로부터 CO_2만을 선택적으로 분리포집하는 기술을 의미한다.
③ 포집은 세부기술에 따라 연소 후 포집, 연소 전 포집, 순산소 연소포집기술로 구분할 수 있다.
④ CCS는 처리비용이 저렴하나 CO_2 제거효율은 낮아 소규모 사업장에서 다소 타당성이 있다.

풀이 CCS
  ㉠ CCS 기술은 발전소 및 각종 산업, 즉 대량 발생원으로부터 발생하는 이산화탄소를 대기로 배출시키기 전에 고농도로 포집·압축·수송과정을 거쳐 안전하게 저장하거나 유용한 물질로 전환하는 기술이다.
  ㉡ CO_2를 배출하는 모든 부문에 적용할 수 있으나, 특성상 CO_2 배출농도가 높고, 배출량이 많은 분야에 우선 적용이 가능하다.
  ㉢ 화력발전소는 CO_2 배출밀도(시간당 배출량)가 높기 때문에 CO_2 회수·처리비용 및 기술 타당성에 있어서 적용이 적합하다.
  ㉣ CO_2 제거 측면에서 효율은 높지만 처리비용이 고가이다.

5과목 온실가스 관련 법규

81 온실가스 배출권의 할당 및 거래에 관한 법률에 따르면 배출권등록부의 관리·운영은 어디서 하는가?

① 국무총리실
② 주무관청
③ 온실가스검증심사원
④ 온실가스종합정보센터

정답 78 ① 79 ④ 80 ④ 81 ②

[풀이] 배출권의 할당 및 거래, 할당대상업체의 온실가스 배출량 등에 관한 사항을 등록·관리하기 위하여 주무관청에 배출권 거래등록부를 두며 배출권등록부는 주무관청이 관리·운영한다.

82 탄소중립기본법령에서 사용하는 용어의 뜻으로 옳지 않은 것은?

① "탄소중립"이란 대기 중에 배출·방출 또는 누출되는 온실가스의 양에서 온실가스흡수의 양을 상쇄한순배출량이 영(零)이 되는 상태를 말한다.
② "온실가스"란 적외선 복사열을 흡수하거나 재방출하여 온실효과를 유발하는 대기 중의 가스 상태의 물질로서 이산화탄소(CO_2), 메탄(CH_4), 아산화질소(N_2O), 수소불화탄소(HFCs), 과불화탄소(PFCs), 육불화황(SF_6) 및 그 밖에 대통령령으로 정하는 물질을 말한다.
③ "녹색경제"란 기후변화의 심각성을 인식하고 에너지를 절약하여 온실가스와 오염물질의 발생을 최소화하는 경영을 말한다.
④ "온실가스 흡수"란 토지이용, 토지이용의 변화 및 임업활동 등에 의하여 대기로부터 온실가스가 제거되는 것을 말한다.

[풀이] 녹색경제(탄소중립기본법)
화학에너지의 사용을 단계적으로 축소하고 녹색기술과 녹색산업을 육성함으로써 국가경쟁력을 강화하고 지속가능발전을 추구하는 경제를 말한다.

83 탄소중립기본법상 온실가스 배출량 산정을 위한 자료를 제출하지 아니하거나 거짓으로 제출한 자에게 부과되는 과태료 기준은?

① 2백만 원 이하의 과태료
② 1천만 원 이하의 과태료
③ 2천만 원 이하의 과태료
④ 5천만 원 이하의 과태료

[풀이] 1천만 원 이하의 과태료(탄소중립기본법)
① 온실가스 배출량 산정을 위한 자료를 제출하지 아니하거나 거짓으로 제출한 자

② 명세서를 제출하지 아니하거나 거짓으로 제출한 자
③ 개선명령을 이행하지 아니한 자

84 온실가스 배출권거래제의 배출량 보고 및 인증에 관한 지침에 따라 관리업체가 연속측정방법을 사용하여 배출량 등을 산정·보고하고자 할 경우 해당 배출시설의 산정등급기준은?

① Tier 1
② Tier 2
③ Tier 3
④ Tier 4

[풀이] Tier 4
㉠ 굴뚝자동측정기기 등 배출가스 연속측정방법을 활용한 배출량 산정방법론
㉡ 기존의 TMS를 활용하여 배출가스 중 온실가스를 직접 측정하는 방법
㉢ 유량 및 온실가스 센서의 정확/정밀도 관리가 중요함
㉣ Tier 4를 적용하기 위해서는 '연속측정방법의 배출량 산정방법 및 측정기기의 설치관리기준 등'을 준용

85 탄소중립기본법령상 국가 탄소중립 녹색성장 기본계획 수립·시행에 관한 사항으로 (　)에 알맞은 것은?

> 정부는 기본원칙에 따라 국가비전 및 중장기 감축목표 등의 달성을 위하여 (㉠)을 계획기간으로 하는 국가 탄소중립 녹색성장 기본계획(국가기본계획)을 (㉡)마다 수립·시행하여야 한다.

① ㉠ 10년, ㉡ 3년
② ㉠ 10년, ㉡ 5년
③ ㉠ 20년, ㉡ 3년
④ ㉠ 20년, ㉡ 5년

[풀이] 정부는 기본원칙에 따라 국가비전 및 중장기 감축목표 등의 달성을 위하여 20년을 계획기간으로 하는 국가 탄소중립 녹색성장 기본계획을 5년마다 수립·시행하여야 한다.

[정답] 82 ③ 83 ② 84 ④ 85 ④

86 기후위기 대응을 위한 탄소중립·녹색성장 기본법(탄소중립기본법)상 국가와 지방자치단체의 책무로 거리가 먼 것은?

① 국가와 지방자치단체는 가정과 학교 및 사업장 등에서 녹색생활을 적극 실천하여야 한다.
② 국가와 지방자치단체는 각종 계획의 수립과 사업의 집행과정에서 기후위기에 미치는 영향과 경제와 환경의 조화로운 발전 등을 종합적으로 고려하여야 한다.
③ 지방자치단체는 탄소중립 사회로의 이행과 녹색성장의 추진을 위한 대책을 수립·시행할 때 해당 지방자치단체의 지역적 특성과 여건 등을 고려하여야 한다.
④ 국가와 지방자치단체는 기후위기 대응 정책을 정기적으로 점검하여 이행성과를 평가하고, 국제협상의 동향과 주요 국가 및 지방자치단체의 정책을 분석하여 면밀한 대책을 마련하여야 한다.

풀이 국가와 지방자치단체의 책무(탄소중립기본법)
  ㉠ 국가와 지방자치단체는 경제·사회·교육·문화 등 모든 부문에 기본원칙이 반영될 수 있도록 노력하여야 하며, 관계 법령 개선과 재정투자, 시설 및 시스템 구축 등 제반 여건을 마련하여야 한다.
  ㉡ 국가와 지방자치단체는 각종 계획의 수립과 사업의 집행과정에서 기후위기에 미치는 영향과 경제와 환경의 조화로운 발전 등을 종합적으로 고려하여야 한다.
  ㉢ 지방자치단체는 탄소중립 사회로의 이행과 녹색성장의 추진을 위한 대책을 수립·시행할 때 해당 지방자치단체의 지역적 특성과 여건 등을 고려하여야 한다.
  ㉣ 국가와 지방자치단체는 기후위기 대응 정책을 정기적으로 점검하여 이행성과를 평가하고, 국제협상의 동향과 주요 국가 및 지방자치단체의 정책을 분석하여 면밀한 대책을 마련하여야 한다.
  ㉤ 국가와 지방자치단체는 「공공기관의 운영에 관한 법률」에 따른 공공기관(이하 "공공기관"이라 한다)과 사업자 및 국민이 온실가스를 효과적으로 감축하고 기후위기 적응역량을 강화할 수 있도록 필요한 조치를 강구하여야 한다.
  ㉥ 국가와 지방자치단체는 기후정의와 정의로운 전환의 원칙에 따라 기후위기로부터 국민의 안전과 재산을 보호하여야 한다.
  ㉦ 국가와 지방자치단체는 기후변화 현상에 대한 과학적 연구와 영향 예측 등을 추진하고, 국민과 사업자에게 관련 정보를 투명하게 제공하며, 이들이 의사결정 과정에 적극 참여하고 협력할 수 있도록 보장하여야 한다.
  ㉧ 국가와 지방자치단체는 탄소중립 사회로의 이행과 녹색성장의 추진을 위한 국제적 노력에 능동적으로 참여하고, 개발도상국에 대한 정책적·기술적·재정적 지원 등 기후위기 대응을 위한 국제협력을 적극 추진하여야 한다.
  ㉨ 국가와 지방자치단체는 탄소중립 사회로의 이행과 녹색성장의 추진 등 기후위기 대응에 필요한 전문인력의 양성에 노력하여야 한다.

87 탄소중립기본법 시행령에 따른 온실가스 배출관리업체에 대한 목표관리방법 및 절차에 대한 설명으로 가장 거리가 먼 것은?

① 부문별 관장기관의 장은 온실가스 관리목표를 온실가스 배출관리업체와의 협의 및 위원회의 심의를 거쳐 설정한 후 계획기간 전년도의 9월 30일까지 온실가스 배출관리업체에 통보한다.
② 온실가스 관리목표를 통보받은 온실가스 배출관리업체는 계획기간 전년도의 12월 31일까지 온실가스관리목표의 이행계획을 부문별 관장기관의 장에게 제출해야 한다.
③ 온실가스 관리목표의 이행계획을 제출받은 부문별 관장기관의 장은 그 내용을 확인하여 계획기간 해당연도의 3월 31일까지 등록부를 작성해야 한다.
④ 온실가스 배출관리업체는 온실가스 관리목표에 이의가 있는 경우에는 온실가스 관리목표를 통보받은 날부터 30일 이내에 부문별 관장기관의 장에게 소명자료를 첨부하여 이의를 신청할 수 있다.

풀이 온실가스 관리목표의 이행계획을 제출받은 부문별 관장기관의 장은 그 내용을 확인하여 계획기간 해당연도의 1월 31일까지 등록부를 작성해야 한다.

88 탄소중립기본법 시행령상 온실가스종합정보센터는 제출받은 정보·통계를 분석·검증한 결과를 언제까지 온실가스종합정보센터의 인터넷 홈페이지에 공개해야 하는가?

① 매년 3월 31일까지   ② 매년 6월 30일까지
③ 매년 12월 31일까지 ④ 매년 9월 30일까지

풀이 온실가스종합정보센터는 제출받은 정보·통계를 분석·검증한 결과를 매년 12월 31일까지 온실가스종합정보센터의 인터넷 홈페이지에 공개해야 한다.

89 온실가스 배출권의 할당 및 거래에 관한 법률 시행령에 따르면 조기감축실적이 있는 할당대상업체가 조기감축실적을 인정받기 위해 조기감축실적 인정신청서를 전자적 방식으로 환경부장관에게 제출해야 하는 시기는?

① 1차 계획기간의 1차 이행연도 시작 이후 6개월 이내
② 1차 계획기간의 2차 이행연도 시작 이후 6개월 이내
③ 1차 계획기간의 1차 이행연도 시작 이후 8개월 이내
④ 1차 계획기간의 2차 이행연도 시작 이후 8개월 이내

풀이 조기감축실적을 인정받으려는 할당대상업체는 1차 계획기간의 2차 이행연도 시작 이후 8개월 이내에 조기감축실적 인정신청서를 환경부장관에게 전자적 방식으로 제출하여야 한다.

90 온실가스 목표관리운영 등에 관한 지침상 건물이 건축물 대장 또는 등기부에 각각 등재되어 있거나 소유지분을 달리하고 있는 경우에 건축물에 대한 특례기준으로 옳지 않은 것은?

① 건물의 소유구분이 지분형식으로 되어 있을 경우에는 최대 지분을 보유한 법인 등을 당해 건물의 소유자로 본다.
② 인접 또는 연접한 대지에 동일 법인이 여러 건물을 소유한 경우에는 한 건물로 본다.
③ 에너지관리의 연계성이 있는 복수의 건물 등은 한 건물로 보며, 동일 부지 내 있거나 인접 또는 연접한 집합건물이 동일한 조직에 의해 에너지 공급·관리 또는 온실가스 관리 등을 받을 경우에도 한 건물로 간주한다.
④ 동일 건물에 구분 소유자와 임차인에 있는 경우에는 각각의 건물로 본다.

풀이 건축물의 특례기준
㉠ 인접 또는 연접한 대지에 동일 법인이 여러 건물을 소유한 경우에는 한 건물로 본다.
㉡ 에너지관리의 연계성(連繫性)이 있는 복수의 건물 등은 한 건물로 본다. 또한, 동일 부지 내 있거나 인접 또는 연접한 집합건물이 동일한 조직에 의해 에너지 공급·관리 또는 온실가스 관리 등을 받을 경우에도 한 건물로 간주한다.
㉢ 건물의 소유 구분이 지분형식으로 되어 있을 경우에는 최대 지분을 보유한 법인 등을 당해 건물의 소유자로 본다.

91 온실가스 배출권의 할당 및 거래에 관한 법률 시행령상 1차 계획기간에는 배출권의 전부를 무상으로 할당하고, 2차 계획기간에 할당대상업체별로 할당되는 배출권의 무상할당 비율로 옳은 것은?

① 100분의 80   ② 100분의 87
③ 100분의 90   ④ 100분의 97

풀이 배출권의 무상할당비율
㉠ 1차 계획기간에는 할당대상업체별로 할당되는 배출권의 전부를 무상으로 할당한다.
㉡ 2차 계획기간에는 할당대상업체별로 할당되는 배출권의 100분의 97을 무상으로 할당한다.
㉢ 3차 계획기간 이후의 무상할당비율은 100분의 90 이내의 범위에서 이전 계획기간의 평가 및 관련 국제 동향 등을 고려하여 할당계획에서 정한다. 이 경우 할당계획에서 정하는 무상할당비율은 직전 계획기간의 무상할당비율을 초과할 수 없다.

정답 88 ③ 89 ④ 90 ④ 91 ④

92 온실가스 목표관리운영 등에 관한 지침상 주제별 역할분담 사항 중 환경부장관의 담당업무와 거리가 먼 것은?

① 관리업체 지정에 대한 부문별 관장기관의 이의신청 재심사 결과 확인
② 검증기관의 지정·관리, 검증심사원 교육 및 양성
③ 검증기관 3(Tier 3) 배출계수에 대한 검토와 관리업체에 대한 사용가능 여부 및 시정사항의 통보
④ 목표관리에 관한 종합적인 기준과 지침의 제·개정 및 운영

풀이 ㉠ 환경부장관 담당
부문별 관장기관이 검토한 산정등급(Tier 3) 배출계수에 대한 확인
㉡ 부문별 관장기관 담당
산정등급(Tier 3) 배출계수에 대한 검토와 관리업체에 대한 사용가능 여부 및 시정사항의 통보

93 탄소중립기본법 시행령상 온실가스 배출관리업체의 지정절차에 관한 설명으로 옳지 않은 것은?

① 부문별 관장기관은 대통령령으로 정하는 기준량 이상의 온실가스 배출업체를 관리업체 지정대상으로 선정하고, 온실가스 배출량 산정을 위한 자료를 첨부하여 계획기간 전전년도의 4월 30일까지 환경부장관에게 통보하여야 한다.
② 환경부장관은 통보받은 온실가스 배출관리업체 지정 대상에 대하여 온실가스 배출관리업체 선정의 중복·누락, 규제의 적절성 등을 검토하여 그 결과를 계획기간 전전년도의 5월 31일까지 부문별 관장기관의 장에게 통보하여야 한다.
③ 온실가스 배출관리업체는 온실가스 관리목표에 이의가 있는 경우에는 온실가스 관리목표를 통보받은 날부터 60일 이내에 부문별 관장기관의 장에게 소명자료를 첨부하여 이의를 신청할 수 있다.
④ 온실가스 관리목표의 이행계획을 제출받는 부문별 관장기관의 장은 그 내용을 확인하여 계획기간 해당연도의 1월 31일까지 등록부를 작성해야 한다.

풀이 온실가스 배출관리업체는 온실가스 관리목표에 이의가 있는 경우에는 온실가스 관리목표를 통보받은 날부터 30일 이내에 부문별 관장기관의 장에게 소명자료를 첨부하여 이의를 신청할 수 있다.

94 탄소중립기본법상 2050 탄소중립 녹색성장위원회의 설치에 대한 설명으로 틀린 것은?

① 위원회는 위원장 1명을 포함한 50명 이내의 위원으로 구성한다.
② 위원장은 국무총리와 위원 중에서 대통령이 지명하는 사람이 된다.
③ 위원회에는 간사위원 1명을 둔다.
④ 위원의 임기는 2년으로 하며 연임할 수 있다.

풀이 2050 탄소중립 녹색성장위원회의 설치(탄소중립기본법)
위원회는 위원장 2명을 포함한 50명 이상 100명 이내의 위원으로 구성한다.

95 부문별 관장기관과 관장부문이 잘못 연결된 것은?

① 농림축산식품부 : 농업·임업·축산·식품 분야
② 국토교통부 : 건물·모든 교통 분야
③ 산업통상자원부 : 산업·발전 분야
④ 환경부장관 : 폐기물 분야

풀이 국가 온실가스 목표의 설정·관리 관장기관
- 농림축산식품부 : 농업·임업·축산·식품 분야
- 산업통상자원부 : 산업·발전 분야
- 환경부 : 폐기물 분야
- 국토교통부 : 건물·교통(해운 분야 제외)·건설 분야
- 해양수산부 : 해양·수산·해운·항만 분야

정답 92 ③ 93 ③ 94 ① 95 ②

96 기후위기 대응을 위한 탄소중립 녹색성장 기본법령상 저탄소 녹색성장 추진의 기본원칙에 해당하지 않는 것은?

① 정부는 시장기능을 최대한 활성화하여 정부가 주도하는 저탄소 녹색성장을 추진한다.
② 정부는 녹색기술과 녹색산업을 경제성장의 핵심 동력으로 삼고 새로운 일자리를 창출·확대할 수 있는 새로운 경제체제를 구축한다.
③ 정부는 사회·경제 활동에서 에너지와 자원 이용의 효율성을 높이고 자원순환을 촉진한다.
④ 정부는 국가의 자원을 효율적으로 사용하기 위하여 성장잠재력과 경쟁력이 높은 녹색기술 및 녹색산업분야에 대한 중점 투자 및 지원을 강화한다.

풀이 탄소중립사회로의 이행과 녹색성장을 위한 기본원칙
   ㉠ 미래세대의 생존을 보장하기 위하여 현재 세대가 져야 할 책임이라는 세대 간 형평성의 원칙과 지속가능발전의 원칙에 입각한다.
   ㉡ 범지구적인 기후위기의 심각성과 그에 대응하는 국제적 경제환경의 변화에 대한 합리적 인식을 토대로 종합적인 위기 대응 전략으로서 탄소중립 사회로의 이행과 녹색성장을 추진한다.
   ㉢ 기후변화에 대한 과학적 예측과 분석에 기반하고, 기후위기에 영향을 미치거나 기후위기로부터 영향을 받는 모든 영역과 분야를 포괄적으로 고려하여 온실가스 감축과 기후위기 적응에 관한 정책을 수립한다.
   ㉣ 기후위기로 인한 책임과 이익이 사회 전체에 균형 있게 분배되도록 하는 기후정의를 추구함으로써 기후위기와 사회적 불평등을 동시에 극복하고, 탄소중립 사회로의 이행 과정에서 피해를 입을 수 있는 취약한 계층·부문·지역을 보호하는 등 정의로운 전환을 실현한다.
   ㉤ 환경오염이나 온실가스 배출로 인한 경제적 비용이 재화 또는 서비스의 시장가격에 합리적으로 반영되도록 조세체계와 금융체계 등을 개편하여 오염자 부담의 원칙이 구현되도록 노력한다.
   ㉥ 탄소중립 사회로의 이행을 통하여 기후위기를 극복함과 동시에, 성장 잠재력과 경쟁력이 높은 녹색기술과 녹색산업에 대한 투자 및 지원을 강화함으로써 국가 성장동력을 확충하고 국제 경쟁력을 강화하며, 일자리를 창출하는 기회로 활용하도록 한다.
   ㉦ 탄소중립 사회로의 이행과 녹색성장의 추진 과정에서 모든 국민의 민주적 참여를 보장한다.
   ㉧ 기후위기가 인류 공통의 문제라는 인식 아래 지구 평균 기온 상승을 산업화 이전 대비 최대 섭씨 1.5도로 제한하기 위한 국제사회의 노력에 적극 동참하고, 개발도상국의 환경과 사회정의를 저해하지 아니하며, 기후위기 대응을 지원하기 위한 협력을 강화한다.

97 온실가스 배출권의 할당 및 거래에 관한 법률상 검증업무 수행결과를 제출하지 아니한 검증기관의 경우 벌칙 또는 과태료 기준은?

① 5백만 원 이하의 과태료를 부과·징수한다.
② 1천만 원 이하의 과태료를 부과·징수한다.
③ 1년 이하의 징역 또는 3천만 원 이하의 벌금에 처한다.
④ 1년 이하의 징역 또는 5천만 원 이하의 벌금에 처한다.

풀이 온실가스배출권의 할당 및 거래에 관한 법률 제43조(과태료)
주무관청은 다음 각 호의 어느 하나에 해당하는 자에게는 1천만 원 이하의 과태료를 부과·징수한다.
   ㉠ 기한 내에 보고를 하지 아니하거나 사실과 다르게 보고한 자
   ㉡ 신고를 거짓으로 한 자
   ㉢ 보고를 하지 아니하거나 거짓으로 보고한 자
   ㉣ 시정이나 보완 명령을 이행하지 아니한 자
   ㉤ 검증업무 수행결과를 제출하지 아니한 검증기관
   ㉥ 배출권 제출을 하지 아니한 자

98 온실가스 배출권의 할당 및 거래에 관한 법률에 따라 무상으로 할당된 배출권의 할당 취소사유로 거리가 먼 것은?

① 할당계획 변경으로 배출허용총량이 증가한 경우
② 할당대상업체가 전체 또는 일부 사업장을 폐쇄한 경우
③ 사실과 다른 내용으로 배출권의 할당 또는 추가 할당을 신청하여 배출권을 할당받은 경우
④ 할당대상업체의 지정이 취소된 경우

정답 96 ① 97 ② 98 ①

풀이 할당된 배출권을 취소할 수 있는 경우
- 할당계획 변경으로 배출허용 총량이 감소한 경우
- 할당대상업체가 전체 또는 일부 사업장을 폐쇄한 경우
- 시설의 가동중지 · 정지 · 폐쇄 등으로 인하여 그 시설이 속한 사업장의 온실가스 배출량이 대통령령으로 정하는 기준 이상으로 감소한 경우
- 사실과 다른 내용으로 배출권의 할당 또는 추가할당을 신청하여 배출권을 할당받은 경우
- 할당대상업체의 지정이 취소된 경우

99 온실가스 목표관리 운영 등에 관한 지침상 관리업체가 온실가스 배출량 등의 산정결과를 서식에 따라 명세서를 작성하고 검증기관의 검증을 거쳐 전자적 방식으로 부문별 관장기관에 제출해야 하는 기한은?

① 매년 1월 31일까지
② 매년 2월 28일까지
③ 매년 3월 31일까지
④ 매년 12월 31일까지

풀이 관리업체는 검증기관의 검증을 거친 명세서를 관리업체로 지정받은 다음 해부터 매년 3월 31일까지 전자적 방식으로 부문별 관장기관에 제출하여야 한다.

100 온실가스 배출권의 할당 및 거래에 관한 법률상 배출권 할당위원회의 구성기준으로 옳은 것은?

① 위원장 1명과 20명 이내의 위원
② 위원장 1명과 50명 이내의 위원
③ 위원장 1명과 75명 이내의 위원
④ 위원장 1명과 100명 이내의 위원

풀이 할당위원회는 위원장 1명과 20명 이내의 위원으로 구성한다.

SECTION 03 2018년 2회 기사

1과목 기후변화개론

01 제2차 국가기후변화 적응대책 수립 시 기후변화 리스크의 기반 선진화된 적응 관리체계 마련을 위한 단계별 기후변화 리스크 평가절차가 순서대로 바르게 나열된 것은?

① 분석 → 파악 → 평가 → 우선순위 설정
② 파악 → 분석 → 평가 → 우선순위 설정
③ 분석 → 파악 → 우선순위 설정 → 평가
④ 파악 → 분석 → 우선순위 설정 → 평가

풀이 제2차 국가기후변화 적응대책(2016~2020)상 리스크 평가절차
파악 → 분석 → 평가 → 우선순위 설정

02 다음은 우리나라 제2차 국가기후변화 적응대책에서 기후변화 리스크에 대한 정의이다. ( ) 안에 가장 적합한 것은?

> 기후변화 리스크란 기후변화 영향으로 인하여 자연 및 인간 시스템에 긍정적이거나 부정적인 영향을 줄 수 있는 사건의 발생 가능성과 사건발생으로 인한 결과를 말하며, 기후변화로 인한 영향의 (　　)로 정의한다.

① 선별효과 × 크기
② 노출도 × 빈도
③ 발생확률 × 규모
④ 민감도 × 영향 정도

03 기후변화 당사국 총회에서 주요 결정 내용으로 옳지 않은 것은?

① 2007년 COP 13 발리 회의에서 2012년 이후 포괄적인 기후변화대책 협상 프로세스를 제시하는 발리로드맵이 채택되었다.
② 2010년 COP 16 멕시코 칸쿤 회의에서는 기술메커니즘을 설립하고 구성기구인 기술집행위원회와 기후기술센터 및 네트워크가 COP 지도하에서 활동하기로 하였다.
③ 2012년 COP 18 카타르 도하 회의에서 GCF를 한국의 인천의 송도에 설치하기로 공식 확정하였다.
④ 2015년 COP 21 파리회의에서는 '녹색기후기금'의 초기재원 조성 준비작업을 완료하였다.

풀이 제21차 당사국 총회(COP 21)
- 2015년 프랑스 파리
- 전세계 196개 당사국이 합의한 파리협정(Paris Agreement)이 채택됨으로써 2020년 이후 교토의정서를 대체할 신 기후체제 출범(단순한 감축목표 제시를 넘어 기후변화 대응·기후재원 조성 등을 통해 지속 가능한 발전으로 패러다임 전환을 의미)
- 지구 온도 상승 폭을 산업화 이전 대비 2℃보다 훨씬 낮은 수준으로 억제
- 2025년 이후 선진국은 매년 최소 1,000억 달러 규모의 기후재원 조성
- 감축목표는 각국이 스스로 정하되 매 5년마다 상향된 목표 제출 의무화
- 2023년부터 5년 단위로 국제사회 공동차원의 이행점검 실시
- 55개국 이상 & 글로벌 배출량 총 비중 55% 이상에 해당하는 국가의 비준을 충족하면 그로부터 30일 후 발효

※ 녹색기후기금(GCF)의 초기재원 조성준비작업은 2014년 COP 20(페루 리마)에서 논의되었다.

정답 01 ② 02 ③ 03 ④

04 교토메커니즘(Kyoto Protocol)의 3가지 구조에 포함되지 않는 것은?

① 배출권거래제도(Emission Trading)
② 공동이행제도(Joint Implementation)
③ 지속가능개발(Sustainable Development)
④ 청정개발체제(Clean Development Mechanism)

풀이 교토메커니즘
  ㉠ 배출권거래제도(ET)
  ㉡ 공동이행제도(JI)
  ㉢ 청정개발체제(CDM)

05 다음 중 온실가스이면서 대기 중에 가장 저농도로 존재하는 것은?

① 아산화질소 ② 메탄
③ 육불화황   ④ 아르곤

풀이 대기 중 농도
  ① 아산화질소(N_2O) : 0.5~3ppm
  ② 메탄(CH_4) : 약 1.5ppm
  ③ 육불화황(SF_6) : 6.5ppt
  ④ 아르곤(Ar) : 0.93%(9,300ppm)

06 기후변화에 의한 잠재적인 영향과 잔여영향에 관한 설명으로 가장 적합한 것은?

① 잠재적인 영향은 적응을 고려할 경우 나타나는 기후변화로 인한 영향을 의미하며, 잔여영향은 적응으로 회피될 수 있는 영향 부분을 포함한 영향을 말한다.
② 잠재적인 영향은 적응을 고려할 경우 나타나는 기후변화로 인한 영향을 의미하며, 잔여영향은 적응으로 회피될 수 있는 영향 부분을 제외한 영향을 말한다.
③ 잠재적인 영향은 적응을 고려하지 않을 경우 나타나는 기후변화로 인한 영향을 의미하며, 잔여영향은 적응으로 회피될 수 있는 영향 부분을 포함한 영향을 말한다.
④ 잠재적인 영향은 적응을 고려하지 않을 경우 나타나는 기후변화로 인한 영향을 의미하며, 잔여영향은 적응으로 회피될 수 있는 영향 부분을 제외한 영향을 말한다.

풀이 기후변화의 영향
  ㉠ 기후변화 영향은 적응 여부에 따라 잠재적 영향(Potential Impact)과 잔여영향(Residual Impact)으로 구분한다.
  ㉡ 잠재적 영향이란 적응을 고려하지 않았을 경우 예측되는 기후변화 영향을 의미한다.
  ㉢ 잔여영향이란 적응이 이루어진 이후에 예측되는 기후변화 영향을 의미한다. 즉, 적응으로 회피될 수 있는 영향부분을 제외한 영향을 말한다.

07 기후변화 관련 국제기구 중 (   ) 안에 알맞은 것은?

(   )는 기후변화협약이나 교토의정서와 관련된 과학적, 기술적 문제에 대하여 적기에 필요한 정보를 제공하여 당사국총회(COP)와 CMP를 지원한다.

① SBSTA   ② SBI
③ WMO   ④ GEO

풀이 기후변화협약 관련 기구 및 역할
  당사국총회(COP ; Conference of Parties)
  ㉠ UNFCCC 최고의사결정기구
  ㉡ 협약의 진행을 전반적으로 검토하기 위해 일 년에 한 번 모임

  부속기구(Subsidiary Bodies)
  ㉠ 과학기술자문부속기구 SBSTA(Subsidiary Body for Scientific and Technological Advise)
    • 국가보고서 및 배출통계방법론
    • 기술개발 및 기술이전에 관한 실무 수행
  ㉡ 이행(집행)부속기구 SBI(Subsidiary Body for Implementation)
    • 협약 이행 관련 사항 및 국가보고서 및 배출통계자료 검토
    • 행정 및 재정 관리

정답 04 ③ 05 ③ 06 ④ 07 ①

08 우리나라 기후변화 영향 중 식생변화로 가장 거리가 먼 것은?

① 개엽시기가 빨라진다.
② 개화시기가 지연된다.
③ 고립된 고산대 식물이 멸종되기 쉽다.
④ 고도가 낮은 곳의 온대성 식물이 산 위로 확장한다.

풀이 우리나라는 주요 수종의 개화시기가 앞당겨지고 있다.

09 다음 중 UNFCCC에서 규제하고 있는 온실가스가 아닌 것은?

① 수소불화탄소 ② 이산화질소
③ 육불화황   ④ 과불화탄소

풀이 온실가스(UNFCCC)
  ㉠ CO_2 ㉡ CH_4
  ㉢ N_2O ㉣ HFC
  ㉤ PFC   ㉥ SF_6

10 기후변화에 대한 유럽연합의 대응에 관한 설명으로 가장 거리가 먼 것은?

① 유럽에서는 기후변화 문제에 적극적으로 대응해야 한다는 인식이 사회 정치적으로 광범위하게 당연한 것으로 수용되어 왔다.
② 2000년 교토의정서 비준논쟁 당시, 유럽연합에서는 대부분 산업계와 석유업계는 교토의정서 비준에 대해 강한 반대 입장을 견지하였다.
③ 유럽연합은 내부적으로 온실가스 감축에 관한 부담공유협정을 맺고 있었다.
④ 유럽연합의 적극적인 기후변화정책은 유럽연합 체제의 독특한 정치적 구조인 분산된 거버넌스를 토대로 하고 있다.

풀이 2000년 교토의정서 비준논쟁 당시 유럽연합에서는 대부분 산업계와 석유업계는 교토의정서 비준에 대해 지지 입장을 견지하였으며 미국, 호주, 일본 등이 반대하였다.

11 전 지구 기후변화 시나리오 "순차접근"의 순서로 가장 적합한 것은?

ㄱ. 배출과 사회경제 시나리오(IAMs)
ㄴ. 복사강제력
ㄷ. 기후 전망(CMs)
ㄹ. 영향, 적응, 취약성(IAV)

① ㄱ→ㄴ→ㄷ→ㄹ   ② ㄷ→ㄴ→ㄹ→ㄱ
③ ㄷ→ㄹ→ㄴ→ㄱ   ④ ㄴ→ㄱ→ㄹ→ㄷ

풀이 순자접근순서(기후변화 시나리오)
  ㉠ 사회경제·배출량 시나리오
  ㉡ 복사강제력 시나리오
  ㉢ 기후전망(모델) 시나리오
  ㉣ 영향, 적응, 취약성 연구

12 지구의 복사 균형이 변하게 되는 3가지 주요 요인으로 거리가 먼 것은?

① 태양복사 입사량의 변화
② 지하 화석연료 개발의 변화
③ 지구에서 외부로 되돌아가는 장파 복사의 변화
④ Albedo의 변화

풀이 지구 복사 균형이 변하게 되는 요인
  ㉠ 태양복사 입사량의 변화
    • 지구궤도 변화
    • 태양 자체의 변화
  ㉡ 태양복사가 반사되는 비율(Albedo)의 변화
    • 운량의 변화
    • 대기입자의 변화
    • 식생의 변화
  ㉢ 지구에서 외부로 돌아가는 장파(적외선) 복사의 변화 : 온실가스농도의 변화

13 개발도상국의 산림 전용 및 황폐화 방지, 산림보전, 지속가능한 산림경영 등 활동을 통한 기후변화 저감활동은 무엇인가?

① LULUCF   ② A/R CDM
③ REDD⁺   ④ AFOLU

정답 08 ② 09 ② 10 ② 11 ① 12 ② 13 ③

풀이 REDD+
산림 전용 및 황폐화로 탄소가 배출되는 것을 저감하고, 지속 가능한 산림경영으로 탄소흡수량을 증가시키는 활동을 말하며 REDD++는 신규조림을 말한다.

14 제21차 기후변화협약 당사국총회(COP 21)는 신기후체제 합의문인 "파리 협정(Paris Agreement)"을 채택하였으며, 그중 장기목표에 대한 설명 중 ( ) 안에 가장 알맞은 것은?

국제사회 공동의 장기목표로 산업화 이전 대비 지구 평균기온 상승을 (가)℃보다 상당히 낮은 수준으로 유지하는 것으로 하고, 온도 상승을 (나)℃ 이하로 제한하기 위한 노력을 추구한다.

① 가 : 2.5, 나 : 2.0
② 가 : 3.0, 나 : 2.5
③ 가 : 2.0, 나 : 1.5
④ 가 : 1.5, 나 : 2.0

풀이 제21차 당사국총회(COP 21)
2015년 프랑스 파리에서 전 세계 196개 당사국이 합의한 파리협정이 채택됨으로써 2020년 이후 교토의정서를 대체할 신기후체제가 출범했으며, 지구 온도 상승 폭을 산업화 이전 대비 2℃보다 훨씬 낮은 수준으로 억제하고 온도상승을 1.5℃ 이하로 제한하기 위한 노력을 추구하였다.

15 다음은 탄소배출권의 개념에 관한 설명이다. ( ) 안에 가장 적합한 것은?

( )은/는 토지의 용도 전환, 산림 조림사업 등을 통해서 감축분이 발생될 때 인정되는 배출권이다.

① AAU
② ERU
③ RMU
④ CER

풀이 RMU(Removal Unit)
부속서 B국가의 흡수원 감축량에 대해 발행된 배출권이며 토지의 이용 변화, 산림사업 등을 통한 감축분이 발생 시 인정되는 배출권을 말한다.

16 아산화질소 0.1톤, 메탄 1톤, 이산화탄소 20톤을 이산화탄소 상당량톤(tCO_2-eq)으로 환산한 값은 얼마인가?(단, 아산화질소(N_2O)와 메탄(CH_4)의 GWP는 각각 310, 21이다.)

① 52
② 53
③ 62
④ 72

풀이 이산화탄소 상당량톤(tCO_2-eq)
$= (0.1ton \times 310) + (1ton \times 21) + 20ton$
$= 72 tCO_2-eq$

17 다음 설명하는 당사국회의는?

- POST-2020 감축목표 등 각국의 자발적인 기여(INDCs) 제출범위, 제출시기, 협의절차, 제출 정보 등을 담은 당사국총회 결정문 채택
- 2020년 이후 신기후체제를 규정하는 협정문(2015 Agreement) 작성을 위한 주요 요소 도출
- GCF의 초기 재원조성 목표액인 100억 불 초과 확보 성과 도출

① 카타르 도하 총회
② 페루 리마 총회
③ 프랑스 파리 총회
④ 폴란드 바르샤바 총회

풀이 제20차 당사국총회(COP 20)
- 2014년 페루 리마
- 2021년부터는 선진국뿐만 아니라 개발도상국도 온실가스 배출을 의무적으로 줄이기로 합의
- COP 결정문인 'Lima Call for Climate Action' 채택
- Post-2020 감축목표 등 각국의 기여(INDC) 제출 범위, 제출 시기, 협의 절차, 제출 정보 등 채택
- 2020년 이후 신 기후체제를 규정하는 협정문 작성을 위한 주요 요소 도출

정답 14 ③ 15 ③ 16 ④ 17 ②

18 "기후변화에 대한 정부 간 패널(IPCC)"의 실행그룹 중 기후변화의 영향평가와 적응 및 취약성 분야의 역할을 담당하는 그룹명은?

① Working Group 1 ② Working Group 2
③ Working Group 3 ④ Task Force

풀이 Working Group 2(제2실무그룹 : 기후변화 영향평가, 적응 및 취약성 분야)
농업 및 산림, 지구 자연생태시스템, 수자원, 인류 정착지, 해안지방 및 계절별 강설, 빙하 및 영구 동결층에 대한 지구온난화 영향평가를 담당한다.

19 온실가스에 관한 설명으로 옳지 않은 것은?

① 육불화황은 전기제품이나 변압기 등의 절연체로 사용된다.
② 수소불화탄소와 과불화탄소는 CFCs의 대체물질로 냉매, 소화기 등에 사용된다.
③ 이산화탄소는 탄소 성분과 대기 중의 산소가 결합하는 연소반응을 통해 대기 중에 배출된다.
④ 아산화질소는 온실가스 중에서 가장 높은 비중을 차지하고 있다.

풀이 온실가스 중에서 가장 높은 비중을 차지하고 있는 것은 이산화탄소이다.

20 국가 및 지자체 온실가스 인벤토리 산정 대상 분야로 거리가 먼 것은?

① 에너지   ② 산업공정
③ 농업   ④ 생태계

풀이 국가온실가스 인벤토리 산정대상 분야
  ㉠ 에너지
  ㉡ 산업공정 및 제품 사용
  ㉢ 농업, 산림 및 기타 토지이용
  ㉣ 폐기물
  ㉤ 기타

2과목 온실가스 배출의 이해

21 온실가스 배출권거래제의 배출량 보고 및 인증에 관한 지침상 이동연소(도로)에서 도로 부문의 배출시설에 해당하지 않는 것은?

① 건설기계   ② 무동력 자전거
③ 화물자동차 ④ 농기계

풀이 도로차량 배출시설
  ㉠ 승용자동차
  ㉡ 승합자동차
  ㉢ 화물자동차
  ㉣ 특수자동차
  ㉤ 이륜자동차
  ㉥ 비도로 및 기타(건설기계, 농기계)

22 온실가스 배출권거래제의 배출량 보고 및 인증에 관한 지침상 아연 생산을 위한 보고대상 배출시설 중 다음 시설에 해당하는 것은?

> 광석이 융해되지 않을 정도의 온도에서 광석과 산소, 수증기, 탄소, 염화물 또는 염소 등을 상호작용시켜서 다음 제련조작에서 처리하기 쉬운 화합물로 변화시키거나 어떤 성분을 기화시켜 제거하는 데 사용되는 노를 말한다.

① 전해로   ② 용융로
③ 융해로   ④ 배소로

풀이 배소로
  ㉠ 광석이 융해되지 않을 정도의 온도에서 광석과 산소, 수증기, 탄소, 염화물 또는 염소 등을 상호작용시켜 다음 제련조작에서 처리하기 쉬운 화합물로 변화시키거나 어떤 성분을 기화시켜 제거하는 데 사용되는 노를 말한다.
  ㉡ 목적물이 각각 산화물, 황산염, 염화물인 경우 각각 산화배소, 황산화배소, 염화배소라고 부르며 산화물광석을 환원하는 환원배소, 물에 가용인 나트륨염으로 하는 소－다배소 등이 있다.
  ㉢ 종류에는 다단배소로, Rotary Kiln, 유동배소로 등이 있다.

정답 18 ② 19 ④ 20 ④ 21 ② 22 ④

23 온실가스 배출권거래제의 배출량 보고 및 인증에 관한 지침상 다음 연료에 해당하는 것은?

> 열분해(Pyrolysis : 고온으로 암석을 가열하는 것으로 구성되는 처리)될 때, 다양한 고체 생성물과 함께, 탄화수소를 산출하는 상당한 양의 고체 유기물을 포함하는 무기(Inorganic), 비다공성(Non-porous) 암석을 말한다.

① 유모혈암(Oil Shale)
② 역청암(Tar Sands)
③ 갈탄 연탄(Brown Coal Briquettes)
④ 점결탄(Coking Coal)

풀이 유모혈암
석탄·석유가 산출되는 지역에 널리 분포하는 검회색 또는 갈색의 수성암으로 탄소, 수소, 질소, 황 등으로 구성된 고분자 유기화합물을 함유하며, 이것을 부수어서 건류하면 석유를 얻을 수 있다.

24 다음 중 CaO와 물이 반응하여 생성되는 것은?

① 생석회   ② 석회석
③ 소석회   ④ 수산화칼륨

풀이 $CaO(생석회) + H_2O \rightarrow Ca(OH)_2(소석회)$

25 온실가스 배출권거래제의 배출량 보고 및 인증에 관한 지침상 대표적인 배연탈황시설의 반응 중 생성되는 물질과 거리가 먼 것은?

① $CaSO_3$(아황산칼슘)
② $CaSO_4 \cdot 2H_2O$(석고)
③ CaO(산화칼슘)
④ H_2SO_3(아황산)

풀이 대표적인 배연탈황시설의 반응
$SO_2 + H_2O \rightarrow H_2SO_3$
$CaCO_3 + H_2SO_3 \rightarrow CaSO_3 + CO_2 + H_2O$
$CaSO_3 + 1/2O_2 + 2H_2O \rightarrow CaSO_4 \cdot 2H_2O(석고)$
$CaCO_3 + SO_2 + 1/2O_2 + 2H_2O$
$\quad\quad \rightarrow CaSO_4 \cdot 2H_2O(석고) + CO_2$
$CaSO_3 + 1/2H_2O \rightarrow CaSO_3 \cdot 1/2H_2O$

26 온실가스 배출권거래제의 배출량 보고 및 인증에 관한 지침상 암모니아 생산공정인 수소제조공정에서 유체 연료로부터 수소를 제조하는 다음의 방법 중 가장 많이 이용되고 있는 것은?

① 변성 개질법   ② 메탄 개질법
③ 수증기 개질법   ④ 질소 개질법

풀이 수소제조방법
㉠ 수증기 개질법(촉매 전환)
㉡ 부분산화법

27 온실가스 배출권거래제의 배출량 보고 및 인증에 관한 지침상 철강생산 공정의 보고대상 배출시설 중 "전로"에 관한 설명으로 옳지 않은 것은?

① 산화제로 순산소가스(순도 99.5% 이상)를 이용하고 용제(Flux)로는 석회석과 형석을 사용한다.
② 주로 탈탄 또는 탈인반응에 이용된다.
③ 초음속의 수소제트를 용선에 불어넣어 약 5분 이내에 급속히 정련시키므로 제강시간은 비교적 짧으나 고철의 사용비는 크다.
④ 용광로에서 제조된 선철(용선)을 정련하여 용강으로 만드는 데 사용된다.

풀이 전로
㉠ 용광로에서 제조된 선철(용선)을 정련하여 용강으로 만드는 데 사용되며, 주로 탈탄 또는 탈인반응에 이용되고 그 방법에는 산성 전로법과 염기성 전로법이 있으며, 원료로 용선과 소량의 고철을 사용한다.
㉡ 산화제로는 순 산소가스(순도 99.5% 이상)를 이용하고 용제(Flux)로는 석회석과 형석이 사용되며, 초음속의 순 산소제트를 용선에 불어넣어 약 40분 이내에 급속히 정련시키므로 비교적 제강시간이 짧고 고철의 사용비가 적다.
㉢ 생산비가 낮으며, 품질은 양호한 편으로 순산소 상취전로(LD로)가 전 세계 조강 생산의 약 60% 이상을 점유하고 있다.
㉣ 최근에는 BBM(Bottom Blowing Method) 또는 Q-BOP(Quicker Refining Basic Oxygen Process)라고 하는 저취전로가 가동되고 있기도 하다.

정답 23 ① 24 ③ 25 ③ 26 ③ 27 ③

28 온실가스 배출권거래제의 배출량 보고 및 인증에 관한 지침상 석유화학제품 생산공정의 보고대상 배출시설로 옳지 않은 것은?

① 메탄올 반응시설
② 하이드록실아민 반응시설
③ 테레프탈산 생산시설
④ 아크릴로니트릴 반응시설

풀이 석유화학제품 생산공정의 보고대상 배출시설
㉠ 메탄올 반응시설
㉡ EDC/VCM 반응시설
㉢ 에틸렌옥사이드(EO) 반응시설
㉣ 아크릴로니트릴(AN) 반응시설
㉤ 카본블랙(CB) 반응시설
㉥ 에틸렌 생산시설
㉦ 테레프탈산(TPA) 생산시설
㉧ 코크스 제거공정(De-Coking)

29 온실가스 배출권거래제의 배출량 보고 및 인증에 관한 지침상 PFC-14인 CF_4 온실가스가 공정배출로 배출되는 산업군과 가장 관계가 깊은 것은?

① 전자산업 ② 철강산업
③ 광물생산 ④ 석유정제

풀이 전자산업시설에서의 온실가스 공정배출원, 온실가스 종류 및 배출원인

배출공정	온실가스	배출원인
식각 공정	FCs (CHF_3, CH_2F_2)	실리콘 포함 물질의 플라스마 식각 시 부식용 불소화합물 가스 배출
화학기상 증착공정 (CVD)	FCs (CF_4, C_3F_8, C_4F_8, NF_3)	CVD방법(화학증착)에 의해 SiO_2, Si_3N_4, W 등의 증착 이후 Chamber 내벽의 세정용 불소화합물 가스 배출

30 온실가스 · 에너지 목표관리 운영 등에 관한 지침상 HCFC-22 생산과정에서 부산물 형태로 배출되는 온실가스로 가장 적합한 것은?

① SH_6
② HFC-12
③ HFC-23
④ N_2O

풀이 CFC 대체물질인 HCFC-22는 생산과정에서 HFC-23를 부산물 형태로 배출한다.

31 온실가스 배출권거래제의 배출량 보고 및 인증에 관한 지침상 암모니아 생산시설의 순서로 알맞은 것은?

① 나프타 탈황 → 가스전환 → 나프타 개질 → 암모니아 합성 → 가스정제
② 나프타 개질 → 가스전환 → 가스정제 → 암모니아 합성 → 나프타 탈황
③ 암모니아 합성 → 나프타 탈황 → 나프타 개질 → 가스전환 → 가스정제
④ 나프타 탈황 → 나프타 개질 → 가스전환 → 가스정제 → 암모니아 합성

32 온실가스 목표관리 운영 등에 관한 지침상 최적가용기술(BAT) 개발 시 고려요소와 가장 거리가 먼 것은?

① 환경피해를 방지함으로써 얻을 수 있는 이익이 최적가용기술을 적용하는 데 필요한 비용보다 커야 한다.
② 폐기물의 발생을 적게 하고 폐기물 회수와 재사용 등을 촉진할 수 있는지 여부를 고려하여야 한다.
③ 기술의 진보와 과학의 발전을 고려한다.
④ 실증된 기술이라도 파일롯 규모인 경우는 원칙적으로 최적가용기술 범위에서 제외하여 고려한다.

정답 28 ② 29 ① 30 ③ 31 ④ 32 ④

풀이 최적가용기술(BAT) 개발 시 고려요소
  ㉠ 환경피해를 방지함으로써 얻을 수 있는 이익이 최적가용기술(BAT)을 적용하는 데 필요한 비용보다 커야 한다.
  ㉡ 기존 및 신규공장에 최적가용기술을 설치하는 데 필요한 시간을 고려한다.
  ㉢ 폐기물의 발생을 줄이고 폐기물 회수와 재사용 등을 촉진할 수 있는지 여부를 고려하여야 한다.
  ㉣ 관련 법률에 따른 환경규제, 인·허가 등이 해당 기술을 적용하는 데 상당한 제약이 발생하는지 여부를 고려하여야 한다.
  ㉤ 기술의 진보와 과학의 발전을 고려한다.
  ㉥ 온실가스와 기타 오염물질의 통합감축을 촉진하여야 한다.

33 온실가스 배출권거래제의 배출량 보고 및 인증에 관한 지침상 외부 스팀 공급업체에 공급받은 열(스팀)에 대한 간접배출량 산정·보고 범위로 가장 적합한 것은?

① 관리업체 사업장 단위
② 관리업체 전력 배출시설 단위
③ 관리업체의 10MJ당 스팀 사용 설비단위
④ 관리업체의 50GJ당 스팀 사용 공정단위

풀이 보고대상 배출시설
  ㉠ 외부에서 공급된 열(스팀) 사용에 대한 간접배출량의 산정·보고범위는 관리업체 사업장 단위로 정한다.
  ㉡ 보고대상 배출시설은 '고정연소(고체연료)'부터 '폐기물의 소각' 분야의 각 배출시설 중 외부에서 공급받아 열(스팀)을 사용하는 배출시설로 한다.

34 온실가스 배출권거래제의 배출량 보고 및 인증에 관한 지침상 Fe 촉매를 사용하는 수증기 개질법으로 암모니아를 합성할 때 수소와 질소의 비율은?

① 1 : 1
② 2 : 1
③ 3 : 1
④ 4 : 1

풀이 암모니아 합성 공정
고온·고압에서 Fe 촉매를 사용하여 수소와 질소를 3 : 1의 비율로 맞추어 암모니아를 합성한다.
$N_2 + 3H_2 \rightarrow 2NH_3$

35 2006 IPCC 국가 인벤토리 산정을 위한 가이드라인 기준에 따른 경소백운석(고토석회) 생산량당 CO_2 배출계수($tCO_2/t-$생산량)로 옳은 것은?

① 0.720
② 0.750
③ 0.755
④ 0.770

풀이 IPCC 가이드라인 기본계수(석회생산량 기준 CO_2 기본배출계수)를 사용한다.

구분	$tCO_2/t-$생석회	경소백운석 (고토석회)
석회 생산량당 CO_2 배출계수(tCO_2/t)	0.750	0.770

36 다음은 온실가스 배출권거래제의 배출량 보고 및 인증에 관한 지침상 아연 생산 배출활동 중 1차 생산공정의 하나에 해당하는 방법이다. ( ) 안에 알맞은 것은?

( )은 배소된 광석과 2차 아연을 융합하여 생성된 Sinter Feed에서 할로겐 화합물, 카드뮴 및 기타 불순물이 제거된다. 그 결과 생성된 산화아연이 풍부한 소결물은 ERF(Electric Retort Furnace)에서 야금 코크와 결합하여 산화아연을 환원하며 환원반응의 결과 CO_2가 배출된다.

① 전열증류법
② ISF(Imperial Smelting Furnace)를 사용하는 건식 야금 공정
③ 전해법
④ 습식 제련침지법

풀이 전열증류법
  ㉠ 야금 공정으로 배소된 광석과 2차 아연을 융합하여 생성된 Sinter Feed에서 할로겐 화합물, 카드뮴 및 기타 불순물이 제거된다.

ⓒ 그 결과 생성된 산화아연이 풍부한 소결물은 ERF(Electric Retort Furnace)에서 야금 코크와 결합하여 산화아연을 환원하며 환원반응의 결과 CO_2가 배출된다.

37 매립시설의 기능을 3가지로 대별한 구분으로 거리가 먼 것은?

① 저류기능
② 회복기능
③ 차수기능
④ 처리기능

풀이 매립장의 기능
㉠ 저류기능
㉡ 차수기능
㉢ 처리기능

38 온실가스 배출권거래제의 배출량 보고 및 인증에 관한 지침상 전자산업의 보고대상 배출시설 중 증착시설(CVD 등)에 대한 설명으로 옳지 않은 것은?

① 일반적인 CVD 장치는 크게 원료수송부, 반응기, 부산물 배출구의 세 부분으로 나눌 수 있다.
② 산이나 알칼리 용액에 표면처리를 위하여 담그거나 원료 및 제품을 중화시키는 공정이다.
③ CVD법에 의한 화학반응의 종류로는 이종반응(Heterogeneous Reaction)이 대표적이다.
④ 기체, 액체 혹은 고체상태의 원료화합물을 반응기 내에 공급하여 기판 표면에서의 화학적 반응을 유도함으로써 반도체 기관 위에 고체 반응생성물인 박막층을 형성하는 공정이다.

풀이 ②항은 식각시설의 내용이다.

39 온실가스 배출권거래제의 배출량 보고 및 인증에 관한 지침상 Tier 1에 의한 하수처리장의 온실가스 배출량 산정에서 필요한 자료와 거리가 먼 것은?

① 유입 및 방류수의 BOD_5 농도
② 슬러지의 반출량
③ 메탄 회수량
④ 하수 체류시간

풀이 하수처리 온실가스 배출량 산정(Tier 1)
$$CH_4 Emissions = (BOD_{in} \times Q_{in} - BOD_{out} \times Q_{out} - BOD_{sl} \times Q_{sl}) \times 10^{-6} \times EF - R$$

여기서, $CH_4 Emissions$: 하수처리에서 배출되는 CH_4배출량(tCH_4)
BOD_{in} : 유입수의 BOD_5 농도 (mg-BOD/L)
BOD_{out} : 방류수의 BOD_5 농도 (mg-BOD/L)
BOD_{sl} : 반출 슬러지의 BOD_5 농도 (mg-BOD/L)
Q_{in} : 유입수의 유량(m^3)
Q_{out} : 방류수의 유량(m^3)
Q_{sl} : 슬러지의 반출량(m^3)
EF : 배출계수(kgCH_4/kg-BOD)
R : 메탄 회수량(tCH_4)

40 온실가스 배출권거래제의 배출량 보고 및 인증에 관한 지침상 고정연소(고체연료)시설 중 본체 내에 노통화로, 연관 등을 설치한 것으로 구조가 간단하고 일반적으로 널리 쓰이고 있으나, 고압용이나 대용량에는 적합지 않으며, 입식 보일러, 연관 보일러 등이 해당하는 시설은?

① 수관식 보일러
② 주철형 보일러
③ 유동상 보일러
④ 원통형 보일러

풀이 원통형 보일러
- 구멍이 큰 원통을 본체로 하여 그 내부에 노통화로, 연관 등을 설치한 것이다.
- 구조가 간단하여 일반적으로 널리 쓰이나 고압용이나 대용량으로는 적합하지 않다.
- 종류에는 입식 보일러, 노통보일러, 연관보일러, 노통연관보일러 등이 있다.

정답 37 ② 38 ② 39 ④ 40 ④

3과목　온실가스 산정과 데이터 품질관리

41 온실가스 배출권거래제의 배출량 보고 및 인증에 관한 지침상 항공부문의 이동연소에 의한 온실가스 배출량 산정기준에 관한 설명으로 옳지 않은 것은?

① 배출량 산정방법론은 Tier 1, 2, 3의 세 등급으로 구분할 수 있다.
② Tier 2 수준의 배출량 산정방법론은 제트 연료를 사용하는 항공기에 적용된다.
③ Tier 1 수준에서 활동자료의 측정불확도는 ±7.5% 이내이다.
④ Tier 2 수준에서 활동자료의 측정불확도는 ±5.0% 이내이다.

풀이 항공부문의 이동연소에 의한 온실가스 배출량 산정 방법론은 Tier 1, 2의 두 등급으로 구분할 수 있다.

42 온실가스 배출권거래제의 배출량 보고 및 인증에 관한 지침상 철강생산공정의 전기로 시설의 배출활동이 다음과 같을 때, Tier 2 산정방법으로 전기로에서 조강 생산에 따른 CO_2 배출량(tCO_2)을 계산하면?

- 탄소전극봉 투입량 1,000ton
- 탄소전극봉 CO_2 배출계수 3.0045tCO_2/ton
- 가탄제 투입량 15,000ton
- 가탄제 CO_2 배출계수 3.0411 tCO_2/ton
- 조강생산량 20,000ton
- 강 CO_2 배출계수 0.08 tCO_2/t - 생산물

① 48,621　　② 49,376
③ 50,221　　④ 53,276

풀이 철강생산공정(전기로) 배출량 산정(Tier 2)
$$E_{EAF} = (CE \times EF_{CE}) + (CA \times EF_{CA}) + \sum(O \times EF_O)$$
여기서, E_{EAF} : 전기로에서 조강 생산에 따른 CO_2 배출량(tCO_2)
CE : 전기로에서 사용된 탄소전극봉의 양 (ton)
CA : 전기로에서 투입된 가탄제 양(ton)
O : 전로에 투입된 공정물질(소결물, 폐플라스틱 등)의 양(ton)
EF_X : X물질의 배출계수(tCO_2/t)

CO_2 배출량(tCO_2)
  = (1,000ton × 3.0045tCO_2/ton)
  　+ (15,000ton × 3.0411tCO_2/ton)
  = 48,621tCO_2

43 온실가스 배출권거래제의 배출량 보고 및 인증에 관한 지침상 기체연료를 고정연소하는 배출시설에 Tier 2를 적용할 경우 매개변수별 관리기준에 관한 설명으로 옳지 않은 것은?

① 활동자료는 사업자 또는 연료공급자에 의해 측정된 불확도 ±5.0% 이내의 연료사용량 자료를 활용한다.
② 열량계수는 국가고유발열량값을 사용한다.
③ 배출계수는 국가고유배출계수를 사용한다.
④ 산화계수는 기본값인 1.0을 적용한다.

풀이 고정연소(기체연료)하는 배출시설(Tier 2) 산화계수는 0.995를 적용한다.

44 온실가스 배출권거래제의 배출량 보고 및 인증에 관한 지침상 고체연료의 고정연소 과정에서 배출되는 온실가스 배출량 산정 시 산화계수(f)에 대한 설명으로 옳지 않은 것은?

① Tier 2 산정등급에서 센터가 별도의 계수를 공표하여 지침에 수록된 경우 그 값을 적용한다.
② Tier 2 산정등급에서 발전 부문은 0.995를 적용한다.
③ Tier 3 산정등급에서는 사업자가 자체 개발한 산화계수를 사용할 수 있다.
④ Tier 3 산정등급에서는 연료공급자가 분석하여 제공한 고유 산화계수를 사용할 수 있다.

풀이 고정연소(고체연료)하는 배출시설(Tier 2) 산화계수 발전 부문은 산화계수 0.99를 적용하고 기타 부문은 0.98를 적용한다.

정답　41 ①　42 ①　43 ④　44 ②

45 온실가스 배출권거래제의 배출량 보고 및 인증에 관한 지침상 배출량 등의 산정절차로 옳은 경우?

① 조직경계의 설정 → 배출활동별 배출량 산정방법론의 선택 → 모니터링 유형 및 방법의 설정 → 배출량 산정 및 모니터링 체계의 구축 → 배출활동의 확인·구분 → 배출량 산정
② 조직경계의 설정 → 모니터링 유형 및 방법의 설정 → 배출량 산정 및 모니터링 체계의 구축 → 배출활동별 배출량 산정방법론의 선택 → 배출활동의 확인·구분 → 배출량 산정
③ 조직경계의 설정 → 배출활동별 배출량 산정방법론의 선택 → 배출활동의 확인·구분 → 배출량 산정 및 모니터링 체계의 구축 → 모니터링 유형 및 방법의 설정 → 배출량 산정
④ 조직경계의 설정 → 배출활동의 확인·구분 → 모니터링 유형 및 방법의 설정 → 배출량 산정 및 모니터링 체계의 구축 → 배출활동별 배출량 산정방법론의 선택 → 배출량 산정

풀이 온실가스 배출량 산정절차
　㉠ 1단계 : 조직경계의 설정
　㉡ 2단계 : 배출활동의 확인·구분
　㉢ 3단계 : 모니터링 유형 및 방법의 설정
　㉣ 4단계 : 배출량 산정 및 모니터링 체계의 구축
　㉤ 5단계 : 배출활동별 배출량 산정방법론의 선택
　㉥ 6단계 : 배출량 산정(계산법 혹은 연속측정방법)
　㉦ 7단계 : 명세서 작성

46 온실가스 배출권거래제의 배출량 보고 및 인증에 관한 지침상 모니터링 계획 작성원칙 중 "모니터링 계획에 보고된 동일 배출시설 및 배출활동에 관한 데이터는 상호비교가 가능하도록 해야 한다."는 것과 가장 관련이 깊은 원칙은?

① 준수성　② 일관성
③ 투명성　④ 완전성

풀이 일관성(모니터링 계획 작성 원칙)
모니터링 계획에 보고된 동일 배출시설 및 배출활동에 관한 데이터는 상호 비교가 가능하도록 배출시설의 구분은 가능한 한 일관성을 유지하여야 한다.

47 온실가스 배출권거래제의 배출량 보고 및 인증에 관한 지침상 관리업체 지정과 관련하여 건물이 건축물 대장 또는 등기부에 각각 등재되어 있거나 소유지분을 달리하고 있는 경우에 관한 사항으로 옳지 않은 것은?

① 인접한 대지에 동일 법인이 여러 건물을 소유한 경우에 한 건물로 본다.
② 건물의 소유구분이 지분형식으로 되어 있을 경우에는 지분별로 건물의 소유지분을 구분한다.
③ 에너지 관리의 연계성이 있는 복수의 건물은 한 건물로 본다.
④ 동일 부지 내에 있거나 인접 또는 연접한 집합건물이 동일한 조직에 의해 에너지 공급·관리 또는 온실가스 관리 등을 받을 경우에도 한 건물로 간주한다.

풀이 건물의 소유지분이 지분형식으로 되어 있을 경우에는 최대지분을 보유한 법인 등을 당해 건물로 소유자로 본다.

48 온실가스 배출권거래제의 배출량 보고 및 인증에 관한 지침상 연속측정방법에서 결측자료에 따른 대체자료 생성기준으로 옳지 않은 것은?

① 정도검사 기간의 경우에는 정상 마감된 전월의 최근 1개월간의 30분 평균자료
② 교정검사 불합격의 경우에는 정상자료 중 최근 30분 평균자료
③ 장비점검 시에는 정상자료 중 최근 30분 평균자료
④ 미수신 자료의 경우에는 정상자료 중 최근 30분 평균자료

정답 45 ④　46 ②　47 ②　48 ②

풀이 **대체자료 생성기준**

결측자료	대체자료
정도검사 기간, 정도검사 및 교정검사 불합격	정상 마감된 전월의 최근 1개월간의 30분 평균자료
비정상 측정자료	정상자료 중 최근 30분 평균자료
장비 점검	정상자료 중 최근 30분 평균자료
상태표시 발생기간	정상자료 중 최근 30분 평균자료
비정상 환산·보정	정상자료 중 최근 30분 평균자료
가동중지기간	해당 기간의 자료는 0으로 처리
미수신 자료	정상자료 중 최근 30분 평균자료
그 밖의 무효자료 인정 기간	정상 마감된 전월의 최근 1개월간의 30분 평균자료

49 온실가스 배출권거래제의 배출량 보고 및 인증에 관한 지침상 관리업체인 A매립장에서 고형폐기물의 매립에 따른 온실가스 배출량을 산정할 경우 매개변수별 관리기준에 관한 설명으로 옳지 않은 것은?

① 메탄보정계수(MCF)는 IPCC 가이드라인 기본값을 적용한다.
② 폐기물 성상별 매립량은 1991년 1월 1일 이후 매립된 폐기물에 대해서만 수집한다.
③ 메탄으로 전환 가능한 DOC 비율은 IPCC 가이드라인 기본값인 0.5를 적용한다.
④ 산화율은 IPCC 가이드라인 기본계수를 사용한다.

풀이 폐기물 성상별 매립량은 1981년 1월 1일 이후 매립된 폐기물에 대해서만 수집한다.

50 온실가스 배출권거래제의 배출량 보고 및 인증에 관한 지침상 산정등급(Tier) 분류에 관한 설명으로 옳은 것은?

① Tier 1 : 사업장 배출시설 및 감축기술단위의 배출계수 등 상당 부분을 시험 분석을 통하여 개발한 매개변수 값을 활용하는 배출량 산정방법론
② Tier 2 : 활동자료, IPCC 기본 배출계수를 활용하여 배출량을 산정하는 방법론
③ Tier 3 : 국가 고유 배출계수 및 발열량 등을 일정부분 시험 분석을 통하여 개발한 매개변수 값을 활용하는 배출량 산정방법론
④ Tier 4 : 굴뚝자동측정기기 등 배출가스 연속측정방법을 활용한 배출량 산정방법론

풀이 **배출량 산정방법론**
㉠ Tier 1 : IPCC 기본배출계수로 활용
㉡ Tier 2 : 국가고유배출계수 및 발열량 등을 활용
㉢ Tier 3 : 사업자가 개발하여 활용
㉣ Tier 4 : 배출가스 연속측정방법을 활용

51 온실가스 배출권거래제의 배출량 보고 및 인증에 관한 지침상 활동자료 수집에 따른 모니터링 유형에 관한 설명으로 옳지 않은 것은?

① B유형은 배출시설별로 주기적으로 교정검사를 실시하는 내부 측정기기가 설치되어 있을 경우 해당 측정기기를 활용하여 활동자료를 결정하는 방법이다.
② C유형은 연료 및 원료의 공급자가 상거래 등의 목적으로 설치·관리하는 측정기기를 이용하여 배출시설의 활동자료를 모니터링하는 방법이다.
③ B유형은 구매량 기반 측정기기와 무관하게 배출시설 활동자료를 교정된 자체 측정기기를 이용하여 모니터링하는 방법이다.
④ C유형은 각 배출시설별 활동자료를 구매연료 및 원료 등의 메인 측정기기 활동자료에서 타당한 배분방식으로 모니터링하는 방법이다.

풀이 **활동자료 수집에 따른 모니터링 유형**

모니터링 유형	세부 내용
A유형 (구매량 기반 모니터링 방법)	• 연료 및 원료의 공급자가 상거래 등의 목적으로 설치·관리하는 측정기기를 이용하여 배출시설의 활동자료를 모니터링하는 방법 • 연료나 원료 공급자가 상거래를 목적으로 설치·관리하는 측정기기(WH)와 주기적인 정도검사를 실시하는 내부 측정기기(FL)를 사용하여 활동자료를 결정하는 방법

정답 49 ② 50 ④ 51 ②

모니터링 유형	세부 내용
B유형 (교정된 측정기로 직접 계량에 따른 모니터링 방법)	• 구매량 기반 측정기기와 무관하게 배출시설 활동자료를 교정된 자체 측정기기를 이용하여 모니터링하는 방법 • 배출시설별로 주기적으로 교정검사를 실시하는 내부 측정기기(FL)가 설치되어 있을 경우 해당 측정기기를 활용하여 활동자료를 결정하는 방법
C유형 (근사법에 따른 모니터링 유형)	• 각 배출시설별 활동자료를 구매 연료 및 원료 등의 메인 측정기기(WH) 활동자료에서 타당한 배분방식으로 모니터링하는 방법 • 각 배출시설별 활동자료를 구매단가, 보증된 배출시설 설계 사양 등 정부가 인정하는 방법을 이용하여 모니터링하는 방법
D유형 (기타 모니터링 유형)	A~C유형 이외 기타 유형을 이용하여 활동자료를 수집하는 방법

52 온실가스 배출권거래제 운영을 위한 검증지침에서 외부사업 온실가스 감축량을 검증 시 "대표적인 자료 혹은 배출시설의 배출량을 선택하여 원시데이터의 발생부터 배출량 산정까지의 흐름을 근거자료로서 추적"하는 검증기법을 무엇이라 하는가?

① 관찰
② 재계산
③ 분석
④ 역추적

풀이 검증기법

기법	개요
열람	문서와 기록을 확인
실사	측정기기 등을 통해 수집된 데이터 및 정보 등 확인
관찰	업무 처리과정과 절차를 확인
인터뷰	검증대상의 책임자 및 담당자 등에 질의, 설명 또는 응답을 요구(외부 관계자에 대한 인터뷰도 포함)
재계산	기록과 문서의 정확성을 판단하기 위하여 검증심사원이 직접 계산하고 확인
분석	온실가스 활동자료 상호 간 또는 기타 데이터 사이에 존재하는 관계를 활용하여 추정치를 산정하고, 추정치와 산출량을 비교·검토
역추적	대표적인 자료 혹은 배출시설의 배출량을 선택하여 원시 데이터의 발생부터 배출량 산정까지의 흐름을 근거자료로써 추적

53 온실가스 배출권거래제의 배출량 보고 및 인증에 관한 지침상 납 생산에 대한 온실가스 배출량 산정을 산정하는 방법에 대한 설명으로 옳지 않은 것은?

① 보고대상 온실가스는 CO_2와 CH_4이다.
② 배출량 산정방법론으로 Tier 1~4까지 4가지 방법론이 있다.
③ Tier 1 방법론은 생산된 납의 양(t)에 납생산량당 배출계수(tCO_2/t-생산된 납)를 곱하여 배출량을 산정하는 방법이다.
④ Tier 3 방법론 적용을 위해서는 사업자가 자체적으로 고유 배출계수를 개발하여 적용하여야 한다.

풀이 납 생산에 대한 보고대상 온실가스는 CO_2이다.

54 온실가스 배출권거래제의 배출량 보고 및 인증에 관한 지침상 ( ) 안에 들어갈 용어로 가장 적합한 것은?

(A)은/는 배출량 산정(명세서 작성 등) 과정에 직접적으로 관여하지 않은 사람에 의해 수행되는 검토 절차의 계획된 시스템을 의미하고, (B)은/는 배출량 산정결과의 품질을 평가 및 유지하기 위한 일상적인 기술적 활동의 시스템이다.

① A : 품질보증(Quality Assurance)
   B : 품질관리(Quality Control)
② A : 품질관리(Quality Control)
   B : 품질보증(Quality Assurance)
③ A : 현장검증
   B : 리스크 분석
④ A : 리스크 분석
   B : 현장검증

정답 52 ④ 53 ① 54 ①

55 온실가스 배출권거래제의 배출량 보고 및 인증에 관한 지침상 하·폐수에서 발생하는 온실가스 배출량 산정 시 CO_2를 배출량 산정에서 제외하는 주된 원인으로 가장 적합한 사항은?

① 배출계수가 없으므로
② 생물에서 기원하므로
③ 하·폐수에서 CO_2가 발생하지 않으므로
④ 소량 발생하므로

풀이 하·폐수에서 발생하는 온실가스 배출량 산정 시 CO_2는 생물에서 기원하므로 배출량 산정에서 제외한다.

56 온실가스 배출권거래제의 배출량 보고 및 인증에 관한 지침상 다음 석유 정제활동에서 Tier 2를 이용한 온실가스 배출량은?

- 수소생산량 : $1,000m^3$
- 원료조성 : 메탄 70%, 에탄 20%, 부탄 10%
- 다음 산정식 이용

$$E_{CO_2} = Q_{H_2} \times \frac{x \, mole \, CO_2}{(3x+1) \, mole \, H_2} \times 1.963$$

① 0.43t CO_2
② 0.52t CO_2
③ 0.68t CO_2
④ 1.25t CO_2

풀이 $CH_4 + 2H_2O = 4H_2 + 1CO_2$
$C_2H_6 + 4H_2O = 7H_2 + 2CO_2$
$C_4H_{10} + 8H_2O = 13H_2 + 4CO_2$

성분	CO_2 몰수	H_2 몰수	함유비	Moles CO_2	Moles H_2
CH_4	1	4	0.7	0.7	2.8
C_2H_6	2	7	0.2	0.4	1.4
C_4H_{10}	4	13	0.1	0.4	1.3
합계	-	-	-	1.5	5.5

온실가스배출량(tCO_2)

$= Q_{H_2} \times \frac{x \, mole \, CO_2}{(3x+1) \, mole \, H_2} \times 1.963$

$= 1천m^3 \times \frac{1.5}{5.5} \times 1.963$

$= 0.53 \, tCO_2$

57 다음은 온실가스 배출권거래제의 배출량 보고 및 인증에 관한 지침상 온실가스 측정불확도 산정절차이다. ( ) 안에 알맞은 것은?

- 1단계 - 사전검토
- 2단계 - 매개변수의 불확도 산정
- 3단계 - (㉠)
- 4단계 - (㉡)

① ㉠ 직접불확도 산정,
  ㉡ 간접불확도 산정
② ㉠ 배출시설에 대한 불확도 산정,
  ㉡ 사업장 또는 업체에 대한 불확도 산정
③ ㉠ 합성불확도 산정,
  ㉡ 간접불확도 산정
④ ㉠ 직접불확도 산정,
  ㉡ 배출량 불확도 계산

풀이 온실가스 측정불확도 산정절차

1단계 (사전검토)	• 매개변수 분류 및 검토, 불확도 평가 대상 파악 • 불확도 평가 체계 수립
2단계 (매개변수의 불확도 산정)	• 활동자료, 배출계수 등의 매개변수에 대한 불확도 산정 • 매개변수에 대한 확장불확도 또는 상대불확도 산정
3단계 (배출시설에 대한 불확도 산정)	• 배출시설별 온실가스 배출량에 대한 상대불확도 산정
4단계 (사업장 또는 업체에 대한 불확도 산정)	• 배출시설별 배출량의 상대불확도를 합성하여 사업장 또는 업체의 총 배출량에 대한 상대불확도 산정

58 온실가스 배출권거래제의 배출량 보고 및 인증에 관한 지침상 외부에서 공급을 받아 전력을 사용하는 A사업장은 2016년에 100,500kWh, 2017년에 110,600kWh를 사용하였다. A사업장이 2017년 외부전력 사용으로 인한 온실가스 배출량은 약 얼마인가?(단, 전력 배출계수 및 GWP는 다음과 같다.)

구분	CO_2 (tCO_2/MWh)	CH_4 (kgCH_4/MWh)	N_2O (kgN_2O/MWh)
배출계수	0.4653	0.0054	0.0027
GWP	1	21	310

① 47tCO_2-eq ② 52tCO_2-eq
③ 62tCO_2-eq ④ 73tCO_2-eq

풀이 온실가스배출량(tCO_2-eq)=$\sum_i Q \times EF_i$

$Q = 110,600\text{kWh} \times \dfrac{\text{MWh}}{10^3 \text{kWh}} = 110.6\text{MWh}$

CO_2배출량 = 110.600MWh × 0.4653tCO_2/MWh
= 51.462tCO_2

CH_4배출량 = 110.600MWh × 0.0054
× 10^{-3}tCH_4/MWh = 0.0005972tCH_4

N_2O배출량 = 110.600MWh × 0.0027
× 10^{-3}tN_2O/MWh = 0.0002986tN_2O

∴ 온실가스배출량 = 51.462 + (0.0005972 × 21)
+ (0.0002986 × 310)
= 51.567tCO_2-eq

59 온실가스 배출권거래제의 배출량 보고 및 인증에 관한 지침상 온실가스 배출량 산정 시 발열량에 관한 설명으로 옳지 않은 것은?

① 총발열량이란 연료의 연소과정에서 발생하는 수증기의 잠열을 포함한 발열량을 말한다.
② 1cal는 4.1868J이다.
③ MJ은 10^6J이다.
④ Nm^3는 15℃, 1기압 상태의 체적을 말한다.

풀이 Nm^3은 0℃, 1기압 상태의 단위체적(세제곱미터)을 말한다.

60 온실가스 배출권거래제 운영을 위한 검증지침에서 "온실가스 배출량의 산정결과와 관련하여 정형화된 양을 합리적으로 추정한 값의 분산특성을 나타내는 정도"를 무엇이라 하는가?

① 리스크 ② 중요성
③ 합리적 보증 ④ 불확도

4과목 온실가스 감축관리

61 온실가스 감축프로젝트들에 대한 경제성 분석 평가 시 비용편익 분석에 있어서 적용되는 판단의 기준으로 거리가 먼 것은?

① NPV(Net Present Value)
② Benefit Cost Ratio
③ IRR(Internal Rate of Return)
④ RMU(Removal Unit)

풀이 RMU는 토지의 이용변환, 산림사업 등을 통한 온실가스감축분이 발생할 때 인정되는 배출권을 말한다.
[참고]
NPV(순현재가치), B/C Ratio(편익·비용의 비), IRR(내부수익률)

62 온실가스 배출량 감축을 위해 정부정책 세부방향을 설정하고자 한다. 다음 중 온실가스 배출량 감축방법으로 옳은 것은?

① 풍력발전을 화력발전으로 대체
② 건축물 내 LED 등을 형광등으로 교체
③ 매립장에서 발생하는 LFG(Land Fill Gas)를 연료로 활용
④ 사업장 내 수소자동차를 가솔린자동차로 교체

풀이 ① 화력발전을 풍력발전으로 대체
② 건축물 내 형광등을 LED 등으로 교체
④ 사업장 내 가솔린자동차를 수소자동차로 교체

정답 58 ② 59 ④ 60 ④ 61 ④ 62 ③

63 CDM 프로젝트 사업계획서(PDD ; Project Design Document)는 제안하고자 하는 감축 프로젝트에 대한 계획과 정보를 적은 문서를 말하는데, 다음 중 사업계획서에서 꼭 다루어야 할 항목으로 가장 거리가 먼 것은?

① 프로젝트의 개요 및 지역 이해관계자와의 협의사항
② 선정된 승인방법론에 입각한 프로젝트의 설명
③ 프로젝트가 환경에 미치는 영향에 대한 설명
④ 프로젝트 시행을 위한 초기투자 원가 세부 분석자료

풀이 CDM 사업계획서의 작성항목

구분	작성항목
A	사업 개요(프로젝트 활동에 대한 일반사항 기술)
B	베이스라인 및 모니터링 방법론의 적용
C	사업활동기간 및 CDM 사업 인정기간(프로젝트 활동 이행기간, 유효기간)
D	환경 영향요소 확인
E	이해관계자 의견 수렴

64 CDM EB가 제시하는 추가성 분석방법에서는 프로젝트의 추가성을 단계적으로 평가할 수 있도록 구성하고 있는데, 다음 중 그 단계가 순서대로 옳게 배열된 것은?

① 최초 시도 여부 → 대안분석 → 투자분석 → 장벽분석 → 관례분석
② 최초 시도 여부 → 투자분석 → 대안분석 → 장벽분석 → 관례분석
③ 최초 시도 여부 → 대안분석 → 투자분석 → 관례분석 → 장벽분석
④ 최초 시도 여부 → 대안분석 → 투자분석 → 관례분석

풀이 추가성 검증 Tool에 의한 추가성 분석절차
㉠ 1단계 : 사업활동에 대한 대안 설정[대안분석] (Identification of Alternatives)
㉡ 2단계 : 투자분석(Investment Analysis)을 통한 대안 비교
㉢ 3단계 : 장벽분석(Barrier Analysis)을 통한 대안 비교
㉣ 4단계 : 상례분석[관례분석](Common Practice Analysis)

65 CDM사업 모니터링 보고서의 QA/QC 절차 작성법에 관한 내용으로 가장 거리가 먼 것은?

① 절차서는 CDM 프로젝트의 모니터링 계획에 기준하여 작성한다.
② 베이스라인 배출계수는 PDD 베이스라인 방법론에 의거한 값이다.
③ 모니터링 매개변수의 변경이 있는 경우 DOE의 평가를 거쳐 CDM EB의 승인을 득하여야 한다.
④ 전기안전담당자는 모니터링 담당업무를 겸할 수 없지만 모니터링 담당자는 전기안전관리를 담당할 수 있다.

풀이 전기안전담당자는 모니터링 담당업무를 겸할 수 있지만 모니터링 담당자는 전기안전관리를 겸할 수 없다.

66 최근 온실가스 처리 및 재활용 문제의 일환인 CO_2의 화학적 전환처리기술 중 촉매화학법의 전환생성물로 옳지 않은 것은?(단, CO_2의 화학적 전환처리기술은 촉매화학법, 전기화학법, 광화학법 등이 있다.)

① CO_2에서 CO로의 전환
② CO_2에서 HCOOH와 HCHO로의 전환
③ CO_2에서 CH_4와 O_2로의 전환
④ CO_2에서 CH_3OH로의 전환

풀이 촉매화학적 방법은 이산화탄소의 균일 또는 비균일 촉매에 의한 수소화를 통한 메탄올, 개미산, 고분자 물질, 탄화수소화합물 등을 생성하는 것을 말한다.

67 연료의 산화에 의해서 생기는 화학에너지를 직접 전기에너지로 변환시키는 연료전지의 특징에 관한 설명으로 거리가 먼 것은?

① 환경공해가 감소되어 CO_2 발생이 전혀 없다.
② 연료전지를 이용한 발전시스템에서 연료전지는 발전효율이 40~60% 정도이며, 열병합발전을 할 경우에는 80% 이상 가능하다.
③ 회전부위가 없어 소음이 매우 낮고, 다량의 냉각수가 불필요하다.
④ 도심 부근의 설치가 가능하여 송배전시설비 및 전력손실이 적은 편이다.

풀이 연료전지는 배기가스 중 NOx, SOx 및 분진의 생성이 거의 없으며 CO_2 발생량은 미분탄 화력발전에 비하여 20~40% 정도 감소시킬 수 있다.

68 교토의정서에서 규정하고 있는 6대 온실가스가 아닌 것은?

① CH_4
② NO_2
③ HFCs
④ SF_6

풀이 6대 온실가스(교토의정서)
CO_2, CH_4, N_2O, HFCs, PFCs, SF_6

69 한계저감비용(MAC ; Marginal Abatement Cost)에 관한 설명으로 옳은 것은?

① 온실가스 1톤을 줄이는 데 소요되는 비용이다.
② 온실가스 감축 수단별 초기비용을 제외한 1년간 운영비를 반영한 비용이다.
③ 온실가스 감축을 위한 운영비용은 반영하지 않는다.
④ 총 사업기간 중 최초 1년간 감축에 지출된 비용만 반영한다.

풀이 한계저감비용(MAC)
㉠ 온실가스 감축을 위한 경제성 평가방법 중 하나이다.
㉡ 온실가스 1ton을 줄이는 데 소요되는 비용을 말한다.

㉢ 각 온실가스 감축 수단별 초기 비용 및 운영비용 등 총 소요비용을 감축수단에 따른 온실가스 감축량으로 나누어 1ton의 온실가스 감축량 대비 소요비용을 계산하여 산출한다.

70 온실가스 저감노력으로 인한 온실가스 저감량을 계산하는 비교기준으로서, 온실가스 저감에 해당하는 사업이 수행되지 않았을 경우의 배출량 및 흡수량에 대한 계산 또는 예측을 의미하는 것은?

① 시나리오
② 벤치마크
③ 베이스라인
④ 모니터링

풀이 베이스라인(Baseline)
㉠ 베이스라인(Baseline)은 CDM 사업 없이 발생될 수 있는 모든 부문 및 발생원으로부터 지구온난화 유발가스 발생량을 나타내는 시나리오이다.
㉡ 온실가스 저감노력으로 인한 온실가스 저감량을 계산하는 비교기준으로서, 온실가스 저감 해당 사업이 수행되지 않았을 경우의 배출량 및 흡수량에 대한 계산 또는 예측을 의미한다.

71 온실가스 배출권거래제의 배출량 보고 및 인증에 관한 지침상 온실가스 다배출사업장은 감축목표를 부여받는데, 온실가스 감축과 관련하여 사업장 입장에서 취할 수 있는 전략수립의 순서로 가장 적합한 것은?

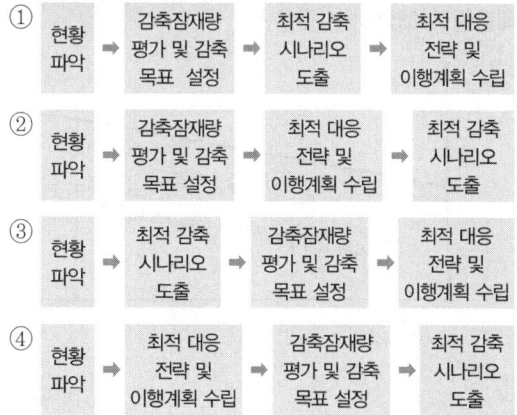

정답 67 ① 68 ② 69 ① 70 ③ 71 ①

72 다음 온실가스 감축방법 중 간접감축방법에 해당하는 것은?

① 신재생에너지 적용
② 대체물질 적용
③ 온실가스 활용
④ 공정 개선

풀이 간접감축방법
  ㉠ 1차 간접감축방법 : 배출원 공정을 활용한 신재생에너지 생산활용
  ㉡ 2차 간접감축방법 : 배출원 공정과 무관한 신재생에너지 적용을 통한 온실가스 배출상태
  ㉢ 3차 간접감축방법 : 탄소배출권 구매

73 시멘트 생산공정에서 온실가스를 감축시키는 방법과 가장 거리가 먼 것은?

① CaO 함량의 비율이 높은 비탄산염 원료의 사용량을 증가시킨다.
② 시멘트 성분 중 클링커 함량을 줄인다.
③ 원료와 연료의 수분 함량을 줄인다.
④ 폐유사용량을 줄이고 고열량인 석탄사용량을 증가시킨다.

풀이 석탄사용량을 줄인다.

74 온실가스 감축사업에서 온실가스 베이스라인 배출량에 해당하는 것은?

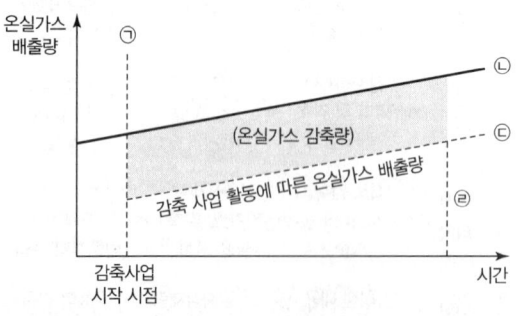

① ㉠
② ㉡
③ ㉢
④ ㉣

풀이 사업활동에 의한 온실가스 감축량의 개념

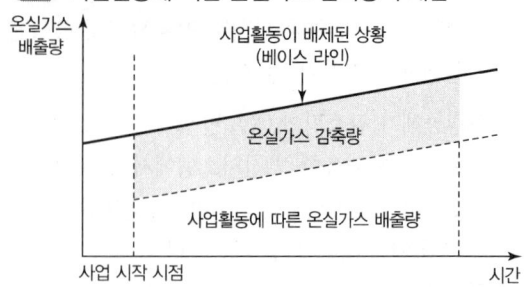

75 A관리업체는 다음과 같은 기준년도 배출량을 가진 C시설에 대한 시설규모를 최초 결정하고자 한다. 이때 적용되는 배출량은?(단, 단위 tCO_2 eq/년)

연도	2014	2015	2016
연간 배출량	48,000	49,000	51,000

① 51,000
② 49,333
③ 49,000
④ 48,000

풀이 관리업체의 시설규모를 최초로 결정할 경우에는 기준연도 기간 중 해당 시설의 최근 연도 온실가스 배출량으로 결정. 즉 최근 연도인 2016년 배출량 51,000tCO_2-eq/year을 적용한다.

76 CDM 사업자는 일정기간 동안 사업에 의한 감축활동을 모니터링하고 그 결과를 모니터링 보고서로 정리·작성하여 DOE에게 검증을 의뢰하는데, DOE가 해야 할 CDM 모니터링 보고서 검증업무 수행절차를 순서대로 나열한 것으로 가장 적합한 것은?

① 시정조치 → 문서검토 → 현장심사 → 검증보고서 작성
② 현장심사 → 문서검토 → 시정조치 → 검증보고서 작성
③ 문서검토 → 현장심사 → 검증보고서 작성 → 시정조치
④ 문서검토 → 현장심사 → 시정조치 → 검증보고서 작성

정답 72 ① 73 ④ 74 ② 75 ① 76 ④

풀이 CDM 사업 검·인증 절차

검증 계약 → 심사팀 구성 및 계획 수립 → 문서검토 및 Uploading 실시 →
현장심사 → 시정조치 확인 및 보고서 작성 → 인증서 발급 CERs 발급 요구서

77 이산화탄소 포집 및 저장(CCs) 기술 분류 중 CO_2 포집기술 구분과 거리가 먼 것은?

① 연소 후 포집
② 연소 전 포집
③ 순질소 연소 포집
④ 순산소 연소 포집

풀이 CO_2 포집기술 구분
㉠ 연소 전 포집
㉡ 연소 후 포집
㉢ 순산소 연소 포집

78 다음은 연료전지의 발전시스템 구성요소에 관한 설명이다. ( ) 안에 가장 적합한 것은?

( )은/는 연료인 천연가스, 메탄올, 석탄, 석유 등을 수소가 많은 연료로 변화시키는 장치이다.

① 단위전지　　② 스택
③ 전력변환기　④ 연료개질기

풀이 개질기(Reformer)
연료인 천연가스, 메탄올, 석탄, 석유 등을 수소가 많은 연료로 변화시키는 장치를 말한다.

79 해안지역에 시간당 1MW 규모의 풍력발전소를 건설하여 전력생산을 CDM사업으로 추진하려고 한다. 풍력발전의 이용률은 20%이고, 생산된 전력은 모두 전력계통으로 공급된다고 가정할 때, 이 사업에 의한 연간 온실가스 감축량은 약 얼마인가?(단, 전력계통의 온실가스 배출계수는 $0.8tCO_2/MWh$이고, 풍력발전소 자체 전기사용량은 무시하고, 1톤 이하 온실가스 감축량도 무시한다.)

① 1,401tCO_2/년
② 1,523tCO_2/년
③ 1,658tCO_2/년
④ 1,773tCO_2/년

풀이 온실가스감축량(tCO_2/년)
= $1MWh \times 0.8tCO_2/MWh \times 24hr/일 \times 365일/년$
= $1,401.6tCO_2$/년

80 화학산업에서 우선적으로 추진해야 할 온실가스 감축 수단은 에너지 효율을 높이고 화학연료 사용을 최소화하는 것이다. 다음 중 에너지 효율 개선을 위해 적용할 수 있는 공정개선과 가장 거리가 먼 것은?

① 설비 및 기기효율의 개선
② 에너지 효율 제고를 위해 제조법의 전환 및 공정 개발
③ 배출 에너지의 회수
④ 생산량 증가를 통한 원단위 개선

풀이 화학산업에서 에너지 효율 개선을 위해 적용가능한 공정개선
㉠ 설비 및 기기효율 개선
㉡ 에너지 효율 제고를 위해 제조법의 전환 및 공정 개발
㉢ 배출 에너지의 회수
㉣ 에너지 원단위 지수 개선

정답　77 ③　78 ④　79 ①　80 ④

5과목 온실가스 관련 법규

81 탄소중립기본법상 국가 온실가스 감축목표는 2030년의 국가 온실가스 총배출량을 2018년의 온실가스 총배출량 대비 얼마까지 감축하는 것으로 하는가?

① 10% 이상　　② 20% 이상
③ 25% 이상　　④ 35% 이상

풀이 중장기 국가 온실가스 감축목표(탄소중립기본법)
정부는 국가 온실가스 배출량을 2030년까지 2018년의 국가 온실가스 배출량 대비 35% 이상의 범위에서 대통령령으로 정하는 비율만큼 감축하는 것을 말한다.

82 온실가스 배출권의 할당 및 거래에 관한 법률상 할당대상업체는 이행연도 종료일부터 6개월 이내에 대통령령으로 정하는 바에 따라 배출권(종료된 이행연도의 배출권을 말한다)을 주무관청에 제출하여야 하는데, 이 배출권을 제출하지 아니한 자에 관한 과태료 부과·징수기준은?

① 2백만 원 이하의 과태료를 부과·징수한다.
② 3백만 원 이하의 과태료를 부과·징수한다.
③ 5백만 원 이하의 과태료를 부과·징수한다.
④ 1천만 원 이하의 과태료를 부과·징수한다.

풀이 온실가스배출권의 할당 및 거래에 관한 법률 제43조(과태료) 참조

83 탄소중립기본법상 정하는 사업자의 책무로 거리가 먼 것은?

① 경제·사회·교육·문화 등 모든 부문에 기본원칙이 반영될 수 있도록 노력하여야 한다.
② 녹색경영을 통하여 사업활동으로 인한 온실가스 배출을 최소화하여야 한다.
③ 녹색기술연수개발을 확대하도록 노력하여야 한다.
④ 녹색산업에 대한 투자 및 고용을 확대하도록 노력하여야 한다.

풀이 ①항은 국가와 지방자치단체의 책무이다.

84 온실가스 목표관리 운영 등에 관한 지침상 온실가스 소량배출사업장 기준으로 옳은 것은?

① 온실가스 배출량이 업체 내 모든 사업장의 온실가스 배출량 등 총합의 1,000분의 5 미만이어야 하고, 온실가스 배출량은 5kilotonnes CO_2-eq 미만인 사업장
② 온실가스 배출량이 업체 내 모든 사업장의 온실가스 배출량 등 총합의 1,000분의 50 미만이어야 하고, 온실가스 배출량은 3kilotonnes CO_2-eq 미만인 사업장
③ 온실가스 배출량이 업체 내 모든 사업장의 온실가스 배출량 등 총합의 1,000분의 5 미만이어야 하고, 온실가스 배출량은 15kilotonnes CO_2-eq 미만인 사업장
④ 온실가스 배출량이 업체 내 모든 사업장의 온실가스 배출량 등 총합의 1,000분의 50 미만이어야 하고, 온실가스 배출량은 15kilotonnes CO_2-eq 미만인 사업장

풀이 온실가스 소량배출사업장 기준
㉠ 온실가스 배출량(kilotonnes CO_2-eq) : 3,000t CO_2-eq
㉡ 업체 내 모든 사업장의 온실가스 배출량 등 총합의 1,000분의 50 미만이어야 한다.

85 온실가스 배출권의 할당 및 거래에 관한 법률 시행령상 온실가스는 온실가스별 지구온난화계수에 따라 이산화탄소 상당량톤으로 환산한 배출권으로 거래하는데, 다음 온실가스 중 지구온난화계수가 가장 큰 것은?

① HFC-143　　② PFC-14
③ HFC-152a　④ PFC-116

풀이 지구온난화계수(GWP)
① HFC-143 : 300
② PFC-14 : 6,500
③ HFC-152a : 140
④ PFC-116 : 9,200

정답 81 ④　82 ④　83 ①　84 ②　85 ④

86 탄소중립기본법령상 국토교통부장관이 교통 부문의 온실가스 감축목표를 수립·시행 시 포함해야 하는 사항과 거리가 먼 것은?

① 에너지 종류별 온실가스 배출권 실거래 현황
② 연차별 교통 부문 감축목표와 그 이행계획
③ 5년 단위의 온실가스 감축목표와 그 이행계획
④ 교통수단별 온실가스 배출 현황 및 에너지 소비율

풀이 교통 부문의 온실가스 감축목표 수립시행 시 포함사항
㉠ 교통수단별 온실가스 배출현황 및 에너지 소비율
㉡ 5년 단위의 온실가스 감축목표와 그 이행계획
㉢ 연차별 교통 부문 감축목표와 그 이행계획

87 2050 탄소중립 녹색성장위원회에서 심의·의결사항이 아닌 것은?

① 탄소중립 사회로의 이행과 녹색성장의 추진을 위한 정책의 기본방향에 관한 사항
② 지방자치단체 녹색성장 책임관 지정에 관한 사항
③ 국가비전 및 중장기감축목표 등의 설정 등에 관한 사항
④ 국가기본계획의 수립·변경에 관한 사항

풀이 2050 탄소중립 녹색성장위원회 심의·의결사항
㉠ 탄소중립 사회로의 이행과 녹색성장의 추진을 위한 정책의 기본방향에 관한 사항
㉡ 국가비전 및 중장기감축목표 등의 설정 등에 관한 사항
㉢ 국가전략의 수립·변경에 관한 사항
㉣ 이행현황의 점검에 관한 사항
㉤ 국가기본계획의 수립·변경에 관한 사항
㉥ 국가기본계획, 시·도계획 및 시·군·구계획의 점검 결과 및 개선의견 제시에 관한 사항
㉦ 국가 기후위기 적응대책의 수립·변경 및 점검에 관한 사항
㉧ 탄소중립 사회로의 이행과 녹색성장에 관련된 법·제도에 관한 사항
㉨ 탄소중립 사회로의 이행과 녹색성장의 추진을 위한 재원의 배분방향 및 효율적 사용에 관한 사항
㉩ 탄소중립 사회로의 이행과 녹색성장에 관련된 연구개발, 인력양성 및 산업육성에 관한 사항
㉪ 탄소중립 사회로의 이행과 녹색성장에 관련된 국민 이해 증진 및 홍보·소통에 관한 사항
㉫ 탄소중립 사회로의 이행과 녹색성장에 관련된 국제협력에 관한 사항
㉬ 다른 법률에서 위원회의 심의를 거치도록 한 사항
㉭ 그 밖에 위원장이 온실가스 감축, 기후위기 적응, 정의로운 전환 및 녹색성장과 관련하여 필요하다고 인정하는 사항

88 온실가스 배출권의 할당 및 거래에 관한 법률 시행령상 외부사업 온실가스 감축량의 인증에 관한 업무를 부문별 관장기관이 공동으로 정하여 관보에 고시하는 바에 따라 위탁할 수 있는데, 이에 해당하지 않는 것은?(단, 그 밖의 사항 등은 고려하지 않음)

① 한국농업기술진흥원
② 한국에너지공단
③ 한국환경공단
④ 생태계보전공사

풀이 주무관청은 적합성 평가에 관한 업무를 관계 중앙행정기관의 장과 협의하여 주무관청이 정하여 관보에 고시하는 바에 따라 다음 각 호의 기관에 위탁한다.
㉠ 「농촌진흥법」에 따른 한국농업기술진흥원
㉡ 「에너지이용 합리화법」에 따른 한국에너지공단
㉢ 「한국환경공단법」에 따른 한국환경공단
㉣ 「한국교통안전공단법」에 따른 한국교통안전공단
㉤ 「임업 및 산촌 진흥 촉진에 관한 법률」에 따른 한국임업진흥원
㉥ 「한국해양교통안전공단법」에 따른 한국해양교통안전공단
㉦ 「해양환경관리법」에 따른 해양환경공단
㉧ 그 밖에 해당 업무를 수행할 수 있는 전문인력과 장비 등을 갖춘 기관으로서 부문별 관장기관이 정하는 기관

정답 86 ① 87 ② 88 ④

89 온실가스 배출권의 할당 및 거래에 관한 법률 시행령상 정부는 배출권거래제 도입으로 인한 기업의 경쟁력 감소를 방지하고 배출권 거래를 활성화하기 위하여 대통령령으로 정하는 사업에 대하여 금융상·세제상의 지원을 할 수 있는데, 이 "대통령령으로 정하는 사업"에 해당하지 않는 것은?

① 온실가스 감축모형 개발 및 배출량 통계 고도화 사업
② 온실가스 저장기술 개발 및 저장설비 설치사업
③ 온실가스 배출량에 대한 측정 및 체계적 관리시스템의 구축사업
④ 부문별 온실가스 배출량 증가 촉진 고도화 구축 사업

풀이 금융상·세제상 지원에서 대통령령으로 정하는 사업
　㉠ 온실가스 감축 관련 기술·제품·시설·장비의 개발 및 보급사업
　㉡ 온실가스 배출량에 대한 측정 및 체계적 관리시스템의 구축사업
　㉢ 온실가스 저장기술 개발 및 저장설비 설치사업
　㉣ 온실가스 감축모형 개발 및 배출량 통계 고도화사업
　㉤ 부문별 온실가스 배출·흡수 계수의 검증·평가 기술개발사업
　㉥ 온실가스 감축을 위한 신재생에너지 기술개발 및 보급사업
　㉦ 온실가스 감축을 위한 에너지 절약·효율 향상 등의 촉진 및 설비투자사업
　㉧ 그 밖에 온실가스 감축과 관련된 중요사업으로서 할당위원회의 심의를 거쳐 인정된 사업

90 온실가스 배출권의 할당 및 거래에 관한 법률 시행령상 배출권의 무상할당 등에 대한 설명으로 옳지 않은 것은?

① 1차 계획기간에는 할당대상업체별로 할당되는 배출권의 전부를 무상으로 할당한다.
② 2차 계획기간에는 할당대상업체별로 할당되는 배출권의 100분의 90을 무상으로 할당한다.
③ 3차 계획기간 이후의 무상할당비율은 100분의 90 이내의 범위에서 이전 계획기간의 평가 및 관련 국제 동향 등을 고려하여 할당계획에서 정한다.
④ 계획기간에 할당대상업체에 유상으로 할당하는 배출권은 할당대상업체를 대상으로 경매 등의 방법으로 할당한다.

풀이 배출권의 무상할당비율
　㉠ 1차 계획기간에는 할당대상업체별로 할당되는 배출권의 전부를 무상으로 할당한다.
　㉡ 2차 계획기간에는 할당대상업체별로 할당되는 배출권의 100분의 97을 무상으로 할당한다.
　㉢ 3차 계획기간 이후의 무상할당비율은 100분의 90 이내의 범위에서 이전 계획기간의 평가 및 관련 국제 동향 등을 고려하여 할당계획에서 정한다. 이 경우 할당계획에서 정하는 무상할당비율은 직전 계획기간의 무상할당비율을 초과할 수 없다.

91 온실가스 배출권의 할당 및 거래에 관한 법률 시행령상 기획재정부장관과 환경부장관은 배출권거래제 기본계획을 매 계획기간 시작 언제까지 공동으로 수립하여야 하는가?

① 1개월 전까지
② 3개월 전까지
③ 6개월 전까지
④ 1년 전까지

풀이 기획재정부장관과 환경부장관은 배출권거래제 기본계획을 매 계획기간 시작 1년 전까지 수립하여야 한다.

92 온실가스 목표관리 운영 등에 관한 지침상 용어의 정의로 옳지 않은 것은?

① "공정배출"이란 제품의 생산 공정에서 원료의 물리·화학적 반응 등에 따라 발생하는 온실가스의 배출을 말한다.
② "관리업체"란 동일한 법인, 공공기관 또는 개인(이하 "동일법인 등"이라 한다) 등이 지배적인 영향력을 가지고 재화의 생산, 서비스의 제공 등 일련의 활동을 행하는 일정한 경계를 가진 장소, 건물 및 부대시설 등을 말한다.
③ "매개변수"란 두 개 이상 변수 사이의 상관관계를 나타내는 변수로서 온실가스 배출량 등을 산정하는 데 필요한 활동자료, 배출계수, 발열량, 산화율, 탄소함량 등을 말한다.
④ "운영통제 범위"란 조직의 온실가스 배출과 관련하여 지배적인 영향력을 행사할 수 있는 지리적 경계, 물리적 경계, 업무활동 경계 등을 의미한다.

풀이 관리업체
해당 연도 1월 1일을 기준으로 최근 3년간 업체 또는 사업장에서 배출한 온실가스 연평균 총량이 기준 이상인 경우를 말한다.

93 탄소중립기본법상 정부가 수립해야 하는 국가기본계획의 수립·시행 주기는?

① 1년마다 ② 3년마다
③ 5년마다 ④ 10년마다

풀이 정부는 기본원칙에 따라 국가비전 및 중장기감축목표의 달성을 위해 20년을 계획기간으로 하는 국가탄소중립 녹색성장 기본계획을 5년마다 수립·시행하여야 한다.

94 탄소중립기본법상 소관 사무와 부문별 관장 기관의 연결로 옳지 않은 것은?

① 건물 분야 : 국토교통부
② 해운 분야 : 환경부
③ 임업 분야 : 농림축산식품부
④ 발전(發電) 분야 : 산업통상자원부

풀이 부문별 관련 기관의 소관업무
㉠ 농림축산식품부 : 농업·임업·축산·식품 분야
㉡ 산업통상자원부 : 산업·발전(發電) 분야
㉢ 환경부 : 폐기물 분야
㉣ 국토교통부 : 건물·교통(해운·항만 분야 제외)·건설 분야
㉤ 해양수산부 : 해양·수산·해운·항만 분야

95 탄소중립기본법상 2050 지방탄소중립녹색성장위원회의 구성 및 운영에 관한 사항으로 잘못된 것은?

① 지방자치단체별로 2050 지방탄소중립녹색성장위원회를 둘 수 있다.
② 지방위원회는 지방자치단체의 장과 협의하여 지방위원회의 운영 및 업무를 지원하는 사무국을 둘 수 있다.
③ 시·도지사 또는 시장·군수·구청장은 지방위원회가 설치되지 아니한 경우 심의 또는 통보를 생략할 수 있다.
④ 지방위원회의 구성, 운영 및 기능 등 필요한 사항은 환경부령으로 정한다.

풀이 지방위원회의 구성, 운영 및 기능 등 필요한 사항은 조례로 정한다.

96 다음은 온실가스 목표관리 운영 등에 관한 지침상 이의신청서 작성과 관련된 사항이다. ( ) 안에 가장 적합한 것은?

> 관리업체는 관장기관의 지정·고시에 이의가 있는 경우 고시된 날로부터 ( ) 이내에 소명자료를 작성하여 지정·고시한 부문별 관장기관에게 이의를 신청할 수 있다.

① 5일 ② 10일
③ 15일 ④ 30일

정답 92 ② 93 ③ 94 ② 95 ④ 96 ④

[풀이] 이의신청서 작성
관리업체는 관장기관의 지정·고시에 이의가 있는 경우 고시된 날로부터 30일 이내에 소명자료를 작성하여 지정·고시한 부문별 관장기관에게 이의를 신청할 수 있다.

97 온실가스 목표관리 운영 등에 관한 지침상 부문별 관장기관은 관리업체가 목표달성을 못하거나 제출한 이행실적이 미흡한 경우에는 개선명령을 하여야 한다. 부문별 관장기관은 개선명령 등 관리업체에 대해 필요한 조치를 하고, 그 결과를 작성하여 누구에게 통보하여야 하는가?
① 대통령
② 국무총리
③ 기획재정부장관
④ 환경부장관

[풀이] 부문별 관장기관은 개선명령 등 관리업체에 대해 필요한 조치를 하는 경우에는 환경부장관에게 그 사실을 즉시 통보하여야 한다.

98 온실가스 목표관리 운영 등에 관한 지침상 규정된 부문별 관장기관의 담당업무와 거리가 먼 것은?
① 심사위원회의 운영
② 관리업체의 선정·지정·관리 및 필요한 조치 등에 관한 사항
③ 관리업체에 대한 온실가스 감축, 에너지 절약 등 목표의 설정
④ 이행실적 및 명세서의 확인

[풀이] 부문별 관장기관 담당업무
㉠ 관리업체의 선정·지정·관리 및 필요한 조치 등에 관한 사항
㉡ 관리업체에 대한 온실가스 감축, 에너지 절약 등 목표의 설정
㉢ 관리업체 지정에 대한 이의신청 재심사, 결과 통보 및 변경 내용에 대한 고시
㉣ 관리업체 선정 및 지정 관련 자료 제출
㉤ 이행실적 및 명세서의 확인
㉥ 관리업체에 대한 개선명령, 과태료 부과, 필요한 조치 요구 등 목표이행의 관리 및 평가에 관한 사항
㉦ 산정등급 3(Tier 3) 배출계수에 대한 검토와 관리업체에 대한 사용가능 여부 및 시정사항의 통보

99 온실가스 배출권의 할당 및 거래에 관한 법령상 정부가 배출권거래제를 수립하거나 시행할 때 따라야 하는 기본원칙으로 거리가 먼 것은?
① 기후변화에 관한 국제연합 기본협약 및 관련 의정서에 따른 원칙을 준수하고, 기후변화 관련 국제협상을 고려할 것
② 배출권거래제가 경제 부문의 국제경쟁력에 미치는 영향을 고려할 것
③ 국가 온실가스 감축목표를 효과적으로 달성할 수 있도록 시장기능을 최대한 활용할 것
④ 배출권거래가 일반적인 시장거래 원칙보다는 특수성 원칙을 준수하고, 국내기준만 부합되는 정책을 고려할 것

[풀이] 배출권거래제 수립·시행 시 기본원칙(온실가스 배출권의 할당 및 거래에 관한 법률)
㉠ 「기후변화에 관한 국제연합 기본협약」 및 관련 의정서에 따른 원칙을 준수하고, 기후변화 관련 국제협상을 고려할 것
㉡ 배출권거래제가 경제 부문의 국제경쟁력에 미치는 영향을 고려할 것
㉢ 국가온실가스감축목표를 효과적으로 달성할 수 있도록 시장기능을 최대한 활용할 것
㉣ 배출권의 거래가 일반적인 시장거래 원칙에 따라 공정하고 투명하게 이루어지도록 할 것
㉤ 국제 탄소시장과의 연계를 고려하여 국제적 기준에 적합하게 정책을 운영할 것

100 온실가스 배출권의 할당 및 거래에 관한 법률상 배출권 할당위원회에서 심의·조정하는 사항과 가장 거리가 먼 것은?
① 할당계획에 관한 사항
② 시장 안정화 조치에 관한 사항
③ 배출량의 인증 및 상쇄와 관련된 정책의 조정 및 지원에 관한 사항
④ 독립적인 국내 탄소시장체제 확립에 관한 사항

[풀이] 배출권 할당위원회의 심의·조정사항
㉠ 할당계획에 관한 사항
㉡ 시장안정화 조치에 관한 사항

ⓒ 배출량의 인증 및 상쇄와 관련된 정책의 조정 및 지원에 관한 사항
ⓔ 국제 탄소시장과의 연계 및 국제협력에 관한 사항
ⓜ 그 밖에 배출권거래제와 관련하여 위원장이 할당위원회의 심의·조정을 거칠 필요가 있다고 인정하는 사항

SECTION 04 2018년 4회 기사

1과목 기후변화개론

01 기후변화에 관한 정부 간 협의체(IPCC)에 대한 설명으로 옳지 않은 것은?

① 인간의 활동이 기후변화에 미치는 영향을 평가하고 국제적인 대책을 마련하고자 세계기상기구(WMO)와 유엔환경계획(UNEP)이 공동으로 설립하였다.
② IPCC 보고서는 과학, 영향 및 적응, 완화, 종합보고서 등으로 구성된다.
③ 3차 보고서는 각국 리더들에게 Bali Action Plan 동의를 위한 근거를 제공하고 새로운 기후변화 시나리오 작성 및 해수면 상승과 탄소순환 및 기후현상의 보강을 주요 골자로 한다.
④ 본부는 제네바에 있으며 2007년에 노벨평화상을 수상했다.

풀이 4차 보고서는 각국 리더들에게 Bali Action Plan(발리행동계획) 동의를 위한 근거를 제공하고 새로운 기후변화 시나리오 작성 및 해수면 상승과 탄소순환 및 기후현상의 보강을 골자로 한다.

02 지구온난화지수의 크기별 대소 관계로 옳게 배열된 것은?

① $CO_2 < CH_4 < N_2O$
② $CH_4 < CO_2 < N_2O$
③ $N_2O < CO_2 < CH_4$
④ $CO_2 < N_2O < CH_4$

풀이 지구온난화지수(GWP)
  ㉠ CO_2 : 1
  ㉡ CH_4 : 21
  ㉢ N_2O : 310

03 지구온도 변화를 나타내는 척도와 가장 거리가 먼 것은?

① 해수면 변화, 해양 온도
② 강수 온도, 건축물 온도 측정
③ 빙하, 해빙
④ 위성 온도 측정, 기후 대리 변수

풀이 지구온도의 변화를 나타내는 척도
  ㉠ 해수면의 변화, 해양 온도
  ㉡ 빙하, 해빙
  ㉢ 위성 온도 측정
  ㉣ 기후 대리 변수(홍수, 가뭄, 혹서, 강풍, 대설 등)

04 부문별 관장기관이 생성한 국가 온실가스 배출통계를 최종확정하기까지의 절차를 순서대로 옳게 나열한 것은?

> ㄱ. 통계청 및 외부 전문가 검증
> ㄴ. 국가 온실가스 종합정보센터 검증
> ㄷ. 부문별 관장기관 산정결과 수정
> ㄹ. 국가 온실가스 통계관리위원회 확정

① ㄴ → ㄱ → ㄷ → ㄹ
② ㄴ → ㄷ → ㄹ → ㄱ
③ ㄴ → ㄹ → ㄷ → ㄱ
④ ㄱ → ㄴ → ㄹ → ㄷ

풀이 국가온실가스 배출통계 최종확정 절차순서
  ㉠ 국가 온실가스 종합정부센터 검증
  ㉡ 통계청 및 외부 전문가 검증
  ㉢ 부문별 관장기관 산정결과 수정
  ㉣ 국가 온실가스 통계관리위원회 확정

정답 01 ③ 02 ① 03 ② 04 ①

05 기후변화가 우리나라 각 부문별로 미칠 것으로 예상되는 영향으로 가장 거리가 먼 것은?

① 생태계 부문에서는 남해안 식생이 아열대로 변화
② 생태계 부문에서는 쌀 수량이 남부와 중부에서는 감소하는 반면, 북부지역에서는 증가
③ 생태계 부문에서는 서해안에서 냉수성 어종이 증가
④ 농·축산 부문에서는 맥류의 안전재배지대 북상 및 수량 증가

풀이 생태계 부문에서는 명태, 대구와 같은 한대성(냉수성) 어종이 감소하며 난류성 어종(오징어, 멸치 등)이 증가한다.

06 Kyoto Flexible Mechanism(Kyoto Protocol)의 3가지 구조에 포함되지 않는 것은?

① Emissions Trading
② Sustainable Development
③ Clean Development Mechanism
④ Joint Implementation

풀이 교토메커니즘
   ㉠ 공동이행제도(JI)
   ㉡ 청정개발체제(CDM)
   ㉢ 배출권거래제(ET)

07 미래 기후변화의 영향에 관한 설명으로 가장 거리가 먼 것은?

① 난대성 상록 활엽수인 후박나무는 북부지역으로 확대된다.
② 꽃매미, 열대모기 등 북방계 외래곤충이 감소하고 고온으로 인해 병해충 발생가능성이 감소된다.
③ 농업에 있어서는 생산성 감소의 위협과 신 영농기법 도입의 기회가 공존한다.
④ 산업전반에서는 산업리스크 증가와 새로운 시장 창출 기회가 공존한다.

풀이 꽃매미, 열대모기 등 남방계 외래곤충이 증가하고, 고온으로 인해 병해충 발생가능성이 증가된다.

08 아산화질소 0.1톤, 메탄 1톤, 이산화탄소 20톤을 이산화탄소 상당량톤(tCO$_2$-eq)으로 환산한 값은?[단, 아산화질소(N$_2$O)와 메탄(CH$_4$)의 GWP는 각각 310, 21이다.]

① 52
② 53
③ 62
④ 72

풀이 이산화탄소 상당량톤(tCO$_2$-eq)
$= (0.1\text{ton} \times 310) + (1\text{ton} \times 21) + 20\text{ton}$
$= 72\text{tCO}_2\text{-eq}$

09 우리나라 기상청의 지구대기 감시관측망 중 기본관측소에 해당하지 않는 곳은?

① 안면도
② 고산(제주)
③ 목포
④ 울릉도, 독도

풀이 지구대기 감시관측망(우리나라)
   ㉠ 기본관측소
      안면도, 고산(제주), 울릉도, 독도
   ㉡ 보조관측소
      목포기상대, 강원기상청, 포항관측소

10 기후변화협약 당사국총회의 주요 결과로 거리가 먼 것은?

① 교토에서 교토의정서를 채택하였다.
② 더반에서 교토의정서 제2차 공약기간 설정에 합의하였다.
③ 코펜하겐에서 개도국의 능동적이고 자발적 감축행동을 취하기로 하는 행동계획을 채택하였다.
④ 나이로비에서 개도국의 기후변화적응 지원에 관한 5개년 행동계획을 채택하였다.

풀이 더반(COP 17)에서 개도국의 능동적이고 자발적 감축행동을 취하기로 하는 행동계획(더반플랫폼)을 채택하였다.

정답 05 ③ 06 ② 07 ② 08 ④ 09 ③ 10 ③

11 $CO_2=1$로 볼 때, 다음 중 지구온난화지수(GWP)가 가장 큰 온실가스는?(단, GWP는 IPCC 2차 평가보고서의 지속기간 100년 기준)

① HFC-23 ② HFC-125
③ PFC-14 ④ HFC-245ca

풀이 지구온난화지수(GWP)
① HFC-23 : 11,700 [CHF_3]
② HFC-125 : 2,800 [C_2HF_5]
③ PFC-14 : 6,500 [CF_4]
④ HFC-245ca : 560 [$C_3H_3F_5$]

12 다음 중 교토의정서의 Annex I 온실가스 의무 감축국이 아닌 나라는?

① 영국 ② 일본
③ 호주 ④ 한국

풀이 우리나라는 Non-Annex I 국가이다. 즉, 비의무감축국가에 속해 있다.

13 기후변화 시나리오 예측을 위한 기후모델에 관한 설명으로 옳지 않은 것은?

① 지구의 기후시스템은 대기권, 수권, 빙권, 지권 및 생물권으로 구성된다.
② 구성요소들 간의 물리과정, 상호작용, 에너지, 물 및 물질순환을 이룬다.
③ 기후과정 외에 인위적인 영향은 배제된다.
④ 기후시스템은 비선형성에 의한 카오스적인 행동을 보일 것으로 알려져 왔다.

풀이 기후변화 시나리오 예측을 위한 기후모델에서는 기후과정과 자연적인 영향은 배제되며 인위적인 활동으로 기후변화에 직접적으로 영향이 발생된다.

14 청정개발체제사업에서 배출권의 투명성과 신뢰성 있는 관리를 위하여 구성하고 운영하는 기구와 거리가 먼 것은?

① 적응기금(Adaptation Fund)
② 운영기구(Designated Operation Entity)
③ 집행이사회(Executive Board)
④ 국가승인기구(Designated National Authority)

풀이 청정개발체제의 관련 기구
㉠ 운영기구(DOE)
㉡ 집행이사회(EB)
㉢ 국가승인기구(DNA)
※ 적응기금(AF)은 세계은행에서 담당한다.

15 유엔기후변화협약(UNFCCC)에 관한 설명으로 가장 거리가 먼 것은?

① 1992년 브라질 리우데자네이루에서 개최된 유엔환경개발회의에서 채택되었으며, 선진국과 개도국이 "공통의 그러나 차별화된 책임"에 따라 온실가스를 감축할 것을 합의하였다.
② 주요기구로서 당사국총회는 협약의 최고 결정기구이다.
③ 당사국총회에는 협약의 이행 및 과학·기술적 검토를 위해 이행부속기구(SBI)와 과학기술자문부속기구(SBSTA)를 두고 있다.
④ 협약은 각국의 온실가스 감축목표의 달성을 위하여 개도국의 특수상황에 대한 고려 없이 강력한 국제법적 구속력을 가진다.

풀이 협약은 각국의 온실가스 감축목표의 달성을 위하여 개도국의 특수상황을 고려하여 공통되나 차별화된 책임과 능력에 입각한 의무부담을 갖는 것으로 정하였고 국제법적 구속력은 갖지 않는다.

16 미래 기후변화가 한반도의 수자원에 미칠 것으로 예상되는 영향과 전망에 관한 설명으로 가장 거리가 먼 것은?

① 지표 유출량 증가 ② 지하수 함양량 증가
③ 홍수 발생 증가 ④ 봄철, 겨울철 가뭄 증가

풀이 한반도 수자원의 영향과 전망은 증발산량이 증가되어 지표유출량은 증가, 지하수 함양량은 감소할 것이다.

17 기후변화의 자연적인 원인과 관련된 내용으로 가장 거리가 먼 것은?

① 태양 흑점수의 변화
② 밀란코비치의 효과
③ 지구의 공전궤도 변화
④ 토지의 이용

풀이 토지의 이용, 산림훼손, 화석연료 사용은 기후변화의 인위적인 원인이다.

18 다음의 탄소배출권 거래에 관한 내용으로 옳지 않은 것은?

① 탄소배출권 거래는 교토메커니즘에 제시된 감축수단 중 하나이다.
② 배출권거래제는 온실가스·에너지 목표관리제에 비해 상대적으로 시장 기반의 효율적 정책으로 평가받는다.
③ 칸쿤 합의문에 따라 RMU, ERU, CER과 같은 배출권은 일정 비율 이월이 가능하다.
④ 배출권거래제도 중 CCX는 미국에서 자발적으로 시행되었다.

풀이 마라케시 합의문에 따라 RMU는 이월이 불가능하고 ERU, CER은 구매국 할당량의 2.5%를 이월할 수 있다.

19 SLCP(Short Lived Climate Pollutants) 중 다음과 같은 특성을 가진 물질로 가장 적합한 것은?

> 대기 중 체류기간이 수일에서 수 주 정도인 잠재적 기후변화 유발 에어로졸로서 화석연료, 바이오연료, 바이오매스 등의 불완전연소의 산물이다. 이 물질은 태양복사를 흡수하여 대기 중에 열을 방출함으로써 온난화에 직접적으로 영향을 미친다.

① HFCs
② 메탄
③ 대류권 오존
④ 블랙카본

풀이 블랙카본에 대한 설명이며 블랙카본은 단기체류 기후오염물질(SLCP) 중 하나이다. 그 밖의 단기체류 기후오염물질로는 대류권 오존, 메탄, HFCs 등이 있다.

20 기후변화 관련 국제기구 중 UN조직 내 환경 활동을 촉진·조정·활성화하기 위해 설립된 환경 전담 국제정부 간 기구로 환경문제에 대한 국제적 협력을 도모하기 위한 것은?

① WCRP
② UNIDO
③ UNDP
④ UNEP

풀이 UNEP(유엔환경계획)
1972년 6월 스웨덴의 수도 스톡홀름에서 '하나뿐인 지구'를 주제로 개최된 유엔인간환경회의에서 처음으로 설립이 논의되었으며, 제27차 유엔총회에서 지구환경문제에 대한 국제적협력을 도모하기 위해 설립되었다.

2과목 온실가스 배출의 이해

21 온실가스 배출권거래제의 배출량 보고 및 인증에 관한 지침상 석회의 생산 동안 생성되어, 배출량 산정 시 고려되어야 할 소성시설의 부산물은?

① CKD
② LKD
③ Cullet
④ Limestone

풀이 석회의 생산 동안 부산물인 석회킬른먼지(LKD ; Lime Kiln Dust)가 생성되는데, 이는 배출량 산정 시 고려되어야 한다.

22 온실가스 배출권거래제의 배출량 보고 및 인증에 관한 지침상 석유화학제품 생산공정의 보고대상 배출활동에 포함되지 않는 것은?

① 메탄올 반응시설
② 암모니아 반응시설
③ 에틸렌 옥사이드 반응시설
④ 아크릴로니트릴 반응시설

정답 17 ④ 18 ③ 19 ④ 20 ④ 21 ② 22 ②

풀이 석유화학제품 생산공정의 공정배출 보고대상 배출시설
- ㉠ 메탄올 반응시설
- ㉡ EDC/VCM 반응시설
- ㉢ 에틸렌옥사이드(EO) 반응시설
- ㉣ 아크릴로니트릴(AN) 반응시설
- ㉤ 카본블랙(CB) 반응시설
- ㉥ 에틸렌 생산시설
- ㉦ 테레프탈산(TPA) 생산시설
- ㉧ 코크스 제거공정(De-Coking)

23 온실가스 배출권거래제의 배출량 보고 및 인증에 관한 지침상 전자산업에서 화학기상증착시설(CVD)의 공정배출로 배출되는 온실가스의 종류로 거리가 먼 것은?

① CF_4 ② CH_4
③ CHF_3 ④ C_3F_8

풀이 전자산업(화학기상증착공정) 배출 온실가스
CF_4(PFC-14), C_3F_8(PFC-218), C_4F_8(PFC-218), CHF_3(HFC-23), NF_3, SF_6 등 불소화합물(FCs)이다.

24 온실가스 배출권거래제의 배출량 보고 및 인증에 관한 지침상 마그네슘 생산공정 중 "주조공정"에서 발생할 수 있는 보고대상 온실가스의 조합으로 가장 적합한 것은?

① CO_2 ② CO_2, PFCs
③ CO_2, PFCs, HFCs ④ PFCs, HFCs, SF_6

풀이 마그네슘 생산공정 보고대상 온실가스
PFCs, HFCs, SF_6

25 고정연소(고체연료) 보고대상 배출시설의 종류에 해당하지 않는 것은?(단, 온실가스 배출권거래제의 배출량 보고 및 인증에 관한 지침 기준)

① 위락시설 ② 화력발전시설
③ 발전용 내연기관 ④ 공정연소시설

풀이 고정연소 배출시설
- ㉠ 화력발전시설 ㉡ 열병합 발전시설
- ㉢ 발전용 내연기관 ㉣ 일반보일러시설
- ㉤ 공정연소시설 ㉥ 대기오염물질 방지시설

26 고형폐기물 매립시설 중 침출수가 매립시설에서 흘러 나가는 것을 방지하기 위해 매립시설의 바닥과 측면을 폐기물의 성질·상태, 매립높이, 지형조건 등을 고려하여 점토류 라이너 및 토목합성수지 라이너 등의 재질로 이루어진 차수시설을 설치·운영하는 것은?(단, 온실가스·에너지 목표관리 운영 등에 관한 지침기준)

① 차단형 매립시설 ② 관리형 매립시설
③ 저류형 매립시설 ④ 차수형 매립시설

풀이 고형폐기물 매립시설 종류
- ㉠ 차단형 매립시설 : 주변의 지하수나 빗물의 유입으로부터 폐기물을 안전하게 저류하기 위한 시설로서, 보통 콘크리트 구조물을 설치하고 그 내외부를 방수 처리하는 것이 일반적이다.
- ㉡ 관리형 매립시설 : 침출수가 매립시설에서 흘러 나가는 것을 방지하기 위한 시설로서, 폐기물의 성질·상태, 매립 높이, 지형조건 등을 고려하여 점토류 라이너 및 토목합성 수지 라이너 등의 재질로 이루어진 차수시설을 매립시설의 바닥과 측면에 설치·운영한다.
- ㉢ 비관리형 매립시설 : 관리형 매립시설의 설치기준에 적합하지 않은 시설을 일컫는다.

27 온실가스 배출권거래제의 배출량 보고 및 인증에 관한 지침상 철도 부문 보고대상 배출시설을 〈보기〉에서 모두 선택한 것은?

〈보기〉
ㄱ. 전기기관차 ㄴ. 디젤기관차
ㄷ. 디젤동차 ㄹ. 특수차량

① ㄱ ② ㄱ, ㄴ
③ ㄱ, ㄴ, ㄷ ④ ㄱ, ㄴ, ㄷ, ㄹ

정답 23 ② 24 ④ 25 ① 26 ② 27 ④

풀이 철도차량의 종류
- ㉠ 고속차량
- ㉡ 전기기관차
- ㉢ 전기동차
- ㉣ 디젤기관차
- ㉤ 디젤동차
- ㉥ 특수차량

28 혐기성 소화조의 소화효율 저하 원인과 가장 거리가 먼 것은?

① pH 저하
② 알칼리제 주입
③ 소화조 내 온도 저하
④ 독성물질 유입

풀이 혐기성 소화조의 소화효율 저하 원인
- ㉠ 낮은 유기물 함량
- ㉡ 소화조 내 온도 저하
- ㉢ 가스발생량의 저하
- ㉣ 상등수 약화
- ㉤ pH 저하
- ㉥ 알칼리도 소비
- ㉦ 독성물질 유입

29 온실가스 배출권거래제의 배출량 보고 및 인증에 관한 지침상 이동연소(항공) 배출시설에서 온실가스 배출량에 영향을 주는 인자들과 가장 거리가 먼 것은?

① 항공기 비행단계별 운항시간
② 항공기 연료종류
③ 항공기 비행거리
④ 항공기 이착륙 시의 온도

풀이 이동연소(항공) 배출시설에서 온실가스 배출량에 영향을 주는 인자
- ㉠ 항공기의 운항횟수
- ㉡ 운전조건
- ㉢ 엔진효율
- ㉣ 비행거리
- ㉤ 비행단계별 운항시간
- ㉥ 연료종류
- ㉦ 배출고도

30 아연생산 배출시설 중 광석이 융해되지 않을 정도의 온도에서 광석과 산소, 수증기, 탄소, 염화물 또는 염소 등을 상호 작용시켜서 다음 제련조작에서 처리하기 쉬운 화합물로 변화시키거나 어떤 성분을 기화시켜 제거하는 데 사용되는 노는?(단, 온실가스 배출권거래제의 배출량 보고 및 인증에 관한 지침 기준)

① 용융로
② 전해로
③ 용해로
④ 배소로

풀이 배소로
- ㉠ 광석이 융해되지 않을 정도의 온도에서 광석과 산소, 수증기, 탄소, 염화물 또는 염소 등을 상호 작용시켜 다음 제련조작에서 처리하기 쉬운 화합물로 변화시키거나 어떤 성분을 기화시켜 제거하는 데 사용되는 노를 말한다.
- ㉡ 목적물이 산화물, 황산염, 염화물인 경우 각각 산화배소, 황산화 배소, 염화배소라고 부르며 산화물광석을 환원하는 환원배소, 물에 가용인 나트륨염으로 하는 소-다배소 등이 있다.
- ㉢ 종류에는 다단배소로, Rotary Kiln, 유동배소로 등이 있다.

31 유리생산 활동의 용해공정 중 CO_2가 배출되지 않는 원료는?

① 경소백운석
② 마그네사이트
③ 철백운석
④ 능철광

풀이 유리생산 활동의 용해공정 중 CO_2 배출 원료(탄산염 사용량당 CO_2 기본배출계수 물질)
- ㉠ $CaCO_3$(석회석)
- ㉡ $MgCO_3$(마그네사이트)
- ㉢ $CaMg(CO_3)_2$(백운석)
- ㉣ $FeCO_3$(능철광)
- ㉤ $Ca(Fe, Mg, Mn)(CO_3)_2$(철백운석)
- ㉥ $MnCO_3$(망간광)
- ㉦ Na_2CO_3(소다회)

정답 28 ② 29 ④ 30 ④ 31 ①

32 온실가스 배출권거래제의 배출량 보고 및 인증에 관한 지침상 납 생산의 배출활동 개요에 관한 설명으로 옳지 않은 것은?

① 연정광으로부터 미가공 조연(Bullion)을 생산하는 1차 생산 공정은 2가지로 구분되는데, 이 중 소결과 제련과정을 연속적으로 거치는 소결/제련 공정은 전체 1차 납 생산 공정의 약 99%를 차지한다.
② 소결/제련 공정에서 소결 공정은 연정광을 재활용 소결물, 석회석과 실리카, 산소, 납 고함유 슬러지 등과 혼합하여 황과 휘발성 금속을 연소를 통해 제거한다.
③ 소결/제련 공정에서 제련 공정은 일반적인 고로 또는 ISF(Imperial Smelting Furnace)를 이용해 납산화물의 환원과정에서 CO_2가 배출된다.
④ 직접 제련 공정에서는 소결공정이 생략되고 연정광과 다른 물질들이 직접 노에 투입되어 용융되고 산화되며, 다양한 종류의 로가 직접 제련 공정에 이용된다.

풀이 납 생산(1차 생산 공정)
㉠ 연정광으로부터 미가공 조연(Bullion)을 생산하는 1차 생산 공정은 2가지로 구분된다.
㉡ 먼저 소결과 제련과정을 연속적으로 거치는 소결/제련 공정으로 전체 1차 납 생산 공정의 약 78%를 차지한다.
㉢ 두 번째는 직접 제련 공정으로 소결과정이 생략되며 이 공정은 1차 납 생산 공정의 22%를 차지한다.

33 다음은 온실가스 배출권거래제의 배출량 보고 및 인증에 관한 지침상 철강 생산공정의 보고대상 배출시설 중 어떤 시설에 관한 설명인가?

> 분체를 융점 이하 또는 그 일부에서 액상이 생길 정도로 가열하여 구우면서 단단하게 하여 어느 정도의 강도를 가진 고체로 만드는 노를 말한다. 여기에서는 주로 금속정련 특히 용광로에서 널리 사용되는 분광괴성법으로서 미세한 분 철광석을 부분 용융에 의하여 괴성광으로 만드는 데 사용되는 노를 말한다.

① 코크스로   ② 소결로
③ 용선로   ④ 전로

풀이 소결로
㉠ 분체를 융점 이하 또는 그 일부에서 액상이 생길 정도로 가열하여 구우면서 단단하게 하여 어느 정도의 강도를 가진 고체로 만드는 노를 말한다.
㉡ 주로 금속정련, 특히 용광로에서 널리 사용되는 분광괴성법으로서 미세한 분 철광석을 부분 용융에 의하여 괴성광으로 만드는 데 사용되는 노를 말한다.

34 온실가스 배출권거래제의 배출량 보고 및 인증에 관한 지침상 고형폐기물의 생물학적 처리와 관련한 배출시설에 해당하지 않는 것은?

① 사료화 시설   ② 분뇨처리시설
③ 퇴비화 시설   ④ 부숙토 생산시설

풀이 고형폐기물의 생물학적 처리 보고대상 배출시설
㉠ 사료화 · 퇴비화 · 소멸화 · 부숙토 생산시설
㉡ 혐기성 분해시설

35 온실가스 배출권거래제의 배출량 보고 및 인증에 관한 지침상 이동연소(도로) 부분의 보고대상 배출시설 중 "소형 화물자동차" 기준에 해당하는 것은?

① 배기량이 1,000cc 미만으로서 길이 3.6미터 · 너비 1.6미터 · 높이 2.0미터 이하인 것
② 최대적재량이 0.8톤 이하인 것으로서, 총중량이 5톤 이하인 것
③ 최대적재량이 1톤 이하인 것으로서, 총중량이 3.5톤 이하인 것
④ 최대적재량이 3톤 이하인 것으로서, 총중량이 5톤 이하인 것

풀이 이동연소(도로) 화물자동차 구분

세부구분		차종개요
화물 자동차	경형	배기량이 1,000cc 미만으로서 길이 3.6미터 · 너비 1.6미터 · 높이 2.0미터 이하인 것
	소형	최대적재량이 1톤 이하인 것으로서, 총중량이 3.5톤 이하인 것
	중형	최대적재량이 1톤 초과 5톤 미만이거나, 총중량이 3.5톤 초과 10톤 미만인 것
	대형	최대적재량이 5톤 이상이거나, 총중량이 10톤 이상인 것

정답 32 ① 33 ② 34 ② 35 ③

36 온실가스 배출권거래제의 배출량 보고 및 인증에 관한 지침상 각 연료에 관한 설명으로 옳지 않은 것은?

① 바이오가솔린(Biogasoline) : 해조류와 같은 바이오매스를 사용하여 생산하는 가솔린으로 분자당 6~12의 탄소를 포함하며, 바이오부탄올, 바이오에탄올이 알콜기인 것에 반해 바이오가솔린은 탄화수소로서 화학적으로 차이가 난다.
② 바이오디젤(Biodiesel) : 쌀겨 기름이나 식용유 등의 식물성 기름을 특수 공정으로 가공하여 경유와 섞어서 만든 디젤 기관의 연료로서, 기존의 경유와 특성이 비슷하지만, 연소 시 공해가 거의 발생하지 않는 특징이 있다.
③ 콜타르(Coal Tar) : 석탄을 건류·연소할 때 석탄 입자가 연화 용융하여 서로 점결하는 성질이 있는 석탄을 말하며, 건류용탄·원료탄이라고도 한다.
④ 슬러지 가스(Sludge Gas) : 오수 및 동물성 현탁액(Slurries)으로부터 바이오매스 및 고체 폐기물의 혐기성 발효(Anaerobic Fermentation)로부터 발생하는 가스를 말하며, 회수되어 열 및 전력을 생산하는 데 사용된다.

[풀이] 콜타르
역청탄의 분해증류 결과로, 코크스로 공정에서 코크스를 만들기 위한 석탄증류의 액체부산물을 말한다.

37 제품 등의 생산공정에 사용되는 특정시설에 열을 제공하거나 장치로부터 멀리 떨어져 이용하기 위해 연료를 의도적으로 연소시키는 시설은? (단, 온실가스 배출권거래제의 배출량 보고 및 인증에 관한 지침 기준)

① 공정배출시설
② 대기오염물질 방지시설
③ 스팀사용시설
④ 공정연소시설

[풀이] 공정연소시설
공정연소시설이란 화력발전시설, 열병합 발전시설, 내연기관 및 일반 보일러를 제외하고, 제품 등의 생산 공정에 사용되는 특정시설에 열을 제공하거나 장치로부터 멀리 떨어져 이용하기 위해 연료를 의도적으로 연소시키는 시설을 말한다.

38 온실가스 배출권거래제의 배출량 보고 및 인증에 관한 지침상 N_2O를 산정하지 않는 처리시설은?

① 하수처리시설
② 폐수처리시설
③ 혐기성 분해시설
④ 폐가스 소각시설

[풀이] 보고대상 온실가스
① 하수처리시설 : CH_4, N_2O
② 폐수처리시설 : CH_4
③ 혐기성 분해시설 : CH_4, N_2O
④ 폐가스 소각시설 : CO_2, CH_4, N_2O

39 시멘트 생산공정 중 다량의 온실가스를 발생시키는 시설(공정)로 가장 적합한 것은?(단, 온실가스 배출권거래제의 배출량 보고 및 인증에 관한 지침 기준)

① 가스회수시설
② 소성시설
③ 접촉 개질시설
④ 세척시설

[풀이] 시멘트 생산의 배출 개요
㉠ 시멘트 공정에서의 온실가스 배출원은 클링커의 제조공정인 소성공정에서 탄산칼슘의 탈탄산 반응에 의하여 이산화탄소가 배출된다.
$CaCO_3 + Heat \rightarrow CaO + CO_2$
㉡ 시멘트 공정에서 CO_2 배출 특성은 소성시설(Kiln)의 생석회 생성량과 연료사용량 및 폐기물 소각량에 의하여 영향을 받으며, 그 밖에 주원료인 석회석과 함께 점토 등 부원료의 사용량에 의해서도 영향을 받을 수 있다.
㉢ 연료 중 목재와 같은 바이오매스 재활용연료의 경우 배출량 산정에서 제외하여야 하나 합성수지 및 폐타이어 등 폐연료의 경우는 배출량 산정 시 포함되어야 한다.
㉣ 소성로에서 발생되는 비산먼지인 Cement Kiln Dust(CKD)도 온실가스 배출과 연관이 있다.
㉤ CKD는 소성 공정의 회수시스템에 의해 다량 회수되어 소성공정에 재사용되는데, 회수되지 못한 CKD 내 탄산염 성분은 탈탄산반응에 포함되지 않으므로 보정이 필요하다.

정답 36 ③ 37 ④ 38 ② 39 ②

40 온실가스 배출권거래제의 배출량 보고 및 인증에 관한 지침상 전자산업의 온실가스 주요배출시설에 대한 설명으로 거리가 먼 것은?

① 증착시설 : 반도체 공정에 주로 이용되는 화학기상증착법은 기체, 액체 혹은 고체상태의 원료화합물을 반응기 내에 공급하여 기판 표면에서의 화학적 반응을 유도함으로써 반도체 기반 위에 고체 반응생성물인 박막층을 형성하는 공정이다.
② 식각시설 : 산이나 알칼리용액이 아닌 중성용액으로 제품의 표면처리를 위해 원료나 제품을 중화시키는 시설이다.
③ 식각시설 : 전자산업에서의 화학약품을 사용하여 금속표면을 부분적 또는 전면적으로 용해를 제거하는 시설이다.
④ 증착시설 : CVD법에 의한 화학반응의 종류로는 이종반응이 대표적인데, 이것은 반응이 기판표면에서 일어나 양질의 박막을 얻기 위한 필수적인 반응이다.

풀이 식각(Etching)공정
웨이퍼에 회로패턴을 만들어주기 위해 화공약품(습식)이나 부식성 가스(건식)를 이용해 필요 없는 부분을 선택적으로 제거한 현상액이 남아 있는 부분을 남겨둔 채 나머지 부분을 부식시키는 공정을 말한다.

3과목 온실가스 산정과 데이터 품질관리

41 온실가스 배출권거래제의 배출량 보고 및 인증에 관한 지침에서 고정연소시설에서의 CO_2 배출량 산정시 Tier 2의 ㉠ 액체연료 산화계수와 ㉡ 기체연료 산화계수로 옳은 것은?

① ㉠ 0.99, ㉡ 0.995   ② ㉠ 1.0, ㉡ 0.99
③ ㉠ 0.995, ㉡ 1.0   ④ ㉠ 0.98, ㉡ 0.99

풀이 고정연소(Tier 2) 산화계수
㉠ 액체연료 : 0.99
㉡ 기체연료 : 0.995

42 건물업종 관리업체 A에서 1년간 도시가스(LNG) $58,970Nm^3$을 사용했을 때 온실가스 배출량은?(단, 발열량과 배출계수는 아래 표 참조, 산화계수는 1.0을 적용)

에너지원	순발열량	배출계수(kg/TJ)		
		CO_2	CH_4	N_2O
도시가스 (LNG)	39.4 MJ/Nm^3	56,100	5.0	0.1

① $83.19tCO_2-eq$ ② $96.24tCO_2-eq$
③ $113.44tCO_2-eq$ ④ $130.66tCO_2-eq$

풀이 온실가스배출량(tCO_2-eq)
$= 58,970Nm^3 \times 39.4MJ/Nm^3 \times 1.0 \times TJ/10^6MJ$
$\times [(56,100kgCO_2/TJ \times tCO_2/10^3kgCO_2 \times 1)$
$+ (5.0kgCH_4/TJ \times tCH_4/10^3kgCH_4 \times 21)$
$+ (0.1kgN_2O/TJ \times tN_2O/10^3kgN_2O \times 310)]$
$= 130.66tCO_2-eq$

43 온실가스 배출권거래제 운영을 위한 검증지침상 온실가스 배출량 검증과 관련된 다음 설명으로 옳지 않은 것은?

① 피검증자의 임직원으로 근무한 자는 근무를 종료한 날로부터 2년이 경과하지 않았을 경우 해당 검증대상의 검증을 위한 검증팀에 참여할 수 없다.
② 온실가스 배출량 검증에 따른 최종의견은 적정, 부적정의 두 가지 중 하나로 하여야 한다.
③ 검증팀에는 검증대상이 속하는 분야에 대한 자격을 갖춘 검증심사원이 1인 이상 포함되어야 한다.
④ 내부심의팀은 1인 이상의 소속 검증심사원으로 구성한다.

풀이 온실가스 배출량 검증 후 검증팀장은 적정, 조건부적정, 부적정의 세 가지 중 하나로 검증의견을 확정하여야 한다.
※ 외부사업온실감축량 검증결과의 최종의견은 적정, 부적정 중 하나로 확정하여야 한다.

44 온실가스 배출권거래제의 배출량 보고 및 인증에 관한 지침상 산정등급(Tier)과 배출계수 적용에 관한 설명으로 가장 거리가 먼 것은?

① Tier 1 : IPCC 기본 배출계수 활용
② Tier 2 : 국가고유 배출계수 활용
③ Tier 3 : 사업장·배출시설별 배출계수 활용
④ Tier 4 : 전 세계 공통의 배출계수 활용

풀이 배출량 산정방법론
㉠ Tier 1 : IPCC 기본 배출계수로 활용
㉡ Tier 2 : 국가고유 배출계수 및 발열량 등 활용
㉢ Tier 3 : 사업자가 개발하여 활용
㉣ Tier 4 : 배출가스 연속측정방법 활용

45 온실가스 배출권거래제의 배출량 보고 및 인증에 관한 지침상 관리업체인 A사는 별도 법인 H사로부터 구매한 원료 산화칼슘(CaO) 1,000톤을 사용하여 칼슘카바이드(CaC_2) 1,100톤을 생산하였다. 칼슘카바이드 생산에 의한 A사의 공정 배출량을 산정하면 몇 tCO_2-eq인가?(단, CaC_2 생산 배출계수 : $1.70tCO_2/tCaO$, CaO 소성 활동 배출계수 : $10tCO_2/tCaO$)

① 1,700
② 11,700
③ 1,870
④ 11,870

풀이 산화칼슘을 원료로 직접 사용 시 공정 배출량 (tCO_2-eq)
$= 1,000CaO \times 1.70tCO_2/tCaO$
$= 1,700tCO_2-eq$

46 다음은 온실가스 배출권거래제 운영을 위한 검증지침에서 온실가스 배출량 등의 검증절차이다. ( ) 안에 가장 적합한 것은?

검증개요 파악 → 검증계획 수립 → 문서 검토 → (㉠) → (㉡) → (㉢) → 검증보고서 제출

① ㉠ 내부 검증, ㉡ 시정조치요구 및 확인, ㉢ 외부 검증
② ㉠ 현장 검증, ㉡ 검증결과 정리 및 평가, ㉢ 내부 심의
③ ㉠ 시정조치요구 및 확인, ㉡ 내부 검증, ㉢ 현장 검증
④ ㉠ 현장 검증, ㉡ 외부 심의, ㉢ 검증결과 정리 및 평가

풀이 온실가스 배출량 등의 검증절차

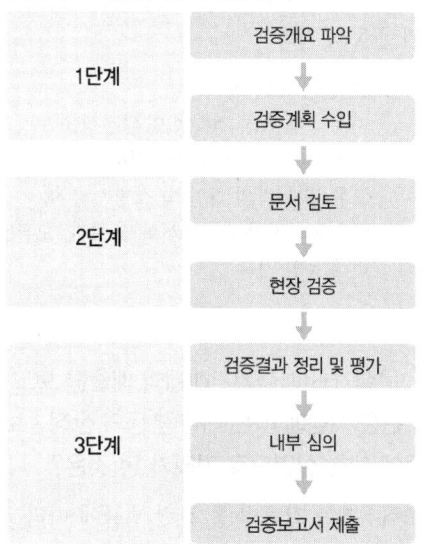

47 도시가스(LNG) 사용량의 측정값이 1기압, 15℃에서 10,000m³이다. 1기압, 0℃로 온도 보정을 실시한 결과로 가장 가까운 값은?

① 10,549m³
② 8,500m³
③ 9,479m³
④ 9,985m³

풀이 부피(m^3) $= 10,000m^3 \times \dfrac{273K}{(273+15)K}$
$= 9,479.17m^3$

정답 44 ④ 45 ① 46 ② 47 ③

48 온실가스 배출권거래제의 배출량 보고 및 인증에 관한 지침상 온실가스 배출량 산정을 위한 품질관리(QC)활동 목적과 거리가 먼 것은?

① 온실가스 배출량 보고와 관련한 고유 위험, 통제 위험 및 오류·누락사항에 대한 적시 방지
② 자료의 무결성, 정확성 및 완전성을 보장하기 위한 일상적이고 일관적인 검사의 제공
③ 오류 및 누락의 확인 및 설명
④ 배출량 산정자료의 문서화 및 보관, 모든 품질관리 활동의 기록

풀이 QC(품질관리)의 목적
㉠ 자료의 무결성, 정확성 및 완전성을 보장하기 위한 일상적이고 일관적인 검사의 제공
㉡ 오류 및 누락의 확인 및 설명
㉢ 배출량 산정자료의 문서화 및 보관, 모든 품질관리 활동의 기록

49 온실가스 배출권거래제의 배출량 보고 및 인증에 관한 지침에 따른 배출량 등의 산정·보고 체계 등에 대한 설명으로 거리가 먼 것은?

① 조직경계는 건축법 등 관련 법률에 따라 정부에 허가받거나 신고한 문서 등을 이용하여 사업장의 부지경계를 식별한다.
② 보고대상 배출활동의 파악 시 활용 가능한 자료는 공정의 설계자료, 설비의 목록, 연료 등의 구매전표 등이다.
③ 배출량 등의 제3자 검증은 기획재정부장관이 온실가스정보센터의 장과 협의를 거쳐 지정·고시한 검증기관을 활용하여 제3자 검증을 실시한다.
④ 관리업체는 검증기관의 검증을 거친 명세서를 매년 3월 31일까지 전자적 방식으로 부문별 관장기관에 제출하여야 한다.

풀이 배출량 등의 제3자 검증은 환경부장관이 지정·고시한 검증기관을 활용하여 관리업체가 작성한 명세서에 대한 제3자 검증을 실시한다.

50 다음은 온실가스 배출권거래제의 배출량 보고 및 인증에 관한 지침에 근거하여 이동연소(도로)에서 Tier 3 산정방법론을 적용하여 CH_4 및 N_2O 배출량 산정 시 요구되는 활동자료에 관한 설명이다. ( ) 안에 가장 적합한 것은?

차량의 종류, 사용 연료, 배출제어기술 등에 따른 각각의 ( )을/를 활동자료로 하고 측정불확도 ±2.5% 이내의 활동자료를 활용한다.

① 주행거리　　② 연료소비량
③ 운행횟수　　④ 차량대수

51 온실가스 배출권거래제의 배출량 보고 및 인증에 관한 지침상 이동연소(철도)에 대한 배출량 산정으로 옳지 않은 것은?

① Tier 1 산정방법론은 연료 종류별 사용량을 활동자료로 하고 기본 배출계수를 이용하여 배출량을 산정하는 방법이다.
② Tier 2 산정방법론은 기관차 종류, 연료 종류, 엔진 종류에 따른 연료 사용량을 활동자료로 하고 국가고유 배출계수를 사용하여 배출량을 산정하는 방법이다.
③ CO_2와 N_2O는 Tier 3 산정 방법론까지 제공한다.
④ Tier 3 산정방법론에서 보다 정확한 배출량 산정을 위해서는 기관차의 종류, 엔진 종류, 부하율 등 다양한 인자를 고려해야 한다.

풀이 CH_4, N_2O는 Tier 3 산정 방법론까지 제공한다.

52 온실가스 목표관리 운영 등에 관한 지침상 건물이 건축물 대장 또는 등기부에 각각 등재되어 있거나 소유지분을 달리하고 있는 경우의 조직경계 설정에 대한 설명 중 옳지 않은 것은?

① 연접한 대지에 동일 법인이 여러 건물을 소유한 경우에는 한 건물로 본다.
② 에너지관리의 연계성이 있는 복수의 건물 등은 한 건물로 본다.

③ 연접한 집합건물이 동일한 조직에 의해 에너지공급·관리를 받는 경우에도 한 건물로 간주한다.
④ 건물의 소유구분이 지분형식으로 되어 있을 경우에는 보유지분에 따라 경계를 분할한다.

풀이 건축물의 특례
㉠ 인접 또는 연접한 대지에 동일 법인이 여러 건물을 소유한 경우에는 한 건물로 본다.
㉡ 에너지 관리의 연계성(連繫性)이 있는 복수의 건물 등은 한 건물로 본다. 또한 동일 부지 내에 있거나 인접 또는 연접한 집합건물이 동일한 조직에 의해 에너지 공급·관리 또는 온실가스 관리 등을 받을 경우에도 한 건물로 간주한다.
㉢ 건물의 소유 구분이 지분형식으로 되어 있을 경우에는 최대 지분을 보유한 법인 등을 당해 건물의 소유자로 본다.

53 이산화탄소에 대한 온실가스의 복사 강제력을 비교하기 위하여, 해당 온실가스의 양에 지구온난화지수를 곱하여 산출한 값의 단위로 적절한 것은?

① ton C
② TOE
③ ton CO_2
④ ton CO_2 eq

풀이 이산화탄소 상당량(tCO_2-eq)
이산화탄소에 대한 온실가스의 복사강제력을 비교하는 단위로서 해당 온실가스의 양에 지구온난화지수를 곱하여 산출한 값을 말한다.

54 온실가스 배출권거래제의 배출량 보고 및 인증에 관한 지침상 화학산업 온실가스 배출활동에 해당하지 않는 것은?

① 질산 생산
② 카바이드 생산
③ 소다회 생산
④ 석회 생산

풀이 석회 생산은 광물산업 온실가스 배출활동에 해당한다.

55 온실가스 배출권거래제의 배출량 보고 및 인증에 관한 지침상 ODS 대체물질 사용 분야 온실가스 배출량 산정 시 Tier 1 산정 방법론에서 비에어로졸 용매 부문과 에어로졸 부문의 차이를 설명한 것으로 가장 적합한 것은?

① 에어로졸 부문은 1차 연도 기본 배출계수를 10%로 한다.
② 비에어로졸 용매 부문은 제품을 사용하기 시작한 후 5년 내에 서서히 배출되는 것으로 간주한다.
③ 에어로졸 부문은 회수나 재활용, 파기 등을 고려하지 않는다.
④ 에어로졸과 비에어로졸 부문에서 보고되는 항목은 관리업체의 온실가스 총배출량에 합산한다.

56 온실가스 배출권거래제의 배출량 보고 및 인증에 관한 지침상 모니터링 유형 C(근사법에 따른 모니터링)를 적용할 수 있는 경우와 거리가 먼 것은?

① 식당 LPG, 비상발전기, 소방펌프 및 소방설비 등 저배출원
② 이동연소배출원(사업장에서 개별 차량별로 온실가스 배출량을 산정하는 경우를 의미한다)
③ 정도검사를 실시하는 내부 측정기기를 이용하는 사업장
④ 타 사업장 또는 법인과의 수급계약서에 명시된 근거를 이용하여 활동자료를 배출시설별로 구분하는 경우

풀이 모니터링 유형 근사법(C유형)을 적용할 수 있는 배출시설
㉠ 식당 LPG, 비상발전기, 소방펌프 및 소방설비 등 저배출원
㉡ 이동연소배출원(사업장에서 개별 차량별로 온실가스 배출량을 산정하는 경우를 의미한다.)
㉢ 타 사업장 또는 법인과의 수급계약서에 명시된 근거를 이용하여 활동자료를 배출시설별로 구분하는 경우
㉣ 기타 모니터링이 불가능하다고 관장기관이 인정하는 경우

정답 53 ④ 54 ④ 55 ③ 56 ③

57 온실가스 배출권거래제 운영을 위한 검증지침에서 리스크 분석에 관한 설명 중 옳지 않은 것은?

① 검증팀은 피검증자에 의해 발생하는 리스크를 평가한다.
② 피검증자에 의해 발생하는 리스크에는 고유리스크와 통제리스크가 있다.
③ 검증팀의 검증과정에서 검출리스크가 발생한다.
④ 통제리스크는 검증대상의 업종 특성에 따른 리스크이다.

풀이 리스크의 분류
㉠ 피검증자에 의해 발생하는 리스크
  • 고유리스크 : 검증대상의 업종 자체가 가지고 있는 리스크(업종의 특성 및 산정방법의 특수성 등)
  • 통제리스크 : 검증대상 내부의 데이터 관리구조상 오류를 적발하지 못할 리스크
㉡ 검증팀의 검증 과정에서 발생하는 리스크
  • 검출리스크 : 검증팀이 검증을 통해 오류를 적발하지 못할 리스크

58 온실가스 배출권거래제의 배출량 보고 및 인증에 관한 지침상 온실가스 측정 불확도 산정절차를 바르게 나열한 것은?

① 사전 검토 → 불확도 산정 → 합성 불확도 산정 → 배출량 불확도 계산
② 사전 검토 → 합성 불확도 산정 → 배출량 불확도 계산 → 불확도 산정
③ 사전 검토 → 배출량 불확도 계산 → 불확도 산정 → 합성 불확도 산정
④ 사전 검토 → 불확도 산정 → 배출량 불확도 계산 → 합성 불확도 산정

59 온실가스 배출권거래제의 배출량 보고 및 인증에 관한 지침상 다음 설명하는 불확도는 무엇인가?

불확도를 비교 가능한 값으로 환산하기 위해 불확도를 최적 추정값(평균)으로 나누고 100을 곱하여 백분율로 표현하고 있으며, 여러 배출원의 불확도를 비교하기 위해 많이 사용된다.

① 표준불확도   ② 확장불확도
③ 상대불확도   ④ 합성불확도

풀이 상대불확도
㉠ 불확도를 비교 가능한 값으로 환산하기 위해 불확도를 최적 추정값(평균)으로 나누고 100을 곱하여 백분율로 표현하고 있다.
㉡ 일반적으로 여러 배출원의 불확도를 비교하기 위해 상대불확도를 많이 사용하고 있다.

60 온실가스 배출권거래제의 배출량 보고 및 인증에 관한 지침상 관리업체에서 알칼리 폐수중화용으로 액체 CO_2를 연간 100톤 구매해서 전량 사용하였다. 이 활동으로 인해 관리업체가 온실가스 총배출량에 합산 보고해야 할 온실가스 배출량은?(단, 액체 CO_2 순도는 99.9%)

① 100ton CO_2 ② 99.9ton CO_2
③ 50ton CO_2 ④ 0ton CO_2

풀이 알칼리 폐수중화용 액체 CO_2를 전량 사용, 즉 배출활동에서 보고는 하지만 관리업체 온실가스 총배출량에는 0ton CO_2으로 합산하지 않는다.

4과목 온실가스 감축관리

61 다음 온실가스 감축방법 중 직접감축방법에 해당되지 않는 것은?

① 대체물질 개발
② 공정 개선
③ 온실가스 활용
④ 탄소배출권 차입

정답 57 ④ 58 ① 59 ③ 60 ④ 61 ④

풀이 **직접감축방법**
  ㉠ 정의
    배출원으로부터 배출되는 온실가스를 감축 및 근절하는 행위 및 방법
  ㉡ 방법(기술)
    • 공정 개선(대체물질 개발 및 대체공정 적용)
    • 원료 및 연료의 개선/대체
    • 온실가스 활용 및 전환
    • 온실가스 처리기술
  ※ 탄소매출권 차입은 간접감축방법이다.

62 광물산업의 시멘트 생산 관련 소성로(Kiln)에서 온실가스 배출감축을 위한 공정개선 사항과 가장 거리가 먼 것은?

① 최적화된 킬른의 "길이 : 직경" 비율
② 킬른 내에서의 기체 누출 감소
③ 부원료에 석고사용량 증가
④ 동일하고 안정적인 운전조건

풀이 시멘트성분 중 클링커 함량을 줄임으로써 시멘트공장에서 에너지사용과 배출가스를 줄일 수 있다.

63 프로젝트 활동에 적합한 베이스라인(Baseline) 방법론을 선정할 때 따라야 하는 접근법으로 가장 거리가 먼 것은?

① 현재의 실제 온실가스 배출
② 과거의 온실가스 배출
③ 경제성 측면에서 가장 유리한 기술을 적용할 때의 온실가스 배출
④ 이전 유사한 프로젝트의 최소 배출량

풀이 베이스라인 설정을 위한 3가지 접근방법
  ㉠ 현존하는 또는 과거의 온실가스 배출상황
  ㉡ 경제성 측면에서 상대적으로 가장 유리한 기술을 적용할 때의 온실가스 배출상황
  ㉢ 유사한 사회·경제·환경 및 기술적 조건하에서 과거 5년간 수행된 유사사업들의 평균배출량

64 소수력발전에 관한 내용으로 가장 거리가 먼 것은?

① 초기 투자비가 낮고 투자 회수 기간이 짧다.
② 반영구적인 에너지 자원으로 에너지 안전 측면에서 우수하다.
③ 전력생산 시간이 짧아 전력공급량 조정 기능이 탁월하다.
④ 에너지 변환 효율이 높다.

풀이 소수력은 초기 투자비가 높고 회수 기간이 길며 강수량 변화에 민감하여 발전량이 불안정하다.

65 다음은 온실가스 목표관리 운영 등에 관한 지침상 목표설정의 기준 및 절차에 관한 설명이다. ( ) 안에 가장 적합한 것은?

> 관리업체의 예상배출량은 기존 배출시설에 해당하는 예상배출량과 신·증설 시설에 해당하는 예상배출량을 합산하여 산정한다. 이에 따른 관리업체의 예상배출량에 온실가스 감축목표의 세부 감축목표 수립 시 설정한 연도별 (   )을 적용하여 배출허용량을 산정한다.

① 예비율
② 감축률
③ 증가율
④ 소비율

66 외부사업 타당성 평가 및 감축량 인증에 관한 지침상 외부사업 방법론의 제안서에 포함되어야 할 내용으로 가장 거리가 먼 것은?(단, 기타의 사항 등은 제외한다.)

① 방법론 일반사항 및 용어정의
② 베이스라인 방법론
③ 계획산정 방법론
④ 모니터링 방법론

풀이 외부사업 방법론의 제안서 포함 내용
  ㉠ 방법론 일반사항 및 용어정의
  ㉡ 베이스라인 방법론
  ㉢ 모니터링 방법론
  ㉣ 참고문헌 및 기타 사항

정답 62 ③ 63 ④ 64 ① 65 ② 66 ③

67 조직의 감축수단의 선택과 목표 달성을 위한 시나리오가 선택되었을 때 이행계획을 구체화해야 할 필요가 있는데, 이때 반드시 고려해야 할 사항과 거리가 먼 것은?

① 감축수단 적용에 따른 조직 내 에너지 및 온실가스 저감의 중복성, 종속성 및 독립성 고려
② 감축수단의 효과가 발생하는 시기 고려
③ 예산확보에 대한 계획 수립
④ 감축수단 적용에 따른 세부 제품생산량 및 매출액 증대계획 수립

풀이 이행계획 구체화 수립 시 고려사항
  ㉠ 감축수단 적용에 따른 조직 내 에너지 및 온실가스 저감의 중복성, 종속성 및 독립성 고려
  ㉡ 감축수단의 효과가 발생하는 시기 고려
  ㉢ 예산확보에 대한 계획 수립
  ㉣ 감축수단 적용에 따른 사후관리 계획 및 모니터링 계획 수립

68 다음 중 소규모 CDM 사업의 기준으로 가장 적합한 것은?

① 에너지 공급/수요 측면에서의 에너지 소비량을 최대 연간 30GWh(또는 상당분) 저감하는 에너지 절약사업
② 에너지 공급/수요 측면에서의 에너지 소비량을 최대 연간 40GWh(또는 상당분) 저감하는 에너지 절약사업
③ 에너지 공급/수요 측면에서의 에너지 소비량을 최대 연간 50GWh(또는 상당분) 저감하는 에너지 절약사업
④ 에너지 공급/수요 측면에서의 에너지 소비량을 최대 연간 60GWh(또는 상당분) 저감하는 에너지 절약사업

풀이 소규모 CDM 사업의 형태별 종류
  ㉠ 재생에너지 사업(Type 1)
    최대발전용량이 15MW(또는 상당분) 이하인 재생에너지 사업
  ㉡ 에너지효율 향상사업(Type II)
    연간 60GWh(또는 상당분) 이하의 에너지를 감축하는 에너지 효율 향상 사업
  ㉢ 기타 온실가스 감축사업(Type III)
    연간 배출 감축량이 60만 ton CO_2-eq 이하 사업

69 BAU(Business As Usual)에 대한 내용으로 옳은 것은?

① 온실가스 배출량 실적치
② 온실가스 감축 후 배출량 규모
③ 온실가스 감축정책 수준
④ 온실가스 배출전망치

풀이 배출전망치(BAU : Business As Usual)
  현재까지의 온실가스 감축정책 추세가 미래에도 지속된다는 가정하에서 전망한 온실가스 배출량, 즉 특별한 조치를 취하지 않을 경우 배출될 것으로 예상되는 미래 전망치를 말한다.

70 온실가스 목표관리 운영 등에 관한 지침상 이행계획서 작성 및 제출에 관한 설명으로 옳지 않은 것은?

① 부문별 관장기관으로부터 다음 연도 목표를 통보받은 관리업체는 당해 연도 12월 31일까지 전자적 방식으로 다음 연도 이행계획을 작성하여 부문별 관장기관에 제출하여야 한다.
② 산정등급(Tier)과 관련하여 활동자료의 불확도 기준의 준수여부에 대한 설명도 포함되어야 한다.
③ 부문별 관장기관은 소관 관리업체의 이행계획이 적절하게 수립되었는지 확인하고 이를 1월 31일까지 센터에 제출하여야 한다.
④ 이행계획에는 다음 연도를 시작으로 하는 3년 단위의 연차별 목표와 이행계획이 포함되어야 한다.

풀이 이행계획에는 다음 연도를 시작으로 하는 5년 단위의 연차별 목표와 이행계획이 포함되어야 한다.

정답 67 ④ 68 ④ 69 ④ 70 ④

71 다음에서 설명하는 모니터링 보고서 작성원칙으로 가장 적합한 것은?

> 사업계획서 내용에 대한 신뢰성이 확보될 수 있도록 온실가스 배출 감축량 계산에 이용되는 가정, 계산, 참고내용, 방법론을 문서화하고, 필요한 경우 출처를 공개하며, 그 사용 근거와 타당성을 명확하게 기술하여야 한다. 만일 비공개 자료를 이용하였을 경우에는 그 이유를 명확히 기술하여야 한다.

① 일관성 ② 보수성
③ 투명성 ④ 완전성

72 CO_2 포집기술 중 연소 후 포집기술에 해당하는 화학적 흡수(습식흡수)법에 해당하지 않는 것은?

① 습식아민기술 ② 암모니아기술
③ 탄산칼륨기술 ④ 분리막기술

풀이 막분리법
CO_2를 포집하기 위하여 여러 성분이 혼합된 가스기류 중에서 목적성분을 다른 성분보다 선택적으로 빠르게 통과시키는 소재를 이용하여 목적성분만 분리하는 물리적 처리방법이다.

73 이산화탄소 포집 및 저장에 대한 설명 중 CO_2 저장 기술의 구분에 해당하지 않는 것은?

① 해양 저장 ② 대기 저장
③ 지표 저장 ④ 지중 저장

풀이 CO_2 저장기술
㉠ 해양 저장
 • 심해 저장
 • 용해 · 희석 저장
㉡ 지중 저장
 • 대수층 저장
 • 유전 · 가스전 저장
 • 비채굴성 탄광 저장
 • 혈암(Shale) 저장
㉢ 지표(지상) 저장

74 온실가스 간접감축방법에 해당하는 태양열시스템의 주요 구성요소와 거리가 먼 것은?

① 단열부 ② 축열부
③ 이용부 ④ 집열부

풀이 태양열시스템의 주요 구성요소
 ㉠ 집열부 ㉡ 축열부
 ㉢ 이용부 ㉣ 제어장치

75 다음 설명에 해당하는 연료전지는?

> • 저온형 연료전지에 해당
> • 작동온도 : 150~250℃ 정도
> • 전하전달이온 : H^+
> • 주촉매 : 백금
> • 특징 : CO에 내구성이 큼

① 용융탄산염 연료전지(MCFC)
② 인산형 연료전지(PAFC)
③ 고체산화물 연료전지(SOFC)
④ 알칼리 연료전지(AFC)

풀이 전해질 종류에 따른 연료전지 특성

구분	알칼리 (AFC)	인산형 (PAFC)	용융탄산염 (MCFC)	고체산화물 (SOFC)	고분자전해질 (PEMFC)	직접메탄올 (DMFC)
전해질	알칼리	인산염	탄산염	세라믹	이온교환막	폴리머
촉매	Pt, Ni	Pt	Ni, Ni화합물	Ni/Zirconia Cement	Pt	Pt/Ru
연료	Hydrogen	LNG, Methanol	LNG	LNG	Hydrogen	Methanol
운전 온도	100℃ (120℃) 이하	150~200℃ 250℃ 이하	600~700℃ 700℃ 이하	700~1,000℃ 1,200℃ 이하	85~100℃ 100℃ 이하	25~130℃ 40℃ 이하
효율	85%	70%	80%	85%	75%	40%
용도	우주발사체 전원	중형건물 (200kW)	중·대형 건물 (100kW~1MW)	소·중·대용량 발전 (1kW~1MW)	가정, 상업용 (1~10kW)	소형 이동용 (1kW 이하)

정답 71 ③ 72 ④ 73 ② 74 ① 75 ②

76 다음에서 설명하는 개념에 해당되는 용어로 가장 적합한 것은?

> 법적·제도적·경제적 측면에서 고려되어야 하는 외부사업의 특성으로서, 인위적으로 온실가스를 저감하기 위하여 일반적인 경영여건에서 실시할 수 있는 활동 이상의 추가적인 노력을 말한다.

① 합목적성 ② 전문성
③ 추가성 ④ 공익성

77 다음 온실가스 감축기술로 가장 거리가 먼 것은?

① 건물의 실내조명등을 백열등(60W)에서 LED등(12W)으로 교체함
② 인쇄기드라이어에서 발생되는 폐열을 회수하기 위하여 열교환기를 설치하여 보일러 설치 없이 온수공급을 원활히 함
③ 식당, 기숙사, 복도 등에 설치되어 있는 자판기에 타이머를 달아 영업시간 외에는 가동을 중지함
④ 포장재로 종이가방을 제공하다가 비닐봉지로 대체

풀이 포장재로 비닐봉지를 제공하다가 종이가방으로 대체

78 온실가스 감축 이행계획 작성 및 이행관련에 관한 설명으로 옳지 않은 것은?

① 온실가스 감축 이행계획에는 배출시설의 현황과 배출량 산정을 위한 활동도를 계량하는 계측정보를 관리할 수 있어야 한다.
② 조직경계의 변경 및 배출시설 변경사항 및 계획에 관해서는 즉시 보고가 가능해야 하고, 실제 관리조직과 연계하여 업무를 배정하도록 하며, 조직개편 등에 의해 사업장 및 배출시설이 사업장 간에 이동되어야 하므로 지역별로 별도의 관리는 요구되지 않는다.
③ 공정도 및 모니터링 포인트는 조직의 주요 활동을 중심으로 온실가스 배출량 및 에너지 사용량 보고에 활용이 되는 주요 공정 및 모니터링 포인트를 병기할 수 있어야 한다.
④ 배출시설별 감축 이행계획은 배출시설별 적용 가능한 감축 아이템을 선정하고, 감축효과 및 절감액, 투자계획 등을 수립해야 한다.

풀이 조직경계의 변경 및 배출시설 변경사항 및 계획에 관해서는 즉시 보고가 가능해야 하고, 실제 관리조직과 연계하여 업무를 배정하도록 하며, 조직개편 등에 의해 사업장 및 배출시설이 사업장 간에 이동되어야 하므로 지역별로 별도의 관리가 요구된다.

79 다음 중 CDM사업을 위한 모니터링 시스템 구축 내용에 관한 설명으로 옳지 않은 것은?

① CDM사업의 최종목표는 CER을 발급받는 것으로 모니터링은 CDM사업에 있어서 매우 중요한 과정으로 평가받고 있다.
② 모니터링 시스템의 신뢰성을 높이기 위해서는 계측기관리 절차서, 기록관리 절차서, 검사 및 시험 절차서, 교육 및 훈련 절차서, 문서관리 절차서, 시정 및 예방조치 절차서 등을 구축할 것을 검토하여야 한다.
③ CDM사업의 모니터링 계획 검증을 성공적으로 수행하기 위해서는 등록된 PDD에 대한 정확한 이해가 필요하며, CDM사업 등록을 추진하는 조직과 모니터링을 담당하는 조직이 서로 다른 경우 등록된 PDD에 대한 내용을 담당 부서에게 명확하게 전달 및 교육을 하여야 한다.
④ 계측되는 모니터링 데이터나 방법론이 PDD에 규정한 모니터링 인자의 단위와는 일부 일치하지 않을 수 있으므로 모든 데이터에 단위 명시를 하지 않는 것이 일반적이다.

풀이 계측되는 모니터링 데이터나 방법론이 PDD에 규정한 모니터링 인자의 단위와는 일부 일치하지 않을 수 있으므로 모든 데이터에 단위를 명시하여야 한다.

80 다른 발전과 비교하여 태양광발전의 일반적인 특징으로 가장 거리가 먼 것은?

① 시스템이 단순하고 유지 보수가 용이한 편
② 수명이 긴 편
③ 에너지 밀도가 높음
④ 교류로 변환하는 과정에서 고조파가 발생

풀이 태양광발전의 장단점
  ㉠ 장점
   • 에너지원이 청정하고 무제한(햇빛이 있는 곳이면 간단히 설치 가능)
   • 유지, 보수 용이
   • 환경친화적
   • 무인화 가능(자동화 용이)
   • 태양전지의 수명이 최소 20년 이상
  ㉡ 단점
   • 에너지 밀도가 낮음
   • 많은 설치공간이 필요함
   • 전력 생산량이 지역적 일사량에 의존
   • 초기 투자비 및 발전단가 높음(태양전지 재료인 실리콘 고가)

5과목   온실가스 관련 법규

81 다음은 탄소중립기본법상 국가 탄소중립 녹색성장 기본계획 수립에 관한 사항이다. ( ) 안에 알맞은 기간은?

> 정부는 기본원칙에 따라 (   )을 계획기간으로 하는 국가 탄소중립 녹색성장 기본계획을 5년마다 수립·시행하여야 한다.

① 5년   ② 10년
③ 15년   ④ 20년

풀이 정부는 기본원칙에 따라 20년을 계획기간으로 하는 국가 탄소중립 녹색성장 기본계획을 5년마다 수립·시행하여야 한다.

82 탄소중립기본법령상에 온실가스 감축목표의 설정·관리 및 권리와 의무의 승계에 관하여 총괄·조정 기능을 수행하는 자는?

① 국토교통부장관   ② 환경부장관
③ 기획재정부장관   ④ 산업통상자원부장관

풀이 환경부장관은 온실가스 감축목표의 설정·관리 및 권리와 의무의 승계에 관하여 총괄·조정기능을 수행한다.

83 온실가스 목표관리 운영 등에 관한 지침상 관리업체 지정기준(해당 연도 1월 1일을 기준으로 최근 3년간 업체의 모든 사업장에서 배출한 온실가스의 연평균 총량)으로 옳은 것은?

① 10,000tCO_2-eq 이상
② 50,000tCO_2-eq 이상
③ 80,000tCO_2-eq 이상
④ 100,000tCO_2-eq 이상

풀이 관리업체 지정기준
  ㉠ 해당 연도 1월 1일을 기준으로 최근 3년간 업체의 모든 사업장에서 배출한 온실가스의 연평균 총량이 5만 이산화탄소 상당량톤(tCO_2-eq) 이상인 업체
  ㉡ 해당 연도 1월 1일을 기준으로 최근 3년간 연평균 온실가스 배출량이 1만 5천 이산화탄소 상당량톤(tCO_2-eq) 이상인 사업장을 보유하고 있는 업체

84 국가 탄소중립 녹색성장 기본계획의 수립·시행에 대한 설명으로 거리가 먼 것은?

① 정부는 기본원칙에 따라 20년을 계획기간으로 하는 국가 탄소중립 녹색성장 기본계획을 3년마다 수립·시행하여야 한다.
② 국가 기본계획을 수립하거나 변경하는 경우에는 위원회의 심의를 거친 후 국무회의의 심의를 거쳐야 한다.
③ 국가비전과 온실가스 감축목표에 관한 사항이 국가 기본계획에 포함되어야 한다.
④ 환경부장관은 국가기본계획의 수립·시행 등에 관한 업무를 지원하여야 한다.

정답 80 ③ 81 ④ 82 ② 83 ② 84 ①

[풀이] 정부는 기본원칙에 따라 국가비전 및 중장기 감축목표 등의 달성을 위하여 20년을 계획기간으로 하는 국가 탄소중립 녹색성장 기본계획(국가 기본계획)을 5년마다 수립·시행하여야 한다.

85 온실가스 배출권거래제의 배출량 보고 및 인증에 관한 지침상 연료별 국가 고유 발열량에 관한 설명으로 옳지 않은 것은?

① 1cal는 4.1868J에 해당한다.
② 총발열량은 연료의 연소과정에서 발생하는 수증기의 잠열을 포함한다.
③ 온실가스 배출량 산정 시 총발열량을 사용한다.
④ Nm^3은 0℃, 1기압 상태의 단위체적(세제곱미터)을 말한다.

[풀이] 온실가스 배출량 산정 시 순발열량, 에너지사용량 계산 시 총발열량을 사용한다.

86 온실가스 배출권의 할당 및 거래에 관한 법률상 주무관청은 매 계획기간 시작 몇 개월 전까지 배출권 할당 대상업체를 지정·고시하여야 하는가?

① 1개월　　② 3개월
③ 5개월　　④ 6개월

[풀이] 주무관청은 배출권 할당 대상업체로 지정하여 매 계획기간 시작 5개월 전까지 관보에 지정·고시하여야 한다.

87 온실가스 배출권의 할당 및 거래에 관한 법률상 할당대상업체는 인증받은 온실가스 배출량에 상응하는 배출권(종료된 이행연도의 배출권)을 주무관청에 이행연도 종료일부터 몇 개월 이내에 제출하여야 하는가?

① 3개월 이내
② 6개월 이내
③ 9개월 이내
④ 12개월 이내

[풀이] 배출권의 제출
할당대상업체는 이행연도 종료일로부터 6개월 이내에 대통령령으로 정하는 바에 따라 인증받은 온실가스 배출량에 상응하는 배출권(종료된 이행연도의 배출권을 말한다)을 주무관청에 제출하여야 한다.

88 온실가스 목표관리 운영 등에 관한 지침상 목표관리를 위한 기준연도 배출량 등에 관한 설명으로 옳은 것은?

① 목표관리를 위한 기준연도는 관리업체가 최초로 지정된 연도의 직전 5개년으로 하며, 이 기간의 연평균 온실가스 배출량을 기준연도 배출량으로 한다.
② 기준연도 기간 중 신·증설이 발생한 경우 해당 신·증설 시설의 기준연도 배출량은 최근 2개년 평균 또는 단년도 배출량으로 정할 수 있다.
③ 관리업체는 합병·분할 또는 영업·자산도 양수 등 권리와 의무의 승계 사유가 발생된 경우, 변경사유 발생 후 90일 이내에 제3자 검증이 완료되어, 수정된 명세서를 부문별 관장기관에게 제출하여야 한다.
④ 환경부장관은 기준연도 배출량이 재산정된 경우 변경사유 접수 60일 이내에 배출허용량 등 목표를 수정하여 관리업체 및 센터에 통보하여야 한다.

[풀이] ① 목표관리를 위한 기준연도는 관리업체가 최초로 지정된 연도의 직전 3개년으로 하며, 이 기간의 연평균 온실가스 배출량을 기준연도 배출량으로 한다.
③ 관리업체는 합병·분할 또는 영업·자산양수도 등 권리와 의무의 승계사유가 발생된 경우, 변경사유 발생 후 60일 이내에 검증기관의 검증보고서를 첨부한 수정된 명세서를 부문별 관장기관에 제출하여야 한다.
④ 부문별 관장기관은 기준연도 배출량이 재산정된 경우 변경사유 접수 30일 이내에 배출허용량 등 목표를 수정하여 관리업체 및 센터에 통보하여야 한다.

정답　85 ③　86 ③　87 ②　88 ②

89 2050 탄소중립 녹색성장 위원회에 대한 설명으로 맞지 않는 것은?

① 위원회는 위원장 1명을 포함한 50명 이내의 위원으로 구성한다.
② 위원장은 국무총리와 대통령령이 지명하는 사람이 된다.
③ 위원회의 사무를 처리하기 위하여 간사위원 1명을 둔다.
④ 위원의 임기는 2년으로 하며 한 차례에 한정하여 연임할 수 있다.

풀이 위원회는 위원장 2명을 포함한 50명 이상 100명 이내의 위원으로 구성한다.

90 온실가스 배출권의 할당 및 거래에 관한 법률 시행령상 환경부장관은 권한 일부를 다른 기관(또는 장)에게 위임하거나 위탁할 수 있는데, 이와 관련하여 "배출권등록부 및 상쇄등록부의 관리·운영에 관한 사항"의 권한을 갖고 있는 것은?

① 한국에너지관리공단 이사장
② 한국환경공단
③ 온실가스 종합정보센터장
④ 국무조정실장

풀이 배출권등록부 및 상쇄등록부의 관리·운영에 관한 권한을 온실가스 종합정보센터장에게 위임한다.

91 다음은 온실가스 배출권의 할당 및 거래에 관한 법률상 배출권의 할당에 관한 사항이다. ( ) 안에 알맞은 것은?

대통령령으로 정하는 주무관청은 법에서 정하는 시기까지 할당계획서에서 정하는 배출권의 할당 대상이 되는 부문 및 업종에 속하는 온실가스 배출업체 중 관리업체로서 최근 3년간 온실가스 배출량의 연평균 총량이 (㉠) 이상인 업체이거나, (㉡) 이상인 사업장의 해당 업체를 할당 대상업체로 지정·고시한다.

① ㉠ 50,000tCO$_2$-eq, ㉡ 15,000tCO$_2$-eq
② ㉠ 87,500tCO$_2$-eq, ㉡ 20,000tCO$_2$-eq
③ ㉠ 125,000tCO$_2$-eq, ㉡ 20,000tCO$_2$-eq
④ ㉠ 125,000tCO$_2$-eq, ㉡ 25,000tCO$_2$-eq

92 탄소중립기본법상 국가와 지방자치단체의 책무와 거리가 먼 것은?

① 국가와 지방자치단체는 탄소중립사회로의 이행과 녹색성장의 추진 등 기후위기대응에 필요한 외부인력을 유치하여야 한다.
② 국가와 지방자치단체는 각종 계획의 수립과 사업의 집행과정에서 기후위기에 미치는 영향과 경제와 환경의 조화로운 발전 등을 종합적으로 고려하여야 한다.
③ 지방자치단체는 탄소중립 사회로의 이행과 녹색성장의 추진을 위한 대책을 수립·시행할 때 해당 지방자치단체의 지역적 특성과 여건 등을 고려하여야 한다.
④ 국가와 지방자치단체는 기후위기 대응 정책을 정기적으로 점검하여 이행성과를 평가하고, 국제협상의 동향과 주요 국가 및 지방자치단체의 정책을 분석하여 면밀한 대책을 마련하여야 한다.

풀이 국가와 지방자치단체의 책무(탄소중립기본법)
㉠ 국가와 지방자치단체는 경제·사회·교육·문화 등 모든 부문에 제3조에 따른 기본원칙이 반영될 수 있도록 노력하여야 하며, 관계 법령 개선과 재정투자, 시설 및 시스템 구축 등 제반 여건을 마련하여야 한다.
㉡ 국가와 지방자치단체는 각종 계획의 수립과 사업의 집행과정에서 기후위기에 미치는 영향과 경제와 환경의 조화로운 발전 등을 종합적으로 고려하여야 한다.
㉢ 지방자치단체는 탄소중립 사회로의 이행과 녹색성장의 추진을 위한 대책을 수립·시행할 때 해당 지방자치단체의 지역적 특성과 여건 등을 고려하여야 한다.
㉣ 국가와 지방자치단체는 기후위기 대응 정책을 정기적으로 점검하여 이행성과를 평가하고, 국제협상의 동향과 주요 국가 및 지방자치단체의 정책을 분석하여 면밀한 대책을 마련하여야 한다.
㉤ 국가와 지방자치단체는 「공공기관의 운영에 관

정답 89 ① 90 ③ 91 ④ 92 ①

한 법률」 제4조에 따른 공공기관(이하 "공공기관"이라 한다)과 사업자 및 국민이 온실가스를 효과적으로 감축하고 기후위기 적응역량을 강화할 수 있도록 필요한 조치를 강구하여야 한다.
ⓑ 국가와 지방자치단체는 기후정의와 정의로운 전환의 원칙에 따라 기후위기로부터 국민의 안전과 재산을 보호하여야 한다.
ⓢ 국가와 지방자치단체는 기후변화 현상에 대한 과학적 연구와 영향 예측 등을 추진하고, 국민과 사업자에게 관련 정보를 투명하게 제공하며, 이들이 의사결정 과정에 적극 참여하고 협력할 수 있도록 보장하여야 한다.
ⓞ 국가와 지방자치단체는 탄소중립 사회로의 이행과 녹색성장의 추진을 위한 국제적 노력에 능동적으로 참여하고, 개발도상국에 대한 정책적 · 기술적 · 재정적 지원 등 기후위기 대응을 위한 국제협력을 적극 추진하여야 한다.
ⓩ 국가와 지방자치단체는 탄소중립 사회로의 이행과 녹색성장의 추진 등 기후위기 대응에 필요한 전문인력의 양성에 노력하여야 한다.

93 신에너지 및 재생에너지 개발 · 이용 · 보급 촉진법 시행령상 바이오에너지 등의 기준 및 범위에서 바이오에너지에 해당하는 범위로 거리가 먼 것은?

① 생물유기체를 변환시킨 바이오가스, 바이오에탄올, 바이오액화류 및 합성가스
② 동물 · 식물의 유지를 변환시킨 바이오디젤
③ 쓰레기 매립장의 유기성 폐기물을 변환시킨 매립지 가스
④ 해수 표층의 열을 변환시켜 얻는 에너지

풀이 바이오에너지 범위(신에너지 및 재생에너지 개발 · 이용 · 보급 촉진법)
㉠ 생물유기체를 변환시킨 바이오가스, 바이오에탄올, 바이오액화류 및 합성가스
㉡ 동물 · 식물의 유지를 변환시킨 바이오디젤
㉢ 쓰레기 매립장의 유기성 폐기물을 변환시킨 매립지 가스
㉣ 생물유기체를 변화시킨 땔감, 목재칩, 펠릿 및 숯 등의 고체연료

94 온실가스 배출권의 할당 및 거래에 관한 법률에 따른 각 용어 정의로 옳지 않은 것은?

① "1 이산화탄소 상당량톤(tCO_2-eq)"이란 이산화탄소 1톤 또는 기타 온실가스의 지구온난화 영향이 이산화탄소 1톤에 상당하는 양을 말한다.
② "배출권"이란 온실가스 감축목표를 달성하기 위하여 지역 배출권 할당계획에 의거하여 설정된 온실가스 배출허용총량을 말한다.
③ "계획기간"이란 국가온실가스 감축목표를 달성하기 위하여 5년 단위로 온실가스 배출업체에 배출권을 할당하고 그 이행실적을 관리하기 위하여 설정되는 기간을 말한다.
④ "이행연도"란 계획기간별 국가온실가스 감축목표를 달성하기 위하여 1년 단위로 온실가스 배출업체에 배출권을 할당하고 그 이행실적을 관리하기 위하여 설정되는 계획기간 내의 각 연도를 말한다.

풀이 배출권
기본법에 따른 온실가스 감축목표(이하 "국가온실가스 감축목표"라 한다)를 달성하기 위하여 설정된 온실가스 배출허용총량의 범위에서 개별 온실가스 배출업체에 할당되는 온실가스 배출허용량을 말한다.

95 온실가스 목표관리 운영 등에 관한 지침상 부문별 관장기관은 환경부장관의 확인을 거쳐 매년 언제까지 소관 관리업체를 관보에 고시하여야 하는가?

① 매년 1월 31일
② 매년 3월 31일
③ 매년 6월 30일
④ 매년 12월 31일

풀이 부문별 관장기관은 환경부장관의 확인을 거쳐 매년 6월 30일까지 소관업체를 관보에 고시하여야 한다.

96 신에너지 및 재생에너지 개발·이용·보급 촉진법상에서 정한 "재생에너지"에 해당하지 않는 것은?

① 수소에너지   ② 태양에너지
③ 풍력   ④ 지열에너지

풀이 ㉠ 재생에너지
- 태양에너지
- 바이오에너지
- 풍력
- 수력
- 지열에너지
- 해양에너지
- 폐기물에너지

㉡ 신에너지
- 연료전지
- 석탄 액화·가스화 에너지
- 수소에너지

97 온실가스 배출권거래제의 배출량 보고 및 인증에 관한 지침상 배출시설의 배출량에 따른 시설규모 분류 중 A그룹에 해당하는 시설규모 분류기준은?

① 연간 5만 톤 미만의 배출시설
② 연간 15만 톤 이상의 배출시설
③ 연간 5만 톤 이상, 연간 50만 톤 미만의 배출시설
④ 연간 50만 톤 이상의 배출시설

풀이 배출시설의 배출량 규모에 따른 구분
㉠ A그룹 : 연간 5만 ton CO_2 미만
㉡ B그룹 : 연간 5만 ton CO_2~50만 ton CO_2 미만
㉢ C그룹 : 연간 50만 ton CO_2 이상

98 온실가스 배출권의 할당 및 거래에 관한 법령상 배출권 거래소의 업무가 아닌 것은?

① 배출권 거래시장의 개설·운영
② 배출권거래중개회사의 등록 취소에 관한 업무
③ 배출권의 매매(경매를 포함한다.) 및 청산 결제
④ 불공정거래에 관한 심리 및 회원의 감리

풀이 배출권 거래소의 업무
㉠ 배출권 거래시장의 개설·운영
㉡ 배출권의 매매(경매를 포함한다.) 및 청산 결제
㉢ 불공정거래에 관한 심리 및 회원의 감리
㉣ 배출권의 매매와 관련된 분쟁의 자율조정(당사자가 신청하는 경우만 해당한다.)
㉤ 그 밖에 배출권 거래소의 장이 필요하다고 인정하여 법에 따른 운영규정으로 정하는 업무

99 온실가스 목표관리 운영 등에 관한 지침상 관리업체의 부문별 관장기관 구분 중 산업·발전 분야의 관장기관은?

① 산업통상자원부   ② 환경부
③ 국토교통부   ④ 기획재정부

풀이 부문별 관련 기관의 소관업무(목표관리제)
㉠ 농림축산식품부 : 농업·임업·축산·식품 분야
㉡ 산업통상자원부 : 산업·발전(發電) 분야
㉢ 환경부 : 폐기물 분야
㉣ 국토교통부 : 건물·교통 분야(해운·항만 분야는 제외한다.) 건설 분야
㉤ 해양수산부 : 해양·수산·해운·항만

100 온실가스 배출권의 할당 및 거래에 관한 법률상 할당대상업체는 해당 이행연도의 실제 온실가스 배출량에 관한 명세서를 주무관청에게 보고하여야 하는데, 매 이행연도 종료일부터 몇 개월 이내에 보고하여야 하는가?

① 1개월 이내   ② 3개월 이내
③ 6개월 이내   ④ 12개월 이내

풀이 할당대상업체는 매 이행연도 종료일부터 3개월 이내에 대통령령으로 정하는 바에 따라 해당 이행연도에 그 업체가 실제 배출한 온실가스 배출량을 측정·보고·검증이 가능한 방식으로 작성한 명세서를 주무관청에 보고하여야 한다.

정답 96 ① 97 ① 98 ② 99 ① 100 ②

SECTION 05 2019년 2회 기사

1과목 기후변화개론

01 다음은 기후변화관련 국제적 기구에 관한 설명이다. ( ) 안에 가장 적합한 것은?

( )은/는 기후변화협약이나 교토의정서와 관련된 과학적, 기술적 문제에 대하여 적기에 필요한 정보를 제공하여 당사국총회와 CMP를 지원한다.

① SBSTA　　② SBI
③ BAU　　④ CCICCI

풀이 과학기술자문부속기구(SBSTA)
　㉠ 기후변화협약이나 교토의정서와 관련된 과학적, 기술적 문제에 대하여 적기에 필요한 정보를 제공하는 역할
　㉡ 국가보고서 및 배출통계방법론
　㉢ 기술개발 및 기술이전에 관한 실무 수행
　㉣ 당사국총회(COP)와 CMP를 지원

02 기후변화로 인한 해수면 상승이 직접 원인이 되어 나타나는 현상과 가장 거리가 먼 것은?

① 해안습지 감소　　② 환경난민 발생
③ 강수량 변화　　④ 전통생활방식의 위협

풀이 해수면 상승이 직접 원인이 되어 나타나는 대표적인 현상은 해안습지 감소, 환경난민 발생, 전통생활방식의 위험 등이 있다.

03 다음 중 칸쿤 합의 주요내용과 거리가 먼 것은?

① 개도국은 2020년 BAU 배출량 대비 감축을 달성하기 위해 감축행동(NAMA)을 취하며, 이 NAMA는 기후변화 협약 트랙의 참고문서에 수록
② 단기재원으로 2010~2012년간 300억 달러에 접근하는 재원을 제공하는 선진국의 집단적 의무에 유념
③ 기술개발 및 이전을 촉진하기 위해 기술메커니즘 설립
④ CDM 흡수원 관련 사업에 대한 기술적 규정, 기후변화 특별기금, 최빈국 운영지침서 등 합의

풀이 ④항은 COP 9(2003년 밀라노)와 관련된 내용이다.

04 탄소중립기본법상 중장기 국가 온실가스 감축목표로 맞는 것은?

① 2030년까지 2015년의 국가 온실가스 배출량 대비 35% 이상의 범위
② 2030년까지 2018년의 국가 온실가스 배출량 대비 35% 이상의 범위
③ 2050년까지 2015년의 국가 온실가스 배출량 대비 35% 이상의 범위
④ 2050년까지 2018년의 국가 온실가스 배출량 대비 35% 이상의 범위

05 다음 중 기후를 결정하는 가장 중요한 외부요인은?

① 태양복사에너지　　② 인간의 소비패턴 변화
③ 생태계의 변화　　④ 물과 탄소 순환

풀이 태양복사에너지는 기후를 결정하는 가장 중요한 요인이다.

06 1988년 세계기상기구와 유엔환경계획이 공동 설립하였고, 보고서를 통해 기후변화 추세, 원인, 영향, 대응을 분석한 국제기구의 이름으로 가장 적합한 것은?

① WHO　　② IPCC
③ UNFCCC　　④ GCF

정답 01 ①　02 ③　03 ④　04 ②　05 ①　06 ②

[풀이] **기후변화에 대한 정부 간 패널(IPCC ; Inter govern-mental Panel on Climate Change)**
1979년 세계기후회의에서 논의되었던 IPCC는 1988년 11월 UN 산하 세계기상기구(WMO)와 유엔환경계획(UNEP)이 기후변화와 관련된 전 지구적인 환경문제에 대처하기 위해 각국의 기상학자, 해양학자, 빙하전문가, 경제학자 등 전문가로 구성된 '정부 간 기후변화협의체'이다.

07 IPCC 국가 온실가스 인벤토리 작성을 위한 가이드라인에 관한 설명으로 거리가 먼 것은?

① 모든 국가에 일괄적으로 적용될 수 있는 표준 인벤토리 작성 지침서를 개발하여 모든 국가들이 이 지침에 준하여 인벤토리를 작성하고 UNFCCC에 보고할 수 있도록 하고 있다.
② 국가 온실가스 인벤토리에 관한 작업을 통해 유엔기후변화협약을 지원하는 활동의 일환으로 작성된 것이다.
③ 상향식 배출량 산정 접근방법론을 이용하여 지자체별 인벤토리 작성을 위해 개발된 것이다.
④ 다양한 변수와 배출계수의 기본값을 제공하고 이보다 더 많은 정보와 자원을 가진 국가의 경우 국가 간 적합성, 비교 가능성, 일관성을 유지하면서 구체적인 국가별 방법론을 사용할 수 있도록 하였다.

[풀이] 하향식(Top-Down) 배출량 산정 접근론을 이용하여 국가 인벤토리 작성을 위해 개발된 것이다.

08 직접 온실가스에 해당되지 않는 것은?

① CO_2 ② CH_4
③ N_2O ④ NO_2

[풀이] ㉠ 직접 온실가스(규제대상)
- 이산화탄소(CO_2)
- 메탄(CH_4)
- 아산화질소(N_2O)
- 과불화탄소(PHC_S)
- 수소불화탄소(HFC_S)
- 육불화황(SF_6)

㉡ 간접 온실가스
- 질소산화물(NO_X)
- 황산화물(SO_X)
- 일산화탄소(CO)
- 비메탄계 휘발성 유기화합물(NMVOC)

09 지구 대기 중 메탄(CH_4) 농도 증가와 가장 관련이 없는 것은?

① 산림 벌채
② 화석 연료의 사용
③ 가축 증가
④ 벼농사

[풀이] **메탄(CH_4)의 발생원**
㉠ 천연가스의 주성분으로 음식물 쓰레기나 가축의 배설물이 부패할 때 주로 발생한다. 즉, 주로 미생물의 유기물 분해작용에 의해 발생한다.
㉡ 농사, 천연가스 보급 및 폐기물 매립과 관련된 인간활동의 결과로서 증가한다.
㉢ 습지에서 일어나는 자연적 과정으로부터도 발생한다(늪 가스).
㉣ 석유, 석탄 및 천연가스 시스템에서 탈루되어 생성되기도 한다.
※ 산림벌채는 이산화탄소의 흡수원과 관련이 있다.

10 다음은 세계 주요도시의 녹색추진운동 사례이다. 가장 적합한 도시는?

지역자립·에너지자립 트랜지션타운 운동, 석유회계절감 컨설팅, 로컬푸드 체계 마련, 로컬머니 발행, 주민역량 강화 등을 추진하였다.

① 토트네스(영국)
② 서튼(영국)
③ 마스다르(아랍에미리트)
④ 함마르비 허스타드(스웨덴)

[풀이] 영국 토트네스 마을은 1970년대 석유파동을 겪은 후, 기후 위기에 대응해 재생 가능한 에너지 자립도를 높이는 순환경제를 도입했다.

정답 07 ③ 08 ④ 09 ① 10 ①

11 우리나라 안면도에서 1999~2009년까지 측정하여 분석된 이산화탄소 배출특성과 거리가 먼 것은?(단, 전 지구적인 농도값은 마우나로아에서의 측정값 기준)

① 계절별로 진폭은 다르지만 뚜렷한 일변동 특성을 보이는 경향이 있다.
② 일변동 폭은 여름에 아주 크고, 겨울에 아주 낮다.
③ 우리나라는 전 지구적인 이산화탄소 농도증가율보다 높은 편이다.
④ 일변동 최고농도가 나타나는 시간은 15~17시 사이이다.

풀이 일변동 최고농도가 나타나는 시간은 5~9시 사이이다.

12 인위적인 지구온난화 현상에 대한 논란에 관한 내용으로 가장 거리가 먼 것은?

① 윌리엄 루디만은 지구는 중세 소빙기 이래 빙하기로 가는 추세에 있는데 현재 인위적인 요인에 의해 온난화 현상이 일어나고 있다고 본다.
② 윌리엄 루디만은 약 2만 년 전부터 시작되었던 간빙기가 약 8천 년 전에 끝나고, 자연적인 기후변화 추이는 다시 장기적인 빙하기를 향하고 있다고 한다.
③ 제임스 러브록은 현재 지구는 오랜 빙하기에서 간빙기로 이행하고 있으며 태양도 보다 더 뜨거워지고 있다고 한다.
④ 인위적 요인에 의한 지구온난화 주장에 대해 회의적인 견해를 표명하거나 지구가 더워지고 있다는 사실 그 자체에 대해서 반대하는 견해는 전혀 없다.

풀이 인위적 요인에 의한 지구온난화 주장에 대해 대부분의 기후학자는 맞다고 주장하지만 회의적인 견해를 표명하거나 지구가 더워지고 있다는 사실 그 자체에 대해서 반대하는 견해도 있다.

13 기후변화 관련 국제기구 중 세계환경보전모니터링센터를 의미하는 것으로, 세계보전연맹(WCU), 유엔환경계획(UNEP), 세계야생생물기금(WWF) 세계기구가 세계의 생태환경보전을 위해 공동으로 설립한 국제기구에 가장 부합하는 것은?

① UNIDO   ② WCMC
③ GEO   ④ UNFCCC

풀이 유엔환경계획 세계모니터링센터(UNEP-WCMC)는 UNEP에서 보호지역 및 생물다양성과 관련된 업무를 전담하고 있는 기구로 세계보호지역 데이터베이스를 수집·관리한다.

14 선진국과 개도국이 모두 참여하는 Post-2012 체제 구축을 합의한 회의는?

① 제7차 당사국총회(마라케쉬 총회)
② 제8차 당사국총회(뉴델리 총회)
③ 제9차 당사국총회(밀라노 총회)
④ 제13차 당사국총회(발리 총회)

풀이 제13차 당사국총회(COP 13)
㉠ 2007년 인도네시아 발리
㉡ 2012년 이후 선·개도국의 의무감축부담에 대한 논의가 활발히 이루어졌음
㉢ 교토의정서의 의무감축에 상응한 노력을 하기 위해 선·개도국 등 모든 국가들은 측정, 보고, 검증 가능한 방법으로 온실가스 감축을 수행토록 하는 발리 로드맵을 채택하여 2009년 말을 목표로 협상 진행에 합의함(발리행동계획 「Bali-Action Plan」 채택)
㉣ 교토의정서의 부속서 1국가의 경우, 2020년까지 1990년 대비 25~40% 감축목표 확인(우리나라 : 30%)
㉤ 선진국, 개도국 간 Post-2012 목표설정을 위한 협상체제 발족(Post-2012 체제구축 합의)
㉥ 2년간의 협상을 지속하여 2009년 덴마크 코펜하겐에서 새 기후변화협약을 결정하기로 했으며 산림훼손방지(REDD)가 주요 논의사항

정답 11 ④ 12 ④ 13 ② 14 ④

15 국가 온실가스 인벤토리 보고서(NIR)를 기준으로 국내 5가지 온실가스 배출분야에서 일반적으로 배출량이 가장 많은 분야는?

① 산업공정 ② 에너지
③ 폐기물 ④ LULUCF

풀이 우리나라 온실가스 배출량 업종 비교
발전에너지 > 산업 > 농업 > 폐기물

16 기후변화에 관한 정부 간 협의체(IPCC)가 3개의 실행그룹에서 다루는 분야로 거리가 먼 것은?

① 기후변화 과학
② 배출량 거래제
③ 기후변화 영향평가, 적응 및 취약성
④ 배출량 완화, 사회경제적 비용 – 편익분석 등 정책

풀이 IPCC 실행그룹
㉠ Working Group 1(제1실무그룹)
    기후변화 과학분야
㉡ Working Group 2(제2실무그룹)
    기후변화 영향평가, 적응 및 취약성
㉢ Working Group 3(제3실무그룹)
    배출량 완화, 사회경제적 비용·편익분석 등 정책분야

17 ISO 14064-3(온실가스 선언에 대한 타당성 평가 및 검증을 위한 사용규칙 및 지침)에서 온실가스 검증의 원칙과 그에 관한 설명으로 가장 거리가 먼 것은?

① 독립성 : 편견 및 이익에 대한 마찰이 없도록 독립성 유지, 객관적 증거를 기초하여 작성되어 객관성 유지
② 공정성 : 검증활동의 결과, 보고를 정확하고 신뢰할 수 있게 반영
③ 전문가적 책임 : 전문가적 책임을 다함 및 충분한 숙련도와 적격성을 갖출 것
④ 협조성 : 의사결정을 할 수 있도록 충분하고 적절한 온실가스 관련 정보를 공개

풀이 온실가스 검증의 원칙(ISO 14064-3)
㉠ 독립성
㉡ 공정성
㉢ 전문가적 책임
㉣ 도덕성(윤리적 행동)

18 지구 기후변화의 자연적인 관련 요인으로 가장 거리가 먼 것은?

① 가축의 증가
② 지구의 태양순환 주기
③ 해양 해류흐름의 변화
④ 몬순 현상

풀이 가축의 증가는 인위적 온실가스 배출 요인이다.

19 유엔기후변화협약의 기본원칙으로 가장 거리가 먼 것은?

① 공동의 차별화된 책임 및 부담
② 개도국의 특수 사정 배려
③ 기후변화 대응의 효과가 큰 특정 국가 중심의 지속가능한 성장 보장
④ 기후변화의 예방적 조치 시행

풀이 유엔기후변화협약 기본원칙
㉠ 기후변화의 예측 방지를 위한 예방적 조치의 시행과 모든 국가의 지속가능한 성장의 보장을 정한다. 즉, 유엔 기후변화협약에서는 양대 기준이 되는 2가지의 큰 원칙을 제시하고 있는데, 그중 하나는 각국은 기후변화에 대처함에 있어서 완전한 과학적 확실성이 미비하더라도 사전예방의 원칙에 따라 필요한 조치를 취한다는 것이다.
㉡ 선진국은 일찍이 발전을 이뤄오면서 대기 중으로 배출한 온실가스에 대한 역사적 책임을 갖고 있으므로 선도적 역할을 수행토록 한다.
㉢ 개발도상국들은 현재의 개발 상황에 대한 특수 사정을 배려하여 '공통되나 차별화된 책임'과 능력에 입각한 의무부담을 갖는다.
㉣ 공동의 차별화된 책임 및 부담과 기후변화의 예방적 조치를 시행한다.

정답 15 ② 16 ② 17 ④ 18 ① 19 ③

20 신기후체제에 대한 설명 중 가장 거리가 먼 것은?

① 교토의정서 체제가 만료되는 2020년 이후를 대체하는 새로운 기후변화 체제의 필요성에 의하여 출범하게 되었다.
② 교토의정서 체제의 경우에는 주요 선진국에 한하여 감축의무를 부여했지만 신기후체제에서는 개도국을 포함하는 대부분의 국가가 감축의무를 부담한다.
③ 핵심 이슈는 장기 지구기온 목표, 미국 및 주요 개도국의 감축 의무 참여 여부, 국가별 감축의무 방식 유연성 확대 등이다.
④ 각 당사국의 감축목표 설정과 이행관리는 단기목표설정방식이고, 하향식 강제의무할당과 이행결과에 따라 패널티를 부여하는 방식이다.

[풀이] 각 당사국의 감축목표 설정과 이행관리는 장기목표 설정방식이고 상향식 감축목표방식이며 각국의 기여방안(INDC) 제출은 의무로 하되, 이행은 각국이 국내적으로 노력하기로 합의함에 따라 국제법적 구속력은 결국 부여하지 못했다.

2과목 온실가스 배출의 이해

21 온실가스 배출권거래제의 배출량 보고 및 인증에 관한 지침상 폐기물 소각의 보고대상 배출시설에 해당하지 않는 것은?

① 폐열 보일러　　② 적출물 소각시설
③ 폐가스 소각시설　④ 폐수 소각시설

[풀이] 폐기물 소각의 보고대상 배출시설
　㉠ 소각보일러
　㉡ 특정폐기물 소각시설
　㉢ 일반폐기물 소각시설
　㉣ 폐가스 소각시설
　㉤ 적출물 소각시설
　㉥ 폐수 소각시설

22 온실가스 배출권거래제의 배출량 보고 및 인증에 관한 지침상 "부생연료 2호"에 해당하는 내용이 아닌 것은?

① 등유·중유 성상에 해당하는 제품으로 열효율은 보일러등유와 중유의 중간 정도이다.
② 방향족 성분의 다량 함유로 일부 제품은 냄새가 심하며 연소성이 척도인 10% 잔류탄소분이 매우 높으므로 그을음 발생으로 집진시설을 설치해야 한다.
③ 석유화학제품을 생산하는 전처리과정에서 나오는 제품으로 생산업체에 따라 물성이 다양하며, 보일러등유, 경유, 중유 등 액체연료를 사용하는 열원 공급시설(산업용보일러 등)의 연료계통 부품을 교체하여 대체연료로 사용된다.
④ 부생연료 2호 사용에 따른 고정연소 배출활동의 경우, 산정등급 1(Tier 1) CO_2 배출계수는 등유 계수를 활용하여 온실가스 배출량을 산정한다.

[풀이] 부생연료 2호 사용에 따른 고정연소 배출활동의 경우, 산정등급 1(Tier 1) CO_2 배출계수는 B-C유 계수를 활용하여 온실가스 배출량을 산정한다.

23 온실가스 배출권거래제의 배출량 보고 및 인증에 관한 지침상 고정연소(고체연료) 보고대상 배출시설 중 일반보일러 시설에 관한 설명으로 옳지 않은 것은?

① 수관식 보일러는 작은 직경의 드럼과 여러 개의 수관으로 나누어져 있으며, 수관 내에서 증발이 일어나도록 되어 있다.
② 원통형 보일러는 구멍이 큰 원통을 본체로 하여 그 내부에 노통화로, 연관 등을 설치한 것으로 구조가 복잡하고, 고압용이나 대용량에 적합하다.
③ 수관식 보일러는 고압, 대용량에 적합하며, 종류에는 자연순환식, 강제순환식, 관류식 등이 있다.
④ 주철형 보일러는 주로 난방용의 저압증기 발생용 또는 온수보일러로 사용되고 있다.

정답　20 ④　21 ①　22 ④　23 ②

풀이 원통형 보일러는 구멍이 큰 원통을 본체로 하여 그 내부에 노통화로, 연관 등을 설치한 것으로 구조가 간단하여 일반적으로 널리 쓰이나 고압용이나 대용량으로는 적합하지 않다.

24 다음 중 온실가스 배출권거래제의 배출량 보고 및 인증에 관한 지침상 합금철 생산공정에서 온실가스의 주된 배출시설은?

① 전기아크로　　② 배소로
③ 소결로　　　　④ 전해로

풀이 합금철 생산공정에서 온실가스의 주된 배출시설은 전기아크로, 전로이다.

25 석유화학제품 생산의 보고대상 배출시설과 가장 거리가 먼 것은?

① 수소 제조시설
② 테레프탈산(TPA) 생산시설
③ 에틸렌옥사이드(EO) 반응시설
④ 카본블랙(CB) 반응시설

풀이 석유화학제품 생산공정의 보고대상 배출시설
　㉠ 메탄올 반응시설
　㉡ EDC/VCM 반응시설
　㉢ 에틸렌옥사이드(EO) 반응시설
　㉣ 아크릴로니트릴(AN) 반응시설
　㉤ 카본블랙(CB) 반응시설
　㉥ 에틸렌 생산시설
　㉦ 테레프탈산(TPA) 생산시설
　㉧ 코크스 제거공정(De-Coking)

26 온실가스 배출권거래제의 배출량 보고 및 인증에 관한 지침상 철강생산의 배출활동에 관한 설명으로 거리가 먼 것은?

① 철강공정에서의 주요 배출원은 코크스로, 소결로 및 석회 소성로에서 원료 중 탄소성분에 의해 발생되는 CO_2로 구분할 수 있다.
② 주요 배출원에서 생산된 제품은 고로에 원료로서 재투입되며 연소에 의해 다시 대기 중으로 배출된다.
③ 일관제철 공정 중 코크스로, 고로 및 전로에서 발생되는 공정 부생가스는 각각 코크스 오븐가스(COG), 고로가스(BFG), 전로가스(LDG)라고 부르며, 중앙관리시스템에서 회수하여 일관제철 공정 중 주요 시설에 연료로서 재공급된다.
④ 코크스로, 고로 및 전로 시설에서 직접적으로 대부분의 배기가스가 대기 중으로 배출되며, 이 배기가스는 연료 재순환 없이 직접 연료연소에 의한다.

풀이 코크스로, 고로 및 전로시설에서 직접적으로 대기 중으로 배출되는 배기가스는 거의 없으며 이 배기가스는 연료 재순환에 의하여 다른 배출시설에서 연료연소에 의하여 배출된다.

27 각 탄산염에 따른 광물명의 연결로 옳지 않은 것은?

① $MgCO_3$: 마그네사이트
② $CaMg \cdot (CO_3)_2$: 백운석
③ Na_2CO_3 : 소다회
④ $CaCO_3$: 능철광

풀이 ㉠ $CaCO_3$: 탄산칼슘(석회석)
　　㉡ $FeCO_3$: 능철광

28 온실가스 배출권거래제의 배출량 보고 및 인증에 관한 지침상 이동연소(도로) 부문의 온실가스 배출량 산정 시 필요한 자료와 거리가 먼 것은?

① 연료의 열량계수
② 연료의 생산지
③ 연료의 사용량
④ 연료에 따른 온실가스의 배출계수

풀이 이동연소(도로) 온실가스 배출량 산정 관련식(Tier 1)
$$E_{i,j} = \sum (Q_i \times EC_i \times EF_{i,j} \times 10^{-6})$$
여기서, $E_{i,j}$: 연료(i)의 연소에 따른 온실가스(j)의 배출량(tGHG)
　　　　Q_i : 연료(i)의 연료소비량(KL-연료)

정답 24 ① 25 ① 26 ④ 27 ④ 28 ②

EC_i : 연료(i)의 열량계수(순발열량, MJ/L - 연료)

$EF_{i,j}$: 연료(i)에 따른 온실가스(j)의 배출계수(kgGHG/TJ연료)

i : 연료 종류

29 석유정제활동(석유정제공정)의 온실가스 배출활동을 분류한 것으로 가장 거리가 먼 것은?

① 원유 예열시설, 증류공정 등에 열을 공급하기 위한 고정연소배출
② 수소제조공정, 촉매재생공정 및 코크스 제조공정 등 공정배출원
③ 그 밖에 공정 중에서의 배기(venting) 및 폐가스 연소처리(flaring) 등 탈루성 배출
④ 산·알칼리 조정을 위한 미세 활성탄 흡착처리시설

풀이 석유정제공정의 온실가스 배출은 원유 예열시설, 증류공정 등에 열을 공급하기 위한 고정연소배출과 수소제조공정, 촉매재생공정 및 코크스 제조공정 등 공정배출원, 그 밖에 공정 중에서의 배기(Venting) 및 폐가스 연소처리(Flaring) 등 탈루성 배출로 구분할 수 있다.

30 다음은 온실가스 배출권거래제의 배출량 보고 및 인증에 관한 지침상 암모니아 생산시설 중 "암모니아 합성공정"에 관한 설명이다. ( ) 안에 가장 적합한 것은?

암모니아 합성공정은 ( )를 사용하여 수소와 질소를 3 : 1의 비율로 맞추어 암모니아를 합성한다.

① 고온·고압에서 Fe 촉매
② 고온·저압에서 Pt 촉매
③ 저온·저압에서 Ne 촉매
④ 상온·상압에서 Cd 촉매

풀이 $N_2 + 3H_2 \xrightarrow{Fe촉매} 2NH_3$

31 다음 ( ) 안에 가장 적합한 내용은?

여러 가지 고급 전자산업에서는 플라즈마 식각, 반응챔버의 세정 및 온도조절을 위해 ( )이 이용되며, 이런 전자산업으로는 반도체, 박막 트랜지스터 평면디스플레이, 광전지 제조업 등이 포함된다.

① 백금화합물
② 질소화합물
③ 불소화합물
④ 구리화합물

풀이 전자산업에서 사용되는 물질은 불소화합물이다.

32 외부에서 공급된 전기사용에 대해 보고대상 온실가스를 모두 옳게 나열한 것은?

① CO_2
② CO_2, CH_4
③ CH_4, N_2O
④ CO_2, CH_4, N_2O

풀이 외부에서 공급된 전기사용 보고대상 온실가스 CO_2, CH_4, N_2O

33 다음 중 A사업장과 B사업장의 온실가스 배출량 산정에서 제외되는 경우는?

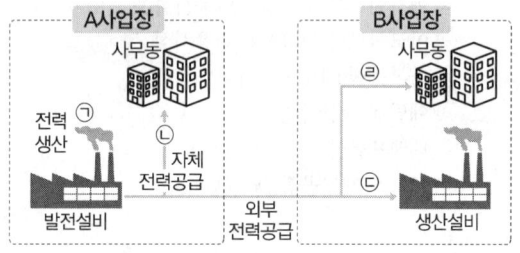

① ㉠
② ㉡
③ ㉢
④ ㉣

풀이 ㉡ : A사업장에서 생산된 전력을 A사업장 내에서 자체적으로 공급한 경우(전력사용에 따른 간접적 온실가스 배출량 산정에서 제외)

정답 29 ④ 30 ① 31 ③ 32 ④ 33 ②

34 온실가스 배출권거래제의 배출량 보고 및 인증에 관한 지침상 카바이드 생산공정의 보고대상 온실가스로만 모두 옳게 나열된 것은?

① N_2O
② CH_4, N_2O
③ CO_2, N_2O
④ CO_2, CH_4

풀이 카바이드 생산공정의 보고대상 온실가스
CO_2, CH_4

35 이동연소(항공)의 배출활동에 관한 설명으로 옳지 않은 것은?

① 최신 기술이 적용된 항공기가 보다 많은 CH_4와 N_2O를 배출한다.
② 항공기 엔진의 연소가스 중 CO_2는 대략 70% 전후이다.
③ 항공기에서 배출되는 오염물질의 90%가량이 높은 고도에서 발생한다.
④ 항공 부문의 보고 대상 배출시설 중 국제선 운항(국제벙커링)에 따른 온실가스 배출량 등은 산정·보고에서 제외한다.

풀이 최신기술이 적용된 항공기에서는 CH_4와 N_2O가 거의 배출되지 않는다.

36 온실가스 배출권거래제의 배출량 보고 및 인증에 관한 지침상 이동연소(선박)의 배출원별 보고대상 적용범위에 관한 설명으로 옳지 않은 것은?

① 수상항해 : 호버크래프트(Hovercraft)와 수중익선(Hydrofoils)을 포함한다.
② 수상항해 : 국제/국내 항해의 구분은 출발, 경유, 도착항을 기준하며, 어선을 포함한다.
③ 국내항해 : 동일 국가 내에서 출항 및 입항하는 모든 선박으로부터의 배출(어업과 군용은 제외)을 의미한다.
④ 어선 : 어업의 경우 그 나라 안에서 연료보급이 이루어진 모든 국적의 선박을 포함한다.

풀이 수상항해
국제/국내 항해의 구분은 출발항만과 도착항만을 기준으로 구분하며 어선은 제외한다.

37 온실가스 배출권거래제의 배출량 보고 및 인증에 관한 지침상 연료에 관한 설명으로 옳지 않은 것은?

① "총발열량"이란 연료의 연소과정에서 발생하는 수증기의 잠열을 포함한 발열량을 말한다.
② 에너지사용량을 집계할 경우 순발열량을 사용한다.
③ Nm^3은 0℃, 1기압 상태의 단위체적(세제곱미터)을 말한다.
④ $MJ = 10^6 J$로 한다.

풀이 온실가스 배출량 산정 시 순발열량을 사용하며, 에너지사용량을 집계할 경우 총발열량을 사용한다.

38 온실가스 배출권거래제의 배출량 보고 및 인증에 관한 지침상 아디프산 생산시설 중 시클로헥산으로부터 아디프산을 합성하는 방법 중 하나인 Farbon 법에 관한 설명으로 옳지 않은 것은?

① 시클로헥산을 산화하여 시클로헥산올과 시클로헥사논을 만들고, 이 시클로헥산올과 시클로헥사논을 다시 산화하여 아디프산을 만든다.
② 이 과정에서 촉매도 사용된다.
③ 제2반응기로부터 생성물이 표백기로 들어가고 용존 NOx가스는 공기와 수증기로 인해 아디프산 및 질산 용액으로부터 탈기된다.
④ 부산물의 생성이 없고, 아디프산 및 질산용액은 증류되어 최종산물(결정)이 된다.

풀이 발생부산물들은 여러 가지 유기산부산물, 아세트산, 글루타린산 및 호박산 등이 형성되고 회수되어 판매된다.

정답 34 ④ 35 ① 36 ② 37 ② 38 ④

39 석회생산의 배출활동 개요와 보고 대상 배출시설에 관한 설명으로 옳지 않은 것은?

① 석회 제조공정은 시멘트 공정과 유사하게 소성 공정에서 석회석 혹은 Dolomite 등 원료의 탈탄산 반응에 의하여 온실가스가 배출된다.
② 연수를 위한 소석회의 사용은 CO_2와 석회의 반응으로 탄산칼슘($CaCO_3$)을 재생성하여 대기 중으로 모든 CO_2를 순배출시킨다.
③ 석회가 생산되는 동안 석회 킬른먼지(LKD)가 생성되며, 이는 배출량 산정 시 고려되어야 한다.
④ 소성시설(Kiln)은 석회 생산공정의 보고 대상 배출시설이다.

풀이 연수를 위한 소석회의 사용은 CO_2와 석회의 반응으로 탄산칼슘($CaCO_3$)을 재생성하여 대기 중으로의 CO_2 순배출은 발생하지 않는다.

40 아연생산 배출활동 중 전해로와 관련된 설명으로 옳지 않은 것은?

① 주로 비철금속 계통의 물질을 용융시키는 데 이용되며 대표적인 것으로 알루미늄 전해로가 있다.
② 알루미늄 전해로의 경우 빙정석이 사용된다.
③ 전해로는 전해질용액이나 용융전해질 등의 이온 전도체에 전류를 통해서 화학변화를 일으키는 노를 말한다.
④ 보통 노내 온도는 1,500~1,800℃ 정도이며, 알루미늄은 양극 쪽으로 모이게 되어 욕조의 표면 상부에 용융된 상태로 존재한다.

풀이 보통 노내 온도는 950~1,000℃ 정도이며, 알루미늄은 음극 쪽으로 모이게 되어 욕조의 표면 바로 밑에 용융된 상태로 존재한다.

3과목 온실가스 산정과 데이터 품질관리

41 온실가스 배출권거래제의 배출량 보고 및 인증에 관한 지침상 굴뚝연속자동측정기에 의한 배출량 산정방법 중 측정에 기반한 온실가스 배출량 산정은 어떤 값을 기반으로 하여 산출하는가?

① 건가스 기준의 30분 CO_2 부피 평균농도(%)를 사용하여 산정
② 습가스 기준의 30분 CO_2 부피 평균농도(%)를 사용하여 산정
③ 건가스 기준의 10분 CO_2 부피 평균농도(%)를 사용하여 산정
④ 습가스 기준의 10분 CO_2 부피 평균농도(%)를 사용하여 산정

풀이 건가스 기준의 30분 CO_2 부피 평균농도(%)를 사용하여 산정하도록 되어 있다.

42 온실가스·에너지 목표관리 운영 등에 관한 지침상 비선택적 촉매환원법을 사용하여 질산 350t을 생산하였다. 이때 발생되는 온실가스 배출량(tCO_2-eq)은?

- 비선택적 촉매환원법의 N_2O 배출계수 : $2kg\ N_2O/t-$질산
- 분해계수 및 이용계수는 각각 0을 적용

① 156 ② 217
③ 340 ④ 412

풀이 온실가스 배출량(tCO_2-eq)
$= 350 ton \times 2kg N_2O/t-$질산$\times ton/10^3 kg \times 310$
$= 217 tCO_2-eq$

43 온실가스 배출권거래제의 배출량 보고 및 인증에 관한 지침상 하수처리할 때, 필요한 자료와 거리가 먼 것은?

① 방류수의 BOD_5 농도(mg−BOD/L)
② 유입수의 유량(m^3)
③ 메탄 회수량(tCH_4)
④ 반송 슬러지의 Pt 농도(mg−Pt/L)

풀이 하수처리 시 온실가스 배출량 산정방법(Tier 1)

$$CH_4 Emissions = (BOD_{in} \times Q_{in} - BOD_{out} \times Q_{out} - BOD_{sl} \times Q_{sl}) \times 10^{-6} \times EF - R$$

여기서, $CH_4 Emissions$: 하수처리에서 배출되는 CH_4 배출량(tCH_4)
BOD_{in} : 유입수의 BOD_5 농도 (mg−BOD/L)
BOD_{out} : 방류수의 BOD_5 농도 (mg−BOD/L)
BOD_{sl} : 반출 슬러지의 BOD_5 농도 (mg−BOD/L)
Q_{in} : 유입수의 유량(m^3)
Q_{out} : 방류수의 유량(m^3)
Q_{sl} : 슬러지의 반출량(m^3)
EF : 배출계수($kgCH_4$/kg−BOD)
R : 메탄 회수량(tCH_4)

44 온실가스 배출권거래제의 배출량 보고 및 인증에 관한 지침상 온실가스 배출활동별 산정방법론에 따른 보고대상 온실가스의 연결로 옳지 않은 것은?

구 분	CO_2	CH_4	N_2O
㉠ 고정연소 (액체연료)	Tier 1, 2, 3, 4	Tier 1	Tier 1
㉡ 이동연소 (도로)	Tier 1, 2	Tier 1, 2, 3	Tier 1, 2, 3
㉢ 철강생산	Tier 1, 2	Tier 1, 2	Tier 1
㉣ 폐기물 소각	Tier 1, 4	Tier 1	Tier 1

① ㉠
② ㉡
③ ㉢
④ ㉣

풀이 보고대상 온실가스(철강생산)

구 분	CO_2	CH_4	N_2O
산정방법론	Tier 1, 2, 3, 4	Tier 1	−

45 다음 Scope 분류 및 그에 대한 배출활동이 잘못 연결된 것은?

① Scope 1 : 이동연소, 철강생산, 공공하수처리
② Scope 1 : 폐기물 소각, 고정연소, 시멘트생산
③ Scope 2 : 구입 증기, 구입 전기, 구입 열
④ Scope 3 : 종업원 출퇴근, 구매된 원료의 생산 공정배출, 공장 내 기숙사 난방

풀이 Scope 3(간접배출 : 기타 간접배출)
㉠ 정의
- 조직의 활동에 기인하나 다른 조직의 소유 및 관리 상태에 있는 온실가스 배출을 의미
- Scope 2에 속하지 않는 간접배출로서 원재료의 생산, 제품 사용 및 폐기 과정에서의 배출 의미
- 전력을 제외한 간접배출을 의미하며 배출원에 대한 선택적 보고임

㉡ 종류
- 직원 소유 출퇴근 차량, 아웃소싱 활동, 즉 구입 연료의 수송, 판매한 생산품 및 서비스 등에 의한 배출 의미
- 구매된 원재료의 생산으로부터 발생한 배출량, 즉 구매자재의 추출 및 생산 등에 의한 배출 의미

46 온실가스 배출권거래제의 배출량 보고 및 인증에 관한 지침에 의거, 배출량 보고와 관련한 위험을 완화하는 일련의 활동을 내부 감사(Internal Audit)라 하며, 할당대상업체는 매년 배출량 산정·보고 절차와 관련한 내부감사 활동을 실시하고 이를 평가하여 주기적으로 이를 개선해야 한다. 다음 중 배출량 보고와 관련한 위험으로 거리가 먼 것은?

① 고유 위험
② 통제 위험
③ 인적 위험
④ 오류 및 누락

정답 43 ④ 44 ③ 45 ④ 46 ③

풀이 배출량 보고 관련 리스크(위험)
  ㉠ 피검증자에 의해 발생하는 리스크
    • 고유리스크
    • 통제리스크
  ㉡ 검증팀의 검증과정에서 발생하는 리스크
    검출리스크(오류 및 누락)

47 온실가스 배출권거래제의 배출량 보고 및 인증에 관한 지침상 상거래 또는 증명에 사용하기 위한 목적으로 측정량을 결정하는 법정계량에 사용하는 측정기기를 표시하는 기호는?

① WH (실선 사각형)   ② WH (실선 원)
③ FL (실선 사각형)   ④ FL (점선 사각형)

풀이 활동자료의 측정방법(측정기기의 기호 및 종류)

기호	설명
WH	상거래 또는 증명에 사용하기 위한 목적으로 측정량을 결정하는 법정 계량에 사용하는 측정기기로서 계량에 관한 법률 제2조에 따른 법정 계량기
FL	관리업체가 자체적으로 설치한 계량기로서, 국가표준기본법 제14조에 따른 시험기관, 교정기관, 검사기관에 의하여 주기적인 정도검사를 받는 측정기기
FL (점선)	관리업체가 자체적으로 설치한 계량기이나, 주기적인 정도검사를 실시하지 않는 측정기기

48 온실가스 배출권거래제의 배출량 보고 및 인증에 관한 지침상 이동연소(항공) 온실가스 배출량 산정을 위한 LTO에 설명으로 가장 적합한 것은?

① 항공기 운항 중 순항 단계를 의미한다.
② 항공기 운항 중 이착륙 단계를 의미한다.
③ 항공기 운항 중 국제선 운항을 의미한다.
④ 항공기 운항 중 국내선 운항을 의미한다.

풀이 ㉠ LTO : 이착륙 단계
  ㉡ Cruise : 순항 단계

49 온실가스 배출권거래제의 배출량 보고 및 인증에 관한 지침상 굴뚝연속자동측정방법에 따른 배출량의 실시간 측정자료를 전자적 방식으로 해당 관장기관에게 제출해야 하는데, 이 실시간 측정자료에 해당하지 않는 것은?

① CO_2 농도   ② 배출가스 유량
③ 배출구 온도   ④ 배출구 습도

풀이 굴뚝연속자동측정방법상 실시간 측정자료
  ㉠ CO_2 농도
  ㉡ 배출가스 유량
  ㉢ 배출구 온도

50 다음은 온실가스 배출권거래제의 배출량 보고 및 인증에 관한 지침상 불확도 산정절차 및 방법에 관한 사항이다. ( ) 안에 가장 적합한 것은?

> 온실가스 측정불확도 산정절차의 3단계인 합성 불확도 산정은 (㉠)에 따라 각 매개변수의 상대 불확도를 합성하여 결정(개별 매개변수가 서로 독립적인 경우에 유효)하고, 4단계인 배출량 불확도 계산에서 온실가스 배출량은 개별 배출원 혹은 배출시설의 합으로 표현되며, 합으로 표현되는 값에 대한 불확도는 (㉡)에 따라 개별 불확도를 합성하여 산정한다.

① ㉠ 승산법, ㉡ 가감법   ② ㉠ 가감법, ㉡ 승산법
③ ㉠ 확장법, ㉡ 가감법   ④ ㉠ 표준법, ㉡ 승산법

51 A관리업체 하수를 다음과 같은 조건에서 처리하고자 할 때 N_2O 배출에 따른 온실가스 연간 배출량에 가장 가까운 값은?(단, 온실가스 배출권거래제의 배출량 보고 및 인증에 관한 지침 기준, 반출슬러지는 고려하지 않는다.)

- TN_{in} : 50mg-T-N/L
- TN_{out} : 5mg-T-N/L
- Q_{in} : 5,000m³/day
- Q_{out} : 4,800m³/day
- EF : 0.005kg N_2O-N/kg-T-N

정답   47 ①   48 ②   49 ④   50 ①   51 ①

① $200tCO_2-eq/yr$ ② $300tCO_2-eq/yr$
③ $400tCO_2-eq/yr$ ④ $500tCO_2-eq/yr$

풀이 N_2O 산정방법

$N_2O\,Emissions = (TN_{in} \times Q_{in} - TN_{out} \times Q_{out} - TN_{sl}$
$\times Q_{sl}) \times 10^{-6} \times EF \times 1.571$

여기서, $N_2O\,Emissions$: 하수처리에서 배출되는 N_2O 배출량(tN_2O)

TN_{in} : 유입수의 총질소농도(mg-T-N/L)

TN_{out} : 방류수의 총질소농도(mg-T-N/L)

TN_{sl} : 반출 슬러지의 총질소농도(mg-T-N/L)

Q_{in} : 유입수의 유량(m^3)

Q_{out} : 방류수의 유량(m^3)

Q_{sl} : 슬러지의 반출량(m^3)

EF : 아산화질소 배출계수($kgN_2O-N/kg-T-N$)

1.571 : N_2O의 분자량(44.013)/N_2의 분자량(28.013)

N_2O 배출량 $= [(5,000m^3/day \times 365day/year \times 50mg/L)$
$- (4,800m^3/day \times 365day/year \times 5mg/L)]$
$\times 10^{-6} \times 0.005kgN_2O-N/kg-T-N \times 1.571$
$= 0.648 tN_2O/yr$

∴ $tCO_2-eq/yr = 0.648 \times 310 = 200.867 tCO_2-eq/yr$

52 온실가스 배출권거래제의 배출량 보고 및 인증에 관한 지침상 "배출량 산정(명세서 작성 등) 과정에 직접적으로 관여하지 않은 사람에 의해 수행되는 검토 절차의 계획된 시스템"을 의미하는 것은?

① 품질관리(QC) ② 품질보증(QA)
③ 리스크분석 ④ 불확도산정

53 온실가스 배출권거래제의 배출량 보고 및 인증에 관한 지침에서 사용하는 용어의 정의로 옳지 않은 것은?

① "검증"이란 온실가스 배출량과 에너지소비량의 산정과 조기감축실적 및 외부감축실적의 산정이 이 지침에서 정하는 절차와 기준 등에 적합하게 이루어졌는지 검토·확인하는 체계적이고 문서화된 일련의 활동을 말한다.

② "배출시설"이란 온실가스를 대기에 배출하는 시설물, 기계, 기구, 그 밖의 물체로서 각각의 원료(부원료와 첨가제를 포함한다)나 연료가 투입되는 지점부터의 해당 공정 전체를 말한다.

③ "이산화탄소 상당량"이란 이산화탄소에 대한 온실가스의 복사강제력을 비교하는 단위로서 해당 온실가스의 양에 지구온난화지수를 나누어 산출한 값을 말한다.

④ "벤치마크"란 온실가스 배출 및 에너지소비와 관련하여 제품생산량 등 단위 활동자료당 온실가스 배출량 등의 실적·성과를 국내·외 동종 배출시설 또는 공정과 비교하는 것을 말한다.

풀이 이산화탄소 상당량(tCO_2-eq)
이산화탄소에 대한 온실가스의 복사강제력을 비교하는 단위로서 해당 온실가스의 양에 지구온난화지수를 곱하여 산출한 값을 말한다.

54 온실가스 배출권거래제의 배출량 보고 및 인증에 관한 지침상 연료의 경우 분석항목에 따른 시료의 최소 분석주기를 만족하여야 하는데, 다음 중 시료의 최소 분석주기 기준의 연결로 옳지 않은 것은?

① 고체연료(원소함량 분석) : 월 1회 또는 연료 입하 시(더욱 짧은 주기)

② 액체연료(원소함량 분석) : 분기 1회 또는 연료 입하 시(더욱 짧은 주기)

③ 기체연료 중 천연가스, 도시가스(가스성분 분석) : 연 1회 또는 연료 입하 시

④ 기체연료 중 공정부생가스(가스성분 분석) : 월 1회

풀이 시료 채취 및 분석의 최소 주기 등

연료 및 원료	분석 항목	최소 분석 주기
고체연료	원소 함량, 발열량, 수분, 회(Ash) 함량	월 1회 또는 연료 입하 시(더욱 짧은 주기로 분석한다.)

정답 52 ② 53 ③ 54 ③

액체연료		원소 함량, 발열량, 밀도 등	분기 1회 또는 연료 입하 시(더욱 짧은 주기로 분석한다.)
기체 연료	천연가스, 도시가스	가스성분, 발열량, 밀도 등	반기 1회
	공정 부생가스	가스성분, 발열량, 밀도 등	월 1회
폐기물 연료	고체	원소 함량, 발열량, 수분, 회량(Ash) 함량	분기 1회 또는 폐기물 연료 매 5천 톤 입하 시(더욱 짧은 주기로 분석한다.)
	액체	원소 함량, 발열량, 밀도 등	분기 1회 또는 폐기물 연료 매 1만 톤 입하 시(더욱 짧은 주기로 분석한다.)
	기체	가스성분, 발열량, 밀도 등	월 1회 또는 폐기물 연료 매 1만 톤 입하 시(더욱 짧은 주기로 분석한다.)
탄산염 원료		광석 중 탄산염 성분, 원소 함량 등	월 1회 또는 원료 매 5만 톤 입하 시(더욱 짧은 주기로 분석한다.)
기타 원료		원소 함량 등	월 1회 또는 매 2만 톤 입하 시(더욱 짧은 주기로 분석한다.)
생산물		원소 함량 등	월 1회

비고) 고체연료·원료가 수시 반입될 경우 월 1회로, 액체연료·폐기물 연료가 수시 반입될 경우 분기 1회로 분석할 수 있다.

55 온실가스 배출권거래제의 배출량 보고 및 인증에 관한 지침상 배출활동별, 시설규모별 산정등급 최소 적용기준 등에 대한 다음 설명 중 옳지 않은 것은?

① Tier 3은 사업자가 사업장·배출시설 및 감축기술단위의 배출계수 등 상당부분 시험·분석을 통하여 개발하거나 공급자로부터 제공받은 매개변수의 값을 활용하는 배출량 산정방법론이다.
② 신설되는 배출시설규모 결정 시 신설되는 배출시설의 예상 온실가스 배출량을 계산하여 그 값에 따라 시설규모를 결정한다.
③ 해당 배출시설에서 여러 종류의 연료를 사용하는 경우에는 각각의 연료별 사용에 따른 배출량의 총합으로 배출시설규모 및 산정등급을 결정하여야 한다.
④ 배출시설규모 최초결정 이후 매년 7월 1일을 기준으로 제출된 명세서의 해당 시설 온실가스 배출량에 따라 시설규모를 결정하며, 산정은 최근 5개년도 명세서 자료를 활용한다.

풀이 배출시설규모 최초결정 이후, 매년 1월 1일을 기준으로 최근에 제출된 명세서의 해당 시설 온실가스 배출량에 따라 시설규모를 결정하며, 산정은 최근 제출된 3개년도 명세서 자료를 활용한다.

56 온실가스 배출권거래제의 배출량 보고 및 인증에 관한 지침상 아디프산 생산량이 320t일 때(감축기술은 촉매분해방법 적용), 발생되는 온실가스 배출량(tCO_2-eq)은?

- 배출계수 : $300kgN_2O/t-$아디프산
- 촉매 분해 시 분해계수 : 0.925
- 이용계수 : 0.89

① 3,458.07 ② 3,874.92
③ 4,338.02 ④ 5,260.08

풀이 온실가스 배출량(tCO_2-eq)
$=300kgN_2O/t-$아디프산$\times 320ton$
$\times[1-(0.925\times0.89)]\times ton/10^3kg\times310$
$=5,260.08tCO_2-eq$

57 온실가스 배출권거래제의 배출량 보고 및 인증에 관한 지침상 고정연소시설에서 고체연료를 연소할 때 매개변수별 관리기준에 대한 설명 중 옳지 않은 것은?

① 연료사용량의 측정불확도는 Tier 2 수준에서 ±5.0% 이내의 연료사용량 자료를 활용한다.
② Tier 2 수준에서 발전부문의 산화계수는 0.99를 적용한다.
③ Tier 2 수준에서 기타부문은 산화계수 1.0을 적용한다.
④ 연료사용량의 측정불확도는 Tier 3 수준에서 ±2.5% 이내의 연료사용량 자료를 활용한다.

풀이 Tier 2 수준에서 기타부문은 0.98을 적용한다.

정답 55 ④ 56 ④ 57 ③

58 온실가스 배출권거래제의 배출량 보고 및 인증에 관한 지침상 고정연소에 사용되는 고체연료에서 발생되는 온실가스 배출량을 산정하기 위해 Tier 3 방법론에 따라 배출계수를 개발하여 사용할 경우, 배출계수 개발에 대한 내용으로 옳지 않은 것은?

① CO_2 배출계수는 연료 중 탄소의 질량분율에 비례한다.
② 탄소 배출계수는 연료의 열량계수에 반비례한다.
③ CO_2 배출계수는 연료의 순발열량에 반비례한다.
④ 탄소 배출계수는 CO_2 배출계수와 동일하다.

풀이 탄소 배출계수는 사업자가 자체 개발하거나 연료공급자가 분석하여 제공한 고유배출계수(사업장 자체 개발 배출계수)를 사용한다.

59 온실가스 배출권거래제 운영을 위한 검증지침에서 각 리스크를 분류한 설명으로 옳지 않은 것은?

① 고유리스크 : 검증대상의 사업 자체가 가지고 있는 리스크(사업의 특성 및 산정방법의 특수성)
② 상대리스크 : 검증대상 시설의 공정이 복잡하여 검증심사원이 전문지식이 부족하여 오류를 적발하지 못할 리스크
③ 통제리스크 : 검증대상 내부의 데이터 관리구조상 오류를 적발하지 못할 리스크
④ 검출리스크 : 검증팀이 검증을 통해 오류를 적발하지 못할 리스크

풀이 리스크의 분류
㉠ 피검증자에 의해 발생하는 리스크
  • 고유리스크 : 검증대상의 업종 자체가 가지고 있는 리스크(업종의 특성 및 산정방법의 특수성 등)
  • 통제리스크 : 검증대상 내부의 데이터 관리구조상 오류를 적발하지 못할 리스크
㉡ 검증팀의 검증과정에서 발생하는 리스크
  • 검출리스크 : 검증팀이 검증을 통해 오류를 적발하지 못할 리스크

60 온실가스 배출권거래제의 배출량 보고 및 인증에 관한 지침상 질산 생산공정에서의 온실가스 배출량 산정방법에 대한 설명으로 옳지 않은 것은?

① 보고 대상 온실가스는 N_2O 1가지이다.
② 감축기술별 분해계수(DF_h)는 활용 가능한 값이 없으면 "1"을 적용한다.
③ 활동자료로 질산 생산량 자료를 사용한다.
④ 고압력 공장의 기본 배출계수[N_2O 배출계수, (100% Pure acid)]는 $9kgN_2O/t-$질산이다.

풀이 감축기술별 분해계수(DF_h)는 활용 가능한 값이 없으면 0을 적용한다.

4과목 온실가스 감축관리

61 온실가스 감축목표의 설정 및 관리를 위한 감축목표 설정의 원칙과 가장 거리가 먼 것은?

① 목표의 설정방법과 수준 등은 관리업체가 예측할 수 있도록 가능한 범위에서 사후에 공표되어야 한다.
② 목표의 협의 및 설정은 다수 이해관계자들의 신뢰를 확보할 수 있도록 투명하게 진행되어야 한다.
③ 관리업체의 과거 온실가스 배출량과 에너지 사용량의 이력을 적절하게 반영하여야 한다.
④ 관리업체의 신·증설 계획과 국제경쟁력 등을 적절하게 고려하여야 한다.

풀이 온실가스·에너지 감축목표 설정원칙
㉠ 목표의 설정방법과 수준 등은 관리업체가 예측할 수 있도록 가능한 범위에서 사전에 공표되어야 한다.
㉡ 목표의 협의 및 설정은 다수 이해관계자들의 신뢰를 확보할 수 있도록 투명하게 진행되어야 한다.
㉢ 관리업체의 과거 온실가스 배출량과 에너지 사용량의 이력을 적절하게 반영하여야 한다.
㉣ 관리업체의 신·증설 계획과 국제경쟁력 등을 적절하게 고려하여야 한다.
㉤ 관리업체의 기술 수준, 감축 잠재량 및 경제적 비용 등을 함께 고려하여야 한다.

정답 58 ④ 59 ② 60 ② 61 ①

ⓗ 관리업체의 목표는 온실가스 감축 국가목표의 달성을 위한 범위 이내에서 설정되어야 한다.

62 시멘트 생산 시 에너지 소비효율 개선을 위한 온실가스 감축방법 및 기술과 가장 거리가 먼 것은?

① 원료 수분 함량 감소
② 원료 전처리 분쇄공정 도입
③ 예열기 설치
④ 클링커 함량 증대

풀이 시멘트 성분 중 클링커 함량을 줄임으로써 시멘트 공장에서 에너지사용과 배출가스를 줄일 수 있다.

63 다음 중 우리나라에서 정한 신·재생에너지와 가장 거리가 먼 것은?

① 폐기물에너지
② 연료전지
③ 석탄 액화·가스화 에너지
④ 산소에너지

풀이 ㉠ 재생에너지
  • 태양에너지
  • 바이오에너지
  • 풍력
  • 수력
  • 지열에너지
  • 해양에너지
  • 폐기물에너지
㉡ 신에너지
  • 연료전지
  • 석탄 액화·가스화 에너지
  • 수소에너지

64 기존의 화석연료를 변환시켜 이용하거나 햇빛, 물, 지열, 강수, 생물유기체 등을 포함하는 재생 가능한 에너지를 변환시켜 이용하는 에너지를 신·재생에너지라고 부르는데, 다음 중 신에너지에 해당하지 않는 것은?

① 연료전지(Fuel Cell)
② 중질잔사유를 가스화한 에너지
③ 수소에너지
④ 폐기물에너지

풀이 신에너지 종류
  ㉠ 연료전지
  ㉡ 석탄 액화·가스화 에너지
  ㉢ 수소에너지

65 외부사업에 대한 타당성 평가 및 감축량 인증과 상쇄등록부에 관한 구체적인 사항과 절차를 정하기 위해 필요한 사항 중 다음 설명에 가장 적합한 것은?

> 외부사업 사업자가 외부사업을 하지 않았을 경우, 사업경계 내에서 발생가능성이 가장 높은 조건을 고려한 온실가스 배출량

① 배출권 할당량
② 베이스라인 배출량
③ 상쇄배출권 계정
④ 외부사업 인증실적

66 다음 온실가스 감축방법 중 간접감축방법에 해당하는 것은?

① 온실가스 배출량이 많은 공정에 대한 배출이 적거나 없는 대체 공정
② 신재생에너지를 도입 적용하여 배출원의 온실가스 배출 상쇄
③ 온실가스를 재활용 또는 다른 목적으로 활용
④ GWP가 높은 온실가스를 낮은 온실가스로 전환

풀이 온실가스 간접감축방법
  ㉠ 1차 간접감축방법
    배출원 공정을 활용한 신재생에너지 생산활동
  ㉡ 2차 간접감축방법
    배출원 공정과 무관한 신재생에너지 적용을 통한 온실가스 배출 상쇄
  ㉢ 3차 간접감축방법
    탄소배출권 구매

정답 62 ④ 63 ④ 64 ④ 65 ② 66 ②

67 온실가스 감축기술 중 원료 및 연료의 개선 또는 대체물질 적용에 대한 설명으로 가장 적합한 것은?

① 원료 공급자의 감축에 따른 배출권을 구매하는 방법을 적용하는 기술이다.
② 공정에서 사용되는 온실가스를 온실가스가 아닌 물질 또는 지구온난화지수가 낮은 물질로 대체하는 기술이다.
③ 온실가스를 처리하여 대기로의 배출량을 감축하는 기술이다.
④ 온실가스를 재활용 또는 다른 목적으로 활용하는 기술이다.

풀이 ① : 3차 간접감축방법(탄소배출권 구매)
③ : 직접감축방법(온실가스 처리)
④ : 직접감축방법(온실가스 활용)

68 다음은 온실가스 감축과 관련된 매립지 바이오 가스(LFG)의 생성단계 중 어디에 해당하는가?

> 메탄과 이산화탄소의 농도가 일정하게 유지되는 단계로 메탄이 55~60% 정도, 이산화탄소가 40~45% 정도가 되며, 기타 미량 성분의 가스가 1% 내외로 발생한다.

① 호기성 분해 단계
② 산생성 단계
③ 불안정한 메탄생성 단계
④ 안정한 메탄생성 단계

풀이 매립지 바이오가스(LFG)의 생성 단계
(1) 1단계
㉠ 호기성 단계[초기 조절단계]
㉡ N_2, O_2는 급격히 감소, CO_2는 서서히 증가하는 단계
㉢ 매립물의 분해속도에 따라 수일에서 수개월 동안 지속되며, 산소는 대부분 소모되는 단계
(2) 2단계
㉠ 불안전한 메탄생성 단계[혐기성 비메탄화 단계 : 전이 단계]
㉡ 임의성 미생물에 의하여 SO_4^{2-}의 NO_3^{-1}가 환원되는 단계이며, 이 반응에 의해 CO_2가 생성되는 단계
㉢ pH 5 이하이며 수분이 충분한 경우에는 다음 단계로 빨리 진행됨
(3) 3단계
㉠ 혐기성 메탄 생성 축적 단계[산형성 단계]
㉡ $CO_2 \cdot H_2$의 발생비율은 감소하고, CH_4 함량이 증가하기 시작하는 단계
㉢ 온도가 55℃까지 상승(30~55℃)하며 pH는 6.8~8.0 정도
㉣ 매립 후 1~2년(25~55주)이 경과된 단계
(4) 4단계
㉠ 혐기성 메탄 생성 정상상태 단계[메탄발효 단계]
㉡ $CH_4 \cdot CO_2$의 구성비가 거의 일정한 정상상태 단계
㉢ 가스조성
• CH_4 : 55~60% 정도
• CO_2 : 40~45% 정도
• N_2 : 5%
㉣ 온도 30℃ 이하이고 pH는 6.8~8.0 정도
㉤ 매립 후 2~5년이 경과된 단계

69 외부사업 타당성 평가 및 감축량 인증에 관한 지침에 따라 온실가스 감축량에 대한 외부사업 온실가스 감축량 인증절차 일부와 그 수행주체를 나열한 것이다. (   ) 안의 주체를 순서대로 바르게 나열한 것은?

> • 인증 신청(㉠)
> • 인증 신청 접수(부문별 관장기관)
> • 인증 검토(㉡)
> • 인증 검토 결과 통보(부문별 관장기관)
> • 수정/보완(필요시)(외부사업 사업자)
> • 인증 검토 완료(부문별 관장기관)
> • 인증 의견 수렴(환경부장관)
> • 심의안건 상정(기획재정부장관)
> • 인증 심의(㉢)
> • 인증결과 통보 및 상쇄등록부 등록(부문별 관장기관)

① ㉠ 외부사업 참여자, ㉡ 부문별 관장기관, ㉢ 인증위원회

② ㉠ 외부사업 사업자, ㉡ 인증위원회,
　㉢ 부문별 관장기관
③ ㉠ 외부사업 사업자, ㉡ 부문별 관장기관,
　㉢ 인증위원회
④ ㉠ 외부사업 참여자, ㉡ 인증위원회,
　㉢ 부문별 관장기관

풀이 외부사업 온실가스 감축량 인증 절차

절차		개요	수행주체
1단계	온실가스 감축량 인증 신청	• 모니터링 보고서 및 검증보고서 제출 • 온실가스 감축량 인증신청서 제출	외부사업 사업자
2단계	온실가스 감축량 인증신청 접수	온실가스 감축량 인증신청서 접수	부문별 관장기관
	온실가스 감축량 인증 검토	• 모니터링 보고서 및 검증보고서 검토 • 온실가스 감축량 평가 기준에 따른 온실가스 검증결과 검토 • 온실가스 감축량 인증검토서 작성 및 통보	부문별 관장기관
	온실가스 감축량 인증 검토 결과 통보	• (외부사업 사업자에게) 온실가스 감축량 인증 검토 결과 통보 • (필요 시) 시정 조치 요구	부문별 관장기관
	(수정·보완)	온실가스 감축량 인증 신청 서류 수정 또는 보완(최대 3회)	외부사업 사업자
	온실가스 감축량 인증 검토 완료	온실가스 감축량 인증 검토의견서 작성 완료	부문별 관장기관
	감축량 인증 의견 수렴	온실가스 감축량 인증 결과에 대한 검토	환경부장관
3단계	심의안건 상정	• 인증위원회 구성 • 온실가스 감축량 인정 여부 검토 결과 심의안건 상정	기획재정부장관
	인증 심의	• 온실가스 감축량 평가 심의 기준에 따른 온실가스 감축량 인증 심의 • 온실가스 감축량 인증 심의서 작성	인증위원회
	인증결과 통보 및 상쇄등록부 등록	• 온실가스 감축량 인증 심의 결과보고서 작성 • (외부사업 사업자에게) 인증 결과서 통보 • (적합 판정 시) 온실가스 감축량 인증서 발급 및 상쇄등록부 등록	부문별 관장기관

70 CCS 기술 중 CO_2 저장기술의 구분과 거리가 먼 것은?

① 지중 저장　　② 해양 저장
③ 지표 저장　　④ 회수 저장

풀이 CO_2 저장기술
　㉠ 해양 저장
　　• 심해 저장
　　• 용해·희석 저장
　㉡ 지중 저장
　　• 대수층 저장
　　• 유전·가스전 저장
　　• 비채굴성 탄광 저장
　　• 혈암(Shale) 저장
　㉢ 지표(지상) 저장

71 A기업은 배출권거래제도에 의무적으로 참여해야 하는 기업이며, 10년 동안 매년 5,000톤의 배출권이 필요하다. 만약 A기업이 아래와 같은 태양광발전사업을 통해 연간 5,000톤의 배출권을 확보할 수 있다면, 다음 중 태양광 발전사업의 한계감축비용과 태양광발전이 배출권을 시장에서 구매하는 대안보다 경제적으로 유리한지 여부를 옳게 짝지은 것은?(단, 시장에서 배출권을 구매할 수 있는 가격은 배출권 1톤당 5만 원)

• 태양광발전 투자비 : 45억 원
• 태양광발전 사업기간 : 10년(생산한 전력을 계통 전력망에 송전하여 판매)
• 전력판매수입 : 3억 원/연
• 온실가스 감축량 : 5,000톤/연
• 할인율 : 없음

① 3만 원 – 태양광발전이 유리
② 3만 원 – 배출권 구매가 유리
③ 6만 원 – 태양광발전이 유리
④ 6만 원 – 배출권 구매가 유리

풀이 ㉠ 배출권시장 구매가격
　　　＝5,000ton/year×10year×50,000원/ton
　　　＝2,500,000,000원(25억 원)

정답　70 ④　71 ①

ⓒ 태양광발전 한계감축 비용
= [45억 원 - (3억 원/year × 10year)]
÷ 5,000ton/year ÷ 10year
= 30,000원/ton
ⓒ 태양광발전
= 45억 원 - (3억 원/year × 10year) = 15억 원
따라서 태양광발전이 경제적으로 유리하다.

72 연료전지의 특징으로 가장 거리가 먼 것은?

① 천연가스, 메탄올, 석탄가스 등 다양한 연료의 사용이 가능하다.
② 배기가스 중 NOx, SOx 및 분진발생이 거의 없는 편이다.
③ 도심부근의 설치가 불가능하고, 송배전 시 설비 및 전력손실이 큰 편이다.
④ 부하변동에 따른 반응이 신속한 편이며, 설치 형태에 따라 다양한 용도로 사용이 가능한 편이다.

[풀이] 도심부근에 설치가 가능하여 송·배전설비가 적게 소요되고, 전력손실이 적다.

73 태양열 이용기술의 시스템별 분류에 관한 설명으로 거리가 먼 것은?

① BATCH형 시스템 : 가격이 저렴하고, 집열과 축열이 동시에 이루어지는 시스템
② 상변화형 시스템 : 열매체의 상변화를 이용한 시스템으로 자연대류형보다 효율은 낮지만, 제조공정 및 사후관리는 용이
③ 자연대류형 시스템 : 집열기와 축열조가 분리되어 있고, 부동액을 열매로 사용하므로 집열기의 동파문제는 걱정하지 않아도 됨
④ 강제순환형 시스템 : 낮은 온도차에서도 시스템이 운전되므로 효율이 높으며, 축열조가 실내에 설치되므로 동파의 우려가 없음

[풀이] 상변화형 시스템
열매체의 상변화를 이용한 시스템으로 자연대류형보다 효율은 높고, 제조공정 및 사후관리도 용이하다.

74 다음 중 온실가스 배출량에 근거하여 2013년까지는 관리업체에 지정되지 않았으나, 2014년부터 관리업체로 지정되는 곳은?(단, 2013년 관리업체는 제외)

구분	온실가스 배출량(tCO₂ - eq)				
	2009년	2010년	2011년	2012년	2013년
A업체	72,000	81,000	99,000	90,000	55,000
B사업장	–	29,000	17,000	13,000	18,000
C업체	80,000	70,000	54,000	48,000	36,000
D사업장	27,000	28,000	26,000	19,000	16,000

① A업체 ② B사업장
③ C업체 ④ D사업장

[풀이] 2014년 기준 최근 3년(2011~2013년) 평균 온실가스 배출량이 16,000톤으로 B사업장이 2014년부터 관리업체로 지정된다.

75 검증기관이 피검증자의 온실가스 배출량 및 에너지 소비량 등에 관한 검증 및 외부사업 온실가스 감축량에 관한 검증수행 시 기본원칙으로 거리가 먼 것은?

① 사실에 근거하여 검증 수행
② 피검증자나 관계인의 의견을 충분히 수렴
③ 감축량 산정 시 관대한 관점으로 평가
④ 합리적 보증이 가능한 수준으로 검증

[풀이] 감축량 산정 시 객관적인 자료와 증거 및 관련 규정에 따라 사실에 근거하여 검증을 수행한다.

76 소수력 발전의 특징과 거리가 먼 것은?

① 친환경적이다.
② 반영구적인 에너지 자원으로 에너지 안전측면에서 우수하다.
③ 지역 사회의 기반시설로서 지역 발전에 공헌할 수 있다.
④ 초기 투자비용이 낮고, 자연낙차가 작아도 되므로 운영상 편리한 이점이 있다.

정답 72 ③ 73 ② 74 ② 75 ③ 76 ④

[풀이] 초기 투자비용이 높고 자연낙차가 커야 되므로 운영상 불편한 단점이 있다.

77 바이오에너지의 특징으로 거리가 먼 것은?

① 열에너지, 전기에너지, 직접 연료 등 다양한 형태로 사용이 가능하다.
② 그 자체로도 저장성은 용이하지 않으며, 다른 에너지 형태로 전환되더라도 저장은 어렵다.
③ 청정연료에 해당한다.
④ 재생가능한 에너지원에 해당한다.

[풀이] 바이오에너지는 에너지 저장 및 재생이 가능하며 다른 에너지 형태로 전환도 가능하다.

78 폐기물 에너지 및 관련 기술에 관한 내용으로 옳지 않은 것은?

① SRF는 가연성 고체폐기물을 성형하여 제조한 고체연료이다.
② 폐기물 열분해는 무산소 환원반응이다.
③ 화석연료의 사용을 줄임으로써 온실가스 배출 감축에 기여한다.
④ 에너지화 과정에서 2차 오염물질 발생이 없다.

[풀이] 폐기물 에너지화 과정에서 2차 오염물질 발생이 가능하다.

79 온실가스 목표관리 운영 등에 관한 지침상 활동자료에 대한 설명으로 가장 적합한 것은?

① 사용된 에너지 및 원료의 양, 생산·제공된 제품 및 서비스의 양, 폐기물 처리량 등 온실가스 배출량 등의 산정에 필요한 정량적인 측정결과를 의미한다.
② 일정 주기마다 지속적으로 자료를 축적하지 않고 갱신 및 변경이 필요할 시 활동자료를 수집하며, 사업자 자체 개발값을 적용한다.
③ 두 개 이상 변수 사이의 상관관계를 나타내는 변수로서 온실가스 배출량 등을 산정하는 데 필요한 배출계수, 발열량, 산화율, 탄소함량 등을 의미한다.
④ 산정등급에 따라 배출시설 단위별로 구축하거나 국가 고유값을 사용한다.

[풀이] ② 일정 주기마다 지속적으로 자료를 축적해야 하며 갱신 및 변경이 필요할 시 활동자료를 수집하며, 필요할 경우 사업장 자체 개발값을 적용한다.
③항은 매개변수에 관한 설명이다.

80 다음 중 이산화탄소 저장 선택지로 가장 적절하지 않은 것은?

① 고갈된 유전 및 가스전
② 지하 대수층(심부 염수층)
③ 노천탄광
④ 채광 불가능한 탄층

[풀이] CO_2 저장기술
  ㉠ 해양 저장
    • 심해 저장   • 용해·희석 저장
  ㉡ 지중 저장
    • 대수층 저장(심부 염수층)
    • 유전·가스전 저장
    • 비채굴성 탄광 저장
    • 혈암(Shale) 저장
  ㉢ 지표(지상) 저장

5과목 온실가스 관련 법규

81 온실가스 목표관리 운영 등에 관한 지침상 관리업체의 소관 관장기관 분류 중 "해양·수산·해운·항만 분야"가 해당하는 곳은?

① 국토교통부   ② 해양수산부
③ 산업통상자원부   ④ 환경부

[풀이] 국가 온실가스 목표의 설정·관리 관장기관
  ㉠ 농림축산식품부 : 농업·임업·축산·식품 분야
  ㉡ 산업통상자원부 : 산업·발전 분야
  ㉢ 환경부 : 폐기물 분야
  ㉣ 국토교통부 : 건물·교통(해운·항만 분야 제외)·건설 분야
  ㉤ 해양수산부 : 해양·수산·해운·항만 분야

정답 77 ② 78 ④ 79 ① 80 ③ 81 ②

82 온실가스 배출권의 할당 및 거래에 관한 법령상 온실가스 배출권 할당신청서를 주무관청에 제출할 때 포함되어야 하는 사항에 해당하지 않는 것은?

① 계획기간 내 신·재생에너지 등 친환경 에너지 사용계획
② 할당대상업체로 지정된 연도의 직전 3년간 온실가스 배출량
③ 공익을 목적으로 설립된 기관·단체 또는 비영리법인으로서 대통령령으로 정하는 업체임을 확인할 수 있는 서류
④ 배출효율을 기준으로 대통령령으로 정하는 방법에 따라 산정한 이행연도별 배출권 할당신청량

풀이 온실가스 배출권 할당신청서 포함 사항
㉠ 할당대상업체로 지정된 연도의 직전 3년간 온실가스 배출량
㉡ 배출효율을 기준으로 대통령령으로 정하는 방법에 따라 산정한 이행연도별 배출권 할당신청량
㉢ 공익을 목적으로 설립된 기관·단체 또는 비영리법인으로서 대통령령으로 정하는 업체임을 확인할 수 있는 서류

83 온실가스 배출권의 할당 및 거래에 관한 법률 시행령상 배출권 거래제 3차 계획기간 이후의 무상할당비율은 얼마 이내의 범위에서 이전 계획기간의 평가 및 관련 국제동향 등을 고려하여 정하는가?

① 100분의 90 이내
② 100분의 80 이내
③ 100분의 70 이내
④ 100분의 60 이내

풀이 배출권의 무상할당비율
㉠ 1차 계획기간에는 할당대상업체별로 할당되는 배출권의 전부를 무상으로 할당한다.
㉡ 2차 계획기간에는 할당대상업체별로 할당되는 배출권의 100분의 97을 무상으로 할당한다.
㉢ 3차 계획기간 이후의 무상할당비율은 100분의 90 이내의 범위에서 이전 계획기간의 평가 및 관련 국제 동향 등을 고려하여 할당계획에서 정한다. 이 경우 할당계획에서 정하는 무상할당비율은 직전 계획기간의 무상할당비율을 초과할 수 없다.

84 다음은 온실가스 배출권거래제 운영을 위한 검증지침상 용어의 뜻이다. ( ) 안에 알맞은 것은?

( )이란 검증기관(검증심사원을 포함)이 검증결론을 적극적인 형태로 표명함에 있어 검증과정에서 이와 관련된 리스크가 수용 가능한 수준 이하임을 보증하는 것을 말한다.

① 총괄적 보증
② 객관적 보증
③ 논리적 보증
④ 합리적 보증

85 다음 설명에서 ( )에 들어갈 내용으로 알맞은 것은?

탄소중립기본법 시행령상 온실가스 관리목표를 통보받은 온실가스 배출관리업체는 계획기간 전년도의 ( )까지 온실가스 관리목표의 이행계획을 부문별 관장기관의 장에게 제출해야 한다.

① 3월 31일
② 6월 30일
③ 9월 30일
④ 12월 31일

풀이 부문별 관장기관의 장은 온실가스 관리목표를 온실가스 배출관리업체와의 협의 및 위원회의 심의를 거쳐 설정한 후 계획기간 전년도의 9월 30일까지 온실가스 배출관리업체에 통보하고, 온실가스 관리목표를 통보받은 온실가스 배출관리업체는 계획기간 전년도의 12월 31일까지 온실가스 관리목표의 이행계획을 부문별 관장기관의 장에게 제출해야 한다.

86 신에너지 및 재생에너지 개발·이용·보급 촉진법령상 바이오에너지 등의 기준 및 범위에서 바이오에너지에 해당하는 범위로 거리가 먼 것은?

① 생물유기체를 변환시킨 바이오가스, 바이오에탄올, 바이오액화류 및 합성가스
② 동물·식물의 유지를 변환시킨 바이오디젤
③ 쓰레기 매립장의 유기성 폐기물을 변환시킨 매립지 가스
④ 해수 표층의 열을 변환시켜 얻는 에너지

정답 82 ① 83 ① 84 ④ 85 ④ 86 ④

[풀이] 신에너지 및 재생에너지 개발·이용·보급 촉진법령상 바이오에너지 범위
㉠ 생물유기체를 변환시킨 바이오가스, 바이오에탄올, 바이오액화류 및 합성가스
㉡ 쓰레기 매립장의 유기성 폐기물을 변환시킨 매립지 가스
㉢ 동물·식물의 유지를 변환시킨 바이오디젤 및 바이오 중유
㉣ 생물유기체를 변환시킨 땔감, 목재칩, 펠릿 및 숯 등의 고체연료

87 탄소중립기본법령에서 사용하는 용어의 뜻으로 옳지 않은 것은?

① "탄소중립"이란 대기 중에 배출·방출 또는 누출되는 온실가스의 양에서 온실가스흡수의 양을 상쇄한순배출량이 영(零)이 되는 상태를 말한다.
② "온실가스"란 적외선 복사열을 흡수하거나 재방출하여 온실효과를 유발하는 대기 중의 가스 상태의 물질로서 이산화탄소(CO_2), 메탄(CH_4), 아산화질소(N_2O), 수소불화탄소(HFCs), 과불화탄소(PFCs), 육불화황(SF_6) 및 그 밖에 대통령령으로 정하는 물질을 말한다.
③ "녹색경제"란 기후변화의 심각성을 인식하고 에너지를 절약하여 온실가스와 오염물질의 발생을 최소화하는 경영을 말한다.
④ "온실가스 흡수"란 토지이용, 토지이용의 변화 및 임업활동 등에 의하여 대기로부터 온실가스가 제거되는 것을 말한다.

[풀이] 녹색경제(탄소중립기본법)
화학에너지의 사용을 단계적으로 축소하고 녹색기술과 녹색산업을 육성함으로써 국가경쟁력을 강화하고 지속가능발전을 추구하는 경제를 말한다.

88 온실가스 목표관리제의 협의 및 설정에 관한 설명으로 옳은 것은?

① 목표관리 대상 기간은 2년 단위이다.
② 발전과 철도는 BAU 대비 총량제한으로 한정한다.
③ 목표설정방식은 과거실적 기반 및 벤치마크기반 2단계로 구분한다.
④ 기준년도 배출량의 시간기준은 관리업체로 최초 지정된 해의 직전 연도를 포함한 5년간 연평균 배출량으로 설정한다.

[풀이] ① 목표관리 대상기간은 차년도 목표(1년 단위)만 협의·설정한다.
② 부문별 관장기관은 국제적 동향, 국가 온실가스 감축목표 관리와의 연계성, 국가 온실가스 감축 효과 및 기여도, 전력수급계획 등을 종합적으로 고려하여 필요하다고 인정되는 발전, 철도부문에 대해서는 환경부장관과 협의하여 다른 방식으로 목표를 설정할 수 있다.
④ 목표관리를 위한 기준 연도는 관리업체가 최초로 지정된 연도의 직전 3개년으로 하며, 이 기간의 연평균 온실가스 배출량을 기준 연도 배출량으로 한다.

89 관리업체가 온실가스 배출량 및 에너지 사용량 명세서를 거짓으로 작성하여 보고한 경우 과태료 금액은?

① 300만 원
② 500만 원
③ 700만 원
④ 1,000만 원

[풀이] 1천만 원 이하 과태료(탄소중립기본법)
㉠ 온실가스 배출량 산정을 위한 자료를 제출하지 아니하거나 거짓으로 제출한 자
㉡ 명세서를 제출하지 아니하거나 거짓으로 제출한 자
㉢ 개선명령을 이행하지 아니한 자

90 다음은 온실가스 배출권거래제 운영을 위한 검증지침상 검증기관의 준수사항이다. ( ) 안에 가장 적합한 것은?

> 검증기관은 검증결과보고서, 검증업무 수행내역 등 관련 자료를 (㉠) 보관하여야 한다. 또한, 검증기관은 별지 서식에 따라 반기별 검증업무 수행내역을 작성하여 매 반기 종료일로부터 (㉡)에 국립환경과학원장에게 제출하여야 한다.

① ㉠ 3년 이상, ㉡ 15일 이내
② ㉠ 3년 이상, ㉡ 30일 이내
③ ㉠ 5년 이상, ㉡ 15일 이내
④ ㉠ 5년 이상, ㉡ 30일 이내

91 온실가스 목표관리 운영 등에 관한 지침에서 사용하는 용어의 뜻으로 틀린 것은?

① "배출활동"이란 온실가스를 배출하거나 에너지를 소비하는 일련의 활동을 말한다.
② "기준연도"란 온실가스 배출량 등의 관련정보를 비교하기 위해 지정한 과거의 특정기간에 해당하는 연도를 말한다.
③ "연소배출"이란 연료 또는 물질을 연소함으로써 발생하는 온실가스 배출을 말한다.
④ "이산화탄소 상당량"이란 이산화탄소에 대한 온실가스의 복사강제력을 비교하는 단위로서 해당 온실가스의 양에 지구온난화지수를 나누어 산출한 값을 말한다.

풀이 이산화탄소 상당량(tCO_2-eq)
이산화탄소에 대한 온실가스의 복사강제력을 비교하는 단위로서 해당 온실가스의 양에 지구온난화지수를 곱하여 산출한 값을 말한다.

92 다음은 온실가스 배출권거래제 운영을 위한 검증 지침상 외부사업 온실가스 감축량 검증절차이다. ( ) 안에 단계 순으로 옳게 배열된 것은?

> 검증개요 파악 → 검증계획 수립 → ( ) → 검증보고서 제출

① 현장 검증 → 문서 검토 → 내부 심의 → 검증 결과 정리 및 평가
② 문서 검토 → 내부 심의 → 검증 결과 정리 및 평가 → 현장 검증
③ 문서 검토 → 검증 결과 정리 및 평가 → 현장 검증 → 내부 심의
④ 문서 검토 → 현장 검증 → 검증 결과 정리 및 평가 → 내부심의

풀이 온실가스 배출량 등의 검증절차
검증개요 파악 → 검증계획 수립 → 문서 검토 → 현장 검증 → 검증결과 정리 및 평가 → 내부 심의 → 검증보고서 제출

93 온실가스 목표관리 운영 등에 관한 지침상 관리업체가 관장기관의 지정·고시에 이의가 있는 경우 이의신청을 할 수 있는 기간의 기준은?

① 고시된 날부터 15일 이내
② 고시된 날부터 30일 이내
③ 고시된 날부터 60일 이내
④ 고시된 날부터 90일 이내

풀이 관리업체는 관리업체 지정에 이의가 있는 경우 고시된 날부터 30일 이내에 부문별 관장기관에게 소명자료를 첨부하여 이의를 신청할 수 있다.

94 2050 탄소중립 녹색성장 위원회에 대한 설명으로 맞지 않는 것은?

① 위원회는 위원장 1명을 포함한 50명 이내의 위원으로 구성한다.
② 위원장은 국무총리와 대통령령이 지명하는 사람이 된다.

③ 위원회의 사무를 처리하기 위하여 간사위원 1명을 둔다.
④ 위원의 임기는 2년으로 하며 한 차례에 한정하여 연임할 수 있다.

풀이 위원회는 위원장 2명을 포함한 50명 이상 100명 이내의 위원으로 구성된다.

95 다음은 온실가스 배출권거래제의 배출량 보고 및 인증에 관한 지침상 배출량 등의 산정절차(단계)이다. ( ) 안에 단계순으로 옳게 배열된 것은?

조직경계의 설정 → ( ) → 배출량 산정 → 명세서의 작성

① 배출활동의 확인·구분 → 배출활동별 배출량 산정방법론의 선택 → 배출량 산정 및 모니터링 체계의 구축 → 모니터링 유형 및 방법의 설정
② 배출활동별 배출량 산정방법론의 선택 → 모니터링 유형 및 방법의 설정 → 배출량 산정 및 모니터링 체계의 구축 → 배출활동의 확인·구분
③ 배출활동별 배출량 산정방법론의 선택 → 배출량 산정 및 모니터링 체계의 구축 → 배출활동의 확인·구분 → 모니터링 유형 및 방법의 설정
④ 배출활동의 확인·구분 → 모니터링 유형 및 방법의 설정 → 배출량 산정 및 모니터링 체계의 구축 → 배출활동별 배출량 산정방법론의 선택

풀이 배출량 등의 산정·보고 절차
㉠ 1단계 : 조직경계의 설정
㉡ 2단계 : 배출활동의 확인·구분
㉢ 3단계 : 모니터링 유형 및 방법의 설정
㉣ 4단계 : 배출량 산정 및 모니터링 체계의 구축
㉤ 5단계 : 배출활동별 배출량 산정방법론의 선택
㉥ 6단계 : 배출량 산정
㉦ 7단계 : 명세서의 작성

96 온실가스 배출권의 할당 및 거래에 관한 법령상 할당결정심의위원회에서 심의·조정하는 사항에 해당하지 않는 것은?

① 배출권 할당의 취소
② 배출권 거래시장의 개설·운영
③ 할당계획 변경으로 인한 배출권의 추가할당
④ 할당대상 업체별 배출권의 할당

풀이 할당결정심의위원회의 심의·조정 사항
㉠ 할당대상 업체별 배출권의 할당
㉡ 할당계획 변경으로 인한 배출권의 추가할당
㉢ 신청에 의한 배출권의 추가할당
㉣ 배출권 할당의 취소

97 탄소중립기본법령상 소관 분야 녹색기술·녹색산업의 표준화 기반을 구축하기 위하여 사업을 추진하고 필요한 지원을 실시할 수 있는 중앙행정기관의 장과 거리가 먼 것은?

① 농림축산식품부장관
② 해양수산부장관
③ 여성가족부장관
④ 문화체육관광부장관

풀이 녹색기술·녹색산업의 표준화 지원 중앙행정기관
㉠ 과학기술정보통신부장관
㉡ 문화체육관광부장관
㉢ 농림축산식품부장관
㉣ 산업통상자원부장관
㉤ 환경부장관
㉥ 국토교통부장관
㉦ 해양수산부장관
㉧ 중소벤처기업부장관
㉨ 방송통신위원회위원장
㉩ 산림청장

98 다음은 온실가스 배출권의 할당 및 거래에 관한 법률상 배출권 할당의 신청에 관한 사항이다. ( ) 안에 알맞은 것은?

> 할당대상업체는 (   ) 계획기간의 배출권 총신청수량 등이 포함된 배출권 할당신청서를 작성하여 주무관청에 제출하여야 한다.

① 매 계획기간 시작 1개월 전까지
② 매 계획기간 시작 2개월 전까지
③ 매 계획기간 시작 3개월 전까지
④ 매 계획기간 시작 4개월 전까지

99 온실가스 목표관리 운영 등에 관한 지침상 배출량 산정에 관한 내용으로 옳지 않은 것은?

① 관리업체는 온실가스 배출유형을 온실가스 직접배출과 간접배출로 구분하여 온실가스 배출량을 산정해야 한다.
② 관리업체는 기준치를 초과하지 않은 온실가스에 대해서는 배출량을 산정하지 않아도 된다.
③ 관리업체는 법인 단위, 사업장 단위, 배출시설 단위 및 배출활동별로 온실가스 배출량을 산정해야 한다.
④ 보고대상 배출시설 중 연간배출량이 $100tCO_2-eq$ 미만인 소규모 배출시설이 동일한 배출활동 및 활동자료인 경우 부문별 관장기관의 확인을 거쳐 배출시설 단위로 구분하여 보고하지 않고 시설군으로 보고할 수 있다.

풀이 관리업체는 법에 정의된 온실가스에 대하여 빠짐이 없도록 배출량을 산정하여야 한다.

100 온실가스 배출권의 할당 및 거래에 관한 법률 시행령상 배출권 거래소의 업무와 거리가 먼 것은?

① 배출권의 매매에 관한 업무
② 배출권의 할당에 관한 업무
③ 배출권의 경매 업무
④ 배출권 거래시장의 개설·운영에 관한 업무

풀이 배출권 거래소의 업무
  ㉠ 배출권 거래시장의 개설·운영
  ㉡ 배출권의 매매(경매 포함) 및 청산결재
  ㉢ 불공정거래에 관한 심리 및 회원의 감리
  ㉣ 배출권의 매매와 관련된 분쟁의 자율조정(당사자가 신청하는 경우만 해당한다.)
  ㉤ 그 밖에 배출권 거래소의 장이 필요하다고 인정하여 운영규정으로 정하는 업무

정답 98 ④ 99 ② 100 ②

SECTION 06 2019년 4회 기사

1과목 기후변화개론

01 이동오염원의 탄소배출량 저감방법으로 가장 거리가 먼 것은?

① 공기역학기술 적용차량 보급
② 바이오연료 사용
③ 에코드라이빙 교육
④ 단거리 물류운송 차량의 대형화

풀이 이동오염원 탄소배출량 저감방법
㉠ 공기역학기술 적용차량 보급
㉡ 바이오연료 사용(바이오에탄올, 바이오디젤)
㉢ 에코드라이빙 교육
㉣ 장거리 물류운송차량의 대형화
㉤ 저공해 자동차 보급정책 및 교통수요관리정책

02 기후변화협약 중 Post-2020 감축목표 등 각국의 기여방안(INDC) 제출범위, 제출시기, 협의절차, 제출정보 등을 담은 당사국총회 결정문을 채택한 당사국총회가 개최된 국가와 도시는?

① 카타르 도하   ② 캐나다 몬트리올
③ 페루 리마   ④ 프랑스 파리

풀이 제20차 당사국총회(COP 20)
㉠ 2014년 페루 리마
㉡ 2021년부터는 선진국뿐만 아니라 개발도상국도 온실가스 배출을 의무적으로 줄이기로 합의
㉢ COP 결정문인 'Lima Call for Climate Action' 채택
㉣ Post-2020 감축목표 등 각국의 기여(INDC) 제출범위, 제출시기, 협의절차, 제출정보 등 채택
㉤ 2020년 이후 신 기후체제를 규정하는 협정문 작성을 위한 주요 요소 도출

03 온실가스에 대한 설명으로 옳지 않은 것은?

① CH_4 : 천연가스의 주성분으로 쓰레기 매입가스를 포집하여 활용할 수도 있다.
② PFCs : CFC를 대체하여 쓰고 있으며, 반도체의 세척용 등으로 활용된다.
③ N_2O : 아디프산 생산이나 질소비료를 통해 발생된다.
④ HFCs : 가연성 독성가스로서, 전기제품, 변압기 등의 절연가스로 활용된다.

풀이 육불화황(SF_6)
㉠ 교토의정서에 따라 감축해야 되는 6가지의 온실가스 중 하나이다.
㉡ GWP는 23,900이다.
㉢ 열적 안정성과 절연성이 높고 화학적으로 안정하다.
㉣ 반도체 생산공정, 변압기, 가스차단기, 절연개폐장치 등에 활용된다.

04 기후변화의 영향과 취약성에 관한 설명으로 가장 거리가 먼 것은?

① 기후변화의 영향이 높고 적응력이 낮을 경우 사회시스템의 기후변화 취약성은 높다고 볼 수 있다.
② 기후변화의 영향이 높고 적응력이 높을 경우 사회시스템은 발전의 기회를 가질 수 있다.
③ 기후변화에 대한 영향과 적응력이 모두 낮을 경우 사회시스템은 잔여위험을 가질 수 있다.
④ 기후변화의 영향이 낮고 적응력이 높을 경우 사회시스템은 지속가능한 발전을 하지 못한다.

풀이 특정시스템의 적응능력이 높고 기후변화 영향이 적은 경우 지속가능한 발전을 할 수 있다.

정답 01 ④ 02 ③ 03 ④ 04 ④

05 교토의정서상 감축대상 가스로 지정한 6대 주요 온실가스에 해당하지 않는 것은?

① 수소불화탄소　② 염화불화수소
③ 육불화황　　　④ 과불화탄소

풀이 기후변화협약 제3차 당사국총회에서 CO_2, CH_4, N_2O, PFC, HFC, SF_6의 6종에 대해 저감 및 관리대상 온실가스로 규정하였다.

06 2030년 기준 국가 온실가스 배출 전망치 중 가장 높은 비중을 차지하는 것은?

① 가정 부문　　　② 철도 수송 부문
③ 산업 부문　　　④ 폐기물 처리 부문

풀이 2018년 기준 온실가스 배출량이 가장 높은 비중은 전환, 산업, 수송 순으로 작아지며, NDC 상향안(2030년 기준)에 따라 2018년 대비 감출량이 가장 높은 비중은 산업, 전환, 수송 순으로 작아진다.

07 기후변화 당사국총회 회차와 개최국이 일치하지 않는 것은?

① 제3차 당사국총회-일본 교토
② 제8차 당사국총회-인도 뉴델리
③ 제13차 당사국총회-인도네시아 발리
④ 제17차 당사국총회-폴란드 바르샤바

풀이 제17차 당사국총회(COP 17)
　㉠ 2011년 남아프리카공화국 더반
　㉡ 2020년 이후부터 우리나라를 포함한 중국, 인도 등 주요 개도국이 모두 참여하는 단일 온실가스 감축체제 설립을 위한 협상을 개시하는 것에 합의하는 더반 플랫폼을 채택
　㉢ 녹색기후기금(GCF) 조성 합의

08 기후변화에 관한 정부 간 협의체(IPCC)가 다루지 않는 분야는?

① 기후변화 과학
② 배출량 거래제
③ 기후변화 영향평가, 적응 및 취약성
④ 배출량 완화, 사회 경제적 비용-편익 분석 등의 정책 분야

풀이 IPCC의 조직
　㉠ Working Group 1 : 기후변화 과학분야
　㉡ Working Group 2 : 기후변화 영향평가, 적응 및 취약성 분야
　㉢ Working Group 3 : 배출량 완화, 사회 경제적 비용, 편익분석 등 정책분야
　㉣ Task Force on National Greenhouse Inventories : 국가 배출목록 작성

09 기후변화 대응기술 및 정책에 대한 내용으로 가장 거리가 먼 것은?

① 무경농법은 수확한 농토를 갈지 않고 그루터기에 파종하는 방법으로서 농경지에서 온실가스 배출을 저감하는 방법에 활용할 수 있다.
② 보호지역제도 관리대안으로 UNESCO는 생물권 보전지역 지정제도를 운영하고 있다.
③ 산림이 농경지나 산업용지, 도시용지로 바뀌면 자연의 이산화탄소 흡수능력이 약화되므로 토지이용 형태를 고려해야 한다.
④ 생물 멸종을 막기 위해서는 특히 먹이사슬의 아래쪽에 있는 동물의 멸종을 막도록 하는 것이 보다 중요하고, 로드킬 예방을 위해 생태이동통로에 충분한 먹이공급시설을 갖춘다.

풀이 생물 멸종을 막기 위해서는 특히 먹이사슬 중 멸종 위기에 있는 동물군의 멸종을 막도록 하는 것이 중요하다.

정답　05 ②　06 ③　07 ④　08 ②　09 ④

10 대기 중 이산화탄소에 관한 설명으로 옳지 않은 것은?

① 하와이 마우나로아에서 처음으로 관측했다.
② 농도는 여름에 낮고 겨울에 높은 경향을 나타낸다.
③ 우리나라 대표농도는 안면도 기후변화 감시센터에서 측정한 자료이다.
④ 전 세계적으로 매년 10ppm 정도씩 증가한다.

풀이 CO_2는 세계적으로 2.09ppm/year의 증가율로 증가한다.

11 기후변화가 수자원 요소에 미치는 영향으로 거리가 먼 것은?

① 지하수의 염수화
② 증발산량의 증가
③ 담수자원의 증가
④ 지표 및 지하수의 수질 악화

풀이 기후변화가 수자원에 미치는 영향
  ㉠ 수위감소에 의한 운송량의 감소(전력생산의 저하)
  ㉡ 지하수의 감소
  ㉢ 증발산량의 증가(농업용수의 감소)
  ㉣ 담수자원의 감소
  ㉤ 지표 및 지하수의 수질악화(건강문제 야기)
  ㉥ 레크리에이션과 관광손실
  ㉦ 수중생태계의 변화

12 온실효과에 관한 설명으로 거리가 먼 것은?

① 지구 재복사 과정에서 일부 적외선이 지구 바깥으로 나가지 못하고, 지구 대기권 내에 머물러 대기온도가 점차적으로 상승하는 현상을 말한다.
② 온실가스는 대기 중 성분비는 매우 작으나 미세한 농도 증가에도 대기의 온도를 민감하게 상승시킨다.
③ 지구 표면의 온도는 대기 중 CO_2와 H_2O의 농도에 따라 크게 좌우된다고 볼 수 있다.
④ 태양광선 중 파장이 400~700nm 정도의 가시광선이 대기권에 도달하면 72%는 먼지나 구름 등에 의해 반사되고, 18% 정도만이 대기에 흡수, 그중 10% 정도만 지표에 도달한다.

풀이 태양복사에너지 중 대기에서 흡수되는 양은 약 70% 정도이고, 30%는 대기의 산란, 지표면의 반사로 우주로 방출되며 대기흡수 70% 중 50% 정도가 지표에 도달한다.

13 다음은 복사와 관련된 용어설명이다. ( ) 안에 알맞은 것은?

지면에 도달하는 복사에너지 일부분은 반사되고 나머지는 지면에 흡수된다. 입사에너지에 대하여 반사되는 에너지의 비를 ( )라 한다.

① 코리올리
② 플랑크
③ 돕슨
④ 알베도

풀이 알베도(Albedo)
지구지표의 반사율을 나타내는 지표, 즉 알베도는 입사에너지에 대하여 반사되는 에너지를 의미하며, 반사하는 약 30%를 반사율 또는 알베도라 한다.

14 기후변화 관련 당사국총회의 주요 내용으로 옳지 않은 것은?

① 제4차 당사국총회에서는 교토의정서의 세부이행절차 마련을 위한 행동계획을 수립하였다.
② 제7차 당사국총회에서는 독일 본에서 개최되었으며, 독일의 온실가스 감축의 부담방안으로 경제성장에 연동된 온실가스 배출목표를 제시하였다.
③ 제12차 당사국총회에서는 선진국들의 2차 공약기간 온실가스 감축량 설정을 위한 논의일정에 합의하였다.
④ 제16차 당사국총회에서는 Post-2012 기후체제 합의를 위한 협상을 지속하기로 하였다.

풀이 제7차 당사국총회(COP 7)
  ㉠ 2001년 모로코 마라케시
  ㉡ CDM 등 교토메커니즘 관련 사업을 추진하기 위한 기반을 마련함(교통의정서 이행방안 최종 합의 : 마라케시 선언)

정답 10 ④ 11 ③ 12 ④ 13 ④ 14 ②

15 기후변화 관련 기구 중 "SBSTA"에 관한 가장 적합한 설명은?

① CDM 관련 활동의 선도적 수행과 CERs 발급을 총괄한다.
② 기후변화 관련 최고의사결정기구이다.
③ 협약 관련 불발사항 관리 및 행정적 · 재정적 책임 관리를 수행한다.
④ 국가보고서 및 배출량통계방법론, 기술개발 및 기술이전에 관한 실무를 수행한다.

풀이 과학기술자문부속기구(SBSTA)
㉠ 기후변화협약이나 교토의정서와 관련된 과학적, 기술적 문제에 대하여 적기에 필요한 정보를 제공하는 역할
㉡ 국가보고서 및 배출통계방법론
㉢ 기술개발 및 기술이전에 관한 실무 수행
㉣ 당사국총회(COP)와 CMP를 지원

16 기후변화와 관련한 가스상 오염물질 중 광산화제로 작용하기 때문에 눈에 통증을 일으키며, 빛을 분산시키므로 가시거리를 감소시키는 PAN의 구조식을 나타낸 것으로 옳은 것은?

① $C_6H_5COOONO_2$
② C_6H_5OH
③ CH_3OH
④ $CH_3COOONO_2$

풀이 질산과산화아세틸(PAN : Peroxyacetyl Nitrate)
㉠ PAN은 $CH_3COOONO_2$의 분자식을 갖고 강산화제 역할을 하며 대기 중에서의 농도는 0.1ppm 내외이다.
㉡ PAN의 생성반응식(대기 중 탄화수소로부터의 광화학반응으로 생성)
$CH_3COOO + NO_2 \rightarrow CH_3COOONO_2$
구조식은
$$CH_3-\overset{\overset{O}{\|}}{C}-O-O-NO_2$$
㉢ PAN은 불안정한 화합물이므로 광화학반응에 의해 분해도 가능하며 강한 산화력과 눈에 대한 자극성이 있는 광화학 옥시던트이다.
㉣ 빛을 분산시키므로 가시거리를 감소시킨다.

17 다음 설명에 알맞은 기후변동에 따른 이상현상으로 옳은 것은?

> 스페인어로 귀여운 소녀란 의미로, 무역풍이 평년보다 강해지면서 적도 부근의 동태평양의 해수온도가 낮아지는 현상을 말한다. 이러한 현상은 바다와 접한 대기의 온도 변화에 직접적으로 작용하면서 기후변화를 일으킨다.

① 라니냐 현상
② 엘니뇨 현상
③ 보레르따 현상
④ 니루 현상

풀이 라니냐(La Nina) 현상
㉠ 라니냐란 스페인어로 '여자아이'라는 뜻으로 엘니뇨 현상의 반대의미이다.
㉡ 라니냐가 발생하는 이유는 적도무역풍이 평년보다 강해지며, 서태평양의 해수면과 수온이 평년보다 상승하게 되고, 찬 해수의 용승현상 때문에 적도 부근 동태평양에서 저수온 현상이 강화되어 나타난다.
㉢ 해수면의 온도가 6개월 이상 0.5℃ 이상 낮은 현상이 지속되어 엘니뇨 현상과 마찬가지로 기상이변의 주요 원인이 된다.(혹한과 함께 극심한 가뭄을 일으키는 기상이변현상 유발)

18 아래 온실가스의 지구온난화지수가 높은 순서부터 차례로 옳게 나열된 것은?

㉠ 메탄
㉡ 아산화질소
㉢ 과불화탄소
㉣ 육불화황

① ㉣>㉡>㉠>㉢
② ㉣>㉠>㉢>㉡
③ ㉣>㉡>㉢>㉠
④ ㉣>㉢>㉡>㉠

풀이 지구온난화지수(GWP)
육불화황(23,900)>과불화탄소(7,000)>아산화질소(310)>메탄(21)

정답 15 ④ 16 ④ 17 ① 18 ④

19 기후변화로 인한 한반도의 환경적 영향과 가장 거리가 먼 것은?

① 생물다양성 감소
② 집중호우 등 자연재해
③ 농수산물 생산변화에 따른 식생활 변화
④ 폐기물 증가

풀이 폐기물 증가는 기후변화로 인한 한반도의 환경적 영향과 관련이 없다.

20 기후변화 관련 국제기구 중 UN 조직 내 환경활동을 촉진, 조정, 활성화하기 위해 설립된 환경 전담 국제정부 간 기구로 환경문제에 대한 국제적 협력을 도모하기 위한 기구로 가장 적합한 것은?

① WCRP ② UNIDO
③ UNDP ④ UNEP

풀이 유엔환경계획(UNEP)
  ㉠ 기후변화 관련 국제기구
  ㉡ UN 조직 내 환경활동을 촉진, 조정, 활성화하기 위해 설립된 환경 전담 국제정부 간 기구
  ㉢ 환경문제에 대한 국제적 협력을 도모하기 위한 기구

2과목 온실가스 배출의 이해

21 다음은 온실가스 배출권거래제의 배출량 보고 및 인증에 관한 지침상 아연생산을 위한 배출공정이다. ( ) 안에 알맞은 것은?

( )는 광석이 융해되지 않을 정도의 온도에서 광석과 산소, 수증기, 탄소, 염화물 또는 염소 등을 상호작용시켜서 다음 제련조작에서 처리하기 쉬운 화합물로 변화시키거나 어떤 성분을 기화시켜 제거하는 데 사용되는 노를 말한다.

① 전해로 ② 용해로
③ 용융로 ④ 배소로

풀이 배소로
  ㉠ 광석이 융해되지 않을 정도의 온도에서 광석과 산소, 수증기, 탄소, 염화물 또는 염소 등을 상호작용시켜 다음 제련조작에서 처리하기 쉬운 화합물로 변화시키거나 어떤 성분을 기화시켜 제거하는 데 사용되는 노를 말한다.
  ㉡ 종류에는 다단배소로, Rotary Kiln, 유동배소로 등이 있다.

22 온실가스 배출권거래제의 배출량 보고 및 인증에 관한 지침상 소다회 생산의 배출활동 개요에 관한 설명으로 옳지 않은 것은?

① 천연 소다회 생산공정에서는 이 공정 중에 트로나(Trona, 천연 소다회를 만들어 내는 중요한 광석)는 로터리 킬른 속에서 소성되고, 화학적으로 천연 소다회로 변형된다.
② 천연 소다회 생상공정에서 이산화탄소와 물이 이 공정의 부산물로 생성된다.
③ 솔베이법 합성공정에서는 염화나트륨 수용액, 석회석, 야금 코크스, 암모니아는 소다회의 생산을 유도하는 일련의 반응에 사용되는 원료이다.
④ 솔베이법 합성공정에서 암모니아는 급속도로 손실되므로, 일정 반응 후 계속 주입이 필요하다.

풀이 암모니아 소다법(Solvay 공정)에서 염화나트륨 수용액, 석회석, 야금 코크스, 암모니아는 소다회의 생산을 유도하는 일련의 반응에 사용되는 원료이다. 그러나 암모니아는 재생되고, 아주 적은 양만 손실된다.

23 온실가스 배출권거래제의 배출량 보고 및 인증에 관한 지침상 다음 고상 소각 폐기물 중 화석탄소질량분율이 다른 하나는?

① 음식물류
② 나무류
③ 플라스틱류
④ 정원 및 공원 폐기물류

정답 19 ④ 20 ④ 21 ④ 22 ④ 23 ③

풀이 고상폐기물 화석탄소 질량분율(0~1사이의 소수)
  ㉠ 음식물류, 나무류, 정원 및 공원 폐기물류 : 0
  ㉡ 플라스틱류 : 1

24 온실가스 배출권거래제의 배출량 보고 및 인증에 관한 지침상 철강 생산공정의 보고대상 배출시설 중 어느 시설에 해당하는가?

> 용광로에서 제조된 선철(용선)을 정련하여 용강으로 만드는 데 사용되며, 주로 탈탄 또는 탈인반응에 이용되고, 그 방법에는 산성 전로법과 염기성 전로법이 있다.

① 전로
② 코크스로
③ 소결로
④ 용선로

풀이 전로
  ㉠ 용광로에서 제조된 선철(용선)을 정련하여 용강으로 만드는 데 사용되며, 주로 탈탄 또는 탈인반응에 이용된다.
  ㉡ 산성 전로법과 염기성 전로법이 있다.
  ㉢ 원료로 용선과 소량의 고철을 사용한다.

25 온실가스 배출권거래제의 배출량 보고 및 인증에 관한 지침상 석유화학제품생산 공정배출 시설에서의 보고대상 배출시설에 해당하지 않는 것은?

① 메탄올 반응시설
② 에틸렌옥사이드 반응시설
③ 테레프탈산 생산시설
④ 수소 제조시설

풀이 석유화학제품 생산공정의 공정배출 보고대상 배출시설
  ㉠ 메탄올 반응시설
  ㉡ EDC/VCM 반응시설
  ㉢ 에틸렌옥사이드(EO) 반응시설
  ㉣ 아크릴로니트릴(AN) 반응시설
  ㉤ 카본블랙(CB) 반응시설
  ㉥ 에틸렌 생산시설
  ㉦ 테레프탈산(TPA) 생산시설
  ㉧ 코크스 제거공정

26 온실가스 배출권거래제의 배출량 보고 및 인증에 관한 지침상 항공기에서의 배출활동 개요이다. ( ) 안에 알맞은 것은?

> 온실가스 배출량은 항공기의 운항횟수, 운전조건, 엔진효율, 비행거리, 비행단계별 운항시간, 연료 종류 및 배출고도 등에 따라 달라진다. 항공기 운항은 이착륙단계와 순항단계로 구분되고, 항공기에서 배출되는 오염물질의 약 (㉠)는 공항 내에서의 운행과 이착륙 중에 발생하고, (㉡)가량이 높은 고도에서 발생한다.

① ㉠ 90%, ㉡ 10%
② ㉠ 10%, ㉡ 90%
③ ㉠ 50%, ㉡ 50%
④ ㉠ 75%, ㉡ 25%

풀이 항공기 배출활동
  ㉠ 항공기 엔진의 연소가스는 대략 CO_2 70%, H_2O 30% 이하, 기타 대기오염물질 1% 미만으로 구성된다.
  ㉡ 최신 기술이 적용된 항공기에서는 CH_4와 N_2O는 거의 배출되지 않는다.
  ㉢ 온실가스 배출량은 항공기의 운항횟수, 운전조건, 엔진효율, 비행거리, 비행단계별 운항시간, 연료종류 및 배출고도 등에 따라 달라진다.
  ㉣ 항공기에서 배출되는 오염물질의 약 10%는 공항 내에서의 운행과 이착륙 중에 발생하고, 90%가량이 높은 고도에서 발생한다.

27 온실가스 배출권거래제의 배출량 보고 및 인증에 관한 지침상 이동연소 부문의 철도차량에 관한 설명으로 옳지 않은 것은?

① 철도 부문은 일반적으로 디젤, 전기, 증기 세 가지 중 하나를 사용하여 구동하는 철도기관차에서 배출되는 온실가스 배출량을 산정한다.
② 철도차량은 고속차량, 전기기관차, 전기동차, 디젤기관차, 디젤동차, 특수차량 등 6종류가 있다.
③ 디젤기관차와 디젤동차의 주된 차이점은 전기동력의 사용 유무와 관련이 있다.
④ 증기기관차는 산업용으로만 한정하고 있으며, 발생되는 온실가스는 상대적으로 많다.

풀이 증기기관차는 일반적으로 관광용 같은 국한된 용도로만 사용하고 있으며 발생되는 온실가스는 상대적으로 적다.

정답 24 ① 25 ④ 26 ② 27 ④

28 온실가스 배출권거래제의 배출량 보고 및 인증에 관한 지침상 석유정제활동에서의 보고대상 배출시설이 아닌 것은?

① 수소 제조시설
② 촉매 재생시설
③ 코크스 제조시설
④ 나프타 분해시설

풀이 석유정제활동 보고대상 배출시설
　㉠ 수소 제조시설
　㉡ 촉매 재생시설
　㉢ 코크스 제조시설

29 온실가스 배출권거래제의 배출량 보고 및 인증에 관한 지침상 석회생산 시 사용되는 소성로 중 로터리 킬른에서 배출되는 공정배출 온실가스는?

① CO_2
② CH_4
③ N_2O
④ PFCs

풀이 석회제조공정은 시멘트 공정과 유사하여 소성공정에서 석회석 혹은 Dolomite 등 원료의 탈탄산 반응에 온실가스(CO_2)가 배출된다.
$CaCO_3 + Heat \rightarrow CO_2 + CaO$
$CaCO_3 \cdot MgCO_3 + Heat \rightarrow 2CO_2 + CaO \cdot MgO$

30 온실가스 배출권거래제의 배출량 보고 및 인증에 관한 지침상 유리생산 배출활동의 개요에 관한 설명으로 옳지 않은 것은?

① 유리생산 활동에서의 융해공정 중 CO_2를 배출하는 주요 원료는 $MgCO_3$, H_2CO_3 및 $NaHCO_3$이다.
② 배출원 카테고리에는 유리생산뿐만 아니라 생산공정이 유사한 글래스울(Glass Wool)생산으로 인한 배출도 포함된다.
③ 유리의 제조에는 유리원료뿐만 아니라 재활용된 유리 파편인 컬릿(Cullet)을 일정량 사용한다.
④ 용기생산에서의 컬릿 비율은 40~60%이지만, 유리 품질관리 차원에서 사용이 제한되기도 하며, 절연 섬유유리는 이보다 적은 컬릿을 사용한다.

풀이 유리생산 활동에서의 융해공정 중 CO_2를 배출하는 주요 원료는 석회석($CaCO_3$), 백운석[$CaMg(CO_3)_2$] 및 소다회(Na_2CO_3)이다. 이러한 광물들이 유리생산에 사용되기 위해 채굴되는 과정에서도 CO_2가 배출된다.

31 온실가스 배출권거래제의 배출량 보고 및 인증에 관한 지침상 석유화학제품 생산공정에 대한 개요이다. 옳지 않은 것은?

① 석유화학산업은 화석연료나 나프타 등의 석유정제품을 원료로 한다.
② 나프타로부터 에틸렌, 프로필렌 등 기초유분을 생산하며 이때 온실가스가 배출된다.
③ NCC는 나프타를 분해하는 설비로서 국내에서 많이 활용된다.
④ 기초유분 하나를 중합하여 스티렌, AN, PVC 등을 생산한다.

풀이 기초유분을 이용하여 최종 석유화학제품을 생산하는데, 폴리에틸렌과 폴리프로필렌과 같이 기초유분 하나만을 가지고 중합반응을 통해 만들어지기도 하고, 스티렌모노머와 같이 기초유분 2개(에틸렌과 벤젠)를 반응시켜 만들기도 한다.

32 온실가스 배출권거래제의 배출량 보고 및 인증에 관한 지침상 전자산업의 보고대상 배출시설공정으로 옳게 짝지어진 것은?

① 산화 – 식각공정
② 식각 – 증착공정
③ 노광 – 증착공정
④ 노광 – 산화공정

풀이 전자산업 보고대상 배출시설
　㉠ 식각시설
　㉡ 증착시설(CVD 등)

33 온실가스 배출권거래제의 배출량 보고 및 인증에 관한 지침상 석탄 채굴 및 처리활동에서의 탈루배출 보고대상 배출 온실가스에 해당하는 것은?

① CO_2
② CH_4
③ C_2O
④ CO

풀이 석탄채굴 및 어리활동에서의 탈루배출 보고대상 온실가스
CH_4(메탄)은 석탄을 채굴하기 전까지 석탄층에 잡혀 있다가 석탄을 채굴 및 처리하는 과정에서 대기로 배출된다.

34 온실가스 배출시설에 사용되는 연료의 설명으로 옳지 않은 것은?

① 바이오가솔린(Biogasoline) : 해조류와 같은 바이오매스를 사용하여 생산하는 가솔린으로 분자당 6~12의 탄소를 포함한다. 바이오부탄올, 바이오에탄올이 알콜기인 것에 반해 바이오가솔린은 탄화수소로서 화학적으로 차이가 난다.
② 목탄(Charcoal) : 목재 등 목탄생산을 위한 재료를 공기의 공급을 차단하고 가열하거나, 또는 공기를 아주 적게 하여 가열하였을 때 생기는 고체 생성물을 말하며, 재료는 보통 단단한 나무가 사용되며, 검탄·백탄·성형목탄으로 분류된다.
③ 바이오디젤(Biodiesel) : 쌀겨 기름이나 식용유 등의 식물성 기름을 특수공정으로 가공하여 경유와 섞어서 만든 디젤기관의 연료로 기존의 경유와 특성이 비슷하지만, 연소 시 공해가 거의 발생하지 않는 특징이 있다.
④ 코크스로 가스(Coke Oven Gas) : 철강산업의 용광로에서 코크스의 연소 시 생산되는 부생가스이다.

풀이 코크스로 가스(Coke Oven Gas)
철강생산의 코크스로에서 코크스 연소 시 생산되는 부생가스이다.

35 온실가스 배출권거래제의 배출량 보고 및 인증에 관한 지침상 "기체, 액체 혹은 고체 상태의 원료화합물을 반응기 내에 공급하여 기관 표면에서의 화학적 반응을 유도함으로써 반도체 기판 위에 고체 반응 생성물인 박막층을 형성하는 공정"으로 전자산업, 특히 반도체공정에 주로 이용하는 공정은?

① 식각공정
② 화학기상 증착공정
③ 성형공정
④ 세정공정

풀이 화학기상 증착공정
반도체공정에 주로 이용되는 화학기상 증착법(CVD)은 기체, 액체 혹은 고체 상태의 원료화합물을 반응기 내에 공급하여 기판 표면에서의 화학적 반응을 유도함으로써 반도체 기판 위에 고체 반응 생성물인 박막층을 형성하는 공정이다.

36 온실가스 배출권거래제의 배출량 보고 및 인증에 관한 지침상 폐기물 관련 부문 온실가스 배출원과 산정, 보고해야 하는 배출가스로 옳지 않은 것은?

① 매립된 폐기물의 분해과정 중 CO_2 발생
② 비생물계 기원 폐기물의 소각으로 인한 CO_2 발생
③ 하수슬러지의 혐기성 소화에 의한 CH_4 발생
④ 퇴비화로 인한 CH_4, N_2O 발생

풀이 매립지 내 산소의 공급이 없어지면서 혐기성 분해에 의한 CH_4 가스 생성·배출, 이 과정에서 CO_2도 배출되나, 생물계 기원 CO_2이므로 온실가스에서 제외한다.

정답 33 ② 34 ④ 35 ② 36 ①

37 온실가스 배출권거래제의 배출량 보고 및 인증에 관한 지침상 암모니아 생산시설의 순서로 알맞은 것은?

① 나프타 탈황 → 가스전환 → 나프타 개질 → 암모니아 합성 → 가스정제
② 나프타 개질 → 가스전환 → 가스정제 → 암모니아 합성 → 나프타 탈황
③ 암모니아 합성 → 나프타 탈황 → 나프타 개질 → 가스전환 → 가스정제
④ 나프타 탈황 → 나프타 개질 → 가스전환 → 가스정제 → 암모니아 합성

38 다음은 온실가스 배출권거래제의 배출량 보고 및 인증에 관한 지침상 탄광시설에서 발생하는 메탄가스 배출량 산정방식(Tier 3)이다. 각 인자별 설명으로 옳지 않은 것은?

$$E_{CH_4, i} = V_i \times C_i \times D_{CH_4} \times Time_i$$

① V_i : 탄광의 시설 i로부터 누출되는 가스 유량 (m³/min)
② C_i : 누출시설 i의 배출가스 중 CH_4의 부피분율
③ D_{CH_4}의 밀도(20℃, 1기압에서 0.6669×10^{-3} ton/m³)
④ $Time_i$: 탄광의 시설로부터 CH_4 반응시설 i로 도달하는 데 걸리는 시간(hr)

풀이 $Time_i$: 탄광의 CH_4 누출시설 i의 연간 가동시간 (min)

39 온실가스 배출권거래제의 배출량 보고 및 인증에 관한 지침상 하·폐수처리 및 배출의 보고대상 시설에 해당하지 않는 것은?

① 가축분뇨공공처리시설
② 공공하수처리시설
③ 분뇨처리시설
④ 퇴비화시설

풀이 하·폐수처리 및 배출의 보고대상 시설
㉠ 가축분뇨공공처리시설
㉡ 폐수종말처리시설
㉢ 공공하수처리시설
㉣ 분뇨처리시설
㉤ 기타 하·폐수처리시설

40 온실가스 배출권거래제의 배출량 보고 및 인증에 관한 지침상 이동연소 배출시설 중 도로 차량의 배출시설을 구분하는 방법으로 가장 거리가 먼 것은?

① 전기자동차
② 승용자동차
③ 승합자동차
④ 화물자동차

풀이 이동연소 배출시설 중 도로 차량의 배출시설 구분
㉠ 승용자동차
㉡ 승합자동차
㉢ 화물자동차
㉣ 특수자동차
㉤ 이륜자동차
㉥ 비도로 및 기타 자동차

정답 37 ④ 38 ④ 39 ④ 40 ①

3과목 온실가스 산정과 데이터 품질관리

41 온실가스 배출권거래제의 배출량 보고 및 인증에 관한 지침에서 배출량에 따른 시설규모에 대한 설명으로 옳지 않은 것은?

① B그룹은 연간 5만 톤 이상, 연간 50만 톤 미만의 배출시설이다.
② 연간 100만 톤 이상의 배출시설은 D그룹에 해당한다.
③ 관리업체는 신설되는 배출시설규모 결정 시 신설되는 배출시설의 예상 온실가스 배출량을 계산하여 그 값에 따라 시설규모를 결정한다.
④ 배출시설규모 최종 결정 이후, 최근에 제출된 명세서의 온실가스 배출량보다 최근에 제출된 3개년도 명세서의 평균배출량이 큰 경우, 최근에 제출된 3개년도 명세서의 평균배출량에 따라 시설규모를 결정한다.

풀이 연간 100만 톤 이상의 배출시설은 C그룹에 해당한다.[C그룹 : 연간 50만 톤(tCO_2-eq) 이상의 배출시설]

42 온실가스 배출권거래제의 배출량 보고 및 인증에 관한 지침상 측정기기 설치 및 운영관리를 위한 "상대정확도 시험"에 관한 설명으로 가장 적합한 것은?

① 관리업체의 측정기기 또는 데이터 수집기간의 통신상태 및 대기분야 환경오염공정시험기준에 적합한지 여부를 확인하는 시험
② 측정자료 간의 오차율을 비교하여 정확성을 확인하는 시험으로 대기분야 환경오염공정시험기준에 따라 적합한지 여부를 확인하는 시험
③ 측정기기의 설치위치, 환경조건, 기능, 성능 등이 대기분야 환경오염공정시험기준에 적합한지 여부를 확인하는 것
④ 상대정확도 시험은 확인검사와 통합시험으로 구분할 수 있음

풀이 측정기기의 설치 시 운영·관리를 위한 정도확인 시험
㉠ 상대정확도 시험
굴뚝연속자동측정기기 및 배출가스유량계에서 생산되는 측정자료의 상대정확도 시험방법에 따라 측정한 자료 간의 오차율을 비교하여 정확성을 확인하는 시험으로 대기분야 환경오염공정시험기준에 따라 적합한지 여부를 확인하는 시험
㉡ 확인검사
측정기기의 설치위치, 환경조건, 기능, 성능 등이 대기분야 환경오염공정시험기준에 적합한지의 여부를 확인하는 것

43 A하수처리장은 메탄을 450톤 회수하여 연료로 사용하였으며(메탄 회수율은 80%), 아래와 같은 조건으로 처리장을 운영한다. 이때 온실가스 배출량(tCO_2-eq)으로 가장 가까운 값은?(단, 온실가스 배출권거래제의 배출량 보고 및 인증에 관한 지침기준, 회수한 메탄의 고정연소 활동 배출량은 제외, CH_4 배출계수 $0.48kgCH_4/kgBOD$, N_2O 배출계수 $0.005kgN_2O$-N/kg-T-N, N_2O의 분자량 44.013, N_2의 분자량 28.013, 슬러지 반출은 없음)

구 분	유입수	방류수
유량(m^3)	25,000,000	25,000,000
BOD농도(mg/L)	55	5
COD농도(mg/L)	60	10
TN농도(mg/L)	100	10

① 3,150   ② 8,629
③ 11,787 ④ 18,087

풀이 하수처리 온실가스 배출량=CH_4 배출량+N_2O 배출량
$CH_4 Emissions$(CH_4 배출량)
$= (BOD_{in} \times Q_{in} - BOD_{out} \times Q_{out}$
$- BOD_{sl} \times Q_{sl}) \times 10^{-6} \times EF - R$
여기서, $CH_4 Emissions$: 하수처리에서 배출되는 CH_4배출량(tCH_4)
BOD_{in} : 유입수의 BOD_5 농도 (mg-BOD/L)

정답 41 ② 42 ② 43 ②

BOD_{out} : 방류수의 BOD_5 농도
$\quad\quad\quad$ (mg-BOD/L)
BOD_{sl} : 반출 슬러지의 BOD_5 농도
$\quad\quad\quad$ (mg-BOD/L)
Q_{in} : 유입수의 유량(m^3)
Q_{out} : 방류수의 유량(m^3)
Q_{sl} : 슬러지의 반출량(m^3)
EF : 배출계수($kgCH_4/kg-BOD$)
R : 메탄 회수량(tCH_4)

$CH_4 Emissions$
$= [\{(55mg/L \times 25,000,000m^3)$
$\quad -(5mg/L \times 25,000,000m^3)\} \times 10^{-6} \times 0.148kg$
$\quad CH_4/kgBOD - 450tCH_4] \times 21tCO_2-eq/tCH_4$
$= 3,150 tCO_2-eq$

$N_2O Emissions$ (N_2O 배출량)
$= (TN_{in} \times Q_{in} - TN_{out} \times Q_{out} - TN_{sl} \times Q_{sl})$
$\quad \times 10^{-6} \times EF \times 1.571$

여기서, $N_2O Emissions$: 하수처리에서 배출되
$\quad\quad\quad\quad\quad\quad\quad$ 는 N_2O 배출량(tN_2O)
TN_{in} : 유입수의 총 질소농도
$\quad\quad\quad$ (mg-T-N/L)
TN_{out} : 방류수의 총 질소농도
$\quad\quad\quad$ (mg-T-N/L)
TN_{sl} : 반출 슬러지의 총 질소농도
$\quad\quad\quad$ (mg-T-N/L)
Q_{in} : 유입수의 유량(m^3)
Q_{out} : 방류수의 유량(m^3)
Q_{sl} : 슬러지의 반출량(m^3)
EF : 아산화질소 배출계수
$\quad\quad$ ($kgN_2O-N/kg-T-N$)
1.571 : N_2O의 분자량(44.013)/N_2의 분
$\quad\quad\quad$ 자량(28.013)

$N_2O Emissions$
$= [\{(100mg/L \times 25,000,000m^3)$
$\quad -(10mg/L \times 25,000,000m^3)\} \times 10^{-6} \times 0.005kg$
$\quad N_2O-N/kgT-N \times 1.571] \times 310tCO_2-eq/tN_2O$
$= 5,478.86 tCO_2-eq$

∴ 하수처리 온실가스 배출량 $= 3,150 + 5,479$
$\quad\quad\quad\quad\quad\quad\quad\quad = 8,629 tCO_2-eq$

44 온실가스 배출권거래제의 배출량 보고 및 인증에 관한 지침상 "생산물"의 원소함량 등을 분석하고자 하는 경우 최소 분석 주기기준으로 옳은 것은?

① 주 1회 ② 월 1회
③ 분기 1회 ④ 반기 1회

풀이 시료 채취 및 분석의 최소 주기 등

연료 및 원료		분석 항목	최소 분석 주기
고체연료		원소 함량, 발열량, 수분, 회(Ash) 함량	월 1회 또는 연료 입하 시(더욱 짧은 주기로 분석한다.)
액체연료		원소 함량, 발열량, 밀도 등	분기 1회 또는 연료 입하 시(더욱 짧은 주기로 분석한다.)
기체 연료	천연가스, 도시가스	가스성분, 발열량, 밀도 등	반기 1회
	공정 부생가스	가스성분, 발열량, 밀도 등	월 1회
폐기물 연료	고체	원소 함량, 발열량, 수분, 회(Ash) 함량	분기 1회 또는 폐기물 연료 매 5천 톤 입하 시(더욱 짧은 주기로 분석한다.)
	액체	원소 함량, 발열량, 밀도 등	분기 1회 또는 폐기물 연료 매 1만 톤 입하 시(더욱 짧은 주기로 분석한다.)
	기체	가스성분, 발열량, 밀도 등	월 1회 또는 폐기물 연료 매 1만 톤 입하 시(더욱 짧은 주기로 분석한다.)
탄산염 원료		광석 중 탄산염 성분, 원소 함량 등	월 1회 또는 원료 매 5만 톤 입하 시(더욱 짧은 주기로 분석한다.)
기타 원료		원소 함량 등	월 1회 또는 매 2만 톤 입하 시(더욱 짧은 주기로 분석한다.)
생산물		원소 함량 등	월 1회

* 비고) 고체연료·원료가 수시 반입될 경우 월 1회로, 액체연료·폐기물 연료가 수시 반입될 경우 분기 1회로 분석할 수 있다.

정답 44 ②

45 온실가스 목표관리 운영 등에 관한 지침상 교통분야 특례에 관한 설명으로 옳지 않은 것은?

① 동일 법인 등이 여객자동차 운수사업자로부터 차량을 일정 기간 임대 등의 방법을 통해 실질적으로 지배하고 통제할 경우 당해 법인 등의 소유로 본다.
② 일반화물자동차 운송사업을 경영하는 법인 등이 허가받은 차량은 차량소유 유무에 상관없이 당해 법인 등이 지배적인 영향력을 미치는 차량으로 본다.
③ 관리업체 지정을 위해 온실가스 배출량을 산정할 때에는 국제항공과 국제해운 부문도 포함한다.
④ 화물운송량이 연간 3천만 톤-km 이상인 화주기업의 물류 부문에 대해서는 국토교통부에서 다른 부문의 소관 관장기관에게 관련 자료의 제출을 요청할 수 있다.

풀이 관리업체 지정을 위해 온실가스 배출량 등을 산정할 때에는 항공 및 선박의 국제항공과 국제해운 부문은 제외한다.

46 다음 중 품질보증(QA) 활동에 해당하는 사항은?[단, 품질관리(QC) 활동과 비교]

① 측정 가능한 목적이 만족되었는지 검증하고 주어진 과학적 지식 및 가용성이 현재 상태에서 가장 좋은 배출량 산정결과를 나타내는지 검토·확인
② 자료의 무결성, 정확성 및 완전성을 보장하기 위한 일상적이고 일관적인 검사의 제공
③ 배출량 산정자료의 문서화 및 보관, 모든 품질관리 활동의 기록
④ 자료 수집 및 계산에 대한 정확성 검사와 배출량 감축량의 계산·측정, 불확도 산정, 정보의 보관 및 보고활동

풀이 품질보증(QA) 활동의 검토
㉠ 독립적인 제3자에 의해 산정절차 수행 이후 완성된 배출량 산정결과(명세서 등)에 대한 검토가 수행된다.
㉡ 검토는 측정 가능한 목적(자료품질의 목적)이 만족되었는지 검증하고 주어진 과학적 지식 및 가용성이 현재 상태에서 가장 좋은 배출량 산정결과를 나타내는지 확인하고, 품질관리(QC) 활동의 유효성을 지원한다.

47 활동자료의 수집방법론에서 아래 측정기기의 기호는 무엇을 나타내는가?

① 상거래 또는 증명에 사용하기 위한 목적으로 측정량을 결정하는 법정계량에 사용하는 측정기기
② 관리업체가 자체적으로 설치한 계량기로서, 국가표준기본법에 따른 시험기관, 교정기관, 검사기관에 의하여 주기적인 정도검사를 받는 측정기기
③ 관리업체가 자체적으로 설치한 계량기이나, 주기적인 정도검사를 실시하지 않는 측정기기로서 가스미터, 오일미터 등이 있음
④ 가스미터, 오일미터, 주유기, LPG 미터, 눈새김탱크, 눈새김탱크로리, 적산열량계, 전력량계 등 법정계량기 및 그 외 계량기를 모두 포함

풀이 활동자료의 측정방법(측정기기의 기호 및 종류)

기호	설명
WH	상거래 또는 증명에 사용하기 위한 목적으로 측정량을 결정하는 법정계량에 사용하는 측정기기로서 계량에 관한 법률 제2조에 따른 법정계량기
FL	관리업체가 자체적으로 설치한 계량기로서, 국가표준기본법 제14조에 따른 시험기관, 교정기관, 검사기관에 의하여 주기적인 정도검사를 받는 측정기기
FL	관리업체가 자체적으로 설치한 계량기이나, 주기적인 정도검사를 실시하지 않는 측정기기

정답 45 ③ 46 ① 47 ①

48 온실가스 배출권거래제의 배출량 보고 및 인증에 관한 지침상 관리업체 A에서 납생산공정에 따른 온실가스 배출량 산정 시 Tier 1을 적용할 때, 활동자료 측정불확도 기준으로 적합한 것은?

① ±7.5% 이내의 납생산량 자료를 사용한다.
② ±5.0% 이내의 납생산량 자료를 사용한다.
③ ±2.5% 이내의 납생산량 자료를 사용한다.
④ ±2.0% 이내의 납생산량 자료를 사용한다.

풀이 산정등급에 따른 매개변수 관리기준

구분	계산법			연속측정법
	Tier 1	Tier 2	Tier 3	Tier 4
산정방법론(산식)	가장 단순	약간 복잡	물질수지법 기반	30분 단위 실측
활동자료 불확도(%)	±7.5% 이내	±5.0% 이내	±2.5% 이내	CO_2 불확도
배출계수 적용	IPCC 기본계수	국가 고유계수	시설 단위계수	±2.5% 이내

49 온실가스 배출권거래제의 배출량 보고 및 인증에 관한 지침상 온실가스 배출량 산정결과의 정확성을 향상시키기 위해서는 배출계수의 고도화가 필요하다. 다음 중 온실가스 배출량 산정 시 신뢰도가 가장 낮은 것은?

① 사업장 고유배출계수
② 국가 고유배출계수
③ IPCC 기본배출계수
④ 사업장 내 연속측정 방법에 따른 배출량 산정

풀이 산정등급(Tier 1~4)이 높을수록 배출량 산정의 정확도(신뢰도)는 높아지며 배출량 산정방법론 등 배출량 산정의 복잡성도 증가하는 경향이 있다. 즉, 배출량 산정을 위한 자료 및 방법론이 보다 구체적이며 배출원 특성을 반영한다고 할 수 있다.

50 온실가스 배출권거래제의 배출량 보고 및 인증에 관한 지침상 석회공정에서는 고온에서 석회석을 가열하여 석회를 생산하는 과정 중 이산화탄소가 발생된다. 생산된 석회가 100톤이라고 할 때 배출되는 이산화탄소의 양은?[단, 석회생산량당 CO_2 배출계수는 $0.75(tCO_2/t-$석회생산량$)$이다.]

① 0.75톤   ② 7.5톤
③ 75톤   ④ 750톤

풀이 석회생산 배출량 산정
$$E_i = Q_i \times EF_i$$
여기서, E_i : 석회(i)생산으로 인한 CO_2 배출량 (tCO_2)
Q_i : 석회(i)생산량(ton)
EF_i : 석회(i)생산량당 CO_2 배출계수 $(tCO_2/t-$석회생산량$)$
$= 100\text{ton} \times 0.75 tCO_2/t-$석회생산량
$= 75 tCO_2$

51 온실가스 운영을 위한 검증지침상 검증기관의 지정, 관리, 준수사항과 관련된 사항으로 옳지 않은 것은?

① 검증기관 지정의 유효기간은 지정일로부터 3년이다.
② 검증기관은 지정 유효기간 이후에 재지정을 받고자 할 경우 지정기간 만료일 이전 3개월 전까지 검증기관 재지정 신청서를 제출하여야 한다.
③ 검증기관은 검증업무 수행내역 등 자료를 5년 이상 보관하여야 한다.
④ 검증기관은 반기별 검증업무 수행내역을 작성하여 매 반기 종료일로부터 10일 이내에 국립환경과학원장에게 제출하여야 한다.

풀이 검증기관은 반기별 검증업무 수행내역을 작성하여 매 반기 종료일로부터 30일 이내에 국립환경과학원장에게 제출하여야 한다.

정답 48 ① 49 ③ 50 ③ 51 ④

52 온실가스 배출활동을 직접배출과 간접배출로 구분할 때, 다음 중 직접배출에 해당되지 않는 것은?

① 공정배출
② 탈루배출
③ 외부로부터 구입되어 조직 내에서 사용되는 전기 생산과정에서 배출
④ 이동연소 배출

풀이 간접배출(Scope 2)
사업자가 외부로부터 구입되어 조직 내에서 사용되는 전기 및 스팀으로 인해 발생하는 온실가스 배출, 즉 조직이 소비한 도입된 전기, 열, 증기의 생산으로부터 발생된 온실가스 배출을 의미한다.

53 온실가스 배출권거래제의 배출량 보고 및 인증에 관한 지침상 관리업체의 온실가스 배출량 산정보고에 관한 설명으로 옳지 않은 것은?

① 할당대상업체는 보고대상 배출시설 중 연간 배출량이 200tCO₂-eq 미만인 소규모 배출시설은 배출시설단위로 보고하지 않고 사업장단위 총 배출량에 포함하여 보고할 수 있다.
② 할당대상업체는 명세서를 작성한 후 검증기관의 검증을 거쳐 매년 3월 31일까지 부문별 관장기관에 제출해야 한다.
③ 세부적인 온실가스 배출량 등의 산정방법이 제시되지 않은 온실가스 배출활동은 할당대상업체가 자체적으로 산정방법을 개발하여 온실가스 배출량을 산정하여야 한다.
④ 할당대상업체는 연간 모니터링 계획 등을 포함한 온실가스 배출량의 산정·보고와 관련한 자료를 문서화하여 최소 5년 이상 보관하여야 한다.

풀이 보고대상 배출시설 중 연간 배출량(배출권거래제의 경우 기준연도 온실가스 배출량의 연평균 총량)이 100tCO₂-eq 미만인 소규모 배출시설이 동일한 배출활동 및 활동자료인 경우 부문별 관장기관의 확인을 거쳐 배출시설 단위로 구분하여 보고하지 않고 시설군으로 보고할 수 있다.

54 관리업체인 H사는 판유리 생산을 위해 사용하는 유리 용해량이 50,000톤이며, 컬릿 비율은 0.2이다. 판유리 생산과정에서 CO_2 배출량(tCO_2)은?(단, CO_2 배출계수는 0.21tCO_2/t-용해된 유리량이고, 온실가스 배출권거래제의 배출량 보고 및 인증에 관한 지침을 기준으로 함)

① 8,400,000
② 2,100,000
③ 8,400
④ 2,100

풀이 유리생산 배출량
$$E_i = \sum [M_{gi} \times EF_i \times (1 - CR_i)]$$
여기서, E_i : 유리생산으로 인한 CO_2 배출량(tCO_2)
M_{gi} : 유리(i)의 생산량(ton)
(판유리, 용기, 섬유유리 등)
EF_i : 유리(i)의 생산량에 따른 CO_2 배출계수(tCO_2/t-용해된 유리량)
CR_i : 유리(i)의 유리제조공정에서의 컬릿 비율(0~1 사이의 소수)
= (50,000ton × 0.21tCO_2/t-용해된 유리량) × (1-0.2)
= 8,400tCO_2

55 온실가스 배출권거래제의 배출량 보고 및 인증에 관한 지침상 다음 설명에 해당하는 모니터링 유형은?

- 각 배출시설별 활동자료를 구매 연료 및 원료 등의 메인 측정기기 활동자료에서 타당한 배분방식으로 모니터링하는 방법
- 각 배출시설별 활동자료를 구매단가, 보증된 배출시설 설계 사양 등 정부가 인정하는 방법을 이용하여 모니터링하는 방법

① A유형
② B유형
③ C유형
④ D유형

풀이 활동자료 수집에 따른 모니터링 유형

모니터링 유형	세부 내용
A유형 (구매량 기반 모니터링 방법)	• 연료 및 원료의 공급자가 상거래 등의 목적으로 설치·관리하는 측정기기를 이용하여 배출시설의 활동자료를 모니터링하는 방법 • 연료나 원료 공급자가 상거래를 목적으로 설치·관리하는 측정기기(WH)와 주기적인 정도검사를 실시하는 내부 측정기기(FL)를 사용하여 활동자료를 결정하는 방법
B유형 (교정된 측정기기로 직접 계량에 따른 모니터링 방법)	• 구매량 기반 측정기기와 무관하게 배출시설 활동자료를 교정된 자체 측정기기를 이용하여 모니터링하는 방법 • 배출시설별로 주기적으로 교정검사를 실시하는 내부 측정기기(FL)가 설치되어 있을 경우 해당 측정기기를 활용하여 활동자료를 결정하는 방법
C유형 (근사법에 따른 모니터링 유형)	• 각 배출시설별 활동자료를 구매 연료 및 원료 등의 메인 측정기기(WH) 활동자료에서 타당한 배분방식으로 모니터링하는 방법 • 각 배출시설별 활동자료를 구매단가, 보증된 배출시설 설계 사양 등 정부가 인정하는 방법을 이용하여 모니터링하는 방법
D유형 (기타 모니터링 유형)	A~C유형 이외 기타 유형을 이용하여 활동자료를 수집하는 방법

56 다음은 온실가스 배출권 거래제 운영을 위한 검증지침상 검증기관의 변경신고에 관한 사항이다. ( ) 안에 알맞은 것은?

검증 관련 내부 업무규정이 변경된 경우에는 변경이 있은 날로부터 (㉠) 이내, 검증기관의 사무실 소재지가 변경된 경우에는 변경이 있은 날로부터 (㉡) 이내에 변경내용을 증명하는 서류와 검증기관 지정서를 첨부하여 국립환경과학원장에게 제출하여야 한다.

① ㉠ 7일, ㉡ 15일
② ㉠ 15일, ㉡ 7일
③ ㉠ 7일, ㉡ 30일
④ ㉠ 30일, ㉡ 7일

풀이 검증 관련 내부 업무규정의 변경, 검증전문분야의 변경이 있는 날부터 7일 이내, 검증기관 사무실 소재지의 변경, 법인 및 대표자가 변경된 경우에는 변경이 있는 날부터 30일 이내에 변경내용을 증명하는 서류와 검증기관 지정서를 첨부하여 국립환경과학원장에게 제출하여야 한다.

57 온실가스 배출권거래제의 배출량 보고 및 인증에 관한 지침상 온실가스 소량배출사업장 기준에 관한 사항으로 옳지 않은 것은?

① 온실가스 배출량 기준 3kilotonnes CO_2-eq 미만이다.
② 에너지 소비량 기준은 없다.
③ 해당 연도 1월 1일을 기준으로 최근 3년간 사업장에서 배출한 온실가스와 소비한 에너지의 연평균 총량을 기준으로 한다.
④ 신설 등으로 인해 최근 3년간 자료가 없을 경우에는 보유(최초 가동연도를 포함한다.)하고 있는 자료를 기준으로 한다.

풀이 온실가스 소량배출사업장 기준
온실가스 배출량 : 3kilotonnes CO_2-eq 미만

58 온실가스 배출권거래제 운영을 위한 검증지침에 의거 중요성의 양적 기준치는 할당대상업체의 배출량 수준에 따라 차등화한다. 검증 시 중요성 평가의 양적 기준치 기준으로 옳지 않은 것은?

① 총 배출량이 500만 tCO_2-eq 이상인 할당대상업체는 총 배출량의 2.0%
② 총 배출량이 50만 tCO_2-eq 이상 500만 tCO_2-eq 미만인 할당대상업체는 총 배출량의 2.5%
③ 총 배출량이 50만 tCO_2-eq 미만인 할당대상업체는 총 배출량의 5.0%
④ 총 배출량이 25만 tCO_2-eq 미만인 할당대상업체는 총 배출량의 7.5%

풀이 검증 시 중요성 평가의 양적 기준치
총 배출량이 500만 tCO₂-eq 이상인 할당대상업체에서는 총 배출량의 2.0%, 50만 tCO₂-eq 이상 500만 tCO₂-eq 미만인 할당대상업체에서는 총 배출량의 2.5%, 50만 tCO₂-eq 미만인 할당대상업체는 총 배출량의 5.0%로 한다.

59 다음은 온실가스 목표관리 운영 등에 관한 지침상 온실가스 소량배출사업장 기준이다. ( )안에 가장 적합한 수치는?

> 온실가스 소량배출사업장들의 온실가스 배출량 등의 합은 업체 내 모든 사업장의 온실가스 배출량 등 총합의 ( )이어야 하고, 에너지 소비량 및 온실가스 배출량 기준을 충족하여야 한다.

① 1,000분의 50 미만
② 1,000분의 100 미만
③ 1,000분의 150 미만
④ 1,000분의 300 미만

풀이 소량배출사업장들의 온실가스 배출량 등의 합은 업체 내 모든 사업장의 온실가스 배출량 등 총합의 1,000분의 50 미만이어야 하고, 에너지 소비량 (55TJ 미만) 및 온실가스 배출량(3KT CO₂-eq) 기준을 충족하여야 한다.

60 온실가스 목표관리 운영 등에 관한 지침상 용어의 정의 중 "온실가스 감축 및 에너지 절약과 관련하여 경제적·기술적으로 사용이 가능하면서 가장 최신이고 효율적인 기술, 활동 및 운전방법"을 말하는 것은?

① 최적가용기술
② 실용신안기술
③ 벤치마크기술
④ 적정운영기술

풀이 최적가용기술(BAT)
온실가스 감축 및 에너지 절약과 관련하여 경제적·기술적으로 사용이 가능하면서 가장 최신이고 효율적인 기술, 활동 및 운전방법을 말한다.

4과목 온실가스 감축관리

61 교토의정서에서 CDM 사업은 해당 사업을 수행하지 않았을 경우에도 발생했을 감축에 추가적이어야 한다고 언급하고 있는데, 다음 중 여기서 언급하는 추가성에 포함되지 않는 것은?

① 경제적 추가성
② 논리적 추가성
③ 기술적 추가성
④ 환경적 추가성

풀이 추가성 종류
㉠ 환경적 추가성
㉡ 재정적 추가성
㉢ 경제적 추가성
㉣ 기술적 추가성

62 다음은 고형 연료화 기술 중 바이오매스에 관한 설명이다. ( ) 안에 알맞은 것은?

> 바이오매스 열생산을 위해서는 연소가 불가피하고, 기본적으로 연소의 기본조건인 ( )을/를 고려하여 완전연소를 통한 오염물질배출 최소화를 달성할 수 있는 조건에서 운전하여야 한다.

① Resistance(저항성)
② 3T(Temperature, Time, Turbulence)
③ Conversion Rate(전환율)
④ Hazard Risk(위험도)

풀이 완전연소 조건(3T)
㉠ Time(연소시간)
㉡ Temperature(연소온도)
㉢ Turbulence(혼합)

63 이산화탄소 연소 전 포집기술 중 화학적 흡수법에 주로 사용되는 흡수제로 틀린 것은?

① 메탄올(Methanol)
② 탄산칼륨(Potassium Carbonate)
③ 모노에탄올아민(MEA)
④ 메틸다이에틸아민(MDEA)

정답 59 ① 60 ① 61 ② 62 ② 63 ①

풀이 CO_2 연소 전 포집기술 중 화학적 흡수제
  ㉠ 1차 아민 : 모노에탄올아민
           (MEA : monoethanolamine)
  ㉡ 2차 아민 : 다이에탄올아민
           (DEA : diethanolamine)
  ㉢ 3차 아민 : 메틸다이에틸아민
           (MDEA : N-methyldiethanolamine)
  ㉣ 칼륨계 : 탄산칼륨(Potassium Carbonate)

64 자료의 불확실성이 결과에 미치는 영향을 정량화하여 규명하는 시스템적인 절차인 불확도 분석에 관한 내용으로 옳지 않은 것은?

① 정량적인 분석결과를 제공하므로 결과의 신뢰성이 높다.
② 모든 입력자료를 확률분포로 나타내는 데 한계가 있다.
③ 수행과정이 간단하고, 전문지식이 필요 없다.
④ 분석결과에 대하여 의사결정이 용이하다.

풀이 불확도 분석은 수행과정이 복잡하여 전문지식이 필요하다.

65 우리나라에서 분류하고 있는 신·재생에너지 중 "신에너지"에 해당하지 않는 것은?

① 연료전지
② 해양에너지
③ 석탄을 액화·가스화한 에너지
④ 수소에너지

풀이 ㉠ 재생에너지
  • 태양에너지
  • 바이오에너지
  • 풍력
  • 수력
  • 지열에너지
  • 해양에너지
  • 폐기물에너지

㉡ 신에너지
  • 연료전지
  • 석탄 액화·가스화 에너지
  • 수소에너지

66 매립가스 발전 적용방법 중 증기터빈에 관한 설명으로 옳지 않은 것은?

① 대규모 시설일수록 경제적 효과가 증가하는 것으로 알려져 있다.
② 가스엔진과 가스터빈에 비해 운영보수비가 저렴한 편이다.
③ 발전시설과 분리되어 있어서 매립가스 내 불순물의 영향을 받지 않는 장점이 있다.
④ 초기 시설비는 저렴하나, 가스엔진과 가스터빈에 비해 NOx와 CO의 배출량이 많다.

풀이 증기터빈의 초기 설치비가 높으며, 가스엔진과 가스터빈에 비해 NOx와 CO의 배출량이 적다.

67 다음 중 온실가스 감축효과가 가장 큰 것은?

① 이산화탄소 1,000톤 감축
② 메탄 150톤 감축
③ 아산화질소 25톤 감축
④ 육불화황 1톤 감축

풀이 온실가스 배출량×GWP=CO_2 환산량 구함
  ① $1,000tCO_2-eq$
  ② $150tCH_4 \times 21tCO_2/tCH_4 = 3,150tCO_2-eq$
  ③ $23tN_2O \times 310tCO_2/tN_2O = 7,750tCO_2-eq$
  ④ $1tSF_6 \times 23,900tCO_2/tSF_6 = 23,900tCO_2-eq$

정답 64 ③ 65 ② 66 ④ 67 ④

68 외부사업 추가성 평가절차 및 방법 중 만족되어야 하는 추가성 기준내용에 관한 설명으로 옳지 않은 것은?(단, 외부사업 타당성 평가 및 감축량 인증에 관한 지침 기준)

① 경제적 추가성 분석은 일반감축사업 대상 중, 연간 60,000tCO$_2$-eq 초과의 예상 온실가스 감축량 혹은 흡수량을 갖는 사업에 대하여 추가적으로 분석하도록 한다.
② 추진하고자 하는 외부사업이 현행 법·제도에 의해 제한을 받아야 하며, 외부사업의 내용이 현행 법·제도에 의무사항으로 규정되어 있어야 한다.
③ 경제성이 부족하여 외부사업으로 추진하기 어려우나, 외부사업 인증실적 활용을 통하여 경제성 확보가 가능한 사업이어야 한다.
④ 지방자치단체 등의 기관에서 온실가스 감축에 필요하여 정책적으로 권장하는 사업은 자발적 참여에 의한 활동으로 간주할 수 있다.

풀이 추진하고자 하는 외부사업이 현행 법·제도에 의해 제한을 받지 않아야 하며, 외부사업의 내용이 현행 법·제도에 의무사항으로 규정되어 있지 않아야 한다.

69 수소에너지의 특징으로 거리가 먼 것은?

① 풍부한 자원으로부터 얻을 수 있는 청정 2차 에너지이다.
② 안전성이 매우 높고, 대량으로 값싸게 제조할 수 있을 뿐만 아니라, 제조기술의 효율성이 99% 이상으로 높다.
③ 에너지의 저장 및 수송이 가능한 화학적 매체이다.
④ 연료전지 시스템을 사용하여 직접 발전이 가능하다.

풀이 수소에너지는 안전성이 낮은 편이고, 경제성이 낮다.

70 다음 연료전지(Fuel Cell)의 형태에 따른 설명으로 옳지 않은 것은?

① 인산형(PAFC) 연료전지는 백금을 주촉매로 사용하고, 150~250℃ 정도에서 운전한다.
② 알칼리형(AFC) 연료전지는 외부 연료개질기가 필요하며, 50~120℃ 정도에서 운전한다.
③ 용융탄산염형(MCFC) 연료전지는 550~700℃ 정도에서 운전하며, 대규모 발전에 사용한다.
④ 고체산화물형(SOFC) 연료전지는 백금을 주촉매로 사용하고, 100~150℃ 정도에서 운전한다.

풀이 전해질 종류에 따른 연료전지 특성

구분	알칼리 (AFC)	인산형 (PAFC)	용융탄산염 (MCFC)	고체산화물 (SOFC)	고분자전해질 (PEMFC)	직접메탄올 (DMFC)
전해질	알칼리	인산염	탄산염	세라믹	이온교환막	폴리머
촉매	Pt, Ni	Pt	Ni, Ni화합물	Ni/Zirconia Cement	Pt	Pt/Ru
연료	Hydrogen	LNG, Methanol	LNG	LNG	Hydrogen	Methanol
운전 온도	100℃ (120℃) 이하	150~200℃ 250℃ 이하	600~ 700℃ 700℃ 이하	700~ 1,000℃, 1,200℃ 이하	85~100℃ 100℃ 이하	25~ 130℃ 40℃ 이하
효율	85%	70%	80%	85%	75%	40%
용도	우주 발사체 전원	중형건물 (200kW)	중·대형 건물 (100kW~ 1MW)	소·중· 대용량 발전 (1kW~ 1MW)	가정, 상업용 (1~10kW)	소형 이동용 (1kW 이하)

71 온실가스 목표관리 운영 등에 관한 지침상 관리업체가 제출한 이행실적 중 부문별 관장기관이 확인할 사항과 거리가 먼 것은?

① 이행계획과의 연계성 및 정확성 여부
② 목표에 대한 이행 여부
③ 검증결과의 파급효과
④ 개선명령의 이행 여부

풀이 부문별 관장기관의 이행실적 확인사항
ⓐ 이행계획과의 연계성 및 정확성 여부
ⓑ 온실가스 배출량 등의 산정·보고 기준 준수 여부
ⓒ 목표에 대한 이행 여부

정답 68 ② 69 ② 70 ④ 71 ③

ⓔ 검증결과의 적정성(개선명령에 따른 이행계획에 대한 이행실적의 경우에 한한다.)
　　ⓜ 개선명령의 이행 여부
　　ⓗ 기타 이 지침에서 정한 절차 및 기준 등의 준수 여부 등

72 온실가스 감축 이행계획서 작성절차 중 QC 수립에 관한 내용과 가장 거리가 먼 것은?

① 산정과정의 적절성
② 자체 검증과정의 적절성
③ 산정결과의 적절성
④ 보고의 적절성

풀이 품질관리(QC) 수립에 관한 세부내용
　ⓐ 기초자료의 수집 및 정리
　ⓑ 산정과정의 적절성
　ⓒ 산정결과의 적절성
　ⓓ 보고의 적절성

73 풍력발전의 특징 및 입지조건으로 옳지 않은 것은?

① 재생 가능한 무공해 에너지원이며, 유지보수가 용이한 편이다.
② 오랜 기술축적으로 인한 기술성숙도와 가격경쟁력을 가지고 있다.
③ 설치비용은 저렴하나, 건설 및 설치기간이 상대적으로 길다.
④ 발전량은 풍속과 풍차의 크기에 좌우되며, 풍력으로 발전하기 위해서는 평균 4m/s 이상의 풍속이 되어야 한다.

풀이 풍력발전은 초기 투자비용이 높고, 건설 및 설치기간은 상대적으로 짧다.

74 온실가스 배출권거래제 조기감축실적 인정지침에 따라 부문별 관장기관이 조기감축실적을 평가할 때 고려사항과 가장 거리가 먼 것은?

① 조기행동의 추가성
② 조기행동의 실제성
③ 조기행동에 따른 감축효과의 지속성
④ 조기행동의 자율성

풀이 조기감축실적 평가사항(부문별 관장기관)
　ⓐ 조기행동의 일반사항
　ⓑ 조기행동의 실제성
　ⓒ 조기행동에 따른 감축효과의 지속성
　ⓓ 조기행동의 추가성
　ⓔ 조기행동에 따른 감축실적의 정량화에 대한 타당성
　ⓕ 기준 배출량 산정 방법론의 적합성
　ⓖ 조기행동에 따른 감축실적 산정방법의 적합성
　ⓗ 조기감축실적에 대한 검증결과
　ⓘ 조기감축실적 인정 예외 사유에의 해당 여부
　ⓙ 인정유형에 따른 타 감축실적과의 중복 여부
　ⓚ 환경 및 관련 법규에의 저촉 여부

75 온실가스 감축사업에서 베이스라인 방법론의 구성요소로 거리가 먼 것은?

① 감축사업에 따른 환경영향과 전망(Environmental Effect & Prospect)
② 감축사업의 경계(Project Boundary)
③ 온실가스의 누출(Leakage)
④ 온실가스 배출감축량(Emission Reduction)

풀이 베이스라인 방법론의 구성요소
　ⓐ 적용성
　ⓑ 사업경계
　ⓒ 베이스라인 시나리오
　ⓓ 누출
　ⓔ 배출감축량
　ⓕ 추가성 분석

정답　72 ② 　73 ③ 　74 ④ 　75 ①

76 온실가스 직접 감축방법에 해당하지 않는 것은?

① 대체물질 개발 ② 온실가스 활용
③ 온실가스 전환 ④ 온실가스 은폐

[풀이] 온실가스 직접 감축방법
㉠ 공정개선(대체물질 개발 및 대체공정 적용)
㉡ 원료 및 연료의 개선/대체
㉢ 온실가스 활용 및 전환
㉣ 온실가스 처리기술

77 CDM 사업의 타당성을 평가하기 위한 '베이스라인 방법론(Baseline Methodology)'의 원칙 2가지로 옳게 짝지어진 것은?

① 윤리성, 정확성 ② 총괄성, 보수성
③ 투명성, 추가성 ④ 투명성, 보수성

[풀이] 베이스라인 방법론의 2가지 기본원칙
㉠ 투명성
 • 베이스라인 방법론 설정을 위한 각 단계가 투명하게(명확하게) 제시되어야 한다.
 • 베이스라인 설정에 사용된 데이터 제공원(Data Source), 참고자료, 가정 등 모든 정보는 규명되어야 하고, 적정한 방식으로 기록·제시되어야 한다.
㉡ 보수성 : 베이스라인 시나리오라는 것이 비록 예측 가능하기는 하지만 현재로서는 알 수 없는 미래의 결과를 가정한 것인 만큼 불확실성이 존재한다. 따라서 베이스라인 방법론을 수립할 때는 가정과 변수의 선택에 있어서, 베이스라인 배출량 계산결과가 높은 쪽보다는 낮은 쪽이 되도록 선정해야 한다.

78 온실가스 배출권거래제 조기감축실적 인정지침에 관한 사항이다. ( ) 안에 가장 적합한 것은?

> 조기감축실적은 할당대상업체 단위에서의 감축분 또는 (   )에서의 감축분에 대하여 인정할 수 있다.

① 사업 단위 ② 배출시설 단위
③ 업체 단위 ④ 감축시설 단위

[풀이] 조기감축실적은 할당대상업체 단위에서의 감축분 또는 사업 단위에서의 감축분에 대하여 인정할 수 있다.

79 음식물처리시설에서 온실가스를 저감할 수 있는 기술과 거리가 먼 것은?

① 혐기성 소화방식을 호기성 소화방식으로 전환시키는 대체공정 적용
② 공정개선을 통한 메탄포집회수 이용의 극대화
③ 혐기성 소화과정에서 발생하는 메탄포집회수를 이용하는 활용공정 적용
④ 음식물 건조 및 분쇄 후 미세하게 파쇄

[풀이] ④항은 온실가스 발생이 증가되는 내용이다.

80 지열 냉난방 열교환 시스템을 설치할 경우의 특징으로 거리가 먼 것은?

① 연중 원하는 온도를 조절해 냉난방과 온수를 사용할 수 있어 편리하다.
② 수동작동 위주여서 관리인이 상주해야 하고, CO_2의 배출이 많아 환경오염의 발생 우려가 큰 편이다.
③ 보일러 등의 설치공간을 기존에 비해 줄일 수 있어 부가가치가 높은 편이다.
④ 경유, 석유, 가스 등 연료 없이 난방이 이루어질 수 있어 폭발이나 화재의 위험은 없는 편이다.

[풀이] 지열 냉난방 열교환 시스템은 원격자동제어 위주여서 별도 관리인이 불필요하며, 연소가스 발생이 없어 환경오염의 발생 우려가 없다.

정답 76 ④ 77 ④ 78 ① 79 ④ 80 ②

5과목　온실가스 관련 법규

81 외부사업 타당성 평가 및 감축량 인증에 관한 지침에서 외부사업 시작일에 해당될 수 없는 것은?

① 외부사업의 시행과 관련된 계약일
② 사업의 타당성 연구, 사전조사를 위한 계약일
③ 외부사업의 시행과 관련된 최초 지출일
④ 외부사업의 작업 실행 또는 장치의 설치 시작일

풀이 외부사업 시작일(외부사업 타당성 평가 및 감축량 인증에 관한 지침)
　㉠ 외부사업의 시행과 관련된 계약일
　㉡ 외부사업의 시행과 관련된 최초 지출일
　㉢ 외부사업의 작업 실행 또는 장치의 설치 시작일

82 탄소중립기본법상 2030년 온실가스 감축목표로 옳은 것은?

① 2030년 온실가스 배출량은 2018년 대비 25% 이상 감축
② 2030년 온실가스 배출량은 2018년 대비 35% 이상 감축
③ 2030년 온실가스 배출량은 2020년 대비 25% 이상 감축
④ 2030년 온실가스 배출량은 2020년 대비 35% 이상 감축

풀이 정부는 국가온실가스 배출량을 2030년까지 2018년의 국가온실가스 배출량 대비 35% 이상의 범위에서 대통령령으로 정하는 비율만큼 감축하는 것을 중장기 국가온실가스감축목표로 한다.

83 탄소중립기본법상 정부는 국가탄소중립 녹색성장 기본계획을 몇 년마다 수립 · 시행하여야 하는가?

① 3년　　② 5년
③ 10년　④ 15년

풀이 정부는 기본원칙에 따라 국가비전 및 중장기 감축목표 등의 달성을 위하여 20년을 계획기간으로 하는 국가탄소중립 녹색성장 기본계획(국가기본계획)을 5년마다 수립 · 시행하여야 한다.

84 다음은 온실가스 배출권의 할당 및 거래에 관한 법률상 국가 배출권 할당계획 수립에 관한 사항이다. ( ) 안에 가장 적합한 것은?

> 정부는 국가온실가스감축목표를 효과적으로 달성하기 위하여 계획기간별로 필수사항이 포함된 국가 배출권 할당계획을 매 계획기간 시작 ( )까지 수립하여야 한다.

① 1개월 전　　② 3개월 전
③ 6개월 전　　④ 12개월 전

풀이 국가 배출권 할당계획의 수립(온실가스 배출권의 할당 및 거래에 관한 법률)
　㉠ 국가온실가스감축목표를 고려하여 설정한 온실가스 배출허용총량에 관한 사항
　㉡ 배출허용총량에 따른 해당 계획기간 및 이행연도별 배출권의 총수량에 관한 사항
　㉢ 배출권의 할당 대상이 되는 부문 및 업종에 관한 사항
　㉣ 부문별 · 업종별 배출권의 할당기준 및 할당량에 관한 사항
　㉤ 이행연도별 배출권의 할당기준 및 할당량에 관한 사항
　㉥ 할당대상업체에 대한 배출권의 할당기준 및 할당방식에 관한 사항
　㉦ 배출권을 유상으로 할당하는 경우 그 방법에 관한 사항
　㉧ 조기감축실적의 인정 기준에 관한 사항
　㉨ 배출권 예비분의 수량 및 배분기준에 관한 사항
　㉩ 배출권의 이월 · 차입 및 상쇄의 기준 및 운영에 관한 사항
　㉪ 그 밖에 해당 계획기간의 배출권 할당 및 거래를 위하여 필요한 사항으로서 대통령령으로 정하는 사항

정답 81 ②　82 ②　83 ②　84 ③

85 온실가스 목표관리 운영 등에 관한 지침상 관리업체가 전자적 방식으로 작성한 이행실적 보고서를 부문별 관장기관에 제출해야 하는 시기로 옳은 것은?

① 매년 3월 31일까지   ② 매년 6월 30일까지
③ 매년 9월 30일까지   ④ 매년 12월 31일까지

풀이 관리업체는 이행계획에 대한 실적을 전자적 방식으로 작성하여 매년 3월 31일까지 부문별 관장기관에 제출하여야 한다.

86 온실가스 목표관리 운영 등에 관한 지침상 배출량 등의 산정범위에 관한 사항이다. ( ) 안에 가장 적합한 것은?

> 보고대상 배출시설 중 연간 배출량(배출권거래제의 경우 기준연도 온실가스 배출량의 연평균 총량)이 ( )인 소규모 배출시설이 동일한 배출활동 및 활동자료인 경우 부문별 관장기관의 확인을 거쳐 배출시설 단위로 구분하여 보고하지 않고 시설군으로 보고할 수 있다.

① 200tCO$_2$-eq 미만   ② 150tCO$_2$-eq 미만
③ 120tCO$_2$-eq 미만   ④ 100tCO$_2$-eq 미만

풀이 배출량 등의 산정범위(온실가스 목표관리 운영 등에 관한 지침)
㉠ 관리업체는 온실가스에 대하여 빠짐이 없도록 배출량을 산정해야 한다.
㉡ 관리업체는 온실가스 직접배출과 간접배출로 온실가스 배출유형을 구분하여 온실가스 배출량을 산정해야 한다.
㉢ 관리업체는 법인 단위, 사업장 단위, 배출시설 단위 및 배출활동별로 온실가스 배출량을 산정해야 한다.
㉣ 관리업체가 온실가스 배출량을 산정해야 하는 배출활동의 종류는 배출량 인증지침을 따른다.
㉤ 보고대상 배출시설 중 연간 배출량이 100이산화탄소 상당량톤(tCO$_2$-eq) 미만인 소규모 배출시설이 동일한 배출활동 및 활동자료인 경우 부문별 관장기관의 확인을 거쳐 배출시설 단위로 구분하여 보고하지 않고 시설군으로 보고할 수 있다.

87 다음은 온실가스 배출권의 할당 및 거래에 관한 법률상 과징금 부과에 관한 사항이다. ( ) 안에 가장 적합한 것은?

> 주무관청은 할당대상업체가 제출한 배출권이 인증한 온실가스 배출량보다 적은 경우에는 그 부족한 부분에 대하여 이산화탄소 1톤당 (㉠)의 범위에서 해당 이행연도의 배출권 평균 시장가격의 (㉡)의 과징금을 부과할 수 있다.

① ㉠ 10만 원, ㉡ 3배 이하
② ㉠ 10만 원, ㉡ 5배 이하
③ ㉠ 5만 원, ㉡ 3배 이하
④ ㉠ 5만 원, ㉡ 5배 이하

풀이 과징금(온실가스 배출권의 할당 및 거래에 관한 법률)
주무관청은 다음의 어느 하나에 해당하는 경우에는 그 부족한 부분에 대하여 이산화탄소 1톤당 10만 원의 범위에서 해당 이행연도의 배출권 평균 시장가격의 3배 이하의 과징금을 부과할 수 있다.
㉠ 할당대상업체가 인증받은 온실가스 배출량보다 제출한 배출권이 적은 경우
㉡ 할당대상업체가 할당이 취소된 양보다 제출기한 내에 제출한 배출권이 적은 경우

88 온실가스 배출권의 할당 및 거래에 관한 법률상 국가온실가스감축목표를 효과적으로 달성하기 위해 정부는 계획기간별로 국가 배출권 할당계획을 수립한다. 다음 중 국가 배출권 할당계획에 포함되어야 할 내용과 가장 거리가 먼 것은?

① 국가온실가스감축목표를 고려하여 설정한 온실가스 배출허용총량
② 배출허용총량에 따른 해당 계획기간 및 이행연도별 배출권의 총수량에 관한 사항
③ 배출사업장별 배출권의 변동과 할당거래를 위해 환경부장관이 지시하는 사항
④ 이행연도별 배출권의 할당기준 및 할당량에 관한 사항

정답 85 ① 86 ④ 87 ① 88 ③

[풀이] **국가 배출권 할당계획의 수립 시 포함사항(온실가스 배출권의 할당 및 거래에 관한 법률)**
  ㉠ 국가온실가스감축목표를 고려하여 설정한 온실가스 배출허용총량에 관한 사항
  ㉡ 배출허용총량에 따른 해당 계획기간 및 이행연도별 배출권의 총수량에 관한 사항
  ㉢ 배출권의 할당대상이 되는 부문 및 업종에 관한 사항
  ㉣ 부문별 · 업종별 배출권의 할당기준 및 할당량에 관한 사항
  ㉤ 이행연도별 배출권의 할당기준 및 할당량에 관한 사항
  ㉥ 할당대상업체에 대한 배출권의 할당기준 및 할당방식에 관한 사항
  ㉦ 배출권을 유상으로 할당하는 경우 그 방법에 관한 사항
  ㉧ 조기감축실적의 인정기준에 관한 사항
  ㉨ 배출권 예비분의 수량 및 배분기준에 관한 사항
  ㉩ 배출권의 이월 · 차입 및 상쇄의 기준 및 운영에 관한 사항
  ㉪ 그 밖에 해당 계획기간의 배출권 할당 및 거래를 위하여 필요한 사항으로서 대통령령으로 정하는 사항

89 기후위기 대응을 위한 탄소중립 · 녹색성장 기본법(탄소중립기본법)상 국가와 지방자치단체의 책무로 거리가 먼 것은?

① 국가와 지방자치단체는 가정과 학교 및 사업장 등에서 녹색생활을 적극 실천하여야 한다.
② 국가와 지방자치단체는 각종 계획의 수립과 사업의 집행과정에서 기후위기에 미치는 영향과 경제와 환경의 조화로운 발전 등을 종합적으로 고려하여야 한다.
③ 지방자치단체는 탄소중립 사회로의 이행과 녹색성장의 추진을 위한 대책을 수립 · 시행할 때 해당 지방자치단체의 지역적 특성과 여건 등을 고려하여야 한다.
④ 국가와 지방자치단체는 기후위기 대응 정책을 정기적으로 점검하여 이행성과를 평가하고, 국제협상의 동향과 주요 국가 및 지방자치단체의 정책을 분석하여 면밀한 대책을 마련하여야 한다.

[풀이] **국가와 지방자치단체의 책무(탄소중립기본법)**
  ㉠ 국가와 지방자치단체는 경제 · 사회 · 교육 · 문화 등 모든 부문에 기본원칙이 반영될 수 있도록 노력하여야 하며, 관계 법령 개선과 재정투자, 시설 및 시스템 구축 등 제반 여건을 마련하여야 한다.
  ㉡ 국가와 지방자치단체는 각종 계획의 수립과 사업의 집행과정에서 기후위기에 미치는 영향과 경제와 환경의 조화로운 발전 등을 종합적으로 고려하여야 한다.
  ㉢ 지방자치단체는 탄소중립 사회로의 이행과 녹색성장의 추진을 위한 대책을 수립 · 시행할 때 해당 지방자치단체의 지역적 특성과 여건 등을 고려하여야 한다.
  ㉣ 국가와 지방자치단체는 기후위기 대응 정책을 정기적으로 점검하여 이행성과를 평가하고, 국제협상의 동향과 주요 국가 및 지방자치단체의 정책을 분석하여 면밀한 대책을 마련하여야 한다.
  ㉤ 국가와 지방자치단체는 「공공기관의 운영에 관한 법률」에 따른 공공기관과 사업자 및 국민이 온실가스를 효과적으로 감축하고 기후위기 적응역량을 강화할 수 있도록 필요한 조치를 강구하여야 한다.
  ㉥ 국가와 지방자치단체는 기후정의와 정의로운 전환의 원칙에 따라 기후위기로부터 국민의 안전과 재산을 보호하여야 한다.
  ㉦ 국가와 지방자치단체는 기후변화 현상에 대한 과학적 연구와 영향 예측 등을 추진하고, 국민과 사업자에게 관련 정보를 투명하게 제공하며, 이들이 의사결정 과정에 적극 참여하고 협력할 수 있도록 보장하여야 한다.
  ㉧ 국가와 지방자치단체는 탄소중립 사회로의 이행과 녹색성장의 추진을 위한 국제적 노력에 능동적으로 참여하고, 개발도상국에 대한 정책적 · 기술적 · 재정적 지원 등 기후위기 대응을 위한 국제협력을 적극 추진하여야 한다.
  ㉨ 국가와 지방자치단체는 탄소중립 사회로의 이행과 녹색성장의 추진 등 기후위기 대응에 필요한 전문인력의 양성에 노력하여야 한다.

정답 89 ③

90 온실가스 배출권의 할당 및 거래에 관한 법률 시행령상 부문별 관장기관은 외부사업 온실가스 감축량의 인증에 관한 업무를 부문별 관장기관이 공동으로 정하여 관보에 고시하는 바에 따라 위탁할 수 있는데, 다음 중 위탁할 수 있는 기관으로 거리가 먼 것은?

① 농촌진흥법에 따른 농업기술실용화재단
② 한국환경공단법에 따른 한국환경공단
③ 한국교통안전공단법에 따른 한국교통안전공단
④ 임업선진화법에 따른 한국임업진흥연구원

풀이 부문별 관장기관은 외부사업 온실가스 감축량의 인증에 관한 업무를 부문별 관장기관이 공동으로 정하여 고시하는 바에 따라 다음의 기관에 위탁한다.
㉠ 「농촌진흥법」에 따른 한국농업기술진흥원
㉡ 「에너지이용 합리화법」에 따른 한국에너지공단
㉢ 「임업 및 산촌 진흥촉진에 관한 법률」에 따른 한국임업진흥원
㉣ 「한국교통안전공단법」에 따른 한국교통안전공단
㉤ 「한국해양교통안전공단법」에 따른 한국해양교통안전공단
㉥ 「한국환경공단법」에 따른 한국환경공단
㉦ 「해양환경관리법」에 따른 해양환경공단
㉧ 그 밖에 해당 업무를 수행할 수 있는 전문인력과 장비 등을 갖춘 기관으로서 부문별 관장기관이 정하는 기관

91 다음은 온실가스 배출권의 할당, 조정 및 취소에 관한 지침상 할당신청의 중복, 누락, 오류 등 적절성 검토에 관한 사항이다. ( ) 안에 가장 적합한 것은?

환경부장관은 적절성 검토를 통하여 할당신청서에 보완이 필요하다고 판단하는 경우에는 해당 업체에게 ( )의 기한을 정하여 보완을 요청할 수 있다.

① 5일
② 15일
③ 1개월
④ 2개월

풀이 환경부장관은 적절성 검토를 통하여 할당신청서에 보완이 필요하다고 판단하는 경우에는 해당 업체에게 5일의 기한을 정하여 보완을 요청할 수 있다.(온실가스 배출권의 할당, 조정 및 취소에 관한 지침)

92 온실가스 배출권의 할당 및 거래에 관한 법률 시행령상 무상할당 대상업종에 관한 다음 ( ) 안에 가장 적합한 것은?

비용발생도와 무역집약도를 곱한 값이 ( )인 업종으로서 할당계획에서 정하는 업종을 말한다.

① 1백분의 1
② 1백분의 2
③ 1천분의 1
④ 1천분의 2

풀이 지방자치단체, 학교, 의료기관, 대중교통운영자, 집단에너지사업자(3차 계획기간의 1차 이행연도부터 3차 이행연도까지의 기간으로 한정한다.)는 비용발생도와 무역집약도를 곱한 값이 1천분의 2 이상이 무상할당 대상이 된다.

93 온실가스 목표관리 운영 등에 관한 지침상 부문별 관장기관의 소관업무 분야가 잘못 연결된 것은?

① 농림축산식품부 : 농업 · 임업 · 축산 · 식품 분야
② 산업통상자원부 : 유통 · 해운 분야
③ 환경부 : 폐기물 분야
④ 국토교통부 : 건물 · 교통(해운 · 항만 분야는 제외한다.) · 건설 분야

풀이 국가 온실가스 목표의 설정 · 관리 관장기관
㉠ 농림축산식품부 : 농업 · 임업 · 축산 · 식품 분야
㉡ 산업통상자원부 : 산업 · 발전 분야
㉢ 환경부 : 폐기물 분야
㉣ 국토교통부 : 건물 · 교통(해운 · 항만 분야 제외) · 건설 분야
㉤ 해양수산부 : 해양 · 수산 · 해운 · 항만 분야

정답 90 ④ 91 ① 92 ④ 93 ②

94 온실가스 배출권거래제 운영을 위한 검증지침상 "외부사업 사업자가 감축사업을 하지 않았을 경우 사업경계 내에서 발생 가능성이 가장 높은 조건을 고려한 온실가스 배출량"을 의미하는 용어는?

① 추가 배출량
② 부족 배출량
③ 베이스라인 배출량
④ 감축 배출량

풀이 베이스라인 배출량
외부사업 사업자가 감축사업을 하지 않았을 경우 사업경계 내에서 발생 가능성이 가장 높은 조건을 고려한 온실가스 배출량을 말한다.

95 다음은 온실가스 목표관리 운영 등에 관한 지침상 이의신청서 작성과 관련된 사항이다. ( ) 안에 가장 적합한 것은?

> 관리업체는 관장기관의 지정·고시에 이의가 있는 경우 고시된 날로부터 ( ) 이내에 소명자료를 작성하여 지정·고시한 부문별 관장기관에게 이의를 신청할 수 있다.

① 5일
② 10일
③ 15일
④ 30일

풀이 이의신청서 작성
관리업체는 관장기관의 지정·고시에 이의가 있는 경우 고시된 날부터 30일 이내에 소명자료를 작성하여 지정·고시한 부문별 관장기관에게 이의를 신청할 수 있다.

96 관리업체의 목표관리 계획기간에 관한 다음 내용 중 ( ) 안에 가장 적합한 것은?

> ① 관리업체의 목표관리 계획기간은 부문별 관장기관으로부터 목표를 설정받은 다음 해의 ( )까지로 한다.
> ② 해당 연도에 새로이 관리업체로 지정된 경우(업체별 목표 설정 이후 합병·분할 또는 영업·자산 양수도 등 권리와 의무의 승계로 인하여 목표관리를 받게 되는 시설을 포함한다)에는 다음 해에 목표를 설정하고 그 다음해 ( )까지를 목표관리 계획기간으로 한다.

① 1월 1일부터 6월 30일
② 1월 1일부터 9월 30일
③ 1월 1일부터 12월 31일
④ 3월 1일부터 12월 31일

풀이 목표관리 계획기간(온실가스 목표관리 운영 등에 관한 지침)
㉠ 관리업체의 목표관리 계획기간은 부문별 관장기관으로부터 목표를 설정받은 다음 해의 1월 1일부터 12월 31일까지로 한다.
㉡ 해당 연도에 새로이 관리업체로 지정된 경우(업체별 목표 설정 이후 합병·분할 또는 영업·자산 양수도 등 권리와 의무의 승계로 인하여 목표관리를 받게 되는 시설을 포함한다)에는 다음 해에 목표를 설정하고 그 다음 해 1월 1일부터 12월 31일까지를 목표관리 계획기간으로 한다.

97 기후위기 대응을 위한 탄소중립·녹색성장 기본법(탄소중립기본법) 시행령상 온실가스 관리목표를 통보받은 온실가스 배출 관리업체가 계획기간 전년도의 12월 31일까지 부문별 관장기관의 장에게 제출해야 하는 온실가스 목표의 이행계획 사항이 아닌 것은?

① 업체의 사업장 현황 등 일반정보
② 사업장별 온실가스 관리목표 및 관리범위
③ 사업장별 배출 온실가스의 종류 및 배출량
④ 사업장별 사용 에너지의 품질 및 열량

풀이 온실가스 관리목표의 이행계획 포함사항(탄소중립기본법)
㉠ 업체의 사업장 현황 등 일반정보
㉡ 사업장별 온실가스 관리목표 및 관리범위
㉢ 사업장별 배출 온실가스의 종류 및 배출량
㉣ 사업장별 사용 에너지의 종류·사용량
㉤ 배출시설별 활동자료의 측정지점, 모니터링 유형 및 방법
㉥ 그 밖에 온실가스 관리목표의 이행을 위하여 환경부장관이 정하여 고시하는 사항

정답 94 ③ 95 ④ 96 ③ 97 ④

98 온실가스 배출권의 할당 및 거래에 관한 법률상 배출권 할당위원회에 관한 설명으로 옳지 않은 것은?

① 배출권 할당위원회에 위촉된 위원의 임기는 2년으로 하며, 한 차례만 연임할 수 있다.
② 할당위원회에는 환경부령으로 정하는 바에 따라 간사위원 2명을 둔다.
③ 배출권 할당위원회의 회의는 재적위원 과반수 출석으로 개의하고, 출석위원 과반수의 찬성으로 의결한다.
④ 배출권 할당위원회의 회의는 할당위원회의 위원장이 필요하다고 인정하거나 재적위원의 3분의 1 이상이 요구할 때에 개최한다.

풀이) 할당위원회에는 대통령령으로 정하는 바에 따라 간사위원 1명을 둔다.

99 공공부문 온실가스 목표관리 운영 등에 관한 지침상 환경부장관은 행정안전부장관, 산업통상자원부장관 및 국토교통부장관 등의 검토결과를 반영하여 공공부문 목표관리 이행결과 종합보고서를 작성하고, 언제까지 탄소중립위원회에 보고하여야 하는가?

① 매년 1월 31일까지
② 매년 3월 31일까지
③ 매년 6월 30일까지
④ 매년 12월 31일까지

풀이) 환경부장관은 행정안전부장관, 산업통상자원부장관 및 국토교통부장관 등의 검토결과를 반영하여 공공부문 목표관리 이행결과 종합보고서를 작성하고, 매년 6월 30일까지 탄소중립위원회에 보고하여야 한다.(공공부문 온실가스 목표관리 운영 등에 관한 지침)

100 탄소중립기본법상 중장기 감축목표 등을 설정 또는 변경할 때에 고려사항과 거리가 먼 것은?

① 국가 신용도에 미치는 영향
② 국가 중장기 온실가스 배출·흡수 전망
③ 국가에너지 정책에 미치는 영향
④ 국제사회의 기후위기 대응 동향

풀이) 중장기 감축목표 등을 설정 또는 변경 시 고려사항
① 국가 중장기 온실가스 배출·흡수 전망
② 국가비전 및 국가전략
③ 중장기 감축목표 등의 달성 가능성
④ 부문별 온실가스 배출 및 감축 기여도
⑤ 국가 에너지정책에 미치는 영향
⑥ 국내 산업, 특히 화석연료 의존도가 높은 업종 및 지역에 미치는 영향
⑦ 국가재정에 미치는 영향
⑧ 온실가스 감축 등 관련 기술 전망
⑨ 국제사회의 기후위기 대응 동향

정답 98 ② 99 ③ 100 ①

# SECTION 07 2020년 2회 기사

1과목 기후변화개론

01 기후변화 문제의 국제화 과정에 대한 설명으로 틀린 것은?

① 인간활동이 기후체계에 미치는 영향에 대한 국제과학계의 논의는 1957년부터 시작되었다.
② 1979년에 세계기상기구(WMO)는 제1차 세계기후회의를 개최하였다.
③ 1988년 국제연합환경계획(UNEP)은 세계기상기구(WMO)와 기후변화정부 간 패널(IPCC)을 설립하였다.
④ 1992년 브라질 유엔환경개발회의(UNCED)에서 기후변화협약(UNFCCC)이 채택되었다.

풀이 온실가스의 대기 중 배출을 억제함으로써 지구온난화로 인한 지구환경피해를 방지하기 위하여 1972년 2월 스위스 제네바에서 세계기상기구(WMO) 주관으로 제1차 세계기후회의가 개최되었다.

02 다음 중 온실가스면서 대기 중에 가장 저농도로 존재하는 것은?

① 아산화질소   ② 메탄
③ 육불화황   ④ 아르곤

풀이 ㉠ 대기 중 육불화황의 농도는 이산화탄소 농도의 4,000만분의 1 정도로 저농도를 나타낸다.
㉡ 대기 중 농도는 CO_2(350~380ppm), CH_4(1.5~1.7ppm), N_2O(0.3~3ppm), Ar(0.93%)이다.

03 자연적인 기후변화 요인이 아닌 것은?

① 토지이용의 변화
② 밀란코비치 이론
③ 태양흑점 수의 변화
④ 지구의 공전궤도 변화

풀이 자연적인 기후변화 요인
㉠ 기후시스템의 변화(대기권, 수권, 빙권, 지권, 생물권)
㉡ 태양흑점 수의 주기적 변화에 따른 태양복사에너지 변화
㉢ 태양과 지구의 천문학적 상대적 위치관계(지구공전궤도 변화)
㉣ 밀란코비치 효과(기후계 내부 역학의 영향과 기후에 영향을 주는 외부 인자들의 변화로 인해 기후계는 시간이 지나면서 발달하게 된다.)

04 한국정부가 범국가적인 관점에서 기후변화 문제에 대한 관심을 표명하기 시작한 것은 언제부터인가?

① 1992년 기후변화협약에 서명 이후
② 1998년 '범정부 기후변화 대책기구' 구성 이후
③ 2007년 '기후변화 대책기획단' 신설 이후
④ 2009년 '저탄소 녹색성장기본법' 제정 이후

풀이 기후변화협약에 대응하기 위해 1998년 4월에 관계부처 장관회의를 통해 국무총리를 위원장으로 하는 '범정부 기후변화 대책기구'를 설치하고 기후변화협약에 대응하는 정책추진체제를 갖추었고 이 대책기구를 중심으로 제1차 기후변화종합대책을 수립하였다.

05 제2차 국가기후변화적응대책 보고서의 정책방향 중 "지속가능한 자연자원관리"의 핵심계획지표에 해당하지 않는 것은?

① 기후변화 대응품종 개발
② 한반도 생물유전자원 DB 구축
③ 산악기상관측망 서비스 운영
④ 해양생태계 구조변화 모니터링 지점 수

정답 01 ② 02 ③ 03 ① 04 ② 05 ①

[풀이] 제2차 국가기후변화적응대책
　㉠ 4대 정책
　　• 과학적 위험관리
　　• 안전한 사회건설
　　• 산업계 경쟁력 확보
　　• 지속가능한 자연자원관리
　㉡ 지속가능한 자연자원관리 핵심계획지표
　　• 한반도 생물유전자원 DB 및 지도구축
　　• 산악기상관측망 서비스 운영
　　• 해양생태계 구조변화 모니터링 지점 수

06 2030 국가온실가스감축 기본로드맵상 가장 많이 감축하여야 하는 부문으로 옳은 것은?

① 전환(발전) 부문
② 산업 부문
③ 건설 부문
④ 에너지신산업 부문

[풀이] 2030 국가온실가스감축 기본로드맵
　㉠ 전환(발전) 부문에서 가장 많이 감축(저탄소, 전력효율 강화)
　㉡ 산업 부문에서 2번째로 많이 감축(에너지 효율 개선)
　㉢ 건설 부문 감축(제로에너지빌딩)
　㉣ 에너지신사업 부문 감축(저탄소 경제구조 전환)
　㉤ 수송 부문 감축(친환경차, 대중교통 활성화)
　㉥ 공공/기타(LED 조명, 신재생에너지 설비 보급)
　㉦ 폐기물(감량화, 재활용화)
　㉧ 농축산(농경지, 축산배출원 관리)
　㉨ 국외감축(파리협정)

07 지구의 복사평형에 관한 설명으로 잘못된 것은?

① 지구에 입사되는 태양복사에너지 중 대기분자의 산란으로 25%, 구름의 반사가 3%, 지표면의 반사가 2% 정도로서 30%의 알베도를 가진다.
② 대기권에 흡수된 에너지 70%는 대기분자에 의해 17%, 구름에 의한 흡수 3%, 지표면에 흡수하는 태양에너지의 양은 50% 정도이다.
③ 반사되지 않고 지구에 흡수되는 70% 정도의 에너지가 지구 온도에 직접적인 원인이 된다.
④ 지구복사와 관련된 용어 중 알베도는 입사에너지에 대한 반사에너지의 비로 나타낸다.

[풀이] 지구에 입사되는 태양복사에너지 중 대기분자의 산란으로 6%, 구름의 반사가 20%, 지표면의 반사가 4% 정도로서 30%의 알베도를 가진다.

08 온실가스를 배출하는 다음 4개의 공정 중에서 지구온난화 영향이 가장 큰 공정은?

① 이산화탄소를 3ton 배출하는 공정
② 메탄을 150kg 배출하는 공정
③ 아산화질소를 10kg 배출하는 공정
④ 육불화황을 130g 배출하는 공정

[풀이] 온실가스 배출량×GWP=CO_2 환산량 구함
　① $3tCO_2-eq$
　② $0.15tCH_4 \times 21 = 3.15tCO_2-eq$
　③ $0.01tN_2O \times 310 = 3.1tCO_2-eq$
　④ $0.00013tSF_6 \times 23,900 = 3,107tCO_2-eq$

09 전 세계 온실가스 배출량에서 가장 높은 비율을 차지하는 부문은?

① 농업　　② 폐기물
③ 에너지　④ 토지이용 변화

[풀이] 전 세계 온실가스 배출원
　㉠ 에너지 사용(73.2%)
　㉡ 농업, 임업 및 토지 이용(18.4%)
　㉢ 산업공정(5.2%)
　㉣ 폐기물(3.2%)

10 다음 중 우리나라에 없는 기후변화 관련 기구는?

① GGGI　　② GCF
③ GTC　　 ④ GCOS

[풀이] 전 지구기후관측시스템(GCOS)는 지구계에 대한 포괄적·지속적·조정된 관측을 수행하고 관측자료를 분석·예측한 후 유용한 최종 정보를 수요자에게 신속하게 전달하는 시스템으로 사무국은 스위스 제네바에 위치하고 있다.

11 다음은 어떤 회의에서 논의된 중요 사항인가?

- 2012년까지로 만료되는 교토의정서의 효력을 2020년까지 8년 연장 결정
- 2020년 이후에 나타날 새로운 기후변화 대응체제를 2015년까지 마련한다는 결정
- GCF의 위치를 공식적으로 한국의 송도로 확정

① 2009년 코펜하겐 회의(COP 15)
② 2010년 칸쿤 회의(COP 16)
③ 2011년 더반 회의(COP 17)
④ 2012년 도하 회의(COP 18)

[풀이] 제18차 당사국총회(COP 18)
  ㉠ 2012년 카타르 도하
  ㉡ 2012년 만료되는 교토의정서를 2020년까지 연장(2013~2020년간 선진국의 온실가스 의무감축을 규정하는 교토의정서 개정안 채택)
  ㉢ 선진국과 개도국이 참여하는 새로운 감축안을 만들기 위한 기반 조성
  ㉣ 발리행동계획에 의하여 출범된 장기협력에 관한 협상트랙(AWG-LCA)이 종료됨
  ㉤ 2020년 이후 모든 당사국에 적용되는 신기후체제를 위한 협상회의(ADP)의 2013~2015년간 작업계획 마련
  ㉥ 후기 교토체제 논의의 전개과정에서 2012년에 만료되는 교토의정서의 효력을 2020년까지 연장하기로 합의하고 2020년 이후에 나타날 새로운 기후변화 대응체제를 2015년까지 마련하기로 합의
  ㉦ GCF의 위치를 공식적으로 한국의 송도로 결정

12 국제기후변화협약과 관련된 과학적·기술적 문제에 필요한 정보를 제공하는 기구는?

① SBI   ② COP
③ CMP   ④ SBSTA

[풀이] 과학기술자문 부속기구(SBSTA)
  ㉠ 기후변화협력이나 교토의정서와 관련된 과학적, 기술적 문제에 대하여 적기에 필요한 정보 제공
  ㉡ 국가보고서 및 배출통계방법론
  ㉢ 기술개발 및 기술이전에 관한 실무 수행
  ㉣ COP와 CMP 지원

13 배출권거래제도의 성격에 관한 설명으로 옳지 않은 것은?

① 배출권거래제도는 시장원리에 기반한 제도이다.
② 배출권거래제도는 자발적인 제도로서 의무를 수반하지 않는다.
③ 배출권거래제도는 배출총량이 고정되어 있다.
④ 배출권거래제도의 운영에는 일정 수준의 거래비용이 발생한다.

[풀이] 배출권거래제도에서 각 업종과 업체는 의무감축량을 할당받는다.

14 주요국의 배출권거래제도에 관한 설명으로 옳지 않은 것은?

① RGGI는 미국 북동부 및 대서양 연안 중부지역 주에서 시행한 배출권거래제로서 2009년 1월부터 시작되어 미국 최초로 강제적인 감축의무가 시행되는 프로그램이다.
② WCI와 MGGA는 미국과 캐나다 주정부 간의 국경을 뛰어넘는 협정이다.
③ 일본은 2002년 Baseline-and-Credit 방식인 자발적 배출권거래제도인 JVETS를 도입하여 큰 성과를 보였다.
④ 일본의 JVETS 제도는 일정량의 온실가스 감축을 달성한 참가자에게 CO_2 배출감소시설의 설치비를 보조하는 제도였다.

[풀이] 일본이 2005년에 도입한 자율참가형 온실가스배출 권제도(JVETS)는 Baseline-and-Credit 방식이며 큰 성과는 없었다.

15 온실가스에 관한 설명으로 옳지 않은 것은?

① 육불화황은 전기제품이나 변압기 등의 절연체로 사용된다.
② 수소불화탄소와 과불화탄소는 CFCs의 대체물질로 냉매, 소화기 등에 사용된다.
③ 이산화탄소는 탄소성분과 대기 중의 산소가 결합하는 연소반응을 통해 대기 중에 배출된다.
④ 아산화질소는 온실가스 중에서 가장 높은 비중을 차지하고 있다.

[풀이] 이산화탄소가 온실가스 중에서 가장 높은 비중을 차지하고 있다.

16 우리나라의 기후변화 영향과 취약성에 대한 설명으로 틀린 것은?

① 가뭄과 홍수 취약지역이 증가한다.
② 식물의 서식지가 이동한다.
③ 직접 또는 간접적으로 식량생산에 영향을 준다.
④ 질병 전파기간이 짧아진다.

[풀이] 가뭄과 홍수 취약지역 증가, 식물의 서식지 이동, 직접 또는 간접적으로 식량생산에 영향, 질병 전파기간이 길어진다.

17 기후변화에 의해 우리나라에서 나타나는 곤충생태계의 변화로 가장 거리가 먼 것은?

① 북방계 곤충의 증가
② 남방계 곤충의 증가
③ 일반 곤충의 해충화 현상
④ 곤충 생활주기의 변화

[풀이] 기후변화에 의해 북방계 곤충(들신선나비)이 남방계 외래곤충(꽃매미, 열대모기)으로 대체되어 과수생육에도 큰 영향과 피해 및 일반 곤충의 해충화 발생, 곤충생활주기가 변화한다.

18 선진국과 개발도상국이 모두 온실가스 감축에 참여하는 신기후체제의 합의를 도출한 협정이 체결된 UNFCCC의 당사국총회 개최지는?

① 교토   ② 파리
③ 리마   ④ 도하

[풀이] 제21차 당사국총회(COP 21)
㉠ 2015년 프랑스 파리
㉡ 전 세계 196개 당사국이 합의한 파리협정(Paris Agreement)이 채택됨으로써 2020년 이후 교토의 정서를 대체할 신기후체제 출범(단순한 감축목표 제시를 넘어 기후변화 대응·기후재원 조성 등을 통해 지속가능한 발전으로 패러다임 전환을 의미)
㉢ 지구 온도 상승 폭을 산업화 이전 대비 2℃보다 훨씬 낮은 수준으로 억제
㉣ 2025년 이후 선진국은 매년 최소 1,000억 달러 규모의 기후재원 조성
㉤ 감축목표는 각국이 스스로 정하되 매 5년마다 상향된 목표 제출 의무화
㉥ 2023년부터 5년 단위로 국제사회 공동차원의 이행점검 실시
㉦ 55개국 이상 & 글로벌 배출량 총 비중 55% 이상에 해당하는 국가의 비준을 충족하면 그로부터 30일 후 발효

19 기후변화 영향 모형과 대응비용 구조를 나타내는 아래의 수식들 중 틀린 것은?

① 기후변동량 = 인위적인 요인(온실가스 변화량) + 자연적인 요인
② 기후변화의 영향 = 기후민감도 + 기후변동량
③ 기후변화대응 총비용 = 기후변동 감축 투자액 + 기후민감도 감축 투자액
④ 기후변화대응 총편익 = 기후변화 피해비용 감소액 + 기후변화대응 투자의 경제유발 효과

정답 15 ④ 16 ④ 17 ① 18 ② 19 ②

풀이 기후변화의 영향 = $\dfrac{\text{기후민감도}}{\text{적응능력}}$

20 기후변화 관련 국제기구 중 ( ) 안에 알맞은 것은?

( )는 기후변화협약이나 교토의정서와 관련된 과학적·기술적 문제에 대하여 적기에 필요한 정보를 제공하여 당사국총회(COP)와 CMP를 지원한다.

① SBSTA   ② SBI
③ WMO   ④ GEO

풀이 과학기술자문부속기구(SBSTA)
    ㉠ 기후변화협약이나 교토의정서와 관련된 과학적, 기술적 문제에 대하여 적기에 필요한 정보를 제공하는 역할
    ㉡ 국가보고서 및 배출통계방법론
    ㉢ 기술개발 및 기술이전에 관한 실무 수행
    ㉣ 당사국총회(COP)와 CMP 지원

2과목   온실가스 배출의 이해

21 온실가스 배출권거래제의 배출량 보고 및 인증에 관한 지침상 이동연소(선박) 보고대상 배출시설의 적용범위에 관한 설명으로 옳지 않은 것은?

① 여객선 : 선박을 추진하기 위해 사용된 연료연소 배출
② 화물선 : 화물운송을 주목적으로 하는 선박의 연료연소 배출
③ 어선 : 내륙, 연안, 심해 어업에서의 연료연소 배출
④ 기타 : 화물선, 여객선, 어선을 제외한 모든 수상 이동의 연료연소 배출

풀이 여객선
    여객운송을 주목적으로 하는 선박의 연료연소 배출

22 온실가스 배출권거래제의 배출량 보고 및 인증에 관한 지침상 이동연소 선박 부문의 배출량을 Tier 2, 3 수준으로 산정 시 적용하는 활동자료로 가장 거리가 먼 것은?

① 연료 종류
② 선박 종류
③ 엔진 종류별 연료 사용량
④ 엔진 부하율

풀이 이동연소(선박) 부문의 배출량 산정 시 적용하는 활동자료
    ㉠ Tier 1 : 연료 종류별 사용량
    ㉡ Tier 2, 3 : 선박 종류, 연료 종류, 엔진의 종류별 연료 사용량

23 온실가스 배출권거래제의 배출량 보고 및 인증에 관한 지침상 석회석($CaCO_3$)이 사용되는 공정으로 가장 거리가 먼 것은?

① 유리 생산공정
② 암모니아 생산공정
③ 카바이드 생산공정
④ 철강 생산공정

풀이 석회석($CaCO_3$)이 사용되는 공정
    ㉠ 탄산염의 기타공정(도자기, 요업제품 제조시설 중 소성시설, 용융·용해시설, 펄프·종이 및 종이제품 제조시설 중 약품회수시설, 배연탈황시설)
    ㉡ 시멘트, 석회석, 유리, 카바이드, 소다회, 철강 생산

정답   20 ①   21 ①   22 ④   23 ②

24 온실가스 배출권거래제의 배출량 보고 및 인증에 관한 지침상 시멘트 생산의 배출활동과 보고대상 배출시설(소성로)에 관한 설명으로 옳지 않은 것은?

① 소성시설(kiln)은 물체를 높은 온도에서 구워내는 시설을 말하며 일종의 열처리시설에 해당된다.
② 소성의 목적은 소성물질의 종류에 따라 다소 다르나 보통 고온에서 안정된 조직 및 광물상으로 변화시키거나 충분한 강도를 부여함으로써 물체의 형상을 정확하게 유지시키기 위한 목적으로 이용되는 경우가 많다.
③ 시멘트 공정에서의 CO_2 배출특성은 소성시설(kiln)의 생석회 생성량과 연료 사용량 및 폐기물 소각량에 의하여 영향을 받으며, 그 밖에 주원료인 석회석과 함께 점토 등 부원료의 사용량에 의해서도 영향을 받을 수 있다.
④ 소성시설의 보고대상 온실가스는 CO_2, CH_4이다.

풀이 시멘트 생산
㉠ 보고대상 배출시설 : 소성시설
㉡ 보고대상 온실가스 : CO_2

25 온실가스 배출권거래제의 배출량 보고 및 인증에 관한 지침상 카바이드에 관한 설명으로 옳지 않은 것은?

① 일반적으로 칼륨의 탄소화합물인 탄산칼륨을 말한다.
② 공업적으로 생석회나 코크스, 무연탄 등의 탄소를 전기로 속에서 가열하여 제조한다.
③ 아세틸렌의 원료로 사용된다.
④ 카바이드 생산공정에서 CO_2가 발생한다.

풀이 카바이드는 일반적으로 칼슘의 탄소화합물인 탄화칼슘(CaC_2)이라 한다.

26 온실가스 배출권거래제의 배출량 보고 및 인증에 관한 지침상 유리 생산활동에서 융해공정 중 CO_2를 배출하는 주요 원료와 가장 거리가 먼 것은?

① $CaCO_3$
② $MtCO_3$
③ Na_2CO_3
④ $CaMg(CO_3)_2$

풀이 유리생산활동에서 융해공정 중 CO_2를 배출하는 주요 원료는 석회석($CaCO_3$), 백운석($CaMg(CO_3)_2$) 및 소다회(Na_2CO_3)이다. 이러한 광물들이 유리생산에 사용되기 위해 채굴되는 과정에서도 CO_2가 배출된다.

27 온실가스 배출권거래제의 배출량 보고 및 인증에 관한 지침상 석회 생산공정의 보고대상 온실가스를 모두 나열한 것으로 옳은 것은?

① CO_2
② CO_2, CH_4
③ CO_2, N_2O
④ CO_2, CH_4, N_2O

풀이 석회 생산
㉠ 보고대상 배출시설 : 소성시설(Kiln)
㉡ 보고대상 온실가스 : CO_2

28 다음은 온실가스 배출권거래제의 배출량 보고 및 인증에 관한 지침상 철강 생산공정의 어떤 공정(시설)을 설명한 것인가?

> 아크로와 유도로로 구분하며, 아크로는 주로 대용량의 연강 및 고합금강의 제조에 사용되고, 유도로는 주로 고급 특수강이나 주물을 주조하는 데 사용한다.

① 주물로
② 전기로
③ 소성로
④ 특수로

풀이 전기로(전기아크로)
㉠ 전기로는 크게 나누어 아크로(Arc Furance)와 유도로(Induction Furance)가 있으며, 아크로는 주로 대용량의 연강(Mild Steel) 및 고합금강의 제조에 사용되고, 유도로는 주로 고급 특수강이나 주물을 주조하는 데 사용된다.
㉡ 아크로는 전기양도체인 전극(탄소봉)에 전류를 통하여 고철과 전극 사이에 발생하는 Arc열을 이용하여 고철 등 내용물을 산화정련하며, 산화정련 후 환원성의 광재로 환원정련함으로써 탈산·탈황작업을 하게 된다.

정답 24 ④ 25 ① 26 ② 27 ① 28 ②

29 온실가스 배출권거래제의 배출량 보고 및 인증에 관한 지침상 고정연소(액체연료) 보고대상 배출시설 중 "공정연소시설"에 해당하지 않는 것은?

① 나프타 분해시설(NCC)
② 배연탈질시설
③ 소둔로
④ 용융 · 용해시설

풀이 고정연소(액체연료) 보고대상 배출시설 중 공정연소시설
  ㉠ 건조시설
  ㉡ 가열시설
  ㉢ 나프타 분해시설(NCC)
  ㉣ 용융 · 용해시설
  ㉤ 소둔로
  ㉥ 기타 노

30 온실가스 배출권거래제의 배출량 보고 및 인증에 관한 지침상 "부생연료 1호"에 관한 설명으로 옳지 않은 것은?

① 등유성상에 해당하는 제품으로 열효율은 보일러등유와 유사하다.
② 방향족 성분의 다량 함유로 일부 제품은 냄새가 심하며 연소성의 척도인 10% 잔류탄소분이 매우 높으므로 그을음 발생으로 집진시설을 설치해야 한다.
③ 석유화학제품 생산의 전처리과정에서 나오는 제품으로 물성이 다양하며, 목욕탕, 숙박업소 등에서 보일러등유, 경유 등이 연료를 사용하는 상업용 보일러에 대체연료로 사용된다.
④ 부생연료 1호 사용에 따른 고정연소 배출활동의 경우, 산정등급 1(Tier 1) CO_2 배출계수는 등유계수를 활용하여 온실가스 배출량을 산정한다.

풀이 ㉠ 부생연료 1호
  • 등유성상에 해당하는 제품으로 열효율은 보일러등유와 유사하다. 황분 0.1wt% 이하의 제품으로 연소설비 사용 시 경질유와 마찬가지로 집진시설 없이 사용 가능하며, 저온연소성이 보일러등유와 유사하므로 계절에 관계없이 사용가능하다. 석유화학제품 생산의 전처리과정에서 나오는 제품으로 물성이 다양하며, 목욕탕, 숙박업소 등에서 보일러등유, 경유 등이 연료를 사용하는 상업용 보일러에 대체연료로 사용된다.
  • 부생연료 1호 사용에 따른 고정연소 배출활동의 경우, 산정등급 1(Tier 1) CO_2 배출계수는 등유계수를 활용하여 온실가스 배출량을 산정한다.

㉡ 부생연료 2호
  • 등유 · 중유성상에 해당하는 제품으로 열효율은 보일러등유와 중유의 중간 정도이다. 방향족 성분의 다량 함유로 일부 제품은 냄새가 심하며 연소성이 척도인 10% 잔류탄소분이 매우 높으므로 그을음 발생으로 집진시설을 설치해야 한다. 석유화학제품을 생산하는 전처리과정에서 나오는 제품으로 생산업체에 따라 물성이 다양하며, 보일러등유, 경유, 중유 등 액체연료를 사용하는 열원 공급시설(산업용 보일러 등)의 연료계통 부품을 교체하여 대체연료로 사용된다.
  • 부생연료 2호 사용에 따른 고정연소 배출활동의 경우, 산정등급 1(Tier 1) CO_2 배출계수는 B-C유 계수를 활용하여 온실가스 배출량을 산정한다.

31 온실가스 배출권거래제의 배출량 보고 및 인증에 관한 지침상 폐기물 소각의 보고대상 배출시설과 가장 거리가 먼 것은?

① 일반 소각시설
② 분리형 소각시설
③ 폐가스 소각시설
④ 폐수 소각시설

풀이 폐기물 소각의 보고대상 배출시설
  ㉠ 소각보일러
  ㉡ 일반 소각시설
  ㉢ 고온 소각시설
  ㉣ 열분해시설(가스화시설 포함)
  ㉤ 고온 용융시설
  ㉥ 열처리 조합시설
  ㉦ 폐가스 소각시설(배출가스 연소탑, Flare Stack 등)
  ㉧ 폐수 소각시설

정답 29 ② 30 ② 31 ②

32 온실가스 배출권거래제의 배출량 보고 및 인증에 관한 지침상 전자산업에서 온실가스 보고대상 배출시설이 옳게 짝지어진 것은?

① 식각시설, 증착시설
② 식각시설, 결정성장로
③ 결정성장로, 증착시설
④ 웨이퍼 세정시설, 잉곳 절단시설

풀이 전자산업
  ㉠ 보고대상 배출시설
      식각시설, 증착시설(CVD 등)
  ㉡ 보고대상 온실가스
      • 반도체/디스플레이/PV 생산 부문, 열전도 유체 부문 : 불소화합물(FCs)
      • 열전도 유체 부문 : N_2O

33 온실가스 배출권거래제의 배출량 보고 및 인증에 관한 지침상 "관리형 매립지－혐기성"의 MCF 기본값(메탄보정계수)은?

① 1.0
② 0.5
③ 0.4
④ 0.1

풀이 매립시설 유형별 MCF(메탄보정계수)

매립시설 유형	MCF 기본값
관리형 매립지－혐기성	1.0
관리형 매립지－준호기성	0.5
비관리형 매립지－매립고 5m 이상	0.8
비관리형 매립지－매립고 5m 미만	0.4
기타	0.6

34 온실가스 배출권거래제의 배출량 보고 및 인증에 관한 지침상 카프로락탐 생산과 관련한 배출활동에 관한 설명으로 옳지 않은 것은?

① 카프로락탐 생산공정은 출발 원료에 따라 사이클로헥산, 페놀 및 톨루엔의 3가지로 대별할 수 있다.
② 카프로락탐 생산공정에서 사이클로헥산은 촉매 존재하에 사이클로헥사논과 사이크로헥사놀로 산화된다.
③ 사이클로헥사놀은 탈수소 촉매하에서 사이클로헥사논으로 전환된다.
④ 카프로락탐 생산공정에서 온실가스를 배출하는 단위공정은 불소성분에 의한 SF_6 배출공정과 접촉개질 분해반응에 의한 CH_4 배출공정으로 구분한다.

풀이 카프로락탐 생산공정은 다양한 단위공정으로 구성되며, 온실가스를 배출하는 단위공정은 배출되는 온실가스의 종류에 따라 원료 중 탄소성분에 의해 CO_2를 배출하는 CO_2 배출공정과 하이드록실아민 반응에 의해 N_2O를 배출하는 N_2O 배출공정으로 구분한다.

35 온실가스 배출권거래제의 배출량 보고 및 인증에 관한 지침상 마그네슘 생산 시 주조공정에서 용융된 마그네슘의 사용 및 처리공정에서 사용하는 표면가스로 가장 적합한 것은 어느 것인가?

① SF_6
② CH_4
③ N_2O
④ CO_2

풀이 일반적으로 마그네슘 산업에서는 SF_6를 표면가스로 사용하지만 최근의 기술개발과 SF_6 대체에 대한 요구에 의하여 SF_6를 대체하는 표면가스를 도입하고 있다.

36 다음 중 온실가스 배출권거래제의 배출량 보고 및 인증에 관한 지침상 카프로락탐 생산공정에서 보고대상 온실가스로만 옳게 나열된 것은 어느 것인가?

① CO_2, CH_4
② CH_4, N_2O
③ CO_2, N_2O
④ CO_2, CH_4, N_2O

풀이 카프로락탐 생산
  ㉠ 보고대상 배출시설 : CO_2 제조공정, 하이드록실아민 공정, 기타 제조공정
  ㉡ 보고대상 온실가스 : CO_2, N_2O

정답 32 ① 33 ① 34 ④ 35 ① 36 ③

37 온실가스 배출권거래제의 배출량 보고 및 인증에 관한 지침상 석유 정제공정 배출의 보고대상 배출시설에 해당하지 않는 것은?

① 수소 제조시설
② 하이드록실아민 제조시설
③ 촉매 재생시설
④ 코크스 제조시설

[풀이] 석유 정제공정 배출의 보고대상 배출시설
  ㉠ 수소 제조시설
  ㉡ 촉매 재생시설
  ㉢ 코크스 제조시설

38 온실가스 배출권거래제의 배출량 보고 및 인증에 관한 지침상 온실가스 배출시설 중 고정연소 배출시설이 아닌 것은?

① 열병합 발전시설
② 일반 보일러시설
③ 공정연소시설
④ 수상항해 선박

[풀이] 고정연소 배출시설
  ㉠ 화력발전시설
  ㉡ 열병합 발전시설
  ㉢ 발전용 내연기관
  ㉣ 일반 보일러시설
  ㉤ 공정연소시설
  ㉥ 대기오염물질 방지시설

39 옥탄가가 낮은 경질 유분의 탄화수소 구조를 바꾸어 옥탄가가 높은 유분으로 변환시키는 공정은?

① 메록스(Merox)
② 수첨탈황(Hydrodesulfurization)
③ 개질(Reforming)
④ 감압증류(Vaccum Distillaton)

[풀이] 원유정제공정 중 개질(Reforming)공정
  저옥탄가의 나프타를 백금계 촉매하에서 수소를 첨가, 반응시킴으로써 휘발유의 주성분인 고옥탄가의 접촉개질유를 생산하는 공정이다.

40 농업 작물, 농임산 부산물 또는 유기성 폐기물 등으로 생물 또는 생물기원의 모든 유기체 및 유기물을 포함하여 에너지를 생산하기 위한 원료로 사용되기도 하는 것은?

① 원유
② 부생연료
③ 바이오매스
④ 코크스

[풀이] 바이오매스
  농업 작물, 농임산 부산물 또는 유기성 폐기물 등으로 생물 또는 생물기원의 모든 유기체 및 유기물을 포함하여 에너지를 생산하기 위한 원료, 즉 재생 가능한 에너지로 변환될 수 있는 생물자원 및 생물자원을 이용해 생산한 연료를 의미한다.

3과목 온실가스 산정과 데이터 품질관리

41 LNG를 원료로 사용하는 연료전지공장을 운영하는 어떤 관리업체가 연료전지 원료 LNG를 100만 Nm^3 사용하였다. 이때 온실가스 배출량을 산정할 경우 발생된 온실가스량(tCO_2-eq)은?(단, LNG 밀도=1.965kg/Nm^3, 배출계수=2.6928 tCO_2/t-LNG)

① 5,291.4
② 5,291,352.0
③ 2,692.8
④ 2,692,800.0

[풀이] $E_{iCO_2} = FR_i \times EF_i$

여기서, E_{iCO_2} : 연료전지 공정에서의 CO_2 배출량 (tCO_2)
  FR_i : 원료(i) 투입량(ton)
  EF_i : 원료(i)별 CO_2 배출계수(tCO_2/t-원료)

$= 1,000,000 Nm^3 \times 2.6928 tCO_2/t-LNG$
$\times 1.965 kg-LNG/Nm^3$
$\times t-LNG/10^{-3}kg-LNG$
$= 5,291.352 tCO_2-eq$

42 온실가스 배출권거래제의 배출량 보고 및 인증에 관한 지침상 온실가스 측정불확도 산정절차로 옳은 것은?

㉠ 매개변수의 불확도 산정
㉡ 사전검토
㉢ 배출시설에 대한 불확도 산정
㉣ 사업장 또는 업체에 대한 불확도 산정

① ㉠→㉡→㉢→㉣
② ㉡→㉠→㉢→㉣
③ ㉢→㉠→㉡→㉣
④ ㉣→㉠→㉡→㉢

풀이 측정불확도 산정절차
㉠ 1단계 : 사전검토
㉡ 2단계 : 매개변수의 불확도 산정
㉢ 3단계 : 배출시설에 대한 불확도 산정
㉣ 4단계 : 사업장 또는 업체에 대한 불확도 산정

43 온실가스 배출권거래제의 운영을 위한 검증지침상 온실가스 배출량 등의 검증절차 중 아래의 Ⓐ에 들어갈 검증절차로 옳은 것은?

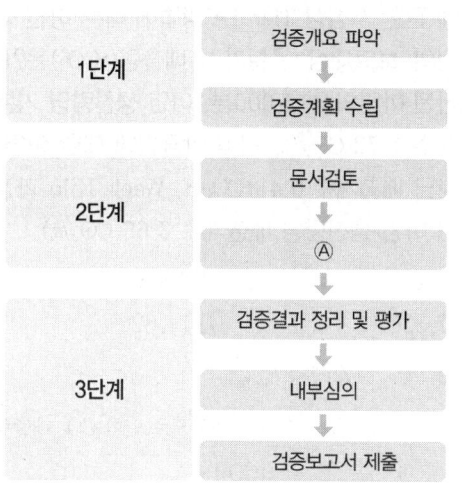

① 검증범위 확인
② 오류의 평가
③ 현장검증
④ 중요성 평가

풀이 ㉠ 1단계
• 검증개요 파악
• 검증계획 수립
㉡ 2단계
• 문서검토
• 현장검증
㉢ 3단계
• 검증결과 정리 및 평가
• 내부심의
• 검증보고서 제출

44 온실가스 목표관리제하에서 직접배출원 중 원료나 연료의 생산, 중간생성물의 저장·이송과정에서 대기 중으로 배출되는 배출원을 의미하는 것은?

① 고정연소배출
② 이동연소배출
③ 탈루배출
④ 공정배출

풀이 온실가스 배출원 운영경계

운영경계	배출원	배출원
직접배출원 (Scope 1)	고정연소	배출경계 내의 고정연소 시설에서 에너지를 사용하는 과정에서 온실가스 배출 형태
	이동연소	배출원 관리 영역에 있는 차량 및 이동 장비에 의한 온실가스 배출 형태
	공정배출	에너지 사용이 아닌 물리, 화학 반응을 통해 온실가스가 생산물 또는 부산물로서 배출되는 형태
	탈루배출	원료(연료), 중간생성물의 저장, 이송, 공정과정에서 배출되는 형태
간접배출원 (Scope 2)		배출원의 일상적인 활동에 필요한 전기, 스팀 등을 구매함으로써 간접적으로 외부(예 발전)에서 배출
간접배출원 (Scope 3)		Scope 2에 속하지 않는 간접배출로서 원재료의 생산, 제품 사용 및 폐기과정에서 배출

45 온실가스 배출권거래제의 배출량 보고 및 인증에 관한 지침상 석탄 채굴 및 처리활동에서의 탈루성 보고대상 배출시설은 지하탄광, 처리 및 저장에 의한 탈루배출시설이 있다. 이 활동에서 보고대상 온실가스는?

① CO_2
② CH_4
③ N_2O
④ SF_6

정답 42 ② 43 ③ 44 ③ 45 ②

풀이 석탄 채굴 및 처리활동에서의 탈루성 보고대상 온실가스 : CH_4

46 온실가스 배출경계범위 적용에서 직접배출에 해당되지 않는 것은?

① 고정연소 ② 이동연소
③ 공정배출 ④ 구매스팀

풀이 온실가스 배출원 운영경계

운영경계	배출원	배출원
직접 배출원 (Scope 1)	고정 연소	배출경계 내의 고정연소 시설에서 에너지를 사용하는 과정에서 온실가스 배출 형태
	이동 연소	배출원 관리 영역에 있는 차량 및 이동 장비에 의한 온실가스 배출 형태
	공정 배출	에너지 사용이 아닌 물리, 화학 반응을 통해 온실가스가 생산물 또는 부산물로서 배출되는 형태
	탈루 배출	원료(연료), 중간생성물의 저장, 이송, 공정과정에서 배출되는 형태
간접배출원 (Scope 2)		배출원의 일상적인 활동에 필요한 전기, 스팀 등을 구매함으로써 간접적으로 외부(예 발전)에서 배출
간접배출원 (Scope 3)		Scope 2에 속하지 않는 간접배출로서 원재료의 생산, 제품 사용 및 폐기과정에서 배출

47 온실가스 배출권거래제의 배출량 보고 및 인증에 관한 지침에서 이동연소(도로)의 Tier 2 산정방법론에 대한 설명이다. CH_4 및 N_2O 배출량 산정 시 요구되는 활동자료에 관한 설명으로 ( )에 가장 부적합한 것은?

> Tier 2 산정방법은 ( ), ( ), ( )을/를 활동자료로 하고 국가고유계수를 적용하여 배출량을 산정하는 방법이다.

① 주행거리
② 연료 종류별
③ 차종별
④ 제어기술별 연료 사용량

풀이 이동연소(도로)의 Tier 2 산정방법론
연료 종류별, 차종별, 제어기술별 연료 사용량을 활동자료로 하고, 국가고유계수를 적용하여 배출량을 산정하는 방법이다.

48 A씨는 하루 30L의 휘발유를 소모한다. 이로 인해 매일 A씨가 지구온난화에 기여하는 이산화탄소의 하루 동안의 배출총량($kgCO_2$/일)은?[단, 순발열량은 30.3MJ/L(Tier 2), 차량용 휘발유의 CO_2 배출계수는 69,300kg/TJ이다.]

① 123 ② 92
③ 85   ④ 63

풀이 온실가스 배출량($kgCO_2$/day)
= 연료사용량(L/day) × 순발열량(MJ/L)
 × CO_2 배출계수($kgCO_2$/TJ) × 10^{-6} TJ/MJ
= 30L/day × 30.3MJ/L × 69,300kg/TJ
 × 10^{-6} TJ/MJ
= 62.994$kgCO_2$/day

49 온실가스 배출권거래제의 배출량 보고 및 인증에 관한 지침상 Tier 1A 방법에 따른 아연 생산공정의 보고대상 온실가스 배출량(tCO_2)은?(단, 생산된 아연의 양 2,000톤, 아연 생산량당 기본배출계수 1.72tCO_2/t, 건식 야금법에 대한 아연 생산량당 배출계수 0.43tCO_2/t, Waelz Kiln 과정에 대한 아연 생산량당 배출계수 3.66tCO_2/t)

① 860   ② 3,440
③ 7,320 ④ 11,620

풀이 $E_{CO_2} = Zn \times EF_{default}$

여기서, E_{CO_2} : 아연 생산으로 인한 CO_2 배출량 (tCO_2)
Zn : 생산된 아연의 양(t)
$EF_{default}$: 아연 생산량당 배출계수 (tCO_2/t-생산된 아연)

= 2,000t-생산 아연 × 1.72tCO_2/t-생산 아연
= 3,440tCO_2

정답 46 ④ 47 ① 48 ④ 49 ②

50 온실가스 목표관리 운영 등에 관한 지침에서 정한 온실가스가 아닌 것은?

① CFCs
② HFCs
③ PFCs
④ SF_6

풀이 6대 온실가스
CO_2, CH_4, N_2O, HFCs, PFCs, SF_6

51 다음은 온실가스 배출권거래제의 배출량 보고 및 인증에 관한 지침에서 연속측정방법의 배출량 산정방법 및 측정기기의 설치·관리 기준 중 굴뚝연속자동측정기와 배출가스 유량계 측정자료의 수치맞음 및 배출량 산정기준이다. ( ) 안에 알맞은 것은?

> 자동측정자료의 배출량 산정기준으로 월 배출량은 g 단위의 (㉠)을 월 단위로 합산하고, kg 단위로 환산한 후, (㉡) 산정한다.

① ㉠ 10분 배출량,
  ㉡ 소수점 이하는 버림처리하여 정수로
② ㉠ 30분 배출량,
  ㉡ 소수점 이하는 버림처리하여 정수로
③ ㉠ 10분 배출량,
  ㉡ 소수점 둘째 자리에서 반올림처리하여 소수 첫째 자리까지
④ ㉠ 30분 배출량,
  ㉡ 소수점 둘째 자리에서 반올림처리하여 소수 첫째 자리까지

풀이 굴뚝연속자동측정기와 배출가스 유량계 자동측정자료의 배출량 산정기준
㉠ 30분 배출량은 g 단위로 계산하고, 소수점 이하는 버림처리하여 정수로 산정한다.
㉡ 월 배출량은 g 단위의 30분 배출량을 월 단위로 합산하고, kg 단위로 환산한 후, 소수점 이하는 버림처리하여 정수로 산정한다.

52 품질관리(QC) 활동 목적과 관련된 설명으로 틀린 것은?

① 자료의 무결성, 정확성 및 완전성을 보장하기 위한 일상적이고 일관적인 검사의 제공
② 오류 및 누락의 확인 및 설명
③ 배출량 산정자료의 문서화 및 보관, 모든 품질관리활동의 기록
④ 독립적인 제3자에 의한 검토

풀이 독립적인 제3자에 의해 산정절차 수행 이후 완성된 배출량 산정결과(명세서 등)에 대한 검토는 품질보증(QA) 활동에 해당된다.

53 온실가스 배출권거래제의 배출량 보고 및 인증에 관한 지침에 따른 시멘트 생산과정에서의 온실가스 배출량 산정에 대한 설명으로 틀린 것은?

① Tier 1 방법론 적용 시 시멘트킬른먼지(CKD)의 하소율 측정값이 없다면 100% 하소를 가정한다.
② Tier 2 방법론 적용 시 시멘트킬른먼지(CKD)의 하소율 측정값이 없다면 100% 하소를 가정한다.
③ Tier 3 방법론 적용 시 클링커의 CaO 및 MgO 성분을 측정·분석하여 배출계수를 개발하여 활용한다.
④ Tier 3 방법론 적용 시 클링커에 남아 있는 소성되지 않은 CaO 측정값이 없을 경우 기본값인 1.0을 적용한다.

풀이 소성되지 않은 CaO는 $CaCO_3$ 형태로 클링커에 남아 있는 CaO 및 비탄산염 종류로 킬른에 들어가서 클링커에 있는 CaO를 의미한다. 측정값이 없을 경우, 기본값인 '0'을 적용한다.

정답 50 ① 51 ② 52 ④ 53 ④

54 온실가스 배출권거래제의 배출량 보고 및 인증에 관한 지침상 고체연료를 고정연소하는 배출시설이 Tier 2를 적용받을 경우 매개변수별 관리기준에 관한 설명으로 옳지 않은 것은?

① 활동자료는 사업자 또는 연료공급자에 의해 측정된 측정불확도 ±2.5% 이내의 연료 사용량 자료를 활용한다.
② 열량계수는 국가 고유발열량값을 사용한다.
③ 배출계수는 국가 고유배출계수를 사용한다.
④ 산화계수는 발전 부문 0.99, 기타 부문 0.98을 적용한다.

풀이 고정연소(고체연료) Tier 2
사업장 또는 연료공급자에 의해 측정된 측정불확도 ±5.0% 이내의 연료사용량 자료를 활용한다.

55 온실가스 배출권거래제의 배출량 보고 및 인증에 관한 지침상 석유 정제공정 배출의 보고대상 배출시설이 아닌 것은?

① 수소 제조시설
② 촉매 재생시설
③ 코크스 제조시설
④ 실리콘카바이드 제조시설

풀이 석유 정제공정 배출의 보고대상 배출시설
㉠ 수소 제조시설
㉡ 촉매 재생시설
㉢ 코크스 제조시설

56 품질보증(QA) 활동 중 배출량 정보 자체검증(내부검사)에 대한 설명으로 ( )에 들어갈 내용이 올바르게 짝지어진 것은?

평가된 위험을 완화하기 위하여 할당대상 업체는 온실가스 산정 근거자료에 대하여 (㉠)을/를 수행하고 이를 문서화한다.
산정 관련 (㉡), (㉢) 등을 포함한 자체검증계획을 수립하고 이에 따라 검증하며, 검증결과 발견된 오류 및 수정결과를 보고서형태로 작성할 수 있다.

① ㉠ 자체검증, ㉡ 서류검토, ㉢ 현장점검
② ㉠ 자체감사, ㉡ 서류심사, ㉢ 현장조사
③ ㉠ 자체검증, ㉡ 서류검토, ㉢ 현장조사
④ ㉠ 내부감사, ㉡ 서류심사, ㉢ 현장점검

풀이 품질보증(QA) 활동요소 중 배출량 정보 자체검증(내부감사)
평가된 위험을 완화하기 위하여 관리업체는 온실가스 산정 근거자료에 대하여 자체검증을 수행하고 이를 문서화한다. 산정 관련 서류검토, 현장점검 등을 포함한 자체검증계획을 수립하고 이에 따라 검증하며, 검증결과 발견된 오류 및 수정결과를 보고서형태로 작성할 수 있다.

57 소다회를 생산하는 업체로 트로나 광석을 45,000t 사용할 때 발생되는 온실가스 배출량(tCO_2)은?(단, 이때 배출계수는 $0.097tCO_2/t-Trona$)

① 4,325
② 4,365
③ 4,435
④ 4,475

풀이 $E_{CO_2} = AD \times EF$

여기서, E_{CO_2} : 소다회 생산공정에서의 CO_2 배출량(tCO_2)
AD : 사용된 트로나(Trona) 광석의 양 또는 생산된 소다회 양(ton)
EF : 배출계수($tCO_2/t-Trona$ 투입량, $tCO_2/t-$소다회 생산량)

$= 45,000(t-Trona) \times 0.097(tCO_2/t-Trona)$
$= 4,365 tCO_2$

정답 54 ① 55 ④ 56 ① 57 ②

58 온실가스 배출권거래제의 배출량 보고 및 인증에 관한 지침상 온실가스 배출량 등의 산정절차를 순서대로 나열한 것은?

① 조직경계의 설정 → 모니터링 유형 및 방법의 설정 → 배출활동별 배출량 산정방법론 선택 → 배출량 산정 및 모니터링 체계의 구축
② 배출량 산정 및 모니터링 체계의 구축 → 조직경계의 설정 → 모니터링 유형 및 방법의 설정 → 배출활동별 배출량 산정방법론 선택
③ 모니터링 유형 및 방법의 설정 → 조직경계의 설정 → 배출량 산정 및 모니터링 체계의 구축 → 배출활동별 배출량 산정방법론 선택
④ 조직경계의 설정 → 모니터링 유형 및 방법의 설정 → 배출량 산정 및 모니터링 체계의 구축 → 배출활동별 배출량 산정방법론 선택

풀이 온실가스 배출량의 산정절차
  ㉠ 1단계 : 조직경계의 설정
  ㉡ 2단계 : 배출활동의 확인 · 구분
  ㉢ 3단계 : 모니터링 유형 및 방법의 설정
  ㉣ 4단계 : 배출량 산정 및 모니터링 체계의 구축
  ㉤ 5단계 : 배출활동별 배출량 산정방법론의 선택
  ㉥ 6단계 : 배출량 산정(계산법 혹은 연속측정방법)
  ㉦ 7단계 : 명세서 작성

59 온실가스 배출권거래제의 배출량 보고 및 인증에 관한 지침에 따른 이동연소(선박)의 온실가스 배출량 산정방법에 대한 설명 중 옳은 것은?

① 보고대상 온실가스는 CO_2, CH_4, N_2O이다.
② 국제수상운송에 의한 온실가스 배출량은 산정대상이다.
③ Tier 4 산정방법론이 있다.
④ Tier 2 배출계수는 사업자가 자체 개발한 계수이다.

풀이 ② 국제수상운송(국제벙커링)에 의한 온실가스 배출량은 산정 · 보고에서 제외한다.
③ 산정방법론은 Tier 1, 2, 3 등 3가지이다.
④ Tier 3 배출계수는 사업자가 자체 개발한 고유배출계수를 사용한다.

60 온실가스 배출권거래제의 배출량 보고 및 인증에 관한 지침상 배출활동별 온실가스 배출량 등의 세부 산정기준에 대한 설명으로 잘못된 것은?

① 사업장별 배출량은 정수로 보고한다.
② 배출활동별 배출량 세부 산정 중 활동자료의 보고값은 소수점 넷째 자리에서 반올림하여 셋째 자리까지로 한다.
③ 사업장 고유배출계수 개발 시, 활동자료 측정주기와 동 활동자료에 대한 조성분석 주기를 기준으로 가중평균을 적용한다.
④ 석유제품의 기체연료는 15℃, 1기압 상태의 체적과 관련된 활동자료를 사용한다.

풀이 석유제품의 기체연료에 대해 특별한 언급이 없으면 모든 조건은 0℃, 1기압 상태의 체적과 관련된 활동자료이고 액체연료는 15℃를 기준으로 한 체적을 적용한다.

4과목 온실가스 감축관리

61 하 · 폐수 처리시설에서 온실가스 배출량을 줄이는 방법으로는 소화조에서 배출되는 소화가스의 회수 및 이용과 시설 개선에 의한 에너지 이용 효율을 높이는 방법 등이 있다. 다음 중 소화조의 효율을 악화시키는 요인이 아닌 것은?

① 낮은 유기물 함량
② 소화조 내 온도 저하
③ 가스발생량의 저하
④ pH 상승

풀이 혐기성 소화조의 효율을 악화시키는 요인
  ㉠ 낮은 유기물 함량
  ㉡ 소화조 내 온도 저하
  ㉢ 가스발생량의 저하
  ㉣ 상등수 악화
  ㉤ pH 저하
  ㉥ 알칼리도 소비

정답 58 ④　59 ①　60 ④　61 ④

62 보일러의 효율을 높여 온실가스 배출량을 줄이기 위한 방법으로 적합하지 않은 것은?

① 보일러에 공급되는 물을 예열한다.
② 연소를 위해 공급되는 공기를 예열한다.
③ 증기과열기를 연도에 설치한다.
④ 배기가스의 온도를 높게 유지한다.

풀이 온실가스 배출량을 줄이기 위해서는 배출가스 온도의 저하, 즉 온도를 낮게 유지한다.

63 CCS(Carbon Capture Storage)에 관한 설명으로 거리가 먼 것은?

① CCS 기술은 발전소 및 각종 산업에서 발생하는 CO_2를 대기로 배출시키기 전에 고농도로 포집·압축·수송하여 안전하게 저장하는 기술로 정의될 수 있다.
② CCS 중 포집은 배가스로부터 CO_2만을 선택적으로 분리포집하는 기술을 의미한다.
③ 포집은 세부 기술에 따라, 연소 후 포집, 연소 전 포집, 순산소 연소포집기술로 구분할 수 있다.
④ CCS는 처리비용이 저렴하나, CO_2 제거 효율은 낮아 소규모 사업장에서 다소 타당성이 있다.

풀이 CCS는 CO_2 제거 측면에서 효율은 높지만 처리비용이 고가이다. 따라서 대규모(발전소 등)에서 타당성이 있다.

64 한계저감비용(MAC : Marginal Abatement Cost)에 관한 설명으로 옳은 것은?

① 온실가스 1톤을 줄이는 데 소요되는 비용이다.
② 온실가스 감축수단별 초기비용을 제외한 1년간 운영비를 반영한 비용이다.
③ 온실가스 감축을 위한 운영비용은 반영하지 않는다.
④ 총사업기간 중 최초 1년간 감축에 지출된 비용만 반영한다.

풀이 한계저감비용(MAC)
㉠ 온실가스 감축을 목적으로 시스템에 기술적 변화를 주거나, 연료를 변경할 경우의 온실가스 1ton에 대한 감축비용을 말한다.
㉡ 온실가스 감축을 위한 경제성 평가방법 중 하나이다.
㉢ 온실가스 1ton을 줄이는 데 소요되는 비용을 말한다.
㉣ 각 온실가스 감축 수단별 초기비용 및 운영비용 등 총 소요비용을 감축수단에 따른 온실가스 감축량으로 나누어 1ton의 온실가스 감축량 대비 소요비용을 계산하여 산출한다.

65 온실가스 배출량 산정 및 보고 원칙과 가장 거리가 먼 것은?

① 완전성
② 윤리성
③ 일관성
④ 투명성

풀이 온실가스 배출량 산정 및 보고 원칙
㉠ 적절성 ㉡ 완전성 ㉢ 일관성
㉣ 정확성 ㉤ 투명성

66 CDM 사업계획서(PDD)의 구성항목에 관한 내용으로 옳지 않은 것은?

① A : 프로젝트 활동에 대한 일반사항 기술
② B : 베이스라인 및 모니터링 방법론의 적용
③ C : 프로젝트 활동 이행기간, 유효기간
④ D : 프로젝트 활동에 대한 평가

풀이 CDM 사업계획서(PDD)의 구성항목

구분	작성항목
A	사업 개요(프로젝트 활동에 대한 일반사항 기술)
B	베이스라인 및 모니터링 방법론의 적용
C	사업활동기간 및 CDM 사업 인정기간 (프로젝트 활동 이행기간, 유효기간)
D	환경 영향요소 확인
E	이해관계자 의견 수렴

정답 62 ④ 63 ④ 64 ① 65 ② 66 ④

67 감축목표의 설정방식 중 원단위를 이용하는 방식의 온실가스 배출량 표현방법으로 틀린 것은 어느 것인가?

① 에너지 사용량 대비 온실가스 배출량
② 제품생산량 대비 온실가스 배출량
③ 생산공정 대비 온실가스 배출량
④ 매출액 대비 온실가스 배출량

풀이 온실가스 원단위(GHG Intensity)
- ㉠ 정의 : 온실가스 배출량을 경제활동 지표로 나눈 값을 의미하며 일반적으로 온실가스 배출량은 ton 단위로 나타낸다.
- ㉡ 관련식 : GHG Intensity
$$= \frac{\text{온실가스 배출량(GHG Emission)}}{\text{경제활동지표(Economic Output)}}$$
- (3) 경제활동지표
  - 국가수준 : GDP
  - 산업 부문 : 제품생산량, 에너지 사용량
  - 수송 부문 : 수송거리(km)
  - 가정 부문 : 가구
  - 상업 부문 : 건물면적
  - 매출액

68 외부사업의 모니터링 원칙에 대한 설명으로 옳지 않은 것은?

① 모니터링 방법은 등록된 사업계획서 및 승인방법론을 준수하여야 한다.
② 외부사업은 불확도를 최소화할 수 있는 방식으로 측정되어야 한다.
③ 외부사업 온실가스 감축량 산정에 필요한 데이터의 추정 시, 값은 객관적으로 적용되어야 한다.
④ 외부사업 온실가스 감축량은 일관성, 재현성, 투명성 및 정확성을 갖고 산정되어야 한다.

풀이 외부사업 모니터링의 원칙(외부사업 타당성 평가 및 감축량 인증에 관한 지침)
- ㉠ 모니터링 방법은 등록된 사업계획서 및 승인방법론을 준수하여야 한다.
- ㉡ 외부사업은 불확도를 최소화할 수 있는 방식으로 측정되어야 한다.
- ㉢ 외부사업 온실가스 감축량은 일관성, 재현성, 투명성 및 정확성을 갖고 산정되어야 한다.
- ㉣ 외부사업 온실가스 감축량 산정에 필요한 데이터 추정 시, 값은 보수적으로 적용되어야 한다.

69 연소 전 포집기술에 대한 설명으로 ( )에 들어갈 말로 가장 맞게 짝지어진 것은?

연소 전 CO_2 포집기술이란 화석연료를 부분 산화시켜 (㉠)를 제조하고, 연이어 (㉡) 전이반응을 통해 합성가스를 수소와 이산화탄소로 전환한 후, 수소 또는 이산화탄소를 분리함으로써 굴뚝 배가스로 배출 전에 CO_2를 분리하는 기술을 말한다.

① ㉠ 합성가스, ㉡ 수성가스
② ㉠ 연소가스, ㉡ 수성가스
③ ㉠ 산화가스, ㉡ 혼합가스
④ ㉠ 합성가스, ㉡ 혼합가스

풀이 연소 전 포집기술
연소 전 기술은 석탄의 가스화(Gasification) 또는 천연가스의 개질반응(Reforming)에 의한 합성가스(주로 CO, CO_2, H_2)를 생산한 후 CO는 수성가스 전이반응을 통한 H_2와 CO_2로 전환한 후 CO_2를 포집하는 동시에 수소를 생산하는 방법이다.

70 온실가스 배출권거래제 조기감축실적 인정지침에서 조기감축실적 인정기준으로 틀린 것은?

① 할당대상업체의 조직경계 안에서 발생한 것에 한하여 그 실적을 인정한다. 다만, 복수의 사업자가 참여하여 조직경계 외에서 실적이 발생한 경우에는 이를 인정할 수 있다.
② 국내와 해외에서 실시한 행동에 의한 감축분에 대하여 그 실적을 인정한다.
③ 할당대상업체 단위에서의 감축분에 대하여 인정할 수 있다.
④ 실적으로 인정되기 위해서는 조기행동으로 인한 감축이 실제적이고 지속적이어야 하며, 정량화되어야 하고 검증 가능하여야 한다.

정답 67 ③ 68 ③ 69 ① 70 ②

풀이 조기감축실적의 인정기준
㉠ 조기감축실적은 국내에서 실시한 행동에 의한 감축분에 한하여 그 실적을 인정한다.
㉡ 조기감축실적은 할당대상업체의 조직경계 안에서 발생한 것에 한하여 그 실적을 인정한다. 다만, 복수의 사업자가 참여하여 조직경계 외에서 실적이 발생한 경우에는 이를 인정할 수 있다.
㉢ 조기감축실적은 할당대상업체 단위에서의 감축분 또는 사업 단위에서의 감축분에 대하여 인정할 수 있다.
㉣ 조기감축실적으로 인정되기 위해서는 조기행동으로 인한 감축이 실제적이고 지속적이어야 하며, 정량화되어야 하고 검증 가능하여야 한다.

71 다음 중 배출시설별 그룹과 산정기준이 옳지 않은 것은?

① A철강업체는 철강 생산과정에서 연간 200만 톤(tCO_2-eq)의 온실가스를 배출하여 C그룹으로 분류되어 배출량 산정은 Tier 3을 적용한다.
② B운수업체는 항공 부문에서 연간 60만 톤(tCO_2-eq)의 온실가스를 배출하여 C그룹으로 분류되어 배출량 산정은 Tier 1을 적용한다.
③ C반도체회사는 LCD 생산과정에서 연간 2만 톤(tCO_2-eq)의 온실가스를 배출하여 A그룹으로 분류되어 배출량 산정은 Tier 1을 적용한다.
④ D화학업체는 암모니아 생산과정에서 연간 120만 톤(tCO_2-eq)의 온실가스를 배출하여 C그룹으로 분류되어 배출량 산정은 Tier 1을 적용한다.

풀이 ㉠ 연간 50만 톤 이상 배출 : C그룹
㉡ 이동연소(항공) : C그룹의 경우 산정방법론은 Tier 2 적용

72 최근 온실가스 처리 및 재활용 문제의 일환인 CO_2의 화학적 전환처리기술 중 촉매화학법의 전환 생성물로 옳지 않은 것은?(단, CO_2의 화학적 전환처리기술은 촉매화학법, 전기화학법, 광화학법 등이 있다.)

① CO_2에서 CO로의 전환
② CO_2에서 HCOOH와 HCHO로의 전환
③ CO_2에서 CH_4와 O_2로의 전환
④ CO_2에서 CH_3OH로의 전환

풀이 촉매화학적 방법은 이산화탄소의 균일 또는 비균일 촉매에 의한 수소화를 통한 메탄올, 개미산, 고분자물질, 탄화수소화합물 등을 생성하는 것을 말한다.

73 감축프로젝트에 의한 온실가스 감축량을 산정하고자 할 때 감축량($tonCO_2/yr$)은?

- 프로젝트 배출량 = $15,000 tonCO_2/yr$
- 베이스라인 배출량 = $3,000 kgCO_2/hr$
- 누출량 = $1,000 kgCO_2/day$
- 1년은 365일로 계산

① 10,616
② 10,714
③ 10,813
④ 10,915

풀이 배출감축량($tonCO_2/yr$)
= 베이스라인 배출량 − 사업배출량 − 누출량
= ($3 tonCO_2/hr \times 24 hr/day \times 365 day/year$)
  − ($15,000 tonCO_2/year$)
  − ($1 tonCO_2/day \times 365 day/year$)
= $10,915 tonCO_2/year$

정답 71 ② 72 ③ 73 ④

74 미래의 운송수단을 위하여 연료전지와 연계된 수소 저장기술은 현재 중요한 이슈(issue)가 되고 있는데, 다음 중 수소의 저장기술과 관련한 설명으로 잘못된 것은?

① 수소저장합금은 안정성이 크고 가벼운 반면, 체적밀도가 크며 열에 의한 방출이 어려운 특성을 갖고 있다.
② 고압기체수소 저장방법은 수소를 15MPa 내외로 저장하는 것으로, 보다 많은 양의 수소를 저장하기 위해 철강재료가 아닌 복합재료를 이용하여 30MPa 이상까지 저장할 수 있는 초고압 저장기술이 연구개발되고 있다.
③ 수소저장합금에 의한 수소 저장기술은 실용화 단계에 있는데, 현재 가장 널리 사용되는 LaNi계 및 FeTi계 합금의 수소 저장량은 1~2wt%에 불과하지만 Mg계 합금의 수소 저장량은 5~7wt%에 달하고 있다.
④ 제올라이트(Zeolite)의 물리화학적 특성과 분말이라는 물리적인 특성을 이용하여 수소의 저장시스템으로 활용하고자 하는 연구들이 1960년대 초반부터 시작되었는데, 미국의 Sandra Laboratory에서는 제올라이트와 함께 구조화 합물을 이용한 연구가 진행되고 있다.

풀이 수소저장합금
㉠ 상대적으로 낮은 압력과 온도 조건에서 고체상태로 수소를 저장하는 방식이다.
㉡ 수소저장합금의 무게가 무겁기 때문에 수소저장의 질량밀도가 낮다.
㉢ 부피밀도 및 안정성이 다른 저장방법에 비해 우수하다.

75 베이스라인 설정 시 기준이 되는 원칙으로 알맞은 것은?

① 투명성과 보수성
② 투명성과 합리성
③ 보수성과 객관성
④ 객관성과 합리성

풀이 베이스라인 설정 시 2가지 기본원칙
㉠ 투명성의 원칙
㉡ 보수성의 원칙

76 베이스라인 접근법 중 기술의 성능을 고려하여 베이스라인 시나리오를 선정할 때 사용할 수 있는 접근법의 내용으로 (　)에 알맞은 값은?

> 비슷한 사회, 경제, 환경 및 기술적 조건에서 과거 (㉠)년간 수행된 유사 사업들의 평균배출량. 단, 평균에 포함된 사업들의 기술성능은 상위 (㉡)%에 속해야 함

① ㉠ 5, ㉡ 10
② ㉠ 5, ㉡ 20
③ ㉠ 10, ㉡ 10
④ ㉠ 10, ㉡ 20

풀이 베이스라인 설정을 위한 3가지 접근방법
㉠ 현재 실제로 배출되고 있는 양 또는 과거 배출량
㉡ 투자 장애요인을 고려했을 때 경제적으로 매력 있는 기술로부터의 배출량
㉢ 유사한 사회적, 경제적, 환경적, 기술적 환경에서 과거 5년 동안 수행된 비슷한 사업활동(성과가 동일범주의 상위 20% 이내)으로부터의 평균배출량

77 CO_2 포집기술에 관한 내용으로 (　)에 옳은 내용은?

> (　) 공정은 CO_2를 포집하기 위하여 여러 성분이 혼합된 가스기류 중에서 목적성분을 다른 성분보다 선택적으로 통과시키는 소재를 이용하여 목적성분만을 분리하는 공정을 말한다.

① 막분리
② 흡착
③ 저온냉각분리
④ 건식 세정

풀이 막분리법
CO_2를 포집하기 위하여 여러 성분이 혼합된 가스기류 중에서 목적성분을 다른 성분보다 선택적으로 빠르게 통과시키는 소재를 이용하여 목적성분만 분리하는 공정을 말한다.

정답 74 ① 75 ① 76 ② 77 ①

78 조기감축실적 인정가능대상 사업의 유형과 관계가 가장 적은 것은?

① 산업통상자원부 – 온실가스 감축실적 등록사업
② 농림축산식품부 – 농업, 농촌 자발적 온실가스 감축사업
③ 환경부 – 온실가스 배출권거래제 시범사업
④ 국토교통부 – 에너지 목표관리 시범사업

풀이 조기감축실적 인정가능대상 사업의 유형(온실가스 목표관리 운영 등에 관한 지침)
㉠ 산업통상자원부 : 온실가스 감축실적 등록사업
㉡ 산업통상자원부 : 에너지 목표관리 시범사업
㉢ 국토교통부 : 에너지 목표관리 시범사업
㉣ 환경부 : 온실가스 배출권거래제 시범사업

79 연료를 대체하여 온실가스를 감축하기 위한 기술로 가장 적합한 것은?

① 보일러에서 사용하는 B-C유를 LNG로 대체한다.
② 발전소 증기터빈보일러에 사용하는 연료를 등유에서 무연탄으로 대체한다.
③ 스팀보일러의 연료로 사용하는 우드칩과 폐목을 LNG로 대체한다.
④ 공장의 LNG보일러를 경유보일러로 대체한다.

풀이 ② 발전소 증기터빈보일러에 사용하는 연료를 무연탄에서 등유로 대체한다.
③ 스팀보일러의 연료는 연소시설에서 발생된 뜨거운 가스이다.
④ 공장의 경유보일러를 LNG보일러로 대체한다.

80 아래의 그림은 온실가스 감축활동을 유도하는 정책수단이다. 이 제도의 이름은 무엇인가?

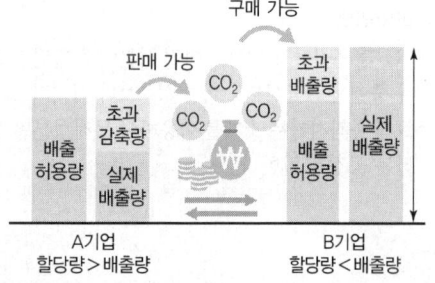

① 공동이행(JI) ② 목표관리제
③ 배출권거래제(ET) ④ 청정기술개발(CDM)

풀이 배출권거래제는 온실가스 의무감축량을 초과 달성하였을 경우, 이 초과분을 거래할 수 있도록 하는 제도이다.

5과목 온실가스 관련 법규

81 탄소중립기본법령에서 사용하는 용어의 뜻으로 옳지 않은 것은?

① "탄소중립"이란 대기 중에 배출·방출 또는 누출되는 온실가스의 양에서 온실가스 흡수의 양을 상쇄한 순배출량이 영(零)이 되는 상태를 말한다.
② "온실가스"란 적외선 복사열을 흡수하거나 재방출하여 온실효과를 유발하는 대기 중의 가스 상태의 물질로서 이산화탄소(CO_2), 메탄(CH_4), 아산화질소(N_2O), 수소불화탄소(HFCs), 과불화탄소(PFCs), 육불화황(SF_6) 및 그 밖에 대통령령으로 정하는 물질을 말한다.
③ "녹색경제"란 기후변화의 심각성을 인식하고 에너지를 절약하여 온실가스와 오염물질의 발생을 최소화하는 경영을 말한다.
④ "온실가스 흡수"란 토지이용, 토지이용의 변화 및 임업활동 등에 의하여 대기로부터 온실가스가 제거되는 것을 말한다.

풀이 녹색경제(탄소중립기본법)
화학에너지의 사용을 단계적으로 축소하고 녹색기술과 녹색산업을 육성함으로써 국가경쟁력을 강화하고 지속가능 발전을 추구하는 경제를 말한다.

정답 78 ② 79 ① 80 ③ 81 ③

82 온실가스 배출권의 할당 및 거래에 관한 법령상 배출권을 거래한 자가 그 사실을 거짓으로 주무관청에 신고한 경우에 대한 과태료 부과기준은?

① 1천만 원 이하의 과태료
② 500만 원 이하의 과태료
③ 300만 원 이하의 과태료
④ 100만 원 이하의 과태료

풀이 1천만 원 이하의 과태료(온실가스 배출권의 할당 및 거래에 관한 법률)
  ㉠ 기한 내에 보고를 하지 아니하거나 사실과 다르게 보고한 자
  ㉡ 신고를 거짓으로 한 자
  ㉢ 보고를 하지 아니하거나 거짓으로 보고한 자
  ㉣ 시정이나 보완명령을 이행하지 아니한 자
  ㉤ 검증업무 수행결과를 제출하지 아니한 검증기관
  ㉥ 배출권 제출을 하지 아니한 자

83 온실가스 배출권의 할당 및 거래에 관한 법령상 할당대상업체로 지정·고시하는 기준으로 ( )에 옳은 것은?

> 관리업체 중 최근 3년간 온실가스 배출량의 연평균 총량이 (㉠)tCO$_2$-eq 이상인 업체이거나 (㉡) tCO$_2$-eq 이상인 사업장의 해당 업체

① ㉠ 100,000, ㉡ 25,000
② ㉠ 125,000, ㉡ 25,000
③ ㉠ 150,000, ㉡ 25,000
④ ㉠ 175,000, ㉡ 25,000

풀이 할당대상업체의 지정(온실가스 배출권의 할당 및 거래에 관한 법률)
  ㉠ 최근 3년간 온실가스 배출량의 연평균 총량이 125,000 이산화탄소 상당량톤(tCO$_2$-eq) 이상인 업체이거나 25,000 이산화탄소 상당량톤(tCO$_2$-eq) 이상인 사업장을 하나 이상 보유한 업체로서 다음의 어느 하나에 해당하는 업체
    • 직전 계획기간 당시 할당대상업체
    • 기본법에 따른 관리업체
  ㉡ ㉠에 해당하지 아니하는 관리업체 중에서 할당대상업체로 지정받기 위하여 신청한 업체로서 대통령령으로 정하는 기준에 해당하는 업체

84 탄소중립기본법령상 부문별 관장기관은 소관 부문별 온실가스 정보 및 통계를 매년 언제까지 온실가스 종합정보센터에 제출하여야 하는가?

① 1월 31일까지 ② 3월 31일까지
③ 6월 30일까지 ④ 12월 31일까지

풀이 온실가스 종합정보 관리체계의 구축 및 관리(탄소중립기본법 시행령)
중앙행정기관의 장은 분야별로 온실가스 정보 및 통계를 매년 3월 31일까지 온실가스 종합정보센터에 제출해야 한다.

85 탄소중립기본법상 2050 탄소중립 녹색성장위원회의 설치에 대한 설명으로 틀린 것은?

① 위원회는 위원장 1명을 포함한 50명 이내의 위원으로 구성한다.
② 위원장은 국무총리와 위원 중에서 대통령이 지명하는 사람이 된다.
③ 위원회에는 간사위원 1명을 둔다.
④ 위원의 임기는 2년으로 하며 연임할 수 있다.

풀이 2050 탄소중립 녹색성장위원회의 설치(탄소중립기본법)
위원회는 위원장 2명을 포함한 50명 이상 100명 이내의 위원으로 구성한다.

86 온실가스 배출권의 할당 및 거래에 관한 법령상 배출권거래제 2차 계획기간에는 할당대상업체별로 할당되는 배출권의 얼마를 무상으로 할당하는가?

① 100분의 97
② 100분의 95
③ 100분의 93
④ 100분의 90

정답 82 ① 83 ② 84 ② 85 ① 86 ①

풀이) 배출권의 무상할당비율(온실가스 배출권의 할당 및 거래에 관한 법률 시행령)
㉠ 1차 계획기간에는 할당대상업체별로 할당되는 배출권의 전부를 무상으로 할당한다.
㉡ 2차 계획기간에는 할당대상업체별로 할당되는 배출권의 100분의 97을 무상으로 할당한다.
㉢ 3차 계획기간 이후의 무상할당비율은 100분의 90 이내의 범위에서 이전 계획기간의 평가 및 관련 국제 동향 등을 고려하여 할당계획에서 정한다. 이 경우 할당계획에서 정하는 무상할당비율은 직전 계획기간의 무상할당비율을 초과할 수 없다.

87 온실가스 배출권의 할당 및 거래에 관한 법령상 온실가스별 지구온난화계수가 가장 큰 것은?

① HFC-41
② HFC-152a
③ PFC-116
④ N_2O

풀이) 온실가스별 지구온난화계수(온실가스 배출권의 할당 및 거래에 관한 법률 시행령)
㉠ HFC-41 : GWP 150
㉡ HFC-152a : GWP 140
㉢ PFC-116 : GWP 9200
㉣ N_2O : GWP 310

88 온실가스 배출권의 할당 및 거래에 관한 법령상 정부가 배출권거래제를 수립하거나 시행할 때 따라야 하는 기본원칙으로 거리가 먼 것은?

① 기후변화에 관한 국제연합 기본협약 및 관련 의정서에 따른 원칙을 준수하고, 기후변화 관련 국제협상을 고려할 것
② 배출권거래제가 경제 부문의 국제경쟁력에 미치는 영향을 고려할 것
③ 국가온실가스 감축목표를 효과적으로 달성할 수 있도록 시장기능을 최대한 활용할 것
④ 배출권거래가 일반적인 시장거래 원칙보다는 특수성 원칙을 준수하고, 국내기준만 부합되는 정책을 고려할 것

풀이) 배출권거래제 수립·시행 시 기본원칙(온실가스 배출권의 할당 및 거래에 관한 법률)
㉠ 「기후변화에 관한 국제연합 기본협약」 및 관련 의정서에 따른 원칙을 준수하고, 기후변화 관련 국제협상을 고려할 것
㉡ 배출권거래제가 경제 부문의 국제경쟁력에 미치는 영향을 고려할 것
㉢ 국가온실가스 감축목표를 효과적으로 달성할 수 있도록 시장기능을 최대한 활용할 것
㉣ 배출권의 거래가 일반적인 시장거래 원칙에 따라 공정하고 투명하게 이루어지도록 할 것
㉤ 국제 탄소시장과의 연계를 고려하여 국제적 기준에 적합하게 정책을 운영할 것

89 탄소중립기본법상 녹색교통의 활성화를 위한 교통수요관리대책 포함사항이 아닌 것은?

① 혼합 통행료 및 교통유발부담금 제도 개선
② 버스·저공해차량 전용차로 확대
③ 승용차 진입지역 확대
④ 통행량을 효율적으로 분사시킬 수 있는 지능형 교통정보시스템의 확대·구축

풀이) 교통수요관리대책 포함사항
㉠ 혼잡통행료 및 교통유발부담금 제도 개선
㉡ 버스·저공해차량 전용차로 및 승용차 진입제한 지역 확대
㉢ 통행량을 효율적으로 분산시킬 수 있는 지능형 교통정보시스템 확대·구축
㉣ 자전거 이용 및 연안해운 활성화 등 다양한 이동수단의 도입 방안

90 온실가스 배출권거래제 운영을 위한 검증지침상 검증팀장이 온실가스 배출량 검증결과에 따라 확정할 수 있는 최종검증의견이 아닌 것은?

① 적정
② 조건부 적정
③ 검증 불가
④ 조건부 부적정

풀이) 온실가스 배출량 검증결과에 따른 최종 검증의견(온실가스 배출권거래제 운영을 위한 검증지침)
㉠ 적정 : 검증기준에 따라 배출량이 산정되었으며, 불확도와 오류(잠재 오류, 미수정된 오류 및 기타

정답 87 ③ 88 ④ 89 ③ 90 ④

오류를 포함한다) 및 수집된 정보의 평가결과 등이 중요성 기준 미만으로 판단되는 경우
ⓒ 조건부 적정 : 중요한 정보 등이 온실가스 배출량 등의 산정·보고 기준을 따르지 않았으나, 불확도와 오류평가결과 등이 중요성 기준 미만으로 판단되는 경우
ⓒ 부적정 : 불확도와 오류평가결과 등이 중요성 기준 이상으로 판단되는 경우
ⓔ 검증 불가 : 피검증자가 검증에 필요한 정보를 충분히 제공하지 않아 검증수행을 완료할 수 없는 경우

91 온실가스 배출권거래제의 배출량 보고 및 인증에 관한 지침상 온실가스 배출시설의 배출량에 따른 시설규모 분류기준 중 B그룹 규모기준으로 옳은 것은?

① 연간 10만 톤 이상, 연간 25만 톤 미만의 배출시설
② 연간 5만 톤 이상, 연간 25만 톤 미만의 배출시설
③ 연간 10만 톤 이상, 연간 50만 톤 미만의 배출시설
④ 연간 5만 톤 이상, 연간 50만 톤 미만의 배출시설

풀이 배출시설의 배출량 규모에 따른 구분
ⓐ A그룹 : 연간 5만 ton CO_2 미만
ⓑ B그룹 : 연간 5만 ton CO_2~50만 ton CO_2 미만
ⓒ C그룹 : 연간 50만 ton CO_2 이상

92 온실가스 배출권의 할당 및 거래에 관한 법령상 과징금에 대한 가산금 징수기준으로 ( )에 알맞은 것은?

환경부장관은 과징금 납부의무자에게 납부기한이 지난 날부터 1개월이 지날 때마다 체납된 과징금의 (ⓐ)에 해당하는 가산금을 징수한다. 다만, 가산금을 가산하여 징수하는 기간은 (ⓑ)을 초과하지 못한다.

① ⓐ 100분의 1, ⓑ 30개월
② ⓐ 100분의 1, ⓑ 60개월
③ ⓐ 1천분의 12, ⓑ 30개월
④ ⓐ 1천분의 12, ⓑ 60개월

풀이 과징금에 대한 가산금(온실가스 배출권의 할당 및 거래에 관한 법률 시행령)
환경부장관은 납부기한이 지난 날부터 1개월이 지날 때마다 체납된 과징금의 1천분의 12에 해당하는 가산금을 징수한다. 다만, 가산금을 가산하여 징수하는 기간은 60개월을 초과하지 못한다.

93 탄소중립기본법령상 국가 탄소중립 녹색성장 기본계획 수립·시행에 관한 사항으로 ( )에 알맞은 것은?

정부는 기본원칙에 따라 국가비전 및 중장기 감축목표 등의 달성을 위하여 (ⓐ)을 계획기간으로 하는 국가 탄소중립 녹색성장 기본계획(국가기본계획)을 (ⓑ)마다 수립·시행하여야 한다.

① ⓐ 10년, ⓑ 3년   ② ⓐ 10년, ⓑ 5년
③ ⓐ 20년, ⓑ 3년   ④ ⓐ 20년, ⓑ 5년

풀이 정부는 기본원칙에 따라 국가비전 및 중장기 감축목표 등의 달성을 위하여 20년을 계획기간으로 하는 국가 탄소중립 녹색성장 기본계획을 5년마다 수립·시행하여야 한다.

94 탄소중립기본법상 탄소중립 사회로의 이행과 녹색성장을 위한 기본원칙으로 가장 적합한 것은?

① 국내 탄소시장을 활성화하여 국제 탄소시장 개방에 적극 대비
② 미래 세대의 생존을 보장하기 위하여 현재 세대가 져야 할 책임이라는 세대 간 형평성의 원칙과 지속가능 발전의 원칙에 입각
③ 온실가스를 획기적으로 감축하기 위하여 생산자 부담 원칙을 부여
④ 기후변화 문제의 심각성을 인식하고, 산업별 역량을 모아 총체적으로 대응

풀이 기본원칙(탄소중립기본법)
ⓐ 미래 세대의 생존을 보장하기 위하여 현재 세대가 져야 할 책임이라는 세대 간 형평성의 원칙과 지속가능 발전의 원칙에 입각한다.

정답 91 ④ 92 ④ 93 ④ 94 ②

ⓒ 범지구적인 기후위기의 심각성과 그에 대응하는 국제적 경제환경의 변화에 대한 합리적 인식을 토대로 종합적인 위기 대응 전략으로서 탄소중립 사회로의 이행과 녹색성장을 추진한다.

ⓒ 기후변화에 대한 과학적 예측과 분석에 기반하고, 기후위기에 영향을 미치거나 기후위기로부터 영향을 받는 모든 영역과 분야를 포괄적으로 고려하여 온실가스 감축과 기후위기 적응에 관한 정책을 수립한다.

ⓔ 기후위기로 인한 책임과 이익이 사회 전체에 균형 있게 분배되도록 하는 기후정의를 추구함으로써 기후위기와 사회적 불평등을 동시에 극복하고, 탄소중립 사회로의 이행과정에서 피해를 입을 수 있는 취약한 계층·부문·지역을 보호하는 등 정의로운 전환을 실현한다.

ⓜ 환경오염이나 온실가스 배출로 인한 경제적 비용이 재화 또는 서비스의 시장가격에 합리적으로 반영되도록 조세체계와 금융체계 등을 개편하여 오염자 부담의 원칙이 구현되도록 노력한다.

ⓗ 탄소중립 사회로의 이행을 통하여 기후위기를 극복함과 동시에, 성장 잠재력과 경쟁력이 높은 녹색기술과 녹색산업에 대한 투자 및 지원을 강화함으로써 국가 성장동력을 확충하고 국제 경쟁력을 강화하며, 일자리를 창출하는 기회로 활용하도록 한다.

ⓢ 탄소중립 사회로의 이행과 녹색성장의 추진과정에서 모든 국민의 민주적 참여를 보장한다.

ⓞ 기후위기가 인류 공통의 문제라는 인식 아래 지구 평균 기온 상승을 산업화 이전 대비 최대 섭씨 1.5도로 제한하기 위한 국제사회의 노력에 적극 동참하고, 개발도상국의 환경과 사회정의를 저해하지 아니하며, 기후위기 대응을 지원하기 위한 협력을 강화한다.

95 온실가스 목표관리 운영 등에 관한 지침상 '매개변수'에 관한 내용이 아닌 것은?

① 두 개 이상 변수 사이의 상관관계를 나타내는 변수
② 온실가스 배출량을 산정하는 데 필요한 탄소함량
③ 온실가스 배출량을 산정하는 데 필요한 불확도
④ 온실가스 배출량을 산정하는 데 필요한 발열량

풀이 매개변수(온실가스 에너지 목표관리 운영 등에 관한 지침)
두 개 이상 변수 사이의 상관관계를 나타내는 변수로서 온실가스 배출량을 산정하는 데 필요한 배출계수, 발열량, 산화율, 탄소함량 등을 말한다.

96 탄소중립기본법상 국가 온실가스 감축목표는 2030년의 국가 온실가스 총배출량을 2018년의 온실가스 총배출량 대비 얼마까지 감축하는 것으로 하는가?

① 10% 이상
② 20% 이상
③ 25% 이상
④ 35% 이상

풀이 중장기 국가온실가스감축목표(탄소중립기본법)
정부가 국가온실가스 배출량을 2030년까지 2018년의 국가온실가스 배출량 대비 35퍼센트 이상의 범위에서 대통령령으로 정하는 비율만큼 감축하는 것을 말한다.

97 탄소중립기본법 시행령상 온실가스 감축인지 예산제도의 실시업무와 거리가 먼 것은?

① 예산과 기금이 기후변화에 미치는 영향분석
② 온실가스 감축인지 예산·결산서의 검토·분석
③ 온실가스 감축인지 기금운용계획서 및 기금결산서의 검토·분석
④ 온실가스 감축인지 예산제도의 실시

풀이 온실가스 감축인지 예산제도 실시업무
ⓠ 예산과 기금이 기후변화에 미치는 영향분석
ⓡ 대상사업 선정기준, 온실가스 감축인지 예산·결산서 작성방법 등을 포함한 운영지침 마련
ⓢ 온실가스 감축인지 예산·결산서의 검토·분석
ⓣ 온실가스 감축인지 기금운용계획서 및 기금결산서의 검토·분석
ⓤ 온실가스 감축인지 예산제도의 홍보 및 예산기법의 교육
ⓥ 그 밖에 예산과 기금이 기후변화에 미치는 영향을 분석한 결과 국가와 지방자치단체의 재정 운용에 반영할 필요가 있다고 환경부장관이 기획재정부장관 또는 행정안전부장관과 협의하여 정하는 업무

정답 95 ③ 96 ④ 97 ④

98 온실가스 배출권거래제 운영을 위한 검증지침상 검증기관의 준수사항으로 ( )에 알맞은 것은?

> 검증기관은 반기별 검증업무 수행내역을 작성하여 매 반기 종료일로부터 (㉠)에 (㉡)에게 제출하여야 한다.

① ㉠ 15일 이내,
㉡ 온실가스 종합정보센터장
② ㉠ 15일 이내,
㉡ 국립환경과학원장
③ ㉠ 30일 이내,
㉡ 온실가스 종합정보센터장
④ ㉠ 30일 이내,
㉡ 국립환경과학원장

풀이 검증기관의 준수사항(온실가스 배출권거래제 운영을 위한 검증지침)
㉠ 검증기관은 검증결과 보고서, 검증업무 수행내역 등 관련 자료를 5년 이상 보관하여야 한다.
㉡ 검증기관은 반기별 검증업무 수행내역을 작성하여 매 반기 종료일로부터 30일 이내에 국립환경과학원장에게 제출하여야 한다.

99 온실가스 배출권의 할당 및 거래에 관한 법령상 배출권 제출에 관한 내용으로 ( )에 옳은 것은?

> 할당대상업체는 ( )에 대통령령으로 정하는 바에 따라 인증받은 온실가스 배출량에 상응하는 배출권(종료된 이행연도의 배출권을 말한다)을 주무관청에 제출하여야 한다.

① 이행연도 종료일부터 1개월 이내
② 이행연도 종료일부터 2개월 이내
③ 이행연도 종료일부터 3개월 이내
④ 이행연도 종료일부터 6개월 이내

풀이 배출권의 제출
할당대상업체는 이행연도 종료일로부터 6개월 이내에 대통령령으로 정하는 바에 따라 인증받은 온실가스 배출량에 상응하는 배출권(종료된 이행연도의 배출권을 말한다)을 주무관청에 제출하여야 한다.

100 온실가스 배출권의 할당 및 거래에 관한 법령상 배출권 이월 및 차입에 관한 사항으로 ( )에 알맞은 것은?

> 할당대상업체가 아닌 자로서 배출권을 보유한 자는 이행연도 종료일에서 ( )에 보유한 배출권의 이월에 관한 신청서를 전자적 방식으로 환경부장관에게 제출하여야 한다.

① 2개월이 지난 날부터 5일 이내
② 3개월이 지난 날부터 7일 이내
③ 5개월이 지난 날부터 10일 이내
④ 6개월이 지난 날부터 15일 이내

풀이 배출권 이월 및 차입절차(배출권거래법 시행령)
㉠ 배출권의 이월 및 차입을 하려는 할당대상업체는 다음의 구분에 따른 날부터 10일 이내에 배출권 이월 또는 차입에 관한 신청서를 전자적 방식으로 환경부장관에게 제출해야 한다.
• 온실가스 배출량을 인증받은 결과를 통보받은 경우에는 그 통보를 받은 날
• 이의를 신청한 경우에는 이의신청에 대한 결과를 통보받은 날
㉡ 할당대상업체가 아닌 자로서 배출권을 보유한 자는 이행연도 종료일에서 5개월이 지난 날부터 10일 이내에 보유한 배출권의 이월에 관한 신청서를 전자적 방식으로 환경부장관에게 제출해야 한다.
㉢ 환경부장관은 배출권 제출기한 10일 전까지 신청에 대하여 검토하여 승인 여부를 결정하고, 지체 없이 그 결과를 해당 신청인에게 통보해야 한다.

정답 98 ④ 99 ④ 100 ③

SECTION 08 2020년 4회 기사

1과목 기후변화개론

01 기후시스템 중 에어로졸에 대한 설명 중 틀린 것은?

① 에어로졸의 크기는 약 수백 나노미터부터 수십 마이크로미터에 이르기까지 그 범위가 넓다.
② 에어로졸은 불규칙한 친수성, 광학적 특성, 다른 종류의 에어로졸과 혼합 등의 복잡한 과정을 거치기 때문에 그 특성을 파악하기 어렵다.
③ 에어로졸은 크게 인류기원 에어로졸과 자연기원 에어로졸로 나눌 수 있다.
④ 1주일 내외의 짧은 에어로졸의 잔류시간으로 인해 시공간적 분포는 오염배출원을 중심으로 좁다.

풀이 에어로졸의 체류시간은 수일 정도이며 시공간적 분포는 오염배출원을 중심으로 넓다.

02 제2차 국가기후변화 적응대책 수립 시 기후변화 리스크의 기반 선진화된 적응관리체계 마련을 위한 단계별 기후변화 리스크 평가절차가 순서대로 바르게 나열된 것은?

① 분석 → 파악 → 평가 → 우선순위 설정
② 파악 → 분석 → 평가 → 우선순위 설정
③ 분석 → 파악 → 우선순위 설정 → 평가
④ 파악 → 분석 → 우선순위 설정 → 평가

풀이 제2차 국가기후변화 적응대책(2016~2020)상 리스크 평가절차
파악 → 분석 → 평가 → 우선순위 설정

03 온실가스 배출량 정량화 단계가 아닌 것은?

① 배출량 계산
② 활동데이터 선택 및 수집
③ 배출계수 선택 또는 개발
④ 프로젝트 개발

풀이 온실가스 배출량 정량화 단계
㉠ 매개변수 파악(활동데이터 선택 및 수집)
㉡ 배출계수 선택 또는 개발
㉢ 배출량 계산

04 온실가스 목표관리제의 협의 및 설정에 관한 설명으로 옳은 것은?

① 목표관리 대상기간은 2년 단위이다.
② 발전과 철도는 BAU 대비 총량제한으로 한정한다.
③ 목표설정방식은 과거실적 기반 및 벤치마크 기반 2단계로 구분한다.
④ 기준연도 배출량의 시간기준은 관리업체로 최초 지정된 해의 직전연도를 포함한 5년간 연평균 배출량으로 설정한다.

풀이 ① 목표관리 대상기간은 차년도 목표(1년 단위)만 협의·설정한다.
② 부문별 관장기관은 국제적 동향, 국가 온실가스 감축목표 관리와의 연계성, 국가 온실가스 감축효과 및 기여도, 전력수급계획 등을 종합적으로 고려하여 필요하다고 인정되는 발전, 철도 부문에 대해서는 환경부장관과 협의하여 다른 방식으로 목표를 설정할 수 있다.
④ 목표관리를 위한 기준연도는 관리업체가 최초로 지정된 연도의 직전 3개년으로 하며, 이 기간의 연평균 온실가스 배출량을 기준연도 배출량으로 한다.

정답 01 ④ 02 ② 03 ④ 04 ③

05 기후변화에 의한 잠재적인 영향과 잔여영향에 관한 설명으로 가장 적합한 것은?

① 잠재적인 영향은 적응을 고려할 경우 나타나는 기후변화로 인한 영향을 의미하며, 잔여영향은 적응으로 회피될 수 있는 영향 부분을 포함한 영향을 말한다.
② 잠재적인 영향은 적응을 고려할 경우 나타나는 기후변화로 인한 영향을 의미하며, 잔여영향은 적응으로 회피될 수 있는 영향 부분을 제외한 영향을 말한다.
③ 잠재적인 영향은 적응을 고려하지 않을 경우 나타나는 기후변화로 인한 영향을 의미하며, 잔여영향은 적응으로 회피될 수 있는 영향 부분을 포함한 영향을 말한다.
④ 잠재적인 영향은 적응을 고려하지 않을 경우 나타나는 기후변화로 인한 영향을 의미하며, 잔여영향은 적응으로 회피될 수 있는 영향 부분을 제외한 영향을 말한다.

풀이 기후변화의 영향

기후변화 영향은 적응 여부에 따라 잠재적 영향(Potential Impact)과 잔여영향(Residual Impact)으로 구분한다.
㉠ 잠재적 영향 : 적응을 고려하지 않았을 경우 예측되는 기후변화 영향을 의미한다.
㉡ 잔여 영향 : 적응이 이루어진 이후에 예측되는 기후변화 영향을 의미한다. 즉, 적응으로 회피될 수 있는 영향 부분을 제외한 영향을 말한다.

06 화석연료의 연소로 인해 야기된 전 지구적 기후 변화를 보여주는 심벌로 인식되고 있는 아래 그림은 마치 톱니처럼 주기적으로 위아래로 진동하면서 오른쪽 위를 향해 뻗어간다. 이 그림의 명칭과 그 원인은?

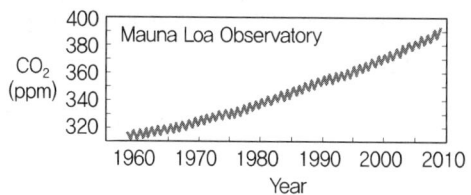

① Keeling Curve, 식물의 광합성에 따른 계절적인 차이
② Keeling Curve, 기온증가로 인한 빙하의 감소 차이
③ James Curve, 폭우와 폭설에 따른 강수의 차이
④ James Curve, 태양복사에 의한 알베도의 차이

풀이 킬링곡선(Keeling Curve)

㉠ 1958년부터 지구 대기의 이산화탄소량을 나타낸 그래프로 찰스 데이비드 킬링의 이름을 따 붙여진 명칭이다.
㉡ 1958년 남극과 하와이 마우나로아에서 최초로 이산화탄소를 매일 측정하였는데 현재까지도 이어지고 있다.
㉢ 이산화탄소 농도의 변동이 계절적인 변동을 넘어서 매년 증가하는 것을 발견하였다.(원인은 식물의 광합성에 따른 계절적인 차이)

07 우리나라의 메탄(CH_4) 배출량 중에서 가장 비중이 높은 분야는?

① 에너지 분야 ② 폐기물 분야
③ 산업공정 분야 ④ 농업 분야

풀이 CH_4 배출량 비중

농업 분야 > 가축분뇨처리 > 축산(장내 발효)

정답 05 ④ 06 ① 07 ④

08 극한기후지수에 대한 설명 중 옳지 않은 것은?

① 서리일수 : 일최고기온이 0℃ 미만인 날의 연중 일수
② 열대야일수 : 일최저기온이 25℃ 이상인 날의 연중 일수
③ 폭염일수 : 일최고기온이 33℃ 이상인 날의 연중 일수
④ 호우일수 : 일강수량이 80mm 이상인 날의 연중 일수

풀이 서리일수
일최저기온이 0℃ 미만인 날의 연중 일수

09 IPCC 5차 평가보고서에 따른 지구복사강제력(RF)이 높은 순서에서부터 낮은 순서대로 가장 적합하게 나열된 것은?

㉠ NMVOC(비메탄계 휘발성 유기화합물)
㉡ CO
㉢ N_2O
㉣ CO_2
㉤ NOx

① ㉢→㉠→㉣→㉤→㉡
② ㉣→㉡→㉢→㉠→㉤
③ ㉢→㉡→㉤→㉠→㉣
④ ㉣→㉠→㉢→㉡→㉤

풀이 IPCC 5차 평가보고서에 따른 지구복사강제력(RF) 순서
$CO_2 > CH_4 > CO > N_2O > NMVOC > NOx$

10 1992년 체결된 기후변화에 관한 유엔기본협약의 이론적 틀을 마련하고, 기후변화와 관련된 과학적 연구결과를 종합적으로 검토하는 국제기구는?

① 기후변화에 관한 정부 간 패널(IPCC)
② 세계기상기구(WMO)
③ 유엔환경계획(UNEP)
④ 유엔개발계획(UNDP)

풀이 기후변화에 대한 정부 간 패널(IPCC)
1979년 세계기후회의에서 논의되었던 IPCC는 1988년 11월 UN 산하 세계기상기구(WMO)와 유엔환경계획(UNEP)이 기후변화와 관련된 전 지구적인 환경문제에 대처하기 위해 각국의 기상학자, 해양학자, 빙하전문가, 경제학자 등 전문가로 구성된 정부 간 기후변화 협의체로, 본부는 스위스 제네바에 있으며 2007년에 노벨평화상을 수상하였다.

11 다음의 탄소시장에 관한 내용 중 틀린 것은?

① 배출권을 배분하는 과정을 배출권할당이라고 한다.
② 개별 경제주체에 대해 배출권을 할당하는 방식 중 무상배분방식은 배출권을 과거 배출량을 기준으로 비용 없이 발행하여 배분하는 방식이다.
③ 탄소배출권을 리스크에 따라 분류할 경우 2차 시장은 등록된 CDM 사업으로부터 예상되는 배출권을 거래하는 시장이다.
④ 배출권거래제를 통하여 발행되는 배출권으로는 AAU, EAU 등이 대표적 배출권이다.

풀이 크레딧시장(Creditor Market)은 발생시장(Primary Market)과 유통시장(Secondary Market)으로 구분될 수 있다. 등록된 CDM 사업으로부터 예상되는 배출권을 거래하는 시장은 1차 시장이다.

12 우리나라 국가배출량 통계에 대한 설명 중 옳지 않은 것은?

① 국가 온실가스 관리위원회 심의·의결 후 확정된다.
② IPCC 제3차 보고서에서 제시한 지구온난화지수를 활용하여 산정된다.
③ 활동자료 개선이나 산정방법론이 변경됨에 따라 매년 재계산될 수 있다.
④ 관장기관에서 산정 후, 환경부 온실가스 종합정보센터는 이를 수정·보완한다.

정답 08 ① 09 ② 10 ① 11 ③ 12 ②

풀이 우리나라 국가배출량통계는 IPCC 제2차 보고서에서 제시한 지구온난화지수(GWP)를 활용하여 산정된다. 즉, IPCC에서 제공한 온실가스 배출량 산정 가이드라인을 국내 실정에 맞게 적용하여 온실가스 종합정보센터에서 매년 국가 온실가스 통계 산정·보고·검증지침을 제공한다.

13 UNFCCC에서 규제하고 있는 온실가스가 아닌 것은?

① 수소불화탄소
② 이산화질소
③ 육불화황
④ 과불화탄소

풀이 온실가스(UNFCCC)
  ㉠ CO_2 ㉡ CH_4 ㉢ N_2O
  ㉣ HFC   ㉤ PFC   ㉥ SF_6

14 우리나라 기후변화 영향 중 식생변화로 가장 거리가 먼 것은?

① 개엽시기가 빨라진다.
② 개화시기가 지연된다.
③ 고립된 고산대 식물이 멸종되기 쉽다.
④ 고도가 낮은 곳의 온대성 식물이 산 위로 확장한다.

풀이 기후변화에 따라 식물종은 생리적 영향을 받고, 식물종 사이의 경쟁으로 서식지 변화, 식물종의 분포지역 이동이 나타나며 개화 및 개엽시기가 빨라진다.

15 2006 IPCC 가이드라인의 폐기물 부문에 포함되지 않는 것은?

① 고형 폐기물 매립에 의한 배출
② 고형 폐기물의 소각 및 노천소각에 의한 배출
③ 분뇨처리에 의한 배출
④ 폐수처리 및 배출

풀이 2006 IPCC 가이드라인 폐기물 부문
  ㉠ 고형 폐기물 매립
  ㉡ 고형 폐기물의 생물학적 처리
  ㉢ 폐기물의 소각 및 노천소각
  ㉣ 폐수처리 및 배출

16 IPCC 가이드라인에 대한 다음 설명 중 틀린 것은?

① UNFCCC에서 국제표준으로 인정한 지침서이다.
② 국가온실가스 배출량 산정을 위한 지침서이다.
③ 상향식 배출량 산정방식을 이용한다.
④ 국제적 표준이 되는 온실가스 종류와 지구온난화지수 등을 포함하고 있다.

풀이 2006 IPCC 가이드라인은 인간활동에 따른 온실가스의 배출원(Source)에 의한 배출량(Emission) 및 흡수원에 의한 흡수량(Removal)의 국가 인벤토리를 산정하기 위한 방법론을 제공하며, 하향식(Top-Down) 배출량 산정방식을 이용한다.

17 기후시스템에서 구름의 영향에 관한 설명으로 가장 적합한 것은?

① 구름과 온난화는 관련이 없다.
② 낮은 구름이 증가하면 온난화효과가 크다.
③ 낮은 구름보다 높은 구름이 증가하면 지구복사에너지를 더 많이 흡수한다.
④ 현재까지는 온난화로 높은 구름이 감소할 가능성이 지배적인 것으로 알려져 있다.

풀이 기후시스템에서 구름의 영향
  ㉠ 구름은 지구에너지의 평형, 특히 자연적 온실효과에 있어서 중요한 역할을 한다.
  ㉡ 구름은 적외복사를 흡수하고 방출하면서 온실가스와 같이 지표를 따뜻하게 하는 데 기여하지만, 대부분의 구름은 밝은 반사체로서 태양복사를 반사하여 기후시스템을 냉각시킨다.
  ㉢ 현 기후시스템에서 구름은 평균적으로 약한 냉각효과를 갖고 있어 온실효과보다는 태양복사를 반사하는 효과가 더 크다.
  ㉣ 높은 구름이 증가하면 지구복사에너지를 더 많이 흡수하고 낮은 구름이 증가하면 온난화효과가 적다.
  ※ 구름의 복사강제력(Cloud Radiative Forcing) 모든 하늘 상태의 지구복사수지와 맑은 하늘의 지구복사수지의 차이를 말함(W/m^2)

정답 13 ② 14 ② 15 ③ 16 ③ 17 ③

18 아산화질소 0.1톤, 메탄 1톤, 이산화탄소 20톤을 이산화탄소 상당량톤(tCO₂-eq)으로 환산한 값은?[단, 아산화질소(N_2O)와 메탄(CH_4)의 GWP는 각각 310, 21이다.]

① 52
② 53
③ 62
④ 72

풀이 이산화탄소 상당량톤(tCO_2-eq)
$= (0.1ton \times 310) + (1ton \times 21) + 20ton$
$= 72 tCO_2-eq$

19 기후변화에 대한 국제기구의 논의과정에 대한 설명으로 옳지 않은 것은?

① 국제사회가 기후변화문제를 환경문제로 처음 논의하기 시작한 것은 1972년 스톡홀름에서 개최된 인간환경회의(UN Conference on the Human Environment)로 볼 수 있다.
② WMO(세계기상기구)와 UEP는 1988년 공동으로 IPCC(기후변화 정부 간 패널)을 설립하고 지구온난화 문제에 각국 정부의 연구 및 대응역량을 결집하였다.
③ IPCC는 1990년 제2차 세계기후회의에서 제1차 기후변화보고서를 발표하고 여기에서 기후변화 문제를 다루기 위한 국제협약이나 규범의 제정을 권고하였다.
④ IPCC는 1990년 제2차 세계기후회의에서 국제 협약이나 규범의 권고에 따라 1999년 브라질 리우에서 개최된 유엔환경개발회의(UNCED)에서 기후변화협약(UNFCCC)을 체결하고 선진국의 온실가스 감축목표를 명확히 합의하였다.

풀이 기후온난화에 대한 과학적 자료가 증가하고 범지구적 차원의 온실가스 감축 노력이 필요하다는 공감대 속에 적극 대처(온실가스의 인위적 방출규제)하기 위하여 UN의 주관으로 1992년 브라질 리우데자네이루에서 열린 환경개발회의(UNCED)에서 기후변화협약(UNFCCC)이 채택되었으며 선진국의 온실가스감축목표를 명확히 합의한 것은 COP 3(제3차 당사국총회)이다.

20 ISO(국제표준(ISO 14064) 지침원칙에서 배출량 산정보고서와 관련하여 충족해야 하는 4가지 조건과 거리가 먼 것은?

① 완전성
② 추가성
③ 정확성
④ 일관성

풀이 ISO 국제표준(ISO 14064) 배출량 산정보고서의 4가지 충족조건
㉠ 완전성(Completeness)
• 모든 정량화 범위 및 원칙과 온실가스 배출/흡수에 대한 설명이 포함되어야 한다.
• 어떠한 예외라도 보고되고 정당성이 증명되어야 한다.
• 모든 정보는 선언된 경계, 범위, 기간 그리고 보고의 목적으로 구성된 양식을 갖추어야 한다.
㉡ 일관성(Consistency)
• 온실가스 배출/흡수는 시간에 따라 비교 가능하여야 한다.
• 보고 기준의 변화와 그로 인한 결과의 변화는 명확히 지적되고 해명되어야 한다.
㉢ 정확성(Accuracy)
• 온실가스의 정량화는 실제 배출/흡수의 초과도, 미만도 아님을 보증해야 한다.
• 불확실성은 정량화되고 감소되어야 한다.
㉣ 투명성(Transparency)
• 정보는 명확하고, 사실에 입각하여 정기적으로 제공되어야 한다.
• 온실가스 자료정보는 확인·검증 가능한 양식으로 취득, 기록, 변환, 분석, 문서화되어야 한다.

2과목 온실가스 배출의 이해

21 온실가스 배출권거래제의 배출량 보고 및 인증에 관한 지침상 고형 폐기물의 생물학적 처리의 보고대상 배출시설과 거리가 먼 것은?

① 퇴비화시설
② 고도처리시설
③ 부숙토 생산시설
④ 혐기성 분해시설

풀이 고형 폐기물의 생물학적 처리의 보고대상 배출시설
㉠ 사료화·퇴비화·소멸화·부숙토 생산시설
㉡ 혐기성 분해시설

정답 18 ④ 19 ④ 20 ② 21 ②

22 유리생산 활동의 용해공정 중 CO_2가 배출되지 않는 원료는?

① 경소백운석
② 마그네사이트
③ 철백운석
④ 능철광

풀이 유리생산 활동의 용해공정 중 CO_2 배출 원료(탄산염 사용량당 CO_2 기본배출계수 물질)
   ㉠ $CaCO_3$(석회석)
   ㉡ $MgCO_3$(마그네사이트)
   ㉢ $CaMg(CO_3)_2$(백운석)
   ㉣ $FeCO_3$(능철광)
   ㉤ $Ca(Fe, Mg, Mn)(CO_3)_2$(철백운석)
   ㉥ $MnCO_3$(망간광)
   ㉦ Na_2CO_3(소다회)

23 도로 부문의 보고대상 배출시설 중에서 배기량 1,530cc인 승용자동차가 해당하는 것은?

① 경형
② 소형
③ 중형
④ 대형

풀이 도로 부문 보고대상 배출시설(승용자동차)

경형	배기량이 1,000cc 미만으로서 길이 3.6미터, 너비 1.6미터, 높이 2.0미터 이하인 것
소형	배기량이 1,600cc 미만인 것으로서 길이 4.7미터, 너비 1.7미터, 높이 2.0미터 이하인 것
중형	배기량이 1,600cc 이상 2,000cc 미만이거나, 길이·너비·높이 중 어느 하나라도 소형을 초과하는 것
대형	배기량이 2,000cc 이상이거나, 길이·너비·높이 모두 소형을 초과하는 것

24 온실가스 배출권거래제의 배출량 보고 및 인증에 관한 지침상 제트연료를 사용하는 항공기의 온실가스 배출량 산정 순서가 알맞은 것은?

㉮ 총 연료소비량 산정
㉯ 순항과정의 연료소비량 산정
㉱ 이착륙과 순항과정에서의 온실가스 배출량 산정
㉰ 이착륙과정 연료소비량 산정

① ㉮ → ㉯ → ㉱ → ㉰
② ㉯ → ㉱ → ㉮ → ㉰
③ ㉱ → ㉯ → ㉮ → ㉰
④ ㉮ → ㉱ → ㉯ → ㉰

풀이 제트연료를 사용하는 항공기의 온실가스 배출량 산정 순서
총 연료소비량 산정 → 이착륙과정 연료소비량 산정 → 순항과정 연료소비량 산정 → 이착륙과 순항과정에서의 온실가스 배출량 산정

25 온실가스 배출권거래제의 배출량 보고 및 인증에 관한 지침상 질산 생산에서 온실가스가 발생되는 주요 공정은 제1산화 공정의 부반응에 의한 것이다. 다음 중 제1산화 공정의 반응과 가장 거리가 먼 것은?

① $2NH_3 \rightarrow N_2 + 3H_2$
② $4NH_3 + 6NO \rightarrow 5N_2 + 6H_2O$
③ $NO(g) + 0.5O_2 \rightarrow NO_2(g) + 13.45kcal$
④ $NH_3 + 4NO \rightarrow 2.5N_2O + 1.5H_2O$

풀이 질산 생산공정(제1산화 공정)
암모니아 산화반응은 700~1,000℃에서 백금 또는 5~10%의 로듐이 포함된 촉매 존재하에서 산소와 암모니아를 다음과 같이 반응시킨다.
$4NH_3(g) + 5O_2(g) \rightarrow 4NO(g) + 6H_2O(g)$

본 공정에서는 다음과 같은 부반응이 발생하기도 한다.
$2NH_3 \rightarrow N_2 + 3H_2$
$2NO \rightarrow N_2 + O_2$
$4NH_3 + 3O_2 \rightarrow 2N_2 + 6H_2O$
$4NH_3 + 6NO \rightarrow 5N_2 + 6H_2O$

부반응에서 다음의 N_2O의 발생을 야기하기도 한다.
$NH_3 + O_2 \rightarrow 0.5N_2O + 1.5H_2O$
$NH_3 + 4NO \rightarrow 2.5N_2O + 1.5H_2O$
$NH_3 + NO + 0.75O_2 \rightarrow N_2O + 1.5H_2O$

정답 22 ① 23 ② 24 ④ 25 ③

26 온실가스 배출권거래제의 배출량 보고 및 인증에 관한 지침상 최적가용기술(BAT) 개발 시 고려요소와 가장 거리가 먼 것은?

① 환경피해를 방지함으로써 얻을 수 있는 이익이 최적가용기술을 적용하는 데 필요한 비용보다 커야 한다.
② 폐기물의 발생을 적게 하고 폐기물 회수와 재사용 등을 촉진할 수 있는지 여부를 고려하여야 한다.
③ 기술의 진보와 과학의 발전을 고려한다.
④ 실증된 기술이라도 파일롯 규모인 경우는 원칙적으로 최적가용기술 범위에서 제외한다.

풀이 최적가용기술(BAT) 개발 시 고려요소
　　㉠ 환경피해를 방지함으로써 얻을 수 있는 이익이 최적가용기술(BAT)을 적용하는 데 필요한 비용보다 커야 한다.
　　㉡ 기존 및 신규공장에 최적가용기술을 설치하는 데 필요한 시간을 고려한다.
　　㉢ 폐기물의 발생을 줄이고 폐기물 회수와 재사용 등을 촉진할 수 있는지 여부를 고려하여야 한다.
　　㉣ 관련 법률에 따른 환경규제, 인·허가 등이 해당 기술을 적용하는 데 상당한 제약이 발생하는지 여부를 고려하여야 한다.
　　㉤ 기술의 진보와 과학의 발전을 고려한다.
　　㉥ 온실가스와 기타 오염물질의 통합감축을 촉진하여야 한다.

27 온실가스 배출권거래제의 배출량 보고 및 인증에 관한 지침상 석유경제활동에서의 온실가스 배출량 보고 대상시설이 아닌 것은?

① 소성시설
② 수소 제조시설
③ 촉매 재생시설
④ 코크스 제조시설

풀이 석유정제공정 보고 대상 배출시설
　　㉠ 수소 제조시설
　　㉡ 촉매 재생시설
　　㉢ 코크스 제조시설

28 온실가스 배출권거래제의 배출량 보고 및 인증에 관한 지침상 다음 연료에 해당하는 것은?

> 열분해(Pyrolysis, 고온으로 암석을 가열하는 것으로 구성되는 처리)될 때, 다양한 고체 생성물과 함께, 탄화수소를 산출하는 상당한 양의 고체 유기물을 포함하는 무기(Inorganic), 비다공성(Non-porous) 암석을 말한다.

① 유모혈암(Oil Shale)
② 역청암(Tar Sands)
③ 갈탄 연탄(Brown Coal Briquettes)
④ 점결탄(Coking Coal)

풀이 유모혈암(Oil Shale)
　　㉠ 열분해(Pyrolysis, 고온으로 암석을 가열하는 것으로 구성되는 처리)될 때, 다양한 고체 생성물과 함께, 탄화수소를 산출하는 상당한 양의 고체 유기물을 포함하는 무기(Inorganic), 비다공성(Non-porous) 암석을 말한다.
　　㉡ 석탄·석유가 산출되는 지역에 널리 분포하는 검회색 또는 갈색의 수성암이다.
　　㉢ 탄소·수소·질소·황으로 구성된 고분자 유기화합물을 함유하며, 이것을 부순 다음 건류하면 석유를 얻을 수 있다.

29 온실가스 배출권거래제의 배출량 보고 및 인증에 관한 지침상 외부 스팀 공급업체에 공급받은 열(스팀)에 대한 간접배출량 산정·보고범위로 가장 적합한 것은?

① 사업장 단위
② 전력 배출시설 단위
③ 10MJ당 스팀사용 설비 단위
④ 50GJ당 스팀사용 공정 단위

풀이 보고대상 배출시설
　　㉠ 외부에서 공급된 열(스팀)사용에 대한 간접배출량의 산정·보고범위는 관리업체 사업장 단위로 정한다.
　　㉡ 보고대상 배출시설은 '고정연소(고체연료)'부터 '폐기물의 소각' 분야의 각 배출시설 중 외부에서 공급받아 열(스팀)을 사용하는 배출시설로 한다.

정답 26 ④　27 ①　28 ①　29 ①

30 직전연도 1년 동안 가스보일러에서 사용한 LNG 사용량을 고지서를 통해 확인한 결과 1,100,000MJ이었다. 고지서에 제시된 총발열량은 44MJ/Nm^3으로 되어 있었고, 에너지법의 별표에는 순발열량이 39.4MJ/Nm^3이라고 알게 되었다. 아래의 정보를 토대로 산정된 온실가스 배출량(tCO_2_eq)은?[단, 산정방식 : Tier 1, LNG IPCC 2006 배출계수(kg GHG/TJ) : CO_2의 경우 561,000, CH_4의 경우 1, N_2O의 경우 0.1)]

① 75 ② 65
③ 55 ④ 45

풀이 고정연소(기체연료) Tier 1(f_i, 즉 산화계수 1.0 적용)

$$E_{ij} = Q_i \times EC_i \times EF_{i,j} \times f_i \times 10^{-6}$$

여기서, E_{ij} : 연료(i) 연소에 따른 온실가스(j)의 배출량(tGHG)

Q_i : 연료(i) 사용량(측정값, 천 m^3-연료)

$$= \frac{\text{고지서 확인 연료열량(MJ)}}{\text{고지서 제시 총발열량(MJ/Nm}^3\text{)}}$$

$$= \frac{1,100,000(\text{MJ})}{44(\text{MJ/Nm}^3)}$$

$= 25,000 Nm^3 = 25$천Nm^3

EC_i : 연료(i)의 열량계수(연료순발열량, MJ/m^3-연료)

$EF_{i,j}$: 연료(i)에 따른 온실가스(j) 배출계수 (kgGHG/TJ-연료)

f_i : 연료(i)의 산화계수(CH_4, N_2O는 미적용)

= (25천Nm^3 × 39.4MJ/Nm^3 × 56,100kgCO_2/TJ × 1tCO_2-eq/tCO_2 × 1 × 10^{-6}) + (25천Nm^3 × 39.4MJ/Nm^3 × 1kgCH_4/TJ × 21tCO_2-eq/tCH_4 × 10^{-6}) + (25천Nm^3 × 39.4MJ/Nm^3 × 1kgN_2O/TJ × 310tCO_2-eq/tN_2O × 10^{-6})

= 55.309tCO_2-eq

31 온실가스 배출권거래제의 배출량 보고 및 인증에 관한 지침상 연료전지의 배출활동 개요에 관한 설명으로 옳지 않은 것은?

① 연료전지는 외부에서 수소와 산소를 공급받아 수용액에서 전자를 교환하는 산화·환원 반응을 한다.
② 연료전지는 산화·환원 반응에서 생성된 화학적 에너지를 전기에너지로 변환시키는 발전장치이다.
③ 연료전지는 물의 전기분해와는 다른 역반응으로 수소와 산소로부터 전기와 물을 생산한다.
④ 수소를 생산하기 위하여 연료전지 후단에서 탄산과 물을 반응시키고 이 과정에서 CO_2가 발생된다.

풀이 수소를 생산하기 위하여 연료전지 전단에서 탄화수소와 물을 반응시키고 이 과정에서 CO_2가 발생된다.

32 온실가스 배출권거래제의 배출량 보고 및 인증에 관한 지침상 고체연료(고정연소) 연소의 산화계수 Tier 2에 대한 설명으로 ( )에 알맞은 것은?

(㉮) 부문은 산화계수(f) (㉯)를 적용하고, 기타 부문은 (㉰)을/를 적용한다. 단, 온실가스종합정보센터에서 별도의 계수를 공표하여 지침에 수록된 경우 그 값을 적용한다.

① ㉮ 에너지, ㉯ 0.99, ㉰ 0.995
② ㉮ 에너지, ㉯ 0.995, ㉰ 0.98
③ ㉮ 발전, ㉯ 0.99, ㉰ 0.98
④ ㉮ 발전, ㉯ 0.995, ㉰ 0.99

풀이 고체연료(고정연소) 연소의 산화계수
㉠ Tier 1
 산화계수(f_i)는 기본값인 1.0을 적용한다.
㉡ Tier 2
 • 발전 부문은 산화계수(f_i) 0.99를 적용한다.
 • 기타 부문은 0.98을 적용한다.
 • 온실가스종합정보센터에서 별도의 계수를 공표할 경우 그 값을 적용한다.

정답 30 ③ 31 ④ 32 ③

33 철강생산의 고로공정 구성으로 ( )에 들어갈 부생가스로 옳은 것은?

수결광+코크스+석회석 → 이송 → 고로 투입 → ( ) 배출 → 열풍로 → 열풍고로 투입 → 쇳물 및 슬래그 배출

① COG ② BFG
③ LDG ④ FOG

풀이 고로공정의 순서

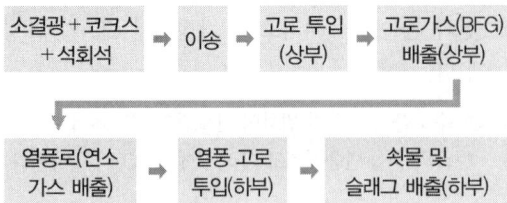

34 시멘트 생산 공정배출에서 배출량 산정방법에 필요한 자료가 아닌 것은?

① 클링커 생산에 따른 CO_2 배출량
② 클링커 생산량당 CO_2 배출 계수
③ 시멘트 킬른먼지(CKD) 생산량
④ 석회 생산량

풀이 시멘트 생산 배출량 산정방법(Tier 1~2)

$$E_i = (EF_i + EF_{toc}) \times (Q_i + Q_{CKD} \times F_{CKD})$$

여기서, E_i : 클링커(i) 생산에 따른 CO_2 배출량 (tCO_2)

EF_i : 클링커(i) 생산량당 CO_2 배출계수 ($tCO_2/t-clinker$)

EF_{toc} : 투입원료(탄산염, 제강슬래그 등) 중 탄산염 성분이 아닌 기타 탄소성분에 기인하는 CO_2 배출계수(기본값으로 $0.010tCO_2/t-clinker$를 적용한다.)

Q_i : 클링커(i) 생산량(ton)

Q_{CKD} : 킬른에서 시멘트 킬른먼지(CKD)의 반출량(ton)

F_{CKD} : 킬른에서 유실된 시멘트 킬른먼지(CKD)의 하소율(0~1 사이의 소수)

35 온실가스 배출권거래제의 배출량 보고 및 인증에 관한 지침상 일반보일러(고정연소)시설에서 석유류 연료연소에 따른 CO_2 배출계수가 큰 순으로 올바르게 표기된 것은?

㉮ 휘발유 ㉯ 등유
㉰ 경유   ㉱ B-C유

① ㉮ < ㉯ < ㉰ < ㉱
② ㉮ < ㉰ < ㉯ < ㉱
③ ㉯ < ㉮ < ㉰ < ㉱
④ ㉯ < ㉰ < ㉮ < ㉱

풀이 2006 IPCC 국가 인벤토리 가이드라인 기본배출계수
㉠ B-C유 : 77,400kgGHG/TJ
㉡ 경유 : 74,100kgGHG/TJ
㉢ 등유 : 71,900kgGHG/TJ
㉣ 휘발유 : 69,300kgGHG/TJ

36 온실가스 배출권거래제의 배출량 보고 및 인증에 관한 지침상 하·폐수처리 및 배출의 보고대상 배출시설에 해당하지 않는 것은?

① 가축분뇨공공처리시설
② 공공하수처리시설
③ 분뇨처리시설
④ 부숙토처리시설

풀이 하·폐수처리 및 배출의 보고대상 시설
㉠ 가축분뇨공공처리시설
㉡ 폐수종말처리시설
㉢ 공공하수처리시설
㉣ 분뇨처리시설
㉤ 기타 하·폐수처리시설

37 온실가스 배출권거래제의 배출량 보고 및 인증에 관한 지침상 이동연소(도로)의 보고대상 배출시설에 해당하지 않는 것은?

① 경형 승용자동차 ② 대형 승합자동차
③ 대형 화물자동차 ④ 경형 이륜자동차

풀이 이동연소(도로)의 보고대상 배출시설 중 이륜자동차는 소형, 중형, 대형으로 구분된다.

38 매립시설의 기능을 3가지로 대별한 구분으로 거리가 먼 것은?

① 저류기능 ② 회복기능
③ 차수기능 ④ 처리기능

풀이 매립장의 기능
　　㉠ 저류기능　　㉡ 차수기능
　　㉢ 처리기능

39 고형 폐기물 매립시설에서 매립시설별 유형별 메탄보정계수가 적절한 것은?

① 관리형 매립지(혐기성) − 0.8
② 관리형 매립지(준호기성) − 0.5
③ 비관리형 매립지(매립고 5m 이상) − 0.6
④ 비관리형 매립지(매립고 5m 미만) − 0.3

풀이 매립시설별 유형별 메탄보정계수(MCF)

매립시설 유형	MCF 기본값
관리형 매립지 − 혐기성	1.0
관리형 매립지 − 준호기성	0.5
비관리형 매립지 − 매립고 5m 이상	0.8
비관리형 매립지 − 매립고 5m 미만	0.4
기타	0.6

40 암모니아 생산공정−수증기개질법 의 1차 개질에서 생산되는 중간물질과 가장 거리가 먼 것은?

① 이산화탄소 ② 산소
③ 수소　　　 ④ 메탄

풀이 암모니아 생산공정 − 수증기 1차 개질
　　고온의 과열수증기와 혼합된 납사 또는 천연가스를 니켈 촉매를 이용하여 분해하여 CO_2, H_2, CH_4를 생산한다.

3과목 온실가스 산정과 데이터 품질관리

41 과거에 제출한 명세서를 수정하여 검증기관의 검증을 거쳐 관장기관에게 재제출하여야 하는 경우로 적절하지 않은 것은?

① 관리업체의 권리와 의무가 승계된 경우
② 배출량 등의 산정방법론이 변경되어 온실가스 배출량 등에 변경이 유발된 경우
③ 동일한 배출활동 및 활동자료를 사용하는 소규모 배출시설의 일부가 신증설 또는 폐쇄되었을 경우
④ 환경부장관으로부터 사업장 고유배출계수를 검토·확인을 받거나, 그 값이 변경된 경우

풀이 명세서 제출(온실가스 배출권거래제의 배출량 보고 및 인증에 관한 지침)
　　할당대상업체는 다음에 해당하는 경우 해당 사유가 적용되는 계획기간 과거 4년부터의 기제출한 명세서를 수정하여 검증기관의 검증을 거쳐 해당 사유가 발생한 시점으로부터 1개월 이내에 환경부장관에게 전자적 방식으로 제출하여야 한다.
　　㉠「온실가스 배출권의 할당, 조정 및 취소에 관한 지침」에 따라 할당대상업체의 권리와 의무가 승계된 경우
　　㉡ 조직경계 내·외부로 온실가스 배출원 또는 흡수원의 변경이 발생한 경우
　　㉢ 배출량 등의 산정방법론이 변경되어 온실가스 배출량 등에 상당한 변경이 유발된 경우
　　㉣ 환경부장관으로부터 고유배출계수에 대한 검토·확인을 받거나, 그 값이 변경된 경우
　　㉤ 환경부장관이 시정·보완을 명한 경우

42 다음 중 품질보증(Quality Assurance) 활동 요소가 아닌 것은?

① 내부감사 담당자, 책임자 지정
② 산정과정의 적절성
③ 배출량 정보 자체 검증
④ 품질감리

정답 38 ② 39 ② 40 ② 41 ③ 42 ②

[풀이] 품질보증(QA) 활동 요소
ㄱ. 내부감사 담당자, 책임자 지정
ㄴ. 품질관리
ㄷ. 배출량 정보 자체 검증(내부감사)
ㄹ. 배출량 산정업무 위탁 시 감독절차 마련
ㅁ. 수정 및 보완절차

43 온실가스 배출권거래제의 배출량 보고 및 인증에 관한 지침상 ( )에 들어갈 용어로 가장 적합한 것은?

(A)은/는 배출량 산정(명세서 작성 등) 과정에 직접적으로 관여하지 않은 사람에 의해 수행되는 검토절차의 계획된 시스템을 의미하고, (B)은/는 배출량 산정결과의 품질을 평가 및 유지하기 위한 일상적인 기술적 활동의 시스템이다.

① A : 품질보증, B : 품질관리
② A : 품질관리, B : 품질보증
③ A : 현장검증, B : 리스크 분석
④ A : 리스크 분석, B : 현장검증

[풀이] ㄱ. 품질보증(QA)
배출량 산정(명세서 작성 등) 과정에 직접적으로 관여하지 않은 사람에 의해 수행되는 검토절차의 계획된 시스템이다.
ㄴ. 품질관리(QC)
배출량 산정결과의 품질을 평가 및 유지하기 위한 일상적인 기술적 활동의 시스템이다.

44 온실가스 배출권거래제의 배출량 보고 및 인증에 관한 지침상 항공 부문의 이동연소에 의한 온실가스 배출량 산정기준에 관한 설명으로 옳지 않은 것은?

① 배출량 산정방법론은 Tier 1, 2, 3의 세 등급으로 구분할 수 있다.
② Tier 2 수준의 배출량 산정방법론은 제트연료를 사용하는 항공기에 적용된다.
③ Tier 1 수준에서 활동자료의 측정불확도는 ±7.5% 이내이다.
④ Tier 2 수준에서 활동자료의 측정불확도는 ±5.0% 이내이다.

[풀이] 항공 부문의 이동연소에 의한 온실가스 배출량 산정방법론은 Tier 1, 2의 두 등급으로 구분할 수 있다.

45 온실가스 배출권거래제의 배출량 보고 및 인증에 관한 지침상 온실가스 배출량 등의 산정절차에 해당되지 않는 것은?

① 조직경계의 설정
② 모니터링 유형 및 방법의 설정
③ 배출량 산정 및 모니터링 체계의 구축
④ 목표설정

[풀이] 온실가스 배출량 산정절차
ㄱ. 1단계 : 조직경계의 설정
ㄴ. 2단계 : 배출활동의 확인·구분
ㄷ. 3단계 : 모니터링 유형 및 방법의 설정
ㄹ. 4단계 : 배출량 산정 및 모니터링 체계의 구축
ㅁ. 5단계 : 배출활동별 배출량 산정방법론의 선택
ㅂ. 6단계 : 배출량 산정(계산법 혹은 연속측정방법)
ㅅ. 7단계 : 명세서 작성

46 배출량 산정등급에서 국가고유배출계수 및 발열량 등 일정 부분 시험분석을 통하여 개발한 매개변수값을 활용하는 배출량 산정방법은?

① Tier 1
② Tier 2
③ Tier 3
④ Tier 4

[풀이] 배출량 산정방법론
ㄱ. Tier 1 : IPCC 기본배출계수로 활용
ㄴ. Tier 2 : 국가고유배출계수 및 발열량 등을 활용
ㄷ. Tier 3 : 사업자가 개발하여 활용
ㄹ. Tier 4 : 배출가스 연속측정방법을 활용

정답 43 ① 44 ① 45 ④ 46 ②

47 온실가스 배출권거래제의 배출량 보고 및 인증에 관한 지침상 A업체에서는 전기로에서 흩뿌림 충진방식(Sprinkle Charging)으로 600℃ 조건에서 합금철이 연간 3,700ton이 생산되고 있다. 아래 단서 조항에 의거 Tier 1에 따른 연간 온실가스 배출량(tCO_2-eq)은?(단, 생산된 합금철은 65% Si로 CO_2 배출계수는 $3.6tCO_2/t$-합금철이며, CH_4 배출계수는 $1.0kgCH_4/t$-합금철이다.)

① 13,397.700
② 91,020.000
③ 8,708.505
④ 59,163.000

풀이 $E_{i,j} = Q_i \times EF_{i,j}$

여기서, $E_{i,j}$: 각 합금철(i) 생산에 따른 CO_2 및 CH_4 배출량(tGHG)
Q_i : 합금철 제조공정에 생산된 각 합금철(i)의 양(ton)
$EF_{i,j}$: 합금철(i) 생산량당 배출계수(tCO_2/t-합금철, tCH_4/t-합금철)

- CO_2 배출량 = 3,700t-합금철 × $3.6tCO_2/t$-합금철
  = $13,320tCO_2-eq$
- CH_4 배출량 = 3,700t-합금철 × $0.001tCH_4/t$-합금철 × 21 = $77.7tCO_2-eq$
∴ 온실가스 배출량(tCO_2-eq) = 13,320 + 77.7
  = $13,397.700tCO_2-eq$

48 온실가스 배출권거래제의 배출량 보고 및 인증에 관한 지침상 활동자료 수집에 따른 모니터링 유형에 관한 설명으로 옳지 않은 것은?

① B유형은 배출시설별로 주기적으로 교정검사를 실시하는 내부 측정기가 설치되어 있을 경우 해당 측정기기를 활용하여 활동자료를 결정하는 방법이다.
② C유형은 연료 및 원료의 공급자가 상거래 등의 목적으로 설치·관리하는 측정기기를 이용하여 배출시설의 활동자료를 모니터링하는 방법이다.
③ B유형은 구매량 기반 측정기기와 무관하게 배출시설 활동자료를 교정된 자체 측정기기를 이용하여 모니터링하는 방법이다.
④ C유형은 각 배출시설별 활동자료를 구매연료 및 원료 등의 메인 측정기기 활동자료에서 타당한 배분방식으로 모니터링하는 방법이다.

풀이 활동자료 수집에 따른 모니터링 유형

모니터링 유형	세부 내용
A유형 (구매량 기반 모니터링 방법)	• 연료 및 원료의 공급자가 상거래 등의 목적으로 설치·관리하는 측정기기를 이용하여 배출시설의 활동자료를 모니터링하는 방법 • 연료나 원료 공급자가 상거래를 목적으로 설치·관리하는 측정기기(WH)와 주기적인 정도검사를 실시하는 내부 측정기기(FL)를 사용하여 활동자료를 결정하는 방법
B유형 (교정된 측정기로 직접 계량에 따른 모니터링 방법)	• 구매량 기반 측정기기와 무관하게 배출시설 활동자료를 교정된 자체 측정기기를 이용하여 모니터링하는 방법 • 배출시설별로 주기적으로 교정검사를 실시하는 내부 측정기기(FL)가 설치되어 있을 경우 해당 측정기기를 활용하여 활동자료를 결정하는 방법
C유형 (근사법에 따른 모니터링 유형)	• 각 배출시설별 활동자료를 구매 연료 및 원료 등의 메인 측정기기(WH) 활동자료에서 타당한 배분방식으로 모니터링하는 방법 • 각 배출시설별 활동자료를 구매단가, 보증된 배출시설 설계 사양 등 정부가 인정하는 방법을 이용하여 모니터링하는 방법
D유형 (기타 모니터링 유형)	A~C유형 이외 기타 유형을 이용하여 활동자료를 수집하는 방법

49 온실가스 배출권거래제의 배출량 보고 및 인증에 관한 지침상 암모니아 생산시설의 순서로 알맞은 것은?

① 나프타 탈황 → 가스전환 → 나프타 개질 → 암모니아 합성 → 가스정제
② 나프타 개질 → 가스전환 → 가스정제 → 암모니아 합성 → 나프타 탈황

정답 47 ① 48 ② 49 ④

③ 암모니아 합성 → 나프타 탈황 → 나프타 개질
  → 가스전환 → 가스정제
④ 나프타 탈황 → 나프타 개질 → 가스전환 → 가스정제 → 암모니아 합성

풀이 암모니아 생산시설의 순서
나프타 탈황 → 나프타 개질 → 가스전환 → 가스정제 → 암모니아 합성

50 온실가스 배출권거래제의 배출량 보고 및 인증에 관한 지침상 외부에서 공급을 받아 전력을 사용하는 A사업장은 2016년에 100,500kWh, 2017년에 110,600kWh를 사용하였다. A사업장이 2017년 외부전력 사용으로 인한 온실가스 배출량(tCO_2-eq)은?(단, 전력 배출계수 및 GWP는 다음과 같다.)

구분	CO_2 (tCO_2/MWh)	CH_4 ($kgCH_4$/MWh)	N_2O (kgN_2O/MWh)
배출계수	0.4653	0.0054	0.0027
GWP	1	21	310

① 47 ② 52
③ 62 ④ 73

풀이 $GHG_{Emissions} = Q \times EF_i$
여기서, $GHG_{Emissions}$: 전력 사용에 따른 온실가스 배출량(tGHG)
Q : 외부에서 공급받는 전력 사용량(MWh)
  $= 110,600 \text{KWh} \times \dfrac{\text{MWh}}{10^3 \text{kWh}}$
  $= 110.6 \text{MWh}$
EF_i : 전력배출계수(tGHG/MWh)
j : 배출 온실가스의 종류

- CO_2 배출량
  $= 110.6 \text{MWh} \times 0.4653 tCO_2/\text{MWh}$
  $= 51.46 tCO_2$
- CH_4 배출량
  $= 110.6 \text{MWh} \times 0.0054 \times 10^{-3} tCH_4/\text{MWh}$
  $= 0.0006 tCH_4$
- N_2O 배출량
  $= 110.6 \text{MWh} \times 0.0027 \times 10^{-3} tN_2O/\text{MWh}$
  $= 0.0003 tN_2O$

∴ 온실가스 배출량
  $= 51.46 + (0.0006 \times 21) + (0.0003 \times 310)$
  $= 51.57 tCO_2 - eq$

51 온실가스 배출권거래제의 배출량 보고 및 인증에 관한 지침상 관리업체 지정과 관련하여 건물이 건축물 대장 또는 등기부에 각각 등재되어 있거나 소유지분을 달리하고 있는 경우에 관한 사항으로 옳지 않은 것은?

① 인접한 대지에 동일 법인이 여러 건물을 소유한 경우에는 한 건물로 본다.
② 건물의 소유구분이 지분형식으로 되어 있을 경우에는 지분별로 건물의 소유지분을 구분한다.
③ 에너지 관리의 연계성이 있는 복수의 건물은 한 건물로 본다.
④ 동일 부지 내에 있거나 인접 또는 연접한 집합건물이 동일한 조직에 의해 에너지 공급·관리 또는 온실가스 관리 등을 받을 경우에도 한 건물로 간주한다.

풀이 건물의 소유지분이 지분형식으로 되어 있을 경우에는 최대지분을 보유한 법인 등을 당해 건물의 소유자로 본다.

52 온실가스 배출권거래제의 배출량 보고 및 인증에 관한 지침에 따라 온실가스 측정 불확도를 산정하는 절차를 순서대로 옳게 나열한 것은?

ㄱ. 배출시설에 대한 불확도 산정
ㄴ. 매개변수의 불확도 산정
ㄷ. 사전검토
ㄹ. 사업장 또는 업체에 대한 불확도 산정

① ㄷ-ㄴ-ㄹ-ㄱ   ② ㄷ-ㄴ-ㄱ-ㄹ
③ ㄷ-ㄹ-ㄱ-ㄴ   ④ ㄷ-ㄱ-ㄴ-ㄹ

풀이 온실가스 측정 불확도 산정절차
  ㉠ 1단계 : 사전검토
  ㉡ 2단계 : 매개변수의 불확도 산정
  ㉢ 3단계 : 배출시설에 대한 불확도 산정
  ㉣ 4단계 : 사업장 또는 업체에 대한 불확도 산정

정답 50 ② 51 ② 52 ②

53 온실가스 배출권거래제의 배출량 보고 및 인증에 관한 지침상 교통 부문의 조직경계 결정방법으로 틀린 것은?

① 동일법인 등이 여객자동차운수사업자로부터 차량을 일정기간 임대 등의 방법을 통해 실질적으로 지배하고 통제할 경우에는 당해 법인 등의 소유로 본다.
② 일반화물자동차 운송사업을 경영하는 법인 등이 허가받은 차량은 차량소유 유무에 상관없이 당해 법인 등이 지배적인 영향력을 미치는 차량으로 본다.
③ 관리업체 지정을 위해 온실가스 배출량 등을 산정할 때에는 항공 및 선박의 국제항공과 국제해운 부문을 포함한다.
④ 화물운송량이 연간 3천만 톤-km 이상인 화주 기업의 물류 부문에 대해서는 교통 부문 관장기관인 국토교통부에서 다른 부문의 소관 관장기관에게 관련 자료의 제출 또는 공유를 요청할 수 있다.

풀이 관리업체 지정을 위해 온실가스 배출량 등을 산정할 때에는 항공 및 선박의 국제항공과 국제해운 부문은 제외한다.

54 온실가스 배출권거래제의 배출량 보고 및 인증에 관한 지침상 폐기물 소각의 배출활동 개요에 관한 설명으로 ( )에 들어갈 수 있는 물질이 알맞게 짝지어진 것은?

> 폐기물 소각시설에서 바이오매스 폐기물 (㉠)의 소각으로 인한 CO_2 배출은 생물학적 배출량이므로 배출량 산정 시 제외되어야 하며, 화석연료로 인한 폐기물 (㉡)의 소각으로 인한 CO_2 배출량은 배출량에 포함되어야 한다.

① ㉠ 목재, 폐지 등
  ㉡ 공원폐기물, 폐합성고무 등
② ㉠ 음식물, 기저귀, 하수슬러지 등
  ㉡ 플라스틱, 폐섬유류 등
③ ㉠ 음식물, 목재 등
  ㉡ 플라스틱, 합성섬유, 폐유 등
④ ㉠ 목재, 폐지 등
  ㉡ 플라스틱, 폐합성고무 등

풀이 폐기물 소각의 배출활동(온실가스 배출권거래제의 배출량 보고 및 인증에 관한 지침)
㉠ 폐기물 소각시설에서는 고형 및 액상폐기물의 연소로 인해 CO_2, CH_4 및 N_2O가 배출된다.
㉡ 소각되는 폐기물 유형
  • 도시고형폐기물
  • 사업장폐기물
  • 지정폐기물
  • 하수 슬러지
단, 바이오매스 폐기물(음식물, 목재 등)의 소각으로 인한 CO_2 배출은 생물학적 배출량이므로 배출량 산정 시 제외되어야 한다.
㉢ 화석연료로 인한 폐기물(플라스틱, 합성섬유, 폐유 등)의 소각으로 인한 CO_2만 배출량에 포함되어야 한다.

55 아연생산업체 A에서 발생된 온실가스의 양은 $690tCO_2$이었다. 제조된 아연의 양(ton)은?(단, CO_2 배출계수=$1.72tCO_2$/t-아연, 배출량 산정에 Tier 1A가 적용됨)

① 350 ② 400
③ 450 ④ 500

풀이 $E_{CO_2} = Zn \times EF_{default}$

여기서, E_{CO_2} : 아연으로 인한 CO_2 배출량(tCO_2)
Zn : 생산된 아연의 양(t)
$EF_{default}$: 아연생산량당 배출계수
  (tCO_2/t-생산된 아연)

$690tCO_2$ = 생산된 아연의 양(t)
  $\times 1.72tCO_2$/t-생산된 아연
∴ 생산된 아연의 양(t)=401.163t

정답 53 ③ 54 ③ 55 ②

56 온실가스 배출권거래제의 배출량 보고 및 인증에 관한 지침상 코크스로를 운영하고 있는 관리업체 A에서 석탄 15만 톤을 사용하여 코크스 10만 톤을 생산하였다. 온실가스 배출량을 산정할 경우 발생된 온실가스양(tCO_2-eq)은?(단, 공정배출계수는 $CO_2 : 0.56tCO_2/t$ 코크스, $CH_4 : 0.1gCH_4/t$ 코크스)

① 56,000.210
② 84,000.320
③ 140,000.530
④ 266,000.000

풀이 $E_{CO_2} = CC \times EF$
여기서, E_{CO_2} : 코크스 제조공정에서의 CO_2 배출량 (tGHG)
CC : 연소된 Coke 양(ton)
EF : 연소된 Coke의 배출계수($tCO_2/t-$Coke)
∴ 온실가스배출량 = (100,000ton - 코크스
$\times 0.56tCO_2/t -$ 코크스)
+ (100,000ton - 코크스
$\times 0.1 \times 10^{-6}t -$ 코크스 $\times 21$)
= 56,000.210tCO_2-eq

57 온실가스 배출권거래제의 배출량 보고 및 인증에 관한 지침상 카프로락탐 생산공정에 관한 설명으로 옳지 않은 것은?

① 카프로락탐 생산 시 원료는 사이클로헥산, 페놀, 톨루엔 3가지로 구분된다.
② 카프로락탐 생산공정에서 사이클로헥산은 촉매 존재하에 사이클로헥사놀이 70%, 사이클로헥사논이 30%로 구성되어 있다.
③ 사이클로헥사놀은 탈수소 촉매하에서 사이클로헥사논으로 전환된다.
④ 보고대상 온실가스는 CO_2, N_2O이다.

풀이 카프로락탐 생산공정에서 사이클로헥산은 촉매 존재하에 사이클로헥사논과 사이클로헥사놀로 산화된다. 이때 생산된 산화물은 사이클로헥사놀이 60%, 사이클로헥사논이 40%로 구성되어 있다.

58 온실가스 배출권거래제의 배출량 보고 및 인증에 관한 지침상 관리업체인 A매립장에서 고형폐기물의 매립에 따른 온실가스 배출량을 산정할 경우 매개변수별 관리기준에 관한 설명으로 옳지 않은 것은?

① 메탄보정계수(MCF)는 IPCC 가이드라인 기본값을 적용한다.
② 폐기물 성상별 매립량은 1991년 1월 1일 이후 매립된 폐기물에 대해서만 수집한다.
③ 메탄으로 전환 가능한 DOC 비율은 IPCC 가이드라인 기본값인 0.5를 적용한다.
④ 산화율은 IPCC 가이드라인 기본계수를 사용한다.

풀이 폐기물 성상별 매립량은 1981년 1월 1일 이후 매립된 폐기물에 대해서만 수집한다.

59 온실가스 배출권거래제의 배출량 보고 및 인증에 관한 지침상 이동연소 중 철도 부문의 보고대상 배출시설이 아닌 것은?

① 고속차량
② 비도로차량
③ 전기동차
④ 디젤기관차

풀이 이동연소(철도 부문) 보고대상 배출시설
㉠ 고속차량 ㉡ 전기기관차
㉢ 전기자동차 ㉣ 디젤기관차
㉤ 디젤자동차 ㉥ 특수차량

60 온실가스 목표관리 운영 등에 관한 지침상 관리업체가 전자적 방식으로 작성한 명세서를 부문별 관장기관에 제출해야 하는 시기로 옳은 것은?

① 매년 3월 31일까지
② 매년 6월 30일까지
③ 매년 9월 30일까지
④ 매년 12월 31일까지

풀이 관리업체는 검증기관의 검증을 거친 명세서를 매년 3월 31일까지 전자적 방식으로 부문별 관장기관에 제출하여야 한다.

정답 56 ① 57 ② 58 ② 59 ② 60 ①

4과목 온실가스 감축관리

61 이산화탄소(CO_2) 포집기술 중 '연소 후 포집기술'에 관한 설명으로 거리가 먼 것은?

① 배가스는 굴뚝을 통해 대기 중으로 배출되기 때문에 대기압, 상온에서의 운전이 가능하며, 상용화에 근접해 있는 기술이다.
② 연소 후 공정에서 배가스의 CO_2 농도가 약 70~75% 정도의 수준이기 때문에 CO_2와 잘 결합할 수 있는 화학흡수제를 적용하기에는 곤란한 편이다.
③ 액상이 아닌 건식으로 CO_2를 흡수시키는 '연소 후 건식 CO_2 포집공정'도 개발되고 있다.
④ 포집비용이 상대적으로 높은 편이나, 기존 발전소에 설치하여 CO_2를 줄일 수 있어 시장성 확보에 유리한 편이다.

풀이 연소 후 포집기술
연소과정에서 배출되는 배기가스의 이산화탄소를 적절한 용매(흡수제)에 포집 후 이산화탄소를 용매에서 분리하는 기술이다.

62 강원도 원주시에 10MWh 규모의 태양광 발전소 개발을 검토 중에 있다. 사업의 타당성 조사를 실시한 결과, 태양광 발전소를 설치할 경우의 이용률은 20%로 추정되었으며, 해당 태양광 발전사업을 CDM 사업으로 추진하고자 한다. 이때 예상되는 연간 발전량에 따른 온실가스 감축량(tCO_2-eq/yr)은?(단, 사업에 따른 배출 및 누출은 없으며, 소규모 CDM 사업으로 가정하고 전력배출계수 0.6060 tCO_2-eq/MWh)

① 117,108
② 20,869
③ 18,834
④ 10,617

풀이 온실가스 감축량(tCO_2-eq/year)
= 시설규모 × 이용률 × 전력배출계수
= 10MWh × 0.2 × 0.6060tCO_2-eq/MWh
  × 24hr/day × 365day/year
= 10,617.12tCO_2-eq/year

63 목재칩(Wood Chip)의 특성에 관한 설명으로 옳지 않은 것은?[단, 목재펠릿(Wood Pellet)과 상대비교]

① 연료의 특성이 비균일하다.
② 정제된 원료만 사용하며, 안정적인 공급설비가 가능하다.
③ 제조비용이 저렴한 편이다.
④ 저장규모가 큰 편이다.

풀이 연료용 목재칩
㉠ 연소 및 가스화 등 에너지 생산을 위해 고안된 기계를 이용하여 목재를 작은 크기의 조각으로 분쇄함으로써 제조된다.
㉡ 목재칩은 펠릿과 달리 정제된 원료를 사용하지 않으며 안정적인 공급설비를 갖추는 것은 곤란하다.

64 CDM 프로젝트 활동으로 인한 온실가스 감축량을 산정하고자 한다. 다음 인자를 이용한 감축량 산정식을 표현한 것으로 옳은 것은?

- ER : 감축량
- BE : 베이스라인 배출량
- PE : 프로젝트 배출량
- LE : 누출량

① ER = PE − BE − LE
② ER = BE − PE − LE
③ ER = PE − BE + LE
④ ER = PE + BE + LE

풀이 CDM 프로젝트 활동으로 인한 감축량 산정식
배출감축량(ER) = 베이스라인 배출량(BE) − 사업배출량(PE) − 누출량(LE)

정답 61 ② 62 ④ 63 ② 64 ②

65 고온형 연료전지에 해당하는 것은?

① 직접 메탄올 연료전지
② 용융탄산염 연료전지
③ 알칼리 연료전지
④ 고분자 전해질막 연료전지

풀이 ① 직접 메탄올 연료전지(DMFC) : 25~130℃
② 용융탄산염 연료전지(MCFC) : 600~700℃
③ 알칼리 연료전지(AFC) : 100℃
④ 고분자 전해질막 연료전지(PEMFC) : 85~100℃

66 온실가스 감축목표 설정에 관한 설명으로 옳지 않은 것은?

① 온실가스 감축목표는 기업, 공공기관, 지방자치단체 등의 조직이 일정기간 동안 감축해야 할 정도를 정량적으로 설정하는 것을 말한다.
② 온실가스 감축목표의 설정은 '강제적 목표할당에 따른 목표설정'과 '자발적 감축활동 선언에 따른 목표설정'으로 구분할 수 있다.
③ 온실가스 목표관리제, 배출권거래제 등은 자발적 감축활동 선언에 따른 목표설정에 해당한다.
④ 감축목표의 설정방식은 '원단위를 이용하는 방식'과 '온실가스 배출총량을 기반으로 하는 방식'으로 구분할 수 있다.

풀이 온실가스 목표관리제는 강제적 목표할당에 따른 목표설정, 배출권거래제는 자발적 감축활동 선언에 따른 목표설정에 해당한다.

67 온실가스 감축기술의 하나로 연료의 대체에 관한 내용 중 바이오 에탄올에 관한 내용으로 옳지 않은 것은?

① 알콜기를 갖고 있고, 발효의 과정을 거친다.
② 오염물질의 발생이 적은 장점이 있다.
③ 석유계 디젤과 혼합하여 사용한다.
④ 가급적 저렴한 원료를 선정하는 것이 바람직하다.

풀이 바이오 에탄올과 바이오 디젤 비교

구분	바이오 에탄올	바이오 디젤
추출	녹말(전분)작물에서 포도당을 추출해 발효시켜 얻음(사탕수수, 밀, 옥수수, 감자, 보리, 고구마)	유지작물에서 식물성 기름을 추출하여 얻음(팜유, 폐식용유, 유채유, 콩)
활용	• 가솔린 옥탄가를 높이는 첨가제로 주로 사용 • 기존 첨가제인 MTBE를 대체용도로 사용	• 석유계 디젤과 혼합하여 사용 • 선진국 : 바이오 디젤을 10~20% 섞은 혼합형태로 유통
장점	• 이론적으로 모든 식물이 원료로 가능 • 연소율이 높음 • 오염물질의 발생이 적음	비교적 단기간 내에 보급 확대 가능
단점	곡물 가격이 높음(저렴한 원료를 선정하는 것이 중요)	추출 가능한 원재료가 제한적
사용지역	미국, 중남미 등 주요 곡물 수출국	유럽, 미국, 동남아시아

68 CDM 사업절차와 수행기관이 잘못 연결된 것은?

① 사업계획서 등록 – CDM 집행위원회
② 사업계획서 타당성 평가 – CDM 운영기구
③ 사업감축량 검증 및 인증 – CDM 운영기구
④ 크레딧(CERs) 발행 – 국가 CDM 승인기구

풀이 CDM 사업절차상 크레딧(CERs) 발행은 집행이사회(EB)에서 수행한다.

69 태양광발전의 특징 및 설치조건에 관한 설명으로 옳지 않은 것은?

① 에너지 밀도가 낮은 편이다.
② 기상조건에 따라 출력에 영향을 받는다.
③ 교류로 변환하는 과정에서 고조파가 발생한다.
④ 효율에 비해 저가이지만, 설치장소가 좁아도 되는 장점이 있다.

정답 65 ② 66 ③ 67 ③ 68 ④ 69 ④

풀이 태양광발전의 장단점
- ㉠ 장점
  - 에너지원이 청정하고 무제한(햇빛이 있는 곳이면 간단히 설치 가능)
  - 유지, 보수 용이
  - 환경친화적
  - 무인화 가능(자동화 용이)
  - 태양전지의 수명이 최소 20년 이상
- ㉡ 단점
  - 에너지 밀도가 낮음
  - 많은 설치공간이 필요함
  - 전력 생산량이 지역적 일사량에 의존
  - 초기 투자비 및 발전단가 높음(태양전지 재료인 실리콘 고가)

70 발전소 및 각종 산업에서 발생하는 이산화탄소를 대기로 배출시키기 전에 고농도로 포집·압축·수송하여 안전하게 저장하는 기술로 정의될 수 있는 것은?

① ET
② CCS
③ CDM
④ VCM

풀이 CCS
- ㉠ CCS 기술은 발전소 및 각종 산업, 즉 대량 발생원으로부터 발생하는 이산화탄소를 대기로 배출시키기 전에 고농도로 포집·압축·수송과정을 거쳐 안전하게 저장하거나 유용한 물질로 전환하는 기술이다.
- ㉡ CO_2를 배출하는 모든 부문에 적용할 수 있으나, 특성상 CO_2 배출농도가 높고, 배출량이 많은 분야에 우선 적용이 가능하다.
- ㉢ 화력발전소는 CO_2 배출밀도(시간당 배출량)가 높기 때문에 CO_2 회수·처리비용 및 기술 타당성에 있어서 적용이 적합하다.
- ㉣ CO_2 제거 측면에서 효율은 높지만 처리비용이 고가이다.

71 온실가스를 처리하거나 활용하여 감축하는 기술로 가장 거리가 먼 것은?

① 매립장에서 매립가스를 포집한 후 연소시켜 에너지 발전을 한다.
② 하수처리시설에서 소화조의 가스를 회수하여 소화조 가온용 연료로 재사용한다.
③ 음식물 쓰레기 사료화, 퇴비화시설에서 메탄을 회수하여 취사용 연료로 사용한다.
④ 대기오염방지시설에서 휘발성 유기화합물을 소각한다.

풀이 대기오염방지시설에서 휘발성 유기화합물 소각은 온실가스 감축기술이 아닌 대기오염 감축으로 보는 것이 타당하다.

72 바이오가스 시설현황 중 매립지가스(LFG) 생성단계에 관한 설명으로 가장 적합한 단계는?

메탄과 이산화탄소의 농도가 일정하게 유지되는 단계로 메탄이 55~60% 정도, 이산화탄소가 40~45% 정도, 기타 미량가스가 1% 내외로 발생한다.

① 호기성 분해단계
② 산생성단계
③ 불안정한 메탄생성단계
④ 안정된 메탄생성단계

풀이 매립지 바이오가스(LFG)의 생성단계
(1) 1단계
  - ㉠ 호기성 단계(초기 조절단계)
  - ㉡ N_2, O_2는 급격히 감소, CO_2는 서서히 증가하는 단계
  - ㉢ 매립물의 분해속도에 따라 수일에서 수개월 동안 지속되며, 산소는 대부분 소모되는 단계
(2) 2단계
  - ㉠ 불안정한 메탄생성단계(혐기성 비메탄화단계 : 전이단계)
  - ㉡ 임의성 미생물에 의하여 SO_4^{2-}의 NO_3^{-1}가 환원되는 단계이며, 이 반응에 의해 CO_2가 생성되는 단계
  - ㉢ pH 5 이하이며 수분이 충분한 경우에는 다음 단계로 빨리 진행됨

정답 70 ② 71 ④ 72 ④

(3) 3단계
- ㉠ 혐기성 메탄생성축적단계(산형성단계)
- ㉡ $CO_2 \cdot H_2$의 발생비율은 감소하고, CH_4 함량이 증가하기 시작하는 단계
- ㉢ 온도가 55℃까지 상승(30~55℃)하며 pH는 6.8~8.0 정도
- ㉣ 매립 후 1~2년(25~55주)이 경과된 단계

(4) 4단계
- ㉠ 혐기성 메탄생성 정상상태단계(메탄발효단계)
- ㉡ $CH_4 \cdot CO_2$의 구성비가 거의 일정한 정상상태단계
- ㉢ 가스조성
  - CH_4 : 55~60% 정도
  - CO_2 : 40~45% 정도
  - N_2 : 5%
- ㉣ 온도 30℃ 이하이고 pH는 6.8~8.0 정도
- ㉤ 매립 후 2~5년이 경과된 단계

73 발전분야의 공정 개선 중 열병합발전(CHP : Combined Heat and Power Generation)에 대한 설명으로 가장 거리가 먼 것은?

① 고온스팀으로는 전기를 생산하며 동시에 중온열을 활용한다.
② 지역난방열 혹은 산업단지 스팀으로 사용하는 에너지 시스템이다.
③ 산소를 이용하여 연료를 가스화시켜 합성가스를 제조한 후 연소시켜 터빈으로 발전하는 기술이다.
④ 향후 에너지 효율이 90%까지 증가할 수 있는 잠재력을 가지고 있다.

풀이 산소를 이용하여 연료를 가스화시켜 합성가스를 제조한 후 연소시켜 터빈으로 발전하는 기술은 가스터빈복합발전시스템(IGCC)이다.

74 지구온난화지수가 높은 온실가스부터 순서대로 옳게 나열한 것은?

① CO_2 > CH_4 > N_2O > SF_6
② SF_6 > N_2O > CH_4 > CO_2
③ SF_6 > CH_4 > N_2O > CO_2
④ N_2O > SF_6 > CO_2 > CH_4

풀이 지구온난화지수(GWP)
SF_6(23,900) > N_2O(310) > CH_4(21) > CO_2(1)

75 CDM 사업계획서(PDD)의 구성항목에 관한 내용으로 옳지 않은 것은?

① 이해관계자 코멘트
② 베이스라인 및 모니터링 방법론의 적용
③ 프로젝트 활동 이행기간, 유효기간
④ 환경영향

풀이 CDM 사업계획서의 작성항목

구분	작성항목
A	사업 개요(프로젝트 활동에 대한 일반사항 기술)
B	베이스라인 및 모니터링 방법론의 적용
C	사업활동기간 및 CDM 사업 인정기간(프로젝트 활동 이행기간, 유효기간)
D	환경 영향요소 확인
E	이해관계자 의견 수렴

76 A지방자치단체의 관할구역 내에서 연간 350일 점등하고 있는 가로등 전구 모두를 LED등으로 교체하고자 한다. 관련 자료가 아래 조건과 같을 때, 연간 온실가스 감축량(tCO_2-eq)은?(단, $1tCO_2$-eq 미만 온실가스 감축량은 무시)

- 관할구역 내 가로등 수 : 25,000개
- 기존 전구 전력사용량 : 150W/개
- 교체할 LED등 전력사용량 : 50W/개
- 가로등 점등일 평균 점등시간 : 8hr/day
- 전력배출계수값 : 0.46625tCO_2-eq/MWh

① 3,263 ② 3,527
③ 4,464 ④ 5,403

풀이 연간 온실가스 감축량(tCO_2-eq/year)
= 가로등 수 × 교체 후 전력감소량 × 전력배출계수 × 전력사용시간

정답 73 ③ 74 ② 75 ① 76 ①

$$= 25{,}000개 \times (150-50)\text{W}/개 \times \text{MW}/10^6\text{W}$$
$$\times 0.46625\, t\text{CO}_2\text{-eq}/\text{MWh} \times 8\text{hr}/\text{day}$$
$$\times 350\text{day}/\text{year}$$
$$= 3{,}263.75\, t\text{CO}_2\text{-eq}/\text{year}$$

77 온실가스 감축방법 중 간접감축방법에 해당하는 것은?

① 탄소배출권 구매 ② 대체물질 개발
③ 대체공정 ④ 공정개선

풀이 간접감축방법
㉠ 1차 간접감축방법 : 배출원 공정을 활용한 신재생에너지 생산활용
㉡ 2차 간접감축방법 : 배출원 공정과 무관한 신재생에너지 적용을 통한 온실가스 배출상태
㉢ 3차 간접감축방법 : 탄소배출권 구매

78 연료전지의 장단점으로 가장 거리가 먼 것은?

① 열효율이 높은 편이다.
② 자연환경을 해치지 않는다.
③ 다양한 크기로 설치가 가능하고, 탄력적으로 가동할 수 있다.
④ 비용대비 효율성이 뛰어나서, 대량 및 다각도의 상용화에 유리하다.

풀이 연료전지의 장단점
㉠ 장점
- 열효율이 높다.(연료전지는 총에너지의 40% 정도는 전기, 40% 정도는 열로 전환, 즉 전기와 열 동시 이용 시 열효율 80% 정도)
- 환경친화적이다.(화력발전에 비해 SO_X, NO_X, 미세먼지 발생이 거의 없고 또한 회전부위가 없기 때문에 소음·진동도 무시할 정도로 적음)
- 간편하게, 다양한 크기로 설치 가능하며 가동도 탄력적이다.
- 부하변동에 신속히 대처 가능하며 설치형태에 따라 다양한 용도로 사용이 가능하다.
- 천연가스, 메탄올, 석탄가스 등 다양한 연료의 사용이 가능하다.
- 도심부근에 설치가 가능하여, 송·배전설비가 적게 소요되고, 전력손실이 적다.
- CO_2는 20~40% 정도 감소시킬 수 있으며 다량의 냉각수가 필요 없다.
㉡ 단점
- 비용 대비 저효율적이다.(전해질 막이나 백금 촉매)
- 수소를 대량으로 상용화하기 어렵다.
- 수소의 저장에 어려움이 있다.

79 우리나라 법령에서 정한 신·재생에너지 중 신에너지에 속하는 것은?

① 태양에너지 ② 지열에너지
③ 풍력 ④ 수소에너지

풀이 ㉠ 재생에너지
- 태양에너지   · 바이오에너지
- 풍력   · 수력
- 지열에너지   · 해양에너지
- 폐기물에너지
㉡ 신에너지
- 연료전지
- 석탄 액화·가스화 에너지
- 수소에너지

80 외부사업 타당성평가 및 감축량 인증에 관한 지침상 "상쇄등록부에 등록된 외부사업으로부터 발생한 온실가스감축량 중 부문별 관장기관의 장이 최종적으로 인증한 감축량"을 의미하는 용어로 가장 적합한 것은?

① 온실가스 감축실적
② 탄소중립실적
③ 외부사업 인증실적
④ 온실가스 인증실적

풀이 외부사업 인증실적
상쇄등록부에 등록된 외부사업으로부터 발생한 온실가스감축량 중 부문별 관장기관의 장이 최종적으로 인증한 감축량

정답 77 ① 78 ④ 79 ④ 80 ③

5과목　온실가스 관련 법규

81 부문별 관장기관과 관장 부문이 잘못 연결된 것은?

① 농림축산식품부 - 농업·임업·축산·식품 분야
② 국토교통부 - 건물·모든 교통 분야
③ 산업통상자원부 - 산업·발전 분야
④ 환경부장관 - 폐기물 분야

풀이 국가 온실가스 목표의 설정·관리 관장기관
　㉠ 농림축산식품부 : 농업·임업·축산·식품 분야
　㉡ 산업통상자원부 : 산업·발전 분야
　㉢ 환경부 : 폐기물 분야
　㉣ 국토교통부 : 건물·교통(해운·항만 분야 제외)·건설 분야
　㉤ 해양수산부 : 해양·수산·해운·항만 분야

82 탄소중립기본법상 국가와 지방자치단체의 책무와 거리가 먼 것은?

① 국가와 지방자치단체는 탄소중립 사회로의 이행과 녹색성장의 추진 등 기후위기 대응에 필요한 외부인력을 유치하여야 한다.
② 국가와 지방자치단체는 각종 계획의 수립과 사업의 집행과정에서 기후위기에 미치는 영향과 경제와 환경의 조화로운 발전 등을 종합적으로 고려하여야 한다.
③ 지방자치단체는 탄소중립 사회로의 이행과 녹색성장의 추진을 위한 대책을 수립·시행할 때 해당 지방자치단체의 지역적 특성과 여건 등을 고려하여야 한다.
④ 국가와 지방자치단체는 기후위기 대응 정책을 정기적으로 점검하여 이행성과를 평가하고, 국제협상의 동향과 주요 국가 및 지방자치단체의 정책을 분석하여 면밀한 대책을 마련하여야 한다.

풀이 국가와 지방자치단체의 책무(탄소중립기본법)
　㉠ 국가와 지방자치단체는 경제·사회·교육·문화 등 모든 부문에 기본원칙이 반영될 수 있도록 노력하여야 하며, 관계 법령 개선과 재정투자, 시설 및 시스템 구축 등 제반 여건을 마련하여야 한다.
　㉡ 국가와 지방자치단체는 각종 계획의 수립과 사업의 집행과정에서 기후위기에 미치는 영향과 경제와 환경의 조화로운 발전 등을 종합적으로 고려하여야 한다.
　㉢ 지방자치단체는 탄소중립 사회로의 이행과 녹색성장의 추진을 위한 대책을 수립·시행할 때 해당 지방자치단체의 지역적 특성과 여건 등을 고려하여야 한다.
　㉣ 국가와 지방자치단체는 기후위기 대응 정책을 정기적으로 점검하여 이행성과를 평가하고, 국제협상의 동향과 주요 국가 및 지방자치단체의 정책을 분석하여 면밀한 대책을 마련하여야 한다.
　㉤ 국가와 지방자치단체는 「공공기관의 운영에 관한 법률」 제4조에 따른 공공기관과 사업자 및 국민이 온실가스를 효과적으로 감축하고 기후위기 적응역량을 강화할 수 있도록 필요한 조치를 강구하여야 한다.
　㉥ 국가와 지방자치단체는 기후정의와 정의로운 전환의 원칙에 따라 기후위기로부터 국민의 안전과 재산을 보호하여야 한다.
　㉦ 국가와 지방자치단체는 기후변화 현상에 대한 과학적 연구와 영향 예측 등을 추진하고, 국민과 사업자에게 관련 정보를 투명하게 제공하며, 이들이 의사결정 과정에 적극 참여하고 협력할 수 있도록 보장하여야 한다.
　㉧ 국가와 지방자치단체는 탄소중립 사회로의 이행과 녹색성장의 추진을 위한 국제적 노력에 능동적으로 참여하고, 개발도상국에 대한 정책적·기술적·재정적 지원 등 기후위기 대응을 위한 국제협력을 적극 추진하여야 한다.
　㉨ 국가와 지방자치단체는 탄소중립 사회로의 이행과 녹색성장의 추진 등 기후위기 대응에 필요한 전문인력의 양성에 노력하여야 한다.

83 온실가스 배출권의 할당 및 거래에 관한 법령상 국가 온실가스 감축목표를 효과적으로 달성하기 위하여 계획기간별로 국가 배출권 할당계획을 수립하여야 하는 시기는 매 계획기간 시작 몇 개월 전까지인가?

① 3개월　　　　　② 4개월
③ 5개월　　　　　④ 6개월

정답 81 ② 82 ① 83 ④

[풀이] 정부는 국가 온실가스 감축목표를 효과적으로 달성하기 위하여 계획기간별로 국가 배출권 할당계획을 매 계획기간 시작 6개월 전까지 수립하여야 한다.

84 온실가스 배출권의 할당 및 거래에 관한 법령상 배출권 거래소의 업무가 아닌 것은?

① 배출권 거래시장의 개설·운영
② 배출권 거래중개회사의 등록 취소에 관한 업무
③ 배출권의 매매(경매를 포함한다.) 및 청산 결제
④ 불공정거래에 관한 심리 및 회원의 감리

[풀이] 배출권 거래소의 업무
㉠ 배출권 거래시장의 개설·운영
㉡ 배출권의 매매(경매를 포함한다.) 및 청산 결제
㉢ 불공정거래에 관한 심리 및 회원의 감리
㉣ 배출권의 매매와 관련된 분쟁의 자율조정(당사자가 신청하는 경우만 해당한다.)
㉤ 그 밖에 배출권 거래소의 장이 필요하다고 인정하여 법에 따른 운영규정으로 정하는 업무

85 다음 중 온실가스에 해당되지 않는 것은?

① 메탄 ② 육불화황
③ 이산화질소 ④ 과불화탄소

[풀이] 온실가스
이산화탄소(CO_2), 메탄(CH_4), 아산화질소(N_2O), 수소불화탄소(HFCs), 과불화탄소(PFCs), 육불화황(SF_6) 및 그 밖에 대통령령으로 정하는 것으로 적외선 복사열을 흡수하거나 재방출하여 온실효과를 유발하는 대기 중의 가스 상태의 물질을 말한다.

86 탄소중립기본법 시행령상 온실가스 관리목표를 통보받은 온실가스배출관리업체는 계획기간 전년도 12월 31일까지 온실가스 관리목표의 이행계획을 부문별 관장기관의 장에게 제출하여야 한다. 이행계획의 포함사항으로 거리가 먼 것은?

① 업체의 사업장 현황 등 일반정보
② 사업장별 배출 온실가스 관리목표 및 관리범위
③ 사업장별 배출 온실가스의 영향
④ 사업장별 사용에너지의 종류·사용량

[풀이] 온실가스 관리목표의 이행계획 포함사항
㉠ 업체의 사업장 현황 등 일반정보
㉡ 사업장별 온실가스 관리목표 및 관리범위
㉢ 사업장별 배출 온실가스의 종류 및 배출량
㉣ 사업장별 사용 에너지의 종류·사용량
㉤ 배출시설별 활동자료의 측정지점, 모니터링 유형 및 방법
㉥ 그 밖에 온실가스 관리목표의 이행을 위하여 환경부장관이 정하여 고시하는 사항

87 배출량의 보고 및 검증과 관련하여 할당대상업체가 제출하는 명세서에 포함되지 않는 것은?

① 업체의 업종, 매출액, 공정도, 시설배치도 등 총괄 정보
② 온실가스 사용·감축 실적 및 온실가스·에너지의 판매·구매 등 이동 정보
③ 사업장 고유배출계수의 개발 결과
④ 공정별, 생산품별 온실가스 사용량 및 에너지 배출량(벤치마크방식으로 배출권을 할당하는 경우는 제외)

[풀이] 배출량의 보고 및 검증 관련 할당대상업체가 제출하는 명세서 포함사항
㉠ 업체의 업종, 매출액, 공정도, 시설배치도, 온실가스 배출량 및 에너지 사용량 등 총괄 정보
㉡ 사업장별 온실가스 배출시설의 종류·규모·부하율, 온실가스 배출량 및 에너지 사용량
㉢ 배출시설·배출활동별 온실가스 배출량의 계산·측정방법 및 그 근거, 온실가스 배출량
㉣ 온실가스 배출시설·배출량 산정방법의 변동 사항 및 온실가스 배출량 산정 제외 관련 보고사항
㉤ 사업장별 제품 생산량 또는 용역량, 공정별 배출효율(배출효율기준방식으로 배출권을 할당하는 경우에는 사업장·시설·공정별, 생산제품 또는 용역별 온실가스 배출량 및 에너지 사용량)
㉥ 온실가스 사용·감축 실적 및 온실가스·에너지의 판매·구매 등 이동 정보
㉦ 사업장 고유배출계수의 개발 결과
㉧ 그 밖에 환경부장관이 관계 중앙행정기관의 장과 협의하여 고시하는 사항

정답 84 ② 85 ③ 86 ③ 87 ④

88 배출량 인증위원회는 위원장 1명을 포함하여 16명 이내의 위원으로 구성한다. 인증위원회의 위원장은?

① 환경부차관
② 기획재정부 1차관
③ 산업통상자원부 차관
④ 국토교통부 차관

풀이 배출량 인증위원회의 위원장은 환경부차관이 되고 위원장 1명을 포함하여 16명 이내의 위원으로 구성한다.

89 탄소중립기본법 시행령상 온실가스 배출관리업체의 지정절차에 관한 설명으로 옳지 않은 것은?

① 환경부장관은 통보받은 온실가스배출관리업체 지정대상에 대하여 온실가스배출관리업체 선정의 중복·누락, 규제의 적절성 등을 검토하여 그 결과를 계획기간 전전년도의 5월 31일까지 부문별 관장기관의 장에게 통보해야 한다.
② 검토 결과를 통보받은 부문별 관장기관의 장은 그 결과를 고려하여 온실가스배출관리업체 지정대상 중에서 온실가스배출관리업체를 지정한다.
③ 온실가스배출관리업체를 지정한 부문별 관장기관의 장은 그 사실을 해당 온실가스배출관리업체에 통보하고, 계획기간 전전년도의 3월 31일까지 관보에 고시해야 한다.
④ 폐업신고, 법인 해산, 영업 허가의 취소 등의 사유로 온실가스배출관리업체가 존립하지 않는 경우 그 지정을 취소할 수 있다.

풀이 온실가스배출관리업체를 지정한 부문별 관장기관의 장은 그 사실을 해당 온실가스배출관리업체에 통보하고, 계획기간 전전년도의 6월 30일까지 관보에 고시해야 한다.

90 온실가스 배출권 거래제하에서 배출권 거래시장 안정화 조치 기준으로 옳은 것은?

① 최근 1개월의 평균 거래량이 직전 2개 연도의 같은 월 평균거래량 중 많은 경우보다 1.5배 이상으로 증가한 경우
② 최근 1개월의 평균가격이 직전 2개 연도의 배출권 평균가격보다 1.5배 이상 높은 경우
③ 최근 1개월의 배출권 평균가격이 직전 2개 연도의 배출권 평균가격의 100분의 60 이하가 된 경우
④ 배출권가격이 유럽연합(EU)의 배출권가격보다 2배 이상 높은 경우

풀이 ① 최근 1개월의 평균거래량이 직전 2개 연도의 같은 월 평균거래량 중 많은 경우보다 2배 이상 증가한 경우
② 최근 1개월의 배출권 평균가격이 직전연도의 배출권 평균가격보다 2배 이상 높은 경우
④ 유럽연합(EU)의 배출권가격과는 무관함

91 탄소중립기본법 시행령상 온실가스 배출관리업체 등록부에 포함되는 사항과 거리가 먼 것은?

① 온실가스 배출관리업체의 상호 및 대표자
② 온실가스 배출관리업체의 지정에 관한 사항
③ 온실가스 관리 및 대책
④ 이행계획

풀이 온실가스 배출관리업체 등록부 포함사항
㉠ 온실가스 배출관리업체의 상호 및 대표자
㉡ 온실가스 배출관리업체의 지정에 관한 사항
㉢ 온실가스 배출량 명세서 및 검증보고서
㉣ 온실가스 관리목표
㉤ 이행계획
㉥ 온실가스 관리목표 달성 여부 및 개선명령(개선명령을 받은 경우만 해당한다.)에 관한 사항

정답 88 ① 89 ③ 90 ③ 91 ③

92 배출권거래법 시행령상 조기감축실적의 인정에 관한 다음 내용 중 ( ) 안에 알맞은 내용은?

> 조기감축실적을 인정받으려는 할당대상업체는 ( )에 조기감축실적 인정신청서를 전자적 방식으로 환경부장관에게 제출하여야 한다.

① 1차 계획기간의 2차 이행연도 시작 이후 8개월 이내
② 1차 계획기간의 3차 이행연도 시작 이후 8개월 이내
③ 2차 계획기간의 2차 이행연도 시작 이후 6개월 이내
④ 2차 계획기간의 3차 이행연도 시작 이후 6개월 이내

93 신에너지 및 재생에너지 개발·이용·보급 촉진법령상 신에너지 또는 재생에너지가 아닌 것은?

① 연료전지
② 수력
③ 폐열
④ 지열에너지

풀이 ㉠ 재생에너지
  • 태양에너지 • 바이오에너지
  • 풍력   • 수력
  • 지열에너지 • 해양에너지
  • 폐기물에너지
㉡ 신에너지
  • 연료전지
  • 석탄 액화·가스화 에너지
  • 수소에너지

94 다음은 탄소중립기본법상 2050 지방탄소중립녹색성장위원회의 구성 및 운영에 관한 사항이다. ( ) 안에 가장 적합한 것은?

> 2050 지방탄소중립녹색성장위원회의 구성, 운영 및 기능 등 필요한 사항은 ( )로 구성한다.

① 대통령령
② 국무총리령
③ 환경부장관령
④ 조례

풀이 2050 지방탄소중립녹색성장위원회의 구성, 운영 및 기능 등 필요한 사항은 조례로 정하며 지방위원회는 지방자치단체의 장과 협의하여 지방위원회의 운영 및 업무를 지원하는 사무국을 둘 수 있다.

95 온실가스 목표관리 운영 등에 관한 지침상 건물이 건축물 대장 또는 등기부에 각각 등재되어 있거나 소유지분을 달리하고 있는 경우에 건축물에 대한 특례기준으로 옳지 않은 것은?

① 건물의 소유구분이 지분형식으로 되어 있을 경우에는 최대 지분을 보유한 법인 등을 당해 건물의 소유자로 본다.
② 인접 또는 연접한 대지에 동일 법인이 여러 건물을 소유한 경우에는 한 건물로 본다.
③ 에너지관리의 연계성이 있는 복수의 건물 등은 한 건물로 보며, 동일 부지 내에 있거나 인접 또는 연접한 집합건물이 동일한 조직에 의해 에너지 공급·관리 또는 온실가스 관리 등을 받을 경우에도 한 건물로 간주한다.
④ 동일 건물에 구분 소유자와 임차인이 있는 경우에는 각각의 건물로 본다.

풀이 건축물의 특례기준
  ㉠ 인접 또는 연접한 대지에 동일 법인이 여러 건물을 소유한 경우에는 한 건물로 본다.
  ㉡ 에너지관리의 연계성(連繫性)이 있는 복수의 건물 등은 한 건물로 본다. 또한 동일 부지 내에 있거나 인접 또는 연접한 집합건물이 동일한 조직에 의해 에너지 공급·관리 또는 온실가스 관리 등을 받을 경우에도 한 건물로 간주한다.
  ㉢ 건물의 소유 구분이 지분형식으로 되어 있을 경우에는 최대 지분을 보유한 법인 등을 당해 건물의 소유자로 본다.

96 탄소중립기본법상 국가 탄소중립 녹색성장 기본계획 수립 시 포함사항과 거리가 먼 것은?

① 국가비전과 온실가스 감축목표에 관한 사항
② 국내외 기후변화 경향 및 미래 전망과 대기 중의 온실가스 농도변화
③ 온실가스 배출원·흡수원의 분포
④ 중장기 감축목표 등의 달성을 위한 부문별·연도별 대책

정답 92 ① 93 ③ 94 ④ 95 ④ 96 ③

[풀이] 국가 기본계획 포함사항
ⓐ 국가비전과 온실가스 감축목표에 관한 사항
ⓑ 국내외 기후변화 경향 및 미래 전망과 대기 중의 온실가스 농도변화
ⓒ 온실가스 배출·흡수 현황 및 전망
ⓓ 중장기 감축목표 등의 달성을 위한 부문별·연도별 대책
ⓔ 기후변화의 감시·예측·영향·취약성평가 및 재난방지 등 적응대책에 관한 사항
ⓕ 정의로운 전환에 관한 사항
ⓖ 녹색기술·녹색산업 육성, 녹색금융 활성화 등 녹색성장 시책에 관한 사항
ⓗ 기후위기 대응과 관련된 국제협상 및 국제협력에 관한 사항
ⓘ 기후위기 대응을 위한 국가와 지방자치단체의 협력에 관한 사항
ⓙ 탄소중립 사회로의 이행과 녹색성장의 추진을 위한 재원의 규모와 조달 방안
ⓚ 그 밖에 탄소중립 사회로의 이행과 녹색성장의 추진을 위하여 필요한 사항으로서 대통령령으로 정하는 사항

97 온실가스 목표관리 운영 등에 관한 지침상 부문별 관장기관은 관리업체가 목표달성을 못하거나, 제출한 이행실적이 미흡한 경우에는 개선명령을 하여야 한다. 부문별 관장기관은 개선명령 등 관리업체에 대해 필요한 조치를 하고, 그 결과를 작성하여 누구에게 통보하여야 하는가?

① 대통령
② 국무총리
③ 기획재정부장관
④ 환경부장관

[풀이] 온실가스 목표관리 운영 등에 관한 지침상 부문별 관장기관은 개선명령 등 관리업체에 대해 필요한 조치를 하고, 그 결과를 작성하여 환경부장관에게 통보하여야 한다.

98 녹색기술·녹색산업의 표준화 및 인증과 관련된 사항 중 옳은 것은?

① 정부는 국내에서 개발된 기술이 국제표준화에 부합되도록 표준화 기반 구축을 지원할 수 있고, 개발단계의 기술 등은 개발 이전에 표준화 취득을 의무화한다.
② 녹색기술의 표준화, 인증 및 취소 등에 관하여 그 밖에 필요한 사항은 산업통상자원부장관령으로 정한다.
③ 기업은 녹색기술 및 녹색산업의 적합성에 대해 제3자 검증을 의무적으로 추진해야 한다.
④ 정부는 녹색기술·녹색산업의 발전을 촉진하기 위하여 적합성 인증을 하거나, 공공기관의 구매 의무화 또는 기술지도 등을 할 수 있다.

[풀이] ① 정부는 국내에서 개발되었거나 개발 중인 녹색기술·녹색산업이 국제표준에 부합하도록 표준화 기반을 구축하고, 녹색기술·녹색산업의 국제표준화 활동 등에 필요한 지원을 할 수 있다.
② 표준화, 인증 및 확인, 그 취소 등에 관하여 필요한 사항은 대통령령으로 정한다.
③ 정부는 녹색기술·녹색산업의 발전을 촉진하기 위하여 녹색기술·녹색제품 등에 대한 적합성 인증을 하거나 녹색기술 및 녹색제품의 매출비중이 높은 기업의 확인, 공공기관 등 대통령령으로 정하는 기관의 구매의무화 또는 기술지도 등을 할 수 있다.

99 정부는 도시를 직접 또는 지방자치단체의 장의 요청을 받아 탄소중립도시로 지정할 수 있다. 이 경우 지정사업과 거리가 먼 것은?

① 도시의 온실가스 감축 및 에너지 자립률 향상을 위한 사업
② 도시에서 탄소흡수원 등을 조성·확충 및 개선하는 사업
③ 도시 내 공원화 사업
④ 기후위기 대응을 위한 자원순환형 도시 조성

[정답] 97 ④ 98 ④ 99 ③

풀이 탄소중립도시 지정사업
  ㉠ 도시의 온실가스 감축 및 에너지 자립률 향상을 위한 사업
  ㉡ 도시에서 탄소흡수원 등을 조성·확충 및 개선하는 사업
  ㉢ 도시 내 생태축 보전 및 생태계 복원
  ㉣ 기후위기 대응을 위한 자원순환형 도시 조성
  ㉤ 그 밖에 도시의 기후위기 대응 및 탄소중립 사회로의 이행, 환경의 질 개선을 위하여 필요한 사업

100 온실가스 배출권의 할당 및 거래에 관한 법령상 배출권 이월 및 차입에 관한 사항으로 (   )에 알맞은 것은?

> 할당대상업체가 아닌 자로서 배출권을 보유한 자는 이행연도 종료일에서 (   )에 보유한 배출권의 이월에 관한 신청서를 전자적 방식으로 환경부장관에게 제출하여야 한다.

① 2개월이 지난 날부터 5일 이내
② 3개월이 지난 날부터 7일 이내
③ 5개월이 지난 날부터 10일 이내
④ 6개월이 지난 날부터 15일 이내

풀이 배출권 이월 및 차입 절차(배출권거래법 시행령)
  ㉠ 배출권의 이월 및 차입을 하려는 할당대상업체는 다음의 구분에 따른 날부터 10일 이내에 배출권 이월 또는 차입에 관한 신청서를 전자적 방식으로 환경부장관에게 제출해야 한다.
    • 온실가스 배출량을 인증받은 결과를 통보받은 경우에는 그 통보를 받은 날
    • 이의를 신청한 경우에는 이의신청에 대한 결과를 통보받은 날
  ㉡ 할당대상업체가 아닌 자로서 배출권을 보유한 자는 이행연도 종료일에서 5개월이 지난 날부터 10일 이내에 보유한 배출권의 이월에 관한 신청서를 전자적 방식으로 환경부장관에게 제출해야 한다.
  ㉢ 환경부장관은 배출권 제출기한 10일 전까지 신청에 대하여 검토하여 승인 여부를 결정하고, 지체 없이 그 결과를 해당 신청인에게 통보해야 한다.

정답 100 ③

SECTION 09 2021년 2회 기사

1과목 기후변화개론

01 2012년까지 감축의무를 규정한 교토의정서의 대상기간의 한정과 미국, 중국, 인도 등 온실가스 대량 배출국가의 감축이 포함되지 않은 교토의정서를 대체할 새로운 기후변화 협약의 마련을 위해 채택한 것은?

① 뉴델리 합의문 ② 마라케시 합의문
③ 발리 로드맵 ④ 도하 합의문

풀이 제13차 당사국총회(COP 13)
㉠ 2007년 인도네시아 발리
㉡ 2012년 이후 선·개도국의 의무감축부담에 대한 논의가 활발히 이루어졌음
㉢ 교토의정서의 의무감축에 상응한 노력을 하기 위해 선·개도국 등 모든 국가들은 측정, 보고, 검증 가능한 방법으로 온실가스 감축을 수행토록 하는 발리 로드맵을 채택하여 2009년 말을 목표로 협상 진행에 합의함(발리행동계획「Bali-Action Plan」 채택)
㉣ 교토의정서 부속서 1국가의 경우, 2020년까지 1990년 대비 25~40% 감축목표 확인(우리나라 : 30%)
㉤ 선진국, 개도국 간 Post-2012 목표 설정을 위한 협상체제 발족(Post-2012 체제구축 합의)
㉥ 2년간의 협상을 지속하여 2009년 덴마크 코펜하겐에서 새 기후변화협약을 결정하기로 했으며 산림훼손 방지(REDD)가 주요 논의사항

02 기후변화협약과 관련된 내용으로 ( )에 알맞은 것은?

> 교토의정서 이후 신기후체제 합의문 ( )은/는 16개의 전문으로 구성되며, 이행절차에 관해 구속력을 지님. 전문에서 '공통의 그러나 차별화된 책임', '개별 국가의 능력' 및 '국가별 상황' 등의 원칙을 명시함. 향후 55개국 이상 또는 전 세계 배출량의 55% 이상에 해당하는 국가가 비준할 경우 발효

① 파리협정 ② 카타르 선언
③ 칸쿤합의 ④ 코펜하겐 합의

풀이 파리협정
㉠ 목적
 2020년 만료 예정인 기존의 교토의정서를 대체하고, 선진국과 개도국 모두가 참여할 수 있는 합의체제 마련
㉡ 채택
 2015.12 COP 21(프랑스 파리)
㉢ 장기목표
 산화전 이전 대비 지구 평균기온 상승을 2℃ 보다 상당히 낮은 수준으로 유지, 1.5℃ 이하로 제한하기 위한 노력 추구
㉣ 이행점검
 2023년부터 5년 단위로 파리협정 이행 및 장기목표 달성 가능성을 평가하기 위해 전지구적 이행점검을 실시

03 탄소배출권 계약에 관한 설명 중 ( )에 알맞은 것은?

> ( )은/는 현물로 증권을 매도(매수)함과 동시에 사전에 정한 기일에 증권을 환매수(환매도)하기로 하는 2개의 매매계약이 동시에 이루어지는 계약을 말한다.

① 레포 ② 현물
③ 선도 ④ 옵션

풀이 탄소배출권시장에서 대표적인 파생상품으로는 선도, 선물, 옵션, 레포 등이 있다.
레포(RP, Repo : 환매조건부채권)는 중앙은행이 통화조절용으로 발행하는 것이 있고, 금융기관이 고객들에게 판매하는 금융상품이 있으며, 금융기관에 발행해 자금유동성을 확보하고 유가증권 활용도를 높이기 위해 발행하는 것이다.

정답 01 ③ 02 ① 03 ①

04 온실가스에 관한 내용으로 옳지 않은 것은?

① 온실가스는 넓은 파장범위의 적외선을 흡수하여 지구의 온도를 상승시킨다.
② 기후변화협약 제3차 당사국 총회에서 6종의 온실가스에 대해 저감 및 관리대상 온실가스로 규정하였다.
③ 화석연료의 연소와 관련된 인간의 활동은 자연적 온실효과를 완화시킨다.
④ 지구온난화지수가 클수록 지구온난화에 대한 기여도가 크다는 의미이다.

풀이 화석연료의 연소와 관련된 인간의 활동은 인위적 온실효과를 증가시킨다.

05 탄소배출권의 종류에 관한 설명으로 옳지 않은 것은?

① AAU : 교토의정서 Annex 1 국가들에게 할당된 온실가스 배출권
② ERU : EU ETS 하에서의 북미 국가들에게 할당된 배출권
③ CER : 선진국과 개도국 간의 CDM을 통해서 발생되는 배출권
④ RMU : 교토의정서에 명시된 토지이용, 토지이용변화 및 산림활동에 대한 온실가스 흡수원 관련 배출권

풀이 교토메커니즘의 배출권 유형

거래단위	메커니즘	1차 이행기간 중 활용한도	이월 (Banking) 한도
AAU (Assigned Amount Unit)	부속서 A국가에 대한 교토의정서의 할당량	한도 없음	한도 없음
ERU (Emission Reduction Unit)	선진국 간 공동이행(JI)에 의해 발생한 배출권	한도 없음	구매국 할당량의 2.5%
CER (Certified Emission Reduction)	선진국과 개도국 간 청정개발체제(CDM)에 의해 발생한 배출권	흡수원 사업에 따른 CER의 경우 구매국 할당량의 1%	구매국 할당량의 2.5%
RMU (Removal Unit)	부속서 B국가의 흡수원 감축량에 대해 발행된 배출권	(토지이용, 토지이용 변화 및 산림을 통한) 산림경영에 대한 RMU의 경우 국가별로 한도 설정	이월 불가능

06 아산화질소 0.1톤, 메탄 2톤, 이산화탄소 15톤을 이산화탄소 상당량톤(tCO_2-eq)으로 환산한 값은?(단, 아산화질소(N_2O)와 메탄(CH_4)의 GWP는 각각 310, 21이다.)

① 56   ② 72
③ 88   ④ 96

풀이 이산화탄소 상당량톤(tCO_2-eq)
= $(0.1t \times 310) + (2t \times 21) + (15t \times 1)$
= $88 tCO_2$-eq

07 기후변화와 관련된 복사법칙 중 "입사하는 모든 복사선을 완전히 흡수하는 가상적인 물체를 흑체라 할 때, 흑체 표면의 단위면적에서 방출되는 에너지의 양은 그 흑체의 절대온도(K)의 4승에 비례한다"는 법칙은?

① 알베도의 법칙
② 플랑크의 법칙
③ 빈의 변위법칙
④ 스테판-볼츠만의 법칙

풀이 스테판-볼츠만의 법칙(Stefan-Boltzmann's Law)
㉠ 정의
복사에너지 중 파장에 대한 에너지 강도가 최대가 되는 파장과 흑체의 표면온도의 관계를 나타내는 법칙. 즉, 흑체 복사를 하는 물체에서 방출되는 복사강도는 그 물체의 절대온도의 4승에 비례한다.
㉡ 관련식
흑체 표면의 단위면적으로부터 단위시간에 방출되는 전파장의 복사에너지의 양(흑체의 전복사도) E는 흑체의 절대온도 4승에 비례한다.
$E = \sigma T^4$
여기서, E : 흑체 단위표면적에서 복사되는 에너지
T : 흑체의 표면 절대온도
σ : 스테판-볼츠만 상수
($5.67 \times 10^{-8} W/m^2 \cdot K^4$)

정답 04 ③ 05 ② 06 ③ 07 ④

08 지구대기의 연직구조에 관한 설명으로 옳지 않은 것은?

① 대류권은 기상현상이 일어나는 곳이며, 고도 증가에 따라 기온이 증가한다.
② 열대지역에서의 대류권의 두께는 극지방의 대류권 두께보다 두꺼우며, 겨울보다는 여름철에 보다 더 두껍다.
③ 성층권 상부의 열은 대부분이 오존에 의해 흡수된 자외선 복사의 결과이며, 오존층은 해발 25km 전후이다.
④ 중간권은 고도 증가에 따라 온도가 감소한다.

풀이 대류권에서는 고도가 높아짐에 따라 단열팽창에 의해 약 6.5℃/km씩 낮아지는 기온감률 때문에 공기의 수직혼합이 일어난다. 즉, 기층이 불안정하여 대류현상이 일어나기 쉽다.

09 기후변화 관련 국제기구에 관한 설명으로 ( )에 가장 적합한 것은?

> ( )은 유엔산업개발기구의 약자로서 청정생산기술, 환경친화적인 공정과 기술이전, 농약생산 및 개발 시 위해저감 등에 관한 사업을 주도한다.

① UNIDO   ② UNEP
③ UNFCCC ④ UNDP

풀이 유엔산업개발기구(UNIDO)
㉠ 1967년 개발도상국의 공업화 촉진을 목적으로 설립된 국제연합 전문기구로 본부는 오스트리아 빈에 있으며 우리나라는 1967년에 가입했다.
㉡ 주로 개발도상국에서 산업화를 통해 국가경제를 개선하고, 선진국과 개발도상국 간의 협력채널을 구축하는 것을 목적으로 하는 UN 전문기관 중 하나이다.

10 온실가스 배출권거래제의 원칙과 가장 거리가 먼 것은?

① 국제협약의 원칙 준수
② 기업이윤의 극대화 추구
③ 시장기능의 최대한 활용
④ 국제기준에 부합

풀이 배출권거래제의 5대 원칙
㉠ 국제협약 준수
㉡ 경제적 영향 고려
㉢ 시장기능의 최대한 활용
㉣ 공정투명한 거래
㉤ 국제기준에 부합

11 부문별 관장기관이 생성한 국가 온실가스 배출통계를 최종확정하기까지의 절차를 순서대로 옳게 나열한 것은?

> ㄱ. 통계청 및 외부 전문가 검증
> ㄴ. 국가 온실가스 종합정보센터 검증
> ㄷ. 부문별 관장기관 산정결과 수정
> ㄹ. 국가 온실가스 통계관리위원회 확정

① ㄴ→ㄱ→ㄷ→ㄹ
② ㄴ→ㄷ→ㄹ→ㄱ
③ ㄴ→ㄹ→ㄷ→ㄱ
④ ㄱ→ㄴ→ㄹ→ㄷ

풀이 국가 온실가스 배출통계 최종확정 절차순서
㉠ 국가 온실가스 종합정보센터 검증
㉡ 통계청 및 외부 전문가 검증
㉢ 부문별 관장기관 산정결과 수정
㉣ 국가 온실가스 통계관리위원회 확정

12 국가 기후변화 적응대책을 7개 부문별 적응대책과 3개 적응기반 대책으로 분류할 때, 적응기반 대책에 해당하지 않는 분야는?

① 기후변화감시예측 분야
② 적응산업에너지 분야
③ 교육홍보국제협력 분야
④ 해양수산업 분야

풀이 ㉠ 부문별 적응대책
• 건강 : 폭염·대기오염 등으로부터 국민 생명 보호

정답 08 ① 09 ① 10 ② 11 ① 12 ④

- 재난/재해 : 방재 · 사회기반 강화를 통한 피해 최소화
- 농업 : 기후 친화형 농업생산체제로 전환
- 산림 : 산림 건강성 향상 및 산림재해 저감
- 해양/수산업 : 안정적 수산식량자원 확보 및 피해 최소화
- 물관리 : 기후변화로부터 안전한 물관리체계 구축
- 생태계 : 보호 · 복원을 통한 생물다양성 확보

ⓒ 적응기반 대책
- 기후변화 감시 및 예측 : 적응 기초자료 제공 및 불확실성 최소화
- 적응산업/에너지 : 기후변화 적응 신사업 · 유망사업 발굴
- 교육 · 홍보 및 국제협력 : 대내 · 외 적응 소통 강화

13 GWP가 큰 온실가스부터 순서대로 옳게 나열한 것은?(단, IPCC 2차 평가보고서 기준)

① $SF_6 > CH_3F > N_2O > C_2F_6$
② $SF_6 > CH_3F > C_2F_6 > N_2O$
③ $SF_6 > N_2O > CH_3F > C_2F_6$
④ $SF_6 > C_2F_6 > N_2O > CH_3F$

풀이 온실가스의 GWP
$SF_6(23,900) > C_2F_6(9,200) > N_2O(310) > CH_3F(150)$

14 국제 기후변화 관련 협약이 시대순으로 옳게 나열된 것은?

① 마라케시 합의 → 코펜하겐 합의 → 발리 로드맵 → 칸쿤 합의
② 발리 로드맵 → 코펜하겐 합의 → 칸쿤 합의 → 더반 결과물
③ 교토의정서 → 마라케시 합의 → 더반 결과물 → 칸쿤 합의
④ 코펜하겐 합의 → 발리 로드맵 → 칸쿤 합의 → 더반 결과물

풀이 발리 로드맵(COP13) → 코펜하겐 합의(COP15) → 칸쿤 합의(COP16) → 더반 결과물(COP17)

15 CDM 사업 관련 주요 기관의 기능 및 역할에 관한 설명으로 (   )에 알맞은 것은?

> (   )는 교토의정서 이행방안이 합의된 제7차 당사국총회에서 구성된 기구로서 국제적으로 시행되는 청정개발체제사업의 총괄 역할을 수행한다. 주요 업무로는 청정개발체제 운영기구 지정 및 감독, 운영기구에 의해 제출된 배출권의 감독 및 등록 청정개발체제사업 이행 관련 규정사항 검토 등 관련 사업에 대하여 전반적인 업무를 수행한다.

① 국가 CDM 승인기구(DNA)
② CDM 집행이사회(EB)
③ CDM 사업운영기구(DOE)
④ 당사국총회(COP/MOP)

풀이 집행이사회(EB : Executive Board)
- ㉠ 교토의정서 이행방안이 합의된 제7차 당사국 총회(2001)에서 구성된 기구로서 국제적으로 시행되는 청정개발체제사업의 총괄 역할, 즉 CDM의 실질적인 운영관리를 수행한다.
- ㉡ 주로 청정개발체제 운영기구 지정 및 감독, 운영기구에 의해 제출된 배출권의 감독 및 등록, 청정개발체제사업 이행 관련 규정사항 검토 등 관련 사업에 대한 전반적인 업무를 수행하며 업무수행 내용은 당사국회의에 제출하여 승인을 득하는 형식을 취한다.

16 녹색기후기금(GCF)에 관한 설명으로 가장 거리가 먼 것은?

① 환경분야의 세계은행이라 할 수 있다.
② 개도국의 온실가스 감축분야만 지원하는 기후변화 관련 금융기구로서 더반에서 유치인준을 결정했다.
③ 사무국은 인천 송도이다.
④ GCF는 UN 산하기구로서 Green Climate Fund의 약자이다.

정답 13 ④ 14 ② 15 ② 16 ②

[풀이] **녹색기후기금(GCF)**
  ㉠ 녹색기후기금은 유엔기후변화협약(UNFCCC)에 의거하여 설립된 기후변화에 특화된 국제기금이다.
  ㉡ 선진국이 개발도상국의 온실가스 감축과 기후변화 적응지원을 주된 목표로 한다. 즉, 선진국 재원으로 개도국의 온실가스 감축과 적응사업을 지원하는 데에 의의가 있다.
  ㉢ 2010년 칸쿤 당사국 총회(COP16)에서 개도국의 기후변화 대응지원을 위해 설립하기로 합의된 기금이다.
  ㉣ 2011년 COP17에서 GCF를 운영하기 위한 구체적인 방안, 즉 UNFCCC의 재정운영체제의 운영기구로 지정하였다. 즉 선진국을 중심으로 2010년부터 2012년까지 3년간 300억 달러 규모의 단기재원을 조성하고, 2020년까지 1,000억 달러 규모의 장기재원을 조성하기로 합의하였다.
  ㉤ 환경분야의 세계은행이라 할 수 있으며 사무국은 인천 송도에 있다.

17 대류권 건조공기의 조성비율을 크기순으로 옳게 배열한 것은?

① $CO_2 > O_3 > H_2 > CH_4$
② $Ne > CH_4 > CO > I_2$
③ $CO_2 > CO > H_2 > CH_4$
④ $CH_4 > Ne > CO > H_2$

[풀이] 대류권 건조공기 조성비율
Ne(18.18ppm) > CH_4(1.60ppm) > CO(0.1ppm) > I_2(0.01ppm)

18 우리나라의 기후변화 취약성 평가방법에 관한 설명으로 옳지 않은 것은?

① 취약성 평가는 영향에 대한 가치판단이 배제된 개념이며, 과학적 불확실성은 포함되지 않는다.
② 하향식 접근법은 기후시나리오와 기후모형을 기반으로 하여 기후변화에 의한 순영향 평가를 통해 물리적 취약성을 평가하는 접근법이다.
③ 상향식 접근법은 지역에 기반을 둔 여러 지표들을 바탕으로 하여 그 시스템의 적응능력을 평가함으로써 사회, 경제적인 취약성을 파악하는 접근법이다.
④ 우리나라는 비교적 영향평가의 기초연구가 잘 진행된 분야(농업, 수자원, 산림, 보건 분야 등)에 일부 취약성 평가가 이루어져 왔다.

[풀이] 취약성 평가는 영향에 대한 가치판단이 들어가는 개념이며, 과학적 불확실성도 포함된다.

19 IPCC 5차 평가보고서에서 새롭게 제시된 기후변화 시나리오인 대표농도경로(RCP)의 시나리오별 대기 중 CO_2(2100년 기준) 모의농도가 알맞게 연결된 것은?

① RCP 8.5 : CO_2 농도 936ppm
② RCP 6.0 : CO_2 농도 789ppm
③ RCP 4.5 : CO_2 농도 450ppm
④ RCP 2.6 : CO_2 농도 320ppm

[풀이] 대표농도경로(RCP)의 시나리오별 2100년 기준 대기 중 농도
  ㉠ RCP 2.6 : ≒410ppm
  ㉡ RCP 4.5 : ≒540ppm
  ㉢ RCP 6.0 : ≒670ppm
  ㉣ RCP 8.5 : ≒940ppm

20 제2차 기후변화협약대응 종합대책에 포함되지 않은 것은?

① 의무부담 협상의 회피
② 온실가스 감축시책의 지속적인 추진
③ 교토메커니즘 대응기반 구축 및 활용
④ 민간부문의 참여 유도 및 대응능력 제고

[풀이] 제2차 기후변화협약대응 종합대책(2002~2004년)
  ㉠ 의무부담 협상에의 적극적인 대응
  ㉡ 온실가스 감축시책의 지속적인 추진
  ㉢ 교토메커니즘 대응기반 구축 및 활용
  ㉣ 민간부분의 참여 유도 및 대응능력 제고

정답 17 ② 18 ① 19 ① 20 ①

2과목 온실가스 배출의 이해

21 온실가스 배출권거래제의 배출량 보고 및 인증에 관한 지침상 합금철 생산공정에서 온실가스의 주된 배출시설은?

① 전기로   ② 배소로
③ 소결로   ④ 전해로

풀이 전기아크로(EAF)를 사용하는 경우 모든 합금철 생산에서 CO_2가 발생한다.

22 온실가스 배출권거래제의 배출량 보고 및 인증에 관한 지침상 석유정제활동(석유정제공정)의 온실가스 배출활동을 분류한 것으로 가장 거리가 먼 것은?

① 원유 예열시설, 증류공정 등에 열을 공급하기 위한 고정연소배출
② 수소제조공정, 촉매재생공정 및 코크스 제조공정 등 공정배출원
③ 그 밖에 공정 중에서의 배기(Venting) 및 폐가스 연소처리(Flaring) 등 탈루성 배출
④ 산·알칼리 조정을 위한 미세 활성탄 흡착처리시설

풀이 석유정제공정의 온실가스 배출은 원유 예열시설, 증류공정 등에 열을 공급하기 위한 고정연소배출과 수소제조공정, 촉매재생공정 및 코크스 제조공정 등 공정배출원, 그 밖에 공정 중에서의 배기(Venting) 및 폐가스 연소처리(Flaring) 등 탈루성 배출로 구분할 수 있다.

23 온실가스 배출권거래제의 배출량 보고 및 인증에 관한 지침상 N_2O를 산정하지 않는 처리시설은?

① 하수처리시설   ② 폐수처리시설
③ 혐기성 분해시설   ④ 폐가스 소각시설

풀이 N_2O의 경우에는 폐수가 아닌 질소성분(요소, 질산염, 단백질)을 포함한 하수처리과정에서 배출되며, 질산화 및 탈질화 작용을 통해 발생하게 된다.

24 온실가스 배출권거래제의 배출량 보고 및 인증에 관한 지침상 단위 배출시설의 배출량이 60만 tCO_2/년인 전력 사용시설에 대하여 외부에서 공급된 전기 사용에 따른 온실가스 간접배출을 산정하고자 한다. 산정방법론, 전력사용량, 배출계수에 대한 산정등급(Tier)이 옳게 나열된 것은?

① 산정방법론 Tier 1, 전력사용량 Tier 2, 배출계수 Tier 2
② 산정방법론 Tier 1, 전력사용량 Tier 2, 배출계수 Tier 3
③ 산정방법론 Tier 2, 전력사용량 Tier 3, 배출계수 Tier 3
④ 산정방법론 Tier 3, 전력사용량 Tier 3, 배출계수 Tier 3

풀이
㉠ 시설규모 : 연간 50만 톤 이상으로 C그룹
㉡ 산정방법론 : Tier 1
㉢ 전력사용량 : Tier 2
㉣ 간접배출계수 : Tier 2

외부 전기 및 열(스팀) 사용에 따른 온실가스 간접배출

배출활동	산정방법론			외부에너지 사용량			순 발열량			간접 배출계수		
시설규모	A	B	C	A	B	C	A	B	C	A	B	C
11. 외부 전기 사용	1	1	1	2	2	2	–	–	–	2	2	2
12. 외부 열·증기 사용	1	1	1	2	2	2	–	–	–	3	3	3

25 온실가스 배출권거래제의 배출량 보고 및 인증에 관한 지침상 석유화학제품 생산공정의 공정배출 보고대상 배출시설로 옳지 않은 것은?

① 메탄올 반응시설
② 하이드록실아민 반응시설
③ 테레프탈산 생산시설
④ 아크릴로니트릴 반응시설

풀이 석유화학제품 생산공정의 공정배출 보고대상 배출시설
㉠ 메탄올 반응시설
㉡ EDC/VCM 반응시설

ⓒ 에틸렌옥사이드(EO) 반응시설
ⓔ 아크릴로니트릴(AN) 반응시설
ⓜ 카본블랙(CB) 반응시설
ⓗ 에틸렌 생산시설
ⓢ 테레프탈산(TPA) 생산시설
ⓞ 코크스제거공정(De-Coking)

26 온실가스 배출권거래제의 배출량 보고 및 인증에 관한 지침상 질산 생산공정에서 배출되는 N_2O에 관련된 설명으로 거리가 먼 것은?

① 암모니아 공정에서 형성되는 N_2O의 양은 연소조건, 촉매 구성물과 사용기간, 연소기 디자인에 달려 있다.
② N_2O의 배출은 생산공정에서 재생된 양과 그 후의 완화공정에서 분해된 양에 따라 차이가 있다.
③ 질산 생산 시 매개가 되는 N_2O는 NH_3를 30~50℃의 온도와 낮은 압력하에서 N_2O와 NO_2로 분해된다.
④ 질산 생산공정의 제1산화공정에서 NH_3의 촉매 연소과정에서 N_2O가 발생된다.

풀이 질산 생산 시 매개가 되는 NO는 NH_3를 30~50℃의 온도와 높은 압력하에서 N_2O와 NO_2로 분해된다.

27 온실가스 배출권거래제의 배출량 보고 및 인증에 관한 지침상 시멘트 생산의 배출활동에 관한 설명으로 옳은 것은?

① 시멘트 공정에서의 온실가스 배출원은 클링커의 제조공정인 소성공정에서 탄산칼륨의 산화 반응에 의하여 이산화탄소가 배출된다.
② 시멘트 공정에서의 CO_2 배출특성은 주원료인 석회석과 함께 점토 등 부원료의 사용량에 의한 영향이 소성시설(Kiln)의 생석회 생성량과 연료사용량 및 폐기물 소각량에 의하여 받는 영향보다 크다.
③ 연료 중 목재와 같은 바이오매스 재활용 연료의 경우 배출량 산정에서 제외하여야 하나 합성수지 및 폐타이어 등 폐연료의 경우는 배출량 산정 시 포함되어야 한다.
④ CKD(소성로에서 발생되는 비산먼지)는 소성공정의 회수시스템에 의해 다량 회수되어 소성공정에 재사용되므로, 회수되지 못한 CKD 내 탄산염 성분은 탈탄산 반응에 포함되지 않으므로 보정이 필요 없다.

풀이 ① 시멘트 공정에서의 온실가스 배출원은 클링커의 제조공정인 소성공정에서 탄산칼륨의 탈탄산 반응에 의하여 이산화탄소가 배출된다.
② 시멘트 공정에서의 CO_2 배출특성은 소성시설의 생석회 생성량과 연료사용량 및 폐기물 소각량에 의하여 영향을 받는다.
④ CKD는 소성공정의 회수시스템에 의해 다량 회수되어 소성공정에 재사용되는데, 회수되지 못한 CKD 내 탄산염 성분은 탈탄산 반응에 포함되지 않으므로 보정이 필요하다.

28 온실가스 배출권거래제의 배출량 보고 및 인증에 관한 지침상 마그네슘 생산공정의 보고대상 배출시설이 아닌 것은?

① 배소로   ② 전기로
③ 소성로   ④ 주조로

풀이 마그네슘 생산공정의 보고대상 배출시설
ⓐ 배소로   ⓑ 소성로
ⓒ 용융·용해로   ⓓ 주조로

29 온실가스 배출권거래제의 배출량 보고 및 인증에 관한 지침상 활동자료에 대한 설명으로 ( )에 알맞은 것은?

이 지침에서 석유제품의 기체연료에 대해 특별한 언급이 없으면 모든 조건은 (㉠) 상태의 체적과 관련된 활동자료이고 (㉡) 연료는 (㉢)를 기준으로 한 체적을 적용한다.

① ㉠ 275℃ 1기압, ㉡ 고체, ㉢ 15℃
② ㉠ 0℃ 1기압, ㉡ 액체, ㉢ 15℃
③ ㉠ 0℃ 2기압, ㉡ 고체, ㉢ 25℃
④ ㉠ 275℃ 2기압, ㉡ 액체, ㉢ 25℃

정답 26 ③ 27 ③ 28 ② 29 ②

[풀이] 석유제품의 기체연료에 대해 특별한 언급이 없으면 모든 조건은 0℃ 1기압 상태의 체적과 관련된 활동자료이고 액체연료는 15℃를 기준으로 한 체적을 적용한다.

30 온실가스 배출권거래제의 배출량 보고 및 인증에 관한 지침상 이동연소(선박) 배출활동의 온실가스 배출량 산정에 관련된 설명으로 옳지 않은 것은?

① 휴양용 선박에서 대형 화물선박까지 운항되는 모든 수상교통에 의해 배출되는 온실가스를 포함하여야 한다.
② Tier 2 산정방법은 선박종류, 연료종류, 엔진종류에 따라 배출량을 산정한다.
③ Tier 3 활동데이터는 선박운항 및 휴항에 따른 연료종류, 선박종류, 선박에 탑재된 엔진 종류별 연료사용량을 활동자료로 하고, 측정불확도 ±2.5% 이내의 활동자료를 사용한다.
④ 선박부문의 온실가스 배출시설은 여객선, 화물선, 어선, 국제수상운송(국제 벙커링) 및 기타 모든 수상시설을 포함한다.

[풀이] 선박부문의 온실가스 배출시설에서 국제수상운송(국제 벙커링)에 의한 온실가스 배출량은 산정·보고에서 제외한다.

31 온실가스 배출권거래제의 배출량 보고 및 인증에 관한 지침상 고정연소(고체연료) 온실가스 보고대상 배출시설 중 공정연소시설에 해당하지 않는 시설은?

① 배연탈황시설　　② 건조시설
③ 가열시설　　　　④ 용융·융해시설

[풀이] 고정연소(고체연료) 온실가스 보고대상 배출시설 중 공정연소시설
㉠ 건조시설
㉡ 가열시설(열매체 가열 포함)
㉢ 용융·융해시설
㉣ 소둔로
㉤ 기타로

32 온실가스 배출권거래제의 배출량 보고 및 인증에 관한 지침상 고형폐기물의 생물학적 처리유형 중 혐기성 소화과정에서 주로 발생되는 대표적인 온실가스는?

① 일산화탄소　　② 아산화질소
③ 육불화황　　　④ 메탄

[풀이] 유기폐기물의 혐기성 소화과정에서 주로 발생되는 CH_4 배출량을 산정하며, N_2O 배출은 매우 적기 때문에 산정 시 제외한다.

33 온실가스 배출권거래제의 배출량 보고 및 인증에 관한 지침상 시멘트 생산과정에서 배출되는 공정배출을 산정하는 방법은 배출시설 규모에 따른 산정방법이 있다. 그중에서 Tier 3의 배출량 산정에 필요한 활동데이터와 거리가 먼 것은?

① 클링커(Clinker) 생산량
② 시멘트 킬른 먼지(CKD) 반출량
③ 원료 투입량
④ 순수탄산염 소비량

[풀이] 순수탄산염 소비량은 시멘트 생산 공정배출 산정방법 중 Tier 3의 배출량 산정에 필요한 활동데이터와 거리가 멀다.

34 휘발유 215L, 등유 750L, 경유 654L의 에너지 환산량의 합(TJ)은?(단, 총발열량계수는 휘발유 33.5MJ/L, 등유 37.5MJ/L, 경유 37.9 MJ/L이며, 단위는 TJ로 하고 소수점 넷째 자리에서 반올림하여 계산한다.)

① 6.010　　② 0.601
③ 0.060　　④ 0.006

[풀이] 에너지 총환산량(TJ)
$= [(215 \times 33.5)+(750 \times 37.5)+(654 \times 37.9)]MJ \times 1TJ/10^6 MJ$
$= 0.060 TJ$

정답　30 ④　31 ①　32 ④　33 ④　34 ③

35 다음 ( )에 가장 적합한 내용은?

> 전자산업에서는 플라스마 식각, 반응 챔버의 세정 및 온도조절을 위해 ( )이 이용되며, 이런 전자산업으로는 반도체, 박막 트랜지스터 평면디스플레이, 광전지 제조업 등이 포함된다.

① 백금화합물 ② 질소화합물
③ 불소화합물 ④ 구리화합물

풀이 여러 가지 고급 전자산업에서는 플라스마 식각, 반응 챔버의 세정 및 온도조절을 위해 불소화합물(FCs)이 이용된다.

36 온실가스 배출권거래제의 배출량 보고 및 인증에 관한 지침상 K업체 소유 항공기의 온실가스 배출량 산정 시 운항실적에 따른 LTO 횟수가 알맞은 것은?

> 운항실적 ㉮ 국내선 : 226,832회
> ㉯ 국제선 : 72,364회
> ※ 운항실적은 항공통계상 '공항별 기종별 운항실적' 자료 기준임(각 공항에서 이륙과 착륙을 각 1회 운항으로 작성된 자료임)

① 598,932회 ② 453,664회
③ 149,598회 ④ 113,416회

풀이 이착륙(LTO)은 국내선 운항실적만 해당되므로
LTO 횟수 $= \dfrac{226,832}{2} = 113,416$회

37 온실가스 배출권거래제의 배출량 보고 및 인증에 관한 지침상 하·폐수 처리의 가축분뇨 공공처리시설에서 배출되는 온실가스 종류의 조합으로 맞는 것은?

① CO_2, CH_4 ② CO_2, N_2O
③ CO_2, CH_4, N_2O ④ CH_4, N_2O

풀이 하·폐수 처리의 보고대상 온실가스
CH_4, N_2O

38 온실가스 배출권거래제의 배출량 보고 및 인증에 관한 지침상 폐기물 소각시설 중 열분해시설의 생성물질에 따른 성상분류로 거리가 먼 것은?

① 가스화 방식 ② 액화 방식
③ 용융 방식 ④ 탄화 방식

풀이 폐기물 소각시설 중 열분해 소각시설 구분(생성물질의 성상)
㉠ 가스화 방식
㉡ 액화 방식
㉢ 탄화 방식

39 온실가스 배출권거래제의 배출량 보고 및 인증에 관한 지침상 제품 등의 생산공정에 사용되는 특정시설에 열을 제공하거나 장치로부터 멀리 떨어져 이용하기 위해 연료를 의도적으로 연소시키는 시설은?

① 공정배출시설
② 대기오염물질 방지시설
③ 스팀사용시설
④ 공정연소시설

풀이 공정연소시설
공정연소시설이란 화력발전시설, 열병합 발전시설, 내연기관 및 일반 보일러를 제외하고, 제품 등의 생산공정에 사용되는 특정시설에 열을 제공하거나 장치로부터 멀리 떨어져 이용하기 위해 연료를 의도적으로 연소시키는 시설을 말한다.

40 온실가스 배출권거래제의 배출량 보고 및 인증에 관한 지침상 석탄 채굴 및 처리 활동에서의 탈루성 보고대상 온실가스로만 모두 옳게 나열한 것은?

① CO_2 ② CH_4
③ N_2O, CO_2, CH_4 ④ CH_4, N_2O

풀이 석탄 채굴 및 처리활동에서의 탈루성 보고대상 온실가스는 메탄(CH_4)이다.

정답 35 ③ 36 ④ 37 ④ 38 ③ 39 ④ 40 ②

3과목 온실가스 산정과 데이터 품질관리

41 온실가스 배출권거래제의 배출량 보고 및 인증에 관한 지침상 배출량에 따른 시설규모 분류기준 중 연간 배출량이 가장 많은 배출시설이 속한 그룹은?

① A그룹　　② B그룹
③ C그룹　　④ D그룹

풀이 배출시설의 배출량 규모에 따른 산정등급(Tier) 분류기준
　㉠ A그룹 : 연간 5만 톤(tCO_2eq) 미만의 배출시설
　㉡ B그룹 : 연간 5만 톤(tCO_2eq) 이상, 연간 50만 톤(tCO_2eq) 미만의 배출시설
　㉢ C그룹 : 연간 50만 톤(tCO_2eq) 이상의 배출시설

42 온실가스 배출권거래제의 배출량 보고 및 인증에 관한 지침상 시멘트 생산과정에서 배출되는 온실가스의 발생 반응식으로 가장 적합한 것은?

① $CaCO_3 + H_2SO_4 \rightarrow CaSO_4 + CO_2 + H_2O$
② $2NaHCO_3 + Heat \rightarrow Na_2CO_3 + CO_2 + H_2O$
③ $CH_4 + 2O_2 \rightarrow CO_2 + 2H_2O$
④ $CaCO_3 + Heat \rightarrow CaO + CO_2$

풀이 탄산칼슘의 탈탄산 반응에 의하여 배출된다.
$$CaCO_3 \rightarrow CaO + CO_2$$
$\uparrow$ Heat

43 Scope 1과 Scope 2에 관한 설명으로 옳은 것은?

① 전기, 스팀 등의 구매에 의한 외부에서의 온실가스 배출은 Scope 1에 해당된다.
② 중간 생성물의 저장, 이송과정에서의 온실가스 배출은 Scope 2에 해당된다.
③ 배출원 관리 영역에 있는 차량운행을 통한 온실가스 배출은 Scope 2에 해당된다.
④ 화학반응을 통한 부산물로서의 온실가스 배출은 Scope 1에 해당된다.

풀이 ① 전기, 스팀 등의 구매에 의한 외부에서의 온실가스 배출은 Scope 2에 해당된다.
② 중간 생성물의 저장, 이송과정에서의 온실가스 배출은 Scope 1에 해당된다.
③ 배출원 관리 영역에 있는 차량운행을 통한 온실가스 배출은 Scope 1에 해당된다.

44 온실가스 배출권거래제의 배출량 보고 및 인증에 관한 지침상 구매한 연료 및 원료, 전력 및 열에너지를 정도검사를 받지 않은 내부 측정기기를 이용하여 활동자료를 분배·결정하는 모니터링 유형은?

① A-1　　② A-2
③ C-1　　④ D-5

풀이 모니터링 유형(C-1)
구매한 연료 및 원료, 전력 및 열에너지를 정도검사를 받지 않은 내부 측정기기를 이용하여 활동자료를 분배·결정하는 방법이다.

45 온실가스 배출권거래제의 배출량 보고 및 인증에 관한 지침상 납 생산에 대한 온실가스 배출량을 산정하는 방법에 대한 설명으로 옳지 않은 것은?

① 보고대상 온실가스는 CO_2와 CH_4이다.
② 배출량 산정방법론으로 Tier 1~4까지 4가지 방법론이 있다.
③ Tier 1 방법론은 생산된 납의 양(t)에 납 생산량당 배출계수(tCO_2/t-생산된 납)를 곱하여 배출량을 산정하는 방법이다.
④ Tier 3 방법론 적용을 위해서는 사업자가 자체적으로 고유 배출계수를 개발하여 적용하여야 한다.

풀이 납 생산에 대한 보고대상 온실가스는 CO_2이다.

정답　41 ③　42 ④　43 ④　44 ③　45 ①

46 온실가스 배출권거래제의 배출량 보고 및 인증에 관한 지침에 따라 Tier 2a에 따른 반도체/LCD/PV 생산부문에서 온실가스 배출량 산정방법에 관한 설명으로 옳지 않은 것은?

① 가스 소비량과 배출제어 기술 등 사업장별 데이터를 기반으로 사용된 각각의 FCs 배출량을 계산하는 방법이다.
② 적용된 변수들은 반도체나 TFT-FPD 제조공정에서 사용된 가스량, 사용 후에 Bombe에 잔류하는 가스량 등이다.
③ 배출량 산정은 공정 중 사용되는 가스 및 CF_4, C_2F_6, C_3F_8 등의 부생가스까지 합산해야 한다.
④ 식각·증착공정의 구분을 할 수 없거나 단일시설(식각 또는 증착)로 구성된 경우에는 적용할 수 없다.

[풀이] Tier 2a에 따른 반도체/LCD/PV 생산부문에서 온실가스 배출량 산정방법의 Tier 2a 방법론은 식각·증착공정의 구분을 할 수 없는 경우 적용할 수 있다.

47 온실가스 배출권거래제의 배출량 보고 및 인증에 관한 지침에 따라 관리업체 A의 기체연료 고정연소시설 배출량이 621,000톤으로 산정되었다고 한다면, 온실가스 배출량 산정방법론에 대한 최소 산정등급은?

① Tier 1　　② Tier 2
③ Tier 3　　④ Tier 4

[풀이] 배출시설의 배출량 규모에 따른 Tier(산정등급) 분류기준 중 연간 50만 톤(tCO_2-eq) 이상인 배출시설에는 Tier 3을 적용한다.

48 온실가스 배출권거래제의 배출량 보고 및 인증에 관한 지침에 따라 온실가스 측정 불확도를 산정하는 절차를 순서대로 옳게 나열한 것은?

ㄱ. 배출시설에 대한 불확도 산정
ㄴ. 매개변수의 불확도 산정
ㄷ. 사전검토
ㄹ. 사업장 또는 업체에 대한 불확도 산정

① ㄷ-ㄴ-ㄹ-ㄱ　　② ㄷ-ㄴ-ㄱ-ㄹ
③ ㄷ-ㄹ-ㄱ-ㄴ　　④ ㄷ-ㄱ-ㄴ-ㄹ

[풀이] 온실가스 측정 불확도 산정절차
　㉠ 1단계 : 사전검토
　㉡ 2단계 : 매개변수의 불확도 산정
　㉢ 3단계 : 배출시설에 대한 불확도 산정
　㉣ 4단계 : 사업장 또는 업체에 대한 불확도 산정

49 온실가스 배출권거래제의 배출량 보고 및 인증에 관한 지침에 따라 화석연료의 고정연소와 이동연소로 인해 배출되는 온실가스와 거리가 먼 것은?

① 이산화탄소　　② 메탄
③ 아산화질소　　④ 육불화황

[풀이] 화석연료의 고정연소와 이동연소의 배출 온실가스
　㉠ CO_2　㉡ CH_4　㉢ N_2O

50 온실가스 배출권거래제의 배출량 보고 및 인증에 관한 지침에 따른 배출활동별 온실가스 배출량 등의 세부산정방법 및 기준사항으로 (　)에 알맞은 것은?

사업장별 배출량은 정수로 보고한다. 배출활동별 배출량 세부산정 중 활동자료의 보고값은 소수점 (　)로 하며, 각 배출활동별 배출량 산정방법론의 단위를 따른다.

① 셋째 자리에서 절사하여 둘째 자리까지
② 셋째 자리에서 반올림하여 둘째 자리까지
③ 넷째 자리에서 절사하여 셋째 자리까지
④ 넷째 자리에서 반올림하여 셋째 자리까지

[풀이] 배출활동별 배출량 세부산정 중 활동자료의 보고값은 소수점 넷째 자리에서 반올림하여 셋째 자리까지로 한다.

51 에너지 생산업체인 B사업장에서는 1년간 유연탄을 200,000t 사용하였다. 온실가스 배출권거래제의 배출량 보고 및 인증에 관한 지침에 따라 Tier 1을 이용하여 산정한 온실가스 배출량($kgCO_2-eq$)은?(단, 산화계수는 1로 한다.)

순발열량	배출계수(kg/TJ)		
	CO_2	CH_4	N_2O
25.8TJ/Gg	94,600	1	1.5

① 478,148,900 ② 490,643,760
③ 503,155,840 ④ 539,155,880

풀이 $E_{ij} = Q_i \times EC_i \times EF_{ij} \times f_i \times 10^{-6}$

여기서, E_{ij} : 연료(i)의 연소에 따른 온실가스(j)의 배출량(tGHG)
Q_i : 연료(i)의 사용량(측정값, t-연료)
EC_i : 연료(i)의 열량계수(연료순발열량, MJ/kg-연료)
$EF_{i,j}$: 연료(i)에 따른 온실가스(j)의 배출계수 (kgGHG/TJ-연료)
f_i : 연료(i)의 산화계수(CH_4, N_2O는 미적용)

= 200,000t-연료 × 25.8MJ/kg-연료
× 10^3kg-연료/t-연료 × [(94,600$kgCO_2$/TJ
× $tCO_2/10^3 kgCO_2 \times tCO_2$-eq/$tCO_2$)
+ (1.0$kgCH_4$/TJ × $tCH_4/10^3 kgCH_4$
× 21tCO_2-eq/tCH_4) + (1.5kgN_2O/TJ
× $tN_2O/10^3 kgN_2O \times 310 tCO_2$-eq/$tN_2O$)]
× GJ/10^3MJ × TJ/10^3GJ
× $10^3 kgCO_2$-eq/tCO_2-eq
= 490,643,760$kgCO_2$-eq

52 온실가스 배출권거래제의 배출량 보고 및 인증에 관한 지침에 따라 고형폐기물의 매립 시 배출량 산정과 관련한 매개변수별 관리기준에 관한 설명으로 옳지 않은 것은?

① 폐기물 성상별 매립량은 1981년 1월 1일 이후 매립된 폐기물에 대해서만 수집한다.
② Tier 1인 경우 메탄 회수량은 측정불확도 ±2.5% 이내의 메탄 회수량(회수한 LFG 중 순수메탄만을 회수량으로 활용한다.) 자료를 사용한다.
③ DOC_f(메탄으로 전환 가능한 DOC 비율)는 IPCC 가이드라인 기본값인 0.5를 적용한다.
④ F(메탄 부피비)는 실측 자료가 없을 경우 IPCC 가이드라인 기본값인 0.5를 적용한다.

풀이 Tier 1인 경우 메탄 회수량은 측정불확도 ±7.5% 이내의 메탄 회수량(회수한 LFG 중 순수메탄만을 회수량으로 활용한다.) 자료를 사용한다.

53 온실가스 배출권거래제의 배출량 보고 및 인증에 관한 지침상 연료 등 구매량 기반 모니터링 방법에 대해서 설명하고 있다. 아래 유형은 어디에 해당하는가?

> 연료 및 원료 공급자가 상거래 등을 목적으로 설치·관리하는 측정기기와 주기적인 정도검사를 실시하는 내부 측정기기가 같이 설치되어 있을 경우 활동자료를 수집하는 방법이다. 배출시설에 다수의 교정된 측정기기가 부착된 경우, 교정된 자체 측정기기 값을 사용하는 것을 원칙으로 한다. 다만, 전체 활동자료 합계와 거래용 측정 측정기기의 활동자료를 비교할 수 있으며 구매거래용 측정기기 값과 교차 분석하여 관리하여야 한다.

① A-1 유형 ② A-2 유형
③ A-3 유형 ④ A-4 유형

풀이 모니터링 유형(A-2)
㉠ A-2 유형은 연료 및 원료 공급자가 상거래 등을 목적으로 설치·관리하는 측정기기(WH)와 주기적인 정도검사를 실시하는 내부 측정기기(FL)가 같이 설치되어 있을 경우 활동자료를 수집하는 방법이다.
㉡ 배출시설에 다수의 교정된 측정기기가 부착된 경우, 교정된 자체 측정기기 값을 사용하는 것을 원칙으로 한다.
㉢ 전체 활동자료 합계와 거래용 측정 측정기기의 활동자료를 비교할 수 있으며 구매거래용 측정기기(WH) 값과 교차 분석하여 관리하여야 한다.

정답 51 ② 52 ② 53 ②

54 온실가스 배출권거래제의 배출량 보고 및 인증에 관한 지침에 따라 B사업장에서 1년간 도시가스(LNG)를 58,970Nm³ 사용했을 때 Tier 1을 이용하여 산정한 온실가스 배출량(tCO₂-eq)은?(단, 발열량과 배출계수는 아래 표 참조)

에너지원	순발열량	배출계수(kg/TJ)		
		CO₂	CH₄	N₂O
도시가스 (LNG)	0.04TJ/ 1,000Nm³	56,467	5.0	0.1

① 113.461 ② 121.242
③ 127.453 ④ 133.515

풀이 온실가스 배출량(tCO₂-eq)
= 58,970Nm³ × 0.04TJ/1,000Nm³
× [(56,467×1)+(5×21)+(0.1×310)]kg/TJ
× 1t/1,000kg
= 133.515tCO₂-eq

55 온실가스 배출권거래제의 배출량 보고 및 인증에 관한 지침에 따른 품질관리의 목적으로 가장 거리가 먼 것은?

① 자료의 무결성, 정확성 및 완전성을 보장하기 위한 일상적이고 일관적인 검사의 제공
② 오류 및 누락의 확인 및 설명
③ 배출량 산정자료의 문서화 및 보관, 모든 품질관리 활동의 기록
④ 발생된 오류의 책임소재 파악

풀이 QC(품질관리)의 목적
㉠ 자료의 무결성, 정확성 및 완전성을 보장하기 위한 일상적이고 일관적인 검사의 제공
㉡ 오류 및 누락의 확인 및 설명
㉢ 배출량 산정자료의 문서화 및 보관, 모든 품질관리 활동의 기록

56 온실가스 배출권거래제의 배출량 보고 및 인증에 관한 지침상 "고형폐기물의 생물학적 처리"에서 보고대상 배출시설에 해당하지 않는 것은?

① 사료화 시설   ② 퇴비화 시설
③ 차단형 매립시설 ④ 부숙토 생산시설

풀이 고형폐기물의 생물학적 처리의 보고대상 배출시설
㉠ 사료화 · 퇴비화 · 소멸화 · 부숙토 생산시설
㉡ 혐기성 분해시설

57 온실가스 배출권거래제의 배출량 보고 및 인증에 관한 지침에 따른 배출량 산정원칙, 범위 등의 사항으로 옳지 않은 것은?

① 할당대상업체는 이 지침에 제시된 범위 내에서 모든 배출활동과 배출시설에서 온실가스 배출량 등을 산정하여야 하며, 온실가스 배출량 등의 산정에서 제외되는 배출활동과 배출시설이 있는 경우에는 그 제외사유를 명확하게 제시하여야 한다.
② 할당대상업체는 시간의 경과에 따른 온실가스 배출량 등의 변화를 비교·분석할 수 있도록 일관된 자료와 산정방법론 등을 사용하여야 한다.
③ 할당대상업체는 온실가스 직접배출과 간접배출로 온실가스 배출유형을 구분하여 온실가스 배출량 등을 산정하여야 한다.
④ 보고대상 배출시설 중 연간배출량(배출권거래제의 경우 기준연도 온실가스 배출량의 연평균 총량)이 150tCO₂-eq 미만인 소규모 배출시설이 동일한 배출활동 및 활동자료인 경우 부문별 관장기관의 확인 없이 자체적으로 배출시설 단위로 구분하여 보고하여야 한다.

풀이 보고대상 배출시설 중 연간배출량(배출권거래제의 경우 기준연도 온실가스 배출량의 연평균 총량)이 100tCO₂-eq 미만인 소규모 배출시설이 동일한 배출활동 및 활동자료인 경우 부문별 관장기관의 확인 없이 자체적으로 배출시설 단위로 구분하여 보고하여야 한다.

정답 54 ④ 55 ④ 56 ③ 57 ④

58 온실가스 배출권거래제의 배출량 보고 및 인증에 관한 지침에 따른 온실가스 배출량 산정등급에 관한 설명으로 옳지 않은 것은?

① Tier 2는 일정부분 시험·분석을 통하여 개발한 매개변수 값을 활용하는 배출량 산정방법론이다.
② Tier 3는 상당부분 시험·분석을 통하여 개발하거나 공급자로부터 제공받은 매개변수 값을 활용하는 배출량 산정방법론이다.
③ Tier 2는 기본 산화계수, 발열량 등을 활용하여 배출량을 산정하는 기본방법론이다.
④ Tier 4는 배출가스 연속측정방법을 활용한 배출량 산정방법론이다.

풀이 Tier 1은 기본적인 활동자료, 즉 IPCC 기본 배출계수(기본 산화계수, 발열량 등 포함)를 활용하여 배출량을 산정하는 기본방법론이다.

59 온실가스 배출권거래제의 배출량 보고 및 인증에 관한 지침에 따른 배출활동별 온실가스 배출량 등의 세부산정방법 및 기준으로 옳지 않은 것은?

① 세부적인 온실가스 흡수량 등의 산정방법이 제시되지 않은 배출활동은 관리업체가 자체적으로 산정방법을 개발하여 온실가스 배출량을 산정하여야 한다.
② 석유제품의 기체연료에 대해 특별한 언급이 없으면 모든 조건은 0℃ 1기압 상태의 체적과 관련된 활동자료를 적용한다.
③ 액체연료는 20℃를 기준으로 한 체적을 적용한다.
④ 사업장 고유 배출계수 개발 시, 활동자료 측정주기와 동 활동자료에 대한 조성분석주기를 기준으로 가중평균을 적용한다.

풀이 액체연료는 15℃를 기준으로 한 체적을 적용한다.

60 온실가스 배출권거래제의 배출량 보고 및 인증에 관한 지침에 따른 배출량 산정 계획 작성원칙 중 "조직경계 내 모든 배출시설의 배출활동에 대해 모니터링 계획을 수립·작성하여야 한다"는 원칙은?

① 준수성　　② 일관성
③ 투명성　　④ 완전성

풀이 배출량 산정 계획 작성원칙
　㉠ 준수성
　　배출량 산정 계획은 배출량 산정 및 배출량 산정 계획 작성에 대한 기준을 준수하여 작성하여야 한다.
　㉡ 완전성
　　• 할당대상업체는 조직경계 내 모든 배출시설의 배출활동에 대해 배출량 산정 계획을 수립·작성하여야 한다.
　　• 모든 배출원이란, 신·증설, 중단 및 폐쇄, 긴급상황 등 특수상황에 배출시설 및 배출활동이 포함됨을 의미한다.
　㉢ 일관성
　　배출량 산정 계획에 보고된 동일 배출시설 및 배출활동에 관한 데이터는 상호 비교가 가능하도록 배출시설의 구분은 가능한 한 일관성을 유지하여야 한다.
　㉣ 투명성
　　• 배출량 산정 계획은 동 지침에서 제시된 배출량 산정 원칙을 준수한다.
　　• 배출량 산정에 적용되는 데이터 및 정보관리 과정을 투명하게 알 수 있도록 작성되어야 한다.
　㉤ 정확성
　　• 할당대상업체는 배출량의 정확성을 제고할 수 있도록 배출량 산정 계획을 수립하여야 한다.
　　• 온실가스 배출·감축량이 과대 또는 과소평가되지 않도록 계산과정에서 정확한 데이터를 사용하여야 한다.
　㉥ 일치성 및 관련성
　　배출량 산정 계획은 할당대상업체의 현장과 일치되고, 각 배출시설 및 배출활동, 그리고 배출량 산정방법과 관련되어야 한다.
　㉦ 지속적 개선
　　할당대상업체는 지속적으로 배출량 산정 계획을 개선해 나가야 한다.

정답 58 ③　59 ③　60 ④

4과목 온실가스 감축관리

61 교토메커니즘 종류 중 CDM에 대한 설명으로 올바르지 않은 것은?

① 교토의정서상의 감축의무국의 의무이행수단으로 허용된 상쇄 프로그램
② 선진국들이 온실가스를 줄일 수 있는 여지가 상대적으로 많은 개발도상국에 투자해 얻은 감축분을 배출권으로 가져가거나 판매하는 제도
③ CDM 활성화를 위하여 온실가스 감축의무가 없는 개도국이 직접투자 및 시행하는 사업도 CDM으로 인정
④ 배출쿼터를 받은 온실가스 감축의무국가 간에 배출쿼터의 거래를 허용한 제도

풀이 배출쿼터를 받은 온실가스 감축의무국가 간에 배출쿼터의 거래를 허용한 제도는 배출권거래제(ET)이다. 배출권거래제는 온실가스 감축의무국가가 의무감축량을 초과달성하였을 경우 이 초과분을 다른 온실가스 감축의무국가와 거래할 수 있도록 하는 제도이다.

62 A업체는 2016년도에 온실가스 목표관리제의 관리업체로 최초 지정되었다. 이 경우 동 업체의 목표관리를 위한 기준연도 선정기준으로 옳은 것은?

① 2015년도
② 2013~2015년도
③ 2011~2015년도
④ 2006~2015년도

풀이 목표관리를 위한 기준연도는 관리업체가 최초로 지정된 연도의 직전 3개년으로 한다.

63 이산화탄소 전환에 대한 설명 중 가장 관계가 적은 것은?

① 촉매화학적 이산화탄소 수소화 반응 분야
② 광에너지 및 태양열 활용 이산화탄소 전환 분야
③ 이산화탄소 유래 고분자 제조기술
④ 개질 및 가스화 반응에서의 이산화탄소 활용 분야

풀이 이산화탄소 전환(CCUS)기술은 크게 화학적 전환기술과 생물학적 전환기술로 분류되며 화학적 전환기술은 열촉매화학적, 전기화학적, 광화학적 전환 등으로 구분된다. 또한, 기상전환과 액상전환으로 나눌 수 있으며 기상전환은 필요에너지 공급원과 안정된 반응조건에서 전환이 이루어져야 하므로 저에너지 소비, 생성물 분리 정제기술이 필요하며 액상전환은 반응속도를 높일 수 있는 촉매 및 광감응제 개발과 촉매, 빛, 전기의 혼성시스템의 개발이 요구된다.

64 CDM 사업의 추가성에 대한 설명으로 가장 거리가 먼 것은?

① 경제적 추가성 분석에 있어서 추가성 입증이 어려울 경우, 사업 활동을 방해하는 장벽분석을 통하여도 추가성을 입증할 수 있다.
② 추가성 검증은 기술적, 환경적, 경제적 추가성을 함께 고려하여 평가한다.
③ 기술적 추가성을 고려하는 기준 중 하나는 해당 사업 이외에도 다른 사업이나 분야에서 부수적인 기술 이전 효과의 기대이다.
④ 온실가스 배출원에 의한 인위적 배출량은 등록된 CDM 프로젝트 활동이 부재할 경우 발생하는 수준 이하로 감축되는 성질을 말한다.

풀이 추가성 검증은 환경적, 재정적, 기술적, 경제적 추가성을 함께 고려하여 평가한다. 즉, 4가지의 추가성이 모두 만족되어야 CDM 사업으로서 등록이 가능하다.

65 과거실적 기반의 목표 설정방법의 신·증설 배출시설에 대한 배출허용량을 고려할 사항으로 잘못된 것은?

① 해당 신·증설 시설에 대한 활동자료당 최대 배출량
② 해당 신·증설 시설의 목표설정 대상연도의 예상 가동시간
③ 해당 신·증설 시설의 설계용량 및 부하율(또는 가동률)
④ 해당 업종의 목표설정 대상연도 감축률

정답 61 ④ 62 ② 63 ④ 64 ② 65 ①

풀이 과거실적 기반의 목표 설정방법의 신·증설 배출시설에 대한 배출허용량을 정하는 경우 고려사항
  ㉠ 해당 신·증설 시설의 설계용량 및 부하율(또는 가동률)
  ㉡ 해당 신·증설 시설의 목표설정 대상연도의 예상 가동시간
  ㉢ 해당 신·증설 시설에 대한 활동자료당 평균 배출량
  ㉣ 해당 업종의 목표설정 대상연도 감축률

66 연료전지의 발전시스템 구성요소에 관한 설명으로 ( )에 가장 적합한 것은?

( )은/는 연료인 천연가스, 메탄올, 석탄, 석유 등을 수소가 많은 연료로 변환시키는 장치이다.

① 스택 ② 단위전지
③ 전력변환기 ④ 연료개질기

풀이 개질기(Reformer)
  연료인 천연가스, 메탄올, 석탄, 석유 등을 수소가 많은 연료로 변환시키는 장치를 말한다.

67 온실가스 배출권거래제 조기감축실적 인정지침상 조기감축실적을 인정함에 있어 고려되어야 할 기준과 해당사항에 관한 설명으로 거리가 먼 것은?

① 조기감축실적은 국내에서 실시한 행동에 의한 감축분에 한하여 그 실적을 인정한다.
② 조기감축실적은 관리업체의 조직경계 안에서 발생한 것에 한하여 그 실적을 인정한다. 다만, 복수의 사업자가 참여하여 조직경계 외에서 실적이 발생한 경우에는 이를 인정할 수 있다.
③ 조기감축실적은 배출시설 단위에서의 감축분에 대해서만 인정된다.
④ 조기감축실적으로 인정되기 위해서는 조기행동으로 인한 감축이 실제적이고 지속적이어야 하며, 정량화되어야 하고 검증 가능하여야 한다.

풀이 조기감축실적의 인정기준
  ㉠ 조기감축실적은 국내에서 실시한 행동에 의한 감축분에 한하여 그 실적을 인정한다.
  ㉡ 조기감축실적은 할당대상업체의 조직경계 안에서 발생한 것에 한하여 그 실적을 인정한다. 다만, 복수의 사업자가 참여하여 조직경계 외에서 실적이 발생한 경우에는 이를 인정할 수 있다.
  ㉢ 조기감축실적은 할당대상업체 단위에서의 감축분 또는 사업단위에서의 감축분에 대하여 인정할 수 있다.
  ㉣ 조기감축실적으로 인정되기 위해서는 조기행동으로 인한 감축이 실제적이고 지속적이어야 하며, 정량화되어야 하고 검증 가능하여야 한다.

68 다음 설명에 해당하는 가장 적합한 기술은?

하나의 에너지원으로부터 전력과 열을 동시에 발생시키는 종합에너지시스템으로 발전에 수반하여 발생하는 배열을 회수하여 이용하므로 에너지의 종합 열이용 효율을 높이는 것이 가능하기 때문에 기존 방식보다 고효율 에너지 이용기술이다.

① IGCC ② 가스화 복합발전
③ 열병합발전 ④ 석탄화력발전

풀이 열병합발전
  열효율 향상을 위해 두 종류의 열사이클을 조합하여 발전을 하고 남은 열을 지역 냉·난방, 공업용 스팀 등으로 이용되는 발전을 말하며, 복합사이클 중 가장 대표적인 것이 가스터빈 사이클과 증기터빈 사이클을 결합하여 하나의 발전플랜트로 운용하는 방식이다. 기존 발전소의 발전효율이 38%인데 비하여 열병합발전은 87%로 에너지 이용효율이 높다.

69 자동차 온실가스 저감기술이 아닌 것은?

① 마찰저항 저감과 경량화
② CO_2를 냉매제로 사용한 에어컨시스템
③ 에코타이어
④ 에코브레이크

정답 66 ④ 67 ③ 68 ③ 69 ④

풀이 에코브레이크는 자동차 온실가스 저감기술과 관련이 없다.

70 석유정제공정 중 에너지 효율 개선을 위한 기술에 해당하지 않는 것은?

① 가스터빈, 열병합발전 등을 사용하고 효율이 낮은 보일러와 히터 등을 교체
② Stripping 공정에서 스팀의 사용 최적화
③ 스팀 생산에 연료소비 저감을 위한 폐열보일러 사용
④ 용매 보관용기로부터의 VOC 배출방지를 위한 기술 적용

풀이 에너지 효율 개선을 위한 기술(석유정제공정)
  ㉠ 가스터빈, 열병합발전(CHP), IGCC, 효율적으로 설계되고 운영되는 노와 보일러 등을 사용하고, 효율이 낮은 보일러와 히터 등을 교체
  ㉡ 전산화된 제어 시스템을 통한 열 생산과 소비 제어
  ㉢ Stripping 공정에서 스팀의 사용 최적화
  ㉣ 에너지 최적화 분석을 통한 공정의 열효율 강화
  ㉤ 정유공정에서 열과 전력의 회수 강화
  ㉥ 스팀 생산에 연료소비 저감을 위한 폐열보일러 사용

71 CCS(Carbon Capture and Storage)에 대한 설명으로 옳지 않은 것은?

① 간접감축방법의 일종이다.
② CO_2를 대기로 배출시키기 전에 고농도로 포집·압축·수송·저장하는 기술이다.
③ 배기가스로부터 CO_2만을 선택적으로 분리 포집하는 기술이다.
④ 연소 후 포집, 연소 전 포집, 순산소 연소 포집기술로 구분할 수 있다.

풀이 CCS는 직접감축방법의 일종이다.

72 바이오매스 생산, 가공기술이 아닌 것은?

① 에너지 작물 기술
② 생물학적 CO_2 고정화 기술
③ 바이오매스 가스화 기술(열적 전환)
④ 바이오 고형연료 생산 및 이용기술

풀이 바이오매스 생산, 가공기술

대분류	중분류	내용
바이오 액체연료 생산기술	연료용 바이오 에탄올 생산기술	당질계, 전분질계, 목질계
	바이오디젤 생산기술	바이오디젤 전환 및 엔진 적용기술
	바이오매스 액화기술(열적 전환)	바이오매스 액화, 연소, 엔진이용기술
바이오매스 가스화 기술	혐기소화에 의한 메탄가스화 기술	유기성 폐수의 메탄가스화 기술 및 매립지 가스 이용기술(LFG)
	바이오매스 가스화 기술(열적 전환)	바이오매스 열분해, 가스화, 가스화발전 기술
	바이오 수소 생산기술	생물학적 바이오 수소 생산기술
바이오매스 생산, 가공기술	에너지 작물 기술	에너지 작물재배, 육종, 수집, 운반, 가공기술
	생물학적 CO_2 고정화 기술	바이오매스 재배, 산림녹화, 미세조류 배양기술
	바이오 고형연료 생산, 이용기술	바이오 고형연료 생산 및 이용기술(왕겨탄, 칩, RDF(폐기물연료) 등)

73 온실가스 배출량 산정결과의 품질을 평가 및 유지하기 위한 일상적인 기술적 활동의 시스템인 품질관리의 목적으로 적절하지 않은 것은?

① 자료의 무결성, 정확성 및 완전성을 보장하기 위한 일상적이고 일관적인 검사의 제공
② 오류 및 누락의 확인 및 설명
③ 배출량 산정자료의 문서화 및 보관, 모든 품질관리 활동의 기록
④ 관리업체의 온실가스 감축목표 수립 지원

풀이 품질관리(QC) 목적
  ㉠ 자료의 무결성, 정확성 및 완전성을 보장하기 위한 일상적이고 일관적인 검사의 제공

정답 70 ④ 71 ① 72 ③ 73 ④

ⓒ 온실가스 배출량 산정과정 중 발생하는 오류 및 누락의 확인 및 설명
ⓓ 배출량 산정자료의 문서화 및 보관, 모든 품질관리 활동의 기록

74 택지개발 완료 후 사용되는 전기사용량에 따라 배출되는 온실가스 배출량($tonCO_2$/년)은?(단, 운영 시 전력사용량=138,412MWh/년, 전력 CO_2 배출원단위=0.424kg/kWh)

① 58,386
② 58,687
③ 58,988
④ 59,389

풀이 온실가스 배출량(tCO_2/year)
= 전력사용량 × 전력 CO_2 배출원단위
= 138,412MWh/year × 0.424$kgCO_2$/kWh
  × 10^3kWh/MWh × tCO_2/$10^3$$kgCO_2$
= 58,687tCO_2/year

75 CDM 사업을 위한 모니터링 시스템 구축 내용에 관한 설명으로 옳지 않은 것은?

① CDM 사업의 최종목표는 CER을 발급받는 것으로 모니터링은 CDM 사업에 있어서 매우 중요한 과정으로 평가받고 있다.
② 모니터링 시스템의 신뢰성을 높이기 위해서는 계측기관리 절차서, 기록관리 절차서, 검사 및 시험 절차서, 교육 및 훈련 절차서, 문서관리 절차서, 시정 및 예방조치 절차서 등을 구축할 것을 검토하여야 한다.
③ CDM 사업의 모니터링 계획 검증을 성공적으로 수행하기 위해서는 등록된 PDD에 대한 정확한 이해가 필요하며, CDM 사업 등록을 추진하는 조직과 모니터링을 담당하는 조직이 서로 다른 경우 등록된 PDD에 대한 내용을 담당 부서에게 명확하게 전달 및 교육을 하여야 한다.
④ 계측되는 모니터링 데이터나 방법론이 PDD에 규정한 모니터링 인자의 단위와는 일부 일치하지 않을 수 있으므로 모든 데이터에 단위 명시를 하지 않는 것이 일반적이다.

풀이 계측되는 모니터링 데이터나 방법론이 PDD에 규정한 모니터링 인자의 단위와는 일부 일치하지 않을 수 있으므로 모든 데이터에 단위를 명시하여야 한다.

76 다음 설명에 부합되는 연료전지를 보기 중에서 고른 것은?

- 고정형 연료전지 시장에 점차 입지를 다져가는 중
- 백금 촉매 사용으로 단가가 높음
- 생산 가능한 열과 전력을 합할 경우 전체 효율이 80% 수준

① 용융탄산염 연료전지(MCFC)
② 인산형 연료전지(PAFC)
③ 고분자전해질 연료전지(PEMFC)
④ 직접메탄올 연료전지(DMFC)

풀이 전해질 종류에 따른 연료전지 특성

구분	알칼리 (AFC)	인산형 (PAFC)	용융탄산염 (MCFC)	고체산화물 (SOFC)	고분자전해질 (PEMFC)	직접메탄올 (DMFC)
전해질	알칼리	인산염	탄산염	세라믹	이온교환막	폴리머
촉매	Pt, Ni	Pt	Ni, Ni화합물	Ni/Zirconia Cement	Pt	Pt/Ru
연료	Hydrogen	LNG, Methanol	LNG	LNG	Hydrogen	Methanol
운전 온도	100℃ (120℃) 이하	150~200℃ 250℃ 이하	600~700℃ 700℃ 이하	700~1,000℃ 1,200℃ 이하	85~100℃ 100℃ 이하	25~130℃ 40℃ 이하
효율	85%	70%	80%	85%	75%	40%
용도	우주발사체 전원	중형건물 (200kW)	중·대형 건물 (100kW~1MW)	소·중·대용량 발전 (1kW~1MW)	가정, 상업용 (1~10kW)	소형 이동용 (1kW 이하)

77 포집한 이산화탄소의 영구적 또는 반영구적 저장기술의 구분과 가장 거리가 먼 것은?

① 지중저장기술
② 탱크저장기술
③ 해양저장기술
④ 지표저장기술

[풀이] CO₂ 저장기술
- ㉠ 해양 저장
  - 심해 저장
  - 용해·희석 저장
- ㉡ 지중 저장
  - 대수층 저장
  - 유전·가스전 저장
  - 비채굴성 탄광 저장
  - 혈암(Shale) 저장
- ㉢ 지표 저장

78 온실가스 감축기술로 가장 거리가 먼 것은?

① 건물의 실내조명등을 백열등(60W)에서 LED등(12W)으로 교체
② 인쇄기드라이어에서 발생되는 폐열을 회수하기 위하여 열교환기를 설치하여 보일러를 사용하지 않아도 온수를 공급
③ 식당, 기숙사, 복도 등에 설치되어 있는 자판기에 타이머를 달아 영업시간 외에는 가동을 중지
④ 포장재로 종이가방을 제공하다가 비닐봉지로 대체

[풀이] 포장재로 비닐봉지를 제공하다가 종이가방으로 대체

79 온실가스 목표관리제의 기준연도 배출량에 대한 설명 중 틀린 것은?

① 기준연도는 관리업체가 최초로 지정된 연도의 직전 3개년으로 한다.
② 기준연도 기간 중 신·증설이 발생한 경우 해당 신·증설 시설의 기준연도 배출량은 최근 2개년 평균 또는 단년도 배출량으로 정할 수 있다.
③ 관리업체의 최근 3개년 배출량 자료가 없는 경우에는 활용 가능한 최근 2개년 평균 또는 단년도 배출량을 기준연도 배출량으로 정할 수 있다.
④ 기준연도 기간의 월평균 온실가스 배출량을 기준연도 배출량으로 한다.

[풀이] 기준연도 기간의 연평균 온실가스 배출량을 기준연도 배출량으로 한다.

80 온실가스 목표관리 지침에 따른 관리업체의 이행실적보고서의 제출기한은?

① 12월 31일까지
② 9월 31일까지
③ 6월 30일까지
④ 3월 31일까지

[풀이] 관리업체는 이행계획에 대한 실적을 전자적으로 작성하여 매년 3월 31일까지 부문별 관장기관에게 제출하여야 한다.

5과목 온실가스 관련 법규

81 온실가스 배출권거래제의 배출량 보고 및 인증에 관한 지침상 바이오매스로 취급되는 항목이 아닌 것은?

① 사탕수수 ② 해조류
③ 천연가스 ④ 음식물 쓰레기

[풀이] 바이오매스 취급항목
- ㉠ 바이오매스는 농업 작물, 농임산 부산물, 또는 유기성 폐기물 등으로 생물 또는 생물 기원의 모든 유기체 및 유기물을 포함한다.
- ㉡ 바이오매스는 바이오에너지를 생산하기 위한 원료로 사용되기도 하며, 매립시설 및 소각시설 등을 통하여 폐기물로서 처리되기도 한다.

형태	항목
농업 작물	유채, 옥수수, 콩, 사탕수수, 고구마 등
농임산 부산물	임목 및 임목부산물, 볏짚, 왕겨, 건초, 수피 등
유기성 폐기물	폐목재, 펄프 및 제지(바이오매스 부문만 해당), 펄프 및 제지 슬러지, 흑액, 동/식물성 기름, 음식물 쓰레기, 축산 분뇨, 하수슬러지, 식물류폐기물 등
기타	해조류, 조류, 수생식물 등

정답 78 ④ 79 ④ 80 ④ 81 ③

82 온실가스 배출권의 할당 및 거래에 관한 법령상 정부는 배출권거래제 도입으로 인한 기업의 경쟁력 감소를 방지하고 배출권 거래를 활성화하기 위하여 대통령령으로 정하는 사업에 대하여 금융상·세제상의 지원을 할 수 있는데, 이 대통령령으로 정하는 사업에 해당하지 않는 것은?

① 온실가스 감축모형 개발 및 배출량 통계 고도화 사업
② 온실가스 저장기술 개발 및 저장설비 설치 사업
③ 온실가스 배출량에 대한 측정 및 체계적 관리시스템의 구축 사업
④ 부문별 온실가스 배출량 증가 촉진 고도화 구축 사업

풀이 온실가스 배출권의 할당 및 거래에 관한 법률 시행령상 금융상·세제상의 지원사업
  ㉠ 온실가스 감축 관련 기술·제품·시설·장비의 개발 및 보급 사업
  ㉡ 온실가스 배출량에 대한 측정 및 체계적 관리시스템의 구축 사업
  ㉢ 온실가스 저장기술 개발 및 저장설비 설치 사업
  ㉣ 온실가스 감축모형 개발 및 배출량 통계 고도화 사업
  ㉤ 부문별 온실가스 배출·흡수 계수의 검증·평가 기술개발 사업
  ㉥ 온실가스 감축을 위한 신재생에너지 기술개발 및 보급 사업
  ㉦ 온실가스 감축을 위한 에너지 절약, 효율 향상 등의 촉진 및 설비투자 사업
  ㉧ 그 밖에 온실가스 감축과 관련된 중요 사업으로서 할당위원회의 심의를 거쳐 인정된 사업

83 할당대상업체 지정 기준과 관련된 설명으로 적절하지 않은 것은?

① 할당대상업체는 관리업체 중 최근 3년간 온실가스 배출량의 연평균 총량이 12만 5천 이산화탄소 상당량톤 이상인 업체이거나 2만 5천 이산화탄소 상당량톤 이상인 사업장의 해당 업체 중 지정 고시된 업체
② 관리업체 중 할당대상업체로 지정받기 위하여 신청한 업체
③ 할당대상업체 지정 시 최근 3년간이란 매 계획기간 시작 전부터 3년간을 말함
④ 배출권거래제 할당대상업체 신규진입자에 대한 최근 3년간은 신규진입자로 지정·고시하는 연도의 직전 3년간을 말함

풀이 할당대상업체의 지정에서 최근 3년간이란 매 계획기간 시작 4년 전부터 3년간을 말한다.

84 목표관리제의 관리업체 지정과 관련된 절차의 내용이 옳은 것은?

① 환경부장관은 지정 대상 관리업체의 목록 및 산정 근거를 매년 4월 30일까지 마련해야 한다.
② 환경부장관은 관리업체 선정의 중복·누락, 규제의 적절성 등을 확인하고 그 결과를 부문별 관장기관에게 통보한다.
③ 환경부장관은 매년 6월 30일까지 관리업체를 관보에 고시하여야 한다.
④ 부문별 관장기관이 관리업체를 고시할 때에는 관리업체의 대략적인 배출량을 포함하여야 한다.

풀이 ① 부문별 관장기관은 목록 및 산정 근거자료를 매년 4월 30일까지 전자적 방식 등으로 환경부장관에게 통보하여야 한다.
  ③ 부문별 관장기관은 환경부장관의 확인을 거쳐 매년 6월 30일까지 소관 관리업체를 관보에 고시하여야 한다.
  ④ 부문별 관장기관은 소관관리업체를 고시할 때는 관리업체명, 사업자명, 소재지, 업종, 적용기준 등의 내용을 포함하여야 한다.

정답 82 ④ 83 ③ 84 ②

85 품질관리(Quality Control) 활동 중 기초자료의 수집 및 정리에 대한 설명이 아닌 것은?

① 측정기기의 주기적인 검·교정 실시
② 내부감사 및 제3자 검증을 위한 온실가스 배출량 관련 정보의 보관·관리
③ 산정방법론, 발열량, 배출계수의 출처 기록관리
④ 내부감사 및 제3자 검증단계에서, 배출량 산정의 재현 가능성 여부의 확인

풀이 품질관리 활동 중 기초자료의 수집 및 정리의 세부 내용
　㉠ 측정자료(연료·원료 사용량, 제품 생산량, 전력 및 열에너지 구매량, 유량 및 농도 등)의 정확한 취합·보관·관리
　㉡ 측정기기의 주기적인 검·교정 실시
　㉢ 측정지점(하위레벨)에서 배출량 산정 담당자(부서)(상위레벨)까지의 정확한 자료 수집·정리 체계의 구축
　㉣ 측정 관련 담당자가 직접 자료를 기록하는 과정에서 발생할 수 있는 오류 점검
　㉤ 산정방법론, 발열량, 배출계수의 출처 기록관리
　㉥ 내부감사(Internal Audit) 및 제3자 검증을 위한 온실가스 배출량 관련 정보의 보관·관리
　㉦ 보고된 온실가스 배출량 관련 데이터의 안전한 기록·관리

86 온실가스 배출권의 할당 및 거래에 관한 법령상 규정하고 있는 배출권 할당 취소 사유에 해당되지 않는 것은?

① 할당대상업체가 전체 또는 일부 사업장을 폐쇄한 경우
② 할당계획 변경으로 배출허용총량이 감소한 경우
③ 할당대상업체의 시설 가동이 6개월 동안 정지된 경우
④ 사실과 다른 내용으로 배출권의 할당 또는 추가 할당을 신청하여 배출권을 할당받은 경우

풀이 온실가스 배출권의 할당 및 거래에 관한 법령상 배출권 할당 취소 사유
　㉠ 할당계획 변경으로 배출허용총량이 감소한 경우
　㉡ 할당대상업체가 전체 또는 일부 사업장을 폐쇄한 경우
　㉢ 시설의 가동중지·정지·폐쇄 등으로 인하여 그 시설이 속한 사업장의 온실가스 배출량이 대통령령으로 정하는 기준 이상으로 감소한 경우
　㉣ 사실과 다른 내용으로 배출권의 할당 또는 추가할당을 신청하여 배출권을 할당받은 경우
　㉤ 할당대상업체의 지정이 취소된 경우

87 정부는 자원순환의 촉진과 자원생산성 제고를 위하여 자원순환산업을 육성·지원하기 위한 다양한 시책을 마련해야 한다. 이러한 시책에 해당하지 않는 것은?

① 국내외 경제여건 및 전망에 관한 사항
② 자원순환 촉진 및 자원생산성 제고 목표설정
③ 폐기물 발생의 억제 및 재제조·재활용 등 재자원화
④ 에너지자원으로 이용되는 목재, 식물, 농산물 등 바이오매스의 수집·활용

풀이 자원순환산업의 육성·지원시책 포함사항
　㉠ 자원순환 촉진 및 자원생산성 제고 목표 설정
　㉡ 자원의 수급 및 관리
　㉢ 유해하거나 재제조·재활용이 어려운 물질의 사용 억제
　㉣ 폐기물 발생의 억제 및 재제조·재활용 등 재자원화
　㉤ 에너지자원으로 이용되는 목재, 식물, 농산물 등 바이오매스의 수집·활용
　㉥ 자원순환 관련 기술개발 및 산업의 육성
　㉦ 자원생산성 향상을 위한 교육훈련·인력양성 등에 관한 사항

88 상쇄배출권의 설명에서 ( )에 들어갈 내용으로 알맞은 것은?

> 상쇄배출권의 제출한도는 해당 할당대상업체가 환경부장관에게 제출하여야 하는 배출권의 100분의 ( ) 이내의 범위에서 할당계획으로 정한다.

① 10　　② 30
③ 50　　④ 80

정답 85 ④ 86 ③ 87 ① 88 ①

[풀이] 상쇄배출권의 제출한도는 해당 할당대상업체가 환경부장관에게 제출하여야 하는 배출권의 100분의 10 이내의 범위에서 할당계획으로 정한다.

89 검증기관이 국립환경과학원장에게 변경신고를 하여야 할 대상이 아닌 것은?

① 검증기관 사무실 소재지의 변경
② 검증 관련 내부 업무규정의 변경
③ 법인 및 대표자가 변경된 경우
④ 검증기관 대표자의 주소가 변경된 경우

[풀이] 온실가스 배출권거래제 운영을 위한 검증지침상 검증기관의 변경신고 사유
  ㉠ 검증기관 사무실 소재지의 변경
  ㉡ 법인 및 대표자가 변경된 경우
  ㉢ 검증 관련 내부 업무규정의 변경
  ㉣ 검증심사원의 변경
  ㉤ 검증 전문분야의 변경

90 관리업체의 소관 부문별 관장기관으로 잘못된 것은?

① 농림축산식품부 : 농업·임업·축산·식품 분야
② 산업통상자원부 : 산업·에너지 분야
③ 환경부 : 폐기물 분야
④ 국토교통부 : 건물·교통(해운·항만 분야 제외)·건설 분야

[풀이] 관리업체의 소관 부문별 관장기관
  ㉠ 농림축산식품부 : 농업·임업·축산·식품 분야
  ㉡ 산업통상자원부 : 산업·발전 분야
  ㉢ 환경부 : 폐기물 분야
  ㉣ 국토교통부 : 건물·교통(해운·항만 분야는 제외)·건설 분야
  ㉤ 해양수산부 : 해양·수산·해운·항만 분야

91 2050 탄소중립 녹색성장위원회에서 심의·의결사항이 아닌 것은?

① 탄소중립 사회로의 이행과 녹색성장의 추진을 위한 정책의 기본방향에 관한 사항
② 지방자치단체 녹색성장 책임관 지정에 관한 사항
③ 국가비전 및 중장기감축목표 등의 설정 등에 관한 사항
④ 국가기본계획의 수립·변경에 관한 사항

[풀이] 2050 탄소중립 녹색성장위원회 심의·의결사항
  ㉠ 탄소중립 사회로의 이행과 녹색성장의 추진을 위한 정책의 기본방향에 관한 사항
  ㉡ 국가비전 및 중장기감축목표 등의 설정 등에 관한 사항
  ㉢ 국가전략의 수립·변경에 관한 사항
  ㉣ 이행현황의 점검에 관한 사항
  ㉤ 국가기본계획의 수립·변경에 관한 사항
  ㉥ 국가기본계획, 시·도계획 및 시·군·구계획의 점검 결과 및 개선의견 제시에 관한 사항
  ㉦ 국가 기후위기 적응대책의 수립·변경 및 점검에 관한 사항
  ㉧ 탄소중립 사회로의 이행과 녹색성장에 관련된 법·제도에 관한 사항
  ㉨ 탄소중립 사회로의 이행과 녹색성장의 추진을 위한 재원의 배분방향 및 효율적 사용에 관한 사항
  ㉩ 탄소중립 사회로의 이행과 녹색성장에 관련된 연구개발, 인력양성 및 산업육성에 관한 사항
  ㉪ 탄소중립 사회로의 이행과 녹색성장에 관련된 국민 이해 증진 및 홍보·소통에 관한 사항
  ㉫ 탄소중립 사회로의 이행과 녹색성장에 관련된 국제협력에 관한 사항
  ㉬ 다른 법률에서 위원회의 심의를 거치도록 한 사항
  ㉭ 그 밖에 위원장이 온실가스 감축, 기후위기 적응, 정의로운 전환 및 녹색성장과 관련하여 필요하다고 인정하는 사항

92 탄소중립 기본법령상 관리업체가 목표관리를 받기 전에 자발적으로 행한 실적 중 검증기관의 검증을 받은 것은?

① 조기감축실적   ② 외부감축실적
③ 그린크레딧   ④ 배출권

정답 89 ④ 90 ② 91 ② 92 ①

93 배출권거래제 기본계획에 포함될 내용이 아닌 것은?

① 배출권거래제에 관한 국내외 현황 및 전망에 관한 사항
② 무역집약도 또는 탄소집약도 등을 고려한 국내 산업의 지원대책에 관한 사항
③ 국가온실가스감축목표를 고려하여 설정한 온실가스 배출허용총량에 관한 사항
④ 재원조달, 전문인력 양성, 교육·홍보 등 배출권거래제의 효과적 운영에 관한 사항

풀이 배출권거래제 기본계획 포함사항
  ㉠ 배출권거래제에 관한 국내외 현황 및 전망에 관한 사항
  ㉡ 배출권거래제 운영의 기본방향에 관한 사항
  ㉢ 국가온실가스감축목표를 고려한 배출권거래제 계획기간의 운영에 관한 사항
  ㉣ 경제성장과 부문별·업종별 신규 투자 및 시설(온실가스를 배출하는 사업장 또는 그 일부를 말한다. 이하 같다) 확장 등에 따른 온실가스 배출 전망에 관한 사항
  ㉤ 배출권거래제 운영에 따른 에너지 가격 및 물가 변동 등 경제적 영향에 관한 사항
  ㉥ 무역집약도 또는 탄소집약도 등을 고려한 국내 산업의 지원대책에 관한 사항
  ㉦ 국제 탄소시장과의 연계 방안 및 국제협력에 관한 사항
  ㉧ 그 밖에 재원조달, 전문인력 양성, 교육·홍보 등 배출권거래제의 효과적 운영에 관한 사항

94 다음 설명에서 ( )에 들어갈 내용으로 알맞은 것은?

> 탄소중립기본법 시행령상 온실가스 관리목표를 통보받은 온실가스 배출관리업체는 계획기간 전년도의 ( )까지 온실가스 관리목표의 이행계획을 부문별 관장기관의 장에게 제출해야 한다.

① 3월 31일 ② 6월 30일
③ 9월 30일 ④ 12월 31일

풀이 부문별 관장기관의 장은 온실가스 관리목표를 온실가스 배출관리업체와의 협의 및 위원회의 심의를 거쳐 설정한 후 계획기간 전년도의 9월 30일까지 온실가스 배출관리업체에 통보하고, 온실가스 관리목표를 통보받은 온실가스 배출관리업체는 계획기간 전년도의 12월 31일까지 온실가스 관리목표의 이행계획을 부문별 관장기관의 장에게 제출해야 한다.

95 신에너지 및 재생에너지 개발·이용·보급 촉진법령상 바이오에너지 등의 기준 및 범위에서 바이오에너지에 해당하는 범위로 거리가 먼 것은?

① 생물유기체를 변환시킨 바이오가스, 바이오에탄올, 바이오액화류 및 합성가스
② 동물·식물의 유지를 변환시킨 바이오디젤
③ 쓰레기 매립장의 유기성 폐기물을 변환시킨 매립지 가스
④ 해수 표층의 열을 변환시켜 얻는 에너지

풀이 신에너지 및 재생에너지 개발·이용·보급 촉진법령상 바이오에너지 범위
  ㉠ 생물유기체를 변환시킨 바이오가스, 바이오에탄올, 바이오액화류 및 합성가스
  ㉡ 쓰레기 매립장의 유기성 폐기물을 변환시킨 매립지 가스
  ㉢ 동물·식물의 유지를 변환시킨 바이오디젤 및 바이오 중유
  ㉣ 생물유기체를 변환시킨 땔감, 목재칩, 펠릿 및 숯 등의 고체연료

정답 93 ③ 94 ④ 95 ④

96 온실가스 목표관리 운영 등에 관한 지침상 용어정의 중 연간 배출 가능한 온실가스의 양을 이산화탄소 무게로 환산하여 나타낸 것으로서 부문별, 업종별, 관리업체별로 구분하여 설정한 배출상한치를 의미하는 것은?

① 공정배출량
② 배출허용량
③ 벤치마크량
④ 연소배출량

97 국내 온실가스 배출권 거래제도에서 할당대상업체로 지정된 업체가 온실가스 배출권 할당 신청을 해야 하는 시기로 옳은 것은?

① 매 계획기간 시작 3개월 전(신규 진입자는 배출권을 할당받은 이행연도 시작 3개월 전)
② 매 계획기간 시작 4개월 전(신규 진입자는 배출권을 할당받은 이행연도 시작 4개월 전)
③ 매 계획기간 시작 5개월 전(신규 진입자는 배출권을 할당받은 이행연도 시작 3개월 전)
④ 매 계획기간 시작 5개월 전(신규 진입자는 배출권을 할당받은 이행연도 시작 4개월 전)

풀이 할당대상업체는 매 계획기간 시작 4개월 전(할당대상업체가 신규 진입자인 경우에는 배출권을 할당받은 이행연도 시작 4개월 전)까지 자신의 모든 사업장에 배출권 할당신청서를 작성하여 주무관청에 제출하여야 한다.

98 온실가스 배출권거래제의 배출량 보고 및 인증에 관한 지침상 배출시설의 배출량에 따른 시설규모 분류 중 A그룹에 해당하는 시설규모 분류기준은?

① 연간 5만 톤 미만의 배출시설
② 연간 15만 톤 이상의 배출시설
③ 연간 5만 톤 이상, 연간 50만 톤 미만의 배출시설
④ 연간 50만 톤 이상의 배출시설

풀이 배출량에 따른 시설규모 분류
㉠ A그룹 : 연간 5만 톤 미만의 배출시설
㉡ B그룹 : 연간 5만 톤 이상, 연간 50만 톤 미만의 배출시설
㉢ C그룹 : 연간 50만 톤 이상의 배출시설

99 2050 탄소중립 녹색성장위원회에 대한 설명으로 맞지 않는 것은?

① 위원회는 위원장 1명을 포함한 50명 이내의 위원으로 구성한다.
② 위원장은 국무총리와 대통령령이 지명하는 사람이 된다.
③ 위원회의 사무를 처리하기 위하여 간사위원 1명을 둔다.
④ 위원의 임기는 2년으로 하며 한 차례에 한정하여 연임할 수 있다.

풀이 위원회는 위원장 2명을 포함한 50명 이상 100명 이내의 위원으로 구성된다.

100 온실가스 배출시설의 배출량에 따른 시설규모 분류 중 C그룹에 해당하는 시설은?

① 연간 5만 톤 미만의 배출시설
② 연간 5만 톤 이상, 연간 25만 톤 미만의 배출시설
③ 연간 25만 톤 이상, 연간 50만 톤 미만의 배출시설
④ 연간 50만 톤 이상의 배출시설

풀이 배출량에 따른 시설규모 분류
㉠ A그룹 : 연간 5만 톤 미만의 배출시설
㉡ B그룹 : 연간 5만 톤 이상, 연간 50만 톤 미만의 배출시설
㉢ C그룹 : 연간 50만 톤 이상의 배출시설

정답 96 ② 97 ② 98 ① 99 ① 100 ④

2021년 4회 기사

1과목 기후변화개론

01 온실가스 배출원/흡수원과 온실가스 종류가 알맞게 짝지어지지 않은 것은?

① 장내발효 : CH_4
② 농경지 토양 : N_2O
③ 벼 재배 : CO_2
④ 산림지 : CO_2

풀이 메탄(CH_4)은 일반적으로 혐기적인 환경에서 유기물 분해 시 발생하며, 전세계 인위적 배출량의 11%가 벼 논에서 발생한다.

02 2015년 유엔기후변화협약의 제21차 당사국 총회에서 채택된 파리협정에 대한 내용이 아닌 것은?

① 교토의정서의 경우 주요 선진국에 한해서 온실가스 감축의무가 주어지지만 파리협정에서는 모든 국가가 감축의무를 가진다.
② 파리협정은 각국의 온실가스 감축목표를 스스로 정하는 상향식 체제로서 목표의 설정은 자율적으로 하되 감축목표를 이행하지 못할 경우에는 제재할 수 있도록 국제법적 구속력을 부과하였다.
③ 협약을 비준한 국가들의 온실가스 배출총량이 전 세계 온실가스 배출량의 55% 이상이며 55개국 이상이 비준할 경우에 한하여 협약이 발효되며, 2016년 11월 4일에 공식 발효되었다.
④ 파리협정은 각 당사국 사이의 폭넓은 온실가스 감축사업의 추진과 거래를 인정하는 등 자발적인 협력을 포함하는 다양한 형태의 국제탄소시장(IMM) 메커니즘 설립에 합의하였다.

풀이 제21차 당사국총회(COP 21)
  ㉠ 2015년 프랑스 파리
  ㉡ 전 세계 196개 당사국이 합의한 파리협정(Paris Agreement)이 채택됨으로써 2020년 이후 교토의정서를 대체할 신 기후체제 출범(단순한 감축목표 제시를 넘어 기후변화 대응·기후재원 조성 등을 통해 지속 가능한 발전으로 패러다임 전환을 의미)
  ㉢ 지구 온도 상승 폭을 산업화 이전 대비 2℃보다 훨씬 낮은 수준으로 억제
  ㉣ 2025년 이후 선진국은 매년 최소 1,000억 달러 규모의 기후재원 조성
  ㉤ 감축목표는 각국이 스스로 정하되 매 5년마다 상향된 목표 제출 의무화
  ㉥ 2023년부터 5년 단위로 국제사회 공동차원의 이행점검 실시
  ㉦ 55개국 이상 및 글로벌 배출량 총 비중 55% 이상에 해당하는 국가의 비준을 충족하면 그로부터 30일 후 발효

03 전 지구 기후변화 시나리오 "순차접근"의 순서로 가장 적합한 것은?

ㄱ. 배출과 사회경제 시나리오(IAMs)
ㄴ. 복사강제력
ㄷ. 기후 전망(CMs)
ㄹ. 영향, 적응, 취약성(IAV)

① ㄱ → ㄴ → ㄷ → ㄹ
② ㄷ → ㄴ → ㄹ → ㄱ
③ ㄷ → ㄹ → ㄴ → ㄱ
④ ㄴ → ㄱ → ㄹ → ㄷ

풀이 기후변화 시나리오의 개발(순차적 접근방법)
배출량 시나리오와 사회경제 시나리오가 먼저 결정되고 난 후에 복사강제력 시나리오가 개발되고, 그 이후에 기후전망 시나리오를 생산, 이를 기반으로 영향, 적응, 취약성 평가가 이루어지는 방법이다.

[참고] 병렬적 접근방법 : IPCC 5차 평가보고서
기후모델링팀과 사회경제 시나리오팀이 대표농도경로와 복사강제력 시나리오를 산정하여 기후전망과 사회경제 시나리오의 개발이 동시에 진행되는 방법이다.

정답 01 ③ 02 ② 03 ①

04 CDM 사업 관련 주요 기관의 기능 및 역할에 관한 설명으로 ( )에 가장 적합한 기관은?

> ( )는 교토의정서 비준국으로 구성되어 있으며, CDM 사업 관련 최고 의사결정기관이다. 세부역할로는 CDM 집행위원회의 절차에 대한 결정, 집행위원회가 인증한 운영기구의 지정 및 인증기관 결정, CDM 집행위원회 연간보고서 등을 검토하고, DOE와 CDM 사업의 지역적 분배 등을 검토한다.

① 국가 CDM 승인기구(DNA)
② CDM 사업운영기구(DOE)
③ CDM 집행위원회(EB)
④ 당사국총회(COP/MOP)

풀이 교토의정서 당사국회의(COP/MOP)
㉠ 교토의정서에 비준한 국가들 간의 회의가 구성되어 본 회의를 통하여 교토의정서 관련 추진사업, 협상 및 기타 모든 의결사항이 결정된다.(최고 의사결정기구)
㉡ 교토의정서하에 시행되는 모든 청정개발체제사업은 동 기구(회의)의 감시·감독 및 결정권하에 있다.
㉢ 세부역할로는 CDM 집행위원회의 절차에 대한 결정, 집행위원회가 인증한 운영기구의 지정 및 인증기간 결정, CDM 집행위원회 연간보고서 등을 검토하고, DOE와 CDM 사업의 지역적 분배 등을 검토한다.

05 온실가스 배출량이 많은 업종부터 적은 업종 순으로 배열한 순서가 맞는 것은?

① 발전에너지 → 운수 → 정유 → 철강
② 발전에너지 → 철강 → 정유 → 운수
③ 철강 → 발전에너지 → 정유 → 운수
④ 철강 → 발전에너지 → 운수 → 정유

풀이 업종별 온실가스 배출량
발전에너지 → 철강 → 정유 → 운수

[참고] 2021년 분야별 온실가스 배출비중
에너지 분야(86.9%) > 산업공정(7.5%) > 농업(3.1%) > 폐기물 분야(2.5%)

06 신에너지 및 재생에너지 개발이용보급 촉진 법령상 신에너지에 속하지 않는 것은?

① 수소에너지   ② 바이오에너지
③ 석탄액화·가스화   ④ 연료전지

풀이 ㉠ 재생에너지
• 태양에너지   • 바이오에너지
• 풍력   • 수력
• 지열에너지   • 해양에너지
• 폐기물에너지
㉡ 신에너지
• 연료전지
• 석탄 액화·가스화 에너지
• 수소에너지

07 기후변화 취약성 평가방법 중 지역에 기반을 둔 여러 지표들을 바탕으로 하여 그 시스템의 적응능력을 평가함으로써 사회·경제적인 취약성을 파악하는 방법은?

① 좌향식 접근법   ② 하향식 접근법
③ 우향식 접근법   ④ 상향식 접근법

풀이 기후변화 취약성 평가방법 중 상향식 접근법
㉠ 지역에 기반을 둔 여러 지표들을 바탕으로 그 시스템의 적응능력을 평가함으로써 사회·경제적 취약성을 파악하는 접근법이다.
㉡ 하향식에 비해 단기간의 적응방안 개발이나 정책개발에 적합하며, 우선순위를 정하고 예방적인 적응과 적응능력을 강화하는 데 지침을 제공하며, 지역의 제도 및 경제적 맥락에 부합하며 지역이 선택할 수 있는 대안과 제약 조건을 잘 반영한다는 장점이 있다.

08 $CO_2=1$로 볼 때, 지구온난화지수(GWP)가 가장 큰 온실가스는?(단, GWP는 IPCC 2차 평가보고서의 지속기간 100년 기준)

① HFC-23   ② HFC-125
③ HFC-245ca   ④ PFC-14

정답 04 ④ 05 ② 06 ② 07 ④ 08 ①

[풀이] 지구온난화지수(GWP)
① HFC-23 : 11,700 [CHF$_3$]
② HFC-125 : 2,800 [C$_2$HF$_5$]
③ HFC-245ca : 560 [C$_3$H$_3$F$_5$]
④ PFC-14 : 6,500 [CF$_4$]

09 온실가스 목표관리제에 대한 설명으로 틀린 것은?

① 온실가스 목표관리제도는 소규모 사업장의 온실가스 감축, 에너지 절약목표를 설정하고 관리하는 제도로 「저탄소 녹색성장 기본법」의 온실가스 감축정책 중 하나이다.
② 온실가스 목표관리제 운영은 관리업체 지정, 목표설정, 산정·보고·검증, 검증기관 관리 등에 관한 사항을 포괄적으로 담고 있다.
③ 온실가스 목표관리제 운영지침을 제정하면서 국제사회에 통용될 수 있는 온실가스 산정·보고·검증체계를 구축하는 데 주력한다.
④ 에너지 목표관리 운영지침의 주요 내용은 원자력 기술개발 확대, 온실가스 배출 감축기술 개발, 기초·원천기술 개발, 연구개발 투자의 전략 강화 및 종합 조정기능 보강 등이 포함되어 있다.

[풀이] 온실가스 목표관리 운영지침의 주요 내용은 관리업체의 지정 및 관리, 목표의 협의설정, 이행실적·명세서 작성 및 확인, 조기감축실적 등의 인정 등이 포함되어 있다.

10 화석연료 사용으로 인해 발전소, 철강, 시멘트 공장 등 대량 발생원으로부터 배출되는 이산화탄소를 직접 효율적으로 줄일 수 있는 기술의 70~80%를 차지하는 핵심기술로서 크게 '연소 후 회수기술', '연소 전 회수기술', 그리고 '순산소 연소기술'로 구분되는 것은?

① 저장기술　　② 수송기술
③ 포집기술　　④ 전환기술

[풀이] CO$_2$ 포집기술
화석연료 배기가스 중에서 CO$_2$만을 선택적으로 분리 포집하는 기술을 의미하며 연소 후 포집기술(Post-Combustion Technology), 연소 전 포집기술(Pre-Combustion Technology), 순산소 연소기술(Oxy-Combustion Technology)로 구분된다.

11 극지방의 빙하가 녹게 되면 눈과 얼음에 덮여 있던 육지와 수면이 드러나 지구 표면의 온도 상승을 가속화시키게 되는데 그 이유를 바르게 설명한 것은?

① 해수면을 상승시키기 때문에
② 지구의 알베도(Albedo)를 증가시키기 때문에
③ 빙하가 융해될 때 잠열이 발생되기 때문에
④ 지구의 알베도(Albedo)를 감소시키기 때문에

[풀이] 지구 표면의 기온 상승으로 극지방의 빙하가 녹게 되면 눈과 얼음에 덮여 있던 육지와 수면이 드러나 지표면 온도의 상승이 가속화되는데, 그 이유는 지구의 알베도가 감소하기 때문이다.

12 기후변화에 대한 정부 간 패널(IPCC)의 실행그룹 중 기후변화의 영향평가와 적응 및 취약성 분야의 역할을 담당하는 것은?

① Working Group 1
② Working Group 2
③ Working Group 3
④ Task Force

[풀이] Working Group 2(제2실무그룹 : 기후변화 영향평가, 적응 및 취약성 분야)
농업 및 산림, 지구 자연생태시스템, 수자원, 인류 정착지, 해안지방 및 계절별 강설, 빙하 및 영구 동결층에 대한 지구온난화 영향평가를 담당한다.

13 기후변화협약 당사국총회의 주요 내용에 대한 설명으로 가장 적합한 것은?

① COP 7(마라케시) : 교토메커니즘, 의무준수체제, 흡수원 등에 대한 합의
② COP 13(발리) : 지구온도 2℃ 상승 억제 재확인 및 2050년까지 장기 감축목표에 노력
③ COP 15(코펜하겐) : 선진국과 개도국이 모두 참여하는 새로운 기후변화 체제 마련에 합의
④ COP 18(도하) : 교토의정서를 2022년까지 연장 합의

풀이 ㉠ COP 13(발리)
- 2012년 이후 선·개도국의 의무감축부담에 대한 논의가 활발히 이루어졌음
- 교토의정서의 의무감축에 상응한 노력을 하기 위해 선·개도국 등 모든 국가들은 측정, 보고, 검증 가능한 방법으로 온실가스 감축을 수행토록 하는 발리 로드맵을 채택하여 2009년 말을 목표로 협상 진행에 합의함(발리행동계획 「Bali-Action Plan」 채택)

㉡ COP 15(코펜하겐)
- 선·개도국 간의 대립으로 난항을 겪었으며, 최종적으로 코펜하겐 합의라는 형태로 합의를 도출했으나 법적 구속력은 없고 선·개도국 간의 민감한 주요 쟁점들을 미해결과제로 남긴 채 정치적 합의문 수준으로 종료(개도국들은 법적 구속력을 가진 감축목표설정 및 감축행동에 대한 MRV 원칙 적용을 거부하고, 미국 등 선진국들은 개도국이 만족할 만한 충분하고 구체적인 재정 및 기술지원방안을 제시하지 않음)
- 기온상승을 산업화 이전 대비 2℃ 이내로 억제

㉢ COP 18(도하)
- 2012년 만료되는 교토의정서를 2020년까지 연장(2013~2020년간 선진국의 온실가스 의무감축을 규정하는 교토의정서 개정안 채택)
- 선진국과 개도국이 참여하는 새로운 감축안을 만들기 위한 기반 조성

14 미래 기후변화의 영향에 관한 설명으로 가장 거리가 먼 것은?

① 난대성 상록 활엽수인 후박나무는 북부지역으로 확대된다.
② 꽃매미, 열대모기 등 북방계 외래곤충이 감소하고 고온으로 인해 병해충 발생 가능성이 감소된다.
③ 농업에 있어서는 생산성 감소의 위험과 신영농기법 도입의 기회가 공존한다.
④ 산업 전반에서는 산업리스크 증가와 새로운 시장 창출 기회가 공존한다.

풀이 꽃매미, 열대모기 등 남방계 외래곤충이 증가하고, 고온으로 인해 병해충 발생 가능성이 증가된다.

15 21세기에 발생할 것으로 예상되는 이상기후 현상으로 가장 거리가 먼 것은?

① 집중적인 호우
② 중위도 지역 폭풍의 강도 증가
③ 대부분 중위도 내륙에서의 혹서피해와 한발위험 증가
④ 최고 기온의 하강, 무더운 일수와 혹서기간의 감소

풀이 21세기에는 최고 기온의 증가 및 무더운 일수와 혹서기간의 증가도 예상된다.

16 다음 설명에 해당하는 기체는?

지표대기 중 농도가 약 1.5ppm, 매년 0.9% 증가하고, 가축 배설물이 부패할 때 주로 발생한다. 그리고 습지에서 자연적 과정으로도 발생한다. 또한 석유, 석탄 및 천연가스 시스템에서 탈루되어 생성하기도 한다.

① 오존
② 메탄
③ 이산화탄소
④ 아산화질소

풀이 CH_4의 지표 부근 대기 중 농도는 약 1.5ppm(1.7ppm) 정도이고 매년 0.9%씩 증가하는 추세이다. 또한 농사, 천연가스 보급 및 폐기물 매립과 관련된 인간활동의 결과로서 증가한다.

정답 13 ① 14 ② 15 ④ 16 ②

17 교토의정서상에서 6대 온실가스가 아닌 것은?

① 염화불화탄소
② 수소불화탄소
③ 과불화탄소
④ 육불화황

풀이) 6대 주요 온실가스(교토의정서)
  ㉠ 이산화탄소(CO_2)
  ㉡ 메탄(CH_4)
  ㉢ 아산화질소(N_2O)
  ㉣ 과불화탄소(PFC_s)
  ㉤ 수소불화탄소(HFC_s)
  ㉥ 육불화황(SF_6)

18 기후시스템에 대한 내용 중 틀린 것은?

① 기후변화는 기후시스템의 과정에 대응하여 일어난다.
② 기후강제력은 기후시스템을 움직이는 요소이다.
③ 기후시스템을 구분할 때 화산폭발은 내적요인에 해당한다.
④ 대기는 기후특성을 가장 분명하게 보여주는 기후 구성 요소이다.

풀이) 기후변화의 자연적 원인 중 내적요인은 기후시스템의 변화를 의미하며, 외적요인은 화산폭발에 의한 성층권의 에어로졸 증가, 태양활동의 변화, 태양과 지구의 천문학적 상대위치관계 등이다.

19 교토의정서에 대한 설명으로 가장 거리가 먼 것은?

① 1997년 일본 교토에서 개최된 기후변화협약 제3차 당사국 총회에서 채택되고 2005년 2월 16일 공식 발효되었다.
② 한국은 2002년 11월 국회의 비준을 얻었으며, 제3차 당사국 총회에서 부속서-I 국가로 분류되어 온실가스 감축 의무를 부여받았다.
③ 감축의무이행 당사국이 온실가스 감축 이행 시 신축적으로 대응하도록 하기 위하여 배출권거래제(ETS), 공동이행(JI), 청정개발체제(CDM) 등의 신축성 기제를 도입하였다.
④ 공동이행(JI)은 부속서-I 국가가 다른 선진국의 온실가스 감축사업에 참여하여 얻은 온실가스 감축실적을 자국의 온실가스 감축목표 달성에 이용하는 제도이다.

풀이) 우리나라는 기후변화협약에서 개도국, 즉 비부속서-I 국가로 분류되어 선진국과 같은 온실가스 감축의무를 부여받지 않았다.

20 유엔기후변화협약(UNFCCC)의 주요 기준이 되는 원칙으로 가장 거리가 먼 것은?

① 과학적 확실성의 원칙
② 공통이지만 차별화된 책임의 원칙
③ 각자 능력의 원칙
④ 사전예방의 원칙

풀이) UNFCCC에서 각국은 기후변화에 있어서 완전한 과학적 확실성이 미비하더라도 사전예방의 원칙에 따라 필요한 조치를 취한다는 기본원칙을 정하였다.

2과목 온실가스 배출의 이해

21 온실가스 배출권거래제의 배출량 보고 및 인증에 관한 지침상 촉매를 활용한 수증기 개질로 암모니아를 생산하는 공정이다. ( )에 알맞은 것은?

(㉠) → 수증기 1차 개질 → 공기로 2차 개질 → (㉡) → (㉢) → (㉣) → 암모니아 합성

① ㉠ 천연가스 탈황, ㉡ 이산화탄소 제거, ㉢ 메탄화, ㉣ 일산화탄소의 전환
② ㉠ 일산화탄소의 전환, ㉡ 천연가스 탈황, ㉢ 메탄화, ㉣ 이산화탄소 제거
③ ㉠ 이산화탄소 제거, ㉡ 천연가스 탈황, ㉢ 메탄화, ㉣ 일산화탄소의 전환
④ ㉠ 천연가스 탈황, ㉡ 일산화탄소의 전환, ㉢ 이산화탄소 제거, ㉣ 메탄화

풀이 촉매를 활용한 수증기 개질방법(암모니아) 공정

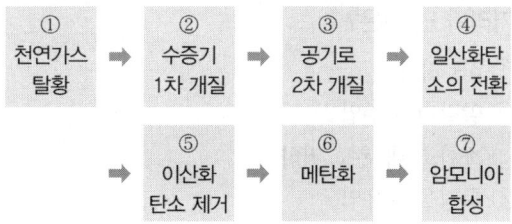

22 우리나라 건축물의 온실가스 배출 벤치마크 계수 개발 시 적용되는 배출량의 범위로 맞는 것은?

① 간접배출만 반영
② 직접배출만 반영
③ 간접 및 직접배출 모두 반영
④ 건축물의 용도에 따라 다름

풀이 건축물의 벤치마크 계수 유형

$$BM_{i,j,k,l} = \frac{\text{건축물에서의 온실가스 배출량(kgCO}_2-\text{eq)}}{\text{건축물의 연면적(m}^2)}$$

㉠ 온실가스 배출량은 직접배출(Scope 1)과 간접배출(Scope 2)이 모두 포함된다.
㉡ 건축물의 최적에너지효율(BAT)에 따른 벤치마크 계수($BM_{i,j,k,l}$)는 건축물의 용도, 신축 건축물 여부 및 건축연수에 따라 각각 구분하여 개발할 수 있다.

23 다음은 철강 생산공정 온실가스 배출량 산정방법 중 물질수지법(Tier 3)이다. 각 인자의 설명으로 맞는 것은?

$$E_f = \sum(Q_i \times EF_i) - \sum(Q_p \times EF_p) - \sum(Q_e \times EF_e)$$

① Q_i : 공정에 투입되는 각 원료 사용량(ton)
  Q_p : 공정에서 배출되는 각 부산물 반출량(ton)
  Q_e : 공정에서 생산되는 각 제품 생산량(ton)
② Q_i : 공정에서 생산되는 각 제품 생산량(ton)
  Q_p : 공정에서 배출되는 각 부산물 반출량(ton)
  Q_e : 공정에 투입되는 각 원료 사용량(ton)
③ Q_i : 공정에서 생산되는 각 제품 생산량(ton)
  Q_p : 공정에 투입되는 각 원료 사용량(ton)
  Q_e : 공정에서 배출되는 각 부산물 반출량(ton)
④ Q_i : 공정에 투입되는 각 원료 사용량(ton)
  Q_p : 공정에서 생산되는 각 제품 생산량(ton)
  Q_e : 공정에서 배출되는 각 부산물 반출량(ton)

풀이 철강 생산공정 온실가스 배출량 산정방법(Tier 3 : 물질수지법)

$$E_f = \sum(Q_i \times EF_i) - \sum(Q_p \times EF_p) - \sum(Q_e \times EF_e)$$

여기서, E_f : 공정에서의 온실가스(f) 배출량(tCO$_2$)
Q_i : 공정에 투입되는 각 원료(i) 사용량(ton)
Q_p : 공정에서 생산되는 각 제품(p)의 생산량(ton)
Q_e : 공정에서 배출되는 각 부산물(e)의 반출량(ton)
EF_e : e-물질의 배출계수(tCO$_2$/t)

24 온실가스 배출권거래제의 배출량 보고 및 인증에 관한 지침상 탈루배출원이 아닌 것은?

① 늪지대   ② 천연가스산업
③ 석유산업   ④ 석탄채굴 및 처리활동

풀이 ②, ③, ④ 항목은 탈루성 배출보고대상이다.

25 온실가스 배출권거래제의 배출량 보고 및 인증에 관한 지침상 이동연소(도로) 부분의 보고대상 배출시설 중 "소형 화물자동차" 기준에 해당하는 것은?

① 배기량이 1,000cc 미만으로서 길이 3.6미터 · 너비 1.6미터 · 높이 2.0미터 이하인 것
② 최대적재량이 0.8톤 이하인 것으로서, 총중량이 5톤 이하인 것
③ 최대적재량이 1톤 이하인 것으로서, 총중량이 3.5톤 이하인 것
④ 최대적재량이 3톤 이하인 것으로서, 총중량이 5톤 이하인 것

정답 22 ③ 23 ④ 24 ① 25 ③

[풀이] 이동연소(도로) 화물자동차 구분

세부구분		차종개요
화물 자동차	경형	배기량이 1,000cc 미만으로서 길이 3.6미터·너비 1.6미터·높이 2.0미터 이하인 것
	소형	최대적재량이 1톤 이하인 것으로서, 총중량이 3.5톤 이하인 것
	중형	최대적재량이 1톤 초과 5톤 미만이거나, 총중량이 3.5톤 초과 10톤 미만인 것
	대형	최대적재량이 5톤 이상이거나, 총중량이 10톤 이상인 것

26 이동연소(도로)의 온실가스 배출량 산정방법에 대한 설명으로 가장 거리가 먼 것은?

① Tier 1 방법은 연료 종류별 사용량을 활동자료로 하고 기본배출계수를 이용하여 배출량을 산정하는 방법으로, CO_2, CH_4, N_2O에 대해 산정한다.
② Tier 2 방법은 연료 종류별, 차종별, 제어기술별 연료사용량을 활동자료로 하고, 국가고유계수를 적용하여 배출량을 산정하는 방법이며, CO_2, CH_4, N_2O에 대해 산정한다.
③ Tier3 산정방법은 차량의 주행거리를 활동자료로 하고, 차종별, 연료별, 배출제어 기술별 고유배출계수를 개발·적용하여 산정하는 방법이며, CO_2, CH_4, N_2O에 대해 산정한다.
④ 이동연소(도로) 부분의 경우 Tier 4 연속측정법은 현재 개발되어 있지 않다.

[풀이] 이동연소(도로)의 온실가스 배출량 Tier 3 산정방법은 차량의 주행거리를 활동자료로 하고, 차종별, 연료별, 배출제어 기술별 고유배출계수를 개발·적용하여 산정하는 방법이며, CH_4, N_2O에 대해 산정한다.

27 인산 생산에서 배출되는 온실가스는?

① CO_2 ② CH_4
③ N_2O ④ CH_4N_2O

[풀이] 일반적으로 비료용 인산은 황산과 인광석의 분해반응에 의해 생산되는데, 인광석 내의 불순물 중 가장 많은 부분을 차지하는 탄산칼슘은 황산과 반응하여 석고를 형성하는 것과 동시에 CO_2를 배출한다.

28 혐기성 소화조의 소화효율 저하 원인과 가장 거리가 먼 것은?

① pH 저하
② 알칼리제 주입
③ 소화조 내 온도 저하
④ 독성물질 유입

[풀이] 혐기성 소화조의 소화효율 저하 원인
㉠ 낮은 유기물 함량
㉡ 소화조 내 온도 저하
㉢ 가스 발생량의 저하
㉣ 상등수 약화
㉤ pH 저하
㉥ 알칼리도 소비

29 고정연소(기체연료) 온실가스 배출량 산정방법론에 적용되는 산화계수에 대한 설명 중 틀린 것은?

① Tier 1의 산화계수는 기본값인 1.0이다.
② Tier 2의 산화계수는 0.995이다.
③ Tier 3의 산화계수는 0.990이다.
④ Tier 4는 연속측정방식으로 산화계수 값을 정하지 않는다.

[풀이] 고정연소(기체연료) 온실가스 배출량 산정방법론에서 Tier 3의 산화계수는 0.995이다.

30 온실가스 배출권거래제의 배출량 보고 및 인증에 관한 지침상 고형폐기물의 생물학적 처리와 관련한 배출시설에 해당하지 않는 것은?

① 사료화 시설   ② 분뇨처리시설
③ 퇴비화 시설   ④ 부숙토 생산시설

[풀이] 폐기물의 생물학적 처리시설의 보고대상 배출시설
㉠ 사료화·퇴비화·소멸화·부숙토 생산시설
㉡ 혐기성 분해시설

31 온실가스 배출권거래제의 배출량 보고 및 인증에 관한 지침상 소각시설에서 발생하는 온실가스 산정방법 특성이 아닌 것은?

① CO_2 배출량 산정은 활동자료인 폐기물의 소각량과 총탄소의 건조 탄소함량비율에 의해 결정된다.
② 바이오매스 폐기물(음식물, 목재 등)의 소각으로 인한 CO_2 배출은 생물학적 배출량이므로 배출량 산정 시 제외되어야 한다.
③ non-CO_2(CH_4 및 N_2O)의 경우에는 제시된 배출계수 또는 측정을 통하여 배출량을 산정한다.
④ 국내 목표관리제에서 고상과 액상폐기물의 소각에 의한 온실가스 CO_2 산정방법으로 Tier 1 이상을 요구하고 있으며, 연속측정방법인 Tier 4도 허용하고 있다.

풀이 CO_2 배출량 산정은 활동자료인 폐기물의 소각량과 화석탄소의 건조 탄소함량비율에 의해 결정된다.

32 온실가스 배출권거래제의 배출량 보고 및 인증에 관한 지침상 질산제조공정 중 온실가스 발생을 최소화하기 위해서는 산화율을 높여야 하는데, 암모니아 산화율에 특히 영향이 커서 가장 중요하게 다루어야 할 운전인자로 옳게 짝지어진 것은?

① 온도, 압력
② 촉매 투입량, 산소농도
③ 공기 투입량, 촉매를 통과하는 가스 유속
④ 암모니아 예열온도, 암모니아 혼합비

풀이 질산제조공정 중 암모니아의 산화율에 영향을 주는 인자는 온도, 압력, 공기(O_2)와 암모니아의 혼합비, 촉매를 통과하는 가스의 유속 등이며, 특히 온도와 압력의 영향이 가장 크다.

33 연소 시 온실가스 배출산정 Tier에 대해 옳게 설명한 것은?

① Tier 1은 연료에 기초한 배출량 산정단계로서 주로 원료의 탄소함유량에 의존한다.
② Tier 1은 연소의 조건(연소 효율성, 슬래그 및 재의 탄소함량)은 상대적으로 중요하지 않다.
③ Tier 1에서 CO_2 배출은 연소되는 연료의 총량과 연료의 최대탄소함유량에 기초하여 산정한다.
④ 메탄 배출계수는 연소기술 및 작동조건에 의존하므로 메탄의 평균배출계수 이용은 불확도가 작다.

풀이 ① Tier 1은 연료 사용량 자료를 활용하며 IPCC 가이드라인 기본배출계수를 사용한다.
③ Tier 1에서 CO_2 배출은 연료 연소 시 CO_2 산화율에 대한 매개변수인 산화계수를 사용하여 산정한다.
④ 온실가스 배출량 산정 시 메탄 배출계수는 연소기술 및 작동조건에 의존하므로 메탄의 평균배출계수 이용은 불확도가 크다.(연소 시 CH_4, N_2O 배출량 산정방법론은 Tier 1으로 측정불확도가 크다.)

34 석유화학제품 생산공정의 공정배출 보고대상 배출시설이 아닌 것은?

① 메탄올 반응시설
② 카바이드 제조 시설
③ EDC/VCM 반응시설
④ 에틸렌 생산시설

풀이 석유화학제품 생산공정의 공정배출 보고대상 배출시설
 ㉠ 메탄올 반응시설
 ㉡ EDC/VCM 반응시설
 ㉢ 에틸렌옥사이드(EO) 반응시설
 ㉣ 아크릴로니트릴(AN) 반응시설
 ㉤ 카본블랙(CB) 반응시설
 ㉥ 에틸렌 생산시설
 ㉦ 테레프탈산(TPA) 생산시설
 ㉧ 코크스 제조공정(De-Coking)

정답 31 ① 32 ① 33 ② 34 ②

35 다음 중 A사업장과 B사업장의 온실가스 배출량 산정에서 제외되는 경우는?

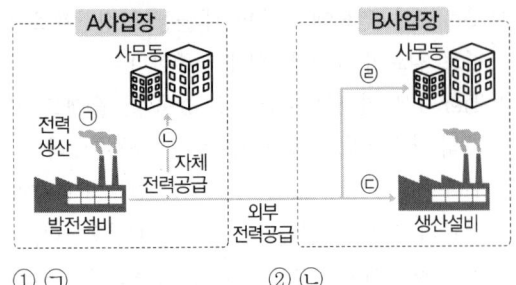

① ㉠
② ㉡
③ ㉢
④ ㉣

[풀이] ㉡ : A사업장에서 생산된 전력을 A사업장 내에서 자체적으로 공급한 경우(전력사용에 따른 간접적 온실가스 배출량 산정에서 제외)

36 전기사용 측면에서 최적가용기술이 아닌 것은?

① 에너지효율적인 모터 적용
② 압축공기시스템의 가변속도 드라이브 적용
③ 공기압축기의 열회수
④ 초고압의 전기아크로 적용

[풀이] 아크로는 주로 대용량의 연강(Mild Steel) 및 고합금강의 제조에 사용되는 배출시설이다.

37 온실가스 배출권거래제의 배출량 보고 및 인증에 관한 지침상 아디프산 생산시설 중 시클로헥산으로부터 아디프산을 합성하는 방법 중 하나인 Farbon 법에 관한 설명으로 옳지 않은 것은?

① 시클로헥산을 산화하여 시클로헥산올과 시클로헥사논을 만들고, 이 시클로헥산올과 시클로헥사논을 다시 산화하여 아디프산을 만든다.
② 혼합된 초산, 망산, 바듐을 촉매로서 사용한다.
③ 제2반응기로부터 생성물이 표백기로 들어가고 용존 NOx 가스는 공기와 수증기로 인해 아디프산 및 질산 용액으로부터 탈기된다.
④ 부산물의 생성이 없고, 아디프산 및 질산 용액은 증류되어 최종산물(결정)이 된다.

[풀이] 아디프산 합성방법 중 Farbon법은 여러 가지 유기물 부산물, 아세트산, 글루타린산 및 호박산 등이 형성되고 회수되어 판매되며 아디프산 및 질산 용액은 냉각되어 결정화기로 보내져서 아디프산 결정을 만든다.

38 국가 온실가스 배출량 산정방식 중 가축분뇨에 대한 메탄(CH_4)량 산정 시 필요한 자료가 아닌 것은?

① 가축의 종류
② 가축 종류별 두수
③ 가축 종류별 수명
④ 가축 종류별 분뇨의 메탄 배출계수

[풀이] 가축분뇨에 대한 메탄량 산정 시 필요 자료
㉠ 가축의 종류
㉡ 가축 종류별 두수
㉢ 가축 종류별 분뇨의 메탄 배출계수

39 온실가스 배출권거래제의 배출량 보고 및 인증에 관한 지침상 시멘트 생산공정 중 다량의 온실가스를 발생하는 시설(공정)로 가장 적합한 것은?

① 가스회수시설
② 소성시설
③ 접촉개질시설
④ 세척시설

[풀이] 시멘트 생산의 배출 개요
㉠ 시멘트 공정에서의 온실가스 배출원은 클링커의 제조공정인 소성공정에서 탄산칼슘의 탈탄산 반응에 의하여 이산화탄소가 배출된다.
$CaCO_3 + Heat \rightarrow CaO + CO_2$
㉡ 시멘트 공정에서 CO_2 배출 특성은 소성시설(Kiln)의 생석회 생성량과 연료사용량 및 폐기물 소각량에 의하여 영향을 받으며, 그 밖에 주원료인 석회석과 함께 점토 등 부원료의 사용량에 의해서도 영향을 받을 수 있다.
㉢ 연료 중 목재와 같은 바이오매스 재활용연료의 경우 배출량 산정에서 제외하여야 하나 합성수지 및 폐타이어 등 폐연료의 경우는 배출량 산정 시 포함되어야 한다.
㉣ 소성로에서 발생되는 비산먼지인 Cement Kiln Dust(CKD)도 온실가스 배출과 연관이 있다.

정답 35 ② 36 ④ 37 ④ 38 ③ 39 ②

ⓓ CKD는 소성공정의 회수시스템에 의해 다량 회수되어 소성공정에 재사용되는데, 회수되지 못한 CKD 내 탄산염 성분은 탈탄산반응에 포함되지 않으므로 보정이 필요하다.

40 이동연소(항공)의 Tier 1 배출량 산정방법론에서 "항공사업법 제44조"에 따라 항공기취급업을 등록한 계열회사로부터 항공기 지상조업 지원을 받는 경우의 연료사용량 보정계수?

① 0.0461
② 0.0251
③ 0.0215
④ 0.0164

풀이 이동연소(항공)의 Tier 1 배출량 산정방법론에서 연료사용량 보정계수는 항공법에 따라 항공기취급업을 등록한 계열회사로부터 항공기 지상조업 지원을 받는 경우 0.0164, 그렇지 아니한 경우 0.0215를 사용한다.

3과목 온실가스 산정과 데이터 품질관리

41 온실가스 배출활동은 직접배출과 간접배출로 구분된다. 다음 중 직접배출에 해당되지 않는 것은?

① 마그네슘 생산 시 배출
② 폐기물 소각에 의한 배출
③ 자동차의 연료사용으로 인한 배출
④ 외부에서 공급받은 전기의 사용

풀이 온실가스 배출원 운영경계

운영경계		배출원
직접배출원 (Scope 1)	고정연소	배출 경계 내의 고정연소시설에서 에너지를 사용하는 과정에서 온실가스 배출 형태
	이동연소	배출원 관리 영역에 있는 차량 및 이동 장비에 의한 온실가스 배출 형태
	공정배출	에너지 사용이 아닌 물리, 화학 반응을 통해 온실가스가 생산물 또는 부산물로서 배출되는 형태
	탈루배출	원료(연료), 중간생성물의 저장, 이송, 공정 과정에서 배출되는 형태

운영경계	배출원
간접배출원 (Scope 2)	배출원의 일상적인 활동에 필요한 전기, 스팀 등을 구매함으로써 간접적으로 외부(예 발전)에서 배출
간접배출원 (Scope 3)	Scope 2에 속하지 않는 간접배출로서 원재료의 생산, 제품 사용 및 폐기 과정에서 배출

42 연속 측정에 따른 배출량 산정방법에 대한 설명 중 틀린 것은?

① 30분 배출량은 g 단위로 계산하고, 소수점 이하는 버림 처리하여 정수로 산정한다.
② 월 배출량은 g 단위의 30분 배출량을 월 단위로 합산하고, kg 단위로 합산한 후, 소수점 이하는 버림 처리하여 정수로 산정한다.
③ 측정 자료의 수치 맺음은 한국산업표준 KS Q 5002(데이터의 통계해석방법)에 따라서 계산한다.
④ 연속측정 시 유량은 습가스 기준으로 한다.

풀이 연속측정방법의 배출량 산정방법에서 유량은 건가스 기준으로 한다.

43 배출량 산정·보고의 5대 원칙 중 다음 설명에 해당하는 것은?

> 사용예정자가 적절한 확신을 가지고 의사결정을 할 수 있도록 충분하고 적절한 온실가스 관련 정보를 공개하는 것으로 모든 관련 사항에 대해 감사증거를 명확히 남길 수 있도록 하고 객관적이고 일관된 형태로 게시하는 것이다. 또한 추정이나 사용한 사전·계산방법 및 정보원의 출처는 분명하게 해야 한다.

① 완전성
② 일관성
③ 투명성
④ 정확성

풀이 투명성은 배출시설별 모니터링 선정 및 계측기기 정도관리 등을 명확히 하는 것을 의미한다.

정답 40 ④ 41 ④ 42 ④ 43 ③

44 배출활동별 배출량 산정방법론에 해당하지 않는 것은?

① 확보 가능한 관련 자료의 수준이 어느 정도인지를 조사·분석한 다음에 이에 적합한 선정방법을 결정하는 것이 합리적임
② 현재 우리나라에서 추진하고 있는 보고제에 의하면 배출량 규모에 따라 관리업체에서 적용하여야 할 최소 산정 Tier가 제시되어 있기 때문에 관리업체에서는 배출규모에 적합한 Tier 적용이 가능하도록 자료를 확보하여야 함
③ 산정등급은 4단계가 있으며, Tier가 높을수록 결과의 불확도가 높아짐
④ 배출원의 온실가스 배출특성 및 확보 가능한 자료수준에 적합한 배출량 산정방법을 선정할 수 있는 의사결정도를 개발·적용하여야 함

풀이 산정등급(Tier 1~4)이 높을수록 배출량 산정의 정확도(신뢰도)는 높아지며, 배출량 산정방법론 등 배출량 산정의 복잡성도 증가하는 경향이 있다.

45 배출활동별 온실가스 배출량 등의 세부산정 기준에 대한 설명으로 가장 거리가 먼 것은?

① 사업장별 배출량은 정수로 보고한다.
② 배출활동별 배출량 세부산정 중 활동자료의 보고값은 소수점 넷째 자리에서 반올림하여 셋째 자리까지로 한다.
③ 활동자료를 제외한 매개변수의 수치맺음은 센터에서 공표하는 바에 따른다.
④ 사업장 고유배출계수 개발 시 활동자료 측정주기와 동 활동자료에 대한 조성분석주기를 기준으로 산술평균을 적용한다.

풀이 사업장 고유배출계수 개발 시 활동자료 측정주기와 동 활동자료에 대한 조성분석주기를 기준으로 가중평균을 적용한다.

46 관리토양에서 직접적인 N_2O 배출의 활동자료로 사용할 수 없는 것은?

① 농작물 생산량
② 석회질 비료의 연간 사용량
③ 가축두수
④ 유기질 비료의 시비량

풀이 관리토양에서 직접적인 N_2O 배출의 활동자료
  ㉠ 합성 질소비료 시비량
  ㉡ 유기질 비료 시비량
  ㉢ 수확된 농작물 생산량
  ㉣ 재배면적
  ㉤ 농작물이 소각된 면적
  ㉥ 토양탄소 손실량
  ㉦ 가축 사육두수

47 온실가스 배출권거래제 운영을 위한 검증 지침상 온실가스 배출량의 산정결과와 관련하여 정형화된 양을 합리적으로 추정한 값의 분산특성을 나타내는 정도는?

① 리스크
② 중요성
③ 합리적 보증
④ 불확도

풀이 불확도
특정값들의 범위와 상대적 분포 가능성을 기술할 수 있는, 진실한 값에 대한 상대적인 측정오차를 의미하며 측정량을 합리적으로 추정한 분산특성을 나타내는 파라미터이다. 즉, '양'의 결정에 따른 결과와 관련된 파라미터를 의미한다.

정답 44 ③ 45 ④ 46 ② 47 ④

48 온실가스 배출권거래제의 배출량 보고 및 인증에 관한 지침상 굴뚝연속자동측정기에 의한 배출량 산정방법 중 측정에 기반한 온실가스 배출량 산정은 어떤 값을 기반으로 하여 산출하는가?

① 건가스 기준의 30분 CO_2 부피 평균농도(%)를 사용하여 산정
② 습가스 기준의 30분 CO_2 부피 평균농도(%)를 사용하여 산정
③ 건가스 기준의 10분 CO_2 부피 평균농도(%)를 사용하여 산정
④ 습가스 기준의 10분 CO_2 부피 평균농도(%)를 사용하여 산정

풀이 30분 CO_2 평균농도는 건가스(Dry Basis) 기준의 부피농도를 사용한다.

49 모니터링 유형 중 C-4형에 관한 설명으로 알맞지 않은 것은?

① 데이터의 누락이 발생할 경우 배출시설의 활동자료인 "연료(원료) 사용량"에 상관관계가 가장 높은 활동자료를 선정하여 이를 바탕으로 추정의 타당성을 설명하여야 한다.
② 추정식은 다음과 같이 계산된다.

결측기간의 연료(또는 원료 사용량)
$= \dfrac{\text{정상기간 사용된 연료(또는 원료) 사용량}(Q)}{\text{정상기간 중 생산량}(P)}$
$\times$ 결측기간 총생산량(P)

③ 고장난 측정기기의 유량측정값을 활용하여 추정할 수 있다.
④ 각각의 누락데이터에 대한 대체 데이터를 활용·추산하여 활동자료를 결정하는 방법이다.

풀이 모니터링 C-4형은 고장 난 계측기의 유량측정값은 유용하지 않고, 계측기의 질량 및 유량 측정은 제품 생산량으로 추정해야 한다.

50 온실가스 배출권거래제의 배출량 보고 및 인증에 관한 지침상 산정등급(Tier)과 배출계수 적용에 관한 설명으로 가장 거리가 먼 것은?

① Tier 1 - IPCC 기본 배출계수 활용
② Tier 2 - 국가고유 배출계수 활용
③ Tier 3 - 사업장·배출시설별 배출계수 사용
④ Tier 4 - 전 세계 공통의 배출계수 사용

풀이 배출량 산정방법론
㉠ Tier 1 : IPCC 기본 배출계수 활용
㉡ Tier 2 : 국가고유 배출계수 및 발열량 등 활용
㉢ Tier 3 : 사업자가 개발하여 활용
㉣ Tier 4 : 배출가스 연속측정방법 활용

51 온실가스 배출권거래제의 배출량 보고 및 인증에 관한 지침상 아디프산 생산량이 320t일 때(감축기술은 촉매분해방법 적용), 발생되는 온실가스 배출량(tCO_2-eq)은?

- 배출계수 : 300kgN_2O/t-아디프산
- 촉매 분해 시 분해계수 : 0.925
- 이용계수 : 0.89

① 3,458.07   ② 3,874.92
③ 4,338.02   ④ 5,260.08

풀이 온실가스 배출량(tCO_2-eq)
$= 300\text{kg}N_2O/t\text{-아디프산} \times 320\text{ton}$
$\times [1-(0.925 \times 0.89)] \times \text{ton}/10^3\text{kg} \times 310$
$= 5,260.08\ tCO_2-eq$

52 배출량 산정 계획 작성 시에 관리업체는 배출활동별 배출량 산정방법론을 준수하고, 배출량 산정과 관련된 활동자료, 매개변수 및 사업장 고유배출계수의 정확성과 신뢰성이 향상될 수 있도록 배출량 산정 계획을 작성해야 하는데 이 계획을 작성하는데 여러 가지 원칙이 있다. 다음 중 배출량 산정 계획 작성 시 해당되지 않는 원칙은?

① 완전성   ② 준수성
③ 일관성   ④ 보수성

정답 48 ① 49 ③ 50 ④ 51 ④ 52 ④

[풀이] 배출량 산정 계획 작성원칙
준수성, 완전성, 일관성, 투명성, 정확성, 일치성 및 관련성, 지속적 개선

53 관리업체는 명세서를 작성할 때 탄소중립기본법에 정의된 온실가스에 대하여 온실가스 배출유형을 구분하여 법인, 사업장, 배출시설 및 배출활동별로 온실가스 배출량을 산정하여야 한다. 명세서 작성 시 구분하여야 할 온실가스 배출 유형으로 적절한 것은?

① 직접배출, 간접배출
② A유형, B유형, C유형, D유형
③ 고정연소, 이동연소, 외부 전기 사용, 공정배출
④ Tier 1, Tier 2, Tier 3

[풀이] 온실가스 배출(탄소중립기본법)
사람의 활동에 수반하여 발생하는 온실가스를 대기 중에 배출·방출 또는 누출시키는 직접배출과 다른 사람으로부터 공급된 전기 또는 열(연료 또는 전기를 열원으로 하는 것만 해당한다.)을 사용함으로써 온실가스가 배출되도록 하는 간접배출을 말한다.

54 사업장에서 B-C유의 연간 사용량이 50만 kL라고 할 경우, 산정방법 및 매개변수의 산정등급이 올바르게 연결된 것은?

① 산정방법 : 3, CO_2 배출계수 : 3, 순발열량 : 3
② 산정방법 : 3, CH_4 배출계수 : 3, 산화계수 : 3
③ 산정방법 : 1, CO_2 배출계수 : 1, 산화계수 : 1
④ 산정방법 : 2, CO_2 배출계수 : 2, 산화계수 : 2

[풀이] B-C유 연간 사용량 50만 KL : C그룹

배출활동		산정방법론			연료사용량			순 발열량			배출계수			산화계수		
시설규모		A	B	C	A	B	C	A	B	C	A	B	C	A	B	C
고정연소	고체연료	1	2	3	1	2	3	2	2	3	1	2	3	1	2	3
	기체연료	1	2	3	1	2	3	2	2	3	1	2	3	1	2	3
	액체연료	1	2	3	1	2	3	2	2	3	1	2	3	1	2	3

55 고정연소(고체연료)의 보고대상 시설 중 일반보일러 시설에 관한 설명으로 알맞지 않은 것은?

① 일반보일러 시설은 연료의 연소열을 물에 전달하여 증기를 발생시키는 시설을 말한다.
② 일반보일러 시설은 크게 물 및 증기를 넣는 철제용기(보일러 본체)와 연료의 연소장치 및 연소실(화로)로 나눌 수 있다.
③ 원통형 보일러는 주물계의 Section을 몇 개 전후로 짜 맞춘 보일러로서 하부는 연소실, 상부는 굴뚝으로 되어 있다.
④ 수관식 보일러는 작은 직경의 드럼과 여러 개의 수관으로 나누어져 있고 수관 내에서 증발이 일어나도록 되어 있으며 고압, 대용량으로 적합하다.

[풀이] 주철형 보일러
- 주물계의 Section을 몇 개 전후로 짜 맞춘 보일러이다.
- 하부는 연소실, 상부는 굴뚝으로 구성되어 있다.
- 난방용의 저압증기 발생용 또는 온수보일러로 사용되고 있다.

56 다음 Scope 분류 및 그에 대한 배출활동이 잘못 연결된 것은?

① Scope 1 : 이동연소, 철강생산, 공공하수처리
② Scope 1 : 폐기물 소각, 고정연소, 시멘트 생산
③ Scope 2 : 구입 증기, 구입 전기, 구입 열
④ Scope 3 : 종업원 출퇴근, 구매된 원료의 생산 공정배출, 공장 내 기숙사 난방

[풀이] Scope 3(간접배출 : 기타 간접배출)
㉠ 정의
- 조직의 활동에 기인하나 다른 조직의 소유 및 관리 상태에 있는 온실가스 배출을 의미
- Scope 2에 속하지 않는 간접배출로서 원재료의 생산, 제품 사용 및 폐기 과정에서의 배출을 의미
- 전력을 제외한 간접배출을 의미하며 배출원에 대한 선택적 보고임
㉡ 종류
- 직원 소유 출퇴근 차량, 아웃소싱 활동, 즉 구입 연료의 수송, 판매한 생산품 및 서비스 등에 의

한 배출을 의미
- 구매된 원재료의 생산으로부터 발생한 배출량, 즉 구매자재의 추출 및 생산 등에 의한 배출을 의미

57 A관리업체 하수를 다음과 같은 조건에서 처리하고자 할 때 N_2O 배출에 따른 온실가스 연간 배출량(tCO$_2$-eq/yr)에 가장 가까운 값은?(단, 온실가스 배출권거래제의 배출량 보고 및 인증에 관한 지침기준, 반출슬러지는 고려하지 않는다.)

- TN_{in} : 50mg-T-N/L
- TN_{out} : 5mg-T-N/L
- Q_{in} : 5,000m^3/day
- Q_{out} : 4,800m^3/day
- EF : 0.005kg N_2O-N/kg-T-N

① 200 ② 300
③ 400 ④ 500

풀이 N_2O 산정방법

$N_2O\,Emissions = (TN_{in} \times Q_{in} - TN_{out} \times Q_{out} - TN_{sl} \times Q_{sl}) \times 10^{-6} \times EF \times 1.571$

여기서, $N_2O\,Emissions$: 하수처리에서 배출되는 N_2O 배출량(tN_2O)

TN_{in} : 유입수의 총질소농도(mg-T-N/L)
TN_{out} : 방류수의 총질소농도(mg-T-N/L)
TN_{sl} : 반출 슬러지의 총질소농도(mg-T-N/L)
Q_{in} : 유입수의 유량(m^3)
Q_{out} : 방류수의 유량(m^3)
Q_{sl} : 슬러지의 반출량(m^3)
EF : 아산화질소 배출계수(kgN_2O-N/kg-T-N)
1.571 : N_2O의 분자량(44.013)/N_2의 분자량(28.013)

N_2O 배출량
= [(5,000m^3/day×365day/year×50mg/L)
 −(4,800m^3/day×365day/year×5mg/L)]
 ×10^{-6}×0.005kgN_2O-N/kg-T-N×1.571
= 0.648 tN_2O/yr
tCO$_2$-eq/yr = 0.648×310 = 200.867tCO$_2$-eq/yr

58 운영경계 설정 시 운영경계 구분에서 다음 중 Scope 2에 해당하는 사항은?

① 외부에서 구매한 전기 또는 열
② 고정연소 배출원
③ 이동연소 배출원
④ 하·폐수 처리시설 배출원

풀이 온실가스 배출원 운영경계

운영경계		배출원
직접 배출원 (Scope 1)	고정 연소	배출 경계 내의 고정연소시설에서 에너지를 사용하는 과정에서 온실가스 배출 형태
	이동 연소	배출원 관리 영역에 있는 차량 및 이동 장비에 의한 온실가스 배출 형태
	공정 배출	에너지 사용이 아닌 물리, 화학 반응을 통해 온실가스가 생산물 또는 부산물로서 배출되는 형태
	탈루 배출	원료(연료), 중간생성물의 저장, 이송, 공정 과정에서 배출되는 형태
간접 배출원 (Scope 2)		배출원의 일상적인 활동에 필요한 전기, 스팀 등을 구매함으로써 간접적으로 외부(예 발전)에서 배출
간접 배출원 (Scope 3)		Scope 2에 속하지 않는 간접배출로서 원재료의 생산, 제품 사용 및 폐기 과정에서 배출

59 고체연료의 고정연소 시 발생되는 온실가스 배출량을 산정하기 위해 Tier 3 방법론에 따라 산화계수(f)를 개발하여 사용할 경우 개발에 요구되는 인자가 아닌 것은?

① 재 중 탄소의 질량분율
② 연료 중 재의 질량분율
③ 연료 중 탄소의 질량분율
④ 연료의 순발열량

풀이 고정연소(고체연료) 온실가스 배출량 산정 Tier 3 방법론의 산화계수

사업자가 자체 개발하거나 연료공급자가 분석하여 제공한 고유 산화계수를 사용한다. 단, 센터에서 별도의 계수를 공표할 경우 그 값을 적용한다.
산화계수(f_i)를 자체 개발할 시에는 다음 식에 따른다.

정답 57 ① 58 ① 59 ④

$$f_i = 1 - \frac{C_{a,i} \times A_{ar,i}}{(1-C_{a,i}) \times C_{ar,i}}$$

여기서, $C_{a,i}$: 재(灰) 중 탄소의 질량분율(비산재와 바닥재의 가중평균, 측정값, 0~1 사이의 소수)

$A_{ar,i}$: 연료 중 재(灰)의 질량분율(인수식, 측정값, 0~1 사이의 소수)

$C_{ar,i}$: 연료 중 탄소의 질량분율(인수식, 계산값, 0~1 사이의 소수)

60 온실가스 배출권거래제의 배출량 보고 및 인증에 관한 지침상 비선택적 촉매환원법을 사용하여 질산 350t을 생산하였다. 이때 발생되는 온실가스 배출량(tCO_2-eq)은?

- 비선택적 촉매환원법의 N_2O 배출계수 : $2kgN_2O/t$-질산
- 분해계수 및 이용계수는 각각 0을 적용

① 156 ② 217
③ 340 ④ 412

풀이 온실가스 배출량(tCO_2-eq)
 = $350ton \times 2kgN_2O/t$-질산 $\times ton/10^3kg \times 310$
 = $217tCO_2$-eq

4과목 온실가스 감축관리

61 외부감축 실적과 관련한 내용으로 틀린 것은?

① 관리업체는 업체의 조직경계 외부에서 온실가스를 감축·흡수·제거하는 사업을 수행하고 그 실적을 관리업체의 목표이행 실적으로 사용할 수 있다.
② 외부감축사업과 외부감축실적의 인정은 온실가스 감축 국가목표를 달성하는 데 필요한 제반사항과 그 범위 내에서 고려되어야 한다.
③ 외부감축실적은 관련된 국제 기준과 지침을 고려하여 추진되어야 하며, 관리업체의 감축의무가 특정 업체 및 부문에 전가되지 않도록 투명하고 공정하게 관리되어야 한다.
④ 외부감축사업의 유형 및 방법론, 외부감축사업의 타당성 평가 및 등록, 외부감축실적의 산정·모니터링·검증, 인정방법, 외부감축실적 인증서의 발급·등록·관리 등에 관한 구체적인 사항은 관장기관이 정하여 고시한다.

풀이 외부감축사업의 유형 및 방법론, 외부감축사업의 타당성 평가 및 등록, 외부감축실적의 산정·모니터링·검증, 인정방법, 외부감축실적 인증서의 발급·등록·관리 등에 관한 구체적인 사항은 환경부장관이 부문별 관장기관과 협의하여 따로 정하여 고시한다.

62 자발적 감축사업의 기준 또는 내용으로 틀린 것은?

① VCS, GS 등 크레딧의 가격은 기준과 사업유형에 따라 상이함
② 높은 발행비용이 소모되므로 품질에 대한 신뢰성이 재고됨
③ 외부 감축사업 CDM/JI 크레딧을 허용하지만 국가별로 그 비율을 일정하게 한정하고 있음
④ 크레딧의 인증 절차 등이 CDM처럼 엄격할수록 자발적 감축사업 크레딧에 대한 국제적 신뢰도는 제고됨

풀이 자발적 감축사업(탄소시장)
  ㉠ 장점
    • 다양성과 유연성
    • 낮은 발행비용과 배출권 가격
    • 탄소시장에 대한 학습 및 참여 경험 제공
    • 기업브랜드 가치 제고
  ㉡ 단점
    • 품질에 대한 신뢰성 부족
    • 높은 인수도 및 거래리스크
    • 상대적으로 높은 거래비용
    • 여타 시장과의 연계 제약

정답 60 ② 61 ④ 62 ②

63 화학산업에서 우선적으로 추진해야 할 온실가스 감축 수단은 에너지 효율을 높이고 화석연료 사용을 최소화하는 것이다. 다음 중 에너지 효율 개선을 위해 적용할 수 있는 "공정개선"과 가장 거리가 먼 것은?

① 에너지 효율 제고를 위해 제조법의 전환 및 공정 개발
② 설비 및 기기효율의 개선
③ 폐에너지의 회수
④ 배출량 원단위 지수 개선

풀이 화학산업에서 에너지 효율 개선을 위해 적용 가능한 공정개선
  ㉠ 설비 및 기기효율 개선
  ㉡ 에너지 효율 제고를 위해 제조법의 전환 및 공정 개발
  ㉢ 배출 에너지의 회수
  ㉣ 에너지 원단위 지수 개선

64 CDM 사업 등록절차별 단계 수행 및 수행내용과 설명의 연결로 옳지 않은 것은?

① 타당성 확인(Validation) - 사업에 적합한 DOE 선정, DOE에 타당성 확인 시 필요한 자료 제공, DOE 현장심사 준비
② CDM 사업등록 - 자료 송부, CDM 사업화 방안 도출, DOE를 통한 UNFCCC에 발급 요청
③ 운전 및 모니터링, 모니터링 보고서 작성 - 사업 운전 데이터 수집, 실제 배출감축량의 산정, 배출감축량 확보에 대한 보고서 작성
④ 검증(Verification) - 사업에 적합한 DOE 선정, DOE 검증 시 필요한 자료 제공, DOE 지적사항에 대한 해결방안 도출

풀이 ②항의 내용인 CDM 사업등록절차 중 CERs 발급에 관한 내용이다.

65 산업 및 주거용으로 이용되는 높은 등급의 석탄으로서 일반적으로 10% 이하의 휘발물과 높은 탄소 함유량(약 90%의 고정된 탄소)을 가지는 연료는?

① 갈탄   ② 무연탄
③ 점결탄   ④ 역청탄

풀이 무연탄은 유연탄이나 갈탄에 비하여 고정탄소가 많고 휘발분이 적은 고급탄이며, 높은 점화온도와 높은 회분의 용해온도를 갖는다.

66 온실가스 배출량 등의 산정 결과와 관련하여 정량된 양을 합리적으로 추정한 값의 분산특성을 나타내는 정도를 의미하는 것은?

① 정확도   ② 정밀도
③ 분산특성 ④ 불확도

풀이 불확도
특정값들의 범위와 상대적 분포 가능성을 기술할 수 있는, 진실한 값에 대한 상대적인 측정오차를 의미하며 측정량을 합리적으로 추정한 분산특성을 나타내는 파라미터이다. 즉, '양'의 결정에 따른 결과와 관련된 파라미터를 의미한다.

67 온실가스 배출권거래제의 조기감축실적 인정기준으로 옳지 않은 것은?

① 조기감축실적은 국내 · 외에서 실시한 행동에 의한 감축분에 대하여 그 실적을 인정한다.
② 조기감축실적은 관리업체의 조직경계 안에서 발생한 것에 한하여 그 실적을 인정한다.
③ 조기감축실적은 관리업체 사업장 단위에서의 감축분 또는 사업단위에서의 감축분에 대하여 인정할 수 있다.
④ 조기감축실적으로 인정되기 위해서는 조기행동으로 인한 감축이 실제적이고 지속적이어야 하며, 정량화되어야 하고 검증 가능하여야 한다.

풀이 조기감축 실적은 국내에서 실시한 행동에 의한 감축분에 대하여 그 실적을 인정한다.

정답 63 ④ 64 ② 65 ② 66 ④ 67 ①

68 CCS 기술 중 CO_2 저장 기술의 구분에 해당되지 않는 것은?

① 지중 저장 ② 해양 저장
③ 지상 저장 ④ 회수 저장

풀이 CO_2 저장기술
㉠ 해양 저장
  • 심해 저장
  • 용해 · 희석 저장
㉡ 지중 저장
  • 대수층 저장
  • 유전 · 가스전 저장
  • 비채굴성 탄광 저장
  • 혈암(Shale) 저장
㉢ 지표 저장

69 투자분석은 CDM 사업 관련 수입을 제외하고 제안된 CDM 사업이 경제적 또는 재정적으로 이익이 없음을 증명하는 단계이다. 다음 중 사업의 경제적 추가성을 입증하는 분석방법으로 적절하지 않은 것은?

① 단순비용 분석 ② 투자비교 분석
③ 벤치마크 분석 ④ 원가 분석

풀이 경제적 추가성을 고려하는 요인
㉠ 단순비용 분석(Simple Cost Analysis)
㉡ 투자비교 분석(Investment Comparison Analysis)
㉢ 벤치마크 분석(Benchmark Analysis)

70 각국이 자국에 합당하다고 판단하는 감축행동을 비구속적으로 등록하고 이를 이행하면 크레딧을 부여하는 것으로서, 각 국가의 역량 차이를 인정하는 새로운 유형의 감축 메커니즘은?

① NAMA ② GGGI
③ IPCC G/L ④ NGMS

풀이 NAMA
㉠ 각국이 자국에 합당하다고 판단하는 감축행동을 비구속적으로 등록하고 이를 이행하면 크레딧을 부여하는 것

㉡ 각 국가의 역량 차이를 인정하는 새로운 유형의 감축 메커니즘
㉢ 개도국은 2020년 BAU 배출량 대비 감축을 달성하기 위해 감축행동(NAMA)을 취함
㉣ NAMA는 기후변화협약 트랙의 참고문헌에 수록

71 탄소자원화(CCU)에 대한 개념으로 관계가 가장 적은 것은?

① CO_2만을 선택적으로 분리 포집하는 기술을 의미한다.
② 화학제품의 원료로 전환하는 기술을 의미한다.
③ 광물의 탄산화로 전환하는 기술을 의미한다.
④ 바이오연료 등으로 전환하는 기술을 의미한다.

풀이 ①항의 내용은 화석연료 배기가스 중에서 CO_2만을 선택적으로 분리 포집하는 기술, 즉 Capture를 의미한다.

72 CDM 사업은 조림 및 재조림 등을 통해 온실가스를 흡수하는 사업도 포함하고 있다. 흡수원의 범위와 관계가 먼 것은?

① 조림 규모는 나무의 종류에 따라 차이가 있으나, 통상 300~1,000ha 정도
② 재조림 사업은 1990년 이전에 산림이 아닌 토지를 산림으로 전환하는 사업
③ 조림 CDM 사업은 50년간 산림이거나 산림이 아닌 토지를 산림으로 전환하는 사업
④ 소규모 조림, 재조림 CDM 사업은 CDM 사업유치국에서 연간 8,000ton 이하를 순흡수하는 사업에 적용

풀이 신규조림이란 50년간 산림이 아닌 토지를 산림으로 전환하는 사업을 말한다.

정답 68 ④ 69 ④ 70 ① 71 ① 72 ③

73 연소공정의 아산화질소(N_2O) 처리기술에 대한 설명으로 옳지 않은 것은?

① 유동층연소에서 발생하는 아산화질소를 저감시키기 위해서는 유동층의 온도를 높여서 아산화질소의 열분해를 유도하는 방법이 있다.
② 생선된 아산화질소의 분해기술은 고온처리와 저온처리로 나눌 수 있는데, 고온처리에는 기상열분해와 매체입자에 의한 접촉분해방법이 있고, 저온처리는 SCR 혹은 SNCR 등 촉매분해방법이 있다.
③ 유동층연소에서 배출되는 아산화질소를 촉매분해, N_2O-SCR 등의 방법으로 처리할 수 있다.
④ 폐기물 소각공정에서 석회석을 사용한 아산화질소 처리기술이 가장 보편적으로 적용되고 있다.

풀이 폐기물 처리공정에서 SCR, SNCR이 아산화질소 처리기술로 일반적으로 적용된다.

74 이산화탄소 저장기술에 대한 설명 중 틀린 것은?

① 포집된 이산화탄소를 영구 또는 반영구적으로 격리하는 것으로 지중저장, 해양저장, 지표저장 등으로 구분할 수 있다.
② 석유 및 천연가스 회수와 석탄층 메탄가스 회수를 증진시키는 부가가치 효과가 있다.
③ 이산화탄소를 해양에 저장하는 기술은 해양에 방출하는 방법으로 해저 3,000m 이하에 분사함으로써 이산화탄소 하이드레이트 형태로 저장시키는 방법이다.
④ 지표저장법은 플루오르나 수소와 같은 이산화탄소 첨가 가능 광물에 반응시켜 화학적으로 자정하는 방법이다.

풀이 이산화탄소 저장기술은 포집된 이산화탄소를 영구 또는 반영구적으로 격리하는 것을 의미하며, 지표저장은 마그네슘이나 칼륨과 같은 이산화탄소 첨가 가능 광물에 반응시켜 화학적으로 저장하는 방법을 말한다.

75 온실가스 감축효과가 유발되는 원리에 따라 분류할 수 있는 프로젝트 유형을 잘못 설명하고 있는 것은?

① 재생에너지 대신 값이 저렴하고 구하기 쉬운 화석연료로 대체 사용
② 고탄소 연료 대신 저탄소 연료로의 대체 및 원료의 전환
③ 에너지 효율을 향상시키는 활동
④ 온실가스 파괴 및 배출 회피활동

풀이 화석연료 대신 재생에너지로 대체 사용하면 실가스 감축 유발효과가 있다.

76 광흡수층에 따라 태양전지를 분류할 때 비실리콘계 태양전지가 아닌 것은?

① 다결정 실리콘 태양전지
② 유기 태양전지
③ 염료감은 태양전지
④ 페로브스카이트 태양전지

풀이 다결정 실리콘 태양전지는 실리콘계이며 현재 실용화되어 전원용으로 사용되고 있으며, 전체 태양전지 시장의 90% 이상을 차지하고 있는 전지는 결정질 실리콘 태양전지이다.

77 합성불확도 산정방법인 몬테카를로 시뮬레이션(Tier 2)을 사용하기에 적절한 경우로 가장 거리가 먼 것은?

① 불확도가 작을 경우
② 알고리즘이 복잡한 경우
③ 인벤토리가 작성된 연도별로 불확도가 다를 경우
④ 분포가 정규분포를 따르지 않을 경우

풀이 불확도가 큰 경우 합성불확도를 적용하여 계산한다.

정답 73 ④ 74 ④ 75 ① 76 ① 77 ①

78 CDM 사업에서 절차와 수행주체가 바르게 연결된 것은?

① CDM 사업 발굴 – 국가승인기구
② 타당성 확인 – 사업자
③ 검증 및 인증 – CDM 운영기구
④ CER 배분 – CDM 집행위원회

풀이) ① CDM 사업 발굴 – 사업자
② 타당성 확인 – CDM 운영기구(DOE)
④ CER 배분 – 사업자

79 A관리업체는 다음과 같은 기준연도 배출량을 가진 C시설에 대한 시설규모를 최초 결정하고자 한다. 이때 적용되는 배출량은?(단, 단위는 tCO_2-eq/년)

연도	2014	2015	2016
연간 배출량	48,000	49,000	51,000

① 51,000
② 49,333
③ 49,000
④ 48,000

풀이) 시설규모 최초 결정은 기준연도 기간 중 해당 시설의 최근연도 온실가스 배출량에 따라 결정된다.

80 배출권거래제의 사용형태에 대한 다음 설명에 해당하는 것은?

> 특정 공장이 기존 오염원의 생산설비를 개조하거나 확장할 때, 그 공장이 속한 전체 오염원으로부터의 오염물질 배출량이 순증하지 않음을 입증하는 경우, 설비 변경이나 수정 등에 대한 복잡한 인·허가 의무, 신규 오염원의 점검의무를 면제해 주는 제도, 또한 오염물질의 증가분을 산출함에 있어서 동일 공장 내의 타 오염원에서 취득한 배출권이 사용될 수 있도록 허용해 주는 제도

① Carbon Neutral
② Netting
③ Borrowing
④ Banking

풀이) 상계제도(Netting)
한 오염원의 개조 및 확장에 대한 신규배출원 심사의 적용 여부를 결정하기 위해 오염물질 배출량 증가분을 산출함에 있어 동일 공장 내의 타 오염원에서 취득한 배출권을 사용할 수 있도록 하는 제도를 말한다.

5과목 온실가스 관련 법규

81 관리업체가 온실가스 배출량 및 에너지 사용량 명세서를 거짓으로 작성하여 보고한 경우 과태료 금액은?

① 300만 원
② 500만 원
③ 700만 원
④ 1,000만 원

풀이) 1천만 원 이하 과태료 대상(탄소중립기본법)
㉠ 온실가스 배출량 산정을 위한 자료를 제출하지 아니하거나 거짓으로 제출한 자
㉡ 명세서를 제출(수정·보완하여 제출하는 경우를 포함)하지 아니하거나 거짓으로 제출한 자
㉢ 개선명령을 이행하지 아니한 자

82 온실가스 배출량 보고에 관한 설명으로 ( )에 알맞은 것은?

> 관리업체는 사업장별로 매년 온실가스 배출량 및 에너지 소비량에 대하여 측정·보고·검증 가능한 방식으로 ( )를 작성하여 정부에 보고하여야 한다.

① 실적서
② 명세서
③ 운영보고서
④ 시행보고서

풀이) 명세서 제출(온실가스 목표관리 운영 등에 관한 지침)
㉠ 관리업체는 검증기관의 검증을 거친 명세서를 매년 3월 31일까지 전자적 방식으로 부문별 관장기관에 제출하여야 한다.
㉡ 관리업체는 다음 각 호에 해당하는 경우 과거에 제출한 명세서를 수정하여 검증기관의 검증을 거쳐 해당 연도 명세서와 함께 부문별 관장기관에게 전자적 방식으로 제출하여야 한다.
• 관리업체의 권리와 의무가 승계된 경우
• 조직경계 내·외부로 온실가스 배출원 또는 흡

정답 78 ③ 79 ① 80 ② 81 ④ 82 ②

수원의 변경이 발생한 경우
• 배출량 등의 산정방법론이 변경되어 온실가스 배출량 등에 상당한 변경이 유발된 경우
• 사업장 고유 배출계수를 검토·확인을 받거나, 그 값이 변경된 경우

풀이 조기감축실적 인정사업의 유형
① 산업통상자원부 : 온실가스 감축실적 등록사업
② 산업통상자원부 : 에너지 목표관리 시범사업
③ 국토교통부 : 에너지 목표관리 시범사업
④ 환경부 : 온실가스 배출권거래제 시범사업

83 주무관청이 검증기관의 지정을 취소하거나 1년 이내의 기간을 정하여 업무의 정지 또는 시정을 명할 수 있다. 다음 중 지정을 취소하는 사유에 해당하지 않는 것은?

① 거짓이나 부정한 방법으로 지정을 받은 경우
② 검증기관이 폐업·해산 등의 사유로 사실상 영업을 종료한 경우
③ 정당한 사유 없이 전문분야 추가과정 교육을 이수하지 않은 경우
④ 고의 또는 중대한 과실로 검증업무를 부실하게 수행한 경우

풀이 검증기관의 지정취소, 업무의 정지 또는 시정
주무관청은 검증기관이 다음 각 호의 어느 하나에 해당하는 경우 그 지정을 취소하거나 1년 이내의 기간을 정하여 업무의 정지 또는 시정을 명할 수 있다. 다만, ㉠항부터 ㉢항까지 중 어느 하나에 해당하는 경우에는 그 지정을 취소하여야 한다.
㉠ 거짓이나 부정한 방법으로 지정을 받은 경우
㉡ 검증기관이 폐업·해산 등의 사유로 사실상 영업을 종료한 경우
㉢ 고의 또는 중대한 과실로 검증업무를 부실하게 수행한 경우
㉣ 이 법 또는 다른 법률을 위반한 경우
㉤ 지정기준을 갖추지 못하게 된 경우

84 온실가스 배출권거래제 조기감축실적 인정지침상 조기감축실적 인정사업의 유형이 아닌 것은?

① 온실가스 배출량산정 시범사업
② 온실가스 감축실적 등록사업
③ 에너지 목표관리 시범사업
④ 온실가스 배출권거래제 시범사업

85 배출권거래법 시행령상 조기감축실적 기여계수의 표현으로 맞는 것은?

① $\dfrac{\text{전체 할당대상업체의 조기감축실적 인정량의 합}}{\text{해당 할당대상업체의 조기감축실적 인정량}}$

② $\dfrac{\text{전체 할당대상업체의 조기감축실적 인정량}}{\text{전체 할당대상업체의 조기감축실적 인정량의 합}}$

③ $\dfrac{\text{전체 할당대상업체의 배출권 인정량의 합}}{\text{해당 할당대상업체의 배출권 추가할당량}}$

④ $\dfrac{\text{해당 할당대상업체의 배출권 추가할당량}}{\text{전체 할당대상업체의 배출권 인정량의 합}}$

86 배출량 산정계획 작성방법에 포함되어야 할 사항으로 가장 거리가 먼 것은?

① 벤치마크 계수 개발계획
② 조직경제 결정
③ 배출시설별 모니터링 대상 및 측정지점 결정
④ 배출활동 및 배출시설 파악

풀이 배출량 산정계획 작성방법 포함사항
㉠ 업체 일반정보(법인명, 대표자, 계획기간, 담당자 정보 등)
㉡ 사업장의 일반정보 및 조직경계(사업장명, 사업장 대표자, 업종, BM 적용시설 포함 여부, 사업장 사진, 시설배치도, 공정도, 온실가스 및 에너지 흐름도 등)
㉢ 배출시설별 모니터링 방법(배출시설 정보, 산정등급 분류기준, 예상 신·증설 시설의 온실가스 배출 정보 및 활동자료 측정지점 등)
㉣ 활동자료의 모니터링(측정) 방법(배출시설 및 배출활동별 측정기기 정보, 측정기기 개선 및 설치계획 등)
㉤ 배출시설별 배출활동의 산정등급 적용계획(배출시설별 산정방법론의 산정등급, 배출활동별 매개

정답 83 ③ 84 ① 85 ② 86 ①

변수 산정등급, 최소 산정등급 미충족 사유 등)
ⓑ 에너지 외부 유입 및 구매 계획
ⓢ 사업장 고유 배출계수(Tier 3) 등 개발계획(개발 예정인 계수의 종류, 시험·분석 관련 정보, 계수 산정식, 예상불확도 등)
ⓞ 사업장별 품질관리(QC)/품질보증(QA) 활동계획(배출량 산정·보고 등의 품질관리 문서 및 담당자 정보)
ⓩ 기타 배출량 산정계획의 작성과 관련된 특이사항

87 배출량 산정결과의 품질을 평가 및 유지하기 위한 일상적인 기술적 활동의 시스템을 무엇이라 하는가?

① 품질관리(QC) ② 품질보증(QA)
③ 품질감리 ④ 내부감사(Audit)

풀이 ㉠ 품질관리(QC) : 배출량 산정결과의 품질을 평가 및 유지하기 위한 일상적인 기술적 활동의 시스템이다.
㉡ 품질보증(QA) : 배출량 산정(명세서 작성 등) 과정에 직접적으로 관여하지 않은 사람에 의해 수행되는 검토 절차의 계획된 시스템이다.

88 온실가스 배출권거래제의 배출량 보고 및 인증에 관한 지침상 배출량 산정계획 작성원칙이 아닌 것은?

① 준수성 및 완전성
② 일관성 및 투명성
③ 일치성 및 관련성
④ 품질관리 및 품질보증

풀이 배출량 산정계획 작성원칙
㉠ 준수성 ㉡ 완전성
㉢ 일관성 ㉣ 투명성
㉤ 정확성 ㉥ 일치성 및 관련성
㉦ 지속적 개선

89 공공부문 온실가스 목표관리 운영 등에 관한 지침상 공공부문에 해당하지 않는 것은?

① 「공공기관의 운영에 관한 법률」에 따른 공공기관
② 「지방공기업법」에 따른 지방공사 및 지방공단
③ 「국립대학병원 설치법」, 「국립대학치과병원 설치법」, 「서울대학교병원 설치법」 및 「서울대학교치과병원 설치법」에 따른 병원
④ 「고등교육법」에 따른 국립대학, 공립대학 및 사립대학

풀이 "공공부문"이란 중앙행정기관, 지방자치단체 등과 다음의 공공기관을 말한다.
㉠ 「공공기관의 운영에 관한 법률」에 따른 공공기관
㉡ 「지방공기업법」에 따른 지방공사 및 지방공단
㉢ 「국립대학병원 설치법」, 「국립대학치과병원 설치법」, 「서울대학교병원 설치법」 및 「서울대학교치과병원 설치법」에 따른 병원
㉣ 「고등교육법」에 따른 국립대학 및 공립대학

90 배출권의 차입한도는 해당 계획기간의 1차 이행연도인 경우 해당 할당대상업체가 환경부장관에게 제출해야 하는 배출권의 얼마로 하는가?

① 100분의 10 ② 100분의 15
③ 100분의 20 ④ 100분의 25

풀이 배출권 차입한도(온실가스 배출권의 할당 및 거래에 관한 법률 시행령)
㉠ 해당 계획기간의 1차 이행연도 : 해당 할당대상업체가 환경부장관에게 제출해야 하는 배출권 수량×100분의 15
㉡ 해당 계획기간의 2차 이행연도부터 마지막 이행연도 직전 이행연도까지 : 해당 할당대상업체가 환경부장관에게 제출해야 하는 배출권 수량×[해당 계획기간 내 직전 이행연도에 제출해야 하는 배출권 수량 중 차입할 수 있는 배출권 한도의 비율−(해당 계획기간 내 직전 이행연도에 제출해야 하는 배출권 수량 중 차입한 배출권 수량의 비율×100분의 50)]

정답 87 ① 88 ④ 89 ④ 90 ②

91 탄소중립기본법상 중장기 국가 온실가스 감축목표로 맞는 것은?

① 2030년까지 2015년의 국가 온실가스 배출량 대비 35% 이상의 범위
② 2030년까지 2018년의 국가 온실가스 배출량 대비 35% 이상의 범위
③ 2050년까지 2015년의 국가 온실가스 배출량 대비 35% 이상의 범위
④ 2050년까지 2018년의 국가 온실가스 배출량 대비 35% 이상의 범위

92 배출권을 거래하는 자가 주무관청에 거래 신고서를 전자적 방식으로 제출할 때 포함되지 않는 사항은?

① 거래한 배출권의 종류, 수량 및 가격
② 양도인과 양수인 간의 배출권 거래 합의에 관한 공증 서류
③ 양수인의 배출권 거래계정을 등록한 자인지 여부
④ 거래 일시, 거래자 정보 등 거래 내용의 확인을 위해 필요한 사항으로서 환경부장관이 정하여 고시하는 사항

풀이) 배출권을 거래한 자는 다음 각 호의 내용이 포함된 배출권 거래 신고서를 전자적 방식으로 환경부장관에게 제출해야 한다.
㉠ 거래한 배출권의 종류, 수량 및 가격
㉡ 양도인과 양수인 간의 배출권 거래 합의에 관한 공증 서류(상속이나 법인의 합병 등 거래에 의하지 않고 배출권을 이전하는 경우는 제외한다)
㉢ 그 밖에 거래 일시, 거래자 정보 등 거래 내용의 확인을 위해 필요한 사항으로서 환경부장관이 정하여 고시하는 사항

93 다음은 온실가스 배출권의 할당 및 거래에 관한 법률 시행령상 상쇄에 관한 설명이다. ( ) 안에 알맞은 내용은?

> 상쇄배출권의 제출한도는 해당 할당대상업체가 환경부장관에게 제출해야 하는 배출권의 (   ) 이내의 범위에서 할당계획으로 정한다.

① 100분의 1   ② 100분의 5
③ 100분의 10   ④ 100분의 20

풀이) 상쇄
㉠ 배출권의 전환 기준은 외부사업 온실가스 감축량 1 이산화탄소상당량톤을 1 배출권으로 전환하는 것으로 한다.
㉡ 환경부장관은 「기후변화에 관한 국제연합 기본협약에 대한 교토의정서」에 따른 청정개발체제사업(할당대상업체의 사업장 안에서 시행된 사업을 포함한다)을 통하여 확보한 온실가스 감축량을 인증하는 경우 중복판매 등으로 인한 부당이득을 방지하기 위하여 필요한 조치를 해야 한다.
㉢ 상쇄배출권의 제출한도는 해당 할당대상업체가 환경부장관에게 제출해야 하는 배출권의 100분의 10 이내의 범위에서 할당계획으로 정한다.
㉣ 상쇄배출권 중 다음 이행연도로 이월되지 않거나 환경부장관에게 제출되지 않은 상쇄배출권은 각 이행연도 종료일부터 6개월이 지나면 그 효력을 잃는다.

94 온실가스 배출활동별 산정방법론 중 잘못된 것은?

	CO_2	CH_4	N_2O
①	Tier 1,2,3,4	–	Tier 1,2,3
②	Tier 1,4	Tier 1	–
③	Tier 1,2,3,4	Tier 1	–
④	Tier 1,2,3,4	Tier 1,2	–

① 아디프산 생산 산정방법론
② 칼슘카바이드 생산 산정방법론
③ 석유화학제품 생산 산정방법론
④ 합금철 생산 산정방법론

정답) 91 ② 92 ③ 93 ③ 94 ①

[풀이] ㉠ 아디프산 생산 보고대상 온실가스 : N_2O
㉡ 산정방법론 : Tier 1, 2, 3

95 배출권거래제에서 외부사업 온실가스 감축량 인증을 위하여 외부사업에 대한 타당성 평가항목으로 잘못된 것은?

① 인위적으로 온실가스를 줄이기 위하여 일반적인 경영 여건에서 할 수 있는 노력이 있었는지 여부
② 온실가스 감축사업을 통한 온실가스 감축 효과가 장기적으로 지속 가능한지 여부
③ 온실가스 감축사업이 고시에서 정하는 기준과 방법을 준수하는지 여부
④ 온실가스 감축사업을 통하여 계량화가 가능할 정도로 온실가스 감축이 이루어질 수 있는지 여부

[풀이] 외부사업에 대한 타당성 평가항목(배출권거래법)
㉠ 인위적으로 온실가스를 줄이기 위하여 일반적인 경영 여건에서 할 수 있는 활동 이상의 추가적인 노력이 있었는지 여부
㉡ 온실가스 감축사업을 통한 온실가스 감축 효과가 장기적으로 지속 가능한지 여부
㉢ 온실가스 감축사업을 통하여 계량화가 가능할 정도로 온실가스 감축이 이루어질 수 있는지 여부
㉣ 온실가스 감축사업이 고시에서 정하는 기준과 방법을 준수하는지 여부

96 우리나라 배출권거래법에서 정한 수수료 납부 대상에 해당하는 것은?

① 명세서 제출
② 배출권의 인증
③ 배출권 거래계정 등록 신청
④ 이의신청

[풀이] 수수료를 내야 하는 경우(배출권거래법)
㉠ 증명서의 발급을 신청하는 자
㉡ 배출권 거래계정의 등록을 신청하는 자(할당대상업체는 제외한다)

97 기후위기 대응을 위한 탄소중립·녹색성장 기본법령상 저탄소 녹색성장 추진의 기본원칙에 해당하지 않는 것은?

① 정부는 시장기능을 최대한 활성화하여 정부가 주도하는 저탄소 녹색성장을 추진한다.
② 정부는 녹색기술과 녹색산업을 경제성장의 핵심 동력으로 삼고 새로운 일자리를 창출·확대할 수 있는 새로운 경제체제를 구축한다.
③ 정부는 사회·경제 활동에서 에너지와 자원 이용의 효율성을 높이고 자원순환을 촉진한다.
④ 정부는 국가의 자원을 효율적으로 사용하기 위하여 성장잠재력과 경쟁력이 높은 녹색기술 및 녹색산업분야에 대한 중점 투자 및 지원을 강화한다.

[풀이] 탄소중립사회로의 이행과 녹색성장을 위한 기본원칙
㉠ 미래세대의 생존을 보장하기 위하여 현재 세대가 져야 할 책임이라는 세대 간 형평성의 원칙과 지속가능발전의 원칙에 입각한다.
㉡ 범지구적인 기후위기의 심각성과 그에 대응하는 국제적 경제환경의 변화에 대한 합리적 인식을 토대로 종합적인 위기 대응 전략으로서 탄소중립 사회로의 이행과 녹색성장을 추진한다.
㉢ 기후변화에 대한 과학적 예측과 분석에 기반하고, 기후위기에 영향을 미치거나 기후위기로부터 영향을 받는 모든 영역과 분야를 포괄적으로 고려하여 온실가스 감축과 기후위기 적응에 관한 정책을 수립한다.
㉣ 기후위기로 인한 책임과 이익이 사회 전체에 균형 있게 분배되도록 하는 기후정의를 추구함으로써 기후위기와 사회적 불평등을 동시에 극복하고, 탄소중립 사회로의 이행 과정에서 피해를 입을 수 있는 취약한 계층·부문·지역을 보호하는 등 정의로운 전환을 실현한다.
㉤ 환경오염이나 온실가스 배출로 인한 경제적 비용이 재화 또는 서비스의 시장가격에 합리적으로 반영되도록 조세체계와 금융체계 등을 개편하여 오염자 부담의 원칙이 구현되도록 노력한다.
㉥ 탄소중립 사회로의 이행을 통하여 기후위기를 극복함과 동시에, 성장 잠재력과 경쟁력이 높은 녹

색기술과 녹색산업에 대한 투자 및 지원을 강화함으로써 국가 성장동력을 확충하고 국제 경쟁력을 강화하며, 일자리를 창출하는 기회로 활용하도록 한다.
ⓐ 탄소중립 사회로의 이행과 녹색성장의 추진 과정에서 모든 국민의 민주적 참여를 보장한다.
ⓑ 기후위기가 인류 공통의 문제라는 인식 아래 지구 평균기온 상승을 산업화 이전 대비 최대 1.5℃로 제한하기 위한 국제사회의 노력에 적극 동참하고, 개발도상국의 환경과 사회정의를 저해하지 아니하며, 기후위기 대응을 지원하기 위한 협력을 강화한다.

98 온실가스 배출권의 할당 및 거래에 관한 법률상 배출권 할당위원회에서 심의·조정하는 사항과 가장 거리가 먼 것은?

① 할당계획에 관한 사항
② 시장 안정화 조치에 관한 사항
③ 배출량의 인증 및 상쇄와 관련된 정책의 조정 및 지원에 관한 사항
④ 독립적인 국내 탄소시장 체제 확립에 관한 사항

풀이 배출권 할당위원회의 심의·조정 사항
ⓐ 할당계획에 관한 사항
ⓑ 시장 안정화 조치에 관한 사항
ⓒ 배출량의 인증 및 상쇄와 관련된 정책의 조정 및 지원에 관한 사항
ⓓ 국제 탄소시장과의 연계 및 국제협력에 관한 사항
ⓔ 그 밖에 배출권거래제와 관련하여 위원장이 할당위원회의 심의·조정을 거칠 필요가 있다고 인정하는 사항

99 탄소중립기본법 시행령상 교통부문 감축목표 사항이 아닌 것은?

① 3년 단위의 교통부문 감축목표와 그 이행계획
② 연차별 교통부문 감축목표와 그 이행계획
③ 교통수단별 온실가스 배출현황 및 에너지 소비율
④ 연료별 온실가스 배출현황 및 에너지 소비율

풀이 교통부문 감축목표 사항
ⓐ 교통수단별·연료별 온실가스 배출현황 및 에너지 소비율
ⓑ 5년 단위의 교통부문 감축목표와 그 이행계획
ⓒ 연차별 교통부문 감축목표와 그 이행계획

100 할당대상업체는 이행연도 종료일로부터 얼마 이내에 인증받은 온실가스 배출량에 상응하는 배출권을 주무관청에 제출해야 하는가?

① 1개월
② 3개월
③ 5개월
④ 6개월

풀이 할당대상업체는 이행연도 종료일로부터 6개월 이내에 대통령령으로 정하는 바에 따라 인증받은 온실가스 배출량에 상응하는 배출권을 주무관청에 제출하여야 한다.

정답 98 ④ 99 ① 100 ④

2022년 2회 기사

1과목 기후변화개론

01 교토의정서에서 기후변화의 주범으로 지정한 6대 온실가스에 해당하지 않는 것은?

① 수소불화탄소 ② 염화불화수소
③ 육불화황   ④ 과불화탄소

풀이 6대 주요 온실가스(교토의정서)
  ㉠ 이산화탄소(CO_2)
  ㉡ 메탄(CH_4)
  ㉢ 아산화질소(N_2O)
  ㉣ 과불화탄소(PFC_S)
  ㉤ 수소불화탄소(HFC_S)
  ㉥ 육불화황(SF_6)

02 환경 분야의 국제협력을 촉진하기 위해 UN 내에 설치된 국제협력 추진기구로 환경에 관한 종합적인 고찰, 감시 및 평가를 수행하는 곳은?

① IAEA
② UNIDO
③ UNDP
④ UNEP

풀이 유엔환경계획(UNEP : United Nations Environment Programme)
유엔인간환경회의(UNCHE)의 성과를 이어받아 1972년 말 유엔총회에서 설치가 결정되어 1973년 1월 1일 발족된 기구로, 유엔 내외의 환경문제에 관한 활동의 조정과 촉진을 임무로 한다.

03 탄소성적표지 제도에 관한 내용으로 옳지 않은 것은?

① 온실가스 배출량을 제품에 표기하여 소비자에게 제공함으로써 시장주도 저탄소 소비문화 확산에 기여한다.
② 법적 강제 인증제도가 아니라 기업의 자발적 참여에 의한 인증제도이다.
③ 탄소배출량 인증, 저탄소제품 인증, 탄소중립제품 인증의 3단계로 구성된다.
④ 탄소배출인증제품은 기후변화에 대응한 제품임을 기업에서 인증한 것이다.

풀이 탄소배출인증제품은 기후변화에 대응한 제품임을 환경부에서 인증한 것이다.

04 기후변화 시나리오 공통사회 경제경로(SSP ; Shared Socioeconomic Pathways)에 관한 내용으로 옳지 않은 것은?

① SSP1-2.6 : 친환경 기술의 빠른 발달로 화석연료 사용이 최소화되고 지속가능한 경제성장을 이룰 것으로 가정하는 경우
② SSP2-4.5 : 기후변화 완화 및 사회경제의 발전 정도를 중간 단계로 가정하는 경우
③ SSP3-7.0 : 기후변화 완화 정책에 적극적이며 기술개발이 빨라 기후변화에 빠른 대응이 가능한 사회구조를 가정하는 경우
④ SSP5-8.5 : 산업기술의 빠른 발전에 중심을 두어 화석연료 사용이 많고 도시 위주의 무분별한 개발이 확대될 것으로 가정하는 경우

풀이 기후변화 SSP 시나리오 종류 중 SSP3-7.0은 기후변화 완화 정책에 소극적이며 기술개발이 늦어 기후변화에 취약한 사회구조를 가정한 시나리오이다.

정답 01 ② 02 ④ 03 ④ 04 ③

05 온실가스 배출권거래제에 관한 내용으로 옳지 않은 것은?

① 주무관청은 배출권시장 조성자의 시장조성 활동을 위해 일정 수량의 배출권을 예비분으로 보유해야 한다.
② 계획기간 중 사업장이 신설되어 해당 이행연도에 온실가스를 배출한 경우 할당대상업체에 배출권을 추가 할당할 수 없다.
③ 배출권 할당방식에는 배출량 기준 할당방식(GF)과 배출효율 기준 할당방식(BM)이 있다.
④ 온실가스 감축 여력이 낮은 사업장은 직접적인 감축을 하지 않고 배출권을 살 수 있다.

풀이 배출권의 할당(배출권거래법)
주무관청은 계획기간마다 할당계획에 따라 할당대상업체에 해당 계획기간의 총배출권과 이행연도별 배출권을 할당한다. 다만, 신규진입자에 대하여는 해당 업체가 할당대상업체로 지정·고시된 다음 이행연도부터 남은 계획기간에 대하여 배출권을 할당한다.

06 유엔기후변화협약의 모든 당사국이 이행해야 하는 사항에 해당하지 않는 것은?

① 온실가스 배출량 및 흡수량에 대한 국가통계와 온실가스 저감정책 현황을 담은 국가보고서를 제출한다.
② 기후변화에 특히 취약한 개발도상국에 대한 재정과 기술을 지원한다.
③ 온실가스 배출량 감축을 위한 국가전략을 자체적으로 수립·시행한다.
④ 기후변화에 관련된 과학적, 기술적, 사회 경제적, 법률적 정보의 신속한 교환을 도모하고 이에 협력한다.

풀이 기후변화에 특히 취약한 개발도상국에 대한 재정과 기술을 지원하는 것은 기후변화협약에 가입한 선진국의 이행사항이다.

07 온실가스 목표관리 운영 등에 관한 지침상 온실가스 목표관리제에서 사용되는 용어 정의로 옳지 않은 것은?

① 검증 : 온실가스 배출량의 산정이 지침에서 정하는 절차와 기준 등에 적합하게 이루어졌는지를 검토·확인하는 체계적이고 문서화된 일련의 활동
② 공정배출 : 제품의 생산공정에서 원료의 물리·화학적 반응 등에 따라 발생하는 온실가스 배출
③ 기준연도 : 온실가스 배출량 등의 관련 정보를 비교하기 위해 지정한 과거의 특정기간에 해당하는 연도
④ 배출계수 : 연간 배출된 온실가스의 양을 이산화탄소 무게로 환산하여 나타낸 것

풀이 배출계수
당해 배출시설의 단위 연료사용량, 단위 제품생산량, 단위 원료사용량, 단위 폐기물소각량 또는 처리량 등 단위 활동자료당 발생하는 온실가스 배출량을 나타내는 계수를 말한다.

08 녹색기후기금(GCF)에 관한 내용으로 옳지 않은 것은?

① 우리나라 인천 송도에 본부가 있다.
② 멕시코 칸쿤에서 열린 제16차 당사국총회에서 녹색기후기금을 조성하기로 합의했다.
③ 선진국의 온실가스 감축기술 개발 지원을 주 목적으로 하는 금융기구이다.
④ 온실가스 감축 등 기후변화 대응에 재원을 집중적으로 투입하기 위해 설립되었다.

풀이 녹색기후기금(GCF)
2010년 칸쿤 당사국총회(COP 16)에서 개도국의 기후변화 대응 지원을 위해 설립된 기금이다.

정답 05 ② 06 ② 07 ④ 08 ③

09 기후변화를 과학적으로 입증하고 기후변화의 심각성을 전파한 공로로 IPCC가 노벨평화상을 수상한 것과 가장 관련 있는 평가보고서는?

① 제1차 평가보고서　② 제2차 평가보고서
③ 제3차 평가보고서　④ 제4차 평가보고서

풀이 IPCC 제4차 평가보고서(2007년)는 2007년 12월 미국 엘 고어 전 부통령과 IPCC가 공동으로 노벨평화상을 수상하는 데 기여하였다.

10 복사에 관한 용어 설명 중 (　) 안에 알맞은 것은?

> 지면에 도달하는 복사에너지의 일부분은 반사되고 나머지는 지면에 흡수된다. 이때, 입사하는 에너지에 대한 반사되는 에너지의 비를 (　)(이)라 한다.

① 코리올리　② 플랑크
③ 돕슨　④ 알베도

풀이 알베도(Albedo)
지구 표면의 반사율을 나타내는 지표, 즉 알베도는 입사에너지에 대하여 반사되는 에너지를 의미한다. 지구 표면의 알베도는 약 30%이다.

11 대류에 의한 해수의 순환이 북대서양에 있는 해수의 침강으로 시작될 때, 해수 침강의 원인은?

① 낮은 온도, 높은 염분
② 높은 온도, 낮은 염분
③ 낮은 온도, 낮은 염분
④ 높은 온도, 높은 염분

풀이 표층 해수의 온도가 낮아지거나 염분이 높아지면 해수의 밀도가 커져 아래로 침강하게 된다.

12 기후변화 관련 기구 중 "SBSTA"에 관한 내용으로 옳은 것은?

① CDM 관련 활동의 선도적 수행과 CERs 발급을 총괄한다.

② 기후변화 관련 최고의사결정기구이다.
③ 협약 관련 불발사항 관리 및 행정적, 재정적 관리를 수행한다.
④ 과학적·기술적 정보와 자문을 제공한다.

풀이 과학기술자문부속기구(SBSTA)
㉠ 기후변화협약이나 교토의정서와 관련된 과학적, 기술적 문제에 대하여 적기에 필요한 정보를 제공하는 역할
㉡ 국가보고서 및 배출통계방법론
㉢ 기술개발 및 기술이전에 관한 실무 수행
㉣ 당사국 총회(COP)와 CMP를 지원

13 다음 중 기후변화에 따른 해수면 상승의 가장 주된 요인은?

① 열팽창　② 가뭄
③ 그린란드 빙상　④ 녹조현상

풀이 해수면 상승원인
㉠ 지구온난화로 전 세계의 빙하와 빙상이 녹으면서 해수면 상승
㉡ 해수온도가 오르면서 해수가 팽창하여 해수면이 상승

14 유엔기후변화협약과 당사국총회에 관한 내용으로 옳지 않은 것은?

① 유엔기후변화협약에서 모든 당사국은 공동의 그러나 차별화된 책임 및 능력에 입각한 의무부담 원칙에 따라 차별화된 기후변화 대응노력을 기울일 것을 약속했다.
② COP 26에는 메탄과 같은 non-CO_2 GHCs 감축 등의 내용이 포함되었다.
③ COP 7에서 잔류성 유기오염물질(POPs) 생산과 사용의 금지·제한을 다룬 스톡홀름 협약을 채택했다.
④ COP 3에서 청정개발체제, 배출권거래제도, 공동이행제의 도입이 포함된 교토의정서를 채택했다.

정답　09 ④　10 ④　11 ①　12 ④　13 ①　14 ③

풀이 스톡홀름 협약
잔류성 유기오염물질의 위해로부터 건강과 환경을 보호하고자 생산·사용·배출을 관리하는 협약으로 2004년 5월 17일에 발효되었다.

15 다음 중 온실가스 총배출량이 가장 많은 업체는?

① 이산화탄소 100톤, 아산화질소 10톤을 배출하는 업체
② 메탄 50톤, 아산화질소 5톤을 배출하는 업체
③ 이산화탄소 50톤, 육불화황 0.1톤을 배출하는 업체
④ 아산화질소 5톤, 육불화황 0.1톤을 배출하는 업체

풀이 ① $100ton + (10ton \times 310) = 3,200tCO_2-eq$
② $(50ton \times 21) + (5ton \times 310) = 2,600tCO_2-eq$
③ $50ton + (0.1ton \times 23,900) = 2,440tCO_2-eq$
④ $(5ton \times 310) + (0.1ton \times 23,900)$
$= 3,940tCO_2-eq$

16 기후시스템에 관한 내용으로 옳지 않은 것은?

① 대기권, 수권, 지권, 빙권, 생물권의 각 요소가 상호작용하며 끊임없이 변화하기 때문에 기후시스템은 자연적으로 변할 수 있다.
② 대기권과 수권의 상호작용으로 발생하는 엘니뇨와 라니냐는 전 지구 기후에 영향을 미친다.
③ 기후시스템 구성요소 사이의 에너지는 적은 쪽에서 많은 쪽으로 이동하여 새로운 균형을 이루려는 경향이 있다.
④ 태양의 방출에너지나 이산화탄소 농도변화와 같은 기후시스템의 외부강제력 변화나 내부 변화에 의한 대류권계면에서의 연직방향 순복사조도 변화량을 복사강제력이라 한다.

풀이 기후시스템 구성요소 사이의 에너지는 많은 쪽에서 적은 쪽으로 이동하여 새로운 균형을 이루려는 경향이 있다.

17 다음 중 총배출량을 기준으로 할 때, 실질적으로 지구에 미치는 온실효과 기여도가 가장 높은 물질은?

① SF_6
② CH_4
③ CO_2
④ N_2O

풀이 온실가스의 온난화 기여도
$CO_2(55\%) > CH_4(15\%) > N_2O(6\%)$
HFC_s, PFC_s, SF_6의 기여도는 21% 정도이다.

18 기후변화의 영향과 취약성에 관한 내용으로 옳지 않은 것은?

① 기후변화의 영향이 크고 적응력이 낮을 경우 그 시스템은 취약성이 높다고 할 수 있다.
② 기후변화의 영향이 크고 적응력이 높을 경우 그 시스템은 개발의 기회를 가질 수 있다.
③ 기후변화의 영향과 적응력이 모두 낮을 경우 그 시스템은 잔여위험을 가질 수 있다.
④ 기후변화의 영향이 작고 적응력이 높을 경우 그 시스템은 지속가능한 발전을 하지 못한다.

풀이 기후변화의 영향이 작고 적응력이 높을 경우 사회시스템은 지속가능한 발전을 한다.

19 우리나라가 유엔기후변화협약(UNFCCC)에 가입한 연도와 교토의정서를 비준한 연도를 순서대로 나열한 것은?

① 2002년, 1998년
② 1993년, 2002년
③ 2010년, 2005년
④ 1997년, 2008년

풀이 ㉠ 우리나라의 UNFCCC 가입연도 : 1993년 12월에 47번째로 가입
㉡ 우리나라의 교토의정서 비준연도 : 2002년 12월에 비준

정답 15 ④ 16 ③ 17 ③ 18 ④ 19 ②

20 신기후체제에 대응하기 위해 우리나라가 2021년 유엔기후변화협약 사무국에 제출한 "2030 국가 온실가스 감축목표(NDC)"는?

① 2030년까지 BAU 대비 15% 감축
② 2018년 대비 2030년까지 40% 감축
③ 2030년까지 BAU 대비 37% 감축
④ 2018년 대비 2030년까지 20% 감축

풀이 2030 국가 온실가스 감축목표 상향
㉠ 2021년 10월 18일 탄소중립위원회 전체 회의
㉡ 2021년 10월 27일 국무회의 심의
㉢ 2018년 대비 2030년까지 40% 감축으로 최종확정하여 유엔기후변화협약 사무국에 NDC 제출

2과목 온실가스 배출의 이해

21 온실가스 배출권거래제의 배출량 보고 및 인증에 관한 지침상 고형폐기물 매립의 보고대상 배출시설에 해당하지 않는 것은?

① 차단형 매립시설
② 혐기성 매립시설
③ 관리형 매립시설
④ 비관리형 매립시설

풀이 고형폐기물 매립의 보고대상 배출시설
㉠ 차단형 매립시설
㉡ 관리형 매립시설
㉢ 비관리형 매립시설

22 온실가스 배출권거래제의 배출량 보고 및 인증에 관한 지침상 "기체, 액체 또는 고체상태의 원료화합물을 반응기 내에 공급하여 기판 표면에서의 화학반응을 유도함으로써 반도체 기판 위에 고체 반응생성물인 박막층을 형성하는 공정"으로 반도체 제조에 주로 사용되는 공정은?

① 식각공정
② 화학기상증착공정
③ 성형공정
④ 세정공정

풀이 화학기상증착공정
반도체, 디스플레이 공정에 주로 이용되는 화학기상증착법(CVD)은 기체, 액체 또는 고체상태의 원료화합물을 반응기 내에 공급하여 기판 표면에서의 화학반응을 유도함으로써 반도체 기판 위에 고체 반응생성물인 박막층을 형성하는 공정이다.

23 온실가스 배출권거래제의 배출량 보고 및 인증에 관한 지침상 암모니아 제조공정에 해당하지 않는 것은?

① 질소화 공정
② 나프타개질 공정
③ 나프타탈황 공정
④ 가스전환 공정

풀이 암모니아 제조공정은 일반적으로 나프타탈황, 나프타개질(1차 개질 및 2차 개질), 가스전환, 가스정제, 암모니아 합성 등 5단계와 단위공정을 통해 제조된다.

24 자동차의 온실가스 배출저감 기술에 관한 내용으로 옳지 않은 것은?

① 에어컨의 구조와 냉매를 변경하여 온실가스 배출을 줄일 수 있다.
② 배기관에 후처리장치를 부착하여 온실가스 배출을 줄일 수 있다.
③ 가솔린 자동차를 하이브리드 자동차로 변경하여 온실가스 배출을 줄일 수 있다.
④ 자동차의 중량을 증가시켜 온실가스 배출을 줄일 수 있다.

풀이 자동차의 중량을 감소시켜 온실가스 배출을 줄일 수 있다.

정답 20 ② 21 ② 22 ② 23 ① 24 ④

25 온실가스 배출권거래제의 배출량 보고 및 인증에 관한 지침상 유리생산 활동에 관한 내용으로 옳지 않은 것은?

① 유리생산공정의 보고대상 온실가스에는 CO_2, CH_4가 있다.
② 배출원 카테고리에는 유리생산뿐만 아니라 생산공정이 유사한 글래스울(Glass Wool) 생산으로 인한 배출도 포함된다.
③ 유리 제조에 유리 원료뿐만 아니라 컬릿(Cullet)을 일정량 사용하기도 한다.
④ 재활용 유리는 이미 반응을 마친 석회성분을 함유하고 있기 때문에 탄산염광물과 함께 용해로에서 용융되어도 이산화탄소를 발생시키지 않는다.

풀이 유리생산공정의 보고대상 온실가스는 CO_2이다.

26 유리생산을 위해 다음 연료를 용융·용해시설에 투입했을 때, 일반적으로 연료 성분으로 인한 CO_2 배출이 없는 것은?

① 석회석 ② 백운석
③ 소석회 ④ 소다회

풀이 유리생산 활동의 용해공정 중 CO_2 배출 원료(탄산염 사용량당 CO_2 기본배출계수 물질)
  ㉠ $CaCO_3$(석회석)
  ㉡ $MgCO_3$(마그네사이트)
  ㉢ $CaMg \cdot (CO_2)$(백운석)
  ㉣ $FeCO_3$(능철광)
  ㉤ $Ca(Fe, Mg, Mn)(CO_3)_2$(철백운석)
  ㉥ $MnCO_3$(망간광)
  ㉦ Na_2CO_3(소다회)

27 온실가스 배출권거래제의 배출량 보고 및 인증에 관한 지침상 석유정제공정의 보고대상 배출시설에 해당하지 않는 것은?

① 소성시설 ② 수소제조시설
③ 촉매재생시설 ④ 코크스 제조시설

풀이 석유정제공정 보고대상 배출시설
  ㉠ 수소제조시설
  ㉡ 촉매재생시설
  ㉢ 코크스 제조시설

28 온실가스 배출권거래제의 배출량 보고 및 인증에 관한 지침상 항공기 운항으로 인한 온실가스 배출량 산정에 관한 설명으로 옳은 것은?

① 항공기 운항으로 인한 온실가스 배출량은 항공기의 운전조건, 운항횟수에 따라 달라지지만 비행거리, 비행단계별 운항시간, 배출고도의 영향을 받지는 않는다.
② 제트연료를 사용하는 항공기는 Tier 1 산정방법론으로 온실가스 배출량을 산정해야 한다.
③ Tier 2 산정방법론으로 온실가스 배출량을 산정할 때 이착륙과정(LTO 모드)과 순항과정(Cruise 모드)을 구분해야 한다.
④ 새로운 데이터가 없을 경우 CH_4의 기본 배출계수는 10kg/TJ로 한다.

풀이 ① 항공기 운항으로 인한 온실가스 배출량은 항공기의 운항횟수, 운전조건, 엔진효율, 비행거리, 비행단계별 운항시간, 연료종류 및 배출고도 등에 따라 달라진다.
② 제트연료를 사용하는 항공기는 Tier 2 산정방법론으로 온실가스 배출량을 산정해야 한다.
④ 새로운 데이터가 없을 경우 CH_4의 기본 배출계수는 0.5kg/TJ로 한다.

29 다음 중 소다회의 생산제법에 해당하지 않는 것은?

① 르블랑(Leblanc)법
② 암모니아 소다법
③ 메록스(Merox)법
④ 염안 소다법

풀이 소다회 생산제법
  ㉠ 르블랑법   ㉡ 암모니아 소다법
  ㉢ 염안 소다법   ㉣ 천연소다회 정제법

정답 25 ① 26 ③ 27 ① 28 ③ 29 ③

30 온실가스 배출권거래제의 배출량 보고 및 인증에 관한 지침상 고형폐기물 매립의 보고대상 온실가스는?

① CO_2
② CH_4
③ N_2O
④ SF_6

풀이 고형폐기물 매립의 보고대상 온실가스
CH_4(산정방법론 : Tier 1)

31 온실가스 배출권거래제의 배출량 보고 및 인증에 관한 지침상 일반적인 배연탈황시설의 반응생성물에 해당하지 않는 것은?

① $CaSO_3$
② $CaSO_4 \cdot 2H_2O$
③ CaO
④ H_2SO_3

풀이 대표적인 배연탈황시설의 반응
$SO_2 + H_2O \rightarrow H_2SO_3$
$CaCO_3 + H_2SO_3 \rightarrow CaSO_3 + CO_2 + H_2O$
$CaSO_3 + 1/2O_2 + 2H_2O \rightarrow CaSO_4 \cdot 2H_2O$(석고)
$CaCO_3 + SO_2 + 1/2O_2 + 2H_2O$
$\rightarrow CaSO_4 \cdot 2H_2O$(석고) $+ CO_2$
$CaSO_3 + 1/2H_2O \rightarrow CaSO_3 \cdot 1/2H_2O$

32 온실가스 배출권거래제의 배출량 보고 및 인증에 관한 지침상 아연 생산공정의 보고대상 배출시설에 관한 내용으로 옳지 않은 것은?

① 전해로는 주로 비철금속 계통의 물질을 용융시키는 데 이용되며 대표적인 것으로 알루미늄 전해로가 있다.
② 배소로는 광석이 용해되지 않을 정도의 온도에서 광석과 산소, 수증기, 염소 등을 상호작용시켜 다음 제련조작에서 처리하기 쉬운 화합물로 변화시키는 데 사용되는 노를 말한다.
③ 전해로는 전해질 용액, 용융전해질 등의 이온전도체에 전류를 흘려 화학변화를 일으키는 노를 말한다.
④ TSL 공정은 잔재 또는 폐기물로부터 각종 유가금속을 회수하고 최종 잔여물을 친환경적인 청정슬래그로 만드는 공정으로 보고대상 배출시설에는 포함되지 않는다.

풀이 TSL 공정은 아연제련을 비롯한 각종 비철제련 시 필연적으로 발생하는 잔재 또는 타 산업에서 배출되는 폐기물로부터 각종 유가금속(아연, 연, 동, 은, 인듐 등)을 회수하고, 최종 잔여물을 친환경적인 청정슬래그로 만들어 산업용 골재로 사용하는 공정을 말한다.

33 온실가스 배출권거래제의 배출량 보고 및 인증에 관한 지침상 이동연소(철도) 부문의 온실가스 배출량을 Tier 3 산정방법론으로 산정할 때 사용되는 활동자료에 해당하지 않는 것은?

① 기관차의 수
② 기관차의 연간 운행시간
③ 기관차종, 엔진에 따른 연료소비량
④ 기관차의 평균 정격출력

풀이 이동연소(철도) 부문의 온실가스 배출량 산정방법론(Tier 3)에 따른 산정 시 활동자료
㉠ 기관차의 수
㉡ 기관차의 연간 운행시간
㉢ 기관차의 평균 정격출력
㉣ 기관차의 전형적인 부하율

34 온실가스 배출권거래제의 배출량 보고 및 인증에 관한 지침상 이동연소의 온실가스 보고대상 배출시설에 해당하지 않는 것은?

① 특수자동차
② 전기기관차
③ 이륜자동차
④ 이동식 소각로

풀이 이동연소 배출시설 중 도로 차량의 배출시설 구분
㉠ 승용자동차
㉡ 승합자동차
㉢ 화물자동차
㉣ 특수자동차
㉤ 이륜자동차
㉥ 비도로 및 기타 자동차

정답 30 ② 31 ③ 32 ④ 33 ③ 34 ④

35 온실가스 배출권거래제의 배출량 보고 및 인증에 관한 지침상 다음 철강생산 공정 중 CO_2 배출계수 값(tCO$_2$/t-생산물)이 가장 큰 곳은?

① 직접 환원철 생산 ② 전기로
③ 코크스 오븐   ④ 전로

풀이 철강생산 공정 중 CO_2 배출계수 값(tCO$_2$/t-생산물)
① 직접 환원철 생산 : 0.70
② 전기로(BAF) : 0.08
③ 코크스 오븐 : 0.56
④ 전로(BOF) : 1.46

36 온실가스 배출권거래제의 배출량 보고 및 인증에 관한 지침상 카바이드 생산공정의 보고대상 온실가스를 모두 나열한 것은?

① N_2O ② CH_4, N_2O
③ CO_2, N_2O ④ CO_2, CH_4

풀이 카바이드 생산공정의 보고대상 온실가스
㉠ CO_2(산정방법론 : Tier 1,4)
㉡ CH_4(산정방법론 : Tier 1)

37 온실가스 배출권거래제의 배출량 보고 및 인증에 관한 지침상 납 생산공정에 관한 설명으로 옳지 않은 것은?

① 연정광으로부터 미가공 조연(Bullion)을 생산하는 1차 생산공정에서는 소결과정을 생략할 수 없다.
② 소결공정에서 연정광을 재활용 소결물, 석회석, 실리카, 산소, 납 고함유 슬러지 등과 혼합·연소하여 황과 휘발성 금속을 제거한다.
③ 제련공정에서 일반적인 고로 또는 ISF(Imperial Smelting Furnace)가 이용되며 납산화물의 환원과정에서 CO_2가 배출된다.
④ 정제납의 2차 생산은 재활용 납을 재사용하기 위한 준비과정이다.

풀이 납 생산(1차 생산공정)
㉠ 연정광으로부터 미가공 조연(Bullion)을 생산하는 1차 생산공정은 2가지로 구분된다.
㉡ 먼저 소결과 제련과정을 연속적으로 거치는 소결/제련공정으로 전체 1차 납 생산공정의 약 78%를 차지한다.
㉢ 두 번째는 직접 제련공정으로 소결과정이 생략되며 이 공정은 1차 납 생산공정의 22%를 차지한다.

38 온실가스 배출권거래제의 배출량 보고 및 인증에 관한 지침상 석유화학제품 생산공정의 보고대상 배출시설에 해당하지 않는 것은?

① 메탄올 반응시설
② 에틸렌옥사이드 반응시설
③ 테레프탈산 생산시설
④ 하이드록실아민 생산시설

풀이 석유화학제품 생산공정의 보고대상 배출시설
㉠ 메탄올 반응시설
㉡ EDC/VCM 반응시설
㉢ 에틸렌옥사이드(EO) 반응시설
㉣ 아크릴로니트릴(AN) 반응시설
㉤ 카본블랙(CB) 반응시설
㉥ 에틸렌 생산시설
㉦ 테레프탈산(TPA) 생산시설
㉧ 코크스 제거공정(De-Coking)

39 온실가스 배출권거래제의 배출량 보고 및 인증에 관한 지침에 따라 Tier 1 산정방법론으로 반도체 제조공정의 FC 가스 배출량을 구하고자 한다. 이때 활용되는 다음 식에서 Q_i의 의미는?(단, FC_{gas}는 FC 가스의 배출량, EF_{FC}는 배출계수임)

$$FC_{gas} = Q_i \times EF_{FC}$$

① 원료투입량(kg)
② FC 가스주입량(m^3/y)
③ 제품생산량(t/y)
④ 제품생산실적(m^2/y)

정답 35 ④ 36 ④ 37 ① 38 ④ 39 ④

풀이) 반도체/디스플레이/PV 제조공정의 Tier 1 산정방법론

$$FC_{gas} = Q_i \times EF_{FC} \times 10^{-3}$$

여기서, FC_{gas} : FC 가스의 배출량(m^3)
Q_i : 제품생산 실적(m^2)
EF_{FC} : 배출계수, 제품생산 실적 m^2당 사용되는 가스량(kg/m^2)

40 사업장의 월평균 전기사용량이 1,000kWh 일 때, 온실가스 배출량(tCO_2-eq/y)은?

구분	배출계수
CO_2	0.4567tCO_2/MWh
CH_4	0.0036$kgCH_4$/MWh
N_2O	0.0085kgN_2O/MWh

① 0.434
② 0.559
③ 4.341
④ 5.513

풀이) GHG Emissions = $Q \times EF_i$
여기서, GHG Emissions : 전력사용량에 따른 온실가스(i)별 배출량(tGHG)
Q : 외부에서 공급받은 전력사용량(MWh)
EF_i : 전력 배출계수(tGHG/MWh)
j : 배출 온실가스 종류
= 1,000kWh/month × MWh/10^3kWh
× [(0.4567tCO_2/MWh × 1tCO_2-eq/tCO_2)
+ (0.0036$kgCH_4$/MWh × tCH_4/10^3kgCH_4
× 21tCO_2-eq/tCH_4) + (0.0085kgN_2O/MWh
× 310tN_2O/10^3kgN_2O] × 12month/year
= 5.513tCO_2-eq/year

3과목 온실가스 산정과 데이터 품질관리

41 온실가스 배출권거래제의 배출량 보고 및 인증에 관한 지침상 경유의 고정연소를 통해 연간 20만 tCO_2-eq의 온실가스를 배출하는 시설의 산정등급(Tier) 최소 적용기준은?

① Tier 1
② Tier 2
③ Tier 3
④ Tier 4

풀이) 배출량 규모는 B그룹(연간 5만 톤 이상, 연간 50만 톤 미만 배출시설)에 속하고 액체연료이므로 온실가스 산정방법론은 Tier 2이다.

42 온실가스 배출권거래제 운영을 위한 검증 지침에 따른 온실가스 배출량 등의 검증절차 중 ( ) 안에 알맞은 것은?

검증개요 파악 → 검증계획 수립 → 문서검토 → (㉠) → (㉡) → (㉢) → 검증보고서 제출

	㉠	㉡	㉢
①	내부검증	시정조치 요구 및 확인	외부검증
②	현장검증	검증결과 정리 및 평가	내부심의
③	시정조치요구 및 확인	내부검증	현장검증
④	현장검증	외부심의	검증결과 정리 및 평가

풀이) 온실가스 배출량 등의 검증절차

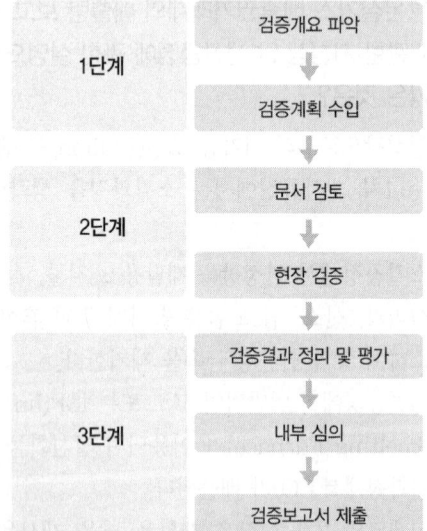

43 온실가스 배출권거래제의 배출량 보고 및 인증에 관한 지침상 철강 생산공정의 보고대상 배출시설에 해당하지 않는 곳은?

① 소결로 ② 전기로
③ 코크스로 ④ 증착로

풀이 철강 생산공정의 보고대상 배출시설
㉠ 일관제철시설
㉡ 코크스로
㉢ 소결로
㉣ 용선로 또는 제선로(고로)
㉤ 전로
㉥ 전기로
㉦ 평로

44 온실가스 배출권거래제의 배출량 보고 및 인증에 관한 지침상 기체연료 고정연소시설의 온실가스 배출량을 Tier 2 산정방법론으로 산정할 때, 매개변수에 관한 내용으로 옳지 않은 것은?(단, 온실가스 종합정보센터에서 별도의 계수를 공표하여 지침에 수록하지 않은 경우)

① 사업자 또는 연료공급자에 의해 측정된 측정불확도 ±5.0% 이내의 연료 사용량 자료를 활동자료로 활용한다.
② 열량계수는 국가 고유 발열량 값을 사용한다.
③ 배출계수는 국가 고유 배출계수를 사용한다.
④ 산화계수는 기본값인 1.0을 적용한다.

풀이 고정연소(기체연료)하는 배출시설(Tier 2) 산화계수는 0.995를 적용한다.

45 L시멘트사의 #4 Kiln에서 연간 80,000t의 클링커가 생산되며 이로 인해 500t의 시멘트 킬른먼지(CKD)가 발생하고 있다. 온실가스 배출권거래제의 배출량 보고 및 인증에 관한 지침에 따라 Tier 1 산정방법론으로 구한 L시멘트사 #4 Kiln의 클링커 생산에 따른 CO_2 배출량(tCO_2/y)은?(단, CKD를 전량 회수하여 Kiln에 투입함, 클링커 생산량당 CO_2 배출계수는 $0.51 tCO_2/t$-클링커, 투입 원료 중 탄산염이 아닌 기타 탄소성분에 기인하는 CO_2 배출계수는 $0.01 tCO_2/t$-클링커, 킬른에서 유실된 CKD의 하소율은 0)

① 40,800 ② 40,880
③ 41,600 ④ 41,860

풀이 배출량 산정방법(Tier 1~2)
$$E_i = (EF_i + EF_{toc}) \times (Q_i + Q_{CKD} \times F_{CKD})$$
여기서, E_i : 클링커(i) 생산에 따른 CO_2 배출량 (tCO_2)
EF_i : 클링커(i) 생산량당 CO_2 배출계수 (tCO_2/t-clinker)
EF_{toc} : 투입 원료(탄산염, 제강슬래그 등) 중 탄산염 성분이 아닌 기타 탄소성분에 기인하는 CO_2 배출계수(기본값으로 $0.010 tCO_2/t$-clinker를 적용한다.)
Q_i : 클링커(i) 생산량(ton)
Q_{CKD} : 킬른에서 시멘트킬른먼지(CKD)의 유실량(ton)
F_{CKD} : 킬른에서 유실된 시멘트킬른먼지(CKD)의 하소율(%)

온실가스 배출량($tCO_2/year$)
= $(0.51 tCO_2/t$-클링커$+ 0.01 tCO_2/t$-클링커$)$
  $\times (80,000 t/year + 500t \times 0)$
= $41,600.000 tCO_2/year$

46 온실가스 배출권거래제의 배출량 보고 및 인증에 관한 지침상 폐열이용 특례로 인정받기 위한 대상 폐기물 또는 고형연료에 해당하지 않는 것은?

① 폐기물관리법에 따라 수집·운반, 재활용 또는 처분되는 사업장폐기물 중 저위발열량이 3,000 kcal/kg 이상인 폐유
② 폐기물관리법에 따른 지정폐기물
③ 폐기물관리법에 따른 자체 발생한 사업장폐기물
④ 폐기물관리법에 따른 생활폐기물

정답 43 ④ 44 ④ 45 ③ 46 ②

[풀이] 폐열이용 특례 대상 폐기물(고형연료)
- ㉠ 폐기물관리법에 따른 생활폐기물
- ㉡ 폐기물관리법에 따른 자체 발생한 사업장폐기물
- ㉢ 폐기물관리법에 따라 공동으로 수집·운반, 재활용 및 처분되는 사업장폐기물
- ㉣ 폐기물관리법에 따라 수집·운반, 재활용 또는 처분되는 사업장폐기물 중 저위발열량 3,000kcal/kg 이상인 가연성 고형폐기물 또는 폐유
- ㉤ 고형연료 제품

47 온실가스 배출권거래제의 배출량 보고 및 인증에 관한 지침에 따라 고형폐기물의 매립활동에 의한 온실가스 배출량을 Tier 1 산정방법론으로 산정하고자 한다. 기타 유형 매립시설에서 발생 가능한 최대 메탄발생량이 1,000tCH$_4$/y, 메탄회수량이 800tCH$_4$/y일 때, 메탄배출량(tCH$_4$/y)은?

① 200　　② 267
③ 300　　④ 367

[풀이] $\dfrac{R_T(\text{메탄회수량})}{CH_4\,generated(CH_4\,발생량)} = \dfrac{800}{1,000} > 0.75$ 이므로

CH_4 배출량(tCO$_2$-eq/yr)
$= (CH_4\,발생량 - 회수량) \times \dfrac{1}{0.75}$
$= 200 \times \dfrac{1}{0.75} = 266.67\,tCO_2-eq/yr$

48 온실가스 배출권거래제의 배출량 보고 및 인증에 관한 지침상 다음 모니터링 유형에 관한 내용으로 옳은 것은?

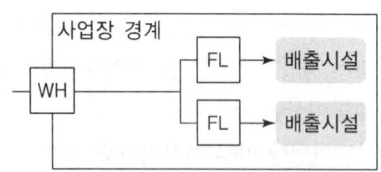

① 배출시설 활동자료를 구매량 기반 측정기기와 무관하게 교정된 자체 측정기기를 이용하여 모니터링하는 방법이다.

② 연료·원료 공급자가 상거래 등을 목적으로 설치하는 측정기기와 주기적인 정도검사를 실시하는 내부 측정기기와 같이 설치되어 있을 경우 활동자료를 수집하는 방법이다.

③ 다수의 교정된 측정기기가 부착된 경우 교정된 자체 측정기기 값을 사용하지 않아야 한다.

④ 각 배출시설별 활동자료를 구매연료·원료 등의 메인 측정기기 활동자료에서 타당한 배분방식으로 모니터링하는 방법이다.

[풀이] 모니터링 유형 A-2에 대한 내용이다.

49 온실가스 배출권거래제의 배출량 보고 및 인증에 관한 지침상 고상폐기물의 소각에 의한 온실가스 배출량을 Tier 1 산정방법론으로 산정할 때, FCF 값(화석탄소 질량분율)이 0인 생활폐기물은?

① 섬유　　② 플라스틱
③ 음식물　　④ 종이

[풀이] FCF 값(화석연료 함유율)이 0인 생활폐기물은 생물계 폐기물인 음식물 쓰레기, 종이류, 목재류 등이다.

50 온실가스 배출권거래제 운영을 위한 검증 지침상 검증팀장이 수립하는 검증계획에 포함되어야 하는 항목에 해당하지 않는 것은?

① 검증대상
② 검증 수행방법 및 검증절차
③ 배출량 산정방법
④ 현장검증 단계에서의 인터뷰 대상 부서 또는 담당자

[풀이] 검증팀장이 수립하는 검증계획에 포함 항목
- ㉠ 검증대상·검증지침
- ㉡ 검증 수행방법 및 검증절차
- ㉢ 데이터 샘플링 계획
- ㉣ 정보의 중요성
- ㉤ 현장검증 단계에서의 인터뷰 대상 부서 또는 담당자
- ㉥ 현장검증을 포함한 검증일정 등

정답　47 ②　48 ②　49 ③　50 ③

51 A지자체에서 혐기성 생활폐기물 관리형 매립지를 운영하고 있으며 최근에 제출한 명세서에 온실가스 배출량을 1,175,000톤으로 보고했다. 이 매립지의 온실가스 배출량 산정에 관한 내용으로 옳지 않은 것은?(단, 시설규모를 최초 결정해야 하는 경우가 아님)

① 배출량에 따라 시설규모를 분류할 때 매립지는 C그룹에 속하며 Tier 1 산정방법론으로 온실가스 배출량을 산정해야 한다.
② 회수된 메탄가스가 외부 공급/판매, 자체 연료 사용 및 Flaring 등으로 처리되기 위한 별도의 측정이 없을 경우 메탄회수량 기본값을 1로 처리한다.
③ 폐기물성상별 매립량 활동자료는 1981년 1월 1일 이후 매립된 폐기물에 대해서만 수집한다.
④ 혐기성 관리형 매립지이기 때문에 메탄보정계수(MCF)는 2006 IPCC 국가 인벤토리 작성을 위한 가이드라인에 따라 1.0을 적용해야 한다.

풀이 회수된 메탄가스가 외부 공급/판매, 자체 연료 사용 및 Flaring 등으로 처리되기 위한 별도의 측정이 없을 경우에는 기본값 R_T를 0으로 처리한다.

52 온실가스 배출권거래제의 배출량 보고 및 인증에 관한 지침상 사업장 고유 배출계수 등을 개발하기 위해 시료를 채취 및 분석할 때, 연료 및 원료와 시료 최초분석주기의 연결이 옳지 않은 것은? (단, 연 반입량이 24만 톤을 초과하지 않으며 기타 사항을 고려하지 않음)

① 고체연료 : 월 1회 ② 액체연료 : 분기 1회
③ 천연가스 : 반기 1회 ④ 공정부생가스 : 반기 1회

풀이 시료 채취 및 분석의 최소 주기 등

연료 및 원료	분석 항목	최소 분석 주기
고체연료	원소 함량, 발열량, 수분, 회(Ash) 함량	월 1회 또는 연료 입하 시(더욱 짧은 주기로 분석한다.)
액체연료	원소 함량, 발열량, 밀도 등	분기 1회 또는 연료 입하 시(더욱 짧은 주기로 분석한다.)

연료 및 원료		분석 항목	최소 분석 주기
기체연료	천연가스, 도시가스	가스성분, 발열량, 밀도 등	반기 1회
	공정부생가스	가스성분, 발열량, 밀도 등	월 1회
폐기물연료	고체	원소 함량, 발열량, 수분, 회(Ash) 함량	분기 1회 또는 폐기물 연료 매 5천 톤 입하 시(더욱 짧은 주기로 분석한다.)
	액체	원소 함량, 발열량, 밀도 등	분기 1회 또는 폐기물 연료 매 1만 톤 입하 시(더욱 짧은 주기로 분석한다.)
	기체	가스성분, 발열량, 밀도 등	월 1회 또는 폐기물 연료 매 1만 톤 입하 시(더욱 짧은 주기로 분석한다.)
탄산염 원료		광석 중 탄산염 성분, 원소 함량 등	월 1회 또는 원료 매 5만 톤 입하 시(더욱 짧은 주기로 분석한다.)
기타 원료		원소 함량 등	월 1회 또는 매 2만 톤 입하 시(더욱 짧은 주기로 분석한다.)
생산물		원소 함량 등	월 1회

비고) 고체연료 · 원료가 수시 반입될 경우 월 1회로, 액체연료 · 폐기물 연료가 수시 반입될 경우 분기 1회로 분석할 수 있다.

53 온실가스 배출권거래제의 배출량 보고 및 인증에 관한 지침상 신설되는 배출시설의 시설규모 결정에 관한 내용으로 옳지 않은 것은?

① 신설되는 배출시설의 예상 온실가스 배출량을 계산하여 그 값에 따라 시설규모를 결정한다.
② 배출시설에서 여러 종류의 연료를 사용하는 경우 각 연료의 사용에 따른 배출량의 총합으로 배출시설규모 및 산정등급(Tier)을 결정해야 한다.
③ C그룹의 배출시설에서 초기가동 · 착화연료 등 소량으로 사용하는 보조연료의 배출량이 시설 총 배출량의 5% 미만이며 보조연료의 배출량 총합이 25,000tCO$_2$-eq 미만일 때 차하위 산정등급을 적용할 수 있다.
④ B그룹의 배출시설에서 초기가동 · 착화연료 등 소량으로 사용하는 보조연료의 배출량이 시설 총 배출량의 10% 미만이며 보조연료의 배출량 총합이 35,000tCO$_2$-eq 미만일 때 차하위 산정등급을 적용할 수 있다.

정답 51 ② 52 ④ 53 ④

풀이 C그룹의 배출시설에서 초기가동·착화연료 등 소량으로 사용하는 보조연료의 배출량이 시설 총 배출량의 5% 미만일 경우 차하위 산정등급을 적용할 수 있다. 이때 차하위 산정등급을 적용하는 배출시설 보조연료의 배출량 총합은 25,000tCO₂-eq 미만이어야 한다.

54 온실가스 배출권거래제의 배출량 보고 및 인증에 관한 지침상 바이오매스로 취급되는 항목에 해당하지 않는 것은?

① 폐목재 ② 하수슬러지
③ 산업폐기물 ④ 조류

풀이 바이오매스 취급항목
㉠ 바이오매스는 농업 작물, 농임산 부산물, 또는 유기성 폐기물 등으로 생물 또는 생물 기원의 모든 유기체 및 유기물을 포함한다.
㉡ 바이오매스는 바이오에너지를 생산하기 위한 원료로 사용되기도 하며, 매립시설 및 소각시설 등을 통하여 폐기물로서 처리되기도 한다.

형태	항목
농업 작물	유채, 옥수수, 콩, 사탕수수, 고구마 등
농임산 부산물	임목 및 임목부산물, 볏짚, 왕겨, 건초, 수피 등
유기성 폐기물	폐목재, 펄프 및 제지(바이오매스 부문만 해당), 펄프 및 제지 슬러지, 흑액, 동/식물성 기름, 음식물 쓰레기, 축산 분뇨, 하수슬러지, 식물류폐기물 등
기타	해조류, 조류, 수생식물 등

55 온실가스 배출권거래제의 배출량 보고 및 인증에 관한 지침상 품질관리(QC) 활동 중 "보고의 적절성"의 세부내용에 해당하지 않는 것은?

① 조직경계 설정의 적절성·정확성 확인
② 배출량 산정 및 보고 업무 담당자, 내부감사 담당자의 책임·권한의 문서화 여부 확인
③ 이행계획, 명세서, 이행실적 등 지침에서 요구하는 자료의 목차, 내용, 서식에 따라 적절하게 배출량을 보고하는지 여부 확인

④ 배출량 산정에 관한 정보화시스템을 구축하거나 활용할 경우 자료의 입력 및 처리과정의 적절성 여부 확인

풀이 보고의 적절성
㉠ 조직경계 설정의 적절성·정확성 확인
사업장등록증 등 정부에 허가를 받거나 신고한 문서를 근거로 수립한 조직경계와 실제 온실가스 배출시설, 배출활동에 따라 수립된 조직경계의 일치 여부 확인
㉡ 배출량 산정 및 보고업무 담당자(실무자, 책임자) 및 내부감사 담당자 등에 책임·권한의 문서화 여부
㉢ 이행계획, 명세서, 이행실적 등 지침에서 요구하는 자료의 목차, 내용, 서식에 따라 적절하게 배출량을 보고하는지 여부
㉣ 품질관리(QC) 활동과 관련하여, 내부 감사 담당자의 감사·검토 활동의 실시 여부 및 관련 규정(매뉴얼 등) 존재 여부

56 온실가스 배출권거래제의 배출량 보고 및 인증에 관한 지침에 따라 열병합 발전시설의 열(스팀) 생산에 따른 온실가스 배출량을 다음 식으로 산출하고자 한다. 이때, 각 변수에 관한 내용으로 옳지 않은 것은?

$$E_{H,i} = \left\{\frac{H}{H + P \times R_{eff}}\right\} \times E_{T,i}$$

① H는 열 생산량(TJ)을 의미한다.
② P는 전기 생산량(TJ)을 의미한다.
③ R_{eff}는 전기 생산효율을 열 생산효율로 나눈 값이다.
④ $E_{T,i}$는 열병합 발전설비의 총 온실가스 배출량(tGHG)을 의미한다.

풀이 열병합 발전시설에서 열(스팀) 생산에 따른 온실가스 배출량 산출

$$E_{H,i} = \left\{\frac{H}{H + P \times R_{eff}}\right\} \times E_{T,i}, \quad R_{eff} = \frac{e_H}{e_P}$$

여기서, $E_{H,i}$: 열 생산에 따른 온실가스 배출량(tGHG)
$E_{T,i}$: 열병합 발전설비(CHP)의 총 온실가스 배출량(tGHG)

정답 54 ③ 55 ④ 56 ③

H : 열 생산량(TJ)
P : 전기 생산량(TJ)
R_{eff} : 열 생산효율과 전력 생산효율의 비율 (0에서 1사이의 소수)
e_H : 열 생산효율(자체 데이터를 활용, 자료가 없는 경우 기본값 0.8)
e_P : 전기 생산효율(자체 데이터를 활용, 자료가 없는 경우 기본값 0.35)
i : 배출 온실가스(CO_2, CH_4, N_2O)

57 온실가스 배출권거래제의 배출량 보고 및 인증에 관한 지침상 오존파괴물질(ODS)의 대체물질 사용에 의한 온실가스 배출량을 Tier 1 산정방법론으로 산정하고자 한다. 비에어로졸 용매 부분과 에어로졸 부문의 온실가스 배출량 산정에 관한 내용으로 옳은 것은?

① 에어로졸 제품의 수명이 1년 이하로 가정되기 때문에 초기 충진량의 90%를 기본 배출계수로 사용한다.
② 비에어로졸 용매는 제품을 사용하기 시작한 후 5년 내에 서서히 배출되는 것으로 간주한다.
③ 에어로졸은 제품 사용시점을 최종 사용자에게 공급되는 시기로 정의하지 않으므로 회수, 재활용, 파기 등을 고려하지 않는다.
④ 에어로졸과 비에어로졸 용매 부분에서 보고되는 항목은 할당대상업체의 온실가스 총 배출량에 합산한다.

[풀이] ① 에어로졸 제품의 수명이 2년 이하로 가정되기 때문에 초기 충진량의 50%를 기본 배출계수로 사용한다.
② 비에어로졸 용매는 초기 충진량의 100%가 제품을 사용하기 시작한 후 1~2년 내에 모두 배출되므로 즉각 배출로 간주한다.
④ 에어로졸과 비에어로졸 용매 부분에서 보고되는 항목은 할당대상업체의 온실가스 총 배출량에는 합산하지 않는다.

58 온실가스 배출권거래제의 배출량 보고 및 인증에 관한 지침상 탄산염의 기타 공정 사용에 의한 온실가스 배출량을 Tier 2 산정방법론으로 산정할 때, 활동자료의 측정불확도 기준은?

① ±9.5% 이내
② ±7.5% 이내
③ ±5.0% 이내
④ ±2.5% 이내

[풀이] Tier 2의 측정불확도는 ±5.0% 이내이다.

59 온실가스 배출권거래제의 배출량 보고 및 인증에 관한 지침상 다음 내용과 관련 있는 기호는?

> 할당대상업체가 자체적으로 설치한 계량기이나 주기적인 정도검사를 실시하지 않는 측정기기

①
②
③
④

[풀이] 활동자료의 측정방법(측정기기의 기호 및 종류)

기호	설명
WH	상거래 또는 증명에 사용하기 위한 목적으로 측정량을 결정하는 법정 계량에 사용하는 측정기기로서 계량에 관한 법률 제2조에 따른 법정 계량기
FL	관리업체가 자체적으로 설치한 계량기로서, 국가표준기본법 제14조에 따른 시험기관, 교정기관, 검사기관에 의하여 주기적인 정도검사를 받는 측정기기
FL	관리업체가 자체적으로 설치한 계량기이나 주기적인 정도검사를 실시하지 않는 측정기기

60 온실가스 목표관리 운영 등에 관한 지침상 건물이 건축물대장 또는 등기부에 각각 등재되어 있거나 소유지분을 달리하고 있는 경우에 관한 내용으로 옳지 않은 것은?

① 인접한 대지에 동일 법인이 여러 건물을 소유한 경우에는 한 건물로 본다.
② 동일부지 내에 있거나 인접한 집합건물이 동일한 조직에 의해 에너지 공급 · 관리를 받을 경우 한 건물로 간주한다.
③ 에너지 관리의 연계성이 있는 복수의 건물은 한 건물로 본다.
④ 건물의 소유 구분이 지분형식으로 되어 있을 경우에는 지분별로 건물의 소유자를 구분한다.

풀이 건축물의 특례
  ㉠ 인접 또는 연접한 대지에 동일 법인이 여러 건물을 소유한 경우에는 한 건물로 본다.
  ㉡ 에너지 관리의 연계성(連繫性)이 있는 복수의 건물 등은 한 건물로 본다. 또한 동일 부지 내에 있거나 인접 또는 연접한 집합건물이 동일한 조직에 의해 에너지 공급 · 관리 또는 온실가스 관리 등을 받을 경우에도 한 건물로 간주한다.
  ㉢ 건물의 소유 구분이 지분형식으로 되어 있을 경우에는 최대 지분을 보유한 법인 등을 당해 건물의 소유자로 본다.

4과목 온실가스 감축관리

61 제7차 당사국총회에서 지정한 소규모 CDM 사업에 해당하지 않는 것은?

① 최대발전용량이 15MW 이하인 신재생에너지 사업
② 에너지 소비량을 연간 60GWh 저감하는 에너지 절약사업
③ 직접배출량이 연간 60,000tCO$_2$-eq 이하인 인위적 배출 감축사업
④ 연간 5,000톤 이상의 폐기물을 재활용하는 사업

풀이 소규모 CDM 사업의 형태별 종류
  ㉠ 재생에너지 사업(Type Ⅰ)
    최대발전용량이 15MW(또는 상당분) 이하인 재생에너지 사업
  ㉡ 에너지효율 향상사업(Type Ⅱ)
    연간 60GWh(또는 상당분) 이하의 에너지를 감축하는 에너지 효율 향상 사업
  ㉢ 기타 온실가스 감축사업(Type Ⅲ)
    연간 배출 감축량이 60만 ton CO$_2$-eq 이하인 사업

62 온실가스 감축을 위해 건물 옥상에 설치용량이 1MW, 발전효율이 12%인 태양광 발전시설을 설치했을 때, 3년 동안 태양광 발전시설에 의해 감축된 온실가스 배출량(tCO$_2$-eq)은?(단, 배출계수는 0.4594tCO$_2$-eq/MWh임)

① 489   ② 690
③ 980   ④ 1,449

풀이 온실가스 감축량(tCO$_2$-eq)
= 1MW × 24hr/day × 365day/year × 3year
  × 0.4594tCO$_2$-eq/MWh × 0.12
= 1,448.764tCO$_2$-eq

63 액상 유기화합물을 사용하여 수소를 저장하는 방법에 관한 내용으로 옳지 않은 것은?

① 수소는 가솔린, 천연가스에 비해 에너지 밀도가 낮기 때문에 대용량 이용보다 소용량 이용에 적합하다.
② 수소화, 탈수소화 반응 등을 통해 수소를 저장 및 사용할 수 있다.
③ 기존 화석연료의 저장 · 운송 인프라를 활용할 수 있다.
④ 액상유기수소운반체(LOHC)로 사용할 수 있는 물질에는 방향족 물질과 헤테로고리 화합물 등이 있다.

풀이 수소는 가솔린, 천연가스에 비해 에너지 밀도가 높기 때문에 소용량 이용보다 대용량 이용에 적합하다.

정답 60 ④ 61 ④ 62 ④ 63 ①

64 A 철강회사는 온실가스 감축을 위해 주 연료로 사용되는 경유를 프로판으로 대체하였다. 경유 100,000kL를 프로판 50,000kL로 대체할 경우 약 몇 tCO₂-eq의 온실가스 배출량을 감축하였는가?

구분	단위	경유	프로판
단위환산계수	GJ/kL	35.4	23.5
배출계수 CO_2	kg/TJ	72,600	64,500
배출계수 CH_4	kg/TJ	3	1
배출계수 N_2O	kg/TJ	0.6	0.1

① 약 152,000 ② 약 162,000
③ 약 172,000 ④ 약 182,000

풀이 ㉠ 경유
CO_2 배출량 = 100,000kL × 72,600kgCO_2/TJ
  × 35.4GJ/kL × TJ/10³GJ
  × ton/10³kg
  = 257,004tCO_2
CH_4 배출량 = 100,000kL × 3kgCH_4/TJ
  × 35.4GJ/kL × 10⁻⁶
  = 10.62tCH_4
N_2O 배출량 = 100,000kL × 0.6kgN_2O/TJ
  × 35.4GJ/kL × 10⁻⁶
  = 2.124tN_2O
온실가스 배출량
  = 257,004 + (10.62 × 21) + (2.124 × 310)
  = 257,885.46tCO_2-eq

㉡ 프로판
CO_2 배출량 = 50,000kL × 64,500kgCO_2/TJ
  × 23.5GJ/kL × 10⁻⁶
  = 75,787.5tCO_2
CH_4 배출량 = 50,000kL × 1kgCH_4/TJ
  × 23.5GJ/kL × 10⁻⁶
  = 1,175tCH_4
N_2O 배출량 = 50,000kL × 0.1kgN_2O/TJ
  × 23.5GJ/kL × 10⁻⁶
  = 0.1175tN_2O
온실가스 배출량
  = 75,787.5 + (1,175 × 21) + (0.1175 × 310)
  = 75,848.6tCO_2-eq

∴ 감축량 = 257,885.46 − 75,848.6
  = 182,036.86tCO_2-eq

65 온실가스 감축기술 중 원료 및 연료의 개선 또는 대체물의 적용에 관한 내용으로 옳은 것은?

① 원료 공급자의 온실가스 배출 감축량에 따라 배출권 구매권을 부여한다.
② 공정에 사용되는 온실가스를 온실가스가 아닌 물질 또는 지구온난화지수가 낮은 물질로 대체한다.
③ 온실가스를 처리하여 대기로 배출되는 양을 감축한다.
④ 온실가스를 재활용하거나 다른 목적으로 활용한다.

풀이 ① 원료 사용자의 온실가스 배출 감축량에 따라 배출권 구매권을 부여한다.
③ 온실가스를 처리하여 대기로의 배출량을 감축하는 기술은 온실가스 처리기술에 해당한다.
④ 온실가스를 재활용하거나 다른 목적으로 활용하는 것은 온실가스 활용 및 전환에 해당한다.

66 화학산업에서 온실가스 배출량을 감축하기 위해서는 에너지 효율을 높이고 화석연료의 사용을 최소화해야 한다. 이때, 에너지효율을 높이기 위해 적용할 수 있는 공정개선 방법으로 적합하지 않은 것은?

① 설비 및 기기효율 개선
② 에너지 효율 제고를 위한 제조법의 전환 및 공정 개발
③ 배출 에너지의 회수
④ 생산량 증가를 통한 원단위 개선

풀이 화학산업에서 에너지 효율 개선을 위해 적용 가능한 공정개선
  ㉠ 설비 및 기기효율 개선
  ㉡ 에너지 효율 제고를 위한 제조법의 전환 및 공정 개발
  ㉢ 배출 에너지의 회수
  ㉣ 에너지 원단위 지수 개선

정답 64 ④ 65 ② 66 ④

67 연료전지(Fuel Cell)의 형태별 특징으로 옳지 않은 것은?

① 인산형(PAFC) 연료전지는 인산염을 전해질로 사용하며 운전온도는 150~250℃ 정도이다.
② 알칼리형(AFC) 연료전지는 수산화칼륨과 같은 알칼리를 전해질로 사용하며 비교적 저온에서 운전한다.
③ 고분자전해질형(PEMFC) 연료전지는 CO 농도가 높거나 연료에 황이 포함되어 있으면 성능이 현저하게 떨어진다.
④ 고체산화물형(SOFC) 연료전지는 백금을 주촉매로 사용하며 비교적 저온에서 운전한다.

풀이 전해질 종류에 따른 연료전지 특성

구분	알칼리 (AFC)	인산형 (PAFC)	용융탄산염 (MCFC)	고체산화물 (SOFC)	고분자전해질 (PEMFC)	직접메탄올 (DMFC)
전해질	알칼리	인산염	탄산염	세라믹	이온교환막	폴리머
촉매	Pt, Ni	Pt	Ni/Ni화합물	Ni/Zirconia Cement	Pt	Pt/Ru
연료	Hydrogen	LNG, Methanol	LNG	LNG	Hydrogen	Methanol
운전 온도	100℃ (120℃) 이하	150~200℃ 250℃ 이하	600~700℃ 700℃ 이하	700~1,000℃ 1,200℃ 이하	85~100℃ 100℃ 이하	25~130℃ 40℃ 이하
효율	85%	70%	80%	85%	75%	40%
용도	우주 발사체 전원	중형건물 (200kW)	중·대형 건물 (100kW~1MW)	소·중·대용량 발전 (1kW~1MW)	가정, 상업용 (1~10kW)	소형 이동용 (1kW 이하)

68 온실가스 목표관리 운영 등에 관한 지침상 기준연도 배출량을 재산정해야 하는 경우에 해당하지 않는 것은?

① 관리업체의 합병·분할 또는 영업, 자산 양수도 등 권리와 의무의 승계 사유가 발생한 경우
② 조직경계 내·외부로 온실가스 배출원 또는 흡수원의 변경이 발생한 경우
③ 온실가스 배출량 산정방법론이 변경된 경우
④ 관리업체의 자본금이 5% 이상 증액된 경우

풀이 기준연도 배출량의 재산정 사유(온실가스 목표관리 운영 등에 관한 지침)
㉠ 관리업체의 합병·분할 또는 영업·자산 양수도 등 권리와 의무의 승계 사유가 발생된 경우
㉡ 조직경계 내·외부로 온실가스 배출원 또는 흡수원의 변경이 발생하는 경우
㉢ 온실가스 배출량 산정방법론이 변경된 경우

69 할당대상업체의 조직경계 외부의 배출시설에서 국제적 기준에 부합하는 방식으로 온실가스를 감축·흡수·제거하는 사업을 무엇이라고 하는가?

① 외부사업
② 공정사업
③ 경계사업
④ 상쇄사업

풀이 외부사업(외부사업 타당성 평가 및 감축량 인증에 관한 지침)
할당대상업체의 조직경계 외부의 배출시설 또는 배출활동 등에서 국제적 기준에 부합하는 방식으로 온실가스를 감축, 흡수 또는 제거하는 사업을 말한다.

70 셰일가스에 관한 설명 중 ( ) 안에 알맞은 내용은?

셰일가스는 모래와 진흙 등이 단단하게 굳어진 셰일층에 매장되어 있는 천연가스로 (㉠)이/가 70~90%, (㉡)이/가 5~10%, 프로판 및 부탄이 5~25% 정도 존재한다.

① ㉠ 에탄, ㉡ 콘센테이트
② ㉠ 메탄, ㉡ 에탄
③ ㉠ 수소, ㉡ 벤젠
④ ㉠ 산소, ㉡ 수소

풀이 셰일가스 성분은 일반적인 천연가스와 동일하다. 즉 80%의 메탄가스와 5%의 에탄가스, 그리고 나머지가 프로판가스와 부탄가스로 구성되어 있다.

정답 67 ④ 68 ④ 69 ① 70 ②

71 미분탄 화력발전소에서 배출되는 이산화탄소를 흡수제를 사용하여 포집할 때에 관한 내용으로 옳지 않은 것은?

① MEA를 사용하는 아민흡수법은 현재 상용화되어 있는 대표적인 기술이다.
② 배출가스의 이산화탄소 농도가 50~65% 정도로 높기 때문에 적어도 3가지 이상의 흡수제를 동시에 사용해야 한다.
③ 사용된 흡수제를 재사용하기 위한 재생공정에 많은 에너지와 운전비용이 소모되는 단점이 있다.
④ 기존 발전소에 적용이 용이하다는 장점이 있다.

풀이 미분탄 화력발전소에서 배출가스의 이산화탄소 농도는 부피기준 14% 정도로 Mono-에탄올아민(MEA)의 흡수제를 주로 사용한다.

72 외부사업 타당성 평가 및 감축량 인증에 관한 지침상 외부사업 온실가스 감축량을 객관적으로 증명하기 위한 외부사업 모니터링 원칙으로 옳지 않은 것은?

① 모니터링 방법은 등록된 사업계획서 및 승인방법론을 준수해야 한다.
② 외부사업은 불확도를 최소화할 수 있는 방식으로 측정되어야 한다.
③ 외부사업 온실가스 감축량은 일관성, 재현성, 투명성 및 정확성을 갖고 산정되어야 한다.
④ 외부사업 온실가스 감축량 산정에 필요한 데이터 추정 시 값은 진보적으로 적용되어야 한다.

풀이 외부사업 모니터링의 원칙(외부사업 타당성 평가 및 감축량 인증에 관한 지침)
  ㉠ 모니터링 방법은 등록된 사업계획서 및 승인방법론을 준수하여야 한다.
  ㉡ 외부사업은 불확도를 최소화할 수 있는 방식으로 측정되어야 한다.
  ㉢ 외부사업 온실가스 감축량은 일관성, 재현성, 투명성 및 정확성을 갖고 산정되어야 한다.
  ㉣ 외부사업 온실가스 감축량 산정에 필요한 데이터 추정 시 값은 보수적으로 적용되어야 한다.

73 CDM 사업에서 기준 배출량을 도출하기 위한 베이스라인 시나리오 설정방법으로 적합하지 않은 것은?

① 현재 실제로 배출되고 있는 양 또는 과거 배출량
② 투자 장애요인을 고려했을 때 경제적으로 매력 있는 기술로부터의 배출량
③ 해당 지역 내에서 활용되는 사례가 존재하지 않는 기술로부터의 배출량
④ 유사한 사회적, 경제적, 환경적, 기술적 환경에서 과거 5년 동안 수행된 비슷한 사업활동(성과가 동일 범주의 상위 20% 이내)으로부터의 평균 배출량

풀이 베이스라인 설정을 위한 3가지 접근방법
  ㉠ 현존하는 또는 과거의 온실가스 배출상황
  ㉡ 경제성 측면에서 상대적으로 가장 유리한 기술을 적용할 때의 온실가스 배출상황
  ㉢ 유사한 사회·경제·환경 및 기술적 조건하에서 과거 5년간 수행된 유사사업들의 평균배출량

74 청정개발체제(CDM) 추진체계를 순서대로 나열한 것은?

① 사업계획 → 타당성 확인 및 승인획득 → 등록 → 모니터링 → 검증 및 인증 → CERs 발행
② 사업계획 → 타당성 확인 및 승인획득 → 모니터링 → 등록 → 검증 및 인증 → CERs 발행
③ 사업계획 → 타당성 확인 및 승인획득 → CERs 발행 → 등록 → 모니터링 → 검증 및 인증
④ 사업계획 → 타당성 확인 및 승인획득 → 모니터링 → 등록 → CERs 발행 → 검증 및 인증

풀이 CDM 사업 추진 절차
  ㉠ 1단계 : 사업개발·계획(사업계획서 작성)
  ㉡ 2단계 : 타당성 확인 및 사업유치국의 정부 승인
  ㉢ 3단계 : 사업 확인 및 등록
  ㉣ 4단계 : 모니터링
  ㉤ 5단계 : 검증 및 인증
  ㉥ 6단계 : CERs 발행

정답 71 ② 72 ④ 73 ③ 74 ①

75 온실가스 배출권거래제의 배출량 보고 및 인증에 관한 지침상 품질관리(QC) 및 품질보증(QA) 활동에 관한 내용으로 옳지 않은 것은?

① 할당대상업체는 자료의 품질을 지속적으로 개선하는 체제를 갖추는 등 배출량 산정의 품질보증 활동을 수행해야 한다.
② 배출량 보고와 관련된 위험을 완화하는 일련의 활동을 내부감사라 한다.
③ 품질관리는 산정절차 수행 이후 독립적인 제3자에 의해 완성된 배출량 산정결과를 검토하는 과정이다.
④ 품질관리에는 배출활동, 활동자료, 배출계수, 기타 산정 매개변수 및 방법론에 관한 기술적 검토가 포함된다.

풀이 품질보증
배출량 산정(명세서 작성 등) 과정에 직접적으로 관여하지 않은 사람에 의해 수행되는 검토 절차의 계획된 시스템을 의미하며, 독립적인 제3자에 의해 산정절차 수행 이후 완성된 배출량 산정결과(명세서 등)에 대한 검토가 수행된다.

76 CCS 사업 중 CO_2 저장기술에 해당하지 않는 것은?

① 지중 저장　　② 해양 저장
③ 지표 저장　　④ 회수 저장

풀이 CO_2 저장기술
㉠ 해양 저장
　• 심해 저장
　• 용해 · 희석 저장
㉡ 지중 저장
　• 대수층 저장
　• 유전 · 가스전 저장
　• 비채굴성 탄광 저장
　• 혈암(Shale) 저장
㉢ 지표 저장

77 온실가스 배출권거래제의 배출량 보고 및 인증에 관한 지침상 (　) 안에 알맞은 용어는?

(　)(이)란 온실가스 배출량 등의 산정결과와 관련하여 정량화된 양을 합리적으로 추정한 값의 분산특성을 나타내는 정도를 말한다.

① 불확도　　② 표준편차
③ 평균　　　④ 중요도

풀이 불확도(온실가스 배출권거래제의 배출량 보고 및 인증에 관한 지침)
온실가스 배출량 등의 산정결과와 관련하여 정량화된 양을 합리적으로 추정한 값의 분산특성을 나타내는 정도를 말한다.

78 온실가스 목표관리 운영 등에 관한 지침상 벤치마크 기반의 목표 설정방법에 관한 내용 중 (　) 안에 알맞은 용어는?

(　)을 고려한 벤치마크 방식에 따라 관리업체의 목표를 설정하는 경우에는 기존 배출시설에 대한 배출허용량과 신·증설시설에 대한 배출허용량을 합산하여 관리업체의 배출허용량을 설정한다.

① 최적가용기법(BAT)
② 외부감축실적
③ 조기감축실적
④ 관리업체의 성장률

풀이 벤치마크 기반의 목표 설정방법(온실가스 목표관리 운영 등에 관한 지침)
최적가용기법(BAT)을 고려한 벤치마크 방식에 따라 관리업체의 목표를 설정하는 경우에는 기존 배출시설에 대한 배출허용량과 신·증설시설에 대한 배출허용량을 합산하여 관리업체의 배출허용량을 설정한다.

정답　75 ③　76 ④　77 ①　78 ①

79 온실가스 목표관리 운영 등에 관한 지침상 온실가스 배출량 산정에 관한 내용으로 옳지 않은 것은?

① 관리업체는 시간 경과에 따른 온실가스 배출량 등의 변화를 비교·분석할 수 있도록 일관된 자료와 산정방법론을 사용해야 한다.
② 관리업체가 자체적으로 개발한 산정방법으로 배출량을 산정할 경우 부문별 관장기관으로부터 배출시설 또는 공정단위의 산정방법 또는 고유 배출계수의 사용 가능 여부를 통보받은 후 사용해야 한다.
③ 온실가스 배출량 산정에 관한 요소에 변화가 있는 경우 별도의 기록이 필요하지는 않다.
④ 관리업체는 온실가스 배출량 산정에 활용된 방법론, 관련 자료와 출처 및 적용된 가정 등을 명확하게 제시할 수 있어야 한다.

풀이 온실가스 배출량 등의 산정과 관련된 요소의 변화가 있는 경우에는 이를 명확히 기록·유지하여야 한다.

80 온실가스 모니터링 실적보고서에 포함되는 내용에 해당하지 않는 것은?

① 베이스라인 배출량
② 온실가스 배출감축량 산정
③ 사업 후 온실가스 배출량
④ 이해관계자의 의견수렴을 위한 모니터링 결과

풀이 온실가스 모니터링 실적보고서 포함 내용
  ㉠ 베이스라인 배출량
  ㉡ 사업 후 온실가스 배출량
  ㉢ 기준 활동량
  ㉣ 온실가스 배출감축량 및 계산식

5과목 온실가스 관련 법규

81 온실가스 배출권의 할당 및 거래에 관한 법령상 배출권의 이월 및 차입, 소멸에 관한 내용으로 옳지 않은 것은?

① 법령에 따라 주무관청에 제출되지 않은 배출권은 각 이행연도 종료일부터 6개월이 경과하면 그 효력을 잃는다.
② 배출권을 보유한 자는 보유한 배출권을 주무관청의 승인을 받아 계획기간 내의 다음 이행연도로 이월할 수 있다.
③ 배출권을 보유한 자는 보유한 배출권을 주무관청의 승인을 받아 계획기간의 최초 이행연도로 이월할 수 없다.
④ 할당대상업체는 주무관청의 승인을 받아 계획기간 내의 다른 이행연도에 할당된 배출권의 일부를 차입할 수 있다.

풀이 배출권을 보유한 자는 보유한 배출권을 주무관청의 승인을 받아 계획기간 내의 다음 이행연도 또는 다음 계획기간의 최초 이행연도로 이월할 수 있다.

82 기후위기 대응을 위한 탄소중립·녹색성장 기본법령상 탄소중립도시의 지정에 관한 내용으로 옳지 않은 것은?

① 정부는 도시 내 생태축 보전 및 생태계 복원 사업을 시행하고자 하는 도시를 직접 탄소중립도시로 지정할 수 있다.
② 정부는 탄소중립도시 조성 사업의 시행을 위해 필요한 비용의 전부 또는 일부를 보조할 수 있다.
③ 정부는 기후위기 대응을 위한 자원순환형 도시 조성 사업을 시행하고자 하는 도시를 지방자치단체장의 요청을 받아 탄소중립도시로 지정할 수 있다.
④ 정부는 지정된 탄소중립도시가 지정기준에 맞지 않게 된 경우 개선명령을 내려야 하며 지정을 취소할 수는 없다.

정답 79 ③ 80 ④ 81 ③ 82 ④

풀이) 정부는 지정된 탄소중립도시가 대통령령으로 정하는 지정기준에 맞지 아니하게 된 경우에는 그 지정을 취소할 수 있다.

83 온실가스 배출권의 할당 및 거래에 관한 법령상 배출권시장 조성자로 지정할 수 있는 곳이 아닌 것은?(단, 기타 사항은 고려하지 않음)

① 한국산업은행   ② 한국수출입은행
③ 농협은행   ④ 중소기업은행

풀이) 배출권시장 조성자(온실가스 배출권의 할당 및 거래에 관한 법률)
㉠ 한국산업은행
㉡ 중소기업은행
㉢ 한국수출입은행

84 온실가스 배출권의 할당 및 거래에 관한 법령상 주무관청이 보고 또는 자료제출을 요구하거나 필요한 최소한의 범위에서 현장조사 등의 방법으로 실태조사를 시행할 수 있는 실태조사 대상자에 해당하지 않는 것은?

① 할당대상업체
② 시장조성자
③ 검증기관
④ 온실가스 감축 최적가용기술자

풀이) 실태조사 대상자(온실가스 배출권의 할당 및 거래에 관한 법률)
㉠ 할당대상업체
㉡ 시장조성자
㉢ 검증기관
㉣ 검증심사원

85 온실가스 배출권의 할당 및 거래에 관한 법령상 할당대상업체가 인증받은 온실가스 배출량보다 제출한 배출권이 적은 경우 부족한 부분에 대해 부과할 수 있는 과징금 기준은?

① 이산화탄소 1톤당 10만 원의 범위에서 해당 이행연도에 배출권 평균 시장가격의 3배 이하
② 이산화탄소 1톤당 10만 원의 범위에서 해당 이행연도에 배출권 평균 시장가격의 2배 이하
③ 이산화탄소 1톤당 5만 원의 범위에서 해당 이행연도에 배출권 평균 시장가격의 3배 이하
④ 이산화탄소 1톤당 5만 원의 범위에서 해당 이행연도에 배출권 평균 시장가격의 2배 이하

풀이) 과징금(온실가스 배출권의 할당 및 거래에 관한 법률)
주무관청은 할당대상업체가 인증받은 온실가스 배출량보다 제출한 배출권이 적은 경우, 할당대상업체가 할당이 취소된 양보다 제출기한 내에 제출한 배출권이 적은 경우 그 부족한 부분에 대하여 이산화탄소 1톤당 10만 원의 범위 내에서 해당 이행연도의 배출권 평균 시장가격의 3배 이하의 과징금을 부과할 수 있다.

86 온실가스 배출권의 할당 및 거래에 관한 법령상 배출권 할당의 취소 사유에 해당하지 않는 것은?

① 할당계획 변경으로 배출허용총량이 증가한 경우
② 할당대상업체가 전체 또는 일부 사업장을 폐쇄한 경우
③ 할당대상업체의 지정이 취소된 경우
④ 사실과 다른 내용으로 배출권의 할당 또는 추가 할당을 신청하여 배출권을 할당받은 경우

풀이) 배출권 할당의 취소
㉠ 할당계획 변경으로 배출허용총량이 감소한 경우
㉡ 할당대상업체가 전체 또는 일부 사업장을 폐쇄한 경우
㉢ 시설의 가동중지·정지·폐쇄 등으로 인하여 그 시설이 속한 사업장의 온실가스 배출량이 대통령령으로 정하는 기준 이상 감소한 경우
㉣ 사실과 다른 내용으로 배출권의 할당 또는 추가 할당을 신청하여 배출권을 할당받은 경우
㉤ 할당대상업체의 지정이 취소된 경우

87 온실가스 목표관리 운영 등에 관한 지침상 "연료, 열 또는 전기의 공급점을 공유하고 있는 상태, 즉, 건물 등에 타인으로부터 공급된 에너지를 변환하지 않고 다른 건물 등에 공급하고 있는 상태"를 뜻하는 용어는?

① 에너지 관리의 연계성
② 에너지 관리 상태
③ 에너지 관리의 상호 의존성
④ 에너지 관리 경계

풀이 에너지 관리의 연계성(온실가스 목표관리 운영 등에 관한 지침)
연료, 열 또는 전기의 공급점을 공유하고 있는 상태, 즉, 건물 등에 타인으로부터 공급된 에너지를 변환하지 않고 다른 건물 등에 공급하고 있는 상태를 말한다.

88 온실가스 목표관리 운영 등에 관한 지침상 교통분야 특례에 관한 내용으로 옳지 않은 것은?

① 동일 법인 등이 여객자동차운수사업자로부터 차량을 일정기간 임대 등의 방법을 통해 실질적으로 지배하고 통제할 경우 해당 법인 등의 소유로 본다.
② 일반화물자동차 운송사업을 경영하는 법인 등이 허가받은 차량은 차량 소유 유무에 상관없이 해당 법인 등이 지배적인 영향력을 미치는 차량으로 본다.
③ 교통분야에 속하는 관리업체를 지정할 때 동일한 사업자등록번호로 등록된 복수의 교통분야 사업장은 하나의 사업장에 속한 배출시설로 본다.
④ 관리업체 지정을 위해 온실가스 배출량을 산정할 때에는 항공 및 선박의 국제항공과 국제해운 부문을 포함한다.

풀이 관리업체 지정을 위해 온실가스 배출량을 산정할 때에는 항공 및 선박의 국제항공과 국제해운 부문은 제외한다.

89 온실가스 배출권의 할당 및 거래에 관한 법령상 배출권 할당위원회에 관한 설명으로 옳지 않은 것은?

① 할당위원회는 위원장 1명과 20명 이내의 위원으로 구성한다.
② 할당위원회에는 환경부령으로 정하는 바에 따라 간사위원 2명을 둔다.
③ 배출권 할당위원회의 회의는 재적위원 과반수의 출석으로 개의하고 출석위원 과반수의 찬성으로 의결한다.
④ 배출권 할당위원회의 회의는 할당위원회의 위원장이 필요하다고 인정하거나 재적위원의 3분의 1 이상이 요구할 때 개최한다.

풀이 할당위원회에는 대통령령으로 정하는 바에 따라 간사위원 1명을 둔다.

90 온실가스 목표관리 운영 등에 관한 지침상 '매개변수'에 관한 내용이 아닌 것은?

① 두 개 이상 변수 사이의 상관관계를 나타내는 변수
② 온실가스 배출량을 산정하는 데 필요한 탄소함량
③ 온실가스 배출량을 산정하는 데 필요한 불확도
④ 온실가스 배출량을 산정하는 데 필요한 발열량

풀이 매개변수(온실가스 목표관리 운영 등에 관한 지침)
두 개 이상 변수 사이의 상관관계를 나타내는 변수로서 온실가스 배출량을 산정하는 데 필요한 배출계수, 발열량, 산화율, 탄소함량 등을 말한다.

정답 87 ① 88 ④ 89 ② 90 ③

91 기후위기 대응을 위한 탄소중립·녹색성장 기본법령상의 내용으로 옳은 것은?(단, 기타 사항은 고려하지 않음)

① 정부는 국가비전과 중장기감축목표 등의 달성에 기여하기 위해 이산화탄소를 배출단계에서 포집하여 이용하거나 저장하는 기술의 개발·발전을 지원하기 위한 시책을 마련해야 한다.
② 정부는 국가비전 및 중장기감축목표 등의 달성을 위해 20년을 계획기간으로 하는 국가기본계획을 2년마다 수립·시행해야 한다.
③ 시·도지사는 국가기본계획과 관할 구역의 지역적 특성 등을 고려하여 7년을 계획기간으로 하는 시·도계획을 7년마다 수립·시행해야 한다.
④ 국가기본계획을 수립하거나 변경하는 경우 위원회의 심의를 거친 후 국회와 대통령의 심의를 거쳐야 한다.

[풀이] ② 정부는 국가비전 및 중장기감축목표 등의 달성을 위해 20년을 계획기간으로 하는 국가기본계획을 5년마다 수립·시행해야 한다.
③ 특별시장·광역시장·특별자치시장·도지사 및 특별자치도지사는 국가기본계획과 관할 구역의 지역적 특성 등을 고려하여 10년을 계획기간으로 하는 시·도계획을 5년마다 수립·시행하여야 한다.
④ 국가기본계획을 수립하거나 변경하는 경우 위원회의 심의를 거친 후 국무회의의 심의를 거쳐야 한다.

92 온실가스 배출권의 할당 및 거래에 관한 법령상 객관적이고 전문적인 검증을 위해 외부 검증전문기관을 지정하여 검증하는 항목이 아닌 것은?(단, 기타 사항은 고려하지 않음)

① 외부사업 온실가스 감축량
② 실제 배출된 온실가스 배출량에 대해 배출량 산정계획서를 기준으로 작성한 명세서
③ 이행계획서
④ 배출량 산정계획서

[풀이] 외부 검증기관 지정, 검증 항목(온실가스 배출권의 할당 및 거래에 관한 법률)
㉠ 배출량 산정계획서
㉡ 실제 배출된 온실가스 배출량에 대해 배출량 산정계획서를 기준으로 작성한 명세서
㉢ 외부사업 온실가스 감축량
㉣ 그 밖에 할당대상업체의 온실가스 감축량

93 온실가스 배출권거래제의 배출량 보고 및 인증에 관한 지침에 따라 배출량 등의 산정절차 중 (   ) 안에 알맞은 내용을 순서대로 나열한 것은?

조직경계의 설정 → (   ) → 배출량 산정 → 명세서의 작성

① 배출활동의 확인·구분 → 배출활동별 배출량 산정방법론의 선택 → 배출량 산정 및 모니터링 체계의 구축 → 모니터링 유형 및 방법의 설정
② 배출활동별 배출량 산정방법론의 선택 → 모니터링 유형 및 방법의 설정 → 배출량 산정 및 모니터링 체계의 구축 → 배출활동의 확인·구분
③ 배출활동별 배출량 산정방법론의 선택 → 배출량 산정 및 모니터링 체계의 구축 → 배출활동의 확인·구분 → 모니터링 유형 및 방법의 설정
④ 배출활동의 확인·구분 → 모니터링 유형 및 방법의 설정 → 배출량 산정 및 모니터링 체계의 구축 → 배출활동별 배출량 산정방법론의 선택

[풀이] 배출량 등의 산정·보고절차
㉠ 1단계 : 조직경계의 설정
㉡ 2단계 : 배출활동의 확인·구분
㉢ 3단계 : 모니터링 유형 및 방법의 설정
㉣ 4단계 : 배출량 산정 및 모니터링 체계의 구축
㉤ 5단계 : 배출활동별 배출량 산정방법론의 선택
㉥ 6단계 : 배출량 산정
㉦ 7단계 : 명세서의 작성

정답 91 ① 92 ③ 93 ④

94 온실가스 목표관리 운영 등에 관한 지침상 배출량 산정에 관한 내용으로 옳지 않은 것은?

① 관리업체는 온실가스 배출유형을 온실가스 직접배출과 간접배출로 구분하여 온실가스 배출량을 산정해야 한다.
② 관리업체는 기준치를 초과하지 않은 온실가스에 대해서는 배출량을 산정하지 않아도 된다.
③ 관리업체는 법인 단위, 사업장 단위, 배출시설 단위 및 배출활동별로 온실가스 배출량을 산정해야 한다.
④ 보고대상 배출시설 중 연간배출량이 $100tCO_2$-eq 미만인 소규모 배출시설이 동일한 배출활동 및 활동자료인 경우 부문별 관장기관의 확인을 거쳐 배출시설 단위로 구분하여 보고하지 않고 시설군으로 보고할 수 있다.

풀이 관리업체는 법에 정의된 온실가스에 대하여 빠짐이 없도록 배출량을 산정하여야 한다.

95 신에너지 및 재생에너지 개발·이용·보급 촉진법령상 "재생에너지"에 해당하지 않는 것은? (단, 기타 사항은 고려하지 않음)

① 수소에너지
② 태양에너지
③ 풍력
④ 지열에너지

풀이 ㉠ 재생에너지
- 태양에너지
- 바이오에너지
- 풍력
- 수력
- 지열에너지
- 해양에너지
- 폐기물에너지

㉡ 신에너지
- 연료전지
- 석탄 액화·가스화 에너지
- 수소에너지

96 온실가스 배출권의 할당 및 거래에 관한 법령상 할당대상업체에 배출권을 할당하는 기준을 정할 때 고려사항에 해당하지 않는 것은?

① 유상으로 할당하는 배출권의 비율
② 조기감축실적
③ 할당대상업체의 배출권 제출 실적
④ 할당대상업체의 시설투자 등이 국가온실가스 감축목표 달성에 기여하는 정도

풀이 배출권 할당 기준을 정할 때 고려사항
㉠ 할당대상업체의 이행연도별 배출권 수요
㉡ 조기감축실적
㉢ 할당대상업체의 배출권 제출 실적
㉣ 할당대상업체의 무역집약도 및 탄소집약도
㉤ 할당대상업체 간 배출권 할당량의 형평성
㉥ 부문별·업종별 온실가스 감축 기술 수준 및 국제경쟁력
㉦ 할당대상업체의 시설투자 등이 국가온실가스 감축목표 달성에 기여하는 정도
㉧ 기본법에 따른 관리업체의 목표 준수 실적

97 온실가스 배출권의 할당 및 거래에 관한 법령상 온실가스 배출권 할당신청서를 주문관청에 제출할 때 포함되어야 하는 사항에 해당하지 않는 것은?

① 계획기간 내 신·재생에너지 등 친환경에너지 사용계획
② 할당대상업체로 지정된 연도의 직전 3년간 온실가스 배출량
③ 공익을 목적으로 설립된 기관·단체 또는 비영리법인으로서 대통령령으로 정하는 업체임을 확인할 수 있는 서류
④ 배출효율을 기준으로 대통령령으로 정하는 방법에 따라 산정한 이행연도별 배출권 할당신청량

풀이 온실가스 배출권 할당신청서 포함 사항
㉠ 할당대상업체로 지정된 연도의 직전 3년간 온실가스 배출량
㉡ 배출효율을 기준으로 대통령령으로 정하는 방법에 따라 산정한 이행연도별 배출권 할당신청량
㉢ 공익을 목적으로 설립된 기관·단체 또는 비영리법인으로서 대통령령으로 정하는 업체임을 확인할 수 있는 서류

정답 94 ② 95 ① 96 ① 97 ①

98 온실가스 배출권의 할당 및 거래에 관한 법령상 할당결정심의위원회에서 심의·조정하는 사항에 해당하지 않는 것은?

① 배출권 할당의 취소
② 배출권 거래시장의 개설·운영
③ 할당계획 변경으로 인한 배출권의 추가할당
④ 할당대상 업체별 배출권의 할당

[풀이] 할당결정심의위원회의 심의·조정 사항
㉠ 할당대상 업체별 배출권의 할당
㉡ 할당계획 변경으로 인한 배출권의 추가할당
㉢ 신청에 의한 배출권의 추가할당
㉣ 배출권 할당의 취소

99 온실가스 목표관리 운영 등에 관한 지침상 조직의 온실가스 배출과 관련하여 지배적인 영향력을 행사할 수 있는 지리적 경계, 물리적 경계, 업무활동 경계를 의미하는 용어는?

① 조직경계
② 운영경계
③ 운영통제 범위
④ 사업장

[풀이] 운영통제 범위(온실가스 목표관리 운영 등에 관한 지침)
조직의 온실가스 배출과 관련하여 지배적인 영향력을 행사할 수 있는 지리적 경계, 물리적 경계, 업무활동 경계 등을 의미한다.

100 온실가스 목표관리 운영 등에 관한 지침상 기존 배출시설의 예상배출량 산정방법으로 가장 적합하지 않은 것은?

① 기준연도 배출시설 배출량의 선형 증감 추세
② 기준연도 배출시설 배출량의 증감률
③ 국제 연평균 온실가스 배출량의 증감 추세
④ 기준연도 배출시설의 단위 활동자료와 온실가스 배출량의 상관관계식을 이용한 배출량

[풀이] 기존 배출시설의 예상배출량 산정방법(온실가스 목표관리 운영 등에 관한 지침)
㉠ 기준연도 배출시설 배출량의 선형 증감 추세
㉡ 기준연도 배출시설 배출량의 증감률
㉢ 배출시설의 단위 활동자료와 온실가스 배출량의 상관관계식을 이용한 배출량
㉣ 기준연도 배출시설 평균배출량
㉤ 기준연도 배출시설 배출량

SECTION 12 2022년 4회 CBT 복원·예상문제

1과목 기후변화개론

01 기후시스템에서 구름의 영향에 관한 설명으로 가장 적합한 것은?

① 구름과 온난화는 관련이 없다.
② 낮은 구름이 증가하면 온난화 효과가 크다.
③ 높은 구름이 증가하면 지구복사에너지를 더 많이 흡수한다.
④ 현재까지는 온난화로 높은 구름이 감소할 가능성이 지배적인 것으로 알려져 있다.

풀이 구름은 지구에너지 평형에 있어서 중요한 역할을 하는데, 현 기후시스템에서 구름은 온실효과보다는 태양복사를 반사하는 효과가 더 크다. 또한 높은 구름이 증가하면 지구복사에너지를 더 많이 흡수하고 낮은 구름이 증가하면 온실효과가 작다.

02 우리나라 안면도에서 1999~2008년까지 측정하여 분석된 이산화탄소 배출 특성과 거리가 먼 것은?(단, 전 지구적인 농도값은 마우나로아에서의 측정값 기준)

① 계절별로 진폭은 다르지만 뚜렷한 일변동 특성을 보이는 경향이 있다.
② 일변동 폭은 여름에 아주 크고, 겨울에 아주 낮다.
③ 우리나라는 전 지구적인 이산화탄소 농도증가율보다 높은 편이다.
④ 일변동 최고농도가 나타나는 시간은 15~17시 사이이다.

풀이 1999년부터 2009년까지 CO_2의 일변동 최고농도가 나타나는 시간은 약 7~10시 사이이다.

03 교토의정서 상에서 감축 대상가스로 지정한 6대 주요 온실가스에 해당하지 않는 것은?

① 수소불화탄소
② 염화불화탄소
③ 육불화황
④ 과불화탄소

풀이 6대 주요 온실가스(교토의정서)
㉠ 이산화탄소(CO_2)
㉡ 메탄(CH_4)
㉢ 아산화질소(N_2O)
㉣ 과불화탄소($PFCs$)
㉤ 수소불화탄소($HFCs$)
㉥ 육불화황(SF_6)

04 Kyoto Flexible Mechanism(Kyoto Protocol)의 3가지 구조에 포함되지 않은 것은?

① 배출권 거래제도(Emissions Trading)
② 지속가능한 개발(Sustainable Development)
③ 청정개발체제(Clean Development Mechanism)
④ 공동이행제도(Joint Implementation)

풀이 교토메커니즘
㉠ 공동이행제도(Joint Implementation) : 교토의정서에 규정된 것으로 선진국인 A국이 선진국인 B국에 투자하여 발생된 온실가스 감축분의 일정분을 A국의 배출 저감실적으로 인정하는 제도를 말함
㉡ 청정개발체제(Clean Development Mechanism) : 교토의정서에 규정된 것으로 선진국인 A국이 개발도상국인 B국에 투자하여 발생된 온실가스 배출 감축분을 자국의 감축실적에 반영할 수 있도록 하는 제도를 말함
㉢ 배출권 거래제(Emission Trading) : 교토의정서에 규정된 것으로 온실가스 감축의무가 있는 국가에 배출 쿼터를 부여한 후, 동 국가 간 배출 쿼터의 거래를 허용하는 제도를 말함

정답 01 ③ 02 ④ 03 ② 04 ②

05 다음 온실가스 배출기업 중 연간 온난화 기여도가 가장 큰 기업은?(단, 그 밖에 배출하는 온난화 유발물질은 없다고 가정)

① 이산화탄소를 평균 24,000톤/월 배출하는 기업
② 메탄가스를 평균 1,200톤/월 배출하는 기업
③ 아산화질소를 평균 78톤/월 배출하는 기업
④ 육불화황을 평균 1톤/월 배출하는 기업

풀이 연간 온난화 기여도
㉠ CO_2 : 24,000ton/월 × 12월/년 = 288,000ton/년
㉡ CH_4 : 1,200ton/월 × 12월/년 × 21
      = 302,400ton/년
㉢ N_2O : 78ton/월 × 12월/년 × 310 = 24,180ton/년
㉣ SF_6 : 1ton/월 × 12월/년 × 23,900
      = 286,800ton/년

06 기후변화협약 당사국총회의 주요 결과로 거리가 먼 것은?

① 교토에서 교토의정서를 채택하였다.
② 더반에서 교토의정서 제2차 공약기간 설정에 합의하였다.
③ 코펜하겐에서 개도국의 능동적이고, 자발적 감축행동을 취하기로 하는 행동계획을 채택하였다.
④ 나이로비에서 개도국의 기후변화적응 지원에 관한 5개년 행동계획을 채택하였다.

풀이 개도국의 능동적이고 자발적 감축행동을 취하기로 하는 행동계획을 채택한 당사국총회는 2007년 인도네시아 발리이다.

07 평균온도가 15℃인 지구표면을 완전 흑체($\varepsilon=1$)라고 가정할 때 방출되는 최대 복사량은? (단, 스테판-볼츠만 상수는 $5.67 \times 10^{-8} Watt/m^2 K^4$ 이다.)

① 315Watt/m^2
② 390Watt/m^2
③ 445Watt/m^2
④ 495Watt/m^2

풀이 스테판-볼츠만의 법칙
$E = \sigma T^4$
$= 5.67 \times 10^{-8} W/m^2 K^4 \times (15+273)^4 K^4$
$= 390 Watt/m^2$

08 아산화질소 0.1톤, 메탄 1톤, 이산화탄소 10톤을 이산화탄소 상당량톤(tCO_2-eq)으로 환산하면?(단, 아산화질소(N_2O)와 메탄(CH_4)의 GWP는 각각 310, 21이다.)

① 52
② 53
③ 62
④ 152

풀이 이산화탄소 상당량톤(tCO_2-eq)
$= CO_2 + CH_4 + N_2O$
$= 10ton + (1ton \times 21) + (0.1ton \times 310)$
$= 62ton \ CO_2-eq$

09 미래 기후변화의 영향에 관한 설명으로 가장 거리가 먼 것은?

① 난대성 상록 활엽수인 후박나무는 북부지역으로 확대된다.
② 꽃매미, 열대모기 등 북방계 외래곤충이 감소하고 고온으로 인해 병해충 발생 가능성이 감소된다.
③ 농업에 있어서는 생산성 감소의 위협과 신 영농기법 도입의 기회가 공존한다.
④ 산업 전반에서는 산업리스크 증가와 새로운 시장 창출기회가 공존한다.

풀이 북방계 곤충(들신선나비)이 남방계 외래곤충(꽃매미, 열대모기)으로 대체되어 과수생육에도 큰 영향과 피해를 줄 것이다.

10 녹색기후기금(GCF)에 관한 설명으로 가장 거리가 먼 것은?

① 환경 분야의 세계은행이라 할 수 있다.
② 개도국의 온실가스 감축분야만 지원하는 기후변화 관련 금융기구로서 더반에서 유치인준을 결정했다.
③ 사무국은 인천 송도이다.
④ GCF는 UN산하기구로서 Green Climate Fund의 약자이다.

풀이 녹색기후기금(GCF)
2010년 칸쿤 당사국총회(COP 16)에서 개도국의 기후변화 대응 지원을 위해 설립된 기금이다.

정답 05 ② 06 ③ 07 ② 08 ③ 09 ② 10 ②

11 선진국과 개도국이 모두 참여하는 Post-2012 체제 구축을 합의한 회의는 무엇인가?

① 제18차 당사국총회(도하 총회)
② 제17차 당사국총회(더반 총회)
③ 제15차 당사국총회(코펜하겐 총회)
④ 제13차 당사국총회(발리 총회)

풀이 제13차 당사국총회
2007년 인도네시아 발리에서 발리로드맵을 채택하였다. 발리로드맵은 2012년 교토의정서 만료 이후 선진국과 개도국이 모두 참여하는 post-2012 체제 구축을 합의(각 국의 온실가스 감축량을 정하는 협상규칙)한 협상규칙이다.

12 기후변화에 대한 유럽연합의 대응에 관한 설명으로 가장 거리가 먼 것은?

① 유럽에서는 기후변화 문제에 적극적으로 대응해야 한다는 인식이 사회 전반적으로 넓게 퍼져 있었다.
② 2000년 교토의정서 비준논쟁 당시, 유럽연합에서는 산업계와 석유업계를 제외한 유럽연합 차원의 교토의정서 비준을 지지하는 입장을 견지하였다.
③ 유럽연합은 내부적으로 온실가스 감축에 관한 부담공유협정을 맺고 있었다.
④ 유럽연합의 적극적인 기후변화정책은 유럽연합 체제의 독특한 정치적 구조인 분산된 거버넌스를 토대로 하고 있다.

풀이 2000년 교토의정서 비준논쟁 당시 유럽연합에서는 대부분 산업계와 석유업계는 교토의정서 비준에 대해 지지 입장을 견지하였으며 미국, 호주, 일본 등이 반대하였다.

13 기후변화에 의한 잠재적인 영향과 잔여영향에 관한 설명으로 가장 적합한 것은?

① 잠재적인 영향은 적응을 고려할 경우 나타나는 기후변화로 인한 영향을 의미하며, 잔여영향은 적응으로 회피될 수 있는 영향 부분을 포함한 영향을 말한다.
② 잠재적인 영향은 적응을 고려할 경우 나타나는 기후변화로 인한 영향을 의미하며, 잔여영향은 적응으로 회피될 수 있는 영향 부분을 제외한 영향을 말한다.
③ 잠재적인 영향은 적응을 고려하지 않을 경우 나타나는 기후변화로 인한 영향을 의미하며, 잔여영향은 적응으로 회피될 수 있는 영향 부분을 포함한 영향을 말한다.
④ 잠재적인 영향은 적응을 고려하지 않을 경우 나타나는 기후변화로 인한 영향을 의미하며, 잔여영향은 적응으로 회피될 수 있는 영향 부분을 제외한 영향을 말한다.

풀이 잠재적인 영향이란 적응을 고려하지 않았을 경우 예측되는 기후변화영향을 의미하고, 잔여영향이란 적응이 이루어진 이후에 예측되는 기후변화영향, 즉 적응으로 회피될 수 있는 영향 부분을 제외한 영향을 의미한다.

14 ISO 국제표준(ISO 14064) 지침 원칙이 배출량 산정보고서와 관련하여 충족해야 하는 4가지 조건과 거리가 먼 것은?

① 완전성
② 추가성
③ 정확성
④ 일관성

풀이 ISO 국제표준(ISO 14064) 배출량 산정보고서의 4가지 충족조건
㉠ 완전성(Completeness)
• 모든 정량화 범위 및 원칙과 온실가스 배출/흡수에 대한 설명이 포함되어야 한다.
• 어떠한 예외라도 보고되고 정당성이 증명되어야 한다.
• 모든 정보는 선언된 경계, 범위, 기간 그리고 보고의 목적으로 구성된 양식을 갖추어야 한다.
㉡ 일관성(Consistency)
• 온실가스 배출/흡수는 시간에 따라 비교 가능하여야 한다.
• 보고 기준의 변화와 그로 인한 결과의 변화는 명확히 지적되고 해명되어야 한다.

정답 11 ④ 12 ② 13 ④ 14 ②

ⓒ 정확성(Accuracy)
- 온실가스의 정량화는 실제 배출/흡수의 초과도, 미만도 아님을 보증해야 한다.
- 불확실성은 정량화되고 감소되어야 한다.

ⓔ 투명성(Transparency)
- 정보는 명확하고, 사실에 입각하여 정기적으로 제공되어야 한다.
- 온실가스 자료정보는 확인·검증 가능한 양식으로 취득, 기록, 변환, 분석, 문서화되어야 한다.

15 기후변화 관련 국제협약이 시대순으로 옳게 나열된 것은?

① 유엔기후변화협약 → 교토의정서 → 발리 행동계획 → 칸쿤 합의
② 교토의정서 → 유엔기후변화협약 → 칸쿤 합의 → 발리 행동계획
③ 교토의정서 → 칸쿤 합의 → 발리 행동계획 → 유엔기후변화협약
④ 유엔기후변화협약 → 칸쿤 합의 → 교토의정서 → 발리 행동계획

풀이
- 유엔기후변화협약(1992년 브라질 리우데자네이루)
- 교토의정서(1997년 일본 교토)
- 발리 행동계획(2007년 인도네시아 발리)
- 칸쿤 합의(2010년 멕시코 칸쿤)

16 한반도 기후변화 시나리오 산출단계 순서로 가장 적합한 것은?

ⓐ 온실가스 배출시나리오
ⓑ 온실가스 농도에 따른 복사 강제력
ⓒ 전 지구 기후변화 시나리오
ⓓ 한반도 기후변화 시나리오
ⓔ 영향 평가 및 적응 전략 마련

① ⓐ→ⓑ→ⓒ→ⓓ→ⓔ
② ⓒ→ⓑ→ⓓ→ⓐ→ⓔ
③ ⓒ→ⓓ→ⓑ→ⓐ→ⓔ
④ ⓑ→ⓐ→ⓓ→ⓒ→ⓔ

풀이 녹한반도 기후변화 시나리오 산출단계
ⓐ 온실가스 배출시나리오
ⓑ 온실가스 농도에 따른 복사 강제력
ⓒ 전 지구 기후변화 시나리오
ⓓ 한반도 기후변화 시나리오
ⓔ 영향 평가 및 적응 전략 마련

17 대기의 연직구조 중 대류권에 관한 설명으로 옳지 않은 것은?

① 눈, 비 등의 기상현상이 일어난다.
② 고도가 올라갈수록 기온은 낮아진다.
③ 고도가 1km 상승함에 따라 온도는 약 6.5℃ 비율로 감소한다.
④ 일반적으로 고위도 지방이 저위도 지방에 비해 대류권의 고도가 높다.

풀이 대류권은 지표로부터 평균 11~12km까지의 높이이며 극지방으로 갈수록 낮아진다. 즉, 고위도 지방이 저위도 지방에 비해 대류권의 고도가 낮다.

18 지구의 복사 균형이 변하게 되는 주요 3가지 요인으로 거리가 먼 것은?

① 태양복사 입사량의 변화
② 지하 화석연료 개발의 변화
③ 지구에서 외부로 되돌아가는 장파 복사의 변화
④ Albedo의 변화

풀이 지구 복사 균형의 변화 요인
ⓐ 태양복사 입사량의 변화
- 지구궤도 변화
- 태양 자체의 변화
ⓑ 태양복사가 반사되는 비율(Albedo)의 변화
- 운량의 변화
- 대기입자의 변화
- 식생의 변화
ⓒ 지구에서 외부로 돌아가는 장파(적외선) 복사의 변화
- 온실가스농도의 변화

정답 15 ① 16 ① 17 ④ 18 ②

19 기후변화 시나리오 예측을 위한 기후모델에 관한 설명으로 옳지 않은 것은?

① 지구의 기후시스템은 대기권, 수권, 빙권, 지권 및 생물권으로 구성된다.
② 구성요소들 간의 물리과정, 상호작용, 에너지, 물 및 물질순환을 이룬다.
③ 기후과정 외에 인위적인 영향은 배제된다.
④ 기후시스템은 비선형성에 의한 카오스적인 특성을 나타낼 것으로 알려졌다.

풀이 기후변화는 기후과정(자연적 원인)과 인위적 요인에 의해 영향을 받는다.

20 기후변화와 관련된 복사법칙 중 "주어진 온도에서 이론상 최대에너지를 복사하는 가상적인 물체를 흑체라 할 때 흑체복사를 하는 물체에서 방출되는 복사에너지는 절대온도(K)의 4승에 비례한다."는 법칙은?

① 알베도의 법칙
② 플랑크의 법칙
③ 빈의 변위법칙
④ 스테판볼츠만의 법칙

풀이 스테판 – 볼츠만의 법칙(Stefan – Boltzmann's Law)
  ㉠ 정의 : 복사에너지 중 파장에 대한 에너지 강도가 최대가 되는 파장과 흑체의 표면온도의 관계를 나타내는 법칙. 즉, 흑체 복사를 하는 물체에서 방출되는 복사강도는 그 물체의 절대온도의 4승에 비례한다.
  ㉡ 관련식 : 흑체 표면의 단위면적으로부터 단위시간에 방출되는 전파장의 복사에너지의 양(흑체의 전복사도) E는 흑체의 절대온도 4승에 비례한다.
  $$E = \sigma T^4$$
  여기서, E : 흑체 단위표면적에서 복사되는 에너지
  T : 흑체의 표면 절대 온도
  σ : 스테판–볼츠만 상수
  $(5.67 \times 10^{-8} W/m^2 \cdot K^4)$

2과목 온실가스 배출의 이해

21 온실가스 배출권거래제의 배출량 보고 및 인증에 관한 지침상 석회석을 탈탄산시켜서 제조하는 것은?

① 생석회
② 소석회
③ 수산화칼슘
④ 탄산마그네슘

풀이 탈탄산 반응(생석회 생산공정)
  석회석을 생석회로 전환하는 과정
  $CaCO_3 \rightarrow CaO + CO_2$

22 온실가스 배출권거래제의 배출량 보고 및 인증에 관한 지침상 하·폐수처리 및 배출의 보고대상 시설에 해당하지 않는 것은?

① 가축분뇨공공처리시설
② 공공하수처리시설
③ 분뇨처리시설
④ 퇴비화시설

풀이 하·폐수처리 및 배출의 보고대상 시설
  ㉠ 가축분뇨공공처리시설
  ㉡ 폐수종말처리시설
  ㉢ 공공하수처리시설
  ㉣ 분뇨처리시설
  ㉤ 기타 하·폐수처리시설

23 온실가스 배출권거래제의 배출량 보고 및 인증에 관한 지침상 유리생산 배출활동의 개요에 관한 설명으로 옳지 않은 것은?

① 유리생산 활동에서의 융해공정 중 CO_2를 배출하는 주요 원료는 $MgCO_3$, H_2CO_3 및 $NaHCO_3$이다.
② 배출원 카테고리에는 유리생산뿐만 아니라 생산공정이 유사한 글래스울(Glass Wool)생산으로 인한 배출도 포함된다.
③ 유리의 제조에는 유리원료뿐만 아니라 재활용된 유리 파편인 컬릿(Cullet)을 일정량 사용한다.

정답 19 ③ 20 ④ 21 ① 22 ④ 23 ①

④ 용기생산에서의 컬릿 비율은 40~60%이지만, 유리 품질관리 차원에서 사용이 제한되기도 하며, 절연 섬유유리는 이보다 적은 컬릿을 사용한다.

풀이 유리생산 활동에서의 융해공정 중 CO_2를 배출하는 주요 원료는 석회석($CaCO_3$), 백운석[$CaMg(CO_3)_2$] 및 소다회(Na_2CO_3)이다. 이러한 광물들이 유리생산에 사용되기 위해 채굴되는 과정에서도 CO_2가 배출된다.

24 다음은 온실가스 배출권거래제의 배출량 보고 및 인증에 관한 지침상 아연생산을 위한 배출공정이다. ( ) 안에 알맞은 것은?

( )는 광석이 융해되지 않을 정도의 온도에서 광석과 산소, 수증기, 탄소, 염화물 또는 염소 등을 상호작용시켜서 다음 제련조작에서 처리하기 쉬운 화합물로 변화시키거나 어떤 성분을 기화시켜 제거하는 데 사용되는 노를 말한다.

① 전해로   ② 용해로
③ 용융로   ④ 배소로

풀이 배소로
㉠ 광석이 융해되지 않을 정도의 온도에서 광석과 산소, 수증기, 탄소, 염화물 또는 염소 등을 상호작용시켜 다음 제련조작에서 처리하기 쉬운 화합물로 변화시키거나 어떤 성분을 기화시켜 제거하는 데 사용되는 노를 말한다.
㉡ 종류에는 다단배소로, Rotary Kiln, 유동배소로 등이 있다.

25 온실가스 배출권거래제의 배출량 보고 및 인증에 관한 지침상 다음 고상 소각 폐기물 중 화석탄소 질량분율이 다른 하나는?

① 음식물류   ② 나무류
③ 플라스틱류   ④ 정원 및 공원 폐기물류

풀이 고상폐기물 화석탄소 질량분율(0~1사이의 소수)
㉠ 음식물류, 나무류, 정원 및 공원 폐기물류 : 0
㉡ 플라스틱류 : 1

26 온실가스 배출권거래제의 배출량 보고 및 인증에 관한 지침상 이동연소 배출시설 중 도로 차량의 배출시설을 구분하는 방법으로 가장 거리가 먼 것은?

① 전기자동차   ② 승용자동차
③ 승합자동차   ④ 화물자동차

풀이 이동연소 배출시설 중 도로 차량의 배출시설 구분
㉠ 승용자동차
㉡ 승합자동차
㉢ 화물자동차
㉣ 특수자동차
㉤ 이륜자동차
㉥ 비도로 및 기타 자동차

27 온실가스 배출권거래제의 배출량 보고 및 인증에 관한 지침상 "기체, 액체 혹은 고체 상태의 원료화합물을 반응기 내에 공급하여 기관 표면에서의 화학적 반응을 유도함으로써 반도체 기판 위에 고체 반응 생성물인 박막층을 형성하는 공정"으로 전자산업, 특히 반도체공정에 주로 이용하는 공정은?

① 식각공정   ② 화학기상 증착공정
③ 성형공정   ④ 세정공정

풀이 화학기상 증착공정
반도체공정에 주로 이용되는 화학기상 증착법(CVD)은 기체, 액체 혹은 고체 상태의 원료화합물을 반응기 내에 공급하여 기판 표면에서의 화학적 반응을 유도함으로써 반도체 기판 위에 고체 반응 생성물인 박막층을 형성하는 공정이다.

28 온실가스 배출권거래제의 배출량 보고 및 인증에 관한 지침상 이동연소 선박 부문의 배출량을 Tier 2, 3 수준으로 산정 시 적용하는 활동자료로 가장 거리가 먼 것은?

① 연료 종류
② 선박 종류

정답 24 ④ 25 ③ 26 ① 27 ② 28 ④

③ 엔진 종류별 연료 사용량
④ 엔진 부하율

풀이 이동연소(선박) 부문의 배출량 산정 시 적용하는 활동자료
  ㉠ Tier 1 : 연료 종류별 사용량
  ㉡ Tier 2, 3 : 선박 종류, 연료 종류, 엔진의 종류별 연료 사용량

29 온실가스 배출권거래제의 배출량 보고 및 인증에 관한 지침상 시멘트 생산의 배출활동과 보고대상 배출시설(소성로)에 관한 설명으로 옳지 않은 것은?

① 소성시설(Kiln)은 물체를 높은 온도에서 구워내는 시설을 말하며 일종의 열처리시설에 해당된다.
② 소성의 목적은 소성물질의 종류에 따라 다소 다르나 보통 고온에서 안정된 조직 및 광물상으로 변화시키거나 충분한 강도를 부여함으로써 물체의 형상을 정확하게 유지시키기 위한 목적으로 이용되는 경우가 많다.
③ 시멘트 공정에서의 CO_2 배출특성은 소성시설(Kiln)의 생석회 생성량과 연료 사용량 및 폐기물 소각량에 의하여 영향을 받으며, 그 밖에 주원료인 석회석과 함께 점토 등 부원료의 사용량에 의해서도 영향을 받을 수 있다.
④ 소성시설의 보고대상 온실가스는 CO_2, CH_4이다.

풀이 시멘트 생산
  ㉠ 보고대상 배출시설 : 소성시설
  ㉡ 보고대상 온실가스 : CO_2

30 온실가스 배출권거래제의 배출량 보고 및 인증에 관한 지침상 "부생연료 1호"에 관한 설명으로 옳지 않은 것은?

① 등유성상에 해당하는 제품으로 열효율은 보일러등유와 유사하다.
② 방향족 성분의 다량 함유로 일부 제품은 냄새가 심하며 연소성의 척도인 10% 잔류탄소분이 매우 높으므로 그을음 발생으로 집진시설을 설치해야 한다.
③ 석유화학제품 생산의 전처리과정에서 나오는 제품으로 물성이 다양하며, 목욕탕, 숙박업소 등에서 보일러등유, 경유 등이 연료를 사용하는 상업용 보일러에 대체연료로 사용된다.
④ 부생연료 1호 사용에 따른 고정연소 배출활동의 경우, 산정등급 1(Tier 1) CO_2 배출계수는 등유계수를 활용하여 온실가스 배출량을 산정한다.

풀이 ㉠ 부생연료 1호
  • 등유성상에 해당하는 제품으로 열효율은 보일러등유와 유사하다. 황분 0.1wt% 이하의 제품으로 연소설비 사용 시 경질유와 마찬가지로 집진시설 없이 사용 가능하며, 저온연소성이 보일러등유와 유사하므로 계절에 관계없이 사용 가능하다. 석유화학제품 생산의 전처리과정에서 나오는 제품으로 물성이 다양하며, 목욕탕, 숙박업소 등에서 보일러등유, 경유 등이 연료를 사용하는 상업용 보일러에 대체연료로 사용된다.
  • 부생연료 1호 사용에 따른 고정연소 배출활동의 경우, 산정등급 1(Tier 1) CO_2 배출계수는 등유계수를 활용하여 온실가스 배출량을 산정한다.
  ㉡ 부생연료 2호
  • 등유·중유성상에 해당하는 제품으로 열효율은 보일러등유와 중유의 중간 정도이다. 방향족 성분의 다량 함유로 일부 제품은 냄새가 심하며 연소성이 척도인 10% 잔류탄소분이 매우 높으므로 그을음 발생으로 집진시설을 설치해야 한다. 석유화학제품을 생산하는 전처리과정에서 나오는 제품으로 생산업체에 따라 물성이 다양하며, 보일러등유, 경유, 중유 등 액체연료를 사용하는 열원 공급시설(산업용 보일러 등)의 연료계통 부품을 교체하여 대체연료로 사용된다.
  • 부생연료 2호 사용에 따른 고정연소 배출활동의 경우, 산정등급 1(Tier 1) CO_2 배출계수는 B-C유 계수를 활용하여 온실가스 배출량을 산정한다.

31 온실가스 배출권거래제의 배출량 보고 및 인증에 관한 지침상 "관리형 매립지-혐기성"의 MCF 기본값(메탄보정계수)은?

① 1.0
② 0.5
③ 0.4
④ 0.1

풀이 매립시설 유형별 MCF(메탄보정계수)

매립시설 유형	MCF 기본값
관리형 매립지-혐기성	1.0
관리형 매립지-준호기성	0.5
비관리형 매립지-매립고 5m 이상	0.8
비관리형 매립지-매립고 5m 미만	0.4
기타	0.6

32 농업 작물, 농임산 부산물 또는 유기성 폐기물 등으로 생물 또는 생물기원의 모든 유기체 및 유기물을 포함하여 에너지를 생산하기 위한 원료로 사용되기도 하는 것은?

① 원유
② 부생연료
③ 바이오매스
④ 코크스

풀이 바이오매스
농업 작물, 농임산 부산물 또는 유기성 폐기물 등으로 생물 또는 생물기원의 모든 유기체 및 유기물을 포함하여 에너지를 생산하기 위한 원료, 즉 재생 가능한 에너지로 변환될 수 있는 생물자원 및 생물자원을 이용해 생산한 연료를 의미한다.

33 유리생산 활동의 용해공정 중 CO_2가 배출되지 않는 원료는?

① 경소백운석
② 마그네사이트
③ 철백운석
④ 능철광

풀이 유리생산 활동의 용해공정 중 CO_2 배출 원료(탄산염 사용량당 CO_2 기본배출계수 물질)
㉠ $CaCO_3$(석회석)
㉡ $MgCO_3$(마그네사이트)
㉢ $CaMg(CO_3)_2$(백운석)
㉣ $FeCO_3$(능철광)
㉤ $Ca(Fe, Mg, Mn)(CO_3)_2$(철백운석)
㉥ $MnCO_3$(망간광)
㉦ Na_2CO_3(소다회)

34 도로 부문의 보고대상 배출시설 중에서 배기량 1,530cc인 승용자동차가 해당하는 것은?

① 경형
② 소형
③ 중형
④ 대형

풀이 도로 부문 보고대상 배출시설(승용자동차)

경형	배기량이 1,000cc 미만으로서 길이 3.6미터, 너비 1.6미터, 높이 2.0미터 이하인 것
소형	배기량이 1,600cc 미만인 것으로서 길이 4.7미터, 너비 1.7미터, 높이 2.0미터 이하인 것
중형	배기량이 1,600cc 이상 2,000cc 미만이거나, 길이·너비·높이 중 어느 하나라도 소형을 초과하는 것
대형	배기량이 2,000cc 이상이거나, 길이·너비·높이 모두 소형을 초과하는 것

35 직전연도 1년 동안 가스보일러에서 사용한 LNG 사용량을 고지서를 통해 확인한 결과 1,100,000MJ이었다. 고지서에 제시된 총발열량은 44MJ/Nm³으로 되어 있었고, 에너지법의 별표에는 순발열량이 39.4MJ/Nm³이라고 알게 되었다. 아래의 정보를 토대로 산정된 온실가스 배출량(tCO_2-eq)은?[(단, 산정방식 : Tier 1, LNG IPCC 2006 배출계수(kg GHG/TJ) : CO_2의 경우 561,000, CH_4의 경우 1, N_2O의 경우 0.1)]

① 75
② 65
③ 55
④ 45

풀이 고정연소(기체연료) Tier 1(f_i, 즉 산화계수 1.0 적용)
$$E_{ij} = Q_i \times EC_i \times EF_{i,j} \times f_i \times 10^{-6}$$
여기서, E_{ij} : 연료(i) 연소에 따른 온실가스(j)의 배출량(tGHG)
Q_i : 연료(i) 사용량(측정값, 천 m³-연료)
$$= \frac{\text{고지서 확인 연료열량(MJ)}}{\text{고지서 제시 총발열량(MJ/Nm}^3)}$$

$$= \frac{1{,}100{,}000(\text{MJ})}{44(\text{MJ}/\text{Nm}^3)}$$
$$= 25{,}000\,\text{Nm}^3 = 25\text{천}\,\text{Nm}^3$$

EC_i : 연료(i)의 열량계수(연료순발열량, MJ/m^3-연료)

$EF_{i,j}$: 연료(i)에 따른 온실가스(j) 배출계수 (kgGHG/TJ-연료)

f_i : 연료(i)의 산화계수(CH$_4$, N$_2$O는 미적용)

$= (25\text{천}\,\text{Nm}^3 \times 39.4\text{MJ}/\text{Nm}^3 \times 56{,}000\text{kgCO}_2/\text{TJ} \times 1\text{tCO}_2\text{-eq}/\text{tCO}_2 \times 1 \times 10^{-6}) + (25\text{천}\,\text{Nm}^3 \times 39.4\text{MJ}/\text{Nm}^3 \times 1\text{kgCH}_4/\text{TJ} \times 21\text{tCO}_2\text{-eq}/\text{tCH}_4 \times 10^{-6}) + (25\text{천}\,\text{Nm}^3 \times 39.4\text{MJ}/\text{Nm}^3 \times 1\text{kgN}_2\text{O}/\text{TJ} \times 310\text{tCO}_2\text{-eq}/\text{tN}_2\text{O} \times 10^{-6})$

$= 55.309\,\text{tCO}_2\text{-eq}$

36. 시멘트 생산 공정배출에서 배출량 산정방법에 필요한 자료가 아닌 것은?

① 클링커 생산에 따른 CO$_2$ 배출량
② 클링커 생산량당 CO$_2$ 배출계수
③ 시멘트 킬른먼지(CKD) 생산량
④ 석회 생산량

풀이 시멘트 생산 배출량 산정방법(Tier 1~2)

$$E_i = (EF_i + EF_{toc}) \times (Q_i + Q_{CKD} \times F_{CKD})$$

여기서, E_i : 클링커(i) 생산에 따른 CO$_2$ 배출량 (tCO$_2$)

EF_i : 클링커(i) 생산량당 CO$_2$ 배출계수 (tCO$_2$/t-clinker)

EF_{toc} : 투입원료(탄산염, 제강슬래그 등) 중 탄산염 성분이 아닌 기타 탄소성분에 기인하는 CO$_2$ 배출계수(기본값으로 0.010tCO$_2$/t-clinker를 적용한다.)

Q_i : 클링커(i) 생산량(ton)

Q_{CKD} : 킬른에서 시멘트 킬른먼지(CKD)의 반출량(ton)

F_{CKD} : 킬른에서 유실된 시멘트 킬른먼지(CKD)의 하소율(0~1 사이의 소수)

37. 암모니아 생산공정-수증기 개질법의 1차 개질에서 생산되는 중간물질과 가장 거리가 먼 것은?

① 이산화탄소   ② 산소
③ 수소   ④ 메탄

풀이 암모니아 생산공정-수증기 1차 개질
고온의 과열수증기와 혼합된 납사 또는 천연가스를 니켈 촉매를 이용하여 분해하여 CO$_2$, H$_2$, CH$_4$를 생산한다.

38. 온실가스 배출권거래제의 배출량 보고 및 인증에 관한 지침상 단위 배출시설의 배출량이 60만 tCO$_2$/년인 전력 사용시설에 대하여 외부에서 공급된 전기 사용에 따른 온실가스 간접배출을 산정하고자 한다. 산정방법론, 전력사용량, 배출계수에 대한 산정등급(Tier)이 옳게 나열된 것은?

① 산정방법론 Tier 1, 전력사용량 Tier 2, 배출계수 Tier 2
② 산정방법론 Tier 1, 전력사용량 Tier 2, 배출계수 Tier 3
③ 산정방법론 Tier 2, 전력사용량 Tier 3, 배출계수 Tier 3
④ 산정방법론 Tier 3, 전력사용량 Tier 3, 배출계수 Tier 3

풀이 ㉠ 시설규모 : 연간 50만 톤 이상으로 C그룹
㉡ 산정방법론 : Tier 1
㉢ 전력사용량 : Tier 2
㉣ 간접배출계수 : Tier 2

외부 전기 및 열(스팀) 사용에 따른 온실가스 간접배출

배출활동	산정방법론			외부에너지 사용량			순 발열량			간접 배출계수		
시설규모	A	B	C	A	B	C	A	B	C	A	B	C
외부 전기 사용	1	1	1	2	2	2	-	-	-	2	2	2
외부 열·증기 사용	1	1	1	2	2	2	-	-	-	3	3	3

정답 36 ④ 37 ② 38 ①

39 온실가스 배출권거래제의 배출량 보고 및 인증에 관한 지침상 활동자료에 대한 설명으로 ( )에 알맞은 것은?

> 이 지침에서 석유제품의 기체연료에 대해 특별한 언급이 없으면 모든 조건은 (㉠) 상태의 체적과 관련된 활동자료이고 (㉡) 연료는 (㉢)를 기준으로 한 체적을 적용한다.

① ㉠ 275℃ 1기압, ㉡ 고체, ㉢ 15℃
② ㉠ 0℃ 1기압, ㉡ 액체, ㉢ 15℃
③ ㉠ 0℃ 2기압, ㉡ 고체, ㉢ 25℃
④ ㉠ 275℃ 2기압, ㉡ 액체, ㉢ 25℃

풀이 석유제품의 기체연료에 대해 특별한 언급이 없으면 모든 조건은 0℃ 1기압 상태의 체적과 관련된 활동자료이고 액체연료는 15℃를 기준으로 한 체적을 적용한다.

40 온실가스 배출권거래제의 배출량 보고 및 인증에 관한 지침상 K업체 소유 항공기의 온실가스 배출량 산정 시 운항실적에 따른 LTO 횟수가 알맞은 것은?

> 운항실적 ㉮ 국내선 : 226,832회
> ㉯ 국제선 : 72,364회
> ※ 운항실적은 항공통계상 '공항별 기종별 운항실적' 자료 기준임(각 공항에서 이륙과 착륙을 각 1회 운항으로 작성된 자료임)

① 598,932회
② 453,664회
③ 149,598회
④ 113,416회

풀이 이착륙(LTO)은 국내선 운항실적만 해당되므로
LTO 횟수 = $\frac{226,832}{2}$ = 113,416회

3과목 온실가스 산정과 데이터 품질관리

41 코크스로를 운영하고 있는 관리업체 A에서 유연탄 15만 톤을 사용하여 코크스 10만 톤을 생산하였다. 이때 Tier 1을 이용하여 온실가스 배출량을 산정할 경우 발생된 온실가스양은 몇 톤 CO_2-eq인가? (단, 공정배출계수는 CO_2 : 0.56 tCO_2/t코크스, CH_4 : 0.1 gCH_4/t코크스)

① 56,000.21
② 84,000.32
③ 140,000.53
④ 266,000.00

풀이 공정배출계수(코크스 1ton당 온실가스 배출량)
- CO_2 배출량
  = 100,000ton Coke × 0.56tCO_2/t코크스
  = 56,000tCO_2-eq
- CH_4 배출량
  = 100,000tonCoke × 0.1gCH_4/t코크스 × 10^{-6}ton/g × 21 = 0.21tCO_2-eq
- 발생 온실가스양(tCO_2-eq)
  = 56,000 + 0.21 = 56,000.21tonCO_2-eq

42 관리업체인 L시멘트사는 연간 180만 톤의 클링커를 생산하고 있고, 그 과정에서 시멘트킬른먼지(CKD)가 500톤 발생하나, L사는 백필터(Bag Filter)를 활용하여 유실된 CKD를 전량 회수하여 다시 킬른에 투입한다고 가정할 때 Tier 1을 이용한 온실가스 배출량(tCO_2/y)은?(단, 클링커생산량당 CO_2 배출계수는 0.51 tCO_2/t-클링커, 투입원료 중 기타 탄소성분에 기인하는 CO_2 배출계수는 0.01 tCO_2/t-클링커)

① 917,995
② 918,005
③ 936,000
④ 936,740

풀이 배출량 산정방법
[Tier 1~2]
$E_i = (EF_i + EF_{toc}) \times (Q_i + Q_{CKD} \times F_{CKD})$
여기서, E_i : 클링커(i) 생산에 따른 CO_2 배출량 (tCO_2)
EF_i : 클링커(i) 생산량당 CO_2 배출계수 (tCO_2/t-clinker)

EF_{toc} : 투입원료(탄산염, 제강슬래그 등) 중 탄산염 성분이 아닌 기타 탄소 성분에 기인하는 CO_2 배출계수 (기본 값으로 $0.010tCO_2/t-clinker$를 적용한다.)

Q_i : 클링커(i) 생산량(ton)

Q_{CKD} : 킬른에서 시멘트 킬른먼지(CKD)의 유실량(ton)

F_{CKD} : 킬른에서 유실된 시멘트 킬른먼지(CKD)의 하소율(%)

온실가스 배출량(tCO2/year)
= $(0.51tCO_2/t-$클링커$+0.01tCO_2/t-$클링커$)$
$\times (1,800,000ton+0) = 936,000tCO_2/year$

43 Scope 1과 Scope 2에 관한 설명으로 옳은 것은?

① 전기, 스팀 등의 구매에 의한 외부에서의 온실가스 배출은 Scope 1에 해당된다.
② 중간 생성물의 저장, 이송과정에서의 온실가스 배출은 Scope 2에 해당된다.
③ 배출원 관리 영역에 있는 차량운행을 통한 온실가스 배출은 Scope 2에 해당된다.
④ 화학반응을 통한 부산물로서의 온실가스 배출은 Scope 1에 해당된다.

[풀이] ① 전기, 스팀 등의 구매에 의한 외부에서의 온실가스 배출은 Scope 2에 해당된다.
② 중간 생성물의 저장, 이송과정에서의 온실가스 배출은 Scope 1에 해당된다.
③ 배출원 관리 영역에 있는 차량운행을 통한 온실가스 배출은 Scope 1에 해당된다.

44 관리업체 A에서 1년간 도시가스(LNG) 58,970 Nm^3를 사용했을 때 온실가스 배출량은?(단, 발열량과 배출계수는 아래 표를 참조하고, 산화계수는 1.0을 적용)

에너지원	순발열량	배출계수(kg/TJ)		
		CO_2	CH_4	N_2O
도시가스(LNG)	0.04 TJ/1,000Nm³	56,467	5.0	0.1

① $83.19tCO_2-eq$
② $96.24tCO_2-eq$
③ $113.44tCO_2-eq$
④ $133.51tCO_2-eq$

[풀이] 기체연료의 배출량 산정방법

$E_{i,j} = Q_i \times EC_i \times EF_{i,j} \times f_i \times 10^{-6}$

여기서, $E_{i,j}$: 연료(i) 연소에 따른 온실가스(j)의 배출량 (tGHG)

Q_i : 연료(i) 사용량(측정값, 천m³-연료)

EC_i : 연료(i)별 열량계수(연료 순 발열량, MJ/m³-연료)
= $0.04TJ/1,000m^3 = 0.00004TJ/m^3 \times 10^6 MJ/TJ$
= $40MJ/m^3$

$EF_{i,j}$: 연료(i)에 따른 온실가스(j)의 배출계수 (kgGHG/TJ-연료)

f_i : 연료(i)의 산화계수(CH_4, N_2O는 미적용)

CO_2배출량 = 58.970천$Nm^3 \times 40MJ/m^3 \times 56,467kgCO_2/TJ \times 10^{-6} = 133.194tCO_2$

CH_4배출량 = 58.970천$Nm^3 \times 40MJ/m^3 \times 5.0kgCH_4/TJ \times 10^{-6} = 0.01179tCH_4$

N_2O배출량 = 58.970천$Nm^3 \times 40MJ/m^3 \times 0.1kgN_2O/TJ \times 10^{-6} = 0.000236tN_2O$

온실가스배출량 = $133.194 + (0.01179 \times 21) + (0.000236 \times 310)$
= $133.515tCO_2-eq$

45 할당대상업체에서 근사법에 의한 모니터링 방법을 적용할 경우에 관한 설명으로 옳지 않은 것은?

① 할당대상업체는 근사법을 사용할 수밖에 없는 합당한 이유 등을 모니터링 계획에 포함하여야 한다.
② 할당대상업체는 배출시설 단위로 측정기기의 신규설치 및 정도검사 일정 등을 모니터링 계획에 포함하여야 한다.
③ 이동연소배출원(사업장에서 개별 차량별로 온실가스 배출량을 산정하는 경우를 의미한다.)에는 근사법에 의한 모니터링을 적용할 수 없다.
④ 식당 LPG, 비상발전기에는 근사법에 의한 모니터링을 적용할 수 있다.

정답 43 ④ 44 ④ 45 ③

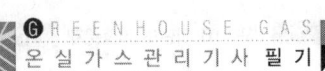

[풀이] 모니터링 유형 C(근사법에 따른 모니터링)를 적용할 수 있는 배출시설
  ㉠ 식당 LPG, 비상발전기, 소방펌프 및 소방설비 등 저배출원
  ㉡ 이동연소배출원(사업장에서 개별 차량별로 온실가스 배출량을 산정하는 경우를 의미한다.)
  ㉢ 타 사업장 또는 법인과의 수급계약서에 명시된 근거를 이용하여 활동자료를 배출시설별로 구분하는 경우
  ㉣ 기타 모니터링이 불가능하다고 관장기관이 인정하는 경우

46 온실가스 배출권거래제 운영을 위한 검증지침에서 온실가스 검증심사원 등의 업무 및 역할에 대한 설명으로 가장 거리가 먼 것은?

① 온실가스 검증심사원은 명세서 검증절차를 준수하여 검증을 수행한다.
② 온실가스 검증심사원은 검증보고서를 작성할 때 검증 개요 및 검증의 내용과 최종 검증 의견 및 결론을 포함하여 작성해야 한다.
③ 검증계획 수립 시 검증팀장은 수립된 검증계획을 최소 15일 전에 피검증자에게 통보함으로써 효율적인 문서검토 및 현장검증이 실시될 수 있도록 해야 한다.
④ 온실가스 배출량과 에너지 소비량이 산정에 영향을 미치는 오류는 조치요구사항을 피검증자에게 즉시 통보하여 수정조치를 요구하여야 한다.

[풀이] 검증계획 수립 시 검증팀장은 수립된 검증계획을 최소 1주일 전에 피검증자에 통보함으로써 효율적인 문서검토 및 현장검증이 실시될 수 있도록 해야 한다.

47 온실가스 배출권거래제의 배출량 보고 및 인증에 관한 지침에서 배출량에 따른 시설규모에 대한 설명으로 옳지 않은 것은?

① B그룹은 연간 5만 톤 이상, 연간 50만 톤 미만의 배출시설이다.
② 연간 100만 톤 이상의 배출시설은 D그룹에 해당한다.
③ 관리업체는 신설되는 배출시설규모 결정 시 신설되는 배출시설의 예상 온실가스 배출량을 계산하여 그 값에 따라 시설규모를 결정한다.
④ 배출시설규모 최종 결정 이후, 최근에 제출된 명세서의 온실가스 배출량보다 최근에 제출된 3개년도 명세서의 평균배출량이 큰 경우, 최근에 제출된 3개년도 명세서의 평균배출량에 따라 시설규모를 결정한다.

[풀이] 연간 100만 톤 이상의 배출시설은 C그룹에 해당한다.[C그룹 : 연간 50만 톤(tCO_2-eq) 이상의 배출시설]

48 온실가스 목표관리 운영 등에 관한 지침상 교통분야 특례에 관한 설명으로 옳지 않은 것은?

① 동일 법인 등이 여객자동차 운수사업자로부터 차량을 일정 기간 임대 등의 방법을 통해 실질적으로 지배하고 통제할 경우 당해 법인 등의 소유로 본다.
② 일반화물자동차 운송사업을 경영하는 법인 등이 허가받은 차량은 차량소유 유무에 상관없이 당해 법인 등이 지배적인 영향력을 미치는 차량으로 본다.
③ 관리업체 지정을 위해 온실가스 배출량을 산정할 때에는 국제항공과 국제해운 부문도 포함한다.
④ 화물운송량이 연간 3천만 톤-km 이상인 화주기업의 물류 부문에 대해서는 국토교통부에서 다른 부문의 소관 관장기관에게 관련 자료의 제출을 요청할 수 있다.

[풀이] 관리업체 지정을 위해 온실가스 배출량 등을 산정할 때에는 항공 및 선박의 국제항공과 국제해운 부문은 제외한다.

정답 46 ③ 47 ② 48 ③

49 온실가스 배출권거래제의 배출량 보고 및 인증에 관한 지침상 온실가스 배출량 산정결과의 정확성을 향상시키기 위해서는 배출계수의 고도화가 필요하다. 다음 중 온실가스 배출량 산정 시 신뢰도가 가장 낮은 것은?

① 사업장 고유배출계수
② 국가 고유배출계수
③ IPCC 기본배출계수
④ 사업장 내 연속측정 방법에 따른 배출량 산정

풀이 산정등급(Tier 1~4)이 높을수록 배출량 산정의 정확도(신뢰도)는 높아지며 배출량 산정방법론 등 배출량 산정의 복잡성도 증가하는 경향이 있다. 즉, 배출량 산정을 위한 자료 및 방법론이 보다 구체적이며 배출원 특성을 반영한다고 할 수 있다.

50 온실가스 배출권거래제의 배출량 보고 및 인증에 관한 지침상 관리업체의 온실가스 배출량 산정보고에 관한 설명으로 옳지 않은 것은?

① 관리업체는 보고대상 배출시설 중 연간 배출량이 200tCO$_2$-eq 미만인 소규모 배출시설은 배출시설단위로 보고하지 않고 사업장단위 총 배출량에 포함하여 보고할 수 있다.
② 관리업체는 명세서를 작성한 후 검증기관의 검증을 거쳐 매년 3월 31일까지 부문별 관장기관에 제출해야 한다.
③ 세부적인 온실가스 배출량 등의 산정방법이 제시되지 않은 온실가스 배출활동은 관리업체가 자체적으로 산정방법을 개발하여 온실가스 배출량을 산정하여야 한다.
④ 관리업체는 연간 모니터링 계획 등을 포함한 온실가스 배출량의 산정·보고와 관련한 자료를 문서화하여 최소 5년 이상 보관하여야 한다.

풀이 보고대상 배출시설 중 연간 배출량(배출권거래제의 경우 기준연도 온실가스 배출량의 연평균 총량)이 100tCO$_2$-eq 미만인 소규모 배출시설이 동일한 배출활동 및 활동자료인 경우 부문별 관장기관의 확인을 거쳐 배출시설 단위로 구분하여 보고하지 않고 시설군으로 보고할 수 있다.

51 다음은 온실가스 배출권 거래제 운영을 위한 검증지침상 검증기관의 변경신고에 관한 사항이다. ( ) 안에 알맞은 것은?

> 검증 관련 내부 업무규정이 변경된 경우에는 변경이 있은 날로부터 (㉠) 이내, 검증기관의 사무실 소재지가 변경된 경우에는 변경이 있은 날로부터 (㉡) 이내에 변경내용을 증명하는 서류와 검증기관 지정서를 첨부하여 국립환경과학원장에게 제출하여야 한다.

① ㉠ 7일, ㉡ 15일
② ㉠ 15일, ㉡ 7일
③ ㉠ 7일, ㉡ 30일
④ ㉠ 30일, ㉡ 7일

풀이 검증 관련 내부 업무규정의 변경, 검증전문분야의 변경이 있는 날부터 7일 이내, 검증기관 사무실 소재지의 변경, 법인 및 대표자가 변경된 경우에는 변경이 있는 날부터 30일 이내에 변경내용을 증명하는 서류와 검증기관 지정서를 첨부하여 국립환경과학원장에게 제출하여야 한다.

52 온실가스 목표관리 운영 등에 관한 지침상 용어의 정의 중 "온실가스 감축 및 에너지 절약과 관련하여 경제적·기술적으로 사용이 가능하면서 가장 최신이고 효율적인 기술, 활동 및 운전방법"을 말하는 것은?

① 최적가용기술
② 실용신안기술
③ 벤치마크기술
④ 적정운영기술

풀이 최적가용기술(BAT)
온실가스 감축 및 에너지 절약과 관련하여 경제적·기술적으로 사용이 가능하면서 가장 최신이고 효율적인 기술, 활동 및 운전방법을 말한다.

정답 49 ③ 50 ① 51 ③ 52 ①

53 온실가스 배출권거래제의 배출량 보고 및 인증에 관한 지침상 온실가스 측정불확도 산정절차로 옳은 것은?

> ㉠ 매개변수의 불확도 산정
> ㉡ 사전검토
> ㉢ 배출시설에 대한 불확도 산정
> ㉣ 사업장 또는 업체에 대한 불확도 산정

① ㉠→㉡→㉢→㉣
② ㉡→㉠→㉢→㉣
③ ㉢→㉠→㉡→㉣
④ ㉣→㉠→㉡→㉢

[풀이] 측정불확도 산정절차
㉠ 1단계 : 사전검토
㉡ 2단계 : 매개변수의 불확도 산정
㉢ 3단계 : 배출시설에 대한 불확도 산정
㉣ 4단계 : 사업장 또는 업체에 대한 불확도 산정

54 다음은 온실가스 배출권거래제의 배출량 보고 및 인증에 관한 지침에서 연속측정방법의 배출량 산정방법 및 측정기기의 설치·관리 기준 중 굴뚝연속자동측정기와 배출가스 유량계 측정자료의 수치맺음 및 배출량 산정기준이다. ( ) 안에 알맞은 것은?

> 자동측정자료의 배출량 산정기준으로 월 배출량은 g 단위의 (㉠)을 월 단위로 합산하고, kg 단위로 환산한 후, (㉡) 산정한다.

① ㉠ 10분 배출량,
　㉡ 소수점 이하는 버림처리하여 정수로
② ㉠ 30분 배출량,
　㉡ 소수점 이하는 버림처리하여 정수로
③ ㉠ 10분 배출량,
　㉡ 소수점 둘째 자리에서 반올림처리하여 소수 첫째 자리까지
④ ㉠ 30분 배출량,
　㉡ 소수점 둘째 자리에서 반올림처리하여 소수 첫째 자리까지

[풀이] 굴뚝연속자동측정기와 배출가스 유량계 자동측정자료의 배출량 산정기준
㉠ 30분 배출량은 g 단위로 계산하고, 소수점 이하는 버림처리하여 정수로 산정한다.
㉡ 월 배출량은 g 단위의 30분 배출량을 월 단위로 합산하고, kg 단위로 환산한 후, 소수점 이하는 버림처리하여 정수로 산정한다.

55 온실가스 배출권거래제의 배출량 보고 및 인증에 관한 지침에 따른 시멘트 생산과정에서의 온실가스 배출량 산정에 대한 설명으로 틀린 것은?

① Tier 1 방법론 적용 시 시멘트킬른먼지(CKD)의 하소율 측정값이 없다면 100% 하소를 가정한다.
② Tier 2 방법론 적용 시 시멘트킬른먼지(CKD)의 하소율 측정값이 없다면 100% 하소를 가정한다.
③ Tier 3 방법론 적용 시 클링커의 CaO 및 MgO 성분을 측정·분석하여 배출계수를 개발하여 활용한다.
④ Tier 3 방법론 적용 시 클링커에 남아 있는 소성되지 않은 CaO 측정값이 없을 경우 기본값인 1.0을 적용한다.

[풀이] 소성되지 않은 CaO는 $CaCO_3$ 형태로 클링커에 남아 있는 CaO 및 비탄산염 종류로 킬른에 들어가서 클링커에 있는 CaO를 의미한다. 측정값이 없을 경우, 기본값인 '0'을 적용한다.

56 온실가스 배출권거래제의 배출량 보고 및 인증에 관한 지침에 따른 이동연소(선박)의 온실가스 배출량 산정방법에 대한 설명 중 옳은 것은?

① 보고대상 온실가스는 CO_2, CH_4, N_2O이다.
② 국제수상운송에 의한 온실가스 배출량은 산정대상이다.
③ Tier 4 산정방법론이 있다.
④ Tier 2 배출계수는 사업자가 자체 개발한 계수이다.

정답 53 ② 54 ② 55 ④ 56 ①

[풀이] ② 국제수상운송(국제벙커링)에 의한 온실가스 배출량은 산정·보고에서 제외한다.
③ 산정방법론은 Tier 1, 2, 3 등 3가지이다.
④ Tier 3 배출계수는 사업자가 자체 개발한 고유배출계수를 사용한다.

57 온실가스 배출권거래제의 배출량 보고 및 인증에 관한 지침상 폐기물 소각의 배출활동 개요에 관한 설명으로 ( )에 들어갈 수 있는 물질이 알맞게 짝지어진 것은?

> 폐기물 소각시설에서 바이오매스 폐기물 (㉠)의 소각으로 인한 CO_2 배출은 생물학적 배출량이므로 배출량 산정 시 제외되어야 하며, 화석연료로 인한 폐기물 (㉡)의 소각으로 인한 CO_2 배출량은 배출량에 포함되어야 한다.

① ㉠ 목재, 폐지 등
  ㉡ 공원폐기물, 폐합성고무 등
② ㉠ 음식물, 기저귀, 하수슬러지 등
  ㉡ 플라스틱, 폐섬유류 등
③ ㉠ 음식물, 목재 등
  ㉡ 플라스틱, 합성섬유, 폐유 등
④ ㉠ 목재, 폐지 등
  ㉡ 플라스틱, 폐합성고무 등

[풀이] 폐기물 소각의 배출활동(온실가스 배출권거래제의 배출량 보고 및 인증에 관한 지침)
  ㉠ 폐기물 소각시설에서는 고형 및 액상폐기물의 연소로 인해 CO_2, CH_4 및 N_2O가 배출된다.
  ㉡ 소각되는 폐기물 유형
    • 도시고형폐기물
    • 사업장폐기물
    • 지정폐기물
    • 하수 슬러지
    단, 바이오매스 폐기물(음식물, 목재 등)의 소각으로 인한 CO_2 배출은 생물학적 배출량이므로 배출량 산정 시 제외되어야 한다.
  ㉢ 화석연료로 인한 폐기물(플라스틱, 합성섬유, 폐유 등)의 소각으로 인한 CO_2만 배출량에 포함되어야 한다.

58 온실가스 배출권거래제의 배출량 보고 및 인증에 관한 지침상 카프로락탐 생산공정에 관한 설명으로 옳지 않은 것은?

① 카프로락탐 생산 시 원료는 사이클로헥산, 페놀, 톨루엔 3가지로 구분된다.
② 카프로락탐 생산공정에서 사이클로헥산은 촉매 존재하에 사이클로헥사놀이 70%, 사이클로헥사논이 30%로 구성되어 있다.
③ 사이클로헥사놀은 탈수소 촉매하에서 사이클로헥사논으로 전환된다.
④ 보고대상 온실가스는 CO_2, N_2O이다.

[풀이] 카프로락탐 생산공정에서 사이클로헥산은 촉매 존재하에 사이클로헥사논과 사이클로헥사놀로 산화된다. 이때 생산된 산화물은 사이클로헥사놀이 60%, 사이클로헥사논이 40%로 구성되어 있다.

59 온실가스 배출권거래제의 배출량 보고 및 인증에 관한 지침에 따른 배출활동별 온실가스 배출량 등의 세부산정방법 및 기준사항으로 ( )에 알맞은 것은?

> 사업장별 배출량은 정수로 보고한다. 배출활동별 배출량 세부산정 중 활동자료의 보고값은 소수점 ( )로 하며, 각 배출활동별 배출량 산정방법론의 단위를 따른다.

① 셋째 자리에서 절사하여 둘째 자리까지
② 셋째 자리에서 반올림하여 둘째 자리까지
③ 넷째 자리에서 절사하여 셋째 자리까지
④ 넷째 자리에서 반올림하여 셋째 자리까지

[풀이] 배출활동별 배출량 세부산정 중 활동자료의 보고값은 소수점 넷째 자리에서 반올림하여 셋째 자리까지로 한다.

정답 57 ③ 58 ② 59 ④

60 온실가스 배출권거래제의 배출량 보고 및 인증에 관한 지침상 연료 등 구매량 기반 모니터링 방법에 대해서 설명하고 있다. 아래 유형은 어디에 해당하는가?

> 연료 및 원료 공급자가 상거래 등을 목적으로 설치·관리하는 측정기기와 주기적인 정도검사를 실시하는 내부 측정기기가 같이 설치되어 있을 경우 활동자료를 수집하는 방법이다. 배출시설에 다수의 교정된 측정기기가 부착된 경우, 교정된 자체 측정기기 값을 사용하는 것을 원칙으로 한다. 다만, 전체 활동자료 합계와 거래용 측정 측정기기의 활동자료를 비교할 수 있으며 구매거래용 측정기기 값과 교차 분석하여 관리하여야 한다.

① A-1 유형   ② A-2 유형
③ A-3 유형   ④ A-4 유형

풀이 모니터링 유형(A-2)
㉠ A-2 유형은 연료 및 원료 공급자가 상거래 등을 목적으로 설치·관리하는 측정기기(WH)와 주기적인 정도검사를 실시하는 내부 측정기기(FL)가 같이 설치되어 있을 경우 활동자료를 수집하는 방법이다.
㉡ 배출시설에 다수의 교정된 측정기기가 부착된 경우, 교정된 자체 측정기기 값을 사용하는 것을 원칙으로 한다.
㉢ 전체 활동자료 합계와 거래용 측정 측정기기의 활동자료를 비교할 수 있으며 구매거래용 측정기기(WH) 값과 교차 분석하여 관리하여야 한다.

4과목 온실가스 감축관리

61 다음 중 고온형 연료전지에 해당되는 것은?
① 고체산화물 연료전지
② 알칼리 연료전지
③ 인산염 연료전지
④ 고분자 전해질막 연료전지

풀이 연료전지의 종류 및 운전온도
- 알칼리 연료전지(Alkaline Fuel Cell : AFC) - 80℃
- 인산형 연료전지(Phosphoric Acid Fuel Cell : PAFC) - 200℃
- 용융탄산염 연료전지(Molten Carbon Fuel Cell : MCFC) - 650℃
- 고체 산화물 연료전지(Solid Oxide Fuel Cell : SOFC) - 1,000℃
- 고분자 전해질 연료전지(Polymer Electrolyte Fuel Cell : PEFC) - 85~100℃

62 화학산업에서 우선적으로 추진해야 할 온실가스 감축수단은 에너지 효율을 높이고 화학연료 사용을 최소화하는 것이다. 다음 중 에너지 효율 개선을 위해 적응할 수 있는 공정개선과 가장 거리가 먼 것은?
① 설비 및 기기효율의 개선
② 에너지 효율 제고를 위해 제조법의 전환 및 공정개발
③ 배출 에너지의 회수
④ 배출량 원단위 지수 개선

풀이 배출량 원단위 지수 개선은 에너지 효율 개선보다는 화학연료 사용 최소화와 관련이 있다.

63 온실가스 감축방법 중 직접감축방법이 아닌 것은?
① 대체물질 및 대체공정 적용
② 신재생에너지 적용
③ 공정개선
④ 온실가스 활용

풀이 온실가스 직접감축방법
㉠ 공정개선
㉡ 대체물질 및 대체공정 적용(원료 및 연료의 개선/대체)
㉢ 온실가스 활용 및 전환
㉣ 온실가스 처리기술

정답 60 ② 61 ① 62 ④ 63 ②

64 Non-CO_2 온실가스가 아닌 것은?

① CH_4
② NO_2
③ HFCs
④ SF_6

풀이 Non-CO_2 온실가스
㉠ CH_4　㉢ N_2O　㉤ PFCs
㉡ HFCs　㉣ SF_6

65 Non-CO_2 온실가스인 PFCs의 주요 발생원과 가장 거리가 먼 것은?

① 금속 관련 산업(철강 산업)
② 카프로락탐 등을 생산하는 석유화학 공정
③ Halocarbons 생산 공정 및 사용공정
④ 전자회로나 반도체 생산 공정의 에칭공정이나 세정액으로 사용

풀이 석유화학산업에서 주로 발생하는 온실가스는 CO_2, CH_4이다.

66 CCS(Carbon Capture and Storage)에 대한 설명으로 틀린 것은?

① CO_2를 배출하는 모든 부분에 적용할 수 있으나, 특성상 CO_2 배출농도가 높고, 배출량이 많은 분야에 우선 적용이 가능하다.
② 화력발전소는 CO_2 배출밀도(시간당 배출량)가 높기 때문에 CO_2 회수·처리비용 및 기술 타당성에 있어서 적용이 적합하다.
③ CCS 기술은 발전소 및 각종 산업에서 발생하는 CO_2를 대기로 배출시키기 전에 고농도로 포집·압축·수송하여 안전하게 저장하는 기술이다.
④ CO_2 제거 측면에서 효율은 높지 않지만 반면에 처리 비용이 저렴하다.

풀이 CCS는 CO_2 제거 측면에서 효율은 높지만 처리비용이 고가이다.

67 자동차 "가솔린엔진"에서의 온실가스 저감기술과 가장 거리가 먼 것은?

① 캠 페이저 시스템(Cam Phaser Systems)
② 실린더 디액티베이션(Cylinder Deactivation)
③ 가솔린 직접분사
④ 고압연료 분사시스템

풀이 자동차 엔진에 따른 감축기술
㉠ 가솔린엔진
　• 캠 페이저 시스템(Cam Phaser System)
　• 실린더 디액티베이션(Cylinder Deactivation)
　• 가솔린 직접분사
　• 터보 차징/다운사이징 가솔린 엔진
　• 예혼합압축착화
㉡ 디젤엔진
　• 예혼합압축착화 연소
　• 고압연료 분사시스템
　• 과급
　• 배기가스 재순환(EGR)

68 A 발전소는 일일 10MW 용량의 태양광 발전소를 CDM 사업으로 추진하고자 한다. 발전효율이 12%일 때, 연간 온실가스 감축량(CERs)은 얼마인가? (단, 전력배출계수값은 $0.46625tCO_2-eq/MWh$)

① 0.6CERs
② 204.2CERs
③ 847.4CERs
④ 1,701.8CERs

풀이 연간 온실가스 감축량(CERs)
$= 10MWh/day \times 365day/year$
$\quad \times 0.46625tCO_2-eq/MWh \times 0.12$
$= 204.22 CERs/year$

69 다음 CDM 사업 관련 주요기관 중 새로운 베이스라인 및 모니터링 방법론 승인과 각종 절차와 방법, 가이드라인 결정 전 최소 8주 정도의 의견 수렴 등의 세부역할을 이행하는 기관은?

① 국가 CDM 승인기구(DNA)
② CDM 집행위원회(EB)
③ CDM 사업운영기구(DOE)
④ 당사국총회(COP/MOP)

정답 64 ②　65 ②　66 ④　67 ④　68 ②　69 ②

[풀이] CDM 사업 관련 등록 요청된 사업이 UNFCCC 웹사이트에 게재된 후 등록이 결정되기까지 소규모사업은 4주, 그 외 사업은 8주의 CDM 집행위원회(EB)의 심의기간이 소요된다.

70 시멘트 생산공정에서 온실가스를 감축시키는 방법과 거리가 먼 것은?

① 가스 바이패스(Gas Bypass)를 최소화한다.
② 시멘트 성분 중 클링커 함량을 줄인다.
③ 원료와 연료의 수분함량을 줄인다.
④ 석탄을 대체하여 폐타이어를 연료로 이용한다.

[풀이] 고체연료 중 반응성이 낮고 입자가 거친 연료보다 적당한 발열량을 가지고 잘 건조된 미세분말의 고체연료가 에너지 효율성이 높다.

71 A 식품회사의 공장에 있는 노후된 전기모터를 고효율 전기모터로 교체하려고 한다. 다음 조건을 적용한다면 A 식품회사의 고효율 전기모터 교체로 인한 예상 온실가스 감축량은?

- 기존 노후된 전기모터의 용량 : 140kWh
- 고효율 전기모터의 용량 : 60kWh
- 전기모터의 연간 가동시간 : 8,760h
- 부하율 : 100%
- 전력배출계수 : 0.4653tCO₂/MWh,
- 0.0054kgCH₄/MWh, 0.0027kgN₂O/MWh

① 176tCO₂-eq ② 244tCO₂-eq
③ 327tCO₂-eq ④ 570tCO₂-eq

[풀이] $CO_2 eq\ Emissions = \sum_j Q \times EF_j$

여기서, $CO_2 eq\ Emissions$: 전력 사용에 따른 온실가스 배출량(tGHG)
Q : 전력 사용량(MWh)
$= (140-60)\text{KWh} \times 8,760 \times \dfrac{\text{MWh}}{10^3 \text{KWh}}$
$= 700.8 \text{MWh}$
EF_j : 전력 간접배출계수(tGHG/MWh)
j : 배출 온실가스 종류

- CO_2 배출량 $= 700.8\text{MWh} \times 0.4653 t CO_2/\text{MWh}$
  $= 326.082 t CO_2$
- CH_4 배출량 $= 700.8\text{MWh} \times 0.0054 \times 10^{-3} t CH_4/\text{MWh}$
  $= 0.00378 t CH_4$
- N_2O 배출량 $= 700.8\text{MWh} \times 0.0027 \times 10^{-3} t N_2O/\text{MWh}$
  $= 0.00189 t N_2O$

온실가스 배출량 $= 326.082 + (0.00378 \times 21) + (0.00189 \times 310)$
$= 326.748 t CO_2 - eq$

72 다음 중 기후변화협약 교토의정서에 의거한 청정개발체제(CDM) 사업을 등록하기 위해 반드시 거쳐야 하는 절차가 아닌 것은?

① 사업 타당성 확인
② 사업 유치국의 정부 승인
③ CERs 발생
④ 사업계획서 작성

[풀이] CDM 사업 추진 절차
㉠ 1단계 : 사업개발·계획(사업계획서 작성)
㉡ 2단계 : 타당성 확인 및 사업유치국의 정부 승인
㉢ 3단계 : 사업 확인 및 등록
㉣ 4단계 : 모니터링
㉤ 5단계 : 검증 및 인증
㉥ 6단계 : CERs 발행

73 BAU(Business As Usual)에 대한 내용으로 옳은 것은?

① 온실가스 배출량 실적치
② 온실가스 감축 후 배출량 규모
③ 온실가스 감축정책 수준
④ 온실가스 배출전망치

[풀이] 배출전망치(BAU : Business As Usual)
현재까지의 온실가스 감축정책 추세가 미래에도 지속된다는 가정하에서 전망한 온실가스 배출량, 즉 특별한 조치를 취하지 않을 경우 배출될 것으로 예상되는 미래 전망치를 말한다.

정답 70 ④ 71 ③ 72 ③ 73 ④

74 광물산업의 시멘트 생산 관련 소성로(Kiln)에서 온실가스 배출 감축을 위한 공정 개선 사항과 가장 거리가 먼 것은?

① 최적화된 킬른의 "길이 : 직경" 비율
② 킬른 내에서의 기체 누출 감소
③ 최신 쿨러 설치
④ 동일하고 안정적인 운전조건

풀이 최신 쿨러 설치는 직접감축방법 중 대체공정에 해당한다.

75 다음 중 우리나라에서 정한 신·재생에너지와 가장 거리가 먼 것은?

① 폐기물에너지
② 연료전지
③ 석탄 액화·가스화 에너지
④ 산소에너지

풀이 재생에너지
  ㉠ 태양에너지   ㉡ 바이오에너지
  ㉢ 풍력   ㉣ 수력
  ㉤ 지열에너지   ㉥ 해양에너지
  ㉦ 폐기물에너지

신에너지
  ㉠ 연료전지
  ㉢ 석탄 액화·가스화 에너지
  ㉡ 수소에너지

76 이산화탄소 포집 및 저장에 관한 기술 구분 중 이산화탄소 포집(연소 후 포집) 기술과 거리가 먼 것은?

① 습식 아민 기술   ② 백금 촉매 기술
③ 분리막 기술   ④ 암모니아 기술

풀이 연소후 포집(회수) 기술
  ㉠ 막분리(분리막 기술)   ㉣ 건·습식 흡착
  ㉡ 물리흡수(습식 아민 기술)   ㉤ 심랭법
  ㉢ 혁신적 회수 기술

77 기후변화협약 교토의정서에 의거한 청정개발체제(CDM)사업으로 등록하려는 사업에 대해 UNFCCC에 승인된 방법론이 없는 경우 신규 방법론을 개발하여야 한다. 신규 방법론 개발 과정에 대한 내용 중 틀린 것은?

① 신규 방법론을 제안할 때에는 사업계획서와 같이 CDM 집행위원회에서 제시한 형식에 맞추어 신규 방법론 제안서(CDM-NM)를 작성하여야 한다.
② 승인 소규모 방법론의 개정사항은 개정일 후 등록된 사업활동에만 적용한다.
③ 신규 방법론 제안서와 사업계획서 초안, 신규 방법론 등록비를 UNFCCC 사무국에 제출한다.
④ 최초 사업 참여자의 신규 방법론 등록비는 면제된다.

풀이 DOE가 신규방법론 제안서와 사업계획서 초안을 UNFCCC 사무국에 제출하는데, 이때 사업 참여자는 등록비(USD 1,000)를 지불해야 한다. (소규모 방법론이거나 조림/재조림 방법론일 경우 등록비는 면제)

78 수소에너지의 장·단점에 대한 설명으로 틀린 것은?

① 수소는 물을 원료로 할 수 있다.
② 수소에너지는 사용 후에 다시 물로 재순환된다.
③ 수소는 물의 전기분해로 쉽게 제조가 가능하여 경제성이 높은 것이 특징이다.
④ 수소를 연료로 사용할 경우, NO_x를 제외하고는 공해물질이 거의 생성되지 않는다.

풀이 수소에너지는 입력에너지(전기에너지)에 비해 경제성이 낮다.

79 다음 중 소규모 CDM 사업의 기준으로 가장 적절한 것은?

① 에너지 공급/수요 측면에서의 에너지 소비량을 최대 연간 30GWh(또는 상당분) 저감하는 에너지 절약사업

정답 74 ③ 75 ④ 76 ② 77 ④ 78 ③ 79 ④

② 에너지 공급/수요 측면에서의 에너지 소비량을 최대 연간 40GWh(또는 상당분) 저감하는 에너지 절약사업
③ 에너지 공급/수요 측면에서의 에너지 소비량을 최대 연간 50GWh(또는 상당분) 저감하는 에너지 절약사업
④ 에너지 공급/수요 측면에서의 에너지 소비량을 최대 연간 60GWh(또는 상당분) 저감하는 에너지 절약사업

[풀이] 소규모 CDM 사업의 형태별 종류
㉠ 재생에너지 사업(Type I)
　최대발전용량이 15MW(또는 상당분) 이하인 재생에너지 사업
㉡ 에너지효율 향상사업(Type II)
　연간 60GWh(또는 상당분) 이하의 에너지를 감축하는 에너지 효율 향상 사업
㉢ 기타 온실가스 감축사업(Type III)
　연간 배출 감축량이 60만 ton CO_2-eq 이하의 사업

80 석유정제공정 중 에너지 효율 개선을 위한 기술에 해당하지 않는 것은?
① 가스 터빈, 열병합 발전 등을 사용하고 효율이 낮은 보일러와 히터 등을 교체
② Stripping 공정에서 스팀의 사용 최적화
③ 스팀생산에 연료소비 저감을 위한 폐열보일러 사용
④ 용매 보관용기로부터의 VOC 배출 방지를 위한 기술 적용

[풀이] 에너지 효율 개선을 위한 기술(석유정제공정)
㉠ 가스 터빈, 열병합 발전(CHP), IGCC, 효율적으로 설계되고 운영되는 노와 보일러 등을 사용하고, 효율이 낮은 보일러와 히터 등을 교체
㉡ 전산화된 제어 시스템을 통한 열 생산과 소비 제어
㉢ Stripping 공정에서 스팀의 사용 최적화
㉣ 에너지 최적화 분석을 통한 공정의 열 효율 강화
㉤ 정유 공정에서 열과 전력의 회수 강화
㉥ 스팀생산을 위한 연료소비 저감을 위한 폐열보일러 사용

5과목 온실가스 관련 법규

81 외부사업 타당성 평가 및 감축량 인증에 관한 지침에서 외부사업 시작일에 해당될 수 없는 것은?
① 외부사업의 시행과 관련된 계약일
② 사업의 타당성 연구, 사전조사를 위한 계약일
③ 외부사업의 시행과 관련된 최초 지출일
④ 외부사업의 작업 실행 또는 장치의 설치 시작일

[풀이] 외부사업 시작일(외부사업 타당성 평가 및 감축량 인증에 관한 지침)
㉠ 외부사업의 시행과 관련된 계약일
㉡ 외부사업의 시행과 관련된 최초 지출일
㉢ 외부사업의 작업 실행 또는 장치의 설치 시작일

82 탄소중립기본법상 정부는 국가탄소중립 녹색성장 기본계획을 몇 년마다 수립·시행하여야 하는가?
① 3년　② 5년
③ 10년　④ 15년

[풀이] 정부는 기본원칙에 따라 국가비전 및 중장기 감축목표 등의 달성을 위하여 20년을 계획기간으로 하는 국가탄소중립 녹색성장 기본계획(국가기본계획)을 5년마다 수립·시행하여야 한다.

83 온실가스 목표관리 운영 등에 관한 지침상 배출량 등의 산정범위에 관한 사항이다. ( ) 안에 가장 적합한 것은?

> 보고대상 배출시설 중 연간 배출량(배출권거래제의 경우 기준연도 온실가스 배출량의 연평균 총량)이 ( )인 소규모 배출시설이 동일한 배출활동 및 활동자료인 경우 부문별 관장기관의 확인을 거쳐 배출시설 단위로 구분하여 보고하지 않고 시설군으로 보고할 수 있다.

① 200tCO_2-eq 미만　② 150tCO_2-eq 미만
③ 120tCO_2-eq 미만　④ 100tCO_2-eq 미만

정답　80 ④　81 ②　82 ②　83 ④

[풀이] 배출량 등의 산정범위(온실가스 목표관리 운영 등에 관한 지침)
  ㉠ 관리업체는 온실가스에 대하여 빠짐이 없도록 배출량을 산정해야 한다.
  ㉡ 관리업체는 온실가스 직접배출과 간접배출로 온실가스 배출유형을 구분하여 온실가스 배출량을 산정해야 한다.
  ㉢ 관리업체는 법인 단위, 사업장 단위, 배출시설 단위 및 배출활동별로 온실가스 배출량을 산정해야 한다.
  ㉣ 관리업체가 온실가스 배출량을 산정해야 하는 배출활동의 종류는 배출량 인증지침을 따른다.
  ㉤ 보고대상 배출시설 중 연간 배출량이 100이산화탄소 상당량톤(tCO_2-eq) 미만인 소규모 배출시설이 동일한 배출활동 및 활동자료인 경우 부문별 관장기관의 확인을 거쳐 배출시설 단위로 구분하여 보고하지 않고 시설군으로 보고할 수 있다.

84 온실가스 배출권의 할당 및 거래에 관한 법률상 국가온실가스감축목표를 효과적으로 달성하기 위해 정부는 계획기간별로 국가 배출권 할당계획을 수립한다. 다음 중 국가 배출권 할당계획에 포함되어야 할 내용과 가장 거리가 먼 것은?

① 국가온실가스감축목표를 고려하여 설정한 온실가스 배출허용총량
② 배출허용총량에 따른 해당 계획기간 및 이행연도별 배출권의 총수량에 관한 사항
③ 배출사업장별 배출권의 변동과 할당거래를 위해 환경부장관이 지시하는 사항
④ 이행연도별 배출권의 할당기준 및 할당량에 관한 사항

[풀이] 국가 배출권 할당계획의 수립(온실가스 배출권의 할당 및 거래에 관한 법률)
  ㉠ 국가온실가스감축목표를 고려하여 설정한 온실가스 배출허용총량에 관한 사항
  ㉡ 배출허용총량에 따른 해당 계획기간 및 이행연도별 배출권의 총수량에 관한 사항
  ㉢ 배출권의 할당 대상이 되는 부문 및 업종에 관한 사항
  ㉣ 부문별·업종별 배출권의 할당기준 및 할당량에 관한 사항
  ㉤ 이행연도별 배출권의 할당기준 및 할당량에 관한 사항
  ㉥ 할당대상업체에 대한 배출권의 할당기준 및 할당방식에 관한 사항
  ㉦ 배출권을 유상으로 할당하는 경우 그 방법에 관한 사항
  ㉧ 조기감축실적의 인정 기준에 관한 사항
  ㉨ 배출권 예비분의 수량 및 배분기준에 관한 사항
  ㉩ 배출권의 이월·차입 및 상쇄의 기준 및 운영에 관한 사항
  ㉪ 그 밖에 해당 계획기간의 배출권 할당 및 거래를 위하여 필요한 사항으로서 대통령령으로 정하는 사항

85 온실가스 배출권거래제 운영을 위한 검증지침상 "외부사업 사업자가 감축사업을 하지 않았을 경우 사업경계 내에서 발생 가능성이 가장 높은 조건을 고려한 온실가스 배출량"을 의미하는 용어는?

① 추가 배출량
② 부족 배출량
③ 베이스라인 배출량
④ 감축 배출량

[풀이] 베이스라인 배출량
외부사업 사업자가 감축사업을 하지 않았을 경우 사업경계 내에서 발생 가능성이 가장 높은 조건을 고려한 온실가스 배출량을 말한다.

86 탄소중립기본법령에서 사용하는 용어의 뜻으로 옳지 않은 것은?

① "탄소중립"이란 대기 중에 배출·방출 또는 누출되는 온실가스의 양에서 온실가스 흡수의 양을 상쇄한 순배출량이 영(零)이 되는 상태를 말한다.
② "온실가스"란 적외선 복사열을 흡수하거나 재방출하여 온실효과를 유발하는 대기 중의 가스 상태의 물질로서 이산화탄소(CO_2), 메탄(CH_4), 아산화질소(N_2O), 수소불화탄소(HFCs), 과불화탄소(PFCs), 육불화황(SF_6) 및 그 밖에 대통령령으로 정하는 물질을 말한다.

정답 84 ③ 85 ③ 86 ③

③ "녹색경제"란 기후변화의 심각성을 인식하고 에너지를 절약하여 온실가스와 오염물질의 발생을 최소화하는 경영을 말한다.
④ "온실가스 흡수"란 토지이용, 토지이용의 변화 및 임업활동 등에 의하여 대기로부터 온실가스가 제거되는 것을 말한다.

[풀이] 녹색경제(탄소중립기본법)
화학에너지의 사용을 단계적으로 축소하고 녹색기술과 녹색산업을 육성함으로써 국가경쟁력을 강화하고 지속가능 발전을 추구하는 경제를 말한다.

87 온실가스 배출권의 할당 및 거래에 관한 법령상 배출권을 거래한 자가 그 사실을 거짓으로 주무관청에 신고한 경우에 대한 과태료 부과기준은?

① 1천만 원 이하의 과태료
② 500만 원 이하의 과태료
③ 300만 원 이하의 과태료
④ 100만 원 이하의 과태료

[풀이] 1천만 원 이하의 과태료(온실가스 배출권의 할당 및 거래에 관한 법률)
㉠ 기한 내에 보고를 하지 아니하거나 사실과 다르게 보고한 자
㉡ 신고를 거짓으로 한 자
㉢ 보고를 하지 아니하거나 거짓으로 보고한 자
㉣ 시정이나 보완명령을 이행하지 아니한 자
㉤ 검증업무 수행결과를 제출하지 아니한 검증기관
㉥ 배출권 제출을 하지 아니한 자

88 탄소중립기본법상 2050 탄소중립 녹색성장위원회의 설치에 대한 설명으로 틀린 것은?

① 위원회는 위원장 1명을 포함한 50명 이내의 위원으로 구성한다.
② 위원장은 국무총리와 위원 중에서 대통령이 지명하는 사람이 된다.
③ 위원회에는 간사위원 1명을 둔다.
④ 위원의 임기는 2년으로 하며 연임할 수 있다.

[풀이] 2050 탄소중립 녹색성장위원회의 설치(탄소중립기본법)
위원회는 위원장 2명을 포함한 50명 이상 100명 이내의 위원으로 구성한다.

89 온실가스 배출권의 할당 및 거래에 관한 법령상 정부가 배출권거래제를 수립하거나 시행할 때 따라야 하는 기본원칙으로 거리가 먼 것은?

① 기후변화에 관한 국제연합 기본협약 및 관련 의정서에 따른 원칙을 준수하고, 기후변화 관련 국제협상을 고려할 것
② 배출권거래제가 경제 부문의 국제경쟁력에 미치는 영향을 고려할 것
③ 국가온실가스 감축목표를 효과적으로 달성할 수 있도록 시장기능을 최대한 활용할 것
④ 배출권거래가 일반적인 시장거래 원칙보다는 특수성 원칙을 준수하고, 국내기준만 부합되는 정책을 고려할 것

[풀이] 배출권거래제 수립·시행 시 기본원칙(온실가스 배출권의 할당 및 거래에 관한 법률)
㉠ 「기후변화에 관한 국제연합 기본협약」 및 관련 의정서에 따른 원칙을 준수하고, 기후변화 관련 국제협상을 고려할 것
㉡ 배출권거래제가 경제 부문의 국제경쟁력에 미치는 영향을 고려할 것
㉢ 국가온실가스 감축목표를 효과적으로 달성할 수 있도록 시장기능을 최대한 활용할 것
㉣ 배출권의 거래가 일반적인 시장거래 원칙에 따라 공정하고 투명하게 이루어지도록 할 것
㉤ 국제 탄소시장과의 연계를 고려하여 국제적 기준에 적합하게 정책을 운영할 것

90 탄소중립기본법상 탄소중립 사회로의 이행과 녹색성장을 위한 기본원칙으로 가장 적합한 것은?

① 국내 탄소시장을 활성화하여 국제 탄소시장 개방에 적극 대비
② 미래 세대의 생존을 보장하기 위하여 현재 세대

정답 87 ① 88 ① 89 ④ 90 ②

가 져야 할 책임이라는 세대 간 형평성의 원칙과 지속가능 발전의 원칙에 입각
③ 온실가스를 획기적으로 감축하기 위하여 생산자 부담 원칙을 부여
④ 기후변화 문제의 심각성을 인식하고, 산업별 역량을 모아 총체적으로 대응

풀이 기본원칙(탄소중립기본법)
㉠ 미래 세대의 생존을 보장하기 위하여 현재 세대가 져야 할 책임이라는 세대 간 형평성의 원칙과 지속가능 발전의 원칙에 입각한다.
㉡ 범지구적인 기후위기의 심각성과 그에 대응하는 국제적 경제환경의 변화에 대한 합리적 인식을 토대로 종합적인 위기 대응 전략으로서 탄소중립 사회로의 이행과 녹색성장을 추진한다.
㉢ 기후변화에 대한 과학적 예측과 분석에 기반하고, 기후위기에 영향을 미치거나 기후위기로부터 영향을 받는 모든 영역과 분야를 포괄적으로 고려하여 온실가스 감축과 기후위기 적응에 관한 정책을 수립한다.
㉣ 기후위기로 인한 책임과 이익이 사회 전체에 균형 있게 분배되도록 하는 기후정의를 추구함으로써 기후위기와 사회적 불평등을 동시에 극복하고, 탄소중립 사회로의 이행과정에서 피해를 입을 수 있는 취약한 계층·부문·지역을 보호하는 등 정의로운 전환을 실현한다.
㉤ 환경오염이나 온실가스 배출로 인한 경제적 비용이 재화 또는 서비스의 시장가격에 합리적으로 반영되도록 조세체계와 금융체계 등을 개편하여 오염자 부담의 원칙이 구현되도록 노력한다.
㉥ 탄소중립 사회로의 이행을 통하여 기후위기를 극복함과 동시에, 성장 잠재력과 경쟁력이 높은 녹색기술과 녹색산업에 대한 투자 및 지원을 강화함으로써 국가 성장동력을 확충하고 국제 경쟁력을 강화하며, 일자리를 창출하는 기회로 활용하도록 한다.
㉦ 탄소중립 사회로의 이행과 녹색성장의 추진과정에서 모든 국민의 민주적 참여를 보장한다.
㉧ 기후위기가 인류 공통의 문제라는 인식 아래 지구 평균 기온 상승을 산업화 이전 대비 최대 섭씨 1.5도로 제한하기 위한 국제사회의 노력에 적극 동참하고, 개발도상국의 환경과 사회정의를 저해하지 아니하며, 기후위기 대응을 지원하기 위한 협력을 강화한다.

91 탄소중립기본법상 국가와 지방자치단체의 책무와 거리가 먼 것은?

① 국가와 지방자치단체는 탄소중립 사회로의 이행과 녹색성장의 추진 등 기후위기 대응에 필요한 외부인력을 유치하여야 한다.
② 국가와 지방자치단체는 각종 계획의 수립과 사업의 집행과정에서 기후위기에 미치는 영향과 경제와 환경의 조화로운 발전 등을 종합적으로 고려하여야 한다.
③ 지방자치단체는 탄소중립 사회로의 이행과 녹색성장의 추진을 위한 대책을 수립·시행할 때 해당 지방자치단체의 지역적 특성과 여건 등을 고려하여야 한다.
④ 국가와 지방자치단체는 기후위기 대응 정책을 정기적으로 점검하여 이행성과를 평가하고, 국제협상의 동향과 주요 국가 및 지방자치단체의 정책을 분석하여 면밀한 대책을 마련하여야 한다.

풀이 국가와 지방자치단체의 책무(탄소중립기본법)
㉠ 국가와 지방자치단체는 경제·사회·교육·문화 등 모든 부문에 기본원칙이 반영될 수 있도록 노력하여야 하며, 관계 법령 개선과 재정투자, 시설 및 시스템 구축 등 제반 여건을 마련하여야 한다.
㉡ 국가와 지방자치단체는 각종 계획의 수립과 사업의 집행과정에서 기후위기에 미치는 영향과 경제와 환경의 조화로운 발전 등을 종합적으로 고려하여야 한다.
㉢ 지방자치단체는 탄소중립 사회로의 이행과 녹색성장의 추진을 위한 대책을 수립·시행할 때 해당 지방자치단체의 지역적 특성과 여건 등을 고려하여야 한다.
㉣ 국가와 지방자치단체는 기후위기 대응 정책을 정기적으로 점검하여 이행성과를 평가하고, 국제협상의 동향과 주요 국가 및 지방자치단체의 정책을 분석하여 면밀한 대책을 마련하여야 한다.
㉤ 국가와 지방자치단체는 「공공기관의 운영에 관한 법률」 제4조에 따른 공공기관과 사업자 및 국민이 온실가스를 효과적으로 감축하고 기후위기 적응역량을 강화할 수 있도록 필요한 조치를 강구하여야 한다.
㉥ 국가와 지방자치단체는 기후정의와 정의로운 전

환의 원칙에 따라 기후위기로부터 국민의 안전과 재산을 보호하여야 한다.
ⓐ 국가와 지방자치단체는 기후변화 현상에 대한 과학적 연구와 영향 예측 등을 추진하고, 국민과 사업자에게 관련 정보를 투명하게 제공하며, 이들이 의사결정 과정에 적극 참여하고 협력할 수 있도록 보장하여야 한다.
ⓞ 국가와 지방자치단체는 탄소중립 사회로의 이행과 녹색성장의 추진을 위한 국제적 노력에 능동적으로 참여하고, 개발도상국에 대한 정책적·기술적·재정적 지원 등 기후위기 대응을 위한 국제협력을 적극 추진하여야 한다.
ⓩ 국가와 지방자치단체는 탄소중립 사회로의 이행과 녹색성장의 추진 등 기후위기 대응에 필요한 전문인력의 양성에 노력하여야 한다.

92 온실가스 배출권의 할당 및 거래에 관한 법령상 배출권 거래소의 업무가 아닌 것은?

① 배출권 거래시장의 개설·운영
② 배출권 거래중개회사의 등록 취소에 관한 업무
③ 배출권의 매매(경매를 포함한다.) 및 청산 결제
④ 불공정거래에 관한 심리 및 회원의 감리

풀이 배출권 거래소의 업무
㉠ 배출권 거래시장의 개설·운영
㉡ 배출권의 매매(경매를 포함한다.) 및 청산 결제
㉢ 불공정거래에 관한 심리 및 회원의 감리
㉣ 배출권의 매매와 관련된 분쟁의 자율조정(당사자가 신청하는 경우만 해당한다.)
㉤ 그 밖에 배출권 거래소의 장이 필요하다고 인정하여 법에 따른 운영규정으로 정하는 업무

93 탄소중립기본법 시행령상 온실가스 배출관리업체의 지정절차에 관한 설명으로 옳지 않은 것은?

① 환경부장관은 통보받은 온실가스배출관리업체 지정대상에 대하여 온실가스배출관리업체 선정의 중복·누락, 규제의 적절성 등을 검토하여 그 결과를 계획기간 전전년도의 5월 31일까지 부문별 관장기관의 장에게 통보해야 한다.

② 검토 결과를 통보받은 부문별 관장기관의 장은 그 결과를 고려하여 온실가스배출관리업체 지정 대상 중에서 온실가스배출관리업체를 지정한다.
③ 온실가스배출관리업체를 지정한 부문별 관장기관의 장은 그 사실을 해당 온실가스배출관리업체에 통보하고, 계획기간 전전년도의 3월 31일까지 관보에 고시해야 한다.
④ 폐업신고, 법인 해산, 영업 허가의 취소 등의 사유로 온실가스배출관리업체가 존립하지 않는 경우 그 지정을 취소할 수 있다.

풀이 온실가스배출관리업체를 지정한 부문별 관장기관의 장은 그 사실을 해당 온실가스배출관리업체에 통보하고, 계획기간 전전년도의 6월 30일까지 관보에 고시해야 한다.

94 다음은 탄소중립기본법상 2050 지방탄소중립녹색성장위원회의 구성 및 운영에 관한 사항이다. ( ) 안에 가장 적합한 것은?

2050 지방탄소중립녹색성장위원회의 구성, 운영 및 기능 등 필요한 사항은 (　　)로 구성한다.

① 대통령령
② 국무총리령
③ 환경부장관령
④ 조례

풀이 2050 지방탄소중립녹색성장위원회의 구성, 운영 및 기능 등 필요한 사항은 조례로 정하며 지방위원회는 지방자치단체의 장과 협의하여 지방위원회의 운영 및 업무를 지원하는 사무국을 둘 수 있다.

95 녹색기술·녹색산업의 표준화 및 인증과 관련된 사항 중 옳은 것은?

① 정부는 국내에서 개발된 기술이 국제표준화에 부합되도록 표준화 기반 구축을 지원할 수 있고, 개발단계의 기술 등은 개발 이전에 표준화 취득을 의무화한다.
② 녹색기술의 표준화, 인증 및 취소 등에 관하여 그 밖에 필요한 사항은 산업통상자원부장관령으로 정한다.

정답 92 ② 93 ③ 94 ④ 95 ④

③ 기업은 녹색기술 및 녹색산업의 적합성에 대해 제3자 검증을 의무적으로 추진해야 한다.
④ 정부는 녹색기술·녹색산업의 발전을 촉진하기 위하여 적합성 인증을 하거나, 공공기관의 구매 의무화 또는 기술지도 등을 할 수 있다.

풀이 ① 정부는 국내에서 개발되었거나 개발 중인 녹색기술·녹색산업이 국제표준에 부합하도록 표준화 기반을 구축하고, 녹색기술·녹색산업의 국제표준화 활동 등에 필요한 지원을 할 수 있다.
② 표준화, 인증 및 확인, 그 취소 등에 관하여 필요한 사항은 대통령령으로 정한다.
③ 정부는 녹색기술·녹색산업의 발전을 촉진하기 위하여 녹색기술·녹색제품 등에 대한 적합성 인증을 하거나 녹색기술 및 녹색제품의 매출비중이 높은 기업의 확인, 공공기관 등 대통령령으로 정하는 기관의 구매의무화 또는 기술지도 등을 할 수 있다.

96 온실가스 배출권의 할당 및 거래에 관한 법령상 배출권 이월 및 차입에 관한 사항으로 ( )에 알맞은 것은?

> 할당대상업체가 아닌 자로서 배출권을 보유한 자는 이행연도 종료일에서 ( )에 보유한 배출권의 이월에 관한 신청서를 전자적 방식으로 환경부장관에게 제출하여야 한다.

① 2개월이 지난 날부터 5일 이내
② 3개월이 지난 날부터 7일 이내
③ 5개월이 지난 날부터 10일 이내
④ 6개월이 지난 날부터 15일 이내

풀이 배출권 이월 및 차입 절차(배출권거래법 시행령)
㉠ 배출권의 이월 및 차입을 하려는 할당대상업체는 다음의 구분에 따른 날부터 10일 이내에 배출권 이월 또는 차입에 관한 신청서를 전자적 방식으로 환경부장관에게 제출해야 한다.
• 온실가스 배출량을 인증받은 결과를 통보받은 경우에는 그 통보를 받은 날
• 이의를 신청한 경우에는 이의신청에 대한 결과를 통보받은 날
㉡ 할당대상업체가 아닌 자로서 배출권을 보유한 자는 이행연도 종료일에서 5개월이 지난 날부터 10일 이내에 보유한 배출권의 이월에 관한 신청서를 전자적 방식으로 환경부장관에게 제출해야 한다.
㉢ 환경부장관은 배출권 제출기한 10일 전까지 신청에 대하여 검토하여 승인 여부를 결정하고, 지체 없이 그 결과를 해당 신청인에게 통보해야 한다.

97 온실가스 배출권거래제의 배출량 보고 및 인증에 관한 지침상 바이오매스로 취급되는 항목이 아닌 것은?

① 사탕수수
② 해조류
③ 천연가스
④ 음식물 쓰레기

풀이 바이오매스 취급항목
㉠ 바이오매스는 농업 작물, 농임산 부산물, 또는 유기성 폐기물 등으로 생물 또는 생물 기원의 모든 유기체 및 유기물을 포함한다.
㉡ 바이오매스는 바이오에너지를 생산하기 위한 원료로 사용되기도 하며, 매립시설 및 소각시설 등을 통하여 폐기물로서 처리되기도 한다.

형태	항목
농업 작물	유채, 옥수수, 콩, 사탕수수, 고구마 등
농임산 부산물	임목 및 임목부산물, 볏짚, 왕겨, 건초, 수피 등
유기성 폐기물	폐목재, 펄프 및 제지(바이오매스 부문만 해당), 펄프 및 제지 슬러지, 흑액, 동/식물성 기름, 음식물 쓰레기, 축산 분뇨, 하수슬러지, 식물류폐기물 등
기타	해조류, 조류, 수생식물 등

98 목표관리제의 관리업체 지정과 관련된 절차의 내용이 옳은 것은?

① 환경부장관은 지정 대상 관리업체의 목록 및 산정 근거를 매년 4월 30일까지 마련해야 한다.
② 환경부장관은 관리업체 선정의 중복·누락, 규제의 적절성 등을 확인하고 그 결과를 부문별 관장기관에게 통보한다.

정답 96 ③ 97 ③ 98 ②

③ 환경부장관은 매년 6월 30일까지 관리업체를 관보에 고시하여야 한다.
④ 부문별 관장기관이 관리업체를 고시할 때에는 관리업체의 대략적인 배출량을 포함하여야 한다.

풀이 ① 부문별 관장기관은 목록 및 산정 근거자료를 매년 4월 30일까지 전자적 방식 등으로 환경부장관에게 통보하여야 한다.
③ 부문별 관장기관은 환경부장관의 확인을 거쳐 매년 6월 30일까지 소관 관리업체를 관보에 고시하여야 한다.
④ 부문별 관장기관은 소관관리업체를 고시할 때는 관리업체명, 사업자명, 소재지, 업종, 적용기준 등의 내용을 포함하여야 한다.

99 온실가스 배출권의 할당 및 거래에 관한 법령상 규정하고 있는 배출권 할당 취소 사유에 해당되지 않는 것은?

① 할당대상업체가 전체 또는 일부 사업장을 폐쇄한 경우
② 할당계획 변경으로 배출허용총량이 감소한 경우
③ 할당대상업체의 시설 가동이 6개월 동안 정지된 경우
④ 사실과 다른 내용으로 배출권의 할당 또는 추가할당을 신청하여 배출권을 할당받은 경우

풀이 온실가스 배출권의 할당 및 거래에 관한 법령상 배출권 할당 취소 사유
㉠ 할당계획 변경으로 배출허용총량이 감소한 경우
㉡ 할당대상업체가 전체 또는 일부 사업장을 폐쇄한 경우
㉢ 시설의 가동중지·정지·폐쇄 등으로 인하여 그 시설이 속한 사업장의 온실가스 배출량이 대통령령으로 정하는 기준 이상으로 감소한 경우
㉣ 사실과 다른 내용으로 배출권의 할당 또는 추가할당을 신청하여 배출권을 할당받은 경우
㉤ 할당대상업체의 지정이 취소된 경우

100 관리업체의 소관 부문별 관장기관으로 잘못된 것은?

① 농림축산식품부 : 농업·임업·축산·식품 분야
② 산업통상자원부 : 산업·에너지 분야
③ 환경부 : 폐기물 분야
④ 국토교통부 : 건물·교통(해운·항만 분야 제외)·건설 분야

풀이 관리업체의 소관 부문별 관장기관
㉠ 농림축산식품부 : 농업·임업·축산·식품 분야
㉡ 산업통상자원부 : 산업·발전 분야
㉢ 환경부 : 폐기물 분야
㉣ 국토교통부 : 건물·교통(해운·항만 분야는 제외)·건설 분야
㉤ 해양수산부 : 해양·수산·해운·항만 분야

정답 99 ③ 100 ②

SECTION 13 2023년 2회 CBT 복원·예상문제

1과목 기후변화개론

01 다음 중 온실가스이면서 대기 중에 가장 저농도로 존재하는 것은?

① 아산화질소   ② 메탄
③ 육불화황   ④ 아르곤

풀이 대기 중 농도
  ㉠ 아산화질소(N_2O) : 0.05~0.33ppm
  ㉡ 메탄(CH_4) : 1.5~1.7ppm
  ㉢ 육불화황(SF_6) : 약 6.5ppt
  ㉣ 아르곤(Ar) : 0.93%

02 기후변화와 관련된 다음 설명 중 옳은 것으로만 나열된 것은?

ㄱ. 기후변화는 인위적 요인에 의한 변화만을 의미한다.
ㄴ. 킬링 곡선은 지구온도 상승과 이산화탄소 농도 간의 관계를 보여준다.
ㄷ. 지난 100년간 우리나라의 기온 상승폭이 전 지구 수준의 상승폭보다 크다.
ㄹ. 가뭄 및 홍수에 물관리시설을 확충정비하는 정책은 기후변화 적응대책에 해당하지 않는다.

① ㄱ, ㄷ   ② ㄴ, ㄷ
③ ㄴ, ㄹ   ④ ㄱ, ㄹ

풀이
- 기후변화는 자연적 요인과 인위적 요인에 의한 변화를 의미한다.
- 가뭄 및 홍수에 물관리시설을 확충정비하는 정책도 기후변화 적응대책에 해당된다.

03 기후변화가 우리나라 각 부문에 미치는 영향으로 가장 거리가 먼 것은?

① 생태계 부문에서는 남해안 식생이 아열대로 변화
② 생태계 부문에서는 쌀 수량이 남부와 중부에서는 감소하는 반면, 북부지역에서는 증가
③ 생태계 부문에서는 서해안에서 냉수성 어종이 증가
④ 농·축산 부문에서는 맥류의 안전재배지대 북상 및 수량 증가

풀이 기후변화로 우리나라 생태계 부문 중 서해안에서 냉수성 어종의 감소가 나타난다.

04 유엔 기후변화협약(UNFCCC)과 관련된 기구가 아닌 것은?

① COP(Conference of the Parties)
② SBI(Subsidiary Body for Implementation)
③ CST(Committee on Science and Technology)
④ SBSTA(Subsidiary Body for Scientific and Technological Advice)

풀이 기후변화협약 관련 기구 및 역할
 (1) 당사국 총회(COP ; Conference of Parties)
   ㉠ UNFCCC 최고 의사결정기구
   ㉡ 협약의 진행을 전반적으로 검토하기 위해 일년에 한 번 모임
 (2) 부속기구(Subsidiary Bodies)
   ㉠ 과학기술자문부속기구 SBSTA(Subsidiary Body for Scientific and Technological Advice)
     • 국가보고서 및 배출통계방법론
     • 기술개발 및 기술이전에 관한 실무 수행
   ㉡ 이행(집행)보조기구 SBI(Subsidiary Body for Implementation)
     • 협약 이행 관련 사항 및 국가보고서 및 배출통계자료 검토
     • 행정 및 재정 관리

05 이산화탄소에 관한 설명으로 옳지 않은 것은?

① 하와이 마우나로아에서 처음으로 관측했다.
② 여름에 낮고 겨울에 높은 경향을 나타낸다.
③ 우리나라 대표농도는 안면도 기후변화 감시센터에서 측정한 자료이다.
④ 전 세계적으로 매년 8ppm씩 증가한다.

정답 01 ③ 02 ② 03 ③ 04 ③ 05 ④

풀이 전 세계적으로 CO_2는 연간 2ppm씩 증가한다.

06 온실가스에 관한 내용으로 거리가 먼 것은?

① 온실가스의 복사 강제력은 다른 기후 강제력에 비해 그 크기와 불확실성이 작다.
② 1999~2008년 동안 이산화탄소 농도의 일변동 폭은 여름철이 겨울철보다 크게 나타난다.
③ 메탄의 농도는 산업혁명 이후 급격하게 증가하여 1990년대 후반부터 증가 속도가 둔화되고 있으나 3차 산업의 발달로 2007년에는 전 지구적인 평균농도가 150ppb 정도로 산업화 이전과 유사한 농도를 나타낸다.
④ 온실가스는 대기 중에 체류하는 시간이 길고 비교적 잘 혼합된다.

풀이 메탄(CH_4)의 지표 부근 대기 중 농도(지표 부근 배경농도)가 약 1.5ppm 정도이고, 매년 0.9%씩 증가한다.

07 다음 탄소 배출권의 종류에 관한 설명으로 옳지 않은 것은?

① AAU : 교토의정서 Annex 1 국가들에게 할당된 온실가스 배출권
② ERU : EU ETS하에서의 북미 국가들에게 할당된 배출권
③ CER : 선진국과 개도국 간의 CDM을 통해서 발생되는 배출권
④ RMU : 교토의정서에 명시된 토지 이용, 토지 이용 변화 및 산림활동에 대한 온실가스 흡수원 관련 배출권

풀이 탄소배출권의 종류

거래단위	메커니즘	1차 이행 기간 중 활용한도	이월(Banking) 한도
AAU (Assigned Amount Unit)	부속서 A국가에 대한 교토의정서의 할당량	한도 없음	한도 없음
ERU (Emission Reduction Unit)	선진국 간 공동이행(JI)에 의해 발생한 배출권	한도 없음	구매국 할당량의 2.5%
CER (Certified Emission Reduction)	선진국과 개도국 간 청정개발체제(CDM)에 의해 발생한 배출권	흡수원 사업에 따른 CER의 경우 구매국 할당량의 1%	구매국 할당량의 2.5%
RMU (Removal Unit)	부속서 B국가의 흡수원 감축량에 대해 발행된 배출권	(토지 이용, 토지 이용 변화 및 산림을 통한) 산림경영에 대한 RMU의 경우 국가별로 한도 설정	이월 불가능

08 기후변화의 취약성과 영향에 관한 설명으로 가장 거리가 먼 것은?

① 기후변화의 영향이 높고 적응력이 낮은 경우 사회시스템의 기후변화 취약성은 높다고 볼 수 있다.
② 기후변화의 영향이 높고 적응력이 높을 경우 사회시스템은 발전의 기회를 가질 수 있다.
③ 기후변화에 대한 영향과 적응력이 모두 낮을 경우 사회시스템은 잔여위험을 가질 수 있다.
④ 기후변화의 영향이 낮고 적응력이 높을 경우 사회시스템은 지속가능한 발전을 하지 못한다.

풀이 기후변화의 영향이 낮고 적응력이 높을 경우 사회시스템은 지속가능한 발전을 한다.

09 청정개발체제사업에서 배출권의 투명성과 신뢰성 있는 관리를 위하여 구성·운영하는 기구와 거리가 먼 것은?

① 적응기금(Adaptation Fund)
② 운영기구(Designated Operation Entity)
③ 집행이사회(Executive Board)
④ 국가승인기구(Designated National Authority)

[풀이] 청정개발체제의 관련기구
 ㉠ 교토의정서 당사국회의(COP/MOP)
 ㉡ 집행이사회(EB)
 ㉢ 운영기구(DOE)
 ㉣ 국가승인기구(DNA)

10 다음 온실가스의 지구온난화지수(GWP)로 옳지 않은 것은?

① CO_2 : 1
② CH_4 : 21
③ N_2O : 130
④ SF_6 : 23,900

[풀이] 온실가스의 지구온난화지수(GWP)
 ㉠ CO_2 : 1
 ㉡ CH_4 : 21
 ㉢ N_2O : 310
 ㉣ SF_6 : 23,900

11 "기후변화에 대한 정부 간 패널(IPCC)"의 실행그룹 중 기후변화의 영향평가와 적응 및 취약성 분야의 역할을 담당하는 그룹명은?

① Working Group 1
② Working Group 2
③ Working Group 3
④ Task Force

[풀이] IPCC 3개의 실행그룹 및 담당분야
 ㉠ Working Group 1(제1실무그룹) : 기후변화 과학분야
 ㉡ Working Group 2(제2실무그룹) : 기후변화 영향평가, 적응 및 취약성 분야
 ㉢ Working Group 3(제3실무그룹) : 배출량 완화, 사회경제적 비용·편익분석 등 정책분야

12 기후변화협약의 주요 내용으로 거리가 먼 것은?

① 온실가스 배출원 및 흡수원 목록을 포함하는 국가보고서 작성 및 제출의무는 선진국에만 적용된다.
② 공통의 그러나 차별화된 책임의 원칙이 적용된다.
③ 모든 당사국은 과학 및 조사·연구 등 국제협력을 위해 노력해야 한다.
④ 개도국의 특수한 사정을 배려한다.

[풀이] 기후변화협약의 선진국과 개발도상국의 공통공약 사항
 ㉠ 몬트리올 협정에 적용되지 않는 모든 온실가스에 대한 배출원 및 흡수원 인벤토리를 개발하고, 주기적으로 갱신 공표하며 당사국총회에서 활용할 수 있도록 한다.
 ㉡ 기후변화를 완화하기 위한 국가 및 지역의 프로그램을 구축, 실행 및 공표해야 한다.(국가전략 수립 및 국가보고서 작성, 제출)
 ㉢ 에너지, 운송, 산업, 농업, 산림 및 폐기물 등 모든 분야에서 온실가스 감축기술 및 공정의 개발, 적용, 확산 및 이전이 증진되도록 한다.
 ㉣ 온실가스 흡수원(바이오매스, 산림, 해양 및 생태계)이 보호되고 향상되도록 지속가능한 관리가 증진되도록 한다.
 ㉤ 기후시스템 및 변화에 관련된 과학적·기술적·사회경제적 및 법률적 정보를 신속·개방적 교환이 이루어질 수 있도록 공동으로 노력한다.

13 유엔기후변화협약(UNFCCC)의 주요 기준이 되는 원칙으로 가장 거리가 먼 것은?

① 과학적 확실성의 원칙
② 공통이지만 차별화된 책임의 원칙
③ 각자 능력의 원칙
④ 사전예방의 원칙

[풀이] UNFCCC에서 각국은 기후변화에 있어서 완전한 과학적 확실성이 미비하더라도 사전예방의 원칙에 따라 필요한 조치를 취한다는 기본원칙을 정하였다.

14 지구의 복사평형에 관한 설명으로 가장 거리가 먼 것은?

① 지구에 입사되는 태양복사에너지 중 대기분자의 산란으로 25%, 구름의 반사가 3%, 지표면의 반사가 2% 정도로서 30%의 알베도를 가진다.
② 대기권에 흡수된 에너지 70%는 대기분자에 의해 17%, 구름에 의한 흡수 3%, 지표면이 흡수하는 태양에너지의 양 50% 정도이다.

정답 10 ③ 11 ② 12 ① 13 ① 14 ①

③ 반사되지 않고 지구에 흡수되는 70% 정도의 에너지가 지구온도에 직접적인 원인이 된다.
④ 지구복사와 관련된 용어 중 알베도는 입사에너지에 대한 반사에너지의 비로 나타낸다.

풀이 지구에 입사되는 태양복사에너지 중 대기의 산란, 지표면의 반사로 인해 약 31%가 우주로 방출되며 지표와 대기에서 흡수되는 양은 약 69% 정도이다.

15 21세기에 발생할 것으로 예상되는 이상기후 현상으로 가장 거리가 먼 것은?
① 보다 집중적인 호우
② 중위도 지역 폭풍의 강도 증가
③ 대부분 중위도 내륙에서의 혹서피해와 한발 위험 증가
④ 최고 기온의 하강, 무더운 일수와 혹서기간의 감소

풀이 21세기에는 최고 기온의 증가 및 무더운 일수와 혹서기간의 증가도 예상된다.

16 우리나라의 기후변화 취약성 평가방법과 관련된 사항으로 가장 거리가 먼 것은?
① 취약성 평가는 영향에 대한 가치판단이 들어가 있는 개념이다.
② 취약성 평가는 과학적 불확실성은 철저히 배제된다.
③ 하향식 접근법은 영향평가를 통한 물리적 취약성을 평가하는 것이다.
④ 상향식 접근법은 적응능력 평가를 통한 사회경제적 취약성을 파악하는 것이다.

풀이 기후변화 취약성의 추상적 개념은 직접적으로 측정하거나 관찰될 수가 없어서 취약성 지표연구에서는 취약성 개념의 틀을 잘 반영할 수 있는 대리변수를 이용한다.

17 주요국의 배출권 거래제도에 관한 설명으로 옳지 않은 것은?
① RGGI는 미국 북동부 및 대서양 연안 중부지역 주에서 시행한 배출권 거래제도로서 2009년 1월부터 시작되어 미국 최초로 강제적인 감축의무가 시행되는 프로그램이다.
② WCI와 MGGA는 미국과 캐나다 주 정부 간의 국경을 뛰어넘는 협정이다.
③ 일본은 2002년 Baseline-and-Credit 방식인 자발적 배출권 거래제도인 JVETS를 도입하여 큰 성과를 보였다.
④ 일본의 JVETS 제도는 일정량의 온실가스 감축을 달성한 참가자에게 CO_2 배출 감소시설의 설치비를 보조하는 제도였다.

풀이 2005년 4월부터 일본은 기업들이 참여하는 자주참가형 국내배출권거래제도(JVETS, 일본 자발적 탄소배출권거래제도)를 실시하였다.

18 기후변화 관련 국제기구 중 UN 조직 내 환경활동을 촉진, 조정, 활성화하기 위해 설립된 환경전담 국제정부 간 기구로, 환경문제에 대한 국제적 협력을 도모하기 위한 기구로 가장 적합한 것은?
① WCRP
② UNIDO
③ UNDP
④ UNEP

풀이 유엔환경계획(UNEP : United Nations Environment Programme)
유엔인간환경회의(UNCHE)의 성과를 이어받아 1972년 말 유엔총회에서 설치가 결정되어 1973년 1월 1일 발족된 기구로, 유엔 내외의 환경문제에 관한 활동의 조정과 촉진을 임무로 한다.

19 다음 중 기후를 결정하는 가장 중요한 외부요인은?
① 태양복사에너지
② 인간의 소비패턴 변화
③ 생태계의 변화
④ 물과 탄소 순환

풀이 기후를 결정하는 가장 중요한 외적 요인은 주로 화산 폭발에 의한 태양복사에너지의 변화를 의미한다.

20 기후체제가 위험한 인위적 간섭을 받지 않을 수준으로 대기 중 온실가스 농도를 안정화하는 것을 궁극적 목표로 삼으며, 유엔환경개발회의에서 채택한 것은?

① UNFCCC ② UNCED
③ UNEP ④ IPCC

풀이 유엔기후변화 기본협약(UNFCCC)
지구온난화에 대한 과학적 자료가 증가하고 범지구적 차원의 온실가스 감축 노력이 필요하다는 공감대 속에 온실가스의 인위적 방출에 적극대처하기 위하여 UN의 주관으로 1992년 유엔환경개발회의(UNCED)에서 채택되었으며, 우리나라는 1993년 12월에 47번째 가입국으로 가입하였다.

2과목 온실가스 배출의 이해

21 온실가스 배출권거래제의 배출량 보고 및 인증에 관한 지침상 소다회 생산의 배출활동 개요에 관한 설명으로 옳지 않은 것은?

① 천연 소다회 생산공정에서는 이 공정 중에 트로나(Trona, 천연 소다회를 만들어 내는 중요한 광석)는 로터리 킬른 속에서 소성되고, 화학적으로 천연 소다회로 변형된다.
② 천연 소다회 생상공정에서 이산화탄소와 물이 이 공정의 부산물로 생성된다.
③ 솔베이법 합성공정에서는 염화나트륨 수용액, 석회석, 야금 코크스, 암모니아는 소다회의 생산을 유도하는 일련의 반응에 사용되는 원료이다.
④ 솔베이법 합성공정에서 암모니아는 급속도로 손실되므로, 일정 반응 후 계속 주입이 필요하다.

풀이 암모니아 소다법(Solvay 공정)에서 염화나트륨 수용액, 석회석, 야금 코크스, 암모니아는 소다회의 생산을 유도하는 일련의 반응에 사용되는 원료이다. 그러나 암모니아는 재생되고, 아주 적은 양만 손실된다.

22 온실가스 배출권거래제의 배출량 보고 및 인증에 관한 지침상 철강 생산공정의 보고대상 배출시설 중 어느 시설에 해당하는가?

용광로에서 제조된 선철(용선)을 정련하여 용강으로 만드는 데 사용되며, 주로 탈탄 또는 탈인반응에 이용되고, 그 방법에는 산성 전로법과 염기성 전로법이 있다.

① 전로 ② 코크스로
③ 소결로 ④ 용선로

풀이 전로
㉠ 용광로에서 제조된 선철(용선)을 정련하여 용강으로 만드는 데 사용되며, 주로 탈탄 또는 탈인반응에 이용된다.
㉡ 산성 전로법과 염기성 전로법이 있다.
㉢ 원료로 용선과 소량의 고철을 사용한다.

23 온실가스 배출권거래제의 배출량 보고 및 인증에 관한 지침상 항공기에서의 배출활동 개요이다. ( ) 안에 알맞은 것은?

온실가스 배출량은 항공기의 운항횟수, 운전조건, 엔진효율, 비행거리, 비행단계별 운항시간, 연료종류 및 배출고도 등에 따라 달라진다. 항공기 운항은 이착륙단계와 순항단계로 구분되고, 항공기에서 배출되는 오염물질의 약 (㉠)는 공항 내에서의 운행과 이착륙 중에 발생하고, (㉡)가량이 높은 고도에서 발생한다.

① ㉠ 90%, ㉡ 10% ② ㉠ 10%, ㉡ 90%
③ ㉠ 50%, ㉡ 50% ④ ㉠ 75%, ㉡ 25%

풀이 항공기 배출활동
㉠ 항공기 엔진의 연소가스는 대략 CO_2 70%, H_2O 30% 이하, 기타 대기오염물질 1% 미만으로 구성된다.
㉡ 최신 기술이 적용된 항공기에서는 CH_4와 N_2O는 거의 배출되지 않는다.
㉢ 온실가스 배출량은 항공기의 운항횟수, 운전조건, 엔진효율, 비행거리, 비행단계별 운항시간, 연료종류 및 배출고도 등에 따라 달라진다.
㉣ 항공기에서 배출되는 오염물질의 약 10%는 공항 내에서의 운행과 이착륙 중에 발생하고, 90%가량이 높은 고도에서 발생한다.

정답 20 ① 21 ④ 22 ① 23 ②

24 온실가스 배출권거래제의 배출량 보고 및 인증에 관한 지침상 석유정제활동에서의 보고대상 배출시설이 아닌 것은?

① 수소 제조시설
② 촉매 재생시설
③ 코크스 제조시설
④ 나프타 분해시설

[풀이] 석유정제활동 보고대상 배출시설
　㉠ 수소 제조시설
　㉡ 촉매 재생시설
　㉢ 코크스 제조시설

25 온실가스 배출권거래제의 배출량 보고 및 인증에 관한 지침상 석탄 채굴 및 처리활동에서의 탈루배출 보고대상 배출 온실가스에 해당하는 것은?

① CO_2
② CH_4
③ C_2O
④ CO

[풀이] 석탄채굴 및 어리활동에서의 탈루배출 보고대상 온실가스
CH_4(메탄)은 석탄을 채굴하기 전까지 석탄층에 잡혀 있다가 석탄을 채굴 및 처리하는 과정에서 대기로 배출된다.

26 온실가스 배출권거래제의 배출량 보고 및 인증에 관한 지침상 촉매를 활용한 수증기 개질방법으로 암모니아를 생산하는 데 거치는 공정단계의 순서로 옳은 것은?

① 천연가스 탈황→ 메탄화→ 일산화탄소의 전환→ 수증기 1차 개질→ 이산화탄소 제거→ 공기로 2차 개질→ 암모니아 합성
② 천연가스 탈황→ 일산화탄소의 전환→ 수증기 1차 개질→ 메탄화→ 공기로 2차 개질→ 이산화탄소 제거→ 암모니아 합성
③ 천연가스 탈황→ 일산화탄소의 전환→ 수증기 1차 개질→ 공기로 2차 개질→ 메탄화→ 이산화탄소 제거→ 암모니아 합성
④ 천연가스 탈황→ 수증기 1차 개질→ 공기로 2차 개질→ 일산화탄소의 전환→ 이산화탄소 제거→ 메탄화→ 암모니아 합성

[풀이] 촉매 활용 수증기 개질방법으로 암모니아 생산공정 7단계
천연가스 탈황→ 수증기 1차 개질→ 공기로 2차 개질→ 일산화탄소의 전환→ 이산화탄소 제거→ 메탄화→ 암모니아 합성

27 온실가스 배출권거래제의 배출량 보고 및 인증에 관한 지침상 유리 생산활동에서 융해공정 중 CO_2를 배출하는 주요 원료와 가장 거리가 먼 것은?

① $CaCO_3$
② $MtCO_3$
③ Na_2CO_3
④ $CaMg(CO_3)_2$

[풀이] 유리생산활동에서 융해공정 중 CO_2를 배출하는 주요 원료는 석회석($CaCO_3$), 백운석($CaMg(CO_3)_2$) 및 소다회(Na_2CO_3)이다. 이러한 광물들이 유리생산에 사용되기 위해 채굴되는 과정에서도 CO_2가 배출된다.

28 온실가스 배출권거래제의 배출량 보고 및 인증에 관한 지침상 고정연소(액체연료) 보고대상 배출시설 중 "공정연소시설"에 해당하지 않는 것은?

① 나프타 분해시설(NCC)
② 배연탈질시설
③ 소둔로
④ 용융·용해시설

[풀이] 고정연소(액체연료) 보고대상 배출시설 중 공정연소시설
　㉠ 건조시설
　㉡ 가열시설
　㉢ 나프타 분해시설(NCC)
　㉣ 용융·용해시설
　㉤ 소둔로
　㉥ 기타 노

29 온실가스 배출권거래제의 배출량 보고 및 인증에 관한 지침상 카프로락탐 생산과 관련한 배출활동에 관한 설명으로 옳지 않은 것은?

① 카프로락탐 생산공정은 출발 원료에 따라 사이클로헥산, 페놀 및 톨루엔의 3가지로 대별할 수 있다.
② 카프로락탐 생산공정에서 사이클로헥산은 촉매 존재하에 사이클로헥사논과 사이크로헥사놀로 산화된다.
③ 사이클로헥사놀은 탈수소 촉매하에서 사이클로헥사논으로 전환된다.
④ 카프로락탐 생산공정에서 온실가스를 배출하는 단위공정은 불소성분에 의한 SF_6 배출공정과 접촉개질 분해반응에 의한 CH_4 배출공정으로 구분한다.

풀이 카프로락탐 생산공정은 다양한 단위공정으로 구성되며, 온실가스를 배출하는 단위공정은 배출되는 온실가스의 종류에 따라 원료 중 탄소성분에 의해 CO_2를 배출하는 CO_2 배출공정과 하이드록실아민 반응에 의해 N_2O를 배출하는 N_2O 배출공정으로 구분한다.

30 온실가스 배출권거래제의 배출량 보고 및 인증에 관한 지침상 제트연료를 사용하는 항공기의 온실가스 배출량 산정 순서가 알맞은 것은?

㉮ 총 연료소비량 산정
㉯ 순항과정의 연료소비량 산정
㉰ 이착륙과 순항과정에서의 온실가스 배출량 산정
㉱ 이착륙과정 연료소비량 산정

① ㉮ → ㉯ → ㉱ → ㉰
② ㉯ → ㉱ → ㉮ → ㉰
③ ㉱ → ㉯ → ㉮ → ㉰
④ ㉮ → ㉱ → ㉯ → ㉰

풀이 제트연료를 사용하는 항공기의 온실가스 배출량 산정 순서
총 연료소비량 산정 → 이착륙과정 연료소비량 산정 → 순항과정 연료소비량 산정 → 이착륙과 순항과정에서의 온실가스 배출량 산정

31 온실가스 배출권거래제의 배출량 보고 및 인증에 관한 지침상 다음 연료에 해당하는 것은?

> 열분해(Pyrolysis, 고온으로 암석을 가열하는 것으로 구성되는 처리)될 때, 다양한 고체 생성물과 함께, 탄화수소를 산출하는 상당한 양의 고체 유기물을 포함하는 무기(Inorganic), 비다공성(Non-porous) 암석을 말한다.

① 유모혈암(Oil Shale)
② 역청암(Tar Sands)
③ 갈탄 연탄(Brown Coal Briquettes)
④ 점결탄(Coking Coal)

풀이 유모혈암(Oil Shale)
㉠ 열분해(Pyrolysis, 고온으로 암석을 가열하는 것으로 구성되는 처리)될 때, 다양한 고체 생성물과 함께, 탄화수소를 산출하는 상당한 양의 고체 유기물을 포함하는 무기(Inorganic), 비다공성(Non-porous) 암석을 말한다.
㉡ 석탄·석유가 산출되는 지역에 널리 분포하는 검회색 또는 갈색의 수성암이다.
㉢ 탄소·수소·질소·황으로 구성된 고분자 유기화합물을 함유하며, 이것을 부순 다음 건류하면 석유를 얻을 수 있다.

32 온실가스 배출권거래제의 배출량 보고 및 인증에 관한 지침상 시멘트 생산의 배출활동에 관한 설명으로 옳은 것은?

① 시멘트 공정에서의 온실가스 배출원은 클링커의 제조공정인 소성공정에서 탄산칼륨의 산화 반응에 의하여 이산화탄소가 배출된다.
② 시멘트 공정에서의 CO_2 배출특성은 주원료인 석회석과 함께 점토 등 부원료의 사용량에 의한 영향이 소성시설(Kiln)의 생석회 생성량과 연료사용량 및 폐기물 소각량에 의하여 받는 영향보다 크다.
③ 연료 중 목재와 같은 바이오매스 재활용 연료의 경우 배출량 산정에서 제외하여야 하나 합성수지 및 폐타이어 등 폐연료의 경우는 배출량 산정 시 포함되어야 한다.

정답 29 ④ 30 ④ 31 ① 32 ③

④ CKD(소성로에서 발생되는 비산먼지)는 소성공정의 회수시스템에 의해 다량 회수되어 소성공정에 재사용되므로, 회수되지 못한 CKD 내 탄산염 성분은 탈탄산 반응에 포함되지 않으므로 보정이 필요 없다.

풀이 ① 시멘트 공정에서의 온실가스 배출원은 클링커의 제조공정인 소성공정에서 탄산칼슘의 탈탄산 반응에 의하여 이산화탄소가 배출된다.
② 시멘트 공정에서의 CO_2 배출특성은 소성시설의 생석회 생성량과 연료사용량 및 폐기물 소각량에 의하여 영향을 받는다.
④ CKD는 소성공정의 회수시스템에 의해 다량 회수되어 소성공정에 재사용되는데, 회수되지 못한 CKD 내 탄산염 성분은 탈탄산 반응에 포함되지 않으므로 보정이 필요하다.

33 휘발유 215L, 등유 750L, 경유 654L의 에너지 환산량의 합(TJ)은?(단, 총발열량계수는 휘발유 33.5MJ/L, 등유 37.5MJ/L, 경유 37.9 MJ/L 이며, 단위는 TJ로 하고 소수점 넷째 자리에서 반올림하여 계산한다.)

① 6.010　　② 0.601
③ 0.060　　④ 0.006

풀이 에너지 총환산량(TJ)
$= [(215 \times 33.5) + (750 \times 37.5) + (654 \times 37.9)]MJ$
　$\times 1TJ/10^6 MJ$
$= 0.060 TJ$

34 온실가스 배출권거래제의 배출량 보고 및 인증에 관한 지침상 폐기물 소각시설 중 열분해시설의 생성물질에 따른 성상분류로 거리가 먼 것은?

① 가스화 방식　　② 액화 방식
③ 용융 방식　　　④ 탄화 방식

풀이 폐기물 소각시설 중 열분해 소각시설 구분(생성물질의 성상)
　㉠ 가스화 방식
　㉡ 액화 방식
　㉢ 탄화 방식

35 다음은 철강 생산공정 온실가스 배출량 산정방법 중 물질수지법(Tier 3)이다. 각 인자의 설명으로 맞는 것은?

$$E_f = \sum(Q_i \times EF_i) - \sum(Q_p \times EF_p) - \sum(Q_e \times EF_e)$$

① Q_i : 공정에 투입되는 각 원료 사용량(ton)
　Q_p : 공정에서 배출되는 각 부산물 반출량(ton)
　Q_e : 공정에서 생산되는 각 제품 생산량(ton)
② Q_i : 공정에서 생산되는 각 제품 생산량(ton)
　Q_p : 공정에서 배출되는 각 부산물 반출량(ton)
　Q_e : 공정에 투입되는 각 원료 사용량(ton)
③ Q_i : 공정에서 생산되는 각 제품 생산량(ton)
　Q_p : 공정에 투입되는 각 원료 사용량(ton)
　Q_e : 공정에서 배출되는 각 부산물 반출량(ton)
④ Q_i : 공정에 투입되는 각 원료 사용량(ton)
　Q_p : 공정에서 생산되는 각 제품 생산량(ton)
　Q_e : 공정에서 배출되는 각 부산물 반출량(ton)

풀이 철강 생산공정 온실가스 배출량 산정방법(Tier 3 : 물질수지법)
$$E_f = \sum(Q_i \times EF_i) - \sum(Q_p \times EF_p) - \sum(Q_e \times EF_e)$$
여기서, E_f : 공정에서의 온실가스(f) 배출량(tCO_2)
　　　Q_i : 공정에 투입되는 각 원료(i) 사용량(ton)
　　　Q_p : 공정에서 생산되는 각 제품(p)의 생산량 (ton)
　　　Q_e : 공정에서 배출되는 각 부산물(e)의 반출량(ton)
　　　EF_e : e-물질의 배출계수(tCO_2/t)

36 연소 시 온실가스 배출산정 Tier에 대해 옳게 설명한 것은?

① Tier 1은 연료에 기초한 배출량 산정단계로서 주로 원료의 탄소함유량에 의존한다.
② Tier 1은 연소의 조건(연소 효율성, 슬래그 및 재의 탄소함량)은 상대적으로 중요하지 않다.

③ Tier 1에서 CO_2 배출은 연소되는 연료의 총량과 연료의 최대탄소함유량에 기초하여 산정한다.
④ 메탄 배출계수는 연소기술 및 작동조건에 의존하므로 메탄의 평균배출계수 이용은 불확도가 작다.

풀이 ① Tier 1은 연료 사용량 자료를 활용하며 IPCC 가이드라인 기본배출계수를 사용한다.
③ Tier 1에서 CO_2 배출은 연료 연소 시 CO_2 산화율에 대한 매개변수인 산화계수를 사용하여 산정한다.
④ 온실가스 배출량 산정 시 메탄 배출계수는 연소기술 및 작동조건에 의존하므로 메탄의 평균배출계수 이용은 불확도가 크다.(연소 시 CH_4, N_2O 배출량 산정방법론은 Tier 1으로 측정불확도가 크다.)

37 국가 온실가스 배출량 산정방식 중 가축분뇨에 대한 메탄(CH_4)량 산정 시 필요한 자료가 아닌 것은?

① 가축의 종류
② 가축 종류별 두수
③ 가축 종류별 수명
④ 가축 종류별 분뇨의 메탄 배출계수

풀이 가축분뇨에 대한 메탄량 산정 시 필요 자료
㉠ 가축의 종류
㉡ 가축 종류별 두수
㉢ 가축 종류별 분뇨의 메탄 배출계수

38 온실가스 배출권거래제의 배출량 보고 및 인증에 관한 지침상 다음 철강생산 공정 중 CO_2 배출계수 값(tCO_2/t-생산물)이 가장 큰 곳은?

① 직접 환원철 생산
② 전기로
③ 코크스 오븐
④ 전로

풀이 철강생산 공정 중 CO_2 배출계수 값(tCO_2/t-생산물)
① 직접 환원철 생산 : 0.70
② 전기로(BAF) : 0.08
③ 코크스 오븐 : 0.56
④ 전로(BOF) : 1.46

39 온실가스 배출권거래제의 배출량 보고 및 인증에 관한 지침상 석유화학제품 생산공정의 보고대상 배출시설에 해당하지 않는 것은?

① 메탄올 반응시설
② 에틸렌옥사이드 반응시설
③ 테레프탈산 생산시설
④ 하이드록실아민 생산시설

풀이 석유화학제품 생산공정의 보고대상 배출시설
㉠ 메탄올 반응시설
㉡ EDC/VCM 반응시설
㉢ 에틸렌옥사이드(EO) 반응시설
㉣ 아크릴로니트릴(AN) 반응시설
㉤ 카본블랙(CB) 반응시설
㉥ 에틸렌 생산시설
㉦ 테레프탈산(TPA) 생산시설
㉧ 코크스 제거공정(De-Coking)

40 사업장의 월평균 전기사용량이 1,000kWh일 때, 온실가스 배출량(tCO_2-eq/y)은?

구분	배출계수
CO_2	0.4567tCO_2/MWh
CH_4	0.0036kgCH_4/MWh
N_2O	0.0085kgN_2O/MWh

① 0.434
② 0.559
③ 4.341
④ 5.513

풀이 GHG $Emissions = Q \times EF_i$

여기서, GHG $Emissions$: 전력사용량에 따른 온실가스(i)별 배출량(tGHG)
Q : 외부에서 공급받은 전력사용량(MWh)
EF_i : 전력 배출계수(tGHG/MWh)
i : 배출 온실가스 종류

$= 1,000$kWh/month $\times$ MWh/10^3kWh
$\times [(0.4567$tCO_2/MWh $\times 1$tCO_2-eq/t$CO_2)$
$+ (0.0036$kgCH_4/MWh $\times$ t$CH_4/10^3$kgCH_4
$\times 21$tCO_2-eq/t$CH_4) + (0.0085$kgN_2O/MWh
$\times 310$t$N_2O/10^3$kg$N_2O] \times 12$month/year
$= 5.513$tCO_2-eq/year

3과목 온실가스 산정과 데이터 품질관리

41 석회공정에서는 고온에서 석회석을 가열하여 석회를 생산하는 과정 중 이산화탄소가 발생된다. 생산된 석회가 100톤이라고 할 때 배출되는 이산화탄소의 양은?(단, 생산된 석회 1톤당 배출계수 : 0.75톤 CO_2)

① 0.75톤 ② 7.5톤
③ 75톤 ④ 750톤

풀이 배출량 산정방법
[Tier 1~2]
$E_i = Q_i \times EF_i$
여기서, E_i : 석회(i) 생산으로 인한 CO_2 배출량 (tCO_2)
Q_i : 석회(i) 생산량(ton)
EF_i : 석회(i) 생산량당 CO_2 배출계수 (tCO_2/t-석회 생산량)
E_i(tCO_2) = 100ton × 0.75tonCO_2/t-석회 생산량
= 75ton

42 A씨는 하루 30L의 휘발유를 소모한다. 이로 인해 매일 A씨가 지구온난화에 기여하는 이산화탄소의 배출총량은 얼마인가?(단, 휘발유의 비중은 0.75kg/L, 순발열량은 44.3TJ/Gg, 차량용 휘발유의 CO_2 배출계수는 69,300kg/TJ)

① 12kg ② 23kg
③ 46kg ④ 69kg

풀이 CO_2 배출량 = 30L × 0.75kg/L × 44.3TJ/Gg
× 69,300kg/TJ × Gg/10^6kg
= 69kg

43 관리업체 A의 하수처리 과정에서 다음과 같은 조건일 때 N_2O 배출에 따른 온실가스 연간 배출량에 가장 가까운 값은?(단, 반출슬러지는 고려하지 않는다.)

- TN_{in} : 50mg-T-N/L
- TN_{out} : 5mg-T-N/L
- Q_{in} : 5,000m³/day
- Q_{out} : 4,800m³/day
- EF : 0.005kg N_2O-N/kg-T-N

① 200tCO_2-eq/yr ② 300tCO_2-eq/yr
③ 400tCO_2-eq/yr ④ 500tCO_2-eq/yr

풀이 N_2O 산정방법
$N_2O\,Emissions = (TN_{in} \times Q_{in} - TN_{out} \times Q_{out} - TN_{sl}$
$\times Q_{sl}) \times 10^{-6} \times EF \times 1.571$

여기서, $N_2O\,Emissions$: 하수처리에서 배출되는 N_2O 배출량(tN_2O)
TN_{in} : 유입수의 총 질소농도(mg-T-N/L)
TN_{out} : 방류수의 총 질소농도(mg-T-N/L)
TN_{sl} : 반출 슬러지의 총 질소농도(mg-T-N/L)
Q_{in} : 유입수의 유량(m³)
Q_{out} : 방류수의 유량(m³)
Q_{sl} : 슬러지의 반출량(m³)
EF : 아산화질소 배출계수(kgN_2O-N/kg-T-N)
1.571 : N_2O의 분자량(44.013)/N_2의 분자량(28.013)

N_2O 배출량 = [(5,000m³/day × 365day/year × 50mg/L)
− (4,800m³/day × 365day/year × 5mg/L)]
× 10^{-6} × 0.005kgN_2O-N/kg-T-N × 1.571
= 0.648tN_2O/yr
tCO_2-eq/yr = 0.648 × 310 = 200.867tCO_2-eq/yr

44 온실가스 배출권거래제의 배출량 보고 및 인증에 관한 지침상 외부에서 공급을 받아 사용하는 전력을 사용하는 A 사업장은 2013년에 100,500kWh, 2014년에 110,600kWh를 사용하였다. A 사업장의 2014년 외부전력 사용으로 인한 온실가스 배출량은 약 얼마인가?(단, 전력 배출계수 및 GWP는 다음과 같다.)

구분	CO_2(tCO_2/MWh)	CH_4(kgCH_4/MWh)	N_2O(kgN_2O/MWh)
배출계수	0.4653	0.0054	0.0027
GWP	1	21	310

① 47tCO$_2$-eq ② 52tCO$_2$-eq
③ 62tCO$_2$-eq ④ 73tCO$_2$-eq

풀이 $GHG_{Emissions} = Q \times EF_i$

여기서, $GHG_{Emissions}$: 전력 사용에 따른 온실가스 배출량(tGHG)

Q : 외부에서 공급받는 전력 사용량(MWh)
$= 110,600 KWh \times \dfrac{MWh}{10^3 KWh}$
$= 110.6 MWh$

EF_i : 전력배출계수(tGHG/MWh)

j : 배출 온실가스의 종류

- CO_2 배출량
  $= 110.6 MWh \times 0.4653 tCO_2/MWh$
  $= 51.46 tCO_2$
- CH_4 배출량
  $= 110.6 MWh \times 0.0054 \times 10^{-3} tCH_4/MWh$
  $= 0.0006 tCH_4$
- N_2O 배출량
  $= 110.6 MWh \times 0.0027 \times 10^{-3} tN_2O/MWh$
  $= 0.0003 tN_2O$

∴ 온실가스 배출량
$= 51.46 + (0.0006 \times 21) + (0.0003 \times 310)$
$= 51.57 tCO_2 - eq$

45 온실가스 배출권거래제의 배출량 보고 및 인증에 관한 지침상 측정기기 설치 및 운영관리를 위한 "상대정확도 시험"에 관한 설명으로 가장 적합한 것은?

① 관리업체의 측정기기 또는 데이터 수집기간의 통신상태 및 대기분야 환경오염공정시험기준에 적합한지 여부를 확인하는 시험
② 측정자료 간의 오차율을 비교하여 정확성을 확인하는 시험으로 대기분야 환경오염공정시험기준에 따라 적합한지 여부를 확인하는 시험
③ 측정기기의 설치위치, 환경조건, 기능, 성능 등이 대기분야 환경오염공정시험기준에 적합한지 여부를 확인하는 것
④ 상대정확도 시험은 확인검사와 통합시험으로 구분할 수 있음

풀이 측정기기의 설치 시 운영·관리를 위한 정도확인 시험
㉠ 상대정확도 시험
굴뚝연속자동측정기기 및 배출가스유량계에서 생산되는 측정자료의 상대정확도 시험방법에 따라 측정한 자료 간의 오차율을 비교하여 정확성을 확인하는 시험으로 대기분야 환경오염공정시험기준에 따라 적합한지 여부를 확인하는 시험
㉡ 확인검사
측정기기의 설치위치, 환경조건, 기능, 성능 등이 대기분야 환경오염공정시험기준에 적합한지의 여부를 확인하는 것

46 온실가스 운영을 위한 검증지침상 검증기관의 지정, 관리, 준수사항과 관련된 사항으로 옳지 않은 것은?

① 검증기관 지정의 유효기간은 지정일로부터 3년이다.
② 검증기관은 지정 유효기간 이후에 재지정을 받고자 할 경우 지정기간 만료일 이전 3개월 전까지 검증기관 재지정 신청서를 제출하여야 한다.
③ 검증기관은 검증업무 수행내역 등 자료를 5년 이상 보관하여야 한다.
④ 검증기관은 반기별 검증업무 수행내역을 작성하여 매 반기 종료일로부터 10일 이내에 국립환경과학원장에게 제출하여야 한다.

풀이 검증기관은 반기별 검증업무 수행내역을 작성하여 매 반기 종료일로부터 30일 이내에 국립환경과학원장에게 제출하여야 한다.

47 온실가스 목표관리 운영 등에 관한 지침상 온실가스 소량배출사업장 기준에 관한 사항으로 옳지 않은 것은?

① 온실가스 배출량 기준 3kilotonnes CO_2-eq 미만이다.
② 에너지 소비량 기준 50terajoules 미만이다.
③ 해당 연도 1월 1일을 기준으로 최근 3년간 사업

정답 45 ② 46 ④ 47 ②

장에서 배출한 온실가스와 소비한 에너지의 연평균 총량을 기준으로 한다.

④ 신설 등으로 인해 최근 3년간 자료가 없을 경우에는 보유(최초 가동연도를 포함한다.)하고 있는 자료를 기준으로 한다.

풀이 온실가스 소량배출사업장 기준
온실가스 배출량 : 3kilotonnes CO_2-eq 미만

48 온실가스 배출권거래제의 운영을 위한 검증지침상 온실가스 배출량 등의 검증절차 중 아래의 Ⓐ에 들어갈 검증절차로 옳은 것은?

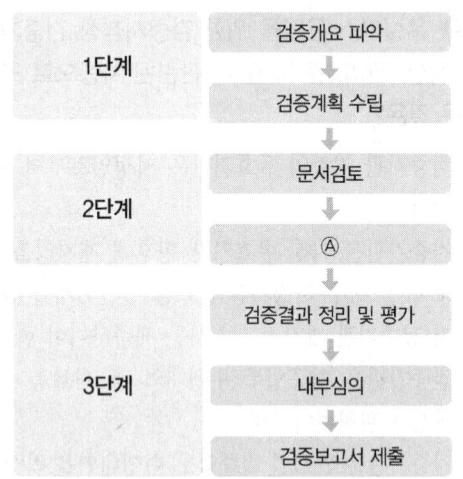

① 검증범위 확인 ② 오류의 평가
③ 현장검증 ④ 중요성 평가

풀이 ㉠ 1단계
- 검증개요 파악
- 검증계획 수립
㉡ 2단계
- 문서검토
- 현장검증
㉢ 3단계
- 검증결과 정리 및 평가
- 내부심의
- 검증보고서 제출

49 온실가스 배출권거래제의 배출량 보고 및 인증에 관한 지침상 직접배출원 중 원료나 연료의 생산, 중간생성물의 저장·이송과정에서 대기 중으로 배출되는 배출원을 의미하는 것은?

① 고정연소배출 ② 이동연소배출
③ 탈루배출 ④ 공정배출

풀이 온실가스 배출원 운영경계

운영경계	배출원	배출원
직접배출원 (Scope 1)	고정연소	배출경계 내의 고정연소 시설에서 에너지를 사용하는 과정에서 온실가스 배출 형태
	이동연소	배출원 관리 영역에 있는 차량 및 이동 장비에 의한 온실가스 배출 형태
	공정배출	에너지 사용이 아닌 물리, 화학 반응을 통해 온실가스가 생산물 또는 부산물로서 배출되는 형태
	탈루배출	원료(연료), 중간생성물의 저장, 이송, 공정과정에서 배출되는 형태
간접배출원 (Scope 2)		배출원의 일상적인 활동에 필요한 전기, 스팀 등을 구매함으로써 간접적으로 외부(예 발전)에서 배출
간접배출원 (Scope 3)		Scope 2에 속하지 않는 간접배출로서 원재료의 생산, 제품 사용 및 폐기과정에서 배출

50 온실가스 배출권거래제의 배출량 보고 및 인증에 관한 지침상 고체연료를 고정연소하는 배출시설이 Tier 2를 적용받을 경우 매개변수별 관리기준에 관한 설명으로 옳지 않은 것은?

① 활동자료는 사업자 또는 연료공급자에 의해 측정된 측정불확도 ±2.5% 이내의 연료 사용량 자료를 활용한다.
② 열량계수는 국가 고유발열량값을 사용한다.
③ 배출계수는 국가 고유배출계수를 사용한다.
④ 산화계수는 발전 부문 0.99, 기타 부문 0.98을 적용한다.

풀이 고정연소(고체연료) Tier 2
사업장 또는 연료공급자에 의해 측정된 측정불확도 ±5.0% 이내의 연료사용량 자료를 활용한다.

정답 48 ③ 49 ③ 50 ①

51 품질보증(QA) 활동 중 배출량 정보 자체검증(내부검사)에 대한 설명으로 ( )에 들어갈 내용이 올바르게 짝지어진 것은?

> 평가된 위험을 완화하기 위하여 할당대상 업체는 온실가스 산정 근거자료에 대하여 (㉠)을/를 수행하고 이를 문서화한다.
> 산정 관련 (㉡), (㉢) 등을 포함한 자체검증계획을 수립하고 이에 따라 검증하며, 검증결과 발견된 오류 및 수정결과를 보고서형태로 작성할 수 있다.

① ㉠ 자체검증, ㉡ 서류검토, ㉢ 현장점검
② ㉠ 자체감사, ㉡ 서류심사, ㉢ 현장조사
③ ㉠ 자체검증, ㉡ 서류검토, ㉢ 현장조사
④ ㉠ 내부감사, ㉡ 서류심사, ㉢ 현장점검

풀이 품질보증(QA) 활동요소 중 배출량 정보 자체검증(내부감사)
평가된 위험을 완화하기 위하여 관리업체는 온실가스 산정 근거자료에 대하여 자체검증을 수행하고 이를 문서화한다. 산정 관련 서류검토, 현장점검 등을 포함한 자체검증계획을 수립하고 이에 따라 검증하며, 검증결과 발견된 오류 및 수정결과를 보고서형태로 작성할 수 있다.

52 과거에 제출한 명세서를 수정하여 검증기관의 검증을 거쳐 관장기관에게 재제출하여야 하는 경우로 적절하지 않은 것은?

① 관리업체의 권리와 의무가 승계된 경우
② 배출량 등의 산정방법론이 변경되어 온실가스 배출량 등에 변경이 유발된 경우
③ 동일한 배출활동 및 활동자료를 사용하는 소규모 배출시설의 일부가 신증설 또는 폐쇄되었을 경우
④ 환경부장관으로부터 사업장 고유배출계수를 검토·확인을 받거나, 그 값이 변경된 경우

풀이 명세서 제출(온실가스 배출권거래제의 배출량 보고 및 인증에 관한 지침)
할당대상업체는 다음에 해당하는 경우 해당 사유가 적용되는 계획기간 과거 4년부터의 기제출한 명세서를 수정하여 검증기관의 검증을 거쳐 해당 사유가 발생한 시점으로부터 1개월 이내에 환경부장관에게 전자적 방식으로 제출하여야 한다.
㉠ 「온실가스 배출권의 할당, 조정 및 취소에 관한 지침」에 따라 할당대상업체의 권리와 의무가 승계된 경우
㉡ 조직경계 내·외부로 온실가스 배출원 또는 흡수원의 변경이 발생한 경우
㉢ 배출량 등의 산정방법론이 변경되어 온실가스 배출량 등에 상당한 변경이 유발된 경우
㉣ 환경부장관으로부터 고유배출계수에 대한 검토·확인을 받거나, 그 값이 변경된 경우
㉤ 환경부장관이 시정·보완을 명한 경우

53 온실가스 배출권거래제의 배출량 보고 및 인증에 관한 지침상 암모니아 생산시설의 순서로 알맞은 것은?

① 나프타 탈황 → 가스전환 → 나프타 개질 → 암모니아 합성 → 가스정제
② 나프타 개질 → 가스전환 → 가스정제 → 암모니아 합성 → 나프타 탈황
③ 암모니아 합성 → 나프타 탈황 → 나프타 개질 → 가스전환 → 가스정제
④ 나프타 탈황 → 나프타 개질 → 가스전환 → 가스정제 → 암모니아 합성

풀이 암모니아 생산시설의 순서
나프타 탈황 → 나프타 개질 → 가스전환 → 가스정제 → 암모니아 합성

54 온실가스 배출권거래제의 배출량 보고 및 인증에 관한 지침상 구매한 연료 및 원료, 전력 및 열에너지를 정도검사를 받지 않은 내부 측정기기를 이용하여 활동자료를 분배·결정하는 모니터링 유형은?

① A-1
② A-2
③ C-1
④ D-5

[풀이] 모니터링 유형(C-1)
구매한 연료 및 원료, 전력 및 열에너지를 정도검사를 받지 않은 내부 측정기기를 이용하여 활동자료를 분배·결정하는 방법이다.

55 온실가스 배출권거래제의 배출량 보고 및 인증에 관한 지침에 따라 온실가스 측정 불확도를 산정하는 절차를 순서대로 옳게 나열한 것은?

ㄱ. 배출시설에 대한 불확도 산정
ㄴ. 매개변수의 불확도 산정
ㄷ. 사전검토
ㄹ. 사업장 또는 업체에 대한 불확도 산정

① ㄷ-ㄴ-ㄹ-ㄱ
② ㄷ-ㄴ-ㄱ-ㄹ
③ ㄷ-ㄹ-ㄱ-ㄴ
④ ㄷ-ㄱ-ㄴ-ㄹ

[풀이] 온실가스 측정 불확도 산정절차
㉠ 1단계 : 사전검토
㉡ 2단계 : 매개변수의 불확도 산정
㉢ 3단계 : 배출시설에 대한 불확도 산정
㉣ 4단계 : 사업장 또는 업체에 대한 불확도 산정

56 온실가스 배출권거래제의 배출량 보고 및 인증에 관한 지침에 따른 배출량 산정 계획 작성원칙 중 "조직경계 내 모든 배출시설의 배출활동에 대해 배출량 산정 계획을 수립·작성하여야 한다"는 원칙은?

① 준수성
② 일관성
③ 투명성
④ 완전성

[풀이] 배출량 산정 계획 작성원칙
㉠ 준수성
배출량 산정 계획은 배출량 산정 및 배출량 산정 계획 작성에 대한 기준을 준수하여 작성하여야 한다.
㉡ 완전성
• 할당대상업체는 조직경계 내 모든 배출시설의 배출활동에 대해 배출량 산정 계획을 수립·작성하여야 한다.
• 모든 배출원이란, 신·증설, 중단 및 폐쇄, 긴급상황 등 특수상황에 배출시설 및 배출활동이 포함됨을 의미한다.
㉢ 일관성
배출량 산정 계획에 보고된 동일 배출시설 및 배출활동에 관한 데이터는 상호 비교가 가능하도록 배출시설의 구분은 가능한 한 일관성을 유지하여야 한다.
㉣ 투명성
• 배출량 산정 계획은 동 지침에서 제시된 배출량 산정 원칙을 준수한다.
• 배출량 산정에 적용되는 데이터 및 정보관리 과정을 투명하게 알 수 있도록 작성되어야 한다.
㉤ 정확성
• 할당대상업체는 배출량의 정확성을 제고할 수 있도록 배출량 산정 계획을 수립하여야 한다.
• 온실가스 배출·감축량이 과대 또는 과소평가 되지 않도록 계산과정에서 정확한 데이터를 사용하여야 한다.
㉥ 일치성 및 관련성
배출량 산정 계획은 할당대상업체의 현장과 일치되고, 각 배출시설 및 배출활동, 그리고 배출량 산정방법과 관련되어야 한다.
㉦ 지속적 개선
할당대상업체는 지속적으로 배출량 산정 계획을 개선해 나가야 한다.

57 관리토양에서 직접적인 N_2O 배출의 활동자료로 사용할 수 없는 것은?

① 농작물 생산량
② 석회질 빌의 연간 사용량
③ 가축두수
④ 유기질 비료의 시비량

[풀이] 관리토양에서 직접적인 N_2O 배출의 활동자료
㉠ 합성 질소비료 시비량
㉡ 유기질 비료 시비량
㉢ 수확된 농작물 생산량
㉣ 재배면적
㉤ 농작물이 소각된 면적
㉥ 토양탄소 손실량
㉦ 가축 사육두수

58 온실가스 배출권거래제 운영을 위한 검증 지침상 온실가스 배출량의 산정결과와 관련하여 정형화된 양을 합리적으로 추정한 값의 분산특성을 나타내는 정도는?

① 리스크　　　　② 중요성
③ 합리적 보증　　④ 불확도

풀이 불확도
특정값들의 범위와 상대적 분포 가능성을 기술할 수 있는, 진실한 값에 대한 상대적인 측정오차를 의미하며 측정량을 합리적으로 추정한 분산특성을 나타내는 파라미터이다. 즉, '양'의 결정에 따른 결과와 관련된 파라미터를 의미한다.

59 온실가스 배출권거래제 운영을 위한 검증 지침상 검증팀장이 수립하는 검증계획에 포함되어야 하는 항목에 해당하지 않는 것은?

① 검증대상
② 검증 수행방법 및 검증절차
③ 배출량 산정방법
④ 현장검증 단계에서의 인터뷰 대상 부서 또는 담당자

풀이 검증팀장이 수립하는 검증계획에 포함 항목
㉠ 검증대상·검증지침
㉡ 검증 수행방법 및 검증절차
㉢ 데이터 샘플링 계획
㉣ 정보의 중요성
㉤ 현장검증 단계에서의 인터뷰 대상 부서 또는 담당자
㉥ 현장검증을 포함한 검증일정 등

60 온실가스 배출권거래제의 배출량 보고 및 인증에 관한 지침상 신설되는 배출시설의 시설규모 결정에 관한 내용으로 옳지 않은 것은?

① 신설되는 배출시설의 예상 온실가스 배출량을 계산하여 그 값에 따라 시설규모를 결정한다.
② 배출시설에서 여러 종류의 연료를 사용하는 경우 각 연료의 사용에 따른 배출량의 총합으로 배출시설규모 및 산정등급(Tier)을 결정해야 한다.
③ C그룹의 배출시설에서 초기가동·착화연료 등 소량으로 사용하는 보조연료의 배출량이 시설 총 배출량의 5% 미만이며 보조연료의 배출량 총합이 25,000tCO_2-eq 미만일 때 차하위 산정등급을 적용할 수 있다.
④ B그룹의 배출시설에서 초기가동·착화연료 등 소량으로 사용하는 보조연료의 배출량이 시설 총 배출량의 10% 미만이며 보조연료의 배출량 총합이 35,000tCO_2-eq 미만일 때 차하위 산정등급을 적용할 수 있다.

풀이 C그룹의 배출시설에서 초기가동·착화연료 등 소량으로 사용하는 보조연료의 배출량이 시설 총 배출량의 5% 미만일 경우 차하위 산정등급을 적용할 수 있다. 이때 차하위 산정등급을 적용하는 배출시설 보조연료의 배출량 총합은 25,000tCO_2-eq 미만이어야 한다.

4과목 온실가스 감축관리

61 다음 온실가스 감축방법 중 간접감축방법에 해당하는 것은?

① 신재생에너지 적용
② 대체물질 적용
③ 온실가스 활용
④ 공정 개선

풀이 간접감축방법
㉠ 1차 간접감축방법 : 배출원 공정을 활용한 신재생에너지 생산 활용
㉡ 2차 간접감축방법 : 배출원 공정과 무관한 신재생에너지 적용을 통한 온실가스 배출 상쇄
㉢ 3차 간접감축방법 : 탄소배출권 구매

정답 58 ④　59 ③　60 ④　61 ①

62 해안지역에 시간당 1MW 규모의 풍력발전소를 건설하여 전력 생산을 CDM 사업으로 추진하려고 한다. 풍력발전의 이용률은 20%이고, 생산된 전력은 모두 전력계통으로 공급된다고 가정할 때, 이 사업에 의한 연간 온실가스 감축량은?(단, 전력계통의 온실가스 배출계수는 $0.8CO_2$톤/MWh, 풍력발전소 자체 전기사용량 무시, 1톤 이하 온실가스 감축량도 무시한다.)

① $1,402CO_2$톤/년 ② $1,523CO_2$톤/년
③ $1,658CO_2$톤/년 ④ $1,773CO_2$톤/년

풀이 연간 온실가스 감축량
= $1MWh \times 24hr/day \times 365day/year$
$\times 0.8CO_2ton/MWh \times 0.2$
= $1,401.6 CO_2 ton/year$

63 관리업체인 A 시멘트회사의 2013년 온실가스 배출량은 $165,000tCO_2$-eq으로 기준연도 대비 10% 증가하였고, 2020년에 기준연도 대비 50%의 예상 성장률을 기대할 경우, A 시멘트회사의 2020년 온실가스 배출허용량은?(단, 2020년 시멘트업종 감축계수 0.81)

① $133,650 tCO_2$-eq ② $182,250 tCO_2$-eq
③ $200,475 tCO_2$-eq ④ $220,525 tCO_2$-eq

풀이 기준연도배출량 = $\dfrac{165,000 tCO_2 - eq}{1.1}$
= $150,000 tCO_2 - eq$
2020년 온실가스 배출량 = $150,000 \times 1.5 \times 0.81$
= $182,250 tCO_2 - eq$

64 다음 중 온실가스 감축 효과가 가장 큰 것은?

① 이산화탄소 1,000톤 감축 ② 메탄 150톤 감축
③ 아산화질소 25톤 감축   ④ 육불화황 1톤 감축

풀이 온실가스 감축효과
① CO_2 : 1,000ton
② CH_4 : $150ton \times 21 = 3,150ton$
③ N_2O : $25ton \times 310 = 7,750ton$
④ SF_6 : $1ton \times 23,900 = 23,900ton$

65 이산화탄소 포집 및 저장에 대한 설명 중 CO_2 저장 기술의 구분에 해당하지 않는 것은?

① 해양저장   ② 대기저장
③ 지표저장   ④ 지중저장

풀이 CO_2 저장기술
㉠ 지중저장   ㉢ 해양저장
㉡ 지표(지상)저장(자연흡수원 포함)

66 아파트 옥상에 태양열 집열판을 설치하여 에너지를 절약하려 한다. 본 사업을 통해 기존 열병합 발전의 온수 공급량을 절약한다고 할 때, 사업에 의한 연간 온실가스 감축 예상량은?

- 평균일사량 : $4,000 kcal/(m^2 \cdot 일)$
- 총 집열면적 : $10,000 m^2$, 집열효율 : 60%, 가동일 : 300일/년
- 열병합발전 연료(천연가스)의 온실가스 배출계수 : $56.1 CO_2$톤/TJ
- $1 cal = 4.186 J$

① $6 CO_2$톤/년   ② $404 CO_2$톤/년
③ $1,690 CO_2$톤/년 ④ $2,227 CO_2$톤/년

풀이 연간 온실가스 감축량(t/year)
= $4,000 kcal/m^2 \cdot 일 \times 10,000 m^2 \times 0.6 \times 300일/year$
$\times 56.1 CO_2 t/TJ \times 4,186 J/kcal \times TJ/10^{12}J$
= $1,690 CO_2 t/year$

67 교토 메커니즘하에서 온실가스 감축을 위한 대표적인 시장 메커니즘과 가장 거리가 먼 것은?

① 국제배출권거래제
② 공동이행
③ 국제기후기금
④ 청정개발체제

정답 62 ① 63 ② 64 ④ 65 ② 66 ③ 67 ③

[풀이] 교토 메커니즘
　㉠ 배출권거래제(ET)
　㉡ 청정개발체제(CDM)
　㉢ 공동이행(JI)

68 CDM 사업 관련 주요 기관 중 COP/MOP의 지침에 따라 CDM 사업을 관리 · 감독하는 기능을 하는 곳은?

① DOE　② DNA
③ EB　④ CP

[풀이] 청정개발체제의 관련 기구
　㉠ 교토의정서 당사국회의(COP/MOP)
　　교토의정서에 비준한 국가들 간의 회의가 구성되어 본 회의를 통하여 교토의정서 관련 추진사업, 협상 및 기타 모든 의결사항이 결정된다.(최고 결정기구)
　㉡ 집행이사회(EB ; Executive Board)
　　교토의정서 이행방안이 합의된 지난 제7차 당사국 총회(2001)에서 구성된 기구로서 국제적으로 시행되는 청정개발체제사업의 총괄 역할, 즉 CDM의 실질적인 운영관리를 수행한다.
　㉢ 운영기구(DOE ; Designated Operation Entity)
　　청정개발체제사업의 실무 역할, 즉 CDM 사업등록 및 배출권 발행을 위한 평가를 수행한다.
　㉣ 국가승인기구(DNA ; Designated National Authority)
　　각 국가에 유치되는 청정개발체제사업에 대하여 정부는 충분히 검토하고 이해관계자의 의견을 수렴할 수 있으며, 사업 이행 여부에 대한 승인을 부여한다.

69 CDM 방법론인 베이스라인 방법론에서 베이스라인을 설정하는 원칙만을 나열한 것은?

① 투명성 원칙, 보수성 원칙
② 적절성 원칙, 완전성 원칙
③ 일관성 원칙, 정확성 원칙
④ 정확성 원칙, 투명성 원칙

[풀이] 베이스라인 설정 시 2가지 기본원칙
　㉠ 투명성의 원칙, ㉡ 보수성의 원칙

70 배출권의 전부를 무상으로 할당할 수 있는 업종의 무역집약도와 생산비용발생도 기준으로 옳은 것은?

① 무역집약도가 100분의 10 이상인 업종
② 생산비용발생도가 100분의 30 이하인 업종
③ 무역집약도가 100분의 5 이상이고, 생산비용발생도가 100분의 10 이상인 업종
④ 무역집약도가 100분의 10 이상이고, 생산비용발생도가 100분의 5 이상인 업종

[풀이] 무상할당 업종의 기준
　㉠ 무역집약도가 100분의 30 이상인 업종
　㉡ 생산비용발생도가 100분의 30 이상인 업종
　㉢ 무역집약도가 100분의 10 이상이고, 생산비용발생도가 100분의 5 이상인 업종

71 CDM 사업계획서(PDD)의 구성 항목에 관한 내용으로 옳지 않은 것은?

① A : 프로젝트 활동에 대한 일반사항 기술
② B : 베이스라인 및 모니터링 방법론의 적용
③ C : 프로젝트 활동 이행기간, 유효기간
④ D : 프로젝트 활동에 대한 평가

[풀이] CDM 사업계획서(PDD)의 작성 항목

구분	작성항목
A	사업 개요(프로젝트 활동에 대한 일반사항 기술)
B	베이스라인 및 모니터링 방법론의 적용
C	사업활동기간 및 CDM 사업 인정기간 (프로젝트 활동 이행기간, 유효기간)
D	환경 영향요소 확인
E	이해관계자 의견 수렴

72 온실가스 감축기술 중 연료의 대체에 관한 내용 중 바이오에탄올에 관한 내용으로 옳지 않은 것은?

① 연소율이 높은 장점이 있다.
② 오염물질의 발생이 적은 장점이 있다.
③ 석유계 디젤과 혼합하여 사용한다.
④ 값싼 원료를 선정하는 것이 중요하다.

정답　68 ③　69 ①　70 ④　71 ④　72 ③

풀이 바이오에탄올과 바이오디젤 비교

구분	바이오에탄올	바이오디젤
추출	녹말(전분) 작물에서 포도당을 얻은 뒤 발효시켜 얻음(사탕수수, 밀, 옥수수, 감자, 보리, 고구마)	유지작물에서 식물성 기름을 추출하여 얻음(팜유, 폐식용유, 유채유, 콩)
활용	• 가솔린 옥탄가를 높이는 첨가제로 주로 사용 • 기존 첨가제인 MTBE를 대체용도로 사용	• 석유계 디젤과 혼합하여 사용 • 선진국 : 바이오디젤을 10~20% 섞은 혼합형태로 유통

73 이산화탄소 연소 전 포집 기술 중 화학적 흡수법에 주로 사용되는 흡수제로 틀린 것은?

① 메탄올(Methanol)
② 탄산칼륨(Potassium Carbonate)
③ 모노에탄올아민(MEA)
④ 메틸다이에틸아민(MDEA)

풀이 이산화탄소 연소 전 포집 기술의 화학적 흡수제
㉠ MEA(Mono−ethanol−amine)
㉡ DEA(Diethanol−amine)
㉢ MDEA(N−methyl−diethanol−amine)
㉣ Na_2CO_3
㉤ K_2CO_3
㉥ NH_4OH

74 외부사업 추가성의 종류에 포함되는 것은?

① 환경적 추가성
② 경제적 추가성
③ 사회적 추가성
④ 기술적 추가성

풀이 외부사업 추가성
㉠ 법적·제도적 추가성
㉡ 경제적 추가성

75 태양광발전기술의 장점으로 옳지 않은 것은?

① 거의 무제한적인 에너지원을 사용한다.
② 태양열발전에 비해 유지·보수가 용이하다.
③ 이산화탄소 배출량이 매우 적다.
④ 발전부지는 대부분 옥상으로 부지면적이 적게 든다.

풀이 태양광발전의 장단점
㉠ 장점
• 에너지원이 청정하고 무제한(햇빛이 있는 곳이면 간단히 설치 가능)
• 유지, 보수 용이
• 환경친화적
• 무인화 가능(자동화 용이)
• 태양전지의 수명이 최소 20년 이상
㉡ 단점
• 에너지 밀도가 낮음
• 많은 설치 공간이 필요함
• 전력 생산량이 지역적 일사량에 의존
• 초기 투자비 및 발전단가 높음(태양전지 재료인 실리콘 고가)

76 매립가스 발전 적용방법 중 증기터빈에 관한 설명으로 옳지 않은 것은?

① 대규모 시설일수록 경제적 효과가 증가하는 것으로 알려져 있다.
② 가스엔진과 가스터빈에 비해 운영보수비가 저렴한 편이다.
③ 발전시설과 분리되어 있어서 매립가스 내 불순물의 영향을 받지 않는 장점이 있다.
④ 초기 시설비는 저렴하나, 가스엔진과 가스터빈에 비해 NOx와 CO의 배출량이 많다.

풀이 증기터빈의 초기 설치비가 높으며, 가스엔진과 가스터빈에 비해 NOx와 CO의 배출량이 적다.

77 온실가스 목표관리 운영 등에 관한 지침상 관리업체가 제출한 이행실적 중 부문별 관장기관이 확인할 사항과 거리가 먼 것은?

① 이행계획과의 연계성 및 정확성 여부
② 목표에 대한 이행 여부
③ 검증결과의 파급효과
④ 개선명령의 이행 여부

풀이 부문별 관장기관의 이행실적 확인사항
  ㉠ 이행계획과의 연계성 및 정확성 여부
  ㉡ 온실가스 배출량 등의 산정·보고 기준 준수 여부
  ㉢ 목표에 대한 이행 여부

78 온실가스·에너지 목표관리 운영 등에 관한 지침에 따라 부문별 관장기관이 조기감축실적을 평가할 때 고려사항과 가장 거리가 먼 것은?

① 조기행동의 추가성
② 조기행동의 실제성
③ 조기행동에 따른 감축효과의 지속성
④ 조기행동의 자율성

풀이 조기감축실적 평가사항(부문별 관장기관)
  ㉠ 조기행동의 일반사항
  ㉡ 조기행동의 실제성
  ㉢ 조기행동에 따른 감축효과의 지속성
  ㉣ 조기행동의 추가성
  ㉤ 조기행동에 따른 감축실적의 정량화에 대한 타당성
  ㉥ 기준 배출량 산정 방법론의 적합성
  ㉦ 조기행동에 따른 감축실적 산정방법의 적합성
  ㉧ 조기감축실적에 대한 검증결과
  ㉨ 조기감축실적 인정 예외 사유에의 해당 여부
  ㉩ 인정유형에 따른 타 감축실적과의 중복 여부
  ㉪ 환경 및 관련 법규에의 저촉 여부

79 CCS(Carbon Capture Storage)에 관한 설명으로 거리가 먼 것은?

① CCS 기술은 발전소 및 각종 산업에서 발생하는 CO_2를 대기로 배출시키기 전에 고농도로 포집·압축·수송하여 안전하게 저장하는 기술로 정의될 수 있다.
② CCS 중 포집은 배가스로부터 CO_2만을 선택적으로 분리포집하는 기술을 의미한다.
③ 포집은 세부 기술에 따라, 연소 후 포집, 연소 전 포집, 순산소 연소포집기술로 구분할 수 있다.
④ CCS는 처리비용이 저렴하나, CO_2 제거 효율은 낮아 소규모 사업장에서 다소 타당성이 있다.

풀이 CCS는 CO_2 제거 측면에서 효율은 높지만 처리비용이 고가이다. 따라서 대규모(발전소 등)에서 타당성이 있다.

80 한계저감비용(MAC : Marginal Abatement Cost)에 관한 설명으로 옳은 것은?

① 온실가스 1톤을 줄이는 데 소요되는 비용이다.
② 온실가스 감축수단별 초기비용을 제외한 1년간 운영비를 반영한 비용이다.
③ 온실가스 감축을 위한 운영비용은 반영하지 않는다.
④ 총사업기간 중 최초 1년간 감축에 지출된 비용만 반영한다.

풀이 한계저감비용(MAC)
  ㉠ 온실가스 감축을 목적으로 시스템에 기술적 변화를 주거나, 연료를 변경할 경우의 온실가스 1ton에 대한 감축비용을 말한다.
  ㉡ 온실가스 감축을 위한 경제성 평가방법 중 하나이다.
  ㉢ 온실가스 1ton을 줄이는 데 소요되는 비용을 말한다.
  ㉣ 각 온실가스 감축 수단별 초기비용 및 운영비용 등 총 소요비용을 감축수단에 따른 온실가스 감축량으로 나누어 1ton의 온실가스 감축량 대비 소요비용을 계산하여 산출한다.
  ㉤ 검증결과의 적정성(개선명령에 따른 이행계획에 대한 이행실적의 경우에 한한다.)
  ㉥ 개선명령의 이행 여부
  ㉦ 기타 이 지침에서 정한 절차 및 기준 등의 준수 여부 등

정답 78 ④ 79 ④ 80 ①

5과목 온실가스 관련 법규

81 탄소중립기본법상 2030년 온실가스 감축목표로 옳은 것은?

① 2030년 온실가스 배출량은 2018년 대비 25% 이상 감축
② 2030년 온실가스 배출량은 2018년 대비 35% 이상 감축
③ 2030년 온실가스 배출량은 2020년 대비 25% 이상 감축
④ 2030년 온실가스 배출량은 2020년 대비 35% 이상 감축

풀이 정부는 국가온실가스 배출량을 2030년까지 2018년의 국가온실가스 배출량 대비 35% 이상의 범위에서 대통령령으로 정하는 비율만큼 감축하는 것을 중장기 국가온실가스감축목표로 한다.

82 다음은 온실가스 배출권의 할당 및 거래에 관한 법률상 국가 배출권 할당계획 수립에 관한 사항이다. ( ) 안에 가장 적합한 것은?

> 정부는 국가온실가스감축목표를 효과적으로 달성하기 위하여 계획기간별로 필수사항이 포함된 국가 배출권 할당계획을 매 계획기간 시작 ( )까지 수립하여야 한다.

① 1개월 전   ② 3개월 전
③ 6개월 전   ④ 12개월 전

풀이 국가 배출권 할당계획의 수립(온실가스 배출권의 할당 및 거래에 관한 법률)
㉠ 국가온실가스감축목표를 고려하여 설정한 온실가스 배출허용총량에 관한 사항
㉡ 배출허용총량에 따른 해당 계획기간 및 이행연도별 배출권의 총수량에 관한 사항
㉢ 배출권의 할당 대상이 되는 부문 및 업종에 관한 사항
㉣ 부문별·업종별 배출권의 할당기준 및 할당량에 관한 사항
㉤ 이행연도별 배출권의 할당기준 및 할당량에 관한 사항
㉥ 할당대상업체에 대한 배출권의 할당기준 및 할당방식에 관한 사항
㉦ 배출권을 유상으로 할당하는 경우 그 방법에 관한 사항
㉧ 조기감축실적의 인정 기준에 관한 사항
㉨ 배출권 예비분의 수량 및 배분기준에 관한 사항
㉩ 배출권의 이월·차입 및 상쇄의 기준 및 운영에 관한 사항
㉪ 그 밖에 해당 계획기간의 배출권 할당 및 거래를 위하여 필요한 사항으로서 대통령령으로 정하는 사항

83 다음은 온실가스 배출권의 할당 및 거래에 관한 법률상 과징금 부과에 관한 사항이다. ( ) 안에 가장 적합한 것은?

> 주무관청은 할당대상업체가 제출한 배출권이 인증한 온실가스 배출량보다 적은 경우에는 그 부족한 부분에 대하여 이산화탄소 1톤당 (㉠)의 범위에서 해당 이행연도의 배출권 평균 시장가격의 (㉡)의 과징금을 부과할 수 있다.

① ㉠ 10만 원, ㉡ 3배 이하
② ㉠ 10만 원, ㉡ 5배 이하
③ ㉠ 5만 원, ㉡ 3배 이하
④ ㉠ 5만 원, ㉡ 5배 이하

풀이 과징금(온실가스 배출권의 할당 및 거래에 관한 법률)
주무관청은 다음의 어느 하나에 해당하는 경우에는 그 부족한 부분에 대하여 이산화탄소 1톤당 10만 원의 범위에서 해당 이행연도의 배출권 평균 시장가격의 3배 이하의 과징금을 부과할 수 있다.
㉠ 할당대상업체가 인증받은 온실가스 배출량보다 제출한 배출권이 적은 경우
㉡ 할당대상업체가 할당이 취소된 양보다 제출기한 내에 제출한 배출권이 적은 경우

84 기후위기 대응을 위한 탄소중립·녹색성장기본법(탄소중립기본법)상 국가와 지방자치단체의 책무로 거리가 먼 것은?

① 국가와 지방자치단체는 가정과 학교 및 사업장 등에서 녹색생활을 적극 실천하여야 한다.
② 국가와 지방자치단체는 각종 계획의 수립과 사업의 집행과정에서 기후위기에 미치는 영향과 경제와 환경의 조화로운 발전 등을 종합적으로 고려하여야 한다.
③ 지방자치단체는 탄소중립 사회로의 이행과 녹색성장의 추진을 위한 대책을 수립·시행할 때 해당 지방자치단체의 지역적 특성과 여건 등을 고려하여야 한다.
④ 국가와 지방자치단체는 기후위기 대응 정책을 정기적으로 점검하여 이행성과를 평가하고, 국제협상의 동향과 주요 국가 및 지방자치단체의 정책을 분석하여 면밀한 대책을 마련하여야 한다.

풀이 **국가와 지방자치단체의 책무(탄소중립기본법)**
㉠ 국가와 지방자치단체는 경제·사회·교육·문화 등 모든 부문에 기본원칙이 반영될 수 있도록 노력하여야 하며, 관계 법령 개선과 재정투자, 시설 및 시스템 구축 등 제반 여건을 마련하여야 한다.
㉡ 국가와 지방자치단체는 각종 계획의 수립과 사업의 집행과정에서 기후위기에 미치는 영향과 경제와 환경의 조화로운 발전 등을 종합적으로 고려하여야 한다.
㉢ 지방자치단체는 탄소중립 사회로의 이행과 녹색성장의 추진을 위한 대책을 수립·시행할 때 해당 지방자치단체의 지역적 특성과 여건 등을 고려하여야 한다.
㉣ 국가와 지방자치단체는 기후위기 대응 정책을 정기적으로 점검하여 이행성과를 평가하고, 국제협상의 동향과 주요 국가 및 지방자치단체의 정책을 분석하여 면밀한 대책을 마련하여야 한다.
㉤ 국가와 지방자치단체는 「공공기관의 운영에 관한 법률」에 따른 공공기관과 사업자 및 국민이 온실가스를 효과적으로 감축하고 기후위기 적응역량을 강화할 수 있도록 필요한 조치를 강구하여야 한다.
㉥ 국가와 지방자치단체는 기후정의와 정의로운 전환의 원칙에 따라 기후위기로부터 국민의 안전과 재산을 보호하여야 한다.
㉦ 국가와 지방자치단체는 기후변화 현상에 대한 과학적 연구와 영향 예측 등을 추진하고, 국민과 사업자에게 관련 정보를 투명하게 제공하며, 이들이 의사결정 과정에 적극 참여하고 협력할 수 있도록 보장하여야 한다.
㉧ 국가와 지방자치단체는 탄소중립 사회로의 이행과 녹색성장의 추진을 위한 국제적 노력에 능동적으로 참여하고, 개발도상국에 대한 정책적·기술적·재정적 지원 등 기후위기 대응을 위한 국제협력을 적극 추진하여야 한다.
㉨ 국가와 지방자치단체는 탄소중립 사회로의 이행과 녹색성장의 추진 등 기후위기 대응에 필요한 전문인력의 양성에 노력하여야 한다.

85 온실가스 배출권의 할당 및 거래에 관한 법률 시행령상 무상할당 대상업종에 관한 다음 (   ) 안에 가장 적합한 것은?

> 비용발생도와 무역집약도를 곱한 값이 (   )인 업종으로서 할당계획에서 정하는 업종을 말한다.

① 1백분의 1 ② 1백분의 2
③ 1천분의 1 ④ 1천분의 2

풀이 지방자치단체, 학교, 의료기관, 대중교통운영자, 집단에너지사업자(3차 계획기간의 1차 이행연도부터 3차 이행연도까지의 기간으로 한정한다.)는 비용발생도와 무역집약도를 곱한 값이 1천분의 2 이상이 무상할당 대상이 된다.

86 공공부문 온실가스 목표관리 운영 등에 관한 지침상 환경부장관은 행정안전부장관, 산업통상자원부장관 및 국토교통부장관 등의 검토결과를 반영하여 공공부문의 온실가스·에너지 목표관리 이행결과 종합보고서를 작성하고, 언제까지 국무총리에게 보고하여야 하는가?

① 매년 1월 31일까지
② 매년 3월 31일까지

정답 84 ① 85 ④ 86 ③

③ 매년 6월 30일까지
④ 매년 12월 31일까지

[풀이] 환경부장관은 행정안전부장관, 산업통상자원부장관 및 국토교통부장관 등의 검토결과를 반영하여 공공부문의 온실가스·에너지 목표관리 이행결과 종합보고서를 작성하고, 매년 6월 30일까지 국무총리에게 보고하여야 한다.(공공부문 온실가스 목표관리 운영 등에 관한 지침)

87 온실가스 배출권의 할당 및 거래에 관한 법령상 할당대상업체로 지정·고시하는 기준으로 ( )에 옳은 것은?

최근 3년간 온실가스 배출량의 연평균총량이 (㉠) tCO_2-eq 이상인 업체이거나 (㉡) tCO_2-eq 이상인 사업장의 해당 업체

① ㉠ 100,000, ㉡ 25,000
② ㉠ 125,000, ㉡ 25,000
③ ㉠ 150,000, ㉡ 25,000
④ ㉠ 175,000, ㉡ 25,000

[풀이] 할당대상업체의 지정(온실가스 배출권의 할당 및 거래에 관한 법률)
㉠ 최근 3년간 온실가스 배출량의 연평균 총량이 125,000 이산화탄소 상당량톤(tCO_2-eq) 이상인 업체이거나 25,000 이산화탄소 상당량톤(tCO_2-eq) 이상인 사업장을 하나 이상 보유한 업체로서 다음의 어느 하나에 해당하는 업체
• 직전 계획기간 당시 할당대상업체
• 기본법에 따른 관리업체
㉡ ㉠에 해당하지 아니하는 관리업체 중에서 할당대상업체로 지정받기 위하여 신청한 업체로서 대통령령으로 정하는 기준에 해당하는 업체

88 온실가스 배출권의 할당 및 거래에 관한 법령상 과징금에 대한 가산금 징수기준으로 ( )에 알맞은 것은?

환경부장관은 과징금 납부의무자에게 납부기한이 지난 날부터 1개월이 지날 때마다 체납된 과징금의 (㉠)에 해당하는 가산금을 징수한다. 다만, 가산금을 가산하여 징수하는 기간은 (㉡)을 초과하지 못한다.

① ㉠ 100분의 1, ㉡ 30개월
② ㉠ 100분의 1, ㉡ 60개월
③ ㉠ 1천분의 12, ㉡ 30개월
④ ㉠ 1천분의 12, ㉡ 60개월

[풀이] 과징금에 대한 가산금(온실가스 배출권의 할당 및 거래에 관한 법률 시행령)
환경부장관은 납부기한이 지난 날부터 1개월이 지날 때마다 체납된 과징금의 1천분의 12에 해당하는 가산금을 징수한다. 다만, 가산금을 가산하여 징수하는 기간은 60개월을 초과하지 못한다.

89 탄소중립기본법령상 국가 탄소중립 녹색성장 기본계획 수립·시행에 관한 사항으로 ( )에 알맞은 것은?

정부는 기본원칙에 따라 국가비전 및 중장기 감축목표 등의 달성을 위하여 (㉠)을 계획기간으로 하는 국가 탄소중립 녹색성장 기본계획(국가기본계획)을 (㉡)마다 수립·시행하여야 한다.

① ㉠ 10년, ㉡ 3년   ② ㉠ 10년, ㉡ 5년
③ ㉠ 20년, ㉡ 3년   ④ ㉠ 20년, ㉡ 5년

[풀이] 정부는 기본원칙에 따라 국가비전 및 중장기 감축목표 등의 달성을 위하여 20년을 계획기간으로 하는 국가 탄소중립 녹색성장 기본계획을 5년마다 수립·시행하여야 한다.

90 탄소중립기본법상 국가 온실가스 감축목표는 2030년의 국가 온실가스 총배출량을 2018년의 온실가스 총배출량 대비 얼마까지 감축하는 것으로 하는가?

① 10% 이상   ② 20% 이상
③ 25% 이상   ④ 35% 이상

정답 87 ② 88 ④ 89 ④ 90 ④

풀이 중장기 국가온실가스감축목표(탄소중립기본법)
정부가 국가온실가스 배출량을 2030년까지 2018년의 국가온실가스 배출량 대비 35퍼센트 이상의 범위에서 대통령령으로 정하는 비율만큼 감축하는 것을 말한다.

91 온실가스 배출권의 할당 및 거래에 관한 법령상 배출권 이월 및 차입에 관한 사항으로 ( )에 알맞은 것은?

> 할당대상업체가 아닌 자로서 배출권을 보유한 자는 이행연도 종료일에서 ( )에 보유한 배출권의 이월에 관한 신청서를 전자적 방식으로 환경부장관에게 제출하여야 한다.

① 2개월이 지난 날부터 5일 이내
② 3개월이 지난 날부터 7일 이내
③ 5개월이 지난 날부터 10일 이내
④ 6개월이 지난 날부터 15일 이내

풀이 배출권 이월 및 차입절차(배출권거래법 시행령)
㉠ 배출권의 이월 및 차입을 하려는 할당대상업체는 다음의 구분에 따른 날부터 10일 이내에 배출권 이월 또는 차입에 관한 신청서를 전자적 방식으로 환경부장관에게 제출해야 한다.
 • 온실가스 배출량을 인증받은 결과를 통보받은 경우에는 그 통보를 받은 날
 • 이의를 신청한 경우에는 이의신청에 대한 결과를 통보받은 날
㉡ 할당대상업체가 아닌 자로서 배출권을 보유한 자는 이행연도 종료일에서 5개월이 지난 날부터 10일 이내에 보유한 배출권의 이월에 관한 신청서를 전자적 방식으로 환경부장관에게 제출해야 한다.
㉢ 환경부장관은 배출권 제출기한 10일 전까지 신청에 대하여 검토하여 승인 여부를 결정하고, 지체 없이 그 결과를 해당 신청인에게 통보해야 한다.

92 배출량의 보고 및 검증과 관련하여 할당대상업체가 제출하는 명세서에 포함되지 않는 것은?

① 업체의 업종, 매출액, 공정도, 시설배치도 등 총괄 정보
② 온실가스 사용·감축 실적 및 온실가스·에너지의 판매·구매 등 이동 정보
③ 사업장 고유배출계수의 개발 결과
④ 공정별, 생산품별 온실가스 사용량 및 에너지 배출량(벤치마크방식으로 배출권을 할당하는 경우는 제외)

풀이 배출량의 보고 및 검증 관련 할당대상업체가 제출하는 명세서 포함사항
㉠ 업체의 업종, 매출액, 공정도, 시설배치도, 온실가스 배출량 및 에너지 사용량 등 총괄 정보
㉡ 사업장별 온실가스 배출시설의 종류·규모·부하율, 온실가스 배출량 및 에너지 사용량
㉢ 배출시설·배출활동별 온실가스 배출량의 계산·측정방법 및 그 근거, 온실가스 배출량
㉣ 온실가스 배출시설·배출량 산정방법의 변동 사항 및 온실가스 배출량 산정 제외 관련 보고사항
㉤ 사업장별 제품 생산량 또는 용역량, 공정별 배출효율(배출효율기준방식으로 배출권을 할당하는 경우에는 사업장·시설·공정별, 생산제품 또는 용역별 온실가스 배출량 및 에너지 사용량)
㉥ 온실가스 사용·감축 실적 및 온실가스·에너지의 판매·구매 등 이동 정보
㉦ 사업장 고유배출계수의 개발 결과
㉧ 그 밖에 환경부장관이 관계 중앙행정기관의 장과 협의하여 고시하는 사항

93 배출량 인증위원회는 위원장 1명을 포함하여 16명 이내의 위원으로 구성한다. 인증위원회의 위원장은?

① 환경부차관
② 기획재정부 1차관
③ 산업통상자원부 차관
④ 국토교통부 차관

풀이 배출량 인증위원회의 위원장은 환경부차관이 되고 위원장 1명을 포함하여 16명 이내의 위원으로 구성한다.

정답 91 ③ 92 ④ 93 ①

94 온실가스 배출권 거래제하에서 배출권 거래 시장 안정화 조치 기준으로 옳은 것은?

① 최근 1개월의 평균 거래량이 직전 2개 연도의 같은 월 평균거래량 중 많은 경우보다 1.5배 이상으로 증가한 경우
② 최근 1개월의 평균가격이 직전 2개 연도의 배출권 평균가격보다 1.5배 이상 높은 경우
③ 최근 1개월의 배출권 평균가격이 직전 2개 연도의 배출권 평균가격의 100분의 60 이하가 된 경우
④ 배출권가격이 유럽연합(EU)의 배출권가격보다 2배 이상 높은 경우

풀이 ① 최근 1개월의 평균거래량이 직전 2개 연도의 같은 월 평균거래량 중 많은 경우보다 2배 이상 증가한 경우
② 최근 1개월의 배출권 평균가격이 직전연도의 배출권 평균가격보다 2배 이상 높은 경우
④ 유럽연합(EU)의 배출권가격과는 무관함

95 녹색기술 · 녹색산업의 표준화 및 인증과 관련된 사항 중 옳은 것은?

① 정부는 국내에서 개발된 기술이 국제표준화에 부합되도록 표준화 기반 구축을 지원할 수 있고, 개발단계의 기술 등은 개발 이전에 표준화 취득을 의무화한다.
② 녹색기술의 표준화, 인증 및 취소 등에 관하여 그 밖에 필요한 사항은 산업통상자원부장관령으로 정한다.
③ 기업은 녹색기술 및 녹색산업의 적합성에 대해 제3자 검증을 의무적으로 추진해야 한다.
④ 정부는 녹색기술 · 녹색산업의 발전을 촉진하기 위하여 적합성 인증을 하거나, 공공기관의 구매의무화 또는 기술지도 등을 할 수 있다.

풀이 ① 정부는 국내에서 개발되었거나 개발 중인 녹색기술 · 녹색산업이 국제표준에 부합하도록 표준화 기반을 구축하고, 녹색기술 · 녹색산업의 국제표준화 활동 등에 필요한 지원을 할 수 있다.
② 표준화, 인증 및 확인, 그 취소 등에 관하여 필요한 사항은 대통령령으로 정한다.
③ 정부는 녹색기술 · 녹색산업의 발전을 촉진하기 위하여 녹색기술 · 녹색제품 등에 대한 적합성 인증을 하거나 녹색기술 및 녹색제품의 매출비중이 높은 기업의 확인, 공공기관 등 대통령령으로 정하는 기관의 구매의무화 또는 기술지도 등을 할 수 있다.

96 정부는 도시를 직접 또는 지방자치단체의 장의 요청을 받아 탄소중립도시로 지정할 수 있다. 이 경우 지정사업과 거리가 먼 것은?

① 도시의 온실가스 감축 및 에너지 자립률 향상을 위한 사업
② 도시에서 탄소흡수원 등을 조성 · 확충 및 개선하는 사업
③ 도시 내 공원화 사업
④ 기후위기 대응을 위한 자원순환형 도시 조성

풀이 탄소중립도시 지정사업
㉠ 도시의 온실가스 감축 및 에너지 자립률 향상을 위한 사업
㉡ 도시에서 탄소흡수원 등을 조성 · 확충 및 개선하는 사업
㉢ 도시 내 생태축 보전 및 생태계 복원
㉣ 기후위기 대응을 위한 자원순환형 도시 조성
㉤ 그 밖에 도시의 기후위기 대응 및 탄소중립 사회로의 이행, 환경의 질 개선을 위하여 필요한 사업

97 온실가스 배출권의 할당 및 거래에 관한 법령상 정부는 배출권거래제 도입으로 인한 기업의 경쟁력 감소를 방지하고 배출권 거래를 활성화하기 위하여 대통령령으로 정하는 사업에 대하여 금융상 · 세제상의 지원을 할 수 있는데, 이 대통령령으로 정하는 사업에 해당하지 않는 것은?

① 온실가스 감축모형 개발 및 배출량 통계 고도화 사업
② 온실가스 저장기술 개발 및 저장설비 설치 사업

③ 온실가스 배출량에 대한 측정 및 체계적 관리시스템의 구축 사업
④ 부문별 온실가스 배출량 증가 촉진 고도화 구축 사업

풀이 온실가스 배출권의 할당 및 거래에 관한 법률 시행령상 금융상·세제상의 지원사업
  ㉠ 온실가스 감축 관련 기술·제품·시설·장비의 개발 및 보급 사업
  ㉡ 온실가스 배출량에 대한 측정 및 체계적 관리시스템의 구축 사업
  ㉢ 온실가스 저장기술 개발 및 저장설비 설치 사업
  ㉣ 온실가스 감축모형 개발 및 배출량 통계 고도화 사업
  ㉤ 부문별 온실가스 배출·흡수 계수의 검증·평가 기술개발 사업
  ㉥ 온실가스 감축을 위한 신재생에너지 기술개발 및 보급 사업
  ㉦ 온실가스 감축을 위한 에너지 절약, 효율 향상 등의 촉진 및 설비투자 사업
  ㉧ 그 밖에 온실가스 감축과 관련된 중요 사업으로서 할당위원회의 심의를 거쳐 인정된 사업

98 품질관리(Quality Control) 활동 중 기초자료의 수집 및 정리에 대한 설명이 아닌 것은?
① 측정기기의 주기적인 검·교정 실시
② 내부감사 및 제3자 검증을 위한 온실가스 배출량 관련 정보의 보관·관리
③ 산정방법론, 발열량, 배출계수의 출처 기록관리
④ 내부감사 및 제3자 검증단계에서, 배출량 산정의 재현 가능성 여부의 확인

풀이 품질관리 활동 중 기초자료의 수집 및 정리의 세부 내용
  ㉠ 측정자료(연료·원료 사용량, 제품 생산량, 전력 및 열에너지 구매량, 유량 및 농도 등)의 정확한 취합·보관·관리
  ㉡ 측정기기의 주기적인 검·교정 실시
  ㉢ 측정지점(하위레벨)에서 배출량 산정 담당자(부서)(상위레벨)까지의 정확한 자료 수집·정리 체계의 구축
  ㉣ 측정 관련 담당자가 직접 자료를 기록하는 과정에서 발생할 수 있는 오류 점검
  ㉤ 산정방법론, 발열량, 배출계수의 출처 기록관리
  ㉥ 내부감사(Internal Audit) 및 제3자 검증을 위한 온실가스 배출량 관련 정보의 보관·관리
  ㉦ 보고된 온실가스 배출량 관련 데이터의 안전한 기록·관리

99 검증기관이 국립환경과학원장에게 변경신고를 하여야 할 대상이 아닌 것은?
① 검증기관 사무실 소재지의 변경
② 검증 관련 내부 업무규정의 변경
③ 법인 및 대표자가 변경된 경우
④ 검증기관 대표자의 주소가 변경된 경우

풀이 온실가스 배출권거래제 운영을 위한 검증지침상 검증기관의 변경신고 사유
  ㉠ 검증기관 사무실 소재지의 변경
  ㉡ 법인 및 대표자가 변경된 경우
  ㉢ 검증 관련 내부 업무규정의 변경
  ㉣ 검증심사원의 변경
  ㉤ 검증 전문분야의 변경

100 탄소중립 기본법령상 관리업체가 목표관리를 받기 전에 자발적으로 행한 실적 중 검증기관의 검증을 받은 것은?
① 조기감축실적   ② 외부감축실적
③ 그린크레딧   ④ 배출권

SECTION 14 2023년 4회 CBT 복원·예상문제

1과목 기후변화개론

01 한국정부가 범국가적인 관점에서 기후변화 문제에 대한 관심을 표명하기 시작한 것은 언제부터인가?
① 1992년 기후변화협약에 서명 이후
② 1998년 '기후변화협약 범정부 대책기구' 구성 이후
③ 2007년 '기후변화 대책기획단' 신설 이후
④ 2009년 '저탄소 녹색성장기본법' 제정 이후

[풀이] 기후변화협약에 대응하기 위해 1998년 4월에 관계부처 장관회의를 통해 국무총리를 위원장으로 하는 '기후변화협약 범정부 대책기구'를 설치하여 기후변화협약에 대응하는 정책추진체제를 갖추었고 이 대책기구를 중심으로 제1차 기후변화종합대책을 수립하였다.

02 유엔기후변화협약의 기본원칙으로 가장 거리가 먼 것은?
① 공동의 차별화된 책임 및 부담
② 개도국의 특수 사정 배려
③ 기후변화 대응의 효과가 큰 특정 국가 중심의 지속가능한 성장 보장
④ 기후변화의 예방적 조치 시행

[풀이] 유엔기후변화기본협약(UNFCCC)의 기본원칙
㉠ 기후변화의 예측 방지를 위한 예방적 조치의 시행과 모든 국가의 지속가능한 성장의 보장을 정한다. 즉, 유엔기후변화협약에서는 양대 기준이 되는 2가지의 큰 원칙을 제시하고 있는데, 그중 하나는 각국은 기후변화에 대처함에 있어서 완전한 과학적 확실성이 미비하더라도 사전예방의 원칙에 따라 필요한 조치를 취한다는 것이다.
㉡ 선진국은 일찍이 발전을 이뤄오면서 대기 중으로 배출한 온실가스에 대한 역사적 책임을 갖고 있으므로 선도적 역할을 수행토록 한다.
㉢ 개발도상국들은 현재의 개발 상황에 대한 특수사정을 배려하여 '공통되나 차별화된 책임'과 능력에 입각한 의무부담을 갖는다.
㉣ 공동의 차별된 책임 및 부담과 기후변화의 예방적 조치를 시행한다.

03 다음 온실가스에 관한 설명으로 옳지 않은 것은?
① 온실가스는 지표면에서 대기 중으로 방출되는 복사열을 흡수하여 지구 기온이 상승하는 온실효과를 야기하는 기체로 정의된다.
② CO_2의 주요 배출원은 연료 사용이나 산업공정이다.
③ CH_4는 다른 물질과 반응해야만 온실가스로 전환될 수 있는 간접 온실가스이다.
④ N_2O는 화학산업의 공정, 에너지의 연소를 통해서 발생된다.

[풀이] CH_4는 직접 온실가스로 GWP가 21이다.

04 탄소배출권 계약에 관한 다음 설명 중 ( ) 안에 알맞은 것은?

( )은/는 현물로 증권을 매도(매수)함과 동시에 사전에 정한 기일에 증권을 환매수(환매도)하기로 하는 2개의 매매계약이 동시에 이루어지는 계약을 말한다.

① 레포   ② 현물
③ 선도   ④ 옵션

05 한국의 지구온난화 현상에 관한 설명으로 가장 거리가 먼 것은?
① 최근 100년간(1909~2008년) 한국의 평균기온이 약 0.74℃ 정도 상승했다.
② 최근 100년간의 데이터를 비교 시 한국의 온난화는 지구온난화보다 2.5배 정도 더 크다고 할 수 있다.

정답 01 ② 02 ③ 03 ③ 04 ① 05 ①

③ 최근 40년간(1969~2008년)의 한국의 온난화는 약 1.44℃ 정도이다.
④ 한국은 과거보다 온난화가 더 빠르게 진행되고 있다.

풀이 최근 100년간 우리나라의 기후변화 진행속도와 전망은 세계평균을 상회하며, 열섬효과 등으로 도시지역에는 더 높은 기온 상승이 발생하고 있다.
최근 100년간(1909~2008년) 한국의 평균기온은 약 1.7℃ 상승했다.

06 온실가스에 관한 설명으로 옳지 않은 것은?

① 육불화황은 전기제품이나 변압기 등의 절연체로 사용된다.
② 수소불화탄소와 과불화탄소는 CFC_s의 대체물질로 냉매, 소화기 등에 주로 사용된다.
③ 이산화탄소는 탄소 성분과 대기 중의 산소가 결합되는 연소 반응에 의해 발생한다.
④ 아산화질소는 온실가스 중에서 가장 높은 비중을 차지하고 있다.

풀이 N_2O의 온난화 기여도는 약 6% 정도이다.

07 다음 중 UNFCCC에서 규제하고 있는 온실가스가 아닌 것은?

① 수소불화탄소 ② 이산화질소
③ 육불화황   ④ 과불화탄소

풀이 UNFCCC의 규제대상인 직접온실가스
㉠ CO_2 ㉣ HFCs
㉡ CH_4 ㉤ PFCs
㉢ N_2O ㉥ SF_6

08 온실가스의 지구온난화지수가 높은 순서대로 나열된 것은?

① 육불화황 > 아산화질소 > 메탄 > 과불화탄소
② 육불화황 > 메탄 > 과불화탄소 > 아산화질소

③ 육불화황 > 아산화질소 > 과불화탄소 > 메탄
④ 육불화황 > 과불화탄소 > 아산화질소 > 메탄

풀이
- SF_6(GWP : 23,900)
- PFCs(GWP : 6,500~11,700)
- N_2O(GWP : 310)
- CH_4(GWP : 21)

09 기후변화 관련 국제협약에 대한 설명 중 옳지 않은 것은?

① 기후변화협약 2차 당사국총회에서는 감축목표에 대한 법적 구속력 부여에 합의하였다.
② 독일에서 개최된 6차 당사국총회에서는 미국 및 중국 등 주요 온실가스 배출 국가를 포함한 교토의정서 체제에 합의하였다.
③ 2001년 7차 당사국총회에서 교토메커니즘 관련 사업의 추진기반을 마련하였다.
④ 3차 당사국총회에서 교토메커니즘이 채택되었다.

풀이 1997년 제3차 당사국총회에서 교토의정서가 채택되었고 제6차 당사국총회 속개회의에서 미국을 배제한 교토의정서 체제합의가 이루어졌다.

10 IPCC 온실가스 시나리오 중에서 인간활동에 의한 영향을 지구 스스로 회복 가능한 시나리오는?

① RCP 2.6
② RCP 4.5
③ RCP 6.0
④ RCP 8.5

풀이 대표농도경로(RCP)
㉠ RCP 2.6
  엄격한 완화시나리오(지구 스스로 회복 가능한 시나리오)
㉡ RCP 8.5
  매우 높은 GHG 배출수준의 시나리오
㉢ RCP 4.5, RCP 6.0
  위의 2가지 중간 시나리오

정답 06 ④ 07 ② 08 ④ 09 ② 10 ①

11 기후변화협약의 모든 당사국이 이행해야 할 사항과 거리가 먼 것은?

① 모든 온실가스의 배출원에 의한 인위적 배출과 흡수원에 의한 제거에 대한 국가통계를 작성하고 당사국총회에 통보한다.
② 기후변화의 부정적 효과에 특히 취약한 개발도상국이 이에 적응하는 데 소용되는 비용을 지원한다.
③ 기후변화의 완화조치와 적절한 대응계획을 세우고 정기적으로 갱신한다.
④ 기후변화와 관련된 과학적, 기술적, 사회경제적, 법률적 정보의 포괄적이고 신속한 교환을 도모하고 이에 협력한다.

풀이 선진국과 개발도상국의 공통 공약사항
  ㉠ 몬트리올 협정에 적용되지 않는 모든 온실가스에 대한 배출원 및 흡수원 인벤토리를 개발하고, 주기적으로 갱신 공표하며 당사국총회에서 활용할 수 있도록 한다.
  ㉡ 기후변화를 완화하기 위한 국가 및 지역의 프로그램을 구축, 실행 및 공표해야 한다.(국가전략수립 및 국가보고서 작성, 제출)
  ㉢ 에너지, 운송, 산업, 농업, 산림 및 폐기물 등 모든 분야에서 온실가스감축기술 및 공정의 개발, 적용, 확산 및 이전이 증진되도록 한다.

12 우리나라가 유엔기후변화협약(UNFCCC)에 가입한 연도와 교토의정서를 비준한 연도가 알맞게 짝지어진 것은?

① 1992년, 1998년   ② 1993년, 2002년
③ 1995년, 2005년   ④ 1997년, 2008년

풀이

전문	발효 시기	비준 국가	우리나라 비준 시기
기후변화협약	1994. 3.21	189개국	1993.12
교토의정서	2005. 2.16	153개국	2002.11

13 기후변화 감시요소와 세계자료센터가 있는 국가가 잘못 짝지어진 것은?

① 온실가스 – 이탈리아
② 성층권 오존 및 자외선 – 캐나다
③ 태양복사 – 러시아
④ 강수화학 – 미국

풀이 기후변화 감시요소와 세계자료센터가 있는 국가
  • 에어로졸 – 이탈리아
  • 온실가스와 반응가스 – 일본
  • 강수화학 – 미국
  • 태양복사 – 러시아
  • 자외선과 성층권 오존 – 캐나다

14 온실가스의 하나인 CH_4의 발생원으로 옳지 않은 것은?

① 이탄습지
② 쓰레기 매립지
③ 소나 흰개미의 내장
④ 통기성이 원활한 토양

풀이 통기성이 불량한 토양에서 CH_4이 발생된다.

15 기후변화협약 당사국총회의 주요 내용에 대한 설명이 가장 적합한 것은?

① COP 7(마라케시) : 교토메커니즘, 의무준수체제, 흡수원 등에 대한 합의
② COP 13(발리) : 지구온도 2℃ 상승억제 재확인 및 2050년까지 장기 감축목표에 노력
③ COP 15(코펜하겐) : 선진국과 개도국이 모두 참여하는 새로운 기후변화 체제 마련에 합의
④ COP 18(도하) : 교토의정서를 2022년까지 연장 합의

풀이 (1) COP 13(발리)
  ㉠ 2012년 이후 선·개도국의 의무감축부담에 대한 논의가 활발히 이루어졌음
  ㉡ 교토의정서의 의무감축에 상응한 노력을 하기 위해 선·개도국 등 모든 국가들은 측정, 보

정답 11 ② 12 ② 13 ① 14 ④ 15 ①

고, 검증 가능한 방법으로 온실가스 감축을 수행토록 하는 발리 로드맵을 채택하여 2009년 말을 목표로 협상 진행에 합의함(발리행동계획 「Bali-Action Plan」 채택)

(2) COP 15(코펜하겐)
  ㉠ 선·개도국 간의 대립으로 난항을 겪었으며, 최종적으로 코펜하겐 합의라는 형태로 합의를 도출했으나 법적 구속력은 없고 선·개도국 간의 민감한 주요 쟁점들을 미해결과제로 남긴 채 정치적 합의문 수준으로 종료(개도국들은 법적 구속력을 가진 감축목표설정 및 감축행동에 대한 MRV 원칙적용을 거부하고, 미국 등 선진국들은 개도국이 만족할 만한 충분하고 구체적인 재정 및 기술지원방안을 제시하지 않음)
  ㉡ 기온상승을 산업화 이전 대비 2도 이내로 억제

(3) COP 18(도하)
  ㉠ 2012년 만료되는 교토의정서를 2020년까지 연장(2013~2020년간 선진국의 온실가스 의무감축을 규정하는 교토의정서 개정안 채택)
  ㉡ 선진국과 개도국이 참여하는 새로운 감축안을 만들기 위한 기반 조성

16 교토의정서에 대한 내용 중 옳지 않은 것은?
① 제3차 당사국총회에서 부속서 1 국가들의 온실가스 배출량 감축을 골자로 채택하였다.
② 부속서 1 국가들은 2010~2012년까지 1990년 대비 평균 2.2% 감축하기로 했다.
③ 배출권거래제, 공동이행, 청정개발체제 등 시장원리를 도입하였다.
④ 2005년 2월 16일에 공식 발효되었다.

풀이 Annex B 국가(총 38개국, 한국 제외)를 분류하여 2008~2012(제1차 의무이행기간 ; 교토 프로토콜 이행기간)년 동안에 1990년 기준으로 평균 5.2% 감축하는 것으로 규정하였는데, 각 국가별로 −8%에서 +10%까지 차별화된 배출량 감축의무를 규정하였다(예 EU 국가 −8%, 일본 −6%, 뉴질랜드 0%, 호주 +8% 등으로 할당).

17 우리나라가 2011년에 세계표준센터를 유치한 온실가스는?
① 이산화탄소
② 메탄
③ 아산화질소
④ 육불화황

18 배출권 거래제도에 관한 설명 중 옳지 않은 것은?
① 배출권 거래제도는 시장원리에 기반한 제도이다.
② 배출권 거래제도는 자발적인 제도로서 의무를 수반하지 않는다.
③ 배출권 거래제도는 배출총량이 고정되어 있다.
④ 배출권 거래제도의 운영에는 일정 수준의 거래비용이 발생한다.

풀이 배출권 거래제도는 자발적인 제도로서 의무도 수반된다.

19 1996년 IPCC 가이드라인상에서 국가온실가스 인벤토리에 포함된 분야가 아닌 것은?
① 농업
② 에너지
③ 생태계
④ 폐기물

풀이 IPCC 가이드라인의 적용범위
  ㉠ 일반지침 및 보고
  ㉡ 에너지
  ㉢ 산업공정 및 제품 사용
  ㉣ 농업, 산림 및 기타 토지 이용
  ㉤ 폐기물

20 다음 중 국가 온실가스 배출량 산정방식에 따라 CO_2-eq로 환산 시 온실가스 배출량이 가장 많은 것은?(단, IPCC 제2차 평가보고서의 지구온난화 지수 적용)
① CO_2 3,000톤을 배출하는 공장
② CH_4 140톤을 배출하는 공장
③ CO_2 1,000톤과 N_2O 6톤을 배출하는 공장
④ CO_2 1,000톤과 CH_4 100톤을 배출하는 공장

정답 16 ② 17 ④ 18 ② 19 ③ 20 ④

[풀이] ① CO_2 3,000ton
② 140ton×21 = 2,940tCO_2-eq
③ (1,000ton)+(6ton×310) = 2,860tCO_2-eq
④ (1,000ton)+(100ton×21) = 3,100tCO_2-eq

2과목 온실가스 배출의 이해

21 온실가스 배출권거래제의 배출량 보고 및 인증에 관한 지침상 석회생산 시 사용되는 소성로 중 로터리 킬른에서 배출되는 공정배출 온실가스는?

① CO_2
② CH_4
③ N_2O
④ PFCs

[풀이] 석회제조공정은 시멘트 공정과 유사하여 소성공정에서 석회석 혹은 Dolomite 등 원료의 탈탄산 반응에 온실가스(CO_2)가 배출된다.
$CaCO_3 + Heat \rightarrow CO_2 + CaO$
$CaCO_3 \cdot MgCO_3 + Heat \rightarrow 2CO_2 + CaO \cdot MgO$

22 온실가스 배출권거래제의 배출량 보고 및 인증에 관한 지침상 전자산업의 보고대상 배출시설공정으로 옳게 짝지어진 것은?

① 산화-식각공정
② 식각-증착공정
③ 노광-증착공정
④ 노광-산화공정

[풀이] 전자산업 보고대상 배출시설
㉠ 식각시설
㉡ 증착시설(CVD 등)

23 온실가스 배출권거래제의 배출량 보고 및 인증에 관한 지침상 폐기물 관련 부문 온실가스 배출원과 산정, 보고해야 하는 배출가스로 옳지 않은 것은?

① 매립된 폐기물의 분해과정 중 CO_2 발생
② 비생물계 기원 폐기물의 소각으로 인한 CO_2 발생
③ 하수슬러지의 혐기성 소화에 의한 CH_4 발생
④ 퇴비화로 인한 CH_4, N_2O 발생

[풀이] 매립지 내 산소의 공급이 없어지면서 혐기성 분해에 의한 CH_4 가스 생성·배출, 이 과정에서 CO_2도 배출되나, 생물계 기원 CO_2이므로 온실가스에서 제외한다.

24 온실가스 배출권거래제의 배출량 보고 및 인증에 관한 지침상 이동연소(선박) 보고대상 배출시설의 적용범위에 관한 설명으로 옳지 않은 것은?

① 여객선 : 선박을 추진하기 위해 사용된 연료연소 배출
② 화물선 : 화물운송을 주목적으로 하는 선박의 연료연소 배출
③ 어선 : 내륙, 연안, 심해 어업에서의 연료연소 배출
④ 기타 : 화물선, 여객선, 어선을 제외한 모든 수상이동의 연료연소 배출

[풀이] 여객선
여객운송을 주목적으로 하는 선박의 연료연소 배출

25 온실가스 배출권거래제의 배출량 보고 및 인증에 관한 지침상 석회 생산공정의 보고대상 온실가스를 모두 나열한 것으로 옳은 것은?

① CO_2
② CO_2, CH_4
③ CO_2, N_2O
④ CO_2, CH_4, N_2O

[풀이] 석회 생산
㉠ 보고대상 배출시설 : 소성시설(Kiln)
㉡ 보고대상 온실가스 : CO_2

정답 21 ① 22 ② 23 ① 24 ① 25 ①

26 온실가스 배출권거래제의 배출량 보고 및 인증에 관한 지침상 폐기물 소각의 보고대상 배출시설과 가장 거리가 먼 것은?

① 일반 소각시설   ② 분리형 소각시설
③ 폐가스 소각시설 ④ 폐수 소각시설

풀이 폐기물 소각의 보고대상 배출시설
  ㉠ 소각보일러
  ㉡ 일반 소각시설
  ㉢ 고온 소각시설
  ㉣ 열분해시설(가스화시설 포함)
  ㉤ 고온 용융시설
  ㉥ 열처리 조합시설
  ㉦ 폐가스 소각시설(배출가스 연소탑, Flare Stack 등)
  ㉧ 폐수 소각시설

27 온실가스 배출권거래제의 배출량 보고 및 인증에 관한 지침상 마그네슘 생산 시 주조공정에서 용융된 마그네슘의 사용 및 처리공정에서 사용하는 표면가스로 가장 적합한 것은 어느 것인가?

① SF_6 ② CH_4
③ N_2O ④ CO_2

풀이 일반적으로 마그네슘 산업에서는 SF_6를 표면가스로 사용하지만 최근의 기술개발과 SF_6 대체에 대한 요구에 의하여 SF_6를 대체하는 표면가스를 도입하고 있다.

28 온실가스 배출권거래제의 배출량 보고 및 인증에 관한 지침상 온실가스 배출시설 중 고정연소 배출시설이 아닌 것은?

① 열병합 발전시설   ② 일반 보일러시설
③ 공정연소시설   ④ 수상항해 선박

풀이 고정연소 배출시설
  ㉠ 화력발전시설
  ㉡ 열병합 발전시설
  ㉢ 발전용 내연기관
  ㉣ 일반 보일러시설
  ㉤ 공정연소시설
  ㉥ 대기오염물질 방지시설

29 온실가스 배출권거래제의 배출량 보고 및 인증에 관한 지침상 고형 폐기물의 생물학적 처리의 보고대상 배출시설과 거리가 먼 것은?

① 퇴비화시설   ② 고도처리시설
③ 부숙토 생산시설 ④ 혐기성 분해시설

풀이 고형 폐기물의 생물학적 처리의 보고대상 배출시설
  ㉠ 사료화・퇴비화・소멸화・부숙토 생산시설
  ㉡ 혐기성 분해시설

30 온실가스 배출권거래제의 배출량 보고 및 인증에 관한 지침상 연료전지의 배출활동 개요에 관한 설명으로 옳지 않은 것은?

① 연료전지는 외부에서 수소와 산소를 공급받아 수용액에서 전자를 교환하는 산화・환원 반응을 한다.
② 연료전지는 산화・환원 반응에서 생성된 화학적 에너지를 전기에너지로 변환시키는 발전장치이다.
③ 연료전지는 물의 전기분해와는 다른 역반응으로 수소와 산소로부터 전기와 물을 생산한다.
④ 수소를 생산하기 위하여 연료전지 후단에서 탄산과 물을 반응시키고 이 과정에서 CO_2가 발생된다.

풀이 수소를 생산하기 위하여 연료전지 전단에서 탄화수소와 물을 반응시키고 이 과정에서 CO_2가 발생된다.

31 온실가스 배출권거래제의 배출량 보고 및 인증에 관한 지침상 고체연료(고정연소) 연소의 산화계수 Tier 2에 대한 설명으로 ( )에 알맞은 것은?

(㉮) 부문은 산화계수(f)(㉯)를 적용하고, 기타 부문은 (㉰)을/를 적용한다. 단, 온실가스종합정보센터에서 별도의 계수를 공표하여 지침에 수록된 경우 그 값을 적용한다.

① ㉮ 에너지, ㉯ 0.99, ㉰ 0.995
② ㉮ 에너지, ㉯ 0.995, ㉰ 0.98

정답 26 ② 27 ① 28 ④ 29 ② 30 ④ 31 ③

③ ㉮ 발전, ㉯ 0.99, ㉰ 0.98
④ ㉮ 발전, ㉯ 0.995, ㉰ 0.99

풀이 고체연료(고정연소) 연소의 산화계수
  ㉠ Tier 1
    산화계수(f_i)는 기본값인 1.0을 적용한다.
  ㉡ Tier 2
    • 발전 부문은 산화계수(f_i) 0.99를 적용한다.
    • 기타 부문은 0.98을 적용한다.
    • 온실가스종합정보센터에서 별도의 계수를 공표할 경우 그 값을 적용한다.

32 온실가스 배출권거래제의 배출량 보고 및 인증에 관한 지침상 일반보일러(고정연소)시설에서 석유류 연료연소에 따른 CO_2 배출계수가 큰 순으로 올바르게 표기된 것은?

| ㉮ 휘발유 | ㉯ 등유 |
| ㉰ 경유 | ㉱ B-C유 |

① ㉮<㉯<㉰<㉱ ② ㉮<㉰<㉯<㉱
③ ㉯<㉮<㉰<㉱ ④ ㉯<㉰<㉮<㉱

풀이 2006 IPCC 국가 인벤토리 가이드라인 기본배출계수
  ㉠ B-C유 : 77,400kgGHG/TJ
  ㉡ 경유 : 74,100kgGHG/TJ
  ㉢ 등유 : 71,900kgGHG/TJ
  ㉣ 휘발유 : 69,300kgGHG/TJ

33 온실가스 배출권거래제의 배출량 보고 및 인증에 관한 지침상 N_2O를 산정하지 않는 처리시설은?

① 하수처리시설 ② 폐수처리시설
③ 혐기성 분해시설 ④ 폐가스 소각시설

풀이 N_2O의 경우에는 폐수가 아닌 질소성분(요소, 질산염, 단백질)을 포함한 하수처리과정에서 배출되며, 질산화 및 탈질화 작용을 통해 발생하게 된다.

34 온실가스 배출권거래제의 배출량 보고 및 인증에 관한 지침상 마그네슘 생산공정의 보고대상 배출시설이 아닌 것은?

① 배소로 ② 전기로
③ 소성로 ④ 주조로

풀이 마그네슘 생산공정의 보고대상 배출시설
  ㉠ 배소로 ㉡ 소성로
  ㉢ 용융·융해로 ㉣ 주조로

35 이동연소(도로)의 온실가스 배출량 산정방법에 대한 설명으로 가장 거리가 먼 것은?

① Tier 1 방법은 연료 종류별 사용량을 활동자료로 하고 기본배출계수를 이용하여 배출량을 산정하는 방법으로, CO_2, CH_4, N_2O에 대해 산정한다.
② Tier 2 방법은 연료 종류별, 차종별, 제어기술별 연료사용량을 활동자료로 하고, 국가고유계수를 적용하여 배출량을 산정하는 방법이며, CO_2, CH_4, N_2O에 대해 산정한다.
③ Tier 3 산정방법은 차량의 주행거리를 활동자료로 하고, 차종별, 연료별, 배출제어 기술별 고유배출계수를 개발·적용하여 산정하는 방법이며, CO_2, CH_4, N_2O에 대해 산정한다.
④ 이동연소(도로) 부분의 경우 Tier 4 연속측정법은 현재 개발되어 있지 않다.

풀이 이동연소(도로)의 온실가스 배출량 Tier 3 산정방법은 차량의 주행거리를 활동자료로 하고, 차종별, 연료별, 배출제어 기술별 고유배출계수를 개발·적용하여 산정하는 방법이며, CH_4, N_2O에 대해 산정한다.

36 국내 목표관리제의 소각시설에서 발생하는 온실가스 산정방법 특성이 아닌 것은?

① CO_2 배출량 산정은 활동자료인 폐기물의 소각량과 총탄소의 건조 탄소함량비율에 의해 결정된다.
② 바이오매스 폐기물(음식물, 목재 등)의 소각으로 인한 CO_2 배출은 생물학적 배출량이므로 배

출량 산정 시 제외되어야 한다.
③ non-CO_2(CH_4 및 N_2O)의 경우에는 제시된 배출계수 또는 측정을 통하여 배출량을 산정한다.
④ 국내 목표관리제에서 고상과 액상폐기물의 소각에 의한 온실가스 CO_2 산정방법으로 Tier 1 이상을 요구하고 있으며, 연속측정방법인 Tier 4도 허용하고 있다.

풀이 CO_2 배출량 산정은 활동자료인 폐기물의 소각량과 화석탄소의 건조 탄소함량비율에 의해 결정된다.

37 온실가스 배출권거래제의 배출량 보고 및 인증에 관한 지침상 아디프산 생산시설 중 시클로헥산으로부터 아디프산을 합성하는 방법 중 하나인 Farbon 법에 관한 설명으로 옳지 않은 것은?

① 시클로헥산을 산화하여 시클로헥산올과 시클로헥사논을 만들고, 이 시클로헥산올과 시클로헥사논을 다시 산화하여 아디프산을 만든다.
② 혼합된 초산, 망산, 바듐을 촉매로서 사용한다.
③ 제2반응기로부터 생성물이 표백기로 들어가고 용존 NOx 가스는 공기와 수증기로 인해 아디프산 및 질산 용액으로부터 탈기된다.
④ 부산물의 생성이 없고, 아디프산 및 질산 용액은 증류되어 최종산물(결정)이 된다.

풀이 아디프산 합성방법 중 Farbon법은 여러 가지 유기물 부산물, 아세트산, 글루타린산 및 호박산 등이 형성되고 회수되어 판매되며 아디프산 및 질산 용액은 냉각되어 결정화기로 보내져서 아디프산 결정을 만든다.

38 국가 온실가스 배출량 산정방식 중 가축분뇨에 대한 메탄(CH_4)량 산정 시 필요한 자료가 아닌 것은?

① 가축의 종류
② 가축 종류별 두수
③ 가축 종류별 수명
④ 가축 종류별 분뇨의 메탄 배출계수

풀이 가축분뇨에 대한 메탄량 산정 시 필요 자료
㉠ 가축의 종류
㉡ 가축 종류별 두수
㉢ 가축 종류별 분뇨의 메탄 배출계수

39 다음 중 소다회의 생산제법에 해당하지 않는 것은?

① 르블랑(Leblanc)법
② 암모니아 소다법
③ 메록스(Merox)법
④ 염안 소다법

풀이 소다회 생산제법
㉠ 르블랑법
㉡ 암모니아 소다법
㉢ 염안 소다법
㉣ 천연소다회 정제법

40 사업장의 월평균 전기사용량이 1,000kWh일 때, 온실가스 배출량(tCO_2-eq/y)은?

구분	배출계수
CO_2	0.4567tCO_2/MWh
CH_4	0.0036kgCH_4/MWh
N_2O	0.0085kgN_2O/MWh

① 0.434
② 0.559
③ 4.341
④ 5.513

풀이 $GHG_{Emissions} = Q \times EF_j$

여기서, $GHG_{Emissions}$: 전력사용량에 따른 온실가스(i)별 배출량(tGHG)
Q : 외부에서 공급받은 전력사용량(MWh)
EF_j : 전력 배출계수(tGHG/MWh)
j : 배출 온실가스 종류

$= 1,000$kWh/month $\times$ MWh/10^3kWh
$\times [(0.4567$tCO_2/MWh $\times 1$tCO_2-eq/tCO_2)
$+ (0.0036$kgCH_4/MWh $\times$ tCH_4/10^3kgCH_4
$\times 21$tCO_2-eq/tCH_4) $+ (0.0085$kgN_2O/MWh
$\times 310$tN_2O/10^3kgN_2O] $\times 12$month/year
$= 5.513$tCO_2-eq/year

3과목 온실가스 산정과 데이터 품질관리

41 산정된 개별 온실가스의 배출량은 지구온난화지수를 이용하여 합산한다. 다음 중 다양한 온실가스의 총 배출량을 나타내는 단위로 가장 적절한 것은?

① tC
② TOE
③ tCO_2
④ tCO_2-eq

풀이 온실가스의 총 배출량 단위
$tCO_2-eq = tGHG$

42 폐기물 매립시설에서 CH_4 발생량이 1,000 tCO_2-eq/yr, CH_4 회수량이 800tCO_2-eq/yr 일 경우 CH_4의 배출량은?

① 약 200tCO_2-eq/yr
② 약 267tCO_2-eq/yr
③ 약 300tCO_2-eq/yr
④ 약 367tCO_2-eq/yr

풀이
$$\frac{R_T(\text{메탄회수량})}{CH_4 \, generated(CH_4 \, 발생량)} = \frac{800}{1,000} > 0.75 \text{이므로}$$

CH_4 배출량(tCO_2-eq/yr)
$= (CH_4 \, 발생량 - 회수량) \times \frac{1}{0.75}$
$= 200 \times \frac{1}{0.75} = 266.67 \, tCO_2-eq/yr$

43 활동자료의 수집방법론에서 아래 측정기기의 기호는 무엇을 나타내는가?

① 상거래 또는 증명에 사용하기 위한 목적으로 측정량을 결정하는 법정 계량에 사용하는 측정기기
② 관리업체가 자체적으로 설치한 계량기로서, 국가표준기본법에 따른 시험기관, 교정기관, 검사기관에 의하여 주기적인 정도검사를 받는 측정기기
③ 관리업체가 자체적으로 설치한 계량기이나, 주기적인 정도검사를 실시하지 않는 측정기기로서 가스미터, 오일미터 등이 있음
④ 가스미터, 오일미터, 주유기, LPG 미터, 눈새김탱크, 눈새김탱크로리, 적산열량계, 전력량계 등 법정 계량기 및 그 외 계량기를 모두 포함

풀이 활동자료의 측정방법(측정기기의 기호 및 종류)

기호	설명
WH	상거래 또는 증명에 사용하기 위한 목적으로 측정량을 결정하는 법정 계량에 사용하는 측정기기로서 계량에 관한 법률 제2조에 따른 법정 계량기
FL	관리업체가 자체적으로 설치한 계량기로서, 국가표준기본법 제14조에 따른 시험기관, 교정기관, 검사기관에 의하여 주기적인 정도검사를 받는 측정기기
FL	관리업체가 자체적으로 설치한 계량기이나, 주기적인 정도검사를 실시하지 않는 측정기기

44 검증절차 중 리스크 분석에 대한 내용으로 옳지 않은 것은?

① 오류 발생 가능성에 대한 대응 절차를 결정하기 위해 수행된다.
② 통제리스크는 검증대상 내부의 데이터 관리구조상 오류를 적발하지 못할 리스크이다.
③ 고유리스크는 검증팀의 검증 과정에서 발생하는 리스크이다.
④ 검증팀은 피검증자에 의해 발생하는 리스크를 평가한다.

풀이 리스크의 분류
  ㉠ 피검증자에 의해 발생하는 리스크
    • 고유리스크 : 검증대상의 업종 자체가 가지고 있는 리스크(업종의 특성 및 산정방법의 특수성 등)
    • 통제리스크 : 검증대상 내부의 데이터 관리구조상 오류를 적발하지 못할 리스크
  ㉡ 검증팀의 검증 과정에서 발생하는 리스크
    • 검출리스크 : 검증팀이 검증을 통해 오류를 적발하지 못할 리스크

정답 41 ④ 42 ② 43 ① 44 ③

45 온실가스 배출활동을 직접배출과 간접배출로 구분할 때, 다음 중 직접배출에 해당되지 않는 것은?

① 공정배출
② 탈루배출
③ 외부로부터 구입되어 조직 내에서 사용되는 전기 생산과정에서 배출
④ 이동연소 배출

풀이 간접배출(Scope 2)
사업자가 외부로부터 구입되어 조직 내에서 사용되는 전기 및 스팀으로 인해 발생하는 온실가스 배출, 즉 조직이 소비한 도입된 전기, 열, 증기의 생산으로부터 발생된 온실가스 배출을 의미한다.

46 관리업체인 H사는 판유리 생산을 위해 사용하는 유리 용해량이 50,000톤이며, 컬릿 비율은 0.2이다. 판유리 생산과정에서 CO_2 배출량(tCO_2)은?(단, CO_2 배출계수는 $0.21tCO_2/t$-용해된 유리량이고, 온실가스 배출권거래제의 배출량 보고 및 인증에 관한 지침을 기준으로 함)

① 8,400,000
② 2,100,000
③ 8,400
④ 2,100

풀이 유리생산 배출량
$E_i = \sum [M_{gi} \times EF_i \times (1-CR_i)]$
여기서, E_i : 유리생산으로 인한 CO_2 배출량(tCO_2)
M_{gi} : 유리(i)의 생산량(ton)
(판유리, 용기, 섬유유리 등)
EF_i : 유리(i)의 생산량에 따른 CO_2 배출계수(tCO_2/t-용해된 유리량)
CR_i : 유리(i)의 유리제조공정에서의 컬릿 비율(0~1 사이의 소수)
= (50,000ton × 0.21tCO_2/t-용해된 유리량) × (1−0.2)
= 8,400tCO_2

47 온실가스 배출권거래제 운영을 위한 검증지침에 의거 중요성의 양적 기준치는 할당대상업체의 배출량 수준에 따라 차등화한다. 검증 시 중요성 평가의 양적 기준치 기준으로 옳지 않은 것은?

① 총 배출량이 500만 tCO_2-eq 이상인 할당대상업체는 총 배출량의 2.0%
② 총 배출량이 50만 tCO_2-eq 이상 500만 tCO_2-eq 미만인 할당대상업체는 총 배출량의 2.5%
③ 총 배출량이 50만 tCO_2-eq 미만인 할당대상업체는 총 배출량의 5.0%
④ 총 배출량이 25만 tCO_2-eq 미만인 할당대상업체는 총 배출량의 7.5%

풀이 검증 시 중요성 평가의 양적 기준치
총 배출량이 500만 tCO_2-eq 이상인 할당대상업체에서는 총 배출량의 2.0%, 50만 tCO_2-eq 이상 500만 tCO_2-eq 미만인 할당대상업체에서는 총 배출량의 2.5%, 50만 tCO_2-eq 미만인 할당대상업체는 총 배출량의 5.0%로 한다.

48 LNG를 원료로 사용하는 연료전지공장을 운영하는 어떤 관리업체가 연료전지 원료 LNG를 100만 Nm^3 사용하였다. 이때 온실가스 배출량을 산정할 경우 발생된 온실가스량(tCO_2-eq)은?(단, LNG 밀도=1.965kg/Nm^3, 배출계수=2.6928 tCO_2/t-LNG)

① 5,291.4
② 5,291,352.0
③ 2,692.8
④ 2,692,800.0

풀이 $E_{iCO_2} = FR_i \times EF_i$
여기서, E_{iCO_2} : 연료전지 공정에서의 CO_2 배출량(tCO_2)
FR_i : 원료(i) 투입량(ton)
EF_i : 원료(i)별 CO_2 배출계수(tCO_2/t-원료)
= 1,000,000Nm^3 × 2.6928tCO_2/t−LNG × 1.965kg−LNG/Nm^3 × t−LNG/10^{-3}kg−LNG
= 5,291.352tCO_2−eq

정답 45 ③ 46 ③ 47 ④ 48 ①

49 온실가스·에너지 목표관리 운영 등에 관한 지침에서 정한 온실가스가 아닌 것은?

① CFCs ② HFCs
③ PFCs ④ SF_6

풀이 6대 온실가스
CO_2, CH_4, N_2O, HFCs, PFCs, SF_6

50 온실가스 배출권거래제의 배출량 보고 및 인증에 관한 지침상 배출활동별 온실가스 배출량 등의 세부 산정기준에 대한 설명으로 잘못된 것은?

① 사업장별 배출량은 정수로 보고한다.
② 배출활동별 배출량 세부 산정 중 활동자료의 보고값은 소수점 넷째 자리에서 반올림하여 셋째 자리까지로 한다.
③ 사업장 고유배출계수 개발 시, 활동자료 측정주기와 동 활동자료에 대한 조성분석 주기를 기준으로 가중평균을 적용한다.
④ 석유제품의 기체연료는 15℃, 1기압 상태의 체적과 관련된 활동자료를 사용한다.

풀이 석유제품의 기체연료에 대해 특별한 언급이 없으면 모든 조건은 0℃, 1기압 상태의 체적과 관련된 활동자료이고 액체연료는 15℃를 기준으로 한 체적을 적용한다.

51 다음 중 품질보증(Quality Assurance) 활동 요소가 아닌 것은?

① 내부감사 담당자, 책임자 지정
② 산정과정의 적절성
③ 배출량 정보 자체 검증
④ 품질감리

풀이 품질보증(QA) 활동 요소
㉠ 내부감사 담당자, 책임자 지정
㉡ 품질관리
㉢ 배출량 정보 자체 검증(내부감사)
㉣ 배출량 산정업무 위탁 시 감독절차 마련
㉤ 수정 및 보완절차

52 온실가스 배출권거래제의 배출량 보고 및 인증에 관한 지침에 따라 Tier 2a에 따른 반도체/LCD/PV 생산부문에서 온실가스 배출량 산정방법에 관한 설명으로 옳지 않은 것은?

① 가스 소비량과 배출제어 기술 등 사업장별 데이터를 기반으로 사용된 각각의 FCs 배출량을 계산하는 방법이다.
② 적용된 변수들은 반도체나 TFT-FPD 제조공정에서 사용된 가스량, 사용 후에 Bombe에 잔류하는 가스량 등이다.
③ 배출량 산정은 공정 중 사용되는 가스 및 CF_4, C_2F_6, C_3F_8 등의 부생가스까지 합산해야 한다.
④ 식각·증착공정의 구분을 할 수 없거나 단일시설(식각 또는 증착)로 구성된 경우에는 적용할 수 없다.

풀이 Tier 2a에 따른 반도체/LCD/PV 생산부문에서 온실가스 배출량 산정방법의 Tier 2a 방법론은 식각·증착공정의 구분을 할 수 없는 경우 적용할 수 있다.

53 온실가스 배출권거래제의 배출량 보고 및 인증에 관한 지침에 따라 화석연료의 고정연소와 이동연소로 인해 배출되는 온실가스와 거리가 먼 것은?

① 이산화탄소 ② 메탄
③ 아산화질소 ④ 육불화황

풀이 화석연료의 고정연소와 이동연소의 배출 온실가스
㉠ CO_2
㉡ CH_4
㉢ N_2O

54 온실가스 배출권거래제의 배출량 보고 및 인증에 관한 지침에 따라 고형폐기물의 매립 시 배출량 산정과 관련한 매개변수별 관리기준에 관한 설명으로 옳지 않은 것은?

① 폐기물 성상별 매립량은 1981년 1월 1일 이후 매립된 폐기물에 대해서만 수집한다.

정답 49 ① 50 ④ 51 ② 52 ④ 53 ④ 54 ②

② Tier 1인 경우 메탄 회수량은 측정불확도 ±2.5% 이내의 메탄 회수량(회수한 LFG 중 순수메탄만을 회수량으로 활용한다.) 자료를 사용한다.
③ DOC_f(메탄으로 전환 가능한 DOC 비율)는 IPCC 가이드라인 기본값인 0.5를 적용한다.
④ F(메탄 부피비)는 실측 자료가 없을 경우 IPCC 가이드라인 기본값인 0.5를 적용한다.

풀이 Tier 1인 경우 메탄 회수량은 측정불확도 ±7.5% 이내의 메탄 회수량(회수한 LFG 중 순수메탄만을 회수량으로 활용한다.) 자료를 사용한다.

55 온실가스 배출권거래제의 배출량 보고 및 인증에 관한 지침에 따른 온실가스 배출량 산정등급에 관한 설명으로 옳지 않은 것은?

① Tier 2는 일정부분 시험·분석을 통하여 개발한 매개변수 값을 활용하는 배출량 산정방법론이다.
② Tier 3은 상당부분 시험·분석을 통하여 개발하거나 공급자로부터 제공받은 매개변수 값을 활용하는 배출량 산정방법론이다.
③ Tier 2는 기본 산화계수, 발열량 등을 활용하여 배출량을 산정하는 기본방법론이다.
④ Tier 4는 배출가스 연속측정방법을 활용한 배출량 산정방법론이다.

풀이 Tier 1은 기본적인 활동자료, 즉 IPCC 기본 배출계수(기본 산화계수, 발열량 등 포함)를 활용하여 배출량을 산정하는 기본방법론이다.

56 배출활동별 배출량 산정방법론에 해당하지 않는 것은?

① 확보 가능한 관련 자료의 수준이 어느 정도인지를 조사·분석한 다음에 이에 적합한 선정방법을 결정하는 것이 합리적임
② 현재 우리나라에서 추진하고 있는 보고제에 의하면 배출량 규모에 따라 관리업체에서 적용하여야 할 최소 산정 Tier가 제시되어 있기 때문에 관리업체에서는 배출규모에 적합한 Tier 적용이 가능하도록 자료를 확보하여야 함
③ 산정등급은 4단계가 있으며, Tier가 높을수록 결과의 불확도가 높아짐
④ 배출원의 온실가스 배출특성 및 확보 가능한 자료수준에 적합한 배출량 산정방법을 선정할 수 있는 의사결정도를 개발·적용하여야 함

풀이 산정등급(Tier 1~4)이 높을수록 배출량 산정의 정확도(신뢰도)는 높아지며, 배출량 산정방법론 등 배출량 산정의 복잡성도 증가하는 경향이 있다.

57 배출활동별 온실가스 배출량 등의 세부산정기준에 대한 설명으로 가장 거리가 먼 것은?

① 사업장별 배출량은 정수로 보고한다.
② 배출활동별 배출량 세부산정 중 활동자료의 보고값은 소수점 넷째 자리에서 반올림하여 셋째 자리까지로 한다.
③ 활동자료를 제외한 매개변수의 수치맺음은 센터에서 공표하는 바에 따른다.
④ 사업장 고유배출계수 개발 시 활동자료 측정주기와 동 활동자료에 대한 조성분석주기를 기준으로 산술평균을 적용한다.

풀이 사업장 고유배출계수 개발 시 활동자료 측정주기와 동 활동자료에 대한 조성분석주기를 기준으로 가중평균을 적용한다.

58 관리업체는 명세서를 작성할 때 녹색성장기본법에 정의된 온실가스에 대하여 온실가스 배출유형을 구분하여 법인, 사업장, 배출시설 및 배출활동별로 온실가스 배출량을 산정하여야 한다. 명세서 작성 시 구분하여야 할 온실가스 배출 유형으로 적절한 것은?

① 직접배출, 간접배출
② A유형, B유형, C유형, D유형
③ 고정연소, 이동연소, 외부 전기 사용, 공정배출
④ Tier 1, Tier 2, Tier 3

정답 55 ③ 56 ③ 57 ④ 58 ①

풀이 온실가스 배출(탄소중립기본법)
사람의 활동에 수반하여 발생하는 온실가스를 대기 중에 배출·방출 또는 누출시키는 직접배출과 다른 사람으로부터 공급된 전기 또는 열(연료 또는 전기를 열원으로 하는 것만 해당한다.)을 사용함으로써 온실가스가 배출되도록 하는 간접배출을 말한다.

59 고체연료의 고정연소 시 발생되는 온실가스 배출량을 산정하기 위해 Tier 3 방법론에 따라 산화계수(f)를 개발하여 사용할 경우 개발에 요구되는 인자가 아닌 것은?

① 재 중 탄소의 질량분율
② 연료 중 재의 질량분율
③ 연료 중 탄소의 질량분율
④ 연료의 순발열량

풀이 고정연소(고체연료) 온실가스 배출량 산정 Tier 3 방법론의 산화계수
사업자가 자체 개발하거나 연료공급자가 분석하여 제공한 고유 산화계수를 사용한다. 단, 센터에서 별도의 계수를 공표할 경우 그 값을 적용한다.
산화계수(f_i)를 자체 개발 시에는 다음 식에 따른다.

$$f_i = 1 - \frac{C_{a,i} \times A_{ar,i}}{(1-C_{a,i}) \times C_{ar,i}}$$

여기서, $C_{a,i}$: 재(灰) 중 탄소의 질량분율(비산재와 바닥재의 가중평균, 측정값, 0~1 사이의 소수)
$A_{ar,i}$: 연료 중 재(灰)의 질량분율(인수식, 측정값, 0~1 사이의 소수)
$C_{ar,i}$: 연료 중 탄소의 질량분율(인수식, 계산값, 0~1 사이의 소수)

60 온실가스 배출권거래제의 배출량 보고 및 인증에 관한 지침상 오존파괴물질(ODS)의 대체물질 사용에 의한 온실가스 배출량을 Tier 1 산정방법론으로 산정하고자 한다. 비에어로졸 용매 부분과 에어로졸 부문의 온실가스 배출량 산정에 관한 내용으로 옳은 것은?

① 에어로졸 제품의 수명이 1년 이하로 가정되기 때문에 초기 충진량의 90%를 기본 배출계수로 사용한다.
② 비에어로졸 용매는 제품을 사용하기 시작한 후 5년 내에 서서히 배출되는 것으로 간주한다.
③ 에어로졸은 제품 사용시점을 최종 사용자에게 공급되는 시기로 정의하지 않으므로 회수, 재활용, 파기 등을 고려하지 않는다.
④ 에어로졸과 비에어로졸 용매 부분에서 보고되는 항목은 할당대상업체의 온실가스 총 배출량에 합산한다.

풀이 ① 에어로졸 제품의 수명이 2년 이하로 가정되기 때문에 초기 충진량의 50%를 기본 배출계수로 사용한다.
② 비에어로졸 용매는 초기 충진량의 100%가 제품을 사용하기 시작한 후 1~2년 내에 모두 배출되므로 즉각 배출로 간주한다.
④ 에어로졸과 비에어로졸 용매 부분에서 보고되는 항목은 할당대상업체의 온실가스 총 배출량에는 합산하지 않는다.

4과목 온실가스 감축관리

61 다음은 고형 연료화 기술 중 바이오매스에 관한 설명이다. ( ) 안에 알맞은 것은?

바이오매스 열생산을 위해서는 연소가 불가피하고, 기본적으로 연소의 기본조건인 ( )을/를 고려하여 완전연소를 통한 오염물질배출 최소화를 달성할 수 있는 조건에서 운전하여야 한다.

① Resistance(저항성)
② 3T(Temperature, Time, Turbulence)
③ Conversion Rate(전환율)
④ Hazard Risk(위험도)

풀이 완전연소 조건(3T)
㉠ Time(연소시간)
㉡ Temperature(연소온도)
㉢ Turbulence(혼합)

정답 59 ④ 60 ③ 61 ②

62 이산화탄소 연소 전 포집기술 중 화학적 흡수법에 주로 사용되는 흡수제로 틀린 것은?

① 메탄올(Methanol)
② 탄산칼륨(Potassium Carbonate)
③ 모노에탄올아민(MEA)
④ 메틸다이에틸아민(MDEA)

풀이 CO_2 연소 전 포집기술 중 화학적 흡수제
  ㉠ 1차 아민 : 모노에탄올아민
       (MEA : monoethanolamine)
  ㉡ 2차 아민 : 다이에탄올아민
       (DEA : diethanolamine)
  ㉢ 3차 아민 : 메틸다이에틸아민
       (MDEA : N-methyldiethanolamine)
  ㉣ 칼륨계 : 탄산칼륨(Potassium Carbonate)

63 온실가스 감축 이행계획서 작성절차 중 QC 수립에 관한 내용과 가장 거리가 먼 것은?

① 산정과정의 적절성
② 자체 검증과정의 적절성
③ 산정결과의 적절성
④ 보고의 적절성

풀이 품질관리(QC) 수립에 관한 세부내용
  ㉠ 기초자료의 수집 및 정리
  ㉡ 산정과정의 적절성
  ㉢ 산정결과의 적절성
  ㉣ 보고의 적절성

64 온실가스 배출권 거래제 조기감축실적 인정지침상 조기감축실적의 인정기준 내용으로 옳지 않은 것은?

① 조기감축실적은 국내와 국외에서 실시한 행동에 의한 감축분에 한하여 그 실적을 인정한다.
② 조기감축실적은 할당대상업체의 조직경계 안에서 발생한 것에 대하여 그 실적을 인정한다.
③ 조기감축실적은 할당대상업체 단위에서의 감축분에 대하여 인정할 수 있다.
④ 복수의 사업자가 참여하여 조직경계 외에서 실적이 발생한 경우에는 이를 인정할 수 있다.

풀이 조기감축실적은 국내에서 실시한 행동에 의한 감축분에 한하여 그 실적을 인정한다.

65 하·폐수 처리시설에서 온실가스 배출량을 줄이는 방법으로는 소화조에서 배출되는 소화가스의 회수 및 이용과 시설 개선에 의한 에너지 이용효율을 높이는 방법 등이 있다. 다음 중 소화조의 효율을 악화시키는 요인이 아닌 것은?

① 낮은 유기물 함량
② 소화조 내 온도 저하
③ 가스발생량의 저하
④ pH 상승

풀이 혐기성 소화조의 효율을 악화시키는 요인
  ㉠ 낮은 유기물 함량
  ㉡ 소화조 내 온도 저하
  ㉢ 가스발생량의 저하
  ㉣ 상등수 악화
  ㉤ pH 저하
  ㉥ 알칼리도 소비

66 온실가스 배출량 산정 및 보고 원칙과 가장 거리가 먼 것은?

① 완전성
② 윤리성
③ 일관성
④ 투명성

풀이 온실가스 배출량 산정 및 보고 원칙
  ㉠ 적절성
  ㉡ 완전성
  ㉢ 일관성
  ㉣ 정확성
  ㉤ 투명성

67 감축목표의 설정방식 중 원단위를 이용하는 방식의 온실가스 배출량 표현방법으로 틀린 것은 어느 것인가?

① 에너지 사용량 대비 온실가스 배출량
② 제품생산량 대비 온실가스 배출량
③ 생산공정 대비 온실가스 배출량
④ 매출액 대비 온실가스 배출량

풀이 온실가스 원단위(GHG Intensity)
㉠ 정의 : 온실가스 배출량을 경제활동 지표로 나눈 값을 의미하며 일반적으로 온실가스 배출량은 ton 단위로 나타낸다.
㉡ 관련식 : $\text{GHG Intensity} = \dfrac{\text{온실가스 배출량(GHG Emission)}}{\text{경제활동지표(Economic Output)}}$
㉢ 경제활동지표
 • 국가수준 : GDP
 • 산업 부문 : 제품생산량, 에너지 사용량
 • 수송 부문 : 수송거리(km)
 • 가정 부문 : 가구
 • 상업 부문 : 건물면적
 • 매출액

68 연소 전 포집기술에 대한 설명으로 ( )에 들어갈 말로 가장 맞게 짝지어진 것은?

연소 전 CO_2 포집기술이란 화석연료를 부분 산화시켜 (㉠)를 제조하고, 연이어 (㉡) 전이반응을 통해 합성가스를 수소와 이산화탄소로 전환한 후, 수소 또는 이산화탄소를 분리함으로써 굴뚝 배가스로 배출 전에 CO_2를 분리하는 기술을 말한다.

① ㉠ 합성가스, ㉡ 수성가스
② ㉠ 연소가스, ㉡ 수성가스
③ ㉠ 산화가스, ㉡ 혼합가스
④ ㉠ 합성가스, ㉡ 혼합가스

풀이 연소 전 포집기술
연소 전 기술은 석탄의 가스화(Gasification) 또는 천연가스의 개질반응(Reforming)에 의한 합성가스(주로 CO, CO_2, H_2)를 생산한 후 CO는 수성가스 전이반응을 통한 H_2와 CO_2로 전환한 후 CO_2를 포집하는 동시에 수소를 생산하는 방법이다.

69 감축프로젝트에 의한 온실가스 감축량을 산정하고자 할 때 감축량($tonCO_2$/yr)은?

• 프로젝트 배출량 = 15,000$tonCO_2$/yr
• 베이스라인 배출량 = 3,000$kgCO_2$/hr
• 누출량 = 1,000$kgCO_2$/day
• 1년은 365일로 계산

① 10,616
② 10,714
③ 10,813
④ 10,915

풀이 배출감축량($tonCO_2$/yr)
= 베이스라인 배출량 − 사업배출량 − 누출량
= (3$tonCO_2$/hr × 24hr/day × 365day/year)
 − (15,000$tonCO_2$/year)
 − (1$tonCO_2$/day × 365day/year)
= 10,915$tonCO_2$/year

70 베이스라인 접근법 중 기술의 성능을 고려하여 베이스라인 시나리오를 선정할 때 사용할 수 있는 접근법의 내용으로 ( )에 알맞은 값은?

비슷한 사회, 경제, 환경 및 기술적 조건에서 과거 (㉠)년간 수행된 유사 사업들의 평균배출량. 단, 평균에 포함된 사업들의 기술성능은 상위 (㉡)%에 속해야 함

① ㉠ 5, ㉡ 10
② ㉠ 5, ㉡ 20
③ ㉠ 10, ㉡ 10
④ ㉠ 10, ㉡ 20

풀이 베이스라인 설정을 위한 3가지 접근방법
㉠ 현재 실제로 배출되고 있는 양 또는 과거 배출량
㉡ 투자 장애요인을 고려했을 때 경제적으로 매력 있는 기술로부터의 배출량
㉢ 유사한 사회적, 경제적, 환경적, 기술적 환경에서 과거 5년 동안 수행된 비슷한 사업활동(성과가 동일범주 상위 20% 이내)으로부터의 평균배출량

71 조기감축실적 인정가능대상 사업의 유형과 관계가 가장 적은 것은?

① 산업통상자원부−온실가스 감축실적 등록사업
② 농림축산식품부−농업, 농촌 자발적 온실가스 감축사업

정답 67 ③ 68 ① 69 ④ 70 ② 71 ②

③ 환경부 – 온실가스 배출권거래제 시범사업
④ 국토교통부 – 에너지 목표관리 시범사업

풀이) 조기감축실적 인정가능대상 사업의 유형(온실가스 목표관리 운영 등에 관한 지침)
  ㉠ 산업통상자원부 : 온실가스 감축실적 등록사업
  ㉡ 산업통상자원부 : 에너지 목표관리 시범사업
  ㉢ 국토교통부 : 에너지 목표관리 시범사업
  ㉣ 환경부 : 온실가스 배출권거래제 시범사업

72 이산화탄소(CO_2) 포집기술 중 '연소 후 포집기술'에 관한 설명으로 거리가 먼 것은?

① 배가스는 굴뚝을 통해 대기 중으로 배출되기 때문에 대기압, 상온에서의 운전이 가능하며, 상용화에 근접해 있는 기술이다.
② 연소 후 공정에서 배가스의 CO_2 농도가 약 70~75% 정도의 수준이기 때문에 CO_2와 잘 결합할 수 있는 화학흡수제를 적용하기에는 곤란한 편이다.
③ 액상이 아닌 건식으로 CO_2를 흡수시키는 '연소 후 건식 CO_2 포집공정'도 개발되고 있다.
④ 포집비용이 상대적으로 높은 편이나, 기존 발전소에 설치하여 CO_2를 줄일 수 있어 시장성 확보에 유리한 편이다.

풀이) 연소 후 포집기술
  연소과정에서 배출되는 배기가스의 이산화탄소를 적절한 용매(흡수제)에 포집 후 이산화탄소를 용매에서 분리하는 기술이다.

73 강원도 원주시에 10MWh 규모의 태양광 발전소 개발을 검토 중에 있다. 사업의 타당성 조사를 실시한 결과, 태양광 발전소를 설치할 경우의 이용률은 20%로 추정되었으며, 해당 태양광 발전사업을 CDM 사업으로 추진하고자 한다. 이때 예상되는 연간 발전량에 따른 온실가스 감축량(tCO_2-eq/yr)은?(단, 사업에 따른 배출 및 누출은 없으며, 소규모 CDM 사업으로 가정하고 전력배출계수 0.6060 tCO_2-eq/MWh)

① 117,108
② 20,869
③ 18,834
④ 10,617

풀이) 온실가스 감축량(tCO_2-eq/year)
= 시설규모 × 이용률 × 전력배출계수
= 10MWh × 0.2 × 0.6060tCO_2-eq/MWh × 24hr/day × 365day/year
= 10,617.12tCO_2-eq/year

74 바이오가스 시설현황 중 매립지가스(LFG) 생성단계에 관한 설명으로 가장 적합한 단계는?

메탄과 이산화탄소의 농도가 일정하게 유지되는 단계로 메탄이 55~60% 정도, 이산화탄소가 40~45% 정도, 기타 미량가스가 1% 내외로 발생한다.

① 호기성 분해단계
② 산생성단계
③ 불안정한 메탄생성단계
④ 안정된 메탄생성단계

풀이) 매립지 바이오가스(LFG)의 생성단계
  (1) 1단계
    ㉠ 호기성 단계(초기 조절단계)
    ㉡ N_2, O_2는 급격히 감소, CO_2는 서서히 증가하는 단계
    ㉢ 매립물의 분해속도에 따라 수일에서 수개월 동안 지속되며, 산소는 대부분 소모되는 단계
  (2) 2단계
    ㉠ 불안정한 메탄생성단계(혐기성 비메탄화단계 : 전이단계)
    ㉡ 임의성 미생물에 의하여 SO_4^{2-}의 NO_3^{-1}가 환원되는 단계이며, 이 반응에 의해 CO_2가 생성되는 단계
    ㉢ pH 5 이하이며 수분이 충분한 경우에는 다음 단계로 빨리 진행됨
  (3) 3단계
    ㉠ 혐기성 메탄생성축적단계(산형성단계)
    ㉡ CO_2 · H_2의 발생비율은 감소하고, CH_4 함량이 증가하기 시작하는 단계
    ㉢ 온도가 55℃까지 상승(30~55℃)하며 pH는 6.8~8.0 정도
    ㉣ 매립 후 1~2년(25~55주)이 경과된 단계
  (4) 4단계
    ㉠ 혐기성 메탄생성 정상상태단계(메탄발효단계)

정답 72 ② 73 ④ 74 ④

ⓒ $CH_4 \cdot CO_2$의 구성비가 거의 일정한 정상상태 단계
ⓒ 가스조성
- CH_4 : 55~60% 정도
- CO_2 : 40~45% 정도
- N_2 : 5%

ⓔ 온도 30℃ 이하이고 pH는 6.8~8.0 정도
ⓜ 매립 후 2~5년이 경과된 단계

75 연료전지의 장단점으로 가장 거리가 먼 것은?

① 열효율이 높은 편이다.
② 자연환경을 해치지 않는다.
③ 다양한 크기로 설치가 가능하고, 탄력적으로 가동할 수 있다.
④ 비용대비 효율성이 뛰어나서, 대량 및 다각도의 상용화에 유리하다.

풀이 연료전지의 장단점
ⓐ 장점
- 열효율이 높다.(연료전지는 총에너지의 40% 정도는 전기, 40% 정도는 열로 전환, 즉 전기와 열 동시 이용 시 열효율 80% 정도)
- 환경친화적이다.(화력발전에 비해 SO_X, NO_X, 미세먼지 발생이 거의 없고 또한 회전부위가 없기 때문에 소음·진동도 무시할 정도로 적음)
- 간편하게, 다양한 크기로 설치 가능하며 가동도 탄력적이다.
- 부하변동에 신속히 대처 가능하며 설치형태에 따라 다양한 용도로 사용이 가능하다.
- 천연가스, 메탄올, 석탄가스 등 다양한 연료의 사용이 가능하다.
- 도심부근에 설치가 가능하여, 송·배전설비가 적게 소요되고, 전력손실이 적다.
- CO_2는 20~40% 정도 감소시킬 수 있으며 다량의 냉각수가 필요 없다.

ⓑ 단점
- 비용 대비 저효율적이다.(전해질 막이나 백금 촉매)
- 수소를 대량으로 상용화하기 어렵다.
- 수소의 저장에 어려움이 있다.

76 교토메커니즘 종류 중 CDM에 대한 설명으로 올바르지 않은 것은?

① 교토의정서상의 감축의무국의 의무이행수단으로 허용된 상쇄 프로그램
② 선진국들이 온실가스를 줄일 수 있는 여지가 상대적으로 많은 개발도상국에 투자해 얻은 감축분을 배출권으로 가져가거나 판매하는 제도
③ CDM 활성화를 위하여 온실가스 감축의무가 없는 개도국이 직접투자 및 시행하는 사업도 CDM으로 인정
④ 배출쿼터를 받은 온실가스 감축의무국가 간에 배출쿼터의 거래를 허용한 제도

풀이 배출쿼터를 받은 온실가스 감축의무국가 간에 배출쿼터의 거래를 허용한 제도는 배출권거래제(ET)이다. 배출권거래제는 온실가스 감축의무국가가 의무감축량을 초과달성하였을 경우 이 초과분을 다른 온실가스 감축의무국가와 거래할 수 있도록 하는 제도이다.

77 이산화탄소 전환에 대한 설명 중 가장 관계가 적은 것은?

① 촉매화학적 이산화탄소 수소화 반응 분야
② 광에너지 및 태양열 활용 이산화탄소 전환 분야
③ 이산화탄소 유래 고분자 제조기술
④ 개질 및 가스화 반응에서의 이산화탄소 활용 분야

풀이 이산화탄소 전환(CCUS)기술은 크게 화학적 전환기술과 생물학적 전환기술로 분류되며 화학적 전환기술은 열촉매화학적, 전기화학적, 광화학적 전환 등으로 구분된다. 또한, 기상전환과 액상전환으로 나눌 수 있으며 기상전환은 필요에너지 공급원과 안정된 반응조건에서 전환이 이루어져야 하므로 저에너지 소비, 생성물 분리 정제기술이 필요하며 액상전환은 반응속도를 높일 수 있는 촉매 및 광감응제 개발과 촉매, 빛, 전기의 혼성시스템의 개발이 요구된다.

정답 75 ④ 76 ④ 77 ④

78 과거실적 기반의 목표 설정방법의 신·증설 배출시설에 대한 배출허용량을 고려할 사항으로 잘못된 것은?

① 해당 신·증설 시설에 대한 활동자료당 최대 배출량
② 해당 신·증설 시설의 목표설정 대상연도의 예상 가동시간
③ 해당 신·증설 시설의 설계용량 및 부하율(또는 가동률)
④ 해당 업종의 목표설정 대상연도 감축률

풀이 과거실적 기반의 목표 설정방법의 신·증설 배출시설에 대한 배출허용량을 정하는 경우 고려사항
  ㉠ 해당 신·증설 시설의 설계용량 및 부하율(또는 가동률)
  ㉡ 해당 신·증설 시설의 목표설정 대상연도의 예상 가동시간
  ㉢ 해당 신·증설 시설에 대한 활동자료당 평균 배출량
  ㉣ 해당 업종의 목표설정 대상연도 감축률

79 다음 설명에 해당하는 가장 적합한 기술은?

> 하나의 에너지원으로부터 전력과 열을 동시에 발생시키는 종합에너지시스템으로 발전에 수반하여 발생하는 배열을 회수하여 이용하므로 에너지의 종합 열이용 효율을 높이는 것이 가능하기 때문에 기존 방식보다 고효율 에너지 이용기술이다.

① IGCC
② 가스화 복합발전
③ 열병합발전
④ 석탄화력발전

풀이 열병합발전
 열효율 향상을 위해 두 종류의 열사이클을 조합하여 발전을 하고 남은 열을 지역 냉·난방, 공업용 스팀 등으로 이용되는 발전을 말하며, 복합사이클 중 가장 대표적인 것이 가스터빈 사이클과 증기터빈 사이클을 결합하여 하나의 발전플랜트로 운용하는 방식이다. 기존 발전소의 발전효율이 38%인데 비하여 열병합발전은 87%로 에너지 이용효율이 높다.

80 택지개발 완료 후 사용되는 전기사용량에 따라 배출되는 온실가스 배출량($tonCO_2$/년)은?(단, 운영 시 전력사용량=138,412MWh/년, 전력 CO_2 배출원단위=0.424kg/kWh)

① 58,386
② 58,687
③ 58,988
④ 59,389

풀이 온실가스 배출량(tCO_2/year)
= 전력사용량 × 전력 CO_2 배출원단위
= 138,412MWh/year × 0.424kg/kWh
 × 10^3kWh/MWh × $tCO_2/10^3$kgCO_2
= 58,687tCO_2/year

5과목 온실가스 관련 법규

81 배출권거래제 기본계획에 포함될 내용이 아닌 것은?

① 배출권거래제에 관한 국내외 현황 및 전망에 관한 사항
② 무역집약도 또는 탄소집약도 등을 고려한 국내 산업의 지원대책에 관한 사항
③ 국가온실가스감축목표를 고려하여 설정한 온실가스 배출허용총량에 관한 사항
④ 재원조달, 전문인력 양성, 교육·홍보 등 배출권거래제의 효과적 운영에 관한 사항

풀이 배출권거래제 기본계획 포함사항
 ㉠ 배출권거래제에 관한 국내외 현황 및 전망에 관한 사항
 ㉡ 배출권거래제 운영의 기본방향에 관한 사항
 ㉢ 국가온실가스감축목표를 고려한 배출권거래제 계획기간의 운영에 관한 사항
 ㉣ 경제성장과 부문별·업종별 신규 투자 및 시설(온실가스를 배출하는 사업장 또는 그 일부를 말한다. 이하 같다) 확장 등에 따른 온실가스 배출 전망에 관한 사항
 ㉤ 배출권거래제 운영에 따른 에너지 가격 및 물가 변동 등 경제적 영향에 관한 사항

정답 78 ① 79 ③ 80 ② 81 ③

ⓗ 무역집약도 또는 탄소집약도 등을 고려한 국내 산업의 지원대책에 관한 사항
ⓢ 국제 탄소시장과의 연계 방안 및 국제협력에 관한 사항
ⓞ 그 밖에 재원조달, 전문인력 양성, 교육·홍보 등 배출권거래제의 효과적 운영에 관한 사항

82 신에너지 및 재생에너지 개발·이용·보급 촉진법령상 바이오에너지 등의 기준 및 범위에서 바이오에너지에 해당하는 범위로 거리가 먼 것은?

① 생물유기체를 변환시킨 바이오가스, 바이오에탄올, 바이오액화류 및 합성가스
② 동물·식물의 유지를 변환시킨 바이오디젤
③ 쓰레기 매립장의 유기성 폐기물을 변환시킨 매립지 가스
④ 해수 표층의 열을 변환시켜 얻는 에너지

풀이 신에너지 및 재생에너지 개발·이용·보급 촉진법령상 바이오에너지 범위
㉠ 생물유기체를 변환시킨 바이오가스, 바이오에탄올, 바이오액화류 및 합성가스
㉡ 쓰레기 매립장의 유기성 폐기물을 변환시킨 매립지 가스
㉢ 동물·식물의 유지를 변환시킨 바이오디젤 및 바이오 중유
㉣ 생물유기체를 변환시킨 땔감, 목재칩, 펠릿 및 숯 등의 고체연료

83 국내 온실가스 배출권 거래제도에서 할당대상업체로 지정된 업체가 온실가스 배출권 할당 신청을 해야 하는 시기로 옳은 것은?

① 매 계획기간 시작 3개월 전(신규 진입자는 배출권을 할당받은 이행연도 시작 3개월 전)
② 매 계획기간 시작 4개월 전(신규 진입자는 배출권을 할당받은 이행연도 시작 4개월 전)
③ 매 계획기간 시작 5개월 전(신규 진입자는 배출권을 할당받은 이행연도 시작 3개월 전)
④ 매 계획기간 시작 5개월 전(신규 진입자는 배출권을 할당받은 이행연도 시작 4개월 전)

풀이 할당대상업체는 매 계획기간 시작 4개월 전(할당대상업체가 신규 진입자인 경우에는 배출권을 할당받은 이행연도 시작 4개월 전)까지 자신의 모든 사업장에 배출권 할당신청서를 작성하여 주무관청에 제출하여야 한다.

84 온실가스 배출권거래제의 배출량 보고 및 인증에 관한 지침상 배출시설의 배출량에 따른 시설규모 분류 중 A그룹에 해당하는 시설규모 분류기준은?

① 연간 5만 톤 미만의 배출시설
② 연간 15만 톤 이상의 배출시설
③ 연간 5만 톤 이상, 연간 50만 톤 미만의 배출시설
④ 연간 50만 톤 이상의 배출시설

풀이 배출량에 따른 시설규모 분류
㉠ A그룹 : 연간 5만 톤 미만의 배출시설
㉡ B그룹 : 연간 5만 톤 이상, 연간 50만 톤 미만의 배출시설
㉢ C그룹 : 연간 50만 톤 이상의 배출시설

85 관리업체가 온실가스 배출량 및 에너지 사용량 명세서를 거짓으로 작성하여 보고한 경우 과태료 금액은?

① 300만 원
② 500만 원
③ 700만 원
④ 1,000만 원

풀이 1천만 원 이하 과태료 대상(탄소중립기본법)
㉠ 온실가스 배출량 산정을 위한 자료를 제출하지 아니하거나 거짓으로 제출한 자
㉡ 명세서를 제출(수정·보완하여 제출하는 경우를 포함)하지 아니하거나 거짓으로 제출한 자
㉢ 개선명령을 이행하지 아니한 자

86 주무관청이 검증기관의 지정을 취소하거나 1년 이내의 기간을 정하여 업무의 정지 또는 시정을 명할 수 있다. 다음 중 지정을 취소하는 사유에 해당하지 않는 것은?

① 거짓이나 부정한 방법으로 지정을 받은 경우

② 검증기관이 폐업·해산 등의 사유로 사실상 영업을 종료한 경우
③ 정당한 사유 없이 전문분야 추가과정 교육을 이수하지 않은 경우
④ 고의 또는 중대한 과실로 검증업무를 부실하게 수행한 경우

풀이 검증기관의 지정취소, 업무의 정지 또는 시정
주무관청은 검증기관이 다음 각 호의 어느 하나에 해당하는 경우 그 지정을 취소하거나 1년 이내의 기간을 정하여 업무의 정지 또는 시정을 명할 수 있다. 다만, ㉠항부터 ㉢항까지 중 어느 하나에 해당하는 경우에는 그 지정을 취소하여야 한다.
㉠ 거짓이나 부정한 방법으로 지정을 받은 경우
㉡ 검증기관이 폐업·해산 등의 사유로 사실상 영업을 종료한 경우
㉢ 고의 또는 중대한 과실로 검증업무를 부실하게 수행한 경우
㉣ 이 법 또는 다른 법률을 위반한 경우
㉤ 지정기준을 갖추지 못하게 된 경우

87 다음은 조기감축실적 인정지침에 관한 내요이다. ( ) 안에 알맞은 것은?

> 해당 할당대상업체는 조기감축실적 인정량 산정량을 통보받은 후 통보된 결과에 이의가 있으면 통보받은 날부터 ( ) 이내에 이의신청서를 제출할 수 있다.

① 7일　　② 14일
③ 20일　　④ 30일

88 배출량 산정계획 작성방법에 포함되어야 할 사항으로 가장 거리가 먼 것은?

① 벤치마크 계수 개발계획
② 조직경제 결정
③ 배출시설별 모니터링 대상 및 측정지점 결정
④ 배출활동 및 배출시설 파악

풀이 배출량 산정계획 작성방법 포함사항
㉠ 업체 일반정보(법인명, 대표자, 계획기간, 담당자 정보 등)
㉡ 사업장의 일반정보 및 조직경계(사업장명, 사업장 대표자, 업종, BM 적용시설 포함 여부, 사업장 사진, 시설배치도, 공정도, 온실가스 및 에너지 흐름도 등)
㉢ 배출시설별 모니터링 방법(배출시설 정보, 산정등급 분류기준, 예상 신·증설 시설의 온실가스 배출 정보 및 활동자료 측정지점 등)
㉣ 활동자료의 모니터링(측정) 방법(배출시설 및 배출활동별 측정기기 정보, 측정기기 개선 및 설치계획 등)
㉤ 배출시설별 배출활동의 산정등급 적용계획(배출시설별 산정방법론의 산정등급, 배출활동별 매개변수 산정등급, 최소 산정등급 미충족 사유 등)
㉥ 에너지 외부 유입 및 구매 계획
㉦ 사업장 고유 배출계수(Tier 3) 등 개발계획(개발 예정인 계수의 종류, 시험·분석 관련 정보, 계수 산정식, 예상불확도 등)
㉧ 사업장별 품질관리(QC)/품질보증(QA) 활동계획(배출량 산정·보고 등의 품질관리 문서 및 담당자 정보)
㉨ 기타 배출량 산정계획의 작성과 관련된 특이사항

89 배출권거래제에서 외부사업 온실가스 감축량 인증을 위하여 외부사업에 대한 타당성 평가항목으로 잘못된 것은?

① 인위적으로 온실가스를 줄이기 위하여 일반적인 경영 여건에서 할 수 있는 노력이 있었는지 여부
② 온실가스 감축사업을 통한 온실가스 감축 효과가 장기적으로 지속 가능한지 여부
③ 온실가스 감축사업이 고시에서 정하는 기준과 방법을 준수하는지 여부
④ 온실가스 감축사업을 통하여 계량화가 가능할 정도로 온실가스 감축이 이루어질 수 있는지 여부

풀이 외부사업에 대한 타당성 평가항목(배출권거래법)
㉠ 인위적으로 온실가스를 줄이기 위하여 일반적인 경영 여건에서 할 수 있는 활동 이상의 추가적인 노력이 있었는지 여부

ⓒ 온실가스 감축사업을 통한 온실가스 감축 효과가 장기적으로 지속 가능한지 여부
ⓒ 온실가스 감축사업을 통하여 계량화가 가능할 정도로 온실가스 감축이 이루어질 수 있는지 여부
ⓔ 온실가스 감축사업이 고시에서 정하는 기준과 방법을 준수하는지 여부

90 기후위기 대응을 위한 탄소중립·녹색성장 기본법령상 저탄소 녹색성장 추진의 기본원칙에 해당하지 않는 것은?

① 정부는 시장기능을 최대한 활성화하여 정부가 주도하는 저탄소 녹색성장을 추진한다.
② 정부는 녹색기술과 녹색산업을 경제성장의 핵심 동력으로 삼고 새로운 일자리를 창출·확대할 수 있는 새로운 경제체제를 구축한다.
③ 정부는 사회·경제 활동에서 에너지와 자원 이용의 효율성을 높이고 자원순환을 촉진한다.
④ 정부는 국가의 자원을 효율적으로 사용하기 위하여 성장잠재력과 경쟁력이 높은 녹색기술 및 녹색산업 분야에 대한 중점 투자 및 지원을 강화한다.

풀이 탄소중립사회로의 이행과 녹색성장을 위한 기본원칙
ⓐ 미래세대의 생존을 보장하기 위하여 현재 세대가 져야 할 책임이라는 세대 간 형평성의 원칙과 지속가능발전의 원칙에 입각한다.
ⓑ 범지구적인 기후위기의 심각성과 그에 대응하는 국제적 경제환경의 변화에 대한 합리적 인식을 토대로 종합적인 위기 대응 전략으로서 탄소중립 사회로의 이행과 녹색성장을 추진한다.
ⓒ 기후변화에 대한 과학적 예측과 분석에 기반하고, 기후위기에 영향을 미치거나 기후위기로부터 영향을 받는 모든 영역과 분야를 포괄적으로 고려하여 온실가스 감축과 기후위기 적응에 관한 정책을 수립한다.
ⓓ 기후위기로 인한 책임과 이익이 사회 전체에 균형있게 분배되도록 하는 기후정의를 추구함으로써 기후위기와 사회적 불평등을 동시에 극복하고, 탄소중립 사회로의 이행 과정에서 피해를 입을 수 있는 취약한 계층·부문·지역을 보호하는 등 정의로운 전환을 실현한다.
ⓔ 환경오염이나 온실가스 배출로 인한 경제적 비용이 재화 또는 서비스의 시장가격에 합리적으로 반영되도록 조세체계와 금융체계 등을 개편하여 오염자 부담의 원칙이 구현되도록 노력한다.
ⓕ 탄소중립 사회로의 이행을 통하여 기후위기를 극복함과 동시에, 성장 잠재력과 경쟁력이 높은 녹색기술과 녹색산업에 대한 투자 및 지원을 강화함으로써 국가 성장동력을 확충하고 국제 경쟁력을 강화하며, 일자리를 창출하는 기회로 활용하도록 한다.
ⓖ 탄소중립 사회로의 이행과 녹색성장의 추진 과정에서 모든 국민의 민주적 참여를 보장한다.
ⓗ 기후위기가 인류 공통의 문제라는 인식 아래 지구 평균기온 상승을 산업화 이전 대비 최대 1.5℃로 제한하기 위한 국제사회의 노력에 적극 동참하고, 개발도상국의 환경과 사회정의를 저해하지 아니하며, 기후위기 대응을 지원하기 위한 협력을 강화한다.

91 온실가스 배출권의 할당 및 거래에 관한 법률상 배출권 할당위원회에서 심의·조정하는 사항과 가장 거리가 먼 것은?

① 할당계획에 관한 사항
② 시장 안정화 조치에 관한 사항
③ 배출량의 인증 및 상쇄와 관련된 정책의 조정 및 지원에 관한 사항
④ 독립적인 국내 탄소시장 체제 확립에 관한 사항

풀이 배출권 할당위원회의 심의·조정 사항
ⓐ 할당계획에 관한 사항
ⓑ 시장 안정화 조치에 관한 사항
ⓒ 배출량의 인증 및 상쇄와 관련된 정책의 조정 및 지원에 관한 사항
ⓓ 국제 탄소시장과의 연계 및 국제협력에 관한 사항
ⓔ 그 밖에 배출권거래제와 관련하여 위원장이 할당위원회의 심의·조정을 거칠 필요가 있다고 인정하는 사항

92 온실가스 배출권의 할당 및 거래에 관한 법령상 배출권의 이월 및 차입, 소멸에 관한 내용으로 옳지 않은 것은?

① 법령에 따라 주무관청에 제출되지 않은 배출권은 각 이행연도 종료일부터 6개월이 경과하면 그 효력을 잃는다.
② 배출권을 보유한 자는 보유한 배출권을 주무관청의 승인을 받아 계획기간 내의 다음 이행연도로 이월할 수 있다.
③ 배출권을 보유한 자는 보유한 배출권을 주무관청의 승인을 받아 계획기간의 최초 이행연도로 이월할 수 없다.
④ 할당대상업체는 주무관청의 승인을 받아 계획기간 내의 다른 이행연도에 할당된 배출권의 일부를 차입할 수 있다.

풀이 배출권을 보유한 자는 보유한 배출권을 주무관청의 승인을 받아 계획기간 내의 다음 이행연도 또는 다음 계획기간의 최초 이행연도로 이월할 수 있다.

93 온실가스 배출권의 할당 및 거래에 관한 법령상 배출권시장 조성자로 지정할 수 있는 곳이 아닌 것은?(단, 기타 사항은 고려하지 않음)
① 한국산업은행　② 한국수출입은행
③ 농협은행　　　④ 중소기업은행

풀이 배출권시장 조성자(온실가스 배출권의 할당 및 거래에 관한 법률)
㉠ 한국산업은행
㉡ 중소기업은행
㉢ 한국수출입은행

94 온실가스 배출권의 할당 및 거래에 관한 법령상 주무관청이 보고 또는 자료제출을 요구하거나 필요한 최소한의 범위에서 현장조사 등의 방법으로 실태조사를 시행할 수 있는 실태조사 대상자에 해당하지 않는 것은?
① 할당대상업체
② 시장조성자
③ 검증기관
④ 온실가스 감축 최적가용기술자

풀이 실태조사 대상자(온실가스 배출권의 할당 및 거래에 관한 법률)
㉠ 할당대상업체
㉡ 시장조성자
㉢ 검증기관
㉣ 검증심사원

95 온실가스 배출권의 할당 및 거래에 관한 법령상 할당대상업체가 인증받은 온실가스 배출량보다 제출한 배출권이 적은 경우 부족한 부분에 대해 부과할 수 있는 과징금 기준은?
① 이산화탄소 1톤당 10만 원의 범위에서 해당 이행연도에 배출권 평균 시장가격의 3배 이하
② 이산화탄소 1톤당 10만 원의 범위에서 해당 이행연도에 배출권 평균 시장가격의 2배 이하
③ 이산화탄소 1톤당 5만 원의 범위에서 해당 이행연도에 배출권 평균 시장가격의 3배 이하
④ 이산화탄소 1톤당 5만 원의 범위에서 해당 이행연도에 배출권 평균 시장가격의 2배 이하

풀이 과징금(온실가스 배출권의 할당 및 거래에 관한 법률)
주무관청은 할당대상업체가 인증받은 온실가스 배출량보다 제출한 배출권이 적은 경우, 할당대상업체가 할당이 취소된 양보다 제출기한 내에 제출한 배출권이 적은 경우 그 부족한 부분에 대하여 이산화탄소 1톤당 10만 원의 범위 내에서 해당 이행연도의 배출권 평균 시장가격의 3배 이하의 과징금을 부과할 수 있다.

96 온실가스 배출권의 할당 및 거래에 관한 법령상 배출권 할당위원회에 관한 설명으로 옳지 않은 것은?
① 할당위원회는 위원장 1명과 20명 이내의 위원으로 구성한다.
② 할당위원회에는 환경부령으로 정하는 바에 따라 간사위원 2명을 둔다.
③ 배출권 할당위원회의 회의는 재적위원 과반수의 출석으로 개의하고 출석위원 과반수의 찬성으로 의결한다.

정답 93 ③　94 ④　95 ①　96 ②

④ 배출권 할당위원회의 회의는 할당위원회의 위원장이 필요하다고 인정하거나 재적위원의 3분의 1 이상이 요구할 때 개최한다.

풀이 할당위원회에는 대통령령으로 정하는 바에 따라 간사위원 1명을 둔다.

97 기후위기 대응을 위한 탄소중립 · 녹색성장 기본법령상의 내용으로 옳은 것은?(단, 기타 사항은 고려하지 않음)

① 정부는 국가비전과 중장기감축목표 등의 달성에 기여하기 위해 이산화탄소를 배출단계에서 포집하여 이용하거나 저장하는 기술의 개발 · 발전을 지원하기 위한 시책을 마련해야 한다.
② 정부는 국가비전 및 중장기감축목표 등의 달성을 위해 20년을 계획기간으로 하는 국가기본계획을 2년마다 수립 · 시행해야 한다.
③ 시 · 도지사는 국가기본계획과 관할 구역의 지역적 특성 등을 고려하여 7년을 계획기간으로 하는 시 · 도계획을 7년마다 수립 · 시행해야 한다.
④ 국가기본계획을 수립하거나 변경하는 경우 위원회의 심의를 거친 후 국회와 대통령의 심의를 거쳐야 한다.

풀이 ② 정부는 국가비전 및 중장기감축목표 등의 달성을 위해 20년을 계획기간으로 하는 국가기본계획을 5년마다 수립 · 시행해야 한다.
③ 특별시장 · 광역시장 · 특별자치시장 · 도지사 및 특별자치도지사는 국가기본계획과 관할 구역의 지역적 특성 등을 고려하여 10년을 계획기간으로 하는 시 · 도계획을 5년마다 수립 · 시행하여야 한다.
④ 국가기본계획을 수립하거나 변경하는 경우 위원회의 심의를 거친 후 국무회의의 심의를 거쳐야 한다.

98 온실가스 배출권의 할당 및 거래에 관한 법령상 객관적이고 전문적인 검증을 위해 외부 검증전문기관을 지정하여 검증하는 항목이 아닌 것은? (단, 기타 사항은 고려하지 않음)

① 외부사업 온실가스 감축량
② 실제 배출된 온실가스 배출량에 대해 배출량 산정계획서를 기준으로 작성한 명세서
③ 이행계획서
④ 배출량 산정계획서

풀이 외부 검증기관 지정, 검증 항목(온실가스 배출권의 할당 및 거래에 관한 법률)
㉠ 배출량 산정계획서
㉡ 실제 배출된 온실가스 배출량에 대해 배출량 산정계획서를 기준으로 작성한 명세서
㉢ 외부사업 온실가스 감축량
㉣ 그 밖에 할당대상업체의 온실가스 감축량

99 온실가스 배출권의 할당 및 거래에 관한 법령상 온실가스 배출권 할당신청서를 주문관청에 제출할 때 포함되어야 하는 사항에 해당하지 않는 것은?

① 계획기간 내 신 · 재생에너지 등 친환경에너지 사용계획
② 할당대상업체로 지정된 연도의 직전 3년간 온실가스 배출량
③ 공익을 목적으로 설립된 기관 · 단체 또는 비영리법인으로서 대통령령으로 정하는 업체임을 확인할 수 있는 서류
④ 배출효율을 기준으로 대통령령으로 정하는 방법에 따라 산정한 이행연도별 배출권 할당신청량

풀이 온실가스 배출권 할당신청서 포함사항
㉠ 할당대상업체로 지정된 연도의 직전 3년간 온실가스 배출량
㉡ 배출효율을 기준으로 대통령령으로 정하는 방법에 따라 산정한 이행연도별 배출권 할당신청량
㉢ 공익을 목적으로 설립된 기관 · 단체 또는 비영리법인으로서 대통령령으로 정하는 업체임을 확인할 수 있는 서류

정답 97 ① 98 ③ 99 ①

100 온실가스 목표관리 운영 등에 관한 지침상 기존 배출시설의 예상배출량 산정방법으로 가장 적합하지 않은 것은?

① 기준연도 배출시설 배출량의 선형 증감 추세
② 기준연도 배출시설 배출량의 증감률
③ 국제 연평균 온실가스 배출량의 증감 추세
④ 기준연도 배출시설의 단위 활동자료와 온실가스 배출량의 상관관계식을 이용한 배출량

풀이 기존 배출시설의 예상배출량 산정방법(온실가스 목표관리 운영 등에 관한 지침)
ㄱ. 기준연도 배출시설 배출량의 선형 증감 추세
ㄴ. 기준연도 배출시설 배출량의 증감률
ㄷ. 배출시설의 단위 활동자료와 온실가스 배출량의 상관관계식을 이용한 배출량
ㄹ. 기준연도 배출시설 평균배출량
ㅁ. 최근연도 배출시설 배출량

정답 100 ③

SECTION 15 2024년 2회 CBT 복원·예상문제

1과목 기후변화의 이해

01 지구온도 변화를 나타내는 척도와 가장 거리가 먼 것은?

① 해수면 변화, 해양 온도
② 강수 온도, 건축물 온도 측정
③ 빙하, 해빙
④ 위성 온도 측정, 기후 대리변수

[풀이] 지구온도의 변화를 나타내는 척도
㉠ 해수면의 변화, 해양온도
㉡ 빙하, 해빙
㉢ 위성온도 측정
㉣ 기후대리변수(홍수, 가뭄, 혹서, 강풍, 대설 등)

02 교토의정서 상에서 감축 대상가스로 지정한 6대 주요 온실가스에 해당하지 않는 것은?

① 수소불화탄소
② 염화불화탄소
③ 육불화황
④ 과불화탄소

[풀이] 6대 주요 온실가스(교토의정서)
㉠ 이산화탄소(CO_2)
㉡ 메탄(CH_4)
㉢ 아산화질소(N_2O)
㉣ 과불화탄소(PFCs)
㉤ 수소불화탄소(HFCs)
㉥ 육불화황(SF_6)

03 기후변화협약 당사국총회의 주요 결과로 거리가 먼 것은?

① 교토에서 교토의정서를 채택하였다.
② 더반에서 교토의정서 제2차 공약기간 설정에 합의하였다.
③ 코펜하겐에서 개도국의 능동적이고, 자발적 감축행동을 취하기로 하는 행동계획을 채택하였다.
④ 나이로비에서 개도국의 기후변화적응 지원에 관한 5개년 행동계획을 채택하였다.

[풀이] 개도국의 능동적이고 자발적 감축행동을 취하기로 하는 행동계획을 채택한 당사국총회는 2007년 인도네시아 발리이다.

04 미래 기후변화의 영향에 관한 설명으로 가장 거리가 먼 것은?

① 난대성 상록 활엽수인 후박나무는 북부지역으로 확대된다.
② 꽃매미, 열대모기 등 북방계 외래곤충이 감소하고 고온으로 인해 병해충 발생 가능성이 감소된다.
③ 농업에 있어서는 생산성 감소의 위협과 신 영농기법 도입의 기회가 공존한다.
④ 산업 전반에서는 산업리스크 증가와 새로운 시장 창출기회가 공존한다.

[풀이] 북방계 곤충(들신선나비)이 남방계 외래곤충(꽃매미, 열대모기)으로 대체되어 과수생육에도 큰 영향과 피해를 줄 것이다.

05 녹색기후기금(GCF)에 관한 설명으로 가장 거리가 먼 것은?

① 환경 분야의 세계은행이라 할 수 있다.
② 개도국의 온실가스 감축분야만 지원하는 기후변화 관련 금융기구로서 더반에서 유치인준을 결정했다.
③ 사무국은 인천 송도이다.
④ GCF는 UN산하기구로서 Green Climate Fund의 약자이다.

정답 01 ② 02 ② 03 ③ 04 ② 05 ②

풀이 **녹색기후기금(GCF)**
- 녹색기후기금은 유엔기후변화협약(UNFCCC)에 의거하여 설립된 기후변화에 특화된 국제기금이다.
- 선진국이 개발도상국의 온실가스 감축과 기후변화 적응에 지원함을 주된 목표로 한다.
- 2010년 칸쿤 당사국 총회(COP16)에서 개도국의 기후변화 대응지원을 위해 설립된 기금이다.
- 2011년 COP17에서 GCF를 운영하기 위한 구체적인 방안이 논의되었다. 즉, 선진국을 중심으로 2010년부터 2012년까지 3년간 300억 달러 규모의 단기재원을 조성하고, 2020년까지 1,000억 달러 규모의 장기재원을 조성하기로 합의하였다.
- 환경분야의 세계은행이라 할 수 있으며 사무국은 인천 송도에 있다.

06 기후시스템에서 구름의 영향에 관한 설명으로 가장 적합한 것은?

① 구름과 온난화는 관련이 없다.
② 낮은 구름이 증가하면 온난화 효과가 크다.
③ 높은 구름이 증가하면 지구복사에너지를 더 많이 흡수한다.
④ 현재까지는 온난화로 높은 구름이 감소할 가능성이 지배적인 것으로 알려져 있다.

풀이 구름은 지구에너지 평형에 있어서 중요한 역할을 하는데, 현 기후시스템에서 구름은 온실효과보다는 태양복사를 반사하는 효과가 더 크다. 또한 높은 구름이 증가하면 지구복사에너지를 더 많이 흡수하고 낮은 구름이 증가하면 온실효과가 작다.

07 Kyoto Flexible Mechanism(Kyoto Protocol)의 3가지 구조에 포함되지 않는 것은?

① 배출권 거래제도(Emissions Trading)
② 지속 가능한 개발(Sustainable Development)
③ 청정개발체제(Clean Development Mechanism)
④ 공동이행제도(Joint Implementation)

풀이 **교토메커니즘**
㉠ 공동이행제도(Joint Implementation)는 교토의정서 제6조에 규정된 것으로 선진국인 A국이 선진국인 B국에 투자하여 발생된 온실가스 감축분의 일정분을 A국의 배출 저감실적으로 인정하는 제도를 말한다.
㉡ 청정개발체제(Clean Development Mechanism)는 교토의정서 제12조에 규정된 것으로 선진국인 A국이 개발도상국인 B국에 투자하여 발생된 온실가스 배출 감축분을 자국의 감축실적에 반영할 수 있도록 하는 제도를 말한다.
㉢ 배출권 거래제(Emission Trading)는 교토의정서 제17조에 규정된 것으로 온실가스 감축의무가 있는 국가에 배출 쿼터를 부여한 후, 동 국가 간 배출 쿼터의 거래를 허용하는 제도를 말한다.

08 기후변화에 대한 유럽연합의 대응에 관한 설명으로 가장 거리가 먼 것은?

① 유럽에서는 기후변화 문제에 적극적으로 대응해야 한다는 인식이 사회 전반적으로 넓게 퍼져 있었다.
② 2000년 교토의정서 비준논쟁 당시, 유럽연합에서는 산업계와 석유업계를 제외한 유럽연합 차원의 교토의정서 비준을 지지하는 입장을 견지하였다.
③ 유럽연합은 내부적으로 온실가스 감축에 관한 부담공유협정을 맺고 있었다.
④ 유럽연합의 적극적인 기후변화정책은 유럽연합 체제의 독특한 정치적 구조인 분산된 거버넌스를 토대로 하고 있다.

풀이 2000년 교토의정서 비준논쟁 당시 유럽연합 15개 회원국들은 교토의정서 내용(5.2% 감축)보다 더욱 강화된 8%를 감축하기로 산업계 전 부문에서 합의하였다.

정답 06 ③ 07 ② 08 ④

09 우주공간으로부터 지구에 도달하는 복사에너지를 100%로 봤을 때, 대기의 산란, 지표면의 반사로 인해 바로 우주로 방출되는 에너지를 제외한 지표와 대기에서 흡수되는 양으로 다음 중 가장 적합한 것은?

① 약 12% ② 약 20%
③ 약 69% ④ 약 99%

풀이 알베도(Albedo)는 입사에너지에 대하여 반사되는 에너지를 의미한다. 지구 지표의 알베도는 약 31% 정도이고, 지표와 대기에서 흡수되는 양은 약 69% 정도이다.

10 기후변화 관련 국제협약이 시대순으로 옳게 나열된 것은?

① 유엔기후변화협약 → 교토의정서 → 발리 행동계획 → 칸쿤 합의
② 교토의정서 → 유엔기후변화협약 → 칸쿤 합의 → 발리 행동계획
③ 교토의정서 → 칸쿤 합의 → 발리 행동계획 → 유엔기후변화협약
④ 유엔기후변화협약 → 칸쿤 합의 → 교토의정서 → 발리 행동계획

풀이
- 유엔기후변화협약(1992년 브라질 리우데자네이루)
- 교토의정서(1997년 일본 교토)
- 발리 행동계획(2007년 인도네시아 발리)
- 칸쿤 합의(2010년 멕시코 칸쿤)

11 지구의 복사 균형이 변하게 되는 주요 3가지 요인으로 거리가 먼 것은?

① 태양복사 입사량의 변화
② 지하 화석연료 개발의 변화
③ 지구에서 외부로 되돌아가는 장파 복사의 변화
④ Albedo의 변화

풀이 지구 복사 균형의 변화 요인
㉠ 태양복사 입사량의 변화
  - 지구궤도 변화
  - 태양 자체의 변화
㉡ 태양복사가 반사되는 비율(Albedo)의 변화
  - 운량의 변화
  - 대기입자의 변화
  - 식생의 변화
㉢ 지구에서 외부로 돌아가는 장파(적외선) 복사의 변화
  - 온실가스 농도의 변화

12 우리나라 안면도에서 1999~2008년까지 측정하여 분석된 이산화탄소 배출 특성과 거리가 먼 것은?(단, 전 지구적인 농도값은 마우나로아에서의 측정값 기준)

① 계절별로 진폭은 다르지만 뚜렷한 일변동 특성을 보이는 경향이 있다.
② 일변동 폭은 여름에 아주 크고, 겨울에 아주 낮다.
③ 우리나라는 전 지구적인 이산화탄소 농도증가율보다 높은 편이다.
④ 일변동 최고농도가 나타나는 시간은 15~17시 사이이다.

풀이 1999년부터 2009년까지 CO_2의 일변동 최고농도가 나타나는 시간은 약 7~10시 사이이다.

13 아산화질소 0.1톤, 메탄 1톤, 이산화탄소 10톤을 이산화탄소 상당량 톤(tCO_2-eq)으로 환산하면? [단, 아산화질소(N_2O)와 메탄(CH_4)의 GWP는 각각 310, 21이다.]

① 52 ② 53
③ 62 ④ 152

풀이 이산화탄소 상당량 톤(tCO_2-eq)
$= CO_2 + CH_4 + N_2O$
$= 10\,ton + (1\,ton \times 21) + (0.1\,ton \times 310)$
$= 62\,ton\ CO_2-eq$

14 선진국과 개도국이 모두 참여하는 Post-2012 체제 구축을 합의한 회의는 무엇인가?

① 제18차 당사국총회(도하 총회)
② 제17차 당사국총회(더반 총회)
③ 제15차 당사국총회(코펜하겐 총회)
④ 제13차 당사국총회(발리 총회)

풀이 2012년 인도네시아 발리에서 2012년 이후 선진국·개도국의 의무감축 부담에 대한 논의가 활발히 이루어졌다.

15 한반도 기후변화 시나리오 산출단계 순서로 가장 적합한 것은?

㉠ 온실가스 배출시나리오
㉡ 온실가스 농도에 따른 복사 강제력
㉢ 전 지구 기후변화 시나리오
㉣ 한반도 기후변화 시나리오
㉤ 영향 평가 및 적응 전략 마련

① ㉠ → ㉡ → ㉢ → ㉣ → ㉤
② ㉢ → ㉡ → ㉣ → ㉠ → ㉤
③ ㉢ → ㉣ → ㉡ → ㉠ → ㉤
④ ㉡ → ㉠ → ㉣ → ㉢ → ㉤

풀이 한반도 기후변화 시나리오 산출단계
㉠ 온실가스 배출시나리오
㉡ 온실가스 농도에 따른 복사 강제력
㉢ 전 지구 기후변화 시나리오
㉣ 한반도 기후변화 시나리오
㉤ 영향 평가 및 적응 전략 마련

16 대기의 연직구조 중 대류권에 관한 설명으로 옳지 않은 것은?

① 눈, 비 등의 기상현상이 일어난다.
② 고도가 올라갈수록 기온은 낮아진다.
③ 고도가 1km 상승함에 따라 온도는 약 6.5℃ 비율로 감소한다.
④ 일반적으로 고위도 지방이 저위도 지방에 비해 대류권의 고도가 높다.

풀이 대류권은 지표로부터 평균 11~12km까지의 높이이며 극지방으로 갈수록 낮아진다. 즉, 고위도 지방이 저위도 지방에 비해 대류권의 고도가 낮다.

17 ISO 국제표준(ISO 14064) 지침 원칙이 배출량 산정보고서와 관련하여 충족해야 하는 4가지 조건과 거리가 먼 것은?

① 완전성   ② 추가성
③ 정확성   ④ 일관성

풀이 ISO 국제표준(ISO 14064) 배출량 산정보고서의 4가지 충족조건
㉠ 완전성(Completeness)
  • 모든 정량화 범위 및 원칙과 온실가스 배출/흡수에 대한 설명이 포함되어야 한다.
  • 어떠한 예외라도 보고되고 정당성이 증명되어야 한다.
  • 모든 정보는 선언된 경계, 범위, 기간 그리고 보고의 목적으로 구성된 양식을 갖추어야 한다.
㉡ 일관성(Consistency)
  • 온실가스 배출/흡수는 시간에 따라 비교 가능하여야 한다.
  • 보고 기준의 변화와 그로 인한 결과의 변화는 명확히 지적되고 해명되어야 한다.
㉢ 정확성(Accuracy)
  • 온실가스의 정량화는 실제 배출/흡수의 초과도, 미만도 아님을 보증해야 한다.
  • 불확실성은 정량화되고 감소되어야 한다.
㉣ 투명성(Transparency)
  • 정보는 명확하고, 사실에 입각하여 정기적으로 제공되어야 한다.
  • 온실가스 자료정보는 확인·검증 가능한 양식으로 취득, 기록, 변환, 분석, 문서화되어야 한다.

18 온실가스 목표관리제에 관한 설명으로 옳은 것은?

① 목표관리 대상기간은 2년 단위이다.
② 발전과 철도는 BAU 대비 총량제한으로 한정한다.
③ 목표설정방식은 과거실적 기반 및 벤치마크 기반 2단계로 구분한다.

정답 14 ④ 15 ① 16 ④ 17 ② 18 ③

④ 기준 연도 배출량의 시간기준은 관리업체로 최초 지정된 해의 직전 연도를 포함한 5년간 연평균 배출량으로 설정한다.

풀이 ① 목표관리 대상기간은 차년도 목표(1년 단위)만 협의·설정한다.
② 부문별 관장기관은 국제적 동향, 국가 온실가스 감축목표 관리와의 연계성, 국가 온실가스 감축효과 및 기여도, 전력수급계획 등을 종합적으로 고려하여 필요하다고 인정되는 발전, 철도부문에 대해서는 환경부장관과 협의하여 다른 방식으로 목표를 설정할 수 있다.
④ 목표관리를 위한 기준 연도는 관리업체가 지정된 연도의 직전 3개년으로 하며, 이 기간의 연평균 온실가스 배출량을 기준 연도 배출량으로 한다.

19 다음 온실가스 배출기업 중 연간 온난화 기여도가 가장 큰 기업은?(단, 그 밖에 배출하는 온난화 유발물질은 없다고 가정)

① 이산화탄소를 평균 24,000톤/월 배출하는 기업
② 메탄가스를 평균 1,200톤/월 배출하는 기업
③ 아산화질소를 평균 78톤/월 배출하는 기업
④ 육불화황을 평균 1톤/월 배출하는 기업

풀이 연간 온난화 기여도
㉠ CO_2 : 24,000ton/월×12월/년=288,000ton/년
㉡ CH_4 : 1,200ton/월×12월/년×21
    =302,400ton/년
㉢ N_2O : 78ton/월×12월/년×310=24,180ton/년
㉣ SF_6 : 1ton/월×12월/년×23,900
    =286,800ton/년

20 기후변화에 의한 잠재적인 영향과 잔여영향에 관한 설명으로 가장 적합한 것은?

① 잠재적인 영향은 적응을 고려할 경우 나타나는 기후변화로 인한 영향을 의미하며, 잔여영향은 적응으로 회피될 수 있는 영향 부분을 포함한 영향을 말한다.
② 잠재적인 영향은 적응을 고려할 경우 나타나는 기후변화로 인한 영향을 의미하며, 잔여영향은 적응으로 회피될 수 있는 영향 부분을 제외한 영향을 말한다.
③ 잠재적인 영향은 적응을 고려하지 않을 경우 나타나는 기후변화로 인한 영향을 의미하며, 잔여영향은 적응으로 회피될 수 있는 영향 부분을 포함한 영향을 말한다.
④ 잠재적인 영향은 적응을 고려하지 않을 경우 나타나는 기후변화로 인한 영향을 의미하며 잔여영향은 적응으로 회피될 수 있는 영향 부분을 제외한 영향을 말한다.

풀이 잠재적인 영향이란 적응을 고려하지 않았을 경우 예측되는 기후변화영향을 의미하고, 잔여영향이란 적응이 이루어진 이후에 예측되는 기후변화영향, 즉 적응으로 회피될 수 있는 영향 부분을 제외한 영향을 의미한다.

2과목 온실가스 배출원 파악

21 석회석을 탈탄산시켜서 제조하는 것은?(단, 온실가스 배출권거래제의 배출량보고 및 인증에 관한 지침 기준)

① 생석회   ② 소석회
③ 수산화칼슘   ④ 탄산마그네슘

풀이 탈탄산 반응(생석회 생산 공정)
석회석을 생석회로 전환하는 과정
$CaCO_3 \rightarrow CaO + CO_2$

22 전자산업 생산과정에서 사용되는 불소화합물 중 전환되어 생성된 물질이 아닌 것은?

① CH_4 ② CF_4
③ C_2F_6 ④ C_3F_8

[풀이] 전자산업 생산과정에서 사용되는 불소화합물 중 일부분은 부산물인 CF_4, C_2F_6, CHF_3, C_3H_8로 전환되기도 한다.

23 다음 ( ) 안에 옳은 내용은?(단, 온실가스 배출권거래제의 배출량보고 및 인증에 관한 지침 기준)

CVD법에 의한 화학반응의 종류로는 ( )이 대표적인데, 이것은 반응이 기판표면에서 일어나 양질의 박막을 얻기 위한 필수적인 반응이다.

① 산화반응 ② 환원반응
③ 이종반응 ④ 축합반응

[풀이] 화학기상증착법(CVD)의 화학반응 중 이종반응(Heterogeneous Reaction)이 대표적으로 반응이 기판표면에서 일어나 양질의 박막을 얻기 위한 필수적인 반응이다.

24 하·폐수처리 및 배출의 보고대상 배출시설이 아닌 것은?(단, 온실가스 배출권거래제의 배출량보고 및 인증에 관한 지침 기준)

① 오수처리시설 ② 공공폐수처리시설
③ 분뇨처리시설 ④ 부숙토처리시설

[풀이] 하·폐수처리 및 배출의 보고대상
- 가축분뇨공공처리시설
- 공공폐수처리시설
- 공공하수처리시설
- 분뇨처리시설
- 기타 하·폐수처리시설

25 고정연소시설에 사용하는 연료 중 천연가스의 일반적인 주성분은?(단, 온실가스·에너지 목표관리 운영 등에 관한 지침 기준)

① 메탄 ② 부탄
③ 프로판 ④ 에탄

[풀이] 천연가스는 탄소 1개와 수소로 이루어진 메탄이 주성분이며 탄소가 7개 또는 그 이상의 탄화수소로 포함된 혼합물이다.

26 유리 생산 공정 중 융해 공정에서 CO_2를 배출하는 주요 원료(첨가제)와 가장 거리가 먼 것은? (단, 온실가스 배출권거래제의 배출량 보고 및 인증에 관한 지침 기준)

① 생석회 ② 소다회
③ 백운석 ④ 석회석

[풀이] 융해 공정 중 CO_2를 배출하는 주요 원료는 석회석($CaCO_3$), 백운석[$CaMg(CO_3)_2$] 및 소다회(Na_2CO_3)이다. 이러한 광물들이 유리 생산에 사용되기 위해 채굴되는 과정에서도 CO_2가 배출된다. 또 다른 CO_2 배출 유리 원료로는 탄산바륨($BaCO_3$), 골회(Bone ash), 탄산칼륨(K_2CO_3) 및 탄산스트론튬($SrCO_3$)이 있다.

27 다음은 온실가스 배출권거래제의 배출량 보고 및 인증에 관한 지침상 철강 생산공정의 어떤 공정(시설)을 설명한 것인가?

아크로와 유도로로 구분하며, 아크로는 주로 대용량의 연강 및 고합금강의 제조에 사용되고, 유도로는 주로 고급 특수강이나 주물을 주조하는 데 사용한다.

① 주물로 ② 전기로
③ 소성로 ④ 특수로

[풀이] 전기로(전기아크로)
㉠ 전기로는 크게 나누어 아크로(Arc Furance)와 유도로(Induction Furance)가 있으며, 아크로는 주로 대용량의 연강(Mild Steel) 및 고합금강의 제조에 사용되고, 유도로는 주로 고급 특수강이나 주물을 주조하는 데 사용된다.
㉡ 아크로는 전기양도체인 전극(탄소봉)에 전류를 통하여 고철과 전극 사이에 발생하는 Arc열을 이용하여 고철 등 내용물을 산화정련하며, 산화정련 후 환원성의 광재로 환원정련함으로써 탈산·탈황작업을 하게 된다.

정답 23 ③ 24 ④ 25 ① 26 ① 27 ②

28 HCFC-22 생산과정에서 부산물 형태로 배출되는 온실가스는?(단, 온실가스 목표관리 운영 등에 관한 지침 기준)

① SH_6
② $HCF-12$
③ $HCF-23$
④ N_2O

풀이 CFC 대체물질인 HCFC-22는 생산과정에서 HFC-23을 부산물 형태로 배출하며 HFC-23을 포함한 HFCs, PFCs, SF_6 등 불소화합물들은 액체세정공정에서 잘 제거되지 않고 대기 중으로 배출된다.

29 석유화학산업 중 에틸렌 생산공정 최적 실용화 기술(BAT) 플랜트 설계에서의 최적기술에 관한 설명이 옳지 않은 것은?

① 모든 장치와 파이프 시스템의 누출을 최소화한다.
② 배출가스의 안전한 처리를 위해 탄화수소 Flare 포집 시스템을 설치한다.
③ 에너지의 단계적 사용, 회수율 극대화, 에너지 소모량 감소 등 매우 효율적인 에너지 재생 시스템을 적용한다.
④ 플랜트 내에서 스팀의 재사용과 재처리에 의한 폐열을 최대화하기 위한 기술을 적용한다.

풀이 플랜트 내에서 스팀의 재사용과 재처리에 의한 폐열을 최소화하기 위한 기술을 적용한다.

30 암모니아 생산공정-수증기개질법의 1차 개질에서 생산되는 중간물질과 가장 거리가 먼 것은?

① 이산화탄소 ② 산소
③ 수소   ④ 메탄

풀이 암모니아 생산공정-수증기 1차 개질
고온의 과열수증기와 혼합된 납사 또는 천연가스를 니켈 촉매를 이용하여 분해하여 CO_2, H_2, CH_4를 생산한다.

31 온실가스 배출권거래제의 배출량 보고 및 인증에 관한 지침상 "기체, 액체 혹은 고체 상태의 원료화합물을 반응기 내에 공급하여 기관 표면에서의 화학적 반응을 유도함으로써 반도체 기판 위에 고체 반응 생성물인 박막층을 형성하는 공정"으로 전자산업, 특히 반도체공정에 주로 이용하는 공정은?

① 식각공정   ② 화학기상 증착공정
③ 성형공정   ④ 세정공정

풀이 화학기상 증착공정
반도체공정에 주로 이용되는 화학기상 증착법(CVD)은 기체, 액체 혹은 고체 상태의 원료화합물을 반응기 내에 공급하여 기관 표면에서의 화학적 반응을 유도함으로써 반도체 기판 위에 고체 반응 생성물인 박막층을 형성하는 공정이다.

32 온실가스 배출권거래제의 배출량 보고 및 인증에 관한 지침상 카바이드에 관한 설명으로 옳지 않은 것은?

① 일반적으로 칼륨의 탄소화합물인 탄산칼륨을 말한다.
② 공업적으로 생석회나 코크스, 무연탄 등의 탄소를 전기로 속에서 가열하여 제조한다.
③ 아세틸렌의 원료로 사용된다.
④ 카바이드 생산공정에서 CO_2가 발생한다.

풀이 카바이드는 일반적으로 칼슘의 탄소화합물인 탄화칼슘(CaC_2)이라 한다.

33 고형 폐기물 매립시설에서 매립시설별 유형별 메탄보정계수가 적절한 것은?

① 관리형 매립지(혐기성) - 0.8
② 관리형 매립지(준호기성) - 0.5
③ 비관리형 매립지(매립고 5m 이상) - 0.6
④ 비관리형 매립지(매립고 5m 미만) - 0.3

풀이 매립시설별 유형별 메탄보정계수(MCF)

매립시설 유형	MCF 기본값
관리형 매립지-혐기성	1.0
관리형 매립지-준호기성	0.5
비관리형 매립지-매립고 5m 이상	0.8
비관리형 매립지-매립고 5m 미만	0.4
기타	0.6

34 아연제련 생산공정으로 가장 거리가 먼 것은? (단, 온실가스 배출권거래제의 배출량 보고 및 인증에 관한 지침 기준)

① 배소공정　　② 황산제조공정
③ 결합공정　　④ 주조공정

풀이 아연제련 생산공정
- 배소공정
- 황산제조공정
- 용해공정
- 주조공정

35 최적가용기술(BAT) 개발 시 고려 요소와 가장 거리가 먼 것은?(단, 온실가스 목표관리 운영 등에 관한 지침 기준)

① 환경피해를 방지함으로써 얻을 수 있는 이익이 최적가용기술을 적용하는 데 필요한 비용보다 커야 한다.
② 폐기물의 발생을 적게 하고 폐기물 회수와 재사용 등을 촉진할 수 있는지 여부를 고려하여야 한다.
③ 기술의 진보와 과학의 발전을 고려한다.
④ 실증된 기술이라도 파일롯 규모인 경우는 원칙적으로 최적가용기술 범위에서 제외하여 고려한다.

풀이 최적가용기술(BAT) 개발 시 고려 요소
- 환경피해를 방지함으로써 얻을 수 있는 이익이 최적가용기술(BAT)을 적용하는 데 필요한 비용보다 커야 한다.
- 기존 및 신규공장에 최적가용기술을 설치하는 데 필요한 시간을 고려한다.
- 폐기물의 발생을 적게 하고 폐기물 회수와 재사용 등을 촉진할 수 있는지 여부를 고려하여야 한다.
- 관련 법률에 따른 환경규제, 인·허가 등이 해당 기술을 적용하는 데 상당한 제약이 발생하는지 여부를 고려하여야 한다.
- 기술의 진보와 과학의 발전을 고려한다.
- 온실가스와 기타 오염물질의 통합감축을 촉진하여야 한다.

36 온실가스 배출권거래제의 배출량 보고 및 인증에 관한 지침상 다음 연료에 해당하는 것은?

> 열분해(Pyrolysis, 고온으로 암석을 가열하는 것으로 구성되는 처리)될 때, 다양한 고체 생성물과 함께, 탄화수소를 산출하는 상당한 양의 고체 유기물을 포함하는 무기(Inorganic), 비다공성(Non-porous) 암석을 말한다.

① 유모혈암(Oil Shale)
② 역청암(Tar Sands)
③ 갈탄 연탄(Brown Coal Briquettes)
④ 점결탄(Coking Coal)

풀이 유모혈암(Oil Shale)
㉠ 열분해(Pyrolysis, 고온으로 암석을 가열하는 것으로 구성되는 처리)될 때, 다양한 고체 생성물과 함께, 탄화수소를 산출하는 상당한 양의 고체 유기물을 포함하는 무기(Inorganic), 비다공성(Non-porous) 암석을 말한다.
㉡ 석탄·석유가 산출되는 지역에 널리 분포하는 검회색 또는 갈색의 수성암이다.
㉢ 탄소·수소·질소·황으로 구성된 고분자 유기 화합물을 함유하며, 이것을 부순 다음 건류하면 석유를 얻을 수 있다.

37 하·폐수 처리 공정 중 질소, 인으로 대표되는 영양염류의 제거를 주목적으로 수행하는 처리 과정은?(단, 온실가스 배출권거래제의 배출량 보고 및 인증에 관한 지침 기준)

① 고도 처리　　② 2차 처리
③ 호기성 처리　　④ 열분해 처리

풀이 하·폐수 처리공정 중 고도 처리는 활성슬러지 등에 의한 2차 처리를 행한 후 부가적으로 수행되는 처리 과정으로 질소와 인으로 대표되는 영양염류의 제거를 목적으로 한다.

정답 34 ③　35 ④　36 ①　37 ①

38 아디프산 생산시설에 관한 내용 중 바르지 않은 것은?

① 아디프산[HOOC(CH$_2$)$_4$COOH]은 합성섬유, 코팅, 플라스틱, 우레탄 포말, 합성윤활유의 생산에 사용되는 백색의 액체이다.
② 국내 생산되는 아디프산의 대부분은 나일론 6.6을 생산하는 데 사용된다.
③ 아디프산 생산에 사용되는 기초원료는 시클로헥산이나 다른 공정의 부산물인 시클로헥사논을 사용하는 경우도 있다.
④ 아디프산 및 질산용액은 냉각되어 결정화기로 보내져서 아디프산 결정을 만든다.

풀이 아디프산은 합성섬유, 코팅, 플라스틱, 우레탄 포말, 합성윤활유의 생산에 사용되는 백색 결정의 고체이다.

39 고형 폐기물 매립시설 중 침출수가 매립시설에서 흘러 나가는 것을 방지하기 위해 매립시설의 바닥과 측면을 폐기물의 성질·상태, 매립높이, 지형조건 등을 고려하여 점토류 라이너 및 토목합성수지 라이너 등의 재질로 이루어진 차수시설을 설치·운영하는 것은?(단, 온실가스 배출권거래제의 배출량 보고 및 인증에 관한 지침 기준)

① 차단형 매립시설   ② 관리형 매립시설
③ 저류형 매립시설   ④ 차수형 매립시설

40 온실가스 배출권거래제의 배출량 보고 및 인증에 관한 지침상 이동연소(도로) 부문의 온실가스 배출량 산정 시 필요한 자료와 거리가 먼 것은?

① 연료의 열량계수
② 연료의 생산지
③ 연료의 사용량
④ 연료에 따른 온실가스의 배출계수

풀이 이동연소(도로) 온실가스 배출량 산정 관련식(Tier 1)
$$E_{i,j} = \sum (Q_i \times EC_i \times EF_{i,j} \times 10^{-6})$$

여기서, $E_{i,j}$: 연료(i)의 연소에 따른 온실가스(j)의 배출량(tGHG)
Q_i : 연료(i)의 연료소비량(KL-연료)
EC_i : 연료(i)의 열량계수(순발열량, MJ/L-연료)
$EF_{i,j}$: 연료(i)에 따른 온실가스(j)의 배출계수(kgGHG/TJ연료)
i : 연료 종류

3과목 온실가스 산정과 데이터 품질관리

41 관리업체가 고유배출계수(Tier 3)를 개발하여 활용할 경우 시료채취 및 분석의 최소주기기준에 관한 설명으로 옳지 않은 것은?

① 고체 화석연료는 월 1회 또는 연료 입하 시
② 액체 화석연료는 분기 1회 또는 연료 입하 시
③ 공정부생가스는 월 1회
④ 도시가스는 분기 1회

풀이 관리업체가 고유배출계수(Tier 3)를 개발하여 활용할 경우 도시가스의 시료채취 및 분석의 최소주기 기준은 반기 1회이다.

42 온실가스 배출권거래제의 배출량 보고 및 인증에 관한 지침상 폐기물 관련 부문 온실가스 배출원과 산정, 보고해야 하는 배출가스로 옳지 않은 것은?

① 매립된 폐기물의 분해과정 중 CO_2 발생
② 비생물계 기원 폐기물의 소각으로 인한 CO_2 발생
③ 하수슬러지의 혐기성 소화에 의한 CH_4 발생
④ 퇴비화로 인한 CH_4, N_2O 발생

풀이 매립지 내 산소의 공급이 없어지면서 혐기성 분해에 의한 CH_4 가스가 생성·배출된다. 이 과정에서 CO_2도 배출되나, 생물계 기원이 CO_2이므로 온실가스에서 제외한다.

정답 38 ① 39 ② 40 ② 41 ④ 42 ①

43 온실가스 배출권거래제의 배출량 보고 및 인증에 관한 지침에서 온실가스 배출량 산정 시 발열량에 관한 설명으로 옳지 않은 것은?

① 총발열량이란 연료의 연소과정에서 발생하는 수증기의 잠열을 포함한 발열량을 말한다.
② 1cal는 4.1868J이다.
③ MJ은 10^6 J이다.
④ Nm^3은 15℃, 1기압 상태의 체적을 말한다.

풀이 온실가스 배출량 산정 시 발열량에서 Nm^3는 0℃, 1기압 상태의 체적을 말한다.

44 온실가스 배출권거래제의 배출량 보고 및 인증에 관한 지침상 마그네슘 생산공정의 보고대상 배출시설이 아닌 것은?

① 배소로　　　② 전기로
③ 소성로　　　④ 주조로

풀이 마그네슘 생산공정의 보고대상 배출시설
　㉠ 배소로　　㉡ 소성로
　㉢ 용융·용해로　㉣ 주조로

45 다음은 온실가스 배출권거래제의 배출량 보고 및 인증에 관한 지침에서 이동연소(도로)에서 Tier 3 산정방법론을 적용하여 CH_4 및 N_2O 배출량 산정 시 요구되는 활동자료에 관한 설명이다. ( ) 안에 가장 적합한 것은?

차량의 종류, 사용 연료, 배출제어기술 등에 따른 각각의 ( )을/를 활동자료로 하고 측정 불확도 ±2.5% 이내의 활동자료를 활용한다.

① 주행거리　　　② 연료소비량
③ 운행횟수　　　④ 차량대수

풀이 이동연소(도로)에서 Tier 3 활동자료
　㉠ Tier 1 : 도로 또는 비도로 차량 운행을 위해 사용된 연료 종류별 사용량을 활동자료로 하고 사업자 혹은 연료공급자에 의해 측정된 측정 불확도 ±7.5% 이내의 연료사용량을 활용한다.
　㉡ Tier 2 : 도로 또는 비도로 차량 운행을 위해 사용된 연료 종류별 사용량을 활동자료로 하고 사업자 혹은 연료공급자에 의해 측정된 측정 불확도 ±5.0% 이내의 연료사용량을 활용한다.
　㉢ Tier 3 : 차량의 종류, 사용 연료, 배출제어기술 등에 따른 각각의 운행거리(주행거리)를 활동자료로 하고 측정 불확도 ±2.5% 이내의 활동자료를 활용한다.

46 온실가스 배출권거래제의 배출량 보고 및 인증에 관한 지침에서 연속측정방법의 배출량 산정방법 및 측정기기의 설치·관리 기준으로 옳지 않은 것은?

① 30분 배출량은 g 단위로 계산하며, 정수로 산정한다.
② 자동측정자료의 배출량 산정기준으로 월 배출량은 g 단위의 30분 배출량을 월 단위로 합산하고, ton 단위로 환산한 후, 소수점 이하는 반올림 처리하여 정수로 산정한다.
③ 비정상 측정자료는 정상자료 중 최근 30분 평균자료를 대체자료로 사용한다.
④ 가동중지 기간의 자료는 '0'으로 처리한다.

풀이 자동측정자료의 배출량 산정기준
　월 배출량은 g 단위의 30분 배출량을 월 단위로 합산하고, kg 단위로 환산한 후 소수점 이하는 버림 처리하여 정수로 산정한다.

47 온실가스 배출권거래제의 배출량 보고 및 인증에 관한 지침에서 조직경계 설정에 관한 설명으로 옳지 않은 것은?

① 조직경계는 온실가스 배출주체의 물리적 범위라고 할 수 있다.
② 통제접근법은 배출주체의 통제권자에게 배출책임을 부과한다.
③ 재정통제 접근법은 배출원을 관리·운영상의 경제적 위협과 보상의 분율에 따라 온실가스 배출량을 분배하는 방식이다.
④ 기업의 경우 지분할당접근법 및 통제접근법을 적용할 수 있다.

정답 43 ④　44 ②　45 ①　46 ②　47 ③

풀이 ③의 내용은 운영통제 접근법이다.

48 온실가스 배출권거래제의 배출량 보고 및 인증에 관한 지침에서 온실가스 소량배출사업장의 기준(tCO_2-eq)은?

① 3,000 미만
② 4,000 미만
③ 5,000 미만
④ 6,000 미만

풀이 온실가스 소량배출사업장 기준
기준기간 온실가스 배출량의 연평균 총량이 3,000 이산화탄소(tCO_2-eq) 미만인 사업장을 말한다.

49 온실가스 배출권거래제의 배출량 보고 및 인증에 관한 지침상 단위 배출시설의 배출량이 60만 tCO_2/년인 전력 사용시설에 대하여 외부에서 공급된 전기 사용에 따른 온실가스 간접배출을 산정하고자 한다. 산정방법론, 전력사용량, 배출계수에 대한 산정등급(Tier)이 옳게 나열된 것은?

① 산정방법론 Tier 1, 전력사용량 Tier 2, 배출계수 Tier 2
② 산정방법론 Tier 1, 전력사용량 Tier 2, 배출계수 Tier 3
③ 산정방법론 Tier 2, 전력사용량 Tier 3, 배출계수 Tier 3
④ 산정방법론 Tier 3, 전력사용량 Tier 3, 배출계수 Tier 3

풀이 ㉠ 시설규모 : 연간 50만 톤 이상으로 C그룹
㉡ 산정방법론 : Tier 1
㉢ 전력사용량 : Tier 2
㉣ 간접배출계수 : Tier 2

외부 전기 및 열(스팀) 사용에 따른 온실가스 간접배출

배출활동	산정방법론			외부에너지 사용량			순 발열량			간접 배출계수		
시설규모	A	B	C	A	B	C	A	B	C	A	B	C
11. 외부 전기 사용	1	1	1	2	2	2	–	–	–	2	2	2
12. 외부 열·증기 사용	1	1	1	2	2	2	–	–	–	3	3	3

50 온실가스 배출권거래제의 배출량 보고 및 인증에 관한 지침상 신설되는 배출시설의 시설규모 결정에 관한 내용으로 옳지 않은 것은?

① 신설되는 배출시설의 예상 온실가스 배출량을 계산하여 그 값에 따라 시설규모를 결정한다.
② 배출시설에서 여러 종류의 연료를 사용하는 경우 각 연료의 사용에 따른 배출량의 총합으로 배출시설규모 및 산정등급(Tier)을 결정해야 한다.
③ C그룹의 배출시설에서 초기가동·착화연료 등 소량으로 사용하는 보조연료의 배출량이 시설 총 배출량의 5% 미만이며 보조연료의 배출량 총합이 25,000tCO_2-eq 미만일 때 차하위 산정등급을 적용할 수 있다.
④ B그룹의 배출시설에서 초기가동·착화연료 등 소량으로 사용하는 보조연료의 배출량이 시설 총 배출량의 10% 미만이며 보조연료의 배출량 총합이 35,000tCO_2-eq 미만일 때 차하위 산정등급을 적용할 수 있다.

풀이 C그룹의 배출시설에서 초기가동·착화연료 등 소량으로 사용하는 보조연료의 배출량이 시설 총 배출량의 5% 미만일 경우 차하위 산정등급을 적용할 수 있다. 이때 차하위 산정등급을 적용하는 배출시설 보조연료의 배출량 총합은 25,000tCO_2-eq 미만이어야 한다.

51 ( ) 안에 들어갈 용어로 가장 적합한 것은?

(A)은/는 배출량 산정(명세서 작성 등) 과정에 직접적으로 관여하지 않은 사람에 의해 수행되는 검토 절차의 계획된 시스템을 의미하고, (B)은/는 배출량 산정결과의 품질을 평가 및 유지하기 위한 일상적인 기술적 활동의 시스템이다.

① A : 품질보증(Quality Assurance)
B : 품질관리(Quality Control)
② A : 품질관리(Quality Control)
B : 품질보증(Quality Assurance)
③ A : 현장검증, B : 리스크 분석
④ A : 리스크 분석, B : 현장검증

정답 48 ① 49 ① 50 ④ 51 ①

풀이 ㉠ 품질관리(QC) : 배출량 산정결과의 품질을 평가 및 유지하기 위한 일상적인 기술적 활동의 시스템이다.
㉡ 품질보증(QA) : 배출량 산정(명세서 작성 등) 과정에 직접적으로 관여하지 않은 사람에 의해 수행되는 검토 절차의 계획된 시스템이다.

52 석회공정에서는 고온에서 석회석을 가열하여 석회를 생산하는 과정 중 이산화탄소가 발생된다. 생산된 석회가 100톤이라고 할 때 배출되는 이산화탄소의 양은?(단, 생산된 석회 1톤당 배출계수 : 0.75톤CO_2)

① 0.75톤　　② 7.5톤
③ 75톤　　　④ 750톤

풀이 배출량 산정방법
[Tier 1~2]
$E_i = Q_i \times EF_i$
여기서, E_i : 석회(i) 생산으로 인한 CO_2 배출량(tCO_2)
Q_i : 석회(i) 생산량(ton)
EF_i : 석회(i) 생산량당 CO_2 배출계수(tCO_2/t-석회 생산량)
E_i(tCO_2) = 100ton × 0.75tonCO_2/t-석회 생산량
= 75ton

53 코크스로를 운영하고 있는 관리업체 A에서 유연탄 15만 톤을 사용하여 코크스 10만 톤을 생산하였다. 이때 Tier 1을 이용하여 온실가스 배출량을 산정할 경우 발생된 온실가스양은 몇 톤 CO_2-eq인가? (단, 공정배출계수는 CO_2 : 0.56 tCO_2/t코크스, CH_4 : 0.1gCH_4/t코크스)

① 56,000.21　　② 84,000.32
③ 140,000.53　　④ 266,000.00

풀이 공정배출계수(코크스 1ton당 온실가스 배출량)
• CO_2 배출량
= 100,000ton Coke × 0.56 + tCO_2/t코크스
= 56,000tCO_2-eq

• CH_4 배출량
= 100,000tonCoke × 0.1gCH_4/t코크스
× 10^{-6}ton/g × 21
= 0.21tCO_2-eq
• 발생 온실가스양(tCO_2-eq)
= 56,000 + 0.21 = 56,000.21tCO_2-eq

54 온실가스 배출권거래제의 배출량 보고 및 인증에 관한 지침에서 고체연료를 고정연소하는 배출시설이 Tier 2를 적용받을 경우 매개변수별 관리기준에 관한 설명으로 옳지 않은 것은?

① 활동자료는 사업자 또는 연료공급자에 의해 측정된 측정 불확도 ±2.5% 이내의 연료사용량 자료를 활용한다.
② 열량계수는 국가 고유 발열량값을 사용한다.
③ 배출계수는 국가 고유 배출계수를 사용한다.
④ 산화계수는 발전부문 0.99, 기타 부문 0.98을 적용한다.

풀이 고정연소(고체연료)가 Tier 2를 적용받을 경우 활동자료는 사업자 또는 연료공급자에 의해 측정된 측정 불확도 ±5.0% 이내의 연료사용량 자료를 활용한다.

55 온실가스 배출권거래제의 배출량 보고 및 인증에 관한 지침에서 연속측정방법에 의한 측정자료의 무효자료 선별기준으로 거리가 먼 것은?

① 정도검사 불합격 또는 미수검
② 배출시설이 가동 중지되었으나 측정자료가 생성되는 경우
③ 수치맺음이 정확하지 않아 유효숫자가 많은 경우
④ 측정기기 교정 중으로 동작불량, 전원단절 등의 상태표시가 된 자료

풀이 연속측정방법 측정자료의 무효자료 선별기준
• 정도검사 불합격 또는 미수검
• 측정자료에서 오동작 측정값으로 판단한 자료
• 정도검사・장비검사・테스트 실시로 온실가스 온도 또는 유량을 측정하지 못한 경우
• 측정기기(교정 중, 동작불량, 전원단절, 보수 중)

정답 52 ③　53 ①　54 ①　55 ③

및 전송기기(비정상, 전원단절) 등의 상태가 표시된 자료
- 환산 또는 보정식에 관계하는 온도 · 산소 · 수분 등의 측정값이 위 무효자료 선별기준에 따라 무효화 처리되어 온실가스의 기타 항목의 측정자료도 무효화되는 경우
- 배출시설의 가동 중지되어도 측정자료가 생성되는 경우
- 관리업체 등에서 부득이한 사유로 측정기기의 정상 측정이 중단된 경우

56 온실가스 배출권거래제의 배출량 보고 및 인증에 관한 지침에서 고정연소 배출량 산정 시 산화계수에 관한 설명으로 옳지 않은 것은?

① 고체연료, 기체연료, 액체연료 모두 Tier 1의 경우 1.0을 적용한다.
② 고체연료 중 발전부문 Tier 2의 경우 0.98을 적용한다.
③ 액체연료 Tier 2의 경우 0.99를 적용한다.
④ 기체연료 Tier 2의 경우 0.995를 적용한다.

풀이 고체연료 Tier 2의 산화계수는 발전부문에 0.99, 기타 부문에 0.98을 적용한다.

57 Scope 1과 Scope 2에 관한 설명으로 옳은 것은?

① 전기, 스팀 등의 구매에 의한 외부에서의 온실가스 배출은 Scope 1에 해당된다.
② 중간 생성물의 저장, 이송과정에서의 온실가스 배출은 Scope 2에 해당된다.
③ 배출원 관리 영역에 있는 차량운행을 통한 온실가스 배출은 Scope 2에 해당된다.
④ 화학반응을 통한 부산물로서의 온실가스 배출은 Scope 1에 해당된다.

풀이 ① 전기, 스팀 등의 구매에 의한 외부에서의 온실가스 배출은 Scope 2에 해당된다.
② 중간 생성물의 저장, 이송과정에서의 온실가스 배출은 Scope 1에 해당된다.
③ 배출원 관리 영역에 있는 차량운행을 통한 온실가스 배출은 Scope 1에 해당된다.

58 할당대상업체인 L시멘트사는 연간 180만 톤의 클링커를 생산하고 있고, 그 과정에서 시멘트킬른먼지(CKD)가 500톤 발생하나, L사는 백필터(Bag Filter)를 활용하여 유실된 CKD를 전량 회수하여 다시 킬른에 투입한다고 가정할 때 Tier 1을 이용한 온실가스 배출량(tCO₂/y)은?(단, 클링커생산량당 CO_2 배출계수는 0.51 tCO₂/t-클링커, 투입원료 중 기타 탄소성분에 기인하는 CO_2 배출계수는 0.01 tCO₂/t-클링커)

① 917,995
② 918,005
③ 936,000
④ 936,740

풀이 배출량 산정방법
[Tier 1~2]
$$E_i = (EF_i + EF_{toc}) \times (Q_i + Q_{CKD} \times F_{CKD})$$

여기서, E_i : 클링커(i) 생산에 따른 CO_2 배출량(tCO₂)
EF_i : 클링커(i) 생산량당 CO_2 배출계수 (tCO₂/t-clinker)
EF_{toc} : 투입원료(탄산염, 제강슬래그 등) 중 탄산염 성분이 아닌 기타 탄소성분에 기인하는 CO_2 배출계수(기본 값으로 0.010 tCO₂/t-clinker를 적용한다.)
Q_i : 클링커(i) 생산량(ton)
Q_{CKD} : 킬른에서 시멘트 킬른먼지(CKD)의 유실량(ton)
F_{CKD} : 킬른에서 유실된 시멘트 킬른먼지(CKD)의 하소율(%)

온실가스 배출량(tCO₂/year)
= (0.51tCO₂/t-클링커 + 0.01tCO₂/t-클링커)
  × (1,800,000ton + 0)
= 936,000tCO₂/year

59 온실가스 배출권거래제의 배출량 보고 및 인증에 관한 지침에서 구매한 연료 및 원료, 전력 및 열에너지를 정도검사를 받지 않은 내부측정기기를 이용하여 활동자료를 분배·결정하는 모니터링 유형은?

① A-1
② A-2
③ C-1
④ D-5

정답 56 ② 57 ④ 58 ③ 59 ③

풀이 모니터링 C-1 유형
ㄱ) 개요
- C-1 유형은 정도검사를 받지 않은 내부 측정기기를 이용하여 구매한 연료 및 원료, 전력 및 열에너지를 측정함으로써 활동자료를 분배·결정하는 방법이다.
- 사업장 총 사용량은 공급업체에서 제공된 연료 및 원료량을 바탕으로 하되 각 배출시설별로는 정도검사를 받지 않은 내부 측정기기의 측정값을 이용하여 활동자료를 분배·결정하는 방법이다.
- 이때 가능하다면 아래 예시와 같은 유형으로 산출한 활동자료값과 비교하여 큰 차이가 없어야 한다.

ㄴ) 도식

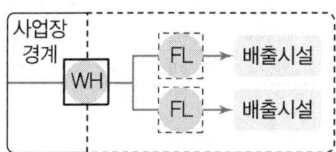

60 품질관리(QC) 활동 목적과 관련된 설명으로 틀린 것은?

① 자료의 무결성, 정확성 및 완전성을 보장하기 위한 일상적이고 일관적인 검사의 제공
② 오류 및 누락의 확인 및 설명
③ 배출량 산정자료의 문서화 및 보관, 모든 품질관리활동의 기록
④ 독립적인 제3자에 의한 검토

풀이 독립적인 제3자에 의해 산정절차 수행 이후 완성된 배출량 산정결과(명세서 등)에 대한 검토는 품질보증(QA) 활동에 해당된다.

4과목 온실가스 감축관리

61 다음 중 소규모 CDM 사업의 기준으로 가장 적절한 것은?

① 에너지 공급/수요 측면에서의 에너지 소비량을 최대 연간 30GWh(또는 상당분) 저감하는 에너지 절약 사업
② 에너지 공급/수요 측면에서의 에너지 소비량을 최대 연간 40GWh(또는 상당분) 저감하는 에너지 절약 사업
③ 에너지 공급/수요 측면에서의 에너지 소비량을 최대 연간 50GWh(또는 상당분) 저감하는 에너지 절약 사업
④ 에너지 공급/수요 측면에서의 에너지 소비량을 최대 연간 60GWh(또는 상당분) 저감하는 에너지 절약 사업

풀이 소규모 CDM 사업 기준
- 재생에너지 사업 : 최대 발전용량이 15MW(또는 상당분) 이하인 재생에너지 사업
- 에너지효율 향상 사업 : 연간 60GWh(또는 상당분) 이하의 에너지를 감축하는 에너지 효율 향상 사업
- 기타 온실가스 감축사업 : 연간 배출 감축량이 60만 $tonCO_2-eq$ 이하의 사업

62 온실가스 저감노력으로 인한 온실가스 저감량을 계산하는 비교기준으로서 온실가스 저감 해당 사업이 수행되지 않았을 경우의 배출량 및 흡수량에 대한 계산 또는 예측을 의미하는 것은?

① 시나리오
② 벤치마크
③ 베이스라인
④ 모니터링

정답 60 ④ 61 ④ 62 ③

63 보일러의 효율을 높여 온실가스 배출량을 줄이기 위한 방법으로 적합하지 않은 것은?

① 보일러에 공급되는 물을 예열한다.
② 연소를 위해 공급되는 공기를 예열한다.
③ 증기과열기를 연도에 설치한다.
④ 배기가스의 온도를 높게 유지한다.

풀이 온실가스 배출량을 줄이기 위해서는 배출가스 온도의 저하, 즉 온도를 낮게 유지한다.

64 청정개발체제(CDM)의 진행절차로 옳은 것은?

① 사업개발/계획 → 타당성 확인 및 정부승인 → 사업의 확인 및 등록 → 모니터링 → 검증 및 인증 → CERs 발행
② 사업개발/계획 → 타당성 확인 및 정부승인 → 모니터링 → 사업의 확인 및 등록 → 검증 및 인증 → CERs 발행
③ 사업개발/계획 → 타당성 확인 및 정부승인 → CERs 발행 → 사업의 확인 및 등록 → 모니터링 → 검증 및 인증
④ 사업개발/계획 → 타당성 확인 및 정부승인 → 모니터링 → 사업의 확인 및 등록 → CERs 발행 → 검증 및 인증

풀이 CDM 사업 추진 절차
  ㉠ 1단계 : 사업개발·계획(사업계획서 작성)
  ㉡ 2단계 : 타당성 확인 및 사업유치국의 정부 승인
  ㉢ 3단계 : 사업 확인 및 등록
  ㉣ 4단계 : 모니터링
  ㉤ 5단계 : 검증 및 인증
  ㉥ 6단계 : CERs 발행

65 온실가스 감축방법 중 직접 감축방법이 아닌 것은?

① 대체물질 및 대체공정 적용
② 신재생에너지 적용
③ 공정개선
④ 온실가스 활용

풀이 온실가스 직접 감축방법
  • 공정개선(대체물질 개발 및 대체공정 적용)
  • 원료 및 연료의 개선/대체
  • 온실가스 활용 및 전환
  • 온실가스 처리기술

66 다음 중 고온형 연료전지에 해당되는 것은?

① 고체산화물 연료전지
② 알칼리 연료전지
③ 인산염 연료전지
④ 고분자 전해질막 연료전지

풀이 전해질 종류에 따른 연료전지 특성

구분	알칼리 (AFC)	인산형 (PAFC)	용융탄산염 (MCFC)	고체산화물 (SOFC)	고분자전해질 (PEMFC)	직접메탄올 (DMFC)
전해질	알칼리	인산염	탄산염	세라믹	이온교환막	폴리머
촉매	Pt, Ni	Pt	Ni, Ni화합물	Ni/Zirconia Cement	Pt	Pt/Ru
연료	Hydrogen	LNG, Methanol	LNG	LNG	Hydrogen	Methanol
운전온도	100℃ (120℃) 이하	150~200℃ 250℃ 이하	600~ 700℃ 700℃ 이하	700~ 1,000℃ 1,200℃ 이하	85~100℃ 100℃ 이하	25~ 130℃ 40℃ 이하
효율	85%	70%	80%	85%	75%	40%
용도	우주발사체 전원	중형건물 (200kW)	중·대형 건물 (100kW~ 1MW)	소·중·대용량 발전 (1kW~ 1MW)	가정, 상업용 (1~10kW)	소형 이동용 (1kW 이하)

67 Non-CO_2 온실가스가 아닌 것은?

① CH_4 ② NO_2
③ HFCs   ④ SF_6

풀이 Non-CO_2 온실가스
  • CH_4
  • N_2O
  • PFCs
  • HFCs
  • SF_6

정답 63 ④ 64 ① 65 ② 66 ① 67 ②

68 다음은 CO_2 포집기술에 관한 내용이다. ( ) 안에 옳은 내용은?

> ( ) 공정은 CO_2를 포집하기 위하여 여러 성분이 혼합된 가스기류 중에서 목적 성분을 다른 성분보다 선택적으로 빠르게 통과시키는 소재를 이용하여 목적성분만을 분리하는 공정을 말한다.

① 막분리(Membrane)
② 흡착(Adsorption)
③ 저온냉각분리(Cryogenic Separation)
④ 건식 세정(Dry Scrubbing)

풀이 막분리법
CO_2를 포집하기 위하여 여러 성분이 혼합된 가스기류 중에서 목적성분을 다른 성분보다 선택적으로 빠르게 통과시키는 소재를 이용하여 목적성분만 분리하는 공정을 말한다.

69 강원도 원주시에 10MWh 규모의 태양광 발전소 개발을 검토 중에 있다. 사업의 타당성 조사를 실시한 결과, 태양광 발전소를 설치할 경우의 이용률은 20%로 추정되었으며, 해당 태양광 발전사업을 CDM 사업으로 추진하고자 한다. 이때 예상되는 연간 발전량에 따른 온실가스 감축량(tCO_2-eq/yr)은?(단, 사업에 따른 배출 및 누출은 없으며, 소규모 CDM 사업으로 가정하고 전력배출계수 0.6060 tCO_2-eq/MWh)

① 117,108
② 20,869
③ 18,834
④ 10,617

풀이 온실가스 감축량(tCO_2-eq/year)
= 시설규모 × 이용률 × 전력배출계수
= 10MWh × 0.2 × 0.6060 tCO_2-eq/MWh × 24hr/day × 365day/year
= 10,617.12 tCO_2-eq/year

70 화학산업에서 우선적으로 추진해야 할 온실가스 감축수단은 에너지 효율을 높이고 화학연료 사용을 최소화하는 것이다. 다음 중 에너지 효율 개선을 위해 적응할 수 있는 공정개선과 가장 거리가 먼 것은?

① 설비 및 기기효율의 개선
② 에너지 효율 제고를 위해 제조법의 전환 및 공정개발
③ 배출 에너지의 회수
④ 배출량 원단위 지수 개선

풀이 배출량 원단위 지수 개선은 에너지 효율개선보다는 화학연료 사용 최소화와 관련이 있다.

71 온실가스 배출권거래제의 배출량 보고 및 인증에 관한 지침에 있어 시멘트 생산 시 에너지 소비효율 개선을 위한 열에너지 감량요소와 가장 거리가 먼 것은?

① 원료의 특성에 따른 영향
② 시멘트 성분 중 클링커 함량의 감소화
③ 가스 바이패스 시스템의 영향
④ 가스화 효율의 영향

풀이 시멘트 생산 시 에너지 소비효율 개선을 위한 열에너지 감량요소
- 킬른 시스템
- 원료의 특성에 따른 영향
- 연료의 특성에 따른 영향
- 가스 바이패스 시스템의 영향
- 시멘트 성분 중 클링커 함량의 감소화

72 탄소 흡수원 중 산림의 특성에 관한 설명으로 틀린 것은?

① 식물체의 광합성과 호흡 작용은 기온에 따라 크게 영향을 받는다.
② 산림 바이오매스에는 낙엽 등의 고사유기물과 토양 내 탄소가 포함된다.
③ 농경지나 주거지 등을 확보하기 위하여 산림을 전용하는 경우 온실가스 배출원이 된다.

정답 68 ① 69 ④ 70 ④ 71 ④ 72 ②

④ 산불과 병충해와 같은 산림재해도 산림으로부터 온실가스를 배출하는 배출원이다.

풀이 산림바이오매스 에너지란 임산물과 임산물이 혼합된 원료(폐목재 포함)를 사용하여 생성된 에너지를 말한다.

73 A사의 온실가스 감축방법에 관한 내용 중 탄소상쇄로 옳은 것은?

① 외부로부터 탄소배출권 구매
② 운전조건을 개선시켜 온실가스 배출량 감축
③ 배출되는 온실가스를 재활용 또는 다른 목적으로 활용하여 온실가스 배출량 감축
④ 배출되는 온실가스를 처리하여 대기로의 온실가스 배출량 감축

풀이 기업이나 개인 등이 온실가스 배출량을 감축하기 위한 조치에도 불구하고 발생하는 온실가스 배출량의 일부 또는 전부를 외부로부터 탄소배출권으로 상쇄하는 것을 의미한다.

74 연소 전 포집기술에 대한 설명으로 ( )에 들어갈 말로 가장 맞게 짝지어진 것은?

연소 전 CO_2 포집기술이란 화석연료를 부분 산화시켜 (㉠)를 제조하고, 연이어 (㉡) 전이반응을 통해 합성가스를 수소와 이산화탄소로 전환한 후, 수소 또는 이산화탄소를 분리함으로써 굴뚝 배가스로 배출 전에 CO_2를 분리하는 기술을 말한다.

① ㉠ 합성가스, ㉡ 수성가스
② ㉠ 연소가스, ㉡ 수성가스
③ ㉠ 산화가스, ㉡ 혼합가스
④ ㉠ 합성가스, ㉡ 혼합가스

풀이 연소 전 포집기술
연소 전 기술은 석탄의 가스화(Gasification) 또는 천연가스의 개질반응(Reforming)에 의한 합성가스(주로 CO, CO_2, H_2)를 생산한 후 CO는 수성가스 전이반응을 통한 H_2와 CO_2로 전환한 후 CO_2를 포집하는 동시에 수소를 생산하는 방법이다.

75 CCS(Carbon Capture and Storage)에 대한 설명으로 틀린 것은?

① CO_2를 배출하는 모든 부분에 적용할 수 있으나, 특성상 CO_2 배출농도가 높고, 배출량이 많은 분야에 우선 적용이 가능하다.
② 화력발전소는 CO_2 배출밀도(시간당 배출량)가 높기 때문에 CO_2 회수·처리비용 및 기술 타당성에 있어서 적용이 적합하다.
③ CCS 기술은 발전소 및 각종 산업에서 발생하는 CO_2를 대기로 배출시키기 전에 고농도로 포집·압축·수송하여 안전하게 저장하는 기술이다.
④ CO_2 제거 측면에서 효율은 높지 않지만 반면에 처리비용이 저렴하다.

풀이 CCS는 CO_2 제거 측면에서 효율은 높지만 처리비용이 고가이다.

76 CDM 사업 추진 시 사업 참가자들(PPs)과 계약을 통해 타당성 평가 및 검·인증을 수행하는 CDM 관련 기관으로 가장 옳은 것은?

① DOE   ② DNA
③ MOP   ④ EA

풀이
• 정부승인서 발급 및 최종 타당성 확인 보고서 완료 후, 사업 참가자는 UNFCCC에 해당 사업의 등록을 요청하기 위하여 협약서를 작성하여 DOE에 제출한다.
• CDM 사업자는 일정기간 동안 사업에 의한 감축활동을 모니터링하고 그 결과를 모니터링 보고서로 정리, 작성하여 DOE에 검증을 의뢰하여야 한다.
• CDM 집행위원회는 DOE가 제출한 인증보고서를 접수하고 15일 이내에 CERs를 발급한다.

77 CCS 기술 중 CO_2 저장 기술의 구분으로 해당되지 않는 것은?

① 지중 저장   ② 해양 저장
③ 지표 저장   ④ 회수 저장

정답 73 ① 74 ① 75 ④ 76 ① 77 ④

풀이 CO_2 저장기술
  ㉠ 해양 저장
    • 심해 저장
    • 용해 · 희석 저장
  ㉡ 지중 저장
    • 대수층 저장
    • 유전 · 가스전 저장
    • 비채굴성 탄광 저장
    • 혈암(Shale) 저장
  ㉢ 지표 저장

78 우리나라에서 신재생에너지 중 "신에너지"와 가장 거리가 먼 것은?

① 연료전지
② 태양광에너지
③ 석탄액화가스화 에너지
④ 수소에너지

풀이 신재생에너지
  ㉠ 재생에너지 : 태양에너지, 풍력, 수력, 해양에너지, 지열에너지, 바이오에너지, 폐기물에너지
  ㉡ 신에너지 : 연료전지, 석탄 액화 · 가스화 에너지, 수소에너지

79 다음에서 설명하는 개념에 해당되는 용어로 가장 옳은 것은?

> 환경적, 기술적, 제도적, 경제적, 사회적 측면에서 고려되어야 하는 감축사업의 특성으로서, 인위적으로 온실가스를 저감하거나 에너지를 절약하기 위하여 일반적인 경영 여건에서 실시할 수 있는 활동 이상의 추가적인 노력을 말한다.

① 합목적성   ② 전문성
③ 추가성   ④ 공익성

풀이 추가성
  인위적으로 온살가스를 저감하기 위하여 일반적인 경영여건에서 실시할 수 있는 활동 이상의 추가적인 노력을 말한다.

80 Non-CO_2 온실가스인 PFCs의 주요 발생원과 가장 거리가 먼 것은?

① 금속 관련 산업(철강 산업)
② 카프로락탐 등을 생산하는 석유화학 공정
③ Halocarbons 생산 공정 및 사용공정
④ 전자회로나 반도체 생산 공정의 에칭공정이나 세정액으로 사용

풀이 석유화학산업에서 주로 발생하는 온실가스는 CO_2와 CH_4이다.

5과목 온실가스 관련 법규

81 온실가스 목표관리 운영 등에 관한 지침상 목표관리를 위한 기준연도 배출량 등에 관한 설명으로 옳은 것은?

① 목표관리를 위한 기준연도는 관리업체가 최초로 지정된 연도의 직전 5개년으로 하며, 이 기간의 연평균 온실가스 배출량을 기준연도 배출량으로 한다.
② 기준연도 기간 중 신 · 증설이 발생한 경우 해당 신 · 증설 시설의 기준연도 배출량은 최근 2개년 평균 또는 단년도 배출량으로 정할 수 있다.
③ 관리업체는 합병 · 분할 또는 영업 · 자산도 양수 등 권리와 의무의 승계 사유가 발생된 경우, 변경사유 발생 후 90일 이내에 제3자 검증이 완료되어, 수정된 명세서를 부문별 관장기관에게 제출하여야 한다.
④ 환경부장관은 기준연도 배출량이 재산정된 경우 변경사유 접수 60일 이내에 배출허용량 등 목표를 수정하여 관리업체 및 센터에 통보하여야 한다.

풀이 ① 목표관리를 위한 기준연도는 관리업체가 최초로 지정된 연도의 직전 3개년으로 하며, 이 기간의 연평균 온실가스 배출량을 기준연도 배출량으로 한다.

정답 78 ② 79 ③ 80 ② 81 ②

③ 관리업체는 합병·분할 또는 영업·자산양수도 등 권리와 의무의 승계사유가 발생된 경우, 변경사유 발생 후 60일 이내에 검증기관의 검증보고서를 첨부한 수정된 명세서를 부문별 관장기관에 제출하여야 한다.
④ 부문별 관장기관은 기준연도 배출량이 재산정된 경우 변경사유 접수 30일 이내에 배출허용량 등 목표를 수정하여 관리업체 및 센터에 통보하여야 한다.

82 온실가스 배출권의 할당 및 거래에 관한 법률상 할당대상업체는 인증받은 온실가스 배출량에 상응하는 배출권(종료된 이행연도의 배출권)을 주무관청에 이행연도 종료일부터 몇 개월 이내에 제출하여야 하는가?

① 3개월 이내
② 6개월 이내
③ 9개월 이내
④ 12개월 이내

풀이 배출권의 제출
할당대상업체는 이행연도 종료일로부터 6개월 이내에 대통령령으로 정하는 바에 따라 인증받은 온실가스 배출량에 상응하는 배출권(종료된 이행연도의 배출권을 말한다)을 주무관청에 제출하여야 한다.

83 탄소중립기본법상 국가와 지방자치단체의 책무와 거리가 먼 것은?

① 국가와 지방자치단체는 탄소중립사회로의 이행과 녹색성장의 추진 등 기후위기대응에 필요한 외부인력을 유치하여야 한다.
② 국가와 지방자치단체는 각종 계획의 수립과 사업의 집행과정에서 기후위기에 미치는 영향과 경제와 환경의 조화로운 발전 등을 종합적으로 고려하여야 한다.
③ 지방자치단체는 탄소중립 사회로의 이행과 녹색성장의 추진을 위한 대책을 수립·시행할 때 해당 지방자치단체의 지역적 특성과 여건 등을 고려하여야 한다.
④ 국가와 지방자치단체는 기후위기 대응 정책을 정기적으로 점검하여 이행성과를 평가하고, 국제협상의 동향과 주요 국가 및 지방자치단체의 정책을 분석하여 면밀한 대책을 마련하여야 한다.

풀이 국가와 지방자치단체의 책무(탄소중립기본법)
㉠ 국가와 지방자치단체는 경제·사회·교육·문화 등 모든 부문에 제3조에 따른 기본원칙이 반영될 수 있도록 노력하여야 하며, 관계 법령 개선과 재정투자, 시설 및 시스템 구축 등 제반 여건을 마련하여야 한다.
㉡ 국가와 지방자치단체는 각종 계획의 수립과 사업의 집행과정에서 기후위기에 미치는 영향과 경제와 환경의 조화로운 발전 등을 종합적으로 고려하여야 한다.
㉢ 지방자치단체는 탄소중립 사회로의 이행과 녹색성장의 추진을 위한 대책을 수립·시행할 때 해당 지방자치단체의 지역적 특성과 여건 등을 고려하여야 한다.
㉣ 국가와 지방자치단체는 기후위기 대응 정책을 정기적으로 점검하여 이행성과를 평가하고, 국제협상의 동향과 주요 국가 및 지방자치단체의 정책을 분석하여 면밀한 대책을 마련하여야 한다.
㉤ 국가와 지방자치단체는 「공공기관의 운영에 관한 법률」 제4조에 따른 공공기관과 사업자 및 국민이 온실가스를 효과적으로 감축하고 기후위기 적응역량을 강화할 수 있도록 필요한 조치를 강구하여야 한다.
㉥ 국가와 지방자치단체는 기후정의와 정의로운 전환의 원칙에 따라 기후위기로부터 국민의 안전과 재산을 보호하여야 한다.
㉦ 국가와 지방자치단체는 기후변화 현상에 대한 과학적 연구와 영향 예측 등을 추진하고, 국민과 사업자에게 관련 정보를 투명하게 제공하며, 이들이 의사결정 과정에 적극 참여하고 협력할 수 있도록 보장하여야 한다.
㉧ 국가와 지방자치단체는 탄소중립 사회로의 이행과 녹색성장의 추진을 위한 국제적 노력에 능동적으로 참여하고, 개발도상국에 대한 정책적·기술적·재정적 지원 등 기후위기 대응을 위한 국제협력을 적극 추진하여야 한다.
㉨ 국가와 지방자치단체는 탄소중립 사회로의 이행과 녹색성장의 추진 등 기후위기 대응에 필요한 전문인력의 양성에 노력하여야 한다.

정답 82 ② 83 ①

84 온실가스 배출권거래제 운영을 위한 검증지침상 "외부사업 사업자가 감축사업을 하지 않았을 경우 사업경계 내에서 발생 가능성이 가장 높은 조건을 고려한 온실가스 배출량"을 의미하는 용어는?

① 추가 배출량
② 부족 배출량
③ 베이스라인 배출량
④ 감축 배출량

풀이 베이스라인 배출량
외부사업 사업자가 감축사업을 하지 않았을 경우 사업경계 내에서 발생 가능성이 가장 높은 조건을 고려한 온실가스 배출량을 말한다.

85 온실가스 배출권거래제의 배출량 보고 및 인증에 관한 지침에 있어서 온실가스 배출시설의 배출량 규모에 따른 산정등급(Tier) 분류기준 중 B그룹에 해당되는 시설 기준은?

① 연간 10만 톤 이상, 연간 25만 톤 미만의 배출시설
② 연간 5만 톤 이상, 연간 25만 톤 미만의 배출시설
③ 연간 10만 톤 이상, 연간 50만 톤 미만의 배출시설
④ 연간 5만 톤 이상, 연간 50만 톤 미만의 배출시설

풀이 배출시설의 배출량 규모에 따른 산정등급(Tier) 분류기준
- A그룹(Tier 1)
  연간 5만 톤(tCO_2-eq) 미만의 배출시설
- B그룹(Tier 2)
  연간 5만 톤(tCO_2-eq) 이상, 연간 50만 톤(tCO_2-eq) 미만의 배출시설
- C그룹(Tier 3)
  연간 50만 톤(tCO_2-eq) 이상의 배출시설

86 공공부문 온실가스 목표관리 운영 등에 관한 지침상 환경부장관은 행정안전부장관, 산업통상자원부장관 및 국토교통부장관 등의 검토결과를 반영하여 공공부문 목표관리 이행결과 종합보고서를 작성하고, 언제까지 탄소중립위원회에 보고하여야 하는가?

① 매년 1월 31일까지
② 매년 3월 31일까지
③ 매년 6월 30일까지
④ 매년 12월 31일까지

풀이 환경부장관은 행정안전부장관, 산업통상자원부장관 및 국토교통부장관 등의 검토결과를 반영하여 공공부문 목표관리 이행결과 종합보고서를 작성하고, 매년 6월 30일까지 탄소중립위원회에 보고하여야 한다.(공공부문 온실가스 목표관리 운영 등에 관한 지침)

87 탄소중립기본법상 중장기 감축목표 등을 설정 또는 변경할 때에 고려사항과 거리가 먼 것은?

① 국가 신용도에 미치는 영향
② 국가 중장기 온실가스 배출·흡수 전망
③ 국가에너지 정책에 미치는 영향
④ 국제사회의 기후위기 대응 동향

풀이 중장기 감축목표 등을 설정 또는 변경 시 고려사항
① 국가 중장기 온실가스 배출·흡수 전망
② 국가비전 및 국가전략
③ 중장기 감축목표 등의 달성 가능성
④ 부문별 온실가스 배출 및 감축 기여도
⑤ 국가 에너지정책에 미치는 영향
⑥ 국내 산업, 특히 화석연료 의존도가 높은 업종 및 지역에 미치는 영향
⑦ 국가재정에 미치는 영향
⑧ 온실가스 감축 등 관련 기술 전망
⑨ 국제사회의 기후위기 대응 동향

정답 84 ③　85 ④　86 ③　87 ①

88 탄소중립기본법상 순환경제의 활성화를 위해 시책 수립·시행 시 포함사항이 아닌 것은?

① 제조공정에서 사용되는 원료·연료 등의 순환성 강화에 관한 사항
② 지속 가능한 제품 사용기반 구축 및 이용 확대에 관한 사항
③ 녹색기술·녹색산업의 사업추진체계 및 재원조달 방안에 관한 사항
④ 폐기물의 선별·재활용체계 및 재제조산업의 활성화에 관한 사항

[풀이] 순환경제의 활성화를 위해 시책 수립·시행 시 포함사항
  ㉠ 제조공정에서 사용되는 원료·연료 등의 순환성 강화에 관한 사항
  ㉡ 지속 가능한 제품 사용기반 구축 및 이용 확대에 관한 사항

89 온실가스 배출권의 할당 및 거래에 관한 법률상 주무관청은 매 계획기간 시작 몇 개월 전까지 배출권 할당 대상 업체를 지정·고시하여야 하는가?

① 1개월   ② 3개월
③ 5개월   ④ 6개월

[풀이] 대통령령으로 정하는 중앙행정기관의 장은 매 계획기간 시작 5개월 전까지 배출권 할당대상업체로 지정·고시한다.

90 2050 탄소중립 녹색성장위원회에서 심의·의결 사항이 아닌 것은?

① 탄소중립 사회로의 이행과 녹색성장의 추진을 위한 정책의 기본방향에 관한 사항
② 지방자치단체 녹색성장 책임관 지정에 관한 사항
③ 국가비전 및 중장기감축목표 등의 설정 등에 관한 사항
④ 국가기본계획의 수립·변경에 관한 사항

[풀이] 2050 탄소중립 녹색성장위원회 심의·의결 사항
  ㉠ 탄소중립 사회로의 이행과 녹색성장의 추진을 위한 정책의 기본방향에 관한 사항
  ㉡ 국가비전 및 중장기감축목표 등의 설정 등에 관한 사항
  ㉢ 국가전략의 수립·변경에 관한 사항
  ㉣ 이행현황의 점검에 관한 사항
  ㉤ 국가기본계획의 수립·변경에 관한 사항
  ㉥ 국가기본계획, 시·도계획 및 시·군·구계획의 점검 결과 및 개선의견 제시에 관한 사항
  ㉦ 국가 기후위기 적응대책의 수립·변경 및 점검에 관한 사항
  ㉧ 탄소중립 사회로의 이행과 녹색성장에 관련된 법·제도에 관한 사항
  ㉨ 탄소중립 사회로의 이행과 녹색성장의 추진을 위한 재원의 배분방향 및 효율적 사용에 관한 사항
  ㉩ 탄소중립 사회로의 이행과 녹색성장에 관련된 연구개발, 인력양성 및 산업육성에 관한 사항
  ㉪ 탄소중립 사회로의 이행과 녹색성장에 관련된 국민 이해 증진 및 홍보·소통에 관한 사항
  ㉫ 탄소중립 사회로의 이행과 녹색성장에 관련된 국제협력에 관한 사항
  ㉬ 다른 법률에서 위원회의 심의를 거치도록 한 사항
  ㉭ 그 밖에 위원장이 온실가스 감축, 기후위기 적응, 정의로운 전환 및 녹색성장과 관련하여 필요하다고 인정하는 사항

91 신에너지 및 재생에너지 개발·이용·보급 촉진법상 산업통상자원부장관은 관계중앙행정기관의 장과 협의한 후 신·재생에너지정책심의회의 심의를 거친 신·재생에너지의 기술개발 및 이용·보급을 촉진하기 위한 기본계획을 몇 년마다 수립하여야 하는가?

① 1년   ② 5년
③ 10년   ④ 20년

[풀이] 기본계획을 5년마다 수립하여야 하며 기본계획의 계획기간은 10년 이상으로 한다.

정답 88 ③ 89 ③ 90 ② 91 ②

92 온실가스 배출권거래제의 배출량 보고 및 인증에 관한 지침에서 산정등급(Tier) 분류 체계 중 굴뚝자동측정기기 등 배출가스 연속측정방법을 활용한 배출량 산정 방법론에 해당되는 것은?

① Tier 1　　　② Tier 2
③ Tier 3　　　④ Tier 4

93 온실가스 목표관리 운영 등에 관한 지침에 있어서 관리업체는 관장기관의 지정·고시에 이의가 있을 경우 고시된 날로부터 며칠 이내에 관장기관에게 이의를 신청할 수 있는가?

① 15일 이내　　　② 20일 이내
③ 25일 이내　　　④ 30일 이내

풀이 관리업체는 관장기관의 지정·고시에 이의가 있는 경우 고시된 날부터 30일 이내에 소명자료를 작성하여 지정·고시한 부분별 관장기관에게 이의를 신청할 수 있다.

94 탄소중립기본법령에서 사용하는 용어의 뜻으로 옳지 않은 것은?

① "탄소중립"이란 대기 중에 배출·방출 또는 누출되는 온실가스의 양에서 온실가스흡수의 양을 상쇄한순배출량이 영(零)이 되는 상태를 말한다.
② "온실가스"란 적외선 복사열을 흡수하거나 재방출하여 온실효과를 유발하는 대기 중의 가스 상태의 물질로서 이산화탄소(CO_2), 메탄(CH_4), 아산화질소(N_2O), 수소불화탄소(HFCs), 과불화탄소(PFCs), 육불화황(SF_6) 및 그 밖에 대통령령으로 정하는 물질을 말한다.
③ "녹색경제"란 기후변화의 심각성을 인식하고 에너지를 절약하여 온실가스와 오염물질의 발생을 최소화하는 경영을 말한다.
④ "온실가스 흡수"란 토지이용, 토지이용의 변화 및 임업활동 등에 의하여 대기로부터 온실가스가 제거되는 것을 말한다.

풀이 녹색경제(탄소중립기본법)
화학에너지의 사용을 단계적으로 축소하고 녹색기술과 녹색산업을 육성함으로써 국가경쟁력을 강화하고 지속 가능 발전을 추구하는 경제를 말한다.

95 온실가스 배출권의 할당 및 거래에 관한 법령상 배출권 거래소의 업무가 아닌 것은?

① 배출권 거래시장의 개설·운영
② 배출권거래중개회사의 등록 취소에 관한 업무
③ 배출권의 매매(경매를 포함한다.) 및 청산 결제
④ 불공정거래에 관한 심리 및 회원의 감리

풀이 배출권 거래소의 업무
㉠ 배출권 거래시장의 개설·운영
㉡ 배출권의 매매(경매를 포함한다) 및 청산 결제
㉢ 불공정거래에 관한 심리 및 회원의 감리
㉣ 배출권의 매매와 관련된 분쟁의 자율조정(당사자가 신청하는 경우만 해당한다)
㉤ 그 밖에 배출권 거래소의 장이 필요하다고 인정하여 법에 따른 운영규정으로 정하는 업무

96 온실가스 배출권 거래제하에서 배출권 할당위원회에 관한 내용으로 틀린 것은?

① 기획재정부에 할당위원회를 둔다.
② 할당계획에 관한 사항을 심의·조정한다.
③ 위원장 1명과 20명 이내의 위원으로 구성된다.
④ 위원의 임기는 1년으로 하며 한 차례 연임할 수 있다.

풀이 배출권 할당위원회 위원의 임기는 2년으로 하며 한 차례만 연임할 수 있다.

97 탄소중립기본법 시행령상 정부가 녹색기술·녹색산업 집적지 및 단지를 조성하게 할 수 있는 대통령령으로 정하는 기관 또는 단체가 아닌 것은?

① 「교통안전공단법」에 따른 교통안전공단
② 「에너지이용합리화법」에 따른 한국에너지공단

정답　92 ④　93 ④　94 ③　95 ②　96 ④　97 ②

③ 「고등교육법」에 따른 대학 · 산업대학 · 전문대학 및 기술대학
④ 「한국환경산업기술원법」에 따른 한국환경산업기술원

풀이 녹색기술 · 녹색산업 집적지 및 단지조성사업 추진기관
㉠ 「산업기술단지 지원에 관한 특례법」에 따른 사업시행자
㉡ 「산업집적활성화 및 공장설립에 관한 법률」에 따른 한국산업단지공단
㉢ 「특정연구기관 육성법」에 따른 특정연구기관 및 공동관리기구
㉣ 「고등교육법」에 따른 대학 · 산업대학 · 전문대학 및 기술대학
㉤ 과학기술분야 정부출연연구기관
㉥ 「민법」 및 「공익법인의 설립 · 운영에 관한 법률」에 따라 미래창조과학부장관의 허가를 받아 설립된 한국산업기술진흥협회
㉦ 「한국환경공단법」에 따른 한국환경공단
㉧ 「환경기술 및 환경산업 지원법」에 따른 한국환경산업기술원
㉨ 「한국교통안전공단법」에 따른 한국교통안전공단
㉩ 「산업입지 및 개발에 관한 법률」에 따른 산업단지개발사업의 시행자
㉪ 「중소기업진흥에 관한 법률」에 따른 중소벤처기업진흥공단

98 온실가스 목표관리 운영 등에 관한 지침상 관리업체의 부문별 관장기관 구분 중 산업 · 발전 분야의 관장기관은?
① 산업통상자원부　② 환경부
③ 국토교통부　　　④ 기획재정부

풀이 부문별 관련 기관의 소관업무(목표관리제)
㉠ 농림축산식품부 : 농업 · 임업 · 축산 · 식품 분야
㉡ 산업통상자원부 : 산업 · 발전(發電) 분야
㉢ 환경부 : 폐기물 분야
㉣ 국토교통부 : 건물 · 교통 분야(해운 · 항만 분야는 제외한다) 건설 분야
㉤ 해양수산부 : 해양 · 수산 · 해운 · 항만

99 다음은 온실가스 배출권 거래제하에서 배출량의 보고 및 검증에 관한 내용이다. ( ) 안에 옳은 내용은?

배출권 할당대상업체는 ( )에 대통령령으로 정하는 바에 따라 해당 이행연도에 그 업체가 실제 배출한 온실가스 배출량을 측정 · 보고 · 검증이 가능한 방식으로 작성한 명세서를 주무관청에 보고하여야 한다.

① 매 이행연도 종료일로부터 1개월 이내
② 매 이행연도 종료일로부터 2개월 이내
③ 매 이행연도 종료일로부터 3개월 이내
④ 매 이행연도 종료일로부터 6개월 이내

풀이 할당대상업체는 매 이행연도 종료일부터 3개월 이내에 대통령령으로 정하는 바에 따라 해당 이행연도에 자신의 모든 사업장에서 실제 배출된 온실가스 배출량에 대하여 배출량 산정계획서를 기준으로 명세서를 작성하여 주무관청에 보고하여야 한다.

100 탄소중립기본법령상에 온실가스 감축목표의 설정 · 관리 및 권리와 의무의 승계에 관하여 총괄 · 조정 기능을 수행하는 자는?
① 국토교통부장관
② 환경부장관
③ 기획재정부장관
④ 산업통상자원부장관

풀이 환경부장관은 온실가스 감축목표의 설정 · 관리 및 권리와 의무의 승계에 관하여 총괄 · 조정 기능을 수행한다.

정답　98 ①　99 ③　100 ②

SECTION 16　2024년 3회 CBT 복원·예상문제

1과목　기후변화의 이해

01 기후변화와 관련된 복사법칙 중 "주어진 온도에서 이론상 최대에너지를 복사하는 가상적인 물체를 흑체라 할 때 흑체복사를 하는 물체에서 방출되는 복사에너지는 절대온도(K)의 4승에 비례한다."는 법칙은?

① 알베도의 법칙　　② 플랑크의 법칙
③ 빈의 변위법칙　　④ 스테판볼츠만의 법칙

풀이 스테판−볼츠만의 법칙(Stefan−Boltzmann's Law)
㉠ 정의 : 복사에너지 중 파장에 대한 에너지 강도가 최대가 되는 파장과 흑체의 표면온도의 관계를 나타내는 법칙. 즉, 흑체복사를 하는 물체에서 방출되는 복사강도는 그 물체의 절대온도의 4승에 비례한다.
㉡ 관련식 : 흑체 표면의 단위면적으로부터 단위시간에 방출되는 전파장의 복사에너지의 양(흑체의 전복사도) E는 흑체의 절대온도 4승에 비례한다.
$$E = \sigma T^4$$
여기서, E : 흑체 단위표면적에서 복사되는 에너지
T : 흑체의 표면 절대 온도
σ : 스테판−볼츠만 상수
$(5.67 \times 10^{-8} \text{W/m}^2 \cdot \text{K}^4)$

02 기후변화가 우리나라 각 부문에 미치는 영향으로 가장 거리가 먼 것은?

① 생태계 부문에서는 남해안 식생이 아열대로 변화
② 생태계 부문에서는 쌀 수량이 남부와 중부에서는 감소하는 반면, 북부지역에서는 증가
③ 생태계 부문에서는 서해안에서 냉수성 어종이 증가
④ 농·축산 부문에서는 맥류의 안전재배지대 북상 및 수량 증가

풀이 기후변화로 우리나라 생태계 부문 중 서해안에서 냉수성 어종의 감소가 나타난다.

03 다음 중 온실가스이면서 대기 중에 가장 저농도로 존재하는 것은?

① 아산화질소　　② 메탄
③ 육불화황　　　④ 아르곤

풀이 대기 중 농도
- 아산화질소(N_2O) : 0.05~0.33ppm
- 메탄(CH_4) : 1.5~1.7ppm
- 육불화황(SF_6) : 약 6.5ppt
- 아르곤(Ar) : 0.93%

04 다음 중 지구의 기후시스템을 구성하고 있는 권역이 아닌 것은?

① 대기권　　② 수권
③ 우주권　　④ 지권

풀이 우리가 살고 있는 지구의 기후시스템은 대기권, 수권(빙권), 지권, 생물권 등으로 구성되어 있으며, 각 권역의 내부 혹은 권역 간 복잡한 물리과정이 서로 얽혀 현재의 기후를 유지한다. 지구기후시스템의 기원은 태양 복사에너지이다.

05 국가 기후변화 적응대책을 7개 부문별 적응대책과 3개 적응기반 대책으로 분류할 때, 다음 중 적응기반 대책에 해당하지 않는 분야는?

① 기후변화감시예측 분야
② 적응산업/에너지 분야
③ 교육·홍보·국제협력 분야
④ 해양수산업 분야

정답　01 ④　02 ③　03 ③　04 ③　05 ④

풀이 (1) 부문별 적응대책
  ㉠ 건강 : 폭염·대기오염 등으로부터 국민 생명 보호
  ㉡ 재난/재해 : 방재·사회기반 강화를 통한 피해 최소화
  ㉢ 농업 : 기후 친화형 농업생산체제로 전환
  ㉣ 산림 : 산림 건강성 향상 및 산림재해 저감
  ㉤ 해양/수산업 : 안정적 수산식량자원 확보 및 피해 최소화
  ㉥ 물관리 : 기후변화로부터 안전한 물관리체계 구축
  ㉦ 생태계 : 보호·복원을 통한 생물다양성 확보
(2) 적응기반 대책
  ㉠ 기후변화 감시 및 예측 : 적응 기초자료 제공 및 불확실성 최소화
  ㉡ 적응산업/에너지 : 기후변화 적응 신사업·유망사업 발굴
  ㉢ 교육·홍보 및 국제협력 : 대내·외 적응 소통 강화

06 유엔 기후변화협약(UNFCCC)과 관련된 기구가 아닌 것은?

① COP(Conference of the Parties)
② SBI(Subsidiary Body for Implementation)
③ CST(Committee on Science and Technology)
④ SBSTA(Subsidiary Body for Scientific and Technological Advice)

풀이 기후변화협약 관련 기구 및 역할
(1) 당사국 총회(COP ; Conference of Parties)
  ㉠ UNFCCC 최고 의사결정기구
  ㉡ 협약의 진행을 전반적으로 검토하기 위해 일년에 한 번 모임
(2) 부속기구(Subsidiary Bodies)
  ㉠ 과학기술자문부속기구 SBSTA(Subsidiary Body for Scientific and Technological Advice)
    • 국가보고서 및 배출통계방법론
    • 기술개발 및 기술이전에 관한 실무 수행
  ㉡ 이행(집행)보조기구 SBI(Subsidiary Body for Implementation)
    • 협약 이행 관련 사항 및 국가보고서 및 배출통계자료 검토
    • 행정 및 재정 관리

07 부문별 관장기관이 생성한 국가 온실가스 배출통계를 최종확정하기까지의 절차를 순서대로 옳게 나열한 것은?

ㄱ. 통계청 및 외부전문가 검증
ㄴ. 국가 온실가스종합정부센터 검증
ㄷ. 부문별 관장기관 산정결과 수정
ㄹ. 국가 온실가스 통계관리위원회 확정

① ㄴ → ㄱ → ㄷ → ㄹ
② ㄴ → ㄷ → ㄹ → ㄱ
③ ㄴ → ㄹ → ㄷ → ㄱ
④ ㄱ → ㄴ → ㄹ → ㄷ

풀이 국가 온실가스 배출통계 최종 확정절차 순서
① 국가 온실가스종합정보센터 검증
② 통계청 및 외부전문가 검증
③ 부문별 관장기관 산정결과 수정
④ 국가 온실가스 통계관리위원회 확정

08 기후변화 시나리오 예측을 위한 기후모델에 관한 설명으로 옳지 않은 것은?

① 지구의 기후시스템은 대기권, 수권, 빙권, 지권 및 생물권으로 구성된다.
② 구성요소들 간의 물리과정, 상호작용, 에너지, 물 및 물질순환을 이룬다.
③ 기후과정 외에 인위적인 영향은 배제된다.
④ 기후시스템은 비선형성에 의한 카오스적인 특성을 나타낼 것으로 알려졌다.

풀이 기후변화는 기후과정(자연적 원인)과 인위적 요인에 의해 영향을 받는다.

09 기후변화와 관련된 다음 설명 중 옳은 것으로만 나열된 것은?

> ㄱ. 기후변화는 인위적 요인에 의한 변화만을 의미한다.
> ㄴ. 킬링 곡선은 지구온도 상승과 이산화탄소 농도 간의 관계를 보여준다.
> ㄷ. 지난 100년간 우리나라의 기온 상승폭이 전 지구 수준의 상승폭보다 크다.
> ㄹ. 가뭄 및 홍수에 물관리시설을 확충정비하는 정책은 기후변화 적응대책에 해당하지 않는다.

① ㄱ, ㄷ   ② ㄴ, ㄷ
③ ㄴ, ㄹ   ④ ㄱ, ㄹ

풀이
- 기후변화는 자연적 요인과 인위적 요인에 의한 변화를 의미한다.
- 가뭄 및 홍수에 물관리시설을 확충정비하는 정책도 기후변화 적응대책에 해당된다.

10 우리나라는 국무총리실에서 범정부 기후변화 대책기구가 구성되면서 제1~4차까지 기후변화 종합대책을 수립하였는데 이 중 기후변화협약 이행기반 구축, 부문별 온실가스 감축, 기후변화 적응기반 구축 등 3대 부문 91개 과제를 담고, 처음으로 기후변화 적응문제에 관심을 표명한 것은 제 몇 차 기후변화 종합대책에 해당하는가?

① 제1차(1999~2001)   ② 제2차(2002~2004)
③ 제3차(2005~2007)   ④ 제4차(2008~2012)

풀이 제3차 종합대책은 크게 3가지 분야로 구분되는데 협약 이행 기반구축사업, 분야별 온실가스 감축사업, 기후변화적응 기반구축사업으로 분류되면서 제1·2차 계획에 포함되어 있지 않은 적응에 대한 계획 수립이 특징적이라고 할 수 있다.

11 온실가스에 관한 내용으로 거리가 먼 것은?

① 온실가스의 복사 강제력은 다른 기후 강제력에 비해 그 크기와 불확실성이 작다.
② 1999~2008년 동안 이산화탄소 농도의 일변동 폭은 여름철이 겨울철보다 크게 나타난다.
③ 메탄의 농도는 산업혁명 이후 급격하게 증가하여 1990년대 후반부터 증가 속도가 둔화되고 있으나 3차 산업의 발달로 2007년에는 전 지구적인 평균농도가 150ppb 정도로 산업화 이전과 유사한 농도를 나타낸다.
④ 온실가스는 대기 중에 체류하는 시간이 길고 비교적 잘 혼합된다.

풀이 메탄(CH_4)의 지표 부근 대기 중 농도(지표 부근 배경농도)가 약 1.5ppm 정도이고, 매년 0.9%씩 증가한다.

12 다음 탄소배출권의 종류에 관한 설명으로 옳지 않은 것은?

① AAU : 교토의정서 Annex 1 국가들에게 할당된 온실가스 배출권
② ERU : EU ETS하에서의 북미 국가들에게 할당된 배출권
③ CER : 선진국과 개도국 간의 CDM을 통해서 발생되는 배출권
④ RMU : 교토의정서에 명시된 토지 이용, 토지 이용 변화 및 산림활동에 대한 온실가스 흡수원 관련 배출권

풀이 탄소배출권의 종류

거래단위	메커니즘	1차 이행 기간 중 활용한도	이월(Banking) 한도
AAU (Assigned Amount Unit)	부속서 B국가에 대한 교토의정서의 할당량	한도 없음	한도 없음
ERU (Emission Reduction Unit)	선진국 간 공동이행(JI)에 의해 발생한 배출권	한도 없음	구매국 할당량의 2.5%
CER (Certified Emission Reduction)	선진국과 개도국 간 청정개발체제(CDM)에 의해 발생한 배출권	흡수원 사업에 따른 CER의 경우 구매국 할당량의 1%	구매국 할당량의 2.5%
RMU (Removal Unit)	부속서 B국가의 흡수원 감축량에 대해 발행된 배출권	(토지 이용, 토지 이용 변화 및 산림을 통한) 산림경영에 대한 RMU의 경우 국가별로 한도 설정	이월 불가능

정답 09 ② 10 ③ 11 ③ 12 ②

13 이산화탄소에 관한 설명으로 옳지 않은 것은?

① 하와이 마우나로아에서 처음으로 관측했다.
② 여름에 낮고 겨울에 높은 경향을 나타낸다.
③ 우리나라 대표농도는 안면도 기후변화 감시센터에서 측정한 자료이다.
④ 전 세계적으로 매년 8ppm씩 증가한다.

풀이 전 세계적으로 CO_2는 연간 2ppm씩 증가한다.

14 "기후변화에 대한 정부 간 패널(IPCC)"의 실행그룹 중 기후변화의 영향평가와 적응 및 취약성 분야의 역할을 담당하는 그룹명은?

① Working Group 1
② Working Group 2
③ Working Group 3
④ Task Force

풀이 IPCC 3개의 실행그룹 및 담당분야
- Working Group 1(제1실무그룹) : 기후변화 과학분야
- Working Group 2(제2실무그룹) : 기후변화 영향평가, 적응 및 취약성 분야
- Working Group 3(제3실무그룹) : 배출량 완화, 사회경제적 비용 · 편익분석 등 정책분야

15 지구 기후변화의 자연적인 관련 요인으로 가장 거리가 먼 것은?

① 가축의 증가
② 지구의 태양 순환 주기
③ 해양 해류 흐름의 변화
④ 몬순 현상

풀이 가축의 증가는 인위적 온실가스 배출 관련 요인이다.

16 청정개발체제사업에서 배출권의 투명성과 신뢰성 있는 관리를 위하여 구성 · 운영하는 기구와 거리가 먼 것은?

① 적응기금(Adaptation Fund)
② 운영기구(Designated Operation Entity)
③ 집행이사회(Executive Board)
④ 국가승인기구(Designated National Authority)

풀이 청정개발체제의 관련기구
- 교토의정서 당사국회의(COP/MOP)
- 집행이사회(EB)
- 운영기구(DOE)
- 국가승인기구(DNA)

17 기후변화의 취약성과 영향에 관한 설명으로 가장 거리가 먼 것은?

① 기후변화의 영향이 높고 적응력이 낮은 경우 사회시스템의 기후변화 취약성은 높다고 볼 수 있다.
② 기후변화의 영향이 높고 적응력이 높을 경우 사회시스템은 발전의 기회를 가질 수 있다.
③ 기후변화에 대한 영향과 적응력이 모두 낮을 경우 사회시스템은 잔여위험을 가질 수 있다.
④ 기후변화의 영향이 낮고 적응력이 높을 경우 사회시스템은 지속 가능한 발전을 하지 못한다.

풀이 기후변화의 영향이 낮고 적응력이 높을 경우 사회시스템은 지속 가능한 발전을 한다.

18 다음 온실가스의 지구온난화지수(GWP)로 옳지 않은 것은?

① $CO_2 - 1$
② $CH_4 - 21$
③ $N_2O - 130$
④ $SF_6 - 23,900$

풀이 온실가스의 지구온난화지수(GWP)
- CO_2 : 1
- CH_4 : 21
- N_2O : 310
- SF_6 : 23,900

정답 13 ④ 14 ② 15 ① 16 ① 17 ④ 18 ③

19 기후변화협약의 주요 내용으로 거리가 먼 것은?

① 온실가스 배출원 및 흡수원 목록을 포함하는 국가 보고서 작성 및 제출의무는 선진국에만 적용된다.
② 공통의 그러나 차별화된 책임의 원칙이 적용된다.
③ 모든 당사국은 과학 및 조사·연구 등 국제협력을 위해 노력해야 한다.
④ 개도국의 특수한 사정을 배려한다.

풀이 기후변화협약의 선진국과 개발도상국의 공통공약 사항
- 몬트리올 협정에 적용되지 않는 모든 온실가스에 대한 배출원 및 흡수원 인벤토리를 개발하고, 주기적으로 갱신 공표하며 당사국 총회에서 활용할 수 있도록 한다.
- 기후변화를 완화하기 위한 국가 및 지역의 프로그램을 구축, 실행 및 공표해야 한다.(국가전략 수립 및 국가보고서 작성, 제출)
- 에너지, 운송, 산업, 농업, 산림 및 폐기물 등 모든 분야에서 온실가스 감축기술 및 공정의 개발, 적용, 확산 및 이전이 증진되도록 한다.
- 온실가스 흡수원(바이오매스, 산림, 해양 및 생태계)이 보호되고 향상되도록 지속가능한 관리가 증진되도록 한다.
- 기후시스템 및 변화에 관련된 과학적·기술적·사회경제적 및 법률적 정보를 신속·개방적 교환이 이루어질 수 있도록 공동으로 노력한다.

20 다음 중 지자체 기후변화 적응대책 수립을 위한 일반적인 행동요령으로 가장 거리가 먼 것은?

① 지역 내 기후변화에 관심이 많은 영향력 있는 인물 탐색
② 적응전담조직의 명확한 임무 설정
③ 기후변화가 지역에 미치는 영향을 지속적으로 관찰
④ 정성적보다 정량적인 취약성 평가 수행

풀이 지자체 기후변화 적응대책은 정량적보다 정성적인 취약성 평가를 수행한다.

2과목 온실가스 배출원 파악

21 대체 연료인 바이오 에탄올에 관한 내용으로 틀린 것은?(단, 온실가스 배출권거래제의 배출량 보고 및 인증에 관한 지침 기준)

① 가솔린 옥탄가를 높이는 첨가제로 사용한다.
② 연소율이 높고 오염물질 발생이 적은 장점이 있다.
③ 추출 가능한 원재료가 제한적이라는 단점이 있다.
④ 기존 첨가제인 MTBE를 대체하는 용도로 사용한다.

풀이 바이오에탄올과 바이오디젤 비교

구분	바이오에탄올	바이오디젤
추출	녹말(전분) 작물에서 포도당을 얻은 뒤 발효시켜 얻음 (사탕수수, 밀, 옥수수, 감자, 보리, 고구마)	유지작물에서 식물성 기름을 추출하여 얻음(팜유, 폐식용유, 유채유, 콩)
활용	• 가솔린의 옥탄가를 높이는 첨가제로 주로 사용 • 기존 첨가제인 MTBE를 대체용도로 사용	• 석유계 디젤과 혼합하여 사용 • 선진국 : 바이오디젤을 10~20% 섞은 혼합형태로 유통
장점	• 이론적으로 모든 식물이 원료로 가능 • 연소율이 높음 • 오염물질의 발생이 적음	비교적 단기간 내에 보급의 확대 가능
단점	곡물 가격이 높음(저렴한 원료를 선정하는 것이 중요)	추출 가능한 원재료가 제한적
사용지역	미국, 중남미 등 주요 곡물 수출국	유럽, 미국, 동남아시아

22 석유정제시설에서의 온실가스 공정배출원, 온실가스 종류 및 배출원인에 관한 설명 중 바르지 않은 것은?

① 수소제조시설에서 수증기와 접촉반응에 의하여 약 70% 순도의 수소를 제조하고, 높은 순도의 수소를 제조하는 과정에서 CO_2가 주로 배출된다.
② 촉매재생기에서 코크스를 환원 제거하는 과정에서 CO_2가 주로 배출된다.
③ 코크스 시설 지연코킹법에서는 고정연소 배출 외 공정 내에서의 CO_2 배출은 없다.

정답 19 ① 20 ④ 21 ③ 22 ②

④ 코크스 시설 유체코킹법과 플렉시코킹법에서는 코크스 버너에서 코크스가 산화되면 CO_2가 배출된다.

풀이 석유정제시설에서의 온실가스 공정배출원, 온실가스 종류 및 배출원인

배출공정	온실가스	배출원인
수소 제조시설	CO_2	수증기와의 접촉반응에 의해서 약 70% 순도의 수소를 제조하고, PSA 공정을 거쳐 불순물을 제거함으로써 높은 순도의 수소를 제조하는 과정에서 CO_2가 주로 배출됨
촉매 재생시설		촉매재생기에서 코크스를 산화 제거하는 과정에서 CO_2가 주로 배출됨 $C + O_2 \rightarrow CO_2$
코크스 제조시설		지연코킹법에서는 고정연소배출 외의 공정 내에서의 CO_2 배출은 없으나, 유체코킹법과 플렉시코킹법에서는 코크스 버너에서 코크스가 산화되면 CO_2가 배출됨

23 다음 중 합금철 생산공정에서 온실가스의 주된 배출시설은?(단, 온실가스 배출권거래제의 배출량 보고 및 인증에 관한 지침 기준)

① 전로　　　　② 배소로
③ 소결로　　　④ 용융·용해로

풀이 합금철 생산공정의 보고대상 배출시설
  • 전로
  • 전기로

24 관리형 매립시설의 주요시설이 아닌 것은?

① 저류구조물
② 우수집 배수시설
③ 매립가스 처리시설
④ 침출수 이동시설

풀이 주요시설은 기초지반, 저류구조물, 차수시설, 우수집 배수시설, 침출수집 배수시설, 침출수 처리시설, 매립가스 처리시설 등이다.

25 온실가스 배출권거래제의 배출량 보고 및 인증에 관한 지침상 암모니아 생산시설의 순서로 알맞은 것은?

① 나프타 탈황 → 가스전환 → 나프타 개질 → 암모니아 합성 → 가스정제
② 나프타 개질 → 가스전환 → 가스정제 → 암모니아 합성 → 나프타 탈황
③ 암모니아 합성 → 나프타 탈황 → 나프타 개질 → 가스전환 → 가스정제
④ 나프타 탈황 → 나프타 개질 → 가스전환 → 가스정제 → 암모니아 합성

26 액체연료 중 잔사유에 관한 설명으로 틀린 것은?(단, 온실가스 배출권거래제의 배출량 보고 및 인증에 관한 지침 기준)

① 유틸리티, 산업시설 그리고 대형 상업용의 정교한 연소설비가 있는 곳에 주로 사용한다.
② 중질의 잔사유는 증류유보다 점성도가 더 크고 휘발성이 높아 취급이 어렵다.
③ 중질의 잔사유는 적절한 분사를 하기 위하여 가열하여야 한다.
④ 원유에서 경질유분을 제거한 후 만들기 때문에 상당량의 회분과 질소, 유황을 함유한다.

풀이 액체연료 중 중질의 잔사유는 증류유보다 점성이 크고 휘발성이 적기 때문에 취급을 용이하게 한다.

27 전자산업 배출시설에 관한 내용 중 바르지 않은 것은?

① 산이나 알칼리 용액에 어떤 제품을 표현처리하기 위하여 담그거나 원료 및 제품을 중화시키는 시설을 식각시설이라 한다.
② 식각시설의 대표적인 것으로서 전자산업에서의 화학약품을 사용하여 금속표면을 부분적 또는 전면적으로 용해 제거하는 부식(식각)시설이 있다.

정답 23 ① 24 ④ 25 ④ 26 ③ 27 ④

③ 반도체 공정에 주로 이용되는 화학기상증착법(CVD)은 기체, 액체 혹은 고체상태의 원료화합물을 반응기 내에 공급하여 기판 표면에서의 화학적 반응을 유도함으로써 반도체 기판 위에 고체 반응생성물인 박막층을 형성하는 공정이다.
④ CVD는 공정 중의 반응기의 진공도에 따라 대기압 화학기상증착(APCVD)과 가압 화학기상증착(LPCVD)으로 나뉜다.

풀이 CVD는 공정 중의 반응기의 진공도에 따라 대기압 화학기상증착(APCVD)과 감압 화학기상증착(LPCVD)으로 나뉜다.

28 시멘트를 생산하는 공정 중에서 다량의 온실가스를 발생하는 시설(공정)로 옳은 것은?(단, 온실가스 배출권거래제의 배출량 보고 및 인증에 관한 지침 기준)

① 가스회수시설
② 소성시설
③ 접촉 재질시설
④ 세척시설

풀이 시멘트 생산 공정 중 소성시설에서 전체 온실가스 배출량의 90%가 배출되는데, 이 가운데 약 60%가 공정배출이며, 30%는 소성로 킬른 내 가열연료 사용에 따른 배출이다.

29 아연생산의 보고대상 배출시설이 아닌 것은?

① 배소로
② 용융·용해로
③ 기타 제련공정(TSL 등)
④ 전기로

풀이 아연생산의 보고대상 배출시설
  ㉠ 배소로
  ㉡ 용융·용해로
  ㉢ 전해로
  ㉣ 기타 제련공정(TSL 등)

30 이동오염원의 탄소배출량 저감방법으로 거리가 먼 것은?

① 공기역학기술 적용차량 보급
② 바이오 연료사용
③ 에코드라이빙 교육
④ 단거리 물류운송 차량의 대형화

풀이 ④ 장거리 물류운송 차량의 대형화

31 고형 폐기물의 생물학적 처리 구분으로 틀린 것은?(단, 온실가스 배출권거래제의 배출량 보고 및 인증에 관한 지침 기준)

① 퇴비화
② 고도처리
③ 유기 폐기물의 혐기성 소화
④ 폐기물의 기계-생물학적(MB) 처리

풀이 고평폐기물의 생물학적 처리
  • 퇴비화   • 혐기성소화   • MB 처리

32 질소 생산의 최적 실용화 기술(BAT)이 아닌 것은?

① 산화촉매 반응
② 산화 반응의 최적화
③ 산화촉매의 대체
④ 반응챔버의 축소를 이용한 N_2O 분해

풀이 ④ 반응챔버의 확장을 이용한 N_2O 분해

33 연소시설의 에너지 효율 증대 및 온실가스 배출량 저감을 위한 기술에 대한 설명 중 틀린 것은?

① 배기가스 폐열의 활용
② 가압가스의 에너지 회복을 위한 팽창 터빈의 사용
③ 배출가스 온도의 저하로 인한 배기가스에서의 낮은 CO 농도
④ 잉여공기의 증가를 통한 배기가스 유량의 증가

정답 28 ② 29 ④ 30 ④ 31 ② 32 ④ 33 ④

풀이 연소시설의 에너지 효율 증대 및 온실가스 배출량 저감을 위한 주요 연소기술
- 석탄 및 갈탄의 예비건조, 석탄 가스화 기술
- 바이오매스 및 토탄 등의 예비건조, 바이오매스의 가스화
- 바이오매스 연료 관련 바크 프레싱(Bark Pressing)
- 기체연료 연소에서 가압가스의 에너지 회복을 위한 팽창 터빈의 사용
- 열병합 발전
- 배출량 감소 및 보일러 성능을 위한 연소환경의 첨단 전산제어
- 배기가스 폐열의 지역적 활용
- 잉여공기의 감소를 통한 배기가스 유량의 감소
- 배출가스 온도의 저하로 인한 배기가스에서의 낮은 CO 농도
- 열축적
- 냉각탑 배출, 냉각시스템의 다양한 기술 등
- 폐열을 이용한 연료가스와 연소공기의 예열
- 열회수 방식 및 축열식 버너
- 버너 조절 및 제어
- 연료의 선택
- 단열을 통한 열손실 감소
- 노 입구를 통한 손실의 감소
- 유동층 연소

34 폐기물 소각 시 보고대상 배출시설이 아닌 것은?
① 소각보일러
② 재처리 폐기물 소각시설
③ 고온용융시설
④ 폐수 소각시설

풀이 보고대상 배출시설
 ㉠ 소각보일러
 ㉡ 일반소각시설
 ㉢ 고온소각시설
 ㉣ 열분해시설(가스화시설 포함)
 ㉤ 고온용융시설
 ㉥ 열처리조합시설
 ㉦ 폐가스 소각시설(배출가스 연소탑, Flare Stack 등)
 ㉧ 폐수 소각시설

35 고정연소시설의 대기오염물질 방지시설인 배연탈황시설에 관한 내용으로 틀린 것은?(단, 온실가스 배출권거래제의 배출량 보고 및 인증에 관한 지침 기준)
① 습식 탈황시설은 선택적 촉매와 비선택적 촉매로 구분된다.
② 습식 탈황시설은 폐수 처리 및 장치의 부식문제가 있다.
③ 습식 탈황시설은 초기 투자비가 크고 넓은 부지를 필요로 한다.
④ 습식 탈황시설은 기술적인 완성도 및 신뢰성에서 우수하다.

풀이 배연탈질기술 중 건식법이 상용화되어 있으며 선택적 촉매 환원법(SCR)과 선택적 비촉매 환원법(SNCR)으로 구분할 수 있다.

36 철강생산의 소결공정에 관한 내용 중 바르지 않은 것은?
① 철광석은 보통 30~70%의 철분을 포함하고 있다.
② 좋은 철광석은 철분함량이 높고 황, 인 등과 같은 유해성분이 적으며 크기가 일정하다.
③ 철광석의 원산지에 따라 품질, 성분, 형상은 거의 일정하다.
④ 철광석은 고로에 넣기 전에 10~30mm로 파쇄하고, 분광석은 소결고로 보내져 6~50mm의 소결광으로 만든다.

풀이 철광석의 원산지에 따라 품질, 성분, 형성이 각기 다르다.

37 석유화학제품 생산공정 중 보고대상 배출시설이 아닌 것은?
① 에탄올 반응시설
② EDC/VCM 반응시설
③ 아크릴로니트릴(AN) 반응시설
④ 카본블랙(CB) 반응시설

정답 34 ② 35 ① 36 ③ 37 ①

풀이 보고대상 배출시설
  ㉠ 메탄올 반응시설
  ㉡ EDC/VCM 반응시설
  ㉢ 에틸렌옥사이드(EO) 반응시설
  ㉣ 아크릴로니트릴(AN) 반응시설
  ㉤ 카본블랙(CB) 반응시설
  ㉥ 에틸렌 생산시설
  ㉦ 테레프탈산 생산시설
  ㉧ 코크스 제거공정

38 고정연소 온실가스 배출시설 중 공정연소시설에 해당하지 않는 시설은?(단, 온실가스 배출권거래제의 배출량 보고 및 인증에 관한 지침 기준)

① 배연탈황시설 ② 건조시설
③ 가열시설   ④ 용융·용해시설

풀이 (1) 고체연료 공정연소시설
  ㉠ 건조시설 ㉡ 가열시설
  ㉢ 용융·용해 시설 ㉣ 소둔로
  ㉤ 기타로
(2) 기체연료 공정연소시설
  ㉠ 건조시설 ㉡ 가열시설
  ㉢ 나프타 분해시설 ㉣ 용융·용해 시설
  ㉤ 소둔로 ㉥ 기타 노
(3) 액체연료 공정연소시설
  ㉠ 건조시설 ㉡ 가열시설
  ㉢ 나프타 분해시설 ㉣ 용융·용해 시설
  ㉤ 소둔로 ㉥ 기타 노

39 혐기성 소화과정에서 발생되는 대표적인 온실가스는?(단, 온실가스 배출권거래제의 배출량 보고 및 인증에 관한 지침 기준)

① 일산화탄소
② 아산화질소
③ 육불화황
④ 메탄

풀이 혐기성 소화과정에서 발생되는 온실가스는 CH_4이며, N_2O 배출은 매우 적기 때문에 배출량 산정 시 제외한다.

40 석유정제시설의 최적 실용화 기술(BAT) 중 공정/활동별 최적화 기술에 해당되지 않는 것은?

① 에너지 관리시스템 ② 알킬화 공정
③ 냉각시스템 ④ 대기로의 배출 저감

풀이 전체 정유공정의 최적화 기술
  ㉠ 환경관리시스템 운영
  ㉡ 대기로의 배출 저감

3과목 온실가스 산정과 데이터 품질관리

41 온실가스 배출권거래제의 배출량 보고 및 인증에 관한 지침에 따라 온실가스 측정 불확도를 산정하는 절차를 순서대로 옳게 나열한 것은?

ㄱ. 배출시설에 대한 불확도 산정
ㄴ. 매개변수의 불확도 산정
ㄷ. 사전검토
ㄹ. 사업장 또는 업체에 대한 불확도 산정

① ㄷ-ㄴ-ㄹ-ㄱ ② ㄷ-ㄴ-ㄱ-ㄹ
③ ㄷ-ㄹ-ㄱ-ㄴ ④ ㄷ-ㄱ-ㄴ-ㄹ

풀이 불확도 산정절차
 • 1단계 : 사전검토
 • 2단계 : 매개변수의 불확도 산정
 • 3단계 : 배출시설에 대한 불확도 산정
 • 4단계 : 사업장 또는 업체에 대한 불확도 산정

42 A 씨는 하루 30L의 휘발유를 소모한다. 이로 인해 매일 A 씨가 지구온난화에 기여하는 이산화탄소의 배출총량은 얼마인가?(단, 휘발유의 비중은 0.75kg/L, 순발열량은 44.3TJ/Gg, 차량용 휘발유의 CO_2 배출계수는 69,300kg/TJ)

① 12kg ② 23kg
③ 46kg ④ 69kg

풀이 CO_2 배출량 = $30L \times 0.75kg/L \times 44.3TJ/Gg$
$\times 69,300kg/TJ \times Gg/10^6 kg = 69kg$

정답 38 ① 39 ④ 40 ④ 41 ② 42 ④

43 할당대상업체인 A 매립장에서 고형폐기물의 매립에 따른 온실가스 배출량을 산정할 경우의 매개변수별 관리기준에 관한 설명으로 옳지 않은 것은?

① 메탄보정계수(MCF)는 IPCC 가이드라인 기본값을 적용한다.
② 폐기물 성상별 매립량은 1991년 1월 1일 이후 매립된 폐기물에 대해서만 수집한다.
③ 메탄으로 전환 가능한 DOC 비율은 IPCC 가이드라인 기본값인 0.5를 적용한다.
④ 산화율은 IPCC 가이드라인 기본계수를 사용한다.

풀이 폐기물 성상별 매립량(활동자료)은 1981년 1월 1일 이후 매립된 폐기물에 대해서만 수집한다.

44 할당대상업체 A에서 1년간 도시가스(LNG) 58,970 Nm³를 사용했을 때 온실가스 배출량은?(단, 발열량과 배출계수는 아래 표를 참조하고, 산화계수는 1.0을 적용)

에너지원	순발열량	배출계수(kg/TJ)		
		CO_2	CH_4	N_2O
도시가스(LNG)	0.04 TJ/1,000Nm³	56,467	5.0	0.1

① 83.19tCO_2-eq
② 96.24tCO_2-eq
③ 113.44tCO_2-eq
④ 133.51tCO_2-eq

풀이 기체연료의 배출량 산정방법

$$E_{i,j} = Q_i \times EC_i \times EF_{i,j} \times f_i \times 10^{-6}$$

여기서, $E_{i,j}$: 연료(i) 연소에 따른 온실가스(j)의 배출량(tGHG)
Q_i : 연료(i) 사용량(측정값, 천m³-연료)
EC_i : 연료(i)별 열량계수(연료 순 발열량, MJ/m³-연료)
$EF_{i,j}$: 연료(i)에 따른 온실가스(j)의 배출계수(kgGHG/TJ-연료)
f_i : 연료(i)의 산화계수(CH_4, N_2O는 미적용)

$EC_i = 0.04TJ/1,000m^3 = 0.00004TJ/m^3 \times 10^6 MJ/TJ = 40MJ/m^3$

CO_2배출량 = 58.970천Nm³ × 40MJ/m³ × 56.467kgCO_2/TJ × 10^{-6} = 133.194tCO_2

CH_4배출량 = 58.970천Nm³ × 40MJ/m³ × 5.0kgCH_4/TJ × 10^{-6} = 0.01179tCH_4

N_2O배출량 = 58.970천Nm³ × 40MJ/m³ × 0.1kgN_2O/TJ × 10^{-6} = 0.000236tN_2O

온실가스배출량 = 133.194 + (0.01179 × 21) + (0.000236 × 310)
= 133.515tCO_2-eq

45 온실가스 배출권거래제의 배출량 보고 및 인증에 관한 지침에서 오존 파괴물질의 대체물질 사용 시 폐쇄형 기포(Closed-Cell) 발포제에 의한 온실가스 배출량 산정에 요구되는 매개변수로만 옳게 나열된 것은?

a. 폐쇄형 기포발포제의 수명
b. 제품 반응률
c. 첫해의 손실 배출계수
d. 연간 손실 배출계수

① b, c, d
② a, b, d
③ a, c, d
④ a, b, c

풀이 폐쇄형 기포 발포제의 온실가스 배출량 산정식

$Emissions_t = M_t \times EF_{FYL} + Bank_t \times EF_{AL} + DL_t - RD_t$

여기서, $Emissions_t$: t년도의 연간 Closed-Cell 발포제에 의한 배출량(kg/yr)
M_t : t년도에 Closed-cell 발포제 생산에 사용된 총 HFC의 양(kg/yr)
EF_{FYL} : 첫해의 손실 배출계수(0~1 사이의 소수, 향후 센터에서 국가 배출계수를 공표하면 그 값을 적용)
$Bank_t$: Closed-Cell 발포제 생산과정에서 $t-n$과 t년 사이의 HFC 몰입량(kg)
EF_{AL} : 연간 손실 배출계수(0~1 사이의 소수, 향후 센터에서 국가 배출계수를 공표하면 그 값을 적용)
DL_t : t년도의 폐기 손실량(kg), 즉 수명이 다한 제품을 폐기할 때 그 안에 남아 있는 불소계 온실가스의 양
RD_t : t년도의 회수나 파기에 의한 HFC 배출 방지량(kg)
n : 폐쇄형 기포 발포제의 수명
$t-n$: 발포제 안에서 HFC가 존재하고 있는 총 기간

정답 43 ② 44 ④ 45 ③

46 온실가스 배출권거래제의 배출량 보고 및 인증에 관한 지침에서 폐기물 소각에서의 온실가스 배출량 산정 시 Tier 1의 배출계수를 적용할 경우 FCF 값(화석탄소 함유율)이 0인 생활폐기물은?

① 섬유 ② 플라스틱
③ 음식물 ④ 고무

풀이 FCF 값(화석연료 함유율)이 0인 생활폐기물은 생물계 폐기물인 음식물 쓰레기, 종이류, 목재류 등이다.

47 할당대상업체 A의 하수처리 과정에서 다음과 같은 조건일 때 N_2O 배출에 따른 온실가스 연간 배출량에 가장 가까운 값은?(단, 반출슬러지는 고려하지 않는다.)

- TN_{in} : 50mg-T-N/L
- TN_{OUT} : 5mg-T-N/L
- Q_{in} : 5,000m³/day
- Q_{OUT} : 4,800m³/day
- EF : 0.005kg N_2O-N/kg-T-N

① 200tCO_2-eq/yr ② 300tCO_2-eq/yr
③ 400tCO_2-eq/yr ④ 500tCO_2-eq/yr

풀이 N_2O 산정방법

$N_2O\,Emissions = (TN_{in} \times Q_{in} - TN_{out} \times Q_{out} - TN_{sl} \times Q_{sl}) \times 10^{-6} \times EF \times 1.571$

여기서, $N_2O\,Emissions$: 하수처리에서 배출되는 N_2O 배출량(tN_2O)

TN_{in} : 유입수의 총 질소농도(mg-T-N/L)
TN_{out} : 방류수의 총 질소농도(mg-T-N/L)
TN_{sl} : 반출슬러지의 총 질소농도(mg-T-N/L)
Q_{in} : 유입수의 유량(m³)
Q_{out} : 방류수의 유량(m³)
Q_{sl} : 슬러지의 반출량(m³)
EF : 아산화질소 배출계수(kgN_2O-N/kg-T-N)
1.571 : N_2O의 분자량(44.013)/N_2의 분자량(28.013)

N_2O 배출량 = $[(5,000m^3/day \times 365day/year \times 50mg/L)$
$- (4,800m^3/day \times 365day/year \times 5mg/L)]$
$\times 10^{-6} \times 0.005kgN_2O-N/kg-T-N \times 1.571$
$= 0.648tN_2O/yr$

$tCO_2-eq/yr = 0.648 \times 310 = 200.867tCO_2-eq/yr$

48 온실가스 배출권 거래제 운영을 위한 검증지침에서 온실가스 배출량 검증방법에 관한 설명으로 옳지 않은 것은?

① "고유리스크"는 검증대상 내부의 데이터 관리구조상 오류를 적발하지 못할 리스크를 말한다.
② 중요성 평가 시 중요성의 양적 기준치는 할당대상업체의 배출량 수준에 따라 차등화한다.
③ 검증기관은 "합리적 보증수준"이 가능하도록 데이터 샘플링 계획을 수립하여야 한다.
④ 검증계획 수립 시 검증팀장은 수립된 검증계획을 최소 1주일 전에 피검증자에게 통보하여 효율적인 검증이 실시될 수 있도록 해야 한다.

풀이 리스크의 분류
(1) 피검증자에 의해 발생하는 리스크
  ㉠ 고유리스크 : 검증대상의 업종 자체가 가지고 있는 리스크(업종의 특성 및 산정방법의 특수성 등)
  ㉡ 통제리스크 : 검증대상 내부의 데이터 관리구조상 오류를 적발하지 못할 리스크
(2) 검증팀의 검증 과정에서 발생하는 리스크
  검출리스크 : 검증팀이 검증을 통해 오류를 적발하지 못할 리스크

49 온실가스 배출권거래제의 배출량 보고 및 인증에서 고정연소시설에서의 CO_2 배출량 산정 시 Tier 2의 ㉠ 액체연료 산화계수와 ㉡ 기체연료 산화계수로 옳은 것은?

① ㉠ 0.99, ㉡ 0.995
② ㉠ 1.0, ㉡ 0.99
③ ㉠ 0.995, ㉡ 1.0
④ ㉠ 0.98, ㉡ 0.99

[풀이] • 액체연료 산화계수 : Tier 1(1.0), Tier 2, 3(0.99)
• 기체연료 산화계수 : Tier 1(1.0), Tier 2, 3(0.995)

50 온실가스 배출권거래제의 배출량 보고 및 인증에 관한 지침에서 직접 배출원 중 원료나 연료의 생산, 중간생성물의 저장, 이송 과정에서 대기 중으로 배출되는 배출원을 의미하는 것은?

① 고정연소배출
② 이동연소배출
③ 탈루배출
④ 공정배출

51 온실가스 배출권거래제 운영을 위한 검증 지침에서 검증계획 수립 시 주요 배출시설의 경우, 검증시간 배분 등에 우선적으로 반영하여야 하는데, 이 주요 배출시설의 기준은?

① 온실가스 배출량의 총량 대비 누적합계가 100분의 95를 차지하는 배출시설
② 온실가스 배출량의 총량 대비 누적합계가 100분의 90을 차지하는 배출시설
③ 온실가스 배출량의 총량 대비 누적합계가 100분의 85를 차지하는 배출시설
④ 온실가스 배출량의 총량 대비 누적합계가 100분의 80을 차지하는 배출시설

[풀이] 검증팀은 주요 배출시설(온실가스 예상배출량의 총량대비 누적합계가 100분의 95를 차지하는 배출시설)의 모니터링 계획을 식별하여 구분관리한다.

52 온실가스 배출권거래제의 배출량 보고 및 인증에 관한 지침에서 기체연료를 고정연소하는 배출시설에 Tier 2를 적용할 경우 매개변수별 관리기준에 관한 설명으로 옳지 않은 것은?

① 활동자료는 사업자 또는 연료공급자에 의해 측정된 불확도 ±5.0% 이내의 연료사용량 자료를 활용한다.
② 열량계수는 국가고유발열량값을 사용한다.
③ 배출계수는 국가고유배출계수를 사용한다.
④ 산화계수는 기본값인 1.0을 적용한다.

[풀이] 기체연료를 고정연소하는 배출시설에 Tier 2를 적용할 경우 산화계수는 0.995를 적용한다.

53 온실가스 배출권거래제의 배출량 보고 및 인증에서 외부에서 공급된 열(스팀)의 사용에 대한 온실가스 배출량 산정방법에 관한 설명으로 옳지 않은 것은?

① 열(스팀) 사용으로 인해 발생하는 배출량은 열(스팀) 공급자로부터 간접배출계수를 제공받아 활용한다.
② 외부에서 공급된 열(스팀) 사용으로 인해 발생하는 간접적 온실가스 배출은 관리업체의 온실가스 배출량에 포함되지 않는다.
③ 할당대상업체가 소유 및 통제하는 설비와 사업 활동에 의한 열(스팀) 사용으로 인해 발생하는 간접적 온실가스 배출은 연료연소, 원료 사용 등으로 인한 직접적 온실가스 배출과 함께 관리업체의 온실가스 배출량에 포함되어야 한다.
④ 열(스팀)을 생산하여 외부로 공급하는 업체가 자체적으로 열(스팀) 간접배출계수를 제공할 수 없는 경우에는 센터가 검증·공표하는 국가 고유의 열(스팀) 간접배출계수 등을 활용할 수 있다.

[풀이] 외부에서 공급된 열(스팀) 사용으로 인해 발생하는 간접적 온실가스 배출은 관리업체의 온실가스 배출량에 포함되어야 한다.

54 온실가스 배출권거래제의 배출량 보고 및 인증에 관한 지침에서 산정등급(Tier)과 배출계수 적용에 관한 설명으로 가장 거리가 먼 것은?

① Tier 1 – IPCC 기본 배출계수 활용
② Tier 2 – 국가고유 배출계수 사용
③ Tier 3 – 사업장·배출시설별 배출계수 사용
④ Tier 4 – 전 세계 공통의 배출계수 사용

[풀이] Tier 4는 연속측정방법(CEM)을 말한다.

정답 50 ③ 51 ① 52 ④ 53 ② 54 ④

55 할당대상업체에서 근사법에 의한 모니터링 방법을 적용할 경우에 관한 설명으로 옳지 않은 것은?

① 할당대상업체는 근사법을 사용할 수밖에 없는 합당한 이유 등을 모니터링 계획에 포함하여야 한다.
② 할당대상업체는 배출시설 단위로 측정기기의 신규설치 및 정도검사 일정 등을 모니터링 계획에 포함하여야 한다.
③ 이동연소배출원(사업장에서 개별 차량별로 온실가스 배출량을 산정하는 경우를 의미한다)에는 근사법에 의한 모니터링을 적용할 수 없다.
④ 식당 LPG, 비상발전기에는 근사법에 의한 모니터링을 적용할 수 있다.

풀이 모니터링 유형 C(근사법에 따른 모니터링)를 적용할 수 있는 배출시설
- 식당 LPG, 비상발전기, 소방펌프 및 소방설비 등 저배출원
- 이동연소배출원(사업장에서 개별 차량별로 온실가스 배출량을 산정하는 경우를 의미한다)
- 타 사업장 또는 법인과의 수급계약서에 명시된 근거를 이용하여 활동자료를 배출시설별로 구분하는 경우
- 기타 모니터링이 불가능하다고 관장기관이 인정하는 경우

56 다음과 같은 모니터링 유형에 대한 활동자료 산정방법에 관한 설명으로 가장 적합한 것은?

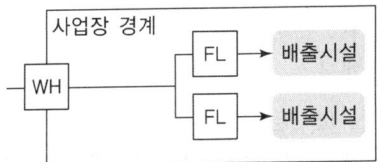

① 상거래를 목적으로 연료나 원료공급자가 설치·관리하는 측정기기의 계측자료는 참고자료로 활용할 수 없다.
② 주기적인 정도검사를 실시하는 내부측정기기가 같이 설치되어 있을 경우 활동자료를 수집하는 방법으로서, 배출시설에 다수의 교정된 측정기가 부착된 경우, 교정된 자체 측정기기 값을 사용하는 것을 원칙으로 한다.
③ 주기적인 정도검사를 실시하지 않는 내부 측정기기 값을 기준으로 배출시설별 활동자료를 결정한다.
④ 구매한 연료 및 원료, 전력 및 열에너지의 정도 검사를 받지 않은 내부 측정기기를 이용하여 활동자료를 분배·결정하는 방법이다.

풀이 모니터링 유형 A-2에 대한 내용이다.

57 다음은 온실가스 배출권거래제의 배출량 보고 및 인증에 관한 지침에서 연속측정방법의 배출량 산정방법 및 측정기기의 설치·관리 기준 중 굴뚝연속자동측정기와 배출가스유량계 측정자료의 수치 맺음 및 배출량 산정 기준이다. ( ) 안에 알맞은 것은?

> 자동측정 자료의 배출량 산정기준으로 월 배출량은 g 단위의 (가)을 월 단위로 합산하고, kg 단위로 환산한 후, (나) 산정한다.

① 가 : 10분 배출량, 나 : 소수점 이하는 버림 처리하여 정수로
② 가 : 30분 배출량, 나 : 소수점 이하는 버림 처리하여 정수로
③ 가 : 10분 배출량, 나 : 소수 둘째 자리에서 반올림 처리하여 소수 첫째 자리까지
④ 가 : 30분 배출량, 나 : 소수 둘째 자리에서 반올림 처리하여 소수 첫째 자리까지

58 온실가스 배출권거래제의 배출량 보고 및 인증에 관한 지침에서 사업장·배출시설 및 감축기술단위의 배출계수 등 상당부분 시험·분석을 통하여 개발한 매개변수 값을 활용하는 배출량 산정방법론에 해당하는 것은?

① Tier 1　　② Tier 2
③ Tier 3　　④ Tier 4

정답 55 ③　56 ②　57 ②　58 ③

풀이 Tier 3는 Tier 1, 2보다 더 높은 정확도를 갖는 활동자료, 사업자가 사업장 배출시설 및 감축기술 단위의 배출계수 등 상당부분 시험·분석을 통하여 개발하거나 공급자로부터 제공받은 매개변수값을 활용하는 배출량 산정 방법론이다.

59 온실가스 배출권거래제의 배출량 보고 및 인증에 관한 지침에서 온실가스 배출량 등의 산정절차를 순서대로 나열한 것으로 옳은 것은?

① 조직 경계의 설정 → 모니터링 유형 및 방법의 설정 → 배출활동별 배출량 산정방법론 선택 → 배출량 산정 및 모니터링 체계의 구축
② 배출량 산정 및 모니터링 체계의 구축 → 조직경계의 설정 → 모니터링 유형 및 방법의 설정 → 배출활동별 배출량 산정방법론 선택
③ 모니터링 유형 및 방법의 설정 → 조직경계의 설정 → 배출량 산정 및 모니터링 체계의 구축 → 배출활동별 배출량 산정방법론 선택
④ 조직 경계의 설정 → 모니터링 유형 및 방법의 설정 → 배출량 산정 및 모니터링 체계의 구축 → 배출활동별 배출량 산정방법론 선택

풀이 온실가스 배출량 산정절차
- 1단계 : 조직 경계의 설정
- 2단계 : 배출활동의 확인·구분
- 3단계 : 모니터링 유형 및 방법의 설정
- 4단계 : 배출량 산정 및 모니터링 체계의 구축
- 5단계 : 배출활동별 배출량 산정방법론의 선택
- 6단계 : 배출량 산정(계산법 혹은 연속측정방법)
- 7단계 : 명세서 작성

60 온실가스 목표관리제하에서 관리업체 지정과 관련하여 건물이 건축물 대장 또는 등기부에 각각 등재되어 있거나 소유지분을 달리하고 있는 경우에 관한 사항으로 옳지 않은 것은?

① 인접한 대지에 동일 법인이 여러 건물을 소유한 경우에는 한 건물로 본다.
② 건물의 소유 구분이 지분형식으로 되어 있을 경우에는 지분별로 건물의 소유지분을 구분한다.
③ 에너지 관리의 연계성이 있는 복수의 건물은 한 건물로 본다.
④ 동일 부지 내에 있거나 인접 또는 연접한 집합건물이 동일한 조직에 의해 에너지 공급·관리 또는 온실가스 관리 등을 받을 경우에도 한 건물로 간주한다.

풀이 건축물의 특례
- 인접 또는 연접한 대지에 동일 법인이 여러 건물을 소유한 경우에는 한 건물로 본다.
- 에너지 관리의 연계성(連繫性)이 있는 복수의 건물 등은 한 건물로 본다. 또한, 동일 부지 내에 있거나 인접 또는 연접한 집합건물이 동일한 조직에 의해 에너지 공급·관리 또는 온실가스 관리 등을 받을 경우에도 한 건물로 간주한다.
- 건물의 소유 구분이 지분형식으로 되어 있을 경우에는 최대 지분을 보유한 법인 등을 당해 건물의 소유자로 본다.

4과목 온실가스 감축관리

61 다음 온실가스 감축방법 중 간접감축방법에 해당하는 것은?

① 신재생에너지 적용
② 대체물질 적용
③ 온실가스 활용
④ 공정 개선

풀이 간접감축방법
- 1차 간접감축방법 : 배출원 공정을 활용한 신재생에너지 생산 활용
- 2차 간접감축방법 : 배출원 공정과 무관한 신재생에너지 적용을 통한 온실가스 배출 상쇄
- 3차 간접감축방법 : 탄소배출권 구매

62 자동차 "가솔린엔진"에서의 온실가스 저감기술과 가장 거리가 먼 것은?

① 캠 페이저 시스템(Cam Phaser Systems)
② 실린더 디액티베이션(Cylinder Deactivation)
③ 가솔린 직접분사
④ 고압연료분사시스템

풀이 자동차 엔진에 따른 감축기술
　㉠ 가솔린엔진
　　• 캠 페이저 시스템(Cam Phaser System)
　　• 실린더 디액티베이션(Cylinder Deactivation)
　　• 가솔린 직접분사
　　• 터보 차징/다운사이징 가솔린 엔진
　　• 예혼합압축착화
　㉡ 디젤엔진
　　• 예혼합압축착화 연소
　　• 고압연료 분사 시스템
　　• 과급
　　• 배기가스 재순환(EGR)

63 배출권거래제에서 외부사업 온실가스 감축량 인증을 위하여 외부사업에 대한 타당성 평가항목으로 잘못된 것은?

① 인위적으로 온실가스를 줄이기 위하여 일반적인 경영 여건에서 할 수 있는 노력이 있었는지 여부
② 온실가스 감축사업을 통한 온실가스 감축 효과가 장기적으로 지속 가능한지 여부
③ 온실가스 감축사업이 고시에서 정하는 기준과 방법을 준수하는지 여부
④ 온실가스 감축사업을 통하여 계량화가 가능할 정도로 온실가스 감축이 이루어질 수 있는지 여부

풀이 외부사업에 대한 타당성 평가항목(배출권거래법)
　㉠ 인위적으로 온실가스를 줄이기 위하여 일반적인 경영 여건에서 할 수 있는 활동 이상의 추가적인 노력이 있었는지 여부
　㉡ 온실가스 감축사업을 통한 온실가스 감축 효과가 장기적으로 지속 가능한지 여부
　㉢ 온실가스 감축사업을 통하여 계량화가 가능할 정도로 온실가스 감축이 이루어질 수 있는지 여부
　㉣ 온실가스 감축사업이 고시에서 정하는 기준과 방법을 준수하는지 여부

64 감축프로젝트를 기획하고자 하는 A 회사가 100tCO$_2$-eq의 감축의무 달성을 위해 내부적으로 가능한 감축프로젝트를 조사한 결과, 총 1,000,000원이 소요되는 A1 투자안이 존재하는 것으로 조사되었다. 이러한 투자를 통해 감축되는 온실가스는 총 100tCO$_2$-eq이며, 에너지 및 생산효율 증가로 인해 총 100,000원의 별도 수익이 예상된다. 한편 배출권 거래제도하에서 배출권 가격은 10,000원/tCO$_2$-eq에 형성되었다고 할 때 A회사의 단위당 (가) 감축단가와, (나) 해당 사업성 검토(타당성)가 가장 적합하게 짝지어진 것은?(단, 배출권 가격변동 등에 대한 기타 사항은 고려하지 않는다.)

① (가) 9,000원/tCO$_2$-eq, (나) 사업 기각
② (가) 9,000원/tCO$_2$-eq, (나) 사업 수행
③ (가) 10,000원/tCO$_2$-eq, (나) 사업 기각
④ (가) 10,000원/tCO$_2$-eq, (나) 사업 수행

풀이 • 감축단가 = $\dfrac{(1,000,000 - 100,000원)}{100 tCO_2-eq}$
　　　　　　= 9,000원/tCO$_2$-eq
• 배출권 가격 10,000원/tCO$_2$-eq보다 감축단가가 적으므로 사업 수행

65 온실가스 감축을 위한 경제성 평가방법 중 ( ) 안에 가장 적합한 것은?

( )은 온실가스 1톤을 줄이는 데 소요되는 비용을 말하는 것으로, 각 온실가스 감축 수단별 초기 비용 및 운영비용 등 총 소요비용을 감축수단에 따른 온실가스 감축량으로 나누어 1톤의 온실가스 감축량 대비 소요비용을 계산하여 산출한다.

① 한계저감비용
② 효과비용
③ 투자비용
④ 감축비용

정답 62 ④ 63 ① 64 ② 65 ①

풀이 한계저감비용(MAC)
  ㉠ 온실가스 감축을 위한 경제성 평가방법 중 하나이다.
  ㉡ 온실가스 1ton을 줄이는 데 소요되는 비용을 말한다.
  ㉢ 각 온실가스 감축 수단별 초기 비용 및 운영비용 등 총 소요비용을 감축수단에 따른 온실가스 감축량으로 나누어 1ton의 온실가스 감축량 대비 소요비용을 계산하여 산출한다.

66 CCS(Carbon Capture and Storage)에 대한 설명으로 가장 거리가 먼 것은?

① CO_2를 배출하는 모든 부문에 적용할 수 있으나, 특성상 CO_2 배출농도가 높고, 배출량이 많은 분야에 우선 적용이 가능하다.
② 화력발전소는 CO_2 배출밀도(시간당 배출량)가 높기 때문에 CO_2 회수·처리비용 및 기술 타당성에 있어서 적용이 적합하다.
③ CCS 기술은 발전소 및 각종 산업에서 발생하는 CO_2를 대기로 배출시키기 전에 고농도로 포집·압축·수송하여 안전하게 저장하는 기술이다.
④ CO_2 제거 측면에서 효율은 높지 않지만 반면에 처리비용이 저렴하다.

풀이 CCS는 CO_2 제거 측면에서 효율은 높지만 처리비용이 고가이다.

67 다음 중 이산화탄소 저장 선택지로 가장 적절치 않은 곳은?

① 고갈된 폐유전
② 심부의 대염수층
③ 노천탄광
④ 내륙 심부 폐탄광층

풀이 CO_2 저장기술
  ㉠ 해양 저장
    • 심해 저장
    • 용해·희석 저장
  ㉡ 지중 저장
    • 대수층 저장
    • 유전·가스전 저장
    • 비채굴성 탄광 저장
    • 혈암(Shale) 저장
  ㉢ 지표 저장

68 이산화탄소 저장기술은 해양저장, 지중저장, 지표저장 등으로 구분할 수 있다. 이 중 해양저장은 이 국제협약(또는 의정서)에 의해 이산화탄소가 해양폐기물로 정의됨에 따라 적당한 저장방법이 될 수 없는데, 다음 중 위와 관련된 국제협약(또는 의정서)은?

① 바젤 협약
② 런던 협약
③ 헬싱키 의정서
④ 몬트리올 의정서

풀이 런던 협약(의정서)에서는 CO_2를 해양폐기물로 정의하고 해양저장을 금지하고 있다.

69 A발전소는 일일 10MW 용량의 태양광 발전소를 CDM 사업으로 추진하고자 한다. 발전효율이 12%일 때, 연간 온실가스 감축량(CERs)은 얼마인가? (단, 전력매출계수값은 $0.46625tCO_2-eq/MWh$)

① 0.6 CERs
② 204.2 CERs
③ 847.4 CERs
④ 1,701.8 CERs

풀이 연간 온실가스 감축량(CERs)
= 10MWh/day × 365day/year
  × 0.46625tCO_2-eq/MWh × 0.12
= 204.22CERs

70 온실가스의 간접 감축방법에 해당하는 태양열시스템의 주요 구성요소와 거리가 먼 것은?

① 단열부
② 축열부
③ 이용부
④ 집열부

풀이 태양열시스템의 주요 구성요소
  • 집열부
  • 축열부
  • 이용부
  • 제어장치

정답 66 ④ 67 ③ 68 ② 69 ② 70 ①

71 다음 CDM 사업 관련 주요기관 중 새로운 베이스라인 및 모니터링 방법론 승인과 각종 절차와 방법, 가이드라인 결정 전 최소 8주 정도의 의견 수렴 등의 세부역할을 이행하는 기관은?

① 국가CDM 승인기구(DNA)
② CDM 집행위원회(EB)
③ CDM 사업운영기구(DOE)
④ 당사국총회(COP/MOP)

풀이) CDM 사업 관련 등록 요청된 사업이 UNFCCC 웹사이트에 게재된 후 등록이 결정되기까지 소규모사업은 4주, 그 외 사업은 8주의 CDM 집행위원회(EB)의 심의기간이 소요된다.

72 해안지역에 시간당 1MW 규모의 풍력발전소를 건설하여 전력 생산을 CDM 사업으로 추진하려고 한다. 풍력발전의 이용률은 20%이고, 생산된 전력은 모두 전력계통으로 공급된다고 가정할 때, 이 사업에 의한 연간 온실가스 감축량은?(단, 전력계통의 온실가스 배출계수는 $0.8CO_2$톤/MWh, 풍력발전소 자체 전기사용량 무시, 1톤 이하 온실가스 감축량도 무시한다.)

① 1,402CO_2톤/년
② 1,523CO_2톤/년
③ 1,658CO_2톤/년
④ 1,773CO_2톤/년

풀이) 연간 온실가스 감축량
= 1MWh × 24hr/day × 365day/year
   × 0.8CO_2ton/MWh × 0.2
= 1,401.6ton/year

73 온실가스 목표관리 운영 등에 관한 지침상 감축목표 설정의 원칙과 가장 거리가 먼 것은?

① 목표의 설정방법과 수준 등은 관리업체가 예측할 수 있도록 가능한 범위에서 사후에 공표되어야 한다.
② 목표의 협의 및 설정은 다수 이해관계자들의 신뢰를 확보할 수 있도록 투명하게 진행되어야 한다.
③ 관리업체의 과거 온실가스 배출량과 에너지 사용량의 이력을 적절하게 반영하여야 한다.
④ 관리업체의 신·증설 계획과 국제경쟁력 등을 적절하게 고려하여야 한다.

풀이) 온실가스에너지 감축목표 설정원칙
- 목표의 설정방법과 수준 등은 관리업체가 예측할 수 있도록 가능한 범위에서 사전에 공표해야 한다.
- 목표의 협의 및 설정은 다수 이해관계자들의 신뢰를 확보할 수 있도록 투명하게 진행해야 한다.
- 관리업체의 과거 온실가스 배출량 이력을 적절하게 반영해야 한다.
- 관리업체의 신·증설 계획과 국제동향을 적절하게 고려해야 한다.
- 국내산업의 여건 등을 고려해야 한다.
- 관리업체의 목표는 중·장기 국가온실가스 감축 목표의 달성을 위한 범위 이내에서 설정되어야 한다.

74 시멘트 생산공정에서 온실가스를 감축시키는 방법과 거리가 먼 것은?

① 가스 바이패스(Gas Bypass)를 최소화한다.
② 시멘트 성분 중 클링커 함량을 줄인다.
③ 원료와 연료의 수분함량을 줄인다.
④ 석탄을 대체하여 폐타이어를 연료로 이용한다.

풀이) 고체연료 중 반응성이 낮고 입자가 거친 연료보다 적당한 발열량을 가지고 잘 건조된 미세분말의 고체연료가 에너지 효율성이 높다.

75 할당대상업체인 A 시멘트회사의 2013년 온실가스 배출량은 165,000tCO_2-eq으로 기준연도 대비 10% 증가하였고, 2020년에 기준연도 대비 50%의 예상 성장률을 기대할 경우, A 시멘트회사의 2020년 온실가스 배출허용량은?(단, 2020년 시멘트업종 감축계수 0.81)

정답 71 ② 72 ① 73 ① 74 ④ 75 ②

① 133,650tCO₂-eq
② 182,250tCO₂-eq
③ 200,475tCO₂-eq
④ 220,525tCO₂-eq

풀이 기준연도 배출량 $= \dfrac{165,000tCO_2-eq}{1.1}$
$= 150,000tCO_2-eq$
2020년 온실가스 배출량 $= 150,000 \times 1.5 \times 0.81$
$= 182,250tCO_2-eq$

76 휘발유를 이용하는 스파크 점화(SI ; Spark Ignition) 엔진과 경유를 이용한 압축착화(CI ; Compression Ignition) 엔진의 장점이 혼합된 개념의 저감기술은?

① 터보차징/다운사이징 가솔린 엔진
② 과급착화기술
③ 가솔린 직접분사
④ 예·혼합 압축착화 연소

풀이 예·혼합 압축착화 연소기술
주로 휘발유를 이용하는 스파크 점화(SI ; Spark Ignition) 엔진과 경유를 이용하는 압축착화(CI ; Compression Ignition) 엔진의 장점이 혼합된 개념으로 스파크 점화 엔진처럼 점화 이전에 연료와 공기의 혼합기를 형성시키면서 압축착화 엔진처럼 압축 압력과 열에 의하여 점화되는 방식이다.

77 온실가스 감축프로젝트에 대한 경제성 분석 평가 시 비용편익분석에 있어서 적용되는 판단의 기준으로 거리가 먼 것은?

① NPV(Net Present Value)
② Benefit-Cost Ratio
③ IRR(Internal Rate of Return)
④ RMU(Removal Unit)

풀이 RMU는 교토의정서에 명시된 토지 이용, 토지 이용 변화 및 산림활동에 대한 온실가스 흡수원 관련 배출권이다.

78 A 식품회사의 공장에 있는 노후된 전기모터를 고효율 전기모터로 교체하려고 한다. 다음 조건을 적용한다면 A 식품회사의 고효율 전기모터 교체로 인한 예상 온실가스 감축량은?

- 기존 노후된 전기모터의 용량 : 140kWh
- 고효율 전기모터의 용량 : 60kWh
- 전기모터의 연간 가동시간 : 8,760h
- 부하율 : 100%
- 전력배출계수 : 0.4653tCO₂/MWh,
- 0.0054kgCH₄/MWh, 0.0027kgN₂O/MWh

① 176tCO₂-eq
② 244tCO₂-eq
③ 327tCO₂-eq
④ 570tCO₂-eq

풀이 $CO_2eq\ Emissions = \sum_j Q \times EF_j$

여기서, $CO_2eq\ Emissions$: 전력 사용에 따른 온실가스 배출량(tGHG)
Q : 전력 사용량(MWh)
EF_j : 전력 간접배출계수(tGHG/MWh)
j : 배출 온실가스 종류

$Q = (140-60)KWh \times 8,760 \times \dfrac{MWh}{10^3 KWh}$
$= 700.8MWh$

- CO_2 배출량 $= 700.8MWh \times 0.4653tCO_2/MWh$
$= 326,082tCO_2$
- CH_4 배출량 $= 700.8MWh \times 0.0054 \times 10^{-3}tCH_4/MWh$
$= 0.00378tCH_4$
- N_2O 배출량 $= 700.8MWh \times 0.0027 \times 10^{-3}tN_2O/MWh$
$= 0.00189tN_2O$

온실가스 배출량 $= 326,082 + (0.00378 \times 21) + (0.00189 \times 310)$
$= 326,748tCO_2-eq$

정답 76 ④ 77 ④ 78 ③

79 다음 중 온실가스 감축 효과가 가장 큰 것은?

① 이산화탄소 1,000톤 감축
② 메탄 150톤 감축
③ 아산화질소 25톤 감축
④ 육불화황 1톤 감축

풀이 온실가스 감축효과
- CO_2 : 1,000ton
- CH_4 : 150ton×21=3,150ton
- N_2O : 25ton×310=7,750ton
- SF_6 : 1ton×23,900=23,900ton

80 다음 중 불확도의 종류와 거리가 먼 것은?

① 표준불확도　② 합성불확도
③ 비교불확도　④ 상대불확도

풀이 불확도의 종류
ㄱ 표준불확도　ㄴ 확장불확도
ㄷ 상대불확도　ㄹ 합성불확도

5과목 온실가스 관련 법규

81 온실가스 배출권의 할당 및 거래에 관한 법령상 배출권거래제 2차 계획기간에는 할당대상업체별로 할당되는 배출권의 얼마를 무상으로 할당하는가?

① 100분의 97　② 100분의 95
③ 100분의 93　④ 100분의 90

풀이 배출권의 무상할당비율(온실가스 배출권의 할당 및 거래에 관한 법률 시행령)
ㄱ 1차 계획기간에는 할당대상업체별로 할당되는 배출권의 전부를 무상으로 할당한다.
ㄴ 2차 계획기간에는 할당대상업체별로 할당되는 배출권의 100분의 97을 무상으로 할당한다.
ㄷ 3차 계획기간 이후의 무상할당비율은 100분의 90 이내의 범위에서 이전 계획기간의 평가 및 관련 국제 동향 등을 고려하여 할당계획에서 정한다. 이 경우 할당계획에서 정하는 무상할당비율은 직전 계획기간의 무상할당비율을 초과할 수 없다.

82 온실가스 배출권거래제에서 할당대상업체가 주무관청에 제출한 배출권이 인증한 온실가스 배출량보다 적은 경우에 그 부족한 부분에 대하여 부과할 수 있는 과징금 부과 기준으로 옳은 것은?

① 이산화탄소 1톤당 5만 원의 범위에서 해당 이행연도의 배출권 평균 시장가격의 3배 이하
② 이산화탄소 1톤당 10만 원의 범위에서 해당 이행연도의 배출권 평균 시장가격의 3배 이하
③ 이산화탄소 1톤당 5만 원의 범위에서 해당 이행연도의 배출권 평균 시장가격의 5배 이하
④ 이산화탄소 1톤당 10만 원의 범위에서 해당 이행연도의 배출권 평균 시장가격의 5배 이하

풀이 주무관청은 다음의 어느 하나에 해당하는 경우에는 그 부족한 부분에 대하여 이산화탄소 1톤당 10만 원의 범위에서 해당 이행연도의 배출권 평균 시장가격의 3배 이하의 과징금을 부과할 수 있다.
① 할당대상업체가 인증받은 온실가스 배출량보다 제출한 배출권이 적은 경우
② 할당대상업체가 할당이 취소된 양보다 제출기한 내에 제출한 배출권이 적은 경우

83 온실가스 배출권거래제하에서 배출권거래제 기본계획을 수립하여야 하는 자는?

① 기획재정부장관과 환경부장관
② 산업통상자원부장관
③ 국무총리
④ 환경부차관

풀이 기획재정부장관과 환경부장관은 배출권거래제 기본계획을 매 계획기간 시작 1년 전까지 수립하여야 한다.

84 온실가스 목표관리 운영에 있어서 관리업체가 관장기관의 지정고시에 이의가 있는 경우 이의신청을 할 수 있는 기간기준은?

① 고시된 날부터 15일 이내
② 고시된 날부터 30일 이내

정답 79 ④　80 ③　81 ①　82 ②　83 ①　84 ②

③ 고시된 날부터 60일 이내
④ 고시된 날부터 90일 이내

풀이 관리업체는 관장기관의 지정·고시에 이의가 있을 경우 고시된 날부터 30일 이내에 소명자료를 작성하여 지정·고시한 부문별 관장기관에게 이의를 신청할 수 있다.

85 중앙행정기관 등의 장은 해당 연도 온실가스 감축 및 에너지절약에 관한 목표 이행계획을 전자적 방식으로 온실가스 종합정보센터에 매년 언제까지 제출하여야 하는가?

① 1월 31일까지
② 3월 31일까지
③ 6월 30일까지
④ 9월 30일까지

풀이 부문별 관장기관은 소관 관리업체의 이행계획이 적절하게 수립되었는지를 확인하고 이를 1월 31일까지 온실가스 종합정보센터에 제출하여야 한다.

86 정부가 수립해야 하는 기후변화 대응 기본계획의 수립·시행 주기는?

① 1년
② 3년
③ 5년
④ 10년

풀이 정부는 기후변화 대응의 기본원칙에 따라 20년을 계획기간으로 하는 기후변화 대응 기본계획을 5년마다 수립·시행하여야 한다.

87 탄소중립기본법상 중장기 감축목표 등을 설정 또는 변경할 때에 고려사항과 거리가 먼 것은?

① 국가 신용도에 미치는 영향
② 국가 중장기 온실가스 배출·흡수 전망
③ 국가에너지 정책에 미치는 영향
④ 국제사회의 기후위기 대응 동향

풀이 중장기 감축목표 등을 설정 또는 변경 시 고려사항
① 국가 중장기 온실가스 배출·흡수 전망
② 국가비전 및 국가전략
③ 중장기 감축목표 등의 달성 가능성

④ 부문별 온실가스 배출 및 감축 기여도
⑤ 국가 에너지정책에 미치는 영향
⑥ 국내 산업, 특히 화석연료 의존도가 높은 업종 및 지역에 미치는 영향
⑦ 국가재정에 미치는 영향
⑧ 온실가스 감축 등 관련 기술 전망
⑨ 국제사회의 기후위기 대응 동향

88 공공부문 온실가스 목표관리 운영 등에 관한 지침상 환경부장관은 행정안전부장관, 산업통상자원부장관 및 국토교통부장관 등의 검토결과를 반영하여 공공부문 목표관리 이행결과 종합보고서를 작성하고, 언제까지 탄소중립위원회에 보고하여야 하는가?

① 매년 1월 31일까지
② 매년 3월 31일까지
③ 매년 6월 30일까지
④ 매년 12월 31일까지

풀이 환경부장관은 행정안전부장관, 산업통상자원부장관 및 국토교통부장관 등의 검토결과를 반영하여 공공부문 목표관리 이행결과 종합보고서를 작성하고, 매년 6월 30일까지 탄소중립위원회에 보고하여야 한다(공공부문 온실가스 목표관리 운영 등에 관한 지침).

89 온실가스 배출권 거래제에서 과징금 체납에 따른 가산금은 납부기한이 지난 날부터 1개월이 지날 때마다 체납된 과징금의 얼마를 징수하는가?

① 1백분의 5
② 1백분의 10
③ 1천분의 12
④ 1천분의 22

풀이 주무관청은 납부기한이 지난 날부터 1개월이 지날 때마다 체납된 과징금의 1천분의 12에 해당하는 가산금을 징수한다. 다만, 가산금을 가산하여 징수하는 기간은 60개월을 초과하지 못한다.

정답 85 ① 86 ③ 87 ① 88 ③ 89 ③

90 외부사업 타당성 평가 및 감축량 인증에 관한 지침에서 외부사업 시작일에 해당될 수 없는 것은?

① 외부사업의 시행과 관련된 계약일
② 사업의 타당성 연구, 사전조사를 위한 계약일
③ 외부사업의 시행과 관련된 최초 지출일
④ 외부사업의 작업 실행 또는 장치의 설치 시작일

풀이 외부사업 시작일(외부사업 타당성 평가 및 감축량 인증에 관한 지침)
　㉠ 외부사업의 시행과 관련된 계약일
　㉡ 외부사업의 시행과 관련된 최초 지출일
　㉢ 외부사업의 작업 실행 또는 장치의 설치 시작일

91 온실가스 배출권거래제하에서 배출권 할당위원회에 관한 설명으로 틀린 것은?

① 배출권 할당위원회에 위촉된 위원의 임기는 2년으로 하며, 한 차례만 연임할 수 있다.
② 배출권 할당위원회는 할당계획, 시장 안정화 조치 등의 사항을 심의·조정하기 위하여 환경부에 둔다.
③ 배출권 할당위원회의 회의는 재적위원 과반수의 출석으로 개의하고, 출석위원 과반수의 찬성으로 의결한다.
④ 배출권 할당위원회의 회의는 할당위원회의 위원장이 필요하다고 인정하거나 재적위원의 3분의 1 이상이 요구할 때에 개최한다.

풀이 배출권거래제에 관한 사항을 심의·조정하기 위하여 기획재정부에 배출권 할당위원회를 둔다.

92 온실가스 목표관리 운영 등에 관한 지침에서 사용하는 용어의 뜻으로 틀린 것은?

① "배출활동"이란 온실가스를 배출하거나 에너지를 소비하는 일련의 활동을 말한다.
② "기준연도"란 온실가스 배출량 등의 관련 정보를 비교하기 위해 지정한 과거의 특정 기간에 해당하는 연도를 말한다.
③ "연소배출"이란 연료 또는 물질을 연소함으로써 발생하는 온실가스 배출을 말한다.
④ "적격성"이란 검증에 필요한 물질이 온실가스로 적정하게 변화되는 것을 말한다.

풀이 "적격성"은 검증에 필요한 기술, 경험 등의 능력을 적정하게 보유하고 있음을 말한다.

93 온실가스 목표관리 운영 등에 관한 지침상 관리업체 지정기준(해당 연도 1월 1일을 기준으로 최근 3년간 업체의 모든 사업장에서 배출한 온실가스의 연평균 총량)으로 옳은 것은?

① 10,000tCO$_2$-eq 이상
② 50,000tCO$_2$-eq 이상
③ 80,000tCO$_2$-eq 이상
④ 100,000tCO$_2$-eq 이상

풀이 관리업체 지정기준
　㉠ 해당 연도 1월 1일을 기준으로 최근 3년간 업체의 모든 사업장에서 배출한 온실가스의 연평균 총량이 5만 이산화탄소 상당량톤(tCO$_2$-eq) 이상인 업체
　㉡ 해당 연도 1월 1일을 기준으로 최근 3년간 연평균 온실가스 배출량이 1만 5천 이산화탄소 상당량톤(tCO$_2$-eq) 이상인 사업장을 보유하고 있는 업체

94 온실가스 목표관리 운영 등에 관한 지침상 관리업체의 부문별 관장기관 구분 중 산업·발전 분야의 관장기관은?

① 산업통상자원부
② 환경부
③ 국토교통부
④ 기획재정부

풀이 부문별 관련 기관의 소관업무(목표관리제)
　㉠ 농림축산식품부 : 농업·임업·축산·식품 분야
　㉡ 산업통상자원부 : 산업·발전(發電) 분야
　㉢ 환경부 : 폐기물 분야
　㉣ 국토교통부 : 건물·교통 분야(해운·항만 분야는 제외한다) 건설 분야
　㉤ 해양수산부 : 해양·수산·해운·항만

정답 90 ② 91 ② 92 ④ 93 ② 94 ①

95 다음은 온실가스 배출권거래제 운영을 위한 검증 지침상 외부사업 온실가스 감축량 검증절차이다. ( ) 안에 단계 순으로 옳게 배열된 것은?

> 검증개요 파악 → 검증계획 수립 → ( ) → 검증보고서 제출

① 현장 검증 → 문서 검토 → 내부 심의 → 검증 결과 정리 및 평가
② 문서 검토 → 내부 심의 → 검증 결과 정리 및 평가 → 현장 검증
③ 문서 검토 → 검증 결과 정리 및 평가 → 현장 검증 → 내부 심의
④ 문서 검토 → 현장 검증 → 검증 결과 정리 및 평가 → 내부심의

풀이 온실가스 배출량 등의 검증절차
검증개요 파악 → 검증계획 수립 → 문서 검토 → 현장 검증 → 검증결과 정리 및 평가 → 내부 심의 → 검증보고서 제출

96 온실가스 배출권거래제의 배출량 보고 및 인증에 있어서 배출시설의 배출량 규모에 따른 산정등급(Tier) 분류 기준에서 A그룹에 해당하는 것은?

① 연간 5만 톤 미만의 배출시설
② 연간 15만 톤 이상의 배출시설
③ 연간 5만 톤 이상, 연간 50만 톤 미만의 배출시설
④ 연간 50만 톤 이상의 배출시설

풀이 배출시설의 배출량 규모에 따른 구분
- A그룹 : 연간 5만 $tonCO_2$ 미만
- B그룹 : 연간 5만~50만 $tonCO_2$ 미만
- C그룹 : 연간 50만 $tonCO_2$ 이상

97 탄소중립기본법상 탄소중립 사회로의 이행과 녹색성장을 위한 기본원칙으로 가장 적합한 것은?

① 국내 탄소시장을 활성화하여 국제 탄소시장 개방에 적극 대비
② 미래 세대의 생존을 보장하기 위하여 현재 세대가 져야 할 책임이라는 세대 간 형평성의 원칙과 지속 가능 발전의 원칙에 입각
③ 온실가스를 획기적으로 감축하기 위하여 생산자 부담 원칙을 부여
④ 기후변화 문제의 심각성을 인식하고, 산업별 역량을 모아 총체적으로 대응

풀이 기본원칙(탄소중립기본법)
㉠ 미래 세대의 생존을 보장하기 위하여 현재 세대가 져야 할 책임이라는 세대 간 형평성의 원칙과 지속 가능 발전의 원칙에 입각한다.
㉡ 범지구적인 기후위기의 심각성과 그에 대응하는 국제적 경제환경의 변화에 대한 합리적 인식을 토대로 종합적인 위기 대응 전략으로서 탄소중립 사회로의 이행과 녹색성장을 추진한다.
㉢ 기후변화에 대한 과학적 예측과 분석에 기반하고, 기후위기에 영향을 미치거나 기후위기로부터 영향을 받는 모든 영역과 분야를 포괄적으로 고려하여 온실가스 감축과 기후위기 적응에 관한 정책을 수립한다.
㉣ 기후위기로 인한 책임과 이익이 사회 전체에 균형 있게 분배되도록 하는 기후정의를 추구함으로써 기후위기와 사회적 불평등을 동시에 극복하고, 탄소중립 사회로의 이행과정에서 피해를 입을 수 있는 취약한 계층·부문·지역을 보호하는 등 정의로운 전환을 실현한다.
㉤ 환경오염이나 온실가스 배출로 인한 경제적 비용이 재화 또는 서비스의 시장가격에 합리적으로 반영되도록 조세체계와 금융체계 등을 개편하여 오염자 부담의 원칙이 구현되도록 노력한다.
㉥ 탄소중립 사회로의 이행을 통하여 기후위기를 극복함과 동시에, 성장 잠재력과 경쟁력이 높은 녹색기술과 녹색산업에 대한 투자 및 지원을 강화함으로써 국가 성장동력을 확충하고 국제 경쟁력을 강화하며, 일자리를 창출하는 기회로 활용하도록 한다.
㉦ 탄소중립 사회로의 이행과 녹색성장의 추진과정에서 모든 국민의 민주적 참여를 보장한다.
㉧ 기후위기가 인류 공통의 문제라는 인식 아래 지구 평균 기온 상승을 산업화 이전 대비 최대 섭씨 1.5도로 제한하기 위한 국제사회의 노력에 적극 동참하고, 개발도상국의 환경과 사회정의를 저해하지 아니하며, 기후위기 대응을 지원하기 위한 협력을 강화한다.

정답 95 ④ 96 ① 97 ②

98 탄소중립기본법상 녹색교통의 활성화를 위한 교통수요관리대책 포함사항이 아닌 것은?

① 혼합 통행료 및 교통유발부담금 제도 개선
② 버스·저공해차량 전용차로 확대
③ 승용차 진입지역 확대
④ 통행량을 효율적으로 분사시킬 수 있는 지능형 교통정보시스템의 확대·구축

풀이 교통수요관리대책 포함사항
  ㉠ 혼잡통행료 및 교통유발부담금 제도 개선
  ㉡ 버스·저공해차량 전용차로 및 승용차 진입제한 지역 확대
  ㉢ 통행량을 효율적으로 분산시킬 수 있는 지능형 교통정보시스템 확대·구축
  ㉣ 자전거 이용 및 연안해운 활성화 등 다양한 이동수단의 도입 방안

99 온실가스 배출권의 할당 및 거래에 관한 법령상 배출권 이월 및 차입에 관한 사항으로 ( )에 알맞은 것은?

> 할당대상업체가 아닌 자로서 배출권을 보유한 자는 이행연도 종료일에서 (   )에 보유한 배출권의 이월에 관한 신청서를 전자적 방식으로 환경부장관에게 제출하여야 한다.

① 2개월이 지난 날부터 5일 이내
② 3개월이 지난 날부터 7일 이내
③ 5개월이 지난 날부터 10일 이내
④ 6개월이 지난 날부터 15일 이내

풀이 배출권 이월 및 차입절차(배출권거래법 시행령)
  ㉠ 배출권의 이월 및 차입을 하려는 할당대상업체는 다음의 구분에 따른 날부터 10일 이내에 배출권 이월 또는 차입에 관한 신청서를 전자적 방식으로 환경부장관에게 제출해야 한다.
    • 온실가스 배출량을 인증받은 결과를 통보받은 경우에는 그 통보를 받은 날
    • 이의를 신청한 경우에는 이의신청에 대한 결과를 통보받은 날
  ㉡ 할당대상업체가 아닌 자로서 배출권을 보유한 자는 이행연도 종료일에서 5개월이 지난 날부터 10일 이내에 보유한 배출권의 이월에 관한 신청서를 전자적 방식으로 환경부장관에게 제출해야 한다.
  ㉢ 환경부장관은 배출권 제출기한 10일 전까지 신청에 대하여 검토하여 승인 여부를 결정하고, 지체 없이 그 결과를 해당 신청인에게 통보해야 한다.

100 탄소중립기본법상 국가 온실가스 감축목표는 2030년의 국가 온실가스 총배출량을 2018년의 온실가스 총배출량 대비 얼마까지 감축하는 것으로 하는가?

① 10% 이상　② 20% 이상
③ 25% 이상　④ 35% 이상

풀이 중장기 국가온실가스감축목표(탄소중립기본법)
정부가 국가온실가스 배출량을 2030년까지 2018년의 국가온실가스 배출량 대비 35퍼센트 이상의 범위에서 대통령령으로 정하는 비율만큼 감축하는 것을 말한다.

정답 98 ③　99 ③　100 ④

MEMO

참고문헌

- 온실가스 · 에너지 목표관리 운영 등에 관한 지침 : 환경부 2011, 2012, 2015
- 온실가스 · 에너지 목표관리 등에 관한 지침해설서 : 환경부, 한국환경공단 2012 배출권거래 · 저탄소 녹색성장 : 한국환경공단 2011
- 기후변화협약 및 국내외 동향, 환경부 : 환경부 2009
- 국가 기후변화 적응 종합계획 : 환경부 2008
- 기후변화홍보포털 : 환경부 2013
- 기후변화 적응 마스터플랜연구 : 환경부 2008
- 지구대기 감시보고서 : 기상청 2007
- 기후변화 과학적 근거 : 기상청 2008
- CCIC 기후변화정보센터 : 기상청 2013
- 기후변화 이해와 기후변화 시나리오 활용 : 기상청 2008
- 기후변화협약 대응 지역기후시나리오 활용기술개발 : 국립기상연구소 2005, 2006, 2007
- 기후변화 이해하기(IPCC 4차 평가보고서) : 국립기상연구소 2009
- 아열대 · 기후구의 변화전망 : 국립기상연구소 2007
- 온실가스관리 전문인력 양성과정 : 환경부 · 한국환경공단 2011, 2012
- 배출권거래 · 저탄소 녹색성장 : 한국환경공단 2011
- 업종별 기업 온실가스 배출량 산정지침 및 양식개발 : 에너지 관리공단 2005
- 기후변화 취약성 평가지표의 개발 및 도입방안 : 한국환경정책평가연구원 2005, 2006, 2007, 2011
- 기후변화 영향평가 및 적응시스템 구축 1,2,3 : 한국환경정책평가연구원 2005, 2006, 2007, 2011
- 지자체 기후변화 적응대책 세부시행계획 수립 매뉴얼 : 한국환경정책평가연구원 2005, 2006, 2007, 2011
- 국가온실가스 중기(2020)감축목표 설정 및 추진계획 : 녹색성장위원회 2009
- 녹색성장 국가전략 : 녹색성장위원회 2009
- 그린에너지 전략로드맵 : 지식경제부 2011
- 탄소배출권 거래시장 동향 및 향후 전망 : 한국금융연구원 2009
- 온실가스 보고 검증제도(MRV)에 관한 범제 개선방안연구 : 한국법제연구원 2010
- 이산화탄소 포집 · 저장 기술동향 분석 : (주)테크노베이션파트너스 2008

참고문헌

- 해외녹색기술 정책보고서 : 한국환경산업기술원 2011
- 기후변화의 현황과 전망 : 국가과학기술자문위원회 2007
- 저탄소 녹색성장기본법 · 시행령 : 환경부
- 온실가스 배출권의 할당 및 거래에 관한 법률 · 시행령 : 환경부
- 국가온실가스 통계 총괄관리에 관한 규정 : 환경부
- 공공부문 온실가스 · 에너지 목표관리 운영 등에 관한 지침 : 환경부
- 녹색성장지원단의 구성 및 운영에 관한 규정 : 국무총리
- 온실가스 · 에너지 목표관리제 검증기관 및 검증심사원 지정 · 등록 및 관리 규정 : 국립환경과학원
- 녹색건축물 조성 지원법, 시행규칙 : 법률
- 온실가스 · 에너지 감축시설 지원사업 관리 규정 : 지식경제부

- IPCC, Climate Change 2007 : The Physical Science Basis, 2007
- IPCC, Climate Change 2007 : Synthesis Report 2007
- IPCC, 2006 IPCC Guidelines for National Greenhouse Gas Inventories, 2006
- WRI/WBCSD, A Corporate Accounting and Reporting Standard Revised Edition, 2004
- Beardsmore, G.R., and Cull, J.p., 2001, Crustal heat Flow—A guide to measurement and modeling, Cambridge Univ. Press, p.324
- Bertani, R., 2005, "World geothermal generation 2001–2005 : State of the art", Proc. World Geothermal Congress 2005, Antalya, Turkey, 24–29 April 2005.
- Dezayes, C., Geneter, A., and Hoojikaas, G.R., 2005, "Deep-seated geology and fracture system of the EGS Soultz resevior(France) based on recent 5 km depth boreholes", Proc. World Geothermal Congress 2005, Antalya, Turkey, 24–29 April 2005.
- European Renewable Energy Council, 2004, Renewable energy Scenario to 2040, http://www.erec-renewables.org/.
- Laplaige, P., Lemale, J., and Decottegnie, 2005, "Geothermal resources in France—Current situation and prospects", Proc. World Geothermal Congress 2005, Antalya, Turkey, 24–29 April 2005.

참고문헌

- Lund, J.W., Freeston, D.H., and Boyd, T.L., 2005a, "Worldwide direct uses of geothermal energy 2005", Proc. World Geothermal Congress 2005, Antalya, Turkey, 24-29 April 2005.
- Lund, J.W., Bloomquist, R.G., Boyd, T.L., and Renner, J., 2005b, "The United States of America country update". Proc. World Geothermal Congress 2005, Antalya, Turkey, 24-29 April 2005.
- IPCC 2001. Cliamte Change Impacts, Adaptation and Vulnerability. Third Assessment Report, 2001.
- IPCC 2001. Climate Change Impacts, Adaptation and Vulnerability, Third Assessment Report of the Intergovernmental Panal on Climate change, Cambridge University Press, 2001.
- IPCC(2007) Climate Change Impacts, Adaptation and Vulnerability, Contribution of Working Group II to the fourth Assessment Report of the Intergovernmental Panal on Climate Change. Cambridge University Press, 2007.
- IPCC Climate Change Impacts, Adaptation and Vulnerability Third Assessment Report of the Intergovernmental Panal on Climate Change. Cambridge University Press, 2001.

- 기상청 http://www.kma.go.kr
- 기후변화센터 http://www.climatechangecenter.kr
- 기후변화정보센터 http://www.climate.go.kr
- 법제처 http://www.moleg.go.kr
- 에너지관리공단 신재생에너지센터 http://www.energy.or.kr
- 에너지관리공단(기후변화협약) http://co2.kemco.or.kr
- 온실가스 종합정보센터 http://www.gir.go.kr
- 탄소포인트제 http://cpoint.or.kr
- 한국수력원자력 http://www.khnp.co.kr
- 환경환경공단 http://www.keco.or.kr

MEMO

온실가스관리기사 필기

발행일	2024. 1. 10 초판발행
	2025. 1. 10 개정 1판1쇄

저 자 | 서영민 · 전재식
발행인 | 정용수
발행처 | 예문사

주 소 | 경기도 파주시 직지길 460(출판도시) 도서출판 예문사
TEL | 031) 955-0550
FAX | 031) 955-0660
등록번호 | 11-76호

• 이 책의 어느 부분도 저작권자나 발행인의 승인 없이 무단
 복제하여 이용할 수 없습니다.
• 파본 및 낙장은 구입하신 서점에서 교환하여 드립니다.
• 예문사 홈페이지 http://www.yeamoonsa.com

정가 : 48,000원

ISBN 978-89-274-5563-9   13530